Nuova matematica a colori Edizione ROSSA 3

Ambiente educativo

Zona Matematica

Il portale di Matematica per **insegnanti** e **studenti**.
- eTutor EDITOR per creare e pubblicare Test interattivi
- Verifiche in formato .doc/.rtf editabili
- Esercizi di recupero e di potenziamento
- Videolezioni
- Spiegamatica: lezioni interattive con GeoGebra e il foglio elettronico
- Glossario interattivo con audio in italiano e in inglese
- Seminari di formazione

www.scuola.com

Il sito della Casa Editrice: risorse aggiuntive a portata di un click!
- Materiale extra
- Videolezioni
- Approfondimenti

Libro di testo misto

Il libro cartaceo: punto di riferimento condiviso da studenti e **insegnanti** per un apprendimento integrato e completo, supportato dalle risorse digitali online e offline.

ebook studente

Il libro dello studente in versione digitale anche su **TABLET** (iOS e Android):
- tutte le unità didattiche
- attività interattive e approfondimenti
- videolezioni
- figure dinamiche
- glossario interattivo italiano/inglese

Pen drive per l'insegnante

Aggiornabile on line
- Strumenti per la programmazione didattica per competenze
- Materiali per la verifica in formato PDF e .doc/.rtf editabili
- Videolezioni
- Esercitazioni e lezioni interattive dedicate al Laboratorio di matematica
- Figure dinamiche in GeoGebra
- Glossario interattivo con audio in italiano e in inglese

Petrini

internet: www.petrini.it
e-mail: scrivi@scuola.com

Member of CISQ Federation
RINA
ISO 9001:2008
Sistema Qualità Certificato

Il Sistema di Gestione per la Qualità di De Agostini Scuola S.p.A. è certificato per l'attività di "Progettazione, realizzazione e distribuzione di prodotti di editoria scolastica"

Redattore responsabile: Monica Martinelli
Redazione: Giovanni Malafarina
Tecnico responsabile: Stefano Garzaro
Progetto grafico: Carla Devoto
Copertina: Simona Corniola, Simona Speranza
Ricerca iconografica per la copertina: Cristina Colombo
Realizzazione: M.T.M.
Disegni: Leprechaun

Art Director: Nadia Maestri

L'autore ringrazia Gianfranco Scartozzi e Davide Barucco per il contributo dato alla stesura degli esercizi.

1ª edizione: gennaio 2013
Printed in Italy

Foto di copertina: iStockphoto

Le fotografie di questo volume sono state fornite da: Archivio DeA Picture Library

Stampa: L.E.G.O. SpA – Stabilimento di Lavis (Tn)

Ristampa: 4 5 6 7 8 9 10 11

Anno: 2018

Indice

Risorse multimediali

Esercizi interattivi

Materiali per il volume 3:

Complementi e approfondimenti
- Dimostrazione del teorema 1.4 (disequazioni con valori assoluti)
- Formule parametriche, di Werner e di prostaferesi
- Equazioni e disequazioni goniometriche
- Problemi di trigonometria da risolvere mediante equazioni
- Sconto e risconto
- Complementi di logica
- *Glossario*
- *Formulario*

Figure dinamiche
Materiali per il Laboratorio di informatica

zonaMatematica

Da **www.scuola.com** l'accesso al portale studente di zonaMatematica consente di cimentarsi autonomamente con prove di autoverifica costantemente aggiornate e implementate, oppure di eseguire le prove personalizzate che il docente assegnerà alla classe.

Prima di cominciare...

Uno **sguardo** sulla matematica di oggi

Negli ultimi cent'anni si sono dimostrati più teoremi che nell'intero corso della storia; molte teorie matematiche sono state riprese e hanno avuto notevoli applicazioni pratiche, mentre celebri problemi, irrisolti da secoli, hanno trovato una soluzione.

Da dove nasce tanto interesse nei confronti della matematica?
La risposta è semplice: essa fornisce strumenti essenziali per molti settori della scienza e della tecnologia.

Per esempio, la matematica ha un ruolo fondamentale:

- in **aeronautica**: la matematica è stata essenziale per la costruzione degli aerei di nuova generazione 767, 777 e Airbus;
- in **informatica**: software di generazioni recenti sono basati su teorie algebriche e logiche avanzate;
- in **meteorologia**: le previsioni del tempo sono fondate su complessi modelli matematici;
- in **medicina**: la matematica è stata impiegata per la realizzazione di nuovi strumenti di indagine diagnostica quali per esempio la TAC (tomografia assiale computerizzata); la statistica, inoltre, è alla base dell'analisi di dati medici ed epidemiologici e del monitoraggio di dati farmacologici;
- in **biologia**: lo studio dell'evoluzione di popolazioni appartenenti a varie specie è basato su modelli matematici;
- in **economia e finanza**: la matematica gioca un ruolo di primo piano nell'ottimizzazione di risorse e investimenti, nella pianificazione di processi produttivi, nel calcolo dei contratti finanziari e dei premi di assicurazioni.

La scienza e la tecnologia utilizzano, dunque, teorie matematiche sempre più sofisticate. Per questo motivo, negli ultimi anni sono nate nuove figure professionali, in grado di utilizzare la matematica per scopi diversi. Tali figure sono richieste per esempio:

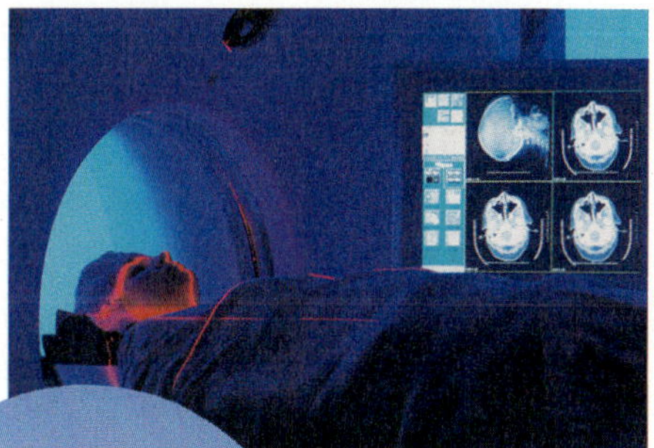

- nei centri di ricerca di tutte le grandi banche;
- nelle assicurazioni;
- nelle imprese che sviluppano software;
- nei centri di ricerca di piccole e grandi industrie.

Sembra proprio che la matematica sia il linguaggio del terzo millennio, senza il quale non sarà possibile comprendere la scienza e le tecnologie del futuro!

Qualche consiglio

per «studiare matematica» e per utilizzare questo libro

Questo testo ha diversi scopi:

- continuare lo sviluppo delle competenze matematiche che hai acquisito nei corsi precedenti;
- farti scoprire alcune applicazioni della matematica nel mondo in cui viviamo;
- contribuire a farti acquisire quegli strumenti scientifici sempre più essenziali per partecipare alla vita sociale con consapevolezza e capacità critica.

Per raggiungere questi scopi, ti diamo qualche consiglio su come studiare matematica.

1 Lo studio della matematica, come hai già avuto modo di constatare, richiede **impegno e partecipazione.** Non puoi imparare molto limitandoti ad assistere alle lezioni: devi partecipare, porti domande e confrontarti, anche da solo, con problemi ed esercizi.

2 È importante che studi matematica **con regolarità**: potrai così assimilare più agevolmente i concetti e il tuo insegnante potrà più facilmente aiutarti a superare le difficoltà.

3 Dovresti **leggere** le lezioni di questo libro e cercare di capire ciò che hai letto. A questo proposito ti diamo alcuni suggerimenti:

- leggi lentamente, prestando attenzione a ogni parola e ai simboli;
- rileggi le parti che non ti risultano chiare;
- prova a rifare da solo gli **esempi** che compaiono svolti nel testo;
- alla fine di ogni paragrafo, prima di proseguire, controlla se hai capito ciò che hai letto, cercando di rispondere ai quesiti che ti sono proposti nella rubrica **prova tu**.

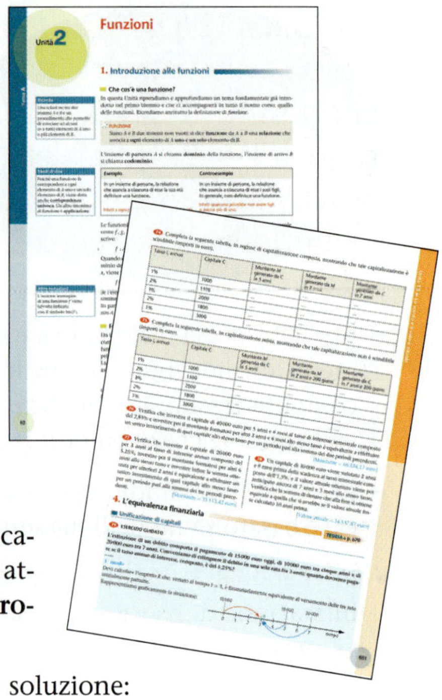

4 Risolvi gli esercizi che trovi al termine di ciascuna Unità, suddivisi in paragrafi, con l'aiuto degli **esercizi svolti** e **guidati**.

5 Alla fine di ogni **tema** trovi una serie di esercizi sulle **competenze** da acquisire sugli argomenti trattati nel tema stesso; cerca di risolvere anche gli esercizi di **verso le prove Invalsi**, strutturate secondo la nuova tipologia di test d'esame.

6 Sfrutta i materiali multimediali relativi al libro disponibili **on-line**: potrai trovare **figure dinamiche** per visualizzare meglio i concetti fondamentali presentati nella teoria, **test autocorrettivi** che si affiancano alle **prove di autoverifica** proposte nel libro, file di supporto alle attività del **Laboratorio di informatica**, ulteriori **complementi** e **approfondimenti**.

7 Quando risolvi un problema, non limitarti a scrivere la tua soluzione:
sforzati di **illustrare ciò che stai facendo** e di **giustificare i vari passaggi**, con spiegazioni sintetiche ma esaurienti.

8 Se non riesci a rispondere a una domanda o a risolvere un esercizio immediatamente, non preoccuparti! Rileggi la lezione e gli esempi. Se puoi, abbandona momentaneamente la questione e affrontala in un secondo tempo. Quando qualcosa non ti è chiaro, **poni domande** e parlane con altri.

9 Cerca di studiare con **spirito critico**: la matematica non è solo calcolo, ma soprattutto una *forma di pensiero*. Nell'epoca di innovazioni tecnologiche in cui viviamo, questo secondo aspetto è sempre più essenziale: i calcoli si possono spesso demandare alle macchine, mentre è essenziale saper ragionare in modo corretto, risolvere e porsi problemi, unire fantasia e razionalità.

A tutti auguro buon lavoro!

L'Autore

TEMA A

Equazioni, disequazioni e funzioni

Proseguiamo il nostro percorso nella matematica riprendendo e approfondendo alcuni argomenti che hai certamente già incontrato nel primo biennio.

Riprendiamo anzitutto lo studio di *equazioni* e *disequazioni*, poi approfondiamo un concetto fondamentale che costituirà il «filo rosso» di tutto il nostro corso: quello di *funzione*. L'idea guida che ci accompagnerà sarà infatti quella di introdurre via via nuove classi di funzioni e imparare a trattarle, fino ad arrivare ad acquisire gli strumenti che consentono di dominare *in generale* qualunque funzione reale di variabile reale.

Equazioni, disequazioni e funzioni non costituiscono soltanto una base fondamentale per gli sviluppi successivi del corso di matematica; esse sono anche tra i *modelli matematici* più utilizzati per risolvere problemi reali, provenienti dalle scienze o dall'ingegneria.

PREREQUISITI

- Equazioni, disequazioni e sistemi di primo e secondo grado

COMPETENZE

- Individuare strategie appropriate per risolvere problemi che hanno come modello equazioni e disequazioni (anche irrazionali o con valori assoluti) oppure funzioni

I modelli matematici vengono ormai utilizzati nei settori più svariati. Nel 2003 e nel 2007, per esempio, la Coppa America di vela è stata vinta dall'imbarcazione svizzera Alinghi, finalista anche nell'edizione 2010. Nella sua progettazione sono stati utilizzati sofisticati modelli matematici che hanno consentito di disegnare ogni sua parte in modo da ottimizzare le prestazioni (minimizzare la resistenza sott'acqua, massimizzare la spinta indotta dalle vele ecc.). Alinghi deve quindi le sue vittorie anche alla matematica!

Unità 1

Equazioni e disequazioni

Tema A

1. Introduzione alle disequazioni

In questa Unità ripasseremo i concetti fondamentali relativi alle **disequazioni**, approfondendone alcuni aspetti. Inizieremo dalle disequazioni di primo grado, per arrivare alle disequazioni (precedute dalle relative **equazioni**) irrazionali e con modulo.

Che cos'è una disequazione?

DISEQUAZIONE
Una **disequazione** è una disuguaglianza contenente almeno una **incognita**, cioè almeno una variabile di cui si cercano i valori per cui la disuguaglianza è vera.

Esempi	Controesempi
$\frac{1}{2}x \geq x+1$ $x^2+x<-1$ sono disequazioni nell'incognita x.	$-5<-3$ $\sqrt{5}+1>\sqrt{3}$ sono disuguaglianze ma **non** sono disequazioni perché in esse non compaiono incognite.

- Una disequazione in cui l'incognita non compare in alcun denominatore si dice **intera**.
- Una disequazione non intera si dice **frazionaria** (o **fratta**).
- Una disequazione in cui compaiono, oltre all'incognita, altre variabili, dette **parametri**, prende il nome di disequazione **letterale** o **parametrica**.

ESEMPI

a. $3x<0{,}2x+1$ e $x \leq \frac{1}{3}x^2$ sono disequazioni intere nell'incognita x.

b. $x>\frac{1}{x}+1$ e $\frac{x^2}{x^2-1} \geq x$ sono disequazioni frazionarie nell'incognita x.

c. La disequazione $2x>x+a$ nell'incognita x è letterale, dipendente dal parametro a.

Risolvere una disequazione significa determinare i numeri che, sostituiti al posto delle incognite, la trasformano in una disuguaglianza *vera*: questi numeri costituiscono l'**insieme delle soluzioni** della disequazione.

ESEMPI

Disequazione	Numero	È una soluzione?
$x^2-1>0$	2	Sì: infatti, sostituendo 2 al posto di x, si ottiene la disuguaglianza $2^2-1>0$, ossia $3>0$ che è vera.
$9-x^2>0$	3	No: infatti, sostituendo 3 al posto di x, si ottiene la disuguaglianza $9-3^2>0$, ossia $0>0$ che è falsa.

Gli intervalli

L'insieme delle soluzioni di una disequazione in una incognita si può generalmente descrivere tramite particolari insiemi, o loro unioni, detti **intervalli**, che ora definiamo.

INTERVALLI LIMITATI

Siano a e b due numeri reali, con $a < b$.

- Un intervallo limitato **chiuso**, indicato con $[a, b]$, è l'insieme dei numeri reali x tali che $a \leq x \leq b$.
- Un intervallo limitato **aperto**, indicato con (a, b), è l'insieme dei numeri reali x tali che $a < x < b$.
- Un intervallo limitato **chiuso a sinistra e aperto a destra**, indicato con $[a, b)$, è l'insieme dei numeri reali x tali che $a \leq x < b$.
- Un intervallo limitato **aperto a sinistra e chiuso a destra**, indicato con $(a, b]$, è l'insieme dei numeri reali x tali che $a < x \leq b$.

INTERVALLI ILLIMITATI

Sia a un numero reale.

- Un intervallo **chiuso, illimitato a destra**, indicato con $[a, +\infty)$, è l'insieme dei numeri reali x tali che $x \geq a$.
- Un intervallo **aperto, illimitato a destra**, indicato con $(a, +\infty)$, è l'insieme dei numeri reali x tali che $x > a$.
- Un intervallo **chiuso, illimitato a sinistra**, indicato con $(-\infty, a]$, è l'insieme dei numeri reali x tali che $x \leq a$.
- Un intervallo **aperto, illimitato a sinistra**, indicato con $(-\infty, a)$, è l'insieme dei numeri reali x tali che $x < a$.

Attenzione!

I simboli $+\infty$ (da leggere «più infinito») e $-\infty$ (da leggere «meno infinito») non rappresentano un numero: sono soltanto simboli impiegati per indicare che un intervallo è illimitato, rispettivamente, nel verso delle ascisse positive o nel verso delle ascisse negative sulla retta reale.

Un intervallo è rappresentato sulla **retta reale** da una *semiretta* o da un *segmento*, a seconda che sia illimitato oppure limitato. Per la sua rappresentazione utilizzeremo le seguenti convenzioni:

- una linea *continua* indica l'intervallo che vogliamo rappresentare;
- una linea *tratteggiata* rappresenta l'insieme dei numeri che **non** appartengono all'intervallo che vogliamo rappresentare;
- un punto *vuoto* indica l'estremo di un intervallo quando esso **non** appartiene all'intervallo stesso;
- un punto *pieno* indica l'estremo di un intervallo quando esso appartiene all'intervallo stesso.

Ricorda

Per «retta reale» si intende una retta orientata, sulla quale sono stati fissati un verso di percorrenza, un'origine e un'unità di misura.

Le **tabb. 1.1** e **1.2** riassumono tutti i possibili intervalli e le loro rappresentazioni grafiche.

Tabella 1.1

Intervalli limitati		
Notazione con le parentesi	**Notazione algebrica**	**Rappresentazione grafica**
$[a, b]$	$a \leq x \leq b$	
(a, b)	$a < x < b$	
$[a, b)$	$a \leq x < b$	
$(a, b]$	$a < x \leq b$	

Tabella 1.2

Intervalli illimitati		
Notazione con le parentesi	**Notazione algebrica**	**Rappresentazione grafica**
$[a, +\infty)$	$x \geq a$	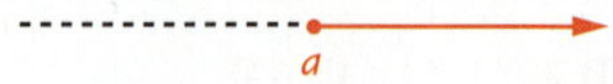
$(a, +\infty)$	$x > a$	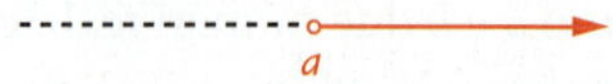
$(-\infty, a)$	$x < a$	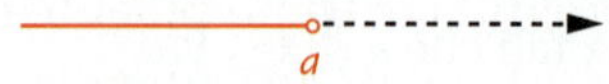
$(-\infty, a]$	$x \leq a$	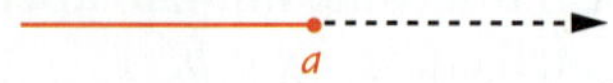

Disequazioni equivalenti e principi di equivalenza

Due disequazioni si dicono **equivalenti** se hanno lo stesso insieme delle soluzioni.

I **principi di equivalenza** che consentono di trasformare una disequazione in una disequazione a essa equivalente sono i seguenti.

Ricorda

I **membri** di una disequazione sono le espressioni che compaiono a sinistra o a destra del simbolo che indica il **verso** della disequazione ($>$, $<$, $\geq$ oppure $\leq$).

PRIMO PRINCIPIO DI EQUIVALENZA PER LE DISEQUAZIONI

Sommando o sottraendo ai due membri di una disequazione un numero o un'espressione algebrica definita per tutti i valori delle variabili che vi compaiono si ottiene una disequazione equivalente a quella data.

ESEMPI

a. Sommando ai due membri della disequazione $2x^2 - 4 > 5x + 2$ il numero 3, otteniamo la disequazione equivalente:

$$2x^2 - 4 + 3 > 5x + 2 + 3$$

b. Sottraendo ai due membri della disequazione $2x - 1 > 3x - 2$ l'espressione $3x$, otteniamo la disequazione equivalente:

$$2x - 1 - 3x > 3x - 2 - 3x$$

SECONDO PRINCIPIO DI EQUIVALENZA PER LE DISEQUAZIONI

Moltiplicando o dividendo entrambi i membri di una disequazione per uno stesso numero **diverso da zero** si ottiene una disequazione equivalente a quella data, a condizione di:

a. **mantenere lo stesso verso** della disequazione se il numero per cui si moltiplica o si divide è **positivo**;

b. **invertire il verso** della disequazione se il numero per cui si moltiplica o si divide è **negativo**.

ESEMPI

a. Moltiplicando per 2 (che è positivo) entrambi i membri della disequazione $2x - 1 > 3x - 2$, otteniamo la disequazione equivalente:

$$2(2x - 1) > 2(3x - 2)$$

b. Moltiplicando per -2 (che è negativo) entrambi i membri della disequazione $2x - 1 > 3x - 2$, per ottenere una disequazione equivalente dobbiamo **invertire il verso** della disequazione:

$2x - 1 > 3x - 2$ è equivalente a $-2(2x - 1) < -2(3x - 2)$

Osserva che il secondo principio di equivalenza per le disequazioni riguarda la moltiplicazione o la divisione per un *numero* e **non** per un'*espressione algebrica*. L'estensione del secondo principio alle espressioni algebriche è possibile *solo in un caso particolare*: quando l'espressione algebrica risulta **sempre positiva o sempre negativa**.

ESEMPI

a. La disequazione $x > 2x + 1$ **non** è equivalente alla disequazione seguente, ottenuta dalla precedente moltiplicando i suoi membri per $x^2 - 1$:

$x(x^2 - 1) > (2x + 1)(x^2 - 1)$

Il secondo principio di equivalenza, infatti, **non** si può applicare perché l'espressione $x^2 - 1$ non si mantiene, al variare di x in **R**, né sempre positiva né sempre negativa (per esempio: per $x = 0$ è negativa, mentre per $x = 2$ è positiva).

b. La disequazione $x > 2x + 1$ è equivalente alla disequazione seguente, ottenuta dalla precedente moltiplicando i suoi membri per $x^2 + 1$:

$x(x^2 + 1) > (2x + 1)(x^2 + 1)$

In questo caso possiamo utilizzare il secondo principio di equivalenza (in particolare senza invertire il segno) perché l'espressione $x^2 + 1$ è **positiva per ogni** $x \in$ **R**.

Il grado di una disequazione

Una qualsiasi disequazione intera nell'incognita x può sempre venire ricondotta, svolgendo gli eventuali calcoli, portando tutti i termini al primo membro e riducendo gli eventuali termini simili, alla **forma normale della disequazione**, ossia a una delle forme

$P(x) < 0 \qquad P(x) > 0 \qquad P(x) \leq 0 \qquad P(x) \geq 0$

dove l'espressione $P(x)$ non contiene termini simili.
Si definisce **grado** di una disequazione intera il grado dell'espressione $P(x)$.

Prova tu

ESERCIZI a p. 32

1. Rappresenta graficamente i seguenti intervalli.

a. $\{x \in \mathbf{R} \mid x \leq 2\}$
b. $\{x \in \mathbf{R} \mid -1 \leq x < 1\}$
c. $\{x \in \mathbf{R} \mid x > 3\}$
d. $\{x \in \mathbf{R} \mid -2 \leq x \leq 3\}$

2. Associa a ogni intervallo della prima colonna la sua rappresentazione nella notazione con le parentesi della seconda colonna.

a. $x \geq 1$	**A.** $(2, 3)$
b. $2 < x < 3$	**B.** $(1, +\infty)$
c. $x < 1$	**C.** $[2, 3]$
d. $2 \leq x < 3$	**D.** $[1, +\infty)$
e. $x > 1$	**E.** $[2, 3)$
f. $2 \leq x \leq 3$	**F.** $(-\infty, 1)$

2. Le disequazioni intere di primo grado

Per risolvere una **disequazione intera di primo grado** nell'incognita x, ossia una disequazione che si può condurre alla forma

$ax < b$

o a forma analoga dove il simbolo $<$ è sostituito da $>$, $\leq$, $\geq$, si procede in modo del tutto analogo alla risoluzione delle *equazioni* di primo grado, eccetto che per il seguente aspetto: quando si moltiplicano o si dividono entrambi i membri di una disequazione per un numero **negativo** occorre ricordare di **cambiare il verso** della disequazione; il verso, invece, resta invariato se il numero per cui si moltiplicano o si dividono i due membri è positivo (per il secondo principio di equivalenza delle disequazioni).

ESEMPIO Disequazione di primo grado

Risolviamo la disequazione $\frac{1}{3}(x-2) > x + \frac{1}{2}$.

$\frac{1}{3}(x-2) > x + \frac{1}{2}$ — Il m.c.m. dei denominatori è 6

$6 \cdot \frac{1}{3}(x-2) > 6 \cdot \left(x + \frac{1}{2}\right)$ — Moltiplicando i due membri per il m.c.m.

$2x - 4 > 6x + 3$ — Proprietà distributiva

$-4x > 7$ — Portando i termini con la x al 1° membro e gli altri al 2°

Dividendo per -4 (che è **negativo**) occorre cambiare il verso della disequazione

$x < -\frac{7}{4}$

L'insieme delle soluzioni è quindi l'intervallo $\left(-\infty, -\frac{7}{4}\right)$.

La rappresentazione di S sulla retta reale è mostrata nella seguente figura:

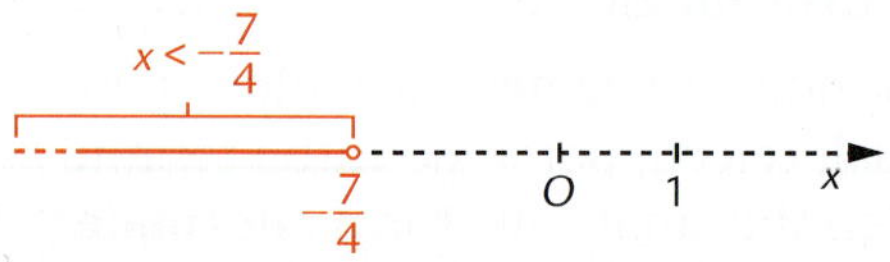

Prova tu — **ESERCIZI** a p. 33

Risolvi le disequazioni e rappresenta sulla retta reale l'insieme delle soluzioni.

1. $(x+2)^2 \geq (x-1)^2$ $\left[x \geq -\frac{1}{2}\right]$

2. $\frac{2x+1}{5} + \frac{1}{10} \leq \frac{x}{2} - \frac{x+1}{20}$ $[x \geq 7]$

3. $\frac{x}{\sqrt{2}-1} \geq \frac{2-x}{1-\sqrt{2}}$ $[\forall x \in \mathbf{R}]$

3. Le disequazioni intere di secondo grado

Dopo aver trattato le disequazioni (intere) di primo grado, è naturale passare all'esame delle disequazioni intere di **secondo grado**, cioè delle disequazioni che si possono ricondurre alla forma:

$$ax^2 + bx + c > 0 \qquad \text{con } a \neq 0$$

o a forma analoga dove il simbolo $>$ è sostituito con $<$, $\geq$, $\leq$.
Nella risoluzione di una disequazione di secondo grado, possiamo sempre riportarci al caso in cui il coefficiente a di x^2 è positivo: nel caso non lo sia, infatti, possiamo ottenere una disequazione equivalente, in cui $a > 0$, moltiplicando i due membri per -1 e cambiando il *verso* della disequazione.
Pertanto, nel prossimo sottoparagrafo, supporremo che sia $a > 0$.

Il modello della parabola

Consideriamo il trinomio di secondo grado:

$$ax^2 + bx + c \qquad \text{con } a \neq 0$$

Per poter determinare le soluzioni di una disequazione di secondo grado, dobbiamo sapere in corrispondenza di quali valori di x il trinomio $ax^2 + bx + c$ risulta positivo, nullo o negativo: in questa ricerca consiste lo **studio del segno** del trinomio. Possiamo dedurre il segno del trinomio dal grafico della funzione $y = ax^2 + bx + c$ che, come sai dai tuoi studi precedenti, è una **parabola**: il trinomio sarà:

- positivo per i valori di x in corrispondenza dei quali $y > 0$;
- nullo in corrispondenza dei valori di x per cui $y = 0$;
- negativo in corrispondenza dei valori di x per cui $y < 0$.

Nell'ipotesi che sia $a > 0$, si possono presentare i tre casi di **tab. 1.3**, a seconda della posizione della parabola rispetto all'asse x, cioè del segno di Δ.

Tabella 1.3

Segno del trinomio $ax^2 + bx + c$ quando $a > 0$		
$\Delta > 0$	$\Delta = 0$	$\Delta < 0$
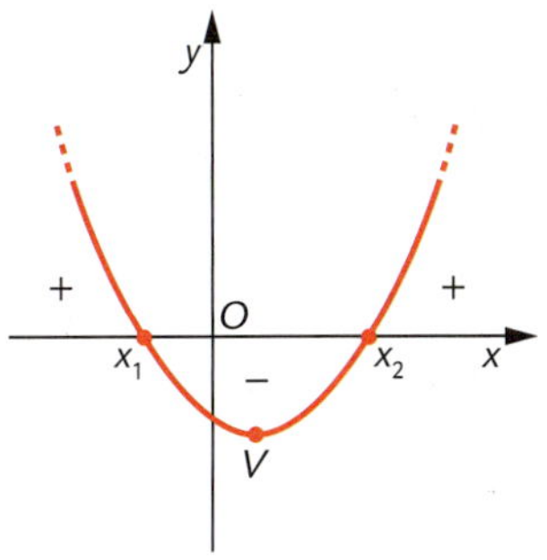	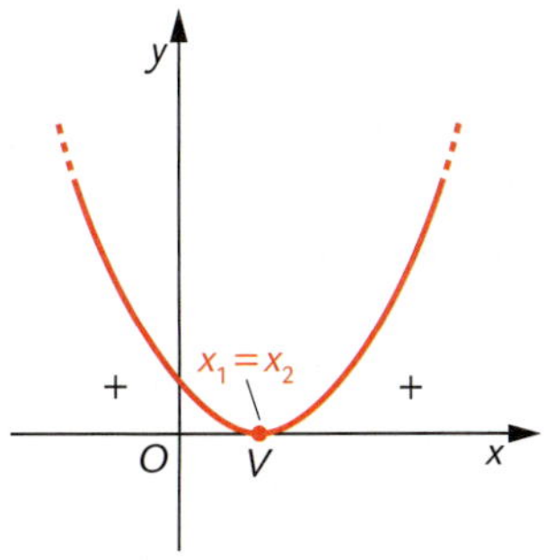	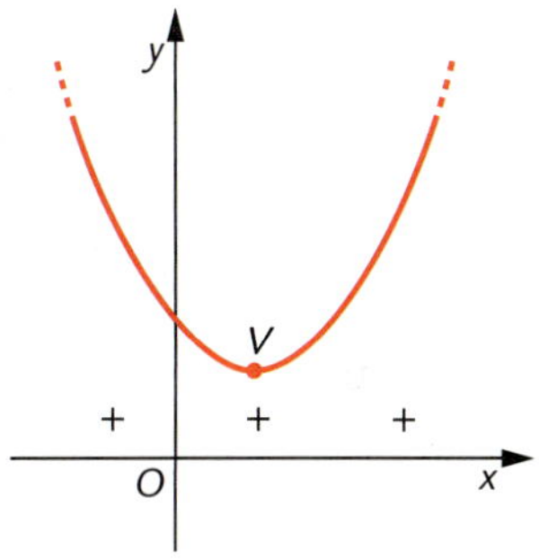
$y = ax^2 + bx + c$	$y = ax^2 + bx + c$	$y = ax^2 + bx + c$
Il trinomio risulta: • **positivo** negli **intervalli «esterni»** a x_1 e x_2, cioè quando: $x < x_1 \lor x > x_2$ • **nullo** per: $x = x_1 \lor x = x_2$ • **negativo** nell'**intervallo «interno»** a x_1 e x_2, cioè quando: $x_1 < x < x_2$	Il trinomio risulta: • **positivo** per ogni valore reale di x diverso da x_1 • **nullo** per $x = x_1$	Il trinomio risulta: • **sempre positivo**

Possiamo dunque enunciare i seguenti tre teoremi.

Segno del trinomio di secondo grado con $a > 0$ e $\Delta > 0$ — **TEOREMA 1.1**

Dato il trinomio $ax^2 + bx + c$, con $a > 0$, supponiamo che l'equazione associata, $ax^2 + bx + c = 0$, abbia **due soluzioni distinte**, che chiamiamo x_1 e x_2, con $x_1 < x_2$.

Allora il trinomio risulta:

a. positivo negli intervalli **esterni** alle soluzioni, cioè per:

$$x < x_1 \lor x > x_2$$

b. nullo per

$$x = x_1 \lor x = x_2$$

c. negativo nell'intervallo **interno** alle soluzioni, cioè per:

$$x_1 < x < x_2$$

TEOREMA 1.2 **Segno del trinomio di secondo grado con $a > 0$ e $\Delta = 0$**

Dato il trinomio $ax^2 + bx + c$, con $a > 0$, supponiamo che l'equazione associata, $ax^2 + bx + c = 0$, abbia **due soluzioni coincidenti**, $x_1 = x_2$.
Allora il trinomio risulta:

a. positivo per ogni $x \in \mathbf{R}$, con $x \neq x_1$
b. nullo per $x = x_1$

TEOREMA 1.3 **Segno del trinomio di secondo grado con $a > 0$ e $\Delta < 0$**

Dato il trinomio $ax^2 + bx + c$, con $a > 0$, supponiamo che l'equazione associata, $ux^2 + bx + c = 0$, **non abbia soluzioni reali.**
Allora il trinomio risulta positivo per ogni $x \in \mathbf{R}$.

Risoluzione di una disequazione di secondo grado

Dai teoremi sul segno del trinomio di secondo grado si possono dedurre le soluzioni di qualsiasi disequazione di secondo grado. Per risolvere una disequazione di secondo grado, seguiremo lo schema logico qui riportato.

SINTESI

Schema logico per la risoluzione di una disequazione di secondo grado	
1° passo:	se il coefficiente di x^2 è negativo, si cambiano i segni e il verso della disequazione;
2° passo:	si calcolano il discriminante e le eventuali radici dell'equazione associata, in modo da capire a quale dei tre teoremi sul segno del trinomio si deve fare riferimento;
3° passo:	facendo riferimento al teorema opportuno, si deduce qual è l'insieme delle soluzioni della disequazione.

ESEMPIO **Il discriminante è positivo e $a > 0$**

Risolviamo la disequazione $x^2 + x - 2 > 0$.

▶ **1° passo** Il coefficiente di x^2 è già positivo.

▶ **2° passo** L'equazione associata $x^2 + x - 2 = 0$ ha due soluzioni distinte:

$$x_1 = -2, x_2 = 1$$

▶ **3° passo** La disequazione $x^2 + x - 2 > 0$ è soddisfatta quando il trinomio $x^2 + x - 2$ è **positivo**. In base al **teorema 1.1**, ciò si verifica negli intervalli aperti **esterni** alle soluzioni, cioè per:

$$x < -2 \vee x > 1$$

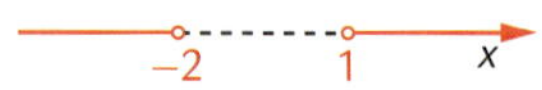

ESEMPIO **Il discriminante è positivo e $a < 0$**

Risolviamo la disequazione $-x^2 + 6x \geq 0$.

▶ **1° passo** Cambiamo i segni dei coefficienti e il verso della disequazione, in modo da ricondurci a una disequazione in cui il coefficiente di x^2 è *positivo*. Otteniamo la disequazione equivalente:

$$x^2 - 6x \leq 0$$

▶ **2° passo** L'equazione associata, $x^2 - 6x = 0$, ha due soluzioni distinte:

$$x_1 = 0, x_2 = 6$$

▶ **3° passo** La disequazione $x^2 - 6x \leq 0$ è soddisfatta in corrispondenza dei valori di x per cui il binomio $x^2 - 6x$ è **negativo o nullo**. In base al **teorema 1.1**, ciò si verifica nell'intervallo **chiuso interno** alle soluzioni, cioè per:

$$0 \leq x \leq 6$$

ESEMPIO **Il discriminante è nullo**

Risolviamo la disequazione $-4x^2 + 4x - 1 \geq 0$.

1° passo Cambiando i segni e il verso della disequazione, otteniamo la disequazione equivalente:

$$4x^2 - 4x + 1 \leq 0$$

2° passo Riconoscendo che $4x^2 - 4x + 1 = (2x-1)^2$, deduciamo che l'equazione associata, $4x^2 - 4x + 1 = 0$, ha discriminante $\Delta = 0$ e le sue due soluzioni coincidono con $x = \frac{1}{2}$.

3° passo In base al **teorema 1.2**, il trinomio $4x^2 - 4x + 1$ è **sempre positivo**, eccetto che per **il valore** $x = \frac{1}{2}$ **per cui si annulla**: pertanto la disequazione $4x^2 - 4x + 1 \leq 0$ è soddisfatta solo quando $x = \frac{1}{2}$.

ESEMPIO **Il discriminante è negativo**

Risolviamo la disequazione $x^2 - x + 1 < 0$.

1° passo Il coefficiente di x^2 è già positivo.

2° passo L'equazione $x^2 - x + 1 = 0$ ha come discriminante $\Delta = -3 < 0$.

3° passo Per il **teorema 1.3**, il trinomio sarà **sempre positivo**, quindi la disequazione $x^2 - x + 1 < 0$ non è mai soddisfatta. L'insieme delle soluzioni è $S = \emptyset$.

APPROFONDIMENTO *Lo studio del segno del trinomio di secondo grado dal punto di vista algebrico*

In questa scheda vogliamo mostrare come sia possibile dedurre con considerazioni puramente algebriche i teoremi sul segno del trinomio di secondo grado che nel precedente paragrafo abbiamo dedotto graficamente. Consideriamo dunque il trinomio:

$$ax^2 + bx + c$$

Supponiamo $a > 0$ e distinguiamo tre casi.

1° caso: l'equazione associata al trinomio ha due soluzioni distinte, x_1 e x_2, con $x_1 < x_2$

In base alle regole di scomposizione del trinomio di secondo grado, il trinomio si fattorizza come segue:

$$ax^2 + bx + c = a(x - x_1)(x - x_2)$$

Poiché stiamo supponendo $a > 0$, il segno del trinomio dipende solo da quello dei due fattori:

$$(x - x_1) \text{ e } (x - x_2).$$

Studiamo dunque il segno dei fattori:

$$x - x_1 > 0 \Rightarrow x > x_1$$

$$x - x_2 > 0 \Rightarrow x > x_2$$

Riportiamo i risultati ottenuti nella tabella qui a fianco, nella quale sull'ultima riga abbiamo indicato il segno del prodotto dei due fattori.

		x_1		x_2		x
segno di $(x - x_1)$	−	0	+	|	+	
segno di $(x - x_2)$	−	|	−	0	+	
segno di $(x - x_1)(x - x_2)$	+	0	−	0	+	

Dalla tabella segue che il trinomio, nell'ipotesi $a > 0$ e $\Delta = 0$, risulta:

- positivo per $x < x_1 \vee x > x_2$;
- nullo per $x = x_1 \vee x = x_2$;
- negativo per $x_1 < x < x_2$.

2° caso: l'equazione associata al trinomio ha due soluzioni coincidenti $x_1 = x_2$

In questo caso $\Delta = 0$ e la scomposizione del trinomio è della forma:

$$ax^2 + bx + c = a(x - x_1)^2$$

Osserviamo che:

$$(x - x_1)^2 > 0 \quad \text{per ogni } x \neq x_1 \qquad \text{e} \qquad (x - x_1)^2 = 0 \quad \text{per } x = x_1$$

Ne segue che il trinomio, nell'ipotesi $a > 0$ e $\Delta = 0$, risulta:

- positivo per ogni $x \in \mathbf{R}$, con $x \neq x_1$;
- nullo per $x = x_1$.

3° caso: l'equazione associata al trinomio non ha soluzioni reali

In questo caso $\Delta < 0$ e il trinomio $ax^2 + bx + c$ non è scomponibile in $\mathbf{R}$.
Tuttavia in base a quanto visto nel Paragrafo 2 dell'Unità 5, il trinomio può essere scritto nella forma canonica:

$$ax^2 + bx + c = a\left[\left(x + \frac{b}{2a}\right)^2 - \frac{b^2 - 4ac}{4a^2}\right] = a\left[\underbrace{\left(x + \frac{b}{2a}\right)^2}_{\text{positivo o nullo}} + \underbrace{\left(-\frac{\Delta}{4a^2}\right)}_{\text{positivo nell'ipotesi } \Delta < 0}\right]$$

L'espressione all'interno della parentesi quadra, come abbiamo messo in evidenza, è la somma di due addendi tali che: $\left(x + \frac{b}{2a}\right)^2 \geq 0$ e $-\frac{\Delta}{4a^2} > 0$ per ogni $x \in \mathbf{R}$.

Ne segue che, nell'ipotesi $a > 0$ e $\Delta < 0$, il trinomio è positivo per ogni $x \in \mathbf{R}$.

Prova tu ESERCIZI a p. 34

1. Risolvi le seguenti disequazioni:
   - a. $x^2 + 9x \geq 0$ $[x \leq -9 \vee x \geq 0]$
   - b. $-x^2 + 25 > 0$ $[-5 < x < 5]$
   - c. $-x^2 + 2x + 5 \leq 0$ $[x \leq 1 - \sqrt{6} \vee x \geq 1 + \sqrt{6}]$
   - d. $x^2 + 5x + 4 < 0$ $[-4 < x < -1]$
   - e. $x^2 - 4x + 4 > 0$ $[\forall x \in \mathbf{R} - \{2\}]$
   - f. $-x^2 + x - 4 > 0$ [Impossibile]
   - g. $4x^2 - 12x + 9 \geq 0$ $[\forall x \in \mathbf{R}]$
   - h. $-x^2 + 6x - 9 \geq 0$ $[x = 3]$
2. Stabilisci se le disequazioni $x^2 + 3x + 6 > 0$ e $-x^2 + 2x - 3 \leq 0$ sono equivalenti.

4. Le disequazioni intere di grado superiore al secondo

Disequazioni monomie

Si chiamano **monomie** le disequazioni che si possono ricondurre a una delle seguenti forme, con $a \neq 0$ e $n \in \mathbf{N} - \{0\}$:

$$ax^n < 0 \qquad ax^n > 0 \qquad ax^n \leq 0 \qquad ax^n \geq 0 \qquad [1.1]$$

Queste disequazioni si possono risolvere facilmente ricordando che:

- una potenza di esponente **pari** è sempre positiva o nulla;
- una potenza di esponente **dispari** ha sempre lo stesso segno della base.

Osserva

Al primo membro delle disequazioni delle forme [1.1] c'è un **monomio**; di qui il nome di disequazioni **monomie**.

ESEMPI Disequazioni monomie

Risolviamo le disequazioni:

a. $3x^4 > 0$ **b.** $8x^5 \leq 0$

a. Il primo membro è sempre *positivo, eccetto* che per il valore $x = 0$ per cui si annulla. Di conseguenza la disequazione è verificata per ogni $x \in \mathbf{R}$, con $x \neq 0$.

b. Poiché una potenza di esponente dispari (5, in questo caso) ha sempre lo stesso segno della base, la disequazione equivale a $x \leq 0$, che dà l'insieme delle soluzioni.

Tenendo conto delle stesse considerazioni sugli esponenti pari/dispari e sul corrispondente segno della potenza, si possono risolvere anche le disequazioni della forma [1.1] dove la base della potenza, anziché essere x, è un **polinomio** di cui sappiamo studiare il segno.

ESEMPI Disequazioni riconducibili a equazioni monomie

Risolviamo le disequazioni:

a. $(x-1)^4 \geq 0$ **b.** $(4x^2-1)^3 < 0$ **c.** $(3x-1)^6 \leq 0$

a. La base, in questo caso, è un binomio, ma si applicano le stesse considerazioni precedenti: poiché una potenza di esponente pari (qui è 4) è sempre positiva o nulla, la disequazione è verificata per ogni $x \in \mathbf{R}$.

b. La base è un binomio; poiché una potenza di esponente dispari (qui è 3) ha sempre lo stesso segno della base, la disequazione equivale a $4x^2 - 1 < 0$, che è soddisfatta per $-\frac{1}{2} < x < \frac{1}{2}$.

c. Poiché una potenza di esponente pari (qui è 6) è sempre positiva o nulla, la disequazione è verificata solo quando la base della potenza, ossia $3x - 1$, è nulla, cioè per $x = \frac{1}{3}$.

Disequazioni binomie

Si chiamano **binomie** le disequazioni che si possono ricondurre a una delle seguenti forme, con $a \neq 0$, $b \neq 0$ e $n \in \mathbf{N} - \{0\}$:

$$ax^n + b < 0 \qquad ax^n + b > 0 \qquad ax^n + b \leq 0 \qquad ax^n + b \geq 0$$

Osserva
Al primo membro delle disequazioni qui a fianco compare un **binomio**; di qui l'appellativo di disequazioni **binomie**.

La risoluzione di queste disequazioni, similmente a quanto visto per le equazioni binomie, cambia a seconda che n sia *pari* o *dispari*.

Caso in cui n è dispari

Se n è **dispari**, occorre ricordare che una disuguaglianza tra due numeri reali equivale a quella *nello stesso verso* tra le loro radici n-esime; per esempio:

$$3 < 5 \Leftrightarrow \sqrt[3]{3} < \sqrt[3]{5} \quad \text{oppure} \quad -3 > -5 \Leftrightarrow \sqrt[5]{-3} > \sqrt[5]{-5}$$

Tenendo conto di questa proprietà, la risoluzione di una disequazione binomia con n dispari si può effettuare facilmente, come mostrano i seguenti esempi.

ESEMPI Disequazioni binomie con n dispari

Risolviamo le disequazioni:

a. $3x^5 + 1 > 0$ **b.** $-8x^3 + 1 > 0$

→

a. $3x^5 + 1 > 0 \Rightarrow 3x^5 > -1 \Rightarrow x^5 > -\dfrac{1}{3} \Rightarrow x > \sqrt[5]{-\dfrac{1}{3}}$

In base alla proprietà dei numeri reali poc'anzi ricordata la disequazione $x^5 > -\frac{1}{3}$ equivale a $\sqrt[5]{x^5} > \sqrt[5]{-\frac{1}{3}}$

b. $-8x^3 + 1 > 0 \Rightarrow -8x^3 > -1 \Rightarrow x^3 < \dfrac{1}{8} \Rightarrow x < \sqrt[3]{\dfrac{1}{8}} \Rightarrow x < \dfrac{1}{2}$

In base alla proprietà dei numeri reali poc'anzi ricordata la disequazione $x^3 < \frac{1}{8}$ equivale a $\sqrt[3]{x^3} < \sqrt[3]{\frac{1}{8}}$

Caso in cui *n* è pari

Se n è **pari**, la risoluzione di una disequazione binomia o è immediata oppure si può effettuare facilmente mediante la sostituzione $x^n = t$, come mostrano i seguenti esempi.

ESEMPI Disequazioni binomie con *n* pari

Risolviamo le disequazioni:

a. $10x^4 + 1 > 0$ **b.** $100x^4 - 1 \geq 0$ **c.** $-x^4 + 16 \geq 0$ **d.** $2x^6 + \sqrt{2} \leq 0$

a. Il primo membro è sempre positivo (è la somma di un termine, $10x^4$, sempre non negativo, e di 1), quindi la disequazione è verificata per ogni $x \in \mathbf{R}$.

b. Ponendo $x^2 = t$, quindi $x^4 = t^2$, otteniamo la seguente disequazione in t, che risolviamo:

$$100\,t^2 - 1 \geq 0 \Rightarrow t \leq -\frac{1}{10} \vee t \geq \frac{1}{10}$$

Ricordando che $t = x^2$, concludiamo che la disequazione originaria è soddisfatta in corrispondenza dei valori di x per cui:

$$x^2 \leq -\frac{1}{10} \quad \vee \quad x^2 \geq \frac{1}{10}$$

disequazione impossibile — disequazione verificata per $x \leq -\sqrt{\frac{1}{10}} \vee x \geq \sqrt{\frac{1}{10}}$

Pertanto la disequazione data è soddisfatta per $x \leq -\sqrt{\dfrac{1}{10}} \vee x \geq \sqrt{\dfrac{1}{10}}$.

c. Ponendo $x^2 = t$, quindi $x^4 = t^2$, otteniamo la seguente disequazione in t, che risolviamo:

$$-t^2 + 16 \geq 0 \Rightarrow t^2 - 16 \leq 0 \Rightarrow -4 \leq t \leq 4$$

Ricordando che $t = x^2$, concludiamo che la disequazione originaria è soddisfatta in corrispondenza dei valori di x per cui:

$$-4 \leq x^2 \leq 4 \qquad [1.2]$$

Osserviamo che è sempre $-4 \leq x^2$ (perché?), quindi la **[1.2]** equivale a $x^2 \leq 4$, che è soddisfatta per $-2 \leq x \leq 2$.

d. Il primo membro è sempre positivo (perché?) quindi la disequazione non è soddisfatta da alcun valore reale di x.

Le tecniche applicate per risolvere le disequazioni degli esempi precedenti possono essere applicate per risolvere una generica disequazione binomia del tipo:

$$ax^n + b < 0 \qquad ax^n + b > 0 \qquad \text{con } a > 0 \text{ e } b \neq 0$$

Osserva

La condizione $a > 0$ non è restrittiva, poiché possiamo sempre ricondurci a essa cambiando eventualmente i segni dei coefficienti e il verso della disequazione.

Si ottengono così gli schemi risolutivi riassunti in **tab. 1.4**.

Tabella 1.4

		Soluzioni della disequazione $ax^n + b > 0$ con $a > 0$ e $b \neq 0$	Soluzioni della disequazione $ax^n + b < 0$ con $a > 0$ e $b \neq 0$
n dispari		$x > \sqrt[n]{-\frac{b}{a}}$	$x < \sqrt[n]{-\frac{b}{a}}$
n pari	$b > 0$	$\forall x \in \mathbf{R}$	Impossibile
	$b < 0$	$x < -\sqrt[n]{-\frac{b}{a}} \vee x > \sqrt[n]{-\frac{b}{a}}$	$-\sqrt[n]{-\frac{b}{a}} < x < \sqrt[n]{-\frac{b}{a}}$

Per le disequazioni del tipo $ax^n + b \leq 0$ e $ax^n + b \geq 0$, con $a > 0$ e $b \neq 0$, vale una tabella del tutto analoga dove i simboli $<$, $>$ vanno sostituiti, rispettivamente, con $\leq$, $\geq$.

Disequazioni trinomie

Le disequazioni **trinomie** sono quelle che si possono ricondurre a una delle seguenti forme:

$$ax^{2n} + bx^n + c < 0 \quad \text{o} \quad ax^{2n} + bx^n + c > 0$$
$$ax^{2n} + bx^n + c \leq 0 \quad \text{o} \quad ax^{2n} + bx^n + c \geq 0$$

La strategia risolutiva consiste nel porre $x^n = t$. Ci si riconduce così a una disequazione di *secondo* grado in t. Se questa disequazione è impossibile o sempre verificata, anche la disequazione originaria lo è. Altrimenti la si risolve, poi si sostituisce x^n al posto di t nelle soluzioni trovate e si esprimono le soluzioni in funzione di x, risolvendo le disequazioni che ne scaturiscono.

Osserva

Il primo membro di una disequazione **trinomia** è caratterizzato dall'essere un **trinomio** in cui il grado del primo termine è il doppio del grado del secondo.

ESEMPI Disequazioni trinomie

Risolviamo le disequazioni:

a. $x^4 - 3x^2 + 4 \leq 0$ **b.** $x^6 - 3x^3 + 2 \geq 0$

a. Ponendo $x^2 = t$, quindi $x^4 = t^2$, otteniamo la disequazione:

$t^2 - 3t + 4 \leq 0$

Il discriminante dell'equazione corrispondente è negativo (uguale a -7), quindi in base al **teorema 1.3** la disequazione non è mai verificata. Ne segue che anche la disequazione originaria è impossibile.

b. Ponendo $x^3 = t$, quindi $x^6 = t^2$, otteniamo la disequazione:

$t^2 - 3t + 2 \geq 0$

che è verificata per:

$t \leq 1 \vee t \geq 2$

Ritorniamo ora alla variabile x, ricordando che abbiamo posto $x^3 = t$. La disequazione originaria sarà soddisfatta in corrispondenza dei valori di x per cui:

$x^3 \leq 1 \vee x^3 \geq 2$

La prima disequazione è soddisfatta per $x \leq 1$ e la seconda è soddisfatta per $x \geq \sqrt[3]{2}$. Quindi la disequazione originaria è soddisfatta per:

$x \leq 1 \vee x \geq \sqrt[3]{2}$

Disequazioni scomposte o scomponibili in fattori

Se una disequazione intera di grado superiore al secondo non è di uno dei tipi che abbiamo appena visto (monomia, binomia o trinomia), potremo ancora risolverla se, ricondotta la disequazione alla **forma normale**:

$$P(x) > 0 \quad \text{o} \quad P(x) < 0 \quad \text{o} \quad P(x) \geq 0 \quad \text{o} \quad P(x) \leq 0$$

il polinomio $P(x)$ è scomponibile in fattori di *primo* o *secondo* grado o eventualmente di grado superiore, purché ne sappiamo studiare il segno; per esempio: $(x-1)^4$, $(x-1)^3$ o $4x^3+1$. Il procedimento risolutivo consiste in tal caso nello studiare il segno di ciascun fattore, costruire la tabella riassuntiva dei segni dei fattori e dedurre da essa le soluzioni della disequazione.

ESEMPIO **Disequazione di terzo grado scomponibile in fattori**

Risolviamo la disequazione $x^3 - x^2 \leq 4x - 4$.

1° passo Riportiamo la disequazione in forma normale:

$x^3 - x^2 - 4x + 4 \leq 0$

2° passo Scomponiamo il polinomio a primo membro in fattori di 1° o 2° grado:

$x^2(x-1) - 4(x-1) \leq 0$

$(x-1)(x^2-4) \leq 0$

3° passo Studiamo il segno dei fattori:

1° *fattore* $\quad x - 1 > 0 \Rightarrow x > 1$

2° *fattore* $\quad x^2 - 4 > 0 \Rightarrow x < -2 \vee x > 2$

4° passo Costruiamo la tabella dei segni:

		−2		1		2	
segno di $x-1$	−		−	0	+		+
segno di x^2-4	+	0	−		−	0	+
segno di $(x-1)(x^2-4)$	−	0	+	0	−	0	+

5° passo La disequazione $(x-1)(x^2-4) \leq 0$ è soddisfatta quando il prodotto $(x-1)(x^2-4)$ è negativo o nullo, cioè per:

$x \leq -2 \vee 1 \leq x \leq 2$

La rappresentazione dell'insieme delle soluzioni sulla retta reale è perciò quella mostrata nella figura a lato.

Riassumiamo in forma valida in generale il procedimento appena utilizzato nell'esempio.

SINTESI

Procedimento per la risoluzione di una disequazione di grado superiore al secondo scomponibile in fattori

1° passo: si riconduce la disequazione a forma normale (se non lo è già);

2° passo: si scompone il polinomio al primo membro della disequazione in fattori di primo o secondo grado (o eventualmente di grado superiore, purché se ne sappia studiare il segno);

3° passo: si studia il segno di ciascun fattore;

4° passo: si costruisce una tabella riassuntiva dove si riporta il segno di ciascun fattore e si deduce, in base alla regola dei segni, il segno del prodotto in ciascun intervallo che si è venuto a determinare;

5° passo: si conclude deducendo, dalla tabella, l'insieme delle soluzioni della disequazione.

Osserva

Al 2° passo avremmo anche potuto procedere ulteriormente nella scomposizione in fattori e ottenere la disequazione scomposta:
$(x-1)(x+2)(x-2) \leq 0$
In questo caso, per risolvere la disequazione, avremmo dovuto studiare il segno dei tre fattori:
$(x-1)$, $(x+2)$ e $(x-2)$.

Attenzione!

1. Gli eventuali fattori sempre *positivi* che compaiono nella disequazione ridotta in forma normale e scomposta possono essere trascurati (perché non influiscono sul segno del prodotto).
2. Nella costruzione della tabella finale dei segni è importante *ordinare* correttamente sulla retta reale gli zeri dei fattori.
3. Il simbolo ($>$, $<$, $\geq$, $\leq$) che compare nella disequazione viene preso in considerazione *solo* nell'*ultimo passaggio*: la tecnica risolutiva richiede infatti di determinare, in ogni caso, lo schema completo del segno dell'espressione e poi dedurre, da tale schema, le soluzioni della disequazione.

Prova tu ESERCIZI a p. 39

Risolvi le seguenti disequazioni di grado superiore al secondo.

1. $4(x-1)^6 \geq 0$ $[\forall x \in \mathbb{R}]$
2. $-2(4-x)^3 < 0$ $[x < 4]$
3. $27x^3 + 1 \geq 0$ $\left[x \geq -\frac{1}{3}\right]$
4. $6x^6 + 10 < 0$ [Impossibile]
5. $x^4 + 5x^2 - 14 \leq 0$ $[-\sqrt{2} \leq x \leq \sqrt{2}]$
6. $x^3 - 9x \geq 2x^2 - 18$ $[-3 \leq x \leq 2 \vee x \geq 3]$

5. Le disequazioni frazionarie

Come abbiamo anticipato, le disequazioni che in almeno un denominatore presentano l'incognita, analogamente a quanto accade per le equazioni, sono dette **frazionarie** o **fratte**. Per esempio, sono disequazioni frazionarie:

$$\frac{x-1}{2x^2+1} < 0, \quad \frac{x^2-10}{x-1} > 0, \quad \frac{x}{x-1} \leq 2x, \quad \frac{x-3}{x-2} - \frac{1}{x} \geq 0$$

Disequazioni frazionarie in forma normale

Cominciamo ad affrontare il caso delle disequazioni frazionarie che si presentano in **forma normale**, cioè in una delle seguenti forme:

$$\frac{A(x)}{B(x)} < 0 \qquad \frac{A(x)}{B(x)} > 0 \qquad \frac{A(x)}{B(x)} \leq 0 \qquad \frac{A(x)}{B(x)} \geq 0$$

dove $A(x)$ e $B(x)$ sono due polinomi in x.
La prima osservazione da fare è che, a differenza di quanto accadeva per le *equazioni* frazionarie, **non** è possibile, in generale, «liberare» la disequazione dal denominatore, moltiplicando i due membri per $B(x)$. Ciò è dovuto al fatto che il segno del denominatore contribuisce in modo essenziale al segno della frazione algebrica al primo membro: il segno della frazione è positivo se numeratore e denominatore sono concordi, mentre è negativo se sono discordi.

Constatato dunque che, in generale, il denominatore di una disequazione frazionaria in forma normale non si può «eliminare», come si può procedere per risolvere una tale disequazione? Come apparirà chiaro dai prossimi esempi, il procedimento risolutivo è del tutto analogo a quello che abbiamo presentato nel paragrafo precedente per risolvere le disequazioni di grado superiore al secondo.

ESEMPIO **Disequazione frazionaria in forma normale**

Risolviamo la disequazione $\frac{x-5}{4-x^2} \leq 0$.

- Studiamo il segno del numeratore e quello del denominatore:

  Numeratore $x - 5 > 0 \Rightarrow x > 5$

  Denominatore $4 - x^2 > 0 \Rightarrow -2 < x < 2$

- Costruiamo la tabella dei segni:

		-2		2		5		x
segno di $x-5$	$-$		$-$		$-$	0	$+$	
segno di $4-x^2$	$-$	0	$+$	0	$-$		$-$	
segno di $\frac{x-5}{4-x^2}$	$+$	$\nexists$	$-$	$\nexists$	$+$	0	$-$	

Attenzione!

Osserva che, sulla riga che riporta il segno della frazione algebrica, compare il simbolo di non esistenza, $\nexists$, in corrispondenza dei valori $x = -2$ e $x = 2$. Esso serve a indicare che, per $x = -2$ e $x = 2$, la frazione **non è definita**, perché si annulla il *denominatore*; il valore $x = 5$, invece, è un valore che **annulla** la frazione, perché annulla il *numeratore*, quindi è indicato con il simbolo 0. Ricorda di porre sempre il simbolo di *non esistenza* in corrispondenza di *tutti* i valori che annullano il *denominatore* di una frazione algebrica!

- Concludiamo analizzando i risultati dello schema.

La disequazione $\dfrac{x-5}{4-x^2} \leq 0$ è verificata quando la frazione algebrica $\dfrac{x-5}{4-x^2}$ è negativa o nulla. Dalla tabella dei segni vediamo che ciò accade per:

$$-2 < x < 2 \vee x \geq 5$$

Nota che -2 e 2 sono estremi *esclusi* perché, per $x = \pm 2$, la frazione **non** è definita; invece 5 è un estremo *incluso*, perché, per $x = 5$, la frazione è *nulla*:

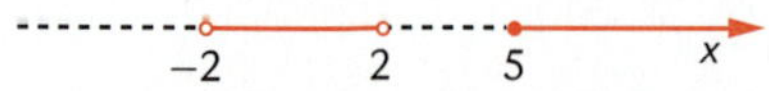

Se il numeratore e/o il denominatore della frazione algebrica di cui si vuole studiare il segno sono di grado maggiore al secondo, bisogna anzitutto scomporli in fattori di grado inferiore, di cui si sa studiare il segno; poi, invece di studiare il segno del numeratore e del denominatore, si studia il segno di ciascun fattore.

ESEMPIO **Disequazione frazionaria con numeratore di grado superiore al secondo**

Risolviamo la disequazione: $\dfrac{x^3-4x}{x^2-25} \geq 0$.

- Scomponiamo il numeratore in fattori di 1° e 2° grado:

$$\frac{x(x^2-4)}{x^2-25} \geq 0$$

- Studiamo il segno di ciascun fattore.

1° *fattore* $x > 0 \Rightarrow x > 0$
2° *fattore* $x^2 - 4 > 0 \Rightarrow x < -2 \vee x > 2$
3° *fattore* $x^2 - 25 > 0 \Rightarrow x < -5 \vee x > 5$

- Costruiamo la tabella dei segni.

x		−5		−2		0		2		5	
segno di x	−		−		−	0	+		+		+
segno di x^2-4	+		+	0	−		−	0	+		+
segno di x^2-25	+	0	−		−		−		−	0	+
segno di $\dfrac{x^3-4x}{x^2-25}$	−	∄	+	0	−	0	+	0	−	∄	+

- Concludiamo. La disequazione $\dfrac{x^3-4x}{x^2-25} \geq 0$ è verificata quando la frazione algebrica al primo membro è positiva o nulla, cioè per:

$$-5 < x \leq -2 \vee 0 \leq x \leq 2 \vee x > 5$$

Attenzione agli estremi inclusi ed esclusi!

Disequazioni frazionarie non in forma normale

Può succedere che una disequazione frazionaria **non** si presenti in forma normale. Per esempio, rientra in questo caso la disequazione:

$$\frac{2x}{x+2} - 1 < \frac{1}{2x+4}$$

In tali situazioni occorre preliminarmente ricondursi alla forma normale, mediante i principi di equivalenza per le disequazioni e il calcolo algebrico.

ESEMPIO Disequazione frazionaria non in forma normale

Risolviamo la disequazione $\frac{1}{x}+\frac{3}{x^2-2x}\leq\frac{2}{2-x}$.

- Riportiamo la disequazione alla forma normale $\frac{A(x)}{B(x)}\leq 0$.

$\frac{1}{x}+\frac{3}{x^2-2x}\leq\frac{2}{2-x}$ Disequazione da risolvere

$\frac{1}{x}+\frac{3}{x(x-2)}-\frac{2}{2-x}\leq 0$ Portando tutti i termini al 1° membro e scomponendo i denominatori

$\frac{1}{x}+\frac{3}{x(x-2)}+\frac{2}{x-2}\leq 0$ Cambiando segno al denominatore dell'ultima frazione algebrica

$\frac{x-2+3+2x}{x(x-2)}\leq 0$ Calcolando la somma algebrica al 1° membro

$\frac{3x+1}{x(x-2)}\leq 0$ Semplificando il numeratore

- Studiamo il segno del numeratore e del denominatore della frazione algebrica al primo membro.

Numeratore $3x+1>0\Rightarrow x>-\frac{1}{3}$

Denominatore $x(x-2)>0\Rightarrow x<0\vee x>2$

- Costruiamo la tabella riassuntiva dei segni.

		$-\frac{1}{3}$		0		2	
segno di $3x+1$	−	0	+		+		+
segno di $x(x-2)$	+		+	0	−	0	+
segno di $\frac{3x+1}{x(x-2)}$	−	0	+	∄	−	∄	+

- Concludiamo. La disequazione $\frac{3x+1}{x(x-2)}\leq 0$, equivalente a quella data, è verificata in corrispondenza dei valori di x per cui la frazione al primo membro è negativa o nulla. Dalla tabella vediamo che ciò accade per:

$x\leq-\frac{1}{3}\vee 0<x<2$ Attenzione agli estremi inclusi ed esclusi!

Prova tu ESERCIZI a p. 43

Risolvi le seguenti disequazioni.

1. $\frac{x-5}{6-x}>0$ $[5<x<6]$

2. $\frac{x^3-9x}{x^3-8}\geq 0$ $[x\leq-3\vee 0\leq x<2\vee x\geq 3]$

3. $\frac{2}{x^2-2x}-\frac{3}{x-2}\leq\frac{5}{x}$ $\left[0<x\leq\frac{3}{2}\vee x>2\right]$

6. I sistemi di disequazioni

SISTEMA DI DISEQUAZIONI

Un insieme di due o più disequazioni, tutte nella stessa incognita, che si vuole siano soddisfatte *contemporaneamente* si chiama **sistema di disequazioni**.

Per indicare un sistema di disequazioni si scrivono le disequazioni che formano il sistema una al di sotto dell'altra, racchiudendole con una parentesi graffa. Per esempio:

$$\begin{cases} x^2 - 2x \geq 0 \\ 5 - x > 0 \end{cases}$$

è un sistema di disequazioni.
Le soluzioni del sistema sono i valori di x che soddisfano *sia* la prima *sia* la seconda disequazione del sistema.
Lo schema logico generale per risolvere un sistema di disequazioni si può riassumere come segue.

SINTESI

Schema logico per la risoluzione di un sistema di disequazioni	
1° passo:	si risolvono le singole disequazioni del sistema;
2° passo:	aiutandosi con uno schema grafico si individua l' **intersezione** degli insiemi delle soluzioni delle singole disequazioni;
3° passo:	si scrive l'insieme delle soluzioni del sistema, dato dall'intersezione individuata al passo precedente.

ESEMPIO **Sistema di disequazioni**

Risolviamo il sistema $\begin{cases} \dfrac{5-x}{x+2} \geq 0 \\ \dfrac{1}{2}x^2 + x > 4 \end{cases}$

1° passo Risolviamo la **prima disequazione** del sistema, che è una disequazione fratta.

Segno del numeratore $5 - x > 0 \Rightarrow -x > -5 \Rightarrow x < 5$
Segno del denominatore $x + 2 > 0 \Rightarrow x > -2$

Possiamo dunque costruire la seguente tabella dei segni:

x		-2		5	
segno di $5-x$	$+$		$+$	0	$-$
segno di $x+2$	$-$	0	$+$		$+$
segno di $\dfrac{5-x}{x+2}$	$-$	$\nexists$	$+$	0	$-$

La prima disequazione è verificata quando la frazione algebrica $\dfrac{5-x}{x+2}$ è positiva o nulla, cioè per:

$-2 < x \leq 5$ Insieme delle soluzioni S_1

Risolviamo ora la **seconda disequazione** del sistema.

$$\frac{1}{2}x^2 + x > 4 \Rightarrow x^2 + 2x > 8 \Rightarrow$$
$$\Rightarrow x^2 + 2x - 8 > 0$$

L'equazione associata, $x^2 + 2x - 8 = 0$, ha come soluzioni:

$$x = -4 \vee x = 2$$

La seconda disequazione è dunque verificata negli intervalli esterni alle soluzioni, cioè per:

$x < -4 \vee x > 2$ Insieme delle soluzioni S_2

2° passo Costruiamo lo schema riassuntivo e troviamo l'intersezione delle singole soluzioni.
Rappresentiamo in un unico schema l'insieme S_1 delle soluzioni della prima disequazione e l'insieme S_2 delle soluzioni della seconda.
L'insieme S delle soluzioni del sistema corrisponde all'intervallo dove, su tutte le righe blu, c'è una linea continua (tale intervallo è colorato in giallo).

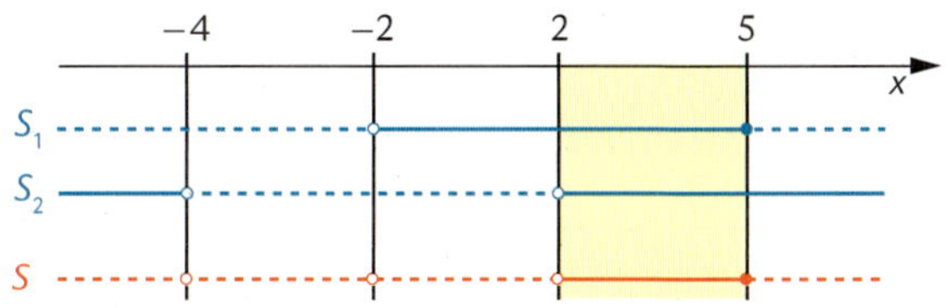

3° passo Concludiamo che il sistema è soddisfatto per: $2 < x \leq 5$

ESEMPIO **Un sistema in cui una disequazione è sempre verificata**

Risolviamo il sistema $\begin{cases} (x+1)^2 + x^2 \geq 0 \\ (x^2 - 3x)^3 < 0 \end{cases}$

Osserva la prima disequazione del sistema: il primo membro è la somma di due quadrati, quindi è certamente non negativo per ogni valore di x. Ne segue che la prima disequazione è sempre verificata, perciò può essere trascurata, perché non influisce sulle soluzioni del sistema (sai giustificare perché?).
Il sistema è allora equivalente alla seconda disequazione, che risolviamo:

$$(x^2 - 3x)^3 < 0 \Rightarrow x^2 - 3x < 0 \Rightarrow 0 < x < 3$$

Concludiamo che il sistema è soddisfatto per $0 < x < 3$.

ESEMPIO **Un sistema impossibile**

Risolviamo il sistema $\begin{cases} x^3 + x - 1 \geq 0 \\ x^2 - x + 1 < 0 \end{cases}$

Non farti ingannare del fatto che la prima disequazione è di terzo grado e dunque potenzialmente difficile da risolvere. In realtà questo sistema si può risolvere con pochissimi calcoli!
Osservando che la seconda disequazione del sistema non è mai verificata (perché il discriminante dell'equazione corrispondente, $x^2 - x + 1 = 0$, è negativo), possiamo concludere senza fare altri calcoli che il sistema è *impossibile* (sai giustificare perché?).

Rifletti

Gli ultimi due esempi mostrano che:
1. se una disequazione di un sistema è sempre verificata, essa può essere trascurata;
2. se una disequazione di un sistema è impossibile, anche il sistema è impossibile.

Prova tu **ESERCIZI** a p. 47

Risolvi i seguenti sistemi.

1. $\begin{cases} x^2 - 6x > 0 \\ \dfrac{5-x}{x+1} \leq 0 \end{cases}$ $[x < -1 \vee x > 6]$

2. $\begin{cases} x^4 + 4x^2 - 5 > 0 \\ (x+1)^2 \leq 1 - \sqrt{5} \end{cases}$ [Impossibile]

3. $\begin{cases} x^3 + 2 > 0 \\ x^2 - 3x + 5 > 0 \end{cases}$ $[x > -\sqrt[3]{2}]$

7. Le equazioni e le disequazioni irrazionali

EQUAZIONI E DISEQUAZIONI IRRAZIONALI
Un'equazione o una disequazione si chiama **irrazionale** quando contiene almeno un radicale nel cui radicando compare l'incognita.

Nella seguente tabella sono mostrati alcuni esempi e controesempi.

Esempi	Controesempi
$\sqrt{x}-2=\frac{1}{2}x$ $x=\frac{1}{2}\sqrt[3]{x}$ sono equazioni irrazionali	$x-\sqrt{2}=\frac{1}{2}x$ $1-\sqrt[3]{2}x=x^2$ **non** sono equazioni irrazionali
$\sqrt{x}\geq x+2$ $\sqrt{x}<\sqrt[4]{x-2}$ sono disequazioni irrazionali	$\sqrt[3]{2}\geq x+\sqrt{2}$ $x\sqrt{3}\geq x\sqrt[3]{2}$ **non** sono disequazioni irrazionali

Equazioni irrazionali

La tecnica risolutiva di un'**equazione irrazionale** consiste nel ricondursi a un'equazione *razionale* mediante opportuni elevamenti a potenza. A tale proposito occorre ricordare le seguenti proprietà.

- Se si elevano entrambi i membri di un'equazione a una potenza di esponente **dispari** si ottiene un'equazione equivalente a quella originaria.
- Se si elevano entrambi i membri di un'equazione a una potenza di esponente **pari** la nuova equazione che si ottiene, in generale, **non** è equivalente a quella assegnata, poiché può avere più soluzioni rispetto a essa. L'equivalenza tra le due equazioni è garantita solo nel caso in cui i due membri dell'equazione originaria siano **non negativi**.

Tenendo conto di queste proprietà, possiamo passare in rassegna le tecniche per risolvere le equazioni irrazionali che si incontrano più di frequente.

1. L'equazione si può ricondurre alla forma $\sqrt{A(x)}=B(x)$

Facciamo alcune considerazioni, che ci porteranno a scrivere un sistema equivalente all'equazione data.

- Una soluzione dell'equazione

  $$\sqrt{A(x)}=B(x) \qquad [1.3]$$

  deve anzitutto essere tale che $A(x)\geq 0$, in modo che sia definito il radicale al primo membro (**condizione di esistenza**).
- Una soluzione dell'equazione **[1.3]** deve rendere uguali i suoi due membri: poiché al primo membro c'è una radice quadrata, che è non negativa quando è reale, la soluzione deve rendere non negativo anche il secondo membro, quindi deve essere tale che:

  $$B(x)\geq 0$$

  (**condizione di concordanza di segno** tra i due membri dell'equazione).
- Se $A(x)\geq 0$ e $B(x)\geq 0$, i due membri dell'equazione **[1.3]** sono definiti e non negativi: quindi, elevandoli al quadrato, otteniamo un'equazione equivalente.

Possiamo allora concludere che x è una soluzione dell'equazione $\sqrt{A(x)}=B(x)$ se e solo se soddisfa il sistema:

$$\begin{cases} A(x)\geq 0 \\ B(x)\geq 0 \\ A(x)=B^2(x) \end{cases}$$

Attenzione!
Con la scrittura $B^2(x)$ si intende l'espressione $B(x)$ elevata al quadrato.

Osservando il sistema, si può però notare che *la prima disequazione è superflua*, poiché $A(x)$ risulterà certamente non negativo, se deve essere uguale a un quadrato, come è richiesto dalla terza equazione.
In conclusione:

L'equazione $\sqrt{A(x)} = B(x)$ equivale al sistema $\begin{cases} B(x) \geq 0 \\ A(x) = B^2(x) \end{cases}$ [1.4]

ESEMPIO **Equazione del tipo $\sqrt{A(x)} = B(x)$**

Risolviamo l'equazione $\sqrt{x^2+4} = 2x - 2$.

$\sqrt{x^2+4} = 2x - 2$ Equazione da risolvere

$\begin{cases} 2x - 2 \geq 0 \\ x^2 + 4 = (2x-2)^2 \end{cases}$ Sistema equivalente, per la [1.4]

$\begin{cases} x \geq 1 \\ 3x^2 - 8x = 0 \end{cases}$ Svolgendo i calcoli

$\begin{cases} x \geq 1 \\ x = 0 \vee x = \dfrac{8}{3} \end{cases}$ Risolvendo l'equazione (spuria)

Questo sistema ha come unica soluzione $x = \dfrac{8}{3}$ (la soluzione $x = 0$ è da scartare perché non soddisfa la condizione $x \geq 1$). Pertanto l'insieme delle soluzioni dell'equazione originaria è $S = \left\{\dfrac{8}{3}\right\}$.

2. L'equazione si può ricondurre alla forma $\sqrt[3]{A(x)} = B(x)$

In questo caso l'equazione si può risolvere semplicemente elevando i suoi due membri al cubo: in base a quanto detto all'inizio di questo sottoparagrafo, infatti, la nuova equazione che si otterrà sarà sicuramente equivalente a quella originaria.

ESEMPIO **Equazione del tipo $\sqrt[3]{A(x)} = B(x)$**

Risolviamo l'equazione $\sqrt[3]{x^3-7} = x - 1$.

$\sqrt[3]{x^3-7} = x - 1$ Equazione data

$\left(\sqrt[3]{x^3-7}\right)^3 = (x-1)^3$ Elevando i due membri al cubo

$\cancel{x^3} - 7 = \cancel{x^3} - 3x^2 + 3x - 1$ Svolgendo i calcoli

$3x^2 - 3x - 6 = 0$ Riscrivendo l'equazione in forma normale

$x^2 - x - 2 = 0$ Dividendo i due membri per 3

$x = -1 \vee x = 2$ Risolvendo l'equazione (completa)

Poiché gli elevamenti al cubo non introducono soluzioni estranee, concludiamo che l'insieme delle soluzioni dell'equazione originaria è $S = \{-1, 2\}$.

3. L'incognita compare in più di un radicale quadratico

In questo terzo caso, il procedimento per risolvere l'equazione si basa sui seguenti passi:

- **1° passo**: si determinano le **condizioni di esistenza** dell'equazione (cioè i valori di x per cui tutti i radicali sono definiti e tutti gli eventuali denominatori diversi da zero);
- **2° passo**: si eseguono opportuni elevamenti al quadrato in modo da ricondursi a un'equazione razionale oppure a un'equazione irrazionale del tipo $\sqrt{A(x)} = B(x)$ (occorre cercare di eseguire elevamenti al quadrato tra espressioni non negative, in modo da non introdurre soluzioni estranee);

- **3° passo**: si confrontano le soluzioni trovate con le condizioni di esistenza e si scartano quelle che non le soddisfano.

ESEMPIO Equazione irrazionale con più di un radicale quadratico

Risolviamo l'equazione $\sqrt{x} - \sqrt{x+5} = -\sqrt{x-3}$.

1° passo Determiniamo le condizioni di esistenza.

Affinché i tre radicali che compaiono nell'equazione siano definiti, x deve soddisfare il sistema:

$$\begin{cases} x \geq 0 \\ x+5 \geq 0 \\ x-3 \geq 0 \end{cases}$$

che è verificato per $x \geq 3$.

2° passo Riconduciamo l'equazione alla forma $\sqrt{A(x)} = B(x)$, quindi risolviamola.

Per evitare che, negli elevamenti al quadrato, si introducano delle soluzioni estranee, riscriviamo l'equazione portando $-\sqrt{x-3}$ al primo membro e $-\sqrt{x+5}$ al secondo:

$$\sqrt{x} + \sqrt{x-3} = \sqrt{x+5}$$

I due membri ora sono non negativi quindi, elevandoli al quadrato, otteniamo un'equazione equivalente

$$(\sqrt{x} + \sqrt{x-3})^2 = (\sqrt{x+5})^2$$

Elevando i due membri al quadrato

$$x + x - 3 + 2\sqrt{x^2 - 3x} = x + 5$$

Svolgendo i quadrati, presta attenzione a non dimenticare il doppio prodotto al 1° membro! $2 \cdot \sqrt{x} \cdot \sqrt{x-3} = 2\sqrt{x^2-3x}$

$$2\sqrt{x^2 - 3x} = 8 - x$$

Isolando il radicale al 1° membro, ci siamo ricondotti alla forma voluta (a meno del fattore 2 al 1° membro, che non comporta cambiamenti nello schema risolutivo)

$$\begin{cases} 8 - x \geq 0 \\ 4(x^2 - 3x) = (8-x)^2 \end{cases}$$

Sistema equivalente all'equazione

$$x = -\frac{16}{3} \vee x = 4$$

Risolvendo il sistema

3° passo Concludiamo accettando solo le soluzioni che soddisfano le condizioni di esistenza.

La soluzione $x = -\frac{16}{3}$ non soddisfa la condizione di esistenza, $x \geq 3$, quindi è da scartare; la soluzione $x = 4$ invece soddisfa tale condizione. In conclusione, l'insieme delle soluzioni dell'equazione data è $S = \{4\}$.

Disequazioni irrazionali

Come per le equazioni irrazionali, anche la tecnica risolutiva delle **disequazioni irrazionali** prevede di riportarsi a una disequazione razionale mediante elevamenti a potenza.

Abbiamo visto qual è il comportamento di un'equazione rispetto all'elevamento a potenza pari o dispari, ma qual è l'analogo comportamento di una disuguaglianza? Si potrebbe dimostrare che:

- elevando entrambi i membri di una disuguaglianza a potenza di esponente **dispari** si ottiene una disuguaglianza nello stesso verso:

$$a < b \Leftrightarrow a^n < b^n \quad \forall a, b \in \mathbf{R} \text{ e } \forall n \in \mathbf{N} \text{ con } n \text{ dispari}$$

- elevando entrambi i membri di una disuguaglianza a potenza di esponente **pari** in generale **non** è detto che si ottenga una disuguaglianza nello stesso verso (per esempio: $-3 < -2$ ma $(-3)^2 > (-2)^2$); se però i due membri della disuguaglianza sono **non negativi**, allora si ottiene una disuguaglianza nello stesso verso:

$$a < b \Leftrightarrow a^n < b^n \quad \forall a, b \in \mathbf{R}_0^+ \text{ e } \forall n \in \mathbf{N} - \{0\} \text{ con } n \text{ pari}$$

Sulla base di questi principi, possiamo ora passare in rassegna le tecniche per risolvere le disequazioni irrazionali che si incontrano più di frequente.

1. La disequazione si può ricondurre alla forma $\sqrt{A(x)} < B(x)$

Facciamo alcune considerazioni, che ci porteranno a scrivere un sistema equivalente alla disequazione data.

- Osserviamo anzitutto che il radicale al primo membro è definito nell'insieme dei numeri reali a condizione che sia $A(x) \geq 0$ (**condizione di esistenza**).
- Il primo membro, quando è reale, è certamente non negativo, quindi, affinché la disequazione sia verificata, il secondo membro deve essere positivo. Deve quindi risultare $B(x) > 0$.
- Se $A(x) \geq 0$ e $B(x) > 0$, i due membri della disequazione sono non negativi, quindi, elevandoli al quadrato, otteniamo una disequazione equivalente: $A(x) < B^2(x)$.

In conclusione:

I valori di x che soddisfano la disequazione $\sqrt{A(x)} < B(x)$ sono le soluzioni del sistema:

$$\begin{cases} A(x) \geq 0 \\ B(x) > 0 \\ A(x) < B^2(x) \end{cases} \qquad [1.5]$$

Attenzione!

1. La disequazione $\sqrt{A(x)} \leq B(x)$ ha uno schema risolutivo analogo a quello qui a fianco: con ragionamenti del tutto simili a quelli effettuati poc'anzi si conclude che essa equivale al sistema:

$$\begin{cases} A(x) \geq 0 \\ B(x) \geq 0 \\ A(x) \leq B^2(x) \end{cases}$$

2. Le disequazioni irrazionali del tipo $\sqrt{A(x)} < B(x)$ in cui $B(x)$ è un **numero negativo** sono *impossibili* perché la condizione $B(x) > 0$ non è verificata.
Per esempio, è impossibile la disequazione $\sqrt{x+1} < -3$.

3. Le disequazioni irrazionali del tipo $\sqrt{A(x)} < B(x)$ in cui $B(x)$ è un **numero positivo** equivalgono al sistema:

$$\begin{cases} A(x) \geq 0 \\ A(x) < B^2(x) \end{cases}$$

formato dalla condizione di esistenza e dalla disequazione che si ottiene elevando al quadrato i due membri della disequazione originaria.

ESEMPIO **Disequazione della forma $\sqrt{A(x)} < B(x)$**

Risolviamo la disequazione $\sqrt{x} < x - 2$.

La disequazione è equivalente al sistema:

$$\begin{cases} x \geq 0 \\ x - 2 > 0 \\ x < (x-2)^2 \end{cases}$$

cioè, risolvendo le singole disequazioni:

$$\begin{cases} x \geq 0 \\ x > 2 \\ x < 1 \vee x > 4 \end{cases}$$

Dallo schema seguente, dove le soluzioni delle singole disequazioni sono inserite dall'alto in basso nello stesso ordine in cui compaiono nel sistema, puoi dedurre che il sistema (e perciò la disequazione assegnata) è soddisfatto per $x > 4$.

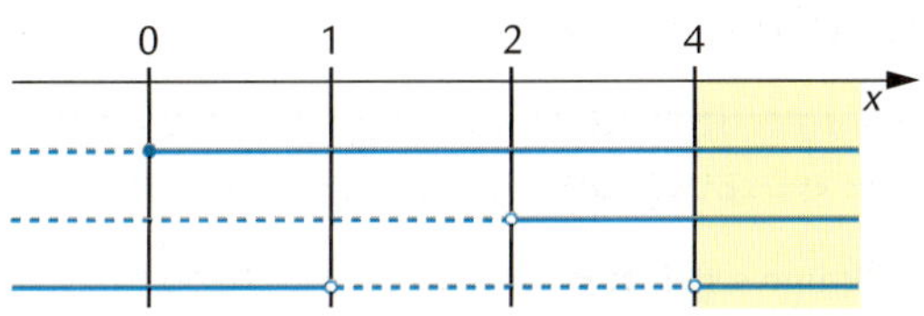

2. La disequazione si può ricondurre alla forma $\sqrt{A(x)} > B(x)$

Facciamo anche in questo caso alcune considerazioni, che ci porteranno a scrivere un sistema equivalente alla disequazione data.

- Se $B(x) < 0$ e il primo membro è reale (cioè se $A(x) \geq 0$), la disequazione è certamente soddisfatta; dunque sono soluzioni della disequazione le soluzioni del sistema:

$$\begin{cases} A(x) \geq 0 \\ B(x) < 0 \end{cases}$$

- Se $B(x) \geq 0$, una eventuale soluzione della disequazione dovrà anzitutto essere tale che il primo membro esista, cioè tale che $A(x) \geq 0$; se queste due condizioni ($A(x) \geq 0$ e $B(x) \geq 0$) sono verificate, i due membri della disequazione sono non negativi, quindi, elevandoli al quadrato, otteniamo una disequazione equivalente. Sono dunque soluzioni della disequazione assegnata anche le soluzioni del sistema:

$$\begin{cases} A(x) \geq 0 \\ B(x) \geq 0 \\ A(x) > B^2(x) \end{cases}$$

Osservando le tre disequazioni del sistema, si può però notare che la prima è **superflua**, poiché $A(x)$ risulterà certamente non negativo se deve essere maggiore di un quadrato, come è richiesto dalla terza disequazione.

In conclusione:

I valori di x che soddisfano la disequazione $\sqrt{A(x)} > B(x)$ sono quelli per cui:

$$\begin{cases} A(x) \geq 0 \\ B(x) < 0 \end{cases} \vee \begin{cases} B(x) \geq 0 \\ A(x) > B^2(x) \end{cases} \qquad [1.6]$$

Presta attenzione al fatto che, come indica la presenza del connettivo $\vee$, l'insieme delle soluzioni della disequazione $\sqrt{A(x)} > B(x)$è l'**unione** degli insiemi delle soluzioni dei due sistemi scritti.

Attenzione!

1. La disequazione $\sqrt{A(x)} \geq B(x)$ ha uno schema risolutivo analogo a quello qui a fianco: con ragionamenti del tutto simili a quelli effettuati poc'anzi si conclude che essa equivale al sistema:

$$\begin{cases} A(x) \geq 0 \\ B(x) < 0 \end{cases} \vee \begin{cases} B(x) \geq 0 \\ A(x) \geq B^2(x) \end{cases}$$

2. Le disequazioni irrazionali del tipo $\sqrt{A(x)} > B(x)$ in cui $B(x)$ è un **numero negativo** equivalgono alla condizione $A(x) \geq 0$. Per esempio, la disequazione $\sqrt{x+1} > -5$ è verificata per ogni $x \geq -1$.

3. Le disequazioni irrazionali del tipo $\sqrt{A(x)} > B(x)$ in cui $B(x)$ è un **numero positivo** equivalgono a:

$$A(x) > B^2(x)$$

ossia alla disequazione che si ottiene elevando al quadrato i due membri della disequazione originaria.

ESEMPIO **Disequazione della forma $\sqrt{A(x)} > B(x)$**

Risolviamo la disequazione $\sqrt{9 - x^2} > x + 3$.

I valori di x che sono soluzioni della disequazione assegnata sono quelli per cui:

$$\begin{cases} 9 - x^2 \geq 0 \\ x + 3 < 0 \end{cases} \vee \begin{cases} x + 3 \geq 0 \\ 9 - x^2 > (x+3)^2 \end{cases}$$

ovvero, risolvendo ciascuna delle disequazioni del sistema:

$$\begin{cases} -3 \leq x \leq 3 \\ x < -3 \end{cases} \vee \begin{cases} x \geq -3 \\ -3 < x < 0 \end{cases}$$

Dagli schemi seguenti puoi osservare che il primo sistema è impossibile; il secondo è soddisfatto per $-3 < x < 0$, che pertanto è anche soluzione della disequazione assegnata.

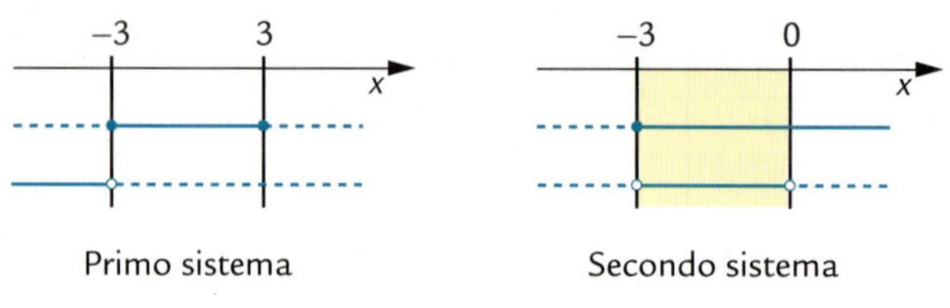

3. La disequazione si può ricondurre alla forma $\sqrt[3]{A(x)} < B(x)$ o $\sqrt[3]{A(x)} > B(x)$ o $\sqrt[3]{A(x)} \leq B(x)$ o $\sqrt[3]{A(x)} \geq B(x)$

In questo caso, avendo a che fare con radicali di indice dispari (e precisamente di indice 3), la disequazione equivale a quella che si ottiene elevando i suoi due membri al cubo, senza necessità di porre particolari condizioni.

ESEMPIO **Disequazione della forma $\sqrt[3]{A(x)} < B(x)$**

Risolviamo la disequazione $\sqrt[3]{x} < x$.

$\sqrt[3]{x} < x$	Disequazione data
$x < x^3$	Elevando i due membri al cubo
$x^3 - x > 0$	Riscrivendo in forma normale
$x(x^2 - 1) > 0$	Raccogliendo x al primo membro

Studiando il segno dei due fattori otteniamo il seguente schema:

x		-1		0		1	
segno di x	$-$		$-$	0	$+$		$+$
segno di x^2-1	$+$	0	$-$		$-$	0	$+$
segno di $x(x^2-1)$	$-$	0	$+$	0	$-$	0	$+$

Da esso deduciamo che la disequazione è soddisfatta per:

$$-1 < x < 0 \vee x > 1$$

Prova tu **ESERCIZI** a p. 50

1. Risolvi le seguenti equazioni irrazionali.

a. $\sqrt{1+x} = 4 - x$ $\left[\frac{9-\sqrt{21}}{2}\right]$

b. $\sqrt[3]{2x} = 2\sqrt[3]{x+2}$ $\left[-\frac{8}{3}\right]$

c. $\sqrt{x+1} + \sqrt{x} = \sqrt{x+2}$ $\left[\frac{-3+2\sqrt{3}}{3}\right]$

2. Risolvi le seguenti disequazioni irrazionali.

a. $\sqrt{1-x^2} < 2x+2$ $\left[-\frac{3}{5} < x \leq 1\right]$

b. $\sqrt{x^2+1} > -7$ $[\forall x \in \mathbf{R}]$

c. $\sqrt{2x+1} > x - 2$ $\left[-\frac{1}{2} \leq x < \sqrt{6}+3\right]$

d. $\sqrt{x+5} < -8$ [Impossibile]

8. Le equazioni e le disequazioni con valori assoluti

Introduzione

In questo paragrafo vogliamo affrontare le equazioni e le disequazioni contenenti almeno un valore assoluto nel cui argomento compare l'incognita.
Ricordiamo, anzitutto, la definizione di **valore assoluto di un numero reale**.

VALORE ASSOLUTO DI UN NUMERO REALE

Dato un **numero reale** x, si chiama **valore assoluto** (o **modulo**) di x, e si indica con il simbolo $|x|$, il numero reale così definito:

$$|x| = \begin{cases} x & \text{se } x \geq 0 \\ -x & \text{se } x < 0 \end{cases} \qquad [1.7]$$

Se rappresentiamo il numero x sulla retta reale, $|x|$ è la distanza dall'origine del punto corrispondente a x:

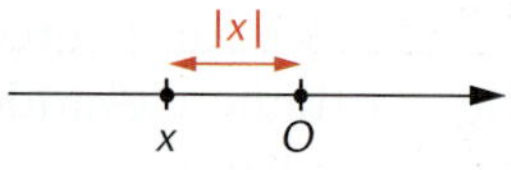

se $x < 0$

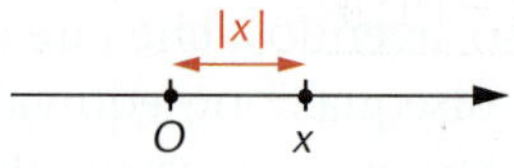

se $x > 0$

Osserva che, per come è definito, il valore assoluto di un numero reale è sempre **non negativo**.

Attenzione!
Poiché, come è noto, i numeri interi positivi vengono spesso scritti omettendo il segno $+$, si può anche scrivere:
$|+3| = 3$ e $|-4| = 4$

ESEMPI Valore assoluto di un numero

a. $|+3| = +3$ — Perché $+3 > 0$

b. $|-4| = -(-4) = +4$ — Perché $-4 < 0$

c. $|\sqrt{2} - \sqrt{5}| = -(\sqrt{2} - \sqrt{5}) = \sqrt{5} - \sqrt{2}$ — Perché $\sqrt{2} - \sqrt{5} < 0$

La definizione di **valore assoluto di un'espressione algebrica** $f(x)$ è la naturale estensione della definizione di valore assoluto data per un numero reale.

VALORE ASSOLUTO DI UN'ESPRESSIONE ALGEBRICA
Data un'**espressione algebrica** $f(x)$, si chiama **valore assoluto** (o **modulo**) di $f(x)$, e si indica con il simbolo $|f(x)|$, l'espressione così definita:

$$|f(x)| = \begin{cases} f(x) & \text{se } f(x) \geq 0 \\ -f(x) & \text{se } f(x) < 0 \end{cases} \quad [1.8]$$

Quando è data un'espressione del tipo $|f(x)|$, si dice che $f(x)$ è l'**argomento** del valore assoluto.

ESEMPI Valore assoluto di un'espressione algebrica

Riscriviamo le seguenti espressioni in base alla definizione di valore assoluto:

a. $|x+1|$ **b.** $|x^2 - 2x|$

a. In base alla definizione di valore assoluto:

$$|x+1| = \begin{cases} x+1 & \text{se } x+1 \geq 0 \\ -(x+1) & \text{se } x+1 < 0 \end{cases}$$

ossia:

$$|x+1| = \begin{cases} x+1 & \text{se } x \geq -1 \\ -x-1 & \text{se } x < -1 \end{cases}$$

b. In base alla definizione di valore assoluto:

$$|x^2 - 2x| = \begin{cases} x^2 - 2x & \text{se } x^2 - 2x \geq 0 \\ -(x^2 - 2x) & \text{se } x^2 - 2x < 0 \end{cases}$$

ossia, risolvendo le disequazioni:

$$|x^2 - 2x| = \begin{cases} x^2 - 2x & \text{se } x \leq 0 \vee x \geq 2 \\ -x^2 + 2x & \text{se } 0 < x < 2 \end{cases}$$

Il valore assoluto gode di alcune proprietà importanti, che elenchiamo di seguito.

Proprietà del valore assoluto		
1.	$|-x| = |x|$	per ogni $x \in \mathbf{R}$
2.	$|x|^2 = x^2$	per ogni $x \in \mathbf{R}$
3.	$\sqrt{x^2} = |x|$	per ogni $x \in \mathbf{R}$

4.	$\|x+y\| \leq \|x\|+\|y\|$	per ogni $x, y \in \mathbf{R}$
5.	$\|x \cdot y\| = \|x\| \cdot \|y\|$	per ogni $x, y \in \mathbf{R}$
6.	$\left\|\frac{x}{y}\right\| = \frac{\|x\|}{\|y\|}$	per ogni $x, y \in \mathbf{R}$, con $y \neq 0$
7.	$\|x\| = \|y\| \Leftrightarrow x = \pm y$	per ogni $x, y \in \mathbf{R}$

Attenzione!

Non è vero che il valore assoluto di una somma coincide con la somma dei valori assoluti degli addendi; per esempio:

$$\underbrace{|5+(-3)|}_{2} \neq \underbrace{|5|+|-3|}_{8}$$

Di conseguenza, un'espressione come $|x|+|x+1|$ **non** può essere semplificata sommando gli argomenti; per esempio:

$$|x|+|x+1| \neq |x+x+1|$$

Equazioni con valori assoluti

Consideriamo ora le tipologie di **equazioni** in cui all'interno di qualche valore assoluto compare l'incognita. Per esempio, rientrano in questa casistica le equazioni:

$$|x+1| = 5 \qquad |x^2+2x| = |x| \qquad |x+1| = 5x$$

Di seguito presentiamo le tecniche risolutive per le equazioni di questo tipo che si incontrano più frequentemente.

1. L'equazione si può ricondurre alla forma $|A(x)| = k$, con k numero reale

Si possono presentare tre casi:

a. se $k < 0$, l'equazione $|A(x)| = k$ **non** ha soluzioni, poiché il valore assoluto di un numero (nel nostro caso, il valore assoluto del valore assunto da $A(x)$) è sempre non negativo;

b. se $k = 0$, l'equazione $|A(x)| = 0$ equivale a $A(x) = 0$, poiché il valore assoluto di un numero è zero se e solo se il numero stesso è zero;

c. se $k > 0$, poiché il valore assoluto di un numero è k se e solo se il numero è uguale a $\pm k$, l'equazione $|A(x)| = k$ equivale a:

$$A(x) = -k \vee A(x) = k$$

ESEMPI **Equazioni della forma $|A(x)| = k$**

Risolviamo le equazioni:

a. $|x^2+x| = -2$ **b.** $|x^2+2x| = 0$ **c.** $|x-5| = 4$

a. Il valore assoluto di un'espressione non può mai essere negativo, quindi l'equazione è *impossibile*.

b. L'equazione equivale a $x^2+2x = 0$, che ha per soluzioni:

$$x = -2 \vee x = 0$$

Perciò l'insieme delle soluzioni dell'equazione è $S = \{-2, 0\}$.

c. L'equazione $|x-5| = 4$ equivale, per la proprietà **7** del valore assoluto, a:

$$x-5 = -4 \vee x-5 = 4$$
$$x = 5-4 \vee x = 5+4$$
$$x = 1 \vee x = 9$$

Perciò l'insieme delle soluzioni dell'equazione è $S = \{1, 9\}$.

Osserva

Gli esempi qui a fianco rappresentano ciascuno dei tre casi possibili:
a. nel primo è $k = -2 < 0$,
b. nel secondo è $k = 0$,
c. nel terzo è $k = 4 > 0$.

2. L'equazione si può ricondurre alla forma $|A(x)| = B(x)$

Le soluzioni di un'equazione del tipo $|A(x)| = B(x)$, in base alla definizione di valore assoluto, sono i valori di x per cui:

$$\begin{cases} A(x) \geq 0 \\ A(x) = B(x) \end{cases} \vee \begin{cases} A(x) < 0 \\ -A(x) = B(x) \end{cases}$$

Presta attenzione al fatto che, come indica la presenza del connettivo $\vee$, l'insieme delle soluzioni dell'equazione $|A(x)| = B(x)$ è l'**unione** degli insiemi delle soluzioni dei due sistemi scritti.

ESEMPIO **Equazioni della forma $|A(x)| = B(x)$**

Risolviamo l'equazione $|2x + 1| = 3x$.

L'equazione $|2x + 1| = 3x$ equivale a:

$$\begin{cases} 2x+1 \geq 0 \\ 2x+1 = 3x \end{cases} \vee \begin{cases} 2x+1 < 0 \\ -2x-1 = 3x \end{cases} \quad \text{ossia:} \quad \begin{cases} x \geq -\dfrac{1}{2} \\ x = 1 \end{cases} \vee \begin{cases} x < -\dfrac{1}{2} \\ x = -\dfrac{1}{5} \end{cases}$$

Il primo sistema ammette la soluzione $x = 1$ (la soluzione dell'equazione, $x = 1$, è accettabile perché soddisfa la condizione $x \geq -\frac{1}{2}$).

Il secondo sistema **non** ammette soluzioni (poiché la soluzione dell'equazione, $x = -\frac{1}{5}$, non soddisfa la condizione $x < -\frac{1}{2}$).

Complessivamente, l'insieme delle soluzioni dell'equazione è costituito dalla sola soluzione del primo sistema: $S = \{1\}$.

3. L'equazione si può ricondurre alla forma $|A(x)| = |B(x)|$

Poiché due numeri hanno lo stesso valore assoluto se e solo se sono uguali od opposti, l'equazione $|A(x)| = |B(x)|$ equivale a:

$$A(x) = B(x) \vee A(x) = -B(x)$$

ESEMPIO **Equazioni della forma $|(A(x)| = |B(x)|$**

Risolviamo l'equazione $|x^2 - 1| = |2x - 1|$.

L'equazione data è del tipo $|A(x)| = |B(x)|$, con $A(x) = x^2 - 1$ e $B(x) = 2x - 1$, quindi equivale a:

$$x^2 - 1 = 2x - 1 \ \vee \ x^2 - 1 = -(2x - 1)$$
$$x^2 - 2x = 0 \ \vee \ x^2 + 2x - 2 = 0$$
$$x = 0 \vee x = 2 \ \vee \ x = -1 \pm \sqrt{3}$$

Pertanto l'insieme delle soluzioni dell'equazione è $S = \{0, 2, -1 \pm \sqrt{3}\}$.

Disequazioni con valori assoluti

Presentiamo, infine, le tecniche risolutive delle **disequazioni** in cui all'interno di qualche valore assoluto compare l'incognita, selezionando le tipologie che si incontrano più frequentemente.

1. La disequazione si può ricondurre a una delle seguenti forme:
$|A(x)| < B(x)$ o $|A(x)| > B(x)$ o $|A(x)| \leq B(x)$ o $|A(x)| \geq B(x)$

In questi casi si può risolvere la disequazione in base al seguente teorema.

TEOREMA 1.4 **Disequazioni della forma $|A(x)| < B(x)$ e $|A(x)| > B(x)$**

Siano $A(x)$ e $B(x)$ due qualsiasi espressioni nella variabile reale x. Allora risulta:

a. $|A(x)| < B(x) \Leftrightarrow \begin{cases} A(x) < B(x) \\ A(x) > -B(x) \end{cases}$

b. $|A(x)| > B(x) \Leftrightarrow A(x) < -B(x) \ \vee \ A(x) > B(x)$

I risultati espressi in questo teorema si estendono naturalmente a disequazioni in cui il simbolo di disuguaglianza è debole, sostituendo semplicemente i simboli $<$, $>$ rispettivamente con $\leq$, $\geq$.

Puoi trovare on-line un approfondimento contenente la dimostrazione del **teorema 1.4**.

ESEMPI **Disequazioni della forma $|A(x)| < B(x)$ e $|A(x)| > B(x)$**

Risolviamo le disequazioni:

a. $|x+1| < 2x$ **b.** $|x^2-1| > 2$

a. In base al **teorema 1.4**, la disequazione equivale al seguente sistema, che risolviamo:

$$\begin{cases} x+1 < 2x \\ x+1 > -2x \end{cases} \Rightarrow \begin{cases} -x < -1 \\ 3x > -1 \end{cases} \Rightarrow \begin{cases} x > 1 \\ x > -\dfrac{1}{3} \end{cases} \Rightarrow x > 1$$

b. In base al **teorema 1.4**, la disequazione equivale a:

$x^2-1 < -2 \vee x^2-1 > 2$

da cui

$\underbrace{x^2+1<0}_{\text{disequazione impossibile}} \quad \vee \quad \underbrace{x^2-3>0}_{\text{disequazione soddisfatta per } x<-\sqrt{3} \vee x>\sqrt{3}}$

Concludiamo che la disequazione originaria è soddisfatta per:

$x < -\sqrt{3} \vee x > \sqrt{3}$

Nel caso particolare in cui $B(x)$ sia un **numero negativo o nullo**, diciamo k con $k \leq 0$, la disequazione si può risolvere più semplicemente in base a considerazioni derivanti dalla definizione di valore assoluto, come mostriamo nei prossimi esempi.

ESEMPI **Disequazioni della forma $|A(x)| \leq k$ e $|A(x)| \geq k$, con $k \leq 0$**

Risolviamo le disequazioni:

a. $|x+2| > -2$ **b.** $|x^2-2| \leq 0$ **c.** $|x^3-1| \leq 1-\sqrt{2}$

a. Poiché il valore assoluto di un numero è sempre positivo o nullo, in particolare sarà sempre maggiore di -2, quindi la disequazione è verificata per ogni $x \in \mathbf{R}$.

b. Poiché il valore assoluto di un numero non è mai negativo, la disequazione è verificata se e solo se $|x^2-2| = 0$, cioè per $x = \pm\sqrt{2}$.

c. Osserviamo che $1-\sqrt{2} < 0$. Poiché il valore assoluto di un numero non è mai minore di zero, a maggior ragione non potrà essere né uguale né minore di $1-\sqrt{2}$. La disequazione non è verificata da alcun valore reale di x.

2. La disequazione si può ricondurre a una delle seguenti forme: $|A(x)| < |B(x)|$ o $|A(x)| > |B(x)|$ o $|A(x)| \leq |B(x)|$ o $|A(x)| \geq |B(x)|$

Poiché i due membri della disequazione sono non negativi, elevandoli al quadrato si ottiene una disequazione equivalente, in cui non compaiono valori assoluti.

ESEMPIO **Disequazione della forma $|A(x)| > |B(x)|$**

Risolviamo la disequazione $|x + 1| \geq |2x|$.

$|x+1| \geq |2x|$	Disequazione da risolvere
$|x+1|^2 \geq |2x|^2$	Elevando i due membri al quadrato otteniamo una disequazione equivalente
$(x+1)^2 \geq (2x)^2$	Per la proprietà 2 dei valori assoluti
$3x^2 - 2x - 1 \leq 0$	Sviluppando i quadrati e riscrivendo la disequazione in forma normale
$-\frac{1}{3} \leq x \leq 1$	Risolvendo la disequazione di secondo grado

Prova tu

ESERCIZI a p. 55

1. Risolvi le seguenti equazioni contenenti valori assoluti.

a. $|x^2 - 3| = -10$ [Impossibile]

b. $|x^2 - 2| = 7$ [± 3]

c. $|x^2 + 2| = 3x$ [1, 2]

d. $|x + 1| = |3x - 2|$ $\left[\frac{3}{2}, \frac{1}{4}\right]$

2. Risolvi le seguenti disequazioni contenenti valori assoluti.

a. $|2x + 1| < 0$ [Impossibile]

b. $|x^2 - 1| < 2x$ [$\sqrt{2} - 1 < x < \sqrt{2} + 1$]

c. $|3x + 4| > 5$ $\left[x < -3 \vee x > \frac{1}{3}\right]$

d. $|x^3 + 5| > -10$ [$\forall x \in \mathbf{R}$]

e. $|x^2 - 1| < 3$ [$-2 < x < 2$]

f. $|x + 3| < 2|x|$ [$x < -1 \vee x > 3$]

SINTESI

Formule e proprietà importanti

Segno del trinomio $ax^2 + bx + c$ con $a > 0$

Discriminante	$\Delta > 0$	$\Delta = 0$	$\Delta < 0$
Interpretazione grafica	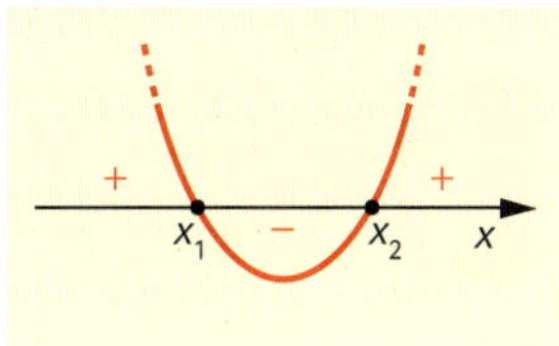	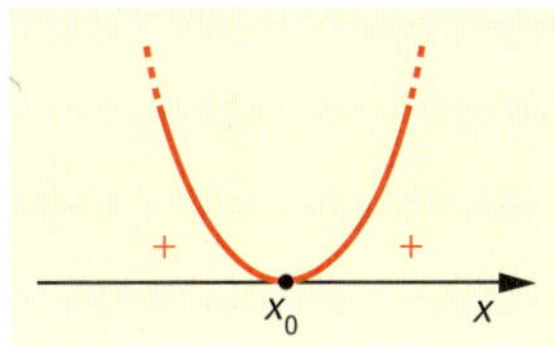	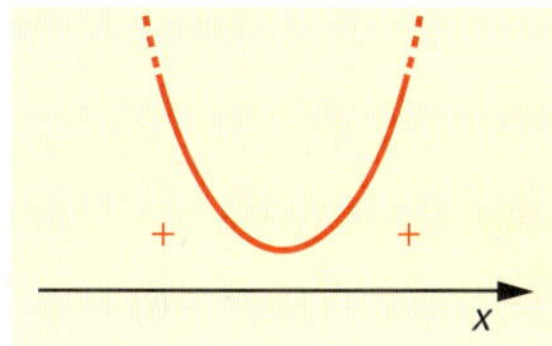
Il trinomio è positivo per:	$x < x_1 \vee x > x_2$	$x \neq x_0$	per ogni $x \in \mathbf{R}$
Il trinomio è nullo per:	$x = x_1 \vee x = x_2$	$x = x_0$	mai
Il trinomio è negativo per:	$x_1 < x < x_2$	mai	mai

Schema risolutivo per l'equazione $\sqrt{A(x)} = B(x)$

$$\sqrt{A(x)} = B(x) \quad \Leftrightarrow \begin{cases} A(x) = B^2(x) \\ B(x) \geq 0 \end{cases}$$

Schemi risolutivi per alcune disequazioni irrazionali

$$\sqrt{A(x)} < B(x) \Leftrightarrow \begin{cases} A(x) \geq 0 \\ B(x) > 0 \\ A(x) < B^2(x) \end{cases}$$

$$\sqrt{A(x)} > B(x) \Leftrightarrow \begin{cases} A(x) \geq 0 \\ B(x) < 0 \end{cases} \vee \begin{cases} B(x) \geq 0 \\ A(x) > B^2(x) \end{cases}$$

Schema risolutivo per alcune equazioni con valore assoluto

$$|A(x)| = k \Leftrightarrow \begin{cases} \text{impossibile} & \text{se } k < 0 \\ A(x) = 0 & \text{se } k = 0 \\ A(x) = -k \vee A(x) = k & \text{se } k > 0 \end{cases}$$

$$|A(x)| = |B(x)| \Leftrightarrow A(x) = -B(x) \vee A(x) = B(x)$$

$$|A(x)| = B(x) \Leftrightarrow \begin{cases} A(x) \geq 0 \\ A(x) = B(x) \end{cases} \vee \begin{cases} A(x) < 0 \\ -A(x) = B(x) \end{cases}$$

Schema risolutivo per alcune disequazioni con valore assoluto

$$|A(x)| < B(x) \quad \Leftrightarrow \begin{cases} A(x) < B(x) \\ A(x) > -B(x) \end{cases}$$

$$|A(x)| > B(x) \quad \Leftrightarrow A(x) < B(x) \vee A(x) > B(x)$$

$$|A(x)| < |B(x)| \Leftrightarrow A^2(x) < B^2(x)$$

CONOSCENZE E ABILITÀ

1. Introduzione alle disequazioni

TEORIA a p. 2

Il concetto di disequazione

1 Stabilisci quali delle seguenti disuguaglianze sono disequazioni:

a. $10 > 7$ **b.** $x^2 + y^2 < 5$ **c.** $3x - 1 = 5x$ **d.** $\frac{5}{x} > x^2 - 1$ **e.** $(5-1)^2 \geq \sqrt{3}$

Per ciascuna delle seguenti disequazioni stabilisci se il numero indicato a fianco è una sua soluzione.

2 $-2x > 10$; -5

3 $2x - 5 < 10$; -2

4 $-2(x+1) > -6$; -1

5 $2x - 1 > 10x + 9$; 2

6 $\frac{1}{2}x \geq \frac{1}{3}x$; 6

7 $x^2 - 1 > 0$; 1

8 $x^3 \geq x^2$; 0

9 Completa la seguente tabella. Se la risposta alla domanda in essa contenuta è affermativa, specifica in base a quale principio di equivalenza; se è negativa, fornisci un controesempio.

Prima disequazione	Seconda disequazione	Sono equivalenti?
$x \geq 1$	$-3x \geq -3$	☐ Sì, in base al .... ☐ No, perché ....
$5x - 2 > 0$	$-5x + 2 < 0$	☐ Sì, in base al .... ☐ No, perché ....
$3x - 1 > x$	$x(3x-1) > x^2$	☐ Sì, in base al .... ☐ No, perché ....
$x < 1 + x$	$x + x^2 < 1 + x + x^2$	☐ Sì, in base al .... ☐ No, perché ....
$5x \leq 3$	$5x + \frac{1}{x} \leq 3 + \frac{1}{x}$	☐ Sì, in base al .... ☐ No, perché ....

Gli intervalli e la loro rappresentazione sulla retta reale

10 Completa la seguente tabella.

Notazione algebrica	Rappresentazione grafica
....	
$x \geq 0$	....
....	
$2 \leq x \leq 4$	....

11 Completa la seguente tabella.

Notazione con le parentesi	Rappresentazione grafica
....	
$[-2, 1]$	....
....	
$(-\infty, 2]$	....

12 Completa le seguenti scritture, inserendo una rappresentazione con la notazione delle parentesi dei seguenti sottoinsiemi di **R**. Il primo caso è svolto come esempio.

a. $\{x \in \mathbf{R} | x < 2\} \cap \{x \in \mathbf{R} | x \geq -2\} = [-2, 2)$

b. $\{x \in \mathbf{R} | x < -2 \lor x > 1\} =$ .... ∪ ....

c. $\{x \in \mathbf{R} | x \geq -3 \land x < 1\} =$ ....

d. $\{x \in \mathbf{R} | -3 < x \leq -2 \lor x > 0\} =$ .... ∪ ....

13 Rappresenta sia con la notazione algebrica, sia graficamente, sia con la notazione delle parentesi, i seguenti intervalli descritti a parole.

a. L'insieme dei numeri reali minori di 4.

b. L'insieme dei numeri reali maggiori o uguali a -1.

c. L'insieme dei numeri reali compresi tra 2 e 3, inclusi 2 e 3.

d. L'insieme dei numeri reali compresi tra -1 e 2, incluso -1 ed escluso 2.

e. L'insieme dei numeri reali che non superano 6.

f. L'insieme dei numeri reali negativi minori o uguali a -3.

14 Rappresenta sia con la notazione algebrica, sia graficamente, sia con la notazione delle parentesi, i seguenti intervalli descritti a parole.

a. L'insieme dei numeri reali minori o uguali a 1.

b. L'insieme dei numeri reali negativi.

c. L'insieme dei numeri reali non negativi.

d. L'insieme dei numeri reali compresi tra -1 e 5, inclusi -1 e 5.

e. L'insieme dei numeri reali compresi tra -3 e 3, esclusi -3 e 3.

f. L'insieme dei numeri reali positivi maggiori di 4.

2. Le disequazioni intere di primo grado

TEORIA a p. 5

15 **Vero o falso?**

a. $\sqrt{2}(x-1) \geq 2$ equivale a $(x-1) \geq \sqrt{2}$ V F

b. $(x-1)(\sqrt{2}-1) \geq 2-\sqrt{2}$ equivale a $(x-1) \geq \sqrt{2}$ V F

c. $(x-1)(2-\sqrt{5}) \geq 2-\sqrt{5}$ equivale a $(x-1) \geq 1$ V F

d. $-\sqrt{3}(x-1) \geq -\sqrt{3}$ equivale a $(x-1) \leq 0$ V F

[2 affermazioni vere e 2 false]

Risolvi le seguenti disequazioni intere di primo grado.

16 $2x-3 > 5x-(x-12)$ $\left[x < -\dfrac{15}{2}\right]$

17 $-\dfrac{1}{3}x+6 \geq 0$ $[x \leq 18]$

18 $2-(x-1) < -2(x+3)$ $[x < -9]$

19 $\dfrac{1}{2}x-\dfrac{3}{4} \geq \dfrac{1}{2}$ $\left[x \geq \dfrac{5}{2}\right]$

20 $-x\sqrt{2} \leq 2\sqrt{2}$ $[x \geq -2]$

21 $(x+1)^2-(x-1)^2 < -\dfrac{2}{3}$ $\left[x < -\dfrac{1}{6}\right]$

22 $2-(3+x) \geq -\dfrac{1}{2}x-1$ $[x \leq 0]$

23 $(3x-1)^2 \geq (3x+3)^2$ $\left[x \leq -\dfrac{1}{3}\right]$

24 $(x-1)^2-(x-2)^2 > 2x-5$ $[\forall x \in \mathbf{R}]$

25 $\dfrac{x-3}{3}-2 < x+2$ $\left[x > -\dfrac{15}{2}\right]$

26 $(x-4)(x+4) \geq (x+4)^2$ $[x \leq -4]$

27 $\left(x-\dfrac{1}{2}\right)^2+2x\left(x-\dfrac{3}{2}\right) < 3\left(x^2-\dfrac{1}{4}\right)$ $\left[x > \dfrac{1}{4}\right]$

28 $(x-\sqrt{2})^2 \geq (x-2\sqrt{2})^2$ $\left[x \geq \dfrac{3\sqrt{2}}{2}\right]$

29 $\dfrac{x}{4}+\dfrac{x-1}{10} < \dfrac{2x-1}{5}+\dfrac{1}{2}$ $[x > -8]$

30 $\dfrac{1}{2}(x-2)-\dfrac{1}{3}(x+1) > \dfrac{1}{6}x-1$ [Impossibile]

31 $x^2+2(x-1)^2 \geq (3x-1)(x+3)$ $\left[x \leq \dfrac{5}{12}\right]$

32 $2-[x+1-(3-2x)] < 2x-[(x+1)^2-(x-2)(x+2)]$ $[x > 3]$

33 $0{,}2(x-2) \geq -x+0{,}1$ $\left[x \geq \dfrac{5}{12}\right]$

34 $-\sqrt{2}(x-\sqrt{3}) \geq \sqrt{3}(x+\sqrt{2})-\sqrt{6}$ $[x \leq 3\sqrt{2}-2\sqrt{3}]$

35 $0{,}\overline{3}(x-3) \geq 0{,}\overline{6}\,(6-x)$ $[x \geq 5]$

36 $0{,}1(x-5)-0{,}2(x+2)\geq 0{,}01(x-100)$ $\left[x\leq\frac{10}{11}\right]$

37 $10^{-1}(x-5)+5^{-1}(x+20)\geq 10^{-1}(5x-10)$ $\left[x\leq\frac{45}{2}\right]$

38 $\frac{(x-1)^2-(x+2)^2}{12}-0{,}25x\geq-\frac{1}{3}[(x+1)^2-(x-1)^2]$ $\left[x\geq\frac{3}{7}\right]$

39 $\frac{x-3}{3}-\frac{x-2}{2}+(x+1)^2\geq(x-2)(x+2)$ $\left[x\geq-\frac{30}{11}\right]$

40 $(x-1)(x+3)-(x-1)(x+1)>(x+2)^2-(x-3)(x+1)$ $\left[x<-\frac{9}{4}\right]$

41 $x^2-(x+1)^2\geq\frac{x-1}{3}-\frac{x+1}{2}$ $\left[x\leq-\frac{1}{11}\right]$

42 $\frac{\frac{x-1}{2}+\frac{1}{3}}{\frac{1}{3}-\frac{1}{2}}\leq\frac{2-x}{6}$ $\left[x\geq\frac{4}{17}\right]$

43 $\frac{x-1}{\sqrt{3}}-\frac{x}{3}\geq\frac{x+1}{\sqrt{3}-2}$ $\left[x\geq\frac{6-14\sqrt{3}}{23}\right]$

44 $\frac{\frac{x-1}{2}}{3}-\frac{\frac{x-3}{3}}{2}>-\frac{1}{6}$ $[\forall x\in\mathbf{R}]$

Esercizi con parametri

45 Data l'equazione $x(a-1)-a(x+1)=1-3a$, determina per quali valori di a la sua soluzione è maggiore della soluzione dell'equazione $(x-1)a-(a-1)(x+1)=a+1$. $[a<-1]$

46 Data l'equazione $(x-a)^2-(x+a)^2=4a-2a^2$, determina per quali valori di a la sua soluzione è maggiore di 0,1. $\left[a>\frac{11}{5}\right]$

47 Determina per quali valori di k l'equazione $x^2-6x+\frac{k-1}{2}=0$ ha due soluzioni reali distinte. $[k<19]$

48 Determina per quali valori di k l'equazione $x^2-2x+k-1=0$ non ha soluzioni reali. $[k>2]$

49 Determina per quali valori di a la disequazione $\frac{x-a}{2}+\frac{a-x}{3}\geq-\frac{1}{6}$ è soddisfatta per $x=1$. $[a\leq 2]$

50 Determina per quali valori di a la disequazione $0{,}2x-0{,}3\,a\leq 0{,}1\,a+2x$ è soddisfatta per $x=-1$. $\left[a\geq\frac{9}{2}\right]$

3. Le disequazioni intere di secondo grado

TEORIA a p. 6

Esercizi preliminari

51 **Vero o falso?**

a. la disequazione $(x-1)^2\geq(x+1)^2$ è di primo grado V F

b. la disequazione $x(x-1)\geq 2x$ equivale a $x-1\geq 2$ V F

c. l'insieme delle soluzioni di una disequazione di secondo grado varia a seconda del segno del discriminante dell'equazione associata V F

d. se l'equazione associata a una disequazione di secondo grado è impossibile, anche la disequazione è impossibile V F

e. l'insieme delle soluzioni di una disequazione del tipo $ax^2+bx+c>0$, con $\Delta>0$, è costituito dagli intervalli esterni alle soluzioni x_1 e x_2 dell'equazione associata, qualsiasi sia il segno del coefficiente a V F

[2 affermazioni vere e 3 false]

52 **ESERCIZIO SVOLTO**

Senza fare calcoli, risolviamo la disequazione $5 + (3 + x)^2 \geq 4$.

Poiché l'espressione al 1° membro è la somma di un numero positivo, 5, e di un quadrato (che è certamente non negativo), essa sarà sempre maggiore o uguale a 5. A maggior ragione, l'espressione al 1° membro sarà allora sempre maggiore o uguale a 4. Quindi l'insieme delle soluzioni della disequazione è **R**.

Senza fare calcoli, risolvi le seguenti disequazioni, giustificando la risposta.

53 $-(2x-1)^2 < 0$

54 $(5x+10)^2 \leq 0$

55 $-10 \geq (2+x)^2$

56 $-2(x+4)^2 \geq 0$

57 $4 + \sqrt{2}x^2 > 3$

58 $2x^2 + 5 > 2 + x^2$

59 $-3(x+2)^2 - 5x^2 < 10$

60 $(x+1)^2 + (2-x)^2 \geq 0$

61 $7 + (2x+6)^2 > 4$

62 $-5 < 4 + 3x^2$

63 $-(x-2)^2 \leq (x+1)^2$

64 $(1-\sqrt{3})(7x-1)^2 \geq (5x^2+1)$

Disequazioni per le quali l'equazione associata ha discriminante positivo

65 **ESERCIZIO GUIDATO**

Risolvi le seguenti disequazioni:

a. $2x^2 - 3x - 2 > 0$ **b.** $-x^2 - 5x + 6 > 0$

a. Osserva anzitutto che il coefficiente di x^2 è positivo. Inoltre, l'equazione associata, $2x^2 - 3x - 2 = 0$, ha due soluzioni reali distinte:

$x = \dots\dots \vee x = 2$

Per il **teorema 1.1** la disequazione è soddisfatta negli intervalli esterni alle soluzioni:

$x < \dots\dots \vee x > \dots\dots$

b. Il coefficiente di x^2 è negativo. Cambia allora i segni e il verso della disequazione; ottieni la disequazione equivalente:

$x^2 + 5x - 6 < 0$

L'equazione associata, $x^2 + 5x - 6 = 0$, ha due soluzioni reali distinte:

$x = \dots\dots \vee x = 1$

Per il **teorema 1.1** la disequazione è soddisfatta nell'intervallo interno alle soluzioni:

$\dots\dots < x < \dots\dots$

Risolvi le seguenti disequazioni.

66 $x^2 + 5x < 0$ $[-5 < x < 0]$

67 $x^2 - 16 > 0$ $[x < -4 \vee x > 4]$

68 $3 - x^2 > 0$ $[-\sqrt{3} < x < \sqrt{3}]$

69 $x^2 - 7x > 0$ $[x < 0 \vee x > 7]$

70 $-x^2 + 3x \geq 0$ $[0 \leq x \leq 3]$

71 $x^2 - 10x \leq 0$ $[0 \leq x \leq 10]$

72 $x^2 + 2x - 5 \geq 0$ $[x \leq -1 - \sqrt{6} \vee x \geq -1 + \sqrt{6}]$

73 $-x^2 - x + 2 < 0$ $[x < -2 \vee x > 1]$

74 $25 - x^2 \geq 0$ $[-5 \leq x \leq 5]$

75 $5x^2 + 4x \leq 0$ $\left[-\frac{4}{5} \leq x \leq 0\right]$

76 $4x^2 - 9 < 0$ $\left[-\frac{3}{2} < x < \frac{3}{2}\right]$

77 $x^2 + 7x - 8 \geq 0$ $[x \leq -8 \vee x \geq 1]$

78 $x^2 + x\sqrt{2} \leq 0$ $[-\sqrt{2} \leq x \leq 0]$

79 $-x^2 - 4x + 1 \geq 0$ $[-2 - \sqrt{5} \leq x \leq -2 + \sqrt{5}]$

80 $-2x^2 + 4x + 6 \leq 0$ $[x \leq -1 \vee x \geq 3]$

81 $-\frac{3}{2}x^2 + \frac{2}{3} \geq 0$ $\left[-\frac{2}{3} \leq x \leq \frac{2}{3}\right]$

82 $x^2 - \sqrt{6}x > 0$ $[x < 0 \vee x > \sqrt{6}]$

83 $3x^2 - 2x - 1 > 0$ $\left[x < -\frac{1}{3} \vee x > 1\right]$

84 $5x^2 + 3x - 8 < 0$ $\left[-\frac{8}{5} < x < 1\right]$

85 $x^2 - x - 20 < 0$ $[-4 < x < 5]$

86 $9-\frac{1}{4}x^2 \geq 0$ $[-6 \leq x \leq 6]$

87 $\frac{1}{2}x^2+\frac{3}{2}x-2>0$ $[x<-4 \vee x>1]$

88 $x^2-9x-10 \leq 0$ $[-1 \leq x \leq 10]$

89 $0{,}1x^2-10>0$ $[x<-10 \vee x>10]$

90 $-3x^2+0{,}\overline{3}x>0$ $\left[0<x<\frac{1}{9}\right]$

91 $-x^2-6x+7>0$ $[-7<x<1]$

92 $0{,}5x^2-2 \geq 0$ $[x \leq -2 \vee x \geq 2]$

93 $x^2+2\sqrt{6}x-3>0$ $[x<-\sqrt{6}-3 \vee x>-\sqrt{6}+3]$

Disequazioni per le quali l'equazione associata ha discriminante nullo

94 **ESERCIZIO GUIDATO**

Risolvi le seguenti disequazioni:

a. $x^2+16x+16>0$ **b.** $x^2-10x+25 \leq 0$

a. Osserva che il coefficiente di x^2 è positivo e che l'equazione associata, $x^2+16x+16=0$, equivale a $(x+4)^2=0$, quindi ha la soluzione doppia $x=$ .....
Il trinomio al primo membro è quindi sempre positivo, eccetto che per il valore $x=$ ..... per cui si annulla.
Ne puoi dedurre che la disequazione è soddisfatta per ogni ..... tale che $x \neq$ .....

b. Osserva che il coefficiente di x^2 è positivo e che l'equazione associata, $x^2-10x+25=0$, equivale a $(x-5)^2=0$, quindi ha la soluzione doppia $x=$ .....
Il trinomio al primo membro è quindi sempre positivo, eccetto che per il valore $x=$ ..... per cui si annulla.
Ne puoi dedurre che la disequazione è soddisfatta solo per $x=$ .....

Risolvi le seguenti disequazioni.

95 $x^2-3x+\frac{9}{4} \geq 0$ $[\forall x \in \mathbf{R}]$

96 $4x^2-20x+25 \leq 0$ $\left[\frac{5}{2}\right]$

97 $-4x^2+12x-9 \leq 0$ $[\forall x \in \mathbf{R}]$

98 $4x-x^2-4<0$ $[\forall x \in \mathbf{R}-\{2\}]$

99 $x^2-2\sqrt{3}x+3<0$ [Impossibile]

100 $x^2-10x+25 \leq 0$ $[5]$

101 $-x^2+18x-81<0$ $[\forall x \in \mathbf{R}-\{9\}]$

102 $x^2+2\sqrt{5}x+5>0$ $[\forall x \in \mathbf{R}-\{-\sqrt{5}\}]$

103 $6x^2-2\sqrt{6}x+1<0$ [Impossibile]

104 $-4x^2+4x-1<0$ $\left[\forall x \in \mathbf{R}-\left\{\frac{1}{2}\right\}\right]$

105 $x^2-5x+\frac{25}{4} \leq 0$ $\left[\frac{5}{2}\right]$

106 $-x^2+14x-49>0$ [Impossibile]

Disequazioni per le quali l'equazione associata ha discriminante negativo

107 **ESERCIZIO GUIDATO**

Risolvi le seguenti disequazioni:

a. $x^2-3x+4>0$ **b.** $-2x^2+5x-7 \geq 0$

a. Osserva che il coefficiente di x^2 è positivo e il discriminante dell'equazione associata, $x^2-3x+4=0$, è uguale a .....
Per il **teorema 1.3** il trinomio al primo membro è sempre positivo, quindi la disequazione è verificata ....

b. Il coefficiente di x^2 è negativo. Cambiando il segno e il verso della disequazione, ottieni la disequazione equivalente:

$$2x^2-5x+7 \leq 0$$

Il discriminante dell'equazione associata, $2x^2-5x+7=0$, è uguale a .....
Per il **teorema 1.3** il trinomio al primo membro è sempre positivo, quindi la disequazione non è verificata in corrispondenza di alcun ....

Risolvi le seguenti disequazioni.

108 $2x^2+1 \geq 0$ $[\forall x \in \mathbf{R}]$

109 $x^2-4x+5<0$ [Impossibile]

110 $x^2+3x+6 \leq 0$ [Impossibile]

111 $2x^2-5x+6 \geq 0$ $[\forall x \in \mathbf{R}]$

112 $-x^2-7>0$ [Impossibile]

113 $3x-x^2-6\geq 0$ [Impossibile]

114 $x^2-5x+10>0$ [$\forall x\in\mathbf{R}$]

115 $-x^2+x-3<0$ [$\forall x\in\mathbf{R}$]

116 $-x^2+5x-7\leq 0$ [$\forall x\in\mathbf{R}$]

117 $x^2-2x+\sqrt{5}\leq 0$ [Impossibile]

118 $x^2-0{,}5x+0{,}25\leq 0$ [Impossibile]

119 $-x^2-3\sqrt{2}x-5\leq 0$ [$\forall x\in\mathbf{R}$]

Esercizi riassuntivi sulle disequazioni di secondo grado

Test

120 Una disequazione di secondo grado, del tipo $ax^2+bx+c\leq 0$, **non** è soddisfatta da alcun valore reale di x. Una sola delle seguenti affermazioni è *vera*; quale?

- A Necessariamente $a>0$ e $\Delta>0$.
- B Necessariamente $a<0$ e $\Delta=0$.
- C Necessariamente $a>0$ e $\Delta<0$.
- D Necessariamente $a<0$ e $\Delta<0$.
- E Le informazioni date non sono sufficienti a determinare né il segno di a né il segno di Δ.

121 Una disequazione di secondo grado, del tipo $ax^2+bx+c\geq 0$, **non** è soddisfatta da alcun valore reale di x. Una sola delle seguenti affermazioni è *vera*; quale?

- A Necessariamente $a>0$ e $\Delta<0$.
- B Necessariamente $a<0$ e $\Delta<0$.
- C Necessariamente $a>0$ e $\Delta>0$.
- D Necessariamente $a<0$ e $\Delta>0$.
- E Le informazioni date non sono sufficienti a determinare né il segno di a né il segno di Δ.

122 Una disequazione di secondo grado, del tipo $ax^2+bx+c\leq 0$, è verificata in corrispondenza di uno e un solo valore reale di x. Una sola delle seguenti affermazioni è *vera*; quale?

- A Necessariamente $a<0$ e $\Delta=0$.
- B Necessariamente $a<0$ e $\Delta<0$.
- C Necessariamente $a>0$ e $\Delta=0$.
- D Necessariamente $a<0$ e $\Delta>0$.
- E Le informazioni date non sono sufficienti a determinare né il segno di a né il segno di Δ.

123 Una disequazione di secondo grado, del tipo $ax^2+bx+c\leq 0$, è verificata in corrispondenza di due intervalli disgiunti, chiusi e illimitati. Una sola delle seguenti affermazioni è *vera*; quale?

- A Necessariamente $a>0$ e $\Delta<0$.
- B Necessariamente $a<0$ e $\Delta<0$.
- C Necessariamente $a>0$ e $\Delta>0$.
- D Necessariamente $a<0$ e $\Delta>0$.
- E Le informazioni date non sono sufficienti a determinare né il segno di a né il segno di Δ.

Risolvi le seguenti disequazioni di secondo grado.

124 $-3x^2+27x\geq 0$ [$0\leq x\leq 9$]

125 $3x^2-x+2<0$ [Impossibile]

126 $-x^2-3x-6\leq 0$ [$\forall x\in\mathbf{R}$]

127 $x^2\sqrt{3}+6x\leq 0$ [$-2\sqrt{3}\leq x\leq 0$]

128 $-2x^2-4x+6<0$ [$x<-3\vee x>1$]

129 $2x^2+8x+8\leq 0$ [-2]

130 $x^2-10x-5>0$ [$x<5-\sqrt{30}\vee x>5+\sqrt{30}$]

131 $-2x^2+5x-3\geq 0$ $\left[1\leq x\leq\frac{3}{2}\right]$

132 $x^2+4x+6\leq 0$ [Impossibile]

133 $-x^2+6x-9\leq 0$ [$\forall x\in\mathbf{R}$]

134 $x^2-\frac{8}{5}x+\frac{16}{25}>0$ $\left[\forall x\in\mathbf{R}-\left\{\frac{4}{5}\right\}\right]$

135 $x^2-3x-3\leq 0$ $\left[\frac{3-\sqrt{21}}{2}\leq x\leq\frac{3+\sqrt{21}}{2}\right]$

136 $4x^2+12x+9<0$ [Impossibile]

137 $-3(x+1)^2\leq\sqrt{7}$ [$\forall x\in\mathbf{R}$]

138 $\frac{1}{2}x^2-8x>0$ [$x<0\vee x>16$]

139 $-x^2+3x-5\leq 0$ [$\forall x\in\mathbf{R}$]

140 $-\frac{\sqrt{3}}{3}x^2+2x-\sqrt{3}<0$ [$\forall x\in\mathbf{R}-\{\sqrt{3}\}$]

141 $\frac{x^2}{\sqrt{2}}+x\sqrt{2}>0$ [$x<-2\vee x>0$]

142 $x^2+3x+9<0$ [Impossibile]

143 $x^2-2\sqrt{5}x+6\leq 0$ [Impossibile]

144 $-\frac{1}{4}x^2+3x-9\geq 0$ [6]

145 $x^2-\sqrt{7}x+2\leq 0$ [Impossibile]

146 $0{,}5x^2-x-1\leq 0$ [$1-\sqrt{3}\leq x\leq 1+\sqrt{3}$]

147 $3x^2-\sqrt{17}x+1<0$ $\left[\frac{\sqrt{17}-\sqrt{5}}{6}<x<\frac{\sqrt{17}+\sqrt{5}}{6}\right]$

148 $x^2-(1-\sqrt{3})x-\sqrt{3}\geq 0$ [$x\leq-\sqrt{3}\vee x\geq 1$]

149 Rapido $4+(2x-3)^2>0$ [$\forall x\in\mathbf{R}$]

150 $(x-1)^2\geq\left(\frac{1}{2}x-1\right)^2$ $\left[x\leq 0\vee x\geq\frac{4}{3}\right]$

151 $-x^2 \le -(2x+1)^2$ $\left[-1 \le x \le -\frac{1}{3}\right]$

152 $(2x-3)^2 - (x+6)^2 \ge 0$ $[x \le -1 \vee x \ge 9]$

153 $-(6-x)^2 > 12$ [Impossibile]

154 $(x-3)^2 \ge 0,\overline{3}x - 1$ $\left[x \le 3 \vee x \ge \frac{10}{3}\right]$

155 Rapido $10 + (x-7)^2 < 2\sqrt{5}$ [Impossibile]

156 $\frac{1}{2}x - \frac{x+2}{3} \ge -x^2 + \frac{x}{6}$ $\left[x \le -\frac{\sqrt{6}}{3} \vee x \ge \frac{\sqrt{6}}{3}\right]$

157 $-(x-1)^2 - \frac{1}{3}(x+2)^2 \le 0$ $[\forall x \in \mathbf{R}]$

158 $\frac{1}{2}(x-1) + \frac{x^2-2x}{4} < x^2 - \frac{1}{2}(2x-3)^2$ $\left[\frac{4}{5} < x < 4\right]$

159 $(x+2)^2 + x^2 - 3x + 5 \le 0$ [Impossibile]

160 $\frac{x^2+2x+3}{4} + \frac{(x+2)^2}{2} - 1 > (x+1)^2$ $[-1 < x < 3]$

161 $x^2 - (x+3)^2 > 1 + 2x^2$ [Impossibile]

162 $(x+3)^2 - 2x(x+2) \ge 6$ $[-1 \le x \le 3]$

163 $\frac{1}{2}(1-x)^2 > 2 - x(x-3)$ $\left[x < -\frac{1}{3} \vee x > 3\right]$

164 $\frac{x+2}{4} - \frac{x+1}{2} > x^2 + 0,25$ [Impossibile]

165 $(x+1)(x-1)(x-2) - (x-2)^3 \le 0$ $\left[\frac{5}{4} \le x \le 2\right]$

166 $x^2 - (x+\sqrt{2})^2 > (x+\sqrt{2})(x-\sqrt{2})$ $[-2\sqrt{2} < x < 0]$

167 $x^2 + \frac{x}{\sqrt{2}-1} \le \frac{\sqrt{2}-x}{\sqrt{2}} - \frac{1}{\sqrt{2}+1} + \sqrt{2} - 2$ $\left[\frac{-3\sqrt{2}-2}{2} \le x \le 0\right]$

Completa la disequazione a sinistra in modo che risulti di secondo grado e abbia l'insieme delle soluzioni indicato a destra, o viceversa.

168 $x^2 - \ldots\ldots \ge 0;$ $x \le -\sqrt{5} \vee x \ge \sqrt{5}$

169 $2x^2 - \ldots\ldots \le 0;$ $-4 \le x \le 4$

170 $\ldots - x^2 \ge 0;$ $-\sqrt{3} \le x \le \ldots\ldots$

171 $x^2 + 3x - \ldots\ldots > 0;$ $x < -5 \vee x > \ldots\ldots$

172 $-x^2 + \ldots\ldots < 0;$ $x < 0 \vee x > 6$

173 $x^2 - 2x - \ldots < 0;$ $-1 < x < \ldots$

174 $(1-\sqrt{2})(\ldots\ldots) \ge 0;$ $-2 \le x \le 2$

175 Determina per quali valori di k l'equazione $x^2 - 2(k-1)x + 5 = 0$ ha due soluzioni reali distinte. $[k < 1 - \sqrt{5} \vee k > 1 + \sqrt{5}]$

176 Determina per quali valori di a l'equazione $x^2 - 2ax + a + 2 = 0$ non ha soluzioni reali. $[-1 < a < 2]$

177 Determina per quali valori di k l'equazione $x^2 - (k+5)x + k + 5 = 0$ ha soluzioni reali. $[k \le -5 \vee k \ge -1]$

178 Determina per quali valori di a la disequazione $x^2 - (a+1)x + 5a > 0$ è soddisfatta per ogni $x \in \mathbf{R}$. $[9 - 4\sqrt{5} < a < 9 + 4\sqrt{5}]$

179 Determina per quali valori di k la disequazione $-x^2 + 2(k+4)x - 1 > 0$ non è soddisfatta da alcun $x \in \mathbf{R}$. $[-5 \le k \le -3]$

180 Matematica ed economia Un'azienda produce e vende in una settimana x unità di un dato bene. Il guadagno settimanale G (espresso in euro) derivante dalla produzione e vendita della quantità x del bene è espresso dalla formula:

$$G = 10(-x^2 + 104x - 940)$$

a. Quale guadagno deriva dalla produzione (e vendita) di 50 unità del bene in una settimana?
b. Quante unità del bene devono essere prodotte e vendute in una settimana perché i ricavi siano uguali ai costi?
c. Quante unità del bene devono essere prodotte e vendute in una settimana affinché l'azienda non subisca in quella settimana una perdita? [**a.** 17 600 euro; **b.** $x = 10 \vee x = 94$; **c.** $10 \le x \le 94$]

181 Matematica ed economia Il ricavo R e il costo C (espressi in euro) derivanti dalla produzione e vendita di x unità di un dato bene sono espressi dalle formule:

$$R = x(50 - 0,01x) \qquad C = 12x + 3000$$

a. Quante unità del bene devono essere vendute per ottenere un profitto superiore a 25000 euro?
b. Il legame tra il prezzo unitario di vendita p del bene (espresso in euro) e la quantità x del bene prodotta e venduta è espresso dalla formula $p = 100 - 0,02x$. Nel caso in cui la quantità prodotta (e venduta) sia tale da garantire un profitto di almeno 25 000 euro, entro quale intervallo varierà il prezzo p del bene? [**a.** $1000 < x < 2800$; **b.** $44 < p < 80$]

182 Matematica ed economia Un capitale di C euro, impiegato per due anni in regime di capitalizzazione composta al tasso di interesse annuo i, produce un montante M espresso dalla formula $M = C(1+i)^2$. Affinché un capitale di 5000 euro produca dopo due anni un montante di almeno 6000 euro, come deve essere il tasso i? Esprimi il risultato in percentuale, arrotondato con due cifre dopo la virgola. [$i \geq 9{,}54\%$]

183 Matematica ed economia Un capitale di C euro, impiegato per due anni in regime di capitalizzazione composta al tasso di interesse annuo i, produce un montante M espresso dalla formula $M = C(1+i)^2$. Affinché un capitale di 10 000 euro produca dopo due anni un montante di almeno 11 000 euro, come deve essere il tasso i? Esprimi il risultato in percentuale, arrotondato con due cifre dopo la virgola. [$i \geq 4{,}88\%$]

4. Le disequazioni intere di grado superiore al secondo

TEORIA a p. 10

Disequazioni monomie

Risolvi le seguenti disequazioni.

184 $-\frac{1}{2}x^7 \geq 0$ [$x \leq 0$]

185 $(\sqrt{3}-3)x^4 \geq 0$ [$x = 0$]

186 $(3-\sqrt{5})x^{20} \geq 0$ [$\forall x \in \mathbf{R}$]

187 $(2x-1)^3 \geq 0$ $\left[x \geq \frac{1}{2}\right]$

188 $(x^2-2)^5 < 0$ [$-\sqrt{2} < x < \sqrt{2}$]

189 $(x^2-1)^4 < 0$ [Impossibile]

190 $(10x-2x^2)^5 \leq 0$ [$x \leq 0 \vee x \geq 5$]

191 $(x^3-3x)^2 \leq 0$ [$x = 0 \vee x = \pm\sqrt{3}$]

192 $-3(x^2+5x-6)^3 > 0$ [$-6 < x < 1$]

193 $-4(x^4+x^2-8)^2 \leq 0$ [$\forall x \in \mathbf{R}$]

194 $\frac{1}{2}(2x^2-3x-5)^3 > 0$ $\left[x < -1 \vee x > \frac{5}{2}\right]$

195 $(3-\sqrt{10})(x^2-x)^2 < 0$ [$\forall x \in \mathbf{R} - \{0,1\}$]

Disequazioni binomie

196 ESERCIZIO GUIDATO

Risolvi le seguenti disequazioni:

a. $16x^4 - 1 \geq 0$ **b.** $x^6 - \sqrt{3} + \sqrt{5} > 0$

a. Poni $x^2 = t$; la disequazione $16x^4 - 1 \geq 0$ diventa:

$16t^2 - 1 \geq 0$ che è soddisfatta per: $t \leq -\frac{1}{.....} \vee t \geq \frac{1}{.....}$

Sostituisci in queste ultime disequazioni x^2 al posto di t; ottieni le disequazioni:

$x^2 \leq -\frac{1}{.....} \vee x^2 \geq \frac{1}{.....}$

La prima disequazione è impossibile, mentre la seconda è soddisfatta per ...., quindi la disequazione originaria è soddisfatta per ....

b. La disequazione $x^6 - \sqrt{3} + \sqrt{5} > 0$ equivale a $x^6 > \sqrt{3} - \sqrt{5}$. Osserva che $\sqrt{3} - \sqrt{5} < 0$, quindi puoi immediatamente concludere che la disequazione è soddisfatta per ....

Risolvi le seguenti disequazioni.

197 $27x^3 + 8 > 0$ $\left[x > -\frac{2}{3}\right]$

198 $2x^4 + 1 > 0$ [$\forall x \in \mathbf{R}$]

199 $8x^3 + 1 < 0$ $\left[x < -\frac{1}{2}\right]$

200 $4x^4 - 1 > 0$ $\left[x < -\frac{\sqrt{2}}{2} \vee x > \frac{\sqrt{2}}{2}\right]$

201 $5x^5 - 1 \geq 0$ $\left[x \geq \sqrt[5]{\frac{1}{5}}\right]$

202 $1 - 16x^4 \leq 0$ $\left[x \leq -\frac{1}{2} \vee x \geq \frac{1}{2}\right]$

203 $16x^6 - 1 \le 0$ $\left[-\frac{\sqrt[3]{2}}{2} \le x \le \frac{\sqrt[3]{2}}{2}\right]$

204 $-1000x^6 + 1 > 0$ $\left[-\frac{\sqrt{10}}{10} < x < \frac{\sqrt{10}}{10}\right]$

205 $x^7 + 5 < 0$ $[x < -\sqrt[7]{5}]$

206 $x^8 - 4 < 0$ $[-\sqrt[4]{2} < x < \sqrt[4]{2}]$

207 $x^6 - 8 > 0$ $[x < -\sqrt{2} \vee x > \sqrt{2}]$

208 $9x^4 - 25 \le 0$ $\left[-\sqrt{\frac{5}{3}} \le x \le \sqrt{\frac{5}{3}}\right]$

209 $4x^4 - 9 > 0$ $\left[x < -\sqrt{\frac{3}{2}} \vee x > \sqrt{\frac{3}{2}}\right]$

210 $x^6 + \sqrt{3} - \sqrt{2} \le 0$ [Impossibile]

211 $0{,}1x^3 + 100 \ge 0$ $[x \ge -10]$

Disequazioni trinomie

212 ESERCIZIO GUIDATO

Risolvi la disequazione $x^4 - x^2 - 6 \ge 0$.

Ponendo $x^2 = t$, ottieni la disequazione $t^2 - t - 6 \ge 0$, che è soddisfatta per:

$t \le -2 \vee t \ge .....$ [*]

Avendo posto $x^2 = t$, le soluzioni della disequazione di partenza sono l'*unione* delle soluzioni delle due disequazioni che ottieni sostituendo x^2 al posto di t nelle [*]:

$x^2 \le -2$ — questa disequazione non ha soluzioni (perché?) $\vee$ $x^2 \ge ....$ — questa disequazione è soddisfatta per $x \le ..... \vee x \ge .....$

In definitiva, la disequazione data è soddisfatta per:

$x \le ..... \vee x \ge .....$

213 ESERCIZIO GUIDATO

Risolvi la disequazione $x^6 - 6x^3 - 16 \le 0$.

Ponendo $x^3 = t$, ottieni la disequazione: $t^2 - 6t - 16 \le 0$, che è soddisfatta per:

$-2 \le t \le .....$

Avendo posto $x^3 = t$, le soluzioni della disequazione di partenza sono i valori di x per cui:

$-2 \le x^3 \le .....$

In base a quanto visto sulle disequazioni binomie, puoi concludere che quest'ultima relazione è soddisfatta (e quindi la disequazione di partenza è verificata) per:

$-\sqrt[3]{2} \le x \le .....$

Risolvi le seguenti disequazioni.

214 $2x^4 - x^2 - 1 < 0$ $[-1 < x < 1]$

215 $x^4 + 5x^2 - 14 \ge 0$ $[x \le -\sqrt{2} \vee x \ge \sqrt{2}]$

216 $x^4 + 4x^2 + 3 > 0$ $[\forall x \in \mathbf{R}]$

217 $-3x^4 + x^2 + 2 < 0$ $[x < -1 \vee x > 1]$

218 $3x^4 - 2x^2 + 5 < 0$ [Impossibile]

219 $x^4 - 3x^2 + 2 \ge 0$ $[x \le -\sqrt{2} \vee -1 \le x \le 1 \vee x \ge \sqrt{2}]$

220 $x^4 - 10x^2 + 25 \le 0$ $[\pm\sqrt{5}]$

221 $x^6 + 6x^3 - 7 \ge 0$ $[x \le -\sqrt[3]{7} \vee x \ge 1]$

222 $-x^6 + 6x^3 + 16 \le 0$ $[x \le -\sqrt[3]{2} \vee x \ge 2]$

223 $-x^8 + 6x^4 - 5 < 0$ $[x < -\sqrt[4]{5} \vee -1 < x < 1 \vee x > \sqrt[4]{5}]$

224 $x^8 + x^4 - 6 < 0$ $[-\sqrt[4]{2} < x < \sqrt[4]{2}]$

225 $x^{12} - 10x^6 + 9 < 0$ $[-\sqrt[3]{3} < x < -1 \vee 1 < x < \sqrt[3]{3}]$

226 $x^{10} - 30x^5 - 64 < 0$ $[-\sqrt[5]{2} < x < 2]$

Disequazioni scomposte o scomponibili in fattori

Individua l'insieme delle soluzioni esatto, eseguendo i calcoli a mente, per le seguenti disequazioni.

227 $x(x+1)^2 > 0$:

A $x > 0$ B $x > -1$ C $x < -1 \vee x > 0$ D Nessuno dei precedenti

228 $-x^4(x+1)^2 \leq 0$:

A $x > 0$ B $\varnothing$ C $x < -1 \vee x > 0$ D **R**

229 $(9-x^2)^3(x^2+1) < 0$:

A $-3 < x < 3$ B $x < -3 \vee x > 3$ C $-1 < x < 1$ D **R**

230 $x^5(-2x^2-1) \geq 0$:

A $x > 0$ B $x \leq 0$ C $x \geq 0$ D Nessuno dei precedenti

231 $(3x^2+5)(3x-1)^4 > 0$:

A $x > \frac{1}{3}$ B $x < \frac{1}{3}$ C $x < -\frac{5}{3} \vee x > \frac{1}{3}$ D $\mathbf{R} - \left\{\frac{1}{3}\right\}$

232 ESERCIZIO GUIDATO

Risolvi la disequazione $(2x+1)(16-x^2) < 0$.

- Studia il segno dei due fattori:
  1° fattore $2x+1 > 0 \Rightarrow x >$ .....
  2° fattore $16 - x^2 > 0 \Rightarrow$ ..... $< x <$ .....
- Completa la seguente tabella dei segni dei fattori.

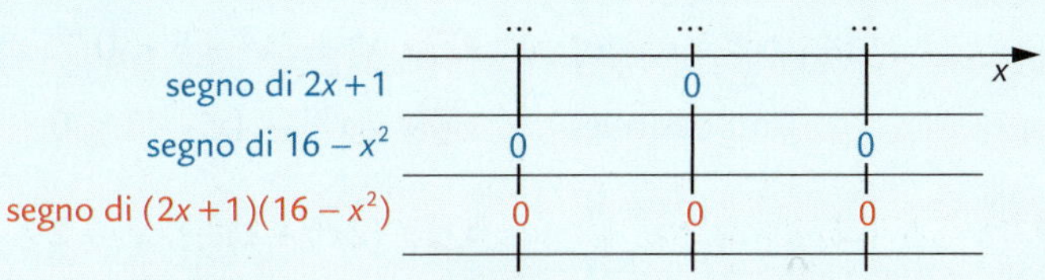

- Dalla tabella puoi dedurre che la disequazione è verificata per .... $\left[-4 < x < -\frac{1}{2} \vee x > 4\right]$

Risolvi le seguenti disequazioni.

233 $(x-1)^3(x^2+2x) > 0$ $[-2 < x < 0 \vee x > 1]$

234 $(x-2)(x^2-9) > 0$ $[-3 < x < 2 \vee x > 3]$

235 $(2x^2-8)(3x+1) > 0$ $\left[-2 < x < -\frac{1}{3} \vee x > 2\right]$

236 $(x-1)(x^2+3x+2) > 0$ $[-2 < x < -1 \vee x > 1]$

237 $(2x^2-x-1)(9-x^2) \geq 0$ $\left[-3 \leq x \leq -\frac{1}{2} \vee 1 \leq x \leq 3\right]$

238 $(x^2-1)^3(x^2-4)^2 > 0$ $[x < -1 \vee x > 1, \text{ con } x \neq \pm 2]$

239 $-x(4x^2-1)^3 > 0$ $\left[x < -\frac{1}{2} \vee 0 < x < \frac{1}{2}\right]$

240 $(2x^2-3x)(2-x)^3 > 0$ $\left[x < 0 \vee \frac{3}{2} < x < 2\right]$

241 $(x^2-x+1)^3\left(\frac{1}{2}x^2-x\right)^5 \geq 0$ $[x \leq 0 \vee x \geq 2]$

242 $(1-2x)^3(25-x^2)(x^2+3x+4) > 0$ $\left[-5 < x < \frac{1}{2} \vee x > 5\right]$

243 ESERCIZIO GUIDATO

Risolvi la disequazione $x^3 - 2x^2 - 2x + 4 > 0$.

- Scomponi anzitutto il polinomio al primo membro.

$$x^3 - 2x^2 - 2x + 4 = x^2(\dots\dots) - 2(\dots\dots) = (\dots\dots)(x^2 - 2)$$

- Ora puoi risolvere, con il metodo precedente, la disequazione equivalente:

$$(\dots\dots)(x^2 - 2) > 0$$

Se svolgi correttamente i calcoli, troverai che la disequazione è soddisfatta per:

$$-\sqrt{2} < x < \sqrt{2} \vee x > 2$$

244 $x^3 - 2x < 0$ $[x < -\sqrt{2} \vee 0 < x < \sqrt{2}]$

245 $x^5 - 9x^3 \geq 0$ $[-3 \leq x \leq 0 \vee x \geq 3]$

246 $-x^3 + x^2 + 2x \leq 0$ $[-1 \leq x \leq 0 \vee x \geq 2]$

247 $x^3 + 5x^2 - 6x < 0$ $[x < -6 \vee 0 < x < 1]$

248 $x^3 - 4x^2 + 4x \geq 0$ $[x \geq 0]$

249 $(x^2 - 1)(x - 3) > 2(x + 1)(x - 3)^2$ $[x < -1 \vee 3 < x < 5]$

250 $x^5 + x^2 - 4x^3 - 4 > 0$ $[-2 < x < -1 \vee x > 2]$

251 $2x^3 - x - 1 > 0$ $[x > 1]$

252 $x^3 - 2x^2 + 1 > 0$ $\left[\frac{1-\sqrt{5}}{2} < x < 1 \vee x > \frac{1+\sqrt{5}}{2}\right]$

253 $x^3 - x^2 - 10x - 8 \leq 0$ $[x \leq -2 \vee -1 \leq x \leq 4]$

254 $x^4 - 2x^3 + x^2 - 2x \leq 0$ $[0 \leq x \leq 2]$

255 $x^3 - x^2 - 4 \leq 0$ $[x \leq 2]$

Esercizi riassuntivi sulle disequazioni di grado superiore al secondo

Risolvi le seguenti disequazioni di grado superiore al secondo.

256 $(x^2 - 1)^2 < 25$ $[-\sqrt{6} < x < \sqrt{6}]$

257 $x^4 - 3x^2 + 5 < 0$ [Impossibile]

258 $x^6 + 8 \geq 0$ $[\forall x \in \mathbb{R}]$

259 $x^3 - 3x + 2 \leq 0$ $[x \leq -2 \vee x = 1]$

260 $x^4 - 3^{12} \geq 0$ $[x \leq -27 \vee x \geq 27]$

261 $2x^3 + \frac{1}{4} < 0$ $\left[x < -\frac{1}{2}\right]$

262 $(x^3 - 1)^2 \geq 16$ $[x \leq -\sqrt[3]{3} \vee x \geq \sqrt[3]{5}]$

263 $2(x + 1)^4 + 0{,}125 \geq 0$ $[\forall x \in \mathbb{R}]$

264 $-2x^4 + \frac{1}{8} \geq 0$ $\left[-\frac{1}{2} \leq x \leq \frac{1}{2}\right]$

265 Rapido $x^4 + 5x^2 + 4 \geq 0$ $[\forall x \in \mathbb{R}]$

266 $x^6 - x^4 + x^2 - 1 > 0$ $[x < -1 \vee x > 1]$

267 $x^6 - 2^8 \geq 0$ $[x \leq -2\sqrt[3]{2} \vee x \geq 2\sqrt[3]{2}]$

268 $x^3 - 2x^2 - 2x + 4 \geq 0$ $[-\sqrt{2} \leq x \leq \sqrt{2} \vee x \geq 2]$

269 $(9x^4 - 4)^3 > 0$ $\left[x < -\sqrt{\frac{2}{3}} \vee x > \sqrt{\frac{2}{3}}\right]$

270 $x^6 - 10x^3 + 16 \geq 0$ $[x \leq \sqrt[3]{2} \vee x \geq 2]$

271 $-\frac{1}{2}(x^5 - 2^{10})^5 \geq 0$ $[x \leq 4]$

272 $x^6 - 2x^3 + 1 < 0$ [Impossibile]

273 $x^4 + 2x^2 - 8 < 0$ $[-\sqrt{2} < x < \sqrt{2}]$

274 $-x^{10} - 4x^5 - 3 \leq 0$ $[x \leq -\sqrt[5]{3} \vee x \geq -1]$

275 $(2x^2 + 1)^2 \leq x^2 + 2$ $\left[-\frac{1}{2} \leq x \leq \frac{1}{2}\right]$

276 $(25 - x^2)^3(8x^3 + 1) \geq 0$ $\left[x \leq -5 \vee -\frac{1}{2} \leq x \leq 5\right]$

277 $(x^8 + \sqrt{2})(x^7 + \sqrt{2}) < 0$ $[x < -\sqrt[14]{2}]$

278 $(x^2 - 1)(x^2 - 2) + x^4 - 4 \geq 0$ $[x \leq -\sqrt{2} \vee x \geq \sqrt{2}]$

279 $(x + 1)(x - 2) + x \geq 2(x + 1)^2(x - 1)^2 - 16$ $[-2 \leq x \leq 2]$

280 $(8 - x^3)(x^4 - 81)^3 > 0$ $[x < -3 \vee 2 < x < 3]$

281 $\frac{x^2 + 1}{2} - \frac{(x^2 - 1)^2}{4} < 1$ $[x < -\sqrt{3} \vee -1 < x < 1 \vee x > \sqrt{3}]$

282 Determina per quali valori di t l'equazione $x^2 - 2(t^2 - 1)x + 9 = 0$ ha due soluzioni reali distinte. $[t < -2 \vee t > 2]$

283 Determina per quali valori di k l'equazione $x^2 - 6x + 4k^5 - 3 = 0$ ha almeno una soluzione reale. $[k \leq \sqrt[5]{3}]$

284 Determina per quali valori di k l'equazione $x^2 - 2(k^3 - 1)x + 4 = 0$ non ha soluzioni reali. $[-1 < k < \sqrt[3]{3}]$

5. Le disequazioni frazionarie

TEORIA a p. 15

Esercizi preliminari

285 **Vero o falso?**

a. $\frac{x-3}{x^2-1} \geq \frac{1}{x^2-1}$ equivale a $x-3 \geq 1$ V F

b. $\frac{x-3}{x^2+1} \geq \frac{1}{x^2+1}$ equivale a $x-3 \geq 1$ V F

c. $\frac{1}{x}+\frac{1}{x-1} \geq 1$ equivale a $(x-1)+x \geq x(x-1)$ V F

d. $-\frac{4}{x}+\frac{2}{x-1} \geq 12$ equivale a $\frac{2}{x}-\frac{1}{x-1} \leq -6$ V F

[2 affermazioni vere e 2 false]

286 **Caccia all'errore.** Barbara risolve la disequazione $\frac{1}{x-2} > 1$ nel seguente modo:

«Moltiplico i due membri per $(x-2)$. Ottengo la disequazione equivalente $1 > x-2$. Risolvendo questa disequazione, ottengo:

$1 > x-2 \Rightarrow x-2 < 1 \Rightarrow x < 3$»

Quale errore ha commesso Barbara?

Individua l'insieme delle soluzioni esatto, eseguendo i calcoli a mente, per le seguenti disequazioni.

287 $\frac{x^2-9}{x^4} \leq 0$:

A $x \leq -3 \vee x \geq 3$
B $-3 \leq x \leq 3$
C $-3 \leq x \leq 3 \wedge x \neq 0$
D Nessuno dei precedenti

288 $\frac{x^2+2}{x-2} \geq 0$:

A $x \geq 2$
B $x > 2$
C $x < 2$
D Nessuno dei precedenti

289 $\frac{x^2-x+1}{x^7} \leq 0$:

A $x \geq 0$
B $x \leq 0$
C $x < 0$
D Nessuno dei precedenti

290 $\frac{(x^2-2x)^3}{(x^2+1)^4} > 0$:

A $x > 2$
B $x < 0 \vee x > 2$
C $x < 0$
D Nessuno dei precedenti

291 $\frac{(x^2-1)^2}{(x+2)^4} \leq 0$:

A $x \leq -1 \vee x \geq 1$
B $x = \pm 1$
C $-1 \leq x \leq 1$
D Nessuno dei precedenti

292 $\frac{x^2+2x-5}{x+1} > 0$:

A $x > -1$
B $x \geq -1$
C $x < -1$
D Nessuno dei precedenti

Disequazioni nella forma $\frac{A(x)}{B(x)} < 0$ o $\frac{A(x)}{B(x)} > 0$ o $\frac{A(x)}{B(x)} \leq 0$ o $\frac{A(x)}{B(x)} \geq 0$

293 ESERCIZIO GUIDATO

Risolvi la disequazione $\frac{-5-x}{x^2-9} \geq 0$.

- Studia il segno del numeratore e del denominatore

Numeratore $-5-x > 0 \Rightarrow -x > \ldots \Rightarrow x < \ldots$

Denominatore $x^2-9 > 0 \Rightarrow x < \ldots \vee x > \ldots$

- Completa la seguente tabella dei segni:

x		-5		-3		3	
segno di $-5-x$	...	0	...		...		...
segno di x^2-9	...		...	0	...	0	...
segno di $\frac{-5-x}{x^2-9}$	...	0	...		...		...

- La disequazione è verificata dai valori di x che rendono la frazione *positiva* o *nulla*, cioè per:

$x \leq \ldots \vee \ldots < x < \ldots$

Risolvi le seguenti disequazioni frazionarie.

294 $-\dfrac{1}{x-4} \geq 0$ $[x < 4]$

295 $\dfrac{1-\sqrt{3}}{4-2x} > 0$ $[x > 2]$

296 $\dfrac{x-1}{x-2} < 0$ $[1 < x < 2]$

297 $\dfrac{2x+4}{x+3} \geq 0$ $[x < -3 \vee x \geq -2]$

298 $\dfrac{x+1}{3-x} \geq 0$ $[-1 \leq x < 3]$

299 $\dfrac{2x-1}{3x+6} > 0$ $\left[x < -2 \vee x > \dfrac{1}{2}\right]$

300 $\dfrac{-2x}{x+1} \geq 0$ $[-1 < x \leq 0]$

301 $\dfrac{-2(x-2)+3(x+2)}{x-5} \geq 0$ $[x \leq -10 \vee x > 5]$

302 $\dfrac{x-1}{2-0{,}5x} \leq 0$ $[x \leq 1 \vee x > 4]$

303 $\dfrac{1-(x+2)}{0{,}\bar{3}x-1} > 0$ $[-1 < x < 3]$

304 $\dfrac{4x^2-(2x+1)^2}{x-2} > 0$ $\left[-\dfrac{1}{4} < x < 2\right]$

305 $\dfrac{x}{x^2-16} \leq 0$ $[x < -4 \vee 0 \leq x < 4]$

306 $\dfrac{5-x}{x^2-2x-4} \geq 0$ $[x < 1-\sqrt{5} \vee 1+\sqrt{5} < x \leq 5]$

307 $\dfrac{3-x}{x^2-4} < 0$ $[-2 < x < 2 \vee x > 3]$

308 $\dfrac{x}{x^2-x-12} \leq 0$ $[x < -3 \vee 0 \leq x < 4]$

309 $\dfrac{2x^2+5x-7}{2x} \geq 0$ $\left[-\dfrac{7}{2} \leq x < 0 \vee x \geq 1\right]$

310 $\dfrac{x+x^2}{2x^2+x-3} \geq 0$ $\left[x < -\dfrac{3}{2} \vee -1 \leq x \leq 0 \vee x > 1\right]$

311 $\dfrac{x^2-2x+5}{x^2-4} \leq 0$ $[-2 < x < 2]$

312 $\dfrac{2x-x^2-3}{x^2+6x+8} \leq 0$ $[x < -4 \vee x > -2]$

313 $\dfrac{x^2\sqrt{3}-3x}{x^2-4} > 0$ $[x < -2 \vee 0 < x < \sqrt{3} \vee x > 2]$

314 $\dfrac{x^3}{x^2-4} \geq 0$ $[-2 < x \leq 0 \vee x > 2]$

315 $\dfrac{25-x^2}{x-4} < 0$ $[-5 < x < 4 \vee x > 5]$

316 $\dfrac{x-2}{-x^2+x+6} \leq 0$ $[-2 < x \leq 2 \vee x > 3]$

317 $\dfrac{9-x^2}{x^2-2x-6} \geq 0$ $[-3 \leq x < 1-\sqrt{7} \vee 3 \leq x < 1+\sqrt{7}]$

318 $\dfrac{x^2-4(x-1)^2}{2x-x^2} \leq 0$ $\left[0 < x \leq \dfrac{2}{3}\right]$

319 $\dfrac{(x+1)^2-9x^2}{2x-x^2-2} > 0$ $\left[x < -\dfrac{1}{4} \vee x > \dfrac{1}{2}\right]$

320 $\dfrac{x^3-4x^2}{25-x^2} \leq 0$ $[-5 < x \leq 4 \vee x > 5]$

321 $\dfrac{8x-2x^3}{x^2+2x-3} \leq 0$ $[-3 < x \leq -2 \vee 0 \leq x < 1 \vee x \geq 2]$

322 $\dfrac{x^3-x}{x^2+x-6} \geq 0$ $[-3 < x \leq -1 \vee 0 \leq x \leq 1 \vee x > 2]$

323 $\dfrac{x^4-1}{x^3-5x^2} \leq 0$ $[x \leq -1 \vee 1 \leq x < 5]$

324 $\dfrac{x^2-4x}{(3-x)(x^2+x+2)} \leq 0$ $[0 \leq x < 3 \vee x \geq 4]$

325 $\dfrac{(x+3)^3}{(x^2-x)(4-x^2)} \geq 0$ $[x \leq -3 \vee -2 < x < 0 \vee 1 < x < 2]$

326 $\dfrac{(x+2)^3-(x^2-4)(x+1)}{x^5-4x^4} \leq 0$ $\left[x \leq -2 \vee -\dfrac{6}{5} \leq x < 4, \text{ con } x \neq 0\right]$

327 $\dfrac{x^4+4x^2-5}{x^3(9x-x^2)} > 0$ $[x < -1 \vee 1 < x < 9]$

328 Stabilisci per quali valori di a l'equazione $(x-a)^2+(x+a)^2=(2x-a)(x+1)$ è determinata e la sua soluzione è non negativa. $\left[a \leq -\dfrac{1}{2} \vee 0 \leq a < 2\right]$

329 Stabilisci per quali valori di k l'equazione $(x-k)(x+2)+x^2=2(x-k)^2$ è determinata e la sua soluzione è maggiore di 0,8. $\left[-\dfrac{4}{5} < k < -\dfrac{2}{3} \vee k > 1\right]$

Disequazioni riconducibili alla forma $\dfrac{A(x)}{B(x)} < 0$ o $\dfrac{A(x)}{B(x)} > 0$ o $\dfrac{A(x)}{B(x)} \leq 0$ o $\dfrac{A(x)}{B(x)} \geq 0$

330 ESERCIZIO GUIDATO

Risolvi la disequazione frazionaria $2x - 3 \geq \dfrac{1}{x-1}$.

- Portando tutti i termini al primo membro e calcolando la somma algebrica, otterrai la disequazione:

$$\frac{2x^2 - 5x + 2}{x - 1} \geq 0$$

- Studia il segno del numeratore e del denominatore:

Numeratore $2x^2 - 5x + 2 > 0 \Rightarrow x < \ldots \vee x > 2$

Denominatore $x - 1 > 0 \Rightarrow x > \ldots$

- Costruisci la tabella dei segni:

		...		1		...		x
segno di $2x^2-5x+2$	...	0	...		...	0	...	
segno di $x-1$	...		...	0	...		...	
segno di $\dfrac{2x^2-5x+2}{x-1}$	...	0	...	$\nexists$	...	0	...	

- La disequazione è verificata per i valori di x che rendono la frazione $\dfrac{2x^2-5x+2}{x-1}$ *positiva* o *nulla*, cioè per:

$\ldots \leq x < \ldots \vee x \geq \ldots$

Risolvi le seguenti disequazioni frazionarie (che portano a risolvere disequazioni di primo o secondo grado).

331 $\dfrac{1}{x-2} > -2$ $\left[x < \dfrac{3}{2} \vee x > 2\right]$

332 $\dfrac{2}{x+3} < 1$ $[x < -3 \vee x > -1]$

333 $-\dfrac{1}{x-1} \leq 2$ $\left[x \leq \dfrac{1}{2} \vee x > 1\right]$

334 $\dfrac{1}{x} - \dfrac{1}{2} > \dfrac{1}{x\sqrt{2}}$ $[0 < x < 2 - \sqrt{2}]$

335 $\dfrac{1}{2x-2} - \dfrac{1}{1-x} \geq \dfrac{2}{3x-3}$ $[x > 1]$

336 $-\dfrac{1}{2x+4} < \dfrac{x-1}{x+2}$ $\left[x < -2 \vee x > \dfrac{1}{2}\right]$

337 $\dfrac{x}{2-2x} - 1 \geq \dfrac{1}{3x-3}$ $\left[\dfrac{4}{9} \leq x < 1\right]$

338 $-\dfrac{x+1}{3x-3} \leq \dfrac{1}{2-2x}$ $\left[x \leq \dfrac{1}{2} \vee x > 1\right]$

339 $\dfrac{1}{x-\sqrt{2}} \geq \dfrac{1}{x\sqrt{2}-2} + \dfrac{1}{2}$ $[\sqrt{2} < x \leq 2]$

340 $\dfrac{x}{x+2} \geq \dfrac{1}{2x+4} + \dfrac{3}{2+x}$ $\left[x < -2 \vee x \geq \dfrac{7}{2}\right]$

341 $\dfrac{x+1}{x-1} - 1 \geq \dfrac{1}{2-2x}$ $[x > 1]$

342 $\frac{1}{x+2}+1>-\frac{1}{1-x}$ $\left[x<-\frac{1+\sqrt{21}}{2} \vee -2<x<1 \vee x<\frac{-1+\sqrt{21}}{2}\right]$

343 $\frac{x}{4x-12}-\frac{1}{12}\leq-\frac{x+1}{6-2x}$ $\left[x\leq-\frac{3}{4}\vee x>3\right]$

344 $\frac{(x-2)^2-(x+2)^2}{4-2x}\geq 1-\frac{1}{3x-6}$ $\left[x\leq-\frac{7}{9}\vee x>2\right]$

345 $-\frac{x^2-(x+2)^2}{4-2x}\leq\frac{(x+1)^2-(x-1)(x+1)}{3x-6}$ $[x\leq-1\vee x>2]$

346 $2^{-1}\left(\frac{1}{x}-1\right)-\frac{1}{x}(1-3^{-1})\leq\frac{x-2}{4x}$ $\left[x<0\vee x\geq\frac{4}{9}\right]$

347 $\frac{1}{x}>\frac{1}{x-2}$ $[0<x<2]$

348 $\frac{x^2}{x+1}<0{,}5$ $\left[x<-1\vee -\frac{1}{2}<x<1\right]$

349 $x-3>\frac{1}{2x-7}$ $\left[\frac{5}{2}<x<\frac{7}{2}\vee x>4\right]$

350 $x-2>\frac{1}{x}$ $[1-\sqrt{2}<x<0\vee x>1+\sqrt{2}]$

351 $\frac{4}{x+2}\geq 3-x$ $[-2<x\leq-1\vee x\geq 2]$

352 $\frac{x}{x+1}\leq-\frac{2}{x}$ $[-1<x<0]$

353 $\frac{1}{x^2-x}-\frac{1}{x}\geq\frac{2}{x-1}$ $\left[x<0\vee\frac{2}{3}\leq x<1\right]$

354 $\frac{x^2+3x-4}{x^2}+\frac{1}{x}\geq-1$ $[x\leq-1-\sqrt{3}\vee x\geq-1+\sqrt{3}]$

355 $\frac{x+1}{x}\leq\frac{2}{3-2x}$ $\left[-\frac{3}{2}\leq x<0\vee 1\leq x<\frac{3}{2}\right]$

356 $\frac{x+1}{2x+x^2}>\frac{3}{8}$ $\left[-2<x<-\frac{4}{3}\vee 0<x<2\right]$

357 $\frac{1}{x+\sqrt{2}}<\frac{1}{x\sqrt{2}-2}$ $[x<-\sqrt{2}\vee\sqrt{2}<x<3\sqrt{2}+4]$

358 $\frac{2}{1-x}\geq-\frac{1}{x+2}$ $[x\leq-5\vee -2<x<1]$

359 $\frac{1}{x}+\frac{1}{x-2}\geq\frac{2}{x^2-2x}$ $[x>0]$

360 $\frac{1}{x}-1{,}\overline{6}\leq\frac{x}{x+1}$ $\left[x<-1\vee-\frac{3}{4}\leq x<0\vee x\geq\frac{1}{2}\right]$

361 $\frac{1}{2x+4}-\frac{1}{2-x}\geq-\frac{x+4}{2x+4}$ $[x\leq-6\vee -2<x\leq 1\vee x>2]$

362 $\frac{1}{x^2-2}\leq\frac{1}{x-\sqrt{2}}-\frac{1}{x\sqrt{2}+2}$ $[-2-2\sqrt{2}\leq x<-\sqrt{2}\vee x>\sqrt{2}]$

363 Determina per quali valori di a il numero -1 appartiene all'insieme delle soluzioni della disequazione nell'incognita x: $\frac{x}{a^2-ax}+\frac{1}{x^2+a}\geq x$. $[a\leq-1-\sqrt{2}\vee -1<a<0\vee a\geq-1+\sqrt{2}]$

364 Determina per quali valori di k la differenza tra la somma e il prodotto delle soluzioni (reali e distinte) dell'equazione $(k+1)x^2-2kx-1=0$, con $k\neq-1$, è minore di 1. $[-1<k<0]$

Risolvi le seguenti disequazioni frazionarie (che portano a risolvere anche disequazioni di grado superiore al secondo).

365 $\frac{1}{x^2-1}+\frac{1}{x^2-x}\leq\frac{2}{x+x^2}$ $[x<-1 \vee 0<x<1]$

366 $\frac{2}{x^2-4x}-\frac{x}{x^2-16}\geq\frac{1}{x+4}$ $[x<-4 \vee -1\leq x<0]$

367 $\frac{3}{x^2-1}+\frac{x+2}{x-x^2}\leq-\frac{6}{x^2+x}$ $[-1<x<0 \vee 1<x\leq 2 \vee x\geq 4]$

368 $\frac{1}{x^2+x-2}\geq-\frac{2}{x^2-1}$ $\left[x<-2 \vee -\frac{5}{3}\leq x<-1 \vee x>1\right]$

369 $x^2\geq\frac{x^3}{2-x^2}$ $[x\leq-2 \vee -\sqrt{2}<x\leq 1 \vee x>\sqrt{2}]$

370 $\frac{1}{x}+\frac{1}{x-1}\geq\frac{1}{x-2}$ $[0<x\leq 2-\sqrt{2} \vee 1<x<2 \vee x\geq 2+\sqrt{2}]$

371 $-\frac{1}{x^2+x-6}\leq\frac{1}{1-x^2}$ $[x<-3 \vee -1<x<1 \vee 2<x\leq 5]$

372 $\frac{1}{x+2}>\frac{1}{x}-\frac{1}{x+1}$ $[-2<x<-\sqrt{2} \vee -1<x<0 \vee x>\sqrt{2}]$

373 $\frac{1}{x^2+3x}-\frac{1}{x^2-9}\geq\frac{2}{x^3+3x^2}$ $\left[x<-3 \vee \frac{6}{5}\leq x<3\right]$

374 $\frac{1}{x^2-2x}+\frac{2}{x^2+2x}\geq\frac{1}{4-x^2}$ $\left[x<-2 \vee 0<x\leq\frac{1}{2} \vee x>2\right]$

375 $\frac{1}{x^2-1}-\frac{1}{x^2-2x-3}>\frac{1}{x^2+3x-4}$ $[-4<x<-1 \vee 1<x<3]$

376 $\frac{x}{x^2-1}-\frac{1}{x^2+3x+2}>\frac{7}{3x+6}$ $\left[x<-2 \vee -\frac{5}{4}<x<-1 \vee 1<x<2\right]$

377 $\frac{1}{x^2-4x+4}-\frac{1}{x^2-4}>\frac{1}{x+2}-\frac{1}{x-2}$ $[x<-2 \vee x>1, \text{con } x\neq 2]$

6. I sistemi di disequazioni

TEORIA a p. 18

Esercizi preliminari

378 Vero o falso?

a. se una delle disequazioni di un sistema è impossibile, il sistema è impossibile V F

b. la scrittura $-2\leq x\leq 3$ equivale al sistema $\begin{cases} x\geq -2 \\ x\leq 3 \end{cases}$ V F

c. se una delle disequazioni di un sistema è sempre verificata, il sistema è sempre verificato V F

d. la disequazione $(x-2)(x-3)\geq 0$ equivale al sistema $\begin{cases} x-2\geq 0 \\ x-3\geq 0 \end{cases}$ V F

[2 affermazioni vere e 2 false]

Individua l'insieme delle soluzioni corretto, eseguendo i calcoli a mente, per i seguenti sistemi.

379 $\begin{cases} x-2>0 \\ (x-2)^5<0 \end{cases}$:

A $\varnothing$ B $x<2$ C $\mathbb{R}$ D $x>2$

380 $\begin{cases} (x-5)^3\geq 0 \\ (x-5)^5\leq 0 \end{cases}$:

A $\varnothing$ B $x\leq 5$ C $\{5\}$ D $x\geq 5$

381 $\begin{cases}(x-5)^4 \geq 0 \\ (x-5)^5 \leq 0\end{cases}$:

A $\emptyset$ C $\mathbf{R}$
B $x \leq 5$ D $x \geq 5$

382 $\begin{cases}x^2-3x+2>0 \\ -5x^2-2 \geq 0\end{cases}$:

A $\emptyset$ C $\mathbf{R}$
B $x<1 \vee x>2$ D $1<x<2$

383 $\begin{cases}x^2(x-3)^3 \leq 0 \\ \dfrac{x^5}{(x^2+1)^2} \geq 0\end{cases}$:

A $\emptyset$ C $\mathbf{R}$
B $0 \leq x \leq 3$ D $x \leq 0 \vee x \geq 3$

384 $\begin{cases}(x-1)^2+(x-2)^2 \geq 0 \\ -(x+2)^2<3\end{cases}$:

A $\emptyset$ C $\mathbf{R}$
B $x<-2$ D $x>-2$

Sistemi di due disequazioni di primo o secondo grado (intere o frazionarie)

385 ESERCIZIO GUIDATO

Risolvi il sistema $\begin{cases}x^2-9>0 \\ \dfrac{5-x}{x^2-x+1} \geq 0\end{cases}$

- Risolvi la prima disequazione del sistema:

  $x^2-9>0 \Rightarrow x<\ldots\ldots \vee x>\ldots\ldots$

- Risolvi la seconda disequazione del sistema. Osserva che il denominatore, x^2-x+1, è positivo per ogni $x \in \mathbf{R}$ (perché?), quindi la disequazione equivale a:

  $5-x \geq 0 \Rightarrow x \leq \ldots\ldots$

- Nel seguente schema abbiamo rappresentato gli insiemi delle soluzioni S_1 ed S_2 delle due disequazioni del sistema. Completa lo schema rappresentando (sulla riga corrispondente a S) gli intervalli che corrispondono alle soluzioni del sistema.

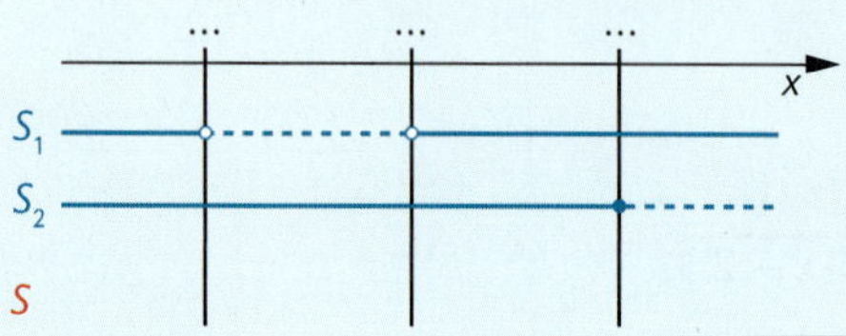

- In conclusione, il sistema è verificato per: $x<\ldots\ldots \vee \ldots\ldots$

Risolvi i seguenti sistemi.

386 $\begin{cases}x^2-4x \geq 0 \\ 1-\dfrac{1}{3}x<0\end{cases}$ $[x \geq 4]$

387 $\begin{cases}x^2-5x \geq 0 \\ 2-\dfrac{1}{2}x^2>0\end{cases}$ $[-2<x \leq 0]$

388 $\begin{cases}\dfrac{1}{2}(x-1) \leq \dfrac{x}{5} \\ x^2+5x-6 \geq 0\end{cases}$ $\left[x \leq -6 \vee 1 \leq x \leq \dfrac{5}{3}\right]$

389 $\begin{cases}-2x^2+8<0 \\ x^2-x-6 \geq 0\end{cases}$ $[x<-2 \vee x \geq 3]$

390 $\begin{cases}2x^2+3x-5 \leq 0 \\ \dfrac{1}{3-x}<\dfrac{1}{2}\end{cases}$ $\left[-\dfrac{5}{2} \leq x<1\right]$

391 $\begin{cases}\dfrac{1-\sqrt{2}}{x-2}>0 \\ x^2+5x+6 \leq 0\end{cases}$ $[-3 \leq x \leq -2]$

392 $\begin{cases}\dfrac{x^2-4}{x^2+2} \geq 0 \\ 5x-x^2 \leq 0\end{cases}$ $[x \leq -2 \vee x \geq 5]$

393 $\begin{cases}\dfrac{x-1}{4-x} \leq 0 \\ \dfrac{x-\sqrt{3}}{3}<\dfrac{x}{\sqrt{3}}\end{cases}$ $\left[-\dfrac{3+\sqrt{3}}{2}<x \leq 1 \vee x>4\right]$

394 $\begin{cases}\dfrac{1}{x} \geq 2 \\ x^2+2x-3<0\end{cases}$ $\left[0<x \leq \dfrac{1}{2}\right]$

395 $\begin{cases}(x-1)^2>9 \\ -x \geq \dfrac{3}{x-2}\end{cases}$ $[x<-2]$

396 $\begin{cases} \dfrac{x}{x-0{,}5} \le 1 \\ -2(x^2-9) > 0 \end{cases}$ $\left[-3 < x < \dfrac{1}{2}\right]$

397 $\begin{cases} \dfrac{x}{x^2-1} \ge 0 \\ 2x^2-3x-5 \le 0 \end{cases}$ $\left[-1 < x \le 0 \vee 1 < x \le \dfrac{5}{2}\right]$

398 $\begin{cases} \dfrac{5x-x^2}{x^2-4} \ge 0 \\ x^2-9 > 0 \end{cases}$ $[3 < x \le 5]$

399 $\begin{cases} x^2 > 4(x+1)^2 \\ x\sqrt{2} \ge \dfrac{1}{x\sqrt{2}} \end{cases}$ $\left[-\dfrac{\sqrt{2}}{2} \le x < -\dfrac{2}{3}\right]$

400 $\begin{cases} \dfrac{x-x^2-3}{2x^2-5x} \ge 0 \\ x^2+7x-8 \ge 0 \end{cases}$ $\left[1 \le x < \dfrac{5}{2}\right]$

401 $\begin{cases} x+8 > (2x+1)^2 \\ \dfrac{x}{x^2-4} \le \dfrac{3}{5} \end{cases}$ $\left[-\dfrac{4}{3} \le x < 1\right]$

402 $\begin{cases} 5x-x^2 > 0 \\ x > \dfrac{2}{x} \end{cases}$ $[\sqrt{2} < x < 5]$

403 $\begin{cases} \dfrac{1}{x-1} \ge -1 \\ (x+\sqrt{2})^2-(x-\sqrt{2})^2 > -\sqrt{2}(x+1) \end{cases}$ $\left[-\dfrac{1}{5} < x \le 0 \vee x > 1\right]$

404 $\begin{cases} \dfrac{1}{x^2-1} \le \dfrac{1}{x^2-x} \\ 0{,}\overline{3}(x-2) \le \dfrac{1-x}{2} \end{cases}$ $\left[-1 < x < 0 \vee 1 < x \le \dfrac{7}{5}\right]$

405 $\begin{cases} 5-x \ge \dfrac{(3-x)^2}{x} \\ -x^2-2x+2 \le 0 \end{cases}$ $\left[x \le -1-\sqrt{3} \vee 1 \le x \le \dfrac{9}{2}\right]$

406 $\begin{cases} \dfrac{x}{x^2+1} < -\dfrac{2}{5} \\ x < \dfrac{1}{4-x} \end{cases}$ $\left[-2 < x < -\dfrac{1}{2}\right]$

407 $\begin{cases} x^2+6x+4 < 0 \\ -\dfrac{1}{x} \ge \dfrac{x}{x+2} \end{cases}$ $[-2 < x < \sqrt{5}-3]$

408 $\begin{cases} 2x^2+3x+5 > 0 \\ \dfrac{1}{x} \ge \dfrac{3x}{x-2} \end{cases}$ $[0 < x < 2]$

409 $\begin{cases} x^2+\sqrt{5}x < 6 \\ \dfrac{x\sqrt{2}}{x+1} > -\dfrac{2x\sqrt{2}}{x^2+3x+2} \end{cases}$ $\left[-2 < x < -1 \vee 0 < x < \dfrac{\sqrt{29}-\sqrt{5}}{2}\right]$

Sistemi di due disequazioni, anche di grado superiore al secondo

Risolvi i seguenti sistemi.

410 $\begin{cases} 9 \ge (x-1)^2 \\ \dfrac{(x^2-3)^2}{3x^4-x^5} \le 0 \end{cases}$ $[3 < x \le 4 \vee x = \pm\sqrt{3}]$

411 $\begin{cases} \dfrac{3}{x+1} \le \dfrac{1}{x} \\ (x-1)(9x-x^3) \le 0 \end{cases}$ $\left[x \le -3 \vee 0 < x \le \dfrac{1}{2}\right]$

412 $\begin{cases} (x^2-2x)^3 \ge 0 \\ \dfrac{x^2}{x^2+2\sqrt{2}x-2} \le 0 \end{cases}$ $[-2-\sqrt{2} < x \le 0]$

413 $\begin{cases} \dfrac{1}{x-1} \ge \dfrac{x^2+2}{x^3-1} \\ x^2 < (x+1)^2 \end{cases}$ $\left[x > -\dfrac{1}{2}\right]$

414 $\begin{cases} -x^3-8 \le 0 \\ \dfrac{x(x^2-x+1)}{x^2-2} \ge 0 \end{cases}$ $[-\sqrt{2} < x \le 0 \vee x > \sqrt{2}]$

415 $\begin{cases} x^4-16 < 0 \\ 3 \ge \dfrac{1}{x^3+1} \end{cases}$ $\left[-2 < x < -1 \vee -\dfrac{\sqrt[3]{18}}{3} \le x < 2\right]$

416 $\begin{cases} x^4+5x^2-4 > 0 \\ x < \dfrac{8}{x^2} \end{cases}$ $[-2 < x < -1 \vee 1 < x < 2]$

417 $\begin{cases} x^3+x^2+x+1 < 0 \\ \dfrac{2x^2+x-10}{x^3-1} \ge 0 \end{cases}$ $\left[-\dfrac{5}{2} \le x < -1\right]$

418 $\begin{cases} x-5x^{-1} \le -4 \\ x^4-x^3 \ge 0 \end{cases}$ $[x \le -5 \vee x = 1]$

419 $\begin{cases} x^3+5x^2-6x > 0 \\ \dfrac{x}{x+2} \le \dfrac{x}{2} \end{cases}$ $[-2 < x < 0 \vee x > 1]$

420 $\begin{cases} x^3-3x+2 > 0 \\ x^6-3x^3+2 > 0 \end{cases}$ $[-2 < x < 1 \vee x > \sqrt[3]{2}]$

421 $\begin{cases} x^2(x^2+x+2) \le 0 \\ x^4-7x-3 < 0 \end{cases}$ $[x = 0]$

422 $\begin{cases} \dfrac{x^4-2x^3}{x^6-1} \ge 0 \\ x^5-4x^3-x^2+4 > 0 \end{cases}$ $[-2 < x < -1 \vee 0 \le x < 1 \vee x > 2]$

Sistemi di tre disequazioni

Risolvi i seguenti sistemi.

423 $\begin{cases} x^2 - 4x + 4 \geq 0 \\ x^2 - 9x \leq 0 \\ -1 < \dfrac{1}{1-x} \end{cases}$ $[0 \leq x < 1 \vee 2 < x \leq 9]$

424 $\begin{cases} x > -\dfrac{1}{x-2} \\ -2x > -x^2 \\ (1-\sqrt{2})x < 1 + \sqrt{2} \end{cases}$ $[x > 2]$

425 $\begin{cases} \dfrac{2}{x} > \dfrac{1}{x-2} \\ x^3 - x > 0 \\ (3-x)^3 < 0 \end{cases}$ $[x > 4]$

426 $\begin{cases} x^2 - 2x + 5 > 0 \\ -x^3 + 5 \leq 0 \\ (x+2)(x^2 - 3x) < 0 \end{cases}$ $[\sqrt[3]{5} \leq x < 3]$

427 $\begin{cases} (x-1)(x+1) > (x-3)^2 \\ x^3 - x^2 \leq 0 \\ \dfrac{x+1}{x-3} > 2 \end{cases}$ [Impossibile]

428 $\begin{cases} -x^2 + 6x - 1 < 0 \\ -x^2 + 0{,}5x \leq 0 \\ 2x^3 > 3x - x^2 \end{cases}$ $\left[-\dfrac{3}{2} < x < 0 \vee x > 3 + 2\sqrt{2}\right]$

429 $\begin{cases} -x^2 + x - 1 < 0 \\ x^3 - 4x < 0 \\ x^4 - 4x \leq 0 \end{cases}$ $[0 < x < \sqrt[3]{4}]$

430 Rapido $\begin{cases} (x+1)^2 < -(3-x)^2 \\ -x^2 + 7x^3 - 6 > 0 \\ x^3 - x^9 \geq 0 \end{cases}$ [Impossibile]

431 $\begin{cases} \dfrac{1}{x^3 - x^2} \geq \dfrac{1}{x^2} \\ -\dfrac{x-1}{3} < 0{,}4(x+1) \\ (x+1)^2 \leq 9 \end{cases}$ $[1 < x \leq 2]$

432 Determina per quali valori di a le soluzioni dell'equazione $ax^2 - 2(a-1)x + a - 3 = 0$, con $a \neq 0$, sono reali distinte e concordi. $[-1 < a < 0 \vee a > 3]$

433 Stabilisci per quali valori di k l'equazione $(x-k)^2 - (x+1)(x-k) = 1$ è determinata e la sua soluzione appartiene all'intervallo $\left[-1, \dfrac{1}{2}\right)$.

$\left[-2 \leq k < -\dfrac{3}{2} \vee 0 \leq k < 1\right]$

7. Le equazioni e le disequazioni irrazionali

TEORIA a p. 20

Equazioni irrazionali

434 **Test.** Soltanto una delle seguenti equazioni è irrazionale; quale?

A $2x\sqrt{5} = \sqrt[3]{6}$
B $2x^{\frac{1}{2}} = \sqrt[3]{3}$
C $\sqrt[3]{2} = 5x^2$
D $2x + 3\sqrt{5} = \sqrt{1 + \sqrt{5}}$

435 Spiega perché, senza eseguire calcoli, si può affermare che le seguenti equazioni sono impossibili.

a. $\sqrt{x-2} = -10^7$ **b.** $\sqrt{x+2} = 1 - \sqrt{2}$

436 Spiega perché, senza eseguire calcoli, si può affermare che l'equazione $\sqrt{x^2+3} = -x^2 - 1$ è impossibile.

Senza eseguire elevamenti a potenza individua, se esistono, le soluzioni delle seguenti equazioni.

437 $\sqrt[3]{-2x^2} = \sqrt{x+3}$

438 $\sqrt{2x^2 + x} = -\sqrt{1 + 2x}$

439 $\sqrt[3]{2x^2 + 1} + 3\sqrt{x+1} = 0$

440 $\sqrt[3]{5 - 3x} = \sqrt{3x - 5}$

441 $\sqrt{x^2 - x} + \sqrt[3]{x^2 - x + 1} = 0$

442 $\sqrt{x^2 + 2x + 1} = -2\sqrt{1+x}$

Risolvi le seguenti equazioni, in cui l'incognita compare sotto un solo segno di radice quadrata.

443 $\sqrt{x+1} = 4$ $[15]$

444 $\sqrt{x^2 - 5} = 3$ $[\pm\sqrt{14}]$

445 $\sqrt{x^2 - 2x + 4} = 2$ $[0, 2]$

446 $\sqrt{x^2 - 1} = -2$ [Impossibile]

447 $\sqrt{3 - 2x} = 5$ $[-11]$

448 $\sqrt{x^2 + 3x} = 0$ $[-3, 0]$

449 $\sqrt{x^2 + x} = 2\sqrt{5}$ $[-5, 4]$

450 $\sqrt{x^2 - 2x + 2} = 3$ $[1 \pm 2\sqrt{2}]$

451 $\sqrt{x-1} = 3$ $[10]$

452 $\sqrt{3x+6} + x = 4$ $[1]$

453 $\sqrt{x^2 + 8x - 4} - x = 3$ $\left[\dfrac{13}{2}\right]$

454 $\sqrt{1+x} - \dfrac{1}{2} = \dfrac{1}{2}x$ $[-1, 3]$

455 $\frac{1}{2}\sqrt{x+5} = 3 + 2x$ [−1]

456 $\sqrt{x^2+6x+3} - x = 2$ $\left[\frac{1}{2}\right]$

457 $-\sqrt{1-x^2} - x = 2$ [Impossibile]

458 $\sqrt{x^2-1} - x = -\frac{1}{3}$ $\left[\frac{5}{3}\right]$

459 $\sqrt{x+1} = x - 1$ [3]

460 $\sqrt{x^2+2} = x + 3$ $\left[-\frac{7}{6}\right]$

461 $\sqrt{2x^2-3} = x^2 - 1$ $[\pm\sqrt{2}]$

462 $\sqrt{x^2-4x} = x + 1$ $\left[-\frac{1}{6}\right]$

463 $\sqrt{x+1} = 2x - 1$ $\left[\frac{5}{4}\right]$

464 $\sqrt{4-x^2} = 2x + 1$ $\left[\frac{-2+\sqrt{19}}{5}\right]$

465 $2\sqrt{x^2+1} = x - 2$ [Impossibile]

466 $\sqrt{2-x} = -x$ [−2]

467 $\sqrt{\frac{x^2-3x+2}{x^2}} = \frac{1}{2}$ $\left[\frac{6\pm2\sqrt{3}}{3}\right]$

468 $\sqrt{\frac{x}{x-2}} = 3$ $\left[\frac{9}{4}\right]$

469 $\sqrt{\frac{x}{x-2}} = \frac{2x}{x+2}$ $\left[0, \frac{6+4\sqrt{3}}{3}\right]$

Risolvi le seguenti equazioni, in cui l'incognita compare sotto più di un segno di radice quadrata.

470 $\sqrt{2x-5} = \sqrt{x-2}$ [3]

471 $\sqrt{3x-5} = \sqrt{5x-3}$ [Impossibile]

472 $\sqrt{2x-1} = \sqrt{6+x}$ [7]

473 $\sqrt{3x-7} = 2\sqrt{x-3}$ [5]

474 $\sqrt{x^2-1} = \sqrt{2-2x}$ [−3, 1]

475 $\sqrt{3x^2-5} = \sqrt{x^2+3}$ [±2]

476 $\sqrt{x-2} + \sqrt{x-1} = 1$ [2]

477 $\sqrt{2-x} + \sqrt{x+4} = 2\sqrt{3}$ [−1]

478 $\sqrt{1+x} + \sqrt{5-x} = \sqrt{10+x}$ $\left[-\frac{2}{5}, 2\right]$

479 $\sqrt{2-x} + \sqrt{4+x} = \sqrt{11-x}$ $\left[-1, \frac{7}{5}\right]$

480 $\sqrt{x+1} + \sqrt{-x} = \sqrt{2}$ $\left[-\frac{1}{2}\right]$

481 $\sqrt{2x+2} - \sqrt{x+\frac{3}{4}} = \frac{1}{2}$ $\left[-\frac{1}{2}\right]$

482 $\sqrt{x+2} - 2\sqrt{x+5} = -3$ [−1]

483 $\sqrt{x+2} + \sqrt{x} = 2$ $\left[\frac{1}{4}\right]$

484 $\sqrt{x-1} - \sqrt{x} = \sqrt{3-x}$ [Impossibile]

485 $\sqrt{x} - \sqrt{3x-3} = -\sqrt{x-3}$ [4]

Disequazioni irrazionali in cui l'incognita compare sotto un solo segno di radice

486 Spiega perché, senza effettuare calcoli, si può affermare che le seguenti disequazioni sono impossibili.

a. $\sqrt{x-2} < -2$

b. $\sqrt{x^2+1} < -1$

c. $\sqrt{x^2+1} < -x^2$

487 Spiega perché, senza eseguire calcoli, si può affermare che le seguenti disequazioni sono verificate per ogni $x \in \mathbf{R}$.

a. $\sqrt{x^4+2} \geq -2$

b. $\sqrt{x^2+1} > -1 - x^2$

c. $-\sqrt{|x|} \leq x^2 - x + 1$

488 **ESERCIZIO GUIDATO**

Risolvi la disequazione $\sqrt{x^2-3x} < x+5$.

- La disequazione è del tipo $\sqrt{A(x)} < B(x)$, con $A(x) = x^2 - 3x$ e $B(x) = x + 5$, quindi è equivalente al sistema:

$$\begin{cases} x^2 - 3x \geq 0 & A(x) \geq 0 \\ x + 5 > 0 & B(x) > 0 \\ x^2 - 3x < (x+5)^2 & A(x) < B^2(x) \end{cases}$$

- Risolvi tale sistema; se svolgi i calcoli correttamente troverai che esso è soddisfatto per:

$$-\frac{25}{13} < x \leq 0 \vee x \geq 3$$

Risolvi le seguenti disequazioni irrazionali del tipo $\sqrt{A(x)} < B(x)$ o $\sqrt{A(x)} \leq B(x)$.

489 $\sqrt{x+1} < 3$ $[-1 \leq x < 8]$

490 $\sqrt{x-2} < -2$ [Impossibile]

491 $\sqrt{x^2-5} < 2$ $[-3 < x \leq -\sqrt{5} \vee \sqrt{5} \leq x < 3]$

492 $\sqrt[4]{x^2-2x+4} < \sqrt{3}$ $[1-\sqrt{6} < x < 1+\sqrt{6}]$

493 $\sqrt{x^2+1} < -1$ [Impossibile]

494 $\sqrt{x} < 3$ $[0 \leq x < 9]$

495 $\sqrt{3-x} < 4$ $[-13 < x \leq 3]$

496 $\sqrt{x^2-2x} < 0$ [Impossibile]

497 $\sqrt{x^2-4} \leq x+1$ $[x \geq 2]$

498 $\sqrt{x^2+x} < 2\sqrt{3}$ $[-4 < x \leq -1 \vee 0 \leq x < 3]$

499 $\sqrt{x^2+x+2} < 2$ $[-2 < x < 1]$

500 $\sqrt{x^2-1} < 2\sqrt{2}$ $[-3 < x \leq -1 \vee 1 \leq x < 3]$

501 $\sqrt{4-x^2} \leq x+2$ $[x = -2 \vee 0 \leq x \leq 2]$

502 $\sqrt{x+1} < 5-x$ $[-1 \leq x < 3]$

503 $\sqrt{x^2-1} < 2x$ $[x \geq 1]$

504 $\sqrt{x^2-1} \leq 2(x-1)$ $\left[x = 1 \vee x \geq \frac{5}{3}\right]$

505 $\sqrt{x^2-4x+5} < x-3$ [Impossibile]

506 $3+\sqrt{x^2-1} < 2x^2$ $[x < -\sqrt{2} \vee x > \sqrt{2}]$

507 $\sqrt{4-2x} - 8 \leq 2x$ $\left[-\frac{5}{2} \leq x \leq 2\right]$

508 $x - \sqrt{2-x} > 0$ $[1 < x \leq 2]$

509 $x - \sqrt{x^2+2} > -4$ $\left[x > -\frac{7}{4}\right]$

510 $\sqrt{\frac{x}{x^2-1}} < 1$ $\left[\frac{1-\sqrt{5}}{2} < x \leq 0 \vee x > \frac{1+\sqrt{5}}{2}\right]$

511 $\sqrt{\frac{x^2-3x+2}{x^2}} < 1$ $\left[\frac{2}{3} < x \leq 1 \vee x \geq 2\right]$

512 $\sqrt{\frac{x}{x-1}} < \frac{x-2}{x}$ $[x < 0]$

513 $\sqrt{\frac{x}{x+1}} < \frac{x}{x-1}$ $[x > 1]$

514 **ESERCIZIO GUIDATO**

Risolvi la disequazione $\sqrt{x-3} > x-5$.

- La disequazione è del tipo $\sqrt{A(x)} > B(x)$, con $A(x) = x-3$ e $B(x) = x-5$, quindi è equivalente a:

$$\begin{cases} x-3 \geq 0 & A(x) \geq 0 \\ x-5 < 0 & B(x) < 0 \end{cases} \vee \begin{cases} x-5 \geq 0 & B(x) \geq 0 \\ x-3 > (x-5)^2 & A(x) > B^2(x) \end{cases}$$

- Se risolvi correttamente tali due sistemi, troverai che questa condizione equivale a:

$3 \leq x < 5 \quad \vee \quad 5 \leq x < 7$

- L'insieme delle soluzioni della disequazione iniziale è l'*unione* di questi due intervalli quindi, come puoi vedere chiaramente dalla figura, è l'intervallo: $3 \leq x < 7$

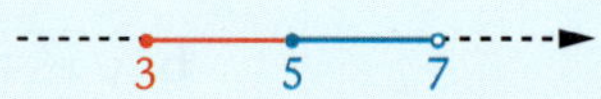

Risolvi le seguenti disequazioni irrazionali del tipo $\sqrt{A(x)} > B(x)$ o $\sqrt{A(x)} \geq B(x)$.

515 $\sqrt{x-1} > 4$ $[x > 17]$

516 $\sqrt{2-x} > -1$ $[x \leq 2]$

517 $\sqrt{4-x^2} > 0$ $[-2 < x < 2]$

518 $\sqrt{x^2-1} > 2\sqrt{2}$ $[x < -3 \vee x > 3]$

519 $\sqrt{x-1} > 3-x$ $[x > 2]$

520 $\frac{1}{2}\sqrt{x^2-2x} > \sqrt{2}$ $[x < -2 \vee x > 4]$

521 $\sqrt{x} > 2x-1$ $[0 \leq x < 1]$

522 $\sqrt{x^2-1} > x+3$ $\left[x < -\frac{5}{3}\right]$

523 $\sqrt{x^2-2x} > x-1$ $[x \leq 0]$

524 $\sqrt{4-x^2} > 2x+4$ $\left[-2 < x < -\frac{6}{5}\right]$

525 $\sqrt{2-x} > x$ $[x < 1]$

526 $\sqrt{x+2} \geq 2x-3$ $\left[-2 \leq x \leq \frac{13+\sqrt{57}}{8}\right]$

527 $\sqrt{x-3} \geq \frac{x-3}{2}$ $[3 \leq x \leq 7]$

528 $\sqrt{x^2-1} > 2(x-1)$ $\left[x \leq -1 \vee 1 < x < \frac{5}{3}\right]$

529 $\sqrt{x^2-2x} > x-1$ $[x \leq 0]$

530 $\sqrt{x-3} \geq \frac{x-3}{2}$ $[3 \leq x \leq 7]$

531 $x - \sqrt{x-3} < 5$ $[3 \leq x < 7]$

532 $3 - \sqrt{x^2 - 1} < -x$ $\left[x < -\frac{5}{3}\right]$

533 $\sqrt{\dfrac{x}{x+2}} > 2$ $\left[-\frac{8}{3} < x < -2\right]$

534 $\sqrt{\dfrac{x^2-1}{x^3+8}} > 0$ $[-2 < x < -1 \vee x > 1]$

535 $\sqrt{\dfrac{x}{x+1}} > \dfrac{x+2}{x+4}$ $\left[-4 < x < -1 \vee x > \frac{2\sqrt{7}-4}{3}\right]$

536 ESERCIZIO GUIDATO

Risolvi la disequazione:

$$\sqrt[3]{x^3 - x^2 - 3} > x - 1$$

- Ricorda che elevando entrambi i membri di una disequazione a una potenza di esponente *dispari* si ottiene una disequazione equivalente. Perciò, elevando i due membri della disequazione data al cubo, ottieni la disequazione equivalente:

  $x^3 - x^2 - 3 > .....$

- Se risolvi correttamente tale disequazione troverai che essa è verificata per $x < -\frac{1}{2} \vee x > 2$.

Risolvi le seguenti disequazioni irrazionali, in cui l'incognita compare sotto qualche segno di radice cubica.

537 $\sqrt[3]{x^2-1} > 2$ $[x < -3 \vee x > 3]$

538 $\sqrt[3]{x^3 - x} > x + 2$ [Impossibile]

539 $\sqrt[3]{x^3+1} < x + 1$ $[x < -1 \vee x > 0]$

540 $\sqrt[3]{3-x} < -1$ $[x > 4]$

541 $\sqrt[3]{x} < 2x - 1$ $[x > 1]$

Disequazioni irrazionali

542 ESERCIZIO SVOLTO

Risolviamo la disequazione $\dfrac{\sqrt{x^2-4x}}{3-\sqrt{5-x}} \geq 0$.

- **Poniamo le condizioni di esistenza:**

$$\begin{cases} x^2 - 4x \geq 0 \\ 5 - x \geq 0 \\ \sqrt{5-x} \neq 3 \end{cases} \Rightarrow x \leq 0 \vee 4 \leq x \leq 5, \text{ con } x \neq -4$$

- **Studiamo il segno del numeratore e del denominatore:**

Numeratore $\sqrt{x^2-4x} > 0 \Rightarrow x^2 - 4x > 0 \Rightarrow x < 0 \vee x > 4$

Denominatore $3 - \sqrt{5-x} > 0 \Rightarrow \sqrt{5-x} < 3 \Rightarrow \begin{cases} 5 - x \geq 0 \\ 5 - x < 9 \end{cases} \Rightarrow -4 < x \leq 5$

- **Costruiamo la tabella dei segni:** nel costruire la tabella dei segni di una disequazione *irrazionale frazionaria* occorre tener conto delle *condizioni di esistenza*. A tale scopo andiamo a «cancellare» con un tratteggio gli intervalli «vietati» dalle condizioni di esistenza, cioè quelli dove l'espressione *non* è definita.

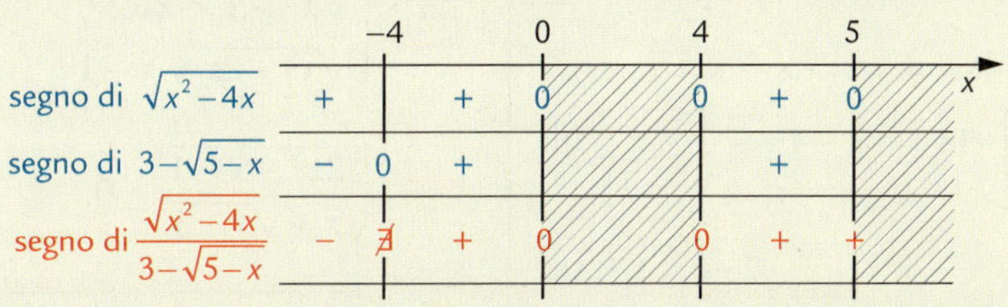

La disequazione originaria è verificata quando l'espressione al primo membro è maggiore o uguale a zero; come puoi vedere dalla tabella, ciò accade per:

$$-4 < x \leq 0 \vee 4 \leq x \leq 5$$

Risolvi le seguenti disequazioni irrazionali frazionarie.

543 $\dfrac{x^2-25}{\sqrt{x}+\sqrt{x^2-1}} \geq 0$ $[x \geq 5]$

544 $\dfrac{\sqrt{x}-1}{6-x} > 0$ $[1 < x < 6]$

545 $\dfrac{\sqrt{x^2-3x+2}}{\sqrt{x}+\sqrt{6-x}} \geq 0$ $[0 \leq x \leq 1 \vee 2 \leq x \leq 6]$

546 $\dfrac{\sqrt{x^2-4}}{5x-x^2} < 0$ $[x < -2 \vee x > 5]$

547 $\dfrac{2-\sqrt{x+1}}{x^2-4} \leq 0$ $[-1 \leq x < 2 \vee x \geq 3]$

548 $\dfrac{\sqrt{x^2-1}-x-2}{x-2} \geq 0$ $\left[-\dfrac{5}{4} \leq x \leq -1 \vee 1 \leq x < 2\right]$

549 $\dfrac{\sqrt{x-1}-3}{2x-\sqrt{x}} \leq 0$ $[1 \leq x \leq 10]$

550 $\dfrac{\sqrt{x^2-1}-\sqrt{3}}{2-\sqrt{x}} \geq 0$ $[2 \leq x < 4]$

Esercizi riassuntivi sulle disequazioni irrazionali

Risolvi le disequazioni e i sistemi seguenti.

551 $\sqrt[3]{\dfrac{1}{x}-1} \geq -2$ $\left[x \leq -\dfrac{1}{7} \vee x > 0\right]$

552 $\sqrt{x^2+3x+1} > 1$ $[x < -3 \vee x > 0]$

553 $2-\sqrt{x} \geq x-4$ $[0 \leq x \leq 4]$

554 $\sqrt{x^2-3x+2} \leq x+1$ $\left[\dfrac{1}{5} \leq x \leq 1 \vee x \geq 2\right]$

555 $2-\sqrt{x^2+1} > x+1$ $[x < 0]$

556 $\sqrt{x^2+x+1} > 2-\sqrt{5}$ $[\forall x \in \mathbf{R}]$

557 $\sqrt{x^2+2} < -\sqrt{x^2+1}$ [Impossibile]

558 $-\dfrac{1}{2}\sqrt{x^2+3} \geq x-2$ $[x \leq 1]$

559 $\dfrac{3+x}{2} \geq \sqrt{2x^2-x+3}$ $\left[\dfrac{3}{7} \leq x \leq 1\right]$

560 $\dfrac{2\sqrt{x}-1}{\sqrt{x^2+1}} \leq 0$ $\left[0 \leq x \leq \dfrac{1}{4}\right]$

561 $x(x-2)^{-\frac{1}{2}} \geq 3$ $[2 < x \leq 3 \vee x \geq 6]$

562 $x^{\frac{1}{2}}-2x^{\frac{3}{2}} \geq 0$ $\left[0 \leq x \leq \dfrac{1}{2}\right]$

563 $\dfrac{2-\sqrt{x-1}}{\sqrt{x^2-9}} \geq 0$ $[3 < x \leq 5]$

564 $\dfrac{2x^2-8x}{\sqrt{x^2-1}-2x-2} \geq 0$ $[x < -1 \vee 1 \leq x \leq 4]$

565 $\sqrt{-3x^2+2x+1} \geq 0$ $\left[-\dfrac{1}{3} \leq x \leq 1\right]$

566 $x-\sqrt{2x^2+9x+4} \geq 2x-2$ $\left[-13 \leq x \leq -4 \vee -\dfrac{1}{2} \leq x \leq 0\right]$

567 $\begin{cases} \dfrac{1}{x} \leq \dfrac{1}{x+2} \\ \sqrt{x^2+1} > x-1 \end{cases}$ $[-2 < x < 0]$

568 $\dfrac{\sqrt{4x^2+x+1}-2x-2}{\sqrt{x^2+x+1}} \geq 0$ $\left[x \leq -\dfrac{3}{7}\right]$

569 $\begin{cases} \dfrac{1}{x^2-2x} < \dfrac{1}{4-x^2} \\ \sqrt{x^2-1}-x \leq 3 \end{cases}$ $\left[-\dfrac{5}{3} \leq x < -1 \vee 1 \leq x < 2\right]$

570 $x^2-\sqrt{x^2-2x} \geq (x+1)^2$ $\left[x \leq -\dfrac{3+\sqrt{6}}{3}\right]$

571 $\dfrac{\sqrt{x-1}-1}{\sqrt{5-x}} \geq 0$ $[2 \leq x < 5]$

572 $\begin{cases} \sqrt{2x-1} \geq 2-x \\ x^2-5x \leq 0 \end{cases}$ $[1 \leq x \leq 5]$

573 $\sqrt[3]{x^3-2x} < 0$ $[x < -\sqrt{2} \vee 0 < x < \sqrt{2}]$

574 $\dfrac{2\sqrt{x^2-1}-x}{\sqrt{x}+\sqrt{5-x}} \geq 0$ $\left[\dfrac{2\sqrt{3}}{3} \leq x \leq 5\right]$

575 $\sqrt{x^2-2x} \geq 1-\sqrt{3}$ $[x \leq 0 \vee x \geq 2]$

576 $2x-\sqrt{2x^2+6x+4} \leq x-2$ $[x \leq -2 \vee x \geq 0]$

577 $\sqrt[3]{x^3-1} \geq x-1$ $[x \leq 0 \vee x \geq 1]$

578 $\sqrt{x^4+1} < -10^6$ [Impossibile]

579 $(2-\sqrt{x+1})(2x^2-x) \geq 0$ $\left[-1 \leq x < 0 \vee \dfrac{1}{2} \leq x \leq 3\right]$

580 $\sqrt{(x+1)^2-(x-1)^2} \leq x$ $[x = 0 \vee x \geq 4]$

581 $\dfrac{\sqrt[3]{x+5}}{x^2-6x} \geq 0$ $[-5 \leq x < 0 \vee x > 6]$

582 $\begin{cases} \sqrt{x^2-1} < 2\sqrt{2} \\ \sqrt{x^2+2x} > x+1 \end{cases}$ $[-3 < x \leq -2]$

583 $\dfrac{\sqrt[3]{2x^2-x-1}}{\sqrt{x}+\sqrt{x-3}} \geq 0$ $[x \geq 3]$

584 $\sqrt[3]{\dfrac{1}{x}-\dfrac{1}{x-2}} \geq \sqrt[3]{\dfrac{1}{x^3-4x}}$ $\left[-\dfrac{5}{2} \leq x < -2 \vee 0 < x < 2\right]$

8. Le equazioni e le disequazioni con valori assoluti

TEORIA a p. 25

Equazioni con valori assoluti

Completa le seguenti scritture, in base alla definizione di valore assoluto.

585 $|3x| = \begin{cases} \dots\dots & \text{se } x \geq \dots\dots \\ \dots\dots & \text{se } x < \dots\dots \end{cases}$

586 $|3x-1| = \begin{cases} 3x-1 & \text{se } x \geq \dots\dots \\ \dots\dots & \text{se } x < \dots\dots \end{cases}$

587 $|5-x| = \begin{cases} 5-x & \text{se } \dots\dots \\ \dots\dots & \text{se } \dots\dots \end{cases}$

588 $|x^2-4| = \begin{cases} x^2-4 & \text{se } x \leq -2 \vee x \geq 2 \\ \dots\dots & \text{se } \dots\dots < x < \dots\dots \end{cases}$

589 $|x^2-3x| = \begin{cases} \dots\dots & \text{se } x \leq \dots\dots \vee x \geq \dots\dots \\ \dots\dots & \text{se } \dots\dots < x < \dots\dots \end{cases}$

590 $\left|\dfrac{x-2}{x}\right| = \begin{cases} \dfrac{x-2}{x} & \text{se } x < \dots\dots \vee x \geq \dots\dots \\ \dots\dots & \text{se } \dots\dots < x < \dots\dots \end{cases}$

591 $|x^2-3x+2| = \begin{cases} \dots\dots & \text{se } \dots\dots \\ \dots\dots & \text{se } \dots\dots \end{cases}$

592 Giustifica perché, senza effettuare calcoli, si può affermare che le seguenti equazioni sono impossibili.

a. $-2|x| - |x+1| = 10$ **b.** $|x| + |x^2-4x| = \sqrt{2} - 2$

Senza eseguire calcoli trova, se esistono, le soluzioni delle seguenti equazioni.

593 $|x| + |x-1| = -2$

594 $|x^3 - 2x^2| + |2x-4| = 0$

595 $2|x^4| + |x| + |x^5+1| = 0$

596 $|2x^3 - 2x| + |x^2-1| = 0$

597 $|x^2-3x-10| + |x^2+2x| = 0$

598 $|x^2-2x-1| = -2|x|$

599 $|x| + |x-3| = (-10)^7$

600 $|x^7| + |x^6| = 0$

601 $|x^2-2| = -|3x - 3\sqrt{2}|$

602 $|x^3-1| + |x^2-2x-1| = 0$

Risolvi le seguenti equazioni, in cui l'incognita è contenuta all'interno di un solo valore assoluto.

603 $|x-1| = 3$ $[-2, 4]$

604 $|2x-1| = 3$ $[-1, 2]$

605 $\left|\dfrac{x-1}{3}\right| = \dfrac{1}{2}$ $\left[-\dfrac{1}{2}, \dfrac{5}{2}\right]$

606 $|x^2-5x+4| = 0$ $[1, 4]$

607 $|x^3+x+1| = -4$ [Impossibile]

608 $|x^2-1| = 8$ $[\pm 3]$

609 $|x^2-2x| = 4$ $[1 \pm \sqrt{5}]$

610 $|3-x^2+x| = 3$ $[-2, 0, 1, 3]$

611 $|3x^2-2x| = 1$ $\left[-\dfrac{1}{3}, 1\right]$

612 $|x^2-2x| = 1$ $[1, 1 \pm \sqrt{2}]$

613 $|(x-1)+(x-2)^2| = 13$ $[-2, 5]$

614 $\left|(x+1)^2 - \dfrac{x^2}{2}\right| = 7$ $[-6, 2]$

615 $\left|x - \dfrac{1}{x}\right| = 2$ $[1 \pm \sqrt{2}, -1 \pm \sqrt{2}]$

616 $|x-2| = 2x+3$ $\left[-\dfrac{1}{3}\right]$

617 $|2x-1| = 3-x$ $\left[-2, \dfrac{4}{3}\right]$

618 $\dfrac{1}{2}|x| = (x+1)$ $\left[-\dfrac{2}{3}\right]$

619 $|x^2-2x| = 3x$ $[0, 5]$

620 $|x^2-3| = 2x$ $[1, 3]$

621 $|x-2| = x^2-x-2$ $[-2, 2]$

622 $|x^2-2x+3| = x+1$ $[1, 2]$

623 $|x^2-2x| = x-4$ [Impossibile]

624 $|x^2-4| = x^2-x-2$ $\left[-\dfrac{3}{2}, 2\right]$

625 $|2x^2-2x| = x^2+3x$ $[0, 5]$

626 $\left|1 + \dfrac{2}{x}\right| = x$ $[2]$

627 $\left|\dfrac{x-1}{x+3}\right| = 2+x$ $[-1]$

Risolvi le seguenti equazioni del tipo $|A(x)| = |B(x)|$.

628 $|x-2| = |1-2x|$ $[-1, 1]$

629 $\left|\dfrac{x-3}{3} - x\right| = |x|$ $\left[-\dfrac{3}{5}, 3\right]$

630 $|x^2-3| = 2|x|$ $[\pm 1, \pm 3]$

631 $|x^2-2| = |x^2-x+2|$ $\left[0, \dfrac{1}{2}, 4\right]$

632 $|x^3| = |x^3-1|$ $\left[\dfrac{1}{2}\sqrt[3]{4}\right]$

633 $|x^2+3x| = |x^2-4x|$ $\left[0, \dfrac{1}{2}\right]$

634 $|2x+1| = |(x+1)^2 - (x-1)^2|$ $\left[-\frac{1}{6}, \frac{1}{2}\right]$

635 $|x + \frac{2}{x}| = |2x|$ $[\pm\sqrt{2}]$

636 $|3x^2 - 2| = |x^4|$ $\left[\pm 1, \pm\sqrt{2}, \pm\sqrt{\frac{\sqrt{17}-3}{2}}\right]$

637 $|x^4| = |(x^2-3)^2|$ $\left[\pm\frac{\sqrt{6}}{2}\right]$

Disequazioni con un solo valore assoluto

638 **ESERCIZIO GUIDATO**

Risolvi le seguenti disequazioni:

a. $|x^2 - 1| < -1$ **b.** $|x^9 - x^8| \leq 0$ **c.** $|x+1| < \frac{1}{2}x + 1$ **d.** $|x^2 - 1| > 4$

a. Il valore assoluto di un numero è sempre positivo o nullo, perciò la disequazione non è verificata da nessun ....

b. Il valore assoluto di un numero è sempre positivo o nullo, perciò la disequazione è verificata se e solo se $x^9 - x^8 = 0$, cioè per ....

c. La disequazione data è equivalente al sistema: $\begin{cases} x+1 < \frac{1}{2}x + 1 \\ x+1 > -\frac{1}{2}x - 1 \end{cases}$, verificato per ..... $< x <$ .....

d. La disequazione è soddisfatta in corrispondenza dei valori di x per cui:

$x^2 - 1 < -4 \vee x^2 - 1 > 4$

La prima disequazione è impossibile, mentre la seconda è verificata per ....

La disequazione originaria è quindi soddisfatta per ....

Risolvi le seguenti disequazioni, in cui l'incognita compare in un solo valore assoluto.

639 $|x^2 - 1| < -1$ [Impossibile]

640 $|x^5 + 6x| > -4$ $[\forall x \in \mathbf{R}]$

641 $|x^2 - 2x| > 0$ $[\forall x \in \mathbf{R} - \{0,2\}]$

642 $|x - 1| \geq 2$ $[x \leq -1 \vee x \geq 3]$

643 $|x+3| \leq 0$ $[-3]$

644 $|x + 6x^2| < -4$ [Impossibile]

645 $|x+4| \geq 0$ $[\forall x \in \mathbf{R}]$

646 $|x^2 - 9| \leq 0$ $[\pm 3]$

647 $|x^5 + 9| \leq -2$ [Impossibile]

648 $|x^2 - 2x| > 3$ $[x < -1 \vee x > 3]$

649 $|x - 1| > \frac{3}{2}$ $\left[x < -\frac{1}{2} \vee x > \frac{5}{2}\right]$

650 $|x^2 + 4x| \geq 2$
$[x \leq -\sqrt{6} - 2 \vee -\sqrt{2} - 2 \leq x \leq \sqrt{2} - 2 \vee x \geq \sqrt{6} - 2]$

651 $|x^2 - 4x| < 3$ $[2 - \sqrt{7} < x < 1 \vee 3 < x < 2 + \sqrt{7}]$

652 $|x^2 - 1| \leq 8$ $[-3 \leq x \leq 3]$

653 $|x^2 + 5x + 6| \leq 2$ $[-4 \leq x \leq -1]$

654 $\left|\frac{2x+1}{2}\right| > \frac{1}{4}$ $\left[x < -\frac{3}{4} \vee x > -\frac{1}{4}\right]$

655 $|x^2 + 2x - 2| \geq 1$
$[x \leq -3 \vee -1 - \sqrt{2} \leq x \leq -1 + \sqrt{2} \vee x \geq 1]$

656 $|x^2 - x + 1| > 1$ $[x < 0 \vee x > 1]$

657 $|x^3 - 1| < 7$ $[-\sqrt[3]{6} < x < 2]$

658 $|x^4 - 2x^2| > 1$ $[x < -\sqrt{1+\sqrt{2}} \vee x > \sqrt{1+\sqrt{2}}]$

659 $|2x+1| \leq x + 4$ $\left[-\frac{5}{3} \leq x \leq 3\right]$

660 $|3 - x| > \frac{1}{2}x$ $[x < 2 \vee x > 6]$

661 $\left|\frac{1}{2}x - 1\right| \geq 4 - x$ $\left[x \geq \frac{10}{3}\right]$

662 $|2x+1| > 2x - 2$ $[\forall x \in \mathbf{R}]$

663 $|x^2 - 1| < x + 1$ $[0 < x < 2]$

664 $2x - |x+1| > x - 2$ $\left[x > -\frac{3}{2}\right]$

665 $\frac{1}{2}x - |x - 0{,}25| \geq 2$ [Impossibile]

666 $|x^2 - 8| > x^2$ $[-2 < x < 2]$

667 $|x^2 - 2x| \leq 2 - x$ $[-1 \leq x \leq 1 \vee x = 2]$

668 $|x^2 - 4x + 3| > 2x - 6$ $[\forall x \in \mathbf{R} - \{3\}]$

669 $|x^2 + 2x| > x^2$ $[x > -1$, con $x \neq 0]$

670 $|x^2 - 3x| \leq 2x$ $[x = 0 \vee 1 \leq x \leq 5]$

671 $|x^2 - 1| \geq 2 - x^2$ $\left[x \leq -\frac{\sqrt{6}}{2} \vee x \geq \frac{\sqrt{6}}{2}\right]$

672 $|x+3| \geq x^2$ $\left[\frac{1-\sqrt{13}}{2} \leq x \leq \frac{1+\sqrt{13}}{2}\right]$

Disequazioni del tipo $|A(x)| < |B(x)|$, o di forma analoga con $\leq$, $>$ o $\geq$ al posto di $<$

673 ESERCIZIO GUIDATO

Risolvi la disequazione $|x+1| < |2x+3|$.

- Elevando al quadrato i due membri della disequazione trovi la disequazione equivalente:

  $(x+1)^2 < (2x+3)^2$
- Risolvi tale disequazione; se svolgi i calcoli correttamente troverai che essa è soddisfatta per:

  $x < -2 \vee x > -$ .....

Risolvi le seguenti disequazioni.

674 $|x-2| \geq |2x-1|$ $[-1 \leq x \leq 1]$

675 $|x| \leq |x-2|$ $[x \leq 1]$

676 $2|x| > |x+1|$ $\left[x < -\dfrac{1}{3} \vee x > 1\right]$

677 $|2x-1| > 3|x|$ $\left[-1 < x < \dfrac{1}{5}\right]$

678 $\dfrac{1}{2}|x| \geq \left|x - \dfrac{1}{2}\right|$ $\left[\dfrac{1}{3} \leq x \leq 1\right]$

679 $|x^2 - x| < 2|x|$ $[-1 < x < 3, \text{ con } x \neq 0]$

680 $|x^2 - 2x + 3| < |x^2 - 3x|$ $\left[x < -3 \vee 1 < x < \dfrac{3}{2}\right]$

681 $|x^2 - 1| < 2|x+2|$ $[1-\sqrt{6} < x < 1+\sqrt{6}]$

Disequazioni frazionarie con valori assoluti

682 ESERCIZIO SVOLTO

Risolviamo le seguenti disequazioni:

a. $\dfrac{|x-2|-2}{x^2-9} \geq 0$ **b.** $\dfrac{|x|+|x-1|}{x^2-1} \geq 0$

a. Studiamo il segno del numeratore e del denominatore:

Numeratore $|x-2|-2 > 0 \Rightarrow |x-2| > 2 \Rightarrow x-2 < -2 \vee x-2 > 2 \Rightarrow x < 0 \vee x > 4$

Denominatore $x^2 - 9 > 0 \Rightarrow x < -3 \vee x > 3$

Costruiamo la tabella dei segni:

		−3		0		3		4	
segno di $\lvert x-2\rvert-2$	+		+	0	−		−	0	+
segno di x^2-9	+	0	−		−	0	+		+
segno di $\dfrac{\lvert x-2\rvert-2}{x^2-9}$	+	∄	−	0	+	∄	−	0	+

Ne deduciamo che la disequazione data è soddisfatta per:

$x < -3 \vee 0 \leq x < 3 \vee x \geq 4$

b. Osserviamo che risulta $|x| + |x-1| > 0$ per ogni $x \in \mathbf{R}$. Quindi la disequazione è soddisfatta quando il denominatore è positivo, cioè per $x < -1 \vee x > 1$.

Risolvi le seguenti disequazioni frazionarie contenenti valori assoluti.

683 $\dfrac{|x+2|-1}{x^2-3x} > 0$ $[x < -3 \vee -1 < x < 0 \vee x > 3]$

684 $\dfrac{|x+2|}{x^2-9} \geq 0$ $[x < -3 \vee x = -2 \vee x > 3]$

685 $\dfrac{x+1}{|x|-2} \leq 0$ $[x < -2 \vee -1 \leq x < 2]$

686 $\dfrac{x^2-3x+2}{|x+2|-1} \geq 0$ $[x < -3 \vee -1 < x \leq 1 \vee x \geq 2]$

687 $\left|\dfrac{x}{x-1}\right| \leq 2$ $\left[x \leq \dfrac{2}{3} \vee x \geq 2\right]$

688 $\dfrac{|x|+|x+1|}{2x-|x+1|} \geq 0$ $[x > 1]$

689 $\dfrac{1}{|x|} < x+2$ $[x > \sqrt{2}-1]$

690 $\left|\dfrac{x^2}{x-1}\right| < 2x$ $\left[0 < x < \dfrac{2}{3} \vee x > 2\right]$

691 $\dfrac{|x+3|}{|x-1|} > 2$

(*Suggerimento*: osserva che la disequazione è equivalente, per $x \neq 1$, a $|x+3| > 2|x-1|$)

$\left[-\dfrac{1}{3} < x < 5 \text{ con } x \neq 1\right]$

692 $\dfrac{|x+1|}{|x-2|} \geq 2$ $[1 \leq x \leq 5, \text{ con } x \neq 2]$

693 $\left|\dfrac{x^2}{x+2}\right| \geq 2$ $[x \leq 1-\sqrt{5} \vee x \geq 1+\sqrt{5}, \text{ con } x \neq -2]$

Esercizi riassuntivi su equazioni e disequazioni con valori assoluti

Risolvi le seguenti equazioni e disequazioni.

694 $|x^3 - x| = 0$ $[0, \pm 1]$

695 $|x^2 - 2x| > 3x$ $[x < 0 \vee x > 5]$

696 $|2x^2 - x| \leq 1$ $\left[-\frac{1}{2} \leq x \leq 1\right]$

697 $|x^2 + 5x + 6| \leq 2$ $[-4 \leq x \leq -1]$

698 $\left|\frac{x-1}{x+1}\right| \geq 2$ $\left[-3 \leq x \leq -\frac{1}{3}, \text{con } x \neq -1\right]$

699 $|x^2 - 4| \geq |2x^2 - 5|$ $[-\sqrt{3} \leq x \leq -1 \vee 1 \leq x \leq \sqrt{3}]$

700 $|x| \geq \frac{1}{x-2}$ $[x < 2 \vee x \geq 1 + \sqrt{2}]$

701 $|x^2 - 4x| < \frac{1}{2}x$ $\left[\frac{7}{2} < x < \frac{9}{2}\right]$

702 $|x^2 - 6x| \geq 5$ $[x \leq 3 - \sqrt{14} \vee 1 \leq x \leq 5 \vee x \geq 3 + \sqrt{14}]$

703 $|x^2 + 4x + 5| > -x^2$ $[\forall x \in \mathbf{R}]$

704 $|x| + |2x - 3| < 2 - \sqrt{3}$ [Impossibile]

705 $|x^2 - 4x + 5| > 2x^2 + 5$ $[-4 < x < 0]$

706 $\frac{5x - x^2}{|x+3| - 2} \leq 0$ $[x < -5 \vee -1 < x \leq 0 \vee x \geq 5]$

707 $\frac{|x^2 - 1| - 1}{3x - x^2 - 5} \geq 0$ $[-\sqrt{2} \leq x \leq \sqrt{2}]$

708 $|x^9 - x^8| \leq 0$ $[0, 1]$

709 $(2|x+1| - |x-2|)(3 - |x+4|) \geq 0$ $[-7 \leq x \leq -4 \vee -1 \leq x \leq 0]$

710 $\left|\frac{x}{x^2 - 1}\right| = \frac{2}{3}x$ $\left[0, \frac{\sqrt{10}}{2}\right]$

711 $\frac{|2x - 1|}{5} \leq 1$ $[-2 \leq x \leq 3]$

712 $|x^2 - 1| = |x + 1|$ $[-1, 0, 2]$

713 $\left|x - \frac{1}{2}(x-1)\right| = 3 - x$ $\left[\frac{5}{3}\right]$

714 $\begin{cases} |x+2| \geq |x+1| \\ \sqrt{x^2+1} < x - 2 \end{cases}$ [Impossibile]

715 $\sqrt{x^2 - x + 1} \geq -|x^2 - 1|$ $[\forall x \in \mathbf{R}]$

716 $\frac{3x - \sqrt{x^2 - 1}}{|x| + \sqrt{x+5}} \geq 0$ $[x \geq 1]$

717 $|2x - 1| = \left|x + \frac{1}{2}(1 - x)\right|$ $\left[\frac{1}{5}, 1\right]$

718 $\begin{cases} \frac{-2x^2 + x + 1}{3x^2 + 1} \leq 0 \\ |x - 1| \leq 5 \end{cases}$ $\left[-4 \leq x \leq -\frac{1}{2} \vee 1 \leq x \leq 6\right]$

Risolvi i seguenti sistemi.

719 $\begin{cases} \sqrt{x^2 - 2} < |x - 2| \\ |x - 1| \geq \frac{1}{2}x \end{cases}$ $[x \leq -\sqrt{2}]$

720 $\begin{cases} |x - 1| > 1 \\ \frac{1}{x+1} < 2 \end{cases}$ $\left[x < -1 \vee -\frac{1}{2} < x < 0 \vee x > 2\right]$

721 $\begin{cases} \sqrt{x^2 - 2x} > 3 - x \\ |x - 2| > 1 \end{cases}$ $[x > 3]$

722 $\begin{cases} |x^2 - 4x| > 3 \\ \sqrt{x^2 - 1} > 2\sqrt{2} \end{cases}$ $[x < -3 \vee x > 2 + \sqrt{7}]$

723 $\begin{cases} 4x^2 - 3x - 1 > 0 \\ \frac{|x-2| - 5}{2x^2 + 1} \leq 0 \end{cases}$ $\left[-3 \leq x < -\frac{1}{4} \vee 1 < x \leq 7\right]$

724 $\begin{cases} x^3 - 4x \geq 0 \\ \sqrt{|x| - 1} < 2 \end{cases}$ $[-2 \leq x \leq -1 \vee 2 \leq x < 5]$

725 $\begin{cases} \sqrt{x+2} < |x| \\ |x+1| + |x| \geq -2 \end{cases}$ $[-2 \leq x < -1 \vee x > 2]$

726 $\begin{cases} \frac{|x| + \sqrt{x^2+1}}{6x - x^2} \geq 0 \\ x^5(x-3)^7 > 0 \end{cases}$ $[3 < x < 6]$

RIEPILOGO

Esercizi di riepilogo

Risolvi le seguenti disequazioni razionali.

727 $x(\sqrt{2} - 1) \geq -x$ $[x \geq 0]$

728 $(x+2)^2 - (x-1)^2 \geq \frac{1}{2}x$ $\left[x \geq -\frac{6}{11}\right]$

729 $\frac{2x}{\sqrt{2}} - \frac{1-x}{2} \leq \sqrt{2}$ $[x \leq 1]$

730 $(x+1)^3 - (x-2)^3 - 9 \geq 9x(x-1)$ $[\forall x \in \mathbf{R}]$

731 $3x^2 - 5x + 2 \geq 0$ $\left[x \leq \frac{2}{3} \vee x \geq 1\right]$

732 $-x^2 + 3x - 4 > 0$ [Impossibile]

733 $(x-1)^3(x+5)^5 \geq 0$ $[x \leq -5 \vee x \geq 1]$

734 $(x-2)(x+1)-(x-2)(x+2) \geq 2x-4$ $[x \leq 2]$

735 $\left(\frac{3}{2}-x\right)^2 \geq x(2x-3)$ $\left[-\frac{3}{2} \leq x \leq \frac{3}{2}\right]$

736 $-8x^3+1 \geq 0$ $\left[x \leq \frac{1}{2}\right]$

737 $(x+1)^2 \geq 3x$ $[\forall x \in \mathbf{R}]$

738 $(x^2-4)(x^2-x^3-x) \geq 0$ $[x \leq -2 \vee 0 \leq x \leq 2]$

739 $x^5-2x^3-x^2+2 \geq 0$ $[-\sqrt{2} \leq x \leq 1 \vee x \geq \sqrt{2}]$

740 $x^4-5x^2+4<0$ $[-2<x<-1 \vee 1<x<2]$

741 $16-\frac{1}{x^4}>0$ $\left[x<-\frac{1}{2} \vee x>\frac{1}{2}\right]$

742 $x^6+4x^3-5<0$ $[-\sqrt[3]{5}<x<1]$

743 $\frac{(x-1)^3}{x^5(x+4)^2} \leq 0$ $[0<x \leq 1]$

744 $\frac{1}{x}-\frac{1}{x-1}>1$ $[0<x<1]$

745 $\frac{x^2-1}{4-x^2}<0$ $[x<-2 \vee -1<x<1 \vee x>2]$

746 $\frac{1}{x^2-2x} \geq \frac{1}{3x}$ $[x<0 \vee 2<x \leq 5]$

747 $\frac{x^3}{x^2-5x+9}<0$ $[x<0]$

748 $\frac{1}{x}+\frac{x}{x-1} \leq \frac{3}{x^2-x}$
$\left[-\frac{1+\sqrt{17}}{2} \leq x<0 \vee 1<x<\frac{\sqrt{17}-1}{2}\right]$

749 $\frac{x}{x^2+2x-3} \leq \frac{3}{x-1}$ $\left[-\frac{9}{2} \leq x<-3 \vee x>1\right]$

750 $\frac{1}{x+1}+\frac{1}{x-2} \leq \frac{3}{x^2-5x+6}$
$[x<-1 \vee 0 \leq x<2 \vee 3<x \leq 5]$

Risolvi le seguenti disequazioni irrazionali.

751 $\sqrt{2x-1}<x-1$ $[x>2+\sqrt{2}]$

752 $\sqrt{x-1}-x<-1$ $[x>2]$

753 $\sqrt{x^2+3x+2} \leq x+2$ $[x=-2 \vee x \geq -1]$

754 $-\sqrt{x^2-2x} \geq 2\sqrt{2}$ [Impossibile]

755 $\sqrt{x^2+2x} \geq 3x$ $\left[x \leq -2 \vee 0 \leq x \leq \frac{1}{4}\right]$

756 $\sqrt{2x^2-x-1}+1 \geq x$ $\left[x \leq -\frac{1}{2} \vee x \geq 1\right]$

757 $(x-1)^2-\sqrt{x^2+4x+5} \geq (x+1)^2-3x$ $\left[x \leq -\frac{5}{4}\right]$

758 $-\sqrt{x^2-1} \leq (x-1)^2-(x-1)(x+1)$
$\left[x \leq -1 \vee 1 \leq x \leq \frac{5}{3}\right]$

759 $\sqrt{\frac{x}{x+2}}<1-\frac{2}{x+2}$ $[x<-2]$

760 $\sqrt{x^3+3} \geq x+1$ $[-\sqrt[3]{3} \leq x \leq 1 \vee x \geq \sqrt{2}]$

761 $\frac{\sqrt{x^2+1}}{x+2}<1$ $\left[x<-2 \vee x>-\frac{3}{4}\right]$

762 $\frac{\sqrt{x+4}-1}{x^2+6x-7} \leq 0$ $[-3 \leq x<1]$

763 $\frac{x^2+2x-4}{\sqrt[3]{x-1}-1} \leq 0$ $[x \leq -1-\sqrt{5} \vee -1+\sqrt{5} \leq x<2]$

764 $\frac{\sqrt{x^2+3}-x-1}{(x+2)\sqrt{x}} \geq 0$ $[0<x \leq 1]$

765 $\sqrt{2x^2+1}>\sqrt{x^2-4x+3}$
$[x<-2-\sqrt{6} \vee -2+\sqrt{6}<x \leq 1 \vee x \geq 3]$

766 $\frac{\sqrt{x-1}+\sqrt{x^2-1}}{x^2+5x} \geq 0$ $[x \geq 1]$

Risolvi le seguenti disequazioni con valori assoluti.

767 $|x+1|<6$ $[-7<x<5]$

768 $\left|\frac{1}{2}x-1\right| \geq 2$ $[x \leq -2 \vee x \geq 6]$

769 $|x^2-1| \leq \sqrt{2}-2$ [Impossibile]

770 $|x^2-2x|>3x$ $[x<0 \vee x>5]$

771 $|x^2-3|>6$ $[x<-3 \vee x>3]$

772 $|3x-1|>2x-1$ $[\forall x \in \mathbf{R}]$

773 $\frac{|x|^3-1}{3-x} \geq 0$ $[x \leq -1 \vee 1 \leq x<3]$

774 $\frac{|x-1|-1}{x^2-4x}>0$ $[x<2 \vee x>4, \text{ con } x \neq 0]$

775 $\frac{1}{|x|} \leq |x+4|$
$[x \leq -2-\sqrt{5} \vee -2-\sqrt{3} \leq x \leq -2+\sqrt{3} \vee x \geq -2+\sqrt{5}]$

776 $\frac{|x-1|-2}{4-x} \geq 0$ $[x \leq -1 \vee 3 \leq x<4]$

777 $\frac{2|x|-1}{3-x^2}<0$ $\left[x<-\sqrt{3} \vee -\frac{1}{2}<x<\frac{1}{2} \vee x>\sqrt{3}\right]$

778 $\frac{2x-|x-1|}{|x|-2} \geq 0$ $\left[-2<x \leq \frac{1}{3} \vee x>2\right]$

Risolvi i seguenti sistemi di disequazioni.

779 $\begin{cases} (x-\sqrt{2})^2<(x+\sqrt{2})^2 \\ (x-1)(x+3) \geq 12 \end{cases}$ $[x \geq 3]$

780 $\begin{cases} (x-1)^2 \geq 3x-5 \\ -\frac{1}{2}x<\frac{1}{3}x+4 \end{cases}$ $\left[-\frac{24}{5}<x \leq 2 \vee x \geq 3\right]$

781 $\begin{cases} \dfrac{(x-3)^3}{(x+5)^4} > 0 \\ x^2 + x - 20 < 0 \end{cases}$ $[3 < x < 4]$

782 $\begin{cases} 100 - x^2 \geq 0 \\ \sqrt{x^2+4x} \geq x \end{cases}$ $[-10 \leq x \leq -4 \vee 0 \leq x \leq 10]$

783 $\begin{cases} x^4 - 4x^2 + 3 \leq 0 \\ \sqrt{x^2+4} > x - 1 \end{cases}$ $[-\sqrt{3} \leq x \leq -1 \vee 1 \leq x \leq \sqrt{3}]$

784 $\begin{cases} x^2 \geq \dfrac{1}{2-x} \\ \sqrt{x+3} > x + 1 \end{cases}$ $\left[-3 \leq x \leq \dfrac{1-\sqrt{5}}{2}\right]$

785 $\begin{cases} |x^2 - 1| \geq 3 \\ \dfrac{1}{x+5} \leq 1 \end{cases}$ $[x < -5 \vee -4 \leq x \leq -2 \vee x \geq 2]$

786 $\begin{cases} \sqrt{x^2-1} \geq 2x \\ |x-2| < 4 \end{cases}$ $[-2 < x \leq -1]$

787 $\begin{cases} \sqrt{x+2} \geq x \\ |x-2| < |2x-4| \end{cases}$ $[-2 \leq x < 2]$

788 $\begin{cases} x^3 - x^2 \leq 0 \\ \sqrt{x^2-3x} \leq |x-1| \\ \left|\dfrac{x}{x+1}\right| \leq 2|x| \end{cases}$ $\left[-\dfrac{1}{2} \leq x \leq 0\right]$

789 $\begin{cases} x + \dfrac{1}{x} \geq -2 \\ \sqrt{x} > x - 3 \\ \dfrac{x^2}{x+2} < |x| \end{cases}$ $\left[0 < x < \dfrac{7+\sqrt{13}}{2}\right]$

790 Stabilisci se le seguenti coppie di disequazioni sono equivalenti:

a. $\dfrac{x^4 - 3x}{x^2 - 2x + 6} \leq \dfrac{1}{x^2 - 2x + 6}$; $\quad x^4 - 3x \leq 1$

b. $\sqrt{x} \cdot \sqrt{x+1} < 1$; $\quad \sqrt{x^2 + x} < 1$

c. $\sqrt{\dfrac{x}{x-1}} \geq 0$; $\quad \dfrac{\sqrt{x}}{\sqrt{x-1}} \geq 0$

[**a.** Sì, lo si può affermare senza risolverle: in base a quali considerazioni?; **b.** no: la prima disequazione è soddisfatta per $0 \leq x < \dfrac{\sqrt{5}-1}{2}$, la seconda per $-\dfrac{1+\sqrt{5}}{2} < x \leq -1 \vee 0 \leq x < \dfrac{\sqrt{5}-1}{2}$; **c.** no, la prima disequazione è soddisfatta per $x \leq 0 \vee x > 1$, la seconda soltanto per $x > 1$]

791 Fornisci una giustificazione del perché, per ogni $k \in \mathbf{R}$, l'equazione $x^2 - 2kx - k^2 + k - 1 = 0$ ammette due soluzioni reali distinte, di cui una positiva e una negativa. Determina per quali valori di k la soluzione negativa è minore di -1 e quella positiva è maggiore di 2. $\left[k < -\dfrac{3+\sqrt{21}}{2} \vee k > 3\right]$

792 Determina per quali valori di a l'equazione

$$x^2 - 2(|a| - 2)x + a^2 - 3|a| = 0$$

ammette soluzioni reali e distinte, non nulle e concordi. $[-4 < a < -3 \vee 3 < a < 4]$

793 Matematica ed economia Un capitale di C euro, impiegato per tre anni in regime di capitalizzazione composta al tasso di interesse annuo i, produce un montante M espresso dalla formula $M = C(1+i)^3$. Affinché un capitale di 5000 euro produca dopo tre anni un montante di almeno 6000 euro, come deve essere il tasso i? Esprimi il risultato in percentuale, arrotondato con due cifre dopo la virgola. $[i \geq 6{,}27\%]$

794 Matematica ed economia Un'azienda produce e vende in una settimana x unità di un dato bene. Il guadagno settimanale G (in euro) derivante dalla produzione e vendita della quantità x del bene è espresso dalla formula:

$$G = 10(-x^2 + 170x - 3000)$$

a. Quale guadagno deriva dalla produzione di 100 unità del bene in una settimana?
b. Quante unità del bene devono essere prodotte e vendute in una settimana perché i ricavi siano uguali ai costi?
c. Quante unità del bene devono essere prodotte e vendute in una settimana affinché l'azienda non subisca, in quella settimana, una perdita? [**a.** 40 000 euro; **b.** $x = 20 \vee x = 150$; **c.** $20 \leq x \leq 150$]

Esercizi dalle gare di matematica e in inglese

795 Data l'equazione $4 = \sqrt{7+\sqrt{9+\sqrt{4+x}}}$, quanto vale x?

A 36 B 46 C 56 D 68 E 5180

(Giochi di Archimede 1997) [E]

796 Solve math in English How many real numbers x satisfy the inequality below?

$$|x^4 - 4x^2 - 6| \geq |x^4 - 4x^2 + 14|$$

A 0 B 1 C 2
D 4 E Infinitely many

(High School Math Contest, University of South Carolina 2006) [C]

797 Quante sono le soluzioni dell'equazione: $||||x| - 1| - 2| - 3| = 2{,}5$?

(Kangourou 1999) [6]

798 Solve math in English If x and y are non-zero real numbers such that $|x| + y = 3$, $|x|y + x^3 = 0$, then the integer nearest to $x - y$ is:

A -3 B -1 C 2 D 3 E 5

(High School Math Contest, Louisiana State University 2006) [A]

799 Solve math in English How many different real-valued pairs (x, y) satisfy the system of two equations below?

$$\begin{cases} |x-y| = 1 \\ \dfrac{x}{y} = xy \end{cases}$$

A 2 B 3 C 4 D 5 E 6

(High school Math Contest, University of South Carolina 2005) [C]

PROVA DI AUTOVERIFICA

Equazioni e disequazioni

Risolvi le seguenti disequazioni.

1 $(x-1)^2 \geq 4x^2$

2 $(x^2 - 4x + 4)(4 - x^3) \leq 0$

3 $x^3 - x^2 + x < 0$

4 $\dfrac{1}{x^2 - 2x} \geq \dfrac{1}{x^2 - 4}$

5 Determina per quali valori di k l'equazione $x^2 - 2(k-1)x - k + 3 = 0$ ha due soluzioni reali distinte e concordi.

Risolvi le seguenti equazioni.

6 $|x-2| = |2x-6|$

7 $\sqrt{x} + \sqrt{2x-1} = 1$

Risolvi le seguenti disequazioni.

8 $\sqrt{1-x^2} > 2x$

9 $|x^2 - 4| > 3$

10 $\dfrac{|x-1| - 2x}{\sqrt{4-x^2} + |x+3|} \geq 0$

Valutazione

Esercizio	1	2	3	4	5	6	7	8	9	10	Totale
Punteggio	1	1	1	1	1	1	1	1	1	1	10
Punteggio ottenuto											

Tempo massimo: 1 h

Risposte in fondo al volume

Unità 2

Funzioni

1. Introduzione alle funzioni

Che cos'è una funzione?

In questa Unità riprendiamo e approfondiamo un tema fondamentale già introdotto nel primo biennio e che ci accompagnerà in tutto il nostro corso: quello delle funzioni. Ricordiamo anzitutto la definizione di *funzione*.

Ricorda

Una relazione tra due insiemi A e B è un procedimento che permette di associare ad alcuni elementi (o a tutti) di A uno o più elementi di B.

FUNZIONE

Siano A e B due insiemi non vuoti; si dice **funzione** da A a B una **relazione** che associa a **ogni** elemento di A **uno e un solo** elemento di B.

L'insieme di partenza A si chiama **dominio** della funzione, l'insieme di arrivo B si chiama **codominio**.

Modi di dire

Poiché una funzione fa corrispondere a ogni elemento di A uno e un solo elemento di B, viene detta anche **corrispondenza univoca**. Un altro sinonimo di funzione è **applicazione**.

Esempio	Controesempio
In un insieme di persone, la relazione che associa a ciascuna di esse la sua età definisce una funzione.	In un insieme di persone, la relazione che associa a ciascuna di esse i suoi figli, in generale, non definisce una funzione.
Infatti a ogni persona resta associata un'unica età.	Infatti qualcuno potrebbe non avere figli o averne più di uno.

Le funzioni vengono indicate con lettere dell'alfabeto, generalmente minuscole, come f, g, ... Per indicare che f è una funzione di dominio A e di codominio B si scrive:

$f: A \to B$ che si legge: «f è una funzione da A a B»

Quando è data una funzione f, l'**immagine** di un elemento x appartenente al dominio della funzione, cioè l'elemento nel codominio che tramite f corrisponde a x, viene indicata con il simbolo:

$f(x)$ che si legge «f di x»

Se l'elemento y è l'immagine di x tramite una certa funzione f, si può anche dire, simmetricamente, che x è la **controimmagine** di y.
In particolare, l'insieme costituito dalle immagini di tutti gli elementi del dominio A è chiamato (insieme) **immagine** della funzione, e lo si indica con $f(A)$.

Altre notazioni

L'insieme immagine di una funzione f viene talvolta indicato con il simbolo $\text{Im}(f)$.

Funzioni reali di variabile reale e loro classificazione

Fra i vari tipi di funzioni, giocano un ruolo di primo piano le funzioni che hanno come dominio e codominio sottoinsiemi dell'insieme **R** dei numeri reali: queste funzioni sono chiamate **funzioni reali di variabile reale** e saranno l'oggetto principale del nostro corso.
La legge che definisce una funzione f, reale di variabile reale, viene solitamente assegnata mediante un'equazione del tipo:

$$y = f(x)$$

dove $f(x)$ è un'espressione nella variabile x, detta **espressione analitica** della funzione, oppure mediante una scrittura del tipo:

$$f(x) = \text{.........}$$

dove al posto dei puntini vi è appunto l'espressione analitica della funzione.

ESEMPI

a. La funzione f, da $\mathbf{R}$ a $\mathbf{R}_0^+$, che associa a ogni numero reale il suo quadrato, può venire assegnata, in modo equivalente, in una delle seguenti due forme:

$y = x^2$ oppure $f(x) = x^2$

b. La funzione f, da $\mathbf{R}$ a $\mathbf{R}$, che associa a ogni numero reale il numero stesso, detta funzione **identità**, può venire assegnata, in modo equivalente, in una delle seguenti due forme:

$y = x$ oppure $f(x) = x$

Se la funzione è assegnata tramite l'equazione:

$$y = f(x)$$

si dice che x è la **variabile indipendente**, perché a essa può venire assegnato un valore arbitrariamente scelto nel dominio, mentre y è la **variabile dipendente**, perché il valore assunto da y *dipende* da quello assegnato alla x.

ESEMPIO Valori assunti da una funzione

Data la funzione f definita da $y = 3x^2 - 2x$, determiniamo i valori assunti da y quando:

a. $x = 4$ **b.** $x = -2$

a. Il valore assunto da y quando $x = 4$ si può determinare sostituendo 4 al posto di x nell'equazione che definisce f:

$y = 3 \cdot 4^2 - 2 \cdot 4 = 3 \cdot 16 - 8 = 40$

b. Analogamente, il valore assunto da y quando $x = -2$ è:

$y = 3 \cdot (-2)^2 - 2 \cdot (-2) = 3 \cdot 4 + 4 = 16$

Si può anche scrivere: $f(4) = 40$ e $f(-2) = 16$.

In base all'espressione analitica di una funzione, si può effettuare una prima semplice *classificazione* delle funzioni reali di variabile reale.
Se nell'espressione analitica della funzione la variabile indipendente (tipicamente x) è soggetta soltanto a un numero finito di operazioni di addizione, sottrazione, moltiplicazione, divisione, elevamento a potenza a esponente razionale o estrazione di radice si dice che la funzione è **algebrica**, altrimenti si dice che è **trascendente**.

Esempi	**Controesempi**
Sono funzioni algebriche:	**Non** sono funzioni algebriche:
a. $y = x^4$	**a.** $y = 3^{x+1}$
b. $y = \sqrt[3]{x^2 + 1}$	**b.** $y = x \cdot 6^x$
c. $y = \dfrac{1}{x + x^2}$	**c.** $y = \dfrac{1}{2}x^x$

Nell'insieme delle funzioni *algebriche* si distinguono: le funzioni **intere** (o **polinomiali**), nelle quali la variabile indipendente non compare in alcun denominatore, da quelle **frazionarie** (o **fratte**); le funzioni **razionali**, nelle quali la variabile indipendente non compare sotto alcun segno di radice, da quelle **irrazionali**.

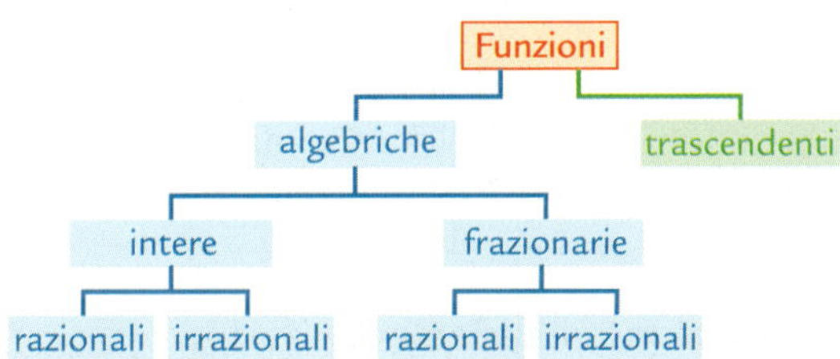

Attenzione!

Non è detto che l'espressione analitica di una funzione numerica possa sempre venire espressa tramite una sola espressione algebrica. Per esempio, una funzione potrebbe essere definita da:

$$f(x) = \begin{cases} x^2 & \text{se } x \geq 0 \\ x^3 & \text{se } x < 0 \end{cases}$$

Non è nemmeno detto che la legge che definisce una funzione numerica possa sempre venire espressa tramite una «formula». Per esempio, la funzione $f: \mathbf{N} \to \mathbf{N}$ che associa a ogni $x \in \mathbf{N}$ il numero dei numeri primi minori di x è ben definita, ma non esiste «formula» in grado di esprimere la legge che la definisce.

ESEMPI **Classificazione di una funzione algebrica**

a. La funzione $y = x^4 - x^2$ è intera razionale.

b. La funzione $y = \dfrac{1}{x^4 - x^2}$ è frazionaria razionale.

c. La funzione $y = \sqrt{x^2 + 3x}$ è intera irrazionale.

d. La funzione $y = \dfrac{1}{\sqrt[3]{x+1}}$ è frazionaria irrazionale.

Il dominio di una funzione reale di variabile reale

Una funzione reale di variabile reale, chiamiamola f, viene di solito assegnata tramite la sua espressione analitica, senza specificarne il dominio e il codominio (come abbiamo fatto negli esempi precedenti, dopo i primi).
In tal caso si assume per convenzione:

- come *dominio*, l'insieme costituito da tutti i numeri reali x per cui esiste il corrispondente valore $f(x)$ (tale insieme viene anche detto dominio **naturale** della funzione);
- come *codominio*, l'insieme **R**.

> **Modi di dire**
> Il dominio di una funzione di variabile reale, definita dalla formula $y = f(x)$, è detto anche **insieme di definizione** o, se stabilito come indicato qui a lato, **campo di esistenza**.

Quando x appartiene (non appartiene) al dominio della funzione diremo anche che f è **definita** (non definita) in x.
Per determinare il dominio di una funzione *algebrica* occorre imporre che:

- gli eventuali *denominatori* che compaiono nella sua espressione analitica siano *diversi da zero*;
- i *radicandi* degli eventuali radicali di indice *pari* che compaiono nella sua espressione analitica siano *maggiori o uguali a zero*.

ESEMPI **Dominio di una funzione algebrica**

Determiniamo il dominio delle seguenti funzioni:

a. $y = x^4 - x^2$ **b.** $y = \dfrac{1}{x^4 - x^2}$ **c.** $y = \sqrt{x^2 + 3x}$

d. $y = \dfrac{1}{\sqrt[3]{x+1}}$ **e.** $y = \sqrt{x} + \sqrt{5 - x}$ **f.** $y = \dfrac{\sqrt{x-2}}{x^2 + x + 1}$

a. La funzione è definita per ogni valore reale di x, quindi il dominio è **R**.

b. La funzione è definita purché il denominatore sia diverso da zero:

$$x^4 - x^2 \neq 0 \Rightarrow x^2(x^2 - 1) \neq 0 \Rightarrow x \neq 0 \wedge x \neq \pm 1$$

Il dominio della funzione è l'insieme $\mathbf{R} - \{0, \pm 1\}$.

c. La funzione è definita purché il radicando del radicale sia maggiore o uguale a zero:

$$x^2 + 3x \geq 0 \Rightarrow x \leq -3 \vee x \geq 0$$

Il dominio della funzione è l'insieme $(-\infty, -3] \cup [0, +\infty)$.

d. Poiché un radicale di indice dispari è sempre definito, l'unica condizione da porre è che il denominatore sia diverso da zero:

$$\sqrt[3]{x+1} \neq 0 \Rightarrow x + 1 \neq 0 \Rightarrow x \neq -1$$

Il dominio della funzione è l'insieme $\mathbf{R} - \{-1\}$.

e. La funzione è definita purché i radicandi di *entrambi* i radicali siano maggiori o uguali a zero:

$$\begin{cases} x \geq 0 \\ 5 - x \geq 0 \end{cases} \Rightarrow 0 \leq x \leq 5$$

Il dominio della funzione è l'intervallo [0, 5].

f. La funzione è definita purché il radicando sia maggiore o uguale a zero e il denominatore sia diverso da zero:

$$\begin{cases} x - 2 \geq 0 \\ x^2 + x + 1 \neq 0 \end{cases}$$

Osserviamo che la seconda condizione è sempre verificata (perché il discriminante del trinomio $x^2 + x + 1$ è negativo, quindi il trinomio non si annulla mai). Pertanto il sistema è verificato per $x \geq 2$. Il dominio della funzione è dunque l'intervallo $[2, +\infty)$.

Quando una funzione esprime una grandezza in funzione di un'altra, può essere necessario «restringere» il suo dominio naturale, in base a particolari condizioni fisiche o geometriche, legate al contesto da cui scaturisce la funzione. Per esempio, la funzione $A(x) = x^2$ esprime l'area di un quadrato in funzione della misura x del suo lato. Il dominio naturale della funzione $A(x) = x^2$ sarebbe **R**, ma in relazione alla situazione geometrica il dominio va ristretto a $\mathbf{R}^+$ perché la misura di un segmento è sempre un numero positivo.

Il grafico di una funzione

Data una funzione $f: A \rightarrow B$, si chiama **grafico** della funzione l'insieme:

$$\{(x, f(x)) \mid x \in A\}$$

Se f è una funzione reale di variabile reale, si usa «tracciare il grafico» della funzione, cioè rappresentare nel piano cartesiano l'insieme dei punti di coordinate (x, y) tali che $y = f(x)$.

Ciò che contraddistingue, nel piano cartesiano, il grafico di una *funzione* è il fatto che **nessuna retta verticale** (parallela all'asse y) può intersecarlo in due punti distinti (ciò infatti violerebbe la definizione di funzione, perché significherebbe che allo stesso valore di x sono associati due valori di y).

ESEMPI **Riconoscere il grafico di una funzione**

Riconosciamo se le seguenti curve rappresentano il grafico di una funzione:

a

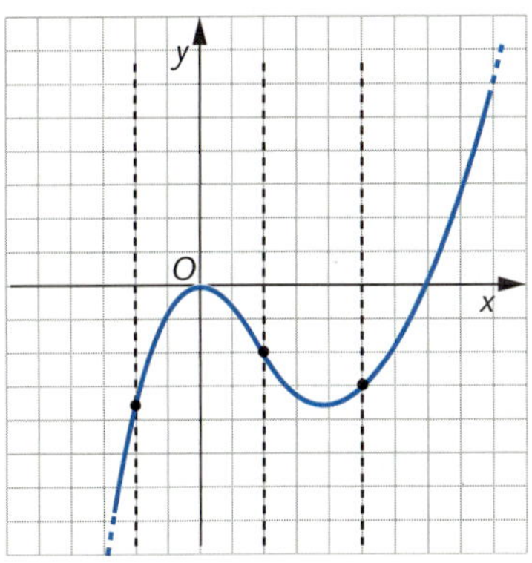

b

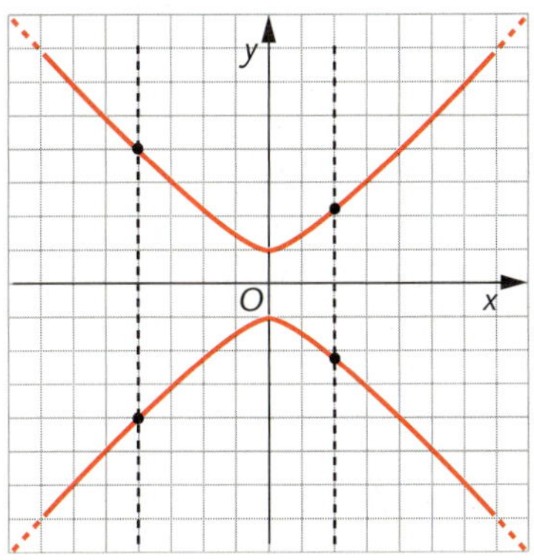

a. La curva tracciata in **fig. a** rappresenta il grafico di una funzione perché, comunque si tracci una retta verticale, essa interseca il grafico della funzione in un unico punto.

b. Poiché ciascuna delle rette tratteggiate in **fig. b** interseca la curva in due punti distinti, **non** si tratta del grafico di una funzione.

Almeno nei casi più semplici, il grafico di una funzione di cui sia data l'equazione può essere tracciato per punti.

ESEMPIO **Tracciare il grafico di una funzione per punti**

Tracciamo per punti il grafico della funzione $y = -\frac{1}{2}x^2$.

1° passo: costruiamo una tabella di valori per x e y

x	y
-4	$-\frac{1}{2}(-4)^2 = -8$
-3	$-\frac{1}{2}(-3)^2 = -\frac{9}{2}$
-2	$-\frac{1}{2}(-2)^2 = -2$
-1	$-\frac{1}{2}(-1)^2 = -\frac{1}{2}$
0	$-\frac{1}{2}(0)^2 = 0$
1	$-\frac{1}{2}(1)^2 = -\frac{1}{2}$
2	$-\frac{1}{2}(2)^2 = -2$
3	$-\frac{1}{2}(3)^2 = -\frac{9}{2}$
4	$-\frac{1}{2}(4)^2 = -8$

2° passo: rappresentiamo i punti corrispondenti sul piano cartesiano

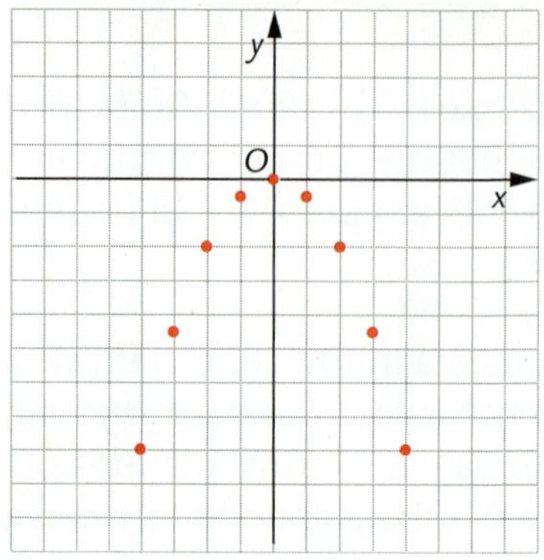

3° passo: congiungiamo i punti con una linea continua

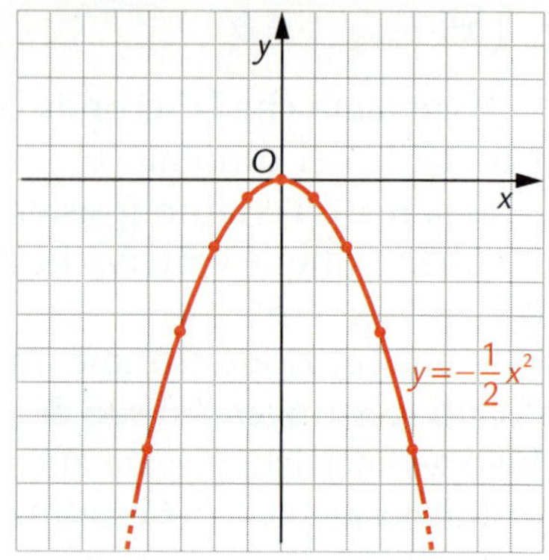

L'uguaglianza di due funzioni

Due funzioni si dicono **uguali** se hanno lo stesso *grafico*. Pertanto possiamo dare la seguente definizione più particolareggiata.

FUNZIONI UGUALI

Due funzioni f e g sono **uguali** se hanno lo stesso dominio A e inoltre risulta:

$f(x) = g(x)$ per ogni $x \in A$

Esempio	**Controesempio**
Le due funzioni definite da:	Le due funzioni
$f(x) = x^2 - 1$ e $g(x) = \frac{x^4-1}{x^2+1}$	$f(x) = x + 1$ e $g(x) = \frac{x^2-1}{x-1}$
sono uguali.	**non** sono uguali.
Infatti hanno lo stesso dominio, **R**, e per ogni $x \in$ **R** risulta: $g(x) = \frac{x^4-1}{x^2+1} = \frac{(x^2-1)\cancel{(x^2+1)}}{\cancel{(x^2+1)}} = x^2 - 1 = f(x)$	Infatti **non** hanno lo stesso dominio: la funzione f è definita in **R** mentre la funzione g è definita in **R** $- \{1\}$. Si può tuttavia verificare che per ogni $x \neq 1$ risulta $f(x) = g(x)$, quindi il grafico delle due funzioni differisce solo per un punto (**fig. 2.1**).

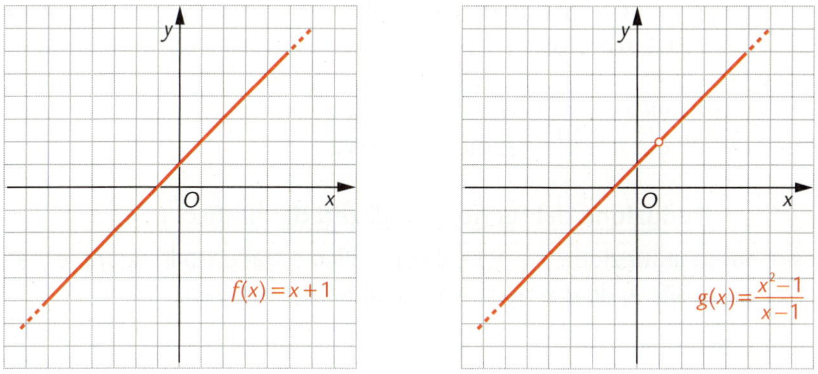

Figura 2.1 Il grafico della funzione g differisce da quello della funzione f per il fatto che non vi appartiene il punto di coordinate $(1, 2)$.

Prova tu **ESERCIZI** a p. 83

1. Stabilisci se le seguenti relazioni definiscono delle funzioni:
   a. la relazione che associa a ogni regione d'Italia i suoi capoluoghi di provincia (considera come dominio e codominio, rispettivamente, l'insieme delle regioni e dei capoluoghi di provincia d'Italia);
   b. la relazione che associa a ogni persona il suo anno di nascita (considera come dominio un insieme di persone e come codominio **N**);

2. Data la funzione $f(x) = x^4 - x^2$, determina:
   a. $f(\sqrt{2})$ **b.** $f(-2)$ **c.** $f(2x) + f(x)$

3. Classifica le seguenti funzioni e individua il loro dominio:
   a. $y = \dfrac{x^2}{x-1}$ **c.** $y = x^7 - x^5$
   b. $y = \dfrac{3x^2}{\sqrt{x^2-1}}$ **d.** $y = \sqrt{5x - x^2} + \sqrt[3]{x}$

4. Traccia per punti il grafico delle seguenti funzioni, dopo aver individuato il dominio di ciascuna:
   a. $y = x + 1$ **b.** $y = -\dfrac{1}{2}x^2$ **c.** $y = \sqrt{x+1}$

5. Stabilisci se le seguenti funzioni f e g sono uguali:
   $f(x) = \dfrac{x^4 - 16}{x^2 - 4}$; $g(x) = x^2 + 4$

2. Prime proprietà delle funzioni reali di variabile reale

Come abbiamo anticipato, lo studio delle funzioni reali di variabile reale sarà il «filo rosso» che, a volte esplicitamente, a volte implicitamente, legherà tutti gli argomenti che affronteremo. Abbiamo già visto, nel paragrafo precedente, come determinare il dominio di una funzione reale di variabile reale. Man mano che approfondiremo le nostre conoscenze acquisiremo strumenti matematici sempre più «sofisticati» che, al termine del percorso, ci metteranno in grado di determinare tutte le più importanti caratteristiche di una funzione reale di variabile reale. In questo paragrafo vogliamo cominciare a riflettere su alcune di queste caratteristiche.

Il segno di una funzione

Dopo aver determinato il dominio di una funzione $y = f(x)$, la «seconda fase» di uno studio elementare della funzione consiste nello studio del **segno** della funzione. Si tratta cioè di stabilire per quali valori di x del dominio risulta

$$f(x) < 0, \quad f(x) = 0 \quad \text{o} \quad f(x) > 0$$

Il grafico di $y = f(x)$:

- è «al di sopra» dell'asse x in corrispondenza dei valori di x per cui $f(x) > 0$; per questi valori di x la funzione si dice **positiva**;

- incontra l'asse x in corrispondenza dei valori di x per cui $f(x) = 0$; questi valori di x si dicono **zeri** della funzione e si dice che la funzione si **annulla** in corrispondenza di essi;
- è «al di sotto» dell'asse x in corrispondenza dei valori di x per cui $f(x) < 0$; per questi valori di x la funzione si dice **negativa**.

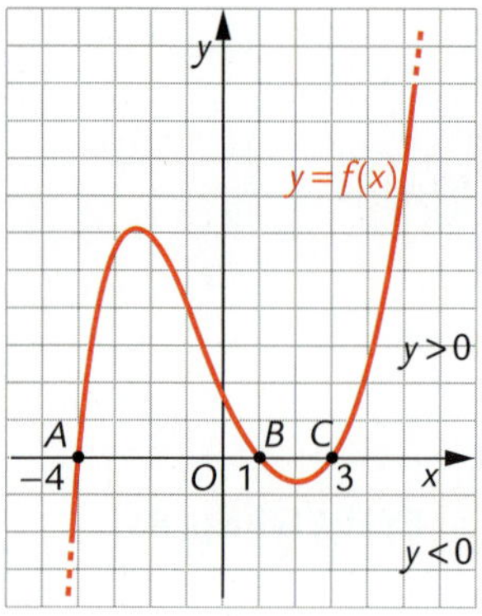

ESEMPIO **Deduzione del segno e degli zeri dal grafico**

Consideriamo la funzione $y = f(x)$, il cui grafico è tracciato in figura, e stabiliamo dove essa è positiva, dove è negativa e quali sono i suoi zeri.

Possiamo osservare che:
- per $x < -4$ e per $1 < x < 3$ il grafico della funzione è al di sotto dell'asse x, quindi la funzione è *negativa*;
- per $x = -4$, per $x = 1$ e per $x = 3$ la funzione si annulla, quindi la funzione ha tre *zeri*: -4, 1 e 3;
- per $-4 < x < 1$ e per $x > 3$ il grafico della funzione è al di sopra dell'asse x, quindi la funzione è *positiva*.

Dal punto di vista algebrico:
- per stabilire quando la funzione $y = f(x)$ è *positiva* bisogna risolvere la disequazione $f(x) > 0$;
- per determinare gli *zeri* della funzione occorre risolvere l'equazione $f(x) = 0$;
- per stabilire quando la funzione è *negativa* bisogna risolvere la disequazione $f(x) < 0$.

ESEMPIO **Studio del segno di una funzione polinomiale**

Determiniamo il dominio e il segno della funzione $y = x^3(x^2 - 4)$ e rappresentiamo graficamente le regioni del piano cartesiano alle quali appartiene il suo grafico.

- **Dominio**
  Si tratta di una funzione polinomiale, quindi è definita in **R**.

- **Studio del segno**

  $y > 0 \Rightarrow x^3(x^2 - 4) > 0 \Rightarrow -2 < x < 0 \vee x > 2$ — Risolvendo la disequazione

  $y = 0 \Rightarrow x^3(x^2 - 4) = 0 \Rightarrow x = -2 \vee x = 0 \vee x = 2$ — Risolvendo l'equazione. La funzione ha tre zeri: -2, 0, 2

  $y < 0 \Rightarrow x^3(x^2 - 4) < 0 \Rightarrow x < -2 \vee 0 < x < 2$ — Basta determinare il complementare rispetto al dominio dell'insieme dei valori di x per cui $y \geq 0$

- **Rappresentazione delle regioni del piano cui appartiene il grafico**
  Dalle informazioni acquisite deduciamo che il grafico della funzione appartiene alla regione di piano cartesiano colorata in **fig. 2.2**. Nel grafico, abbiamo indicato con un punto pieno gli *zeri*.

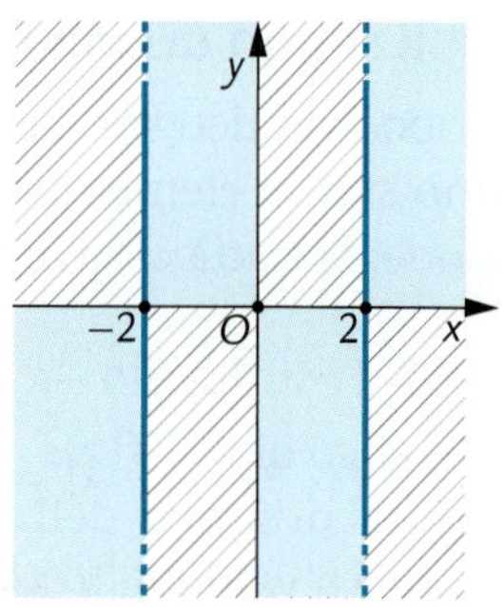

Figura 2.2 Per $x < -2$ e per $0 < x < 2$, la funzione è *negativa*, quindi il suo grafico è al di sotto dell'asse x: abbiamo perciò evidenziato in azzurro la corrispondente parte al di sotto dell'asse x ed «escluso» con un tratteggio la parte al di sopra dell'asse x. Analogamente negli intervalli $-2 < x < 0$ e $x > 2$ dove la funzione è *positiva*.

Funzioni pari e funzioni dispari

Un'altra caratteristica di una funzione che possiamo fin d'ora riconoscere è l'eventuale **simmetria** del suo grafico.

Osserviamo per esempio il grafico della funzione $y = f(x)$ in **fig. 2.3**. Esso ha la caratteristica di essere simmetrico rispetto all'asse y. Ciò significa che, per ogni suo punto $P(x, y)$, anche il punto $P'(-x, y)$, suo simmetrico rispetto all'asse y, vi appartiene. Alle funzioni che hanno questa proprietà si dà un nome particolare.

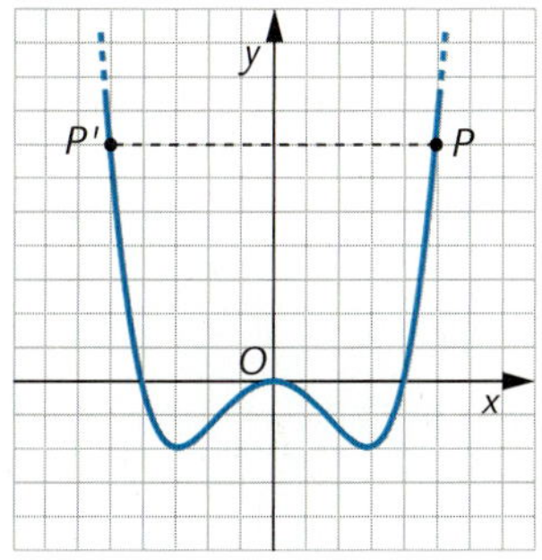

Figura 2.3

FUNZIONI PARI

Una funzione definita da $y = f(x)$ si dice **pari** se per ogni x appartenente al dominio della funzione anche $-x$ vi appartiene e risulta:

$$f(-x) = f(x)$$

In tal caso, il grafico della funzione risulta simmetrico rispetto all'asse y.

In modo analogo, possiamo considerare le funzioni i cui grafici sono simmetrici rispetto all'origine: per esempio, il grafico in **fig. 2.4**.

In questo caso, per ogni punto $P(x, y)$ appartenente al grafico della funzione, anche il punto $P'(-x, -y)$, suo simmetrico rispetto all'origine, appartiene al grafico.

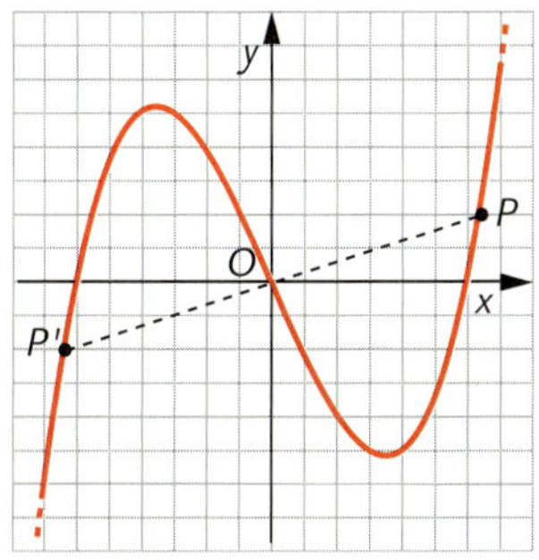

Figura 2.4

FUNZIONI DISPARI

Una funzione definita da $y = f(x)$ si dice **dispari** se per ogni x appartenente al dominio della funzione anche $-x$ vi appartiene e risulta:

$$f(-x) = -f(x)$$

In tal caso, il grafico della funzione risulta simmetrico rispetto all'origine.

ESEMPI Riconoscere, dal grafico, se una funzione è pari o dispari

Stabiliamo se le funzioni che hanno i seguenti grafici sono pari, dispari o né una né l'altra cosa.

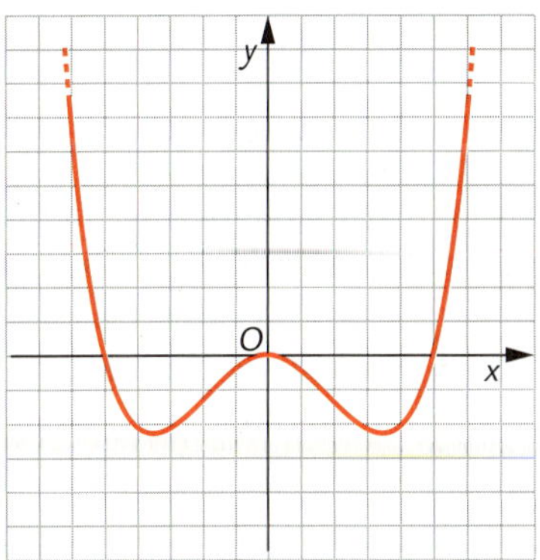

a

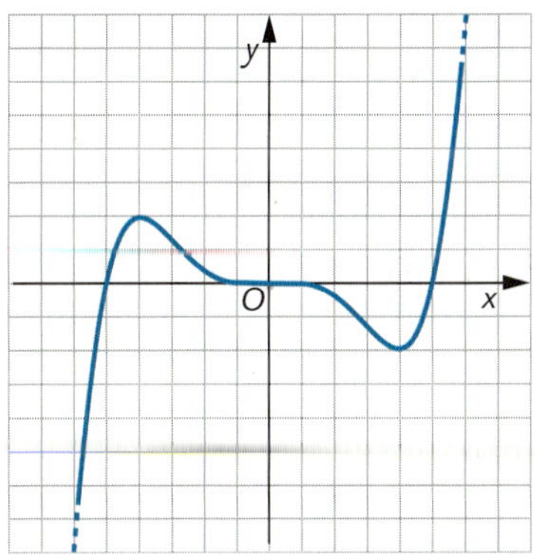

b

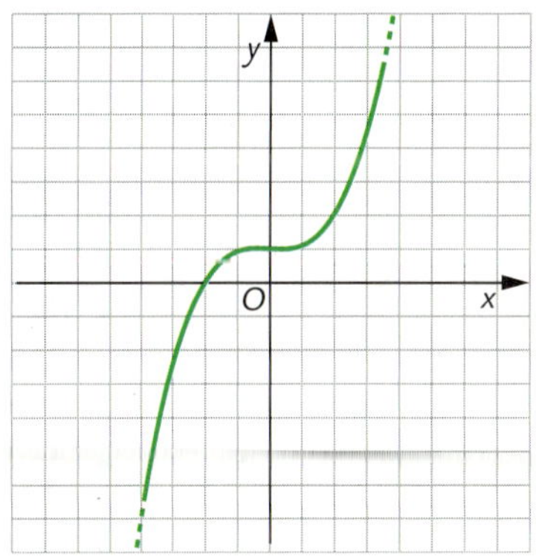

c

a. Il grafico in **fig. a** è simmetrico rispetto all'asse y, quindi è il grafico di una funzione *pari*.

b. Il grafico in **fig. b** è simmetrico rispetto all'origine, quindi è il grafico di una funzione *dispari*.

c. Il grafico in **fig. c** non è simmetrico né rispetto all'asse y, né rispetto all'origine, quindi è il grafico di una funzione che non è né pari né dispari.

ESEMPI Stabilire se una funzione di assegnata equazione è pari o dispari

Stabiliamo se le funzioni definite dalle seguenti equazioni sono pari o dispari.

a. $y = |x|$ **b.** $y = \sqrt{x}$ **c.** $y = \dfrac{x^3}{x^2 + 1}$ **d.** $y = x^5 - 1$

a. Sostituiamo $-x$ al posto di x in $f(x) = |x|$. Abbiamo:

$f(-x) = |-x| = |x| = f(x)$ Ricorda che due numeri opposti hanno lo stesso valore assoluto

Concludiamo che la funzione assegnata è *pari*.

→

b. La funzione $y = \sqrt{x}$ è definita soltanto per $x \geq 0$. Per ogni $x > 0$ si ha che $f(x)$ esiste mentre $f(-x)$ non esiste: perciò la funzione data non è né pari né dispari.

c. Sostituiamo $-x$ al posto di x in $f(x) = \dfrac{x^3}{x^2+1}$. Abbiamo:

$$f(-x) = \frac{(-x)^3}{(-x)^2+1} = -\frac{x^3}{x^2+1} = -f(x)$$

Concludiamo che la funzione assegnata è *dispari*.

d. Sostituiamo $-x$ al posto di x in $f(x) = x^5 - 1$. Abbiamo:

$$f(-x) = -x^5 - 1$$

È chiaro che risulta $f(-x) \neq f(x)$; essendo anche $f(-x) \neq -f(x)$ (poiché $-f(x) = -x^5 + 1$), la funzione data non è né pari né dispari.

Funzioni crescenti e funzioni decrescenti

Terminiamo questo paragrafo introducendo un'altra importante caratteristica che può presentare il grafico di una funzione. Osserva il grafico della funzione in **fig. 2.5**.

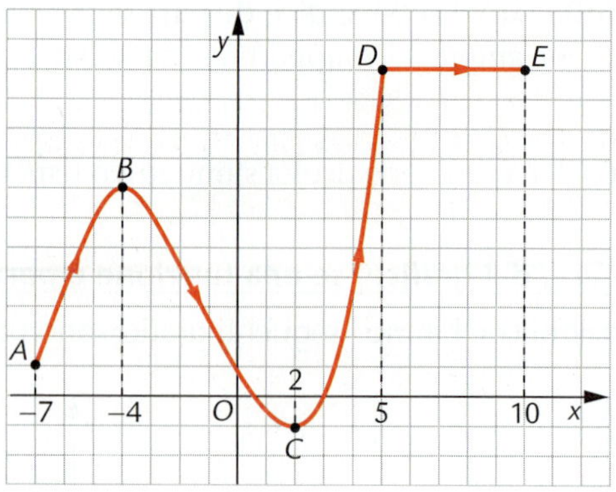

Figura 2.5

Se immaginiamo che un punto mobile «percorra» il grafico a partire dal punto A fino ad arrivare al punto E, nel verso indicato dalle frecce, ci accorgiamo che:

- da A a B il punto si muove nel verso delle ordinate positive, cioè «sale»;
- da B a C il punto si muove nel verso delle ordinate negative, cioè «scende»;
- da C a D il punto torna a «salire»;
- da D ad E il punto percorre un tratto «costante» (né in salita né in discesa).

Per descrivere questi tre possibili comportamenti del grafico di una funzione, introduciamo alcune definizioni, illustrate in **fig. 2.6** e formalizzate a pagina seguente.

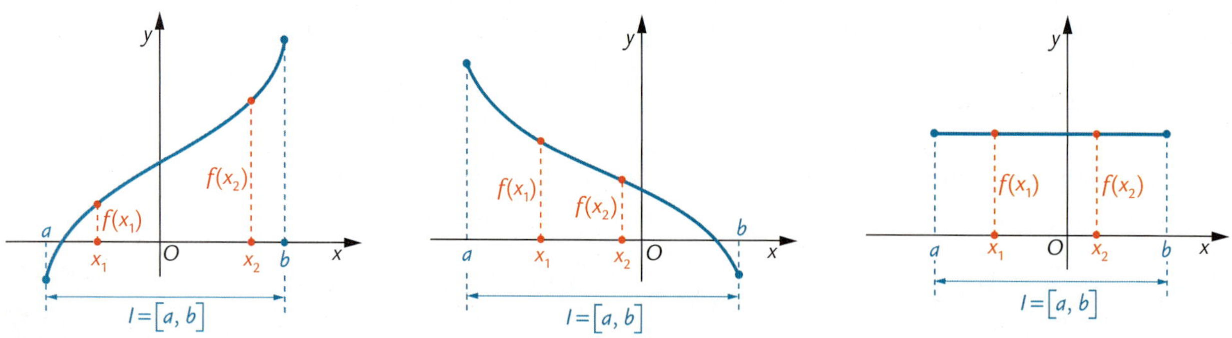

a. Per ogni $x_1 < x_2$ risulta $f(x_1) < f(x_2)$: la funzione è strettamente *crescente* in $[a, b]$.

b. Per ogni $x_1 < x_2$ risulta $f(x_1) > f(x_2)$: la funzione è strettamente *decrescente* in $[a, b]$.

c. Per ogni x_1, x_2 risulta $f(x_1) = f(x_2)$: la funzione è *costante* in $[a, b]$.

Figura 2.6

Per esempio, la funzione il cui grafico è tracciato in **fig. 2.5** è:

- *strettamente crescente* nell'intervallo $[-7, -4]$ e nell'intervallo $[2, 5]$;
- *strettamente decrescente* nell'intervallo $[-4, 2]$;
- *costante* nell'intervallo $[5, 10]$.

FUNZIONI STRETTAMENTE CRESCENTI, DECRESCENTI E COSTANTI

Sia I un sottoinsieme del dominio della funzione $y = f(x)$.

a. f si dice **strettamente crescente** in I se:

$$x_1 < x_2 \Rightarrow f(x_1) < f(x_2) \text{ per ogni } x_1, x_2 \in I$$

b. f si dice **strettamente decrescente** in I se:

$$x_1 < x_2 \Rightarrow f(x_1) > f(x_2) \text{ per ogni } x_1, x_2 \in I$$

c. f si dice **costante** in I se:

$$f(x_1) = f(x_2) \text{ per ogni } x_1, x_2 \in I$$

Osserva

L'insieme I può coincidere con il dominio della funzione o essere un suo sottoinsieme proprio.

Nell'intervallo $[2, 10]$ la funzione in **fig. 2.5 non** è strettamente crescente, perché è costante in $[5, 10]$, però non decresce. Per descrivere anche questo comportamento si introducono le seguenti definizioni.

FUNZIONI CRESCENTI E DECRESCENTI IN SENSO LATO

Sia I un sottoinsieme del dominio della funzione $y = f(x)$.

a. f si dice **crescente in senso lato** in I se:

$$x_1 < x_2 \Rightarrow f(x_1) \leq f(x_2) \text{ per ogni } x_1, x_2 \in I$$

b. f si dice **decrescente in senso lato** in I se:

$$x_1 < x_2 \Rightarrow f(x_1) \geq f(x_2) \text{ per ogni } x_1, x_2 \in I$$

Modi di dire

Alcuni testi chiamano **funzioni crescenti** (**decrescenti**) quelle che noi abbiamo chiamato strettamente crescenti (strettamente decrescenti), e **non crescenti** (**non decrescenti**) le funzioni che noi abbiamo chiamato decrescenti in senso lato (crescenti in senso lato).

Possiamo allora dire, per esempio, che la funzione rappresentata in **fig. 2.5** è crescente in senso lato nell'intervallo $[2, 10]$.

ESEMPI Stabilire dal grafico gli intervalli in cui una funzione è crescente o decrescente

Stabiliamo gli intervalli dove le funzioni, i cui grafici sono tracciati nelle figure seguenti, sono crescenti o decrescenti, in senso stretto o in senso lato.

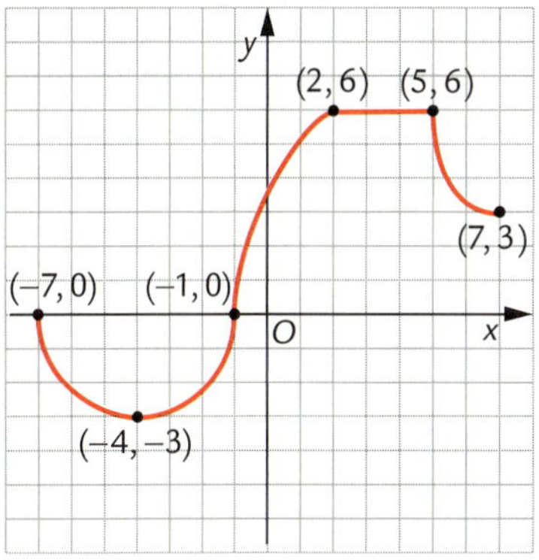

a

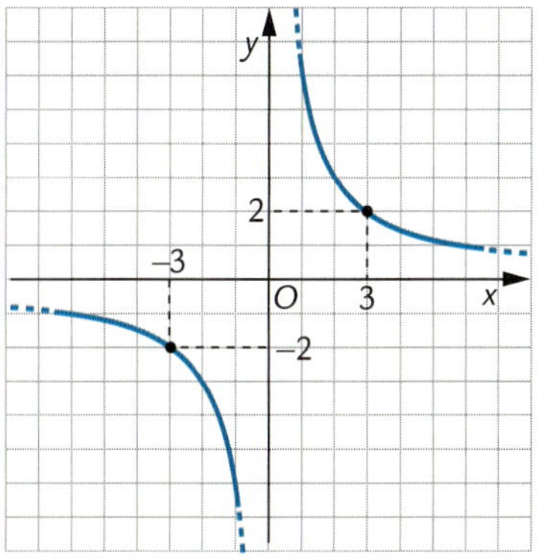

b

a. La funzione il cui grafico è tracciato in **fig. a** è strettamente decrescente negli intervalli $[-7, -4]$ e $[5, 7]$, costante nell'intervallo $[2, 5]$ e strettamente crescente nell'intervallo $[-4, 2]$. Nell'intervallo $[2, 7]$ la funzione è decrescente in senso lato.

→

b. La funzione è strettamente decrescente in ciascuno dei due intervalli $(-\infty, 0)$ e $(0, +\infty)$, ma **non** è strettamente decrescente in tutto il suo dominio, cioè in $\mathbf{R} - \{0\}$.

Infatti puoi osservare per esempio che:

$-3 < 3 \quad \text{ma} \quad f(-3) = -2 < f(3) = 2$

Nel prosieguo, quando parleremo semplicemente di funzione «crescente» o «decrescente», senza specificare se in senso stretto o in senso lato, converremo di riferirci a funzioni *crescenti* o *decrescenti in senso stretto*.

FUNZIONE MONOTÒNA
Una funzione crescente o decrescente (in senso stretto o lato) in un insieme I viene detta **monotòna** in I.

Prova tu **ESERCIZI** a p. 91

1. Determina il dominio e il segno delle seguenti funzioni e rappresenta le regioni del piano cartesiano alle quali appartiene il grafico di ciascuna. Stabilisci inoltre se ciascuna funzione è pari o dispari.

a. $y = 1 - \sqrt{x}$ **b.** $y = x^2 - 4x$ **c.** $y = \sqrt{x^2 + 2x} - \sqrt{3}$ **d.** $y = \dfrac{x^2 - 1}{x}$ **e.** $y = |x| - 1$ **f.** $y = \sqrt{x^2 - |x|}$

2. In riferimento alla funzione il cui grafico è rappresentato nella figura qui sotto, stabilisci se le seguenti affermazioni sono vere o false.

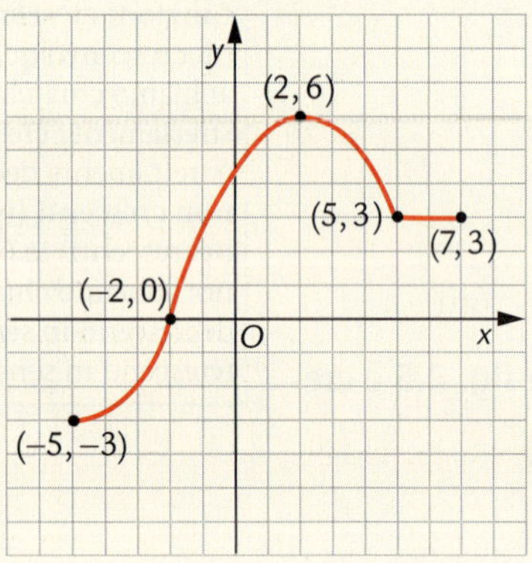

a. la funzione è strettamente crescente in $[-5, 3]$ V F
b. la funzione è pari V F
c. la funzione è strettamente decrescente in $[2, 7]$ V F
d. la funzione è costante in $[5, 7]$ V F
e. la funzione è decrescente in senso lato in $[2, 7]$ V F
f. la funzione è dispari V F
g. la funzione ha un solo zero V F
h. la funzione è strettamente crescente in $[-5, 2]$ V F

3. Funzioni iniettive, suriettive, biiettive

Abbiamo visto, nelle pagine precedenti, una classificazione delle funzioni reali di variabile reale (algebrica razionale, irrazionale, intera o frazionaria oppure trascendente), in base alle caratteristiche dell'espressione $f(x)$ che compare nell'equazione $y = f(x)$ che definisce la funzione. Un'altra classificazione delle funzioni si basa invece sul comportamento della funzione rispetto all'insieme di arrivo, cioè al *codominio*.
In questo paragrafo vediamo come si possono classificare le funzioni secondo quest'altro punto di vista.

Funzioni iniettive

In simboli
Possiamo scrivere che f è iniettiva quando si verifica che $\forall x_1, x_2 \in A$:
$x_1 \neq x_2 \Rightarrow f(x_1) \neq f(x_2)$.

FUNZIONE INIETTIVA
Una funzione $f: A \to B$ si dice **iniettiva** se **ogni** elemento di B ha **al massimo** una controimmagine in A.

In modo equivalente, si può dire che una funzione è **iniettiva** se manda elementi distinti in elementi distinti.

Data una funzione reale di variabile reale (per cui, salvo diversa indicazione, si assume come codominio **R**), essa sarà iniettiva se e solo se ogni elemento di **R** ha al massimo una controimmagine: ciò equivale a dire che *ogni* retta orizzontale deve intersecare il grafico della funzione *al massimo* in un punto.

ESEMPI **Stabilire se una funzione di cui è dato il grafico è iniettiva**

Stabiliamo se le funzioni aventi i seguenti grafici sono iniettive.

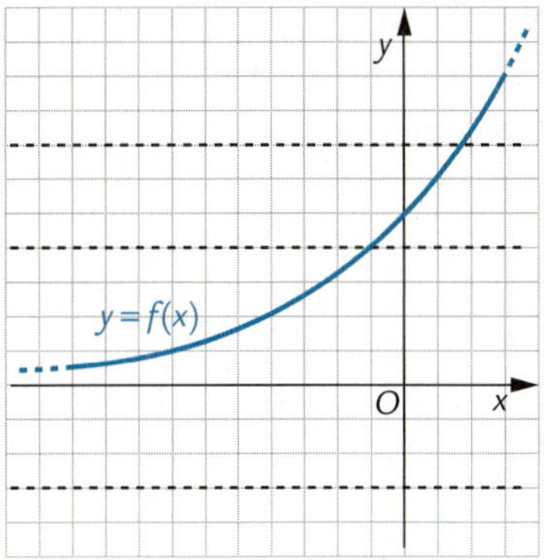

a

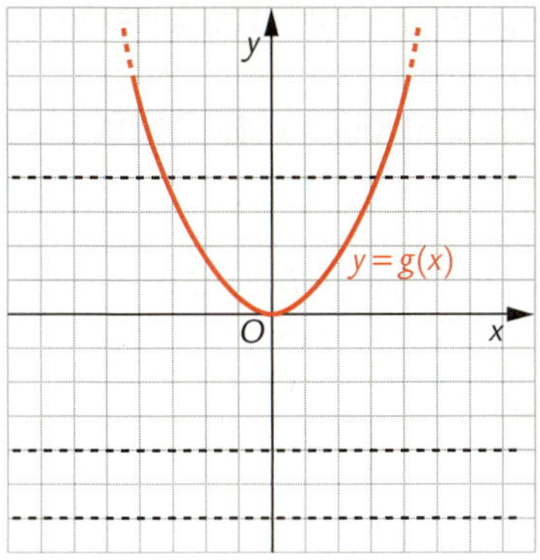

b

a. La funzione in **fig. a** è iniettiva. Come puoi osservare, infatti, ogni retta orizzontale interseca il grafico della funzione in *al massimo* un punto.

b. La funzione in **fig. b** **non** è iniettiva. Come puoi osservare, infatti, ogni retta orizzontale che giace nel primo e nel secondo quadrante interseca il grafico della funzione in *due* punti.

Funzioni suriettive

FUNZIONE SURIETTIVA

Una funzione $f : A \to B$ si dice **suriettiva** se **ogni** elemento di B ha **almeno** una controimmagine in A.

In simboli

Possiamo scrivere che f è suriettiva quando si verifica che $\forall y \in B$: $\exists x \in A \mid f(x) = y$.

In modo equivalente, si può dire che una funzione è suriettiva se la sua immagine coincide con il codominio.

Data una funzione reale di variabile reale (per cui, salvo diversa indicazione, si assume come codominio **R**), essa sarà suriettiva se e solo se ogni elemento di **R** ha almeno una controimmagine: ciò equivale a dire che *ogni* retta orizzontale deve intersecare il grafico della funzione *in almeno* un punto.

ESEMPI **Stabilire se una funzione di cui è dato il grafico è suriettiva**

Stabiliamo se le funzioni aventi i seguenti grafici sono suriettive.

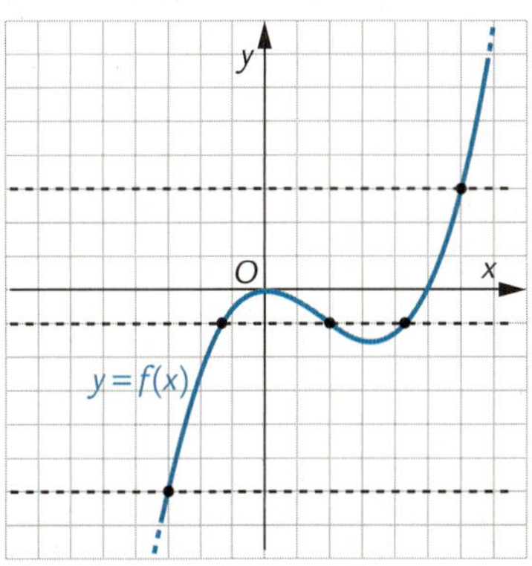

a

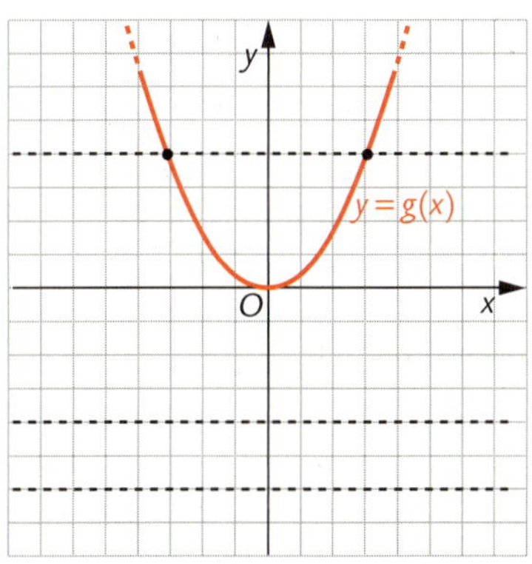

b

a. La funzione in **fig. a** è suriettiva. Come puoi osservare, infatti, ogni retta orizzontale interseca il grafico della funzione in *almeno* un punto.

→

→

b. La funzione in **fig. b** **non** è suriettiva. Come puoi osservare, infatti, ogni retta orizzontale che giace nel terzo e nel quarto quadrante non ha alcun punto in comune con il grafico della funzione. Per rendere la funzione suriettiva, occorrerebbe restringere il codominio all'intervallo $[0, +\infty)$.

Funzioni biiettive

Si dà un nome particolare alle funzioni che sono sia iniettive sia suriettive.

Rifletti

Le definizioni di funzione iniettiva, suriettiva e biiettiva si possono interpretare come illustrato qui di seguito in relazione alla teoria delle equazioni. Una funzione $f : A \to B$ è:

a. *iniettiva* quando, per ogni $b \in B$, l'equazione $f(x) = b$ ha al massimo una soluzione in A;

b. *suriettiva* quando, per ogni $b \in B$, l'equazione $f(x) = b$ ha almeno una soluzione in A;

c. *biiettiva* quando, per ogni $b \in B$, l'equazione $f(x) = b$ ha una e una sola soluzione in A.

FUNZIONE BIIETTIVA

Una funzione $f : A \to B$ che è sia iniettiva sia suriettiva si dice **biiettiva** (o **corrispondenza biunivoca** o **corrispondenza uno a uno**).

In modo equivalente, si può dire che una funzione $f : A \to B$ è biiettiva se ogni elemento di B ha **una e una sola** controimmagine in A.
Data una funzione reale di variabile reale, essa sarà biiettiva se e solo se *ogni* retta orizzontale interseca il grafico della funzione in *uno e un solo* punto.

Esempio

La funzione che ha il grafico riportato in figura è biiettiva.

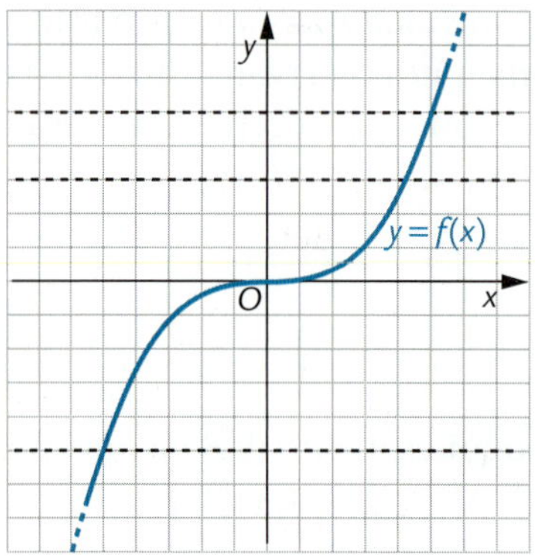

Infatti ogni retta orizzontale interseca il grafico della funzione in uno e un solo punto.

Controesempio

La funzione che ha il grafico riportato in figura **non** è biiettiva.

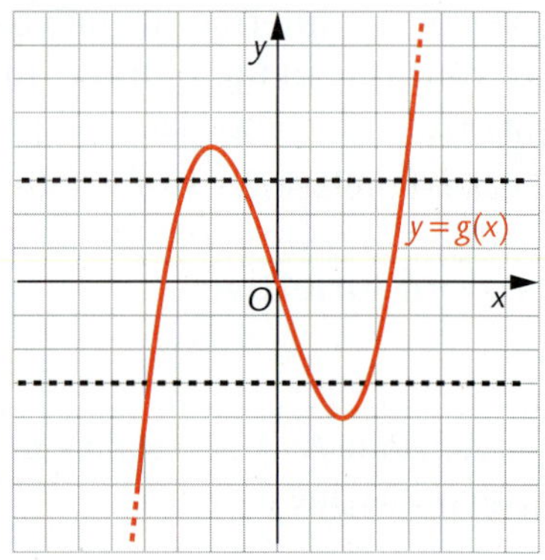

Infatti non è iniettiva: ci sono rette orizzontali che intersecano il grafico della funzione in più di un punto.

Funzioni

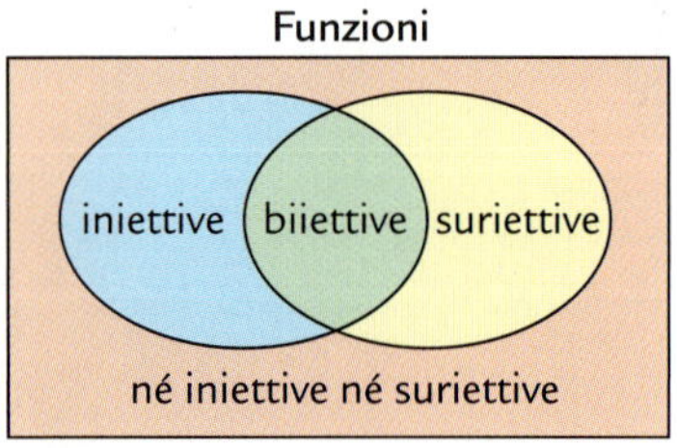

Figura 2.7

Una funzione può essere: iniettiva ma non suriettiva, suriettiva ma non iniettiva, né iniettiva né suriettiva, biiettiva. **Riassumendo**, la classificazione delle funzioni in base al comportamento rispetto al codominio si può quindi rappresentare mediante il diagramma di Venn in **fig. 2.7**.

Prova tu **ESERCIZI** a p. 95

1. Nelle figure qui a fianco sono riportati i grafici di alcune funzioni. Stabilisci se si tratta di funzioni iniettive, suriettive o biiettive.
2. Una funzione strettamente crescente (o strettamente decrescente) nel suo dominio è sempre suriettiva? È sempre iniettiva?

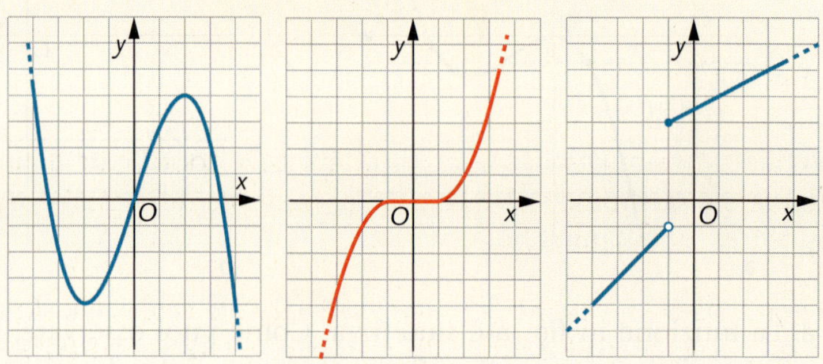

4. Funzione inversa

Consideriamo la funzione f, rappresentata nella **fig. 2.8**, e costruiamo la relazione g, definita fra l'immagine $I = f(A)$ di f e l'insieme A, che si ottiene invertendo il verso delle frecce (**fig. 2.9**).

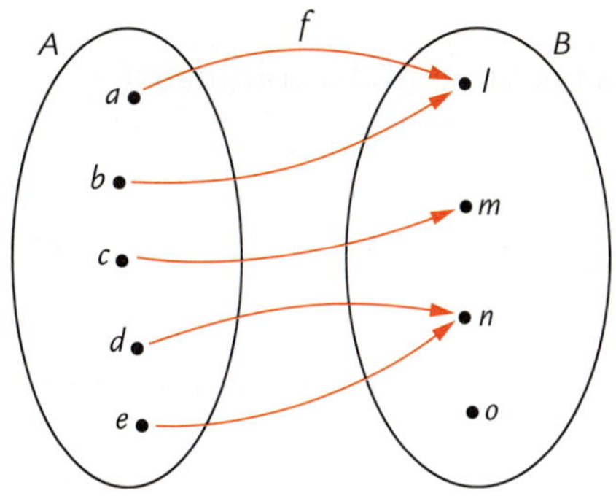

Figura 2.8

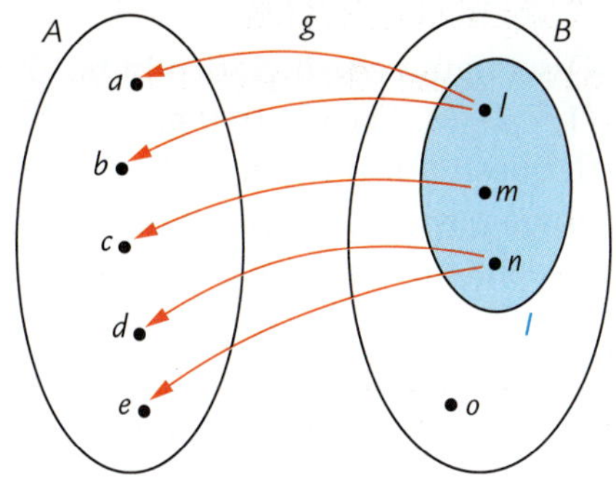

Figura 2.9

La relazione g associa, a ciascun elemento di I, le sue controimmagini tramite f. La relazione g **non** è una *funzione*, perché ci sono elementi di I da cui parte più di una freccia. Come deve essere f affinché g sia una funzione?
In base a come abbiamo definito la relazione g, occorre che da ogni elemento di I esca una e una sola freccia verso A, ovvero ogni elemento di I deve avere un'*unica* controimmagine nella f. Ciò equivale a dire che la funzione f deve essere *iniettiva*.
In tal caso, la relazione g definisce una nuova funzione, che si chiama funzione *inversa* di f. Queste osservazioni giustificano la seguente definizione.

> **Attenzione!**
> Alcuni testi pongono il problema dell'invertibilità di una funzione in modo leggermente diverso: si definisce **inversa** di una funzione $f: A \to B$ (se esiste) la funzione $f^{-1}: B \to A$ che a ogni elemento di B associa la sua controimmagine nella f (mentre noi abbiamo definito come funzione inversa la funzione $f^{-1}: f(A) \to A$ che a ogni elemento di $f(A)$ associa la sua controimmagine nella f). Con questa impostazione una funzione f risulta invertibile se e solo se è *biiettiva*. La più recente letteratura scientifica tende a seguire l'impostazione che noi abbiamo proposto.

FUNZIONE INVERTIBILE

Una funzione f si dice **invertibile** se e solo se è iniettiva: in tal caso, si chiama **funzione inversa** di f, e si indica con il simbolo f^{-1}, la funzione che associa a ciascun elemento dell'immagine di f la sua (unica) controimmagine.

> **Attenzione!**
> In questo contesto il simbolo f^{-1} indica solo la funzione inversa di f, **non** ha il significato di «f elevato alla -1», cioè di $\frac{1}{f}$.

Nota che il dominio di f^{-1} è l'immagine di f e l'immagine di f^{-1} è il dominio di f.
Supponiamo che $y = f(x)$ sia una funzione invertibile, reale di variabile reale.
C'è qualche relazione che lega il grafico della funzione f e quello della sua funzione inversa f^{-1}? Proviamo a riflettere: sia $P(a, b)$ un punto appartenente al grafico della funzione f. Ciò significa che $f(a) = b$, vale a dire $f^{-1}(b) = a$. Dunque se $P(a, b)$ appartiene al grafico di f, allora $P'(b, a)$ appartiene al grafico di f^{-1}.

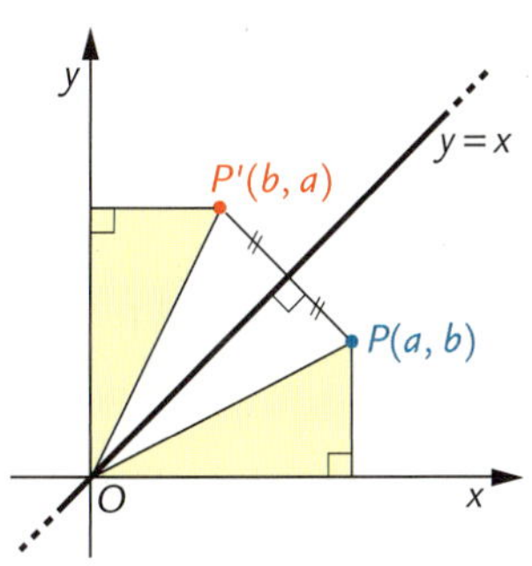

Figura 2.10

Poiché scambiare l'ascissa con l'ordinata nelle coordinate di un punto equivale a effettuare una simmetria rispetto alla bisettrice del primo e del terzo quadrante (**fig. 2.10**), deduciamo che:

Il grafico della funzione f^{-1}, inversa della funzione f, è il simmetrico del grafico di f rispetto alla bisettrice del primo e del terzo quadrante.

Dunque, una volta che è noto il grafico di f, per ottenere il grafico di f^{-1} basta effettuare una simmetria rispetto alla suddetta bisettrice.

ESEMPIO Tracciare il grafico dell'inversa di una funzione

In **fig. 2.11** è tracciato il grafico di una funzione invertibile. Tracciamo il grafico della funzione inversa.

Osserviamo che il grafico in **fig. 2.11** passa per i punti di coordinate $(-5, -5)$, $(1, -2)$, $(3, 1)$ e $(7, 3)$. Il grafico della funzione inversa passerà per i simmetrici di questi punti rispetto alla bisettrice del primo e del terzo quadrante. Quindi dovrà passare per i punti di coordinate $(-5, -5)$, $(-2, 1)$, $(1, 3)$ e $(3, 7)$. Il grafico della funzione inversa sarà allora quello in **fig. 2.12**.

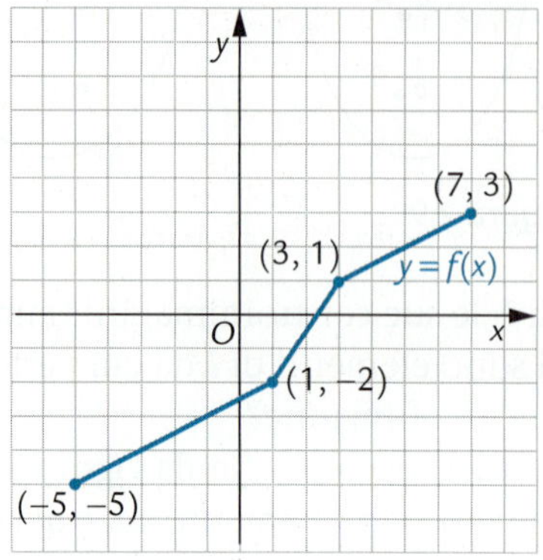

Figura 2.11

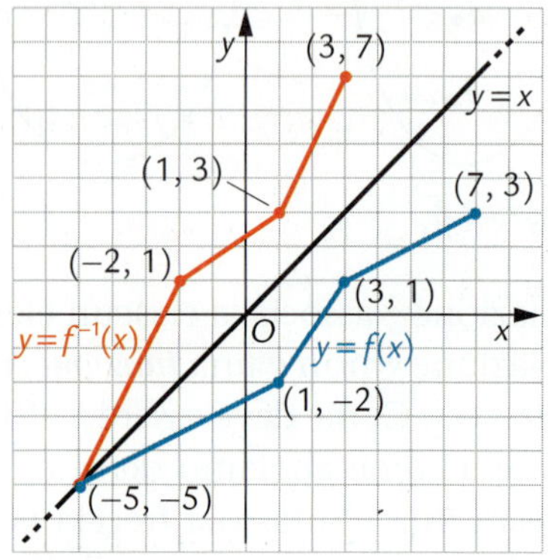

Figura 2.12

Il legame che abbiamo scoperto tra il grafico di una funzione invertibile e quello della sua inversa suggerisce anche come ricavare l'*equazione* che definisce la funzione inversa: basta effettuare una simmetria rispetto alla bisettrice del primo e del terzo quadrante, cioè scambiare nell'equazione della funzione x con y. In altre parole, se f è definita dall'equazione

$$y = f(x)$$

allora f^{-1} è definita dall'equazione:

$$x = f(y)$$

Quest'ultima equazione **non** è però espressa nella forma *esplicita* $y = f(x)$: risolvendola rispetto a y, otterremo l'equazione *esplicita* di f^{-1}.

ESEMPIO Determinare l'espressione analitica dell'inversa di una funzione

La funzione $f(x) = \sqrt[3]{x} - 1$ è invertibile. Determiniamo l'espressione analitica della funzione inversa.

- **1° passo** Consideriamo l'equazione $y = f(x)$:

  $$y = \sqrt[3]{x} - 1$$

  e sostituiamo in essa x al posto di y e y al posto di x:

  $$x = \sqrt[3]{y} - 1$$

- **2° passo** Risolviamo l'equazione ottenuta rispetto a y.

  $x = \sqrt[3]{y} - 1$ — Equazione da risolvere rispetto a y

  $\sqrt[3]{y} - 1 = x$ — Proprietà simmetrica dell'uguaglianza

  $\sqrt[3]{y} = x + 1$ — Isolando il radicale al 1° membro

  $y = (x + 1)^3$ — Elevando i due membri al cubo si ottiene un'equazione equivalente

Concludiamo che:

$$f^{-1}(x) = (x + 1)^3$$

SINTESI

Procedimento per ricavare l'equazione della funzione inversa di una funzione data

1. Nell'equazione $y = f(x)$, si sostituisce y al posto di x e x al posto di y, ottenendo così l'equazione:

   $x = f(y)$

2. Se possibile, si risolve l'equazione $x = f(y)$ rispetto a y in modo da ottenere l'equazione *esplicita* di f^{-1}.

È importante infine osservare che a volte una funzione può risultare **non** invertibile nel suo dominio, ma invertibile se la consideriamo definita in un opportuno sottoinsieme del dominio. Quando si considera una funzione definita su un sottoinsieme del suo dominio si parla di **restrizione** della funzione.

ESEMPIO Restrizione di una funzione

La funzione $y = x^2$ **non** è invertibile perché non è iniettiva (**fig. 2.13**).
È invece invertibile la sua restrizione all'intervallo $x \geq 0$, e la sua inversa è $y = \sqrt{x}$ (**fig. 2.14**).

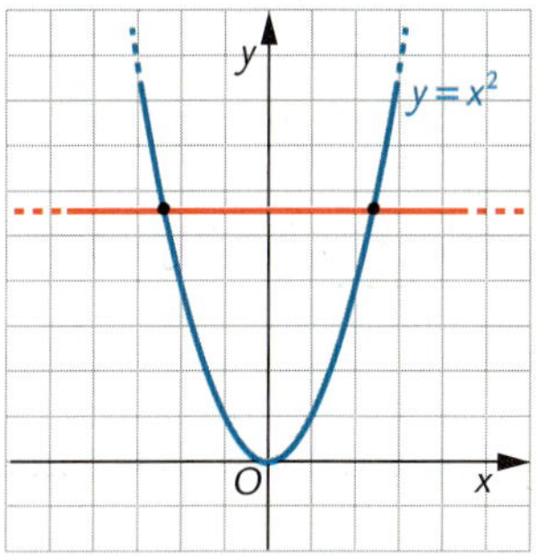

Figura 2.13 Ogni retta orizzontale che giace nel primo e nel secondo quadrante incontra il grafico della funzione in due punti distinti, quindi la funzione non è iniettiva, perciò nemmeno invertibile.

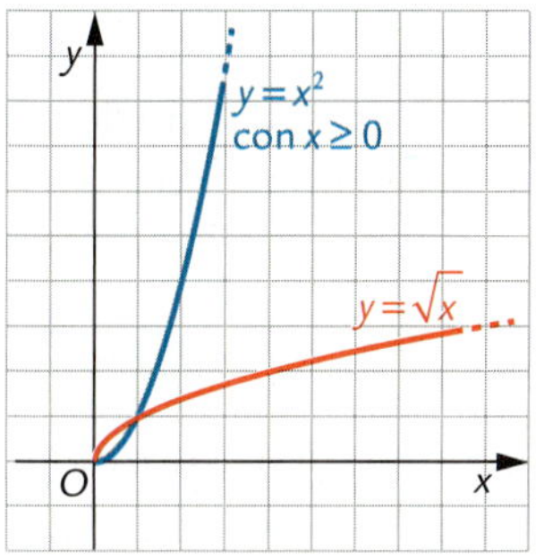

Figura 2.14 Il grafico della restrizione di $y = x^2$ all'intervallo $x \geq 0$ e della sua funzione inversa.

Prova tu **ESERCIZI** a p. 96

1. Giustifica perché la funzione $f(x) = x^2 + 5x - 6$ **non** è invertibile.
2. Le funzioni seguenti sono invertibili. Dopo aver giustificato perché lo sono, determina l'espressione analitica della funzione inversa.

   a. $f(x) = 3x - 2$

   b. $f(x) = \dfrac{x-3}{2x+1}$

   $\left[\textbf{a. } f^{-1}(x) = \dfrac{1}{3}x + \dfrac{2}{3}; \textbf{ b. } f^{-1}(x) = \dfrac{x+3}{1-2x}\right]$

5. Funzioni composte

Nell'insieme delle funzioni è possibile definire anche un nuovo tipo di operazione, diversa dalle usuali operazioni algebriche: l'operazione di *composizione*, definita come segue.

FUNZIONE COMPOSTA

Date due funzioni f e g, si dice **funzione composta** di f e g, e si indica con il simbolo $g \circ f$ (che si legge: «g composto f»), la funzione definita da:

$$(g \circ f)(x) = g(f(x))$$

Attenzione!

La funzione f, pur essendo scritta nel simbolo $g \circ f$ per seconda, è la *prima* che viene applicata.

Graficamente:

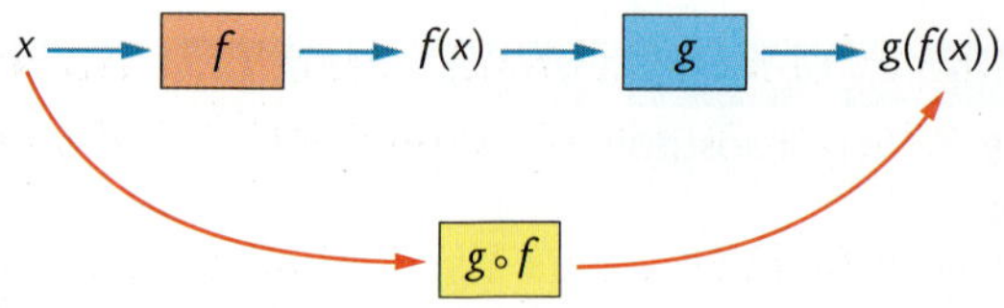

Affinché sia possibile calcolare $g(f(x))$, $f(x)$ deve appartenere al dominio di g. Perciò il dominio di $g \circ f$ è costituito da tutti gli elementi appartenenti al dominio di f tali che $f(x)$ appartiene al dominio di g.

Osserva

Potevamo determinare il *dominio* della funzione composta $g \circ f$ anche senza determinare la sua espressione analitica. Sappiamo infatti che esso è costituito dai valori di x appartenenti al dominio di f (cioè, in questo caso, a $\mathbf{R}$) tali che $f(x) = x - 1$ appartiene al dominio di g (cioè, in questo caso, all'intervallo $[-3, +\infty)$). Pertanto il dominio di $g \circ f$ è l'insieme dei valori di x che soddisfano la seguente disequazione:

$x - 1 \geq -3 \Rightarrow x \geq -2$

Ritroviamo così che il dominio di $g \circ f$ è l'intervallo $[-2, +\infty)$.

ESEMPIO **Determinare la funzione composta di due funzioni assegnate**

Sono date le funzioni $f(x) = x - 1$ e $g(x) = \sqrt{x+3}$. Determiniamo l'espressione analitica di $g \circ f$ e di $f \circ g$, specificando il dominio di tali funzioni.

Determiniamo l'espressione analitica di $g \circ f$:

$$(g \circ f)(x) = g(f(x)) = g(x-1) = \sqrt{(x-1)+3} = \sqrt{x+2}$$

Definizione di funzione composta | $f(x) = x - 1$ | $g(x) = \sqrt{x+3}$

Il dominio della funzione $g \circ f$ è costituito dai valori di x per cui $x + 2 \geq 0$, quindi è l'intervallo $[-2, +\infty)$.

Ragioniamo analogamente per determinare l'espressione analitica di $f \circ g$:

$$(f \circ g)(x) = f(g(x)) = f(\sqrt{x+3}) = \sqrt{x+3} - 1$$

Il dominio della funzione $f \circ g$ è l'intervallo $[-3, +\infty)$ (coincide con il dominio della funzione g).

L'esempio precedente mostra che può essere $g \circ f \neq f \circ g$: la composizione di funzione **non** è quindi una operazione *commutativa*.

Si potrebbe invece provare che la composizione di funzioni è un'operazione *associativa*, cioè che:

$$(f \circ g) \circ h = f \circ (g \circ h)$$

Prova tu **ESERCIZI** a p. 98

1. Considera le due funzioni $f(x) = 2x$ e $g(x) = (x+1)^2$.
   a. Calcola l'immagine di -1 tramite $g \circ f$ e tramite $f \circ g$.
   b. Determina l'espressione analitica di $g \circ f$ e di $f \circ g$.
2. Date le tre funzioni $f(x) = 2x$, $g(x) = \sqrt{|x|}$ e $h(x) = x^2$, verifica che $(f \circ g) \circ h = f \circ (g \circ h)$.

6. Funzioni e modelli economici

In questo paragrafo introduciamo alcune funzioni che si utilizzano di frequente nella costruzione di modelli economici.

Funzioni costo, ricavo e profitto

I modelli matematici per esprimere il **costo**, il **ricavo** (o *fatturato*) e il **profitto** (o *utile* o *guadagno*) derivanti dalla produzione e vendita della *quantità* x di un certo bene sono funzioni nella variabile indipendente x, chiamate rispettivamente **funzione costo**, **funzione ricavo** e **funzione profitto** (o **guadagno**). Analizziamo ora più in dettaglio le caratteristiche di queste funzioni.

1. Funzione costo

I costi sostenuti da un'impresa per la produzione di un certo bene possono essere *fissi* o *variabili*, a seconda che dipendano o meno dalla quantità del bene prodotto; per esempio:

- possono ritenersi *costi fissi* l'affitto dei locali di produzione, le assicurazioni sui fabbricati e sui macchinari, il pagamento del personale di pulizia e vigilanza;
- possono ritenersi *costi variabili* le spese legate al consumo di energia oppure quelle per l'acquisto delle materie prime.

Attenzione!
Quando scriveremo brevemente «funzione costo», senza ulteriori specificazioni, intenderemo sempre indicare la funzione che fornisce il costo totale.

Indicando con $C(x)$ il costo (totale, cioè comprensivo sia dei costi fissi sia dei costi variabili) relativo alla produzione della quantità x di un certo bene, con c_f il relativo costo fisso e con $c_v(x)$ il corrispondente costo variabile, la funzione costo avrà espressione analitica della forma:

$$C(x) = \underbrace{c_v(x)}_{\text{costi variabili dipendenti da } x} + \underbrace{c_f}_{\text{costi fissi}}$$

Generalmente i costi variabili crescono all'aumentare di x, e in tal caso $C(x)$ è una funzione crescente, il cui grafico interseca l'asse y nel punto di coordinate $(0, c_f)$ (**fig. 2.15**).

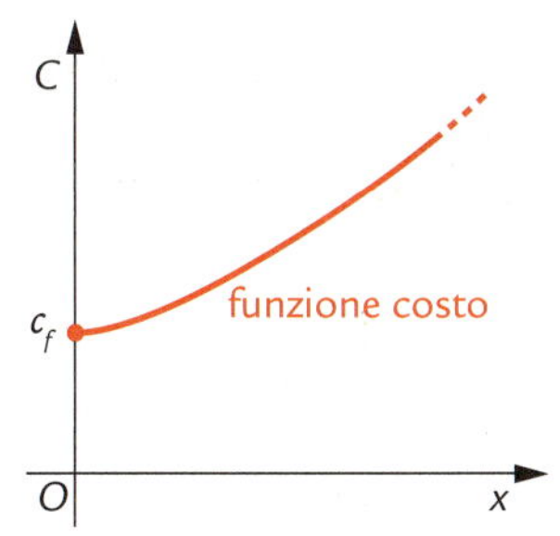

Figura 2.15

2. Funzione ricavo

Il ricavo totale $R(x)$ ottenuto dalla vendita della quantità x di un certo bene è il prodotto tra la quantità x venduta e il corrispondente prezzo $p(x)$ di vendita, dunque l'espressione analitica della funzione ricavo è della forma:

$$R(x) = x \cdot p(x)$$

3. Funzione profitto

Il profitto $U(x)$ ottenuto dalla vendita della quantità x di un certo bene è dato dalla differenza tra il ricavo e il costo totale:

$$U(x) = R(x) - C(x)$$

Un eventuale zero della funzione profitto, se esiste, rappresenta una quantità in corrispondenza della quale i costi uguagliano i ricavi, ossia una quantità che consente di assorbire i costi di produzione. Un tale zero è detto **punto di pareggio** (o **break-even point**); un punto di pareggio può essere definito in modo equivalente come ascissa di un punto di intersezione tra il grafico della funzione costo e quello della funzione ricavo (**fig. 2.16**).

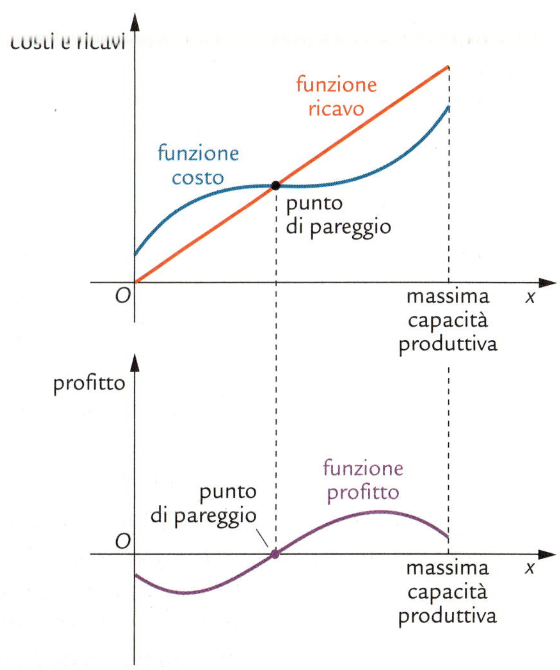

Figura 2.16 Ciascuno zero della funzione profitto (break-even point) corrisponde all'ascissa di un punto di intersezione tra il grafico della funzione costo e quello della funzione ricavo.

ESEMPIO **Funzioni costo, ricavo e profitto**

Per la produzione di un certo bene, un'azienda ha costi fissi di 20 000 euro mensili e costi variabili di 8 euro per ogni unità del bene prodotta. Ogni unità del bene viene venduta a un prezzo di 13 euro.

a. Determiniamo, relativamente a un mese, le funzioni che esprimono il costo totale, il ricavo e il profitto derivanti dalla produzione e vendita di x unità del bene.

b. Determiniamo il punto di pareggio.

a. Le tre funzioni funzione costo, ricavo e profitto hanno espressioni analitiche $C(x)$, $R(x)$ e $U(x)$ così definite:

$$C(x) = \underbrace{20\,000}_{\text{costi fissi}} + \underbrace{8x}_{\text{costi variabili}}$$

$$R(x) = 13x$$

$$U(x) = R(x) - C(x) = 13x - (20\,000 + 8x) = 5x - 20\,000$$

b. Dobbiamo determinare lo zero della funzione $U(x)$:

$$U(x) = 0 \Rightarrow 5x - 20\,000 = 0 \Rightarrow x = \frac{20\,000}{5} \Rightarrow x = 4000$$

Ciò significa che, in un mese, l'azienda deve produrre e vendere 4000 unità per assorbire i costi di produzione.

Funzioni domanda e offerta

Si chiamano **domanda** e **offerta** di un bene, rispettivamente, la quantità che di esso viene *richiesta* dal mercato e la quantità che di esso viene *immessa* sul mercato.
Le funzioni che esprimono la *domanda* e l'*offerta* di un dato bene in funzione del *prezzo* cui il bene viene venduto si chiamano rispettivamente **funzione domanda** e **funzione offerta** relative a quel bene. Indicando la quantità domandata con il simbolo q_d, la quantità offerta con il simbolo q_o e il prezzo unitario del bene con la lettera p, le funzioni domanda e offerta saranno espresse da equazioni del tipo:

$$q_d = f(p) \qquad \text{e} \qquad q_o = g(p)$$

Non tutte le funzioni possono rappresentare funzioni domanda e funzioni offerta, perché queste devono soddisfare determinate caratteristiche legate alla loro particolare natura, che illustriamo in **tab. 2.1**.

Tabella 2.1

Caratteristiche	Funzione domanda	Funzione offerta
Dominio	Ovviamente il prezzo è sempre non negativo, quindi una funzione domanda è definita per $p \geq 0$. In alcuni casi esiste un prezzo limite p_d oltre il quale non ci sono più acquirenti disposti ad acquistare il bene; in tali casi la funzione domanda è definita solo per $0 \leq p \leq p_d$. Il dominio di una funzione domanda è perciò un intervallo del tipo: $[0, +\infty)$ oppure $[0, p_d]$	Ovviamente il prezzo è sempre non negativo, quindi una funzione offerta è definita solo per $p \geq 0$. Di più, vi è un prezzo limite p_o al di sotto del quale il produttore non è disposto a produrre il bene perché i ricavi non sarebbero sufficienti nemmeno a coprire i costi di produzione. Una funzione offerta è perciò definita per $p \geq p_o$, ovvero il suo dominio è un intervallo del tipo: $[p_o, +\infty)$.
Segno	La domanda è una quantità non negativa, quindi dovrà risultare: $f(p) \geq 0$ ovvero una funzione domanda è sempre positiva o nulla.	L'offerta è una quantità non negativa, quindi dovrà risultare: $g(p) \geq 0$ ovvero una funzione offerta è sempre positiva o nulla.

Crescere e decrescere	Al crescere del prezzo di un bene, tende a diminuire la quantità di consumatori disposti ad acquistarlo: una funzione domanda è perciò una funzione *decrescente* (in senso stretto o lato).	Al crescere del prezzo di un bene, il produttore è invogliato a produrne una quantità maggiore per aumentare i propri guadagni: una funzione offerta è perciò una funzione *crescente* (in senso stretto o lato).
Esempi di possibili grafici di funzioni domanda e offerta	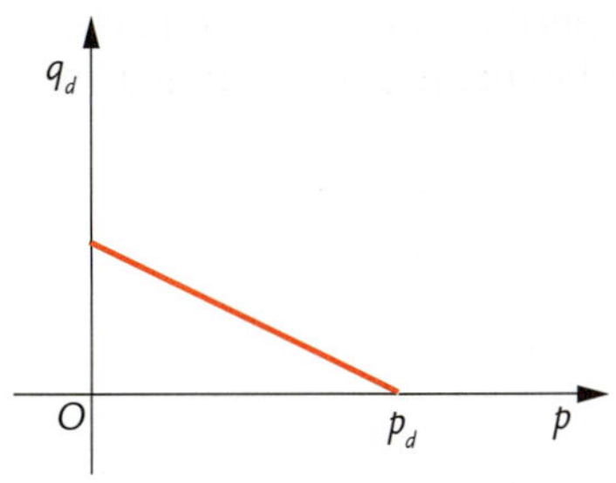 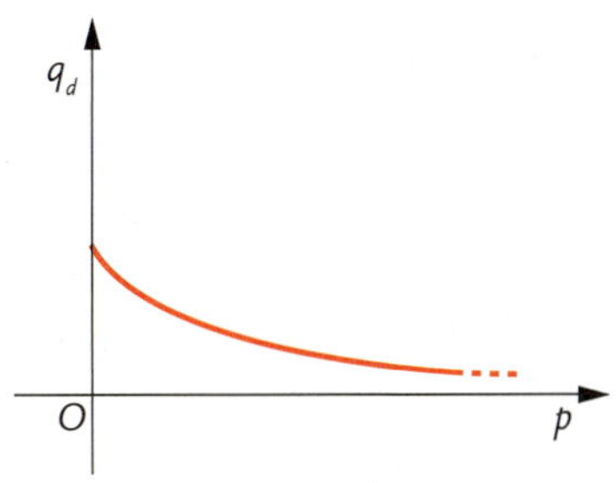	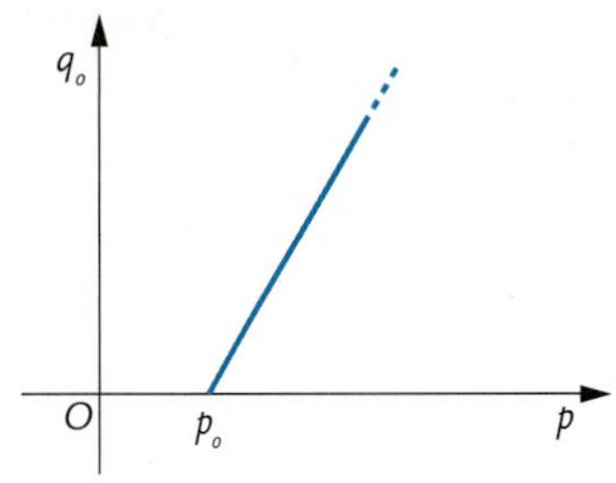 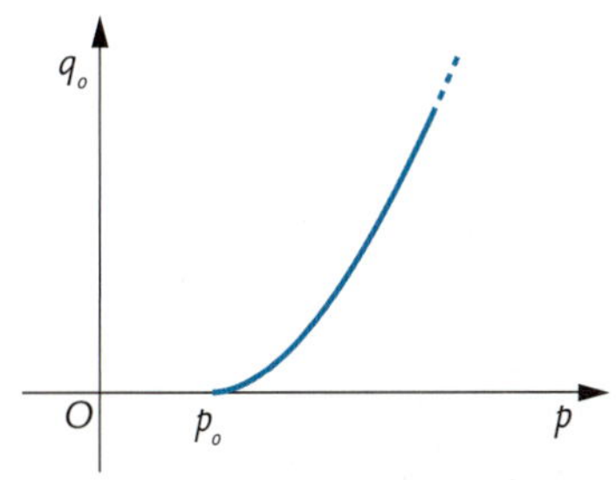

Nel caso in cui il grafico della funzione domanda e il grafico della funzione offerta abbiano un punto in comune, esso si trova nel primo quadrante e la sua ascissa rappresenta il cosiddetto **prezzo di equilibrio** (fig. 2.17). In un mercato in condizioni di concorrenza perfetta, il prezzo di un bene tende a evolvere verso il prezzo di equilibrio, che rappresenta il «compromesso» tra le esigenze dei produttori e quelle dei consumatori.

Attenzione!

Un mercato si dice in condizioni di concorrenza perfetta quando vi è un alto numero di produttori e consumatori, tutti i produttori producono beni dalle caratteristiche simili, ciascun produttore può vendere a qualsiasi consumatore e viceversa, non esistono condizioni o accordi né tra produttori né tra consumatori, c'è trasparenza di mercato e libertà di entrare o uscire da esso.

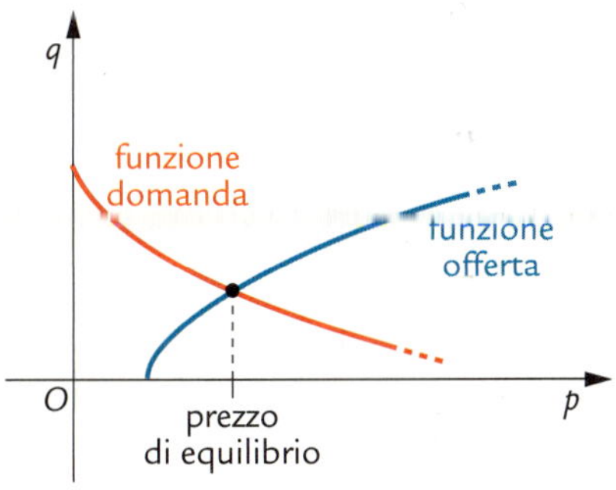

Figura 2.17

Prova tu **ESERCIZI** a p. 100

1. Per la produzione di un certo bene, un'azienda ha costi fissi di 12 000 euro mensili e costi variabili di 10 euro per ogni unità del bene prodotta. Ogni unità del bene viene venduta a un prezzo di 15 euro.

a. Determina, relativamente a un mese, le funzioni che esprimono il costo totale, il ricavo e il profitto derivanti dalla produzione e vendita di x unità del bene.

b. Determina il punto di pareggio. [**a.** $C(x) = 12\,000 + 10x$, $R(x) = 15x$, $U(x) = 5x - 12\,000$; **b.** $x = 2400$]

2. Supponi che la domanda e l'offerta di un bene siano descritte dalle seguenti funzioni del prezzo p:

$$q_d(p) = 120 - 3p; \qquad q_o(p) = -40 + 2p$$

Determina il prezzo di equilibrio. [$p = 32$]

MATEMATICA NELLA STORIA

La nascita e lo sviluppo del concetto di funzione

È difficile tracciare un profilo accurato ed esauriente dello sviluppo storico del concetto di funzione, perché ha avuto un'evoluzione piuttosto lenta e discontinua. Esso infatti è comparso, a volte implicitamente, a volte esplicitamente, in problemi e tipi di rappresentazioni differenti. Ci limitiamo perciò a gettare uno sguardo su alcune delle «tappe» più importanti.

Leibniz.

Leibniz, Bernoulli e Newton

La parola «funzione» compare per la prima volta in un manoscritto di **Leibniz** (1646-1716) del 1673, dal titolo *Methodus tangentium inversa seu de functionibus*, e si trova ripetutamente nella corrispondenza con il matematico svizzero **Johann Bernoulli** (1667-1748). Leibniz sviluppò, indipendentemente ma parallelamente rispetto a **Newton** (1642-1727), una parte importantissima della matematica che studieremo nel proseguimento di questo corso, il calcolo infinitesimale. Come vedremo, il calcolo infinitesimale riguarda sostanzialmente lo studio delle proprietà delle funzioni reali di variabile reale. Nelle loro originali elaborazioni, tuttavia, Leibniz e Newton non si riferirono a funzioni, ma a «curve», intese come luogo di punti del piano che soddisfano un'equazione del tipo $P(x, y) = 0$, dove $P(x, y)$ è un polinomio nelle variabili x e y.

Eulero.

Eulero

È con il matematico svizzero **Eulero** (1707-1783) che il concetto di funzione comincia a definirsi più compiutamente. La definizione data da Eulero all'inizio del suo trattato *Introductio in analysis infinitorum* (1748) è la seguente: «un'espressione analitica qualsiasi in cui siano coinvolte una quantità variabile e un numero qualsiasi di costanti».
Il concetto di funzione che emerge da questa definizione è ancora lontano da quello moderno: essa richiede infatti che una funzione sia descrivibile per mezzo di una singola *espressione analitica.* Solo più tardi Eulero darà, nelle *Institutiones calculi differentialis* (1755), una definizione più ampia e significativamente diversa: «se alcune quantità dipendono dalle altre in modo tale da subire delle variazioni quando queste ultime sono fatte variare, allora si dice che le prime sono funzioni delle seconde». A Eulero è anche dovuta la notazione $f(x)$ per indicare una funzione di x.

Dirichlet.

Dirichlet

Per arrivare a una buona definizione del concetto di funzione, occorre aspettare il diciannovesimo secolo. Il matematico tedesco **Dirichlet** (1805-1859) introduce una definizione di funzione simile alla seguente, che delinea ormai in modo chiaro il concetto di corrispondenza univoca: «una variabile y si dice *funzione* della variabile x in un certo intervallo quando esiste una legge che faccia corrispondere a ogni valore dato alla x uno e un solo valore di y».

Bourbaki

La moderna definizione di funzione, che usa il *linguaggio degli insiemi*, è riconducibile a un gruppo di matematici francesi che pubblicava nel 1939 sotto lo pseudonimo di **Nicolas Bourbaki**: «siano E ed F due insiemi, distinti oppure no; una relazione tra una variabile x di E e una variabile y di F è detta *funzione* se per ogni $x \in E$ esiste uno e un solo $y \in F$ che sia nella relazione data con x».

SINTESI

Formule e proprietà importanti

Classificazioni delle funzioni

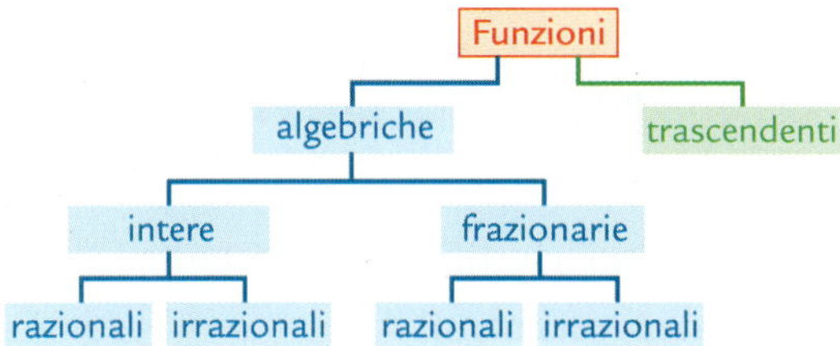

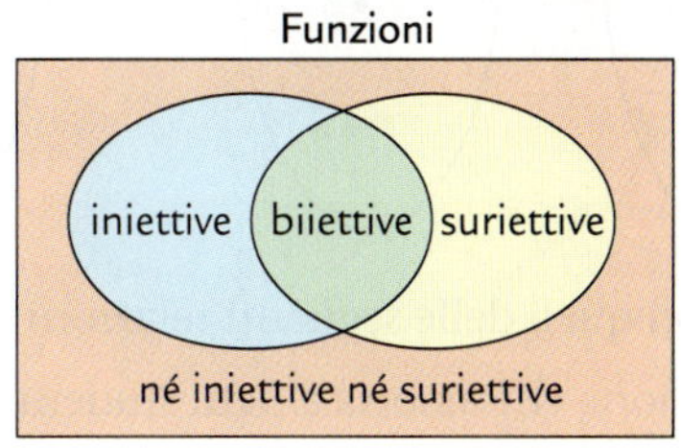

Funzioni pari e dispari

f è pari $\Leftrightarrow$ $f(x) = f(-x)$ $\forall x \in$ dominio di f

f è dispari $\Leftrightarrow$ $f(-x) = -f(x)$ $\forall x \in$ dominio di f

Funzioni crescenti e decrescenti in un sottoinsieme *I* del dominio di una funzione *f*

f è crescente in senso stretto in I $\Leftrightarrow$ $x_1 < x_2 \Rightarrow f(x_1) < f(x_2)$ $\forall x_1, x_2 \in I$

f è decrescente in senso stretto in I $\Leftrightarrow$ $x_1 < x_2 \Rightarrow f(x_1) > f(x_2)$ $\forall x_1, x_2 \in I$

f è crescente in senso lato in I $\Leftrightarrow$ $x_1 < x_2 \Rightarrow f(x_1) \leq f(x_2)$ $\forall x_1, x_2 \in I$

f è decrescente in senso lato in I $\Leftrightarrow$ $x_1 < x_2 \Rightarrow f(x_1) \geq f(x_2)$ $\forall x_1, x_2 \in I$

Funzione composta $(g \circ f)(x) = g(f(x))$ $(f \circ g)(x) = f(g(x))$

Funzione inversa $y = f(x) \Leftrightarrow x = f^{-1}(y)$

Il grafico di f^{-1} è il simmetrico del grafico di f rispetto alla bisettrice del primo e del terzo quadrante.

Procedimento per determinare l'equazione dell'inversa di una funzione (invertibile)

- Scambiare x con y nell'equazione $y = f(x)$ che definisce la funzione.
- Risolvere l'equazione ottenuta rispetto a y.

CONOSCENZE E ABILITÀ

1. Introduzione alle funzioni

TEORIA a p. 62

Definizione di funzione

1 Vero o falso?

a. ogni relazione è una funzione V F

b. ogni funzione è una relazione V F

c. se f è una funzione di dominio A e codominio B, allora ogni elemento di A non può avere più di un'immagine in B V F

d. se f è una funzione di dominio A e codominio B, allora non possono esserci due elementi di A che hanno la stessa immagine in B V F

e. se f è una funzione di dominio A e codominio B, allora non possono esserci elementi di A che non hanno immagini in B V F

[3 affermazioni vere e 2 false]

2 Stabilisci se le relazioni rappresentate dai seguenti diagrammi a frecce rappresentano *funzioni* da A a B, giustificando la risposta.

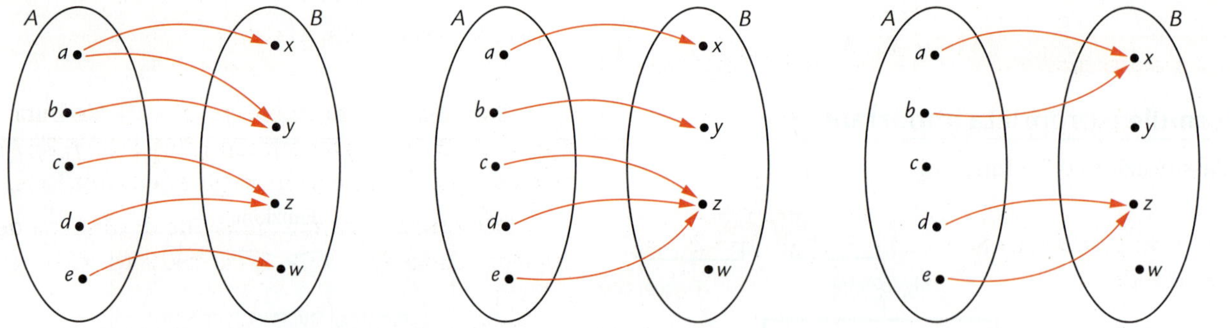

3 Stabilisci quali delle seguenti relazioni definiscono delle *funzioni*, giustificando la risposta.

a. La relazione che associa a ogni studente della tua scuola i suoi insegnanti.
b. La relazione che associa a ogni cittadino italiano le auto che possiede.
c. La relazione che associa a ogni studente della tua scuola la propria madre.
d. La relazione che associa a ogni regione d'Italia le sue province.
e. La relazione che associa a ogni cittadino italiano il suo comune di nascita.

4 La formula $f(x) = \begin{cases} x+1 & \text{se } x \geq 1 \\ 5-x & \text{se } x \leq 1 \end{cases}$ **non** definisce una funzione $f: \mathbf{R} \to \mathbf{R}$. Chiarisci questa affermazione.

5 La formula $f(x) = \begin{cases} x+1 & \text{se } x \geq 1 \\ 3-x & \text{se } x \leq 1 \end{cases}$ definisce una funzione $f: \mathbf{R} \to \mathbf{R}$?

6 Spiega perché la formula $f(x) = \dfrac{x}{x+2}$ **non** definisce una funzione $f: \mathbf{R} \to \mathbf{R}$. La medesima formula definisce una funzione $f: \mathbf{R} - \{-2\} \to \mathbf{R}$?

7 La formula $f(n) = \dfrac{n}{2}$ definisce una funzione $f: \mathbf{N} \to \mathbf{N}$?

8 La formula $f(x) = \dfrac{x}{x+4}$ definisce una funzione $f: \mathbf{N} \to \mathbf{Q}$? Definisce una funzione $f: \mathbf{N} \to \mathbf{Z}$? Definisce una funzione $f: \mathbf{Z} \to \mathbf{Q}$?

Immagini e controimmagini

9 Facendo riferimento alla funzione rappresentata nella figura, completa le seguenti affermazioni:

a. Il dominio della funzione è l'insieme ....
b. Il codominio della funzione è l'insieme ....
c. L'immagine della funzione è l'insieme ....
d. Le controimmagini di x sono ....
e. L'immagine di c è ....

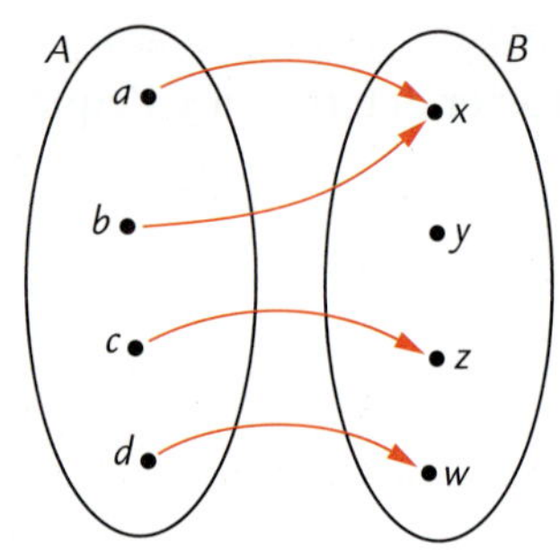

Per ciascuna delle seguenti funzioni, determina il valore indicato a fianco.

10 $f(x) = x^2 - 3x - 1$ $\quad f(-3)$ $\quad [17]$

11 $f(x) = x^4 - x^2 - 1$ $\quad f(-\sqrt{2})$ $\quad [1]$

12 $f(x) = \dfrac{1}{\sqrt{x-1}}$ $\quad f(101)$ $\quad \left[\dfrac{1}{10}\right]$

13 $f(x) = \dfrac{x+2}{x+1}$ $\quad f\left(-\dfrac{3}{2}\right)$ $\quad [-1]$

14 $f(x) = \dfrac{x - \sqrt{x+1}}{x + \sqrt{x+1}}$ $\quad f(1)$ $\quad [2\sqrt{2} - 3]$

15 $f(x) = x^{-\frac{1}{2}} - x^{-\frac{2}{3}}$ $\quad f(64)$ $\quad \left[\dfrac{1}{16}\right]$

16 Considera la funzione così definita:

$$f(x) = \begin{cases} \dfrac{x^2}{x^2+2} & \text{se } x \leq 2 \\ \sqrt{x^2+x+1} & \text{se } x > 2 \end{cases}$$

Determina $f(-\sqrt{2}), f(0), f(\sqrt{2}), f(2), f(3)$.

$\left[f(-\sqrt{2}) = \dfrac{1}{2}, f(0) = 0, f(\sqrt{2}) = \dfrac{1}{2}, f(2) = \dfrac{2}{3}, f(3) = \sqrt{13}\right]$

17 Data la funzione $f(x) = 2x^2 + 3x - 1$, scrivi l'espressione analitica di $f(2x)$, $2f(x)$, $f(x+1)$ e $f(x)+1$.
$[8x^2 + 6x - 1; 4x^2 + 6x - 2; 2x^2 + 7x + 4; 2x^2 + 3x]$

18 Data la funzione $f(x) = \frac{x-2}{x+1}$, scrivi l'espressione analitica di $f(x+2)$, $f(x)+2$, $f(2x)$, $2f(x)$.
$\left[\frac{x}{x+3}; \frac{3x}{x+1}; \frac{2x-2}{2x+1}; \frac{2x-4}{x+1}\right]$

19 Data la funzione $f(x) = x^2 - 5$, quali sono le controimmagini di 20? $[-5 \text{ e } 5]$

20 Data la funzione $f(x) = \sqrt{x^2+1} - x$, qual è la controimmagine di 10? $\left[-\frac{99}{20}\right]$

21 Data la funzione $f(x) = x^2 - 2x$, quali sono le controimmagini di 6? $[1 \pm \sqrt{7}]$

22 Data la funzione $f(x) = \sqrt{x+8} - x$, qual è la controimmagine di 6? $[-4]$

23 Considera la funzione f: $\mathbf{N} \to \mathbf{N}$ definita da $f(x) = x^2 + x$. Qual è la controimmagine di 20? $[4]$

24 Determina, per ciascuna delle seguenti funzioni, le controimmagini di 6.

a. $f: \mathbf{Q} \to \mathbf{Q}$ definita da $f(x) = x^2 - 2x$;

b. $f: \mathbf{N} \to \mathbf{N}$ definita da $f(x) = 2x^2 + x + 3$.

[**a.** Non ci sono controimmagini di 6; **b.** 1]

25 Considera la funzione f: $\mathbf{N} \to \mathbf{N}$ definita da $f(n) = n + 2$. Dopo aver calcolato $f(0); f(1); f(2); f(3)$, stabilisci qual è l'insieme immagine della funzione.

26 Determina l'insieme immagine di ciascuna delle seguenti funzioni, dopo aver calcolato $f(0); f(1); f(2); f(3)$:

a. $f: \mathbf{N} \to \mathbf{N}$ definita da $f(n) = 2n$;

b. $f: \mathbf{N} \to \mathbf{N}$ definita da $f(n) = 2n + 2$.

27 Date le due funzioni $f(x) = \frac{x-1}{x+1}$ e $g(x) = 2x$, risolvi la disequazione $2f(x+1) \geq 2g(x-1) - 3$.
$\left[x < -2 \vee -\frac{7}{4} \leq x \leq 2\right]$

28 Date le due funzioni $f(x) = 2x^2 - 1$ e $g(x) = 2x - 1$, risolvi la disequazione $f(2x-1) \geq g(x^2+1)$.
$\left[x \leq 0 \vee x \geq \frac{4}{3}\right]$

Classificazione e dominio di funzioni reali di variabile reale

Test

29 Quale delle seguenti funzioni **non** è razionale?

A $y = x^3 - x^{-2}$ B $y = \frac{x^3 - x}{x^2+1}$ C $y = x^2 - x^{\frac{1}{3}}$ D $y = \left(\frac{1}{x^2}\right)^3$

30 Quale delle seguenti funzioni è razionale frazionaria?

A $y = \frac{1}{\sqrt[3]{x+1}}$ B $y = x^{-3} - x^2$ C $y = \sqrt{x^3 - x^2}$ D $y = x^{20} - x^2$

31 Quale delle seguenti funzioni è irrazionale intera?

A $y = \frac{1}{2}\sqrt{x} + \frac{1}{3}\sqrt[3]{x}$ B $y = \frac{x}{\sqrt{x^2+1}}$ C $y = \frac{1}{x^3} + \frac{1}{2}x^2$ D $y = x^{-\frac{1}{4}} + x^{-\frac{1}{3}}$

32 Quale delle seguenti funzioni **non** è irrazionale?

A $y = x^{-2} - x^{-1}$ B $y = \sqrt{x^2 - 2}$ C $y = x^{\frac{1}{2}} - x^3$ D $y = \sqrt[3]{x^2+1}$

33 Quale delle seguenti funzioni è trascendente?

A $y = 2^{x^2 - 2x}$ B $y = \sqrt{x^2 - 2x}$ C $y = \frac{1}{x^2 - 2x}$ D $y = (x^2 - 2x)^{-\frac{1}{3}}$

34 ESERCIZIO SVOLTO

Determiniamo il dominio delle seguenti funzioni.

a. $y = \frac{\sqrt[3]{x}}{|x| - 1}$ **b.** $y = \sqrt{4x - x^2}$ **c.** $y = \frac{\sqrt{5-x} + \sqrt{x^2-4}}{x^2+x+1}$

a. Poiché una radice cubica è sempre definita, l'unica condizione da imporre è che il denominatore sia diverso da zero:

$|x| - 1 \neq 0 \Rightarrow |x| \neq 1 \Rightarrow x \neq \pm 1$

Pertanto il dominio della funzione è $\mathbf{R} - \{\pm 1\}$.

b. Una radice quadrata è definita purché il radicando sia maggiore o uguale a zero. Dobbiamo quindi imporre la condizione:

$$4x - x^2 \geq 0 \Rightarrow x^2 - 4x \leq 0 \Rightarrow 0 \leq x \leq 4$$ Risolvendo la disequazione di 2° grado

Pertanto il dominio della funzione è l'intervallo [0, 4].

c. Dobbiamo imporre che i radicandi delle radici quadrate siano maggiori o uguali a zero e che il denominatore sia diverso da zero:

$$\begin{cases} 5 - x \geq 0 \\ x^2 - 4 \geq 0 \\ x^2 + x + 1 \neq 0 \end{cases}$$

Osserviamo che la terza condizione, $x^2 + x + 1 \neq 0$, è sempre verificata, poiché il discriminante del trinomio $x^2 + x + 1$ è negativo e il trinomio non si annulla mai. Resta allora da risolvere il sistema:

$$\begin{cases} 5 - x \geq 0 \\ x^2 - 4 \geq 0 \end{cases}$$

che fornisce come soluzione:

$$x \leq -2 \vee 2 \leq x \leq 5$$

Pertanto il dominio della funzione è l'insieme $(-\infty, -2] \cup [2, 5]$.

Determina il dominio delle seguenti funzioni.

35 $y = \dfrac{x}{x^2 - 1}$ $[\mathbb{R} - \{-1, 1\}]$

36 $y = \sqrt{2x + 1}$ $\left[x \geq -\dfrac{1}{2}\right]$

37 $y = 1 - \dfrac{1}{x}$ $[\mathbb{R} - \{0\}]$

38 $y = 2 - \sqrt{x + 3}$ $[x \geq -3]$

39 $y = \dfrac{x^4 - 1}{x^2 + 5x - 6}$ $[\mathbb{R} - \{-6, 1\}]$

40 $y = \dfrac{1}{3x^2 - 2x - 1}$ $\left[\mathbb{R} - \left\{-\dfrac{1}{3}, 1\right\}\right]$

41 $y = \dfrac{1}{5 - x^2} + \dfrac{1}{x^2 - 6x + 9}$ $[\mathbb{R} - \{\pm\sqrt{5}, 3\}]$

42 $y = \sqrt{\dfrac{1}{8}x - x^4}$ $\left[0 \leq x \leq \dfrac{1}{2}\right]$

43 $y = \dfrac{\sqrt{3x - x^2}}{x}$ $[0 < x \leq 3]$

44 $y = \dfrac{1}{\sqrt{2x - 3}} + \dfrac{x}{\sqrt{10 - 2x}}$ $\left[\dfrac{3}{2} < x < 5\right]$

45 $y = \dfrac{1}{x^4 - 6x^2 + 5}$ $[\mathbb{R} - \{\pm 1, \pm\sqrt{5}\}]$

46 $y = \sqrt{10x - x^2} + \sqrt{x^2 - 9}$ $[3 \leq x \leq 10]$

47 $y = \dfrac{\sqrt{x^6 - 7x^3 + 6}}{|x| + 3}$ $[x \leq 1 \vee x \geq \sqrt[3]{6}]$

48 $y = \dfrac{1 - \sqrt{25 - x^2}}{\sqrt{x + 3} - 1}$ $[-3 \leq x < -2 \vee -2 < x \leq 5]$

49 $y = \sqrt{\dfrac{x^3 - 1}{4x^2 - 3x - 7}}$ $\left[-1 < x \leq 1 \vee x > \dfrac{7}{4}\right]$

50 $y = \sqrt{x} + \sqrt{3 - x}$ $[0 \leq x \leq 3]$

51 $y = -3\sqrt{2 - 2x^2}$ $[-1 \leq x \leq 1]$

52 $y = \dfrac{x}{x^2 - 4x + 3}$ $[\mathbb{R} - \{1, 3\}]$

53 $y = \sqrt[3]{x} + \dfrac{x}{\sqrt{x} - 1}$ $[0 \leq x < 1 \vee x > 1]$

54 $y = \sqrt{\dfrac{9 - x^2}{2x + 1}} + \sqrt[3]{\dfrac{x - 1}{x^2 + 2}}$ $\left[x \leq -3 \vee -\dfrac{1}{2} < x \leq 3\right]$

55 $y = \dfrac{x^4 - 1}{\sqrt{-2x^2 + x + 1}}$ $\left[-\dfrac{1}{2} < x < 1\right]$

56 $y = \dfrac{x}{x^2 - x + 2} + \dfrac{1}{x}$ $[\mathbb{R} - \{0\}]$

57 $y = \dfrac{1}{\sqrt{x^2 - 2x}}$ $[x < 0 \vee x > 2]$

58 $y = \sqrt{x} - \sqrt{4 - x}$ $[0 \leq x \leq 4]$

59 $y = \sqrt{3 - 2x - x^2}$ $[-3 \leq x \leq 1]$

60 $y = \dfrac{\sqrt[3]{x}}{2 - x^2}$ $[\mathbb{R} - \{\pm\sqrt{2}\}]$

61 $y = \sqrt{\dfrac{1}{2}x^2 - 0{,}5}$ $[x \leq -1 \vee x \geq 1]$

62 $y = \dfrac{1}{x^3 + 2x^2 - 2x - 4}$ $[\mathbf{R} - \{-2, \pm\sqrt{2}\}]$

63 $y = \dfrac{\sqrt{x-1}}{x^2 + 4x - 12}$ $[x \geq 1 \wedge x \neq 2]$

64 $y = \dfrac{3x^2 - 1}{2x^2 - 3x + 2}$ $[\mathbf{R}]$

65 $y = \dfrac{3x^2 - 1}{2x^2 - 3x + 1}$ $\left[\mathbf{R} - \left\{\dfrac{1}{2}, 1\right\}\right]$

66 $y = \dfrac{\sqrt[3]{3x^2 - 1}}{4x^2 + 4x + 1}$ $\left[\mathbf{R} - \left\{-\dfrac{1}{2}\right\}\right]$

67 $y = \dfrac{x + \sqrt{x}}{x - \sqrt{2x + 1}}$ $[x \geq 0 \wedge x \neq 1 + \sqrt{2}]$

68 $y = \sqrt{\dfrac{x^2 - 3x}{16 - x^2}}$ $[-4 < x \leq 0 \vee 3 \leq x < 4]$

69 $y = \sqrt{|x + 4|} + \sqrt{x^2 + 7x + 10}$ $[x \leq -5 \vee x \geq -2]$

70 $y = \dfrac{1}{x^4 + x^2}$ $[\mathbf{R} - \{0\}]$

71 $y = \dfrac{1}{\sqrt[3]{3 - \sqrt{x}}}$ $[x \geq 0 \wedge x \neq 9]$

72 $y = (x^2 - 2x)^{-\frac{1}{2}}$ $[x < 0 \vee x > 2]$

73 $y = \sqrt{x + 1} + \sqrt{2x^2}$ $[x \geq -1]$

74 $y = \dfrac{x}{|x| - 2}$ $[\mathbf{R} - \{\pm 2\}]$

75 $y = \sqrt{x^2 - 4} - x^{-5}$ $[x \leq -2 \vee x \geq 2]$

76 $y = \sqrt{(x-1)^2 - 9} + 1$ $[x \leq -2 \vee \ x \geq 4]$

77 $y = \sqrt{-x^2 + x - \dfrac{1}{4}}$ $\left[\left\{\dfrac{1}{2}\right\}\right]$

78 $y = \sqrt{\dfrac{x}{x^2 - 1}}$ $[-1 < x \leq 0 \vee x > 1]$

79 $y = \dfrac{1}{x} + \sqrt{4 - x^2}$ $[-2 \leq x < 0 \vee 0 < x \leq 2]$

80 $y = \dfrac{x^2 - \sqrt{x + 3}}{x + 2}$ $[-3 \leq x < -2 \vee x > -2]$

81 $y = \sqrt{x^3 - x}$ $[-1 \leq x \leq 0 \vee \ x \geq 1]$

82 $y = \sqrt{x^2 - x + 1}$ $[\mathbf{R}]$

83 $y = \dfrac{x}{|x + 3| - 4}$ $[\mathbf{R} - \{-7, 1\}]$

84 $y = \dfrac{1}{\sqrt{x^2 - x^4}}$ $[-1 < x < 1 \wedge x \neq 0]$

85 $y = \sqrt{|x^2 - 14| - 2}$
$[x \leq -4 \vee -2\sqrt{3} \leq x \leq 2\sqrt{3} \vee x \geq 4]$

86 $y = \dfrac{x}{\sqrt{5 - x} + \sqrt{x + 2}}$ $[-2 \leq x \leq 5]$

87 $y = \dfrac{x^2 + 1}{x^3 - x^2 - x + 1}$ $[\mathbf{R} - \{\pm 1\}]$

88 $y = \dfrac{x^2 + 1}{|x^2 - 1| + 1}$ $[\mathbf{R}]$

89 $y = \sqrt{x^2 - 9} + \sqrt{10 - |x|}$
$[-10 \leq x \leq -3 \vee 3 \leq x \leq 10]$

90 $y = (2x^2 - x - 1)^{\frac{1}{2}} + (x^2 - 2x)^{-\frac{1}{4}}$
$\left[x \leq -\dfrac{1}{2} \vee x > 2\right]$

91 $y = \dfrac{x^3 + 1}{\sqrt{x + \sqrt{x}}}$ $[x > 0]$

92 $y = \sqrt{x - 1 - \sqrt{x^2 - 3}}$ $[\sqrt{3} \leq x \leq 2]$

93 $y = \dfrac{\sqrt{|x - 1| - |2x - 1|}}{|x - 1| + |2x - 1|}$ $\left[0 \leq x \leq \dfrac{2}{3}\right]$

94 $y = \dfrac{x - \sqrt{x^2 + 1}}{2x + \sqrt{x^2 + 1}}$ $\left[\mathbf{R} - \left\{-\dfrac{\sqrt{3}}{3}\right\}\right]$

95 $y = \sqrt{2 - \sqrt{x}}$ $[0 \leq x \leq 4]$

96 $y = \sqrt{\sqrt{x + 3} - 2x}$ $[-3 \leq x \leq 1]$

97 $y = \sqrt{2 - \sqrt[3]{x + 3}}$ $[x \leq 5]$

98 $y = \dfrac{x}{|x - 2| - 2x}$ $\left[\mathbf{R} - \left\{\dfrac{2}{3}\right\}\right]$

99 $y = \sqrt{|x^2 - 8| - 1}$
$[x \leq -3 \vee -\sqrt{7} \leq x \leq \sqrt{7} \vee x \geq 3]$

100 $y = \dfrac{x}{x^3 - 3x^2 + 2}$ $[\mathbf{R} - \{1, 1 \pm \sqrt{3}\}]$

101 $y = \sqrt{|x + 4| - 1}$ $[x \leq -5 \vee x \geq -3]$

102 $y = \sqrt{x^4 - 9x}$ $[x \leq 0 \vee x \geq \sqrt[3]{9}]$

103 $y = \dfrac{1}{\sqrt[3]{|x| - |2x - 1|}}$ $\left[\mathbf{R} - \left\{\dfrac{1}{3}, 1\right\}\right]$

104 $y = \sqrt{2x - |x|}$ $[x \geq 0]$

105 Determina per quali valori di k la funzione
$y = \dfrac{1}{kx^2 - 3x - 1}$ è definita per ogni $x \in \mathbf{R}$. $\left[k < -\dfrac{9}{4}\right]$

106 Determina per quali valori di k la funzione
$y = \dfrac{1}{kx - 1}$ ha come dominio $\mathbf{R} - \{2\}$. $\left[k = \dfrac{1}{2}\right]$

■ Il grafico di una funzione

Nota Nelle figure relative ai seguenti esercizi sono riportati i grafici di diverse funzioni: il tratteggio agli estremi del grafico indica che esso prosegue indefinitamente; il punto pieno che il punto appartiene al grafico della funzione e il punto vuoto che non vi appartiene; in tutti i grafici si intende che l'unità di misura coincide con il lato dei quadratini della quadrettatura.

Stabilisci se le seguenti curve sono grafici di funzioni.

107

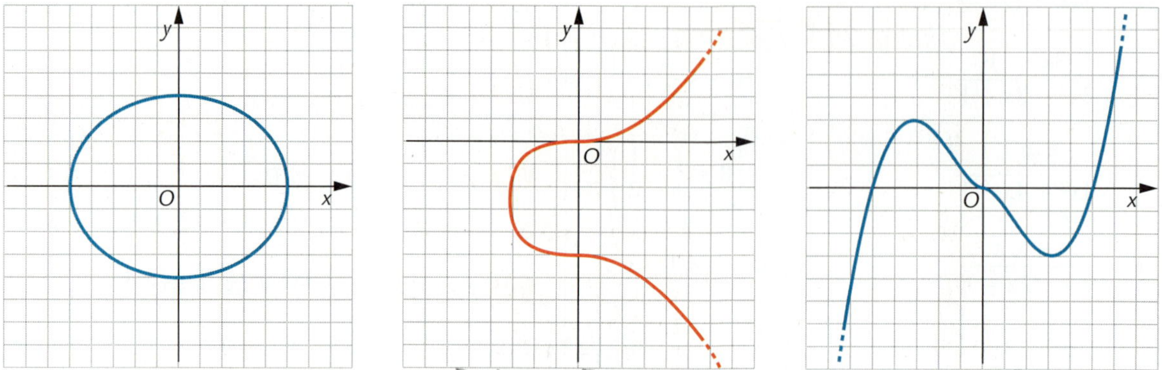

108

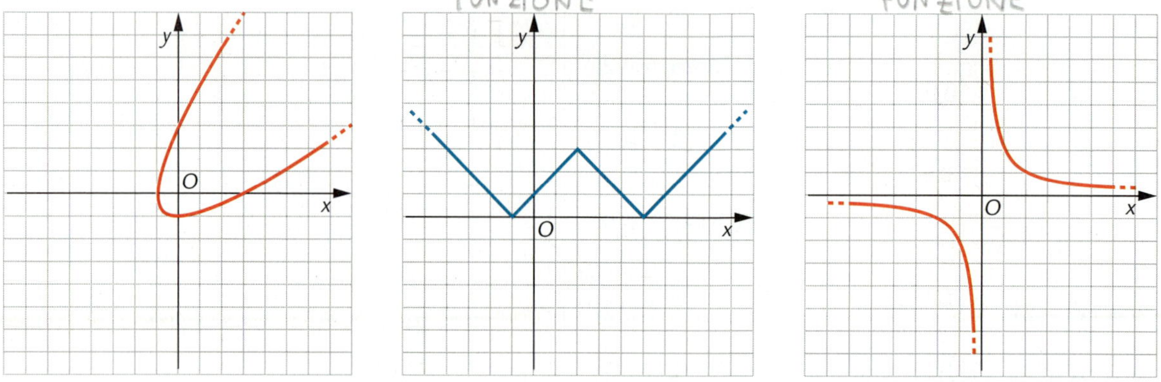

109 ESERCIZIO SVOLTO

Individuiamo dominio e immagine della funzione che ha il grafico mostrato qui di seguito.

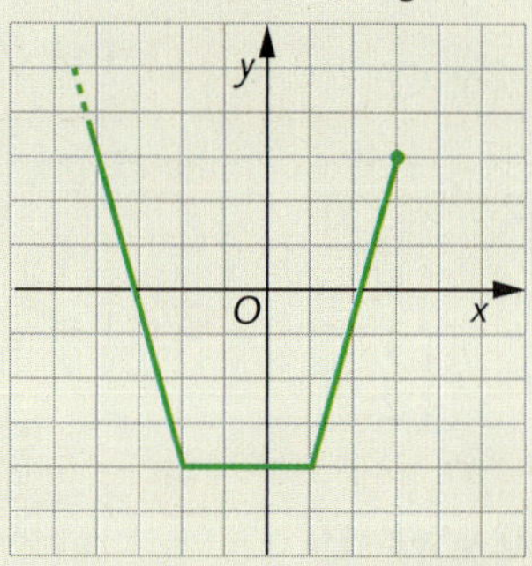

Il dominio è l'insieme dei valori assunti dalle ascisse dei punti che appartengono al grafico della funzione: geometricamente, per individuare il dominio possiamo immaginare di proiettare i punti del grafico sull'asse x.

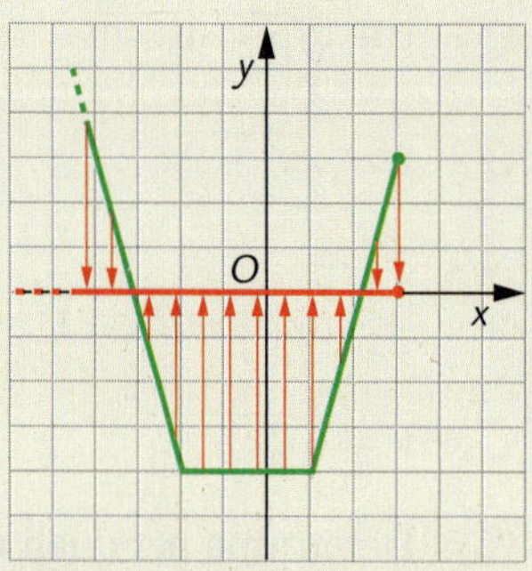

Proiettando sull'asse x, otteniamo la semiretta colorata in rosso, compresa l'origine della semiretta, che ha coordinate $(3, 0)$. Perciò il dominio della funzione è:

$D = \{x \in \mathbf{R} \mid x \leq 3\}$ ovvero l'intervallo $(-\infty, 3]$

L'immagine è l'insieme dei valori assunti dalle ordinate dei punti che appartengono al grafico della funzione. Geometricamente, per individuare l'immagine possiamo immaginare di proiettare i punti del grafico sull'asse y.

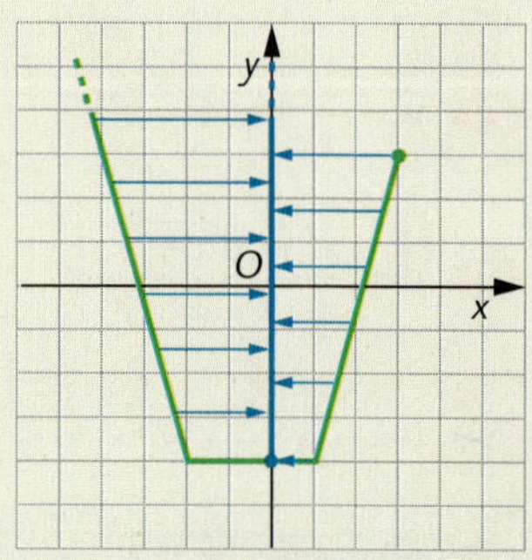

Proiettando sull'asse y, otteniamo la semiretta colorata in blu, compresa l'origine della semiretta, che ha coordinate $(0, -4)$. Perciò l'immagine della funzione è:

$I = \{y \in \mathbf{R} \mid y \geq -4\}$ ovvero l'intervallo $[-4, +\infty)$

Stabilisci se le seguenti curve sono grafici di funzioni e, in caso affermativo, determina il dominio e l'immagine.

110

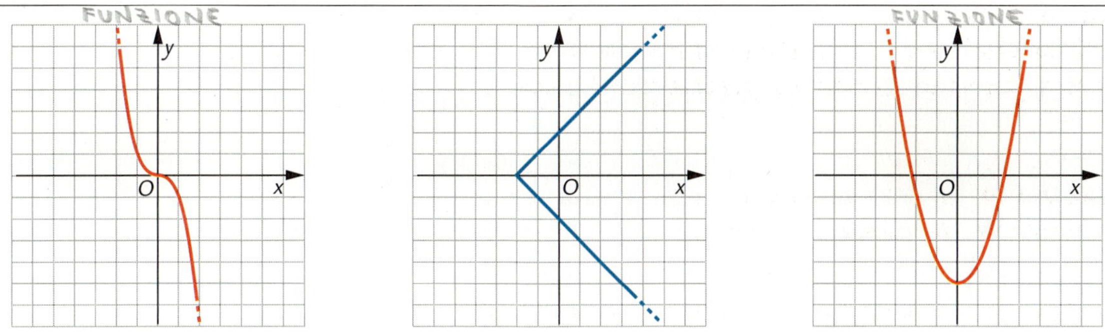

111

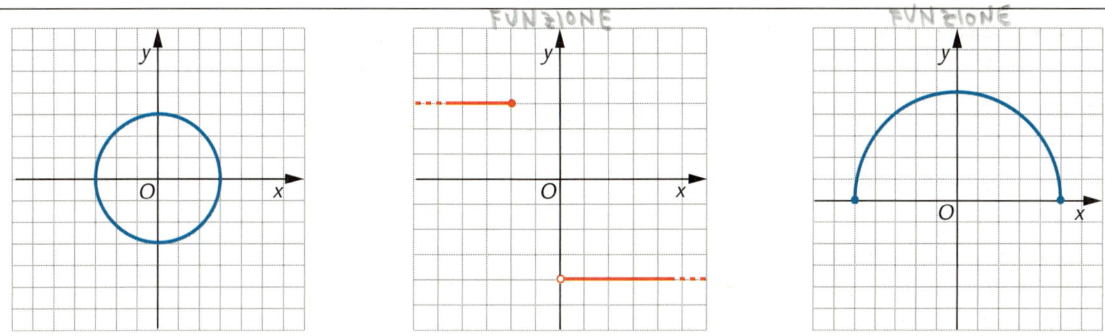

112

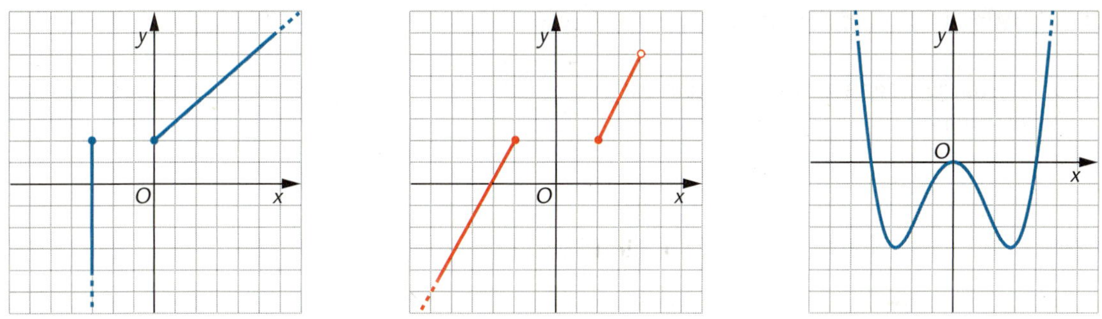

113

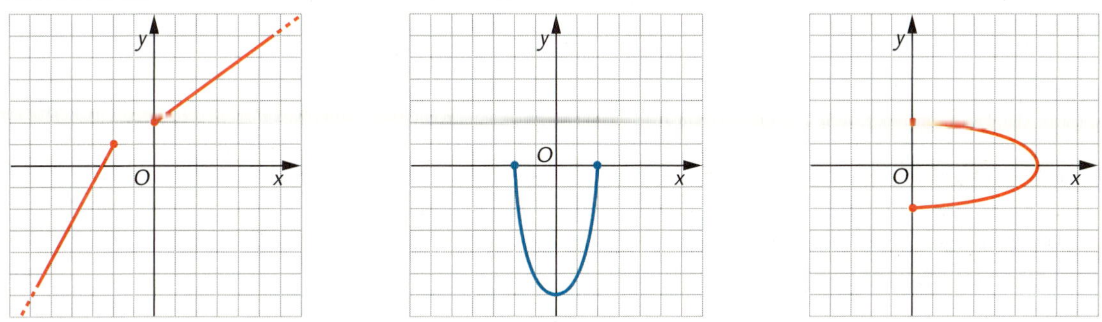

114 ESERCIZIO GUIDATO

Traccia approssimativamente il grafico della funzione $y = -\frac{1}{2}x + 1$.

—

x	y
-4	.....
-2	.....
0	.....
2	.....
	.....

Devi anzitutto costruire una tabella, per determinare le coordinate di alcuni punti appartenenti al grafico della funzione. Completa, per esempio, la tabella riportata qui a destra: nota che abbiamo scelto di attribuire a x valori **pari**, in modo da ottenere per y valori **non** frazionari e quindi punti più facili da rappresentare.
Rappresenta nel piano cartesiano i punti le cui coordinate hanno i valori di x e y della tabella e congiungili con una linea continua: otterrai come grafico una *retta*.

Traccia approssimativamente il grafico di ciascuna delle seguenti funzioni.

115 $y = 2x - 2$

116 $y = \frac{1}{2}x + 1$

117 $y = -x^2$

118 $y = -\frac{6}{x}$

119 $y = \frac{3}{2}x - 3$

120 $y = x^2 - 4$

121 $y = x^3$

122 $y = -\frac{1}{2}x^2$

123 $y = -\frac{3}{2}x + 2$

124 $y = 3x - 4$

125 $y = \frac{1}{2}x^3$

126 $y = -4x + 3$

127 $y = -\frac{2}{3}x + 1$

128 $y = 2\sqrt{x}$

129 $y = x^2 - 4x$

130 $y = \frac{8}{x}$

131 $y = -\frac{1}{4}x^3$

132 $y = 3 - x^2$

133 $y = \frac{1}{2}x^3$

134 $y = -2x + 3$

135 $y = \sqrt{x^2 + 1}$

136 $y = -2x^2 + 3$

137 $y = -\frac{1}{2}x^2$

138 $y = \sqrt[3]{x}$

139 **ESERCIZIO SVOLTO**

Determiniamo k in modo che il grafico della funzione $y = x^3 - kx^2 + k - 1$ passi per il punto $P(-2, -1)$.

Dobbiamo imporre che l'equazione che definisce la funzione sia soddisfatta in corrispondenza delle coordinate di $P(-2, -1)$. Sostituiamo perciò -2 al posto di x e -1 al posto di y nell'equazione della funzione e risolviamo l'equazione nell'incognita k che otteniamo:

$$-1 = (-2)^3 - k(-2)^2 + k - 1 \Rightarrow -1 = -8 - 4k + k - 1 \Rightarrow -3k = 8 \Rightarrow k = -\frac{8}{3}$$

140 Determina k in modo che il grafico della funzione $y = kx^2 - x + k - 1$ passi per il punto di coordinate $\left(-\frac{1}{2}, 0\right)$. $\left[k = \frac{2}{5}\right]$

141 Determina b e c in modo che il grafico della funzione $y = x^2 + bx + c$ passi per l'origine e per il punto di coordinate $(-1, 2)$. $[b = -1, c = 0]$

142 Determina b e c in modo che il grafico della funzione $y = x^2 + bx + c$ passi per i punti di coordinate $(0, 2)$ e $(4, 0)$. $\left[b = -\frac{9}{2}, c = 2\right]$

Uguaglianza di funzioni

Stabilisci se le seguenti coppie di funzioni sono uguali.

143 $y = \frac{x^6 - 1}{x^3 - 1}$ e $y = x^3 + 1$

144 $y = \frac{x^3 - 1}{x - 1}$ e $y = x^2 + x + 1$

145 $y = \frac{x^3 - 1}{x^2 + x + 1}$ e $y = x - 1$

146 $y = \frac{x^3 + 1}{x^2 + x + 1}$ e $y = x + 1$

147 $y = \frac{\sqrt{x - 2}}{\sqrt{x + 3}}$ e $y = \sqrt{\frac{x - 2}{x + 3}}$

148 $y = \frac{1}{\sqrt{x + 1} + \sqrt{x}}$ e $y = \sqrt{x + 1} - \sqrt{x}$

149 $y = \frac{\sqrt[3]{x + 1}}{\sqrt[3]{x - 1}}$ e $y = \sqrt[3]{\frac{x + 1}{x - 1}}$

150 $y = |-x^2 + x - 1|$ e $y = x^2 - x + 1$

151 $y = \frac{|x - 1|}{x - 1}$ e $y = \begin{cases} 1 & \text{se } x \geq 1 \\ -1 & \text{se } x < 1 \end{cases}$

2. Prime proprietà delle funzioni reali di variabile reale

TEORIA a p. 67

Il segno di una funzione

Test

152 Il grafico della funzione $y = x^3 - x$ appartiene alla parte di piano in colore di una sola delle seguenti figure; quale?

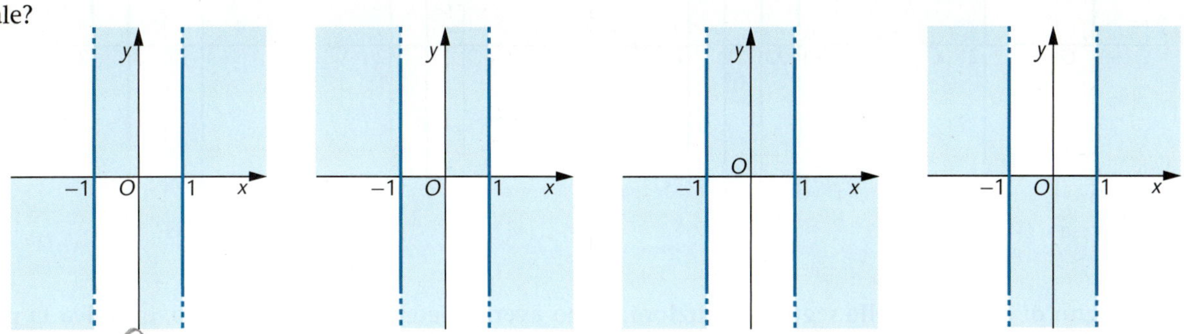

a b c d

153 Il grafico della funzione $y = x^4 - x^2$ appartiene alla parte di piano in colore di una sola delle seguenti figure; quale?

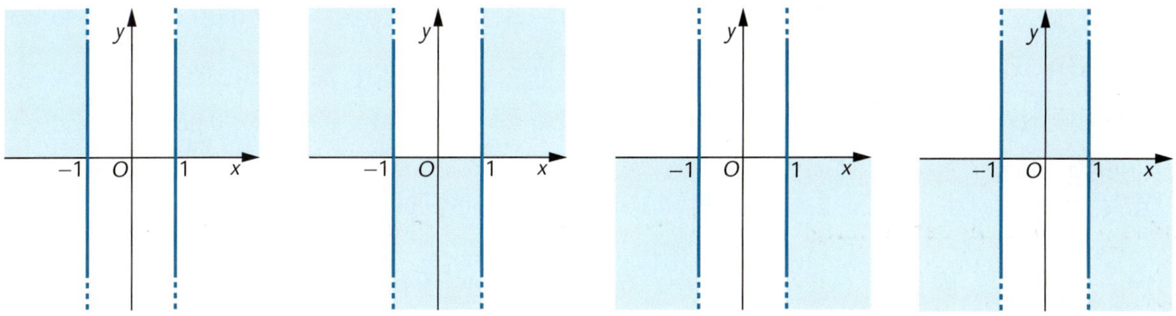

a b c d

154 Il grafico della funzione $y = \sqrt{x^2 - 1}$ appartiene alla parte di piano in colore di una sola delle seguenti figure; quale?

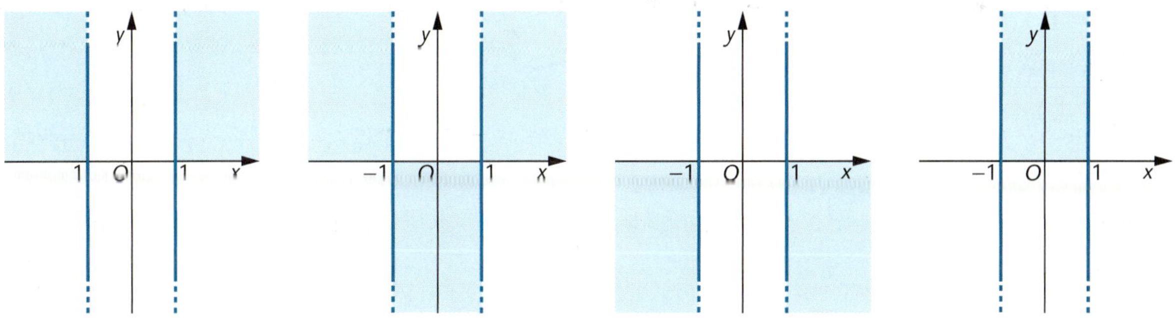

a b c d

155 Il grafico della funzione $y = \dfrac{|x+1| - 1}{\sqrt{2x^2 + 3}}$ appartiene alla parte di piano in colore di una sola delle seguenti figure; quale?

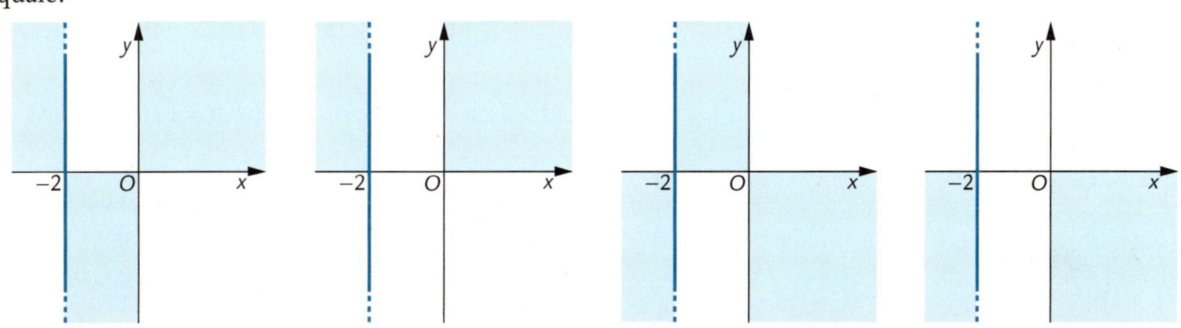

a b c d

156 Il grafico della funzione $y = \dfrac{x^2 - 2x}{|x| - 1}$ appartiene alla parte di piano in colore di una sola delle seguenti figure; quale?

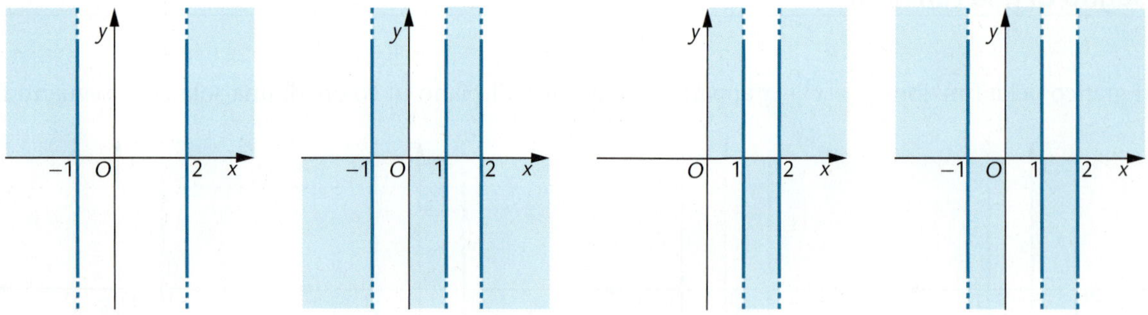

a b c d

Studia il segno di ciascuna delle seguenti funzioni, dopo averne determinato il dominio, e indica la parte del piano alla quale appartiene il suo grafico.

157 $y = x^5 - x^3$ $[D = \mathbf{R}; y > 0 \text{ per } -1 < x < 0 \vee x > 1; y = 0 \text{ per } x = 0 \vee x = \pm 1; y < 0 \text{ per } x < -1 \vee 0 < x < 1]$

158 $y = x^3 + 10x^2 - 11x$ $[D = \mathbf{R}; y > 0 \text{ per } -11 < x < 0 \vee x > 1; y = 0 \text{ per } x = -11 \vee x = 0 \vee x = 1; y < 0 \text{ per } x < -11 \vee 0 < x < 1]$

159 $y = (-x^2 + 3x - 2)(2x - 1)$ $\left[D = \mathbf{R}; y > 0 \text{ per } x < \frac{1}{2} \vee 1 < x < 2, y = 0 \text{ per } x = \frac{1}{2} \vee x = 1 \vee x = 2; y < 0 \text{ per } \frac{1}{2} < x < 1 \vee x > 2\right]$

160 $y = \dfrac{3x}{5 - x}$ $[D = \mathbf{R} - \{5\}; y > 0 \text{ per } 0 < x < 5; y = 0 \text{ per } x = 0; y < 0 \text{ per } x < 0 \vee x > 5]$

161 $y = \dfrac{x^2 - 25}{4 - x}$ $[D = \mathbf{R} - \{4\}; y > 0 \text{ per } x < -5 \vee 4 < x < 5; y = 0 \text{ per } x = \pm 5; y < 0 \text{ per } -5 < x < 4 \vee x > 5]$

162 $y = \dfrac{x - 6}{4x - 2x^2}$ $[D = \mathbf{R} - \{0, 2\}; y > 0 \text{ per } x < 0 \vee 2 < x < 6; y = 0 \text{ per } x = 6; y < 0 \text{ per } 0 < x < 2 \vee x > 6]$

163 $y = \dfrac{x^2}{x^2 - 1}$ $[D = \mathbf{R} - \{\pm 1\}; y > 0 \text{ per } x < -1 \vee x > 1; y = 0 \text{ per } x = 0; y < 0 \text{ per } -1 < x < 1]$

164 $y = \dfrac{x^3 + x^2}{2x^2 + x - 3}$ $\left[D = \mathbf{R} - \left\{-\frac{3}{2}, 1\right\}; y > 0 \text{ per } -\frac{3}{2} < x < -1 \vee x > 1; y = 0 \text{ per } x = -1 \vee x = 0; y < 0 \text{ per } x < -\frac{3}{2} \vee -1 < x < 0 \vee 0 < x < 1\right]$

165 $y = |2x^2 - 8x|$ $[D = \mathbf{R}; y > 0 \text{ per } x \in \mathbf{R} - \{0, 4\}; y = 0 \text{ per } x = 0 \vee x = 4; y < 0 \text{ per nessuna } x \in D]$

166 $y = \sqrt{x^2 + 2x} - x - 3$ $\left[D = (-\infty, -2] \cup [0, +\infty); y > 0 \text{ per } x < -\frac{9}{4}; y = 0 \text{ per } x = -\frac{9}{4}; y < 0 \text{ per } -\frac{9}{4} < x \leq -2 \vee x \geq 0\right]$

167 $y = \sqrt[3]{x^3 - x}$ $[D = \mathbf{R}; y > 0 \text{ per } -1 < x < 0 \vee x > 1; y = 0 \text{ per } x = 0 \vee x = \pm 1; y < 0 \text{ per } x < -1 \vee 0 < x < 1]$

168 $y = \sqrt{-x^2 + 7x - 6}$ $[D = [1, 6]; y > 0 \text{ per } 1 < x < 6; y = 0 \text{ per } x = 1 \vee x = 6; y < 0 \text{ per nessun } x \in D]$

169 $y = \dfrac{\sqrt{x}}{5 - x}$ $[D = [0, 5) \cup (5, +\infty); y > 0 \text{ per } 0 \leq x < 5; y = 0 \text{ per } x = 0; y < 0 \text{ per } x > 5]$

170 $y = \dfrac{\sqrt{x^2 - 1}}{x + 2}$ $[D = (-\infty, -2) \cup (-2, -1] \cup [1, +\infty); y > 0 \text{ per } -2 < x < -1 \vee x > 1; y = 0 \text{ per } x = \pm 1; y < 0 \text{ per } x < -2]$

171 $y = \dfrac{\sqrt{x} + \sqrt{10 - x}}{x^2 - 9}$ $[D = [0, 3) \cup (3, 10]; y > 0 \text{ per } 3 < x \leq 10; y = 0 \text{ per nessuna } x \in D; y < 0 \text{ per } 0 \leq x < 3]$

172 $y = \dfrac{x^3 - 1}{|x| + |x - 1|}$ $[D = \mathbf{R}; y > 0 \text{ per } x > 1; y = 0 \text{ per } x = 1; y < 0 \text{ per } x < 1]$

Funzioni pari e funzioni dispari

173 **Dal grafico alle sue proprietà.** Stabilisci se le funzioni aventi i seguenti grafici sono pari o dispari.

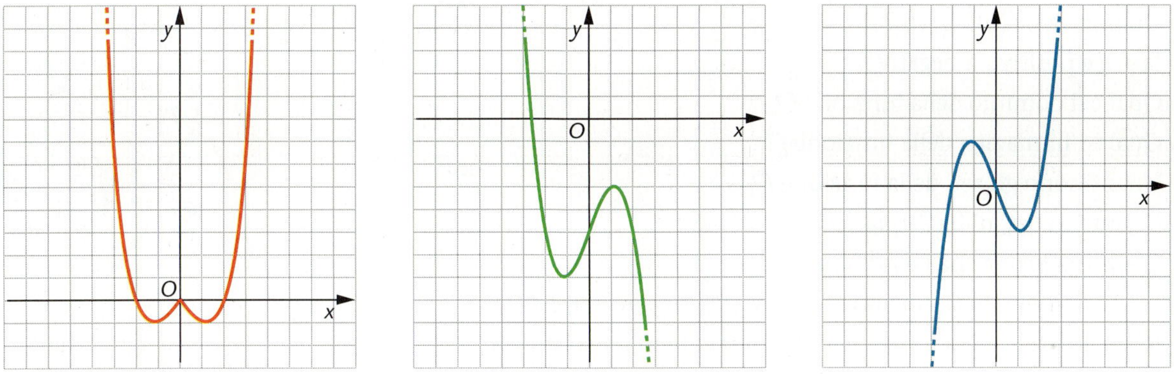

Stabilisci se le seguenti funzioni di cui è data l'equazione sono pari o dispari.

174 $y = 3x^5$

175 $y = 3x^6 - 2x^4$

176 $y = -2x^2 - 3$

177 $y = 3x^3 + 4$

178 $y = \frac{1}{4}\sqrt[3]{x}$

179 $y = x - |x|$

180 $y = \sqrt[3]{2 - x^2}$

181 $y = \frac{2x}{x^4 - 1}$

182 $y = \frac{3x^3}{|x| + 1}$

183 $y = \sqrt{x^2 - x + 1} + \sqrt{x^2 + x + 1}$

184 $y = |x| - 3x^2$

185 $y = 3x|x|$

186 $y = |x - 1| + |x + 1|$

Funzioni crescenti e funzioni decrescenti

187 In riferimento al grafico qui a fianco, stabilisci se le seguenti affermazioni sono vere o false.

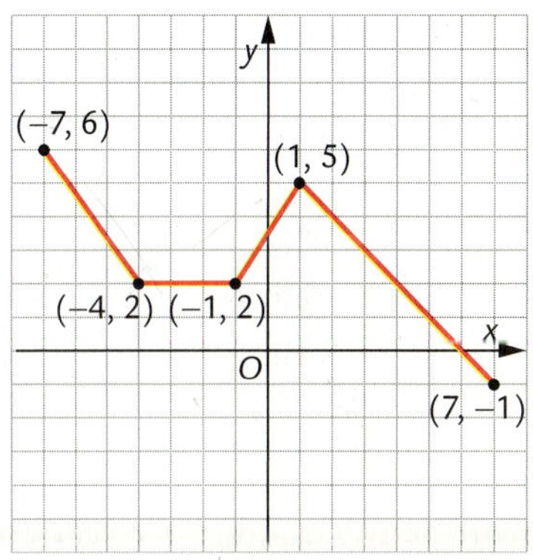

a. la funzione è strettamente crescente nell'intervallo $[-7, -4]$ V F

b. la funzione è costante nell'intervallo $[-4, -1]$ V F

c. la funzione è strettamente crescente nell'intervallo $[-1, 1]$ V F

d. la funzione è strettamente decrescente nell'intervallo $[1, 7]$ V F

e. la funzione è strettamente crescente nell'intervallo $[-1, 7]$ V F

f. la funzione è crescente in senso lato nell'intervallo $[-4, 1]$ V F

g. la funzione è strettamente decrescente nell'intervallo $[-7, -1]$ V F

188 **ESERCIZIO SVOLTO**

Dimostriamo che la funzione $f(x) = -3x + 1$ è strettamente decrescente in R.

Per ogni $x_1, x_2 \in \mathbf{R}$ risulta:

$$x_1 < x_2 \Rightarrow -3x_1 > -3x_2 \Rightarrow -3x_1 + 1 > -3x_2 + 1 \Rightarrow f(x_1) > f(x_2)$$

Pertanto la funzione è strettamente decrescente.

189 Dimostra che la funzione $f(x) = -2x + 1$ è strettamente decrescente in **R**.

190 Dimostra che la funzione $f(x) = \frac{1}{3}x - 1$ è strettamente crescente in **R**.

191 Dimostra che la funzione $f(x) = 2x^3 + 1$ è strettamente crescente in **R**.

192 Dimostra che la funzione $f(x) = -3x^5 + 2$ è strettamente decrescente in **R**.

193 Dimostra che la funzione $f(x) = 3\sqrt{x}$ è strettamente crescente nel suo dominio.

194 Dimostra che la funzione $f(x) = 2\sqrt[3]{x}$ è strettamente crescente in **R**.

195 **Inventa tu.** Traccia il grafico di una funzione, avente come dominio l'intervallo $[-4, 4]$, che sia strettamente crescente nell'intervallo $[-4, 0]$ e strettamente decrescente nell'intervallo $[0, 4]$.

196 **Inventa tu.** Traccia il grafico di una funzione, avente come dominio l'intervallo $[-6, 6]$, che sia decrescente, ma non in senso stretto, nel suo dominio.

Esercizi riassuntivi sulle proprietà delle funzioni da R a R

197 In riferimento al grafico della funzione f qui a fianco, rispondi alle seguenti domande.

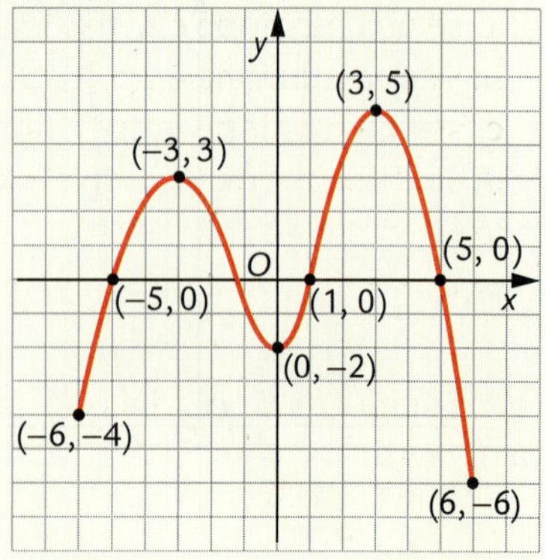

a. Quanto vale $f(0)$? E $f(6)$?
b. $f(-2)$ è positivo o negativo?
c. Qual è il dominio della funzione f?
d. Qual è l'immagine della funzione f?
e. Quanti sono gli zeri della funzione f?
f. Quante soluzioni ha l'equazione $f(x) = -5$?
g. Quante soluzioni ha l'equazione $f(x) = -1$?
h. In quali intervalli la funzione f è crescente in senso stretto?
i. In quali intervalli la funzione f è decrescente in senso stretto?
j. La funzione f è pari? È dispari?

198 In riferimento al grafico della funzione f qui a fianco, rispondi alle seguenti domande.

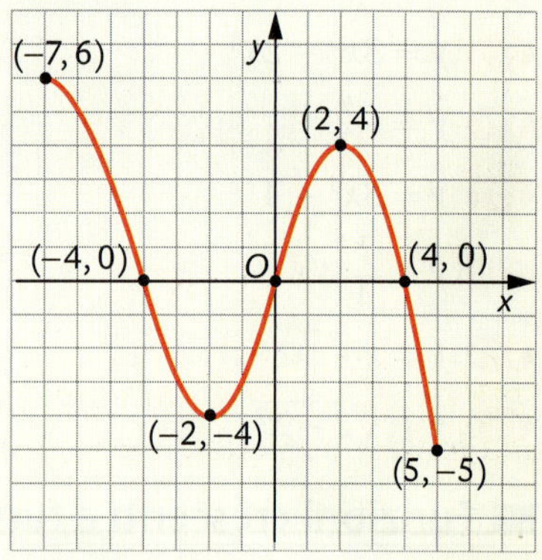

a. Quanto vale $f(-2)$? E $f(4)$?
b. $f(-1)$ è positivo o negativo?
c. Qual è il dominio della funzione f?
d. Qual è l'immagine della funzione f?
e. Quali sono gli zeri della funzione f?
f. Quante soluzioni ha l'equazione $f(x) = -5$?
g. Quante soluzioni ha l'equazione $f(x) = 7$?
h. In quale intervallo la funzione f è crescente in senso stretto?
i. In quali intervalli la funzione f è decrescente in senso stretto?
j. La funzione f è pari? È dispari?

199 In riferimento al grafico della funzione f qui a fianco, rispondi alle seguenti domande.

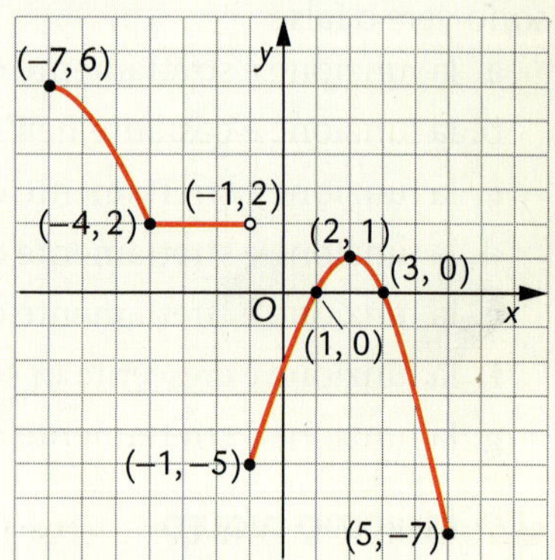

a. Quanto vale $f(1)$? E $f(-1)$?
b. $f(0)$ è positivo o negativo?
c. Qual è il dominio della funzione f?
d. Qual è l'immagine della funzione f?
e. Quali sono gli zeri della funzione f?
f. Quante soluzioni ha l'equazione $f(x) = 2$?
g. Quante soluzioni ha l'equazione $f(x) = -2$?
h. In quale intervallo la funzione f è crescente in senso stretto?
i. In quale intervallo la funzione f è decrescente in senso stretto?
j. Ci sono intervalli in cui la funzione f è costante? E in cui f è crescente in senso lato? E in cui f è decrescente in senso lato?

200 **Inventa tu.** Traccia il grafico di una funzione, avente come dominio l'intervallo $[-6, 6]$, che soddisfi le seguenti caratteristiche:
a. abbia due zeri;
b. la sua immagine sia l'intervallo $[-4, 4]$;
c. sia strettamente decrescente in $[-6, 0]$ e strettamente crescente in $[0, 6]$.

201 **Inventa tu.** Traccia il grafico di una funzione, avente come dominio l'intervallo $[-6, 6]$, che soddisfi le seguenti caratteristiche:
a. non abbia zeri;
b. la sua immagine sia l'intervallo $[2, 5]$;
c. sia crescente, ma non in senso stretto, nel dominio.

202 **Inventa tu.** Traccia il grafico di una funzione, avente come dominio l'intervallo $[-6, 6]$, che soddisfi le seguenti caratteristiche:
a. sia dispari;
b. la sua immagine sia l'intervallo $[-5, 5]$;
c. sia decrescente, ma non in senso stretto, nel dominio.

3. Funzioni iniettive, suriettive, biiettive

TEORIA a p. 72

203 **Vero o falso?**

a. se una funzione è suriettiva, allora è biiettiva [V] [F]

b. se una funzione è biiettiva, allora è suriettiva [V] [F]

c. se una funzione non è iniettiva, allora non è biiettiva [V] [F]

d. se c'è una retta orizzontale che non interseca il grafico della funzione $y = f(x)$ in alcun punto, allora la funzione non è iniettiva [V] [F]

e. una funzione $y = f(x)$, pari e avente come dominio $\mathbf{R}$, non può essere biiettiva [V] [F]

[3 affermazioni vere e 2 false]

204 Stabilisci se ciascuna delle funzioni da A a B rappresentate nei seguenti diagrammi a frecce è iniettiva, suriettiva o biiettiva.

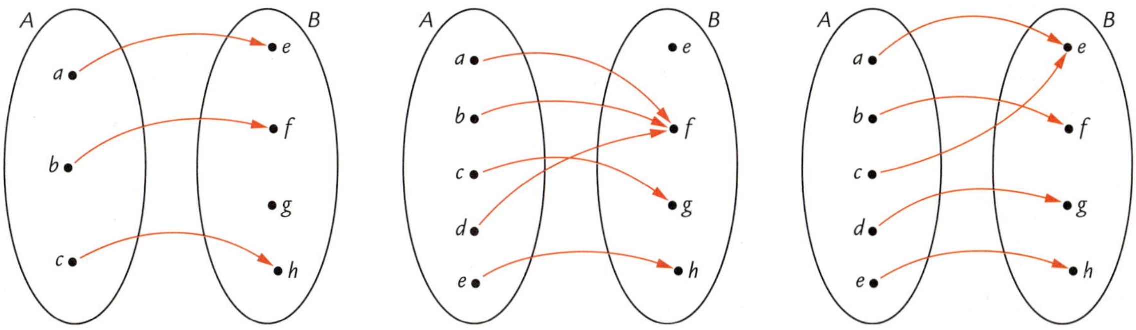

205 **Dal grafico alle sue proprietà.** Stabilisci, per ciascuna delle funzioni di cui è tracciato il grafico, se si tratta di una funzione iniettiva, suriettiva o biiettiva.

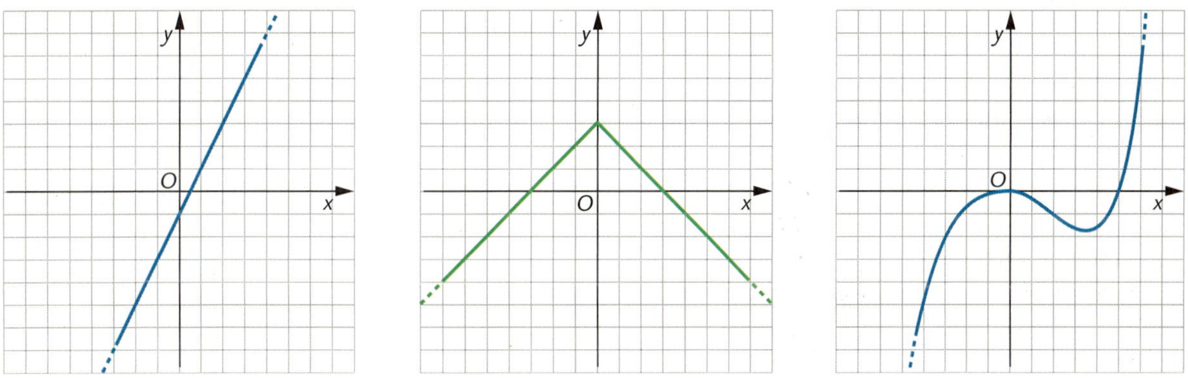

206 **Dal grafico alle sue proprietà.** Stabilisci, per ciascuna delle funzioni di cui è tracciato il grafico, se si tratta di una funzione iniettiva, suriettiva o biiettiva.

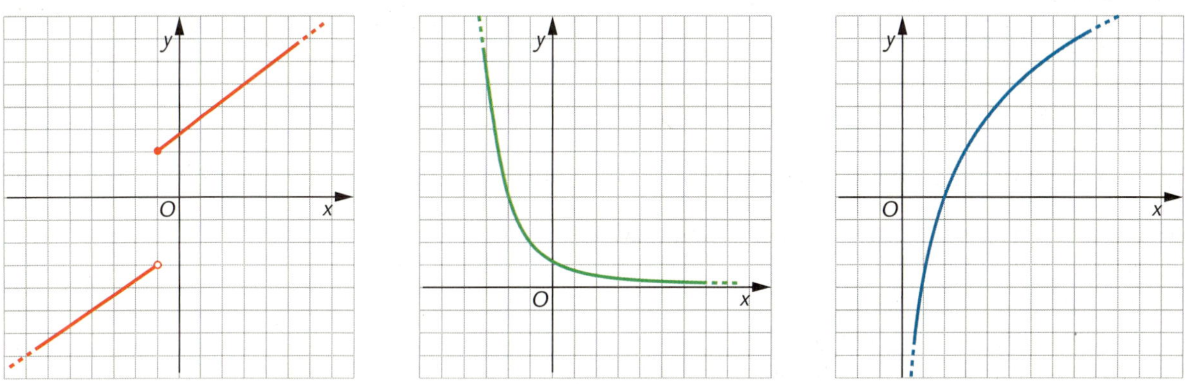

207 Sia A l'insieme dei punti appartenenti a una circonferenza e B l'insieme dei punti di un suo diametro; la funzione $f: A \rightarrow B$ che associa a ogni punto della circonferenza la sua proiezione su tale diametro è iniettiva? È suriettiva?

208 Sia A l'insieme delle circonferenze e B l'insieme dei punti del piano; la funzione $f: A \rightarrow B$ che associa a ogni circonferenza il suo centro è iniettiva? È suriettiva?

209 Sia A l'insieme dei punti appartenenti a una semicirconferenza e B l'insieme dei punti del suo diametro; la funzione $f\colon A \to B$ che associa a ogni punto della semicirconferenza la sua proiezione sul diametro è iniettiva? È suriettiva?

210 Sia A l'insieme delle circonferenze aventi centro in un punto O (fissato) del piano e B l'insieme dei numeri reali positivi; la funzione $f\colon A \to B$ che associa a ogni circonferenza la misura del suo raggio è iniettiva? La funzione f è suriettiva?

211 Sia $A = \{-27, -8, -1, 0, 1, 8, 27\}$; determina l'insieme B in modo che la funzione $f\colon A \to B$ definita da $f(x) = \sqrt[3]{x}$ risulti suriettiva.

212 Dati gli insiemi $A = \{a, b\}$ e $B = \{c, d, e\}$, **non** è possibile definire alcuna funzione *suriettiva* $f\colon A \to B$. Chiarisci questa affermazione.

213 Dati gli insiemi $A = \{a, b, c\}$ e $B = \{d, e\}$ **non** è possibile definire alcuna funzione *iniettiva* $f\colon A \to B$. Chiarisci questa affermazione.

214 Sia $A = \{a, b\}$ e $B = \{c, d\}$. Definisci tutte le possibili funzioni *suriettive* da A a B.

[Si possono definire due funzioni suriettive]

215 Sia $A = \{a, b, c\}$ e $B = \{d, e\}$. Definisci tutte le possibili funzioni *suriettive* da A a B. Qualcuna di queste funzioni è anche *biiettiva*?

[Si possono definire sei funzioni suriettive da A a B]

4. Funzione inversa

TEORIA a p. 75

216 **Vero o falso?**

a. se g è la funzione inversa di f, allora il dominio di f è lo stesso di g V F

b. se g è la funzione inversa di f, allora il grafico di g è il simmetrico di quello di f rispetto alla bisettrice del primo e del terzo quadrante V F

c. se il dominio di una funzione invertibile è $[0, +\infty)$, l'immagine della sua inversa è $(-\infty, 0]$ V F

d. se f è una funzione invertibile e $f(3) = 4$, allora, detta f^{-1} la funzione inversa, risulta $f^{-1}(4) = 3$ V F

[2 affermazioni vere e 2 false]

217 **Dal grafico alle sue proprietà.** Per ciascuna delle funzioni di cui è tracciato il grafico, stabilisci se è invertibile.

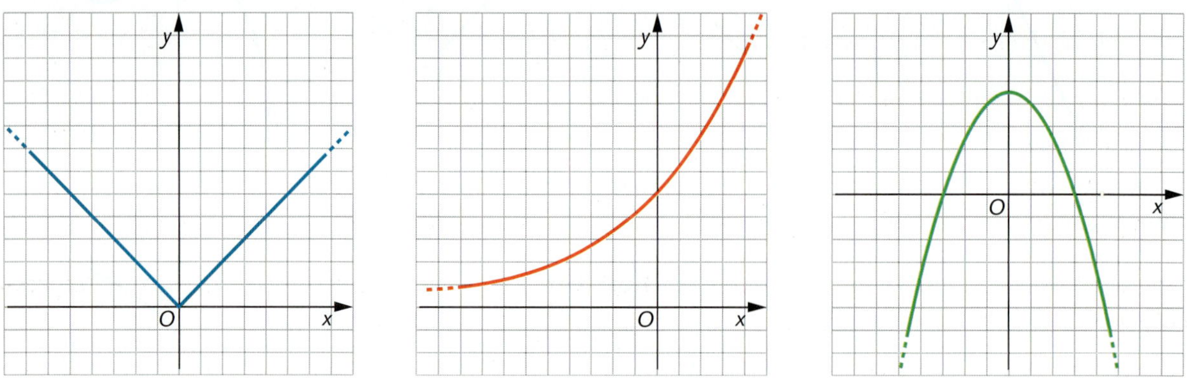

218 **Dal grafico alle sue proprietà.** Per ciascuna delle funzioni di cui è tracciato il grafico, stabilisci se è invertibile.

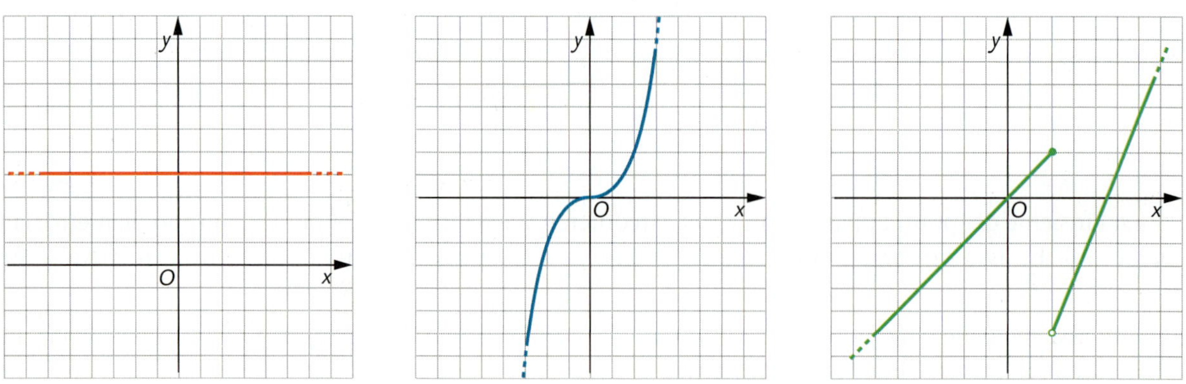

219 Nella figura è rappresentato (in rosso) il grafico di una funzione invertibile $y = f(x)$. Traccia il grafico della funzione inversa e completa:

a. $f^{-1}(-4) =$ ....
b. $f(-1) =$ ....
c. $f^{-1}(6) =$ ....

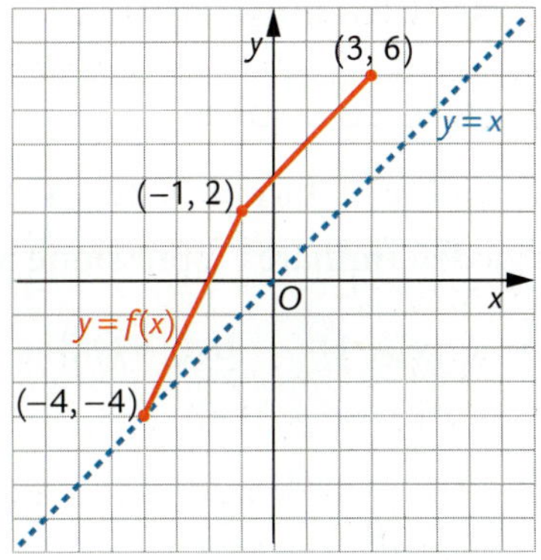

220 Nella figura è rappresentato (in rosso) il grafico di una funzione invertibile $y = f(x)$. Traccia il grafico della funzione inversa e completa:

a. $f^{-1}(2) =$ ....
b. $f(-7) =$ ....
c. $f^{-1}(6) =$ ....

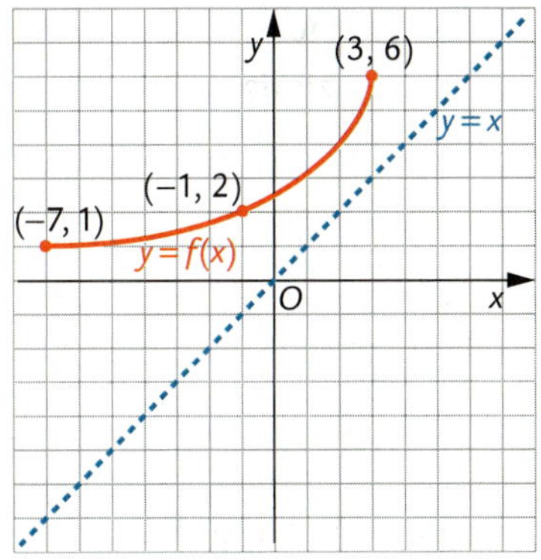

221 **ESERCIZIO GUIDATO**

Verifica che la funzione $f(x) = 2x + 1$ è invertibile e determina l'espressione analitica dell'inversa.

- Per verificare che la funzione è invertibile, verifica che è iniettiva:

$$f(x_1) = f(x_2) \Rightarrow 2x_1 + 1 = 2x_2 + 1 \Rightarrow 2x_1 = 2x_2 \Rightarrow x_1 = x_2$$

- Per determinare l'espressione analitica della funzione inversa, scambia anzitutto x con y nell'equazione $y = f(x)$, cioè in $y = 2x + 1$; ottieni l'equazione:

$$x = 2y + 1$$

Ora risolvi questa equazione rispetto a y:

$$x = 2y + 1 \Rightarrow 2y = \dots\dots \Rightarrow y = \dots\dots$$

Puoi concludere che:

$$f^{-1}(x) = \frac{\dots\dots}{2}$$

Nei seguenti esercizi sono assegnate alcune funzioni. Verifica che sono invertibili e determina l'espressione analitica dell'inversa.

222 $f(x) = 1 - 3x$ $\left[f^{-1}(x) = \frac{1-x}{3}\right]$

223 $f(x) = x^3 - 1$ $\left[f^{-1}(x) = \sqrt[3]{x+1}\right]$

224 $f(x) = \sqrt[3]{x+1}$ $\left[f^{-1}(x) = x^3 - 1\right]$

225 $f(x) = 4x - 2$ $\left[f^{-1}(x) = \frac{1}{4}x + \frac{1}{2}\right]$

226 $f(x) = x^3 - 2$ $\left[f^{-1}(x) = \sqrt[3]{x+2}\right]$

227 $f(x) = \frac{4}{x+2}$ $\left[f^{-1}(x) = \frac{4}{x} - 2\right]$

228 $f(x) = \frac{1}{x-2} - 3$ $\left[f^{-1}(x) = \frac{2x+7}{x+3}\right]$

229 $f(x) = \frac{2x-1}{x+1} + 1$ $\left[f^{-1}(x) = \frac{x}{3-x}\right]$

230 $f(x) = \frac{1}{\sqrt[3]{x}} - 2$ $\left[f^{-1}(x) = \frac{1}{(x+2)^3}\right]$

231 $f(x) = \frac{1}{2\sqrt[3]{x+1}}$ $\left[f^{-1}(x) = \frac{1}{8x^3} - 1\right]$

232 $f(x) = \frac{1}{\sqrt{x}-1}$ $\left[f^{-1}(x) = \frac{1}{x^2} + 1, \text{ con } x > 0\right]$

233 $f(x) = \frac{\sqrt{x}+1}{\sqrt{x}+2}$ $\left[f^{-1}(x) = \left(\frac{1-2x}{x-1}\right)^2, \text{ con } \frac{1}{2} \le x < 1\right]$

5. Funzioni composte

TEORIA a p. 77

234 ESERCIZIO GUIDATO

Sia $f(x) = x^2 + 1$ e $g(x) = 2x + 4$.
Senza determinare l'espressione analitica di $f \circ g$ e $g \circ f$, calcola:

a. $(f \circ g)(-1)$ **b.** $(g \circ f)(3)$

---

a. $(f \circ g)(-1) = f(g(-1)) = f(2) = \ldots\ldots$

$g(-1) = 2(-1) + 4 = 2$ | $f(2) = 2^2 + 1 = \ldots$

b. $(g \circ f)(3) = g(f(3)) = g(\ldots\ldots) = \ldots\ldots$

235 Considera le funzioni $f(x) = x^2 + x$ e $g(x) = x + 1$. Senza determinare l'espressione analitica di $f \circ g$ e $g \circ f$, calcola $(f \circ g)(-1)$ e $(g \circ f)(3)$. $[(f \circ g)(-1) = 0,\ (g \circ f)(3) = 13]$

236 Considera le due funzioni $f(x) = \sqrt{2x}$ e $g(x) = \sqrt[3]{x^2 + 2}$. Senza determinare l'espressione analitica di $f \circ g$ e $g \circ f$, calcola $(f \circ g)(\sqrt{6})$ e $(g \circ f)(8)$. $[(f \circ g)(\sqrt{6}) = 2,\ (g \circ f)(8) = \sqrt[3]{18}]$

237 Siano $f(x) = \dfrac{1}{\sqrt{x}}$ e $g(x) = (x^2 + 1)^{-1}$. Senza determinare l'espressione analitica di $f \circ g$ e $g \circ f$, calcola $(f \circ g)(-1)$ e $(g \circ f)(4)$. $\left[(f \circ g)(-1) = \sqrt{2},\ (g \circ f)(4) = \dfrac{4}{5}\right]$

238 ESERCIZIO GUIDATO

Considera le funzioni $f(x) = x^2 - 1$ e $g(x) = x^2 + 1$. Determina l'espressione analitica di $f \circ g$ e di $g \circ f$ e verifica che $f \circ g \neq g \circ f$.

Risulta:

$(f \circ g)(x) = f(g(x)) = (x^2 + 1)^2 - 1 = \ldots\ldots\ldots\ldots$
$(g \circ f)(x) = g(f(x)) = (x^2 - 1)^2 + 1 = \ldots\ldots\ldots\ldots$

È evidente che $f \circ g \neq g \circ f$.

Determina l'espressione analitica di $f \circ g$ e di $g \circ f$, specificando il dominio di ciascuna funzione composta (nelle risposte sono riportate solo le espressioni analitiche delle due funzioni).

239 $f(x) = 2x + 1$ $\quad g(x) = 2x$ $\quad [(f \circ g)(x) = 4x + 1;\ (g \circ f)(x) = 4x + 2]$

240 $f(x) = 2x$ $\quad g(x) = \dfrac{1}{4}x - 1$ $\quad \left[(f \circ g)(x) = \dfrac{1}{2}x - 2;\ (g \circ f)(x) = \dfrac{1}{2}x - 1\right]$

241 $f(x) = x - 1$ $\quad g(x) = x^2 + 4$ $\quad [(f \circ g)(x) = x^2 + 3;\ (g \circ f)(x) = x^2 - 2x + 5]$

242 $f(x) = x^2 - 1$ $\quad g(x) = x - 3$ $\quad [(f \circ g)(x) = x^2 - 6x + 8;\ (g \circ f)(x) = x^2 - 4]$

243 $f(x) = x^2$ $\quad g(x) = x + 1$ $\quad [(f \circ g)(x) = (x + 1)^2;\ (g \circ f)(x) = x^2 + 1]$

244 $f(x) = x^2 + x$ $\quad g(x) = x^2$ $\quad [(f \circ g)(x) = x^4 + x^2;\ (g \circ f)(x) = x^4 + 2x^3 + x^2]$

245 $f(x) = (x - 1)^2$ $\quad g(x) = x + 1$ $\quad [(f \circ g)(x) = x^2;\ (g \circ f)(x) = x^2 - 2x + 2]$

246 $f(x) = 2x - 1$ $\quad g(x) = \sqrt{x - 2}$ $\quad [(f \circ g)(x) = 2\sqrt{x - 2} - 1;\ (g \circ f)(x) = \sqrt{2x - 3}]$

247 $f(x) = \dfrac{2}{x + 1}$ $\quad g(x) = 2x$ $\quad \left[(f \circ g)(x) = \dfrac{2}{2x + 1};\ (g \circ f)(x) = \dfrac{4}{x + 1}\right]$

248 $f(x) = \dfrac{5}{x - 3}$ $\quad g(x) = \dfrac{2}{x}$ $\quad \left[(f \circ g)(x) = \dfrac{5x}{2 - 3x};\ (g \circ f)(x) = \dfrac{2}{5}x - \dfrac{6}{5}\right]$

249 Considera le funzioni $f(x) = x^2$ e $g(x) = \sqrt{|x|}$. Determina le espressioni analitiche di $f \circ g$ e $g \circ f$ e stabilisci se $f \circ g = g \circ f$.

250 Considera le funzioni $f(x) = |x|$ e $g(x) = x^4 - x^2 + 2$. Determina le espressioni analitiche di $f \circ g$ e $g \circ f$ e stabilisci se $f \circ g = g \circ f$.

Esercizi riassuntivi su funzioni composte e funzioni inverse

251 Data la funzione $f(x) = \dfrac{2x-1}{x+2}$, determina $(f \circ f)(x)$ e stabilisci per quali valori di x risulta $(f \circ f)(x) \geq 0$.
$\left[x < -\dfrac{3}{4} \vee x \geq \dfrac{4}{3}, \text{ con } x \neq -2\right]$

252 Date le funzioni $f(x) = \sqrt{x^2 + 4x - 5}$ e $g(x) = x^2 - 1$, determina il dominio della funzione $f \circ g$.
$[x \leq -\sqrt{2} \vee x \geq \sqrt{2}]$

253 Data la funzione $f(x) = \dfrac{2x}{x+2}$, determina $(f \circ f)(x)$ e stabilisci per quali valori di x risulta $(f \circ f)(x) \geq 0$.
$[x < -1 \vee x \geq 0, \text{ con } x \neq -2]$

254 Date le funzioni $f(x) = 2x + 1$ e $g(x) = |x - 1|$, determina per quali valori di x risulta $(f \circ g)(x) = (g \circ f)(x)$.
$\left[x = \dfrac{3}{4}\right]$

255 Date le funzioni $f(x) = \sqrt{x + k}$ e $g(x) = x - 1$, determina k in modo che il grafico della funzione $g \circ f$ intersechi l'asse y nel punto di coordinate $(0, 4)$. $[k = 25]$

256 Date le funzioni $f(x) = 3x^2 - x$ e $g(x) = 2x - a$, determina a in modo che il grafico della funzione $f \circ g$ incontri l'asse y nel punto di coordinate $(0, 4)$.
$\left[a = -\dfrac{4}{3} \vee a = 1\right]$

257 Date le funzioni $f(x) = 3x^2 - x$ e $g(x) = 2x - a$, determina a in modo che il grafico della funzione $g \circ f$ incontri l'asse y nel punto di coordinate $(0, 4)$. $[a = -4]$

258 Date le funzioni $f(x) = \dfrac{x-1}{x+1}$ e $g(x) = x + k$, determina k in modo che il grafico della funzione $f \circ g$ incontri l'asse y nel punto di coordinate $(0, 2)$. $[k = -3]$

259 Date le funzioni $f(x) = \dfrac{x-1}{x+1}$ e $g(x) = x + k$, determina k in modo che il grafico della funzione $g \circ f$ incontri l'asse y nel punto di coordinate $(0, 2)$. $[k = 3]$

260 Determina almeno due coppie diverse di funzioni f e g tali che $f \circ g = z$, essendo z la funzione definita da $z(x) = (x^2 - 1)^{20}$.

261 Considera la funzione $f(x) = 2x - 1$; determina $f \circ f$, $f \circ f \circ f$. Determina per quali valori di x risulta $(f \circ f)(x) = (f \circ f \circ f)(x)$. $[(f \circ f)(x) = 4x - 3, (f \circ f \circ f)(x) = 8x - 7; x = 1]$

262 Considera le funzioni $f\colon \mathbf{N} \to \mathbf{Z}$ e $g : \mathbf{Z} \to \mathbf{N}$ definite da $f(x) = x$ e $g(x) = |x|$. Verifica che $g \circ f$ è biiettiva ma che f e g **non** sono biiettive.

263 Giustifica perché la funzione $f(x) = 2x + 3$ è invertibile e determina l'espressione analitica dell'inversa. Verifica che $(f \circ f^{-1})(x) = (f^{-1} \circ f)(x) = x$.

264 Giustifica perché la funzione $f(x) = x^3 + 1$ è invertibile e determina l'espressione analitica dell'inversa. Verifica che $(f \circ f^{-1})(x) = (f^{-1} \circ f)(x) = x$.

265 Sono date le funzioni $f(x) = x - 1$, $g(x) = x^3$. Giustifica perché sono invertibili e determina l'espressione analitica di ciascuna delle seguenti funzioni: $f^{-1}, g^{-1}, f \circ g, (f \circ g)^{-1}$. Verifica che risulta $(f \circ g)^{-1} = g^{-1} \circ f^{-1}$.

6. Funzioni e modelli economici

TEORIA a p. 78

Esercizi preliminari

266 **Vero o falso?**

a. se il grafico di una funzione profitto interseca l'asse x, un livello di produzione uguale all'ascissa di tale punto di intersezione è tale da rendere il costo totale uguale al ricavo totale V F
b. una funzione costo è la somma della funzione costo fisso e della funzione costo variabile V F
c. i costi variabili dipendono dai costi fissi, ma non dalla quantità prodotta V F
d. il grafico della funzione ricavo è sempre contenuto nel primo quadrante V F
e. una funzione domanda non può essere decrescente V F
f. una funzione offerta è sempre crescente (in senso stretto o lato) V F
g. nell'equazione di una funzione domanda, la variabile indipendente è la quantità di bene V F
h. nell'equazione di una funzione offerta, la variabile indipendente è il prezzo unitario V F

[5 affermazioni vere e 3 false]

267 **Interpretazione di grafici** In figura sono rappresentate la funzione costo $y = C(x)$ e la funzione ricavo $y = R(x)$ relative alla produzione e vendita giornaliera della quantità x di un dato bene.

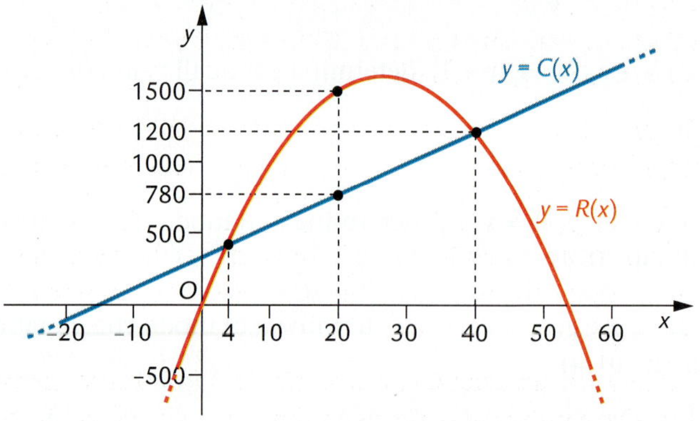

a. A quale livello di produzione giornaliera corrisponde un ricavo di 1200 euro? A quale livello di produzione giornaliera corrisponde un costo di 780 euro?
b. In corrispondenza di quali livelli di produzione giornaliera l'azienda non è in perdita?
c. Qual è il profitto che l'azienda realizza in corrispondenza di un livello di produzione giornaliera uguale a 20 unità?

268 **Interpretazione di grafici** Stabilisci quali (o quale) dei seguenti possono essere i grafici di una funzione domanda.

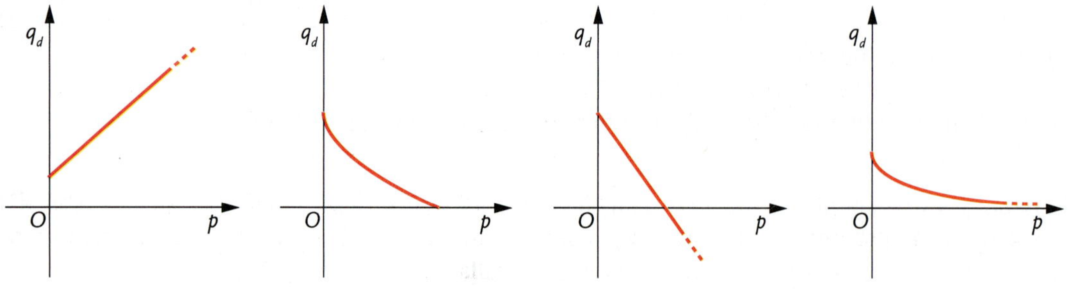

269 **Interpretazione di grafici** Stabilisci quali (o quale) dei seguenti possono essere i grafici di una funzione offerta.

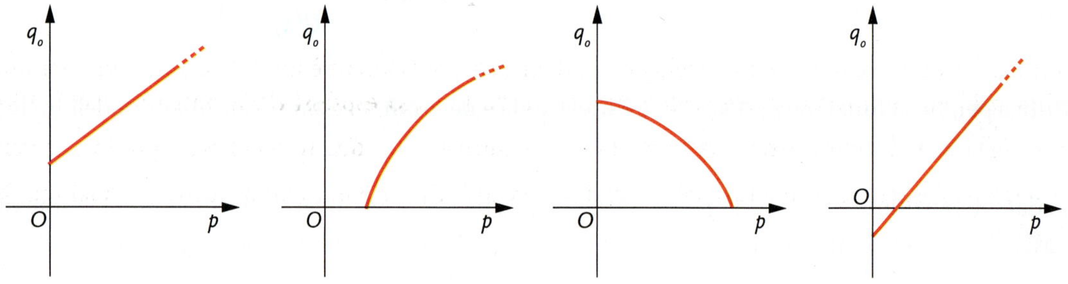

Problemi

270 Il costo di produzione mensile di un dato bene comporta una spesa fissa di 8000 euro e una spesa variabile di 50 euro per ogni unità prodotta. Determina l'espressione analitica della funzione costo relativa alla produzione mensile. [$C(x) = 8000 + 50x$]

271 Il costo di produzione annuale di un dato bene comporta una spesa fissa di 90 000 euro e una spesa variabile di 120 euro per ogni unità prodotta. Determina l'espressione analitica della funzione costo relativa alla produzione annuale.

272 Il costo di produzione mensile di un dato bene comporta una spesa fissa di 6000 euro e una spesa variabile che è uguale a:

- 150 euro per ogni unità prodotta, se vengono prodotte meno di 200 unità;
- 120 euro per ogni unità prodotta, se vengono prodotte 200 o più unità.

Determina l'espressione analitica della funzione costo relativa alla produzione mensile.

$$\left[C(x) = \begin{cases} 6000 + 150x & x < 200 \\ 6000 + 120x & x \geq 200 \end{cases}\right]$$

273 Il costo di produzione annuale di un dato bene comporta una spesa fissa di 85 000 euro e una spesa variabile che è uguale a:

- 100 euro per ogni unità prodotta, se vengono prodotte meno di 1000 unità;
- 120 euro per ogni unità prodotta, se vengono prodotte 1000 o più unità.

Determina l'espressione analitica della funzione costo.

274 Il prezzo di vendita di un bene è espresso, in funzione della quantità venduta x, dalla funzione $p(x) = 800 - 5x$. Determina l'espressione analitica delle funzione $R(x)$ che esprime il ricavo derivante dalla vendita della quantità x del bene. [$R(x) = 800x - 5x^2$]

275 Il prezzo di vendita di un bene è espresso, in funzione della quantità venduta x, dalla funzione $p(x) = 600 - 4x$. Determina l'espressione analitica delle funzione $R(x)$ che esprime il ricavo derivante dalla vendita della quantità x del bene.

276 Per la produzione di un certo bene, un'azienda ha costi fissi di 18 000 euro mensili e costi variabili di 12 euro per ogni unità del bene prodotta. Ogni unità del bene viene venduta a un prezzo di 18 euro.

a. Determina, relativamente a un mese, le funzioni che esprimono il costo totale, il ricavo e il profitto derivanti dalla produzione e vendita di x unità del bene.

b. Determina il punto di pareggio. [**a.** $C(x) = 18\,000 + 12x$, $R(x) = 18x$, $U(x) = 6x - 18\,000$; **b.** $x = 3000$]

277 Un'impresa vende ogni unità di un bene a 50 euro; sostiene costi di produzione fissi mensili di 12 000 euro e costi variabili uguali a 30 euro per ogni unità prodotta. Determina l'espressione analitica della funzione profitto $U(x)$, essendo x il numero di unità del bene prodotte e vendute in un mese, e il punto di pareggio.

[$U(x) = 20x - 12\,000$, $x = 600$]

278 Il ricavo e il costo totale relativi alla produzione e alla vendita di x unità di un dato bene sono espressi dalle funzioni: $R(x) = -0{,}002x^2 + 50x$ e $C(x) = 40x + 2820$. Determina:

a. l'espressione analitica della funzione profitto $U(x)$;

b. il punto di pareggio, sapendo che la capacità produttiva massima è di 4500 unità.

[**a.** $U(x) = -0{,}002x^2 + 10x - 2820$; **b.** $x = 300$]

279 Per la produzione di un certo bene, un'azienda ha costi fissi di 60 000 euro mensili e costi variabili di 800 euro per ogni unità del bene prodotta. La produzione mensile è limitata a 300 unità. Il prezzo di vendita del bene è espresso, in funzione della quantità x prodotta (e venduta), dalla funzione $p(x) = 8000 - 20x$.

a. Determina, relativamente a un mese, le funzioni che esprimono il costo totale, il ricavo e il profitto derivanti dalla produzione e vendita di x unità del bene.

b. Determina il minimo numero di unità che devono essere prodotte per assorbire i costi di produzione.

[**a.** $C(x) = 60\,000 + 800x$, $R(x) = 8000x - 20x^2$, $U(x) = -20x^2 + 7200x - 60\,000$; **b.** 9]

280 La produzione annuale di un dato bene da parte di una multinazionale è limitata a 5 milioni di unità. Il prezzo di vendita del bene e il costo totale sostenuto per produrlo sono espressi dalle funzioni $p(x) = 100 - 10x$ e $C(x) = 10x + \frac{385}{2}$ dove p è il prezzo unitario del bene (in euro) e x è la quantità del bene prodotta e venduta, in milioni. Determina l'espressione analitica della funzione profitto $U(x)$ e il minimo livello di produzione che garantisce il pareggio.

$$\left[U(x) = -10x^2 + 90x - \frac{385}{2}\text{; punto di pareggio: 3,5 milioni di unità}\right]$$

281 La domanda e l'offerta di un bene sono descritte dalle funzioni:

$q_d(p) = 150 - 3p, \qquad q_o(p) = -60 + 2p$

Determina il prezzo di equilibrio. [$p = 42$]

282 La domanda e l'offerta di un bene sono descritte dalle funzioni:

$q_d(p) = 110 - 3p, \qquad q_o(p) = -30 + \frac{1}{2}p$

Determina il prezzo di equilibrio. [$p = 40$]

283 La domanda e l'offerta di un bene sono descritte dalle funzioni:

$q_d(p) = -2p^2 + 1200, \qquad q_o(p) = -40 + 22p$

Determina il prezzo di equilibrio. [$p = 20$]

284 La domanda e l'offerta di un bene sono descritte dalle funzioni:

$q_d(p) = \frac{1200}{p}, \qquad q_o(p) = -22 + 3p$

Determina il prezzo di equilibrio. [$p = 24$]

285 La domanda e l'offerta di un bene sono descritte dalle funzioni:

$q_d(p) = -2p + k, \qquad q_o(p) = 3p + h$

Determina h e k, sapendo che il prezzo di equilibrio è 4 euro e la corrispondente quantità domandata e offerta è uguale a 10 unità. [$k = 18$, $h = -2$]

286 La domanda e l'offerta di un bene sono descritte dalle funzioni:

$q_d(p) = -3p + k, \qquad q_o(p) = 4p^2 + h$

Determina h e k, sapendo che il prezzo di equilibrio è 15 euro e la corrispondente quantità domandata e offerta è uguale a 150 unità. [$k = 195, h = -750$]

RIEPILOGO

Esercizi di riepilogo

287 **Interpretazione di grafici.** Per ciascuna delle relazioni rappresentate, individua il dominio e l'insieme immagine. Stabilisci quindi se si tratta del grafico di una funzione e in caso affermativo determina i suoi eventuali zeri e stabilisci se si tratta di una funzione invertibile.

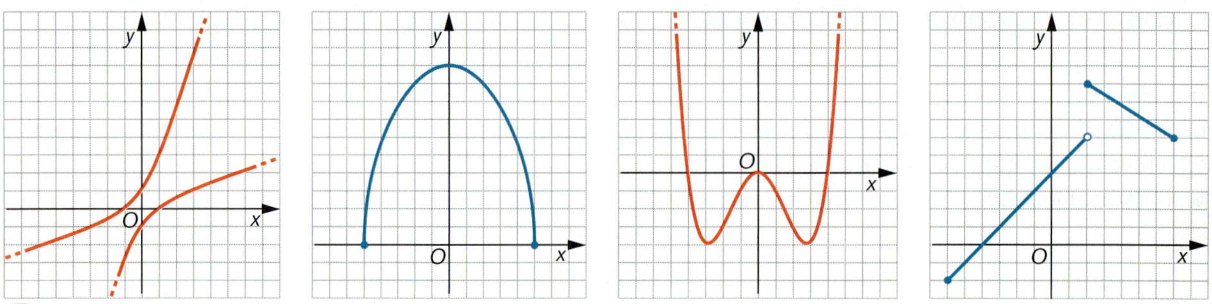

288 **Interpretazione di grafici.** Considera la funzione il cui grafico è tracciato qui sotto e rispondi alle seguenti domande.

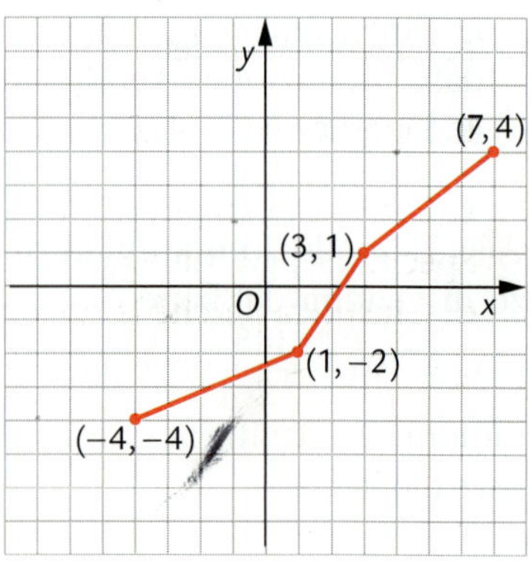

a. Qual è il dominio della funzione? [−4; 7]

b. Qual è l'immagine della funzione? [−4; 4]

c. $f(2)$ è positivo o negativo? neg

d. Si tratta di una funzione strettamente crescente o strettamente decrescente nel suo dominio? crescente

e. Quanti zeri ammette la funzione? 1

f. Si tratta di una funzione invertibile? In caso affermativo, traccia il grafico dell'inversa.

289 Considera la funzione $y = -\frac{1}{2}x + 3$.

a. Classifica la funzione e determina il suo dominio.
b. Stabilisci se si tratta di una funzione pari o dispari.
c. Studia il segno della funzione e rappresenta nel piano cartesiano le regioni alle quali appartiene il suo grafico. Specifica quali sono gli eventuali zeri della funzione.
d. Traccia, per punti, il grafico della funzione.
e. Determina l'immagine della funzione.
f. Verifica che si tratta di una funzione invertibile e determina l'espressione analitica dell'inversa.

[**a.** $D = \mathbb{R}$; **b.** né pari né dispari; **c.** $y > 0$ per $x < 6$, $y = 0$ per $x = 6$, $y < 0$ per $x > 6$; **e.** $I = \mathbb{R}$; **f.** $y = 6 - 2x$]

290 Considera la funzione $y = -\frac{6}{x}$.

a. Classifica la funzione e determina il suo dominio.
b. Stabilisci se si tratta di una funzione pari o dispari.
c. Studia il segno della funzione e rappresenta nel piano cartesiano le regioni alle quali appartiene il suo grafico. Specifica quali sono gli eventuali zeri della funzione.
d. Traccia, per punti, il grafico della funzione.
e. Determina l'immagine della funzione.
f. Verifica che si tratta di una funzione invertibile e determina l'espressione analitica dell'inversa.

NO

[**a.** $D = \mathbb{R} - \{0\}$; **b.** dispari; **c.** $y > 0$ per $x < 0$, $y = 0$ per nessun valore di x, $y < 0$ per $x > 0$; **e.** $I = \mathbb{R} - \{0\}$; **f.** l'inversa coincide con la funzione stessa]

291 Considera la funzione $y = -\frac{1}{2}x^2 + 1$.

a. Classifica la funzione e determina il suo dominio.
b. Stabilisci se si tratta di una funzione pari o dispari.
c. Studia il segno della funzione e rappresenta nel piano cartesiano le regioni alle quali appartiene il suo grafico. Specifica quali sono gli eventuali zeri della funzione.
d. Traccia, per punti, il grafico della funzione.
e. Determina l'immagine della funzione.
f. Giustifica perché la funzione data non è invertibile.
g. Verifica che la restrizione della funzione all'intervallo $(-\infty, 0)$ è invertibile e determina l'espressione analitica dell'inversa.

[**a.** $D = \mathbb{R}$; **b.** pari; **c.** $y > 0$ per $-\sqrt{2} < x < \sqrt{2}$, $y = 0$ per $x = \pm\sqrt{2}$, $y < 0$ per $x < -\sqrt{2} \vee x > \sqrt{2}$; **e.** $I = (-\infty, 1]$; **g.** $y = -\sqrt{2 - 2x}$]

292 Considera la funzione $y = (x-2)^2(x^2+3x)^3$.

a. Classificala e determina il suo dominio.
b. Determina $f(-1)$.
c. Studia il segno della funzione e rappresenta nel piano cartesiano le regioni alle quali appartiene il suo grafico. Specifica quali sono gli eventuali zeri della funzione.
d. Giustifica perché la funzione data non è invertibile.

[**a.** $D = \mathbb{R}$; **b.** -72; **c.** $y > 0$ per $x < -3 \vee x > 0$, con $x \neq 2$; $y = 0$ per $x = -3 \vee x = 0 \vee x = 2$; $y < 0$ per $-3 < x < 0$]

293 Considera la funzione $y = \frac{x+2}{x-6}$.

a. Classificala e determina il suo dominio.
b. Determina $f(-4)$ e $f\left(\frac{1}{2}\right)$.
c. Studia il segno della funzione e rappresenta nel piano cartesiano le regioni alle quali appartiene il suo grafico. Specifica quali sono gli eventuali zeri della funzione.
d. Giustifica perché la funzione data è invertibile e scrivi l'espressione analitica della funzione inversa.

[**a.** $D = \mathbb{R} - \{6\}$; **b.** $f(-4) = \frac{1}{5}$, $f\left(\frac{1}{2}\right) = -\frac{5}{11}$;
c. $y > 0$ per $x < -2 \vee x > 6$, $y = 0$ per $x = -2$, $y < 0$ per $-2 < x < 6$; **d.** $y = \frac{6x+2}{x-1}$]

294 Considera la funzione $y = \sqrt{x^2 - 1} - 2x$.

a. Classificala e determina il suo dominio.

b. Determina la controimmagine di 2.

c. Studia il segno della funzione e rappresenta nel piano cartesiano le regioni alle quali appartiene il suo grafico. Specifica quali sono gli eventuali zeri della funzione.

d. Senza determinare l'espressione analitica di $f \circ f$, determina il suo dominio.

[**a.** $D = (-\infty, -1] \cup [1, +\infty)$; **b.** $x = -1$; **c.** $y > 0$ per $x \leq -1$, $y = 0$ per nessun valore di x; $y < 0$ per $x \geq 1$; **d.** $(-\infty, -1] \cup [1, +\infty)$]

295 Considera la funzione $y = \dfrac{|x+2| - 1}{\sqrt{x^2+1} - x}$.

a. Classificala e determina il suo dominio.

b. Determina $f(-2\sqrt{2})$.

c. Studia il segno della funzione e rappresenta nel piano cartesiano le regioni alle quali appartiene il suo grafico. Specifica quali sono gli eventuali zeri della funzione.

d. Giustifica perché la funzione data non è invertibile.

[**a.** $D = \mathbb{R}$; **b.** $12\sqrt{2} - 17$; **c.** $y > 0$ per $x < -3 \vee x > -1$, $y = 0$ per $x = -3 \vee x = -1$, $y < 0$ per $-3 < x < -1$]

296 Data la funzione $f(x) = mx + q$, determina m e q in modo che risulti $f(0) = 3$ e $f(-2) = 0$. Considera la funzione ottenuta in corrispondenza dei valori di m e q trovati. Giustifica perché è invertibile e determina l'espressione analitica della funzione inversa.
$\left[m = \dfrac{3}{2}, q = 3; f^{-1}(x) = \dfrac{2}{3}x - 2\right]$

297 Data la funzione $f(x) = \dfrac{x+a}{x+b}$, determina a e b in modo che risulti $f(-2) = 0$ e $f(0) = 2$. Considera la funzione ottenuta in corrispondenza dei valori di a e b trovati. Giustifica perché è invertibile e determina l'espressione analitica della funzione inversa.
$\left[a = 2, b = 1; y = \dfrac{x-2}{1-x}\right]$

298 Data la funzione $f(x) = \dfrac{x+a}{x+b}$, determina a e b in modo che il suo dominio sia $\mathbb{R} - \{-3\}$ e inoltre risulti $f(0) = 6$.
[$a = 18$, $b = 3$]

299 Siano date le due funzioni:

$$f(x) = 2x - 1 \quad \text{e} \quad g(x) = \frac{1}{2}x + k$$

Determina:

a. per quale valore di k il grafico della funzione $f \circ g$ interseca l'asse x nel punto di coordinate (2, 0);

b. per quale valore di k il grafico della funzione $g \circ f$ interseca l'asse y nel punto di coordinate (0, 2).

$\left[\text{a. } k = -\dfrac{1}{2}; \text{ b. } k = \dfrac{5}{2}\right]$

300 Data la funzione $f(x) = \dfrac{1}{2}x + k$, verifica che è invertibile per ogni $k \in \mathbb{R}$. Determina per quale valore di k il grafico della funzione inversa di f interseca l'asse y nel punto di coordinate (0, 4).
[$k = -2$]

301 Sono date le due funzioni:

$$f(x) = x - 1 \quad \text{e} \quad g(x) = x^3$$

a. Determina $f \circ g$ e $g \circ f$.

b. Giustifica perché sono invertibili e determina l'espressione analitica di f^{-1} e di g^{-1}.

c. Verifica che risulta $(f \circ g)^{-1} = g^{-1} \circ f^{-1}$.

302 Considera la funzione:

$$f(x) = \frac{2x + a}{3x + b}$$

a. Determina a e b in modo che il dominio della funzione sia $\mathbf{R} - \{2\}$ e $f(-4) = 0$.

In corrispondenza dei valori di a e b trovati, rispondi ai seguenti ulteriori quesiti.

b. Studia il segno della funzione.

c. Determina per quali valori di x risulta $f(x - 1) \geq f(x) + 1$.

d. Verifica che la funzione f è invertibile e determina l'espressione analitica dell'inversa.

[**a.** $a = 8$, $b = -6$; **b.** $f(x) > 0$ per $x < -4 \vee x > 2$, $f(x) = 0$ per $x = -4$, $f(x) < 0$ per $-4 < x < 2$; **c.** $\frac{5 - \sqrt{17}}{2} \leq x < 2 \vee 3 < x \leq \frac{5 + \sqrt{17}}{2}$; **d.** $y = \frac{2(3x + 4)}{3x - 2}$]

303 Considera la funzione:

$$f(x) = \frac{kx^2 - 4}{3x^2 + 2x - 5}$$

a. Determina k in modo che uno dei suoi punti di intersezione con l'asse x abbia ascissa $\frac{1}{2}$.

In corrispondenza del valore di k trovato, rispondi ai seguenti ulteriori quesiti.

b. Determina il dominio della funzione f.

c. Determina per quali valori di x la funzione è positiva e per quali si annulla.

d. Stabilisci se la funzione f è invertibile.

e. Considerata la funzione $g(x) = \sqrt{x}$, determina il dominio delle due funzioni $f \circ g$ e $g \circ f$.

[**a.** $k = 16$; **b.** $\mathbf{R} - \left\{-\frac{5}{3}, 1\right\}$; **c.** $f(x) > 0$ per $x < -\frac{5}{3} \vee -\frac{1}{2} < x < \frac{1}{2} \vee x > 1$, $f(x) = 0$ per $x = \pm\frac{1}{2}$; **d.** non è invertibile; **e.** $f \circ g$ è definita per $x \geq 0 \wedge x \neq 1$, $g \circ f$ è definita per $x < -\frac{5}{3} \vee -\frac{1}{2} \leq x \leq \frac{1}{2} \vee x > 1$]

Esercizi dalle gare di matematica e in inglese

304 Siano $f(x) = \frac{2x}{3x + 4}$ e $f(g(x)) = x$; allora $g(x) =$

A $\frac{3x + 4}{2x}$ B $\frac{3x}{2x + 4}$ C $\frac{2x + 4}{4x}$ D $\frac{4x}{2 - 3x}$ E altra funzione

(Kangourou 2007) [D]

305 Il grafico della funzione f, illustrato in figura, è formato da un segmento e da due semirette. Qual è l'insieme di tutte le soluzioni dell'equazione $f(f(f(x))) = 0$?

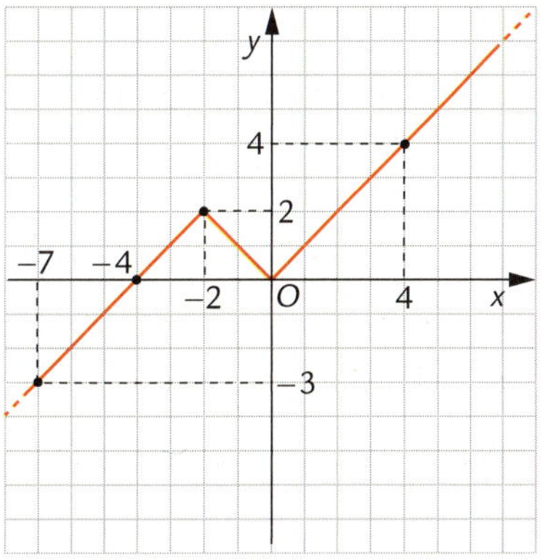

A $\{-4, 0\}$ B $\{-8, -4, 0\}$ C $\{-12, -8, -4, 0\}$ D L'insieme vuoto E $\{-16, -12, -8, -4, 0\}$

(Kangourou 2003)

306 Solve math in English Suppose that $f(x) = ax + b$, where a and b are real numbers. Given that $f(f(f(x))) = 8x + 21$, what is the exact value of $a + b$?

(High School Math Contest, Texas 2009) [5]

PROVA DI AUTOVERIFICA

Funzioni

1 Dopo aver dato la definizione di funzione, stabilisci quale dei seguenti **non** è il grafico di una *funzione*: Per ciascuno degli altri grafici, stabilisci il dominio e l'immagine della corrispondente funzione e specifica se si tratta di una funzione pari o dispari.

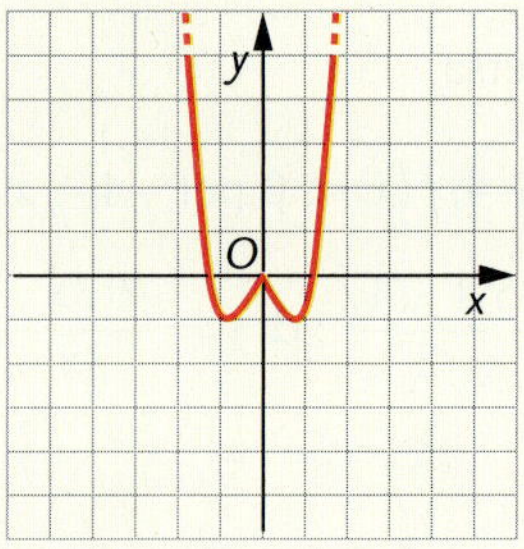

a

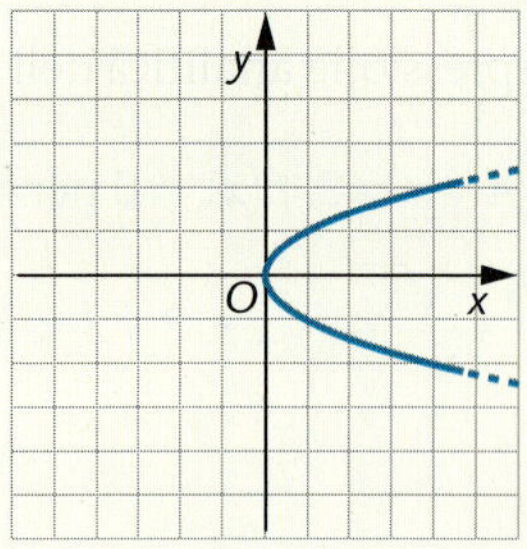

b

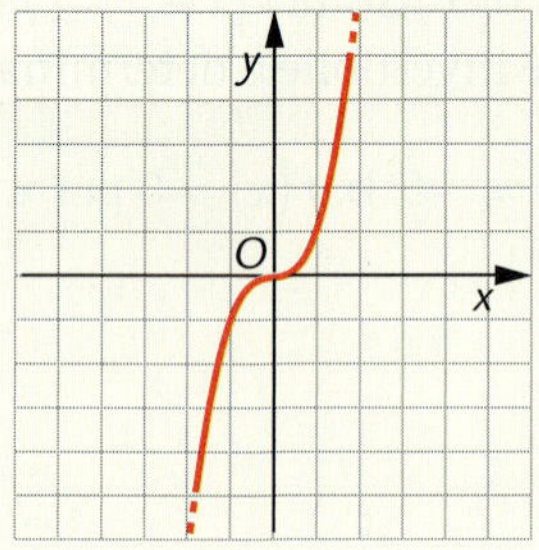

c

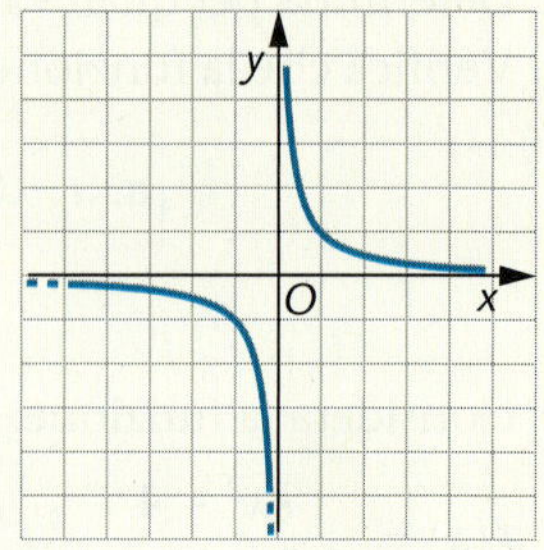

d

2 Data la funzione $f(x) = x^4 - 2x^2$, determina:

a. l'immagine di 2;

b. le controimmagini di 2.

3 Determina il dominio della funzione:

$$y = \frac{\sqrt{100 - x^2}}{x^2 + x + 2} + \frac{1}{\sqrt{(x^2 - 4x)^3}}$$

4 Per quali valori di a la funzione $y = \dfrac{3x^2 + 1}{x^2 - 3x + a}$ è definita in tutto **R**?

5 In riferimento alla funzione $y = f(x)$ il cui grafico è rappresentato in figura, stabilisci se le seguenti affermazioni sono *vere* o *false*:

a. il dominio della funzione è $[0, +\infty)$ V F

b. l'immagine della funzione è $[0, +\infty)$ V F

c. la funzione è decrescente in senso lato in **R** V F

d. la funzione è strettamente crescente in $(-\infty, 0)$ e strettamente decrescente in $(0, +\infty)$ V F

e. l'equazione $f(x) = 1$ non ha soluzioni V F

f. l'equazione $f(x) = -1$ non ha soluzioni V F

g. la funzione non ammette zeri V F

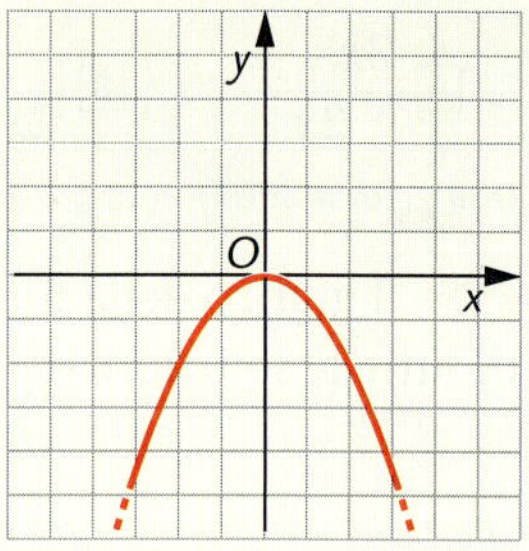

6 Definisci i concetti di funzione iniettiva, suriettiva e biiettiva. Stabilisci, motivando le risposte, se le funzioni da **R** a **R** che hanno i seguenti grafici sono iniettive, suriettive o biiettive e se sono invertibili.

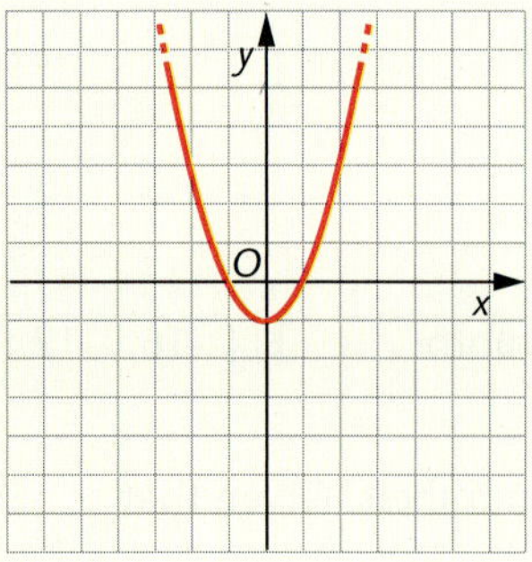

a

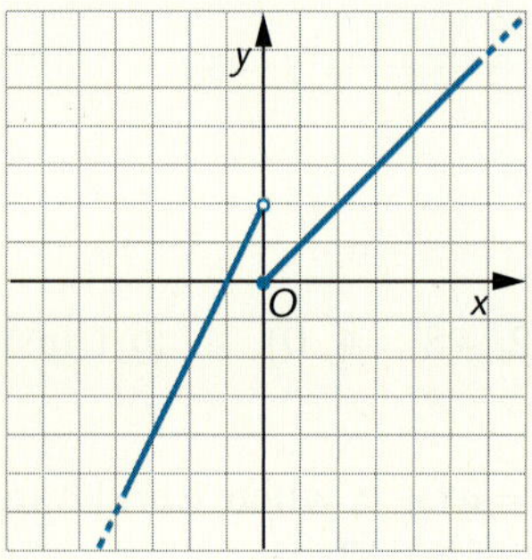

b

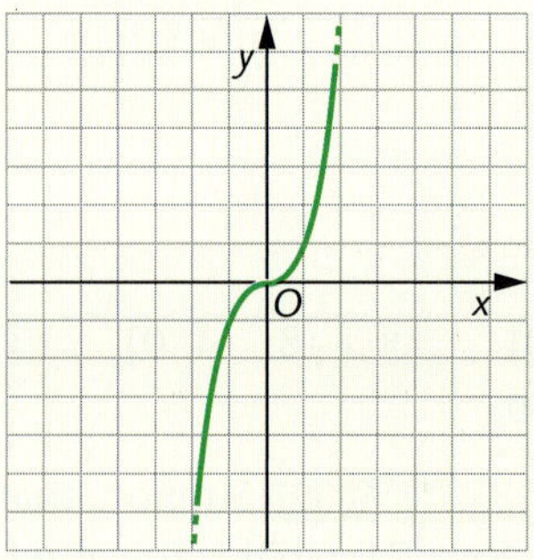

c

7 Nella seguente figura è tracciato il grafico di una funzione $y = f(x)$, che ha come dominio l'intervallo $[-6, +\infty)$. Traccia il grafico di $y = f^{-1}(x)$, specificando il dominio e l'immagine di f^{-1}.

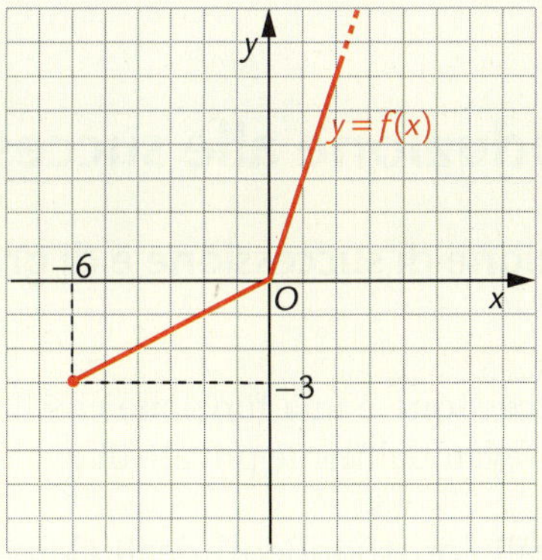

8 Date le funzioni $f(x) = x^2$ e $g(x) = \dfrac{1}{x+1}$, scrivi l'espressione analitica di $f \circ g$ e di $g \circ f$. Determina per quali valori di x risulta $(f \circ g)(x) = (g \circ f)(x)$.

9 Date le funzioni $f(x) = x + a$ e $g(x) = x^2 + b$. Determina quali condizioni devono soddisfare a e b in modo che risulti $f \circ g = g \circ f$.

10 Giustifica perché la funzione $f(x) = \dfrac{2x+1}{x-1}$ è invertibile e determina l'espressione analitica della funzione inversa.

Valutazione

Esercizio	1	2	3	4	5	6	7	8	9	10	**Totale**
Punteggio	1	1	1	1	1	1	1	1	1	1	10
Punteggio ottenuto											

Tempo massimo: 1 h 30 min

► **Risposte in fondo al volume**

Unità 3

Successioni e progressioni aritmetiche e geometriche

Tema A

1. Introduzione alle successioni

Definizione di successione e di grafico di una successione

SUCCESSIONE
Una **successione** è una funzione che ha come dominio l'insieme **N** dei numeri naturali (eventualmente privato di qualche suo elemento).

Attenzione!
Salvo avviso contrario, conveniamo che il dominio di una data successione sia tutto **N**. Nel caso in cui il dominio sia per esempio soltanto $n \geq 1$, verrà specificato.

I numeri reali corrispondenti degli elementi di **N** in una successione si dicono **termini** della successione e vengono indicati con i simboli:

$$a_0, a_1, a_2, ..., a_n, ...$$

essendo a_0 il corrispondente di $n = 0$, a_1 il corrispondente di $n = 1$, a_2 il corrispondente di $n = 2$ e così via.
L'n-esimo termine della successione, a_n, è chiamato **termine generale** della successione.
Una successione viene spesso assegnata dando la formula che esprime il termine generale a_n in funzione di n.

Altre notazioni
In alcuni testi vengono utilizzati due simboli diversi per indicare una successione e il suo termine generale; precisamente, per indicare la successione di termine generale a_n si utilizza il simbolo $\{a_n\}$.

ESEMPI

a. Si può assegnare la successione dei quadrati dei numeri naturali tramite la formula $a_n = n^2$. I primi termini della successione sono:

$$a_0 = 0, a_1 = 1, a_2 = 4, a_3 = 9, ...$$

b. Si può assegnare la successione dei numeri dispari tramite la formula $a_n = 2n + 1$. I primi termini della successione sono:

$$a_0 = 1, a_1 = 3, a_2 = 5, a_3 = 7, ...$$

Il **grafico** di una successione a_n è l'insieme formato dai punti di coordinate:

$$(0, a_0), (1, a_1), (2, a_2), (3, a_3), ..., (n, a_n), ...$$

ESEMPIO Grafico di una successione

I punti che rappresentano i primi quattro termini della successione $a_n = \frac{1}{n}$, con $n \geq 1$, sono quelli mostrati in **fig. 3.1**. Si tratta, come puoi vedere, di punti «isolati», che formano un insieme discreto; il grafico di $a_n = \frac{1}{n}$ è la restrizione del grafico dell'iperbole di equazione $y = \frac{1}{x}$ all'insieme dei punti aventi ascissa *intera positiva* (**fig. 3.2**).

Osserva
Nella rappresentazione grafica di una successione l'asse verticale è indicato con a_n e quello orizzontale con n.

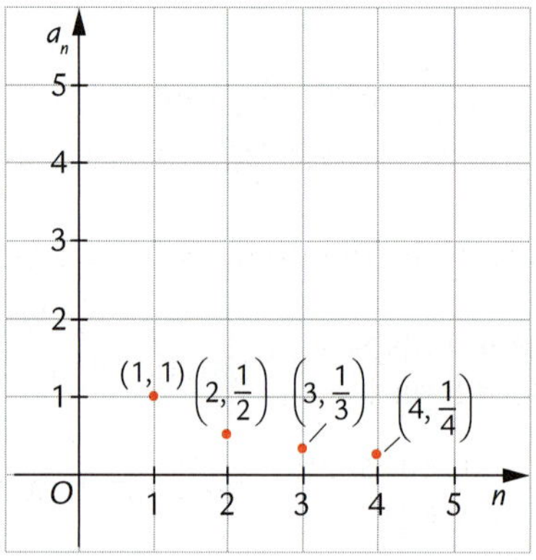

Figura 3.1

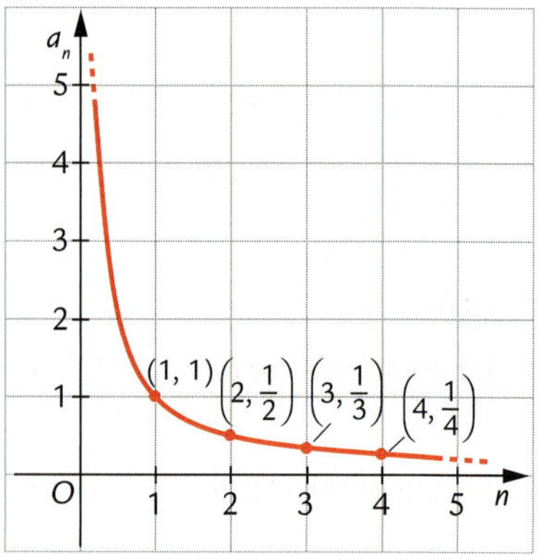

Figura 3.2

Una successione può essere assegnata, oltre che tramite la formula che ne esprime il termine generale, in **forma ricorsiva**, cioè dando il primo termine (i primi termini) della successione e la legge che permette di determinare ciascun termine in funzione del precedente (dei precedenti).

ESEMPIO **Successione definita ricorsivamente**

Determiniamo i primi cinque termini della successione definita ricorsivamente da:

$$\begin{cases} a_1 = 1 \\ a_{n+1} = 3 - a_n \end{cases}, \quad \text{con } n \geq 1$$

Il primo termine è dato:

$$a_1 = 1$$

Dalla relazione ricorsiva (ponendo $n = 1$) otteniamo:

$$a_2 = 3 - a_1 = 3 - 1 = 2$$

Procediamo analogamente per gli altri termini:

$$a_3 = 3 - a_2 = 3 - 2 = 1$$

$$a_4 = 3 - a_3 = 3 - 1 = 2$$

$$a_5 = 3 - a_4 = 3 - 2 = 1$$

.....

Ci rendiamo così conto che la successione assegnata ha una particolare caratteristica: ha termini di indice dispari uguali a 1 e termini di indice pari uguali a 2. Il termine generale della successione potrebbe dunque essere così espresso:

$$a_n = \begin{cases} 1 & \text{se } n \text{ è dispari} \\ 2 & \text{se } n \text{ è pari} \end{cases}$$

Attenzione!

Per brevità scriveremo spesso «successione a_n», intendendo «successione *avente come termine generale* a_n».

Alcune proprietà delle successioni

Le proprietà di *limitatezza* e *monotonia*, già definite per le funzioni, possono essere definite in modo del tutto analogo per le successioni.

PROPRIETÀ DI LIMITATEZZA DELLE SUCCESSIONI

Una successione a_n si dice:

a. **limitata inferiormente** se esiste un numero reale m tale che $a_n \geq m$ per ogni $n \in \mathbb{N}$ per cui la successione è definita;

b. **limitata superiormente** se esiste un numero reale M tale che $a_n \leq M$ per ogni $n \in \mathbb{N}$ per cui la successione è definita;

c. **limitata**, se lo è sia inferiormente sia superiormente, vale a dire se esistono due numeri reali m e M tali che $m \leq a_n \leq M$ per ogni $n \in \mathbb{N}$ per cui la successione è definita.

ESEMPI **Successioni inferiormente o superiormente limitate**

a. La successione $a_n = n + 3$ è limitata inferiormente ($a_n \geq 3$), ma non superiormente.

b. La successione $a_n = 1 - n^2$ è limitata superiormente ($a_n \leq 1$), ma non inferiormente.

c. La successione $a_n = (-1)^n = \begin{cases} -1 & \text{se } n \text{ è dispari} \\ 1 & \text{se } n \text{ è pari} \end{cases}$ è limitata.

d. La successione $a_n = (-2)^n = \begin{cases} -2^n & \text{se } n \text{ è dispari} \\ 2^n & \text{se } n \text{ è pari} \end{cases}$ non è limitata né inferiormente né superiormente (perché?).

PROPRIETÀ DI MONOTONIA DELLE SUCCESSIONI

Una successione a_n si dice:

a. **crescente** se $a_n \leq a_{n+1}$ per ogni $n \in \mathbf{N}$ per cui la successione è definita;

b. **strettamente crescente** se $a_n < a_{n+1}$ per ogni $n \in \mathbf{N}$ per cui la successione è definita;

c. **decrescente** se $a_n \geq a_{n+1}$ per ogni $n \in \mathbf{N}$ per cui la successione è definita;

d. **strettamente decrescente** se $a_n > a_{n+1}$ per ogni $n \in \mathbf{N}$ per cui la successione è definita.

Una successione crescente o decrescente (strettamente oppure no) è detta **monotòna**.

ESEMPI **Successioni monotòne**

a. La successione $a_n = n^2$ è strettamente crescente. Infatti, sappiamo che la funzione $f(x) = x^2$ è strettamente crescente nell'intervallo $[0, +\infty)$; in particolare, sarà: $f(n) < f(n+1)$ per ogni $n \in \mathbf{N}$, ossia $a_n < a_{n+1}$.

b. La successione $a_n = \dfrac{1}{n}$ è strettamente decrescente. Infatti, sappiamo che la funzione $f(x) = \dfrac{1}{x}$ è strettamente decrescente nell'intervallo $(0, +\infty)$; in particolare, sarà: $f(n) > f(n+1)$ per ogni $n \in \mathbf{N} - \{0\}$, vale a dire $a_n > a_{n+1}$.

Prova tu **ESERCIZI** a p. 117

Stabilisci se le seguenti affermazioni sono vere o false.

a. la successione $a_n = \dfrac{n}{n+1}$ è strettamente crescente ☐V ☐F

b. data la successione definita da $\begin{cases} a_1 = 1 \\ a_{n+1} = 3 + 2a_n \end{cases}$, risulta $a_4 = 29$ ☐V ☐F

c. la successione $a_n = \sqrt{n+4}$ è limitata ☐V ☐F

d. la successione $a_n = 1 - 2^{-n}$ è limitata superiormente ma non inferiormente ☐V ☐F

[2 affermazioni vere e 2 false]

2. Progressioni aritmetiche e geometriche

Due classi di successioni particolarmente importanti sono quelle delle *progressioni aritmetiche* e *geometriche*, che ora definiamo.

PROGRESSIONE ARITMETICA

Una successione in cui la **differenza** tra un termine (a partire dal secondo) e il suo precedente si mantiene costante si dice **progressione aritmetica**.

La differenza costante fra un termine e il precedente si chiama **ragione** della progressione aritmetica e viene indicata generalmente con la lettera d.

PROGRESSIONE GEOMETRICA

Una successione in cui il **rapporto** tra un termine (a partire dal secondo) e il suo precedente si mantiene costante, diverso da zero, si dice **progressione geometrica**.

Il rapporto costante fra un termine e il precedente si chiama **ragione** della progressione geometrica e viene indicato generalmente con la lettera q.

Esempi	Controesempi
• $a_n = 2 + 3n$ è una progressione aritmetica. Infatti la differenza tra un termine e il suo precedente è costante: $a_n - a_{n-1} = \underbrace{(2+3n)}_{a_n} - \underbrace{[2+3(n-1)]}_{a_{n-1}} =$ $= 2 + 3n - 2 - 3n + 3 = 3$ La ragione della progressione è 3.	• $a_n = 2^n + 1$ **non** è una progressione aritmetica. Infatti i primi termini della successione sono: 2, 3, 5, 9, ... e si constata subito, per esempio, che: $3 - 2 = 1$ mentre $5 - 3 = 2$
• $a_n = 3^{n-1}$, con $n \geq 1$, è una progressione geometrica. Infatti il rapporto tra un termine e il precedente è costante: $\dfrac{a_n}{a_{n-1}} = \dfrac{3^{n-1}}{3^{n-2}} = 3$ La ragione della progressione è 3.	• $a_n = n^2 + 1$ **non** è una progressione geometrica. Infatti i primi termini della progressione sono: 1, 2, 5, 10, 17, ... e si constata subito, per esempio, che: $\dfrac{2}{1} = 2$ mentre $\dfrac{5}{2} = 2{,}5$

I termini di una progressione aritmetica (geometrica) si possono ottenere a partire dal primo per successive addizioni (moltiplicazioni) della ragione (**figg. 3.3** e **3.4**)

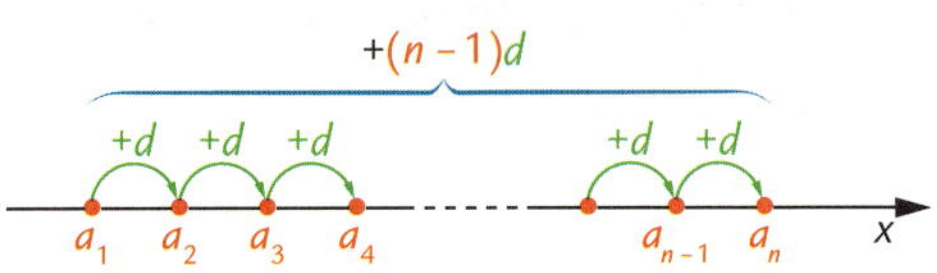

Figura 3.3

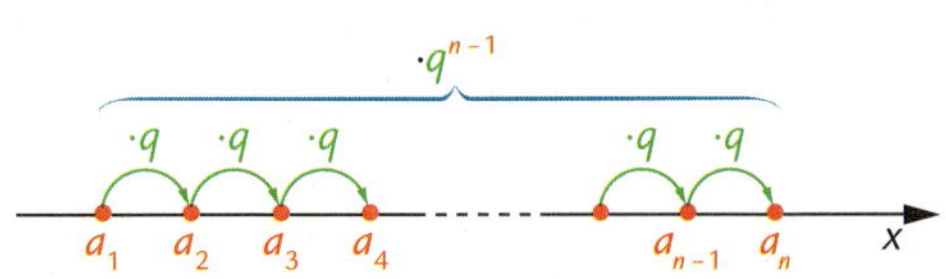

Figura 3.4

Sempre dall'osservazione delle figure, puoi intuire le formule presentate nei seguenti teoremi, che esprimono il termine generale di una progressione aritmetica o geometrica in funzione del primo termine e della ragione.

Termine generale di una progressione aritmetica — **TEOREMA 3.1**

L'n-esimo termine di una progressione **aritmetica** il cui primo termine è a_1 e la cui ragione è d è dato dalla formula:

$$a_n = a_1 + (n-1)d \qquad [3.1]$$

Termine generale di una progressione geometrica — **TEOREMA 3.2**

L'n-esimo termine di una progressione **geometrica** il cui primo termine è a_1 e la cui ragione è q è espresso dalla formula:

$$a_n = a_1 q^{n-1} \qquad [3.2]$$

Attenzione!

Nei teoremi **3.1** e **3.2** (e nei successivi **3.3** e **3.4**) si suppone che il primo termine della successione sia a_1; ricorda però che in generale una successione è definita in **N** e che il primo termine può risultare a_0. In tal caso le formule [3.1] e [3.2] si modificano rispettivamente come segue:

$a_n = a_0 + nd$

$a_n = a_0 q^n$.

ESEMPI **Termine generale di una progressione**

Determiniamo:

a. il dodicesimo termine della progressione aritmetica il cui primo termine è $a_1 = 3$ e la cui ragione è $d = 2$;

b. l'ottavo termine della progressione geometrica il cui primo termine è $a_1 = 3$ e la cui ragione è $q = -2$.

a. Utilizzando la formula [3.1] otteniamo:

$$a_{12} = 3 + (12 - 1) \cdot 2 = 3 + 22 = 25$$

b. Utilizzando la formula [3.2] otteniamo:

$$a_8 = 3 \cdot (-2)^{8-1} = 3 \cdot (-2)^7 = -384$$

La somma dei termini di una progressione aritmetica o geometrica

TEOREMA 3.3 **Somma dei primi n termini di una progressione aritmetica**

La somma S_n dei primi n termini di una progressione **aritmetica** è espressa dalla formula:

$$S_n = \frac{n}{2}(a_1 + a_n) \qquad [3.3]$$

dove a_1 è il primo termine e a_n è l'n-esimo termine della progressione.

DIMOSTRAZIONE

Osserviamo che per come è definita una progressione aritmetica, i suoi termini si possono ricavare, alternativamente:

- a partire dal primo termine, a_1, aggiungendo successivamente la ragione d,
- a partire dall'n-esimo, a_n, sottraendo successivamente d.

Questa osservazione consente di riscrivere la somma S_n in due modi diversi.

$$S_n = a_1 + (a_1 + d) + (a_1 + 2d) + ... + a_n$$

← La somma è stata scritta a partire dal primo termine, continuando ad aggiungere d, fino al termine n-esimo

$$S_n = a_n + (a_n - d) + (a_n - 2d) + ... + a_1$$

← La somma è stata scritta a partire dal termine n-esimo, continuando a sottrarre d, fino al primo termine

Sommando queste due equazioni membro a membro otteniamo:

$$S_n = (a_1 + a_n) + (a_1 + a_n) + (a_1 + a_n) + ... + (a_1 + a_n)$$

Al secondo membro di quest'ultima equazione ci sono n addendi uguali a $a_1 + a_n$, quindi l'equazione equivale a:

$$2S_n = n(a_1 + a_n) \qquad \text{da cui:} \qquad S_n = \frac{n}{2}(a_1 + a_n)$$

TEOREMA 3.4 **Somma dei primi n termini di una progressione geometrica**

La somma S_n dei primi n termini di una progressione **geometrica**, il cui primo termine è a_1 e la cui ragione è q, con $q \neq 1$, è espressa dalla formula:

$$S_n = a_1 \frac{1 - q^n}{1 - q} \qquad [3.4]$$

DIMOSTRAZIONE

I primi n termini di una progressione geometrica in cui il primo termine è a_1 e la ragione è q si possono esprimere nella forma:

$$a_1, a_1q, a_1q^2, ..., a_1q^{n-2}, a_1q^{n-1}$$

Indicata con S_n la somma di tali termini avremo allora:

$$S_n = a_1 + a_1q + a_1q^2 + ... + a_1q^{n-2} + a_1q^{n-1} \qquad [3.5]$$

Per trovare una formula più semplice per S_n, moltiplichiamo i due membri della **[3.5]** per q:

$$qS_n = a_1q + a_1q^2 + ... + a_1q^{n-1} + a_1q^n \qquad [3.6]$$

Sottraendo membro a membro dalla **[3.5]** la **[3.6]** otteniamo l'equazione:

$$S_n - qS_n = (a_1 + a_1q + a_1q^2 + ... + a_1q^{n-2} + a_1q^{n-1}) -$$
$$- (a_1q + a_1q^2 + ... + a_1q^{n-1} + a_1q^n)$$

Osservando che ciascun termine all'interno della prima coppia di parentesi, eccetto il primo, si può elidere con un termine all'interno della seconda coppia di parentesi ed effettuando le semplificazioni, otteniamo:

$$S_n - qS_n = a_1 - a_1q^n \quad \Rightarrow \quad S_n(1-q) = a_1(1-q^n)$$

Poiché stiamo supponendo $q \neq 1$, possiamo dividere i due membri per $1 - q$, ottenendo così la **[3.4]**:

$$S_n = a_1 \frac{1-q^n}{1-q}$$

ESEMPIO **Somma dei termini di una progressione aritmetica**

Determiniamo la somma dei primi 50 numeri naturali (escluso lo zero).

I primi 50 numeri naturali, escludendo lo zero:

1, 2, 3, 4, 5, ..., 50

si possono pensare come i primi 50 termini di una progressione aritmetica il cui primo termine è $a_1 = 1$ e la cui ragione è $d = 1$.
In base alla formula **[3.3]** abbiamo allora:

$$S_{50} = \frac{50}{2}(1+50) = 1275$$ Formula [3.3] con $n = 50$, $a_1 = 1$, $a_{50} = 50$

ESEMPIO **Somma dei termini di una progressione geometrica**

Determiniamo la somma dei primi 6 termini della progressione geometrica definita da $a_n = 3\left(\frac{1}{2}\right)^{n-1}$, con $n \geq 1$.

La ragione della progressione è $q = \frac{1}{2}$, e $a_1 = 3$. In base alla formula **[3.4]** abbiamo allora:

$$S_6 = 3\frac{1-\left(\frac{1}{2}\right)^6}{1-\frac{1}{2}} = 6\left(1-\frac{1}{64}\right) = \frac{189}{32}$$ Formula [3.4] con $n = 6$, $a_1 = 3$, $q = \frac{1}{2}$

Prova tu **ESERCIZI** a p. 119

Stabilisci se le seguenti affermazioni sono vere o false.

a. la successione $a_n = n^2 + 1$ è una progressione aritmetica V F

b. la successione $a_n = \left(\frac{3}{2}\right)^n$ è una progressione geometrica V F

c. la somma dei primi dieci termini della progressione aritmetica definita da $a_n = 2 + 3n$, con $n \geq 1$, è 185 V F

d. la somma dei primi cinque termini della progressione geometrica definita da $a_n = \left(\frac{2}{3}\right)^{n-1}$, con $n \geq 1$, è $\frac{211}{81}$ V F

[3 affermazioni vere e 1 falsa]

3. Problemi che hanno come modello progressioni

Molti problemi della vita «reale» hanno come modello una progressione aritmetica o una progressione geometrica. Ne proponiamo due, rinviando agli esercizi per altri esempi.

PROBLEMA 1 Scelta fra due tipi di contratto

Il signor Umberto ha due offerte di lavoro diverse:

1. la compagnia A offre una retribuzione di 15 000 euro per il primo anno e un aumento di 1000 euro all'anno per ciascun anno successivo;
2. la compagnia B offre una retribuzione di 18 000 euro per il primo anno e un aumento di 500 euro all'anno per ciascun anno successivo;

Il contratto di lavoro dura, in entrambi i casi, 10 anni. Quale delle due offerte è più conveniente?

FAMILIARIZZIAMO CON IL PROBLEMA

La compagnia A paga meno della compagnia B il primo anno ma offre un aumento maggiore negli anni successivi. La compagnia B, invece, paga più della compagnia A il primo anno ma offre un aumento inferiore negli anni successivi. La maggior retribuzione iniziale della compagnia B sarà sufficiente a compensare gli aumenti inferiori rispetto alla compagnia A? Per rispondere a questa domanda e capire quale delle due offerte è più vantaggiosa dobbiamo calcolare quanto il signor Umberto incasserà complessivamente in 10 anni in base a ciascuno dei due contratti e scegliere quello che gli garantisce un incasso complessivo maggiore.

COSTRUIAMO IL MODELLO DEL PROBLEMA

La compagnia A offre una retribuzione di 15 000 euro il primo anno e un aumento di 1000 euro all'anno per ciascun anno successivo. La retribuzione sarà quindi di:

$15\,000$	euro il primo anno
$15\,000 + 1000 = 16\,000$	euro il secondo anno
$16\,000 + 1000 = 17\,000$	euro il terzo anno

e così via...

Riconosciamo nella successione di valori una **progressione aritmetica** in cui il primo termine è $a_1 = 15\,000$ e la cui ragione è 1000.

La retribuzione a_n all'n-esimo anno offerta dalla compagnia A si può quindi esprimere mediante la formula:

$$a_n = 15\,000 + (n-1)1000 \quad [3.7]$$

Analogamente, la retribuzione offerta dalla compagnia B si può esprimere tramite la formula:

$$b_n = 18\,000 + (n-1)500 \quad [3.8]$$

Dobbiamo determinare la somma dei primi 10 termini della successione a_n e dei primi 10 termini della successione b_n e stabilire quale delle due è la maggiore.

CALCOLIAMO LA SOMMA DEI TERMINI DELLE SUCCESSIONI

In base alla **[3.3]**, la somma dei primi dieci termini della successione a_n è data dalla formula:

$$S_{10} = \frac{10}{2}(a_1 + a_{10})$$

$a_1 = 15\,000$ dobbiamo calcolare a_{10}

Possiamo calcolare a_{10} mediante la **[3.7]**; abbiamo:

$$a_{10} = 15\,000 + (10 - 1)\,1000 = 24\,000$$

quindi: $$S_{10} = \frac{10}{2}(15\,000 + 24\,000) = 5 \cdot 39\,000 = 195\,000$$

Analogamente, la somma dei primi dieci termini della successione b_n è data dalla formula:

$$S_{10} = \frac{10}{2}(b_1 + b_{10})$$

$b_1 = 18\,000$ dobbiamo calcolare b_{10}

Possiamo calcolare b_{10} mediante la **[3.8]**; abbiamo:

$$b_{10} = 18\,000 + (10 - 1)\,500 = 22\,500$$

quindi: $$S_{10} = \frac{10}{2}(18\,000 + 22\,500) = 5 \cdot 40\,500 = 202\,500$$

RISPONDIAMO

Complessivamente, lavorando con la compagnia A, in 10 anni il signor Umberto incasserà 195 000 euro, mentre lavorando con la compagnia B incasserà 202 500 euro. Pertanto, è più conveniente l'offerta della compagnia B.

PROBLEMA 2 Deprezzamento di un'auto

Un'auto viene acquistata al prezzo di 16 000 euro. A partire dall'anno successivo l'auto subisce ogni anno un deprezzamento del 25% rispetto al valore dell'anno precedente. In quale anno il valore sarà inferiore a 1000 euro?

FAMILIARIZZIAMO CON IL PROBLEMA

Il primo anno (quello in cui l'auto viene acquistata) l'auto vale 16 000 euro.
Il secondo anno, a causa del deprezzamento del 25%, l'auto vale:

$$16\,000 - 0{,}25 \cdot 16\,000 = 16\,000\,(1 - 0{,}25) = 16\,000 \cdot 0{,}75$$

Ogni anno il prezzo è pari a 0,75 volte quello dell'anno precedente. Quindi il prezzo al terzo anno sarà 0,75 volte $16\,000 \cdot 0{,}75$, ovvero $16\,000 \cdot (0{,}75)^2$ e così via...
I prezzi per i primi cinque anni sono riportati nella seguente tabella:

Primo anno	Secondo anno	Terzo anno	Quarto anno	Quinto anno
16000	$16000 \cdot 0{,}75$	$16000 \cdot (0{,}75)^2$	$16000 \cdot (0{,}75)^3$	$16000 \cdot (0{,}75)^4$

COSTRUIAMO IL MODELLO DEL PROBLEMA

Dalla tabella costruita nel punto precedente possiamo riconoscere che i prezzi seguono una **progressione geometrica**, in cui il primo termine è $a_1 = 16\,000$ e la ragione è $q = 0{,}75$. Quindi il prezzo a_n dell'auto, all'n-esimo anno, è dato da:

$$a_n = 16\,000\,(0{,}75)^{n-1}$$

Stabilire in quale anno il valore dell'auto diventa inferiore a 1000 euro equivale a trovare il più piccolo valore di $n \in \mathbf{N}$ per cui $a_n < 1000$.

DETERMINIAMO n

Per ora non siamo ancora in grado di risolvere algebricamente la disequazione $a_n < 1000$ (impareremo metodi per farlo nel prosieguo del corso). Procediamo perciò «per tentativi», calcolando i valori di a_n per valori di n via via crescenti, fino a individuare il primo valore di n per cui $a_n < 1000$ (questo può essere fatto velocemente, per esempio, con un foglio elettronico). I valori che si ottengono, arrotondati ai decimi, sono riportati nella seguente tabella, dalla quale risulta che il più piccolo valore di n per cui $a_n < 1000$ è $n = 11$.

n	1	2	3	...	10	11
a_n	16000	12000	9000	...	1201,4	901,00

RISPONDIAMO

Il valore dell'auto scende sotto i 1000 euro l'undicesimo anno.

Prova tu

ESERCIZI a p. 124

1. Quale delle due seguenti offerte è più vantaggiosa?
   a. Ricevere 1 euro il primo giorno, 1 euro e 50 centesimi il secondo, 2 euro il terzo... e così via per 1 mese (supponi il mese di 30 giorni);
   b. ricevere 2 euro il primo giorno, 4 euro il secondo, 6 euro il terzo, 8 il quarto e così via per 15 giorni.

2. Un contratto prevede una retribuzione per il primo anno di 18000 euro e un incremento del 5% per ogni anno successivo. In quale anno la retribuzione sarà superiore a 30 000 euro? Quanto si avrà incassato complessivamente a partire dal primo anno, fino a quello in cui la retribuzione diventa superiore a 30 000 euro?
   [Il dodicesimo anno; circa 286 508,20 euro]

MATEMATICA NELLA STORIA

Le successioni

Le successioni sono uno fra gli «oggetti» matematici che sono stati studiati «più a lungo»: le prime testimonianze di problemi che conducono a progressioni aritmetiche e geometriche risalgono infatti a più di 3500 anni fa. Esse si trovano nel **papiro di Rhind**, un importante documento della matematica egizia, copiato intorno al 1650 a.C. dallo scriba egiziano *Ahmes*. Il papiro di Rhind contiene una raccolta di calcoli, tabelle e problemi con le relative soluzioni; per esempio, un problema recita pressappoco così:

Cento pezzi di pane devono essere divisi fra 5 persone in modo da formare una progressione aritmetica. I primi due ricevono un settimo degli altri tre. Quanti pezzi di pane riceve ciascuno?

Sempre nel papiro di Rhind si trova un problema particolare che farà capolino molte volte nella storia della matematica e che equivale a calcolare la somma dei termini di una progressione geometrica:

Ci sono sette case; in ognuna ci sono sette gatti. Ogni gatto uccide sette topi; ogni topo aveva mangiato sette grani; ogni grano produce sette spighe. Qual è il totale di tutti?

Anche i matematici Greci quali **Euclide** (300 a.C.) e **Archimede** (230 a.C.) si occuparono di successioni.

Fibonacci (1220 d.C.) scrisse alcuni problemi riconducibili a progressioni aritmetiche e geometriche, simili a quelli contenuti nel papiro di Rhind. Per esempio, ripropose nel *Liber Abaci* il problema della filastrocca nella seguente forma:

Sette vecchie vanno a Roma; ognuna ha sette muli, ogni mulo ha sette sacchi, in ogni sacco ci sono sette pani, ogni pane ha sette coltelli, ogni coltello sette guaine. Si chiede la somma di tutti.

Le ricerche sulle successioni rifiorirono nel 1500, quando gli sviluppi dell'algebra misero a disposizione gli strumenti per affrontare nuovi problemi, e continuarono nel 1600, stimolati dallo sviluppo di una nuova area della matematica, l'*analisi*, che studierai nel proseguimento dei tuoi studi.

In libreria e in rete

Alfred S. Posamentier, Ingmarr Lehemann,
I (favolosi) numeri di Fibonacci, Franco Muzzio

La rappresentazione grafica della successione di Fibonacci sulla Mole Antonelliana, a Torino.

SINTESI

Formule e proprietà importanti

Definizione ricorsiva di una progressione aritmetica di ragione d: $a_n = a_{n-1} + d$

Termine generale di una progressione aritmetica di ragione d: $a_n = a_1 + (n-1)d$

Somma dei primi n termini di una progressione aritmetica: $S_n = \frac{n}{2}(a_1 + a_n)$

Definizione ricorsiva di una progressione geometrica di ragione q: $a_n = qa_{n-1}$

Termine generale di una progressione geometrica di ragione q: $a_n = a_1 q^{n-1}$

Somma dei primi n termini di una progressione geometrica di ragione q: $S_n = a_1 \frac{1-q^n}{1-q}$, con $q \neq 1$

CONOSCENZE E ABILITÀ

1. Introduzione alle successioni

TEORIA a p. 108

Rappresentazione tramite il termine generale

Determina i primi cinque termini delle successioni di cui è dato il termine generale. Supponi $n \geq 1$.

1 $a_n = n^2 - 3n - 2$ $[a_1 = -4, a_2 = -4, a_3 = -2, a_4 = 2, a_5 = 8]$

2 $a_n = 3n - 2$

3 $a_n = \frac{n^2 - 1}{n}$ $\left[a_1 = 0, a_2 = \frac{3}{2}, a_3 = \frac{8}{3}, a_4 = \frac{15}{4}, a_5 = \frac{24}{5}\right]$

4 $a_n = \frac{n^2 - 1}{n + 1}$

5 $a_n = \left(-\frac{1}{2}\right)^{n-1}$ $\left[a_1 = 1, a_2 = -\frac{1}{2}, a_3 = \frac{1}{4}, a_4 = -\frac{1}{8}, a_5 = \frac{1}{16}\right]$

6 $a_n = \frac{(-1)^n}{n}$

7 Data la successione definita da $a_n = 3n - 2$, per quale n risulta $a_n = 46$? $[n = 16]$

8 Data la successione definita da $a_n = \frac{n-1}{n+2}$, per quale n risulta $a_n = \frac{3}{4}$? $[n = 10]$

9 Data la successione definita da $a_n = 2 \cdot \left(\frac{1}{2}\right)^{n-1}$, per quale n risulta $a_n = \frac{1}{64}$? $[n = 8]$

Grafico di una successione

10 Rappresenta il grafico della funzione $y = 2 - 3x$ e quello della successione $a_n = 2 - 3n$. Quali differenze sussistono tra i due grafici?

11 Rappresenta il grafico della funzione $y = \left(\frac{1}{2}\right)^{x-1}$ e quello della successione $a_n = \left(\frac{1}{2}\right)^{n-1}$. Quali differenze sussistono tra i due grafici?

Rappresenta il grafico delle seguenti successioni, di cui è dato il termine generale. Supponi $n \geq 1$.

12 $a_n = n^2 - 2n$

13 $a_n = 2n - 2$

14 $a_n = \frac{6}{n}$

15 $a_n = 3 - n$

16 $a_n = 2^{\frac{n}{2}} - 1$

17 $a_n = \left(-\frac{1}{2}\right)^n$

18 $a_n = (-1)^n \cdot n$

19 $a_n = \frac{(-2)^n}{n}$

20 **Interpretazione di grafici.** Scrivi un possibile termine generale delle successioni di cui è dato il grafico.

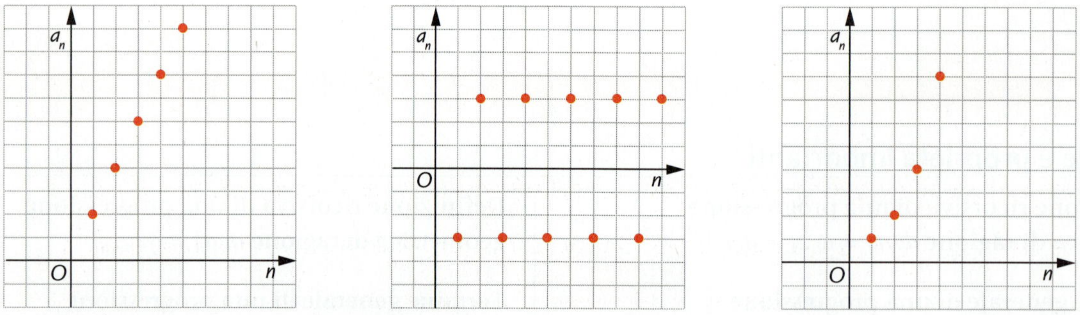

a **b** **c**

■ Rappresentazione per elencazione

Rappresenta per elencazione le seguenti successioni descritte a parole.

21 La successione dei numeri dispari.

22 La successione dei numeri naturali, diversi da zero, che sono multipli di 6.

23 La successione delle potenze, con esponente intero positivo, di $\frac{1}{3}$.

24 La successione dei cubi dei numeri naturali.

25 La successione dei quadrati dei reciproci degli interi positivi.

26 La successione degli opposti dei quadrati degli interi positivi.

Determina un possibile termine generale per ciascuna delle seguenti successioni.

27 $\frac{1}{2}, \frac{2}{3}, \frac{3}{4}, \frac{4}{5}, \dots$

28 $2, -2, 2, -2, 2, -2, \dots$

29 $1, \frac{1}{3}, \frac{1}{9}, \frac{1}{81}, \dots$

30 $1, 4, 3, 16, 5, 36, 7, \dots$

31 $-2, 4, -8, 16, \dots$

32 $\frac{1}{2}, \frac{1}{6}, \frac{1}{18}, \frac{1}{54}, \dots$

33 $-1, -8, -27, -64, \dots$

34 $-\frac{1}{2}, \frac{1}{2}, \frac{3}{2}, \frac{5}{2}, \dots$

35 $2, 1, \frac{2}{3}, \frac{1}{2}, \frac{2}{5}, \frac{1}{3}, \dots$

■ Rappresentazione per ricorsione

36 **ESERCIZIO GUIDATO**

Determina i primi cinque termini della successione così definita ricorsivamente:

$\boldsymbol{a_1 = 1, a_n = 3 + a_{n-1}}$

Il primo termine, a_1, è assegnato: $a_1 = 1$

Devi determinare il secondo, il terzo, il quarto e il quinto termine:

$a_2 = 3 + a_1 = 3 + \dots = \dots$ Sostituendo $n = 2$ nella relazione $a_n = 3 + a_{n-1}$

$a_3 = 3 + a_2 = 3 + \dots = \dots$ Sostituendo $n = 3$ nella relazione $a_n = 3 + a_{n-1}$

$a_4 = 3 + a_3 = 3 + \dots = \dots$ Sostituendo $n = 4$ nella relazione $a_n = 3 + a_{n-1}$

$a_5 = 3 + a_4 = 3 + \dots = \dots$ Sostituendo $n = 5$ nella relazione $a_n = 3 + a_{n-1}$

Determina i primi cinque termini di ciascuna delle seguenti successioni definite ricorsivamente.

37 $a_1 = 2, a_n = 2 + \frac{1}{2}a_{n-1}$ $\left[a_2 = 3, a_3 = \frac{7}{2}, a_4 = \frac{15}{4}, a_5 = \frac{31}{8}\right]$

38 $a_1 = 1, a_n = 2 - a_{n-1}$

39 $a_1 = 3, a_n = \frac{1}{2}a_{n-1} - 1$ $\left[a_2 = \frac{1}{2}, a_3 = -\frac{3}{4}, a_4 = -\frac{11}{8}, a_5 = -\frac{27}{16}\right]$

40 $a_1 = \sqrt{2}, a_n = \sqrt{\dfrac{a_{n-1}}{2}}$

41 $a_1 = 1, a_2 = -1, a_n = a_{n-1} - a_{n-2}$ [$a_3 = -2, a_4 = -1, a_5 = 1$]

42 $a_1 = 1, a_2 = -2, a_n = \dfrac{a_{n-1}}{a_{n-2}}$

43 Sai trovare il termine generale della successione definita ricorsivamente da $a_1 = 2, a_n = 2 + a_{n-1}$?

44 Sai trovare il termine generale della successione definita ricorsivamente da $a_1 = 3, a_n = 1 + a_{n-1}$?

45 Sai trovare il termine generale della successione definita ricorsivamente da $a_1 = 1, a_n = 3a_{n-1}$?

46 Sai trovare il termine generale della successione definita ricorsivamente da $a_1 = 4, a_n = \dfrac{1}{2}a_{n-1}$?

Successioni monotòne e limitate

47 ESERCIZIO GUIDATO

Per ciascuna delle seguenti successioni rappresenta il grafico e stabilisci se è monotòna e se è inferiormente o superiormente limitata:

a. $a_n = 2 - \dfrac{1}{n}, \quad n \geq 1$ **b.** $a_n = 4 - n^2, \quad n \geq 0$

a. Osserva che il grafico della successione è la restrizione del grafico della funzione omografica $y = 2 - \dfrac{1}{x}$ ai punti aventi ascissa intera positiva. Tenendo conto del fatto che la funzione $y = 2 - \dfrac{1}{x}$ è strettamente crescente nell'intervallo $(0, +\infty)$ e ammette come asintoto orizzontale la retta $y = 2$, puoi dedurre che la successione è strettamente crescente e limitata.

b. Osserva che il grafico della successione è la restrizione del grafico della funzione quadratica $y = 4 - x^2$ ai punti aventi ascissa intera positiva o nulla. Tenendo conto che la parabola rappresentata dalla funzione quadratica è strettamente decrescente nell'intervallo $[0, +\infty)$ e che tende a $-\infty$ per $x \to +\infty$, puoi dedurre che la successione è strettamente decrescente e limitata superiormente ma non inferiormente.

Per ciascuna delle seguenti successioni rappresenta il grafico e stabilisci se è monotòna e se è inferiormente o superiormente limitata.

48 $a_n = 1 + \dfrac{1}{n}, \quad n \geq 1$

49 $a_n = 2 - 2^n, \quad n \geq 0$

50 $a_n = n^2 - 4n, \quad n \geq 0$

51 $a_n = \sqrt{n+4}, \quad n \geq 0$

52 $a_n = (-1)^n n, \quad n \geq 0$

53 $a_n = \dfrac{(-1)^n}{n+1}, \quad n \geq 0$

54 $a_n = -\ln n, \quad n \geq 1$

55 $a_n = \dfrac{n-2}{n+1}, \quad n \geq 0$

56 $a_n = \sin n, \quad n \geq 0$

57 $a_n = \sqrt{1+n^2}, n \geq 0$

2. Progressioni aritmetiche e geometriche

TEORIA a p. 110

Esercizi preliminari

58 Vero o falso?

a. la somma di due termini consecutivi di una progressione aritmetica è costante V F

b. la successione 3, 9, 81, ... non può essere una progressione aritmetica V F

c. la ragione di una progressione aritmetica non può essere negativa V F

d. la successione dei multipli di 3 è una progressione aritmetica e ha ragione uguale a 3 V F

e. la successione dei quadrati degli interi è una progressione aritmetica e ha ragione uguale a 2 V F

[2 affermazioni vere e 3 false]

59 **Vero o falso?**

a. due termini consecutivi di una progressione geometrica hanno prodotto costante [V] [F]

b. la successione 6, 12, 24, ... non può essere geometrica [V] [F]

c. in una progressione geometrica è sempre $a_n > a_{n-1} > ... > a_3 > a_2 > a_1$ [V] [F]

d. la successione delle potenze di 5 è geometrica e ha ragione 5 [V] [F]

e. la successione dei quadrati degli interi non è geometrica [V] [F]

[2 affermazioni vere e 3 false]

60 Una delle seguenti successioni **non** può essere una progressione aritmetica; quale?

A $\sqrt{3}, \sqrt{12}, \sqrt{27}, \sqrt{48}, ...$ B $-1, -2, -4, -8, ...$ C $0, \frac{1}{2}, 1, \frac{3}{2}, 2, ...$ D $-2, -4, -6, -8, ...$

61 Quale delle seguenti successioni è una progressione aritmetica la cui ragione è uguale a -5?

A $-5, 25, -125, 625, ...$ B $-5, -10, -20, -40, ...$ C $-5, 0, 5, 10, ...$ D $1, -4, -9, -14, ...$

62 Qual è il decimo termine della progressione aritmetica in cui $a_1 = -2$ e la ragione è $d = -2$?

A -18 B -20 C -22 D I dati sono insufficienti per rispondere.

63 Una delle seguenti successioni **non** può essere una progressione geometrica; quale?

A $\sqrt{3}, 3, \sqrt{27}, 9, ...$ B $\frac{3}{2}, \frac{3}{4}, \frac{3}{8}, \frac{3}{16}, ...$ C $-2, 4, -8, 16, ...$ D $-2, 6, -18, -54, ...$

64 Quale delle seguenti successioni è una progressione geometrica di ragione uguale a -2?

A $-5, -10, -20, -40, ...$ B $2, -4, 8, -16, ...$ C $-2, -4, -8, -16, ...$ D $-5, 10, -10, 40, ...$

65 Qual è l'ottavo termine della progressione geometrica in cui $a_1 = -0{,}5$ e la ragione è -2?

A 32 B 128 C 64 D I dati sono insufficienti per rispondere.

Progressioni aritmetiche

Di ciascuna delle seguenti progressioni aritmetiche determina la ragione, il termine generale e il decimo termine.

66 3, 9, 15, 21, ...

67 $-3, -5, -7, -9, ...$

68 3, 7, 11, 15, ...

69 $10, 5, 0, -5, ...$

70 $\frac{1}{2}, 1, \frac{3}{2}, 2, ...$

71 $\sqrt{2}, \sqrt{8}, \sqrt{18}, \sqrt{32}, ...$

Individua quali delle seguenti successioni sono progressioni aritmetiche. Di quelle che lo sono determina l'ottavo termine e la ragione della progressione. Supponi $n \geq 1$.

72 $a_n = n^2 - 1$

73 $a_n = \frac{3}{2}n - 1$

74 $a_n = 5 - n^{-1}$

75 $a_n = 5 - n$

76 $a_n = -3^n$

77 $a_n = (n+1)^2 - n^2$

78 Considera la progressione aritmetica definita dal termine generale $a_n = 2n - 1$. In corrispondenza di quale n risulta $a_n = 103$?

79 Definisci ricorsivamente la progressione aritmetica il cui primo termine è $a_1 = 5$ e la cui ragione è -2.

80 Definisci ricorsivamente la progressione aritmetica il cui termine generale è $a_n = 3n - 4$.

81 **Interpretazione di grafici.** Scrivi il termine generale delle progressioni aritmetiche di cui è rappresentato il grafico; per ciascuna di esse specifica qual è il primo termine e qual è la ragione.

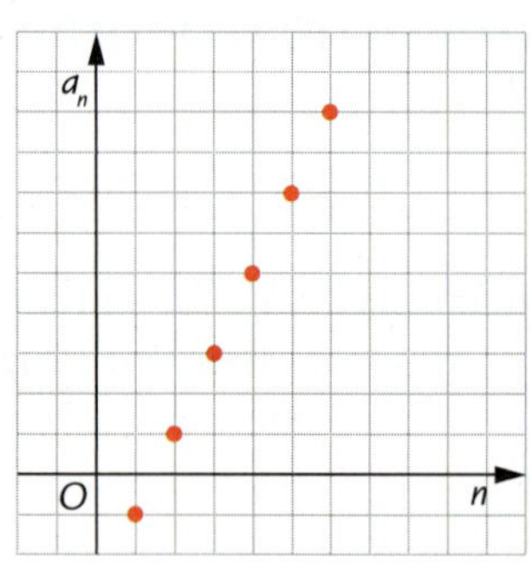

a

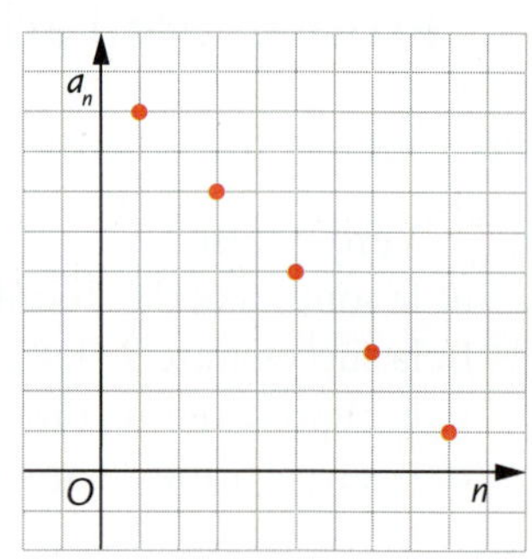

b

Date le informazioni assegnate, relative a una progressione aritmetica, determina l'elemento richiesto.

82 Trova a_{16}, dati $a_1 = 5$ e $d = 4$. $[a_{16} = 65]$

83 Trova a_{20}, dati $a_1 = 2$ e $d = -2$. $[a_{20} = -36]$

84 Trova n, sapendo che $a_1 = 2$, $d = 3$ e $a_n = 65$. $[n = 22]$

85 ESERCIZIO SVOLTO

Troviamo il primo termine a_1 di una progressione aritmetica, dati $a_5 = 5$ e $d = 4$.

Per $n = 5$, la formula $a_n = a_1 + (n-1)d$ fornisce:

$$a_5 = a_1 + (5-1)d$$

Sostituiamo i valori noti, cioè $a_5 = 5$, $d = 4$.
Otteniamo l'equazione:

$$5 = a_1 + (5-1)\cdot 4 \quad \text{da cui risulta:} \quad a_1 = -11.$$

86 Trova a_{15}, dati $a_8 = 2$ e $d = -2$. $[a_{15} = -12]$

87 Trova a_{10}, dati $a_5 = 12$ e $d = -3$. $[a_{10} = -3]$

88 Trova n, dati $a_3 = 7$, $d = -1$ e $a_n = -4$. $[n = 14]$

89 ESERCIZIO SVOLTO

Troviamo il primo termine a_1 e la ragione d di una progressione aritmetica, dati $a_8 = -11$ e $a_{15} = -25$.

Affinché sia $a_8 = -11$, deve essere:

$$-11 = a_1 + (8-1)d$$ Dalla formula $a_n = a_1 + (n-1)d$, con $n = 8$ e $a_8 = -11$ [*]

Analogamente, affinché sia $a_{15} = -25$, deve essere:

$$-25 = a_1 + (15-1)d$$ Dalla formula $a_n = a_1 + (n-1)d$, con $n = 15$ e $a_{15} = -25$ [**]

Risolvendo il sistema formato dalle due equazioni [*] e [**] rispetto alle incognite a_1 e d, si trova $a_1 = 3$ e $d = -2$.

90 Trova a_1 e d, dati $a_2 = 2$ e $a_5 = 17$. $[a_1 = -3, d = 5]$

91 Trova a_1 e d, dati $a_5 = 6$ e $a_9 = 12$. $\left[a_1 = 0, d = \frac{3}{2}\right]$

92 Trova n, dati $a_3 = -2$, $a_6 = -8$ e $a_n = -22$. $[n = 13]$

Progressioni geometriche

Di ciascuna delle seguenti progressioni geometriche determina la ragione, il termine generale e il quinto termine.

93 $3, 9, 27, 81, \dots$

94 $-2, 4, -8, 16, \dots$

95 $-1, 3, -9, 27, \dots$

96 $10, 5, \frac{5}{2}, \frac{5}{4}, \dots$

97 $\frac{1}{2}, \frac{1}{6}, \frac{1}{18}, \frac{1}{54}, \dots$

98 $\sqrt{2}, 1, \frac{\sqrt{2}}{2}, \frac{1}{2}, \dots$

Stabilisci se le seguenti successioni sono progressioni geometriche. Di quelle che lo sono, determina il quinto termine e la ragione della progressione. Supponi $n \geq 1$.

99 $a_n = 3^{n-2}$

100 $a_n = 3(n-2)$

101 $a_n = 2^{n+1}$

102 $a_n = 3 \cdot 2^{-n}$

103 $a_n = 5 - n^2$

104 $a_n = 2 \cdot (-3)^n$

105 $a_n = -n^3$

106 $a_n = 2^{n+1} - 2^n$

107 Considera la progressione geometrica definita da $a_n = 3 \cdot 2^{\frac{n}{2}}$. In corrispondenza di quale n risulta $a_n = 48$?

108 Definisci ricorsivamente la progressione geometrica il cui primo termine è 4 e la cui ragione è -2.

109 Definisci ricorsivamente la progressione geometrica il cui termine generale è $a_n = -3 \cdot 2^{n-2}$.

110 **Interpretazione di grafici.** Scrivi il termine generale delle progressioni geometriche di cui è rappresentato il grafico; per ciascuna di esse specifica qual è il primo termine e qual è la ragione.

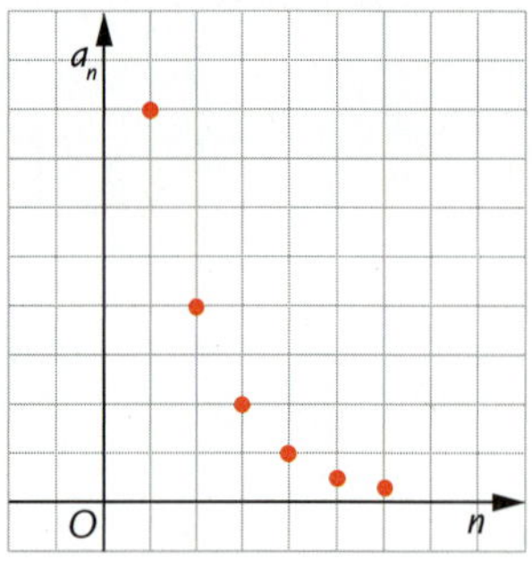

a

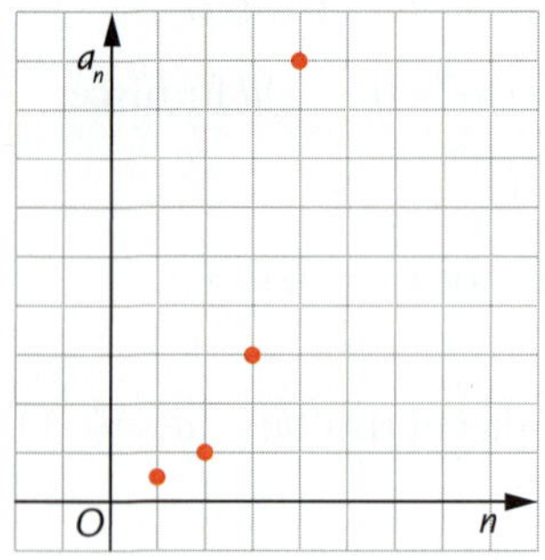

b

Date le informazioni assegnate, relative a una progressione geometrica, determina l'elemento richiesto.

111 Trova a_5, dati $a_1 = 5$ e $q = 2$. $[a_5 = 80]$

112 Trova a_7, dati $a_1 = 2$ e $q = -2$. $[a_7 = 128]$

113 ESERCIZIO SVOLTO

Troviamo a_2, dati $a_5 = \frac{4}{9}$ e $q = \frac{1}{3}$.

Per $n = 5$, la formula $a_n = a_1 q^{n-1}$ fornisce: $a_5 = a_1 q^{5-1} = a_1 q^4$

Sostituiamo i valori noti, cioè $a_5 = \frac{4}{9}$, $q = \frac{1}{3}$. Otteniamo l'equazione: $\frac{4}{9} = a_1 \left(\frac{1}{3}\right)^4$ da cui risulta $a_1 = 36$.

Il termine generale della progressione è dunque $a_n = 36\left(\frac{1}{3}\right)^{n-1}$ e $a_2 = 36\left(\frac{1}{3}\right)^{2-1} = 12$.

114 Trova a_1, dati $a_5 = \frac{1}{2}$ e $q = \frac{1}{2}$. $[a_1 = 8]$

115 Trova a_3, dati $a_4 = 6$ e $q = 3$. $[a_3 = 2]$

116 Trova n sapendo che $a_1 = 9$, $q = -\frac{2}{3}$ e $a_n = -\frac{8}{3}$. $[n = 4]$

117 Trova n sapendo che $a_3 = 2$, $q = -2$ e $a_n = 512$. $[n = 11]$

118 ESERCIZIO SVOLTO

Troviamo a_1 e q, dati $a_4 = \frac{5}{2}$ e $a_6 = \frac{5}{8}$.

Affinché sia $a_4 = \frac{5}{2}$, deve essere:

$\frac{5}{2} = a_1 q^{4-1}$ Dalla formula $a_n = a_1 q^{n-1}$, con $n = 4$ e $a_4 = \frac{5}{2}$ [*]

Analogamente, affinché sia $a_6 = \frac{5}{8}$, deve essere:

$\frac{5}{8} = a_1 q^{6-1}$ Dalla formula $a_n = a_1 q^{n-1}$, con $n = 6$ e $a_6 = \frac{5}{8}$ [**]

Per trovare a_1 e q dobbiamo risolvere il sistema formato dalle due equazioni [*] e [**].

- Dividendo membro a membro le due equazioni [*] e [**], troviamo:

$$\frac{\frac{5}{2}}{\frac{5}{8}} = \frac{a_1 q^3}{a_1 q^5} \quad \Rightarrow \quad 4 = \frac{1}{q^2} \quad \Rightarrow \quad q = \pm\frac{1}{2}$$

- Sostituendo $\frac{1}{2}$ al posto di q nella [*] e risolvendo l'equazione ottenuta troviamo $a_1 = 20$.
- Sostituendo $-\frac{1}{2}$ al posto di q nella [*] e risolvendo l'equazione ottenuta troviamo $a_1 = -20$.

Il problema ammette quindi *due* soluzioni: $a_1 = 20$, $q = \frac{1}{2}$ oppure $a_1 = -20$, $q = -\frac{1}{2}$.

119 Trova a_1 e q, dati $a_4 = -4$ e $a_5 = 16$. $\left[a_1 = \frac{1}{16}, q = -4\right]$

120 Trova a_1 e q, dati $a_3 = 5$ e $a_5 = \frac{5}{4}$. $\left[a_1 = 20, q = \pm\frac{1}{2}\right]$

Somma dei termini di una progressione aritmetica o geometrica

121 **ESERCIZIO SVOLTO**

Troviamo la somma dei numeri pari compresi tra 2 e 150, inclusi 2 e 150.

La successione dei numeri pari diversi da zero:

2, 4, 6, 8, ...

può essere definita dalla formula: $a_n = 2n$, con $n \geq 1$. Osserviamo che:
- 2 è il *primo* termine di questa successione;
- 150 è il *settantantacinquesimo* termine (infatti $a_{75} = 2 \cdot 75 = 150$);
- la successione dei numeri pari è una progressione *aritmetica* di ragione 2.

Pertanto il problema dato equivale a determinare la somma dei primi 75 termini di questa progressione. Abbiamo:

$$S_{75} = \frac{75}{2}(2 + 150) = 75 \cdot 76 = 5700$$ Formula $S_n = \frac{n}{2}(a_1 + a_n)$, con $n = 75$, $a_1 = 2$ e $a_{75} = 150$

Pertanto, la somma dei numeri pari compresi tra 2 e 150, inclusi 2 e 150, è uguale a 5700.

122 Trova la somma dei primi 120 numeri naturali, escluso lo zero. [7260]

123 Trova la somma dei numeri dispari compresi tra 1 e 99, inclusi 1 e 99. [2500]

124 Trova la somma di tutti i multipli di 5 compresi tra 10 e 200, inclusi 10 e 200. [4095]

125 Trova la somma dei primi 40 termini della progressione aritmetica: 1, 5, 9, 13, ... [3160]

Determina le seguenti somme.

126 $3 + 6 + ... + 120$ [2460]

127 $-1 + (-2) + ... + (-100)$ [−5050]

128 $10 + 4 + (-2) + (-8) + ... + (-68)$ [−406]

129 $1 + 5 + 9 + ... + 81$ [861]

130 **Interpretazione di grafici.** Determina la somma dei primi 20 termini delle progressioni aritmetiche il cui grafico è rappresentato in figura.

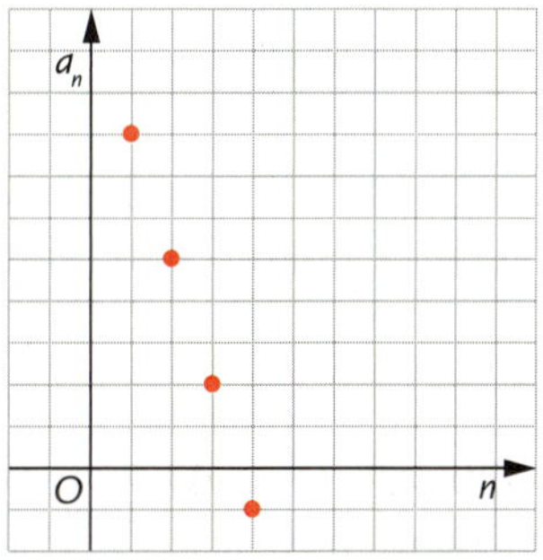

a

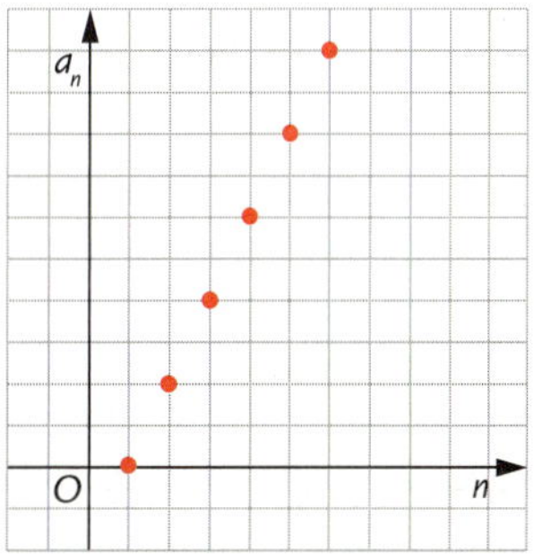

b

[**a.** −410; **b.** 380]

131 La somma dei primi n numeri pari (escluso lo zero) è 110. Quanto vale n? [10]

132 La somma dei primi n numeri dispari è 169. Quanto vale n? [13]

133 **ESERCIZIO SVOLTO**

Troviamo la somma delle prime dieci potenze di 2, con esponente diverso da zero.

La successione delle potenze di 2, con esponente diverso da zero: 2, 4, 8, 16, ... è una progressione geometrica di ragione 2. Pertanto, il problema dato equivale a determinare la somma dei primi dieci termini di questa progressione. Abbiamo:

$$S_{10} = 2\frac{1-2^{10}}{1-2} =$$ Formula $S_n = a_1\frac{1-q^n}{1-q}$, con $n = 10$, $a_1 = 2$ e $q = 2$

$$= 2(2^{10}-1) = 2046$$ Utilizzando una calcolatrice

La somma delle prime dieci potenze di 2, con esponente diverso da zero, è quindi 2046.

134 Trova la somma delle prime cinque potenze di 3, con esponente diverso da zero. [363]

135 Trova la somma delle prime sei potenze di 4, a partire da quella con esponente 0. [1365]

136 Trova la somma dei primi sei termini della successione 3, −6, 12, −24, ... [−63]

137 Trova la somma dei primi sei termini della successione 2, 6, 18, 54, ... [728]

138 Trova la somma dei primi sei termini della successione $2, \frac{2}{10}, \frac{2}{100}, \frac{2}{1000}, \ldots$ [2,22222]

Determina le seguenti somme.

139 $-1+3-9+27-\ldots-3^8$ [−4921]

140 $1+\frac{2}{3}+\frac{4}{9}+\ldots+\left(\frac{2}{3}\right)^6$ $\left[\frac{2059}{729}\right]$

141 $2+\frac{2}{3}+\frac{2}{9}+\ldots+\frac{2}{3^n}$ $[3-3^{-n}]$

142 $3+6+12+\ldots+3\cdot 2^n$ $[3(2^{n+1}-1)]$

143 **Interpretazione di grafici.** Determina la somma dei primi dieci termini delle progressioni geometriche il cui grafico è rappresentato in figura.

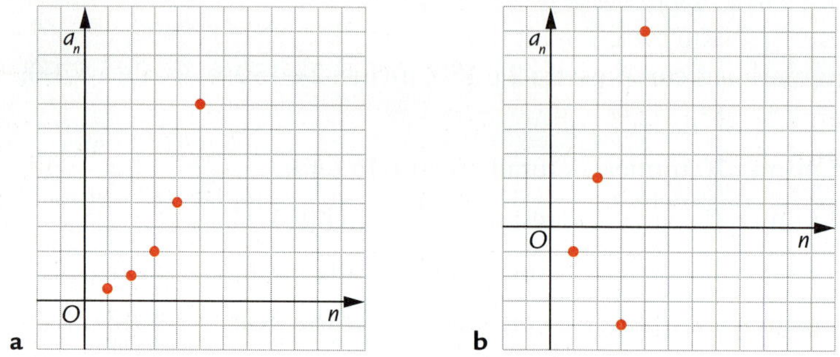

[**a.** 511,5; **b.** 341]

144 La somma delle prime n potenze di $\frac{1}{2}$, con esponente diverso da zero, è $\frac{255}{256}$. Quanto vale n? [8]

145 La somma delle prime n potenze di $-\frac{2}{3}$, con esponente diverso da zero, è $-\frac{266}{729}$. Quanto vale n? [6]

3. Problemi che hanno come modello progressioni

TEORIA a p. 113

146 **Retribuzioni/1.** Una compagnia offre una retribuzione di 25 000 euro per il primo anno e un incremento di 2500 euro all'anno per gli anni successivi. Se si accetta questa offerta, quanto si incasserà complessivamente in 10 anni? [362 500 euro]

147 **A teatro.** I teatri sono spesso costruiti in modo che il numero di posti per fila cresca via via che ci si allontana dalla prima fila. Un teatro ha 28 posti a sedere nella prima fila, 30 nella seconda, 32 nella terza e così via (2 posti in più per ogni fila). Nel teatro ci sono complessivamente 30 file. Quanti posti a sedere ci sono in teatro? [1710]

148 **Risparmi.** Paolo nel mese di novembre risparmia 10 centesimi il primo giorno, 20 centesimi il secondo, 30 centesimi il terzo, 40 centesimi il quarto, e così via. Quanto ha risparmiato complessivamente in novembre? [46 euro e 50 centesimi]

149 **Un mosaico.** Un mosaico ha la forma di un triangolo equilatero, il cui lato è lungo 20 cm. Ogni piastrella del mosaico è a forma di triangolo equilatero, il cui lato è lungo 1 cm. Le piastrelle, gialle e azzurre, si alternano come indicato in figura. Quante piastrelle di ciascun colore ci sono nel mosaico?

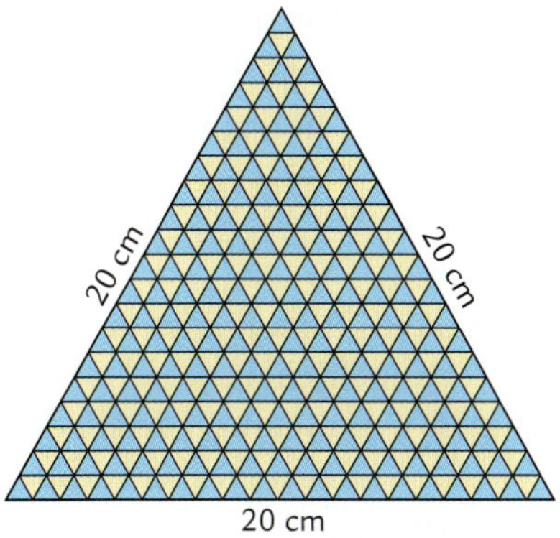

[190 gialle e 210 azzurre]

150 **Retribuzioni/2.** Due compagnie offrono due differenti contratti, della durata di 10 anni. La compagnia A offre una retribuzione per il primo anno di 18 000 euro e un aumento di 2800 euro all'anno per gli anni successivi. La compagnia B offre per il primo anno una retribuzione di 26 000 euro e un aumento, negli anni successivi, di 1200 euro all'anno. Quale delle due offerte è più conveniente, ovvero permette di incassare complessivamente la cifra maggiore nei 10 anni di durata del contratto? [L'offerta della compagnia B]

151 **Aumento della retribuzione.** Supponi di aver firmato un contratto in cui ti viene riconosciuto un compenso di 16 000 euro per il primo anno e un incremento del 5% per ciascuno degli anni successivi. Quale sarà il compenso che riceverai il quinto anno? [Circa 19 448 euro]

152 **Oscillazioni di un pendolo.** Un pendolo descrive inizialmente, in una sua prima oscillazione, un arco di 20 cm. A ogni oscillazione successiva la lunghezza dell'arco diminuisce del 10% rispetto alla precedente. Qual è la somma delle lunghezze degli archi descritti dal pendolo dopo dieci oscillazioni? [Circa 130,26 cm]

153 **Quadrati.** Dopo aver colorato, secondo il processo indicato in figura, 10 quadrati, quale frazione del quadrato più grande resta colorata?

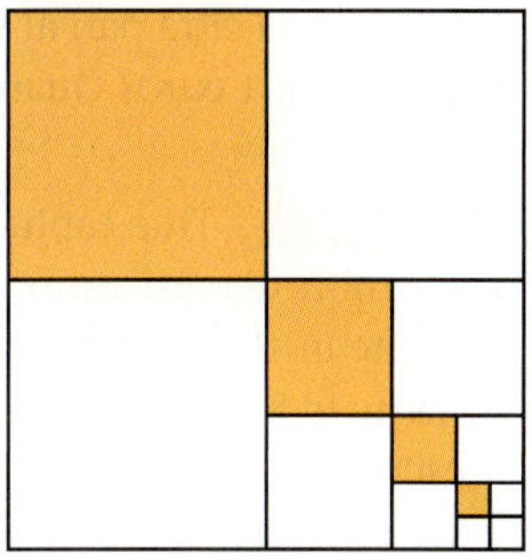

[Circa il 33,3%]

154 **La leggenda dell'inventore degli scacchi.** Si racconta che il monarca Shiram, ammirato dal gioco degli scacchi, promise a Sissa, l'inventore del gioco, qualunque cosa gli avesse chiesto come ricompensa. Sissa rispose: «Vostra maestà, mi dia un chicco di grano per la prima casella della scacchiera, due per la seconda, quattro per la terza e così via, fino alla 64-esima, raddoppiando ogni volta la ricompensa precedente». Il re non capì subito che non gli sarebbe bastato il grano contenuto in tutti i granai del mondo per soddisfare una così... modesta richiesta! Sai spiegare perché?

155 **Scelta fra due tipi di contratto/1.** Due compagnie offrono due diversi contratti: la prima offre una retribuzione di 20 000 euro per il primo anno e un incremento del 6% all'anno per gli anni successivi; la seconda offre una retribuzione di 25 000 euro per il primo anno e un incremento del 3% per gli anni successivi. Quale compagnia offre, in un periodo di 10 anni, la maggiore retribuzione complessiva? [La seconda]

156 **Scelta fra due tipi di contratto/2.** Due compagnie offrono due contratti diversi: la prima offre una retribuzione di 23 000 euro per il primo anno e un incremento del 5% all'anno per gli anni successivi; la seconda offre una retribuzione di 25 000 euro per il primo anno e un incremento del 4% per gli anni successivi. Quale compagnia offre, in un periodo di 10 anni, la maggiore retribuzione complessiva? [La seconda]

157 **Una paga... interessante.** Ti viene offerto un lavoro per il mese di luglio sotto le seguenti particolari condizioni: il primo giorno verrai pagato 1 centesimo, il secondo 2 centesimi, il terzo 4 centesimi, e così via: ogni giorno ti viene pagato il doppio del giorno precedente. Ti sembra un'opportunità di lavoro interessante? Alla fine del mese quanto avrai guadagnato? [10 737 418,23 euro]

158 **Deprezzamento.** Un'auto viene acquistata al prezzo di 15 000 euro. Il primo anno il prezzo dell'auto resta invariato; a partire dal secondo anno, invece, il prezzo diminuisce ogni anno del 20% rispetto all'anno precedente. Quanto varrà l'auto il quinto anno? Qual è il primo anno in cui il valore dell'auto sarà inferiore a 1000 euro?

[Il 5° anno l'auto vale 6144 euro; il 14° anno vale meno di 1000 euro]

159 **Scelta fra due tipi di contratto/3.** Un giocatore di calcio deve firmare un contratto per 7 anni che prevede 2 000 000 di euro per il primo anno, e deve scegliere tra le seguenti possibilità:

a. un incremento del 4% all'anno, a partire dal secondo anno, rispetto alla retribuzione dell'anno precedente;

b. un incremento fisso di 100 000 euro all'anno, a partire dal secondo anno.

Quale opzione gli consiglieresti di scegliere? Perché? [La seconda]

160 **Una promessa.** Il primo giorno dell'anno ti viene regalata la somma di 1000 euro e ti viene promessa, per ogni giorno successivo, una cifra pari al 90% di quella che ti è stata data il giorno precedente. Qual è il primo giorno in cui riceverai meno di 1 euro? Quanto hai ricevuto complessivamente dall'inizio quando ciò accade?

[Il 67° giorno; circa 9991,40 euro]

161 Matematica ed economia Due capitali A e B sono impiegati il 1 gennaio 2011 in regime di interesse semplice, corrisposto il 31 dicembre di ogni anno:

- il capitale A consiste in 10 000 euro e viene impiegato al tasso annuo del 3%;
- il capitale B consiste in 8000 euro e viene impiegato al tasso annuo del 4%.

a. Determina i termini generali delle due successioni a_n e b_n che esprimono il montante ottenuto trascorsi n anni a partire dal 1 gennaio 2011. Si tratta di progressioni aritmetiche o geometriche?

b. Determina dopo quanti anni il montante generato dal capitale B supera il montante generato dal capitale A.

[**a.** $a_n = 10\,000 + 300n$, $b_n = 8000 + 320n$, con $n \geq 1$; **b.** la condizione è verificata per $n \geq 101$]

162 Matematica ed economia Due capitali A e B sono impiegati il 1 gennaio 2011 in regime di interesse composto, corrisposto il 31 dicembre di ogni anno:

- il capitale A consiste in 10000 euro e viene impiegato al tasso annuo del 3%;
- il capitale B consiste in 8000 euro e viene impiegato al tasso annuo del 4%.

a. Determina i termini generali delle due successioni a_n e b_n che esprimono il montante ottenuto trascorsi n anni a partire dal 1 gennaio 2011. Si tratta di progressioni aritmetiche o geometriche?

b. Determina dopo quanti anni il montante generato dal capitale B supera il montante generato dal capitale A.

[**a.** $a_n = 10\,000\,(1{,}03)^n$, $b_n = 8000\,(1{,}04)^n$, con $n \geq 1$; **b.** la condizione è verificata per $n \geq 24$]

163 Matematica ed economia Barbara ha percepito nel 2012 un salario mensile di 1600 euro. Ogni 1 gennaio, a partire dal 2013, il suo salario mensile aumenta del 4%. Indichiamo con s_n il salario mensile di Barbara, in euro, nell'anno $2012 + n$.

a. Calcola il salario mensile di Barbara nel 2013 e nel 2014.

b. Determina il termine generale di s_n e stabilisci se si tratta di una progressione aritmetica o geometrica.

c. Determina l'anno a partire dal quale Barbara percepirà un salario mensile superiore a 1800 euro.

d. Determina una formula che esprima la somma complessiva dei salari percepiti da Barbara dal 1 gennaio 2012 al 31 dicembre dell'anno $2012 + n$ (escludendo eventuali mensilità supplementari). Deduci in particolare la somma complessiva dei salari percepiti da Barbara dal 1 gennaio 2012 al 31 dicembre 2030.

[**a.** 1664 euro; 1730,56 euro; **b.** $s_n = 1600\,(1,04)^n$; **c.** 2016; **d.** $480\,000\,[(1,04)^{n+1} - 1]$; circa 531 287,60 euro]

RIEPILOGO

Esercizi di riepilogo

164 **Vero o falso?**

a. ogni successione è una funzione V F

b. ogni successione ha come dominio l'insieme dei numeri naturali V F

c. ogni progressione aritmetica o geometrica è una successione V F

d. ogni successione è una progressione aritmetica o geometrica V F

e. se la differenza tra due termini consecutivi di una successione è costante, allora la successione è aritmetica V F

f. se il prodotto tra due termini consecutivi di una successione è costante, allora la successione è geometrica V F

g. la ragione di una progressione, aritmetica o geometrica, è sempre un numero positivo

[3 affermazioni vere e 4 false]

165 Ciascuna delle seguenti successioni è una progressione aritmetica o geometrica. Associa a ogni progressione la sua ragione.

a. $a_n = 4 + 5n$	**A.** 2
b. 10, 5, 0, −5, −10, ...	**B.** −2
c. $a_n = (-1)^n \cdot 2^n$	**C.** 5
d. $-\sqrt{5}, 5, -5\sqrt{5}, 25, \ldots$	**D.** −5
e. $a_n = -\dfrac{4^{n+1}}{2^n}$	**E.** $\sqrt{2}$
f. $a_n = 5 + n\sqrt{2}$	**F.** $-\sqrt{5}$

Considera ciascuna delle successioni di cui è dato il termine generale. Determina i primi cinque termini di ciascuna successione e rappresenta il grafico della successione nel piano cartesiano. Stabilisci se si tratta di una progressione aritmetica o geometrica e, in caso affermativo, determinane la ragione. Supponi $n \geq 1$.

166 $a_n = n + 3$

167 $a_n = 2^n$

168 $a_n = n^2 - 2$

169 $a_n = \dfrac{3^{n-1}}{9}$

170 $a_n = 3n^2 - 2$

171 $a_n = 5^{\frac{n}{2}}$

172 $a_n = \dfrac{1}{2}n - 5$

173 $a_n = \dfrac{(-1)^n \cdot 4^n}{8}$

174 $a_n = 4n^{-1}$

175 **Inventa tu.** Fornisci l'esempio:

a. di due diverse progressioni aritmetiche tali che $a_3 = 4$;

b. di due diverse progressioni geometriche che $a_3 = 4$.

176 Trova:

a. il quindicesimo termine della successione $\sqrt{3}$, $3\sqrt{3}, 5\sqrt{3}, 7\sqrt{3}, \ldots$ [$29\sqrt{3}$]

b. l'undicesimo termine della successione 1, $\sqrt{3}$, 3, $3^{\frac{3}{2}}, \ldots$ [243]

177 In una progressione aritmetica di ragione $\dfrac{3}{2}$ è $a_5 = 8$. Scrivi il termine generale della progressione e determina il decimo termine.

$\left[a_n = \dfrac{3}{2}n + \dfrac{1}{2}, a_{10} = \dfrac{31}{2}\right]$

178 I primi due termini di una successione sono 1 e 2, mentre ogni nuovo termine è ottenuto dividendo il termine prima del precedente con il termine precedente. Qual è il decimo termine della successione? [2^{34}]

179 In una progressione geometrica si ha $a_1 = \dfrac{1}{3}$ e $a_4 = 9$. Scrivi il termine generale della progressione e determina il sesto termine. $\left[a_n = \dfrac{1}{3} \cdot 3^{n-1}, a_6 = 81\right]$

180 Scrivi il termine generale della progressione aritmetica in cui $a_5 = 10$ e $a_{10} = 100$. [$a_n = 18n - 80$]

181 Scrivi il termine generale della progressione geometrica in cui $a_3 = 4$ e $a_6 = \dfrac{4}{125}$. $\left[a_n = 100\left(\dfrac{1}{5}\right)^{n-1}\right]$

182 La somma del primo e del secondo termine di una progressione aritmetica è 5, la somma del secondo e del terzo termine è −5. Determina il primo termine della progressione e la ragione. [$a_1 = 5, d = -5$]

183 La somma del primo e del secondo termine di una progressione geometrica è 1100, la somma del secondo e del terzo termine è 110. Determina il primo termine della progressione e la ragione.

$\left[a_1 = 1000, q = \dfrac{1}{10}\right]$

Determina le seguenti somme.

184 $2 + 4 + 6 + 8 + \ldots + 150$ [5700]

185 $\dfrac{1}{5} + \dfrac{3}{5} + \dfrac{3^2}{5} + \dfrac{3^3}{5} + \ldots + \dfrac{3^{n-1}}{5}$ $\left[\dfrac{3^n - 1}{10}\right]$

186 $1 + 3 + 5 + \ldots + 61$ [961]

187 $-1 - 2 - 4 - 8 - \ldots - 2^{18}$ [−524 287]

188 $2 + 5 + 8 + \ldots + (-1 + 3n)$ $\left[\dfrac{1}{2}(3n^2 + n)\right]$

189 $(-15) + (-9) + (-3) + 3 + 9 + \ldots + 219$ [4080]

190 Determina per quale valore di a i tre numeri a, $2a - 1$, $a + 2$ sono i primi tre termini di una progressione aritmetica. Calcola inoltre la somma dei primi dieci termini di tale progressione. [$a = 2; S_{10} = 65$]

191 Determina per quale valore di a i tre numeri a, $6 - a$, $2a - 12$ sono i primi tre termini di una progressione geometrica. Calcola inoltre la somma dei primi otto termini di tale progressione. [$a = -6; S_8 = 510$]

192 I primi tre termini di una progressione geometrica, il cui primo termine è maggiore di 1, hanno somma uguale a $\dfrac{9}{8}$ e prodotto uguale a $-\dfrac{27}{64}$. Determina:

a. il primo termine e la ragione;

b. il quinto termine;

c. la somma dei primi otto termini.

$\left[\textbf{a. } a_1 = \dfrac{3}{2}, q = -\dfrac{1}{2}; \textbf{ b. } a_5 = \dfrac{3}{32}; \textbf{ c. } \dfrac{255}{256}\right]$

193 I primi tre termini di una progressione aritmetica hanno somma uguale a 27 e la differenza tra il terzo termine e il primo è 8. Determina:

a. il primo termine e la ragione;
b. il ventesimo termine;
c. la somma dei primi venti termini.

[**a.** $a_1 = 5$, $d = 4$; **b.** $a_{20} = 81$; **c.** $S_{20} = 860$]

194 Gli angoli di un triangolo hanno ampiezze in progressione aritmetica. Sapendo che l'angolo maggiore supera di 20° la somma degli altri due, determina le ampiezze degli angoli del triangolo. [20°, 60°, 100°]

195 Le lunghezze dei lati di un triangolo rettangolo sono in progressione aritmetica. Sapendo che il perimetro del triangolo è 60 cm, determina le lunghezze dei lati. [15 cm, 20 cm, 25 cm]

196 I tre lati di un triangolo rettangolo sono in progressione geometrica, di ragione maggiore di 1. Qual è la ragione della progressione? $\left[\sqrt{\frac{1+\sqrt{5}}{2}}\right]$

197 **Scelte vantaggiose.** Quale delle seguenti opzioni è più vantaggiosa?

a. Ricevere 1 euro il primo giorno, 2 il secondo, 3 il terzo, 4 il quarto e così via per dieci anni.
b. Ricevere 1 euro il primo giorno, 2 il secondo, 4 il terzo, 8 il quarto e così via per un mese.

Supponi che il mese abbia 31 giorni. [La **b.**]

198 **Crescita di una popolazione.** Un piccolo paese è abitato da 210 persone. Supponendo che ogni 25 anni la popolazione raddoppi, quanti abitanti avrà il paese dopo 225 anni? [107 520]

199 Matematica ed economia Una piccola azienda, nel suo primo anno di attività, realizza un utile di 85 000 euro. L'obiettivo dell'amministratore delegato dell'azienda è di incrementare l'utile di 12 000 euro all'anno nei successivi 10 anni. Supponendo che l'obiettivo venga raggiunto, calcola l'utile complessivo dell'azienda nei 10 anni successivi al primo anno di attività. [1 510 000 euro]

200 Matematica ed economia Barbara decide di depositare ogni anno, il primo di gennaio , 3000 euro in un deposito che paga, il 31 dicembre, un tasso d'interesse annuo del 4%. Gli interessi maturati in un anno vengono versati e contribuiscono a generare nuovi interessi negli anni successivi. Supponendo che Barbara tenga fede al suo proposito per 10 anni, dal 1 gennaio 2013 al primo gennaio 2022, e che in questo periodo non venga effettuato dal deposito alcun prelevamento, quale sarà il capitale complessivo che Barbara avrà a disposizione il 31 dicembre 2022? [Circa 37 459,05 euro]

201 Problemi nella storia Risolvi il seguente problema proposto nel *Liber Abaci* di Fibonacci (1202): «Un uomo possiede inizialmente 100 denari e spende ogni giorno $\frac{1}{10}$ di ciò che ha. Con quanto rimane dopo 12 giorni?». [Circa 28,24 denari]

202 Problemi nella storia Risolvi il seguente problema proposto per la prima volta dal matematico cinese Zhang Qiujian nel 468: «Un cavallo ha percorso 700 miglia in 7 giorni, dimezzando la sua velocità ogni giorno. Quanto ha percorso il primo giorno?». [Circa 352,76 miglia]

Esercizi dalle gare di matematica e in inglese

203 In una successione di numeri razionali positivi ogni termine, esclusi i primi due, è la somma di tutti quelli che lo precedono. L'undicesimo termine della successione è 1000 e il primo è 1. Qual è il secondo termine? $\left[\frac{93}{32}\right]$
(Kangourou, 2002)

204 Considera la successione di numeri definita nel modo seguente: $a_1 = 2005$, $a_2 = 21$ e, per ogni $n > 2$, $a_n = a_{n-1} - a_{n-2}$. Allora a_{2005} vale:

A 2005 B 21 C 1984 D 2004 E 0

(Kangourou, 2005)

205 Un aereo ideale vola da Milano nella direzione di Mosca. Esso parte con una velocità di 1 metro al secondo ma raddoppia la sua velocità a ogni metro percorso. Dopo quanto tempo dalla partenza sarà sulla verticale di Mosca? (Mosca dista da Milano circa 2800 kilometri.)

A Mai
B Più di 2 anni
C Un periodo compreso fra due mesi e tre mesi
D Un periodo compreso fra 3 e 4 ore
E Meno di 2 secondi

(Kangourou, 2002)

206 Calcola la somma:

$$100^2 - 99^2 + 98^2 - 97^2 + ... + 2^2 - 1^2$$

(Kangourou, 2003) [5050]

207 In una successione geometrica $a_1, a_2, a_3, ...$ valgono le disuguaglianze $a_3 < a_2 < a_4$. Allora sicuramente:

A $a_3 \cdot a_4 > 0$
B $a_2 \cdot a_3 < 0$
C $a_2 \cdot a_4 < 0$
D $a_2 < 0$
E $a_2 \cdot a_3 > 0$

(Kangourou, 2004)

208 Il computer di Enrico è stato da poco infettato da un virus che cancella, un po' alla volta, tutta la memoria. Ogni minuto che passa la regione cancellata viene quadruplicata e ulteriormente aumentata di 1 byte. Enrico «congela» il computer quando ormai la situazione è compromessa: egli calcola che non solo tra 1 minuto il virus avrà corrotto tutta la memoria, ma anzi ormai basterebbe triplicare la regione cancellata e aggiungere 1 byte per esaurire esattamente la memoria del computer, che ammonta a 2,5 gigabyte $= 2{,}5 \cdot 2^{30}$ byte. Quanto era grande la regione cancellata 14 minuti fa?
(*Giochi di Archimede*, 2003) [3 byte]

209 Solve math in English The eighth term of an arithmetic sequence is 10, and the twentieth term is 30. What is the n-th term of this sequence?
$\left[a_n = \frac{5}{3}n - \frac{10}{3}\right]$

210 Solve math in English Find the sum of all multiples of 3 between 14 and 101. [1653]

211 Solve math in English Find x so that x, $2x + 1$ and $x - 3$ are consecutive terms of:
a. an arithmetic sequence;
b. a geometric sequence.
$\left[\text{a. } -\frac{5}{2}; \text{ b. } \frac{-7 \pm \sqrt{37}}{6}\right]$

PROVA DI AUTOVERIFICA

Successioni e progressioni aritmetiche e geometriche

1 **Vero o falso?**
a. il quarto termine della successione $a_n = \frac{(-1)^n}{n+1}$, con $n \geq 1$, è $-\frac{1}{5}$ V F
b. il decimo termine della successione definita per ricorrenza da $a_1 = 1$ e $a_n = 2 - a_{n-1}$ è 1 V F
c. la successione definita da $a_1 = 1$ e $a_n = 2a_{n-1}$ è geometrica V F
d. la successione definita da $a_1 = 2$ e $a_n = 2 - a_{n-1}$ è aritmetica V F
e. in una progressione geometrica, il prodotto di due termini consecutivi si mantiene costante V F
f. in una progressione aritmetica, la differenza di due termini consecutivi si mantiene costante V F

2 Stabilisci se le seguenti successioni sono aritmetiche o geometriche; in caso affermativo, determina la ragione della progressione.
a. $a_n = 2n$
b. $a_n = 2^{-n}$
c. $a_n = n^{-2}$
d. $a_n = n^2 + 2$

3 In una progressione aritmetica è $a_3 = -8$, $d = -6$. Determina:
a. il termine generale della progressione
b. il decimo termine
c. la somma dei primi dieci termini

4 In una progressione geometrica è $a_1 = 6$, $q = -\frac{2}{3}$. Determina:
a. il termine generale della progressione
b. il quinto termine
c. la somma dei primi cinque termini

5 Calcola le seguenti somme:
a. $10 + 7 + 4 + 1 + (-2) + \dots + (-29)$
b. $\frac{3}{2} + \frac{3}{4} + \frac{3}{8} + \dots + \frac{3}{256}$

6 Determina a_2 e a_3 in modo che $1, a_2, a_3, 8$ risultino:
a. i primi quattro termini di una progressione aritmetica
b. i primi quattro termini di una progressione geometrica

7 Quale delle due scelte seguenti è più conveniente?
a. Ricevere, per 1 mese, 1 centesimo il primo giorno, 2 centesimi il secondo, 4 centesimi il terzo, 8 centesimi il quarto e così via ...
b. Ricevere, per 1 anno, 1 euro il primo giorno, 2 euro il secondo, 3 euro il terzo, 4 euro il quarto e così via ...
Supponi che un 1 mese abbia 31 giorni e 1 anno 365 giorni.

8 Paolo ha ricevuto in regalo 1000 euro. Ogni giorno (compreso il giorno del regalo) spende la metà di ciò che possiede. Dopo quanti giorni gli sarà rimasto meno di 1 euro?

Valutazione

Esercizio	1	2	3	4	5	6	7	8	Totale
Punteggio	$0{,}2 \cdot 6 = 1{,}2$	$0{,}2 \cdot 4 = 0{,}8$	$0{,}5 \cdot 3 = 1{,}5$	$0{,}5 \cdot 3 = 1{,}5$	$0{,}5 \cdot 2 = 1$	$0{,}5 \cdot 2 = 1$	$1 \cdot 2 = 2$	1	10
Punteggio ottenuto									

Tempo massimo: 1 h

Risposte in fondo al volume

Laboratorio di informatica

Se hai difficoltà a svolgere le attività guidate, fai riferimento ai file disponibili on-line.

ATTIVITÀ GUIDATE

Attività 1 GeoGebra, foglio elettronico

Percorso a due velocità

Un cane è fermo in un punto *C*, che dista 15 m dalla riva di un fiume, ad andamento rettilineo, e deve raggiungere un'isola situata nella posizione *A*, in mezzo al fiume, la quale dista 20 m dalla riva.

Detti *H* la proiezione di *A* sulla riva e *K* la proiezione di *C* sulla riva, la distanza fra *H* e *K* è di 100 m.

Volendo raggiungere l'isola, il cane deve percorrere due tratti:

- un tratto rettilineo sul terreno fino a giungere alla riva del fiume (*CP*), dove il cane corre con velocità costante $v_1 = 4$ m/s;
- un tratto nell'acqua (*PA*), dove il cane nuota con velocità costante $v_2 = 1{,}5$ m/s.

Verso quale punto *P* deve dirigersi il cane per compiere il percorso da *A* a *C* in un minuto?

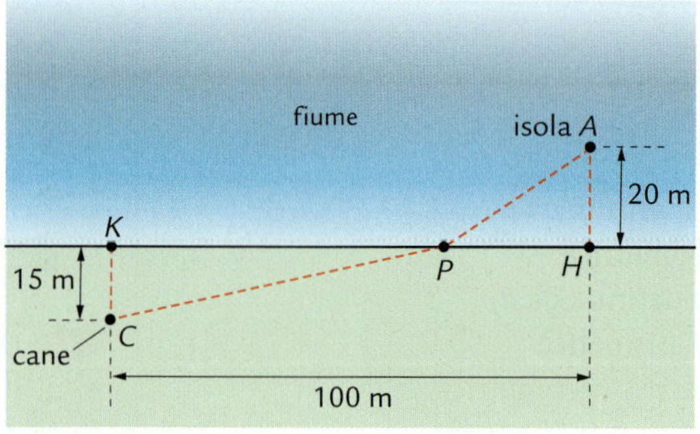

a. Costruzione del modello algebrico del problema

Riassumendo, i dati di partenza forniti dal testo sono:

- la distanza cane-riva ($CK = 15$ m);
- la distanza isola-riva ($AH = 20$ m);
- la lunghezza del tratto di riva interessato ($HK = 100$ m);
- v_1 (= 4 m/s) la velocità del cane durante il tratto di corsa;
- v_2 (= 1,5 m/s) la velocità del cane durante il tratto a nuoto.

Il punto *P* resta univocamente individuato una volta che se ne conosca, per esempio, la distanza (in metri) da *K*; poni perciò:

$$\overline{PK} = x$$

Devi ora ricavare, in funzione dei dati e di *x*, i tempi di percorrenza. A tale scopo procedi come segue.

1. Applicando il teorema di Pitagora al triangolo rettangolo *PKC*, puoi ricavare la misura di *PC*:

$$\overline{PC} = \sqrt{x^2 + \overline{CK}^2} = \sqrt{x^2 + \ldots.}$$

2. Applicando il teorema di Pitagora al triangolo rettangolo *PHA*, puoi ricavare la misura di *PA*:

$$\overline{PA} = \sqrt{\overline{AH}^2 + (\overline{HK} - x)^2} = \sqrt{\ldots..^2 + (\ldots.. - x)^2}$$

3. Ricordando la legge oraria del moto rettilineo uniforme, in base alla quale $t = \frac{s}{v}$, puoi esprimere i tempi t_1 e t_2 per percorrere i tratti PC e PA:

$$t_1 = \frac{\overline{PC}}{v_1} = \frac{\dots\dots\dots\dots\dots\dots}{\dots\dots\dots\dots\dots} \qquad t_2 = \frac{\overline{PA}}{v_2} = \frac{\dots\dots\dots\dots\dots\dots}{\dots\dots\dots\dots\dots}$$

4. Puoi quindi scrivere l'equazione che costituisce il modello del problema (esprimi il minuto in secondi):

$$\frac{\sqrt{x^2 + \dots}}{4} + \frac{\sqrt{\dots\dots^2 + (\dots\dots - x)^2}}{\dots\dots\dots} = 60$$

Si tratta di un'equazione irrazionale, che non sei in grado di risolvere algebricamente perché conduce a un'equazione di grado superiore al secondo non risolvibile con i metodi che conosci. Per cercare di trovare una soluzione approssimata del problema, possiamo seguire un approccio di tipo grafico (per esempio con GeoGebra) o di tipo numerico (con il foglio elettronico).

b. Approccio grafico (con GeoGebra)

1. Traccia con GeoGebra il grafico della funzione che esprime il tempo complessivo (in secondi) del percorso e il grafico della retta di equazione $y = 60$.
2. Deduci un'approssimazione della soluzione dell'equazione.
3. Rispondi alla domanda posta dal problema.

c. Approccio numerico (con il foglio elettronico)

Tramite un foglio Excel è possibile studiare il problema calcolando il tempo necessario a effettuare il percorso, in corrispondenza di tutte le posizioni di P che si desiderano, comprese tra il caso limite in cui P coincide con K ($PK = 0$ m) e il caso limite in cui P coincide con H ($PK = 100$ m).
A questo scopo puoi costruire un foglio come quello qui sotto.

	A	B	C	D	E	F	G	H
1	*Percorso a due velocità*							
2								
3	*Lunghezza*				*Velocità*			
4	cane-riva	*CK*	15	m	corsa	4	m/s	
5	riva	*HK*	100	m	nuoto	1,5	m/s	
6	riva-isola	*AH*	20	m				
7								
8	*PK*	*CP* (m)	t_{corsa} (s)	*PH* (m)	*PA* (m)	t_{nuoto} (s)	*CP*+*PA* (m)	t_{tot} (s)
9	0	15,00	3,75	100	101,98	67,99	116,98	71,74
10	5	15,81	3,95	95	97,08	64,72	112,89	68,67
11	10	18,03	4,51	90	92,20	61,46	110,22	65,97
12	15	21,21	5,30	85	87,32	58,21	108,53	63,52
13	20	25,00	6,25	80	82,46	54,97	107,46	61,22
14	25	29,15	7,29	75	77,62	51,75	106,78	59,04

Puoi costruire tale foglio seguendo le istruzioni qui indicate.

1. Prepara le celle che contengono del testo (come **A1**, **A3**, **A4**, ...);
2. immetti nelle celle **C4**, **C5**, **C6**, **F4**, **F5** i dati forniti dal problema;
3. le celle della colonna **A**, a partire da quella sulla riga **9**, contengono le distanze PK in corrispondenza delle posizioni di P che si ottengono partendo dal punto K e immaginando di muoversi lungo la riva, verso il punto H, a «passi» di 5 m. Per costruire tale colonna basta che immetti nella cella **A9** il numero `0` (corrispondente alla distanza di P da K nel caso limite in cui $P \equiv K$) e nella cella **A10** la formula `=A9+5` che andrà poi copiata nelle righe sottostanti fino alla **29** (corrispondente alla posizione limite in cui $P \equiv H$).

4. Nella cella B9 devi inserire la formula che fornisce la distanza *CP* in funzione della distanza *PK*; tenendo conto dell'espressione di *PC* ricavata nella fase iniziale di modellizzazione del problema, dovresti comprendere che in B9 devi inserire la formula

```
=RADQ($C$4^2+A9^2)
```

che dovrai poi copiare nelle celle sottostanti della colonna B (fino alla riga 29).
5. Nella cella C9 dovrai inserire la formula:

```
=B9/$F$4
```

6. Con ragionamenti analoghi a quelli dei punti precedenti non dovresti trovare difficoltà a completare il foglio con le formule da inserire nelle colonne D, E, F, G, H.

Per interpretare meglio i dati della tabella puoi ricorrere a un grafico a dispersione, come quello della figura seguente, che rappresenta il tempo di percorrenza del tratto $CP + PA$ (asse y, intervallo H9:H29) in funzione della lunghezza di *PK* (asse x, intervallo A9:A29).

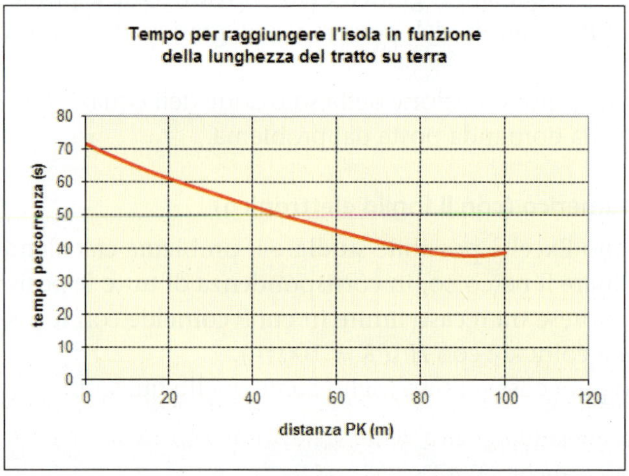

Utilizza ora il foglio che hai costruito:

- in base ai dati che puoi leggere, deduci in quale intervallo è da cercare la distanza *PK* che rende il tempo complessivo uguale a 1 minuto;
- cerca di migliorare l'approssimazione, modificando opportunamente il contenuto delle celle A9:A29, fino ad arrivare a ricavare un'approssimazione della distanza *PK* a meno di un decimo.

Un approfondimento

Un ulteriore problema che si può porre è il seguente: *verso quale punto P deve dirigersi il cane, per fare in modo che il tempo impiegato per compiere il percorso da A a C sia minimo?*

A prima vista la risposta alla domanda potrebbe sembrare ovvia e facile: il percorso più veloce sarà anche il più breve (cioè quello che rende minima la somma della lunghezza di *CP* e di *PA*), dunque sarà quello rettilineo ... Ma è proprio così?

Allo stato delle tue conoscenze, cercare di rispondere a questa domanda senza l'aiuto di strumenti informatici non sarebbe facile (perché la funzione che esprime il tempo complessivo impiegato dal cane per compiere il percorso da A a C è una funzione irrazionale, che per il momento non sei in grado di studiare con carta e penna). Tuttavia puoi cercare una risposta approssimata anche all'ultima domanda posta, utilizzando il grafico costruito con GeoGebra o il foglio Excel che hai poc'anzi predisposto.

1. Osservando il grafico che hai tracciato con GeoGebra, quale ti sembra essere approssimativamente l'ascissa del punto della funzione avente ordinata minima?
2. Analizzando attentamente il foglio Excel che hai costruito, in quale intervallo ti sembra da cercare la lunghezza *PK* che rende il tempo totale minimo? Come puoi migliorare la precisione? Sei in grado di determinare un'approssimazione a meno di un decimo della distanza *PK* che rende il tempo totale minimo?
3. I risultati ottenuti con GeoGebra ed Excel concordano tra loro?
4. In corrispondenza della lunghezza *PK* che rende minimo il tempo totale di percorrenza (colonna **H** nel foglio Excel), è minimo anche lo spazio percorso (colonna **G**)? La congettura inizialmente formulata circa il fatto che il percorso più veloce fosse anche il più breve si è rivelata corretta?

ATTIVITÀ PROPOSTE

1 Supponiamo di avere un foglio di cartone di forma rettangolare, i cui lati sono lunghi 100 cm e 80 cm. Da questo foglio si ritagliano, agli angoli, quattro quadrati uguali, il cui lato misura x (in cm) e si ripiega il pezzo di cartone rimanente in modo da ottenere una scatola aperta superiormente, come indicato in figura.

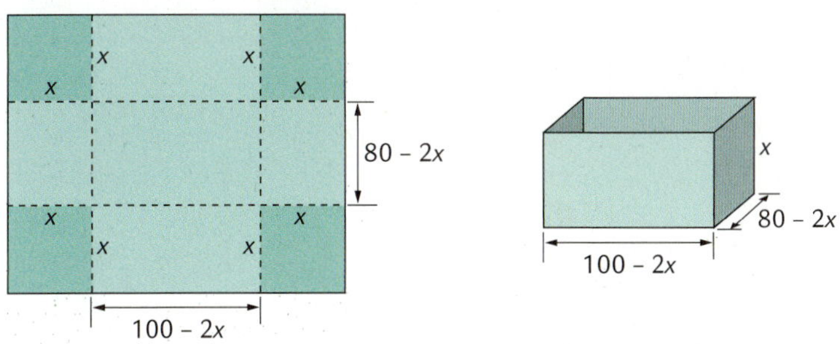

Come occorre scegliere x in modo da ottenere una scatola di volume uguale a 20 dm^3? Scrivi l'equazione che formalizza il problema, quindi deduci le sue soluzioni approssimate interpretando graficamente l'equazione con GeoGebra. Le soluzioni dell'equazione sono anche soluzioni del problema?

2 Considera il seguente problema: «Tra tutti i triangoli isosceli di perimetro uguale a 40 cm, determina le lunghezze dei lati del triangolo che ha area uguale a 60 cm^2».

a. Cerca di risolverlo secondo diversi approcci (similmente a quanto fatto nell'attività guidata), sia utilizzando il grafico di un'opportuna funzione, che potrai tracciare con GeoGebra, sia costruendo un opportuno foglio Excel.

b. Utilizza il grafico e il foglio Excel costruito per rispondere a questa ulteriore domanda: «tra tutti i triangoli isosceli di perimetro uguale a 40 cm, determina le lunghezze dei lati del triangolo di area massima».

Tema A Verso le competenze

UTILIZZARE LE TECNICHE DEL CALCOLO ALGEBRICO, RAPPRESENTANDOLE ANCHE SOTTO FORMA GRAFICA

1 **Vero o falso?**

a. l'equazione $\sqrt{x^4+x^3+1}=-2$ non ha soluzioni in **R** V F

b. l'equazione $\sqrt{x^2-1}=\sqrt{x}$ è equivalente a $x^2-1=x$ V F

c. comunque scelti a, $b \in \mathbf{R}$ si ha che: $a=b$ se e solo se $a^3=b^3$ V F

d. comunque scelti a, $b \in \mathbf{R}$ si ha che: $a=b$ se e solo se $a^2=b^2$ V F

e. $\left|\frac{1}{3}-\frac{1}{2}\right|=\frac{1}{3}-\frac{1}{2}$ V F

f. l'equazione $|x|=-2|x-1|$ è impossibile V F

g. l'equazione $|x|=2x-1$ è equivalente a $x^2=(2x-1)^2$ V F

h. l'equazione $|x|=|2x-1|$ è equivalente a $x^2=(2x-1)^2$ V F

[4 affermazioni vere e 4 false]

Risolvi le seguenti equazioni irrazionali.

2 $\sqrt{1+4x}=x-1$ [6]

3 $\sqrt[3]{x-1}=x-1$ [0, 1, 2]

4 $\sqrt{2x}+1=3$ [2

5 $x+1=\sqrt{x+3}$ [4]

6 $\frac{1}{2}\sqrt{x}=5-x$ [4]

7 $\sqrt{x^4-2x^2}=\sqrt{x^2-2}$ [$\pm\sqrt{2}$]

8 $\sqrt[3]{4x-5}=5$ $\left[\frac{65}{2}\right]$

9 $\sqrt{\frac{1}{x}}=\frac{1}{x}-1$ $\left[\frac{3-\sqrt{5}}{2}\right]$

10 $\sqrt{4+\sqrt{x}}=3$ [25]

11 $\sqrt{x-6}=6-\sqrt{x}$ $\left[\frac{49}{4}\right]$

12 $2(x-2)^{\frac{1}{4}}=(2x+1)^{\frac{1}{4}}$ $\left[\frac{33}{14}\right]$

13 $(x-2)^{\frac{2}{3}}=16$ [−62, 66]

14 $\sqrt{x}+\sqrt{5-x}=3$ [1, 4]

15 $\frac{x-\sqrt{x+1}}{x+\sqrt{x+1}}=\frac{1}{5}$ [3]

16 $\sqrt{x+1}+\sqrt{2+x}=\sqrt{5+x}$ $\left[\frac{2\sqrt{13}-8}{3}\right]$

17 $\frac{1}{x-\sqrt{x^2-1}}+\frac{2}{x+\sqrt{x^2-1}}=2x-3$ $\left[-\frac{5}{3}\right]$

18 $\sqrt{2}+\sqrt{5-x}=\sqrt{5+x}$ [3]

Risolvi le seguenti equazioni contenenti valori assoluti.

19 $|2x-1|=5$ [−2, 3]

20 $\left|\frac{3x+1}{3}\right|=2$ $\left[-\frac{7}{3}, \frac{5}{3}\right]$

21 $|2-x^2|=7$ [−3, 3]

22 $|x^2+x-2|=0$ [−2, 1]

23 $\left|\frac{x-1}{x+3}\right|=2$ $\left[-\frac{5}{3}, -7\right]$

24 $|x+\sqrt{x}|=-1$ [Impossibile]

25 $|x+x\sqrt{2}-1|=1-\sqrt{5}$ [Impossibile]

26 $|x^2+1|+6=3$ [Impossibile]

27 $|3x^2-3|+|2x+2|=0$ [−1]

28 $|2x-1|=|3x-2|$ $\left[1, \frac{3}{5}\right]$

29 $\left|x-\frac{1}{2}x^2\right|=|x+5|$ [$2\pm\sqrt{14}$]

30 $|5x-1|=x$ $\left[\frac{1}{4}, \frac{1}{6}\right]$

31 $|3x^2-3x|+|x+2|=0$ [Impossibile]

32 $|x^2+3x|=2x$ [No]

33 $|\sqrt{x}-1|=\left|2-\frac{1}{2}\sqrt{x}\right|$ [4]

34 $|x|=\frac{1}{3}x^2$ [±3, 0]

35 $\left|\frac{1}{2}x+1\right|+1=x$ [4]

36 $|x^2-1|=-\frac{1}{2}|x|$ [Impossibile]

Risolvi le seguenti disequazioni irrazionali.

37 $\sqrt{\frac{2x-1}{x+2}} < 1$ $\left[\frac{1}{2} \le x < 3\right]$

38 $\sqrt{5x - x^2} < 2$ $[0 \le x < 1 \vee 4 < x \le 5]$

39 $2x - 3 > \sqrt{x^2 - 1}$ $\left[x > 2 + \frac{\sqrt{6}}{3}\right]$

40 $\sqrt{x+1} > -x^2 - x - 1$ $[x \ge -1]$

41 $\sqrt{x^2 - 3x} < \frac{1}{2}x$ $[3 \le x < 4]$

42 $\sqrt{1 - (1-2x)(1+2x)} \ge 2 - x$ $\left[x \le -2 \vee x \ge \frac{2}{3}\right]$

43 $2x - 2 - \sqrt{x^2 + 3x - 4} \ge 0$ $\left[x = 1 \vee x \ge \frac{8}{3}\right]$

44 $\sqrt{x^2 - 3x} > (x-2)^2 - (x-1)(x+1)$ $[x \ge 3]$

45 $\sqrt{4x - x^2} + \frac{1}{2}x - 1 < 0$ $\left[0 \le x < \frac{10 - 4\sqrt{5}}{5}\right]$

46 $\sqrt{\frac{x-1}{4}} \ge \frac{x-1}{2} - 1$ $[1 \le x \le 5]$

Risolvi le seguenti disequazioni con valori assoluti.

47 $\left|\frac{2x-3}{4}\right| > 1$ $\left[x < -\frac{1}{2} \vee x > \frac{7}{2}\right]$

48 $|x^2 - 1| < 4$ $[-\sqrt{5} < x < \sqrt{5}]$

49 Rapido $|4x - 1| \ge -2|x|$ $[\forall x \in \mathbf{R}]$

50 $|4x - 1| < 3x + 5$ $\left[-\frac{4}{7} < x < 6\right]$

51 $|x^2 - 3x| > 4x$ $[x < 0 \vee x > 7]$

52 $|(2x-1)(2x+1)| \le x^2$

$\left[-\frac{\sqrt{3}}{3} \le x \le -\frac{\sqrt{5}}{5} \vee \frac{\sqrt{5}}{5} \le x \le \frac{\sqrt{3}}{3}\right]$

53 $\left|\frac{x-1}{2}\right| > \left|\frac{2x+3}{4}\right|$ $\left[x < -\frac{1}{4}\right]$

54 $\left|\frac{2x-1}{x+2}\right| < 1$ $\left[-\frac{1}{3} < x < 3\right]$

55 $\left|\frac{1}{x+2}\right| > x$ $[x < -1 + \sqrt{2} \wedge x \ne -2]$

56 $\left|\frac{4}{x-5}\right| \le x$ $\left[1 \le x \le 4 \vee x \ge \frac{5 + \sqrt{41}}{2}\right]$

57 È data l'equazione: $\sqrt{x+a} = x$. Per quali valori di $a \in \mathbf{R}$ ammette due soluzioni reali distinte? $\left[-\frac{1}{4} < a \le 0\right]$

58 È data l'equazione: $|x+1| = k^2 - 3k$. Per quali valori di $k \in \mathbf{R}$ non ammette soluzioni? $[k < 0 \vee k > 3]$

59 Determina le coordinate del punto di intersezione P tra il grafico della funzione radice quadrata, $y = \sqrt{x}$, e quello della retta colorata in azzurro in figura.

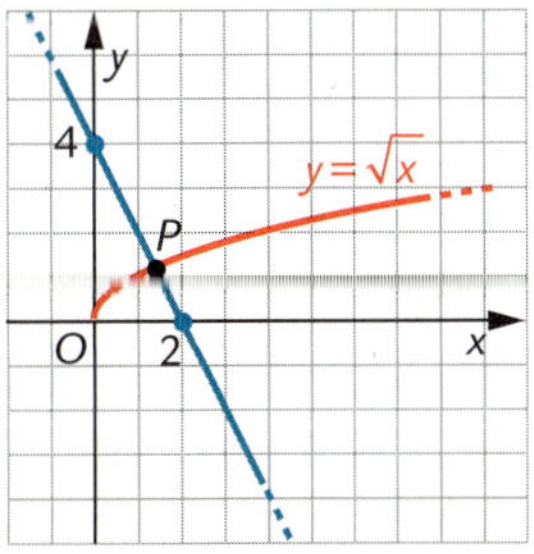

$\left[\left(\frac{17 - \sqrt{33}}{8}, \frac{\sqrt{33} - 1}{4}\right)\right]$

60 Determina le coordinate dei punti di intersezione A e B tra il grafico della funzione valore assoluto e quello della parabola colorata in azzurro in figura.

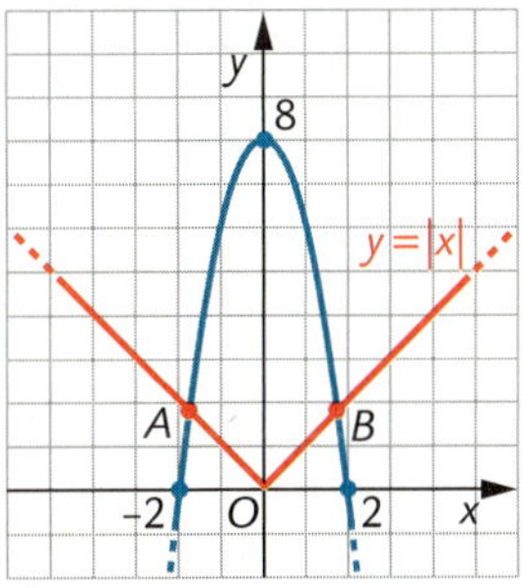

$\left[A\left(\frac{1 - \sqrt{65}}{4}, \frac{-1 + \sqrt{65}}{4}\right); B\left(\frac{-1 + \sqrt{65}}{4}, \frac{-1 + \sqrt{65}}{4}\right)\right]$

RISOLVERE PROBLEMI E COSTRUIRE MODELLI

61 Problemi nella storia Risolvi il seguente problema, dovuto al matematico indiano *Bhaskara* (1114-1185): «La radice quadrata della metà del numero delle api dello sciame è volata fino alla siepe di gelsomino. Otto noni sono rimasti indietro, mentre la regina volava in direzione di un maschio, che girava intorno a un fior di loto. Da quante api era composto lo sciame?» [72]

62 Un ragazzo parte con la sua barca dal punto A, sulla riva di un lago, con l'obiettivo di raggiungere il punto B, posto sulla riva opposta. Le due rive possono considerarsi approssimativamente rettilinee, parallele e distanti 3 km. Il ragazzo ha tre possibilità:

1. può raggiungere il punto C sulla riva opposta, distante 7 km da B, e poi camminare fino a B;
2. può raggiungere direttamente in barca il punto B;
3. può raggiungere con la barca un punto D posto tra B e C e proseguire camminando fino a B.

Supponiamo che il ragazzo remi a una velocità costante di 5 km/h e cammini alla velocità di 6 km/h.

a. Quanto impiega a raggiungere B, se segue la prima possibilità? Esprimi il risultato in ore e minuti.
b. Quanto impiega a raggiungere B, se segue la seconda possibilità? Esprimi il risultato in ore e minuti.
c. Indicata con x la distanza (in km) tra C e D, qual è l'espressione analitica della funzione che esprime il tempo (in ore) impiegato dal ragazzo a raggiungere B, se segue la terza possibilità?

In questo caso, verso quale punto D deve dirigersi il ragazzo, se complessivamente vuole impiegare esattamente 1 ora e mezza per raggiungere B?

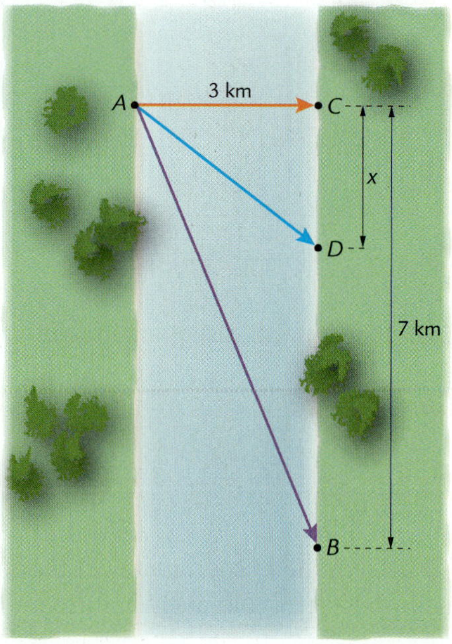

[**a.** 1 ora e 46 minuti; **b.** circa 1 ora, 31 minuti e 23 secondi; **c.** $f(x) = \frac{\sqrt{x^2+9}}{5} + \frac{7-x}{6}$; deve dirigersi verso il punto D, la cui distanza da C è 4 km oppure verso il punto D, la cui distanza da C è $\frac{56}{11}$ km $\simeq 5{,}1$ km]

63 Paolo al mattino va a scuola; al pomeriggio si reca in palestra; pranza e cena a casa. La casa di Paolo, la palestra e la scuola sono situati tutti sullo stesso viale, che può considerarsi rettilineo. Paolo effettua tutti i suoi spostamenti in bicicletta e, in una giornata, percorre complessivamente 6 km. La scuola dista 2 km dalla palestra; inoltre la casa di Paolo è più vicina alla scuola che alla palestra.
Quanto dista da scuola la casa di Paolo?
(*Suggerimento*: considera un sistema di riferimento in cui l'origine coincide con la scuola, l'unità di misura è 1 km, la palestra e la casa sono rappresentati da punti sull'asse delle ascisse e quest'ultimo è orientato dal punto che rappresenta la scuola a quello che rappresenta la palestra; indicata con x l'ascissa del punto che rappresenta la casa di Paolo, si osserva che deve essere $x < 1$ e si ricava che l'equazione che formalizza il problema è $2|x| + 4 - 2x = 6$) [500 m]

ESPORRE, RAGIONARE E DIMOSTRARE

64 Quando si elevano entrambi i membri di un'equazione al quadrato l'equazione che si ottiene è equivalente a quella originaria? Perché? E se si elevano entrambi i membri al cubo?

65 Perché, per risolvere l'equazione $\sqrt{x+3}+2=x$, è una buona idea isolare il radicale al primo membro prima di elevare al quadrato i due membri dell'equazione? Che cosa accade se si elevano subito al quadrato i due membri?

66 Descrivi una procedura per inventare equazioni irrazionali contenenti radici quadrate prive di soluzioni.

67 È vero che il valore assoluto di una somma è uguale alla somma dei valori assoluti degli addendi? E che il valore assoluto di un prodotto è uguale al prodotto dei valori assoluti dei fattori?
Se le risposte sono positive, giustificale, altrimenti esibisci dei controesempi.

68 L'equazione $|f(x)|=2$ equivale a $f(x)=-2 \vee f(x)=2$? L'equazione $|f(x)|=2x$ equivale a $f(x)=-2x \vee f(x)=2x$? Se le risposte sono positive, giustificale, altrimenti esibisci dei controesempi.

69 **I quantificatori.** Completa in modo da ottenere proposizioni vere, scegliendo l'espressione opportuna tra: «$\forall x \in \mathbf{R}$» (per ogni numero reale x), «$\exists x \in \mathbf{R}$: » (esiste un numero reale x tale che), « $\nexists x \in \mathbf{R}$:» (non esiste alcun numero reale x tale che).

a. .... risulta $\sqrt{x^2-4x+4}=|x-2|$

b. .... risulta $|x-10|=x-10$

c. .... risulta $\sqrt{x}=x-5$

d. .... risulta $\sqrt{x^2-1}=2-\sqrt{10}$

e. .... risulta $|-2x^2-1|=2x^2+1$

VERSO LE PROVE INVALSI

1 Quale delle seguenti equazioni è impossibile?

A $\sqrt{x^4+10}=5$

B $\sqrt{x^4+0{,}25}=10^{-1}-20^{-1}$

C $\sqrt{x^4+0{,}25}=1-2^{-1}$

D $\sqrt{x^4+0{,}5}=\sqrt{3}-1$

2 Una sola delle seguenti affermazioni è falsa; quale?

A L'equazione $\sqrt[3]{x}=x+1$ è equivalente a $x=(x+1)^3$

B L'equazione $\sqrt[5]{x}=x+1$ è equivalente a $x=(x+1)^5$

C L'equazione $x=x+1$ è equivalente a $x^3=(x+1)^3$

D L'equazione $x=x+1$ è equivalente a $x^2=(x+1)^2$

3 L'equazione $\sqrt{x+1}=-x$ equivale a:

A $\begin{cases} x+1=x^2 \\ x\geq 0 \end{cases}$

B $x+1=-x^2$

C $\begin{cases} x+1=x^2 \\ x\leq 0 \end{cases}$

D nessuna delle precedenti risposte è esatta

4 Quale delle seguenti equazioni **non** ammette come soluzione $x=1$?

A $\sqrt{x}=x$

B $\sqrt{x}=-x$

C $\sqrt{x-1}=x-1$

D $\sqrt{x-1}=1-x$

5 Una sola delle seguenti uguaglianze è falsa; quale?

A $|-3|=+3$

B $|1-\sqrt{3}|=1-\sqrt{3}$

C $|+\sqrt{3}|=+\sqrt{3}$

D $|\sqrt{2}-1|=\sqrt{2}-1$

6 L'uguaglianza $|2-x|=x-2$ è valida per:

A $x\geq 2$

B $x<2$

C per ogni $x\in\mathbf{R}$

D solo per $x=2$

7 L'uguaglianza $|x|+1=|x+1|$ è valida per:

A $x>-1$

B $x\geq 0$

C per $-1<x<0$

D per ogni $x\in\mathbf{R}$

8 Quale delle seguenti equazioni è impossibile?

A $|x|=-x$

B $|x-1|=\sqrt{3}$

C $|x|=-0{,}5$

D $|x|=x+1$

9 Quale delle seguenti equazioni **non** ammette come soluzione $x=-1$?

A $|x-1|=-2x$

B $|x+2|=x^2$

C $|x-1|=2x$

D $|x^2|=x+2$

10 Se $\sqrt{2\sqrt[3]{a}}=2$, quanto vale a?

A 2 B 4 C 8 D 16

11 Siano x e y due numeri reali e non negativi. Quando è vera l'uguaglianza $\sqrt{x}+\sqrt{y}=\sqrt{x+y}$?

A Mai

B Sempre

C Se e solo se $xy=0$

D Se e solo se $x=y$

12 Quale delle seguenti equazioni consente di determinare le ascisse dei punti di intersezione delle curve rappresentate in figura?

a. $|x| = -x^2 - 4$ **c.** $|x| = -x^2 + 4$
b. $|x| = -2x^2 + 1$ **d.** $|x| = -2x^2 + 4$

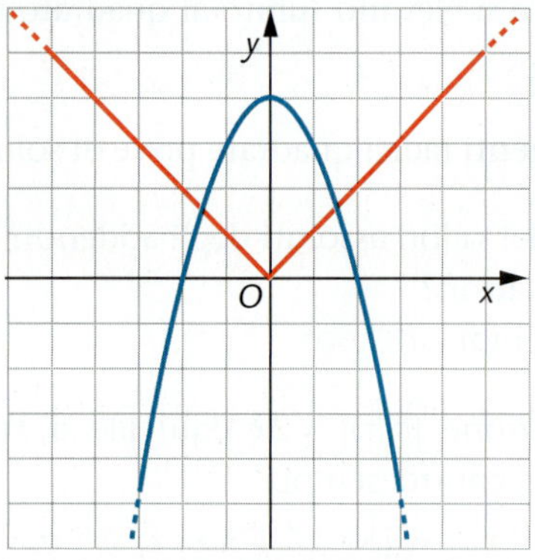

13 Delle mine per matite hanno un diametro dichiarato di 5 mm. Una mina di diametro x (in mm) viene scartata se la misura del suo diametro differisce da quella dichiarata per più di 2 mm. Quale delle seguenti disequazioni esprime la condizione in base a cui una mina viene scartata?

a. $x - 5 > 2$ **c.** $|x - 5| < 2$
b. $x - 2 > 5$ **d.** $|x - 5| > 2$

14 Osserva la figura seguente.

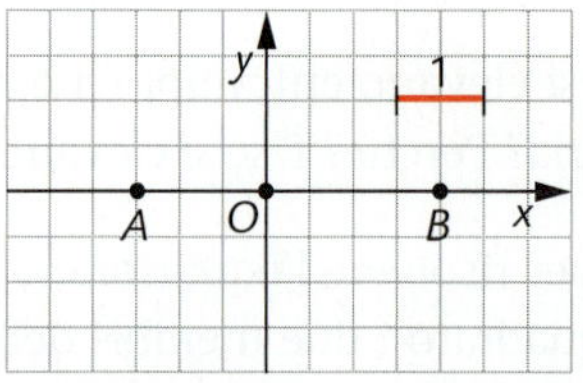

Quali sono le coordinate dei punti P dell'asse x tali che la distanza di P da A è il doppio della distanza di P da B?

a. Risposta: ....

b. Scrivi i calcoli svolti per giungere alla risposta:

....

....

15 Considera il seguente problema, dovuto al matematico indiano *Brahmagupta* (598-628): «Un quarto di un branco di cammelli è stato visto aggirarsi nella foresta. Il doppio della radice quadrata del numero degli animali era invece partito per la montagna. Quindici animali erano rimasti in riva al fiume. Da quanti cammelli era composto il branco?».

a. Risposta: ....

b. Scrivi i calcoli svolti per giungere alla risposta:

....

....

Retta e trasformazioni nel piano cartesiano

TEMA **B**

Nello studio della geometria hai incontrato i concetti di punto e di retta, che ti sono stati presentati come *primitivi*, cioè come concetti intuitivi che vengono posti alla base della costruzione razionale della geometria euclidea, senza darne una definizione.

In algebra hai invece visto che, grazie al concetto di *piano cartesiano*, introdotto da Cartesio e Fermat nel XVII secolo, si può identificare *un punto* con una *coppia ordinata* di numeri reali. Nelle Unità che seguono riprendiamo e sviluppiamo questa importantissima idea, che permette di gettare un vero e proprio «ponte» tra algebra e geometria. Scopriremo così come possono essere caratterizzate algebricamente le rette, le semirette, i piani, i semipiani, gli angoli e le più semplici trasformazioni geometriche che hai incontrato in precedenza, quali le simmetrie e le traslazioni.

Avremo anche modo di approfondire il concetto di funzione, studiando le funzioni *lineari*: esse sono tra i modelli matematici più semplici, ma ricorrono molto frequentemente nelle più varie applicazioni pratiche.

PREREQUISITI

- Funzioni
- Equazioni, disequazioni e sistemi algebrici
- Nozioni di base di geometria euclidea

COMPETENZE

- Individuare strategie appropriate per risolvere problemi che hanno modelli lineari
- Individuare invarianti e relazioni tra figure geometriche e utilizzare trasformazioni per risolvere problemi

I modelli lineari sono alla base della cosiddetta *programmazione lineare*, una parte della matematica che si occupa di trovare la migliore distribuzione di un certo numero di risorse, secondo un determinato criterio di ottimizzazione, che può consistere nel minimizzare un costo o massimizzare un profitto. Tecniche di programmazione lineare sono state utilizzate per esempio da molte compagnie aeree sia per minimizzare i costi del carburante, sia per ottimizzare la gestione degli equipaggi.

Unità 4 Piano cartesiano e retta

1. Richiami sul piano cartesiano

Il piano cartesiano

Nei volumi del primo biennio abbiamo già esposto il procedimento per fissare, in un piano, un sistema di riferimento cartesiano ortogonale. Ricordiamo rapidamente i punti essenziali.

Consideriamo, in un piano, due rette perpendicolari: chiamiamo O il loro punto di intersezione e orientiamo la retta che appare orizzontale verso destra e quella che appare verticale verso l'alto. La retta orizzontale si chiama **asse x** o **asse delle ascisse**, quella verticale **asse y** o **asse delle ordinate** e il punto O si chiama **origine** (fig. 4.1).

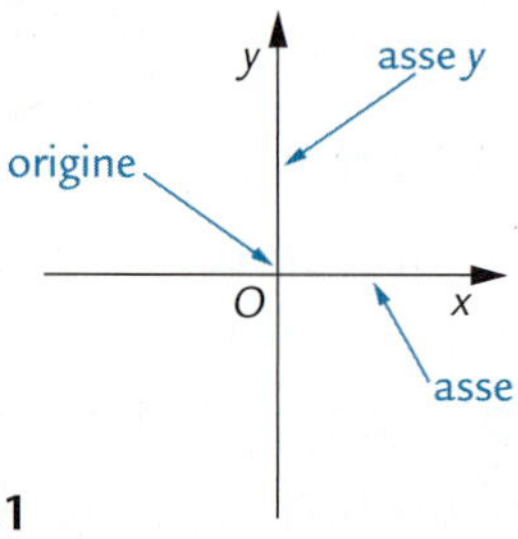

Figura 4.1

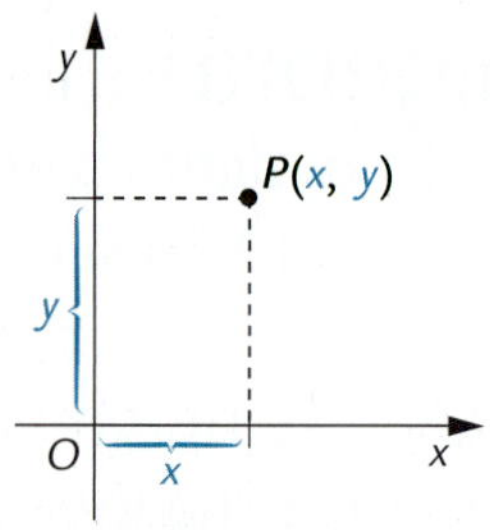

Figura 4.2

Generalmente sceglieremo sull'asse x e sull'asse y la stessa unità di misura: in questo modo si ottiene un sistema di riferimento **monometrico** (nei problemi applicativi, tuttavia, è spesso comodo utilizzare sistemi **dimetrici**, cioè sistemi di riferimento dove le unità di misura sui due assi sono diverse).

Un piano, dove sono stati fissati un asse x, un asse y e un'unità di misura su ciascun asse si dice **piano cartesiano**.

Fra i punti del piano cartesiano e le coppie ordinate dell'insieme $\mathbf{R} \times \mathbf{R}$ è possibile instaurare una **corrispondenza biunivoca**: a ogni punto P del piano cartesiano corrisponde un'unica coppia ordinata (x, y), costituita dalle **coordinate** di P, cioè dalle distanze «con segno» di P, rispettivamente, dall'asse x e dall'asse y.

Viceversa, a ogni coppia ordinata (x, y) corrisponde un unico punto del piano cartesiano che ha quelle coordinate (fig. 4.2).

I numeri reali x e y che costituiscono le **coordinate** di P vengono detti, rispettivamente, **ascissa** e **ordinata** di P; per indicare che il punto P ha coordinate (x, y) scriveremo $P(x, y)$. Nella **fig. 4.3** sono rappresentati alcuni punti e le relative coordinate.

Attenzione!

«Distanza con segno» significa che si attribuisce alla distanza di P dall'asse y (dall'asse x) segno positivo o negativo a seconda che il punto P si trovi a destra o a sinistra dell'asse y (sopra o sotto l'asse x).

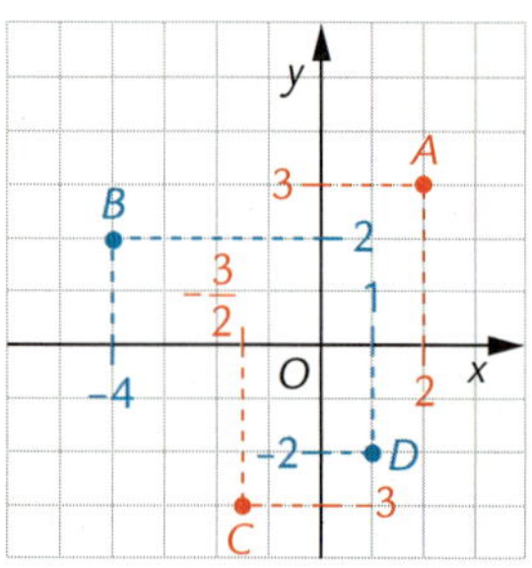

Figura 4.3

Il piano resta diviso dagli assi in quattro angoli; ciascuno di questi quattro angoli, esclusi i punti appartenenti agli assi stessi, viene detto **quadrante**.

I quadranti sono convenzionalmente numerati dal primo in alto a destra procedendo in senso antiorario (**fig. 4.4**).

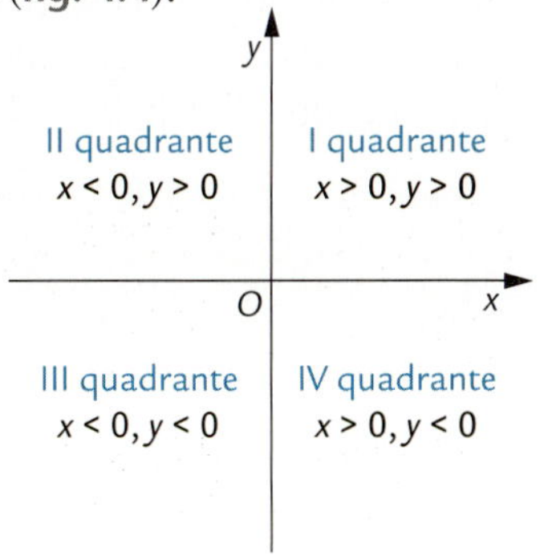

Figura 4.4

Simmetrie rispetto agli assi e all'origine

Le coordinate dei punti *simmetrici* di un punto P rispetto all'asse x, all'asse y e all'origine degli assi hanno lo stesso valore assoluto delle coordinate di P ma segni diversi. Osserva le seguenti figure.

Simmetria rispetto all'asse x

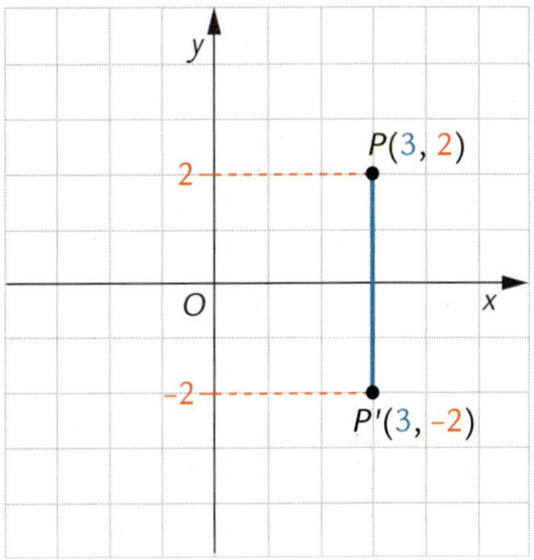

Due punti simmetrici rispetto all'asse x hanno la stessa ascissa e ordinata opposta.

Simmetria rispetto all'asse y

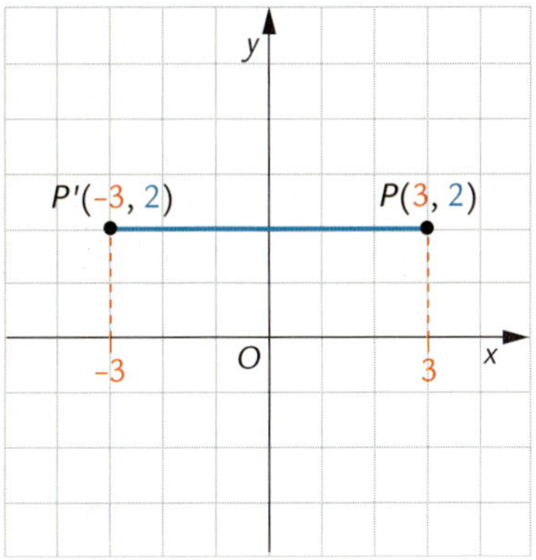

Due punti simmetrici rispetto all'asse y hanno la stessa ordinata e ascissa opposta.

Simmetria rispetto all'origine

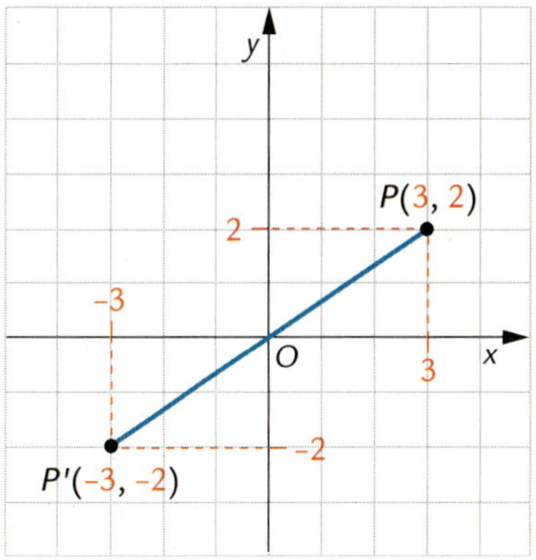

Due punti simmetrici rispetto all'origine hanno coordinate opposte.

Generalizzando queste osservazioni possiamo dire che:

- il simmetrico di $P(x, y)$ rispetto all'**asse x** è il punto $P'(x, -y)$;
- il simmetrico di $P(x, y)$ rispetto all'**asse y** è il punto $P'(-x, y)$;
- il simmetrico di $P(x, y)$ rispetto all'**origine** è il punto $P'(-x, -y)$.

Prova tu **ESERCIZI** a p. 171

1. Rappresenta in un piano cartesiano i punti di coordinate $(-4, -2)$; $(-5, 1)$; $(3, -3)$; $\left(\frac{1}{2}, \frac{5}{2}\right)$. Per ciascuno specifica in quale quadrante è situato.
2. Determina i simmetrici del punto $P(-2, 3)$ rispetto agli assi cartesiani e all'origine.

2. Distanza tra due punti

Consideriamo nel piano cartesiano due generici punti:

$$A(x_1, y_1) \qquad \text{e} \qquad B(x_2, y_2)$$

Vogliamo ricavare una formula che esprima la distanza fra A e B in funzione delle coordinate di A e B.

Distanza tra due punti aventi la stessa ascissa

Cominciamo ad analizzare che cosa accade nel caso particolare in cui i due punti $A(x_1, y_1)$ e $B(x_2, y_2)$ hanno la stessa ascissa, cioè quando $x_1 = x_2$.
Consideriamo, per esempio, i due punti $A(2, 2)$ e $B(2, 6)$ rappresentati nella **fig. 4.5**.

Figura 4.5

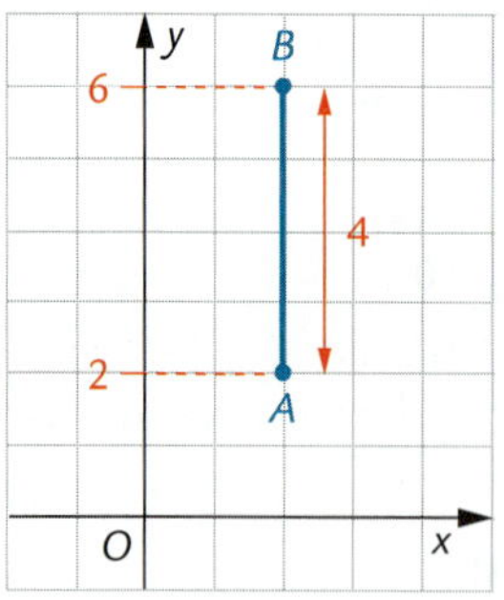

Figura 4.6

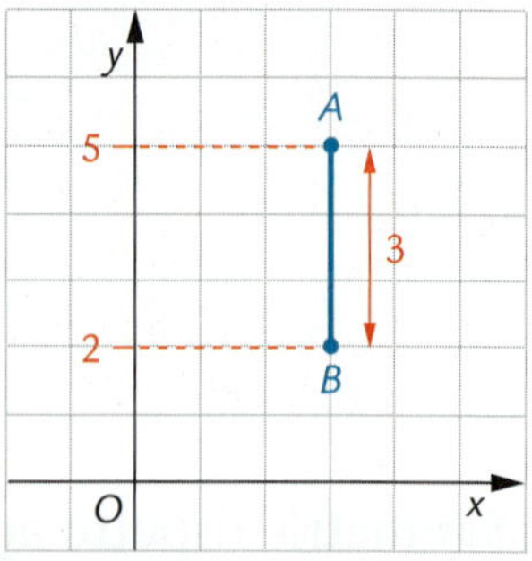

È chiaro che la distanza tra A e B è uguale alla *differenza* tra l'ordinata di B e l'ordinata di A:

$$\overline{AB} = 6 - 2 = 4$$

Si potrebbe allora pensare che la distanza tra due punti $A(x_1, y_1)$ e $B(x_1, y_2)$ sia data dalla formula:

$$\overline{AB} = y_2 - y_1$$

In realtà, questa formula **non** è sempre valida: infatti, se consideriamo, per esempio, i due punti $A(3, 5)$ e $B(3, 2)$ in **fig. 4.6** e applichiamo la formula precedente, otteniamo:

$$\overline{AB} = 2 - 5 = -3$$

Abbiamo trovato un risultato *errato* perché la distanza tra due punti deve essere un numero *positivo*! Osservando la **fig. 4.6** si vede chiaramente che:

$$\overline{AB} = 3$$

La formula ha prodotto il risultato sbagliato per quanto riguarda il *segno*. Per ottenere ancora il risultato corretto, basta considerare il **valore assoluto** del numero trovato calcolando la differenza tra l'ordinata di B e l'ordinata di A:

$$\overline{AB} = |2 - 5| = |-3| = 3$$

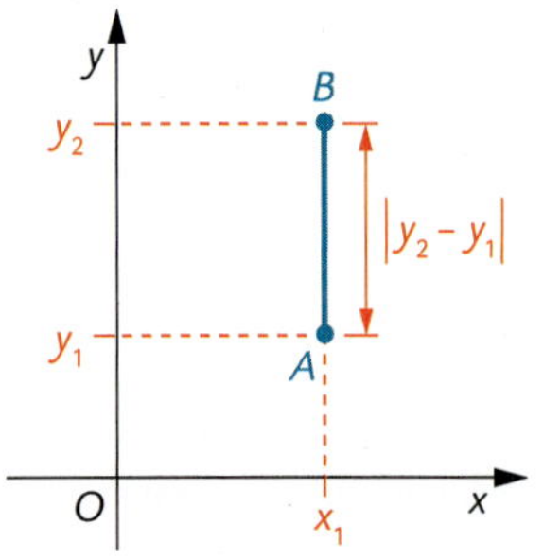

In generale:

La **distanza** tra due punti $A(x_1, y_1)$ e $B(x_1, y_2)$ aventi la **stessa ascissa** è uguale al valore assoluto della differenza tra le loro ordinate; vale, cioè, la formula:

$$\overline{AB} = |y_2 - y_1|$$

La formula $\overline{AB} = y_2 - y_1$ si può utilizzare quando si sa che $y_2 > y_1$, cioè quando l'ordinata di B è maggiore dell'ordinata di A (il che assicura che la loro differenza sia un numero positivo). Analogamente, la formula $\overline{AB} = y_1 - y_2$ si può utilizzare quando si sa che $y_1 > y_2$ (cioè quando l'ordinata di A è maggiore dell'ordinata di B).

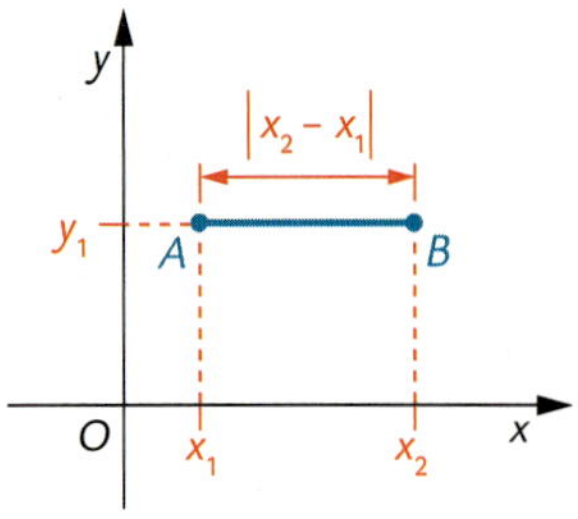

Distanza tra due punti aventi la stessa ordinata

Con ragionamenti del tutto analoghi al caso precedente si deduce che:

La **distanza** tra due punti $A(x_1, y_1)$ e $B(x_2, y_1)$ aventi la stessa ordinata è uguale al valore assoluto della differenza tra le ascisse dei due punti:

$$\overline{AB} = |x_2 - x_1|$$

Anche in questo caso, la formula senza valore assoluto, $\overline{AB} = x_2 - x_1$, si può utilizzare quando $x_2 > x_1$; la formula $\overline{AB} = x_1 - x_2$ si può utilizzare quando $x_1 > x_2$.

ESEMPI

Determiniamo la distanza tra A e B, nei seguenti casi:

a. $A(-1, 3)$ e $B(4, 3)$

b. $A(2, 2)$ e $B(2, -3)$

c. $A(1, 1)$ e $B(x, 1)$, con $x \in \mathbf{R}$

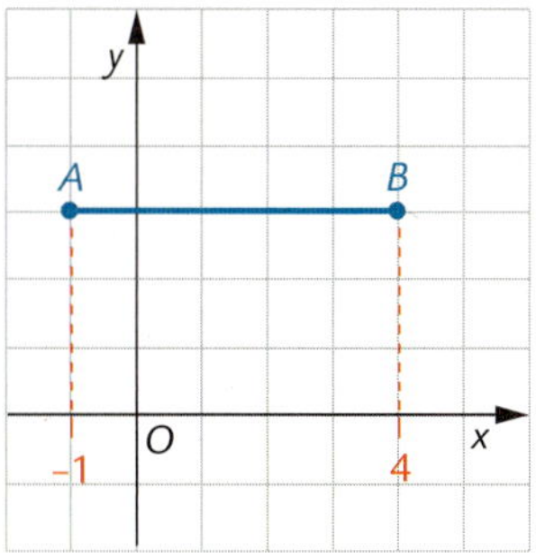

a. I due punti hanno la stessa ordinata. Possiamo osservare che l'ascissa di B è maggiore dell'ascissa di A e applicare la formula senza valore assoluto:

$$\overline{AB} = x_2 - x_1 = 4 - (-1) = 5$$

Oppure possiamo applicare la formula generale, senza preoccuparci dell'ordine delle ascisse:

$$\overline{AB} = |x_2 - x_1| = |4 - (-1)| = |5| = 5$$

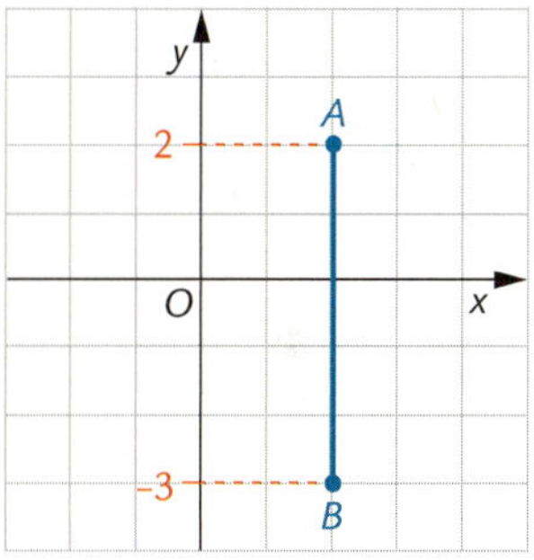

b. I due punti hanno la stessa ascissa. Possiamo osservare che l'ordinata di A è maggiore dell'ordinata di B e applicare la formula senza valore assoluto:

$$\overline{AB} = y_1 - y_2 = 2 - (-3) = 5$$

Oppure possiamo applicare la formula generale, senza preoccuparci dell'ordine delle ordinate:

$$\overline{AB} = |y_2 - y_1| = |-3 - 2| = |-5| = 5$$

c. I due punti A e B hanno la stessa ordinata ma, in questo caso, essendo l'ascissa di B una *variabile*, non sappiamo a priori quale dei due punti A e B avrà ascissa maggiore: dobbiamo quindi utilizzare la formula generale, con il valore assoluto:

$$\overline{AB} = |x - 1|$$

Caso generale

Affrontiamo ora il caso generale in cui $A(x_1, y_1)$ e $B(x_2, y_2)$ sono due punti qualsiasi del piano.
Tracciamo da A la parallela all'asse x e da B la parallela all'asse y (**fig. 4.7**): tali parallele si incontrano nel punto $H(x_2, y_1)$.

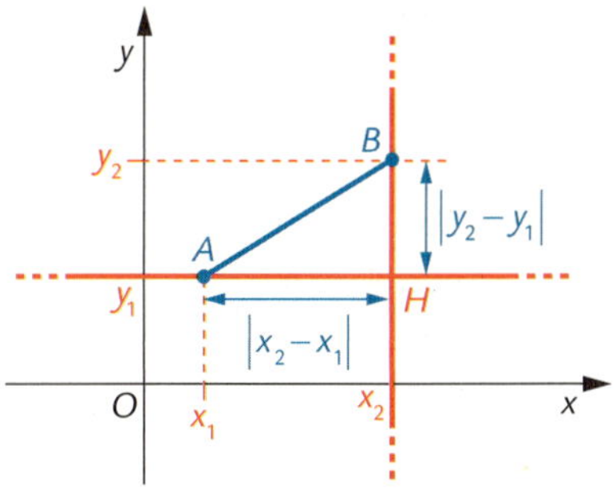

Figura 4.7

Dal momento che AH è parallelo all'asse x e BH è parallelo all'asse y, sappiamo calcolare le misure di AH e BH:

$$\overline{AH} = |x_2 - x_1|, \qquad \overline{BH} = |y_2 - y_1|$$

Ora, per determinare la misura di AB, basta utilizzare il teorema di Pitagora.

$$\overline{AB} = \sqrt{\overline{AH}^2 + \overline{BH}^2} =$$ Teorema di Pitagora applicato al triangolo rettangolo *AHB*

$$= \sqrt{|x_2 - x_1|^2 + |y_2 - y_1|^2} =$$ In base alle formule relative alla fig. 4.7

$$= \sqrt{(x_2 - x_1)^2 + (y_2 - y_1)^2}$$ Osserva che, per ogni $a \in \mathbf{R}$, $|a|^2 = a^2$

DISTANZA TRA DUE PUNTI NEL PIANO CARTESIANO

Nel piano cartesiano, la **distanza** tra due punti $A(x_1, y_1)$ e $B(x_2, y_2)$ è data dalla formula:

$$\overline{AB} = \sqrt{(x_2 - x_1)^2 + (y_2 - y_1)^2}$$

Tale formula «contiene» come casi particolari le formule delle distanze tra due punti aventi la stessa ascissa o la stessa ordinata. Per esempio, se $x_1 = x_2$ la formula si riduce a:

$$\overline{AB} = \sqrt{(y_2 - y_1)^2} = |y_2 - y_1|$$ Per ogni $a \in \mathbf{R}$, risulta $\sqrt{a^2} = |a|$

Abbiamo così ottenuto di nuovo la formula che fornisce la distanza tra due punti aventi la stessa ascissa. Analogamente, se prendiamo $y_1 = y_2$ riotteniamo la formula che fornisce la distanza tra due punti aventi la stessa ordinata.

ESEMPIO

Determiniamo la distanza tra $A(-2, +2)$ e $B(+3, -2)$.

Applichiamo la formula della distanza tra due punti con:

$x_1 = -2, \quad y_1 = +2 \qquad x_2 = +3, \quad y_2 = -2$

Abbiamo che:

$$\overline{AB} = \sqrt{[+3 - (-2)]^2 + [-2 - (+2)]^2} =$$
$$= \sqrt{(+5)^2 + (-4)^2} = \sqrt{25 + 16} = \sqrt{41}$$

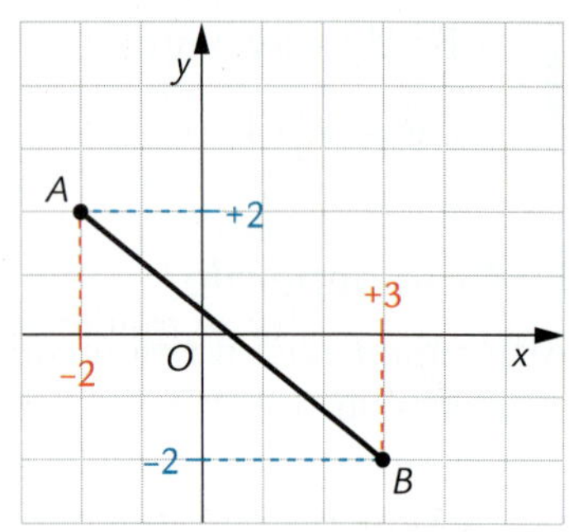

Prova tu **ESERCIZI** a p. 172

Determina la distanza tra le seguenti coppie di punti:

a. $A(-1, -1), B(-1, -5)$; **b. b.** $A(3, 2), B(-4, 2)$; **c.** $A(-1, -2), B(3, -3)$ [**a.** 4; **b.** 7; **c.** $\sqrt{17}$]

3. Punto medio di un segmento e baricentro di un triangolo

Affrontiamo in questo paragrafo altri due problemi di geometria analitica:

- dati due punti, trovare delle formule che esprimano le coordinate del *punto medio* del segmento avente per estremi tali punti;
- dati i tre vertici di un triangolo, trovare delle formule che esprimano le coordinate del *baricentro* del triangolo.

Punto medio di un segmento

Consideriamo due generici punti $A(x_1, y_1)$ e $B(x_2, y_2)$ e proponiamoci di determinare le coordinate del punto medio M di AB. Facciamo riferimento, per semplicità, alla **fig. 4.8**, in cui $x_1 < x_2$ (ma ragionando in modo analogo nel caso in cui $x_1 > x_2$ si perverrebbe allo stesso risultato).

Proiettiamo A, M e B sull'asse x e osserviamo che, poiché stiamo supponendo $x_1 < x_2$, sarà $x_1 < x_M < x_2$; quindi:

$$\overline{A'M'} = x_M - x_1 \quad \text{e} \quad \overline{M'B'} = x_2 - x_M$$

Poiché $\overline{AM} = \overline{MB}$, dal *teorema di Talete* segue che è anche $\overline{A'M'} = \overline{M'B'}$. Questa condizione si traduce nell'equazione:

$$x_M - x_1 = x_2 - x_M$$

Risolvendo questa equazione rispetto a x_M, ricaviamo che:

$$x_M = \frac{x_1 + x_2}{2}$$

x_M è la media aritmetica di x_1 e x_2

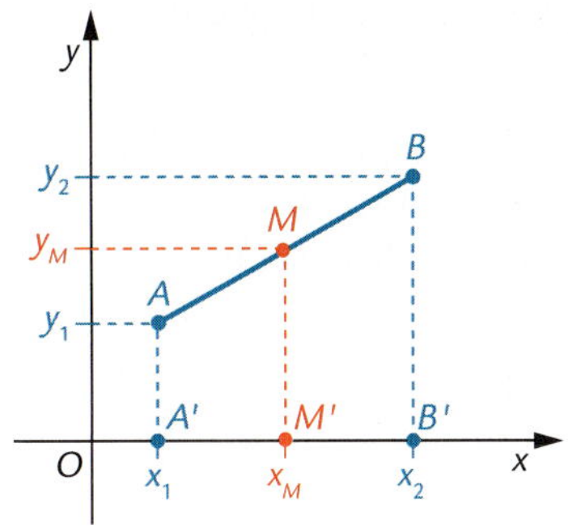

Figura 4.8

> **Ricorda**
>
> Il **teorema di Talete** afferma che, dato un fascio di rette parallele tagliate da due rette trasversali, a due segmenti in un dato rapporto su una trasversale corrispondono due segmenti nello stesso rapporto sull'altra trasversale.
> In particolare, a due segmenti congruenti su una trasversale corrispondono due segmenti congruenti sull'altra trasversale.

Ragionando in modo analogo, ma proiettando A, M e B sull'asse y, otteniamo:

$$y_M = \frac{y_1 + y_2}{2}$$

y_M è la media aritmetica di y_1 e y_2

Concludiamo come segue.

> **PUNTO MEDIO DI UN SEGMENTO NEL PIANO CARTESIANO**
>
> Siano $A(x_1, y_1)$ e $B(x_2, y_2)$ due punti del piano ed M il **punto medio** del segmento AB. L'ascissa e l'ordinata di M sono, rispettivamente, la media aritmetica delle ascisse di A e B e la media aritmetica delle ordinate di A e B. In simboli:
>
> $$M\left(\frac{x_1 + x_2}{2}, \frac{y_1 + y_2}{2}\right)$$

ESEMPI Punto medio di un segmento

a. Il punto medio del segmento AB, di estremi $A(3, 4)$ e $B(5, 3)$ ha coordinate:

$$x_M = \frac{x_1 + x_2}{2} = \frac{3 + 5}{2} = 4 \quad \text{e} \quad y_M = \frac{y_1 + y_2}{2} = \frac{4 + 3}{2} = \frac{7}{2}$$

b. Dato il punto $A(3, 4)$ e sapendo che $M(1, 2)$ è il punto medio del segmento AB, possiamo determinare le coordinate dell'estremo $B(x_B, y_B)$ risolvendo le equazioni:

$$\frac{3 + x_B}{2} = 1 \quad \text{e} \quad \frac{4 + y_B}{2} = 2$$

Si ricava che $x_B = -1$ e $y_B = 0$, quindi $B(-1, 0)$.

Baricentro di un triangolo

Con ragionamenti simili a quelli svolti per determinare le coordinate del punto medio di un segmento possiamo determinare le coordinate del **baricentro** di un triangolo.

Facciamo riferimento, per semplicità, al triangolo in **fig. 4.9** a pagina seguente, in cui $x_1 < x_2 < x_3$ (ma se l'ordine delle ascisse fosse diverso si potrebbe ragionare in modo analogo e si perverrebbe allo stesso risultato).

> **Ricorda**
>
> Il baricentro di un triangolo è il punto di intersezione delle **mediane** del triangolo.

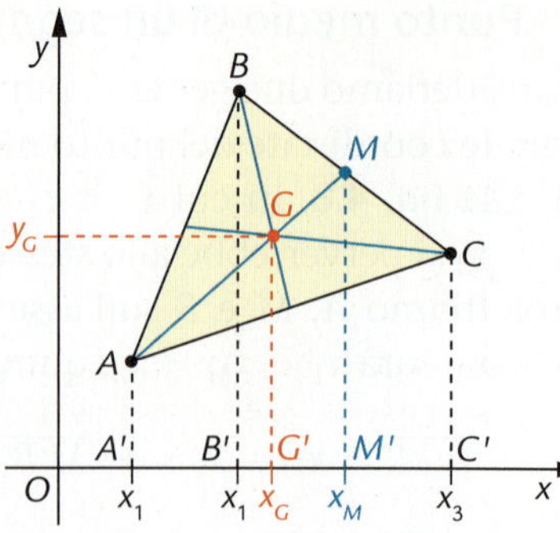

Figura 4.9 Abbiamo tracciato le mediane del triangolo, colorandole in azzurro, e abbiamo indicato con G il baricentro.

Consideriamo la mediana *AM* del triangolo. Poiché il baricentro divide ciascuna mediana in due segmenti, di cui quello contenente il vertice del triangolo è *doppio* dell'altro, sarà:

$$\overline{AG} = 2\overline{GM}$$

Indicate con A', G', M' le proiezioni di A, G ed M sull'asse x, per il teorema di Talete deve anche essere:

$$\overline{A'G'} = 2\overline{G'M'}$$

Questa condizione si traduce nell'equazione:

$$x_G - x_1 = 2(x_M - x_G)$$

da cui:

$$3x_G = 2x_M + x_1$$

Poiché M è il punto medio del segmento BC, è $2x_M = x_2 + x_3$, da cui segue:

$$x_G = \frac{x_1 + x_2 + x_3}{3}$$

x_G è la media aritmetica di x_1, x_2 e x_3

Ragionando analogamente, ma considerando questa volta le proiezioni di A, G e M sull'asse y, si ricava:

$$y_G = \frac{y_1 + y_2 + y_3}{3}$$

y_G è la media aritmetica di y_1, y_2 e y_3

Concludiamo come segue.

BARICENTRO DI UN TRIANGOLO NEL PIANO CARTESIANO

Sia ABC un triangolo di vertici $A(x_1, y_1)$, $B(x_2, y_2)$ e $C(x_3, y_3)$ e G il suo **baricentro**. L'ascissa e l'ordinata di G sono, rispettivamente, la media aritmetica delle ascisse e la media aritmetica delle ordinate dei vertici del triangolo. In simboli:

$$G\left(\frac{x_1 + x_2 + x_3}{3}, \frac{y_1 + y_2 + y_3}{3}\right)$$

ESEMPIO Baricentro di un triangolo

Dato il triangolo *ABC*, di vertici *A*(−2, −2), *B*(3, −1) e *C*(−4, 3), determiniamo il baricentro di *ABC*.

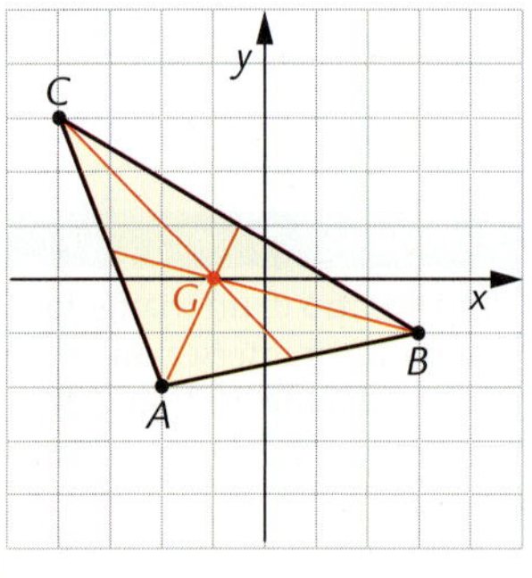

In base alla formula poc'anzi ricavata abbiamo:

$$x_G = \frac{-2 + 3 + (-4)}{3} = -1$$

$x_1 = -2$, $x_2 = 3$, $x_3 = -4$

$$y_G = \frac{-2 + (-1) + 3}{3} = 0$$

$y_1 = -2$, $y_2 = -1$, $y_3 = 3$

quindi il baricentro del triangolo è il punto $G(-1, 0)$.

Prova tu

ESERCIZI a p. 175

1. Qual è il punto medio del segmento di estremi $A(-4, 5)$ e $B(3, 7)$? $\left[M\left(-\frac{1}{2}, 6\right)\right]$
2. Dato il punto $A(-3, -5)$ e sapendo che $M(-1, -2)$ è il punto medio del segmento AB, determina le coordinate di B. $[B(1, 1)]$
3. Qual è il baricentro del triangolo di vertici $A(-4, -2)$, $B(0, 3)$ e $C(5, -1)$? $\left[G\left(\frac{1}{3}, 0\right)\right]$
4. Dati i punti $A(-3, -2)$ e $B(0, 2)$ e sapendo che il punto $G(1, 3)$ è il baricentro del triangolo ABC, determina le coordinate di C. $[C(6, 9)]$

4. La funzione lineare

Ricordiamo anzitutto che una funzione viene detta **lineare** se è definita da un'equazione del tipo:

$$y = mx + q$$

Abbiamo già visto, nell'Unità 12 del volume ***Algebra 1***, che il grafico di una funzione lineare è una **retta**. Ora riprendiamo e approfondiamo questi concetti.

Il grafico della funzione lineare

Per tracciare il grafico di una funzione lineare basta determinare alcuni suoi punti (in linea di principio ne basterebbero due, dal momento che una retta è univocamente individuata da due suoi punti) e tracciare la retta che passa per essi.

ESEMPI

Tracciamo i grafici delle funzioni:

a. $y = 2x - 1$ **b.** $y = -\frac{1}{3}x + 2$

a. Per determinare alcuni punti del grafico della funzione, diamo dei valori a scelta alla variabile x e calcoliamo i corrispondenti valori di y. Per esempio, sostituendo -2 al posto di x nell'equazione $y = 2x - 1$, otteniamo:

$$y = 2(-2) - 1 = -5$$

Attribuendo a x i valori -2, -1, 0, 1 e 2, otteniamo la tabella indicata qui sotto a sinistra. Rappresentando i punti corrispondenti e congiungendoli, otteniamo la retta che costituisce il grafico di $y = 2x - 1$ (**fig. 4.10**).

x	y
−2	−5
−1	−3
0	−1
1	1
2	3

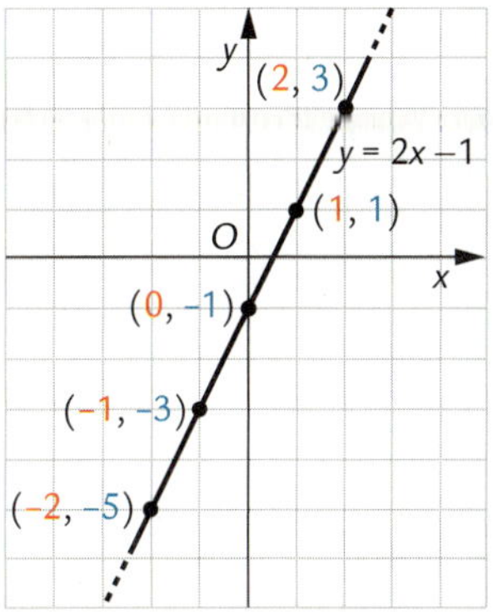

Figura 4.10

b. Osserviamo che, in questo caso, è conveniente scegliere, come valori da attribuire a x, numeri interi **multipli di 3**, in modo da evitare di introdurre frazioni nel calcolo di y. Per esempio, se attribuiamo a x il valore -6, otteniamo:

$$y = -\frac{1}{3}(-6) + 2 = +2 + 2 = 4$$

→

Attribuendo a x i valori -6, -3, 0, 3 e 6, otteniamo la tabella indicata qui sotto a sinistra. Rappresentando i punti corrispondenti e congiungendoli, otteniamo la retta in **fig. 4.11**.

x	y
-6	4
-3	3
0	2
3	1
6	0

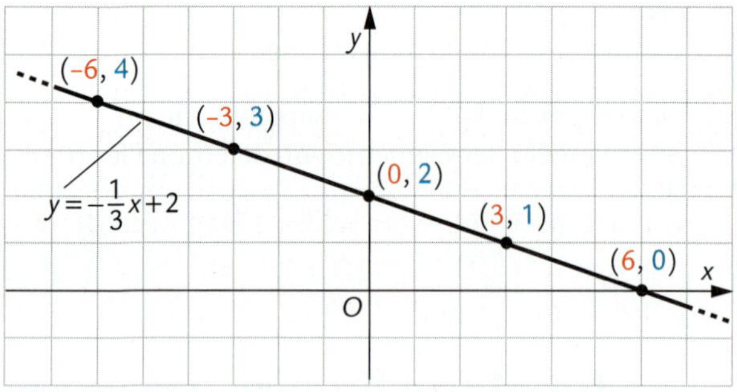

Figura 4.11

Punti di intersezione con gli assi

Spesso si è interessati a determinare i **punti di intersezione** del grafico di una funzione lineare con gli assi cartesiani (**fig. 4.12**).

- I punti dell'asse x hanno ordinata uguale a 0. Quindi, per determinare l'ascissa del punto di intersezione del grafico di $y = mx + q$ con l'asse x, basta porre $y = 0$ nell'equazione $y = mx + q$ e risolvere l'equazione ottenuta.
- I punti dell'asse y hanno ascissa uguale a 0. Quindi, per determinare l'ordinata del punto di intersezione del grafico di $y = mx + q$ con l'asse y, basta porre $x = 0$ nell'equazione $y = mx + q$.

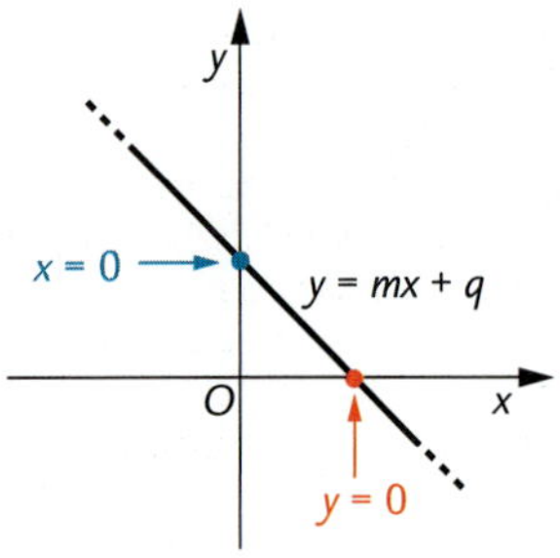

Figura 4.12

ESEMPIO

Tracciamo il grafico della funzione lineare $y = 2x - 4$, dopo avere determinato i suoi punti di intersezione con gli assi cartesiani.

Intersezione con l'asse x

Per determinare l'ascissa del punto di intersezione del grafico con l'asse x, poniamo $y = 0$ nell'equazione $y = 2x - 4$. Otteniamo l'equazione:

$$2x - 4 = 0 \Rightarrow 2x = 4 \Rightarrow x = 2$$

Quindi il grafico della funzione interseca l'asse x nel punto $A(2, 0)$.

Intersezione con l'asse y

Per determinare l'ordinata del punto di intersezione del grafico con l'asse y, poniamo $x = 0$ nell'equazione $y = 2x - 4$. Abbiamo:

$$y = 2 \cdot 0 - 4 = -4$$

Quindi il grafico della funzione interseca l'asse y nel punto $B(0, -4)$.

Il grafico di $y = 2x - 4$ è la retta passante per A e per B:

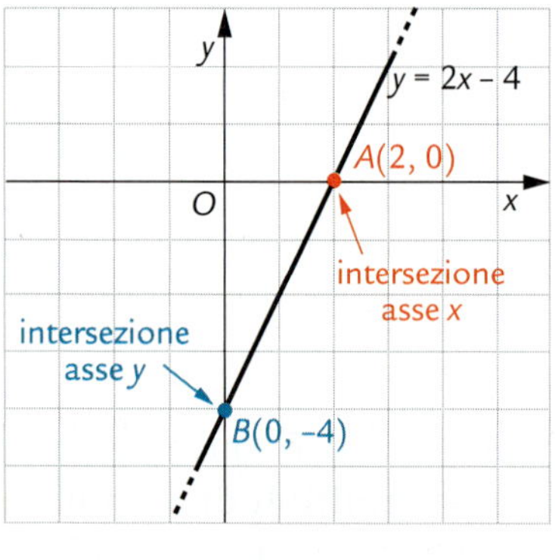

Il significato dei coefficienti m e q

Nell'equazione $y = mx + q$, il coefficiente m si chiama **coefficiente angolare** e il coefficiente q **termine noto**. Per esempio, nella funzione lineare di equazione:

$$y = 2x + 3$$

il coefficiente angolare è 2

il termine noto è $+3$

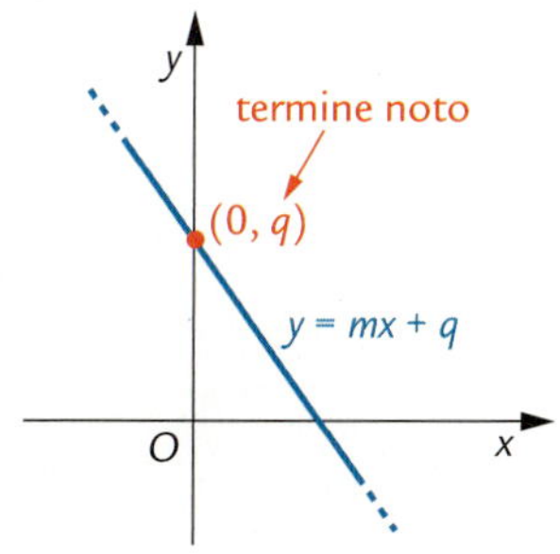

Figura 4.13

Il termine noto q è l'ordinata del punto di intersezione del grafico di $y = mx + q$ con l'asse y: infatti, ponendo $x = 0$ nell'equazione $y = mx + q$, otteniamo $y = q$; q prende anche il nome di **ordinata all'origine** (**fig. 4.13**).
Il coefficiente angolare m dà invece informazioni sulla «inclinazione» rispetto all'asse x della retta che costituisce il grafico della funzione: per questo motivo m viene anche chiamato **pendenza** della retta.
I legami fra m e il grafico di $y = mx + q$ sono esposti in dettaglio nella seguente tabella.

Se $m > 0$	**Se $m < 0$**
La retta grafico di $y = mx + q$ forma con l'asse x un angolo **acuto**. 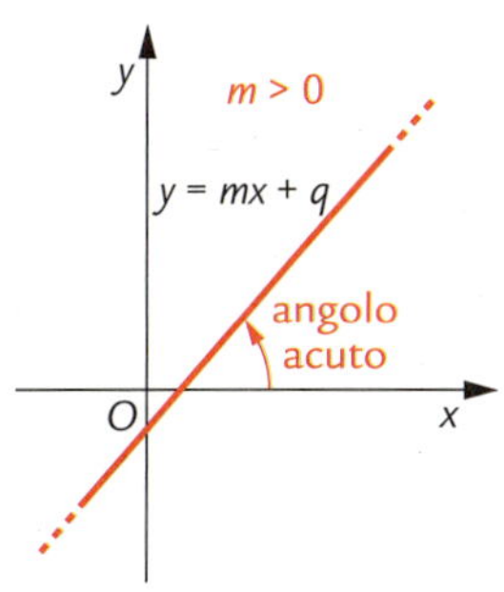 In questo caso, percorrendo la retta «da sinistra verso destra», si «sale»: per questo si dice che il grafico della retta è **crescente**.	La retta grafico di $y = mx + q$ forma con l'asse x un angolo **ottuso**. 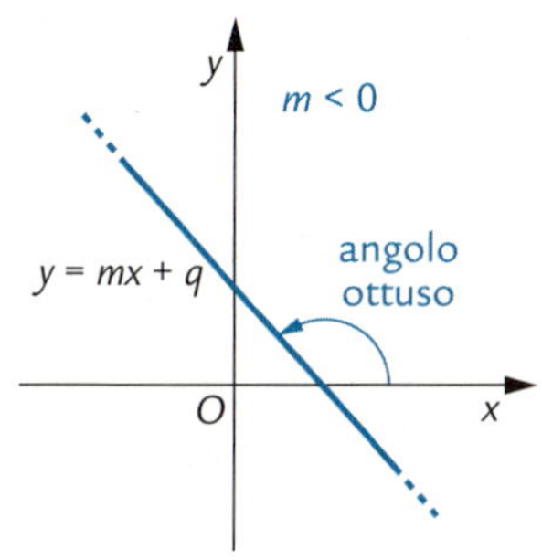 In questo caso, percorrendo la retta «da sinistra verso destra», si «scende»: per questo si dice che il grafico della retta è **decrescente**.
Al crescere di m le rette grafico di $y = mx + q$ formano con l'asse x angoli acuti di ampiezza via via maggiore; in altre parole: al crescere di m si ottengono rette sempre *più* «ripide». 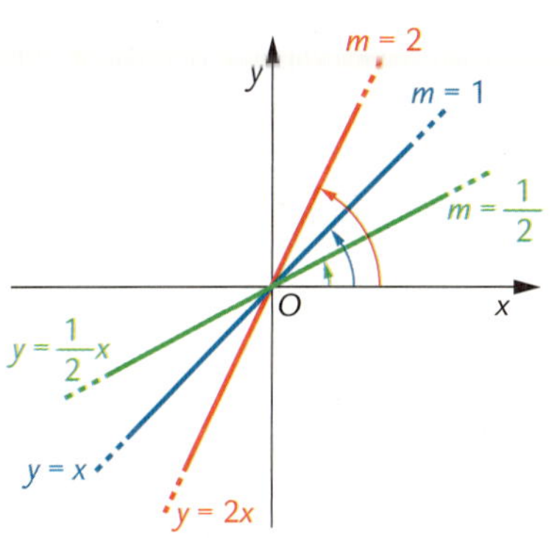	Al crescere di m le rette grafico di $y = mx + q$ formano con l'asse x angoli ottusi di ampiezza via via maggiore; in altre parole: al crescere di m si ottengono rette sempre *meno* «ripide». 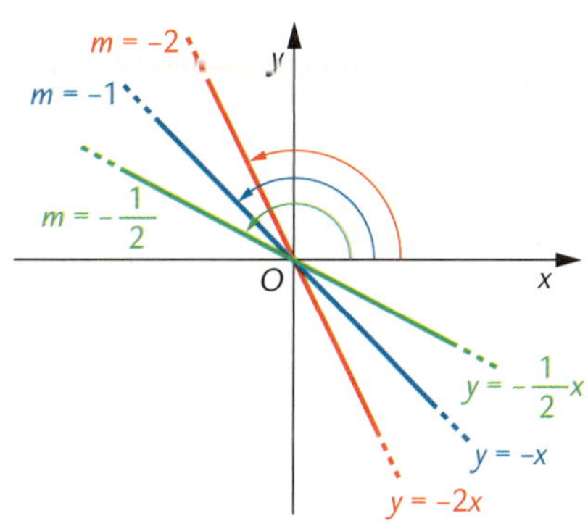

Attenzione!

Per «angolo che la retta forma con l'asse x» intendiamo l'angolo (convesso) che ha come vertice il punto di intersezione della retta con l'asse x e, come lati, la semiretta formata dai punti della retta di ordinata positiva e la semiretta sull'asse x di verso positivo.

Figure dinamiche

Esplora il grafico delle funzioni lineari tramite le figure dinamiche disponibili on-line.

Osserviamo infine che, se $m = 0$, il grafico di $y = mx + q$ è una retta parallela all'asse x (**fig. 4.14**).

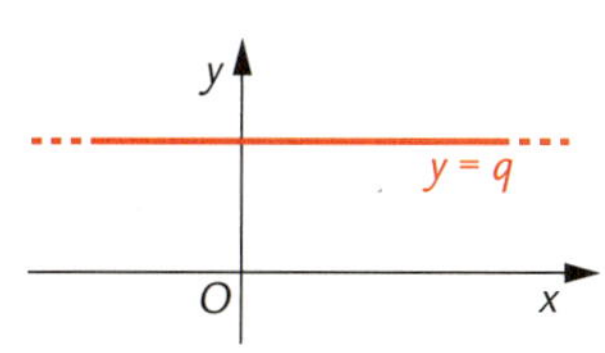

Figura 4.14

Funzioni lineari a tratti

Le funzioni il cui grafico è costituito dall'unione di segmenti e/o semirette sono dette funzioni **lineari a tratti**.

ESEMPIO

Tracciamo il grafico della funzione $y = \begin{cases} -1 & \text{se } x \leq 0 \\ x - 1 & \text{se } 0 < x < 2 \\ 3 - x & \text{se } x \geq 2 \end{cases}$

- La funzione è definita in tre modi diversi nel suo dominio; per tracciarne il grafico dobbiamo tracciare:
  - il grafico della funzione $y = -1$, limitatamente all'intervallo $x \leq 0$;
  - il grafico della funzione $y = x - 1$, limitatamente all'intervallo $0 < x < 2$;
  - il grafico della funzione $y = 3 - x$, limitatamente all'intervallo $x \geq 2$.
- Osserva le seguenti figure.

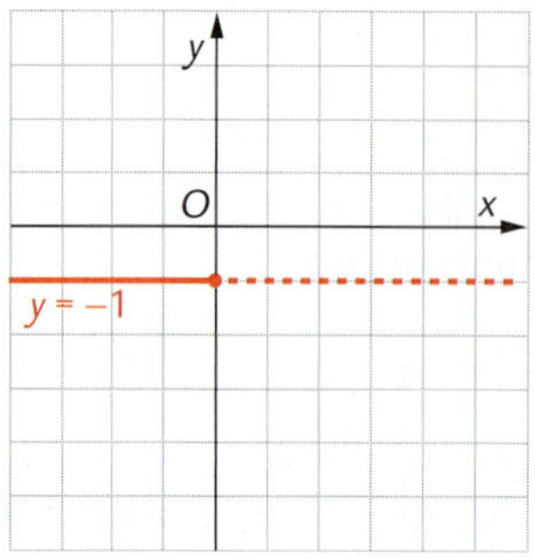

Grafico della funzione costante $y = -1$: la parte da considerare è la semiretta tracciata in linea continua, definita dall'ulteriore condizione $x \leq 0$

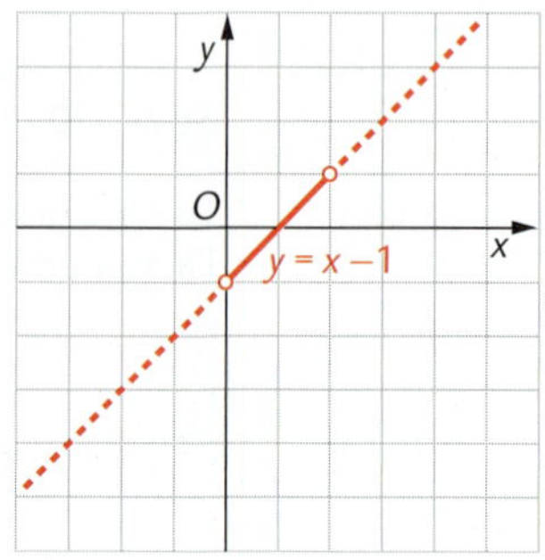

Grafico della funzione $y = x - 1$: la parte da considerare è il segmento (privo degli estremi), definito dall'ulteriore condizione $0 < x < 2$

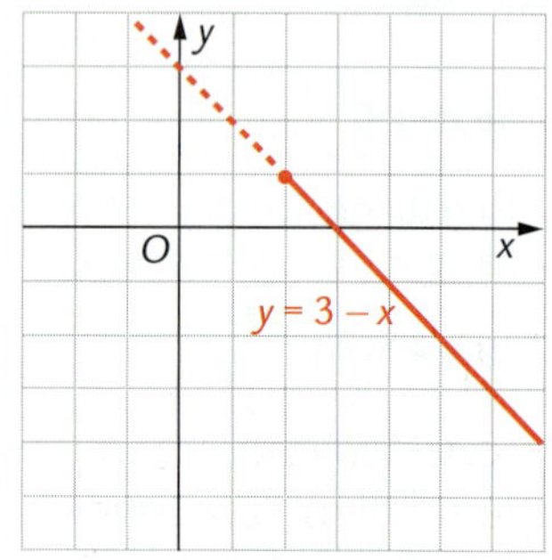

Grafico della funzione $y = 3 - x$: la parte da considerare è la semiretta tracciata in linea continua, definita dall'ulteriore condizione $x \geq 2$

- Unendo le parti dei grafici tracciati in linea continua nelle figure precedenti, si ottiene il grafico della funzione data.

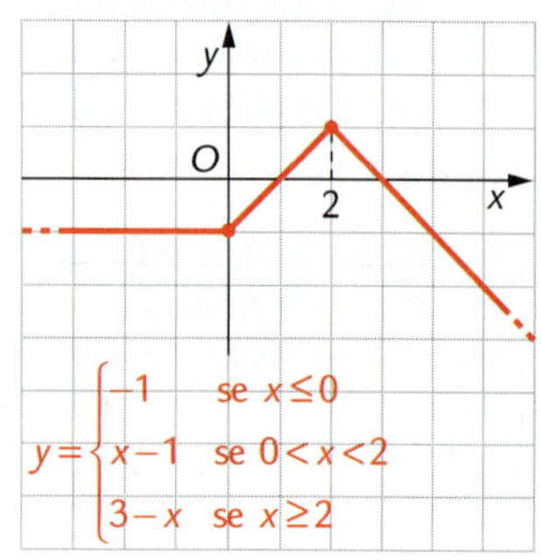

Prova tu **ESERCIZI** a p. 177

1. Traccia i grafici delle funzioni definite da: $y = -2x + 3$, $y = 3x - 2$, $y = -2$. Determina inoltre i punti di intersezione dei grafici con gli assi cartesiani.
2. Quale tra le funzioni lineari

   $y = (2 - \sqrt{3})x$ e $y = (2 - \sqrt{5})x + 1$

   ha come grafico una retta che forma con l'asse x un angolo ottuso?

5. L'equazione della retta nel piano cartesiano

Nel paragrafo precedente abbiamo utilizzato il piano cartesiano come ambiente per tracciare il grafico di una funzione lineare.
In questo paragrafo, invece, adotteremo il punto di vista tipico della geometria analitica: quello di caratterizzare le figure geometriche dal punto di vista algebrico. Sappiamo già che un *punto* può essere indentificato da una coppia ordinata di numeri reali; ora vogliamo caratterizzare, dal punto di vista algebrico, una *retta*.

Più precisamente, cercheremo di determinare «l'equazione» di una generica retta, cioè di scrivere un'equazione che sia soddisfatta dalle coordinate di tutti e soli i punti della retta. Iniziamo dai casi più semplici.

Rette parallele agli assi cartesiani

Supponiamo che r sia una retta **parallela all'asse x**; indichiamo con $(0, k)$ il suo punto di intersezione con l'asse y (**fig. 4.15**). I punti appartenenti alla retta r sono caratterizzati dall'avere ordinata uguale a k: perciò l'equazione della retta r è $y = k$. Le rette in **fig. 4.16** hanno, per esempio, equazione $y = -2$ e $y = 3$.

> **Attenzione!**
> Avrai notato che nell'equazione $y = k$ non compare la x: questo perché le ordinate dei punti appartenenti a una retta parallela all'asse delle x **non** dipendono dai valori delle ascisse: l'ordinata è sempre costante.

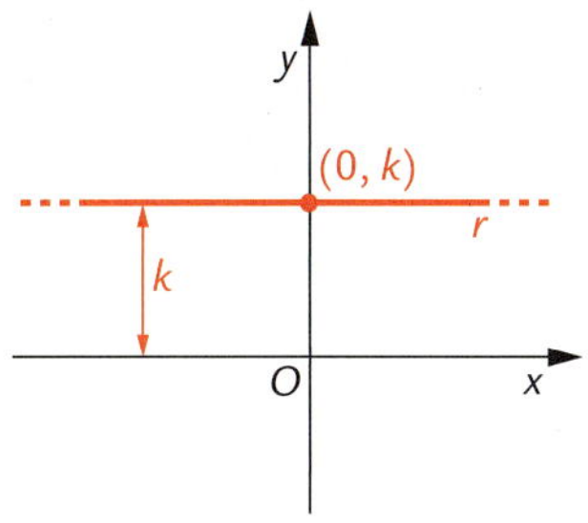

Figura 4.15

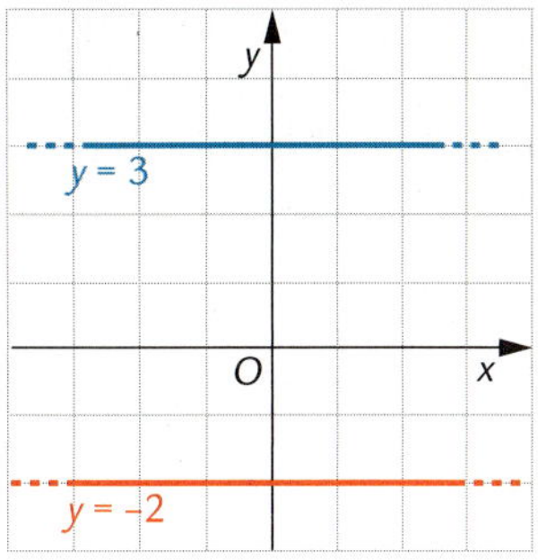

Figura 4.16

Consideriamo ora una retta s **parallela all'asse y** e indichiamo con $(h, 0)$ il suo punto di intersezione con l'asse x (**fig. 4.17**). In questo caso i punti della retta sono caratterizzati dall'avere ascissa uguale a h: l'equazione della retta è perciò $x = h$. Per esempio, le rette disegnate in **fig. 4.18** hanno equazioni $x = -4$ e $x = 2$.

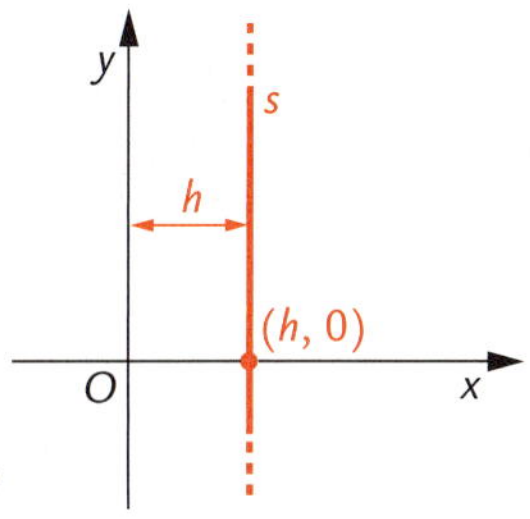

Figura 4.17

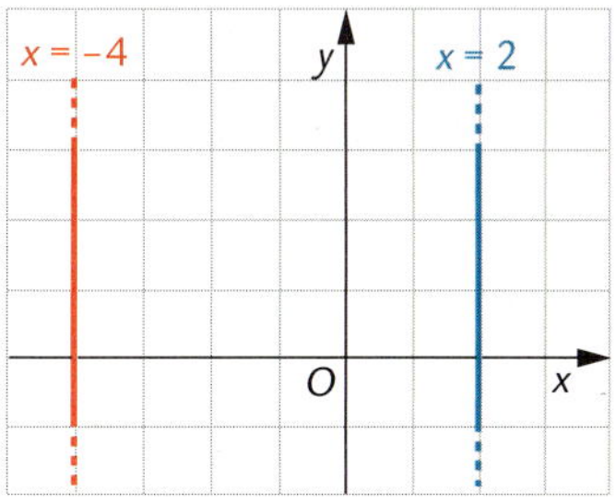

Figura 4.18

Casi particolari

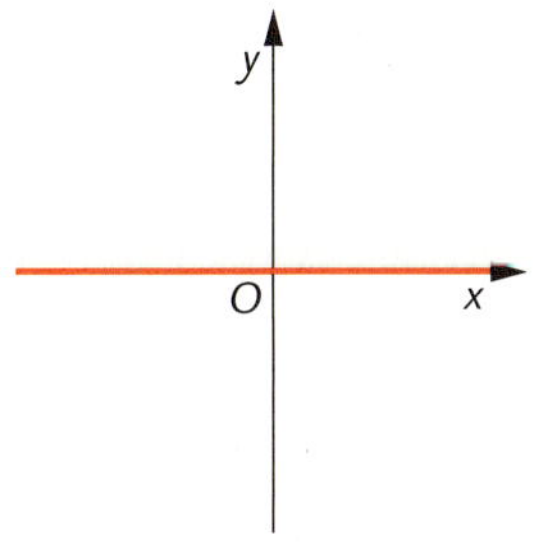

L'asse x ha equazione $y = 0$

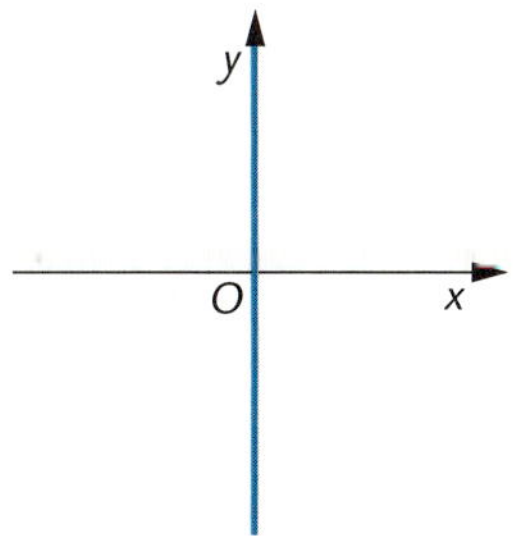

L'asse y ha equazione $x = 0$

Rette passanti per l'origine

Consideriamo ora una retta r **passante per l'origine degli assi**: per esempio, la retta disegnata in **fig. 4.19**, passante per il punto $P(1, 2)$.

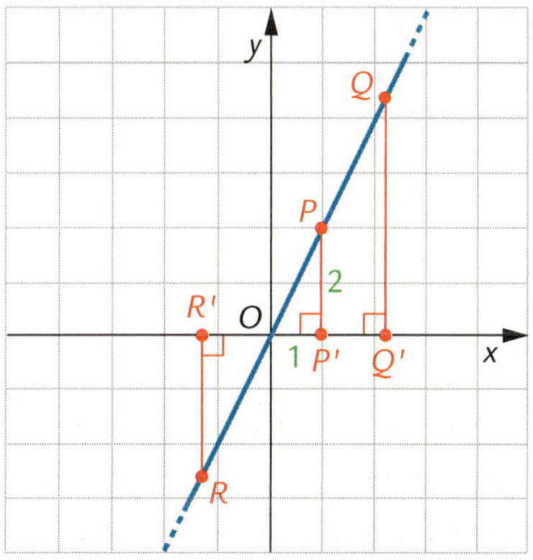

Figura 4.19

> **Ricorda**
> Due triangoli con gli angoli rispettivamente congruenti sono simili (1° criterio di similitudine). In due triangoli simili i rapporti tra i lati corrispondenti sono uguali.
> Per esempio: $\dfrac{B'C'}{A'B'} = \dfrac{BC}{AB}$

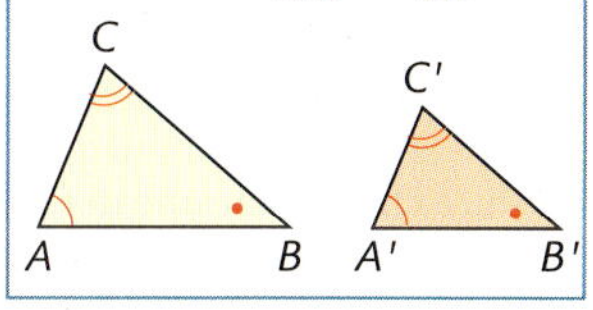

Consideriamo poi due qualsiasi altri punti sulla retta, per esempio i due punti Q ed R, e indichiamo con P', Q' ed R' le proiezioni di P, Q ed R sull'asse x (**fig. 4.19**).
I triangoli OPP', ORR' e OQQ' sono simili, quindi:

$$\frac{\overline{RR'}}{\overline{OR'}} = \frac{\overline{QQ'}}{\overline{OQ'}} = \frac{\overline{PP'}}{\overline{OP'}}$$

Ne segue che:

$$\frac{y_R}{x_R} = \frac{y_Q}{x_Q} = \frac{y_P}{x_P} = \frac{2}{1} = 2$$

Dal momento che Q ed R sono due punti arbitrariamente scelti sulla retta, abbiamo scoperto il legame che caratterizza le coordinate (x, y) dei punti appartenenti alla retta r: il rapporto tra l'ordinata e l'ascissa è costante e uguale a 2:

$$\frac{y}{x} = 2$$

Pertanto l'equazione della retta r è $y = 2x$.
Un ragionamento simile può essere condotto per qualsiasi retta passante per l'origine, purché diversa dall'asse y.

RETTE PASSANTI PER L'ORIGINE
Una retta passante per l'origine, **diversa dall'asse y**, ha equazione del tipo:

$$y = mx$$

dove m è un numero reale.

Casi particolari	
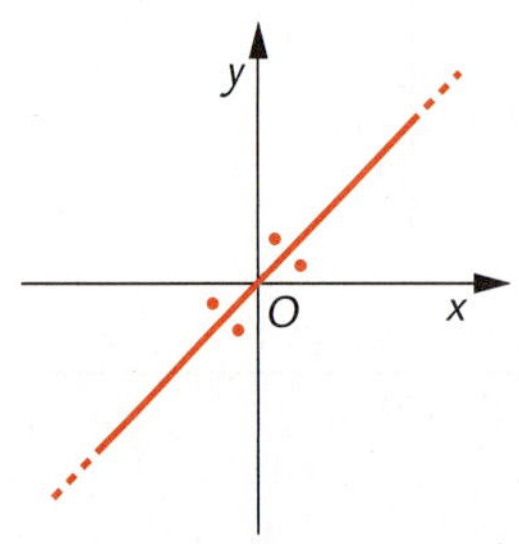 La bisettrice del primo e del terzo quadrante ha equazione $y = x$	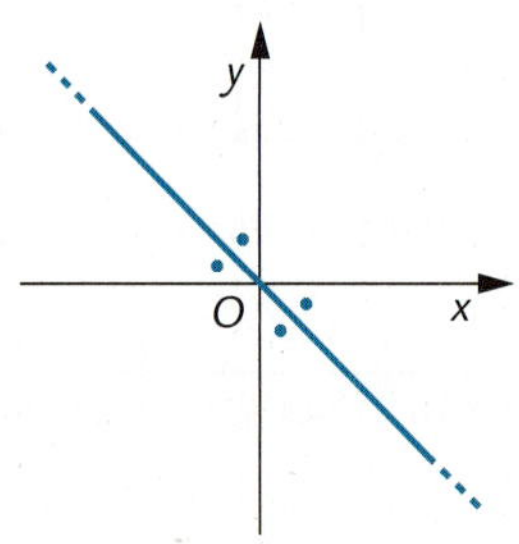 La bisettrice del secondo e del quarto quadrante ha equazione $y = -x$

Retta in posizione generica

Consideriamo ora una generica retta r, non parallela all'asse y: la retta r intersecherà allora l'asse y in un punto, che indichiamo con $Q(0, q)$. Supponiamo, per semplicità, che sia $q > 0$ e che la retta formi con l'asse x un angolo acuto, come nella **fig. 4.20**.

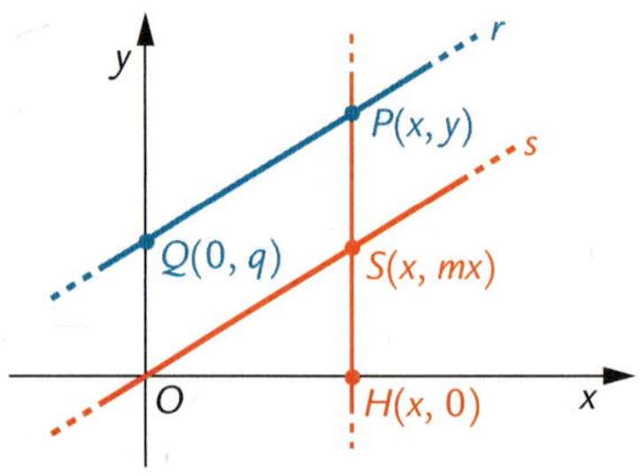

Figura 4.20

Tracciamo poi la retta s, passante per l'origine e parallela a r: tale retta, in base a quanto visto nel paragrafo precedente, avrà equazione del tipo:

$$y = mx$$

Osserva

Un altro modo per ricavare l'equazione di r è il seguente: la retta r è la corrispondente della retta s, di equazione $y = mx$, nella traslazione di vettore $\overrightarrow{OQ}$.

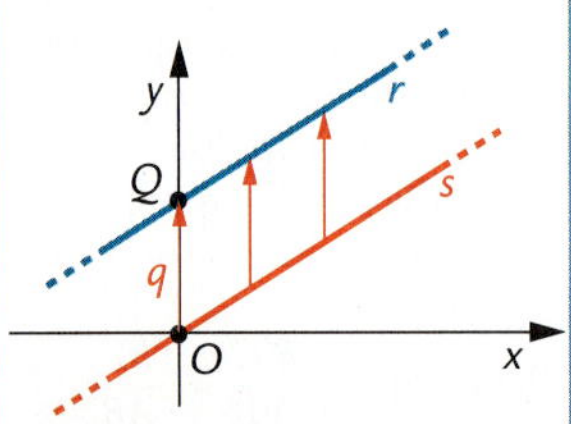

Poiché tale traslazione non fa altro che incrementare le ordinate dei punti di s di q, si deduce che l'equazione di r è $y = mx + q$.

Preso un punto generico $P(x, y)$ sulla retta r tracciamo per P la parallela all'asse y, che incontra la retta s in $S(x, mx)$ e l'asse x in $H(x, 0)$. Osserviamo che:

$\overline{OQ} = q$	Distanza tra due punti aventi la stessa ascissa
$\overline{SP} = y - mx$	Distanza tra due punti aventi la stessa ascissa
$\overline{OQ} = \overline{SP}$	Perché *OSPQ*, avendo i lati opposti paralleli, è un parallelogramma

Ne segue che:

$$q = y - mx \quad \text{e, quindi,} \quad y = mx + q$$

Abbiamo così trovato il legame tra le coordinate di un generico punto $P(x, y)$ appartenente alla retta r: questa sarà dunque l'equazione di r.
Questo risultato si potrebbe provare anche nel caso in cui la retta fosse disposta nel piano in modo diverso dalla **fig. 4.20**.

RETTE NON PARALLELE ALL'ASSE *y*

Ogni retta **non parallela all'asse *y*** ha equazione del tipo:

$$y = mx + q$$

dove m e q sono numeri reali.

L'equazione $y = mx + q$ comprende, come casi particolari, le equazioni delle rette parallele all'asse x (che si ottengono quando $m = 0$) e le equazioni delle rette passanti per l'origine (che si ottengono quando $q = 0$): restano escluse solo le rette parallele all'asse y.
Pertanto, data una retta nel piano cartesiano, ci sono due possibilità: o la retta è parallela all'asse y, e quindi la sua equazione è del tipo $x = h$, oppure la sua equazione è del tipo $y = mx + q$.

COLLEGHIAMO I CONCETTI

Le equazioni dei vari tipi di retta

Riassumiamo i risultati ottenuti in questo paragrafo nella seguente tabella, evidenziando i coefficienti angolari dei vari tipi di retta.

Tipo di retta	Equazione della retta	Grafico	Coefficiente angolare della retta
Retta parallela all'asse x	$y = k$	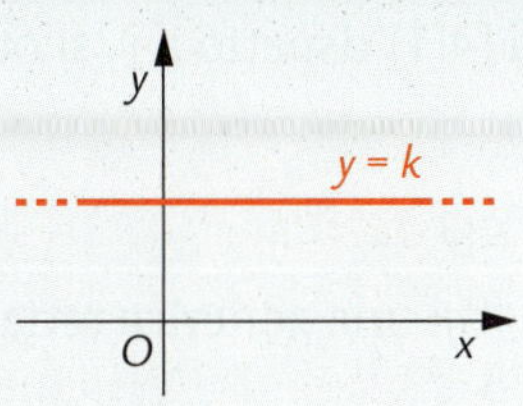	Il coefficiente angolare è zero
Retta parallela all'asse y	$x = h$	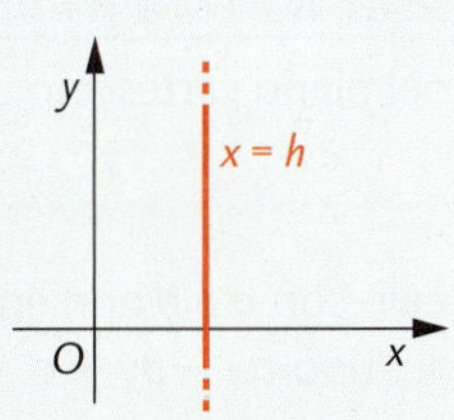	Il coefficiente angolare **non** è definito
Retta passante per l'origine	$y = mx$	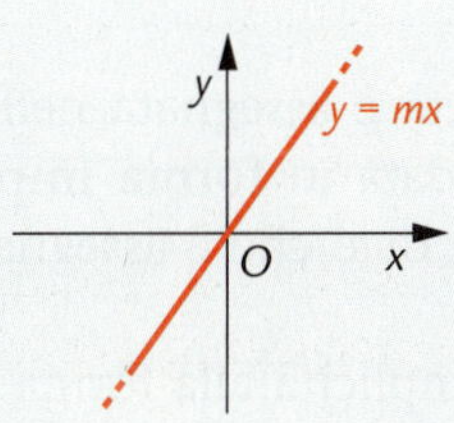	Il coefficiente angolare è m

Retta generica non parallela all'asse y	$y = mx + q$	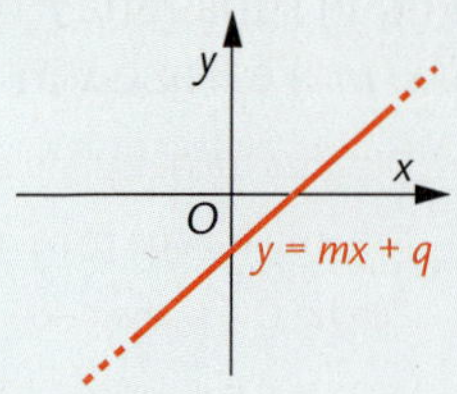	Il coefficiente angolare è m

Nota che ogni retta **non parallela** all'asse y, avendo un'equazione del tipo $y = mx + q$, è il grafico di una funzione lineare; al contrario, le rette parallele all'asse y **non** rappresentano il grafico di una funzione perché a un solo valore di x corrispondono infiniti valori di y (ciò porta come conseguenza che per queste rette il coefficiente angolare non è definito).

L'equazione generale della retta nel piano cartesiano

Abbiamo osservato nel paragrafo precedente che l'equazione $y = mx + q$ **non** permette di rappresentare tutte le rette del piano cartesiano, poiché non comprende le rette parallele all'asse y.
L'equazione che permette di rappresentare tutte le rette del piano è la seguente:

$$ax + by + c = 0 \qquad [4.1]$$

Infatti, una retta parallela all'asse y ha equazione $x = h$, ossia $x - h = 0$, che si può scrivere nella forma:

$$1 \cdot x + 0 \cdot y - h = 0 \qquad a = 1,\ b = 0,\ c = -h$$

Una retta non parallela all'asse y ha equazione $y = mx + q$, che si può scrivere nella forma:

$$m \cdot x - 1 \cdot y + q = 0 \qquad a = m,\ b = -1,\ c = q$$

Viceversa, ogni equazione del tipo **[4.1]** rappresenta una retta. Infatti:

- se $b = 0$, la **[4.1]** diventa

  $$ax + c = 0$$

  ossia $x = -\dfrac{c}{a}$: una retta parallela all'asse y;
- se $b \neq 0$, risolvendo la **[4.1]** rispetto a y, si ottiene l'equazione equivalente:

  $$y = -\frac{a}{b}x - \frac{c}{b}$$

  che è del tipo $y = mx + q$: una generica retta non parallela all'asse y.

TEOREMA 4.1 **Equazione generale della retta nel piano cartesiano**

Ogni retta è rappresentata nel piano cartesiano da una equazione del tipo:

$$ax + by + c = 0$$

dove a, b e c sono numeri reali, con a e b non entrambi nulli.
Viceversa, ogni equazione del tipo $ax + by + c = 0$, con a e b non entrambi nulli, rappresenta nel piano cartesiano una retta.

Se l'equazione di una retta è assegnata nella forma $ax + by + c = 0$ si dice che l'equazione della retta è data in **forma implicita**; se invece l'equazione è data nella forma $y = mx + q$ si dice che è assegnata l'equazione della retta in **forma esplicita**.
Per passare dalla forma implicita alla forma esplicita basta risolvere l'equazione implicita rispetto a y.

ESEMPIO **Rette in forma implicita ed esplicita**

L'equazione $2x + 3y + 2 = 0$ è l'equazione di una retta, data in forma implicita.

Risolviamo questa equazione rispetto a y:

$$2x + 3y + 2 = 0 \quad \Rightarrow \quad 3y = -2x - 2 \quad \Rightarrow \quad y = -\frac{2}{3}x - \frac{2}{3}$$

Abbiamo così ottenuto l'equazione della retta in forma esplicita.

Osserva

Riflettendo sull'esempio qui a fianco puoi renderti conto che il coefficiente angolare m e l'ordinata all'origine q di una retta di equazione $ax + by + c = 0$, con $b \neq 0$, sono espressi dalle formule:

$m = -\frac{a}{b}$ e $q = -\frac{c}{b}$

Prova tu **ESERCIZI** a p. 179

1. **Vero o falso?**
   - a. una retta passante per l'origine ha equazione del tipo $y = mx + q$, con $q = 0$ V F
   - b. qualsiasi retta nel piano cartesiano ha equazione del tipo $y = mx + q$ V F
   - c. la retta di equazione $x = -10$ è parallela all'asse x V F
   - d. per qualsiasi retta del piano cartesiano è definito il coefficiente angolare V F
   - e. il coefficiente angolare della retta di equazione $3x + 2y - 1 = 0$ è 3 V F
   - f. l'ordinata all'origine della retta di equazione $2x - 3y - 1 = 0$ è $\frac{1}{3}$ V F
2. Scrivi le equazioni delle seguenti rette in forma *esplicita*, specificandone il coefficiente angolare e l'ordinata all'origine:
   - a. $2x + 4y + 1 = 0$ b. $6x - 3y - 2 = 0$

6. Rette parallele e posizione reciproca di due rette

Rette parallele

La geometria *euclidea* ci dice che due rette sono *parallele* se e solo se, tagliate da una trasversale, formano con essa angoli alterni interni congruenti.
Consideriamo ora il problema analogo in geometria *analitica*: quale condizione dovrà essere soddisfatta dalle equazioni di due rette perché esse siano parallele?
Il prossimo teorema fornisce la risposta a questa domanda.

Condizione di parallelismo tra due rette — **TEOREMA 4.2**

Due rette non parallele all'asse y, di equazioni $y = mx + q$ e $y = m'x + q'$, sono **parallele** se e solo se hanno lo stesso coefficiente angolare.

La condizione di parallelismo è quindi:

$$m = m' \qquad [4.2]$$

DIMOSTRAZIONE Due rette sono *parallele*, distinte o coincidenti, se e solo se il sistema formato dalle equazioni delle due rette è, rispettivamente, *impossibile o indeterminato*.
Il sistema formato dalle equazioni delle due rette in forma normale è:

$$\begin{cases} mx - y = -q \\ m'x - y = -q' \end{cases}$$

Per il teorema di Cramer questo sistema risulta impossibile o indeterminato se e solo se il suo determinante è nullo, ovvero se e solo se:

$$\begin{vmatrix} m & -1 \\ m' & -1 \end{vmatrix} = -m + m' = 0$$

da cui la condizione [4.2]: $m = m'$

Ricorda

$\begin{vmatrix} a & b \\ a' & b' \end{vmatrix} = ab' - a'b$

ESEMPIO **Parallelismo tra rette**

Stabiliamo se le seguenti coppie di rette sono parallele.

a. $y = -2x$ e $y = -2x + 4$
b. $y = -x + 1$ e $y = x - 4$
c. $x - 2y + 1 = 0$ e $2x - 4y + 3 = 0$

a. Le rette di equazione $y = -2x$ e $y = -2x + 4$ hanno entrambe coefficiente angolare uguale a -2, quindi sono parallele.

b. La retta di equazione $y = -x + 1$ ha coefficiente angolare uguale a -1.
La retta di equazione $y = x - 4$ ha coefficiente angolare uguale a 1.
Dal momento che le due rette hanno coefficienti angolari *diversi*, possiamo concludere che **non** sono parallele.

c. Scriviamo le equazioni delle due rette in forma esplicita, in modo da poterne individuare i coefficienti angolari.

$$x - 2y + 1 = 0 \qquad 2x - 4y + 3 = 0$$
$$2y = x + 1 \qquad 4y = 2x + 3$$
$$y = \frac{1}{2}x + \frac{1}{2} \qquad y = \frac{1}{2}x + \frac{3}{4}$$

Il coefficiente angolare è lo stesso

Dunque le due rette sono parallele.

Posizione reciproca di due rette

Il parallelismo è soltanto una delle reciproche posizioni che possono presentare due rette; più precisamente, sappiamo dalla geometria che due rette r ed s possono essere:

1. **incidenti** (nel qual caso hanno in comune uno e un solo punto)
2. **parallele distinte** (nel qual caso non hanno punti di intersezione)
3. **coincidenti**

Da un punto di vista analitico, date due rette di equazioni $ax + by + c = 0$ e $a'x + b'y + c' = 0$, per discutere la loro posizione reciproca occorre considerare il sistema:

$$\begin{cases} ax + by + c = 0 \\ a'x + b'y + c' = 0 \end{cases}$$

Ricordando il teorema di Cramer, possiamo affermare che:

1. il sistema è **determinato** se e solo se il suo determinante $ab' - a'b$ è diverso da 0, cioè se $\frac{a}{a'} \neq \frac{b}{b'}$ (con a', $b' \neq 0$): in tal caso le due rette sono **incidenti** e le coordinate del loro punto di intersezione sono date dalla soluzione del sistema;
2. il sistema è **impossibile** se e solo se $ab' - a'b = 0$ e $bc' - b'c \neq 0$, cioè se $\frac{a}{a'} = \frac{b}{b'}$ e $\frac{b}{b'} \neq \frac{c}{c'}$ (con a', b', $c' \neq 0$): in tal caso le due rette sono **parallele distinte**;
3. il sistema è **indeterminato** se e solo se $ab' - a'b = 0$ e $bc' - b'c = 0$, cioè se $\frac{a}{a'} = \frac{b}{b'} = \frac{c}{c'}$ (con a', b', $c' \neq 0$): in tal caso le due rette sono **coincidenti**.

Lasciamo a te riformulare queste condizioni in modo equivalente nel caso in cui le equazioni delle due rette sono date in forma *esplicita*. Nella seguente tabella sono riassunti tutti i risultati.

Posizione reciproca delle rette	Incidenti	Parallele distinte	Coincidenti
	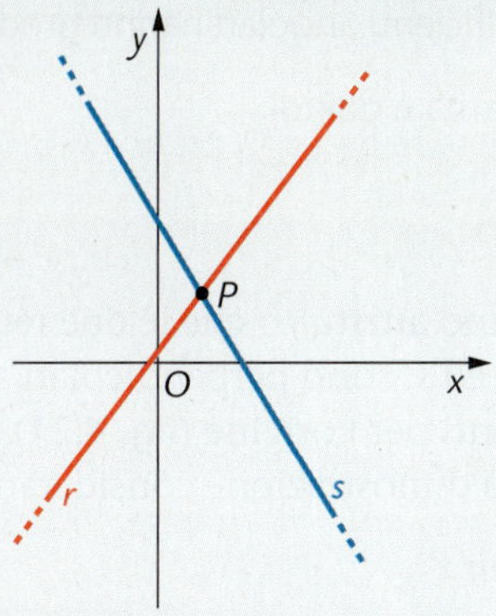	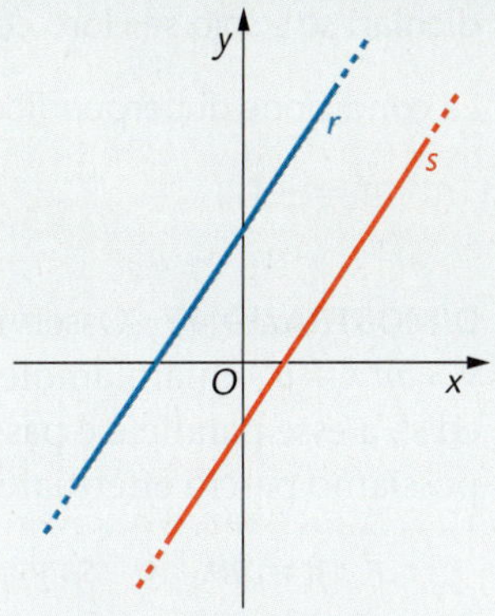	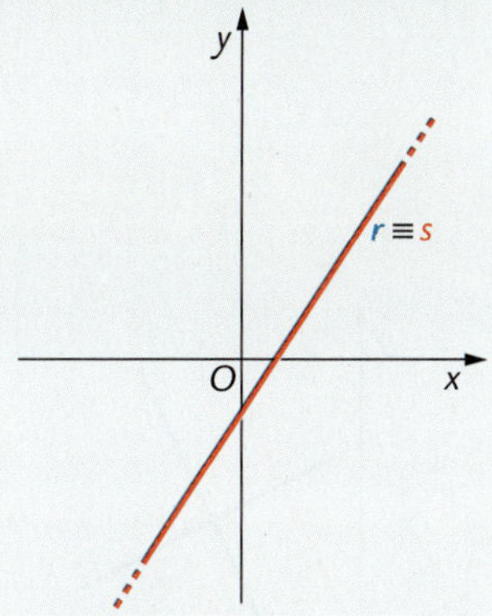
Condizione analitica per rette in forma *implicita*	$\frac{a}{a'} \neq \frac{b}{b'}$	$\frac{a}{a'} = \frac{b}{b'}$ e $\frac{b}{b'} \neq \frac{c}{c'}$	$\frac{a}{a'} = \frac{b}{b'} = \frac{c}{c'}$
Condizione analitica per rette in forma *esplicita*	$m \neq m'$	$m = m'$ e $q \neq q'$	$m = m'$ e $q = q'$

ESEMPIO **Posizione reciproca di due rette**

Stabiliamo la posizione reciproca delle seguenti coppie di rette:

a. $2x - y + 3 = 0$ e $x - \frac{1}{2}y + \frac{3}{2} = 0$

b. $x - \sqrt{2}y + 2 = 0$ e $\sqrt{2}x - 2y + 2 = 0$

c. $\sqrt{2}x - y - 1 = 0$ e $x + y - \sqrt{2} = 0$

a. Poiché $\frac{a}{a'} = \frac{b}{b'} = \frac{c}{c'} = 2$, le due rette sono *coincidenti*.

b. Poiché $\frac{a}{a'} = \frac{b}{b'} = \frac{\sqrt{2}}{2}$ e $\frac{c}{c'} = 1$, le due rette sono *parallele distinte*.

c. Poiché $\frac{a}{a'} = \sqrt{2}$ e $\frac{b}{b'} = -1$, risulta $\frac{a}{a'} \neq \frac{b}{b'}$, quindi le due rette sono *incidenti*. Risolvendo il sistema $\begin{cases} \sqrt{2}x - y - 1 = 0 \\ x + y - \sqrt{2} = 0 \end{cases}$, si trova che le due rette si intersecano nel punto di coordinate $(1, \sqrt{2} - 1)$.

Prova tu **ESERCIZI** a p. 182

1. Stabilisci se le seguenti coppie di rette sono incidenti, parallele distinte oppure coincidenti; se sono incidenti, determina le coordinate del loro punto di intersezione:
   - **a.** $3x - 4y - 2 = 0$ e $6x - 8y - 4 = 0$
   - **b.** $3x - 6y + 1 = 0$ e $-2x + 3y + 2 = 0$
   - **c.** $6x + 8y - 2 = 0$ e $3x + 4y - 2 = 0$
   - **c.** $6x + 8y - 2 = 0$ e $3x + 4y - 2 = 0$
2. Determina per quale valore di k le rette di equazioni $y = kx - 1$ e $y = (2k - 3)x + 5$ sono parallele. $[k = 3]$

7. Rette perpendicolari

Dopo aver stabilito la condizione di parallelismo tra due rette nel piano cartesiano, poniamoci il problema di stabilire quale condizione algebrica traduce la loro *perpendicolarità*. La condizione necessaria e sufficiente per stabilire se due rette non parallele agli assi sono perpendicolari è espressa dal prossimo teorema.

TEOREMA 4.3 **Condizione di perpendicolarità tra due rette**

Due rette non parallele agli assi, di equazioni $y = mx + q$ e $y = m'x + q'$, sono **perpendicolari** se e solo se i loro coefficienti angolari hanno prodotto -1.

La condizione di perpendicolarità è quindi:

$$m \cdot m' = -1 \qquad [4.3]$$

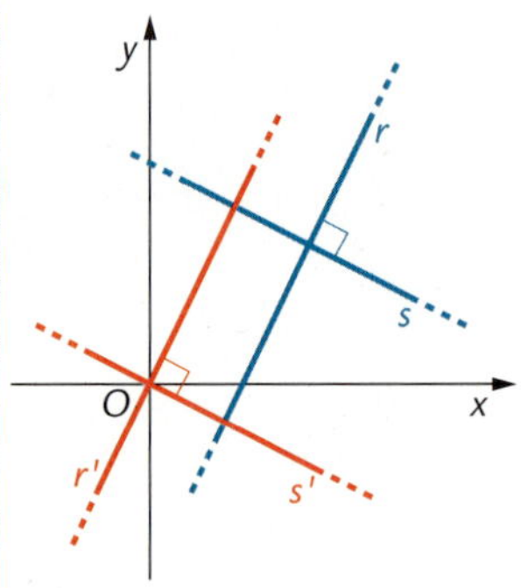

Figura 4.21

DIMOSTRAZIONE Osserviamo anzitutto che le due rette di equazioni $y = mx + q$ e $y = m'x + q'$, chiamiamole r ed s, sono perpendicolari se e solo se lo sono le rette r' ed s', a esse parallele e passanti per l'origine (fig. 4.21). Senza perdere di generalità, possiamo perciò effettuare la dimostrazione considerando le rette:

$$r' : y = mx \quad \text{e} \quad s' : y = m'x$$

Sulle rette r' ed s' consideriamo rispettivamente i punti P e Q di ascissa 1, che hanno coordinate:

$$P(1, m) \quad \text{e} \quad Q(1, m')$$

Le due rette r' ed s' sono perpendicolari se e solo se il triangolo OPQ è rettangolo di ipotenusa PQ (fig. 4.22). Questa condizione equivale a dire che nel triangolo OPQ deve essere valido il teorema di Pitagora:

$$\overline{OP}^2 + \overline{OQ}^2 = \overline{PQ}^2$$

Poiché:

$\overline{OP} = \sqrt{1 + m^2}$ — Distanza di due punti

$\overline{OQ} = \sqrt{1 + m'^2}$ — Distanza di due punti

$\overline{PQ} = |m - m'|$ — Distanza di due punti che hanno la stessa ascissa

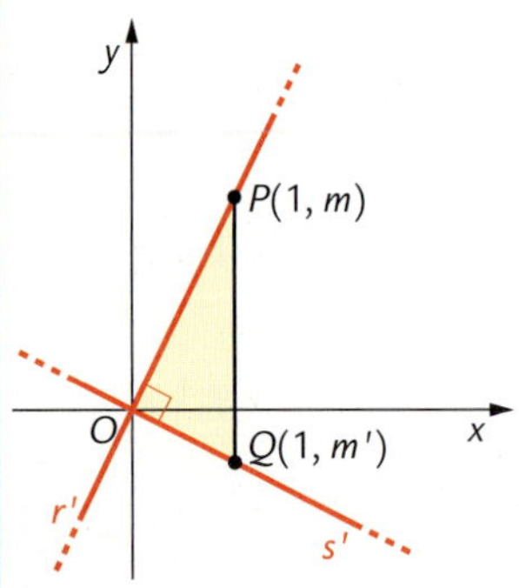

Figura 4.22

la relazione precedente diventa:

$(1 + m^2) + (1 + m'^2) = |m - m'|^2$ — $\overline{OP}^2 + \overline{OQ}^2 = \overline{PQ}^2$

$1 + \cancel{m^2} + 1 + \cancel{m'^2} = \cancel{m^2} + \cancel{m'^2} - 2mm'$ — $|m - m'|^2 = (m - m')^2$

$2 = -2mm'$

da cui, dividendo i due membri per -2:

$$mm' = -1$$

Dalla relazione $m \cdot m' = -1$ si ricava che:

$$m' = -\frac{1}{m}$$

Quindi se una retta ha coefficiente angolare m, con $m \neq 0$, una retta a essa perpendicolare ha coefficiente angolare uguale a $-\frac{1}{m}$, cioè all'**opposto del reciproco** (ossia all'**antireciproco**) di m.

ESEMPI **Perpendicolarità tra rette**

Stabiliamo quali delle seguenti coppie di rette sono perpendicolari:

a. $y = 4x - 1, \qquad y = 0{,}25\,x + 1$

b. $y = \frac{1}{3}x - 1, \qquad y = -3x + 2$

c. $3x + 5y - 1 = 0, \qquad 5x - 3y = 0$

a. I coefficienti angolari delle due rette di equazioni:

$$y = 4x - 1 \quad \text{e} \quad y = 0{,}25x + 1$$

sono:

$m = 4$ e $m' = 0{,}25$

Poiché

$m \cdot m' = 4 \cdot 0{,}25 = 4 \cdot \frac{1}{4} = 1$

le due rette **non** sono perpendicolari.

b. I coefficienti angolari delle due rette di equazioni:

$y = \frac{1}{3}x - 1$ e $y = -3x + 2$

sono:

$m = \frac{1}{3}$ e $m' = -3$

Poiché $mm' = -1$, le due rette sono perpendicolari.

c. Scriviamo le equazioni delle due rette in forma esplicita, in modo da poterne individuare i coefficienti angolari.

$3x + 5y - 1 = 0$	$5x - 3y = 0$
$5y = -3x + 1$	$3y = 5x$
$y = -\frac{3}{5}x + \frac{1}{5}$	$y = \frac{5}{3}x$

I coefficienti angolari sono uno l'antireciproco dell'altro

Dunque le due rette sono perpendicolari.

Prova tu — ESERCIZI a p. 183

1. Stabilisci se le seguenti coppie di rette sono perpendicolari:
   - **a.** $y = (2 + \sqrt{3})x - 1$ e $y = (\sqrt{3} - 2)x + 2$
   - **b.** $x - 2y = -10$ e $y = 2x + 8$
   - **c.** $2x + 4y - 1 = 0$ e $-\frac{1}{2}x + y - 1 = 0$
2. Determina per quale valore di k sono perpendicolari le rette di equazioni:
   $x - 2y - 1 = 0$ e $(k - 2)x - ky - 2 = 0$ $\left[k = \frac{2}{3}\right]$

8. Come determinare l'equazione di una retta

Sappiamo dalla *geometria euclidea* che una retta resta univocamente individuata quando se ne conoscono un *punto e la direzione*, oppure *due punti*. Trasferendoci nell'ambito della *geometria analitica*, scaturiscono i seguenti due problemi:

a. determinare l'equazione di una retta passante per un punto $P(x_0, y_0)$ e di coefficiente angolare m assegnato (il coefficiente angolare individua la direzione della retta);

b. determinare l'equazione di una retta passante per due punti assegnati.

Retta passante per un punto di direzione assegnata

Cominciamo ad affrontare il *primo* problema. Sappiamo che una retta nel piano cartesiano di coefficiente angolare m ha equazione della forma:

$$y = mx + q \qquad [4.4]$$

Rifletti

Osserva che, come in geometria euclidea per individuare una retta occorrono due condizioni geometriche, così in geometria analitica per individuare una retta di equazione esplicita $y = mx + q$ occorre assegnare i **due** coefficienti m e q. C'è quindi un perfetto parallelismo tra il numero dei coefficienti dell'equazione di una retta in forma esplicita e il numero di condizioni geometriche che devono essere assegnate.

Per individuare l'equazione della retta passante per $P(x_0, y_0)$ occorre ricavare il valore di q. Imponendo alle coordinate di $P(x_0, y_0)$ di soddisfare l'equazione $y = mx + q$ otteniamo la condizione:

$$y_0 = mx_0 + q$$

da cui:

$$q = y_0 - mx_0$$

Sostituendo il valore di q così ricavato nella **[4.4]** otteniamo l'equazione della retta cercata:

$$y = mx + y_0 - mx_0$$

che si riscrive di solito nella forma:

$$y - y_0 = m(x - x_0)$$

RETTA PASSANTE PER UN PUNTO, DI ASSEGNATO COEFFICIENTE ANGOLARE

L'equazione della retta passante per $P(x_0, y_0)$ e di coefficiente angolare m è:

$$y - y_0 = m(x - x_0) \qquad [4.5]$$

In particolare, utilizzando la formula $y - y_0 = m(x - x_0)$ possiamo scrivere facilmente:

1. l'equazione della retta passante per un punto e parallela a una retta data;
2. l'equazione della retta passante per un punto e perpendicolare a una retta data.

ESEMPIO **Retta passante per un punto e parallela a una retta data**

Determiniamo l'equazione della retta passante per $P(-1, 3)$ e parallela alla retta r, di equazione $x - 2y + 1 = 0$.

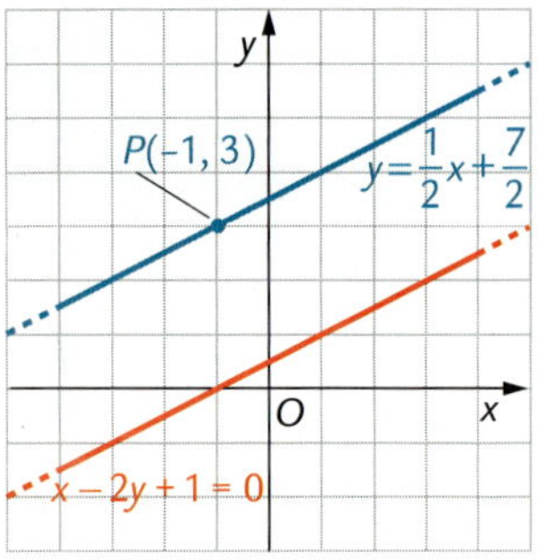

L'equazione della retta r in forma *esplicita* è:

$$y = \frac{1}{2}x + \frac{1}{2},$$

quindi il suo coefficiente angolare è $m = \frac{1}{2}$.

La retta passante per $P(-1, 3)$ e parallela a r non è altro che la retta passante per P e di coefficiente angolare uguale a $\frac{1}{2}$. In base alla **[4.5]** la sua equazione sarà:

$$y - 3 = \frac{1}{2}(x - (-1)) \quad \text{da cui} \quad y = \frac{1}{2}x + \frac{7}{2}$$

ESEMPIO **Retta passante per un punto e perpendicolare a una retta data**

Determiniamo l'equazione della retta passante per $P(3, 0)$, perpendicolare alla retta r di equazione $y = 2x$.

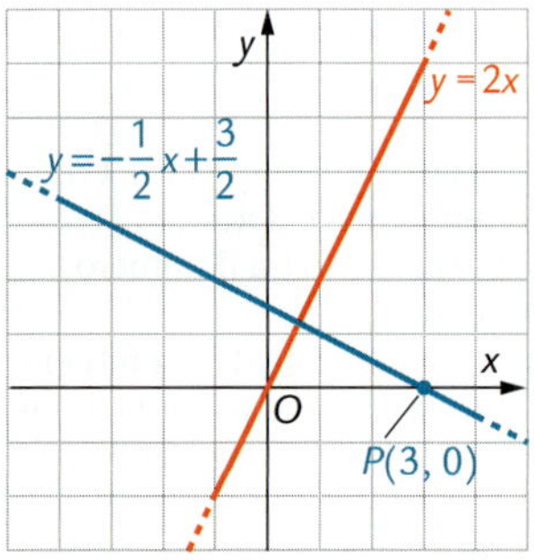

Il coefficiente angolare della retta r è 2; pertanto una retta perpendicolare a r deve avere coefficiente angolare $-\frac{1}{2}$.

La retta cercata è allora quella passante per $P(3, 0)$ e di coefficiente angolare $-\frac{1}{2}$. In base alla **[4.5]** la sua equazione sarà:

$$y - 0 = -\frac{1}{2}(x - 3)$$

da cui:

$$y = -\frac{1}{2}x + \frac{3}{2}$$

Retta passante per due punti

Occupiamoci ora del *secondo* problema che avevamo introdotto all'inizio di questo paragrafo: scrivere l'equazione della retta passante per due punti $A(x_1, y_1)$ e $B(x_2, y_2)$ assegnati. Dimostriamo anzitutto il seguente teorema.

Coefficiente angolare della retta passante per due punti — **TEOREMA 4.4**

Il coefficiente angolare m della retta passante per $A(x_1, y_1)$ e $B(x_2, y_2)$, con $x_1 \neq x_2$, è uguale al rapporto tra la differenza delle ordinate e la differenza delle ascisse di A e di B; in simboli:

$$m = \frac{y_2 - y_1}{x_2 - x_1} \qquad [4.6]$$

L'interpretazione grafica della **[4.6]** è riportata nella seguente figura: il coefficiente angolare di una retta è il rapporto tra la variazione subita dalle ordinate e la corrispondente variazione subita dalle ascisse nel passaggio da un punto di ascissa minore a un punto di ascissa maggiore. La variazione può essere un *incremento* (come nel caso in figura) o una *diminuzione* (nel caso di una retta che forma con l'asse x un angolo ottuso).

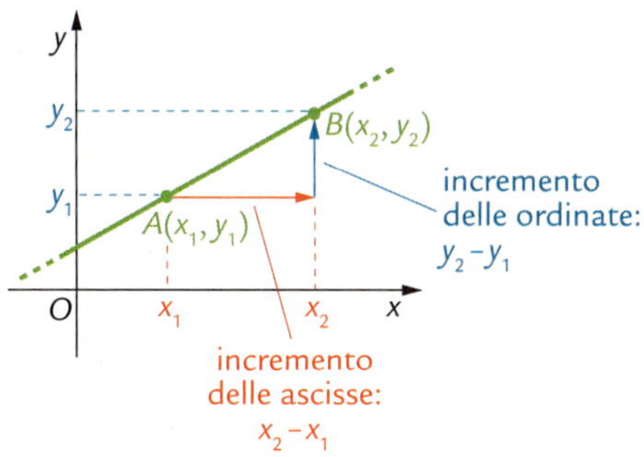

DIMOSTRAZIONE

Poiché stiamo supponendo $x_1 \neq x_2$, la retta AB non è parallela all'asse y, quindi la sua equazione sarà del tipo:

$$y = mx + q$$

Imponendo alle coordinate di $A(x_1, y_1)$ e $B(x_2, y_2)$ di soddisfarla, otteniamo il sistema:

$$\begin{cases} y_1 = mx_1 + q \\ y_2 = mx_2 + q \end{cases}$$

Sottraendo dalla seconda equazione del sistema la prima otteniamo l'equazione:

$$y_2 - y_1 = m(x_2 - x_1)$$

da cui, dividendo per $x_2 - x_1$, si ricava la **[4.6]**.

Ora possiamo facilmente risolvere il problema da cui siamo partiti, cioè scrivere l'equazione della retta passante per due punti $A(x_1, y_1)$ e $B(x_2, y_2)$:

1. se $x_1 = x_2$, la retta AB è parallela all'asse y, quindi la sua equazione è $x = x_1$;
2. se $x_1 \neq x_2$, il coefficiente angolare m_{AB} della retta AB si può determinare mediante la formula **[4.6]** e l'equazione della retta AB si può ottenere scrivendo l'equazione della retta passante per A (o per B), di coefficiente angolare m_{AB}.

ESEMPI **Retta passante per due punti**

Scriviamo l'equazione della retta passante per A e B in ciascuno dei seguenti casi:

a. $A(-2, 4)$ e $B(1, -1)$

b. $A(3, 3)$ e $B(3, 6)$

→

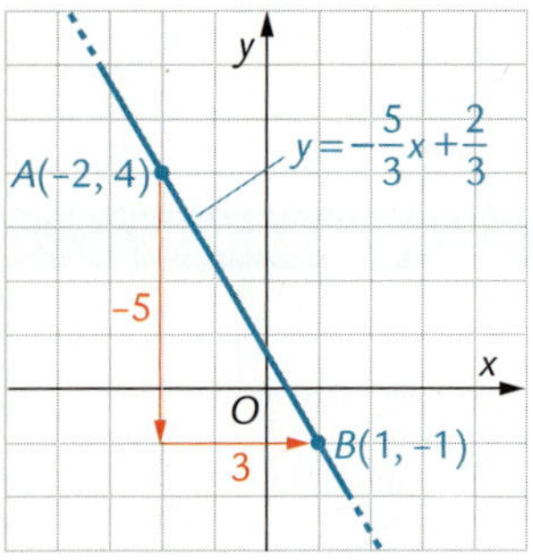

Figura 4.23

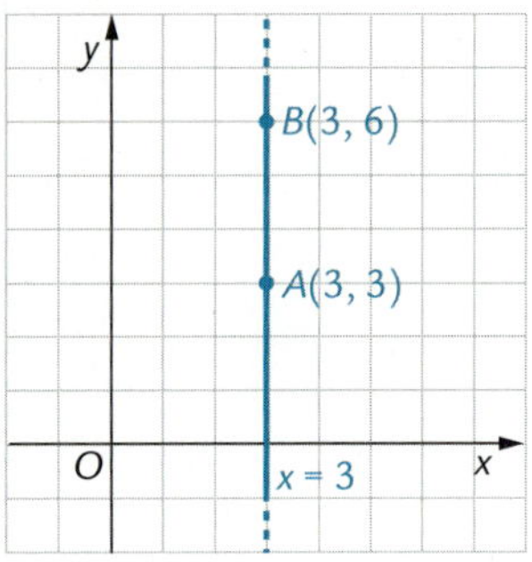

Figura 4.24

a. La retta AB **non** è parallela all'asse y perché $x_A \neq x_B$.
Calcoliamo anzitutto il coefficiente angolare della retta AB (**fig. 4.23**):

$$m_{AB} = \frac{y_B - y_A}{x_B - x_A} = \frac{-1-4}{1-(-2)} = -\frac{5}{3}$$

Allora l'equazione della retta AB si può calcolare scrivendo l'equazione della retta passante per A o per B e di coefficiente angolare $-\frac{5}{3}$. Per esempio, utilizziamo il punto A.
L'equazione della retta passante per $A(-2, 4)$ e di coefficiente angolare $-\frac{5}{3}$ è:

$$y - 4 = -\frac{5}{3}(x - (-2))$$

ossia:

$$y = -\frac{5}{3}x + \frac{2}{3}$$

b. I due punti A e B hanno la stessa ascissa, quindi la retta AB è parallela all'asse y (**fig. 4.24**). La sua equazione è ovviamente $x = 3$.

Equazione dell'asse di un segmento

Le nozioni apprese in questo paragrafo ci permettono di affrontare un'altro problema in cui ci si imbatte di frequente: determinare l'equazione dell'**asse** di un segmento AB, note le coordinate di A e di B. Il problema si può risolvere facilmente, ricordando che l'asse di AB è la retta passante per il *punto medio* di AB e *perpendicolare* ad AB.

ESEMPIO **Asse di un segmento come retta perpendicolare al segmento nel suo punto medio**

Determiniamo l'equazione dell'asse del segmento AB, di estremi $A(-2, 0)$ e $B(2, 3)$.

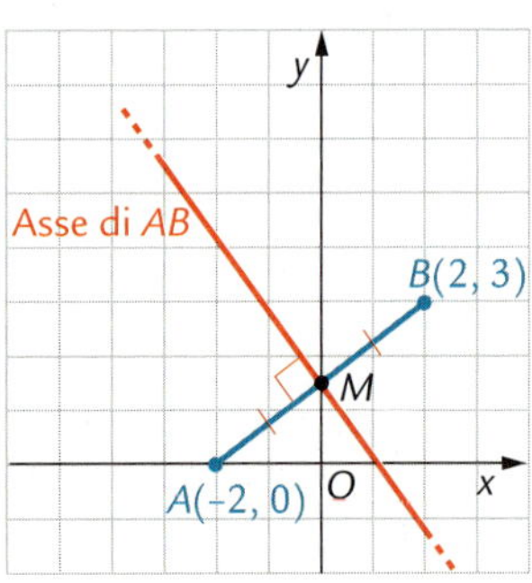

1. Il punto medio di AB è $M\left(0, \frac{3}{2}\right)$.

2. Il coefficiente angolare della retta AB è:

$$m = \frac{y_B - y_A}{x_B - x_A} = \frac{3-0}{2-(-2)} = \frac{3}{4}$$

quindi una retta a essa perpendicolare (quale è l'asse) deve avere coefficiente angolare uguale a $-\frac{4}{3}$.

3. L'asse di AB è la retta passante per $M\left(0, \frac{3}{2}\right)$ e di coefficiente angolare $-\frac{4}{3}$, quindi ha equazione:

$$y - \frac{3}{2} = -\frac{4}{3}(x - 0), \quad \text{da cui} \quad y = -\frac{4}{3}x + \frac{3}{2}$$

Prova tu **ESERCIZI** a p. 185

1. Scrivi l'equazione della retta passante per il punto $P(1, -2)$ e parallela alla retta r di equazione $y = -\frac{3}{2}x + 1$ e l'equazione della retta passante per P e perpendicolare alla retta r. $\left[y = -\frac{3}{2}x - \frac{1}{2}, y = \frac{2}{3}x - \frac{8}{3}\right]$

2. Scrivi l'equazione della retta passante per $A(1, -2)$ e per $B(2, 3)$. $[y = 5x - 7]$

3. Scrivi l'equazione dell'asse del segmento AB, di estremi $A(-4, 0)$ e $B(2, 2)$. $[y = -3x - 2]$

9. Distanza di un punto da una retta

Distanza di un punto da una retta

Consideriamo ora il problema di determinare la distanza di un punto P da una retta. Ricordiamo che la **distanza di un punto P da una retta r** è la misura del segmento PH, essendo H il piede della perpendicolare condotta da P alla retta stessa (**fig. 4.25**).

Indicheremo la distanza di P dalla retta r con la scrittura $d(P, r)$.

Supponiamo di conoscere le coordinate di un punto P e l'equazione di una retta r. Come possiamo calcolare la distanza di P da r?

Una via per risolvere il problema è suggerita dalla definizione stessa di distanza di un punto da una retta; si può procedere così:

1. si scrive l'equazione della retta passante per P e perpendicolare a r;
2. si determinano le coordinate del punto di intersezione H di r con la perpendicolare condotta da P a r;
3. si calcola la distanza fra i punti P e H (che coincide con la distanza di P da r).

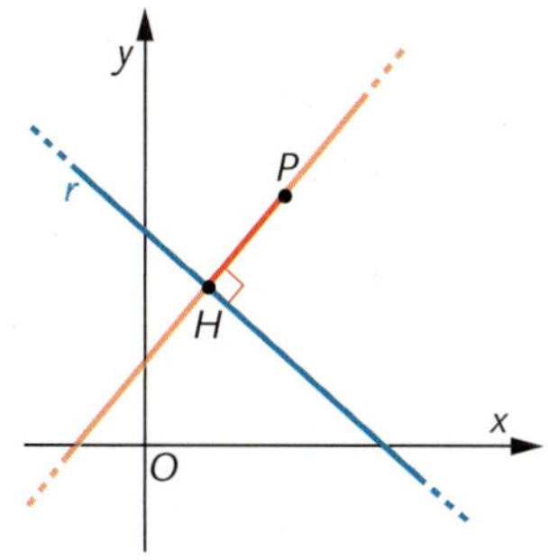

Figura 4.25

Applicando questo procedimento, con calcoli un po' laboriosi che per semplicità omettiamo, si giunge al seguente teorema.

Distanza di un punto da una retta — **TEOREMA 4.5**

Se r è la retta di equazione $ax + by + c = 0$ e $P(x_0, y_0)$ è un punto qualsiasi del piano, la distanza di P da r è data dalla formula:

$$d(P, r) = \frac{|ax_0 + by_0 + c|}{\sqrt{a^2 + b^2}} \qquad [4.7]$$

Suggerimento

La formula per determinare la distanza di un punto da una retta è utile, per esempio, per calcolare la misura dell'altezza di un triangolo o la distanza tra due rette parallele.

Osserva che per applicare la [4.7] occorre che l'equazione della retta sia in forma **implicita**: se l'equazione di una retta è data in forma esplicita, bisogna prima riscriverla nell'altra forma.

ESEMPIO **Distanza di un punto da una retta**

Calcoliamo la distanza del punto $P(4, 5)$ dalla retta r di equazione $y = -2x + 4$.

Dobbiamo anzitutto porre l'equazione della retta in forma implicita:

$$2x + y - 4 = 0$$

Ora possiamo applicare la formula [5.10]:

$$d(P, r) = \frac{|2 \cdot 4 + 1 \cdot 5 - 4|}{\sqrt{2^2 + 1^2}} = \frac{9}{\sqrt{5}} = \frac{9\sqrt{5}}{5}$$

Sostituendo nel polinomio $2x + y - 4$, al posto di x e y, l'ascissa (4) e l'ordinata (5) del punto P

Sotto la radice bisogna scrivere il quadrato del coefficiente di x nell'equazione implicita della retta più il quadrato del coefficiente di y

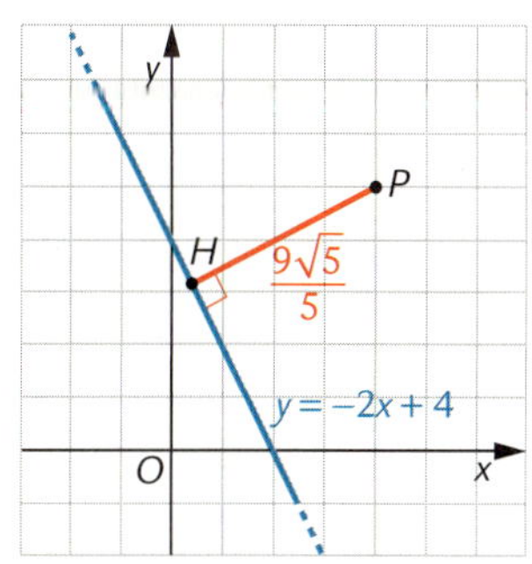

Bisettrici

Applichiamo ora il risultato ottenuto nel paragrafo precedente a un altro problema geometrico: determinare le equazioni delle due **rette bisettrici** b e b' degli angoli formati da una coppia di rette incidenti r ed r' del piano (**fig. 4.26**).

Siano

$$r\colon ax + by + c = 0 \qquad \text{ed} \qquad r'\colon a'x + b'y + c' = 0$$

le due rette incidenti. Dobbiamo ricordare che la **bisettrice** di un angolo è *il luogo dei punti del piano equidistanti dai lati dell'angolo*. Ne segue che le due rette bisettri-

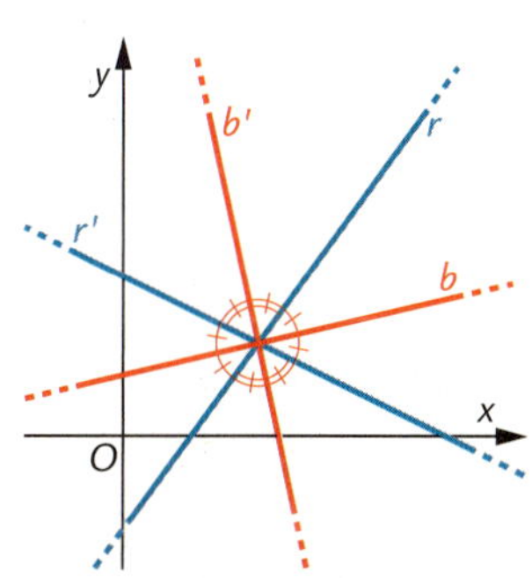

Figura 4.26

ci b e b' sono il luogo dei punti del piano equidistanti dalle due rette r ed r'. Per determinare le equazioni di tali rette possiamo allora procedere così:

- consideriamo un generico punto $P(x, y)$ del piano;
- imponiamo che la distanza di P dalla retta r sia uguale alla distanza di P dalla retta r'; mediante la formula **[4.7]** otteniamo l'equazione:

$$\underbrace{\frac{|ax+by+c|}{\sqrt{a^2+b^2}}}_{\text{distanza di } P \text{ dalla retta } r} = \underbrace{\frac{|a'x+b'y+c'|}{\sqrt{a'^2+b'^2}}}_{\text{distanza di } P \text{ dalla retta } r'}$$

Questa equazione equivale a:

Ricorda
Si ha $|x| = |y|$ se e solo se $x = \pm y$.

$$\frac{ax+by+c}{\sqrt{a^2+b^2}} = \pm\frac{a'x+b'y+c'}{\sqrt{a'^2+b'^2}} \qquad [4.8]$$

Svolgendo i calcoli si trovano le equazioni delle due rette bisettrici.

ESEMPIO Bisettrici degli angoli formati da due rette

Determiniamo le equazioni delle bisettrici degli angoli formati dalle rette di equazioni $x+1=0$ e $3x+4y-8=0$.

Applicando la **[4.8]** otteniamo:

$$\frac{x+1}{\sqrt{1^2+0^2}} = \pm\frac{3x+4y-8}{\sqrt{3^2+4^2}}$$

ossia:

$$x+1 = \pm\frac{3x+4y-8}{5} \qquad [4.9]$$

Le equazioni delle due bisettrici richieste sono allora:

$$x+1 = \frac{3x+4y-8}{5}$$ Considerando nella [4.9] il segno +

$$x+1 = -\frac{3x+4y-8}{5}$$ Considerando nella [4.9] il segno −

Svolgendo i calcoli si ottengono le rette di equazioni:

$$2x-4y+13=0 \quad \text{e} \quad 8x+4y-3=0$$

Puoi verificare che si tratta di due rette *perpendicolari* (in accordo con un teorema di geometria in base al quale le bisettrici di due rette incidenti sono perpendicolari tra loro).

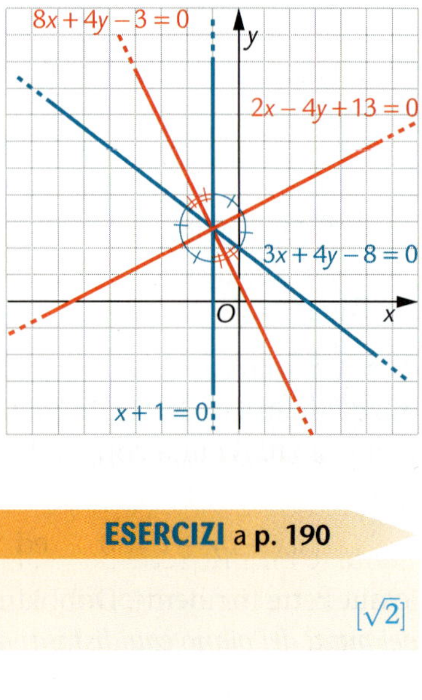

Prova tu **ESERCIZI** a p. 190

Calcola la distanza del punto $P(-1, 2)$ dalla retta di equazione $x+y-3=0$. $[\sqrt{2}]$

10. Fasci di rette

Il fascio proprio di rette

Nel Paragrafo 8 abbiamo visto che l'equazione:

$$y - y_0 = m(x - x_0) \qquad [4.10]$$

rappresenta l'equazione della retta passante per il punto $P(x_0, y_0)$ e di coefficiente angolare m.

L'equazione [4.10] può essere guardata anche da un altro punto di vista, supponendo di far variare in tutto **R** il parametro m. In tale senso, essa rappresenterebbe le infinite rette del piano passanti per $P(x_0, y_0)$, ossia il **fascio proprio** di rette di **centro** $P(x_0, y_0)$ (fig. 4.27). Osserva però che la retta passante per P parallela all'asse y, di equazione $x = x_0$, non può essere ottenuta dall'equazione [4.10] in corrispondenza di alcun valore di m; infatti m rappresenta il coefficiente angolare delle rette del fascio e per le rette parallele all'asse y il coefficiente angolare non è definito. La retta di equazione $x = x_0$ è l'*unica* retta del fascio di centro P che **non** è rappresentata dall'equazione [4.10].

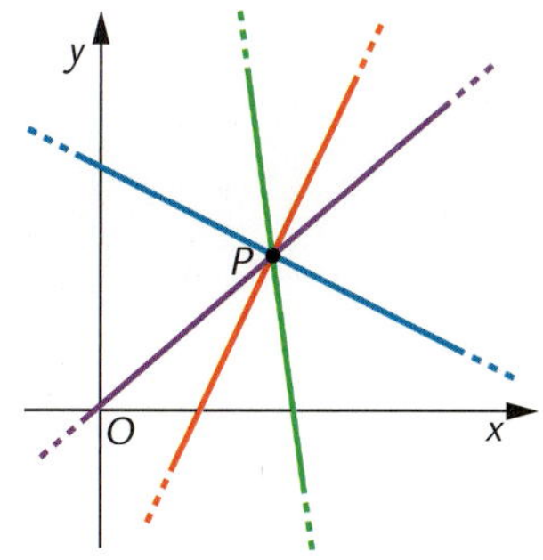

Figura 4.27

FASCIO PROPRIO

Nel piano cartesiano, l'equazione

$$y - y_0 = m(x - x_0)$$

rappresenta, al variare del parametro m nell'insieme dei numeri reali, il **fascio proprio** di rette di **centro** $P(x_0, y_0)$, **con esclusione** della retta di equazione $x = x_0$.

Ricorda

Si chiama «fascio proprio di rette» di **centro** P l'insieme formato da **tutte** le rette del piano passanti per P.

ESEMPI Equazione di un fascio proprio

a. L'equazione del fascio proprio di rette di centro $C(1, -3)$, in base alla formula [4.10], è:

$$y - (-3) = m(x - 1) \qquad \text{ossia:} \qquad y + 3 = m(x - 1)$$

L'unica retta del fascio che non è rappresentata da questa equazione è $x = 1$.

b. Data l'equazione $y = mx + m + 1$, la si può riscrivere nella forma:

$$y - 1 = m(x + 1)$$

ossia:

$$y - 1 = m(x - (-1))$$

Riconosciamo quindi che l'equazione data rappresenta il fascio proprio di rette di centro $P(-1, 1)$.

Il fascio improprio di rette

In generale, quando un'equazione contiene un *parametro*, come abbiamo visto poc'anzi, essa non rappresenta una sola curva, bensì *infinite* curve: tutte quelle che si ottengono al variare del parametro. Consideriamo un'altra equazione che possiamo interpretare sotto questo punto di vista:

$$y = mx + k \qquad [4.11]$$

Supponendo che ***m* sia fissato** e che ***k* sia variabile**, l'equazione [4.11] rappresenta le infinite rette del piano parallele alla retta di equazione $y = mx$ (fig. 4.28), ossia il **fascio improprio** di rette avente come **retta base** la retta di equazione $y = mx$.

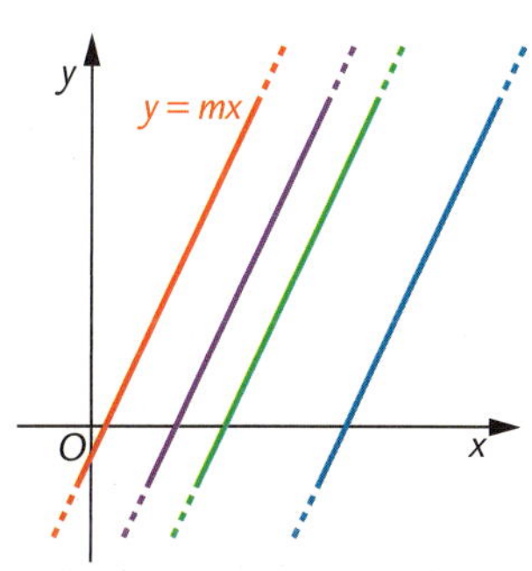

Figura 4.28

FASCIO IMPROPRIO

Nel piano cartesiano, l'equazione

$$y = mx + k$$

al variare del parametro k nell'insieme dei numeri reali rappresenta il **fascio improprio** avente come **retta base** la retta di equazione $y = mx$.

ESEMPIO **Equazione di un fascio improprio**

Scriviamo l'equazione del fascio improprio di rette avente come retta base la retta di equazione $x - 2y + 1 = 0$ e determiniamo la retta del fascio che passa per il punto $P(1, 2)$.

- La retta di equazione $x - 2y + 1 = 0$ ha coefficiente angolare $\frac{1}{2}$, quindi l'equazione del fascio di rette a essa parallele è:

$$y = \frac{1}{2}x + k \quad \text{con } k \in \mathbf{R}$$

- Per individuare la retta del fascio passante per $P(1, 2)$, imponiamo che le coordinate di P soddisfino l'equazione del fascio e risolviamo l'equazione in k ottenuta:

$$2 = \frac{1}{2} \cdot 1 + k \Rightarrow k = \frac{3}{2}$$

L'equazione della retta cercata è quindi:

$$y = \frac{1}{2}x + \frac{3}{2}$$

Il fascio generato da due rette

Abbiamo visto come determinare l'equazione di un fascio *proprio* di centro assegnato e di un fascio *improprio* di cui si conosce il coefficiente angolare.
L'equazione di un fascio di rette può essere generata anche in un altro modo, a partire da due rette di cui è data l'equazione.
Per esempio, consideriamo le due rette r ed s di equazioni:

$$2x + 3y + 1 = 0 \quad \text{e} \quad x - y + 3 = 0$$

A partire da queste equazioni possiamo costruirne infinite altre, sommando membro a membro le due equazioni assegnate, dopo aver moltiplicato la seconda per un fattore a piacere; per esempio:

$$2x + 3y + 1 + 2(x - y + 3) = 0$$

Moltiplicando la seconda equazione per 2 e sommando il risultato alla prima

$$2x + 3y + 1 + 3(x - y + 3) = 0$$

Moltiplicando la seconda equazione per 3 e sommando il risultato alla prima

$$2x + 3y + 1 + \frac{5}{2}(x - y + 3) = 0$$

Moltiplicando la seconda equazione per $\frac{5}{2}$ e sommando il risultato alla prima

....

Un'equazione ottenuta come in questi esempi, sommando membro a membro due equazioni assegnate dopo averle moltiplicate per qualche fattore, è chiamata **combinazione lineare** delle due equazioni originarie.
Le equazioni delle infinite rette che si ottengono dalle combinazioni lineari delle equazioni di due rette r ed s assegnate rappresentano un fascio di rette (proprio o improprio), detto **fascio generato** da r ed s.

FASCIO GENERATO DA DUE RETTE

Date due rette r ed s di equazioni r: $ax + by + c = 0$ ed s: $a'x + b'y + c' = 0$, si chiama **fascio generato dalle rette r ed s** l'insieme costituito dalla retta s e da tutte le rette di equazione:

$$ax + by + c + k(a'x + b'y + c') = 0 \qquad [4.12]$$

al variare di k nell'insieme dei numeri reali.

Le rette r ed s vengono dette **generatrici** del fascio.
La prima generatrice del fascio, la retta r di equazione $ax + by + c = 0$, si ottiene dalla **[4.12]** in corrispondenza del valore $k = 0$.
La seconda generatrice del fascio, la retta s di equazione $a'x + b'y + c' = 0$, **non** si ottiene invece in corrispondenza di alcun valore di k. Tuttavia, questa generatrice è l'unica retta del fascio che non è rappresentata dall'equazione **[4.12]** in corrispondenza di alcun valore di k.
La **posizione reciproca** delle due generatrici è collegata con la natura del fascio da esse generato. Si potrebbe infatti dimostrare che:

- se le due rette r ed s sono *incidenti*, il fascio generato da r ed s è il fascio **proprio** di rette avente centro nel loro punto di intersezione;
- se le due rette r ed s sono *parallele*, il fascio generato da r ed s è il fascio **improprio** di rette parallele ad r ed s.

Sviluppando l'equazione del fascio generato da due rette:

$$ax + by + c + k(a'x + b'y + c') = 0$$

e raccogliendo opportunamente, si può riscrivere l'equazione medesima nella forma:

$$(a + ka')x + (b + kb')y + c + kc' = 0$$

Quando un fascio di rette viene assegnato in questa forma, cioè assegnando un'equazione lineare in x e y i cui coefficienti dipendono dal parametro k, viene solitamente richiesto di individuare le generatrici del fascio e studiarne le caratteristiche, ossia stabilire se è improprio o proprio e, in quest'ultimo caso, individuarne il centro.

ESEMPIO Individuare le caratteristiche di un fascio

È dato il fascio di rette di equazione:

$$(k - 1)x + (k + 2)y + 3 = 0$$

Individuiamo le generatrici e studiamo la natura del fascio. Determiniamo poi la retta del fascio parallela alla retta di equazione $2x - y + 1 = 0$.

- **Generatrici**

Sviluppiamo i calcoli in modo da mettere in evidenza le generatrici:

$(k - 1)x + (k + 2)y + 3 = 0$ — Equazione del fascio

$kx - x + ky + 2y + 3 = 0$ — Svolgendo le moltiplicazioni

$-x + 2y + 3 + k(x + y) = 0$ — Raccogliendo k

Le generatrici hanno dunque equazioni:

$-x + 2y + 3 = 0$ — Generatrice che si ottiene per $k = 0$

$x + y = 0$ — Generatrice che non corrisponde ad alcun valore reale di k

Poiché le due generatrici sono due rette *incidenti* (non hanno infatti lo stesso coefficiente angolare), si tratta di un fascio *proprio* di rette.

Osserva

1. Proprio perché la seconda generatrice del fascio, la retta s, non è ottenibile dall'equazione **[4.12]** in corrispondenza di alcun valore di k, nella definizione del fascio generato da due rette essa è stata considerata a parte: «si chiama fascio generato dalle rette r ed s l'insieme costituito **dalla retta** s e da tutte le rette di equazione...».
2. Se riscriviamo l'equazione del fascio **[4.12]** in questo modo (dividendo i due membri per k, nell'ipotesi $k \neq 0$):

$$\frac{1}{k}(ax + by + c) + (a'x + b'y + c') = 0$$

possiamo osservare che, al crescere del valore di k, il fattore $\frac{1}{k}$ diventa sempre più piccolo, fino a potersi considerare nullo, quando k «tende all'infinito». Per questo motivo si dice a volte che la seconda generatrice del fascio si ottiene per $k = \infty$.
3. Abbiamo indicato il parametro per combinare linearmente due equazioni con k, ma si potrebbe utilizzare qualsiasi altra lettera: per esempio t, m, p, q ... L'equazione del fascio proprio di rette di centro $P(x_0, y_0)$, $y - y_0 = m(x - x_0)$, che equivale a $y - y_0 + m(x_0 - x) = 0$, può quindi essere interpretata come l'equazione del fascio di rette avente come generatrici le rette di equazioni $y - y_0 = 0$ e $x_0 - x = 0$, combinate con il parametro m.

Suggerimento

Per determinare il centro del fascio non è necessario intersecare le generatrici; si possono intersecare due *qualsiasi* rette del fascio. Per sveltire i calcoli a volte può essere comodo intersecare le rette del fascio corrispondenti ai valori di k che annullano il coefficiente di x e il coefficiente di y nell'equazione del fascio (così facendo si ottiene infatti un sistema di immediata soluzione). Per esempio, nel fascio dell'esempio a lato i valori di k che annullano i coefficienti di x e di y sono $k = 1$ e $k = -2$: per $k = 1$ si ottiene la retta di equazione $3y + 3 = 0$ e per $k = -2$ la retta di equazione $-3x + 3 = 0$. Il sistema $\begin{cases} 3y + 3 = 0 \\ -3x + 3 = 0 \end{cases}$ ha ovviamente la soluzione $(1, -1)$, che fornisce le coordinate del centro del fascio.

- **Centro del fascio**

Per determinare il centro del fascio possiamo, per esempio, determinare il punto di intersezione delle generatrici, risolvendo il sistema:

$$\begin{cases} -x + 2y + 3 = 0 \\ x + y = 0 \end{cases}$$

Questo sistema ha come soluzione $(1, -1)$, quindi il centro del fascio è il punto $P(1, -1)$.

- **Retta del fascio parallela alla retta di equazione $2x - y + 1 = 0$**

Imponendo la condizione di parallelismo (per rette in forma **implicita**) tra l'equazione del fascio e quella della retta data, otteniamo l'equazione:

$$(k-1)(-1) - 2(k+2) = 0$$ Condizione di parallelismo: $ab' - a'b = 0$

da cui segue: $k = -1$.

Sostituendo questo valore di k nell'equazione del fascio otteniamo l'equazione della retta cercata:

$$(-1 - 1)x + (-1 + 2)y + 3 = 0$$

cioè

$$2x - y - 3 = 0$$

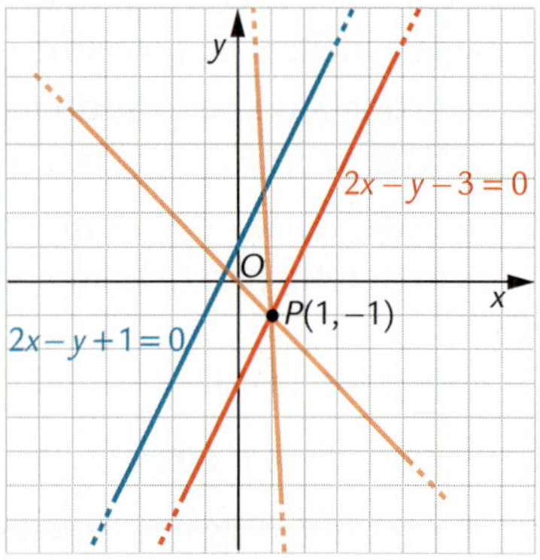

Prova tu ESERCIZI a p. 192

1. Scrivi l'equazione del fascio proprio di rette di centro $P(-2, 1)$ e del fascio improprio di rette parallele alla bisettrice del primo e del terzo quadrante.

2. Determina le generatrici dei fasci di cui sono date le equazioni, stabilisci se sono propri o impropri e, in quest'ultimo caso, individuane il centro:
   a. $(k-2)x - (2k-1)y + 3 + k = 0$
   b. $(k-2)x - (4-2k)y + 3 = 0$

11. Modelli economici lineari

Presentiamo in questo paragrafo alcuni modelli economici che sfruttano le funzioni lineari.

Modelli per i costi di produzione

Abbiamo visto nel Paragrafo 6 dell'Unità 2 che la **funzione costo** per la produzione di un bene è la somma della funzione costi fissi e della funzione costi variabili, questi ultimi dipendenti dalla quantità x prodotta:

$$\underbrace{C(x)}_{\text{costo totale}} = \underbrace{C_v(x)}_{\text{costi variabili dipendenti da } x} + \underbrace{c_f}_{\text{costi fissi}}$$

Ricorda

Quando scriveremo brevemente «funzione costo», senza ulteriori specificazioni, intenderemo sempre indicare la funzione che fornisce il costo *totale*.

Nel caso in cui i costi variabili siano direttamente proporzionali alla quantità prodotta x, la funzione costo è una funzione *lineare*:

$$C(x) = c_v x + c_f$$

dove il **coefficiente angolare** c_v rappresenta il costo per la produzione di una unità del bene e l'**ordinata all'origine** c_f rappresenta il *costo fisso*. Poiché ovviamente $c_v > 0$ e $c_f > 0$, i costi totali saranno rappresentati da una funzione costo lineare *crescente* che avrà come grafico una semiretta come quella in rosso in **fig. 4.29**.
Supponiamo che per produrre un dato bene un'azienda abbia due diverse linee produttive e che i costi totali $C_1(x)$ e $C_2(x)$ siano espressi rispettivamente dalle funzioni:

$$C_1(x) = c_{v_1}x + c_{f_1}$$
$$C_2(x) = c_{v_2}x + c_{f_2}$$

Supponiamo inoltre che $c_{f_1} > c_{f_2}$, ovvero che la prima linea produttiva abbia costi fissi superiori a quelli della seconda: solitamente a un impianto avente costi fissi maggiori corrisponde il beneficio di un minore costo unitario di produzione, quindi supponiamo $c_{v_1} < c_{v_2}$. In tal caso i grafici delle due funzioni si incontrano in un punto (**fig. 4.30**) la cui ascissa (chiamata **punto di inversione delle preferenze**) costituisce il livello di produzione per cui è indifferente utilizzare l'una o l'altra linea produttiva: per livelli di produzione minori conviene utilizzare la linea produttiva 2, mentre per livelli di produzione maggiori conviene utilizzare la linea produttiva 1.

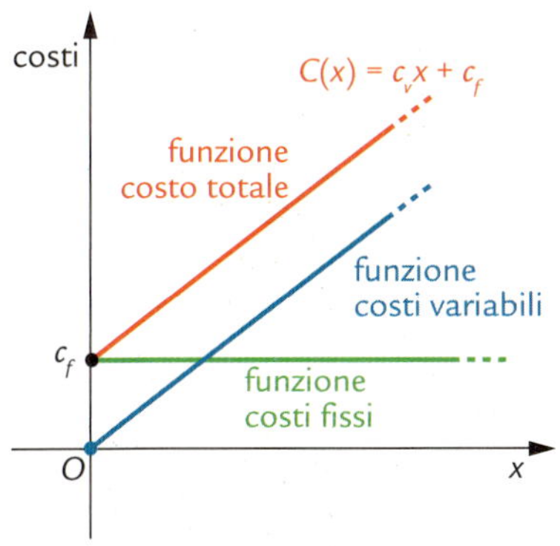

Figura 4.29 Se la funzione costi variabili è di proporzionalità diretta, la funzione relativa ai costi totali, somma della funzione costi variabili e della funzione costi fissi (costante), è una funzione lineare

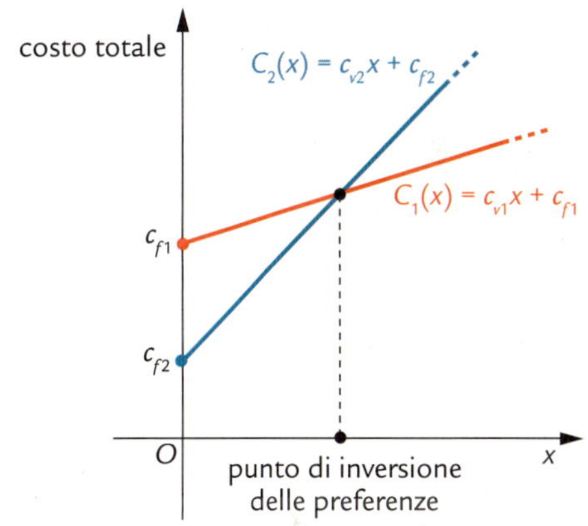

Figura 4.30

Modelli per i profitti e i ricavi

Supposto che il costo totale di produzione di un dato bene sia espresso dalla funzione lineare:

$$C(x) = c_v x + c_f$$

il più semplice modello per esprimere i ricavi e i profitti di un azienda si può costruire supponendo che il prezzo unitario al quale il bene è messo in vendita sia *costante*, uguale a p (ossia non dipenda dalla quantità x venduta). In tal caso, anche le funzioni ricavo $R(x)$ e profitto (o utile) $U(x)$ sono funzioni *lineari*:

$$R(x) = px$$
$$U(x) = R(x) - C(x) = px - (c_v x + c_f) = (p - c_v)x - c_f$$

Come sappiamo, il **punto di pareggio (break-even point)** è lo zero della funzione $U(x)$; in questo caso:

$$x = \frac{c_f}{p - c_v}$$

In, alternativa, il punto di pareggio si può interpretare come ascissa del punto di intersezione tra i grafici della funzione costo e della funzione ricavo (**fig. 4.31**).

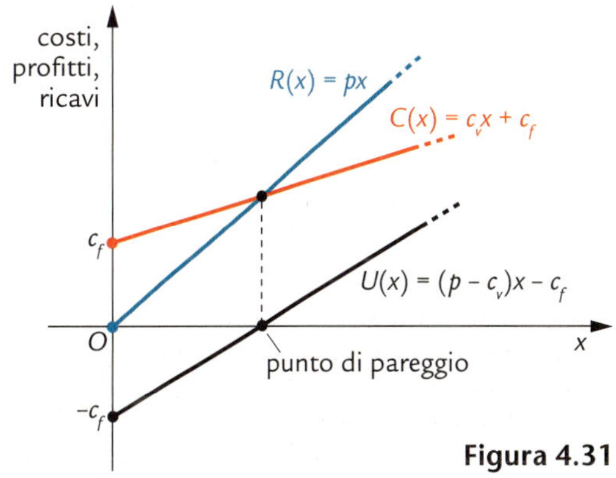

Figura 4.31

Modelli per la domanda e l'offerta

Nell'Unità 2 abbiamo visto quali caratteristiche devono soddisfare le funzioni domanda e offerta di un bene; vediamo ora più in dettaglio quali sono queste caratteristiche nel caso particolare in cui le funzioni domanda e offerta siano *lineari*.

Tipo di funzione	Domanda lineare	Offerta lineare
Espressione analitica	$q_d(p) = -ap + b$, con $a, b > 0$	$q_d(p) = cp - d$, con $c, d > 0$
Coefficiente angolare e suo significato	Poiché una funzione domanda è decrescente, il suo coefficiente angolare deve essere negativo, ossia del tipo $-a$, con $a > 0$. Esso rappresenta la diminuzione di quantità domandata in corrispondenza di un aumento del prezzo di 1 (per esempio, 1 euro).	Poiché una funzione offerta è crescente, il suo coefficiente angolare deve essere positivo, ossia del tipo: c, con $c > 0$. Esso rappresenta l'aumento di quantità offerta in corrispondenza di un aumento del prezzo di 1 (per esempio, 1 euro).
Ordinata all'origine e suo significato	L'ordinata all'origine, b, rappresenta il mercato potenziale del bene in oggetto, ossia la massima quantità che i consumatori acquisterebbero nell'ipotesi limite in cui il bene venisse «venduto» al prezzo 0, ossia regalato. Rappresentando b il mercato potenziale, deve essere $b > 0$.	Il grafico di una funzione offerta lineare deve essere crescente e intersecare il semiasse delle ascisse positive, individuando così il prezzo limite che ammortizza i costi di produzione, ossia il prezzo a partire dal quale i produttori sono disposti a immettere il bene sul mercato. Queste condizioni si verificano solo se la funzione lineare la cui restrizione al primo quadrante definisce la funzione offerta ha ordinata all'origine negativa; per questo motivo nell'espressione analitica della funzione offerta compare il termine $-d$, con $d > 0$.
Dominio	La funzione è definita quando $p \geq 0$ e $-ap + b \geq 0$, cioè per: $0 \leq p \leq \frac{b}{a}$	La funzione è definita quando $p \geq 0$ e $cp - d \geq 0$, cioè per: $p \geq \frac{d}{c}$
Grafico	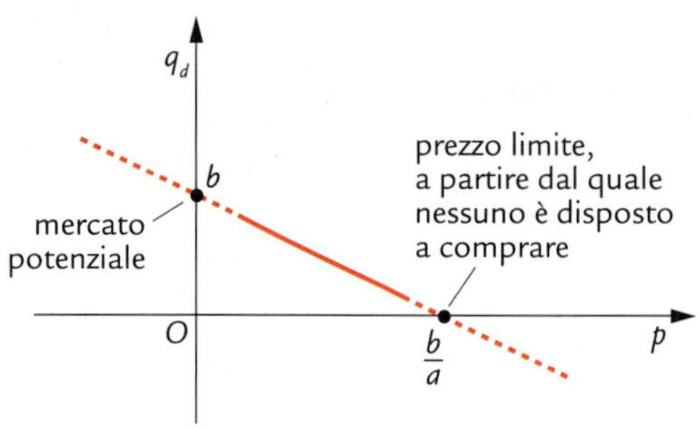	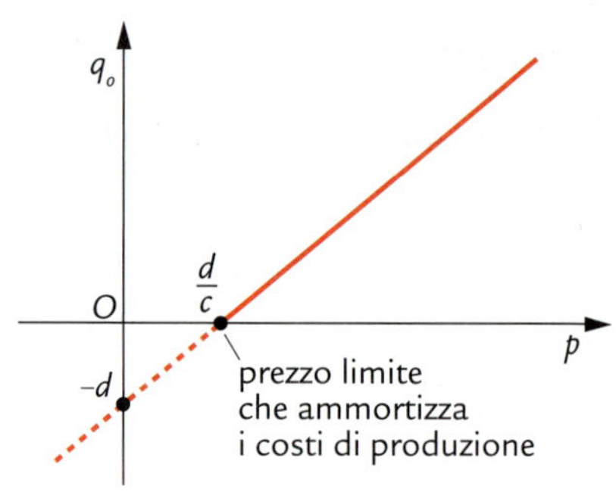

Prova tu — **ESERCIZI** a p. 195

1. Il processo produttivo di un'azienda comporta un costo fisso mensile di 6000 euro; il costo variabile ammonta a 25 euro per ogni unità del bene prodotto. Inoltre ogni unità del bene viene venduta a 40 euro.
a. Determina le espressioni analitiche delle tre funzioni $C(x)$, $R(x)$ e $U(x)$ che esprimono il costo totale, il ricavo e il profitto derivante dalla produzione e vendita mensile della quantità x del bene.
b. Rappresenta i grafici delle tre funzioni.
c. Determina il punto di pareggio. [**a.** $C(x) = 25x + 6000$, $R(x) = 40x$, $U(x) = 15x - 6000$; **c.** $x = 400$]

2. Le due funzioni $f(p) = 3p - 60$ e $g(p) = -2p + 120$ esprimono, non necessariamente in questo ordine, la domanda e l'offerta di un dato bene.
a. Individua, tra le due funzioni, quale rappresenta la domanda e quale l'offerta, giustificando la risposta.
b. Rappresenta i grafici delle due funzioni.
c. Determina il prezzo di equilibrio. [**c.** $p = 36$]

SINTESI

Formule e proprietà importanti

Distanza tra i due punti $A(x_1, y_1)$ e $B(x_2, y_2)$

$$\overline{AB} = \sqrt{(x_2 - x_1)^2 + (y_2 - y_1)^2}$$

Equazioni delle rette parallele agli assi cartesiani

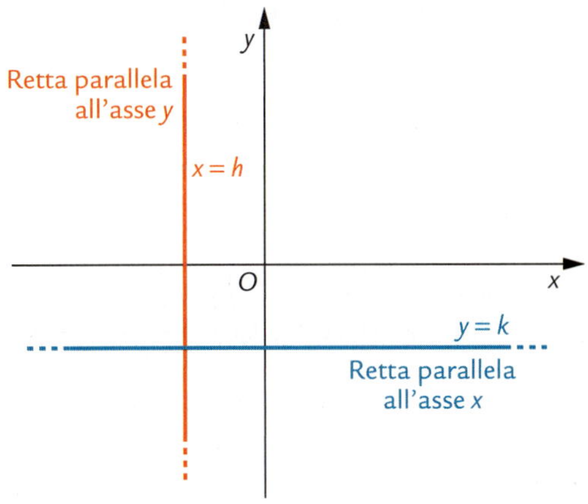

Equazione di una generica retta nel piano cartesiano

$ax + by + c = 0$, con $a \neq 0$ o $b \neq 0$

Coefficiente angolare della retta passante per $A(x_1, y_1)$ e $B(x_2, y_2)$

$$m = \frac{y_2 - y_1}{x_2 - x_1}, \text{ con } x_1 \neq x_2$$

Punto medio tra i due punti $A(x_1, y_1)$ e $B(x_2, y_2)$

$$M\left(\frac{x_1 + x_2}{2}, \frac{y_1 + y_2}{2}\right)$$

Equazione della retta in forma esplicita

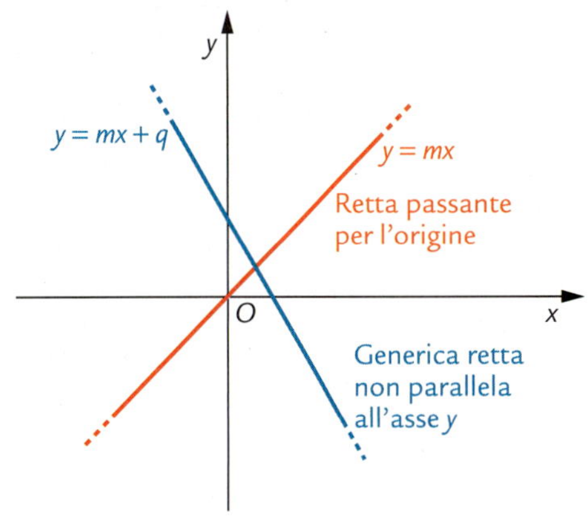

Condizione di parallelismo per due rette di equazioni $y = mx + q$ e $y = m'x + q'$

$m = m'$

Condizione di perpendicolarità per due rette di equazioni $y = mx + q$ e $y = m'x + q'$

$m \cdot m' = -1$

Retta passante per un punto $P(x_0, y_0)$ e di coefficiente angolare m

$y - y_0 = m(x - x_0)$

CONOSCENZE E ABILITÀ

1. Richiami sul piano cartesiano

TEORIA a p. 140

1 Vero o falso?

a. se l'ascissa e l'ordinata di un punto sono uguali, il punto appartiene al primo quadrante V F

b. se P è un punto del secondo quadrante, il suo simmetrico rispetto all'asse x appartiene al terzo quadrante V F

c. se $P(x, y)$ è tale che $xy > 0$, allora P appartiene al primo o al terzo quadrante V F

d. il simmetrico di $P(0, 3)$ rispetto all'origine è $P'(3, 0)$ V F

[2 affermazioni vere e 2 false]

2 Rappresenta nel piano cartesiano i seguenti punti:

$A(-2, -1)$; $B\left(2, -\frac{3}{2}\right)$; $C(-2, 3)$; $D\left(\frac{1}{2}, 2\right)$

3 Individua le coordinate dei punti indicati.

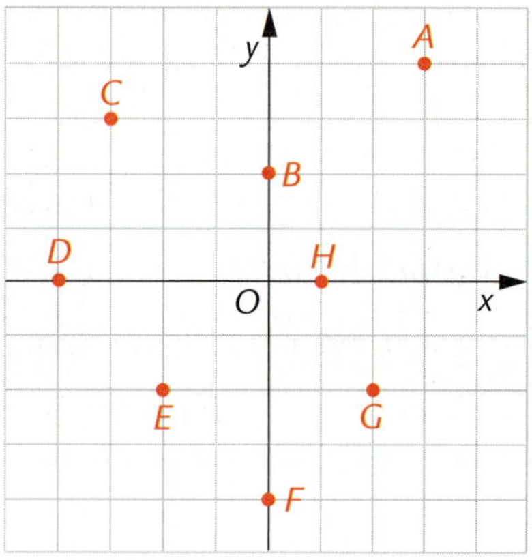

4 Completa la seguente tabella, ponendo una crocetta sulla casella corrispondente al quadrante al quale il punto appartiene.

Punto	Quadrante
$(2, -3)$	☐ I ☐ II ☐ III ☐ IV
$(-10, -100)$	☐ I ☐ II ☐ III ☐ IV
$(-10, 10)$	☐ I ☐ II ☐ III ☐ IV
$(\sqrt{3}-1, 1)$	☐ I ☐ II ☐ III ☐ IV
$(\sqrt{2}-\sqrt{3}, -1)$	☐ I ☐ II ☐ III ☐ IV

5 Rappresenta nel piano cartesiano il quadrato $ABCD$ che ha due vertici in $A(-2, 1)$ e $B(2, 1)$ e il centro in $P(0, 3)$.

6 Rappresenta nel piano cartesiano il rombo $ABCD$ che ha due vertici in $A(-2, -2)$ e $B(0, -6)$ e il centro in $P(0, -2)$.

7 Completa la tabella.

Punto	Simmetrico rispetto all'asse x	Simmetrico rispetto all'asse y	Simmetrico rispetto all'origine
$(2, -3)$			
$(2, 3)$			
$(-2, 3)$			
$(-2, -3)$			

8 Per quale valore di k il punto $P(2k-6, k-5)$ appartiene all'asse x? Per quale appartiene all'asse y?

9 ESERCIZIO SVOLTO

Determiniamo per quali valori di k il punto $P(k-3, k-5)$ appartiene al quarto quadrante.

Affinché il punto P appartenga al quarto quadrante l'ascissa di P deve essere positiva e l'ordinata deve essere negativa, quindi k deve soddisfare il sistema:

$$\begin{cases} k-3>0 \\ k-5<0 \end{cases}$$

Risolvendo questo sistema si trova che deve essere:

$$3<k<5$$

10 Determina per quali valori di k il punto $P(k-3, 4-k)$ appartiene al secondo quadrante. $[k<3]$

11 Determina per quali valori di k il punto $P(2k+4, 3-2k)$ appartiene al primo quadrante. $\left[-2<k<\frac{3}{2}\right]$

12 Determina per quali valori di k il punto $P\left(\frac{1}{2}k-1, 10-2k\right)$ appartiene al terzo quadrante. [Per nessun valore reale di k]

13 Determina per quali valori di k il punto $P(3-k, k^2+k-2)$ appartiene al secondo quadrante. $[k>3]$

14 Determina per quali valori di k il punto $P(k^2-1, k+3)$ appartiene al quarto quadrante. $[k<-3]$

2. Distanza tra due punti

TEORIA a p. 141

Distanza tra due punti

Test

15 Spiega quale formula utilizzeresti, fra le seguenti, per calcolare la distanza fra $A(1, 5)$ e $B(1, 11)$, motivando la risposta (potrebbe essere corretta più di una formula):

A $|y_A - y_B|$ B $|y_B - y_A|$ C $y_A - y_B$ D $y_B - y_A$

16 Spiega quale formula utilizzeresti, fra le seguenti, per calcolare la distanza tra $A(5, 3)$ e $B(-1, 3)$, motivando la risposta (potrebbe essere corretta più di una formula).

A $|x_A - x_B|$ B $|x_B - x_A|$ C $x_A - x_B$ D $x_B - x_A$

17 **Vero o falso?**

a. la distanza tra due punti nel piano cartesiano è positiva o negativa a seconda del quadrante in cui si trovano i punti V F

b. comunque scelti tre punti distinti A, B e C, risulta sempre $\overline{AB} < \overline{AC} + \overline{BC}$ V F

c. la distanza fra $A(6, 10)$ e $B(4, 10)$ è data dalla formula $x_B - x_A$ V F

d. la distanza del punto $P(x, y)$ dall'origine è data dalla formula $\sqrt{x^2 + y^2}$ V F

e. la distanza del punto $P(x, y)$ dal suo simmetrico rispetto all'origine è data dalla formula $2\sqrt{x^2 + y^2}$ V F

[2 affermazioni vere e 3 false]

Determina la distanza tra *A* e *B*.

18 $A(-1, 2)$, $B(3, 4)$ $[2\sqrt{5}]$

19 $A(-1, 0)$, $B(-4, 0)$ $[3]$

20 $A(1, -8)$, $B(1, -3)$ $[5]$

21 $A(2, -1)$, $B(-1, 2)$ $[3\sqrt{2}]$

22 $A(3, -2)$, $B(-1, -2)$ $[4]$

23 $A(-2, 1)$, $B(4, 5)$ $[2\sqrt{13}]$

24 $A(1 - \sqrt{3}, 4)$, $B(1 + \sqrt{3}, 6)$ $[4]$

25 $A(-\sqrt{5}, -\sqrt{3})$, $B(\sqrt{5}, 3\sqrt{3})$ $[2\sqrt{17}]$

26 Verifica che i punti $O(0, 0)$, $B(3, -1)$, $C(2, 2)$, $D(-1, 3)$ sono i vertici di un rombo $OBCD$.

27 Verifica che il triangolo di vertici $O(0, 0)$, $B(3, 1)$, $C(2, -6)$ è rettangolo.
(*Suggerimento*: basta verificare che è soddisfatto il teorema di Pitagora)

Perimetri e aree

Determina la misura del perimetro e l'area del triangolo *ABC* di vertici *A*, *B* e *C*.

28 $A(1, 2)$, $B(-1, 0)$, $C(3, 0)$
[Perimetro $= 4 + 4\sqrt{2}$; Area $= 4$]

29 $A(-1, -1)$, $B(2, -1)$, $C(-3, 1)$
[Perimetro $= 3 + 2\sqrt{2} + \sqrt{29}$; Area $= 3$]

30 $A(-1, -1)$, $B(-1, 2)$, $C(1, 3)$
[Perimetro $= 3\sqrt{5} + 3$; Area $= 3$]

31 $A(0, 2)$, $B(-4, 2)$, $C(2, -3)$
[Perimetro $= 4 + \sqrt{29} + \sqrt{61}$; Area $= 10$]

32 **ESERCIZIO GUIDATO**

Determina la misura del perimetro e l'area del triangolo *ABC* di vertici *A*(1, 3), *B*(2, −3) e *C*(5, 1).

a. Utilizzando la formula per calcolare la distanza tra due punti nel piano cartesiano, puoi ricavare che:

$\overline{AB} =$ ....., $\overline{BC} =$ ....., $\overline{AC} =$ .....

Quindi il perimetro del triangolo ABC misura ....

b. Per il calcolo dell'area, osserva la figura qui sotto.

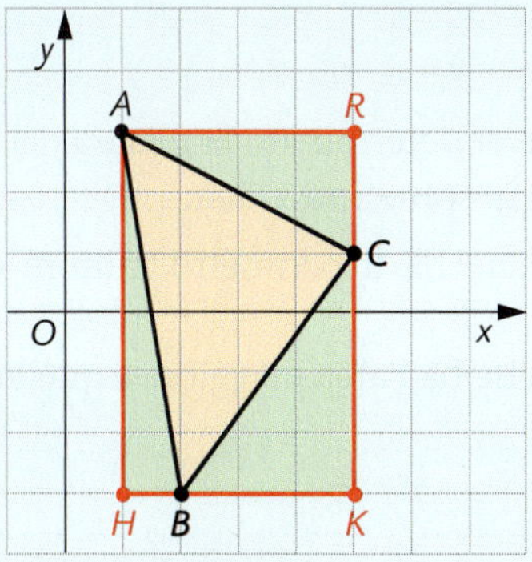

Puoi calcolare l'area del triangolo ABC sottraendo dall'area del rettangolo $AHKR$, le aree dei tre triangoli AHB, BKC e CRA. Aiutandoti anche con la quadrettatura, puoi ricavare che:

Area di $AHKR = 6 \cdot 4 = 24$

Area di $AHB = \dfrac{1}{2} \cdot 6 \cdot 1 = 3$

Area di $BKC =$ ....

Area di $CRA =$ ....

Quindi l'area del triangolo ABC è:

$24 - 3 -$ ..... $-$ ..... $=$ .....

[Perimetro $= 5 + \sqrt{20} + \sqrt{37}$; Area $= 11$]

Determina la misura del perimetro e l'area del triangolo *ABC* di vertici *A*, *B* e *C*.

33 $A(1, 2)$, $B(2, 3)$, $C(-1, 1)$
$\left[\text{Perimetro} = \sqrt{2} + \sqrt{5} + \sqrt{13};\ \text{Area} = \dfrac{1}{2}\right]$

34 $A(3, 2)$, $B(-1, 0)$, $C(2, 2)$
[Perimetro $= 2\sqrt{5} + \sqrt{13} + 1$; Area $= 1$]

35 $A(1, 1)$, $B(2, 2)$, $C(4, 0)$
[Perimetro $= 3\sqrt{2} + \sqrt{10}$; Area $= 2$]

36 $A(-1, 1)$, $B(2, -1)$, $C(2, 3)$
[Perimetro $= 2\sqrt{13} + 4$; Area $= 6$]

37 $A(2, 3)$, $B(-2, 0)$, $C(0, -2)$
[Perimetro $= 2\sqrt{2} + \sqrt{29} + 5$; Area $= 7$]

38 $A(-4, 2)$, $B(2, 0)$, $C(-2, 4)$
[Perimetro $= 6\sqrt{2} + 2\sqrt{10}$; Area $= 8$]

39 Dopo aver determinato la misura del perimetro e l'area di ciascuna delle figure qui sotto, individua:

a. quella che ha il perimetro minore e quella che ha il perimetro maggiore;

b. quella che ha l'area maggiore e quella che ha l'area minore.

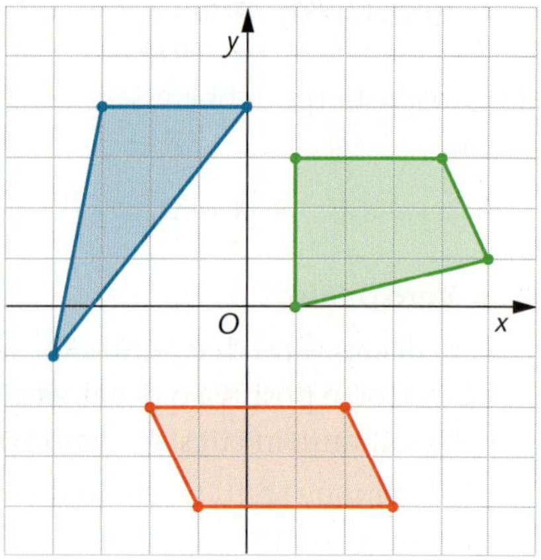

40 Dopo aver determinato la misura del perimetro e l'area di ciascuna delle figure qui sotto, individua:

a. quella che ha il perimetro minore e quella che ha il perimetro maggiore

b. quella che ha l'area maggiore e quella che ha l'area minore.

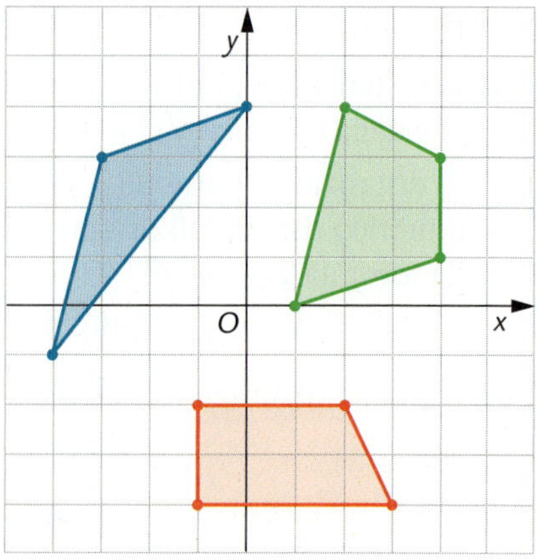

Esercizi vari

41 **ESERCIZIO SVOLTO**

Determiniamo, sull'asse y, il punto P, equidistante dai due punti $A(-1, 1)$ e $B(3, -1)$.

Un generico punto P appartenente all'asse y ha coordinate $(0, y)$, dove y può essere qualsiasi numero reale. Esprimendo le distanze di $P(0, y)$ da $A(-1, 1)$ e da $B(3, -1)$, otteniamo:

$$\overline{PA} = \sqrt{1 + (y-1)^2} \quad \text{e} \quad \overline{PB} = \sqrt{9 + (y+1)^2}$$

Osserviamo ora che la condizione $\overline{PA} = \overline{PB}$ equivale a $\overline{PA}^2 = \overline{PB}^2$ (perché $\overline{PA}$ e $\overline{PB}$, essendo misure di segmenti, sono numeri senz'altro positivi).
Imponendo che sia $\overline{PA}^2 = \overline{PB}^2$ otteniamo l'equazione nell'incognita y:

$$1 + (y-1)^2 = 9 + (y+1)^2$$

che, risolta, fornisce $y = -2$. Pertanto $P(0, -2)$.

42 Determina il punto P dell'asse x equidistante dai due punti $A(-1, 2)$ e $B(3, 4)$. $\left[P\left(\frac{5}{2}, 0\right)\right]$

43 Determina il punto P, appartenente al semiasse delle ascisse negative, la cui distanza dal punto $Q\left(\frac{1}{3}, 0\right)$ sia uguale a 3. $\left[P\left(-\frac{8}{3}, 0\right)\right]$

44 Determina il punto P dell'asse y che forma con $A(-2, 3)$ e $B(4, 2)$ un triangolo isoscele sulla base AB. $\left[P\left(0, -\frac{7}{2}\right)\right]$

3. Punto medio di un segmento e baricentro di un triangolo

TEORIA a p. 144

Punto medio di un segmento

45 **Vero o falso?**

a. se A è nel secondo quadrante e B è nel terzo quadrante, allora il punto medio di AB è nel secondo quadrante V F

b. se A e B hanno coordinate positive, anche il punto medio di AB ha coordinate positive V F

c. se A e B sono nel primo quadrante, anche il punto medio di AB è nel primo quadrante V F

d. se A e B hanno coordinate intere, anche il punto medio di AB ha coordinate intere V F

e. Se il punto medio di un segmento AB appartiene all'asse x, allora i due punti A e B sono simmetrici rispetto all'asse x V F

[2 affermazioni vere e 3 false]

Determina il punto medio del segmento *AB*, di estremi *A* e *B*.

46 $A(-3, 4)$; $B(5, 2)$ [$(1, 3)$]

47 $A(-2, 0)$; $B(-4, 2)$ [$(-3, 1)$]

48 $A(3, -8)$; $B(-5, -2)$ [$(-1, -5)$]

49 $A\left(-\frac{1}{2}, 3\right)$; $B\left(\frac{5}{2}, 6\right)$ $\left[\left(1, \frac{9}{2}\right)\right]$

50 $A\left(\frac{1}{2}, -\frac{1}{2}\right)$; $B\left(\frac{3}{2}, \frac{1}{3}\right)$ $\left[\left(1, -\frac{1}{12}\right)\right]$

51 $A(1-\sqrt{2}, 4\sqrt{2})$; $B(1+\sqrt{2}, 2\sqrt{2})$ [$(1, 3\sqrt{2})$]

52 $A(-2\sqrt{5}, -\sqrt{3})$; $B(4\sqrt{5}, \sqrt{3})$ [$(\sqrt{5}, 0)$]

53 Determina l'estremo B del segmento AB, noti $A(-2, 4)$ e il punto medio $M(1, 3)$ di AB. [$B(4, 2)$]

54 Determina l'estremo B del segmento AB, noto l'estremo $A\left(\frac{1}{2}, -2\right)$ e il punto medio $M(2, 2)$ di AB. $\left[B\left(\frac{7}{2}, 6\right)\right]$

55 Verifica che il quadrilatero $ABCD$ di vertici $A(1, 2)$, $B(3, 4)$, $C(4, 2)$, $D(2, 0)$ è un parallelogramma, mostrando che le diagonali di $ABCD$ si tagliano scambievolmente per metà.

56 Determina le misure delle mediane del triangolo ABC di vertici $A(1, -1)$, $B(3, 1)$, $C(-1, 3)$. [$3, 3, 3\sqrt{2}$]

57 Verifica che il triangolo di vertici $A(2, 1)$, $B(3, 2)$ e $C(-1, 5)$ è isoscele sulla base AB e determina la misura dell'altezza relativa ad AB. $\left[\frac{7\sqrt{2}}{2}\right]$

58 Determina le coordinate del punto A', simmetrico di $A\left(\frac{1}{2}, \frac{3}{2}\right)$ rispetto a $P(1, -2)$.
(*Suggerimento*: sia $A'(x, y)$; imponi che il punto medio di AA' sia P) $\left[A'\left(\frac{3}{2}, -\frac{11}{2}\right)\right]$

59 Determina le coordinate del punto A', simmetrico di $A(3, -2)$ rispetto a $P\left(\frac{1}{2}, -\frac{1}{4}\right)$. $\left[A'\left(-2, \frac{3}{2}\right)\right]$

60 Determina le coordinate del punto A', simmetrico di $A\left(\frac{3}{2}, -1\right)$ rispetto a $P\left(-\frac{1}{2}, 2\right)$. $\left[A'\left(-\frac{5}{2}, 5\right)\right]$

61 Tre vertici consecutivi di un parallelogramma $ABCD$ sono $A(-2, 2)$, $B(0, 4)$ e $C(4, 1)$. Determina le coordinate del vertice D.
(*Suggerimento*: D è il simmetrico di B rispetto al centro del parallelogramma) [$D(2, -1)$]

62 Determina per quali valori di a il punto medio del segmento AB, avente per estremi $A(a-1, 2a)$ e $B(5-2a, 1-a)$, ha ascissa uguale all'ordinata. $\left[a = \frac{3}{2}\right]$

63 Dati i punti $A(-3, 2)$, $B(3, k)$, $C(h, -2)$, $D(-2, 4)$, determina h e k in modo che il quadrilatero $ABCD$ sia un parallelogramma. [$h = 4$, $k = -4$]

64 Determina per quali valori di a il punto medio del segmento AB, avente per estremi $A(a-1, 2a)$ e $B(4-2a, 1-a)$, ha distanza 2 dall'origine. [$a = -1 \vee a = 3$]

65 Un triangolo ABC, isoscele sulla base AB, ha il vertice C sull'asse y. Sapendo che $A(-2, -2)$, $B(4, 4)$ e che l'altezza relativa ad AB misura 4, determina le coordinate di C. [$C_1(0, 1-\sqrt{15})$; $C_2(0, 1+\sqrt{15})$]

Baricentro di un triangolo

Determina le coordinate del baricentro del triangolo *ABC*, di cui sono dati i vertici.

66 $A(-1, 2), B(3, 4), C(7, 3)$ $[(3, 3)]$

67 $A(1-\sqrt{3}, 4), B(1+\sqrt{3}, 6), C(1, 2)$ $[(1, 4)]$

68 $A(-1, 0), B(0, -4), C(-2, -5)$ $[(-1, -3)]$

69 Un triangolo *ABC* ha due vertici in $A(-4, -2)$ e $B(3, 0)$. Sapendo che il baricentro del triangolo è il punto $G(1, -1)$, determina il vertice *C*. $[C(4, -1)]$

70 Determina per quale valore di a i punti $A(0, 3)$, $B(a+1, a-1)$, $C(2-a, 3+a)$ sono i vertici di un triangolo il cui baricentro ha ordinata 4. $\left[a = \frac{7}{2}\right]$

71 Determina per quali valori di a i punti $A(-1, -2)$, $B(a+1, a-1)$, $C(2a, 2a)$ sono i vertici di un triangolo il cui baricentro ha ascissa doppia dell'ordinata. $[a = 2]$

72 Stabilisci per quali valori di k il baricentro del triangolo *ABC*, di vertici $A(-1+k, -2k)$, $B(k+1, k)$, $C(2-k, 2k-1)$, appartiene al quarto quadrante. $[-2 < k < 1]$

73 Dati i punti $A(-3, 4)$ e $B(2, 0)$, determina un punto *C*, avente ascissa uguale all'ordinata, tale che il baricentro del triangolo *ABC* disti $\frac{\sqrt{17}}{3}$ dall'origine. $[C_1(-3, -3); C_2(0, 0)]$

74 Un triangolo *ABC* ha due vertici in $A(-4, -2)$ e $B(3, 0)$. Sapendo che il baricentro *G* ha ascissa uguale all'ordinata e che il terzo vertice *C* del triangolo ha ordinata uguale al doppio dell'ascissa, determina le coordinate di *C* e di *G*. $[C(1, 2); G \equiv O(0, 0)]$

Determinare su un segmento un punto che lo divida in un dato rapporto

75 ESERCIZIO SVOLTO

Determiniamo sul segmento *AB*, di estremi $A(-4, -2)$ e $B(3, 3)$, un punto *P* in modo che $\overline{AP} = 2\overline{PB}$.

Indichiamo con $P(x, y)$ il punto che vogliamo determinare.
Per determinare le coordinate di *P*, seguiremo un metodo analogo a quello che abbiamo visto nella parte di teoria per ricavare le formule che forniscono le coordinate del punto medio di un segmento e del baricentro di un triangolo.

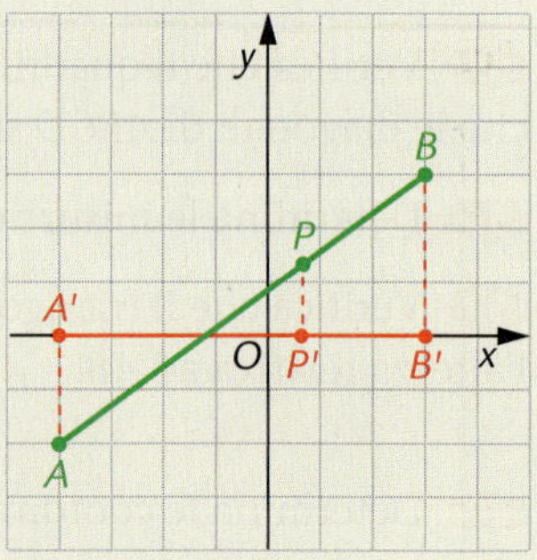

- Facciamo un disegno dove fissiamo approssimativamente il punto *P*. Proiettiamo i punti *A*, *P* e *B* sull'asse *x*. Per il teorema di Talete, deve essere:

  $\overline{A'P'} = 2\overline{P'B'}$

  Questa condizione si traduce nella seguente equazione che, risolta, fornisce l'ascissa di *P*:

  $$\underbrace{x+4}_{\overline{A'P'} = x_{P'} - x_{A'} = x - (-4)} = 2\underbrace{(3-x)}_{\overline{P'B'} = x_{B'} - x_{P'} = 3 - x} \Rightarrow x + 4 = 6 - 2x \Rightarrow 3x = 2 \Rightarrow x = \frac{2}{3}$$

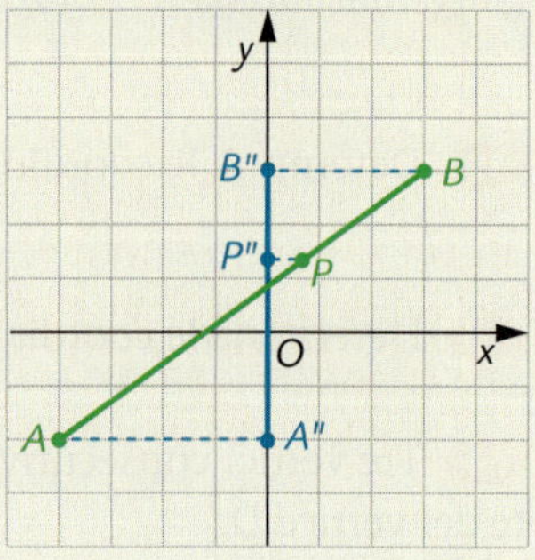

- Procediamo analogamente, proiettando questa volta i punti *A*, *P* e *B* sull'asse *y*. Dalla condizione $\overline{A''P''} = 2\overline{P''B''}$ ricaviamo la seguente equazione che, risolta, fornisce l'ordinata di *P*:

  $$y + 2 = 2(3-y) \Rightarrow y + 2 = 6 - 2y \Rightarrow 3y = 4 \Rightarrow y = \frac{4}{3}$$

- Concludiamo che $P\left(\frac{2}{3}, \frac{4}{3}\right)$.

76 Determina le coordinate del punto *P*, appartenente al segmento *AB* di estremi $A(-3, -2)$ e $B(6, 3)$, tale che $\overline{AP} = 2\overline{PB}$. $\left[P\left(3, \frac{4}{3}\right)\right]$

77 Determina le coordinate del punto *P*, appartenente al segmento *AB* di estremi $A(-3, 2)$ e $B(4, -2)$, tale che $3\overline{AP} = \overline{PB}$. $\left[P\left(-\frac{5}{4}, 1\right)\right]$

78 Determina le coordinate del punto *P*, appartenente al segmento *AB* di estremi $A(-4, -2)$ e $B(2, 2)$, tale che $AP : PB = 2 : 3$. $\left[P\left(-\frac{8}{5}, -\frac{2}{5}\right)\right]$

79 Dato il segmento AB, di estremi $A(2, 1)$ e $B(6, 4)$, determina su di esso due punti P e Q, che lo dividano in tre segmenti congruenti. $\left[P\left(\frac{10}{3}, 2\right); Q\left(\frac{14}{3}, 3\right)\right]$

80 Il segmento AM, avente come estremi i punti $A(0, 4)$ e $M(2, 0)$, è la mediana di un triangolo ABC. Determina le coordinate del baricentro G del triangolo. $\left[G\left(\frac{4}{3}, \frac{4}{3}\right)\right]$

4. La funzione lineare

TEORIA a p. 147

Esercizi preliminari

81 Completa, individuando il coefficiente angolare m e il termine noto q.

a. $y = 2x - 3$ $\quad m = ……$ $\quad q = ……$

b. $y = -x + 1$ $\quad m = ……$ $\quad q = ……$

c. $y = 1$ $\quad m = ……$ $\quad q = ……$

d. $y = x$ $\quad m = ……$ $\quad q = ……$

e. $y = -x$ $\quad m = ……$ $\quad q = ……$

82 **Dal grafico all'equazione.** Ciascuna delle rette disegnate nelle seguenti figure è il grafico di una delle seguenti funzioni lineari:

a. $y = -2x + 3$ **b.** $y = 2x - 3$ **c.** $y = -2x - 3$ **d.** $y = 2x + 3$

Scrivi, al di sotto di ciascun grafico, l'equazione della funzione corrispondente.

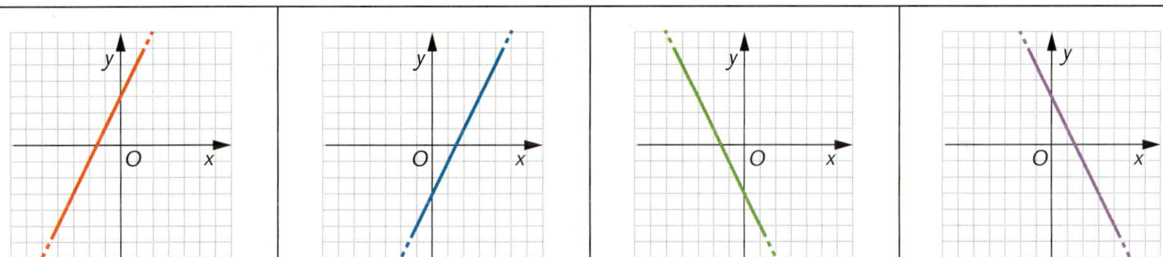

$y =$ ……	$y =$ ……	$y =$ ……	$y =$ ……

83 Una funzione lineare è definita da un'equazione in cui il termine noto è -3. Quali sono le coordinate del punto in cui il grafico della funzione interseca l'asse y?

84 Una funzione lineare è definita da un'equazione in cui il coefficiente angolare è -3. L'angolo che la retta forma con l'asse x è acuto o ottuso?

Il grafico della funzione lineare e le funzioni lineari a tratti

85 Sapendo che $y = 2x - 4$, completa la seguente tabella e rappresenta la funzione corrispondente.

x	y
-1	……
……	0
0	……
……	2

Traccia i grafici delle seguenti funzioni lineari, dopo avere determinato le coordinate di almeno quattro punti.

86 $y = -2x$

87 $y = \frac{3}{2}x$

88 $y = -\frac{2}{3}x$

89 $y = -2x + 3$

90 $y = 3x - 4$

91 $y = x + 2$

92 $y = -x + 1$

93 $y = \frac{1}{2}x + 1$

94 $y = -\frac{2}{3}x + 2$

95 $y = \frac{3}{2}x - 1$

96 $y = \frac{4}{3}x - 3$

97 $y = -\frac{3}{2}x + 3$

98 $y = 2{,}5x - 4$

99 $y = -0{,}2x + 2$

100 $y = 2{,}\overline{3}\,x - 1$

Rappresenta i grafici delle seguenti funzioni lineari a tratti.

101 $f(x) = \begin{cases} x + 2 & \text{se } x < 2 \\ -x + 6 & \text{se } x \geq 2 \end{cases}$

102 $f(x) = \begin{cases} 2x & \text{se } x \geq 0 \\ -2 & \text{se } x < 0 \end{cases}$

103 $f(x) = \begin{cases} -x + 3 & \text{se } x \leq -1 \\ x + 5 & \text{se } x > -1 \end{cases}$

104 $f(x) = \begin{cases} \frac{1}{2}x - 1 & \text{se } x \geq 2 \\ x - 2 & \text{se } x < 2 \end{cases}$

105 $f(x) = \begin{cases} -x & \text{se } x \leq 0 \\ 2x & \text{se } 0 < x \leq 2 \\ 4 & \text{se } x > 2 \end{cases}$

106 $f(x) = \begin{cases} -2 & \text{se } x \leq 0 \\ x - 3 & \text{se } 0 < x \leq 3 \\ 2x - 6 & \text{se } x > 3 \end{cases}$

107 Determina per quale valore di k il grafico della funzione $y = (k - 2)x + 1 - k$ passa per il punto di coordinate $(2, -3)$, quindi traccia il grafico della funzione corrispondente a questo valore di k. [$k = 0$]

108 Determina per quale valore di k il grafico della funzione $y = (k + 3)x + 2 - k$ passa per il punto di coordinate $(-1, 3)$, quindi traccia il grafico della funzione corrispondente a questo valore di k. [$k = -2$]

Traccia il grafico di ciascuna delle seguenti funzioni lineari, dopo aver determinato i suoi punti di intersezione con gli assi cartesiani (nelle risposte sono indicati solo i punti di intersezione con gli assi).

109 $y = -2x - 1$ $\left[(0, -1); \left(-\frac{1}{2}, 0\right)\right]$

110 $y = -x + 2$ $[(0, 2); (2, 0)]$

111 $y = 3x + 3$ $[(0, 3); (-1, 0)]$

112 $y = x - 3$ $[(0, -3); (3, 0)]$

113 $y = \frac{1}{2}x + 2$ $[(0, 2); (-4, 0)]$

114 $y = -\frac{1}{2}x - 1$ $[(0, -1); (-2, 0)]$

115 $y = -\frac{2}{3}x + 3$ $\left[(0, 3); \left(\frac{9}{2}, 0\right)\right]$

116 $y = -x\sqrt{2} + 2$ $[(0, 2); (\sqrt{2}, 0)]$

117 $y = x + \sqrt{2}$ $[(0, \sqrt{2}); (-\sqrt{2}, 0)]$

118 Determina l'area del triangolo formato dal grafico della funzione $y = -\frac{2}{3}x + 4$ con gli assi cartesiani. [12]

119 Determina l'area del triangolo formato dal grafico della funzione $y = -\frac{3}{4}x + \frac{3}{2}$ con gli assi cartesiani. $\left[\frac{3}{2}\right]$

I legami tra i coefficienti e le caratteristiche del grafico

120 **Interpretazione di grafici.** Ciascuna delle rette disegnate nelle seguenti figure è il grafico di una funzione lineare, di equazione $y = mx + q$. Per ogni grafico, poni una crocetta sulle caselle che esprimono i segni di m e di q.

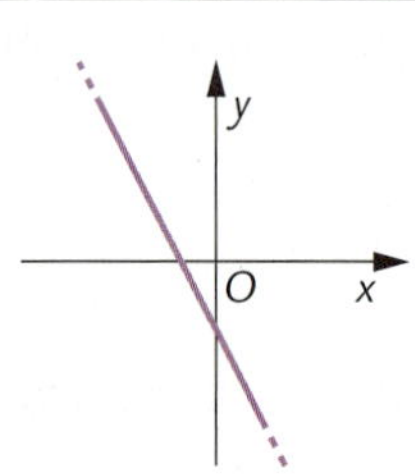	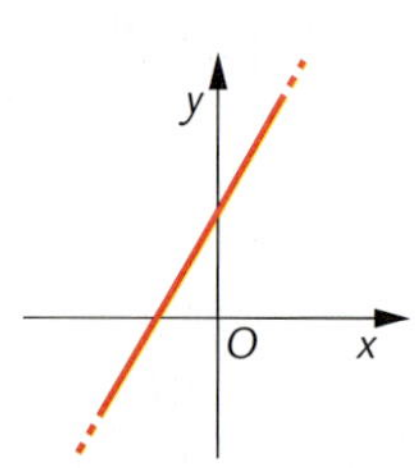	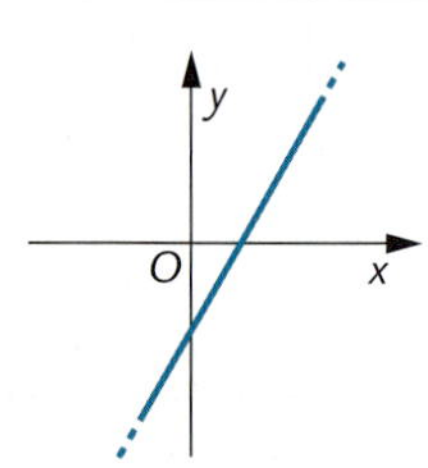	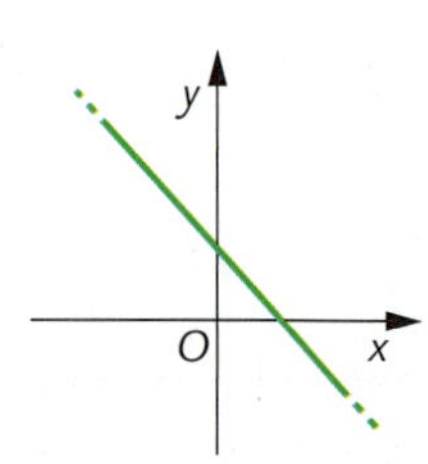
☐ $m > 0$ ☐ $m < 0$	☐ $m > 0$ ☐ $m < 0$	☐ $m > 0$ ☐ $m < 0$	☐ $m > 0$ ☐ $m < 0$
☐ $q > 0$ ☐ $q < 0$	☐ $q > 0$ ☐ $q < 0$	☐ $q > 0$ ☐ $q < 0$	☐ $q > 0$ ☐ $q < 0$

121 Quali condizioni devono soddisfare m e q in modo che il grafico della funzione $y = mx + q$ intersechi l'asse y nel punto di coordinate $(0, 3)$ e formi con l'asse x un angolo ottuso? $[m < 0; q = 3]$

122 È data la funzione $y = (3 - k^2)x + 4 - 8k$, con $k \in \mathbf{R}$. Stabilisci per quali valori di k il suo grafico interseca l'asse y in un punto di ordinata non negativa. $\left[k \leq \frac{1}{2}\right]$

123 È data la funzione: $y = (2k + 4)x + 2k + 1$, con $k \in \mathbf{R}$. Stabilisci per quali valori di k la retta grafico della funzione forma con l'asse x un angolo ottuso. $[k < -2]$

124 È data la funzione: $y = -2kx + k - 2$, con $k \in \mathbf{R}$. Stabilisci per quali valori di k la retta grafico della funzione forma con l'asse x un angolo acuto. $[k < 0]$

125 È data la funzione: $y = (3 - k)x + k - 1$, con $k \in \mathbf{R}$. Stabilisci per quali valori di k la retta grafico della funzione forma con l'asse x un angolo acuto. $[k < 3]$

126 Data la funzione $y = (2k^2 - 8)x + 2k + 1$, con $k \in \mathbf{R}$, stabilisci per quali valori di k la retta grafico della funzione forma con l'asse x un angolo ottuso. $[-2 < k < 2]$

127 È data la funzione: $y = (2k^2 - 8)x + 2k + 1$, con $k \in \mathbf{R}$. Stabilisci per quali valori di k il suo grafico forma con l'asse x un angolo ottuso e interseca l'asse y in un punto di ordinata positiva. $\left[-\frac{1}{2} < k < 2\right]$

5. L'equazione della retta nel piano cartesiano

TEORIA a p. 150

Esercizi preliminari

128 **Vero o falso?**

a. ogni retta del piano cartesiano può essere rappresentata da un'equazione del tipo $y = mx + q$ V F
b. ogni retta del piano cartesiano può essere rappresentata da un'equazione del tipo $ax + by + c = 0$ V F
c. il coefficiente angolare della retta di equazione $y + 1 = 0$ è zero V F
d. l'equazione $x + y = -1$ è l'equazione *implicita* di una retta V F
e. l'equazione $2y = x - 1$ è l'equazione *esplicita* di una retta V F

[2 affermazioni vere e 3 false]

129 **Vero o falso?**

a. ogni retta parallela all'asse y ha equazione del tipo $y = k$, dove k è un numero reale V F
b. una retta di equazione $y = mx + q$ è parallela all'asse x se e solo se $m = 0$ V F
c. il coefficiente angolare di ogni retta parallela all'asse x è zero V F
d. il coefficiente angolare di ogni retta parallela all'asse y è zero V F

[2 affermazioni vere e 2 false]

130 **Dal grafico all'equazione.** Ciascuna delle rette disegnate nella figura qui a fianco ha una delle seguenti equazioni:

a. $x = -2$;
b. $y = -2$;
c. $y = -x$;
d. $y = x - 1$

Associa a ogni grafico la sua equazione.

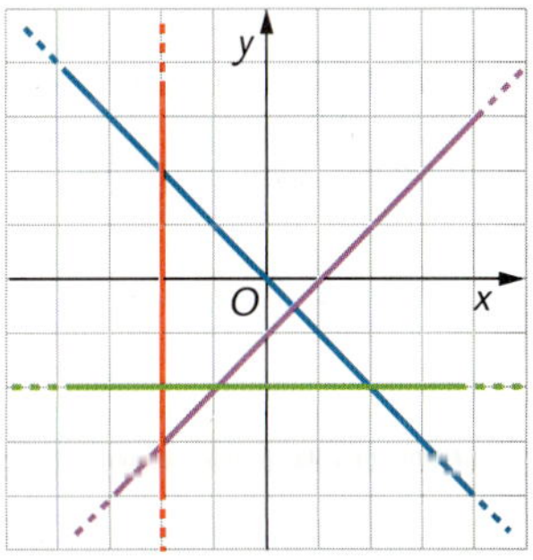

Rette passanti per l'origine e parallele agli assi

131 **ESERCIZIO GUIDATO**

Scrivi le equazioni delle rette passanti per $P(-2, 3)$ e parallele agli assi cartesiani, e l'equazione della retta passante per P e per l'origine.

- La retta parallela all'asse x ha tutti i punti di ordinata uguale a 3: la sua equazione è perciò:
  $y = ...$
- La retta parallela all'asse y ha tutti i punti di ascissa uguale a -2: la sua equazione è perciò:
  $x = ...$
- La retta OP ha equazione del tipo $y = mx$ (poiché passa per l'origine). Per determinare m, sostituisci, in tale equazione, le coordinate di $P(-2, 3)$ al posto di x e y; otteniamo l'equazione:
  $3 = m \cdot (-2)$, da cui $m = ...$
  Di conseguenza la retta OP ha equazione:
  $y = ...$

Per ciascuno dei seguenti punti P, disegna le rette passanti per P e parallele agli assi cartesiani e la retta passante per P e passante per l'origine. Scrivi poi le equazioni di tali rette.

132 $P(-1, -2)$ $[x = -1;\ y = -2;\ y = 2x]$

133 $P(0, 3)$ $[x = 0;\ y = 3]$

134 $P(2, -3)$ $\left[x = 2;\ y = -3;\ y = -\frac{3}{2}x\right]$

135 $P(2, -1)$ $\left[x = 2;\ y = -1;\ y = -\frac{1}{2}x\right]$

136 $P(-4, 8)$ $[x = -4;\ y = 8;\ y = -2x]$

137 $P(0, -2)$ $[x = 0;\ y = -2]$

138 $P(2, 0)$ $[x = 2;\ y = 0]$

139 $P(-8, -12)$ $\left[x = -8;\ y = -12;\ y = \frac{3}{2}x\right]$

140 **Dal grafico all'equazione.** Scrivi le equazioni delle rette rappresentate nella seguente figura.

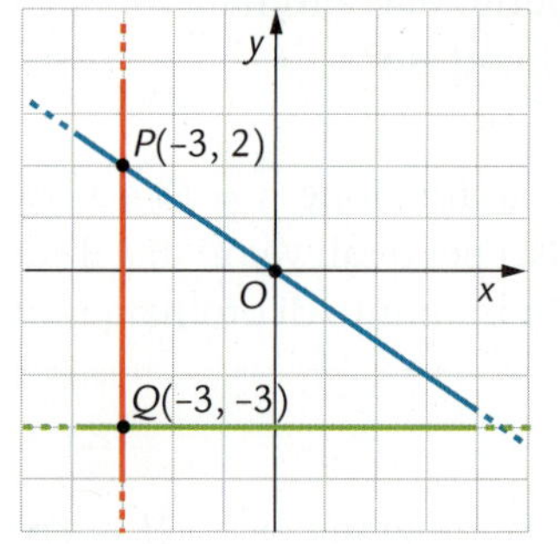

141 Dato il punto $A(2, 2)$, siano B, C e D, rispettivamente, i simmetrici di A rispetto all'asse y, all'origine e all'asse x. Scrivi le equazioni delle rette che contengono i lati e le diagonali del quadrato $ABCD$.

142 Dato il punto $A(3, 2)$, siano B, C e D, rispettivamente, i simmetrici di A rispetto all'asse y, all'origine e all'asse x. Scrivi le equazioni delle rette che contengono i lati e le diagonali del rettangolo $ABCD$.

Forma esplicita e forma implicita

143 **ESERCIZIO GUIDATO**

Scrivi l'equazione della retta $x + 2y - 4 = 0$ in forma esplicita, identificane il coefficiente angolare , il termine noto e tracciane il grafico.

- Per scrivere l'equazione della retta in forma esplicita devi risolvere l'equazione $x + 2y - 4 = 0$ rispetto alla variabile y:

$$x + 2y - 4 = 0 \Rightarrow 2y = \ldots\ldots \Rightarrow y = -\frac{1}{2}x + \ldots\ldots$$

- Dall'equazione esplicita puoi riconoscere immediatamente il coefficiente angolare e il termine noto:

$$m = -\frac{1}{2},\ q = \ldots$$

- Dal termine noto puoi dedurre che la retta incontra l'asse delle ordinate nel punto $P(\ldots, \ldots)$.

  Per tracciare il grafico della retta basta individuarne un altro punto; per esempio:

  se $x = 2$, allora $y = \ldots$

  quindi la retta passa anche per il punto $Q(2, \ldots)$.

Ora puoi tracciare il grafico della retta nella figura predisposta qui a fianco.

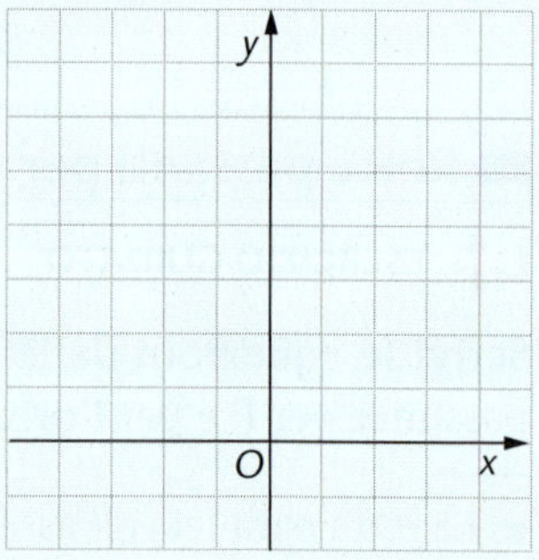

Scrivi l'equazione esplicita delle seguenti rette, identificane il coefficiente angolare e il termine noto e tracciane il grafico (nelle risposte è indicata solo l'equazione in forma esplicita).

144 $6x - 3y + 1 = 0$ $\left[y = 2x + \frac{1}{3}\right]$

145 $2x + y - 2 = 0$ $[y = -2x + 2]$

146 $x - 2y - 2 = 0$ $\left[y = \frac{1}{2}x - 1\right]$

147 $x - 2y + 1 = 0$ $\left[y = \frac{1}{2}x + \frac{1}{2}\right]$

148 $3x + 2y - 4 = 0$ $\left[y = -\frac{3}{2}x + 2\right]$

La condizione di appartenenza di un punto a una retta

149 ESERCIZIO SVOLTO

Stabiliamo se i punti $A\left(\frac{1}{2}, 1\right)$ e $B\left(\frac{1}{4}, \frac{3}{2}\right)$ appartengono alla retta di equazione $2x - y + 1 = 0$.

- Per stabilire se il punto $A\left(\frac{1}{2}, 1\right)$ appartiene alla retta, sostituiamo nell'equazione $2x - y + 1 = 0$, al posto di x e di y, le coordinate di A; otteniamo:

  $2 \cdot \frac{1}{2} - 1 + 1 = 0 \quad \text{ossia} \quad 1 = 0$

  Avendo ottenuto un'uguaglianza *falsa*, concludiamo che il punto A **non** appartiene alla retta.

- Analogamente, sostituendo nell'equazione le coordinate di $B\left(\frac{1}{4}, \frac{3}{2}\right)$, otteniamo:

  $2 \cdot \frac{1}{4} - \frac{3}{2} + 1 = 0 \quad \text{ossia} \quad 0 = 0$

Avendo ottenuto una uguaglianza *vera*, concludiamo che il punto B appartiene alla retta.

150 Stabilisci quali dei punti $A(0, 1)$; $B(2\sqrt{2} - 1, \sqrt{2})$; $C\left(0, \frac{1}{2}\right)$ appartengono alla retta avente equazione $x + 2y - 1 = 0$.

151 Determina il punto della retta $x + 2y - 3 = 0$ di ascissa 4. $\left[\left(4, -\frac{1}{2}\right)\right]$

152 Determina il punto della retta $2x + 2y - 3 = 0$ di ordinata 4. $\left[\left(-\frac{5}{2}, 4\right)\right]$

153 Determina per quale valore di a la retta di equazione $ax + y + a - 3 = 0$ passa per il punto $P(1, 2)$. $\left[a = \frac{1}{2}\right]$

154 Determina per quale valore di a il punto $P(a + 1, -a)$ appartiene alla retta di equazione $x + 2y - 1 = 0$. $[a = 0]$

155 Determina il punto P appartenente alla retta di equazione $4x - y + 1 = 0$, equidistante dal punto $A(-2, 0)$ e dal punto $B(2, 4)$. $\left[P\left(\frac{1}{5}, \frac{9}{5}\right)\right]$

Esercizi con parametri

156 ESERCIZIO SVOLTO

Determiniamo per quali valori di k la retta di equazione $(k - 2)x + ky - 3 = 0$:

a. è parallela all'asse x b. è parallela all'asse y c. passa per il punto $P(2, -3)$

a. Una retta parallela all'asse x ha equazione del tipo $y = a$. Pertanto l'equazione data rappresenterà una retta parallela all'asse x se e solo se il coefficiente di x è nullo, cioè per $k = 2$.

b. Una retta parallela all'asse y ha equazione del tipo $x = b$. Pertanto l'equazione data rappresenterà una retta parallela all'asse y se e solo se il coefficiente di y è nullo, cioè per $k = 0$.

Imponendo il passaggio per $P(2, -3)$ otteniamo l'equazione:

$(k - 2) \cdot 2 + k \cdot (-3) - 3 = 0$

che ha come soluzione $k = -7$.

157 Determina per quali valori di k la retta di equazione $(2k + 4)x - ky - 1 + k = 0$:

a. è parallela all'asse x; **b.** è parallela all'asse y; **c.** passa per il punto $P(1, 2)$. [**a.** $k = -2$; **b.** $k = 0$; **c.** $k = -3$]

158 Determina per quali valori di k la retta di equazione $kx - (k + 1)y - k - 2 = 0$:

a. è parallela all'asse x; **b.** è parallela all'asse y; **c.** passa per l'origine. [**a.** $k = 0$; **b.** $k = -1$; **c.** $k = -2$]

159 Determina per quali valori di k la retta di equazione $(k - 2)x - ky + k - 3 = 0$:

a. è parallela all'asse x; **b.** è parallela all'asse y; **c.** passa per il punto $P(-1, -1)$. [**a.** $k = 2$; **b.** $k = 0$; **c.** $k = 1$]

160 Determina per quali valori di k la retta di equazione $(2k+3)x-(k^2+5k)y-k^2+3k=0$:

a. è parallela all'asse x;
b. è parallela all'asse y;
c. passa per l'origine.

$\left[\text{a. } k=-\frac{3}{2}; \text{ b. } k=-5 \vee k=0; \text{ c. } k=0 \vee k=3\right]$

161 Determina per quali valori di k la retta di equazione $(3k-2)x+2y+1=0$ forma con l'asse x un angolo ottuso. $\left[k>\frac{2}{3}\right]$

162 Determina per quali valori di k la retta di equazione $(k-1)x+y+1=0$ forma con l'asse x un angolo acuto. $[k<1]$

163 Determina per quali valori di k la retta di equazione $(k-2)x+(k-1)y+2=0$ forma con l'asse x un angolo ottuso. $[k<1 \vee k>2]$

6. Rette parallele e posizione reciproca di due rette

TEORIA a p. 155

Esercizi preliminari

164 Completa la seguente tabella, sull'esempio della seconda riga.

Equazioni delle rette		Coefficienti angolari		Le rette sono parallele?	
$y=2x+1$	$y=-2x+1$	$m=2$	$m'=-2$	☐ Sì perché	☒ No $m\neq m'$
$y=\frac{1}{3}x+1$	$y=0{,}3x+1$	$m=$ 1/3	$m'=$ 0,3	☒ Sì perché	☐ No m=m'
$y=\frac{1}{2}x+1$	$y=0{,}5x+1$	$m=$ 1/2	$m'=$ 0,5	☒ Sì perché	☐ No m=m'
$y=4x+1$	$8x-2y-7=0$	$m=$ 4	$m'=$ -8	☐ Sì perché	☒ No m≠m'
$6x+2y+5=0$	$y=3x+10$	$m=$ -6	$m'=$ 3	☐ Sì perché	☒ No m≠m'

165 Ogni retta della prima riga è parallela a una della seconda. Fai le opportune associazioni.

a. $x=1$ b. $y=-x+1$ c. $y=2$ d. $y=0{,}5x-1$ e. $4x+2y-1=0$ f. $2x+4y+1=0$

A. $x+y+10=0$ B. $y=-0{,}5x$ C. $2x+y-6=0$ D. $x-10=0$ E. $y=100$ F. $y=\frac{1}{2}x+1$

Stabilire la posizione reciproca di due rette

Stabilisci se le seguenti coppie di rette sono formate da rette parallele distinte, incidenti o coincidenti.

166 $x-2y-1=0$ $\quad y=\frac{1}{2}x-1$ [Parallele e distinte]

167 $\sqrt{3}x-y=0$ $\quad 3x-\sqrt{3}y=0$ [Coincidenti]

168 $x-1=0$ $\quad x+\sqrt{2}=0$ [Parallele e distinte]

169 $4x-y+1=0$ $\quad y=-4x+4$ [Incidenti]

170 $(\sqrt{2}+1)x+(\sqrt{2}-1)y+3=0$ $\quad y=-(3+2\sqrt{2})x+4$ [Parallele e distinte]

171 $x-2y+1=0$ $\quad 3x-6y+3=0$ [Coincidenti]

172 $x-\sqrt{2}y+1=0$ $\quad \sqrt{2}x-y+1=0$ [Incidenti]

173 $(1-\sqrt{2})x+(\sqrt{2}-1)y-2=0$ $\quad x-y+1+\sqrt{2}=0$ [Parallele e distinte]

174 $x-9y+8=0$ $\quad 3x-3y+4=0$ [Incidenti]

175 $\frac{1}{2}x-\frac{\sqrt{3}}{2}y-\frac{1}{4}=0$ $\quad 2\sqrt{3}x-6y-\sqrt{3}=0$ [Coincidenti]

176 Determina per quale valore di k le rette di equazioni $3x-y+1=0$ e $9x+ky+1=0$ sono parallele. $[k=-3]$

177 Determina per quale valore di k le rette di equazioni $kx + (k - 1)y + 2 = 0$ e $x - 3y + 2k = 0$ sono parallele. $\left[k = \frac{1}{4}\right]$

178 Determina per quali valori di h e k risultano coincidenti le rette di equazioni:
$2x + y + h = 0; \quad kx - y - 3 = 0$ $[h = 3;\ k = -2]$

Punto di intersezione di due rette

Verifica che le seguenti coppie di rette sono incidenti e determina le coordinate del loro punto di intersezione.

179 $2x + y - 1 = 0 \qquad y = 2x - 2$ $\left[\left(\frac{3}{4}, -\frac{1}{2}\right)\right]$

180 $x - y - 1 = 0 \qquad x + 2y + 1 = 0$ $\left[\left(\frac{1}{3}, -\frac{2}{3}\right)\right]$

181 $y = -3x \qquad x - y + 1 = 0$ $\left[\left(-\frac{1}{4}, \frac{3}{4}\right)\right]$

182 $y = -x - 1 \qquad y = -2x - 1$ $[(0, -1)]$

183 $x - y - 3 = 0 \qquad 2x + 3y - 1 = 0$ $[(2, -1)]$

184 Verifica che il punto di intersezione delle rette di equazione $2x - y = 0$ e $3x - 2y - 1 = 0$ appartiene alla retta di equazione $4x - 3y - 2 = 0$.

185 Determina le equazioni delle rette parallele agli assi passanti per il punto di intersezione delle rette di equazioni $2x - 3y - 1 = 0$ e $y = -\frac{1}{2}x + 1$. $\left[x = \frac{8}{7}, y = \frac{3}{7}\right]$

186 Determina le coordinate dei vertici del triangolo avente i lati sulle rette di equazioni:
$2x + 5y - 11 = 0; \quad 3x - 4y - 5 = 0; \quad 8x - 3y + 2 = 0$
Calcola inoltre l'area di tale triangolo.
$\left[\left(\frac{1}{2}, 2\right), (3, 1), (-1, -2); \text{Area} = \frac{23}{4}\right]$

187 Determina le coordinate dei vertici del parallelogramma avente i lati sulle rette di equazioni:
$2x - y - 2 = 0; \qquad 2x - y + 4 = 0;$
$x + y - 1 = 0; \qquad x + y + 4 = 0$
Determina inoltre le coordinate del punto di intersezione delle diagonali del parallelogramma.
$\left[(1, 0); (-1, 2); \left(-\frac{2}{3}, -\frac{10}{3}\right); \left(-\frac{8}{3}, -\frac{4}{3}\right); \text{punto di intersezione: } \left(-\frac{5}{6}, -\frac{2}{3}\right)\right]$

188 Determina per quale valore di k il punto di intersezione delle rette di equazioni $x + y + k = 0$ e $2x - y = 0$ ha ordinata uguale a 2. $[k = -3]$

189 Determina per quale valore di k il punto di intersezione delle rette di equazioni $x - 2y + 1 = 0$ e $2x - y = 0$ appartiene alla retta di equazione $kx - y + 1 = 0$. $[k = -1]$

190 Determina per quale valore di k le due rette di equazioni $2x - y - k = 0$ e $2x - ky - 1 = 0$ si incontrano in un punto appartenente alla bisettrice del primo e del terzo quadrante. $[k = 1]$

7. Rette perpendicolari

TEORIA a p. 157

Esercizi preliminari

191 Completa la seguente tabella, sull'esempio della seconda riga.

Equazioni delle rette	Coefficienti angolari	Le rette sono perpendicolari?
$y = -2x + 1$ $x - 2y - 3 = 0$	$m = -2$ $m' = \frac{1}{2}$ L'equazione esplicita della seconda retta è $y = \frac{1}{2}x - \frac{3}{2}$	☒ Sì ☐ No perché $mm' = -1$
$y = -0{,}5x + 1$ $y = 2x + 10$	$m = -0{,}5$ $\quad m' = 2$	☐ Sì ☐ No perché ....
$4x - y + 1 = 0$ $y = -4x + 4$	$m = $ .... $\quad m' = -4$	☐ Sì ☐ No perché ....
$x - 2y - 1 = 0$ $y = 2x - 2$	$m = $ .... $\quad m' = 2$	☐ Sì ☐ No perché ....
$y = (\sqrt{5} - \sqrt{6})x + 1$ $(\sqrt{5} + \sqrt{6})x - y = 0$	$m = $ .... $\quad m' = $	☐ Sì ☐ No perché ....

192 Ogni retta della prima riga è perpendicolare a una della seconda. Fai le opportune associazioni.

a. $x = 10$ **b.** $y = -3x$ **c.** $x + y + 1 = 0$ **d.** $y = -0{,}\overline{3}x + 0{,}5$ **e.** $y = 0$ **f.** $10x - 25y + 3 = 0$

A. $y = -2{,}5x + 1{,}5$ **B.** $x + \sqrt{2} = 0$ **C.** $y = -2$ **D.** $y = x$ **E.** $x = 3y + 9$ **F.** $6x - 2y - 9 = 0$

Esercizi sulla perpendicolarità tra rette

Riconosci quali delle seguenti coppie di rette sono perpendicolari.

193 $y = -2x + 1$ $x + 2y - 3 = 0$

194 $y = \frac{1}{2}x + 3$ $2x + y - 5 = 0$

195 $\sqrt{3}x - y + 1 = 0$ $x + \sqrt{3}y - 2 = 0$

196 $5x + y - 7 = 0$ $y = 5 - 0{,}2x$

197 $y = (\sqrt{2} - 1)x$ $y = (\sqrt{2} + 1)x - 4$

198 $x - \sqrt{6} = 0$ $y = 1000$

199 $x - (\sqrt{5} - 1)y - 3 = 0$ $y = \frac{\sqrt{5} + 1}{3}x - \frac{1}{5}$

200 Scrivi le equazioni di due rette perpendicolari alla retta di equazione $x - 2y + 1 = 0$.

201 Scrivi l'equazione della retta passante per l'origine e perpendicolare alla retta di equazione $y = -\frac{2}{3}x - 1$. $\left[y = \frac{3}{2}x\right]$

202 Scrivi l'equazione della retta passante per l'origine e perpendicolare alla retta di equazione $3x - 4y = 1$. $\left[y = -\frac{4}{3}x\right]$

Esercizi riassuntivi su perpendicolarità e parallelismo con parametri

203 ESERCIZIO SVOLTO

Sono date la retta r di equazione $5x + (k - 3)y + 1 = 0$ e la retta s di equazione $2x - y + 1 = 0$. Determiniamo per quali valori di k la retta r è:

a. parallela alla retta s; **b. perpendicolare alla retta s.**

Poniamo le equazioni di r ed s in forma esplicita, in modo da individuare i coefficienti angolari.

$5x + (k - 3)y + 1 = 0$ $2x - y + 1 = 0$

$y = -\frac{5}{k-3}x - \frac{1}{k-3}$ (per $k \neq 3$) $y = 2x + 1$

$m_r = -\frac{5}{k-3}$ $m_s = 2$

a. Affinché la retta r sia parallela alla retta s deve essere $m_r = m_s$. Ciò si traduce nell'equazione:

$-\frac{5}{k-3} = 2$, da cui si ricava $k = \frac{1}{2}$

b. Affinché la retta r sia perpendicolare alla retta s deve essere $m_r = -\frac{1}{m_s}$. Ciò si traduce nell'equazione:

$-\frac{5}{k-3} = -\frac{1}{2}$, da cui si ricava $k = 13$

204 Determina per quali valori di k la retta di equazione $(k - 2)x - 2y + 1 = 0$ è:

a. parallela alla retta di equazione $y = -x$; $[k = 0]$

b. perpendicolare alla retta di equazione $y = 2x + 3$. $[k = 1]$

205 Determina per quali valori di k la retta di equazione $2x - (k - 2)y + 2 = 0$ è:

a. parallela alla retta di equazione $y = 2x + 1$; $[k = 3]$

b. perpendicolare alla retta di equazione $y = \frac{1}{3}x$. $\left[k = \frac{4}{3}\right]$

206 Determina per quali valori di k la retta di equazione $(k + 1)x - (k + 2)y + 2 = 0$ è:

a. parallela alla retta di equazione $y = -2x$;

b. perpendicolare alla retta di equazione $y = -5x$. $\left[\text{a. } k = -\frac{5}{3}; \text{ b. } k = -\frac{3}{4}\right]$

207 Determina per quali valori di k la retta di equazione $(2k + 1)x - (k - 3)y + 2 = 0$ è:

a. parallela all'asse x;

b. parallela all'asse y;

c. parallela alla retta di equazione $y = \frac{2}{3}x$;

d. perpendicolare alla retta di equazione $y = 3x$. $\left[\text{a. } k = -\frac{1}{2}; \text{ b. } k = 3; \text{ c. } k = -\frac{9}{4}; \text{ d. } k = 0\right]$

208 Determina per quali valori di k la retta di equazione $(k-4)x-(5-k)y+1=0$ è:

a. parallela all'asse x; $[k=4]$

b. parallela all'asse y; $[k=5]$

c. parallela alla retta di equazione $2x+4y+3=0$. $[k=3]$

d. perpendicolare alla retta di equazione: $2x-3y+5=0$ $[k=7]$

209 Determina per quali valori di k la retta di equazione $(k-2)x-2y+1=0$:

a. passa per il punto $P(1, -1)$; $[k=-1]$

b. è parallela all'asse x; $[k=2]$

c. è parallela all'asse y; [Impossibile]

d. è parallela alla retta di equazione $y=-2x$; $[k=-2]$

e. è perpendicolare alla retta di equazione: $x+y+3=0$ $[k=4]$

210 Determina per quali valori di k la retta di equazione $2x-(k-2)y+2=0$:

a. passa per il punto $P(2, 3)$; $[k=4]$

b. è parallela all'asse x; [Impossibile]

c. è parallela alla retta di equazione $y=-2x+1$; $[k=1]$

d. è perpendicolare all'asse x; $[k=2]$

e. è perpendicolare alla retta di equazione $y=\frac{2}{3}x$. $\left[k=\frac{2}{3}\right]$

211 Determina per quali valori di k la retta di equazione $(k+1)x-(k+2)y+2=0$:

a. passa per il punto $P(-2, 4)$; $\left[k=-\frac{4}{3}\right]$

b. è parallela all'asse y; $[k=-2]$

c. è parallela alla retta di equazione $4x+2y-3=0$; $\left[k=-\frac{5}{3}\right]$

d. è perpendicolare all'asse y; $[k=-1]$

e. è perpendicolare alla retta di equazione: $x-5y-3=0$ $\left[k=-\frac{11}{6}\right]$

8. Come determinare l'equazione di una retta

TEORIA a p. 159

Esercizi preliminari

Test

212 Quale delle seguenti è l'equazione della retta passante per $P(1, -3)$ e parallela alla retta di equazione $y=2x$?

A $y+3=-2(x-1)$

B $y-3=2(x+1)$

C $y-3=-2(x+1)$

D $y+3=2(x-1)$

213 Quale delle seguenti è l'equazione della retta passante per $P(-1, 2)$ e perpendicolare alla retta di equazione $y=\frac{1}{3}x$?

A $y-2=3(x+1)$

B $y-2=-3(x+1)$

C $y+2=3(x-1)$

D $y+2=-3(x-1)$

214 Quale delle seguenti formule fornisce il coefficiente angolare della retta passante per $A(3, 4)$ e $B(5, 7)$?

A $m_{AB}=\frac{3-5}{4-7}$

B $m_{AB}=\frac{4-3}{7-5}$

C $m_{AB}=\frac{4-7}{5-3}$

D $m_{AB}=\frac{7-4}{5-3}$

215 Quale delle seguenti è l'equazione della retta passante per $A(-1, 0)$ e $B(0, 3)$?

A $y=3x-3$

B $y=-3x+3$

C $y=3x+3$

D $y=-3x-3$

Retta passante per un punto e parallela a una retta data

216 ESERCIZIO GUIDATO

Determina l'equazione della retta passante per $P(-1, 3)$ e parallela alla retta s: $x-3y+1=0$.

Scrivi l'equazione della retta s in forma esplicita; ricavi così che il coefficiente angolare di s è $m_s=$ ......
La retta cercata è quella passante per $P(-1, 3)$ e di coefficiente angolare m_s, quindi la sua equazione è:

$$y-y_P=m_s(x-x_P)$$

ossia:

$$y-3=\text{.........}(x-(\text{.........}))$$

Svolgendo i calcoli, troverai che l'equazione esplicita della retta richiesta è $y=\frac{1}{3}x+$ ....

Scrivi l'equazione della retta passante per P e parallela alla retta r.

217 $P(1, 3)$ $\quad r: y = 2x - 1$ $\quad [y = 2x + 1]$

218 $P(-1, -2)$ $\quad r: 2x - y + 1 = 0$ $\quad [y = 2x]$

219 $P(-1, 3)$ $\quad r: 2x + y - 1 = 0$ $\quad [y = -2x + 1]$

220 $P(1, 3)$ $\quad r: 2x - 3y + 1 = 0$ $\quad \left[y = \frac{2}{3}x + \frac{7}{3}\right]$

221 $P(1, 3)$ $\quad r: \frac{x}{2} + \frac{y}{3} = 1$ $\quad \left[y = -\frac{3}{2}x + \frac{9}{2}\right]$

222 Di un triangolo ABC si sa che $A(2, 1)$ e $C(4, 3)$ e che la retta AB ha equazione $y = -2x + 5$. Qual è l'equazione della retta che congiunge i punti medi di AC e BC? $\quad [y = -2x + 8]$

223 Scrivi le equazioni delle rette, passanti per $P(1, 0)$, che formano un parallelogramma con le rette di equazioni $y = x - 4$ e $y = \frac{1}{2}x + 2$. Individua poi le coordinate dei vertici di tale parallelogramma.

$\left[y = x - 1;\ y = \frac{1}{2}x - \frac{1}{2};\ (1, 0);\ (7, 3);\ (12, 8);\ (6, 5)\right]$

224 Siano A e B, rispettivamente, i punti di intersezione della retta di equazione con $2x + y - 2 = 0$ con l'asse x e con l'asse y. Dal punto A conduci la parallela alla retta di equazione $x + 2y + 1 = 0$ e indica con C il punto di intersezione di tale parallela con l'asse y. Determina l'area del triangolo ABC. $\quad \left[\frac{3}{4}\right]$

Retta passante per un punto e perpendicolare a una retta data

225 ESERCIZIO GUIDATO

Determina l'equazione della retta passante per $P(-1, 3)$ e perpendicolare alla retta s: $x - 3y + 1 = 0$.

Scrivi l'equazione della retta s in forma esplicita; puoi riconoscere così che il coefficiente angolare di s è $m_s = \dots\dots$

La retta cercata è quella passante per $P(-1, 3)$ e di coefficiente angolare $-\frac{1}{m_s}$, quindi la sua equazione è:

$$y - y_P = -\frac{1}{m_s}\ (x - x_P)$$

ossia:

$$y - 3 = \dots\dots\ (x - (\dots\dots))$$

Svolgendo i calcoli, trovi che l'equazione esplicita della retta richiesta è $y = \dots\dots$

Scrivi l'equazione della retta passante per P e perpendicolare alla retta r.

226 $P(-1, 1)$ $\quad r: y = x + 1$ $\quad [y = -x]$

227 $P(-1, 1)$ $\quad r: y = -\frac{1}{2}x + 2$ $\quad [y = 2x + 3]$

228 $P(-1, -2)$ $\quad r: 2x - y + 1 = 0$ $\quad \left[y = -\frac{1}{2}x - \frac{5}{2}\right]$

229 $P(2, 3)$ $\quad r: 2x - 3y + 1 = 0$ $\quad \left[y = -\frac{3}{2}x + 6\right]$

230 $P(-1, 1)$ $\quad r: x + 4y - 1 = 0$ $\quad [y = 4x + 5]$

231 Considera la retta r di equazione $x + 2y - 2 = 0$ e indica con A e B, rispettivamente, i punti di intersezione di r con l'asse y e con l'asse x. Da A e da B conduci, rispettivamente, le rette s e t, perpendicolari a r, e indica con D il punto di intersezione di s con l'asse x e con C il punto di intersezione di t con l'asse y. Determina l'area del trapezio $ABCD$. $\quad \left[\frac{25}{4}\right]$

Coefficiente angolare della retta passante per due punti

232 Determina il coefficiente angolare delle rette disegnate nelle seguenti figure.

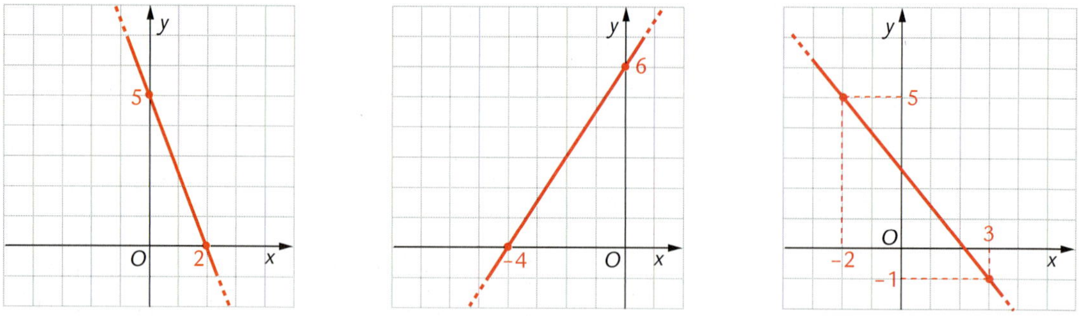

Disegna la retta che passa per A e per B e determina, se esiste, il suo coefficiente angolare.

233 $A(-3, 0),\ B(4, 1)$ $\quad \left[\frac{1}{7}\right]$

234 $A(2, 0),\ B(6, 3)$ $\quad \left[\frac{3}{4}\right]$

235 $A(-5, 4),\ B(0, 4)$ $\quad [0]$

236 $A(-6, 3),\ B(9, 0)$ $\quad \left[-\frac{1}{5}\right]$

237 $A(7, 0),\ B(7, 8)$ $\quad$ [Non è definito]

238 $A(-4, \sqrt{2}),\ B(3, -2\sqrt{2})$ $\quad \left[-\frac{3\sqrt{2}}{7}\right]$

239 Stabilisci se i due segmenti AB e CD disegnati nella figura qui sotto sono paralleli.

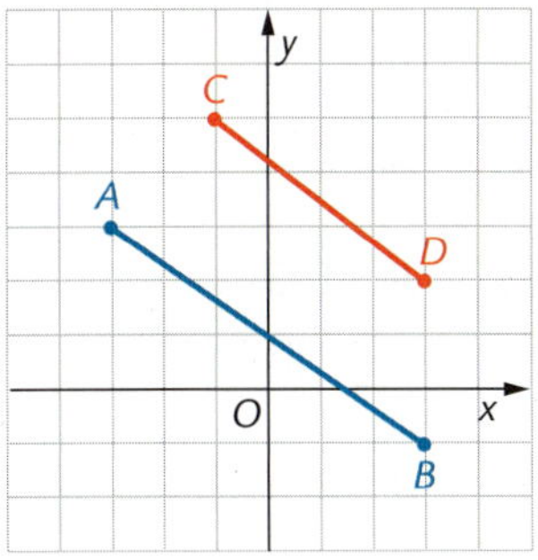

240 Stabilisci se le rette r ed s disegnate nella figura qui sotto sono perpendicolari.

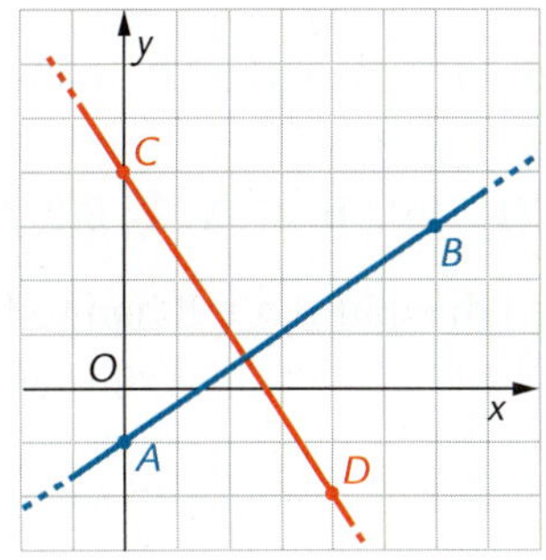

241 **ESERCIZIO GUIDATO**

Considera i punti $A(0, 0)$, $B(2, 4)$, $C(0, 5)$, $D\left(-\frac{5}{2}, 0\right)$ e verifica che il quadrilatero $ABCD$ è un trapezio rettangolo.

- Disegnando il quadrilatero $ABCD$ (vedi figura qui sotto) puoi riconoscere che le basi del trapezio sono AB e CD e che il lato perpendicolare alle basi è BC.

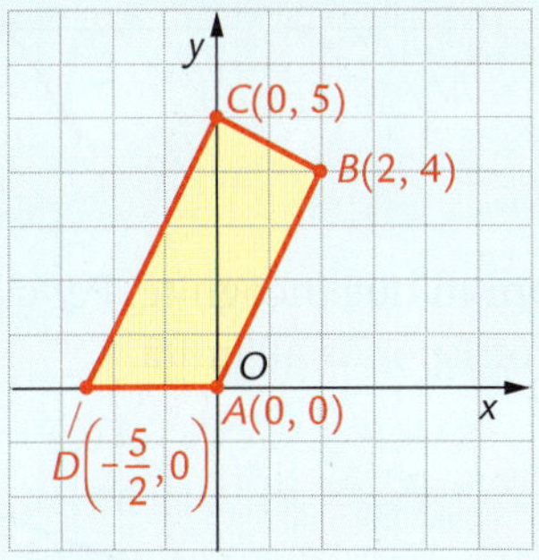

- Devi quindi verificare che le rette AB e CD sono *parallele* e che la retta BC è *perpendicolare* ad AB (e quindi anche a DC). A tal scopo non è necessario scrivere le equazioni delle rette AB e CD, basta determinare i loro coefficienti angolari.

- Il coefficiente angolare della retta AB è:

$$m_{AB} = \frac{y_B - y_A}{x_B - x_A} = \frac{\ldots\ldots}{\ldots\ldots} = \ldots\ldots$$

Il coefficiente angolare della retta CD è:

$$m_{CD} = \frac{y_D - y_C}{x_D - x_C} = \frac{\ldots\ldots}{\ldots\ldots} = \ldots\ldots$$

Dal momento che $m_{AB} = m_{CD}$, puoi concludere che le due rette AB e CD sono effettivamente .... (quindi $ABCD$ è un *trapezio*).

- Il coefficiente angolare della retta BC è:

$$m_{BC} = \frac{y_C - y_B}{x_C - x_B} = \frac{\ldots\ldots}{\ldots\ldots} = \ldots\ldots$$

Dal momento che $m_{AB} \cdot m_{BC} =$ ...., puoi concludere che le due rette AB e BC sono effettivamente .... (quindi il trapezio $ABCD$ è *rettangolo*).

242 Sono dati i punti $A(1, 0)$, $B(3, 0)$, $C(1, 4)$, $D(0, 2)$. Verifica che il quadrilatero $ABCD$ è un trapezio e stabilisci se è isoscele. [Non è isoscele]

243 Sono dati i quattro punti $A(0, 0)$, $B(4, 2)$, $C(2, 3)$, $D\left(-\frac{4}{5}, \frac{8}{5}\right)$. Verifica che il quadrilatero $ABCD$ è un trapezio rettangolo.

244 **ESERCIZIO SVOLTO**

Stabiliamo se i punti $A(-1, 4)$, $B(1, 0)$ e $C(2, 2)$ sono allineati.

Basta calcolare i coefficienti angolari delle due rette AB e BC: se sono uguali, allora i punti sono allineati, altrimenti non lo sono (sai giustificare perché?). Abbiamo:

$$m_{AB} = \frac{y_B - y_A}{x_B - x_A} = \frac{0-4}{1-(-1)} = -2$$

$$m_{BC} = \frac{y_C - y_B}{x_C - x_B} = \frac{2-0}{2-1} = 2$$

quindi i punti **non** sono allineati.

Stabilisci se A, B e C sono allineati.

245 $A(2, 0)$, $B(1, 2)$, $C(0, 4)$ [Allineati]

246 $A(-2, -3)$, $B(0, -2)$, $C(2, 0)$ [Non allineati]

247 $A(0, -3)$, $B(1, 0)$, $C(2, 3)$ [Allineati]

248 $A(-1, 3)$ $B(-3, 4)$, $C(-9, 6)$ [Non allineati]

249 Determina per quale valore di k la retta passante per $A(-1, k)$ e $B(3, 5)$ ha coefficiente angolare uguale a -2. [$k = 13$]

250 Determina per quale valore di k la retta passante per $A(-1, k)$ e $B(3, 5)$ è parallela alla retta di equazione $y = -4x + 8$. [$k = 21$]

251 Determina per quale valore di k la retta passante per $A(1, k)$ e $B(k, 3)$ è perpendicolare alla retta di equazione $y = -\frac{1}{3}x + 1$. $\left[k = \frac{3}{2}\right]$

Retta passante per due punti

252 ESERCIZIO GUIDATO

Scrivi l'equazione della retta *AB*, in ciascuno dei seguenti casi:

a. $A(1, 2)$, $B(1, 10)$ **b.** $A(-1, 2)$, $B(2, 5)$

a. Osserva che i due punti A e B hanno la stessa ascissa, quindi puoi subito dire che l'equazione della retta AB è ....

b. Determina innanzitutto il *coefficiente angolare* della retta AB:

$$m_{AB} = \frac{5 - .....}{2 - (..........)} = \frac{.....}{.....} = ...$$

Ora per determinare l'equazione della retta AB puoi scrivere, per esempio, l'equazione della retta passante per $A(-1, 2)$ e di coefficiente angolare m_{AB}; l'equazione di tale retta è:

$$y - ..... = ... (x - (.....))$$

da cui, sviluppando i calcoli:

$$y = ...$$

Scrivi le equazioni delle rette passanti per *A* e per *B*.

253 $A(-1, 0)$ $B(3, 4)$ $[y = x + 1]$

254 $A\left(0, \frac{1}{4}\right)$ $B(-2, 0)$ $\left[y = \frac{1}{8}x + \frac{1}{4}\right]$

255 $A(-1, -1)$ $B(-1, 3)$ $[x = -1]$

256 $A(0, 3)$ $B(4, 0)$ $\left[y = -\frac{3}{4}x + 3\right]$

257 $A(1, 4)$ $B(-2, 4)$ $[y = 4]$

258 $A(1, 6)$ $B(4, 0)$ $[y = -2x + 8]$

259 Scrivi le equazioni delle rette disegnate nelle seguenti figure; un quadretto corrisponde all'unità.

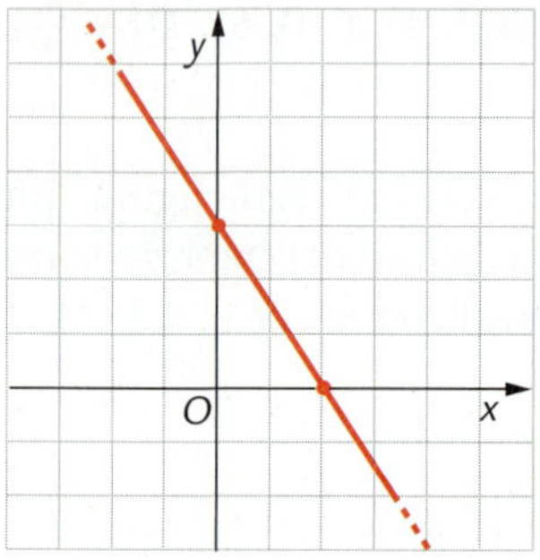

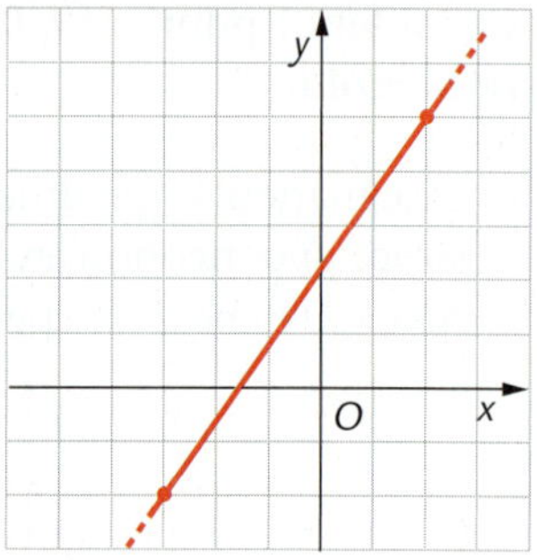

260 Ognuna delle seguenti figure rappresenta un sistema di due equazioni in due incognite. Per ciascuna figura, scrivi un sistema che sia rappresentato dalle rette in figura; un quadretto corrisponde all'unità.

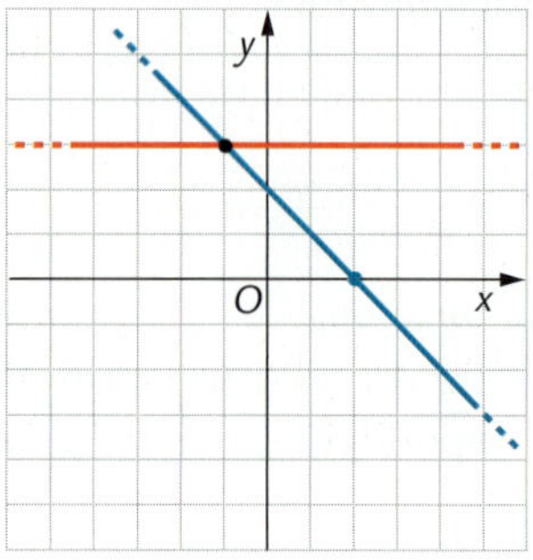

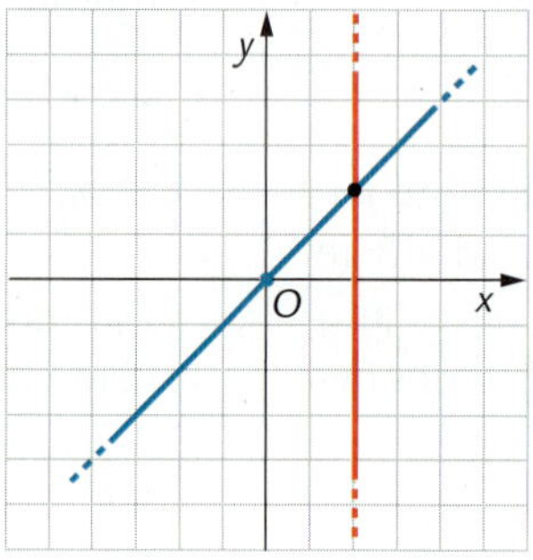

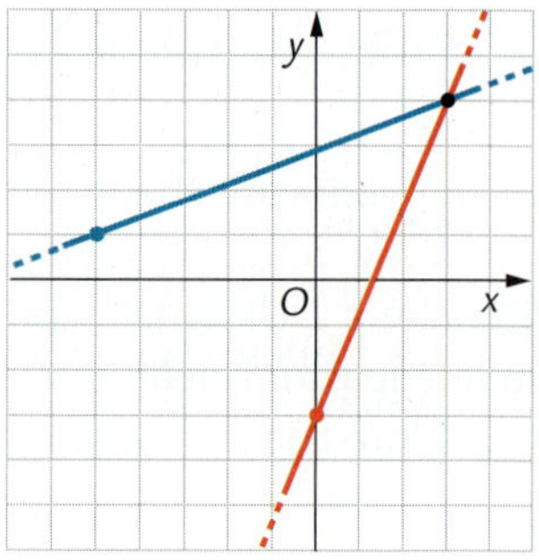

261 Scrivi le equazioni delle rette cui appartengono i lati del triangolo ABC, essendo $A(-2, 0)$, $B(0, 3)$, $C(2, -1)$.
$[3x - 2y + 6 = 0;\ 2x + y - 3 = 0;\ x + 4y + 2 = 0]$

262 Scrivi le equazioni delle rette cui appartengono le mediane del triangolo ABC, essendo $A(-1, 2)$, $B(3, 4)$, $C(5, 0)$. $[3x + 4y - 15 = 0;\ y - 2 = 0;\ 3x - y - 5 = 0]$

263 Scrivi le equazioni delle rette che contengono i lati del quadrilatero $ABCD$, di vertici $A(-1, 2)$, $B(2, -4)$, $C(2, 0)$, $D(0, 5)$, e stabilisci se si tratta di un trapezio.
$\left[y = -2x;\ x = 2;\ y = -\frac{5}{2}(x - 2);\ y = 3x + 5; \text{ non è un trapezio}\right]$

264 Scrivi le equazioni delle rette cui appartengono i lati del quadrilatero $ABCD$, di vertici $A(-2, 0)$, $B(0, -2)$, $C(4, 0)$, $D(0, 1)$, e stabilisci se si tratta di un trapezio.
$\left[y = -x - 2;\ y = \frac{1}{2}x - 2;\ y = -\frac{1}{4}x + 1;\ y = \frac{1}{2}x + 1; \text{ è un trapezio}\right]$

265 Determina, in dipendenza da a, l'equazione della retta passante per $A(2, a)$ e $B(3, 4)$.
[Per ogni $a \in \mathbf{R}$, la retta AB ha equazione $y = (4 - a)x + 3a - 8$]

266 Determina, in dipendenza da a, l'equazione della retta passante per $A(a, 1)$ e $B(2, -1)$.
$\left[\text{Se } a = 2, \text{ la retta } AB \text{ ha equazione } x = 2; \text{ se } a \neq 2, \text{ la retta } AB \text{ ha equazione } y = \frac{2}{a-2}x - \frac{a+2}{a-2}\right]$

Esercizi riassuntivi su rette parallele e perpendicolari, punti di intersezione tra rette e determinazione dell'equazione di una retta

Determina l'asse del segmento AB.

267 $A(-1, 3), B(1, 5)$ $[y = -x + 4]$

268 $A(-1, 0), B(2, 3)$ $[y = -x + 2]$

269 $A(0, 1), B(2, 0)$ $\left[y = 2x - \frac{3}{2}\right]$

270 $A(1, -1), B(3, -2)$ $\left[y = 2x - \frac{11}{2}\right]$

271 Determina l'equazione della retta cui appartiene l'altezza relativa ad AB nel triangolo ABC di vertici $A(-1, 0), B(2, 1), C(1, 3)$. $[y = -3x + 6]$

272 Determina le equazioni delle rette cui appartengono le tre altezze del triangolo ABC di vertici $A(0, 1)$, $B(4, 1), C(1, 3)$. $\left[x = 1; y = \frac{3}{2}x + 1; y = -\frac{1}{2}x + 3\right]$

273 Determina l'equazione della retta passante per $P(1, 3)$:

a. parallela alla retta passante per i punti $A(1, 2)$ e $B(2, 3)$;

b. perpendicolare alla retta passante per i punti $Q(2, -1)$ e $R(3, 2)$. $\left[\textbf{a. } y = x + 2; \textbf{ b. } y = -\frac{1}{3}x + \frac{10}{3}\right]$

274 Considera il triangolo di vertici $A(-1, 0)$, $B(1, -1)$ e $C(2, 2)$.

a. Determina il suo perimetro e la sua area.

b. Stabilisci se il triangolo è rettangolo.

c. Determina l'equazione della retta che contiene la mediana relativa ad AB.

d. Determina l'equazione della retta che contiene l'altezza relativa ad AB.

$\left[\textbf{a. } \text{Perimetro} = \sqrt{5} + \sqrt{10} + \sqrt{13}, \text{ Area} = \frac{7}{2};\right.$
$\left.\textbf{b. } \text{non è rettangolo; } \textbf{c. } y = \frac{5}{4}x - \frac{1}{2}; \textbf{ d. } y = 2x - 2\right]$

275 Determina l'equazione della retta passante per il punto $P(-1, 2)$:

a. parallela alla retta passante per $A(-4, -2)$, $B(0, 2)$;

b. perpendicolare alla retta passante per $A(1, 4)$ e $B(-8, 5)$. $[\textbf{a. } y = x + 3; \textbf{ b. } y = 9x + 11]$

276 Scrivi l'equazione della retta, passante per il punto di intersezione delle rette di equazioni $y = x - 1$ e $y = 2x$, parallela alla retta di equazione $6x + 2y - 1 = 0$. $[y = -3x - 5]$

277 Determina per quali valori di k la retta passante per $A(3, 1)$ e per $B(k, 4)$, risulta:

a. parallela alla retta di equazione $y = 3x + 1$; $[k = 4]$

b. perpendicolare alla retta di equazione:

$2x + 4y + 5 = 0$ $\left[k = \frac{9}{2}\right]$

278 Determina per quale valore di k la retta passante per $A(-1, 2)$ e $B(3, k)$ risulta:

a. parallela alla retta di equazione $y = -x - 1$; $[k = -2]$

b. perpendicolare alla retta di equazione:

$4x + y - 1 = 0$ $[k = 3]$

279 Scrivi l'equazione della retta, passante per il punto di intersezione delle rette di equazioni $x + 2y = 1$ e $3x - 2y = 5$, perpendicolare alla retta che passa per l'origine e per $P(1, 3)$. $\left[y = -\frac{1}{3}x + \frac{1}{4}\right]$

280 Sono dati i punti $A\left(\frac{1}{2}, 2\right)$, $B(2, -1)$, $C(4, 1)$, $D\left(\frac{5}{2}, 4\right)$.

a. Verifica che il quadrilatero $ABCD$ è un parallelogramma.

b. Scrivi le equazioni delle rette che contengono le diagonali del parallelogramma.

c. Determina il punto di intersezione delle diagonali del parallelogramma.

$\left[\textbf{b. } y = -\frac{2}{7}x + \frac{15}{7}, y = 10x - 21; \textbf{ c. } \left(\frac{9}{4}, \frac{3}{2}\right)\right]$

281 Sia P il punto di intersezione delle rette di equazioni $x - y - 1 = 0$ e $x + 2y + 1 = 0$ e r la retta di equazione $2x + y + 1 = 0$. Scrivi l'equazione della retta passante per P e parallela a r e l'equazione della retta passante per P e perpendicolare a r.

$\left[y = -2x, y = \frac{1}{2}x - \frac{5}{6}\right]$

282 Considera il triangolo di vertici $A(-1, -1)$, $B(0, 2)$ e $C(3, 1)$.

a. Verifica che è isoscele e determina il suo perimetro e la sua area.

b. Stabilisci se il triangolo è rettangolo.

c. Determina le equazioni delle rette che contengono i suoi lati.

d. Determina l'equazione della retta che contiene l'altezza relativa all'ipotenusa.

$\left[\textbf{a. } \text{Perimetro} = 2\sqrt{5} + 2\sqrt{10}, \text{ Area} = 5;\right.$
$\textbf{b. } \text{è rettangolo in } B; \textbf{ c. } y = 3x + 2, y = -\frac{1}{3}x + 2,$
$\left. y = \frac{1}{2}x - \frac{1}{2}; \textbf{ d. } y = -2x + 2\right]$

283 Determina la proiezione ortogonale P' di $P(1, 3)$ sulla retta r: $y = -3x + 1$. $\left[P'\left(-\frac{1}{2}, \frac{5}{2}\right)\right]$

284 Dati i punti $A(0, -1)$ e $C(4, 1)$, determina i restanti vertici del rombo $ABCD$, di diagonale AC, sapendo che B appartiene alla bisettrice del primo e del terzo quadrante. $\left[B\left(\frac{4}{3}, \frac{4}{3}\right), D\left(\frac{8}{3}, -\frac{4}{3}\right)\right]$

285 Determina la proiezione ortogonale P' di $P(-1, 1)$ sulla retta r: $y = -\frac{1}{2}x + 2$. $\left[P'\left(-\frac{2}{5}, \frac{11}{5}\right)\right]$

286 Determina per quale valore di a il punto $P(a-1, 2a)$ appartiene alla retta passante per $A(0, -1)$ e $B(2, 4)$. $[a = 7]$

287 Determina i vertici del rombo $ABCD$, di cui sono noti i vertici $A(-1, 0)$ e $B(1, 2)$, sapendo che la retta a cui appartiene la diagonale BD è parallela alla retta di equazione $2x - y - 1 = 0$. $\left[C\left(\frac{3}{5}, -\frac{4}{5}\right), D\left(-\frac{7}{5}, -\frac{14}{5}\right)\right]$

288 Determina il vertice C del triangolo ABC, isoscele sulla base AB, sapendo che $A(0, 2)$, $B(2, 0)$ e che C appartiene alla retta di equazione $x + y - 5 = 0$. $\left[C\left(\frac{5}{2}, \frac{5}{2}\right)\right]$

289 Sono dati i punti $A(-1, 0)$ e $C(2, 3)$. Determina i vertici del rettangolo $ABCD$, in cui AC è una diagonale, sapendo che il lato AB è parallelo alla retta di equazione $y = 2x$. $\left[B\left(\frac{4}{5}, \frac{18}{5}\right), D\left(\frac{1}{5}, -\frac{3}{5}\right)\right]$

290 Determina il punto P', simmetrico di $P(-1, 2)$ rispetto alla retta r: $x + 2y + 4 = 0$. $\left[P'\left(-\frac{19}{5}, -\frac{18}{5}\right)\right]$

291 Di un triangolo ABC si sa che:
- la retta passante per il punto medio M del lato AC e per il punto medio N del lato BC ha equazione $y = -\frac{7}{3}x + \frac{11}{2}$;
- il punto M e il vertice B appartengono all'asse y;
- il vertice A ha coordinate $(-3, 3)$.

Determina le coordinate dei vertici B e C. $[B(0, -4); C(3, 8)]$

292 Determina il punto P di intersezione tra la bisettrice del secondo e del quarto quadrante e l'asse del segmento di estremi $A(4, 2)$ e $B(0, 4)$. $\left[P\left(\frac{1}{3}, -\frac{1}{3}\right)\right]$

293 Determina l'ortocentro del triangolo ABC, di vertici $A(-2, 0)$, $B(5, 0)$, $C(0, 2)$.
(*Suggerimento*: ricorda che l'ortocentro è il punto in comune alle rette che contengono le altezze di un triangolo; per individuarlo, basta determinare le coordinate del punto di intersezione delle rette che contengono *due* delle tre altezze del triangolo) $[0, 5]$

294 Determina l'ortocentro del triangolo ABC, di vertici $A(-1, 2)$, $B(3, 2)$, $C(5, 4)$. $[(5, -4)]$

295 **Metodi a confronto** Determina la distanza del punto $P(-6, 4)$ dalla retta r: $x - 2y + 4 = 0$ nei seguenti due modi:

a. determinando le coordinate della proiezione H di P su r e calcolando la distanza PH;

b. determinando preliminarmente l'area del triangolo APB, essendo A e B i punti di intersezione di r con le parallele agli assi cartesiani passanti per P, e calcolando poi la distanza di P da r come altezza relativa ad AB di tale triangolo. [Distanza $= 2\sqrt{5}$]

296 **Metodi a confronto** Determina il baricentro G del triangolo di vertici $A(-1, 2)$, $B(1, 3)$ e $C(0, 4)$, nei seguenti due modi:

a. determinando il punto di intersezione di due mediane del triangolo;

b. ricordando la proprietà in base alla quale il baricentro divide ciascuna mediana in due parti tali che quella contenente un vertice del triangolo è doppia dell'altra. $[G(0, 3)]$

9. Distanza di un punto da una retta

TEORIA a p. 163

297 **ESERCIZIO GUIDATO**

Determina la distanza del punto $P(1, -1)$ dalla retta r di equazione $x + 2y - 3 = 0$.

Applica la formula:

$$d = \frac{|ax_0 + by_0 + c|}{\sqrt{a^2 + b^2}}$$

con $a = 1$, $b = 2$, $c = -3$, $x_0 = 1$, $y_0 = -1$. Ottieni:

$$d = \frac{|1 \cdot ..... + 2 \cdot (.....) + (-3)|}{\sqrt{.....^2 + ...^2}} = \frac{|.....|}{\sqrt{.....}} = \frac{4\sqrt{5}}{5}$$

Determina la distanza del punto P dalla retta r.

298 $P(1, -2)$ $\quad r$: $x + 3y - 1 = 0$ $\left[\frac{3\sqrt{10}}{5}\right]$

299 $P(0, 0)$ $\quad r$: $x + y + 1 = 0$ $\left[\frac{\sqrt{2}}{2}\right]$

300 $P(1, -2)$ $\quad r$: $x - 3y + 1 = 0$ $\left[\frac{4\sqrt{10}}{5}\right]$

301 $P(2, 1)$ $\quad r$: $4x + 3y - 1 = 0$ $[2]$

302 ESERCIZIO SVOLTO

Determiniamo la misura dell'area del triangolo ABC, di vertici $A(-2, 2)$, $B(2, 0)$, $C(4, 6)$.

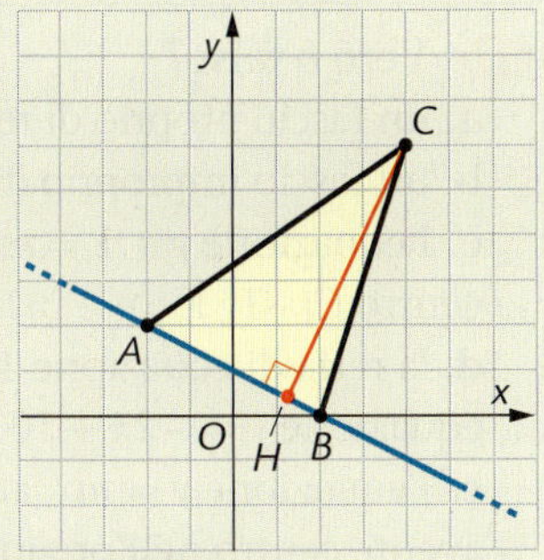

- La misura A dell'area del triangolo è data, per esempio, dalla formula:

$$A = \frac{1}{2}\overline{AB} \cdot \overline{CH}$$

essendo CH l'altezza relativa ad AB del triangolo ABC.

- Mediante la formula per calcolare la distanza tra due punti si ricava:

$$\overline{AB} = 2\sqrt{5}$$

- La misura di CH non è altro che la distanza di $C(4, 6)$ dalla retta AB.

Seguendo i metodi esposti nel Paragrafo 4 si ricava che l'equazione della retta AB è $x + 2y - 2 = 0$; mediante la formula della distanza di un punto da una retta otteniamo:

$$\overline{CH} = d(C, r_{AB}) = \frac{|1 \cdot 4 + 2 \cdot 6 - 2|}{\sqrt{5}} = \frac{14\sqrt{5}}{5}.$$

- La misura dell'area di ABC è quindi uguale a $\frac{1}{2} \cdot 2\sqrt{5} \cdot \frac{14\sqrt{5}}{5} = 14$.

Determina la misura dell'area del triangolo ABC.

303 $A(0, 2)$, $B(1, -1)$, $C(2, 0)$. [2]

304 $A(-2, 0)$, $B(-1, -2)$, $C(2, 3)$ $\left[\frac{11}{2}\right]$

305 $A(-1, 2)$, $B(0, 3)$, $C(4, -1)$ [4]

306 $A(0, -1)$, $B(2, 3)$, $C(5, 1)$ [8]

307 $A(2, 1)$, $B(4, 0)$, $C(3, 3)$ $\left[\frac{5}{2}\right]$

308 Determina la misura dell'area del quadrilatero *convesso* $ABCD$, essendo $A(0, 2)$, $B(1, 0)$, $C(2, 1)$, $D(0, 3)$. (*Suggerimento: l'area del quadrilatero si può ottenere come somma delle aree di due opportuni triangoli*) $\left[\frac{5}{2}\right]$

309 Determina la misura dell'area del quadrilatero *concavo* $ABCD$, essendo $A(1, 0)$, $B(2, 2)$, $C(0, 1)$, $D(-1, 1)$. [2]

310 ESERCIZIO SVOLTO

Determiniamo la distanza tra le rette parallele r: $x + 3y + 4 = 0$ ed s: $x + 3y + 14 = 0$.

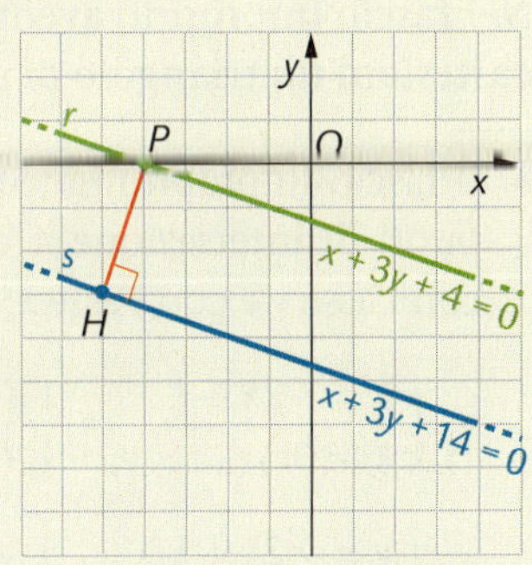

- Date due rette parallele r ed s, la distanza tra r ed s si può determinare scegliendo arbitrariamente un punto su una delle due rette e calcolando la distanza di tale punto dall'altra retta.
- Scegliamo, per esempio, sulla retta r il suo punto di intersezione P con l'asse x, che ha coordinate $(-4, 0)$ e calcoliamo la distanza di P dalla retta s: $x + 3y + 14 = 0$ mediante la formula che fornisce la distanza di un punto da una retta:

$$d(r, s) = d(P, s) = \frac{|1 \cdot (-4) + 3 \cdot 0 + 14|}{\sqrt{1^2 + 3^2}} = \frac{10}{\sqrt{10}} = \sqrt{10}$$

Determina la distanza tra le seguenti coppie di rette parallele.

311 $4x + y + 1 = 0$, $4x + y + 18 = 0$ $[\sqrt{17}]$

312 $y = 2x - 3$, $y = 2x - 8$ $[\sqrt{5}]$

313 $3x + 4y = 0$, $3x + 4y + 1 = 0$ $\left[\frac{1}{5}\right]$

314 $y = -3x - 1$, $y = -3x + 6$ $\left[\frac{7\sqrt{10}}{10}\right]$

315 Scrivi l'equazione della retta r passante per il punto $P(-2, 0)$ e parallela alla retta s di equazione $6x - 8y + 3 = 0$. Determina quindi la distanza tra la retta r e la retta s. $\left[\frac{9}{10}\right]$

316 Scrivi l'equazione della retta r passante per il punto $P(0, 2)$ e parallela alla retta s di equazione $2x - 4y + 5 = 0$. Determina quindi la distanza tra la retta r e la retta s. $\left[\frac{3\sqrt{20}}{20}\right]$

10. Fasci di rette

TEORIA a p. 165

Fasci propri e impropri

317 **Vero o falso?**

a. un fascio proprio di rette è costituito da rette fra loro parallele V F

b. un fascio improprio di rette è costituito da rette passanti per lo stesso punto V F

c. l'equazione $y+1=m(x-1)$, al variare del parametro m, rappresenta il fascio proprio di rette di centro $C(-1,\ 1)$ V F

d. la retta di equazione $4x+2y+3=0$ appartiene al fascio improprio cui appartiene la retta di equazione $y=-2x+100$ V F

e. l'equazione $y=mx$, al variare del parametro m, rappresenta *tutte* le rette appartenenti al fascio proprio avente centro nell'origine V F

f. la retta di equazione $x+y-2=0$ appartiene al fascio proprio avente centro in $C(1,\ 1)$ V F

[2 affermazioni vere e 4 false]

318 Completa:

a. Il fascio di rette di centro $P(3,\ -4)$ è rappresentato dall'equazione $y+$ ..... $=m(x-$ .....$)$

b. L'equazione $y-1=m(x-1)$ rappresenta tutte le rette del fascio di centro $P(1,$ .....$)$, eccetto la retta di equazione ....

c. L'equazione $14x+4y+k=0$ rappresenta il fascio improprio di rette parallele alla retta di equazione $y=$ .....

d. Il fascio improprio di rette aventi come retta base la bisettrice del secondo e del quarto quadrante ha equazione $y=$ ..... $+k$

319 Rappresenta il fascio proprio di rette avente centro nel punto di intersezione delle rette di equazioni $x+2y+1=0$ e $x+y-2=0$.

320 Rappresenta il fascio improprio di rette aventi come retta base la retta passante per l'origine e per il punto $P(3,\ 4)$.

321 Rappresenta il fascio improprio di rette perpendicolari alla retta di equazione $3x+9y+1=0$.

322 Nel fascio improprio avente come retta base la retta r: $x-2y=0$, determina l'equazione della retta passante per $P(3,\ 1)$. $\left[y=\frac{1}{2}x-\frac{1}{2}\right]$

323 Nel fascio proprio di rette di centro $P(-1,\ 1)$, determina la retta che forma con l'asse x un angolo di 120°. $[y=-\sqrt{3}x+1-\sqrt{3}]$

324 **ESERCIZIO SVOLTO**

Nel fascio improprio avente come retta base la retta r: $y=2x$, determiniamo le rette che formano con gli assi cartesiani un triangolo di area 4.

- Il fascio improprio ha equazione $y=2x+k$. Determiniamo le coordinate dei punti di intersezione A e B di una generica retta del fascio, rispettivamente, con l'asse y e con l'asse x:

$$\begin{cases} y=-2x+k \\ x=0 \end{cases} \Rightarrow \begin{cases} x=0 \\ y=k \end{cases} \Rightarrow A(0,\ k)$$

$$\begin{cases} y=-2x+k \\ y=0 \end{cases} \Rightarrow \begin{cases} x=\frac{k}{2} \\ y=0 \end{cases} \Rightarrow B\left(\frac{k}{2},\ 0\right)$$

- Esprimiamo l'area del triangolo AOB (vedi la figura) in funzione di k:

$$\text{Area}\ (AOB)=\frac{1}{2}\cdot\overline{OA}\cdot\overline{OB}=\frac{1}{2}\cdot\underbrace{|k|}_{\overline{OA}}\cdot\underbrace{\left|\frac{k}{2}\right|}_{\overline{OB}}=\frac{1}{4}k^2$$

Essa sarà uguale a 4 se e solo se è soddisfatta la seguente equazione, che risolviamo:

$$\frac{1}{4}k^2=4\Rightarrow k^2=16\Rightarrow k=\pm 4$$

- Concludiamo che le rette cercate sono quelle di equazione $y=2x\pm 4$.

325 Nel fascio di rette di centro $P(0, 1)$, determina le rette che formano con gli assi un triangolo di area 4.

$$\left[y = \pm\frac{1}{8}x + 1\right]$$

326 Nel fascio improprio avente come retta base la retta r: $y = 2x$, determina la retta che interseca gli assi cartesiani in due punti A e B tali che il punto medio di AB appartenga alla retta di equazione $4x - 2y + 1 = 0$.

$$\left[y = 2x + \frac{1}{2}\right]$$

327 Nel fascio proprio di rette di centro $P(0, 1)$ determina le rette che intersecano gli assi cartesiani in due punti la cui distanza è 2.

$$\left[y = \pm\frac{\sqrt{3}}{3}x + 1\right]$$

328 Nel fascio proprio di rette di centro $P(2, 2)$, determina le rette che intersecano l'asse delle x in un punto distante 2 unità dall'origine del sistema di riferimento.
(*Suggerimento*: determina preliminarmente i due punti A e B dell'asse x che distano 2 unità dall'origine; le rette cercate sono le rette PA e PB

$$\left[x = 2 \text{ e } y = \frac{1}{2}x + 1\right]$$

329 Nel fascio improprio di rette aventi come retta base la retta di equazione $3x - y + 1 = 0$, determina la retta r che interseca l'asse x e l'asse y, rispettivamente, in due punti A e B tali che il punto medio M di AB abbia ordinata 2. Detti N il punto medio di AO e Q il punto medio di BO, determina l'area del triangolo MNQ.

$$\left[r\text{: } y = 3x + 4, \text{ Area} = \frac{2}{3}\right]$$

Fasci di rette generati da due rette

330 Completa:

a. il fascio di rette generato dalle rette r: $x - 2y - 1 = 0$ ed s: $2x + y + 2 = 0$ ha equazione: .... $+ k($.........$) = 0$
b. l'unica retta del fascio generato da r ed s che non è rappresentata dall'equazione scritta al punto precedente è ....
c. se r ed s sono due rette incidenti, il fascio generato dalle rette r ed s è formato da tutte le rette passanti per ....
d. il punto per cui passano tutte le rette del fascio generato da r ed s ha coordinate ....

Per ciascuno dei seguenti fasci, individua il centro e le generatrici e stabilisci se si tratta di un fascio proprio o improprio.

331 $kx - (k - 1)y - 2 = 0$ — [$C(2, 2)$; generatrici: $x - y = 0$, $y - 2 = 0$]

332 $(k + 1)x + (k + 1)y - k = 0$ — [Fascio improprio di retta base $x + y = 0$]

333 $(k - 1)x - y - 1 = 0$ — [$C(0, -1)$; generatrici $x = 0$, $x + y + 1 = 0$]

334 $(k + 1)x + 2(k + 1)y - 2k = 0$ — [Fascio improprio di retta base $x + 2y = 0$]

335 $x + (k - 1)y + 2k + 3 = 0$ — [$C(-5, -2)$; generatrici: $x - y + 3 = 0$, $y + 2 = 0$]

336 $(2k + 1)x + (k - 2)y + 3 = 0$ — $\left[C\left(-\frac{3}{5}, \frac{6}{5}\right)\text{; generatrici: } x - 2y + 3 = 0,\ 2x + y = 0\right]$

337 Stabilisci quali delle rette di equazioni:
a. $2x - 3y - 4 = 0$
b. $y = 2x - 1$
c. $2y + 4 = 0$
appartengono al fascio di rette di equazione:
$kx + y + k + 2 = 0$

338 Stabilisci quali delle rette di equazioni:
a. $y = -x - 1$
b. $2x + 2y - 1 = 0$
c. $y = x + 9$
appartengono al fascio di rette di equazione:
$kx + ky - 1 = 0$

339 Dato il fascio di rette di equazione:
$(k - 1)x + (k + 2)y + 3 = 0$
determina:
a. il centro e le generatrici;
b. la retta del fascio passante per il punto $P(2, -3)$;
c. le rette del fascio parallele agli assi cartesiani;
d. la retta del fascio parallela alla retta di equazione $2x - y - 1 = 0$;
e. la retta del fascio perpendicolare alla retta di equazione $2x - y - 1 = 0$.

[**a.** $(1, -1)$, $x + y = 0$, $x - 2y - 3 = 0$;
b. $2x + y - 1 = 0$; **c.** $x = 1$, $y = -1$;
d. $2x - y - 3 = 0$; **e.** $x + 2y + 1 = 0$]

340 Dato il fascio proprio di rette di equazione:

$(k-1)x+(k+1)y-2=0$

determina:

a. il centro e le generatrici;
b. la retta del fascio passante per il punto $P(1, -2)$;
c. le rette del fascio parallele agli assi cartesiani;
d. la retta del fascio parallela alla retta di equazione $x+4y-1=0$;
e. la retta del fascio perpendicolare alla retta di equazione $x+4y-1=0$.

[**a.** $(-1, 1)$, $x+y=0$, $x-y+2=0$; **b.** $3x+2y+1=0$; **c.** $x=-1$, $y=1$; **d.** $x+4y-3=0$; **e.** $4x-y+5=0$]

341 Nel fascio di rette di equazione:

$kx+(k-1)y+1=0$

determina:

a. il centro e le generatrici;
b. la retta passante per $P(2, 0)$;
c. la retta parallela alla bisettrice del primo e del terzo quadrante;
d. la retta perpendicolare alla bisettrice del primo e del terzo quadrante;
e. le rette che formano con l'asse x un angolo di 30°.

[**a.** $(-1, 1)$; $x+y=0$, $y=1$; **b.** $x+3y-2=0$; **c.** $x-y+2=0$; **d.** impossibile (la retta cercata è la generatrice $x+y=0$ che non corrisponde ad alcun valore di k); **e.** $(\sqrt{3}-1)x+(\sqrt{3}-3)y+2=0$]

342 Dato il fascio di rette di equazione $(k-2)x-2y+1=0$, individuane il centro e le generatrici, quindi determina k in modo che la corrispondente retta del fascio:

a. passi per il punto $P(1, -1)$;
b. sia parallela all'asse x;
c. sia parallela all'asse y;
d. sia parallela alla retta di equazione $y=-2x$;
e. sia perpendicolare alla retta di equazione $x+y+3=0$.

$\left[\text{Generatrici: } x=0,\ 2x+2y-1=0;\ \text{centro: } \left(0, \frac{1}{2}\right);\ \textbf{a. } k=-1;\ \textbf{b. } k=2;\ \textbf{c. } \text{impossibile};\ \textbf{d. } k=-2;\ \textbf{e. } k=4\right]$

343 Dato il fascio di rette di equazione $2x-(k-2)y+2=0$, individuane il centro e le generatrici, quindi determina k in modo che la corrispondente retta del fascio:

a. passi per il punto $P(2, 3)$;
b. sia parallela all'asse x;
c. sia parallela alla retta di equazione $y=-2x+1$;
d. sia perpendicolare all'asse x;
e. sia perpendicolare alla retta di equazione $y=\frac{2}{3}x$.

$\left[\text{Generatrici: } y=0,\ x+y+1=0;\ \text{centro: } (-1, 0);\ \textbf{a. } k=4;\ \textbf{b. } \text{impossibile};\ \textbf{c. } k=1;\ \textbf{d. } k=2;\ \text{e. } k=\frac{2}{3}\right]$

344 Dato il fascio di rette di equazione $(k-4)x-(5-k)y+1=0$, individuane il centro e le generatrici, quindi determina k in modo che la corrispondente retta del fascio:

a. sia parallela all'asse x;
b. sia parallela all'asse y;
c. sia parallela alla retta di equazione $2x+4y+3=0$;
d. sia perpendicolare alla retta di equazione $2x-3y+5=0$;
e. formi con l'asse x un angolo ottuso.

[Generatrici: $x+y=0$, $4x+5y-1=0$, centro: $(-1, 1)$; a. $k=4$; **b.** $k=5$; **c.** $k=3$; **d.** $k=7$; **e.** $k<4 \vee k>5$]

345 Dato il fascio di rette di equazione $(k+1)x-(k+2)y+2=0$, individuane il centro e le generatrici, quindi determina k in modo che la corrispondente retta del fascio:

a. passi per il punto $P(-2, 4)$;
b. sia parallela all'asse y;
c. sia parallela alla retta di equazione $4x+2y-3=0$;
d. sia perpendicolare all'asse y;
e. sia perpendicolare alla retta di equazione $x-5y-3=0$;
f. intersechi l'asse x in un punto di ascissa negativa e l'asse y in un punto di ordinata positiva.

$\left[\textbf{a. } k=-\frac{4}{3}; \textbf{ b. } k=-2; \textbf{ c. } k=-\frac{5}{3}; \textbf{ d. } k=-1; \textbf{ e. } k=-\frac{11}{6}; \textbf{ f. } k>-1\right]$

346 Data la retta di equazione

$(k-2)x+(k+1)y-k-4=0$

determina per quali valori di k è:

a. parallela all'asse x;
b. parallela all'asse y;
c. interseca l'asse x nel punto di coordinate $(4, 0)$;
d. interseca l'asse y in un punto di ordinata positiva;
e. è parallela alla retta di equazione $6x-2y-1=0$;
f. è perpendicolare alla retta di equazione $6x-2y-1=0$

$\left[\textbf{a. } k=2; \textbf{ b. } k=-1; \textbf{ c. } k=4; \textbf{ d. } k<-4 \lor k>-1; \textbf{ e. } k=-\frac{1}{4}; \textbf{ f. } k=\frac{7}{2}\right]$

347 Considera la retta di equazione $(k-1)x+(k-2)y+3-k=0$. Determina per quali valori di k:

a. è parallela all'asse x;
b. parallela all'asse y;
c. passa per l'origine;
d. passa per il punto $P(1, 2)$;
e. è parallela alla retta che passa per $A(-2, 3)$ e $B(2, 1)$;
f. è perpendicolare alla retta che passa per $A(-2, 3)$ e $B(2, 1)$;
g. interseca l'asse x in un punto di ascissa positiva;
h. interseca l'asse y in un punto di ordinata negativa.

$\left[\textbf{a. } k=1; \textbf{ b. } k=2; \textbf{ c. } k=3; \textbf{ d. } k=1; \textbf{ e. } k=0; \textbf{ f. } k=\frac{5}{3}; \textbf{ g. } k<1 \lor k>3; \textbf{ h. } 2<k<3\right]$

11. Modelli economici lineari

TEORIA a p. 168

Esercizi preliminari

Test

348 Quale delle seguenti funzioni lineari può rappresentare, per $x \geq 0$, una funzione costo?

A $y=15x-20$ B $y=-15x+20$ C $y=15x+20$ D $y=-15x-20$

349 Quale delle seguenti funzioni lineari può rappresentare, nel primo quadrante, una funzione offerta?

A $y=15x-20$ B $y=-15x+20$ C $y=15x+20$ D $y=-15x-20$

350 Quale delle seguenti funzioni lineari può rappresentare, nel primo quadrante, una funzione domanda?

A $y=15x-20$ B $y=-15x+20$ C $y=15x+20$ D $y=-15x-20$

351 Sapendo che la parte del grafico della funzione $y=mx+q$ nel primo quadrante rappresenta una funzione offerta, che cosa si può affermare dei coefficienti m e q?

A $m>0, q>0$ B $m>0, q<0$ C $m<0, q>0$ D $m<0, q<0$

352 Sapendo che la parte del grafico della funzione $y=mx+q$ nel primo quadrante rappresenta una funzione domanda, che cosa si può affermare dei coefficienti m e q?

A $m>0,\ q>0$ B $m>0,\ q<0$ C $m<0,\ q>0$ D $m<0,\ q<0$

353 **Vero o falso?**
Fai riferimento alla funzione domanda di un dato bene definita da $q(p) = -8p + 40$, essendo p il prezzo unitario di vendita (in euro) e q la quantità domandata in corrispondenza del prezzo p, in migliaia.

a. la funzione data è crescente [V] [F]

b. il dominio della funzione, tenendo conto che si tratta di una funzione domanda, deve essere l'intervallo $0 \le p \le 5$. [V] [F]

c. il mercato potenziale del bene in oggetto è costituito da 40 000 unità [V] [F]

d. non ci sono compratori disposti ad acquistare il bene se il costo unitario del bene supera i 4 euro [V] [F]

e. in base al modello costituito dalla funzione data, in corrispondenza di un aumento del prezzo unitario del bene di 1 euro la domanda diminuisce di 8000 unità [V] [F]

[3 affermazioni vere e 2 false]

354 **Vero o falso?**
Fai riferimento alla funzione offerta di un dato bene definita da $q(p) = 5p - 60$, essendo p il prezzo unitario di vendita (in euro) e q la quantità offerta in corrispondenza del prezzo p, in migliaia.

a. la funzione data è crescente [V] [F]

b. il dominio della funzione, tenendo conto che si tratta di una funzione offerta, deve essere l'intervallo $p \ge 15$ [V] [F]

c. i produttori sono disposti a immettere il bene sul mercato solo se il prezzo supera i 12 euro [V] [F]

d. in corrispondenza di un aumento del prezzo di 1 euro, la quantità offerta aumenta di 60 000 unità [V] [F]

[2 affermazioni vere e 2 false]

Problemi

355 Il processo produttivo di un'azienda comporta un costo fisso di 15 000 euro mensili; il costo variabile ammonta a 4 euro per ogni unità del bene prodotto. Ogni unità del bene viene venduta a 6 euro.

a. Determina l'espressione analitica e traccia il grafico delle funzioni $C(x)$, $R(x)$ e $U(x)$ che esprimono il costo totale, il ricavo e il profitto relativi alla produzione e vendita mensile di una quantità x del bene.

b. In corrispondenza di una produzione di 5000 unità l'azienda avrebbe una perdita o un profitto? E di quanto?

c. In corrispondenza di una produzione di 12 000 unità l'azienda avrebbe una perdita o un profitto? E di quanto?

d. Determina il minimo numero di unità che devono essere prodotte in un mese per raggiungere il pareggio.

[**a.** $R(x) = 6x$, $C(x) = 4x + 15\,000$, $U(x) = 2x - 15\,000$; **b.** perderebbe 5000 euro; **c.** guadagnerebbe 9000 euro; **d.** 7500]

356 Un'azienda ha due linee produttive: la prima comporta costi fissi settimanali di 1200 euro e un costo unitario di produzione di un dato bene di 50 euro; la seconda comporta costi fissi settimanali di 500 euro e un costo unitario di produzione dello stesso bene di 70 euro.

a. Determina l'espressione analitica e traccia il grafico delle due funzioni $C_1(x)$ e $C_2(x)$ che esprimono il costo totale settimanale corrispondente alla produzione di x unità del bene in oggetto per le due linee.

b. Determina le coordinate del punto di intersezione dei grafici delle due funzioni e spiega come si può interpretare in relazione al problema.

c. Stabilisci sotto quale condizione è più conveniente l'utilizzo della prima linea produttiva e sotto quale condizione è più conveniente l'utilizzo della seconda linea produttiva.

[**a.** $C_1(x) = 1200 + 50x$, $C_2(x) = 500 + 70x$; **b.** (35, 2950); **c.** la prima linea produttiva è più conveniente se la produzione settimanale supera le 35 unità, la seconda se la produzione è inferiore a 35 unità, per una produzione di 35 unità è indifferente]

357 Il costo totale settimanale (comprensivo sia dei costi fissi sia di quelli variabili) per produrre 5 unità di un certo bene è uguale a 1075 euro; il costo totale per produrre 10 unità dello stesso bene è uguale a 1150 euro. Ogni unità del bene viene venduta a un prezzo di 25 euro. Siano $C(x)$, $R(x)$ e $U(x)$ le funzioni che esprimono il costo totale, il ricavo e il profitto derivanti dalla produzione e vendita di x unità del bene in una settimana. Sapendo che la funzione $C(x)$ è lineare, determina:

a. le espressioni analitiche di $C(x)$, $R(x)$ e $U(x)$ e le loro rappresentazioni grafiche;

b. il costo, il ricavo e il profitto corrispondenti alla produzione settimanale di 150 unità.

[**a.** $C(x) = 1000 + 15x$, $R(x) = 25x$, $U(x) = 10x - 1000$; **b.** costo = 3250 euro, ricavo = 3750, profitto = 500 euro]

358 Un'azienda ha due linee produttive: la prima comporta costi fissi settimanali di 1500 euro e un costo unitario di produzione di un dato bene di 20 euro; la seconda comporta costi fissi settimanali di 800 euro e un costo unitario di produzione dello stesso bene di 25 euro.

a. Determina l'espressione analitica e traccia il grafico delle due funzioni $C_1(x)$ e $C_2(x)$ che esprimono il costo totale settimanale corrispondente alla produzione di x unità del bene in oggetto per le due linee.

b. Determina le coordinate del punto di intersezione dei grafici delle due funzioni e spiega come si può interpretare in relazione al problema.

c. Stabilisci sotto quale condizione è più conveniente l'utilizzo della prima linea produttiva e sotto quale condizione è più conveniente l'utilizzo della seconda linea produttiva.

d. Ogni settimana l'azienda, a seconda della quantità che deve produrre, stabilisce quale linea produttiva utilizzare in base al criterio determinato al punto **c.**; supponendo che tutti i pezzi prodotti vengano venduti al prezzo unitario di $p$euro, determina l'espressione analitica della funzione $U(x)$ che esprime il profitto settimanale dell'azienda in funzione della quantità x prodotta (e venduta).

e. Supponendo che sia $p = 30$ euro, traccia il grafico di $U(x)$ e stabilisci qual è la produzione che consente di raggiungere il pareggio. Rispondi agli stessi quesiti nel caso in cui sia $p = 35$ euro.

[**a.** $C_1(x) = 1500 + 20x$, $C_2(x) = 800 + 25x$; **b.** (140, 4300);
c. la prima linea produttiva è più conveniente se la produzione settimanale supera le 140 unità, la seconda se la produzione è inferiore a 140 unità, per una produzione di 140 unità è indifferente;
d. $U(x) = \begin{cases} (p-20)x - 1500 & x \geq 140 \\ (p-25)x - 800 & x < 140 \end{cases}$;
e. se $p = 30$ euro, il pareggio viene raggiunto con la produzione di 150 unità, mentre se $p = 35$ il pareggio viene raggiunto con la produzione di 80 unità]

359 Le funzioni che esprimono la quantità domandata $f(p)$ e la quantità offerta $g(p)$ di un dato bene in funzione del prezzo unitario p sono rispettivamente:

$f(p) = 500 - 4p$ e $g(p) = -400 + 6p$

a. Rappresenta graficamente le due funzioni f e g in un opportuno sistema di riferimento cartesiano ortogonale.

b. Determina il prezzo di equilibrio p.

c. Supponi che dei cambiamenti nel mercato portino a dovere rivedere il modello che esprime la quantità domandata, aumentando del 20% il mercato potenziale, ossia l'ordinata all'origine della funzione f (lasciando invariato il coefficiente angolare della funzione stessa). Quale diviene, in tal caso, il prezzo di equilibrio? Di quale percentuale risulta aumentato il prezzo di equilibrio?

[**b.** $p = 90$ euro; **c.** $p = 100$ euro, l'aumento registrato dal prezzo di equilibrio è circa dell'11,1%]

360 **Interpretazione di grafici.** In figura sono rappresentati il grafico della funzione domanda e della funzione offerta di un dato bene in funzione del prezzo unitario p.

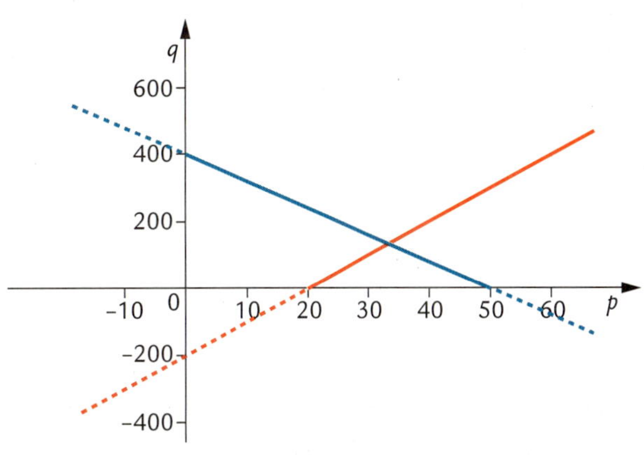

a. Stabilisci quale dei due grafici è relativo alla funzione domanda e quale alla funzione offerta, giustificando la risposta.

b. Determina le espressioni analitiche delle due funzioni.

c. Determina il prezzo di equilibrio.

d. In seguito a un periodo di crisi, si decide di rivedere il modello che esprime la quantità domandata, supponendo che quest'ultima sia destinata a subire una diminuzione del 20% (in corrispondenza di tutti i prezzi p). Quale diviene, in tal caso, il prezzo di equilibrio? Di quale percentuale risulta diminuito il prezzo di equilibrio rispetto al precedente?

[**b.** Funzione domanda: $q_d(p) = -8p + 400$, funzione offerta: $q_o(p) = 10p - 200$;
c. circa 33 euro e 33 centesimi; **d.** circa 31 euro e 71 centesimi, la diminuzione è del 4,86% circa]

361 **a.** Il mercato potenziale di un dato bene (ovvero la massima quantità che i consumatori acquisterebbero se il prodotto fosse «venduto» a prezzo 0) è costituito da 15000 unità; inoltre si stima che per ogni aumento del prezzo unitario di quel bene di 1 euro, la quantità domandata diminuirebbe di 200 unità. Sulla base di queste informazioni, determina l'espressione analitica della funzione *domanda* $q_d(p)$ di quel bene, supponendo tale funzione lineare.

b. I produttori di quel bene sono disposti a immetterlo sul mercato se il prezzo è superiore a 40 euro, mentre non sono disposti a immetterlo sul mercato per prezzi inferiori o uguali a 40 euro; inoltre si stima che per ogni aumento del prezzo unitario di quel bene di 1 euro, la quantità offerta aumenterebbe di 250 unità. Sulla base di queste informazioni, determina l'espressione analitica della funzione *offerta* $q_o(p)$ di quel bene, supponendo tale funzione lineare.

c. Traccia i grafici delle due funzioni di cui ai punti **a.** e **b.** e determina il prezzo di equilibrio.

[**a.** $q_d(p) = 15\,000 - 200p$; **b.** $q_o(p) = 250p - 10\,000$; **c.** circa 55 euro e 56 centesimi]

362 **a.** Il mercato potenziale di un dato bene (ovvero la massima quantità che i consumatori acquisterebbero se il prodotto fosse «venduto» a prezzo 0) è costituito da 10 000 unità; inoltre si stima che per ogni aumento del prezzo unitario di quel bene di 1 euro, la quantità domandata diminuirebbe di 150 unità. Sulla base di queste informazioni, determina l'espressione analitica della funzione *domanda* $q_d(p)$ di quel bene, supponendo tale funzione lineare.

b. Si stima che i produttori di quel bene ne immetteranno sul mercato 3000 unità, se il prezzo di vendita sarà fissato a 80 euro, e 4000 unità se il prezzo di vendita sarà fissato a 90 euro. Sulla base di queste informazioni, determina l'espressione analitica della funzione *offerta* $q_o(p)$ di quel bene, supponendo tale funzione lineare.

c. Traccia i grafici delle due funzioni di cui ai punti **a.** e **b.** e determina il prezzo di equilibrio.

[**a.** $q_d(p) = 10\,000 - 150p$; **b.** $q_o(p) = 100p - 5000$; **c.** 60 euro]

RIEPILOGO

Esercizi di riepilogo

363 **Vero o falso?**

a. i punti $A(0, 2)$, $B(4, 4)$, $C(6, 0)$, $D(2, -2)$ sono i vertici di un quadrato V F

b. non esiste il coefficiente angolare della retta di equazione $y = -2$ V F

c. la retta di equazione $(\sqrt{2} - \sqrt{3})x - y - 3 = 0$ forma con l'asse x un angolo acuto V F

d. la retta di equazione $y = 3x + 3$ interseca l'asse x in $(-1, 0)$ V F

e. la retta di equazione $y = -4x - 2$ interseca l'asse y in $(0, -2)$ V F

f. il punto $P(\sqrt{2}, \sqrt{3})$ appartiene alla retta di equazione $x - \sqrt{3}y - \sqrt{2} + 3 = 0$ V F

g. la retta passante per i punti $A(10, 18)$ e $B(11, 17)$ è parallela alla retta di equazione $y = -x + 1$ V F

h. le rette di equazioni $y = (1 - \sqrt{2})x + 1$ e $(1 + \sqrt{2})x - y - 2 = 0$ non sono perpendicolari V F

[5 affermazioni vere e 3 false]

364 Calcola la misura del perimetro e dell'area del quadrilatero disegnato nella figura.

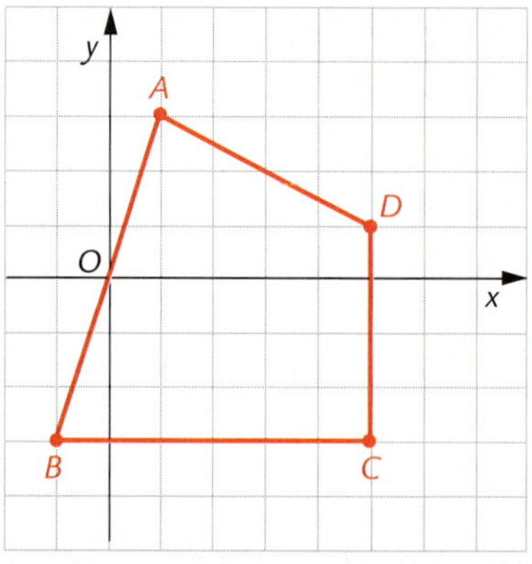

[Perimetro $= 10 + \sqrt{20} + \sqrt{40}$; Area $= 26$]

365 Considera il punto $P(k + 3, 2 - k)$. Determina per quali valori di k:

a. appartiene all'asse x; [$k = 2$]

b. appartiene al secondo quadrante; [$k < -3$]

c. appartiene alla retta di equazione $2x + y + 3 = 0$. [$k = -11$]

366 Considera il punto $P(k-3,\ k+4)$. Determina per quali valori di k:

a. appartiene all'asse y; [$k = 3$]

b. appartiene al terzo quadrante; [$k < -4$]

c. appartiene alla bisettrice del primo e del terzo quadrante. [Impossibile]

367 Stabilisci se il punto $R(-2, 0)$ appartiene alla retta passante per $P\left(-\frac{2}{3}, \frac{1}{3}\right)$ e $Q\left(0, \frac{1}{2}\right)$.

368 Scrivi l'equazione dell'asse del segmento AB, di estremi $A(-2, 2)$ e $B(4, -2)$. $\left[y = \frac{3}{2}x - \frac{3}{2}\right]$

369 Determina per quale valore di a il punto $P(2a,\ a+2)$ appartiene alla retta passante per $A(0, -1)$ e $B(1, 2)$. $\left[a = \frac{3}{5}\right]$

370 Disegna il triangolo di vertici $A(-3, 1)$, $B(0, 2)$ e $C(2, -4)$.
Verifica che il triangolo è rettangolo, nei seguenti due modi:

a. mostrando che è soddisfatto il teorema di Pitagora;

b. mostrando, mediante i coefficienti angolari, che due lati sono perpendicolari.

371 Considera i punti $A(0, 4)$, $B(3, 0)$, $C(3, -5)$, $D(0, -1)$.
Verifica che il quadrilatero $ABCD$ è un parallelogramma, nei seguenti tre modi:

a. mostrando che i lati opposti sono congruenti;

b. mostrando che i lati opposti sono paralleli;

c. mostrando che i punti medi delle diagonali coincidono.

Determina poi la misura del perimetro e l'area di $ABCD$ e il punto di intersezione P delle diagonali.

$\left[\text{Perimetro} = 20;\ \text{Area} = 15;\ P\left(\frac{3}{2}, -\frac{1}{2}\right)\right]$

372 Disegna il quadrilatero di vertici $A(0, 2)$, $B(1, 0)$, $C(7, 3)$, $D(4, 4)$.

a. Stabilisci di quale tipo di quadrilatero si tratta.

b. Calcola la misura del perimetro e l'area di $ABCD$.

c. Disegna il quadrilatero $MNPQ$ che ha come vertici i punti medi dei lati di $ABCD$. Stabilisci di quale quadrilatero si tratta e calcola la misura del perimetro e dell'area di $MNPQ$.

$\left[\textbf{b.}\ \text{Perimetro} = 6\sqrt{5} + \sqrt{10},\ \text{Area} = \frac{25}{2};\ \textbf{c.}\ \text{perimetro} = 5\sqrt{2} + 5,\ \text{Area} = \frac{25}{4}\right]$

373 Disegna il triangolo di vertici $A(-3, -1)$, $B(2, 4)$ e $C(4, -1)$.

a. Calcola la misura del perimetro e dell'area di ABC.

b. Determina le equazioni delle rette a cui appartengono i lati di ABC.

$\left[\textbf{a.}\ \text{Perimetro} = 5\sqrt{2} + \sqrt{29} + 7,\ \text{Area} = \frac{35}{2},\ \textbf{b.}\ y = x + 2,\ y = -1,\ y = -\frac{5}{2}x + 9\right]$

374 Considera i quattro punti $A(-1, 1)$, $B(0, 2)$, $C(2, 0)$, $D(2, -2)$.

a. Verifica che il quadrilatero $ABCD$ è un trapezio rettangolo.

b. Scrivi le equazioni delle rette cui appartengono i suoi lati e calcola la misura del perimetro e l'area di $ABCD$. [$y = x + 2,\ y = -x + 2,\ x = 2,\ y = -x$; Perimetro $= 6\sqrt{2} + 2$, Area $= 5$]

375 È dato il triangolo ABC di vertici $A(0, 1)$, $B(2, 0)$, $C(3, 7)$.

a. Verifica che è rettangolo.

b. Calcola la misura del perimetro e l'area.

c. Verifica che la mediana relativa a BC divide il triangolo in due triangoli equivalenti.

$\left[\textbf{b.}\ \text{Perimetro} = 4\sqrt{5} + 5\sqrt{2};\ \text{Area} = \frac{15}{2}\right]$

376 Determina:

a. l'equazione della retta r parallela alla bisettrice del I e del terzo quadrante e passante per $C(-2, 0)$;

b. l'equazione della retta s passante per $C(-2, 0)$ e perpendicolare alla retta di equazione $2x - y = 0$;

c. l'area del triangolo ABC, essendo A e B i punti di intersezione di r ed s, rispettivamente, con l'asse y.

$\left[\textbf{a.}\ y = x + 2,\ \textbf{b.}\ y = -\frac{1}{2}x - 1;\ \textbf{c.}\ \text{Area} = 3\right]$

377 Scrivi l'equazione:

a. della retta r_1 passante per $P(2, 1)$ e parallela alla retta di equazione $x - 3y = 0$;

b. della retta r_2 passante per $Q(3, -1)$ e perpendicolare alla retta di equazione $3x + y + 1 = 0$.

Indicati con A e B, rispettivamente, i punti di intersezione di r_1 con l'asse y e con l'asse x, e con C e D, rispettivamente, i punti di intersezione di r_2 con l'asse y e con l'asse x, calcola l'area del trapezio $ABCD$.

$\left[\mathbf{a.}\ r_1: y = \frac{1}{3}x + \frac{1}{3};\ \mathbf{b.}\ r_2: y = \frac{1}{3}x - 2;\ \text{Area} = \frac{49}{6}\right]$

378 Scrivi l'equazione della retta r_1, passante per $A(0, 2)$ e per $E(-1, 1)$ e della retta r_2, passante per $A(0, 2)$ e parallela alla retta di equazione $y = 2x$.
Detti B e D, rispettivamente, i punti di intersezione di r_1 ed r_2 con l'asse x, determina le coordinate del vertice C del parallelogramma $ABCD$, di cui AB e AD sono due lati non paralleli. $[C(-3, -2)]$

379 È data la retta di equazione $kx + (k - 1)y - 1 = 0$. Determina per quali valori di k:

a. è parallela all'asse x; $[k = 0]$

b. è parallela all'asse y; $[k = 1]$

c. è perpendicolare alla retta $x + 2y = 0$; $\left[k = \frac{2}{3}\right]$

d. è parallela alla bisettrice del primo e del terzo quadrante. $\left[k = \frac{1}{2}\right]$

380 Dati i punti $A(-2, 1)$ e $B(2, 3)$, determina:

a. l'equazione della retta AB;

b. il punto P, appartenente alla retta AB, la cui ordinata è una unità in meno dell'ascissa;

c. l'asse del segmento AB e il suo punto di intersezione C con l'asse x;

d. il perimetro e l'area del triangolo ABC.

$\left[\mathbf{a.}\ y = \frac{1}{2}x + 2;\ \mathbf{b.}\ P(6, 5);\ \mathbf{c.}\ y = -2x + 2,\ C(1, 0);\ \mathbf{d.}\ \text{Perimetro} = 2\sqrt{5} + 2\sqrt{10};\ \text{Area} = 5\right]$

381 È data la retta di equazione $(m - 1)x + my - 4 + m = 0$. Determina per quali valori di m:

a. è parallela all'asse x;

b. è parallela all'asse y;

c. passa per l'origine;

d. è parallela alla bisettrice del I e del III quadrante;

e. è perpendicolare alla retta di equazione:
$x - 3y - 1 = 0$

f. passa per il punto $P(1, 1)$. $\left[\mathbf{a.}\ m = 1;\ \mathbf{b.}\ m = 0;\ \mathbf{c.}\ m = 4;\ \mathbf{d.}\ m = \frac{1}{2};\ \mathbf{e.}\ m = -\frac{1}{2};\ \mathbf{f.}\ m = \frac{5}{3}\right]$

382 È data la retta di equazione $(k - 2)x + (k + 1)y - k - 4 = 0$. Determina per quali valori di k è:

a. parallela all'asse x;

b. parallela all'asse y;

c. interseca l'asse x nel punto di coordinate $(4, 0)$;

d. interseca l'asse y in un punto di ordinata positiva;

e. è parallela alla retta di equazione $6x - 2y - 1 = 0$;

f. è perpendicolare alla retta di equazione $6x - 2y - 1 = 0$

$\left[\mathbf{a.}\ k = 2;\ \mathbf{b.}\ k = -1;\ \mathbf{c.}\ k = 4;\ \mathbf{d.}\ k < -4 \vee k > -1;\ \mathbf{e.}\ k = -\frac{1}{4};\ \mathbf{f.}\ k = \frac{7}{2}\right]$

383 Considera la retta di equazione $(k - 1)x + (k - 2)y + 3 - k = 0$. Determina per quali valori di k:

a. è parallela all'asse x;

b. è parallela all'asse y;

c. passa per l'origine;

d. passa per il punto $P(1, 2)$;

e. è parallela alla retta che passa per $A(-2, 3)$ e $B(2, 1)$;

f. è perpendicolare alla retta che passa per $A(-2, 3)$ e $B(2, 1)$;

g. interseca l'asse x in un punto di ascissa positiva;
h. interseca l'asse y in un punto di ordinata negativa.

$\left[\mathbf{a.}\ k=1;\ \mathbf{b.}\ k=2;\ \mathbf{c.}\ k=3;\ \mathbf{d.}\ k=1;\ \mathbf{e.}\ k=0;\ \mathbf{f.}\ k=\frac{5}{3};\ \mathbf{g.}\ k<1 \vee k>3;\ \mathbf{h.}\ 2<k<3\right]$

384 Dati i punti $A(-3,\ 2)$ e $M\left(\frac{1}{2},\ -\frac{3}{2}\right)$, determina:
a. il punto B, tale che M sia il punto medio di AB;
b. l'equazione della retta AB;
c. l'equazione dell'asse di AB e il suo punto di intersezione C con l'asse x;
d. il perimetro e l'area del triangolo ABC.

$\left[\mathbf{a.}\ B(4,\ -5);\ \mathbf{b.}\ y=-x-1;\ \mathbf{c.}\ y=x-2,\ C(2,\ 0);\ \mathbf{d.}\ \text{Perimetro}=2\sqrt{29}+7\sqrt{2};\ \text{Area}=\frac{21}{2}\right]$

385 Data la retta r, di equazione $x+2y-6=0$, determina:
a. il punto P, appartenente a r, tale che la sua ascissa supera di 1 il triplo dell'ordinata;
b. l'equazione della retta s, passante per $Q(2,\ 4)$ e perpendicolare a r;
c. il punto di intersezione H delle rette r ed s;
d. l'area del triangolo PHQ.

$\left[\mathbf{a.}\ P(4,\ 1);\ \mathbf{b.}\ y=2x;\ \mathbf{c.}\ H\left(\frac{6}{5},\ \frac{12}{5}\right);\ \mathbf{d.}\ \text{Area}=\frac{14}{5}\right]$

386 Dati i punti $A(-2,\ 3)$, $B(4,\ 1)$, determina:
a. l'equazione della retta AB;
b. l'equazione della retta r passante per il punto medio M di AB, parallela alla retta di equazione $4x+2y+1=0$;
c. l'equazione della retta s, passante per il punto medio M di AB, perpendicolare alla retta di equazione $4x+2y+1=0$.
d. Il valore di k per cui il punto $P(2k,\ k-1)$ appartiene alla retta r;
e. In corrispondenza al valore di k di cui al punto precedente, la distanza di P dalla retta AB.

$\left[\mathbf{a.}\ y=-\frac{1}{3}x+\frac{7}{3};\ \mathbf{b.}\ y=4-2x;\ \mathbf{c.}\ y=\frac{1}{2}x+\frac{3}{2};\ \mathbf{d.}\ k=1;\ \mathbf{e.}\ \frac{\sqrt{10}}{2}\right]$

387 Considera i due punti $A(-2,\ 0)$ e $B(4,\ 2)$. Determina:
a. la retta r passante per B e perpendicolare ad AB;
b. il punto di intersezione C della retta r con l'asse y;
c. l'area del triangolo ABC;
d. la retta passante per A e parallela a BC;
e. l'equazione della retta che contiene la mediana del triangolo ABC uscente da C;
f. il baricentro G del triangolo ABC;
g. la retta parallela all'asse x passante per G;
h. l'area di ciascuna delle due parti in cui l'asse y divide il triangolo ABC.

$\left[\mathbf{a.}\ y=-3x+14;\ \mathbf{b.}\ C(0,\ 14);\ \mathbf{c.}\ 40;\ \mathbf{d.}\ y=-3x-6;\ \mathbf{e.}\ y=-13x+14;\ \mathbf{f.}\ \left(\frac{2}{3},\ \frac{16}{3}\right);\ \mathbf{g.}\ y=\frac{16}{3};\ \mathbf{h.}\ \frac{40}{3},\ \frac{80}{3}\right]$

388 Considera i due punti $A\equiv O(0,\ 0)$ e $B(4,\ 6)$. Determina:
a. il punto medio M di AB e la lunghezza di AB;
b. l'equazione dell'asse r di AB;
c. le coordinate del punto di intersezione C della retta r con l'asse x e del punto di intersezione D della retta r con l'asse y;
d. il rapporto tra l'area di ABC e l'area di ABD;
e. l'equazione della retta passante per B e parallela a CD;
f. le coordinate dei baricentri G_1 e G_2 rispettivamente dei triangoli ABC e ABD;
g. l'area di $ACBD$;
h. il centro della circonferenza circoscritta ad $ACBD$.

$\left[\mathbf{a.}\ M(2,\ 3),\ 2\sqrt{13};\ \mathbf{b.}\ y=-\frac{2}{3}x+\frac{13}{3};\ \mathbf{c.}\ C\left(\frac{13}{2},\ 0\right),\ D\left(0,\ \frac{13}{3}\right);\ \mathbf{d.}\ \frac{9}{4};\ \mathbf{e.}\ y=-\frac{2}{3}x+\frac{26}{3};\right.$
$\left.\mathbf{f.}\ \left(\frac{7}{2},\ 2\right),\ \left(\frac{4}{3},\ \frac{31}{9}\right);\ \mathbf{g.}\ \frac{169}{6};\ \mathbf{h.}\ \left(\frac{13}{4},\ \frac{13}{6}\right)\right]$

389 Determina l'equazione della retta parallela alla retta di equazione $y = 2x$, che interseca gli assi cartesiani in due punti A e B tali che il punto medio di AB appartenga alla retta r: $8x - 8y + 3 = 0$.

$\left[y = 2x + \frac{1}{2}\right]$

390 Considera il triangolo ABC di vertici $A(-2, 2)$, $B(4, 2)$, $C(0, -4)$ determina:

a. l'area del triangolo;
b. le equazioni delle rette che contengono i lati del triangolo;
c. le misure delle mediane del triangolo;
d. le equazioni delle rette che contengono le mediane;
e. le coordinate del baricentro del triangolo.

$\left[\textbf{a.}\ \text{Area} = 18;\ \textbf{b.}\ y = 2,\ y = -3x - 4,\ y = \frac{3}{2}x - 4;\ \textbf{c.}\ 5,\ \sqrt{34},\ \sqrt{37};\ \textbf{d.}\ y = -\frac{3}{4}x + \frac{1}{2},\ y = \frac{3}{5}x - \frac{2}{5},\ y = 6x - 4;\ \textbf{e.}\ \left(\frac{2}{3}, 0\right)\right]$

391 Determina l'espressione analitica delle funzioni lineari a tratti di cui è rappresentato il grafico.

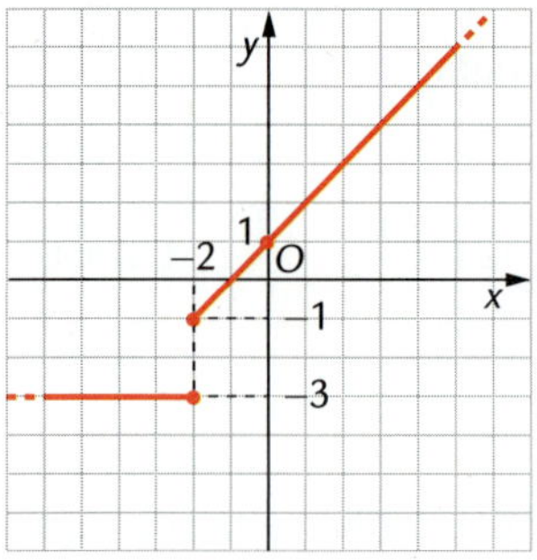

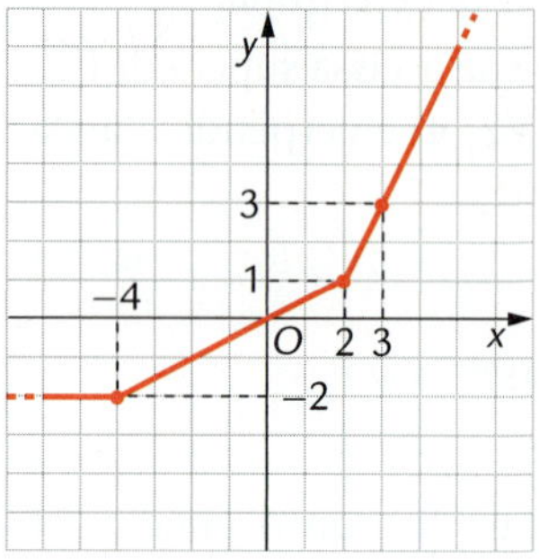

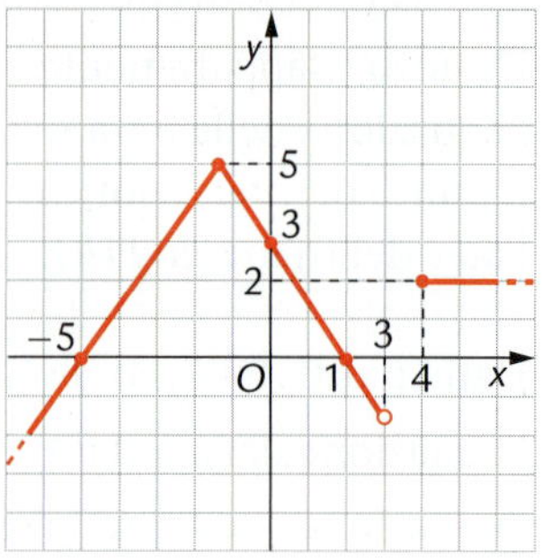

392 Dati i punti $A(2, 1)$, $B(-2, 3)$ e $C(0, 1)$, scrivi le equazioni degli assi dei lati del triangolo ABC e verifica che passano tutti per il punto $H(1, 4)$ (circocentro). Verifica che tale punto è equidistante dai tre vertici del triangolo.

393 Dati i punti $A(-1, 1)$, $B(-2, 2)$, $C(3, 3)$, scrivi le equazioni delle rette cui appartengono le mediane del triangolo ABC e verifica che passano tutte per il punto $G(0, 2)$ (baricentro). Verifica che tale punto divide le tre mediane in due segmenti, di cui uno è doppio dell'altro.

394 Determina la retta parallela alla retta r: $y = 2x$, che interseca l'asse x e l'asse y in due punti A e B tali che l'asse di AB passi per $P(0, -1)$.

$\left[y = 2x - \frac{8}{3}\right]$

395 Determina due punti P e Q, sul segmento AB di estremi $A(0, 2)$ e $B(5, 4)$, in modo che $\overline{AP} = \overline{PQ} = \overline{QB}$.

$\left[P\left(\frac{5}{3}, \frac{8}{3}\right); Q\left(\frac{10}{3}, \frac{10}{3}\right)\right]$

396 Considera un trapezio isoscele $ABCD$, in cui la base maggiore misura a e la base minore misura b. Riferisci la figura a un opportuno sistema di riferimento cartesiano ortogonale e dimostra, analiticamente, che il segmento congiungente i punti medi dei lati obliqui è parallelo alle basi e congruente alla loro semisomma.

397 Nella figura qui sotto, $ABCD$ è un quadrato, M è il punto medio di AB ed N è il punto medio di BC. Riferisci la figura a un opportuno sistema di riferimento cartesiano ortogonale e dimostra che AN è perpendicolare a DM.

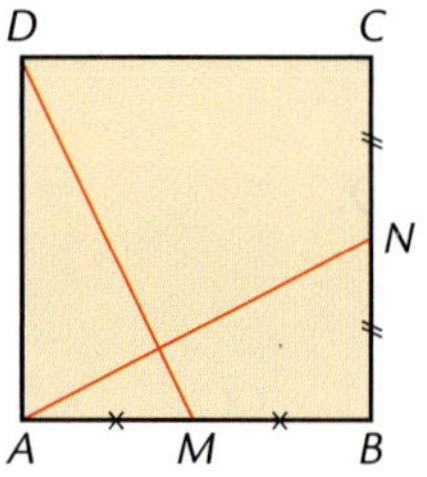

398 Determina i punti P, appartenenti all'asse y, tali che $A\hat{P}B = 90°$, essendo $A(-3, 0)$ e $B\left(\frac{4}{3}, 0\right)$.

$[P_1(0, 2), P_2(0, -2)]$

399 Considera il triangolo ABC di vertici $A(0, 0)$, $B(0, 4)$ e $C(3, 0)$. Determina:

a. le equazioni delle rette che contengono i lati del triangolo;
b. la misura del perimetro e dell'area;
c. il baricentro H e il circocentro K del triangolo.

$\left[\textbf{a.}\ x = 0,\ y = 0,\ 4x + 3y - 12 = 0;\right.$

$\left.\textbf{b.}\ \text{Perimetro} = 12,\ \text{Area} = 6;\ \textbf{c.}\ H\left(1, \frac{4}{3}\right), K\left(\frac{3}{2}, 2\right)\right]$

Esercizi dalle gare di matematica e in inglese

400 I vertici di un quadrilatero $ABCD$ hanno coordinate $A(0, 0)$, $B(h, 0)$, $C(h+k, l)$, $D(k, l)$, dove $h \neq 0$ e $l \neq 0$.
Allora $ABCD$ è:

A un quadrato
B un rettangolo
C un parallelogramma
D un rombo
E un trapezio scaleno

(Giochi di Archimede 1994) [C]

401 In un piano cartesiano sono dati i seguenti punti: $A(0, 15)$; $B(20, 0)$; $C(0, 0)$. Qual è la larghezza minima di una striscia rettilinea che contiene tutti e tre i punti?

A 8   B 10   C 12   D 15   E 20

(Giochi di Archimede 1997) [C]

402 Solve math in English Let $A\left(\frac{3}{2}, 9\right)$ and $B\left(\frac{13}{2}, 3\right)$ be two points in the plane. If P is a point on the x-axis or the y-axis, then what is the least value for the sum of the distances $\overline{PA}$ and $\overline{PB}$?

A 9   B 10   C 11   D 12   E 13

(High School Math Contest 2005) [B]

403 Solve math in English Let m be a costant. The graphs of the lines $y = x - 2$ and $y = mx + 3$ intersect at a point whose x-coordinate and y-coordinate are both positive if and only if:

A $m = 1$
B $m < 1$
C $m > -\frac{3}{2}$
D $-\frac{3}{2} < m < 0$
E $-\frac{3}{2} < m < 1$

(High School Math Contest 2005) [E]

404 Solve math in English In the figure shown, $ABCD$ is a parallelogram with $A(0, 0)$, $B(20, 10)$, and $D(10, y)$. If the area of the parallelogram is 600, then what is the value of y?

A 32   B 33   C 34   D 35   E 36

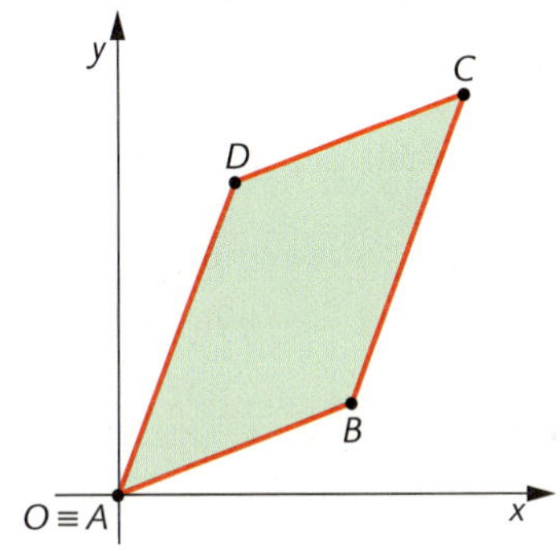

(High School Math Contest 2006) [D]

PROVA DI AUTOVERIFICA

Piano cartesiano e retta

1 Vero o falso?

a. il punto $P(-3, -2)$ appartiene al secondo quadrante V F

b. il punto $P(-3, 0)$ appartiene all'asse x V F

c. se $P(x, y)$ appartiene al primo quadrante, allora $xy > 0$ V F

d. se $xy > 0$, allora $P(x, y)$ appartiene al primo quadrante V F

e. il simmetrico di $P(x, y)$ rispetto all'asse x è il punto $P(-x, y)$ V F

f. il simmetrico di $P(x, y)$ rispetto all'asse y è il punto $P(x, -y)$ V F

g. il punto medio del segmento AB, di estremi $A(2, 4)$ e $B(-2, 8)$, è $M(0, 6)$ V F

h. il punto medio di un segmento AB, in cui A e B sono simmetrici rispetto all'origine, è l'origine V F

i. la distanza tra $A(2, -5)$ e $B(2, 3)$ è 2 V F

j. la distanza tra $A(2, -5)$ e $B(-2, 3)$ è $4\sqrt{5}$ V F

2 Rappresenta le rette aventi le seguenti equazioni:

a. $x = -2$

b. $y = \frac{3}{2}x + 1$

c. $2x + 3y + 6 = 0$

d. $y = 3$

3 Scrivi le equazioni delle rette rappresentate nella seguente figura.

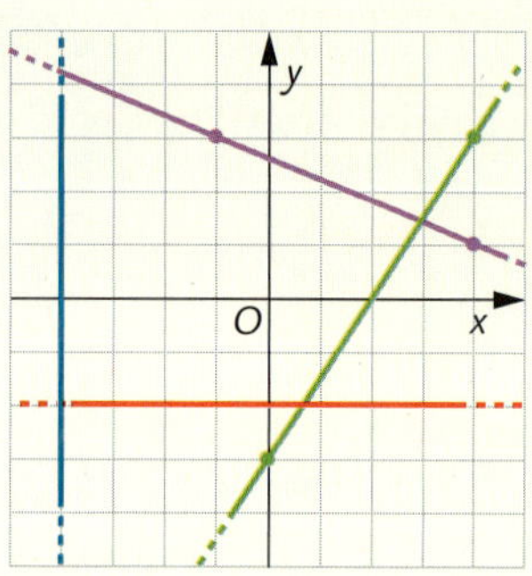

4 Dopo aver rappresentato il triangolo di vertici $A(-1, 1)$, $B(2, 0)$, $C(1, 4)$, determina la misura del suo perimetro e la sua area.

5 Di un segmento AB si conoscono l'estremo $A(3, -2)$ e il punto medio $M\left(-\frac{3}{2}, \frac{5}{2}\right)$. Determina le coordinate di B.

6 È dato il triangolo di vertici: $A(-1, 1)$, $B(2, 1)$, $C(-2, -1)$. Determina l'equazione:

a. della retta cui appartiene l'altezza del triangolo relativa al lato BC;

b. della retta passante per A e parallela a BC.

7 È data la retta di equazione:

$$(k - 2)x + y - k + 4 = 0.$$

Determina k in modo che:

a. sia parallela all'asse x;

b. sia parallela all'asse y;

c. passi per l'origine;

d. passi per il punto $P(2, 3)$;

e. sia parallela alla bisettrice del secondo e del quarto quadrante;

f. sia perpendicolare alla retta di equazione $2x + y = 0$.

8 Dati i punti $A(-3, -4)$ e $B(1, 2)$, determina:

a. l'equazione dell'asse di AB;

b. le coordinate del punto C, appartenente all'asse x, che forma con A e B un triangolo isoscele sulla base AB.

9 Di un rombo $ABCD$ si conoscono il vertice $A(0, -1)$, il punto medio $M(2, 0)$ della diagonale AC e si sa che il vertice B appartiene alla bisettrice del primo e del terzo quadrante. Determina i restanti vertici del rombo $ABCD$ e calcola l'area del rombo.

Valutazione

Esercizio	1	2	3	4	5	6	7	8	9	Totale
Punteggio	$0{,}1 \cdot 10 = 1$	$0{,}25 \cdot 4 = 1$	$0{,}25 \cdot 4 = 1$	0,5	$0{,}5 \cdot 2 = 1$	$0{,}5 \cdot 2 = 1$	$0{,}25 \cdot 6 = 1{,}5$	$0{,}75 + 0{,}25 = 1$	2	10
Punteggio ottenuto										

Tempo massimo: 1 h 30 min

▶ Risposte in fondo al volume

Simmetrie, traslazioni e dilatazioni nel piano cartesiano

Unità 5

1. Simmetrie centrali

Introduzione

Studiando geometria hai incontrato varie trasformazioni geometriche: isometrie, omotetie e similitudini. Esse ti sono state presentate privilegiando il punto di vista *sintetico*, cioè prescindendo dalla possibilità di riferire il piano euclideo a un sistema di riferimento cartesiano ortogonale. In questa Unità, invece, supponiamo che nel piano sia stato fissato un sistema di riferimento cartesiano ortogonale e ci poniamo il problema di descrivere dal punto di vista *analitico* le trasformazioni geometriche, cioè di trovare delle formule che consentano di passare dalle coordinate (x, y) di un punto P alle coordinate (x', y') del suo corrispondente nella trasformazione. Queste formule si chiamano **equazioni della trasformazione**. Cominciamo il nostro percorso a partire dalle trasformazioni geometriche che dovrebbero esserti più familiari: le **isometrie**; getteremo poi uno sguardo sulle più semplici trasformazioni **non isometriche**.

La simmetria centrale

Iniziamo lo studio delle isometrie a partire dalle simmetrie centrali.
Ricordiamo anzitutto come è definito il punto P', **simmetrico** di un punto P del piano **rispetto a un punto C** fissato: P' è l'unico punto tale che il punto medio di PP' è C (**fig. 5.1**).

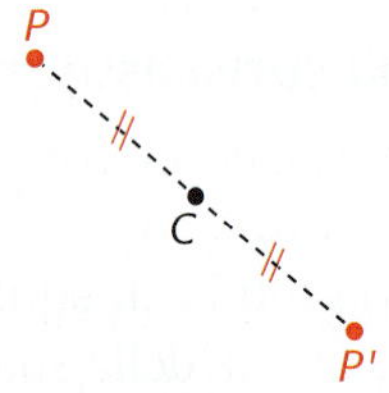

Figura 5.1

SIMMETRIA CENTRALE
La **simmetria di centro** C è la trasformazione geometrica che fa corrispondere a ogni punto P del piano il punto P', simmetrico di P rispetto a C.

In particolare, il punto C viene trasformato dalla simmetria centrale in se stesso, e per questo viene detto *punto unito*.
Vogliamo ora ricavare le *equazioni della simmetria* rispetto al punto $C(x_0, y_0)$.
Sia $P(x, y)$ un generico punto del piano e $P'(x', y')$ il suo simmetrico rispetto a C. Poiché il punto medio di PP' deve essere C, tra le coordinate di P e P' sussistono le relazioni:

$$\frac{x + x'}{2} = x_0 \quad \text{e} \quad \frac{y + y'}{2} = y_0$$

dalle quali otteniamo:

$$\begin{cases} x' = 2x_0 - x \\ y' = 2y_0 - y \end{cases}$$

Ricorda
Si chiama **punto unito** di una trasformazione un punto che viene trasformato dalla trasformazione in se stesso. Analogamente, una **retta unita** è una retta che viene trasformata in se stessa. Non è detto che una retta unita sia costituita da punti uniti.

EQUAZIONI DI UNA SIMMETRIA CENTRALE
Le equazioni della simmetria di centro $C(x_0, y_0)$ sono:

$$\begin{cases} x' = 2x_0 - x \\ y' = 2y_0 - y \end{cases} \qquad [5.1]$$

In particolare, se C coincide con l'origine degli assi, cioè se $x_0 = y_0 = 0$, ritroviamo le già note equazioni della simmetria rispetto all'origine:

$$\begin{cases} x' = -x \\ y' = -y \end{cases}$$

ESEMPIO **Equazioni di una simmetria centrale**

Scriviamo le equazioni della simmetria rispetto al punto $C(-1, 3)$ e determiniamo il punto P' simmetrico di $P\left(\frac{1}{2}, \frac{1}{3}\right)$ rispetto a C.

La simmetria ha equazioni:

$$\begin{cases} x' = 2 \cdot (-1) - x \\ y' = 2 \cdot 3 - y \end{cases}$$

Sostituendo nelle equazioni [5.1] $x_0 = -1$, $y_0 = 3$

ossia:

$$\begin{cases} x' = -2 - x \\ y' = 6 - y \end{cases} \qquad [5.2]$$

In base a queste equazioni, il simmetrico P' di $P\left(\frac{1}{2}, \frac{1}{3}\right)$ rispetto a $C(-1, 3)$ ha coordinate:

$$\begin{cases} x' = -2 - \dfrac{1}{2} = -\dfrac{5}{2} \\ y' = 6 - \dfrac{1}{3} = \dfrac{17}{3} \end{cases}$$

Sostituendo nelle [5.2] le coordinate di P

Pertanto il punto richiesto è $P'\left(-\frac{5}{2}, \frac{17}{3}\right)$.

La curva simmetrica di una curva assegnata rispetto a un punto

Le equazioni della simmetria centrale ci consentono di determinare facilmente le coordinate del simmetrico di un punto rispetto a un punto assegnato.
Consideriamo ora, per esempio, la retta r di equazione $2x - 3y + 4 = 0$ e supponiamo di voler determinare l'equazione della sua simmetrica r' rispetto al punto $P(2, 3)$. Come possiamo procedere?
Sappiamo che la simmetria di centro $P(2, 3)$ ha equazioni:

$$\begin{cases} x' = 4 - x \\ y' = 6 - y \end{cases} \qquad [5.3]$$

Le coordinate (x, y) dei punti di r soddisfano l'equazione $2x - 3y + 4 = 0$; per determinare il legame tra le coordinate (x', y') dei punti di r' (cioè per determinare l'equazione di r') dobbiamo risolvere le equazioni **[5.3]** rispetto a x e y:

$$\begin{cases} x = 4 - x' \\ y = 6 - y' \end{cases} \qquad [5.4]$$

e sostituire le espressioni ottenute nell'equazione di r:

$$2(4 - x') - 3(6 - y') + 4 = 0$$

Si ottiene l'equazione $2x' - 3y' + 6 = 0$, che è l'equazione di r' e viene solitamente riscritta senza apici, in termini delle consuete variabili x e y:

$$2x - 3y + 6 = 0$$

Il procedimento che abbiamo seguito si può **generalizzare**.
Data una curva γ, di equazione assegnata, e una trasformazione espressa dalle equazioni:

$$\begin{cases} x' = f(x, y) \\ y' = g(x, y) \end{cases}$$

per determinare l'equazione della curva γ', corrispondente della curva γ nella trasformazione, si risolvono le equazioni della trasformazione rispetto a x e y, ossia si determinano le equazioni della **trasformazione inversa** di quella data:

$$\begin{cases} x = f^{-1}(x', y') \\ y = g^{-1}(x', y') \end{cases}$$

e si sostituiscono tali espressioni al posto di x e di y nell'equazione di γ. Si ottiene così l'equazione di γ', che può essere riscritta senza apici in termini delle consuete variabili x e y.

EQUAZIONE DELLA CORRISPONDENTE DI UNA CURVA IN UNA TRASFORMAZIONE

Data una curva γ, per determinare l'equazione della sua corrispondente in una trasformazione di equazioni

$$\begin{cases} x' = f(x, y) \\ y' = g(x, y) \end{cases}$$

occorre effettuare nell'equazione della curva le sostituzioni:

$$x \to f^{-1}(x, y) \quad \text{e} \quad y \to g^{-1}(x, y)$$

essendo $f^{-1}(x, y)$ e $g^{-1}(x, y)$ le espressioni che esprimono le equazioni dell'**inversa** della trasformazione data.

Poiché l'inversa di una simmetria centrale coincide con se stessa, le sostituzioni da operare nell'equazione di una curva per determinare l'equazione della sua simmetrica rispetto a un punto $C(x_0, y_0)$ si possono «leggere» direttamente sulle equazioni della simmetria stessa:

$$x \to 2x_0 - x \quad \text{e} \quad y \to 2y_0 - y \qquad [5.5]$$

Modi di dire

Una trasformazione la cui inversa coincide con la trasformazione stessa viene chiamata **involuzione**.
È facile rendersi conto che una simmetria centrale è un'involuzione: infatti, se P' è il simmetrico di P rispetto a C, il simmetrico di P' rispetto a C è di nuovo P.

ESEMPIO Corrispondente di una curva in una simmetria centrale

Determiniamo l'equazione della curva simmetrica di $y = x^2$ rispetto al punto $C(1, 2)$.

Dobbiamo effettuare le sostituzioni **[5.5]**, con $x_0 = 1$ e $y_0 = 2$, cioè:

$$x \to 2 - x \quad \text{e} \quad y \to 4 - y$$

Otteniamo così che la simmetrica rispetto al punto $C(1, 2)$ della parabola di equazione $y = x^2$ ha equazione:

$$4 - y = (2 - x)^2$$

ossia, svolgendo i calcoli:

$$y = -x^2 + 4x$$

SINTESI

Simmetrie centrali

- Il simmetrico di un punto $P(x, y)$ rispetto al punto $C(x_0, y_0)$ è il punto:
  $P'(2x_0 - x, 2y_0 - y)$
- Per determinare l'equazione della curva simmetrica di una curva data rispetto al punto $C(x_0, y_0)$, occorre effettuare nell'equazione assegnata le sostituzioni:
  $x \to 2x_0 - x$ e $y \to 2y_0 - y$

Prova tu **ESERCIZI** a p. 225

1. Determina i vertici C e D del parallelogramma $ABCD$, sapendo che $A(-1, -2)$, $B(2, -3)$ e che il centro del parallelogramma ha coordinate $(3, 4)$. [$C(7, 10)$; $D(4, 11)$]
2. Determina l'equazione dalla retta simmetrica della bisettrice del primo e del terzo quadrante rispetto al punto $P(-2, 3)$. [$y = x + 10$]

2. Simmetrie assiali

Introduzione

Continuiamo il nostro percorso alla ricerca delle equazioni di alcune trasformazioni geometriche, soffermandoci ora sulle **simmetrie assiali** (dette anche **riflessioni**).
Ricordiamo che, dato un punto P, il **simmetrico** P' di P **rispetto a una retta** r è il punto tale che l'*asse* di PP' è r (**fig. 5.2**).

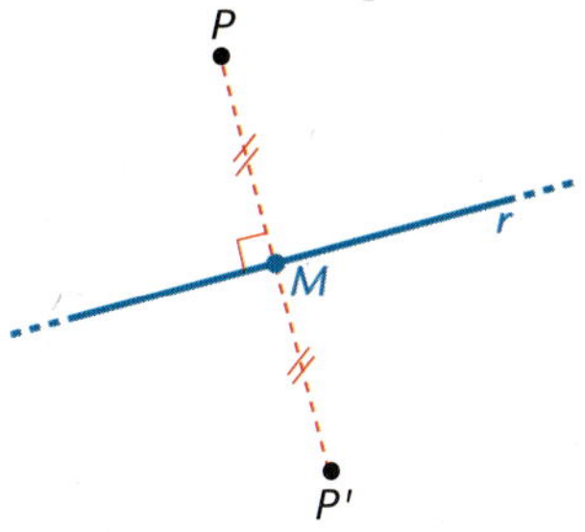

Figura 5.2

SIMMETRIA ASSIALE
Data una retta r, la **simmetria assiale** (o riflessione) rispetto a r è la trasformazione che associa a ogni punto P del piano il simmetrico di P rispetto a r. La retta r si chiama **asse di simmetria** della trasformazione.

In particolare, ogni punto della retta r viene trasformato in se stesso dalla simmetria che ha come asse la retta r, quindi ogni punto della retta r è *unito*.
Ci limitiamo a scrivere le equazioni di una simmetria assiale nel caso di alcune particolari posizioni dell'asse di simmetria.

Simmetrie rispetto a una retta parallela agli assi

Supponiamo che l'asse di simmetria sia una **retta r parallela all'asse x**, di equazione $y = y_0$. Dato un punto $P(x, y)$, il suo simmetrico $P'(x', y')$ rispetto a r è il simmetrico di P rispetto al punto H in cui PP' incontra la retta r (**fig. 5.3**).
Ma il simmetrico di $P(x, y)$ rispetto a $H(x, y_0)$, in base a quanto visto nel paragrafo precedente, è:

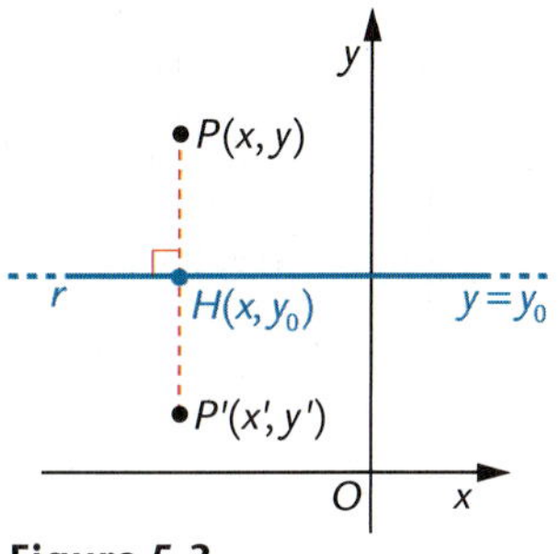

Figura 5.3

$$P'(x,\ 2y_0 - y)$$

Possiamo quindi concludere che le **equazioni della simmetria rispetto alla retta di equazione $y = y_0$** sono:

$$\begin{cases} x' = x \\ y' = 2y_0 - y \end{cases} \qquad [5.6]$$

In particolare, se l'asse di simmetria coincide con l'asse x, cioè se $y_0 = 0$, ritroviamo le **equazioni della simmetria rispetto all'asse delle ascisse**:

$$\begin{cases} x' = x \\ y' = -y \end{cases}$$

Ragionando in modo del tutto analogo nel caso in cui l'asse di simmetria sia parallelo all'asse y (**fig. 5.4**), si ottiene che le **equazioni della simmetria rispetto alla retta di equazione $x = x_0$** sono:

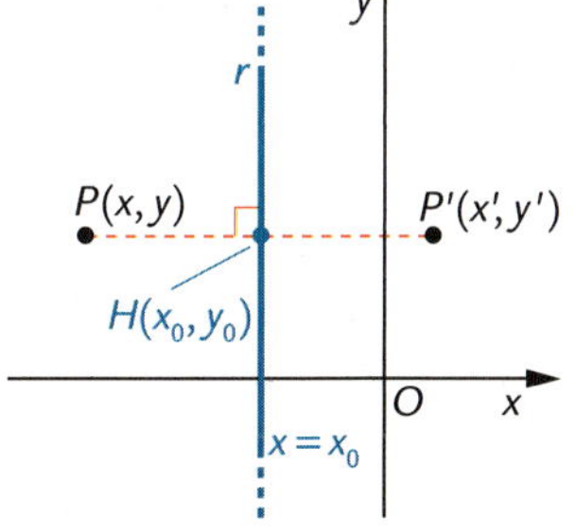

Figura 5.4

$$\begin{cases} x' = 2x_0 - x \\ y' = y \end{cases} \qquad [5.7]$$

In particolare, se l'asse di simmetria coincide con l'asse y, cioè se $x_0 = 0$, ritroviamo le **equazioni della simmetria rispetto all'asse delle ordinate**:

$$\begin{cases} x' = -x \\ y' = y \end{cases}$$

ESEMPIO **Simmetria rispetto a una retta parallela all'asse y**

Scriviamo le equazioni della simmetria rispetto alla retta r di equazione $x = \frac{3}{2}$ e determiniamo il punto P' simmetrico di $P\left(1, -\frac{1}{2}\right)$ rispetto a r.

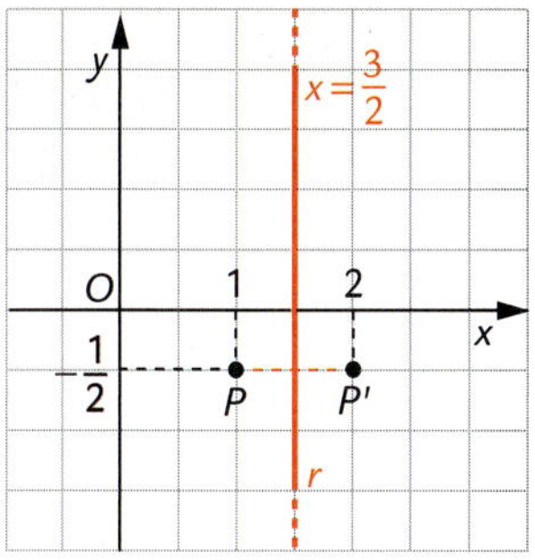

La simmetria ha equazioni:

$$\begin{cases} x' = 2 \cdot \frac{3}{2} - x \\ y' = y \end{cases}$$

Sostituendo nelle equazioni [5.7] $x_0 = \frac{3}{2}$

ossia:

$$\begin{cases} x' = 3 - x \\ y' = y \end{cases} \qquad [5.8]$$

Il simmetrico P' di $P\left(1, -\frac{1}{2}\right)$ rispetto alla retta r ha coordinate:

$$\begin{cases} x' = 3 - 1 = 2 \\ y' = -\frac{1}{2} \end{cases}$$

Sostituendo nella [5.8] le coordinate di P

Pertanto $P'\left(2, -\frac{1}{2}\right)$.

Simmetrie rispetto alle bisettrici dei quadranti

Proponiamoci ora di determinare le equazioni della simmetria nel caso in cui l'asse di simmetria coincida con la **bisettrice del primo e del terzo quadrante**, di equazione $y = x$.

Facciamo riferimento alla **fig. 5.5**, dove $P(x, y)$ e $P'(x', y')$ sono due punti corrispondenti in tale simmetria, H è la proiezione di P sull'asse x, H' è la proiezione di P' sull'asse y ed M è il punto medio di PP'. Abbiamo considerato, per semplicità, P e P' nel primo quadrante ma il ragionamento che faremo si potrebbe ripetere similmente se P appartenesse a uno degli altri quadranti.

I due triangoli rettangoli $OP'H'$ e OPH hanno:

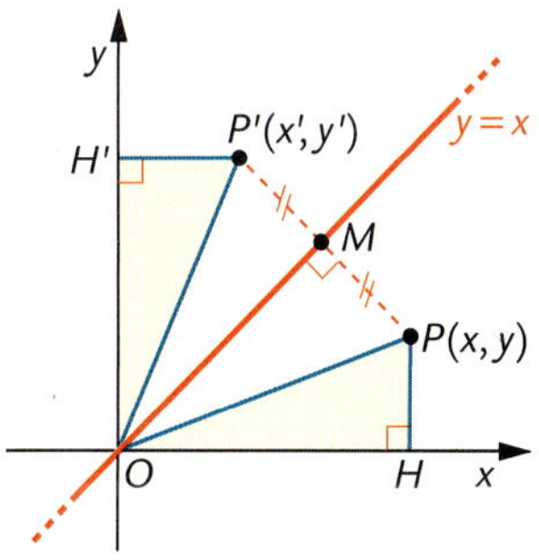

Figura 5.5

- $OP' \cong OP$ — Perché segmenti corrispondenti nella simmetria
- $H'\widehat{O}P' \cong H\widehat{O}P$ — Perché differenze di angoli congruenti (infatti $M\widehat{O}H' \cong M\widehat{O}H$ per definizione di bisettrice e $P'\widehat{O}M \cong P\widehat{O}M$ perché angoli corrispondenti nella simmetria)

Quindi i due triangoli $OP'H'$ e OPH sono congruenti per il secondo criterio generalizzato. Ne deduciamo che:

$$\overline{P'H'} = \overline{PH} \quad \text{e} \quad \overline{OH'} = \overline{OH}$$

ovvero: $x' = y$ e $y' = x$.

Ricorda

Il secondo criterio di congruenza generalizzato afferma che due triangoli sono congruenti se hanno ordinatamente congruenti due angoli e il lato opposto a uno di essi.

Le **equazioni della simmetria rispetto alla bisettrice del primo e terzo quadrante** sono quindi:

$$\begin{cases} x' = y \\ y' = x \end{cases} \qquad [5.9]$$

Ragionando in modo del tutto analogo nel caso in cui l'asse di simmetria sia la retta di equazione $y = -x$, si ottiene che le **equazioni della simmetria rispetto alla bisettrice del secondo e quarto quadrante** sono:

$$\begin{cases} x' = -y \\ y' = -x \end{cases} \qquad [5.10]$$

ESEMPI

a. Il simmetrico di $P(-1, 3)$ rispetto alla bisettrice del primo e del terzo quadrante è il punto $P'(3, -1)$.

b. Il simmetrico di $Q(-2, -1)$ rispetto alla bisettrice del secondo e del quarto quadrante è il punto $Q'(1, 2)$.

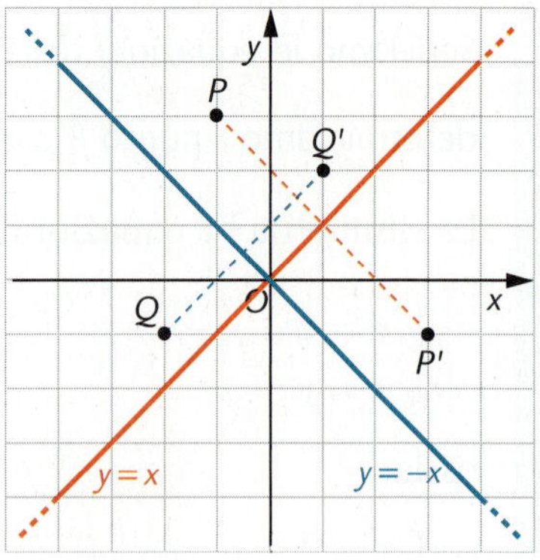

Come trasformare l'equazione di una curva tramite una simmetria assiale

Poiché l'inversa di una simmetria assiale è la simmetria stessa (sai spiegare perché?), le sostituzioni da operare nell'equazione di una curva per ottenere l'equazione della sua simmetrica rispetto a una retta sono quelle che si possono «leggere» direttamente dalle equazioni della simmetria.
Riassumiamo nella seguente tabella le simmetrie che abbiamo studiato e le relative sostituzioni.

Asse di simmetria	Equazioni della simmetria	Sostituzioni da effettuare nell'equazione della curva per ottenere l'equazione della curva simmetrica	
$y = 0$ (asse x)	$\begin{cases} x' = x \\ y' = -y \end{cases}$	$x \to x$	$y \to -y$
$x = 0$ (asse y)	$\begin{cases} x' = -x \\ y' = y \end{cases}$	$x \to -x$	$y \to y$
$y = y_0$	$\begin{cases} x' = x \\ y' = 2y_0 - y \end{cases}$	$x \to x$	$y \to 2y_0 - y$
$x = x_0$	$\begin{cases} x' = 2x_0 - x \\ y' = y \end{cases}$	$x \to 2x_0 - x$	$y \to y$
$y = x$	$\begin{cases} x' = y \\ y' = x \end{cases}$	$x \to y$	$y \to x$
$y = -x$	$\begin{cases} x' = -y \\ y' = -x \end{cases}$	$x \to -y$	$y \to -x$

ESEMPI **Equazione della simmetrica di una retta rispetto ad alcune simmetrie assiali**

Scriviamo l'equazione della retta simmetrica della retta r di equazione:

$x - 2y + 1 = 0$

a. rispetto all'asse x;
b. rispetto all'asse y;
c. rispetto alla bisettrice del primo e del terzo quadrante;
d. rispetto alla retta di equazione $x = -2$;
e. rispetto alla retta di equazione $y = 3$.

a. L'equazione della retta simmetrica della retta r: $x - 2y + 1 = 0$ rispetto all'asse x si ottiene effettuando nell'equazione della retta le sostituzioni:

$x \to x$ e $y \to -y$

Si ricava così l'equazione:

$x - 2(-y) + 1 = 0$, ossia: $x + 2y + 1 = 0$

b. L'equazione della retta simmetrica della retta r: $x - 2y + 1 = 0$ rispetto all'asse y si ottiene effettuando nell'equazione della retta le sostituzioni:

$x \to -x \quad \text{e} \quad y \to y$

Si ricava così l'equazione:

$-x - 2y + 1 = 0$, ossia: $x + 2y - 1 = 0$

c. L'equazione della retta simmetrica della retta r: $x - 2y + 1 = 0$ rispetto alla bisettrice del primo e del terzo quadrante si ottiene effettuando nell'equazione della retta le sostituzioni:

$x \to y \quad \text{e} \quad y \to x$

Si ricava così l'equazione:

$y - 2x + 1 = 0$, ossia: $2x - y - 1 = 0$

d. L'equazione della retta simmetrica della retta r: $x - 2y + 1 = 0$ rispetto alla retta di equazione $x = -2$ si ottiene effettuando nell'equazione della retta le sostituzioni:

$x \to -4 - x \quad \text{e} \quad y \to y$

Si ricava così l'equazione:

$(-4 - x) - 2y + 1 = 0$, ossia: $x + 2y + 3 = 0$

e. L'equazione della retta simmetrica della retta r: $x - 2y + 1 = 0$ rispetto alla retta di equazione $y = 3$ si ottiene effettuando nell'equazione della retta le sostituzioni:

$x \to x \quad \text{e} \quad y \to 6 - y$

Si ricava così l'equazione:

$x - 2(6 - y) + 1 = 0$, ossia: $x + 2y - 11 = 0$

Prova tu **ESERCIZI** a p. 227

1. Determina le coordinate del simmetrico del punto $P(3, 1)$ rispetto:

a. alla retta di equazione $x = \frac{3}{2}$ $[(0, 1)]$

b. alla retta di equazione $y = -2$ $[(3, -5)]$

c. alla retta di equazione $y = \frac{1}{2}x$ $\left[\left(\frac{13}{5}, \frac{9}{5}\right)\right]$

2. Determina l'equazione dalla retta simmetrica della bisettrice del primo e del terzo quadrante rispetto:

a. all'asse x $[y = -x]$

b. all'asse y $[y = -x]$

c. alla retta di equazione $x = -3$ $[y = -x - 6]$

d. alla retta di equazione $y = 2$ $[y = -x + 4]$

3. Traslazioni

Le equazioni di una traslazione

Concludiamo (per il momento) la nostra trattazione dal punto di vista analitico di alcune isometrie esaminando la **traslazione**. Ricordiamo anzitutto la definizione di traslazione, che dovresti conoscere dalla geometria.

TRASLAZIONE

Si chiama **traslazione** di vettore $\vec{v}$ la trasformazione che associa a ogni punto P del piano il punto P' tale che $\overrightarrow{PP'}$ ha la stessa direzione, lo stesso verso e lo stesso modulo di $\vec{v}$ (**fig. 5.6**).

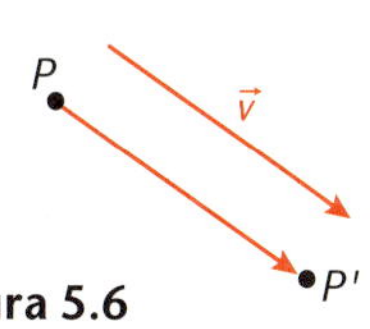

Figura 5.6

In un piano, riferito a un sistema di riferimento cartesiano ortogonale, si può assegnare un vettore mediante una coppia ordinata di numeri reali (x, y), le **com-**

ponenti del vettore: il vettore $\vec{v}$ di componenti x e y è il vettore rappresentato dal segmento orientato $\overrightarrow{OP}$ dove $P(x, y)$ (**fig. 5.7**).

Per indicare un vettore $\vec{v}$ di componenti x e y scriveremo: $\vec{v}(x, y)$.

Dato un punto $P(x, y)$, quali sono le coordinate del punto P', corrispondente di P nella traslazione di vettore $\vec{v}(a, b)$?

Osservando attentamente la **fig. 5.8** puoi renderti conto che le coordinate (x', y') di P' sono legate a quelle di P dalle relazioni:

$$x' = x + a, \quad y' = y + b$$

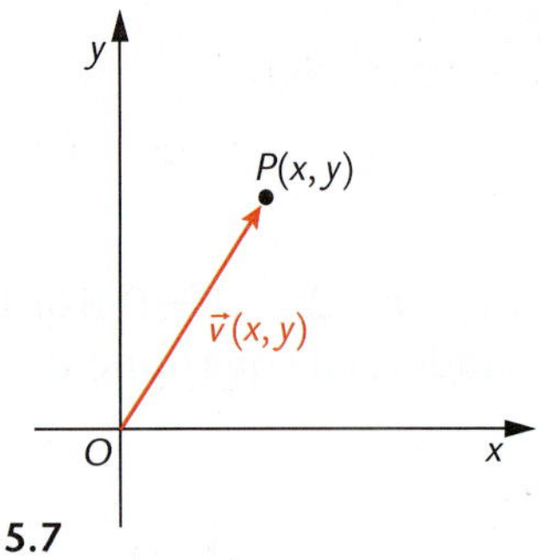

Figura 5.7

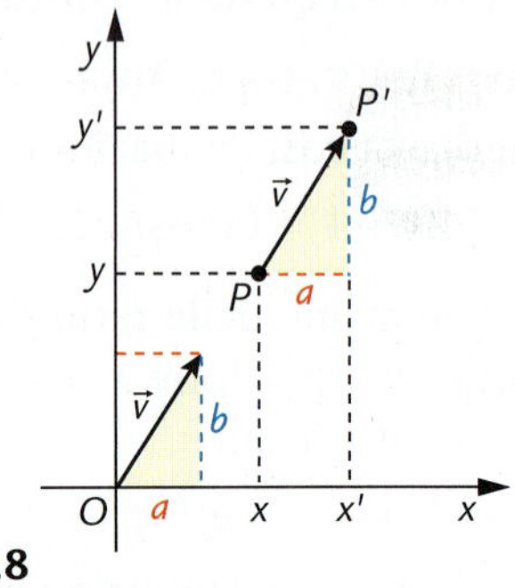

Figura 5.8

Pertanto le **equazioni della traslazione di vettore** $\vec{v}(a, b)$ sono:

$$\begin{cases} x' = x + a \\ y' = y + b \end{cases} \qquad [5.11]$$

ESEMPIO **Corrispondente di un triangolo in una traslazione**

Dato il triangolo ABC di vertici $A(0, -3)$, $B(-1, 2)$, $C(-3, 1)$, determiniamo le coordinate dei vertici del suo corrispondente $A'B'C'$ nella traslazione di vettore $\vec{v}(2, 2)$.

La traslazione di vettore $\vec{v}(2, 2)$ ha equazioni:

$$\begin{cases} x' = x + 2 \\ y' = y + 2 \end{cases}$$

Ciò significa che il corrispondente di un punto $P(x, y)$ nella traslazione τ di vettore $\vec{v}(2, 2)$ è il punto che si ottiene incrementando di 2 unità l'ascissa di P e di 2 unità l'ordinata di P.

Pertanto:

$$A(0, -3) \xrightarrow[\tau]{} A'(0 + 2, -3 + 2) \quad \text{ossia} \quad A'(2, -1)$$

$$B(-1, 2) \xrightarrow[\tau]{} B'(-1 + 2, 2 + 2) \quad \text{ossia} \quad B'(1, 4)$$

$$C(-3, 1) \xrightarrow[\tau]{} C'(-3 + 2, 1 + 2) \quad \text{ossia} \quad C'(-1, 3)$$

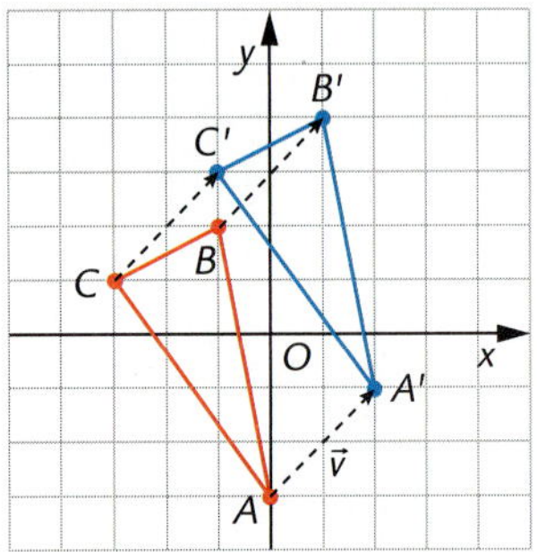

La curva corrispondente di una curva assegnata in una traslazione

Poniamoci ora il problema di determinare l'equazione della curva corrispondente di una curva di equazione assegnata in una traslazione.

Poiché l'**inversa** di una traslazione di vettore $\vec{v}(a, b)$ è la traslazione di **vettore opposto**, cioè la traslazione di vettore $\vec{v'}(-a, -b)$, le **equazioni della traslazione inversa** sono:

$$\begin{cases} x' = x - a \\ y' = y - b \end{cases} \qquad [5.12]$$

A differenza delle simmetrie centrali e assiali, troviamo per la prima volta il caso di una isometria la cui inversa non coincide con la trasformazione stessa. Le sostituzioni da operare per scrivere l'equazione della curva corrispondente di una data nella traslazione di vettore $\vec{v}(a, b)$ non vanno quindi «lette» sulle equazioni della traslazione, bensì sulle equazioni **[5.12]**.

EQUAZIONE DELLA CORRISPONDENTE DI UNA CURVA IN UNA TRASLAZIONE

L'equazione della curva corrispondente di una curva assegnata nella traslazione di vettore $\vec{v}(a, b)$ si ottiene operando nell'equazione della curva le seguenti sostituzioni:

$$x \rightarrow x - a \quad \text{e} \quad y \rightarrow y - b \qquad [5.13]$$

ESEMPIO **Corrispondente di una curva in una traslazione**

Scriviamo l'equazione della parabola corrispondente della parabola di equazione $y = x^2$ nella traslazione di vettore $\vec{v}(1, -1)$.

Per determinare l'equazione richiesta dobbiamo effettuare nell'equazione della parabola data le sostituzioni **[5.13]**, che in questo caso diventano:

$$x \rightarrow x - 1 \quad \text{e} \quad y \rightarrow y - (-1)$$ Essendo $\vec{v}(1, -1)$, è $a = 1$ e $b = -1$

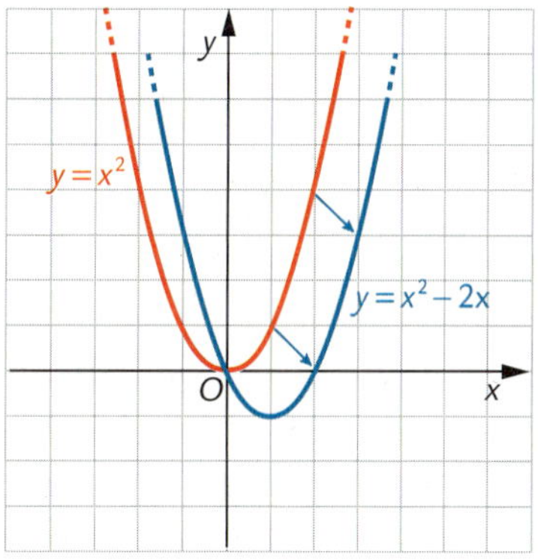

ossia:

$$x \rightarrow x - 1 \quad \text{e} \quad y \rightarrow y + 1$$

La parabola corrispondente di quella data nella traslazione ha quindi equazione:

$$y + 1 = (x - 1)^2$$

ossia, sviluppando i calcoli:

$$y = x^2 - 2x$$

SINTESI

Traslazioni

- Il corrispondente di un punto $P(x, y)$ nella traslazione di vettore $\vec{v}(a, b)$ è il punto $P'(x + a, y + b)$.
- Per determinare l'equazione della curva corrispondente di una curva data nella traslazione di vettore $\vec{v}(a, b)$ occorre effettuare nella sua equazione le sostituzioni: $x \rightarrow x - a$, $y \rightarrow y - b$.

Prova tu **ESERCIZI** a p. 229

1. Dato il segmento di estremi $A(-1, 0)$ e $B(2, 1)$, determina il suo corrispondente nella traslazione di vettore $\vec{v}(1, -1)$. [Segmento di estremi $A'(0, -1)$, $B'(3, 0)$]

2. Scrivi le equazioni della traslazione che manda il punto $P(1, 3)$ nel punto $P'(-2, 4)$. $\left[\begin{cases} x' = x - 3 \\ y' = y + 1 \end{cases}\right]$

3. Determina l'equazione della curva corrispondente della curva $x^2 - y - 1 = 0$ nella traslazione di vettore $\vec{v}(-1, 1)$. $[x^2 + 2x - y + 1 = 0]$

4. Dilatazioni e omotetie

Dilatazioni con centro nell'origine

Dopo aver trovato le equazioni di alcune isometrie nel piano cartesiano, introduciamo alcune trasformazioni **non isometriche**, il cui effetto sulle figure equivale a un *cambiamento di scala* lungo gli assi.

Attenzione!
Se $h = k = 1$, una dilatazione con centro nell'origine trasforma ogni punto in se stesso e coincide quindi con l'*identità*. Nel seguito supporremo di **non** riferirci a questo caso.

Ricorda
Si chiama trasformazione **composta** di una prima trasformazione f e di una seconda trasformazione g la trasformazione, indicata con il simbolo $g \circ f$ (che si legge «g composto f») che fa corrispondere a ogni punto P del piano il punto P'', ottenuto determinando dapprima l'immagine P' di P nella f e poi l'immagine P'' di P' nella g.

DILATAZIONE

Dati due numeri reali h e k, diversi da zero, si dice **dilatazione** con **centro nell'origine** e **rapporti** h e k la trasformazione di equazioni:

$$\begin{cases} x' = hx \\ y' = ky \end{cases} \qquad [5.14]$$

Se $h = 1$ e $k \neq 1$ la dilatazione dilata o contrae le *ordinate* dei punti, mentre lascia invariate le ascisse; per questo motivo si dice che la dilatazione è **verticale**. Analogamente, nel caso in cui $h \neq 1$ e $k = 1$, si parla di dilatazione **orizzontale**.
Una dilatazione avente centro nell'origine si può sempre pensare come la trasformazione **composta** ottenuta applicando una dilatazione orizzontale di rapporto h, seguita da una dilatazione verticale di rapporto k; tale scomposizione permette spesso di capire meglio come una figura venga trasformata per effetto di una dilatazione.

ESEMPIO Dilatazioni con centro nell'origine

Determiniamo le coordinate dei due punti A'', B'' estremi del segmento $A''B''$ ottenuto trasformando il segmento AB di estremi $A(-2, -2)$ e $B(4, 2)$ mediante la dilatazione δ di equazioni $\begin{cases} x' = \dfrac{1}{2}x \\ y' = 2y \end{cases}$.

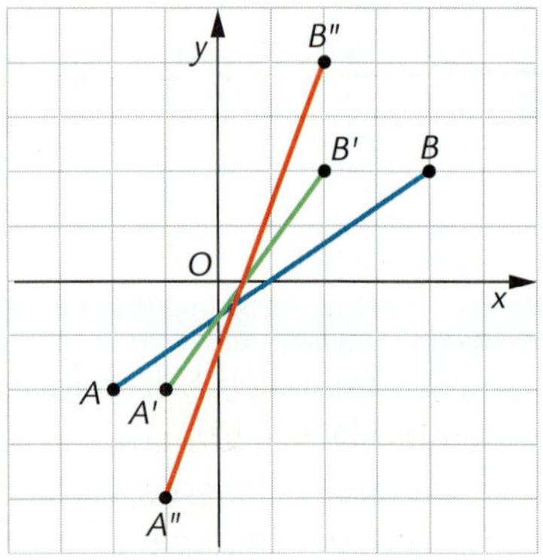

- Dalle equazioni della dilatazione si ricava subito $A''(-1, -4)$ e $B''(2, 4)$ (basta dimezzare le ascisse di A e B e raddoppiare le ordinate).
  In figura è disegnato in blu il segmento AB e in rosso il segmento trasformato $A''B''$.
- Osserviamo che, pensando la dilatazione come composizione di una dilatazione orizzontale e di una verticale, si può pensare di ottenere $A''B''$ applicando prima la dilatazione orizzontale di equazione $\begin{cases} x' = \dfrac{1}{2}x \\ y' = y \end{cases}$ che manda A e B nei punti $A'(-1, -2)$ e $B'(2, 2)$ e poi, su questi ultimi punti, la dilatazione verticale di equazioni $\begin{cases} x' = x \\ y' = 2y \end{cases}$, che trasforma A' e B' in A'' e B'' (vedi ancora la figura).

L'**inversa** di una dilatazione con centro nell'origine di rapporti h e k è la dilatazione con centro nell'origine di rapporti $\dfrac{1}{h}$ e $\dfrac{1}{k}$, ossia la dilatazione di equazioni:

$$\begin{cases} x' = \dfrac{x}{h} \\ y' = \dfrac{y}{k} \end{cases} \qquad [5.15]$$

Possiamo «leggere» sulle equazioni **[5.15]** le sostituzioni da operare nell'equazione di una curva per determinare l'equazione della sua corrispondente in una dilatazione.

EQUAZIONE DELLA CORRISPONDENTE DI UNA CURVA IN UNA DILATAZIONE

Per determinare l'equazione della curva corrispondente in una **dilatazione** con **centro nell'origine** e **rapporti** h e k di una curva data occorre effettuare nella sua equazione le sostituzioni:

$$x \to \frac{x}{h} \quad \text{e} \quad y \to \frac{y}{k} \qquad [5.16]$$

ESEMPIO **Corrispondente di una retta in una dilatazione**

Determiniamo l'equazione della retta r' corrispondente, nella dilatazione δ di equazioni $\begin{cases} x' = \frac{1}{2}x \\ y' = 2y \end{cases}$, della retta r di equazione $y = 2x - 1$.

Per determinare l'equazione di r' dobbiamo effettuare nell'equazione di r le sostituzioni:

$$x \to 2x \quad \text{e} \quad y \to \frac{y}{2}$$

Sostituzioni [5.16] con $h = \frac{1}{2}$ e $k = 2$

Si ottiene così l'equazione della retta r':

$$\frac{y}{2} = 2 \cdot 2x - 1$$

ossia: $y = 8x - 2$.

Omotetie con centro nell'origine

Le dilatazioni con centro nell'origine che ingrandiscono o riducono una figura **secondo la medesima scala** lungo entrambi gli assi, cioè le dilatazioni in cui $h = k$, di equazioni:

$$\begin{cases} x' = hx \\ y' = hy \end{cases}$$

sono **omotetie**.

Le omotetie, come ricorderai per averle studiate in geometria, sono particolari **similitudini** e trasformano una figura in una figura *simile* a quella originaria.

Due figure che si corrispondono in un'omotetia di rapporto h hanno rapporto di similitudine uguale ad $|h|$.

Ricorda

Si definisce **omotetia** di **centro** O e **rapporto di omotetia** k, essendo k un numero reale diverso da zero, la trasformazione che lascia fisso O e trasforma ogni punto P del piano diverso da O nel punto P' tale che:

- se $k > 0$, P' appartiene alla semiretta OP;
- se $k < 0$, P' appartiene alla semiretta opposta a OP;
- $OP' \cong |k|OP$

Una **similitudine** è la trasformazione composta di un'omotetia e di un'isometria.

ESEMPI

Determiniamo i triangoli corrispondenti del triangolo ABC, dove $A(0, 2)$, $B(3, 0)$, $C(2, 4)$, nelle omotetie di equazioni:

a. $\begin{cases} x' = 2x \\ y' = 2y \end{cases}$ **b.** $\begin{cases} x' = -\frac{3}{2}x \\ y' = -\frac{3}{2}y \end{cases}$

Determiniamo inoltre il rapporto tra il perimetro di ciascun triangolo corrispondente di ABC e il perimetro del triangolo ABC stesso. Facciamo lo stesso per i rapporti tra le aree.

a. L'omotetia ω di equazioni $\begin{cases} x' = 2x \\ y' = 2y \end{cases}$ ha centro nell'origine e rapporto di omotetia $h = 2$. Determiniamo i corrispondenti di A, B e C nell'omotetia:

$$A(0, 2) \xrightarrow[\omega]{} A'(0, 4) \qquad B(3, 0) \xrightarrow[\omega]{} B'(6, 0) \qquad C(2, 4) \xrightarrow[\omega]{} C'(4, 8)$$

Il triangolo ABC e il suo corrispondente $A'B'C'$ sono disegnati nella figura della pagina seguente: come puoi osservare, il triangolo $A'B'C'$ risulta «ingrandito del doppio» rispetto ad ABC.

→

Il rapporto tra i *perimetri* di $A'B'C'$ e di ABC è uguale al rapporto di similitudine dei due triangoli, ossia al valore assoluto del rapporto di omotetia, che in questo caso è 2.
Il rapporto tra le *aree* di $A'B'C'$ e di ABC è uguale al *quadrato* del rapporto di similitudine dei due triangoli, ossia a 4.

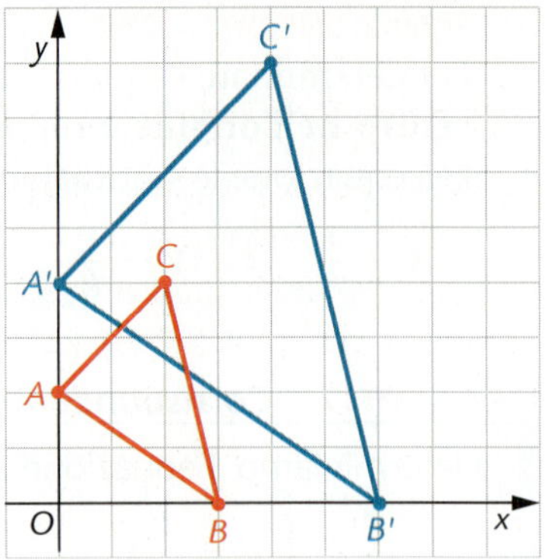

b. L'omotetia ω' di equazioni $\begin{cases} x' = -\dfrac{3}{2}x \\ y' = -\dfrac{3}{2}y \end{cases}$

ha centro nell'origine e rapporto di omotetia $h = -\dfrac{3}{2}$.

Determiniamo i corrispondenti di A, B e C nell'omotetia:

$A(0, 2) \xrightarrow[\omega']{} A''(0, -3)$ $\quad B(3, 0) \xrightarrow[\omega']{} B''\left(-\dfrac{9}{2}, 0\right)$ $\quad C(2, 4) \xrightarrow[\omega']{} C''(-3, -6)$

Il triangolo ABC e il suo corrispondente $A''B''C''$ nell'omotetia ω' sono disegnati in figura. Poiché il rapporto di omotetia è *negativo*, il triangolo $A''B''C''$, rispetto ad ABC, ha subìto, oltre che un ingrandimento, anche una simmetria rispetto all'origine.
Il rapporto tra i *perimetri* di $A''B''C''$ e di ABC è uguale al rapporto di similitudine dei due triangoli, ossia al *valore assoluto* del rapporto di omotetia, che in questo caso è $\dfrac{3}{2}$.
Il rapporto tra le *aree* di $A''B''C''$ e di ABC è uguale al *quadrato* del rapporto di similitudine, ossia a $\dfrac{9}{4}$.

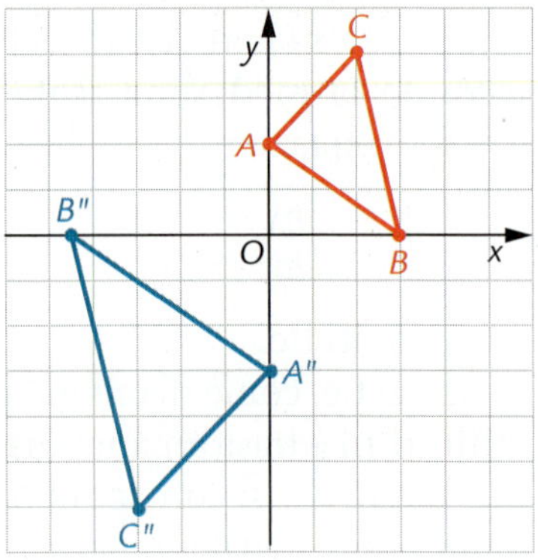

SINTESI

Dilatazioni e omotetie con centro nell'origine

- Il corrispondente di un punto $P(x, y)$ in una dilatazione avente centro nell'origine e di rapporti h e k è il punto $P'(hx, ky)$.
  Se $h = k$ la dilatazione è un'*omotetia*.
- Per determinare l'equazione della curva corrispondente, nella dilatazione avente centro nell'origine di rapporti h e k, di una curva data occorre effettuare nell'equazione di quest'ultima le sostituzioni:

  $x \to \dfrac{x}{h}$ e $y \to \dfrac{y}{k}$

Prova tu **ESERCIZI** a p. 231

Scrivi l'equazione dell'omotetia con centro nell'origine che trasforma il punto $P(2, 4)$ nel punto $P'(3, 6)$. Determina le coordinate dei vertici del triangolo $A'B'C'$, corrispondente in questa omotetia del triangolo ABC di vertici $A(-4, 0)$, $B(2, -2)$, $C(4, 4)$. Rappresenta i due triangoli e determina il rapporto tra i loro perimetri e il rapporto tra le loro aree. Determina infine l'equazione della retta corrispondente nell'omotetia della retta r di equazione $y = 2x - 3$.

5. Le trasformazioni e i grafici delle funzioni

I grafici di alcune funzioni di base

Concludiamo questa Unità presentando delle tecniche, basate sull'utilizzo delle trasformazioni geometriche, che consentono di dedurre i grafici di molte funzioni a partire dai grafici di alcune funzioni «di base» che conosciamo. Le funzioni «di base» che costituiranno il nostro punto di partenza sono le funzioni lineari e le funzioni i cui grafici sono riassunti nella seguente tabella.

Funzione valore assoluto

x	$y = \|x\|$
−3	3
−2	2
−1	1
0	0
1	1
2	2
3	3

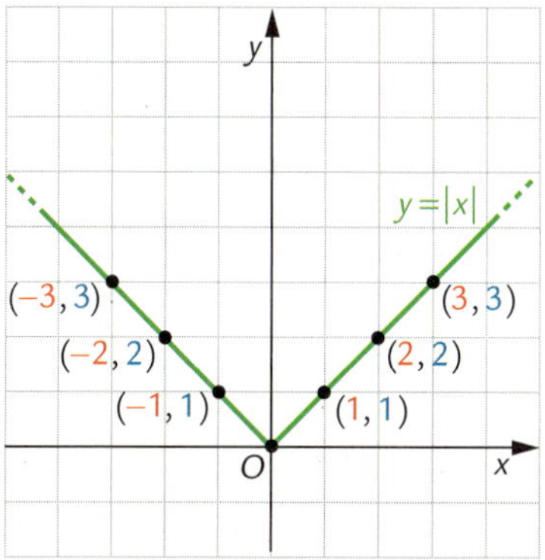

Funzione reciproca

x	$y = \frac{1}{x}$
−2	$-\frac{1}{2}$
−1	−1
1	1
2	$\frac{1}{2}$

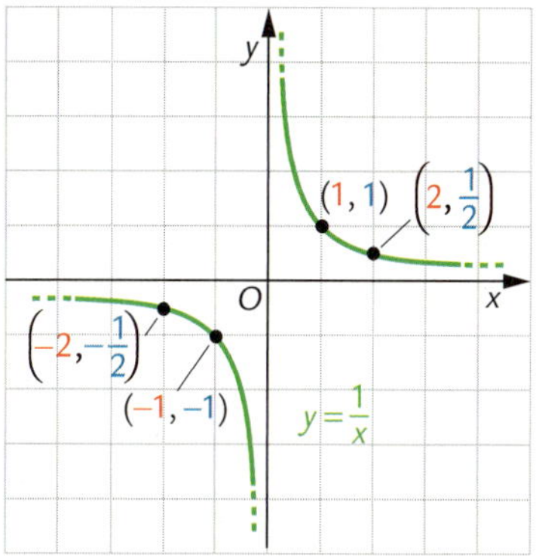

Funzione quadrato

x	$y = x^2$
−2	4
−1	1
0	0
1	1
2	4

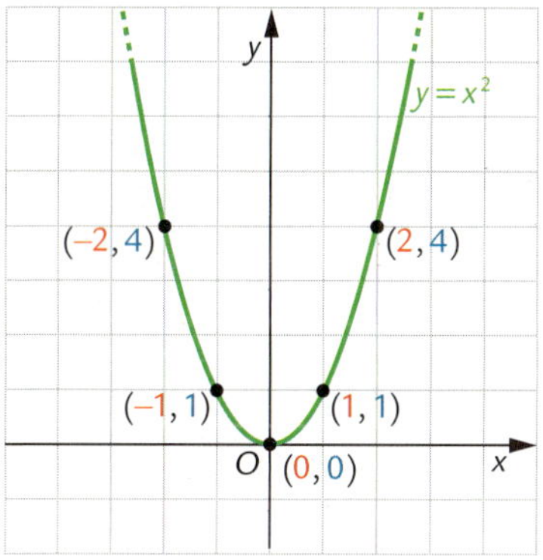

Funzione radice quadrata

x	$y = \sqrt{x}$
0	0
1	1
4	2
9	3

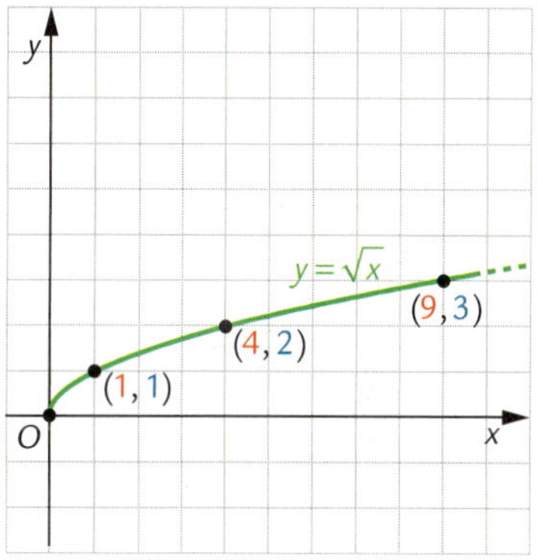

Funzione cubo

x	$y = x^3$
−2	−8
−1	−1
0	0
1	1
2	8

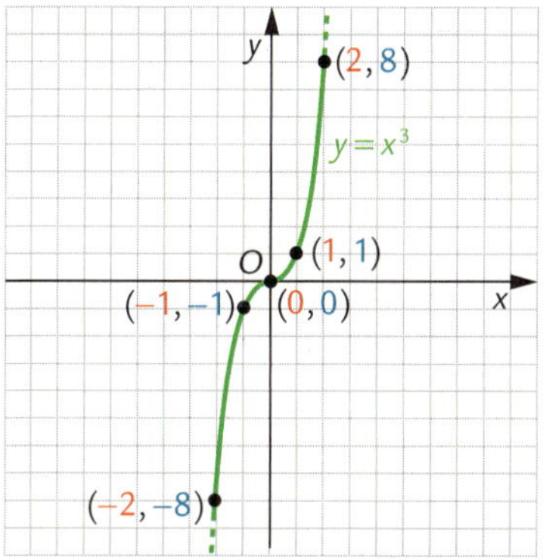

Funzione radice cubica

x	$y = \sqrt[3]{x}$
−8	−2
−1	−1
0	0
1	1
8	2

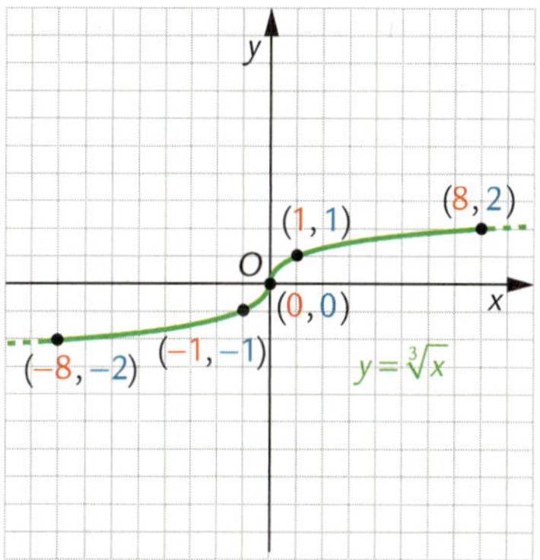

Attenzione!

Ricorda che la funzione $y = \sqrt{x}$ è l'inversa della restrizione della funzione $y = x^2$ all'insieme dei numeri reali non negativi, quindi il suo grafico è il simmetrico rispetto alla bisettrice del primo e del terzo quadrante del grafico di $y = x^2$ per $x \geq 0$. La stessa simmetria si può riconoscere tra il grafico della funzione cubo, $y = x^3$, e il grafico della sua funzione inversa, $y = \sqrt[3]{x}$.

Le simmetrie e i grafici

Data la funzione $y = f(x)$, mediante l'utilizzo di opportune **simmetrie rispetto agli assi cartesiani** possiamo dedurre i grafici delle funzioni di equazioni:

$$y = -f(x) \quad \text{e} \quad y = f(-x)$$

Osserviamo infatti che:

- l'equazione $y = -f(x)$ equivale a $-y = f(x)$, quindi può essere ottenuta dall'equazione $y = f(x)$ effettuando le sostituzioni:

  $x \to x \quad \text{e} \quad y \to -y$

- l'equazione $y = f(-x)$ può essere ottenuta dall'equazione $y = f(x)$ effettuando le sostituzioni:

  $x \to -x \quad \text{e} \quad y \to y$

Riconoscendo che tali sostituzioni corrispondono alle simmetrie rispetto all'asse x e all'asse y, possiamo concludere quanto segue.

GRAFICI DI $y = -f(x)$ E $y = f(-x)$

- Il grafico della funzione $y = -f(x)$ è il simmetrico rispetto all'asse x del grafico di $y = f(x)$.
- Il grafico della funzione $y = f(-x)$ è il simmetrico rispetto all'asse y del grafico di $y = f(x)$.

ESEMPI **Dal grafico di $y = f(x)$ ai grafici di $y = -f(x)$ e $y = f(-x)$**

A partire, rispettivamente, dai grafici di $y = x^2$ e $y = \sqrt{x}$, deduciamo i grafici delle seguenti funzioni:

a. $y = -x^2$ **b.** $y = \sqrt{-x}$

a. La funzione alla quale fare riferimento è $y = f(x) = x^2$. Il grafico di $y = -x^2$, cioè di $y = -f(x)$, è il **simmetrico rispetto all'asse** x del grafico di $y = x^2$.

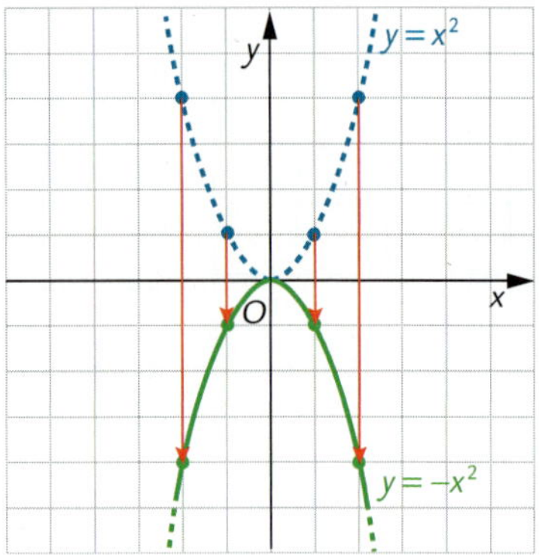

b. Notiamo anzitutto che la funzione è definita in corrispondenza di tutti i numeri reali x tali che $-x \geq 0$, ossia per $x \leq 0$. Partiamo dal grafico della funzione $y = f(x) = \sqrt{x}$. Il grafico di $y = \sqrt{-x}$, cioè di $y = f(-x)$, è il **simmetrico rispetto all'asse** y del grafico di $y = \sqrt{x}$.

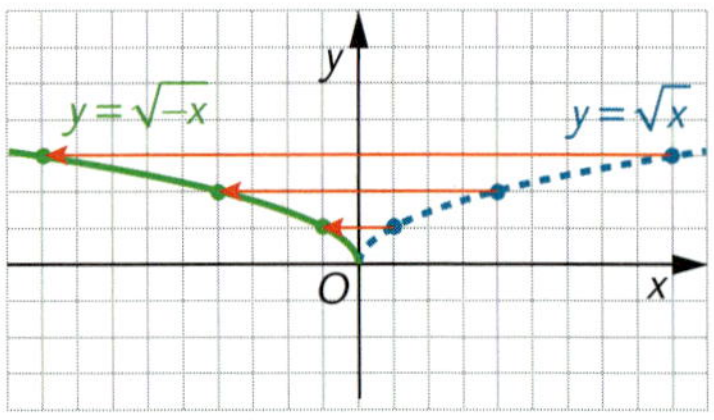

Mediante opportune simmetrie è possibile dedurre, a partire dal grafico della funzione $y = f(x)$, anche i grafici delle funzioni di equazioni:

$$y = |f(x)| \quad \text{e} \quad y = f(|x|)$$

Consideriamo anzitutto il caso della funzione $y = |f(x)|$; in base alla definizione di valore assoluto si ha:

$$y = |f(x)| = \begin{cases} f(x) & \text{se} \quad f(x) \geq 0 \\ -f(x) & \text{se} \quad f(x) < 0 \end{cases}$$

Dunque il grafico di $y = |f(x)|$:

- coincide con quello di $y = f(x)$ quando $f(x) \geq 0$, cioè quando il grafico di $y = f(x)$ ha ordinate positive o nulle;
- coincide con il grafico di $y = -f(x)$ (simmetrico del precedente rispetto all'asse x) quando $f(x) < 0$, cioè quando il grafico di $y = f(x)$ ha ordinate negative.

Possiamo allora concludere quanto segue.

GRAFICO DI $y = |f(x)|$

Il grafico della funzione $y = |f(x)|$ si può ottenere tracciando:

a. la parte del grafico di $y = f(x)$ che ha ordinate positive o nulle;

b. la simmetrica rispetto all'asse x della parte del grafico di $y = f(x)$ che ha ordinate negative.

ESEMPIO **Dal grafico di $y = f(x)$ a quello di $y = |f(x)|$**

Tracciamo il grafico della funzione $y = |x - 2|$.

Dobbiamo tracciare il grafico di $y = |f(x)|$, dove $f(x) = x - 2$.
Disegniamo anzitutto il grafico della funzione $y = f(x)$, cioè di $y = x - 2$, e da esso deduciamo il grafico di $y = |x - 2|$, come indicato nelle didascalie delle seguenti figure.

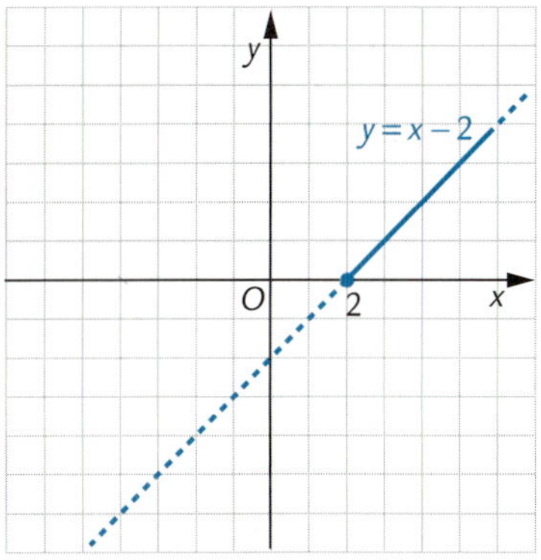

Il grafico della funzione $y = x - 2$: in linea continua la parte del grafico avente ordinate positive o nulle, in linea tratteggiata quella avente ordinate negative.

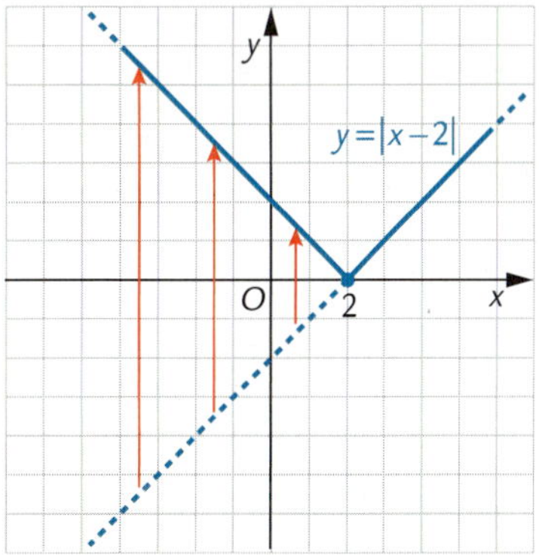

Il grafico della funzione $y = |x - 2|$ è costituito dalla parte del grafico di $y = x - 2$ i cui punti hanno ordinate positive o nulle (cioè la semiretta in linea continua nella prima figura) e dalla simmetrica rispetto all'asse x della semiretta i cui punti hanno ordinate negative (quella in linea tratteggiata nella prima figura).

Esaminiamo infine il caso della funzione di equazione $y = f(|x|)$.
Ricordando che $|x| = x$ se $x \geq 0$, mentre $|x| = -x$ se $x < 0$, deduciamo che:

$$y = f(|x|) = \begin{cases} f(x) & \text{se} \quad x \geq 0 \\ f(-x) & \text{se} \quad x < 0 \end{cases}$$

Tenendo ora presente, come detto, che il grafico di $y = f(-x)$ è il simmetrico rispetto all'asse y del grafico di $y = f(x)$, possiamo concludere quanto segue.

GRAFICO DI $y = f(|x|)$

Il grafico della funzione $y = f(|x|)$ si può ottenere tracciando:

a. la parte del grafico di $y = f(x)$ che ha ascisse positive o nulle;

b. la simmetrica rispetto all'asse y della parte del grafico di $y = f(x)$ tracciata al punto precedente.

ESEMPIO Dal grafico di $y = f(x)$ a quello di $y = f(|x|)$

Tracciamo il grafico della funzione:

$$y = 2|x| - 1$$

Dobbiamo tracciare il grafico di $y = f(|x|)$, dove $f(x) = 2x - 1$.
Tracciamo anzitutto il grafico della funzione $y = f(x)$, cioè di $y = 2x - 1$, e da esso deduciamo il grafico di $y = 2|x| - 1$, come indicato nelle didascalie delle seguenti figure.

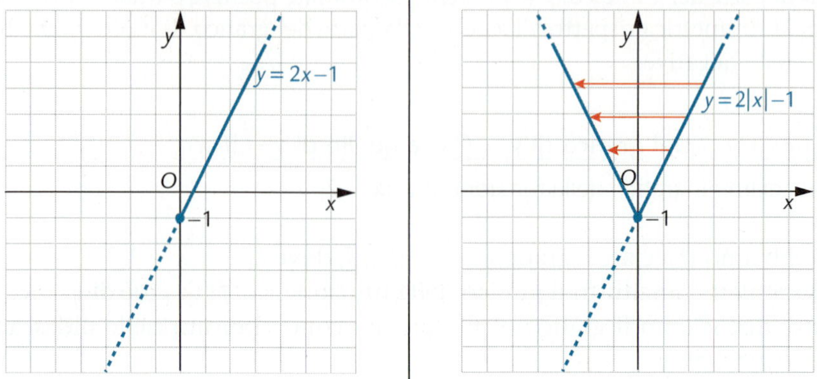

Il grafico della funzione $y = 2x - 1$: in linea continua la semiretta i cui punti hanno ascisse $x \geq 0$ e in linea tratteggiata quella i cui punti hanno ascisse $x < 0$.

Il grafico della funzione $y = 2|x| - 1$ è costituito dalla semiretta i cui punti hanno ascisse $x \geq 0$ nel grafico di $y = 2x - 1$ e dalla sua simmetrica rispetto all'asse y.

Le traslazioni e i grafici

Consideriamo anzitutto il caso di una funzione di equazione:

$$y = f(x + a), \text{ con } a > 0$$

L'equazione $y = f(x + a)$ si può ottenere da $y = f(x)$ mediante le sostituzioni:

$$x \to x + a \quad \text{e} \quad y \to y$$

Riconoscendo che queste sostituzioni corrispondono alla traslazione di vettore $\vec{v}(-a, 0)$ e tenendo conto che stiamo supponendo $a > 0$, possiamo concludere che il grafico della funzione $y = f(x + a)$ si può ottenere da quello della funzione $y = f(x)$ mediante una traslazione orizzontale di a unità **a sinistra**.

Ragionamenti analoghi si possono effettuare a proposito della funzione di equazione

$$y = f(x - a), \text{ con } a > 0$$

L'unica differenza è che questa volta bisognerà traslare il grafico di $y = f(x)$ di a unità **a destra**.

GRAFICI DI $y = f(x + a)$ E $y = f(x - a)$, CON $a > 0$

a. Il grafico di $y = f(x + a)$, con $a > 0$, è **traslato orizzontalmente** di a unità **a sinistra** rispetto al grafico di $y = f(x)$.

b. Il grafico di $y = f(x - a)$, con $a > 0$, è **traslato orizzontalmente** di a unità **a destra** rispetto al grafico di $y = f(x)$.

ESEMPIO **Dal grafico di $y = f(x)$ a quello di $y = f(x - a)$**

A partire dal grafico di $y = x^2$ deduciamo il grafico della funzione $y = (x - 2)^2$.

In base a quanto abbiamo osservato poc'anzi, il grafico della funzione $y = (x - 2)^2$ è traslato di 2 unità *a destra* rispetto al grafico di $y = x^2$.

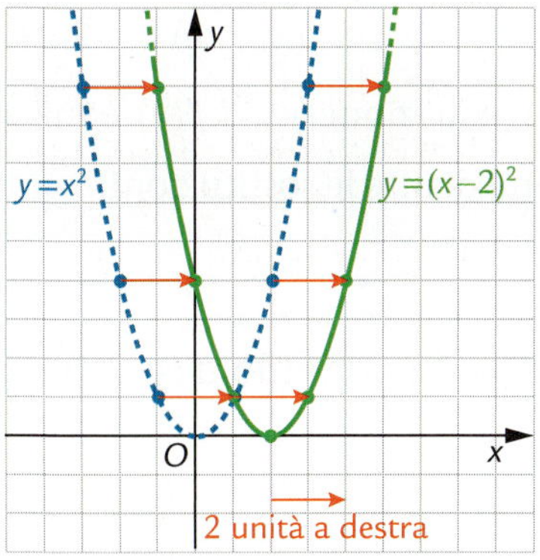

Anche i grafici delle funzioni di equazione

$$y = f(x) + b, \text{ con } b > 0$$

possono essere dedotti da quello di $y = f(x)$ mediante un'opportuna traslazione. L'equazione $y = f(x) + b$ equivale infatti a $y - b = f(x)$, quindi la si può ottenere da $y = f(x)$ mediante le sostituzioni:

$$x \to x \quad \text{e} \quad y \to y - b$$

Riconoscendo che queste sostituzioni corrispondono alla traslazione di vettore $\vec{v}(0, b)$ e tenendo conto che stiamo supponendo $b > 0$, possiamo concludere che il grafico della funzione $y = f(x) + b$ si può ottenere da quello della funzione $y = f(x)$ mediante una traslazione verticale di b unità **verso l'alto**.
Ragionamenti analoghi si possono effettuare a proposito della funzione di equazione

$$y = f(x) - b, \text{ con } b > 0$$

L'unica differenza è che questa volta bisognerà traslare il grafico di $y = f(x)$ di b unità **verso il basso**.

GRAFICI DI $y = f(x) + b$ E $y = f(x) - b$, CON $b > 0$

a. Il grafico di $y = f(x) + b$, con $b > 0$, è **traslato** verticalmente di b unità **verso l'alto** rispetto al grafico di $y = f(x)$.

b. Il grafico di $y = f(x) - b$, con $b > 0$, è **traslato** verticalmente di b unità **verso il basso** rispetto al grafico di $y = f(x)$.

ESEMPIO **Dal grafico di $y = f(x)$ a quello di $y = f(x) + b$**

A partire dal grafico di $y = x^2$ deduciamo il grafico della funzione $y = x^2 + 3$.

In base a quanto abbiamo osservato poc'anzi, il grafico della funzione $y = x^2 + 3$ è traslato verticalmente di 3 unità *verso l'alto* rispetto al grafico di $y = x^2$.

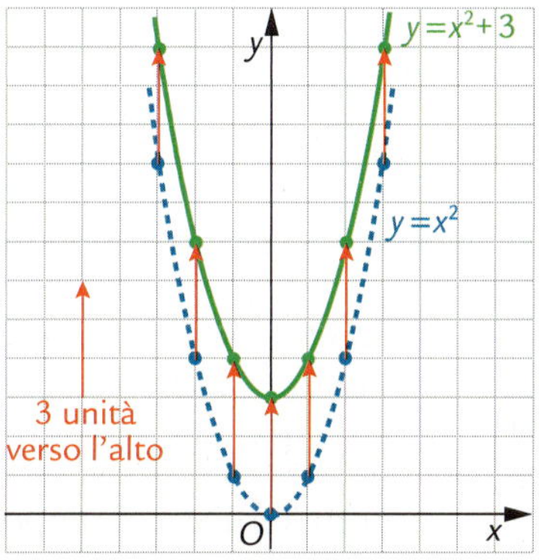

Le dilatazioni e i grafici

Supponiamo di voler tracciare, a partire dal grafico di $y = f(x)$, il grafico di una funzione di equazione:

$$y = kf(x), \text{ con } k \in \mathbf{R} \text{ e } k \neq 0$$

L'equazione $y = kf(x)$ equivale a $\frac{y}{k} = f(x)$, quindi si può ottenere da $y = f(x)$ mediante le sostituzioni:

$$x \to x \quad \text{e} \quad y \to \frac{y}{k}$$

Queste sostituzioni corrispondono a una dilatazione **verticale** di rapporto k.

GRAFICO DI $y = kf(x)$

Il grafico di $y = kf(x)$ è **dilatato verticalmente** di un fattore k rispetto al grafico di $y = f(x)$.

Ragionamenti analoghi si possono effettuare a proposito di una funzione di equazione

$$y = f(hx), \text{ con } h \in \mathbf{R} \text{ e } h \neq 0$$

L'equazione $y = f(hx)$ si può ottenere da $y = f(x)$ mediante le sostituzioni:

$$x \to hx \quad \text{e} \quad y \to y$$

che corrispondono a una dilatazione **orizzontale** di rapporto $\frac{1}{h}$.

GRAFICO DI $y = f(hx)$

Il grafico di $y = f(hx)$ è **dilatato orizzontalmente** di un fattore $\frac{1}{h}$ rispetto al grafico di $y = f(x)$.

ESEMPI **Dal grafico di $y = f(x)$ a quelli di $y = kf(x)$ e $y = f(hx)$**

Dato il grafico della funzione $y = f(x)$ disegnato in figura, deduciamo i grafici delle due funzioni:

a. $y = \frac{1}{2}f(x)$ **b.** $y = f(2x)$

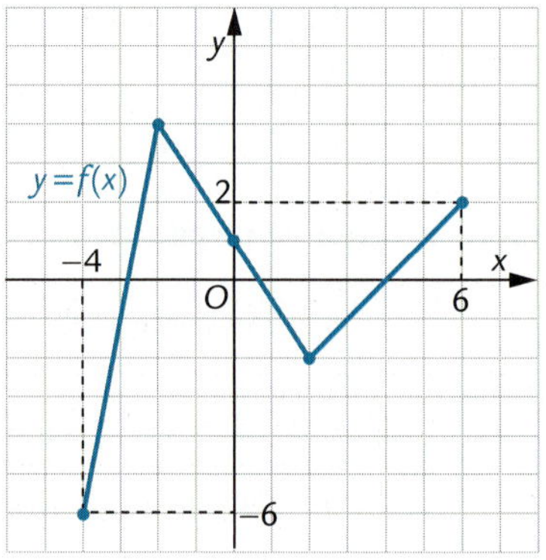

a. In base a quanto abbiamo osservato, il grafico della funzione

$$y = \frac{1}{2}f(x)$$

si può ottenere dal grafico di $y = f(x)$ effettuando su quest'ultimo una dilatazione *verticale* di rapporto $\frac{1}{2}$.

Si tratta, in pratica, di dimezzare le ordinate dei punti del grafico di $y = f(x)$ e costruire il grafico che passa per i punti aventi «ordinata dimezzata» (**fig. 5.9**).

b. In base a quanto abbiamo osservato, il grafico della funzione

$y = f(2x)$

si può ottenere dal grafico di $y = f(x)$ effettuando su quest'ultimo una dilatazione *orizzontale* di rapporto $\frac{1}{2}$.

Si tratta, in pratica, di dimezzare le ascisse dei punti del grafico di $y = f(x)$ e costruire il grafico che passa per i punti aventi «ascissa dimezzata» (**fig. 5.10**).

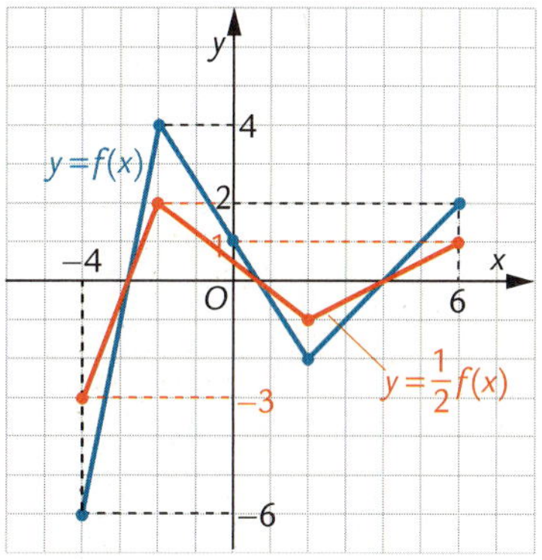

Figura 5.9

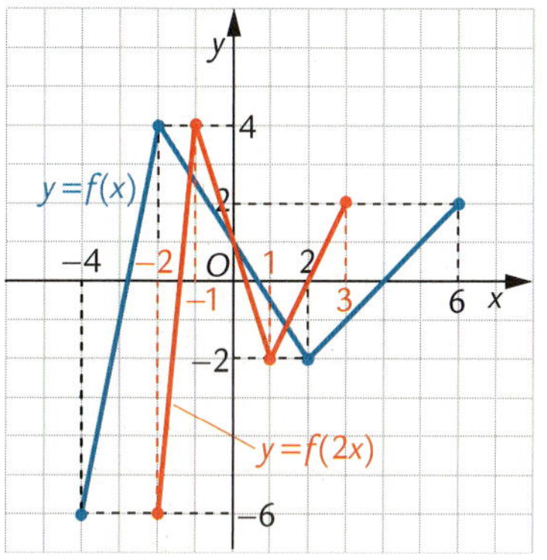

Figura 5.10

Uno sguardo d'insieme

Per tracciare il grafico di	Traccia il grafico di $y = f(x)$ e .....
$y = -f(x)$	simmetrizza il grafico rispetto all'asse x.
$y = f(-x)$	simmetrizza il grafico rispetto all'asse y.
$y = \|f(x)\|$	simmetrizza rispetto all'asse x la parte del grafico che ha ordinate negative.
$y = f(\|x\|)$	simmetrizza rispetto all'asse y la parte del grafico che ha ascisse positive.
$y = f(x + a)$, con $a > 0$	trasla orizzontalmente il grafico di a unità a sinistra.
$y = f(x - a)$, con $a > 0$	trasla orizzontalmente il grafico di a unità a destra.
$y = f(x) + b$, con $b > 0$	trasla verticalmente il grafico di b unità verso l'alto.
$y = f(x) - b$, con $b > 0$	trasla verticalmente il grafico di b unità verso il basso.
$y = k \cdot f(x)$, con $k \neq 0$	dilata verticalmente il grafico del fattore k.
$y = f(hx)$, con $h \neq 0$	dilata orizzontalmente il grafico del fattore $\frac{1}{h}$.

Figure dinamiche

Puoi esplorare gli effetti delle trasformazioni sul grafico di una funzione tramite le figure dinamiche disponibili on-line.

A volte per tracciare il grafico di una funzione occorre combinare molte di queste tecniche, come mostriamo nel prossimo esempio.

ESEMPIO Grafico deducibile applicando più trasformazioni

Tracciamo il grafico della funzione $y = |2 - |x + 1||$.

Il grafico della funzione data si può ottenere mediante opportune trasformazioni dal grafico di $y = |x|$. Le trasformazioni da eseguire sono, nell'ordine, le seguenti:

- dal grafico di $y = |x|$ si può dedurre il grafico di $y = |x + 1|$, mediante una traslazione orizzontale di una unità a sinistra;
- dal grafico di $y = |x + 1|$ si può dedurre il grafico di $y = -|x + 1|$, mediante una simmetria rispetto all'asse x;
- dal grafico di $y = -|x + 1|$ si può dedurre il grafico di $y = 2 - |x + 1|$, mediante una traslazione verticale di 2 unità verso l'alto;
- dal grafico di $y = 2 - |x + 1|$ si può dedurre il grafico di $y = |2 - |x + 1||$ simmetrizzando rispetto all'asse x le parti aventi ordinate negative.

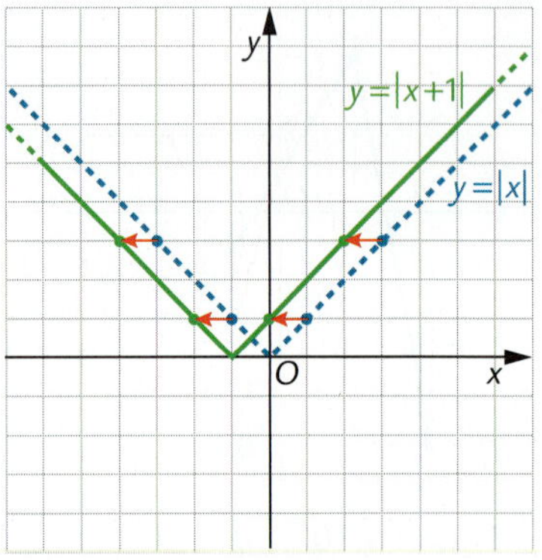

Traslando di 1 unità a sinistra.

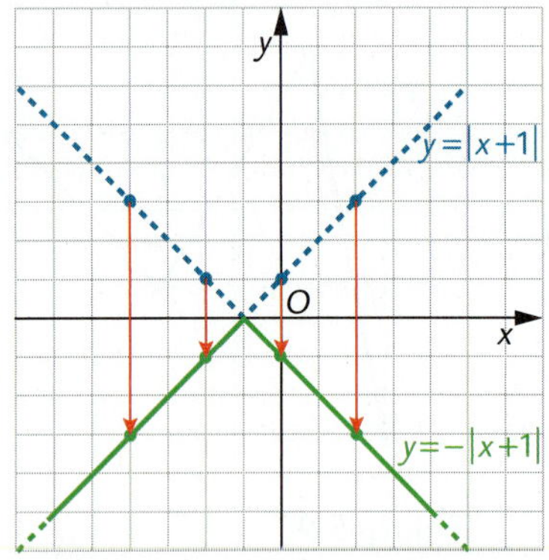

Effettuando una simmetria rispetto all'asse x.

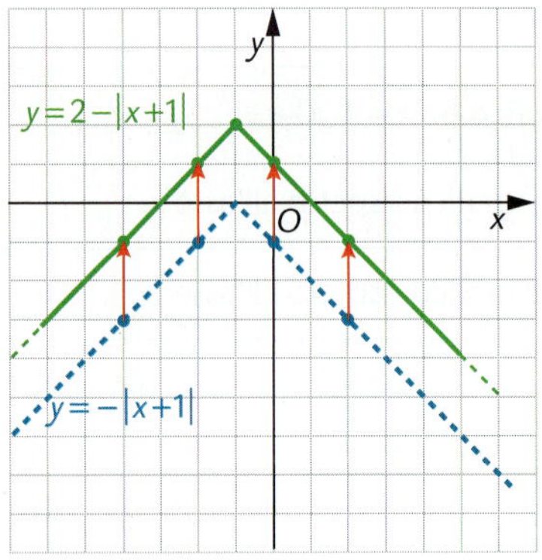

Traslando di 2 unità verso l'alto.

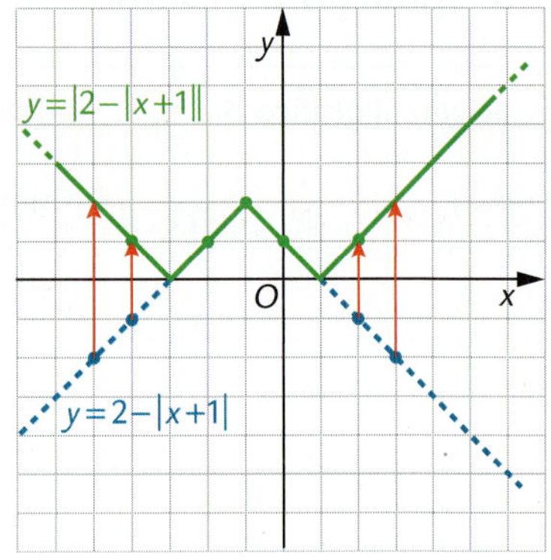

Simmetrizzando rispetto all'asse x le parti aventi ordinate negative.

Prova tu

ESERCIZI a p. 233

A partire dai grafici delle funzioni:

$$y = |x|, \quad y = x^2, \quad y = x^3, \quad y = \frac{1}{x}, \quad y = \sqrt{x} \quad \text{e} \quad y = \sqrt[3]{x}$$

deduci i grafici delle seguenti funzioni:

1. $y = 3 - |x|$

2. $y = (x - 2)^2 - 1$

3. $y = \sqrt{|x| - 5}$

4. $y = \sqrt[3]{x - 2} - 1$

5. $y = -\frac{1}{|x|}$

6. $y = 2 - (x - 2)^3$

7. $y = |3 - |x - 2||$

SINTESI

Formule e proprietà importanti

Trasformazione	Equazioni della trasformazione	Sostituzioni da effettuare nell'equazione di una curva per ottenere l'equazione della curva corrispondente nella trasformazione
Simmetria rispetto al punto $C(x_0, y_0)$	$\begin{cases} x' = 2x_0 - x \\ y' = 2y_0 - y \end{cases}$	$x \to 2x_0 - x \quad y \to 2y_0 - y$
Simmetria rispetto alla retta $y = y_0$	$\begin{cases} x' = x \\ y' = 2y_0 - y \end{cases}$	$x \to x \quad y \to 2y_0 - y$
Simmetria rispetto alla retta $x = x_0$	$\begin{cases} x' = 2x_0 - x \\ y' = y \end{cases}$	$x \to 2x_0 - x \quad y \to y$
Simmetria rispetto alla retta $y = x$	$\begin{cases} x' = y \\ y' = x \end{cases}$	$x \to y \quad y \to x$
Simmetria rispetto alla retta $y = -x$	$\begin{cases} x' = -y \\ y' = -x \end{cases}$	$x \to -y \quad y \to -x$
Traslazione di vettore $\vec{v}(a, b)$	$\begin{cases} x' = x + a \\ y' = y + b \end{cases}$	$x \to x - a \quad y \to y - b$
Dilatazione con centro nell'origine di rapporti h e k	$\begin{cases} x' = hx \\ y' = ky \end{cases}$	$x \to \dfrac{x}{h} \quad y \to \dfrac{y}{k}$ Se $h = k$, la dilatazione è un'omotetia.

CONOSCENZE E ABILITÀ

1. Simmetrie centrali

TEORIA a p. 205

Le equazioni della simmetria centrale

Test

1 Quale delle seguenti equazioni **non** rappresenta una simmetria centrale?

A $\begin{cases} x' = -x \\ y' = 2 - y \end{cases}$

B $\begin{cases} x' = 1 - x \\ y' = -y \end{cases}$

C $\begin{cases} x' = 1 + x \\ y' = 2 - y \end{cases}$

D $\begin{cases} x' = -x + 3 \\ y' = 2 - y \end{cases}$

2 Quale delle seguenti equazioni rappresenta una simmetria centrale avente centro nel punto $P(-1, 1)$?

A $\begin{cases} x' = -2 - x \\ y' = 2 - y \end{cases}$

B $\begin{cases} x' = -2 + x \\ y' = 2 - y \end{cases}$

C $\begin{cases} x' = 2 - x \\ y' = -2 - y \end{cases}$

D $\begin{cases} x' = 2 - x \\ y' = -2 + y \end{cases}$

3 Vero o falso?

a. il simmetrico del punto $P(-3, -4)$ rispetto all'origine ha coordinate $P(4, 3)$ T F

b. la simmetria avente centro in $P(2, -3)$ ha equazioni $\begin{cases} x' = 2 - x \\ y' = -3 - y \end{cases}$ T F

c. ogni simmetria centrale è un'isometria T F

d. la trasformazione di equazioni $\begin{cases} x' = -x \\ y' = 6 - y \end{cases}$ non è una simmetria centrale T F

e. la simmetria di equazioni $\begin{cases} x' = 4 - x \\ y' = -y \end{cases}$ ha centro nel punto di coordinate $(2, 0)$ T F

[2 affermazioni vere e 3 false]

4 Determina le equazioni della simmetria centrale che trasforma il punto $A(-1, 3)$ nel punto $B(4, 5)$.
(*Suggerimento*: il centro della simmetria è il punto medio di AB) $\left[\begin{cases} x' = 3 - x \\ y' = 8 - y \end{cases}\right]$

5 Determina le equazioni della simmetria centrale che trasforma il punto $A(1, -3)$ nel punto $B(2, 1)$. $\left[\begin{cases} x' = 3 - x \\ y' = -2 - y \end{cases}\right]$

6 Il punto $A'(3, 4)$ è il corrispondente di $A(-1, 0)$ in una simmetria centrale. Determina le equazioni della simmetria. $\left[\begin{cases} x' = 2 - x \\ y' = 4 - y \end{cases}\right]$

Determina il punto A' simmetrico del punto A rispetto a P.

7 $A(-1, 5)$; $P\left(\frac{1}{2}, \frac{3}{2}\right)$ $[A'(2, -2)]$

8 $A(1, 3)$; $P\left(-\frac{1}{2}, -\frac{3}{2}\right)$ $[A'(-2, -6)]$

9 $A(2, -3)$; $P(3, -1)$ $[A'(4, 1)]$

10 $A(-3, 4)$; $P\left(-4, -\frac{5}{2}\right)$ $[A'(-5, -9)]$

11 Di un parallelogramma $ABCD$ si conoscono i due vertici $A(0, 1)$, $B(3, 2)$ e il punto di intersezione delle diagonali, $M\left(\frac{3}{2}, \frac{5}{2}\right)$. Determina i vertici C e D del parallelogramma. $[C(3, 4); D(0, 3)]$

12 Di un parallelogramma $ABCD$ si conoscono i tre vertici $A(-3, -4)$, $B(0, -1)$, $C(2, 5)$. Determina il vertice D del parallelogramma. $[D(-1, 2)]$

Determina il triangolo $A'B'C'$, simmetrico rispetto al punto P del triangolo ABC di cui sono dati i vertici. Rappresenta ABC e $A'B'C'$ e verifica che hanno lo stesso perimetro e la stessa area.

13 $A(-1, 1)$, $B(1, 0)$, $C(2, 2)$ $P \equiv O$ $\left[\text{Perimetro} = 2\sqrt{5} + \sqrt{10}; \text{Area} = \frac{5}{2}\right]$

14 $A(-2, 0)$, $B(4, 0)$, $C(2, 2)$ $P(0, 1)$ $[\text{Perimetro} = 2\sqrt{5} + 2\sqrt{2} + 6; \text{Area} = 6]$

15 $A(-3, 0)$, $B(2, 1)$, $C(-1, 2)$ $P(1, 1)$ $[\text{Perimetro} = 2\sqrt{2} + \sqrt{10} + \sqrt{26}; \text{Area} = 4]$

16 $A(-2, 0)$, $B(2, 3)$, $C(2, -2)$ $P(-1, 2)$ $[\text{Perimetro} = 2\sqrt{5} + 10; \text{Area} = 10]$

17 È dato il punto $A(1, 2)$. Sia B il simmetrico di A rispetto all'origine e C il simmetrico di A rispetto al punto $P(-1, 3)$. Determina perimetro e area del triangolo ABC. $[\text{Perimetro} = 4\sqrt{5} + 2\sqrt{10}; \text{Area} = 10]$

18 Dato il punto $A(-2, 3)$, sia B il simmetrico di A rispetto a $P(2, 0)$ e C il simmetrico di A rispetto al punto $Q(-1, 1)$. Determina perimetro e area del triangolo ABC. $[\text{Perimetro} = 2\sqrt{5} + 2\sqrt{10} + 10; \text{Area} = 10]$

19 I triangoli ABC e $A'B'C'$, di vertici $A(-2, 6)$, $B(0, 1)$, $C(2, -1)$ e $A'(1, -4)$, $B'(-1, 1)$, $C'(-3, 3)$, si corrispondono in una simmetria centrale? $\left[\text{Sì, nella simmetria di equazioni: } \begin{cases} x' = -1 - x \\ y' = 2 - y \end{cases}\right]$

L'equazione della curva simmetrica di una curva assegnata

Determina l'equazione della curva γ', simmetrica di γ rispetto al punto P.

20 $\gamma: x + y - 1 = 0$ $P(-1, 4)$ $[x + y - 5 = 0]$

21 $\gamma: x + 2y - 3 = 0$ $P(1, -2)$ $[x + 2y + 9 = 0]$

22 $\gamma: y = x^2$ $P\left(-\frac{1}{2}, \frac{1}{2}\right)$ $[y = -x^2 - 2x]$

23 $\gamma: x^2 + y^2 = 4$ $P(-1, 1)$ $[x^2 + y^2 + 4x - 4y + 4 = 0]$

24 Sia r la retta di equazione $y = 4x + 1$ ed s la sua simmetrica rispetto al punto $A(-1, 3)$; verifica che r ed s sono parallele e calcola la loro distanza. $\left[s: 4x - y + 13 = 0; \frac{12\sqrt{17}}{17}\right]$

25 Verifica che la curva di equazione $x^2 + 4y^2 - 2x - 8y + 1 = 0$ ha centro di simmetria nel punto $P(1, 1)$.
(*Suggerimento*: devi dimostrare che applicando la simmetria di centro P all'equazione della curva, essa si trasforma in se stessa)

26 Verifica che la curva di equazione $xy + 3y - 2x = 0$ ha centro di simmetria nel punto $P(-3, 2)$.

Esercizi riassuntivi sulle simmetrie centrali

27 Determina per quali valori di a il simmetrico del punto $A(a, a)$ rispetto a $P\left(\frac{1}{2}, \frac{3}{2}\right)$ dista $2\sqrt{5}$ dall'origine del sistema di riferimento. $[a = -1 \vee a = 5]$

28 Determina per quale valore di a la retta r', simmetrica della retta r di equazione $x + 2y - 1 = 0$ rispetto al punto $A(a, a)$, passa per il punto $P(4, 4)$. $\left[a = \frac{13}{6}\right]$

29 Determina per quale valore di m la retta simmetrica rispetto al punto $P(-1, 1)$ della retta di equazione $y = mx + 1$ passa per il punto $Q(3, 3)$. $\left[m = \frac{2}{5}\right]$

30 Dato il fascio di rette di equazione $x + y + k = 0$, trova la relazione che deve sussistere tra k_1 e k_2 in modo che le due rette del fascio corrispondenti a tali valori di k siano simmetriche rispetto al punto $P(-1, 2)$. $[k_1 + k_2 = -2]$

31 Determina le equazioni delle due rette r ed r', parallele alla retta di equazione $y = 2x$ e distanti $2\sqrt{5}$ dall'origine. Individua poi un punto P rispetto al quale le due rette r ed r' sono simmetriche. Il punto P è unico o ne esistono infiniti?
[r ed r': $y = 2x \pm 10$;
si può scegliere per esempio $P \equiv O$,
ma ci sono infiniti altri punti rispetto
ai quali r ed r' sono simmetriche: quali?]

32 Dato il triangolo ABC, di vertici $A(-3, 0)$, $B(3, 0)$ e $C(0, 6)$, siano A', B', C' rispettivamente i simmetrici di A, B, C rispetto al baricentro G del triangolo ABC. L'intersezione dei due triangoli ABC e $A'B'C'$ è un esagono. Determina l'area e il perimetro dell'esagono.
[Perimetro $= 4 + 4\sqrt{5}$;
Area $= 12$]

2. Simmetrie assiali

TEORIA a p. 208

Simmetrie assiali con assi paralleli agli assi cartesiani o coincidenti con le bisettrici

Test

33 Quale delle seguenti equazioni **non** rappresenta una simmetria assiale?

A $\begin{cases} x' = x \\ y' = 2 - y \end{cases}$ B $\begin{cases} x' = -x \\ y' = 2 - y \end{cases}$ C $\begin{cases} x' = 1 - x \\ y' = y \end{cases}$ D $\begin{cases} x' = -y \\ y' = -x \end{cases}$

34 Quale delle seguenti equazioni rappresenta la simmetria rispetto alla retta di equazione $y = 1$?

A $\begin{cases} x' = -x \\ y' = 2 - y \end{cases}$ B $\begin{cases} x' = 2 - x \\ y' = y \end{cases}$ C $\begin{cases} x' = x \\ y' = 2 - y \end{cases}$ D $\begin{cases} x' = 2 - x \\ y' = -y \end{cases}$

35 **Vero o falso?**

a. il simmetrico del punto $P(3, -2)$ rispetto alla retta di equazione $y = \frac{3}{2}$ è il punto $P'(3, 5)$ V F

b. esistono delle simmetrie assiali che non sono isometrie V F

c. ogni retta parallela all'asse y è unita nella simmetria di equazioni $\begin{cases} x' = x \\ y' = -2 - y \end{cases}$ V F

d. il simmetrico di $P(x, y)$ rispetto alla bisettrice del secondo e del quarto quadrante è $P'(-y, x)$ V F

e. le equazioni $\begin{cases} x' = -4 - x \\ y' = y \end{cases}$ rappresentano la simmetria rispetto alla retta di equazione $x = -2$ V F

[3 affermazioni vere e 2 false]

36 Scrivi le equazioni della simmetria che trasforma il punto $P(-2, -1)$ nel punto $P'(-2, 3)$, sapendo che l'asse di simmetria è parallelo all'asse x. $[x' = x, y' = 2 - y]$

37 Scrivi le equazioni della simmetria che trasforma il punto $P(-3, 4)$ nel punto $P'(6, 4)$, sapendo che l'asse di simmetria è parallelo all'asse y. $[x' = 3 - x, y' = y]$

38 Determina le coordinate del punto simmetrico di $P\left(\frac{1}{2}, \frac{3}{2}\right)$ rispetto:

a. all'asse x **b.** all'asse y **c.** alla retta di equazione $x = \frac{1}{2}$ **d.** alla retta di equazione $y = -2$
e. alla bisettrice del secondo e del quarto quadrante

$\left[\mathbf{a.}\left(\frac{1}{2}, -\frac{3}{2}\right); \mathbf{b.}\left(-\frac{1}{2}, \frac{3}{2}\right); \mathbf{c.}\left(\frac{1}{2}, \frac{3}{2}\right); \mathbf{d.}\left(\frac{1}{2}, -\frac{11}{2}\right); \mathbf{e.}\left(-\frac{3}{2}, -\frac{1}{2}\right)\right]$

39 Determina le coordinate del punto simmetrico di $P(-1, 2)$ rispetto:

a. all'asse x **b.** all'asse y **c.** alla retta di equazione $x = -3$ **d.** alla retta di equazione $y = 2$
e. alla bisettrice del primo e del terzo quadrante [**a.** $(-1, -2)$; **b.** $(1, 2)$; **c.** $(-5, 2)$; **d.** $(-1, 2)$; **e.** $(2, -1)$]

40 È dato il triangolo di vertici $A(-1, 0)$, $B(1, -1)$, $C(2, 3)$. Determina le coordinate dei vertici del corrispondente di ABC:

a. nella simmetria rispetto all'asse x **b.** nella simmetria rispetto all'asse y
c. nella simmetria rispetto alla bisettrice del primo e del terzo quadrante

Disegna il triangolo ABC e i suoi corrispondenti nelle simmetrie considerate.
[**a.** $A'(-1, 0)$, $B'(1, 1)$, $C'(2, -3)$; **b.** $A''(1, 0)$, $B''(-1, -1)$, $C''(-2, 3)$; **c.** $A'''(0, -1)$, $B'''(-1, 1)$, $C'''(3, 2)$]

41 È dato il triangolo di vertici $A(1, 0)$, $B(-1, 1)$, $C(-2, 3)$. Determina le coordinate dei vertici del corrispondente di ABC:

a. nella simmetria rispetto alla retta di equazione $x = -2$
b. nella simmetria rispetto alla retta di equazione $y = -3$
c. nella simmetria rispetto alla bisettrice del secondo e del quarto quadrante

Disegna il triangolo ABC e i suoi corrispondenti nelle simmetrie considerate.
[**a.** $A'(-5, 0)$, $B'(-3, 1)$, $C'(-2, 3)$; **b.** $A''(1, -6)$, $B''(-1, -7)$, $C''(-2, -9)$; **c.** $A'''(0, -1)$, $B'''(-1, 1)$, $C'''(-3, 2)$]

42 È dato il punto $P(2, 1)$. Siano A, B e C il simmetrico di P rispetto all'asse x, rispetto all'asse y e rispetto alla bisettrice del primo e del terzo quadrante. Determina il perimetro e l'area del triangolo ABC.
[$A(2, -1)$, $B(-2, 1)$, $C(1, 2)$; Perimetro $= 2\sqrt{10} + 2\sqrt{5}$; Area $= 5$]

43 È dato il punto $P(2, 1)$. Siano A, B e C il simmetrico di P rispetto alla retta di equazione $x = -1$, rispetto alla retta di equazione $y = -1$ e rispetto alla bisettrice del primo e del terzo quadrante. Determina il perimetro e l'area del triangolo ABC. [$A(-4, 1)$, $B(2, -3)$, $C(1, 2)$; Perimetro $= 2\sqrt{26} + 2\sqrt{13}$; Area $= 13$]

44 Considera il triangolo ABC di vertici $A(-2, 1)$, $B(1, 1)$ e $C(3, 2)$. Determina i vertici del triangolo $A'B'C'$ corrispondente di ABC nella simmetria rispetto all'asse x e i vertici del triangolo $A''B''C''$ corrispondente di $A'B'C'$ nella simmetria rispetto all'asse y. In quale simmetria **centrale** si corrispondono i due triangoli ABC e $A''B''C''$?

45 Considera il triangolo ABC di vertici $A(2, -1)$, $B(-1, -1)$ e $C(-3, -2)$. Determina i vertici del triangolo $A'B'C'$ corrispondente di ABC nella simmetria rispetto alla retta di equazione $y = 2$ e i vertici del triangolo $A''B''C''$ corrispondente di $A'B'C'$ nella simmetria rispetto alla retta di equazione $x = 1$. In quale simmetria **centrale** si corrispondono i due triangoli ABC e $A''B''C''$?

Equazione della curva corrispondente in una simmetria assiale di una curva assegnata

46 Determina l'equazione della retta simmetrica di quella di equazione $2x - y = 0$ rispetto:

a. all'asse x
b. all'asse y
c. alla retta di equazione $y = 1$
d. alla retta di equazione $x = -1$
e. alla bisettrice del primo e del terzo quadrante

[**a.** $2x + y = 0$; **b.** $2x + y = 0$; **c.** $2x + y - 2 = 0$; **d.** $2x + y + 4 = 0$; **e.** $2y - x = 0$]

47 Determina l'equazione della parabola simmetrica di quella di equazione $y = x^2$ rispetto:

a. all'asse x
b. all'asse y
c. alla retta di equazione $y = 2$
d. alla retta di equazione $x = -3$
e. alla bisettrice del secondo e del quarto quadrante

[**a.** $y = -x^2$; **b.** $y = x^2$; **c.** $y = -x^2 + 4$; **d.** $y = (x + 6)^2$; **e.** $x = -y^2$]

48 Determina l'equazione della curva simmetrica di quella di equazione $x^2 + y^2 - 2x - 1 = 0$ rispetto:

a. all'asse x **b.** all'asse y **c.** alla retta di equazione $y = -1$ **d.** alla retta di equazione $x = 2$
e. alla bisettrice del primo e del terzo quadrante [**a.** $x^2 + y^2 - 2x - 1 = 0$; **b.** $x^2 + y^2 + 2x - 1 = 0$; **c.** $x^2 + y^2 - 2x + 4y + 3 = 0$; **d.** $x^2 + y^2 - 6x + 7 = 0$; **e.** $x^2 + y^2 - 2y - 1 = 0$]

49 Verifica che la curva di equazione $2x^2 - 8x - y = 0$ è simmetrica rispetto alla retta di equazione $x = 2$.
(*Suggerimento*: devi dimostrare che la simmetria rispetto alla retta di equazione $x = 2$ trasforma la curva in se stessa)

50 Verifica che la curva di equazione $x^2y - 2xy + y - 1 = 0$ è simmetrica rispetto alla retta di equazione $x = 1$.

Esercizi riassuntivi sulle simmetrie assiali

51 Sia r la retta di equazione $y = -2x$ e siano r' ed r'' le rette simmetriche di r, rispettivamente, rispetto alle rette di equazione $y = 1$ e $x = 1$. Sia A il punto di intersezione di r' con l'asse y e siano B, C i punti di intersezione di r, rispettivamente, con r' ed r''. Determina il quarto vertice D del parallelogramma $ABCD$.

$$\left[A(0, 2);\ B\left(-\frac{1}{2}, 1\right);\ C(1, -2);\ D\left(\frac{3}{2}, -1\right)\right]$$

52 Sia r' la retta simmetrica di $r:\ y = -2x + 1$ rispetto alla bisettrice del primo e del terzo quadrante. Determina sulla retta r' un punto P tale che $\overline{PQ} = 2\sqrt{5}$, essendo Q il punto di intersezione di r ed r'.

$$\left[P_1\left(-\frac{11}{3}, \frac{7}{3}\right), P_2\left(\frac{13}{3}, -\frac{5}{3}\right)\right]$$

53 Considerato il fascio di rette di equazione:

$$kx + (1-k)y - 2 = 0$$

determina quale relazione deve sussistere tra k_1 e k_2 in modo che le due rette del fascio corrispondenti a questi valori di k risultino simmetriche rispetto alla generatrice del fascio parallela all'asse x. $[2k_1k_2 = k_1 + k_2]$

54 Scrivi le equazioni delle due rette, passanti per $P(0, 2)$ e simmetriche rispetto alla retta di equazione $y = 2$, che formano con la retta di equazione $x = 4$ un triangolo di area 8. $\left[y = \pm\frac{1}{2}x + 2\right]$

55 Considerato il fascio di rette di equazione $(k+1)x - 2ky + k - 3 = 0$, individua la retta del fascio la cui simmetrica rispetto alla generatrice parallela all'asse y passa per il punto $P(-2, 4)$. $[2x - 5y + 4 = 0]$

56 Determina le equazioni delle due rette r ed r' che intersecano l'asse y nel punto $P(0, 1)$ e distano $\sqrt{5}$ dal punto $Q(3, 0)$. Le due rette r ed r' si corrispondono in due simmetrie assiali; determina le equazioni degli assi di tali simmetrie.

$$\left[r \text{ ed } r'\text{: } y = -2x + 1 \text{ e } y = \frac{1}{2}x + 1\text{; assi delle simmetrie: } x + 3y - 3 = 0 \text{ e } 3x - y + 1 = 0\right]$$

3. Traslazioni

TEORIA a p. 211

Equazioni di una traslazione

57 Completa:

a. la traslazione di vettore $\vec{v}(a, b)$ ha equazioni $\begin{cases} x' = x + \ldots\ldots \\ y' = y + \ldots\ldots \end{cases}$

b. il corrispondente di $P(1, 3)$ nella traslazione di vettore $\vec{v}(-1, 0)$ è il punto $P'(\ldots\ldots, \ldots\ldots)$

c. per determinare l'equazione della curva corrispondente di una curva data nella traslazione di vettore $\vec{v}(a, b)$ occorre effettuare nell'equazione della curva le sostituzioni:

$x \to \ldots\ldots\ldots\ldots$ e $y \to \ldots\ldots\ldots\ldots$

d. la traslazione di equazioni $\begin{cases} x' = x - 2 \\ y' = y + 3 \end{cases}$ trasforma il punto $P(1, 3)$ nel punto $P'(\ldots\ldots, \ldots\ldots)$

58 **Vero o falso?**

a. la traslazione di vettore $\vec{v}(-2, 1)$ ha equazioni $\begin{cases} x' = x - 2 \\ y' = y + 1 \end{cases}$ V F

b. la trasformazione di equazioni $\begin{cases} x' = 2 + x \\ y' = 2 - y \end{cases}$ è una traslazione di vettore $\vec{v}(2, -2)$ V F

c. la traslazione che trasforma il punto $A(-2, -1)$ nel punto $A'(2, -1)$ trasforma il punto $B(-3, 1)$ nel punto $B'(1, 1)$ V F

d. il corrispondente di $P\left(-1, \frac{3}{2}\right)$ nella traslazione di vettore $\vec{v}(-1, 2)$ è $P'\left(0, \frac{7}{2}\right)$ V F

[2 affermazioni vere e 2 false]

59 Scrivi le equazioni della traslazione che trasforma il punto $A(1, -1)$ nel punto $B(-2, 4)$. Determina poi il corrispondente nella traslazione del punto $P(-6, -11)$.

$$\left[\begin{cases} x' = x - 3 \\ y' = y + 5 \end{cases};\ P'(-9, -6)\right]$$

60 Scrivi le equazioni della traslazione che trasforma il punto $A(2, 3)$ nel punto A', simmetrico di A rispetto all'origine.

$$\left[\begin{cases} x' = x - 4 \\ y' = y - 6 \end{cases}\right]$$

61 Scrivi le equazioni della traslazione che trasforma il punto $A(-3, -5)$ nel punto $B(-2, -8)$. Il punto $P'(11, 11)$ è il corrispondente nella traslazione di un punto P; quali sono le coordinate di P? $\left[\begin{cases} x' = x + 1 \\ y' = y - 3 \end{cases}; P'(10, 14)\right]$

62 Scrivi le equazioni della traslazione di vettore $\vec{v}(2, -3)$ e determina il corrispondente in tale traslazione del segmento AB, avente gli estremi nei punti $A(-2, 1)$ e $B(3, -1)$. Verifica che il punto medio di $A'B'$ è il corrispondente nella traslazione del punto medio di AB.

Determina i vertici del triangolo $A'B'C'$, corrispondente del triangolo ABC nella traslazione di vettore $\vec{v}$, e disegna i due triangoli ABC e $A'B'C'$. Verifica che ABC e $A'B'C'$ hanno lo stesso perimetro e la stessa area.

63 $A(-1, 2)$; $B(1, -1)$; $C(3, 2)$ $\vec{v}(-2, 1)$ [Perimetro $= 2\sqrt{13} + 4$; Area $= 6$]

64 $A(0, 2)$; $B(2, -1)$; $C(3, 1)$ $\vec{v}(1, -2)$ $\left[\text{Perimetro} = \sqrt{13} + \sqrt{10} + \sqrt{5}; \text{Area} = \frac{7}{2}\right]$

65 $A(-1, 2)$; $B(-3, -2)$; $C(0, 2)$ $\vec{v}(3, 0)$ [Perimetro $= 2\sqrt{5} + 6$; Area $= 2$]

66 $A(-1, 3)$; $B(2, 0)$; $C(0, -2)$ $\vec{v}(0, -1)$ [Perimetro $= 5\sqrt{2} + \sqrt{26}$; Area $= 6$]

67 È dato il quadrilatero $ABCD$ di vertici $A(-1, 0)$, $B(0, 1)$, $C(0, 2)$, $D(-1, 1)$. Dopo aver verificato che è un parallelogramma, determina i vertici del suo corrispondente $A'B'C'D'$ nella traslazione di vettore $\vec{v}(2, -2)$. Verifica che il centro del parallelogramma $A'B'C'D'$ è il corrispondente, nella traslazione, del centro di $ABCD$. [$A'(1, -2)$, $B'(2, -1)$, $C'(2, 0)$, $D'(1, -1)$]

68 Verifica che il quadrilatero $ABCD$ di vertici $A(0, 1)$, $B(3, 0)$, $C(4, 1)$, $D(1, 2)$ è un parallelogramma. Determina i vertici del parallelogramma che si ottiene traslando $ABCD$ mediante la traslazione che manda il punto di intersezione delle diagonali di $ABCD$ nel vertice A. [$A'(-2, 1)$, $B'(1, 0)$, $C'(2, 1)$, $D'(-1, 2)$]

L'equazione di una curva corrispondente in una traslazione di una curva assegnata

Determina l'equazione della retta corrispondente della retta r nella traslazione di vettore $\vec{v}$.

69 $r: y = x - 1$ $\vec{v}(-1, 2)$ [$y = x + 2$]

70 $r: x - 2y + 3 = 0$ $\vec{v}(2, 3)$ [$x - 2y + 7 = 0$]

71 $r: y = -2x - 1$ $\vec{v}(-2, -3)$ [$y = -2x - 8$]

72 $r: 2x - 3y + 1 = 0$ $\vec{v}(1, -2)$ [$2x - 3y - 7 = 0$]

Determina l'equazione della curva corrispondente nella traslazione di vettore $\vec{v}$ della curva γ.

73 $\gamma: y = 1 - x^2$ $\vec{v}(1, -2)$ [$y = -x^2 + 2x - 2$]

74 $\gamma: x^2 + y^2 = 1$ $\vec{v}(1, -2)$ [$x^2 + y^2 - 2x + 4y + 4 = 0$]

75 $\gamma: y = x^2 - 2x$ $\vec{v}(2, 0)$ [$y = x^2 - 6x + 8$]

76 $\gamma: y = x^2 + 2x + 1$ $\vec{v}(0, 3)$ [$y = x^2 + 2x + 4$]

77 $\gamma: x^2 - xy + y^2 - 1 = 0$ $\vec{v}(-1, 1)$ [$x^2 - xy + y^2 + 3x - 3y + 2 = 0$]

78 $\gamma: x^2 - 2y^2 - 1 = 0$ $\vec{v}(-1, 1)$ [$x^2 - 2y^2 + 2x + 4y - 2 = 0$]

Esercizi riassuntivi sulle traslazioni

79 Data la retta $r: y = 2x - 4$, scrivi le equazioni delle rette parallele a r e distanti $\sqrt{5}$ da r. Delle due rette trovate, indica con s quella che ha ordinata all'origine positiva. Determina i punti $A \in r$, $B \in s$, aventi ascissa 1 e i punti $P \in r$, $Q \in s$, aventi ordinata 1.
Scrivi le equazioni della traslazione τ_1 che manda A in B e le equazioni della traslazione τ_2 che manda P in Q. Verifica analiticamente che sia τ_1 sia τ_2 trasformano la retta r nella retta s. Quante traslazioni esistono che trasformano la retta r nella retta s? $\left[s: y = 2x + 1; A(1, -2), B(1, 3); P\left(\frac{5}{2}, 1\right), Q(0, 1); \tau_1: \begin{cases} x' = x \\ y' = y + 5 \end{cases}; \tau_2: \begin{cases} x' = x - \frac{5}{2} \\ y' = y \end{cases}\right]$

80 Scrivi le equazioni delle rette r ed s, parallele alla retta di equazione $y = \frac{1}{2}x$ e distanti $\frac{6\sqrt{5}}{5}$ dall'origine (indica con r la retta avente ordinata all'origine negativa). Una traslazione rispetto alla quale la bisettrice del secondo e del quarto quadrante è una retta unita trasforma la retta r nella retta s; scrivi le equazioni di questa traslazione. $\left[r: y = \frac{1}{2}x - 3; s: y = \frac{1}{2}x + 3; \begin{cases} x' = x - 4 \\ y' = y + 4 \end{cases}\right]$

81 Dati i punti $A(-1, -2)$ e $B(3, 2)$, siano A' e B' i corrispondenti di A e di B in una traslazione. Determina tale traslazione in modo che il parallelogramma $ABB'A'$ abbia area 16 e perimetro $8\sqrt{2}+4\sqrt{10}$.

[Ci sono quattro traslazioni possibili, quelle di vettori: $\vec{v_1}(2, 6)$; $\vec{v_2}(-2, -6)$; $\vec{v_3}(6, 2)$; $\vec{v_4}(-6, -2)$]

82 Dato il segmento AB, di estremi $A(-7, -2)$ e $B(-4, -3)$, determina il segmento $A'B'$, corrispondente di AB nella simmetria rispetto alla retta di equazione $x = -2$, e il segmento $A''B''$, corrispondente di $A'B'$ nella simmetria rispetto alla retta di equazione $x = 1$. Determina la traslazione che fa corrispondere al segmento AB il segmento $A''B''$. Verifica analiticamente che, in generale, la trasformazione che si ottiene componendo due simmetrie assiali con assi paralleli all'asse y è una traslazione.

83 Dato il segmento AB, di estremi $A(-2, 2)$ e $B(3, 4)$, determina il segmento $A'B'$, corrispondente di AB nella simmetria di centro $P(1, 0)$, e il segmento $A''B''$, corrispondente di $A'B'$ nella simmetria di centro $Q(-3, -3)$. Determina la traslazione che fa corrispondere al segmento AB il segmento $A''B''$. Verifica analiticamente che, in generale, la trasformazione che si ottiene componendo due simmetrie centrali è una traslazione.

4. Dilatazioni e omotetie

TEORIA a p. 213

Equazioni di dilatazioni e omotetie

84 Completa:

a. l'omotetia avente centro nell'origine e rapporto 3 ha equazioni $\begin{cases} x' = \dots\dots\, x \\ y' = \dots\dots\, y \end{cases}$

b. per determinare l'equazione della corrispondente di una curva in un'omotetia avente centro nell'origine e rapporto k occorre eseguire nell'equazione della curva le sostituzioni: $x \to \dots\dots$ e $y \to \dots\dots$

c. un'omotetia di rapporto 3 trasforma un poligono di area 5 in un poligono di area ……

d. il punto corrispondente di $P(1, -1)$ in un'omotetia avente centro nell'origine e rapporto -2 è $P'(\dots\dots, \dots\dots)$

85 **Vero o falso?**

a. la trasformazione di equazioni $\begin{cases} x' = 2x \\ y' - 3y \end{cases}$ non è un'omotetia V F

b. le dilatazioni conservano il rapporto fra i segmenti V F

c. le omotetie sono particolari dilatazioni V F

d. le omotetie sono similitudini V F

e. le dilatazioni sono similitudini V F

[3 affermazioni vere e 2 false]

86 Trova le equazioni della dilatazione con centro l'origine che manda $A(-4, 2)$ in $A'(-2, 6)$. $\left[\begin{cases} x' = \dfrac{1}{2}x \\ y' = 3y \end{cases}\right]$

87 Stabilisci se esiste un'omotetia con centro nell'origine che manda $A(-4, 2)$ in $A'(-2, 2)$. [Non esiste]

88 Stabilisci se esiste un'omotetia con centro nell'origine che manda $A(-4, 2)$ in $A'(2, -1)$.

$\left[\text{Sì, l'omotetia avente rapporto di omotetia uguale a } -\dfrac{1}{2}\right]$

Corrispondenti di figure tramite dilatazioni e omotetie

89 È dato il segmento AB, di estremi $A(-2, 1)$ e $B(4, -1)$. Determina il corrispondente $A'B'$ nella dilatazione di equazioni $x' = \dfrac{1}{2}x$, $y' = -2y$ e disegna AB e $A'B'$. Verifica che il punto medio di $A'B'$ è il corrispondente nella dilatazione del punto medio di AB. [$A'(-1, -2)$, $B'(2, 2)$]

90 È dato il segmento AB, di estremi $A(2, 2)$ e $B(6, 5)$. Determina il corrispondente $A'B'$ nell'omotetia avente centro nell'origine e rapporto di omotetia uguale a $-\frac{1}{2}$ e disegna AB e $A'B'$. Verifica che il rapporto fra $A'B'$ e AB è uguale al valore assoluto del rapporto di omotetia. $\left[A'(-1, -1), B'\left(-3, -\frac{5}{2}\right), \overline{AB} = 5, \overline{A'B'} = \frac{5}{2}\right]$

91 I due segmenti AB e $A'B'$, di estremi $A(-2, -1)$, $B(3, 2)$ e $A'(4, -3)$, $B'(-6, 6)$ possono corrispondersi in un'omotetia avente centro nell'origine? E in una dilatazione avente centro nell'origine?

[Non si possono corrispondere in un'omotetia; si corrispondono nella dilatazione di equazioni $\begin{cases} x' = -2x \\ y' = 3y \end{cases}$]

92 È dato il triangolo di vertici $A(0, 1)$, $B(2, 2)$, $C(1, 0)$. Determina il corrispondente $A'B'C'$ del triangolo ABC nella dilatazione di equazioni $\begin{cases} x' = -2x \\ y' = 3y \end{cases}$. Rappresenta i due triangoli e calcola i loro perimetri e le loro aree.

$\left[A'(0, 3), B'(-4, 6), C'(-2, 0); \text{Perimetro}(ABC) = 2\sqrt{5} + \sqrt{2}; \text{Area}(ABC) = \frac{3}{2};\right.$

$\left.\text{Perimetro}(A'B'C') = 2\sqrt{10} + \sqrt{13} + 5; \text{Area}(A'B'C') = 9\right]$

93 È dato il triangolo ABC, di vertici $A(0, 1)$, $B(2, 2)$, $C(1, 0)$. Determina il triangolo $A'B'C'$, corrispondente del triangolo ABC nell'omotetia avente centro nell'origine e rapporto di omotetia -2; disegna i due triangoli e calcola i loro perimetri e le loro aree. $\left[A'(0, -2), B'(-4, -4), C'(-2, 0); \text{Perimetro}(ABC) = 2\sqrt{5} + \sqrt{2}; \text{Area}(ABC) = \frac{3}{2};\right.$

$\left.\text{Perimetro}(A'B'C') = 4\sqrt{5} + 2\sqrt{2}; \text{Area}(A'B'C') = 6\right]$

94 È dato il rettangolo $ABCD$ di vertici $A(-1, -1)$, $B(2, 2)$, $C(0, 4)$, $D(-3, 1)$. Determina il corrispondente $A'B'C'D'$ di $ABCD$ nella dilatazione di equazioni $\begin{cases} x' = 2x \\ y' = -y \end{cases}$.

a. Verifica che $A'B'C'D'$ non è un rettangolo ma è un parallelogramma.

b. Determina l'area e il perimetro di $ABCD$ e di $A'B'C'D'$. [$A'(-2, 1)$, $B'(4, -2)$, $C'(0, -4)$, $D'(-6, -1)$; Perimetro$(ABCD) = 10\sqrt{2}$; Area$(ABCD) = 12$; Perimetro$(A'B'C'D') = 10\sqrt{5}$; Area$(A'B'C'D') = 24$]

95 È data l'omotetia di equazioni $\begin{cases} x' = \frac{1}{2}x \\ y' = \frac{1}{2}y \end{cases}$. Determina il triangolo $A'B'C'$, corrispondente in tale omotetia del triangolo ABC di vertici $A(-2, 2)$, $B(2, -2)$, $C(2, 0)$. Rappresenta i due triangoli e calcola i loro perimetri e le loro aree. [$A'(-1, 1)$, $B'(1, -1)$, $C'(1, 0)$; Perimetro$(ABC) = 4\sqrt{2} + 2\sqrt{5} + 2$; Area$(ABC) = 4$; Perimetro$(A'B'C') = 2\sqrt{2} + \sqrt{5} + 1$; Area$(A'B'C') = 1$]

96 È data la dilatazione, avente centro nell'origine, di rapporto orizzontale -2 e rapporto verticale 3. Determina il triangolo $A'B'C'$ corrispondente nella dilatazione del triangolo ABC, di vertici $A(-1, 2)$, $B(1, -1)$, $C(1, 0)$. Rappresenta i due triangoli e calcola i loro perimetri e le loro aree. [$A'(2, 6)$, $B'(-2, -3)$, $C'(-2, 0)$; Perimetro$(ABC) = \sqrt{13} + 2\sqrt{2} + 1$; Area$(ABC) = 1$; Perimetro$(A'B'C') = \sqrt{97} + 2\sqrt{13} + 3$; Area$(A'B'C') = 6$]

Corrispondente di una curva in una dilatazione o in un'omotetia

Determina l'equazione della curva corrispondente di γ nella dilatazione di cui sono date le equazioni.

97 $\gamma : y = 2x + 1$ $\begin{cases} x' = 2x \\ y' = 3y \end{cases}$ $[y = 3x + 3]$

98 $\gamma : x + y - 1 = 0$ $\begin{cases} x' = 2x \\ y' = -2y \end{cases}$ $[x - y - 2 = 0]$

99 $\gamma : x + 2y - 3 = 0$ $\begin{cases} x' = \frac{1}{2}x \\ y' = 3y \end{cases}$ $[6x + 2y - 9 = 0]$

100 $\gamma : y = -2x + 1$ $\begin{cases} x' = x \\ y' = -3y \end{cases}$ $[y = 6x - 3]$

101 $\gamma : y = x^2$ $\begin{cases} x' = 2x \\ y' = -y \end{cases}$ $\left[y = -\frac{1}{4}x^2\right]$

102 $\gamma : y = x^2 - 2x$ $\begin{cases} x' = 2x \\ y' = 4y \end{cases}$ $[y = x^2 - 4x]$

103 $\gamma : y = x^2 + 1$ $\begin{cases} x' = -\frac{1}{4}x \\ y' = \frac{1}{2}y \end{cases}$ $\left[y = 8x^2 + \frac{1}{2}\right]$

104 Data la retta $r : x - y + 2 = 0$, sia r' la retta corrispondente di r nell'omotetia avente centro nell'origine e rapporto di omotetia 3; determina la distanza fra r ed r'. $[2\sqrt{2}]$

Esercizi riassuntivi su omotetie e dilatazioni

105 È dato il triangolo ABC, di vertici $A(-1, 0)$, $B(2, 0)$, $C(3, 1)$. Un'omotetia avente centro nell'origine trasforma il triangolo ABC in un triangolo $A'B'C'$ di area 6, con C' nel terzo quadrante. Determina l'equazione dell'omotetia e le coordinate di A', B', C'.

$$\left[\begin{cases} x' = -2x \\ y' = -2y \end{cases};\ A'(2, 0),\ B'(-4, 0),\ C'(-6, -2)\right]$$

106 È dato il triangolo ABC, di vertici $A(-1, 0)$, $B(1, 1)$, $C(1, 3)$. Una dilatazione avente centro nell'origine trasforma ABC in un triangolo $A'B'C'$ equivalente, con $A'(3, 0)$ e C' nel secondo quadrante. Determina l'equazione della dilatazione e le coordinate di A', B', C'.

$$\left[\begin{cases} x' = -3x \\ y' = \frac{1}{3}y \end{cases};\ A'(3, 0),\ B'\left(-3, \frac{1}{3}\right),\ C'(-3, 1)\right]$$

107 Dato il segmento AB, di estremi $A(-1, 3)$ e $B(4, -1)$, determina il segmento $A'B'$, corrispondente di AB nell'omotetia di rapporto 2 e centro nell'origine e il segmento $A''B''$, corrispondente di $A'B'$ nell'omotetia di rapporto $-\frac{1}{2}$ e centro nell'origine. Determina la *simmetria centrale* che fa corrispondere al segmento AB il segmento $A''B''$. Verifica analiticamente che, in generale, la trasformazione che si ottiene componendo due omotetie aventi rapporti antireciproci è una simmetria centrale.

108 Dato il segmento AB, di estremi $A(-2, -2)$ e $B(4, 2)$, determina il segmento $A'B'$, corrispondente di AB nell'omotetia di rapporto $\frac{1}{2}$ e centro nell'origine, e il segmento $A''B''$, corrispondente di $A'B'$ nell'omotetia di rapporto 2 e centro nell'origine. Determina la *traslazione* che fa corrispondere al segmento AB il segmento $A''B''$. Verifica analiticamente che, in generale, la trasformazione che si ottiene componendo due omotetie aventi rapporti reciproci è una traslazione (eventualmente coincidente con l'identità).

109 Determina le equazioni delle rette parallele alla retta r: $2x - 3y - 1 = 0$ e distanti $\sqrt{13}$ da essa; delle due rette trovate indica con s la retta che interseca l'asse y in un punto di ordinata positiva e con t l'altra. Determina l'equazione dell'omotetia avente centro nell'origine che trasforma r in s e l'equazione dell'omotetia avente centro nell'origine che trasforma s in t.

[s: $2x - 3y + 12 = 0$, t : $2x - 3y - 14 = 0$; l'omotetia che trasforma r in s ha equazioni $\begin{cases} x' = -12x \\ y' = -12y \end{cases}$ e quella che trasforma s in t ha equazioni $\begin{cases} x' = -\frac{7}{6}x \\ y' = -\frac{7}{6}y \end{cases}$]

5. Le trasformazioni e i grafici delle funzioni

TEORIA a p. 217

Le simmetrie e i grafici

Partendo dai grafici delle funzioni «elementari» $y = |x|$, $y = x^2$, $y = x^3$, $y = \frac{1}{x}$, $y = \sqrt{x}$ e $y = \sqrt[3]{x}$, deduci i grafici delle seguenti funzioni.

110 $y = -\sqrt{x}$

111 $y = \sqrt{-x}$

112 $y = -x^2$

113 $y = -\frac{1}{x}$

114 $y = -\sqrt[3]{x}$

115 $y = -x^3$

116 $y = -\sqrt{-x}$

117 $y = -|x|$

118 Nella figura qui sotto è tracciato il grafico di una funzione $y = f(x)$. Deduci i grafici delle funzioni $y = f(-x)$, $y = -f(x)$, $y = -f(-x)$.

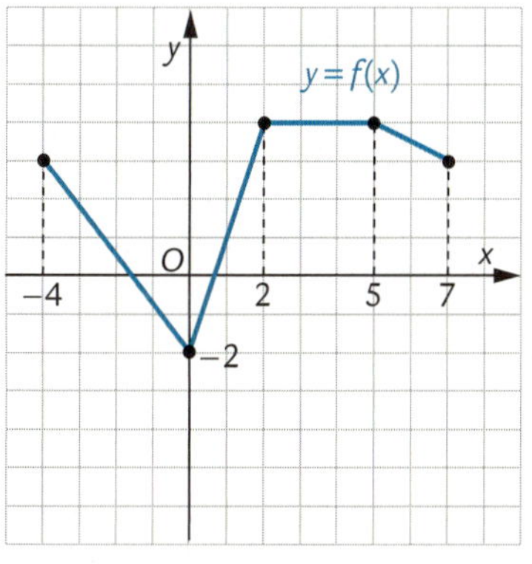

Traccia i grafici delle seguenti funzioni della forma $y = |f(x)|$.

119 $y = |x - 2|$

120 $y = |\sqrt[3]{x}|$

121 $y = |x^2 - 4|$

122 $y = \left|1 - \frac{1}{2}x\right|$

123 $y = |4 - 2x|$

124 $y = \left|-\frac{1}{4}x^2 + 1\right|$

125 $y = \left|\frac{4}{x}\right|$

126 $y = |x^3|$

127 $y = |x^2 - 3x|$

128 $y = \left|\frac{1}{x}\right|$

129 $y = \left|\frac{x-4}{2}\right|$

Traccia i grafici delle seguenti funzioni della forma $y = f(|x|)$.

130 $y = |x| + 2$

131 $y = \sqrt[3]{|x|}$

132 $y = 3 - |x|$

133 $y = -x^2 + 4|x|$

134 $y = \frac{1}{2}|x| - 1$

135 $y = |x|^3$

136 $y = \sqrt{|x|}$

137 $y = \frac{1}{|x|}$

138 $y = 3 - \frac{1}{2}|x|$

139 $y = x^2 + 2|x| + 1$

140 Nella figura qui sotto è tracciato il grafico di una funzione $y = f(x)$. Deduci i grafici delle funzioni $y = |f(x)|$ e $y = f(|x|)$.

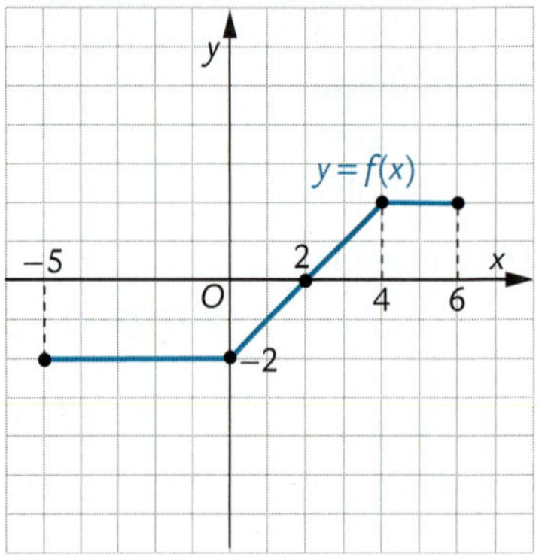

141 **ESERCIZIO SVOLTO**

Tracciamo il grafico della curva di equazione $|x| + |y| = 4$.

- Osserviamo che la curva è simmetrica sia rispetto all'asse x, sia rispetto all'asse y. Infatti sia le sostituzioni $x \to -x$, $y \to y$, sia le sostituzioni $x \to x$, $y \to -y$ lasciano invariata l'equazione della curva data.
- Possiamo allora tracciare il grafico della curva nel primo quadrante, cioè per $x \geq 0$ e $y \geq 0$ e dedurre per simmetria il grafico della curva negli altri quadranti:
  - quando $x \geq 0$ e $y \geq 0$ (primo quadrante) risulta $|x| = x$ e $|y| = y$, quindi l'equazione della curva diventa $x + y = 4$, che rappresenta una retta (**fig. a**);
  - quando $x \leq 0$ e $y \geq 0$ (secondo quadrante) il grafico della curva assegnata sarà il simmetrico, rispetto all'asse y, del grafico tracciato per $x \geq 0$ e $y \geq 0$ (**fig. b**);
  - infine, per $y \leq 0$ (terzo e quarto quadrante) il grafico di $|x| + |y| = 4$ sarà il simmetrico rispetto all'asse x del grafico tracciato per $y \geq 0$ (**fig. c**).

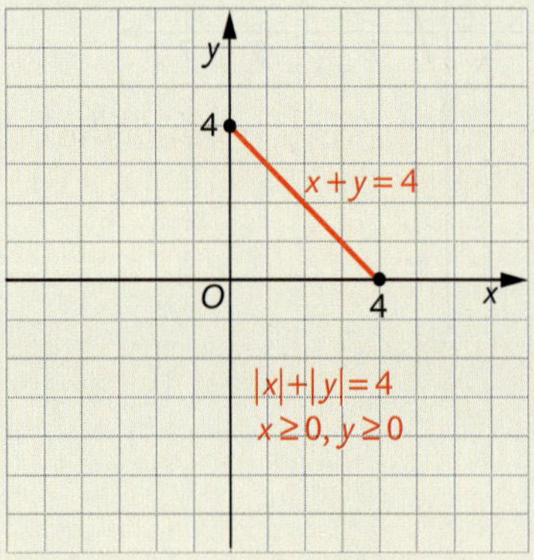

a

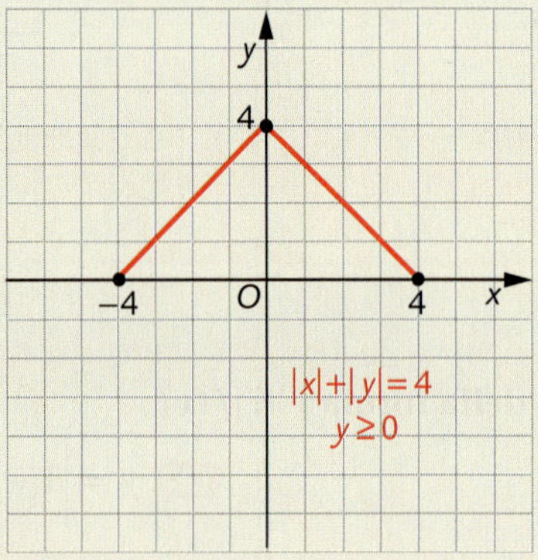

b

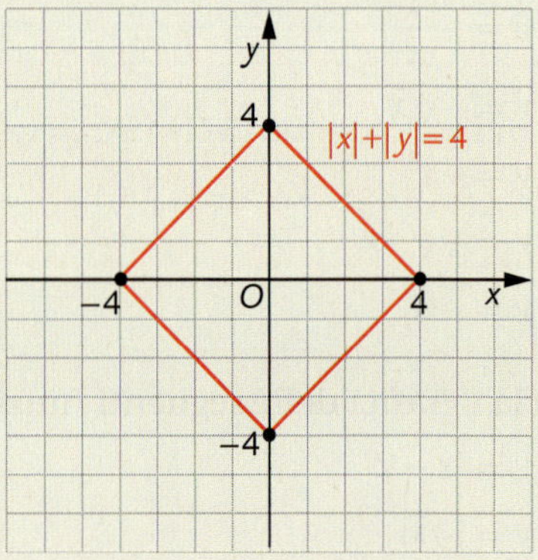

c

Traccia i grafici delle curve di cui è data l'equazione.

142 $x - |y| + 3 = 0$

143 $|x| - y + 3 = 0$

144 $|x| = 2|y| - 4$

145 $-|x| = 3 - |y|$

146 $|x| + |y| = 5$

147 $|x| - |y| = 4$

148 $2|x| + 3|y| = 6$

149 $2|x| - 5|y| = 10$

Le traslazioni e i grafici

Dai grafici delle funzioni «elementari» $y = |x|$, $y = x^2$, $y = x^3$, $y = \frac{1}{x}$, $y = \sqrt{x}$ e $y = \sqrt[3]{x}$, deduci i grafici delle seguenti funzioni.

150 $y = (x - 1)^2$

151 $y = |x - 2|$

152 $y = (x + 4)^2$

153 $y = \left|\frac{1}{2}x + 1\right|$

154 $y = \frac{1}{x - 2}$

155 $y = \frac{1}{x + 1}$

156 $y = |x - 2| - 1$

157 $y = x^2 + 1$

158 $y = \frac{1}{x} + 1$

159 $y = \sqrt[3]{x + 2}$

160 $y = (x + 2)^2 - 1$

161 $y = |x| - 3$

162 $y = \sqrt{x + 4}$

163 $y = x^2 - 1$

164 $y = (x - 1)^2 + 1$

165 $y = (x + 2)^2$

166 $y = \sqrt[3]{x} - 1$

167 $y = \frac{1}{x - 2} - 1$

168 $y = x^2 - 2$

169 $y = \sqrt{x - 5} - 2$

170 $y = (x + 3)^2 - 1$

171 $y = (x - 1)^3 + 1$

172 $y = \sqrt[3]{x - 2} - 1$

173 $y = x^3 - 6x^2 + 12x - 8$
(*Suggerimento*: riconosci il cubo di un binomio)

174 $y = x^3 + 9x^2 + 27x + 27$
(*Vedi* il suggerimento dell'esercizio precedente)

175 $y = \frac{x - 1}{x - 2}$
(*Suggerimento*: sottrai e aggiungi 1 al numeratore)

176 $y = \frac{x + 3}{x + 2}$
(*Vedi* il suggerimento dell'esercizio precedente)

177 Nella figura qui sotto è tracciato il grafico di una funzione $y = f(x)$. Deduci i grafici delle funzioni $y = f(x - 2) + 1$ e $y = f(x + 3) - 2$.

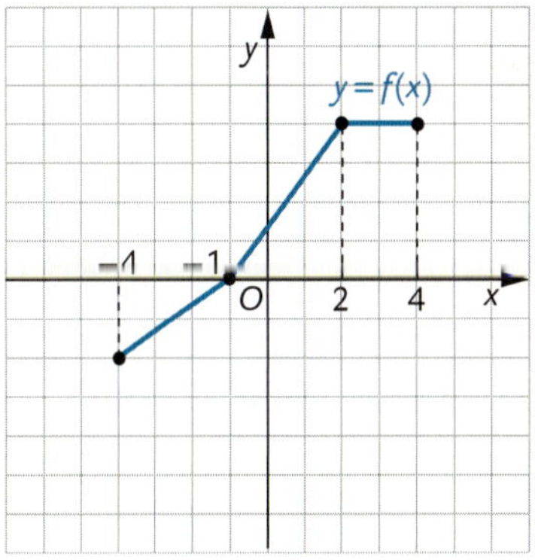

Le dilatazioni e i grafici

Partendo dai grafici delle funzioni «elementari» $y = |x|$, $y = x^2$, $y = x^3$, $y = \frac{1}{x}$, $y = \sqrt{x}$ e $y = \sqrt[3]{x}$, deduci i grafici delle seguenti funzioni.

178 $y = 2\sqrt{x}$

179 $y = \sqrt{\frac{x}{2}}$

180 $y = -2|x|$

181 $y = \frac{1}{4}x^2$

182 $y = -\frac{1}{3}\sqrt[3]{x}$

183 $y = \left(\frac{x}{2}\right)^3$

184 $y = 3\sqrt{\frac{x}{2}}$

185 $y = \frac{1}{2}\sqrt[3]{2x}$

186 $y = \dfrac{6}{x}$

187 $y = \sqrt[3]{\dfrac{x}{2}}$

188 $y = \dfrac{1}{2}|x|$

189 $y = \left|\dfrac{x}{3}\right|$

190 Deduci, a partire dal grafico della funzione $y = f(x)$ tracciato in figura, il grafico della funzione $y = 2 \cdot f\left(\dfrac{x}{2}\right)$.

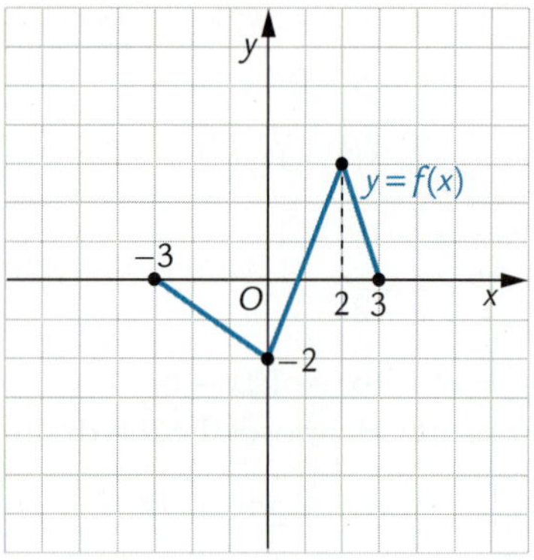

191 Deduci, a partire dal grafico della funzione $y = f(x)$ tracciato in figura, il grafico della funzione $y = 3 \cdot f(2x)$.

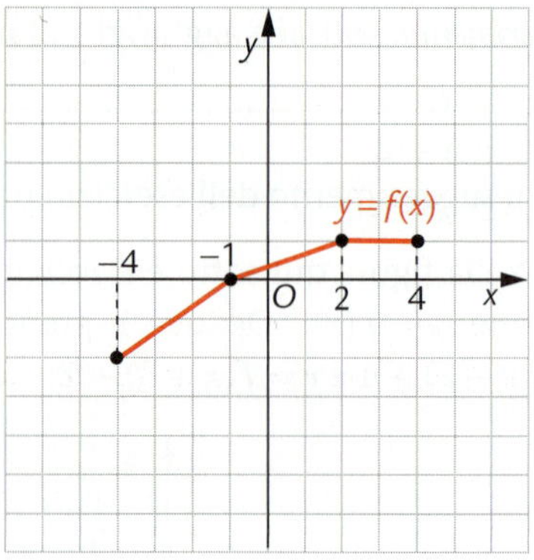

192 Deduci, a partire dal grafico della funzione $y = f(x)$ tracciato in figura, il grafico della funzione $y = -f\left(\dfrac{x}{2}\right)$.

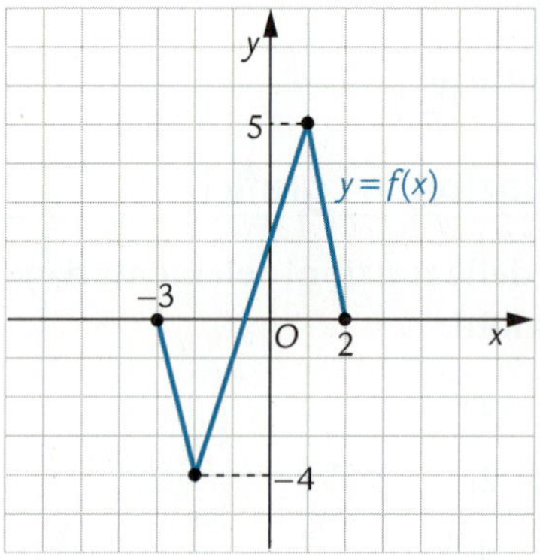

193 Deduci, a partire dal grafico della funzione $y = f(x)$ tracciato in figura, il grafico della funzione $y = \dfrac{1}{2} \cdot f(2x)$.

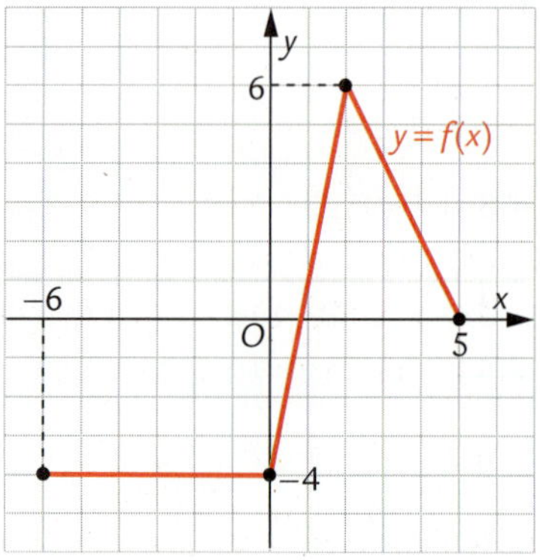

Esercizi in cui occorre applicare più trasformazioni

Partendo dai grafici delle funzioni «elementari» $y = |x|$, $y = x^2$, $y = x^3$, $y = \dfrac{1}{x}$, $y = \sqrt{x}$ e $y = \sqrt[3]{x}$, deduci i grafici delle seguenti funzioni.

194 $y = -|x + 3|$

195 $y = 1 - |x - 1|$

196 $y = -|x^2 - 4x|$

197 $y = (|x| - 1)^2$

198 $y = -2|x - 2|$

199 $y = 4 - |x + 2|$

200 $y = x^2 - 4|x| + 4$

201 $y = |\sqrt{x+2} - 1|$

202 $y = -|x^2 - 4|$

203 $y = 1 - |x|^3$

204 $y = (|x| + 1)^2 - 4$

205 $y = 1 - \sqrt{|x + 2|}$

206 $y = 3 - |2x - 4|$

207 $y = \left|\dfrac{1}{x+1}\right|$

208 $y = |4 - x^2| - 1$

209 $y = 2 - \dfrac{6}{|x|}$

210 $y = \sqrt{|x|} + 1$

211 $y = |1 - x^3|$

212 $y = \left|3 - \frac{1}{2}|x|\right|$

213 $y = 1 - \sqrt[3]{|x| - 2}$

214 $y = \left|1 - \frac{4}{x}\right|$

215 $y = |x^2 - 1| - 1$

216 $y = ||x| - 1| - 1$

217 $y = 1 - \sqrt{|x| + 3}$

218 $y = ||x + 1| - 1|$

219 $y = \frac{4}{|x + 2|} - 1$

220 Traccia il grafico della funzione:

$$y = \begin{cases} \frac{1}{|x|} & x \geq -1 \\ |x + 3| & x < -1 \end{cases}$$

221 Traccia il grafico delle due funzioni $y = \sqrt[3]{|x - 1|}$ e $y = 3 - |x|$. Deduci da tali grafici il numero delle soluzioni dell'equazione $\sqrt[3]{|x - 1|} = 3 - |x|$.

222 Traccia i grafici delle due funzioni $y = (x - 1)^3$ e $y = \sqrt{|x + 2|}$. Deduci da tali grafici il numero delle soluzioni dell'equazione $\sqrt{|x + 2|} = (x - 1)^3$.

RIEPILOGO

Esercizi di riepilogo

223 È data la retta r: $y = 3x + 1$. Determina l'equazione della retta corrispondente di r:

a. nella simmetria rispetto all'asse x;

b. nella traslazione che trasforma $A(2, -3)$ in $A'(3, -2)$;

c. nell'omotetia avente centro nell'origine e rapporto di omotetia 2;

d. nella dilatazione avente centro nell'origine che trasforma $P(1, -3)$ in $P'(-2, -1)$.

[**a.** $y = -3x - 1$; **b.** $y = 3x - 1$; **c.** $y = 3x + 2$; **d.** $y = -\frac{1}{2}x + \frac{1}{3}$]

224 Determina l'equazione della parabola corrispondente di quella di equazione $y = x^2$ mediante:

a. la traslazione τ di vettore $\vec{v}(-1, 1)$;

b. la simmetria σ rispetto all'asse x;

c. la trasformazione $\tau \circ \sigma$.

[**a.** $y = x^2 + 2x + 2$; **b.** $y = -x^2$; **c.** $y = -x^2 - 2x$]

225 Un parallelogramma $ABCD$ ha un vertice in $A(2, 0)$, il vertice B sull'asse x, centro di simmetria in $P(4, 3)$ e area 18. Determina le coordinate di B, C e D.

[Due soluzioni: $B_1(5, 0)$; $C_1(6, 6)$; $D_1(3, 6)$ oppure $B_2(-1, 0)$; $C_2(6, 6)$; $D_2(9, 6)$]

226 Dato il triangolo ABC, di vertici $A(-2, 1)$, $B(1, 0)$, $C(2, 3)$, determina:

a. il corrispondente $A'B'C'$ nella simmetria rispetto all'asse x;

b. il corrispondente $A''B''C''$ nella traslazione di vettore $\vec{v}(3, -1)$;

c. il corrispondente $A'''B'''C'''$ nell'omotetia con centro nell'origine che manda $C(2, 3)$ in $C'(-4, -6)$.

Rappresenta ABC e i suoi corrispondenti e determina i loro perimetri e le loro aree.

[Perimetro(ABC) = Perimetro($A'B'C'$) = Perimetro($A''B''C''$) = $2\sqrt{10} + 2\sqrt{5}$; Area(ABC) = Area($A'B'C'$) = Area($A''B''C''$) = 5; Perimetro($A'''B'''C'''$) = $4\sqrt{10} + 4\sqrt{5}$; Area($A'''B'''C'''$) = 20]

227 Date le due rette r: $x + y - 2 = 0$ e s: $x + y - 4 = 0$, determina le equazioni di due rette passanti per l'origine e simmetriche rispetto alla bisettrice del primo e del terzo quadrante, in modo che esse individuino con le rette r ed s un trapezio isoscele di area 3.

[$y = 3x$, $y = \frac{1}{3}x$]

228 Dato il triangolo OAB, di vertici $O(0, 0)$, $A(4, 0)$ e $B(2, 6)$, sia $O'A'B'$ il simmetrico di OAB rispetto alla bisettrice del primo e del terzo quadrante. L'intersezione dei due triangoli OAB e $O'A'B'$ è un quadrilatero. Determina l'area di questo quadrilatero.

[$\frac{36}{5}$]

229 Determina le equazioni delle due rette del fascio $(k+1)x+y-1+2k=0$, simmetriche rispetto alla generatrice parallela all'asse y, che formano con l'asse x un triangolo di area 6. [$3x+2y=0$; $3x-2y+12=0$]

230 In un sistema di assi cartesiani ortogonali xOy considera la retta r passante per l'origine O e per $P(-1, 2)$ e la retta r', simmetrica della retta r rispetto alla bisettrice del secondo e del quarto quadrante. Sia t una generica retta passante per $Q(-4, 0)$; indicati con A e B, rispettivamente, i punti di intersezione di t con r ed r', determina l'equazione di t in modo che AOB sia un triangolo isoscele sulla base AB, specificando le coordinate dei vertici A e B.

$$\left[t: y=x+4 \text{ con } A\left(-\frac{4}{3}, \frac{8}{3}\right) \text{ e } B\left(-\frac{8}{3}, \frac{4}{3}\right) \text{ oppure } t: y=-x-4 \text{ con } A(4, -8) \text{ e } B(-8, 4)\right]$$

231 Sono dati i triangoli ABC e $A'B'C'$, di vertici $A(-2, 1)$, $B(1, -1)$, $C(-2, 3)$ e $A'(0, 2)$, $B'(a, b)$, $C'(0, c)$. Determina, se possibile, i valori di a, b e c in modo che A', B', C' siano rispettivamente i corrispondenti di A, B e C:

a. in una simmetria centrale; [$a=-3$, $b=4$, $c=0$]

b. in una traslazione; [$a=3$, $b=0$, $c=4$]

c. in una dilatazione avente centro nell'origine. [Impossibile]

232 Determina le equazioni delle due rette r ed s, simmetriche rispetto al punto $P(1, 1)$, sapendo che r passa per l'origine degli assi ed s passa per il punto Q (1, 3). [$x+y=0$; $x+y-4=0$]

233 Sia σ la simmetria rispetto al punto $P(1, -1)$ e τ la traslazione di vettore $\vec{v}(1, -1)$. Determina le equazioni delle trasformazioni composte $\sigma \circ \tau$ e $\tau \circ \sigma$. Riconosci che le trasformazioni composte sono simmetrie centrali e individua i centri di tali simmetrie.

$$\left[\sigma \circ \tau: \begin{cases} x' = 1-x \\ y' = -1-y \end{cases}, \text{ simmetria di centro } \left(\frac{1}{2}, -\frac{1}{2}\right); \tau \circ \sigma: \begin{cases} x' = 3-x \\ y' = -3-y \end{cases}, \text{ simmetria di centro } \left(\frac{3}{2}, -\frac{3}{2}\right)\right]$$

234 Considera i seguenti punti: $A(0, 0)$, $B(1, 0)$, $C(0, 2)$, $A'(1, -1)$, $B'(2, -1)$, $C'(1, -3)$. Verifica che ABC è congruente al triangolo $A'B'C'$ e determina l'equazione di un'isometria che trasforma il triangolo ABC nel triangolo $A'B'C'$.
(*Suggerimento*: considera l'isometria che si ottiene dalla composizione di un'opportuna simmetria assiale e di una traslazione) [Una possibile isometria è $x'=x+1$, $y'=-y-1$]

235 Sono dati i punti $A(0, 0)$, $B(1, 0)$, $C(0, 3)$, $A'(-1, 1)$, $B'(-1, 2)$, $C'(k, 1)$. Per quali valori di k i triangoli ABC e $A'B'C'$ sono congruenti? Determina, in ciascuno di questi casi, l'equazione di un'isometria che trasforma ABC in $A'B'C'$. [$k=2 \vee k=-4$; se $k=-4$, una possibile isometria è $x'=-y-1$, $y'=x+1$ (ottenuta componendo due opportune simmetrie assiali e una traslazione); se $k=2$ una possibile isometria è $x'=y-1$, $y'=x+1$ (ottenuta componendo un'opportuna simmetria assiale e una traslazione)]

236 Traccia i grafici delle due funzioni f e g, rispettivamente di equazioni:

$$y=f(x)=|x+1| \text{ e } y=g(x)=3-\frac{3}{2}|x|$$

Determina l'area del quadrilatero $ABCD$ che ha come vertici: i punti di intersezione A e C dei grafici delle due funzioni (con $x_A < x_C$); il punto B in cui il grafico di f interseca l'asse x e il punto D in cui il grafico di g interseca l'asse y. [3]

Esercizi in inglese

237 Solve math in English Suppose that the x-intercepts of the graph of $y=f(x)$ are -5 and 1.

a. Find the x-intercepts of the graph of $y=f(x+4)$.

b. Find the x-intercepts of the graph of $y=-f(x-3)$.

c. Find the x-intercepts of the graph of $y=2f\left(\frac{x}{2}\right)$.

d. Find the x-intercepts of the graph of $y=3f(-x)$.

238 Solve math in English Use transformations to graph each function.

a. $y = -(x+1)^3 - 2$ **b.** $y = ||x+1| - 3|$

239 Solve math in English Find the equation of the line containing points $A(2, 1)$, $B(-2, 5)$ and the equation of its reflection through the line of equation $y = -2x$. [$y = -x + 3$; $y = -7x - 15$]

240 Solve math in English Given points

$A(-2, 3)$, $B(2, 1)$, $C(1, 4)$

$A'(0, 2)$, $B'(k-h, 0)$, $C'(3, k+h+2)$

find k and h so that $A'B'C'$ is the image of ABC under the translation that maps A to A'. $\left[k = \frac{5}{2}, h = -\frac{3}{2}\right]$

241 Solve math in English Graph $f(x) = x^2$ and $g(x) = \frac{1}{4}x^2$.

a. Under what horizontal scale change is g the image of f?

b. Under what vertical scale change is g the image of f?

c. Under what size change is g the image of f?

PROVA DI AUTOVERIFICA

Trasformazioni geometriche nel piano cartesiano

1 Una sola delle seguenti quattro trasformazioni **non** è un'isometria; individua quale. Per ciascuna delle tre isometrie specifica se si tratta di una simmetria centrale o assiale o di una traslazione e individua l'asse o il centro di simmetria o il vettore che definisce la traslazione.

a. $\begin{cases} x' = 1 - x \\ y' = 4 - y \end{cases}$ **c.** $\begin{cases} x' = x - 1 \\ y' = y - 4 \end{cases}$ **b.** $\begin{cases} x' = 1 - 2x \\ y' = 4 - y \end{cases}$ **d.** $\begin{cases} x' = 2 - x \\ y' = y \end{cases}$

2 Stabilisci quale relazione deve sussistere tra m ed m' in modo che le due rette di equazioni $y = mx$ e $y = m'x$ siano simmetriche rispetto alla bisettrice del primo e del terzo quadrante.

3 Determina l'equazione della retta r', simmetrica della retta r di equazione $x + y - 1 = 0$ rispetto al punto $P(1, 3)$. Verifica che r ed r' sono parallele e determina la loro distanza.

4 Due punti P e P', con $y_P > y_{P'}$, hanno entrambi ascissa 2 e sono simmetrici rispetto alla retta di equazione $y = 3$. Determina le coordinate di P e P', sapendo che $\overline{PP'} = 5$.

5 Scrivi l'equazione della retta r' corrispondente nella traslazione di vettore $\vec{v}(1, -2)$ della retta r di equazione $x - 2y + 1 = 0$. Determina l'area del trapezio che ha come vertici i punti di intersezione di r e di r' con gli assi cartesiani.

6 Dati i due punti $A(-2, 1)$ e $A'(-1, 2)$, scrivi l'equazione:
a. della simmetria centrale che trasforma A in A';
b. della simmetria assiale che trasforma A in A';
c. della traslazione che trasforma A in A'.

7 Determina k in modo che la retta corrispondente della retta di equazione $4x - 3y + k = 0$ nella dilatazione di equazioni

$$\begin{cases} x' = \frac{1}{2}x \\ y' = 3y \end{cases}$$

passi per il punto $P(2, 3)$.

8 Nella figura qui sotto è rappresentato il grafico di una funzione $y = f(x)$. Deduci il grafico della funzione $y = -f\left(\frac{x}{2}\right) + 3$.

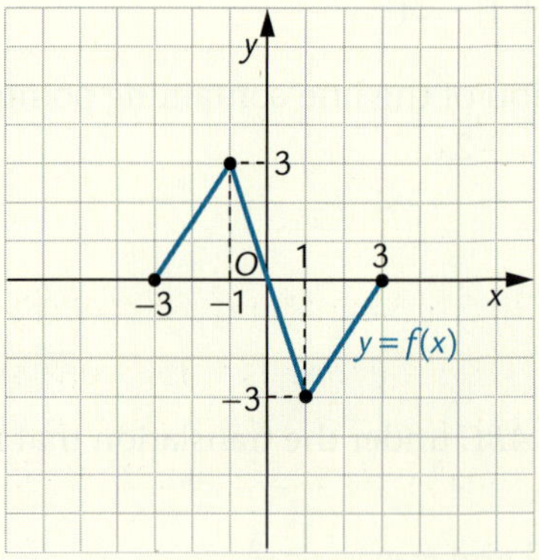

9 Un'omotetia con centro nell'origine trasforma il triangolo ABC, di vertici $A(-4, 4)$, $B(0, -2)$ e $C(6, 2)$, in un triangolo $A'B'C'$, la cui area è $\frac{1}{4}$ di quella del triangolo ABC. Determina l'equazione dell'omotetia e le coordinate dei vertici del triangolo $A'B'C'$. Rappresenta graficamente i due triangoli ABC e $A'B'C'$.

10 Deduci, a partire dal grafico di $y = |x|$, mediante opportune trasformazioni, il grafico di $y = |3 - |x - 1||$.

Valutazione

Esercizio	1	2	3	4	5	6	7	8	9	10	**Totale**
Punteggio	1	1	1	1	1	1	1	1	1	1	10
Punteggio ottenuto											

Tempo massimo: 1 h

▶ **Risposte in fondo al volume**

ATTIVITÀ GUIDATE

Attività 1 Foglio elettronico, GeoGebra

Se hai difficoltà a svolgere le attività guidate, fai riferimento ai file disponibili on-line.

Noleggio di un furgone con confronto tra due diverse offerte

Per organizzare la partecipazione delle proprie squadre giovanili a una serie di tornei, una società sportiva vuole noleggiare un furgone per il trasporto di persone. Chiede pertanto il preventivo a due agenzie di noleggio, che chiamiamo A e B, in modo da poter scegliere l'offerta più conveniente.
Le condizioni di noleggio praticate dalle due agenzie sono le seguenti:
- Agenzia A: costo iniziale di 300 euro e costo giornaliero costante di 40 euro;
- Agenzia B: costo iniziale nullo, costo giornaliero di 80 euro per i primi 5 giorni di noleggio e costo giornaliero di 60 euro per i giorni successivi.

- Qual è l'offerta più conveniente per un noleggio di 4 giorni? E per un noleggio di 12 giorni?
- Per quanti giorni di noleggio l'offerta dell'agenzia A risulta più conveniente?
- Per quanti giorni di noleggio, invece, conviene scegliere l'offerta dell'agenzia B?

a. Costruzione del modello del problema

Indicato con x il numero di giorni di noleggio, il costo corrispondente può essere espresso in funzione di x tramite le seguenti due funzioni (la prima lineare, la seconda lineare a tratti), aventi come dominio l'insieme **N**:

- Agenzia A: $f_a(x) = 300 + 40x$
- Agenzia B: $f_b(x) = \begin{cases} 80x & \text{se } x \leq 5 \\ 80 \cdot 5 + 60 \cdot (x-5) & \text{se } x > 5 \end{cases}$

Per rispondere alle domande poste dal problema, seguiamo due approcci diversi.

b. Approccio numerico (con Excel)

Puoi impostare un foglio Excel come quello qui sotto.

	A	B	C	D	E	F	G	H
1	Noleggio di un furgone con confronto tra offerte							
2								
3	Agenzia A			Agenzia B				
4	Costo fisso:	300	Euro	Per giorni ≤	5	costo giornaliero:	80	Euro
5	Costo giornaliero:	40	Euro	Per giorni successivi:		costo giornaliero:	60	Euro
6								
7	Giorni	Costo noleggio A (Euro)	Costo noleggio B (Euro)					
8	0	300	0					
9	1	340	80					
10	2	380	160					
11	3	420	240					
12	4	460	320					
13	5	500	400					
14	6	540	460					

Non dovresti avere difficoltà a costruire il foglio, tenendo presente quanto segue:

1. nelle celle in giallo vanno inseriti i dati da parte di chi usa il foglio (i dati del problema sono dunque modificabili);
2. la colonna **A** contiene la sequenza dei giorni di noleggio, da 0 a 30;
3. nella cella **B8** va inserita la seguente formula che traduce, in linguaggio Excel, l'espressione analitica della funzione f_a:

```
=$B$4+A8*$B$5
```

Tale formula andrà poi copiata nelle celle sottostanti della colonna **B**;

4. nella cella **C8** va inserita la seguente formula che traduce, in linguaggio Excel, l'espressione analitica della funzione f_b:

```
=SE(A8<=$E$4;A8*$G$4;$G$4*$E$4+(A8-$E$4)*$G$5)
```

Tale formula andrà poi copiata nelle celle sottostanti della colonna **C**.

Analizzando i *dati numerici*, che puoi leggere nelle tre colonne **A**, **B**, **C**, puoi ora rispondere alle domande poste dal problema:

- un noleggio di 4 giorni costa ..... euro con l'Agenzia A e ..... euro con l'Agenzia B. Dunque per un noleggio di 4 giorni risulta più conveniente l'agenzia .....;
- un noleggio di 12 giorni costa ..... euro con l'Agenzia A e ..... euro con l'Agenzia B. Dunque per un noleggio di 12 giorni risulta più conveniente l'agenzia ....;
- in generale, l'Agenzia B risulta più conveniente per i primi .... giorni, mentre l'agenzia A è più conveniente dal .... giorno in poi. Per un affitto di ..... giorni, le due agenzie hanno lo stesso costo.

c. **Approccio grafico (con GeoGebra)**

1. Tralascia in un primo momento le limitazioni sul dominio (cioè il fatto che deve essere $x \in \mathbf{N}$) e traccia con GeoGebra i grafici delle due funzioni f_a e f_b, come se fossero funzioni di variabile reale. Per immettere l'equazione della funzione f_a devi digitare nella riga di inserimento:

```
f_a(x)=300+40*x
```

Per immettere l'equazione della funzione f_b devi digitare:

```
f_b(x)=Se[x<=5, 80*x, 400+60*(x-5)]
```

Suggerimento

Puoi impostare gli intervalli da visualizzare sull'asse x e sull'asse y nella finestra che si apre facendo clic sul menu **Opzioni** e poi selezionando la voce **Vista grafica**.

Scegliendo in modo opportuno gli intervalli da visualizzare sull'asse x e sull'asse y (nel caso in figura abbiamo scelto come minimo e massimo valore da visualizzare sull'asse x rispettivamente -3 e 25 e come minimo e massimo valore da visualizzare sull'asse y rispettivamente -250 e 1500), otterrai un grafico simile al seguente:

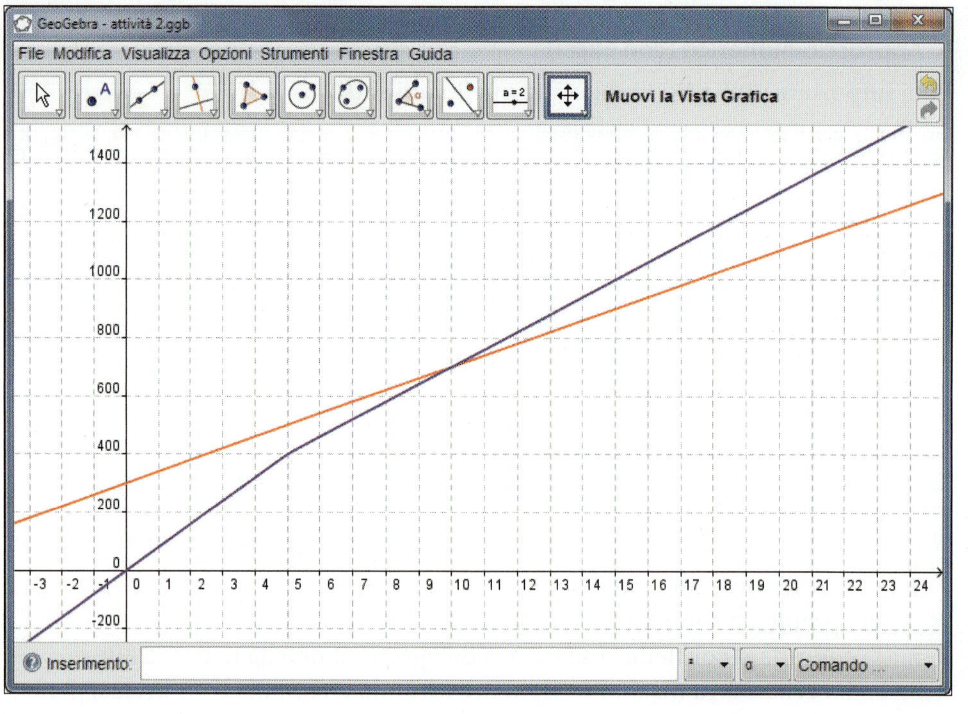

2. Osservando attentamente i grafici e tenendo conto che solo i punti di essi a coordinate *intere* positive rappresentano il problema, rispondi alle domande poste all'inizio.

ATTIVITÀ PROPOSTE

1 Utilizza il foglio di Excel costruito nell'Attività guidata 1 per determinare approssimativamente l'ascissa del punto di intersezione tra la retta di equazione $y = -4x - 7$ e la retta di equazione $y = 3x - 2$. Risolvi poi algebricamente sul tuo quaderno il sistema che permette di determinare le coordinate del punto di intersezione fra le due rette e confronta le soluzioni esatte ottenute per via algebrica con quelle approssimate ottenute con il foglio di Excel.

2 Due compagnie telefoniche applicano le seguenti tariffe, per il costo di ogni singola telefonata:

Compagnia A:

- 0,15 euro per lo scatto alla risposta;
- 0,20 euro per ogni minuto di conversazione.

Compagnia B:

- lo scatto alla risposta è gratis;
- 0,25 euro per ogni minuto di conversazione, per i primi 5 minuti;
- 0,22 euro per ogni minuto di conversazione, per i minuti successivi a 5.

Per quale durata di conversazione è più conveniente la compagnia A? E per quali la compagnia B?
Risolvi il problema secondo diversi approcci (numerico e grafico).

Tema B Verso le competenze

RISOLVERE PROBLEMI E COSTRUIRE MODELLI

1 **Noleggio di un'auto/1.** Per il noleggio di un'auto, due diverse compagnie offrono le seguenti condizioni:

a. La compagnia A applica 20 euro di costo fisso più 50 euro per ogni giorno di noleggio.
b. La compagnia B non applica nessun costo fisso e richiede 60 euro per ogni giorno di noleggio.

Stabilisci, in dipendenza del numero di giorni per cui si vuole noleggiare l'auto, qual è la scelta più conveniente.

[Per un solo giorno di noleggio conviene la compagnia B, per più di 2 giorni conviene la compagnia A, per 2 giorni è indifferente]

2 **Polizze assicurative.** A un promotore di polizze assicurative vengono proposti due tipi di contratto:

a. 500 euro al mese più un compenso di 100 euro per ogni polizza stipulata.
b. 1000 euro al mese più un compenso di 50 euro per ogni polizza stipulata.

Determina, in dipendenza del numero di polizze stipulate, il contratto più conveniente.

[Fino a 10 polizze al mese conviene il secondo contratto, per più di 10 polizze conviene il primo; per 10 polizze è indifferente]

3 **Ormeggio di una barca.** Un ricco signore vuole ormeggiare durante la stagione estiva il suo panfilo per un certo periodo di tempo in un porticciolo gestito da una club nautico. Ha le seguenti possibilità:

- prendere in affitto il posto barca per l'intera stagione estiva (dal primo giugno al 30 settembre), pagando 3600 euro;
- pagare la tariffa di ormeggio di 200 euro al giorno;
- iscriversi al club, pagando una quota di iscrizione di 800 euro, quindi pagare la tariffa di ormeggio agevolata, di 40 euro al giorno.

Stabilisci qual è la scelta più conveniente, in relazione al numero dei giorni di ormeggio.

[Per meno di 5 giorni, conviene pagare la tariffa di ormeggio; per ormeggio tra i 5 e i 70 giorni, conviene iscriversi al club; per più di 70 giorni di ormeggio conviene affittare per l'intera stagione; per 5 giorni è indifferente pagare la tariffa di ormeggio o iscriversi al club; per 70 giorni è indifferente iscriversi al club o affittare per l'intera stagione]

4 **Tariffe telefoniche.** Tre differenti compagnie telefoniche applicano le seguenti tariffe:

a. la compagnia A applica un costo fisso di 25 centesimi per ogni telefonata più 25 centesimi per ogni minuto di conversazione;
b. la compagnia B applica un costo fisso di 40 centesimi per ogni telefonata più 20 centesimi per ogni minuto di conversazione;
c. la compagnia C applica la tariffa di 30 centesimi per minuto di conversazione, senza costi fissi.

Stabilisci, in dipendenza della durata di una telefonata, quale scelta è la più conveniente.

[Fino a 4 minuti di conversazione è più conveniente C; oltre i 4 minuti conviene B; per 4 minuti è indifferente B o C]

5 **Record del mondo.** La relazione fra il record del mondo negli 800 metri maschili (espresso in secondi) e l'anno in cui il record è stato ottenuto si è mantenuta, nel corso degli anni, approssimativamente lineare.
Nel 1945, il record del mondo negli 800 metri era di 106.6 secondi. Nel 1985, era di 101,73 secondi. Esprimi, mediante un modello lineare, il record R del mondo negli 800 metri in funzione dell'anno a.
In base a questo modello, stima quale è stato il record del mondo nel 1995.

[$R = -0{,}12175a + 343{,}40375$; record nel 1995: 100,51]

6 **Aspettativa di vita.** L'aspettativa di vita in Italia è cresciuta negli ultimi decenni in modo approssimativamente lineare. Nel 1970 l'aspettativa di vita di una donna alla nascita era di 74,9 anni; nel 1997 di 81,3 anni. Costruisci un modello che esprima l'aspettativa y di vita di una donna alla nascita in funzione dell'anno x. Utilizzando tale modello, stima quale sarà l'aspettativa di vita alla nascita nel 2020 e stabilisci quando l'aspettativa di vita alla nascita sarà di 90 anni.

[$y = 0{,}237x - 392{,}063$; nel 2020: circa 86,7 anni; l'aspettativa di 90 anni verrà raggiunta approssimativamente nel 2034]

7 **Confronto di preventivi.** Anna chiede due preventivi per organizzare un rinfresco.

- il preventivo A prevede una quota fissa di 50 euro più 5 euro per ogni persona;
- il preventivo B prevede una quota fissa di 80 euro più un costo di 2 euro a persona per i primi 15 invitati e di 6 euro a persona per ciascuno degli invitati oltre il quindicesimo.

Stabilisci qual è il preventivo più conveniente, in relazione al numero di invitati.

[Il preventivo A conviene quando il numero di invitati è minore di 10 o maggiore di 30, il preventivo B conviene se il numero di invitati è compreso tra 10 e 30; per 10 o 30 invitati è indifferente scegliere A o B]

8 **Noleggio di un'auto/2.** Due società di noleggio delle auto praticano le seguenti tariffe:

- società A: un forfait di 25 euro, cui si deve aggiungere 0,50 euro per ogni kilometro percorso;
- società B: un forfait di 50 euro per percorsi fino a 80 kilometri, cui si deve aggiungere 1 euro per ogni kilometro percorso oltre gli 80.

Stabilisci qual è il preventivo più conveniente, in relazione al numero di kilometri percorsi.

[La società A conviene per percorsi inferiori a 50 km o superiori a 110 km; la società B conviene per percorsi compresi tra i 50 km e i 110 km; per percorsi di 50 km o 110 km è indifferente scegliere la società A o la società B]

INTERPRETARE GRAFICI E DATI

9 Valentina ha creato un blog e ha registrato il numero di visitatori al suo blog nel primo mese di creazione, raccogliendo i seguenti dati.

Numero di giorni	5	10	20	30
Numero di visitatori	10	25	55	85

a. Il numero di visitatori del blog di Valentina è cresciuto nel primo mese in modo lineare?

b. In base ai dati raccolti, quale pensi possa essere una stima ragionevole del numero di visitatori del blog di Valentina dopo 45 giorni?

[130]

10 Osserva i grafici qui sotto, relativi al viaggio compiuto da un'auto.

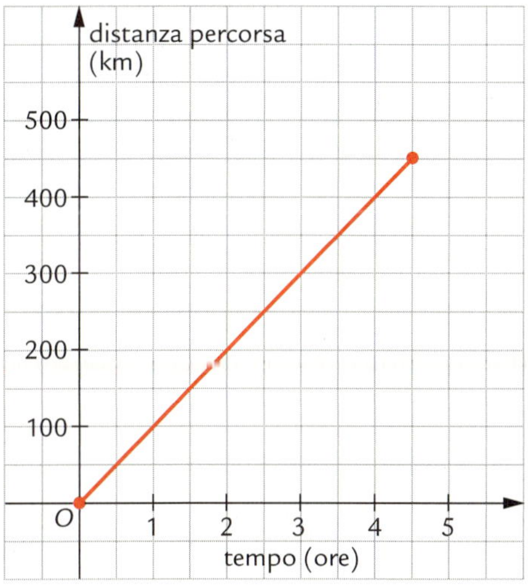

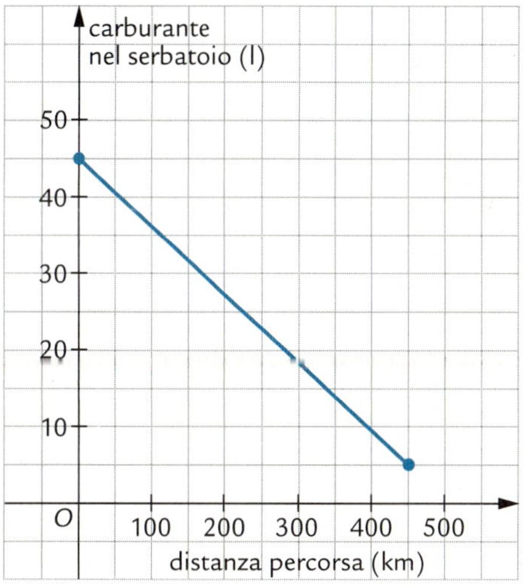

a. Qual è stata la lunghezza del viaggio?

b. Quale è stata la durata del viaggio?

c. Quanti litri di benzina erano contenuti nel serbatoio dell'auto all'inizio del viaggio?

d. Utilizzando le informazioni che puoi dedurre dai grafici determina l'espressione analitica della funzione:

- che esprime la distanza percorsa d in funzione del tempo;
- che esprime la quantità C di benzina contenuta nel serbatoio in funzione della distanza d.

e. Utilizzando le espressioni analitiche delle funzioni ricavate al punto precedente, determina:

- quanta benzina era contenuta nel serbatoio dopo 2 ore e 45 minuti dall'inizio del viaggio;
- dopo quanto tempo dall'inizio del viaggio il serbatoio conteneva 29 litri.

$\left[\mathbf{d.}\ d = 100t,\ C = 45 - \frac{4}{45}d;\ \mathbf{e.}\ \text{circa } 20{,}6 \text{ litri; 1 ora e 48 minuti}\right]$

11 Matematica e fisica Uno solo dei seguenti due grafici può rappresentare la funzione che esprime la massa m di un corpo in funzione del suo volume V: quale e perché? Calcola la pendenza di tale grafico: in questo contesto quale significato ha la pendenza? In generale, in fisica il concetto di pendenza è un numero esattamente come in geometria analitica?

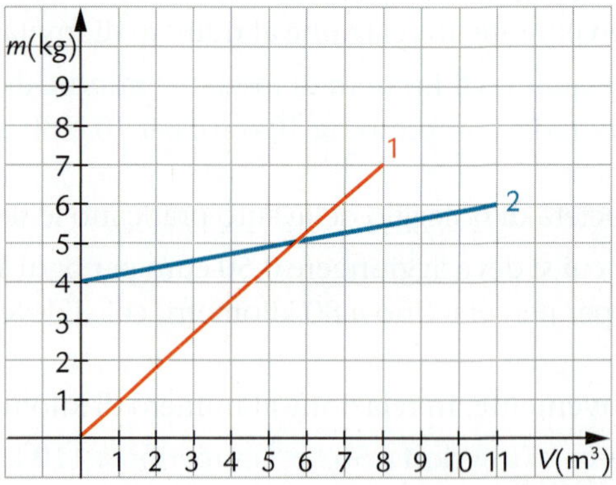

12 Matematica e fisica Il grafico velocità- tempo in figura è relativo a un punto materiale che si muove di moto rettilineo. Descrivi le caratteristiche del moto, calcola lo spazio percorso dal corpo in 13 ore e fornisci l'espressione analitica della funzione $v(t)$ che esprime la velocità del corpo in funzione del tempo.

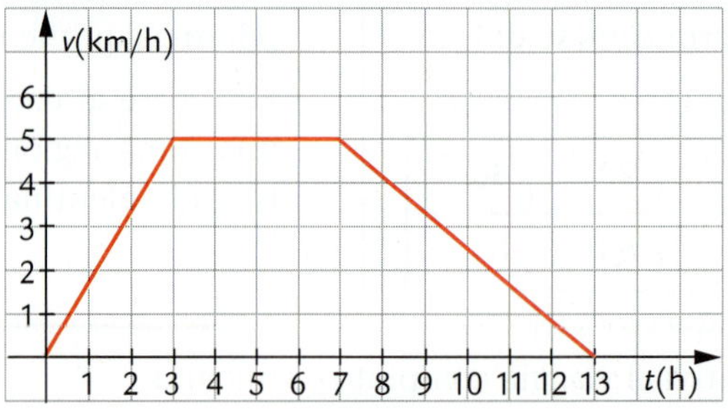

[Spazio percorso = 42,5 km; $v(t) = \begin{cases} \frac{5}{3}t & 0 \le t < 3 \\ 5 & 3 \le t \le 7 \\ -\frac{5}{6}t + \frac{65}{6} & 7 < t \le 13 \end{cases}$]

VERSO LE PROVE INVALSI

Per ogni quesito, una e una sola delle quattro affermazioni è corretta: indicala con una crocetta.

1 Il grafico nella figura seguente è quello della retta di equazione:

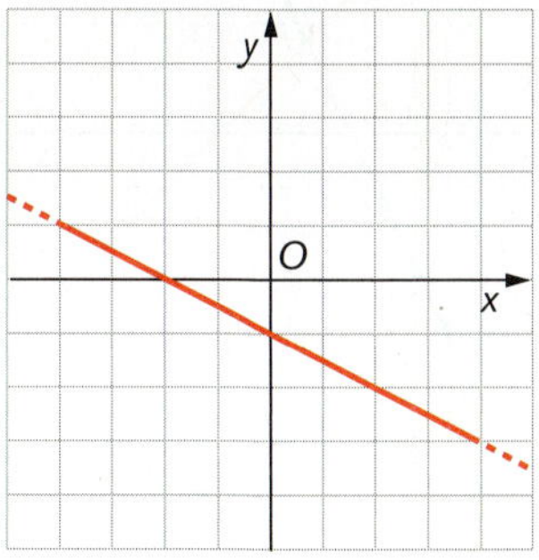

A $y = \frac{1}{2}x + 1$ B $y = -\frac{1}{2}x + 1$ C $y = \frac{1}{2}x - 1$ D $y = -\frac{1}{2}x - 1$

2 La retta di equazione $2x + 3y - 1 = 0$:

A ha coefficiente angolare uguale a 2

B interseca l'asse y nel punto di coordinate $(0, -1)$

C è parallela alla retta di equazione $4x - 6y + \sqrt{5} = 0$

D è perpendicolare alla retta di equazione $y = 1{,}5\,x - 3$

3 Quali delle seguenti affermazioni è corretta?

A Ogni retta è il grafico di una funzione lineare.

B Ogni funzione lineare ha come grafico una retta.

C Ogni retta del piano cartesiano si può rappresentare analiticamente mediante una equazione del tipo $y = mx + q$.

D Le rette parallele all'asse x non sono i grafici di funzioni lineari.

4 Quale delle seguenti coppie di rette è costituita da due rette che non sono né parallele né perpendicolari?

A $y = (\sqrt{3} - 2)x$ $y = (\sqrt{3} + 2)x + 1$

B $4x + 2y + 3 = 0$ $y = \frac{1}{2}x + 10$

C $3x + 6y + 10 = 0$ $y = -\frac{1}{2}x$

D $(\sqrt{2} - 1)x - y = 0$ $(\sqrt{2} + 1)x - y - 1 = 0$

5 Le due rette di equazioni $y = 2x$ e $2x + y + 8 = 0$:

A sono parallele

B hanno in comune il punto di coordinate $(-2, 0)$

C sono perpendicolari

D nessuna delle precedenti risposte è corretta

6 Sono dati i punti $A(-3, 0)$ e $B(7, 4)$; la retta AB:

A è parallela alla retta $y = \frac{2}{5}x$

B è perpendicolare alla retta di equazione $5x - 2y - 1 = 0$

C passa per il punto $P(-8, -1)$

D nessuna delle precedenti risposte è corretta

7 L'equazione della retta passante per $A(0, 3)$ e parallela alla retta di equazione $4x + 2y + 1 = 0$ è:

A $y = 2x + 3$ B $y = -2x + 3$ C $y = 2x - 3$ D $y = -2x - 3$

8 La retta passante per $A(-2, 0)$ e perpendicolare alla retta $y = \frac{x}{3}$ ha equazione:

A $3x + y + 6 = 0$ B $x + 3y + 6 = 0$ C $y = 3x + 6$ D $y = -3x + 6$

9 Quali sono le coordinate del punto di intersezione P delle due rette disegnate nella figura seguente, grafico delle funzioni $y = -x + 3$ e $y = 2x - 1$?

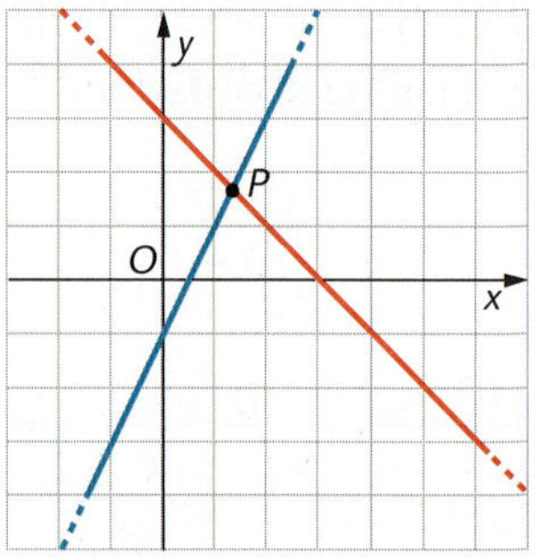

A $\left(\frac{4}{5}, \frac{6}{5}\right)$ B $\left(\frac{4}{3}, \frac{5}{3}\right)$ C $\left(\frac{5}{4}, \frac{5}{6}\right)$ D $\left(\frac{3}{4}, \frac{3}{5}\right)$

10 Per quale valore di k la retta avente equazione $(k-1)x + (k+2)y - 1 = 0$ passa per il punto di coordinate $(2, -1)$?

A $k = 2$ B $k = 3$ C $k = 4$ D $k = 5$

11 Che cosa rappresenta, nel piano cartesiano Oxy, l'equazione $x = -11$?

A Una retta parallela all'asse x.
B Una retta parallela all'asse y.
C Un punto sull'asse delle ascisse.
D Un punto sull'asse delle ordinate.

12 Quanto vale la distanza tra i punti di coordinate $A(-3, 1)$ e $B(-1, -1)$?

A $\sqrt{2}$ B $2\sqrt{2}$ C $3\sqrt{2}$ D $4\sqrt{2}$

13 Quale fra le seguenti rappresenta una funzione sempre decrescente e **non** passante per l'origine?

A $y = 2x - 1$ B $y = -3x + 2$ C $y = 5x$ D $y = -6x$

14 Per quale valore di a la retta avente equazione $y = 3ax - 2a$ è parallela alla retta avente equazione $y = -12x + 1$?

A $a = -4$ B $a = -3$ C $a = 3$ D $a = 4$

15 Tre vertici di un rettangolo hanno coordinate $(2, -2)$; $(0, -4)$; $(66, -66)$. Quali sono le coordinate del quarto vertice?

A $(0, -132)$ B $(-62, 70)$ C $(64, -64)$ D $(64, -68)$

16 In un piano cartesiano i punti di coordinate $(2, 1)$, $(3, 3)$, $(6, -1)$ sono ....

A i vertici di un triangolo acutangolo
B i vertici di un triangolo rettangolo
C i vertici di un triangolo ottusangolo
D allineati

17 Quale delle seguenti coppie ordinate è una soluzione dell'equazione $3x - 4y = 5$?

A $(7, 4)$ B $(-7, 4)$ C $(7, -4)$ D $(-7, -4)$

18 Quali delle seguenti descrizioni corrisponde all'interpretazione grafica di un sistema di due equazioni di primo grado in due incognite privo di soluzioni? Le equazioni rappresentano due rette .....

A incidenti e perpendicolari
B incidenti, ma non perpendicolari
C parallele e distinte
D coincidenti

19 Quale delle seguenti tabelle esprime una relazione *lineare* tra le due variabili x e y?

x	y
0	3
1	0
2	−1

A

x	y
1	5
2	8
3	10

B

x	y
1	5
2	7
3	9

C

x	y
1	5
2	6
3	8

D

20 Durante il periodo estivo, Anna deve leggere un libro di 305 pagine come compito per le vacanze. Nel mese di giugno si riposa e a partire dal primo giorno di luglio legge 5 pagine al giorno per tutto il mese. In agosto va in vacanza con i genitori e dimentica il libro a casa; al suo ritorno, negli ultimi 10 giorni di vacanza, per terminare il volume legge 15 pagine al giorno. Quale, fra i seguenti grafici, può rappresentare l'andamento del numero di pagine lette da Anna nel periodo estivo?

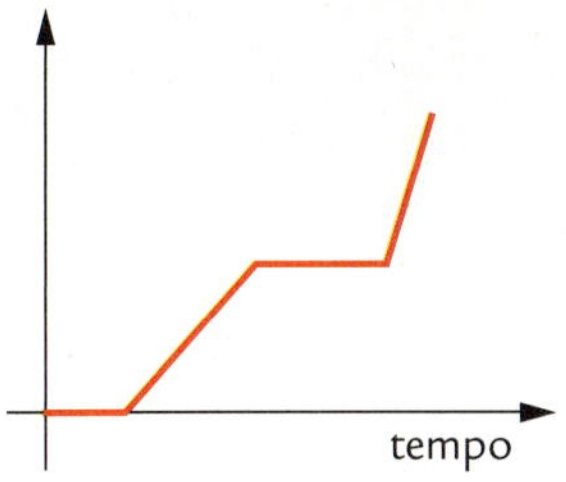

grafico 1

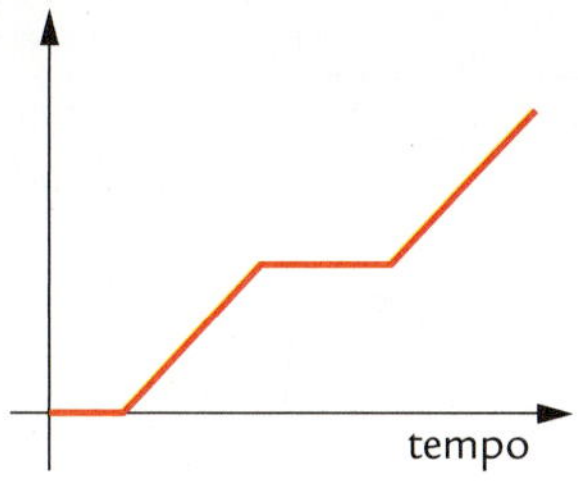

grafico 2

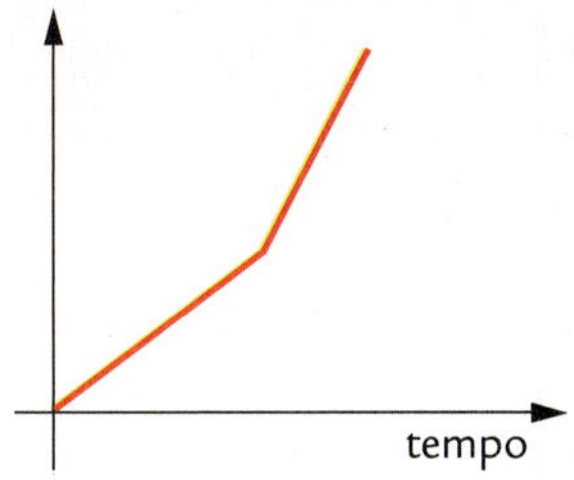

grafico 3

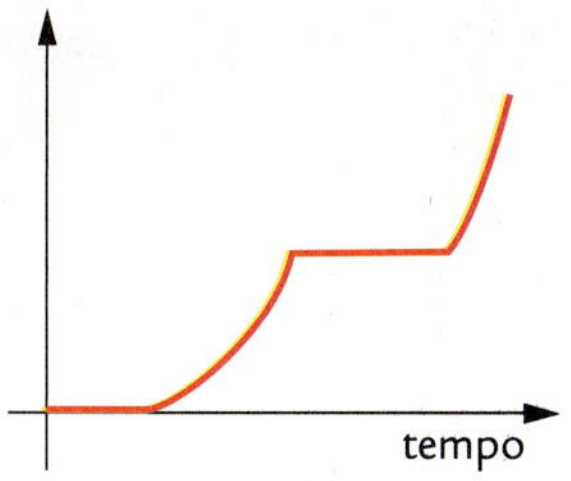

grafico 4

(*Prova Invalsi 2012*)

21 Di seguito sono rappresentati cinque grafici.

grafico 1

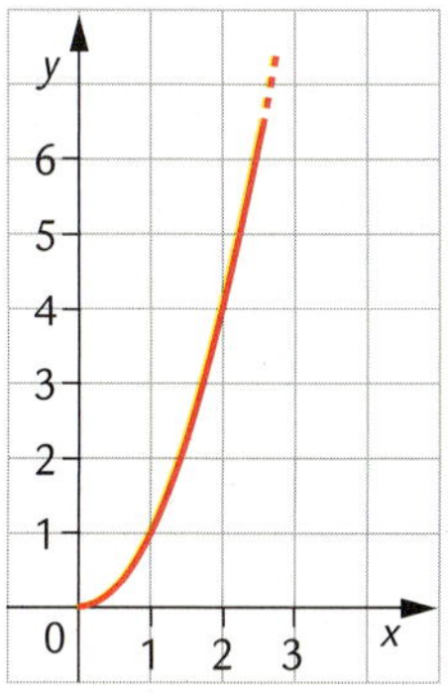

grafico 2

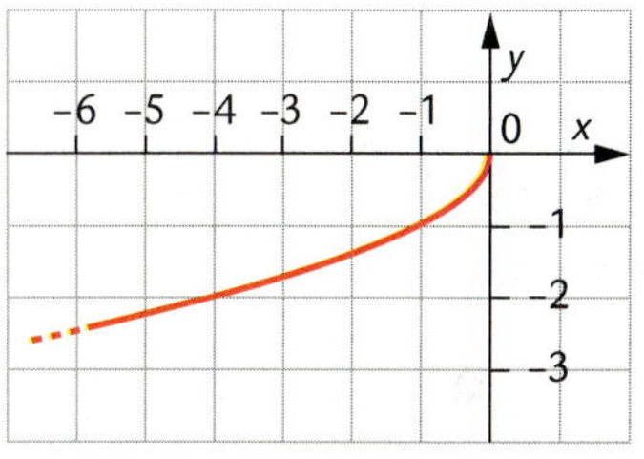

grafico 3

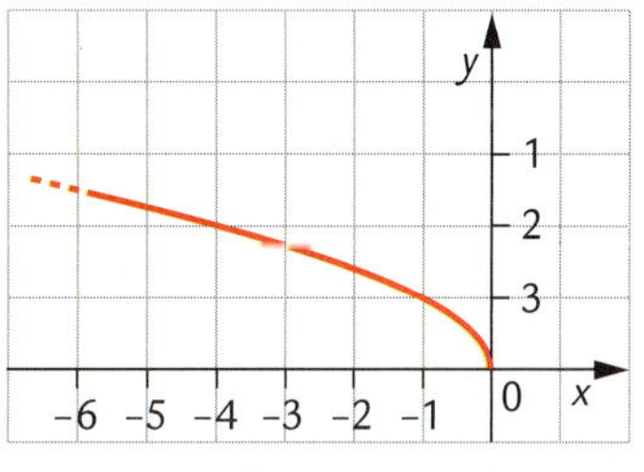

grafico 4

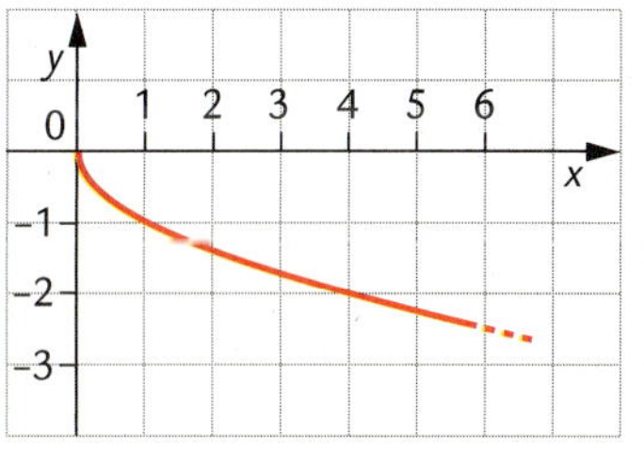

grafico 5

a. Quale grafico è il simmetrico del grafico 1 rispetto all'asse delle x?

A Il grafico 2
B Il grafico 3
C Il grafico 4
D Il grafico 5

b. Quale grafico è il simmetrico del grafico 1 rispetto all'asse delle y?

A Il grafico 2
B Il grafico 3
C Il grafico 4
D Il grafico 5

c. Quale grafico è il simmetrico del grafico 1 rispetto all'origine degli assi?

A Il grafico 2
B Il grafico 3
C Il grafico 4
D Il grafico 5

(*Prova Invalsi 2012*)

22 Mario va in vacanza in una località sciistica. Per usufruire degli impianti di risalita (seggiovie, funivie ecc.) può scegliere tra due offerte A e B, entrambe valide per tutta la stagione invernale.

- Offerta A: costo iniziale fisso di 100 euro più 15 euro per ogni giornaliero (ossia per ogni giorno in cui si usano gli impianti di risalita).
- Offerta B: 30 euro per ogni giornaliero, senza costo iniziale.

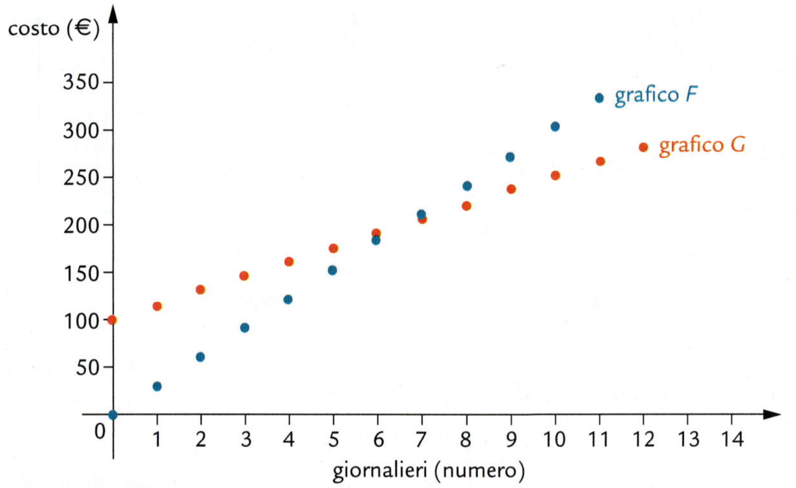

a. Quale, tra i grafici F e G, rappresenta l'offerta A?

[A] Il grafico F [B] Il grafico G

b. Completa la seguente tabella, relativa all'offerta B.

Numero di giorni in cui Mario usufruisce degli impianti di risalita	Costo in euro
1	30
2	....
3	....

c. Se Mario usa gli impianti di risalita solo 5 giorni durante la stagione invernale, quale offerta gli conviene scegliere? Risposta: ....

d. Scrivi due formule, una per l'offerta A e una per l'offerta B, che esprimano il costo C al variare del numero di giornalieri g. Offerta A: $C =$ ....; Offerta B: $C =$ ....

e. Qual è il numero di giornalieri per cui il costo dell'offerta B è una volta e mezza il costo dell'offerta A?

Risposta: ....

(Prova Invalsi 2012)

TEMA C

Coniche

Ci sono alcune curve, dette *coniche*, che fanno la loro comparsa in moltissimi ambiti, apparentemente diversi fra loro; per esempio:

- le coniche descrivono le traiettorie dei pianeti;
- le superfici delle antenne paraboliche per la ricezione dei canali televisivi satellitari sono paraboloidi di rotazione, cioè superfici ottenute dalla rotazione di una conica intorno al suo asse di simmetria;
- la costruzione di molti fari e telescopi sfrutta alcune proprietà delle coniche.

Le coniche furono studiate già più di 2000 anni fa dagli antichi Greci, in particolare da Apollonio (III secolo a.C.) che ne scoprì numerose proprietà, utilizzando i metodi della *geometria euclidea*.

Nelle prossime Unità ci occuperemo anche noi dello studio delle coniche, utilizzando però il metodo della *geometria analitica*, che abbiamo già applicato allo studio della retta.

PREREQUISITI

- Funzioni
- Il piano cartesiano e la retta nel piano cartesiano
- Principali trasformazioni geometriche
- Equazioni, disequazioni e sistemi algebrici

COMPETENZE

- Affrontare problemi geometrici sia con un approccio sintetico, sia con un approccio analitico
- Rappresentare e studiare le proprietà di semplici luoghi geometrici, in particolare delle coniche, utilizzando queste ultime come modelli geometrici in contesti reali

Il telescopio spaziale Hubble fu lanciato in orbita il 24 aprile 1990. La sua orbita è una conica, così come le orbite di tutti i satelliti. Anche i suoi due specchi, uno parabolico e uno iperbolico, sfruttano alcune proprietà di riflessione delle coniche che scopriremo nelle prossime Unità.
Dopo una missione del 1993 che riuscì a correggere alcuni problemi iniziali, Hubble ha regalato enormi quantità di dati e immagini, che hanno contribuito a nuove scoperte e a straordinari risultati scientifici.

Unità 6

Parabola

1. L'equazione della parabola

La parabola come luogo geometrico

PARABOLA
Dati nel piano una retta d e un punto $F \notin d$, si dice **parabola** di **fuoco** F e **direttrice** d il luogo dei punti del piano equidistanti da F e da d.

1. La retta che passa per il fuoco ed è perpendicolare alla direttrice si chiama **asse** della parabola; l'asse della parabola è un suo *asse di simmetria*.
2. Il punto dell'asse che appartiene alla parabola si chiama **vertice** della parabola: per come è definita una parabola, il vertice è equidistante dal fuoco e dalla direttrice, quindi è il *punto medio* del segmento che congiunge il fuoco con la sua proiezione sulla direttrice (**fig. 6.1**).

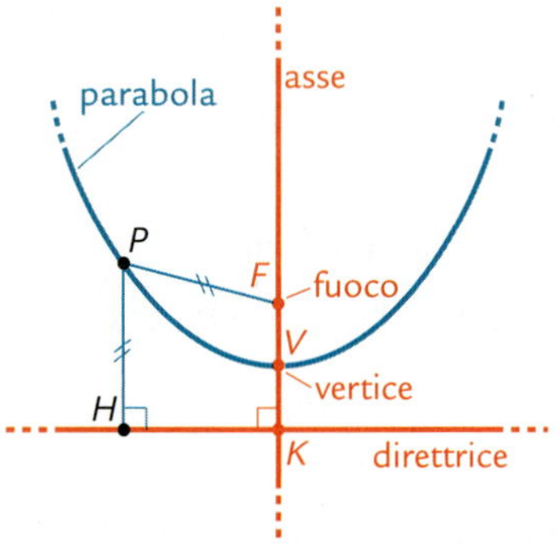

Figura 6.1

Consideriamo, per esempio, la parabola luogo dei punti $P(x, y)$ del piano equidistanti dalla retta di equazione $y = -2$ e dal punto $F(2, 3)$ (**fig. 6.2**). Quale sarà la sua equazione?

La distanza del punto $P(x, y)$ da $F(2, 3)$ è data da:

$$\overline{PF} = \sqrt{(x-2)^2 + (y-3)^2}$$

e la distanza di $P(x, y)$ dalla retta di equazione $y = -2$ è data da:

$$\overline{PH} = |y + 2|$$

La condizione $\overline{PF} = \overline{PH}$ si traduce nell'equazione seguente:

$$\sqrt{(x-2)^2 + (y-3)^2} = |y + 2|$$

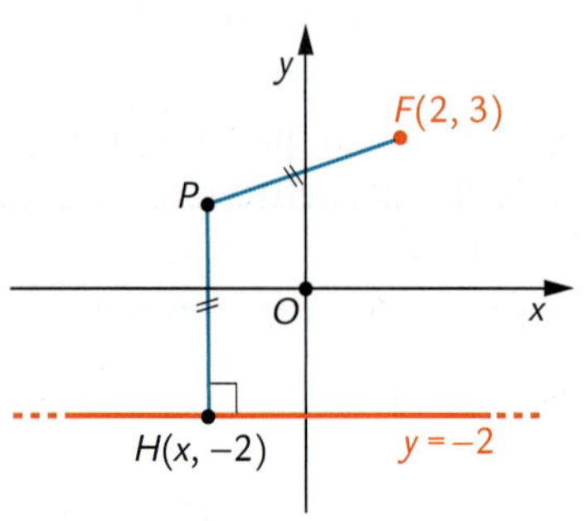

Figura 6.2

I due membri dell'equazione precedente sono non negativi, quindi, elevandoli al quadrato si ottiene un'equazione equivalente, che semplifichiamo:

$$x^2 - 4x + 4 + y^2 - 6y + 9 = (y + 2)^2$$

Ricorda inoltre che, per ogni $a \in \mathbf{R}$, $|a|^2 = a^2$

$$x^2 - 4x + 4 + y^2 - 6y + 9 = y^2 + 4y + 4$$

$$10y = x^2 - 4x + 9$$

$$y = \frac{1}{10}x^2 - \frac{2}{5}x + \frac{9}{10}$$

Abbiamo così ottenuto che la parabola considerata ha equazione:

$$y = \frac{1}{10}x^2 - \frac{2}{5}x + \frac{9}{10}$$

Più in generale, si dimostra che nel piano cartesiano ogni parabola con asse parallelo all'asse y ha equazione della forma:

$$y = ax^2 + bx + c \qquad \text{con } a \neq 0 \qquad [6.1]$$

Viceversa, ogni equazione della forma **[6.1]** rappresenta una parabola, avente le caratteristiche espresse nel seguente teorema.

Tema C

La parabola di equazione $y = ax^2 + bx + c$ — TEOREMA 6.1

Ogni equazione del tipo $y = ax^2 + bx + c$, con $a \neq 0$, rappresenta una parabola avente:

- vertice in $V\left(-\dfrac{b}{2a}, -\dfrac{\Delta}{4a}\right)$
- per asse di simmetria la retta di equazione $x = -\dfrac{b}{2a}$
- fuoco in $F\left(-\dfrac{b}{2a}, \dfrac{1-\Delta}{4a}\right)$
- per direttrice la retta di equazione $y = -\dfrac{1+\Delta}{4a}$

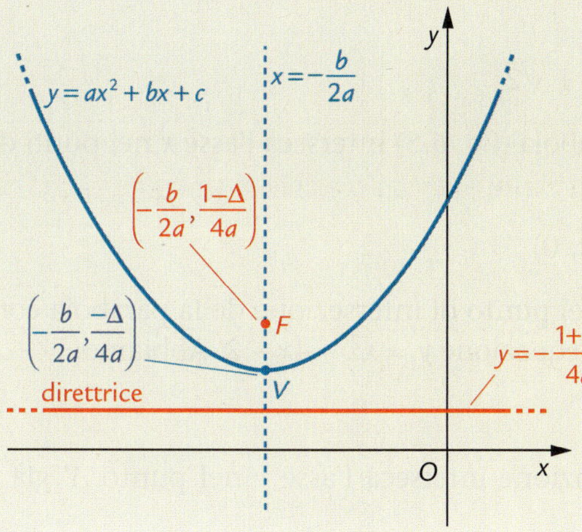

ESEMPIO **Studio di una parabola con asse parallelo all'asse y**

Tracciamo il grafico della parabola di equazione $y = x^2 - 4x + 2$ e individuiamone il fuoco, la direttrice e i punti di intersezione con gli assi cartesiani.

- **Grafico della parabola**

Per tracciare il grafico della parabola, determiniamo il *vertice* e *qualche altro punto*.
L'ascissa x_V del vertice della parabola, per il teorema precedente è:

$$x_V = -\frac{b}{2a} = -\frac{(-4)}{2 \cdot 1} = 2 \qquad a = 1,\ b = -4$$

Per determinare l'ordinata del vertice, sostituiamo 2 al posto di x nell'equazione $y = x^2 - 4x + 2$; otteniamo:

$$y_V = 2^2 - 4 \cdot 2 + 2 = -2$$

Pertanto $V(2, -2)$ e l'asse della parabola ha equazione $x = 2$.
Determiniamo altri due punti della parabola:

- per $x = 4$ otteniamo $y = 4^2 - 4 \cdot 4 + 2 = 2$
- per $x = 5$ otteniamo $y = 5^2 - 4 \cdot 5 + 2 = 7$

Dunque la parabola passa per i punti $A(4, 2)$ e $B(5, 7)$ e per i suoi simmetrici A' e B' rispetto all'asse della parabola.

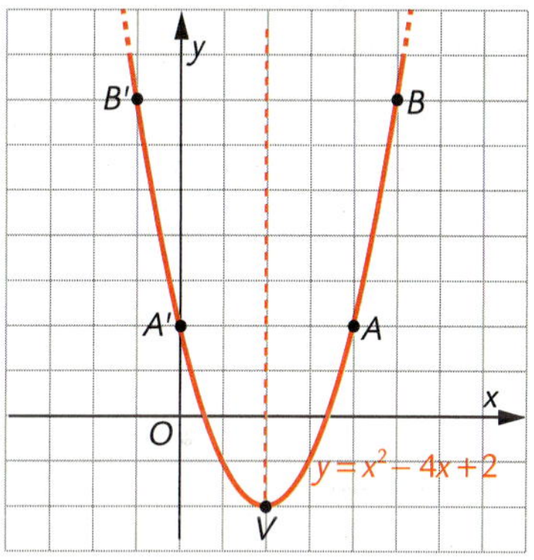

Figura 6.3

- **Fuoco e direttrice**

Il discriminante Δ dell'equazione associata è:

$$\Delta = b^2 - 4ac = (-4)^2 - 4 \cdot 1 \cdot 2 = 8 \qquad a = 1, b = -4, c = 2$$

L'ascissa e l'ordinata del fuoco sono:

$$x_F = x_V = 2, \quad y_F = \frac{1-\Delta}{4a} = \frac{1-8}{4 \cdot 1} = -\frac{7}{4}$$

Quindi $F\left(2, -\dfrac{7}{4}\right)$. L'equazione della direttrice è:

$$y = -\frac{1+\Delta}{4a} = -\frac{1+8}{4 \cdot 1} = -\frac{9}{4}$$

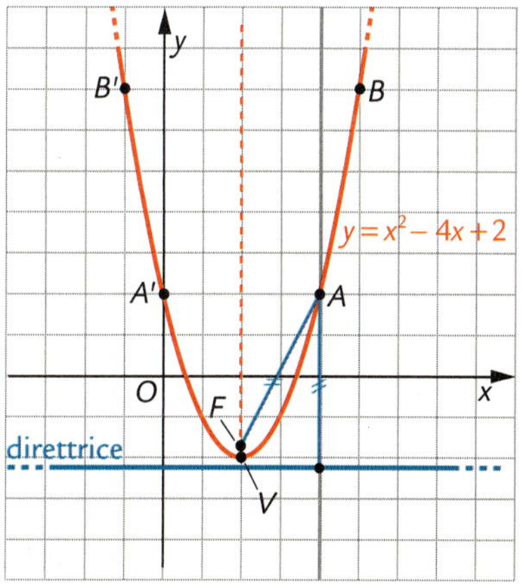

Figura 6.4

- **Punti di intersezione con gli assi**

Per determinare le ascisse dei punti di intersezione della parabola con l'asse x, poniamo $y = 0$ nell'equazione $y = x^2 - 4x + 2$. Otteniamo l'equazione:

$$x^2 - 4x + 2 = 0 \Rightarrow x = 2 \pm \sqrt{2}$$

Pertanto il grafico della parabola (**fig. 6.5**) interseca l'asse x nei punti di coordinate:

$$(2 - \sqrt{2}, 0) \quad \text{e} \quad (2 + \sqrt{2}, 0)$$

Per determinare l'*ordinata* del punto di intersezione della parabola con l'asse y, poniamo $x = 0$ nell'equazione $y = x^2 - 4x + 2$. Abbiamo:

$$y = 0^2 - 4 \cdot 0 + 2 = 2$$

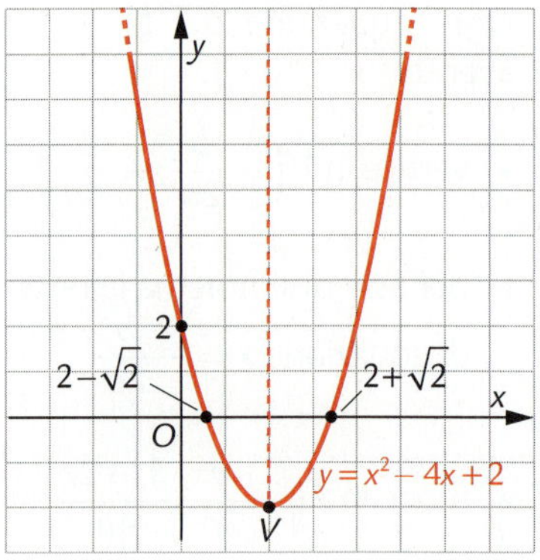

Figura 6.5

Pertanto il grafico della funzione interseca l'asse y nel punto A' già individuato, di coordinate $(0, 2)$.

I legami tra i coefficienti di una parabola e il suo grafico

È importante osservare che il grafico della parabola di equazione $y = ax^2 + bx + c$ è influenzato dai coefficienti a, b, c secondo le caratteristiche messe in evidenza nella seguente tabella.

Il coefficiente a	**Il coefficiente b**	**Il coefficiente c**
Il coefficiente a dà informazioni sulla **concavità della parabola**: se $a > 0$, la concavità è rivolta verso l'*alto*; se invece $a < 0$, la concavità è rivolta verso il *basso*. $y = ax^2 + bx + c$ 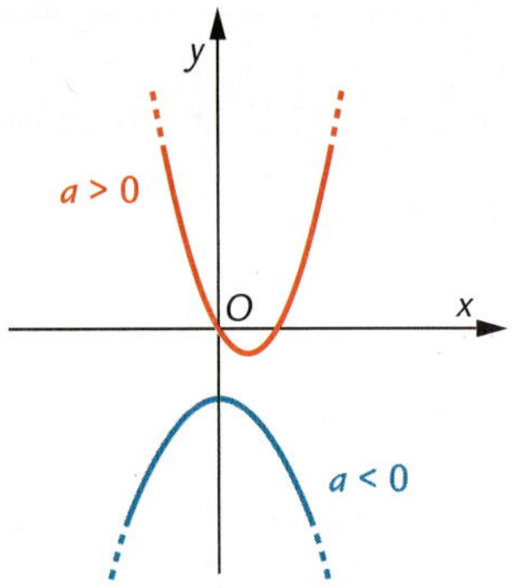	Ci limitiamo a osservare che, nel caso particolare in cui $b = 0$, l'asse della parabola di equazione $y = ax^2 + bx + c$ coincide con l'asse y. 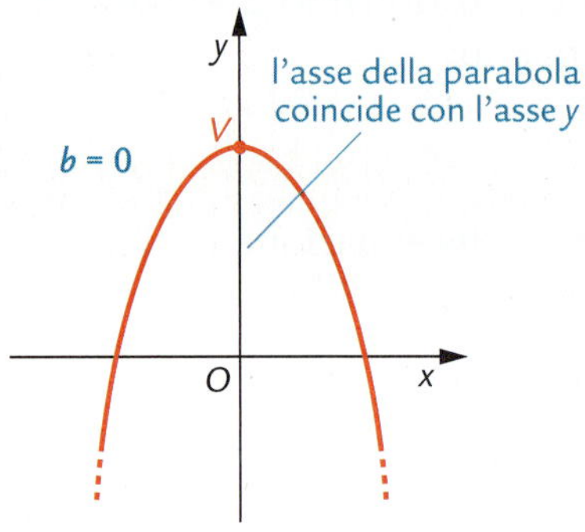	Il coefficiente c rappresenta l'ordinata del punto di intersezione di una parabola con l'asse y. In particolare una parabola di equazione $y = ax^2 + bx + c$ passa per l'origine se e solo se $c = 0$. 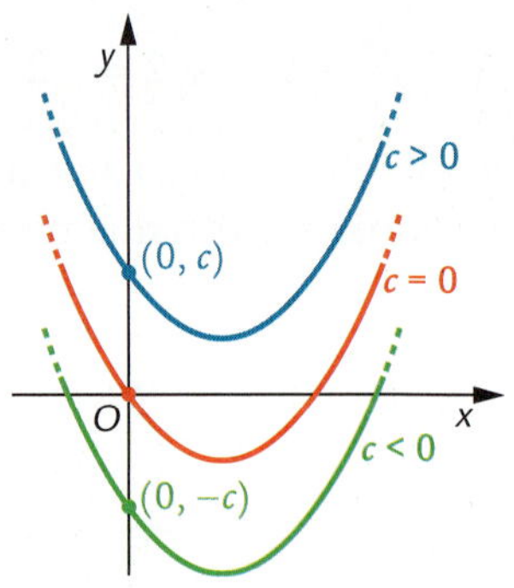

Figure dinamiche

Puoi esplorare come varia il grafico di una parabola al variare dei suoi coefficienti tramite la figura dinamica disponibile on-line.

Un altro aspetto che influenza il grafico di una parabola avente equazione $y = ax^2 + bx + c$ è il *discriminante* dell'equazione associata, $ax^2 + bx + c = 0$. Tale equazione fornisce le ascisse degli eventuali punti dove il grafico della parabola interseca l'asse x, quindi il discriminante influenza la posizione della parabola rispetto all'asse x:

- se $b^2 - 4ac > 0$, l'equazione $ax^2 + bx + c = 0$ ha due soluzioni reali distinte, x_1 e x_2, quindi la parabola interseca l'asse x in due punti distinti;
- se $b^2 - 4ac = 0$, l'equazione $ax^2 + bx + c = 0$ ha due soluzioni coincidenti, $x_1 = x_2$, e la parabola è **tangente** all'asse x;
- se $b^2 - 4ac < 0$, l'equazione $ax^2 + bx + c = 0$ non ha soluzioni reali, quindi la parabola non ha punti di intersezione con l'asse x.

Questi tre casi sono rappresentati nella seguente tabella, a seconda della concavità.

	$a > 0$	$a < 0$
$\Delta > 0$	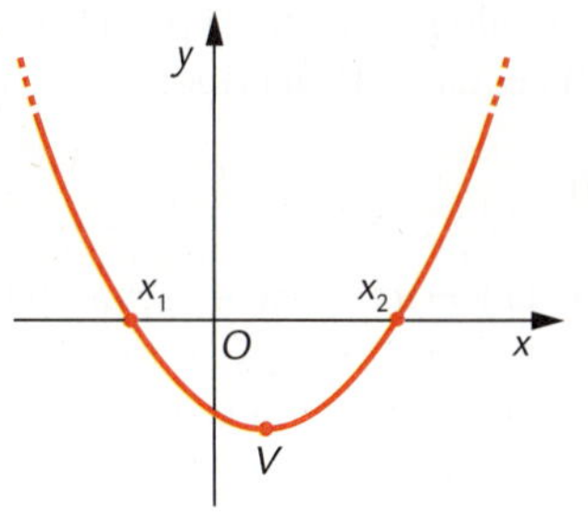	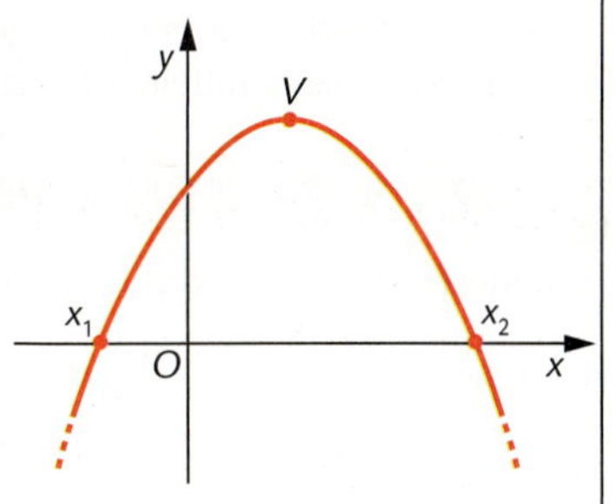
$\Delta = 0$	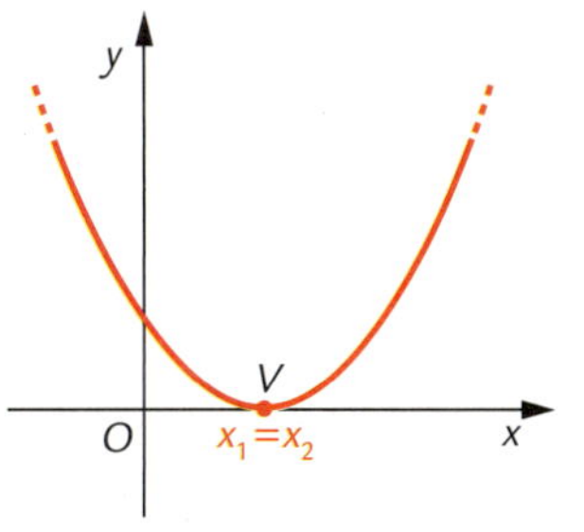	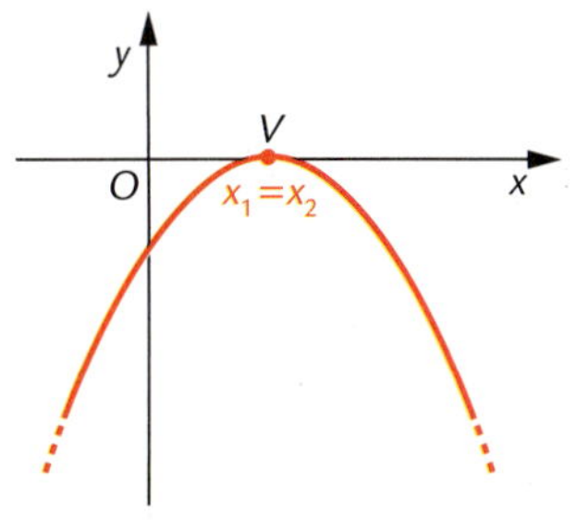
$\Delta < 0$	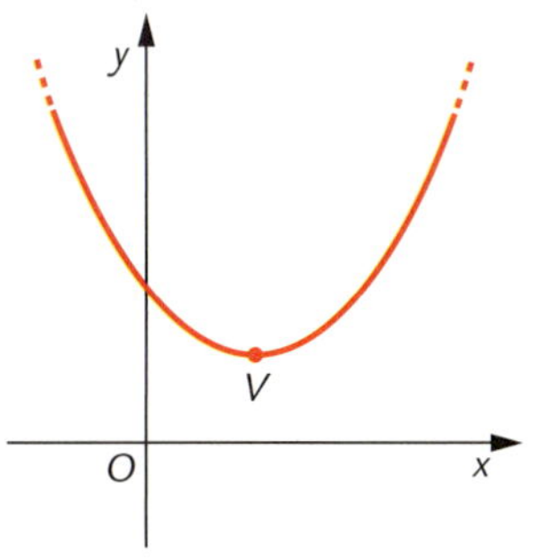	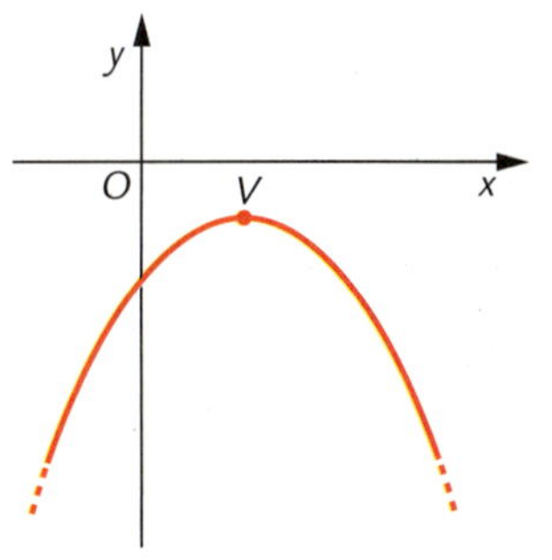

Prova tu **ESERCIZI** a p. 268

1. Traccia il grafico delle parabole di equazioni:

a. $y = x^2 + 6x - 7$ **b.** $y = -x^2 - 2x$ **c.** $y = \frac{1}{2}x^2 - 2x + 2$

Per ciascuna parabola determina vertice, punti di intersezione con gli assi cartesiani, fuoco e direttrice.

2. Osserva i grafici delle seguenti parabole, di equazione del tipo $y = ax^2 + bx + c$, e, per ciascuna, poni una crocetta sulle caselle che esprimono correttamente i segni di a, b e c.

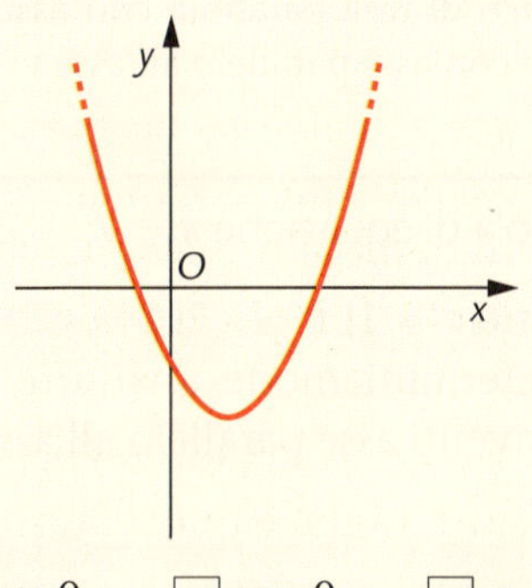

☐ $a > 0$ ☐ $a = 0$ ☐ $a < 0$
☐ $b > 0$ ☐ $b = 0$ ☐ $b < 0$
☐ $c > 0$ ☐ $c = 0$ ☐ $c < 0$

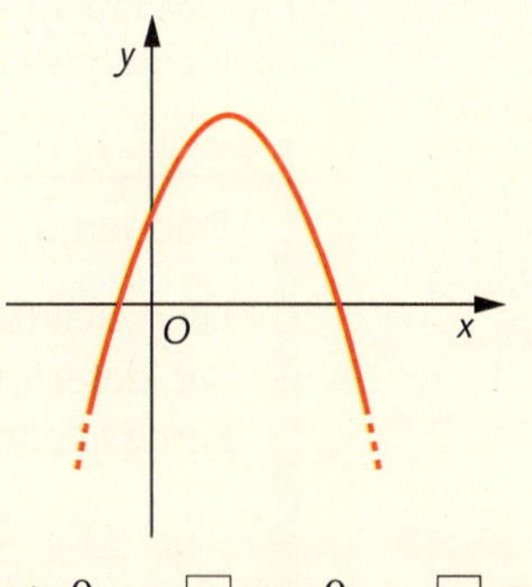

☐ $a > 0$ ☐ $a = 0$ ☐ $a < 0$
☐ $b > 0$ ☐ $b = 0$ ☐ $b < 0$
☐ $c > 0$ ☐ $c = 0$ ☐ $c < 0$

APPROFONDIMENTO Le parabole con asse parallelo all'asse x

In questo paragrafo abbiamo finora considerato parabole con asse parallelo all'asse y. Vogliamo ora accennare alle **parabole con asse parallelo all'asse x**.
Seguendo un percorso analogo a quello già svolto, si potrebbe dimostrare che una parabola con asse parallelo all'asse x ha equazione del tipo:

$$x = ay^2 + by + c, \quad \text{con} \quad a \neq 0$$

Questa equazione si può ottenere da $y = ax^2 + bx + c$ scambiando x con y. Geometricamente, ciò significa che la parabola di equazione $x = ay^2 + by + c$ è la corrispondente, nella simmetria rispetto alla bisettrice del primo e del terzo quadrante (di equazione $y = x$), della parabola di equazione $y = ax^2 + bx + c$ (**fig. 6.6**).

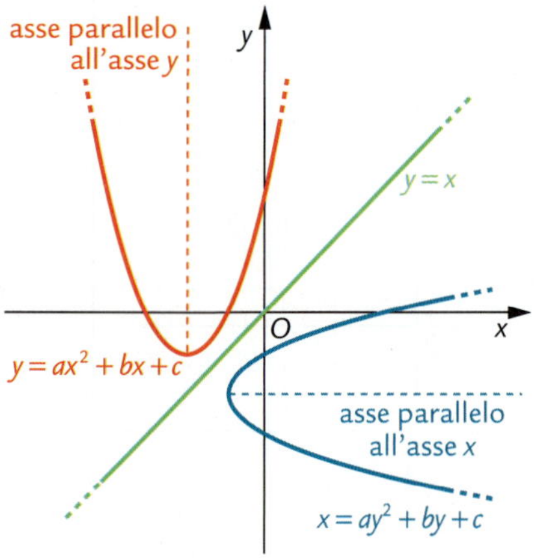

Figura 6.6

In forza di questa simmetria, le formule per determinare vertice, asse, fuoco e direttrice di una parabola avente l'asse parallelo all'asse x, di equazione $x = ay^2 + by + c$, possono essere determinate semplicemente scambiando la x con la y nelle formule che già conosci.

Equazione della parabola:	$y = ax^2 + bx + c$	$x = ay^2 + by + c$
Vertice	$V\left(-\frac{b}{2a}, -\frac{\Delta}{4a}\right)$	$V\left(-\frac{\Delta}{4a}, -\frac{b}{2a}\right)$
Asse di simmetria	$x = -\frac{b}{2a}$	$y = -\frac{b}{2a}$
Fuoco	$F\left(-\frac{b}{2a}, \frac{1-\Delta}{4a}\right)$	$F\left(\frac{1-\Delta}{4a}, -\frac{b}{2a}\right)$
Direttrice	$y = -\frac{1+\Delta}{4a}$	$x = -\frac{1+\Delta}{4a}$

Il procedimento per tracciare il grafico di una parabola con asse parallelo all'asse x è analogo a quello visto per le parabole con asse parallelo all'asse y.

ESEMPIO

Tracciamo il grafico della parabola di equazione $x = y^2 - 2y - 3$.

I coefficienti della parabola sono $a = 1$, $b = -2$, $c = -3$.
Per determinare il vertice, determiniamone anzitutto l'*ordinata* (anziché l'*ascissa* come per le parabole aventi asse parallelo all'asse y):

$$y_V = -\frac{b}{2a} = -\frac{-2}{2 \cdot 1} = 1$$

quindi $x_V = 1^2 - 2 \cdot 1 - 3 = -4$. Dunque la parabola data ha vertice in $V(-4, 1)$ e per asse la retta di equazione $y = 1$.

Determiniamo ora le coordinate di qualche altro punto della parabola. A tale scopo, attribuiamo alcuni valori a scelta alla variabile y.

Per $y = 0$ è $x = 0^2 - 2 \cdot 0 - 3 = -3$

Per $y = -1$ è $x = (-1)^2 - 2 \cdot (-1) - 3 = 0$

Per $y = -2$ è $x = (-2)^2 - 2 \cdot (-2) - 3 = 5$

Perciò la parabola passa per i punti di coordinate: $(-3, 0)$; $(0, -1)$; $(5, -2)$ e per i loro simmetrici rispetto all'asse della parabola.

Tenendo conto delle informazioni raccolte si può tracciare il grafico come in figura.

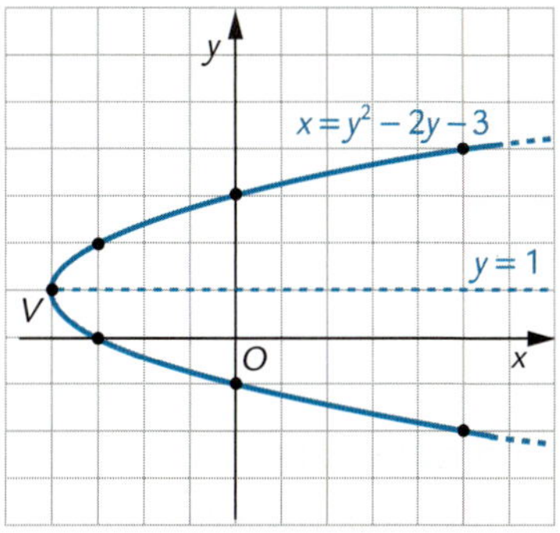

Attenzione!

Mentre il grafico di una parabola con asse parallelo all'asse y è il grafico della funzione $y = ax^2 + bx + c$, il grafico di una parabola con asse parallelo all'asse x **non** è il grafico di una funzione: ci sono infatti dei valori di x cui corrispondono *due* valori di y.

Prova tu **ESERCIZI** a p. 273

Traccia il grafico delle parabole di equazioni:

a. $x = -y^2 + 2y$ **b.** $x = -y^2 + 4y - 3$

2. La parabola e la retta

Posizioni reciproche tra una retta e una parabola

Consideriamo nel piano cartesiano una retta e una parabola con asse parallelo all'asse y. Quanti punti di intersezione possono avere? Studiamo la situazione dal punto di vista *analitico*. Dobbiamo distinguere due casi, a seconda che la retta che consideriamo sia o non sia parallela all'asse y.

Se la retta **non è parallela all'asse y**, la sua equazione sarà del tipo $y = mx + q$.

Le coordinate degli eventuali punti di intersezione tra tale retta e la parabola di equazione $y = ax^2 + bx + c$ sono allora le soluzioni del sistema:

$$\begin{cases} y = ax^2 + bx + c \\ y = mx + q \end{cases} \qquad [6.2]$$

Questo sistema può presentare *nessuna soluzione*, *due soluzioni coincidenti* o *due soluzioni distinte*, a seconda che il discriminante Δ dell'equazione risolvente sia minore, uguale o maggiore di 0. Corrispondentemente la retta sarà **esterna**, **tangente** o **secante** la parabola (**fig. 6.7** a pagina seguente).

Se invece la retta **è parallela all'asse y**, cioè se la sua equazione è del tipo $x = k$, il sistema:

$$\begin{cases} y = ax^2 + bx + c \\ x = k \end{cases}$$

ammette l'unica soluzione

$$\begin{cases} x = k \\ y = ak^2 + bk + c \end{cases}$$

Pertanto la parabola e la retta hanno in comune soltanto il punto di coordinate $(k, ak^2 + bk + c)$ (**fig. 6.8**).

Osserva

Nel caso in **fig. 6.8** la retta e la parabola hanno in comune *un solo* punto ma non sono tra loro tangenti, perché il punto in comune non corrisponde a una soluzione *doppia* del sistema ma a una soluzione *semplice*: la retta è secante. Nel caso in **fig. 6.7**, invece, la retta secante ha *due* punti in comune con la parabola.

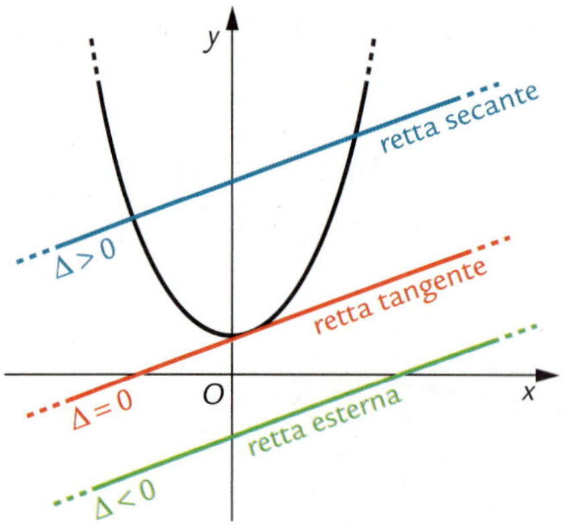

Figura 6.7

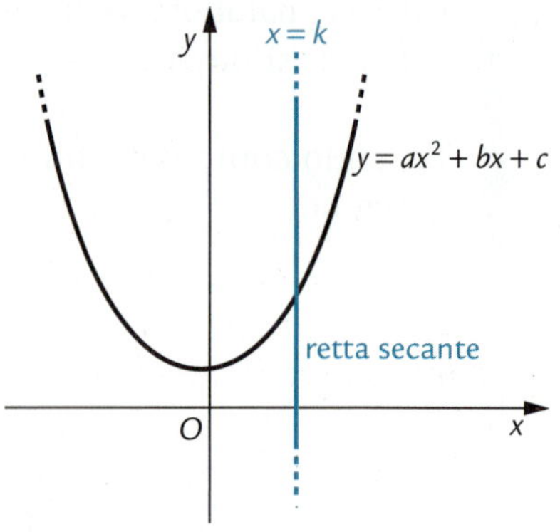

Figura 6.8

Rette tangenti a una parabola

Abbiamo visto che una retta e una parabola si possono presentare disposte in un modo particolarmente interessante: quello in cui la retta è *tangente* alla parabola. Consideriamo un parabola con asse parallelo all'asse y e un punto P del piano: esistono rette tangenti alla parabola passanti per P? Quante? Al variare della posizione di P, si possono presentare le tre situazioni rappresentate in **fig. 6.9**.

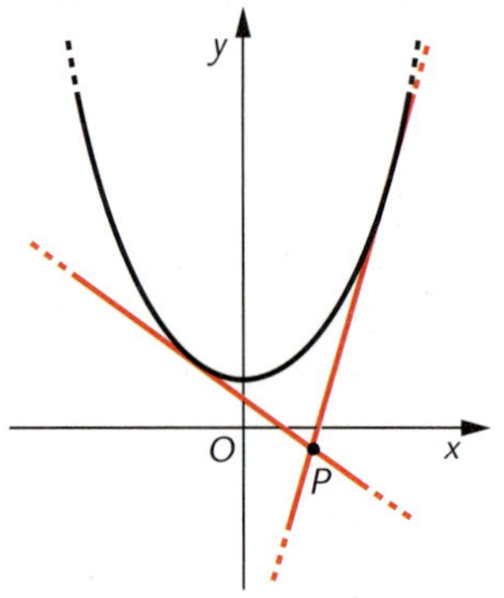

Se il punto P è *esterno* alla parabola, cioè appartiene alla regione di piano limitata dalla parabola che *non* contiene il fuoco, si possono condurre due rette distinte tangenti alla parabola passanti per P.

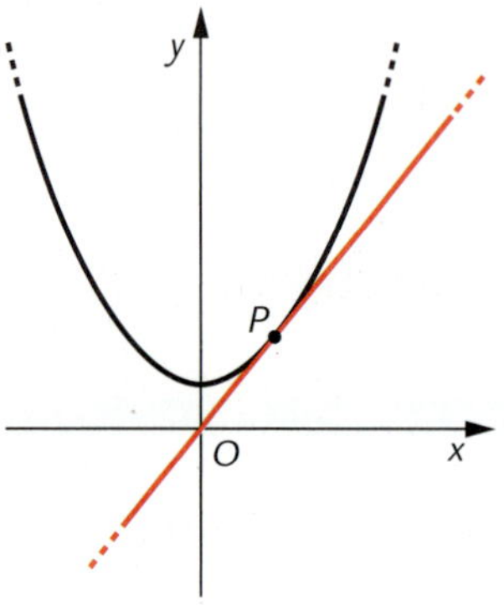

Se il punto P *appartiene* alla parabola, esiste un'unica retta passante per P e tangente alla parabola.

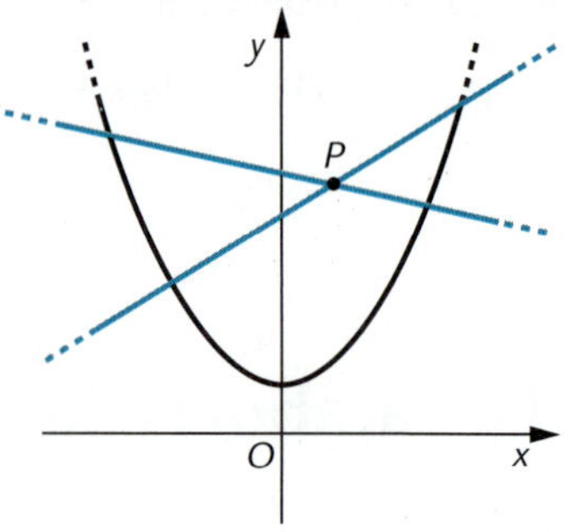

Se il punto P è *interno* alla parabola, cioè appartiene alla regione di piano limitata dalla parabola che contiene il fuoco, non esistono rette passanti per P e tangenti alla parabola.

Figura 6.9

Osserva

Ogni retta verticale seca una parabola con asse parallelo all'asse y in un (unico) punto. Le equazioni delle rette tangenti passanti per P non possono perciò essere verticali, quindi devono avere equazione del tipo: $y - y_0 = m(x - x_0)$

Come possiamo determinare le equazioni delle rette tangenti, se P è *esterno* o *appartenente* alla parabola?

Supponiamo inizialmente che P sia **esterno** alla parabola. Il procedimento per scrivere le equazioni delle rette tangenti si può riassumere come segue.

1. Si scrive l'equazione della generica retta passante per $P(x_0, y_0)$:

$$y - y_0 = m(x - x_0) \qquad [6.3]$$

2. Si impone che il discriminante dell'equazione risolvente il sistema:

$$\begin{cases} y = ax^2 + bx + c \\ y - y_0 = m(x - x_0) \end{cases}$$

sia nullo (*condizione di tangenza*).

3. Si risolve l'equazione di secondo grado in m ottenuta.

4. Si sostituiscono nella [6.3] i valori di m trovati come soluzioni nel passo precedente, ottenendo così le equazioni delle due rette tangenti richieste.

ESEMPIO Tangenti a una parabola da un punto esterno

Determiniamo le equazioni delle rette tangenti alla parabola $y = x^2 + 2x + 1$ passanti per il punto $P(-1, -1)$.

- **Analisi grafica**

Come abbiamo visto, quando si risolve un problema di geometria analitica è sempre consigliabile, anzitutto, tracciare una figura. Essa aiuta infatti a prevedere quali risultati dobbiamo aspettarci dalla risoluzione algebrica e ci consente un controllo dei risultati che troviamo. In questo caso, tracciando il grafico della parabola, ci accorgiamo che il punto P appartiene al suo asse ed è esterno alla parabola, quindi dobbiamo aspettarci che le due rette tangenti passanti per P siano simmetriche rispetto all'asse della parabola.

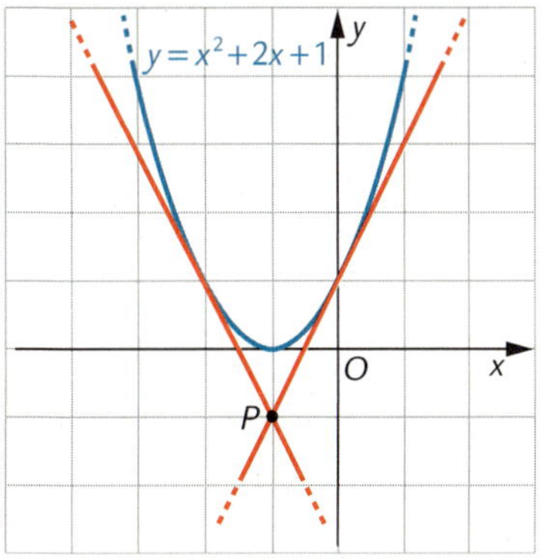

- **Determinazione algebrica delle tangenti**

Per determinare le equazioni delle rette tangenti seguiamo i passi che abbiamo indicato poc'anzi.

1. Scriviamo l'equazione della generica retta passante per $P(-1, -1)$:

$$y - (-1) = m[x - (-1)] \quad \Rightarrow \quad y + 1 = mx + m \quad \Rightarrow \quad y = mx + m - 1$$

2. Impostiamo il sistema formato dall'equazione della parabola e dall'equazione della generica retta passante per P:

$$\begin{cases} y = x^2 + 2x + 1 \\ y = mx + m - 1 \end{cases}$$

L'equazione risolvente è $x^2 + 2x + 1 = mx + m - 1$, cioè:

$$x^2 + (2 - m)x + 2 - m = 0$$

Imponendo che il discriminante di tale equazione sia nullo (*condizione di tangenza*) si perviene all'equazione:

$$(2 - m)^2 - 4(2 - m) = 0$$

3. Risolviamo l'equazione ottenuta:

$$(2 - m)^2 - 4(2 - m) = 0 \Rightarrow 4 - 4m + m^2 - 8 + 4m = 0 \Rightarrow$$

$$\Rightarrow m^2 - 4 = 0 \Rightarrow m = -2 \ \vee \ m = 2$$

4. Sostituiamo i valori di m trovati nell'equazione $y = mx + m - 1$.
Otteniamo così che le due rette tangenti alla parabola passanti per P hanno equazioni:

$$y = -2x + (-2) - 1 \quad \text{e} \quad y = 2x + 2 - 1$$

ossia:

$$y = -2x - 3 \quad \text{e} \quad y = 2x + 1$$

Il procedimento che abbiamo appena esposto, relativo al caso in cui P è un punto *esterno* alla parabola, vale anche nel caso in cui il punto P **appartenga** alla parabola (l'unica differenza è che in questo caso imponendo la condizione di tangenza si perviene a un'equazione in m di *primo* grado). Tuttavia, se P appartiene alla parabola, si può procedere più rapidamente mediante la formula espressa nel prossimo teorema.

TEOREMA 6.2 **Coefficiente angolare della retta tangente a una parabola in un suo punto**

Sia $P(x_0, y_0)$ un punto che appartiene alla parabola avente equazione $y = ax^2 + bx + c$. Il coefficiente angolare m della retta tangente alla parabola in P è dato dalla formula:

$$m = 2ax_0 + b \qquad [6.4]$$

DIMOSTRAZIONE

Consideriamo il sistema formato dall'equazione della parabola e dall'equazione della generica retta passante per $P(x_0, y_0)$:

$$\begin{cases} y = ax^2 + bx + c \\ y - y_0 = m(x - x_0) \end{cases}$$

Si può facilmente verificare che l'equazione risolvente questo sistema è:

$$ax^2 + (b - m)x + c + mx_0 - y_0 = 0$$

Se P appartiene alla parabola, senz'altro $x = x_0$ è una soluzione dell'equazione. Affinché la retta sia tangente alla parabola, anche l'altra soluzione di questa equazione deve coincidere con x_0, quindi la somma delle due soluzioni deve essere $2x_0$. Ricordando le relazioni fra la somma delle soluzioni di un'equazione di secondo grado e i suoi coefficienti si ottiene l'equazione:

$$-\frac{b - m}{a} = 2x_0$$

da cui si ricava immediatamente $m = 2ax_0 + b$.

Ricorda

La somma delle soluzioni dell'equazione $ax^2 + bx + c = 0$ è $x_1 + x_2 = -\frac{b}{a}$.

ESEMPIO **Tangente a una parabola in un suo punto**

Data la parabola di equazione $y = x^2 - 3x - 2$, scriviamo l'equazione della retta tangente alla parabola nel punto in cui questa interseca l'asse y.

La parabola data, di equazione $y = x^2 - 3x - 2$, interseca l'asse y nel punto $P(0, -2)$. Per la **[6.4]**, il coefficiente angolare della retta tangente in P è:

L'ascissa di $P(0, -2)$ è 0, quindi $x_0 = 0$

$$m = 2ax_0 + b = 2 \cdot 1 \cdot 0 + (-3) = -3$$

I coefficienti dell'equazione $y = x^2 - 3x - 2$ sono $a = 1$, $b = -3$, $c = -2$

La retta tangente non è altro che la retta passante per P e di coefficiente angolare -3. La sua equazione è: $y = -3x - 2$ e il suo grafico è mostrato nella figura a fianco.

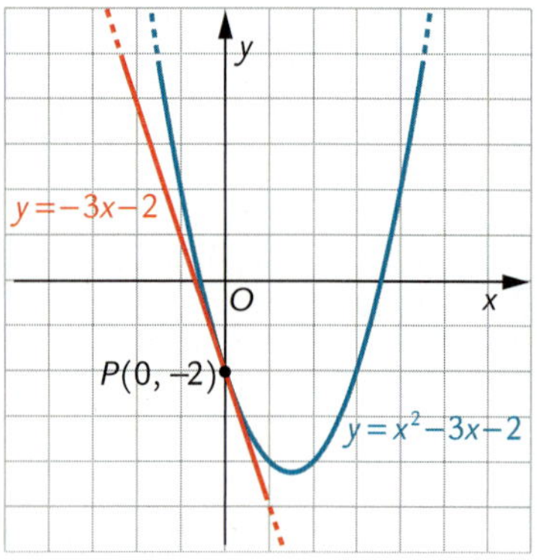

Osserva

Generalizzando l'esempio qui a fianco, si trova che il coefficiente angolare della tangente alla parabola di equazione $y = ax^2 + bx + c$ nel suo punto di intersezione con l'asse y ($x_0 = 0$) è:

$m = 2a \cdot 0 + b = b$

Abbiamo così scoperto il significato del coefficiente b nell'equazione della parabola: rappresenta il coefficiente angolare della tangente nel punto di intersezione con l'asse delle ordinate.

Più in generale, in base alla formula [6.4] possiamo dire che l'equazione della retta tangente alla parabola di equazione $y = ax^2 + bx + c$ nel suo punto $P(x_0, y_0)$ è:

$$y - y_0 = (2ax_0 + b)(x - x_0)$$

Si può facilmente verificare (ti invitiamo a farlo per esercizio) che questa equazione coincide con quella che si ottiene eseguendo nell'equazione della parabola le sostituzioni:

$$y \to \frac{y + y_0}{2}; \quad x^2 \to x \cdot x_0; \quad x \to \frac{x + x_0}{2}$$

Queste sostituzioni vengono dette **formule di sdoppiamento**.

Prova tu **ESERCIZI** a p. 273

1. Determina i punti di intersezione della bisettrice del primo e del terzo quadrante con la parabola di equazione $y = x^2 - 3x + 3$. [(1, 1); (3, 3)]
2. Quante rette tangenti si possono condurre dal punto $P(0, 1)$ alla parabola di equazione $y = x^2$? E dal punto $Q(1, 1)$? E dal punto $R(2, 0)$?
3. Determina le equazioni delle rette tangenti alla parabola di equazione $y = x^2 - 1$ passanti per il punto $P(0, -2)$. [$y = \pm 2x - 2$]
4. Determina l'equazione della retta tangente alla parabola di equazione $y = x^2 - 1$ nel suo punto di ascissa 2. [$y = 4x - 5$]

3. Scrivere l'equazione di una parabola

Come si può scrivere, per esempio, l'equazione di una parabola con asse parallelo all'asse y avente vertice in un punto assegnato e passante per un secondo punto dato? O di una parabola con asse parallelo all'asse y di cui sono assegnati tre punti? Un procedimento generale per risolvere problemi di questo tipo consiste nel considerare l'equazione generica della parabola con asse verticale

$$y = ax^2 + bx + c$$

e tradurre le condizioni assegnate in equazioni nelle incognite a, b e c.
I coefficienti a, b, c della parabola richiesta si possono ricavare risolvendo il *sistema* costituito da tali equazioni. Poiché i coefficienti da determinare sono tre, occorreranno tre condizioni indipendenti.

ESEMPIO **Ricerca dell'equazione di una parabola, dati il vertice e un punto**

Scriviamo l'equazione della parabola, con asse parallelo all'asse y, che ha vertice in $V(1, -7)$ e passa per il punto $P(-1, -4)$.

Consideriamo la generica parabola di equazione:

$$y = ax^2 + bx + c$$

Affinché la parabola abbia vertice in $V(1, -7)$ il suo asse deve essere la retta di equazione $x = 1$; inoltre il punto V deve appartenere alla parabola, quindi la sua equazione deve essere soddisfatta dalle coordinate di V; ne seguono le equazioni:

$$-\frac{b}{2a} = 1 \qquad \text{Condizione sull'asse}$$

$$-7 = a \cdot 1^2 + b \cdot 1 + c \Rightarrow a + b + c = -7 \qquad \text{Passaggio per } V$$

→

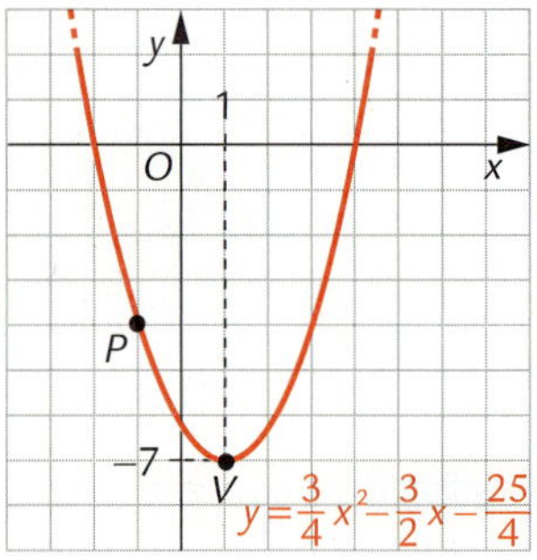

Analogamente, affinché la parabola passi per $P(-1, -4)$ deve essere:

$$-4 = a \cdot (-1)^2 + b \cdot (-1) + c \Rightarrow -4 = a - b + c \qquad \text{Passaggio per } P$$

I coefficienti della parabola richiesta devono quindi soddisfare il sistema formato dalle tre equazioni trovate:

$$\begin{cases} -\dfrac{b}{2a} = 1 \\ a + b + c = -7 \\ a - b + c = -4 \end{cases}$$

Risolvendo il sistema si trova come soluzione:

$$\begin{cases} a = \dfrac{3}{4} \\ b = -\dfrac{3}{2} \\ c = -\dfrac{25}{4} \end{cases}$$

quindi la parabola richiesta è quella di equazione $y = \frac{3}{4}x^2 - \frac{3}{2}x - \frac{25}{4}$.

ESEMPIO **Parabola con asse parallelo all'asse y, dati tre punti**

Scriviamo l'equazione della parabola, con asse parallelo all'asse y, che passa per i punti $A(-1, -6)$, $B(0, -3)$, $C(2, -3)$.

Poiché la parabola deve avere asse parallelo all'asse y, la sua equazione sarà del tipo $y = ax^2 + bx + c$.
Affinché la parabola passi per $A(-1, -6)$, la sua equazione deve essere soddisfatta in corrispondenza delle coordinate di A, quindi deve essere:

$$-6 = a \cdot (-1)^2 + b \cdot (-1) + c \quad \Rightarrow \quad -6 = a - b + c \qquad [6.5]$$

Analogamente, il passaggio per $B(0, -3)$ si traduce nell'equazione:

$$-3 = a \cdot 0^2 + b \cdot 0 + c \quad \Rightarrow \quad c = -3 \qquad [6.6]$$

e il passaggio per $C(2, -3)$ nell'equazione:

$$-3 = a \cdot 2^2 + b \cdot 2 + c \quad \Rightarrow \quad -3 = 4a + 2b + c \qquad [6.7]$$

I coefficienti della parabola richiesta devono quindi soddisfare il sistema formato dalle equazioni **[6.5]**, **[6.6]** e **[6.7]**:

$$\begin{cases} a - b + c = -6 \\ c = -3 \\ 4a + 2b + c = -3 \end{cases}$$

Risolvendo il sistema si trova come soluzione:

$$\begin{cases} a = -1 \\ b = 2 \\ c = -3 \end{cases}$$

quindi la parabola richiesta è quella di equazione $y = -x^2 + 2x - 3$.

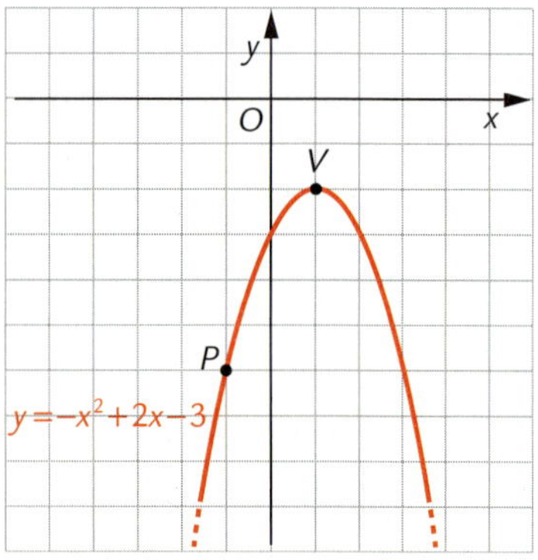

Prova tu **ESERCIZI** a p. 277

1. Scrivi l'equazione della parabola con asse parallelo all'asse y che passa per i punti: $A(1, 0)$, $B(0, -4)$, $C(2, 6)$. $[y = x^2 + 3x - 4]$
2. Scrivi l'equazione della parabola con asse parallelo all'asse x che passa per i punti $A(2, 0)$, $B(0, -2)$, $C(0, -3)$. $\left[x = \frac{1}{3}y^2 + \frac{5}{3}y + 2\right]$

3. Scrivi le equazioni delle parabole con asse parallelo all'asse y che passano per $A(1, 1)$ e $B(4, 4)$ e sono tangenti all'asse x.
$\left[y = (x-2)^2 \text{ e } y = \frac{1}{9}(x+2)^2\right]$

4. Scrivi l'equazione della parabola che ha vertice in $V(2, 1)$ e ha come direttrice la retta di equazione $y = -1$.
$\left[y = \frac{1}{8}x^2 - \frac{1}{2}x + \frac{3}{2}\right]$

5. Scrivi l'equazione della parabola che ha fuoco in $F(-2, 0)$ e ha come direttrice la retta di equazione $y = 1$.
$\left[y = -\frac{1}{2}x^2 - 2x - \frac{3}{2}\right]$

4. La parabola e i problemi di massimo e minimo di secondo grado

Molti problemi applicati richiedono di determinare il massimo o il minimo valore che può essere assunto da una certa grandezza: per esempio determinare il massimo ricavo o il massimo profitto che un'azienda può realizzare dalla vendita di un certo bene. Non abbiamo ancora le conoscenze per poter affrontare questi problemi in generale, siamo però già in grado di affrontare i problemi che hanno come modello una funzione di secondo grado: vediamo come nei prossimi problemi svolti.

PROBLEMA 1 Massimizzare un ricavo

Gli organizzatori di un corso di computer, sulla base di statistiche relative ai corsi precedenti, si aspettano che:
- fissando, come prezzo del corso, 600 euro per persona, si iscriveranno 200 persone;
- ogni diminuzione di 30 euro del prezzo del corso comporterà 20 iscritti in più.

Gli organizzatori si chiedono quale prezzo fissare per il corso, in modo da ottenere il massimo ricavo possibile.

FAMILIARIZZIAMO CON IL PROBLEMA

Prima di risolvere il problema prova a riflettere sulla situazione proposta: ti sembra più probabile riuscire ad aumentare il ricavo *aumentando* il prezzo del corso o *diminuendolo*?
Se aumentiamo il prezzo del corso, probabilmente avremo meno iscritti e quindi si pone il seguente problema: l'aumento nel prezzo sarà sufficiente a compensare la diminuzione degli iscritti? Se diminuiamo il prezzo, invece, avremo probabilmente più iscritti: ma l'aumento degli iscritti sarà sufficiente a compensare la diminuzione del prezzo?

COSTRUIAMO IL MODELLO ALGEBRICO DEL PROBLEMA

- Supponiamo di effettuare x diminuzioni di 30 euro nel prezzo del corso. Allora:
  - il prezzo del corso (in euro, per persona) sarà $600 - 30x$;
  - il numero di iscritti atteso diventa $200 + 20x$.
- Dovrà essere $x > 0$ e $600 - 30x > 0$, cioè $0 < x < 20$, con $x \in \mathbf{N}$.
- Il ricavo, che indichiamo con $R(x)$, è allora espresso dalla seguente funzione:

$$R(x) = (600 - 30x)(200 + 20x)$$

Rispondere alla domanda posta dal problema equivale a determinare per quale valore di $x \in \mathbf{N}$, con $0 < x < 20$, la funzione $R(x)$ assume valore massimo.

DETERMINIAMO IL MASSIMO DELLA FUNZIONE

- La funzione:

$$y = R(x) = (600 - 30x)(200 + 20x) \qquad [6.8]$$

è di 2° grado, quindi il suo grafico è una parabola.

Dalla **[6.8]** possiamo facilmente ricavare che i punti di intersezione della parabola con l'asse x hanno coordinate: $(-10, 0)$ e $(20, 0)$ (in che modo?).

- Per determinare il vertice della parabola, eseguiamo la moltiplicazione; otteniamo:

$$y = -600x^2 + 6000x + 120\,000$$

L'ascissa del vertice è:

$$x_V = -\frac{b}{2a} = -\frac{6000}{2(-600)} = 5$$

L'ordinata del vertice è:

$$y_V = -600 \cdot 5^2 + 6000 \cdot 5 + 120\,000 = 135\,000$$

quindi il vertice è $V(5, 135\,000)$.

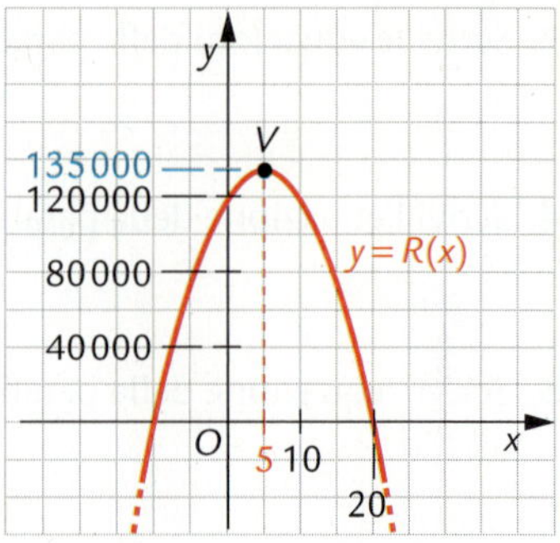

- Il grafico della parabola è approssimativamente quello mostrato in figura.

La parte del grafico che rappresenta il problema, a causa del dominio di x, è costituita soltanto da un numero *finito* di punti: quelli a coordinate intere appartenenti all'arco di estremi (0, 120 000) e (20, 0). Il valore massimo di $R(x)$, uguale a 135 000, corrisponde all'ordinata del vertice e viene raggiunto quando x è uguale a 5.

RISPONDIAMO

Il massimo ricavo, uguale a 135 000 euro, viene raggiunto fissando per il corso il prezzo di:

$$600 - 30 \cdot 5 = 450 \text{ euro}$$

La diminuzione del prezzo, dunque, è ampiamente compensata dall'aumento degli iscritti (se il prezzo del corso fosse stato fissato a 600 euro, il ricavo atteso sarebbe stato di $600 \cdot 200 = 120\,000$ euro: 15 000 euro in meno!).

PROBLEMA 2 Massimo ricavo e massimo profitto in regime di monopolio

Un'azienda vende un bene in regime di monopolio, quindi può permettersi di definire il prezzo del prodotto in base alla domanda. Supponiamo che la funzione domanda per quel bene sia $q = 120 - 10p$, essendo q la quantità del bene domandata e p il prezzo unitario di vendita, e che la funzione costo sia $C = 40 + 2q$, essendo C il costo totale (in euro). In corrispondenza di quale prezzo unitario il ricavo è massimo? Il prezzo che garantisce il massimo ricavo coincide con quello che definisce il massimo profitto?

FAMILIARIZZIAMO CON IL PROBLEMA

Per rispondere alle domande poste dal problema, dobbiamo esprimere sia la funzione ricavo sia la funzione profitto in funzione di p, quindi determinare i valori di p in corrispondenza dei quali tali funzioni assumono valore massimo.

COSTRUIAMO IL MODELLO ALGEBRICO DEL PROBLEMA

Interpretando la domanda q del bene come quantità venduta (quindi prodotta) del bene stesso, è immediato scrivere l'espressione della funzione ricavo:

$$R = p \cdot q = p\,(120 - 10p) = 120p - 10p^2$$

Per esprimere la funzione profitto U in funzione di p, dobbiamo preliminarmente esprimere il costo totale C in funzione di p; abbiamo:

$$C = 40 + 2q = 40 + 2\,(120 - 10p) = 40 + 240 - 20p = 280 - 20p$$

Dunque:

$$U = R - C = (120p - 10p^2) - (280 - 20p) = -10p^2 + 140p - 280$$

Occorre infine osservare che la funzione domanda è definita solo per valori di p per cui $p \geq 0$ e $120 - 10p \geq 0$, ossia per $0 \leq p \leq 12$.
Il modello del nostro problema è allora il seguente: trovare per quali valori di p appartenenti all'intervallo $0 \leq p \leq 12$ le due funzioni:

$$R = -10p^2 + 120p \quad \text{e} \quad U = -10p^2 + 140p - 280$$

assumono valore massimo.

DETERMINIAMO I VALORI MASSIMI DELLE FUNZIONI RICAVO E PROFITTO

Dalle rappresentazioni grafiche delle due funzioni ricavo (**fig. 6.10**) e profitto (**fig. 6.11**) si vede che nell'intervallo $0 \leq p \leq 12$ sia il massimo della funzione ricavo $R(p)$, sia il massimo della funzione profitto $U(p)$ vengono raggiunti in corrispondenza delle ascisse dei vertici delle rispettive parabole.

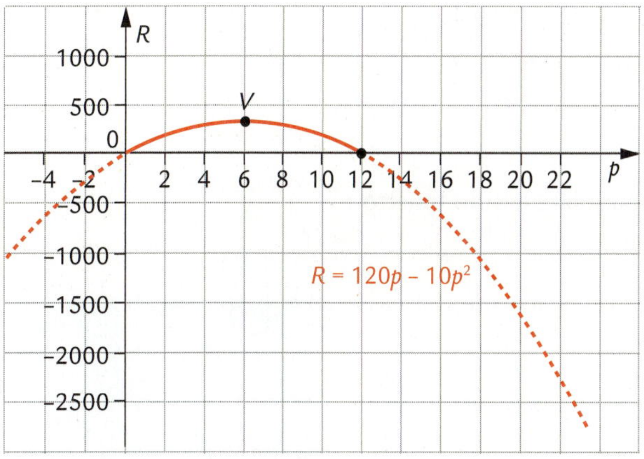

Figura 6.10

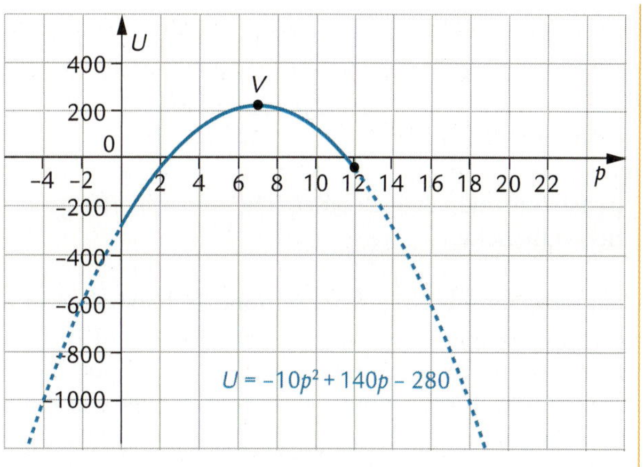

Figura 6.11

Pertanto, ricordando la formula $x_V = -\dfrac{b}{2a}$, otteniamo:

$$p_{\text{max ricavo}} = -\frac{120}{-20} = 6 \qquad p_{\text{max profitto}} = -\frac{140}{-20} = 7$$

RISPONDIAMO

Il massimo ricavo viene ottenuto fissando un prezzo unitario di 6 euro. Tale prezzo non permette però di ottenere anche il massimo profitto, che viene invece raggiunto con un prezzo unitario di 7 euro.

Prova tu **ESERCIZI** a p. 284

1. Risolvi un problema analogo al problema 1 nel caso in cui ogni diminuzione di 30 euro nel prezzo comporti un aumento di 8 iscritti. (Conviene lasciare il prezzo del corso invariato a 600 euro per persona.)
2. Risolvi il problema 2 ponendo stavolta $q = 200 - 8p$ e $C = 100 + 4q$.
[Il massimo ricavo viene raggiunto quando $p = 12{,}5$ euro e il massimo profitto quando $p = 14{,}5$ euro]

MATEMATICA NELLA REALTÀ

Modelli parabolici

Osservando i getti d'acqua nella fotografia a lato, puoi riconoscere una parabola, proprio come quelle che hai imparato a tracciare in questa Unità: infatti i getti d'acqua cadendo al suolo seguono traiettorie paraboliche. Più in generale, si può dimostrare che la traiettoria di un oggetto lanciato in aria in direzione non verticale è sempre parabolica.
La presenza di parabole nelle situazioni reali appena descritte si potrebbe spiegare in base ad alcune leggi della **fisica** in cui trovano applicazione le funzioni quadratiche. Tali applicazioni sono note fin da quando, nel XVII secolo, lo scienziato inglese Isaac Newton (1642-1727) descrisse le leggi del moto dei corpi e la legge di gravitazione universale.
Secondo queste leggi, un oggetto lanciato verticalmente verso l'alto, con velocità iniziale v_0 (in metri al secondo), da una altezza h_0 (in metri), t secondi dopo il lancio si trova a un'altezza espressa dalla seguente funzione quadratica:

$$h(t) = -4{,}9t^2 + v_0 t + h_0$$

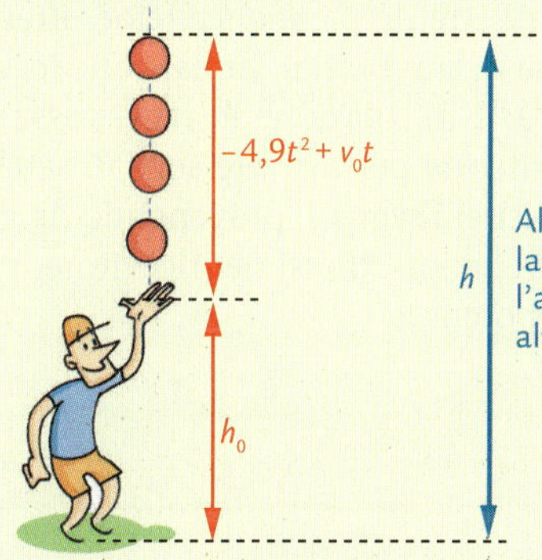

Altezza raggiunta da una palla lanciata verticalmente verso l'alto con velocità v_0 da una altezza h_0 dopo t secondi dal lancio

Il grafico di questa funzione, in un sistema di assi dove i valori di t sono posti in ascissa e quelli di h in ordinata, è una parabola. Presta attenzione, però: l'equazione $h(t) = -4{,}9t^2 + v_0t + h_0$ rappresenta l'altezza della palla all'istante t e non descrive la traiettoria della palla.

In **astronomia**, alcune comete che non appartengono al sistema solare hanno traiettorie paraboliche.

Un altro settore dove si incontrano le parabole è quello della **disposizione dei cavi portanti nei punti sospesi**: i ponti, cioè, in cui l'impalcato è sospeso e viene sostenuto mediante tiranti in acciaio, collegati ai cavi portanti. Il *Golden Gate*, sulla baia di San Francisco, è uno dei ponti più lunghi di questo tipo; è stato costruito negli anni Trenta ed è lungo circa 2,7 km: i cavi d'acciaio del Golden Gate hanno 93 cm di diametro, pesano da soli circa 15 000 tonnellate e sostengono un impalcato a 75 m dal mare.

L'interesse a calcolare lungo quale tipo di curva si dispongono i cavi portanti non è solo una questione matematica, ma un'esigenza di progettazione: conoscere la curva lungo la quale si dispongono tali cavi, infatti, permette di calcolare la lunghezza dei tiranti prima di aver iniziato la costruzione del ponte.
Un cavo, fissato ai due estremi e non soggetto ad alcuna altra forza che non sia il proprio peso, si dispone lungo una curva simile a una parabola, ma matematicamente diversa: questa curva si chiama *catenaria*. I cavi portanti dei ponti sospesi, invece, non sono semplicemente adagiati sui due piloni ma sono soggetti alle forze esercitate dai tiranti: queste forze di tensione fanno sì che la curva lungo cui si dispongono i cavi non sia una catenaria ma un arco di *parabola*.

Infine, le proprietà geometriche della parabola e dei solidi che da essa si ottengono per rotazione hanno importanti applicazioni in **elettromagnetica** e in **ottica**, per esempio nella costruzione di antenne e di fari.
La proprietà alla base di queste applicazioni è la seguente: consideriamo un punto P di una parabola avente fuoco in F; tracciamo la retta t, tangente alla parabola in P, e la retta n perpendicolare alla tangente in P (**fig. 6.12**). Comunque venga scelto P, si può dimostrare che la retta n risulta bisettrice dell'angolo $A\widehat{P}F$, essendo A un punto appartenente alla semiretta tracciata in **fig. 6.12**, parallela all'asse della parabola.

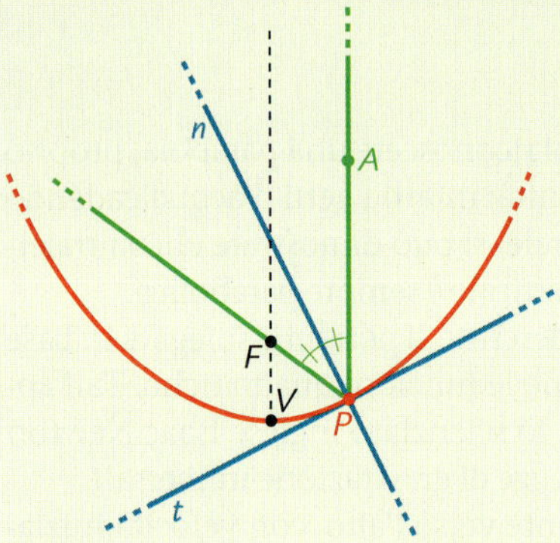

Figura 6.12

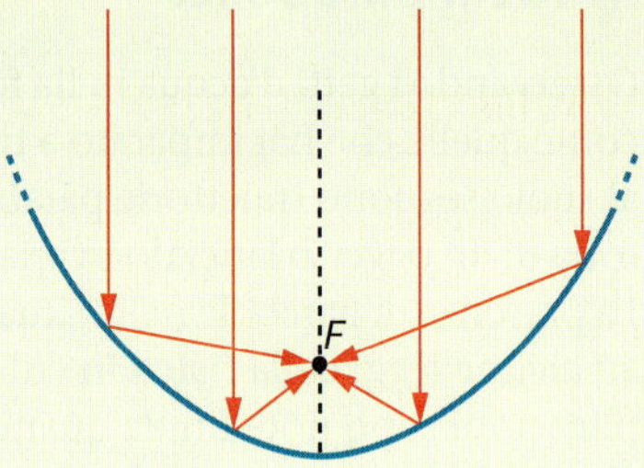

Figura 6.13

Questa proprietà fa sì che una superficie riflettente parabolica (cioè ottenuta dalla rotazione di una parabola intorno al suo asse di simmetria), in base alle leggi della riflessione, rifletta i raggi luminosi paralleli all'asse di rotazione in raggi passanti per il fuoco (**fig. 6.13**). Per questo motivo molte antenne per ricevere segnali satellitari o dallo spazio sono costituite da superfici paraboliche: i segnali, provenendo da grandi distanze, sono approssimativamente paralleli e vengono riflessi nel ricevitore, posto nel fuoco dell'antenna, aumentando così la loro potenza.

SINTESI

Formule e proprietà importanti

Parabola di equazione $y = ax^2 + bx + c$

Fuoco $F\left(-\frac{b}{2a}, \frac{1-\Delta}{4a}\right)$ Direttrice $y = -\frac{1+\Delta}{4a}$

Asse $x = -\frac{b}{2a}$ Vertice $V\left(-\frac{b}{2a}, -\frac{\Delta}{4a}\right)$

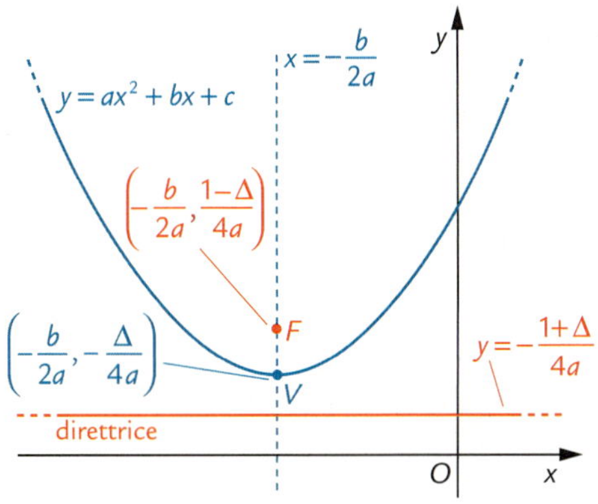

Posizione reciproca tra retta e parabola

$$\begin{cases} y = mx + q \\ y = ax^2 + bx + c \end{cases} \xrightarrow{\text{equazione risolvente}} ax^2 + (b-m)x + c - q = 0 \begin{cases} \Delta < 0 & \text{retta esterna} \\ \Delta = 0 & \text{retta tangente} \\ \Delta > 0 & \text{retta secante} \end{cases}$$

Rette tangenti alla parabola di equazione $y = ax^2 + bx + c$ passanti per $P(x_0, y_0)$

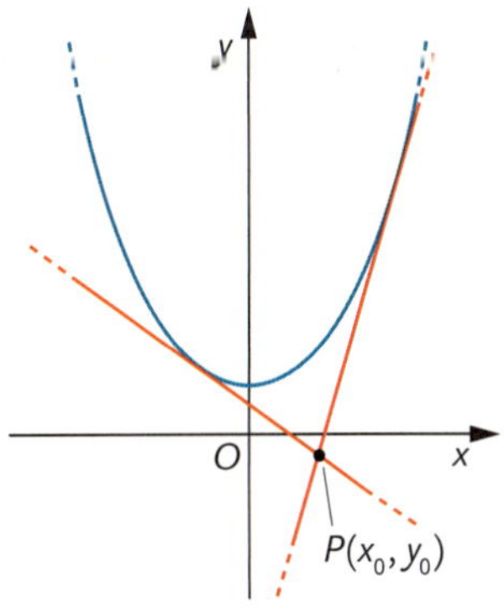

Se il punto P è *esterno* alla parabola, ci sono due rette distinte tangenti alla parabola passanti per P. I coefficienti angolari di tali rette si possono determinare imponendo che sia nullo il discriminante dell'equazione risolvente il sistema: $\begin{cases} y = ax^2 + bx + c \\ y - y_0 = m(x - x_0) \end{cases}$

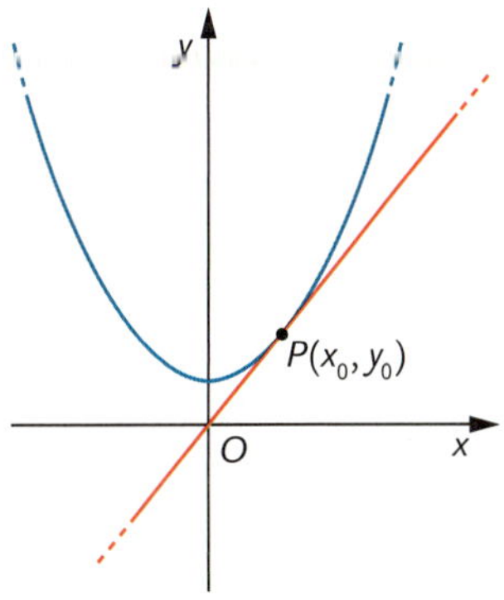

Se il punto P *appartiene* alla parabola, esiste un'unica retta passante per P e tangente alla parabola.
Il coefficiente angolare m di tale retta è dato dalla formula: $m = 2ax_0 + b$.

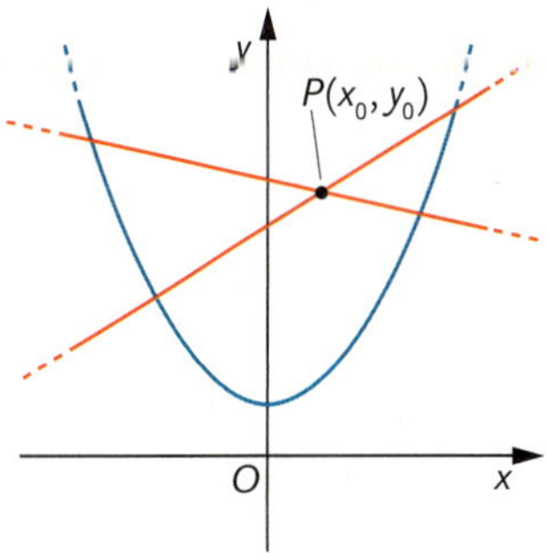

Se il punto P è *interno* alla parabola, non esistono rette tangenti alla parabola passanti per P.

Segno del trinomio $ax^2 + bx + c$ con $a > 0$

Discriminante	$\Delta > 0$	$\Delta = 0$	$\Delta < 0$
Interpretazione grafica	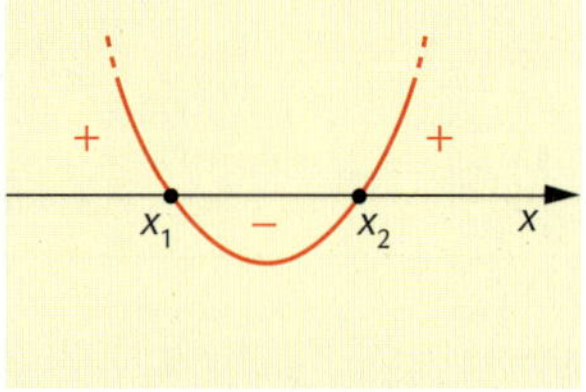	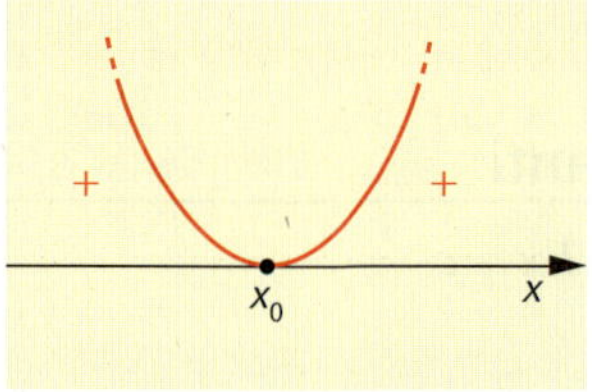	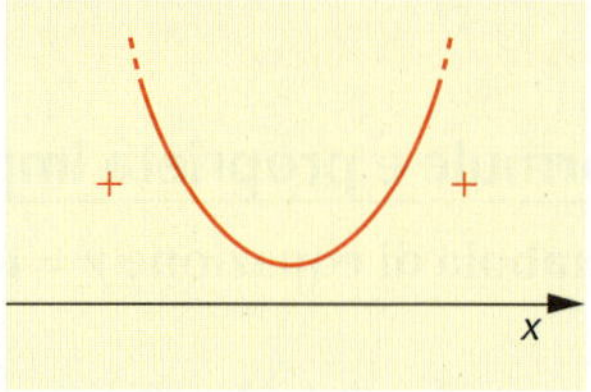
Il trinomio è positivo per	$x < x_1 \vee x > x_2$	$x \neq x_0$	Ogni $x \in \mathbf{R}$
Il trinomio è nullo per	$x = x_1 \vee x = x_2$	$x = x_0$	Mai
Il trinomio è negativo per	$x_1 < x < x_2$	Mai	Mai

CONOSCENZE E ABILITÀ

1. L'equazione della parabola

TEORIA a p. 252

Esercizi preliminari

Test

1 Fra i punti che hanno le seguenti coordinate, solo **due** appartengono alla parabola avente equazione $y = -\frac{1}{2}x^2$. Quali?

A $(-2, -2)$
B $(2, 2)$
C $(2, -2)$
D $(-2, 2)$

2 Fra i punti che hanno le seguenti coordinate, uno **non** appartiene alla parabola di equazione $y = -\frac{2}{3}x^2$. Quale?

A $(-1, -0,\overline{6})$
B $(-2, 2{,}6)$
C $(3, -6)$
D $\left(0{,}5, -\frac{1}{6}\right)$

3 Uno solo dei seguenti punti appartiene alla parabola di equazione $y = x^2 - 4x + 3$. Quale?

A $P(-2, 10)$
B $Q(-1, 8)$
C $R(1, 1)$
D $S(2, -2)$

4 Uno solo dei seguenti punti **non** appartiene alla parabola di equazione $y = 2x^2 - 4x$. Quale?

A $P(0, 0)$
B $Q(1, -2)$
C $R(2, 0)$
D $S(3, 7)$

5 Una parabola ha come asse la retta di equazione $x = -1$ e passa per il punto di coordinate $(2, -3)$; quale dei seguenti è certamente un punto della parabola?

A $P(-4, -3)$
B $Q(-3, -3)$
C $R(4, -3)$
D Nessuno dei precedenti

6 Completa la seguente tabella.

Parabola	Coefficienti	Discriminante	Fuoco	Direttrice
$y=-x^2+2x+3$	$a=\dots$ $b=\dots$ $c=\dots$	$\Delta=b^2-4ac=$ $=\dots$	$\begin{cases} x_F=-\dfrac{b}{2a}=\dots \\ y_F=\dfrac{1-\Delta}{4a}=\dots \end{cases} \Rightarrow F(\dots,\dots)$	$y=-\dfrac{1+\Delta}{4a}=\dots$
$y=-x^2+\dfrac{3}{2}$	$a=\dots$ $b=\dots$ $c=\dots$	$\Delta=b^2-4ac=$ $=\dots$	$\begin{cases} x_F=-\dfrac{b}{2a}=\dots \\ y_F=\dfrac{1-\Delta}{4a}=\dots \end{cases} \Rightarrow F(\dots,\dots)$	$y=-\dfrac{1+\Delta}{4a}=\dots$
$y=-\dfrac{1}{2}x^2-2x$	$a=\dots$ $b=\dots$ $c=\dots$	$\Delta=b^2-4ac=$ $=\dots$	$\begin{cases} x_F=-\dfrac{b}{2a}=\dots \\ y_F=\dfrac{1-\Delta}{4a}=\dots \end{cases} \Rightarrow F(\dots,\dots)$	$y=-\dfrac{1+\Delta}{4a}=\dots$

7 Ciascuna delle parabole disegnate qui sotto ha una delle seguenti equazioni:

a. $y=x^2+3x+1$

b. $y=-x^2-3x-1$

c. $y=-x^2+3x-1$

d. $y=x^2-3x-1$

Associa a ogni parabola la sua equazione.

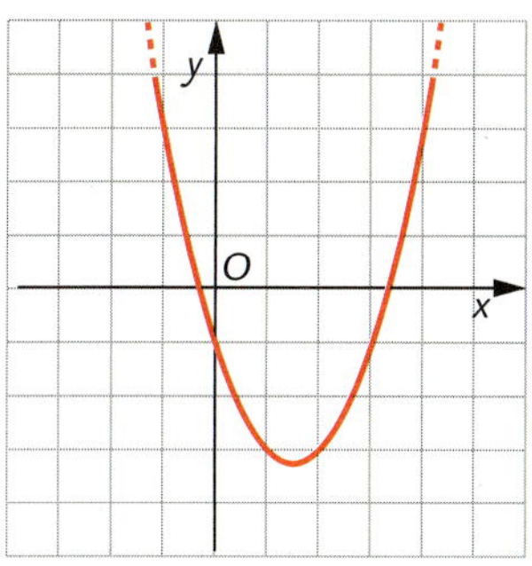
A

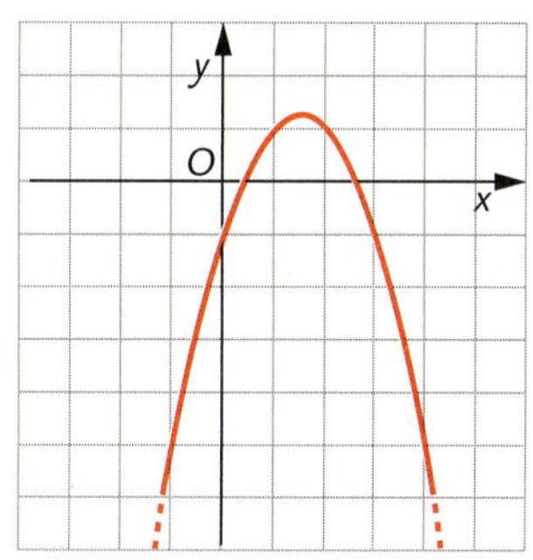
B

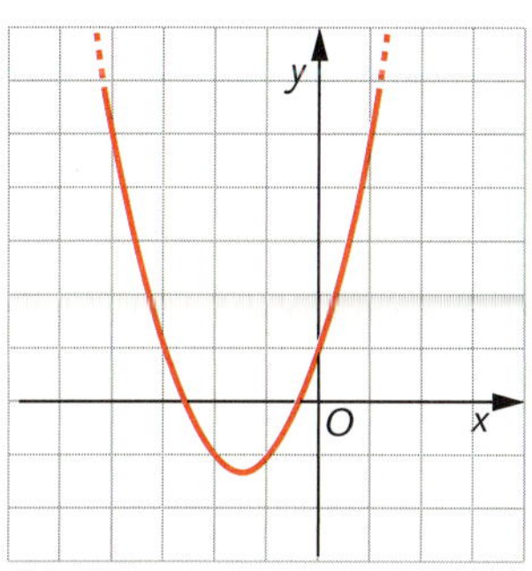
C

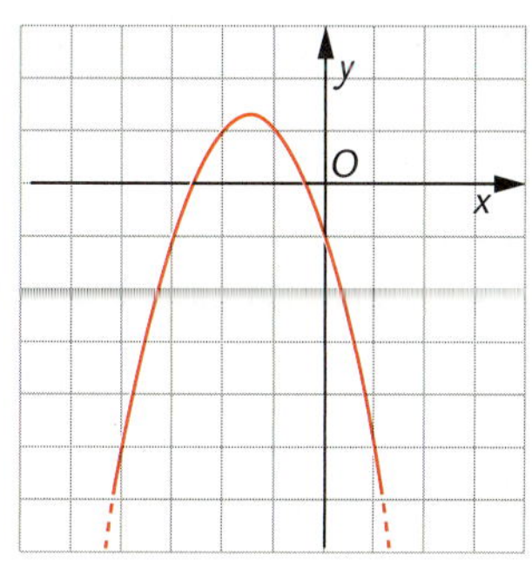
D

La definizione di parabola come luogo

8 **Caccia all'errore.** «La parabola è il luogo dei punti del piano che hanno distanza costante d da un punto, detto fuoco, e da una retta, detta direttrice». Quale errore contiene questa definizione di parabola?

9 **Vero o falso?**
Considera una parabola di fuoco F, vertice V e direttrice d, e sia H la proiezione di V sulla direttrice.

a. F è il punto medio di VH V F

b. V è il punto medio di FH V F

c. la retta passante per V e per F è l'asse della parabola V F

d. la retta passante per V e per H è perpendicolare alla direttrice V F

e. ogni retta perpendicolare alla direttrice è un asse di simmetria per la parabola V F

[3 affermazioni vere e 2 false]

10 In ciascuna delle seguenti figure sono assegnati due elementi fra vertice, fuoco e direttrice di una parabola. Determina il terzo elemento e l'equazione dell'asse della parabola.

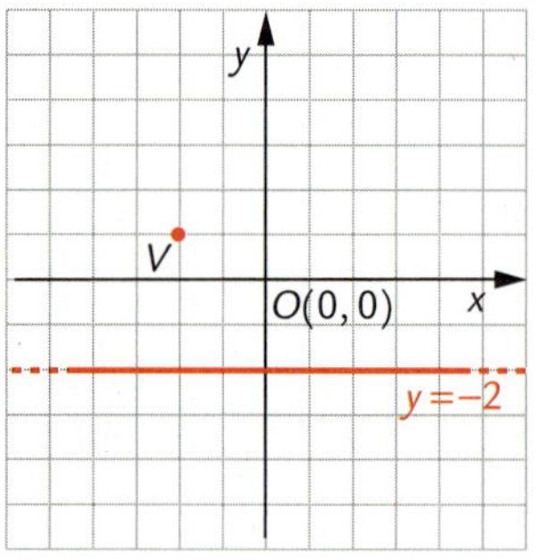	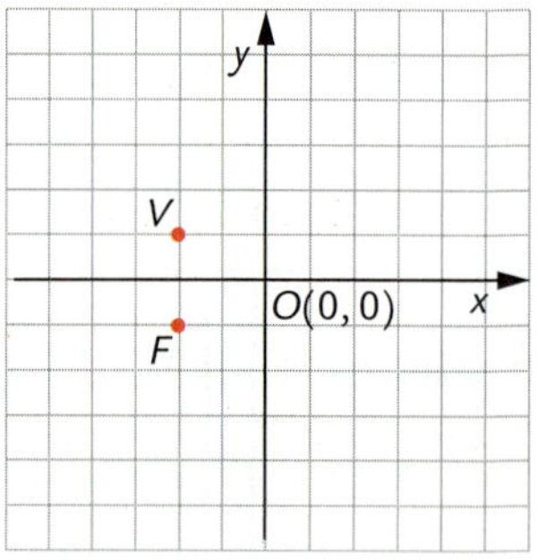	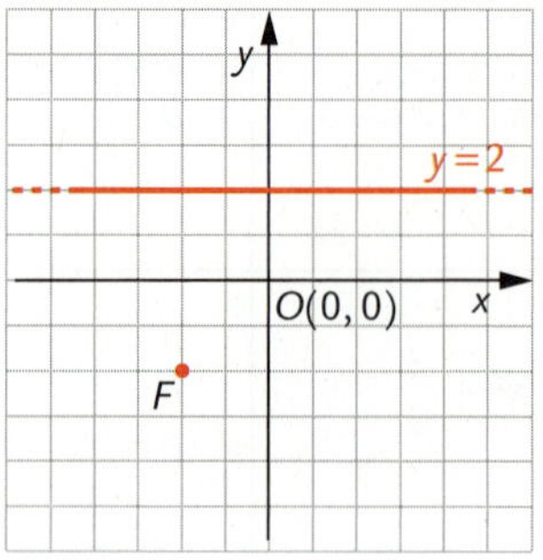
Fuoco: $F(....., ...)$ Asse: $x =$	Direttrice: $y =$ .... Asse: $x =$	Vertice: $V(....., ...)$ Asse: $x =$ ....

Determina l'equazione della parabola che ha come fuoco il punto F e come direttrice la retta d.

11 $F(0, 1)$ $\quad d: y = -2$ $\quad \left[y = \frac{1}{6}x^2 - \frac{1}{2}\right]$

12 $F(-1, 1)$ $\quad d: y = 0$ $\quad \left[y = \frac{1}{2}x^2 + x + 1\right]$

13 $F(-1, 0)$ $\quad d: y = 3$ $\quad \left[y = -\frac{1}{6}x^2 - \frac{1}{3}x + \frac{4}{3}\right]$

14 $F\left(\frac{1}{4}, 0\right)$ $\quad d: y = -\frac{3}{4}$ $\quad \left[y = \frac{2}{3}x^2 - \frac{1}{3}x - \frac{1}{3}\right]$

15 $F\left(1, -\frac{15}{4}\right)$ $\quad d: y = -\frac{17}{4}$ $\quad [y = x^2 - 2x - 3]$

Grafico di una parabola con asse parallelo all'asse y

16 ESERCIZIO GUIDATO

Traccia il grafico della parabola di equazione $y = -x^2 + 2x - 3$, dopo averne determinato il vertice, l'asse e altri quattro punti.

- Determina anzitutto le coordinate del vertice V della parabola.
  L'ascissa del vertice è:
  $$x_V = -\frac{b}{2a} = -\frac{2}{2(-1)} = 1$$
  L'ordinata del vertice è:
  $$y_V = -1^2 + 2 \cdot 1 - 3 = ...$$ Sostituendo 1 al posto di x nell'equazione della parabola
  Pertanto il *vertice* è il punto $V(1, ...)$; l'*asse* della parabola è la retta di equazione $x =$ .....

- Determina le coordinate di altri due punti della parabola. Per esempio:
  se $x = -1$, risulta $y =$ ...., quindi la parabola passa per il punto A di coordinate $(-1, ...)$
  se $x = 0$, risulta $y =$ ...., quindi la parabola passa per il punto B di coordinate $(0, ...)$

- Rappresenta nella figura qui a fianco il vertice, l'asse, i due punti A e B e i due punti A' e B', simmetrici di A e B rispetto all'asse, poi traccia approssimativamente il grafico della parabola.

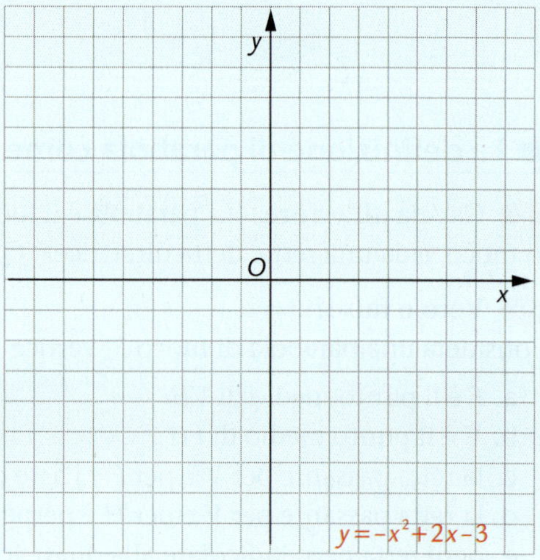

Traccia i grafici delle parabole aventi le seguenti equazioni, dopo aver determinato di ciascuna il vertice V, l'asse e altri quattro suoi punti.

17 $y = x^2 - 3x + 4$ $\left[V\left(\frac{3}{2}, \frac{7}{4}\right)\right]$

18 $y = x^2 - 4x + 5$ $[V(2, 1)]$

19 $y = x^2 - 2x$ $[V(1, -1)]$

20 $y = -x^2 + 4$ $[V(0, 4)]$

21 $y = -x^2 - 2x + 1$ $[V(-1, 2)]$

22 $y = x^2 - 6x + 9$ $[V(3, 0)]$

23 $y = -x^2 + 6x - 5$ $[V(3, 4)]$

24 $y = -2x^2 + 4x - 1$ $[V(1, 1)]$

25 $y = 2x^2 - 6x$ $\left[V\left(\frac{3}{2}, -\frac{9}{2}\right)\right]$

26 $y = -x^2 + 5x - 4$ $\left[V\left(\frac{5}{2}, \frac{9}{4}\right)\right]$

27 $y = \frac{1}{2}x^2 - 2x$ $[V(2, -2)]$

28 $y = \frac{1}{2}x^2 - 3x + 2$ $\left[V\left(3, -\frac{5}{2}\right)\right]$

29 Determina fuoco e direttrice della parabola di equazione $y = \frac{1}{4}(x-1)^2 - \frac{1}{2}(x+1)^2$. $[F(-3, 1); y = 3]$

30 Per quale valore di a la direttrice della parabola di equazione $y = ax^2 - 4x + 5$ coincide con l'asse x? $\left[a = \frac{17}{20}\right]$

31 Per quale valore di a il fuoco della parabola di equazione $y = ax^2 - 4x + 5$ appartiene all'asse x? $\left[a = \frac{3}{4}\right]$

Punti di intersezione della parabola di equazione $y = ax^2 + bx + c$ con gli assi cartesiani

Traccia il grafico delle parabole aventi le seguenti equazioni, dopo averne individuato il vertice e i punti di intersezione con gli assi cartesiani.

32 **Test.** Una delle seguenti parabole **non** interseca l'asse x; quale?

A $y = -x^2 - x + 1$
B $y = 2(x+1)^2 - 7x$
C $y = x^2 - 2\sqrt{3} + \sqrt{5}$

33 $y = x^2 - 2x$

34 $y = x^2 + 3x - 4$

35 $y = 2x^2 - 2$

36 $y = -2x^2 + 10x$

37 $y = -x^2 - 5x + 6$

38 $y = 2x^2 - 2x - 4$

39 $y = -x^2 + 1$

40 $y = -x^2 + 4x$

41 $y = x^2 + 4x + 4$

42 $y = -2x^2 - x + 3$

43 $y = x^2 + 5x + 6$

44 $y = (x-1)^2 - 16$

45 $y = -x^2 + 6x + 7$

46 $y = x^2 + 6x + 5$

47 Traccia il grafico della parabola di equazione $y = -x^2 + 3x - 2$ e determina l'area del triangolo formato dai suoi punti di intersezione con gli assi cartesiani.
[Punti di intersezione con gli assi cartesiani: $A(1, 0)$, $B(2, 0)$, $C(0, -2)$; Area $= 1$]

48 Traccia il grafico della parabola di equazione $y = 2x^2 + x - 6$ e determina l'area del triangolo formato dai suoi punti di intersezione con gli assi cartesiani.
[Punti di intersezione con gli assi cartesiani: $A(-2, 0)$, $B\left(\frac{3}{2}, 0\right)$, $C(0, -6)$; Area $= \frac{21}{2}$]

49 Traccia il grafico della parabola di equazione $y = x^2 - 4x - 1$ e determina l'area del triangolo formato dai suoi punti di intersezione con gli assi cartesiani.
[Punti di intersezione con gli assi cartesiani: $A(2 - \sqrt{5}, 0)$, $B(2 + \sqrt{5}, 0)$, $C(0, -1)$; Area $= \sqrt{5}$]

Caratteristiche del grafico della parabola di equazione $y = ax^2 + bx + c$

50 Associa alle parabole disegnate nella figura qui a fianco, ciascuna di equazione del tipo $y = ax^2 + bx + c$, i rispettivi valori di a:

$a = -3$; $a = -\frac{1}{2}$; $a = \frac{1}{3}$; $a = 2$

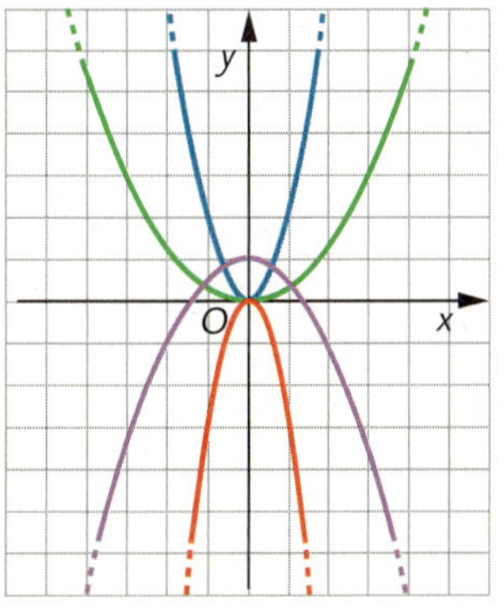

51 **Test.** Che cosa si può dire delle equazioni delle parabole disegnate nella figura qui sotto?

A Hanno tutte lo stesso coefficiente di x^2.
B Hanno tutte lo stesso coefficiente di x.
C Hanno tutte lo stesso termine noto.
D Nessuna delle precedenti risposte è corretta.

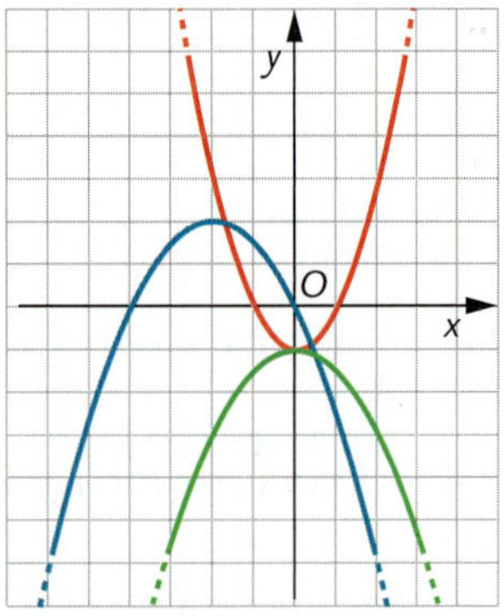

52 **Vero o falso?**

a. la parabola di equazione $y = -x^2 + 2x$ passa per l'origine V F

b. la parabola di equazione $y = x^2 - 4$ passa per l'origine V F

c. l'asse della parabola di equazione $y = -2x^2 + 1$ è l'asse y V F

d. la parabola di equazione $y = (\sqrt{3} - 2)x^2 + 1$ ha la concavità rivolta verso l'alto V F

[2 affermazioni vere e 2 false]

Test

53 Quali proprietà hanno in comune le parabole di equazione $y = ax^2 - 3x + 5$, al variare di $a \in \mathbf{R}$?

A Hanno la stessa concavità.
B Hanno lo stesso vertice.
C Hanno lo stesso asse.
D Passano per lo stesso punto.

54 Quali proprietà hanno in comune le parabole di equazione $y = x^2 - bx + 5$, al variare di $b \in \mathbf{R}$?

A Hanno la stessa concavità.
B Hanno lo stesso vertice.
C Hanno lo stesso asse.
D Passano per lo stesso punto.

55 Quali proprietà hanno in comune le parabole di equazione $y = x^2 - 3x + c$, al variare di $c \in \mathbf{R}$?

A Hanno la stessa concavità.
B Hanno lo stesso vertice.
C Hanno lo stesso asse.
D Passano per lo stesso punto.

56 **Interpretazione di grafici.** Nelle seguenti figure sono tracciate alcune parabole aventi equazione $y = ax^2 + bx + c$. Completa ponendo, al di sotto di ciascuna parabola, il simbolo opportuno scelto tra $<$, $=$, $>$. Il simbolo Δ indica il discriminante dell'equazione associata.

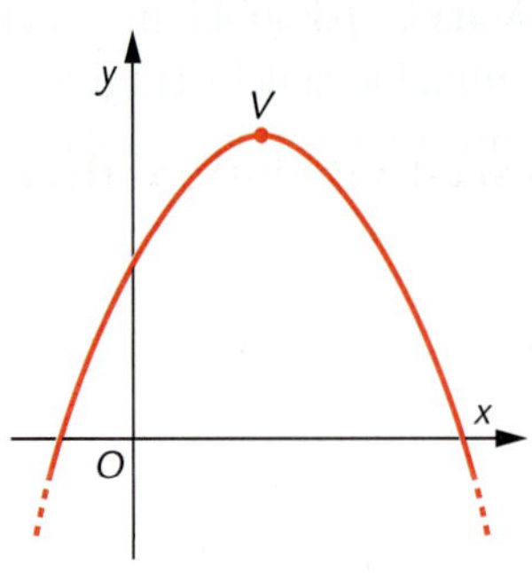

a ..... 0; b ..... 0; c ..... 0; Δ 0

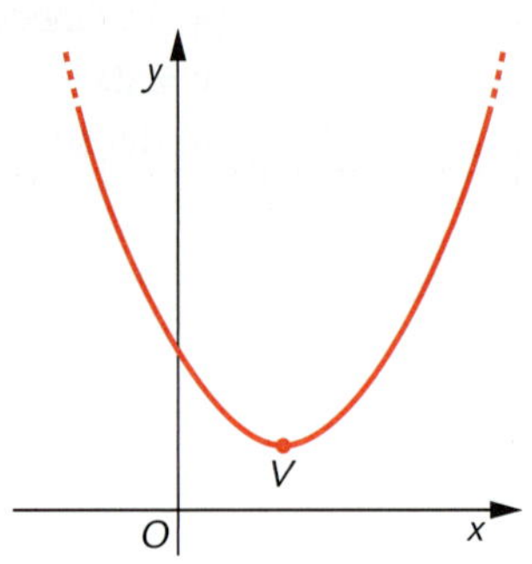

a ..... 0; b ..... 0; c ..... 0; Δ 0

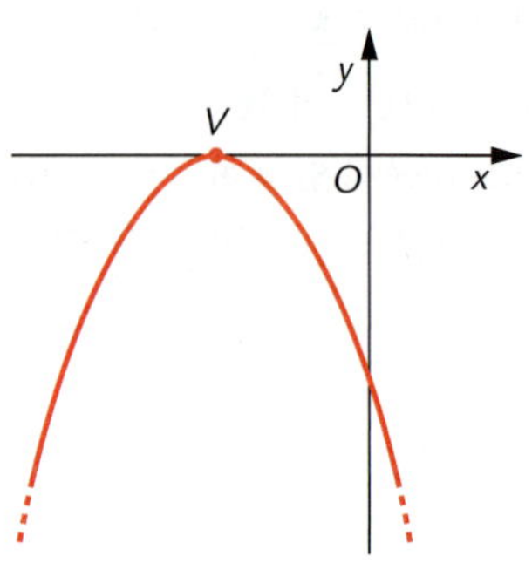

a ..... 0; b ..... 0; c ..... 0; Δ 0

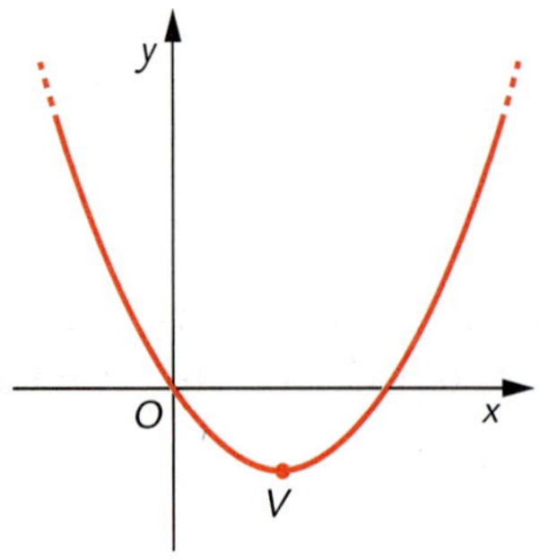

a ..... 0; b ..... 0; c ..... 0; Δ 0

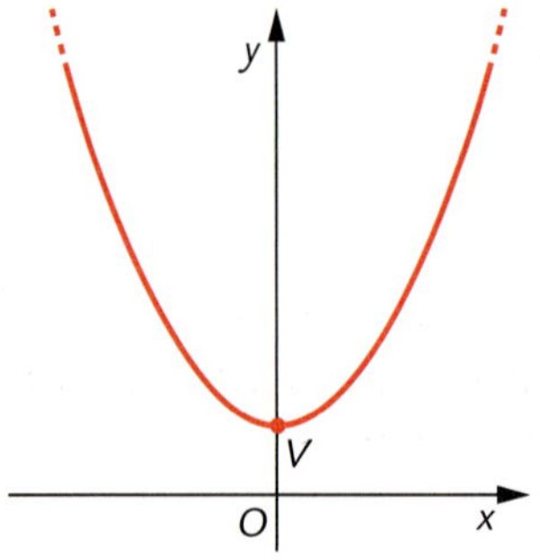

a ..... 0; b ..... 0; c ..... 0; Δ 0

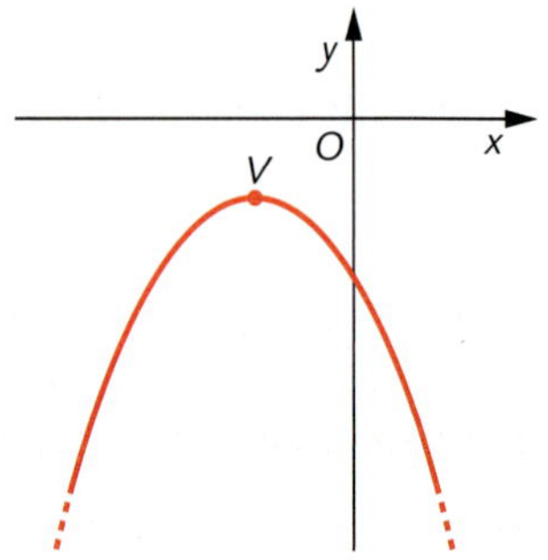

a ..... 0; b ..... 0; c ..... 0; Δ 0

57 In riferimento alla parabola di equazione $y = ax^2 + bx + c$, associa a ogni affermazione del primo elenco la condizione del secondo elenco che la esprime:

a. la parabola ha la concavità rivolta verso l'alto — **A.** $c > 0$
b. la parabola ha come asse l'asse y — **B.** $b = c = 0$
c. la parabola passa per l'origine — **C.** $a > 0$
d. la parabola ha vertice nell'origine — **D.** $c = 0$
e. la parabola interseca l'asse y in un punto di ordinata positiva — **E.** $b = 0$

58 **Interpretazione di grafici.** Fai riferimento alla figura qui a lato e associa a ciascuna parabola **P**, la cui equazione è del tipo $y = ax^2 + bx + c$, il corrispondente valore di a, scelto fra i valori nella seconda colonna.

a. P_1 — **A.** $a = -2$
b. P_2 — **B.** $a = 2$
c. P_3 — **C.** $a = -\frac{1}{2}$
d. P_4 — **D.** $a = \frac{1}{2}$

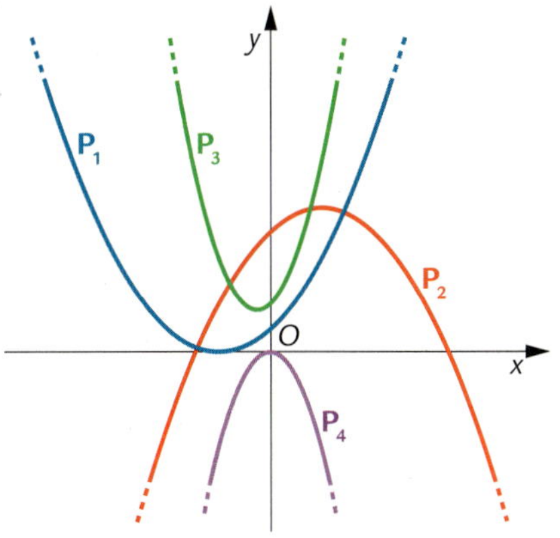

Approfondimento: Le parabole con asse parallelo all'asse *x*

TEORIA a p. 256

59 **Vero o falso?**

a. il vertice della parabola di equazione $x = y^2 - 1$ appartiene all'asse x V F
b. l'asse della parabola di equazione $x = ay^2 + by + c$ è parallelo all'asse y V F
c. il grafico della parabola di equazione $x = ay^2 + by + c$ è il simmetrico del grafico di $y = ax^2 + bx + c$ rispetto alla bisettrice del primo e del terzo quadrante V F
d. la direttrice della parabola di equazione $x = \frac{1}{4}y^2 - 2y + 1$ è la retta di equazione $y = -4$ V F

[2 affermazioni vere e 2 false]

Per ciascuna delle parabole di cui è data l'equazione, traccia il grafico dopo aver determinato vertice, asse e punti di intersezione con gli assi cartesiani.

60 $x = -\frac{1}{2}y^2$

61 $x = 4 - y^2$

62 $x = -y^2 + 4y$

63 $x = 2y^2 - 3y$

64 $x = -\frac{3}{2}y^2 + \frac{1}{2}y$

65 $x = -y^2 + 2y - 1$

66 $x = (y + 2)^2$

67 $x = y^2 + 5y - 6$

2. La parabola e la retta

TEORIA a p. 257

Posizione reciproca tra retta e parabola

Per ciascuna delle parabole di cui è data l'equazione, stabilisci se la retta r di equazione indicata è secante, tangente o esterna alla parabola. Se è secante, determina le coordinate dei punti di intersezione; se è tangente, determina le coordinate del punto di contatto.

68 $y = x^2 - 4$ $\quad r: y = -2x + 4$ [Secante; (2, 0), (−4, 12)]

69 $y = x^2 - 2x + 1$ $\quad r: y = -x + 1$ [Secante; (0, 1), (1, 0)]

70 $y = x^2 + 6x + 9$ $\quad r: y = 0$ [Tangente; (−3, 0)]

71 $y = x^2 - 5x + 1$ $\quad r: x = -2$ $\quad$ [Secante; $(-2, 15)$]

72 $y = \frac{1}{2}x^2$ $\quad r: y = 2x - 2$ $\quad$ [Tangente; $(2, 2)$]

73 $y = \frac{1}{3}x^2 - x$ $\quad r: y = -x + 3$ $\quad$ [Secante; $(3, 0)$, $(-3, 6)$]

74 $y = -x^2 - \frac{1}{2}x$ $\quad r: y = -\frac{1}{2}x + 2$ $\quad$ [Esterna]

75 $y = x^2 - 4x$ $\quad r: y = -x + \frac{1}{2}$ $\quad$ $\left[\text{Secante; } \left(\frac{3+\sqrt{11}}{2}, \frac{-2-\sqrt{11}}{2}\right), \left(\frac{3-\sqrt{11}}{2}, \frac{-2+\sqrt{11}}{2}\right)\right]$

76 $y = x^2 - 4x + 3$ $\quad r: y = 2x - 1$ $\quad$ [Secante; $(3-\sqrt{5}, 5-2\sqrt{5})$, $(3+\sqrt{5}, 5+2\sqrt{5})$]

77 $y = -2x^2$ $\quad r: y = x - 3$ $\quad$ $\left[\text{Secante; } (1, -2), \left(-\frac{3}{2}, -\frac{9}{2}\right)\right]$

78 $y = x^2$ $\quad r: y = 3x - 3$ $\quad$ [Esterna]

79 **Corda staccata da una retta su una parabola.** Se una retta è secante rispetto a una parabola, si dice *corda staccata dalla retta sulla parabola* il segmento che ha come estremi i punti di intersezione della retta con la parabola. Determina la misura della corda staccata dalla retta di equazione $y = 2x + 3$ sulla parabola di equazione $y = x^2$. $[4\sqrt{5}]$

80 Considera la parabola di equazione $y = -x^2 + 4x$ e indica con V il suo vertice. Determina la misura della corda staccata sulla parabola dalla retta passante per V e parallela alla bisettrice del primo e del terzo quadrante. $[\sqrt{2}]$

81 Data la parabola di equazione $y = x^2 - 2x + 3$, indica con V il suo vertice. Determina quindi la misura della corda staccata sulla parabola dalla retta passante per V e perpendicolare alla retta di equazione $y = -\frac{1}{2}x$. $[2\sqrt{5}]$

82 **ESERCIZIO SVOLTO**

Determiniamo la retta parallela all'asse x che stacca sulla parabola di equazione $y = x^2 - 2x$ una corda di misura 4.

Una generica retta parallela all'asse x ha equazione $y = t$, con $t \in \mathbb{R}$.
Poniamo a sistema l'equazione della retta e della parabola:

$$\begin{cases} y = t \\ y = x^2 - 2x \end{cases}$$

L'equazione risolvente è $x^2 - 2x - t = 0$. La retta risulterà *secante* la parabola se il discriminante di questa equazione è maggiore di 0, cioè per $t > -1$.
In tal caso, risolvendo il sistema si trova che i due punti di intersezione tra la retta e la parabola sono:

$$A(1 - \sqrt{1+t}, t) \quad \text{e} \quad B(1 + \sqrt{1+t}, t)$$

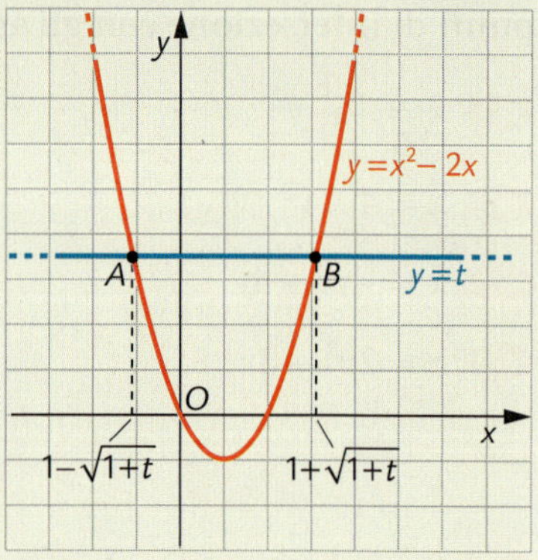

Poiché $\overline{AB} = 2\sqrt{t+1}$, affinché sia $\overline{AB} = 4$ deve essere verificata l'equazione $2\sqrt{t+1} = 4$, da cui $t = 3$. Pertanto la retta cercata ha equazione $y = 3$.

83 Determina la retta parallela alla bisettrice del secondo e del quarto quadrante che stacca sulla parabola di equazione $y = x^2 - x + 3$ una corda di misura $2\sqrt{6}$. $[y = -x + 6]$

84 Determina una retta parallela all'asse x che stacca sulle parabole di equazioni $y = x^2 + 1$ e $y = 4(x-2)^2$ due corde congruenti. $\left[y = \frac{4}{3}\right]$

85 ESERCIZIO SVOLTO

Determiniamo per quali valori di k la retta di equazione $y = 2x + k$ ha almeno un punto in comune con la parabola di equazione $y = x^2 - 1$.

Impostiamo il sistema formato dall'equazione della parabola e della retta:

$$\begin{cases} y = x^2 - 1 \\ y = 2x + k \end{cases}$$

La sua equazione risolvente è $x^2 - 2x - 1 - k = 0$, che ha come discriminante $\Delta = 8 + 4k$. Affinché la retta abbia almeno un punto in comune con la parabola, deve essere $\Delta \geq 0$, cioè $k \geq -2$.

86 Determina per quali valori di k la retta di equazione $y = x + k$ è esterna alla parabola di equazione $y = x^2 - x$. $[k < -1]$

87 Determina per quali valori di k la retta di equazione $y = 2x + k$ è secante rispetto alla parabola di equazione $y = 3x^2 - x$. $\left[k > -\frac{3}{4}\right]$

88 Determina per quali valori di k la retta di equazione $y = x + k$ è esterna alla parabola di equazione $y = 2x^2 - x$. $\left[k < -\frac{1}{2}\right]$

89 Determina k in modo che la retta di equazione $y = x + k$ risulti secante rispetto alla parabola di equazione $y = x^2 - 3x$ ed esterna alla parabola di equazione $y = x^2 + 2$. $\left[-4 < k < \frac{7}{4}\right]$

90 Determina k in modo che la retta di equazione $y = x + k$ incontri in almeno un punto sia la parabola di equazione $y = -x^2 + x$, sia la parabola di equazione $y = x^2 + 3x - 9$. $[-10 \leq k \leq 0]$

Rette tangenti a una parabola

Per ciascuna parabola di cui è data l'equazione, determina le equazioni delle rette tangenti alla parabola, passanti per il punto P indicato.

91 $y = x^2 - 4$ $\quad P(2, -4)$ $\quad [y = -4,\ y = 8x - 20]$

92 $y = x^2 - 2x + 1$ $\quad P(-1, -1)$ $\quad [y = x(2\sqrt{5} - 4) + 2\sqrt{5} - 5,\ y = -x(2\sqrt{5} + 4) - 2\sqrt{5} - 5]$

93 $y = -x^2 + 3x$ $\quad P(0, 1)$ $\quad [y = x + 1,\ y = 5x + 1]$

94 $y = x^2 - 5x + 1$ $\quad P(3, -6)$ $\quad [y = -x - 3,\ y = 3x - 15]$

95 $y = -\frac{1}{2}x^2$ $\quad P(2, 0)$ $\quad [y = 0,\ y = -4x + 8]$

Per ciascuna delle seguenti parabole, determina l'equazione della retta tangente nel punto P della parabola stessa, di cui è data l'ascissa.

96 $y = -\frac{1}{3}x^2 + 3x$ $\quad x_P = 3$ $\quad [y = x + 3]$

97 $y = 2x^2 - 4x$ $\quad x_P = 3$ $\quad [y = 8x - 18]$

98 $y = x^2 - 4x + 7$ $\quad x_P = 2$ $\quad [y = 3]$

99 $y = -x^2 - 3x - 1$ $\quad x_P = -1$ $\quad [y = -x]$

100 Verifica che le rette tangenti alla parabola di equazione $y = x^2 - 2x$ che passano per il punto $P\left(0, -\frac{5}{4}\right)$ sono perpendicolari.

101 Determina le equazioni delle rette tangenti alla parabola di equazione $y = -x^2 + 3x$ nei suoi punti di intersezione A e B con l'asse x (con $x_A < x_B$). Indica con C il punto di intersezione di tali tangenti e calcola l'area del triangolo ABC.

$\left[y = 3x,\ y = -3(x - 3);\ C\left(\frac{3}{2}, \frac{9}{2}\right);\ \frac{27}{4}\right]$

102 Determina le rette tangenti alla parabola di equazione $y = x^2 - 3x + 2$ nei suoi punti di intersezione con gli assi cartesiani e l'area del triangolo individuato da tali rette.

$\left[y = -3x + 2,\ y = -x + 1,\ y = x - 2;\ \text{Area} = \frac{1}{2}\right]$

103 **Normale.** Si dice *normale* a una curva in un punto P la perpendicolare in P alla retta tangente alla curva in P. Determina la normale alla parabola di equazione $y = x^2 - 3x + 3$ nel suo punto di intersezione con l'asse y. $\left[y = \frac{1}{3}x + 3\right]$

104 Determina le equazioni delle normali alla parabola di equazione $y = 3x^2 - x - 2$ nei suoi punti di intersezione con l'asse x.

$\left[y = \frac{1}{5}x + \frac{2}{15},\ y = -\frac{1}{5}x + \frac{1}{5}\right]$

105 ESERCIZIO GUIDATO

Scrivi l'equazione della retta tangente alla parabola di equazione $y = x^2 - 3x + 5$ e parallela alla retta di equazione $y = 2x$. Determina poi le coordinate del punto di contatto tra la retta e la parabola.

- Una generica retta parallela alla retta di equazione $y = 2x$ ha equazione $y = 2x + k$.
  Per trovare il valore di k corrispondente alla retta tangente, considera il sistema:

$$\begin{cases} y = x^2 - 3x + 5 \\ y = 2x + k \end{cases}$$

  e imponi che sia nullo il discriminante dell'equazione risolvente. Troverai che $k = ...$

- Per trovare le coordinate del punto di contatto puoi risolvere il sistema formato dalla parabola e dalla retta tangente oppure, più rapidamente, puoi osservare che il punto di contatto è il punto in cui la retta tangente ha coefficiente angolare uguale a 2. Quindi l'ascissa x_0 del punto di contatto deve soddisfare l'equazione:

$$\underbrace{2x_0 - 3}_{\text{coefficiente angolare della tangente in } x_0\text{, calcolato in base alla formula } m = 2ax_0 + b} = 2$$

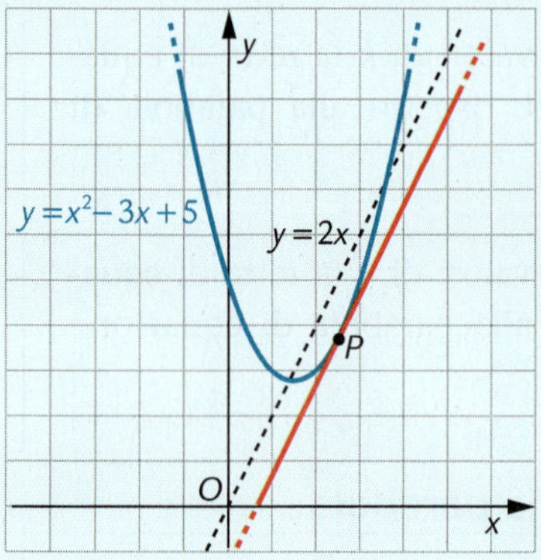

Risolvendo questa equazione, troverai che $x_0 = ...$

Pertanto P è il punto appartenente alla parabola di ascissa ...., ossia $P\left(\frac{.....}{2}, \frac{15}{.....}\right)$.

Nota Utilizzando la formula $m = 2ax_0 + b$ in modo simile a quanto fatto in questo esercizio, si possono determinare i punti di contatto delle rette tangenti a una parabola anche quando queste siano condotte da un punto P esterno alla parabola.

106 Scrivi l'equazione della retta tangente alla parabola di equazione $y = -\frac{1}{2}x^2$ e perpendicolare alla retta di equazione $y = -2x$. Determina poi le coordinate del punto di contatto tra la retta e la parabola.
$\left[y = \frac{1}{2}x + \frac{1}{8}; \left(-\frac{1}{2}, -\frac{1}{8}\right)\right]$

107 Determina la retta tangente alla parabola di equazione $y = -x^2 + 3x$ parallela alla retta di equazione $y = -3x$. Determina poi le coordinate del punto di contatto. $[y = -3x + 9; (3, 0)]$

108 Determina la retta tangente alla parabola avente equazione $y = -\frac{1}{2}x^2 + x$ perpendicolare alla retta di equazione $y = -2x$. Determina poi le coordinate del punto di contatto. $\left[y = \frac{1}{2}x + \frac{1}{8}; \left(\frac{1}{2}, \frac{3}{8}\right)\right]$

109 Determina le rette tangenti alla parabola di equazione $y = -x^2 - x$ passanti per il punto $P(0, 4)$. Determina poi le coordinate dei punti di contatto delle tangenti con la parabola.
$[y = -5x + 4, y = 3x + 4; (2, -6); (-2, -2)]$

110 Determina le rette tangenti alla parabola di equazione $y = x^2 + x + 1$ passanti per il punto $P(-1, -3)$ e calcola la misura del segmento AB, essendo A e B i punti di contatto delle tangenti con la parabola.
[Tangenti: $y = 3x$, $y = -5x - 8$;
punti di contatto: $(1, 3)$, $(-3, 7)$; $\overline{AB} = 4\sqrt{2}$]

111 Determina le rette tangenti alla parabola di equazione $y = -x^2 + 4x + 2$ passanti per il punto $P(3, 6)$ e calcola l'area del triangolo APB, essendo A e B i punti di contatto delle tangenti con la parabola.
[Tangenti: $y = 6$, $y = -4x + 18$;
punti di contatto: $(2, 6)$, $(4, 2)$; Area = 2]

112 Considera le due parabole $\gamma : y = x^2 - x$ e $\gamma' : y = 2x^2 - 4x$. Determina i due punti $P \in \gamma$ e $P' \in \gamma'$, aventi la stessa ascissa, tali che la tangente a γ in P sia parallela alla tangente a γ' in P'.
$\left[P\left(\frac{3}{2}, \frac{3}{4}\right); P'\left(\frac{3}{2}, -\frac{3}{2}\right)\right]$

113 Determina il punto P della parabola di equazione $y = x^2 - 1$ per cui la retta tangente alla parabola in P forma con l'asse x un angolo di 60°. $\left[P\left(\frac{\sqrt{3}}{2}, -\frac{1}{4}\right)\right]$

114 Determina le tangenti comuni alle parabole di equazioni $y = 3x - x^2$ e $y = x^2 + x + 5$.
(*Suggerimento*: considera una generica retta di equazione $y = mx + q$, imponi la condizione di tangenza con ciascuna delle due parabole e risolvi il sistema in m e q che si ottiene ponendo a sistema le due equazioni scaturite imponendo le condizioni di tangenza) $[y = -x + 4, y = 5x + 1]$

115 Determina le *tangenti comuni* alle parabole di equazioni $y = x^2 - x - 1$, $y = -x^2 - x - 3$. $[y = x - 2, y = -3x - 2]$

Rette e parabole con asse parallelo all'asse x

116 Determina la misura della corda staccata sulla parabola di equazione $x = -y^2 + 4y$ dalla retta di equazione $y = 2x$. $\left[\frac{7}{4}\sqrt{5}\right]$

117 Determina l'equazione della retta tangente alla parabola di equazione $x = -y^2 + 4$, parallela alla bisettrice del primo e del terzo quadrante. $\left[y = x - \frac{17}{4}\right]$

118 Determina le equazioni delle rette tangenti alla parabola di equazione $x = \frac{1}{2}y^2$, passanti per il punto $P(-2, 0)$. $\left[y = \frac{1}{2}x + 1, y = -\frac{1}{2}x - 1\right]$

119 Determina le equazioni delle rette tangenti alla parabola di equazione $x = y^2 - 1$, passanti per il punto $P(-1, 2)$. $\left[x = -1, y = \frac{1}{8}x + \frac{17}{8}\right]$

120 Scrivi l'equazione della retta tangente alla parabola di equazione $x = y^2 - 6y - 1$ nel suo punto di intersezione con l'asse x. $\left[y = -\frac{1}{6}x - \frac{1}{6}\right]$

121 Scrivi le equazioni delle rette tangenti alla parabola di equazione $x = y^2 - 1$ nei loro punti di intersezione con l'asse y. $\left[y = \frac{1}{2}x + 1; y = -\frac{1}{2}x - 1\right]$

122 Determina il punto della parabola di equazione $x = y^2 - 2y + 1$ in cui la retta tangente è parallela alla bisettrice del primo e del terzo quadrante. $\left[\left(\frac{1}{4}, \frac{3}{2}\right)\right]$

3. Scrivere l'equazione di una parabola

TEORIA a p. 261

Esercizi preliminari

123 Considera la parabola di equazione $y = ax^2 + bx + c$. Associa a ogni condizione della prima colonna l'equazione che la esprime.

a. Passa per il punto $P(1, -1)$.	**A.** $c = 0$
b. Passa per l'origine.	**B.** $a + b + c = -1$
c. Interseca l'asse y in $P(0, -2)$.	**C.** $c = -2$
d. Interseca l'asse x in $P(-2, 0)$.	**D.** $a - b + c = 1$
e. Passa per il punto $P(-1, 1)$.	**E.** $4a - 2b + c = 0$

124 Considera la parabola di equazione $y = ax^2 + bx + c$. Associa a ogni condizione della prima colonna l'equazione che la esprime.

a. Ha il vertice sull'asse x.	**A.** $2a + b = 0 \wedge a + b + c = 1$
b. Ha il vertice sull'asse y.	**B.** $b = 0$
c. Ha il vertice nell'origine.	**C.** $b = c = 0$
d. Ha il vertice nel punto $V(1, 1)$.	**D.** $\Delta = 0$
e. Ha il vertice nel punto $V(-1, -1)$.	**E.** $2a - b = 0 \wedge a - b + c = -1$

125 Considera la parabola di equazione $y = ax^2 + bx + c$. Associa a ogni condizione della prima colonna l'uguaglianza della seconda colonna che la esprime.

a. È tangente all'asse x.	**A.** $(b + 1)^2 = 4ac$
b. È tangente alla bisettrice del primo e del terzo quadrante.	**B.** $(b - 1)^2 = 4ac$
c. È tangente alla bisettrice del secondo e del quarto quadrante.	**C.** $b^2 - 4ac = 0$
d. È tangente alla retta di equazione $y = x + 1$.	**D.** $(b - 1)^2 = 4a(c + 1)$
e. È tangente alla retta di equazione $y = x - 1$.	**E.** $(b - 1)^2 = 4a(c - 1)$

Equazione di una parabola, dati tre punti

126 **ESERCIZIO GUIDATO**

Determina l'equazione della parabola che ha il grafico disegnato nella figura qui sotto.

La parabola avrà equazione del tipo $y = ax^2 + bx + c$. Dalla figura puoi vedere che la parabola passa per i tre punti:

$A(0, 3)$, $B(1, -1)$ e $C(4, -1)$

Imponi che le coordinate di questi tre punti soddisfino l'equazione della parabola:

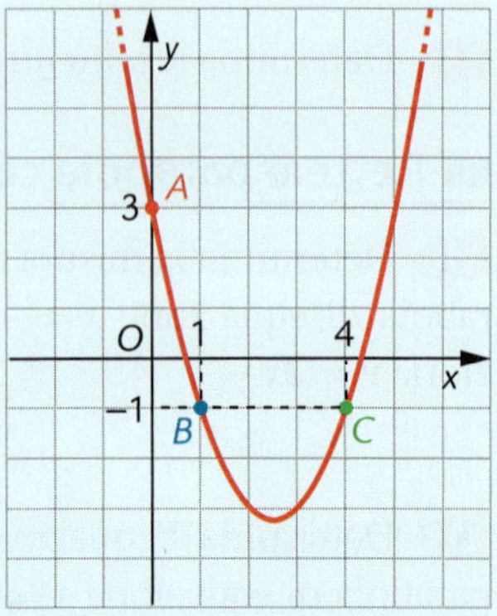

Passaggio per A: $3 = a \cdot 0^2 + b \cdot 0 + c \Rightarrow c = \ldots$

Passaggio per B: $-1 = a \cdot 1^2 + b \cdot 1 + c \Rightarrow a + b + c = \ldots$

Passaggio per C: $-1 = a \cdot 4^2 + b \cdot 4 + c \Rightarrow \ldots\ldots = -1$

Ponendo a sistema le tre equazioni ottenute, ottieni il sistema:

$$\begin{cases} c = \ldots \\ a + b + c = \ldots \\ \ldots = -1 \end{cases}$$

che, risolto, fornisce come soluzione: $a = 1$, $b = -5$, $c = 3$. Quindi la parabola ha equazione $y = \ldots\ldots$

127 **Dal grafico all'equazione.** Determina le equazioni delle parabole che hanno i seguenti grafici.

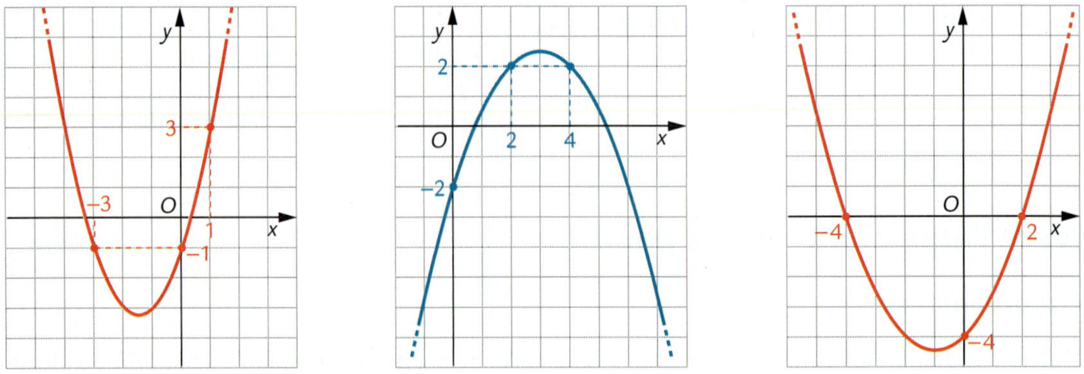

$\left[y = x^2 + 3x - 1;\ y = -\frac{1}{2}x^2 + 3x - 2;\ y = \frac{1}{2}x^2 + x - 4\right]$

Scrivi l'equazione della parabola, con asse parallelo all'asse y, che passa per A, B e C.

128 $A(-2, -3)$, $B(0, 1)$, $C(6, -11)$ $\left[y = -\frac{1}{2}x^2 + x + 1\right]$

129 $A(1, 2)$, $B(0, 5)$, $C(2, 1)$ $[y = x^2 - 4x + 5]$

130 $A(-1, 0)$, $B(1, 6)$, $C(2, 6)$ $[y = -x^2 + 3x + 4]$

131 $A(-1, -5)$, $B(1, 1)$, $C(2, -2)$ $[y = -2x^2 + 3x]$

132 $A(0, -4)$, $B(2\sqrt{2}, 0)$, $C(2, -2)$ $\left[y = \frac{1}{2}x^2 - 4\right]$

133 $A(2, 0)$, $B(4, 0)$, $C(1, 1)$ $\left[y = \frac{1}{3}x^2 - 2x + \frac{8}{3}\right]$

134 $A(2, 0)$, $B(1, 1)$, $C(0, 3)$ $\left[y = \frac{1}{2}x^2 - \frac{5}{2}x + 3\right]$

135 $A(-1, 0)$, $B(3, 0)$, $C(0, 6)$ $[y = -2x^2 + 4x + 6]$

Equazione di una parabola, dato il vertice e un punto

136 ESERCIZIO GUIDATO

Determina l'equazione della parabola disegnata nella figura qui a fianco.

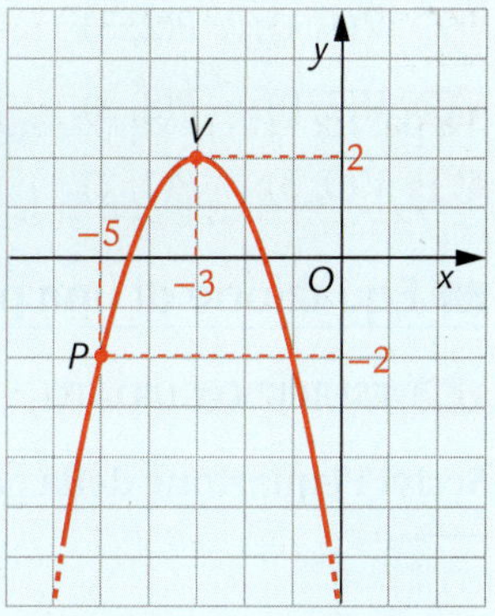

Come puoi notare dalla figura, la parabola ha vertice in $V(-3, 2)$ e passa, per esempio, per il punto $P(-5, -2)$. Puoi procedere in due modi (il secondo è preferibile, perché più veloce).

- **1° modo**

Imponi che la parabola abbia vertice in V e passi per P. Ottieni il sistema:

$$\begin{cases} -\dfrac{b}{2a} = -3 & \text{L'ascissa di } V \text{ è } -3 \\ 9a - 3b + c = 2 & \text{Passaggio per } V \\ 25a - 5b + c = \ldots & \text{Passaggio per } P \end{cases}$$

Risolvendo il sistema trovi che $a = \ldots$, $b = \ldots$ e $c = \ldots$ Quindi la parabola cercata ha equazione ....

Nota Invece di porre la condizione $-\dfrac{\Delta}{4a} = 2$ (l'ordinata del vertice è 2), ti abbiamo suggerito di porre la condizione equivalente del passaggio per V, perché così ottieni un'equazione di primo grado anziché di secondo.

- **2° modo**

Una parabola con asse verticale di vertice $V(h, k)$ è la corrispondente di una parabola del tipo $y = ax^2$ nella traslazione di vettore $\vec{v}(h, k)$, quindi ha equazione della forma:

$$y - k = a(x - h)^2$$

Poiché la parabola in figura ha vertice in $V(-3, 2)$, la sua equazione sarà del tipo:

$$y - 2 = a[x - (-3)]^2$$

ossia:

$$y = a(x + 3)^2 + 2$$

Imponi ora il passaggio per il punto $P(-5, -2)$. Otterrai l'equazione:

$$-2 = a(-5 + 3)^2 + 2$$

da cui $a = \ldots$

Pertanto l'equazione della parabola è

$y = \ldots\ldots$ $[y = -x^2 - 6x - 7]$

137 **Dal grafico all'equazione.** Determina le equazioni delle parabole disegnate nelle seguenti figure.

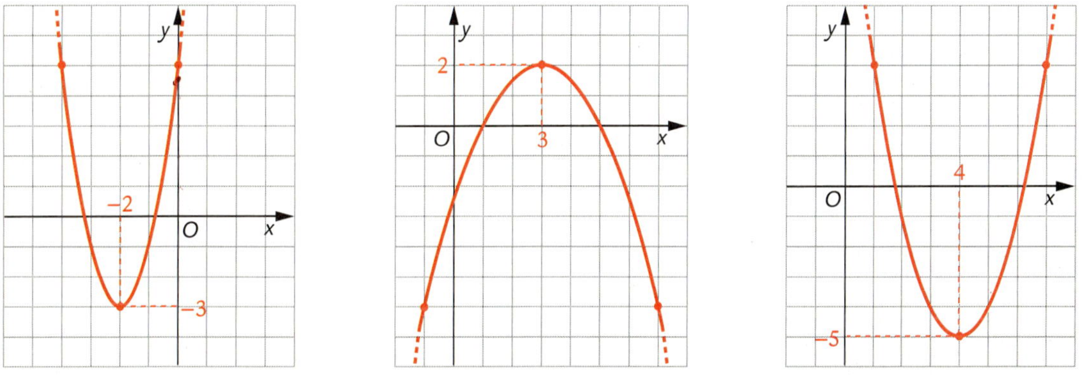

$\left[y = 2(x + 2)^2 - 3;\ y = -\dfrac{1}{2}(x - 3)^2 + 2;\ y = (x - 4)^2 - 5\right]$

Scrivi l'equazione della parabola, con asse parallelo all'asse y, che ha vertice in V e passa per P.

138 $V(0, 0)$; $P(3, 2)$ $\left[y = \frac{2}{9}x^2\right]$

139 $V(1, 1)$; $P(2, 3)$ $[y = 2x^2 - 4x + 3]$

140 $V(2, 0)$; $P(3, 2)$ $[y = 2x^2 - 8x + 8]$

141 $V(0, 3)$; $P(1, 2)$ $[y = -x^2 + 3]$

142 $V(2,-3)$; $P(0,0)$ $\left[y = \frac{3}{4}x^2 - 3x\right]$

143 $V\left(\frac{3}{2}, 0\right)$; $P\left(\frac{1}{2}, -2\right)$ $\left[y = -2x^2 + 6x - \frac{9}{2}\right]$

144 $V(-2, 1)$; $P(0, 3)$ $\left[y = \frac{1}{2}x^2 + 2x + 3\right]$

Equazione di una parabola, dati due elementi scelti fra vertice, fuoco e direttrice

145 ESERCIZIO GUIDATO

Scrivi l'equazione della parabola che ha vertice nel punto $V(0, 2)$ e fuoco nel punto $F(0, -1)$.

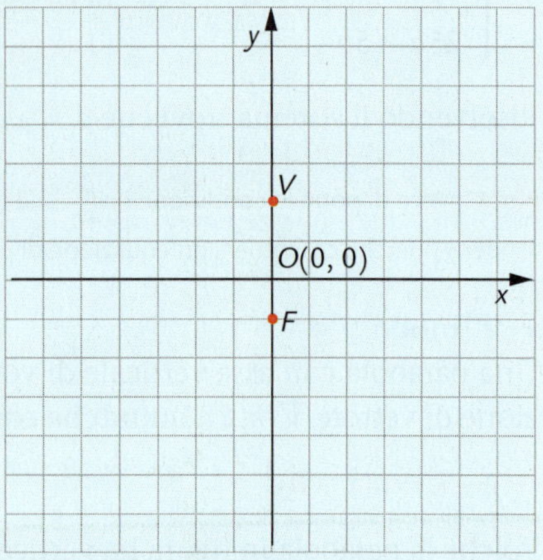

Dai dati segue che l'asse della parabola è l'asse y. Puoi risolvere l'esercizio in vari modi.

- **1° modo**

Considera l'equazione generica della parabola, $y = ax^2 + bx + c$, e imposta il sistema:

$$\begin{cases} -\dfrac{b}{2a} = 0 & \text{L'ascissa di } V \text{ è } 0 \\ c = 2 & \text{Passaggio per } V \\ \dfrac{1 - (b^2 - 4ac)}{4a} = -1 & \text{L'ordinata del fuoco è } -1 \end{cases}$$

Risolvendolo trovi i coefficienti a, b e c della parabola cercata.

- **2° modo**

Poiché il vertice deve essere equidistante dal fuoco e dalla direttrice, la direttrice dovrà essere la retta di equazione $y = 5$. Puoi allora scrivere la parabola come luogo dei punti equidistanti dal fuoco e dalla direttrice:

$$\sqrt{x^2 + (y + 1)^2} = |y - 5|$$

Elevando al quadrato e risolvendo rispetto a y trovi l'equazione della parabola.

- **3° modo**

La parabola, avendo vertice in $V(0, 2)$, deve avere un'equazione del tipo:

$$y = ax^2 + 2$$

Esprimi l'ordinata del fuoco di questa parabola in funzione di a e imponi che tale ordinata sia uguale a -1. Risolvendo l'equazione trovi il coefficiente a incognito.

$\left[y = -\frac{1}{12}x^2 + 2\right]$

146 **Dal grafico all'equazione.** Scrivi le equazioni delle parabole che hanno come vertice, fuoco o direttrice i punti e le rette rappresentati in ciascuna figura.

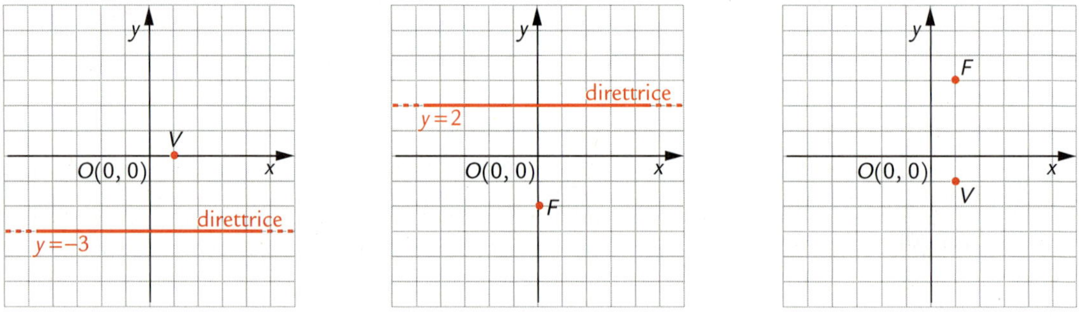

$\left[y = \frac{1}{12}x^2 - \frac{1}{6}x + \frac{1}{12};\ y = -\frac{1}{8}x^2;\ y = \frac{1}{16}x^2 - \frac{1}{8}x - \frac{15}{16}\right]$

147 Scrivi l'equazione della parabola avente vertice in $V(1, 1)$ e come direttrice l'asse x. $\left[y = \frac{1}{4}x^2 - \frac{1}{2}x + \frac{5}{4}\right]$

148 Scrivi l'equazione della parabola avente il fuoco in $F(0, 0)$ e per direttrice la retta $y = -1$. $\left[y = \frac{1}{2}(x^2 - 1)\right]$

149 Scrivi l'equazione della parabola avente il fuoco in $F(1, -1)$ e per direttrice l'asse x. $\left[y = -\frac{1}{2}(x^2 - 2x + 2)\right]$

150 Scrivi l'equazione della parabola avente il vertice in $V(0, 0)$ e per direttrice la retta $y = -1$. $\left[y = \frac{1}{4}x^2\right]$

151 Scrivi l'equazione della parabola avente il vertice in $V(2, 1)$ e fuoco in $F(2, 0)$. $\left[y = -\frac{1}{4}x^2 + x\right]$

Equazione di una parabola, data una condizione di tangenza

152 **ESERCIZIO GUIDATO**

Scrivi l'equazione della parabola con asse parallelo all'asse y tangente alla retta di equazione $y = x + 1$ nel suo punto P di ascissa 2, passante per il punto $Q(-1, 3)$.

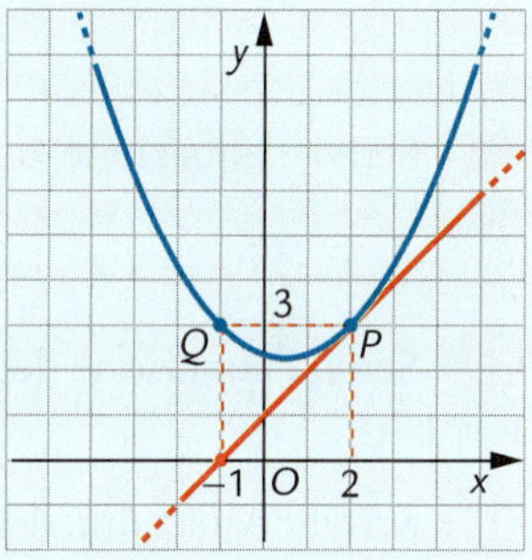

Considera l'equazione generica della parabola $y = ax^2 + bx + c$ e imposta il sistema:

$$\begin{cases} 4a + 2b + c = 3 & \text{Passaggio per } P \\ a - b + c = 3 & \text{Passaggio per } Q \\ 2a \cdot 2 + b = 1 & \text{Il coefficiente angolare della retta tangente in } P \text{ è } 1 \end{cases}$$

Risolvendolo trovi i coefficienti a, b e c della parabola cercata.

Nota Dal momento che è noto il punto di contatto tra la retta tangente e la parabola, invece di imporre che il discriminante dell'equazione risolvente il sistema tra la generica parabola e la retta sia nullo, abbiamo utilizzato la formula $m = 2ax_0 + b$ e abbiamo imposto che il coefficiente angolare della retta tangente in P sia 1. Ciò è più conveniente perché comporta calcoli meno complessi e fornisce una condizione di primo grado (anziché di secondo come nel caso del discriminante). Se non è noto il punto di contatto, ma solo l'equazione di una retta tangente, questa «scorciatoia» non è praticabile e occorre considerare il sistema formato dall'equazione della parabola e della retta e imporre che il discriminante dell'equazione risolvente sia nullo.

$\left[y = \frac{1}{3}x^2 - \frac{1}{3}x + \frac{7}{3}\right]$

153 **Dal grafico all'equazione.** Scrivi le equazioni delle parabole rappresentate nelle seguenti figure. La prima è tangente in P alla retta r e passa per Q. La seconda è tangente in P alla retta r ed è ulteriormente tangente alla retta s.

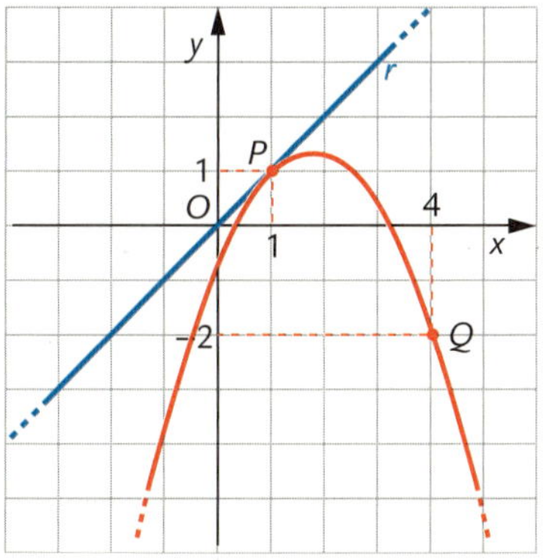

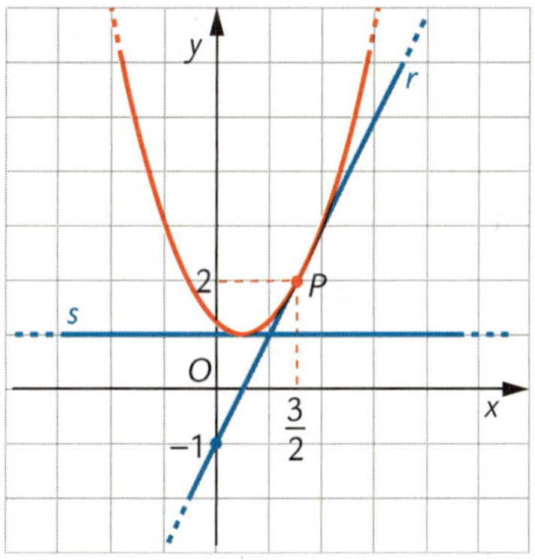

$\left[y = -\frac{2}{3}x^2 + \frac{7}{3}x - \frac{2}{3};\ y = x^2 - x + \frac{5}{4}\right]$

154 Scrivi le equazioni delle parabole, aventi asse di simmetria parallelo all'asse y, tangenti alla retta di equazione $y = 2x$ e passanti per $A(0, 1)$ e $B(-2, 5)$. $[y = x^2 + 1;\ y = 4x^2 + 6x + 1]$

155 Scrivi l'equazione della parabola con asse parallelo all'asse y tangente in $A(1, 1)$ alla retta di equazione $y = 2x - 1$ e passante per $B(3, 0)$. $\left[y = -\frac{5}{4}x^2 + \frac{9}{2}x - \frac{9}{4}\right]$

156 Scrivi l'equazione della parabola con asse parallelo all'asse y tangente in $A(1, 2)$ alla retta di equazione $y = 2x$ e passante per il punto $B(2, 3)$. $[y = -x^2 + 4x - 1]$

157 Scrivi l'equazione della parabola con asse parallelo all'asse y avente vertice in $V(-1, 2)$ e che è tangente alla retta di equazione $y = 2x + 3$. $[y = x^2 + 2x + 3]$

158 Scrivi le equazioni delle parabole con asse parallelo all'asse y tangenti all'asse x, alla retta di equazione $y = 2x$ e che passano per $P\left(-1, \frac{1}{4}\right)$. $\left[y = x^2 + x + \frac{1}{4};\ y = \frac{1}{4}x^2 + x + 1\right]$

159 Scrivi l'equazione della parabola con asse parallelo all'asse y tangente in $A(0, 1)$ alla retta di equazione $y = 2x + 1$ e tangente ulteriormente alla retta di equazione $y = 3x$. $\left[y = \frac{1}{4}x^2 + 2x + 1\right]$

Parabole con asse parallelo all'asse x

160 Scrivi l'equazione della parabola con asse parallelo all'asse x, passante per i punti $A(2, 0)$, $B(1, 1)$, $C(0, 3)$. $\left[x = \frac{1}{6}y^2 - \frac{7}{6}y + 2\right]$

161 Scrivi l'equazione della parabola con asse parallelo all'asse x, avente vertice in $V(0, -1)$ e passante per $P(2, 1)$. $\left[x = \frac{1}{2}y^2 + y + \frac{1}{2}\right]$

162 Scrivi l'equazione della parabola passante per i punti $O(0, 0)$ e $A(1, 1)$, avente come asse la retta di equazione $y = 1$. $[x = -y^2 + 2y]$

163 Scrivi l'equazione della parabola avente asse parallelo all'asse x, sapendo che il vertice è il punto $V(0, -2)$ e che passa per $P(1, 0)$. $\left[x = \frac{1}{4}y^2 + y + 1\right]$

164 Scrivi l'equazione della parabola avente asse parallelo all'asse x, tangente alla bisettrice del primo e del terzo quadrante nel punto $P(1, 1)$ e passante per $Q(3, 2)$. $[x = y^2 - y + 1]$

Esercizi riassuntivi sulla ricerca dell'equazione di una parabola

165 Scrivi le equazioni delle parabole rappresentate nelle seguenti figure. Nella seconda figura la retta AB è tangente alla parabola in A.

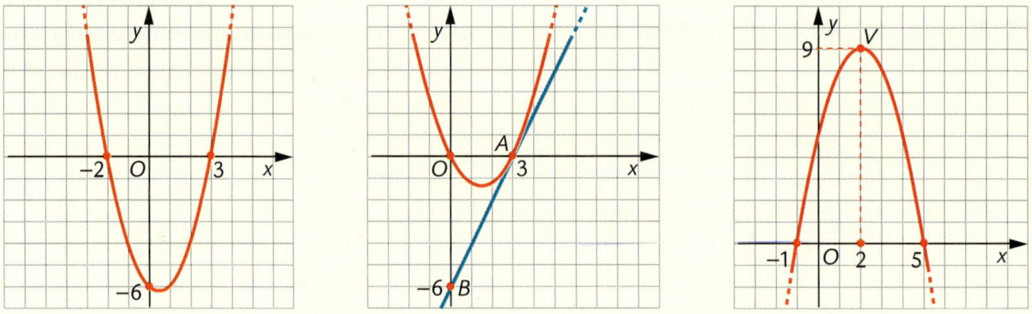

$\left[y = (x + 2)(x - 3);\ y = \frac{2}{3}x^2 - 2x;\ y = -(x + 1)(x - 5)\right]$

166 Scrivi l'equazione della parabola con asse parallelo all'asse y, passante per $A(-1, 1)$, $B(0, 0)$ e $C(2, -3)$. $\left[y = -\frac{1}{6}x^2 - \frac{7}{6}x\right]$

167 Scrivi l'equazione della parabola passante per $A(0, 3)$ e per $B(2, 2)$ e avente come asse di simmetria la retta di equazione $x = \frac{1}{2}$. $\left[y = -\frac{1}{2}x^2 + \frac{1}{2}x + 3\right]$

168 Scrivi l'equazione della parabola con asse parallelo all'asse x, passante per $A(0, 2)$, $B(0, -1)$ e $C(3, 0)$.
$\left[x = -\frac{3}{2}y^2 + \frac{3}{2}y + 3\right]$

169 Scrivi l'equazione della parabola passante per $A(2, 1)$, tangente all'asse x e avente come asse di simmetria la retta di equazione $x = 1$. $[y = x^2 - 2x + 1]$

170 Scrivi l'equazione della parabola con asse parallelo all'asse y, avente vertice in $V(0, 1)$ e passante per $P(1, 4)$. $[y = 1 + 3x^2]$

171 Scrivi l'equazione della parabola che ha come asse di simmetria l'asse x e passa per i punti $A(0, -2)$ e $B(4, 0)$. $[x = 4 - y^2]$

172 Scrivi le equazioni delle parabole con asse parallelo all'asse y, passanti per il punto $P(3, 4)$ e aventi il fuoco nell'origine.
$\left[y = \frac{1}{2}(x^2 - 1),\ y = -\frac{1}{18}x^2 + \frac{9}{2}\right]$

173 Scrivi l'equazione della parabola avente come direttrice la retta di equazione $y = -3$ e fuoco in $F(0, -1)$.
$\left[y = \frac{1}{4}x^2 - 2\right]$

174 Scrivi l'equazione della parabola avente per direttrice la retta di equazione $y = -\frac{5}{2}$ e vertice in $V(2, -2)$.
$\left[y = \frac{1}{2}x^2 - 2x\right]$

175 Scrivi l'equazione della parabola che ha vertice in $V(0, 2)$ e come direttrice la retta di equazione $x = -1$.
$\left[x = \frac{1}{4}y^2 - y + 1\right]$

176 Scrivi l'equazione della parabola avente per direttrice la retta di equazione $y = -\frac{5}{4}$ e vertice in $V(0, -1)$. $[y = x^2 - 1]$

177 Scrivi le equazioni delle parabole con asse parallelo all'asse y, che intersecano l'asse x nei punti $A(2, 0)$ e $B(4, 0)$ e che sono tangenti alla retta di equazione $y = -3x + 4$. $\left[y = \frac{1}{2}x^2 - 3x + 4;\ y = \frac{9}{2}x^2 - 27x + 36\right]$

178 Scrivi l'equazione della parabola, il cui asse è parallelo all'asse x, avente fuoco nell'origine $O(0, 0)$ e vertice appartenente alla retta di equazione:

$4x - 2y + 3 = 0$ $\left[x = \frac{1}{3}y^2 - \frac{3}{4}\right]$

179 Scrivi l'equazione della parabola, con asse parallelo all'asse y, che ha vertice in $V(-2, -1)$ ed è tangente alla bisettrice del primo e del terzo quadrante.
$\left[y = \frac{1}{4}x^2 + x\right]$

180 Scrivi le equazioni delle parabole, con asse parallelo all'asse y, passanti per $A(0, 2)$ e per $B(-4, 18)$ e tangenti all'asse x. $\left[y = 2(x + 1)^2;\ y = \frac{1}{2}(x - 2)^2\right]$

181 Scrivi l'equazione della parabola, con asse parallelo all'asse y, che passa per $A(-1, 3)$ e per $B(0, 4)$ ed è tangente alla retta parallela ad AB e passante per l'origine. $[y = 16x^2 + 17x + 4]$

182 Scrivi l'equazione della parabola che ha fuoco in $F(1, 2)$ e vertice in $V(1, 0)$. $\left[y = \frac{1}{8}(x - 1)^2\right]$

183 Scrivi le equazioni delle parabole, con asse parallelo all'asse y, aventi fuoco in $F(2, 0)$ e passanti per l'origine. $\left[y = -\frac{1}{4}x^2 + x;\ y = \frac{1}{4}x^2 - x\right]$

184 Scrivi le equazioni delle parabole, con asse parallelo all'asse y, passanti per il punto $P(4, 2)$ e aventi fuoco in $F(0, -1)$. $\left[y = \frac{1}{4}x^2 - 2;\ y = -\frac{1}{16}x^2 + 3\right]$

185 Scrivi le equazioni delle parabole aventi per direttrice la retta di equazione $y = -\frac{5}{2}$, passanti per il punto $P(2, -2)$ e per l'origine.
$\left[y = x^2 - 3x;\ y = \frac{1}{2}x^2 - 2x\right]$

186 Scrivi le equazioni delle parabole aventi per direttrice la retta di equazione $y = -\frac{5}{4}$, passanti per i punti $A(0, -1)$ e $B(1, 0)$. $[y = x^2 - 1;\ y = 2x^2 - x - 1]$

187 Scrivi l'equazione della parabola, con asse parallelo all'asse y, avente vertice in $V(0, 1)$ e tangente alla parabola di equazione $y = -x^2 + 4x$. $[y = 1 + 3x^2]$

4. La parabola e i problemi di massimo e di minimo di secondo grado

TEORIA a p. 263

Problemi di massimo e di minimo numerici o dalla realtà

188 Qual è il massimo prodotto che si può ottenere moltiplicando due numeri la cui somma è 26? Quali sono i due numeri il cui prodotto è massimo?
[Massimo prodotto = 169, raggiunto quando entrambi i numeri sono uguali a 13]

189 Qual è il minimo prodotto che si può ottenere moltiplicando due numeri che differiscono di 7? Quali sono i due numeri il cui prodotto è minimo?
$\left[\text{Minimo} = -\frac{49}{4}; \text{ raggiunto quando i due numeri sono } -\frac{7}{2} \text{ e } +\frac{7}{2}\right]$

190 In base alle leggi della fisica, una palla lanciata verticalmente verso l'alto da un'altezza di 1 m con una velocità iniziale $v_0 = 10$ m/s, dopo t secondi dal lancio si trova a un'altezza, misurata in metri, espressa dalla funzione $h(t) = 1 + 10t - 4{,}9t^2$. In quale istante la palla raggiunge la massima altezza? [Dopo circa 1 secondo]

191 Si vuole costruire un recinto, di forma rettangolare, con un filo lungo 320 m. Qual è la massima area che si può recintare? [6400 m^2]

192 Una compagnia aerea decide di stabilire il prezzo del biglietto di un volo (per persona) nel seguente modo: 200 euro più 10 euro per ogni posto che resterà libero. L'aereo dispone di 150 posti. Quanti posti devono restare liberi perché la compagnia ottenga il massimo ricavo? [65 posti]

193 Si deve decidere a quale prezzo affittare 20 appartamenti. In base alle esperienze precedenti, ci si aspetta che, al prezzo di 300 euro al mese, tutti gli appartamenti verranno affittati mentre, per ogni aumento di 25 euro al mese, un appartamento resterà sfitto. A quale prezzo conviene affittare gli appartamenti per ottenere il massimo ricavo? [400 euro al mese]

194 Un filo lungo 20 cm viene tagliato in due parti. Con i due pezzi ottenuti si formano due quadrati. In quale punto bisogna tagliare il filo perché la somma delle aree dei quadrati sia minima? [Nel punto medio]

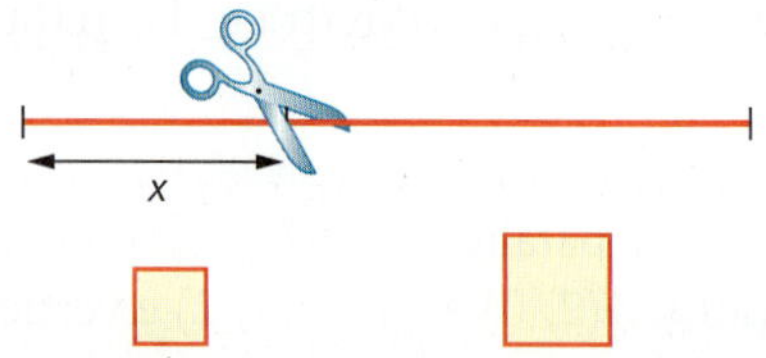

195 Una finestra è costituita da un rettangolo, sormontato da un semicerchio, di diametro coincidente con un lato del rettangolo. Supponiamo che il perimetro della finestra sia 24 m. Determina x in modo che dalla finestra entri la massima luce possibile (ovvero, si deve rendere massima l'area della finestra).

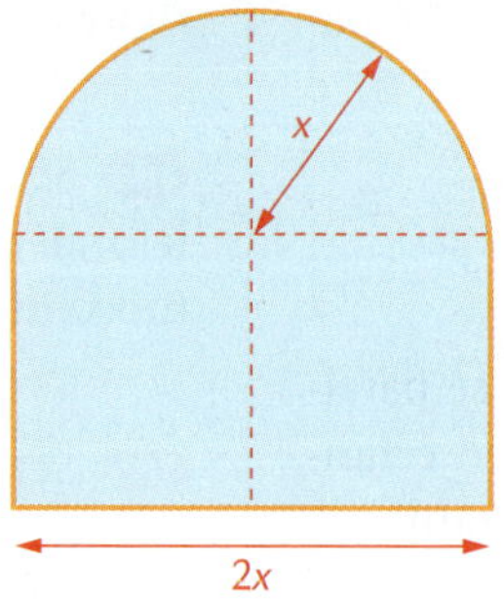

[$x \simeq 3{,}36$ m]

196 Matematica ed economia Il costo complessivo giornaliero (in euro) per la produzione della quantità q (in kg) di un dato bene è espresso dalla funzione:

$$C(q) = 0{,}25q^2 - 8q + 600$$

essendo q la quantità prodotta in un giorno. Determina q in modo da rendere minimo il costo giornaliero di produzione. [$q = 16$ kg]

197 Matematica ed economia Il profitto U (in euro) derivante dalla vendita della quantità q di un dato bene è espresso dalla funzione:

$$U(q) = -0{,}03q^2 + 180q - 25000$$

Determina la quantità q in corrispondenza della quale si ottiene il massimo profitto. [3000]

198 **Matematica ed economia** Un'azienda produce tra i 10 e i 50 componenti elettronici all'ora. Il costo, all'ora, per la fabbricazione di x componenti è espresso dalla funzione:

$$C(x) = x^2 + 60x + 120 \quad \text{con } 10 \leq x \leq 50$$

Ogni componente viene venduto al prezzo di 100 euro. Per quale valore di x il profitto derivante dalla vendita dei componenti prodotti in un'ora è massimo? Qual è il ricavo corrispondente al massimo profitto?

[$x = 20$; 2000 euro]

199 **Matematica ed economia** Un'azienda produce forni a microonde. La produzione giornaliera non può superare le 300 unità. Il costo totale giornaliero di produzione, in funzione del numero q di forni prodotti in quel giorno, è espresso dalla funzione:

$$C(q) = 0{,}05q^2 + 40{,}25q + 2480$$

Ciascun forno a microonde viene venduto al prezzo di 69 euro.

a. Determina per quali valori di q dalla vendita dei forni prodotti in una giornata non si genera una perdita.

b. Determina il numero di forni che devono essere prodotti in un giorno, per fare sì che il profitto derivante dalla loro vendita sia massimo.

[**a.** $106 \leq q \leq 300$; **b.** 287 oppure 288]

200 **Matematica ed economia** Un'azienda produce montature per occhiali e sta progettando un nuovo modello da immettere sul mercato. Il prezzo di vendita della nuova montatura deve essere compreso tra i 100 e i 400 euro. Alcuni studi statistici hanno permesso di stimare che il numero N di persone disposte ad acquistare il nuovo modello, in funzione del suo prezzo p (in euro), è espresso dalla funzione:

$$N(p) = -20p + 10\,000 \quad \text{con } 100 \leq p \leq 400$$

È noto inoltre che la produzione del nuovo modello comporta un costo fisso di 15 000 euro cui va aggiunto un costo di 100 euro per ogni montatura prodotta.

a. Determina le espressioni analitiche delle tre funzioni $R(p)$, $C(p)$, $U(p)$, che esprimono rispettivamente il ricavo, il costo totale e il profitto atteso dalla vendita del nuovo modello di montatura, in funzione del prezzo p unitario che viene fissato.

b. Determina il prezzo di vendita cui corrisponde il massimo ricavo. In corrispondenza di tale prezzo qual è il profitto?

c. Determina il prezzo di vendita cui corrisponde il massimo profitto. In corrispondenza di tale prezzo qual è il ricavo?

[**a.** $R(p) = -20p^2 + 10\,000p$, $C(p) = 1000\,(1015 - 2p)$, $U(p) = -20\,(p^2 - 600p + 50\,750)$; **b.** 250 euro, profitto = 735 000 euro; **c.** 300 euro, ricavo = 1 200 000 euro]

201 **Matematica ed economia** Un'azienda vende un bene in regime di monopolio, quindi può permettersi di definire il prezzo del prodotto in base alla domanda. Supponiamo che la funzione domanda per quel bene sia $q = 160 - 8p$, essendo p il prezzo unitario di vendita (in euro) e che la funzione costo sia $C = 60 + 2q$, essendo q la quantità del bene domandata e C il costo totale (in euro). Determina in corrispondenza di quale prezzo unitario:

a. il ricavo è massimo;

b. il profitto è massimo.

[**a.** $p = 10$ euro; **b.** $p = 11$ euro]

Problemi di massimo e di minimo geometrici

202 Il lato di un quadrato $ABCD$ ha misura 6 e $\overline{QC} = 2\overline{PC}$. Determina $\overline{PC} = x$ in modo che l'area del triangolo APQ sia massima.

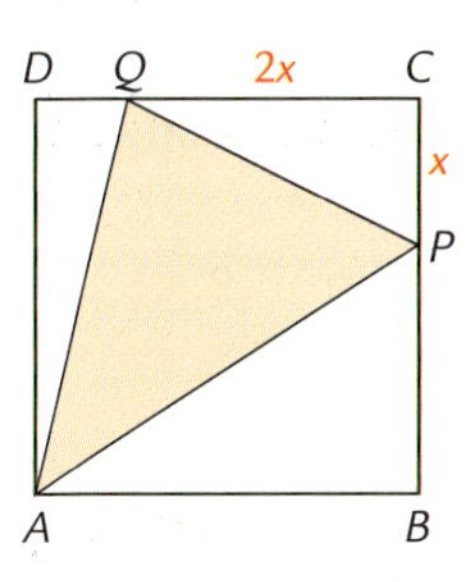

$\left[x = \dfrac{9}{2}\right]$

203 I lati di un rettangolo $ABCD$ sono lunghi 12 cm e 8 cm. Facendo riferimento alla figura, determina qual è il minimo valore dell'area del parallelogramma $PQRS$.

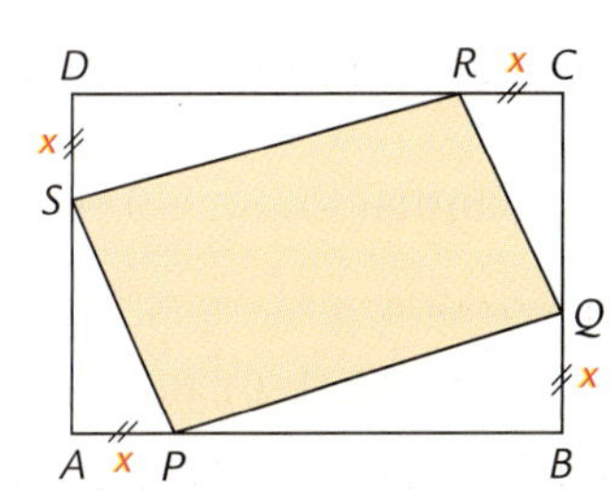

[46 cm²]

204 In un triangolo ABC, isoscele sulla base AB, risulta $AC = 10$ cm e $AB = 12$ cm. Si traccia una corda DE del triangolo, parallela ad AB. Determina DE, in modo che l'area del triangolo DEH sia massima.

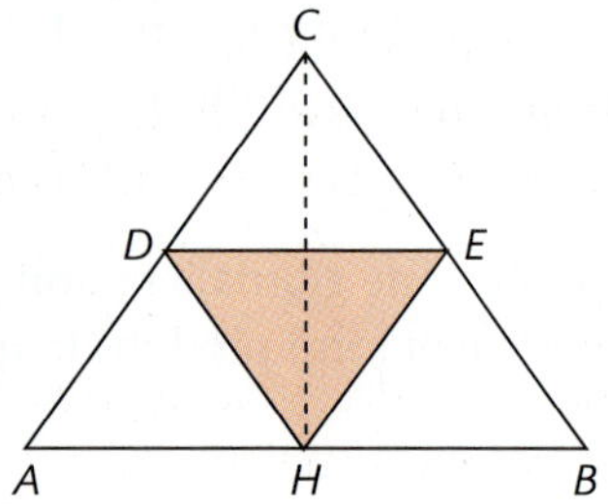

[$DE = 6$ cm]

205 La misura del perimetro dell'esagono $ABCDEF$ è 24 e la misura dei lati dei tiangoli equilateri ABF e CDE è x.

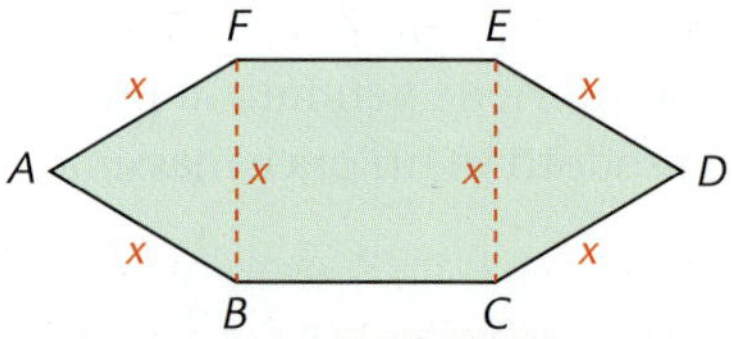

a. Quali valori può assumere x?
b. Per quale valore di x l'area dell'esagono è massima?

[$x \simeq 5{,}29$]

206 Determina il punto P, sull'asse y, in corrispondenza del quale è minima la somma dei quadrati delle distanze di P da $A(-4, 0)$ e $B(2, 1)$.

$\left[P\left(0, \frac{1}{2}\right)\right]$

207 Siano A e B i punti di intersezione della parabola di equazione $y = x^2 - 3x$ con l'asse x. Determina, sull'arco AB, il punto P in corrispondenza del quale è massima la somma delle distanze di P dagli assi cartesiani. [$P(2, -2)$]

208 Siano A e B i punti di intersezione della parabola di equazione $y = -x^2 - 2x$ con l'asse x. Determina, sull'arco AB, il punto P in corrispondenza del quale è massima la somma delle distanze di P dagli assi cartesiani.

$\left[P\left(-\frac{3}{2}, \frac{3}{4}\right)\right]$

RIEPILOGO

Esercizi di riepilogo

209 **Vero o falso?**

a. la parabola di equazione $y = (x - 1)^2 - 2(x + 1)^2$ ha la concavità rivolta verso l'alto V F
b. la parabola di equazione $y = -x^2 + x\sqrt{2}$ passa per il punto di coordinate $(\sqrt{2}, 0)$ V F
c. la parabola di equazione $y = -x^2 + x\sqrt{2}$ passa per l'origine V F
d. l'ordinata del vertice della parabola di equazione $y = -x^2 + 2x + 3$ è -4 V F

[2 affermazioni vere e 2 false]

210 Considera la parabola di equazione $y = ax^2 + bx + c$. Associa a ciascuna condizione indicata nella prima colonna l'uguaglianza della seconda colonna che esprime tale condizione.

a. la parabola passa per il punto $P(1, -1)$	**A.** $b - 2a = 0$
b. la parabola è tangente all'asse x	**B.** $b = 0$
c. la parabola ha come asse la retta di equazione $x = -1$	**C.** $a + b + c = -1$
d. la parabola ha il vertice sull'asse y	**D.** $b^2 - 4ac = 1$
e. la parabola passa per il punto $P(-1, 1)$	**E.** $a - b + c = 1$
f. la parabola ha il vertice sulla retta di equazione $x - 2y = 0$	**F.** $c = 0$
g. la parabola ha fuoco sull'asse x	**G.** $b^2 - 4ac = 0$
h. la parabola passa per l'origine	**H.** $b^2 - 4ac = b$
i. la parabola ha come asse la retta di equazione $x = 1$	**I.** $b + 2a = 0$

Scrivi l'equazione della parabola (o delle parabole) con asse parallelo all'asse y che soddisfa le condizioni assegnate.

211 Passa per i punti $A(-1, 8)$, $B(0, 4)$ e $C(2, 2)$. [$y = x^2 - 3x + 4$]

212 Passa per i punti $A(-1, 0)$, $B(0, 3)$ e $C(1, 4)$. [$y = -x^2 + 2x + 3$]

213 Ha il vertice in $V(2, 0)$ e passa per il punto $A(0, 2)$. $\left[y = \frac{1}{2}(x - 2)^2\right]$

214 Ha il vertice in $V(-1, 2)$ e passa per il punto $A(0, 4)$. [$y = 2x^2 + 4x + 4$]

215 Ha il vertice in $V(-2, -1)$ ed è tangente alla bisettrice del primo e del terzo quadrante. $\left[y = \frac{1}{4}x^2 + x\right]$

216 Passa per $A(0, 2)$ e per $B(-4, 18)$ ed è tangente all'asse x. $\left[y = 2(x+1)^2,\ y = \frac{1}{2}(x-2)^2\right]$

217 Passa per $A(-1, 3)$ e per $B(0, 4)$ ed è tangente alla retta parallela ad AB e passante per l'origine. $[y = 16x^2 + 17x + 4]$

218 Ha il fuoco in $F(1, 2)$ e il vertice in $V(1, 0)$. $\left[y = \frac{1}{8}(x-1)^2\right]$

219 Ha il fuoco in $F(1, 2)$ e come direttrice l'asse x. $\left[y = \frac{1}{4}x^2 - \frac{1}{2}x + \frac{5}{4}\right]$

220 Ha il fuoco in $F(2, 0)$ e passa per l'origine. $\left[y = -\frac{1}{4}x^2 + x,\ y = \frac{1}{4}x^2 - x\right]$

221 Scrivi l'equazione:

a. di una parabola priva di punti di intersezione con l'asse x, con la concavità rivolta verso l'alto
b. di una parabola che interseca l'asse x in $A(-1, 0)$ e $B(2, 0)$, con la concavità rivolta verso il basso
c. di una parabola priva di punti d'intersezione con l'asse x, che interseca l'asse y nel punto $(0, 1)$

222 Determina per quali valori di k la parabola di equazione $y = x^2 - (k+1)x + k$:

a. passa per il punto $P(2, -1)$;
b. ha come asse di simmetria la retta di equazione $x = 2$;
c. è tangente all'asse x;
d. ha il fuoco appartenente all'asse x.

[**a.** $k = 3$; **b.** $k = 3$; **c.** $k = 1$; **d.** $k = 0 \vee k = 2$]

223 Determina per quali valori di k la parabola di equazione $y = kx^2 - 4kx + 3$.

a. passa per il punto $P(1, 1)$;
b. ha il vertice sulla retta di equazione $y = -5$;
c. è tangente alla retta di equazione $y = 2x$;
d. ha come direttrice l'asse x.

$\left[\right.$**a.** $k = \frac{2}{3}$; **b.** $k = 2$; **c.** per nessun valore di k; **d.** $k = \frac{3 \pm \sqrt{5}}{8}\left.\right]$

224 Stabilisci se le seguenti affermazioni sono *vere* o *false*: in caso affermativo, spiega perché l'affermazione è vera, altrimenti fornisci un controesempio.

a. Se due parabole hanno gli stessi punti di intersezione con l'asse x, allora hanno lo stesso vertice.
b. Se una parabola ha la concavità rivolta verso l'alto, ha il vertice nel terzo quadrante e interseca l'asse y in un punto di ordinata positiva, allora ha due punti (distinti) in comune con l'asse x, di ascissa negativa.

225 Scrivi l'equazione della parabola che ha il fuoco in $F\left(2, -\frac{3}{4}\right)$ e ha come direttrice la retta di equazione $y = -\frac{5}{4}$. Indica con A e B $(x_A < x_B)$ i punti di intersezione della parabola con la retta di equazione $y = 2x + 1$. Determina l'area del trapezio $AA'B'B$, essendo A' e B' le proiezioni di A e B sull'asse x. $[14\sqrt{7}]$

226 Scrivi l'equazione della parabola con asse parallelo all'asse y passante per $A(1, 0)$, $B(4, 0)$ e $C(0, 4)$. Tracciane il grafico e determina l'equazione della retta tangente alla parabola e parallela alla retta di equazione $y = -2x$. $\left[y = x^2 - 5x + 4;\ y = -2x + \frac{7}{4}\right]$

227 Traccia il grafico della parabola con asse parallelo all'asse y di equazione $y = x^2 - x - 6$ e determina le coordinate dei punti di intersezione A e B con l'asse x $(x_A < x_B)$. Scrivi le equazioni delle rette tangenti alla parabola in A e B, indicando con C il loro punto d'intersezione. Determina l'area del triangolo ABC. $\left[\frac{125}{4}\right]$

228 Scrivi l'equazione della parabola che ha vertice nel punto $V(2, 4)$ e passa per l'origine. Scrivi le equazioni delle rette tangenti alla parabola passanti per $P(3, 7)$ e indica con A e B i punti di contatto delle tangenti con la parabola. Calcola l'area del triangolo APB.
$[y = -x^2 + 4x;\ y = 2x + 1,\ y = 25 - 6x;\ A(1, 3), B(5, -5);\ \text{Area} = 16]$

229 Considera la parabola di equazione $y = x^2 - 2x + 1$ e tracciane il grafico. Indica con A e B $(x_A < x_B)$ i punti in cui la retta di equazione $y = x + 1$ interseca la parabola e determina il punto P dell'arco AB di parabola in corrispondenza del quale è massima l'area del triangolo APB. $\left[A(0, 1), B(3, 4);\ P\left(\frac{3}{2}, \frac{1}{4}\right)\right]$

230 Una parabola ha come asse la retta di equazione $x = \frac{3}{2}$ ed è tangente nell'origine alla retta di equazione $y = 3x$. Scrivi l'equazione della parabola e indica con A e B i suoi punti di intersezione con l'asse x. Determina il punto P, appartenente all'arco AB di parabola, tale che la somma delle distanze di P dagli assi cartesiani sia 2. $[y = -x^2 + 3x;\ P(2 - \sqrt{2}, \sqrt{2})]$

231 Tra le parabole di equazione $y = \frac{x^2}{2} - 3x + k$ individua quella sulla quale la retta di equazione $2y = x + 2$ stacca una corda AB di misura $\frac{5\sqrt{5}}{2}$. Condotte in A e B le tangenti alla parabola trovata ed indicato con C il loro punto di intersezione, calcola l'area del triangolo ABC.

$\left[k = 4;\ A\left(1, \frac{3}{2}\right), B(6, 4);\ y = -2x + \frac{7}{2},\ y = 3x - 14;\ C\left(\frac{7}{2}, -\frac{7}{2}\right);\ \text{Area} = \frac{125}{8}\right]$

232 ESERCIZIO GUIDATO

Determina i vertici del quadrato inscritto nella regione finita di piano limitata dalla parabola di equazione $y = x^2 - 4x$ e dall'asse x, con un lato sull'asse x.

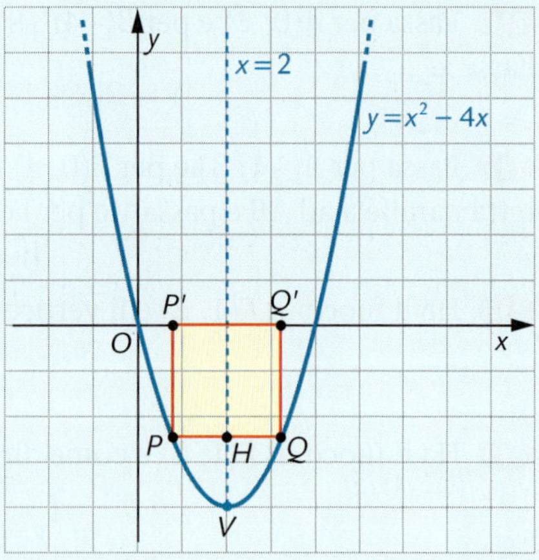

- Indica con P un punto appartenente all'arco $\widehat{OV}$ di parabola, con Q il simmetrico di P rispetto all'asse della parabola e con P', Q' le proiezioni di P e Q sull'asse x. Devi determinare P in modo che risulti $\overline{PQ} = \overline{PP'}$.
- Poiché P appartiene alla parabola, sarà $P(x, x^2 - 4x)$, con $0 \leq x \leq 2$. Osserva ora che:
  $\overline{PQ} = 2\overline{PH} = 2(x_H - x_P) = 2(2 - x)$
  $\overline{PP'} = y_{P'} - y_P = 0 - (x^2 - 4x) = 4x - x^2$
  Puoi allora scrivere l'equazione $4 - 2x = 4x - x^2$, che ha le soluzioni $x = 3 \pm$ .....
- Poiché deve essere $0 \leq x \leq 2$, è accettabile solo la soluzione $x = 3 -$ ...., cui corrispondono i punti che sono i vertici del quadrato richiesto:
  $Q(1 + \sqrt{5}, 2 - 2\sqrt{5})$, $P(3 - \sqrt{5}, 2 - 2\sqrt{5})$, $Q'(1 + \sqrt{5}, 0)$, $P'(3 - \sqrt{5}, 0)$

233 Determina i vertici del quadrato inscritto nella regione finita di piano limitata dalla parabola di equazione $y = -x^2 + 2x$ e dall'asse x. $[(2 - \sqrt{2}, 2\sqrt{2} - 2), (\sqrt{2}, 2\sqrt{2} - 2), (2 - \sqrt{2}, 0), (\sqrt{2}, 0)]$

234 Determina i vertici del rettangolo di perimetro $\frac{13}{2}$, inscritto nella regione finita di piano limitata dalla parabola di equazione $y = x^2 - 5x + 4$ e dall'asse x. $\left[\left(\frac{3}{2}, -\frac{5}{4}\right), \left(\frac{7}{2}, -\frac{5}{4}\right), \left(\frac{3}{2}, 0\right), \left(\frac{7}{2}, 0\right)\right]$

235 Scrivi l'equazione della parabola p_1 avente l'asse di simmetria parallelo all'asse delle ordinate, passante per i punti $P(0, 3)$, $Q(2, 3)$ e il cui vertice V appartiene alla parabola p_2 di equazione $y = -x^2 + 3x$. Indica con W l'ulteriore punto in comune a p_1 e p_2, scrivi l'equazione della retta t_1 tangente a p_1 in W e quella della tangente t_2 a p_2 in V. La retta t_1 interseca p_2 in E (oltre che in W) e la retta t_2 interseca p_1 in Q (oltre che in V). Verifica che il quadrilatero $QWEV$ è un parallelogramma e determina la sua area.
$\left[p_1: y = x^2 - 2x + 3, V(1, 2); W\left(\frac{3}{2}, \frac{9}{4}\right), y = x + \frac{3}{4}, y = x + 1, Q(2, 3); E\left(\frac{1}{2}, \frac{5}{4}\right); \frac{1}{4}\right]$

236 Determina l'equazione della parabola, con asse parallelo all'asse y, che soddisfa le condizioni indicate. (*Attenzione*: alcuni casi sono impossibili e altri indeterminati!)

a. passa per $A(1, 0)$, $B(0, -1)$, $C(2, 5)$
b. passa per $A(0, 2)$ e $B(2, 2)$ e ha come asse la retta $x = 1$
c. ha vertice in $V(1, 3)$ e come asse la retta $x = 2$
d. passa per $A(0, 2)$ e $B(2, 3)$ e ha come asse la retta $x = 1$
e. ha vertice in $V(1, 3)$ e passa per $A(0, 2)$

[Solo due problemi sono determinati; uno ha come soluzione la parabola di equazione $y = 2x^2 - x - 1$ e l'altro ha come soluzione la parabola di equazione $y = -x^2 + 2x + 2$]

237 Traccia il grafico della parabola p_1, di equazione $y = x^2 + x + 5$, e della parabola p_2, di equazione $y = 3x - x^2$. Determina le equazioni delle rette che sono tangenti sia a p_1 sia a p_2. $[y = -x + 4, y = 5x + 1]$

Esercizi dalle gare di matematica e in inglese

238 Considera la parabola grafico della funzione $f(x) = ax^2 + bx + c$, con a, b, c numeri interi non nulli. Quale delle seguenti eventualità non può verificarsi?
La parabola interseca l'asse x:

A in un solo punto di ascissa positiva.
B in un solo punto di ascissa negativa.
C in un solo punto di ascissa razionale.
D in un solo punto di ascissa irrazionale.
E La parabola non interseca l'asse x in alcun punto.

(High School Mathematics Competition, University of Maryland 2000)

239 I due punti A e B appartengono alla parabola di equazione $y = 4x^2 + 7x - 1$ e l'origine è il punto medio di AB. Qual è la lunghezza del segmento AB?
(High School Math Contest, Texas 2006) $[5\sqrt{2}]$

240 Solve math in English The parabolas $y = x^2$ and $y = 2x^2 - 3x + 2$ intersect in the points P and Q. What is the slope of the straight line through P and Q? A -1 B 0 C 2 D 3 E -3

(High School Mathematics Competition, University of Maryland 2004) [D]

241 Solve math in English For what values of c do the parabolas $y = x^2 + x + 3$, $y = 2x^2 - c$ have exactly one common point?

(High School Math Contest, Texas 2010) $\left[-\frac{13}{4}\right]$

242 Solve math in English Determine the positive value of a such that the parabola $y = x^2 + 1$ bisects the area of the rectangle with vertices $(0, 0)$, $(a, 0)$, $(0, a^2 + 1)$ and $(a, a^2 + 1)$.

(Harvard-MIT Mathematics Tournament 2002) $[\sqrt{3}]$

PROVA DI AUTOVERIFICA

Parabola

1 È data la parabola di equazione $y = x^2 - 4x + 5$. Completa le seguenti affermazioni:

a. Il vertice della parabola ha ascissa: ....

b. L'ordinata del vertice della parabola è ....

c. I punti A e B della parabola di ascissa 3 e 4 sono i punti $A(3, \ldots)$ e $B(4, \ldots)$

d. I simmetrici dei punti A e B rispetto all'asse della parabola sono i punti $A'(\ldots, \ldots)$ e $B'(\ldots, \ldots)$

Traccia sul tuo quaderno il grafico della parabola, tenendo conto delle informazioni determinate.

2 Ciascuna delle seguenti parabole ha equazione del tipo $y = ax^2 + bx + c$. Individua, per ciascuna di esse, i segni dei coefficienti a, b e c.

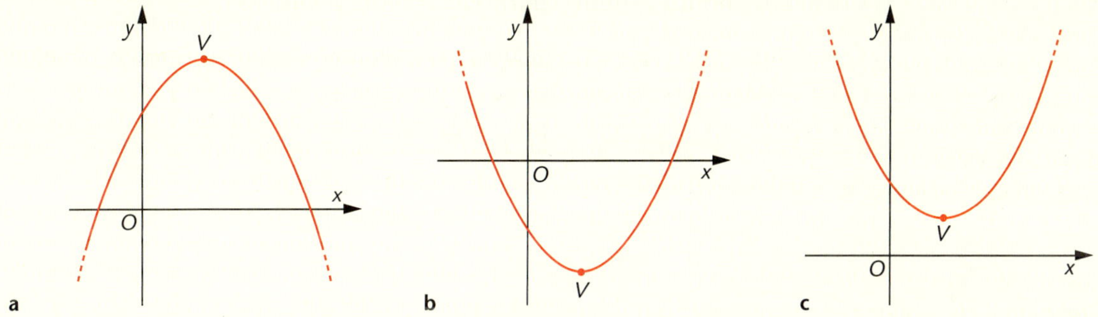

3 **a.** Traccia il grafico della parabola di equazione $y = \frac{1}{2}x^2 - 2$, dopo averne determinato il vertice e i punti d'intersezione con gli assi cartesiani.

b. Scrivi le equazioni delle tangenti alla parabola nei suoi punti d'intersezione con gli assi cartesiani.

4 Scrivi le equazioni delle rette tangenti alla parabola di equazione $y = -x^2 + 3x$, condotte dal punto $P(0, 4)$.

5 Scrivi l'equazione della parabola con asse parallelo:

a. all'asse y, che passa per $A(0, 4)$, $B(-1, 0)$ e $C(2, 6)$

b. all'asse x, che passa per $A(0, 4)$, $B(-1, 0)$ e $C(2, 6)$

6 Scrivi l'equazione della parabola con asse parallelo all'asse y che ha vertice in $V(-1, 3)$ e passa per l'origine.

7 Scrivi l'equazione della parabola con asse parallelo all'asse y che ha vertice in $V(0, 1)$ e fuoco nell'origine.

8 Si vuole costruire un recinto di forma rettangolare con un filo lungo 10 m. Qual è il recinto che ha la massima area possibile?

Valutazione

Esercizio	1	2	3	4	5	6	7	8	**Totale**
Punteggio	1,5	$0{,}25 \times 3 = 0{,}75$	$0{,}75 + 0{,}75 = 1{,}5$	1	$1 + 1 = 2$	1	1	1,25	10
Punteggio ottenuto									

Tempo massimo: 1 h 30 min

▶ Risposte in fondo al volume

Unità 7

Circonferenza

1. L'equazione della circonferenza

Equazione della circonferenza dati il centro e il raggio

Nel primo biennio hai studiato la circonferenza dal punto di vista *sintetico* (cioè nel piano *euclideo*); in questa Unità riprendiamo lo studio di tale figura, affrontandolo questa volta dal punto di vista *analitico* (cioè nel piano *cartesiano*). Ricordiamo anzitutto la definizione di circonferenza come luogo geometrico.

Ricorda

Il termine **raggio** di una circonferenza indica sia ciascun segmento che congiunge il centro della circonferenza con un suo punto, sia la misura di tali segmenti. In questa Unità, con «raggio» indicheremo sempre la *distanza* costante di un punto della circonferenza dal centro.

CIRCONFERENZA

Si dice **circonferenza** di **centro** C e **raggio** r il luogo dei punti del piano la cui distanza da C è r.

In un piano cartesiano, quale sarà l'equazione di una circonferenza di centro $C(x_0, y_0)$ e raggio r? Per rispondere a questa domanda, dobbiamo tradurre in un'equazione la proprietà caratteristica dei punti della circonferenza. Procediamo nel seguente modo.

1. Consideriamo un generico punto $P(x, y)$ del piano.
2. Osserviamo che P apparterrà alla circonferenza di centro $C(x_0, y_0)$ e raggio r se e solo se $\overline{PC} = r$ (**fig. 7.1**).
3. Ricordando la formula della distanza tra due punti, ciò si traduce analiticamente nella condizione:

$$\underbrace{\sqrt{(x-x_0)^2+(y-y_0)^2}}_{\overline{PC}} = r$$

I due membri di questa equazione sono non negativi, quindi possiamo elevarli al quadrato, trovando l'equazione equivalente:

$$(x-x_0)^2+(y-y_0)^2 = r^2$$

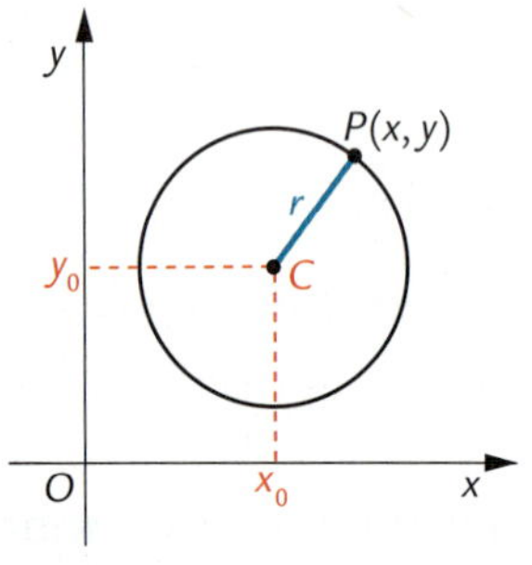

Figura 7.1

TEOREMA 7.1 **Equazione della circonferenza, dati il centro e il raggio**

L'equazione della circonferenza di centro $C(x_0, y_0)$ e raggio r è:

$$(x-x_0)^2+(y-y_0)^2 = r^2 \quad [7.1]$$

ESEMPIO **Equazione della circonferenza, dati centro e raggio**

Scriviamo l'equazione della circonferenza di centro $C(-1, 1)$ e raggio 2.

Applicando la [7.1] si trova che la circonferenza di centro $C(-1, 1)$ e raggio 2 ha equazione:

$$(x-(-1))^2+(y-1)^2 = 2^2$$

ovvero, semplificando: $x^2+y^2+2x-2y-2=0$. La circonferenza è rappresentata nella figura a lato.

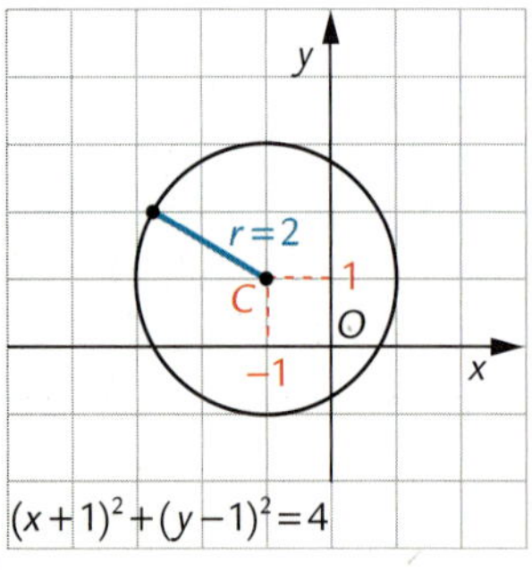

Equazione della circonferenza in forma normale

Sviluppando i quadrati, l'equazione

$$(x-x_0)^2+(y-y_0)^2=r^2$$

diventa:

$$x^2-2x_0x+x_0^2+y^2-2y_0y+y_0^2=r^2$$

ossia, riordinando i termini:

$$x^2+y^2-2x_0\,x-2y_0\,y+x_0^2+y_0^2-r^2=0$$

I tre coefficienti che abbiamo evidenziato in rosso rappresentano tre numeri reali, che possiamo indicare rispettivamente con a, b e c:

$$-2x_0=a,\quad -2y_0=b,\quad x_0^2+y_0^2-r^2=c \qquad [7.2]$$

In questo modo l'equazione della circonferenza assume la forma:

$$x^2+y^2+ax+by+c=0 \qquad [7.3]$$

che viene detta **equazione normale** o **equazione canonica** della circonferenza.

Figure dinamiche

Puoi esplorare come varia il grafico di una circonferenza al variare dei suoi coefficienti tramite le figure dinamiche disponibili on-line.

Abbiamo fin qui provato che nel piano cartesiano ogni circonferenza ha equazione del tipo **[7.3]**, con a, b e c numeri reali opportuni. Viceversa, ogni equazione della forma **[7.3]** è l'equazione di una circonferenza?

Per rispondere a questa domanda dobbiamo chiederci se la **[7.3]** si può sempre scrivere nella forma **[7.1]**. Ciò equivale al seguente problema algebrico: risolvendo le formule **[7.2]** rispetto a x_0, y_0, r, si trovano sempre delle soluzioni reali? Proviamo a fare i calcoli.

Risolvendo le **[7.2]** rispetto a x_0, y_0, r, otteniamo:

$$x_0=-\frac{a}{2},\quad y_0=-\frac{b}{2}$$

$$r=\sqrt{x_0^2+y_0^2-c}=\sqrt{\left(-\frac{a}{2}\right)^2+\left(-\frac{b}{2}\right)^2-c}$$

Da queste relazioni ci accorgiamo che la **[7.3]** rappresenta una circonferenza purché sia verificata la condizione:

$$\left(-\frac{a}{2}\right)^2+\left(-\frac{b}{2}\right)^2-c\geq 0 \quad \text{che equivale a} \quad a^2+b^2-4c\geq 0$$

altrimenti il raggio non esiste e l'equazione **[7.3]** non rappresenta alcun luogo.

Attenzione!

Se $a^2+b^2-4c=0$, il raggio della circonferenza è *nullo*. La circonferenza si riduce a un unico punto, il suo centro. Si parla in questo caso di circonferenza **degenere**.

Equazione di una circonferenza in forma normale — TEOREMA 7.2

Un'equazione algebrica di secondo grado del tipo

$x^2+y^2+ax+by+c=0$, con $a, b, c\in\mathbf{R}$

rappresenta una **circonferenza** se e solo se è verificata la condizione:

$a^2+b^2-4c\geq 0$

In tal caso il **centro** e il **raggio** sono dati, rispettivamente, dalle formule:

$$C\left(-\frac{a}{2},-\frac{b}{2}\right);\quad r=\sqrt{\left(-\frac{a}{2}\right)^2+\left(-\frac{b}{2}\right)^2-c}$$

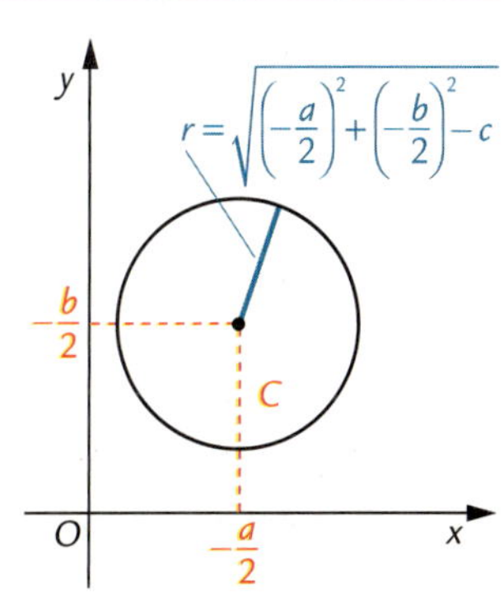

ESEMPI Dall'equazione della circonferenza al grafico

Determiniamo quali delle seguenti equazioni rappresentano una circonferenza e, in caso affermativo, rappresentiamole graficamente dopo averne individuato centro e raggio.

a. $x^2 + y^2 + 2x + 2y - 2 = 0$
b. $x^2 + y^2 + 2x - 3y + 4 = 0$
c. $4x^2 + 4y^2 - 4x - 16y - 19 = 0$
d. $2x^2 + 4y^2 - 4x - 16y - 19 = 0$

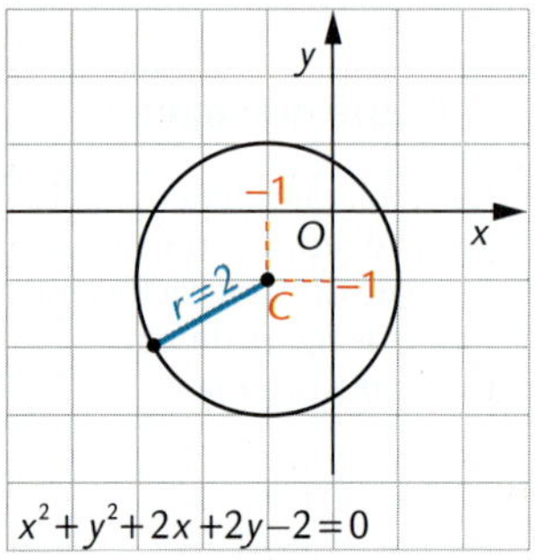

a. I coefficienti dell'equazione sono $a = 2$, $b = 2$, $c = -2$. Poiché

$$a^2 + b^2 - 4c = 2^2 + 2^2 - 4 \cdot (-2) = 16 > 0$$

l'equazione rappresenta una circonferenza, di centro:

$$C\left(-\frac{2}{2}, -\frac{2}{2}\right) \quad \text{ossia} \quad C(-1, -1)$$

e raggio $r = \sqrt{(-1)^2 + (-1)^2 - (-2)} = 2$.

b. I coefficienti dell'equazione sono $a = 2$, $b = -3$, $c = 4$. Poiché

$$a^2 + b^2 - 4c = 2^2 + (-3)^2 - 4 \cdot 4 = -3 < 0$$

l'equazione data **non** rappresenta una circonferenza.

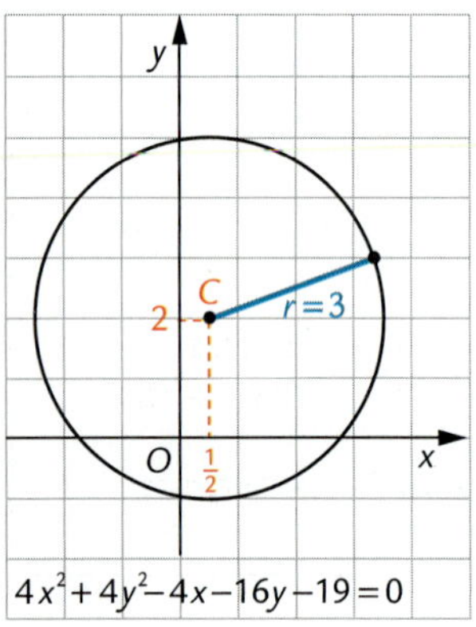

c. Osserva l'equazione:

$$4x^2 + 4y^2 - 4x - 16y - 19 = 0$$

I due termini di secondo grado hanno coefficienti uguali a 4

Dividendo entrambi i membri dell'equazione per 4, otteniamo l'equazione:

$$x^2 + y^2 - x - 4y - \frac{19}{4} = 0$$

Riconosciamo così una possibile equazione di una circonferenza in forma normale. In base alle note formule, ricaviamo che il centro della circonferenza è il punto $C\left(\frac{1}{2}, 2\right)$ mentre il raggio è:

$$r = \sqrt{\left(\frac{1}{2}\right)^2 + (2)^2 - \left(-\frac{19}{4}\right)} = \sqrt{\frac{1}{4} + 4 + \frac{19}{4}} = \sqrt{9} = 3$$

Si tratta dunque dell'equazione di una circonferenza.

d. Osserva l'equazione:

$$2x^2 + 4y^2 - 4x - 16y - 19 = 0$$

I due termini di secondo grado hanno coefficienti diversi tra loro

Non si tratta perciò dell'equazione di una circonferenza.

> **Osserva**
> Come puoi renderti conto dagli esempi qui proposti, l'equazione $mx^2 + ny^2 + ax + by + c = 0$ (con $m \neq 0$ e $n \neq 0$) può rappresentare una circonferenza solo a condizione che sia $m = n$.

Equazioni di circonferenze particolari

È importante osservare che ciascuno dei tre coefficienti a, b o c dell'equazione di una circonferenza in forma canonica può essere *nullo*. In corrispondenza dell'annullarsi di uno o più di tali coefficienti si possono presentare i casi riassunti in **tab. 7.1**.

Tabella 7.1

Se $a = 0$, l'equazione della circonferenza diventa $x^2 + y^2 + by + c = 0$, quindi $C\left(0, -\frac{b}{2}\right)$.	**Se $b = 0$, l'equazione della circonferenza diventa $x^2 + y^2 + ax + c = 0$, quindi $C\left(-\frac{a}{2}, 0\right)$.**	**Se $c = 0$, l'equazione della circonferenza diventa $x^2 + y^2 + ax + by = 0$, quindi è soddisfatta dalle coordinate di $O(0, 0)$.**
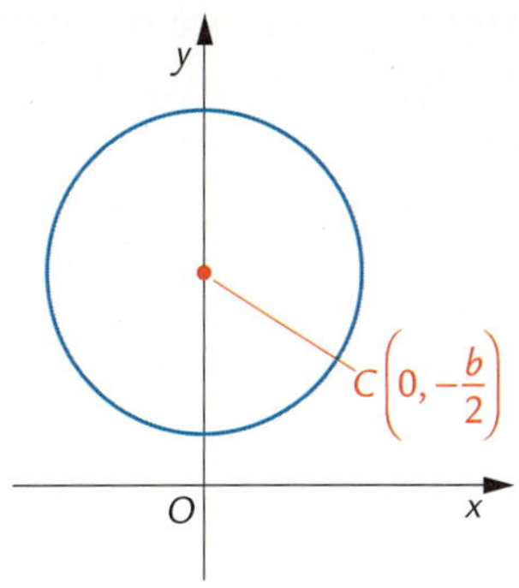	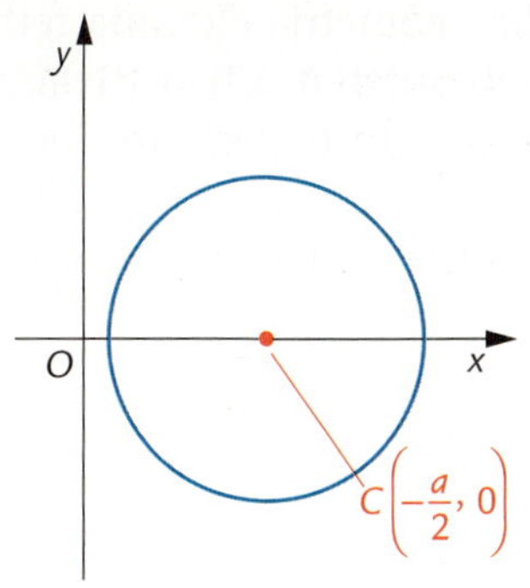	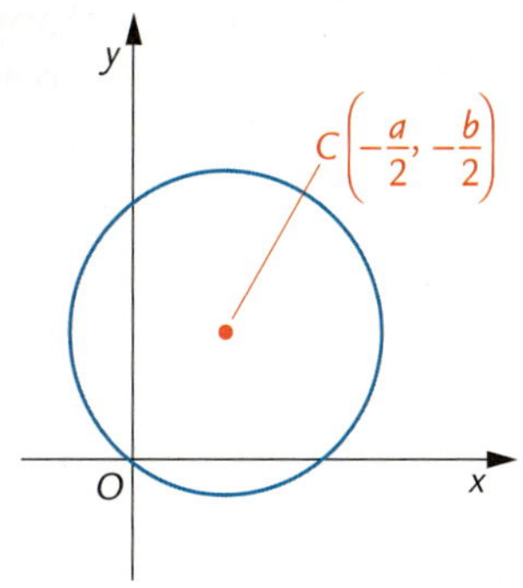
La circonferenza ha il centro sull'asse y.	La circonferenza ha il centro sull'asse x.	La circonferenza passa per l'origine.
Se $a = b = 0$, l'equazione della circonferenza diventa $x^2 + y^2 + c = 0$.	**Se $b = c = 0$, l'equazione della circonferenza diventa $x^2 + y^2 + ax = 0$.**	**Se $a = c = 0$, l'equazione della circonferenza diventa $x^2 + y^2 + by = 0$.**
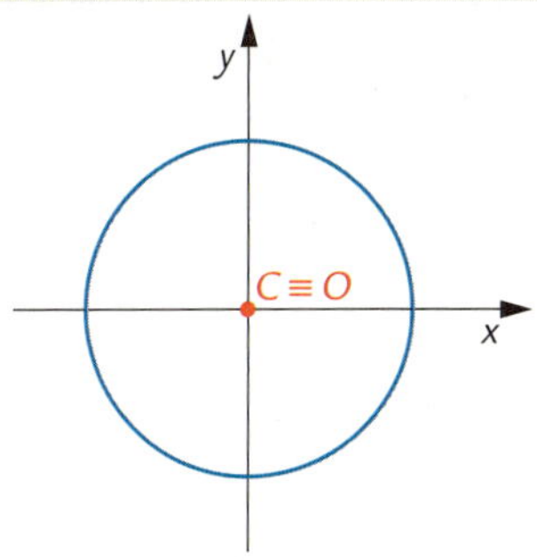	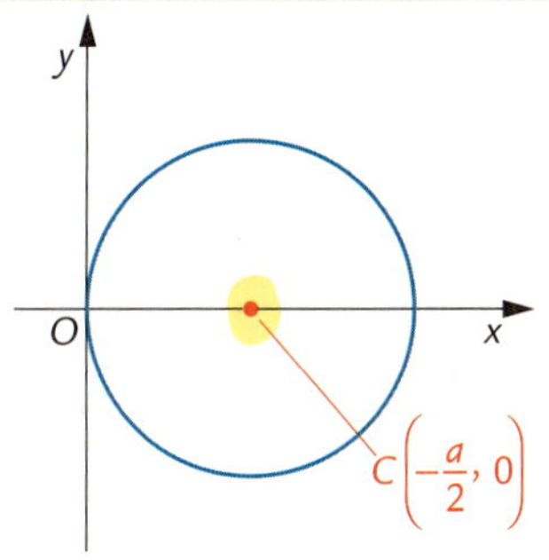	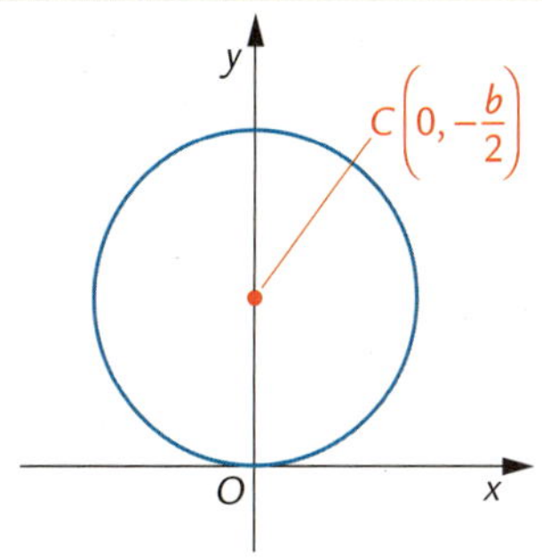
Il centro deve appartenere sia all'asse y (perché $a = 0$), sia all'asse x (perché $b = 0$), quindi coincide con l'origine.	La circonferenza ha il centro sull'asse x (perché $b = 0$) e passa per l'origine (perché $c = 0$). La circonferenza risulta tangente all'asse y.	La circonferenza ha il centro sull'asse y (perché $a = 0$) e passa per l'origine (perché $c = 0$). La circonferenza risulta tangente all'asse x.

Prova tu

ESERCIZI a p. 303

1. Scrivi l'equazione della circonferenza di centro $C(1, 0)$ e raggio 1.

2. Considera le seguenti equazioni:

a. $x^2 + 2y^2 - 1 = 0$ **c.** $x^2 + y^2 - 2x - 4y + 6 = 0$

b. $2x^2 + 2y^2 - 3 = 0$ **d.** $3x^2 + 3y^2 - 4x - 2y = 0$

Per ciascuna di esse, stabilisci se rappresenta una circonferenza. In caso affermativo, determina centro e raggio della circonferenza e rappresentala graficamente.

3. Supposto che l'equazione $x^2 + y^2 + ax + by + c = 0$ rappresenti una circonferenza, associa a ogni affermazione nella prima colonna, relativa a tale circonferenza, la condizione della seconda colonna che la esprime.

a. Ha il centro sull'asse x.	**A.** $a = 0$
b. Passa per l'origine e ha il centro sull'asse y.	**B.** $c = 0$
c. Passa per l'origine.	**C.** $b = c = 0$
d. Ha il centro sull'asse y.	**D.** $a = c = 0$
e. Passa per l'origine e ha il centro sull'asse x.	**E.** $b = 0$
f. Ha il centro nell'origine.	**F.** $a = b = 0$

2. La circonferenza e la retta

Posizione reciproca di una retta e una circonferenza dal punto di vista geometrico

Consideriamo, nel piano cartesiano, una *circonferenza* e una *retta*.
Sappiamo dalla geometria che una retta si dice **esterna**, **tangente** o **secante** rispetto a una circonferenza rispettivamente se non incontra la circonferenza, la incontra in un punto (ovvero in due punti coincidenti) oppure la incontra in due punti distinti. Queste tre situazioni si verificano a seconda che la distanza della retta dal centro della circonferenza sia rispettivamente **maggiore**, **uguale** o **minore** del raggio della circonferenza:

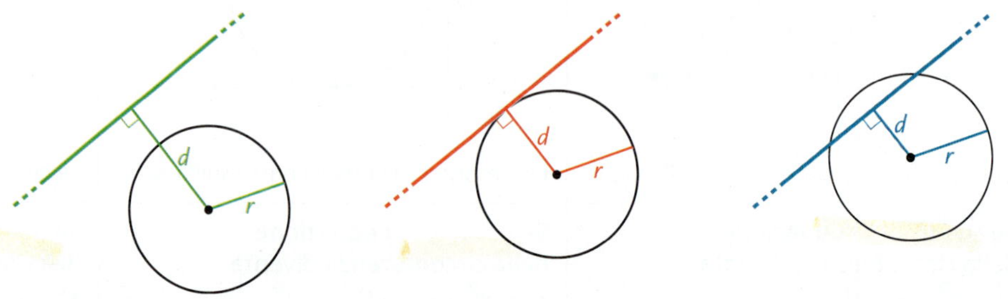

La retta è esterna se e solo se $d > r$

La retta è tangente se e solo se $d = r$

La retta è secante se e solo se $d < r$

Per stabilire la reciproca posizione di una retta e una circonferenza di date equazioni, basta quindi confrontare il raggio della circonferenza con la distanza del centro della circonferenza dalla retta.

ESEMPIO **Stabilire la posizione reciproca tra una retta e una circonferenza**

Stabiliamo se la retta di equazione $x + y + 3 = 0$ è esterna, tangente o secante rispetto alla circonferenza di equazione $x^2 + y^2 - 2x - 4y + 1 = 0$.

La circonferenza ha centro $C(1, 2)$ e raggio $r = 2$.
Determiniamo la distanza d di C dalla retta:

$$d = \frac{|1 \cdot 1 + 1 \cdot 2 + 3|}{\sqrt{1^2 + 1^2}} = \frac{6}{\sqrt{2}} = 3\sqrt{2}$$

Poiché $d > r$, concludiamo che la retta è *esterna* alla circonferenza.

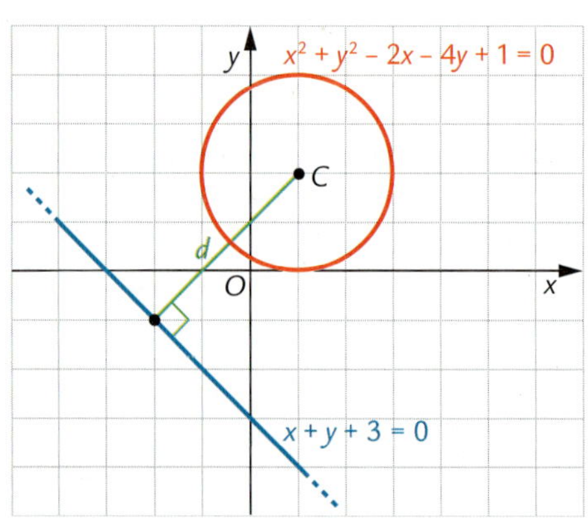

Ricorda

La distanza d del punto $P(x_0, y_0)$ dalla retta di equazione $ax + by + c = 0$ è espressa dalla formula:

$$d = \frac{|ax_0 + by_0 + c|}{\sqrt{a^2 + b^2}}$$

Posizione reciproca di una retta e una circonferenza dal punto di vista analitico

Come si possono tradurre le condizioni geometriche riassunte poc'anzi in termini *analitici*?
Sappiamo che l'equazione di una circonferenza è del tipo:

$$x^2 + y^2 + ax + by + c = 0$$

mentre l'equazione di una retta è del tipo:

$$y = mx + q \qquad \text{o} \qquad x = k$$

Il problema di determinare i punti di intersezione tra la circonferenza e la retta si traduce allora, dal punto di vista analitico, nel risolvere il sistema formato dalle loro equazioni:

$$\begin{cases} x^2 + y^2 + ax + by + c = 0 \\ y = mx + q \end{cases} \qquad \text{o} \qquad \begin{cases} x^2 + y^2 + ax + by + c = 0 \\ x = k \end{cases}$$

Per sostituzione, si può facilmente pervenire all'**equazione risolvente** del sistema, che risulterà di *secondo* grado. Indicato con Δ il discriminante di tale equazione, a seconda che risulti:

$\Delta < 0$ $\quad \Delta = 0$ $\quad \Delta > 0$

la retta sarà rispettivamente:

esterna tangente secante

rispetto alla circonferenza:

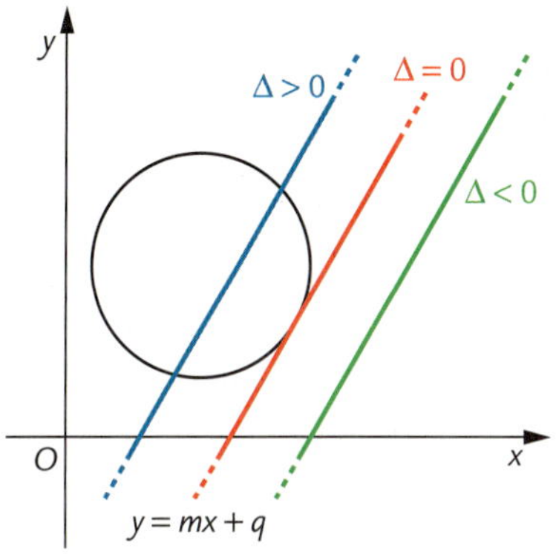

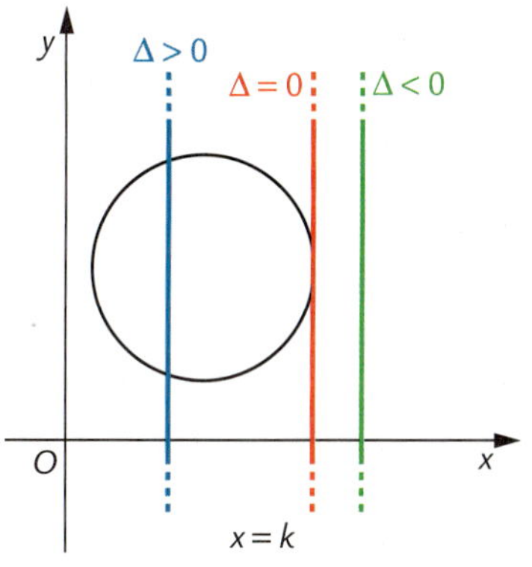

ESEMPIO **Determinare i punti di intersezione tra una retta e una circonferenza**

Verifichiamo che la circonferenza di equazione $x^2 + y^2 - 4x - 4y = 0$ e la retta di equazione $y = x - 1$ sono secanti e determiniamo i loro punti di intersezione.

- **Verifica grafica**

Tracciando il grafico della circonferenza e della retta, si vede che la retta interseca la circonferenza in due punti distinti *A* e *B*.

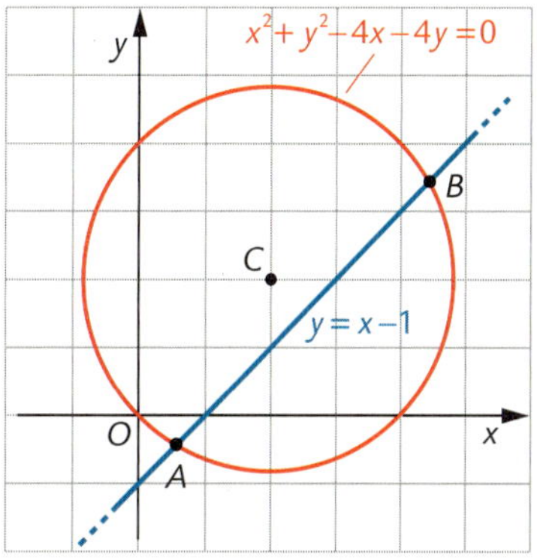

- **Verifica algebrica**

Impostiamo il sistema:

$$\begin{cases} x^2 + y^2 - 4x - 4y = 0 \\ y = x - 1 \end{cases}$$

Per sostituzione, otteniamo l'equazione risolvente del sistema:

$$x^2 + (x-1)^2 - 4x - 4(x-1) = 0 \quad \Rightarrow \quad 2x^2 - 10x + 5 = 0$$

Poiché $\dfrac{\Delta}{4} = 15 > 0$, il sistema ammette due soluzioni reali distinte, quindi la retta e la circonferenza sono *secanti*.

- **Calcolo delle coordinate dei punti di intersezione**

Concludendo la risoluzione del sistema, si trovano le soluzioni:

$$\begin{cases} x = \dfrac{5-\sqrt{15}}{2} \\ y = \dfrac{3-\sqrt{15}}{2} \end{cases} \quad \text{e} \quad \begin{cases} x = \dfrac{5+\sqrt{15}}{2} \\ y = \dfrac{3+\sqrt{15}}{2} \end{cases}$$

Pertanto i punti di intersezione tra la retta e la circonferenza sono:

$$A\left(\frac{5-\sqrt{15}}{2}, \frac{3-\sqrt{15}}{2}\right) \quad \text{e} \quad B\left(\frac{5+\sqrt{15}}{2}, \frac{3+\sqrt{15}}{2}\right)$$

Rette tangenti a una circonferenza

Consideriamo la circonferenza di equazione $x^2 + y^2 + ax + by + c = 0$ e un punto $P(x_0, y_0)$. Ci poniamo il problema di determinare, se esistono, le rette tangenti alla circonferenza e passanti per P.
Si possono presentare le situazioni illustrate in **fig. 7.2**.

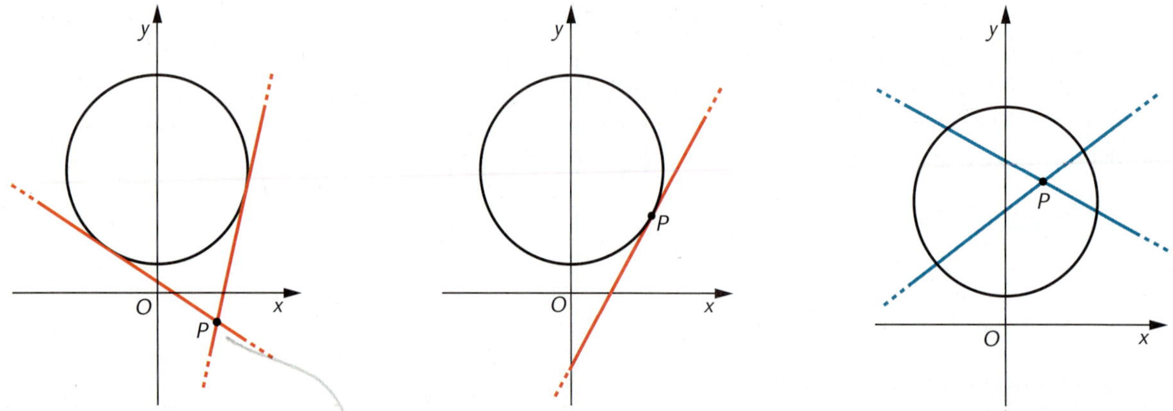

Se il punto P è *esterno* alla circonferenza, per P si possono condurre due rette distinte tangenti alla circonferenza.

Se il punto P *appartiene* alla circonferenza, esiste un'unica retta passante per P e tangente alla circonferenza.

Se il punto P è *interno* alla circonferenza, non esistono rette passanti per P tangenti alla circonferenza.

Figura 7.2

1° caso: P è esterno alla circonferenza

Per determinare le equazioni delle **rette tangenti** alla circonferenza passanti per P possiamo utilizzare due metodi: un metodo *analitico* e un metodo *geometrico*, basato sul teorema in base al quale una retta è tangente a una circonferenza se e solo se la sua distanza dal centro è uguale al raggio.

Metodo analitico	Metodo geometrico
Si scrive l'equazione della generica retta passante per $P(x_0, y_0)$: $y - y_0 = m(x - x_0)$	
Si costruisce il sistema formato dalle equazioni della retta e della circonferenza: $\begin{cases} y - y_0 = m(x - x_0) \\ x^2 + y^2 + ax + by + c = 0 \end{cases}$	Con la nota formula si calcola la distanza d del centro $C\left(-\frac{a}{2}, -\frac{b}{2}\right)$ della circonferenza dalla retta.
Si impone che sia uguale a 0 il discriminante dell'equazione risolvente questo sistema.	Si impone che la distanza d sia uguale al raggio della circonferenza.

(segue)

(*continua*)

<table>
<tr><td colspan="2">In entrambi i casi si ottiene un'equazione in m che può essere di *primo* o di *secondo* grado:</td></tr>
<tr><td>se l'equazione risolvente è di secondo grado, le due soluzioni m_1, m_2 forniscono i coefficienti angolari delle due rette tangenti.
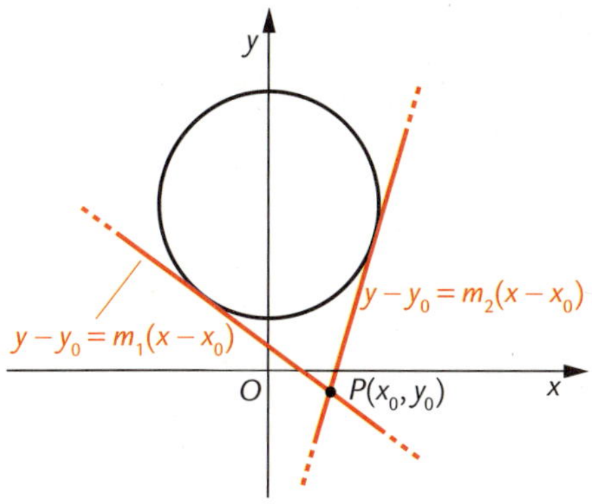
</td><td>se l'equazione risolvente è di primo grado, la sua soluzione m_1 fornisce il coefficiente angolare di una delle due rette tangenti. L'altra tangente è la retta per P parallela all'asse y, di equazione $x = x_0$.
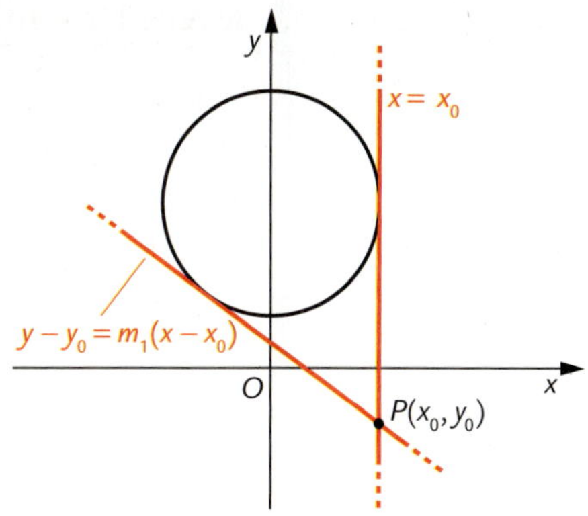
</td></tr>
</table>

ESEMPIO **Condurre le tangenti a una circonferenza da un punto esterno**

Dopo aver verificato che il punto $P(-1, 2)$ è esterno alla circonferenza di equazione $x^2 + y^2 + 4x = 0$, determiniamo le equazioni delle rette tangenti alla circonferenza e passanti per P.

Modi di dire

Ricorda che in geometria analitica l'espressione «condurre le tangenti» significa «scrivere le equazioni delle tangenti».

- **Analisi grafica e verifica del fatto che P è esterno alla circonferenza**

Determiniamo anzitutto il centro e il raggio della circonferenza:

$$C(-2, 0) \quad \text{e} \quad r = 2$$

Poiché

$$\overline{CP} = \sqrt{(-2-(-1))^2 + (0-2)^2} = \sqrt{1+4} = \sqrt{5} > 2 = r$$

il punto P è esterno alla circonferenza.

Dalla figura a lato possiamo prevedere che una delle due rette tangenti alla circonferenza passanti per P avrà equazione $y = 2$. Per determinare l'equazione dell'altra retta tangente procediamo seguendo entrambi i metodi esposti.

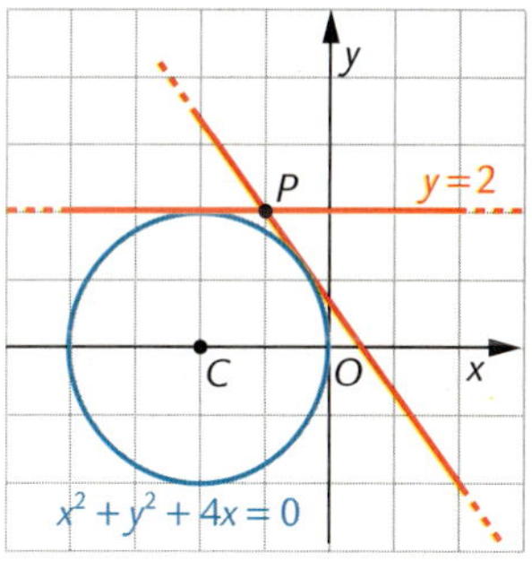

- **Metodo analitico**

L'equazione della generica retta passante per P è del tipo:

$$y - 2 = m(x + 1) \qquad [7.4]$$

Poniamo a sistema tale equazione con quella della circonferenza:

$$\begin{cases} y - 2 = mx + m \\ x^2 + y^2 + 4x = 0 \end{cases}$$

Risolvendo la prima equazione rispetto a y e sostituendo l'espressione trovata per y nella seconda equazione, ricaviamo l'equazione risolvente il sistema:

$$x^2 + (mx + m + 2)^2 + 4x = 0$$

Sviluppando i calcoli, otteniamo l'equazione risolvente in forma normale:

$$(m^2 + 1)x^2 + 2(m^2 + 2m + 2)x + m^2 + 4m + 4 = 0$$

Imponendo la condizione di tangenza, cioè che il discriminante di tale equazione sia nullo, perveniamo all'equazione:

$$4(m^2 + 2m + 2)^2 - 4(m^2 + 1)(m^2 + 4m + 4) = 0$$

da cui, semplificando:

$$3m^2 + 4m = 0 \quad \Rightarrow \quad m = 0 \ \vee \ m = -\frac{4}{3}$$

Sostituendo infine nella **[7.4]** i valori di m trovati, otteniamo le equazioni delle rette tangenti, che sono:

$y = 2$ — Equazione della retta tangente prevista graficamente

$y = -\dfrac{4}{3}x + \dfrac{2}{3}$ — Equazione dell'altra tangente

• **Metodo geometrico**

Scriviamo l'equazione della generica retta passante per P, $y - 2 = m(x + 1)$, e poniamola in forma implicita: $mx - y + m + 2 = 0$. Imponiamo che la distanza di tale retta dal centro $C(-2, 0)$ sia uguale al raggio (che è 2):

$$\frac{|m(-2) - 0 + m + 2|}{\sqrt{m^2 + 1}} = 2$$

$|2 - m| = 2\sqrt{m^2 + 1}$ — I due membri di questa equazione sono certamente non negativi, quindi elevandoli al quadrato si ottiene un'equazione equivalente

$(2 - m)^2 = 4(m^2 + 1)$ — Elevando al quadrato i due membri

$3m^2 + 4m = 0$ — Riscrivendo l'equazione in forma normale

$m = 0 \vee m = -\dfrac{4}{3}$ — Per quanto osservato, le soluzioni trovate sono certamente accettabili

Sostituendo infine i valori trovati per m nella **[7.4]**, si ottengono nuovamente le equazioni delle tangenti già ricavate con il metodo analitico.

Attenzione!

Se provi a completare i calcoli che abbiamo lasciato sottointesi nell'esempio qui a fianco, ti puoi rendere conto che il metodo analitico comporta calcoli molto *più laboriosi* rispetto al metodo geometrico. Ciò accade in generale, perciò per determinare le equazioni delle rette tangenti a una circonferenza passanti per un punto esterno è preferibile seguire il metodo geometrico.

2° caso: *P* appartiene alla circonferenza

In questo caso, per ragioni di «economia di calcolo», conviene determinare l'equazione della retta tangente ricordando la geometria della circonferenza. La retta tangente a una circonferenza di centro C in un suo punto P, infatti, non è altro che la retta passante per P e perpendicolare in P al raggio CP.

ESEMPIO Tangente a una circonferenza in un suo punto

Sia P il punto del primo quadrante, avente ascissa 1 e appartenente alla circonferenza di equazione $x^2 + y^2 + 2x + 2y - 6 = 0$. Determiniamo l'equazione della retta tangente alla circonferenza in P.

• **Analisi grafica e determinazione del punto *P***

Determiniamo anzitutto il centro e il raggio della circonferenza:

$$C(-1, -1) \quad \text{e} \quad r = 2\sqrt{2}$$

e rappresentiamola graficamente (figura a lato).

Dal grafico possiamo prevedere che il punto P di ascissa 1 avrà coordinate $(1, 1)$. Possiamo verificare algebricamente questa «previsione» risolvendo il sistema:

$$\begin{cases} x^2 + y^2 + 2x + 2y - 6 = 0 \\ x = 1 \end{cases}$$

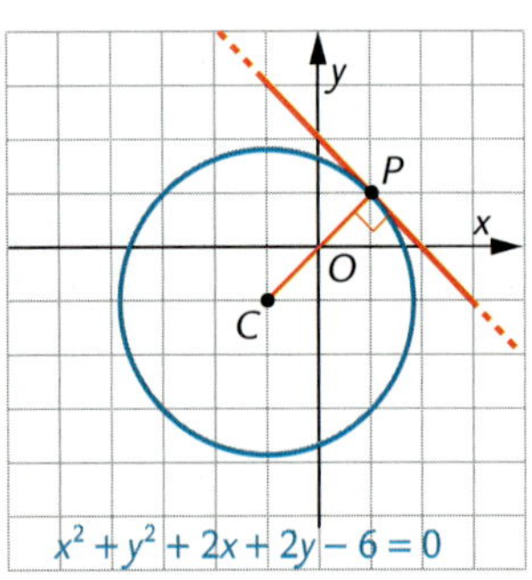

Si trovano come soluzioni (1, 1) e (1, −3) e si conclude, tenendo conto che il punto cercato deve appartenere al primo quadrante, che P ha appunto coordinate (1, 1).

- **Equazione della retta tangente**

La retta CP, passante per $C(-1, -1)$ e $P(1, 1)$, ha coefficiente angolare

$$m_{CP} = \frac{y_P - y_C}{x_P - x_C} = \frac{1-(-1)}{1-(-1)} = \frac{2}{2} = 1$$

quindi la retta tangente alla circonferenza in P, cioè la retta passante per P perpendicolare a CP, avendo coefficiente angolare reciproco e opposto, ha equazione

$$y - 1 = -1(x-1) \qquad \text{ossia} \qquad y = -x + 2$$

Ricorda

Il coefficiente angolare m della retta passante per due punti di coordinate (x_1, y_1) e (x_2, y_2) è espresso dalla formula:

$$m = \frac{y_2 - y_1}{x_2 - x_1}$$

Formule di sdoppiamento

Generalizzando il procedimento poc'anzi presentato per scrivere l'equazione della retta tangente a una circonferenza in un suo punto, si potrebbe dimostrare che la generica retta tangente a una circonferenza in un suo punto $P(x_0, y_0)$ ha equazione:

$$xx_0 + yy_0 + a\frac{x+x_0}{2} + b\,\frac{y+y_0}{2} + c = 0 \qquad [7.5]$$

In pratica, la **[7.5]** afferma che l'equazione della retta tangente a una circonferenza in un suo punto $P(x_0, y_0)$ si può trovare effettuando nell'equazione della circonferenza, $x^2 + y^2 + ax + by + c = 0$, le seguenti sostituzioni:

- xx_0 al posto di x^2
- yy_0 al posto di y^2
- $\frac{x+x_0}{2}$ al posto di x
- $\frac{y+y_0}{2}$ al posto di y

Queste sostituzioni vengono dette **formule di sdoppiamento**.

ESEMPIO Utilizzo delle formule di sdoppiamento

Determiniamo, mediante le formule di sdoppiamento, l'equazione della retta tangente alla circonferenza di equazione $x^2 + y^2 - 2x + 4y = 0$ nel suo punto di intersezione P con l'asse x, diverso dall'origine.

È facile verificare che il punto di intersezione con l'asse x cui si fa riferimento è $P(2, 0)$.
Effettuiamo nell'equazione della circonferenza le seguenti sostituzioni:

$$x^2 \to x \cdot 2 \qquad y^2 \to y \cdot 0 \qquad x \to \frac{x+2}{2} \qquad y \to \frac{y+0}{2}$$

Otteniamo così che l'equazione della tangente in P alla circonferenza è:

$$2x - 2 \cdot \frac{x+2}{2} + 4 \cdot \frac{y}{2} = 0$$

ossia: $x + 2y - 2 = 0$

Prova tu **ESERCIZI** a p. 306

1. Determina le coordinate dei punti di intersezione della circonferenza $x^2 + y^2 - 4x + 3 = 0$ con l'asse x. $[(1, 0) \text{ e } (3, 0)]$
2. Sia r una retta distante 2 dall'origine del sistema di riferimento; r è secante, tangente o esterna alla circonferenza di equazione $x^2 + y^2 = 4$?
3. Verifica, sia graficamente sia algebricamente, che la retta di equazione $x + y + 2 = 0$ è esterna alla circonferenza $x^2 + y^2 - 2x - 4y - 4 = 0$.
4. Scrivi le equazioni delle rette tangenti alla circonferenza di equazione $x^2 + y^2 = 1$, passanti per il punto $P(1, 2)$. $\left[x = 1;\ y = \frac{3}{4}x + \frac{5}{4}\right]$
5. Scrivi l'equazione della retta tangente alla circonferenza di equazione $x^2 + y^2 - 3x - 4 = 0$ nel suo punto di intersezione con il semiasse negativo delle ordinate. $\left[y = -\frac{3}{4}x - 2\right]$

3. Scrivere l'equazione di una circonferenza

Per determinare l'equazione di una circonferenza che soddisfi certe condizioni assegnate possiamo seguire, come per il problema delle tangenti, due metodi: uno *analitico* e uno *geometrico*.

Metodo analitico	Metodo geometrico
1. Si considera l'equazione in forma normale di una generica circonferenza: $x^2 + y^2 + ax + by + c = 0$	**1.** Si cerca di determinare, in base a considerazioni geometriche, il centro $C(x_0, y_0)$ e il raggio r della circonferenza richiesta.
2. Si traducono le condizioni che la circonferenza deve soddisfare in equazioni nelle incognite a, b e c.	**2.** Noti $C(x_0, y_0)$ ed r, l'equazione della circonferenza sarà: $(x - x_0)^2 + (y - y_0)^2 = r^2$ Anche in questo caso dobbiamo determinare tre elementi, x_0, y_0 e r, quindi occorreranno tre condizioni indipendenti.
3. Si risolve il sistema formato da tali equazioni, determinando così a, b e c. Poiché dobbiamo determinare tre coefficienti, a, b e c, occorreranno tre condizioni indipendenti.	

Possono presentarsi vari casi. Ne indicheremo alcuni mediante esempi, rimandando per gli altri agli esercizi.

ESEMPIO **Circonferenza, dato il diametro**

Scriviamo l'equazione della circonferenza che ha come diametro il segmento di estremi $A(-2, 1)$ e $B(2, 3)$.

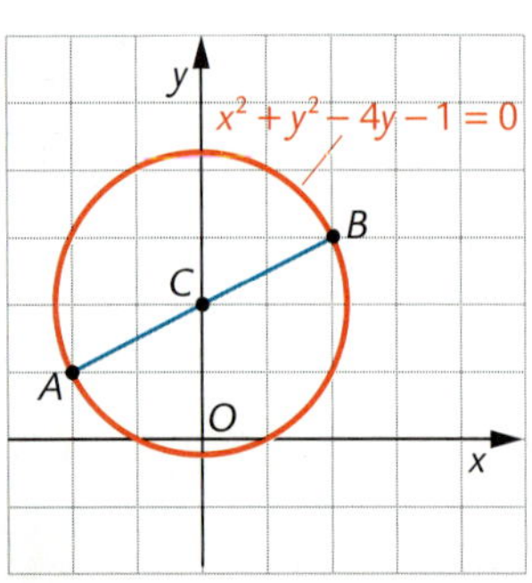

- **Metodo analitico**

Il centro è il punto medio di AB, quindi è $C(0, 2)$. Imponiamo che il centro della circonferenza di equazione $x^2 + y^2 + ax + by + c = 0$ sia C e che la circonferenza passi per A (o per B).
Otteniamo il sistema:

$$\begin{cases} -\dfrac{a}{2} = 0 & \text{L'ascissa del centro è 0} \\ -\dfrac{b}{2} = 2 & \text{L'ordinata del centro è 2} \\ (-2)^2 + 1^2 + a \cdot (-2) + b \cdot 1 + c = 0 & \text{Passaggio per } A(-2, 1) \end{cases}$$

Risolvendo il sistema, troviamo: $a = 0$, $b = -4$, $c = -1$.
La circonferenza cercata ha quindi equazione $x^2 + y^2 - 4y - 1 = 0$.

- **Metodo geometrico**

Il centro è il punto medio di AB, quindi è $C(0, 2)$.
Il raggio è la distanza di C da A (o da B): $\overline{CA} = \sqrt{5}$, quindi l'equazione della circonferenza è

$$(x-0)^2 + (y-2)^2 = (\sqrt{5})^2$$

ossia: $x^2 + (y-2)^2 = 5$

Sviluppando i quadrati e scrivendo l'equazione della circonferenza in forma normale, otteniamo l'equazione

$$x^2 + y^2 - 4y - 1 = 0$$

ESEMPIO **Circonferenza, dati tre punti non allineati**

Scriviamo l'equazione della circonferenza che passa per $P(-2, 0)$, $Q(0, 2)$ e $R(4, 0)$.

- **Metodo analitico**

Imponiamo che i punti P, Q e R appartengano alla circonferenza di generica equazione $x^2 + y^2 + ax + by + c = 0$.
Otteniamo il sistema:

$$\begin{cases} (-2)^2 + 0^2 + a \cdot (-2) + b \cdot 0 + c = 0 & \text{Passaggio per } P \\ 0^2 + 2^2 + a \cdot 0 + b \cdot 2 + c = 0 & \text{Passaggio per } Q \\ 4^2 + 0^2 + a \cdot 4 + b \cdot 0 + c = 0 & \text{Passaggio per } R \end{cases}$$

ossia:

$$\begin{cases} 4 - 2a + c = 0 \\ 4 + 2b + c = 0 \\ 16 + 4a + c = 0 \end{cases}$$

Risolvendo il sistema si trova: $a = -2$, $b = 2$, $c = -8$. La circonferenza cercata ha quindi equazione:

$$x^2 + y^2 - 2x + 2y - 8 = 0$$

- **Metodo geometrico**

Ricorda che il centro della circonferenza che passa per tre punti non allineati P, Q e R è il punto di intersezione degli *assi* dei lati del triangolo PQR. Per esempio, è il punto di intersezione dell'asse di PQ e dell'asse di PR. Graficamente (**fig. 7.3**) o analiticamente si può facilmente ricavare che tali assi hanno equazioni $y = -x$ e $x = 1$ e che il loro punto di intersezione è $C(1, -1)$.
Il raggio della circonferenza è, per esempio, la distanza di C da R, che è uguale a $\sqrt{10}$ (**fig. 7.4**). Pertanto l'equazione della circonferenza è

$$(x-1)^2 + (y-(-1))^2 = (\sqrt{10})^2$$

Sviluppando i quadrati e scrivendo l'equazione della circonferenza in forma normale, si ottiene l'equazione $x^2 + y^2 - 2x + 2y - 8 = 0$.

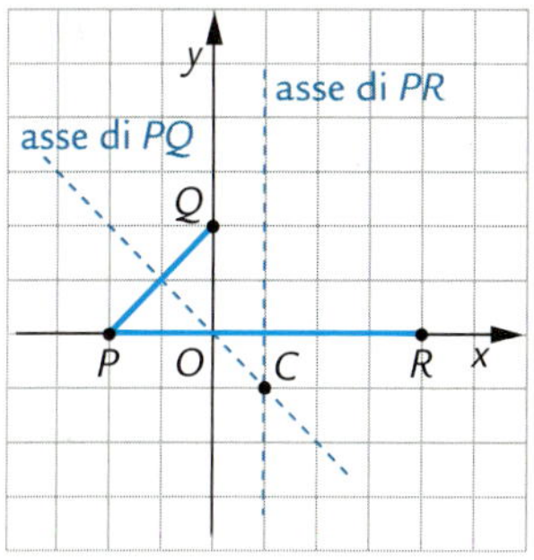

Figura 7.3

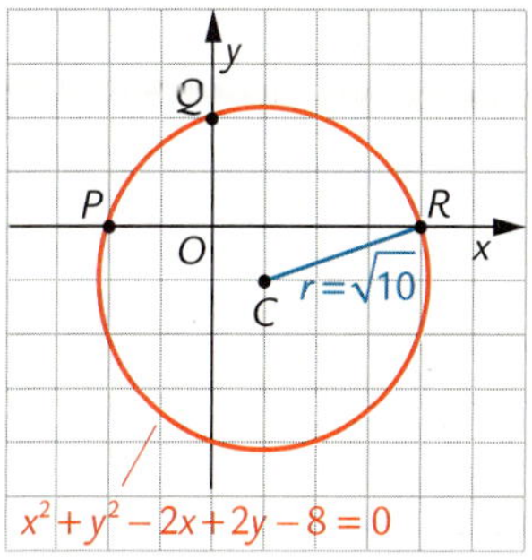

Figura 7.4

Prova tu **ESERCIZI** a p. 312

1. Scrivi l'equazione della circonferenza che ha come diametro il segmento di estremi $A(-1, 0)$ e $B(3, 2)$. $[x^2 + y^2 - 2x - 2y - 3 = 0]$
2. Scrivi l'equazione della circonferenza che ha centro in $C(-2, 0)$ e passa per $P(1, 1)$. $[x^2 + y^2 + 4x - 6 = 0]$
3. Scrivi l'equazione della circonferenza che passa per $A(-2, 1)$, $B(2, 3)$e $C(-1, 1)$. $[x^2 + y^2 + 3x - 10y + 11 = 0]$

SINTESI

Formule e proprietà importanti

Equazione della circonferenza di centro $C(x_0, y_0)$ e raggio r

$$(x - x_0)^2 + (y - y_0)^2 = r^2$$

Equazione $x^2 + y^2 + ax + by + c = 0$

Rappresenta una circonferenza se e solo se è verificata la condizione:

$$a^2 + b^2 - 4c \geq 0$$

In tal caso il centro e il raggio sono dati, rispettivamente, dalle formule:

$$C\left(-\frac{a}{2}, -\frac{b}{2}\right) \qquad r = \sqrt{\left(-\frac{a}{2}\right)^2 + \left(-\frac{b}{2}\right)^2 - c}$$

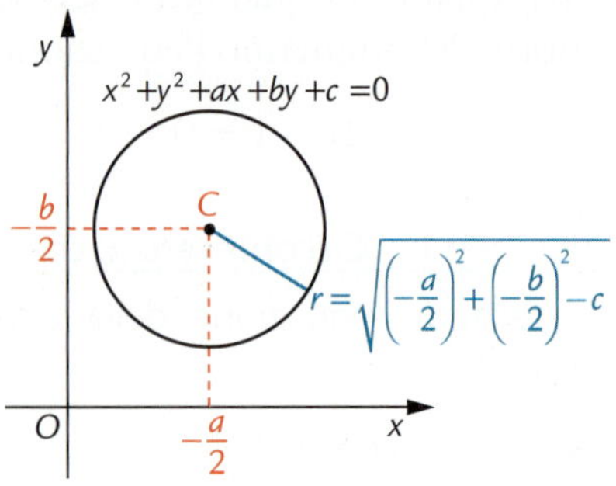

Posizione reciproca tra retta e circonferenza

Data una circonferenza di raggio r e una retta, indichiamo con d la distanza del centro della circonferenza dalla retta e con Δ il discriminante dell'equazione risolvente il sistema formato dalle equazioni della retta e della circonferenza. La retta risulta:

- esterna alla circonferenza se e solo se $\Delta < 0$ oppure $d > r$
- tangente alla circonferenza se e solo se $\Delta = 0$ oppure $d = r$
- secante la circonferenza se e solo se $\Delta > 0$ oppure $d < r$

Rette tangenti a una circonferenza passanti per un punto $P(x_0, y_0)$

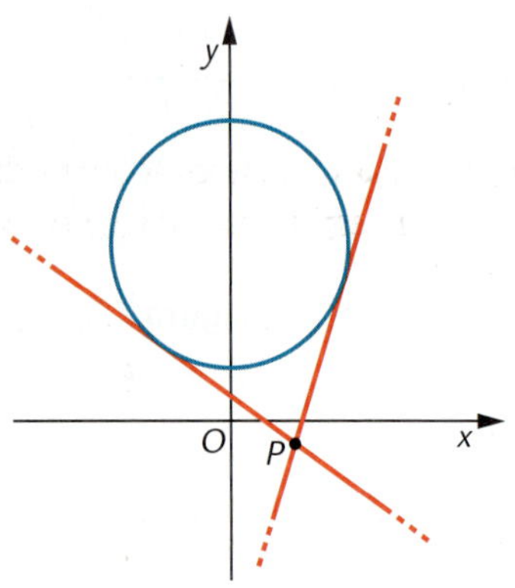

Se il punto P è esterno alla circonferenza, da esso si possono condurre due rette distinte tangenti alla circonferenza. Per determinarne i coefficienti angolari si può procedere in uno dei seguenti modi:

- si impone che sia nullo il discriminante dell'equazione risolvente il sistema formato dall'equazione della circonferenza e dall'equazione della generica retta passante per P;
- si impone che la distanza del centro della circonferenza dalla generica retta passante per P sia uguale al raggio.

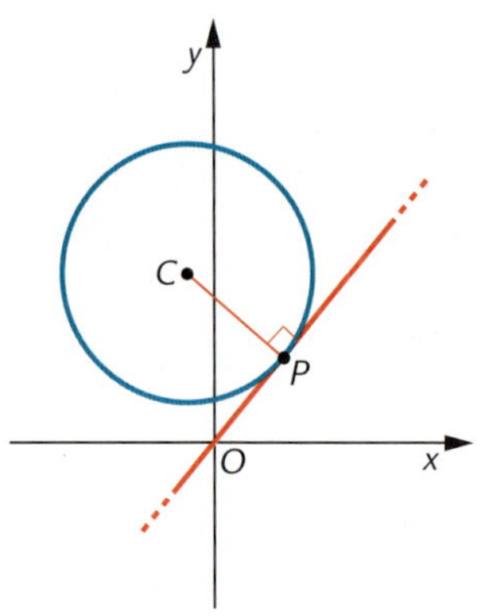

Se il punto P appartiene alla circonferenza, esiste un'unica retta passante per P e tangente alla circonferenza: si tratta della retta passante per P e perpendicolare al raggio CP.

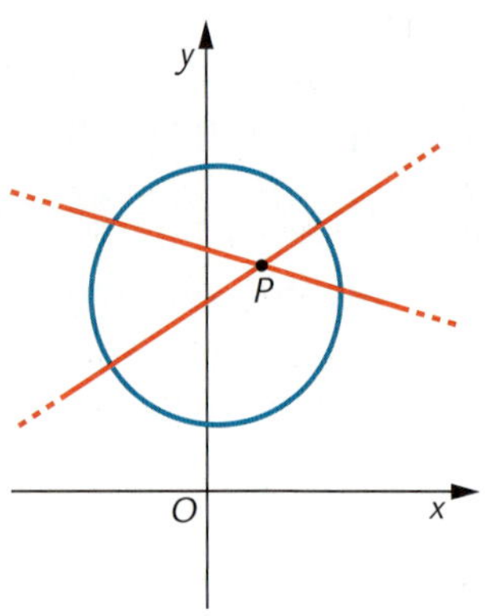

Se il punto P è interno alla circonferenza non esistono rette passanti per P e tangenti alla circonferenza.

Formule di sdoppiamento

Consistono nell'effettuare nell'equazione della circonferenza le seguenti sostituzioni, essendo (x_0, y_0) le coordinate di un punto P:

$$x^2 \to xx_0 \qquad y^2 \to yy_0 \qquad x \to \frac{x + x_0}{2} \qquad y \to \frac{y + y_0}{2}$$

Se P *appartiene* alla circonferenza, si ottiene l'equazione della *tangente* alla circonferenza in P. Se P è *esterno* alla circonferenza, si ottiene l'equazione della *polare* alla circonferenza.

1. L'equazione della circonferenza

TEORIA a p. 290

Esercizi preliminari

1 Associa a ciascuna circonferenza la sua equazione (l'unità di misura è il lato di un quadretto).

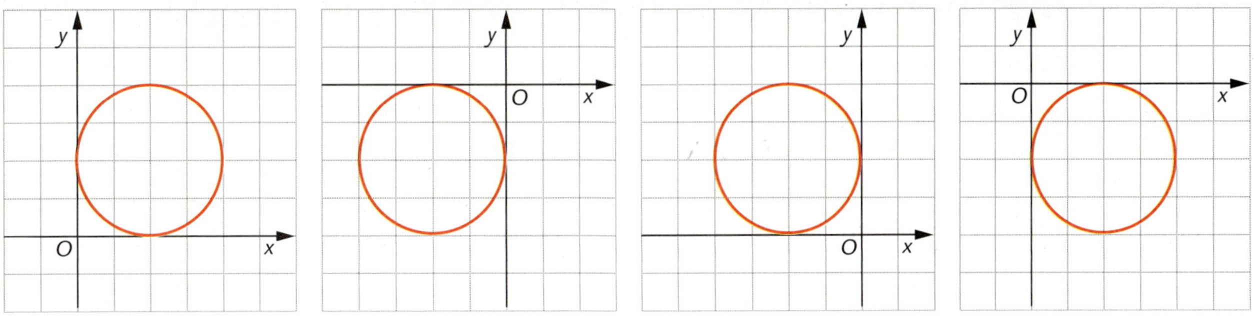

A B C D

a. $(x-2)^2+(y-2)^2=4$ **b.** $(x-2)^2+(y+2)^2=4$ **c.** $(x+2)^2+(y-2)^2=4$ **d.** $(x+2)^2+(y+2)^2=4$

Test

2 Qual è il raggio della circonferenza di equazione $x^2+y^2-4x-2y-3=0$?

A $\sqrt{2}$ B 2 C $2\sqrt{2}$ D 4

3 Quali sono le coordinate del centro della circonferenza di equazione $x^2+y^2-4x+2y-3=0$?

A $(-2, 1)$ B $(-2, -1)$ C $(1, -2)$ D Nessuna delle precedenti

4 Quale delle seguenti equazioni del tipo $x^2+y^2+ax+by+c=0$ **non** rappresenta una circonferenza?

A $x^2+y^2-2x-4y-7=0$ C $x^2+y^2-2x-4y-2=0$
B $x^2+y^2-2x-4y+7=0$ D $x^2+y^2-2x-4y+3=0$

5 **Interpretazione di grafici.** In ognuna delle seguenti figure è rappresentata una circonferenza di equazione $x^2+y^2+ax+by+c=0$. Per ciascuna di esse, poni una crocetta sulle caselle che esprimono il segno corretto di a e di b.

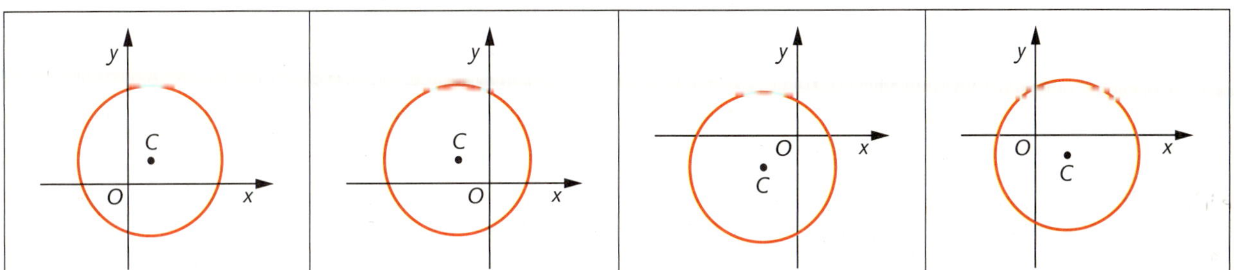

□ $a>0$ □ $a<0$	□ $a>0$ □ $a<0$	□ $a>0$ □ $a<0$	□ $a>0$ □ $a<0$
□ $b>0$ □ $b<0$	□ $b>0$ □ $b<0$	□ $b>0$ □ $b<0$	□ $b>0$ □ $b<0$

6 **Vero o falso?**

a. l'equazione $x^2+y^2+ax=0$ rappresenta, per ogni $a \neq 0$, una circonferenza con il centro sull'asse y V F
b. l'equazione $x^2+y^2+ax+by=0$, con $a \neq 0$ e $b \neq 0$, rappresenta sempre una circonferenza con centro nell'origine V F
c. l'equazione $x^2+y^2+ax+c=0$, con $a^2 \geq 4c$ e $c \neq 0$, rappresenta sempre una circonferenza con il centro sull'asse x V F
d. l'equazione $mx^2+ny^2+ax+by=0$, con $m \neq n$, non rappresenta mai una circonferenza V F
e. l'equazione $mx^2+ny^2+ax+by+c=0$, con $m=n$, rappresenta sempre una circonferenza V F

[2 affermazioni vere e 3 false]

7 Interpretazione di grafici. In ognuna delle seguenti figure è rappresentata una circonferenza di equazione $x^2 + y^2 + ax + by + c = 0$. Associa a ciascuna circonferenza i valori corretti di a, b e c.

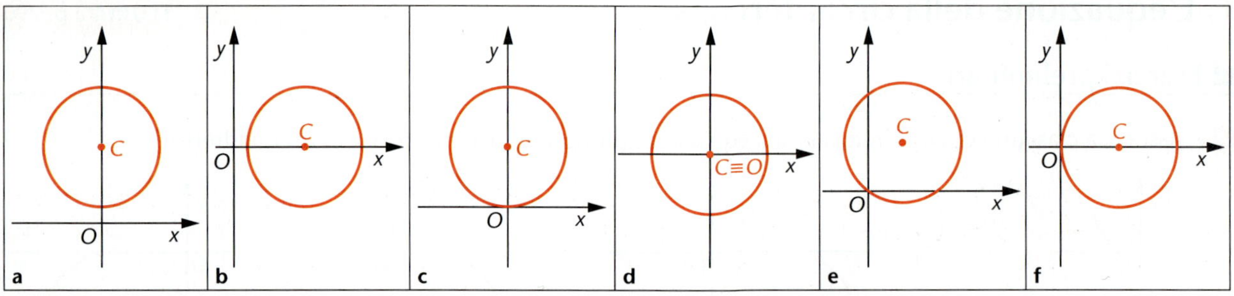

A. $b = 0$ **B.** $c = 0$ **C.** $a = 0$ **D.** $a = b = 0$ **E.** $b = c = 0$ **F.** $a = c = 0$

Equazione di una circonferenza dati centro e raggio

8 Scrivi l'equazione in forma normale di ciascuna delle circonferenze rappresentate (l'unità di misura è il lato di un quadretto).

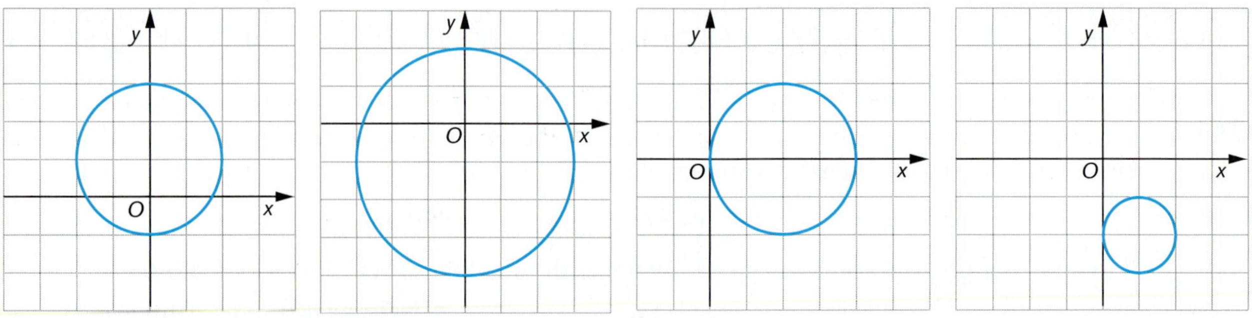

Rappresenta graficamente l'equazione della circonferenza di centro C e raggio r e scrivine l'equazione in forma normale.

9 $C(-1, 1)$ $r = 2$ $[x^2 + y^2 + 2x - 2y - 2 = 0]$

10 $C(2, 0)$ $r = 3$ $[x^2 + y^2 - 4x - 5 = 0]$

11 $C(1, -2)$ $r = \sqrt{3}$ $[x^2 + y^2 - 2x + 4y + 2 = 0]$

12 $C\left(\frac{5}{2}, -\frac{3}{2}\right)$ $r = 2$ $[2x^2 + 2y^2 - 10x + 6y + 9 = 0]$

Equazione di una circonferenza in forma normale

Stabilisci se ciascuna delle seguenti equazioni rappresenta una circonferenza. In caso affermativo, rappresentala graficamente, dopo averne individuato centro e raggio.

13 $x^2 + y^2 - x - y + 4 = 0$ [Non rappresenta una circonferenza]

14 $x^2 + y^2 - 2x - 2y - 2 = 0$

15 $x^2 + y^2 - 4x + 4y - 1 = 0$ $[C(2, -2);\ r = 3]$

16 $x^2 + y^2 - 2x + 2y - 2 = 0$

17 $x^2 + y^2 - 6x - 6y + 18 = 0$ [Circonferenza degenere di centro $C(3, 3)$ e raggio nullo]

18 $x^2 + y^2 - 5x - 3 = 0$

19 $x^2 + y^2 = 8$ $[C(0, 0); r = 2\sqrt{2}]$

20 $x^2 + y^2 - 4x - 2y + 3 = 0$

21 $2x^2 + 2y^2 - 4x - 2y + 1 = 0$ [Dividendo i due membri per 2 ottieni l'equazione di una circonferenza che ha centro in $C\left(1, \frac{1}{2}\right)$ e raggio $\frac{\sqrt{3}}{2}$]

22 $4x^2 + 4y^2 - 8y - 5 = 0$

23 $2x^2 + 2y^2 - 4x - 2y + 3 = 0$ [Non rappresenta una circonferenza]

24 $4x^2 + 4y^2 - 12x - 7 = 0$

25 $4x^2 + 4y^2 - 4x - 8y - 11 = 0$ $\left[C\left(\frac{1}{2}, 1\right); r = 2\right]$

26 $2x^2 + 2y^2 - x - 2y - 4 = 0$

27 $2x^2 + 3y^2 - 2x - 2y - 5 = 0$ [Non rappresenta una circonferenza]

28 $4x^2 + 4y^2 - 12xy - 7 = 0$

29 Considera i punti $P(-1, 4)$, $Q(0, 0)$, $R(-1, 0)$, $S(2, \sqrt{2})$. Stabilisci se ciascuno di essi è interno, esterno o appartiene alla circonferenza di equazione $x^2 + y^2 - 3x - 3y - 4 = 0$.

Esercizi con parametri

30 Stabilisci per quali valori di a il punto $P(a, 2 - a)$ è interno o appartiene alla circonferenza di equazione $x^2 + y^2 - 2x - 2y = 0$. $[0 \leq a \leq 2]$

31 Verifica che l'equazione $(k^2 - 1)x^2 + 3y^2 + kx + 2y + 3k = 0$ rappresenta una circonferenza se e solo se $k = -2$. Determina centro e raggio di tale circonferenza e rappresentala graficamente.

32 Verifica che l'equazione $(a^2 + 2)x^2 + 3ay^2 - 6x - 6y + 4 = 0$ rappresenta una circonferenza se solo se $a = 1$. Determina centro e raggio di tale circonferenza e rappresentala graficamente.

33 Verifica che l'equazione $(a^2 + 2)x^2 + (a^2 - 2a)xy + 2y^2 - 6x - 6y + 4 = 0$ rappresenta una circonferenza se e solo se $a = 0$. Determina centro e raggio di tale circonferenza e rappresentala graficamente.

34 **ESERCIZIO SVOLTO**

Determiniamo gli eventuali valori di k per cui l'equazione $x^2 + y^2 - 2kx + 3 = 0$:

a. rappresenta una circonferenza (eventualmente degenere);
b. rappresenta una circonferenza con il centro sull'asse y;
c. rappresenta una circonferenza passante per il punto $P(1, 1)$.

---

a. Dobbiamo imporre la condizione $a^2 + b^2 - 4c \geq 0$, che si traduce nella disequazione:

$$(2k)^2 - 4 \cdot 3 \geq 0 \Rightarrow 4k^2 - 12 \geq 0 \Rightarrow k \leq -\sqrt{3} \vee k \geq \sqrt{3} \qquad [*]$$

b. Dobbiamo imporre che il coefficiente di x sia uguale a 0. Otteniamo l'equazione: $-2k = 0 \Rightarrow k = 0$

Presta attenzione: in corrispondenza di questo valore di k l'equazione data **non** rappresenta una circonferenza poiché **non** è soddisfatta la condizione [*] (infatti 0 è compreso tra $-\sqrt{3}$ e $\sqrt{3}$). Pertanto non esiste alcun valore di k per cui l'equazione assegnata rappresenta una circonferenza con il centro sull'asse y.

c. Dobbiamo imporre il passaggio per il punto $P(1, 1)$. Otteniamo l'equazione:

$$1^2 + 1^2 - 2k \cdot 1 + 3 = 0 \Rightarrow k = \frac{5}{2}$$

Per tale valore di k l'equazione data rappresenta effettivamente una circonferenza poiché è soddisfatta la condizione [*] (infatti $\frac{5}{2} > \sqrt{3}$).

35 Determina gli eventuali valori di k per cui l'equazione $x^2 + y^2 - 2x + 2y + k + 3 = 0$:

a. rappresenta una circonferenza (eventualmente degenere);
b. rappresenta una circonferenza con il centro sull'asse x;
c. rappresenta una circonferenza passante per l'origine;
d. rappresenta una circonferenza di raggio 2. [**a.** $k \leq -1$; **b.** nessun valore di k; **c.** $k = -3$; **d.** $k = -5$]

36 Determina gli eventuali valori di k per cui l'equazione $x^2 + y^2 + 2kx + 2(k - 2)y + 2k + 4 = 0$:

a. rappresenta una circonferenza (eventualmente degenere);
b. rappresenta una circonferenza con il centro sull'asse x;
c. rappresenta una circonferenza passante per l'origine. [**a.** $k \leq 0 \vee k \geq 3$; **b.** nessun valore di k; **c.** $k = -2$]

37 È data l'equazione $x^2 + y^2 - 2kx - 2(k-1)y + k + 2 = 0$; determina, se esistono, i valori di k per cui essa:

a. rappresenta una circonferenza (eventualmente degenere);
b. rappresenta una circonferenza passante per l'origine;
c. rappresenta una circonferenza con il centro sull'asse x;

$\left[\mathbf{a.}\ k \le \frac{3-\sqrt{17}}{4} \vee k \ge \frac{3+\sqrt{17}}{4};\ \mathbf{b.}\ k = -2;\ \mathbf{c.}\ \text{nessun valore di } k\right]$

La circonferenza e le trasformazioni

38 Scrivi l'equazione della circonferenza simmetrica della circonferenza di equazione $x^2 + y^2 + 2x - 3y - 24 = 0$ rispetto all'origine. $[x^2 + y^2 - 2x + 3y - 24 = 0]$

39 Scrivi l'equazione della circonferenza simmetrica della circonferenza di equazione $x^2 + y^2 - 2x - 1 = 0$ rispetto:

a. all'asse x;
b. all'asse y;
c. alla retta $y = -1$;
d. alla retta $x = 2$;
e. alla bisettrice del primo e del terzo quadrante;

$[\mathbf{a.}\ x^2 + y^2 - 2x - 1 = 0;\ \mathbf{b.}\ x^2 + y^2 + 2x - 1 = 0;\ \mathbf{c.}\ x^2 + y^2 - 2x + 4y + 3 = 0;\ \mathbf{d.}\ x^2 + y^2 - 6x + 7 = 0;\ \mathbf{e.}\ x^2 + y^2 - 2y - 1 = 0]$

40 Per ciascuna delle seguenti circonferenze di equazione assegnata, stabilisci se è simmetrica rispetto all'asse x, se è simmetrica rispetto all'asse y e se è simmetrica rispetto all'origine:

a. $x^2 + y^2 - 2x - 1 = 0$
b. $x^2 + y^2 - 2y - 1 = 0$
c. $x^2 + y^2 - 2x - 2y - 1 = 0$
d. $x^2 + y^2 - 2x - 2y = 0$

41 Determina l'equazione della corrispondente della circonferenza di equazione $x^2 + y^2 - 4x + 2y = 0$:

a. nella traslazione di vettore $\vec{v}(2, 0)$;
b. nella simmetria rispetto all'asse x;
c. nella simmetria rispetto alla bisettrice del primo e del terzo quadrante;
d. nella simmetria rispetto al punto $(1, -1)$;
e. nell'omotetia di centro l'origine e rapporto di omotetia 2.

$[\mathbf{a.}\ x^2 + y^2 - 8x + 2y + 12 = 0;\ \mathbf{b.}\ x^2 + y^2 - 4x - 2y = 0;\ \mathbf{c.}\ x^2 + y^2 - 4y + 2x = 0;\ \mathbf{d.}\ x^2 + y^2 + 2y - 4 = 0;\ \mathbf{e.}\ x^2 + y^2 - 8x + 4y = 0]$

42 Verifica che la circonferenza γ', simmetrica di γ: $x^2 + y^2 + 2x - 24 = 0$ rispetto al punto $P(2, 0)$, passa per l'origine O del sistema di riferimento. $[\gamma': x^2 + y^2 - 10x = 0]$

43 Determina il punto rispetto al quale sono simmetriche le circonferenze di equazioni $x^2 + y^2 = 1$ e $x^2 + y^2 - 2x - 2y + 1 = 0$. $\left[\left(\frac{1}{2}, \frac{1}{2}\right)\right]$

44 Verifica che le circonferenze γ: $x^2 + y^2 - 2x = 0$ e γ': $x^2 + y^2 - 4x - 2y + 4 = 0$ sono congruenti; determina quindi le equazioni della traslazione che trasforma γ in γ'. $[x' = x + 1, y' = y + 1]$

2. La circonferenza e la retta

TEORIA a p. 294

Esercizi preliminari

45 Completa le seguenti affermazioni.

a. Una retta si dice *secante* una circonferenza se ....

b. Se la retta di equazione $y = mx + q$ è tangente alla circonferenza di equazione $x^2 + y^2 + ax + by + c = 0$, allora il discriminante dell'equazione risolvente il sistema formato dalle equazioni della retta e della circonferenza è uguale a ....

c. Se la distanza del centro di una circonferenza da una retta è maggiore del raggio, allora la retta è .... rispetto alla circonferenza.

d. Se l'equazione risolvente il sistema formato dalle equazioni di una retta e di una circonferenza ha discriminante maggiore di 0, allora la retta è .... rispetto alla circonferenza.

46 **Vero o falso?**

a. una retta verticale non può essere tangente a una circonferenza V F

b. esistono sempre due rette orizzontali tangenti a una circonferenza V F

c. se la distanza di una retta dal centro della circonferenza di equazione $x^2 + y^2 - 4x = 0$ è 3, allora la retta è esterna alla circonferenza V F

d. se la distanza di una retta dal centro della circonferenza di equazione $x^2 + y^2 - 4x - 5 = 0$ è 3, allora la retta è tangente alla circonferenza V F

e. se la distanza di una retta dal centro della circonferenza di equazione $x^2 + y^2 - 9 = 0$ è 4, allora la retta è secante la circonferenza V F

[3 affermazioni vere e 2 false]

47 Ciascuna delle circonferenze di cui è data l'equazione nella prima colonna è tangente a una (o più) rette di cui è data l'equazione nella seconda colonna. Fai le associazioni corrette.

a. $x^2 + y^2 = 4$	**A.** $x = 0$
b. $x^2 + y^2 - 2x = 0$	**B.** $y = 0$
c. $x^2 + y^2 - 2y = 0$	**C.** $y = -2$
d. $x^2 + y^2 - 2x - 2y + 1 = 0$	**D.** $x = -2$

Posizione reciproca tra retta e circonferenza

In ciascuno dei seguenti casi stabilisci se la retta *r* è secante, tangente o esterna rispetto alla circonferenza di cui è data l'equazione.

48	$x^2 + y^2 - 4x - 5 = 0$	$r: y = x$	[Secante]
49	$x^2 + y^2 - 2x - 2y - 3 = 0$	$r: x - 2y + 1 = 0$	[Secante]
50	$x^2 + y^2 - 2x + 4y = 0$	$r: y = 2x + 1$	[Tangente]
51	$x^2 + y^2 - 9 = 0$	$r: 3x - y - 10 = 0$	[Esterna]
52	$x^2 + y^2 - 3x - 4 = 0$	$r: 3x - 4y + 8 = 0$	[Tangente]
53	$x^2 + y^2 - 4x = 0$	$r: x - y + 2 = 0$	[Esterna]

54 **ESERCIZIO SVOLTO**

Discutiamo, al variare di k in R, la posizione reciproca tra la retta di equazione $y = x + k$ e la circonferenza di equazione $x^2 + y^2 - 4x = 0$.

- La circonferenza ha centro in $C(2, 0)$ e raggio $r = 2$.
- Ricordando la formula della distanza di un punto da una retta, esprimiamo in funzione di k la distanza di C della retta:

$$d = \frac{|2 + k|}{\sqrt{2}}$$

- Si possono presentare i seguenti tre casi:

  a. se $d < r$, cioè se $\frac{|2 + k|}{\sqrt{2}} < 2$, la retta è *secante* rispetto alla circonferenza: risolvendo la disequazione, si trova che ciò accade per $-2 - 2\sqrt{2} < k < -2 + 2\sqrt{2}$;

  b. se $d = r$, cioè se $\frac{|2 + k|}{\sqrt{2}} = 2$, la retta è *tangente* alla circonferenza: risolvendo l'equazione, si ricava che ciò accade per $k = -2 \pm 2\sqrt{2}$;

  c. se $d > r$, cioè se $\frac{|2 + k|}{\sqrt{2}} > 2$, la retta è *esterna* alla circonferenza: risolvendo la disequazione, si ricava che ciò accade per $k < -2 - 2\sqrt{2} \vee k > -2 + 2\sqrt{2}$.

- Riassumendo: la retta è secante rispetto la circonferenza per $-2 - 2\sqrt{2} < k < -2 + 2\sqrt{2}$, tangente alla circonferenza per $k = -2 \pm 2\sqrt{2}$, esterna alla circonferenza per $k < -2 - 2\sqrt{2}$ e per $k > -2 + 2\sqrt{2}$.

Nota In alternativa, la discussione della posizione reciproca tra retta e circonferenza si poteva effettuare studiando, al variare di k, il segno del discriminante dell'equazione risolvente il sistema tra l'equazione della retta e quella della circonferenza.

55 Determina per quali valori di k la retta di equazione $y = -2x + k$ è esterna alla circonferenza di equazione $x^2 + y^2 - 6x = 0$. $[k < 6 - 3\sqrt{5} \vee k > 6 + 3\sqrt{5}]$

56 Determina per quali valori di h la retta di equazione $y = x + h$ è tangente alla circonferenza di equazione $x^2 + y^2 - 2x - 2y = 0$. $[h = \pm 2]$

57 Determina per quali valori di h le rette del fascio di equazione $hx + (h+1)y - h - 4 = 0$ sono secanti o tangenti rispetto alla circonferenza di equazione $x^2 + y^2 + 2x - 2y - 2 = 0$. $\left[h \le -1 \vee h \ge \frac{5}{7}\right]$

58 Discuti, al variare di r, la posizione reciproca tra la circonferenza di equazione $x^2 + y^2 = r^2$ e la retta di equazione $4x - 3y + 1 = 0$. [Esterna se $r < \frac{1}{5}$, tangente per $r = \frac{1}{5}$, secante per $r > \frac{1}{5}$]

■ Punti di intersezione tra una retta e una circonferenza

Determina le coordinate degli eventuali punti in cui le seguenti circonferenze intersecano gli assi cartesiani.

59 $x^2 + y^2 + 4x - 6y + 5 = 0$ $[(0, 1), (0, 5)]$

60 $x^2 + y^2 + 3x - 6y = 0$ $[(0, 0), (0, 6), (-3, 0)]$

61 $x^2 + y^2 + 2x - 4y - 5 = 0$ $[(0, -1), (0, 5), (-1 \pm \sqrt{6}, 0)]$

62 $x^2 + y^2 + 8x - 5 = 0$ $[(0, \pm\sqrt{5}), (-4 \pm \sqrt{21}, 0)]$

63 $2x^2 + 2y^2 - x - 4y - 6 = 0$ $\left[(0, -1), (0, 3), \left(-\frac{3}{2}, 0\right), (2, 0)\right]$

64 $x^2 + y^2 - 4x - 4y + 7 = 0$ [Nessun punto di intersezione]

Rappresenta la retta e la circonferenza di cui sono date le equazioni e determina le coordinate dei loro eventuali punti di intersezione.

65 $2x - y + 1 = 0$; $x^2 + y^2 + 8x - 6y = 0$ $[(-1, -1); (1, 3)]$

66 $x + y = 0$; $x^2 + y^2 - 2x - 2y = 0$ $[(0, 0)]$

67 $x - y - 1 = 0$; $x^2 + y^2 - 6x = 0$ $\left[\left(\frac{4 \pm \sqrt{14}}{2}, \frac{2 \pm \sqrt{14}}{2}\right)\right]$

68 $y = -2x + 6$; $x^2 + y^2 - 4x = 0$ $\left[(2, 2); \left(\frac{18}{5}, -\frac{6}{5}\right)\right]$

69 $y = x$; $x^2 + y^2 - 4x - 2y = 0$ $[(0, 0); (3, 3)]$

70 $y = x - 2$; $x^2 + y^2 + 2x - 3 = 0$ [Nessun punto di intersezione]

71 Determina l'area del quadrilatero avente per vertici i punti di intersezione della circonferenza di equazione $x^2 + y^2 - 3x - 4 = 0$ con gli assi cartesiani. [Area = 10]

72 Determina i vertici del rettangolo inscritto nella circonferenza di equazione $x^2 + y^2 - 4x - 2y = 0$ e avente un lato sulla retta di equazione $x + 2y = 0$. $\left[(0, 0);\ \left(\frac{12}{5}, -\frac{6}{5}\right);\ (4, 2);\ \left(\frac{8}{5}, \frac{16}{5}\right)\right]$

73 Dopo aver determinato i punti di intersezione A e B della retta r: $x + y - 2 = 0$ con la circonferenza di equazione $x^2 + y^2 + x - 3y = 0$, determina i punti P della circonferenza che formano con A e B un triangolo isoscele sulla base AB.
[$A(1, 1)$; $B(-1, 3)$; determinare P equivale a determinare i punti di intersezione tra la circonferenza e l'asse di AB: si trova: $P\left(\frac{-1 \pm \sqrt{5}}{2}, \frac{3 \pm \sqrt{5}}{2}\right)$]

74 **ESERCIZIO SVOLTO**

Determiniamo la misura della corda individuata dalla retta r di equazione $2x - y - 2 = 0$ sulla circonferenza di equazione $x^2 + y^2 - 2x - 2y - 4 = 0$.

Calcoliamo anzitutto il centro e il raggio della circonferenza data:

$C(1, 1)$ e $r = \sqrt{6}$

La rappresentazione grafica della circonferenza e della retta è data nella figura qui a fianco. Ci sono due modi per risolvere il problema.

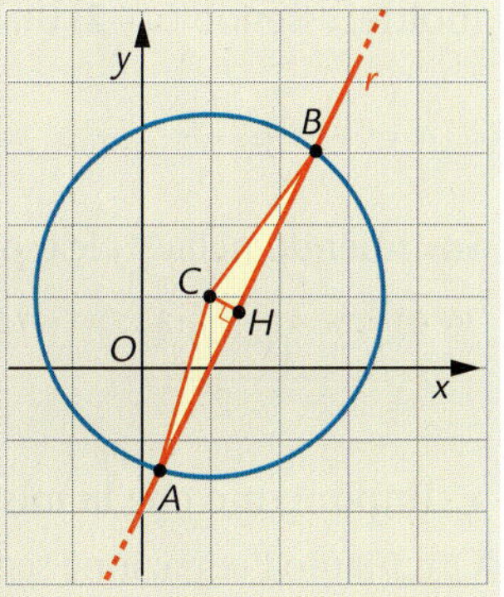

1° modo

Calcoliamo la distanza di C dalla retta r:

$$d(C, r) = \frac{|2 \cdot 1 - 1 \cdot 1 - 2|}{\sqrt{2^2 + 1^2}} = \frac{\sqrt{5}}{5}$$

Applicando il teorema di Pitagora al triangolo CHB otteniamo:

$$\overline{BH} = \sqrt{r^2 - d^2} = \sqrt{6 - \frac{1}{5}} = \sqrt{\frac{29}{5}}$$

quindi la misura della corda AB, che è il doppio di BH, è $2\sqrt{\frac{29}{5}}$.

2° modo

Risolvendo il sistema formato dalle equazioni della circonferenza e della retta, si determinano le coordinate di A e B, quindi si calcola la distanza tra A e B. Questo secondo metodo, però, è più laborioso ai fini dei calcoli. Lasciamo a te risolvere l'esercizio per questa via.

75 Dopo aver verificato che la retta r: $2x - y - 1 = 0$ è secante rispetto alla circonferenza $x^2 + y^2 - 2x - 4 = 0$, determina la misura della corda individuata dalla retta r sulla circonferenza. $\left[4\sqrt{\frac{6}{5}}\right]$

76 Considera la circonferenza di equazione $x^2 + y^2 - 4x - 4 = 0$ e indica con C il suo centro. Detti A e B i due punti in cui la circonferenza interseca la retta di equazione $y = 2x$, calcola l'area del triangolo ACB.
(*Suggerimento*: non è necessario calcolare le coordinate di A e B) $\left[\frac{8\sqrt{6}}{5}\right]$

77 Determina l'area del trapezio isoscele le cui basi sono le corde individuate sulla circonferenza di equazione $x^2 + y^2 - 2x - 3 = 0$ dalle rette rispettivamente di equazione $2x - y = 0$ e $2x - y - 6 = 0$. $\left[\frac{36}{5}\right]$

78 Dopo avere determinato l'equazione della retta r che intercetta una corda AB il cui punto medio è $M(1, 2)$ sulla circonferenza di equazione $x^2 + y^2 - 2x - 2y - 3 = 0$, determina le coordinate di A e B. $[(-1, 2); (3, 2)]$

79 Considera la circonferenza di equazione $x^2 + y^2 - 4x = 0$. Una retta passante per l'origine incontra la circonferenza in un punto A del primo quadrante che risulta allineato con il centro C della circonferenza e con il punto $B(-1, -3)$. Determina l'equazione di questa retta. $[y = (\sqrt{2} - 1)x]$

80 **ESERCIZIO SVOLTO**

Determiniamo le equazioni delle rette parallele alla bisettrice del secondo e del quarto quadrante, che individuano sulla circonferenza di equazione $x^2 + y^2 + 4x = 0$ una corda di misura $2\sqrt{2}$.

- **Schema logico**

Consideriamo una generica retta parallela alla bisettrice del secondo e del quarto quadrante, di equazione $y = -x + k$, ed esprimiamo, in funzione di k, la misura della corda che la retta individua sulla circonferenza. Imporremo poi che la misura di tale corda sia $2\sqrt{2}$, in modo da individuare i valori di k.

- **Espressione della misura della corda in funzione di k**

La misura di tale corda è uguale a

$$2\sqrt{r^2 - d^2} \qquad [*]$$

(*vedi* figura a fianco) dove r è il raggio della circonferenza e d è la distanza del suo centro C dalla retta.
È facile ricavare che $r = 2$.

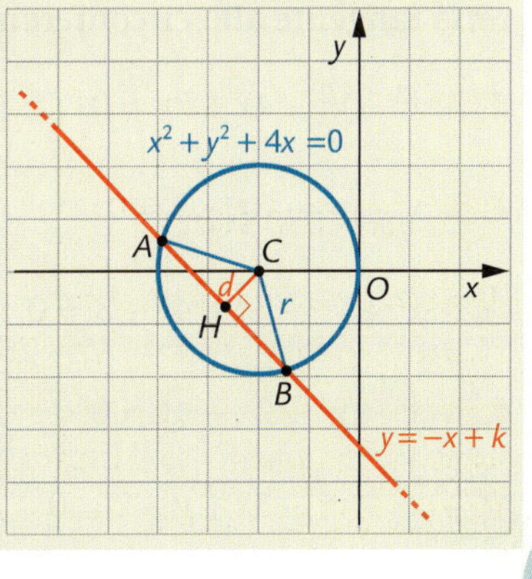

Inoltre, essendo $C(-2, 0)$, mediante la formula che esprime la distanza di un punto da una retta si ottiene:

$$d = \frac{|-2-k|}{\sqrt{2}}$$

Sostituendo nella [*] le espressioni trovate, abbiamo che la misura della corda è uguale a:

$$2\sqrt{4 - \frac{(k+2)^2}{2}}$$

- **Imponiamo che la misura della corda sia $2\sqrt{2}$**

Otteniamo l'equazione seguente, che risolviamo:

$$2\sqrt{4 - \frac{(k+2)^2}{2}} = 2\sqrt{2} \Rightarrow (k+2)^2 = 4 \Rightarrow k+2 = \pm 2 \Rightarrow k = -4 \vee k = 0$$

- **Conclusione**

Le rette cercate sono quelle che si ottengono per $k = -4$ e per $k = 0$, cioè le rette di equazioni:

$$y = -x \quad \text{e} \quad y = -x - 4$$

81 Determina le equazioni delle rette parallele alla bisettrice del secondo e del quarto quadrante che individuano sulla circonferenza di equazione $x^2 + y^2 - 6x = 0$ una corda di misura 2. $[x + y + 1 = 0; x + y - 7 = 0]$

82 Determina le equazioni delle rette passanti per l'origine, che individuano sulla circonferenza di equazione $x^2 + y^2 - 2\sqrt{3}x - 2y - 8 = 0$ una corda avente la stessa misura del lato del triangolo equilatero inscritto nella circonferenza. $[x = 0; x + \sqrt{3}y = 0]$

83 Determina le equazioni delle rette parallele alla retta di equazione $y = \frac{1}{2}x$, che individuano sulla circonferenza di equazione $x^2 + y^2 - 4x - 6y - 3 = 0$ una corda avente la stessa misura del lato dell'esagono regolare inscritto nella circonferenza. $\left[y = \frac{1}{2}x + 2 \pm \sqrt{15}\right]$

Tangenti a una circonferenza

Verifica che il punto P è esterno alla circonferenza di cui è data l'equazione e determina le equazioni delle rette tangenti alla circonferenza passanti per P.

84 $x^2 + y^2 - 2x + y = 0$; $P(1, 2)$ $[y = 2x;\ y = 4 - 2x]$

85 $x^2 + y^2 = 2$; $P(0, -2)$ $[y = \pm x - 2]$

86 $x^2 + y^2 + 8x = 0$; $P(2, 4)$ $\left[y = 4; y = \frac{12}{5}x - \frac{4}{5}\right]$

87 $x^2 + y^2 + 2x - 8 = 0$; $P(2, -1)$ $\left[x = 2; y = \frac{4}{3}x - \frac{11}{3}\right]$

Verifica che il punto P appartiene alla circonferenza di cui è data l'equazione e determina l'equazione della retta tangente alla circonferenza passante per P.

88 $x^2 + y^2 - 4x + 7y = 0$; $P(0, 0)$ $\left[y = \frac{4}{7}x\right]$

89 $x^2 + y^2 - 2x - 3 = 0$; $P(-1, 0)$ $[x = -1]$

90 $x^2 + y^2 - 3x + 4y - 3 = 0$; $P(1, 1)$ $\left[y = \frac{1}{6}x + \frac{5}{6}\right]$

91 $x^2 + y^2 - 2x - 4y = 0$; $P(3, 3)$ $[y = 9 - 2x]$

92 $x^2 + y^2 - 5x + y - 2 = 0$; $P(1, 2)$ $\left[y = \frac{3}{5}x + \frac{7}{5}\right]$

93 Verifica che la retta di equazione $y = -x - 2$ è tangente alla circonferenza di equazione $x^2 + y^2 + 2x - 2y = 0$ e trova le coordinate del punto di tangenza. $[(-2, 0)]$

94 Determina l'equazione della retta tangente alla circonferenza $x^2 + y^2 - 2x + 3y - 4 = 0$ nel suo punto di intersezione con il semiasse negativo delle ordinate. $\left[(0, -4); y = -\frac{2}{5}x - 4\right]$

95 Determina k in modo che la circonferenza di equazione $x^2 + y^2 - 3x + k = 0$ sia tangente alla bisettrice del primo e del terzo quadrante. $\left[k = \frac{9}{8}\right]$

96 Determina k in modo che la retta di equazione $y = kx$ sia tangente alla circonferenza avente equazione $x^2 + y^2 - 2x - 3y = 0$. $\left[k = -\frac{2}{3}\right]$

97 Determina le equazioni delle rette parallele alla bisettrice del primo e del terzo quadrante, tangenti alla circonferenza di equazione $x^2 + y^2 - 2x - 2y = 0$. $[y = x \pm 2]$

98 Determina le equazioni delle rette tangenti alla circonferenza di equazione $x^2 + y^2 - 6y = 0$ e parallele alla retta AB, essendo $A(-2, 0)$ e $B(0, 1)$. $[x - 2y + 6 \pm 3\sqrt{5} = 0]$

99 Determina le equazioni delle rette parallele alla bisettrice del primo e del terzo quadrante, tangenti alla circonferenza di centro $C(-1, 3)$ e raggio 2. $[x - y + 4 \pm 2\sqrt{2} = 0]$

100 Considera la circonferenza di equazione $x^2 + y^2 - 2x + 4y = 0$. Dopo aver verificato che il punto $P(2, 5)$ è esterno a tale circonferenza, conduci da P le tangenti alla circonferenza e determina:

a. le coordinate dei punti di tangenza R ed S delle tangenti con la circonferenza;

b. l'area del triangolo RPS.

$\left[2x - y + 1 = 0; 11x + 2y - 32 = 0; \textbf{a. } (-1, -1), \left(\frac{16}{5}, -\frac{8}{5}\right); \textbf{b. } \frac{27}{2}\right]$

101 Determina i vertici del triangolo che è individuato dalle rette tangenti alla circonferenza di equazione $x^2 + y^2 - 2x - 2y - 8 = 0$ nei suoi punti di intersezione con l'asse x e nel suo punto di intersezione con il semiasse positivo delle ordinate. [Rette tangenti: $3x + y + 6 = 0$, $x - 3y + 12 = 0$, $3x - y - 12 = 0$; $(-3, 3)$, $(1, -9)$, $(6, 6)$]

102 Determina le coordinate dei due punti A e B (con $x_A < x_B$) nei quali la circonferenza di equazione $x^2 + y^2 - 4x - 2y + 3 = 0$ interseca l'asse x e scrivi le equazioni delle rette tangenti alla circonferenza in questi punti. Indicato con C il punto di intersezione di tali tangenti, determina l'area del triangolo ABC.

$[A(1, 0), B(3, 0); y = 1 - x, y = x - 3; C(2, -1); \text{Area} = 1]$

103 Determina le coordinate dei punti P e Q (con $x_P < x_Q$) appartenenti alla circonferenza di equazione $x^2 + y^2 - 12x + 4y + 20 = 0$ tali che le tangenti condotte da P e Q alla circonferenza si intersechino nell'origine.
(*Suggerimento*: il problema equivale a determinare le coordinate dei punti di contatto tra la circonferenza e le rette tangenti alla circonferenza condotte ...) $[P(2, -4), Q(4, 2)]$

104 Determina l'area del triangolo circoscritto alla circonferenza di equazione $x^2 + y^2 - 4x - 4y + 7 = 0$, avente un vertice in $A(1, 4)$ e un lato parallelo all'asse x.

[Le tangenti condotte da A hanno equazioni $x - 1 = 0$, $3x + 4y - 19 = 0$;
gli altri due vertici del triangolo hanno coordinate $(1, 1)$, $(5, 1)$; Area $= 6$]

105 Conduci dal punto $P(3, 1)$ le rette tangenti alla circonferenza di equazione $x^2 + y^2 - 2x - 2y + 1 = 0$. Indica con Q ed R i punti di contatto delle tangenti con la circonferenza e verifica che il triangolo PQR è equilatero.

106 Sia P il punto del secondo quadrante, di ordinata 1, appartenente alla circonferenza di equazione $x^2 + y^2 + 2x - 4 = 0$. Scrivi l'equazione della retta r tangente alla circonferenza in P e determina le coordinate dei due punti A e B in cui la retta r interseca, rispettivamente, l'asse y e l'asse x. Determina infine il vertice C del triangolo ABC circoscritto alla circonferenza.

$\left[P(-3, 1), r\text{: } y = 2x + 7; A(0, 7), B\left(-\frac{7}{2}, 0\right);\right.$

ulteriori tangenti da A e da B (oltre a r): $\left. y = -2x - 7, y = -\frac{11}{2}x + 7; C(4, -15)\right]$

3. Scrivere l'equazione di una circonferenza

TEORIA a p. 300

Esercizi preliminari

Test

107 Qual è il raggio di una circonferenza avente centro in $C(3, 2)$ e passante per $P(2, 3)$?

A $\sqrt{2}$

B $\sqrt{3}$

C $\sqrt{5}$

D Nessuno dei precedenti

108 Qual è il centro della circonferenza avente come diametro il segmento AB, di estremi $A(-2, 0)$ e $B(0, 4)$?

A $C(-1, 2)$

B $C(1, -2)$

C $C(-1, -2)$

D Le informazioni date sono insufficienti.

109 Qual è il raggio della circonferenza avente come diametro il segmento AB, di estremi $A(-2, 0)$ e $B(0, 4)$?

A $\sqrt{2}$

B $\sqrt{3}$

C $\sqrt{5}$

D Nessuno dei precedenti

110 Dati tre punti A, B e C non allineati, il centro della circonferenza che passa per A, B e C è il punto di intersezione di quali delle seguenti coppie di rette?

a. Dell'asse di AB e di BC

b. Dell'asse di AC e di BC

c. Dell'asse di AB e di AC

d. Di nessuna delle coppie precedenti

e. Di ciascuna delle coppie precedenti

111 Quale delle seguenti condizioni esprime il passaggio della circonferenza di equazione

$$x^2 + y^2 + ax + by + c = 0$$

per il punto $P(1, -1)$?

A $a - b + c = 2$

B $a + b + c = -2$

C $a - b - c = 2$

D $a - b + c = -2$

112 Quale delle seguenti condizioni, se verificata, fa sì che la circonferenza di equazione:

$$x^2 + y^2 + ax + by + c = 0$$

abbia centro nel punto $C(1, -1)$?

A $-\dfrac{a}{2} = 1 \wedge \dfrac{b}{2} = -1$

B $-\dfrac{a}{2} = -1 \wedge -\dfrac{b}{2} = 1$

C $\dfrac{a}{2} = -1 \wedge \dfrac{b}{2} = 1$

D $\dfrac{a}{2} = -1 \wedge \dfrac{b}{2} = -1$

113 Associa a ciascun punto nella prima colonna l'equazione nella seconda che esprime il passaggio della circonferenza di equazione:

$$x^2 + y^2 + ax + by + c = 0$$

per tale punto.

a. $P \equiv O(0, 0)$	**A.** $4 + 2a + c = 0$
b. $P(0, -2)$	**B.** $c = 0$
c. $P(-2, 2)$	**C.** $4 - 2b + c = 0$
d. $P(2, 0)$	**D.** $8 - 2a + 2b + c = 0$

114 **Vero o falso?**

a. se una circonferenza passa per due punti A e B, allora il suo centro appartiene alla retta AB V F

b. se una circonferenza passa per due punti A e B, il suo centro appartiene alla retta perpendicolare ad AB e passante per il punto medio di AB V F

c. esiste una circonferenza che passa per $A(-2, 0)$, $B(3, 0)$ e che ha il centro sull'asse y V F

d. se una circonferenza ha il centro sulla retta r e passa per due punti distinti A e B, il suo centro è il punto di intersezione tra r e l'asse di AB V F

[2 affermazioni vere e 2 false]

115 **Vero o falso?**

a. se una circonferenza di centro C è tangente a una retta r, il suo raggio è la distanza di C da r V F

b. se una circonferenza è tangente in P a una retta r, allora il suo centro appartiene alla retta passante per P e perpendicolare a r V F

c. se una circonferenza è tangente all'asse x, la distanza del centro dall'asse x è uguale all'ordinata del centro V F

d. se una circonferenza è tangente all'asse y, la distanza del centro dall'asse y è uguale all'ascissa del centro V F

[2 affermazioni vere e 2 false]

Circonferenza, dati il centro e un punto

116 **ESERCIZIO GUIDATO**

Scrivi l'equazione della circonferenza rappresentata in figura, che ha centro in C e passa per P.

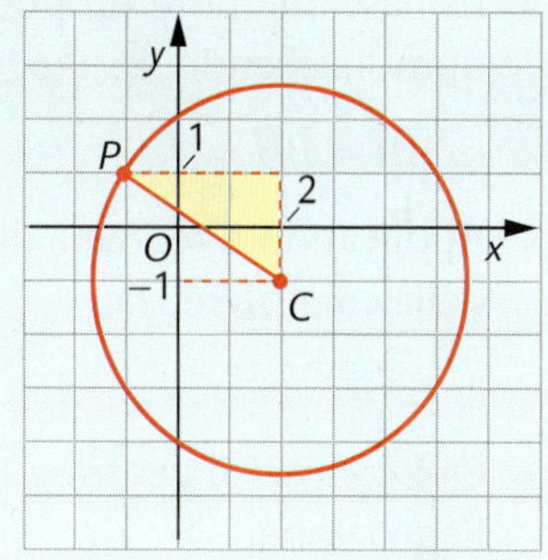

Dalla figura puoi vedere che $C(2, ...)$ e $P(-1, ...)$.

1° modo

Applicando il teorema di Pitagora, per esempio al triangolo colorato in figura, puoi ricavare il raggio r della circonferenza:

$$r = \sqrt{..... + ...} = \sqrt{...}$$

Ora conosci il centro C e il raggio r, quindi puoi scrivere l'equazione della circonferenza:

$$(x-2)^2 + (y + ...)^2 = (.....)^2$$

L'equazione della circonferenza in forma normale è:

....

2° modo

Imponi che la circonferenza abbia centro in C e passi per P. Ottieni il sistema:

$$\begin{cases} -\dfrac{a}{2} = 2 & \text{L'ascissa di } C \text{ è } 2 \\ -\dfrac{b}{2} = -1 & \text{L'ordinata di } C \text{ è } -1 \\ (-1)^2 + 1^2 - a + ... = 0 & \text{Passaggio per } P \end{cases}$$

Risolvendo il sistema trovi $a = ...$, $b = ...$ e $c = ...$ La circonferenza cercata ha quindi equazione ....

Scrivi l'equazione della circonferenza che ha centro in C e passa per P e rappresentala graficamente.

117 $C(-2, 0)$; $P(4, 2)$ $[x^2 + y^2 + 4x - 36 = 0]$

118 $C(0, -3)$; $P(1, -1)$ $[x^2 + y^2 + 6y + 4 = 0]$

119 $C(-3, 3)$; $P = O(0, 0)$ $[x^2 + y^2 + 6x - 6y = 0]$

120 $C(3, -2)$; $P(0, -2)$ $[x^2 + y^2 - 6x + 4y + 4 = 0]$

121 $C(2, 5)$; $P(4, -1)$ $[x^2 + y^2 - 4x - 10y - 11 = 0]$

122 **Dal grafico all'equazione.** Scrivi le equazioni delle circonferenze rappresentate, che hanno centro in C e passano per P.

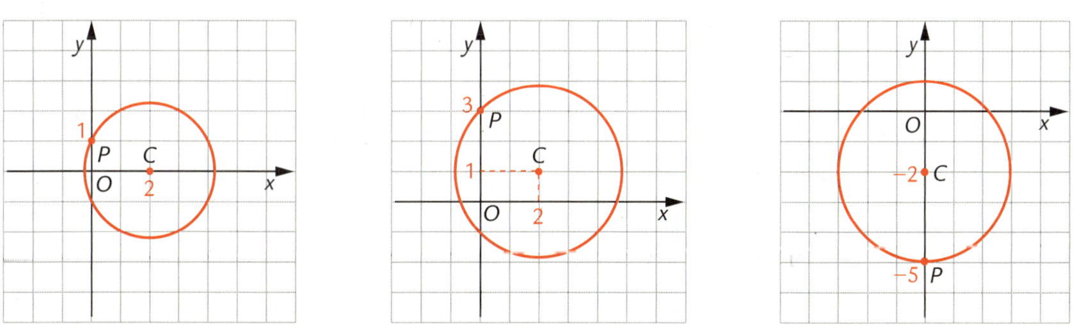

123 Scrivi l'equazione della circonferenza concentrica alla circonferenza di equazione $x^2 + y^2 - 4x + 6y - 3 = 0$ e passante per $P(2, -2)$. Rappresentala graficamente. $[x^2 + y^2 - 4x + 6y + 12 = 0]$

124 **ESERCIZIO GUIDATO**

Scrivi l'equazione della circonferenza di centro $C(-2,\ 1)$ che individua sull'asse x una corda di misura 6.

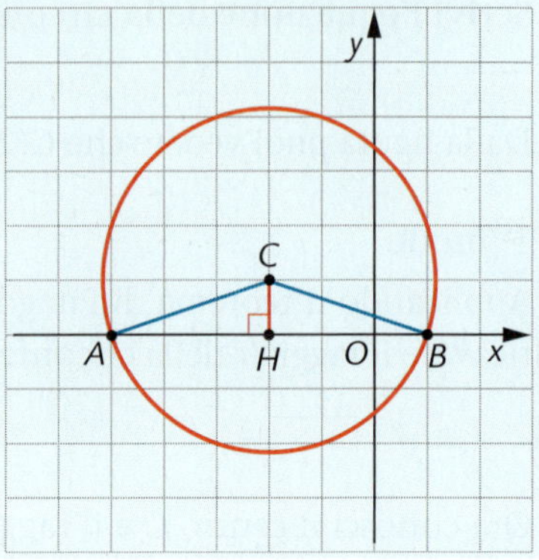

- La distanza di C dall'asse x, uguale a $\overline{CH}$, è ovviamente uguale a 1.
- In base alle note proprietà della circonferenza, H è il punto medio di AB, quindi, essendo $\overline{AB} = 6$, deve essere:

$$\overline{AH} = \overline{BH} = 3$$

- Applicando il teorema di Pitagora al triangolo AHC, puoi ricavare il raggio r della circonferenza:

$$r = \overline{AC} = \sqrt{\ldots\ldots}$$

- Ora conosci il centro e il raggio della circonferenza, quindi puoi scriverne l'equazione. $[x^2 + y^2 + 4x - 2y - 5 = 0]$

125 Scrivi l'equazione della circonferenza avente centro in $C(3,\ 2)$, che individua sull'asse x una corda di misura 4. $[x^2 + y^2 - 6x - 4y + 5 = 0]$

126 Scrivi l'equazione della circonferenza avente centro in $C(-2,\ -1)$, che individua sulla retta di equazione $y = 2$ una corda di misura 4. $[x^2 + y^2 + 4x + 2y - 8 = 0]$

127 Scrivi l'equazione della circonferenza avente centro in $C(0,\ 4)$, che individua sulla bisettrice del primo e del terzo quadrante una corda di misura $4\sqrt{2}$. $[x^2 + y^2 - 8y = 0]$

Circonferenza, dato il diametro

Scrivi le equazioni delle circonferenze di diametro AB e rappresentale graficamente.

128 $A(-2,\ 0);\ B(4,\ 2)$ $[x^2 + y^2 - 2x - 2y - 8 = 0]$

129 $A(0,\ 4);\ B(2,\ -2)$ $[x^2 + y^2 - 2x - 2y - 8 = 0]$

130 $A(-2,\ 3);\ B(2,\ 5)$ $[x^2 + y^2 - 8y + 11 = 0]$

131 $A(1,\ -3);\ B(4,\ -1)$ $[x^2 + y^2 - 5x + 4y + 7 = 0]$

132 $A(2,\ -3);\ B(-6,\ 5)$ $[x^2 + y^2 + 4x - 2y - 27 = 0]$

133 **Dal grafico all'equazione.** Scrivi le equazioni delle circonferenze rappresentate nelle seguenti figure, che hanno diametro AB (l'unità di misura è il lato di un quadretto).

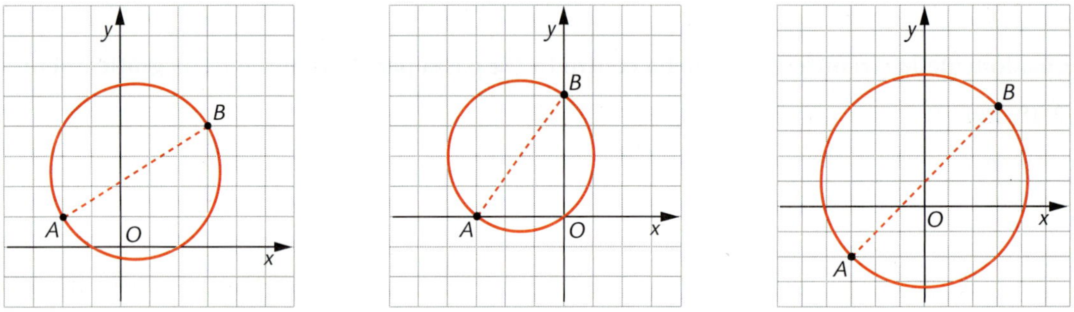

134 Scrivi l'equazione della circonferenza che ha come diametro il segmento AB individuato sugli assi cartesiani dalla retta di equazione $2x - 3y - 6 = 0$. $[x^2 + y^2 - 3x + 2y = 0]$

Circonferenza, dati tre punti

135 **ESERCIZIO GUIDATO**

Scrivi l'equazione della circonferenza rappresentata nella figura.

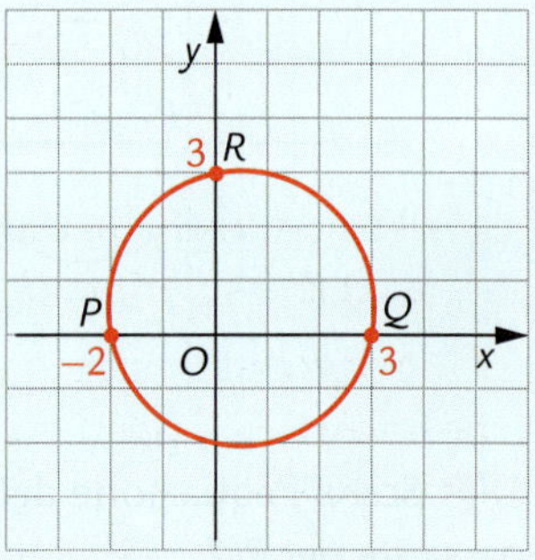

Dalla figura puoi vedere che la circonferenza passa per i tre punti $P(-2,\ 0)$, $Q(0,\ 3)$ e $R(3,\ 0)$.
Per scrivere l'equazione della circonferenza che passa per P, Q e R puoi seguire due metodi.

1° modo

Il centro della circonferenza è, per esempio, il punto di intersezione degli assi di PR e di QR.

Costruisci tali assi in figura. È facile dedurre che le equazioni degli assi sono $x = ...$ e $y = ...$; il loro punto di intersezione, cioè il centro della circonferenza, è:

$C(....., ...)$

Il raggio della circonferenza si può ottenere calcolando la distanza di C da uno qualsiasi dei tre punti P, Q ed R. Trovi così che:

$r = ...$

Ora puoi scrivere l'equazione della circonferenza di centro C e raggio r:

$$\left(x-\frac{1}{2}\right)^2+(y-.....)^2=.....$$

Se hai svolto correttamente i calcoli, sviluppando i quadrati e semplificando troverai che l'equazione in forma normale della circonferenza è $x^2+y^2-x-y-6=0$.

2° modo

Imponi che la generica circonferenza di equazione $x^2+y^2+ax+by+c=0$ passi per i tre punti P, Q ed R. Le tre condizioni da imporre sono:

$$\begin{cases}(-2)^2+0^2+a\cdot(-2)+b\cdot 0+c=0 & \text{Passaggio per } P(-2,\ 0)\\ 0^2+3^2+a\cdot 0+b\cdot 3+c=0 & \text{Passaggio per } Q(0,\ 3)\\ 3^2+0^2+a\cdot 3+b\cdot 0+c=0 & \text{Passaggio per } R(3,\ 0)\end{cases}$$

Risolvendo il sistema trovi $a = ...$, $b = ...$ e $c = ...$
Quindi la circonferenza cercata ha equazione: ....

Scrivi, se esiste, l'equazione della circonferenza passante per i punti *A*, *B* e *C* e rappresentala graficamente.

136 $A(-1,\ 0)$, $B(2,\ 0)$, $C(1,\ 1)$ $[x^2+y^2-x+y-2=0]$

137 $A(-1,\ 1)$, $B(2,\ 2)$, $C(0,\ -2)$ $[x^2+y^2-2x-4=0]$

138 $A(0,\ 0)$, $B(3,\ 0)$, $C(2,\ -2)$ $[x^2+y^2-3x+y=0]$

139 $A(-1,\ 2)$, $B(1,\ 0)$, $C(2,\ 2)$ $[x^2+y^2-x-3y=0]$

140 $A(-1,\ 0)$, $B(3,\ 0)$, $C(0,\ 1)$ $[x^2+y^2-2x+2y-3=0]$

141 $A(-2,\ 0)$, $B(2,\ 4)$, $C(2,\ 0)$ $[x^2+y^2-4y-4=0]$

142 $A(0,\ 1)$, $B(2,\ -2)$, $C(4,\ -5)$ [Non esiste]

143 **Dal grafico all'equazione.** Scrivi le equazioni delle circonferenze rappresentate nelle seguenti figure.

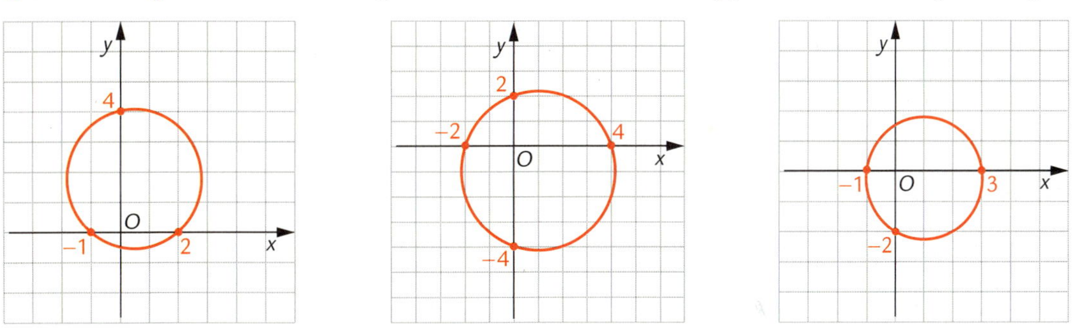

144 Determina l'equazione della circonferenza circoscritta al triangolo ABC, isoscele sulla base AB, sapendo che $A(-1,\ 1)$, $B(3,\ 3)$ e che C appartiene all'asse x. $[C(2,\ 0);\ x^2+y^2-2x-4y=0]$

145 Sono dati i punti $A(-2,\ 0)$ e $B(4,\ 0)$. Individua il vertice C del triangolo ABC, isoscele sulla base AB, sapendo che il vertice C appartiene alla retta di equazione $y=3x-5$. Scrivi poi l'equazione della circonferenza circoscritta al triangolo ABC.

$$\left[C(1,\ -2);\ x^2+y^2-2x-\frac{5}{2}y-8=0\right]$$

Circonferenza, dati due punti e un'ulteriore condizione

146 ESERCIZIO GUIDATO

Scrivi l'equazione della circonferenza rappresentata in figura, che passa per A e B e che ha il centro sulla retta r.

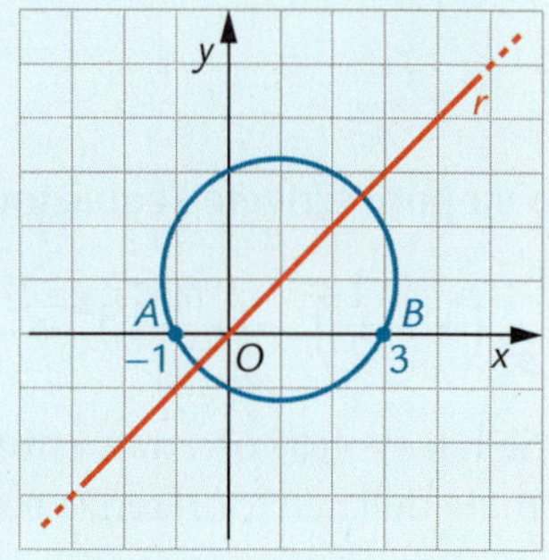

Dalla figura puoi vedere che $A(-1, 0)$, $B(3, 0)$ e che r è la bisettrice del primo e del terzo quadrante, quindi la sua equazione è $y = x$.

1° modo

Traccia l'asse del segmento AB. Il centro C è il punto di intersezione di tale asse con la retta r, quindi:

$C(\ldots, \ldots)$

Il raggio r può essere determinato, per esempio, calcolando la distanza di C da A. Troverai che:

$r = \sqrt{5}$

L'equazione della circonferenza richiesta è quindi:

$(x - \ldots)^2 + (y - \ldots)^2 = 5$

ossia, svolgendo i calcoli: $x^2 + y^2 - 2x - 2y - 3 = 0$.

2° modo

Imponi che la circonferenza passi per A e B e abbia il centro sulla retta r. Ottieni il sistema:

$$\begin{cases} (-1)^2 + 0^2 + a \cdot (-1) + \ldots = 0 & \text{Passaggio per } A(-1, 0) \\ 3^2 + 0^2 + a \cdot 3 + \ldots = 0 & \text{Passaggio per } B(3, 0) \\ -\dfrac{a}{2} = -\dfrac{b}{2} & \text{Il centro appartiene alla retta di equazione } y = x \end{cases}$$

Risolvendo il sistema trovi $a = \ldots$, $b = \ldots$ e $c = \ldots$

La circonferenza cercata ha quindi equazione: ....

Determina l'equazione della circonferenza passante per i punti A e B e avente il centro sulla retta r, se esiste, e rappresenta graficamente la circonferenza e la retta.

147 $A(-1, 0)$, $B(3, 0)$ r: $2x - y = 0$ [$x^2 + y^2 - 2x - 4y - 3 = 0$]

148 $A(1, 1)$, $B(-3, -3)$ r: $x - y + 2 = 0$ [$x^2 + y^2 + 4x - 6 = 0$]

149 $A(0, 0)$, $B(2, 0)$ r: $x - 2y - 1 = 0$ [$x^2 + y^2 - 2x = 0$]

150 $A(-2, 0)$, $B(3, 0)$ r: $x + 4 = 0$ [Non esiste]

151 $A(-2, 0)$, $B(0, 2)$ r: $y = -2x + 3$ [$x^2 + y^2 - 6x + 6y - 16 = 0$]

152 $A(0, 2)$, $B(4, 2)$ r: $y = 2x$ [$x^2 + y^2 - 4x - 8y + 12 = 0$]

153 **Dal grafico all'equazione.** Scrivi le equazioni delle circonferenze rappresentate nelle seguenti figure, sapendo che passano per A, per B e che hanno il centro sulla retta r.

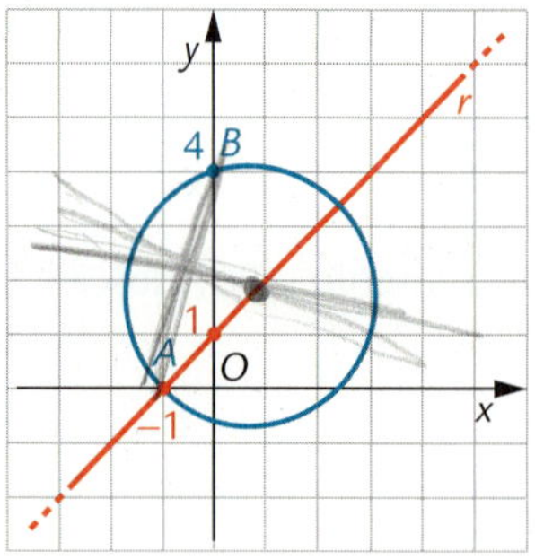

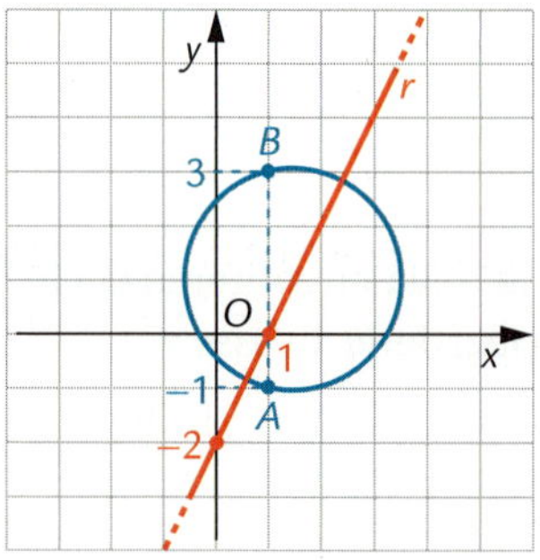

[$5x^2 + 5y^2 - 7x - 17y - 12 = 0$; $x^2 + y^2 - 3x - 2y - 1 = 0$]

Determina le equazioni delle circonferenze passanti per i punti A e B e aventi raggio r e rappresentale graficamente.

154 $A(-1, 0)$, $B(3, 0)$ $r = 2\sqrt{2}$ $[x^2 + y^2 - 2x + 4y - 3 = 0; x^2 + y^2 - 2x - 4y - 3 = 0]$

155 $A(-2, -1)$, $B(2, 1)$ $r = \sqrt{10}$ $[x^2 + y^2 - 2x + 4y - 5 = 0; x^2 + y^2 + 2x - 4y - 5 = 0]$

156 $A(0, 0)$, $B(3, 0)$ $r = \frac{1}{2}\sqrt{13}$ $[x^2 + y^2 - 3x + 2y = 0; x^2 + y^2 - 3x - 2y = 0]$

157 $A(-2, 0)$, $B(2, 0)$ $r = 4$ $[x^2 + y^2 + 4\sqrt{3}y - 4 = 0; x^2 + y^2 - 4\sqrt{3}y - 4 = 0]$

Circonferenza, data una condizione di tangenza

Scrivi le equazioni delle circonferenze che hanno centro in C e sono tangenti alla retta r.

158 $C(-1, 0)$ r: asse y $[x^2 + y^2 + 2x = 0]$

159 $C(1, 3)$ r: asse x $[x^2 + y^2 - 2x - 6y + 1 = 0]$

160 $C(2, -3)$ r: $y = 2x$ $[5x^2 + 5y^2 - 20x + 30y + 16 = 0]$

161 $C(-2, 4)$ r: $y = -x$ $[x^2 + y^2 + 4x - 8y + 18 = 0]$

162 **ESERCIZIO GUIDATO**

Determina l'equazione della circonferenza tangente nel punto $P(1, 1)$ alla retta r: $y = x$ e avente il centro sulla retta di equazione $y = 2x - 7$.

1° modo

Il centro C della circonferenza è il punto di intersezione tra la retta di equazione $y = 2x - 7$ e la retta passante per $P(1, 1)$ e perpendicolare a r (*vedi* la figura a fianco). Dal grafico puoi prevedere che il centro è $C(3, -1)$.

Per determinare *algebricamente* le coordinate di C, ricava anzitutto l'equazione della retta passante per P e perpendicolare a r. Troverai che tale equazione è $y = -x + 2$, quindi le coordinate di C sono le soluzioni del sistema:

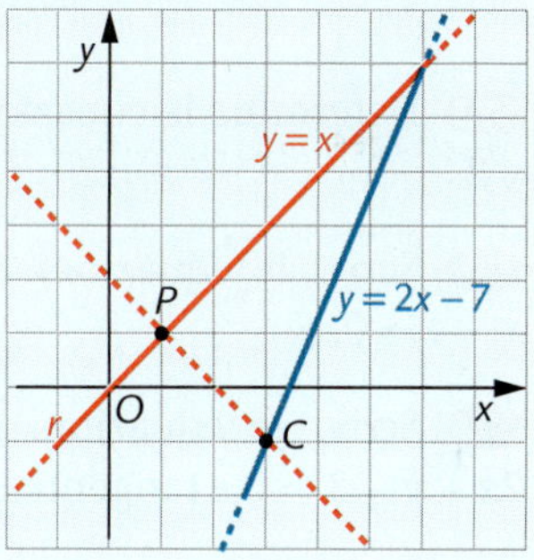

$$\begin{cases} y = 2x - 7 \\ y = -x + 2 \end{cases}$$

Il raggio della circonferenza è la distanza di C da P: $r = \overline{CP} = ...$

L'equazione della circonferenza richiesta è allora $(x - 3)^2 + (y + 1)^2 = (.....)^2$, cioè ....

2° modo

Affinché la retta di equazione $y = x$ sia tangente alla circonferenza di equazione $x^2 + y^2 + ax + by + c = 0$ basta che il discriminante dell'equazione risolvente il sistema:

$$\begin{cases} x^2 + y^2 + ax + by + c = 0 \\ y = x \end{cases}$$

sia uguale a zero. L'equazione risolvente è: $2x^2 + (a + b)x + c = 0$ e $\Delta = (a + b)^2 - 8c$, quindi la condizione di tangenza è $(a + b)^2 - 8c = 0$. Puoi allora ricavare a, b, c dal sistema:

$$\begin{cases} a + b + c = -2 & \text{Passaggio per il punto } P(1, 1) \\ (a + b)^2 - 8c = 0 & \text{Condizione di tangenza} \\ -\frac{b}{2} = 2 \cdot \left(-\frac{a}{2}\right) - 7 & \text{Appartenenza del centro alla retta di equazione } y = 2x - 7 \end{cases}$$

Scrivi le equazioni delle circonferenze tangenti alla retta r nel punto P e aventi il centro sulla retta s.

163 r: $y = -2$ $P(2, -2)$ s: $y = x$ $[x^2 + y^2 - 4x - 4y - 8 = 0]$

164 r: $y = x + 2$ $P(-1, 1)$ s: $2x - y - 3 = 0$ $[x^2 + y^2 - 2x + 2y - 6 = 0]$

165 r: $y = x + 3$ $P(-3, 0)$ s: $y = x - 1$ $[x^2 + y^2 + 2x + 4y - 3 = 0]$

166 r: $y = -2x + 2$ $P(-1, 4)$ s: $2x - y + 3 = 0$ $[x^2 + y^2 - 2x - 10y + 21 = 0]$

167 **Dal grafico all'equazione.** Scrivi le equazioni delle circonferenze rappresentate qui sotto, che sono tangenti in P alla retta r e passano per Q.

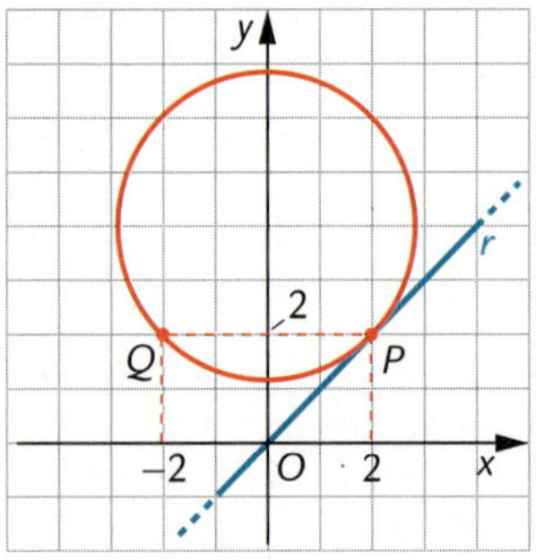

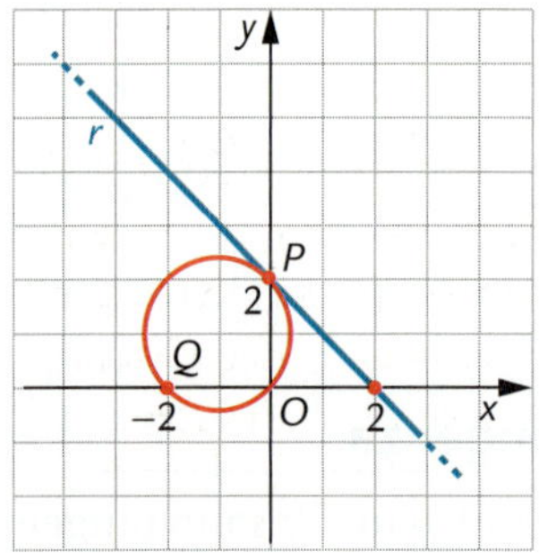

(*Suggerimento*: il problema è equivalente a determinare l'equazione della circonferenza avente il centro sull'asse di PQ e tangente in P alla retta r, quindi lo si può risolvere similmente all'Esercizio guidato 162)

Scrivi le equazioni delle circonferenze che sono tangenti in P alla retta r e passano per Q.

168 $P(1, 1)$ $r: y = x$ $Q(-2, 0)$ $[x^2 + y^2 + 3x - 7y + 2 = 0]$

169 $P(-1, -1)$ $r: x - y = 0$ $Q(2, 0)$ $[x^2 + y^2 - 3x + 7y + 2 = 0]$

170 $P(2, 2)$ $r: x - 2y + 2 = 0$ $Q(0, 0)$ $[x^2 + y^2 - 8x + 4y = 0]$

171 $P(0, 2)$ $r: y = x + 2$ $Q(0, -2)$ $[x^2 + y^2 - 4x - 4 = 0]$

172 Determina le equazioni delle circonferenze tangenti nel punto $A(1, 1)$ alla retta r: $y = x$ e aventi raggio $\sqrt{2}$. $[x^2 + (y - 2)^2 = 2;\ (x - 2)^2 + y^2 = 2]$

173 Determina le equazioni delle circonferenze tangenti nel punto $A(-1, 1)$ alla retta r: $y = x + 2$ e aventi raggio $\sqrt{2}$. $[x^2 + y^2 = 2;\ (x + 2)^2 + (y - 2)^2 = 2]$

174 Scrivi le equazioni delle circonferenze passanti per $A(-1, 0)$, $B(3, 2)$ e tangenti alla retta di equazione $x - 4 = 0$. $[x^2 + y^2 + 2x - 10y + 1 = 0;\ x^2 + y^2 - 3x - 4 = 0]$

175 Scrivi le equazioni delle circonferenze passanti per $A(2, 1)$, aventi il centro sulla retta di equazione $2x + y - 3 = 0$ e tangenti all'asse x. $[x^2 + y^2 + 2x - 10y + 1 = 0;\ x^2 + y^2 - 2x - 2y + 1 = 0]$

■ Esercizi riassuntivi sulla ricerca dell'equazione di una circonferenza

176 Scrivi l'equazione della circonferenza che ha centro in $C(2, 3)$ ed è tangente all'asse x. $[x^2 + y^2 - 4x - 6y + 4 = 0]$

177 Scrivi l'equazione della circonferenza che ha come diametro il segmento AB di estremi $A(2, 3)$ e $B(4, 1)$. $[x^2 + y^2 - 6x - 4y + 11 = 0]$

178 Scrivi l'equazione della circonferenza che ha centro in $C(-2, 3)$ e passa per l'origine. $[x^2 + y^2 + 4x - 6y = 0]$

179 Scrivi l'equazione della circonferenza che passa per i punti $A(-3, 0)$, $B(2, 0)$ e $C(0, 4)$. $[2x^2 + 2y^2 + 2x - 5y - 12 = 0]$

180 Scrivi l'equazione della circonferenza circoscritta al quadrato che ha due vertici in $O(0, 0)$ e $A(4, 0)$ e centro di simmetria nel punto di coordinate $(2, 2)$. $[x^2 + y^2 - 4x - 4y = 0]$

181 Scrivi l'equazione della circonferenza concentrica alla circonferenza di equazione $x^2 + y^2 - 6x - 1 = 0$ e tangente alla bisettrice del secondo e del quarto quadrante. $[2x^2 + 2y^2 - 12x + 9 = 0]$

182 Scrivi l'equazione della circonferenza tangente in $P(3, 3)$ alla bisettrice del primo e del terzo quadrante e passante per $Q(-1, 3)$. $[x^2 + y^2 - 2x - 10y + 18 = 0]$

183 Scrivi l'equazione della circonferenza passante per $A(-2, 0)$, $B(2, 4)$ e avente il centro sull'asse x. $[x^2 + y^2 - 4x - 12 = 0]$

184 Determina le equazioni delle circonferenze tangenti nel punto $A(2, 1)$ alla retta r di equazione $y = \frac{1}{2}x$ e aventi raggio $\sqrt{5}$.
$[x^2 + y^2 - 2x - 6y + 5 = 0; x^2 + y^2 - 6x + 2y + 5 = 0]$

185 Scrivi le equazioni della circonferenza che ha centro in $C(3, -2)$ e che individua sull'asse x un segmento di misura 2. $[x^2 + y^2 - 6x + 4y + 8 = 0]$

186 Determina l'equazione della circonferenza avente il centro sull'asse y, passante per l'origine e per il punto $A(2, 3)$. $\left[x^2 + y^2 - \frac{13}{3}y = 0\right]$

Esercizi di riepilogo

187 **Vero o falso?**

a. l'equazione $x^2 + y^2 + 2x + 2y + 3 = 0$ **non** rappresenta una circonferenza V F

b. l'equazione $3x^2 + 3y^2 + 2x + 2y - 3 = 0$ rappresenta una circonferenza avente centro in $C(-1, -1)$ V F

c. l'equazione $3x^2 + 2y^2 + 2x + 2y - 3 = 0$ **non** rappresenta una circonferenza V F

d. l'equazione $2x^2 + 2y^2 + x + y - 3 = 0$ **non** rappresenta una circonferenza V F

e. l'equazione $3x^2 + 3y^2 + 6x + 6y + 50 = 0$ rappresenta una circonferenza avente centro in $C(-1, -1)$ V F

[2 affermazioni vere e 3 false]

188 In ciascuna delle seguenti figure è rappresentata una circonferenza di equazione $x^2 + y^2 + ax + by + c = 0$. Associa a ciascuna circonferenza i valori corretti di a, b e c.

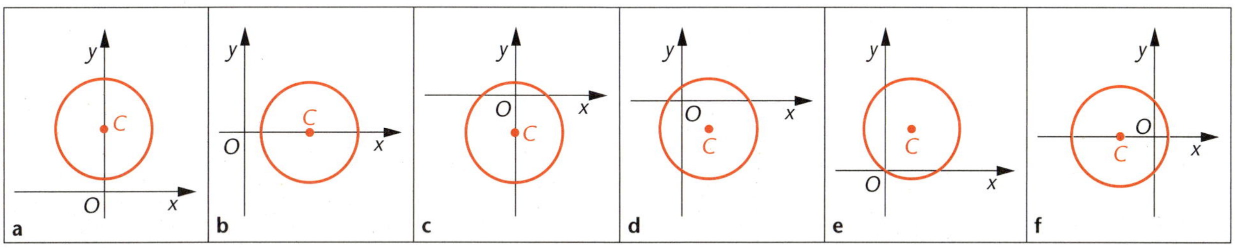

A. $a > 0$ e $b = 0$

B. $a = 0$ e $b < 0$

C. $a < 0$ e $b = 0$

D. $a = 0$ e $b > 0$

E. $a < 0$ e $b > 0$

F. $a < 0$ e $b < 0$

189 Supponi che l'equazione $x^2 + y^2 + ax + by + c = 0$ rappresenti una circonferenza (cioè che $a^2 + b^2 - 4c \geq 0$). Associa a ogni condizione espressa nella prima colonna la sua traduzione algebrica, posta nella seconda colonna.

a. passi per il punto $P(1, 1)$

b. abbia raggio 1

c. intersechi l'asse y in due punti distinti

d. abbia il centro sulla bisettrice del primo e del terzo quadrante

e. sia tangente all'asse x

f. sia tangente a entrambi gli assi cartesiani

A. $a^2 + b^2 - 4c = 4$

B. $a + b + c = -2$

C. $a^2 - 4c = 0$

D. $|a| = |b|$ e $a^2 = 4c$

E. $b^2 - 4c > 0$

F. $a = b$

190 Dopo aver verificato che l'equazione $x^2 + y^2 + (k - 2)x - ky = 0$ rappresenta una circonferenza per ogni valore di $k \in \mathbf{R}$, determina per quale valore di k si ha:

a. una circonferenza che passa per il punto $P(2, 0)$;

b. una circonferenza di raggio $\dfrac{\sqrt{10}}{2}$;

c. una circonferenza che ha il centro nel primo quadrante;

d. una circonferenza tangente alla retta di equazione $y = x - 1$. [**a.** $k = 0$; **b.** $k = -1$, $k = 3$, **c.** $0 < k < 2$, **d.** $k = 1$]

191 Considera l'equazione $(2k^2 - 1)x^2 + y^2 - (k + 3)x - 2y - 1 = 0$. Determina per quali valori di k essa rappresenta una circonferenza e disegna il grafico di tali circonferenze. [$k = \pm 1$]

192 Scrivi l'equazione della circonferenza concentrica alla circonferenza di equazione $x^2 + y^2 - 4x - 5 = 0$ e passante per il punto $P(0, 3)$. Individua l'area del quadrilatero che ha come vertici i punti di intersezione di tale circonferenza con gli assi cartesiani. [$x^2 + y^2 - 4x - 9 = 0$; Area = $6\sqrt{13}$]

193 Scrivi l'equazione della circonferenza avente centro in $C(-1, 0)$ e tangente alla retta r di equazione $y = -x + 1$. Determina le coordinate del punto di contatto P tra la circonferenza e la retta r. [$x^2 + y^2 + 2x - 1 = 0$; $P(0, 1)$]

194 Scrivi l'equazione della circonferenza che ha come centro il punto di intersezione delle rette di equazioni $2x + y - 3 = 0$ e $4x - y = 0$ e che è tangente all'asse x. [$4x^2 + 4y^2 - 4x - 16y + 1 = 0$]

195 Determina le equazioni delle circonferenze tangenti alla retta di equazione $x = 1$, di raggio 2 e aventi il centro sulla retta di equazione $x - 4y + 5 = 0$. [$x^2 + y^2 + 2x - 2y - 2 = 0$, $x^2 + y^2 - 6x - 4y + 9 = 0$]

196 Determina le equazioni delle circonferenze tangenti all'asse x, passanti per il punto $P(2, -3)$ e con centro sulla retta di equazione $2x - y - 1 = 0$. $[x^2 + y^2 + 2x + 6y + 1 = 0,\ x^2 + y^2 + 14x + 30y + 49 = 0]$

197 Considera la circonferenza di equazione $x^2 + y^2 - 4x - 2y = 0$; dopo aver verificato che i punti $A(0, 2)$, $B(0, 0)$ e $C(3, -1)$ appartengono alla circonferenza, determina:

a. le equazioni delle rette r, s e t, tangenti alla circonferenza rispettivamente nei punti A, B e C;

b. l'area del triangolo individuato dalle rette r, s e t, dopo aver verificato che tale triangolo è rettangolo.

$\left[\textbf{a. } 2x - y + 2 = 0,\ 2x + y = 0,\ x - 2y - 5 = 0;\right.$

$\left.\textbf{b. } \text{vertici del triangolo: } (-3, -4), (1, -2), \left(-\frac{1}{2}, 1\right); \text{Area} = \frac{15}{2}\right]$

198 Determina per quali valori di k la retta di equazione $x - 2y + k = 0$ è esterna alla circonferenza che ha centro in $C(2, 1)$ e passa per l'origine. $[k < -5 \vee k > 5]$

199 Scrivi l'equazione della circonferenza che ha centro in $C(0, 3)$ e passa per $P(2, 0)$. Determina poi le rette tangenti a tale circonferenza parallele alla bisettrice del primo e del terzo quadrante.

$[x^2 + y^2 - 6y - 4 = 0;\ y = x + 3 \pm \sqrt{26}]$

200 Scrivi l'equazione della circonferenza che passa per $A(1, 2)$, $O(0, 0)$, $B(3, 1)$. Determina le rette parallele all'asse x e tangenti a alla circonferenza. $\left[x^2 + y^2 - 3x - y = 0;\ y = \frac{1 \pm \sqrt{10}}{2}\right]$

201 Scrivi l'equazione della circonferenza che ha come diametro il segmento AB, di estremi $A(2, 0)$ e $B(-2, 6)$ e l'equazione della sua simmetrica rispetto all'asse x. Determina le equazioni delle rette tangenti alle circonferenze nei loro punti di intersezione con l'asse x e l'area del rombo formato da tali tangenti.

$\left[x^2 + y^2 - 6y - 4 = 0,\ x^2 + y^2 + 6y - 4 = 0; \text{ tangenti: } 2x \pm 3y + 4 = 0,\ 2x \pm 3y - 4 = 0, \text{ Area} = \frac{16}{3}\right]$

202 Considera i punti $A(-2, 0)$, $B(4, 0)$ e $C(2, 4)$. Scrivi l'equazione della circonferenza circoscritta al triangolo ABC e l'equazione della circonferenza passante per i punti medi dei lati del triangolo.

$[x^2 + y^2 - 2x - 2y - 8 = 0;\ x^2 + y^2 - 3x - 3y + 2 = 0]$

203 Dopo aver scritto l'equazione della circonferenza avente centro nell'origine e tangente alla retta di equazione $3x + 4y - 25 = 0$, determina le equazioni delle rette tangenti alla circonferenze condotte dal punto $P(0, 6)$.

$\left[x^2 + y^2 = 25;\ y = \pm\frac{\sqrt{11}}{5}x + 6\right]$

204 Scrivi l'equazione della circonferenza passante per l'origine e per $A(3, 0)$, il cui centro appartiene alla retta di equazione $y = \frac{1}{3}x$. Determina le equazioni delle rette r ed s tangenti alla circonferenza nei suoi punti di intersezione con l'asse x e calcola l'area del triangolo individuato dall'asse x e dalle rette r ed s.

$\left[x^2 + y^2 - 3x - y = 0;\ 3x + y = 0,\ 3x - y - 9 = 0;\ \frac{27}{4}\right]$

205 Scrivi l'equazione della circonferenza passante per l'origine e tangente alla retta r: $y = -2x - 8$ nel punto in cui r interseca l'asse x. Nel fascio di rette di centro $P(2, 0)$ determina:

a. le rette del fascio tangenti alla circonferenza;

b. le rette del fascio che individuano sulla circonferenza una corda di misura 4.

$\left[x^2 + y^2 + 4x - 2y = 0;\ \textbf{a. } y = \frac{-4 \pm 2\sqrt{15}}{11}(x - 2);\ \textbf{b. } y = 0,\ 8x + 15y - 16 = 0\right]$

206 Determina una retta parallela all'asse delle x che individua sulle due circonferenze di equazioni $x^2 + y^2 + 4x = 0$ e $x^2 + y^2 - 6x - 4y + 4 = 0$ due corde aventi la stessa misura. $\left[y = -\frac{1}{4}\right]$

207 È data la circonferenza di equazione $x^2 + y^2 + 2x - 6y + 8 = 0$; fra le rette passanti per il punto $P(-1, 1)$ determina:

a. le rette che distano $\frac{\sqrt{10}}{5}$ dal centro C della circonferenza;

b. le rette tangenti alla circonferenza;

c. le rette che individuano sulla circonferenza una corda di misura $2\sqrt{\frac{6}{5}}$.

$[\textbf{a. } y - 1 = \pm 3(x + 1);\ \textbf{b. } y - 1 = \pm(x + 1);\ \textbf{c. } y - 1 = \pm 2(x + 1)]$

208 Data la circonferenza di equazione $x^2 + y^2 - 6x = 0$, determina gli estremi della corda AB, che ha come punto medio $M(2, 1)$ e la misura di tale corda.

$$\left[A\left(\frac{4-\sqrt{14}}{2}, \frac{2-\sqrt{14}}{2}\right);\ B\left(\frac{4+\sqrt{14}}{2}, \frac{2+\sqrt{14}}{2}\right);\ \overline{AB} = 2\sqrt{7}\right]$$

209 **Posizione reciproca di due circonferenze.** Considera le seguenti coppie di circonferenze:

a. $x^2 + y^2 - 1 = 0$ $\qquad x^2 + y^2 - 4x - 6y + 9 = 0$

b. $x^2 + y^2 - 4 = 0$ $\qquad x^2 + y^2 - 4x - 21 = 0$

c. $x^2 + y^2 - 4 = 0$ $\qquad x^2 + y^2 - 8x + 7 = 0$

d. $x^2 + y^2 - 2x - 6y + 8 = 0$ $\qquad x^2 + y^2 - 6x - 2y + 8 = 0$

e. $x^2 + y^2 - 6x - 2y + 8 = 0$ $\qquad x^2 + y^2 - 7x - y + 8 = 0$

e rappresentale graficamente. Individua dal grafico la loro posizione reciproca e poi verifica i risultati ottenuti in due modi diversi:

i. algebricamente, risolvendo il sistema formato dalle equazioni della coppia di circonferenze;

ii. geometricamente, ricordando le relazioni che legano i raggi delle due circonferenze e la distanza dei loro centri alla loro posizione reciproca.

Fra le coppie di circonferenze proposte una è costituita da circonferenze secanti. Determina la misura della corda che tali circonferenze hanno in comune.

$$\left[\text{Misura della corda comune} = \frac{3\sqrt{15}}{4}\right]$$

210 In un piano riferito a un sistema di assi cartesiano ortogonali sono assegnati i punti $A(4, 0)$, $B(2, 0)$ e la retta r per B di coefficiente angolare $-\frac{4}{3}$. Scrivi le equazioni delle due circonferenze tangenti in A all'asse x e tangenti alla retta r. Indicati con C e C' i centri delle due circonferenze e con D e D' i rispettivi punti di contatto di queste con la retta r, determina l'area e il perimetro del quadrilatero $CDD'C'$.

Dimostra che i triangoli DAD' e CBC' sono simili e indica qual è il rapporto di similitudine.

$$\left[x^2 + y^2 - 8x - 8y + 16 = 0,\ x^2 + y^2 - 8x + 2y + 16 = 0,\ D\left(\frac{4}{5}, \frac{8}{5}\right), E\left(\frac{16}{5}, -\frac{8}{5}\right),\right.$$
$$\left.\text{Area} = 10,\ \text{Perimetro} = 14,\ \text{rapporto di similitudine} = \frac{4}{5}\right]$$

Esercizi dalle gare di matematica e in inglese

211 Sia D la regione di piano individuata dal sistema di disequazioni

$$\begin{cases} x^2 + y^2 \le 1 \\ (x-1)^2 + (y-1)^2 \ge 1 \\ (x+1)^2 + (y+1)^2 \ge 1 \end{cases}$$

Qual è l'area di D?

[A] $\pi\sqrt{2}$ [B] $\frac{\pi}{2}$ [C] 2 [D] $\sqrt{2}$ [E] $4 - \pi$

(Giochi di Archimede 1996) [C]

212 La retta di equazione $x + y = \sqrt{2m}$ è tangente alla circonferenza di equazione $x^2 + y^2 = m$. Quale delle seguenti affermazioni è esatta?

[A] m deve essere uguale a $\frac{1}{2}$.

[B] m deve essere uguale a $\frac{1}{\sqrt{2}}$.

[C] m deve essere uguale a $\sqrt{2}$.

[D] La retta e la circonferenza sono tangenti per qualsiasi valore di m reale positivo.

(High School Math Contest, Texas 2007) [D]

213 Solve math in English Pictured is the circle of radius 1 with center (0, 0), the circle of radius 2 with center (5, 0) and a line tangent to both circles, with (a, b) being the point of tangency with the smaller circle. Find a.

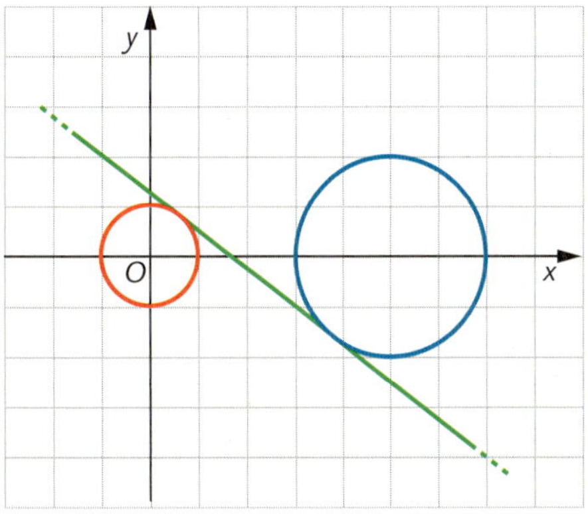

(High School Math Contest, Texas 2007) $\left[\frac{3}{5}\right]$

214 Solve math in English What is the radius of the smallest circle that contains both of the circles $x^2 + y^2 = 4$ and $(x-3)^2 + (y-3)^2 = 9$?

(High School Math Contest, Texas 2007) $\left[\frac{3\sqrt{2}+5}{2}\right]$

PROVA DI AUTOVERIFICA

Circonferenza

1 Associa a ciascuna circonferenza la sua equazione:

A. $x^2 + y^2 - 4x + 2y - 1 = 0$

B. $x^2 + y^2 - 4x - 2y - 1 = 0$

C. $x^2 + y^2 + 4x + 2y - 1 = 0$

D. $x^2 + y^2 + 4x - 2y - 1 = 0$

2 Associa a ogni equazione la frase (o le frasi) che le corrispondono.

a. $x^2 + y^2 + 3y - 1 = 0$

b. $x^2 + y^2 + 8x - 5y = 0$

c. $x^2 + y^2 + 3y + 4x + 4 = 0$

d. $x^2 + y^2 - 3x - 1 = 0$

e. $x^2 + y^2 - 5x = 0$

A. È una circonferenza con il centro sull'asse x.

B. È una circonferenza con il centro sull'asse y.

C. È una circonferenza passante per l'origine.

D. È una circonferenza tangente all'asse x.

E. È una circonferenza tangente all'asse y.

3 Scrivi l'equazione della circonferenza che ha come diametro il segmento AB, di estremi $A(-2, 1)$ e $B(2, 3)$.

4 Determina la misura della corda individuata dalla retta di equazione $y = x + 1$ sulla circonferenza di equazione $x^2 + y^2 = 4$.

5 Scrivi l'equazione della circonferenza tangente in $P(-1, 2)$ alla retta di equazione $y = -2x$ e il cui centro appartiene all'asse x.

6 Rappresenta graficamente la circonferenza di equazione $x^2 + y^2 - 4x - 3y = 0$, quindi determina:

a. l'area del triangolo che ha come vertici i suoi punti di intersezione con gli assi cartesiani;

b. l'area del rombo avente tre lati sulle rette tangenti alla circonferenza nei suoi punti di intersezione con gli assi.

7 Determina le equazioni delle rette tangenti alla circonferenza di equazione $x^2 + y^2 = 4$, passanti per $P(0, 4)$.

8 Scrivi l'equazione della circonferenza rappresentata nella figura qui sotto.

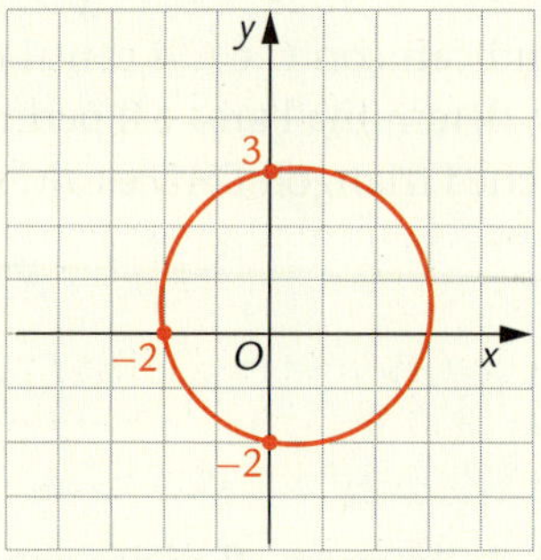

Valutazione

Esercizio	1	2	3	4	5	6	7	8	Totale
Punteggio	$0,25 \times 4 = 1$	$0,2 \times 5 = 1$	1	1	1	$1 + 1,5 = 2,5$	1,5	1	10
Punteggio ottenuto									

Tempo massimo: 2 h

Risposte in fondo al volume

Ellisse, iperbole e complementi sulle coniche

Unità 8

1. Ellisse

L'ellisse come luogo

In questo paragrafo introduciamo un nuovo luogo geometrico rappresentato, come la parabola e la circonferenza, da un'equazione di secondo grado: l'*ellisse*.

> **ELLISSE**
> Si dice **ellisse** il luogo dei punti del piano per cui è costante la somma delle distanze da due punti fissi detti **fuochi.**

Una semplice costruzione che chiarisce il significato della definizione precedente e permette di capire qual è il grafico di un'ellisse è la cosiddetta «costruzione del giardiniere», così chiamata perché è usata, in pratica, per costruire aiuole di forme ovali: si fissano gli estremi di un filo inestensibile in due punti F_1, F_2, poi si fa scorrere la punta di una matita in modo che essa si appoggi costantemente al filo e che questo si mantenga teso (**fig. 8.1**).

Figure dinamiche
Puoi visualizzare la costruzione di un'ellisse tramite la figura dinamica disponibile on-line.

La curva che si ottiene è un'ellisse di fuochi F_1, F_2 poiché la somma delle distanze della punta della matita da F_1 e da F_2 si mantiene uguale alla lunghezza del filo (che è costante perché si è supposto il filo inestensibile).

Si potrebbe dimostrare che l'ellisse possiede due assi di simmetria: la retta passante per i due fuochi F_1, F_2 e l'asse del segmento F_1F_2. Il punto di intersezione dei due assi di simmetria, cioè il punto medio del segmento F_1F_2, è il **centro** di simmetria dell'ellisse.

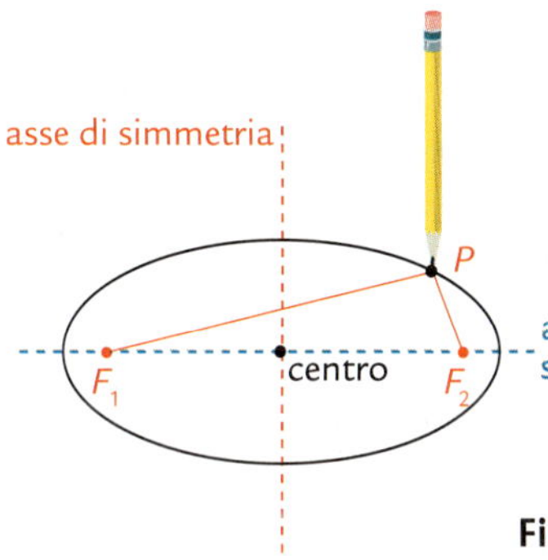

Figura 8.1

Equazione dell'ellisse

Possiamo ora apprestarci a scrivere l'equazione dell'ellisse in un piano cartesiano. In tutta questa Unità indicheremo con F_1 e F_2 i due fuochi e con $2c$ ($c > 0$) la misura del segmento F_1F_2 (detta **distanza focale**). Consideriamo il caso più semplice, cioè quello in cui il centro di simmetria dell'ellisse è nell'origine degli assi e i fuochi appartengono all'asse x. Le coordinate dei fuochi saranno allora:

$$F_1(-c, 0) \quad \text{e} \quad F_2(c, 0)$$

come mostrato in **fig. 8.2**.

Posta uguale a $2a$ la somma costante delle distanze di un generico punto dell'ellisse dai fuochi, un punto $P(x, y)$ del piano apparterrà all'ellisse se e solo se

$$\overline{PF_1} + \overline{PF_2} = 2a$$ Definizione di ellisse

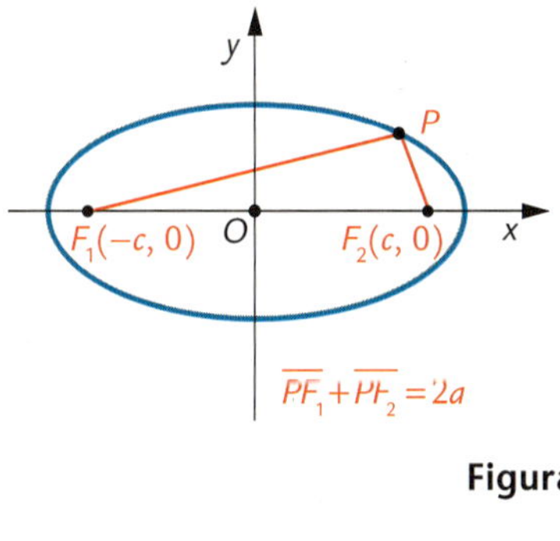

Figura 8.2

Questa condizione, utilizzando la formula della distanza, si traduce analiticamente nell'equazione:

$$\sqrt{(x+c)^2+y^2}+\sqrt{(x-c)^2+y^2}=2a \qquad [8.1]$$

Mediante opportuni elevamenti al quadrato si giunge a dimostrare che quest'ultima equazione è equivalente a:

$$\frac{x^2}{a^2}+\frac{y^2}{a^2-c^2}=1 \qquad [8.2]$$

Ricorda

La disuguaglianza triangolare afferma che in un triangolo un lato è sempre minore della somma degli altri due lati.

Esamina ora la **fig. 8.2**: per la *disuguaglianza triangolare* applicata al triangolo PF_1F_2, deve essere:

$$\underbrace{2c}_{F_1F_2} < \underbrace{2a}_{PF_1+PF_2}$$

e dunque $c < a$. Possiamo allora porre:

$$a^2-c^2=b^2 \qquad \text{con } b>0$$

e riscrivere la **[8.2]** nella cosiddetta **forma normale** (o **canonica**) espressa nel seguente teorema.

TEOREMA 8.1 **Equazione di un'ellisse con i fuochi sull'asse x**

L'equazione in forma normale di un'**ellisse** con centro nell'origine e **fuochi** nei punti di coordinate $(-c, 0)$ e $(c, 0)$ è della forma:

$$\frac{x^2}{a^2}+\frac{y^2}{b^2}=1 \qquad \text{con } a>b>0 \quad \text{e} \quad c^2=a^2-b^2 \qquad [8.3]$$

Se i fuochi dell'ellisse fossero sull'asse y, cioè se fosse $F_1(0, -c)$ e $F_2(0, c)$, indicando questa volta con $2b$ la distanza costante di un punto dell'ellisse dai due fuochi e ponendo questa volta $b^2-c^2=a^2$, si giungerebbe al seguente teorema.

TEOREMA 8.2 **Equazione di un'ellisse con i fuochi sull'asse y**

L'equazione in forma normale di un'**ellisse** con centro nell'origine e **fuochi** nei punti di coordinate $(0, -c)$ e $(0, c)$ è della forma:

$$\frac{x^2}{a^2}+\frac{y^2}{b^2}=1 \qquad \text{con } 0<a<b \quad \text{e} \quad c^2=b^2-a^2 \qquad [8.4]$$

Osserva attentamente le equazioni **[8.3]** e **[8.4]**. Sebbene i risultati cui si è giunti siano del tutto simili, c'è una piccola, ma sostanziale differenza! Nell'equazione **[8.3]** il numero maggiore, a^2 è il denominatore di x^2, mentre nell'equazione **[8.4]** il numero maggiore b^2 è il denominatore di y^2. In sostanza, possiamo dire che ogni **ellisse con centro nell'origine e fuochi su uno dei due assi cartesiani** ha equazione del tipo:

$$\frac{x^2}{a^2}+\frac{y^2}{b^2}=1 \qquad \text{con } a>0 \text{ e } b>0 \qquad [8.5]$$

dove $a>b$ se i fuochi dell'ellisse appartengono all'asse x e $a<b$ se i fuochi appartengono all'asse y. Viceversa, si dimostra che ogni equazione del tipo **[8.5]** rappresenta un'ellisse.

Studio dell'ellisse di equazione $\frac{x^2}{a^2}+\frac{y^2}{b^2}=1$

Vertici e assi

I punti di intersezione dell'ellisse di equazione **[8.5]** con l'asse x si ottengono risolvendo il seguente sistema:

$$\begin{cases} \dfrac{x^2}{a^2}+\dfrac{y^2}{b^2}=1 \\ y=0 \end{cases} \Rightarrow \begin{cases} x=\pm a \\ y=0 \end{cases}$$

quindi l'ellisse interseca l'asse x nei punti $A_1(-a, 0)$, $A_2(a, 0)$.

I punti di intersezione con l'asse y si ottengono risolvendo il sistema:

$$\begin{cases} \dfrac{x^2}{a^2} + \dfrac{y^2}{b^2} = 1 \\ x = 0 \end{cases} \Rightarrow \begin{cases} x = 0 \\ y = \pm b \end{cases}$$

quindi l'ellisse interseca l'asse y nei punti $B_1(0, -b)$, $B_2(0, b)$.
Pertanto l'ellisse interseca gli assi cartesiani nei quattro punti:

$$A_1(-a, 0), \quad A_2(a, 0), \quad B_1(0, -b), \quad B_2(0, b)$$

che vengono detti **vertici** dell'ellisse.

Ellisse con i fuochi sull'asse x	**Ellisse con i fuochi sull'asse y**

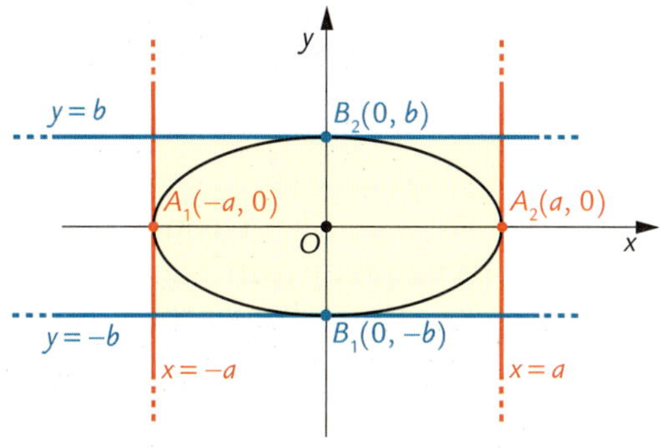

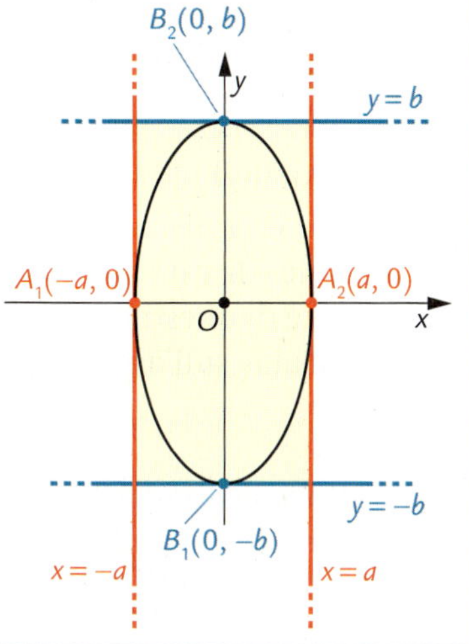

In un'ellisse si dicono:

- **asse maggiore** il segmento staccato dall'ellisse sull'asse di simmetria cui appartengono i fuochi;
- **asse minore** il segmento staccato dall'ellisse sull'asse di simmetria cui non appartengono i fuochi.

Per l'ellisse di equazione [8.5] l'asse maggiore è A_1A_2 se i fuochi appartengono all'asse x e in tal caso misura $2a$; è B_1B_2 se i fuochi appartengono all'asse y e in tal caso misura $2b$. Pertanto la *misura dell'asse maggiore* di un'ellisse non è altro che la *costante* che rappresenta la somma delle distanze del generico punto dell'ellisse dai due fuochi.

I numeri positivi a e b rappresentano le misure dei **semiassi** dell'ellisse.

Modi di dire

In alcuni testi, per brevità, vengono utilizzate le seguenti espressioni per un'ellisse con i fuochi sull'asse x: «$2a$ è l'asse maggiore», «$2b$ è l'asse minore», «a e b sono i semiassi», invece che «$2a$ è la *misura* dell'asse maggiore», «$2b$ è la *misura* dell'asse minore», «a e b sono le *misure* dei semiassi». Analoghe considerazioni valgono per un'ellisse con i fuochi sull'asse y.

Fuochi dell'ellisse

Per ricavare le coordinate dei fuochi dell'ellisse distinguiamo i due casi:

a. ellisse con i fuochi sull'asse x;
b. ellisse con i fuochi sull'asse y.

a. *Ellisse con i fuochi sull'asse x*. Dalla relazione $c^2 = a^2 - b^2$ si ricava:

$$c = \sqrt{a^2 - b^2}$$

Pertanto i fuochi sono i punti:

$$F_1(-\sqrt{a^2 - b^2}, 0), F_2(+\sqrt{a^2 - b^2}, 0)$$

b. *Ellisse con i fuochi sull'asse y*. Dalla relazione $c^2 = b^2 - a^2$ si ricava:

$$c = \sqrt{b^2 - a^2}$$

Pertanto i fuochi sono i punti:

$$F_1(0, -\sqrt{b^2 - a^2}), F_2(0, +\sqrt{b^2 - a^2})$$

Osserva

Fissa l'attenzione, per esempio, sulla figura relativa all'ellisse con i fuochi sull'asse x. Se applichiamo il teorema di Pitagora al triangolo colorato, ricordando che $c^2 = a^2 - b^2$ e $a > 0$, abbiamo che:

$$\overline{B_2F_2} = \sqrt{b^2 + c^2} = \sqrt{a^2} = a$$

pertanto, si può interpretare il parametro a come la distanza di un estremo dell'asse minore da un fuoco. Si può interpretare il parametro b per un'ellisse con i fuochi sull'asse y in maniera analoga.

Ellisse con i fuochi sull'asse x	Ellisse con i fuochi sull'asse y
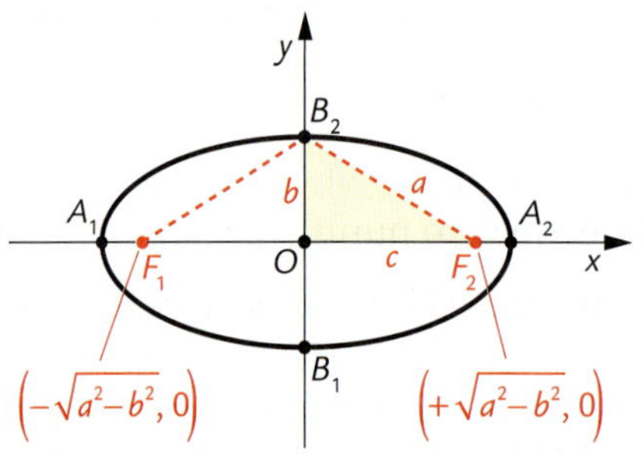	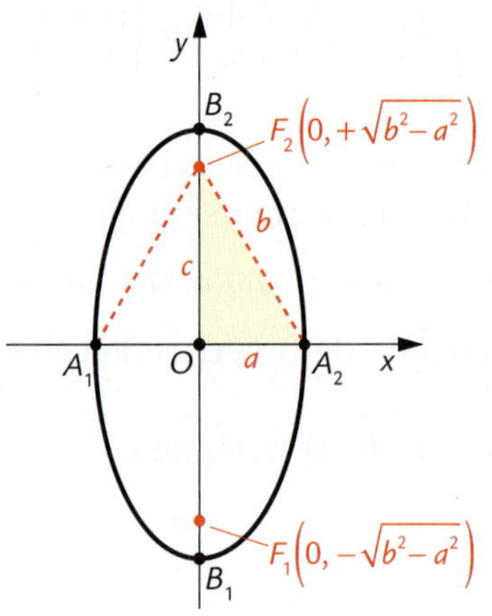

Eccentricità dell'ellisse

Un'ellisse è completamente determinata una volta che se ne conoscono la distanza focale e la misura dell'asse maggiore. Si dà un nome particolare al rapporto tra le misure di questi due segmenti, perché è una misura di quanto l'ellisse risulta «schiacciata» sull'asse maggiore.

ECCENTRICITÀ DI UN'ELLISSE

Si definisce **eccentricità** dell'ellisse (e si indica con e) il rapporto fra la distanza focale e la misura dell'asse maggiore:

$$e = \frac{\text{distanza focale}}{\text{misura asse maggiore}} \qquad [8.6]$$

In riferimento all'ellisse di equazione **[8.5]**, sarà:

$$e = \frac{2c}{2a} = \frac{c}{a} \quad \text{se l'ellisse ha i fuochi sull'asse } x \qquad [8.7]$$

$$e = \frac{2c}{2b} = \frac{c}{b} \quad \text{se l'ellisse ha i fuochi sull'asse } y \qquad [8.8]$$

Osserva

Abbiamo visto che per un'ellisse con i fuochi sull'asse x è sempre $c < a$. Analogamente, per un'ellisse con i fuochi sull'asse y è sempre $c < b$. Perciò, la distanza focale è sempre minore della misura dell'asse maggiore.

Poiché la distanza focale è sempre *minore* della misura dell'asse maggiore, è sempre $0 < e < 1$. Una circonferenza (**figg. 8.3a**) può essere vista come una particolare ellisse con i due fuochi coincidenti nel centro della circonferenza, quindi come una particolare ellisse avente eccentricità uguale a 0 (perché la distanza focale è nulla). Quanto più l'eccentricità di un'ellisse è prossima a 0, tanto più l'ellisse è simile a una circonferenza; quanto più l'eccentricità è prossima a 1, tanto più l'ellisse risulta «schiacciata» (**figg. 8.3b** e **c**). La situazione limite in cui l'eccentricità è uguale a 1 corrisponde al caso in cui la distanza tra i due fuochi coincide con la misura dell'asse maggiore: in questa eventualità l'asse minore è il segmento nullo e l'ellisse degenera nel segmento F_1F_2 (**fig. 8.3d**).

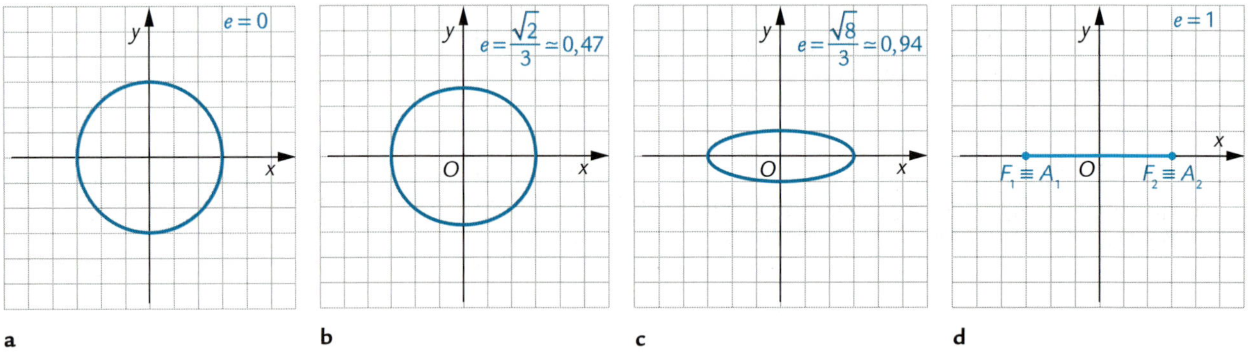

Figura 8.3 Come varia il grafico di un'ellisse al variare dell'eccentricità.

ESEMPIO **Studio di un'ellisse, data l'equazione in forma normale**

Rappresentiamo l'ellisse di equazione $\frac{x^2}{9}+\frac{y^2}{4}=1$ e individuiamone vertici, fuochi ed eccentricità.

- **Vertici e rappresentazione**

Nell'ellisse di equazione $\frac{x^2}{9}+\frac{y^2}{4}=1$ si riconosce che $a^2=9$, $b^2=4$, quindi le misure dei semiassi sono $a=3$, $b=2$ e i vertici dell'ellisse sono i punti di coordinate $(\pm 3, 0)$, $(0, \pm 2)$.
Ciò è sufficiente per tracciare approssimativamente un grafico dell'ellisse.

- **Fuochi ed eccentricità**

Poiché $a > b$, si tratta di un'ellisse con i fuochi sull'asse x. I fuochi sono i punti di coordinate $(\pm c, 0)$, con

$$c=\sqrt{a^2-b^2}=\sqrt{3^2-2^2}=\sqrt{5}$$

ovvero i punti di coordinate $(\pm\sqrt{5}, 0)$.
Infine, per la **[8.7]** è:

$$e=\frac{c}{a}=\frac{\sqrt{5}}{3}\simeq 0{,}75$$

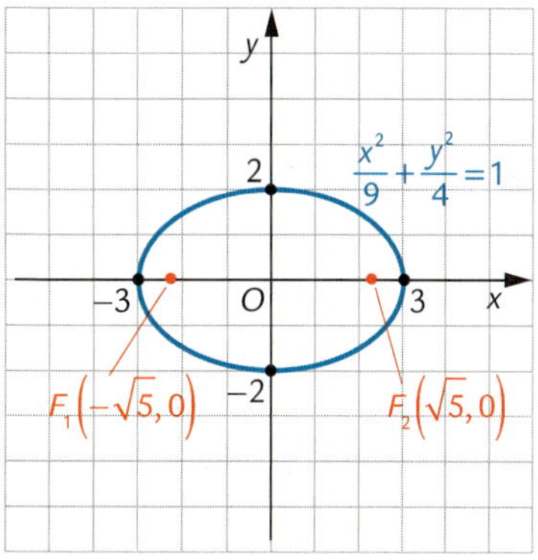

Scrivere l'equazione di un'ellisse, date alcune condizioni

Per determinare l'equazione di un'ellisse che soddisfi alcune condizioni assegnate, procederemo in modo simile a quanto già fatto per la parabola e la circonferenza.
A differenza delle equazioni della parabola e della circonferenza, che dipendevano da *tre* parametri, a, b e c, l'equazione di un'ellisse che ha come assi di simmetria gli assi cartesiani dipende da *due* soli parametri, le misure dei due semiassi, a e b.
Per determinare l'equazione di una ellisse siffatta, saranno quindi sufficienti *due* condizioni indipendenti.

Attenzione!
Per brevità, nei testi dei problemi, scriveremo «scrivere l'equazione dell'ellisse...» intendendo «scrivere l'equazione dell'ellisse *avente come assi di simmetria gli assi cartesiani...*»

ESEMPIO **Ellisse, dati un vertice e un fuoco**

Scriviamo l'equazione dell'ellisse che ha un vertice in $V(4, 0)$ e un fuoco in $F(\sqrt{10}, 0)$.

Affinché l'ellisse di equazione $\frac{x^2}{a^2}+\frac{y^2}{b^2}=1$ soddisfi le condizioni richieste deve essere:

$$\begin{cases} a^2=16 \\ a^2-b^2=10 \end{cases}$$

Perché un vertice sia in $V(4, 0)$, deve essere $a=4$, quindi $a^2=16$

L'ellisse ha i fuochi sull'asse x, quindi $a^2-b^2=c^2$.
Affinché uno dei due fuochi sia in $F(\sqrt{10}, 0)$ deve essere $c=\sqrt{10}$ ossia $c^2=10$

Ne segue che $a^2=16$ e $b^2=6$, pertanto l'ellisse cercata è quella di equazione:

$$\frac{x^2}{16}+\frac{y^2}{6}=1$$

La sua rappresentazione è data nella seguente figura.

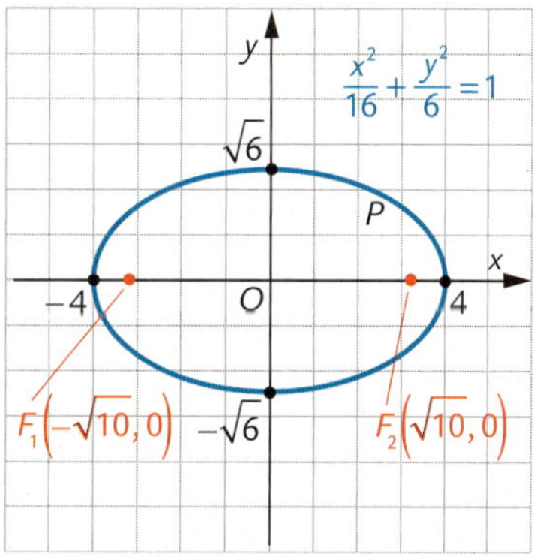

Ellisse e retta

Come per la parabola e la circonferenza, il problema di determinare la posizione reciproca tra una retta e un'ellisse si traduce algebricamente nell'analisi del sistema formato dalle equazioni della retta e dell'ellisse. Una volta ricavata l'equazione *risolvente* tale sistema, la retta risulta **esterna**, **tangente** o **secante** rispetto all'ellisse, rispettivamente se il discriminante di tale equazione è *minore*, *uguale* o *maggiore* di zero (**fig. 8.4**).

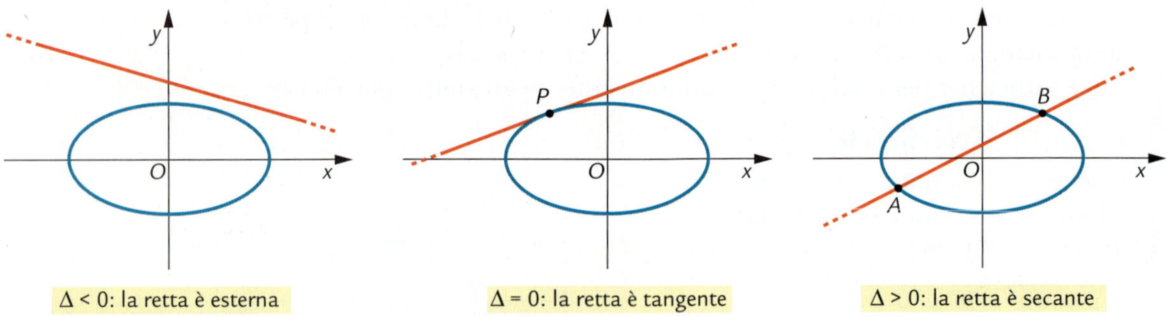

Figura 8.4 Posizione reciproca di un'ellisse e di una retta.

- Se P è un punto **esterno** a un'ellisse, cioè appartenente alla regione di piano delimitata dalla curva che **non** contiene il centro di simmetria di quest'ultima, esistono *due* rette tangenti all'ellisse passanti per P (**fig. 8.5**). Le equazioni di tali tangenti possono essere determinate con lo stesso procedimento già visto per la parabola: si scrive l'equazione della generica retta passante per P e si impone la condizione di tangenza $\Delta = 0$ nell'equazione risolvente il sistema formato dall'equazione della retta e dell'ellisse.

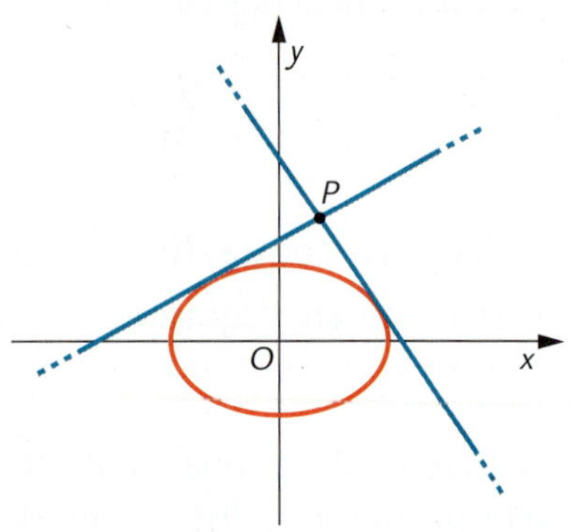

Figura 8.5

- Se $P(x_0, y_0)$ è un punto **appartenente** all'ellisse di equazione $\frac{x^2}{a^2} + \frac{y^2}{b^2} = 1$, la retta tangente all'ellisse in P è *unica* e per determinare la sua equazione esiste una «scorciatoia»; si può infatti dimostrare che in tal caso l'equazione della retta tangente è:

$$\frac{xx_0}{a^2} + \frac{yy_0}{b^2} = 1$$

- Se infine P è un punto **interno** all'ellisse, cioè appartenente alla regione di piano delimitata dalla curva che contiene il centro di simmetria di quest'ultima, **non** esistono rette tangenti all'ellisse passanti per P.

Prova tu **ESERCIZI** a p. 350

1. Un'ellisse ha centro nell'origine e fuochi sull'asse x. Quale può essere la sua equazione?

   A $\frac{x^2}{4} + \frac{y^2}{9} = 1$ B $\frac{x^2}{7} + \frac{y^2}{5} = 1$ C $\frac{x^2}{2} + \frac{y^2}{3} = 1$ D $\frac{x^2}{10} + \frac{y^2}{16} = 1$

2. Un'ellisse ha centro nell'origine e fuochi sull'asse y. Quale può essere la sua equazione?

   A $\frac{x^2}{14} + \frac{y^2}{9} = 1$ B $\frac{x^2}{7} + \frac{y^2}{5} = 1$ C $\frac{x^2}{2} + \frac{y^2}{4} = 1$ D $\frac{x^2}{16} + \frac{y^2}{10} = 1$

3. Rappresenta graficamente l'ellisse di equazione $4x^2 + 9y^2 = 36$ e determina i suoi fuochi e la sua eccentricità.

4. Verifica che l'eccentricità di un'ellisse con i fuochi sull'asse x è data dalla formula $e = \sqrt{1 - \frac{b^2}{a^2}}$. Scrivi una formula analoga per un'ellisse con i fuochi sull'asse y.

2. Iperbole

Definizione di iperbole come luogo

In questo paragrafo introdurremo un'altra curva definita da un'equazione di secondo grado nelle due variabili x e y: l'*iperbole*. Come per la parabola, la circonferenza e l'ellisse, definiamo anzitutto l'iperbole come luogo geometrico.

IPERBOLE
Si dice **iperbole** il luogo dei punti del piano per cui è costante la differenza, in valore assoluto, delle distanze da due punti fissi detti **fuochi**.

Indichiamo con F_1 e F_2 i due fuochi dell'iperbole e con $2a$ il valore costante della differenza, in valore assoluto, delle distanze di un punto dell'iperbole da F_1 e F_2. L'iperbole è allora il luogo dei punti P del piano per cui:

$$|\overline{PF_1} - \overline{PF_2}| = 2a \quad [8.9]$$

La rappresentazione grafica dell'iperbole è meno immediata di quella dell'ellisse. In **fig. 8.6** è rappresentata un'iperbole, di fuochi F_1 e F_2.

Figure dinamiche
Puoi visualizzare la costruzione di un'iperbole tramite la figura dinamica disponibile on-line.

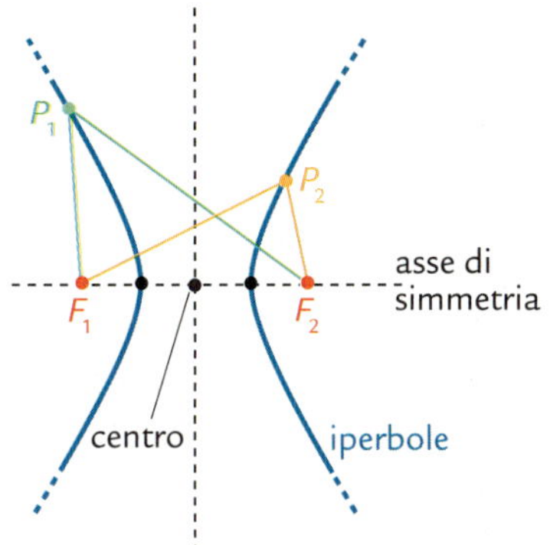

Figura 8.6

Come puoi vedere, l'iperbole è costituita da *due* rami. Ciò dipende dalla presenza del valore assoluto nella **[8.9]**. Infatti, in base alla definizione di valore assoluto, se P è un punto dell'iperbole tale che $PF_1 > PF_2$ (come il punto P_2 in figura), risulta:

$$\overline{PF_1} - \overline{PF_2} = 2a \quad [8.10]$$

Se invece P è tale che $PF_1 < PF_2$ (come il punto P_1 in figura), allora:

$$\overline{PF_2} - \overline{PF_1} = 2a \quad [8.11]$$

I punti dell'iperbole che soddisfano la **[8.10]** sono quelli che appartengono al ramo che contiene P_2, mentre i punti che soddisfano la **[8.11]** sono quelli che appartengono al ramo che contiene P_1.
Si potrebbe dimostrare che l'iperbole possiede due **assi di simmetria**: la retta passante per i due fuochi F_1, F_2 e l'asse del segmento F_1F_2. Il punto di intersezione dei due assi di simmetria, cioè il punto medio del segmento F_1F_2, è il **centro di simmetria** dell'iperbole.

Equazione dell'iperbole in forma normale

Possiamo ora apprestarci a scrivere l'equazione dell'iperbole in un piano cartesiano. In tutta questa Unità indicheremo con F_1 ed F_2 i due fuochi e con $2c$ ($c > 0$) la misura del segmento F_1F_2 (detta **distanza focale**).

Consideriamo il caso più semplice, cioè quello in cui il centro dell'iperbole è nell'origine degli assi cartesiani e i fuochi appartengono all'asse x. In questo caso le coordinate dei fuochi saranno (**fig. 8.7**):

$$F_1(-c,\ 0) \quad \text{e} \quad F_2(c,\ 0)$$

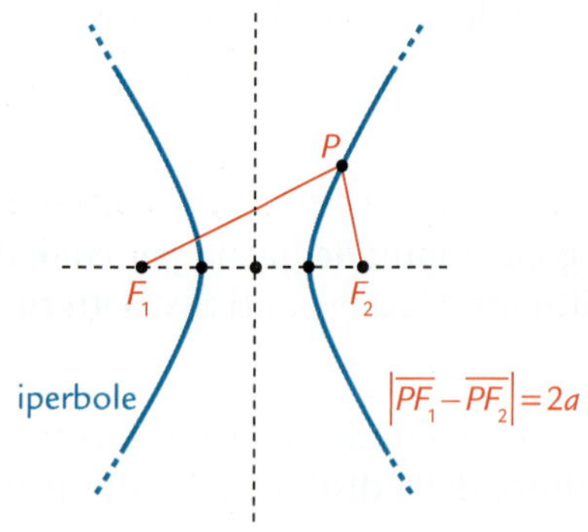

Figura 8.7

Indichiamo inoltre con $2a$ la differenza costante, in valore assoluto, delle distanze di un generico punto dell'iperbole dai fuochi. Allora un punto $P(x, y)$ del piano apparterrà all'iperbole se e solo se:

$$|\overline{PF_1} - \overline{PF_2}| = 2a$$

Definizione di iperbole come luogo geometrico

Questa condizione, utilizzando la formula della distanza tra due punti, si traduce analiticamente nell'equazione:

$$\left|\sqrt{(x+c)^2+y^2} - \sqrt{(x-c)^2+y^2}\right| = 2a$$

Mediante opportuni elevamenti al quadrato si dimostra che quest'ultima equazione è equivalente a:

$$\frac{x^2}{a^2} - \frac{y^2}{c^2-a^2} = 1 \qquad [8.12]$$

Ragionando similmente al caso dell'ellisse si dimostra che $c > a$ e, ponendo infine $c^2 - a^2 = b^2$, si ottiene l'equazione dell'iperbole in **forma normale** (o **canonica.**

TEOREMA 8.3 — **Equazione di un'iperbole con i fuochi sull'asse x**

L'equazione, in forma normale, di un'**iperbole** con centro nell'origine e **fuochi** nei punti di coordinate $(-c, 0)$ e $(c, 0)$ è della forma:

$$\frac{x^2}{a^2} - \frac{y^2}{b^2} = 1 \qquad \text{con } c^2 = a^2 + b^2 \qquad [8.13]$$

Se i **fuochi** dell'iperbole fossero sull'**asse** y, cioè se fosse $F_1(0, -c)$ e $F_2(0, c)$, indicando questa volta con $2b$ la differenza costante (in valore assoluto) delle distanze di un punto dell'iperbole dai due fuochi e ripetendo calcoli del tutto analoghi a quelli appena svolti, si giungerebbe al seguente teorema.

TEOREMA 8.4 — **Equazione di un'iperbole con i fuochi sull'asse y**

Osserva

Nell'equazione [**8.13**] il termine noto è 1, mentre nell'equazione [**8.14**] è -1.

L'equazione, in forma normale, di un'**iperbole** con centro nell'origine e **fuochi** nei punti di coordinate $(0, -c)$ e $(0, c)$ è della forma:

$$\frac{x^2}{a^2} - \frac{y^2}{b^2} = -1 \qquad \text{con } c^2 = a^2 + b^2 \qquad [8.14]$$

Viceversa, si dimostra che ogni equazione della forma **[8.13]** o **[8.14]** rappresenta un'iperbole con i fuochi rispettivamente sull'asse x e sull'asse y.

Studio delle iperboli di equazioni $\frac{x^2}{a^2} - \frac{y^2}{b^2} = 1$ e $\frac{x^2}{a^2} - \frac{y^2}{b^2} = -1$

Vertici

I punti di intersezione dell'iperbole con *l'asse* x si ottengono risolvendo i seguenti sistemi, rispettivamente se i fuochi appartengono all'asse x o all'asse y:

Fuochi sull'asse x	**Fuochi sull'asse y**
$\begin{cases} \frac{x^2}{a^2} - \frac{y^2}{b^2} = 1 \\ y = 0 \end{cases}$	$\begin{cases} \frac{x^2}{a^2} - \frac{y^2}{b^2} = -1 \\ y = 0 \end{cases}$
$\begin{cases} x = \pm a \\ y = 0 \end{cases}$	Il sistema è impossibile

Dunque un'iperbole con i fuochi sull'asse x interseca tale asse nei due punti $A_1(-a, 0)$, $A_2(a, 0)$, mentre un'iperbole con i fuochi sull'asse y non interseca l'asse x in alcun punto.

Analogamente, possiamo determinare i punti di intersezione con *l'asse* y:

Fuochi sull'asse x	**Fuochi sull'asse y**
$\begin{cases} \frac{x^2}{a^2} - \frac{y^2}{b^2} = 1 \\ x = 0 \end{cases}$	$\begin{cases} \frac{x^2}{a^2} - \frac{y^2}{b^2} = -1 \\ x = 0 \end{cases}$
Il sistema è impossibile	$\begin{cases} x = 0 \\ y = \pm b \end{cases}$

Dunque un'iperbole con i fuochi sull'asse x non interseca l'asse y in alcun punto, mentre un'iperbole con i fuochi sull'asse y interseca tale asse nei punti $B_1(0, -b)$, $B_2(0, b)$.

Fra i quattro punti:

$$A_1(-a, 0), \quad A_2(a, 0), \quad B_1(0, -b), \quad B_2(0, b)$$

si dicono **vertici reali** dell'iperbole i due punti che appartengono all'asse di simmetria dell'iperbole che contiene i fuochi; si dicono **vertici immaginari** dell'iperbole i due punti che appartengono all'asse di simmetria che non contiene i fuochi.

> **Convenzione**
> Quando si parla di *vertici* dell'iperbole senza ulteriori specificazioni, si intende riferirsi ai suoi vertici *reali*.

Si dicono inoltre:

- **asse trasverso** dell'iperbole il *segmento* che ha come estremi i due vertici (reali) dell'iperbole;
- **asse non trasverso** dell'iperbole il *segmento* che ha come estremi i due vertici immaginari.

Iperbole con i fuochi sull'asse x	Iperbole con i fuochi sull'asse y
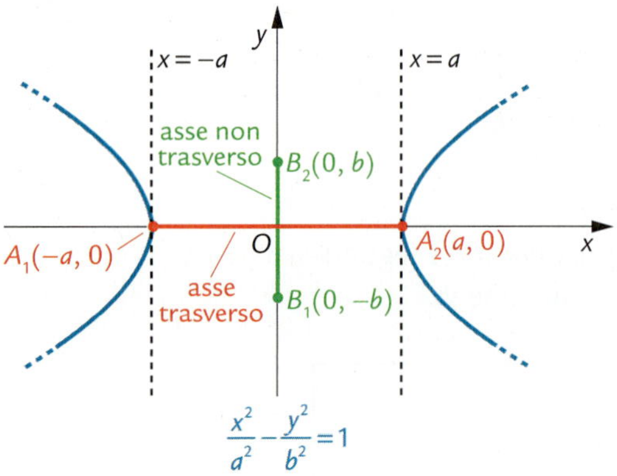	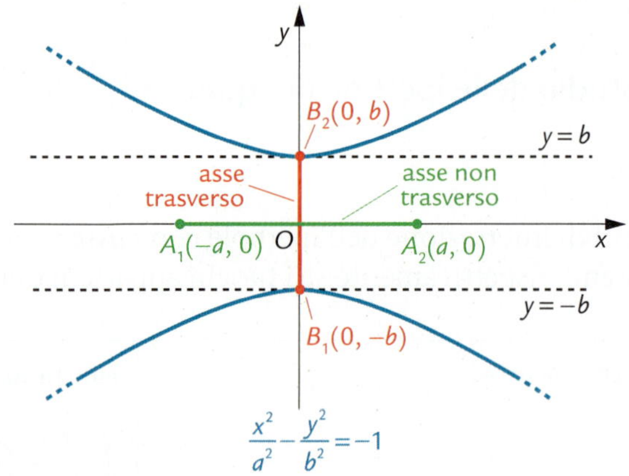
Vertici A_1 e A_2 Vertici immaginari B_1 e B_2	Vertici B_1 e B_2 Vertici immaginari A_1 e A_2

In riferimento alle figure qui sopra, l'asse trasverso è A_1A_2 se i fuochi appartengono all'asse x, e in tal caso misura $2a$; è B_1B_2 se i fuochi appartengono all'asse y, e in tal caso misura $2b$. La *misura dell'asse trasverso* di un'iperbole, quindi, non è altro che la *costante* che rappresenta la differenza, in valore assoluto, delle distanze di un punto dell'iperbole dai due fuochi. I numeri positivi a e b rappresentano evidentemente le misure dei **semiassi** dell'iperbole.

Osserva

Se dall'equazione dell'iperbole $\frac{x^2}{a^2} - \frac{y^2}{b^2} = 1$ ricaviamo y in funzione di x, otteniamo:

$y = \pm \frac{b}{a} \sqrt{x^2 - a^2}$,

da cui, raccogliendo e portando x fuori dal segno di radice, ricaviamo:

$y = \pm \frac{b}{a} x \sqrt{1 - \frac{a^2}{x^2}}$

(nel portare x fuori dal segno di radice si può omettere il valore assoluto perché l'espressione è preceduta dal segno $\pm$). Osserva che quanto maggiore è il valore assoluto di x, tanto più prossimo a 1 è il valore del radicale. Perciò, quanto maggiore è il valore assoluto di x, tanto più l'ordinata del punto di ascissa x dell'iperbole è prossima all'ordinata del punto di ascissa x appartenente a uno dei due asintoti,

$y = \pm \frac{b}{a} x$.

Queste considerazioni (che si potrebbero ripetere analoghe per un'iperbole con i fuochi sull'asse y) giustificano intuitivamente il fatto che i rami di un'iperbole si avvicinano indefinitamente agli asintoti, senza tuttavia mai intersecarli.

Asintoti dell'iperbole

Tracciamo il rettangolo (colorato in giallo nelle figure seguenti) che ha i lati paralleli agli assi cartesiani e passanti per i vertici (reali e immaginari) dell'iperbole. Le rette che contengono le diagonali (tratteggiate in rosso nelle figure in tabella) vengono dette **asintoti** dell'iperbole e hanno la seguente proprietà: i punti del grafico dell'iperbole si avvicinano indefinitamente agli asintoti, quanto più ci si allontana dell'origine, senza tuttavia mai arrivare a intersecarli.

Iperbole con i fuochi sull'asse x	Iperbole con i fuochi sull'asse y
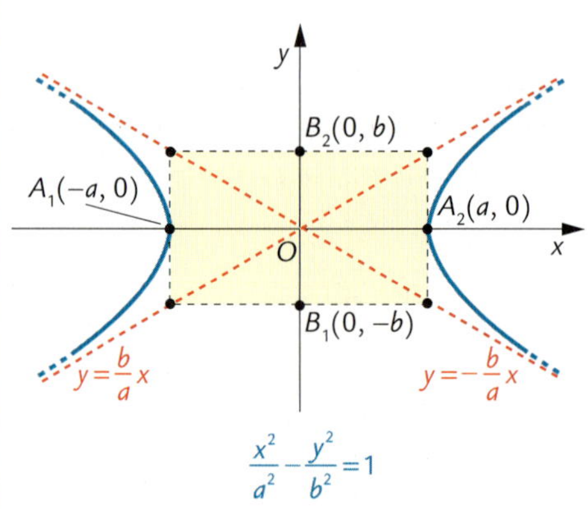	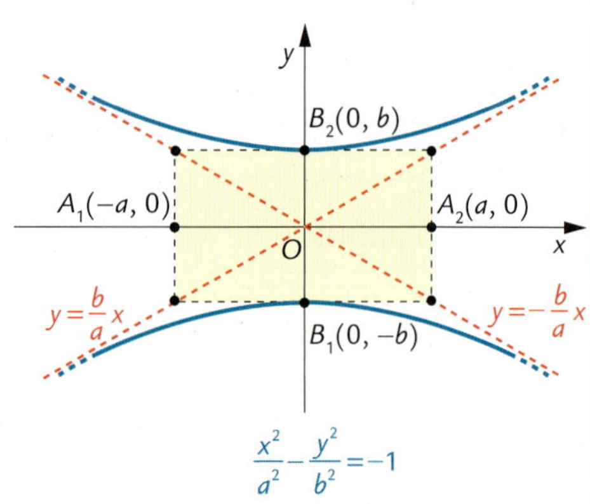

Gli asintoti sono le rette passanti per l'origine e rispettivamente per i punti di coordinate (a, b) e $(-a, b)$, quindi hanno equazioni:

$$y = \pm \frac{b}{a} x \qquad [8.15]$$

Fuochi dell'iperbole

Iperbole con i fuochi sull'asse x	**Iperbole con i fuochi sull'asse y**
Dalla relazione $c^2 = a^2 + b^2$ si ricava: $c = \sqrt{a^2 + b^2}$ Pertanto i fuochi sono i punti: $F_1(-\sqrt{a^2+b^2}, 0)$, $F_2(+\sqrt{a^2+b^2}, 0)$ 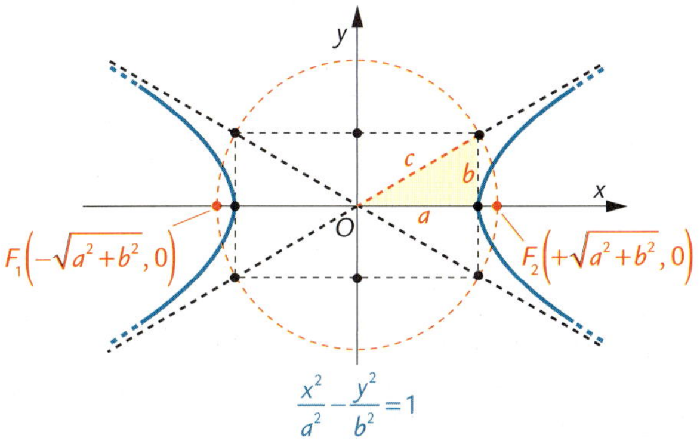	Dalla relazione $c^2 = a^2 + b^2$ si ricava: $c = \sqrt{a^2 + b^2}$ Pertanto i fuochi sono i punti: $F_1(0, -\sqrt{a^2+b^2})$, $F_2(0, +\sqrt{a^2+b^2})$ 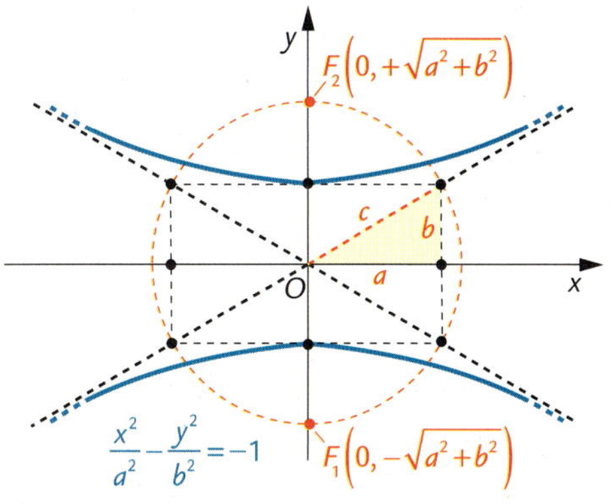

Osserva, per fissare le idee, il triangolo colorato in giallo nella figura relativa all'iperbole con i fuochi sull'asse x (*vedi* la tabella precedente). In base al teorema di Pitagora, la misura dell'ipotenusa di tale triangolo è $\sqrt{a^2 + b^2}$. Ma in base alla relazione tra i parametri a, b e c di un'iperbole, sappiamo che $\sqrt{a^2 + b^2} = c$. Perciò, il parametro c rappresenta la misura della semidiagonale del rettangolo tratteggiato. Si possono allora costruire i fuochi dell'iperbole tracciando la circonferenza che ha centro nell'origine e passa per uno dei vertici del rettangolo: tale circonferenza interseca la retta che contiene l'asse trasverso nei fuochi, come indicato in figura. Analoghe considerazioni valgono per l'iperbole con i fuochi sull'asse y.

Eccentricità dell'iperbole

Un'iperbole è completamente determinata una volta che se ne conoscano la distanza focale e la misura dell'asse trasverso. Si dà un nome particolare al rapporto tra le misure di questi due segmenti, perché è una misura dell'«apertura» del grafico dell'iperbole.

ECCENTRICITÀ DI UN'IPERBOLE

Si definisce **eccentricità** dell'iperbole (e si indica con e) il rapporto tra la distanza focale e la misura dell'asse trasverso:

$$e = \frac{\text{distanza focale}}{\text{misura asse trasverso}} \qquad [8.16]$$

Poiché la distanza focale di un'iperbole è sempre maggiore della misura dell'asse trasverso, è sempre $e > 1$.

Analogamente all'ellisse, l'eccentricità di un'iperbole misura lo «schiacciamento» dell'iperbole sull'asse trasverso: man mano che l'eccentricità cresce si ottengono iperboli più aperte (**fig. 8.8**).

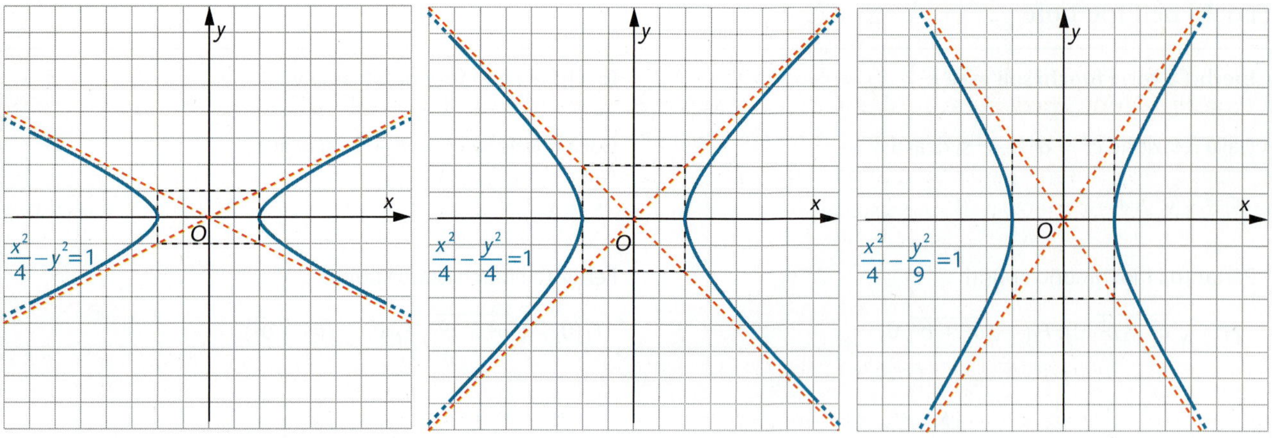

$e=\frac{\sqrt{5}}{2}\simeq 1{,}12$ $e=\sqrt{2}\simeq 1{,}41$ $e=\frac{\sqrt{13}}{2}\simeq 1{,}8$

Figura 8.8 Come varia l'apertura di un'iperbole al variare dell'eccentricità.

In riferimento a un'iperbole la cui equazione è in forma normale, sarà:

$$e=\frac{2c}{2a}=\frac{c}{a} \quad \text{se l'iperbole ha i fuochi sull'asse } x \qquad [8.17]$$

$$e=\frac{2c}{2b}=\frac{c}{b} \quad \text{se l'iperbole ha i fuochi sull'asse } y \qquad [8.18]$$

ESEMPIO Studio di un'iperbole con i fuochi sull'asse x

Tracciamo il grafico dell'iperbole di equazione $\frac{x^2}{9}-\frac{y^2}{25}=1$ e determiniamone i vertici, gli asintoti, i fuochi e l'eccentricità.

- **Vertici, asintoti e grafico**

Nell'iperbole di equazione $\frac{x^2}{9}-\frac{y^2}{25}=1$ si riconosce che $a^2=9$, $b^2=25$, quindi le misure dei semiassi sono $a=3$, $b=5$. I *vertici* sono i punti di coordinate $(\pm 3, 0)$, mentre i *vertici immaginari* hanno coordinate $(0, \pm 5)$.
Per tracciare il grafico dell'iperbole, costruiamo anzitutto il rettangolo i cui lati sono paralleli agli assi cartesiani e passano per i vertici dell'iperbole, nonché le rette che contengono le diagonali di tale rettangolo **(fig. 8.9a)**. Ciò è sufficiente per disegnare approssimativamente un grafico dell'iperbole: dovremo, a partire dai vertici, tracciare i rami di iperbole che si avvicinano indefinitamente a tali rette **(fig. 8.9b)**. Gli asintoti hanno equazione $y=\pm\frac{5}{3}x$.

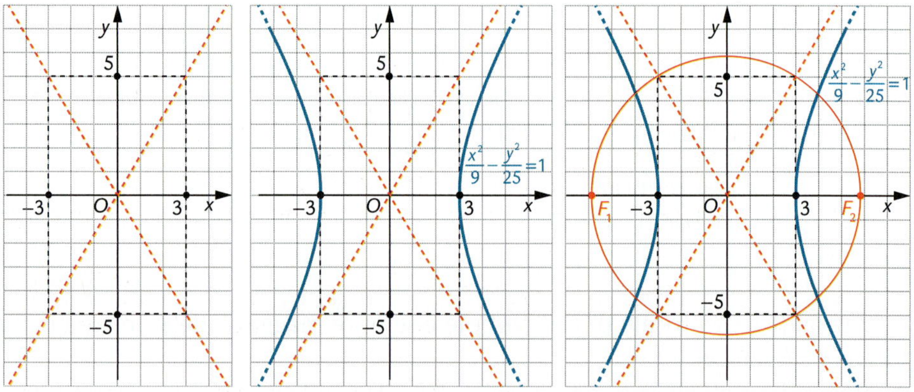

a. Disegno preparatorio **b.** Grafico dell'iperbole **c.** Costruzione dei fuochi

Figura 8.9

- **Fuochi ed eccentricità**

I fuochi hanno coordinate $(\pm c, 0)$, dove $c = \sqrt{a^2 + b^2} = \sqrt{25 + 9} = \sqrt{34}$, quindi hanno coordinate $(\pm\sqrt{34}, 0)$. Li si può costruire tracciando la circonferenza che ha centro nell'origine e passa per il punto di coordinate (3, 5) e individuando i punti in cui tale circonferenza incontra l'asse x **(fig. 8.9c)**.
Infine, l'eccentricità dell'iperbole vale:

$$e = \frac{c}{a} = \frac{\sqrt{34}}{3}$$

ESEMPIO Studio di un'iperbole con i fuochi sull'asse y

Tracciamo il grafico dell'iperbole di equazione $4x^2 - y^2 = -4$ e determiniamone i vertici, gli asintoti, i fuochi e l'eccentricità.

- **Vertici, asintoti e grafico**

Dividiamo entrambi i membri dell'equazione per 4 in modo da scrivere l'equazione dell'iperbole nella forma normale:

$$x^2 - \frac{y^2}{4} = -1$$

Riconosciamo così che si tratta dell'equazione di un'iperbole avente centro nell'origine e fuochi sull'asse y, i cui semiassi misurano $a = 1$ e $b = 2$. I *vertici* dell'iperbole sono perciò i punti di coordinate $(0, \pm 2)$, mentre i *vertici immaginari* hanno coordinate $(\pm 1, 0)$.
Per tracciare il grafico dell'iperbole procediamo come nell'esempio precedente. Anzitutto rappresentiamo il rettangolo i cui lati sono paralleli agli assi cartesiani e passano per i vertici dell'iperbole, nonché le rette che contengono le diagonali di tale rettangolo **(fig. 8.10a)**, poi tracciamo il grafico dell'iperbole **(fig. 8.10b)**.
Gli asintoti sono le rette di equazione

$$y = \pm\frac{b}{a}x = \pm 2x$$

- **Fuochi ed eccentricità**

I fuochi sono i punti di coordinate $(0, \pm c)$, dove $c = \sqrt{a^2 + b^2} = \sqrt{5}$, ovvero di coordinate $(0, \pm\sqrt{5})$.
Si possono costruire i fuochi tracciando la circonferenza che ha centro nell'origine e passa per il punto di coordinate (1, 2) e individuando i punti in cui tale circonferenza incontra l'asse y **(fig. 8.10c)**.
Infine, l'eccentricità dell'iperbole vale:

$$e = \frac{c}{b} = \frac{\sqrt{5}}{2}$$

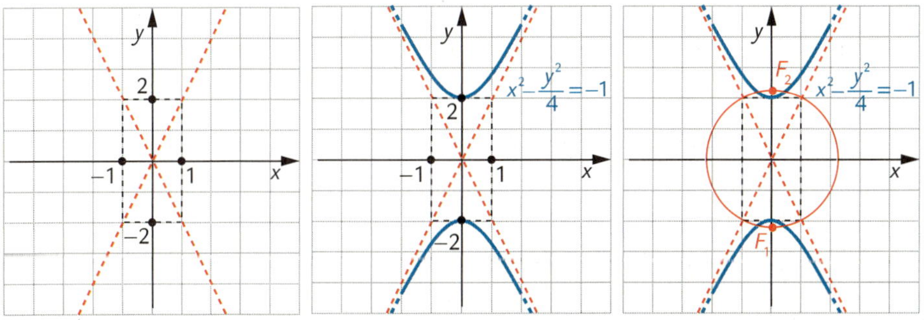

a. Disegno preparatorio **b.** Grafico dell'iperbole **c.** Costruzione dei fuochi

Figura 8.10

Attenzione!

Per brevità, nei testi dei problemi, scriveremo «scrivere l'equazione dell'eperbole...» intendendo «scrivere l'equazione dell'iperbole *avente come assi di simmetria gli assi cartesiani...*»

Scrivere l'equazione di un'iperbole, date alcune condizioni

Per determinare l'equazione di un'iperbole che soddisfi alcune condizioni assegnate, procederemo in modo simile a quanto già fatto per l'ellisse.
Un'iperbole che ha come assi di simmetria gli assi cartesiani ha un'equazione che (come l'ellisse) dipende da *due* soli parametri, a e b.
Per determinare l'equazione di una siffatta iperbole, saranno quindi sufficienti *due* condizioni indipendenti.

ESEMPIO Iperbole, dati asintoti e due vertici

Determiniamo l'equazione dell'iperbole che ha come asintoti le rette di equazioni $y = \pm 2x$ e tale che i vertici hanno coordinate $(\pm 3, 0)$.

L'iperbole ha i fuochi sull'asse x, quindi ha equazione del tipo $\frac{x^2}{a^2} - \frac{y^2}{b^2} = 1$.
Affinché soddisfi le condizioni richieste deve essere:

$$\begin{cases} \frac{b}{a} = 2 \\ a = 3 \end{cases}$$

Gli asintoti, che hanno equazione $y = \pm \frac{b}{a}x$ devono coincidere con $y = \pm 2x$

I vertici, che hanno coordinate $(\pm a, 0)$ devono coincidere con $(\pm 3, 0)$

Sostituendo il valore di a nella prima equazione, si ricava subito $b = 6$, quindi:

$$a^2 = 9 \quad \text{e} \quad b^2 = 36$$

L'iperbole cercata ha equazione:

$$\frac{x^2}{9} - \frac{y^2}{36} = 1$$

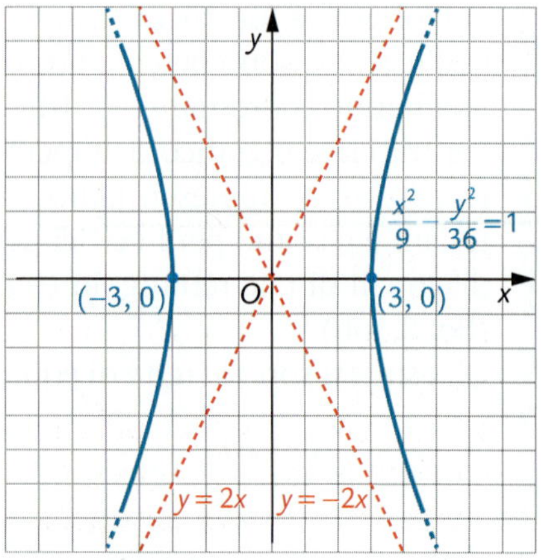

ESEMPIO Iperbole, data l'eccentricità e un fuoco

Determiniamo l'equazione dell'iperbole con i fuochi sull'asse y che ha eccentricità $e = 2$ sapendo che ha un fuoco nel punto di coordinate $(0, 2)$.

L'iperbole ha i fuochi sull'asse y, quindi ha equazione del tipo $\frac{x^2}{a^2} - \frac{y^2}{b^2} = -1$.
Affinché soddisfi le condizioni richieste deve essere:

$$\begin{cases} \frac{c}{b} = 2 \\ c = 2 \end{cases}$$

L'eccentricità deve essere uguale a 2

Poiché uno dei due fuochi è $F(0, 2)$, la semidistanza focale deve essere uguale a 2

Da questo sistema si ricava immediatamente $b = 1$.
Dalla relazione $c^2 = a^2 + b^2$ segue poi $2^2 = a^2 + 1^2$ e, quindi, $a^2 = 3$.
L'iperbole cercata ha equazione:

$$\frac{x^2}{3} - y^2 = -1$$

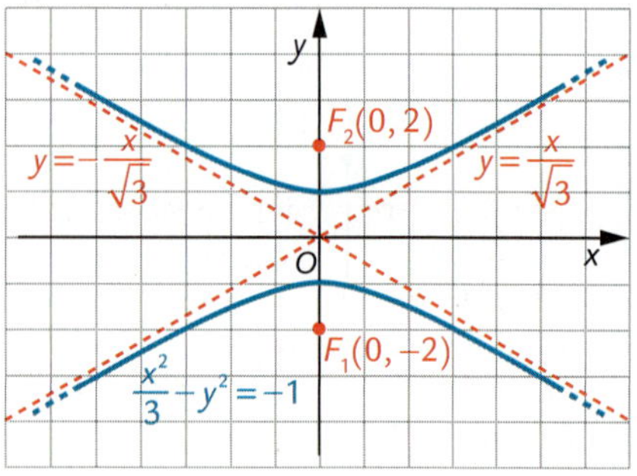

Iperbole e retta

Lo studio della posizione reciproca tra una retta e un'iperbole può avvenire similmente a quanto già visto per la parabola, la circonferenza e l'ellisse; se la retta e l'iperbole hanno punti in comune, le coordinate di tali punti sono le soluzioni del sistema formato dalle equazioni della retta e dell'iperbole, mentre se tale sistema è impossibile significa che la retta e l'iperbole non hanno punti di intersezione.

- Se P è un punto **esterno** all'iperbole, cioè interno alla regione di piano delimitata dai due rami della curva e contenente il suo centro di simmetria, esistono *due* rette tangenti all'iperbole passanti per P (**fig. 8.11**). Le equazioni di tali tangenti possono essere determinate con lo stesso procedimento già visto per la parabola e l'ellisse: si scrive l'equazione della generica retta passante per P e si impone la condizione di tangenza $\Delta = 0$ nell'equazione risolvente il sistema formato dall'equazione della retta e dell'iperbole.

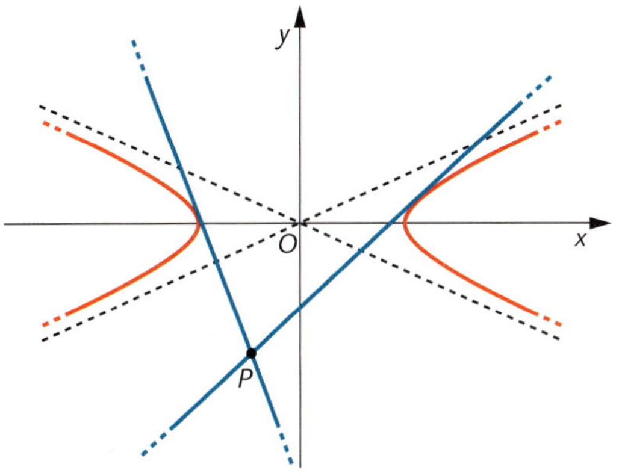

Figura 8.11

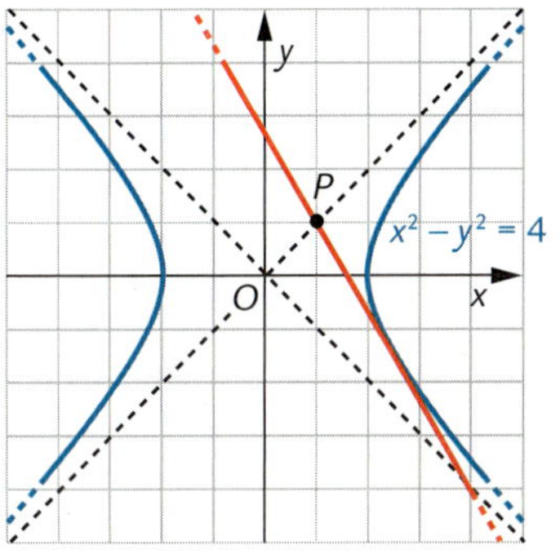

Figura 8.12

È importante osservare per l'iperbole sussiste un fatto nuovo, legato alla presenza degli *asintoti*: se P appartiene a uno di tali asintoti (come nel caso illustrato in **fig. 8.12**), applicando la procedura che conosci per trovare le rette tangenti trovi fra le equazioni delle tangenti anche l'asintoto stesso. Gli asintoti infatti possono considerarsi rette tangenti all'iperbole in un punto «all'infinito».

- Se $P(x_0, y_0)$ è un punto **appartenente** all'iperbole di equazione:

$$\frac{x^2}{a^2} - \frac{y^2}{b^2} = 1 \quad \text{o} \quad \frac{x^2}{a^2} - \frac{y^2}{b^2} = -1$$

la retta tangente all'iperbole in P è *unica* e per determinare la sua equazione esiste una «scorciatoia»; si può infatti dimostrare che l'equazione della retta tangente è rispettivamente:

$$\frac{xx_0}{a^2} - \frac{yy_0}{b^2} = 1 \quad \text{o} \quad \frac{xx_0}{a^2} - \frac{yy_0}{b^2} = -1$$

- Se infine P è un punto **interno** all'iperbole, cioè appartenente alla regione di piano delimitata dai due rami della curva che non contiene il centro di simmetria della curva stessa, **non** esistono rette tangenti all'iperbole passanti per P.

Prova tu **ESERCIZI** a p. 356

1. Rappresenta graficamente le iperboli aventi le seguenti equazioni e, per ciascuna, individua i vertici, i fuochi, gli asintoti e l'eccentricità.

   a. $4x^2 - 9y^2 = 36$ **b.** $\frac{x^2}{4} - \frac{y^2}{16} = -1$

2. Stabilisci se la seguente affermazione è vera o falsa: «Due iperboli aventi centro nell'origine e fuochi sull'asse x hanno la stessa eccentricità se e solo se hanno gli stessi asintoti».

3. Iperbole equilatera e funzione omografica

Iperbole equilatera riferita ai propri assi

Abbiamo visto che per tracciare il grafico di un'iperbole è utile tracciare il *rettangolo* i cui lati passano per i vertici dell'iperbole e sono paralleli agli assi cartesiani. Questo rettangolo diventa un *quadrato* nel caso in cui i due assi, trasverso e non trasverso, hanno la stessa misura, cioè quando, nell'equazione dell'iperbole in forma normale, è $a = b$.
Alle iperboli che soddisfano questa condizione si dà un nome particolare.

IPERBOLE EQUILATERA
Si dice **iperbole equilatera** un'iperbole i cui assi trasverso e non trasverso hanno la stessa misura.

Ponendo $a = b$ nell'equazione $\frac{x^2}{a^2} - \frac{y^2}{b^2} = 1$, otteniamo l'equazione in forma normale di una generica **iperbole equilatera avente i fuochi sull'asse x**:

$$x^2 - y^2 = a^2 \quad [8.19]$$

Analogamente, ponendo $a = b$ nell'equazione $\frac{x^2}{a^2} - \frac{y^2}{b^2} = -1$, otteniamo l'equazione in forma normale di una generica iperbole *equilatera* avente i fuochi sull'asse y:

$$x^2 - y^2 = -a^2 \quad [8.20]$$

Osserva
Tutte le iperboli equilatere con i fuochi sugli assi hanno gli stessi asintoti ($y = \pm x$) e la stessa eccentricità.
In particolare, gli asintoti sono fra loro perpendicolari.

Dalle formule che già conosci circa asintoti, fuochi ed eccentricità dell'iperbole si possono ricavare come caso particolare le formule che riassumiamo nella seguente tabella.

Iperbole equilatera con i fuochi sull'asse x	Iperbole equilatera con i fuochi sull'asse y
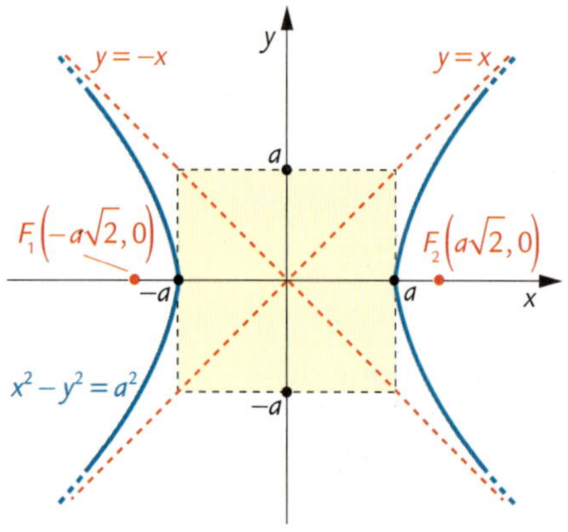	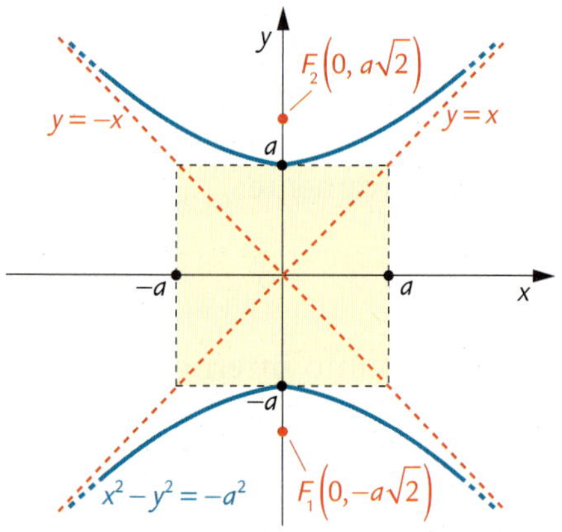
Asintoti: $y = \pm \frac{a}{a} x = \pm x$	Asintoti: $y = \pm \frac{a}{a} x = \pm x$
Semidistanza focale: $c = \sqrt{a^2 + a^2} = a\sqrt{2}$	Semidistanza focale: $c = \sqrt{a^2 + a^2} = a\sqrt{2}$
Fuochi: $(\pm a\sqrt{2}, 0)$	Fuochi: $(0, \pm a\sqrt{2})$
Eccentricità: $e = \frac{a\sqrt{2}}{a} = \sqrt{2}$	Eccentricità: $e = \frac{a\sqrt{2}}{a} = \sqrt{2}$

Le equazioni [**8.19**] e [**8.20**] possono riassumersi nell'equazione:

$$x^2 - y^2 = k \qquad [8.21]$$

dove k è un numero reale diverso da zero. Tale equazione rappresenta un'iperbole equilatera che ha come assi di simmetria gli assi cartesiani e i cui fuochi appartengono:

- all'asse x, se k è positivo;
- all'asse y, se k è negativo.

La [**8.21**] si dice anche equazione di un'iperbole equilatera **riferita ai propri assi**, per indicare che fornisce l'equazione di un'iperbole equilatera rispetto a un sistema di riferimento in cui gli *assi cartesiani* coincidono con gli *assi di simmetria* dell'iperbole.

Iperbole equilatera riferita ai propri asintoti

Se ruotiamo di 45° un'iperbole equilatera riferita ai propri assi, otteniamo una nuova iperbole avente come *asintoti* gli *assi cartesiani* e come *assi di simmetria* le *bisettrici* dei quadranti.
Si potrebbe dimostrare che le iperboli ottenute mediante le rotazioni hanno equazione del tipo:

$$xy = k \qquad [8.22]$$

con $k > 0$ se l'iperbole giace nel primo e nel terzo quadrante (**fig. 8.13**) e $k < 0$ se l'iperbole giace nel secondo e nel quarto quadrante (**fig. 8.14**).

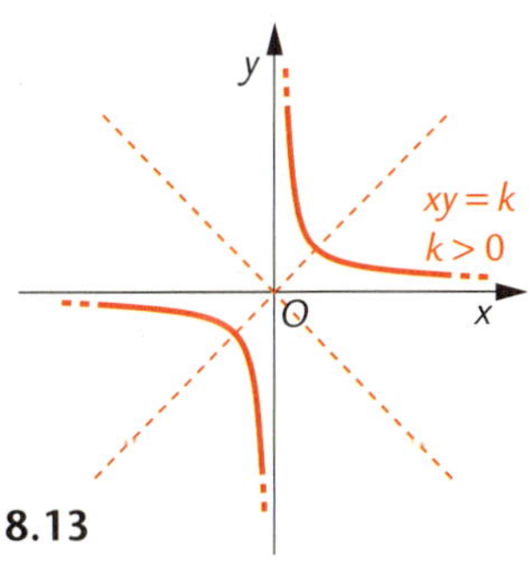

Figura 8.13

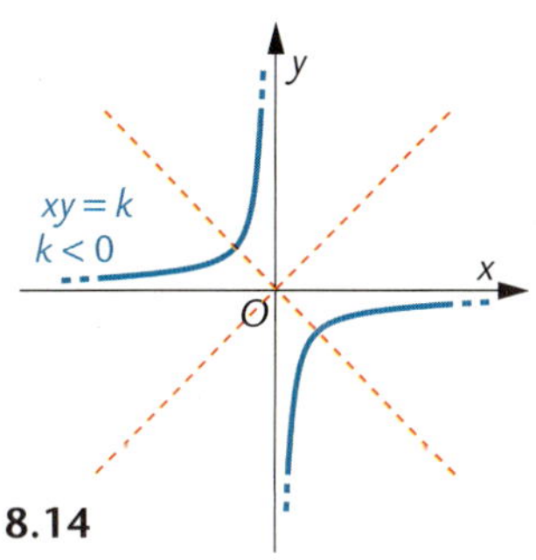

Figura 8.14

L'equazione [**8.22**] si dice equazione di un'**iperbole equilatera riferita ai propri asintoti**, per indicare che fornisce l'equazione di un'iperbole equilatera rispetto a un sistema di riferimento in cui gli *assi cartesiani* coincidono con gli *asintoti* dell'iperbole.
Osserva che la [**8.22**] rappresenta il grafico della funzione $y = \frac{k}{x}$, che costituisce la legge della **proporzionalità inversa**.

Funzione omografica

Nel sottoparagrafo precedente abbiamo visto che l'equazione di un'iperbole equilatera che ha come *asintoti gli assi cartesiani* è il grafico di una funzione di proporzionalità inversa. Definiamo ora una più ampia classe di funzioni, che comprende le funzioni di proporzionalità inversa come caso particolare.

FUNZIONE OMOGRAFICA

Si dice **funzione omografica** la funzione definita dall'equazione:

$$y = \frac{ax + b}{cx + d}$$

dove a, b, c, d sono numeri reali, con c e d non entrambi nulli.

Sotto alcune condizioni espresse dal prossimo teorema, la funzione omografica ha come grafico un'iperbole equilatera avente *asintoti paralleli agli assi cartesiani*: un'iperbole, cioè, che si può ottenere mediante una *traslazione* da un'iperbole equilatera di equazione $xy = k$.

TEOREMA 8.5 Funzione omografica

La funzione $y = \dfrac{ax+b}{cx+d}$, con $a, b, c, d \in \mathbf{R}$, $c \neq 0$ e $ad - bc \neq 0$, ha come grafico un'**iperbole equilatera (fig. 8.15)** avente per **asintoti** le rette di equazioni:

$$x = -\frac{d}{c},\ y = \frac{a}{c}$$

e **centro di simmetria** nel punto di coordinate $\left(-\dfrac{d}{c}, \dfrac{a}{c}\right)$.

Rifletti

Qual è il significato delle condizioni $c \neq 0$ e $ad - bc \neq 0$?
Se $c = 0$, puoi facilmente renderti conto che la funzione omografica ha come grafico una retta. Se $ad - bc = 0$, si potrebbe dimostrare che la funzione omografica ha come grafico una retta privata di un punto. Prova per esempio a considerare l'equazione

$$y = \frac{2x+4}{x+2}$$

Verifica che $ad - bc = 0$ e che, per $x \neq -2$, si ha

$$y = \frac{2x+4}{x+2} = \frac{2(x+2)}{x+2} = 2$$

Perciò, l'equazione data rappresenta la retta parallela all'asse x di equazione $y = 2$, privata del punto di ascissa -2.

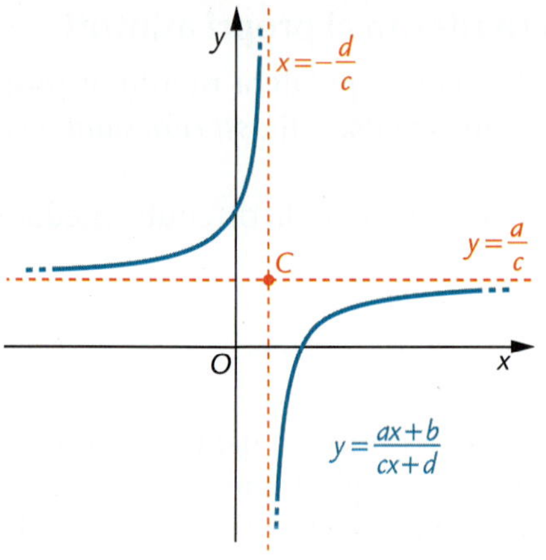

Figura 8.15

Si possono ricordare facilmente le formule che forniscono il centro di simmetria del grafico di una funzione omografica osservando quanto segue.

$$y = \frac{ax+b}{cx+d}$$

L'ascissa $-\dfrac{d}{c}$ del centro di simmetria dell'iperbole è il valore per cui si annulla il denominatore, cioè il valore di x per cui è $cx + d = 0$.

$$y = \frac{ax+b}{cx+d}$$

L'ordinata $\dfrac{a}{c}$ del centro di simmetria dell'iperbole è uguale al rapporto dei coefficienti dei termini in x che compaiono, rispettivamente, al numeratore e al denominatore.

ESEMPIO Grafico di una funzione omografica

Tracciamo il grafico della funzione omografica $y = \dfrac{2x-4}{x-1}$.

I coefficienti sono:

$$a = 2,\ b = -4,\ c = 1,\ d = -1$$

Osserva che $c \neq 0$ e $ad - bc \neq 0$, quindi il grafico della funzione sarà un'iperbole equilatera.
Per tracciare un grafico approssimativo dell'iperbole è sufficiente determinare gli asintoti e qualche altro punto (per esempio i punti di intersezione con gli assi cartesiani).

- **Asintoti e centro di simmetria**

Sappiamo che la funzione omografica assegnata ha per asintoti le rette di equazioni:

$$x = -\frac{d}{c} = -\frac{-1}{1} = 1 \quad \text{Asintoto verticale}$$

$$y = \frac{a}{c} = \frac{2}{1} = 2 \quad \text{Asintoto orizzontale}$$

e centro di simmetria nel punto $C(1, 2)$.

- **Punti di intersezione con gli assi e qualche altro punto**

È facile ricavare le coordinate dei punti di intersezione con gli assi cartesiani:

$$\begin{cases} y = \dfrac{2x-4}{x-1} \\ x = 0 \end{cases} \Rightarrow y = 4$$

L'iperbole interseca l'asse y nel punto di coordinate $(0, 4)$

$$\begin{cases} y = \dfrac{2x-4}{x-1} \\ y = 0 \end{cases} \Rightarrow 2x - 4 = 0 \Rightarrow x = 2$$

L'iperbole interseca l'asse x nel punto di coordinate $(2, 0)$

Assegnando poi a x, per esempio, i valori -3 e 5, puoi facilmente verificare che l'iperbole passa per i punti di coordinate $\left(-3, \frac{5}{2}\right)$ e $\left(5, \frac{3}{2}\right)$.

- **Grafico**

Il grafico, che riassume tutte le condizioni fin qui dedotte, è quello della figura seguente.

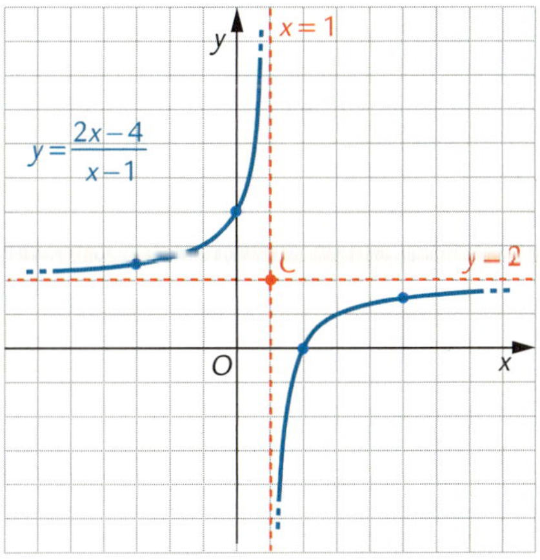

Prova tu **ESERCIZI a p. 363**

1. Rappresenta graficamente l'iperbole equilatera di equazione $xy = 12$. Determina vertici e fuochi di tale iperbole equilatera.
2. Traccia il grafico dell'iperbole di equazione $y = \dfrac{x+3}{x-2}$, dopo averne determinato i punti di intersezione con gli assi cartesiani.

COLLEGHIAMO I CONCETTI

Le coniche

La parabola, la circonferenza, l'ellisse e l'iperbole, come abbiamo visto, hanno in comune la caratteristica di essere espresse da equazioni di secondo grado nelle variabili x e y. Esse sono chiamate **coniche** perché si possono ottenere sezionando una superficie conica con un piano. Per comprendere questo concetto, bisogna anzitutto prestare attenzione a non confondere il concetto di «superficie conica» con il concetto di «cono» (la figura geometrica solida che certamente già conosci dai tuoi studi precedenti). Chiamiamo **superficie conica** la superficie che si ottiene considerando due rette incidenti e facendo ruotare in un giro completo una di esse intorno all'altra (quest'ultima è detta **asse** della superficie conica). Il punto in comune alle due rette si chiama **vertice**. La retta che si è fatta ruotare e, ogni altra retta della superficie conica, si dice **generatrice** (**fig. 8.16**). Il vertice divide la superficie conica in due parti, dette **falde**.

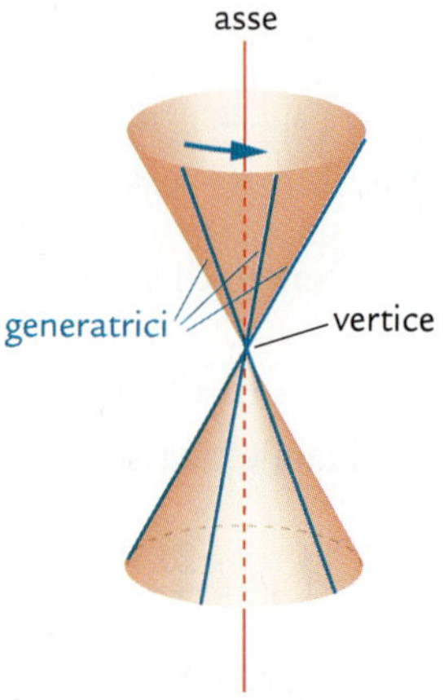

Figura 8.16

Consideriamo ora un piano, non passante per il vertice, che interseca la superficie conica; osservando la **fig. 8.17**, puoi renderti conto che la sezione è:

a. una *circonferenza* se il piano è perpendicolare all'asse della superficie conica;
b. un'*ellisse* se il piano non è perpendicolare all'asse e non è parallelo a una generatrice e interseca una sola falda della superficie conica;
c. una *parabola* se il piano è parallelo a una generatrice e interseca una sola falda della superficie conica;
d. un'*iperbole* se il piano interseca entrambe le falde della superficie conica.

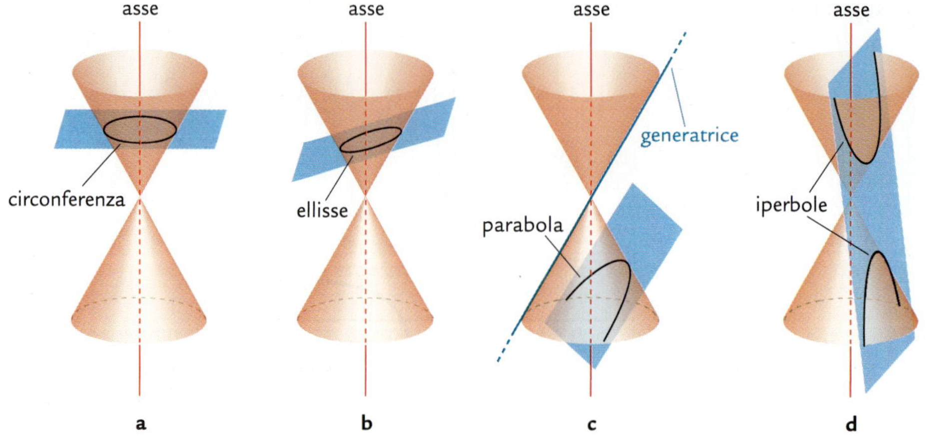

Figura 8.17

Noi abbiamo studiato le coniche rimanendo nel piano, definendole come luoghi di punti che soddisfano proprietà legate alle distanze. In realtà, storicamente, i primi approfonditi studi sulle coniche, risalenti ai matematici Greci dell'età ellenistica e in particolare ad Apollonio di Perga (III secolo a.C.), furono collegati proprio al concetto di sezione conica, che viene dato nello spazio.
L'equivalenza tra la definizione di conica data da Apollonio e la definizione di conica come luogo geometrico è stata dimostrata, in tempi relativamente recenti, dal matematico belga **Dandelin** (1822).
La varietà dei metodi con cui storicamente sono state studiate le coniche fornisce un ulteriore esempio di come la matematica offra sempre una pluralità di approcci a uno stesso problema, talvolta anche molto diversi fra loro.

4. Le coniche e le funzioni

Grafici di funzioni deducibili dalle coniche

Ci sono molte funzioni irrazionali, come per esempio:

$$y = \sqrt{x-1} \qquad y = \sqrt{4x - x^2} \qquad y = \sqrt{x^2+1}$$

i cui grafici sono costituiti da archi di parabole, circonferenze, ellissi o iperboli. Nei prossimi esempi vediamo come è possibile dedurre i grafici di queste funzioni dai grafici di opportune coniche.

ESEMPI **Funzioni irrazionali che hanno come grafico archi di parabole**

Tracciamo il grafico delle seguenti funzioni:

a. $y = \sqrt{x-1}$ **b.** $y = 1 - \sqrt{x-1}$

a. Osserviamo anzitutto che la funzione data è definita purché il radicando della radice quadrata sia non negativo, cioè per $x \geq 1$. Per tracciare il grafico della funzione, ricordiamo che l'equazione $y = \sqrt{x-1}$ è equivalente al sistema:

$$\begin{cases} y \geq 0 \\ y^2 = x - 1 \end{cases} \quad \text{ossia} \quad \begin{cases} y \geq 0 \\ x = y^2 + 1 \end{cases}$$

L'equazione $x = y^2 + 1$ rappresenta una parabola con asse parallelo all'asse x di vertice $V(1, 0)$. La disequazione $y \geq 0$ ci dice che di tale parabola dobbiamo considerare solo l'arco i cui punti hanno ordinata non negativa. Il grafico della funzione data è quindi l'arco di parabola non tratteggiato in **fig. 8.18**.

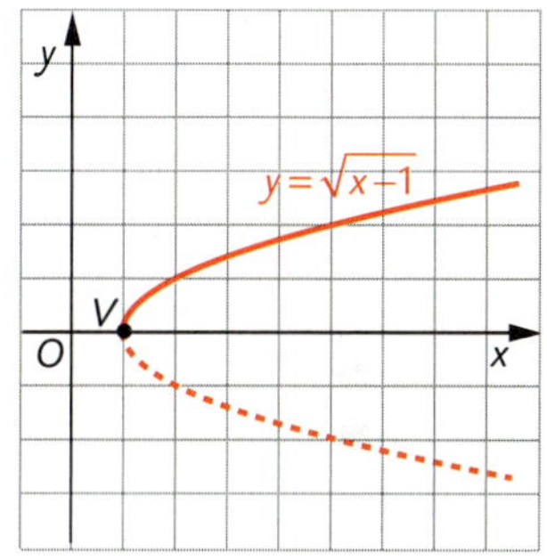

Figura 8.18

b. La funzione è definita per $x \geq 1$. L'equazione $y = 1 - \sqrt{x-1}$ è equivalente a $\sqrt{x-1} = 1 - y$ e quindi al sistema:

$$\begin{cases} 1 - y \geq 0 \\ x - 1 = (1-y)^2 \end{cases} \quad \text{ossia} \quad \begin{cases} y \leq 1 \\ x = y^2 - 2y + 2 \end{cases}$$

Il grafico della funzione data è quindi l'arco della parabola di equazione $x = y^2 - 2y + 2$ i cui punti hanno ordinata minore o uguale a 1. Il grafico della funzione data è quindi l'arco di parabola non tratteggiato in **fig. 8.19**.

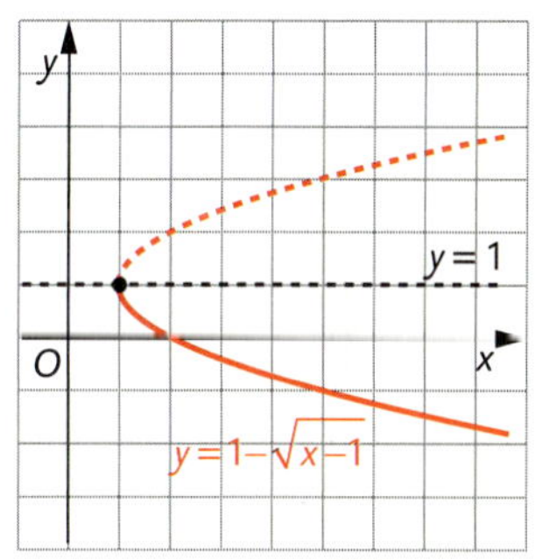

Figura 8.19

ESEMPI **Funzioni irrazionali il cui grafico è una semicirconferenza o una semiellisse**

Tracciamo i grafici delle seguenti funzioni:

a. $y = \sqrt{4x - x^2}$ **b.** $y = -\dfrac{1}{2}\sqrt{4 - x^2}$

a. La funzione $y = \sqrt{4x - x^2}$ è definita per $4x - x^2 \geq 0$, cioè per $0 \leq x \leq 4$. Per tracciarne il grafico, ricordiamo che l'equazione irrazionale $y = \sqrt{4x - x^2}$ è equivalente al sistema $\begin{cases} y \geq 0 \\ y^2 = 4x - x^2 \end{cases}$.

L'equazione $y^2 = 4x - x^2$ equivale a $x^2 + y^2 - 4x = 0$ e rappresenta la circonferenza di centro $C(2, 0)$ e raggio 2, mentre la disequazione $y \geq 0$ ci vincola a considerare solo i punti della circonferenza di ordinata *maggiore o uguale a zero*. Pertanto il grafico della funzione data è costituito dalla semicirconferenza rappresentata in **fig. 8.20** con una linea continua.

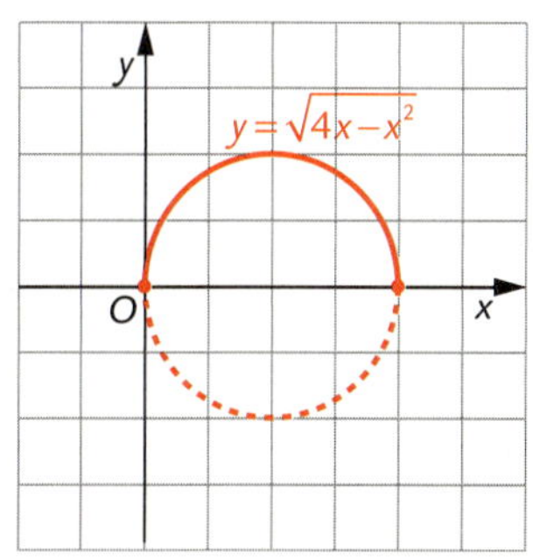

Figura 8.20

→

b. La funzione $y = -\frac{1}{2}\sqrt{4 - x^2}$ è definita in corrispondenza dei valori di x per cui $4 - x^2 \geq 0$, cioè per $-2 \leq x \leq 2$. Per tracciare il grafico della funzione, osserviamo che l'equazione $y = -\frac{1}{2}\sqrt{4 - x^2}$ equivale a $-y = \frac{1}{2}\sqrt{4 - x^2}$ e quindi al sistema:

$$\begin{cases} y^2 = \frac{1}{4}(4 - x^2) \\ -y \geq 0 \end{cases} \quad \text{ovvero a} \quad \begin{cases} \frac{x^2}{4} + y^2 = 1 \\ y \leq 0 \end{cases}$$

La prima equazione è quella di un'ellisse con i fuochi sull'asse x e semiassi di misura $a = 2$, $b = 1$; la seconda disequazione indica che dobbiamo considerare soltanto i punti dell'ellisse di ordinata minore o uguale a zero. Pertanto il grafico della funzione data è la semiellisse rappresentata in **fig. 8.21** in linea continua.

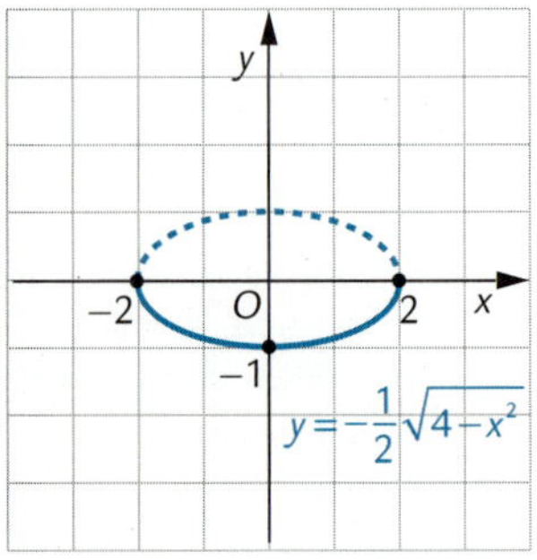

Figura 8.21

ESEMPI Funzioni irrazionali che hanno come grafici archi di iperbole

Tracciamo i grafici delle seguenti funzioni:

a. $y = \sqrt{x^2 + 1}$ **b.** $y = -2\sqrt{x^2 - 1}$

a. La funzione $y = \sqrt{x^2 + 1}$ è definita per ogni $x \in \mathbf{R}$ (sai giustificare perché?). Per tracciarne il grafico, osserviamo che l'equazione $y = \sqrt{x^2 + 1}$ è equivalente al sistema:

$$\begin{cases} y^2 = x^2 + 1 \\ y \geq 0 \end{cases} \quad \text{ovvero a} \quad \begin{cases} x^2 - y^2 = -1 \\ y \geq 0 \end{cases}$$

La prima equazione è quella di un'iperbole equilatera avente i *fuochi sull'asse y* e asintoti coincidenti con le bisettrici dei quadranti; la seconda disequazione ci vincola a considerare i punti dell'iperbole aventi ordinate positive o nulle. Pertanto il grafico della funzione data è il ramo di iperbole **non** tratteggiato in **fig. 8.22.**

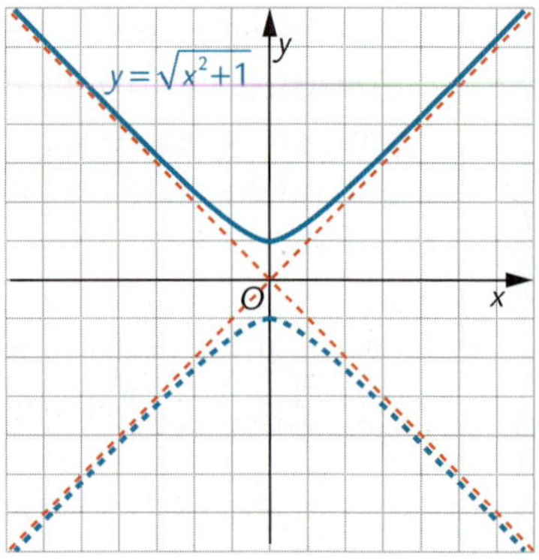

Figura 8.22

b. La funzione $y = -2\sqrt{x^2 - 1}$ è definita purché sia $x^2 - 1 \geq 0$, cioè per:

$x \leq -1 \vee x \geq 1$

Per tracciarne il grafico, osserviamo che l'equazione $y = -2\sqrt{x^2 - 1}$ è equivalente a $-y = 2\sqrt{x^2 - 1}$ e, quindi, al sistema:

$$\begin{cases} y^2 = 4(x^2 - 1) \\ -y \geq 0 \end{cases} \quad \text{ovvero a} \quad \begin{cases} x^2 - \frac{y^2}{4} = 1 \\ y \leq 0 \end{cases}$$

La prima equazione è quella di un'iperbole avente i fuochi sull'asse x e per asintoti le rette di equazione $y = \pm 2x$; la seconda disequazione ci vincola a considerare i punti dell'iperbole aventi ordinate negative o nulle: pertanto il grafico della funzione data è costituito dalla parte di iperbole **non** tratteggiata in **fig. 8.23.**

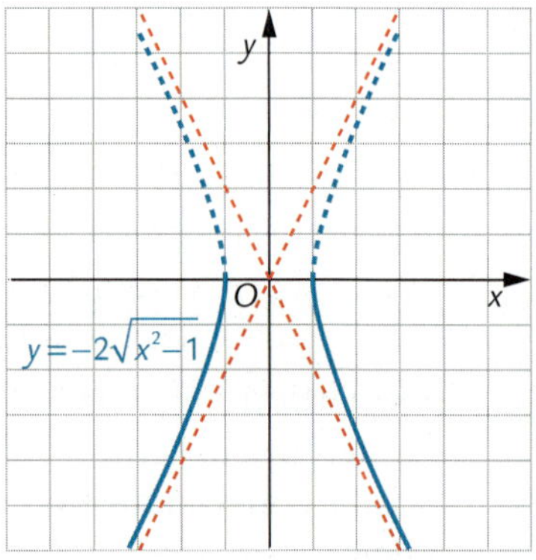

Figura 8.23

Applicazioni all'interpretazione grafica di equazioni irrazionali

I grafici delle funzioni irrazionali che abbiamo imparato a tracciare nel precedente sottoparagrafo consentono di interpretare graficamente alcuni tipi di equazioni e disequazioni irrazionali. Iniziamo a considerare alcuni esempi relativi alle equazioni.

ESEMPIO Interpretazione grafica di un'equazione irrazionale

Interpretiamo graficamente e risolviamo l'equazione $\sqrt{2-x} = x-1$.

1° passo: interpretazione grafica

Tracciamo anzitutto i grafici delle due funzioni:

$$y = \sqrt{2-x} \quad \text{e} \quad y = x-1$$

Il grafico della prima funzione è un arco di parabola, che si può tracciare secondo il procedimento esposto negli esempi precedenti. La seconda funzione ha come grafico una retta parallela alla bisettrice del secondo e del quarto quadrante.

Le soluzioni dell'equazione corrispondono alle ascisse dei punti di intersezione tra l'arco di parabola e la retta.

Dalla **fig. 8.24** puoi vedere che c'è un solo punto di intersezione, P. Quindi possiamo prevedere che l'equazione ha una sola soluzione, l'ascissa di P, e che $1 < x_P < 2$. Per determinare l'ascissa di P occorre procedere algebricamente.

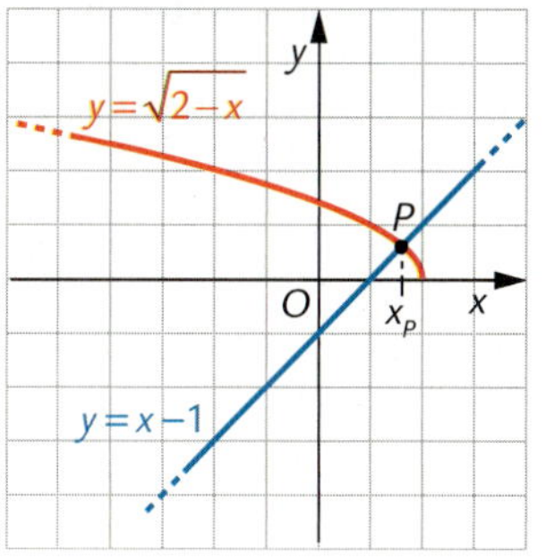

Figura 8.24

2° passo: calcolo algebrico

Eleviamo al quadrato i due membri dell'equazione e risolviamo l'equazione ottenuta:

$$\sqrt{2-x} = x-1 \Rightarrow 2-x = (x-1)^2 \Rightarrow 2-x = x^2-2x+1$$

$$\Rightarrow x^2 - x - 1 = 0 \quad \Rightarrow x = \frac{1 \pm \sqrt{5}}{2}$$

In base all'analisi grafica che abbiamo effettuato, possiamo affermare che, delle due soluzioni trovate, quella *accettabile* è quella positiva, cioè $x = \dfrac{1+\sqrt{5}}{2}$. Coerentemente con quanto previsto, risulta $x \simeq 1{,}6$.

Rifletti

Nell'esempio qui a fianco si sono «intrecciate» considerazioni grafiche e algebriche: il valore della soluzione è stato determinato algebricamente, ma l'interpretazione grafica ci ha consentito di stabilire quale delle due soluzioni dell'equazione ottenuta dall'elevamento al quadrato è accettabile, *senza* ricorrere alle condizioni di accettabilità (che sono parte integrante del procedimento risolutivo puramente algebrico di una equazione irrazionale).

ESEMPIO Interpretazione grafica di un'equazione irrazionale

Interpretiamo graficamente l'equazione $\sqrt{9-x^2} = \dfrac{1}{2}x + \dfrac{3}{2}$ e risolviamola.

1° passo: interpretazione grafica

Le soluzioni dell'equazione $\sqrt{9-x^2} = \dfrac{1}{2}x + \dfrac{3}{2}$ rappresentano le ascisse dei punti d'intersezione tra il grafico di $y = \sqrt{9-x^2}$ (una semicirconferenza) e il grafico di $y = \dfrac{1}{2}x + \dfrac{3}{2}$ (una retta). Dalla **fig. 8.25** si vede chiaramente che ci sono due punti di intersezione tra la semicirconferenza e la retta, quindi l'equazione data avrà *due* soluzioni.

Inoltre dal grafico appare chiaro che una soluzione è $x_1 = -3$, mentre l'altra soluzione, corrispondente all'ascissa x_2 del punto di intersezione situato nel primo quadrante, è compresa fra 1 e 2.

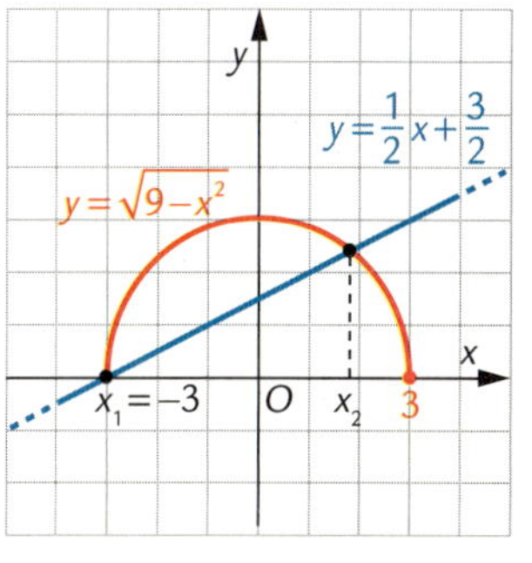

Figura 8.25

2° passo: calcolo algebrico

Per determinare x_2, eleviamo al quadrato i due membri dell'equazione e risolviamo l'equazione ottenuta:

→

$$\sqrt{9-x^2} = \frac{1}{2}x + \frac{3}{2} \Rightarrow (2\sqrt{9-x^2})^2 = (x+3)^2 \Rightarrow$$

$$\Rightarrow 36 - 4x^2 = x^2 + 6x + 9 \Rightarrow$$

$$\Rightarrow 5x^2 + 6x - 27 = 0 \Rightarrow$$

$$\Rightarrow x_1 = -3,\ x_2 = \frac{9}{5} = 1{,}8$$

In base all'analisi grafica, possiamo affermare che entrambe le soluzioni sono *accettabili*. Come puoi notare, la soluzione x_2 risulta compresa tra 1 e 2, coerentemente con quanto previsto dal grafico.

Rifletti

Anche in questo secondo esempio, come nel precedente, le considerazioni grafiche ci hanno consentito di stabilire che entrambe le soluzioni sono accettabili, *senza* ricorrere alle condizioni di accettabilità.

Applicazioni all'interpretazione grafica di disequazioni irrazionali

Vediamo ora alcuni esempi di interpretazione grafica di disequazioni irrazionali.

ESEMPIO Risoluzione grafica di una disequazione irrazionale

Risolviamo graficamente la disequazione: $\sqrt{x} > x - 4$

1° passo: interpretazione grafica

Tracciamo anzitutto i grafici delle due funzioni $y = \sqrt{x}$ e $y = x - 4$ (**fig. 8.26**). Risolvere graficamente la disequazione significa determinare per quali valori di x il grafico della funzione $y = \sqrt{x}$ è «al di sopra» del grafico della retta. Dal grafico puoi vedere che ciò accade per

$$0 \le x < x_P$$

essendo x_P l'ascissa del punto d'intersezione tra l'arco di parabola e la retta. Per completare la risoluzione della disequazione dobbiamo determinare x_P, cioè risolvere algebricamente l'equazione $\sqrt{x} = x - 4$.

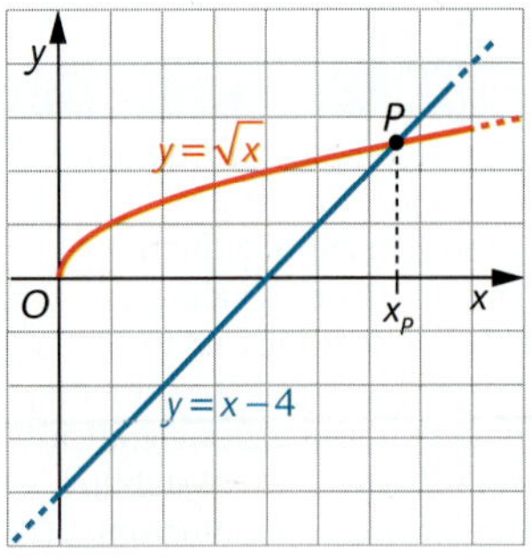

Figura 8.26

2° passo: calcolo algebrico

Eleviamo al quadrato i due membri dell'equazione e risolviamo l'equazione ottenuta:

$$\sqrt{x} = x - 4 \Rightarrow x = (x-4)^2 \Rightarrow x = x^2 - 8x + 16 \Rightarrow x^2 - 9x + 16 = 0$$

$$\Rightarrow \quad x = \frac{9 \pm \sqrt{17}}{2}$$

Dall'analisi grafica si vede che $x_P > 6$; possiamo dunque affermare che, delle due soluzioni trovate, quella accettabile è quella maggiore, cioè $x = \frac{9+\sqrt{17}}{2}$.

Concludiamo che la disequazione è soddisfatta per $0 \le x < \frac{9+\sqrt{17}}{2}$.

Rifletti

Nella risoluzione della disequazione qui a fianco si sono «intrecciate» considerazioni di natura grafica e di natura algebrica. L'interpretazione grafica ci ha consentito di individuare l'intervallo dove la disequazione è verificata, mentre abbiamo dovuto ricorrere al calcolo algebrico per determinare un estremo di tale intervallo.

ESEMPIO Risoluzione grafica di una disequazione irrazionale

Risolviamo graficamente la disequazione $\sqrt{x^2+1} > 2x + 1$

1° passo: interpretazione grafica

Tracciamo anzitutto i grafici delle due funzioni:

$$y = \sqrt{x^2+1} \quad \text{e} \quad y = 2x + 1$$

Il grafico della prima funzione è un ramo di iperbole, che puoi tracciare secondo il procedimento visto negli esempi all'inizio del paragrafo; la seconda funzione ha come grafico una retta.

Risolvere graficamente la disequazione significa determinare per quali valori di x il grafico della funzione $y = \sqrt{x^2+1}$ è «al di sopra» del grafico della retta. Dal grafico (**fig. 8.27**) puoi vedere che ciò accade (e quindi la disequazione è verificata) per $x < 0$.

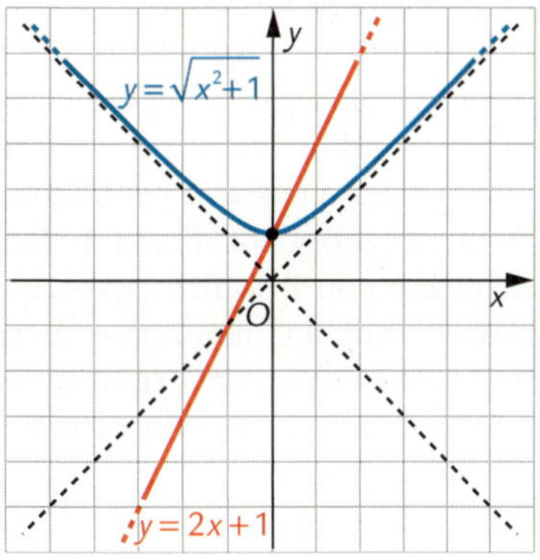

Figura 8.27

2° passo: calcolo algebrico

In questo caso abbiamo potuto «leggere» completamente sul grafico le soluzioni della disequazione, quindi non è necessario nessun calcolo algebrico.

Prova tu

ESERCIZI a p. 367

Traccia i grafici delle seguenti funzioni.

1. $y = \sqrt{4-2x}$ $\quad y = -\sqrt{x+2}$

2. $y = -\sqrt{-6x-x^2}$ $\quad y = 2-\sqrt{4-x^2}$

3. $y = -3\sqrt{4-x^2}$ $\quad y = 2\sqrt{x^2+1}$

Interpretando graficamente le seguenti equazioni, stabilisci il numero delle loro soluzioni e cerca di dare una stima delle soluzioni stesse. Verifica poi i risultati che hai ottenuto risolvendo le equazioni algebricamente.

4. $\sqrt{4-x} = -\dfrac{1}{2}x+2$ $\quad [0, 4]$

5. $\sqrt{x+3} = -x$ $\quad \left[\dfrac{1-\sqrt{13}}{2}\right]$

6. $\sqrt{4-x^2} = -x+2$ $\quad [0, 2]$

7. $\sqrt{x^2+9} = x-2$ $\quad$ [Impossibile]

Risolvi graficamente le seguenti disequazioni.

8. $\sqrt{2x+1} > x-2$ $\quad \left[-\dfrac{1}{2} \le x < \sqrt{6}+3\right]$

9. $\sqrt{x}-1 < 2x$ $\quad [x \ge 0]$

10. $\sqrt{4x-x^2} < 4-x$ $\quad [0 \le x < 2]$

11. $\sqrt{x^2-9} \ge \dfrac{1}{2}x$ $\quad [x \le -3 \vee x \ge 2\sqrt{3}]$

12. $\sqrt{x^2+16} \le \dfrac{5}{3}x$ $\quad [x \ge 3]$

MATEMATICA NELLA REALTÀ

L'ellisse e l'iperbole intorno a noi

Le orbite dei pianeti

Le ellissi hanno molte applicazioni nella realtà che ci circonda. Lo scienziato tedesco **Johannes Kepler** (Keplero, 1571-1630) mostrò che i pianeti del nostro sistema solare si muovono in *orbite ellittiche*, con il Sole in uno dei due fuochi (**fig. 8.28**). L'eccentricità delle orbite dei pianeti del sistema solare è generalmente molto piccola, il che significa che le orbite sono «quasi» circolari. Per esempio, l'eccentricità dell'orbita della Terra è 0,017. Le comete invece, quando hanno orbite ellittiche, hanno generalmente orbite molto «schiacciate», ossia con eccentricità prossima a 1. Anche i satelliti artificiali si muovono intorno alla Terra seguendo traiettorie ellittiche, in cui la Terra è posta in uno dei due fuochi.

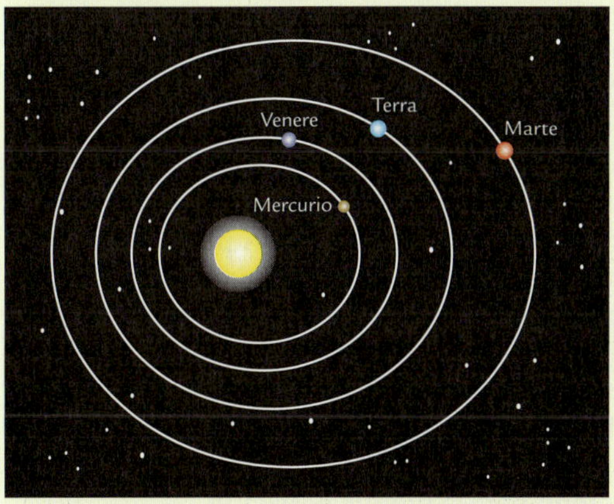

Figura 8.28 I pianeti si muovono in orbite ellittiche.

La riflessione ellittica

Una proprietà legata alla geometria dell'ellisse che ha molte applicazioni pratiche è il principio della *riflessione ellittica*: un raggio di luce o un'onda sonora che hanno origine in uno dei due fuochi vengono riflessi da una superficie ellittica in modo che il raggio o l'onda riflessa passano per l'altro fuoco.

Su questa proprietà si basa un fenomeno acustico che si ha modo di sperimentare in antiche sale con il soffitto a volta a forma ellittica. Due interlocutori posti nei due fuochi possono udirsi chiaramente anche se parlano a voce bassissima (**fig. 8.29**), mentre nulla sentirebbe chi si trovasse in un altro punto della sala. La spiegazione è semplice: la volta, essendo una superficie ellittica, riflette tutti i suoni provenienti da un fuoco nell'altro fuoco.

Il principio della riflessione ellittica viene utilizzato anche in alcune procedure mediche finalizzate alla disintegrazione dei calcoli renali. Il paziente si appoggia a una parete ellittica in modo che il calcolo si trovi in corrispondenza di uno dei due fuochi (**fig. 8.30**). Una sorgente posta nell'altro fuoco genera quindi degli ultrasuoni. Gli ultrasuoni riflessi convergono nel calcolo, che viene così frantumato.

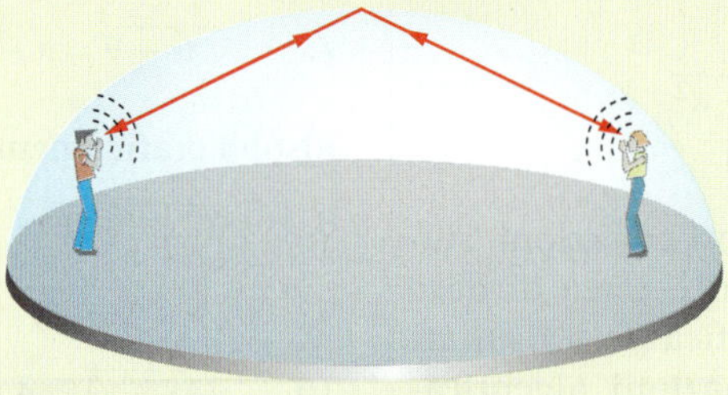

Figura 8.29

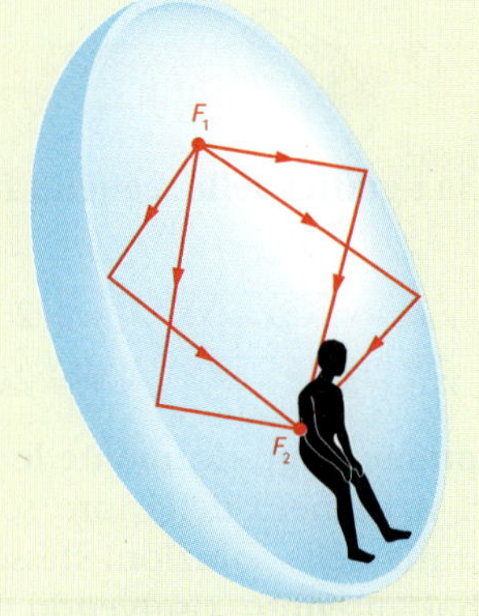

Figura 8.30

Sistemi di radionavigazione

Alcuni sistemi di radionavigazione sfruttano le iperboli. Per capire il perché occorre anzitutto osservare che l'iperbole può essere utilizzata per localizzare la posizione di un punto dove è avvenuta l'emissione di un'onda sonora.

Supponiamo (**fig. 8.31**) che in un punto ignoto S avvenga un'esplosione e che un osservatore, posto in O_1, senta l'esplosione 1 secondo dopo un osservatore posto in O_2. Siccome il suono si muove nell'aria a circa 342 m/s, segue che il punto S deve essere 342 metri più vicino a O_2 che a O_1. Allora S appartiene a un ramo di iperbole avente fuochi in O_1 e O_2. La misura dell'asse trasverso di tale iperbole è la differenza delle distanze di S da O_1 e O_2, cioè 342. Se un terzo osservatore, posto in O_3, sente l'esplosione 2 secondi dopo O_1, allora S appartiene a un ramo di iperbole di fuochi O_1 e O_3, il cui asse trasverso misura 684. Il punto in cui i due rami di iperboli si intersecano fornisce la posizione dove è avvenuta l'esplosione.

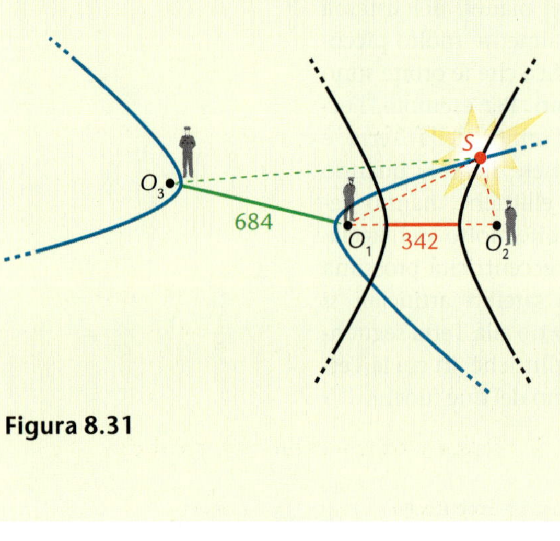

Figura 8.31

Sistemi di navigazione come il LORAN (*LOng RAnge Navigation*), sviluppato dagli Stati Uniti durante la Seconda Guerra Mondiale, operano con una logica «inversa», ma che si basa su principi analoghi.

Una coppia di stazioni A e B, una delle quali è detta *stazione principale*, l'altra *stazione secondaria*, situate in un punto della costa, emettono simultaneamente segnali radio. Un'altra coppia di stazioni C e D, principale e secondaria, fanno la stessa cosa da un altro punto della costa. Una nave o un aereo che sorvola il mare, sulla base delle differenze di tempo con cui arrivano al ricevitore di bordo i segnali trasmessi simultaneamente dalle due coppie di stazioni, può tracciare due iperboli che si intersecano sulla mappa, in modo da determinare la propria posizione.

SINTESI

Formule e proprietà importanti

Ellisse di equazione $\dfrac{x^2}{a^2}+\dfrac{y^2}{b^2}=1$

Ellisse con i fuochi sull'asse x

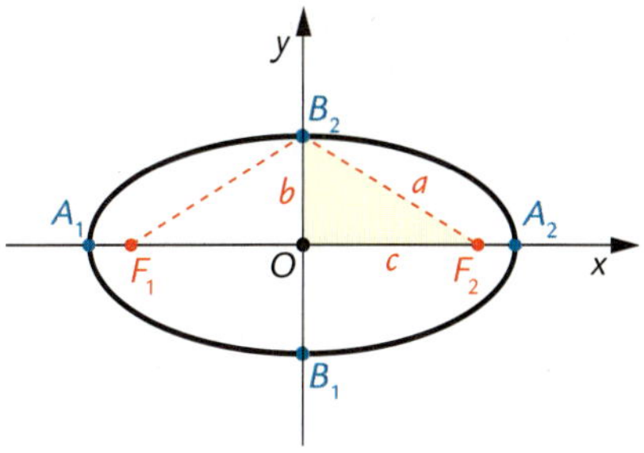

Vertici	$A_1(-a,0)$; $A_2(a,0)$ $B_1(0,-b)$; $B_2(0,b)$
Fuochi	$F_1(-\sqrt{a^2-b^2},0)$ $F_2(\sqrt{a^2-b^2},0)$
Relazione tra i parametri	$a^2-b^2=c^2$ $a>b>0$

Ellisse con i fuochi sull'asse y

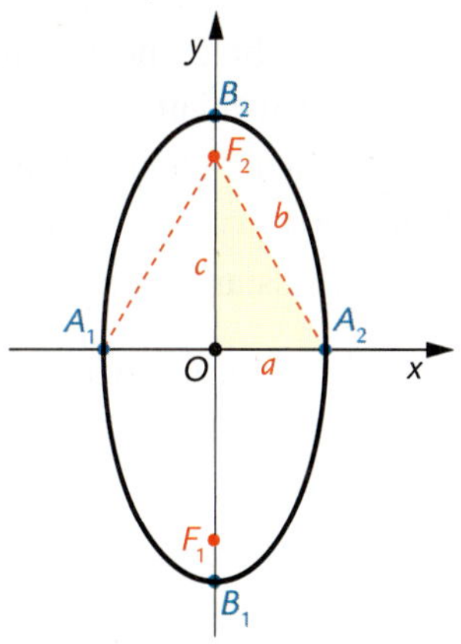

Vertici	$A_1(-a,0)$; $A_2(a,0)$ $B_1(0,-b)$; $B_2(0,b)$
Fuochi	$F_1(0,-\sqrt{b^2-a^2})$ $F_2(0,\sqrt{b^2-a^2})$
Relazione tra i parametri	$b^2-a^2=c^2$ $0<a<b$

Eccentricità di un'ellisse $\qquad e=\dfrac{\text{distanza focale}}{\text{misura asse maggiore}}$

Iperbole con i fuochi sugli assi cartesiani

Fuochi sull'asse x

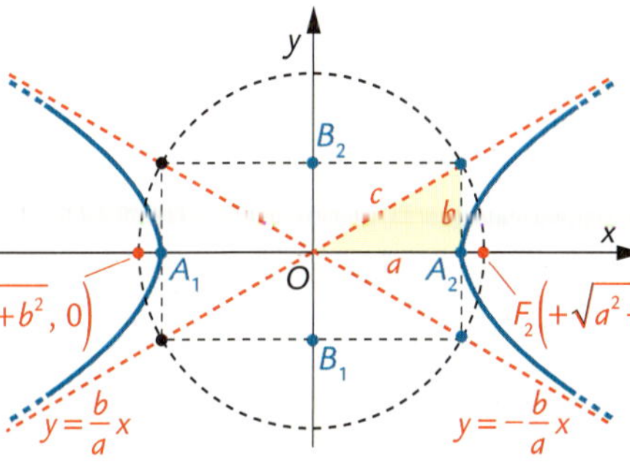

Equazione	$\dfrac{x^2}{a^2}-\dfrac{y^2}{b^2}=1$
Vertici	$A_1(-a,0)$; $A_2(a,0)$
Vertici immaginari	$B_1(0,-b)$; $B_2(0,b)$
Fuochi	$F_1(-\sqrt{a^2+b^2},0)$ $F_2(\sqrt{a^2+b^2},0)$
Asintoti	$y=\pm\dfrac{b}{a}x$
Relazione tra i parametri	$a^2+b^2=c^2$
Eccentricità	$e=\dfrac{c}{a}$

Fuochi sull'asse y

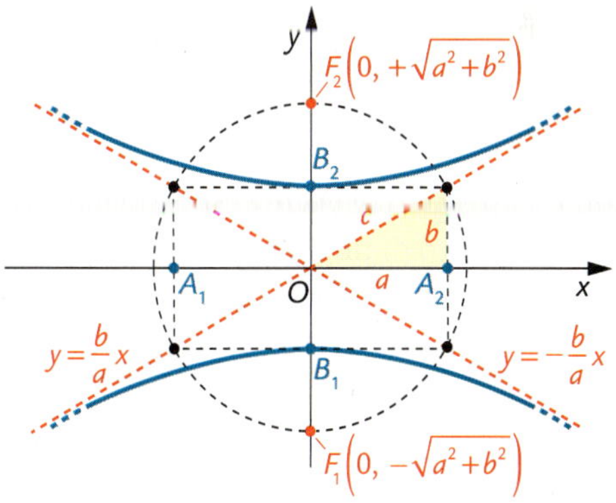

Equazione	$\dfrac{x^2}{a^2}-\dfrac{y^2}{b^2}=-1$
Vertici	$B_1(0,-b)$; $B_2(0,b)$
Vertici immaginari	$A_1(-a,0)$; $A_2(a,0)$
Fuochi	$F_1(0,-\sqrt{a^2+b^2})$ $F_2(0,\sqrt{a^2+b^2})$
Asintoti	$y=\pm\dfrac{b}{a}x$
Relazione tra i parametri	$a^2+b^2=c^2$
Eccentricità	$e=\dfrac{c}{b}$

CONOSCENZE E ABILITÀ

1. Ellisse

TEORIA a p. 323

Esercizi preliminari

1 Completa:

a. l'ellisse è il luogo dei punti del piano tali che la somma delle distanze da due punti fissi, detti ...., risulta ....

b. data un'ellisse che ha come assi di simmetria gli assi cartesiani e i fuochi sull'asse x, il segmento che l'ellisse individua sull'asse x si chiama ....; il segmento che l'ellisse individua sull'asse y si chiama ....

c. data un'ellisse che ha come assi di simmetria gli assi cartesiani, i suoi punti d'intersezione con l'asse x e con l'asse y si chiamano ....

d. il rapporto tra la distanza focale e l'asse maggiore di un'ellisse si chiama .... dell'ellisse.

2 Indica con a e b le misure dei semiassi di un'ellisse e con c la semidistanza focale. Se l'ellisse ha i fuochi sull'asse x, quale delle seguenti relazioni sussiste tra a, b e c?

A $b^2 = c^2 + a^2$ B $a^2 = b^2 - c^2$ C $c^2 = a^2 - b^2$ D Nessuna delle precedenti

3 Indica con a e b le misure dei semiassi di un'ellisse e con c la semidistanza focale. Se l'ellisse ha i fuochi sull'asse y, quale delle seguenti relazioni sussiste tra a, b e c?

A $b^2 = c^2 + a^2$ B $a^2 = b^2 + c^2$ C $c^2 = a^2 - b^2$ D Nessuna delle precedenti

4 Associa a ciascuna delle ellissi, la cui equazione è data nella prima colonna, la frase (o le frasi) della seconda colonna che le corrispondono.

a. $\dfrac{x^2}{4} + \dfrac{y^2}{13} = 1$	**A.** Ha vertici nei punti di coordinate $(\pm 3,\ 0)$.
b. $\dfrac{x^2}{16} + \dfrac{y^2}{7} = 1$	**B.** Ha eccentricità uguale a 0,75.
c. $x^2 + 9y^2 = 1$	**C.** Ha vertici nei punti di coordinate $(0,\ \pm 3)$.
d. $9x^2 + y^2 = 9$	**D.** Ha i fuochi nei punti di coordinate $(0,\ \pm 3)$.
e. $x^2 + 9y^2 = 9$	**E.** Ha vertici nei punti di coordinate $\left(0,\ \pm\dfrac{1}{3}\right)$.

5 **Vero o falso?**

a. non esistono ellissi la cui eccentricità è uguale a 2 V F

b. sia P un punto di un'ellisse e siano F_1 ed F_2 i due fuochi; la somma delle distanze di P dai due fuochi è uguale alla misura dell'asse maggiore dell'ellisse V F

c. l'equazione $\dfrac{x^2}{4} - y^2 = 1$ rappresenta un'ellisse con due vertici nei punti di coordinate $(\pm 2, 0)$ V F

d. l'equazione $x^2 + 4y^2 = 1$ non rappresenta un'ellisse V F

e. l'equazione $\dfrac{x^2}{a^2} + \dfrac{y^2}{b^2} = 1$, con $a > b$, rappresenta un'ellisse con i fuochi sull'asse x V F

f. l'equazione $\dfrac{x^2}{a^2} + \dfrac{y^2}{b^2} = 1$, con $b < a$, rappresenta un'ellisse con i fuochi sull'asse y V F

[4 affermazioni vere e 2 false]

6 Stabilisci quali dei seguenti punti: $A(2,\ 1)$; $B(\sqrt{2},\ \sqrt{2})$; $C\left(-\sqrt{3},\ -\sqrt{\dfrac{5}{3}}\right)$; $D\left(1 - \sqrt{2},\ \dfrac{\sqrt{2}}{2}\right)$ appartengono all'ellisse di equazione $x^2 + 3y^2 = 8$. [Appartengono all'ellisse soltanto B e C]

7 Determina per quali valori di a il punto $P(a,\ a)$ appartiene all'ellisse di equazione $x^2 + 3y^2 = 1$. $\left[a = \pm\dfrac{1}{2}\right]$

8 **ESERCIZIO SVOLTO**

Per quali valori reali di a l'espressione $a+2$ può rappresentare l'eccentricità di un'ellisse (escludendo i casi limite in cui l'ellisse diventa una circonferenza o degenera in un segmento)?

L'eccentricità di un'ellisse è un numero reale compreso tra 0 e 1. Pertanto $a+2$ può rappresentare l'eccentricità di un'ellisse se e solo se a è una soluzione del sistema:

$$\begin{cases} a+2>0 \\ a+2<1 \end{cases}$$

che è soddisfatto per $-2<a<-1$.

9 Per quali valori di a l'espressione $2a-3$ può rappresentare l'eccentricità di un'ellisse? $\left[\frac{3}{2}<a<2\right]$

10 Per quali valori di a l'espressione a^2-3 può rappresentare l'eccentricità di un'ellisse? $[-2<a<-\sqrt{3} \vee \sqrt{3}<a<2]$

Rappresentazioni grafiche

11 Associa a ciascuna delle seguenti equazioni una delle ellissi rappresentate di seguito.

a. $\frac{x^2}{4}+y^2=1$ **b.** $x^2+\frac{y^2}{4}=1$ **c.** $\frac{x^2}{4}+\frac{y^2}{9}=1$ **d.** $\frac{x^2}{9}+\frac{y^2}{4}=1$

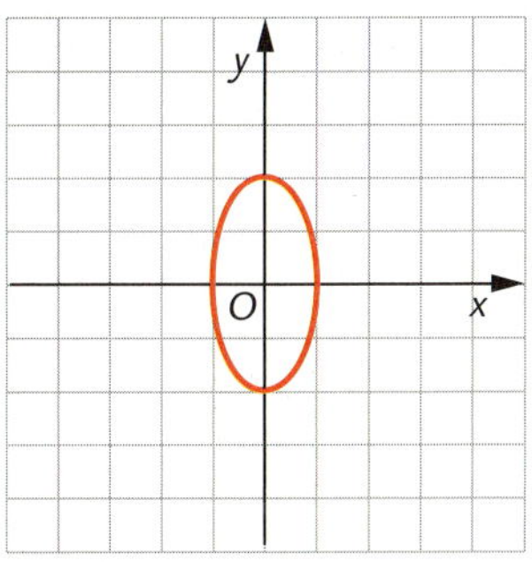

A

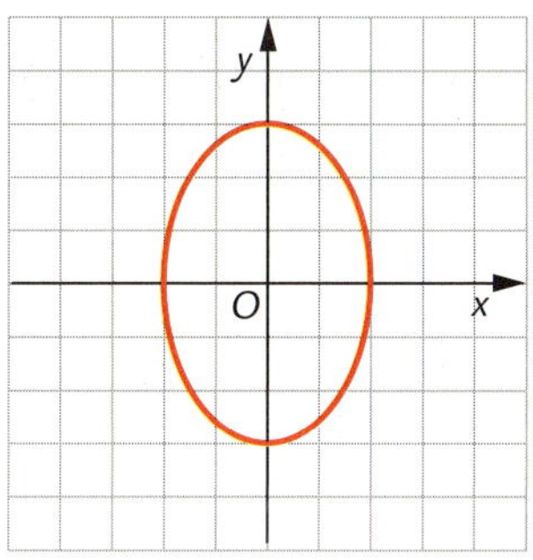

B

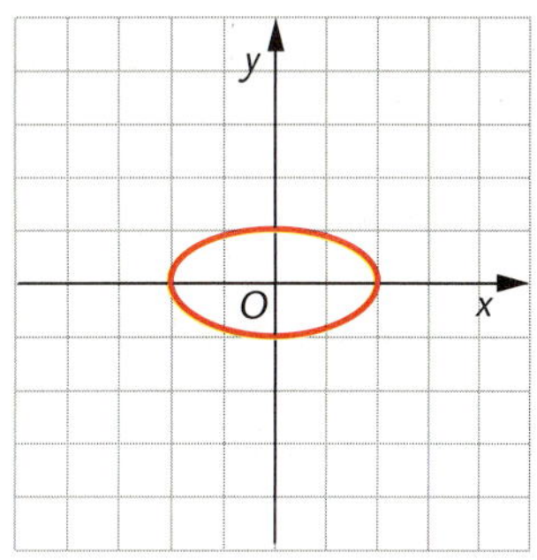

C

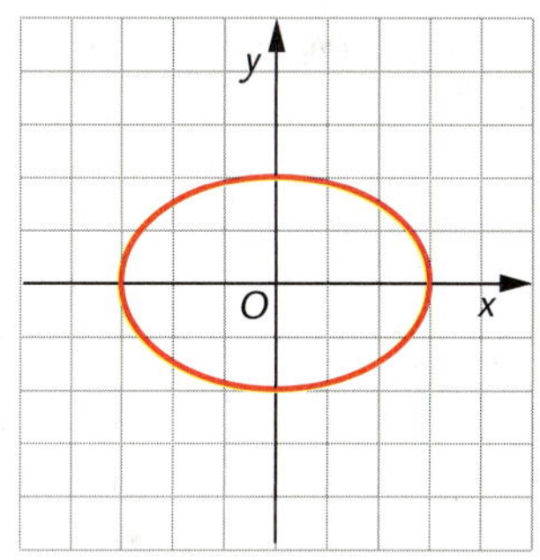

D

12 Determina i fuochi e l'eccentricità delle ellissi rappresentate nelle seguenti figure.

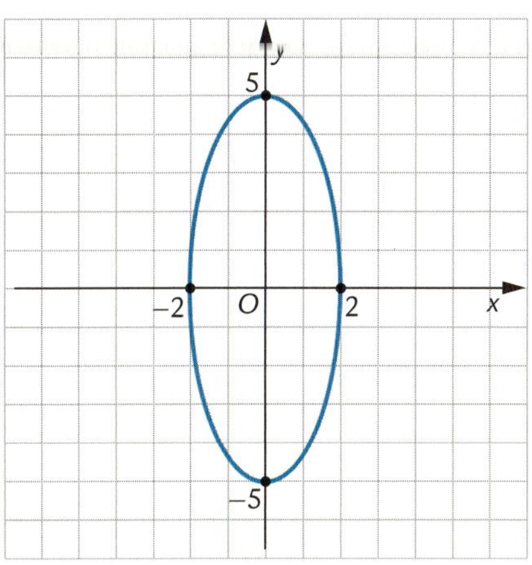

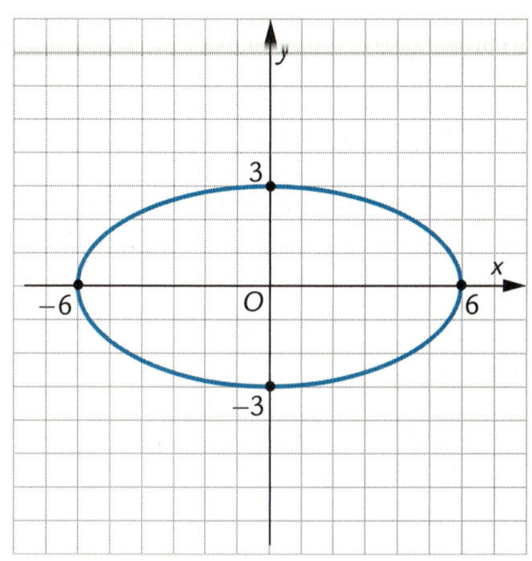

13 **ESERCIZIO GUIDATO**

Rappresenta graficamente l'ellisse di equazione $16x^2+y^2=4$ e determina i suoi vertici, i suoi fuochi e la sua eccentricità.

- Riscrivi anzitutto l'equazione dell'ellisse in forma normale.

Dividendo entrambi i membri dell'equazione data per 4, ottieni l'equazione equivalente $4x^2 + \frac{y^2}{4} = 1$, che si può riscrivere nella forma:

$$\frac{x^2}{\frac{1}{4}} + \frac{y^2}{4} = 1$$

Si riconosce che $a = \frac{1}{.....}$ e $b = ...$

Pertanto, i vertici dell'ellisse hanno coordinate $(\pm\frac{1}{.....}, 0)$ e $(0, \pm 2)$: queste informazioni sono sufficienti a tracciare approssimativamente il grafico dell'ellisse.

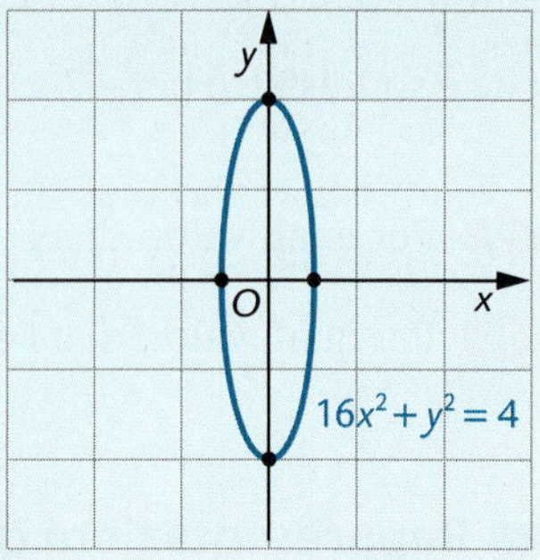

- Poiché $a < b$, i fuochi dell'ellisse appartengono all'asse y. La semidistanza focale è

$$c = \sqrt{b^2 - a^2} = \sqrt{4 - \frac{1}{.....}} = \frac{\sqrt{.....}}{2}$$

quindi i fuochi dell'ellisse hanno coordinate $\left(0, -\frac{\sqrt{.....}}{2}\right)$ e $\left(0, \frac{\sqrt{.....}}{2}\right)$.

- Infine, l'eccentricità vale $e = \frac{c}{b} = \frac{\frac{\sqrt{.....}}{2}}{2} = \frac{\sqrt{.....}}{4}$.

Rappresenta graficamente le seguenti ellissi, dopo aver determinato di ciascuna di esse le coordinate dei vertici, quelle dei fuochi e l'eccentricità.

14 $\frac{x^2}{4} + y^2 = 1$

15 $4x^2 + 9y^2 = 25$

16 $\frac{x^2}{9} + \frac{y^2}{4} = 1$

17 $x^2 + \frac{y^2}{9} = 1$

18 $x^2 + 4y^2 = 1$

19 $x^2 + 4y^2 = 4$

20 $4x^2 + 9y^2 = 1$

21 $9y^2 + 36y^2 = 25$

22 $\frac{x^2}{9} + \frac{y^2}{4} = 1$

23 $4x^2 + \frac{y^2}{4} = \frac{1}{4}$

Esercizi con parametri

24 **ESERCIZIO SVOLTO**

È data l'equazione $x^2 + (h-1)y^2 = h - 1$. Determiniamo per quali valori di h essa rappresenta:

a. un'ellisse;

b. un'ellisse con i fuochi sull'asse x;

c. un'ellisse con i fuochi sull'asse y;

d. un'ellisse con i fuochi nei punti di coordinate $(\pm 2, 0)$.

---

a. Riscriviamo l'equazione nella forma: $\frac{x^2}{h-1} + y^2 = 1$. Affinché tale equazione rappresenti un'ellisse deve essere $h - 1 > 0$, cioè $h > 1$.

b. Affinché l'equazione rappresenti un'ellisse con i fuochi sull'asse x deve essere anzitutto $h > 1$ (perché l'equazione rappresenti un'ellisse), poi $h - 1 > 1$ (perché i fuochi siano sull'asse x): da queste condizioni si ricava che deve essere $h > 2$.

c. Ragionando analogamente al punto **b**, si ricava che deve essere $1 < h < 2$.

d. Deve essere anzitutto $h > 2$ perché i fuochi siano sull'asse x (*vedi* punto **b**). In tale ipotesi è:

$$c = \sqrt{a^2 - b^2} = \sqrt{(h-1) - 1} = \sqrt{h-2}$$

Pertanto, la condizione da imporre è:

$$\sqrt{h-2} = 2 \Rightarrow h - 2 = 4 \Rightarrow h = 6$$

25 Considera l'equazione $(2-h)x^2+y^2=2-h$ e determina per quali valori di h essa rappresenta:

a. un'ellisse;
b. un'ellisse con i fuochi sull'asse x;
c. un'ellisse con i fuochi sull'asse y;
d. un'ellisse avente i fuochi nei punti di coordinate $(0, \pm 2)$.

[**a.** $h<2$; **b.** $1<h<2$; **c.** $h<1$; **d.** $h=-3$]

26 Considera l'equazione $(h-2)x^2+y^2=h-1$ e determina per quali valori di h essa rappresenta:

a. un'ellisse;
b. un'ellisse con i fuochi sull'asse x;
c. un'ellisse con i fuochi sull'asse y;
d. un'ellisse avente i fuochi nei punti di coordinate $(0, \pm 2)$.

[**a.** $h>2$; **b.** $2<h<3$; **c.** $h>3$; **d.** $h=4+\sqrt{5}$]

27 Considera l'equazione $hx^2+(h-1)y^2=1$. Determina per quali valori di h essa rappresenta un'ellisse e verifica che, per tutti questi valori di h, si ottengono ellissi che hanno i fuochi sull'asse y. Determina inoltre per quali valore di h l'equazione data rappresenta:

a. un'ellisse avente i fuochi nei punti di coordinate $\left(0, \pm\frac{\sqrt{2}}{2}\right)$;
b. un'ellisse avente eccentricità $\frac{\sqrt{3}}{3}$.

[$h>1$; **a.** $h=2$; **b.** $h=3$]

28 Considera l'equazione $kx^2+y^2=1$. Determina per quali valori di k essa:

a. rappresenta un'ellisse;
b. rappresenta un'ellisse di eccentricità $\frac{1}{2}$.

Trova inoltre vertici e fuochi delle ellissi corrispondenti ai valori di k del punto **b.** $\left[\textbf{a. } k>0; \textbf{ b. } k=\frac{3}{4} \vee k=\frac{4}{3}\right]$

Scrivere l'equazione di un'ellisse

29 Scrivi le equazioni dell'ellisse rappresentata nella figura qui a fianco.

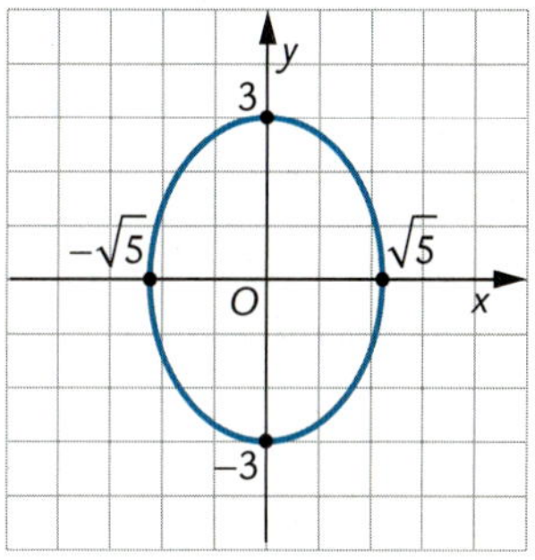

30 Scrivi l'equazione dell'ellisse che ha due vertici nei punti in cui la retta di equazione $x+2y-6=0$ interseca gli assi cartesiani. $\left[\frac{x^2}{36}+\frac{y^2}{9}=1\right]$

31 **ESERCIZIO SVOLTO**

Determiniamo l'equazione dell'ellisse avente fuochi nei punti di coordinate $(\pm 2, 0)$ e un vertice in $V(0, 3)$.

- Poiché i fuochi appartengono all'asse x, l'equazione dell'ellisse sarà del tipo $\frac{x^2}{a^2}+\frac{y^2}{b^2}=1$, con $a>b$.
- Dalla conoscenza del vertice $V(0, 3)$ possiamo subito dedurre che $b^2=9$.
- Dalla conoscenza dei fuochi si ricava $c=2$, quindi $c^2=4$. Ricordando che per le ellissi con i fuochi sull'asse x vale la relazione $c^2=a^2-b^2$, si ottiene:

$$a^2=c^2+b^2=4+9=13$$

Pertanto, l'ellisse cercata è quella di equazione

$$\frac{x^2}{13}+\frac{y^2}{9}=1$$

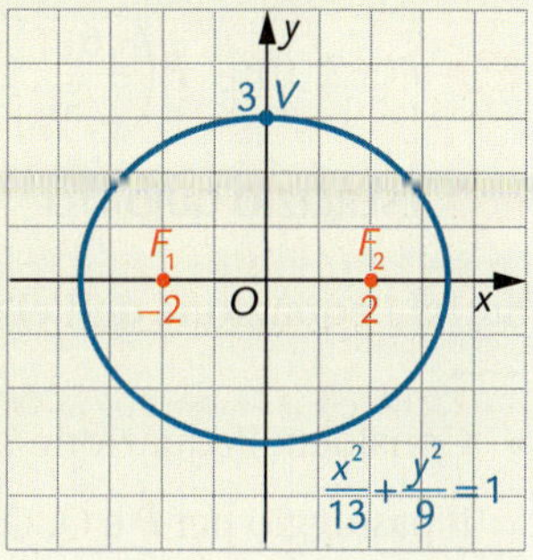

32 Ricordando che a e b sono le misure dei semiassi, c è la semidistanza focale ed e è l'eccentricità, scrivi le equazioni in *forma normale* delle ellissi aventi i *fuochi sull'asse* x, per le quali è:

a. $a=4, b=1$
b. $a=3, c=2$
c. $b=4, c=2$

$\left[\textbf{a. } \frac{x^2}{16}+y^2=1; \textbf{ b. } \frac{x^2}{9}+\frac{y^2}{5}=1; \textbf{ c. } \frac{x^2}{20}+\frac{y^2}{16}=1\right]$

33 Ricordando che a e b sono le misure dei semiassi, c è la semidistanza focale ed e è l'eccentricità, scrivi le equazioni in *forma normale* delle ellissi aventi i *fuochi sull'asse* y, per le quali è:

a. $a=1, b=4$
b. $a=3, c=2$
c. $b=4, c=2$

$\left[\textbf{a. } x^2+\frac{y^2}{16}=1; \textbf{ b. } \frac{x^2}{9}+\frac{y^2}{13}=1; \textbf{ c. } \frac{x^2}{12}+\frac{y^2}{16}=1\right]$

34 Scrivi l'equazione dell'ellisse avente due vertici nei punti di coordinate $(0, \pm 3)$ e fuochi nei punti di coordinate $(0, \pm 1)$. $\left[\frac{x^2}{8} + \frac{y^2}{9} = 1\right]$

35 Scrivi l'equazione dell'ellisse i cui fuochi hanno coordinate $(\pm\sqrt{5}, 0)$ e il cui semiasse maggiore misura 3. $\left[\frac{x^2}{9} + \frac{y^2}{4} = 1\right]$

36 Determina l'equazione dell'ellisse che ha due vertici nei punti di coordinate $(\pm 2, 0)$ e i fuochi nei punti di coordinate $(\pm 1, 0)$. $[3x^2 + 4y^2 = 12]$

37 Scrivi le equazioni delle ellissi aventi centro nell'origine, un vertice in $V(0, 3)$ e distanza focale uguale a 2. [Ci sono due soluzioni a seconda che i fuochi siano sull'asse x o sull'asse y: $\frac{x^2}{10} + \frac{y^2}{9} = 1$, $\frac{x^2}{8} + \frac{y^2}{9} = 1$]

38 **ESERCIZIO SVOLTO**

Scriviamo l'equazione dell'ellisse che passa per $P\left(\frac{5}{2}, 2\sqrt{3}\right)$ e ha i fuochi nei punti di coordinate $(\pm 3, 0)$.

- L'ellisse ha i fuochi sull'asse x, quindi vale la relazione $c^2 = a^2 - b^2$. Poiché $c = 3$, segue che $9 = a^2 - b^2$, da cui $b^2 = a^2 - 9$. Perciò l'equazione dell'ellisse deve essere del tipo:

$$\frac{x^2}{a^2} + \frac{y^2}{a^2 - 9} = 1$$

- Imponendo che il punto P appartenga all'ellisse, otteniamo l'equazione:

$$\frac{25}{4a^2} + \frac{12}{a^2 - 9} = 1$$

che, risolta rispetto ad a^2, fornisce le soluzioni:

$$a^2 = \frac{9}{4} \vee a^2 = 25$$

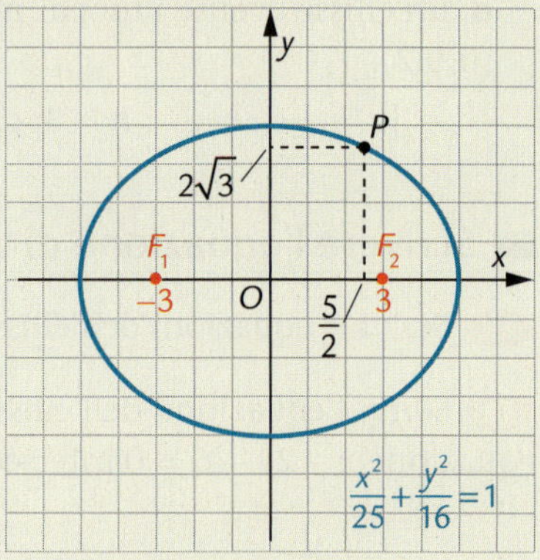

- La soluzione $a^2 = \frac{9}{4}$ è da scartare dal momento che non fornisce l'equazione di un'ellisse (perché?), mentre la soluzione $a^2 = 25$ fornisce l'equazione dell'ellisse cercata:

$$\frac{x^2}{25} + \frac{y^2}{25 - 9} = 1 \Rightarrow \frac{x^2}{25} + \frac{y^2}{16} = 1$$

Scrivi l'equazione dell'ellisse che passa per P e ha fuochi in F.

39 $F(0, \pm\sqrt{2})$; $P(-1, \sqrt{2})$ $\left[\frac{x^2}{2} + \frac{y^2}{4} = 1\right]$

40 $F(\pm 2, 0)$; $P\left(\frac{6}{\sqrt{5}}, 1\right)$ $\left[\frac{x^2}{9} + \frac{y^2}{5} = 1\right]$

41 $F(0, \pm\sqrt{5})$; $P(1, -2\sqrt{2})$ $\left[\frac{x^2}{5} + \frac{y^2}{10} = 1\right]$

42 $F(\pm\sqrt{7}, 0)$; $P\left(2, \frac{\sqrt{2}}{2}\right)$ $\left[\frac{x^2}{8} + y^2 = 1\right]$

43 **ESERCIZIO GUIDATO**

Scrivi l'equazione dell'ellisse passante per i punti $P(2, 1)$ e $Q\left(\frac{1}{2}, 2\right)$.

- Considera l'equazione in forma normale dell'ellisse che ha come assi gli assi cartesiani, $\frac{x^2}{a^2} + \frac{y^2}{b^2} = 1$, e imponi il passaggio per P e Q. Otterrai il sistema:

$$\begin{cases} \frac{4}{a^2} + \frac{1}{b^2} = 1 \\ \frac{1}{\ldots a^2} + \frac{\ldots}{b^2} = 1 \end{cases}$$

- Per risolvere questo sistema poni $\frac{1}{a^2} = u$ e $\frac{1}{b^2} = v$. Il sistema si trasforma così nel seguente:

$$\begin{cases} 4u + v = 1 \\ \frac{1}{\ldots} u + \ldots v = 1 \end{cases}$$

Risolvendolo trovi $u = \ldots$ e $v = \ldots$, quindi $a^2 = \ldots$ e $b^2 = \ldots$

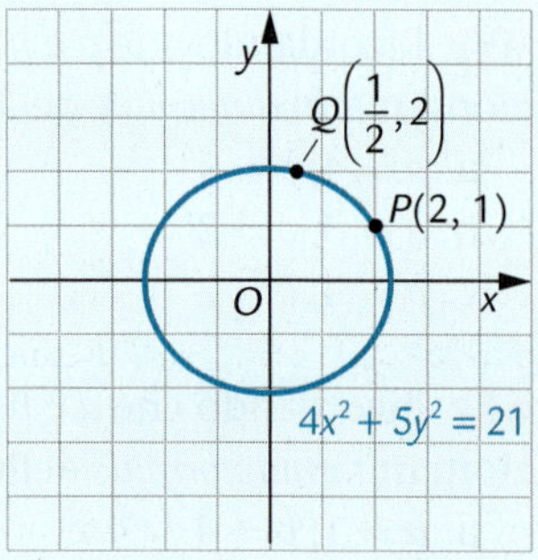

- Se hai svolto tutti i calcoli correttamente troverai che l'ellisse cercata ha equazione $4x^2 + 5y^2 = 21$.

Scrivi le equazioni delle ellissi che passano per P e Q.

44 $P(1, \sqrt{6})$; $Q(\sqrt{2}, 2)$ $\left[\frac{x^2}{4}+\frac{y^2}{8}=1\right]$

45 $P(-3, 0)$; $Q\left(\sqrt{5}, \frac{2}{3}\right)$ $\left[\frac{x^2}{9}+y^2=1\right]$

46 $P(2, 2)$; $Q\left(\sqrt{\frac{3}{2}}, 3\right)$ $\left[\frac{x^2}{6}+\frac{y^2}{12}=1\right]$

47 $P(\sqrt{3}, 1)$; $Q\left(2, \frac{1}{2}\right)$ $[3x^2+4y^2=13]$

48 **ESERCIZIO SVOLTO**

Determiniamo l'equazione dell'ellisse avente fuochi sull'asse x, il semiasse maggiore di misura 2 ed eccentricità uguale a $\frac{\sqrt{2}}{2}$.

- Poiché i fuochi appartengono all'asse x, l'equazione dell'ellisse è del tipo $\frac{x^2}{a^2}+\frac{y^2}{b^2}=1$, con $a>b$.
- Poiché il semiasse maggiore misura 2, si deduce che $a=2$, quindi: $a^2=4$.
- Essendo $e=\frac{c}{a}=\frac{\sqrt{2}}{2}$ e ricordando che $a=2$, deduciamo che $c=\sqrt{2}$, quindi $c^2=2$. Infine, in base alla relazione $c^2=a^2-b^2$, si ottiene:

  $b^2=a^2-c^2=4-2=2$
- Pertanto l'equazione dell'ellisse cercata in forma normale è:

  $\frac{x^2}{4}+\frac{y^2}{2}=1$

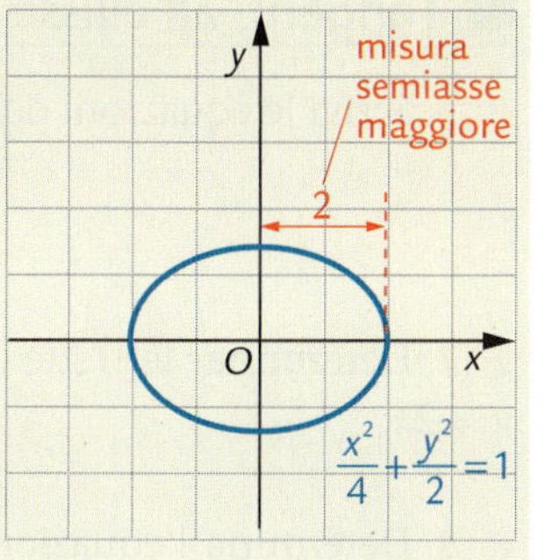

49 Scrivi l'equazione dell'ellisse con i fuochi sull'asse y, per la quale un vertice è $V(0, -2)$ e l'eccentricità vale $\frac{1}{2}$. $\left[\frac{x^2}{3}+\frac{y^2}{4}=1\right]$

50 Determina le equazioni delle ellissi aventi il semiasse maggiore di misura $\sqrt{7}$ ed eccentricità $\frac{\sqrt{21}}{7}$.

[Bisogna distinguere due casi, a seconda che i fuochi siano sull'asse x o sull'asse y. Si trovano le ellissi di equazioni $4x^2+7y^2=28$, $7x^2+4y^2=28$]

51 Scrivi l'equazione dell'ellisse che ha i fuochi nei punti di coordinate $(\pm 1, 0)$ ed eccentricità $\frac{1}{2}$.

$\left[\frac{x^2}{4}+\frac{y^2}{3}=1\right]$

52 Scrivi l'equazione dell'ellisse avente i fuochi nei punti di coordinate $(0, \pm 1)$ ed eccentricità $\frac{\sqrt{3}}{3}$.

$\left[\frac{x^2}{2}+\frac{y^2}{3}=1\right]$

53 Scrivi le equazioni delle ellissi aventi centro nell'origine, un vertice in $(2, 0)$ ed eccentricità $\frac{\sqrt{3}}{2}$.

[Bisogna distinguere due casi, a seconda che i fuochi siano sull'asse x o sull'asse y. Si trovano le ellissi di equazioni $\frac{x^2}{4}+y^2=1$, $\frac{x^2}{4}+\frac{y^2}{16}=1$]

Intersezioni tra retta ed ellisse

54 Determina i punti di intersezione tra l'ellisse di equazione $x^2+3y^2=4$ e la retta di equazione implicita $x-3y+2=0$. $[(-2, 0); (1, 1)]$

55 Determina la misura della corda individuata sull'ellisse di equazione $\frac{x^2}{4}+\frac{y^2}{16}=1$ dalla retta che passa per l'origine e per $P(2, 4)$. $[2\sqrt{10}]$

56 Considera l'ellisse avente equazione $\frac{x^2}{16}+\frac{y^2}{9}=1$. Un rettangolo con i lati paralleli agli assi cartesiani è inscritto nell'ellisse e due suoi lati passano per i fuochi. Determina perimetro e area del rettangolo.

[Perimetro $=4\sqrt{7}+9$; Area $=9\sqrt{7}$]

57 Considera l'ellisse di equazione $\frac{x^2}{4}+\frac{y^2}{3}=1$ e determinane i punti di intersezione con la retta parallela alla bisettrice del primo e del terzo quadrante passante per il fuoco di ascissa positiva. $\left[\left(\frac{4\pm 6\sqrt{2}}{7}, \frac{-3\pm 6\sqrt{2}}{7}\right)\right]$

58 Sia A il punto di ascissa 2 appartenente all'ellisse di equazione $\frac{x^2}{4}+y^2=1$. Indica con r la retta passante per A e parallela alla retta di equazione $y=2x$ e con s la retta passante per A perpendicolare a r. Detti B e C, rispettivamente, i punti di intersezione (diversi da A) di r ed s con l'ellisse, calcola l'area del triangolo ABC. $\left[\frac{10}{17}\right]$

59 Considera l'ellisse di equazione $\frac{x^2}{4}+y^2=1$. Indica con A e B i vertici dell'ellisse appartenenti ai semiassi positivi delle ascisse e delle ordinate. Determina i vertici dei triangoli isosceli sulla base AB inscritti nell'ellisse.
(*Suggerimento:* il problema equivale a determinare i punti di intersezione dell'ellisse con l'asse del segmento AB)
$\left[\left(\frac{12\pm\sqrt{59}}{17},\ \frac{-3\pm4\sqrt{59}}{34}\right)\right]$

■ Tangenti all'ellisse

60 Scrivi le equazioni delle rette tangenti all'ellisse di equazione $4x^2+y^2=4$, passanti per il punto $P(-2,\ 0)$.
$\left[y=\pm\frac{2\sqrt{3}}{3}(x+2)\right]$

61 Determina le rette tangenti all'ellisse di equazione $4x^2+y^2=1$ e parallele alla retta di equazione $y=2x$. $[y=2x\pm\sqrt{2}]$

62 Determina l'equazione della retta tangente all'ellisse di equazione $\frac{x^2}{4}+\frac{3y^2}{4}=1$ nel suo punto del quarto quadrante di ascissa 1. $\left[y=\frac{1}{3}x-\frac{4}{3}\right]$

63 Determina le equazioni delle rette tangenti all'ellisse di equazione $x^2+4y^2=5$ nei suoi punti aventi ordinata 1. $[x+4y-5=0,\ x-4y+5=0]$

64 Scrivi le equazioni delle rette tangenti all'ellisse di equazione $\frac{x^2}{4}+\frac{y^2}{9}=1$ passanti per il punto $P(2,\ 1)$. Indica con A e B i punti di contatto di tali tangenti con l'ellisse e determina l'area del triangolo APB.
$\left[x=2,\ y=5-2x;\ A(2,\ 0),\ B\left(\frac{8}{5},\ \frac{9}{5}\right);\ \frac{1}{5}\right]$

65 Scrivi l'equazione della retta tangente t all'ellisse di equazione $2x^2+y^2=6$ nel suo punto P del primo quadrante di ascissa 1 e l'equazione della retta n, perpendicolare in P alla retta tangente t. Determina inoltre le coordinate dell'ulteriore punto che la retta n ha in comune con l'ellisse (oltre a P).
$\left[x+y-3=0;\ x-y+1=0;\ \left(-\frac{5}{3},\ -\frac{2}{3}\right)\right]$

2. Iperbole

TEORIA a p. 329

■ Esercizi preliminari

66 Completa le seguenti affermazioni:

a. l'iperbole è il luogo dei punti del piano tali che la differenza, in ...., delle distanze da due punti fissi detti .... è ....

b. l'equazione in forma normale di un'iperbole con i fuochi sull'asse x è ....

c. l'equazione in forma normale di un'iperbole con i fuochi sull'asse y è ....

d. gli asintoti di un'iperbole sono rette che ....

67 Sia P un punto di un'iperbole passante per $Q(1,3)$ e avente fuochi in $F_1(-2,0)$, $F_2(2,0)$. Quanto può valere $\overline{PF_1}-\overline{PF_2}$?

68 I due vertici di un'iperbole sono i punti di coordinate $(\pm3,0)$. Se P è un punto dell'iperbole, quanto vale $|PF_1-PF_2|$, essendo F_1 ed F_2 i due fuochi?

69 Associa a ogni equazione la frase che le corrisponde.

a. $\frac{x^2}{5}-\frac{y^2}{4}=1$ — A. Non rappresenta un'iperbole.

b. $3x^2-3y^2=1$ — B. Rappresenta un'iperbole con i fuochi sull'asse y.

c. $9y^2-4x^2=1$ — C. Rappresenta un'iperbole con gli asintoti perpendicolari.

d. $\frac{x^2}{9}-\frac{y^2}{4}=1$ — D. Rappresenta un'iperbole avente fuochi di coordinate $(\pm 3, 0)$.

e. $9y^2=1-4x^2$ — E. Rappresenta un'iperbole avente vertici di coordinate $(\pm 3, 0)$.

70 **Vero o falso?**

a. l'equazione $y^2-x^2=-1$ rappresenta un'iperbole con i fuochi sull'asse x — V F

b. l'iperbole di equazione $y^2-x^2=1$ ha l'asse trasverso sull'asse y — V F

c. gli asintoti dell'iperbole di equazione $4x^2-y^2=1$ sono le rette di equazione $y=\pm 4x$ — V F

d. ogni iperbole ha eccentricità minore di 1 — V F

e. l'iperbole di equazione $x^2-3y^2=-3$ ha fuochi di coordinate $(0, \pm 2)$ — V F

f. l'iperbole di equazione $9x^2-25y^2=-1$ ha i semiassi trasverso e non trasverso che misurano rispettivamente 5 e 3 — V F

[3 affermazioni vere e 3 false]

71 Stabilisci quali dei seguenti punti appartengono all'iperbole di equazione $4x^2-y^2=-1$:

$A(0,-1)$; $B\left(-\frac{1}{2}, 0\right)$; $C(-1, \sqrt{5})$; $D(2\sqrt{2}, 3)$

72 Sia $a>0$; determina a in modo che l'iperbole di equazione $\frac{x^2}{a^2}-\frac{y^2}{4}=1$ abbia i fuochi nei punti di coordinate $(\pm 4, 0)$. $[a=2\sqrt{3}]$

73 **ESERCIZIO SVOLTO**

Sia $a>0$; determiniamo a in modo che uno degli asintoti dell'iperbole di equazione $4x^2-a^2y^2=1$ sia la retta di equazione $y=-\frac{1}{3}x$.

L'equazione dell'iperbole, in forma normale, è $\frac{x^2}{1/4}-\frac{y^2}{1/a^2}=1$. Se ne deduce che gli asintoti dell'iperbole sono le rette di equazioni: $y=\pm\frac{2}{a}x$. L'asintoto di equazione $y=-\frac{2}{a}x$ coincide con $y=-\frac{1}{3}x$ se e solo se $-\frac{2}{a}=-\frac{1}{3}$, da cui $a=6$.

74 Sia $a>0$; determina a in modo che uno degli asintoti dell'iperbole di equazione $4x^2-a^2y^2=1$ sia la retta di equazione $y=-\frac{1}{2}x$. $[a=4]$

75 Sia $a>0$; determina per quali valori di a le iperboli che hanno le seguenti equazioni hanno eccentricità uguale a 2.

a. $\frac{x^2}{a^2}-\frac{y^2}{9}=1$ b. $\frac{x^2}{a^2}-\frac{y^2}{9}=-1$ [**a.** $a=\sqrt{3}$; **b.** $a=3\sqrt{3}$]

76 **ESERCIZIO SVOLTO**

Per quali valori di a la frazione algebrica $\frac{2a}{a+1}$ può rappresentare l'eccentricità di un'iperbole?

L'eccentricità di un'iperbole è un numero maggiore di 1, perciò deve essere $\frac{2a}{a+1}>1$, ossia:

$a<-1 \vee a>1$

77 Per quali valori di a la frazione algebrica $\frac{a^2}{a+1}$ può rappresentare l'eccentricità di un'iperbole?

$\left[-1<a<\frac{1-\sqrt{5}}{2} \vee a>\frac{1+\sqrt{5}}{2}\right]$

Rappresentazioni grafiche

78 Associa a ciascuna delle seguenti iperboli la sua equazione.

a. $\frac{x^2}{4}-\frac{y^2}{9}=1$ **b.** $\frac{x^2}{9}-\frac{y^2}{4}=1$ **c.** $\frac{x^2}{4}-\frac{y^2}{9}=-1$ **d.** $\frac{x^2}{9}-\frac{y^2}{4}=-1$

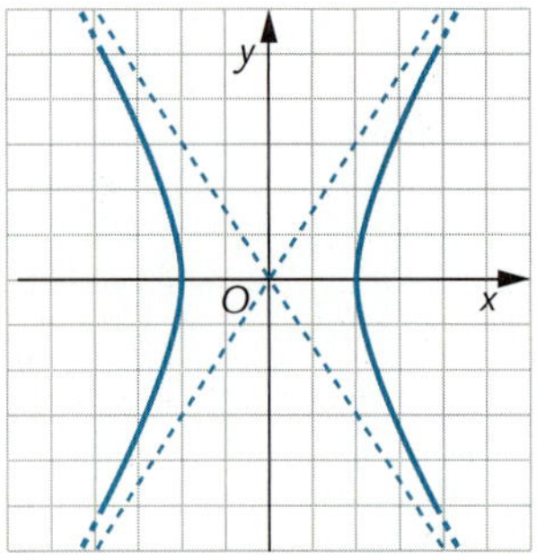

A

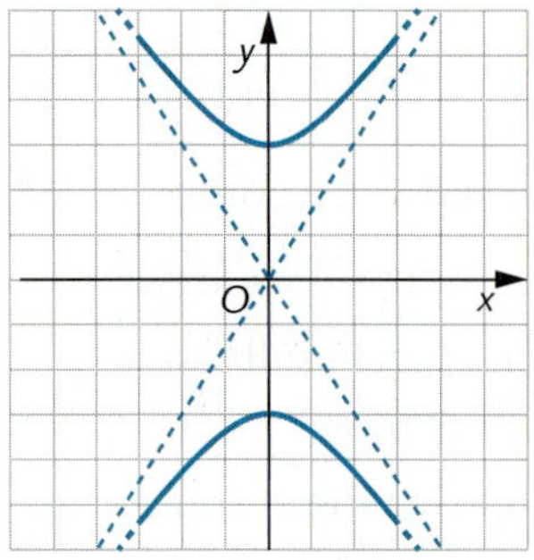

B

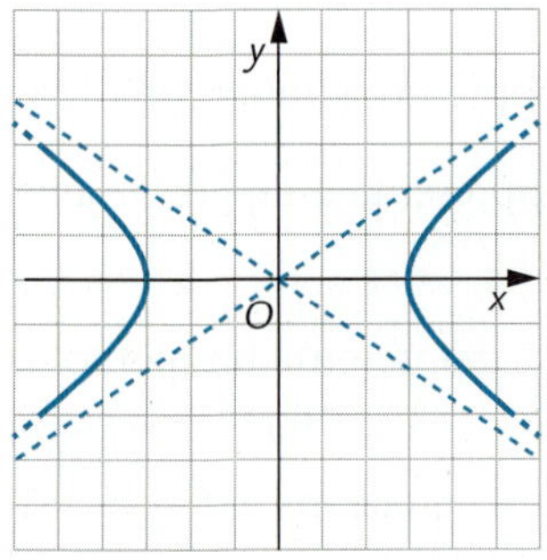

C

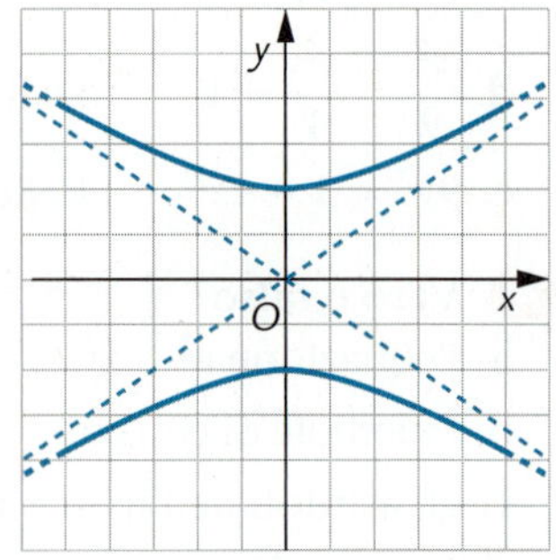

D

79 In relazione alla figura qui a fianco, completa le seguenti affermazioni:

a. i vertici dell'iperbole sono i punti di coordinate ....

b. i vertici immaginari dell'iperbole sono i punti di coordinate ....

c. la misura dell'asse trasverso è.........

d. la misura dell'asse non trasverso è ....

e. gli asintoti hanno equazioni ....

f. i fuochi hanno coordinate ....

g. l'eccentricità dell'iperbole è ....

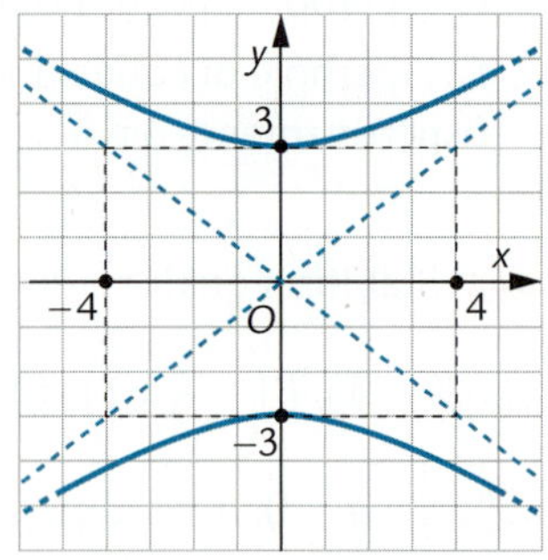

80 **ESERCIZIO GUIDATO**

Rappresenta graficamente l'iperbole di equazione $x^2-4y^2=-4$.

- Dividi entrambi i membri dell'equazione per 4, in modo da riscrivere l'equazione in forma normale:

  $$\frac{x^2}{4}-y^2=-1$$

  Puoi così riconoscere che le misure dei semiassi sono $a=2$ e $b=1$.
- Disegna il rettangolo che passa per i vertici e per i vertici immaginari e che ha i lati paralleli agli assi cartesiani. Traccia le rette che contengono le diagonali di tale rettangolo. Che cosa rappresentano tali rette per l'iperbole? .... Qual è la loro equazione? ....
- Tenendo conto delle informazioni ricavate puoi già tracciare il grafico dell'iperbole.
- I fuochi sono i punti di coordinate $(0, \pm c)$, dove:

  $$c=\sqrt{a^2+b^2}=\sqrt{\ldots\ldots}=\sqrt{\ldots}$$

  Pertanto l'iperbole ha fuochi in $F_1(0, -\sqrt{\ldots})$ e $F_2(0, \sqrt{\ldots})$. Costruisci nella figura qui a fianco i fuochi con il compasso: devi tracciare la circonferenza che ha centro nell'origine e che passa, per esempio, per il punto di coordinate (2, 1) e individuare i suoi punti d'intersezione con l'asse y.
- Infine, l'eccentricità dell'iperbole vale: $e=\frac{c}{b}=\frac{\sqrt{\ldots}}{\ldots}=\sqrt{\ldots}$

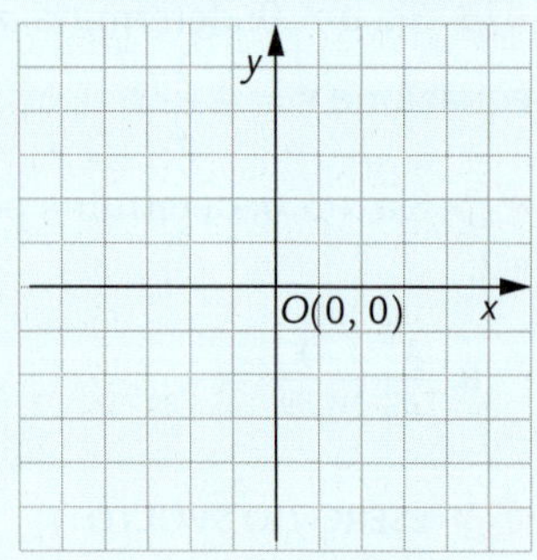

Rappresenta le iperboli di cui è data l'equazione, dopo averne determinato i vertici, gli asintoti, i fuochi e l'eccentricità.

81 $x^2-\frac{y^2}{16}=1;$ $\quad 4x^2-25y^2=100$

82 $x^2-4y^2=-4;$ $\quad \frac{x^2}{9}-\frac{y^2}{25}=1$

83 $8x^2-y^2=2;$ $\quad 4x^2=4+y^2$

84 $y^2-9x^2=9;$ $\quad \frac{y^2}{36}-\frac{x^2}{25}=1$

85 $\frac{x^2}{16}-\frac{y^2}{9}=-1;$ $\quad 16y^2-9x^2=144$

86 È vero che due iperboli aventi gli stessi asintoti sono congruenti? Se l'affermazione è vera, giustificala, altrimenti mostra che è falsa fornendo un opportuno controesempio.

Esercizi con parametri

87 **ESERCIZIO SVOLTO**

Determiniamo per quali valori di k l'equazione $\dfrac{x^2}{2k} + \dfrac{y^2}{2-k} = 1$:

a. rappresenta un'iperbole;

b. rappresenta un'iperbole con i fuochi sull'asse x;

c. rappresenta un'iperbole con i fuochi sull'asse y.

---

a. Perché l'equazione rappresenti un'iperbole, i denominatori di x^2 e y^2 devono essere discordi. Deve quindi essere: $2k(2-k) < 0$, cioè $k < 0 \vee k > 2$.

b. Perché l'equazione rappresenti un'iperbole con i fuochi sull'asse x, il denominatore di x^2 deve essere maggiore di quello di y^2, ossia (per il primo punto) deve essere positivo mentre quello di y^2 deve essere negativo. Deve quindi essere: $\begin{cases} 2k > 0 \\ 2-k < 0 \end{cases}$, da cui $k > 2$.

c. Perché l'equazione rappresenti un'iperbole con i fuochi sull'asse y, il denominatore di x^2 deve essere negativo e quello di y^2 positivo. Deve quindi essere $\begin{cases} 2k < 0 \\ 2-k > 0 \end{cases}$, da cui $k < 0$.

88 Determina per quali valori di k l'equazione $\dfrac{x^2}{k+2} + \dfrac{y^2}{2-k} = 1$:

a. rappresenta un'iperbole;

b. rappresenta un'iperbole con i fuochi sull'asse x;

c. rappresenta un'iperbole con i fuochi sull'asse y.

[**a.** $k < -2 \vee k > 2$; **b.** $k > 2$; **c.** $k < -2$]

89 Determina per quali valori di k l'equazione $(2k-1)x^2 + (k-2)y^2 = k-1$:

a. rappresenta un'iperbole;

b. rappresenta un'iperbole con i fuochi sull'asse x;

c. rappresenta un'iperbole con i fuochi sull'asse y.

[**a.** $\dfrac{1}{2} < k < 2$ con $k \neq 1$; **b.** $1 < k < 2$; **c.** $\dfrac{1}{2} < k < 1$]

90 Determina per quali valori di k l'equazione $\dfrac{x^2}{k} + \dfrac{y^2}{2k-3} = 1$:

a. rappresenta un'iperbole;

b. rappresenta un'iperbole con i fuochi sull'asse x;

c. rappresenta un'iperbole con i fuochi sull'asse y;

d. rappresenta un'iperbole che ha un vertice in $V(-1, 0)$;

e. rappresenta un'iperbole avente come asintoti le rette di equazione $y = \pm\dfrac{1}{2}x$.

[**a.** $0 < k < \dfrac{3}{2}$; **b.** $0 < k < \dfrac{3}{2}$; **c.** nessun valore di k; **d.** $k = 1$; **e.** $k = \dfrac{4}{3}$]

91 Determina per quali valori di k l'equazione $kx^2 - (k^2-1)y^2 = 1$:

a. rappresenta un'iperbole;

b. rappresenta un'iperbole con i fuochi sull'asse x;

c. rappresenta un'iperbole con i fuochi sull'asse y;

d. rappresenta un'iperbole che ha un vertice in $V\left(\dfrac{1}{2}, 0\right)$;

e. rappresenta un'iperbole con i fuochi sull'asse x che ha eccentricità uguale a $\sqrt{\dfrac{5}{3}}$.

[**a.** $-1 < k < 0 \vee k > 1$; **b.** $k > 1$; **c.** $-1 < k < 0$; **d.** $k = 4$; **e.** $k = 2$]

Scrivere l'equazione di un'iperbole

92 Scrivi le equazioni delle iperboli rappresentate nelle figure a fianco.

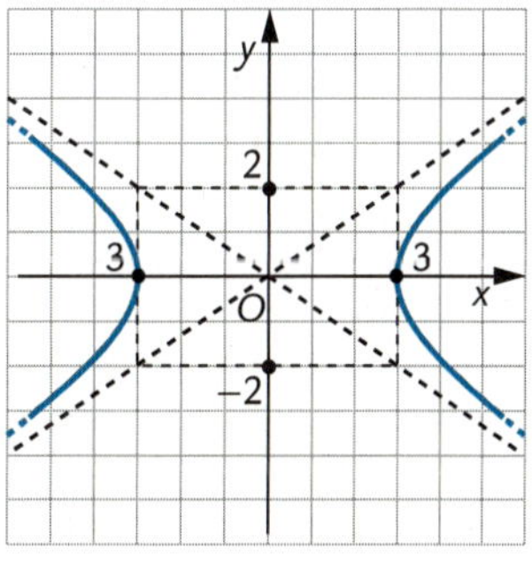

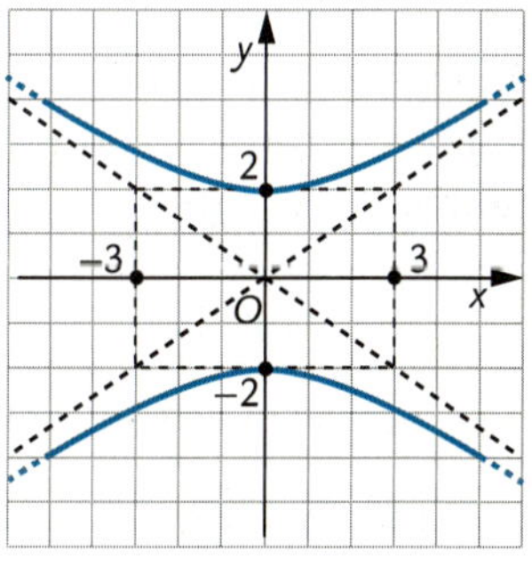

93 ESERCIZIO GUIDATO

Scrivi l'equazione dell'iperbole avente fuochi nei punti di coordinate $(\pm 2, 0)$ e un vertice in $V(1, 0)$.

- Poiché i fuochi dell'iperbole appartengono all'asse x, l'equazione dell'iperbole sarà del tipo $\frac{x^2}{a^2} - \frac{y^2}{b^2} = 1$.
- Dato che uno dei due vertici è $V(1, 0)$, puoi dedurre che $a^2 = ...$
- Poiché i fuochi hanno coordinate $(\pm 2, 0)$, la semidistanza focale è $c = ...$ Dalla relazione $c^2 = a^2 + b^2$ puoi allora ricavare che $b^2 = c^2 - a^2 = ... = ...$
- Se hai svolto i calcoli correttamente troverai che l'iperbole richiesta è quella di equazione $x^2 - \frac{y^2}{3} = 1$.

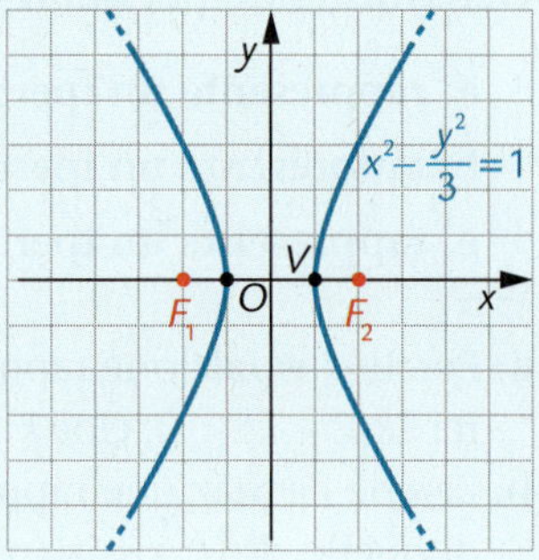

94 Ricordando che a e b sono le misure dei semiassi e c è la semidistanza focale, scrivi le equazioni in forma normale delle iperboli aventi i fuochi sull'asse x, per le quali:

a. $a = 4, b = 1$ **b.** $a = 2, c = 3$ **c.** $b = 2, c = 4$

$\left[\mathbf{a.}\ \frac{x^2}{16} - y^2 = 1;\ \mathbf{b.}\ \frac{x^2}{4} - \frac{y^2}{5} = 1;\ \mathbf{c.}\ \frac{x^2}{12} - \frac{y^2}{4} = 1\right]$

95 Scrivi l'equazione dell'iperbole avente un vertice in $V(2, 0)$e un fuoco in $F(3, 0)$. $\left[\frac{x^2}{4} - \frac{y^2}{5} = 1\right]$

96 Ricordando che a e b sono le misure dei semiassi e c è la semidistanza focale, scrivi le equazioni in forma normale delle iperboli aventi i fuochi sull'asse y, per le quali:

a. $a = 1, b = 4$ **b.** $a = 3, c = 4$ **c.** $b = 4, c = 5$

$\left[\mathbf{a.}\ x^2 - \frac{y^2}{16} = -1;\ \mathbf{b.}\ \frac{x^2}{9} - \frac{y^2}{7} = -1;\ \mathbf{c.}\ \frac{x^2}{9} - \frac{y^2}{16} = -1\right]$

97 ESERCIZIO GUIDATO

Scrivi l'equazione dell'iperbole avente vertici nei punti di coordinate $(0, \pm 3)$ e passante per il punto $P(1, 6)$.

- Poiché i vertici dell'iperbole appartengono all'asse y (quindi anche i fuochi), l'equazione dell'iperbole è del tipo $\frac{x^2}{a^2} - \frac{y^2}{b^2} = -1$.
- Dalla conoscenza dei vertici puoi dedurre che $b^2 = ...$ Quindi l'equazione dell'iperbole diventa $\frac{x^2}{a^2} - \frac{y^2}{.....} = -1$. Imponendo il passaggio per P, ottieni l'equazione $\frac{1}{a^2} - ..... = -1$, da cui $a^2 = \frac{1}{.....}$.
- Se hai svolto correttamente i calcoli, troverai che l'iperbole cercata ha equazione $3x^2 - \frac{y^2}{9} = -1$.

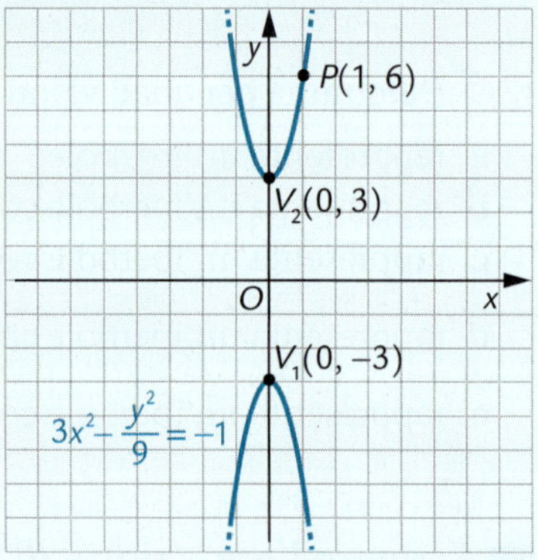

98 Scrivi l'equazione dell'iperbole, con i fuochi sull'asse x, il cui asse trasverso misura 4, passante per il punto $P(4, 2)$. $[x^2 - 3y^2 = 4]$

99 Scrivi l'equazione dell'iperbole avente fuochi nei punti di coordinate $(0, \pm 2\sqrt{2})$ e passante per $P(1, 3)$.

$\left[\frac{x^2}{2} - \frac{y^2}{6} = -1\right]$

100 Scrivi l'equazione dell'iperbole, con i fuochi sull'asse x, il cui asse **non** trasverso misura 4, passante per il punto $P(-4, 2)$. $\left[\frac{x^2}{8} - \frac{y^2}{4} = 1\right]$

101 ESERCIZIO GUIDATO

Scrivi l'equazione dell'iperbole con i fuochi sull'asse x, che passa per i punti $P(\sqrt{10}, 1)$ e $Q(5, 2)$.

- Considera l'equazione in forma normale dell'iperbole con i fuochi sull'asse x, $\frac{x^2}{a^2} - \frac{y^2}{b^2} = 1$, e imponi il passaggio per P e Q. Otterrai il sistema:

$$\begin{cases} \frac{10}{a^2} - \frac{1}{b^2} = 1 \\ \frac{25}{a^2} - \frac{4}{b^2} = 1 \end{cases}$$

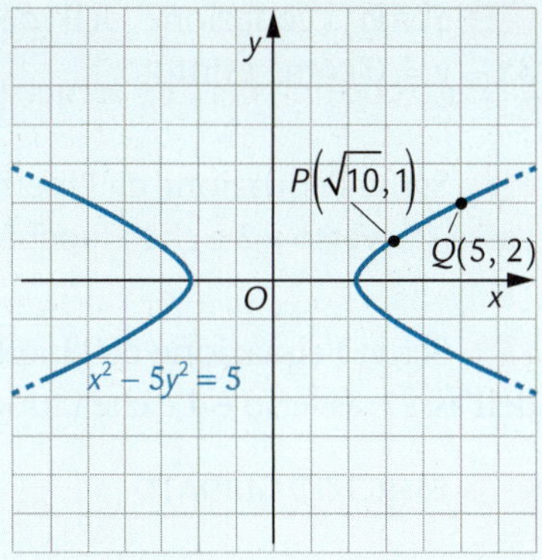

- Per risolvere questo sistema, poni $\frac{1}{a^2} = u$ e $\frac{1}{b^2} = v$.

  Il sistema si trasforma così nel seguente:

$$\begin{cases} 10u - v = 1 \\ 25u - 4v = 1 \end{cases}$$

  Risolvendolo trovi che $u = ...$ e $v = ...$ Quindi $a^2 = ...$ e $b^2 = ...$

- Se hai svolto tutti i calcoli correttamente troverai che l'iperbole cercata ha equazione $x^2 - 5y^2 = 5$.

Scrivi le equazioni delle iperboli con i fuochi sull'asse x che passano per i punti P e Q.

102 $P(-1, 0)$; $Q(2, 2\sqrt{3})$ $\left[x^2 - \frac{y^2}{4} = 1\right]$

103 $P(2\sqrt{2}, 0)$; $Q(4, -2)$ $\left[\frac{x^2}{8} - \frac{y^2}{4} = 1\right]$

104 $P(3, \sqrt{2})$; $Q(\sqrt{5}, 1)$ $[x^2 - 4y^2 = 1]$

105 $P(-1, 2)$; $Q(2, -1)$ [Impossibile]

Scrivi le equazioni delle iperboli con i fuochi sull'asse y che passano per i punti P e Q.

106 $P(1, 2)$; $Q(2, \sqrt{13})$ $[3x^2 - y^2 = -1]$

107 $P(1, 1)$; $Q(\sqrt{11}, 3)$ $[4x^2 - 5y^2 = -1]$

108 $P(-1, 2)$; $Q(2, 3)$ $[5x^2 - 3y^2 = -7]$

109 $P(-1, 2)$; $Q(-2, 1)$ [Impossibile]

110 Dati i punti $P(1, 1)$ e $Q(\sqrt{2}, \sqrt{3})$, scrivi le equazioni delle iperboli che passano per P e Q, aventi i fuochi rispettivamente sull'asse x e sull'asse y. [Sull'asse x: $2x^2 - y^2 = 1$; sull'asse y: impossibile]

111 ESERCIZIO SVOLTO

Scriviamo l'equazione dell'iperbole avente come asintoti le rette di equazioni $y = \pm 2x$ e passante per il punto $P(1, 1)$.

- Poiché gli asintoti sono due rette passanti per l'origine e simmetriche rispetto all'asse x, si deduce che l'iperbole di cui stiamo cercando l'equazione ha come assi di simmetria gli assi cartesiani. Inoltre, poiché l'iperbole deve passare per il punto P, deve essere contenuta negli angoli individuati dagli asintoti che contengono l'asse x. Quindi i fuochi devono appartenere all'asse x e l'equazione dell'iperbole deve essere del tipo $\frac{x^2}{a^2} - \frac{y^2}{b^2} = 1$.

- Affinché l'iperbole abbia come asintoti $y = \pm 2x$ e passi per P deve essere soddisfatto il sistema:

$$\begin{cases} \frac{b}{a} = 2 & \text{Condizione sugli asintoti} \\ \frac{1}{a^2} - \frac{1}{b^2} = 1 & \text{Passaggio per } P \end{cases} \Rightarrow \begin{cases} b^2 = 4a^2 \\ \frac{1}{a^2} - \frac{1}{b^2} = 1 \end{cases} \Rightarrow$$

$$\Rightarrow \begin{cases} b^2 = 4a^2 \\ \frac{1}{a^2} - \frac{1}{4a^2} = 1 \end{cases} \Rightarrow \begin{cases} b^2 = 3 \\ a^2 = \frac{3}{4} \end{cases}$$

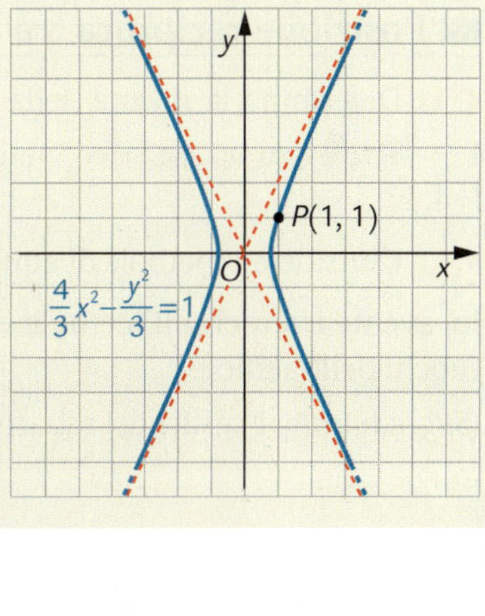

- L'iperbole cercata ha quindi equazione $\frac{4}{3}x^2 - \frac{y^2}{3} = 1$.

112 Scrivi l'equazione dell'iperbole che ha come asintoti le rette di equazione $x \pm 2y = 0$ e passante per il punto $(1, 3)$.
$[x^2 - 4y^2 = -35]$

113 Scrivi l'equazione dell'iperbole avente come asintoti le rette di equazione $y = \pm 2x$ e avente fuochi nei punti $A(-\sqrt{5}, 0)$, $B(\sqrt{5}, 0)$.
$\left[x^2 - \frac{y^2}{4} = 1\right]$

114 Scrivi l'equazione dell'iperbole avente vertici nei punti di coordinate $(\pm 1, 0)$ e la retta di equazione $3x - y = 0$ come asintoto.
$\left[x^2 - \frac{y^2}{9} = 1\right]$

115 Scrivi l'equazione dell'iperbole che ha come asintoti le rette di equazione $y = \pm 2x$, sapendo che la misura dell'asse trasverso è 2 e che i fuochi dell'iperbole appartengono all'asse x.
$\left[x^2 - \frac{y^2}{4} = 1\right]$

116 Scrivi l'equazione dell'iperbole che ha come asintoti le rette di equazione $y = \pm \frac{1}{3}x$, sapendo che la misura dell'asse trasverso è 4 e che i fuochi dell'iperbole appartengono all'asse y.
$\left[\frac{x^2}{36} - \frac{y^2}{4} = -1\right]$

117 **ESERCIZIO GUIDATO**

Scrivi l'equazione dell'iperbole che ha vertici immaginari nei punti di coordinate $(\pm 1, 0)$ ed eccentricità uguale a 3.

- Poiché i vertici immaginari appartengono all'asse x, puoi dedurre che i fuochi sono sull'asse y, quindi l'equazione dell'iperbole è del tipo $\frac{x^2}{a^2} - \frac{y^2}{b^2} = -1$.
- Dalla conoscenza dei vertici immaginari puoi dedurre che $a^2 = ...$
- Ricorda che per un'iperbole con i fuochi sull'asse y è:

$$e = \frac{c}{b} = \frac{\sqrt{a^2 + b^2}}{b}$$

Imponendo che sia $e = 3$ e ricordando che $a^2 = ...$, ottieni l'equazione:

$$\frac{\sqrt{..... + b^2}}{b} = 3$$

da cui puoi ricavare $b^2 = ...$

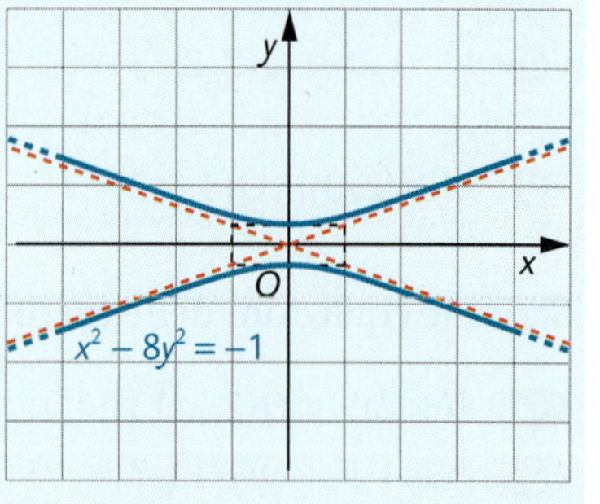

- Se hai svolto i calcoli correttamente troverai che l'equazione dell'iperbole cercata è $x^2 - 8y^2 = -1$.

118 Scrivi le equazioni delle iperboli, aventi i fuochi rispettivamente sull'asse x e sull'asse y, il cui asse trasverso misura 4 e la cui eccentricità è 2.
$\left[\frac{x^2}{4} - \frac{y^2}{12} = 1, \frac{x^2}{12} - \frac{y^2}{4} = -1\right]$

119 Scrivi l'equazione dell'iperbole che ha i fuochi nei punti di coordinate $(\pm 1, 0)$ ed eccentricità uguale a 2.
$[12x^2 - 4y^2 = 3]$

120 Scrivi l'equazione dell'iperbole che ha i fuochi nei punti di coordinate $(0, \pm 1)$ ed eccentricità uguale a 2.
$[4x^2 - 12y^2 = -3]$

121 Scrivi l'equazione dell'iperbole che ha i fuochi sull'asse x, come asintoti le rette di equazione $y = \pm 2x$ ed eccentricità uguale a $\sqrt{3}$.
[Impossibile]

Posizione reciproca tra retta e iperbole

122 Determina la misura della corda individuata sull'iperbole di equazione $x^2 - y^2 = 1$ dalla retta di equazione $y = 2x + 2$.
$\left[\frac{2}{3}\sqrt{5}\right]$

123 Considera l'iperbole di equazione $\frac{x^2}{7} - \frac{y^2}{9} = -1$. Rappresentala graficamente e determina l'area del rettangolo, avente i vertici sull'iperbole e i lati paralleli agli assi cartesiani, tale che i due lati paralleli all'asse x passano per i fuochi dell'iperbole.
(*Suggerimento*: i vertici del rettangolo sono i punti di intersezione dell'iperbole con le rette di equazione ...)
$\left[\text{Area} = \frac{112}{3}\right]$

124 Sia A il punto del primo quadrante di ascissa 3 appartenente all'iperbole di equazione $x^2 - y^2 = 8$. Scrivi l'equazione della retta r, passante per A e per il fuoco F_1 dell'iperbole di ascissa negativa, e indica con B l'ulteriore punto di intersezione della retta r con l'iperbole . Determina infine l'area del triangolo AF_2B, essendo F_2 l'altro fuoco dell'iperbole.
$\left[r: y = \frac{1}{7}(x+4); B\left(-\frac{17}{6}, \frac{1}{6}\right); \text{Area} = \frac{10}{3}\right]$

125 Siano A e B ($x_A < x_B$) i punti di intersezione della retta di equazione $y = x + 2$ con l'iperbole di equazione $x^2 - 4y^2 = 4$. Determina i punti dell'iperbole che formano con A e B un triangolo isoscele sulla base AB.
(*Suggerimento*: i punti richiesti sono i punti di intersezione dell'iperbole con l'asse del segmento ...)
$\left[A\left(-\frac{10}{3}, -\frac{4}{3}\right), B(-2, 0); \left(\frac{-40 \pm 2\sqrt{73}}{9}, \frac{10 \mp 2\sqrt{73}}{9}\right)\right]$

126 Considera il punto $P(0, 2)$ e l'iperbole di equazione $x^2 - y^2 = 1$. Scrivi l'equazione della retta passante per P, di coefficiente angolare m, e determina per quali valori di m tale retta:

a. è esterna all'iperbole;
b. è tangente all'iperbole;
c. interseca l'iperbole in due punti distinti;
d. interseca l'iperbole in un solo punto.

[**a.** $m < -\sqrt{5} \vee m > \sqrt{5}$; **b.** $m = \pm\sqrt{5}$; **c.** $-\sqrt{5} < m < \sqrt{5} \wedge m \neq \pm 1$; **d.** $m = \pm 1$]

127 Rappresenta l'iperbole di equazione $\frac{x^2}{12} - \frac{y^2}{4} = 1$ e determina la misura della corda individuata sull'iperbole dalla retta parallela alla bisettrice del primo e del terzo quadrante, passante per il fuoco dell'iperbole di ascissa positiva. [$4\sqrt{3}$]

Rette tangenti all'iperbole

128 Scrivi le equazioni delle rette passanti per il punto $P(-3, 0)$ tangenti all'iperbole di equazione $x^2 - 4y^2 = -3$.
$\left[y = \pm\frac{1}{4}(x+3)\right]$

129 Verifica che la retta di equazione $x - 2y = -6$ è tangente all'iperbole di equazione $x^2 - y^2 = -12$ e trova le coordinate del punto di contatto. [(2, 4)]

130 Determina le rette tangenti all'iperbole di equazione $x^2 - 4y^2 = 1$ parallele alla bisettrice del primo e del terzo quadrante.
$\left[y = x \pm \frac{\sqrt{3}}{2}\right]$

131 Scrivi le equazioni delle rette tangenti all'iperbole di equazione $4x^2 - y^2 = 16$ passanti per il punto $P(0, 2)$.
[$y = \pm\sqrt{5}x + 2$]

132 Determina la retta tangente all'iperbole di equazione $x^2 - y^2 = -3$ nel suo punto P del primo quadrante, di ascissa 1. [$x - 2y = -3$]

133 Determina la retta tangente all'iperbole di equazione $x^2 - 2y^2 = 7$ nel suo punto del secondo quadrante di ordinata 1. [$3x + 2y + 7 = 0$]

134 Determina la retta tangente all'iperbole di equazione $x^2 - y^2 = -4$ nel suo punto del terzo quadrante di ascissa -1. [$x - \sqrt{5}y = 4$]

3. Iperbole equilatera e funzione omografica

TEORIA a p. 338

Iperbole equilatera

135 Completa le seguenti affermazioni:

a. un'iperbole equilatera riferita agli assi ha equazione del tipo ....
b. un'iperbole equilatera riferita agli asintoti ha equazione del tipo ....
c. gli asintoti di un'iperbole equilatera riferita agli assi hanno equazioni ....
d. gli asintoti di un'iperbole equilatera riferita agli asintoti hanno equazioni ....
e. l'eccentricità di un'iperbole equilatera è sempre uguale a ....

136 Associa a ciascuna delle seguenti equazioni il grafico corrispondente.

a. $xy = -4$ **b.** $x^2 - y^2 = 9$ **c.** $xy = 4$ **d.** $x^2 - y^2 = -9$

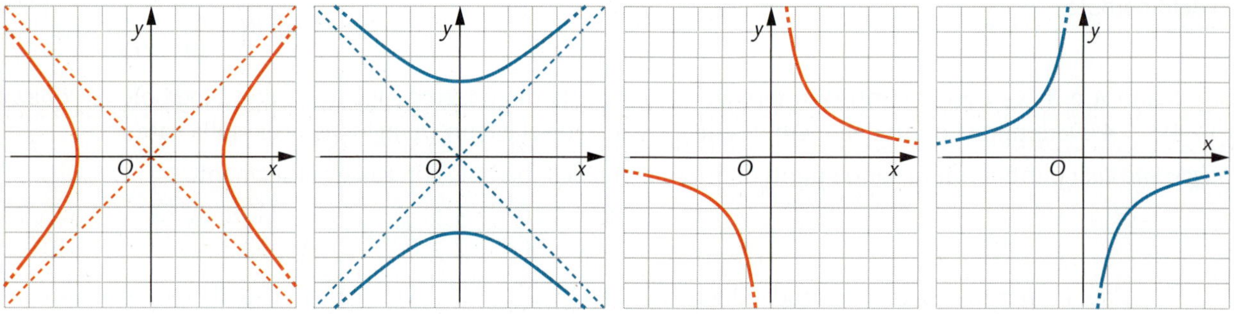

A B C D

137 **Vero o falso?**

a. se $k > 0$, il grafico dell'iperbole di equazione $xy = k$ appartiene al primo e al terzo quadrante V F

b. se $k < 0$, il grafico dell'iperbole di equazione $xy = k$ appartiene al secondo e al terzo quadrante V F

c. per ogni $k \in \mathbf{R}$, con $k \neq 0$, i vertici dell'iperbole di equazione $xy = k$ hanno coordinate $(\sqrt{k}, \sqrt{k})$ e $(-\sqrt{k}, -\sqrt{k})$ V F

d. per ogni $k \in \mathbf{R}$, con $k \neq 0$, gli asintoti dell'iperbole di equazione $xy = k$ sono gli assi cartesiani V F

[2 affermazioni vere e 2 false]

138 **ESERCIZIO GUIDATO**

Traccia il grafico dell'iperbole di equazione $xy = 2$. Determina inoltre i vertici e i fuochi dell'iperbole.

- Osserva che $y = \dfrac{2}{x}$ e completa la seguente tabella:

x	-4	-2	-1	1	2	4
y						

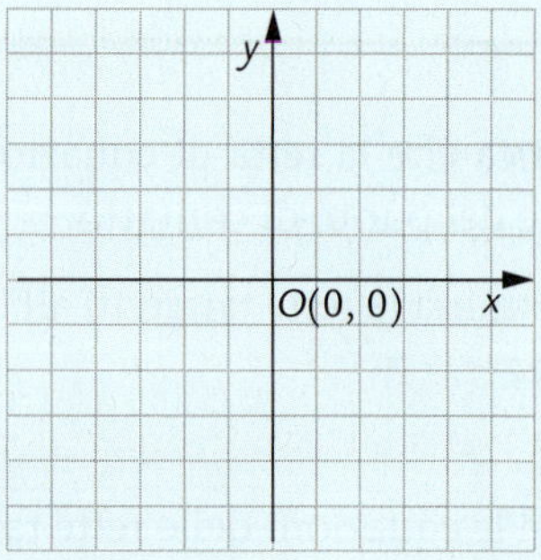

Traccia il grafico dell'iperbole nella figura qui a fianco, tenendo conto che ha come asintoti gli assi cartesiani e passa per i punti le cui coordinate corrispondono ai valori di x e y ricavati nella tabella.

- Si possono determinare i vertici intersecando l'iperbole con la retta che contiene l'asse trasverso, cioè con la bisettrice del primo e del terzo quadrante.
Devi quindi risolvere il sistema:

$$\begin{cases} xy = 2 \\ y = x \end{cases} \Rightarrow \begin{cases} x = \sqrt{\ldots} \\ y = \ldots \end{cases} \vee \begin{cases} x = -\sqrt{\ldots} \\ y = \ldots \end{cases}$$

I vertici sono dunque i punti $V_1(-\sqrt{\ldots}, \ldots)$, $V_2(\sqrt{\ldots}, \ldots)$.

- Per determinare i fuochi, indica nella figura, con H e K rispettivamente, le proiezioni sull'asse x del vertice V_2 e del fuoco F_2 che appartengono al primo quadrante. Osserva che:

$$a = \overline{OV_2} = \overline{OH} \cdot \sqrt{2} = \ldots \cdot \sqrt{2} = \ldots$$

$$\overline{OK} = \frac{\overline{OF_2}}{\sqrt{2}} = \frac{c}{\sqrt{2}} = \frac{a\sqrt{2}}{\sqrt{2}} = a = \ldots$$

Ricorda che in ogni iperbole equilatera $c = a\sqrt{2}$

Quindi: $F_1(-2, \ldots)$, $F_2(2, \ldots)$.

Traccia i grafici delle iperboli aventi le seguenti equazioni. Determina inoltre i vertici e i fuochi di ciascuna iperbole.

139 $xy = 6$ [Vertici: $(\pm\sqrt{6}, \pm\sqrt{6})$, fuochi: $(\pm 2\sqrt{3}, \pm 2\sqrt{3})$]

140 $xy + 12 = 0$

141 $xy = -2$ [Vertici: $(\pm\sqrt{2}, \mp\sqrt{2})$, fuochi: $(\pm 2, \mp 2)$]

142 $xy - 10 = 0$

143 Determina per quale valore di k l'iperbole di equazione $kx^2 - y^2 = 4$ è equilatera. Traccia il grafico dell'iperbole corrispondente a tale valore di k e determina i suoi vertici e i suoi fuochi.
[$k = 1$; vertici: $(\pm 2, 0)$, fuochi: $(\pm 2\sqrt{2}, 0)$]

144 Determina per quale valore di k l'iperbole di equazione $x^2 - y^2 = k$ passa per il punto $P(3, 4)$. Traccia il grafico dell'iperbole corrispondente a tale valore di k e determina i suoi vertici e i suoi fuochi.
[$k = -7$; vertici: $(0, \pm\sqrt{7})$, fuochi: $(0, \pm\sqrt{14})$]

Scrivere l'equazione di un'iperbole equilatera

145 Scrivi l'equazione dell'iperbole equilatera riferita agli assi, avente un vertice in $V(0, 3)$. [$x^2 - y^2 = -9$]

146 Scrivi l'equazione dell'iperbole equilatera riferita agli assi, avente un fuoco in $F(-3, 0)$. $\left[x^2 - y^2 = \frac{9}{2}\right]$

147 Scrivi l'equazione dell'iperbole equilatera riferita agli asintoti, avente un vertice in $V(-4, 4)$. [$xy = -16$]

148 Scrivi l'equazione dell'iperbole equilatera riferita agli asintoti, avente un fuoco in $F(-4, 4)$. [$xy = -8$]

149 Scrivi l'equazione dell'iperbole equilatera riferita agli assi passante per $P(2, 1)$. [$x^2 - y^2 = 3$]

150 Scrivi l'equazione dell'iperbole equilatera riferita agli asintoti passante per $P(2, -1)$. [$xy = -2$]

151 Scrivi l'equazione dell'iperbole equilatera passante per $P(-1, -3)$:

a. riferita agli assi;
b. riferita agli asintoti. [**a.** $x^2 - y^2 = -8$; **b.** $xy = 3$]

152 Scrivi l'equazione dell'iperbole equilatera riferita agli assi passante per il punto $P(4, 5)$. [$x^2 - y^2 = -9$]

153 **Vero o falso?**

Per determinare l'equazione di un'iperbole *equilatera* (riferita agli assi o agli asintoti) è sufficiente conoscere:

a. i due fuochi V F
b. i due vertici V F
c. un punto qualsiasi dell'iperbole V F
d. l'eccentricità V F
e. i due asintoti V F
f. la misura dell'asse trasverso V F
g. i due semiassi V F
h. una retta alla quale l'iperbole è tangente V F

[6 affermazioni vere e 2 false]

La funzione omografica

154 **Vero o falso?**

a. l'equazione $y = \frac{3x+6}{x+2}$ è quella di un'iperbole V F
b. uno degli asintoti dell'iperbole di equazione $y = \frac{3+x}{x}$ è l'asse y V F
c. il centro di simmetria dell'iperbole di equazione $y = \frac{3}{x+2}$ appartiene all'asse x V F
d. l'iperbole di equazione $y = \frac{x+99}{99x+2}$ ha la stessa eccentricità dell'iperbole di equazione $x^2 - 99y^2 = -99$ V F
e. le iperboli di equazioni $y = \frac{x+4}{x-2}$ e $y = \frac{x-4}{x+2}$ hanno gli stessi asintoti V F
f. l'iperbole di equazione $y = \frac{x+99}{99x+2}$ ha la stessa eccentricità dell'iperbole di equazione $xy + 99 = 0$ V F

[3 affermazioni vere e 3 false]

155 Associa a ciascuna delle seguenti equazioni il grafico corrispondente.

a. $y = \dfrac{x-2}{x+3}$ **b.** $y = \dfrac{2-x}{x-3}$ **c.** $y = \dfrac{x+2}{x-3}$ **d.** $y = \dfrac{x+2}{3-x}$

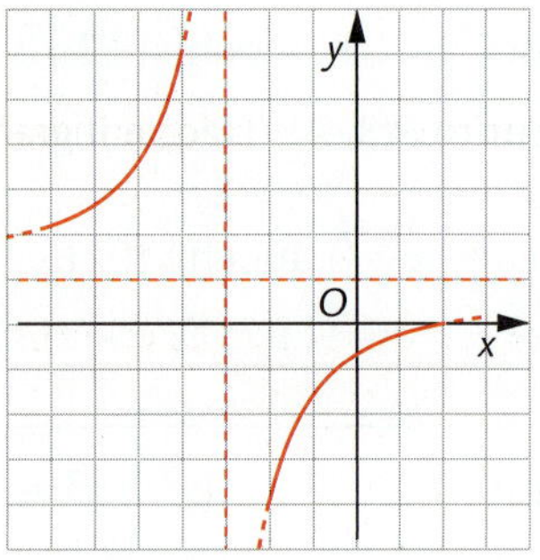

A

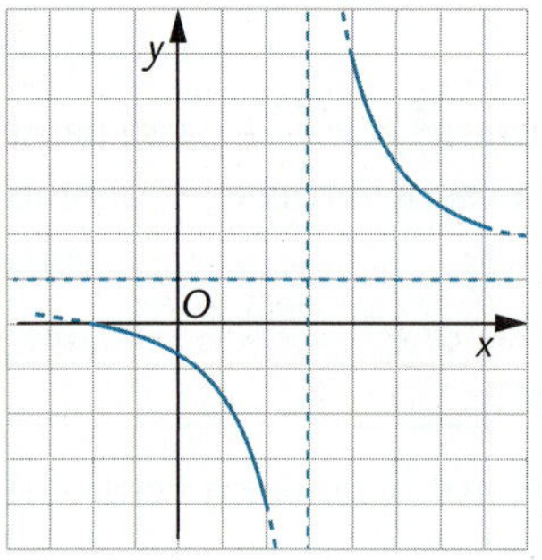

B

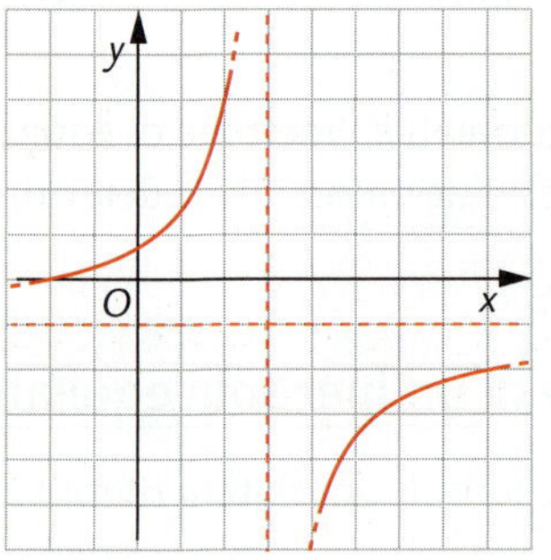

C

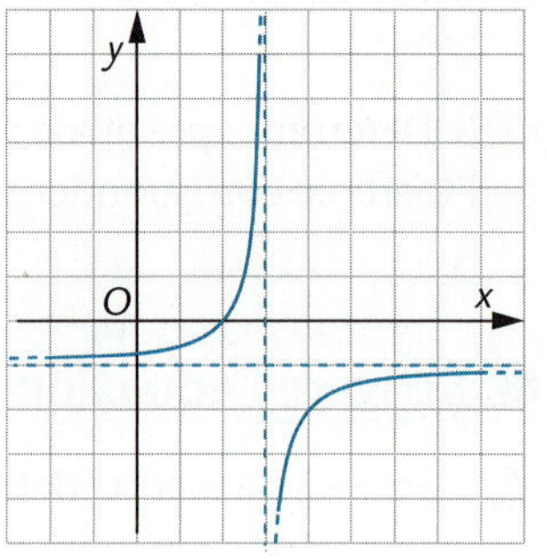

D

156 **ESERCIZIO GUIDATO**

Traccia il grafico dell'iperbole di equazione $y = \dfrac{2x-4}{x+1}$, dopo averne determinato gli asintoti, il centro e i punti di intersezione con gli assi cartesiani.

- Identifica anzitutto i coefficienti: $a = 2$, $b = -4$, $c = 1$, $d = 1$, e controlla che siano verificate le condizioni perché l'equazione data rappresenti un'iperbole.
- Gli asintoti dell'iperbole hanno equazioni:

$$x = -\frac{d}{c} = -\frac{1}{1} = -1; y = \frac{a}{c} = \frac{2}{1} = 2$$

Il centro di simmetria è perciò il punto $C(-1, 2)$.

- L'iperbole interseca l'asse x nel punto $A(....., 0)$ e l'asse y nel punto $B(0, ...)$.
- Tenendo conto che l'iperbole passa per A e B, per i simmetrici di A e B rispetto al centro C e ha come asintoti le rette individuate, puoi tracciarne il grafico nella figura qui a fianco.

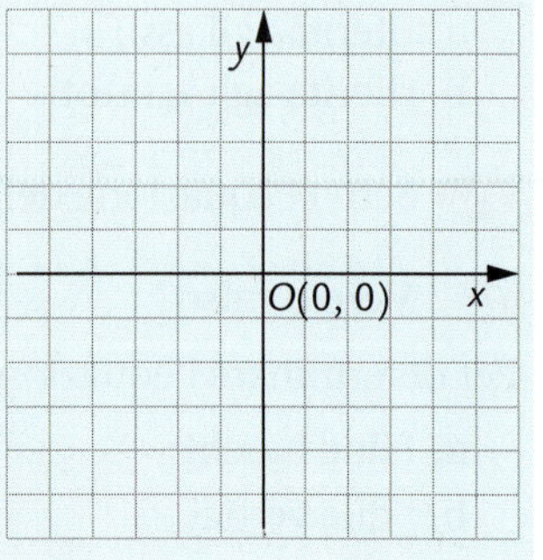

Traccia i grafici delle seguenti funzioni, dopo averne determinato gli asintoti, il centro e i punti di intersezione con gli assi cartesiani.

157 $y = \dfrac{x-1}{x+1}$; $\quad y = \dfrac{2x}{x-2}$

158 $y = \dfrac{2x-3}{x+3}$; $\quad y = \dfrac{3-x}{x+2}$

159 $y = \dfrac{2-x}{x}$; $\quad y = 1 - \dfrac{1}{x}$

160 $y = \dfrac{x}{2x+4}$; $\quad y = \dfrac{x}{x-1} + 1$

Risolvi graficamente le seguenti disequazioni.

161 $\dfrac{x-4}{x+2} > 0$ (*Suggerimento*: traccia il grafico della funzione $y = \dfrac{x-4}{x+2}$. Risolvere graficamente la disequazione significa determinare per quali valori di x i punti del grafico hanno ordinate positive, ossia per quali valori di x il grafico della funzione è «al di sopra» dell'asse x.) $[x < -2 \vee x > 4]$

162 $\dfrac{x}{x+4} \geq 0$ $\quad [x < -4 \vee x \geq 0]$

163 $\dfrac{2x-1}{x} > 0$ $\quad \left[x < 0 \vee x > \dfrac{1}{2}\right]$

164 $\dfrac{x-3}{x+3} \leq 0$ $\quad [-3 < x \leq 3]$

165 $\dfrac{2-3x}{x+2} > 0$ $\quad \left[-2 < x < \dfrac{2}{3}\right]$

166 $\dfrac{4-2x}{x-3} \leq 0$ $\quad [x \leq 2 \vee x > 3]$

167 Rappresenta graficamente l'iperbole di equazione $y = \dfrac{x-2}{2x+4}$ e scrivi le equazioni degli assi di simmetria dell'iperbole. $\quad \left[y = x + \dfrac{5}{2}, y = -x - \dfrac{3}{2}\right]$

168 Rappresenta graficamente l'iperbole di equazione $y = \dfrac{x-2}{x-1}$ e determina le coordinate dei vertici e dei fuochi dell'iperbole. [Vertici: $(0, 2)$, $(2, 0)$; fuochi: $(1-\sqrt{2}, 1+\sqrt{2})$, $(1+\sqrt{2}, 1-\sqrt{2})$]

169 Determina a e b in modo che l'iperbole di equazione $y = \dfrac{ax+1}{bx-2}$ abbia centro nel punto $C(2, 3)$. [$a = 3,\ b = 1$]

170 Determina a, b e c in modo che l'iperbole di equazione $y = \dfrac{ax+b}{cx+1}$ abbia per asintoti le rette di equazione $x = -\dfrac{1}{3}$, $y = \dfrac{2}{3}$ e passi per il punto $P(0, -1)$. [$a = 2$, $b = -1$, $c = 3$]

171 Determina per quali valori di a e b l'iperbole di equazione $y = \dfrac{ax+b}{x+2}$ ha un vertice nel punto di coordinate $(2, 5)$. [$(a = 1 \wedge b = 18) \vee (a = 9 \wedge b = 2)$]

4. Le coniche e le funzioni

TEORIA a p. 343

Grafici di funzioni

172 Associa a ciascun grafico l'equazione corrispondente, scelta tra le seguenti:

a. $y = \sqrt{4-x}$ **b.** $y = -\sqrt{4-x}$ **c.** $y = 2 + \sqrt{4-x}$ **d.** $y = 2 - \sqrt{4-x}$

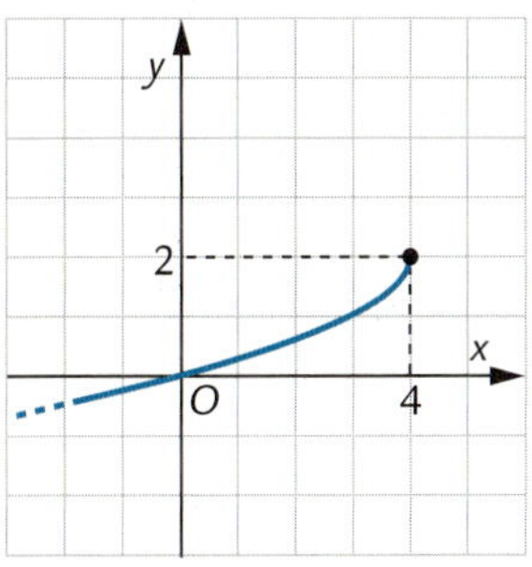

A

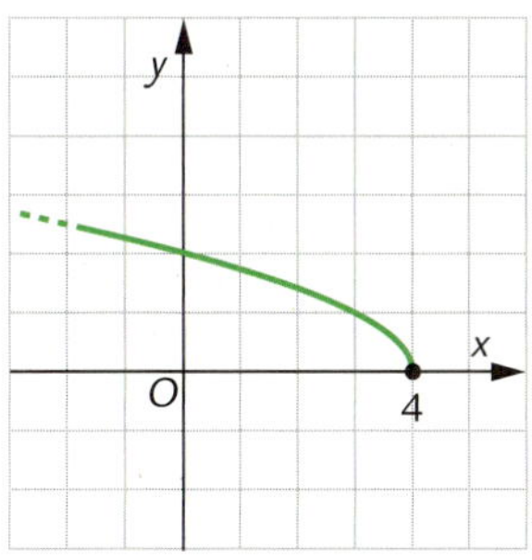

B

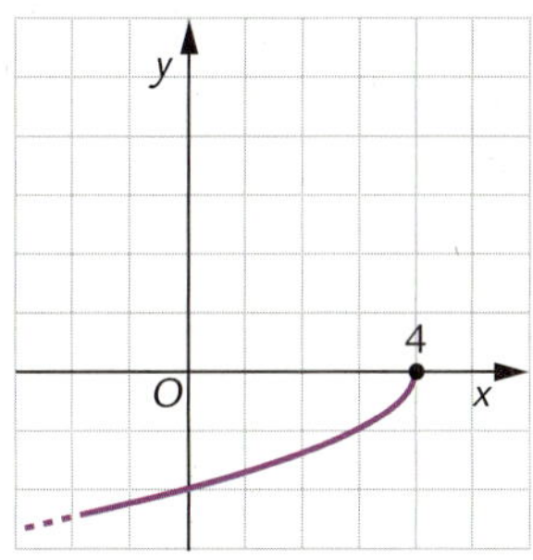

C

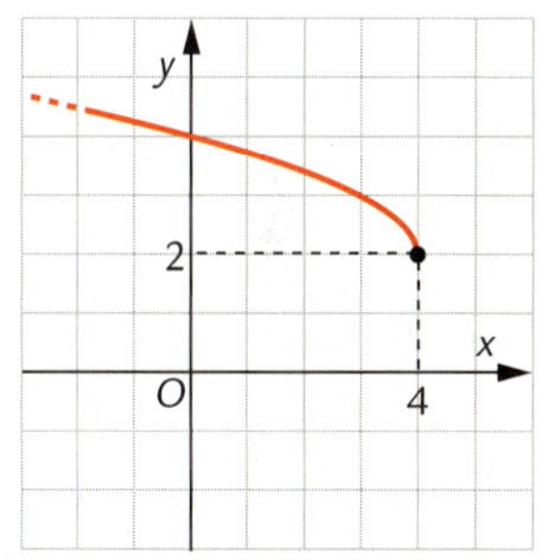

D

173 Associa a ciascun grafico l'equazione corrispondente, scelta tra le seguenti:

a. $y = \sqrt{9-x^2}$ **b.** $y = -\sqrt{9-x^2}$ **c.** $y = 3 + \sqrt{9-x^2}$ **d.** $y = 3 - \sqrt{9-x^2}$

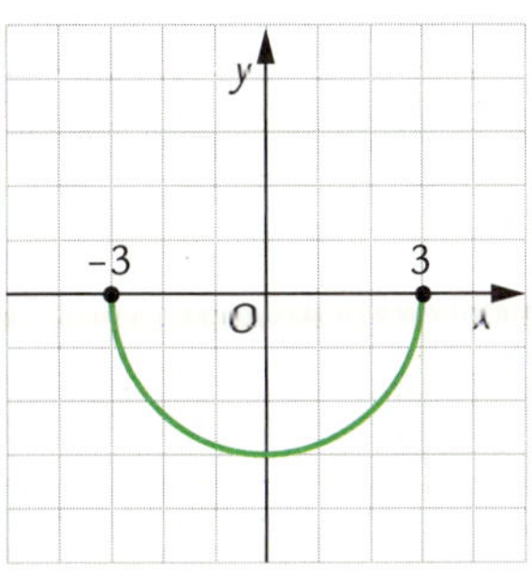

A

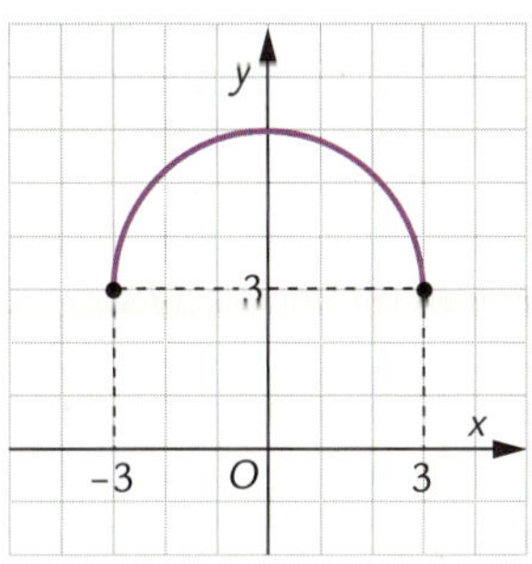

B

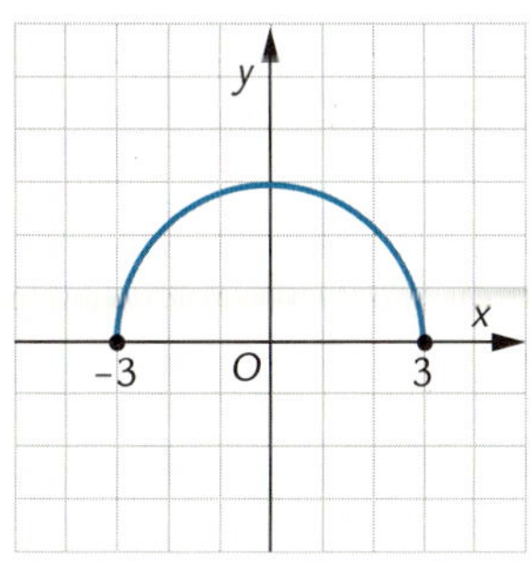

C

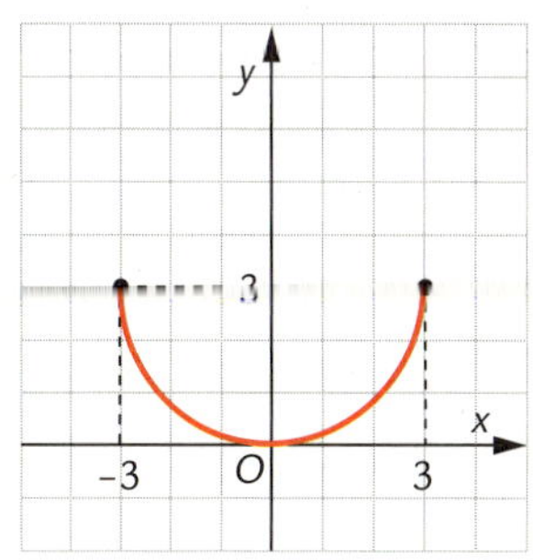

D

174 Associa a ciascun grafico l'equazione corrispondente, scelta tra le seguenti:

a. $y = \dfrac{1}{2}\sqrt{16-x^2}$ **b.** $y = -\sqrt{16-x^2}$ **c.** $y = -\dfrac{3}{2}\sqrt{16-x^2}$ **d.** $y = 2\sqrt{16-x^2}$

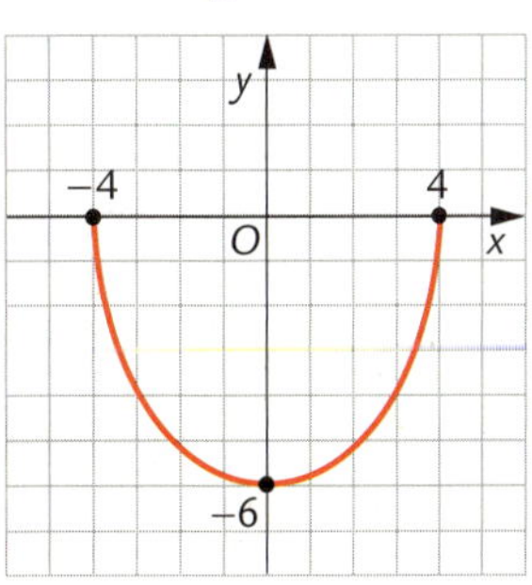

A

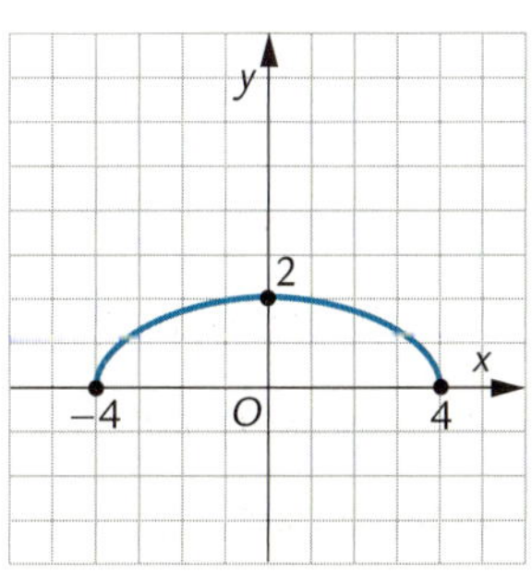

B

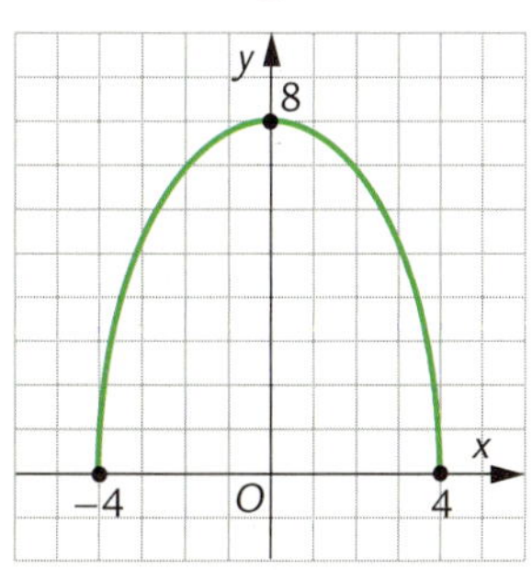

C

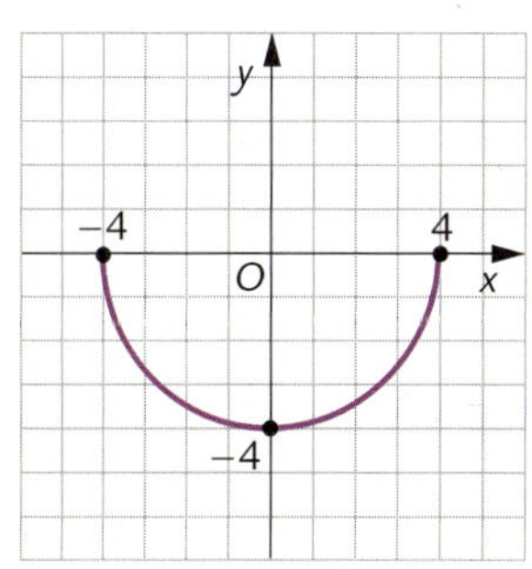

D

175 Associa a ciascun grafico l'equazione corrispondente, scelta tra le seguenti:

a. $y = \sqrt{x^2 + 4}$ **b.** $y = -\sqrt{x^2 - 4}$ **c.** $y = \sqrt{x^2 - 4}$ **d.** $y = -\sqrt{x^2 + 4}$

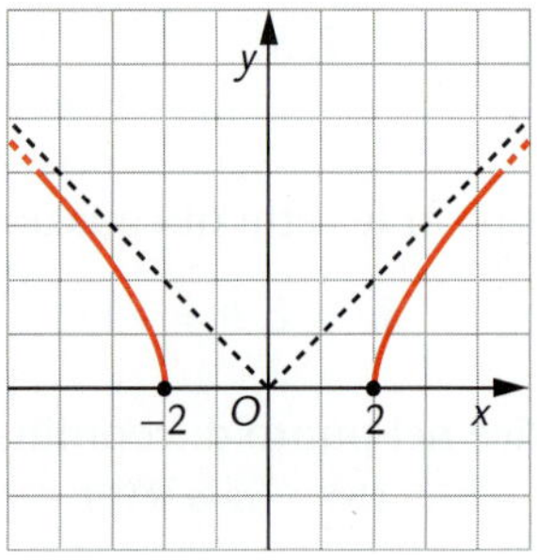

A

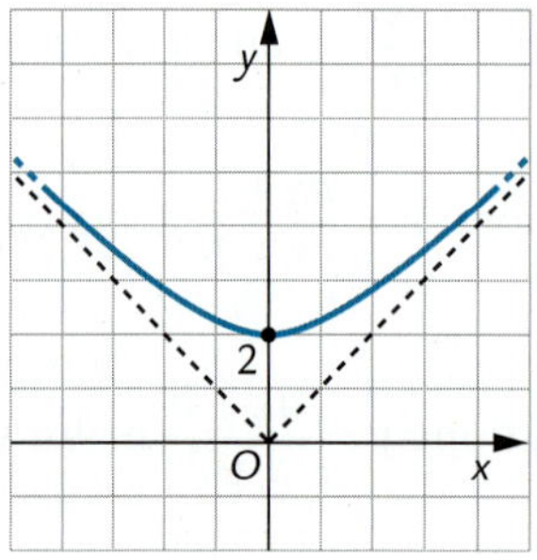

B

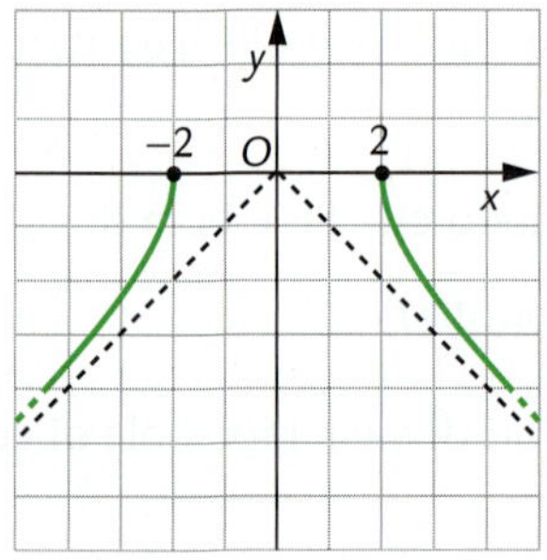

C

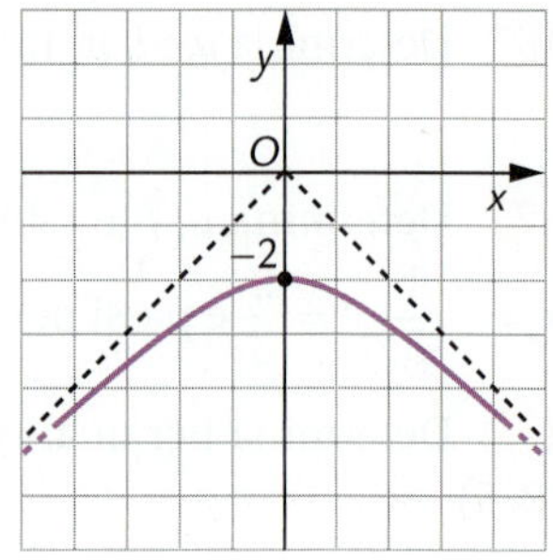

D

Traccia il grafico delle seguenti funzioni, costituite da archi di parabola.

176 $y = 1 + \sqrt{x}$

177 $y = \sqrt{9 - x}$

178 $y = \sqrt{4x - 6}$

179 $y = -\sqrt{x + 2}$

180 $y = 2 - \sqrt{x}$

181 $y = 2\sqrt{4 - x}$

182 $y = 3\sqrt{x + 1}$

183 $y = -2\sqrt{1 - x}$

184 $y = \sqrt{x + 2} - 1$

185 $y = -2\sqrt{x + 3}$

186 $y = 3 - \sqrt{2x - 4}$

187 $y = 1 + \sqrt{4 - x}$

Traccia i grafici delle seguenti funzioni costituite da archi di circonferenza.

188 $y = \sqrt{9 - x^2}$

189 $y = -\sqrt{3x - x^2}$

190 $y = \sqrt{4x - x^2}$

191 $y = -\sqrt{16 - x^2}$

192 $y = \sqrt{1 - 4x - x^2}$

193 $y = \sqrt{-2x - x^2}$

194 $y = \sqrt{6x - 5 - x^2}$

195 $y = -\sqrt{6x - x^2}$

196 $y = -\sqrt{3 - 2x - x^2}$

197 $y = 3 - \sqrt{2x - x^2}$

198 $y = 1 - \sqrt{4 - x^2}$

199 $y = 2 - \sqrt{2x - x^2}$

200 $y = 1 + \sqrt{5 - 4x - x^2}$

201 $y = \sqrt{4x - x^2} - 1$

202 $y = 2 - \sqrt{6x - x^2}$

203 $y = 1 - \sqrt{3 + 2x - x^2}$

Traccia i grafici delle seguenti funzioni, costituite da archi di ellisse.

204 $y = \sqrt{8 - 2x^2}$

205 $y = -3\sqrt{4 - x^2}$

206 $y = \sqrt{1 - \dfrac{x^2}{4}}$

207 $y = 2\sqrt{4 - x^2}$

208 $y = \dfrac{1}{2}\sqrt{4 - x^2}$

209 $y = -3\sqrt{1 - x^2}$

210 $y = -\dfrac{1}{2}\sqrt{16 - x^2}$

211 $y = -\dfrac{1}{3}\sqrt{9 - 4x^2}$

Traccia il grafico delle seguenti funzioni, costituite da archi di iperbole.

212 $y = \sqrt{x^2 - 1}$

213 $y = \dfrac{1}{2}\sqrt{x^2 + 4}$

214 $y = -\sqrt{x^2 - 9}$

215 $y = -2\sqrt{x^2 - 1}$

216 $y = \sqrt{4x^2 - 9}$

217 $y = -\dfrac{1}{2}\sqrt{x^2 + 4}$

218 $y = -\sqrt{\dfrac{x^2}{4} - 1}$

219 $y = 3\sqrt{x^2 + 1}$

Risoluzione grafica di equazioni e disequazioni

Interpretando graficamente le seguenti equazioni, stabilisci il numero delle loro soluzioni e cerca di dare una stima delle soluzioni stesse. Risolvi poi le equazioni algebricamente.

220 $2\sqrt{x} = 3x$ $\left[0,\ \frac{4}{9}\right]$

221 $\sqrt{5-x} - 1 = x$ $[1]$

222 $2\sqrt{x-1} = x - 2$ $[2\sqrt{2}+4]$

223 $\sqrt{4-x^2} = -x+1$ $\left[\frac{1-\sqrt{7}}{2}\right]$

224 $\sqrt{1-x^2} = 2x+2$ $\left[-\frac{3}{5},\ -1\right]$

225 $\sqrt{4-x^2} = -x+2$ $[2,\ 0]$

226 $\sqrt{1-x^2} = \frac{1}{2}$ $\left[\pm\frac{\sqrt{3}}{2}\right]$

227 $\sqrt{4-x^2} = -\frac{1}{2}x+1$ $\left[-\frac{6}{5},\ 2\right]$

228 $\sqrt{1-x^2} = x$ $\left[\frac{\sqrt{2}}{2}\right]$

229 $\sqrt{5-4x-x^2} = -x+1$ $[-2,\ 1]$

230 $2\sqrt{1-\frac{x^2}{9}} = -\frac{2}{3}x+2$ $[0,\ 3]$

231 $\sqrt{16-4x^2} = -x-2$ $[-2]$

232 $\sqrt{1-\frac{x^2}{9}} = x+3$ $\left[-\frac{12}{5},\ -3\right]$

233 $\sqrt{1-\frac{x^2}{25}} = -\frac{x}{3}$ $\left[-\frac{15}{34}\sqrt{34}\right]$

234 $\sqrt{x^2+4} = x+2$ $[0]$

235 $-\sqrt{x^2-4} = \frac{1}{2}x-2$ $\left[\frac{-4\pm 4\sqrt{7}}{3}\right]$

236 $\sqrt{x^2-9} = \frac{4}{5}x$ $[5]$

Risolvi graficamente le seguenti disequazioni irrazionali, avvalendoti anche di opportuni grafici.

237 $\sqrt{x+2} < 2x-1$ $\left[x > \frac{5+\sqrt{41}}{8}\right]$

238 $\sqrt{-1-x} < x$ [Impossibile]

239 $\frac{1}{2}\sqrt{x+1} < x+1$ $\left[x > -\frac{3}{4}\right]$

240 $\sqrt{6-2x} \leq x+1$ $[1 \leq x \leq 3]$

241 $\sqrt{x+3} > \frac{1}{2}x+1$ $[-3 \leq x < 2\sqrt{2}]$

242 $2\sqrt{x} < \frac{1}{2}x+1$ $[0 \leq x < 6-4\sqrt{2} \vee x > 6+4\sqrt{2}]$

243 $\sqrt{2x-x^2} > x$ $[0 < x < 1]$

244 $\sqrt{4x-x^2} < x-1$ $\left[\frac{3+\sqrt{7}}{2} < x \leq 4\right]$

245 $\sqrt{1+4x-x^2} \geq 3-x$ $[1 \leq x \leq 2+\sqrt{5}]$

246 $\sqrt{4-x^2} \geq 2x-1$ $\left[-2 \leq x \leq \frac{2+\sqrt{19}}{5}\right]$

247 $\sqrt{2x-x^2} > 2x-1$ $[0 \leq x < 1]$

248 $\sqrt{9-x^2} < \frac{1}{2}x+3$ $\left[-3 \leq x < -\frac{12}{5} \vee 0 < x \leq 3\right]$

249 $3\sqrt{1-x^2} < x+3$ $\left[-1 \leq x < -\frac{3}{5} \vee 0 < x \leq 1\right]$

250 $\sqrt{4-\frac{x^2}{4}} \geq 2x+4$ $\left[-4 \leq x \leq \frac{4\sqrt{13}-32}{17}\right]$

251 $2\sqrt{4-x^2} > 5\sqrt{1-x^2}$ $\left[-1 \leq x < -\frac{\sqrt{21}}{7} \vee \frac{\sqrt{21}}{7} < x \leq 1\right]$

252 $\sqrt{x^2-4} \geq x-2$ $[x \leq -2 \vee x \geq 2]$

253 $\sqrt{x^2+4} < \frac{1}{2}x+2$ $\left[0 < x < \frac{8}{3}\right]$

254 $2\sqrt{x^2-1} < \frac{1}{2}x+1$ $\left[1 \leq x < \frac{2+4\sqrt{19}}{5} \vee \frac{2-4\sqrt{19}}{5} < x \leq -1\right]$

255 $\sqrt{x^2-9} \leq \frac{1}{2}x+\frac{3}{2}$ $[x = -3 \vee 3 \leq x \leq 5]$

256 $\sqrt{x^2+1} > 2x-1$ $\left[x < \frac{4}{3}\right]$

RIEPILOGO

Esercizi di riepilogo

257 Associa a ogni grafico la sua equazione, scelta fra le seguenti:

a. $xy = 9$ **b.** $x^2 - y^2 = 9$ **c.** $xy = -9$ **d.** $x^2 - y^2 = -9$

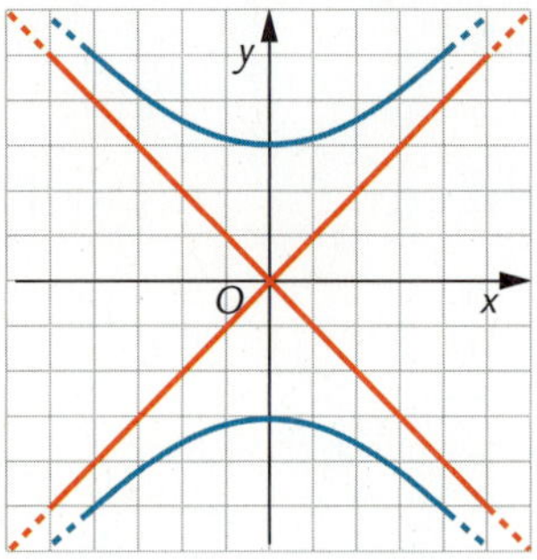

A

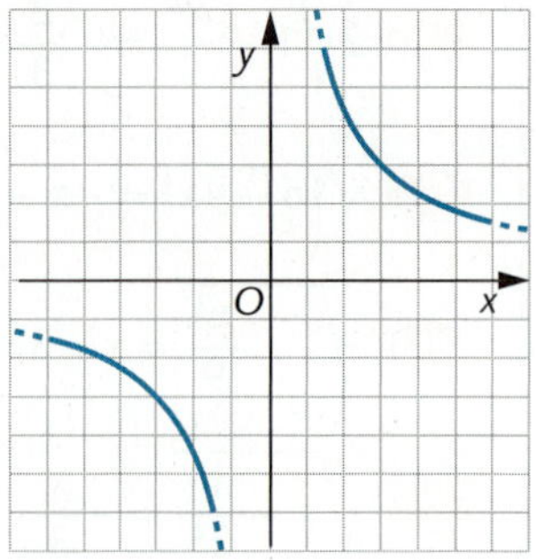

B

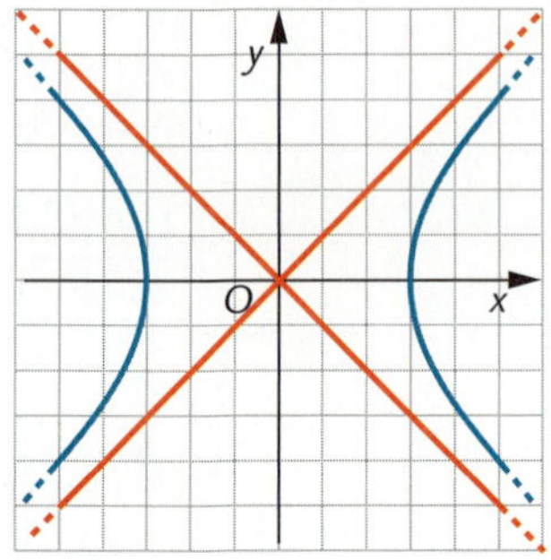

C

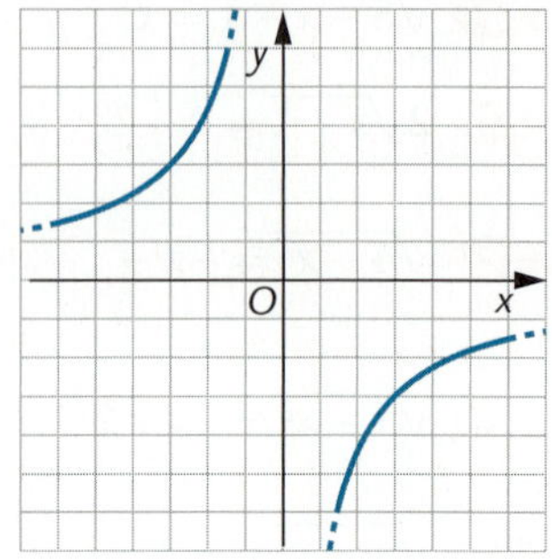

D

258 Associa a ciascuna equazione nella prima colonna l'affermazione della seconda che le corrisponde.

a. $4x^2 + 16y^2 = 1$ — **A.** rappresenta un'ellisse di eccentricità uguale a $\frac{\sqrt{7}}{4}$

b. $\frac{x^2}{4} + \frac{y^2}{16} = 1$ — **B.** rappresenta un'ellisse il cui asse maggiore è 4 volte l'asse minore

c. $9x^2 + 16y^2 = 25$ — **C.** non rappresenta un'ellisse

d. $4x^2 - 16y^2 = 1$ — **D.** rappresenta un'ellisse i cui semiassi misurano 0,5 e 0,25

e. $\frac{x^2}{4} + 4y^2 = 1$ — **E.** rappresenta un'ellisse la cui distanza focale è $4\sqrt{3}$

259 Associa a ogni equazione nella prima colonna le affermazioni della seconda che le corrispondono.

a. $x^2 - y^2 = 9$ — **A.** è equilatera

b. $y^2 - 4x^2 = 16$ — **B.** ha i fuochi sull'asse x

c. $4y^2 - 9x^2 = -9$ — **C.** ha semidistanza focale uguale a 8

d. $4x^2 - y^2 = 16$ — **D.** ha i fuochi sull'asse y

e. $\frac{x^2}{25} - \frac{y^2}{9} = 1$ — **E.** ha eccentricità maggiore di tutte le altre iperboli

f. $xy = 16$ — **F.** ha come asintoti le rette di equazione $y = \pm 2x$

260 Qual è l'equazione dell'iperbole rappresentata nella figura qui a fianco?

A $y = \frac{x-3}{x-2}$

C $y = \frac{x-3}{x+2}$

B $y = \frac{x+3}{x-2}$

D $y = \frac{x+3}{x+2}$

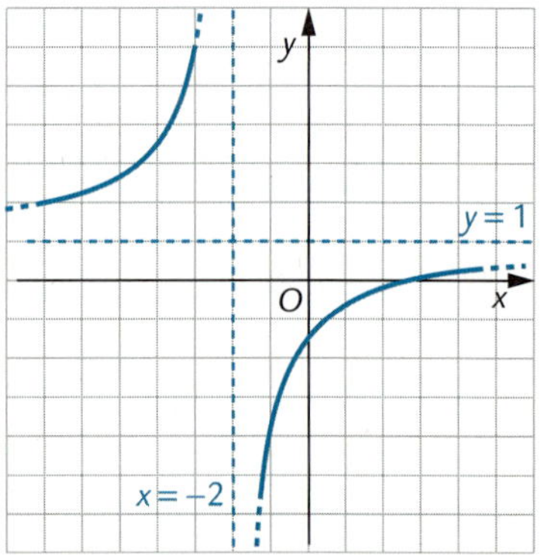

Riconosci le coniche di cui sono date le equazioni e rappresentale graficamente.

261 $x^2 + y^2 + 4x + 3 = 0$

262 $4x^2 + y^2 = 16$

263 $x^2 = 2y$

264 $4x^2 - 9y^2 = 36$

265 $x^2 + y^2 - 6x + 6y = 0$

266 $xy = -6$

267 $\frac{x^2}{16} - \frac{y^2}{25} = -1$

268 $y = -\frac{1}{2}x^2 + 4x$

269 $\frac{x^2}{4} + \frac{y^2}{9} = 1$

270 $x^2 = y^2 + 4$

271 $4x^2 + 4y^2 - 8x - 12y - 3 = 0$

272 $\dfrac{x^2}{16} + \dfrac{y^2}{9} = 1$

273 $y = \dfrac{x}{x+2}$

274 $y(x+1) = x$

275 $16x^2 + 9y^2 = 144$

276 $x^2 - 4x + 3 - y = 0$

277 $\dfrac{x^2}{4} - \dfrac{y^2}{25} = 1$

278 $x^2 + 4y^2 = 8$

279 $\dfrac{y^2}{16} - \dfrac{x^2}{36} = -1$

280 $x^2 = -4y^2 - 8$

281 $4x^2 = -4 + y^2$

282 $y(x+1) = x$

283 Stabilisci per quali valori di k l'equazione $\dfrac{x^2}{k} + \dfrac{y^2}{5-k} = 1$ rappresenta:

a. un'ellisse; **b.** un'ellisse con i fuochi sull'asse x; **c.** un'ellisse con i fuochi sull'asse y.

$\left[\textbf{a. } 0 < k < 5; \textbf{ b. } \dfrac{5}{2} < k < 5; \textbf{ c. } 0 < k < \dfrac{5}{2}\right]$

284 Determina per quali valori di k l'equazione $kx^2 - (k-3)xy - ky^2 = k + 6$:

a. rappresenta un'iperbole equilatera riferita agli assi;

b. rappresenta un'iperbole equilatera riferita agli asintoti.

Traccia i grafici delle due iperboli corrispondenti ai valori di k trovati. $[\textbf{a. } k = 3; \textbf{ b. } k = 0]$

285 Stabilisci per quali valori di k l'equazione $\dfrac{x^2}{k} + \dfrac{y^2}{5-k} = 1$ rappresenta:

a. un'iperbole; **b.** un'iperbole con i fuochi sull'asse x; **c.** un'iperbole con i fuochi sull'asse y.

$[\textbf{a. } k < 0 \vee k > 5; \textbf{ b. } k > 5; \textbf{ c. } k < 0]$

286 Determina le equazioni delle ellissi rappresentate di seguito.

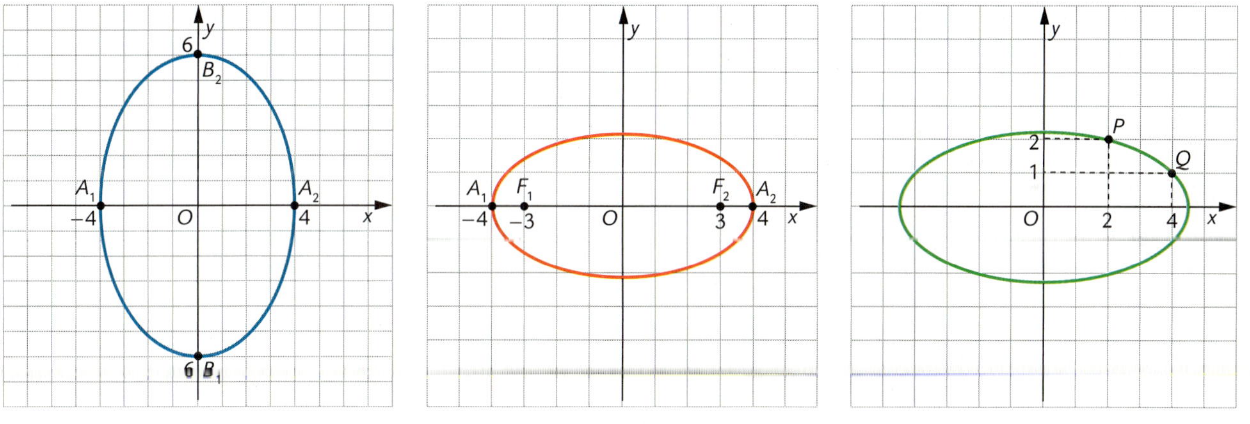

287 Scrivi le equazioni delle iperboli rappresentate. Nell'ultima figura la retta è tangente all'iperbole.

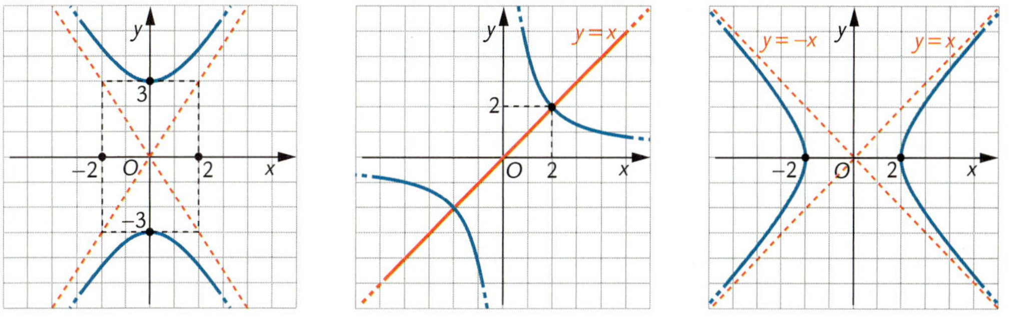

Scrivi le equazioni delle seguenti ellissi o iperboli.

288 Ellisse avente un fuoco in $F(3,0)$ e un vertice in $V(4,0)$. $\left[\dfrac{x^2}{16} + \dfrac{y^2}{7} = 1\right]$

289 Iperbole avente un fuoco in $F(3,0)$ e un vertice in $V(2,0)$ $\left[\dfrac{x^2}{4} - \dfrac{y^2}{5} = 1\right]$

290 Iperbole avente un vertice in $V(0, 3)$ e come asintoti le rette di equazione $y = \pm\frac{3}{2}x$. $\left[\frac{x^2}{4} - \frac{y^2}{9} = -1\right]$

291 Ellisse con i fuochi nei punti di coordinate $(\pm 2, 0)$ e asse maggiore di lunghezza 6. $\left[\frac{x^2}{9} + \frac{y^2}{5} = 1\right]$

292 Ellisse che ha un vertice in $V(-4, 0)$, fuochi sull'asse y, e la distanza focale uguale a 10. $\left[\frac{x^2}{16} + \frac{y^2}{41} = 1\right]$

293 Iperbole equilatera riferita ai suoi assi, passante per $P(3, 2)$. $[x^2 - y^2 = 5]$

294 Iperbole che ha un fuoco in $F(0, 4)$ ed eccentricità uguale a 2. $\left[\frac{x^2}{12} - \frac{y^2}{4} = -1\right]$

295 Ellisse che ha un fuoco in $F(0, 2)$ ed eccentricità uguale a 0,5. $\left[\frac{x^2}{12} + \frac{y^2}{16} = 1\right]$

296 Ellisse che ha un fuoco in $F(-2, 0)$ ed eccentricità uguale a $\frac{2}{3}$. $\left[\frac{x^2}{9} + \frac{y^2}{5} = 1\right]$

297 Iperbole con i fuochi sull'asse x che passa per $P(\sqrt{10}, 0)$ e $Q(2\sqrt{15}, 5)$. $\left[\frac{x^2}{10} - \frac{y^2}{5} = 1\right]$

298 Considera le due funzioni:

$$f(x) = \sqrt{ax - x^2} \qquad \text{e} \qquad g(x) = -\sqrt{b - x}$$

a. Determina i valori di a e di b in modo che intersechino entrambe l'asse x nel punto di coordinate (4, 0).

b. Traccia i grafici delle due funzioni f e g. $[a = b = 4]$

299 Considera le due funzioni:

$$f(x) = \sqrt{a + 2x - x^2} \qquad g(x) = x^2 + bx + c$$

a. Determina il valore del parametro a in modo che la semicirconferenza grafico della funzione f sia tangente alla retta di equazione $y = 3$. Traccia il grafico della funzione corrispondente al valore di a trovato, indicando con A e B $(x_A < x_B)$ i punti di intersezione di tale grafico con l'asse x e con C il punto del grafico di ordinata massima.

b. Determina i valori dei parametri b e c, in modo che il grafico della funzione g intersechi l'asse x nei punti A e B.

c. Sia r la retta tangente al grafico di f in C e siano s e t, rispettivamente, le rette tangenti al grafico di g in A e B. Scrivi le equazioni delle rette r, s, t e determina l'area del triangolo individuato da queste tre rette.

$\left[\textbf{a. } a = 8, A(-2, 0), B(4, 0), C(1, 3); \textbf{ b. } b = -2, c = -8; \textbf{ c. } \frac{147}{2}\right]$

Esercizi dalle gare di matematica e in inglese

300 Sia D la regione di piano individuata dal sistema di disequazioni $\begin{cases} x^2 + y^2 \leq 1 \\ (x-1)^2 + (y-1)^2 \geq 1 \\ (x+1)^2 + (y+1)^2 \geq 1 \end{cases}$. Qual è l'area di D?

A $\pi\sqrt{2}$ B $\frac{\pi}{2}$ C 2 D $\sqrt{2}$ E $4 - \pi$

(Giochi di Archimede, 1996)

301 I due punti A e B appartengono alla parabola di equazione $y = 4x^2 + 7x - 1$ e l'origine è il punto medio di AB. Qual è la lunghezza del segmento AB?

(High School Math Contest, Texas, 2006) $[5\sqrt{2}]$

302 Solve math in English The parabolas $y = x^2$ and $y = 2x^2 - 3x + 2$ intersect in the points P and Q. What is the slope of the straight line through P and Q?

A -1 B 0 C 2 D 3 E -3

(High School Mathematics Competition, University of Maryland, 2004)

303 Sia n la retta normale all'ellisse di equazione $\frac{x^2}{9}+\frac{y^2}{4}=1$, nel suo punto di coordinate (a, b). Determina per quali valori positivi di b il punto di intersezione della retta n con l'asse y risulta esterno all'ellisse.

(High School Math Contest, Texas 2010) $\left[\frac{8}{5}<b<2\right]$

304 Determina tutti i punti aventi coordinate intere positive che appartengono all'iperbole di equazione $x^2-y^2=275$.

(High School Math Contest, Texas 2007) [(138, 137); (30, 25); (18, 7)]

305 Solve math in English Find conditions on k, so that the graph of the equation $(k-2)x^2+(4-k)y^2=k$:

a. is a circle;
b. is an ellipse with foci on x-axis;
c. is an ellipse with foci on y-axis. [**a.** $k=3$; **b.** $2<k<3$; **c.** $3<k<4$]

306 Solve math in English Suppose ABC is an equilateral triangle with $A(-1, 0)$ and with both points B and C on the right half of the hyperbola defined by the equation $x^2-y^2=1$. What is the area of ABC?

A $\frac{3\sqrt{3}}{2}$ B 3 C $3\sqrt{3}$ D 6 E $4\sqrt{3}$

(High School Math Contest, University of South Carolina, 2005)

PROVA DI AUTOVERIFICA

Ellisse, iperbole e complementi sulle coniche

1 **Vero o falso?**

a. l'ellisse è il luogo dei punti del piano che hanno la stessa distanza da due punti fissati, detti fuochi V F
b. l'ellisse di equazione $\frac{x^2}{5}+\frac{y^2}{7}=1$ ha i fuochi sull'asse x V F
c. $3x^2+2y^2+5=0$ è l'equazione di un'ellisse V F
d. $x^2+4y^2-8=0$ è l'equazione di un'ellisse V F
e. ogni ellisse ha eccentricità maggiore di 1 V F

2 Associa a ogni equazione della prima riga le caratteristiche dell'iperbole che le corrispondono.

a. $\frac{x^2}{16}-\frac{y^2}{5}=1$ **b.** $\frac{x^2}{16}-\frac{y^2}{8}=-1$ **c.** $4x^2-4y^2=1$ **d.** $y^2-4x^2=4$

A. Ha i fuochi sull'asse x. **B.** Ha i fuochi sull'asse y. **C.** L'asse trasverso misura 4. **D.** L'asse trasverso misura 8.

3 Considera le ellissi aventi le seguenti equazioni.

a. $\frac{x^2}{16}+\frac{y^2}{4}=1$ **b.** $4x^2+y^2=36$

Di ciascuna di esse fornisci la rappresentazione grafica dopo averne individuato vertici, fuochi ed eccentricità.

4 Considera le iperboli aventi le seguenti equazioni:

a. $\frac{x^2}{9}-\frac{y^2}{16}=1$ **b.** $y^2-4x^2=16$

Per ciascuna di esse dai la rappresentazione grafica dopo averne individuato vertici, asintoti, fuochi ed eccentricità.

5 Rappresenta il grafico della funzione $y=\frac{2x+4}{x+4}$, dopo averne determinato il centro, gli asintoti, e i punti di intersezione con gli assi cartesiani.

6 Scrivi l'equazione dell'ellisse rappresentata nella figura qui a fianco.

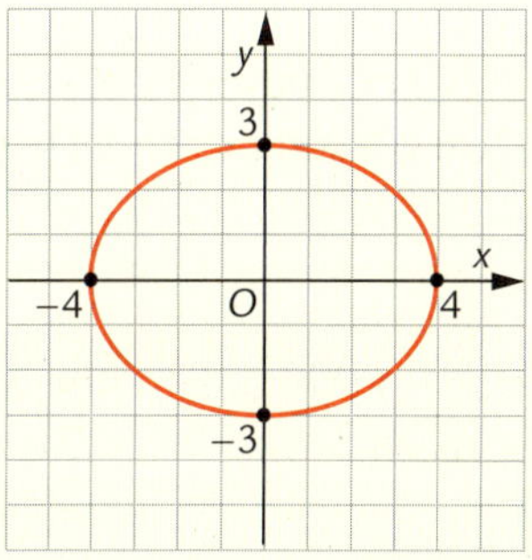

7 Scrivi l'equazione dell'ellisse che ha un vertice in $V(0, -3)$ e un fuoco in $F(0, \sqrt{7})$.

8 Scrivi le equazioni delle iperboli che hanno come asintoti le rette di equazione $y = \pm 2x$ e fuochi nei punti di coordinate $(\pm 3\sqrt{5}, 0)$.

9 Scrivi l'equazione dell'iperbole equilatera, avente come assi di simmetria gli assi cartesiani, passante per $P(2, 3)$. Determina l'equazione della tangente all'iperbole in P.

10 Date l'ellisse di equazione $x^2 + \frac{y^2}{4} = 1$ e la retta di equazione $y = -x + 1$:

a. trova le coordinate dei due punti di intersezione A e B $(x_A < x_B)$ tra l'ellisse e la retta;

b. scrivi le equazioni delle rette tangenti all'ellisse in A e B;

c. determina l'area del triangolo ABC, essendo C il punto di intersezione delle tangenti in A e B all'ellisse.

Valutazione

Esercizio	1	2	3	4	5	6	7	8	9	10	**Totale**
Punteggio	$0{,}2 \cdot 5 = 1$	$0{,}25 \cdot 4 = 1$	$0{,}5 + 0{,}5 = 1$	$0{,}5 + 0{,}5 = 1$	1	0,5	1	1	1	$0{,}5 + 0{,}5 + 0{,}5 = 1{,}5$	10
Punteggio ottenuto											

Tempo massimo: 2 h

▶ **Risposte in fondo al volume**

Laboratorio di informatica

ATTIVITÀ GUIDATE

Attività 1 GeoGebra

Una costruzione geometrica della parabola

Realizza un file di GeoGebra che consenta di costruire la parabola di dato fuoco e direttrice.

> Se hai difficoltà a svolgere le attività guidate, fai riferimento ai file disponibili on-line.

a. Costruzione

Esegui la seguente costruzione preliminare.

1. Crea un punto F nel piano (che rappresenterà il *fuoco* della parabola da costruire).
2. Traccia la retta r passante per F perpendicolare all'asse x.
3. Considera un punto A sulla retta r (per esempio al di sotto di F) e traccia la retta passante per A e perpendicolare alla retta r (che sarà la *direttrice* della parabola).

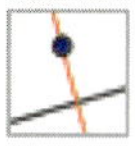

Devi ora costruire la parabola avente fuoco in F e come direttrice l'ultima retta tracciata. A tale scopo, puoi procedere come segue.

1. Considera un punto B sulla direttrice e traccia la retta s passante per B e perpendicolare alla direttrice stessa.
2. Traccia l'asse del segmento FB (seleziona lo strumento **Asse di un segmento** e fai clic sui punti F e B) e indica con C il suo punto di intersezione con la retta s.
3. Il punto C è equidistante dal fuoco e dalla direttrice (perché?), quindi è un punto della parabola. La parabola è il luogo generato dal punto C al variare del punto B sulla direttrice.

> **Ricorda**
> La parabola è il luogo dei punti del piano equidistanti dal fuoco e dalla direttrice.

Per generare tale luogo (ossia la parabola) puoi seguire due vie:

- selezionare lo strumento **Luogo**, quindi fare clic prima sul punto C (il punto che genera il luogo) e poi sul punto B (il punto al variare del quale si genera il luogo): GeoGebra rappresenterà immediatamente la parabola, luogo descritto dal punto C al variare di B;

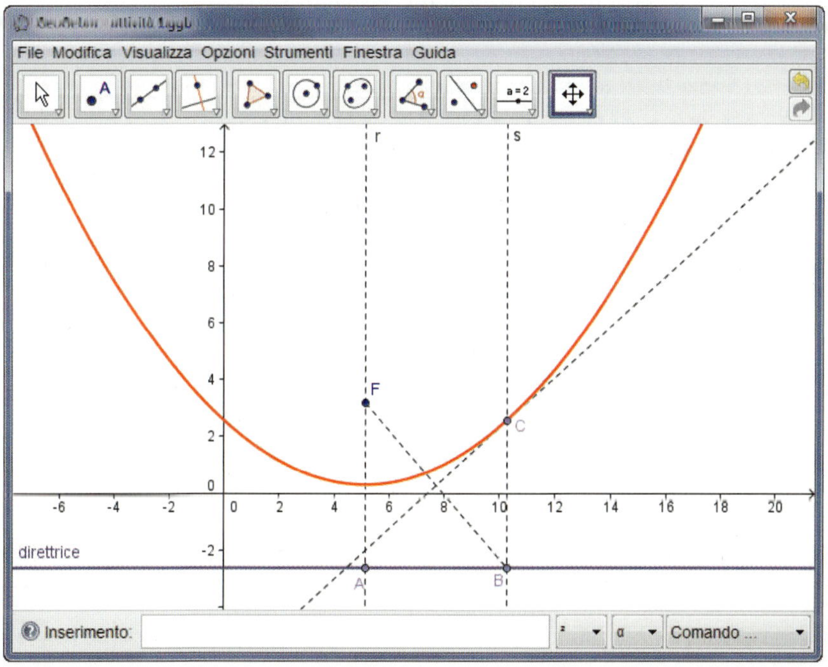

- fare clic con il tasto desto del mouse sul punto *C*, attivare l'opzione **Traccia attiva**, quindi trascinare il punto *B* sulla direttrice: al variare del punto *B*, il punto *C*, lasciando la sua traccia, genera la parabola.

b. Esplorazione

1. Mantenendo fisso il punto *F*, muovi la direttrice trascinando il punto *A*: man mano che la direttrice si allontana dal fuoco che cosa accade al grafico della parabola? Man mano che la direttrice si avvicina al fuoco che cosa accade al grafico della parabola? Quale relazione sussiste tra la posizione della direttrice rispetto al fuoco e la concavità della parabola?
2. L'asse del segmento *BF* come risulta rispetto alla parabola? Questa proprietà si mantiene al variare del fuoco e della direttrice?

Attività 2 GeoGebra

Determinare l'equazione di una circonferenza

Risolvi con l'ausilio di GeoGebra il seguente problema di geometria analitica: «Rappresentare e determinare l'equazione della circonferenza passante per il punto $A(2, 1)$ e tangente in $B(4, 3)$ alla retta t di equazione $y = 2x - 5$».

a. Costruzione

Suggerimento
Per creare il punto *A* devi immettere nella riga di inserimento `A=(2,1)`. Analogamente per creare *B*.

Inizia con il creare i punti *A* e *B* e la retta *t*. Ora devi, con un'opportuna costruzione, individuare il centro della circonferenza richiesta.

1. Poiché la circonferenza deve passare per *A* e *B*, il suo centro deve appartenere all'asse di *AB*: traccia quindi tale asse, con lo strumento **Asse di un segmento**.
2. Poiché la circonferenza deve essere tangente in *B* alla retta *t*, il suo centro deve appartenere alla retta passante per *B* e perpendicolare in *B* alla retta *t*: traccia tale retta, utilizzando lo strumento **Retta perpendicolare**.
3. Individua il centro C della circonferenza richiesta, come punto di intersezione delle due rette tracciate negli ultimi due passi (tratteggiate in figura).

4. La circonferenza richiesta è quella di centro *C*, passante per esempio per *A*: traccia tale circonferenza con lo strumento **Circonferenza di dato centro**.
5. Nella Vista Algebra puoi leggere l'equazione di tale circonferenza. Prova a risolvere l'esercizio con carta e penna, verificando che l'equazione che ottieni coincide con quella fornita da GeoGebra.

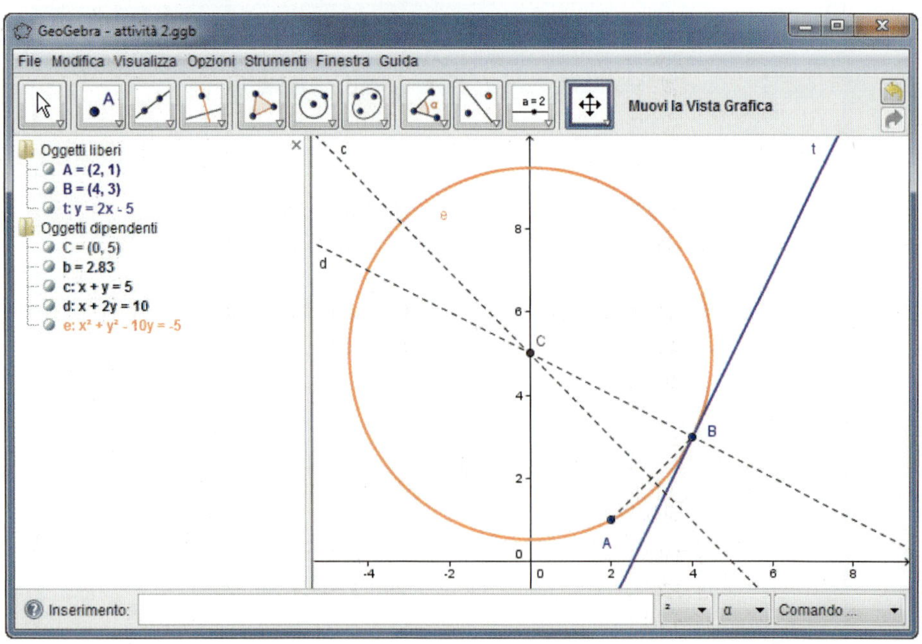

b. Esplorazione

Mantenendo fisso il punto B e la retta t, trascina il punto A e cerca di formulare una congettura sulla risposta alla seguente domanda: esiste sempre una circonferenza tangente in B alla retta t e passante per A, qualsiasi sia la posizione di A? (Suggerimento: cerca di capire se ci sono posizioni di A per cui l'asse di AB è parallelo alla retta passante per B e perpendicolare a t.)

ATTIVITÀ PROPOSTE

1 Definisci tre slider a, b, c, quindi immetti l'equazione della generica parabola con asse parallelo all'asse y: $y = ax^2 + bx + c$. Muovendo gli slider, studia come varia il grafico della parabola al variare dei parametri a, b, c.

2 Risolvi con GeoGebra il seguente problema: «Rappresentare e determinare l'equazione della circonferenza passante per i tre punti $A(4, 4)$, $B(1, 1)$, $C(4, 3)$». Risolvi poi il problema algebricamente, con carta e penna, verificando che i risultati ottenuti siano coerenti con la soluzione trovata con GeoGebra.

3 Effettua con GeoGebra la costruzione descritta qui di seguito, volta a costruire l'ellisse γ avente fuochi in $F_1(-3, 0)$ ed $F_2(3, 0)$ e asse maggiore di lunghezza uguale a 8:

a. crea i due punti $F_1(-3, 0)$ ed $F_2(3, 0)$;

b. traccia (con lo strumento **Segmento di data lunghezza da un punto**) un segmento AB di lunghezza uguale a 8 e considera un punto C su tale segmento;

c. traccia con lo strumento **Compasso** la circonferenza di centro F_1 e raggio AC e la circonferenza di centro F_2 e raggio BC e individua i due punti di intersezione P e Q di tali circonferenze;

d. determina (con lo strumento **Luogo**) i due luoghi descritti da P e Q al variare del punto C: tali luoghi sono due semiellissi, la cui unione fornisce l'ellisse γ.

e. Giustifica perché la costruzione effettuata consente di ottenere l'ellisse γ.

Verso le competenze

CONFRONTARE E ANALIZZARE FIGURE GEOMETRICHE NEL PIANO CARTESIANO

Per ciascuna delle seguenti equazioni, stabilisci se si tratta dell'equazione di una parabola, di una circonferenza, di un'ellisse o di un'iperbole e rappresentala graficamente.

1 $x^2 - 2y = 2$; $\quad \dfrac{y^2}{9} - \dfrac{x^2}{16} = 1$

2 $x^2 = 2y$; $\quad y = -\dfrac{1}{2}x^2 + 3x$

3 $x^2 + y^2 - 2x - 3 = 0$; $\quad x^2 = y^2 + 4$

4 $16x^2 + 9y^2 = 144$; $\quad 4x^2 + 4y^2 - 12x - 7 = 0$

Interpretando graficamente i seguenti sistemi, stabilisci quante soluzioni ammettono e, se possibile, cerca di prevedere quali sono le soluzioni. Verifica poi algebricamente le tue conclusioni.

5 $\begin{cases} y = 2x^2 - x - 1 \\ y = 2x - 1 \end{cases}$ $\left[(0, -1);\ \left(\dfrac{3}{2}, 2\right)\right]$

6 $\begin{cases} x^2 + y^2 = 4 \\ x - y + 3 = 0 \end{cases}$ [Impossibile]

7 $\begin{cases} x^2 + y^2 - 4x + 6y + 9 = 0 \\ x - y = 3 \end{cases}$ $[(0, -3);\ (2, -1)]$

8 $\begin{cases} xy = 1 \\ y = 4x \end{cases}$ $\left[\left(\dfrac{1}{2}, 2\right);\ \left(-\dfrac{1}{2}, -2\right)\right]$

9 $\begin{cases} y = x^2 + 2x + 3 \\ 2x - y + 6 = 0 \end{cases}$ $[(\sqrt{3}, 2\sqrt{3} + 6);\ (-\sqrt{3}, -2\sqrt{3} + 6)]$

10 $\begin{cases} x^2 + 4y^2 = 16 \\ y = x^2 + 2 \end{cases}$ $[(0, 2)]$

11 $\begin{cases} xy = -2 \\ y = x \end{cases}$ [Impossibile]

12 $\begin{cases} x^2 + y^2 = 1 \\ 3x + y + 1 = 0 \end{cases}$ $\left[(0, -1);\ \left(-\dfrac{3}{5}, \dfrac{4}{5}\right)\right]$

13 $\begin{cases} x^2 + y^2 = 10 \\ x + y = 4 \end{cases}$ $[(1, 3);\ (3, 1)]$

14 $\begin{cases} xy = -4 \\ y = x^2 - 6 \end{cases}$ $[(2, -2);\ (\sqrt{3} - 1, -2\sqrt{3} - 2);\ (-\sqrt{3} - 1, 2\sqrt{3} - 2)]$

Scrivi le equazioni, in forma normale, delle coniche descritte.

15 Parabola avente fuoco in $F(0, -1)$ e come direttrice l'asse x. $\left[y = -\dfrac{1}{2}x^2 - \dfrac{1}{2}\right]$

16 Ellisse avente un fuoco in $F(3, 0)$ e un vertice in $V(4, 0)$. $\left[\dfrac{x^2}{16} + \dfrac{y^2}{7} = 1\right]$

17 Iperbole avente un fuoco in $F(3, 0)$ e un vertice in $V(2, 0)$. $\left[\dfrac{x^2}{4} - \dfrac{y^2}{5} = 1\right]$

18 Iperbole avente un vertice in $V(0, 3)$ e come asintoti le rette di equazioni $y = \pm\dfrac{3}{2}x$. $\left[\dfrac{x^2}{4} - \dfrac{y^2}{9} = -1\right]$

19 Circonferenza passante per $A(-4, 0)$ e $O(0, 0)$, avente il centro sulla retta di equazione $y = -2x - 3$. $[x^2 + y^2 + 4x - 2y = 0]$

20 Iperbole equilatera riferita ai suoi assi, passante per $P(3, 2)$. $[x^2 - y^2 = 5]$

21 Parabola avente vertice in $V(-2, 0)$ e passante per $P(0, 3)$. $\left[y = \dfrac{3}{4}(x + 2)^2\right]$

22 Scrivi il sistema che è rappresentato in ciascuna delle seguenti figure (le curve disegnate sono rette, parabole, circonferenze o iperboli).

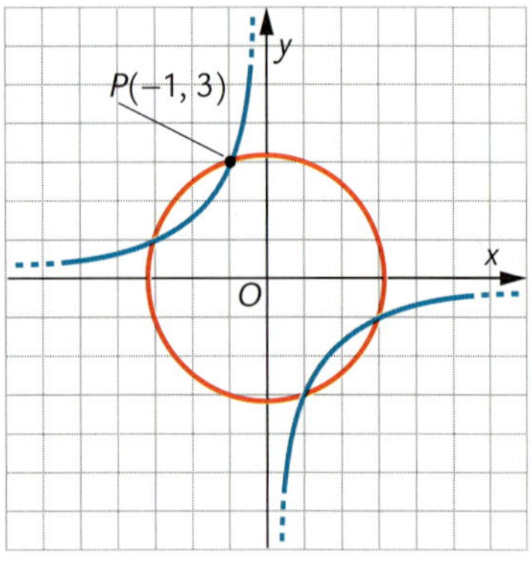

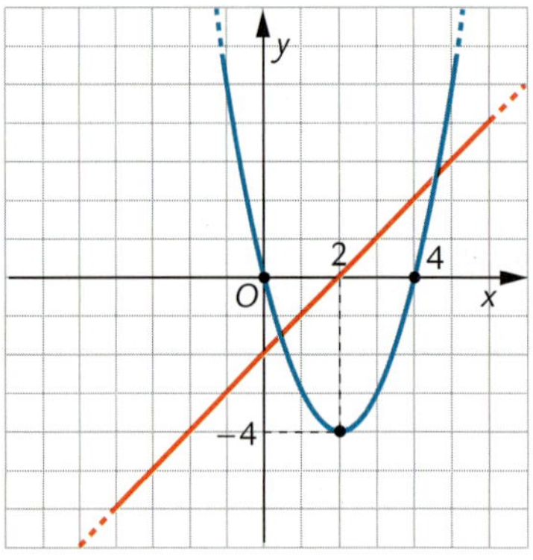

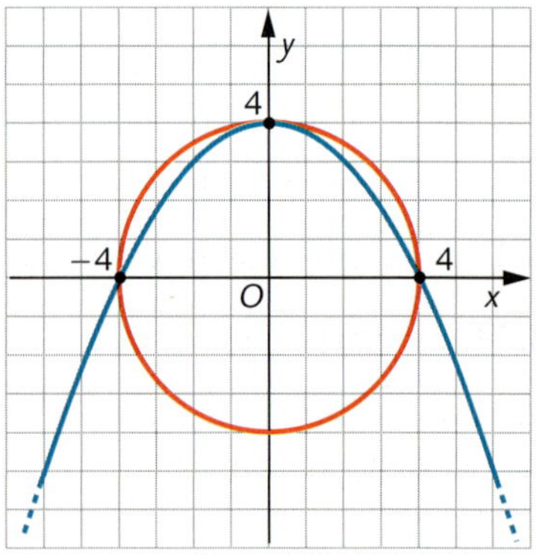

23 Scrivi il sistema che è rappresentato in ciascuna delle seguenti figure (le curve disegnate sono rette, parabole, circonferenze, ellissi o iperboli).

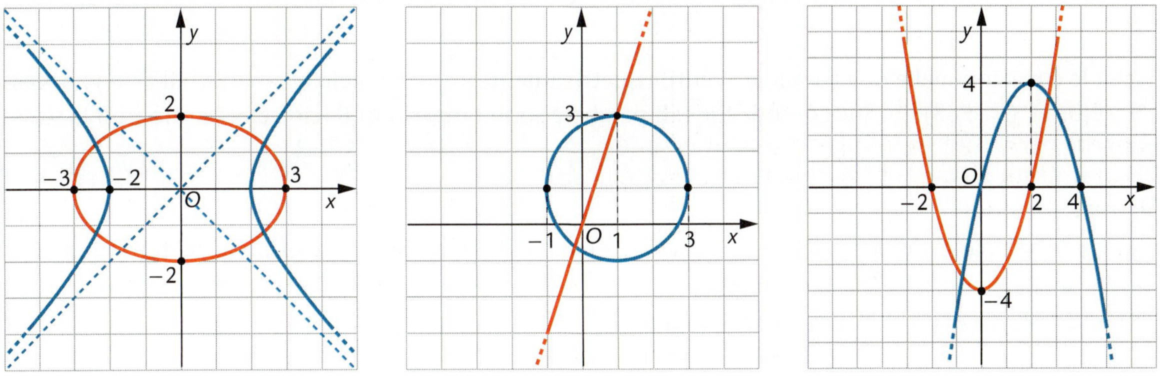

24 Determina la misura della corda AB, individuata dalla retta colorata in azzurro sulla circonferenza colorata in rosso.

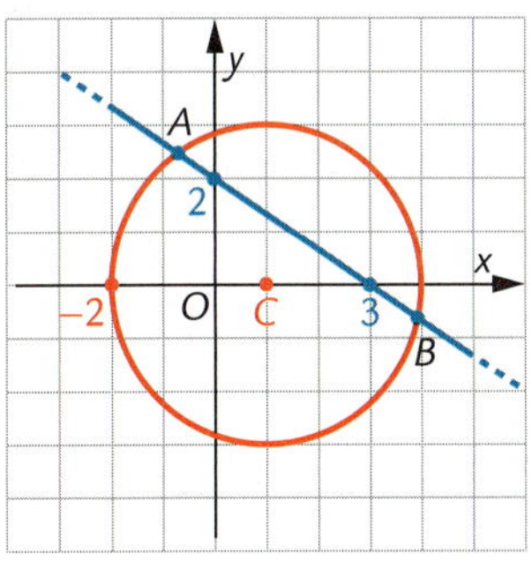

$\left[2\sqrt{\dfrac{101}{13}}\right]$

25 Determina la misura della corda AB, individuata dalla retta colorata in azzurro sulla parabola colorata in rosso.

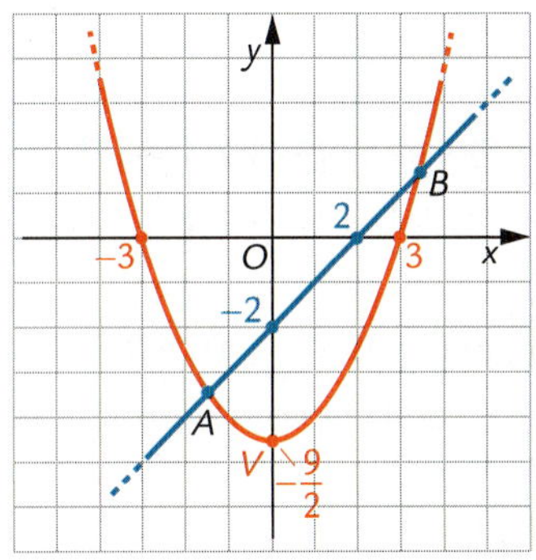

$[4\sqrt{3}]$

26 Determina le coordinate dei punti A e B $(x_A < x_B)$ che la retta di equazione $y = \dfrac{1}{2}x + 1$ ha in comune con la parabola di equazione $y = -x^2 - 2x$. Calcola poi la misura del segmento AB.

$\left[A(-2, 0); B\left(-\dfrac{1}{2}, \dfrac{3}{4}\right); \overline{AB} = \dfrac{3\sqrt{5}}{4}\right]$

27 Traccia il grafico della parabola di equazione $y = 3x^2 - 8x + 4$ e determina perimetro e area del triangolo che ha per vertici i punti di intersezione della parabola con l'asse x e il vertice della parabola stessa.

$\left[\dfrac{8}{9}\right]$

28 Determina l'equazione della parabola, con asse parallelo all'asse y, che passa per i punti $A(-2, 0)$, $B(3, 0)$ e $C(1, 3)$. Rappresentala graficamente, dopo averne determinato il vertice.

$\left[y = -\dfrac{1}{2}x^2 + \dfrac{1}{2}x + 3; V\left(\dfrac{1}{2}, \dfrac{25}{8}\right)\right]$

29 Determina le coordinate dei punti di intersezione A e B $(x_A < x_B)$ della parabola di equazione $y = 4 - x^2$ con la retta di equazione $y = x + 2$. Scrivi le equazioni delle tangenti alla parabola in A e B e determina il punto di intersezione C di tali tangenti. Calcola infine l'area di ABC.

$\left[A(-2, 0) \text{ e } B(1, 3); y = 4x + 8 \text{ e } y = -2x + 5; C\left(-\dfrac{1}{2}, 6\right); \text{area} = \dfrac{27}{4}\right]$

30 Determina k in modo che la parabola di equazione $y = kx^2 - 2x + k$:

a. passi per il punto $P(1, 1)$

b. abbia il vertice sulla retta di equazione $y = \dfrac{3}{2}$

c. abbia come asse la retta di equazione $x = 3$

d. abbia come direttrice l'asse x

e. sia tangente all'asse x

$\left[\textbf{a. } k = \dfrac{3}{2};\ \textbf{b. } k = -\dfrac{1}{2} \vee k = 2;\ \textbf{c. } k = \dfrac{1}{3};\ \textbf{d. } k = \pm\dfrac{\sqrt{5}}{2};\ \textbf{e. } k = \pm 1\right]$

31 In un sistema di assi cartesiani sono dati i punti $O(0, 0)$ e $A(2, 2)$, e la circonferenza avente per diametro il segmento OA. Determina l'equazione della parabola, con asse parallelo all'asse delle ordinate, passante per i due punti dati e tale che abbia in A come tangente la retta tangente alla circonferenza.

$[x^2 + y^2 - 2x - 2y = 0;\ y = -x^2 + 3x]$

32 Scrivi le equazioni delle due parabole aventi, rispettivamente, asse parallelo all'asse x e all'asse y, passanti per $A(-1, 0)$, $B(0, 1)$, $C(-2, 3)$. Verifica quindi che tali parabole sono tangenti in B (cioè che hanno in B la stessa retta tangente).

$\left[x = -\dfrac{2}{3}y^2 + \dfrac{5}{3}y - 1;\ y = 2x^2 + 3x + 1\right]$

33 Siano:

- r la tangente alla parabola di equazione $y = -x^2 - 2x$ parallela alla bisettrice del primo e del terzo quadrante;
- s e t le tangenti alla circonferenza di equazione $x^2 + y^2 - 2x - 2y = 0$ parallele alla stessa bisettrice.

Determina la distanza di r da s e la distanza di r da t.

$\left[r\colon y = x + \dfrac{9}{4};\ s\colon y = x + 2;\ t\colon y = x - 2;\ d(r, s) = \dfrac{\sqrt{2}}{8},\ d(r, t) = \dfrac{17\sqrt{2}}{8}\right]$

34 Scrivi l'equazione della circonferenza passante per $R(2, -3)$ e tangente alla retta di equazione $y = 2x + 2$ nel suo punto di intersezione con l'asse x. Indica con r la retta tangente a tale circonferenza in R e con s la retta tangente alla parabola di equazione $y = \dfrac{1}{4}x^2$ parallela a r; quindi determina:

a. la distanza tra le rette r ed s;

b. l'equazione della retta RS, essendo S il punto di contatto di s con la parabola.

$\left[x^2 + y^2 - 2x + 2y - 3 = 0;\ r\colon y = \dfrac{1}{2}x - 4;\ s\colon y = \dfrac{1}{2}x - \dfrac{1}{4};\ \textbf{a. } d(r, s) = \dfrac{3\sqrt{5}}{2};\ \textbf{b. } S\left(1, \dfrac{1}{4}\right), y = -\dfrac{13}{4}x + \dfrac{7}{2}\right]$

35 Considera i punti $A(-1, 0)$ e $B(3, 2)$. Determina:

a. l'equazione della circonferenza di diametro AB;

b. l'equazione della parabola passante per A e B, tangente alla retta passante per l'origine e parallela alla retta AB, verificando che tale parabola è tangente all'asse x;

c. le equazioni delle tangenti alla parabola e alla circonferenza in A e B.

$\left[\textbf{a. } x^2 + y^2 - 2x - 2y - 3 = 0;\ \textbf{b. } y = \dfrac{1}{8}(x + 1)^2;\ \textbf{c. }\text{tangenti in } A\colon y = 0,\ y = -2(x + 1);\right.$

$\left.\text{tangenti in } B\colon y = x - 1,\ y = -2x + 8\right]$

36 Verifica che il quadrilatero di vertici $A(2, 0)$, $B(6, 4)$, $C(4, 6)$, $D(0, 2)$ è un rettangolo. Determina quindi:

a. l'equazione della circonferenza circoscritta al rettangolo;

b. l'equazione della parabola passante per A e D, tangente alla retta DC.

$[\textbf{a. } x^2 + y^2 - 6x - 6y + 8 = 0;\ \textbf{b. } y = -x^2 + x + 2]$

37 Scrivi l'equazione:

a. dell'ellisse avente un vertice in $V(0, 4)$ e fuochi nei punti $A(-2, 0)$, $B(2, 0)$;

b. della parabola passante per A, B e V.

Determina l'area del triangolo avente per vertici i punti di intersezione della parabola e dell'ellisse.

$\left[\textbf{a. } \dfrac{x^2}{20} + \dfrac{y^2}{16} = 1;\ \textbf{b. } y = -x^2 + 4;\ \dfrac{216\sqrt{5}}{25}\right]$

38 Determina l'equazione dell'iperbole i cui fuochi sono due vertici dell'ellisse avente equazione $9x^2 + 4y^2 = 36$ e i cui vertici sono i fuochi di tale ellisse.

$\left[\dfrac{x^2}{4} - \dfrac{y^2}{5} = -1\right]$

39 Considera la circonferenza avente equazione $x^2 + y^2 = 4$. Scrivi l'equazione della parabola che ha vertice nel punto V in cui la circonferenza interseca il semiasse positivo delle ordinate e che passa per il punto $P(1, 0)$. Determina la misura della corda, appartenente al terzo e al quarto quadrante, che la circonferenza e la parabola hanno in comune.

$[y = -2x^2 + 2,\ \sqrt{7}]$

40 Scrivi l'equazione dell'ellisse che ha due vertici nei punti di coordinate $(2, 0)$ e $(0, 1)$ e l'equazione dell'iperbole equilatera, riferita agli assi, che ha un vertice nel punto di coordinate $(0, 3)$. Determina una retta parallela all'asse y, che individua sull'iperbole un segmento di misura quadrupla del segmento individuato dalla retta sull'ellisse.

$\left[\dfrac{x^2}{4} + y^2 = 1;\ x^2 - y^2 = -9;\ x = \pm\dfrac{\sqrt{35}}{5}\right]$

RISOLVERE PROBLEMI E COSTRUIRE MODELLI

41 La campata principale (cioè la distanza fra i piloni) del Golden Gate Bridge che collega l'Oceano Pacifico con la Baia di San Francisco è lunga circa 1280 m. L'altezza di ciascuno dei due piloni rispetto alla strada è 160 m. I cavi portanti che collegano i piloni hanno la forma di una parabola e ciascuno di essi tocca la strada nel punto a metà tra i due piloni. A quale altezza rispetto alla strada si trovano i punti dei cavi portanti situati a 300 m di distanza da uno dei due piloni? Arrotonda il risultato a un numero intero.
(*Suggerimento*: assumi un sistema di riferimento come quello indicato in figura e determina l'equazione della parabola che rappresenta il cavo portante.)

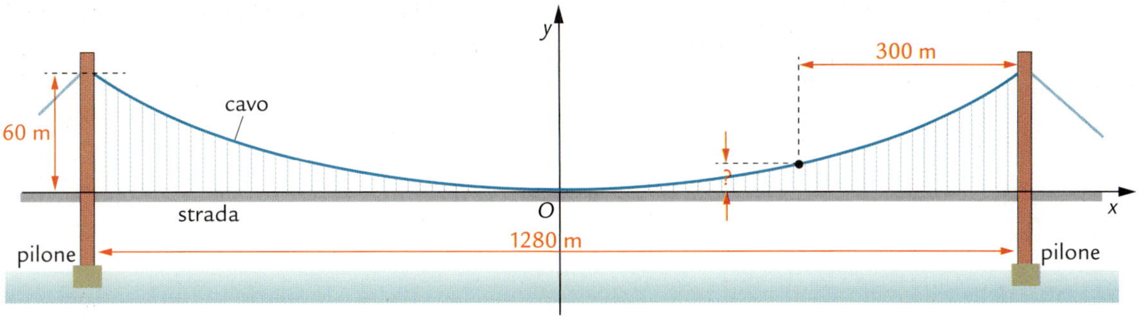

[45 m]

42 I segnali che incidono sulla superficie di un'antenna parabolica (cioè su di un'antenna la cui superficie è ottenuta dalla rotazione di un arco di parabola intorno al suo asse) si riflettono nel fuoco della parabola, dove solitamente è collocato il ricevitore. Un'antenna ha un diametro di 1 m e una profondità di 10 cm. A quale distanza dal vertice della superficie parabolica si trova il ricevitore?
(*Suggerimento*: assumi un sistema di riferimento come quello indicato in figura e determina l'equazione della parabola che nella rotazione genera la superficie dell'anetenna.)

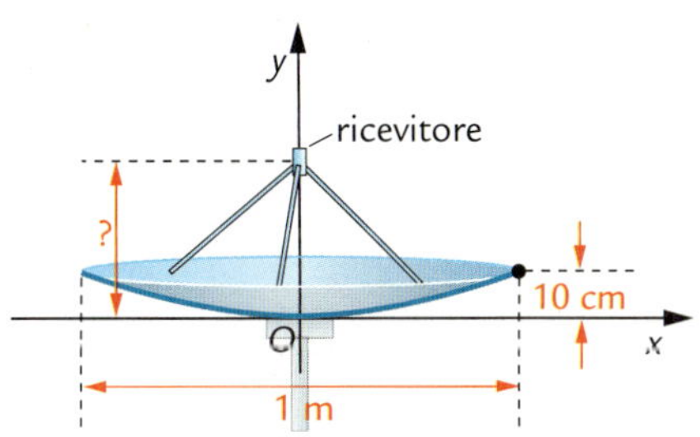

[62,5 cm]

43 A causa di un fenomeno di riflessione, negli edifici a volta ellittica, due interlocutori posti nei due fuochi riescono a sentirsi anche se parlano a voce bassissima. Paolo e Barbara si trovano in un edificio a pianta e volta ellittica e, per sperimentare tale fenomeno acustico, si posizionano nei due fuochi e sussurrano alcune parole. Il punto più alto del soffitto dell'edificio è a 13 m di altezza e la lunghezza dell'edificio è 170 m. A quanti metri dal centro O dell'edificio di trovano Paolo e Barbara?

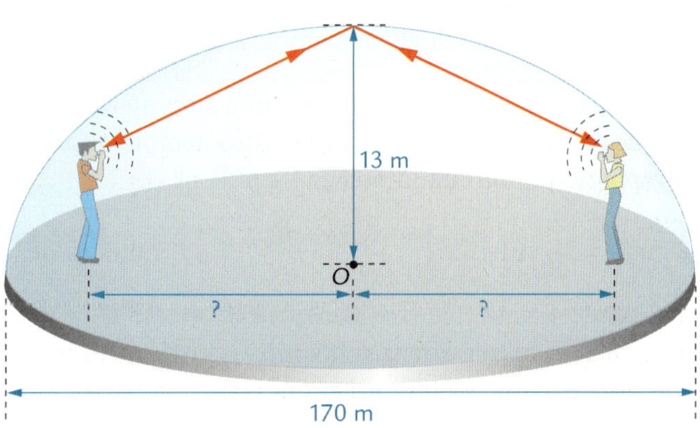

[84 m]

44 Un camion alto 3,5 m e largo 4 m, sta percorrendo una strada a senso unico, esattamente a centro strada. La strada entra a un certo punto in una galleria a volta semiellittica, alta 4 m e larga 16 m. Il camion riuscirà a entrare nella galleria?
(*Suggerimento*: assumi un sistema di riferimento come quello indicato in figura.)

[Il camion riesce ad attraversare la galleria]

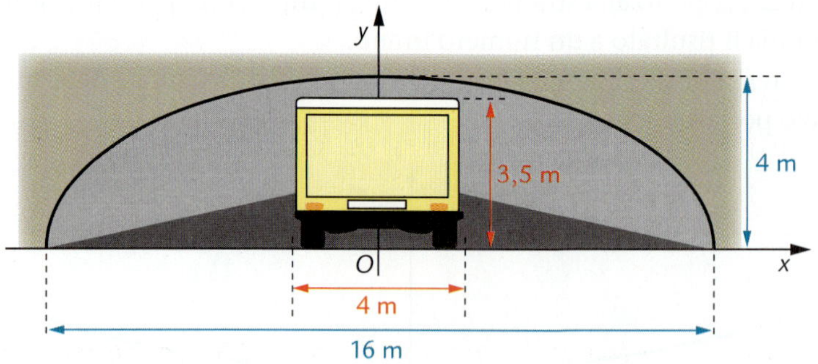

45 Matematica e fisica Un punto materiale che si muove di moto rettilineo uniformemente accelerato all'istante $t = 0$ si trova nell'origine del sistema di riferimento e ha una velocità $v_0 = 1{,}5$ m/s e una accelerazione $a = 2$ m/s. Disegna i grafici delle tre funzioni che esprimono l'accelerazione, la velocità e lo spazio in funzione del tempo.

46 Matematica e fisica Un calciatore tira una punizione imprimendo al pallone una velocità iniziale $v_0 = 14$ m/s con una inclinazione rispetto al terreno di 30°. In un sistema di assi cartesiani ortogonali opportunamente scelto, traccia il grafico della traiettoria dopo averne determinato l'equazione.

[Rispetto a un sistema di riferimento in cui l'origine è posta nel punto in cui viene calciato il pallone e il terreno è rappresentato dall'asse x, l'equazione della traiettoria, arrotondando i coefficienti alla seconda cifra decimale, è $y = -0{,}033x^2 + 0{,}58x$]

47 Matematica e fisica Per le lenti sottili vale la legge $\frac{1}{p} + \frac{1}{q} = \frac{1}{f}$, dove p è la distanza dell'oggetto considerato dal centro della lente, q è la distanza dell'immagine dal centro della lente e f è la distanza focale. Assumendo $f = 0{,}50$ m e considerando $p > 0$ e $q > 0$, traccia in un sistema di assi cartesiani ortogonali il grafico di q in funzione di p.

48 Matematica e fisica La prima legge di Keplero afferma che ogni pianeta del sistema solare ruota attorno al Sole descrivendo un'orbita ellittica di cui il Sole occupa uno dei fuochi. Per il pianeta Marte il semiasse maggiore è $a = 22{,}8 \cdot 10^{10}$ m e l'eccentricità dell'orbita è $e = 0{,}0935$. Calcola la distanza massima tra Marte e Sole (afelio) e la distanza minima (perielio), espresse in unità astronomiche (1 UA $= 1{,}50 \cdot 10^{11}$ m). Scrivi quindi l'equazione dell'orbita di Marte, disegna l'orbita e individua la posizione occupata dal Sole. Il valore dell'eccentricità quale informazione fornisce?

$\left[\text{Afelio} \simeq 1{,}7 \text{ UA; perielio} \simeq 1{,}4 \text{ UA; equazione dell'orbita in UA: } \frac{x^2}{(1{,}52)^2} + \frac{y^2}{(1{,}51)^2} = 1\right]$

ESPORRE, RAGIONARE E DIMOSTRARE

49 Spiega come i parametri a, b e c influenzano il grafico della parabola di equazione $y = ax^2 + bx + c$. Quale effetto ha sul grafico della parabola il discriminante dell'equazione associata $ax^2 + bx + c = 0$?

50 L'equazione $x^2 + y^2 + ax + by + c = 0$ rappresenta sempre una circonferenza per ogni valore reale di a, b e c? Se la risposta è affermativa giustificala, altrimenti fornisci un controesempio e spiega quale condizione deve essere soddisfatta perché l'equazione rappresenti una circonferenza.

51 Illustra l'interpretazione grafica del sistema $\begin{cases} y = ax^2 + bx + c \\ y = mx + q \end{cases}$ e il numero delle possibili soluzioni che può avere.

52 Illustra il concetto di *conica*, mettendo in evidenza che può essere definito in tre modi diversi (sebbene tra loro equivalenti): come curva ottenuta dalla sezione di un cono, come curva luogo dei punti che soddisfano un'equazione di secondo grado in due incognite oppure come luogo dei punti del piano che soddisfano particolari proprietà legate alle distanze.

VERSO LE PROVE INVALSI

1 Tra le parabole aventi le seguenti equazioni, qual è quella passante per l'origine?

A $y = x^2 - 10$

B $y = x^2 - \frac{1}{3}x$

C $y = -(x-3)^2$

D $y = x^2 - 2 + 3x$

2 L'equazione $(x+1)^2 + (y-3)^2 + 4 = 0$

A rappresenta una circonferenza di centro $C(-1; 3)$ e raggio 4

B rappresenta una circonferenza di centro $C(1, -3)$ e raggio 2

C rappresenta una circonferenza di centro $C(-1; 3)$ e raggio 2

D non rappresenta una circonferenza

3 Tra le parabole aventi le seguenti equazioni, qual è quella avente l'asse di simmetria coincidente con l'asse y?

A $y = -2x^2 - 4x - 1$

B $y = x^2 - 9$

C $y = -\frac{2}{3}x^2 - x$

D $x = y^2 - 1$

4 Il grafico di una parabola avente equazione $y = ax^2 + bx + c$ è quello in figura. Quali sono i segni dei coefficienti a, b e c?

A $a > 0, b < 0, c > 0$

B $a < 0, b > 0, c < 0$

C $a > 0, b < 0, c < 0$

D $a < 0, b > 0, c > 0$

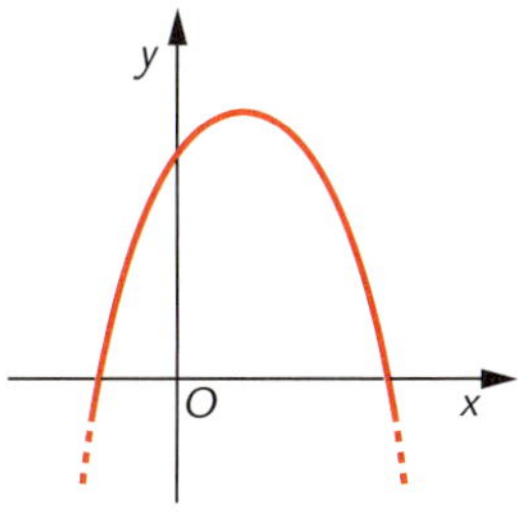

5 L'ellisse di equazione $\frac{x^2}{4} + \frac{y^2}{3} = 1$.

A ha i fuochi sull'asse y

B ha i fuochi distanti ciascuno 1 unità dall'origine

C interseca la retta di equazione $y = 2$ in due punti distinti

D ha eccentricità maggiore di 1

6 Qual è l'equazione dell'iperbole rappresentata in figura?

A $\frac{x^2}{4} - \frac{y^2}{16} = 1$

B $\frac{x^2}{4} - \frac{y^2}{16} = -1$

C $\frac{x^2}{16} - \frac{y^2}{4} = 1$

D $\frac{x^2}{16} - \frac{y^2}{4} = -1$

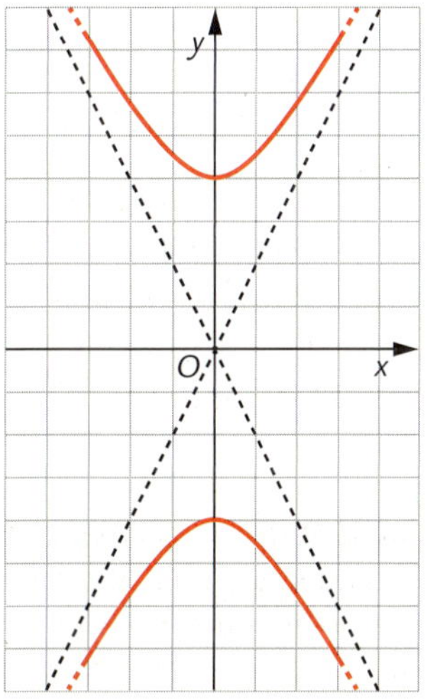

7 Un aereo si muove alla velocità costante di 600 km/h. Alle 18:15 passa sopra Roma che, rispetto a un opportuno sistema di riferimento in cui l'unità di misura sui due assi corrisponde a 1 km, è rappresentata dal punto di coordinate $(-65, 22)$.

a. Proseguendo in linea retta, a che ora si trova all'incirca nei cieli di Praga le cui coordinate sono $(135, 900)$?

A 19:30
B 19:45
C 20:00
D 20:15

b. Scrivi i calcoli tramite cui sei giunto alla risposta a.: ....

....

c. Sapendo che Praga è circa a metà del percorso tra Roma e Stoccolma, che coordinate ha Stoccolma?

A $(200, 922)$
B $(270, 1800)$
C $(300, 1500)$
D $(335, 1778)$

d. Scrivi i calcoli tramite cui sei giunto alla risposta c.: ....

....

8 Considera la parabola avente equazione $y = x^2 - 4x + 5$; quale delle seguenti affermazioni è *falsa*?

A L'asse della parabola ha equazione $x = 2$.
B L'ordinata del vertice della parabola è 1.
C La parabola interseca l'asse x in due punti distinti.
D La retta tangente alla parabola nel suo nel suo punto di intersezione con l'asse y è parallela alla retta di equazione $y = -4x$.

9 Il secondo principio della dinamica afferma che $F = ma$. Supponendo F costante, qual è il grafico della funzione che esprime l'accelerazione a in funzione della massa m, in un sistema di assi cartesiani ortogonali, in cui la massa è posta in ascissa e l'accelerazione in ordinata?

A Una semiretta
B Un arco di parabola
C Un ramo di iperbole equilatera
D Un arco di circonferenza

10 Considera l'equazione $x^2 + y^2 + ax + by + c = 0$; quale delle seguenti affermazioni è *falsa*?

A Se $c = 0$ l'equazione rappresenta una circonferenza passante per l'origine.
B L'equazione rappresenta una circonferenza per ogni $a, b, c \in \mathbf{R}$.
C Se $a = b = 0$ e $c < 0$, l'equazione rappresenta una circonferenza avente centro nell'origine.
D Se $b = c = 0$ l'equazione rappresenta una circonferenza tangente all'asse y.

11 Quale delle seguenti equazioni rappresenta una circonferenza di *raggio* 1?

A $x^2 + y^2 - 2x - 2y - 2 = 0$
B $x^2 + y^2 - 2x - 4y - 4 = 0$
C $x^2 + y^2 - 2x - 2y + 3 = 0$
D $x^2 + y^2 - 2x - 4y + 4 = 0$

12 Qual è l'equazione della retta tangente alla parabola di equazione $y = x^2 + 5x - 6$ nel suo punto di intersezione con il semiasse delle ascisse negative?

A $y = -7x$
B $y = -6x - 12$
C $y = 5x - 40$
D $y = -7x - 42$

13 Una nave segue una rotta iperbolica che, in un sistema di riferimento opportunamente scelto, è descritta dall'equazione $5y^2 - x^2 = 1$. A un certo punto cambia rotta e segue un altro ramo di iperbole di equazione $5x^2 - y^2 = 1$. Sapendo che il punto nel quale ha cambiato rotta appartiene al primo quadrante, quale è l'ascissa di questo punto?

A 1
B $\frac{1}{2}$
C $\frac{1}{4}$
D $\frac{1}{5}$

14 Sia γ la parabola, con asse parallelo all'asse y, avente vertice nel punto $V(2, 0)$ e che passa per $P(0, 4)$. Qual è l'ordinata del punto della parabola di ascissa 5?

A 8
B 9
C 10
D 11

15 La traiettoria di un tappo di una bottiglia di champagne fatto saltare è descritta dalla funzione $s(t) = -2t^2 + 4t + 1$, dove t sono i secondi dopo aver stappato la bottiglia ed s è l'altezza (in metri) del tappo dal suolo. Qual è la massima altezza dal suolo che viene raggiunta dal tappo?

A 8 m B 3 m C 2 m D 9 m

16 Una circonferenza di equazione $x^2 + y^2 + ax + by + c = 0$ ha il grafico in figura. Cosa si può dire dei coefficienti a, b, c?

A $a < 0, b > 0, c = 0$

B $a > 0, b < 0, c = 0$

C $a < 0, b < 0, c < 0$

D $a > 0, b > 0, c < 0$

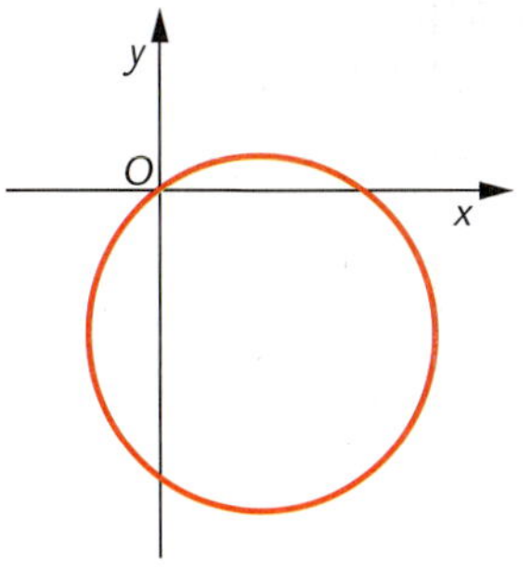

17 Considera l'iperbole di equazione $\frac{x^2}{4} - y^2 = 1$ e stabilisci quali delle seguenti affermazioni sono vere e quali false:

a. ha i fuochi sull'asse y V F

b. ha come asintoti le rette di equazioni $2x \pm y = 0$ V F

c. ha asse maggiore di misura $2\sqrt{5}$ V F

d. ha i fuochi coincidenti con quelli dell'ellisse di equazione $\frac{x^2}{6} + \frac{y^2}{1} = 1$ V F

e. ha eccentricità uguale a $\frac{\sqrt{5}}{2}$ V F

18 L'iperbole di equazione $y = \frac{1 - 2x}{x + 1}$:

A non è equilatera

B ha come asintoto la retta di equazione $y = -2$

C ha come asintoto la retta di equazione $x = 1$

D ha il centro nel punto di coordinate $(1, -2)$

19 Un satellite descrive intorno alla Terra un'orbita ellittica, rispetto cui il centro della Terra occupa uno dei due fuochi dell'ellisse. Rispetto a un opportuno sistema di riferimento cartesiano ortogonale, sui cui assi l'unità di misura è il kilometro, l'equazione dell'orbita del satellite è: $\frac{x^2}{(6930)^2} + \frac{y^2}{(6920)^2} = 1$

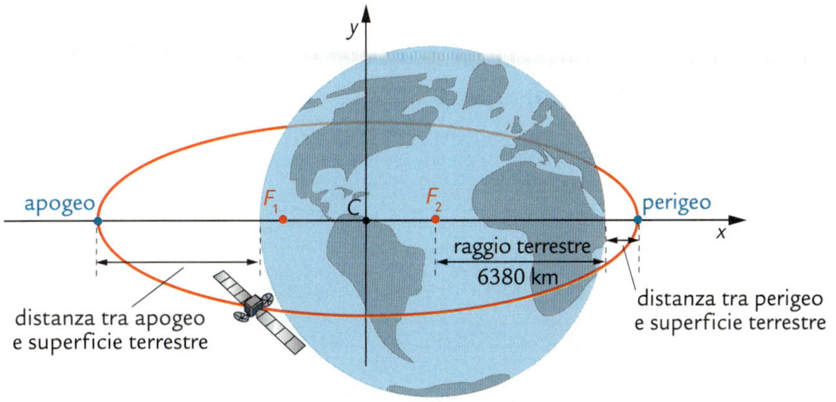

a. Sapendo che il raggio terrestre misura circa 6380 km, a quale distanza dalla superficie terrestre si trova il perigeo (punto dell'orbita del satellite avente la minima distanza dal centro della Terra)? Arrotonda il risultato a un numero intero.

A 158 km B 165 km C 178 km D 196 km

b. Scrivi i calcoli tramite cui sei giunto alla risposta **a.**: ....

....

....

(*segue*)

(*continua*)

c. A quale distanza dalla superficie terrestre si trova l'apogeo (punto dell'orbita del satellite avente la massima distanza dal centro della Terra)? Arrotonda il risultato a un numero intero.

A 824 km B 922 km C 756 km D 1040 km

d. Scrivi i calcoli tramite cui sei giunto alla risposta **c.**: ....

....

....

20 Quale delle seguenti equazioni rappresenta un'iperbole con i fuochi sull'asse y?

A $4x^2 + 9y^2 = 25$ B $4x^2 - 9y^2 = 25$ C $9x^2 + 4y^2 = 25$ D $4x^2 - 9y^2 = -25$

21 Un ingegnere sta progettando un faro di un'auto, costruito mediante una superficie riflettente parabolica nel cui fuoco è posta la lampadina. Il faro ha un diametro di 12 cm e la sua profondità è di 6 cm. A quale distanza dal vertice V della superficie parabolica andrà posta la lampadina?

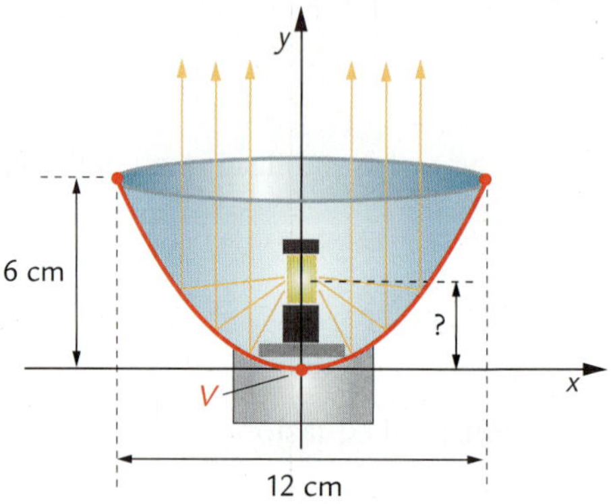

A 3 cm B 1,5 cm C 6 cm D 9 cm

22 Un sistema di assi cartesiani ortogonali, la cui unità di misura su entrambi gli assi è 1 km, ha il suo centro nel centro di Firenze. L'università di Prato è collocata a 2 km verso ovest e 4 verso Nord rispetto al centro di Firenze. Un sismografo a Prato rileva un piccolo terremoto con epicentro a circa 40 km dall'università. Qual è l'equazione in forma normale del luogo dei punti che possono essere l'epicentro del terremoto?

a. Risposta: ....

b. Scrivi i calcoli tramite cui sei giunto alla risposta: ....

....

....

23 Un ponte su un fiume è formato da una sola arcata parabolica. Il ponte è lungo 80 m e il punto centrale dell'arcata parabolica è posto a una altezza di 20 m rispetto all'acqua.

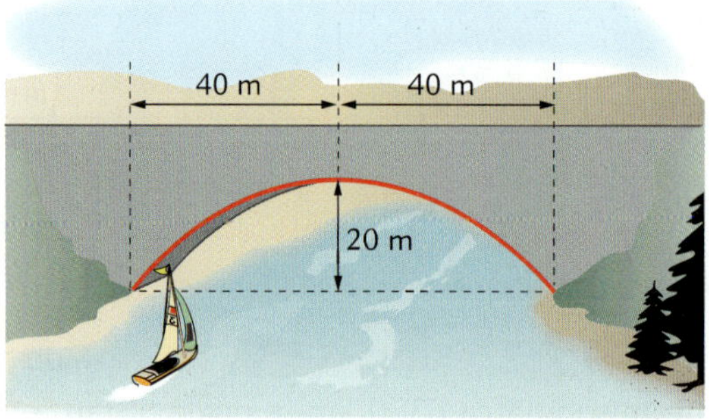

a. Quanto può essere alta al massimo un'imbarcazione che naviga a 30 m dal centro del fiume, per potere passare sotto il ponte?

A 6,5 m B 6,75 m C 7 m D 8,75 m

b. Giustifica la risposta data al punto precedente:

....

....

TEMA D

Funzioni esponenziali e logaritmiche

Nel corso dei tuoi studi di matematica hai incontrato molti tipi di funzioni. Inizialmente hai incontrato le cosiddette funzioni algebriche, cioè le funzioni che possono essere espresse in termini di somme, differenze, prodotti, quozienti, potenze o radici di polinomi, poi ti sono stati presentati i primi esempi di funzioni che non sono algebriche e vengono perciò dette trascendenti: le funzioni goniometriche. Nelle prossime Unità introdurremo altre classi di funzioni trascendenti: le funzioni *esponenziali* e le funzioni *logaritmiche*. Queste funzioni compaiono in moltissimi ambiti scientifici: dalla biologia alla chimica, all'economia, alle scienze sociali. La ragione della loro ubiquità è che esse costituiscono modelli matematici che consentono di descrivere una grandissima varietà di fenomeni: vedremo per esempio che grazie al modello fornito dalle funzioni esponenziali è possibile sia effettuare «previsioni sul futuro» (come prevedere quale sarà l'evoluzione di un'epidemia o quale sarà la crescita di una popolazione), sia «riscoprire il passato» (per esempio datare l'età di un fossile).

PREREQUISITI

- Potenze a esponente razionale e relative proprietà
- Funzioni e grafici
- Equazioni e disequazioni algebriche, con valori assoluti e irrazionali

COMPETENZE

- Utilizzare le tecniche del calcolo algebrico per risolvere semplici equazioni e disequazioni esponenziali e logaritmiche
- Saper costruire modelli di crescita o decrescita esponenziale

Lo space shuttle Challenger esplose la mattina del 28 gennaio 1986 dopo 73 secondi di volo, alla sua decima missione. All'istante del lancio la temperatura era di 2,2 °C, insolitamente bassa per la Florida, e la notte precedente la temperatura era scesa sotto lo zero.
L'incidente avvenne a causa della rottura di un anello di guarnizione (*O-ring*) dei razzi a propellente solido.
In seguito al disastro venne sviluppato un modello matematico per esprimere la relazione tra la temperatura e la possibilità di un guasto agli O-ring.
Il modello, costituito da una *funzione esponenziale*, mostrò che la probabilità di guasti cresceva in modo estremamente rapido con il *diminuire* della temperatura.
Si capì così che l'incidente, oltre che da errori di progettazione, fu causato anche dalle basse temperature alle quali avvenne la missione.

Unità 9

Funzioni, equazioni e disequazioni esponenziali

1. L'insieme dei numeri reali e le potenze a esponente irrazionale

Nel tuo corso di matematica ti sei imbattuto varie volte nel concetto di **potenza**. Dapprima ti è stato introdotto il concetto di potenza con esponente un numero *naturale*, poi questo concetto è stato progressivamente esteso, introducendo le potenze con esponente un numero *intero*, prima, e un numero *razionale*, poi.
L'ultimo passo che resta da compiere è l'introduzione del concetto di potenza con esponente un numero *irrazionale*. Prima di affrontare questo problema, dobbiamo rivedere e approfondire alcuni concetti riguardo i numeri reali.

L'insieme dei numeri reali

Come ricorderai, la necessità di ampliare l'insieme **Q** dei numeri razionali è stata legata sia a motivazioni di carattere algebrico (per esempio, per risolvere equazioni quali $x^2 = 2$) sia a motivazioni di carattere geometrico (per esempio, per esprimere il rapporto tra diagonale e lato di un quadrato). Abbiamo introdotto così i numeri irrazionali.

NUMERO IRRAZIONALE
Si chiama **irrazionale** ogni numero relativo la cui rappresentazione decimale è illimitata e non periodica.

L'introduzione dei numeri irrazionali ci ha consentito di definire l'insieme dei numeri reali.

INSIEME R
L'insieme formato dall'unione dei numeri razionali e dei numeri irrazionali viene chiamato insieme dei **numeri reali**; lo si indica con la lettera **R**.

Nell'insieme **R** sono state definite un ordinamento e le ordinarie operazioni che godono delle seguenti proprietà.

1. Proprietà dell'addizione

In **R** è definita un'operazione di addizione, indicata con il simbolo +, che:

a. è commutativa;
b. è associativa;
c. possiede elemento neutro (0);
d. è tale che ogni suo elemento ammette inverso rispetto all'operazione di addizione (l'opposto).

2. Proprietà della moltiplicazione

In **R** è definita un'operazione di moltiplicazione, indicata con il simbolo ·, che:

a. è commutativa;
b. è associativa;
c. possiede elemento neutro (1);
d. è tale che ogni suo elemento diverso da 0 ammette inverso rispetto all'operazione di moltiplicazione (il reciproco);
e. è distributiva rispetto all'addizione.

3. Proprietà relative all'ordine

In **R** è definito un ordinamento, indicato con il simbolo $\leq$, che gode delle seguenti proprietà:

a. è compatibile con la somma, ossia:
se $a \leq b$, allora $a + c \leq b + c$ per ogni $a, b, c \in \mathbf{R}$

b. è compatibile con il prodotto, ossia:
se $a \leq b$ e $c > 0$, allora $ac \leq bc$ per ogni $a, b \in \mathbf{R}$

Le proprietà relative all'addizione, alla moltiplicazione e all'ordine valgono anche nell'insieme **Q** dei numeri razionali. L'insieme **R** gode però di una ulteriore proprietà che lo caratterizza e che **non** sussiste invece in **Q**: quella di *completezza*. Per capire di cosa si tratta, dobbiamo introdurre il concetto di *classi contigue* di numeri reali, cui ci avviciniamo ragionando su un caso particolare.

1. Consideriamo il numero $\sqrt{2} = 1,41421...$ e costruiamo l'insieme A, costituito dalle *approssimazioni per difetto* di $\sqrt{2}$ e l'insieme B, costituito dalle *approssimazioni per eccesso* di $\sqrt{2}$:

$$A = \{1;\ 1{,}4;\ 1{,}41;\ 1{,}414;\ ....\}$$
$$B = \{2;\ 1{,}5;\ 1{,}42;\ 1{,}415;\ ....\}$$

2. Osserviamo che gli insiemi A e B hanno le seguenti proprietà:

- ogni elemento di A è minore di ogni elemento di B: diciamo che i due insiemi sono **separati**;
- è sempre possibile determinare un elemento di B e un elemento di A, la cui differenza sia piccola quanto si vuole; per esempio, se vogliamo determinare due numeri $b \in B$ e $a \in A$ la cui differenza sia minore o uguale a 0,1 basta scegliere 1,5 e 1,4; se vogliamo determinare due numeri la cui differenza sia minore o uguale a 0,01 basta scegliere 1,42 e 1,41 e così via: la differenza può essere resa piccola quanto si vuole pur di scegliere due elementi di A e B con un opportuno numero di cifre decimali.
  Per esprimere questa proprietà si dice che i due insiemi **sono indefinitamente ravvicinati**; formalmente si scrive che, comunque scelto un numero $\varepsilon > 0$, piccolo a piacere, possiamo trovare due elementi $a \in A$ e $b \in B$ tali che:

$$b - a \leq \varepsilon$$

3. Ogni coppia di insiemi A, B di numeri reali che, come quelli considerati poc'anzi, sono *separati* e *indefinitamente ravvicinati* viene detta coppia di **classi contigue** di numeri reali.

Siamo ora in grado di enunciare la proprietà di completezza di **R**.

COMPLETEZZA

Per ogni coppia di classi contigue A, B di numeri reali esiste un unico numero reale s, detto elemento separatore di A e B, tale che:

$$a \leq s \leq b \qquad \text{per ogni } a \in A,\ b \in B$$

Per esempio, l'elemento separatore della coppia di classi contigue:

$$A = \{1;\ 1{,}4;\ 1{,}41;\ 1{,}414;\ ....\}$$

e

$$B = \{2;\ 1{,}5;\ 1{,}42;\ 1{,}415;\ ....\}$$

considerate poc'anzi è il numero $\sqrt{2}$.
Si può dimostrare che ogni insieme in cui sono definiti un ordinamento, operazioni che soddisfano le proprietà **1.**, **2.**, **3.** e in cui vale la proprietà di *completezza*, si può identificare con **R**: l'insieme **R** è quindi univocamente individuato dall'insieme di tali proprietà.

Le potenze a esponente irrazionale

Ora che abbiamo ricordato le proprietà dell'insieme **R**, vediamo come sia possibile fare l'ulteriore passo avanti che abbiamo annunciato: definire le potenze con esponente irrazionale. Ragioniamo inizialmente su un esempio: supponiamo di voler dare un significato al simbolo $2^{\sqrt{3}}$.

1. Ricordiamo che il numero $\sqrt{3}$ è un numero irrazionale, le cui prime cifre della rappresentazione decimale sono le seguenti:

$$\sqrt{3} = 1{,}7320508075...$$ I numeri irrazionali hanno parte decimale illimitata non periodica

2. Consideriamo le approssimazioni razionali per difetto e per eccesso di $\sqrt{3}$:

Approssimazioni per difetto	1	1,7	1,73	1,732	1,7320	....
Approssimazioni per eccesso	2	1,8	1,74	1,733	1,7321	....

e costruiamo le potenze che hanno come base 2 e come esponente le approssimazioni razionali di $\sqrt{3}$, rispettivamente per difetto e per eccesso.

Potenze di 2 che hanno come esponenti le approssimazioni di $\sqrt{3}$ per difetto	2^1	$2^{1,7}$	$2^{1,73}$	$2^{1,732}$	$2^{1,7320}$	....
Potenze di 2 che hanno come esponenti le approssimazioni di $\sqrt{3}$ per eccesso	2^2	$2^{1,8}$	$2^{1,74}$	$2^{1,733}$	$2^{1,73321}$	....

3. Cerchiamo ora un numero reale x che risulti *maggiore* di tutte le potenze di 2 aventi esponenti razionali che approssimano $\sqrt{3}$ per difetto e *minore* di tutte le potenze di 2 aventi esponenti razionali che approssimano $\sqrt{3}$ per eccesso. Il numero x dovrà soddisfare le seguenti disuguaglianze:

$$2^1 < x < 2^2$$
$$2^{1,7} < x < 2^{1,8}$$
$$2^{1,73} < x < 2^{1,74}$$
$$2^{1,732} < x < 2^{1,733}$$
$$2^{1,7320} < x < 2^{1,7321}$$
....

Puoi verificare, per esempio con una calcolatrice, che $2^{1,7320} = 3{,}32188.....$ e $2^{1,7321} = 3{,}32211......$ Dall'ultima disuguaglianza scritta segue che:

$$3{,}32188..... < x < 3{,}32211.....$$

quindi possiamo dire che $x = 3{,}32.....$ (con le prime due cifre decimali esatte). Considerando le disuguaglianze successive (che provengono da approssimazioni sempre migliori di $\sqrt{3}$) riusciamo a determinare quante cifre vogliamo di x.

4. In conclusione le due successioni costituite dalle potenze di 2 con esponenti razionali che approssimano $\sqrt{3}$, rispettivamente per difetto e per eccesso, individuano uno e un solo numero reale x che, *per definizione*, chiamiamo potenza di base 2 ed esponente $\sqrt{3}$ e che indichiamo con il simbolo $2^{\sqrt{3}}$.

Fin qui abbiamo ragionato a livello *intuitivo*; le proprietà dei numeri reali che garantiscono la correttezza del ragionamento poc'anzi effettuato sono quelle viste

nel precedente sottoparagrafo. Formalmente il ragionamento sarebbe il seguente: si dimostra che le due classi costituite dalle potenze di 2 con esponenti razionali che approssimano $\sqrt{3}$, rispettivamente per difetto e per eccesso, costituiscono una coppia di *classi contigue* di numeri reali; esse perciò individuano un unico *elemento separatore* che, per definizione, chiamiamo potenza di base 2 ed esponente $\sqrt{3}$. È quindi in ultima analisi la proprietà di *completezza* di **R** che garantisce la possibilità di definire potenze con esponente irrazionale.
Con un procedimento del tutto analogo si può arrivare a definire ogni potenza a^x di un numero reale $a \geq 0$, con esponente x irrazionale positivo; se l'esponente è irrazionale negativo, si pone, come al solito:

$$a^{-x} = \left(\frac{1}{a}\right)^x \quad \text{con } x > 0 \text{ e } a > 0$$

In particolare risulterà ancora $1^x = 1$ per ogni x irrazionale e $0^x = 0$ per ogni x irrazionale positivo.
Si può dimostrare che per le potenze con esponente irrazionale continuano a valere le ordinarie proprietà delle potenze.

COLLEGHIAMO I CONCETTI

Le varie definizioni di potenza

Riassumiamo nel seguente schema le varie definizioni di potenza che abbiamo via via dato.

Potenza	Definizione
Con esponente un numero intero m non negativo	$a^0 = 1$ $\quad \forall a \in \mathbf{R}$, con $a \neq 0$ $a^1 = a$ $\quad \forall a \in \mathbf{R}$ $a^m = \underbrace{a \cdot a \cdot a \ldots a \cdot a}_{m \text{ volte}}$ $\quad \forall a \in \mathbf{R}$, con $m > 1$
Con esponente un numero intero negativo	$a^{-m} = \left(\frac{1}{a}\right)^m$ $\quad \forall a \in \mathbf{R}$, con $a \neq 0$ ed $m \in \mathbf{Z}^+$
Con esponente un numero razionale	$a^{\frac{m}{n}} = \sqrt[n]{a^m}$ $\quad \forall a \in \mathbf{R}$, con $a \geq 0$, $m \in \mathbf{N}$ ed $n \in \mathbf{N} - \{0\}$ $a^{-\frac{m}{n}} = \left(\frac{1}{a}\right)^{\frac{m}{n}}$ $\quad \forall a \in \mathbf{R}$, con $a > 0$, $m \in \mathbf{N}$ ed $n \in \mathbf{N} - \{0\}$
Con esponente un numero irrazionale	a^x $\quad \forall a \in \mathbf{R}$, con $a \geq 0$, $\forall x$ irrazionale positivo è definito come elemento separatore della coppia di classi contigue costituite dalle potenze di a con esponenti razionali che approssimano x rispettivamente per difetto e per eccesso $a^{-x} = \left(\frac{1}{a}\right)^x$ $\quad \forall a \in \mathbf{R}$, con $a > 0$, $\forall x$ irrazionale positivo

Poiché è possibile definire il concetto di potenza per esponenti interi, razionali e anche irrazionali, ha senso il concetto di potenza con esponenti *reali*. Rivedendo le definizioni riassunte in tabella ti accorgerai però che restano non definite:

- le potenze con base zero ed esponente nullo o negativo:

  $0^0, 0^{-2}, 0^{-\sqrt{5}}, \ \ldots\ldots$

- le potenze aventi come base un numero negativo e come esponente un numero razionale o irrazionale:

  $(-2)^{\frac{3}{4}}, (-3)^{\sqrt{5}}, \ \ldots\ldots$

Di conseguenza valgono le regole riassunte nella seguente tabella:

Una potenza avente...	... ha significato a condizione che	Esempio
... base variabile ed esponente costante irrazionale positivo	... la base sia positiva o nulla	$(x-2)^{\sqrt{2}}$ ha significato per $x \geq 2$
... base variabile ed esponente costante irrazionale negativo	... la base sia positiva	$(x-2)^{-\sqrt{2}}$ ha significato per $x > 2$

Prova tu **ESERCIZI** a p. 407

1. Stabilisci se i seguenti simboli sono definiti e, in caso affermativo, calcolane il valore:

a. 3^{-4} **b.** 0^0 **c.** $\left(\frac{4}{25}\right)^{-\frac{3}{2}}$ **d.** $\left(\frac{3}{2}\right)^{\frac{2}{3}}$ **e.** $(-2)^{\sqrt{5}}$

2. Per quali valori di $a \in \mathbf{R}$ è definita la potenza $(a+2)^{\sqrt{2}}$? Per quali valori di $a \in \mathbf{R}$ è definita la potenza $(a+2)^{-\sqrt{2}}$?

2. La funzione esponenziale

Consideriamo un numero reale *positivo*, che indichiamo con a.
In base a quanto abbiamo visto nel Paragrafo 1, possiamo affermare che, per ogni $x \in \mathbf{R}$, esiste il numero a^x. Dunque la funzione definita dall'equazione:

$$y = a^x \qquad \text{con } a > 0 \qquad [9.1]$$

ha come **dominio** tutto l'insieme **R**.
Se $a = 1$, la funzione definita dall'equazione [9.1] è costante:

$$y = 1^x = 1 \qquad \text{per ogni } x \in \mathbf{R}$$

Se invece $a \neq 1$, la [9.1] definisce una funzione particolarmente importante perché, come vedremo, è il modello matematico adatto a rappresentare molte situazioni caratterizzate da una rapida crescita o decrescita (per esempio la crescita demografica di una popolazione, la diffusione di un'epidemia, il decadimento di una sostanza radioattiva). A questa funzione si dà un nome particolare.

Osserva
La condizione $a > 0$ dipende dal fatto che una potenza a esponente reale è definita solo per basi positive, la condizione $a \neq 1$ serve a escludere il caso della funzione costante $y = 1$.

FUNZIONE ESPONENZIALE
Chiamiamo **funzione esponenziale** (elementare) di **base** a, con a numero positivo diverso da 1, la funzione definita dall'equazione:

$$y = a^x \qquad \text{con } a > 0 \text{ e } a \neq 1$$

Alcuni esempi di funzioni esponenziali sono i seguenti.

$y = 2^x$ — La base è 2

$y = \left(\frac{1}{4}\right)^x$ — La base è $\frac{1}{4}$

$y = 4^{-3x}$ — La base è 4^{-3}

Vogliamo ora studiare le caratteristiche del grafico della funzione esponenziale: a tale scopo dobbiamo distinguere due casi, a seconda che la base sia maggiore di 1 oppure minore di 1 (e maggiore di 0). Lo facciamo tramite due esempi.

Grafico di una funzione esponenziale con base maggiore di 1

ESEMPIO

Tracciamo il grafico della funzione definita dall'equazione $y = 2^x$.

Si tratta di una funzione esponenziale in cui la base è $a = 2$. Tracciamo il grafico della funzione per punti, determinando dapprima i valori di y corrispondenti ai valori di x indicati in tabella e poi congiungendo con una linea continua i punti le cui coordinate corrispondono ai valori di x e y trovati. Si perviene così al grafico mostrato in figura.

x	$y = 2^x$
-3	$2^{-3} = \frac{1}{8}$
-2	$2^{-2} = \frac{1}{4}$
-1	$2^{-1} = \frac{1}{2}$
0	$2^0 = 1$
1	$2^1 = 2$
2	$2^2 = 4$
3	$2^3 = 8$

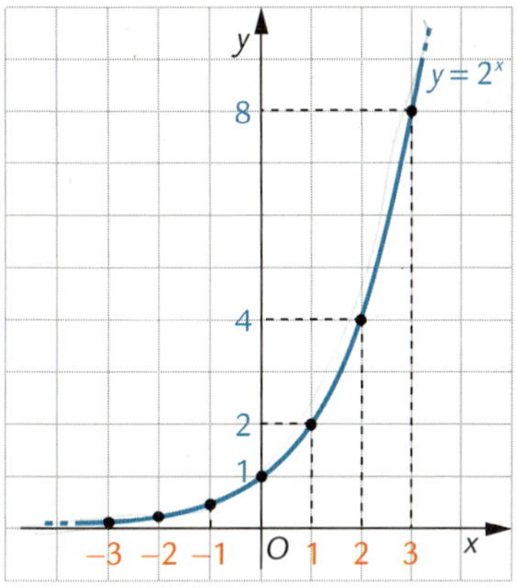

È importante fare alcune osservazioni sulla funzione $y = 2^x$.

- Il grafico della funzione è tutto contenuto nel **semipiano delle ordinate positive**: infatti la potenza 2^x è maggiore di zero per ogni $x \in \mathbf{R}$.
- Il grafico della funzione passa per il punto di coordinate (0, 1).
- Al *decrescere* dei valori della variabile x, i corrispondenti valori di y *diminuiscono* avvicinandosi a 0, senza tuttavia mai raggiungere il valore 0; per esprimere questo fatto si dice che l'asse x è un **asintoto orizzontale** per la funzione.
- Al *crescere* dei valori della variabile x, i corrispondenti valori di y *crescono*, perciò diremo che la funzione $y = 2^x$ è **crescente**. La crescita dei valori di y è molto «rapida»; per esempio:
  - per $x = 10$ otteniamo per y il valore $2^{10} = 1024$ (ordine di grandezza uguale a 10^3);
  - per $x = 20$, otteniamo per y il valore $2^{20} = 1\,048\,576$ (ordine di grandezza uguale a 10^6);
  - per $x = 30$, otteniamo per y il valore $2^{30} = 1\,073\,741\,824$ (ordine di grandezza uguale a 10^9).

Grafico di una funzione esponenziale con base compresa tra 0 e 1

ESEMPIO

Tracciamo il grafico della funzione definita dall'equazione $y = \left(\frac{1}{2}\right)^x$.

Si tratta di una funzione esponenziale in cui la base è $a = \frac{1}{2}$. Tracciamo il grafico della funzione per punti, determinando dapprima i valori di y corrispondenti ai valori di x indicati in tabella e poi congiungendo con una linea continua i punti le cui coordinate corrispondono ai valori di x e y trovati. Si perviene così al grafico mostrato in figura.

x	$y = \left(\frac{1}{2}\right)^x$
-3	$\left(\frac{1}{2}\right)^{-3} = 8$
-2	$\left(\frac{1}{2}\right)^{-2} = 4$
-1	$\left(\frac{1}{2}\right)^{-1} = 2$
0	$\left(\frac{1}{2}\right)^{0} = 1$
1	$\left(\frac{1}{2}\right)^{1} = \frac{1}{2}$
2	$\left(\frac{1}{2}\right)^{2} = \frac{1}{4}$
3	$\left(\frac{1}{2}\right)^{3} = \frac{1}{8}$

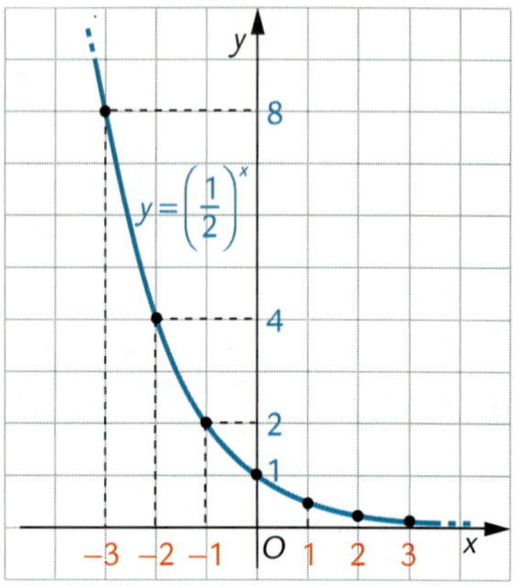

È importante fare alcune osservazioni sulla funzione $y = \left(\frac{1}{2}\right)^x$.

- Il grafico della funzione è tutto **contenuto nel semipiano delle ordinate positive**: infatti la potenza $\left(\frac{1}{2}\right)^x$ è maggiore di zero per ogni $x \in \mathbb{R}$.
- Il grafico della funzione passa per il punto di coordinate (0, 1).
- Al *crescere* dei valori della variabile x, i corrispondenti valori di y *diminuiscono* avvicinandosi a 0, senza tuttavia mai raggiungere il valore 0; per esprimere questo fatto si dice che l'asse x è un **asintoto orizzontale** della funzione.
- Al *crescere* dei valori della variabile x, i corrispondenti valori di y *decrescono*, perciò diremo che la funzione è **decrescente**.

Dalla **fig. 9.1** si può vedere che i grafici delle due funzioni $y = 2^x$ e $y = \left(\frac{1}{2}\right)^x$ sono **uno simmetrico dell'altro rispetto all'asse y**. Infatti, dal momento che si può scrivere $\left(\frac{1}{2}\right)^x = 2^{-x}$, l'equazione della funzione $y = \left(\frac{1}{2}\right)^x$ si può ottenere dall'equazione di $y = 2^x$ sostituendo $-x$ al posto di x, ossia applicando una simmetria rispetto all'asse y.

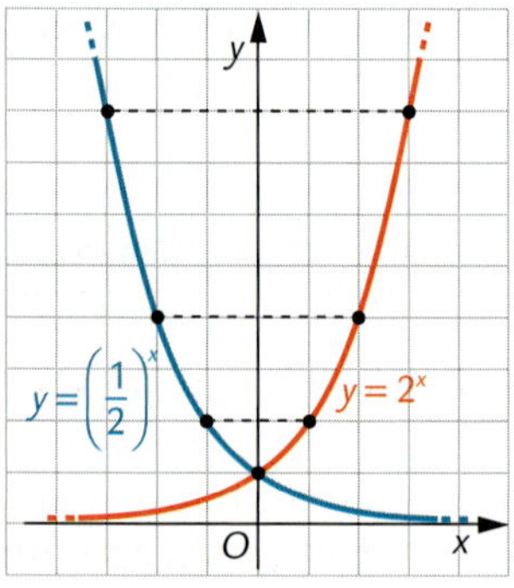

Figura 9.1

Generalizziamo

Nella **fig. 9.2** abbiamo tracciato i grafici di quattro funzioni esponenziali. Osserva i grafici in verde e rosso, relativi a funzioni con base compresa tra 0 e 1, e quelli in azzurro e viola, relativi a funzioni con base maggiore di 1.

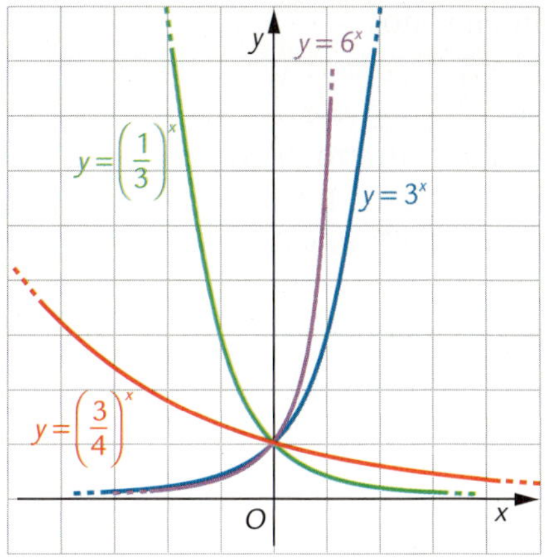

Figura 9.2

Figure dinamiche

Puoi esplorare come varia il grafico di una funzione esponenziale elementare al variare della base tramite la figura dinamica on-line.

Come puoi vedere, i grafici delle funzioni che hanno base maggiore di 1 hanno andamenti simili al grafico di $y = 2^x$, mentre quelli con base compresa tra 0 e 1 hanno andamenti simili al grafico di $y = \left(\frac{1}{2}\right)^x$, visti negli esempi precedenti. Queste osservazioni valgono in generale e si possono riassumere come segue.

Funzione esponenziale con base *a* maggiore di 1	**Funzione esponenziale con base *a* compresa tra 0 e 1**
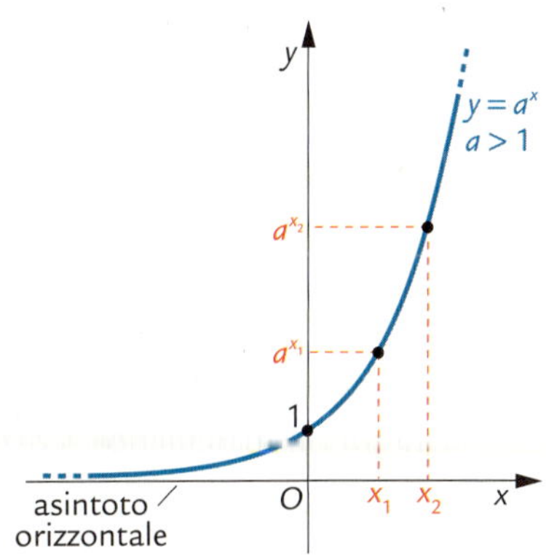	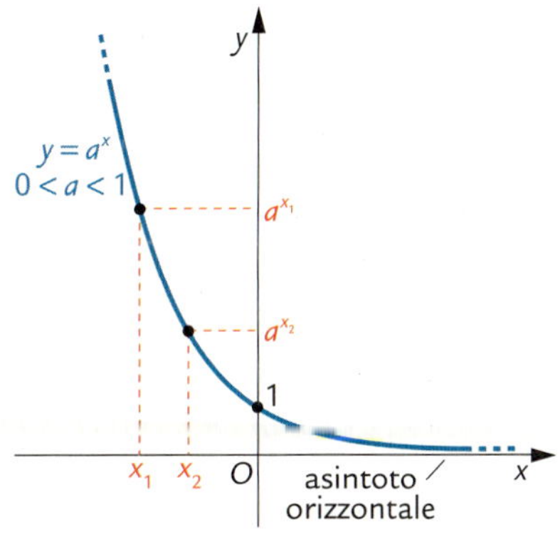
Il dominio è **R**. L'immagine è $\mathbf{R}^+$.	Il dominio è **R**. L'immagine è $\mathbf{R}^+$.
Il grafico si avvicina all'asse x man mano che x assume valori *negativi* più grandi in valore assoluto. Il semiasse negativo delle x è asintoto orizzontale.	Il grafico si avvicina all'asse x man mano che x assume valori *positivi* più grandi. Il semiasse positivo delle x è asintoto orizzontale.
Il grafico interseca l'asse y nel punto di coordinate (0, 1).	Il grafico interseca l'asse y nel punto di coordinate (0, 1).
La funzione è (strettamente) *crescente*: $x_1 < x_2 \Leftrightarrow a^{x_1} < a^{x_2}\ \forall x_1, x_2 \in \mathbf{R}$ [9.2]	La funzione è (strettamente) *decrescente*: $x_1 < x_2 \Leftrightarrow a^{x_1} > a^{x_2}\ \forall x_1, x_2 \in \mathbf{R}$ [9.3]

Ricorda

1. Il simbolo $\mathbf{R}^+$ rappresenta l'insieme dei numeri reali positivi:
$\mathbf{R}^+ = \{x | x \in \mathbf{R} \land x > 0\}$
2. Il simbolo $\mathbf{R}_0^+$ rappresenta l'insieme dei numeri reali positivi o nulli:
$\mathbf{R}_0^+ = \mathbf{R}^+ \cup \{0\}$
3. Il simbolo $\forall$ significa «per ogni».

Dal fatto che la funzione esponenziale è sempre crescente o sempre decrescente (rispettivamente se $a > 1$ o se $0 < a < 1$) segue la proprietà:

$$a^{x_1} = a^{x_2} \Leftrightarrow x_1 = x_2\ \forall a \in \mathbf{R}^+ - \{1\}, \forall x_1, x_2 \in \mathbf{R} \qquad [9.4]$$

Una base «speciale»

Esiste un valore della base della funzione esponenziale che riveste particolare interesse, per ragioni che potrai capire nel proseguimento del tuo corso di matematica.

Questa base «speciale» è un numero *irrazionale*, che viene indicato con la lettera e, le cui prime cifre decimali sono:

$$2{,}7182818.....$$

Tale numero viene chiamato **numero di Nepero**, in onore di uno dei matematici che contribuirono alla sua scoperta. Il grafico della funzione $y = e^x$ è quello riportato in **fig. 9.3**, accanto alla tabella di valori per x e y (questi ultimi sono valori arrotondati a meno di un centesimo). Fra le funzioni esponenziali, il grafico di $y = e^x$ ha un'importante proprietà che sarai in grado di dimostrare più avanti: la retta a esso tangente nel punto di coordinate (0, 1) è parallela alla bisettrice del primo e del terzo quadrante, avendo equazione $y = x + 1$.

x	$y = e^x$
−2	0,14
−1	0,37
0	1
1	2,72
2	7,39

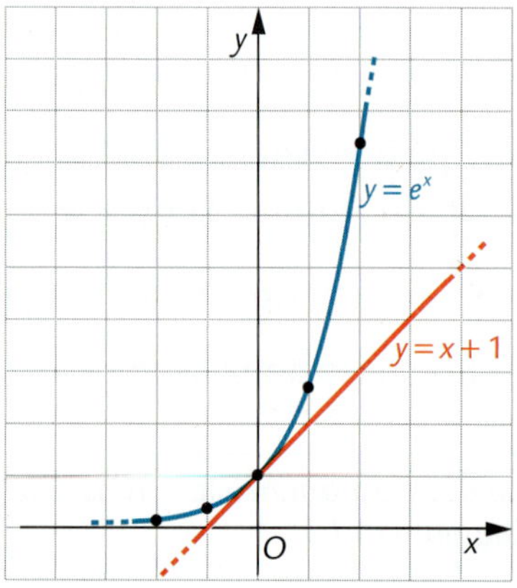

Figura 9.3

MATEMATICA NELLA STORIA

Il numero e

Nepero.

Eulero.

Non è facile stabilire esattamente «la data di nascita» del numero e.

Possiamo dire che essa si può collocare approssimativamente all'inizio del diciassettesimo secolo, e che i primi ad «avvicinarsi» a tale numero furono il matematico scozzese **John Napier** (1560-1617), nome italianizzato in **Nepero**, e il matematico svizzero **Jakob Bernoulli** (1654-1705).

Le prime cifre del numero e potrebbero far pensare che si tratti di un numero razionale:

$e = 2{,}718281828.....$ La sequenza 1828 si ripete dopo la prima cifra decimale

ma la speranza cade immediatamente: dopo la prima ripetizione le cifre si susseguono in modo casuale.

L'irrazionalità del numero e è stata dimostrata nel 1737 dal matematico svizzero **Leonhard Euler** (1707-1783), nome italianizzato in **Eulero**. Eulero fu anche il primo a utilizzare la lettera e per indicare tale numero e a scoprirne diverse proprietà, che presentò nel suo libro *Introductio in Analysis infinitorum*, pubblicato nel 1748.

Il numero e, oltre a essere un numero *irrazionale*, è anche un numero *trascendente*, ossia non esiste alcuna equazione polinomiale a coefficienti razionali che lo ammetta come soluzione. Approfondiremo questo aspetto nella scheda alla fine di questa unità.

Prova tu **ESERCIZI** a p. 409

1. Traccia, per punti, i grafici delle seguenti funzioni esponenziali.

   a. $y = 3^x$ b. $y = \left(\frac{1}{3}\right)^x$ c. $y = e^{-2x}$

2. **Vero o falso?**
   a. la funzione definita dall'equazione $y = 3^{2x}$ è una funzione esponenziale la cui base è uguale a 3
   b. ogni funzione esponenziale elementare ha come asintoto l'asse x
   c. il grafico di ogni funzione esponenziale elementare è contenuto nel primo e nel secondo quadrante
   d. tutte le funzioni esponenziali elementari incontrano l'asse y nello stesso punto
   e. la funzione definita da $y = \left(\frac{3}{4}\right)^x$ è crescente
   f. la funzione definita da $y = \left(\frac{7}{6}\right)^x$ è decrescente [3 affermazioni vere e 3 false]

3. Equazioni esponenziali

Equazioni esponenziali elementari

EQUAZIONE ESPONENZIALE
Un'equazione si dice **esponenziale** quando l'incognita compare nell'esponente di almeno una potenza.

Esempi	Controesempi
Sono equazioni esponenziali:	**Non** sono equazioni esponenziali:
$2^{3x-5} = 8$	$x^{13} = 8x$
$3^x = 7$	$x^{\sqrt{2}} = 7^4$
$10e^{0,6x} = 24$	$10e^{0,6} = 24x$

La più semplice equazione esponenziale, detta **equazione esponenziale elementare**, si presenta nella forma:

$$a^x = b, \qquad \text{con } a > 0 \text{ e } a \neq 1 \qquad [9.5]$$

Quante soluzioni ammette un'equazione esponenziale elementare? Per rispondere a questa domanda, osserviamo che, graficamente, risolvere l'equazione **[9.5]** equivale a determinare, se esiste, l'ascissa del punto di intersezione tra il grafico della funzione esponenziale $y = a^x$ e la retta di equazione $y = b$.

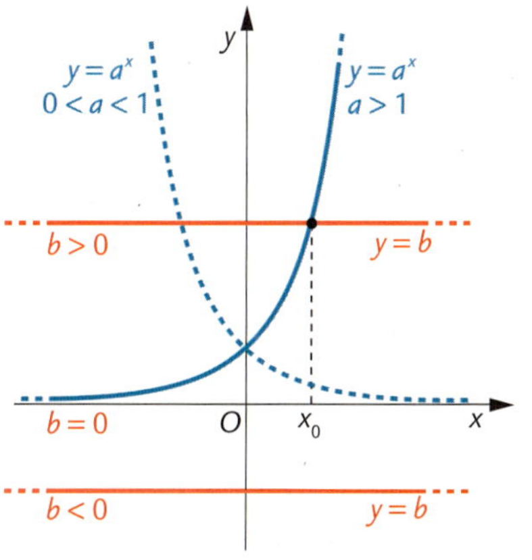

Figura 9.4

Dal grafico in **fig. 9.4** a pagina precedente appare chiaramente che la retta non ha punti in comune con il grafico della funzione se $b \leq 0$, mentre ha in comune uno e un solo punto se $b > 0$.
Pertanto, possiamo concludere che l'equazione **[9.5]**:

- non ha soluzioni se $b \leq 0$;
- ha una e una sola soluzione se $b > 0$.

ESEMPI **Equazioni esponenziali elementari**

a. L'equazione $3^x = 9$ ha come unica soluzione $x = 2$.

b. L'equazione $\left(\frac{1}{2}\right)^x = 2$ ha come unica soluzione $x = -1$.

c. L'equazione $7^x = -2$ **non** ha soluzioni perché una potenza con base positiva (come 7^x) è sempre positiva, qualsiasi valore si attribuisca all'esponente.

d. L'equazione $\left(\frac{3}{4}\right)^x = 1$ ha come unica soluzione $x = 0$.

e. L'equazione $5^x = 0$ **non** ha soluzioni perché una potenza con base diversa da zero (come 5^x) non è mai nulla.

Equazioni riconducibili alla forma $a^{f(x)} = a^{g(x)}$

Ora che abbiamo discusso, a livello teorico, l'esistenza e l'unicità delle soluzioni di una generica equazione esponenziale elementare, sorge spontaneo chiedersi come si possono determinare, in pratica, le soluzioni di un'equazione esponenziale qualsiasi. Non esistono tecniche generali che consentono di risolvere ogni equazione esponenziale, ma esistono delle tecniche particolari che permettono di risolverne alcune. Una delle tecniche «base» consiste nel cercare di ricondurre l'equazione alla forma:

$$a^{f(x)} = a^{g(x)} \qquad [9.6]$$

cioè all'uguaglianza di potenze con la *stessa base*.
Infatti, poiché due potenze aventi la stessa base sono uguali se e solo se è uguale l'esponente, l'equazione **[9.6]** è equivalente all'equazione:

$$f(x) = g(x)$$

ESEMPI **Risoluzione di equazioni riconducibili alla forma $a^{f(x)} = a^{g(x)}$**

Risolviamo le equazioni:

a. $2^{3x-5} = 8$ **b.** $16^x = 2\sqrt{2}$ **c.** $9^x \cdot \sqrt{3^{x-1}} = \frac{1}{3^{2x+3}}$

Per risolvere ciascuna equazione, esprimiamo entrambi i membri come potenze della stessa base, poi uguagliamo gli esponenti.

a. Poiché $8 = 2^3$, possiamo esprimere i due membri dell'equazione in base 2.

$2^{3x-5} = 8$	Equazione data
$2^{3x-5} = 2^3$	Riscrivendo il secondo membro come potenza di 2
$3x - 5 = 3$	Uguagliando gli esponenti
$3x = 8$	Portando tutti i termini numerici al 2° membro
$x = \frac{8}{3}$	Dividendo i due membri per 3

b. Poiché $16 = 2^4$ e $2\sqrt{2} = 2 \cdot 2^{\frac{1}{2}}$, possiamo esprimere i due membri dell'equazione come potenze di 2.

$16^x = 2\sqrt{2}$ Equazione data

$(2^4)^x = 2 \cdot 2^{\frac{1}{2}}$ $16 = 2^4$ e $\sqrt{2} = 2^{\frac{1}{2}}$

$2^{4x} = 2^{1+\frac{1}{2}}$ Proprietà delle potenze

$4x = \frac{3}{2}$ Uguagliando gli esponenti

$x = \frac{3}{8}$ Dividendo i due membri per 4

c. Poiché $9 = 3^2$, cerchiamo di ricondurci all'uguaglianza di potenze di base 3.

$9^x \cdot \sqrt{3^{x-1}} = \frac{1}{3^{2x+3}}$ Equazione data

$(3^2)^x \cdot 3^{\frac{x-1}{2}} = 3^{-(2x+3)}$ Ricorda le definizioni di potenza con esponente razionale e con esponente negativo

$3^{2x+\frac{x-1}{2}} = 3^{-2x-3}$ Proprietà delle potenze

$2x + \frac{x-1}{2} = -2x - 3$ Uguagliando gli esponenti

$4x + x - 1 = -4x - 6$ Moltiplicando i due membri per 2

$4x + x + 4x = -6 + 1$ Portando i termini con la x al 1° membro e gli altri al 2°

$9x = -5$ Semplificando

$x = -\frac{5}{9}$ Dividendo i due membri per 9

Equazioni riconducibili a equazioni elementari mediante sostituzioni

Un'altra tecnica che può essere efficace per risolvere un'equazione esponenziale consiste nel cercare di ricondurla a equazioni elementari mediante opportune sostituzioni.

ESEMPIO Equazione risolvibile mediante una sostituzione

Risolviamo l'equazione $2^{2x} - 3 \cdot 2^x - 4 = 0$.

Poniamo $2^x = t$ e, quindi, $2^{2x} = (2^x)^2 = t^2$.
Con questa sostituzione l'equazione data si può riscrivere nella forma:

$$t^2 - 3t - 4 = 0$$

che ammette come soluzioni $t = -1$ e $t = 4$.
Rimpiazziamo ora 2^x al posto di t nelle soluzioni in t. Otteniamo le equazioni in x:

$$2^x = -1 \quad \text{e} \quad 2^x = 4$$

L'equazione $2^x = -1$ non ammette soluzioni; l'equazione $2^x = 4$ equivale a $2^x = 2^2$, quindi ammette come unica soluzione $x = 2$.
L'insieme delle soluzioni dell'equazione data è quindi $S = \{2\}$.

Altri tipi di equazioni esponenziali

Non sempre si riesce a ricondurre un'equazione esponenziale all'uguaglianza di potenze della stessa base; può capitare cioè di trovarsi di fronte a equazioni del tipo:

$$a^{f(x)} = b^{g(x)} \qquad [9.7]$$

dove $a \neq b$. Per risolvere queste equazioni è necessario uno strumento nuovo, il *logaritmo*, che introdurremo nella prossima Unità. Ritorneremo perciò su questo tipo di equazioni successivamente.
Ci sono infine equazioni che **non** sono trattabili algebricamente, nel senso che non sono riconducibili a equazioni esponenziali elementari o a equazioni delle forme [9.6] o [9.7]. Ciò accade in particolare quando nell'equazione sono presenti sia termini esponenziali sia termini algebrici. In questi casi, interpretando l'equazione graficamente, possiamo comunque stabilire se l'equazione ha soluzioni, indicarne il numero e «localizzarle» con buona approssimazione.

ESEMPIO **Equazione risolvibile graficamente**

Interpretiamo graficamente l'equazione $2^x + x = 0$.

L'equazione è equivalente a $2^x = -x$. Pertanto si possono interpretare graficamente le sue soluzioni, se esistono, come le ascisse dei punti di intersezione tra il grafico della funzione $y = 2^x$ e il grafico di $y = -x$ (che coincide con la bisettrice del secondo e del quarto quadrante).

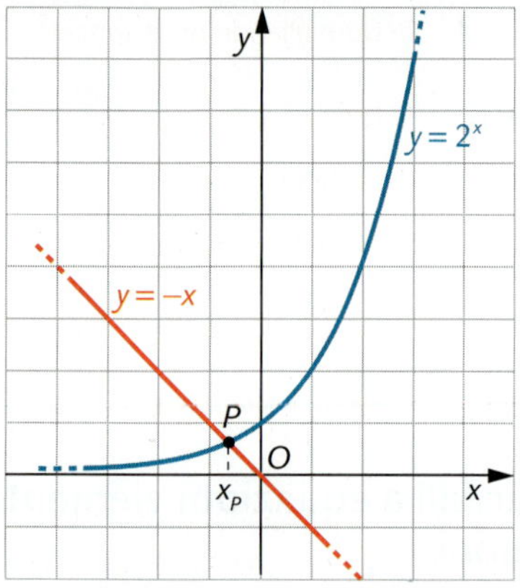

Dalla figura, dove abbiamo tracciato tali grafici, possiamo vedere che tale bisettrice ha in comune con il grafico della funzione $y = 2^x$ uno e un solo punto, che abbiamo indicato con P, e che l'ascissa di P è compresa tra -1 e 0.
Pertanto possiamo concludere che l'equazione data ha un'*unica* soluzione, compresa tra -1 e 0.

Prova tu **ESERCIZI** a p. 412

1. Risolvi le seguenti equazioni esponenziali.

   a. $3^x = \sqrt{3} - 3$ [Impossibile]

   b. $3^x = 9$ [2]

   c. $3^x = \sqrt{3}$ $\left[\frac{1}{2}\right]$

   d. $4^{2x-1} = \frac{1}{16^x}$ $\left[\frac{1}{4}\right]$

   e. $3^{2x} - 2 \cdot 3^x - 3 = 0$ [1]

   f. $\sqrt{\frac{1}{25^{x-4}}} = \frac{1}{5^x} \cdot \sqrt[3]{5^{2x-1}}$ $\left[\frac{13}{2}\right]$

2. Interpretando graficamente l'equazione $2^{-x} = -x + 4$, stabilisci quante soluzioni ammette e, per ciascuna soluzione, individua un intervallo cui essa appartiene.

4. Disequazioni esponenziali

DISEQUAZIONE ESPONENZIALE
Una disequazione si dice esponenziale se l'incognita compare nell'esponente di almeno una potenza.

Per esempio, sono disequazioni esponenziali:

$$2^{2x-1} > 4 \quad \text{e} \quad 4^{-x} > 8^{2x}$$

Per la risoluzione delle disequazioni esponenziali valgono considerazioni analoghe a quelle fatte per le equazioni, ma bisogna prestare attenzione quando si passa da una disequazione fra potenze con la stessa base alla disequazione corrispondente fra gli esponenti.
Per esempio, supponiamo di dover risolvere una disequazione della forma:

$$a^{f(x)} < a^{g(x)}$$

Abbiamo che:

- se $a > 1$ la funzione esponenziale di base a è strettamente *crescente*, quindi:

$$a^{f(x)} < a^{g(x)} \iff f(x) < g(x)$$

La disequazione data equivale a una disequazione dello stesso verso tra gli esponenti

- se $0 < a < 1$ la funzione esponenziale di base a è strettamente *decrescente*, quindi:

$$a^{f(x)} < a^{g(x)} \iff f(x) > g(x)$$

La disequazione data equivale a una disequazione di verso opposto tra gli esponenti

In generale, per risolvere una disequazione del tipo $a^{f(x)} < a^{g(x)}$ o una disequazione di forma analoga dove il simbolo $<$ è sostituito da $>$, $\leq$ o $\geq$ bisogna ricordare che essa equivale:

- a una disequazione **dello stesso verso** tra gli esponenti se $a > 1$;
- a una disequazione **di verso opposto** tra gli esponenti se $0 < a < 1$.

Cominciamo con il risolvere alcune disequazioni esponenziali *elementari*, cioè disequazioni nella forma $a^x < b$ e di forma analoga, dove il simbolo $<$ è sostituito da $>$, $\leq$ o $\geq$.

ESEMPI Disequazioni esponenziali elementari con base maggiore di 1

Risolviamo le disequazioni:

a. $3^x < -1$ **b.** $3^x > 1$

a. Risolviamo la disequazione sia algebricamente sia graficamente.

Risoluzione algebrica	Risoluzione grafica
Una potenza con base positiva, quale 3^x, è sempre positiva, qualsiasi sia l'esponente. Quindi la disequazione $3^x < -1$ non ha soluzioni: è impossibile.	Tracciamo il grafico della funzione $y = 3^x$ e quello della retta di equazione $y = -1$. Il grafico della funzione $y = 3^x$ non è mai «al di sotto» di quello della retta $y = -1$, quindi la disequazione è impossibile. 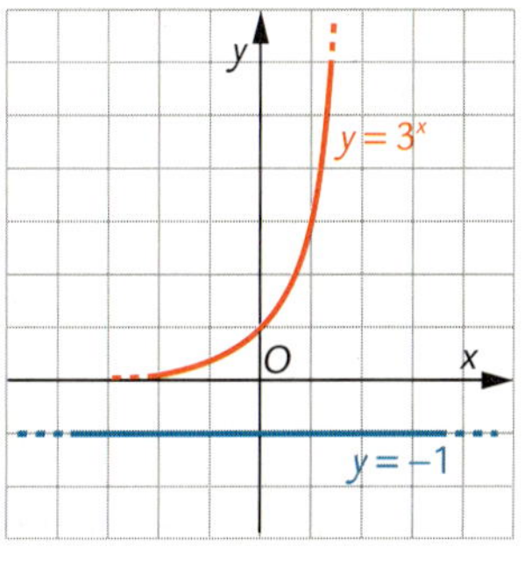

b. Risolviamo la disequazione sia algebricamente sia graficamente.

Risoluzione algebrica	Risoluzione grafica
$3^x > 1$ — Disequazione data $3^x > 3^0$ — Scrivendo il 2° membro come potenza di 3 $x > 0$ — Passando agli esponenti il verso della disequazione si conserva perché la base è maggiore di 1	Tracciamo il grafico della funzione $y = 3^x$ e quello della retta di equazione $y = 1$. Dalla figura vediamo che il grafico della funzione $y = 3^x$ è «al di sopra» di quello della retta $y = 1$ (quindi la disequazione è verificata) per $x > 0$. 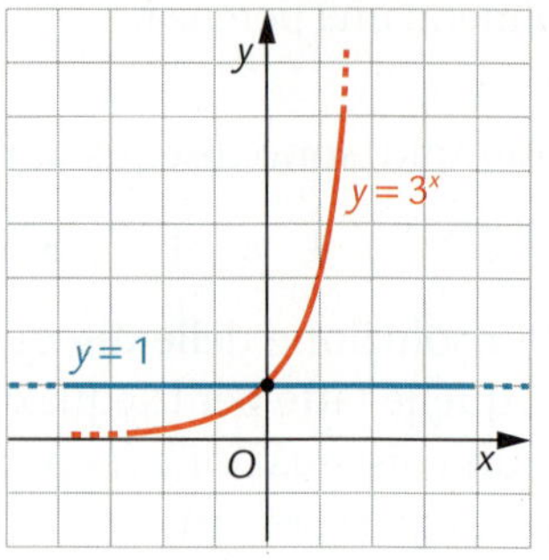

ESEMPI Disequazioni esponenziali elementari con base compresa tra 0 e 1

Risolviamo le disequazioni:

a. $\left(\frac{1}{2}\right)^x > 0$ **b.** $\left(\frac{1}{2}\right)^x < 4$

a. Risolviamo la disequazione sia algebricamente sia graficamente.

Risoluzione algebrica	Risoluzione grafica
Sappiamo che una potenza con base positiva, quale $\left(\frac{1}{2}\right)^x$, è sempre positiva, qualsiasi sia l'esponente. Quindi la disequazione $\left(\frac{1}{2}\right)^x > 0$ è verificata per ogni $x \in \mathbf{R}$.	Tracciamo il grafico della funzione $y = \left(\frac{1}{2}\right)^x$ e quello della retta di equazione $y = 0$ (l'asse x). Il grafico della funzione esponenziale è sempre «al di sopra» dell'asse x, per cui la disequazione è sempre verificata. 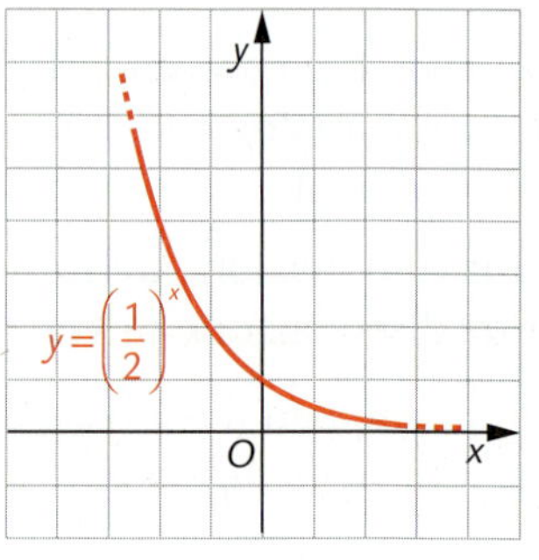

b. Risolviamo la disequazione sia algebricamente sia graficamente.

Risoluzione algebrica	Risoluzione grafica
$\left(\frac{1}{2}\right)^x < 4$ — Disequazione data $\left(\frac{1}{2}\right)^x < \left(\frac{1}{2}\right)^{-2}$ — $4 = \left(\frac{1}{2}\right)^{-2}$ $x > -2$ — Attenzione! La base $\frac{1}{2}$ è minore di 1, quindi la disequazione precedente equivale a quella di **verso opposto** tra gli esponenti	Tracciamo il grafico della funzione $y = \left(\frac{1}{2}\right)^x$ e quello della retta di equazione $y = 4$. Il grafico della funzione esponenziale data è «al di sotto» di quello della retta (quindi la disequazione è verificata) per $x > -2$. 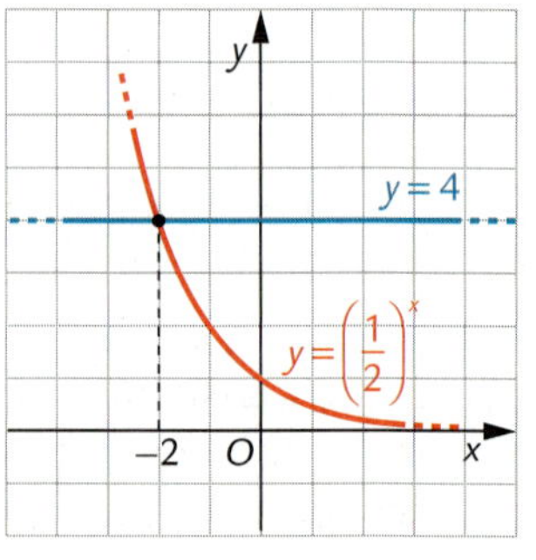

Vediamo ora una disequazione che può essere risolta riconducendola a una disuguaglianza tra potenze con la stessa base.

ESEMPIO **Disequazione riconducibile alla forma $a^{f(x)} \geq a^{g(x)}$**

Risolviamo la disequazione $9^x \geq \sqrt{3^{x-1}}$.

$9^x \geq \sqrt{3^{x-1}}$ Disequazione data

$3^{2x} \geq 3^{\frac{x-1}{2}}$ Proprietà delle potenze e definizione di potenza con esponente razionale

$2x \geq \dfrac{x-1}{2}$ La base delle potenze, 3, è maggiore di 1, quindi la disequazione precedente equivale a quella con lo stesso verso tra gli esponenti

$4x \geq x-1$ Moltiplicando i due membri per 2

$3x \geq -1$ Portando i termini con la x al 1° membro

$x \geq -\dfrac{1}{3}$ Dividendo i due membri per 3

Per risolvere alcune disequazioni è utile ricorrere, come abbiamo già visto per le equazioni, a opportune sostituzioni.

ESEMPIO **Disequazione risolvibile mediante sostituzione**

Risolviamo la disequazione $2^{2x} - 10 \cdot 2^x + 16 \geq 0$.

Poniamo $2^x = t$. La disequazione diventa della forma:

$$t^2 - 10t + 16 \geq 0$$

Risolvendo questa disequazione di secondo grado, si trova che essa è soddisfatta per:

$$t \leq 2 \vee t \geq 8$$

«Ritorniamo» ora alla variabile x, ricordando che $t = 2^x$; la disequazione originaria è soddisfatta in corrispondenza dei valori di x per cui:

$$2^x \leq 2 \vee 2^x \geq 8$$

cioè per: $2^x \leq 2 \vee 2^x \geq 2^3$ da cui: $x \leq 1 \vee x \geq 3$

Ci sono infine disequazioni che **non** sono risolvibili algebricamente. Ciò accade per esempio quando nella disequazione sono presenti sia termini esponenziali sia termini algebrici. In questi casi, interpretando la disequazione graficamente, possiamo comunque individuare se la disequazione ha soluzioni e, in caso affermativo, «localizzare» con buona approssimazione gli intervalli dove è verificata.

ESEMPIO **Disequazione risolvibile per via grafica**

Risolviamo graficamente la disequazione $2^x + x^2 - 3 > 0$.

La disequazione è equivalente a $2^x > 3 - x^2$. Le sue soluzioni si possono interpretare graficamente come le ascisse dei punti in cui il grafico della funzione $y = 2^x$ è «al di sopra» del grafico di $y = 3 - x^2$.
Dalla figura possiamo vedere che il grafico di $y = 2^x$ è «al di sopra» del grafico di $y = 3 - x^2$ nell'intervallo $x < \alpha$, essendo α un numero compreso tra -2 e -1, e nell'intervallo $x > 1$.

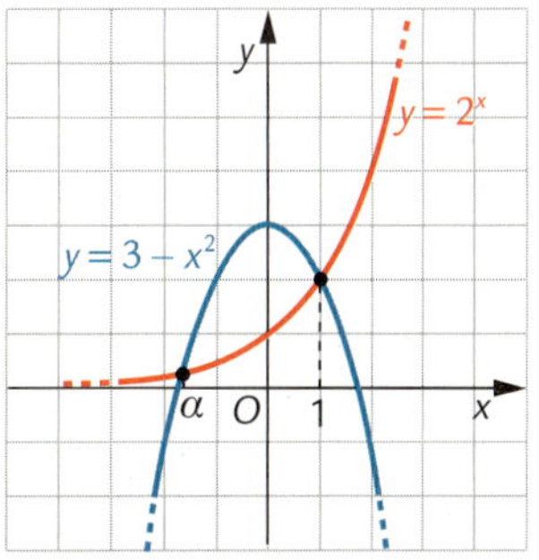

Pertanto possiamo concludere che la disequazione data è soddisfatta per:

$$x < \alpha \vee x > 1, \text{ con } \alpha \in (-2, -1)$$

Osserva

α e 1 sono le soluzioni dell'equazione

$$2^x + x^2 - 3 = 0$$

associata alla disequazione. Con i metodi che conosciamo non siamo ancora in grado di determinare il valore di α con una prefissata precisione (impareremo questi metodi nel proseguimento del corso). Possiamo invece verificare direttamente per sostituzione che 1 è effettivamente una soluzione dell'equazione, come appare dal grafico.

Prova tu

ESERCIZI a p. 425

Risolvi le seguenti disequazioni esponenziali.

1. $2^x \geq -1$ [R]
2. $\left(\frac{1}{2}\right)^x \geq \frac{1}{8}$ $[x \leq 3]$
3. $\left(\frac{3}{2}\right)^{2x} \geq \frac{2}{3}$ $\left[x \geq -\frac{1}{2}\right]$
4. $4^x \leq 0$ [Impossibile]
5. $\left(\frac{2}{3}\right)^x \geq \sqrt[3]{\frac{4}{9}}$ $\left[x \leq \frac{2}{3}\right]$
6. $3^{2x} - 8 \cdot 3^x - 9 \geq 0$ $[x \geq 2]$

IDEE E METODI DELLA MATEMATICA *Algebrico e trascendente*

Nel nostro percorso alla scoperta degli insiemi numerici, ci siamo imbattuti varie volte in numeri *irrazionali*. Il primo numero irrazionale che abbiamo incontrato e che abbiamo dimostrato essere tale è stato $\sqrt{2}$, che ci è servito per esprimere la relazione tra la diagonale e il lato di un quadrato. Successivamente abbiamo introdotto altri numeri irrazionali provenienti da estrazioni di radice come $\sqrt{3}$, $\sqrt[3]{5}$, $\sqrt[5]{7}$, ... Proseguendo nel nostro cammino abbiamo incontrato altri tipi di numeri irrazionali, come per esempio il numero π (introdotto quando abbiamo studiato il problema del calcolo della lunghezza della circonferenza e dell'area del cerchio) e il numero di Nepero e (introdotto in questa unità). Questi ultimi numeri irrazionali hanno una particolare caratteristica che li distingue concettualmente dai numeri irrazionali quali $\sqrt{2}$, $\sqrt[3]{5}$, ... Per scoprirla introduciamo la seguente definizione.

NUMERI ALGEBRICI E NUMERI TRASCENDENTI

Un numero reale si dice **algebrico** se esso è soluzione di un'equazione polinomiale a coefficienti interi, cioè se è soluzione di un'equazione della forma:

$$a_0x^n + a_1x^{n-1} + ... + a_n = 0 \qquad [9.8]$$

dove $a_0, a_1, ..., a_n \in \mathbf{Z}$.
Se un numero reale **non** è algebrico, si dice **trascendente**.

Rifletti

In pratica i numeri *razionali* sono i numeri algebrici che soddisfano un'equazione della forma [9.8] con $n = 1$. In questo senso il concetto di numero *algebrico* si può considerare come una *generalizzazione* del concetto di numero *razionale*.

Tutti i numeri *razionali* sono *algebrici*; per esempio -3 è una soluzione dell'equazione $x + 3 = 0$, $\frac{3}{2}$ è una soluzione dell'equazione $2x - 3 = 0$ e, più in generale, ogni numero della forma $\frac{a}{b}$, con a e b interi e $b \neq 0$, è soluzione dell'equazione polinomiale a coefficienti interi $bx - a = 0$.

Anche i numeri *irrazionali* provenienti da *radici n-esime* sono *algebrici;* per esempio $\sqrt{2}$ (che è una soluzione dell'equazione $x^2 - 2 = 0$), $\sqrt[3]{5}$ (che è una soluzione dell'equazione $x^3 - 5 = 0$) e più in generale ogni numero della forma $\sqrt[n]{a}$, dove $a \in \mathbf{Q}$ e $n \in \mathbf{N} - \{0\}$. **Non** tutti i numeri *irrazionali* però sono *algebrici*: nel 1873 **Charles Hermite** (1822-1901) ha dimostrato che il numero e è trascendente e poco più tardi, nel 1882, **Ferdinand Lindemann** (1852-1939), estendendo il metodo utilizzato da Hermite, ha dimostrato che anche π è trascendente. Ecco dunque che abbiamo scoperto in che cosa consiste la differenza tra numeri irrazionali provenienti da radici n-esime e numeri irrazionali come π ed e: i primi sono algebrici, mentre i secondi sono trascendenti.

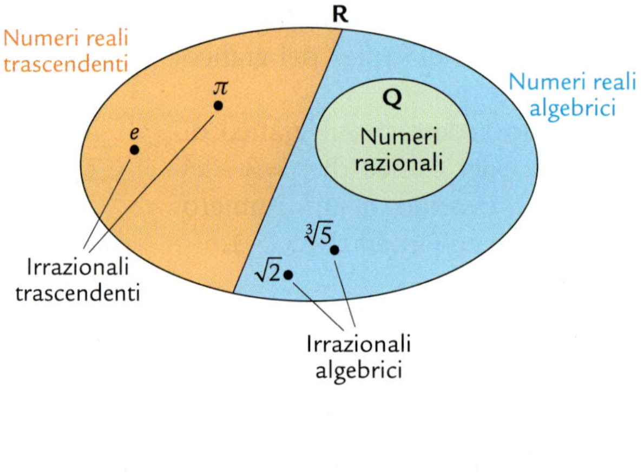

La dimostrazione che π è trascendente ha segnato un momento particolarmente importante nella storia della matematica, perché ha posto fine a una questione che aveva occupato i matematici per secoli: il problema della *quadratura del cerchio*, cioè della ricerca di una eventuale costruzione, con riga e compasso, che permettesse di ottenere un quadrato equivalente a un cerchio assegnato. Considerando un cerchio di raggio unitario, il problema equivale a quello di costruire con riga e compasso un quadrato il cui lato ha lunghezza $\sqrt{\pi}$. È possibile dimostrare che, se questa costruzione fosse realizzabile, il numero π dovrebbe essere *algebrico*. Avendo invece provato che π è *trascendente*, si conclude che è impossibile costruire con riga e compasso un segmento di lunghezza $\sqrt{\pi}$, ovverosia è impossibile quadrare il cerchio.
Ancora prima delle dimostrazioni di Hermite e Lindemann, **Cantor** (1845-1918) era riuscito a dimostrare l'*esistenza* di numeri *trascendenti*, sulla base del fatto che l'insieme dei numeri algebrici è **numerabile**, ossia può essere messo in corrispondenza biunivoca con l'insieme **N**. Poiché l'insieme **R** invece **non** è numerabile, devono esistere dei numeri reali che **non** sono algebrici, ossia dei numeri reali trascendenti. È possibile dimostrare addirittura che i numeri trascendenti sono molti «di più» dei numeri algebrici, nel senso che formano un insieme **non** numerabile. Ciò nonostante fino a tempi relativamente recenti, i numeri «interessanti» di cui si è riusciti a dimostrare la trascendenza sono stati molto pochi. La dimostrazione della trascendenza di particolari numeri, come $2^{\sqrt{2}}$, costituiva uno dei 23 problemi irrisolti proposti nel 1900 da **Hilbert** (1862-1943), in una famosa conferenza tenuta al congresso internazionale dei matematici. Il problema non ha trovato soluzione fino al 1934, quando il matematico tedesco **Carl Ludwig Siegel** (1896-1981) e indipendentemente da lui il russo **Alexander Gelfond** (1906-1968) riescono a dimostrare che ogni numero della forma a^b, dove a è un numero algebrico diverso da 0 e da 1 e b è un numero algebrico irrazionale, è trascendente. Ulteriori importanti passi avanti nella teoria dei numeri trascendenti risalgono agli anni Sessanta e sono dovuti al matematico inglese **Alan Baker**.
I teoremi che questi matematici sono riusciti via via a dimostrare implicano in particolare che le funzioni:

$$f(x) = \sin x \quad f(x) = \cos x \quad f(x) = \tan x \quad f(x) = e^x$$

(e la funzione logaritmo, che introdurremo nella prossima Unità e vedremo essere l'*inversa* della funzione esponenziale) assumono valori *trascendenti* in corrispondenza di valori algebrici di x (eccetto che per valori ovvi, come $x = 0$). Proprio per questo motivo queste funzioni vengono dette **trascendenti**, mentre le funzioni *razionali* (intere o frazionarie) e *irrazionali* vengono dette **algebriche** (perché, al contrario di quelle trascendenti, assumono valori algebrici in corrispondenza di valori algebrici di x).
È interessante notare infine che i due numeri trascendenti più «importanti» che conosciamo, π ed e, traggono entrambi origine da procedimenti che sottendono il concetto di *limite*. Il numero π nasce infatti dal processo di approssimazione della lunghezza della circonferenza tramite poligoni regolari inscritti e circoscritti: la lunghezza della circonferenza costituisce il *limite* cui tendono i perimetri di tali poligoni quando il numero dei loro lati cresce *indefinitamente*. Similmente, se consideriamo la funzione:

$$f(n) = \left(1 + \frac{1}{n}\right)^n \qquad \text{con } n \in \mathbf{N}$$

e assegniamo a n valori via via sempre più grandi, vediamo che i valori della funzione $f(n)$ tendono a stabilizzarsi, ossia ad avvicinarsi sempre più a un numero, che si dice *limite* della funzione quando n tende a *infinito*: tale limite non è altro che il numero e.
I numeri trascendenti, così detti perché, come disse *Eulero*, «trascendono il potere dei metodi algebrici», ci aprono dunque le porte sull'affascinante problema dell'*infinito*, di cui ci occuperemo nel prossimo volume del corso.

In libreria e in rete

Richard Courant, Herbert Robbins, *Che cos'è la matematica?*, Bollati Boringheri
Lucio Lombardo Radice, *L'infinito*, Editori Riuniti
Maor Eli, *All'infinito e oltre*, Mursia

http://plus.maths.org/content/mathematical-mysteries-transcendental-meditation

Dalla storia

David Hilbert (1862-1943). I problemi da lui proposti nella conferenza di Parigi, ora quasi tutti risolti, sono rimasti una sfida per i matematici per molti decenni. La loro soluzione ha spesso coinciso con una significativa progressione nella comprensione dei metodi generali della matematica.

SINTESI

Definizioni e proprietà importanti

Alcune definizioni sulle potenze

$a^m = \underbrace{a \cdot a \cdot a \ldots a \cdot a}_{m \text{ volte}}$ per ogni $a \in \mathbf{R}$, per ogni $m \in \mathbf{N}$, con $m > 1$

$a^{\frac{m}{n}} = \sqrt[n]{a^m}$ per ogni $a \geq 0$, $m \in \mathbf{N}$ e $n \in \mathbf{N}$, con $m \neq 0$ e $n \neq 0$

$a^{-r} = \dfrac{1}{a^r}$ per ogni $a \in \mathbf{R}$, con $a \neq 0$, e per ogni $r > 0$

$a^0 = 1$ per ogni $a \in \mathbf{R}$, con $a \neq 0$

$a^1 = a$ per ogni $a \in \mathbf{R}$

Proprietà delle potenze

$a^m \cdot a^n = a^{m+n}$; $a^m : a^n = a^{m-n}$; $(a^m)^n = a^{m \cdot n}$; $(a \cdot b)^m = a^m \cdot b^m$; $(a : b)^m = a^m : b^m$

La funzione esponenziale

Funzione esponenziale con base maggiore di 1	Funzione esponenziale con base compresa tra 0 e 1
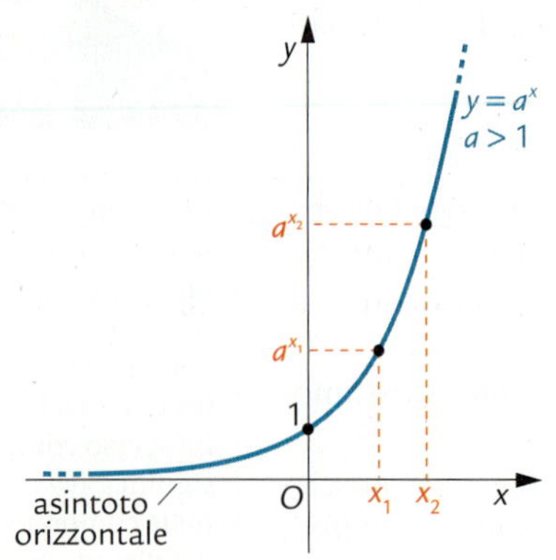	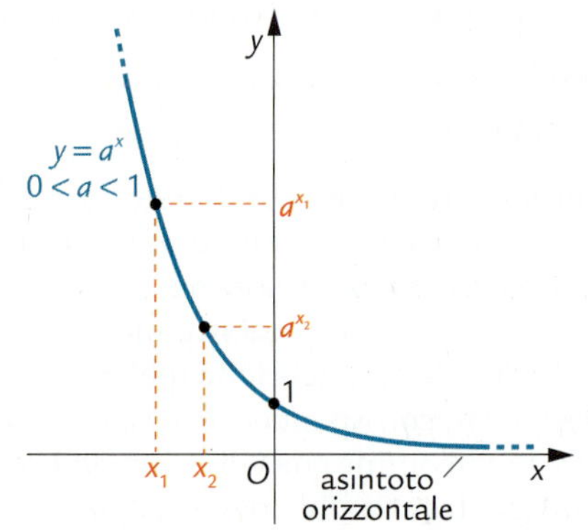
Il dominio è **R**. L'immagine è $\mathbf{R}^+$.	Il dominio è **R**. L'immagine è $\mathbf{R}^+$.
L'asse x è asintoto orizzontale.	L'asse x è asintoto orizzontale.
Il grafico interseca l'asse y in (0,1).	Il grafico interseca l'asse y in (0,1).
La funzione è *crescente*, vale a dire: $x_1 < x_2 \Leftrightarrow a^{x_1} < a^{x_2}$	La funzione è *decrescente*, vale a dire: $x_1 < x_2 \Leftrightarrow a^{x_1} > a^{x_2}$

Il numero *e*

Il numero è un numero *irrazionale*, le cui prime cifre decimali sono: 2,7182818284.....

Equazione esponenziale elementare

$a^x = b$
- se $b > 0$ ammette un'unica soluzione
- se $b \leq 0$ non ha soluzioni: è impossibile

Disequazioni esponenziali

$a^{f(x)} < a^{g(x)} \Leftrightarrow f(x) < g(x)$ per ogni $a > 1$

$a^{f(x)} < a^{g(x)} \Leftrightarrow f(x) > g(x)$ per ogni $0 < a < 1$

1. L'insieme dei numeri reali e le potenze a esponente irrazionale

TEORIA a p. 388

Potenze a esponente razionale e reale

Test

1 Uno solo dei seguenti simboli è privo di significato; quale?

A $(0{,}5)^{-\sqrt{3}}$ B $(-\sqrt{3})^{0{,}5}$ C $(\sqrt{3}-1)^{0{,}5}$ D $(0{,}5)^{\sqrt{3}-1}$

2 Uno solo dei seguenti simboli è privo di significato; quale?

A $(-3)^{-2}$ B $(-2)^{-3}$ C $(-\sqrt{3})^{-2}$ D $(-2)^{-\sqrt{3}}$

3 Il simbolo $\sqrt[n+1]{3^n}$, con $n \in \mathbf{N} - \{0\}$, è uguale a:

A $3^{\frac{n+1}{n}}$ B $3^{\frac{n}{n+1}}$ C 3^{n^2+n} D nessuno dei precedenti

4 Il simbolo $\dfrac{1}{\sqrt{27^n}}$, con $n \in \mathbf{N} - \{0\}$, è uguale a:

A $3^{\frac{3}{2}n}$ B $27^{-\frac{2}{n}}$ C $3^{-1{,}5n}$ D nessuno dei precedenti

5 Scrivi le seguenti potenze sotto forma di radicale:

a. $5^{-\frac{1}{2}}$ **b.** $\left(\dfrac{1}{2}\right)^{\frac{1}{2}}$ **c.** $9^{-\frac{3}{2}}$ **d.** $5^{\frac{3}{4}}$ **e.** $\left(\dfrac{3}{2}\right)^{-\frac{2}{3}}$

6 Scrivi le seguenti espressioni sotto forma di potenza con esponente razionale:

a. $\sqrt{\sqrt[3]{a}}$ **b.** $\sqrt[3]{\dfrac{1}{a^2}}$ **c.** $\dfrac{1}{\sqrt[5]{a^7}}$ **d.** $\sqrt[4]{a^3}$

7 Calcola il valore delle seguenti potenze:

a. $49^{-\frac{1}{2}} =$ .... **b.** $16^{-\frac{3}{4}} =$ .... **c.** $32^{\frac{4}{5}} =$ .... **d.** $125^{-\frac{2}{3}} =$ .... **e.** $\left(\dfrac{27}{8}\right)^{-\frac{1}{3}} =$ .... **f.** $\left(\dfrac{125}{27}\right)^{\frac{2}{3}} =$ ....

8 Con una calcolatrice, determina il valore delle seguenti potenze, arrotondato a meno di un centesimo:

a. $2^{\sqrt{3}}$ **b.** $5^{-\sqrt{5}}$ **c.** $5^{2\sqrt{10}}$ **d.** 4^{π}

9 **ESERCIZIO SVOLTO**

Determiniamo per quali valori di *a* hanno significato le seguenti potenze:

a. $(2a)^{\sqrt{2}}$ **b.** $(2a-3)^{-\sqrt{2}}$

a. Una potenza con esponente reale *positivo* è definita purché la base sia *maggiore o uguale a zero*.
Quindi la potenza $(2a)^{\sqrt{2}}$ ha significato purché sia $2a \geq 0$, cioè $a \geq 0$.

b. Una potenza con esponente reale *negativo* è definita purché la base sia *maggiore di zero*.
Quindi la potenza $(2a-3)^{-\sqrt{2}}$ ha significato purché sia $2a-3 > 0$, cioè $a > \dfrac{3}{2}$.

Determina per quali valori di *a* hanno significato le seguenti potenze.

10 $(a-1)^{\sqrt{2}}$ $[a \geq 1]$

11 $(1+3a)^{\sqrt{5}}$ $\left[a \geq -\dfrac{1}{3}\right]$

12 $(a^2-1)^{-\sqrt{2}}$ $[a < -1 \ \vee \ a > 1]$

13 $(a^2+2)^{-\sqrt{5}}$ $[\forall a \in \mathbf{R}]$

14 $(5a-a^2)^{\pi}$ $[0 \leq a \leq 5]$

15 $(a^2+4a+4)^{-\pi}$ $[\forall a \in \mathbf{R}, \text{ con } a \neq -2]$

16 $\left(\dfrac{a+2}{2-a}\right)^{\sqrt{5}}$ $[-2 \leq a < 2]$

17 $\left(\dfrac{2a-a^2}{2a-1}\right)^{-\frac{\sqrt{3}}{2}}$ $\left[a < 0 \vee \dfrac{1}{2} < a < 2\right]$

Proprietà delle potenze

18 **Vero o falso?**

a. $(3^x)^2 = (3)^{x^2}$ per ogni $x \in \mathbf{R}$ V F

b. $5^{x+1} = 5^x + 5^1$ per ogni $x \in \mathbf{R}$ V F

c. $(2^{x-1})^{x+1} = 2^{x^2-1}$ per ogni $x \in \mathbf{R}$ V F

d. $2^{x+2} + 2^{x+1} + 2^x = 2^x \cdot 7$ per ogni $x \in \mathbf{R}$ V F

[2 affermazioni vere e 2 false]

19 **Vero o falso?**

a. $(2^{\sqrt{2}})^{2\sqrt{2}} = 4^2$ V F

b. $2^{\frac{3}{2}} \cdot 2^{-1} = \sqrt{2}$ V F

c. $3^{3\sqrt{2}} : 3^{\sqrt{2}} = 3^3$ V F

d. $(\sqrt{2})^{\sqrt{2}} = 2^{\frac{1}{\sqrt{2}}}$ V F

e. $\sqrt[3]{4} : \sqrt[5]{4} = 2^{\frac{2}{15}}$ V F

[3 affermazioni vere e 2 false]

Test

20 L'espressione $(2^5)^2 \cdot \sqrt[3]{64}$ è uguale a:

A 2^{12} B 2^{20} C 2^{50} D nessuna delle precedenti

21 L'espressione $\sqrt{27} : 81$ è uguale a:

A $\sqrt[3]{3^{-5}}$ B 3^{-5} C $\sqrt{3^{-5}}$ D nessuna delle precedenti

22 L'espressione $2^x + 2^y$ è uguale, per ogni $x, y \in \mathbf{R}$, a:

A 2^{x+y} B 2^{xy} C 4^{x+y} D nessuna delle precedenti

23 L'espressione $3^{-x}(3^{x+2} - 3^{x+1})$ è uguale, per ogni $x \in \mathbf{R}$, a:

A 3 B 6 C 9 D nessuna delle precedenti

24 Completa le seguenti uguaglianze.

a. $3^x \cdot 81 = 3^x \cdot 3^{\cdots} = 3^{x+\cdots}$

b. $\sqrt{2^x} \cdot 4^x = 2^{\frac{x}{\cdots}} \cdot 2^{\cdots} = 2^{\frac{x}{\cdots}+\cdots} = 2^{\frac{\cdots}{2}x}$

c. $\dfrac{2^x \cdot (2^{x+1})^2}{4^x} = \dfrac{2^x \cdot 2^{\cdots}}{2^{2x}} = \dfrac{2^{\cdots}}{2^{2x}} = 2^{\cdots}$

d. $16^x : (8^x)^2 = 2^{\cdots x} : 8^{2x} = 2^{4x} : 2^{\cdots} = 2^{\cdots}$

e. $3^{x+2} - 3^x = 3^x \cdot 3^{\cdots} - 3^x = 3^x(3^{\cdots} - 1) = 3^x \cdot \ldots$

d. $\dfrac{\sqrt[3]{25^x}}{\sqrt{125^x}} = \dfrac{\sqrt[3]{5^{\cdots}}}{\sqrt{5^{\cdots}}} = \dfrac{5^{\frac{\cdots}{3}x}}{5^{\frac{\cdots}{2}x}} = 5^{\frac{\cdots}{\cdots}-\frac{\cdots}{\cdots}} = 5^{\cdots}$

Semplifica, applicando le proprietà delle potenze.

25 $2^{10} : 2^7$ [8]

26 $(10^{11} : 10^9)^2$ [10 000]

27 $(2^3)^2 : 2^2$ [16]

28 $(3^6)^2 : (3^4)^2$ [81]

29 $(8^7)^2 : (8^2)^6$ [64]

30 $(10^2 \cdot 10^5) : 10^7$ [1]

31 $(80^6 : 20^6) : 4^4$ [16]

32 $2^2 \cdot (2^{2\sqrt{2}})^{\sqrt{2}}$ [64]

33 $[(3^{\sqrt{3}} \cdot 3^{1-\sqrt{3}})^{\sqrt{3}}]^{\sqrt{3}}$ [27]

34 $(5^{2-\sqrt{5}})^{2+\sqrt{5}} \cdot 5^3$ [25]

35 Applicando le proprietà delle potenze, verifica che $\dfrac{(2^{2x-1} \cdot 2^x)^2}{(2^2)^{1-2x}} = 2^{10x-4}$.

36 Applicando le proprietà delle potenze, verifica che $\dfrac{(2^{1-x+x^2} : \sqrt{2^x})^4}{(2^{2-x})^{2+x}} = 2^{5x^2-6x}$.

2. La funzione esponenziale

TEORIA a p. 392

Esercizi preliminari

Test

37 Fra le funzioni che hanno le seguenti equazioni, una **non** è esponenziale. Quale?

A $y = (-2)^x$ B $y = (\sqrt{2})^x$ C $y = 2^{2x}$ D $y = (0{,}1)^x$

38 Fra le funzioni che hanno le seguenti equazioni, una **non** è esponenziale. Quale?

A $y = (2 - \sqrt{2})^x$ B $y = (\sqrt{2} - 2)^x$ C $y = 3^{-x}$ D $y = 100^x$

39 Individua la base delle funzioni esponenziali di cui è data l'equazione:

a. $y = 3^{-2x}$ **b.** $y = 2^{3x}$ **c.** $y = (0{,}1)^{-x}$

(*Suggerimento*: osserva, per esempio, che $y = 3^{-2x} = (3^{-2})^x$; analogamente per le altre funzioni)

40 **Vero o falso?**

a. la funzione di equazione $y = 5^x$ è crescente V F
b. la funzione di equazione $y = 5^{-x}$ è crescente V F
c. la funzione di equazione $y = (0{,}3)^x$ è decrescente V F
d. la funzione di equazione $y = (0{,}3)^{-x}$ è decrescente V F

[2 affermazioni vere e 2 false]

41 **Vero o falso?**

a. la funzione $y = a^x$, con $0 < a < 1$, ha come dominio $\mathbf{R}_0^+$ V F
b. la funzione $y = a^x$, con $0 < a < 1$, ha come immagine $\mathbf{R}^+$ V F
c. la funzione definita da $y = \left(\frac{5}{3}\right)^x$ ha come asintoto l'asse y V F
d. la funzione definita da $y = \left(\frac{3}{5}\right)^x$ ha come asintoto l'asse x V F
e. la funzione definita da $y = \left(\frac{5}{3}\right)^x$ è crescente V F
f. la funzione definita da $y = \left(\frac{4}{7}\right)^x$ è decrescente V F

[4 affermazioni vere e 2 false]

42 Nelle seguenti figure sono riportati i grafici di due funzioni esponenziali definite da equazioni del tipo $y = a^x$. Stabilisci, per ogni grafico, se $a > 1$ o $0 < a < 1$.

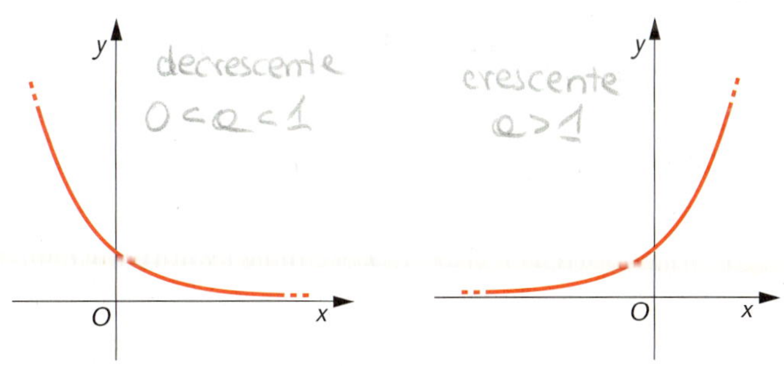

43 **Interpretazione di grafici.** In ciascuna delle due seguenti figure sono rappresentati i grafici di tre funzioni esponenziali:

$f_1(x) = a_1^x$ $f_2(x) = a_2^x$ $f_3(x) = a_3^x$

Relativamente a ciascuna figura, disponi le basi a_1, a_2, a_3 in ordine crescente.

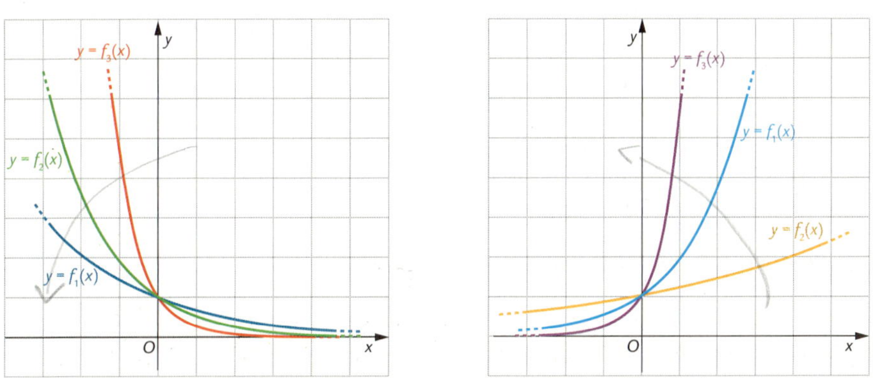

44 Ciascuna delle seguenti figure riporta il grafico di una delle funzioni di equazione:

a. $y = \left(\frac{5}{2}\right)^x$ **b.** $y = \left(\frac{2}{5}\right)^x$ **c.** $y = \left(\frac{5}{2}\right)^x + 1$ **d.** $y = \left(\frac{2}{5}\right)^{x-1}$

Effettua le associazioni corrette.

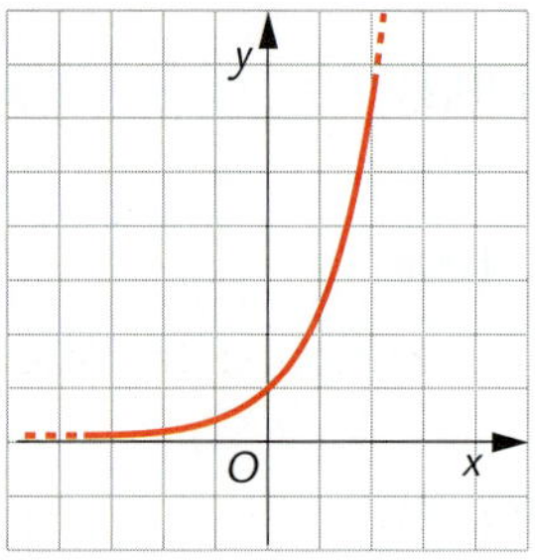

A

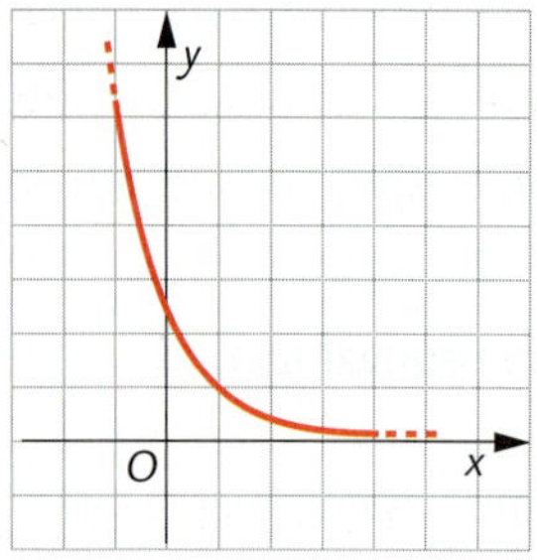

B

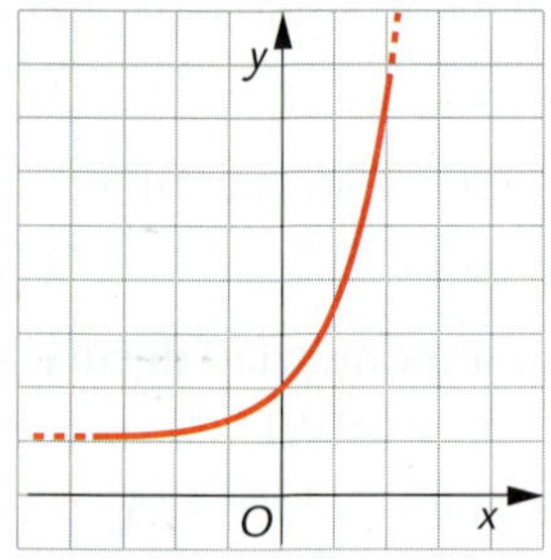

C

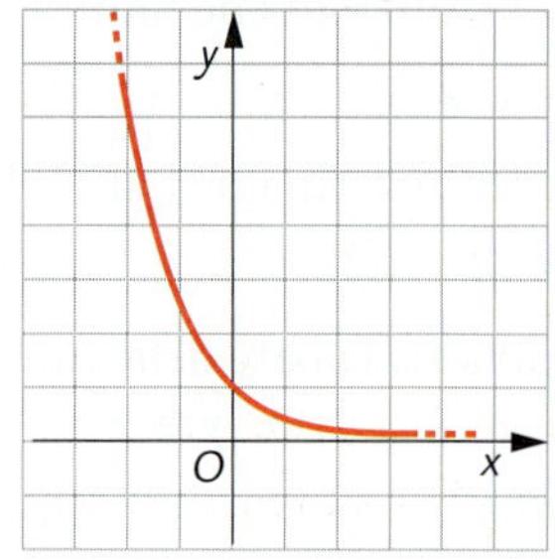

D

45 **Interpretazione di grafici.** Considera le sei funzioni seguenti:

$y = 2^x - 1 \quad y = \frac{1}{2} \cdot 4^x \quad y = -2^x + 1 \quad y = 2^{2x-1} \quad y = -2^x - 1 \quad y = 2^{-x} + 1$

a. Tra le sei funzioni, ce ne sono due uguali: individua quali.

b. Associa a ciascuna delle cinque funzioni distinte tra le sei assegnate il relativo grafico, scelto tra quelli rappresentati nella seguente figura.

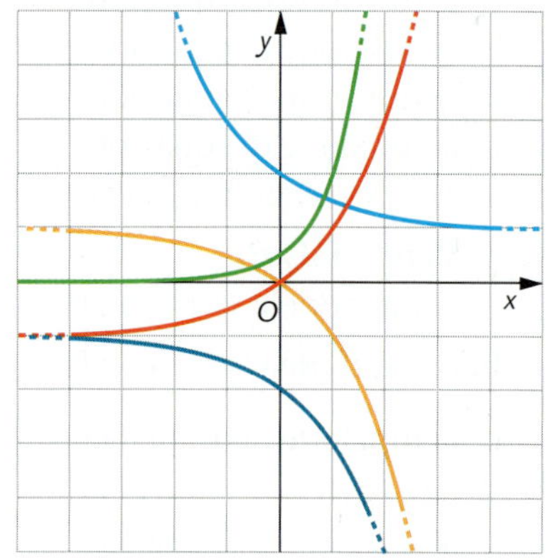

Grafici

46 Considera le due funzioni di equazioni $y = \left(\frac{1}{3}\right)^x$ e $y = \left(\frac{5}{2}\right)^x$.

a. Completa le seguenti tabelle di valori per x e y.

x	−2	−1	0	1	2
y	.....	.....	.....	.....	.....

x	−2	−1	0	1	2
y	.....	.....	.....	.....	.....

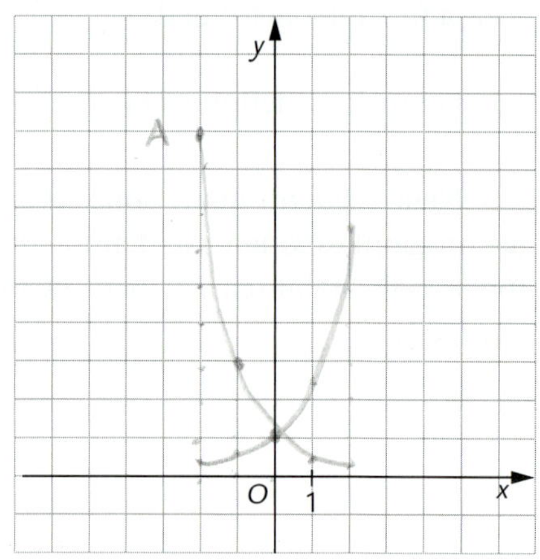

b. Arrotonda alla prima cifra decimale i valori di y delle tabelle e traccia i grafici delle due funzioni nella figura qui a fianco.

c. Quale delle due funzioni date è crescente? ....

d. Quale delle due funzioni date è decrescente? ....

e. I grafici delle due funzioni hanno punti in comune? .... È vero o falso che i grafici di tutte le funzioni esponenziali hanno un punto in comune? ....

47 Considera la seguente tabella.

x	−2	−1	0	1	2
y	$\frac{4}{9}$	$\frac{2}{3}$	1	$\frac{3}{2}$	$\frac{9}{4}$

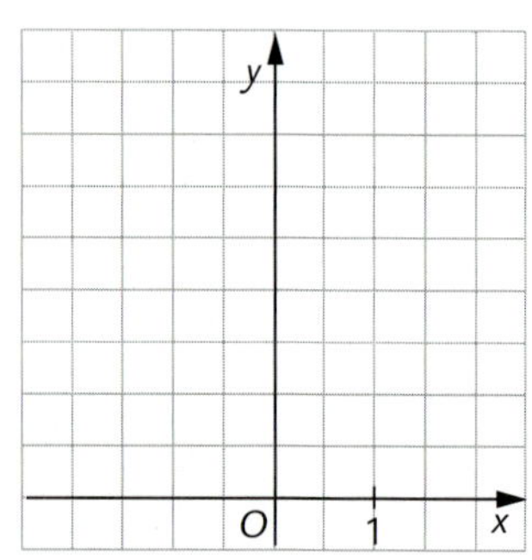

a. Scrivi l'equazione della funzione esponenziale che essa rappresenta: $y =$ .....

b. Arrotonda alla prima cifra decimale i valori di y della tabella e traccia il grafico di tale funzione nella figura qui a fianco.

Traccia, per punti, i grafici delle seguenti funzioni.

48 $y = (0{,}75)^x$

49 $y = 3^x$

50 $y = \left(\frac{1}{4}\right)^x$

51 $y = (2{,}5)^x$

52 $y = -\left(\frac{1}{3}\right)^x$

53 $y = \left(\frac{1}{2}\right)^{-x}$

54 $y = (1{,}5)^x$

55 $y = -\left(\frac{2}{3}\right)^{-x}$

56 **ESERCIZIO GUIDATO**

Utilizzando opportune trasformazioni geometriche, traccia il grafico delle seguenti funzioni.

a. $y = 2^x + 2$ **b.** $y = \left(\frac{1}{2}\right)^{x+1}$ **c.** $y = |2^x - 1|$

Rivedi preliminarmente le tecniche per dedurre, a partire dal grafico di una funzione nota, i grafici di altre funzioni utilizzando opportune trasformazioni geometriche.

a. Rappresenta preliminarmente il grafico di $y = 2^x$. Puoi ottenere il grafico della funzione $y = 2^x + 2$ traslando verticalmente il grafico di $y = 2^x$ di due unità verso l'alto.

b. Rappresenta preliminarmente il grafico di $y = \left(\frac{1}{2}\right)^x$. Puoi ottenere il grafico della funzione $y = \left(\frac{1}{2}\right)^{x+1}$ traslando orizzontalmente il grafico di $y = \left(\frac{1}{2}\right)^x$ di una unità verso sinistra.

c. Rappresenta preliminarmente il grafico di $y = 2^x$. Puoi ottenere il grafico della funzione $y = 2^x - 1$ traslando verticalmente il grafico di $y = 2^x$ di una unità verso il basso.
Simmetrizza infine rispetto all'asse x le parti del grafico di $y = 2^x - 1$ che hanno ordinate negative, in modo da ottenere il grafico di $y = |2^x - 1|$.

Utilizzando opportune trasformazioni geometriche, traccia il grafico delle seguenti funzioni. Per ciascuna specifica dominio, immagine ed equazione dell'asintoto.

57 $y = -2^x + 2$

58 $y = 2^{x-3} - 1$

59 $y = 3^{-x} - 5$

60 $y = \left(\frac{1}{3}\right)^{x-1} - 1$

61 $y = \frac{1}{6} \cdot 3^x - 2$

62 $y = 3 - 3^x$

63 $y = 2^{-2x} - 4$

64 $y = 4 - 2^{x+2}$

65 $y = |-2^x|$

66 $y = 2^{-|x|} + 1$

67 $y = \left|\left(\frac{1}{3}\right)^x - 3\right|$

68 $y = |2 - 2^x|$

69 $y = \left(\frac{1}{2}\right)^{-|x|}$

70 $y = |2^{x+1} - 1|$

71 $y = 2^{|x-1|} - 1$

72 $y = -\left|4 - \left(\frac{1}{2}\right)^x\right|$

73 **Dal grafico all'equazione.** Determina le equazioni delle funzioni esponenziali che hanno i seguenti grafici.

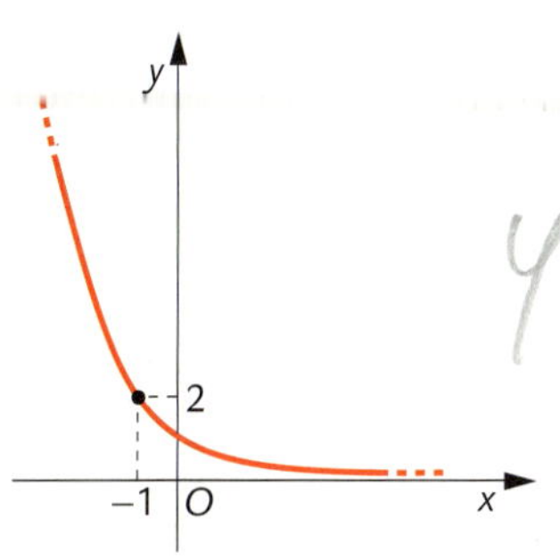

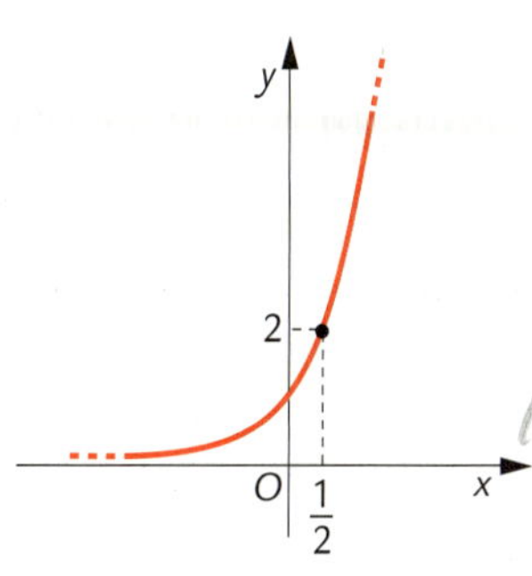

74 **Dal grafico all'equazione.** Determina le equazioni delle funzioni esponenziali che hanno i seguenti grafici.

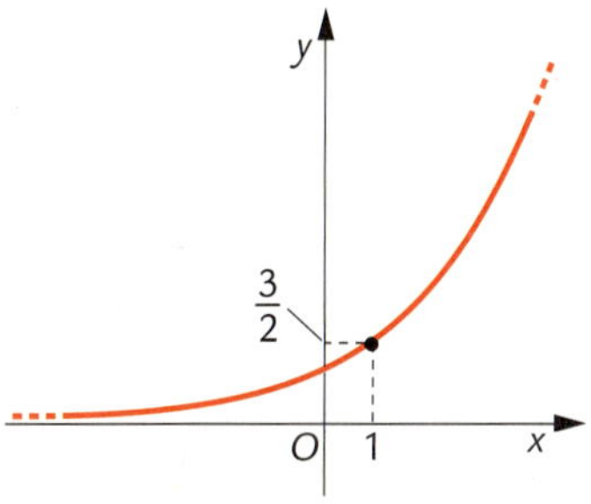

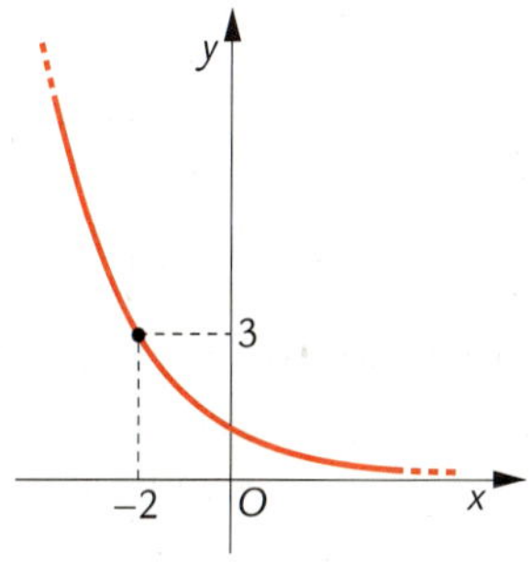

Crescere e decrescere delle funzioni esponenziali

75 ESERCIZIO SVOLTO

Completiamo, ponendo il simbolo opportuno scelto tra <, =, >.

a. $\left(\frac{1}{2}\right)^{\sqrt{3}} \ldots \left(\frac{1}{2}\right)^{3}$ **b.** $4^{\frac{3}{4}} \ldots 4^{\frac{5}{2}}$ **c.** $\left(\frac{5}{2}\right)^{-2} \ldots \left(\frac{5}{2}\right)^{-3}$

Ricorda che:
- se $a > 1$, $a^{x_1} < a^{x_2}$ se e solo se $x_1 < x_2$;
- se $0 < a < 1$, $a^{x_1} < a^{x_2}$ se e solo se $x_1 > x_2$.

Pertanto:

a. $\left(\frac{1}{2}\right)^{\sqrt{3}} > \left(\frac{1}{2}\right)^{3}$ perché $a = \frac{1}{2} < 1$ e $\sqrt{3} < 3$

b. $4^{\frac{3}{4}} < 4^{\frac{5}{2}}$ perché $a = 4 > 1$ e $\frac{3}{4} < \frac{5}{2}$

c. $\left(\frac{5}{2}\right)^{-2} > \left(\frac{5}{2}\right)^{-3}$ perché $a = \frac{5}{2} > 1$ e $-2 > -3$

76 Completa, ponendo il simbolo opportuno scelto tra <, =, >:

a. $\left(\frac{3}{2}\right)^{-\sqrt{5}} \ldots \left(\frac{3}{2}\right)^{-5}$ **b.** $5^{\frac{3}{2}} \ldots 5^{\frac{4}{3}}$ **c.** $\left(\frac{4}{5}\right)^{-3} \ldots \left(\frac{4}{5}\right)^{-2}$

77 Completa, ponendo il simbolo opportuno scelto tra <, =, >:

a. $\left(\frac{1}{3}\right)^{4} \ldots \left(\frac{1}{3}\right)^{8}$ **b.** $\left(\frac{7}{5}\right)^{2} \ldots \left(\frac{7}{5}\right)^{3}$ **c.** $7^{-\frac{3}{4}} \ldots 7^{\frac{3}{4}}$

78 Completa, ponendo il simbolo opportuno scelto tra <, =, >:

a. $4^{-9} \ldots 4^{-10}$ **b.** $\left(\frac{1}{2}\right)^{5-\sqrt{3}} \ldots \left(\frac{1}{2}\right)^{3}$ **c.** $\left(\frac{7}{3}\right)^{\frac{1}{2}} \ldots \left(\frac{7}{3}\right)^{\frac{1}{3}}$

79 Tenendo conto delle proprietà della funzione esponenziale, spiega perché 2^{π} deve essere compreso tra 8 e 16.

3. Equazioni esponenziali

TEORIA a p. 397

Esercizi preliminari

Test

80 Quale delle seguenti equazioni nell'incognita x **non** è esponenziale?

A $(2)^{x^{-1}} = 5$ B $(x)^{2^{-1}} = 5^x$ C $e^{x+1} = x$ D $x^e = \sqrt{e}$

81 Quale delle seguenti equazioni, nell'incognita x, **non** è esponenziale?

A $5^x = \sqrt{2}$ B $x^{0,3} = \sqrt{5}$ C $(\sqrt{2})^x = 5$ D $e^{3x+1} = \sqrt{e}$

82 Quale delle seguenti equazioni è *impossibile*?

A $2^x = \frac{13}{3}$ B $2^x = 3^x$ C $3^x = 1 - \sqrt{3}$ D $2^{-x} = \sqrt{3}$

83 **Vero o falso?**

a. l'equazione $2^x = 5^{-1}$ non ha soluzioni V F
b. l'equazione $2^x = (-5)^2$ ha una e una sola soluzione V F
c. l'equazione $5^x = 0$ ha come soluzione $x = 0$ V F
d. l'equazione $5^{x+1} = 1$ ha come soluzione $x = -1$ V F
e. l'equazione $5^{x+1} = -1$ non ha soluzioni V F

[3 affermazioni vere e 2 false]

84 Completa la risoluzione delle seguenti equazioni.

a. $5^{2x} = 25 \Rightarrow 5^{2x} = 5^{\dots} \Rightarrow 2x = \dots \Rightarrow x = \dots$

b. $3^{-x} = \sqrt{3} \Rightarrow 3^{-x} = 3^{\dots} \Rightarrow -x = \frac{1}{\dots} \Rightarrow x = -\frac{1}{\dots}$

c. $4^{x} = \frac{1}{8} \Rightarrow (2^2)^x = 2^{-3} \Rightarrow 2^{\dots} = 2^{-3} \Rightarrow 2x = \dots \Rightarrow x = \dots$

d. $3^{x} \cdot 9^{2x} = \frac{1}{\sqrt{3}} \Rightarrow 3^{x} \cdot 3^{\dots} = \frac{1}{3^{\dots}} \Rightarrow 3^{x+\dots} = 3^{-\dots} \Rightarrow x + \dots = -\frac{1}{\dots} \Rightarrow \dots x = -\frac{1}{\dots} \Rightarrow x = \dots$

85 **Caccia all'errore**

Equazione e risoluzione	È stata svolta correttamente?
$(5^x)^2 = 25 \Rightarrow 5^{x^2} = 5^2 \Rightarrow x^2 = 2 \Rightarrow x = \pm\sqrt{2}$	☐ Sì ☐ No, la soluzione corretta è .....
$4^x = 16^{x-1} \Rightarrow 2^{2x} = 4^{2x-2} \Rightarrow 2x = 2x - 2 \Rightarrow 0 = -2 \Rightarrow$ impossibile	☐ Sì ☐ No, la soluzione corretta è .....

86 Associa a ogni equazione la frase che le corrisponde:

a. $3^x = \sqrt{3}$

b. $\left(\frac{1}{3}\right)^{x-3} = 0$

c. $3^x = \frac{1}{9}$

d. $\left(\frac{1}{3}\right)^{x-2} = 1$

e. $3^x = \frac{\sqrt{3}}{3}$

A. L'equazione ha come soluzione $x = 2$.

B. L'equazione ha come soluzione $x = -\frac{1}{2}$.

C. L'equazione ha come soluzione $x = -2$.

D. L'equazione è impossibile.

E. L'equazione ha come soluzione $x = \frac{1}{2}$.

87 Associa a ogni equazione l'equazione a essa equivalente.

a. $3^{x-3} = 9$

b. $\left(\frac{1}{3}\right)^{x-3} = 9$

c. $3^{2x-6} = 9$

d. $9^{x-3} = 3$

A. $3^{3-x} = 9$

B. $3^{x-4} = 3$

C. $3^{2x-6} = 3$

D. $\left(\frac{1}{9}\right)^{3-x} = 9$

Equazioni riconducibili alla forma $a^{f(x)} = a^{g(x)}$

88 **ESERCIZIO SVOLTO**

Risolviamo le equazioni:

a. $3^{2x+1} = 27$ **b.** $5^x = 5\sqrt[3]{5}$ **c.** $(0{,}4)^x = -4$

---

a. Riscriviamo il secondo membro come potenza di 3 e uguagliamo gli esponenti:

$$3^{2x+1} = 27 \Rightarrow 3^{2x+1} = 3^3 \Rightarrow 2x + 1 = 3 \Rightarrow 2x = 2 \Rightarrow x = 1$$

b. Riscriviamo il secondo membro come potenza di 5 e uguagliamo gli esponenti:

$$5^x = 5\sqrt[3]{5} \Rightarrow 5^x = 5 \cdot 5^{\frac{1}{3}} \Rightarrow 5^x = 5^{1+\frac{1}{3}} \Rightarrow x = 1 + \frac{1}{3} \Rightarrow x = \frac{4}{3}$$

c. Osserviamo che al secondo membro dell'equazione $(0{,}4)^x = -4$ compare un numero negativo. Poiché una potenza con base positiva è sempre positiva, l'equazione è impossibile.

Risolvi le seguenti equazioni.

89 $5^x = 25$ [2]

90 $2^x = 64$ [6]

91 $9^x = 27$ $\left[\frac{3}{2}\right]$

92 $8^x = \sqrt{3} - 2$ [Impossibile]

93 $5^{2-x} = \frac{1}{125}$ [5]

94 $3^{2x} = \frac{1}{9}$ [−1]

95 $4^x = 2\sqrt{2}$ $\left[\frac{3}{4}\right]$

96 $9^x = \frac{1}{\sqrt{3}}$ $\left[-\frac{1}{4}\right]$

97 $4^x = -2$ [Impossibile]

98 $9^x = \frac{1}{81}$ [−2]

99 $25^{2-x} = 125$ $\left[\frac{1}{2}\right]$

100 $3^{x-1} = \frac{1}{9}$ [−1]

101 $(5)^{x^2} = \sqrt{5}$ $\left[\pm\frac{\sqrt{2}}{2}\right]$

102 $2^{x+2} = \sqrt[3]{2}$ $\left[-\frac{5}{3}\right]$

103 $(5^x)^2 = \sqrt{5}$ $\left[\frac{1}{4}\right]$

104 $\pi^x = 1 - \pi$ [Impossibile]

105 $3^{x+1} = \frac{1}{9}$ [−3]

106 $\left(\frac{3}{2}\right)^{2x} = \frac{4}{9}$ [−1]

107 $\left(\frac{3}{4}\right)^{-2x} = \left(-\frac{3}{4}\right)^{-3}$ [Impossibile]

108 $\left(\frac{3}{4}\right)^{-2x} = \left(-\frac{4}{3}\right)^{-2}$ [−1]

109 $2^{2x} \cdot 4^{x+1} = 16$ $\left[\frac{1}{2}\right]$

110 $3^{x+1} \cdot \sqrt{3} = 3^{-x}$ $\left[-\frac{3}{4}\right]$

111 $e^{\frac{x-1}{x-2}} = 1$ [1]

112 $e^{\frac{1}{x}} = \sqrt{e}$ [2]

113 $5^{\frac{x-2}{2}} = \sqrt{5}$ [3]

114 $\frac{1}{3^x} = 9\sqrt{3}$ $\left[-\frac{5}{2}\right]$

115 $8^{2x} = \frac{2^3\sqrt{2}}{\sqrt[3]{2}}$ $\left[\frac{19}{36}\right]$

116 $8^{x^2-2x} = \frac{1}{2}$ $\left[\frac{3 \pm \sqrt{6}}{3}\right]$

117 $2^{5-x^2} = 8$ $[\pm\sqrt{2}]$

118 $(0{,}25)^x = \sqrt{2}$ $\left[-\frac{1}{4}\right]$

119 ESERCIZIO SVOLTO

Risolviamo l'equazione $\sqrt{2^{2-x}} = \frac{1}{\sqrt[3]{4^{x+1}}}$.

$\sqrt{2^{2-x}} = \frac{1}{\sqrt[3]{4^{x+1}}}$	Equazione da risolvere
$2^{\frac{2-x}{2}} = 4^{-\frac{x+1}{3}}$	Definizione di potenza con esponente razionale
$2^{\frac{2-x}{2}} = (2^2)^{-\frac{x+1}{3}}$	Riscrivendo 4 come potenza di 2
$2^{\frac{2-x}{2}} = 2^{-\frac{2x+2}{3}}$	Proprietà della potenza di potenza
$\frac{2-x}{2} = -\frac{2x+2}{3}$	Uguagliando gli esponenti
$6 - 3x = -4x - 4$	Moltiplicando i due membri per 6
$x = -10$	

120 $\sqrt{2^x} \cdot \sqrt[3]{\frac{1}{2^{2-x}}} = \sqrt{2} \cdot \sqrt[3]{2}$ $\left[\frac{9}{5}\right]$

121 $\sqrt{2^x} \cdot 8^x = \frac{1}{16}$ $\left[-\frac{8}{7}\right]$

122 $\pi^x = \frac{1}{\pi^{2x}}$ [0]

123 $4^x \cdot \sqrt{2^{x-1}} = \sqrt[3]{16}$ $\left[\frac{11}{15}\right]$

124 $\frac{\sqrt[3]{5^x \cdot 5^{2-x}}}{\sqrt{5^{x+1}}} = 25\sqrt[3]{5}$ $\left[-\frac{13}{3}\right]$

125 $2^{x+2} \cdot \sqrt{2} = \frac{1}{2^{1-x} \cdot \sqrt[3]{2}}$ [Impossibile]

126 $3^{x-1} \cdot \sqrt{3} = \frac{1}{3^x \cdot \sqrt[3]{3}}$ $\left[\frac{1}{12}\right]$

127 $4^{\frac{x-1}{x+2}} = \sqrt{2^{\frac{1}{x^2-4}}}$ $\left[\frac{3 \pm \sqrt{2}}{2}\right]$

128 $2^{\frac{1}{x}} = \sqrt[3]{2^x}$ $[\pm\sqrt{3}]$

129 $2^{x-1} \cdot 2^{x+1} = \frac{1}{\sqrt[3]{2}}$ $\left[-\frac{1}{6}\right]$

130 ESERCIZIO SVOLTO

Risolviamo l'equazione $5^{x+1} + 20 \cdot 5^x = 3^{x+3} - 2 \cdot 3^{x+2}$.

$5^{x+1} + 20 \cdot 5^x = 3^{x+3} - 2 \cdot 3^{x+2}$	Equazione da risolvere
$5^x \cdot (5+20) = 3^x \cdot (3^3 - 2 \cdot 3^2)$	Raccogliendo 5^x al 1° membro e 3^x al 2° membro
$5^x \cdot 25 = 3^x \cdot 9$	Svolgendo i calcoli nelle parentesi tonde
$\left(\frac{5}{3}\right)^x \cdot 25 = 9$	Dividendo i due membri per 3^x, sicuramente $\neq 0$
$\left(\frac{5}{3}\right)^x = \frac{9}{25}$	Dividendo i due membri per 25
$\left(\frac{5}{3}\right)^x = \left(\frac{5}{3}\right)^{-2}$	Riscrivendo il numero al 2° membro come potenza di $\frac{5}{3}$
$x = -2$	Uguagliando gli esponenti.

131 $3^{x+2} + 7 \cdot 3^x = 4^{x+1} + 5 \cdot 4^x$ [2]

132 $2^{x+2} - 2^{x+1} = 3^{x+2} - 2 \cdot 3^{x+1}$ [−1]

133 $2^x + 2^{x+1} = 3 \cdot 2^{3-x}$ $\left[\frac{3}{2}\right]$

134 $5^x \cdot 9 - 5^{x+1} = 5^{2x+1} \cdot 4$ [−1]

135 $2^{x+1} + 2^{x+2} + 2^x = 7 \cdot 2^{3-x}$ $\left[\frac{3}{2}\right]$

136 $\frac{1}{4}(3^x + 3^{x+1}) = \sqrt{3^{1-x}}$ $\left[\frac{1}{3}\right]$

137 $2^{x+1} + 2^{x+3} = 20\sqrt{2^{x-5}}$ [−3]

Equazioni riconducibili a equazioni elementari mediante sostituzioni

138 ESERCIZIO SVOLTO

Risolviamo l'equazione $3^{2x+1} - 8 \cdot 3^x - 3 = 0$.

Poniamo $3^x = t$. Osserviamo che il primo termine dell'equazione, 3^{2x+1}, si può riscrivere in funzione di t nel seguente modo:

$3^{2x+1} = 3^{2x} \cdot 3 = (3^x)^2 \cdot 3 = t^2 \cdot 3 = 3t^2$

Quindi l'equazione data diventa: $3t^2 - 8t - 3 = 0$.

$$t = \frac{-(-4) \pm \sqrt{(-4)^2 - 3 \cdot (-3)}}{3} = \frac{4 \pm \sqrt{25}}{3} = \frac{4 \pm 5}{3} \Rightarrow t = -\frac{1}{3} \lor t = 3$$

Ora rimpiazziamo 3^x al posto di t e risolviamo le equazioni ottenute:

- $3^x = -\frac{1}{3}$ è impossibile
- $3^x = 3 \Rightarrow x = 1$

139 Completa la seguente tabella, seguendo i passi suggeriti nella prima colonna e utilizzando l'esempio svolto nella seconda.

Passi del procedimento	Risolvere l'equazione: $2^{2x+1} - 2^{x+2} + 2^x + 1 = 0$	Risolvere l'equazione: $4^x + 2^x - 2^{x+3} - 8 = 0$
Poni $2^x = t$ e trasforma l'equazione data in un'equazione in t.	Osserviamo che $2^{2x+1} = 2^{2x} \cdot 2 = (2^x)^2 \cdot 2 = 2t^2$ $2^{x+2} = 2^x \cdot 2^2 = 2^x \cdot 4 = 4t$ quindi l'equazione diventa $2t^2 - 4t + t + 1 = 0$	Osserviamo che $4^x = (2^2)^x = (2^x)^2 = t^2$ $2^{x+3} = 2^x \cdot 2^3 = 2^x \cdot 8 = 8t$ quindi l'equazione diventa $t^2 + t - 8t - 8 = 0$
Risolvi l'equazione in t ottenuta.	$2t^2 - 4t + t + 1 = 0 \Rightarrow$ $\Rightarrow 2t^2 - 3t + 1 = 0 \Rightarrow t = \frac{1}{2} \lor t = 1$	$t^2 + t - 8t - 8 = 0 \Rightarrow t^2 - 7t - 8 = 0 \Rightarrow$ $\Rightarrow t = -1 \lor t = 8$
«Ritorna» alla variabile x.	$2^x = \frac{1}{2} \lor 2^x = 1 \Rightarrow$ $\Rightarrow 2^x = 2^{-1} \lor 2^x = 2^0 \Rightarrow x = -1 \lor x = 0$	$2^x = -1 \lor 2^x = 8$ La prima equazione è -1 La seconda ha come soluzione $x =$ 8

Risolvi le seguenti equazioni.

140 $2^x + 2^{x+2} = 20$ [2]

141 $25 \cdot 5^{x-2} + 5^{x+1} = 6$ [0]

142 $2^{x+3} - 2^{x+2} + 2^x = \frac{5}{8}$ [−3]

143 $3^{x-1} + 3^x = 12$ [2]

144 $3^{x+2} - 3^{x+1} = 2$ [−1]

145 $2^{2x} - 7 \cdot 2^x - 8 = 0$ [3]

146 $5^{2x} + 4 \cdot 5^{x-1} - \frac{1}{5} = 0$ [−1]

147 $9^x - 3^{x-1} = 3^{x+1} - 1$ [−1, 1]

148 $4^{x+1} + 2^{x+2} - 2^x - 1 = 0$ [−2]

149 $5 - 4 \cdot 2^{-x} - 2^x = 0$ [0, 2]

150 $5^{2x} - 5^{x+2} + 5^{x+1} - 125 = 0$ [2]

151 $3^{-x} + 3^x = \frac{10}{3}$ [−1, 1]

152 $10^x - 10^{x+1} = 10$ [Impossibile]

153 $3^{2x} - 2 \cdot 3^{x+\frac{1}{2}} - 9 = 0$ $\left[\frac{3}{2}\right]$

154 $2^{2x+2} - 33 \cdot 2^x = -8$ [−2, 3]

155 $e^{2x} - e^{x+1} + e^x - e = 0$ [1]

156 $10^{2x} - 110 \cdot 10^x + 1000 = 0$ [1, 2]

157 $\frac{1}{2^x} = 2^x - \frac{3}{2}$ [1]

158 $\frac{1}{2^x + 1} + \frac{1}{2^{2x} - 1} = -\frac{2}{3}$ [−1]

159 $\frac{1}{2^x} + \frac{1}{2^{2x} + 2^x} = \frac{2}{3}$ [1]

160 $(2^x - 4)^2 = 16$ [3]

161 $\left(\frac{9}{4}\right)^x - \left(\frac{3}{2}\right)^{x+2} - \left(\frac{3}{2}\right)^x + \frac{9}{4} = 0$ [0, 2]

Equazioni risolvibili mediante scomposizioni

162 **ESERCIZIO SVOLTO**

Risolviamo l'equazione $15^x - 3^x - 9 \cdot 5^x + 9 = 0$.

$15^x - 3^x - 9 \cdot 5^x + 9 = 0$	Equazione data
$5^x \cdot 3^x - 3^x - 9 \cdot 5^x + 9 = 0$	Scrivendo il primo termine come prodotto di due fattori
$3^x(5^x - 1) - 9(5^x - 1) = 0$	Raccoglimenti parziali
$(5^x - 1)(3^x - 9) = 0$	Raccoglimento totale del fattore $(5^x - 1)$
$5^x - 1 = 0 \vee 3^x - 9 = 0$	Legge di annullamento del prodotto
$5^x = 5^0 \vee 3^x = 3^2 \Rightarrow x = 0 \vee x = 2$	

163 $6^x - 9 \cdot 2^x - 8 \cdot 3^x + 72 = 0$ [2, 3]

164 $15^x - 3^x - 9 \cdot 5^x + 9 = 0$ [0, 2]

165 $6^{-x} - 3^{-x} = 9 \cdot 2^{-x} - 9$ [−2, 0]

166 $15^x - 25 \cdot 3^x = 5^x\sqrt{3} - 25\sqrt{3}$ $\left[\frac{1}{2}, 2\right]$

167 $50^x - 4 \cdot 25^x = 2^x - 4$ [0, 2]

168 $e^{3x} - e^{x+3} - e^{2x+\frac{1}{2}} + e^3\sqrt{e} = 0$ $\left[\frac{1}{2}, \frac{3}{2}\right]$

169 $e^x x^2 - \sqrt{e}x^2 - 3e^x + 3\sqrt{e} = 0$ $\left[\pm\sqrt{3}, \frac{1}{2}\right]$

170 $x^3 \cdot 2^x - 8x^3 - 4x \cdot 2^x + 32x = 0$ [0, ±2, 3]

171 $e^{4x} - e^{2x+1} - e^{2x} + e = 0$ $\left[0, \frac{1}{2}\right]$

Equazioni da risolvere graficamente

172 **ESERCIZIO GUIDATO**

Interpretando graficamente l'equazione $2^x = 1 - x^2$, stabilisci il numero delle sue soluzioni e, per ciascuna di esse, determina un intervallo cui essa appartiene.

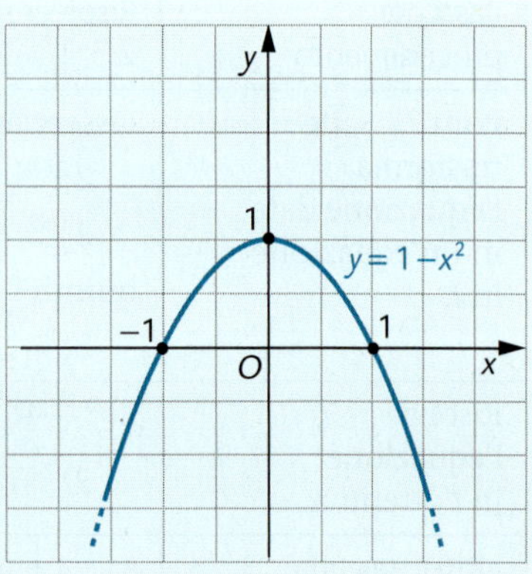

- Come primo passo devi rappresentare il grafico della funzione esponenziale $y = 2^x$ e quello della parabola di equazione $y = 1 - x^2$. Completa la figura qui a fianco, dove abbiamo già rappresentato la parabola, tracciando il grafico della funzione $y = 2^x$. Presta attenzione all'unità di misura: l'unità corrisponde a due quadretti!
- Le soluzioni dell'equazione sono le ascisse dei punti d'intersezione dei due grafici.

Dalla figura puoi vedere che una delle due ascisse è ...., mentre l'altra è un numero compreso tra .... e ....

Quindi l'equazione ha due soluzioni: una è $x =$ ...., l'altra è un numero compreso tra .... e ....

Interpretando graficamente le seguenti equazioni, stabilisci il numero delle loro soluzioni e, per ciascuna soluzione, determina un intervallo cui essa appartiene.

173 $\left(\frac{1}{2}\right)^x - 2x = 2$

174 $2^{-x} = 2x^2$

175 $\left(\frac{1}{3}\right)^x + x = 0$

176 $3^x = x^2 - 4$

177 $2^x = x + 2$

178 $x \cdot 3^x = 6$
(*Suggerimento*: dividi i due membri per x)

Esercizi riassuntivi sulle equazioni esponenziali

Risolvi le seguenti equazioni.

179 $2^{2x} - 8 = 0$ $\left[\frac{3}{2}\right]$

180 $2^{x+4} = 32$ [1]

181 $3^{x+2} = \frac{1}{9}$ [−4]

182 $\frac{9}{3^x} = 81$ [−2]

183 $10^{2x-1} = -10$ [Impossibile]

184 $25 \cdot 5^{2x-1} = \frac{1}{5} \cdot 5^{1-x}$ $\left[-\frac{1}{3}\right]$

185 $2^{x+2} + 2^{x-1} + 2^x = 22$ [2]

186 $\frac{1}{3^x} + 3^x = 2$ [0]

187 $\frac{2^{x+1}+1}{2^x - 1} = -2$ [−2]

188 $2^x \cdot 8^{x-1} = 2\sqrt{2}$ $\left[\frac{9}{8}\right]$

189 $e^{x^2+5x-6} = 1$ [−6, 1]

190 $3^x \cdot 9^{1-x^2} = 3$ $\left[-\frac{1}{2}, 1\right]$

191 $0{,}125 \cdot 2^x = \sqrt{2}$ $\left[\frac{7}{2}\right]$

192 $2^{x+1} + 2^{-x} = 3$ [−1, 0]

193 $2^{x+1} + 2^{x+2} = 3$ [−1]

194 $\frac{2^x \cdot \sqrt[3]{2^{x+1}}}{2^{1-x}} = \sqrt{2}$ $\left[\frac{1}{2}\right]$

195 $2^{x+1} + 2^{2-x} = 9$ [−1, 2]

196 $2^{x+1} + 2^{-x} = 3$ [−1, 0]

197 $4^x - 2^x = 12$ [2]

198 $\sqrt[3]{5^{x-1}} = 125^{x-\frac{2}{3}}$ $\left[\frac{5}{8}\right]$

199 Rapido $25^x + 5^x = \left(\frac{1}{5}\right)^3 - \left(\frac{1}{5}\right)^2$ [Impossibile]

200 Rapido $\left(\frac{1}{2}\right)^{(2x-1)^2+1} = 1$ [Impossibile]

201 $\left(\frac{3}{2}\right)^x + \left(\frac{3}{2}\right)^{-x} = \frac{13}{6}$ [±1]

202 $\left(\frac{1}{4}\right)^{\frac{x}{x-1}} = 2^{\frac{1}{1-x^2}}$ $\left[\frac{-1 \pm \sqrt{3}}{2}\right]$

203 $5^{2x} + 3 \cdot 5^x + 2 = 0$ [Impossibile]

204 $9^x = \frac{1}{27^{x-2}}$ $\left[\frac{6}{5}\right]$

205 $10^{3x} - 10^{x+1} = 0$ $\left[\frac{1}{2}\right]$

206 $3^{x+1} + 3^x = 4 \cdot \sqrt{3^{x+1}}$ [1]

207 $\frac{1}{2^{\sqrt{x^2-1}}} = \frac{1}{8}$ $[\pm\sqrt{10}]$

208 $\frac{1}{3^x} = 9 \cdot 3^x$ [−1]

209 $2^{2x} - 2^{x+3} - 2^{x-1} + 4 = 0$ [−1, 3]

210 $\frac{3^x}{3^{x+1}} + \sqrt{3} = 0$ [Impossibile[

211 $3^{x^2-2x} = \frac{1}{3^{x^2+3x}}$ $\left[-\frac{1}{2}, 0\right]$

212 $10^{2x} - 10^{x-1} + 2 \cdot 10^x - \frac{2}{10} = 0$ [−1]

213 $4^x\sqrt{2^x} = 8^{x-1}$ [6]

214 $\frac{4^x}{2^{2x} - 1} = 2$ $\left[\frac{1}{2}\right]$

215 $\sqrt{8^x} = \frac{1}{\sqrt[3]{2^{x+1}}}$ $\left[-\frac{2}{11}\right]$

216 $5^{x+2} - 5^x = \frac{24\sqrt{5}}{5}$ $\left[-\frac{1}{2}\right]$

217 $\left(\frac{2}{5}\right)^{x+2} = \left(\frac{5}{2}\right)^{2x-1}$ $\left[-\frac{1}{3}\right]$

218 $\frac{\sqrt[3]{2^{x-1}}}{\sqrt{4^{x+1}}} = \sqrt{8}$ $\left[-\frac{17}{4}\right]$

219 $10^{x+1} - 10^x = \frac{9}{100}$ [−2]

220 $\frac{2}{e^x + 1} + \frac{1}{e^x} = 2$ [0]

221 $e^{3-x^2} \cdot e^{2x} = \frac{e^2}{e^{1-2x}}$ $[\pm\sqrt{2}]$

222 $\left(5\sqrt{5} - \frac{1}{5^{2x}}\right)\left(9 - \frac{1}{3^x}\right) = 0$ $\left[-\frac{3}{4}, -2\right]$

223 $2^x + 2^{x-1} - 2^{x+2} = -5$ $[1]$

224 $(e^{4x} - e^{2x-1})(4^x - 5 \cdot 2^x + 4) = 0$ $\left[-\frac{1}{2}, 0{,}2\right]$

225 $\dfrac{2^{1-x} \cdot 4^{2x}}{\sqrt{8^x}} = 16$ $[2]$

226 $e^x \cdot e^{-2x+3} = \sqrt{\dfrac{1}{e}}$ $\left[\frac{7}{2}\right]$

227 $8^x - 10 \cdot 4^x - 96 \cdot 2^x = 0$ $[4]$

228 $(1 - e^{1-x^2})(e^{2x} - e^{-x}) = 0$ $[0, \pm 1]$

229 $9^x - 3^{2+x} - 3^{x+\frac{1}{2}} + 9\sqrt{3} = 0$ $\left[\frac{1}{2}, 2\right]$

230 **ESERCIZIO SVOLTO**

Risolviamo il sistema $\begin{cases} 2^{-x} \cdot 4^y = 1 \\ \sqrt{2^x} \cdot 2^y = 8 \end{cases}$

Mediante l'utilizzo delle proprietà delle potenze, ci riconduciamo a un sistema *lineare* di due equazioni nelle due incognite x e y.

$$\begin{cases} 2^{-x} \cdot 4^y = 1 \\ \sqrt{2^x} \cdot 2^y = 8 \end{cases} \Rightarrow \begin{cases} 2^{-x} \cdot 2^{2y} = 1 \\ 2^{\frac{1}{2}x} \cdot 2^y = 2^3 \end{cases} \Rightarrow \begin{cases} 2^{-x+2y} = 2^0 \\ 2^{\frac{1}{2}x+y} = 2^3 \end{cases} \Rightarrow \begin{cases} -x + 2y = 0 \\ \frac{1}{2}x + y = 3 \end{cases}$$

Risolvendo l'ultimo sistema cui siamo giunti con le tecniche ordinarie, otteniamo che la soluzione del sistema originario è $\left(3, \frac{3}{2}\right)$.

Risolvi i seguenti sistemi.

231 $\begin{cases} 2^x \cdot 4^{x+y} = \sqrt{2} \\ 4^y \cdot 2^x = 8 \end{cases}$ $\left[\left(-\frac{5}{4}, \frac{17}{8}\right)\right]$

232 $\begin{cases} 2^{x-y} = y \\ 2^{2x-2y} = 2y \end{cases}$ $[(3, 2)]$

233 $\begin{cases} 2^{x+1} = y \\ 2^{x+2y} = 2y \end{cases}$ $[(-1, 1)]$

234 $\begin{cases} \sqrt[3]{3^x} \cdot 3^y = 9 \\ \dfrac{3^{x+1}}{9^y} = 3 \end{cases}$ $\left[\left(\frac{12}{5}, \frac{6}{5}\right)\right]$

235 $\begin{cases} e^{x-y} = 1 \\ e^x \cdot e^y = e^3 \end{cases}$ $\left[\left(\frac{3}{2}, \frac{3}{2}\right)\right]$

236 $\begin{cases} 4^x - 4^y = -1 \\ 4^x + 4^y = 3 \end{cases}$ $\left[\left(0, \frac{1}{2}\right)\right]$

237 $\begin{cases} 3^x - 3^y = -\dfrac{8}{3} \\ 3^x + 3^y = \dfrac{10}{3} \end{cases}$ $[(-1, 1)]$

238 $\begin{cases} 2^x = 4^y \\ 4^y = 2^{2x} \cdot 2 \end{cases}$ $\left[\left(-1, -\frac{1}{2}\right)\right]$

239 **ESERCIZIO SVOLTO**

Determiniamo il dominio delle seguenti funzioni.

a. $y = \dfrac{1}{e^{-x} + 1}$ **b.** $y = \dfrac{2^x}{4^x - 17 \cdot 2^x + 16}$

a. La funzione è definita purché il denominatore sia diverso da zero: $e^{-x} + 1 \neq 0 \Rightarrow e^{-x} \neq -1$

Poiché e^{-x} è positivo per ogni $x \in \mathbf{R}$, la condizione $e^{-x} \neq -1$ è sempre verificata, quindi il dominio della funzione è $\mathbf{R}$.

b. Anche questa funzione è definita purché il denominatore sia diverso da zero:

$$4^x - 17 \cdot 2^x + 16 \neq 0 \Rightarrow 2^{2x} - 17 \cdot 2^x + 16 \neq 0 \underbrace{\Rightarrow}_{\text{ponendo } 2^x = t} t^2 - 17t + 16 \neq 0 \Rightarrow (t-1)(t-16) \neq 0 \Rightarrow$$

$$\Rightarrow t \neq 1 \wedge t \neq 16 \underbrace{\Rightarrow}_{\text{poiché } t = 2^x} 2^x \neq 1 \wedge 2^x \neq 16 \Rightarrow x \neq 0 \wedge x \neq 4$$

quindi il dominio della funzione è $\mathbf{R} - \{0, 4\}$.

Determina il dominio delle seguenti funzioni.

240 $y = \dfrac{1}{e^x - 1}$ $[\mathbf{R} - \{0\}]$

241 $y = e^{\sqrt{x}}$ $[x \geq 0]$

242 $y = \dfrac{1}{e^{x+1}}$ $[\mathbf{R}]$

243 $y = \dfrac{e^x}{x+1} + \dfrac{x+1}{e^{x+1}}$ $[\mathbf{R} - \{-1\}]$

244 $y = e^{-\sqrt{x^2-1}}$ $[x \leq -1 \vee x \geq 1]$

245 $y = \dfrac{1}{e^{\sqrt{x}}} + \sqrt[3]{x}$ $[x \geq 0]$

246 $y = \dfrac{e^{\sqrt{\frac{x}{x+1}}}}{x}$ $[x < -1 \vee x > 0]$

247 $y = \dfrac{1}{8^x - 2^{2x+5}}$ $[\mathbf{R} - \{5\}]$

248 $y = \dfrac{1}{(0,1)^x - 10^{x+1}}$ $\left[\mathbf{R} - \left\{-\dfrac{1}{2}\right\}\right]$

249 $y = \dfrac{e^x - 4}{e^{x+1} - \sqrt{e}}$ $\left[\mathbf{R} - \left\{-\dfrac{1}{2}\right\}\right]$

250 $y = \dfrac{\sqrt{x^2-1}}{2^{2x} - 3 \cdot 2^x + 2}$ $[x \leq -1 \vee x > 1]$

251 $y = \dfrac{1}{e^{2x} - e^{x+2} - e^{x+0,5} + e^{2,5}}$ $\left[\mathbf{R} - \left\{\dfrac{1}{2}, 2\right\}\right]$

252 $y = \dfrac{1}{4^x - 3 \cdot 2^{x+2} + 32}$ $[\mathbf{R} - \{2, 3\}]$

253 $y = \dfrac{1}{2^{x+3} - 2^{x+2} + 2^x}$ $[\mathbf{R}]$

4. Disequazioni esponenziali

TEORIA a p. 401

Esercizi preliminari

254 **Vero o falso?**

a. la disequazione $2^x \geq 0$ è verificata per ogni $x \in \mathbf{R}$ V F

b. la disequazione $2^x \leq 0$ è verificata se e solo se $x = 0$ V F

c. la disequazione $e^{-x} \leq 0$ è verificata per ogni $x \in \mathbf{R}$ V F

d. la disequazione $(0,2)^x \geq (0,2)^3$ è verificata per ogni $x \geq 3$ V F

e. la disequazione $e^x \leq \dfrac{1}{e}$ è verificata per ogni $x \leq -1$ V F

[2 affermazioni vere e 3 false]

255 Associa a ogni disequazione la frase che le corrisponde.

a. $3^x \leq \sqrt{3}$ — A. È verificata per $x \geq \dfrac{1}{2}$.

b. $\left(\dfrac{1}{3}\right)^x \geq -3$ — B. È verificata per $x \leq -2$.

c. $3^x \geq \dfrac{1}{9}$ — C. È verificata per ogni $x \in \mathbf{R}$.

d. $\left(\dfrac{1}{3}\right)^x \geq 9$ — D. È verificata per $x \leq \dfrac{1}{2}$.

e. $3^{-x} \leq \dfrac{\sqrt{3}}{3}$ — E. È verificata per $x \geq -2$.

Disequazioni riconducibili alla forma $a^{f(x)} < a^{g(x)}$ o $a^{f(x)} \leq a^{g(x)}$ o $a^{f(x)} > a^{g(x)}$ o $a^{f(x)} \geq a^{g(x)}$

256 ESERCIZIO SVOLTO

Risolviamo le disequazioni:

a. $\left(\dfrac{1}{2}\right)^{x+3} < -2$ b. $4^x \cdot 16 \geq 2^{2-x} \cdot \sqrt{2}$ c. $\left(\dfrac{1}{5}\right)^x \geq \dfrac{1}{25}$

a. La disequazione è impossibile perché una potenza con base positiva (quale quella al primo membro) è sempre positiva, quindi non può mai essere minore di -2.

b. Riscriviamo i due membri sotto forma di potenze con base 2, quindi passiamo alla disuguaglianza tra gli esponenti:

$$4^x \cdot 16 \geq 2^{2-x} \cdot \sqrt{2} \Rightarrow 2^{2x} \cdot 2^4 \geq 2^{2-x} \cdot 2^{\frac{1}{2}} \Rightarrow 2^{2x+4} \geq 2^{2-x+\frac{1}{2}} \Rightarrow 2x + 4 \geq 2 - x + \frac{1}{2} \Rightarrow$$

$$\Rightarrow 4x + 8 \geq 4 - 2x + 1 \Rightarrow 6x \geq -3 \Rightarrow x \geq -\frac{1}{2}$$

c. Procediamo similmente al caso precedente, scrivendo i due membri come potenze di base $\dfrac{1}{5}$. Poiché la base è minore di 1, passando alla disuguaglianza tra gli esponenti bisognerà ricordare di *cambiare il verso* della disequazione:

$$\left(\frac{1}{5}\right)^x \geq \frac{1}{25} \Rightarrow \left(\frac{1}{5}\right)^x \geq \left(\frac{1}{5}\right)^2 \Rightarrow x \leq 2$$

Risolvi le seguenti disequazioni.

257 $4^x \leq 0$ [Impossibile]

258 $\left(\dfrac{2}{3}\right)^x \geq \sqrt[3]{\dfrac{4}{9}}$ $\left[x \leq \dfrac{2}{3}\right]$

259 $\left(\dfrac{9}{4}\right)^x > \dfrac{3}{2}$ $\left[x > \dfrac{1}{2}\right]$

260 $2^{-x} \cdot \sqrt{2} \leq 1$ $\left[x \geq \dfrac{1}{2}\right]$

261 $\sqrt[4]{\left(\frac{1}{4}\right)^x} > \frac{1}{16}$ $[x < 8]$

262 $3^x \cdot 81 \geq 3^{2-x}$ $[x \geq -1]$

263 $\left(\frac{1}{4}\right)^x > \frac{1}{2}$ $\left[x < \frac{1}{2}\right]$

264 $6^x < \sqrt{6}$ $\left[x < \frac{1}{2}\right]$

265 $\left(\frac{1}{2}\right)^x \cdot 4^{2x} < \sqrt{2}$ $\left[x < \frac{1}{6}\right]$

266 $2^{3x-1} > 4$ $[x > 1]$

267 $3^{x^2-1} \leq -\frac{1}{3}$ [Impossibile]

268 $\left(\frac{1}{2}\right)^{3-x} > \frac{1}{4}$ $[x > 1]$

269 $\left(\frac{3}{2}\right)^{x^2-7} \geq \frac{9}{4}$ $[x \leq -3 \vee x \geq 3]$

270 $5^{2x} \leq \left(\frac{1}{25}\right)^{x-3}$ $\left[x \leq \frac{3}{2}\right]$

271 $4^x - 2^{x+3} > 0$ $[x > 3]$

272 $\sqrt{2^x} > 4^{\frac{1}{x}}$ $[-2 < x < 0 \vee x > 2]$

273 $(0,25)^{x^2-3x} \geq 16$ $[1 \leq x \leq 2]$

274 $\left(\frac{5}{4}\right)^{\frac{2}{x}} \leq \frac{4}{5}$ $[-2 \leq x < 0]$

275 $\sqrt{2^x} \leq 2^{\sqrt{x}}$ $[0 \leq x \leq 4]$

276 $\left(\frac{3}{4}\right)^{x^2+2x} \geq \frac{16}{9}$ [Impossibile]

277 $2^{x+3} \geq \frac{16}{2^{x-2}}$ $\left[x \geq \frac{3}{2}\right]$

278 $\frac{5^x}{2\sqrt{2}} < \frac{2^{x-1}}{\sqrt{5}}$ $\left[x < -\frac{1}{2}\right]$

Disequazioni risolvibili utilizzando incognite ausiliarie

279 **ESERCIZIO GUIDATO**

Risolvi la disequazione $3^{2x} - 8 \cdot 3^x - 9 \geq 0$.

- Poni $3^x = t$; la disequazione diventa così:
  $t^2 - 8t - 9 \geq 0$
- Risolvendo questa disequazione troverai che essa è soddisfatta per:
  $t \leq -1 \vee t \geq$ .....
- Ritorna ora alla variabile x, sostituendo 3^x al posto di t, e risolvi in x le disequazioni che si ottengono:
  $3^x \leq -1 \vee 3^x \geq$ .....
  La prima disequazione non ha soluzioni perché ...., mentre la seconda è soddisfatta per ....
- Pertanto la disequazione originaria è soddisfatta per .... $[x \geq 2]$

Risolvi le seguenti disequazioni ricorrendo a opportune incognite ausiliarie.

280 $2^{2x+1} + 7 \cdot 2^x - 4 \leq 0$ $[x \leq -1]$

281 $2^{2x} - 17 \cdot 2^x + 16 \geq 0$ $[x \leq 0 \vee x \geq 4]$

282 $3^{2x+1} - 10 \cdot 3^x + 3 > 0$ $[x < -1 \vee x > 1]$

283 $3^{2x} + 4 \cdot 3^x + 3 > 0$ $[\forall x \in \mathbf{R}]$

284 $(0,1)^{2x} - 11 \cdot (0,1)^x + 10 \geq 0$ $[x \leq -1 \vee x \geq 0]$

285 $(4^x - 1)^2 \geq 49$ $\left[x \geq \frac{3}{2}\right]$

286 $3^x + \left(\frac{1}{3}\right)^x \leq \frac{10}{3}$ $[-1 \leq x \leq 1]$

287 $\sqrt[3]{3^{2x}} - \sqrt[3]{3^x} \geq 6$ $[x \geq 3]$

288 $4 \cdot 2^{\frac{2}{x}} - 17 \cdot 2^{\frac{1}{x}} + 4 > 0$ $\left[-\frac{1}{2} < x < 0 \vee 0 < x < \frac{1}{2}\right]$

289 $\frac{1}{2^{2x} - 4} - \frac{1}{2^x - 2} > \frac{1}{2^x + 2}$ $[-1 < x < 1]$

290 $\frac{1}{2^x - 4} + \frac{1}{2^x + 4} \leq \frac{16}{4^x - 16}$ $[2 < x \leq 3]$

291 $\frac{1}{2^{2x} - 1} + \frac{1}{2^x - 1} > \frac{4}{3}$ $[0 < x < 1]$

292 $\frac{1}{3 - 3^x} - \frac{1}{3 + 3^x} < -\frac{54}{9^x - 9}$ $[x < 1 \vee x > 3]$

■ Disequazioni prodotto e frazionarie

293 **ESERCIZIO GUIDATO**

Risolvi le disequazioni:

a. $e^{-3x}\left(\sqrt{e^x}-\dfrac{1}{e^{x-1}}\right)\geq 0$ **b.** $\dfrac{8^x-\sqrt{2}}{9^x\cdot 3^{x-1}-1}<0$

a. Osserva che il fattore e^{-3x} è sempre positivo, quindi la disequazione data equivale alla seguente, di cui devi completare la risoluzione:

$$\sqrt{e^x}-\frac{1}{e^{x-1}}\geq 0 \Rightarrow e^{\frac{x}{\dots}}-e^{1-x}\geq 0 \Rightarrow e^{\frac{x}{\dots}}\geq e^{1-x} \Rightarrow \frac{x}{\dots}\geq \dots\dots \Rightarrow x\geq \dots$$

b. Studia il segno del numeratore e del denominatore:

$$8^x-\sqrt{2}>0 \Rightarrow 2^{\dots}>2^{\frac{1}{2}} \Rightarrow \dots > \frac{1}{2} \Rightarrow x > \dots$$

$$9^x\cdot 3^{x-1}-1>0 \Rightarrow 3^{\dots}\cdot 3^{x-1}>1 \Rightarrow 3^{\dots}>3^0 \Rightarrow 3x-\dots>0 \Rightarrow x>\dots$$

Completa la tabella dei segni impostata qui sotto e concludi.

		$\frac{1}{6}$		…		x
segno di $(8^x-\sqrt{2})$	…	0	…		…	
segno di $(9^x\cdot 3^{x-1}-1)$	…		…	0	…	
segno di $\dfrac{8^x-\sqrt{2}}{9^x\cdot 3^{x-1}-1}$	…	0	…	∄	…	

Se svolgi correttamente i calcoli troverai che la disequazione è soddisfatta per $\dfrac{1}{6}<x<\dfrac{1}{3}$.

Risolvi le seguenti disequazioni prodotto.

294 $\left(2x^2-\dfrac{1}{2}x\right)e^{-x}\geq 0$ $\left[x\leq 0 \vee x\geq \dfrac{1}{4}\right]$

295 $\left(3^x-\dfrac{1}{9}\right)(5^{3-x}-1)\geq 0$ $[-2\leq x\leq 3]$

296 $\left[\left(\dfrac{3}{2}\right)^{x-1}-\dfrac{4}{9}\right](2^{3-x}-4^{2x-1})<0$ $[x<-1 \vee x>1]$

297 $(2x^2-x-1)\,(e^{-2x}-1)<0$ $\left[-\dfrac{1}{2}<x<0 \vee x>1\right]$

298 $x\,(4^x-2^{1-x})\,(6^x-36)>0$ $\left[0<x<\dfrac{1}{3} \vee x>2\right]$

299 $4^x-17\cdot 2^x+16>0$ $[x<0 \vee x>4]$

300 $3^{2x}-3^{x-1}-9\cdot 3^x+3<0$ $[-1<x<2]$

301 $26\cdot 5^x-5^{2x}-25\geq 0$ $[0\leq x\leq 2]$

Risolvi le seguenti disequazioni frazionarie.

302 $\dfrac{1-e^{-x}}{e^{2x}-e\sqrt[3]{e}}<0$ $\left[0<x<\dfrac{2}{3}\right]$

303 $\dfrac{2^x-1}{8-4^x}\geq 0$ $\left[0\leq x<\dfrac{3}{2}\right]$

304 $\dfrac{e^{-3x}-\sqrt{e^{2x-1}}}{e^{2x}}>0$ $\left[x<\dfrac{1}{8}\right]$

305 $\dfrac{4^{2x-3}-8^x}{5^x-\sqrt{5}}\leq 0$ $\left[\dfrac{1}{2}<x\leq 6\right]$

306 $\dfrac{3^x-27}{\left(\dfrac{1}{2}\right)^x-\sqrt[3]{2}}\leq 0$ $\left[x<-\dfrac{1}{3} \vee x\geq 3\right]$

307 $\dfrac{e^{4-x^2}-1}{\sqrt{e}-e^{x-3}} \geq 0$ $\left[-2 \leq x \leq 2 \vee x > \dfrac{7}{2}\right]$

308 $\dfrac{e^x - 1}{(e^x - e^3)(\sqrt{e} - e^x)} \leq 0$ $\left[0 \leq x < \dfrac{1}{2} \vee x > 3\right]$

309 $\dfrac{x-2}{2^{2x} - 9 \cdot 2^x + 8} \geq 0$ $[0 < x \leq 2 \vee x > 3]$

310 $\dfrac{25 - 5^{-x}}{5^{2x+1} - 5^x - 5^{x+1} + 1} < 0$ $[x < -2 \vee -1 < x < 0]$

311 $\dfrac{2^{\frac{x-1}{x-2}} - 1}{4^{2x} - 9 \cdot 4^x + 8} \geq 0$ $\left[x < 0 \vee 1 \leq x < \dfrac{3}{2} \vee x > 2\right]$

Esercizi riassuntivi sulle disequazioni esponenziali

Risolvi le seguenti disequazioni.

312 $e^{\frac{1}{x^2}} \geq \sqrt[4]{e}$ $[-2 \leq x \leq 2, \text{ con } x \neq 0]$

313 $2^{2x} - 2^{x-1} - 2^{x+2} + 2 < 0$ $[-1 < x < 2]$

314 $(e^{-x} + 1)^2 \geq 1$ $[\forall x \in \mathbf{R}]$

315 $2^x + 2^{-x} \leq \dfrac{17}{4}$ $[-2 \leq x \leq 2]$

316 $e^{2x} - e^{x+1} + e^x - e \geq 0$ $[x \geq 1]$

317 $e^{-x}(e^{4x} - \sqrt{e}) > 0$ $\left[x > \dfrac{1}{8}\right]$

318 $\dfrac{2^{x^2} \cdot \sqrt[3]{2^x}}{\sqrt{2}} \geq \dfrac{1}{8}$ $[\forall x \in \mathbf{R}]$

319 $\dfrac{1}{3} \cdot 3^{x^2-1} \geq \dfrac{3\sqrt{3}}{3^x}$ $\left[x \leq \dfrac{-1-\sqrt{15}}{2} \vee x \geq \dfrac{-1+\sqrt{15}}{2}\right]$

320 $2^{-3x} + 2^{-3x+2} + 2^{-3x+1} \geq 28$ $\left[x \leq -\dfrac{2}{3}\right]$

321 $\dfrac{1}{e^{\frac{x^2-2}{x}}} \leq e$ $[-2 \leq x < 0 \vee x \geq 1]$

322 $3^{3x} - 3^{x+1} - 3^{2x+1} + 9 \geq 0$ $\left[x \leq \dfrac{1}{2} \vee x \geq 1\right]$

323 $(0,2)^{x^2-1} \geq \dfrac{1}{5}$ $[-\sqrt{2} \leq x \leq \sqrt{2}]$

324 $(4^x - 2)^3 \geq 0$ $\left[x \geq \dfrac{1}{2}\right]$

325 $\left(\dfrac{2}{3}\right)^{-x} + \left(\dfrac{2}{3}\right)^x \geq 2 \cdot \left(\dfrac{3}{2}\right)^x$ $[x \leq 0]$

326 $\dfrac{1}{4^x - 1} - \dfrac{2}{4^x + 1} < \dfrac{1}{16^x - 1}$ $\left[x < 0 \vee x > \dfrac{1}{2}\right]$

327 $e^{\frac{x}{x-1}} \geq 0$ $[x < 1 \vee x > 1]$

328 $e^{-x}(x^2 - 5x + 4) \leq 0$ $[1 \leq x \leq 4]$

329 $\dfrac{e^x + 1}{e^x - 1} > 0$ $[x > 0]$

330 $e^{\frac{x}{x^2-1}} - 1 > 0$ $[-1 < x < 0 \vee x > 1]$

331 $\dfrac{\sqrt[3]{2^{-x}} \cdot 2^{x+1}}{2^{x+1} - 2^x} \geq 2\sqrt{2}$ $\left[x \leq -\dfrac{3}{2}\right]$

332 $2^{3x} - 3 \cdot 2^{2x+\frac{1}{2}} + 4 \cdot 2^x > 0$ $\left[x < \dfrac{1}{2} \vee x > \dfrac{3}{2}\right]$

333 $\dfrac{5^{2x} + 5^x}{5^{2x} - 5^x} \leq 0$ $[x < 0]$

334 $\dfrac{e^{2x+1} - e^x}{e^{3x} - e} \geq 0$ $\left[x \leq -1 \vee x > \dfrac{1}{3}\right]$

335 $\dfrac{x-3}{9^x - \sqrt{3}} \leq 0$ $\left[\dfrac{1}{4} < x \leq 3\right]$

336 $e^{-2x}(e^{-x} - e^{2x})(e^{2x} - e^3) > 0$ $\left[0 < x < \dfrac{3}{2}\right]$

337 $\dfrac{4^x \cdot 2^{1-2x}}{\sqrt[3]{8^{x-1}}} < 1$ $[x > 2]$

338 $\left[\left(\dfrac{2}{3}\right)^{-2x} - \dfrac{9}{4}\right]\left[\left(\dfrac{3}{2}\right)^{x-1} - \sqrt{\dfrac{3}{2}}\right] \leq 0$ $\left[1 \leq x \leq \dfrac{3}{2}\right]$

339 $\dfrac{8^x\sqrt{2} - 4}{1 - 3^{-x}} \geq 0$ $\left[x < 0 \vee x \geq \dfrac{1}{2}\right]$

340 $\dfrac{e^{2x} - 1}{4 - x^2} < 0$ $[-2 < x < 0 \vee x > 2]$

341 $2\left(\dfrac{1}{16}\right)^x + 7\left(\dfrac{1}{4}\right)^x > 4$ $\left[x < \dfrac{1}{2}\right]$

342 $e^2 \cdot \dfrac{1}{e^{1-2x}} > \dfrac{e^{-x^2}}{e^3}$ $[\forall x \in \mathbf{R}]$

343 $3\left(\dfrac{1}{9}\right)^x > 10\left(\dfrac{1}{3}\right)^x - 3$ $[x < -1 \vee x > 1]$

344 $e^{4x} - e^{2x+2} - e^{2x} + e^2 < 0$ $[0 < x < 1]$

Risolvi i seguenti sistemi di disequazioni.

345 $\begin{cases} x(2^{3x} - 16) > 0 \\ 4^x - 16 \leq 0 \end{cases}$ $\left[x < 0 \vee \dfrac{4}{3} < x \leq 2\right]$

346 $\begin{cases} e^{2x} \leq \sqrt{e} \\ \dfrac{x^3 e^x}{x^2 + 1} \geq 0 \end{cases}$ $\left[0 \leq x \leq \dfrac{1}{4}\right]$

347 $\begin{cases} (0,1)^x \geq 100 \\ 10^{x+1} - 10^{2-x} > 0 \end{cases}$ [Impossibile]

348 $\begin{cases} \sqrt[4]{2^x} \geq 2^{\sqrt[3]{x}} \\ (3^x)^x \leq 27^{30} : 3^9 \end{cases}$ $[-8 \leq x \leq 0 \vee 8 \leq x \leq 9]$

349 $\begin{cases} 5^{|x-1|} \leq \dfrac{1}{25} \\ 2^{x^2+3x+1} \geq 1 \end{cases}$ [Impossibile]

350 $\begin{cases} \sqrt[3]{27-3^x} \geq 0 \\ \sqrt{\left(\frac{1}{5}\right)^x} < \sqrt[3]{25} \end{cases}$ $\left[-\frac{4}{3} < x \leq 3\right]$

351 $\begin{cases} \dfrac{e^{-x}-1}{e^{2x}-2e^x+1} \geq 0 \\ \dfrac{x^2-25}{5^x+25} \leq 0 \end{cases}$ $[-5 \leq x < 0]$

352 $\begin{cases} \left(\frac{1}{2}\right)^{x^2-2x} \leq 1 \\ 5^{x^2-4} \leq 25 \end{cases}$ $[-\sqrt{6} \leq x \leq 0 \vee 2 \leq x \leq \sqrt{6}]$

353 $\begin{cases} \dfrac{|5^x-1|}{2^x-4} \leq 0 \\ (0,\overline{3})^x > \sqrt{3} \end{cases}$ $\left[x < -\frac{1}{2}\right]$

323 **ESERCIZIO SVOLTO**

Determiniamo il dominio delle seguenti funzioni.

a. $y = \dfrac{e^x}{e^{2x}-1}$ **b.** $y = \sqrt{8^x - 4} + \sqrt{\left(\frac{1}{2}\right)^x - 8}$

---

a. La funzione è definita purché il denominatore sia diverso da zero:

$e^{2x} - 1 \neq 0 \Rightarrow e^{2x} \neq 1 \Rightarrow e^{2x} \neq e^0 \Rightarrow 2x \neq 0 \Rightarrow x \neq 0$

quindi il dominio della funzione è $\mathbf{R} - \{0\}$.

b. La funzione è definita purché i radicandi delle due radici quadrate siano entrambe non negativi, ossia purché sia verificato il sistema seguente, che risolviamo:

$$\begin{cases} 8^x - 4 \geq 0 \\ \left(\frac{1}{2}\right)^x - \frac{1}{8} \geq 0 \end{cases} \Rightarrow \begin{cases} 2^{3x} \geq 2^2 \\ 2^{-x} \geq 2^{-3} \end{cases} \Rightarrow \begin{cases} 3x \geq 2 \\ -x \geq -3 \end{cases} \Rightarrow \begin{cases} x \geq \frac{2}{3} \\ x \leq 3 \end{cases} \Rightarrow \frac{2}{3} \leq x \leq 3$$

Il dominio della funzione è quindi l'intervallo $\frac{2}{3} \leq x \leq 3$.

Determina il dominio delle seguenti funzioni.

324 $y = \dfrac{e^{-x}}{\sqrt{e^{2x}-1}}$ $[x > 0]$

325 $y = \sqrt{2^x - 2^{1-x} - 1}$ $[x \geq 1]$

326 $y = \sqrt{\left(\frac{1}{2}\right)^{x+2} - \left(\frac{1}{4}\right)^{3-x}}$ $\left[x \leq \frac{4}{3}\right]$

327 $y = \dfrac{1}{\sqrt{1-2^{-x^2}}}$ $[D = \mathbf{R} - \{0\}]$

328 $y = \dfrac{\sqrt{2^{2x} - 8^{x-1}}}{x^2-1}$ $[x \leq 3 \ \wedge \ x \neq \pm 1]$

329 $y = \sqrt{e^{-x}-1} - \sqrt{\sqrt{e} - e^{2x}}$ $[x \leq 0]$

330 $y = \sqrt{\dfrac{x^2-6x+5}{2^{2x}-12 \cdot 2^x + 32}}$ $[x \leq 1 \vee 2 < x < 3 \vee x \geq 5]$

331 $y = \sqrt{2^x - x}$ $[D = \mathbf{R}]$

332 $y = \sqrt{e^{-x}+1} + \sqrt{|e^{2x}-1|}$ $[D = \mathbf{R}]$

333 $y = \sqrt{5x - x^2} + \sqrt{\sqrt[3]{5^x} - 5\sqrt{5}}$ $\left[\frac{9}{2} \leq x \leq 5\right]$

334 $y = \dfrac{1}{\sqrt{x + e^x}}$ $[x > \alpha, \text{ con } \alpha \in (-1, 0)]$

RIEPILOGO

Esercizi di riepilogo

Test

335 Quale dei seguenti rappresenta il grafico della funzione $y = \left(\frac{4}{3}\right)^{-x}$?

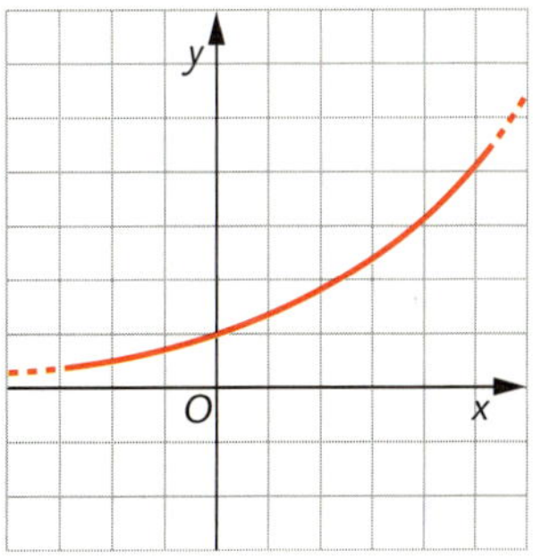

A

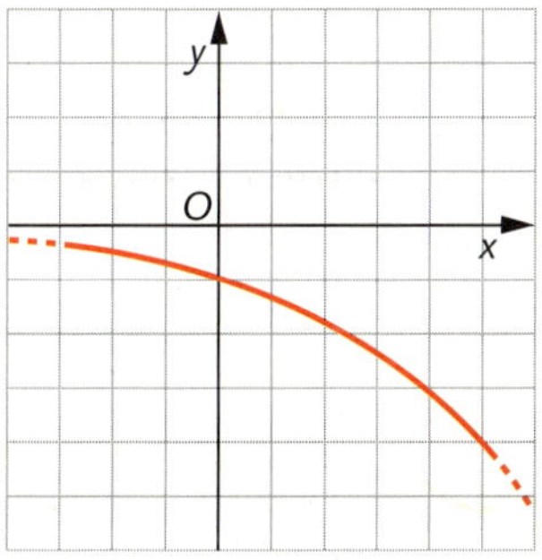

B

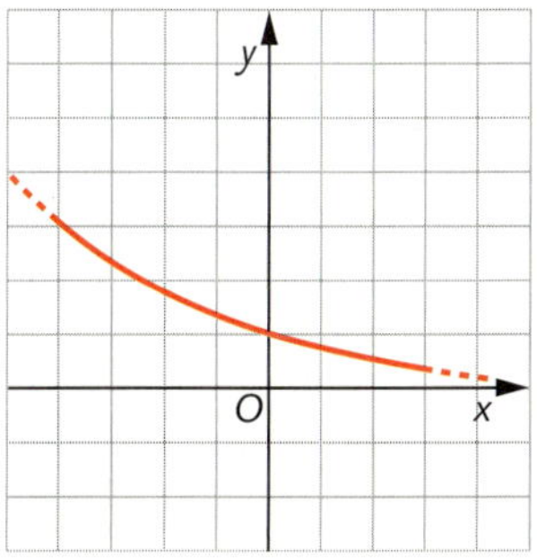

C

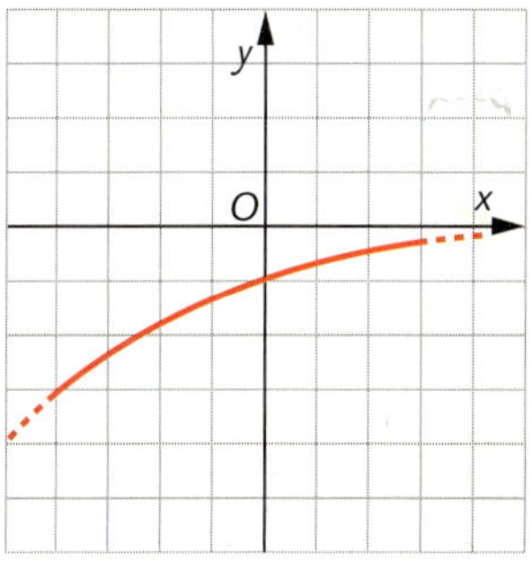

D

336 Il grafico qui a fianco è quello di:

A $y = 2^{-x} - 1$

B $y = 2^{x} - 1$

C $y = 1 - 2^{-x}$

D $y = 1 - 2^{x}$

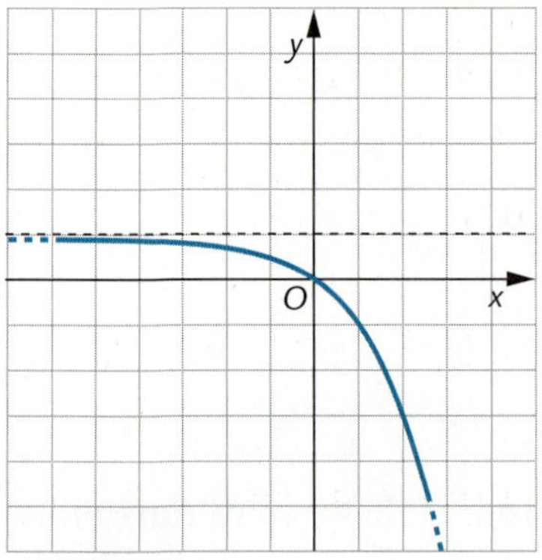

Traccia il grafico delle seguenti funzioni esponenziali.

337 $y = 2^{x} - 1$

338 $y = e^{x+2}$

339 $y = 1 - 2^{-x}$

340 $y = 2 - \left(\frac{1}{2}\right)^{1-x}$

341 $y = \frac{1}{2^{x+3}}$

342 $y = -e^{x-2}$

343 **Caccia all'errore.**
Paolo risolve alcune equazioni esponenziali ma commette **gravi errori.** Individuali e correggili.

a. $2^{x} = -2 \Rightarrow 2^{x} = 2^{-1} \Rightarrow x = -1$

b. $2^{x+1} = 1 \Rightarrow 2^{x} + 1 = 1 \Rightarrow 2^{x} = 0 \Rightarrow$ l'equazione è impossibile

c. $3^{x+1} = 0 \Rightarrow x + 1 = 0 \Rightarrow x = -1$

d. $(3^{x})^{2} = 9 \Rightarrow 3^{x^2} = 3^{2} \Rightarrow x^{2} = 2 \Rightarrow x = \pm\sqrt{2}$

e. $3^{2x} + 3^{x} = 0 \Rightarrow 3^{2x} = -3^{x} \Rightarrow 3^{2x} = 3^{-x} \Rightarrow 2x = -x \Rightarrow x = 0$

344 **Inventa tu.** Scrivi:

a. un'equazione esponenziale impossibile;

b. un'equazione esponenziale che abbia come unica soluzione $x = 2$.

345 **Inventa tu.** Scrivi:

a. un'equazione esponenziale che abbia come unica soluzione $x = 0$;

b. un'equazione esponenziale che abbia come soluzioni $x = 0$ e $x = 2$.

Risolvi le seguenti equazioni.

346 $3^{2x-1} = 9$ $\quad\left[\frac{3}{2}\right]$

347 $3^{1+\frac{1}{x}} = 0$ $\quad$[Impossibile]

348 $8^{x^2-2x} = \frac{1}{2}$ $\quad\left[\frac{3 \pm \sqrt{6}}{3}\right]$

349 $\left(\frac{1}{3}\right)^{4-x} = 9$ $\quad[6]$

350 $2^{x^3} = 4^{x}$ $\quad[0, \pm\sqrt{2}]$

351 $5^{\frac{x^2-1}{x+2}} = 25$ $\quad[1 \pm \sqrt{6}]$

352 $e^{-\frac{1}{x^2}} = 1$ $\quad$[Impossibile]

353 $5^{2x-1} = \frac{\sqrt{5}}{5}$ $\quad\left[\frac{1}{4}\right]$

354 $5^{2x-1} = \frac{1}{5^{x-2}}$ $\quad[1]$

355 $(3^{2x-1})^{2} = 9^{x+1}$ $\quad[2]$

356 $10^{x} + 10^{x+1} = \frac{11}{10}$ $\quad[-1]$

357 $\sqrt{2^{x-3}} = \frac{1}{4^{x+5}}$ $\quad\left[-\frac{17}{5}\right]$

358 $e^{2x} - e^{x} = 0$ $\quad[0]$

359 $(4^{2x} - 1)(2^{x+1} - 4^{x}) = 0$ $\quad[0, 1]$

360 $(8^{x} - 2^{-x+1})(5^{2x} - 5\sqrt{5}) = 0$ $\quad\left[\frac{1}{4}, \frac{3}{4}\right]$

361 $10^{2x} - 10^{x-1} = 10^{x+2} - 10$ $\quad[-1, 2]$

362 $\frac{2^{x} - 1}{2^{x} + 1} = -\frac{1}{3}$ $\quad[-1]$

363 $\left(e^{x} - \frac{1}{e}\right)(e^{2x} - \sqrt{e}) = 0$ $\quad\left[-1, \frac{1}{4}\right]$

364 $3^{x-2} \cdot 9^{x} = \frac{1}{3^{x}} \cdot (3^{1-x})^{2}$ $\quad\left[\frac{2}{3}\right]$

365 $\frac{1}{2^{x^2-2x}} = 4^{2x}$ $\quad[-2, 0]$

366 $e^{-x^2+3x} \cdot e^{x} = \frac{1}{e^{2}}$ $\quad[2 \pm \sqrt{6}]$

367 $\sqrt[3]{3^{x-1}} = \frac{1}{3^x} \cdot 9^{1-x}$ $\left[\frac{7}{10}\right]$

368 $5^{x-1} + 5^{x+1} = \frac{26\sqrt{5}}{5}$ $\left[\frac{1}{2}\right]$

369 $25^x - 5^{x+1} = 5^x - 5$ $[0, 1]$

370 $4^{x^2} - 7 \cdot 2^{x^2} = 8$ $[\pm\sqrt{3}]$

371 Rapido $(3e^x+2)^2 - 2(3e^x+2)(e^x+1) + (e^x+1)^2 = 0$ [Impossibile]

372 $4^x - 8 \cdot 2^x = 2^{x-2} - 2$ $[-2, 3]$

373 $\pi^{2x} = \frac{1}{\pi^3}$ $\left[-\frac{3}{2}\right]$

374 $2^{3x} - 2^{x+3} = 0$ $\left[\frac{3}{2}\right]$

375 $2^{-2x^2+3x} = 1$ $\left[0, \frac{3}{2}\right]$

376 $2^x + 2^{-x} = \frac{5}{2}$ $[\pm 1]$

377 $\left(\frac{2}{3}\right)^{1-2x} = \frac{9}{4}$ $\left[\frac{3}{2}\right]$

378 $\frac{2^x - 1}{2^x - 2} = \frac{3}{2}$ $[2]$

379 $3^{x+3} - 3^{x+2} = 18\sqrt{3}$ $\left[\frac{1}{2}\right]$

380 $\sqrt[x]{8} \cdot 2^x = \sqrt[x]{32}$ $[\pm\sqrt{2}]$

381 $4^x - 5 \cdot 2^x = 24$ $[3]$

382 $3^{x+2} - 3^{x+1} = 2$ $[-1]$

383 $2^{x+2} + 2^{x+1} + 2^x = 14\sqrt{2}$ $\left[\frac{3}{2}\right]$

384 $3^{2x} - 3^{x+2} - 3^{x+1} + 27 = 0$ $[1, 2]$

385 $2^{-x} + 2^{3+x} = 6$ $[-1, -2]$

386 $\frac{2^x - 1}{2^x + 1} = -\frac{1}{3}$ $[-1]$

387 $5^{2x} - 5^{x+2} - 5^{x+1} + 125 = 0$ $[\{1, 2\}]$

388 $\left(e^{3x-2} - \frac{1}{e}\right)\left(\sqrt[3]{\frac{1}{e^x}} - \sqrt{e}\right) = 0$ $\left[-\frac{3}{2}, \frac{1}{3}\right]$

389 $e^{2x} - e^{x+3} = e^4 - e^{x+1}$ $[3]$

390 $4^x - 2^{x-1} = 16 \cdot 2^x - 8$ $[-1, 4]$

391 $e^{2x+1} + e^{2x+2} = e^{x+1} + e^x$ $[-1]$

392 $\frac{1}{e^{x^2}} \cdot e^{2x+1} \cdot \sqrt{e^{3x-2}} = 1$ $\left[0, \frac{7}{2}\right]$

Risolvi le seguenti disequazioni.

393 $\frac{16^x \cdot 2^{x+1}}{4^{2x}} \geq 8$ $[x \geq 2]$

394 $e^{2x-1} > 1$ $\left[x > \frac{1}{2}\right]$

395 $2^x \cdot 4^{1-x} < 16^x\sqrt{2}$ $\left[x > \frac{3}{10}\right]$

396 $e^{2x^2-3} \leq \frac{1}{e^x}$ $\left[-\frac{3}{2} \leq x \leq 1\right]$

397 $5^{x+2} + 5^{x+1} < 5^{2x} + 125$ $[x < 1 \vee x > 2]$

398 $3^{1-x^2} < \frac{1}{9}$ $[x < -\sqrt{3} \vee x > \sqrt{3}]$

399 $16^x + 4^x \geq \frac{5}{16}$ $[x \geq -1]$

400 $\frac{3x - 2}{4^x - 2\sqrt{2}} \leq 0$ $\left[\frac{2}{3} \leq x < \frac{3}{4}\right]$

401 $(9^x - 27)(\sqrt{5} - \frac{1}{5^x}) > 0$ $\left[x < -\frac{1}{2} \vee x > \frac{3}{2}\right]$

402 $\frac{1 - 4x^2}{8^{x+2} - 4} \geq 0$ $\left[x < -\frac{4}{3} \vee -\frac{1}{2} \leq x \leq \frac{1}{2}\right]$

403 $(e^x - 1)(x^2 + 3x + 2) \geq 0$ $[-2 \leq x \leq -1 \vee x \geq 0]$

404 $\left[\left(\frac{3}{4}\right)^{2x} - \frac{16}{9}\right](5^{2x} - 5^{-x}) < 0$ $[x < -1 \vee x > 0]$

405 $\sqrt[3]{e^x} \geq e^{\sqrt[3]{x}}$ $[-3\sqrt{3} \leq x \leq 0 \vee x \geq 3\sqrt{3}]$

406 $\frac{1}{e^{\frac{x-1}{x+1}}} \geq \sqrt{e}$ $\left[-1 < x \leq \frac{1}{3}\right]$

407 $e^{x^2-4x} \geq \frac{1}{e^3}$ $[x \leq 1 \vee x \geq 3]$

408 $2^{2x} - 17 \cdot 2^x + 16 \leq 0$ $[0 \leq x \leq 4]$

409 $[(0{,}1)^{x^2} - 10](10^{x^2} - 100) \geq 0$ $[-\sqrt{2} \leq x \leq \sqrt{2}]$

410 $(x^2 - 5x)e^{x^2-5x} \leq 0$ $[0 \leq x \leq 5]$

411 $e^x + e^{\frac{1}{x}} > 0$ $[\mathbf{R} - \{0\}]$

412 $2^x - 4^{\frac{1}{x}} \geq 0$ $[-\sqrt{2} \leq x < 0 \vee x \geq \sqrt{2}]$

413 $\frac{e^{\sqrt[3]{x}} - e^2}{e^{\sqrt[3]{x}} + e^2} > 0$ $[x > 8]$

414 $2^{3x+1} + 15 \cdot 2^{2x} - 2^{x+3} \geq 0$ $[x \geq -1]$

415 $2^{x^2-2x} + 2^{2x-x^2} \leq \frac{5}{2}$ $[1 - \sqrt{2} \leq x \leq 1 + \sqrt{2}]$

416 $(15^x - 1)\,(4^x - \sqrt{2}) > 0$ $\left[x < 0 \vee x > \frac{1}{4}\right]$

417 $\frac{3^{-x} - 9}{4^x - 16} \geq 0$ $[-2 \leq x < 2]$

418 $\frac{2^{-x}(4^x - 32)}{\left(\frac{1}{3}\right)^x - \frac{1}{27}} < 0$ $\left[x < \frac{5}{2} \vee x > 3\right]$

419 $\left[\left(\frac{1}{5}\right)^{2x-3} - \left(\frac{1}{25}\right)^{3x-1}\right](6^{2x-1} - 36) \leq 0$ $\left[-\frac{1}{4} \leq x \leq \frac{3}{2}\right]$

420 $\dfrac{4^x - 5\cdot 2^x + 4}{5^x - 125} \geq 0$ $\quad[0 \leq x \leq 2 \vee x > 3]$

421 $|4^x - 4| \geq 4$ $\quad\left[x \geq \dfrac{3}{2}\right]$

422 $(\sqrt{2}-1)^x + (\sqrt{2}+1)^x \leq 2$ $\quad[x = 0]$

423 $xe^x - x \geq 0$ $\quad$[$\mathbb{R}$]

424 $\sqrt{x^2-1}(e^{x^3}-1) \geq 0$ $\quad[x \geq 1]$

425 $e^{\frac{x^2+3}{x-4}} \geq 1$ $\quad[x > 4]$

426 $(e^{x^2} - e)(e^{x^2} - 1) \geq 0$ $\quad[x \leq -1 \vee x = 0 \vee x \geq 1]$

427 $4^x + 4^{x+1} + 4^{x+2} \leq 21 \cdot 8^{x+1}$ $\quad[x \geq -3]$

428 $|2^x - \sqrt{2}| \leq \sqrt{2}$ $\quad\left[x \leq \dfrac{3}{2}\right]$

429 $\begin{cases} e^x \geq \sqrt{e^{x-1}} \\ e^x(x^2+x) \geq 0 \end{cases}$ $\quad[x = -1 \vee x \geq 0]$

430 $\begin{cases} 2^x \cdot \sqrt{4^x} < 8 \\ 3^{2x} + 3^{2x+1} \geq 4 \end{cases}$ $\quad\left[0 \leq x < \dfrac{3}{2}\right]$

431 $\begin{cases} e^{2x} + e^x - 2 > 0 \\ e^{-2x} \geq \dfrac{e}{e^{x+2}} \end{cases}$ $\quad[0 < x \leq 1]$

432 $\begin{cases} e^{-x}(x^2-4) \leq 0 \\ \dfrac{5^{x+1}+5^x}{5^{x+1}-5^{2x}} > 0 \end{cases}$ $\quad[-2 \leq x < 1]$

433 $\begin{cases} \left(\dfrac{3}{4}\right)^{2x} - \dfrac{16}{9} > 0 \\ \dfrac{4^x - 2\sqrt{2}}{4^x + 2\sqrt{2}} < 0 \end{cases}$ $\quad[x < -1]$

434 $\begin{cases} 5^{x^2-1} \leq 1 - \sqrt{5} \\ 2^{x+1} + 2^x > 3 \end{cases}$ $\quad$[Impossibile]

435 $\begin{cases} \dfrac{e^{3x}+e^{2x}}{5^{-2x}+1} \geq 0 \\ x^2 + 3x + 4 > 0 \end{cases}$ $\quad$[$\mathbb{R}$]

436 Stabilisci graficamente il numero delle soluzioni dell'equazione $2^{x+1} = 2 - x^2$.

437 Stabilisci graficamente il numero delle soluzioni dell'equazione $2^x = \dfrac{4}{x}$.

438 Traccia i grafici delle due funzioni $y = 2^{x+1}$ e $y = 4^{-x+2}$ e determina le coordinate del loro punto d'intersezione.
$[(1, 4)]$

439 Traccia i grafici delle due funzioni $y = 2^{1-x}$ e $y = 4^{x-2}$ e determina le coordinate del loro punto d'intersezione.
$\left[\left(\dfrac{5}{3}, \dfrac{\sqrt[3]{2}}{2}\right)\right]$

440 **Dal grafico all'equazione.** Le funzioni aventi i seguenti grafici hanno equazioni del tipo $y = a^{x+b} + c$. Determina a, b e c.

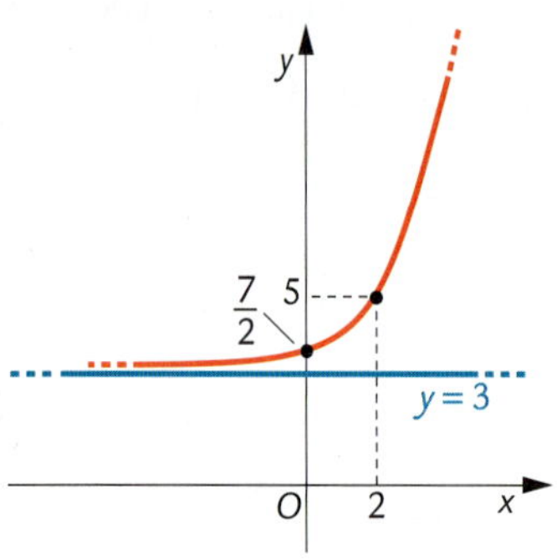

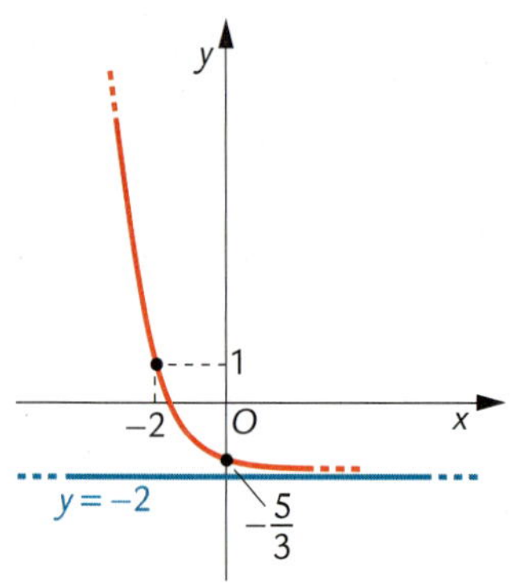

$\left[a = 2, b = -1, c = 3;\ a = \dfrac{1}{3}, b = 1, c = -2\right]$

441 Considera la funzione di equazione $y = (2a+1)^x$. Determina per quali valori di a:

a. è una funzione esponenziale crescente;

b. è una funzione esponenziale decrescente. $\quad\left[\textbf{a. } a > 0;\ \textbf{b. } -\dfrac{1}{2} < a < 0\right]$

442 **Colonia di batteri/1.** Una colonia è composta inizialmente da 100 batteri. L'evoluzione della popolazione di batteri è descritta dalla funzione:

$y = 100 \cdot 2^{\frac{t}{3}}$ con $t \geq 0$

dove y è il numero di batteri presenti nella colonia dopo t ore dall'istante iniziale $t = 0$.

a. Quanti batteri saranno presenti nella colonia dopo 3 ore?

b. Quanti batteri saranno approssimativamente presenti nella colonia dopo 4 ore? (Approssima il risultato all'intero più vicino.)

c. Dopo quanto tempo i batteri presenti nella colonia saranno 800? $\quad$[**a.** 200; **b.** 252; **c.** 9 ore]

443 **Concentrazione di un farmaco nel sangue.** In seguito all'assunzione di una compressa di un farmaco, la quantità y di principio attivo (in milligrammi) presente nel sangue del paziente raggiunge un picco di 8 mg, dopo di che inizia a decrescere, secondo la legge descritta dalla funzione:

$$y = 8 \cdot \left(\frac{1}{2}\right)^{\frac{t}{2}}$$

dove t è il tempo (in ore) trascorso dall'istante iniziale $t = 0$, in cui la quantità di principio attivo nel sangue del paziente è massima, cioè uguale a 8 mg.

a. Qual è la quantità di principio attivo presente nel sangue del paziente 2 ore dopo il raggiungimento del picco di 8 mg?

b. Qual è la quantità di principio attivo presente nel sangue del paziente 3 ore dopo il raggiungimento del picco di 8 mg?

c. Dopo quanto tempo dal raggiungimento del picco di 8 mg la quantità di principio attivo nel sangue del paziente è 0,5 mg?

[**a.** 4 mg; **b.** circa 2,8 mg; **c.** dopo 8 ore]

444 **Colonia di batteri/2.** Alle 15 di ieri il numero di batteri di una colonia era 500, alle 17 era 2000. Il numero y di batteri della colonia cresce in modo esponenziale, secondo una legge del tipo:

$$y = a \cdot b^t \qquad \text{con } a > 0 \text{ e } b > 0$$

dove t è il tempo (in ore) trascorso a partire dalle 15.

a. Quali sono i valori dei parametri a e b?

b. Quanti saranno i batteri della colonia alle 20?

[**a.** $a = 500$, $b = 2$; **b.** 16 000]

445 Matematica ed economia Un nuovo prodotto, lanciato sul mercato da un'azienda all'inizio del 2011, ha generato alla fine del 2010 un profitto di 2 milioni di euro. Nel 2012 il profitto è stato di 2,5 milioni di euro.

a. Supponendo la crescita dei profitti esponenziale, trova un modello che permetta di prevedere l'ammontare dei profitti negli anni successivi al 2012.

b. Utilizzando tale modello, stima l'ammontare dei profitti nel 2014.

[**a.** Assumendo come modello una funzione esponenziale del tipo $y = a \cdot b^t$, dove y è il profitto (in milioni di euro) e t è il tempo misurato in anni trascorso a partire dal 2011 ($t = 0$ corrisponde all'anno 2011), si trova la funzione di equazione $y = 2 \cdot (1{,}25)^t$; **b.** 3 906 250 euro]

446 Matematica ed economia Un nuovo prodotto, alla fine della prima settimana dopo il lancio sul mercato, ha generato un profitto di 50 000 euro. Dopo un mese, il profitto è stato di 400 000 euro.

a. Supponendo la crescita dei profitti esponenziale, trova un modello che permetta di prevedere l'ammontare dei profitti dopo t settimane.

b. Utilizzando tale modello, stima l'ammontare dei profitti dopo 2 mesi.

(Approssima un mese a quattro settimane esatte.)

[**a.** Assumendo come modello una funzione esponenziale del tipo $y = a \cdot b^t$, dove y è il profitto (in migliaia di euro) e t è il tempo misurato in settimane trascorso a partire dalla fine della prima ($t = 0$ corrisponde alla fine della prima settimana), si trova la funzione di equazione $y = 50 \cdot 8^{\frac{t}{4}}$; **b.** 3 200 000 euro]

Esercizi dalle gare di matematica e in inglese

447 Se $9^x - 9^{x-1} = 216$, qual è il valore di 2^x? [$4\sqrt{2}$]

(High School Math Contest, Texas 2007)

448 Trova le coordinate del punto di intersezione dei grafici di $y = 2^{x+2}$ e $y = 4^{3x-4}$. [(2, 16)]

(High School Math Contest, Louisiana State University 2004)

449 Se $9^{-x} = 7$, allora qual è il valore di 27^{2x+1}?

A $\frac{27}{7\sqrt{7}}$ B $189\sqrt{7}$ C $\frac{343}{27}$

D $\frac{7\sqrt{7}}{27}$ E $\frac{27}{343}$

(High School Math Contest, University of South Carolina 2001) [E]

450 Solve math in English Solve each equation.

a. $e^{x^2} = e^{4x} \cdot \frac{1}{e^3}$

b. $9^{16-x} = 27^x$

c. $2^{2x} - 3 \cdot 2^{x+2} + 32 = 0$

$\left[\textbf{a. } 1{,}3;\ \textbf{b. } \frac{32}{5};\ \textbf{c. } 2{,}3\right]$

451 Solve math in English If $3^x = 2$ what does 9^{-2x} equal? If $2^x = 7$ what does $\frac{2^{x+1} - 2^x}{4^x}$ equal? If $5^x = 27$ what does $5^{-x} \cdot \sqrt[3]{25^{2x}}$ equal? $\left[\frac{1}{16}, \frac{1}{7}, 3\right]$

452 Solve math in English If $f(x) = 2^x$, then 16^8 is equal to:

A $f(7)$

B $f(12)$

C $f(f(5))$

D $f(f(3))$

E $f(f(f(f(3))))$

(High School Math Contest, Louisiana State University 2007) [C]

PROVA DI AUTOVERIFICA

Funzioni, equazioni e disequazioni esponenziali

1 Vero o falso?

a. la funzione definita da $y = a^x$ è crescente per ogni $a \in \mathbf{R}^+$, con $a \neq 1$ V F

b. la funzione definita da $y = x^{\sqrt{2}}$ è esponenziale V F

c. la funzione definita da $y = a^x$, con $a \in \mathbf{R}^+$ e $a \neq 1$, ha come asintoto l'asse x V F

d. le due funzioni di equazioni $y = \left(\frac{1}{a}\right)^x$ e $y = a^{-x}$ hanno lo stesso grafico per ogni $a \in \mathbf{R}^+$ V F

e. le funzioni di equazioni $y = \left(\frac{55}{81}\right)^x$ e $y = 105^x$ intersecano l'asse y nello stesso punto V F

2 Inserisci il simbolo corretto scelto tra $<$, $=$, $>$:

a. $2^{\sqrt{3}}$ ..... 2^2

b. $5^{\sqrt{3}}$ ..... $\left(\frac{13}{2}\right)^{\sqrt{3}}$

c. $\left(\frac{4}{5}\right)^3$ ..... $\left(\frac{4}{5}\right)^4$

d. e^{-4} ..... e^{-5}

e. $\left(\frac{5}{4}\right)^7$ ..... $\left(\frac{5}{4}\right)^4$

f. $\left(\frac{1}{2}\right)^{2\sqrt{2}}$ ..... $2^{-\sqrt{8}}$

3 Traccia, per punti, i grafici delle funzioni aventi le seguenti equazioni, dopo aver completato le tabelle riportate qui sotto.

a. $y = \left(\frac{1}{2}\right)^{x-1}$

x	y
-2	
-1	
0	
1	
2	
3	

b. $y = 2^{x+1}$

x	y
-3	
-2	
-1	
0	
1	
2	

Risolvi le seguenti equazioni.

4 $3^{x-2} = 81$

5 $e^{2-x^2} = 1$

6 $5^{\frac{x+1}{x-1}} = 0$

7 $2^{2x-1} = \sqrt{\frac{1}{8^{x+1}}}$

8 $2^{2x} - 2^{x+2} = 2^x - 4$

Risolvi le seguenti disequazioni.

9 $e^{1-2x^2} \geq \frac{1}{e^x}$

10 $5^{2x} - 5^{x+1} - 5^x + 5 \leq 0$

11 $x(8^x - \sqrt{2})\left(\frac{1}{2^x} - 16\right) > 0$

12 Stabilisci graficamente quante soluzioni ammette l'equazione $2^x = 2 - x^2$. Per ciascuna soluzione, individua un intervallo cui essa appartiene.

Valutazione

Esercizio	1	2	3	4	5	6	7	8	9	10	11	12	Totale
Punteggio	$0{,}2 \cdot 5 = 1$	$0{,}25 \cdot 6 = 1{,}5$	$0{,}75 + 0{,}75 = 1{,}5$	0,5	0,5	0,5	0,75	0,75	0,75	0,75	0,75	0,75	10
Punteggio ottenuto													

Tempo massimo: 1 h 30 min

Risposte in fondo al volume

Funzioni, equazioni e disequazioni logaritmiche

Unità 10

Tema D

1. La funzione logaritmica

Definizione di logaritmo

Abbiamo discusso, nella precedente Unità, l'esistenza e il numero delle soluzioni dell'equazione esponenziale elementare $a^x = b$.
Abbiamo visto che, se $b > 0$, tale equazione ammette un'*unica* soluzione, la quale non è altro che il numero al quale bisogna elevare a per ottenere b. A tale numero si dà un nome particolare.

LOGARITMO IN BASE *a* DI *b*

Dati due numeri **positivi** a e b, con $a \neq 1$, si chiama **logaritmo** in **base *a*** del numero ***b***, e si indica con $\log_a b$, l'esponente al quale si deve elevare la base a per ottenere b.
Il numero b si dice **argomento** del logaritmo.

In base alla definizione data, possiamo dire, per esempio, che la soluzione dell'equazione $5^x = 6$ è $x = \log_5 6$ (e questo ci consentirà, come vedremo più avanti, di approssimare tale soluzione con una calcolatrice).
Ora abbandoniamo momentaneamente il problema dell'applicazione dei logaritmi alla risoluzione di equazioni (lo riprenderemo più avanti) e ci soffermiamo sul concetto di logaritmo.

Ricorda

$\log_5 6$ ← argomento; 5 ↑ base

ESEMPI Calcolo di un logaritmo

Calcoliamo i seguenti logaritmi, se esistono.

$$\log_2 8; \quad \log_3 9; \quad \log_3 1; \quad \log_5 \frac{1}{5}; \quad \log_3(-2); \quad \log_{25} 5; \quad \log_5 5; \quad \log_{10} \frac{1}{\sqrt[3]{10}}; \quad \log_7 9$$

Logaritmo da calcolare	Domanda da porsi per calcolare il logaritmo	Valore del logaritmo
$\log_2 8$	A quale esponente dobbiamo elevare 2 per ottenere 8? La risposta è 3; infatti $2^3 = 8$.	$\log_2 8 = 3$
$\log_3 9$	A quale esponente dobbiamo elevare 3 per ottenere 9? La risposta è 2.	$\log_3 9 = 2$
$\log_3 1$	A quale esponente dobbiamo elevare 3 per ottenere 1? La risposta è 0.	$\log_3 1 = 0$
$\log_5 \frac{1}{5}$	A quale esponente dobbiamo elevare 5 per ottenere $\frac{1}{5}$? La risposta è -1.	$\log_5 \frac{1}{5} = -1$
$\log_3(-2)$	A quale esponente dobbiamo elevare 3 per ottenere -2? Non esiste alcuna potenza di 3 che dà come risultato -2, perché tutte le potenze di 3 sono positive.	$\log_3(-2)$ **non** è definito

→

Logaritmo da calcolare	Domanda da porsi per calcolare il logaritmo	Valore del logaritmo
$\log_{25} 5$	A quale esponente dobbiamo elevare 25 per ottenere 5? La risposta è $\frac{1}{2}$. Ricorda infatti che $25^{\frac{1}{2}} = \sqrt{25} = 5$	$\log_{25} 5 = \frac{1}{2}$
$\log_5 5$	A quale esponente dobbiamo elevare 5 per ottenere 5? La risposta è 1.	$\log_5 5 = 1$
$\log_{10} \frac{1}{\sqrt[3]{10}}$	A quale esponente dobbiamo elevare 10 per ottenere $\frac{1}{\sqrt[3]{10}}$? La risposta è $-\frac{1}{3}$. Osserva infatti che: $10^{-\frac{1}{3}} = \left(\frac{1}{10}\right)^{\frac{1}{3}} = \sqrt[3]{\frac{1}{10}} = \frac{1}{\sqrt[3]{10}}$	$\log_{10} \frac{1}{\sqrt[3]{10}} = -\frac{1}{3}$
$\log_7 9$	A quale esponente dobbiamo elevare 7 per ottenere 9? Non esiste una potenza di 7 con esponente *razionale* che dà come risultato 9: il logaritmo	cercato è un numero *irrazionale*.

ESEMPI **Semplificazione di espressioni contenenti logaritmi**

Semplifichiamo le seguenti espressioni:

a. $3^{\log_3 5}$ **b.** $5^{2\log_5 3}$

a. Poiché il logaritmo in base 3 di 5 è l'esponente da dare a 3 per ottenere 5:

$$3^{\log_3 5} = 5$$

b. Vale la seguente catena di uguaglianze:

$$5^{2\log_5 3} = \left(5^{\log_5 3}\right)^2 = \quad \text{Proprietà delle potenze}$$

$$= 3^2 = 9 \quad \text{Definizione di logaritmo}$$

Dagli esempi precedenti si possono trarre le prime proprietà dei logaritmi, che seguono direttamente dalla definizione.

Prime proprietà dei logaritmi

- $\log_a b$ è definito, per ogni $a > 0$ con $a \neq 1$, a condizione che sia $b > 0$
- $\log_a a = 1$, per ogni $a > 0$ con $a \neq 1$
- $\log_a 1 = 0$, per ogni $a > 0$ con $a \neq 1$
- $b = a^{\log_a b}$, per ogni $a > 0$ e $b > 0$ con $a \neq 1$

Le calcolatrici solitamente calcolano i logaritmi in due sole basi: la base 10 e la base e. I logaritmi in base 10 vengono anche detti **logaritmi decimali**, quelli in base e vengono detti **logaritmi naturali** o **neperiani**. Utilizzeremo, come le calcolatrici, le seguenti notazioni:

- con la scrittura $\log x$ indicheremo $\log_{10} x$, cioè il logaritmo decimale di x;
- con la scrittura $\ln x$ indicheremo $\log_e x$, cioè il logaritmo naturale di x.

Prova, per esempio, a calcolare log 25 con la tua calcolatrice: devi digitare prima il numero 25 e poi premere il tasto LOG (attenzione, però: in alcune calcolatrici devi prima premere il tasto LOG e poi digitare il numero). Otterrai:

$$\log 25 = 1{,}3979400\ldots$$

Vedremo più avanti come calcolare con una calcolatrice il logaritmo di un numero in una base qualsiasi.

La funzione logaritmica

Fissato un numero reale a, con $a > 0$ e $a \neq 1$, abbiamo visto che, per ogni $x > 0$, è definito il logaritmo in base a di x. Possiamo allora definire la funzione che associa a ogni numero **reale positivo** x il suo logaritmo in base a.

> **FUNZIONE LOGARITMICA**
> Si dice **funzione logaritmica** (elementare) ogni funzione avente come dominio $\mathbf{R}^+$, definita da un'equazione del tipo $y = \log_a x$, con $a > 0$ e $a \neq 1$.

Qual è il grafico della funzione logaritmica? Per rispondere a questa domanda, cominciamo con l'analizzare insieme un esempio, che metterà in luce un'importante relazione tra il grafico della funzione *logaritmica* e il grafico della funzione *esponenziale*.

ESEMPIO Il grafico di una funzione logaritmica

Tracciamo, nello stesso piano cartesiano, il grafico di $y = 2^x$ e di $y = \log_2 x$.

Costruiamo una tabella di valori per x e y sia per la funzione $y = 2^x$, sia per la funzione $y = \log_2 x$:

x	-3	-2	-1	0	1	2	3
$y = 2^x$	$\frac{1}{8}$	$\frac{1}{4}$	$\frac{1}{2}$	1	2	4	8

x	$\frac{1}{8}$	$\frac{1}{4}$	$\frac{1}{2}$	1	2	4	8
$y = \log_2 x$	-3	-2	-1	0	1	2	3

Osserva che i punti appartenenti ai grafici delle due funzioni hanno ascissa e ordinata scambiate tra loro

Tracciamo i grafici delle due funzioni, rappresentando i punti le cui coordinate (x, y) corrispondono ai valori delle precedenti tabelle. Il fatto che a ogni punto del primo grafico (in blu) corrisponda un punto del secondo grafico (in rosso) che ha, rispetto al primo punto, l'ascissa e l'ordinata «scambiate» tra loro porta come conseguenza che i due grafici risultano simmetrici rispetto alla bisettrice del primo e del terzo quadrante (applicare una tale simmetria a un punto, infatti, equivale a scambiare l'ascissa con l'ordinata).

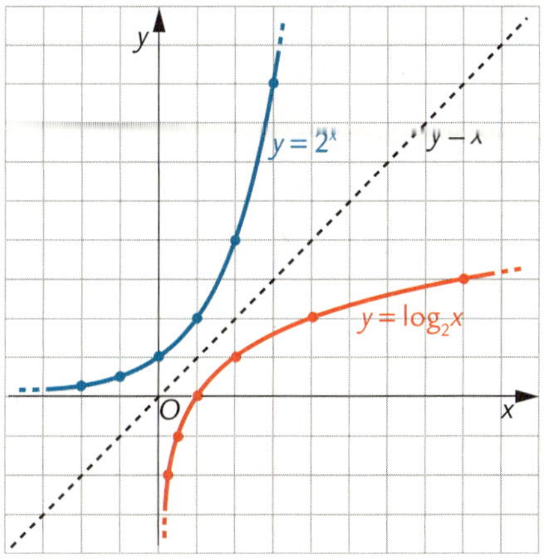

Le considerazioni emerse dall'esempio precedente hanno validità generale. Si può infatti dimostrare che il grafico della funzione logaritmica

$$y = \log_a x \qquad [10.1]$$

è il simmetrico rispetto alla bisettrice del primo e del terzo quadrante del grafico della funzione esponenziale

$$y = a^x$$

Possiamo allora dedurre, in forza di questa simmetria, come varia il grafico della funzione logaritmica al variare della base e quali sono le sue proprietà.

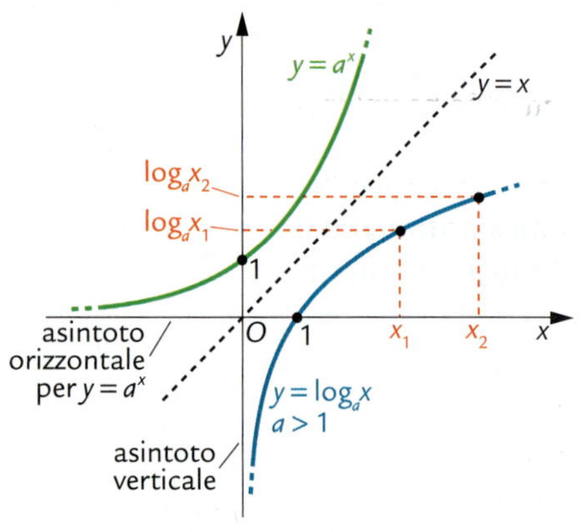

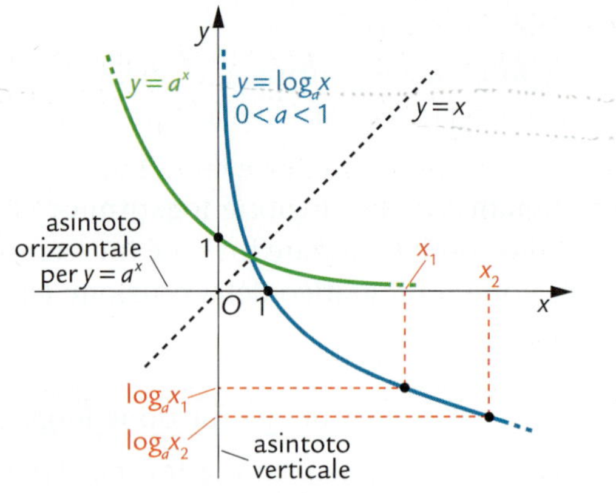

Grafico di $y = \log_a x$ con $a > 1$	**Grafico di $y = \log_a x$ con $0 < a < 1$**
Il dominio è $\mathbf{R}^+$. L'immagine è $\mathbf{R}$.	Il dominio è $\mathbf{R}^+$. L'immagine è $\mathbf{R}$.
Il grafico si avvicina al semiasse delle ordinate negative, man mano che x assume valori positivi sempre più prossimi a 0: l'asse y è asintoto verticale.	Il grafico si avvicina al semiasse delle ordinate positive, man mano che x assume valori positivi sempre più prossimi a 0: l'asse y è asintoto verticale.
Il grafico interseca l'asse x nel punto di coordinate (1, 0).	Il grafico interseca l'asse x nel punto di coordinate (1, 0).
La funzione è (strettamente) *crescente*: $x_1 < x_2 \Leftrightarrow \log_a x_1 < \log_a x_2 \quad \forall\, x_1, x_2 \in \mathbf{R}^+$ [10.2]	La funzione è (strettamente) *decrescente*: $x_1 < x_2 \Leftrightarrow \log_a x_1 > \log_a x_2 \quad \forall\, x_1, x_2 \in \mathbf{R}^+$ [10.3]

Figure dinamiche

Puoi esplorare come varia il grafico di una funzione logaritmica elementare al variare della base del logaritmo tramite la figura dinamica on-line.

Dal fatto che la funzione logaritmica è sempre strettamente crescente o sempre strettamente decrescente (rispettivamente se $a > 1$ o se $0 < a < 1$) segue la proprietà:

$$\log_a x_1 = \log_a x_2 \Leftrightarrow x_1 = x_2 \qquad \forall\, x_1, x_2 \in \mathbf{R}^+ \tag{10.4}$$

Il grafico di $y = \ln x$

In particolare, il grafico di $y = \ln x$, simmetrico di $y = e^x$ rispetto alla bisettrice del primo e del terzo quadrante, è quello riportato nella **fig. 10.1**, costruita come al solito scegliendo alcuni punti opportuni. In essa sono tracciate anche le tangenti nel punto (0, 1) per la funzione esponenziale, e nel punto (1, 0) per la funzione logaritmo naturale.

Attenzione

I valori di $\ln x$ riportati in tabella sono arrotondati a meno di un centesimo.

x	$\ln x$
$\frac{1}{2}$	−0,69
1	0
2	0,69
3	1,10
6	1,79

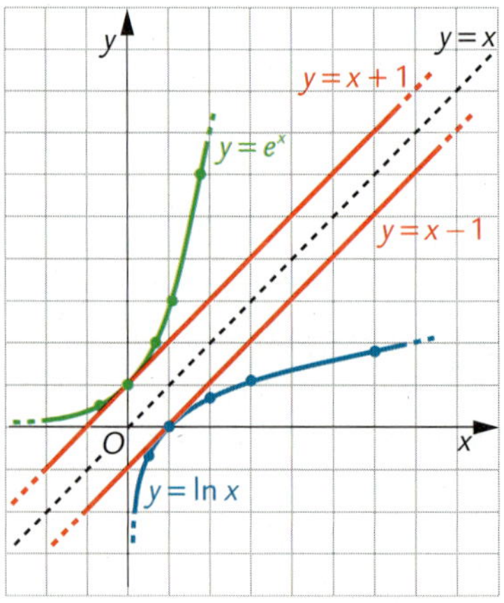

Figura 10.1

PER SAPERNE DI PIÙ La funzione logaritmica come inversa della funzione esponenziale

L'avere osservato che i grafici di una funzione esponenziale e di una funzione logaritmica (con la stessa base) sono simmetrici rispetto alla bisettrice del primo e del terzo quadrante, suggerisce che queste due funzioni siano una l'inversa dell'altra. In effetti possiamo osservare quanto segue.

1. La funzione esponenziale è *invertibile*: infatti ogni retta orizzontale interseca il suo grafico al più in un punto (e quindi ogni elemento del suo insieme immagine ha un'unica contro immagine).
2. Sappiamo che per determinare l'equazione della funzione inversa di una funzione data basta scambiare x con y nella sua equazione e poi risolvere rispetto a y l'equazione ottenuta. Nel nostro caso, scambiando x con y nell'equazione $y = a^x$ otteniamo l'equazione

   $$x = a^y$$

   che, in base alla *definizione* di logaritmo, equivale a:

   $$y = \log_a x$$

   Dunque la funzione logaritmica è effettivamente l'inversa della funzione esponenziale.

Prova tu **ESERCIZI** a p. 452

1. Completa calcolando i seguenti logaritmi:

   a. $\log_4 16 =$ .... b. $\log_4 2 =$ .... c. $\log_4 1 =$ ....

   d. $\log_4 \frac{1}{4} =$ .... e. $\log_4 \frac{1}{8} =$ .... f. $\log_4 \sqrt[3]{4} =$ ....

2. Completa:

   a. $3^{\log_3 \sqrt{2}} =$ .... b. $5 = 3^{\log_{\dots}\dots}$

3. Traccia, nello stesso piano cartesiano, i grafici di $y = \left(\frac{1}{2}\right)^x$ e $y = \log_{\frac{1}{2}} x$.

2. Proprietà dei logaritmi

Proprietà relative al logaritmo di un prodotto, di una potenza o di un quoziente

Stante la definizione di logaritmo, le proprietà delle *potenze* si traducono in altrettante proprietà dei *logaritmi*, che esprimiamo nel seguente teorema.

Logaritmo di un prodotto, di una potenza e di un quoziente **TEOREMA 10.1**

Sia a un numero reale **positivo**, con $a \neq 1$; valgono le seguenti proprietà.

a. Il logaritmo in base a del **prodotto** di due numeri positivi b e c è uguale alla **somma** dei logaritmi in base a di b e c; in simboli:

$$\log_a(bc) = \log_a b + \log_a c \qquad \forall\, b \in \mathbf{R}^+, c \in \mathbf{R}^+ \qquad [10.5]$$

b. Il logaritmo in base a di **una potenza** di un numero positivo b è uguale al prodotto dell'esponente della potenza per il logaritmo in base a di b; in simboli:

$$\log_a(b^c) = c \cdot \log_a b \qquad \forall\, b \in \mathbf{R}^+, c \in \mathbf{R} \qquad [10.6]$$

c. Il logaritmo in base a del **quoziente** di due numeri positivi b e c è uguale alla **differenza** dei logaritmi in base a di b e c; in simboli:

$$\log_a\left(\frac{b}{c}\right) = \log_a b - \log_a c \qquad \forall\, b \in \mathbf{R}^+, c \in \mathbf{R}^+ \qquad [10.7]$$

DIMOSTRAZIONE

a. Poniamo $r = \log_a b$, $s = \log_a c$. Queste uguaglianze, per la definizione di logaritmo, equivalgono a:

$$a^r = b \quad \text{e} \quad a^s = c$$

Ora, abbiamo che:

$$\begin{aligned} \log_a(bc) &= \log_a(a^r \cdot a^s) = && \text{Per le uguaglianze precedenti} \\ &= \log_a(a^{r+s}) = && \text{Per le proprietà delle potenze} \\ &= r + s = && \text{Per la definizione di logaritmo} \\ &= \log_a b + \log_a c \end{aligned}$$

b. Poniamo $r = \log_a b$. Questa uguaglianza equivale ad $a^r = b$. Abbiamo che:

$$\begin{aligned} \log_a(b^c) &= \log_a(a^r)^c = && \text{Per le uguaglianze precedenti} \\ &= \log_a a^{cr} = && \text{Per le proprietà delle potenze} \\ &= cr = && \text{Per la definizione di logaritmo} \\ &= c \log_a b \end{aligned}$$

c. È una conseguenza della **[10.5]** e della **[10.6]**. Infatti risulta:

$$\begin{aligned} \log_a\left(\frac{b}{c}\right) &= \log_a(bc^{-1}) = && \text{Per la definizione di quoziente} \\ &= \log_a b + \log_a c^{-1} = && \text{Proprietà [10.5]} \\ &= \log_a b - \log_a c && \text{Proprietà [10.6]} \end{aligned}$$

Le proprietà espresse dalle uguaglianze **[10.5]**, **[10.6]** e **[10.7]** possono essere utilizzate per scrivere il logaritmo di una espressione tramite somme o differenze di logaritmi.

ESEMPIO Da un logaritmo a una somma algebrica

Supposto che x, y e z siano positivi, scriviamo l'espressione $\log \frac{x^3}{yz^2}$ come somma algebrica di logaritmi di x, y e z.

$$\begin{aligned} \log \frac{x^3}{yz^2} &= \log x^3 - \log(yz^2) = && \text{Proprietà [10.7]} \\ &= 3\log x - \log(yz^2) = && \text{Proprietà [10.6]} \\ &= 3\log x - (\log y + \log z^2) = && \text{Proprietà [10.5]} \\ & && \text{Attenzione alle parentesi: sono necessarie!} \\ &= 3\log x - \log y - \log z^2 = && \text{Togliendo le parentesi} \\ &= 3\log x - \log y - 2\log z && \text{Proprietà [10.6]} \end{aligned}$$

All'inverso, utilizzando le uguaglianze **[10.5]**, **[10.6]** e **[10.7]** da «destra» verso «sinistra» è possibile scrivere un'espressione contenente somme e/o differenze di logaritmi sotto forma di un unico logaritmo.

ESEMPI Da una somma algebrica a un logaritmo

Scriviamo, sotto forma di un unico logaritmo, le seguenti espressioni:

a. $\ln 5 + 2\ln 3$

b. $\ln 25 - \frac{1}{2}\ln 5$

a. Vale la seguente catena di uguaglianze:

$\ln 5 + 2\ln 3 =$

$= \ln 5 + \ln 3^2 =$ — Proprietà [10.6]

$= \ln 5 + \ln 9 =$

$= \ln (5 \cdot 9) = \ln 45$ — Proprietà [10.5]

b. Vale la seguente catena di uguaglianze:

$\ln 25 - \frac{1}{2}\ln 5 =$

$= \ln 25 - \ln 5^{\frac{1}{2}} =$ — Proprietà [10.6]

$= \ln 25 - \ln \sqrt{5} =$ — Definizione di potenza con esponente razionale

$= \ln \frac{25}{\sqrt{5}} =$ — Proprietà [10.7]

$= \ln (5\sqrt{5})$ — Razionalizzando

Alcuni utili **corollari** del **teorema 10.1** sono i seguenti:

$$\log_a \frac{1}{b} = \log_a b^{-1} = -\log_a b \qquad \forall\, a > 0, b > 0 \text{ e } a \neq 1$$

$$\log_a \sqrt[n]{b} = \log_a b^{1/n} = \frac{1}{n}\log_a b \qquad \forall\, a > 0, b > 0 \text{ e } a \neq 1, \text{ con } n \in \mathbf{N} - \{0\}$$

A parole

1. Il logaritmo del reciproco di un numero è l'opposto del logaritmo del numero.
2. Il logaritmo della radice n-esima di un numero è uguale al logaritmo del numero, moltiplicato per il reciproco di n.

Attenzione!

1. Soffermati attentamente sulle uguaglianze espresse dal **teorema 10.1**: esse sono le **sole** proprietà che potrai utilizzare nei calcoli con i logaritmi. Sono **errate** le seguenti uguaglianze:

   $\log_a(b+c) = \log_a b + \log_a c$ Errato!

   $\log_a(b-c) = \log_a b - \log_a c$ Errato!

   $\log_a(bc) = \log_a b \cdot \log_a c$ Errato!

   $\log_a\left(\frac{b}{c}\right) = \frac{\log_a b}{\log_a c}$ Errato!

   $\frac{\log_a b}{\log_a c} = \log_a b - \log_a c$ Errato!

2. Per la validità delle uguaglianze espresse nel **teorema 10.1** è essenziale che gli argomenti dei logaritmi siano positivi. Per esempio, **non è vero** che:

   $\log_a[(-3)(-2)] = \log_a(-3) + \log_a(-2)$ Errata!

   Infatti al primo membro abbiamo un'espressione che ha significato, $\log_a 6$, mentre non hanno senso i logaritmi al secondo membro, $\log_a(-3)$ e $\log_a(-2)$, poiché hanno argomenti negativi.

3. Bisogna prestare particolare attenzione nell'esecuzione dei calcoli in presenza di logaritmi che hanno come argomenti delle espressioni letterali. Per non commettere errori occorre tenere sempre ben presente che le uguaglianze che si scrivono sono **valide a condizione che gli argomenti di tutti i logaritmi siano positivi**. Per esempio:

   - $\log(x^2 - 2x) = \log[x(x-2)] = \log x + \log(x-2)$ a condizione che $x > 2$
   - $\log x^2 = 2\log x$ a condizione che $x > 0$

Cambiamento di base

Supponiamo di voler calcolare il valore di $\log_3 7$: poiché le calcolatrici solitamente permettono di calcolare soltanto i logaritmi in base 10 e in base e, si pone il problema di riuscire a esprimere $\log_3 7$ in funzione di logaritmi in base e o in base 10. Esiste a tale scopo una formula generale, che permette di trasformare un logaritmo in base a in un logaritmo in base c, a meno di un *fattore di proporzionalità*: tale formula, detta *formula del cambiamento di base nei logaritmi*, è espressa nel prossimo teorema.

TEOREMA 10.2 **Cambiamento di base di un logaritmo**

Siano a, b e c tre numeri strettamente positivi, con $a \neq 1$ e $c \neq 1$; allora vale la seguente formula di trasformazione:

$$\log_a b = \frac{\log_c b}{\log_c a} \qquad [10.8]$$

DIMOSTRAZIONE

Poniamo $\log_a b = r$. Allora:

$a^r = b$ — Definizione di logaritmo

$\log_c a^r = \log_c b$ — Logaritmi di numeri uguali sono uguali (proprietà [10.4])

$r \log_c a = \log_c b$ — Proprietà [10.6]

$r = \dfrac{\log_c b}{\log_c a}$ — Risolvendo rispetto a r

$\log_a b = \dfrac{\log_c b}{\log_c a}$ — Avevamo posto $\log_a b = r$

Vediamo alcune applicazioni della formula **[10.8]**.

ESEMPIO **Da una base all'altra**

Determiniamo, con l'aiuto di una calcolatrice, un valore approssimato di $\log_3 7$.

Per poter utilizzare la calcolatrice, dobbiamo trasformare il logaritmo di cui vogliamo determinare il valore approssimato in un logaritmo decimale o naturale.

Trasformazione in un logaritmo decimale	Trasformazione in un logaritmo naturale
$\log_3 7 = \dfrac{\log 7}{\log 3}$	$\log_3 7 = \dfrac{\ln 7}{\ln 3}$
A seconda della calcolatrice che possiedi dovrai digitare una delle due seguenti sequenze di tasti:	A seconda della calcolatrice che possiedi dovrai digitare una delle due seguenti sequenze di tasti:
7 [LOG] [÷] 3 [LOG] [=]	7 [LN] [÷] 3 [LN] [=]
oppure	oppure
[LOG] 7 [÷] [LOG] 3 [=]	[LN] 7 [÷] [LN] 3 [=]
Arrotondando alla seconda cifra decimale, otterrai: $\log_3 7 \simeq 1{,}77$	Arrotondando alla seconda cifra decimale, otterrai: $\log_3 7 \simeq 1{,}77$

ESEMPIO **Semplificazione di una espressione contenente logaritmi**

Calcoliamo il valore dell'espressione $\log_3 (9\sqrt{7}) - \log_9 7$.

$\log_3 (9\sqrt{7}) - \log_9 7 =$

$= \log_3 (9\sqrt{7}) - \dfrac{\log_3 7}{\log_3 9} =$ — Formula [10.8], $\log_9 7 = \dfrac{\log_3 7}{\log_3 9}$

$= \log_3 (9\sqrt{7}) - \dfrac{\log_3 7}{2} =$ — Definizione di logaritmo, $\log_3 9 = 2$

$= \log_3 (9\sqrt{7}) - \log_3 \sqrt{7} =$ — $\dfrac{\log_3 7}{2} = \log_3 7^{\frac{1}{2}}$ per la proprietà [10.6]

$= \log_3 \dfrac{9\sqrt{7}}{\sqrt{7}} = \log_3 9 = 2$ — Proprietà [10.7] e definizione di logaritmo

Alcuni utili **corollari** del teorema del cambiamento di base di un logaritmo sono i seguenti:

$$\log_a b = \frac{\log_b b}{\log_b a} = \frac{1}{\log_b a}$$

$$\log_{\frac{1}{a}} b = \frac{\log_a b}{\log_a \frac{1}{a}} = \frac{\log_a b}{-1} = -\log_a b$$

Ne segue che la funzione $y = \log_{\frac{1}{a}} x$ ha lo stesso grafico di $y = -\log_a x$. Poiché il grafico di $y = -\log_a x$ è il simmetrico rispetto all'asse x del grafico di $y = \log_a x$, possiamo concludere che *due funzioni logaritmiche aventi basi reciproche hanno grafici simmetrici rispetto all'asse x*.

A parole

1. Scambiando tra di loro la base e l'argomento di un logaritmo, si ottiene il reciproco del logaritmo dato.
2. Considerando il logaritmo che ha la base reciproca di quella di un logaritmo dato, si ottiene l'opposto del logaritmo dato.

Prova tu **ESERCIZI** a **p. 458**

1. Supponi che x, y e z rappresentino numeri positivi. Riscrivi l'espressione $\log \frac{xy^2}{z^4}$ come somma algebrica di logaritmi di x, y e z.
2. Scrivi l'espressione $\log_2 3 - 2\log_2 3 + \frac{1}{2}\log_2 9$ sotto forma di un unico logaritmo.
3. Calcola con la calcolatrice scientifica il valore di $\log_5 4$ arrotondato a meno di un millesimo.
4. Scrivi una formula per convertire logaritmi decimali in logaritmi naturali.

3. Equazioni logaritmiche ed equazioni esponenziali risolvibili mediante logaritmi

Ora che abbiamo introdotto il concetto di logaritmo e studiato le principali proprietà dei logaritmi, possiamo affrontare il problema della risoluzione di una **equazione logaritmica**.

EQUAZIONE LOGARITMICA

Un'equazione si dice **logaritmica** se l'incognita compare nell'argomento di almeno un logaritmo.

Esempi	Controesempi
Sono equazioni logaritmiche:	**Non** sono equazioni logaritmiche:
$\log_2(x-1) = \log_2(3-x)$	$x + \log_2 3 = \log_2 6$
$\ln(x^2-1) = 2x$	$\log^2 2 = x^2 - 1$

Equazioni logaritmiche della forma $\log_a f(x) = b$

Le equazioni logaritmiche più semplici che si possono presentare sono quelle della forma:

$$\log_a f(x) = b \qquad [10.9]$$

In base alla definizione di logaritmo la **[10.9]** ci dice che b è l'esponente da dare ad a per ottenere $f(x)$, perciò la **[10.9]** equivale ad $a^b = f(x)$. Ci possiamo quindi ricondurre a risolvere l'equazione algebrica:

$$f(x) = a^b$$

ESEMPI **Equazioni logaritmiche della forma $\log_a f(x) = b$**

a. Risolviamo l'equazione $\log_4 x = \frac{1}{2}$.

Si tratta di un'equazione del tipo $\log_a f(x) = b$, con $f(x) = x$, $a = 4$ e $b = \frac{1}{2}$. In base a quanto abbiamo osservato:

$$\log_4 x = \frac{1}{2} \Rightarrow x = 4^{\frac{1}{2}} = \sqrt{4} = 2$$

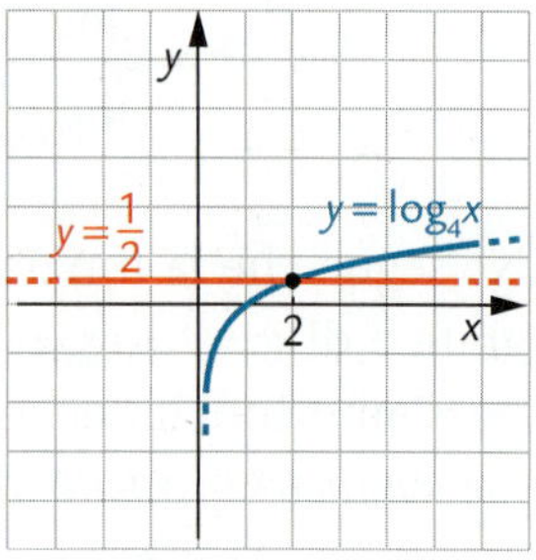

Graficamente, la soluzione trovata rappresenta l'*ascissa* del punto di intersezione tra il grafico della funzione logaritmica $y = \log_4 x$ e la retta di equazione $y = \frac{1}{2}$.

b. Risolviamo l'equazione $\log_2(x^2 - 4x + 4) = 0$.

Si tratta di un'equazione del tipo $\log_a f(x) = b$, con $f(x) = x^2 - 4x + 4$, $a = 2$ e $b = 0$. Per risolverla, possiamo scrivere la seguente catena di equazioni equivalenti:

$\log_2(x^2 - 4x + 4) = 0$	Equazione data
$x^2 - 4x + 4 = 2^0$	Equazione equivalente in base alla definizione di logaritmo
$x^2 - 4x + 4 = 1$	Ricorda che $2^0 = 1$
$x^2 - 4x + 3 = 0$	Forma normale dell'equazione precedente
$x = 1 \vee x = 3$	Risolvendo l'equazione di secondo grado

L'insieme delle soluzioni dell'equazione data è $S = \{1, 3\}$.

Equazioni logaritmiche in cui l'incognita compare in più di un logaritmo

Se l'equazione da risolvere presenta l'incognita nell'argomento di *più di un* logaritmo, il primo passo per risolverla consiste nel porre le **condizioni di esistenza** di tutti i logaritmi che compaiono nell'equazione, cioè nell'imporre che tutti gli argomenti dei logaritmi siano positivi. Supposto che siano verificate le condizioni di esistenza, potremo utilizzare le proprietà dei logaritmi presentate nel paragrafo precedente per cercare di *ricondurre* l'equazione a uno dei seguenti tipi:

- $\log_a f(x) = b$ che abbiamo visto equivalere a $f(x) = a^b$;
- $\log_a f(x) = \log_a g(x)$, che, per la proprietà **[10.4]**, è equivalente (nell'ipotesi che siano verificate le condizioni di esistenza) all'equazione algebrica $f(x) = g(x)$.

Bisognerà infine *discutere* l'accettabilità delle soluzioni trovate in relazione alle condizioni di esistenza.

ESEMPIO **Equazione contenente più di un logaritmo**

Risolviamo l'equazione $\log_2 x + \log_2(2 - x) = \log_2(2x - 1)$.

1° passo **Poniamo le condizioni di esistenza (C.E.)**
Dobbiamo porre a sistema le tre condizioni che impongono la positività degli argomenti dei tre logaritmi:

$$\begin{cases} x > 0 \\ 2 - x > 0 \\ 2x - 1 > 0 \end{cases} \Rightarrow \frac{1}{2} < x < 2 \quad \text{(C.E.)}$$

2° passo Ci riconduciamo a un'equazione che sappiamo risolvere
A patto che siano verificate le condizioni di esistenza, possiamo scrivere la seguente catena di equazioni equivalenti a quella data.

$\log_2 x + \log_2 (2 - x) = \log_2 (2x - 1)$	Equazione data
$\log_2 [x(2 - x)] = \log_2 (2x - 1)$	Proprietà [10.5]
$2x - x^2 = 2x - 1$	Passando all'uguaglianza degli argomenti
$x^2 = 1$	Semplificando
$x = \pm 1$	Risolvendo l'equazione pura

Osserva
Possiamo uguagliare gli argomenti perché le basi dei due logaritmi sono le stesse.

3° passo Confrontiamo le soluzioni con le condizioni di esistenza
Delle due soluzioni trovate, la soluzione $x = -1$ è da scartare perché **non** soddisfa le condizioni di esistenza, mentre la soluzione $x = 1$ è accettabile. Quindi l'insieme delle soluzioni dell'equazione data è $S = \{1\}$.

Equazioni logaritmiche «risolvibili» graficamente

Se in un'equazione logaritmica l'incognita figura, oltre che nell'argomento di un logaritmo, anche in qualche termine algebrico, l'equazione **non** si può risolvere con metodi algebrici. Si può tuttavia individuare con metodi grafici il numero delle soluzioni dell'equazione e un intervallo cui appartiene ciascuna soluzione.

ESEMPIO Interpretazione grafica di un'equazione logaritmica

Interpretando graficamente l'equazione $x \log_2 x = 4$, determiniamo il numero delle sue soluzioni e un intervallo cui esse appartengono.

Per l'esistenza del logaritmo deve essere $x > 0$.
Sotto questa condizione possiamo dividere entrambi i membri dell'equazione per x; otteniamo l'equazione equivalente:

$$\log_2 x = \frac{4}{x}$$

Le soluzioni di questa equazione sono le ascisse degli eventuali punti di intersezione tra il grafico della funzione $y = \log_2 x$ e quello dell'iperbole equilatera di equazione $y = \frac{4}{x}$.

Dalla figura puoi vedere che i grafici di tali curve hanno uno e un solo punto di intersezione, che abbiamo indicato con P, la cui ascissa è compresa tra 2 e 3. Possiamo quindi concludere che l'equazione data ammette una e una sola soluzione, compresa tra 2 e 3.

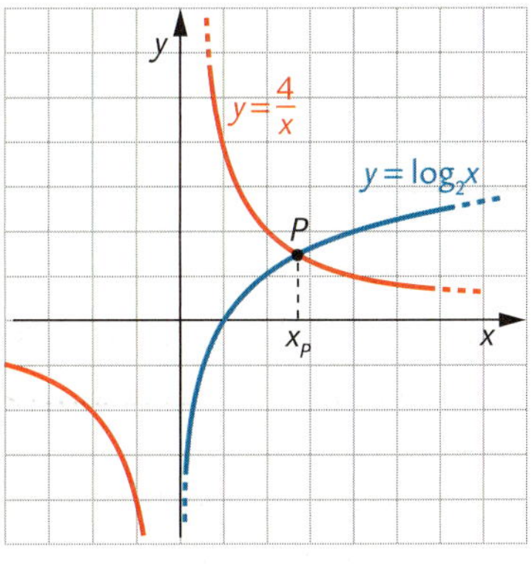

Equazioni esponenziali risolvibili tramite logaritmi

Nell'Unità precedente abbiamo imparato a risolvere le equazioni esponenziali che si possono ricondurre alla forma $a^{f(x)} = a^{g(x)}$.

Osserva

Per risolvere le equazioni del tipo $a^{f(x)} = b^{g(x)}$ si considerano di solito i logaritmi naturali o decimali dei due membri, perché ciò permette di approssimare facilmente i risultati con la calcolatrice. Noi utilizzeremo di solito i logaritmi naturali, ma si potrebbero utilizzare analogamente quelli decimali.

Ora che abbiamo introdotto i logaritmi siamo in grado di risolvere anche tutte le equazioni che si possono ricondurre alla forma:

$$a^{f(x)} = b^{g(x)} \text{ con } a \neq b$$

Infatti, dal momento che due numeri reali positivi sono uguali se e solo se lo sono i loro logaritmi, questa equazione equivale, per esempio, a:

$$\ln a^{f(x)} = \ln b^{g(x)}$$

che, per le proprietà dei logaritmi, equivale a sua volta all'equazione algebrica:

$$f(x) \ln a = g(x) \ln b$$

ESEMPI Equazioni esponenziali risolvibili con i logaritmi

a. Risolviamo l'equazione $3^x = 5$.

$3^x = 5$	Equazione data
$\ln 3^x = \ln 5$	Considerando i logaritmi naturali di entrambi i membri
$x \ln 3 = \ln 5$	Proprietà del logaritmo di una potenza
$x = \dfrac{\ln 5}{\ln 3}$	Risolvendo rispetto a x
$x \simeq 1{,}46$	Arrotondando il risultato ai centesimi con la calcolatrice

b. Risolviamo l'equazione $5 \cdot 3^x = 4$.

$5 \cdot 3^x = 4$	Equazione data
$\ln (5 \cdot 3^x) = \ln 4$	Considerando i logaritmi naturali di entrambi i membri. Attenzione alle parentesi: sono necessarie!
$\ln 5 + \ln 3^x = \ln 4$	Proprietà del logaritmo di un prodotto
$\ln 5 + x \ln 3 = \ln 4$	Proprietà del logaritmo di una potenza
$x \ln 3 = \ln 4 - \ln 5$	Portando i termini numerici al 2° membro
$x = \dfrac{\ln 4 - \ln 5}{\ln 3} = \dfrac{\ln \frac{4}{5}}{\ln 3}$	Risolvendo rispetto a x e applicando la proprietà del logaritmo di un quoziente
$x \simeq -0{,}20$	Arrotondando il risultato ai centesimi con una calcolatrice

COLLEGHIAMO I CONCETTI

I metodi per risolvere un'equazione esponenziale

Possiamo così riassumere le strategie per risolvere un'equazione esponenziale, che abbiamo presentato in parte nell'Unità 9 e in parte in questo paragrafo:

- ricondursi, mediante il calcolo algebrico od opportune sostituzioni, a un'equazione elementare del tipo $a^x = b$;
- ricondursi a un'equazione del tipo $a^{f(x)} = a^{g(x)}$, che equivale a $f(x) = g(x)$;
- ricondursi a un'equazione del tipo $a^{f(x)} = b^{g(x)}$, che equivale, considerando i logaritmi naturali di entrambi i membri, all'equazione $f(x) \ln a = g(x) \ln b$.

Le equazioni esponenziali in cui l'incognita compare, oltre che in qualche esponente, anche in qualche termine algebrico, solitamente **non** sono risolvibili per via algebrica; per queste equazioni si possono determinare il numero delle soluzioni e delle loro approssimazioni per via grafica.

Rifletti

Quale dei metodi riassunti qui a fianco utilizzeresti per risolvere le equazioni seguenti?

a. $9 \cdot 3^x = 27$
b. $4^x - 3 \cdot 2^x + 2 = 0$
c. $2 \cdot 3^x = 5^x$
d. $5^x \cdot \sqrt{5^{x-1}} = 25 \cdot 5^{x-1}$

Prova tu **ESERCIZI** a p. 462

Risolvi le seguenti equazioni.

1. $\log_{\frac{1}{2}} x = -2$ — $[4]$
2. $\ln(x^2 - 3x + e) = 1$ — $[0, 3]$
3. $1 - 2\log_2(x+4) = \log_2 \frac{1}{2}$ — $[-2]$
4. $\log_2 x - \frac{1}{2}\log_2(9 - x^2) = 1$ — $\left[\frac{6\sqrt{5}}{5}\right]$
5. $\left(\frac{3}{2}\right)^x = 5$ — $\left[\frac{\ln 5}{\ln \frac{3}{2}}\right]$
6. $3 \cdot 5^{x-1} = 4^x$ — $\left[\frac{\ln \frac{3}{5}}{\ln \frac{4}{5}}\right]$

4. Disequazioni logaritmiche e disequazioni esponenziali risolvibili mediante logaritmi

Disequazioni logaritmiche

DISEQUAZIONE LOGARITMICA
Una disequazione si dice **logaritmica** se l'incognita compare nell'argomento di almeno un logaritmo.

Per esempio, sono disequazioni logaritmiche:

$$\log_3 x \leq 10 \quad \text{e} \quad \ln(x-1) > \ln x^2$$

Per la risoluzione delle disequazioni logaritmiche valgono considerazioni analoghe a quelle fatte per le equazioni. Il procedimento per risolvere una disequazione logaritmica si può così riassumere:

1. si determinano le *condizioni di esistenza* dei logaritmi che compaiono nella disequazione;
2. supposte verificate le condizioni di esistenza, si cerca di ricondurre la disequazione, mediante le proprietà dei logaritmi, alla forma:

   $$\log_a f(x) < \log_a g(x)$$

   (o a forma analoga dove al posto di $<$ compare il simbolo $<$, $>$ o $>$) e si risolve la disequazione equivalente fra gli argomenti.
   Occorre prestare attenzione al fatto che la funzione logaritmica è **crescente** se $a > 1$ e **decrescente** se $0 < a < 1$; pertanto la disequazione cui si è giunti è equivalente:
   - a una disequazione **dello stesso verso** tra gli argomenti dei logaritmi se $a > 1$;
   - a una disequazione **di verso contrario** tra gli argomenti dei logaritmi se $0 < a < 1$;
3. le soluzioni della disequazione di partenza si ottengono risolvendo il *sistema* formato dalle soluzioni della disequazione ottenuta passando agli argomenti dei logaritmi e dalle condizioni di esistenza.

ESEMPI **Disequazioni logaritmiche elementari**

Risolviamo le disequazioni:

a. $\log_{\frac{1}{2}} x \geq 2$

b. $\log_3 x > \frac{1}{2}$

→

→ **a.** Risolviamo la disequazione sia algebricamente sia graficamente.

Risoluzione algebrica

1° passo

Perché il logaritmo esista il suo argomento deve essere positivo, quindi deve essere:

$x > 0$ Condizione di esistenza

2° passo

Osservando che $2 = \log_{\frac{1}{2}}\left(\frac{1}{2}\right)^2 = \log_{\frac{1}{2}}\frac{1}{4}$, si può scrivere la disequazione assegnata, $\log_{\frac{1}{2}} x \geq 2$ nella forma:

$$\log_{\frac{1}{2}} x \geq \log_{\frac{1}{2}} \frac{1}{4}$$

Poiché la base dei logaritmi, $\frac{1}{2}$, è *minore* di 1, questa disequazione equivale (a patto che sia verificata la condizione di esistenza) a quella **di verso opposto** fra gli argomenti, cioè a:

$$x \leq \frac{1}{4}$$

3° passo

Le soluzioni della disequazione sono allora le soluzioni del sistema:

$$\begin{cases} x > 0 & \text{Condizione di esistenza} \\ x \leq \frac{1}{4} & \text{Soluzioni trovate al 2° passo} \end{cases}$$

da cui: $0 < x \leq \frac{1}{4}$

Risoluzione grafica

Tracciamo i grafici della funzione $y = \log_{\frac{1}{2}} x$ e della retta di equazione $y = 2$. Dalla figura vediamo che il grafico di $y = \log_{\frac{1}{2}} x$ è «al di sopra» di quello della retta per $0 < x \leq x_0$, essendo x_0 l'ascissa del punto di intersezione tra il grafico della funzione logaritmica e quello della retta.

L'ascissa x_0 è la soluzione dell'equazione $\log_{\frac{1}{2}} x = 2$, che ha soluzione

$$x = \left(\frac{1}{2}\right)^2 = \frac{1}{4}$$

Pertanto, $x_0 = \frac{1}{4}$ e possiamo concludere che la disequazione è soddisfatta per $0 < x \leq \frac{1}{4}$.

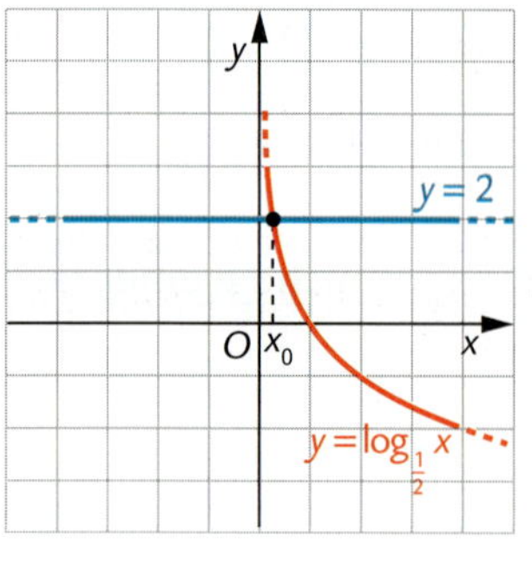

b. Risolviamo la disequazione sia algebricamente sia graficamente.

Risoluzione algebrica

1° passo

Perché il logaritmo esista il suo argomento deve essere positivo, quindi deve essere:

$x > 0$ Condizione di esistenza

2° passo

Osservando che $\frac{1}{2} = \log_3 3^{\frac{1}{2}} = \log_3 \sqrt{3}$, si può riscrivere la disequazione

$\log_3 x > \frac{1}{2}$ nella forma $\log_3 x > \log_3 \sqrt{3}$

Poiché la base dei logaritmi, 3, è *maggiore* di 1, questa disequazione equivale (a patto che sia verificata la condizione di esistenza) a quella **nello stesso verso** fra gli argomenti, cioè a:

$x > \sqrt{3}$

3° passo

Le soluzioni della disequazione sono allora le soluzioni del sistema:

$$\begin{cases} x > 0 & \text{Condizione di esistenza} \\ x > \sqrt{3} & \text{Soluzioni trovate al 2° passo} \end{cases}$$ da cui: $x > \sqrt{3}$

Risoluzione grafica

Tracciamo il grafico della funzione $y = \log_3 x$ e quello della retta di equazione $y = \frac{1}{2}$.

Dalla figura vediamo che il grafico di $y = \log_3 x$ è «al di sopra» di quello della retta per $x > x_0$, essendo x_0 l'ascissa del punto di intersezione tra il grafico della funzione logaritmica e quello della retta.

L'ascissa x_0 è la soluzione dell'equazione $\log_3 x = \frac{1}{2}$, che ha soluzione:

$x = 3^{\frac{1}{2}} = \sqrt{3}$

Pertanto, $x_0 = \sqrt{3}$ e possiamo concludere che la disequazione proposta è soddisfatta per $x > \sqrt{3}$.

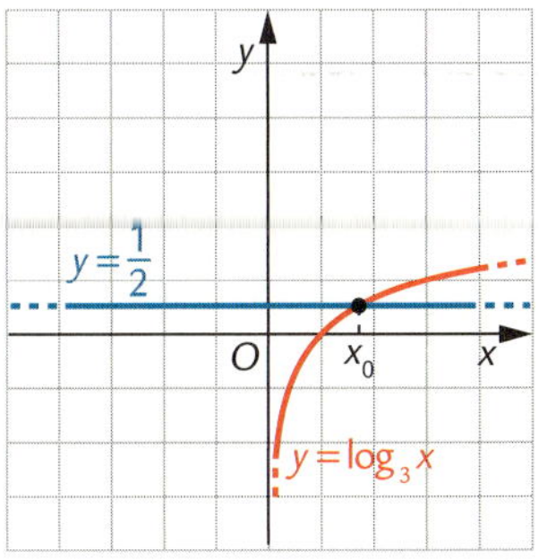

ESEMPIO **Disequazione logaritmica riconducibile alla forma $\log_a f(x) \geq \log_a g(x)$**

Risolviamo la disequazione $\log_3(x^2 + 8x) \geq 2$.

1° passo Determiniamo le condizioni di esistenza

Il logaritmo che compare nella disequazione è definito purché sia:

$x^2 + 8x > 0$

cioè per:

$x < -8 \vee x > 0$ Un trinomio di 2° grado è positivo negli intervalli esterni alle radici

→

2° passo Riscriviamo la disequazione nella forma $\log_a f(x) \geq \log_a g(x)$ e risolviamo la disequazione equivalente tra gli argomenti

$\log_3(x^2 + 8x) \geq 2$	Equazione data
$\log_3(x^2 + 8x) \geq \log_3 3^2$	Osservando che $2 = \log_3 3^2$
$x^2 + 8x \geq 9$	Poiché la base dei logaritmi è maggiore di 1, la disequazione precedente equivale a quella nello stesso verso tra gli argomenti
$x^2 + 8x - 9 \geq 0$	Riscrivendo la disequazione in forma normale
$x \leq -9 \vee x \geq 1$	Risolvendo la disequazione

3° passo Concludiamo, ponendo a sistema le C.E. con le soluzioni trovate al passo precedente

$$\begin{cases} x < -8 \ \vee \ x > 0 & \text{Condizioni di esistenza} \\ x \leq -9 \ \vee \ x \geq 1 & \text{Soluzioni trovate al 2° passo} \end{cases}$$

Il sistema (e quindi la disequazione di partenza) ha come soluzioni:

$$x \leq -9 \vee x \geq 1$$

ESEMPIO Disequazione logaritmica riconducibile alla forma $\log_a f(x) \leq \log_a g(x)$

Risolviamo la disequazione $\log_2 x + \log_2(4 - x) \leq \log_{\frac{1}{2}} \frac{1}{3}$.

1° passo Determiniamo le condizioni di esistenza

Dobbiamo imporre che siano positivi gli argomenti di *tutti* i logaritmi che compaiono nella disequazione; le condizioni di esistenza sono perciò i valori di x che soddisfano il sistema:

$$\begin{cases} x > 0 \\ 4 - x > 0 \end{cases} \Rightarrow \quad 0 < x < 4$$

2° passo Riscriviamo la disequazione nella forma $\log_a f(x) \leq \log_a g(x)$ e risolviamo la disequazione equivalente tra gli argomenti

$\log_2 x + \log_2(4 - x) \leq \log_{\frac{1}{2}} \frac{1}{3}$	Disequazione data
$\log_2[x(4 - x)] \leq \log_{\frac{1}{2}} \frac{1}{3}$	Proprietà del logaritmo di un prodotto
$\log_2(4x - x^2) \leq \log_2 3$	Per le proprietà dei logaritmi, $\log_{\frac{1}{2}} \frac{1}{3} = \log_2 3$
$4x - x^2 \leq 3$	Poiché la base dei logaritmi è maggiore di 1, la disequazione precedente equivale a quella nello stesso verso tra gli argomenti
$-x^2 + 4x - 3 \leq 0$	Riscrivendo la disequazione in forma normale
$x^2 - 4x + 3 \geq 0$	Cambiando i segni e il verso della disequazione
$x \leq 1 \ \vee \ x \geq 3$	Risolvendo la disequazione

3° passo Concludiamo, ponendo a sistema le C.E. con le soluzioni trovate al passo precedente

$$\begin{cases} 0 < x < 4 & \text{Condizioni di esistenza} \\ x \leq 1 \vee x \geq 3 & \text{Soluzioni trovate al 2° passo} \end{cases}$$

Questo sistema (e quindi la disequazione assegnata) ha come soluzioni:

$$0 < x \leq 1 \ \vee \ 3 \leq x < 4$$

Disequazioni logaritmiche «risolvibili» graficamente

Come abbiamo già visto per le equazioni, ci sono disequazioni logaritmiche che non possono essere risolte con metodi algebrici. Per esempio, rientrano in questa categoria la maggior parte delle disequazioni logaritmiche in cui l'incognita figura, oltre che nell'argomento di un logaritmo, anche in qualche termine algebrico. In questi casi, interpretando la disequazione graficamente, possiamo comunque stabilire se essa ammette soluzioni e, in caso affermativo, individuare approssimativamente gli intervalli dove è verificata.

ESEMPIO

Risolviamo graficamente la disequazione $\log_2 x < \frac{1}{2}x - \frac{1}{2}$.

Tracciamo i grafici delle due funzioni $y = \log_2 x$ e $y = \frac{1}{2}x - \frac{1}{2}$.

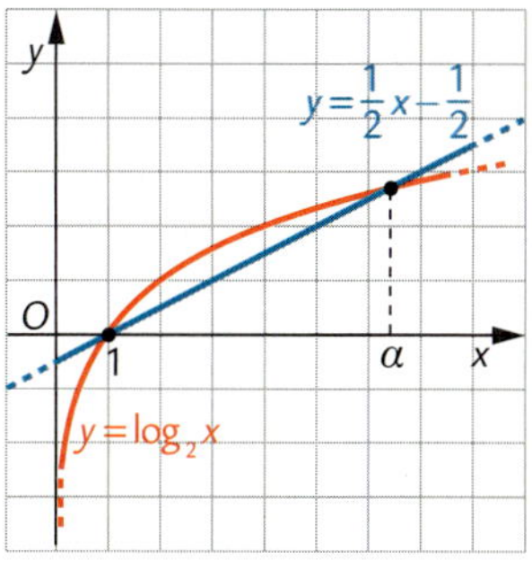

Le soluzioni della disequazione si possono interpretare graficamente come le ascisse dei punti in cui il grafico di $y = \log_2 x$ è «al di sotto» del grafico di $y = \frac{1}{2}x - \frac{1}{2}$. Dalla figura possiamo vedere che ciò accade nell'intervallo $0 < x < 1$ e nell'intervallo $x > \alpha$, essendo α un numero compreso tra 6 e 7. Pertanto possiamo concludere che la disequazione data è soddisfatta per:

$$0 < x < 1 \vee x > \alpha \quad \text{con } \alpha \in (6, 7)$$

Disequazioni esponenziali risolvibili con i logaritmi

Nell'Unità precedente abbiamo imparato a risolvere le disequazioni che potevano ricondursi alla forma:

$$a^{f(x)} < a^{g(x)}$$

(e quelle di forma analoga dove il simbolo $<$ è sostituito con $>$, $\leq$ o $\geq$). Ora, grazie all'introduzione dei logaritmi, possiamo affrontare le disequazioni del tipo:

$$a^{f(x)} < b^{g(x)}, \quad \text{con } a \neq b$$

(e quelle di forma analoga dove il simbolo $<$ è sostituito con $>$, $\leq$ o $\geq$). L'idea chiave per risolvere queste disequazioni è considerare i logaritmi naturali dei due membri. Poiché il numero e è maggiore di 1 e una funzione logaritmica con base maggiore di 1 è *crescente*, risulta infatti:

$$a^{f(x)} < b^{g(x)} \Leftrightarrow \ln a^{f(x)} < \ln b^{g(x)}$$

A questo punto la disequazione può essere ricondotta a una disequazione algebrica utilizzando le proprietà dei logaritmi, come mostriamo nei prossimi esempi.

ESEMPIO

Risolviamo la disequazione $2 \cdot 3^x \geq 7$.

$2 \cdot 3^x \geq 7$	Disequazione data
$\ln(2 \cdot 3^x) \geq \ln 7$	Considerando i logaritmi naturali di entrambi i membri. Attenzione alle parentesi: sono necessarie!
$\ln 2 + \ln 3^x \geq \ln 7$	Proprietà del logaritmo di un prodotto
$\ln 2 + x \ln 3 \geq \ln 7$	Proprietà del logaritmo di una potenza
$x \ln 3 \geq \ln 7 - \ln 2$	Portando i termini con la x al 1° membro e gli altri al 2°
$x \geq \frac{\ln 7 - \ln 2}{\ln 3}$	Dividendo i due membri per ln 3 il verso della disequazione non cambia perché $\ln 3 > 0$
$x \geq \frac{\ln \frac{7}{2}}{\ln 3}$	Applicando la proprietà del logaritmo di un quoziente

Arrotondando ai centesimi con una calcolatrice il numero al secondo membro, si può vedere che l'intervallo dove la disequazione è verificata è approssimativamente $x \geq 1{,}14$.

ESEMPIO

Risolviamo la disequazione $2^{x-1} \leq 3^x$.

$2^{x-1} \leq 3^x$	Disequazione data
$\ln 2^{x-1} \leq \ln 3^x$	Considerando i logaritmi naturali di entrambi i membri
$(x-1)\ln 2 \leq x \ln 3$	Proprietà del logaritmo di una potenza
$x \ln 2 - \ln 2 \leq x \ln 3$	Svolgendo i calcoli
$x \ln 2 - x \ln 3 \leq \ln 2$	Portando i termini con la x al 1° membro e gli altri al 2°
$(\ln 2 - \ln 3)\, x \leq \ln 2$	Raccogliendo x al primo membro
$x \geq \dfrac{\ln 2}{\ln 2 - \ln 3}$	Attenzione! Poiché (ln 2 − ln 3) è un numero **negativo**, nel dividere i due membri per (ln 2 − ln 3) occorre **invertire il verso** della disequazione
$x \geq \dfrac{\ln 2}{\ln \frac{2}{3}}$	Applicando la proprietà del logaritmo di un quoziente

Arrotondando ai centesimi con una calcolatrice il numero al secondo membro, si può vedere che l'intervallo dove la disequazione è verificata è approssimativamente $x \geq -1{,}71$.

Prova tu **ESERCIZI** a p. 468

Risolvi le seguenti disequazioni logaritmiche.

1. $\log_{\frac{1}{2}} x < 2$ $\left[x > \frac{1}{4}\right]$

2. $2 \log x \leq 1$ $[0 < x \leq \sqrt{10}]$

3. $\ln(x^2 - 1) < 0$ $[-\sqrt{2} < x < -1 \vee 1 < x < \sqrt{2}]$

4. $\log_2(2x - 1) < 3$ $\left[\frac{1}{2} < x < \frac{9}{2}\right]$

5. $\log x + \log(x - 2) < 0$ $[2 < x < 1 + \sqrt{2}]$

6. $\log_{\frac{1}{2}} x + \log_{\frac{1}{2}}(x - 1) \geq 0$ $\left[1 < x \leq \frac{1 + \sqrt{5}}{2}\right]$

Risolvi le seguenti disequazioni esponenziali, utilizzando i logaritmi.

7. $3^{-x} \leq 2$ $\left[x \geq -\frac{\ln 2}{\ln 3}\right]$

8. $3^x \cdot 9 \geq 10$ $\left[x \geq \dfrac{\ln \frac{10}{9}}{\ln 3}\right]$

5. Modelli di crescita e di decadimento

Modelli di crescita

In questo paragrafo presentiamo alcune applicazioni delle funzioni esponenziali e dei logaritmi.

Cominciamo da un semplice esempio. Consideriamo una colonia composta inizialmente da 1000 batteri, che aumentano ogni ora del 50%. Quanti batteri ci saranno dopo 1, 2, 3, ..., n ore? Per rispondere a questa domanda basta fare qualche semplice calcolo. Osserva la seguente tabella.

Ora	Numero di batteri
0	1000
1	$1000 + 1000 \cdot (0{,}5) = 1000 \cdot (1 + 0{,}5) = 1000 \cdot (1{,}5)$
2	$1000 \cdot 1{,}5 + 1000 \cdot 1{,}5 \cdot 0{,}5 = 1000 \cdot 1{,}5 \cdot (1 + 0{,}5) = 1000 \cdot (1{,}5)^2$
3	$1000 \cdot (1{,}5)^2 + 1000 \cdot (1{,}5)^2 \cdot 0{,}5 = 1000 \cdot (1{,}5)^2(1 + 0{,}5) = 1000 \cdot (1{,}5)^3$
.....	.....
n	$1000 \cdot (1{,}5)^n$

Come si intuisce, la successione che esprime il numero di batteri della colonia dopo n ore è:

$$a_n = 1000 \cdot (1{,}5)^n \qquad [10.10]$$

Quanti batteri ci saranno nella colonia dopo 2 ore e mezza? Oppure dopo 3 ore e un quarto? Per rispondere a queste domande dobbiamo anzitutto passare dalla *successione* **[10.10]** alla *funzione* di *variabile reale* che ne costituisce il corrispondente modello *continuo*. Dobbiamo cioè considerare la funzione esponenziale la cui restrizione a **N** coincide con la successione **[10.10]**:

$$y = 1000 \cdot (1{,}5)^x \qquad [10.11]$$

A questo punto, per determinare il numero di batteri della colonia dopo 2 ore e mezza oppure dopo 3 ore e un quarto basta determinare i valori della **[10.11]** per $x = 2{,}5$ e per $x = 3{,}25$.

L'evoluzione nel *tempo* (che è continuo) di molti fenomeni caratterizzati da crescite molto «rapide» può essere descritta, analogamente all'esempio appena presentato, tramite *funzioni esponenziali*: per esempio, la crescita della popolazione mondiale, la propagazione di certi virus informatici ecc.
Per costruire i modelli che regolano tali fenomeni di crescita si utilizzano di solito funzioni esponenziali aventi come base il numero e.

CRESCITA ESPONENZIALE

Un modello di **crescita esponenziale** è una funzione della forma:

$$N(t) = N_0 e^{kt}, \text{ con } k > 0 \qquad [10.12]$$

Applicato ai fenomeni di crescita, N_0 indica il numero di elementi della popolazione all'istante $t = 0$, $N(t)$ indica il numero di elementi della popolazione all'istante t e k è una costante che dipende dalla velocità di crescita.

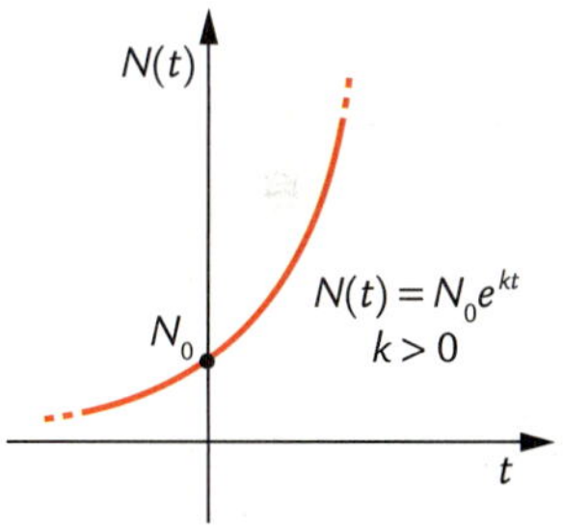

Osserva che anche la **[10.11]** si può riscrivere nella forma **[10.12]**:

$$y = 1000 \cdot (1{,}5)^x = 1000 \cdot e^{\ln (1{,}5)^x} = 1000 \cdot e^{x \ln (1{,}5)}$$

dove $N_0 = 1000$ e $k = \ln (1{,}5)$.

Vediamo ora come si può costruire un modello di crescita esponenziale, tramite funzioni di questo tipo.

PROBLEMA 1 Diffusione di un virus informatico

Il numero di computer infettati da un virus informatico dopo la sua apparizione cresce generalmente in modo esponenziale. Nel 2000, il virus *I love you* si diffuse da 100 computer a 1 000 000 in circa 2 ore. Assumendo una crescita esponenziale, quanto tempo impiegò il virus per infettare 100 000 computer?

FAMILIARIZZIAMO CON IL PROBLEMA

Sia $N(t)$ il numero di computer infettati dopo t minuti dall'infezione dei primi 100 computer. Il nostro modello sarà una funzione esponenziale del tipo:

$$N(t) = N_0 e^{kt}$$

dove dovremo determinare N_0 e k. Una volta trovati N_0 e k, il nostro modello sarà completamente individuato e potremo utilizzarlo per fare alcune «previsioni», per esempio per stabilire quanto tempo impiegò il virus per infettare 100 000 computer.

COSTRUIAMO IL MODELLO

Possiamo subito dire che $N_0 = 100$, quindi la funzione che modellizza il problema è del tipo:

$$N(t) = 100 e^{kt}$$

Per ricavare k, utilizziamo l'altra informazione nota, cioè il fatto che il virus impiegò circa 2 ore, cioè 120 minuti, per infettare 1 000 000 computer.

$1\,000\,000 = 100\,e^{k \cdot 120}$ Imponendo la condizione $N(120) = 1\,000\,000$

$10\,000 = e^{120k}$ Dividendo i due membri per 100

$\ln 10\,000 = \ln e^{120k}$ Prendendo i logaritmi naturali dei due membri

$\ln 10\,000 = 120k$ Per definizione di logaritmo, $\ln e^a = a$

$k = \dfrac{\ln 10\,000}{120}$ Dividendo i due membri per 120

$k \simeq 0{,}077$ Arrotondando con una calcolatrice alla terza cifra decimale

La funzione che costituisce il modello del nostro problema è allora:

$$N(t) = 100\,e^{0{,}077t}$$

RISOLVIAMO L'EQUAZIONE

Per stabilire quanto tempo impiegò il virus a infettare 100 000 computer, sostituiamo 100 000 al posto di $N(t)$ e risolviamo rispetto a t l'equazione che scaturisce.

$100\,000 = 100\,e^{0{,}077t}$

$1000 = e^{0{,}077t}$ Dividendo i due membri per 100

$\ln 1000 = \ln e^{0{,}077t}$ Prendendo i logaritmi naturali dei due membri

$\ln 1000 = 0{,}077t$ Per definizione di logaritmo, $\ln e^a = a$

$t = \dfrac{\ln 1000}{0{,}077}$ Dividendo i due membri per 0,077

$t \simeq 89{,}7$ Arrotondando con una calcolatrice alla prima cifra decimale

RISPONDIAMO

Arrotondando a 90 il risultato, possiamo dire che, secondo il nostro modello, il virus impiegò circa 90 minuti, ovvero circa 1 ora e mezza, a infettare 100 000 computer.

Modelli di decadimento

Non solo la crescita, anche la *decrescita* di una grandezza può avvenire in maniera esponenziale. Il modello matematico sarà ancora una funzione esponenziale, avente però una costante di «crescita», o meglio di «decrescita», rappresentata da un numero *negativo*.

Un esempio tipico proviene dalle sostanze radioattive. Esse sono caratterizzate dal fatto di contenere atomi radioattivi, cioè atomi che vanno incontro a una perdita spontanea di particelle del nucleo. Prima o poi ognuno di questi atomi libererà una particella elementare (emettendo radiazioni) e si trasformerà nell'atomo di un altro elemento, fino a raggiungere un atomo stabile.

La quantità di atomi radioattivi presenti in una sostanza *decresce* seguendo una *legge esponenziale*. Il tempo necessario perché gli atomi radioattivi diventino la metà di quelli in origine si chiama **tempo di dimezzamento** della sostanza.

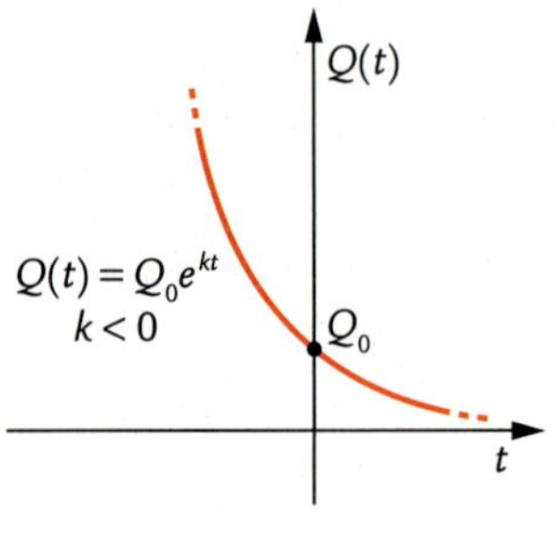

DECRESCITA ESPONENZIALE

Un modello di **decrescita esponenziale** è una funzione della forma:

$$Q(t) = Q_0 e^{kt}, \text{ con } k < 0$$

Applicato a fenomeni quali il decadimento radioattivo, Q_0 indica la quantità di una sostanza radioattiva all'istante $t = 0$, $Q(t)$ indica la quantità di sostanza all'istante t e k è una costante che dipende dalla velocità di decadimento.

Un'interessante applicazione del decadimento radioattivo riguarda un metodo per la datazione di fossili e materiale organico, il metodo della **datazione al carbonio.** Esso si basa sul fatto che tutti gli organismi viventi contengono due tipi di carbonio, il carbonio 12 (un carbonio stabile) e il carbonio 14 (radioattivo). Da vivi, piante e animali presentano quantità di carbonio 14 e carbonio 12 in rapporto costante, uguale a circa $1{,}2 \cdot 10^{-12}$. Dopo la morte, la quantità di carbonio 12 resta invariata, mentre gli atomi di carbonio 14 iniziano a decadere tramutandosi in atomi di azoto 14. Il rapporto tra il carbonio 14 e il carbonio 12 presente in un organismo dopo la morte dice quindi quanto carbonio 14 è rimasto nell'organismo rispetto a quando era in vita. A partire da questo rapporto, tenendo conto che il tempo di dimezzamento del carbonio 14 è noto (è circa 5730 anni), possiamo calcolare quanto tempo è trascorso dal suo decesso e, quindi, datare un reperto. Vediamo un esempio.

Per saperne di più

Questo metodo è utile per datare reperti che risalgono al massimo a 50 000 anni fa, con un margine di errore tra il 2% e il 5%. Reperti più antichi non contengono una sufficiente quantità di carbonio 14 per consentire una datazione abbastanza accurata.

PROBLEMA 2 La grotta di Chauvet

La grotta di Chauvet, in Francia, è uno dei più noti e importanti siti preistorici europei. Divenne famosa dalla scoperta, nel 1994, di più di 500 pitture e incisioni rupestri di diversi animali quali bisonti, gufi, rinoceronti, leoni, orsi, cervi, cavalli, iene, renne ed enormi felini scuri. I ricercatori hanno datato le pitture della grotta sottoponendo al metodo della datazione al carbonio carboni provenienti da focolari o raccolti sul suolo e campioni di pitture eseguite con carbone di legna. Alcuni pigmenti di carbone prelevati dal dipinto di due rinoceronti hanno rivelato una concentrazione di carbonio 14 pari a circa il 2,4% di quella originaria. A quando si possono far risalire?

Grotta di Chauvet, parete dei cavalli

FAMILIARIZZIAMO CON IL PROBLEMA

Come prima cosa, dobbiamo determinare la funzione che esprime il modello matematico del decadimento del carbonio 14. Indichiamo con $Q(t)$ la quantità di carbonio 14 presente in un organismo al tempo t; la funzione che stiamo cercando sarà una funzione del tipo:

$$Q(t) = Q_0 e^{kt} \qquad \text{con } k < 0.$$

Per determinare k, ci servirà ricordare che il tempo di dimezzamento del carbonio 14 è di circa 5730 anni.

COSTRUIAMO IL MODELLO

Consideriamo la funzione definita dall'equazione:

$$Q(t) = Q_0 e^{kt}$$

Per determinare k, imponiamo che dopo 5730 anni la quantità di carbonio 14 sia la metà di quella originaria, cioè che $Q(5730) = \frac{Q_0}{2}$.

$\frac{Q_0}{2} = Q_0 e^{k \cdot 5730}$ — Imponendo la condizione $Q(5730) = \frac{Q_0}{2}$

$\frac{1}{2} = e^{k \cdot 5730}$ — Dividendo i due membri per Q_0

$\ln \frac{1}{2} = \ln e^{k \cdot 5730}$ — Prendendo i logaritmi naturali dei due membri

$\ln \frac{1}{2} = 5730k$ — Per definizione di logaritmo, $\ln e^a = a$

$k = \frac{\ln \frac{1}{2}}{5730}$ — Dividendo i due membri per 5730

$k \simeq -0{,}00012$ — Arrotondando con una calcolatrice

La funzione che modellizza il decadimento del carbonio 14 è allora:

$$Q(t) = Q_0 e^{-0{,}00012\,t}$$

Per saperne di più

I dipinti scoperti nella grotta di Chauvet si sono dunque rivelati molto anteriori ai famosi dipinti di Lascaux, datati 16 000 anni fa, considerati dagli studiosi, fino alla scoperta di Chauvet, come l'espressione più alta raggiunta dall'arte Cro-Magnon. Gli scienziati hanno dovuto rivedere le loro teorie e «spostare indietro» di oltre 10 000 anni l'origine dell'arte in Europa.

RISOLVIAMO L'EQUAZIONE

Poiché i reperti contengono il 2,4% = 0,024 di carbonio 14 rispetto a quanto ne contenevano originariamente, devono avere un'età t che soddisfa l'equazione:

$$0{,}024\,Q_0 = Q_0\,e^{-0{,}00012\,t}$$

$$0{,}024 = e^{-0{,}00012\,t}$$ Dividendo i due membri per Q_0

$$\ln 0{,}024 = \ln e^{-0{,}00012\,t}$$ Prendendo i logaritmi naturali dei due membri

$$\ln 0{,}024 = -0{,}00012\,t$$ Per definizione di logaritmo, $\ln e^a = a$

$$t = \frac{\ln 0{,}024}{-0{,}00012}$$ Dividendo i due membri per $-0{,}00012$

$$t \simeq 31\,080$$ Arrotondando con una calcolatrice

RISPONDIAMO

Tenendo conto che il metodo è soggetto a un errore tra il 2% e il 5%, possiamo concludere che i reperti si possono datare approssimativamente fra i 30 000 e i 32 000 anni fa.

Prova tu **ESERCIZI** a p. 471

1. Le ninfee sulla superficie di uno stagno si riproducono esponenzialmente. All'inizio ce ne sono 17. Il loro numero raddoppia ogni 4 giorni. Quante ninfee ci saranno nello stagno dopo un mese (considera un mese di 31 giorni)? Dopo quanti giorni nello stagno ci saranno 1000 ninfee? [Circa 3660; dopo circa 23 giorni e mezzo]
2. La popolazione di una città cresce in modo esponenziale. Sapendo che essa è raddoppiata negli ultimi 2 anni e che attualmente, dopo il raddoppio, è di 10 000 abitanti, quanti abitanti ci saranno fra 3 anni? [Circa 28 284]
3. Un reperto archeologico contiene circa il 12% del carbonio 14 originario. A quando si può fare risalire il reperto? [Circa 17 669 anni fa]

MATEMATICA NELLA STORIA

La nascita e lo sviluppo dei logaritmi

Nel corso dei secoli XVI e XVII l'astronomia, la navigazione e il commercio posero diversi problemi che richiedevano lo svolgimento di calcoli di una certa complessità. Tali calcoli non erano facilmente eseguibili come lo sono oggi per noi, che disponiamo di calcolatori elettronici. Per semplificare il compito si cercò allora un modo per trasformare le moltiplicazioni in addizioni (e le divisioni in sottrazioni). La nascita del concetto di logaritmo risponde proprio a questa esigenza. Abbiamo visto infatti che il logaritmo del prodotto di due numeri è uguale alla somma dei loro logaritmi: pertanto, al prezzo di due conversioni, una da un numero al suo logaritmo e una «inversa», da un logaritmo al numero che lo genera, è possibile calcolare un prodotto eseguendo una somma!

L'invenzione dei logaritmi è dovuta a **John Napier** (1560-1617), italianizzato in **Nepero**, che contestualmente scoprì il numero e. Nepero pubblicò le sue idee nel 1614, nella sua opera *Mirifici logarithmorum canonis descriptio* (Descrizione della meravigliosa invenzione dei logaritmi), che ebbe un immediato riconoscimento. Fra gli ammiratori più entusiasti vi era **Henry Briggs** (1556-1639), professore di geometria a Oxford. Nel 1615 Briggs fece visita a Nepero e gli propose di utilizzare come basi dei logaritmi non il numero e, come egli aveva fatto, bensì il numero 10. Nepero si dichiarò d'accordo e Briggs si mise al lavoro. Nel 1617, Briggs pubblicò la sua *Logarithmorum chilias prima*, ossia i logaritmi da 1 a 1000 calcolati ciascuno fino alla quattordicesima cifra dopo la virgola. Nel 1624, nell'*Arithmetica logarithmica*, Briggs ampliò la sua tavola fino a includere i logaritmi decimali dei numeri da 1 a 20 000 e da 90 000 a 100 000, calcolati anche questa volta fino alla quattordicesima cifra dopo la virgola. I logaritmi incontrarono una fortuna rapida, non tanto perché vennero riconosciuti come contributo significativo al pensiero matematico, quanto perché fornivano uno strumento efficace per svolgere con facilità i calcoli.

Oggigiorno, con l'avvento dei calcolatori, i logaritmi hanno perso la loro importanza ai fini della semplificazione dei calcoli, ma non è diminuita la loro importanza teorica, in quanto costituiscono modelli matematici essenziali per risolvere svariati problemi.

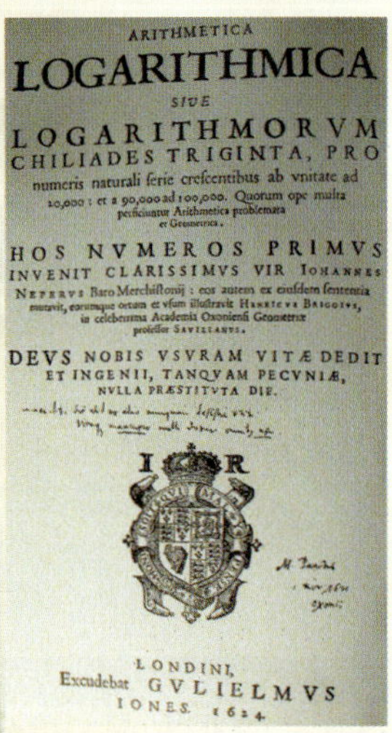
ARITHMETICA
LOGARITHMICA
SIVE
LOGARITHMORVM
CHILIADES TRIGINTA, PRO
numeris naturali serie crescentibus ab vnitate ad 20,000: et a 90,000 ad 100,000. Quorum ope multa perficiuntur Arithmetica problemata et Geometrica.
HOS NVMEROS PRIMVS INVENIT CLARISSIMVS VIR IOHANNES NEPERVS Baro Merchistonij: eos autem ex eiusdem sententia mutavit, eorumque ortum et vsum illustravit HENRICVS BRIGGIVS, in celeberrima Academia Oxoniensi Geometriæ professor SAVILIANVS.
DEVS NOBIS VSVRAM VITÆ DEDIT ET INGENII, TANQVAM PECVNIÆ, NVLLA PRÆSTITVTA DIE.
I R
LONDINI,
Excudebat GVLIELMVS IONES. 1624.

L'Arithmetica logarithmica di Briggs.

In libreria e in rete

Carl Boyer, *Storia della matematica*, Mondadori

http://areeweb.polito.it/didattica/polymath/htmlS/argoment/APPUNTI/TESTI/Set_02/APPUNTI.HTM

SINTESI

Formule e proprietà importanti

Definizione di logaritmo

il logaritmo in base a di b è l'esponente da dare ad a per ottenere b

$x = \log_a b$ $\qquad$ $a^x = b$

La funzione logaritmica

Grafico di $y = \log_a x$ con $a > 1$	Grafico di $y = \log_a x$ con $0 < a < 1$
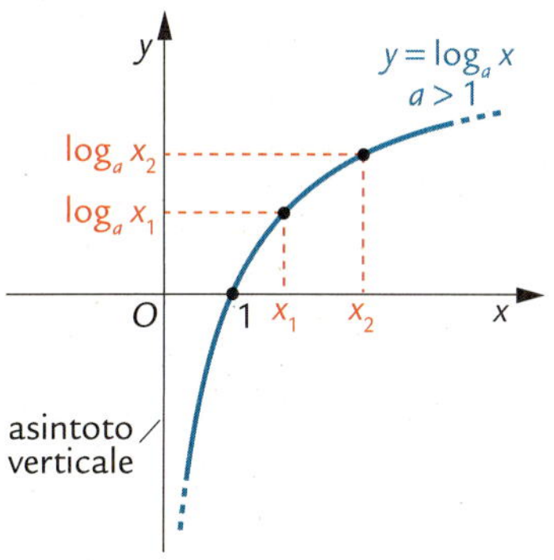	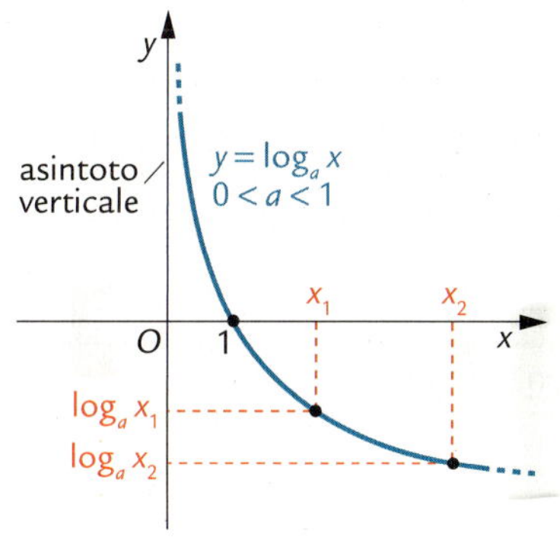
Il dominio è $\mathbf{R}^+$. L'immagine è $\mathbf{R}$.	Il dominio è $\mathbf{R}^+$. L'immagine è $\mathbf{R}$.
L'asse y è asintoto verticale.	L'asse y è asintoto verticale.
Il grafico interseca l'asse x nel punto di coordinate (1, 0).	Il grafico interseca l'asse x nel punto di coordinate (1, 0).
La funzione è *crescente*, vale a dire: $x_1 < x_2 \Leftrightarrow \log_a x_1 < \log_a x_1$	La funzione è *decrescente*, vale a dire: $x_1 < x_2 \Leftrightarrow \log_a x_1 > \log_a x_2$

Proprietà del logaritmo

Supposto $a > 0$ e $a \neq 1$, valgono le seguenti proprietà:

1. $\log_a(b \cdot c) = \log_a b + \log_a c$ per ogni $b > 0,\ c > 0$ — Logaritmo di un prodotto

2. $\log_a(b^c) = c \cdot \log_a b$ per ogni $b > 0$ — Logaritmo di una potenza

3. $\log_a\left(\dfrac{b}{c}\right) = \log_a b - \log_a c$ per ogni $b > 0,\ c > 0$ — Logaritmo di un quoziente

4. $\log_a b = \dfrac{\log_c b}{\log_c a}$ per ogni $b > 0,\ c > 0$ e $c \neq 1$ — Formula del cambiamento di base

Equazioni e disequazioni logaritmiche

$\log_a f(x) = b \Leftrightarrow f(x) = a^b$ con $a > 0$ e $a \neq 1$

$$\log_a f(x) > b, \text{ con } a > 1 \Leftrightarrow \begin{cases} f(x) > 0 \\ f(x) > a^b \end{cases}$$

$$\log_a f(x) > b, \text{ con } 0 < a < 1 \Leftrightarrow \begin{cases} f(x) > 0 \\ f(x) < a^b \end{cases}$$

CONOSCENZE E ABILITÀ

1. La funzione logaritmica

TEORIA a p. 429

Esercizi preliminari

Test

1 Quale dei seguenti logaritmi **non** è definito?

A $\log_3 \frac{1}{2}$ B $\log_3 (-2)^3$ C $\log_3 \left(\frac{1}{2}\right)^2$ D $\log_3 (-2)^4$

2 Quale dei seguenti simboli **non** è definito?

A $\log_3 (-5)^2$ B $\log_3 (-7)^3$ C $\log_3 (-0{,}5)^4$ D $\log_3 (\sqrt{2}-1)^5$

3 Completa le seguenti tabelle (il primo caso è svolto come esempio).

Uguaglianza in forma logaritmica	Uguaglianza in forma esponenziale
$\log_3 x = 2$ → In base alla definizione di logaritmo, significa: «2 è l'esponente da dare a 3 per ottenere x»	$3^2 = x$
$\log_3 27 = y$	....
$\log_a 1000 = 3$	....
$\log_7 x = 3$	....

Uguaglianza in forma esponenziale	Uguaglianza in forma logaritmica
$b^3 = 1000$ → 3 è l'esponente da dare a b per ottenere 1000. Quindi 3 è il logaritmo in base b di 1000	$3 = \log_b 1000$
$7^x = 200$	....
$15^2 = b$	....
$a^3 = 125$	....

4 Completa, calcolando i seguenti logaritmi, senza utilizzare la calcolatrice.

Logaritmo	Domanda da porsi per calcolarlo	Risposta
$\log_3 9$	Qual è l'esponente da dare a 3 per ottenere 9? La risposta è 2, poiché $3^2 = 9$.	$\log_3 9 = 2$
$\log_2 \sqrt{2}$	Qual è l'esponente da dare a 2 per ottenere $\sqrt{2}$? La risposta è $\frac{1}{2}$.	$\log_2 \sqrt{2} =$ .....
$\log_5 \frac{1}{25}$	Qual è l'esponente da dare a 5 per ottenere $\frac{1}{25}$? Osserva che $\frac{1}{25} = \frac{1}{5^2} = (5^2)^{-1}$, quindi la risposta è	$\log_5 \frac{1}{25} =$ .....
$\log_5 1$	Qual è l'esponente da dare a 5 per ottenere 1? La risposta è	$\log_5 1 =$ .....
$\log_2 \sqrt[3]{4}$	Qual è l'esponente da dare a 2 per ottenere $\sqrt[3]{4}$? Osserva che $\sqrt[3]{4} = \sqrt[3]{2^2} = 2^{\cdots}$, quindi la risposta è	$\log_2 \sqrt[3]{4} =$ .....

5 Completa, calcolando i seguenti logaritmi.

a. $\log_2 \sqrt{2\sqrt[3]{2}} = \log_2 (2 \cdot 2^{\frac{1}{3}})^{\frac{1}{2}} = \log_2 (2^{1+\frac{1}{3}})^{\frac{1}{2}} = \log_2 (2^{\frac{4}{3}})^{\frac{1}{2}} = \log_2 2^{\frac{2}{3}} = \frac{2}{3}$

b. $\log_3 \sqrt[3]{9\sqrt{3}} = \log_3 (3^2 \cdot 3^{\frac{1}{2}})^{\frac{1}{\cdots}} = \log_3 (3^{\frac{5}{2}})^{\frac{1}{\cdots}} = \log_3 3^{\frac{5}{\cdots}} =$ ....

c. $\log_5 \frac{5\sqrt[3]{\sqrt{5}}}{\sqrt{5}} =$ .... $=$ .... $=$ .... $=$ .... $=$ ....

Calcolo di logaritmi

6 **ESERCIZIO SVOLTO**

Completiamo l'uguaglianza $\log_2 \sqrt{2\sqrt{2}} = \ldots\ldots$

Dobbiamo scrivere al posto dei puntini il numero cui bisogna elevare 2 per ottenere $\sqrt{2\sqrt{2}}$.

Poiché $\sqrt{2\sqrt{2}} = (2 \cdot 2^{\frac{1}{2}})^{\frac{1}{2}} = (2^{\frac{3}{2}})^{\frac{1}{2}} = 2^{\frac{3}{4}}$, al posto dei puntini occorre scrivere il numero $\frac{3}{4}$.

Completa, calcolando i logaritmi senza utilizzare la calcolatrice.

7 $\log_2 8 = \ldots\ldots$ $\quad \log_3 \frac{1}{3} = \ldots\ldots$ $\quad \log_5 \sqrt{5} = \ldots\ldots$

8 $\log_{10} 10^3 = \ldots\ldots$ $\quad \log_3 27 = \ldots\ldots$ $\quad \log_{100} \frac{1}{10} = \ldots\ldots$

9 $\ln e^2 = \ldots\ldots$ $\quad \log_2 \frac{1}{4} = \ldots\ldots$ $\quad \log_5 \frac{1}{\sqrt{5}} = \ldots\ldots$

10 $\log_{25} 5 = \ldots\ldots$ $\quad \ln 1 = \ldots\ldots$ $\quad \log_7 1 = \ldots\ldots$

11 $\log_{\frac{2}{3}} \frac{9}{4} = \ldots\ldots$ $\quad \log_{10} 1000 = \ldots\ldots$ $\quad \ln \frac{1}{e^6} = \ldots\ldots$

12 $\log_{\frac{2}{3}} \sqrt[3]{\frac{9}{4}} = \ldots\ldots$ $\quad \log_{10} \sqrt[3]{10\sqrt{10}} = \ldots\ldots$ $\quad \ln \sqrt{\frac{1}{e^5}} = \ldots\ldots$

13 $\log_5 \frac{\sqrt{5}}{25} = \ldots\ldots$ $\quad \log_5 \frac{5\sqrt{5}}{\sqrt[3]{5}} = \ldots\ldots$ $\quad \log_3 \frac{3\sqrt{3}}{\sqrt[3]{3}} = \ldots\ldots$

14 **ESERCIZIO SVOLTO**

Completiamo l'uguaglianza $\log_{\ldots} 10 = \frac{1}{3}$.

In base alla definizione di logaritmo, l'uguaglianza $\log_{\ldots} 10 = \frac{1}{3}$ equivale a $(\ldots)^{\frac{1}{3}} = 10$. Il numero che, elevato a $\frac{1}{3}$, è uguale a 10 è 1000. Quindi $\log_{1000} 10 = \frac{1}{3}$.

Completa, individuando la base dei seguenti logaritmi.

15 $\log_{\ldots} 8 = 3$ $\quad \log_{\ldots} 81 = 2$ $\quad \log_{\ldots} \sqrt{5} = \frac{1}{2}$

16 $\log_{\ldots} 1000 = 3$ $\quad \log_{\ldots} 10 = \frac{1}{10}$ $\quad \log_{\ldots} 10\,000 = 2$

17 $\log_{\ldots} e = 2$ $\quad \log_{\ldots} \frac{1}{4} = 2$ $\quad \log_{\ldots} 5 = 3$

18 $\log_{\ldots} 5 = \frac{1}{2}$; $\quad \log_{\ldots} 1 = 0$; $\quad \log_{\ldots} \frac{1}{5} = -1$

[Attenzione: nel secondo caso il modo di completare è unico?]

19 $\log_{\ldots} \frac{1}{5} = -1$; $\quad \log_{\ldots} \frac{4}{9} = -2$; $\quad \log_{\ldots} 1000 = -3$

20 $\log_{\ldots} \sqrt{\frac{1}{5}} = -1$; $\quad \log_{\ldots} 2 = \frac{1}{4}$; $\quad \log_{\ldots} 3 = -27$

21 **ESERCIZIO SVOLTO**

Completiamo l'uguaglianza $\log_4 \ldots = \frac{1}{16}$.

In base alla definizione di logaritmo, l'uguaglianza $\log_4 \ldots = \frac{1}{16}$ va completata scrivendo al posto dei punti il numero $4^{\frac{1}{16}} = \sqrt[16]{4} = \sqrt[16]{2^2} = \sqrt[8]{2}$. Quindi $\log_4 \sqrt[8]{2} = \frac{1}{16}$.

Completa, individuando l'argomento dei seguenti logaritmi.

22 $\log_2 \ldots = -3$; $\quad \log_3 \ldots = 3$; $\quad \log_5 \ldots = \frac{1}{3}$

23 $\log_{10} \ldots = \frac{1}{2}$; $\quad \ln \ldots = 0$; $\quad \log_{100} \ldots = -2$

24 $\ln \ldots = 2$; $\quad \log_2 \ldots = \frac{1}{3}$; $\quad \log_7 \ldots = 2$

25 $\log_{25} \ldots = -1$; $\quad \log_2 \ldots = -\frac{1}{2}$; $\quad \log_6 \ldots = 1$

26 $\log_{\frac{2}{3}} \ldots = -1$; $\quad \log_{10} \ldots = 0$; $\quad \ln \ldots = -3$

27 Determina i numeri descritti a parole:

a. il numero il cui logaritmo in base 9 è 3
b. il numero il cui logaritmo in base 10 è 5
c. il logaritmo in base 3 della radice cubica di 3
d. il logaritmo in base dieci di un milione

Semplifica, senza utilizzare la calcolatrice.

28 $8^{\log_8 7} = \ldots\ldots$ $\quad e^{\ln 12} = \ldots\ldots$ $\quad \ln e^{12x} = \ldots\ldots$

29 $10^{\log\sqrt{x}} = \ldots\ldots$ $\quad \ln e^{13x} = \ldots\ldots$

30 Completa:

a. $\log_{\ldots} 25 = -1$

b. $\log_9 \frac{1}{3} = \ldots$

c. $\log_3 \ldots = -3$

d. $\log_{\frac{1}{2}} 8 = \ldots$

e. $\log_{16} \ldots = 2$

31 Calcola, senza utilizzare la calcolatrice:

$\log_4(\log_3 81)$ e $\log_2(\log_5\sqrt{5})$

32 Con una calcolatrice determina i valori, arrotondati alla seconda cifra decimale, di ln 10 e di log 7.

33 Fra i seguenti logaritmi, individua quelli che rappresentano numeri *irrazionali.*

a. $\log_2\sqrt{2}$

b. $\log_4 8$

c. $\log_3 6$

d. $\log_3 \frac{\sqrt{3}}{3}$

e. $\log_3 \frac{1}{2}$

f. $\log_{\sqrt{2}} 2$

g. $\log_5 \sqrt{7}$

Calcola il valore delle seguenti espressioni, senza utilizzare la calcolatrice.

34 $\log_3(\log_5 5)$ [0]

35 $\log_5(\log_2 32)$ [1]

36 $\ln(\log 10)$ [0]

37 $\log_2(\log_3 81)$ [2]

38 $\dfrac{\log_2 16 - \log_{\sqrt{3}} 1}{\log_{2\sqrt{3}} 12 - \log 0{,}01}$ [1]

La funzione logaritmica

39 Vero o falso?

a. la funzione $y = \log_4 x$ ha come dominio **R** V F

b. la funzione $y = \log_{\frac{1}{2}} x$ è definita per ogni $x \geq 0$ V F

c. la funzione $y = \log_{\frac{1}{3}} x$ è decrescente V F

d. la funzione $y = \log_5 x$ è decrescente V F

e. la funzione $y = \log_4 x$ è positiva per ogni $x > 0$ V F

f. la funzione $y = \log_{\frac{1}{3}} x$ è negativa per ogni $x > 1$ V F

[2 affermazioni vere e 4 false]

40 Vero o falso?

a. la funzione di equazione $y = \log_4 x$ è crescente V F

b. la funzione di equazione $y = \log_{\frac{5}{2}} x$ è decrescente V F

c. il grafico della funzione di equazione $y = \log_{0,3} x$ è simmetrico del grafico di $y = \left(\frac{1}{3}\right)^x$ rispetto alla bisettrice del primo e del terzo quadrante V F

d. il grafico della funzione di equazione $y = \log_{0,25} x$ è simmetrico del grafico di $y = 4^{-x}$ rispetto alla bisettrice del primo e del terzo quadrante V F

[2 affermazioni vere e 2 false]

41 Nelle figure sottostanti sono riportati i grafici delle funzioni logaritmiche aventi le seguenti equazioni. Fai le associazioni corrette.

a. $y = \log_{\frac{1}{4}} x$ **b.** $y = \log_{\frac{1}{3}} x$ **c.** $y = \log_3 x$ **d.** $y = \log_4 x$

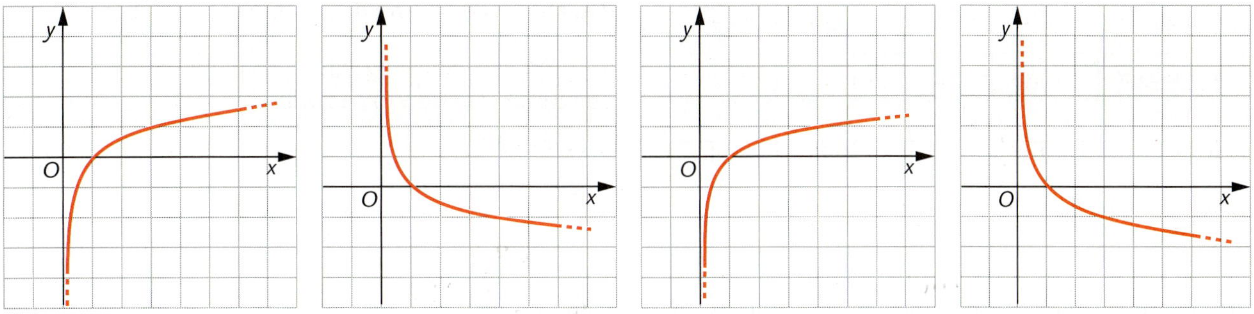

A C **B** B **C** D **D** A

42 **Interpretazione di grafici.** In ciascuna delle due figure seguenti sono rappresentati i grafici di tre funzioni logaritmiche:

$f_a(x) = \log_a x$ $f_b(x) = \log_b x$ $f_c(x) = \log_c x$

Relativamente a ciascuna figura, disponi le basi a, b, c in ordine crescente.

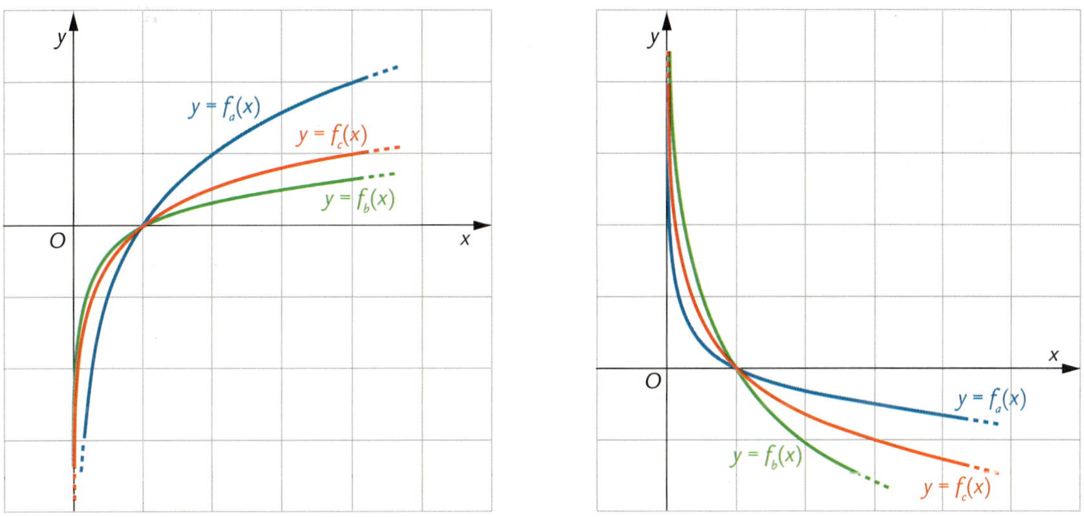

43 **Interpretazione di grafici.** Considera le sei funzioni seguenti:

$y = \ln x$ $y = 4 \ln x$ $y = \ln(4x)$ $y = \ln \frac{x}{4}$ $y = \ln x - \ln 4$ $y = \ln 4$

a. Tra le sei funzioni ce ne sono due uguali: individua quali.
b. Associa a ciascuna delle cinque funzioni distinte tra le sei assegnate il relativo grafico, scelto tra quelli rappresentati nella seguente figura.

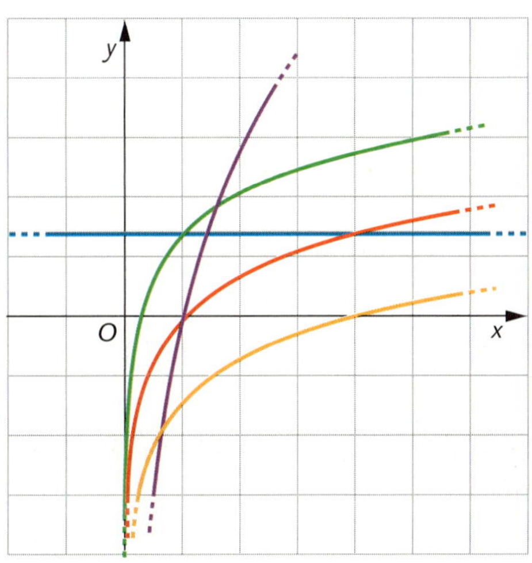

44 Considera le due funzioni di equazioni $y = \log_{\frac{2}{3}} x$ e $y = \log_{\frac{5}{2}} x$.

a. Completa le seguenti tabelle di valori per x e y.

x	$\frac{2}{3}$	1	$\frac{3}{2}$	$\frac{9}{4}$
$y = \log_{\frac{2}{3}} x$	.....	.....	.....	.....

x	$\frac{2}{5}$	1	$\frac{5}{2}$	$\frac{25}{4}$
$y = \log_{\frac{5}{2}} x$	.....	.....	.....	.....

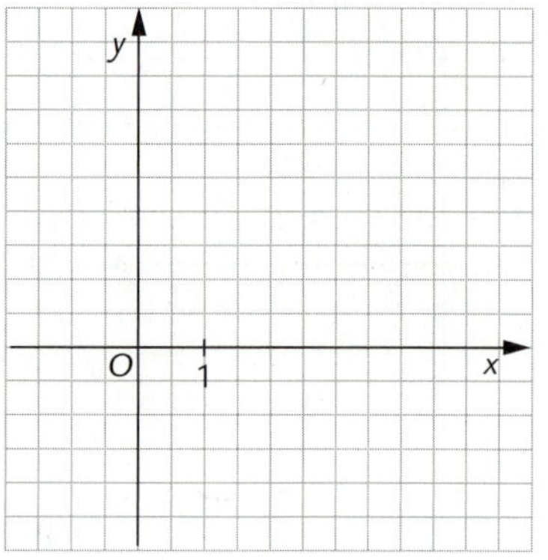

b. Arrotonda alla prima cifra decimale i valori di x delle tabelle e traccia i grafici delle due funzioni nella figura qui a fianco.

c. Quale delle due funzioni date è crescente? ....

d. Quale delle due funzioni date è decrescente? ....

e. I grafici delle due funzioni hanno punti in comune? .... È vero o falso che i grafici di tutte le funzioni logaritmiche hanno un punto in comune? ....

45 Traccia il grafico di $y = 4^x$ e da esso deduci il grafico di $y = \log_4 x$.

46 Traccia il grafico di $y = \left(\frac{1}{2}\right)^x$ e da esso deduci il grafico di $y = \log_{\frac{1}{2}} x$.

47 Traccia il grafico delle funzioni $y = \log_5 x$ e $y = \log_{\frac{1}{5}} x$.

48 Traccia il grafico delle funzioni $y = \log_6 x$ e $y = \log_{\frac{4}{5}} x$.

49 **ESERCIZIO GUIDATO**

Utilizzando opportune trasformazioni geometriche, traccia il grafico delle seguenti funzioni. Per ciascuna specifica il dominio e l'equazione dell'asintoto verticale.

a. $y = \log_2 x + 1$ **b.** $y = \log_{\frac{1}{2}}(x - 1)$

Rivedi preliminarmente le tecniche per dedurre, a partire dal grafico di una funzione nota, i grafici di altre funzioni utilizzando opportune trasformazioni geometriche.

a. Rappresenta anzitutto il grafico di $y = \log_2 x$. Puoi quindi ottenere il grafico della funzione $y = \log_2 x + 1$ traslando verticalmente il grafico di $y = \log_2 x$ di una unità verso l'alto.
Il dominio della funzione data è $x >$ .....; l'asintoto verticale ha equazione $x =$ .....

b. Rappresenta anzitutto il grafico di $y = \log_{\frac{1}{2}} x$. Puoi quindi ottenere il grafico della funzione $y = \log_{\frac{1}{2}}(x - 1)$ traslando orizzontalmente il grafico di $y = \log_{\frac{1}{2}} x$ di una unità verso destra.
Il dominio della funzione data è $x > 1$; l'asintoto verticale ha equazione $x =$ .....

Traccia i grafici delle funzioni aventi le seguenti equazioni, utilizzando opportune trasformazioni geometriche.

50 $y = \log_4 (x - 1)$

51 $y = 2 + \log_{\frac{1}{3}} x$

52 $y = \log_2 (x + 3)$

53 $y = \log_{\frac{1}{2}} x + 3$

54 $y = \log_3 (x - 2) + 1$

55 $y = \log_{\frac{1}{3}} (3 - x)$

56 $y = -\log_2 x$

57 $y = 1 - \log_2 (x + 1)$

58 $y = \log_{\frac{1}{2}} (4 - x)$

59 $y = -\log_2 (x - 2)$

60 $y = -\log_{\frac{1}{2}} (1 - x)$

61 $y = \log_2 |x - 1|$

62 $y = |\log_2 x|$

63 $y = \log_2 |x|$

64 $y = \log_{\frac{1}{2}} |x| - 1$

65 Considera la seguente tabella.

x	$\frac{2}{3}$	1	$\frac{3}{2}$	$\frac{9}{4}$
y	-1	0	1	2

a. Scrivi l'equazione della funzione logaritmica che assume tali valori: $y =$ .....

b. Arrotonda alla prima cifra decimale i valori di x della tabella e traccia il grafico della funzione nella figura qui a fianco.

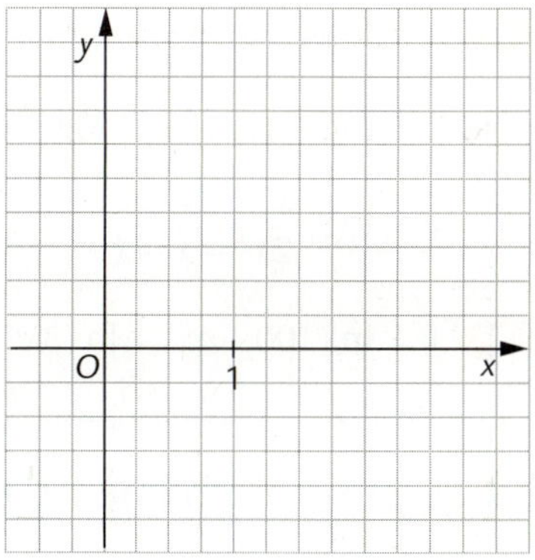

Dal grafico all'equazione. Determina le equazioni delle funzioni logaritmiche, di equazione $y = \log_a x$, che hanno i seguenti grafici.

66

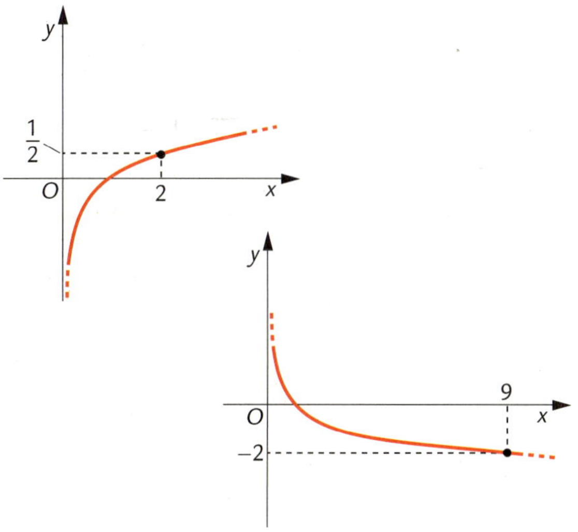

67

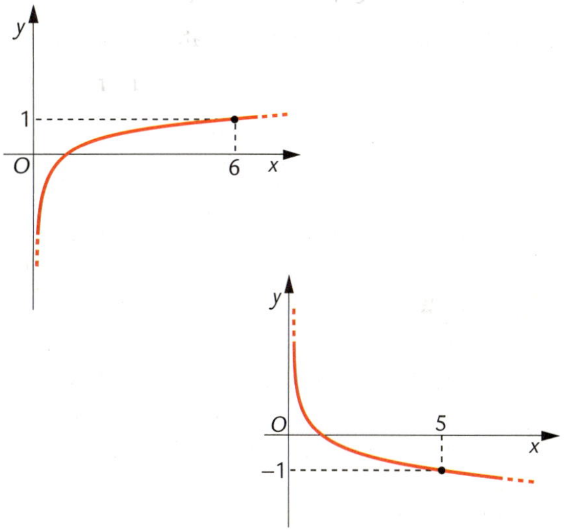

68 **ESERCIZIO SVOLTO**

Determiniamo il dominio delle funzioni di cui è data l'equazione.

a. $y = \log_2 (2x + 4)$ **b.** $y = \log_{\frac{1}{2}} (x + 2)^2$

---

a. La funzione è definita purché l'argomento del logaritmo sia positivo, cioè per:

$$2x + 4 > 0 \Rightarrow 2x > -4 \Rightarrow x > -2$$

Quindi $D = \{x \in \mathbf{R} \mid x > -2\}$.

b. La funzione è definita purché l'argomento del logaritmo sia positivo, cioè per:

$$(x + 2)^2 > 0$$

Questa disequazione è verificata per ogni $x \in \mathbf{R}$, con $x \neq -2$.
Quindi $D = \{x \in \mathbf{R} \mid x \neq -2\}$.

Determina il dominio delle funzioni logaritmiche di cui è data l'equazione.

69 $y = \log_2 (x + 4)$ $[x > -4]$

70 $y = \ln (7 - x)$ $[x < 7]$

71 $y = \log_2 (x + 4)^2$ $[x \neq -4]$

72 $y = \log_2 (x^2 + 3x + 4)$ $[\mathbf{R}]$

73 $y = \log_2 (x^2 - 4)$ $[x < -2 \vee x > 2]$

74 $y = \ln (3x - x^2)$ $[0 < x < 3]$

75 $y = \ln \dfrac{x + 1}{x - 2}$ $[x < -1 \vee x > 2]$

76 $y = \ln \dfrac{x - 2}{x^2 - x}$ $[0 < x < 1 \vee x > 2]$

77 $y = \log_2 \dfrac{x - 3}{4 - x^2}$ $[x < -2 \vee 2 < x < 3]$

78 $y = \ln (3x - 1) + \ln (5 - x)$ $\left[\dfrac{1}{3} < x < 5\right]$

79 $y = \ln x + \ln (5 - x^2)$ $[0 < x < \sqrt{5}]$

80 $y = \ln \dfrac{3x^2 - 2x}{x^2 + 5x - 6}$ $\left[x < -6 \vee 0 < x < \dfrac{2}{3} \vee x > 1\right]$

81 $y = \log_2 (2x^2 + 1) + \log_3 (x^2 + x - 12)$ $[x < -4 \vee x > 3]$

82 $y = \log_3 \dfrac{x^2 - 3x + 5}{2x^2 - x - 1}$ $\left[x < -\dfrac{1}{2} \vee x > 1\right]$

83 $y = \ln (100 - x^2) + \ln (3x^2 + x)$ $\left[-10 < x < -\dfrac{1}{3} \vee 0 < x < 10\right]$

Segno e ordinamento dei logaritmi

Test

84 Quale dei seguenti logaritmi è *maggiore* di zero?

A $\log_{\frac{1}{2}} \dfrac{1}{3}$ B $\log_{\frac{1}{2}} 3$ C $\log_3 \dfrac{1}{2}$ D $\log_5 \dfrac{4}{5}$

85 Quale dei seguenti logaritmi è *minore* di zero?

A $\log_{\frac{1}{2}}(\sqrt{2} - 1)$ B $\log_{\frac{1}{2}}\sqrt{3}$ C $\log_{\sqrt{3}}5$ D $\log_{(\sqrt{2}-1)} \dfrac{4}{5}$

86 **ESERCIZIO SVOLTO**

Completiamo inserendo il simbolo opportuno scelto tra <, =, >.

a. $\log_{\frac{1}{3}} 5$ ..... $\log_{\frac{1}{3}} \sqrt{5}$ **b.** $\log_{16} \dfrac{5}{4}$ ..... $\log_{16} \dfrac{4}{5}$ **c.** $\log_3 10$ 2

Ricorda che:
- se $a > 1$, $\log_a x_1 < \log_a x_2$ se e solo se $x_1 < x_2$
- se $0 < a < 1$, $\log_a x_1 < \log_a x_2$ se e solo se $x_1 > x_2$

Pertanto:

a. $\log_{\frac{1}{3}} 5 < \log_{\frac{1}{3}}\sqrt{5}$ perché $a = \dfrac{1}{3} < 1$ e $5 > \sqrt{5}$

b. $\log_{16} \dfrac{5}{4} > \log_{16} \dfrac{4}{5}$ perché $a = 16 > 1$ e $\dfrac{5}{4} > \dfrac{4}{5}$

c. Osserviamo che $2 = \log_3 3^2 = \log_3 9$. Poiché $\log_3 10 > \log_3 9$ (infatti $a = 3 > 1$ e $10 > 9$), ne segue che $\log_3 10 > 2$.

Completa inserendo il simbolo opportuno scelto tra <, =, >.

87 **a.** $\log_5 \dfrac{3}{4}$ ..... $\log_5 \dfrac{4}{5}$ **b.** $\log_{\sqrt{2}} 4$ ..... $\log_{\sqrt{2}} \dfrac{9}{2}$ **c.** $\log_{\frac{1}{3}} 1000$ ..... $\log_{\frac{1}{3}} 100$

d. $\log_5 \dfrac{8}{7}$ ..... $\log_5 \dfrac{9}{8}$ **e.** $\log_{\frac{3}{5}} \dfrac{1}{3}$ ..... $\log_{\frac{3}{5}} \dfrac{3}{2}$ **f.** $\log_{\frac{1}{5}} (3 + \sqrt{2})$ ..... $\log_{\frac{1}{5}} 5$

88 **a.** $\log_5 8^2$ ..... $\log_5 2^8$ **b.** $\log_3 \sqrt{2}$ ..... $\log_3 \dfrac{3}{2}$ **c.** $\log_{\frac{2}{3}} 7$ ..... $\log_{\frac{2}{3}} 8$

d. $\log_5 25$ ..... $\log_8 64$ **e.** $\log_{\frac{3}{5}} 16$ ..... $\log_{\frac{3}{5}} 8$ **f.** $\log_{\frac{1}{2}} (3 - \sqrt{2})$ ..... $\log_{\frac{1}{2}} 2$

2. Proprietà dei logaritmi

TEORIA a p. 433

Esercizi preliminari

Test

89 Quale dei seguenti numeri è il *doppio* di $\log_3 5$?

A $\log_3 10$ B $\log_6 10$ C $\log_6 5$ D $\log_3 25$

90 Quale dei seguenti numeri è la *metà* di $\log_3 16$?

A $\log_3 8$ B $\log_3 4$ C $\log_{1,5} 8$ D $\log_{1,5} 16$

91 Quale dei seguenti numeri è uguale a $\log_2 10 - \log_2 5$?

A 1 B $\log_2 5$ C $\log_2 4$ D $\log_2 8$

92 Quale dei seguenti numeri è uguale a $\log_2 2 + \log_2 5$?

A $\log_2 7$ B $\log_2 10$ C $\log_4 7$ D $\log_2 20$

93 **Vero o falso?**

a. $\log 3 + \log 5 = \log 15$ V F

b. $\log_2 8 - \log_2 4 = 1$ V F

c. $\log_2 1000 = 3\log_2 10$ V F

d. $\dfrac{\log_2 5}{\log_2 3} = \log_2 5 - \log_2 3$ V F

[3 uguaglianze vere e 1 falsa]

94 Completa, riscrivendo ciascuna espressione come un singolo logaritmo. Supponi $x > 0$ e $y > 0$.

a. $3\log x + 2\log y = \log x^{\cdots} + \log y^{\cdots} = \log(\ldots)$

b. $5\log x - \dfrac{1}{2}\log y = \log x^{\cdots} - \log\sqrt{\ldots} = \log\dfrac{x^{\cdots}}{\ldots}$

95 Completa, riscrivendo l'espressione come una somma algebrica di logaritmi. Supponi $a > 0$ e $b > 0$.

a. $\log(a^2b^4) = \log(a^2) + \log(\ldots) = 2\log a + \ldots\log b$

b. $\log\left(\dfrac{a}{\sqrt[3]{b}}\right) = \log a \ldots \log\sqrt[3]{\ldots} = \log a \ldots \dfrac{1}{\ldots}\log b$

96 **Caccia all'errore.**

Uguaglianza	L'uguaglianza è corretta?
$\log 7 - \log 3 = \dfrac{\log 7}{\log 3}$	☐ Sì ☐ No, l'uguaglianza corretta è ....
$\log 8 + 2\log 3 = \log 72$	☐ Sì ☐ No, l'uguaglianza corretta è ....
$\log_5 25 \cdot \log_5 \dfrac{1}{5} = \log_5 5$	☐ Sì ☐ No, l'uguaglianza corretta è ....
$\dfrac{1}{2}\log 2 + \dfrac{1}{3}\log 4 = \log\sqrt[6]{2}$	☐ Sì ☐ No, l'uguaglianza corretta è ....
$\log 7 + \log 3 = \log 10$	☐ Sì ☐ No, l'uguaglianza corretta è ....

Semplificazione di espressioni

97 **ESERCIZIO GUIDATO**

Scrivi sotto forma di un unico logaritmo l'espressione $\log 2 - \dfrac{1}{2}\log 3 + \log 6$.

$\log 2 - \dfrac{1}{2}\log 3 + \log 6 = \log 2 - \log\sqrt{\ldots} + \log 6 =$ Ricorda che $c \cdot \log_a b = \log_a(b^c)$

$= \log\dfrac{2}{\sqrt{\ldots}} + \log 6 =$ Ricorda che $\log_a b - \log_a c = \log_a\left(\dfrac{b}{c}\right)$

$= \log\left(\dfrac{2}{\sqrt{\ldots}} \cdot 6\right) =$ Ricorda che $\log_a b + \log_a c = \log_a(bc)$

$= \log(4\sqrt{3})$ Razionalizzando

Scrivi sotto forma di un unico logaritmo le seguenti espressioni. Supponi che le variabili assumano valori per cui gli argomenti di tutti i logaritmi sono positivi.

98 $\log_2 3 + \log_2 6$ [$\log_2 18$]

99 $\log_2 10 - \log_2 5$ [1]

100 $2\log 2 + \log 3$ [$\log 12$]

101 $2\log_3 6 - \log_3 4$ [2]

102 $\log 400 - 2\log 2$ [2]

103 $\log 500 + \frac{1}{2}\log 4$ [3]

104 $\frac{1}{3}\log 8 + \log\frac{1}{200}$ [−2]

105 $\ln(4e^5) - \ln(e^2) - 2\ln 2$ [3]

106 $\log 400 - 2\log 5 - \frac{1}{2}\log 4$ [log 8]

107 $\log_3 600 - 2\log_3 2 - \frac{1}{2}\log_3 25 + \log_3\frac{3}{10}$ [2]

108 $2\log 4 - \log 2 + \log 8 - \log 16$ [log 4]

109 $\frac{3}{2}\log 3 - \log 9$ $\left[\log\frac{\sqrt{3}}{3}\right]$

110 $\log 5 - \log\sqrt{5} + \frac{1}{4}\log 25 - \frac{3}{2}\log\sqrt[3]{5}$ $[\log\sqrt{5}]$

111 $1 + \log\sqrt{10} - \frac{1}{3}\log 10 - \log\sqrt[6]{10}$ [log 10]

112 $7\ln x - \ln y$ $\left[\ln\frac{x^7}{y}\right]$

113 $8\ln(x+5) - 4\ln x$ $\left[\ln\frac{(x+5)^8}{x^4}\right]$

114 $\frac{1}{2}(\log x + \log y) - 2\log(x-y)$ $\left[\log\frac{\sqrt{xy}}{(x-y)^2}\right]$

115 $\log(x-y) + \log(x+y) - \log(x^2 - 2xy + y^2)$ $\left[\log\frac{x+y}{x-y}\right]$

116 ESERCIZIO GUIDATO

Supposto $x > 0$, $y > 0$, $z > 0$, scrivi $\log(xy^4z^3)$ sotto forma di somme algebriche di logaritmi di x, y e z.

$\log(xy^4z^3) = \log x + \log y^4 + \ldots\ldots =$ Ricorda che $\log_a(bc) = \log_a b + \log_a c$

$= \log x + \ldots\ldots \log y + \ldots\ldots \log z$ Ricorda che $\log_a(b^c) = c \cdot \log_a b$

Supposto $x > 0$, $y > 0$, $z > 0$, scrivi sotto forma di somme algebriche di logaritmi di x, y o z i seguenti logaritmi.

117 $\log(xy^2)$ $[\log x + 2\log y]$

118 $\log\frac{x^3}{y}$ $[3\log x - \log y]$

119 $\log(2x^2y)$ $[\log 2 + 2\log x + \log y]$

120 $\log(y\sqrt[3]{z})$ $\left[\log y + \frac{1}{3}\log z\right]$

121 $\log\frac{x}{\sqrt{y}}$ $\left[\log x - \frac{1}{2}\log y\right]$

122 $\log\sqrt{\frac{xy}{z}}$ $\left[\frac{1}{2}(\log x + \log y - \log z)\right]$

123 $\log\frac{\sqrt[3]{xy}}{\sqrt{z^3}}$ $\left[\frac{1}{3}\log x + \frac{1}{3}\log y - \frac{3}{2}\log z\right]$

124 $\log\frac{\sqrt{x}}{y\sqrt[3]{z}}$ $\left[\frac{1}{2}\log x - \log y - \frac{1}{3}\log z\right]$

125 $\log\frac{1}{xy\sqrt{z}}$ $\left[-\log x - \log y - \frac{1}{2}\log z\right]$

126 $\log\frac{x}{\sqrt{y}\cdot\sqrt[3]{z}}$ $\left[\log x - \frac{1}{2}\log y - \frac{1}{3}\log z\right]$

127 Stabilisci se i seguenti numeri sono positivi o negativi.

a. $\log_2 3 - 1$ **b.** $\log_5\frac{5}{2} - \log_5\frac{25}{2}$ **c.** $\log_{\frac{1}{2}} 3 + 2\log_{\frac{1}{2}} 2$ **d.** $1 - \log_{\frac{5}{3}} 35$

(*Suggerimento:* scrivi prima ciascun numero sotto forma di un unico logaritmo, poi ricorda come varia il segno di un logaritmo al variare della base e dell'argomento)

Cambiamento di base

128 Completa le seguenti uguaglianze (il primo caso è svolto come esempio).

a. $\log_2 25 = \frac{\log_5 25}{\log_5 2} = \frac{2}{\log_5 2}$ **c.** $\log_2 3 = \frac{\log_{\ldots\ldots}}{\log_{\ldots\ldots}}$

b. $\log_5 7 = \frac{\ln\ldots\ldots}{\ln\ldots\ldots}$ **d.** $\log_4 8 = \frac{\log_2\ldots\ldots}{\log_2\ldots\ldots} = \frac{\ldots\ldots}{\ldots\ldots}$

129 Dopo aver trasformato i seguenti logaritmi in base e oppure in base 10, determina con una calcolatrice i valori di tali logaritmi arrotondati a meno di un centesimo:

$\log_3 7$; $\log_5 17$; $\log_6 20$

Utilizzando la calcolatrice, disponi in ordine crescente i seguenti numeri (prima trasformali tutti in base *e* o in base 10).

130 $\log_3 7; \quad \log_5 17; \quad \log_6 20$

131 $\log_3 7; \quad \log_4 8; \quad \log 20; \quad \ln 10$

132 $\log_5 2; \quad \log_{\frac{1}{2}} 8; \quad \log 5; \quad \ln 2$

133 $\log_{\frac{1}{3}} 4; \quad \log_4 \frac{1}{8}; \quad \log \frac{1}{4}; \quad \ln \frac{1}{3}$

134 **ESERCIZIO SVOLTO**

Utilizzando anche la proprietà del cambiamento di base, semplifichiamo l'espressione:

$$\frac{1}{\log_5 3} - \log_3 5$$

$$\frac{1}{\log_5 3} - \log_3 5 = \frac{1}{\log_5 3} - \frac{\log_5 5}{\log_5 3} =$$ Trasformando $\log_3 5$ in base 5

$$= \frac{1}{\log_5 3} - \frac{1}{\log_5 3} =$$ Osservando che $\log_5 5 = 1$

$$= 0$$

Utilizzando anche la proprietà del cambiamento di base, semplifica le seguenti espressioni.

135 $\log_2 5 \cdot \log_5 8$ [3]

136 $\log_7 100 \cdot \log 49$ [4]

137 $\log_3 18 - \log_9 4$ [2]

138 $\log_5 27 \cdot \log_3 5$ [3]

139 $\log_5 \frac{1}{15} + \log_{25} 9$ [−1]

140 $\log_2 (2\sqrt{3}) - \log_4 3$ [1]

141 $\log_5 (5\sqrt{7}) - \log_{25} 7$ [1]

142 $\ln 10 - \log e \cdot \ln 100 - \frac{1}{\log e}$ [−2]

143 $\log_3 5 \cdot \log_{25} 9$ [1]

144 $\log_3 \sqrt[3]{3} - \log_9 (3\sqrt[3]{3})$ $\left[-\frac{1}{3}\right]$

145 $\frac{1}{\log_2 3 - 1} + \frac{1}{\log_4 \frac{4}{9}}$ [0]

146 $(\log_{\frac{1}{2}} 3 + \log_4 3 + \log_{\frac{1}{2}} 3 + \log_{16} 9) \cdot \ln 2$ [−ln 3]

147 $\frac{\log_{\frac{1}{2}} 3 + \log_2 9}{\log_4 9}$ [1]

148 $\frac{\log_5 3 + \log_{25} 9}{\log_{\frac{1}{5}} \frac{1}{9}}$ [1]

149 $\sqrt{4^{\frac{1}{\log_5 2}} : 5^{2\log_5 4}}$ $\left[\frac{5}{4}\right]$

150 $25^{\log_{\frac{1}{5}} 3 + \frac{1}{\log_3 5}}$ [1]

151 $2^{\frac{1}{\log_{25} 4}} + 9^{\frac{1}{\log_4 3}}$ [21]

152 $25^{\frac{1}{\log_3 5}} + 1000^{\frac{1}{\log_2 10}}$ [17]

3. Equazioni logaritmiche ed equazioni esponenziali risolvibili mediante logaritmi

TEORIA a p. 437

Esercizi preliminari

Test

153 Quale delle seguenti equazioni **non** è logaritmica?

A $\log_2 x = -1$ B $\log_2 x - \log 2 = -1$ C $x - \log 2 = 1$ D $\log\sqrt{x} = -1$

154 Quali sono le condizioni di esistenza dell'equazione $\log_2 x + \log_2 (x+1) = -2$?

A $x > 0$ B $x > -1$ C $-1 < x < 0$ D $x < -1 \vee x > 0$

155 Quali sono le condizioni di esistenza dell'equazione $\log_2(x^2 + x) = -2$?

A $x > 0$ B $x > -1$ C $-1 < x < 0$ D $x < -1 \vee x > 0$

156 Quali sono le condizioni di esistenza dell'equazione $\log_2 x + \log_2 (x^2+1) = -2$?

A $x > 0$ B $x > -1$ C $-1 < x < 0$ D $x < -1 \vee x > 0$

157 Quali sono le condizioni di esistenza dell'equazione $\log_2 x^2 + \log_2 (x+1) = -2$?

A $x > 0$ B $x > -1$ C $-1 < x < 0$ D $x < -1 \vee x > 0$

158 Quali sono le *condizioni di esistenza* dell'equazione $\log x + \log (4-x) = 1$?

A $x > 0$ B $x < 4$ C $0 < x < 4$ D $x < 0 \vee x > 4$

159 Quali sono le *condizioni di esistenza* dell'equazione $\log x + \log (x^2+1) = 0$?

A $x > 0$ B $x < -1$ C $x > 1$ D $0 < x < 1$

160 **Vero o falso?**

a. l'equazione $\log x = 10$ ha come soluzione $x = 100$ V F
b. l'equazione $\log x = -10$ è impossibile V F
c. l'equazione $\log_3 x = 9$ ha una e una sola soluzione V F
d. l'equazione $\log_3(-x) = 1$ è impossibile V F
e. l'equazione $\log x = 0$ ha come soluzione $x = 0$ V F
f. l'equazione $\log x = -1$ ha una e una sola soluzione, compresa tra 0 e 1 V F

[2 affermazioni vere e 4 false]

161 Completa:

a. $\log_2 x = 4 \Rightarrow x = 2^4 \Rightarrow x = \ldots$
b. $\log_5 x = 0 \Rightarrow x = \ldots^0 \Rightarrow x = \ldots$
c. $\log_3 x = 2 \Rightarrow x = 3^{\ldots} \Rightarrow x = \ldots$
d. $\log_a x = b \Rightarrow x = \ldots$

162 Associa a ogni equazione la frase che le corrisponde.

a. $\log (2-x) = 0$
b. $\log (x^2+2) = 0$
c. $\log (x-1) = 1$
d. $\log (x^2-2) = 0$

A. è impossibile
B. ha come soluzione $x = 1$
C. ha due soluzioni distinte
D. ha come soluzione $x = 11$

163 Associa a ogni equazione l'equazione a essa equivalente.

a. $2 \log x = 1$
b. $\log_2 x - \log_2(x-1) = 1$
c. $\log \dfrac{x^2}{2} = 1 - \log 2$
d. $\log_2 x + \log_2 (x-1) = 0$

A. $\log_2 x = \log_2(x-1) + \log_2 2$
B. $\log x^2 = 1$
C. $\log x = 0{,}5$
D. $\log_2 (x-1) = \log_2 1 + \log_2 \dfrac{1}{x}$

164 Spiega perché si può affermare che l'equazione logaritmica $\log_2(x-4) + \log_2 (3-x) = 1$ è *impossibile*, senza risolverla.

165 Completa la seguente tabella.

Passi	Risolvere l'equazione: $\log_2(x-1)+\log_2(x+1)=2$	Risolvere l'equazione: $\log_2(2-x)+\log_2(4-x)=3$
Si determinano le condizioni di esistenza.	$\begin{cases} x-1>0 \\ x+1>0 \end{cases} \Rightarrow x>1$	$\begin{cases} 2-x>0 \\ 4-x>0 \end{cases} \Rightarrow$ .....
Si riconduce l'equazione a una delle due forme: $\log_a f(x)=b$ oppure $\log_a f(x)=\log_a g(x)$ e la si risolve	$\log_2(x-1)+\log_2(x+1)=2$ $\log_2[(x-1)(x+1)]=2$ logaritmo di un prodotto $(x-1)(x+1)=2^2$ $\log_a f(x)=b \Rightarrow$ $\Rightarrow f(x)=a^b$ $x^2-1=4 \Rightarrow x^2=5 \Rightarrow x=\pm\sqrt{5}$	$\log_2(2-x)+\log_2(4-x)=3$ $\log_2[(2-x)(.....)]=3$ $(2-x)(.....)=2^{....}$ $x^2-.....=0 \Rightarrow x=..... \vee x=.....$
Si confrontano le soluzioni con le condizioni di esistenza, accettando come soluzioni dell'equazione originaria solo quelle che soddisfano le C.E.	Delle due soluzioni trovate, quella positiva è maggiore di 1, quindi soddisfa le C.E.; quella negativa invece è da scartare (in quanto minore di 1). L'insieme delle soluzioni dell'equazione data è: $S=\{\sqrt{5}\}$.	Delle due soluzioni trovate, $x=$ ..... è minore di ....., quindi soddisfa le C.E., mentre $x=$ ..... è da scartare (in quanto maggiore di .....). L'insieme delle soluzioni dell'equazione data è: $S=\{.....\}$.

166 Completa la seguente tabella, seguendo i passi suggeriti nella prima colonna e l'esempio svolto.

Passi del procedimento	Risolvere l'equazione: $\log^2 x-3\log x-4=0$	Risolvere l'equazione: $2\log^2 x-\log x-1=0$
Poni $\log x=t$ e trasforma l'equazione data in un'equazione in t.	Osserviamo che $\log^2 x=(\log x)^2=t^2$ quindi l'equazione diventa: $t^2-3t-4=0$	Osserviamo che $\log^2 x=(\log x)^2=t^2$ quindi l'equazione diventa $2t^2-.....-.....=0$
Risolvi l'equazione in t ottenuta.	$t^2-3t-4=0 \Rightarrow t=-1 \vee t=4$	$..........=0 \Rightarrow t=..... \vee t=.....$
«Ritorna» alla variabile x.	$\log x=-1 \vee \log x=4 \Rightarrow$ $\Rightarrow x=10^{-1} \vee x=10^4$	$\log x=..... \vee \log x=..... \Rightarrow$ $\Rightarrow x=10^{.....} \vee x=10^{.....}$

167 Completa:

a. $7^x=4 \Rightarrow \ln 7^x=\ln ..... \Rightarrow x\ln .....=\ln ..... \Rightarrow x=\dfrac{.....}{.....}$

b. $3^x=5^{x-1} \Rightarrow \ln 3^x=\ln ..... \Rightarrow x\ln .....=(x-.....)\ln ..... \Rightarrow x\ln .....=x\ln .....-\ln ..... \Rightarrow$

$\Rightarrow x\ln .....-x\ln .....=-\ln ..... \Rightarrow x(\ln .....-\ln .....)=-\ln ..... \Rightarrow x=-\dfrac{\ln .....}{\ln .....-\ln .....}=\dfrac{\ln .....}{\ln \frac{.....}{.....}}$

c. $3^x=2\cdot 5^x \Rightarrow \ln 3^x=\ln(.....\cdot.....) \Rightarrow \ln .....=\ln .....+\ln ..... \Rightarrow x\ln .....=\ln .....+x\ln .....$

$\Rightarrow x\ln .....-x\ln .....=\ln ..... \Rightarrow x(\ln .....-\ln .....)=\ln ..... \Rightarrow x=\dfrac{\ln .....}{\ln .....-\ln .....}=\dfrac{\ln .....}{\ln \frac{.....}{.....}}$

Equazioni logaritmiche della forma $\log_a f(x)=b$ o a esse riconducibili

168 **ESERCIZIO SVOLTO**

Risolviamo l'equazione $\log_3(x+2)=2$.

$\log_3(x+2)=2$ — Equazione data

$(x+2)=3^2$ — Equazione equivalente, in base alla definizione di logaritmo

$x+2=9 \Rightarrow x=7$

Risolvi le seguenti equazioni.

169 $\log_2 x = 3$ $[8]$

170 $\log_3 x = 2$ $[9]$

171 $\ln(-x) = -2$ $\left[-\frac{1}{e^2}\right]$

172 $\log(x-2) = 2$ $[102]$

173 $\log x = -2$ $\left[\frac{1}{100}\right]$

174 $\log(x+1) = 0$ $[0]$

175 $\ln(2x-3) = 0$ $[2]$

176 $\log(2x+7) = 1$ $\left[\frac{3}{2}\right]$

177 $-\log(x-1) = 2$ $\left[\frac{101}{100}\right]$

178 $2\log_2(x-2) = 1$ $[2+\sqrt{2}]$

179 $\log_3\left(\frac{1}{2}x+\frac{1}{6}\right) = -1$ $\left[\frac{1}{3}\right]$

180 $\log_2\left(\frac{1}{4}x-\frac{1}{2}\right) = 3$ $[34]$

181 $\ln\left(\frac{2x+3}{x-2}\right) = 0$ $[-5]$

182 $\log\left(\frac{x-1}{x+1}\right) = -1$ $\left[\frac{11}{9}\right]$

183 $\log_2(x^2+x) = 1$ $[-2, 1]$

184 $\log_2(x^2-4) = 3$ $[\pm 2\sqrt{3}]$

185 $\log_2(x^2-2x-2) = 0$ $[-1, 3]$

186 $\log_2(x-1) = 2$ $[5]$

187 $\frac{1}{\log x} = 1$ $[10]$

188 $\log_4(10-x) = 2$ $[-6]$

189 $\log_2(x+2) = 4$ $[14]$

190 $\log_{\frac{1}{2}}(2-x) = -2$ $[-2]$

191 $\ln(x-1) = 0$ $[2]$

192 $\log_{\frac{1}{2}}(3-x) = -3$ $[-5]$

193 $\log_2(x^2-1) = 0$ $[\pm\sqrt{2}]$

194 $\log(3x^2+7x) = 1$ $\left[-\frac{10}{3}, 1\right]$

Equazioni logaritmiche in cui occorre applicare le proprietà dei logaritmi

195 ESERCIZIO SVOLTO

Risolviamo l'equazione $\log_2(x+3)+\log_2(x+4) = 1$.

- **Condizioni di esistenza**

C.E. $\begin{cases} x+3>0 \\ x+4>0 \end{cases} \Rightarrow x > -3$

- **Risoluzione dell'equazione**

Supposto che siano verificate le C.E., possiamo scrivere la seguente catena di equazioni equivalenti.

$\log_2(x+3)+\log_2(x+4) = 1$	Equazione data
$\log_2[(x+3)(x+4)] = 1$	Proprietà del logaritmo di un prodotto
$\log_2[(x+3)(x+4)] = \log_2 2$	Riscrivendo 1 sotto forma di logaritmo in base 2
$x^2+4x+3x+12 = 2$	Uguagliando gli argomenti
$x^2+7x+10 = 0$	Riscrivendo l'equazione in forma normale
$(x+5)(x+2) = 0$	Scomponendo il primo membro
$x=-5 \vee x=-2$	Legge di annullamento del prodotto

- **Conclusione**

Tra le due soluzioni trovate, $x=-5$ è da scartare perché **non** soddisfa le C.E., mentre $x=-2$ è accettabile. Quindi la soluzione dell'equazione data è -2.

Risolvi le seguenti equazioni.

196 $\log x + \log(x-2) = 1$ $[1+\sqrt{11}]$

197 $\log_2 x - \log_2(x-1) = 2$ $\left[\frac{4}{3}\right]$

198 $2\log_2 x - \log_2(2x-4) = 0$ [Impossibile]

199 $\log_3(x-4) + \log_3(x+4) = 2$ [5]

200 $\log_2 x + \log_2(x+2) = 3$ [2]

201 $\log_2(2x+1) - \log_2(x+1) = 2$ [Impossibile]

202 $\log_3(x-4) = 2\log_3(x-4)$ [5]

203 $\log_3(4-x) + \log_3(x+6) = 2$ [−5,3]

204 $\log_2(2-x) - 2\log_2(x+8) = 1$ [−6]

205 $\log(5-x) + \log(x+5) = 1$ $[\pm\sqrt{15}]$

206 $\log(x+3) + \log(1-x) = 2\log 2$ [−1]

207 $\log_2\sqrt{x} + \frac{1}{3}\log_2 x = 2$ $[4\sqrt[5]{4}]$

208 $\log(5-x) + \log x = \log(x-2) + \log 2$ [4]

209 $\log x - \log(4-x^2) = \log(3-x) - \log(x+2)$ $[3-\sqrt{3}]$

210 $2\log x - \log(x+3) = \log(2-x)$ $\left[\frac{3}{2}\right]$

211 $\frac{1}{2}\log_2 x - \log_2(x-1) = 1$ $\left[\frac{9+\sqrt{17}}{8}\right]$

212 $\log(1-x) + \log(1+x) = 2\log(-x)$ $\left[-\frac{\sqrt{2}}{2}\right]$

213 $\log_2(1-x) + \log_2(-2x) = 2$ [−1]

214 $\log_3 x + 4\log_9 x = 6$ [9]

215 $1 + \log_4 x + \log_{\frac{1}{4}} x = \log_3 x + \log_9 x$ $[\sqrt[3]{9}]$

216 $\log_4 x + 3\log_{\frac{1}{4}} x = 4$ $\left[\frac{1}{16}\right]$

217 $\log_2 x + \log_2(x+4) = 2\log_4 x$ [Impossibile]

218 $4\log_4 x = \log_2(x+6)$ [3]

219 $\log_3(x^2+1) - \log_3(2x+1) = 4\log_9\sqrt{x}$ $\left[\frac{\sqrt{5}-1}{2}\right]$

220 $1 + \log_2(x^2-1) = 3\log_8 3 + \log_2(3x-2)$ [4]

221 $2\log_{25}(2x^2) = \log_5\left(\frac{x+3}{2}\right)$ $\left[-\frac{3}{4}, 1\right]$

Equazioni logaritmiche risolvibili mediante sostituzioni

222 ESERCIZIO SVOLTO

Risolviamo l'equazione $\log_2^2 x + 3\log_2 x - 4 = 0$.

- **Utilizziamo un'incognita ausiliaria**

  Poniamo $\log_2 x = t$ e quindi $(\log_2 x)^2 = t^2$.
  Con questa sostituzione l'equazione data si può riscrivere nella forma:

  $t^2 + 3t - 4 = 0$

  che ammette come soluzioni:

  $t = -4$ e $t = 1$

- **«Ritorniamo» alla variabile *x***

  Rimpiazziamo $\log_2 x$ al posto di t. Otteniamo le equazioni:

  $\log_2 x = -4$ e $\log_2 x = 1$

  Risolviamo queste equazioni:

  $\log_2 x = -4 \Rightarrow x = 2^{-4} \Rightarrow x = \frac{1}{16}$

  $\log_2 x = 1 \Rightarrow x = 2^1 \Rightarrow x = 2$

- **Conclusione**

  Le soluzioni dell'equazione data sono $x = \frac{1}{16}$ e $x = 2$.

Risolvi le seguenti equazioni.

223 $\ln^2 x - 4 = 0$ $[e^{-2}, e^2]$

224 $\ln^2 x + 3\ln x = 0$ $[e^{-3}, 1]$

225 $\log_2^2 x + \log_2 x - 6 = 0$ $\left[\frac{1}{8}, 4\right]$

226 $\log_3^2 x - \log_3 x - 2 = 0$ $\left[\frac{1}{3}, 9\right]$

227 $\frac{1}{\log_2^2 x - 1} + \frac{1}{\log_2 x + 1} = \frac{1}{1 - \log_2 x}$ $\left[\frac{\sqrt{2}}{2}\right]$

228 $\log x^2 + \frac{1}{\log x} = 3$ $[\sqrt{10}, 10]$

229 $\log^3 x - \log x = 0$ $\left[\frac{1}{10}, 1, 10\right]$

230 $\log_2^2 x + 3\log_2 \sqrt{x} = 1$ $\left[\frac{1}{4}, \sqrt{2}\right]$

231 $\frac{1}{\log^2 x - \log x} + \frac{1}{\log^2 x + \log x} = \frac{2}{\log^2 x - 1}$ $[\forall x \in \mathbf{R}^+ - \{10^{-1}, 1, 10\}]$

232 $\frac{1}{\ln x} + \frac{1}{\ln^2 x} = 2$ $\left[\frac{1}{\sqrt{e}}, e\right]$

233 $\ln^2 x - \ln x - 2 = 0$ $[e^{-1}, e^2]$

234 $\frac{1}{\ln x} + \frac{1}{2\ln x - 1} = 2$ $[e, \sqrt[4]{e}]$

Equazioni esponenziali risolvibili mediante logaritmi

235 **ESERCIZIO SVOLTO**

Risolviamo le equazioni:

a. $e^{3x} = 3$ **b.** $2^x = 3$

a. $e^{3x} = 3 \Rightarrow \ln e^{3x} = \ln 3 \Rightarrow 3x = \ln 3 \Rightarrow x = \frac{\ln 3}{3}$

b. $2^x = 3 \Rightarrow \ln 2^x = \ln 3 \Rightarrow x\ln 2 = \ln 3 \Rightarrow x = \frac{\ln 3}{\ln 2}$

Nota Nel primo esempio, abbiamo risolto l'equazione considerando i logaritmi *naturali* di entrambi i membri, poiché *e* è la base della potenza al primo membro e ciò facilita i calcoli. Nel secondo esempio, invece, è indifferente utilizzare i logaritmi *naturali*, come abbiamo fatto, o i logaritmi *decimali*.

Risolvi le seguenti equazioni.

236 $4^x = 5$ $\left[\frac{\ln 5}{\ln 4}\right]$

237 $e^{2x} = 3$ $\left[\frac{1}{2}\ln 3\right]$

238 $2e^{2x} - 3e^x - 5 = 0$ $\left[\ln \frac{5}{2}\right]$

239 $\ln(e^x + 1) = 2x$ $\left[\ln \frac{1+\sqrt{5}}{2}\right]$

240 $\frac{e^x}{e^x - 1} = 2$ $[\ln 2]$

241 **ESERCIZIO SVOLTO**

Risolviamo l'equazione $2^x = 3 \cdot 5^x$.

$2^x = 3 \cdot 5^x$	Equazione data
$\ln 2^x = \ln(3 \cdot 5^x)$	Considerando i logaritmi naturali dei due membri
$\ln 2^x = \ln 3 + \ln 5^x$	Proprietà del logaritmo di un prodotto
$x\ln 2 = \ln 3 + x\ln 5$	Proprietà del logaritmo di una potenza
$x(\ln 2 - \ln 5) = \ln 3$	Portando i termini con la *x* al primo membro e raccogliendo *x*
$x = \frac{\ln 3}{\ln 2 - \ln 5}$	

242 $3^x \cdot 5 = 9^x$ $\left[\frac{\ln 5}{\ln 3}\right]$

243 $2^x \cdot 3^{x-1} = 4^x$ $\left[\frac{\ln 3}{\ln \frac{3}{2}}\right]$

244 $\sqrt{3^x} \cdot 5^x = 2 \cdot 4^x$ $\left[\frac{\ln 4}{\ln \frac{75}{16}}\right]$

245 $2^{x+2} - 2^x = 25 \cdot 3^x - 16 \cdot 3^x$ $\left[\frac{\ln 3}{\ln \frac{2}{3}}\right]$

(*Suggerimento*: raccogli 2^x al primo membro e 3^x al secondo)

246 $3^x - 3^{x+1} = 5^x - 5^{x+1}$ $\left[\frac{\ln 2}{\ln \frac{3}{5}}\right]$

247 Matematica ed economia Un capitale di C euro, impiegato per un tempo t (misurato in anni) in regime di capitalizzazione composta al tasso di interesse annuo i, produce un montante M espresso dalla formula:

$$M = C(1+i)^t$$

Quanto tempo occorre affinché un capitale di 1000 euro, impiegato al tasso di interesse annuo del 4% in regime di capitalizzazione composta, produca un montante di 1500 euro? Esprimi il risultato in anni, mesi e giorni, arrotondando i giorni. [10 anni, 4 mesi e 2 giorni (considerando il mese di 30 giorni)]

248 Matematica ed economia Un capitale C, impiegato per un tempo t (misurato in anni) a un tasso di interesse annuo i, in un regime di capitalizzazione in cui l'interesse è composto in modo continuo (cioè in modo tale che gli interessi iniziano a loro volta a produrre interesse in un istante immediatamente successivo a quello in cui sono maturati), produce un montante M dato dalla formula:

$$M = Ce^{it}$$

In un tale regime di capitalizzazione, in cui il tasso di interesse annuo è del 5%, quanto tempo è necessario perché un capitale C generi un montante M uguale al doppio di C?

[Circa 13 anni, 10 mesi e 11 giorni (considerando il mese di 30 giorni)]

249 Matematica ed economia Il prezzo p (in euro) di un dato bene dipende dal numero x di potenziali acquirenti secondo la relazione espressa dalla funzione:

$$p = 5000\left(1 - \frac{4}{4+e^{-0{,}003x}}\right)$$

Trova il numero di potenziali acquirenti in corrispondenza di un prezzo p di 500 euro. Arrotonda il risultato al numero intero più vicino. [270]

250 Matematica ed economia Un'azienda agricola è specializzata nella produzione di mele. La domanda Q di mele, in tonnellate, espressa in funzione del prezzo p, in euro al kg, è ben modellizzata dalla funzione:

$$Q = f(p) = 2\cdot\left(\frac{3}{5}\right)^p \quad \text{con } 1 \leq p \leq 4$$

L'azienda prevede in un dato anno una produzione di 1 tonnellata di mele. Come deve fissare il prezzo p, se vuole smaltire completamente la produzione?

[Troncando il risultato alla seconda cifra decimale, si trova che deve essere $p \leq 1{,}35$ euro/kg]

251 Matematica ed economia Un'azienda produce t-shirt, il cui prezzo è compreso tra 10 e 30 euro. Si stima che se il prezzo di una t-shirt è di x euro, allora l'offerta $f(x)$ e la domanda $g(x)$ sono ben modellizzate dalle funzioni:

$$f(x) = \left(\frac{11}{10}\right)^x \quad \text{e} \quad g(x) = 30\left(\frac{10}{11}\right)^x$$

Qual è il prezzo di equilibrio? Arrotonda il risultato ai centesimi. [17 euro e 84 centesimi]

Esercizi riassuntivi sulle equazioni logaritmiche e sulle equazioni esponenziali risolvibili mediante logaritmi

Risolvi le seguenti equazioni.

252 $\log_2(6-2x) = 4$ [-5]

253 $\ln(x^2-4) = 0$ [$\pm\sqrt{5}$]

254 $e^{-2x} = 3$ $\left[-\frac{1}{2}\ln 3\right]$

255 $\ln^2 x - 3\ln x = 0$ [$1, e^3$]

256 $\log_2 x + \log_2 \frac{1}{2} = 1$ [4]

257 $2^x + \log_2 8 = 2$ [Impossibile]

258 $\log_3 x + \log_3 27 = 5$ [9]

259 $\log(x+2) - \log x = 1$ $\left[\frac{2}{9}\right]$

260 $2e^{-x} = 5$ $\left[\ln\frac{2}{5}\right]$

261 $\log_3^2 x - 2\log_3 x = 0$ [1, 9]

262 $\log_2 x^3 = \log_2 x$ [1]

263 $\log(x-2) + \log(x+3) = \log(10-x)$ [$-1+\sqrt{17}$]

264 $\log(x+2) - \log(2x+3) = 0$ [-1]

265 $\frac{2}{\ln x} = \ln x^2$ [e^{-1}, e]

266 $\log_3 \frac{x+1}{x-1} = 1$ [2]

267 $\log x + \log(x-1) = \log(x+1) + \log(x-2)$ [Impossibile]

268 $3\log_{\frac{1}{2}} x - \log^2_{\frac{1}{2}} x = 2$ $\left[\frac{1}{4}, \frac{1}{2}\right]$

269 $\frac{\log(x+7)}{\log(x+1)} = 2$ [2]

270 $e^{2\ln x} = 3$ $[\sqrt{3}]$

271 $e^{2x} - 2e^x - 3 = 0$ [ln 3]

272 $2^x \cdot 3^{x-1} = 9^x$ $\left[-\frac{\ln 3}{\ln \frac{3}{2}}\right]$

273 $\log_2 \log_{\frac{1}{3}} (x-5) = 0$ $\left[\frac{16}{3}\right]$

274 $\ln \ln(x^2 - 1) = 0$ $[\pm\sqrt{e+1}]$

275 $(\ln x - 1)[\ln(x-1) - 1] = 0$ $[e, e+1]$

276 $\ln^3 x = 9 \ln x$ $[e^{-3}, 1, e^3]$

277 $2\ln x + \ln 5 - \ln 4 = 0$ $\left[\frac{2\sqrt{5}}{5}\right]$

278 $2\ln x + \ln x^3 = 4\ln 25 + 2\ln 5$ [25]

279 $\ln(x-4) = -\ln x$ $[2+\sqrt{5}]$

280 $\ln(-x) + \ln(x+6) = 2\ln(x+4)$ $\left[\frac{\sqrt{17}-7}{2}\right]$

281 $2^{2\log_2 x} - 4^{\log_2 \sqrt{x}} = 2$ [2]

282 $\log_x \frac{1}{x} + \log_{\frac{1}{x}} x = -\log_x 2$ $[\sqrt{2}]$

283 $\log_x (x-2) = -1$ $[1+\sqrt{2}]$

284 $\log_2 x + \log_x 2 = \frac{5}{2}$ $[\sqrt{2}, 4]$

285 $\log_2 x + \log_{\frac{1}{2}} (x-1) = -1$ [Impossibile]

286 $\log^2 \frac{1}{x} - \log\sqrt{x} = 0$ $[1, \sqrt{10}]$

287 $\log_2 (2^x + 1) = x + 1$ [0]

288 $\log_2 (2^{x+2} + 3) = \log_2 4 + x + 2$ [−2]

4. Disequazioni logaritmiche e disequazioni esponenziali risolvibili mediante logaritmi

TEORIA a p. 441

289 **Vero o falso?**

a. la disequazione $\log x < 10$ è soddisfatta per ogni $x \in \mathbf{R}$ tale che $x < 10^{10}$ V F

b. la disequazione $\log x < -10$ è impossibile V F

c. la disequazione $\log_{\frac{1}{3}} x < -1$ è soddisfatta per $x > 3$ V F

d. la disequazione $\log_3 x > 0$ è soddisfatta per $x > 0$ V F

e. la disequazione $\log_{\sqrt{2}}(-x) < 0$ è verificata per ogni $x \in \mathbf{R}$ V F

f. la disequazione $\log_{0,25} x < -0{,}5$ è soddisfatta per $x > 2$ V F

[2 affermazioni vere e 4 false]

290 Associa a ogni disequazione la disequazione a essa equivalente.

a. $\log_2 x > 1$	A. $\log_{0,5} x > 1$
b. $\log_{0,5} x^2 < \log_{0,5} 3$	B. $x^2 > 1$
c. $\log_{\frac{3}{2}} x^2 > 0$	C. $x^2 < 3$
d. $\log_2 (x^2 + 1) < 2$	D. $\log_{0,5} x < -1$
e. $\log_2 x < -1$	E. $x^2 > 3$

291 **ESERCIZIO SVOLTO**

Risolviamo la disequazione $\log_{\frac{1}{2}} (x-1) \geq -3$.

- La condizione di esistenza è $x - 1 > 0$, cioè $x > 1$.
- Sotto questa condizione possiamo scrivere la seguente catena di disequazioni prestando attenzione, nel passaggio alla disuguaglianza tra gli argomenti, a *cambiare il verso* della disequazione poiché le basi dei logaritmi sono *minori* di 1:

$$\log_{\frac{1}{2}} (x-1) \geq -3 \Rightarrow \log_{\frac{1}{2}} (x-1) \geq \log_{\frac{1}{2}} \left(\frac{1}{2}\right)^{-3} \Rightarrow x - 1 \leq \left(\frac{1}{2}\right)^{-3} \Rightarrow x - 1 \leq 8 \Rightarrow x \leq 9$$

- Le soluzioni dell'equazione originaria si ottengono ponendo a sistema le soluzioni trovate al punto precedente con la condizione di esistenza:

$$\begin{cases} x > 1 \\ x \leq 9 \end{cases} \Rightarrow 1 < x \leq 9$$

Risolvi le seguenti disequazioni.

292 $\log_2 x \geq 4$ $[x \geq 16]$

293 $\log_3 x < 2$ $[0 < x < 9]$

294 $\ln x \leq -1$ $\left[0 < x \leq \frac{1}{e}\right]$

295 $\log(x-4) < 1$ $[4 < x < 14]$

296 $\log x > -2$ $\left[x > \frac{1}{100}\right]$

297 $\log_{\frac{1}{5}} x \geq 0$ $[0 < x \leq 1]$

298 $\log_3 x > 3$ $[x > 27]$

299 $\log_{\frac{1}{3}} x > -2$ $[0 < x < 9]$

300 $2\log x \leq 1$ $[0 < x \leq \sqrt{10}]$

301 $\log_5 x > 0$ $[x > 1]$

302 $\ln x \leq 1$ $[0 < x \leq e]$

303 $\log(x-1) \leq 0$ $[1 < x \leq 2]$

304 $\log_2(x^2 - 2x) \geq 1$ $[x \leq 1 - \sqrt{3} \vee x \geq 1 + \sqrt{3}]$

305 $\log_2(x+3) \leq 2$ $[-3 < x \leq 1]$

306 $\log_4(6-x) \geq 1$ $[x \leq 2]$

307 $\log_2(x-2) < 3$ $[2 < x < 10]$

308 $\log_{\frac{1}{2}}(1-x) \geq -3$ $[-7 \leq x < 1]$

309 $\ln(x-2) \geq 0$ $[x \geq 3]$

310 $\log_{\frac{1}{2}}(2-x) < -3$ $[x < -6]$

311 $\log_2(x^2-4) \leq 0$ $[-\sqrt{5} \leq x < -2 \vee 2 < x \leq \sqrt{5}]$

312 $\log_5(3x^2 + 2x) \geq 1$ $\left[x \leq -\frac{5}{3} \vee x \geq 1\right]$

313 ESERCIZIO GUIDATO

Risolvi la disequazione $\log_2 x + \log_2(x-2) < 1$.

- Poni le condizioni di esistenza dei logaritmi:

$$\begin{cases} x > 0 \\ x - 2 > 0 \end{cases} \Rightarrow x > \ldots$$

- Nell'ipotesi che siano verificate le condizioni di esistenza, puoi scrivere la seguente catena di disequazioni equivalenti:

$$\log_2 x + \log_2(x-2) < \log_2 \ldots$$

$$\log_2[x(x-2)] < \log_2 \ldots$$ Ricorda che $\log_a b + \log_a c = \log_a(bc)$

$$x^2 - 2x < \ldots$$

$$1 - \sqrt{\ldots} < x < 1 + \sqrt{\ldots}$$

- Le soluzioni della disequazione originaria si ottengono ponendo a sistema le soluzioni trovate al passo precedente con le condizioni di esistenza:

$$\begin{cases} x > \ldots \\ 1 - \sqrt{\ldots} < x < 1 + \sqrt{\ldots} \end{cases} \Rightarrow \ldots$$ $[2 < x < 1 + \sqrt{3}]$

Risolvi le seguenti disequazioni, ricordando le proprietà dei logaritmi.

314 $\log x \geq 1 + 2\log x$ $\left[0 < x \leq \frac{1}{10}\right]$

315 $\log_2 x - \log_2(x-1) \leq 2$ $\left[x \geq \frac{4}{3}\right]$

316 $2\log_2 x - \log_2(2x-4) > 0$ $[x > 2]$

317 $\log_2(3-x) + \log_2(3+x) \geq 1$ $[-\sqrt{7} \leq x \leq \sqrt{7}]$

318 $\log(x+1) + \log(3-x) > 2\log 2$ [Impossibile]

319 $\log(5-x) + \log\frac{x}{2} \geq \log(x-2)$ $[2 < x \leq 4]$

320 $\log(x-1) - \log(3+2x-x^2) \leq \log(2-x) - \log(x+1)$ $[1 < x \leq 3 - \sqrt{2}]$

321 $2\log(x+2) - \log(x+5) > \log(-x)$ $\left[-\frac{1}{2} < x < 0\right]$

322 $\frac{1}{2}\log_2 x - \log_2(x-1) \leq \frac{1}{2}$ $[x \geq 2]$

323 $\log(1-x) + \log(1+x) > 2\log(-x)$ $\left[-\frac{\sqrt{2}}{2} < x < 0\right]$

324 $\log_2(1+x) + \log_2(2x) \geq 2$ $[x \geq 1]$

325 $\log_2 x - \log_8 x \geq 1$ $[x \geq 2\sqrt{2}]$

326 $\log_3 x^2 - \log_9 x \leq 2$ $[0 < x \leq 3\sqrt[3]{3}]$

327 $\log_2(x+2) \geq \log_{\frac{1}{2}}(x-1)$ $\left[x \geq \frac{\sqrt{13}-1}{2}\right]$

328 $\log_3(x-2) \leq \log_{\frac{1}{3}}(x+1)$ $\left[2 < x \leq \frac{1+\sqrt{13}}{2}\right]$

329 $x\ln 2 \geq \ln(4^{2x-1})$ $\left[x \leq \frac{2}{3}\right]$

330 $x\ln 4 - x\ln 8 \geq \ln\frac{\sqrt{2^x}}{4^x \cdot 8^{x-1}}$ $\left[x \geq \frac{6}{7}\right]$

331 $\log_2(x-4) - 2\log_4(x+1) \leq -2$ $\left[4 < x \leq \frac{17}{3}\right]$

332 $\log_2(x-1) - \log_4(x+1) < 0$ $[1 < x < 3]$

Risolvi le seguenti disequazioni, ricorrendo a opportune incognite ausiliarie.

333 $\log_2^2 x + 4\log_2 x - 5 \geq 0$ $\left[0 < x \leq \frac{1}{32} \vee x \geq 2\right]$

(*Suggerimento*: poni $\log_2 x = t$)

334 $\frac{1}{\log^2 x - 1} + \frac{1}{\log x + 1} \geq \frac{1}{1 - \log x}$ $\left[\frac{1}{10} < x \leq \frac{\sqrt{10}}{10} \vee x > 10\right]$

335 $\log_2 x^2 + \frac{1}{\log_2 x} \leq 3$ $[0 < x < 1 \vee \sqrt{2} \leq x \leq 2]$

336 $\log_2^3 x - \log_2 x \geq 0$ $\left[\frac{1}{2} \leq x \leq 1 \vee x \geq 2\right]$

337 $\log^2 x - 6\log\sqrt{x} > -2$ $[0 < x < 10 \vee x > 100]$

Esercizi riassuntivi sulle disequazioni logaritmiche

Risolvi le seguenti disequazioni.

338 $\log(x-1) + \log(x+3) < \log(2-x)$ $\left[1 < x < \frac{-3+\sqrt{29}}{2}\right]$

339 $\log(x+3) \geq \log(2x+1)$ $\left[-\frac{1}{2} < x \leq 2\right]$

340 $\ln x^2 < \frac{2}{\ln x}$ $[0 < x < e^{-1} \vee 1 < x < e]$

341 $\log_4 \frac{x+2}{x-2} \leq 1$ $\left[x < -2 \vee x \geq \frac{10}{3}\right]$

342 $\log x + \log(x-2) > \log(x+1) + \log(x-3)$ $[x > 3]$

343 $\ln x < \ln(x+2)$ $[x > 0]$

344 $\log_{\frac{1}{3}}(2x-1) \geq \log_{\frac{1}{3}}(x+1)$ $\left[\frac{1}{2} < x \leq 2\right]$

345 $\log_2 x^3 \leq 2\log_2 x$ $[0 < x \leq 1]$

346 $\log_2(2x-1) < 3$ $\left[\frac{1}{2} < x < \frac{9}{2}\right]$

347 $\ln^2 x - \ln x - 2 \leq 0$ $[e^{-1} \leq x \leq e^2]$

348 $\log x + \log(x-2) < 0$ $[2 < x < 1+\sqrt{2}]$

349 $\log_{\frac{1}{2}} x + \log_{\frac{1}{2}}(x-1) \geq 0$ $\left[1 < x \leq \frac{1+\sqrt{5}}{2}\right]$

350 $\frac{1}{\ln x} + \frac{2}{\ln^2 x} \leq 3$ $[0 < x \leq e^{-\frac{2}{3}} \vee x \geq e]$

351 $\frac{1}{\log^2 x + \log x} - \frac{2}{\log^2 x - 1} > \frac{1}{\log^2 x - \log x}$ $[1 < x < 10, \text{con } x \neq 10^{-1}]$

Risolvi i seguenti sistemi di disequazioni.

352 $\begin{cases} \log_3(x-1) \geq 1 \\ \log_{\frac{1}{2}}(x-1) \geq -3 \end{cases}$ $[4 \leq x \leq 9]$

353 $\begin{cases} \ln(x^2-1) \geq 0 \\ \ln^2 x - \ln x \leq 0 \end{cases}$ $[\sqrt{2} \leq x \leq e]$

354 $\begin{cases} \log_{\frac{1}{2}} \frac{1}{x} > \log_2 x^2 \\ (\log_2 x)^2 \leq 1 \end{cases}$ $\left[\frac{1}{2} \leq x < 1\right]$

355 $\begin{cases} e^{2x} + 2e^x - 3 \geq 0 \\ \ln(e^x - 1) \leq 1 \end{cases}$ $[0 < x \leq \ln(e+1)]$

356 **ESERCIZIO SVOLTO**

Determiniamo il dominio della funzione $y = \sqrt{\log_{\frac{1}{3}} x - 1}$.

La funzione è definita purché siano definiti il logaritmo e la radice quadrata che compaiono nella sua equazione; perciò x deve soddisfare il sistema:

$$\begin{cases} x > 0 & \longleftarrow \text{L'argomento del logaritmo deve essere maggiore di 0} \\ \log_{\frac{1}{3}} x - 1 \geq 0 & \longleftarrow \text{Il radicando della radice deve essere maggiore o uguale a 0} \end{cases}$$

Risolviamo il sistema:

$$\begin{cases} x > 0 \\ \log_{\frac{1}{3}} x - 1 \geq 0 \end{cases} \Rightarrow \begin{cases} x > 0 \\ \log_{\frac{1}{3}} x \geq \log_{\frac{1}{3}} \frac{1}{3} \end{cases} \Rightarrow \begin{cases} x > 0 \\ x \leq \frac{1}{3} \end{cases} \Rightarrow 0 < x \leq \frac{1}{3}$$

Quindi il dominio della funzione è l'intervallo $0 < x \leq \frac{1}{3}$.

Determina il dominio delle seguenti funzioni.

357 $y=\sqrt{1-\log_2 x}$ $[0<x\leq 2]$

358 $y=\sqrt{3-\ln x}$ $[0<x\leq e^3]$

359 $y=\sqrt{\log_{\frac{1}{2}} x}$ $[0<x\leq 1]$

360 $y=\dfrac{1}{\sqrt{\log_3 x+1}}$ $\left[x>\dfrac{1}{3}\right]$

361 $y=\dfrac{1}{\sqrt{\log_2 x}}$ $[x>1]$

362 $y=\sqrt{-\log_3(3x-2x^2)}$ $\left[0<x\leq\dfrac{1}{2}\vee 1\leq x<\dfrac{3}{2}\right]$

363 $y=\sqrt{\ln(x+2)}$ $[x\geq -1]$

364 $y=\ln\ln x+\ln(2-\ln x)$ $[1<x<e^2]$

365 $y=\dfrac{1}{\sqrt{\log_2(x^2-1)}}$ $[x<-\sqrt{2}\vee x>\sqrt{2}]$

366 $y=\log_2(1-\log_{\frac{1}{2}} x^2)$ $\left[x<-\dfrac{\sqrt{2}}{2}\vee x>\dfrac{\sqrt{2}}{2}\right]$

367 $y=\log(\log^2 x-\log x^2)$ $[0<x<1\vee x>100]$

368 $y=\sqrt{\log_2 x-\log_2(2x-1)}$ $\left[\dfrac{1}{2}<x\leq 1\right]$

369 $y=\dfrac{1}{\sqrt{\ln^2 x-\ln x}}$ $[0<x<1\vee x>e]$

370 $y=\dfrac{\sqrt{4-\log_2 x}}{\log_2(x-1)}$ $[1<x\leq 16\ \wedge x\neq 2]$

371 $y=\sqrt{\dfrac{\log_2 x}{\log_2 x+2}}$ $\left[0<x<\dfrac{1}{4}\vee x\geq 1\right]$

5. Modelli di crescita e di decadimento

TEORIA a p. 446

Nota I risultati forniti sono ottenuti utilizzando per i calcoli 9 cifre decimali e approssimando i risultati come indicato nelle soluzioni.

372 **Crescita della popolazione.** Nel 2010, la popolazione mondiale era di circa 6,8 miliardi. Assumendo una crescita esponenziale, con un tasso di crescita dell'1,2% all'anno, predici la popolazione nel 2020. In quale anno la popolazione sarà di 9 miliardi?
[Nel 2020, circa 7,7 miliardi (arrotondando alla prima cifra decimale); approssimativamente nel 2033 (arrotondando alle unità)]

373 **Batteri/1.** Una colonia di batteri cresce secondo una legge esponenziale. Se il numero di batteri raddoppia in 3 ore, dopo quanto tempo il numero di batteri sarà il triplo?
[Circa 4,75 ore (arrotondando ai centesimi)]

374 **Archeologia.** Dei ricercatori trovano dei reperti che hanno perduto il 18% del loro carbonio 14. Sapendo che il tempo di dimezzamento del carbonio è di circa 5730 anni, a quando possono stimare che risalgano i reperti?
[Circa 1641 anni fa, arrotondando alle unità]

375 **Alcool e rischio di incidenti.** Supponiamo che il rischio di avere incidenti guidando senza alcool nel sangue sia del 3%. Le ricerche mediche suggeriscono che il rischio di avere un incidente cresce esponenzialmente con la concentrazione di alcool nel sangue. Sapendo che a una concentrazione di alcool nel sangue uguale a 0,06 corrisponde un rischio di incidente del 10%, a quale rischio di incidente corrisponde una concentrazione di alcool nel sangue uguale a 0,12? A quale concentrazione di alcool corrisponde un rischio del 100%?
[Circa 33,3%; circa 0,175 (arrotondando alla terza cifra decimale)]

376 **Tasso di inflazione.** Assumendo un tasso di inflazione del 5% all'anno, quanto impiegheranno i prezzi a raddoppiare?
[Circa 14,21 anni (arrotondando ai centesimi)]

377 **Il Ritratto del Dr. Gachet.** Nel maggio del 2003, il *Ritratto del Dr. Gachet* (nella foto), di Vincent Van Gogh, venne venduto a una cifra mai raggiunta da nessun altro dipinto: 82,5 milioni di dollari. Lo stesso dipinto era stato venduto nel 1987 per 58 milioni di dollari.

Assumendo che la crescita del prezzo del dipinto sia esponenziale, quale sarà il valore del dipinto nel 2016? Quando il dipinto varrà il doppio di quanto valeva del 1987?
[Nel 2016, 109,8 milioni di dollari (arrotondando alla prima cifra decimale); varrà il doppio tra il 2018 e il 2019]

378 Matematica e fisica Il periodo di dimezzamento dell'uranio è di circa 4,52 miliardi di anni. L'uranio, in seguito a decadimento radioattivo, si trasforma in piombo, che è stabile. In un campione di uranio si rileva il 30% di piombo. Qual è l'età del campione?
[Circa 2,33 miliardi di anni (arrotondando ai centesimi)]

379 **Batteri/2.** Considera una coltura di batteri che si evolve secondo una legge esponenziale. Dopo 2 ore di crescita si contano 500 batteri; dopo 8 ore se ne contano 4000. Determina il numero iniziale di batteri e il tempo impiegato da essi a raddoppiare.
[250 batteri; 2 ore]

380 **Capitalizzazione composta.** Quanti anni occorrono perché un capitale, investito in un regime di capitalizzazione composta al tasso annuo del 4%, raddoppi? [Circa 17,67 anni (arrotondando ai centesimi)]

381 **Donatori di organi.** Il numeri dei donatori di organi in Italia è cresciuto negli ultimi anni molto rapidamente. Si è passati da 5,8 donatori effettivi registrati per milione di popolazione nel 1992 ai 20,8 nel 2004. Assumendo una crescita esponenziale, quale sarà il numero di donatori per milione nel 2020? In quale anno si avranno 200 donatori per milione di popolazione?

[Nel 2020: circa 114,2 (arrotondando ai decimi); saranno 200 nel 2025 (arrotondando alle unità)]

RIEPILOGO

Esercizi di riepilogo

382 **Vero o falso?**

a. $\dfrac{\log 45}{\log 5} = \log 9$ V F

b. $\ln \sqrt{5} = \dfrac{\ln 5}{2}$ V F

c. $\log 16 \cdot \log 11 = \log 176$ V F

d. $\log_a (x^3 + y) = 3 \log_a x + \log_a y$ V F

e. $\log_a (xy)^3 = 3 (\log_a x + \log_a y)$ V F

f. $\dfrac{\log_2 8}{\log_2 16} = 0{,}75$ V F

[3 affermazioni vere e 3 false]

Test

383 Sia $a > 0$ e $a \neq 1$; quanto vale $\log_a \sqrt[3]{a^2}$?

A $\frac{2}{3}$ B $\frac{3}{2}$ C 2 D 3

384 Il numero $\log_2 (\log_3 \sqrt{3})$ è uguale a:

A -1 B 1 C $\frac{1}{2}$ D $\frac{2}{3}$

385 Il numero $\log_3 6 - \log_3 2$ è uguale a:

A 1 B 2 C 3 D 4

386 Il grafico qui sotto è quello di:

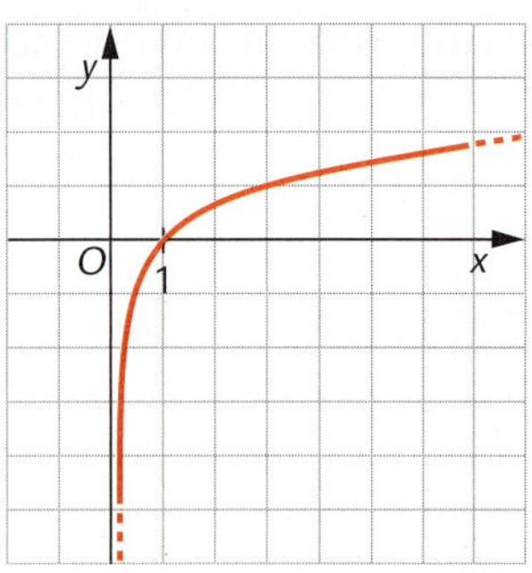

A $y = \log_2 x$ C $y = \log_4 x$

B $y = \log_3 x$ D $y = \log_5 x$

387 Per ogni $x > 0$ e $y > 0$, l'espressione $2 \log x - 2 \log y$ è uguale a:

A $\log \dfrac{x^2}{y^2}$ B $\log \sqrt{\dfrac{x}{y}}$

C $\log (x^2 y^2)$ D $\log (x^2 - y^2)$

388 Quanto vale $\log_4 \dfrac{1}{16} + \log_{\frac{1}{2}} \dfrac{1}{8}$?

A -2 B -1 C 0 D 1

389 Quale delle seguenti equazioni è impossibile?

A $\log_3 x = -10$

B $10^x = 10^{-1}$

C $\log_3 x = 10^{-1}$

D $10^x = -10$

390 La soluzione dell'equazione $\log_2 (x + 3) = 3$ è:

A 4 B 5 C 6 D 7

391 La funzione logaritmica rappresentata qui sotto ha equazione:

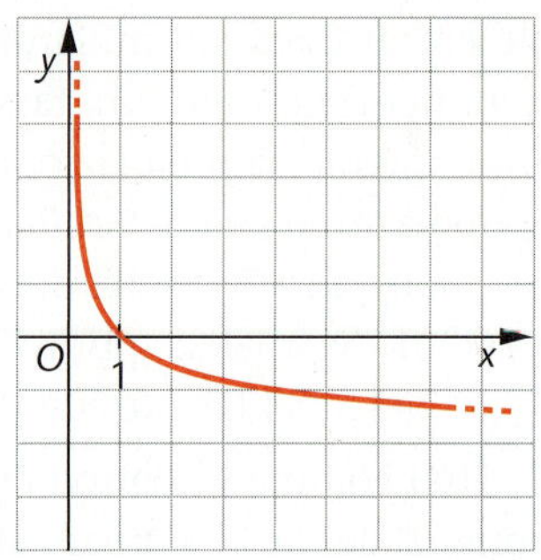

A $y = \log_{\frac{1}{2}} x$ C $y = \log_{\frac{1}{4}} x$

B $y = \log_2 x$ D $y = \log_4 x$

392 La soluzione dell'equazione $\log_x \dfrac{1}{4} = 2$ è:

A $\frac{1}{2}$ B $-\frac{1}{2}$ C 2 D -2

393 L'equazione $\log x + \log (x - 2) = 0$:

A è priva di soluzioni

B ha una unica soluzione

C ha come soluzioni $x = 0$ e $x = 2$

D ha come soluzioni $x = 1 \pm \sqrt{2}$

394 Riscrivi $\dfrac{1}{2} \log 4 - 2 \log 2 + \log 8$ sotto forma di un unico logaritmo. [log 4]

395 Supposto $x > 0$, $y > 0$, $z > 0$, riscrivi come somme algebriche di logaritmi di x, y e z.

a. $\log_a \dfrac{x\sqrt{y}}{z^3}$ b. $\log_a \dfrac{\sqrt[3]{x}\, y^2}{z^4}$

396 Poni il simbolo corretto, scelto tra $<$, $=$, $>$.

a. $\log_5 \dfrac{3}{4}$ ..... 0 d. $\log_5 \dfrac{3}{4}$ ..... $\log_5 \dfrac{7}{8}$

b. $\log_{\sqrt{2}} 4$ ..... 8 e. $\log_{\frac{3}{5}} \dfrac{5}{6}$ 0

c. $\log_{\frac{1}{3}} 10$ ..... $\log_{\frac{1}{3}} 15$ f. $\log_5 (3 + \sqrt{2})$ 1

397 Determina il valore di ciascuna espressione.

a. $\log_3 3 \cdot \log_3 9 \cdot \log_3 27$ [6]

b. $\log_2 3 \cdot \log_3 4 \cdot \log_4 5 \cdot \log_5 6$ $[\log_2 3 + 1]$

c. $\log_2 4 \cdot \log_4 6 \cdot \log_6 8$ [3]

Traccia i grafici delle funzioni di cui è data l'equazione.

398 $y = \log_3 x$

399 $y = 1 + \log_{\frac{1}{3}} x$

400 $y = \log_3 (x - 1)$

401 $y = \log_{\frac{1}{2}} (-x)$

402 $y = -\log_3 x$

403 $y = \log_2 (x - 2)$

404 $y = -2 \log_4 x$

405 $y = \log_4 (x + 1)$

406 $y = 2 - \log_{\frac{1}{2}} x$

407 $y = 3 \log_{\frac{1}{5}} x$

Determina il dominio delle seguenti funzioni.

408 $y = \ln (2x + 3)$ $\left[x > -\frac{3}{2}\right]$

409 $y = \ln (5 - x)$ $[x < 5]$

410 $y = \log \left(3 - \frac{1}{2}x\right)$ $[x < 6]$

411 $y = \log \left(\frac{1}{3}x - \frac{1}{5}\right)$ $\left[x > \frac{3}{5}\right]$

412 $y = \log (x^2 + 3x)$ $[x < -3 \vee x > 0]$

413 $y = \log (25 - x^2)$ $[-5 < x < 5]$

414 $y = \ln (x^2 + 5x - 6)$ $[x < -6 \vee x > 1]$

415 $y = \ln (-2x^2 - 3x)$ $\left[-\frac{3}{2} < x < 0\right]$

416 $y = \ln (x^2 + 7x - 8) + \ln (5 - x)$ $[x < -8 \vee 1 < x < 5]$

417 $y = \ln x^2 + \ln (x^2 - 4)^2$ $[\mathbf{R} - \{-2, 0, 2\}]$

418 $y = \ln \left(\frac{x^2 - 4x}{5 - 2x}\right)$ $\left[x < 0 \vee \frac{5}{2} < x < 4\right]$

419 $y = \ln (|x| - 1) + \ln (100 - x^2)$ $[-10 < x < -1 \vee 1 < x < 10]$

420 $y = \ln (9 - x^2) + \ln (x^2 - 100)$ $[\emptyset]$

421 **Caccia all'errore.** Paolo risolve alcune equazioni ma commette alcuni gravi errori. Individuali e correggili.

a. $\log_3 x = 2 \Rightarrow x = 2^3$, soluzione accettabile

b. $\log_2 (x + 7) = 1 \Rightarrow \log_2 (x + 7) = \log_2 2 \Rightarrow x + 7 = 2 \Rightarrow x = -5$; la soluzione non è accettabile perché è negativa, quindi l'equazione è impossibile

c. $\frac{\log (2x)}{\log x} = 2 \Rightarrow \log (2x) - \log x = 2 \Rightarrow \log x = 2 \Rightarrow x = 100$, soluzione accettabile

d. $5^x = 3 \Rightarrow \ln 5^x = \ln 3 \Rightarrow x \ln 5 = \ln 3 \Rightarrow x = \frac{\ln 3}{\ln 5} \Rightarrow x = \ln 3 - \ln 5$

Risolvi le seguenti equazioni.

422 $\ln x = 2$ $[e^2]$

423 $\log_3 x = -2$ $\left[\frac{1}{9}\right]$

424 $\log_x 15 = 1$ [15]

425 $\log_x 8 = \frac{1}{2}$ [64]

426 $\log_4 (2x + 3) = 2$ $\left[\frac{13}{2}\right]$

427 $\log (x^2 - 21x) = 2$ $[-4, 25]$

428 $\log_3 (x + 2) = -1$ $\left[-\frac{5}{3}\right]$

429 $\frac{1}{\ln x} + \frac{1}{(\ln x)^2} = 0$ $[e^{-1}]$

430 $\log_2 (x^2 + 2x) = 3$ $[-4, 2]$

431 $\ln (x^2 + x - 1) = 0$ $[-2, 1]$

432 $(\log_2 x)^2 - 1 = 0$ $\left[\frac{1}{2}, 2\right]$

433 $\frac{1}{2} \log_2 (x + 1) - 1 = \log_2 (4 - x)$ [3]

434 $\log_2(x - 3) + \log_2(x - 1) = 0$ $[2 + \sqrt{2}]$

435 $\log_2 x^2 - \log_2(x + 1) = -1$ $\left[-\frac{1}{2}, 1\right]$

436 $\log_2^2 x + \log_2 x^2 - 3 = 0$ $\left[\frac{1}{8}, 2\right]$

437 $\ln^2 x^2 - \ln x^3 - 1 = 0$ $\left[e^{-\frac{1}{4}}, e\right]$

438 $\frac{1}{2} \log x = \log (x - 1)$ $\left[\frac{3 + \sqrt{5}}{2}\right]$

439 $\log_2 (x + 2) - 2 \log_2 (x - 3) = 1$ $\left[\frac{13 + \sqrt{41}}{4}\right]$

440 $\log_2 (x + 8) - \log_2 (x - 6) = 3$ [8]

441 $2 \log x = \log (x + 2)$ [2]

442 $\log_3 x^4 - \log_3 x^2 = 2$ $[\pm 3]$

443 $\log (x + 2) - \log x = 1$ $\left[\frac{2}{9}\right]$

444 $\log_5(2 - x) + \log_5(4 - x) = \log_5(x + 5)$ $\left[\frac{7 - \sqrt{37}}{2}\right]$

445 $\log_7 (x + 2) + \log_7 x = 3 \log_7 2$ [2]

446 $2 \ln x - \ln (x + 2) = \ln (x - 2)$ [Impossibile]

447 $\log_3(2 - x) + \log_3(8 - x) = 1 + \log_3(2x + 11)$ $[-1]$

448 $\log_2(x-2)+\log_2(x+2)=4$ $[2\sqrt{5}]$

449 $1+\log_3(x+5)=\log_3(x+11)$ $[-2]$

450 $\log(1-x)+\log(2-x)=\log x+\log(x+5)$ $\left[\frac{1}{4}\right]$

451 $\log(x+4)+\log(-x)=\log(x+2)$ $\left[\frac{-5+\sqrt{17}}{2}\right]$

452 $\log(x-3)+\log(x+3)=\log(2-x)+\log(2+x)$ [Impossibile]

453 $\log\left(\frac{x+1}{x-1}\right)+\log 2=0$ $[-3]$

454 $\log x^2=(\log x)^2$ $[1,\ 100]$

455 $[\log_2(x-1)](\log_2^2 x-4)=0$ $[2,\ 4]$

456 $(\ln x)^2-\ln x-12=0$ $[e^{-3},\ e^4]$

457 $\log_3(x+2)=\log_9(x+3)$ $\left[\frac{-3+\sqrt{5}}{2}\right]$

458 $\frac{1}{1-\log_3 x}+\frac{1}{1-\log_3^2 x}=\frac{2}{1+\log_3 x}$ $[1]$

459 $\frac{3}{\log_3 x}+\frac{\log_3 x-1}{\log_3 x-2}=3$ $[3,\ 27]$

460 $\log_2^2 x+\log_2 x^2=8$ $\left[\frac{1}{16},\ 4\right]$

461 $\log_2 x+\log_4 x=1$ $[\sqrt[3]{4}]$

462 Stabilisci graficamente il numero delle soluzioni dell'equazione $\log_{\frac{1}{2}} x=x-1$.

463 Stabilisci graficamente il numero delle soluzioni dell'equazione $x^2+\log_2 x^2=0$.

464 Traccia i grafici delle due funzioni $y=\log_2(x-1)$ e $y=1-\log_2 x$ e determina le coordinate del loro punto di intersezione. $[2,\ 0]$

465 Traccia i grafici delle due funzioni $y=1+\log_2 x$ e $y=-\log_4 x$ e determina le coordinate del loro punto di intersezione. $\left[\left(\frac{\sqrt[3]{2}}{2},\ \frac{1}{3}\right)\right]$

Risolvi le seguenti disequazioni.

466 $\log_2\frac{1}{x-1}\geq 0$ $[1<x\leq 2]$

467 $\log_2 x-\log_{\frac{1}{2}} x\geq 1$ $[x\geq\sqrt{2}]$

468 $\frac{\ln x}{\ln(x-1)}\leq 0$ $[1<x<2]$

469 $(\log_{\frac{1}{2}}x+1)[\log_{\frac{1}{2}}(2x-1)]\geq 0$ $\left[\frac{1}{2}<x\leq 1\vee x\geq 2\right]$

470 $\frac{1}{2}\log_{\frac{1}{3}} x\geq\log_{\frac{1}{3}}(x-1)$ $\left[x\geq\frac{3+\sqrt{5}}{2}\right]$

471 $\ln(x-1)+\ln(5-x)<0$ $[1<x<3-\sqrt{3}\vee 3+\sqrt{3}<x<5]$

472 $\log_{0,5} x-\log_{0,5}(x-2)\leq -2$ $\left[2<x\leq\frac{8}{3}\right]$

473 $\log_{\frac{1}{2}}(x+1)\leq\log_{\frac{1}{2}}\frac{1}{x+1}-2$ $[x\geq 1]$

474 $\log_2(2x^2-2)\leq 2\log_2(x+1)$ $[1<x\leq 3]$

475 $x\log_{\frac{1}{3}}(x+2)\geq 0$ $[-1\leq x\leq 0]$

476 $\frac{\ln\ln x}{2-\ln x}\geq 0$ $[e\leq x<e^2]$

477 $\frac{(\log x)\log(x-1)}{\log(x^2-8)}\leq 0$ $[2\sqrt{2}<x<3]$

478 $\log_2 x\cdot\log_4 x-2\log_2 x\geq 0$ $[0<x\leq 1\vee x\geq 16]$

479 $\frac{\log_3 x}{1-\log_{\frac{1}{3}} x}>0$ $\left[0<x<\frac{1}{3}\vee x>1\right]$

480 $3+\log_{\frac{1}{2}}(\sqrt{x}+4)\leq 0$ $[x\geq 16]$

481 $\frac{1}{\ln x}-2\ln x\leq -1$ $[e^{-\frac{1}{2}}\leq x<1\vee x\geq e]$

482 $\log_2|x-3|>1$ $[x<1\vee x>5]$

483 $\frac{1}{\log_2(x+1)}>1$ $[0<x<1]$

484 $|\log_2(x-1)|<2$ $\left[\frac{5}{4}<x<5\right]$

485 $\log_{\frac{1}{2}}(x-1)\leq 3-\log_2(x^2-1)$ $[1<x\leq 7]$

486 $(x^2-3x+2)\log(4x-x^2)>0$ $[2-\sqrt{3}<x<1\vee 2<x<2+\sqrt{3}]$

Risolvi le seguenti equazioni esponenziali, utilizzando i logaritmi.

487 $2^{2x}=3^{x+1}$ $\left[\frac{\ln 3}{\ln\left(\frac{4}{3}\right)}\right]$

488 $2^x\cdot 5=10^x$ $[1]$

489 $e^{x-1}=3$ $[1+\ln 3]$

490 $(2)^{x^3}=(3)^{x^2}$ $\left[0,\ \frac{\ln 3}{\ln 2}\right]$

491 $5^{x+1}-5^x=3^x$ $\left[\frac{\ln 4}{\ln\frac{3}{5}}\right]$

492 $e^{2x}-e^x-1=0$ $\left[\ln\frac{1+\sqrt{5}}{2}\right]$

493 $3^{x+1}\cdot 2=2^{x-1}\cdot 3$ $\left[-\frac{\ln 4}{\ln\frac{3}{2}}\right]$

494 $4^x-5\cdot 2^x=-6$ $\left[1,\ \frac{\ln 3}{\ln 2}\right]$

Risolvi le seguenti equazioni esponenziali e logaritmiche.

495 $2^{1-2\ln x}=8$ $[e^{-1}]$

496 $7^{\log_2(x^2-3x)}=\frac{1}{7}$ $\left[\frac{3\pm\sqrt{11}}{2}\right]$

497 $\left(\frac{1}{3}\right)^{\frac{1+\log_5 x}{1-\log_5 x}}=27$ $[25]$

498 $e^{(\ln x)^2+\ln\frac{1}{x^4}-14}=\frac{1}{e^2}$ $[e^{-2},\ e^6]$

499 $\log_2(4^x-3\cdot 2^{x+2}+48)=4$ $[2,\ 3]$

500 **Dal grafico all'equazione.** Le funzioni aventi i seguenti grafici hanno equazioni del tipo $y = \log_a(x + b) + c$. Determina a, b e c.

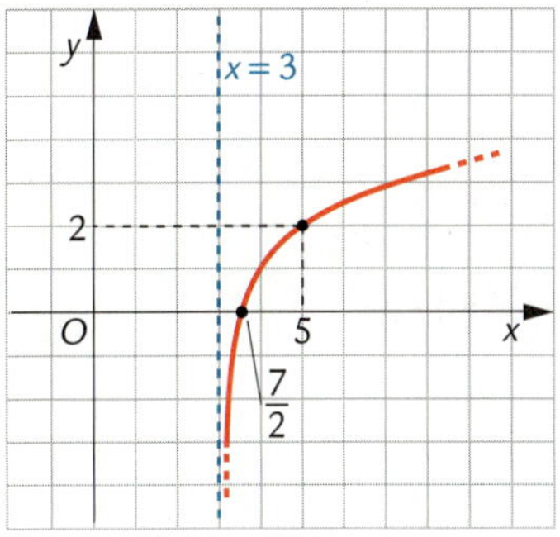

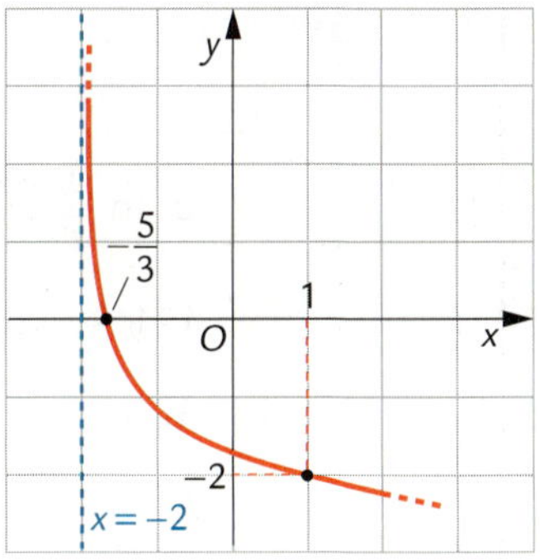

$\left[a = 2, b = -3, c = 1; a = \frac{1}{3}, b = 2, c = -1\right]$

501 **Surriscaldamento globale.** Un modello che è stato sviluppato per descrivere il surriscaldamento globale (cioè il progressivo aumento della temperatura media dell'atmosfera terrestre e degli oceani) è costituito dalla funzione: $f(t) = 0{,}1e^{0{,}02t}$, dove t indica il tempo (in anni) trascorso dal 1900 e $f(t)$ indica il corrispondente incremento della temperatura media (in °C) della Terra. Sulla base di questo modello, rispondi alle seguenti domande.

a. Di quanto è aumentata la temperatura media della Terra dal 1900 al 2010? Arrotonda il risultato alla prima cifra decimale.

b. In quale anno la temperatura media della Terra sarà 5 °C in più della temperatura media della Terra nel 1900? Arrotonda il risultato a un numero intero. [**a.** 0,9 °C; **b.** 2096]

502 Matematica e fisica L'*intensità acustica* I è una grandezza fisica definita come il rapporto tra la potenza di un'onda sonora e l'area della superficie che da essa viene attraversata e misurata in W/m^2. Il *livello* L di intensità acustica, misurato in decibel (dB), è espresso dalla formula:

$$L = 10 \log \frac{I}{I_0}$$

essendo I_0 l'intensità di riferimento, posta convenzionalmente uguale alla soglia di udibilità: $I_0 = 10^{-12}$, in W/m^2.

a. Qual è il *livello* L di un suono d'intensità acustica $I = 10^{-8} W/m^2$?

b. L'Unione europea ha fissato il *livello* massimo L di intensità acustica per gli eventi pubblici a 85 dB. Qual è la massima intensità acustica I consentita? [**a.** 40 db; **b.** $10^{-3,5}$ W/m^2]

503 Matematica e fisica Un elemento radioattivo decade secondo la legge descritta dalla funzione: $y = y_0\, e^{-kt}$, dove y è la massa dell'elemento rimanente dopo t giorni e y_0 è il valore di y quando $t = 0$. Trova il valore di k per un elemento il cui tempo di dimezzamento (cioè il tempo necessario perché rimanga soltanto la metà della massa iniziale dell'elemento) è 5 giorni. $\left[k = \frac{\ln 2}{5}\right]$

504 **Crescita della popolazione.** La crescita della popolazione di una città segue una legge esponenziale. Sapendo che la popolazione raddoppia in 18 mesi e che la popolazione attuale è di 100 000 abitanti, quale sarà la popolazione tra due anni? [Circa 251 984]

505 Matematica e fisica Il tempo di dimezzamento del cobalto radioattivo è di circa 5,27 anni. Se oggi abbiamo 100 grammi di cobalto radioattivo, quanto ne sarà rimasto dopo 10 anni? [Circa 26,84 grammi]

Esercizi dalle gare di matematica e in inglese

506 Qual è il valore dell'espressione $\log_2(\log_2(\log_2 16))$?

A 0 B 1 C 2 D 3 E 4

(High School Math Contest, University of South Carolina 2000) [B]

507 Solve math in English Solve each equation.

a. $\ln (x - 1)^2 = 0$ **b.** $\log_2 (x + 6) + \log_2 (x + 2) = 5$ **c.** $2^x = 2 \cdot 3^x$

$\left[\textbf{a. } 0, 2;\ \textbf{b. } 2;\ \textbf{c. } -\frac{\ln 2}{\ln \frac{3}{2}}\right]$

508 Solve math in English Suppose that $\log_4 x = \frac{1}{3}$. What is the value of $\log_x 8$?

A $\sqrt[4]{8}$ B 2 C $\frac{9}{2}$ D 4 E $\sqrt[3]{4^8}$

(High School Math Contest, University of South Carolina 2010) [C]

509 Solve math in English The expression $(\sqrt{2})^{\log_2 9}$ simplifies to:

A 3 B 4,5 C 6 D 7,5 E 9

(High School Math Contest, University of South Carolina 2004) [A]

PROVA DI AUTOVERIFICA

Funzioni, equazioni e disequazioni logaritmiche

1 Completa le seguenti uguaglianze (senza usare la calcolatrice!):

a. $\log_5 25 = \dots$ **b.** $\log_2 \frac{1}{16} = \dots$ **c.** $\ln \frac{1}{e} = \dots$

d. $\log_{\dots} 9 = \frac{1}{2}$ **e.** $\log_{\dots} 16 = 2$ **f.** $\log_3 \dots = -\frac{1}{2}$

2 Completa inserendo il simbolo corretto, scelto tra <, =, > (senza usare la calcolatrice!).

a. $\log_{\frac{1}{3}} 5 \dots \log_{\frac{1}{3}} 15$ **b.** $\log_9 \frac{1}{15} \dots 0$ **c.** $\log_{\frac{1}{5}} \frac{3}{2} \dots \log_{\frac{1}{5}} \frac{5}{4}$

d. $\log_5 \frac{3}{2} \dots 0$ **e.** $\log_6 \sqrt{5} \dots \log_6 3$ **f.** $\log_5 27 \dots 2$

3 Riscrivi sotto forma di un unico logaritmo:

$2\log_5 5 + \log_5 16 - \log_5 4$

4 Siano $x > 0$, $y > 0$, $z > 0$. Riscrivi $\log \frac{x^3\sqrt{y}}{z^4}$ come somma algebrica di logaritmi di x, y e z.

5 Traccia, per punti, i grafici delle funzioni aventi le seguenti equazioni, dopo aver completato le tabelle e averne individuato il dominio.

a. $y = -\log_2 x$

x	y
1/2	
1	
2	
4	
8	

b. $y = \log_{\frac{1}{2}}(1 - x)$

x	y
−7	
−3	
−1	
0	
1/2	

6 Trasforma $\log_{15} 86$ in un logaritmo naturale e determina il suo valore, arrotondato a meno di un centesimo, con l'aiuto di una calcolatrice.

Risolvi le seguenti equazioni e disequazioni.

7 $\log_6 (2x - 1) = 2$

8 $\log_2 x + \log_2 (x + 6) = 4$

9 $\ln^2 x - 2\ln x = 0$

10 $2^{x-1} \cdot 3 = 5^x$

11 $\log_{\frac{1}{2}} (x - 3) > 1$

12 $\ln (x - 2) + \ln \left(\frac{x}{3}\right) \leq 0$

13 Traccia il grafico delle due funzioni $y = \log_2 x$ e $y = -x$, e deduci quante soluzioni ammette l'equazione $\log_2 x = -x$. Per ciascuna soluzione, individua un intervallo cui appartiene.

14 Il numero di uccelli di una specie in via d'estinzione decresce esponenzialmente. Un modello che descrive l'evoluzione della popolazione di uccelli è costituito dalla funzione:

$$y = 1000\, e^{-0{,}052t}$$

dove t indica il tempo (in anni) trascorso a partire da oggi e y indica il corrispondente numero di uccelli.

a. Quanti esemplari di uccelli di quella specie ci sono in vita oggi? Quanti ce ne saranno tra 5 anni?

b. Tra quanto tempo gli esemplari in vita saranno soltanto 100?

Valutazione

Esercizio	1	2	3	4	5	6	7	8	9	10	11	12	13	14	**Totale**
Punteggio	1	1	0,5	0,5	0,5+ 0,5 = 1	0,5	0,5	0,75	0,75	0,75	0,5	0,75	0,75	0,75	10
Punteggio ottenuto															

Tempo massimo: 1 h 30 min

Risposte in fondo al volume

ATTIVITÀ GUIDATE

Attività 1 GeoGebra

Interpretazione grafica e discussione di una equazione parametrica

Interpreta graficamente con GeoGebra e discuti al variare del parametro reale k l'equazione:

$$e^{-x} - 1 = ke^{x}$$

a. Interpretazione grafica e discussione con GeoGebra

Le eventuali soluzioni dell'equazione data si possono interpretare graficamente come ascisse dei punti di intersezione tra i grafici delle due funzioni:

$$f(x) = e^{-x} - 1 \quad \text{e} \quad g(x) = ke^{x}$$

Per eseguire l'interpretazione grafica con GeoGebra puoi procedere come segue.

1. Immetti la funzione f, digitando nella riga di inserimento: `f(x)=e^(-x)-1`
2. Definisci tramite lo strumento **Slider** un parametro k, con k variabile per esempio tra -5 e 5, con incremento $0{,}01$.
3. Immetti la funzione g, digitando nella riga di inserimento: `g(x)=k*e^(x)`
4. Trascina il punto che rappresenta il parametro e osserva come varia, al variare di k, il numero dei punti di intersezione delle due curve f e g; completa quindi la seguente traccia di discussione in base all'analisi grafica effettuata:
   - se $k <$ ..... l'equazione non presenta ....
   - se ..... $\leq k < 0$ l'equazione ha .... soluzioni
   - se $k \geq$ ..... l'equazione ha .... soluzioni

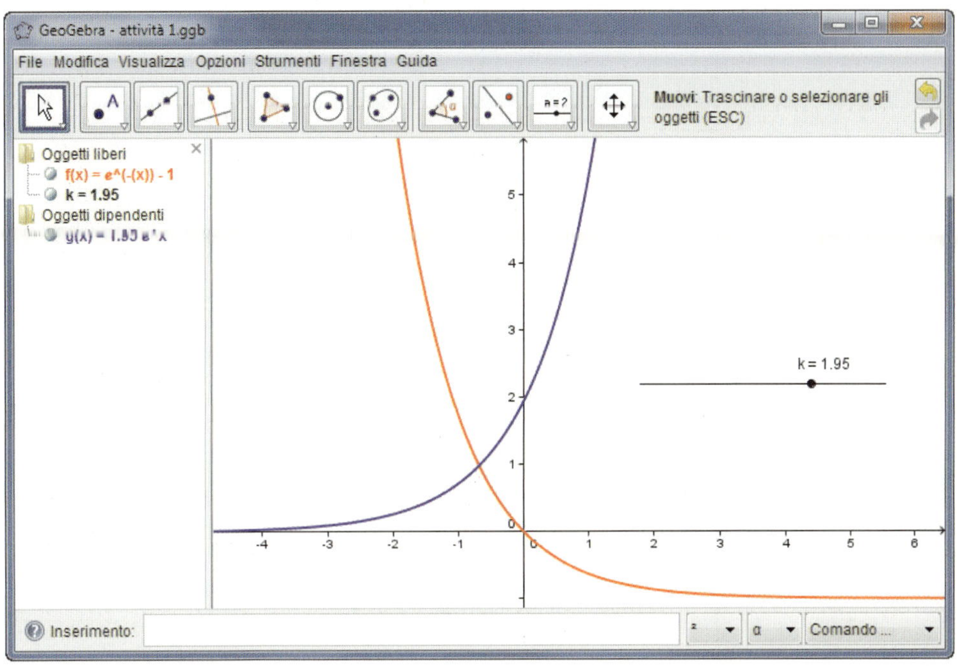

b. Approccio algebrico

1. Poni $e^{x} = t$ e riconduciti all'equazione $\dfrac{1}{t} - 1 = kt$. Per quali valori di k questa equazione ha radici reali? Qual è, al variare di k, il segno delle soluzioni dell'equazione? (*Suggerimento*: per discutere il segno delle soluzioni ricorda la regola di Cartesio.)

Se hai difficoltà a svolgere le attività guidate, fai riferimento ai file disponibili on-line.

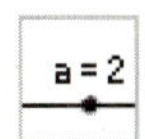

Suggerimento

Per lavorare più agevolmente con lo Slider puoi variarne la lunghezza. Per esempio, nel caso del disegno qui riprodotto abbiamo scelto come lunghezza 200.

Ricorda

Secondo la regola di Cartesio, a ogni *permanenza* nei segni dei coefficienti dell'equazione $ax^2 + bx + c = 0$ corrisponde una soluzione *negativa* dell'equazione stessa, mentre a ogni *variazione* corrisponde una radice *positiva*.

2. Osservando che a ogni soluzione positiva dell'equazione $\frac{1}{t} - 1 = kt$ corrisponde una soluzione dell'equazione originaria nell'incognita x, mentre a ogni soluzione negativa o nulla dell'equazione in t non corrisponde alcuna soluzione dell'equazione originaria, concludi la discussione per via algebrica. Controlla che i risultati ottenuti coincidano con quelli dedotti per via grafica.

Attività 2 GeoGebra

Modello di crescita esponenziale

Cifre	Tempi (s)
16	0,05
20	0,36
24	1,78
28	15,6
32	103
36	673

Si sono registrati i tempi impiegati da un software di calcolo simbolico per scomporre in fattori primi numeri di 16, 20, 24, 28, 32 e 36 cifre, ottenendo i risultati riportati nella tabella qui a fianco.

Dopo avere rappresentato i dati, determina una funzione esponenziale che si adatta bene a essi, ossia una funzione esponenziale che descrive i tempi di fattorizzazione in funzione del numero delle cifre.

Stima, in base al modello costruito, quanto tempo impiegherebbe il software per scomporre in fattori primi un numero di 60 o di 100 cifre.

a. Rappresentazione dei dati e costruzione del modello

1. Dal menu **Visualizza**, seleziona la Vista Foglio di calcolo e inserisci nelle due colonne **A** e **B** i dati, come mostrato nel foglio qui riportato.
2. Dopo avere selezionato la zona **A1:B6**, scegli dal menu di contesto il comando **Crea lista di punti**. Contestualmente alla creazione della lista, che GeoGebra chiama `lista1`, vengono visualizzati i punti che rappresentano le coppie (x, y) della lista creata. Per fare in modo che tutti i punti siano visibili nella porzione di piano rappresentata puoi impostare opportunamente gli intervalli da visualizzare sugli assi, oppure fare clic con il tasto destro in un punto della Vista Grafica e scegliere, dal menu che si apre, la voce **Mostra tutti gli oggetti**.

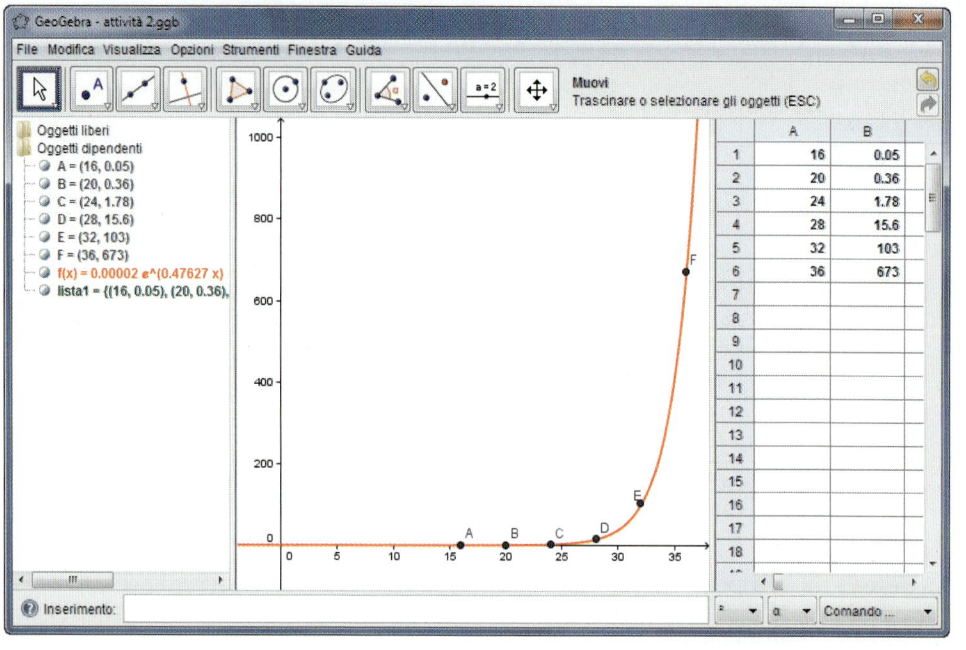

3. La crescita molto *rapida* dei tempi di scomposizione al crescere delle cifre giustifica l'assunzione di un modello di crescita *esponenziale*. Il problema che si pone è quello di determinare, tra le funzioni della forma $f(x) = ae^{bx}$ (dove x rappresenta il numero di cifre ed $f(x)$ il corrispondente tempo di

scomposizione), quella che si adatta *meglio* ai dati, dove l'adattamento è da intendersi «migliore» nel senso che abbiamo spiegato quando abbiamo introdotto il concetto di *retta di regressione*: chiameremo la funzione esponenziale che in questo senso si adatta meglio ai dati *funzione di regressione esponenziale*. GeoGebra mette a disposizione una funzione predefinita per determinarla:

```
RegExp[lista di punti]
```

restituisce la funzione di regressione esponenziale relativa ai dati contenuti nella «lista di punti».
Nel nostro caso, per determinare la funzione di regressione esponenziale relativa ai dati immessi devi digitare:

```
RegExp[lista1]
```

e confermare premendo Invio. GeoGebra rappresenta immediatamente la funzione di regressione esponenziale (il modello del nostro problema) e contestualmente ne fornisce l'equazione nella Vista Algebra.

Attenzione!
Nel caso in esame, per visualizzare correttamente i coefficienti della funzione di regressione esponenziale occorre scegliere **5 cifre decimali** dalla voce **Arrotondamento** del menu **Opzioni**.

b. Utilizzo del modello

Utilizza il modello determinato al passo precedente per stimare quanto tempo impiegherebbe il software per scomporre:

- un numero di 60 cifre;
- un numero di 100 cifre.

Trasforma i tempi ottenuti (espressi in secondi) in anni: i risultati che hai ottenuto ti sembrano sorprendenti?
È interessante osservare che anche con i più potenti algoritmi e calcolatori oggi disponibili cambierebbero i dati, ma non la sostanza: i tempi di fattorizzazione crescerebbero comunque in modo esponenziale al crescere del numero delle cifre. È proprio su questo fatto (cioè sulla difficoltà a scomporre in un tempo ragionevole numeri aventi un gran numero di cifre anche da parte dei più potenti calcolatori) che si fondano molti dei sistemi di crittografia attualmente in uso, come il metodo di crittografia RSA.

ATTIVITÀ PROPOSTE

1 Interpreta graficamente con GeoGebra e discuti l'equazione esponenziale seguente al variare del parametro reale k:

$$e^x - 2 = ke^{-x}$$

2 L'area di foresta bruciata nei primi cinque giorni dallo scoppio di un devastante incendio è cresciuta secondo i dati riportati in tabella. Determina con GeoGebra la funzione di regressione esponenziale dei dati e, utilizzando il modello così costruito, stima quale sarà l'area bruciata nel sesto giorno.

Giorno	1	2	3	4	5
Area bruciata (in km^2)	12	31	75	157	380

Tema D Verso le competenze

UTILIZZARE LE TECNICHE DEL CALCOLO ALGEBRICO, RAPPRESENTANDOLE ANCHE SOTTO FORMA GRAFICA

Risolvi le seguenti equazioni esponenziali.

1. $2^{x+4} = 32$ $[1]$
2. $3^{x+2} = \frac{1}{9}$ $[-4]$
3. $0{,}125 \cdot 2^x = \sqrt{2}$ $\left[\frac{7}{2}\right]$
4. $2^{x+1} + 2^{-x} = 3$ $[-1, 0]$
5. $2^{x+1} + 2^{x+2} = 3$ $[-1]$
6. $\frac{2^x \cdot \sqrt[3]{2^{x+1}}}{2^{1-x}} = \sqrt{2}$ $\left[\frac{1}{2}\right]$
7. $2^{x+1} + 2^{2-x} = 9$ $[-1, 2]$
8. $2^{x-1} + 3^x = 3^{1+x}$ $\left[\frac{\ln 4}{\ln 2 - \ln 3}\right]$
9. $2^{\sqrt{x-2}} \cdot 2^{\sqrt{x+2}} = 16^{\frac{1}{\sqrt{x-2}}}$ $\left[\frac{10}{3}\right]$
10. $\left(\frac{1}{3}\right)^{x+4} - \left(\frac{1}{81}\right)^{\sqrt{x}} = 0$ $[4]$
11. $2^{x+3} + 2^{x+1} = 3^x + 3^{x-2}$ $\left[\frac{\ln 9}{\ln 3 - \ln 2}\right]$
12. $\frac{4^x}{2^{x-1}\sqrt{2^x}} = \frac{1}{\sqrt{2} - 1} - 1$ $[-1]$
13. $|e^x - 1| = e^{2x}$ $\left[\ln\left(\frac{\sqrt{5}-1}{2}\right)\right]$
14. $\sqrt{1 + 2^x} = 2^{x-1} - 1$ $[3]$

Risolvi le seguenti equazioni logaritmiche.

15. $\log_3 (x+2) = -1$ $\left[-\frac{5}{3}\right]$
16. $\frac{1}{\ln x} + \frac{1}{(\ln x)^2} = 0$ $[e^{-1}]$
17. $\log_2 (x^2 + 2x) = 3$ $[-4, 2]$
18. $\ln (x^2 + x - 1) = 0$ $[-2, 1]$
19. $(\log_2 x)^2 - 1 = 0$ $\left[\frac{1}{2}, 2\right]$
20. $\frac{1}{2} \log_2 (x+1) - 1 = \log_2 (4 - x)$ $[3]$
21. $\log_2 (x-3) + \log_2 (x-1) = 0$ $[2 + \sqrt{2}]$
22. $\log_2 x^2 - \log_2 (x+1) = -1$ $\left[-\frac{1}{2}, 1\right]$
23. $\log_2^2 x + \log_2 x^2 - 3 = 0$ $\left[\frac{1}{8}, 2\right]$
24. $\ln^2 x^2 - \ln x^3 - 1 = 0$ $[e^{-\frac{1}{4}}, e]$
25. $\frac{1}{2} \log x = \log (x-1)$ $\left[\frac{3+\sqrt{5}}{2}\right]$
26. $\log_2 (x+2) - 2\log_2 (x-3) = 1$ $\left[\frac{13+\sqrt{41}}{4}\right]$
27. $\log (x+1) - \log \sqrt{1+x} = \frac{1}{2}\log x + \log \sqrt{x-2}$ $\left[\frac{3+\sqrt{13}}{2}\right]$
28. $\log_x 4 + \log_4 x = \frac{5}{2}$ $[2, 16]$

Risolvi le seguenti disequazioni esponenziali.

29. $\left(\frac{1}{4}\right)^{x^2-3x} < 16$ $[x < 1 \vee x > 2]$
30. $8^x \geq \left(\frac{1}{2}\right)^{x-6}$ $\left[x \geq \frac{3}{2}\right]$
31. $\sqrt[3]{\frac{1}{2^{x+1}}} \geq 4^{x-1}$ $\left[x \leq \frac{5}{7}\right]$
32. $e^{2x} + e^x - 2 \leq 0$ $[x \leq 0]$
33. $\left(\frac{1}{2}\right)^x + \left(\frac{1}{4}\right)^x - 2 < 0$ $[x > 0]$
34. $\left(\frac{1}{2}\right)^x \geq \frac{1}{4^x} - 1$ $\left[x \geq \log_2\left(\frac{\sqrt{5}-1}{2}\right)\right]$
35. $\sqrt{\frac{1}{2^{x-1}} \leq \frac{\sqrt[3]{8^x}}{4^x \cdot \sqrt{2^{x-1}}}}$ $[x \leq 0]$
36. $\frac{\sqrt{2^x}}{4^x - 1} - \frac{1}{2^x - 1} \geq \frac{1}{2^x + 1}$ $[-2 \leq x < 0]$
37. $\sqrt{2^x - 1} \geq 2^{x+1} - 3$ $[0 \leq x \leq 1]$
38. $|e^x - e^2| \geq 2e^x$ $[x \leq 2 - \ln 3]$

Risolvi le seguenti disequazioni logaritmiche.

39. $\log_5 x > 0$ $[x > 1]$
40. $\log_{\frac{1}{3}} x > -2$ $[0 < x < 9]$
41. $\ln (2x) < \ln (x+2)$ $[0 < x < 2]$
42. $\log_{\frac{1}{3}}(2x-1) \geq \log_{\frac{1}{3}}(x+1)$ $\left[\frac{1}{2} < x \leq 2\right]$
43. $\log_2 (x-1) \leq \frac{1}{2}$ $[1 < x \leq 1 + \sqrt{2}]$
44. $\ln (x^2 - 1) - 2\ln (x+3) \geq \ln 2$ $[-3 < x \leq \sqrt{17} - 6]$
45. $\log_2 (x-1) \leq \frac{1}{2}$ $[1 < x \leq 1 + \sqrt{2}]$

46 $\dfrac{\log(x+1)}{\log x + \log(x-1)} \geq 0$ $\left[x > \dfrac{1+\sqrt{5}}{2}\right]$

47 $\log_2^2 x - \log_2 x \geq 0$ $[0 < x \leq 1 \ \vee \ x \geq 2]$

48 $\dfrac{1 + \log_{\frac{1}{2}} x}{\log_2 x} \leq 0$ $[0 < x < 1 \ \vee \ x \geq 2]$

49 $\ln^2 x^2 - 3\ln x - 1 \geq 0$ $[0 < x \leq e^{-\frac{1}{4}} \vee x \geq e]$

50 $\log_2 |x-1| \geq \dfrac{1}{2}$ $[x \leq 1-\sqrt{2} \ \vee \ x \geq 1+\sqrt{2}]$

51 $\log_{0,5}(x+1) + \log_{0,5}(x-2) \geq 2\log_{0,5} x$ $[x > 2]$

52 $|\log_2 x + 1| \leq 2$ $\left[\dfrac{1}{8} \leq x \leq 2\right]$

Determina il dominio delle seguenti funzioni.

53 $y = \dfrac{1}{e^x - 1}$ $[\mathbf{R} - \{0\}]$

54 $y = \dfrac{1}{e^{2x} - 2e^x - 1}$ $[\mathbf{R} - \{\ln(1+\sqrt{2})\}]$

55 $y = \ln(e^{-2x} - e^{2x-3})$ $\left[x < \dfrac{3}{4}\right]$

56 $y = \sqrt{e^{2x} - \sqrt{e}}$ $\left[x \geq \dfrac{1}{4}\right]$

57 $y = \ln\left(\dfrac{1}{e^{2x-1}} - e^{4-5x}\right)$ $[x > 1]$

58 $y = \sqrt{2^{x+1} + 2^{x+2} - 24}$ $[x \geq 2]$

59 $y = \ln(e^{2x} + e^x - 2)$ $[x > 0]$

60 $y = \sqrt{2^{x+1} - 8} + \sqrt{16 - 2^x}$ $[2 \leq x \leq 4]$

61 $y = \sqrt{\dfrac{2^{2x} - 1}{4^x - 2^{x+1} - 8}}$ $[x \leq 0 \vee x > 2]$

62 $y = \dfrac{1}{\ln(e^{2x} - 1)}$ $\left[x > 0 \wedge x \neq \dfrac{1}{2}\ln 2\right]$

63 $y = \sqrt{\dfrac{e^{2x} - \sqrt[3]{e}}{e^{2x} - 2e^x + 1}}$ $\left[x \geq \dfrac{1}{6}\right]$

64 $y = \log(2x+1)$ $\left[x > -\dfrac{1}{2}\right]$

65 $y = \log\left(\dfrac{x+1}{x-2}\right)$ $[x < -1 \ \vee \ x > 2]$

66 $y = \log(x^2+1)$ $[\mathbf{R}]$

67 $y = \dfrac{1}{\ln x - 1}$ $[x > 0 \text{ con } x \neq e]$

68 $y = \log(x^2 - x)$ $[x < 0 \vee x > 1]$

69 $y = \sqrt{\log(1+x)}$ $[x \geq 0]$

70 $y = \log\left(\dfrac{x-1}{x^2-2}\right)$ $[-\sqrt{2} < x < 1 \vee x > \sqrt{2}]$

71 $y = \sqrt{\log(x^2-1)}$ $[x \leq -\sqrt{2} \vee x \geq \sqrt{2}]$

72 $y = \dfrac{1}{\log(x+1)}$ $[x > -1, \text{ con } x \neq 0]$

73 $y = \log_2(\log_2(1+x))$ $[x > 0]$

74 $y = \log_2(\log_2^2 x - \log_2 x)$ $[0 < x < 1 \vee x > 2]$

75 $y = \sqrt{\log_2 x^2 - \log_4^2 x}$ $[1 \leq x \leq 256]$

76 $y = \sqrt{1 - \log_2(1+|x|)}$ $[-1 \leq x \leq 1]$

77 $y = \dfrac{1}{2\log_2|x+1| - 1}$ $[\mathbf{R} \backslash \{-1 \pm \sqrt{2}, -1\}]$

78 $y = \log(\sqrt{1-x^2} - 2x)$ $\left[-1 \leq x < \dfrac{\sqrt{5}}{5}\right]$

79 $y = \sqrt{\dfrac{\log_2|x|}{3^x - 27}}$ $[-1 \leq x < 0 \vee 0 < x \leq 1 \vee x > 3]$

80 Considera l'equazione:

$4^x = -3 \cdot 2^x + 4$

a. Interpretala graficamente, tracciando i grafici delle due funzioni $y = 4^x$ e $y = -3 \cdot 2^x + 4$.
b. Risolvila algebricamente. $[x = 0]$

81 Considera l'equazione:

$-\log_2 x = \log_2(x+2)$

a. Interpretala graficamente, tracciando i grafici delle due funzioni $y = -\log_2 x$ e $y = \log_2(x+2)$.
b. Risolvila algebricamente. $[x = \sqrt{2} - 1]$

82 Traccia i grafici delle funzioni $y = \log_2(x+2)$ e $y = 2 - \log_2 x$ e determina le coordinate del loro punto di intersezione. $[(-1+\sqrt{5}, \log_2(1+\sqrt{5}))]$

83 Traccia i grafici delle due funzioni $y = 2^{x+1}$ e $y = 7 - 3 \cdot 2^{-x}$ e determina le coordinate dei loro punti di intersezione. $\left[(-1, 1); \left(\dfrac{\ln 3}{\ln 2}, 6\right)\right]$

84 Traccia i grafici delle due funzioni $y = \log_4 x$ e $y = 1 - 2\log_2 x$ e determina le coordinate del loro punto di intersezione. $\left[\left(\sqrt[5]{4}, \dfrac{1}{5}\right)\right]$

RISOLVERE PROBLEMI E COSTRUIRE MODELLI

85 **Crescita di una colonia di batteri.** Il numero di batteri di una colonia cresce esponenzialmente. Alle 14 di ieri il numero di batteri era 1000 e alle 16 era 9000. Quanti batteri ci saranno alle 18? [81 000]

86 **Decadimento radioattivo.** Un elemento radioattivo decade secondo la legge descritta dalla funzione:

$$y = y_0 e^{-kt}$$

dove y è la massa dell'elemento rimanente dopo t giorni e y_0 è il valore di y quando $t = 0$. Trova il valore di k per un elemento il cui tempo di dimezzamento (cioè il tempo necessario perché rimanga soltanto la metà della massa iniziale dell'elemento) è di 30 giorni. $\left[k = \frac{\ln 2}{30}\right]$

87 **Svuotamento di una botte.** Una botte, nel corso di ogni giorno, si svuota di un decimo del suo contenuto; se oggi all'inizio della giornata è piena, qual è il primo giorno in cui (all'inizio della giornata) contiene meno della metà di quanto conteneva quando era piena? [L'ottavo]

88 **Crescita di una popolazione.** Una popolazione A, che è formata all'inizio del primo anno da 600 000 individui, cresce a un tasso annuo costante del 6%. Un'altra popolazione B, che è formata all'inizio del primo anno da 1 800 000 individui, cresce invece a un tasso annuo costante del 2%. Qual è il primo anno in cui la popolazione A risulta maggiore della popolazione B? [Il trentesimo]

89 **Capitalizzazione composta.** Un capitale C_0, applicato in regime di capitalizzazione composta per t anni a un tasso di interesse annuo i, genera un capitale finale C, detto **montante**, assegnato dalla formula:

$$C = C_0(1 + i)^t$$

Supponiamo ora che la capitalizzazione sia semestrale anziché annuale. Dopo 6 mesi riscuoteremmo un capitale

$$C = C_0\left(1 + \frac{i}{2}\right)$$

Se, subito dopo avere riscosso il capitale, lo reinvestissimo immediatamente per altri 6 mesi otterremo alla fine un montante:

$$C = \underbrace{C_0\left(1 + \frac{i}{2}\right)}_{\text{montante ottenuto dopo 6 mesi}} + \underbrace{C_0\left(1 + \frac{i}{2}\right)\frac{i}{2}}_{\text{interesse generato nei sei mesi successivi}} = C_0\left(1 + \frac{i}{2}\right)^2$$

E così via, se ritirassimo il capitale ottenuto dopo 1 anno e lo reinvestissimo nuovamente per altri 6 mesi otterremmo dopo 1 anno e mezzo (3 semestri) un montante:

$$C = C_0\left(1 + \frac{i}{2}\right)^3$$

Dopo 3 anni (6 semestri) avremmo un montante:

$$C = C_0\left(1 + \frac{i}{2}\right)^6 = C_0\left(1 + \frac{i}{2}\right)^{2\cdot 3}$$

In generale, un capitale C_0, investito a un tasso annuo i, composto n volte in un anno, genera dopo t anni un montante C espresso dalla formula:

$$C = C_0\left(1 + \frac{i}{n}\right)^{nt}$$

Tenendo conto di questa formula, completa la seguente tabella.

Capitale iniziale C_0	Capitale finale (Montante C)	Tasso d'interesse annuo i	Frequenza della capitalizzazione	Durata complessiva dell'investimento t (in anni)
10 000 €	20 000 €	4%	annuale	.....
10 000 €	20 000 €	.....	annuale	10 anni
10 000 €	.....	4%	semestrale	5 anni
.....	15 000 €	3%	semestrale	5 anni

[$t \simeq 17,67$ anni; $i \simeq 7\%$; $C \simeq 12\,190$ €; $C_0 \simeq 12\,925$ €]

90 **Matematica e fisica** Il calore Q assorbito da un gas perfetto in una trasformazione isoterma è dato dalla seguente espressione: $Q = nRT \ln \frac{V_f}{V_i}$, dove:

n è il numero di moli del gas perfetto
R è la costante universale dei gas
T è la temperatura assoluta del gas
V_f è il volume finale del gas
V_i è il volume iniziale del gas
$\ln \frac{V_f}{V_i}$ indica il logaritmo naturale del rapporto $\frac{V_f}{V_i}$

a. Ricava l'espressione di V_f in funzione delle altre variabili
b. Ricava l'espressione di V_i in funzione delle altre variabili. [**a.** $V_f = V_i e^{\frac{Q}{nRT}}$; **b.** $V_i = V_f e^{-\frac{Q}{nRT}}$]

INTERPRETARE GRAFICI E DATI

91 Considera la funzione $y = f(x)$ il cui grafico è riportato nella figura qui sotto. Dal grafico deduci (se esistono) le soluzioni delle seguenti equazioni e disequazioni.

a. $f(x) = 0$
b. $f(x) > 1$
c. $\ln f(x) = 0$
d. $\ln f(x) < 0$
e. $e^{f(x)} = 0$
f. $1 - e^{f(x)} \leq 0$

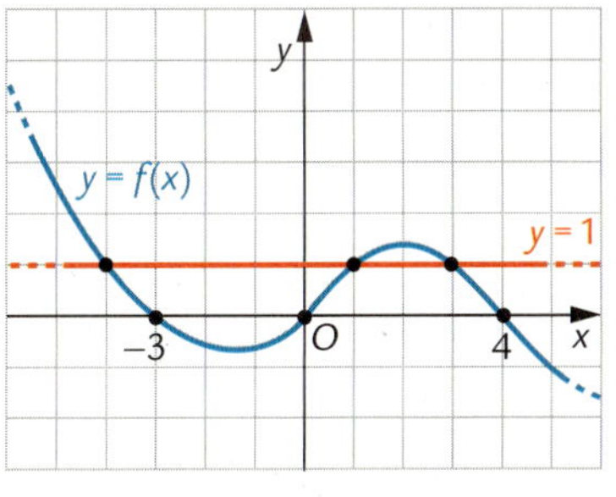

92 Calcola quanto vale la somma delle ascisse dei tre punti A, B, C in figura.

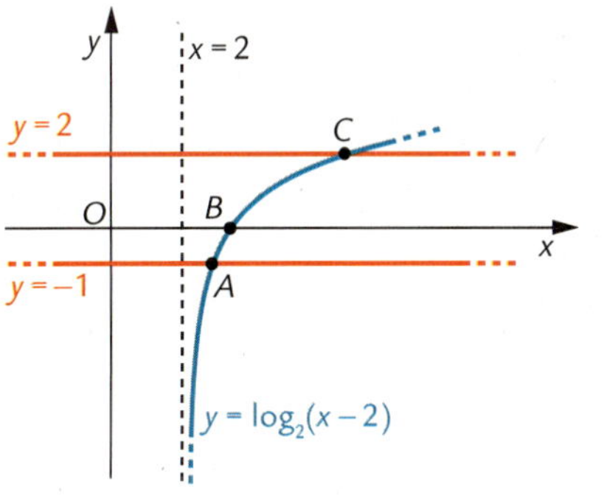

$\left[\frac{23}{2}\right]$

93 Il grafico in figura è quello di una funzione la cui equazione è del tipo $y = a \cdot e^x + b$.

a. Sapendo che le coordinate di D sono $\left(0,\ 3 - \frac{1}{e}\right)$, determina a e b e verifica che $y = 3 - e^{x-1}$.

b. Verifica che la somma delle ascisse dei punti A, B, C è uguale a $3 + \ln 12$.

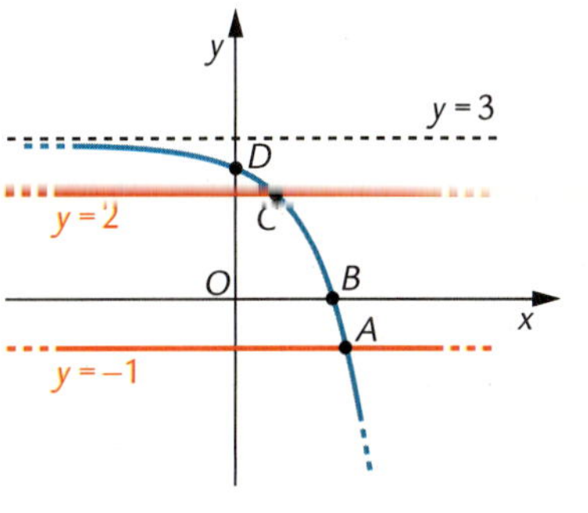

94 Una città che conta nel 2010 e nel 2011 rispettivamente 3,15 e 3,30 milioni di abitanti, ha una crescita che segue un modello esponenziale, descritto da una funzione del tipo $y = ae^{bx}$. Quale delle due tabelle seguenti rappresenta, nel modo più fedele possibile al modello, la crescita della popolazione nei cinque anni successivi?

Tabella 1

Anno	2012	2013	2014	2015	2016
	3,46	3,62	3,79	3,97	4,16

Tabella 2

Anno	2012	2013	2014	2015	2016
	3,54	3,68	3,92	4,15	4,92

ESPORRE, RAGIONARE E DIMOSTRARE

95 Illustra la definizione di *logaritmo* in base a di b, specificando quali condizioni devono soddisfare a e b perché la definizione abbia significato. Spiega in particolare perché non esistono i logaritmi di numeri negativi.

96 Illustra brevemente come si definisce il concetto di potenza con esponente irrazionale e spiega perché è stato necessario definire le potenze a esponente irrazionale, prima di introdurre la funzione esponenziale.

97 Spiega perché l'uguaglianza $\log x^4 = 2\log x^2$ è vera per ogni $x \in \mathbf{R} - \{0\}$, mentre non vale altrettanto per l'uguaglianza $\log x^2 = 2\log x$. Come occorre *modificare* quest'ultima uguaglianza perché sia vera per ogni numero reale diverso da 0?

98 Sia $a \in \mathbf{R}^+ - \{1\}$ e $n \in \mathbf{N}$, con $n > 1$; fornisci degli opportuni controesempi che mostrino che in generale $(\log_a x)^n \neq \log_a x^n$. Esistono valori di x per cui $(\log_a x)^n = \log_a x^n$, per ogni a e per ogni n che soddisfino le condizioni supposte? Se sì, quali?

99 Giustifica perché $\log_3 15$ deve essere compreso tra 2 e 3.

100 Dimostra che $\log_3 7$ è un numero irrazionale. (*Suggerimento*: ragiona per assurdo)

VERSO LE PROVE INVALSI

1 Il numero $\log_2(\log_3\sqrt{3})$ è uguale a:

A -1 B 1 C $\frac{1}{2}$ D $\frac{2}{3}$

2 Le funzioni esponenziali seguenti, dove t indica il numero di anni trascorsi a partire dal 2010, descrivono la popolazione stimata P_A, P_B, P_C, P_D (in milioni) in quattro stati A, B, C, D.

$P_A = 1003 \cdot e^{-0,01t}$ $P_B = 204 \cdot e^{0,03t}$ $P_C = 172 \cdot e^{0,0012t}$ $P_D = 86 \cdot e^{0,21t}$

Quale stato avrà la popolazione più numerosa nel 2023?

A Stato A B Stato B C Stato C D Stato D

3 Il numero $\log_3 6 - \log_3 2$ è uguale a:

A 1 B 2 C 3 D 4

4 Il grafico in figura è quello della funzione di equazione:

A $y = 2^{-x} - 1$
B $y = 2^x - 1$
C $y = 1 - 2^{-x}$
D $y = 1 - 2^x$

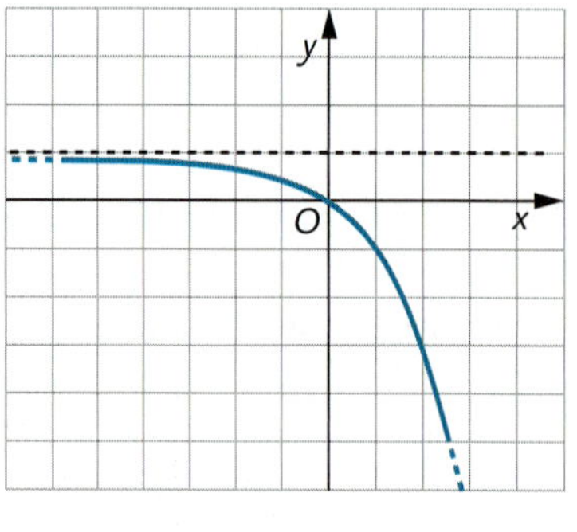

5 L'uguaglianza $\log(x-1)^2 = 2\log(1-x)$

A è vera per ogni $x \in \mathbf{R}$
B è vera per ogni $x \in \mathbf{R} - \{1\}$
C è vera se e solo se $x > 1$
D è vera se e solo se $x < 1$

6 Il grafico qui riportato mostra la percentuale di utenti che hanno sottoscritto un contratto con una compagnia telefonica dal 1990 al 2010. Si prevede che la percentuale di utenti continuerà a crescere dopo il 2010, ma con una velocità decrescente. Quale tipo di funzione ti sembra il modello adeguato per descrivere la percentuale di utenti in funzione dell'anno?

A Quadratica
B Lineare
C Esponenziale
D Logaritmica

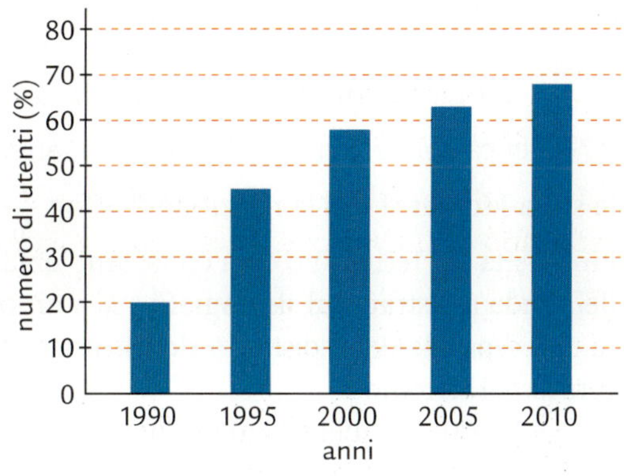

7 Qual è il valore dell'espressione $2^{\log_4\left(2\log_2 4-\frac{1}{2}\log_2 16\right)}$?

A 1 B 2 C $\sqrt{2}$ D $2\sqrt{2}$

8 Nel 1986 l'esplosione nella centrale nucleare di Chernobyl rilasciò circa 1000 kg di cesio-137 nell'atmosfera. La funzione $f(x) = 1000 \cdot (0{,}5)^{\frac{x}{30}}$ descrive la quantità in kg di cesio-137 rimanenti nell'atmosfera di Chernobyl x anni dopo il disastro. Una quantità di cesio-137 nell'atmosfera superiore ai 100 kg è considerata non sicura.

a. A settant'anni dal disastro la zona è da considerarsi sicura? ☐ Sì ☐ No

b. Giustifica la tua risposta, senza utilizzare la calcolatrice:

....

....

9 Una sola delle seguenti relazioni è *vera*; quale?

A $\ln\frac{1}{2} > 0$
B $\log_{0,5}\frac{1}{\pi} < 0$
C $\log_{0,5} 5 > \log_{0,5} 25$
D $\ln\frac{5}{2} > 1$

10 A proposito dell'equazione $2^x = \ln\frac{1}{2}$, una sola delle seguenti affermazioni è vera, quale?

A È impossibile.
B Ha una e una sola soluzione.
C Ha esattamente due soluzioni.
D È indeterminata.

11 La popolazione di uno stato sudamericano ha un modello di crescita che è descritto dalla funzione $P = 105 \cdot e^{0,021t}$, dove t è il tempo (misurato in anni) trascorso dal 2010 e P è la popolazione, espressa in milioni. Secondo questo modello, in quale anno la popolazione sarà all'incirca il doppio di quella nel 2010?

A 2043
B 2033
C 2053
D 2063

12 L'equazione $\log x + \log(x-2) = 0$:

A è priva di soluzioni
B ha una unica soluzione
C ha come soluzioni $x = 0$ e $x = 2$
D ha come soluzioni $x = 1 \pm \sqrt{2}$

13 Relativamente all'equazione $e^x + x = 0$, una sola delle seguenti affermazioni è vera, quale?

A È impossibile.
B Ha una e una sola soluzione e tale soluzione è positiva.
C Ha una e una sola soluzione e tale soluzione è negativa.
D Ha due soluzioni.

14 Le popolazioni di due stati A e B (espresse in milioni) hanno modelli di crescita descritti rispettivamente dalle funzioni $P_A = 37 \cdot e^{0,004t}$ e $P_B = 12 \cdot e^{0,04t}$, dove t sono gli anni trascorsi a partire dal 2010. In base a questi modelli, stabilisci se le seguenti affermazioni sono vere o false.

a. nel 2010 lo stato A è più popoloso dello stato B V F

b. nel 2020 lo stato B avrà circa 20,6 milioni di abitanti in meno dello stato A V F

c. la popolazione dello stato A cresce più lentamente rispetto a quella dello stato B V F

d. nel 2045 lo stato B sarà meno popoloso dello stato A V F

e. le popolazioni dei due stati A e B non diverranno mai uguali dopo il 2010 V F

15 La disequazione $\log_2(x+1) \leq 2$ è soddisfatta per:

A $-1 \leq x \leq 3$
B $x \leq 3$
C $-1 < x \leq 3$
D $x > -1$

16 Il grafico in figura è quello della funzione di equazione:

A $y = \log_{\frac{1}{2}} x$
B $y = \log_3 x$
C $y = -\log_{\frac{1}{2}} x$
D $y = -\log_3 x$

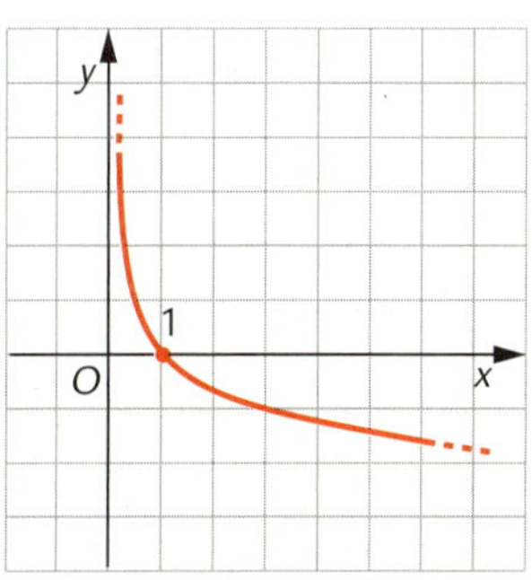

17 La disequazione $\left(\frac{2}{3}\right)^x \geq \frac{3}{2}$ è soddisfatta per:

A $x \leq 1$ B $x \geq -1$ C $x \geq 1$ D $x \leq -1$

18 Per calcolare la magnitudo R di un terremoto nella scala Richter si usa la relazione $R = \log \frac{I}{I_0}$, dove I è l'intensità del terremoto data come ampiezza massima dell'onda registrata sul sismografo e I_0 è un coefficiente che dipende dalla distanza del sismografo dall'epicentro del terremoto.
Se $I = 10000 \cdot I_0$, qual è la magnitudo nella scala Richter?

A 3 B 4 C 5 D 6

19 $y = 3^{-x}$ è l'inversa di:

A $y = \log_3 x$
B $y = -\log_3 x$
C $y = -\log_{\frac{1}{3}} x$
D $\log_{\frac{1}{3}}(-x)$

20 L'*intensità acustica* I è una grandezza fisica definita come il rapporto tra la potenza di un'onda sonora e l'area della superficie che da essa viene attraversata e misurata in W/m^2. Il *livello* L di intensità acustica, misurato in decibel (dB), è espresso dalla formula:

$$L = 10 \log_{10} \frac{I}{I_0}$$

essendo I_0 l'intensità di riferimento, posta convenzionalmente uguale alla soglia di udibilità:

$$I_0 = 10^{-12} \text{ in W/m}^2$$

La rottura del timpano umano si verifica solitamente per *livelli* di intensità acustica compresi tra i 150 dB e i 160 dB. A quali *intensità* acustiche corrisponde solitamente la rottura del timpano?

a. Risposta: ....

b. Scrivi i calcoli che hai eseguito per giungere al risultato: ....

....

21 Il modello di crescita della popolazione di un paese asiatico è descritto dalla funzione:

$$f(x) = 23 \cdot (1{,}02)^x$$

dove $f(x)$ è la popolazione (in milioni) e x è il tempo trascorso a partire da adesso (misurato in anni). Tra quanti anni a partire da adesso la popolazione supererà i 50 milioni?

A 37 B 38 C 39 D 40

22 Sapendo che $\log_x 3 = \frac{1}{2}$, quanto vale $\log_x 81$?

A 1 B 2 C 4 D 8

23 Qual è il dominio della funzione
$y = \ln\left(\frac{x^2}{4-x}\right)$?

A $x < 4$
B $\mathbf{R} - \{4\}$
C $x < 0 \vee 0 < x < 4$
D $\mathbf{R} - \{0,4\}$

24 Varie ricerche hanno indicato che il rischio di un incidente in auto aumenta esponenzialmente in base alla concentrazione dell'alcool nel sangue. Un buon modello che descrivere il rischio $R(x)$ (espresso in percentuale) in funzione della concentrazione x di alcool nel sangue (misurata in g/l) è costituito dalla funzione $R(x) = 0{,}6 \cdot e^{236x}$. Per esempio, quando la concentrazione di alcool è di 0,5 g/l (limite legale per la guida) risulta $R(0{,}5) \simeq 2$, quindi il rischio di incidente è del 2% circa.

a. A quale percentuale di rischio corrisponde una concentrazione di 2 g/l? Fornisci il risultato arrotondato, espresso in percentuale: ....

b. A che concentrazione di alcool nel sangue corrisponde un rischio del 30%? Fornisci la risposta arrotondata alla prima cifra decimale: ....

Scrivi i calcoli tramite cui sei giunto a quest'ultima risposta: ....

....

25 In base alla legge del raffreddamento di Newton, la temperatura $T(t)$ di un oggetto all'istante t è espressa dalla funzione è:

$$T(t) = C + (T_0 - C) \cdot e^{-kt}$$

dove C è la temperatura (supposta costante) dell'ambiente in cui è posto l'oggetto, T_0 è la temperatura iniziale dell'oggetto all'istante $t = 0$ in cui viene posto nell'ambiente, k è una costante positiva che dipende dall'oggetto stesso.
Una torta è stata tolta dal forno alla temperatura di 160 °C e messa sul tavolo della cucina, dove la temperatura è 20 °C. Dopo 30 minuti la temperatura della torta è 80 °C; quale sarà la temperatura della torta dopo 60 minuti?

a. Risposta: ....

b. Scrivi i calcoli tramite cui sei giunto a quest'ultima risposta: ....

....

Funzioni goniometriche e trigonometria

TEMA E

Nelle prossime Unità introdurremo una nuova classe di funzioni, dette **funzioni goniometriche**, che hanno numerose applicazioni. Da una parte esse costituiscono il modello matematico per lo studio di **fenomeni periodici** e di molti fenomeni fisici, in particolare di quelli di natura **ondulatoria**; dall'altra esse permettono di esprimere importanti **relazioni** tra le lunghezze dei **lati di un triangolo** e le ampiezze dei suoi **angoli**. La parte della matematica che si occupa dello studio di queste ultime relazioni è la **trigonometria**, parola che deriva dal greco e significa appunto «misurazione del triangolo».

PREREQUISITI

- Il concetto di funzione
- Applicazioni delle trasformazioni geometriche al grafico di una funzione

COMPETENZE

- Analizzare e confrontare figure geometriche nel piano, individuando relazioni tra le lunghezze dei lati e le ampiezze degli angoli nei triangoli

Uno dei campi in cui la trigonometria ha trovato notevoli applicazioni è quello della topografia.
Il più grande progetto topografico del XIX secolo, che ebbe il compito di eseguire rilevamenti sul territorio indiano, allora parzialmente sconosciuto, venne chiamato Great Trigonometrical Survey of India, proprio perché faceva largo uso di metodi provenienti dalla trigonometria.
Nell'ambito di questa grande impresa venne scoperta, tra l'altro, la montagna più alta del mondo, il monte Everest, così chiamato in onore di George Everest, che diresse i lavori di rilevamento per più di vent'anni. Secondo le prime misurazioni, risalenti al 1856, l'Everest risultò alto 8840 m (solo dieci metri in meno di quanto appurato nel 1999 dalla National Geographic Society).

Unità 11

Le funzioni e le formule goniometriche

1. Angoli e loro misure

In questa Unità introdurremo e studieremo una classe di funzioni che non hai ancora incontrato, le **funzioni goniometriche**. Esse sono importanti soprattutto perché costituiscono uno strumento matematico indispensabile per l'ideazione e lo studio di modelli matematici con i quali si rappresentano numerosi fenomeni fisici.
Per introdurre queste funzioni è necessario rivedere anzitutto i concetti di *angolo* e di *misura di un angolo*.

Definizione di angolo

Ricordiamo la definizione di angolo che abbiamo dato in geometria.

> **ANGOLO**
> Consideriamo in un piano due semirette aventi la stessa origine. Si chiama **angolo** la figura costituita dalle due semirette e da una delle due parti in cui il piano è diviso dalle semirette stesse.
> L'origine delle due semirette è detta **vertice** dell'angolo; le due semirette si dicono **lati** dell'angolo.

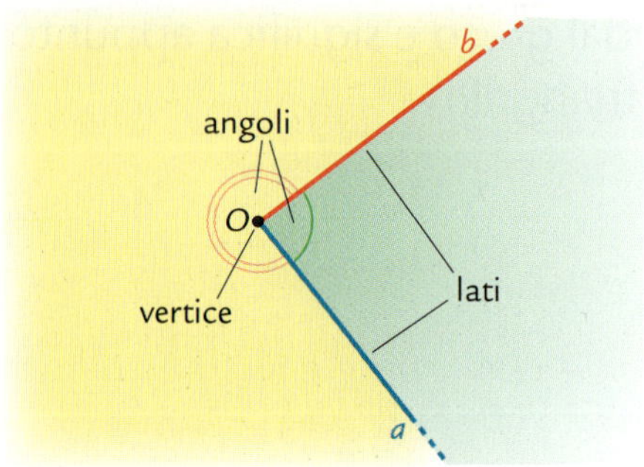

Figura 11.1

Come puoi osservare dalla **fig. 11.1**, due semirette aventi la stessa origine (che non siano una il prolungamento dell'altra) dividono il piano in *due* angoli, uno **concavo** (quello colorato in giallo) e l'altro **convesso** (quello colorato in verde).
Vi sono alcuni angoli particolari ai quali si è dato un nome specifico; li riportiamo in tabella:

	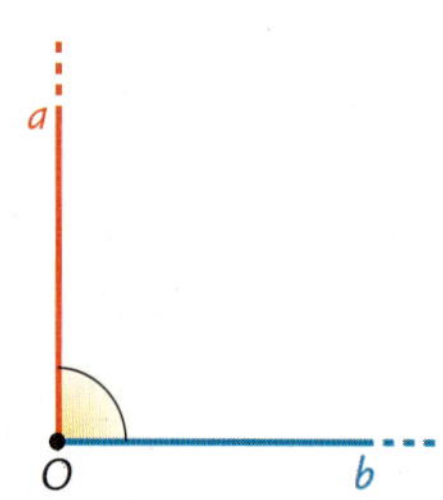	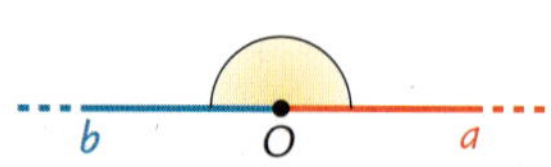	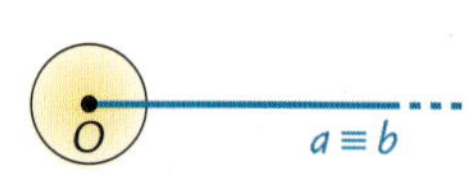
Si chiama **angolo nullo** ogni angolo che ha come lati due semirette coincidenti e che non contiene altri punti oltre a quelli dei suoi lati.	Si chiama **angolo retto** ogni angolo che ha come lati due semirette perpendicolari.	Si chiama **angolo piatto** ogni angolo che ha come lati una coppia di semirette opposte.	Si chiama **angolo giro** ogni angolo che ha come lati due semirette coincidenti e che coincide con l'intero piano.

Tema **E**

In vista delle nozioni che introdurremo nel proseguimento di questa Unità, d'ora in avanti sarà utile osservare un angolo da un nuovo punto di vista, non «statico» come quello della definizione poc'anzi ricordata, ma «dinamico»: sarà utile cioè pensare un angolo come descritto dalla *rotazione* di un suo lato intorno al vertice. In quest'ottica la semiretta che viene fatta ruotare viene chiamata **primo lato dell'angolo** (o **lato origine**) e la semiretta ottenuta dopo aver effettuato la rotazione viene chiamata secondo lato dell'angolo (o **lato termine**), come illustrato in fig. 11.2. Un angolo viene allora detto in **posizione normale** quando è riferito a un sistema di assi cartesiani ortogonali rispetto al quale il vertice coincide con l'origine degli assi e il primo lato coincide con il semiasse delle x positive, come illustrato in fig. 11.3.

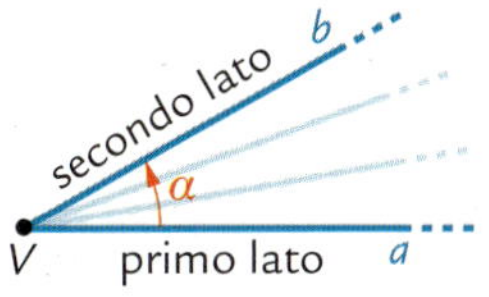

Figura 11.2 Definizione «dinamica» di angolo.

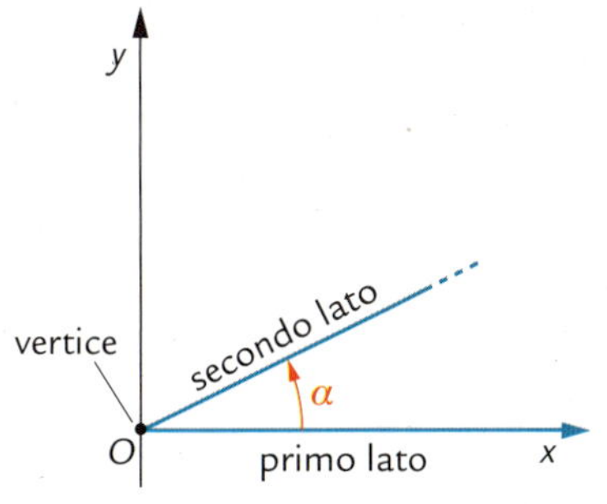

Figura 11.3 Un angolo in posizione normale.

Notazioni

Solitamente, per indicare gli angoli si utilizzano lettere greche minuscole quali α, β, γ, ...

Misure di angoli in gradi

Fino a questo punto dei tuoi studi hai misurato gli angoli in gradi. Il **grado**, ricordiamo, è definito come la trecentosessantesima parte dell'angolo giro ed è indicato nelle misure con un piccolo cerchietto che segue il valore numerico: °.
Il sistema di misurazione degli angoli in cui l'unità di misura è il grado è detto **sistema sessagesimale**. In esso ogni grado viene suddiviso in 60 parti, ciascuna chiamata **minuto**, indicata con un apice:

$$1 \text{ minuto} = 1' = \left(\frac{1}{60}\right)^{\circ}$$

Ogni minuto viene a sua volta suddiviso in 60 parti, ciascuna delle quali è chiamata **secondo** ed è indicata con due apici:

$$1 \text{ secondo} = 1'' = \left(\frac{1}{60}\right)' = \left(\frac{1}{60}\cdot\frac{1}{60}\right)^{\circ} = \left(\frac{1}{3600}\right)^{\circ}$$

Per esempio, per indicare che un angolo misura 40 gradi, 15 minuti e 35 secondi si scrive che la sua misura è:

$$40^{\circ}\ 15'\ 35''$$

In sintesi:

$$1 \text{ angolo giro} = 360^{\circ}; \quad 1^{\circ} = 60'; \quad 1' = 60''$$

Come sottomultipli del grado, invece dei primi e dei secondi si può considerare la sua decima parte, la sua centesima parte, e così via. In tal caso si ottiene una misura in gradi espressa in **forma decimale**. Poiché le calcolatrici scientifiche eseguono le operazioni sulle misure in gradi espresse in forma decimale, si pone talvolta il problema di convertire una misura in gradi, primi e secondi in gradi decimali, e viceversa. Vediamo come procedere tramite un esempio.

Modi di dire

Il sistema di misura in gradi decimali viene detto sessa*decimale*, anziché sessa*gesimale*.

ESEMPI **Dai gradi decimali ai gradi, primi e secondi e viceversa**

Convertiamo:

a. la misura di $45^{\circ}\ 12'\ 21''$ in gradi decimali;

b. la misura di $21{,}347^{\circ}$ in gradi, primi e secondi.

→

a. Poiché $1' = \left(\frac{1}{60}\right)^{\circ}$ e $1'' = \left(\frac{1}{3600}\right)^{\circ}$, abbiamo:

$$45^{\circ}\ 12'\ 21'' =$$
$$= 45^{\circ} + 12' + 21'' =$$
$$= 45^{\circ} + 12 \cdot \left(\frac{1}{60}\right)^{\circ} + 21 \cdot \left(\frac{1}{3600}\right)^{\circ} \simeq$$
$$\simeq 45^{\circ} + 0{,}2^{\circ} + 0{,}005833^{\circ} =$$
$$= 45{,}205833^{\circ}$$

Con una calcolatrice si trova che $\frac{12}{60} = 0{,}2$ e $\frac{21}{3600} = 0{,}0058\overline{3}$

b. Procediamo come segue:

$$21{,}347^{\circ} = 21^{\circ} + 0{,}347^{\circ} =$$
$$= 21^{\circ} + 0{,}347 \cdot 60' =$$ Ricorda che $1^{\circ} = 60'$
$$= 21^{\circ} + 20{,}82' = 21^{\circ} + 20' + 0{,}82' =$$
$$= 21^{\circ} + 20' + 0{,}82 \cdot 60'' =$$ Ricorda che $1' = 60''$
$$= 21^{\circ} + 20' + 49{,}2'' \simeq$$
$$\simeq 21^{\circ}\ 20'\ 49''$$ Arrotondando il numero dei secondi a meno dell'unità

Misure di angoli in radianti

Le misure degli angoli espresse in gradi vengono utilizzate soprattutto nelle applicazioni pratiche. Nelle discipline scientifiche e nel proseguimento dei tuoi corsi di Matematica (per esempio nello studio dell'analisi matematica) è più conveniente invece misurare gli angoli in **radianti**.

Per definire la misura in radianti di un angolo pensiamo che l'angolo sia in posizione normale e consideriamo la circonferenza avente centro nel vertice dell'angolo (cioè nell'origine) e **di raggio 1**: tale circonferenza viene detta **circonferenza goniometrica**. Si può allora dare la seguente definizione.

MISURA DI UN ANGOLO IN RADIANTI

La misura di un angolo in **radianti** è la misura dell'arco che esso intercetta sulla circonferenza goniometrica, una volta che l'angolo sia posto in posizione normale (fig. 11.4).

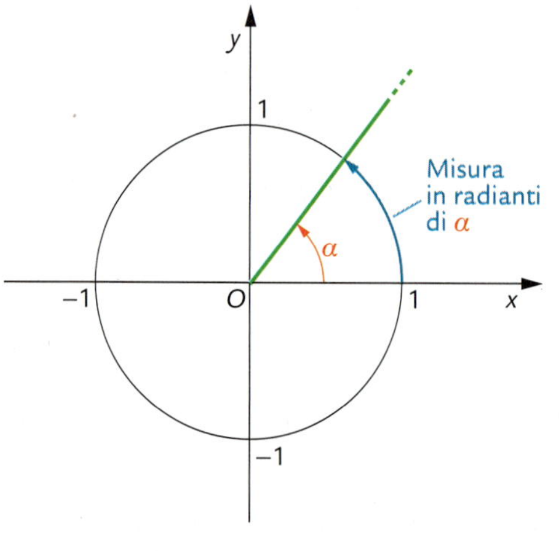

Figura 11.4

ESEMPI Misure di angoli in radianti

a. Un **angolo retto** individua sulla circonferenza goniometrica un arco la cui misura è un quarto della circonferenza, cioè $\frac{1}{4} \cdot 2\pi = \frac{\pi}{2}$, quindi la misura in radianti di un **angolo retto** è $\frac{\pi}{2}$.

b. Un angolo piatto individua sulla circonferenza goniometrica una semicirconferenza, la cui misura è $\frac{1}{2} \cdot 2\pi = \pi$, quindi la misura in radianti di un **angolo piatto** è π.

c. Un angolo giro individua sulla circonferenza goniometrica l'intera circonferenza, la cui misura è 2π, quindi la misura in radianti dell'**angolo giro** è 2π.

Per convertire la misura $\alpha°$ di un generico angolo, espressa in *gradi*, nella corrispondente misura α_{rad} in *radianti* si può usare la seguente proporzione:

$$\alpha° : 360° = \alpha_{\text{rad}} : 2\pi$$

Da essa si ricavano le seguenti formule di conversione:

$$\alpha° = \alpha_{\text{rad}} \cdot \frac{180°}{\pi} \qquad \alpha_{\text{rad}} = \alpha° \cdot \frac{\pi}{180°} \qquad [11.1]$$

Attenzione!
Come avrai notato, quando gli angoli vengono misurati in gradi si è soliti indicare esplicitamente l'unità di misura (cioè il grado, indicato con il simbolo °), mentre quando vengono misurati in radianti si è soliti trascurare l'unità di misura (cioè l'angolo di 1 radiante, indicato con 1 rad).

ESEMPI Conversione dai gradi ai radianti e viceversa/1

Determiniamo:

a. la misura in gradi dell'angolo che misura $\frac{\pi}{3}$ radianti;

b. la misura in radianti dell'angolo che misura 135°.

a. Per la prima formula [11.1] abbiamo: $\alpha° = \frac{\pi}{3} \cdot \frac{180°}{\pi} = 60°$

b. Per la seconda formula [11.1] abbiamo: $\alpha_{\text{rad}} = 135° \cdot \frac{\pi}{180°} = \frac{3}{4}\pi$

ESEMPI Conversione dai gradi ai radianti e viceversa/2

Determiniamo:

a. la misura in gradi dell'angolo che misura 1 radiante;

b. la misura in radianti dell'angolo che misura 1 grado.

a. Per la prima formula [11.1] abbiamo:

$$\alpha° = 1 \cdot \frac{180°}{\pi} = \frac{180°}{\pi} \simeq 57{,}29577951° \simeq 57°\ 17'\ 45''$$

b. Per la seconda formula [11.1] abbiamo:

$$\alpha_{\text{rad}} = 1° \cdot \frac{\pi}{180°} \simeq 0{,}01745$$

I risultati di quest'ultimo esempio ci consentono di confrontare in modo efficace l'angolo che misura 1 grado e l'angolo che misura 1 radiante (**fig. 11.5**).

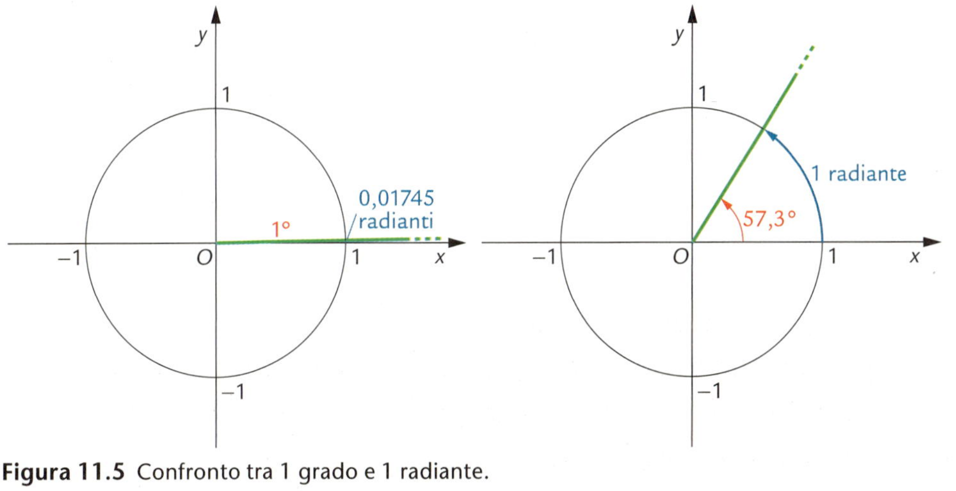

Figura 11.5 Confronto tra 1 grado e 1 radiante.

Attenzione!

Spesso identificheremo un angolo con la sua misura (in gradi o in radianti); scriveremo per esempio $\alpha = \frac{\pi}{3}$, per indicare che α è un angolo la cui misura (in radianti) è $\frac{\pi}{3}$, oppure $\alpha \in (0, \pi)$ per indicare che α è un angolo la cui misura (in radianti) è compresa tra 0 e π.

Nella **fig. 11.6** sono invece visualizzate le misure, in gradi e radianti, degli angoli più comuni.

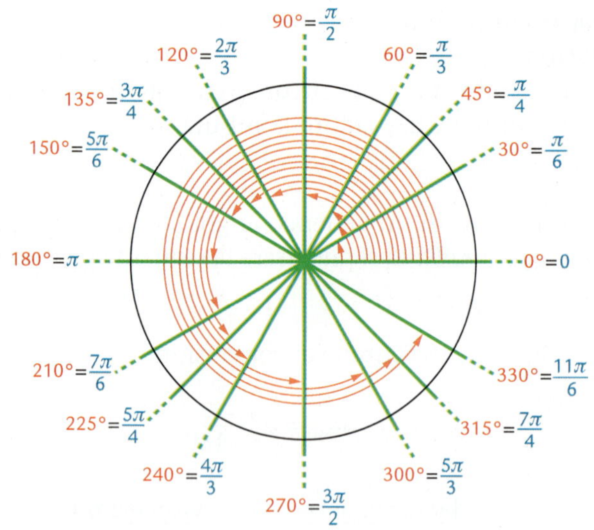

Figura 11.6 Misure di angoli notevoli.

Misura relativa di un angolo e misure di angoli maggiori dell'angolo giro

L'interpretazione «dinamica» di un angolo come descritto dalla *rotazione* di una semiretta intorno al suo vertice apre alcuni nuovi scenari:

1. da una parte, pone il problema di precisare il concetto di misura di un angolo in modo da tenere conto del *verso* della rotazione e porta così a introdurre il concetto di *misura relativa* di un angolo;
2. dall'altra, apre la possibilità di estendere il concetto stesso di angolo considerando angoli *maggiori* di un angolo giro.

Vediamo, nell'ordine, come sia possibile affrontare questi due argomenti.

1. Per assegnare a un angolo una **misura relativa** (cioè con segno) occorre anzitutto *orientare* l'angolo, cioè fissare il suo *primo lato*; dopodiché si considera la **misura assoluta** (cioè senza segno) dell'angolo (in gradi o in radianti) e si attribuisce a essa:

- segno *più* se la rotazione che occorre compiere per sovrapporre il primo lato dell'angolo al secondo è *antioraria*;
- segno *meno* se la rotazione che occorre compiere per sovrapporre il primo lato dell'angolo al secondo è *oraria*.

Osserva gli esempi in **fig. 11.7**.

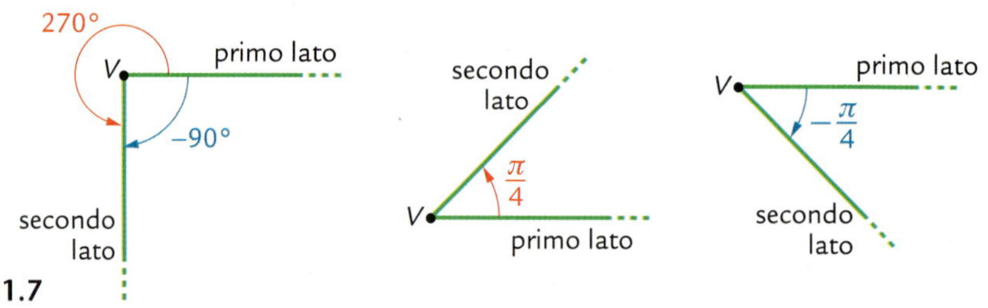

Figura 11.7

2. Per introdurre **angoli maggiori di un angolo giro** fissiamo l'attenzione su un angolo (orientato) in cui il primo lato è la semiretta a e il secondo lato è la semiretta b, descritto dalla rotazione in senso antiorario della semiretta a. Sia α la misura in gradi dell'angolo (**fig. 11.8a**).

Se supponiamo che la semiretta a, nella sua rotazione in senso antiorario, non si fermi la prima volta che raggiunge b ma percorra un giro completo fino a ritornare nuovamente in b, si genera ancora un angolo in cui il primo lato è a e il secondo lato è b, ma a questo nuovo angolo dovremo assegnare una misura che tenga

conto del giro in più fatto. È naturale assegnare a tale angolo la misura (in gradi) di $\alpha + 360°$ (**fig. 11.8b**), dove il segno *positivo* tiene conto del fatto che il giro in più è stato effettuato in senso *antiorario*.
Se la semiretta *a* ruotasse invece in senso *orario* fino a raggiungere *b*, allora verrebbe descritto un angolo la cui misura, in gradi, sarebbe $\alpha - 360°$: infatti la misura *assoluta* dell'angolo sarebbe $360° - \alpha$, mentre la misura relativa è l'opposto perché tiene conto del fatto che la rotazione della semiretta *a* è avvenuta questa volta in senso *orario*, cioè nel verso *negativo* (**fig. 11.8c**).
Più in generale, se la semiretta *a* ruota in senso *antiorario* fino a sovrapporsi alla semiretta *b*, in funzione del numero di giri effettuati otterremo angoli le cui misure in gradi sono, ordinatamente:

$$\alpha, \quad \alpha + 360°, \quad \alpha + 2 \cdot 360°, \quad \alpha + 3 \cdot 360°, \quad \alpha + 4 \cdot 360°, \quad \ldots$$

Se invece la semiretta *a* ruota in senso *orario* fino a sovrapporsi alla semiretta *b*, in funzione del numero di giri effettuati otterremo angoli le cui misure in gradi sono, ordinatamente:

$$\alpha - 360°, \quad \alpha - 2 \cdot 360°, \quad \alpha - 3 \cdot 360°, \quad \alpha - 4 \cdot 360°, \quad \ldots$$

Gli infiniti angoli che così si ottengono possono dunque essere rappresentati in forma sintetica con la scrittura:

$\alpha + k360°$ al variare di *k* in Z

Se la misura α dell'angolo fosse espressa in radianti anziché in gradi, la scrittura sintetica sarebbe invece:

$\alpha + 2k\pi$ al variare di *k* in Z

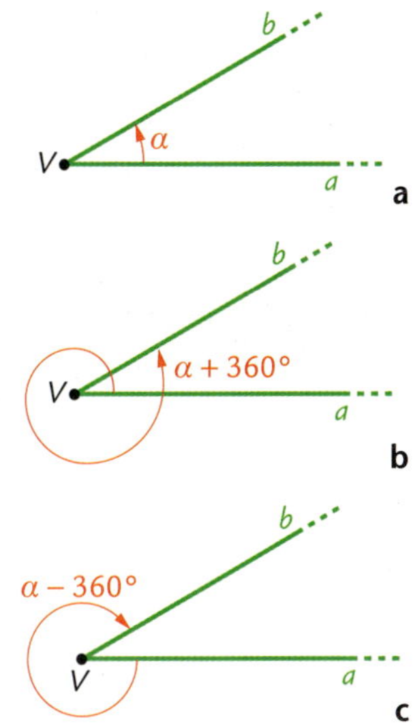

Figura 11.8

Attenzione!
Nel seguito, quando utilizzeremo la scrittura compatta $\alpha + k360°$ o $\alpha + 2k\pi$, a volte sottintenderemo che *k* varia nell'insieme Z, senza specificarlo. Per esempio, la scrittura $\frac{\pi}{3} + k\pi$ indica gli infiniti angoli la cui misura in radianti è: $\frac{\pi}{3}$, $\frac{\pi}{3} \pm 2\pi$, $\frac{\pi}{3} \pm 4\pi$, ...

ESEMPIO **Misure di angoli orientati e di angoli maggiori di un angolo giro**

Nelle seguenti figure puoi osservare alcune misure di angoli orientati, posti in posizione normale (ricorda che il primo lato è sempre quello sull'asse *x*).

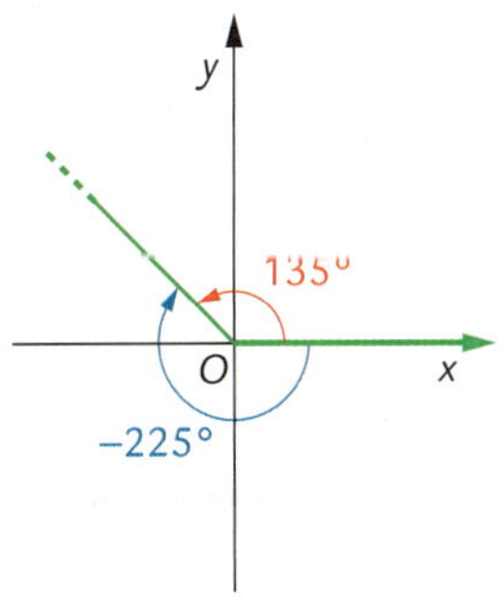

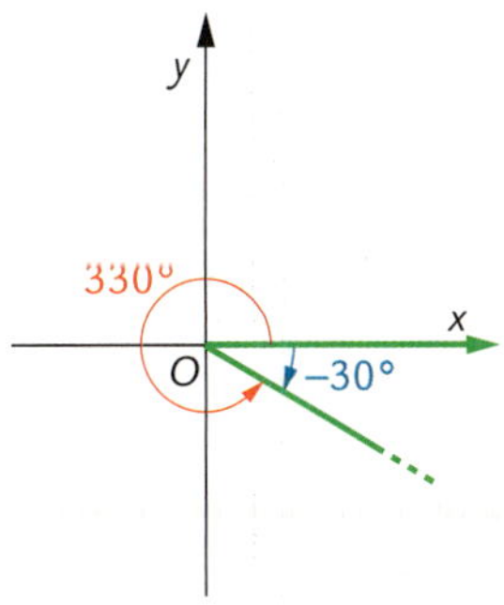

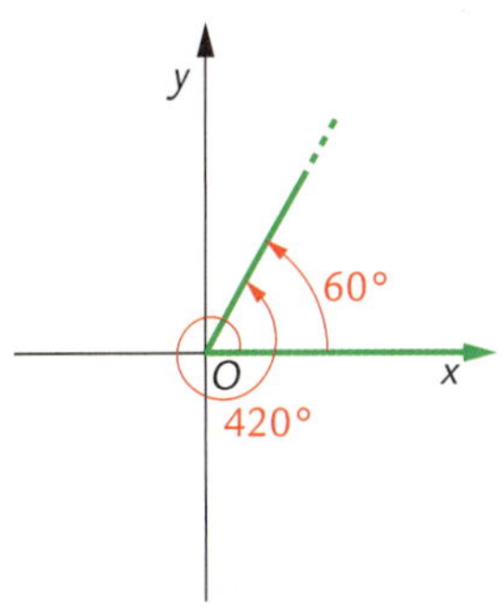

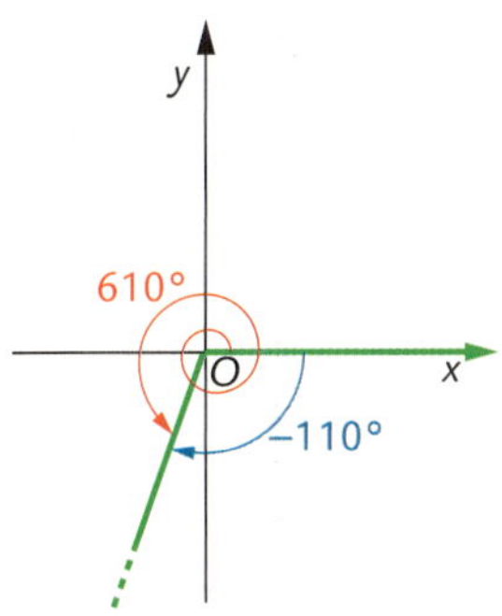

Prova tu **ESERCIZI** a p. 516

1. Qual è la misura in radianti di un angolo di 150°? E di un angolo di 330°?

2. Qual è la misura in gradi di un angolo che, in radianti, misura $\frac{5\pi}{4}$? E di un angolo che misura $\frac{7\pi}{8}$?

2. Le definizioni delle funzioni goniometriche

Vedremo ora come sia possibile associare a ogni angolo tre numeri, detti **seno**, **coseno** e **tangente** dell'angolo, che dipendono esclusivamente dall'*ampiezza* dell'angolo stesso.

Definizioni di seno, coseno e tangente di un angolo

Dato un angolo α, riferiamolo a un sistema di assi cartesiani ortogonali in modo che si trovi in posizione normale e tracciamo la circonferenza goniometrica. Il seno, il coseno e la tangente di α sono definiti come segue (**fig. 11.9**).

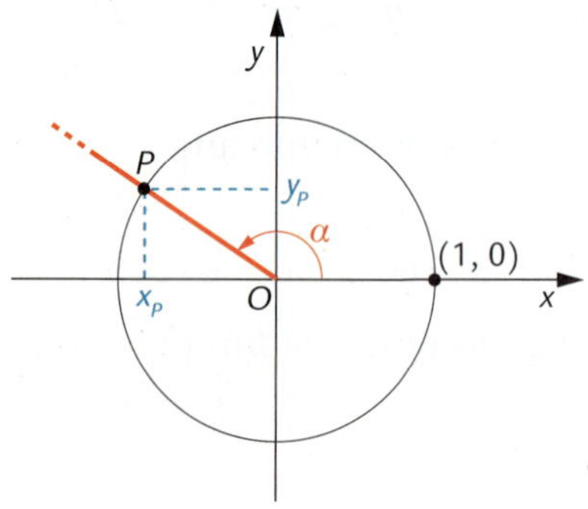

seno di $\alpha = y_P$

coseno di $\alpha = x_P$

tangente di $\alpha = \frac{y_P}{x_P}$

Figura 11.9 Funzioni goniometriche di un angolo.

> **Attenzione!**
>
> **1.** Alcuni testi utilizzano per il seno la notazione **sen** e per la tangente la notazione **tg**. Noi abbiamo utilizzato le notazioni più diffuse nella moderna letteratura scientifica; tali notazioni sono anche quelle utilizzate dalle calcolatrici.
>
> **2.** Vedremo nel Paragrafo 5 che il seno, il coseno e la tangente di un angolo consentono di definire delle vere e proprie funzioni reali di variabile reale, quindi l'appellativo di *funzioni* è completamente coerente.

SENO, COSENO E TANGENTE DI UN ANGOLO

Dato un angolo α in posizione normale, sia P il punto di intersezione del secondo lato dell'angolo con la circonferenza goniometrica. Chiamiamo:

- **seno** di α **l'ordinata** di P;
- **coseno** di α **l'ascissa** di P;
- **tangente** di α il **rapporto tra l'ordinata e l'ascissa** di P.

Indicheremo il seno di α con il simbolo **sin** α, il coseno di α con il simbolo **cos** α e la tangente di α con il simbolo **tan** α.
Poiché il seno, il coseno e la tangente di un angolo α variano *in funzione* dell'angolo, vengono chiamate **funzioni goniometriche** di α.
È importante fare subito alcune osservazioni.

- Il punto P, le cui coordinate definiscono il coseno e il seno di α, viene detto **punto associato** all'angolo α. Poiché P appartiene alla circonferenza goniometrica (che è di raggio 1), l'ascissa di P (cioè il coseno di α) e l'ordinata di P (cioè il seno di α) variano tra -1 e 1, potendo anche essere uguali a -1 o a 1. Dunque per ogni angolo α si ha:

$$-1 \leq \sin\alpha \leq 1 \qquad \text{e} \qquad -1 \leq \cos\alpha \leq 1$$

- La tangente di un angolo, essendo definita come *rapporto* tra seno e coseno dell'angolo, è definita purché il coseno dell'angolo sia *diverso da zero*:

$$\tan\alpha = \frac{\sin\alpha}{\cos\alpha} \text{ è definita per } \alpha \text{ tali che } \cos\alpha \neq 0$$

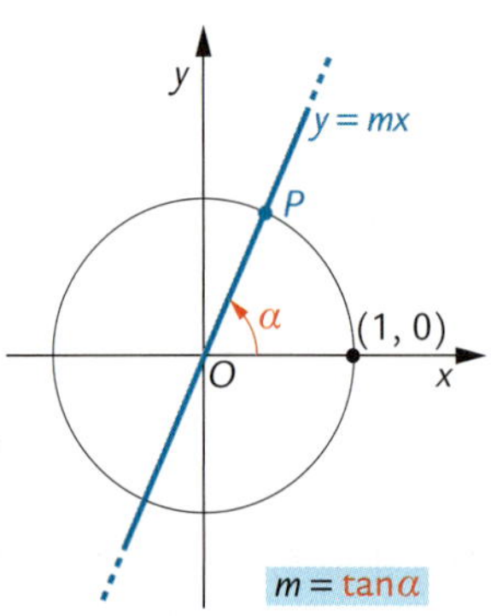

Figura 11.10

- Il rapporto tra l'ordinata e l'ascissa di P (cioè la tangente di α), come sappiamo dallo studio della retta nel piano cartesiano, è il coefficiente angolare della retta OP (**fig. 11.10**). Quindi la **tangente di un angolo** (posto in posizione normale) non è altro che il **coefficiente angolare della retta che contiene il se-**

condo lato dell'angolo. Viceversa, data nel piano cartesiano una retta (non verticale) passante per l'origine, il suo coefficiente angolare è la tangente dell'angolo che la retta forma con l'asse x.

Calcolo delle funzioni goniometriche di un angolo

Dato un angolo, come possiamo determinarne il seno, il coseno e la tangente? In generale, per determinare i valori delle funzioni goniometriche di un angolo *qualsiasi* bisogna ricorrere a una calcolatrice. In alcuni **casi particolari**, che capitano di frequente, è possibile tuttavia ricavare le funzioni goniometriche dell'angolo direttamente dalla definizione.

1. Seno, coseno e tangente degli angoli che hanno i lati sugli assi

Determiniamo, se esistono, il seno, il coseno e la tangente degli angoli di misura uguale a 0°, 90°, 180°, 270°.

Misura dell'angolo (in gradi e in radianti)	Funzioni goniometriche	Rappresentazione grafica
$\alpha = 0° = 0$	Il secondo lato dell'angolo coincide con il semiasse delle x positive e incontra la circonferenza goniometrica nel punto $P(1, 0)$, quindi: • $\sin 0° = \sin 0 = 0$ • $\cos 0° = \cos 0 = 1$ • $\tan 0° = \tan 0 = \frac{0}{1} = 0$	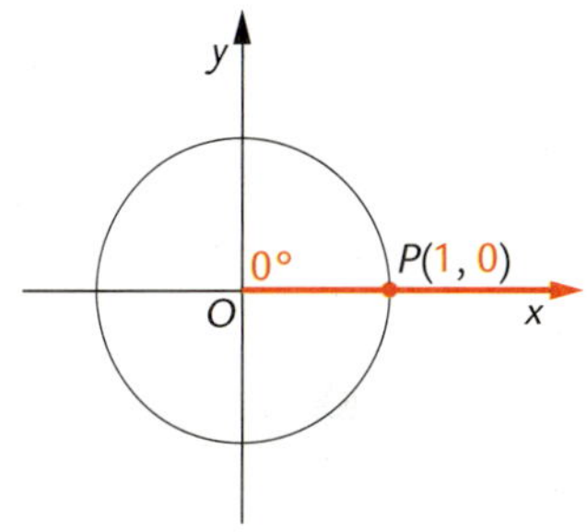
$\alpha = 90° = \frac{\pi}{2}$	Il secondo lato dell'angolo coincide con il semiasse delle y positive e interseca la circonferenza goniometrica nel punto $P(0, 1)$, quindi: • $\sin 90° = \sin\frac{\pi}{2} = 1$ • $\cos 90° = \cos\frac{\pi}{2} = 0$ • $\tan 90° = \tan\frac{\pi}{2} = \frac{1}{0}$ non esiste! La tangente di 90° non è definita, perché non è definita la divisione per 0.	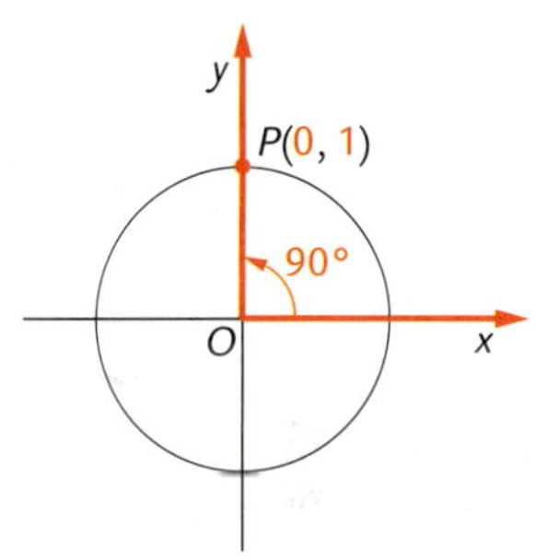
$\alpha = 180° = \pi$	Il secondo lato dell'angolo coincide con il semiasse delle x negative e interseca la circonferenza goniometrica nel punto $P(-1, 0)$, quindi: • $\sin 180° = \sin\pi = 0$ • $\cos 180° = \cos\pi = -1$ • $\tan 180° = \tan\pi = \frac{0}{-1} = 0$	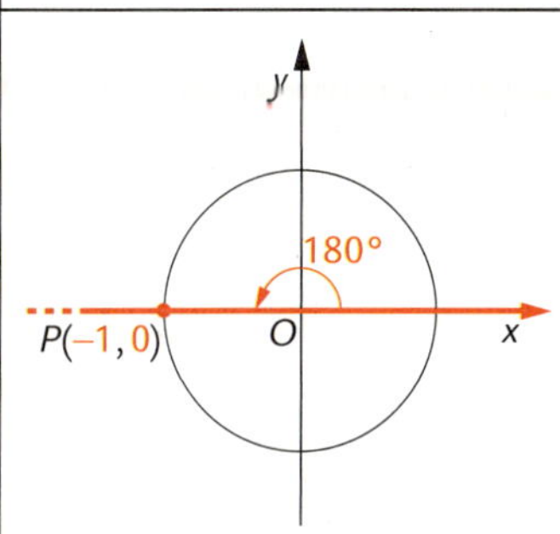
$\alpha = 270° = \frac{3\pi}{2}$	Il secondo lato dell'angolo coincide con il semiasse delle y negative e interseca la circonferenza goniometrica nel punto $P(0, -1)$, quindi: • $\sin 270° = \sin\frac{3\pi}{2} = -1$ • $\cos 270° = \cos\frac{3\pi}{2} = 0$ • $\tan 270° = \tan\frac{3\pi}{2} = \frac{-1}{0}$ non esiste! La tangente di 270° non è definita, perché non è definita la divisione per 0.	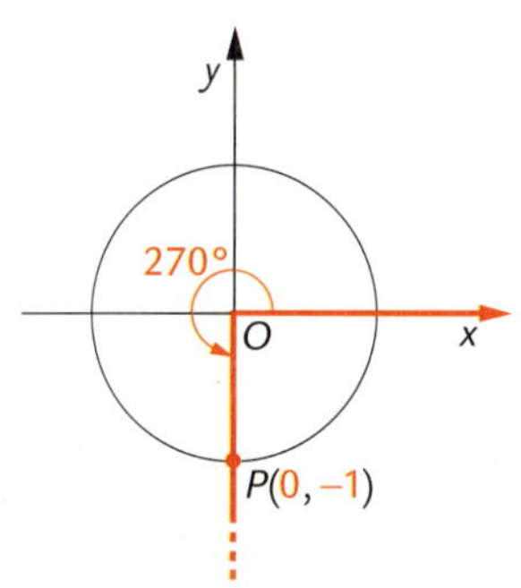

2. Seno, coseno e tangente degli angoli di 30°, 45° e 60°

Determiniamo il seno, il coseno e la tangente degli angoli di misura uguale a 30°, 45° e 60°.

Misura dell'angolo (in gradi e in radianti)	**Funzioni goniometriche**	**Rappresentazione grafica**
$\alpha = 30° = \frac{\pi}{6}$	Osserviamo che nel triangolo *OPH* è $\overline{OP} = 1$. Ricordando le relazioni che sussistono tra le misure dei lati di un triangolo rettangolo con gli angoli acuti di 30° e 60°, deduciamo che: $\overline{PH} = \frac{1}{2}$ e $\overline{OH} = \frac{\sqrt{3}}{2}$. Dunque $P\left(\frac{\sqrt{3}}{2}, \frac{1}{2}\right)$, quindi: • $\sin 30° = \sin\frac{\pi}{6} = \frac{1}{2}$ • $\cos 30° = \cos\frac{\pi}{6} = \frac{\sqrt{3}}{2}$ • $\tan 30° = \tan\frac{\pi}{6} = \frac{\frac{1}{2}}{\frac{\sqrt{3}}{2}} = \frac{1}{\sqrt{3}} = \frac{\sqrt{3}}{3}$	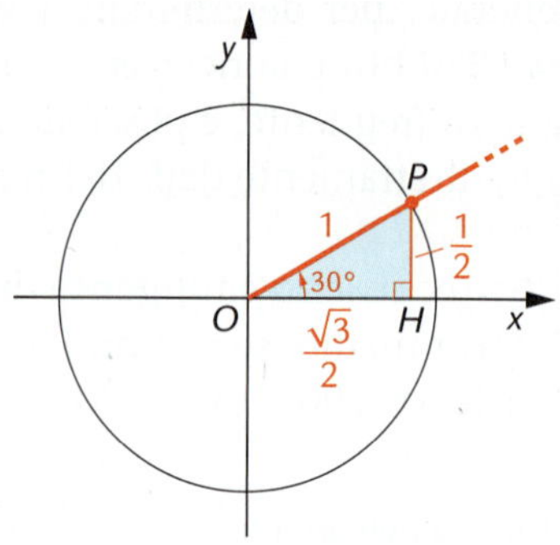
$\alpha = 45° = \frac{\pi}{4}$	Osserviamo che nel triangolo *OPH* è $\overline{OP} = 1$. Ricordando le relazioni che sussistono tra le misure dei lati di un triangolo rettangolo con gli angoli acuti di 45°, deduciamo che: $\overline{OH} = \overline{PH} = \frac{1}{\sqrt{2}} = \frac{\sqrt{2}}{2}$. Dunque $P\left(\frac{\sqrt{2}}{2}, \frac{\sqrt{2}}{2}\right)$, quindi: • $\sin 45° = \sin\frac{\pi}{4} = \frac{\sqrt{2}}{2}$ • $\cos 45° = \cos\frac{\pi}{4} = \frac{\sqrt{2}}{2}$ • $\tan 45° = \tan\frac{\pi}{4} = \frac{\frac{\sqrt{2}}{2}}{\frac{\sqrt{2}}{2}} = 1$	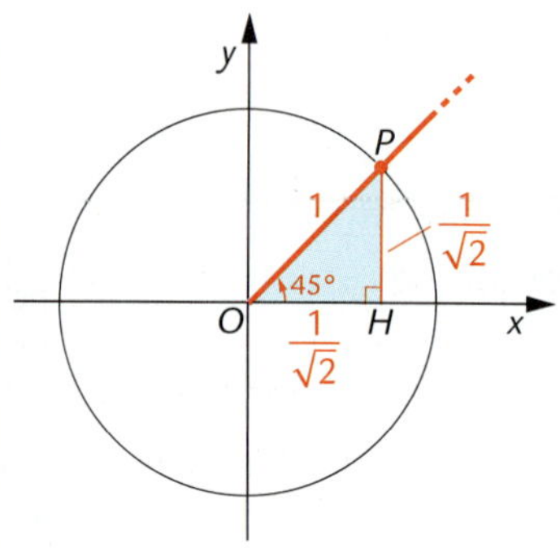
$\alpha = 60° = \frac{\pi}{3}$	Osserviamo che nel triangolo *OPH* è $\overline{OP} = 1$. Ricordando le relazioni che sussistono tra le misure dei lati di un triangolo rettangolo con gli angoli acuti di 30° e 60°, deduciamo che: $\overline{OH} = \frac{1}{2}$ e $\overline{PH} = \frac{\sqrt{3}}{2}$ Dunque $P\left(\frac{1}{2}, \frac{\sqrt{3}}{2}\right)$, quindi: • $\sin 60° = \sin\frac{\pi}{3} = \frac{\sqrt{3}}{2}$ • $\cos 60° = \cos\frac{\pi}{3} = \frac{1}{2}$ • $\tan 60° = \tan\frac{\pi}{3} = \frac{\frac{\sqrt{3}}{2}}{\frac{1}{2}} = \sqrt{3}$	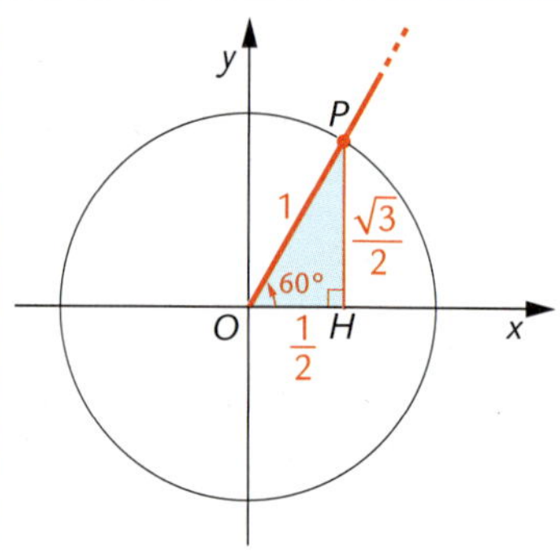

SINTESI

Funzioni goniometriche di angoli notevoli

- **Angoli con i lati sugli assi cartesiani**

α	$\sin\alpha$	$\cos\alpha$	$\tan\alpha$
0°	0	1	0
90°	1	0	Non definita
180°	0	−1	0
270°	−1	0	Non definita
360°	0	1	0

- **Angoli di 30°, 45°, 60°**

α	$\sin\alpha$	$\cos\alpha$	$\tan\alpha$
30°	$\frac{1}{2}$	$\frac{\sqrt{3}}{2}$	$\frac{\sqrt{3}}{3}$
45°	$\frac{\sqrt{2}}{2}$	$\frac{\sqrt{2}}{2}$	1
60°	$\frac{\sqrt{3}}{2}$	$\frac{1}{2}$	$\sqrt{3}$

3. Seno, coseno e tangente di angoli qualsiasi

Vediamo infine come si può utilizzare una calcolatrice per il calcolo del seno, del coseno della tangente di angoli qualsiasi.

ESEMPI **Calcolo di funzioni goniometriche tramite la calcolatrice**

Calcoliamo, ricorrendo a una calcolatrice:

a. $\sin 25{,}6°$ **b.** $\tan\frac{3\pi}{5}$

a. Occorre anzitutto controllare che sul display della calcolatrice compaia la scritta «DEG»: ciò significa che stiamo lavorando con misure di angoli espresse in gradi. In caso contrario, bisogna passare al sistema sessadecimale utilizzato dalla calcolatrice, premendo più volte sulla calcolatrice il tasto [DRG]. Una volta che ciò sia stato accertato, digitiamo **25.6** e poi premiamo il tasto [SIN].

Otteniamo così che $\sin 25{,}6° = 0{,}4320857488...$ Arrotondando a meno di un centesimo, possiamo scrivere che

$$\sin 25{,}6° \simeq 0{,}43$$

b. Controlliamo che sul display compaia la scritta RAD (in caso contrario, premiamo il tasto [DRG] finché non compare tale scritta). Poi premiamo la seguente sequenza di tasti:

[π] [$\times$] [3] [$\div$] [5] [TAN]

Otterremo così:

$$\tan\frac{3\pi}{5} = -3{,}077683537...$$

Arrotondando a meno di un centesimo:

$$\tan\frac{3\pi}{5} \simeq -3{,}08$$

Dalla funzione goniometrica all'angolo

Se è dato il seno o il coseno o la tangente di un angolo, possiamo risalire alla misura dell'angolo con l'aiuto della calcolatrice. È importante osservare che questo problema ammette infinite soluzioni; per esempio ci sono infiniti angoli che hanno coseno uguale a 0: $90°$, $270°$, $90° + 360° = 450°$, $270° + 360° = 630°$, ...
Occorre quindi stabilire degli intervalli dove ricercare gli angoli in modo che il problema di risalire all'angolo ammetta un'unica soluzione. Salvo avviso contrario:

- se è dato il seno, diciamo x, di un angolo, si conviene di cercare la misura dell'angolo avente quel dato seno nell'intervallo $\left[-\frac{\pi}{2}, \frac{\pi}{2}\right]$: l'angolo così individuato si chiama **arcoseno** di x e si indica con il simbolo $\arcsin x$;
- se è dato il coseno, diciamo x, di un angolo, si conviene di cercare la misura dell'angolo avente quel dato coseno nell'intervallo $[0, \pi]$: l'angolo così individuato si chiama **arcocoseno** di x e si indica con il simbolo $\arccos x$;
- se è data la tangente, diciamo x, di un angolo, si conviene di cercare la misura dell'angolo avente quella data tangente nell'intervallo $\left(-\frac{\pi}{2}, \frac{\pi}{2}\right)$: l'angolo così individuato si chiama **arcotangente** di x e si indica con il simbolo $\arctan x$.

Queste sono le convenzioni utilizzate anche dalle calcolatrici.

ESEMPIO **Dal seno all'angolo acuto corrispondente**

Determiniamo con l'aiuto della calcolatrice la misura approssimata, sia in radianti sia in gradi, dell'angolo acuto α il cui seno è $\frac{1}{3}$, ovvero di $\arcsin \frac{1}{3}$.

a. *Misura in radianti.* Controlliamo anzitutto che sul display compaia la scritta «RAD». Per determinare l'angolo richiesto, devi attivare la funzione inversa del seno, premendo, prima del tasto [SIN], il tasto [INV] o il tasto [2NDF] a seconda della calcolatrice che stai utilizzando. La sequenza di operazioni che dovrai svolgere è quindi la seguente:

1. eseguire la divisione 1 [÷] 3
2. premere il tasto contrassegnato con [INV] o [2NDF]
3. premere il tasto [SIN]

Si ottiene come risultato 0,3398369094; quindi, arrotondando alla seconda cifra decimale, possiamo scrivere che $\alpha \simeq 0{,}34$.

b. *Misura in gradi.* Procediamo in modo analogo al caso precedente, con l'accortezza però di impostare all'inizio la modalità «DEG» anziché «RAD». Si ottiene che $\alpha \simeq 19{,}47°$. Il risultato espresso dalla calcolatrice in gradi decimali può poi eventualmente essere convertito in gradi, primi e secondi.

Attenzione!
In alcune calcolatrici per attivare le funzioni inverse del seno, del coseno e della tangente occorre utilizzare i tasti [$\sin^{-1}$], [$\cos^{-1}$], [$\tan^{-1}$] indicati talvolta con [asin], [acos], [atan].

Prova tu ESERCIZI a p. 523

Calcola il valore delle seguenti espressioni:

a. $\left(\sin\frac{\pi}{2} - \cos\pi\right)^2 - \left(\cos\frac{\pi}{2} + \sin\frac{3\pi}{2}\right)^3$

b. $\dfrac{\sin 30° - \tan 45°}{\sin 60° + \tan 45°}$

[a. 5; b. $\sqrt{3} - 2$]

3. Le prime proprietà delle funzioni goniometriche

Come variano il seno e il coseno di un angolo

In questo paragrafo approfondiamo la conoscenza delle funzioni goniometriche, studiandone le prime proprietà.
Cominciamo con l'esaminare come variano il seno e il coseno di un angolo quando la misura dell'angolo cresce **da 0 a 2π**. Ciò equivale a studiare come va-

riano l'ordinata e l'ascissa del punto P associato all'angolo. I valori del seno e coseno in corrispondenza degli angoli notevoli li abbiamo già studiati. Tenendo presente i valori del seno e del coseno degli angoli aventi i lati sugli assi (visti nel paragrafo precedente), possiamo costruire la seguente tabella.

Angoli compresi tra 0 e $\frac{\pi}{2}$	**Angoli compresi tra $\frac{\pi}{2}$ e π**	**Angoli compresi tra π e $\frac{3\pi}{2}$**	**Angoli compresi tra $\frac{3\pi}{2}$ e 2π**
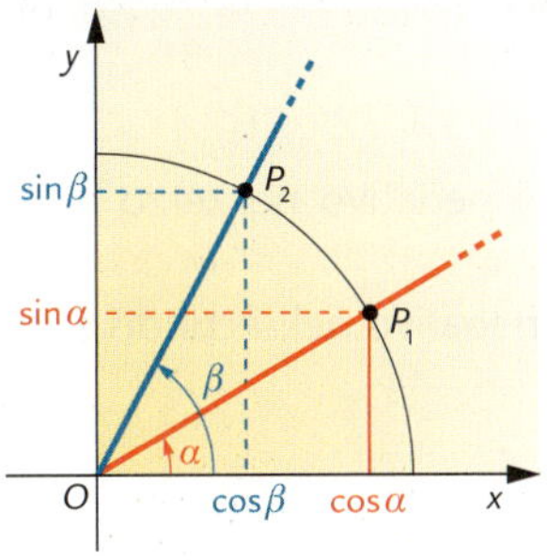	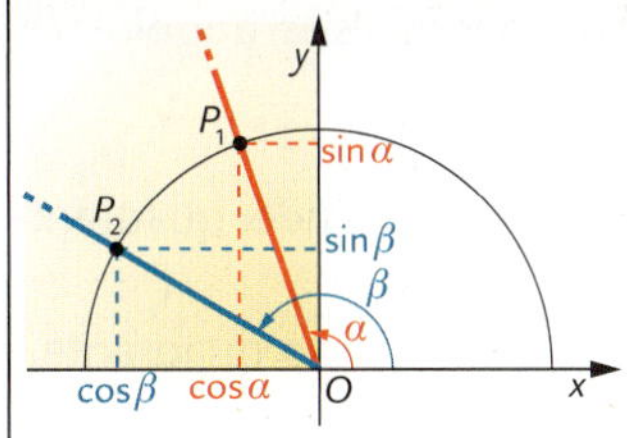	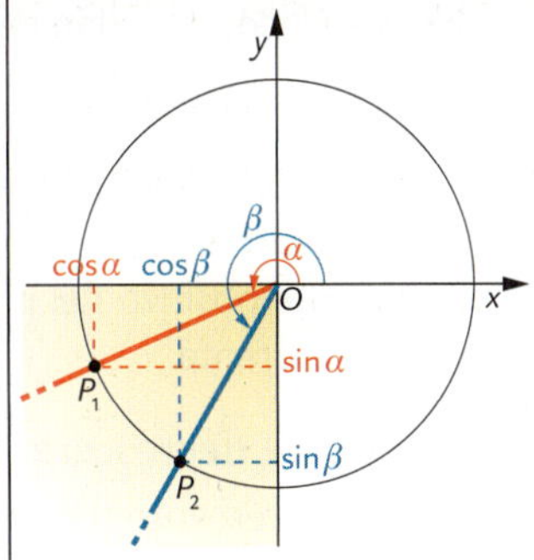	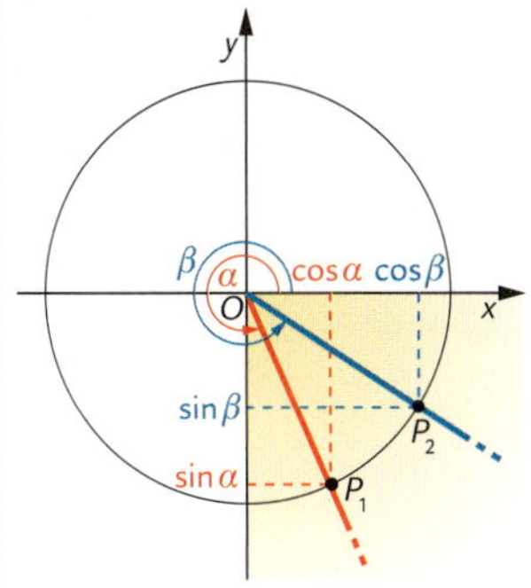
Quando la misura di un angolo cresce da 0 a $\frac{\pi}{2}$ l'ascissa di P decresce da 1 a 0 e l'ordinata cresce da 0 a 1, mantenendosi entrambe *positive*. Quindi il **coseno decresce**, il **seno cresce** e **sia il seno sia il coseno sono positivi**.	Quando la misura di un angolo cresce da $\frac{\pi}{2}$ a π, l'ascissa di P decresce da 0 a -1 e si mantiene negativa, l'ordinata decresce da 1 a 0 e si mantiene positiva. Quindi **il coseno decresce ed è negativo, il seno decresce ed è positivo**.	Quando la misura di un angolo cresce da π a $\frac{3\pi}{2}$, l'ascissa di P cresce da -1 a 0 e l'ordinata decresce da 0 a -1, mantenendosi entrambe negative. Quindi **il coseno cresce, il seno decresce** e **sia il seno sia il coseno sono negativi**.	Quando la misura di un angolo cresce da $\frac{3\pi}{2}$ a 2π l'ascissa di P cresce da 0 a 1 e si mantiene positiva, l'ordinata cresce da -1 a 0 e si mantiene negativa. Quindi **il coseno cresce ed è positivo, il seno cresce ed è negativo**.

In particolare, come abbiamo già osservato, il seno e il coseno **sono sempre numeri compresi tra -1 e 1**.
Ma che cosa accade se la misura dell'angolo è **maggiore di 2π**?
Consideriamo un angolo α, con $0 \le \alpha \le 2\pi$, e l'angolo $\alpha + 2\pi$ (**fig. 11.11**).

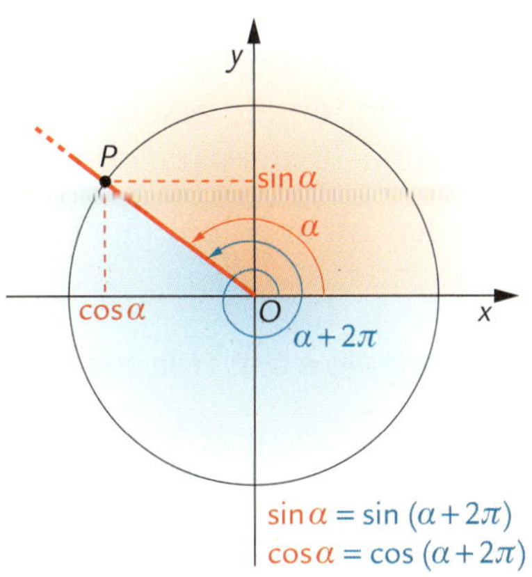

Figura 11.11

Il secondo lato di questi due angoli è lo stesso, quindi il seno e il coseno di $\alpha + 2\pi$ sono uguali al seno e al coseno di α. Per ragioni analoghe, in generale l'angolo di misura $\alpha + 2k\pi$, con $k \in \mathbf{Z}$, ha lo stesso seno e lo stesso coseno di α, ossia valgono le relazioni:

$$\sin(\alpha + 2k\pi) = \sin\alpha \ \forall\alpha \in \mathbf{R},\ \forall k \in \mathbf{Z}$$

$$\cos(\alpha + 2k\pi) = \cos\alpha \ \forall\alpha \in \mathbf{R},\ \forall k \in \mathbf{Z}$$

Per esprimere questa proprietà, cioè che il seno e il coseno riprendono, per angoli di misura maggiore di 2π, gli stessi valori assunti fra 0 e 2π, si dice che il seno e il coseno sono **funzioni periodiche** di periodo 2π.

SINTESI

Proprietà del seno e del coseno

- **Dominio**
  Il seno e il coseno sono definiti per qualsiasi angolo.
- **Segno**
  Il seno è positivo nel primo e nel secondo quadrante, è negativo nel terzo e nel quarto quadrante.
  Il coseno è positivo nel primo e nel quarto quadrante, è negativo nel secondo e nel terzo quadrante.
- **Crescere e decrescere**
  Il seno è crescente nel primo e nel quarto quadrante, è decrescente nel secondo e nel terzo quadrante.
  Il coseno è crescente nel terzo e nel quarto quadrante, è decrescente nel primo e nel secondo quadrante.
- **Valori assunti**
  Il seno e il coseno di un angolo α sono numeri compresi tra -1 e 1, potendo essere uguali a -1 e a 1, vale a dire:
  $-1 \leq \cos\alpha \leq 1$ e $-1 \leq \sin\alpha \leq 1$
- **Periodicità**
  Il seno e il coseno sono funzioni periodiche di periodo 2π, vale a dire:
  $\sin(\alpha + 2k\pi) = \sin\alpha \quad \forall\alpha \in \mathbf{R}, \forall k \in \mathbf{Z}$
  $\cos(\alpha + 2k\pi) = \cos\alpha \quad \forall\alpha \in \mathbf{R}, \forall k \in \mathbf{Z}$

Come varia la tangente di un angolo

Dopo aver studiato come variano il seno e il coseno di un angolo, studiamo come varia la tangente di un angolo quando la misura dell'angolo stesso cresce da 0 a π. Per effettuare questo studio, è utile osservare che la tangente può essere definita in un modo diverso da quello del paragrafo precedente.

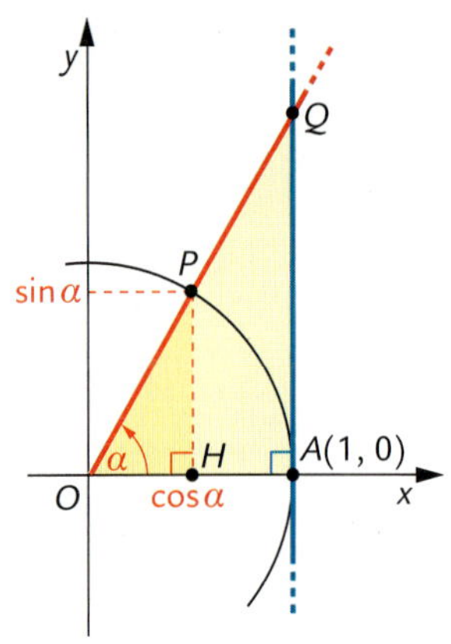

Figura 11.12

Consideriamo, per fissare le idee, un angolo α tale che $0 < \alpha < \frac{\pi}{2}$ e indichiamo, come puoi vedere in **fig. 11.12**:

- con P il punto associato all'angolo e con H la sua proiezione sull'asse x;
- con Q il punto di intersezione del secondo lato dell'angolo con la *retta tangente* alla circonferenza goniometrica nel punto $A(1, 0)$.

Osserviamo ora che:

$$\tan\alpha = \frac{y_P}{x_P} = \frac{\overline{PH}}{\overline{OH}} = \qquad \text{Per la definizione di tangente}$$

$$= \frac{\overline{QA}}{\overline{OA}} = \frac{\overline{QA}}{1} = \overline{QA} \qquad \text{Perché } OHP \text{ e } OAQ \text{ sono triangoli simili}$$

quindi: $\tan\alpha = \overline{QA} = y_Q$

Si potrebbe dimostrare che questa relazione continua a valere anche se α **non** appartiene al primo quadrante. Pertanto, possiamo formulare la seguente definizione alternativa di tangente di un angolo.

DEFINIZIONE ALTERNATIVA DI TANGENTE DI UN ANGOLO

Dato un angolo α, in posizione normale, definiamo **tangente** dell'angolo, se esiste, l'*ordinata* del punto di intersezione tra il secondo lato dell'angolo (o il suo prolungamento) e la retta tangente alla circonferenza goniometrica nel punto di coordinate (1, 0).

Questa definizione fornisce un'immagine geometrica utile per capire come varia la tangente di un angolo al variare della misura dell'angolo.

Angoli compresi tra 0 e $\frac{\pi}{2}$	**Angoli compresi tra $\frac{\pi}{2}$ e π**
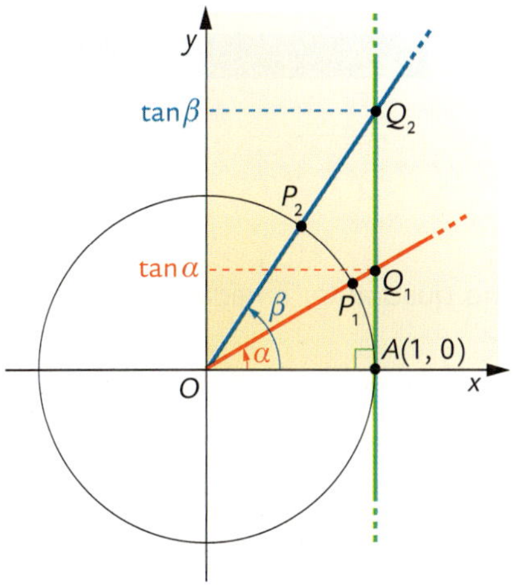	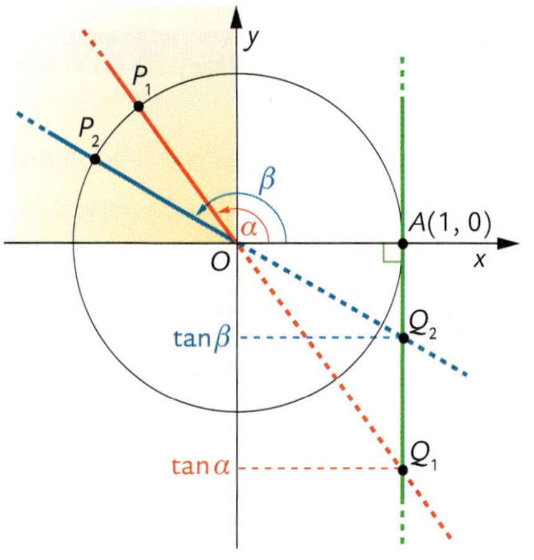
Quando la misura di un angolo cresce da 0 a $\frac{\pi}{2}$, l'ordinata del punto Q cresce indefinitamente (si dice che tende a $+\infty$), mantenendosi sempre positiva. Quindi **la tangente cresce ed è positiva.**	Quando la misura di un angolo cresce da $\frac{\pi}{2}$ a π, l'ordinata di Q cresce, mantenendosi negativa, fino a divenire 0 quando la misura dell'angolo è π. Quindi **la tangente cresce ed è negativa.**

Avevamo già osservato nel paragrafo precedente che la tangente dell'angolo $\frac{\pi}{2}$ **non esiste**; di ciò abbiamo ulteriore prova osservando che quando la misura dell'angolo è $\frac{\pi}{2}$ il suo secondo lato diviene parallelo alla retta tangente alla circonferenza goniometrica nel punto $A(1, 0)$, quindi non ha con tale retta tangente alcun punto di intersezione.

Ma che cosa accade se la misura dell'angolo è **maggiore di** π?

Consideriamo un angolo α, con $0 < \alpha < \frac{\pi}{2}$, e l'angolo $\alpha + \pi$ (**fig. 11.13**).

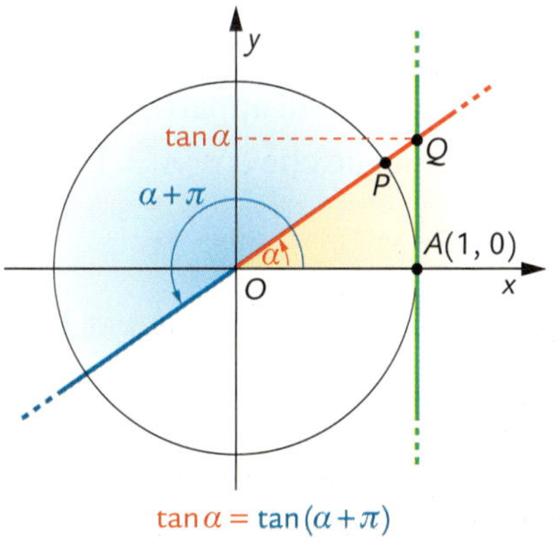

Figura 11.13

Il secondo lato di $\alpha + \pi$ è il prolungamento del secondo lato di α, quindi la retta che contiene i secondi lati dei due angoli α e $\alpha + \pi$ interseca la retta tangente alla circonferenza goniometrica in A nello stesso punto Q, ovvero i due angoli hanno la stessa tangente goniometrica.
Per ragioni analoghe, in generale l'angolo di misura $\alpha + k\pi$, con $k \in \mathbf{Z}$, ha la stessa tangente di α, ossia vale la relazione:

$$\tan(\alpha + k\pi) = \tan\alpha \qquad \forall\alpha \in \mathbf{R}, \forall k \in \mathbf{Z}, \text{ con } \alpha \neq \frac{\pi}{2} + k\pi$$

Per esprimere questa proprietà, cioè che la tangente riprende, per angoli di misura maggiore di π, gli stessi valori assunti fra 0 e π, si dice che la tangente è una **funzione periodica** di periodo π.

SINTESI

Proprietà della tangente

- **Dominio**
  La tangente è definita per ogni angolo α tale che $\alpha \neq \frac{\pi}{2} + k\pi$.
- **Segno**
  La tangente di un angolo è positiva nel primo quadrante, è negativa nel secondo quadrante.
- **Crescere e decrescere**
  La tangente di un angolo *cresce* sia nel primo quadrante sia nel secondo quadrante.
- **Valori assunti**
  La tangente di un angolo α assume, al variare di α, *tutti* i valori reali.
- **Periodicità**
  La tangente è periodica di periodo π, vale a dire:
  $\tan(\alpha + k\pi) = \tan\alpha \quad \forall\alpha \in \mathbf{R}, \forall k \in \mathbf{Z}, \text{ con } \alpha \neq \frac{\pi}{2} + k\pi$

Le relazioni tra seno, coseno e tangente

Si può dimostrare che il seno e il coseno di un angolo α (qualsiasi) sono legati dalla relazione:

$$\cos^2\alpha + \sin^2\alpha = 1 \qquad [11.2]$$

detta **prima relazione fondamentale della goniometria.**
La **tangente** di un angolo è stata definita nel paragrafo precedente come rapporto tra seno e coseno dell'angolo. Vale quindi la relazione:

$$\tan\alpha = \frac{\sin\alpha}{\cos\alpha} \qquad [11.3]$$

detta **seconda relazione fondamentale della goniometria.**
La prima relazione fondamentale della goniometria consente di ricavare il coseno di α se è noto il seno e il quadrante cui appartiene α, oppure di ricavare il seno, se è noto il coseno e il quadrante cui appartiene α. Infatti:

- se è noto il seno, dalla **[11.2]** segue che $\cos^2\alpha = 1 - \sin^2\alpha$, quindi:

$$\cos\alpha = \pm\sqrt{1 - \sin^2\alpha} \qquad [11.4]$$

- se è noto il coseno, dalla **[11.2]** segue che $\sin^2\alpha = 1 - \cos^2\alpha$, quindi:

$$\sin\alpha = \pm\sqrt{1 - \cos^2\alpha} \qquad [11.5]$$

La seconda relazione fondamentale della goniometria consente invece di ricavare la tangente di α, una volta noti il seno e il coseno di α.

Notazioni

- $\cos^2\alpha = (\cos\alpha)^2$
- $\sin^2\alpha = (\sin\alpha)^2$

Attenzione!

Come sarà chiaro dai prossimi esempi, nelle formule **[11.4]** e **[11.5]** va scelto opportunamente il segno + o il segno − a seconda del quadrante in cui cade il punto P associato all'angolo.

ESEMPIO **Funzioni goniometriche di un angolo di cui è dato il seno**

Sapendo che $\sin \alpha = \frac{3}{4}$ e $\frac{\pi}{2} < \alpha < \pi$, determiniamo $\cos \alpha$ e $\tan \alpha$.

Osserva la figura, dove abbiamo costruito graficamente gli angoli, di misura compresa tra 0 e 2π, che hanno come seno $\frac{3}{4}$. Ci sono due angoli che soddisfano questa condizione: uno il cui punto associato è P_1 e l'altro il cui punto associato è P_2. Poiché sappiamo che deve essere $\frac{\pi}{2} < \alpha < \pi$, il secondo lato di α deve cadere nel secondo quadrante, quindi α è l'angolo il cui punto associato è P_1. Pertanto:

$$\cos \alpha < 0 \quad \text{e} \quad \tan \alpha < 0$$

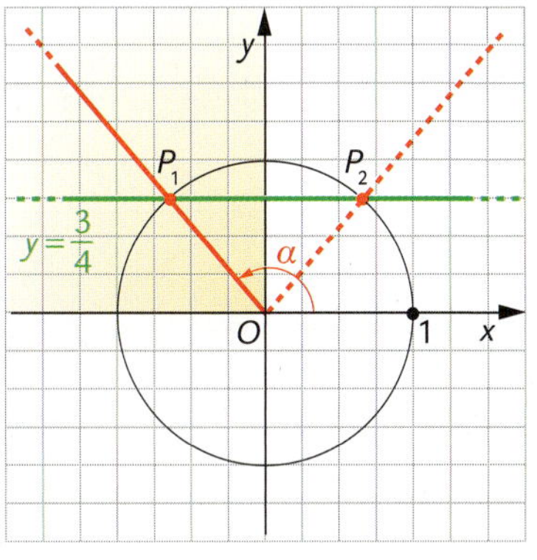

Utilizzando le formule [11.4] e [11.3] abbiamo:

$$\cos \alpha = -\sqrt{1 - \left(\frac{3}{4}\right)^2} = -\frac{\sqrt{7}}{4}$$

Formula [11.4], con il segno − poiché abbiamo visto che $\cos \alpha < 0$

$$\tan \alpha = \frac{\frac{3}{4}}{-\frac{\sqrt{7}}{4}} = -\frac{3}{\sqrt{7}} = -\frac{3\sqrt{7}}{7}$$

Formula [11.3]

Prova tu **ESERCIZI** a p. 519

1. Un angolo α è tale che $\sin \alpha > 0$ e $\tan \alpha < 0$. In quale quadrante cade il secondo lato di α?
2. Poni il simbolo corretto (<, =, >):
   a. $\sin 160°$ ..... $\sin 170°$ **b.** $\cos 50°$ ..... $\cos 60°$ **c.** $\tan \frac{\pi}{7}$ ..... $\tan \frac{\pi}{8}$
3. Sapendo che $\cos \alpha = \frac{1}{3}$ e $\frac{3\pi}{2} < \alpha < 2\pi$, determina il seno e la tangente di α.

4. Angoli associati

Dato un angolo α, si chiamano **angoli associati** ad α i seguenti angoli:

$$-\alpha, \quad \frac{\pi}{2} - \alpha, \quad \frac{\pi}{2} + \alpha, \quad \pi - \alpha, \quad \pi + \alpha$$

In questo paragrafo illustreremo le relazioni che sussistono tra le funzioni goniometriche di un angolo e le funzioni goniometriche degli angoli a esso associati.

Angoli opposti e angoli la cui somma o differenza è π

Facciamo riferimento alla **fig. 11.14**, in cui abbiamo indicato con P il punto associato ad α e con P_1, P_2 e P_3 i simmetrici di P, rispettivamente, rispetto all'asse y, rispetto all'origine e rispetto all'asse x.
Poiché le simmetrie conservano l'ampiezza degli angoli, è facile rendersi conto che, come è stato annotato in figura, i punti P_1, P_2 e P_3 sono i punti associati rispettivamente agli angoli:

- $\pi - \alpha$ — Il supplementare di α
- $\pi + \alpha$ — L'angolo che differisce di π da α
- $-\alpha$ — L'opposto di α

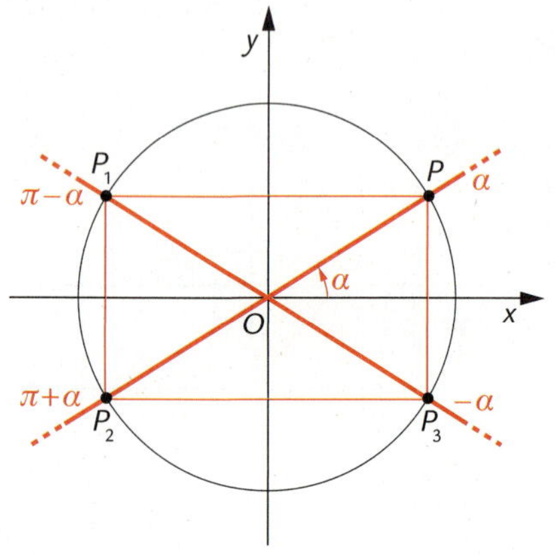

Figura 11.14

Tenendo conto delle relazioni che sussistono tra le coordinate di punti simmetrici rispetto agli assi e all'origine, possiamo dedurre le relazioni riassunte nella seguente tabella.

Angoli supplementari	**Angoli che differiscono di π**	**Angoli opposti**
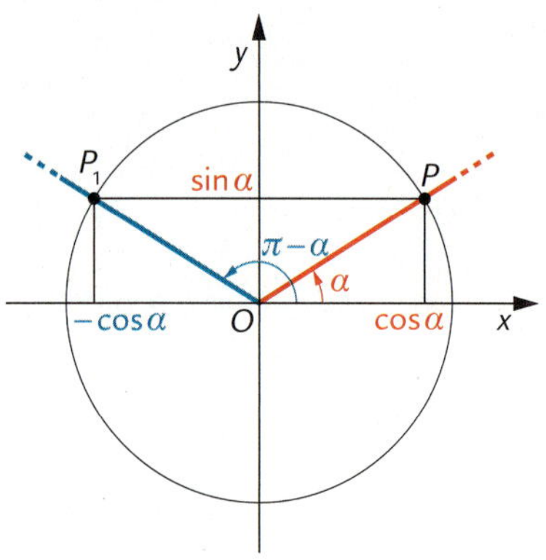	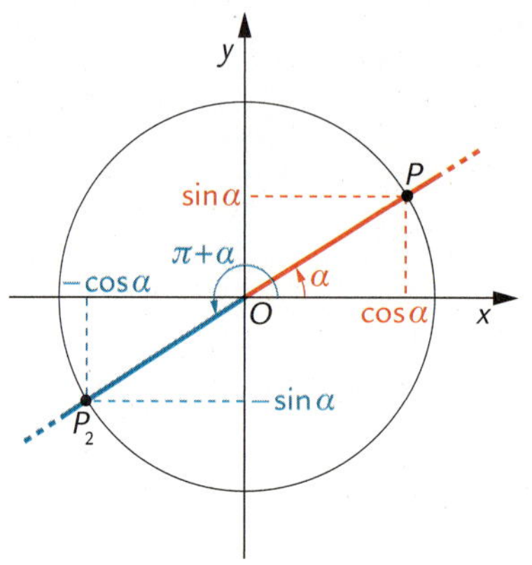	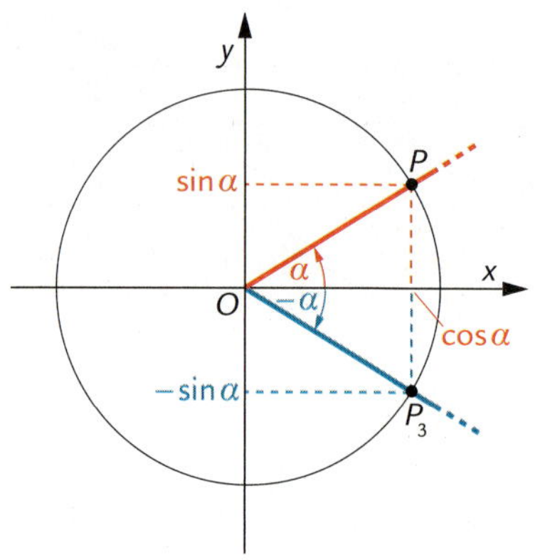
I punti P e P_1 si corrispondono nella simmetria rispetto all'asse y; ne segue che:	I punti P e P_2 si corrispondono nella simmetria rispetto all'origine; ne segue che:	I punti P e P_3 si corrispondono nella simmetria rispetto all'asse x; ne segue che:
$\sin(\pi-\alpha)=\sin\alpha$ $\cos(\pi-\alpha)=-\cos\alpha$	$\sin(\pi+\alpha)=-\sin\alpha$ $\cos(\pi+\alpha)=-\cos\alpha$	$\sin(-\alpha)=-\sin\alpha$ $\cos(-\alpha)=\cos\alpha$
A queste relazioni possiamo aggiungere quella per la tangente che si deduce da esse:	A queste relazioni possiamo aggiungere quella per la tangente che si deduce da esse:	A queste relazioni possiamo aggiungere quella per la tangente che si deduce da esse:
$\tan(\pi-\alpha)=\dfrac{\sin(\pi-\alpha)}{\cos(\pi-\alpha)}=$ $=\dfrac{\sin\alpha}{-\cos\alpha}=-\tan\alpha$	$\tan(\pi+\alpha)=\dfrac{\sin(\pi+\alpha)}{\cos(\pi+\alpha)}=$ $=\dfrac{-\sin\alpha}{-\cos\alpha}=\tan\alpha$	$\tan(-\alpha)=\dfrac{\sin(-\alpha)}{\cos(-\alpha)}=$ $=-\dfrac{\sin\alpha}{\cos\alpha}=-\tan\alpha$

Nota Osserva che la relazione $\tan(\pi+\alpha)=\tan\alpha$ esprime un fatto già noto, cioè che la funzione tangente è periodica di periodo π.

Angoli complementari

Per continuare a illustrare le relazioni tra angoli associati, facciamo riferimento alla **fig. 11.15**, in cui abbiamo indicato con P il punto associato ad α e con Q il simmetrico di P rispetto alla bisettrice del primo e terzo quadrante.

Poiché le simmetrie conservano l'ampiezza degli angoli, è facile rendersi conto che, come è stato annotato in figura, Q è il punto associato all'angolo $\frac{\pi}{2} - \alpha$, cioè al **complementare** di α.

Ricordando che il simmetrico di un punto di coordinate (x, y) rispetto alla bisettrice del primo e del terzo quadrante ha coordinate (y, x), se ne deduce che $Q(\sin\alpha, \cos\alpha)$, quindi:

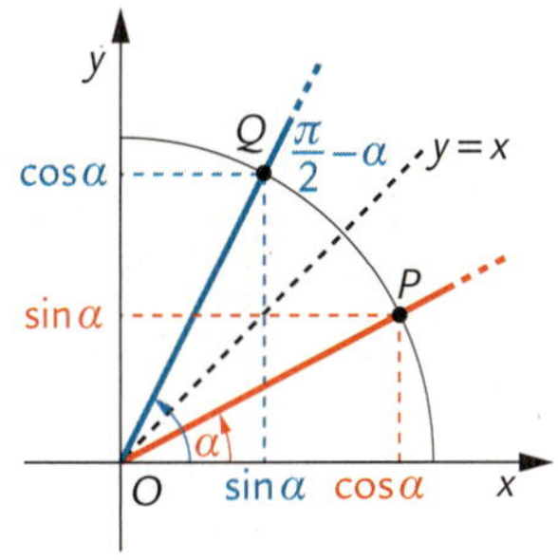

Figura 11.15

$$\sin\left(\frac{\pi}{2} - \alpha\right) = \cos\alpha \qquad \cos\left(\frac{\pi}{2} - \alpha\right) = \sin\alpha$$

A queste relazioni tra seno e coseno di angoli complementari possiamo aggiungere quella che si deduce da esse per la tangente:

$$\tan\left(\frac{\pi}{2} - \alpha\right) = \frac{\sin\left(\frac{\pi}{2} - \alpha\right)}{\cos\left(\frac{\pi}{2} - \alpha\right)} = \frac{\cos\alpha}{\sin\alpha} = \frac{1}{\tan\alpha}$$

ossia:

$$\tan\left(\frac{\pi}{2} - \alpha\right) = \frac{1}{\tan\alpha}$$

Applicazioni delle relazioni tra angoli associati

Tenendo conto delle relazioni tra gli angoli associati, è possibile ricavare i valori delle funzioni goniometriche relative agli angoli associati a quelli notevoli, come messo in evidenza nelle figure seguenti.

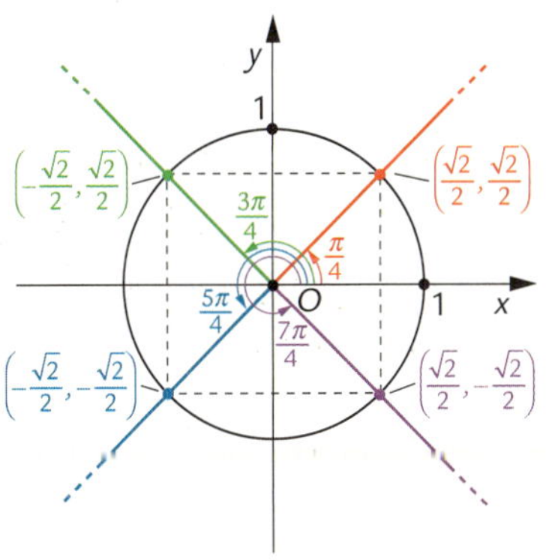

Dalla figura puoi dedurre per esempio che:

$$\sin\frac{3\pi}{4} = \frac{\sqrt{2}}{2},\ \cos\frac{3\pi}{4} = -\frac{\sqrt{2}}{2}$$

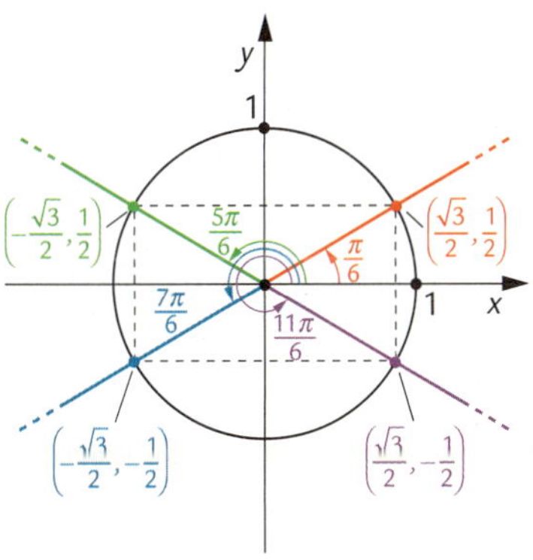

Dalla figura puoi dedurre per esempio che:

$$\sin\frac{5\pi}{6} = \frac{1}{2},\ \cos\frac{5\pi}{6} = -\frac{\sqrt{3}}{2}$$

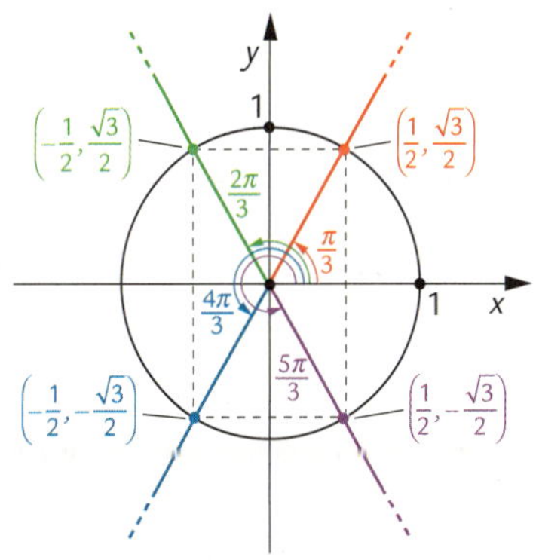

Dalla figura puoi dedurre per esempio che:

$$\sin\frac{2\pi}{3} = \frac{\sqrt{3}}{2},\ \cos\frac{2\pi}{3} = -\frac{1}{2}$$

Siamo inoltre in grado di ricavare le funzioni goniometriche di angoli associati a quelli notevoli e aventi misure negative o maggiori di 2π, tenendo conto della periodicità delle funzioni goniometriche e delle relazioni tra angoli opposti.

ESEMPI **Funzioni goniometriche di angoli associati ad angoli notevoli**

a. $\sin\frac{7\pi}{3} = \sin\left(2\pi + \frac{\pi}{3}\right) = \sin\frac{\pi}{3} = \frac{\sqrt{3}}{2}$

b. $\sin\left(-\frac{\pi}{6}\right) = -\sin\frac{\pi}{6} = -\frac{1}{2}$

c. $\cos\left(-\frac{\pi}{3}\right) = \cos\frac{\pi}{3} = \frac{1}{2}$

Prova tu ESERCIZI a p. 522

Calcola:

a. $\sin(225°)$ **b.** $\tan\left(\frac{4\pi}{3}\right)$ **c.** $\cos\left(-\frac{11\pi}{6}\right)$ **d.** $\tan(-330°)$ **e.** $\sin(240°)$ **f.** $\cos\left(\frac{11\pi}{4}\right)$

I grafici delle funzioni goniometriche sono utili, tra l'altro, nella risoluzione delle equazioni e delle disequazioni goniometriche. On-line puoi trovare una intera unità su quest'ultimo argomento.

5. Grafici delle funzioni goniometriche

Abbiamo definito le funzioni goniometriche come funzioni che associano a un dato angolo in posizione normale un numero reale (il seno, il coseno o la tangente dell'angolo). In base a queste definizioni il **dominio** delle funzioni goniometriche è quindi l'insieme formato dagli angoli in posizione normale, con l'esclusione degli angoli di misura $\frac{\pi}{2} + k\pi$ per la funzione tangente.

Vogliamo ora staccarci da questa definizione geometrica e considerare le funzioni seno, coseno e tangente come funzioni reali di variabile reale. Il passaggio dagli *angoli ai numeri reali* è naturale ed è già stato implicitamente compiuto nei paragrafi precedenti, ogniqualvolta abbiamo identificato un angolo con la sua misura. Sappiamo infatti che per ogni numero reale x esiste uno e un solo angolo (orientato) la cui misura, *in radianti*, è x. Possiamo quindi definire le tre **funzioni**:

$$y = \sin x; \quad y = \cos x; \quad y = \tan x$$

che, dato un numero reale x, associano a esso rispettivamente il seno, il coseno e la tangente dell'angolo la cui misura, in radianti, è x.

In questo paragrafo studiamo le proprietà di queste funzioni e ne tracciamo il grafico nel piano cartesiano.

La funzione $y = \sin x$

Studiamo inizialmente la funzione $y = \sin x$. Sappiamo che il seno è periodico di periodo 2π, quindi è sufficiente tracciare il grafico di $y = \sin x$ nell'intervallo $[0, 2\pi]$ e poi completare il grafico su tutto l'asse reale tenendo conto della periodicità.

Costruiamo anzitutto la tabella seguente in cui, ricordando alcuni valori notevoli del seno, abbiamo elencato le coordinate di alcuni punti appartenenti al grafico della funzione.

x	0	$\frac{\pi}{6}$	$\frac{\pi}{2}$	$\frac{5\pi}{6}$	π	$\frac{7\pi}{6}$	$\frac{3\pi}{2}$	$\frac{11\pi}{6}$	2π
$y = \sin x$	0	$\frac{1}{2}$	1	$\frac{1}{2}$	0	$-\frac{1}{2}$	-1	$-\frac{1}{2}$	0

Tracciando la curva che passa per i punti le cui coordinate sono riportate in tabella otteniamo il grafico della funzione seno nell'intervallo $[0, 2\pi]$ (**fig. 11.16**).

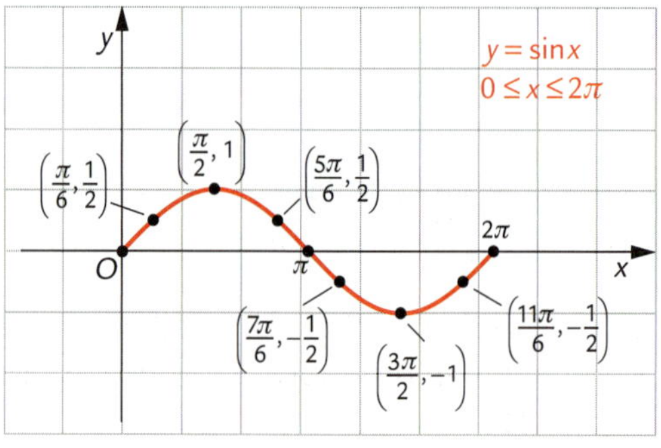

Figura 11.16

Ripetendo il grafico di $y = \sin x$ in tutti gli intervalli di lunghezza 2π precedenti e successivi a $[0, 2\pi]$ otteniamo il grafico della funzione seno (detto **sinusoide**) su tutto l'asse reale (**fig. 11.17**).

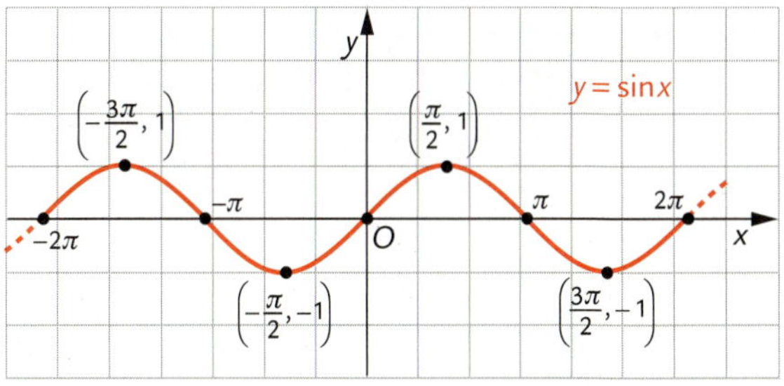

Figura 11.17

Figure dinamiche
Puoi comprendere meglio la costruzione del grafico della funzione seno tramite le figure dinamiche disponibili on-line.

PROPRIETÀ DELLA FUNZIONE $y = \sin x$

a. La funzione $y = \sin x$ è definita per ogni valore reale di x, quindi il suo **dominio** è **R**; è periodica di **periodo** 2π.

b. La funzione $y = \sin x$ interseca l'asse x in infiniti punti, di ascissa $x = k\pi$; la funzione seno ha quindi infiniti **zeri**.

c. Il grafico della funzione $y = \sin x$ è simmetrico rispetto all'origine, quindi la funzione $y = \sin x$ è **dispari**.

d. La funzione $y = \sin x$ ha come **immagine** l'intervallo $[-1, 1]$, quindi è **limitata**.

e. Vi sono infiniti punti, di ascissa $x = \frac{\pi}{2} + 2k\pi$, in cui la funzione $y = \sin x$ assume valore **massimo** (uguale a 1) e infiniti, di ascissa $x = \frac{3}{2}\pi + 2k\pi$, in cui assume valore **minimo** (uguale a -1).

La funzione $y = \cos x$

Anche per tracciare il grafico della funzione $y = \cos x$ ci limitiamo inizialmente a considerare l'intervallo $[0, 2\pi]$. Costruiamo a questo proposito la tabella seguente in cui, ricordando alcuni valori notevoli del coseno, abbiamo riportato le coordinate di alcuni punti appartenenti al grafico della funzione.

x	0	$\frac{\pi}{3}$	$\frac{\pi}{2}$	$\frac{2\pi}{3}$	π	$\frac{4\pi}{3}$	$\frac{3\pi}{2}$	$\frac{5\pi}{3}$	2π
$y = \cos x$	1	$\frac{1}{2}$	0	$-\frac{1}{2}$	-1	$-\frac{1}{2}$	0	$\frac{1}{2}$	1

Tracciando la curva che passa per i punti aventi le coordinate in tabella otteniamo il grafico della funzione coseno nell'intervallo $[0, 2\pi]$ (**fig. 11.18**).

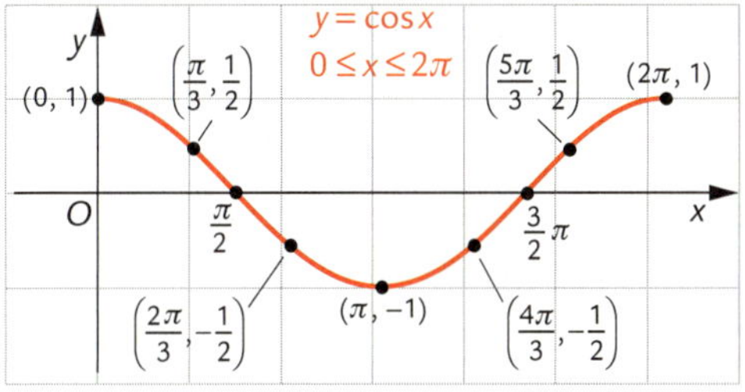

Figura 11.18

Figure dinamiche
Puoi comprendere meglio la costruzione del grafico della funzione coseno tramite le figure dinamiche disponibili on-line.

Ripetendo il grafico di $y = \cos x$ in tutti gli intervalli di lunghezza 2π precedenti e successivi a $[0, 2\pi]$ otteniamo il grafico della funzione coseno (detto **cosinusoide**) su tutto l'asse reale (**fig. 11.19**).

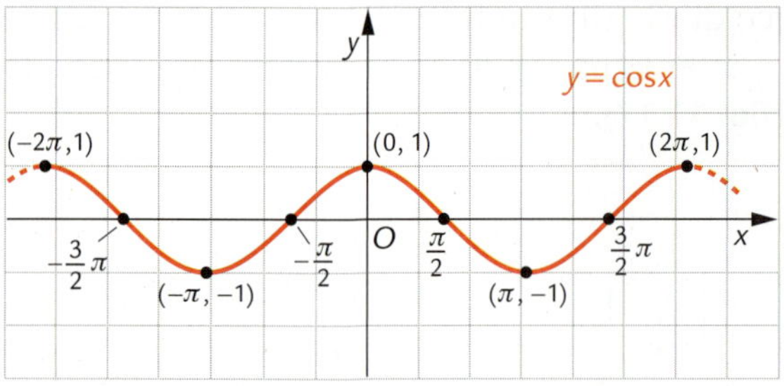

Figura 11.19

PROPRIETÀ DELLA FUNZIONE $y = \cos x$

a. La funzione $y = \cos x$ è definita per ogni valore reale di x, quindi il suo **dominio** è **R**; è periodica di **periodo** 2π.
b. La funzione $y = \cos x$ interseca l'asse x in infiniti punti di ascissa $x = \frac{\pi}{2} + k\pi$, quindi ha infiniti **zeri**.
c. Il grafico della funzione $y = \cos x$ è simmetrico rispetto all'asse y, quindi la funzione $y = \cos x$ è **pari**.
d. La funzione $y = \cos x$ ha come **immagine** l'intervallo $[-1,1]$, quindi è **limitata**.
e. Vi sono infiniti punti, di ascissa $x = 2k\pi$, in cui la funzione $y = \cos x$ assume valore **massimo** (uguale a 1) e infiniti punti, di ascissa $x = \pi + 2k\pi$, in cui assume valore **minimo** (uguale a -1).

La funzione $y = \tan x$

Tracciamo ora il grafico della funzione $y = \tan x$. Sappiamo che la tangente è periodica di periodo π, quindi basterà tracciarne il grafico nell'intervallo $\left(-\frac{\pi}{2}, \frac{\pi}{2}\right)$ e completare poi tale grafico su tutto l'asse reale tenendo conto della periodicità.
Costruiamo anzitutto la tabella seguente in cui, ricordando alcuni valori notevoli della tangente, abbiamo determinato le coordinate di alcuni punti appartenenti al grafico della funzione $y = \tan x$ nell'intervallo prescelto.

x	$-\frac{\pi}{3}$	$-\frac{\pi}{4}$	$-\frac{\pi}{6}$	0	$\frac{\pi}{6}$	$\frac{\pi}{4}$	$\frac{\pi}{3}$
$y = \tan x$	$-\sqrt{3}$	-1	$-\frac{\sqrt{3}}{3}$	0	$\frac{\sqrt{3}}{3}$	1	$\sqrt{3}$

Come abbiamo osservato nel Paragrafo 3 studiando le variazioni della tangente di un angolo:

- quando x cresce da $-\frac{\pi}{2}$ a 0 il valore di $y = \tan x$ cresce da $-\infty$ a 0, perciò la retta di equazione $x = -\frac{\pi}{2}$ è un asintoto verticale per la funzione;
- quando x cresce da 0 a $\frac{\pi}{2}$ il valore di $y = \tan x$ cresce indefinitamente, da 0 a $+\infty$, perciò la retta di equazione $x = \frac{\pi}{2}$ è un asintoto verticale per la funzione.

Tenendo conto di queste osservazioni e dei punti per cui passa il grafico della funzione forniti dalla tabella (opportunamente approssimati), possiamo tracciarne il grafico (**fig. 11.20**).

Ripetendo il grafico di $y = \tan x$ in tutti gli intervalli di lunghezza π (precedenti e successivi a $\left(-\frac{\pi}{2}, \frac{\pi}{2}\right)$) otteniamo infine il grafico della funzione tangente (detto **tangentoide**) su tutto l'asse reale (**fig. 11.21**).

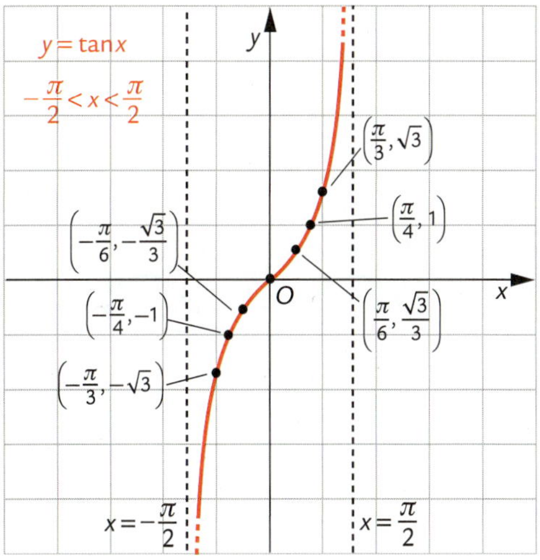

Figura 11.20

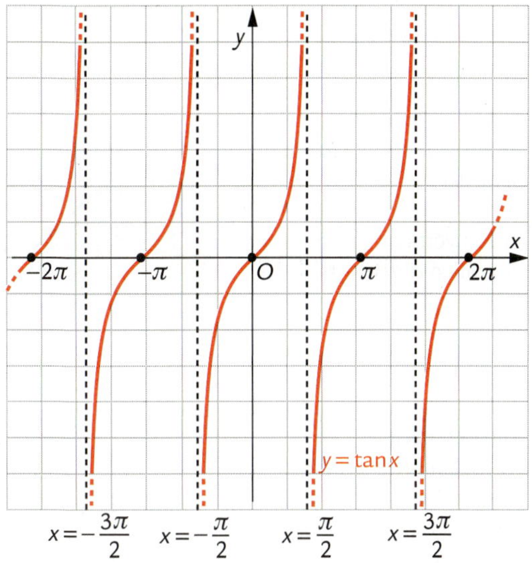

Figura 11.21

PROPRIETÀ DELLA FUNZIONE $y = \tan x$

a. La funzione $y = \tan x$ è definita per ogni $x \neq \frac{\pi}{2} + k\pi$, quindi il suo **dominio** è $\mathbf{R} - \left\{\frac{\pi}{2} + k\pi\right\}$; è una funzione periodica di **periodo** π.

b. La funzione $y = \tan x$ interseca l'asse x in infiniti punti, di ascissa $x = k\pi$, quindi ha infiniti **zeri**.

c. La funzione $y = \tan x$ presenta infiniti **asintoti verticali**, di equazioni $x = \frac{\pi}{2} + k\pi$.

d. Il grafico della funzione $y = \tan x$ è simmetrico rispetto all'origine, ossia la funzione $y = \tan x$ è **dispari**.

e. La funzione $y = \tan x$ ha come **immagine** tutto **R**, quindi **non** è una funzione limitata.

Le funzioni goniometriche e le trasformazioni

A partire dai grafici delle funzioni goniometriche, è possibile dedurre i grafici di molte altre funzioni periodiche, tramite l'utilizzo di opportune trasformazioni geometriche, come indicato nella tabella in questa pagina e nella pagina seguente.

Per tracciare il grafico di ...	**traccia il grafico di $y = f(x)$ e ...**	**Figura**
$y = -f(x)$	simmetrizza il grafico rispetto all'asse x	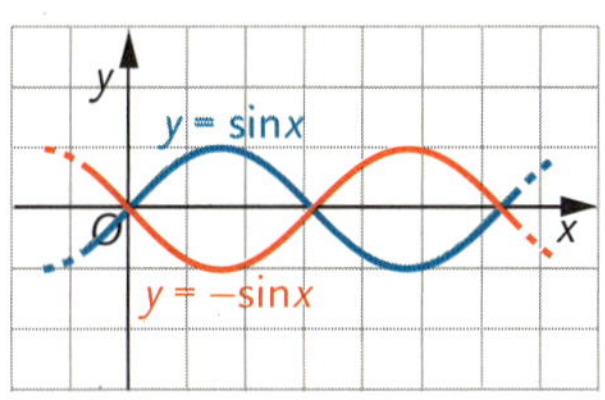 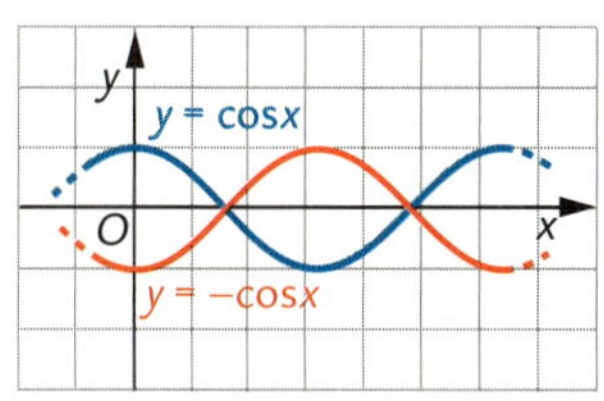
$y = f(x - a)$ con $a > 0$ $y = f(x + a)$ con $a > 0$	trasla orizzontalmente il grafico di a unità verso destra trasla orizzontalmente il grafico di a unità verso sinistra	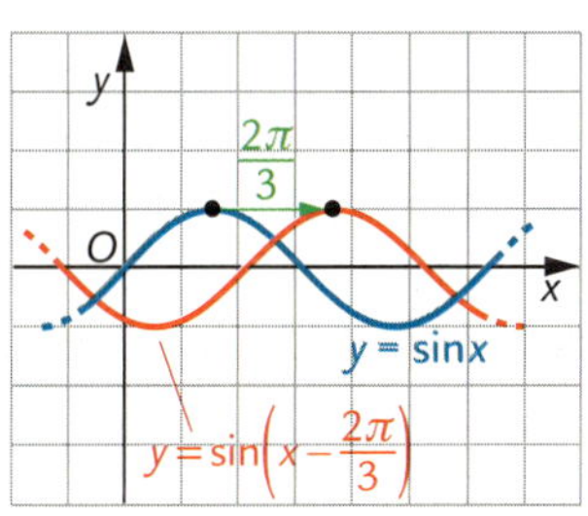 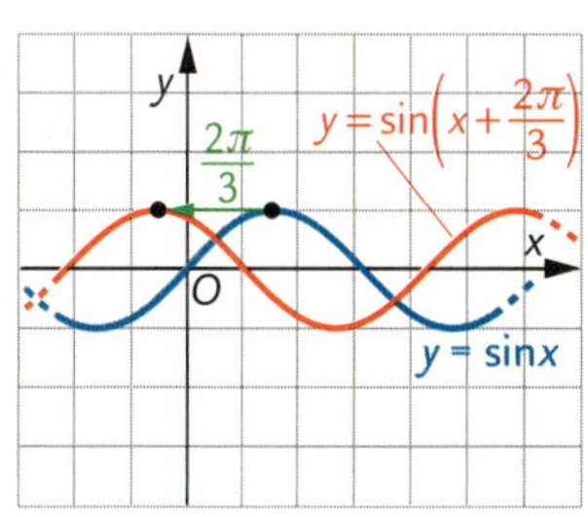

Per tracciare il grafico di ...	traccia il grafico di $y = f(x)$ e ...	Figura
$y = f(x) - b$ con $b > 0$ $y = f(x) + b$ con $b > 0$	trasla verticalmente il grafico di b unità verso il basso trasla verticalmente il grafico di b unità verso l'alto	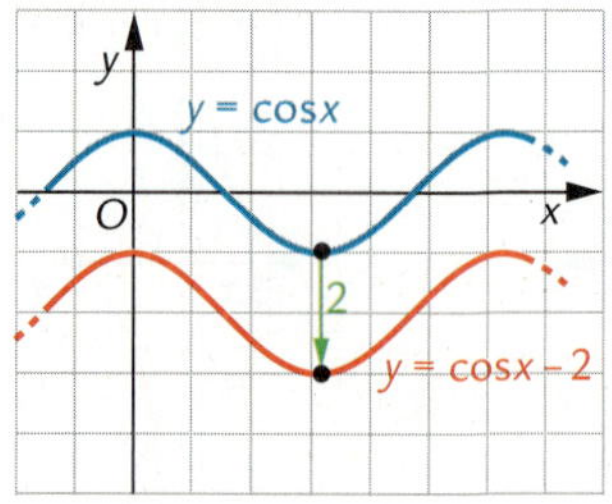 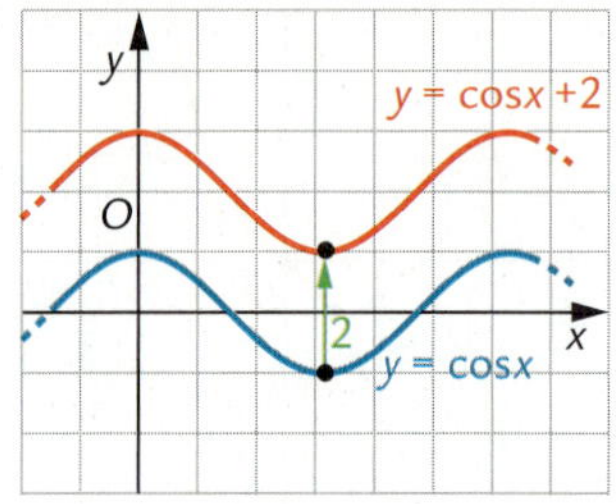
$y = k \cdot f(x)$ con $k > 0$	dilata o contrai verticalmente il grafico del fattore k, rispettivamente, a seconda che sia $k > 1$ o $0 < k < 1$	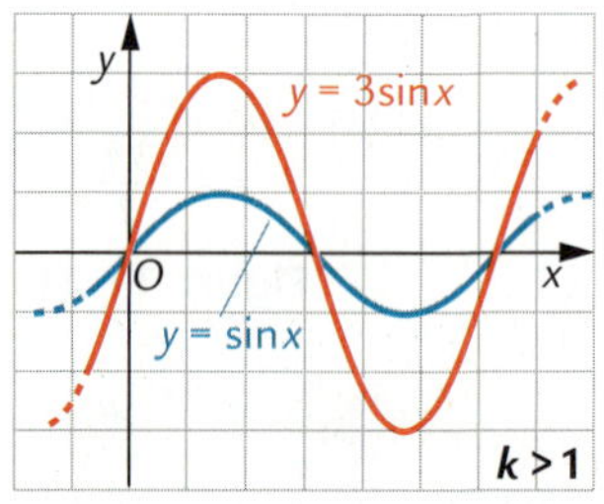 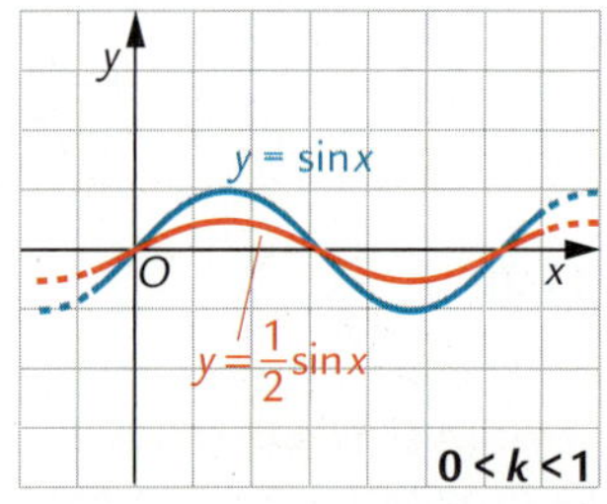
$y = f(kx)$ con $k > 0$	contrai o dilata orizzontalmente il grafico del fattore $\frac{1}{k}$, rispettivamente, a seconda che sia $k > 1$ o $0 < k < 1$	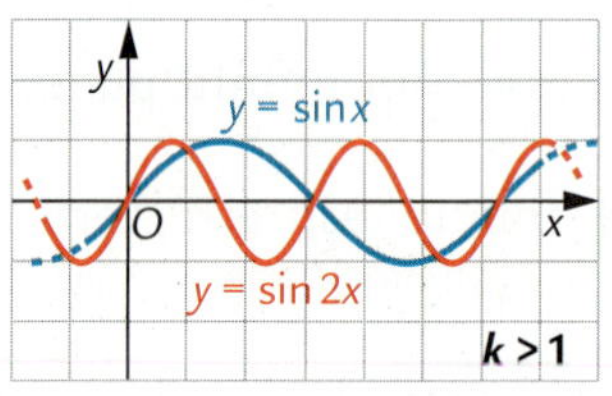 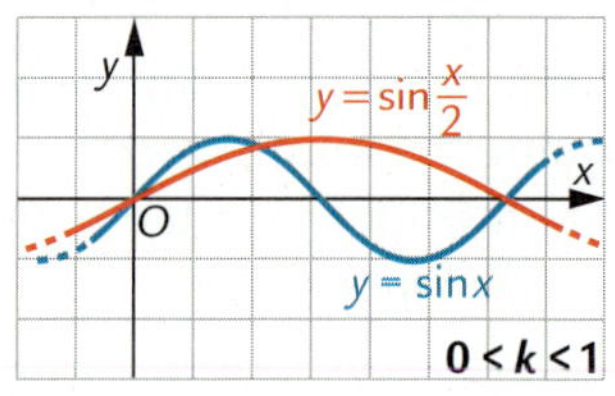

Figure dinamiche

Puoi esplorare l'effetto delle trasformazioni sui grafici delle funzioni goniometriche tramite le figure dinamiche disponibili on-line.

Le simmetrie, le traslazioni e le dilatazioni verticali non alterano il periodo delle funzioni, mentre le dilatazioni orizzontali «dilatano» o «contraggono» il periodo a seconda del rapporto di dilatazione. Per questo motivo:

- le funzioni di equazioni $y = \sin(kx)$ e $y = \cos(kx)$, con $k > 0$, hanno periodo $\frac{2\pi}{k}$;
- la funzione di equazione $y = \tan(kx)$, con $k > 0$, ha periodo $\frac{\pi}{k}$.

Prova tu **ESERCIZI** a p. 524

Traccia, per punti, il grafico delle seguenti funzioni, nell'intervallo indicato a fianco.

1. $y = 3\sin x$ in $[0, 2\pi]$ **2.** $y = -4\cos x$ in $[0, 2\pi]$ **3.** $y = -2\tan x$ in $\left(-\frac{\pi}{2}, \frac{\pi}{2}\right)$

(*Suggerimento*: nella tabella dei valori di x e y che devi costruire per tracciare il grafico della funzione, assegna a x i valori $0, \frac{\pi}{2}, \pi, \frac{3\pi}{2}, 2\pi$ per le funzioni **1** e **2** e i valori $-\frac{\pi}{3}, -\frac{\pi}{4}, 0, \frac{\pi}{4}, \frac{\pi}{3}$ per la funzione **3**.)

6. Formule di addizione, sottrazione, duplicazione e bisezione

On-line puoi trovare un approfondimento su ulteriori formule di trigonometria.

Le formule di addizione e sottrazione del seno e del coseno

In questo paragrafo approfondiamo la conoscenza delle funzioni goniometriche, ponendoci il problema di scoprire quali relazioni sussistono tra le funzioni goniometriche di due angoli α e β e le funzioni goniometriche di $\alpha - \beta$ e $\alpha + \beta$.

Per esempio, che relazione c'è tra il coseno di $\alpha - \beta$ e le funzioni goniometriche di α e β? In un primo tempo si potrebbe essere tentati di pensare che $\cos(\alpha - \beta)$ sia uguale a $\cos\alpha - \cos\beta$, ma basta esaminare qualche caso particolare per rendersi conto che *non* è così. Per esempio, se $\alpha = \pi$ e $\beta = \frac{\pi}{2}$, si ha che:

$$\cos(\alpha - \beta) = \cos\left(\pi - \frac{\pi}{2}\right) = \cos\frac{\pi}{2} = 0$$

mentre $$\cos\alpha - \cos\beta = \cos\pi - \cos\frac{\pi}{2} = -1 - 0 = -1$$

Dunque: $$\cos(\alpha - \beta) \neq \cos\alpha - \cos\beta$$

Le identità corrette, che esprimono le funzioni goniometriche di $\alpha - \beta$ e $\alpha + \beta$ in funzioni di quelle di α e β, sono espresse nel seguente teorema.

Formule di addizione e sottrazione del coseno e del seno — **TEOREMA 11.1**

Per ogni $\alpha \in \mathbf{R}$ e $\beta \in \mathbf{R}$, valgono le seguenti formule:

$\cos(\alpha - \beta) = \cos\alpha\cos\beta + \sin\alpha\sin\beta$ [11.6]

$\cos(\alpha + \beta) = \cos\alpha\cos\beta - \sin\alpha\sin\beta$ [11.7]

$\sin(\alpha - \beta) = \sin\alpha\cos\beta - \cos\alpha\sin\beta$ [11.8]

$\sin(\alpha + \beta) = \sin\alpha\cos\beta + \cos\alpha\sin\beta$ [11.9]

DIMOSTRAZIONE

a. Effettueremo la dimostrazione della **[11.6]** supponendo, per semplicità, $0 < \beta < \alpha < 2\pi$, anche se si potrebbe provare che la **[11.6]** vale per ogni $\alpha \in \mathbf{R}$, $\beta \in \mathbf{R}$.

Facciamo riferimento alla **fig. 11.22**.

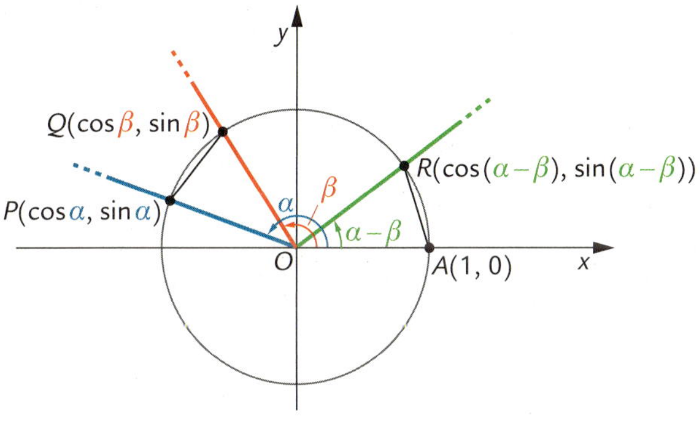

Figura 11.22

In essa abbiamo rappresentato gli angoli α, β e $\alpha - \beta$ (tutti e tre disposti in posizione normale) e abbiamo indicato rispettivamente con P, Q, R i punti associati a tali angoli, per cui tali tre punti hanno coordinate:

$P(\cos\alpha, \sin\alpha)$; $Q(\cos\beta, \sin\beta)$; $R(\cos(\alpha - \beta), \sin(\alpha - \beta))$

Le corde AR e PQ sono congruenti perché sottendono angoli congruenti ad $\alpha - \beta$, dunque deve essere:

$\overline{AR} = \overline{PQ}$

Calcolando le misure di AR e PQ mediante la formula che fornisce la distanza tra due punti del piano cartesiano, otteniamo la seguente uguaglianza:

$$\sqrt{[\cos(\alpha - \beta) - 1]^2 + [\sin(\alpha - \beta) - 0]^2} =$$
$$= \sqrt{(\cos\beta - \cos\alpha)^2 + (\sin\beta - \sin\alpha)^2}$$

Elevando al quadrato i due membri e svolgendo i calcoli abbiamo:

$$[\cos(\alpha - \beta) - 1]^2 + [\sin(\alpha - \beta) - 0]^2 = (\cos\beta - \cos\alpha)^2 + (\sin\beta - \sin\alpha)^2 \Rightarrow$$
$$\Rightarrow \cos^2(\alpha - \beta) + 1 - 2\cos(\alpha - \beta) + \sin^2(\alpha - \beta) =$$
$$= \cos^2\beta + \cos^2\alpha - 2\cos\alpha\cos\beta + \sin^2\beta + \sin^2\alpha - 2\sin\alpha\sin\beta$$

In base alla prima relazione fondamentale la somma delle coppie di termini sottolineati con lo stesso colore è uguale a 1, dunque l'ultima relazione scritta equivale a:

$$\cancel{2} - 2\cos(\alpha - \beta) = \cancel{2} - 2\cos\alpha\cos\beta - 2\sin\alpha\sin\beta$$

da cui, dividendo i due membri per -2:

$$\cos(\alpha - \beta) = \cos\alpha\cos\beta + \sin\alpha\sin\beta$$

b. Le formule **[11.7]**, **[11.8]** e **[11.9]** si possono dedurre dalla **[11.6]** ricordando le relazioni tra le funzioni goniometriche degli angoli associati. Per esempio, la **[11.7]** si può dedurre come segue:

$$\begin{aligned}&\cos(\alpha + \beta) = \\ &= \cos[\alpha - (-\beta)] = \qquad \text{Formula [11.6]} \\ &= \cos\alpha\cos(-\beta) + \sin\alpha\sin(-\beta) = \\ &= \cos\alpha\cos\beta - \sin\alpha\sin\beta\end{aligned}$$

Lasciamo a te per esercizio la dimostrazione della **[11.8]** e della **[11.9]**.

Mediante le formule di addizione e sottrazione è possibile determinare le funzioni goniometriche di particolari angoli, che possono essere visti come somma o differenza di angoli notevoli.

ESEMPIO **Funzioni goniometriche di angoli particolari**

Calcoliamo $\sin\frac{\pi}{12}$ e $\cos\frac{\pi}{12}$.

Osserviamo che:

$$\underbrace{\frac{\pi}{12}}_{15°} = \underbrace{\frac{\pi}{4}}_{45°} - \underbrace{\frac{\pi}{6}}_{30°}$$

Pertanto, applicando le formule di sottrazione del seno e del coseno, otteniamo:

$$\sin\frac{\pi}{12} = \sin\left(\frac{\pi}{4} - \frac{\pi}{6}\right) = \sin\frac{\pi}{4}\cos\frac{\pi}{6} - \cos\frac{\pi}{4}\sin\frac{\pi}{6} = \frac{\sqrt{2}}{2}\cdot\frac{\sqrt{3}}{2} - \frac{\sqrt{2}}{2}\cdot\frac{1}{2} = \frac{\sqrt{6} - \sqrt{2}}{4}$$

$$\cos\frac{\pi}{12} = \cos\left(\frac{\pi}{4} - \frac{\pi}{6}\right) = \cos\frac{\pi}{4}\cos\frac{\pi}{6} + \sin\frac{\pi}{4}\sin\frac{\pi}{6} = \frac{\sqrt{2}}{2}\cdot\frac{\sqrt{3}}{2} + \frac{\sqrt{2}}{2}\cdot\frac{1}{2} = \frac{\sqrt{6} + \sqrt{2}}{4}$$

Formule di duplicazione

Dato un angolo α, quali sono le funzioni goniometriche dell'angolo doppio, 2α? Potremmo essere tentati di pensare che $\sin 2\alpha$ sia uguale a $2\sin\alpha$, ma anche in questo caso è facile rendersi conto che *non* è così, esaminando qualche caso particolare.
Per esempio, se $\alpha = \frac{\pi}{2}$, si ha che:

$$\sin 2\alpha = \sin\left(2\cdot\frac{\pi}{2}\right) = \sin\pi = 0$$

mentre $$2\sin\alpha = 2\sin\frac{\pi}{2} = 2\cdot 1 = 2$$

Dunque: $$\sin 2\alpha \neq 2\sin\alpha$$

L'identità corretta, che esprime $\sin 2\alpha$ in funzione di $\sin\alpha$ e $\cos\alpha$, si può ricavare dalla formula **[11.9]** osservando che

$$\sin 2\alpha = \sin(\alpha + \alpha) = \sin\alpha\cos\alpha + \cos\alpha\sin\alpha = 2\sin\alpha\cos\alpha$$

Analogamente si può ottenere la formula di duplicazione del coseno.

Formule di duplicazione — TEOREMA 11.2

Per ogni $\alpha \in \mathbf{R}$ valgono le formule:

$$\sin 2\alpha = 2 \cdot \sin \alpha \cdot \cos \alpha \quad [11.10]$$

$$\cos 2\alpha = \cos^2 \alpha - \sin^2 \alpha \quad [11.11]$$

La formula $\cos 2\alpha = \cos^2 \alpha - \sin^2 \alpha$ si può scrivere in due forme equivalenti, spesso utili nelle applicazioni. Poiché $\cos^2 \alpha = 1 - \sin^2 \alpha$, abbiamo:

$$\cos 2\alpha = \cos^2 \alpha - \sin^2 \alpha = (1 - \sin^2 \alpha) - \sin^2 \alpha = 1 - 2\sin^2 \alpha$$

Ma è anche $\sin^2 \alpha = 1 - \cos^2 \alpha$, quindi:

$$\cos 2\alpha = \cos^2 \alpha - \sin^2 \alpha = \cos^2 \alpha - (1 - \cos^2 \alpha) = 2\cos^2 \alpha - 1$$

Sussistono quindi anche le seguenti formule alternative alla **[11.11]**:

$$\cos 2\alpha = 1 - 2\sin^2 \alpha \quad [11.12]$$

$$\cos 2\alpha = 2\cos^2 \alpha - 1 \quad [11.13]$$

Formule di bisezione

Risolvendo le formule **[11.12]** e **[11.13]** rispetto a $\sin^2 \alpha$ e $\cos^2 \alpha$, si ottiene:

$$\sin^2 \alpha = \frac{1 - \cos 2\alpha}{2} \qquad \text{e} \qquad \cos^2 \alpha = \frac{1 + \cos 2\alpha}{2}$$

Se poniamo in queste ultime due formule $\frac{\alpha}{2}$ al posto di α e risolviamo rispetto a $\sin \frac{\alpha}{2}$ e $\cos \frac{\alpha}{2}$, otteniamo infine le cosiddette *formule di bisezione* del seno e del coseno: esse consentono di esprimere seno e coseno di $\frac{\alpha}{2}$ mediante il coseno di α.

Formule di bisezione — TEOREMA 11.3

Per ogni $\alpha \in \mathbf{R}$ valgono le seguenti formule:

$$\sin \frac{\alpha}{2} = \pm\sqrt{\frac{1 - \cos \alpha}{2}} \quad [11.14]$$

$$\cos \frac{\alpha}{2} = \pm\sqrt{\frac{1 + \cos \alpha}{2}} \quad [11.15]$$

Nelle formule va scelto opportunamente o il segno $+$ o il segno $-$ in base al quadrante in cui cade il secondo lato dell'angolo di misura $\frac{\alpha}{2}$.

ESEMPIO **Utilizzo delle formule di bisezione**

Sapendo che $\cos \alpha = -\frac{7}{8}$ e che $\pi < \alpha < \frac{3\pi}{2}$, calcoliamo le funzioni goniometriche di $\frac{\alpha}{2}$.

Dall'informazione $\pi < \alpha < \frac{3\pi}{2}$ segue che $\frac{\pi}{2} < \frac{\alpha}{2} < \frac{3\pi}{4}$, quindi $\frac{\alpha}{2}$ cade nel secondo quadrante. Poiché nel secondo quadrante il *seno* è *positivo* e il *coseno* è *negativo*, nell'applicare la **[11.14]** dobbiamo scegliere il segno *più*, mentre nell'applicare la **[11.15]** dobbiamo usare il segno *meno*.

$$\sin \frac{\alpha}{2} = +\sqrt{\frac{1 - \left(-\frac{7}{8}\right)}{2}} = +\sqrt{\frac{15}{16}} = +\frac{\sqrt{15}}{4}$$ Formula [11.14]

→

$$\cos\frac{\alpha}{2} = -\sqrt{\frac{1+\left(-\frac{7}{8}\right)}{2}} = -\sqrt{\frac{1}{16}} = -\frac{1}{4}$$ Formula [11.15]

In base alla definizione di tangente:

$$\tan\frac{\alpha}{2} = \frac{\sin\frac{\alpha}{2}}{\cos\frac{\alpha}{2}} = \frac{\frac{\sqrt{15}}{4}}{-\frac{1}{4}} = -\sqrt{15}$$

Prova tu **ESERCIZI** a p. 527

1. Calcola sin 75° e cos 75°, osservando che 75° = 45° + 30°. $\left[\frac{\sqrt{6}+\sqrt{2}}{4};\ \frac{\sqrt{6}-\sqrt{2}}{4}\right]$

2. Sapendo che $\sin\alpha = \frac{3}{5}$ e $0 < \alpha < \frac{\pi}{2}$, verifica che $\cos\alpha = \frac{4}{5}$, $\sin 2\alpha = \frac{24}{25}$ e $\cos 2\alpha = \frac{7}{25}$.

MATEMATICA NELLA STORIA

Le origini dei termini seno, coseno e tangente

La moderna parola **seno** deriva dalla parola latina *sinus*, che fece la sua comparsa in seguito a un errore di traduzione dall'arabo. Alle origini c'era la parola sanscrita *jiva*, utilizzata per la prima volta dal matematico indiano **Aryabhata** intorno al Cinquecento per indicare l'attuale *seno*; essa significava «metà corda» e traeva il suo significato dai problemi geometrici cui è stata legata la nascita della trigonometria. La parola sanscrita *jiva* venne trasformata in arabo in *jiba*, parola che non aveva fino ad allora alcun significato, tutt'ora utilizzata per indicare il seno.
I traduttori europei delle opere arabe come **Roberto di Chester**, nel XII secolo, confusero *jiba* con *jaib*, che significa «baia» o «insenatura», probabilmente perché *jiba* e *jaib* si scrivono allo stesso modo nella scrittura araba. Di qui l'uso del vocabolo latino *sinus*, che significa appunto «baia» o «insenatura».

François Viète.

Per indicare il **coseno** di un angolo, il matematico francese **François Viète** (1540-1603) usava il termine *sinus residuae*. La parola «coseno» deriva dal termine *cosinus*, coniato in latino da **Edmund Gunter** (1581-1626), matematico e astronomo inglese, in un'opera del 1620. Poiché, come abbiamo visto, il coseno di un angolo α è uguale al seno del *complementare* di α, è facile capire che la parola *cosinus* non è altro che l'abbreviazione delle parole latine *complementi sinus*, che significano appunto «seno dell'angolo complementare».

Il termine **tangente** venne utilizzato per la prima volta dal matematico danese **Thomas Finck** nel 1583. Esso fu contestato da François Viète, perché poteva generare confusione con quello di *retta tangente*; ciò nonostante tale vocabolo è rimasto fino ai nostri giorni. Il termine «tangente» deriva dal fatto che, come abbiamo visto, la tangente di un angolo può essere definita come il punto di intersezione del secondo lato dell'angolo (in posizione normale) con la *retta tangente* alla circonferenza goniometrica nel punto di coordinate (1, 0). In precedenza, invece della parola tangente, veniva usato il termine *umbra recta*, in riferimento all'uso che si faceva della funzione tangente in problemi legati al calcolo della lunghezza di un'ombra proiettata da un oggetto.

SINTESI

Formule e proprietà importanti

Relazioni tra seno, coseno e tangente

$\sin^2 \alpha + \cos^2 \alpha = 1$ $\qquad$ $\tan \alpha = \dfrac{\sin \alpha}{\cos \alpha}$

Valori notevoli di seno, coseno e tangente

Misura dell'angolo in radianti	Misura dell'angolo in gradi	Seno	Coseno	Tangente
0	$0°$	0	1	0
$\frac{\pi}{6}$	$30°$	$\frac{1}{2}$	$\frac{\sqrt{3}}{2}$	$\frac{\sqrt{3}}{3}$
$\frac{\pi}{4}$	$45°$	$\frac{\sqrt{2}}{2}$	$\frac{\sqrt{2}}{2}$	1
$\frac{\pi}{3}$	$60°$	$\frac{\sqrt{3}}{2}$	$\frac{1}{2}$	$\sqrt{3}$
$\frac{\pi}{2}$	$90°$	1	0	Non definita
π	$180°$	0	-1	0
$\frac{3\pi}{2}$	$270°$	-1	0	Non definita

Relazioni tra le funzioni goniometriche di angoli associati

$\sin(-\alpha) = -\sin \alpha$ $\qquad$ $\cos(-\alpha) = \cos \alpha$ $\qquad$ $\tan(-\alpha) = -\tan \alpha$

$\sin(\pi - \alpha) = \sin \alpha$ $\qquad$ $\cos(\pi - \alpha) = -\cos \alpha$ $\qquad$ $\tan(\pi - \alpha) = -\tan \alpha$

$\sin(\pi + \alpha) = -\sin \alpha$ $\qquad$ $\cos(\pi + \alpha) = -\cos \alpha$ $\qquad$ $\tan(\pi + \alpha) = \tan \alpha$

$\sin\left(\dfrac{\pi}{2} - \alpha\right) = \cos \alpha$ $\qquad$ $\cos\left(\dfrac{\pi}{2} - \alpha\right) = \sin \alpha$ $\qquad$ $\tan\left(\dfrac{\pi}{2} - \alpha\right) = \dfrac{1}{\tan \alpha}$

Grafici delle funzioni seno, coseno e tangente

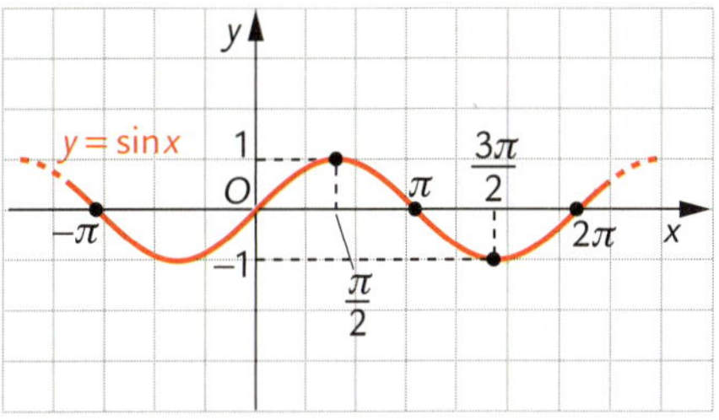

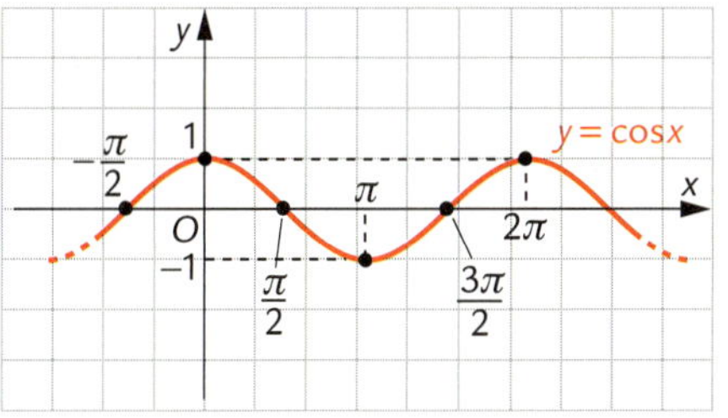

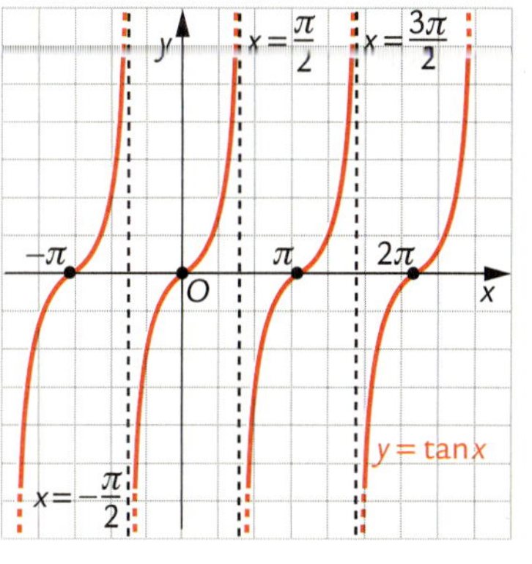

Formule di addizione e sottrazione

$\sin(\alpha \pm \beta) = \sin \alpha \cos \beta \pm \cos \alpha \sin \beta$

$\cos(\alpha \pm \beta) = \cos \alpha \cos \beta \mp \sin \alpha \sin \beta$

Formule di duplicazione

$\sin 2\alpha = 2 \sin \alpha \cos \alpha$ $\qquad$ $\cos 2\alpha = \cos^2 \alpha - \sin^2 \alpha = \begin{cases} 1 - 2\sin^2 \alpha \\ 2\cos^2 \alpha - 1 \end{cases}$

Formule di bisezione

$\sin \dfrac{\alpha}{2} = \pm\sqrt{\dfrac{1 - \cos \alpha}{2}}$ $\qquad$ $\cos \dfrac{\alpha}{2} = \pm\sqrt{\dfrac{1 + \cos \alpha}{2}}$

CONOSCENZE E ABILITÀ

1. Angoli e loro misure

TEORIA a p. 488

Misure in gradi

Converti le seguenti misure di angoli, espresse in gradi, primi e secondi, in forma decimale. Arrotonda il risultato alla seconda cifra decimale.

1 $13° 25' 12''$ [13,42°]

2 $56° 44' 30''$ [56,74°]

3 $-15° 45' 30''$ [−15,76°]

4 $26° 5' 18''$ [26,09°]

5 $70° 17' 17''$ [70,29°]

6 $55° 20' 5''$ [55,33°]

7 $40° 10' 45''$ [40,18°]

8 $30° 55' 15''$ [30,92°]

Converti le seguenti misure di angoli, espresse in forma decimale, in gradi, primi e secondi. Arrotonda il numero che esprime i secondi a meno dell'unità.

9 85,5° [85° 30′]

10 25,4° [25° 24′]

11 −50,8° [−50° 48′]

12 20,6° [20° 36′]

13 20,123° [20° 7′ 23″]

14 55,25° [55° 15′]

15 45,27° [20° 16′ 12″]

16 51,246° [51° 14′ 46″]

17 Stabilisci in quale quadrante cade il secondo lato di un angolo avente la misura indicata, posto in posizione normale.

a. 750°
b. $335° 26' 50''$
c. −260°
d. $880° 50' 30''$
e. 650°

18 Dato l'angolo α di misura 30°, determina le misure, in gradi:

a. del complementare di α;
b. del supplementare di α.

19 Dato l'angolo α di misura 35°, determina le misure, in gradi:

a. del complementare di α;
b. del supplementare di α.

Misure in radianti

Converti in radianti le misure dei seguenti angoli, espresse in gradi.

20 30°; 45°; 60° $\left[\frac{\pi}{6}; \frac{\pi}{4}; \frac{\pi}{3}\right]$

21 15°; 135°; 300° $\left[\frac{\pi}{12}; \frac{3\pi}{4}; \frac{5\pi}{3}\right]$

22 75°; 150°; 225° $\left[\frac{5\pi}{12}; \frac{5\pi}{6}; \frac{5\pi}{4}\right]$

23 20°; 50°; 200° $\left[\frac{\pi}{9}; \frac{5\pi}{18}; \frac{10\pi}{9}\right]$

24 210°; 220°; 315° $\left[\frac{7\pi}{6}; \frac{11\pi}{9}; \frac{7\pi}{4}\right]$

25 10°; 100°; 270° $\left[\frac{\pi}{18}; \frac{5\pi}{9}; \frac{3\pi}{2}\right]$

26 180°; 330°; 105° $\left[\pi; \frac{11\pi}{6}; \frac{7\pi}{12}\right]$

27 18°; 40°; 405° $\left[\frac{\pi}{10}; \frac{2\pi}{9}; \frac{9\pi}{4}\right]$

Converti in gradi, primi e secondi le misure dei seguenti angoli, espresse in radianti.

28 $\frac{\pi}{6}$; $\frac{\pi}{3}$; $\frac{\pi}{4}$ [30°; 60°; 45°]

29 $\frac{7\pi}{2}$; $\frac{5\pi}{4}$; $\frac{11\pi}{3}$ [630°; 225°; 660°]

30 $\frac{5\pi}{6}$; $\frac{\pi}{8}$; $\frac{11\pi}{6}$ [150°; 22° 30′; 330°]

31 $\frac{2\pi}{3}$; 4π; $\frac{\pi}{9}$ [120°; 720°; 20°]

32 6π; $\frac{3\pi}{4}$; $\frac{\pi}{12}$ [1080°; 135°; 15°]

33 $\frac{11\pi}{12}$; $\frac{10\pi}{3}$; $\frac{7\pi}{6}$ [165°; 600°; 210°]

34 $\frac{13\pi}{8}$; $\frac{9\pi}{4}$; $\frac{2\pi}{9}$ [292 ° 30′; 405°; 40°]

35 $\frac{7\pi}{3}$; $\frac{6\pi}{5}$; $\frac{3\pi}{10}$ [420°; 216°; 54°]

Converti in gradi decimali le misure dei seguenti angoli, espresse in radianti. Utilizza una calcolatrice e arrotonda il risultato alla seconda cifra decimale.

36 2,5; 1,5; 3,8 [143,24°; 85,94°; 217,72°]

37 0,6; 4,2; 3,7 [34,38°; 240,64°; 211,99°]

Converti in radianti le misure dei seguenti angoli, espresse in gradi decimali. Utilizza una calcolatrice e arrotonda il risultato alla seconda cifra decimale.

38 32,4°; 50,8°; 22,15° [0,57; 0,89; 0,39]

39 24,8°; 35,6°; 80,32° [0,43; 0,62; 1,40]

40 Stabilisci in quale quadrante cade il secondo lato di un angolo posto in posizione normale avente la misura in radianti indicata.

a. $\frac{2\pi}{3}$ **b.** $\frac{5\pi}{4}$ **c.** 58,6 **d.** $\frac{11\pi}{6}$ **e.** 100,58

41 Dato l'angolo α di misura $\frac{\pi}{6}$, determina le misure, in radianti:

a. del complementare di α;
b. del supplementare di α.

42 Dato l'angolo α di misura $\frac{2\pi}{5}$, determina le misure, in radianti:

a. del complementare di α;
b. del supplementare di α.

43 In un triangolo isoscele ciascun angolo alla base misura 35°. Qual è la misura in radianti dell'angolo al vertice? $\left[\frac{11\pi}{18}\right]$

44 Un triangolo ha un angolo che supera un altro di 20° e il terzo angolo misura 30°. Esprimi le misure in radianti dei tre angoli del triangolo. $\left[\frac{13\pi}{36}, \frac{17\pi}{36}, \frac{\pi}{6}\right]$

45 L'angolo al vertice di un triangolo isoscele misura 1 radiante. Qual è la misura in gradi, primi e secondi degli angoli alla base? Arrotonda a meno dell'unità il numero che esprime i secondi. [61° 21′ 8″]

2. Le definizioni delle funzioni goniometriche

TEORIA a p. 494

Esercizi preliminari

46 **Interpretazione di grafici.** Con l'aiuto della figura completa le uguaglianze:

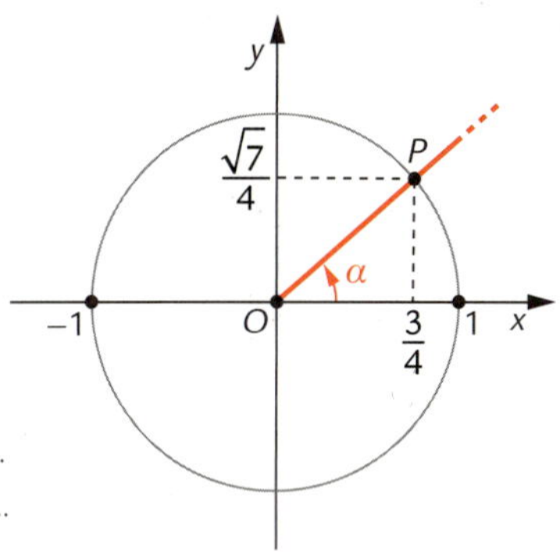

$\sin\alpha =$ ....
$\cos\alpha =$ ....
$\tan\alpha =$ ....

47 **Interpretazione di grafici.** Con l'aiuto della figura completa le uguaglianze:

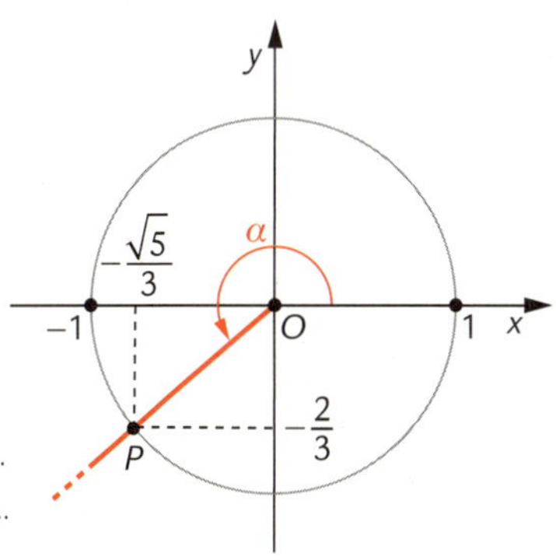

$\sin\alpha =$ ....
$\cos\alpha =$ ....
$\tan\alpha =$ ....

48 Spiega se può esistere:

a. un angolo α tale che $\sin\alpha = -0{,}001$
b. un angolo β tale che $\cos\beta = 1{,}001$
c. un angolo γ tale che $\tan\gamma = 3$

49 Completa la seguente tabella, supponendo che gli angoli siano tutti acuti.

Angolo	Seno	Coseno	Tangente
....	....	$\frac{1}{2}$	....
....	....	....	1
30°	....	....	....

50 **Test.** Per quale dei seguenti angoli non è definita la tangente di α?

a. $\alpha = 0$ **b.** $\alpha = \frac{\pi}{2}$ **c.** $\alpha = \pi$ **d.** $\alpha = 2\pi$

51 **Vero o falso?**

a. $\sin 30° + \sin 60° = \sin 90°$ V F
b. $\sin 60° = 2\sin 30°$ V F
c. $\cos(180° + 90°) =$
$= \cos 180° \cos 90° - \sin 180° \sin 90°$ V F
d. $\sin 180° = \sin 90° + \sin 90°$ V F
e. $\sin 90° = \cos 360°$ V F

[2 affermazioni vere e 3 false]

52 Con l'aiuto di una calcolatrice, determina le funzioni goniometriche degli angoli indicati. Arrotonda i risultati a meno di un centesimo.

a. sin 70° **b.** tan 25° **c.** cos 52°

53 Con l'aiuto di una calcolatrice, determina le funzioni goniometriche degli angoli indicati. Arrotonda i risultati a meno di un centesimo.

a. $\cos\frac{\pi}{7}$ **b.** $\tan\frac{2\pi}{5}$ **c.** $\sin\frac{7\pi}{36}$

Calcolo del valore di funzioni goniometriche di angoli notevoli

Semplifica le seguenti espressioni, ricordando i valori delle funzioni goniometriche degli angoli che hanno il secondo lato su uno degli assi cartesiani.

54 $\sin\frac{3\pi}{2}\cdot\left(\cos\frac{\pi}{2}-\sin\frac{\pi}{2}\right)$ [1]

55 $\sin 90°\cos 90°+\sin 180°\cos 180°$ [0]

56 $\sin\pi(\cos\pi-\sin\pi)+\cos\pi$ [−1]

57 $(\sin 90°-\cos 270°)(\sin 180°-\cos 90°)+\cos 180°$ [−1]

58 $\sin 270°\cdot(\cos 90°-\sin 90°)+\cos 0°(\sin 90°-\cos 270°)$ [2]

59 $(\sin\pi+\cos\pi)^3+\left(\sin\frac{\pi}{2}+\cos\frac{\pi}{2}\right)^3$ [0]

60 $\sin 180°\cos 90°+\cos 180°\sin 270°$ [1]

61 $\dfrac{\sin\pi+\tan\pi}{\cos\pi+\sin 2\pi}$ [0]

62 $\left(\sin^7\frac{\pi}{2}\cos^8\frac{3}{2}\pi+\sin^6\frac{3\pi}{2}\cos^5\frac{\pi}{2}\right)^3$ [0]

63 $(\sin 180°-\cos 180°)(\cos 90°-\sin 90°)(\sin 270°+\cos 270°)$ [1]

64 $\left(\sin\frac{\pi}{2}\cos\frac{\pi}{2}+1\right)\left(\sin\frac{3\pi}{2}\cos\frac{3\pi}{2}-1\right)+\sin\pi\cos\pi$ [−1]

65 $(\sin 180°+\tan 180°)^3-(\cos 180°-\tan 0°)^3$ [1]

66 $\left(\sin\frac{\pi}{2}-\cos\frac{\pi}{2}\right)(\sin\pi-\cos\pi)\left(\sin\frac{3\pi}{2}-\cos\frac{3\pi}{2}\right)$ [−1]

67 $\cos 0°\sin 90°+\cos 180°\sin 90°+\cos 270°\sin 270°+\cos 180°\sin 90°+\sin 270°\cos 360°$ [−2]

68 $[(a-b)\cos 180°+(a+b)\sin 90°]^2+3b^2\sin 270°$ $[b^2]$

Semplifica le seguenti espressioni, ricordando anche i valori della funzioni goniometriche degli angoli di 30°, 45° e 60°.

69 $\sin 30°-\cos 60°+\tan 30°-\tan 60°$ $\left[-\frac{2\sqrt{3}}{3}\right]$

70 $(\sin 30°-\cos 60°)^2$ [0]

71 $\sqrt{2}\sin 45°+\sqrt{3}\sin 60°-\frac{\sqrt{3}}{3}\tan 30°$ $\left[\frac{13}{6}\right]$

72 $\sqrt{3}\sin\frac{\pi}{6}-\tan\frac{\pi}{6}+\sqrt{3}\cos\frac{\pi}{3}-\sqrt{3}\tan\frac{\pi}{4}$ $\left[-\frac{\sqrt{3}}{3}\right]$

73 $\left(\sin\pi+\cos\pi+\tan\frac{\pi}{4}\right)\left(\sin\frac{\pi}{3}+\sin\frac{\pi}{6}\right)$ [0]

74 $\left(\cos\frac{\pi}{3}-\sin\frac{\pi}{6}\right)^2+\left(\cos\frac{\pi}{6}-\sin\frac{\pi}{3}\right)^2$ [0]

75 $\left(\sin\frac{\pi}{6}+\cos\frac{\pi}{3}\right)^2+\left(\sin\frac{\pi}{3}+\cos\frac{\pi}{6}\right)^2$ [4]

76 $\tan\frac{\pi}{4}\left(\tan\frac{\pi}{3}-\tan\frac{\pi}{6}\right)\left(\sin\frac{\pi}{3}-\cos\frac{\pi}{6}\right)$ [0]

77 $\left(\cos\frac{\pi}{2}-\sin\frac{\pi}{2}\right)\left(\sin\frac{\pi}{2}-\cos\pi\right)\left(\sin\frac{3\pi}{4}-\cos\frac{3\pi}{4}\right)$ $[-2\sqrt{2}]$

78 $\tan 30°\tan 60°+\sin 30°\cos 60°+\sin 60°\cos 30°$ [2]

79 $(\sin 30°+\cos 60°)(\cos 60°-\sin 30°)(\tan 45°-\sin 90°)$ [0]

80 $2\left(\sin\frac{\pi}{6}-\cos\frac{\pi}{6}\right)\left(\sin\frac{\pi}{3}-\cos\frac{\pi}{3}\right)\left(\tan\pi-\tan\frac{\pi}{4}\right)$ $[2-\sqrt{3}]$

81 $\dfrac{\cos\frac{\pi}{6}}{\sin\frac{\pi}{6}}-\dfrac{\sin\frac{\pi}{4}}{\cos\frac{\pi}{4}}+\dfrac{\cos\frac{\pi}{3}}{\sin\frac{\pi}{3}}+1$ $\left[\frac{4\sqrt{3}}{3}\right]$

82 $\dfrac{\sin 30° - \cos 30°}{\sin 60° - \cos 60°}$ $[-1]$

83 $\dfrac{\sin 30°}{\tan 30°} - \dfrac{\sin 60°}{\cos 60°}$ $\left[-\dfrac{\sqrt{3}}{2}\right]$

84 $\dfrac{\tan 45° - \tan 30°}{\tan 60° - \tan 45°}$ $\left[\dfrac{\sqrt{3}}{3}\right]$

85 $\dfrac{\sin \frac{\pi}{4} - \sin \frac{\pi}{3}}{\sin \frac{\pi}{4} + \sin \frac{\pi}{3}}$ $[2\sqrt{6} - 5]$

86 $\dfrac{\sin 30° - \sin 60°}{\cos 30° - \cos 60°}$ $[-1]$

87 $\dfrac{\cos \frac{\pi}{4} - \sin \frac{\pi}{6}}{\cos \frac{\pi}{4} + \sin \frac{\pi}{6}}$ $[3 - 2\sqrt{2}]$

Con l'aiuto della calcolatrice, determina l'ampiezza in gradi dell'angolo acuto α, di cui è nota una funzione goniometrica. Arrotonda il risultato a un numero intero.

88 $\sin \alpha = \dfrac{4}{5}$ [53°]

89 $\cos \alpha = \dfrac{1}{5}$ [78°]

90 $\tan \alpha = 4$ [76°]

91 $\sin \alpha = \dfrac{3}{4}$ [49°]

92 $\cos \alpha = \dfrac{1}{7}$ [82°]

93 $\tan \alpha = \dfrac{1}{2}$ [27°]

3. Le prime proprietà delle funzioni goniometriche

TEORIA a p. 498

Esercizi preliminari

Test

94 Un angolo α, in posizione normale, è tale che $\sin \alpha < 0$ e $\cos \alpha < 0$; in quale quadrante cade il secondo lato dell'angolo α?

A Primo B Secondo C Terzo D Quarto

95 Un angolo α, in posizione normale, è tale che $\sin \alpha > 0$ e $\tan \alpha < 0$; in quale quadrante cade il secondo lato dell'angolo α?

A Primo B Secondo C Terzo D Quarto

96 Un angolo α, in posizione normale, è tale che $\tan \alpha < 0$ e $\cos \alpha < 0$; in quale quadrante cade il secondo lato dell'angolo α?

A Primo B Secondo C Terzo D Quarto

97 Un angolo α, in posizione normale, è tale che $\sin \alpha < 0$ e $\tan \alpha > 0$; in quale quadrante cade il secondo lato dell'angolo α?

A Primo B Secondo C Terzo D Quarto

98 ESERCIZIO SVOLTO

Senza utilizzare la calcolatrice, poniamo il simbolo opportuno scelto tra $<$, $=$, $>$:

a. $\sin \dfrac{\pi}{7}$ ..... $\sin \dfrac{\pi}{5}$ **b.** $\cos \dfrac{3\pi}{5}$ ..... $\cos \dfrac{2\pi}{3}$

a. Osserviamo che $\dfrac{\pi}{7}$ e $\dfrac{\pi}{5}$ appartengono all'intervallo $\left[0, \dfrac{\pi}{2}\right]$ e in questo intervallo il seno è *crescente*. Pertanto, poiché $\dfrac{\pi}{7} < \dfrac{\pi}{5}$, ne segue che vale *la stessa relazione* tra i seni: $\sin \dfrac{\pi}{7} < \sin \dfrac{\pi}{5}$.

b. Osserviamo che $\dfrac{3\pi}{5}$ e $\dfrac{2\pi}{3}$ appartengono all'intervallo $\left[\dfrac{\pi}{2}, \pi\right]$ e in questo intervallo il coseno è *decrescente*. Pertanto, poiché $\dfrac{3\pi}{5} < \dfrac{2\pi}{3}$ (infatti calcolando i prodotti in croce abbiamo $9\pi < 10\pi$), ne segue che *vale la relazione con verso opposto* tra i coseni: $\cos \dfrac{3\pi}{5} > \cos \dfrac{2\pi}{3}$.

Senza utilizzare la calcolatrice, completa con il simbolo opportuno scelto tra $<$, $=$, $>$.

99 $\sin \dfrac{3\pi}{5}$ ..... $\sin \dfrac{4\pi}{5}$; $\cos \dfrac{\pi}{5}$ ..... $\cos \dfrac{2\pi}{5}$; $\tan \dfrac{\pi}{7}$ ..... $\tan \dfrac{2\pi}{9}$

100 $\sin 22°$ ..... $\sin 35°$; $\cos 120°$ ..... $\cos 155°$; $\tan 80°$ ..... $\tan 70°$

101 $\sin \dfrac{2\pi}{7}$ ..... $\sin \dfrac{\pi}{5}$; $\cos \dfrac{2\pi}{7}$ ..... $\cos \dfrac{\pi}{5}$; $\tan \dfrac{2\pi}{3}$ ..... $\tan \dfrac{3\pi}{5}$

102 $\sin 75°$ ..... $\sin 25°$; $\cos 40°$ ..... $\cos 35°$; $\tan 150°$ ..... $\tan 160°$

103 **Vero o falso?**

a. $\sin^2\alpha = (\cos\alpha - 1)(\cos\alpha + 1) \quad \forall\alpha \in \mathbf{R}$ V F

b. $\tan 45° = \dfrac{\cos 45°}{\sin 45°}$ V F

c. $\sin^2\dfrac{\pi}{7} + \cos^2\dfrac{\pi}{7} = 1$ V F

d. $(\sin x + \cos x)^2 = 1 - 2\sin x\cos x \quad \forall x \in \mathbf{R}$ V F

e. $\sin^2(3\alpha) + \cos^2(3\alpha) = 1 \quad \forall\alpha \in \mathbf{R}$ V F

[3 affermazioni vere e 2 false]

104 Spiega perché non può esistere un angolo α tale che $\sin\alpha = \dfrac{1}{2}$ e $\cos\alpha = \dfrac{3}{4}$.

Test

105 Quanto vale $\sin^2 40° + \cos^2 40°$?

A -1 B 0 C 1
D Nessuno dei precedenti

106 Quanto vale $\sin^2 40° + \cos^2 400°$?

A -1 B 0 C 1
D Nessuno dei precedenti

107 Quanto vale $\tan 20° - \dfrac{\sin 20°}{\cos 380°}$?

A -1 B 0 C 1
D Nessuno dei precedenti

108 Sapendo che $\sin\alpha = \dfrac{1}{2}$ e $\dfrac{\pi}{2} < \alpha < \pi$, quanto vale $\cos\alpha$?

A $-\dfrac{\sqrt{3}}{2}$ B $-\dfrac{1}{2}$ C $\dfrac{\sqrt{3}}{2}$
D Nessuno dei precedenti

109 Sapendo che $\cos\alpha = -\dfrac{1}{2}$ e $\dfrac{\pi}{2} < \alpha < \pi$, quanto vale $\sin\alpha$?

A $-\dfrac{\sqrt{3}}{2}$ B $-\dfrac{1}{2}$ C $\dfrac{\sqrt{3}}{2}$
D Nessuno dei precedenti

Funzioni goniometriche di un angolo, data una di esse

Calcola i valori delle restanti funzioni goniometriche di α.

110 $\sin\alpha = \dfrac{4}{5}$ $\quad 0 < \alpha < \dfrac{\pi}{2}$ $\left[\cos\alpha = \dfrac{3}{5}; \tan\alpha = \dfrac{4}{3}\right]$

111 $\sin\alpha = -\dfrac{3}{5}$ $\quad \pi < \alpha < \dfrac{3\pi}{2}$ $\left[\cos\alpha = -\dfrac{4}{5}; \tan\alpha = \dfrac{3}{4}\right]$

112 $\sin\alpha = -\dfrac{3}{5}$ $\quad \dfrac{3}{2}\pi < \alpha < 2\pi$ $\left[\cos\alpha = \dfrac{4}{5}; \tan\alpha = -\dfrac{3}{4}\right]$

113 $\sin\alpha = \dfrac{1}{3}$ $\quad 0 < \alpha < \dfrac{\pi}{2}$ $\left[\cos\alpha = \dfrac{2\sqrt{2}}{3}; \tan\alpha = \dfrac{\sqrt{2}}{4}\right]$

114 $\sin\alpha = \dfrac{1}{3}$ $\quad \dfrac{\pi}{2} < \alpha < \pi$ $\left[\cos\alpha = -\dfrac{2\sqrt{2}}{3}; \tan\alpha = -\dfrac{\sqrt{2}}{4}\right]$

115 $\sin\alpha = -\dfrac{2}{3}$ $\quad \pi < \alpha < \dfrac{3\pi}{2}$ $\left[\cos\alpha = -\dfrac{\sqrt{5}}{3}; \tan\alpha = \dfrac{2\sqrt{5}}{5}\right]$

116 $\sin\alpha = -\dfrac{2}{3}$ $\quad \dfrac{3\pi}{2} < \alpha < 2\pi$ $\left[\cos\alpha = \dfrac{\sqrt{5}}{3}; \tan\alpha = -\dfrac{2\sqrt{5}}{5}\right]$

117 $\cos\alpha = \dfrac{4}{5}$ $\quad 0 < \alpha < \dfrac{\pi}{2}$ $\left[\sin\alpha = \dfrac{3}{5}; \tan\alpha = \dfrac{3}{4}\right]$

118 $\cos\alpha = -\dfrac{2\sqrt{2}}{3}$ $\quad \dfrac{\pi}{2} < \alpha < \pi$ $\left[\sin\alpha = \dfrac{1}{3}; \tan\alpha = -\dfrac{\sqrt{2}}{4}\right]$

119 $\cos\alpha = -\dfrac{2\sqrt{2}}{3}$ $\quad \pi < \alpha < \dfrac{3\pi}{2}$ $\left[\sin\alpha = -\dfrac{1}{3}; \tan\alpha = \dfrac{\sqrt{2}}{4}\right]$

120 $\cos\alpha = \dfrac{7}{8}$ $\quad 0 < \alpha < \dfrac{\pi}{2}$ $\left[\sin\alpha = \dfrac{\sqrt{15}}{8}; \tan\alpha = \dfrac{\sqrt{15}}{7}\right]$

121 $\cos\alpha = \dfrac{7}{8}$ $\quad \dfrac{3\pi}{2} < \alpha < 2\pi$ $\left[\sin\alpha = -\dfrac{\sqrt{15}}{8}; \tan\alpha = -\dfrac{\sqrt{15}}{7}\right]$

122 $\cos\alpha = -\dfrac{1}{4}$ $\quad \dfrac{\pi}{2} < \alpha < \pi$ $\left[\sin\alpha = \dfrac{\sqrt{15}}{4}; \tan\alpha = -\sqrt{15}\right]$

123 $\cos\alpha = -\dfrac{1}{4}$ $\quad \pi < \alpha < \dfrac{3\pi}{2}$ $\left[\sin\alpha = -\dfrac{\sqrt{15}}{4}; \tan\alpha = \sqrt{15}\right]$

124 Completa la seguente tabella.

α	$\sin\alpha$	$\cos\alpha$	$\tan\alpha$
$\pi < \alpha < \frac{3\pi}{2}$	....	$-\frac{4}{5}$	....
$\frac{3\pi}{2} < \alpha < 2\pi$	$-\frac{1}{3}$	....	....
$0 < \alpha < \frac{\pi}{2}$	....	$\frac{3}{7}$	....
$\frac{\pi}{2} < \alpha < \pi$	$\frac{2}{3}$	....	....

125 Calcola il valore dell'espressione:

$\sin\alpha\cos\alpha + \frac{\tan\alpha}{1+\tan^2\alpha}$ sapendo che $\cos\alpha = -\frac{4}{5}$ e $\pi < \alpha < \frac{3\pi}{2}$. $\left[\frac{24}{25}\right]$

126 Calcola il valore dell'espressione:

$\sin\alpha - \frac{1}{\cos\alpha\,(1+\tan^2\alpha)}$ sapendo che $\sin\alpha = \frac{5}{13}$ e $\frac{\pi}{2} < \alpha < \pi$. $\left[\frac{17}{13}\right]$

127 **Interpretazione di grafici.** Considera le due figure qui sotto.

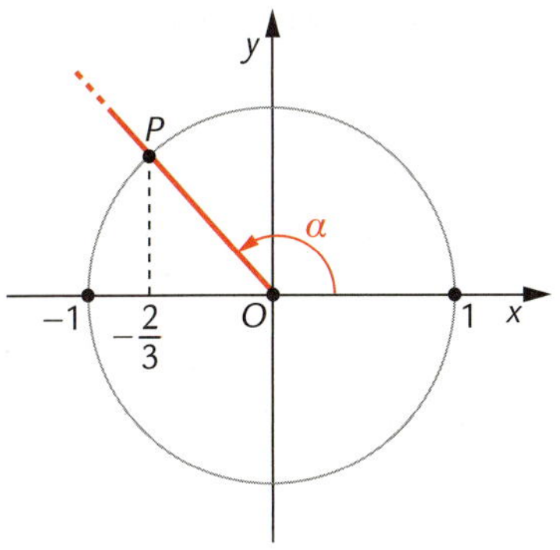

Figura a

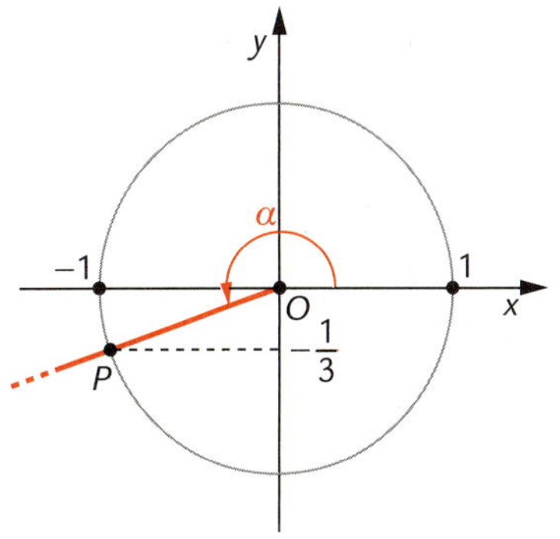

Figura b

a. In riferimento alla **fig. a**, determina il valore di $\sin\alpha\tan\alpha$.
b. In riferimento alla **fig. b**, determina il valore di $3\sin\alpha - 9\cos\alpha + 4\tan\alpha$. $\left[\text{a.} -\frac{5}{6}; \text{ b.} \ 7\sqrt{2}-1\right]$

Semplificazioni di espressioni

128 **ESERCIZIO SVOLTO**

È data l'espressione: $\sin^2\alpha - \cos^2\alpha$; esprimiamola:

a. in funzione soltanto di $\sin\alpha$;

b. in funzione soltanto di $\cos\alpha$;

---

a. Ricordando che $\cos^2\alpha = 1 - \sin^2\alpha$ abbiamo:
$\sin^2\alpha - \cos^2\alpha = \sin^2\alpha - (1-\sin^2\alpha) = 2\sin^2\alpha - 1$

b. Ricordando che $\sin^2\alpha = 1 - \cos^2\alpha$ abbiamo:
$\sin^2\alpha - \cos^2\alpha = (1-\cos^2\alpha) - \cos^2\alpha = 1 - 2\cos^2\alpha$

Trasforma ciascuna delle seguenti espressioni in un'altra equivalente che contenga solo $\sin\alpha$.

129 $1 - \sin^2\alpha + \cos^2\alpha$ $[2(1-\sin^2\alpha)]$

130 $\frac{\tan^2\alpha + 1}{\tan^2\alpha - 1}$ $\left[\frac{1}{2\sin^2\alpha - 1}\right]$

131 $\cos^4\alpha$ $[\sin^4\alpha - 2\sin^2\alpha + 1]$

132 $\sin^2\alpha - \tan^2\alpha$ $\left[\frac{\sin^4\alpha}{\sin^2\alpha - 1}\right]$

133 $\tan^2\alpha$ $\left[\frac{\sin^2\alpha}{1-\sin^2\alpha}\right]$

134 $(\sin\alpha - 2\cos\alpha)^2 + 2(\sin\alpha + \cos\alpha)^2 + \cos^2\alpha$ $[7 - 4\sin^2\alpha]$

135 $1 + \tan^2\alpha$ $\left[\frac{1}{1-\sin^2\alpha}\right]$

136 $\cos^4\alpha - \cos^2\alpha$ $[\sin^4\alpha - \sin^2\alpha]$

137 $\sin^4\alpha - \cos^2\alpha$ $[\sin^4\alpha + \sin^2\alpha - 1]$

Trasforma ciascuna delle seguenti espressioni in un'altra equivalente che contenga solo cos α.

138 $\cos^2\alpha - \sin^2\alpha$ $[2\cos^2\alpha - 1]$

139 $\sin^2\alpha - \sin^2\alpha\cos^2\alpha$ $[\cos^4\alpha - 2\cos^2\alpha + 1]$

140 $\sin^4\alpha$ $[\cos^4\alpha - 2\cos^2\alpha + 1]$

141 $\dfrac{\tan^2\alpha + 1}{\tan^2\alpha - 1}$ $\left[\dfrac{1}{1 - 2\cos^2\alpha}\right]$

142 $\tan^2\alpha$ $\left[\dfrac{1}{\cos^2\alpha} - 1\right]$

143 $\sin^2\alpha - \tan^2\alpha$ $\left[2 - \cos^2\alpha - \dfrac{1}{\cos^2\alpha}\right]$

144 $\left(\dfrac{1}{\sin^2\alpha} + \dfrac{1}{\cos^2\alpha}\right)(\sin^2\alpha - \sin^4\alpha)^2$ $[\cos^2\alpha - \cos^4\alpha]$

145 $\sin^2\alpha - \sin^4\alpha$ $[\cos^2\alpha - \cos^4\alpha]$

146 $1 + \tan^2\alpha$ $\left[\dfrac{1}{\cos^2\alpha}\right]$

147 $\sin^4\alpha - \cos^2\alpha$ $[\cos^4\alpha - 3\cos^2\alpha + 1]$

148 $\tan^2\alpha + \sin^2\alpha + 2\cos^2\alpha$ $\left[\dfrac{1}{\cos^2\alpha} + \cos^2\alpha\right]$

4. Angoli associati

TEORIA a p. 503

Esercizi preliminari

149 Associa a ogni espressione nella prima colonna l'espressione equivalente nella seconda.

a. $\sin\left(\dfrac{\pi}{2} - \alpha\right)$ **A.** $-\sin\alpha$

b. $\sin(\pi - \alpha)$ **B.** $\sin\alpha$

c. $\sin(\pi + \alpha)$ **C.** $\cos\alpha$

d. $\sin\left(\alpha - \dfrac{\pi}{2}\right)$ **D.** $-\cos\alpha$

e. $\cos\left(\dfrac{\pi}{2} - \alpha\right)$

150 Completa la seguente tabella.

Angolo α con $0 < \alpha < 360°$	Seno	Coseno	Tangente
$\alpha = 150°$	....	....	....
$\alpha = 300°$	....	....	....
$\alpha =$	$-\dfrac{\sqrt{3}}{2}$	$-\dfrac{1}{2}$	....

Test

151 A che cosa è uguale $\sin(180° - 30°)$?

A $\sin 30°$
B $-\sin 30°$
C $\cos 30°$
D $-\cos 30°$

152 A che cosa è uguale $\sin(180° + 30°)$?

A $\sin 30°$
B $-\sin 30°$
C $\cos 30°$
D $-\cos 30°$

153 A che cosa è uguale $\sin(90° - 30°)$?

A $\sin 30°$
B $-\sin 30°$
C $\cos 30°$
D $-\cos 30°$

154 A che cosa è uguale $\cos(90° + 30°)$?

A $\sin 30°$
B $-\sin 30°$
C $\cos 30°$
D $-\cos 30°$

Applicazioni delle relazioni tra le funzioni goniometriche di angoli associati

155 **ESERCIZIO GUIDATO**

Calcola i valori delle seguenti funzioni goniometriche: sin $\dfrac{5\pi}{4}$, cos $\dfrac{2\pi}{3}$, tan $\dfrac{11\pi}{6}$.

Osserva che:

- $\sin\dfrac{5\pi}{4} = \sin\left(\pi + \dfrac{\pi}{4}\right) = -\sin\dfrac{\pi}{4} = ...$
- $\cos\dfrac{2\pi}{3} = \cos(\pi - .....) = -\cos ..... = ...$
- $\tan\dfrac{11\pi}{6} = \tan(2\pi - .....) = \tan(- .....) = -\tan ..... = - .....$

Senza utilizzare la calcolatrice, calcola i valori delle seguenti funzioni goniometriche.

156 $\sin\left(-\dfrac{\pi}{4}\right)$; $\cos\dfrac{19\pi}{6}$; $\tan\dfrac{7\pi}{3}$ $\left[-\dfrac{\sqrt{2}}{2}; -\dfrac{\sqrt{3}}{2}; \sqrt{3}\right]$

157 $\sin 150°$; $\cos(-300°)$; $\tan 135°$

158 $\sin 120°$; $\cos 420°$; $\tan(-390°)$ $\left[\dfrac{\sqrt{3}}{2}; \dfrac{1}{2}; -\dfrac{\sqrt{3}}{3}\right]$

159 $\sin\frac{7\pi}{4}$; $\cos(-4\pi)$; $\tan\left(-\frac{4\pi}{3}\right)$

160 $\sin\frac{7\pi}{2}$; $\cos\left(-\frac{4\pi}{3}\right)$; $\tan\frac{7\pi}{4}$ $\left[-1; -\frac{1}{2}; -1\right]$

161 $\sin 150°$; $\cos 135°$; $\tan 300°$

162 $\sin 315°$; $\cos 225°$; $\tan 150°$ $\left[-\frac{\sqrt{2}}{2}; -\frac{\sqrt{2}}{2}; -\frac{\sqrt{3}}{3}\right]$

163 $\sin\frac{5\pi}{3}$; $\cos\frac{7\pi}{6}$; $\tan\frac{5\pi}{4}$

164 $\sin\frac{7\pi}{4}$; $\cos\frac{11\pi}{4}$; $\tan\frac{5\pi}{3}$ $\left[-\frac{\sqrt{2}}{2}; -\frac{\sqrt{2}}{2}; -\sqrt{3}\right]$

165 $\sin 240°$; $\cos 420°$; $\tan 315°$

166 $\sin 405°$; $\cos 150°$; $\tan 180°$ $\left[\frac{\sqrt{2}}{2}; -\frac{\sqrt{3}}{2}; 0\right]$

167 $\sin\frac{7\pi}{3}$; $\cos\left(-\frac{5\pi}{6}\right)$; $\tan\left(-\frac{5\pi}{3}\right)$

168 $\sin\left(-\frac{11\pi}{6}\right)$; $\cos\frac{5\pi}{3}$; $\tan\left(-\frac{5\pi}{4}\right)$ $\left[\frac{1}{2}; \frac{1}{2}; -1\right]$

169 $\sin 150°$; $\cos 405°$; $\tan 225°$

170 $\sin(-390°)$; $\cos 480°$; $\tan 480°$ $\left[-\frac{1}{2}; -\frac{1}{2}; -\sqrt{3}\right]$

Semplifica le seguenti espressioni.

171 $\sin\frac{2\pi}{3}\cos\frac{\pi}{6} + \sin\frac{5\pi}{4}\cos\frac{\pi}{4}$ $\left[\frac{1}{4}\right]$

172 $\sin\frac{4\pi}{3}\cos\frac{5\pi}{6} + \sin\frac{11\pi}{6}\cos\frac{2\pi}{3}$ $[1]$

173 $\sin\frac{11\pi}{6}\left(\cos\frac{3\pi}{4} - \sin\frac{\pi}{4}\right)$ $\left[\frac{\sqrt{2}}{2}\right]$

174 $\tan\frac{3\pi}{4}\tan\frac{\pi}{4}\left(\tan\frac{\pi}{3} - \tan\frac{2\pi}{3}\right)$ $[-2\sqrt{3}]$

175 $\sin(150°)\sin(30°) + \cos(210°)\cos(30°)$ $\left[-\frac{1}{2}\right]$

176 $\sin(135°)\cos(225°) + \sin(240°)\sin(300°)$ $\left[\frac{1}{4}\right]$

177 $\tan(150°)\cos(210°) + \tan(300°)\cos(210°)$ $[2]$

178 $\tan 135°(\sin 240° - \sin 60°) + \tan 240°(\sin 210° - \sin 30°)$ $[0]$

179 $\sin\frac{5\pi}{4}\cos\frac{3\pi}{4} + \sin\frac{5\pi}{3}\cos\frac{13\pi}{6}$ $\left[-\frac{1}{4}\right]$

180 $\dfrac{\sin 135° - \cos 210°}{\cos 225° + \sin 300°}$ $[-1]$

181 $\left(\sin\frac{7\pi}{3} + \cos\frac{4\pi}{3}\right)\left(\sin\frac{7\pi}{6} - \cos\frac{5\pi}{6}\right)\tan\frac{5\pi}{4}$ $\left[\frac{2-\sqrt{3}}{2}\right]$

182 $\dfrac{\sin 135°(\sin 60° - \sin 240°)}{\cos(-45°) - \cos 225°}$ $\left[\frac{\sqrt{3}}{2}\right]$

183 $\dfrac{\tan\frac{2\pi}{3} - \cos\frac{11\pi}{6} + \tan 3\pi}{\sin\frac{2\pi}{3} - \cos\frac{7\pi}{6}}$ $\left[-\frac{3}{2}\right]$

Ricordando le relazioni tra le funzioni goniometriche degli angoli associati determina, con l'aiuto della calcolatrice, l'ampiezza in gradi dell'angolo α che soddisfa le proprietà indicate. Arrotonda il risultato a un numero intero.

184 $\sin\alpha = \frac{4}{5}$ $\quad 90° < \alpha < 180°$ $[127°]$

185 $\cos\alpha = -\frac{1}{3}$ $\quad 90° < \alpha < 180°$ $[109°]$

186 $\tan\alpha = 4$ $\quad 180° < \alpha < 270°$ $[256°]$

187 $\sin\alpha = -\frac{3}{4}$ $\quad 180° < \alpha < 270°$ $[229°]$

188 $\cos\alpha = \frac{1}{5}$ $\quad 270° < \alpha < 360°$ $[282°]$

189 $\tan\alpha = -3$ $\quad 270° < \alpha < 360°$ $[288°]$

190 ESERCIZIO SVOLTO

Semplifichiamo l'espressione:

$$\left[\sin\left(\frac{\pi}{2}-\alpha\right)+\sin\alpha\right]^2+2\sin(-\alpha)\cos\alpha$$

$$\left[\sin\left(\frac{\pi}{2}-\alpha\right)+\sin\alpha\right]^2+2\sin(-\alpha)\cos\alpha =$$

$= [\cos\alpha+\sin\alpha]^2-2\sin\alpha\cos\alpha =$ — $\sin\left(\frac{\pi}{2}-\alpha\right)=\cos\alpha$ e $\sin(-\alpha)=-\sin\alpha$

$= \cos^2\alpha+\sin^2\alpha+\cancel{2\sin\alpha\cos\alpha}-\cancel{2\sin\alpha\cos\alpha} =$ — Sviluppando il quadrato

$= 1$ — Prima relazione fondamentale

Semplifica le seguenti espressioni, supponendo che le variabili assumano valori per cui sono definite.

191 $\sin(\pi-\alpha)+\cos\left(\frac{\pi}{2}-\alpha\right)+2\sin(-\alpha)$ — $[0]$

192 $\cos(-\alpha)\cos\alpha-\sin(-\alpha)\cos\left(\frac{\pi}{2}-\alpha\right)$ — $[1]$

193 $\tan(\pi-\alpha)\cos(-\alpha)-\cos\left(\alpha-\frac{\pi}{2}\right)$ — $[-2\sin\alpha]$

194 $\tan\alpha\cdot\sin\left(\frac{\pi}{2}-\alpha\right)+\sin(\pi+\alpha)$ — $[0]$

195 $[\sin(-\alpha)+\cos(-\alpha)]^2+2\sin\left(\frac{\pi}{2}-\alpha\right)\sin\alpha$ — $[1]$

196 $\tan^2\left(\frac{7\pi}{2}+\alpha\right)\left[1-\sin^2\left(\alpha-\frac{\pi}{2}\right)\right]+\cos^2\left(\frac{3\pi}{2}+\alpha\right)$ — $[1]$

197 $\sin(\pi+\alpha)+\cos\left(\frac{\pi}{2}-\alpha\right)+[\sin(-\alpha)+\cos(-\alpha)]^2+2\sin(12\pi+\alpha)\sin\left(\frac{5\pi}{2}-\alpha\right)$ — $[1]$

198 $[1+\tan(\pi-\alpha)\tan(\pi+\alpha)\cos\pi]\sin\left(\frac{\pi}{2}-\alpha\right)\cos(-\alpha)\cos(\pi+\alpha)$ — $[-\cos\alpha]$

199 $\sin\left(\frac{7\pi}{2}+\alpha\right)+\cos(6\pi-\alpha)+\tan\left(\frac{7\pi}{2}+\alpha\right)\cos\left(\frac{3\pi}{2}-\alpha\right)+\sin^2\left(\frac{\pi}{2}+\alpha\right)+\sin^2(-\alpha)$ — $[1+\cos\alpha]$

200 $\sin\left(x+\frac{3\pi}{2}\right)+\cos\left(x+\frac{3\pi}{2}\right)+\sin(x-\pi)+\cos(x-\pi)$ — $[-2\cos x]$

201 $\left[1-\sin^2\left(\frac{5\pi}{2}+x\right)+\cos^2(x-\pi)\right]\tan(-x-9\pi)$ — $[-\tan x]$

5. Grafici delle funzioni goniometriche

TEORIA a p. 506

Esercizi preliminari

202 **Vero o falso?**

- **a.** il dominio della funzione $y=\sin x$ è $\mathbf{R}$ — V F
- **b.** il dominio della funzione $y=\tan x$ è $\mathbf{R}$ — V F
- **c.** l'immagine della funzione $y=\sin x$ è $\mathbf{R}$ — V F
- **d.** l'immagine della funzione $y=\tan x$ è $\mathbf{R}$ — V F
- **e.** il periodo della funzione $y=\sin x$ è 2π — V F
- **f.** il periodo della funzione $y=\tan x$ è 2π — V F

[3 affermazioni vere e 3 false]

203 In ciascuna delle figure sottostanti è rappresentato il grafico di una delle seguenti funzioni. Fai le associazioni corrette.

a. $y = 2\cos\left(\frac{1}{2}x\right)$ **b.** $y = -\sin(3x)$ **c.** $y = 2\cos 2x$ **d.** $y = -3\sin x$

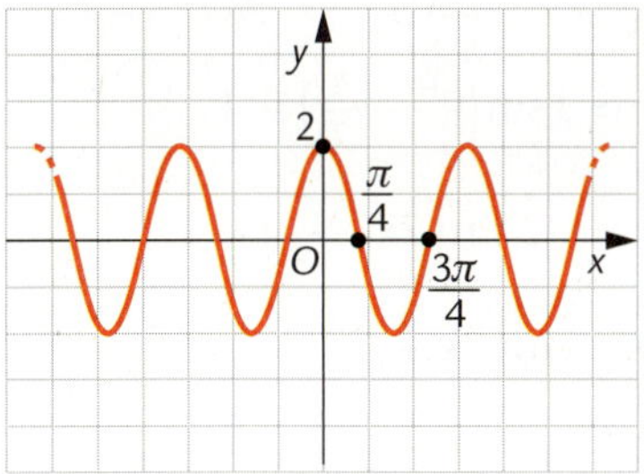

A

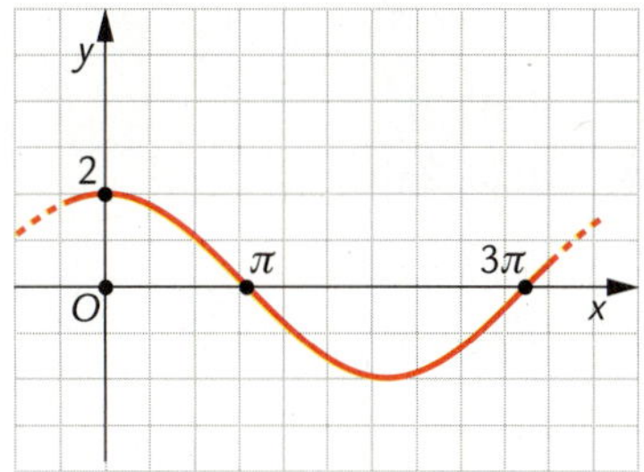

B

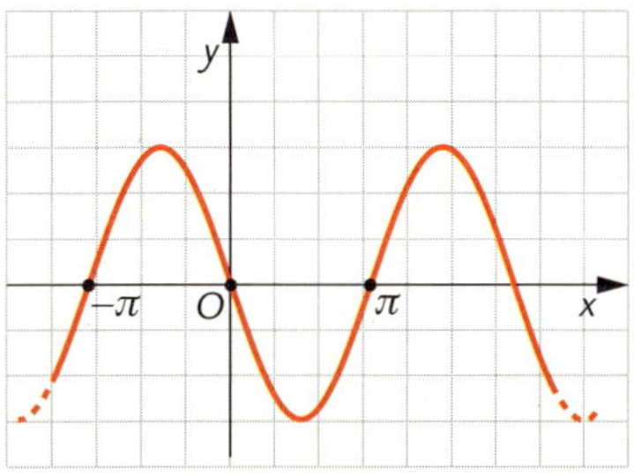

C

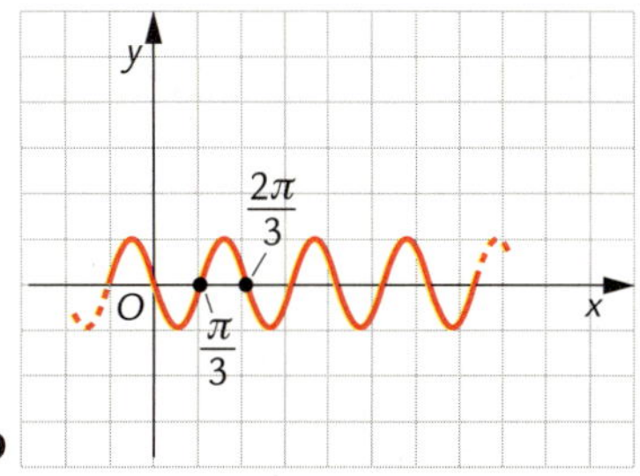

D

204 Traccia il grafico della funzione $y = -2\sin x$ nell'intervallo $[0, 2\pi]$ dopo aver completato la seguente tabella.

x	0	$\frac{\pi}{2}$	π	$\frac{3\pi}{2}$	2π
y	.....	.....	.....	.....	.....

205 Traccia il grafico della funzione $y = 3\cos x$ nell'intervallo $[0, 2\pi]$ dopo aver completato la seguente tabella.

x	0	$\frac{\pi}{2}$	π	$\frac{3\pi}{2}$	2π
y	.....	.....	.....	.....	.....

206 Traccia il grafico della funzione $y = \sin 2x$ nell'intervallo $[0, \pi]$ dopo aver completato la seguente tabella.

x	0	$\frac{\pi}{4}$	$\frac{\pi}{2}$	$\frac{3\pi}{4}$	π
y	.....	.....	.....	.....	.....

207 Traccia il grafico della funzione $y = 2\cos 2x$ nell'intervallo $[0, \pi]$ dopo aver completato la seguente tabella.

x	0	$\frac{\pi}{4}$	$\frac{\pi}{2}$	$\frac{3\pi}{4}$	π
y	.....	.....	.....	.....	.....

208 Traccia il grafico della funzione $y = 2\tan x$ nell'intervallo $\left(-\frac{\pi}{2}, \frac{\pi}{2}\right)$ dopo aver completato la seguente tabella.

x	$-\frac{\pi}{3}$	$-\frac{\pi}{4}$	0	$\frac{\pi}{4}$	$\frac{\pi}{3}$
y	.....	.....	.....	.....	.....

Traccia il grafico delle seguenti funzioni utilizzando opportune tasformazioni geometriche. Specifica il periodo di ciascuna funzione.

209 $y = 3\sin x$ in $[0, 2\pi]$

210 $y = 2\sin x$ in $[-\pi, \pi]$

211 $y = -\tan x$ in $[0, \pi]$

212 $y = -2\cos x$ in $[0, 2\pi]$

213 $y = 4\sin 2x$ in $[0, \pi]$

214 $y = 4\cos 2x$ in $[-\pi, \pi]$

215 $y = -\tan \frac{x}{2}$ in $(-\pi, \pi)$

216 $y = 3\sin \frac{x}{2}$ in $[0, 4\pi]$

217 $y = \sin x + 2$

218 $y = \cos x - 1$

219 $y = 2\sin x - 1$

220 $y = -\cos x + 3$

221 $y = \sin\left(x - \frac{\pi}{3}\right)$

222 $y = \sin\left(x + \frac{\pi}{4}\right)$

223 $y = \cos\left(x - \frac{2\pi}{3}\right)$

224 $y = \cos\left(x + \frac{\pi}{3}\right)$

225 $y = \sin\left(x - \frac{\pi}{4}\right) + 1$

226 $y = -2\cos\left(x - \frac{\pi}{3}\right) + 1$

227 $y = -2\cos\left(\frac{\pi}{2}x - \frac{3\pi}{2}\right)$

228 $y = 3\sin\left(\frac{x}{2} - \frac{\pi}{2}\right) - 1$

229 $y = -2\sin\left(2x - \frac{\pi}{3}\right) + 1$

230 $y = \tan\left(2x - \frac{\pi}{2}\right) - 1$

Traccia il grafico delle seguenti funzioni.

231 $y = \begin{cases} -2\sin x & \text{se } -2\pi \le x < 0 \\ \cos x & \text{se } 0 \le x \le 2\pi \end{cases}$

232 $y = \begin{cases} 1 + \cos x & \text{se } -2\pi \le x < 0 \\ 2 - \sin x & \text{se } 0 \le x \le 2\pi \end{cases}$

233 $y = \begin{cases} 1 - \tan x & \text{se } -\frac{\pi}{2} < x \le 0 \\ \tan 2x + 1 & \text{se } 0 < x \le \pi \end{cases}$

234 $y = \begin{cases} -\sin x & \text{se } -2\pi \le x \le 0 \\ \tan x & \text{se } 0 < x < \frac{\pi}{2} \\ \cos x & \text{se } \frac{\pi}{2} \le x < \frac{3\pi}{2} \\ -\tan x & \frac{3\pi}{2} < x < 2\pi \end{cases}$

235 **ESERCIZIO SVOLTO**

Tracciamo il grafico della funzione:

$$y = 2|\sin x| - 1$$

A partire dal grafico di $y = \sin x$ deduciamo, nell'ordine: il grafico di $y = |\sin x|$, quindi quello di $y = 2|\sin x|$ e infine quello di $y = 2|\sin x| - 1$.

- Il grafico di $y = |\sin x|$ si ottiene da quello di $y = \sin x$ simmetrizzando rispetto all'asse x le parti di quest'ultimo che hanno ordinate negative.

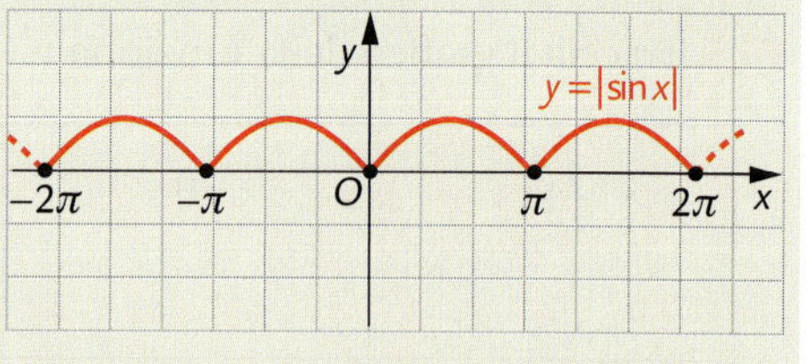

- Il grafico di $y = 2|\sin x|$ si ottiene da quello di $y = |\sin x|$ mediante una dilatazione verticale di rapporto 2.

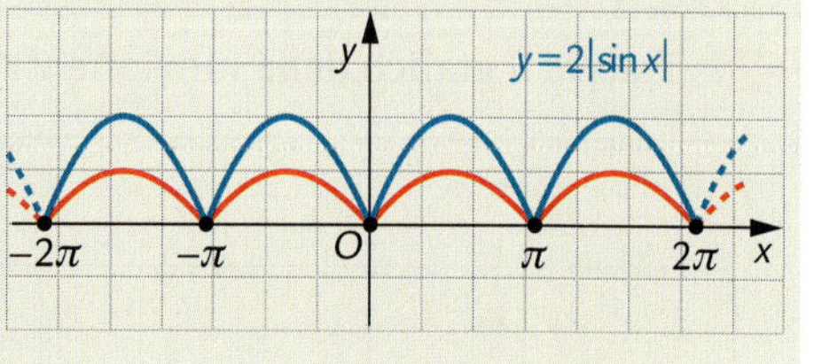

- Il grafico di $y = 2|\sin x| - 1$ si ottiene da quello di $y = 2|\sin x|$ mediante una traslazione verticale di una unità verso il basso.

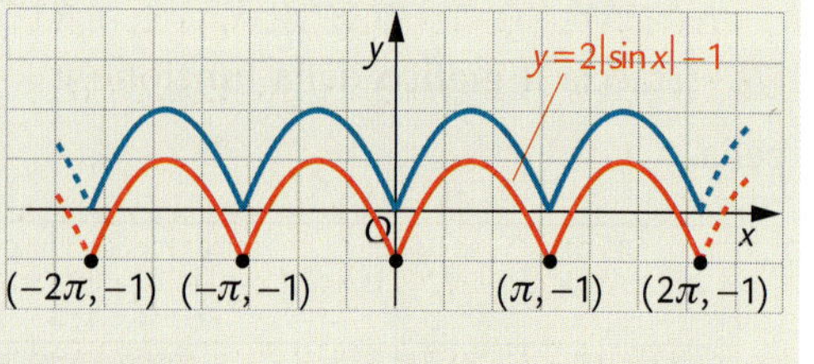

Dal grafico riconosciamo che la funzione $y = 2|\sin x| - 1$ è periodica di periodo π.

Traccia il grafico delle seguenti funzioni, nella cui equazione compare qualche termine in valore assoluto. Stabilisci se si tratta di funzioni periodiche e, in caso affermativo, determina il periodo.

236 $y = |\sin x|$

237 $y = \sin |x|$

238 $y = |\cos x|$

239 $y = -2\cos |x|$

240 $y = |\tan x - 1|$

241 $y = -3|\cos x|$

242 $y = -|\tan x|$

243 $y = 3\left|\sin \dfrac{x}{2}\right|$

244 $y = -2\tan\left|\dfrac{x}{2}\right|$

245 $y = 1 - 2|\cos x|$

246 $y = 1 - |\sin x|$

247 $y = 1 + 2\cos |x|$

248 $y = \left|\sin\left(x - \dfrac{\pi}{4}\right)\right|$

249 $y = \left|\cos\left(x + \dfrac{\pi}{3}\right)\right|$

250 **Interpretazione di grafici.** Scrivi un'equazione della forma $y = A\sin(\omega x + \varphi) + B$, con $A > 0$ e $\omega > 0$, il cui grafico sia quello rappresentato. In blu è evidenziato un periodo della funzione.

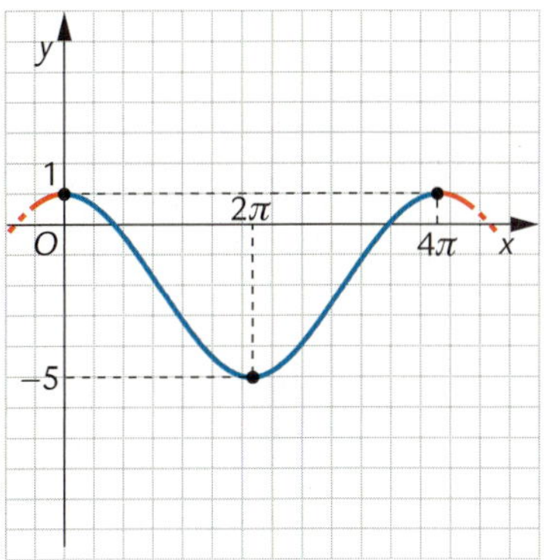

a

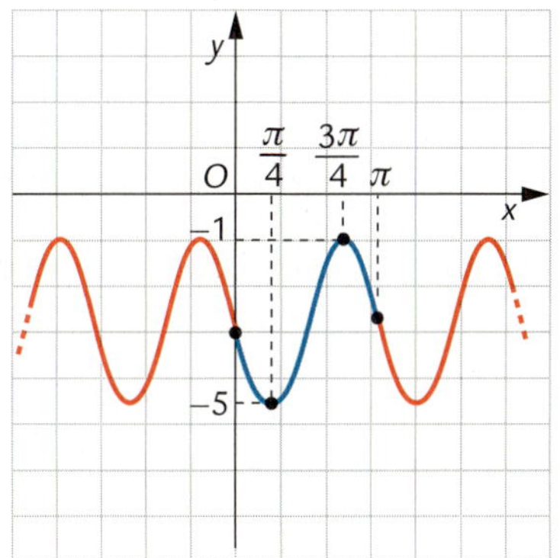

b

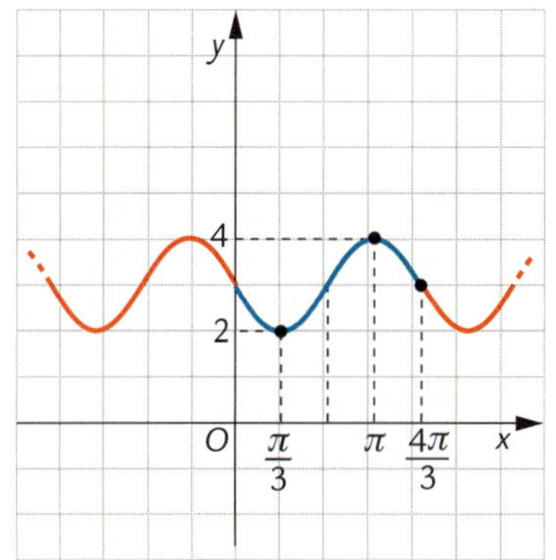

c

$\left[\mathbf{a.}\ y = 3\sin\left(\dfrac{1}{2}x + \dfrac{\pi}{2}\right) - 2;\ \mathbf{b.}\ y = 2\sin(2x + \pi) - 3;\ \mathbf{c.}\ y = \sin\left(\dfrac{3}{2}x + \pi\right) + 3\right]$

251 **Interpretazione di grafici.** Scrivi un'equazione della forma $y = A\cos(\omega x + \varphi) + B$, con $A > 0$ e $\omega > 0$, il cui grafico è quello rappresentato. In blu è evidenziato un periodo della funzione.

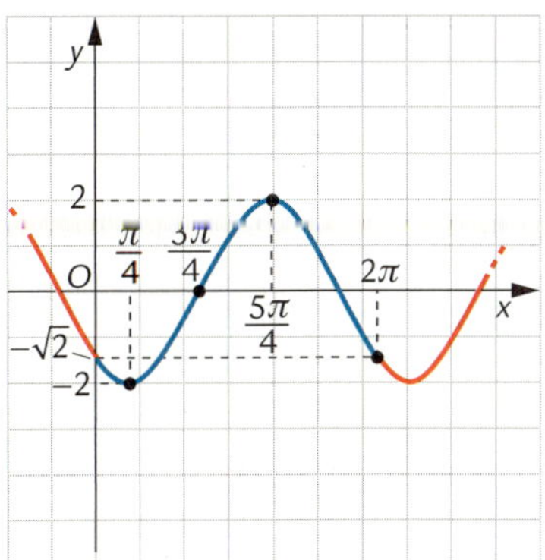

a

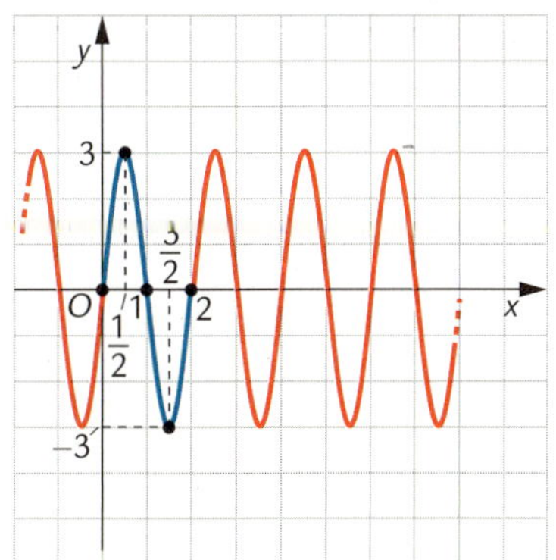

b

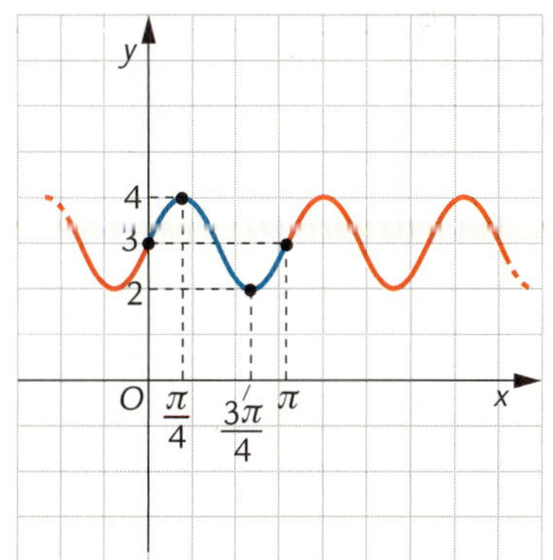

c

$\left[\mathbf{a.}\ y = 2\cos\left(x + \dfrac{3\pi}{4}\right);\ \mathbf{b.}\ y = 3\cos\left(\pi x - \dfrac{\pi}{2}\right);\ \mathbf{c.}\ y = \cos\left(2x - \dfrac{\pi}{2}\right) + 3\right]$

6. Formule di addizione, sottrazione, duplicazione e bisezione

TEORIA a p. 510

Esercizi preliminari

252 Mostra con degli esempi che, in generale, $\sin(\alpha + \beta) \neq \sin\alpha + \sin\beta$ e $\sin(\alpha - \beta) \neq \sin\alpha - \sin\beta$.

253 Mostra con degli esempi che, in generale, $\cos(\alpha + \beta) \neq \cos\alpha + \cos\beta$ e $\cos(\alpha - \beta) \neq \cos\alpha - \cos\beta$.

254 Mostra con degli esempi che, in generale, $\sin 2\alpha \neq 2\sin\alpha$.

255 Completa:

a. $\sin(\alpha+\beta) = \sin\alpha\cos\beta \ldots\ldots\cos\alpha\sin\beta$

b. $\sin(\alpha-\beta) = \sin\alpha\cos\beta - \ldots\ldots$

c. $\cos(\alpha+\beta) = \cos\alpha\cos\beta \ldots\ldots\sin\alpha\sin\beta$

d. $\cos(\alpha-\beta) = \cos\alpha\cos\beta + \ldots\ldots$

e. $\sin 2\alpha = 2\ldots\ldots$

f. $\cos 2\alpha = \cos^2\alpha - \ldots\ldots = \ldots\ldots - 1 = 1 - \ldots\ldots$

256 Completa:

a. $\sin(45° + 60°) = \sin 45° \cos 60° + \cos 45° \sin 60° = \ldots\ldots$

b. $\cos(60° - 45°) = \cos 60° \cos 45° + \sin 60° \sin 45° = \ldots\ldots$

c. $\sin(2 \cdot 30°) = 2\sin 30° \cos 30° = \ldots\ldots$

257 **Vero o falso?**

a. $\sin 2x = 2\sin x$ V F

b. $\cos(\alpha-\beta) = \cos\alpha - \cos\beta$ V F

c. $\sin 40° \cos 10° - \cos 40° \sin 10° = \sin 30°$ V F

d. $\cos 75° = \cos 45° \cos 30° - \sin 45° \sin 30°$ V F

[2 affermazioni vere e 2 false]

Applicazioni delle formule di addizione e sottrazione

258 **ESERCIZIO GUIDATO**

Calcola il valore delle seguenti funzioni goniometriche:

a. $\sin 105°$ **b.** $\cos\dfrac{13\pi}{12}$

a. Osserva che $105° = 60° + 45°$ e utilizza le formule di addizione del seno:

$\sin 105° = \sin(60° + 45°) = \ldots\ldots$

b. Osserva che un angolo la cui misura in radianti è $\dfrac{13}{12}\pi$ ha misura in gradi uguale a $\dfrac{13}{12} \cdot 180° = 195°$ e che $195° = 150° + 45°$; puoi quindi usare le formule di addizione del coseno:

$\cos\dfrac{13\pi}{12} = \cos 195° = \cos(150° + 45°) = \ldots\ldots$

Calcola il valore delle seguenti funzioni goniometriche.

259 $\cos 105°$ $\left[\dfrac{1}{4}\left(\sqrt{2}-\sqrt{6}\right)\right]$

260 $\cos 75°$ $\left[\dfrac{1}{4}\left(\sqrt{6}-\sqrt{2}\right)\right]$

261 $\sin 75°$ $\left[\dfrac{1}{4}\left(\sqrt{6}+\sqrt{2}\right)\right]$

262 $\sin 285°$ $\left[-\dfrac{1}{4}\left(\sqrt{6}+\sqrt{2}\right)\right]$

263 $\cos 285°$ $\left[\dfrac{1}{4}\left(\sqrt{6}-\sqrt{2}\right)\right]$

264 $\sin\dfrac{13\pi}{12}$ $\left[\dfrac{\sqrt{2}-\sqrt{6}}{4}\right]$

265 **ESERCIZIO SVOLTO**

Sapendo che $\sin\alpha = \dfrac{3}{5}$, **con** $\dfrac{\pi}{2} < \alpha < \pi$ **e** $\cos\beta = -\dfrac{3}{4}$, **con** $\dfrac{\pi}{2} < \beta < \pi$, **calcoliamo:**

a. $\cos(\alpha+\beta)$ **b.** $\sin(\alpha-\beta)$

Per applicare le formule di addizione e sottrazione del seno e del coseno occorre conoscere il seno e il coseno sia di α sia di β. Eseguiamo questi calcoli preliminari:

$$\cos\alpha = -\sqrt{1-\sin^2\alpha} = -\sqrt{1-\frac{9}{25}} = -\frac{4}{5}$$ Poiché $\frac{\pi}{2} < \alpha < \pi$ è $\cos\alpha < 0$

$$\sin\beta = +\sqrt{1-\cos^2\beta} = +\sqrt{1-\frac{9}{16}} = +\frac{\sqrt{7}}{4}$$ Poiché $\frac{\pi}{2} < \beta < \pi$ è $\sin\beta > 0$

a. Tenendo conto di quanto appena stabilito e della formula di addizione del coseno abbiamo:

$$\cos(\alpha+\beta) = \cos\alpha\cos\beta - \sin\alpha\sin\beta = \left(-\frac{4}{5}\right)\left(-\frac{3}{4}\right) - \frac{3}{5}\cdot\frac{\sqrt{7}}{4} = \frac{3}{5} - \frac{3\sqrt{7}}{20}$$

b. Tenendo conto di quanto stabilito all'inizio e della formula di sottrazione del seno abbiamo

$$\sin(\alpha-\beta) = \sin\alpha\cos\beta - \cos\alpha\sin\beta = \frac{3}{5}\left(-\frac{3}{4}\right) - \left(-\frac{4}{5}\right)\cdot\frac{\sqrt{7}}{4} = -\frac{9}{20} + \frac{\sqrt{7}}{5}$$

266 Sapendo che $\sin\alpha = -\frac{3}{5}$ e $-\frac{\pi}{2} < \alpha < 0$, calcola $\sin\left(\alpha - \frac{\pi}{6}\right)$ e $\cos\left(\alpha + \frac{\pi}{6}\right)$. $\left[-\frac{3\sqrt{3}}{10} - \frac{2}{5}; \frac{2\sqrt{3}}{5} + \frac{3}{10}\right]$

267 Sapendo che $\sin\alpha = \frac{2}{3}$ e $\sin\beta = \frac{3}{5}$, con $0 < \alpha < \frac{\pi}{2}$ e $\frac{\pi}{2} < \beta < \pi$, calcola $\sin(\alpha + \beta)$ e $\cos(\alpha - \beta)$. $\left[\frac{\sqrt{5}}{5} - \frac{8}{15}; \frac{2}{5} - \frac{4\sqrt{5}}{15}\right]$

268 Sapendo che $\cos\alpha = -\frac{1}{8}$ e $\pi < \alpha < \frac{3\pi}{2}$, calcola $\sin\left(\alpha - \frac{\pi}{4}\right)$ e $\cos\left(\alpha - \frac{\pi}{4}\right)$. $\left[\frac{\sqrt{2} - 3\sqrt{14}}{16}; \frac{-\sqrt{2} - 3\sqrt{14}}{16}\right]$

269 Sapendo che $\cos\alpha = -\frac{3}{5}$ e $\sin\beta = \frac{2}{3}$, con $\pi < \alpha < \frac{3\pi}{2}$ e $\frac{\pi}{2} < \beta < \pi$, calcola:

$\sin(\alpha + \beta), \cos(\alpha + \beta), \sin(\alpha - \beta), \cos(\alpha - \beta)$ $\left[\frac{4\sqrt{5} - 6}{15}; \frac{3\sqrt{5} + 8}{15}; \frac{4\sqrt{5} + 6}{15}; \frac{3\sqrt{5} - 8}{15}\right]$

270 **ESERCIZIO SVOLTO**

Semplifichiamo la seguente espressione: sin $\left(\frac{\pi}{6} + \alpha\right)$ + sin $\left(\frac{\pi}{6} - \alpha\right)$.

$$\sin\left(\frac{\pi}{6} + \alpha\right) + \sin\left(\frac{\pi}{6} - \alpha\right) =$$

$$= \sin\frac{\pi}{6}\cos\alpha + \cancel{\cos\frac{\pi}{6}} + \sin\frac{\pi}{6}\cos\alpha - \cancel{\cos\frac{\pi}{6}}\sin\alpha =$$ Formule di addizione

$$= 2\sin\frac{\pi}{6}\cos\alpha = 2 \cdot \frac{1}{2}\cos\alpha = \cos\alpha$$

Semplifica le seguenti espressioni.

271 $\sin\left(\frac{\pi}{3} + x\right) - \cos\left(\frac{\pi}{6} - x\right)$ $[0]$

272 $\sin\left(\frac{\pi}{4} + x\right) + \cos\left(\frac{3\pi}{4} + x\right)$ $[0]$

273 $\cos(\alpha + 240°) + \sin(\alpha + 30°)$ $[\sqrt{3}\sin\alpha]$

274 $\sin\left(\frac{\pi}{6} + x\right) - \sin\left(\frac{7\pi}{6} - x\right)$ $[\cos x]$

275 $\sin\left(\frac{\pi}{6} + x\right) - \sin\left(\frac{13\pi}{6} - x\right)$ $[\sqrt{3}\sin x]$

276 $\cos(\alpha + 240°) + \sin(\alpha + 30°)$ $[\sqrt{3}\sin\alpha]$

277 $\frac{1}{\sqrt{2}}\sin\left(\frac{\pi}{4} + \alpha\right) - \frac{1}{\sqrt{2}}\sin\left(\frac{\pi}{4} - \alpha\right) - \sin\left(\frac{\pi}{6} + \alpha\right) - \cos\left(\frac{\pi}{3} + \alpha\right)$ $[\sin\alpha - \cos\alpha]$

278 $\sin(\alpha + \beta) + \cos(\alpha + \beta) + \sin(\alpha - \beta) - \cos(\alpha - \beta)$ $[2\sin\alpha(\cos\beta - \sin\beta)]$

279 $\frac{\sqrt{2}}{2}\sin\left(\frac{\pi}{4} + \alpha\right) + \sin\left(\alpha - \frac{\pi}{6}\right) - \cos\left(\alpha + \frac{\pi}{3}\right) - 2\cos\left(\frac{\pi}{6}\right)\sin\alpha$ $\left[\frac{1}{2}(\sin\alpha - \cos\alpha)\right]$

280 $\sin^2\left(x - \frac{\pi}{3}\right) + \cos^2\left(\frac{\pi}{6} - x\right)$ $\left[\frac{1}{2} + \cos^2 x\right]$

Applicazioni delle formule di duplicazione

281 Ritrova i noti valori del seno e del coseno di 90°, osservando che $90° = 45° \cdot 2$ e utilizzando le formule di duplicazione.

282 Osservando che $120° = 2 \cdot 60°$ e utilizzando le formule di duplicazione, calcola le funzioni goniometriche di 120°. $\left[\sin 120° = \frac{\sqrt{3}}{2}, \cos 120° = -\frac{1}{2}, \tan 120° = -\sqrt{3}\right]$

283 **ESERCIZIO SVOLTO**

Calcoliamo le funzioni goniometriche di 2α, sapendo che cos $\alpha = \frac{1}{3}$ e $\frac{3\pi}{2} < \alpha < 2\pi$.

Per utilizzare le formule di duplicazione, occorre conoscere seno e coseno di α.

Calcoliamo quindi anzitutto $\sin\alpha$.

$$\sin\alpha = -\sqrt{1-\cos^2\alpha} = -\sqrt{1-\frac{1}{9}} = -\frac{2\sqrt{2}}{3}$$ Poiché $\frac{3\pi}{2} < \alpha < 2\pi$ è $\sin\alpha < 0$

Pertanto:

$$\sin 2\alpha = 2\sin\alpha\cos\alpha = 2\cdot\left(-\frac{2\sqrt{2}}{3}\right)\cdot\frac{1}{3} = -\frac{4\sqrt{2}}{9}$$

$$\cos 2\alpha = \cos^2\alpha - \sin^2\alpha = \frac{1}{9} - \frac{8}{9} = -\frac{7}{9}$$

In base alla definizione di tangente:

$$\tan 2\alpha = \frac{\sin 2\alpha}{\cos 2\alpha} = \frac{-\frac{4\sqrt{2}}{9}}{-\frac{7}{9}} = \frac{4\sqrt{2}}{7}$$

Calcola le funzioni goniometriche di 2α, in base alle informazioni assegnate.

284 $\cos\alpha = \frac{1}{3}$ e $\frac{3\pi}{2} < \alpha < 2\pi$ $\left[\sin 2\alpha = -\frac{4\sqrt{2}}{9};\ \cos 2\alpha = -\frac{7}{9};\ \tan 2\alpha = \frac{4\sqrt{2}}{7}\right]$

285 $\cos\alpha = -\frac{\sqrt{2}}{3}$ e $\pi < \alpha < \frac{3}{2}\pi$ $\left[\sin 2\alpha = \frac{2}{9}\sqrt{14};\ \cos 2\alpha = -\frac{5}{9};\ \tan 2\alpha = -\frac{2}{5}\sqrt{14}\right]$

286 $\sin\alpha = \frac{1}{3}$ e $\frac{\pi}{2} < \alpha < \pi$ $\left[\sin 2\alpha = -\frac{4\sqrt{2}}{9};\ \cos 2\alpha = \frac{7}{9};\ \tan 2\alpha = -\frac{4\sqrt{2}}{7}\right]$

287 ESERCIZIO SVOLTO

Esprimiamo in funzione di α l'espressione $\frac{1+\cos 2\alpha}{\cos\alpha}$ e semplifichiamola. Supponiamo che α assuma valori per cui tutte le espressioni che compaiono sono definite.

$\frac{1+\cos 2\alpha}{\cos\alpha} =$ Espressione data

$= \frac{1+2\cos^2\alpha - 1}{\cos\alpha} =$ Formula di duplicazione del coseno

$= \frac{2\cos^2\alpha}{\cos\alpha} = 2\cos\alpha$ Semplificando

Esprimi in funzione di α le seguenti espressioni, utilizzando anche le formule di duplicazione, e semplificale. Supponi che gli argomenti assumano valori tali per cui tutte le espressioni che compaiono sono definite.

288 $\frac{\cos 2\alpha}{\cos\alpha + \sin\alpha}$ $[\cos\alpha - \sin\alpha]$

289 $\frac{1-\sin 2\alpha}{\sin\alpha - \cos\alpha}$ $[\sin\alpha - \cos\alpha]$

290 $\sin 2\alpha + \cos 2\alpha + 2\sin^2\alpha$ $[1 + 2\sin\alpha\cos\alpha]$

291 $\tan 2\alpha(1+\tan\alpha)(\sin\alpha - \cos\alpha)$ $[-2\sin\alpha]$

292 $\sin\left(2\alpha + \frac{\pi}{4}\right) - \cos\left(2\alpha + \frac{\pi}{4}\right)$ $\left[2\sqrt{2}\sin\alpha\cos\alpha\right]$

293 $\sqrt{3}\sin\left(\frac{\pi}{3} - 2\alpha\right) + \sqrt{3}\cos\left(2\alpha + \frac{\pi}{6}\right) + \sqrt{3}\sin 2\alpha$ $[6\cos^2\alpha - 3]$

294 $\sqrt{2}\sin\left(\frac{3\pi}{4} - 2\alpha\right) + 2\sin^2\left(\frac{\pi}{4} - \alpha\right) + 2\sin^2\alpha$ $[2]$

295 $\sin 4\alpha$ (*Suggerimento*: $\sin 4\alpha = \sin[2(2\alpha)]$) $[8\sin\alpha\cos^3\alpha - 4\sin\alpha\cos\alpha]$

296 $\cos 4\alpha$ (*Vedi* il suggerimento dell'esercizio precedente) $[1 - 8\sin^2\alpha\cos^2\alpha]$

Applicazioni delle formule di bisezione

297 Osservando che $15° = \frac{1}{2} \cdot 30°$ e utilizzando le formule di bisezione, calcola sin 15°, cos 15° e tan 15°.

$\left[\frac{1}{4}(\sqrt{6}-\sqrt{2}); \frac{1}{4}(\sqrt{6}+\sqrt{2}); 2-\sqrt{3}\right]$

298 Utilizzando le formule di bisezione, calcola $\sin\frac{9\pi}{8}$, $\cos\frac{9\pi}{8}$ e $\tan\frac{9\pi}{8}$. $\left[-\frac{1}{2}\sqrt{2-\sqrt{2}}; -\frac{1}{2}\sqrt{2+\sqrt{2}}; \sqrt{2}-1\right]$

Calcola le funzioni goniometriche di $\frac{\alpha}{2}$, in base alle informazioni assegnate.

299 $\cos\alpha = -\frac{1}{8}$, $\pi < \alpha < \frac{3\pi}{2}$ $\left[\sin\frac{\alpha}{2} = \frac{3}{4}; \cos\frac{\alpha}{2} = -\frac{\sqrt{7}}{4}; \tan\frac{\alpha}{2} = -\frac{3\sqrt{7}}{7}\right]$

300 $\sin\alpha = -\frac{\sqrt{15}}{8}$, $\pi < \alpha < \frac{3\pi}{2}$ $\left[\sin\frac{\alpha}{2} = \frac{\sqrt{15}}{4}; \cos\frac{\alpha}{2} = -\frac{1}{4}; \tan\frac{\alpha}{2} = -\sqrt{15}\right]$

301 $\cos\alpha = -\frac{1}{8}$, $\frac{\pi}{2} < \alpha < \pi$ $\left[\sin\frac{\alpha}{2} = \frac{3}{4}; \cos\frac{\alpha}{2} = \frac{\sqrt{7}}{4}; \tan\frac{\alpha}{2} = \frac{3\sqrt{7}}{7}\right]$

302 $\tan\alpha = -2\sqrt{2}$, $\frac{3\pi}{2} < \alpha < 2\pi$ $\left[\sin\frac{\alpha}{2} = -\frac{\sqrt{3}}{3}; \cos\frac{\alpha}{2} = \frac{\sqrt{6}}{3}; \tan\frac{\alpha}{2} = -\frac{\sqrt{2}}{2}\right]$

RIEPILOGO

Esercizi di riepilogo

303 Completa:

a. La misura in gradi di un angolo di $\frac{2\pi}{3}$ radianti è ....

b. Un angolo avente seno e coseno uguali è quello che misura ....

c. La misura in radianti di un angolo di 200° è ....

d. $\sin^2 30° + 3\cos^2 30° =$ ....

e. La funzione $y = \sin x$ è periodica di periodo ....

f. La funzione $y = \tan x$ è periodica di periodo ....

g. La tangente di un angolo non è definita per ....

304 Associa a ciascun angolo la cui misura è data in gradi nella prima colonna la corrispondente misura in radianti.

a. 90°	A. $\frac{\pi}{4}$
b. 45°	B. π
c. 120°	C. $\frac{3\pi}{4}$
d. 180°	D. $\frac{\pi}{2}$
e. 135°	E. $\frac{2\pi}{3}$

Test

305 Qual è la misura in gradi di un angolo la cui misura in radianti è $\frac{4\pi}{3}$?

A 120° B 150° C 210° D 240°

306 Qual è la misura in radianti di un angolo di 250°?

A $\frac{5\pi}{9}$ B $\frac{5\pi}{18}$ C $\frac{25\pi}{18}$ D $\frac{25\pi}{9}$

307 Sia α un angolo tale che $0 < \alpha < \pi$. Allora:

A il seno di α è certamente positivo
B il coseno di α è certamente positivo
C la tangente di α è certamente positiva
D nessuna delle precedenti risposte è corretta

308 Qual è il valore di $\sin\frac{\pi}{6} + \sin\frac{5\pi}{6}$?

A 0 C $\sqrt{3}$
B 1 D nessuno dei precedenti

309 Quale dei seguenti angoli ha coseno uguale a 0?

A 0 B $\frac{\pi}{2}$ C π D 2π

310 Quale dei seguenti angoli ha il seno uguale a -1?

A $\frac{\pi}{2}$ B π C $\frac{3\pi}{2}$ D 2π

311 Quale dei seguenti angoli ha tangente uguale a 1?

A 0 B $\frac{\pi}{2}$ C $\frac{3\pi}{4}$ D $\frac{5\pi}{4}$

312 Il coseno di un angolo α è negativo se :

A $0 < \alpha < \frac{\pi}{2}$ B $\frac{\pi}{2} < \alpha < \pi$ C $\frac{3\pi}{2} < \alpha < 2\pi$
D Nessuna delle precedenti risposte è corretta.

313 In corrispondenza di quale dei seguenti valori di α la tangente di α non è definita?

A $\alpha = \frac{\pi}{3}$ B $\alpha = \pi$ C $\alpha = \frac{3\pi}{2}$ D $\alpha = 2\pi$

314 Sapendo che $\frac{\pi}{2} < \alpha < \pi$ e che $\sin\alpha = \frac{3}{4}$, qual è il valore di $\cos\alpha$?

A $\frac{\sqrt{5}}{4}$ B $\frac{\sqrt{7}}{4}$ C $-\frac{\sqrt{5}}{4}$ D $-\frac{\sqrt{7}}{4}$

315 Un angolo acuto α è tale che $\sin\alpha = \frac{2}{3}$. L'ampiezza di α, arrotondata a meno di un grado, è:

A 40° B 42° C 44° D 46°

316 Un angolo ottuso α è tale che $\cos\alpha = -\frac{2}{3}$. L'ampiezza di α, arrotondata a meno di un grado, è:

A 122° B 132° C 142° D 152°

317 Quale dei seguenti angoli ha il seno uguale alla tangente di $\frac{3\pi}{4}$?

A $\frac{\pi}{4}$ B $\frac{\pi}{2}$ C $\frac{3\pi}{4}$ D $\frac{3\pi}{2}$

318 Il grafico nella figura è quello della funzione:

A $y = 3\sin x$ C $y = -3\sin x$
B $y = 3\cos x$ D $y = -3\cos x$

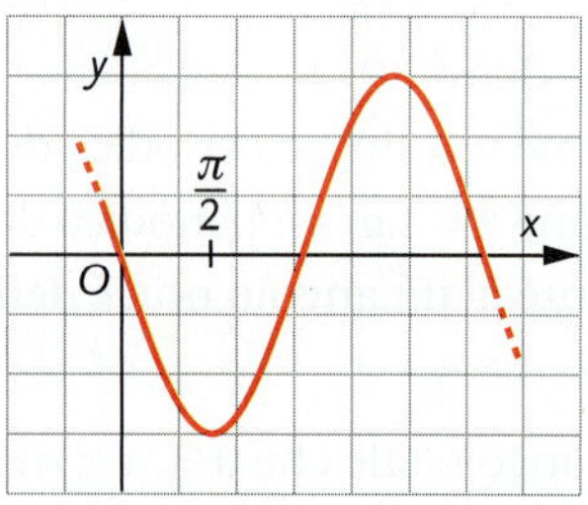

319 Il grafico nella figura è quello della funzione:

A $y = 2\sin x$ C $y = -2\sin x$
B $y = 2\cos x$ D $y = -2\cos x$

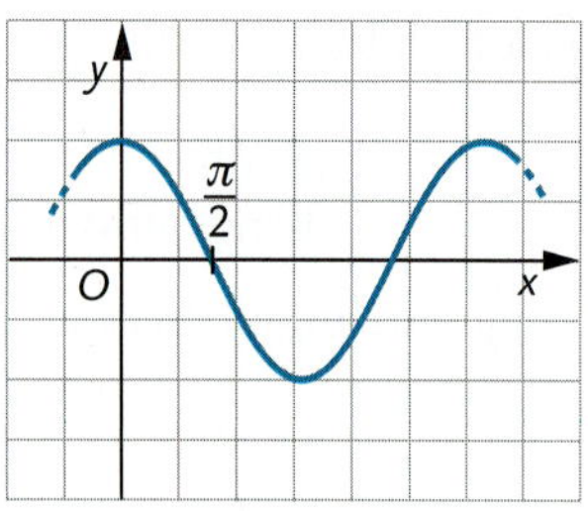

320 Una sola delle seguenti relazioni **non** è vera per ogni valore reale di α. Quale?

A $\sin^2\alpha = 1 - \cos^2\alpha$ C $\sin^2\alpha + \cos^2\alpha = 1$
B $\cos^2\alpha = 1 - \sin^2\alpha$ D $\sin^2\alpha - \cos^2\alpha = 1$

321 L'espressione $\cos(\pi - x)$ è uguale a

A $\sin x$ B $-\sin x$ C $\cos x$ D $-\cos x$

322 L'espressione $\sin(\pi - x)$ è uguale a:

A $\sin x$ B $-\sin x$ C $\cos x$ D $-\cos x$

323 L'espressione $\sin\left(\frac{\pi}{2} - x\right)$ è uguale a:

A $\sin x$ B $-\sin x$ C $\cos x$ D $-\cos x$

324 Se $\sin\alpha = \frac{1}{3}$ e $\cos\alpha = \frac{2\sqrt{2}}{3}$, qual è il valore di $\sin 2\alpha$?

A $\frac{1}{2}$ B $\frac{2}{3}$ C $\frac{2\sqrt{2}}{9}$ D $\frac{4\sqrt{2}}{9}$

325 **Vero o falso?**

a. $\sin\frac{\pi}{3} \neq \cos\frac{\pi}{6}$ V F
b. $\sin\pi > \cos\pi$ V F
c. $\sin\pi = \sin 11\pi$ V F
d. $\tan\frac{5\pi}{2}$ non è definita V F
e. $\cos\pi = \cos 4\pi$ V F
f. $\sin(-\alpha) = \sin\alpha$ V F
g. $\cos(-\alpha) = \cos\alpha$ V F
h. $\sin\frac{11\pi}{6} > 0$ V F

[4 affermazioni vere e 4 false]

326 **Vero o falso?**

a. esiste α tale che $\sin\alpha = \sqrt{3}$ V F
b. esiste α tale che $\sin\alpha = \frac{1}{\sqrt{3}}$ V F
c. $\sin^2 45° = 1 + \cos^2 45°$ V F
d. $\tan 10° \cos 10° = \sin 10°$ V F
e. $\cos 10° = \cos 370°$ V F
f. se $\frac{\pi}{2} < \alpha < \pi$ allora $\sin\alpha < 0$ V F
g. se $\pi < \alpha < \frac{3\pi}{2}$ allora $\cos\alpha < 0$ V F
h. se $\frac{3\pi}{2} < \alpha < 2\pi$ allora $\tan\alpha < 0$ V F

[5 affermazioni vere e 3 false]

Semplifica le seguenti espressioni.

327 $\left(\sin\frac{\pi}{4} - \sin\frac{\pi}{3}\right)\left(\sin\frac{\pi}{4} + \sin\frac{\pi}{3}\right) + \cos^2\frac{\pi}{4}$ $\left[\frac{1}{4}\right]$

328 $\left(\sin\frac{\pi}{2} - \cos\pi\right)\sin\frac{3\pi}{2}$ $[-2]$

329 $\left(\sin\frac{\pi}{6} - 2\sqrt{2}\cos\frac{\pi}{4}\right)\sin\frac{3\pi}{2}$ $\left[\frac{3}{2}\right]$

330 $6\tan\frac{\pi}{6} + 3\tan\frac{5\pi}{6} - 9\tan\frac{7\pi}{6}$ $[-2\sqrt{3}]$

331 $2\sin^2\frac{\pi}{3}-\sin\frac{\pi}{6}-\cos\pi$ [2]

332 $2\sin^2\frac{\pi}{4}-\cos\frac{\pi}{3}+\sin\frac{\pi}{2}$ $\left[\frac{3}{2}\right]$

333 $\left(\sin\frac{\pi}{4}+\sin\frac{3\pi}{4}\right)\left(\sin\frac{5\pi}{4}+2\sin\frac{7\pi}{4}\right)$ [−3]

334 $\left(\cos\frac{\pi}{3}-\cos\frac{2\pi}{3}\right)\left(\cos\frac{4\pi}{3}-\cos\frac{5\pi}{3}\right)$ [−1]

335 $\tan\frac{\pi}{3}\left(\sin\frac{\pi}{3}-\cos\frac{5\pi}{6}\right)+\tan\frac{\pi}{4}\left(\cos\frac{\pi}{4}+\sin\frac{5\pi}{4}\right)$ [3]

336 $\left(\tan\frac{\pi}{6}-\tan\frac{5\pi}{6}\right)\left(\tan\frac{\pi}{3}-\tan\frac{2\pi}{3}\right)$ [4]

337 $\cos\pi\left(\sin\frac{3\pi}{2}-\cos 2\pi\right)+\left(\sin\frac{5\pi}{4}\right)\sin\left(\frac{3\pi}{4}\right)+\sin\frac{\pi}{6}\cos\frac{5\pi}{3}$ $\left[\frac{7}{4}\right]$

338 $\left(\sin\frac{\pi}{3}+\cos\frac{\pi}{6}\right)\left(\sin\frac{5\pi}{6}+\cos\frac{\pi}{3}\right)$ $[\sqrt{3}]$

339 $\left(\sin\frac{3\pi}{4}+\cos\frac{\pi}{4}\right)^2+\left[\sin\left(-\frac{\pi}{4}\right)+\cos\frac{11\pi}{4}\right]^2$ [4]

340 $\left[\sin\left(\frac{7\pi}{3}\right)+\cos\left(\frac{7\pi}{3}\right)\right]\left[\sin\left(\frac{7\pi}{6}\right)-\cos\left(\frac{7\pi}{6}\right)\right]$ $\left[\frac{1}{2}\right]$

341 $\left[\sin\alpha+\sin\left(\frac{\pi}{2}-\alpha\right)\right]^2+\left[\sin\alpha+\sin\left(\frac{3\pi}{2}-\alpha\right)\right]^2$ [2]

342 $\left(\sin\alpha-\sin\frac{\pi}{4}\right)\left(\sin\alpha+\sin\frac{\pi}{4}\right)+\left(\sin\alpha-\sin\frac{\pi}{3}\right)\left(\sin\alpha+\sin\frac{\pi}{3}\right)-2\sin^2\alpha$ $\left[-\frac{5}{4}\right]$

343 $\dfrac{2\sin\frac{3\pi}{4}-\tan\frac{\pi}{4}}{2\cos\frac{\pi}{4}-\tan\frac{3\pi}{4}}$ $[3-2\sqrt{2}]$

Semplifica le seguenti espressioni.

344 $\left[\sin\left(\frac{\pi}{2}-\alpha\right)+\sin\alpha\right]^2+2\sin(-\alpha)\cos(-\alpha)$ [1]

345 $\left[\sin(2\pi-\alpha)+\cos\left(\frac{\pi}{2}-\alpha\right)\right]^2+8\sin^2\frac{\pi}{4}-\tan\frac{\pi}{4}$ [3]

346 $[\cos(-\alpha)\tan\alpha]^2+\sin^2\left(\frac{3\pi}{2}-\alpha\right)-\sin\frac{\pi}{3}\cos\frac{\pi}{6}$ $\left[\frac{1}{4}\right]$

347 $[\sin(\alpha+\pi)+\sin(\alpha+2\pi)+\sin(\alpha+3\pi)]^2+\cos^2\alpha$ [1]

348 $\left[\sin\alpha+\sin\left(\frac{\pi}{2}-\alpha\right)\right]^2+\left[\sin\alpha+\sin\left(\frac{3\pi}{2}-\alpha\right)\right]^2$ [2]

349 $\left(\sin\alpha-\sin\frac{\pi}{4}\right)\left(\sin\alpha+\sin\frac{\pi}{4}\right)+\left(\sin\alpha-\sin\frac{\pi}{3}\right)\left(\sin\alpha+\sin\frac{\pi}{3}\right)-2\sin^2\alpha$ $\left[-\frac{5}{4}\right]$

350 $\dfrac{\sin^2(-\alpha)-\cos^2\alpha}{\sin\alpha+\cos(-\alpha)}+\sin(-\alpha)$ $[-\cos\alpha]$

351 $\dfrac{\sin^2\left(\frac{\pi}{2}-\alpha\right)-\sin^2(5\pi+\alpha)}{\sin\alpha+\sin(\pi+\alpha)+\sin(2\pi+\alpha)+\sin\left(\frac{\pi}{2}-\alpha\right)}$ $[\cos\alpha-\sin\alpha]$

Verifica le seguenti identità. Supponi che le variabili assumano valori per cui tutte le espressioni che compaiono sono definite.

352 $\dfrac{1-\tan^2 x}{1+\tan^2 x} - 2\sin^2 x = 4\cos^2 x - 3$

353 $\dfrac{1-\tan x}{1+\tan x} = \dfrac{1-2\sin^2 x}{1+2\sin x\cos x}$

354 $\sin^4\alpha + \cos^4\alpha = 1 - 2\sin^2\alpha\cos^2\alpha$

355 $\dfrac{1+\sin\beta}{1+\sin(-\beta)} = \dfrac{1+\csc\beta}{\csc\beta - 1}$

356 $\dfrac{\sin^3 x + \cos^3 x}{\sin x + \cos x} = 1 - \sin x\cos x$

357 $\dfrac{\sin^4\alpha - \cos^4\alpha}{\sin\alpha\cos\alpha + 1 - \sin^2\alpha} + 1 = \tan\alpha$

358 $\dfrac{1+\sin(\pi+\varphi)}{\cos\varphi} = \dfrac{\cos(2\pi-\varphi)}{1+\sin(\pi-\varphi)}$

359 $(1+\tan^2\alpha)(\sin^4\alpha - \cos^4\alpha - \sin^2\alpha) = -1$

360 $\dfrac{\sin(\alpha+\beta)}{\cos\alpha\cos\beta} = \tan\alpha + \tan\beta$

361 $\dfrac{\sin(\alpha+\beta)}{\sin(\alpha-\beta)} = \dfrac{\tan\alpha+\tan\beta}{\tan\alpha-\tan\beta}$

362 $\sin(\alpha-\beta)\sin(\alpha+\beta) = \sin^2\alpha - \sin^2\beta$

363 $\cos(\alpha-\beta)\cos(\alpha+\beta) = \cos^2\alpha - \sin^2\beta$

364 $\dfrac{\cos(\alpha+\beta)-\cos(\alpha-\beta)}{\sin(\alpha+\beta)-\sin(\alpha-\beta)} = -\tan\alpha$

Utilizzando anche le formule di duplicazione, verifica le seguenti identità; supponi che gli argomenti delle funzioni goniometriche assumano valori per cui tutte le espressioni contenute sono definite.

365 $\dfrac{2-\sin 2\alpha}{1-\sin\alpha\cos\alpha} = 2$

366 $\dfrac{1-\tan^2\alpha}{2-2\sin^2\alpha-\cos 2\alpha} = 1-\tan^2\alpha$

367 $\dfrac{1-\cos^2\alpha}{\sin 2\alpha} + \tan\alpha = \dfrac{3}{2}\tan\alpha$

368 $\dfrac{1+\cos 2\alpha}{4\cos 2\alpha} = \dfrac{1}{2(1-\tan^2\alpha)}$

369 $\dfrac{1-\sin 2\alpha}{\sin\alpha-\cos\alpha} = \sin\alpha - \cos\alpha$

370 $2\sin^2\alpha + 4\cos^2\alpha + 2\sin\alpha\cos\alpha = 3 + \sqrt{2}\sin\left(2\alpha + \dfrac{\pi}{4}\right)$

371 Determina seno e coseno dell'angolo $\alpha = 165°$, osservando che $\alpha = 210° - 45°$.

$\left[\sin 165° = \dfrac{\sqrt{6}-\sqrt{2}}{4};\ \cos 165° = -\dfrac{\sqrt{6}+\sqrt{2}}{4}\right]$

372 Determina seno e coseno dell'angolo $\alpha = 165°$, osservando che $\alpha = 45° + 120°$.

[Vedi la soluzione dell'esercizio precedente]

373 Sapendo che $\sin\alpha = \dfrac{2}{3}$ e $0 < \alpha < \dfrac{\pi}{2}$, determina $\sin 2\alpha$, $\cos 2\alpha$ e $\tan 2\alpha$.

$\left[\sin 2\alpha = \dfrac{4\sqrt{5}}{9};\ \cos 2\alpha = \dfrac{1}{9};\ \tan 2\alpha = 4\sqrt{5}\right]$

374 Sapendo che $\sin\alpha = \dfrac{2}{5}$ e $\dfrac{\pi}{2} < \alpha < \pi$, determina $\sin 2\alpha$, $\cos 2\alpha$ e $\tan 2\alpha$.

$\left[\sin 2\alpha = -\dfrac{4\sqrt{21}}{25};\ \cos 2\alpha = \dfrac{17}{25};\ \tan 2\alpha = -\dfrac{4\sqrt{21}}{17}\right]$

Esercizi dalle gare di matematica e in inglese

375 L'angolo α è tale che $\cos\alpha = \tan\dfrac{\pi}{6}$ e $0 < \alpha < \pi$. Qual è il valore di $\sin\alpha$?

(High School Math Contest, Texas 2003)

$\left[\dfrac{\sqrt{6}}{3}\right]$

376 Qual è il valore dell'espressione $\dfrac{\sin^2 20° + \cos^2 160°}{\sin^2 30° + \cos^2 60°}$?

(High School Math Contest, Texas 2006)

[2]

377 Solve math in English Find the exact value of each of the remaining trigonometric functions, given that:

$\sin\alpha = \dfrac{4}{5}$ and $\tan\alpha < 0$.

$\left[\cos\alpha = -\dfrac{3}{5};\ \tan\alpha = -\dfrac{4}{3}\right]$

378 Solve math in English Let θ be an irrational number. Which of the following statements is always true?

A θ^3 is irrational
B $\sin\theta$ is irrational
C $\sqrt{|\theta|}$ is irrational
D $\dfrac{1}{1+\pi\theta}$
E None of the above

(High School Math Contest, Louisiana State University 2006)

PROVA DI AUTOVERIFICA

Le funzioni e le formule goniometriche

1 Qual è la misura in radianti di un angolo che misura 150°?

A $\frac{2\pi}{3}$ B $\frac{5\pi}{6}$ C $\frac{4\pi}{3}$ D $\frac{7\pi}{6}$

2 Qual è la misura in gradi di un angolo che misura $\frac{5\pi}{12}$ radianti?

A 65° B 75° C 85° D 95°

3 **Vero o falso?**

a. esiste un angolo α tale che $\sin\alpha = \frac{5}{4}$ V F

b. esiste un angolo α tale che $\sin\alpha = \frac{4}{5}$ V F

c. esiste un angolo α tale che $\sin^2\alpha + \cos^2\alpha = 1$ V F

d. esiste un angolo α tale che $\sin^2\alpha + \cos^2\alpha = 2$ V F

4 In riferimento alla figura seguente, determina:

a. seno, coseno e tangente di α

b. seno, coseno e tangente di β

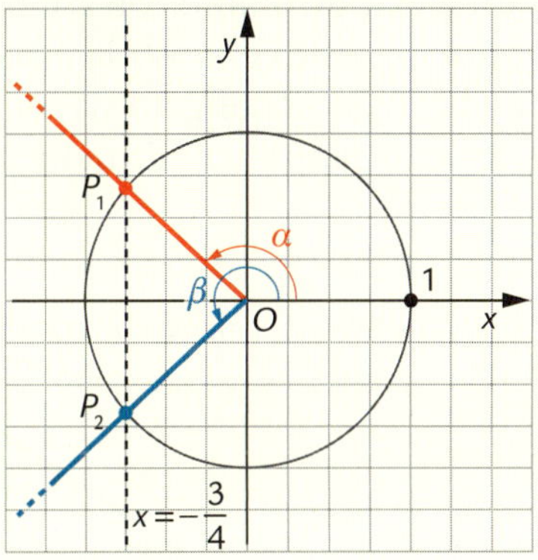

5 Sapendo che $\sin\alpha = \frac{4}{5}$ e che $\frac{\pi}{2} < \alpha < \pi$, determina $\cos\alpha$ e $\tan\alpha$.

6 Con l'aiuto della calcolatrice, determina la misura in gradi, primi e secondi dell'angolo α appartenente al primo quadrante tale che $\sin\alpha = \frac{1}{3}$.

7 Inserisci il simbolo corretto scelto tra $<$, $=$, $>$.

a. $\sin\frac{3\pi}{2}$ .... $\sin\frac{\pi}{2}$

b. $\cos\frac{3\pi}{4}$ .... $\cos\frac{5\pi}{4}$

c. $\tan\frac{\pi}{3}$ .... $\tan\frac{7\pi}{6}$

Semplifica le seguenti espressioni (senza utilizzare la calcolatrice).

8

a. $\left(\cos\pi + \sin\frac{3\pi}{2}\right)\left(\sin 0 + \cos 0 + \cos\frac{\pi}{2} + \sin\frac{\pi}{2}\right)$

b. $\left(\sin\frac{\pi}{4}\cos\frac{5\pi}{4} + \tan\frac{\pi}{4}\right)\left(1 + \tan\frac{\pi}{3}\tan\frac{\pi}{6}\right)$

c. $\left[\sin\left(\frac{\pi}{2} + \alpha\right) + \cos(-\alpha)\right]^2 + 4\sin^2(\pi - \alpha)$

d. $\sin 2x + (\sin x - \cos x)^2 + \cos 2x + 2\sin^2 x$

9 Traccia il grafico della funzione $y = -3\cos x$ nell'intervallo $[0, 2\pi]$.

10 Sia $\alpha = \frac{\pi}{3} + \frac{3\pi}{4}$. Calcola seno e coseno di α.

Valutazione

Esercizio	1	2	3	4	5	6	7	8	9	10	Totale
Punteggio	0,5	0,5	$0{,}25 \cdot 4 = 1$	$1 + 0{,}5 = 1{,}5$	1	0,5	$0{,}25 \cdot 3 = 0{,}75$	$0{,}5 + 0{,}5 + 0{,}5 + 0{,}75 = 2{,}25$	1	1	10
Punteggio ottenuto											

Tempo massimo: 2 h

Risposte in fondo al volume

Unità 12

Trigonometria

Tema E

1. Teoremi sui triangoli rettangoli

Nelle Unità precedenti abbiamo introdotto le funzioni goniometriche degli angoli e abbiamo studiato alcune delle loro proprietà. In questa Unità affronteremo lo studio della **trigonometria**, cioè di quella parte della matematica che tratta le relazioni fra le misure dei lati e le funzioni goniometriche degli angoli di un *triangolo*.

Premettiamo che d'ora in avanti adotteremo le seguenti convenzioni per indicare gli elementi di un triangolo di vertici A, B e C (**fig. 12.1**):

- con le lettere minuscole a, b, c indicheremo le misure dei *lati opposti*, rispettivamente, ai vertici A, B, C;
- con le lettere greche α, β, γ indicheremo gli *angoli* aventi vertici, rispettivamente, in A, B, C, o le loro misure.

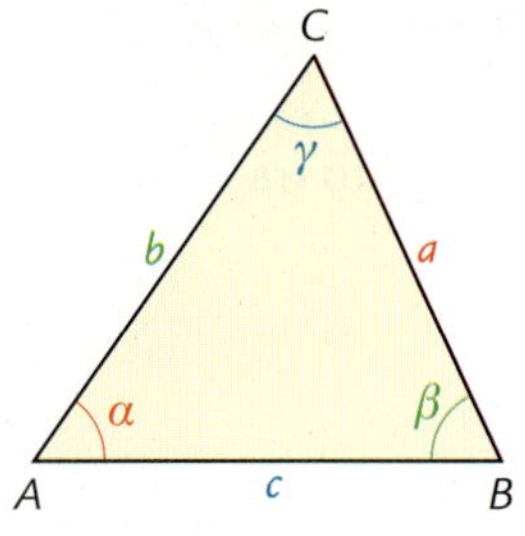

Figura 12.1

I teoremi fondamentali sui triangoli rettangoli

Iniziamo la nostra esplorazione della trigonometria a partire da una figura geometrica ben nota: il *triangolo rettangolo*. Supponiamo che il triangolo abbia l'angolo retto in A e indichiamo le misure dei lati e degli angoli secondo le convenzioni stabilite (**fig. 12.2**).

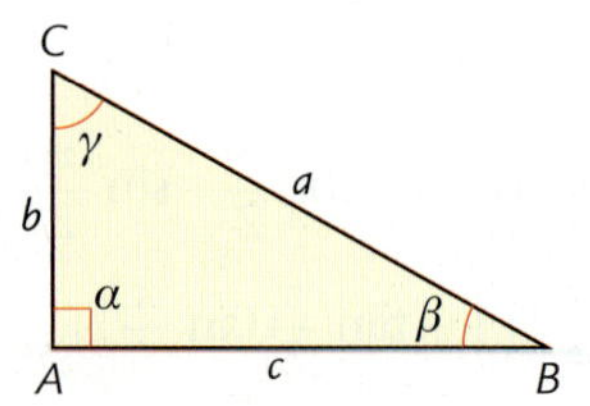

Figura 12.2

Riferiamo il triangolo a un sistema di riferimento cartesiano ortogonale rispetto al quale l'angolo β si trovi in posizione normale; indichiamo con P il punto in cui la semiretta OC interseca la circonferenza goniometrica e con H la proiezione di P sull'asse x. A seconda che la misura dell'ipotenusa del triangolo sia minore, uguale o maggiore di 1 si possono ottenere i tre casi rappresentati nelle **figg. 12.3a, 12.3b** e **12.3c**.

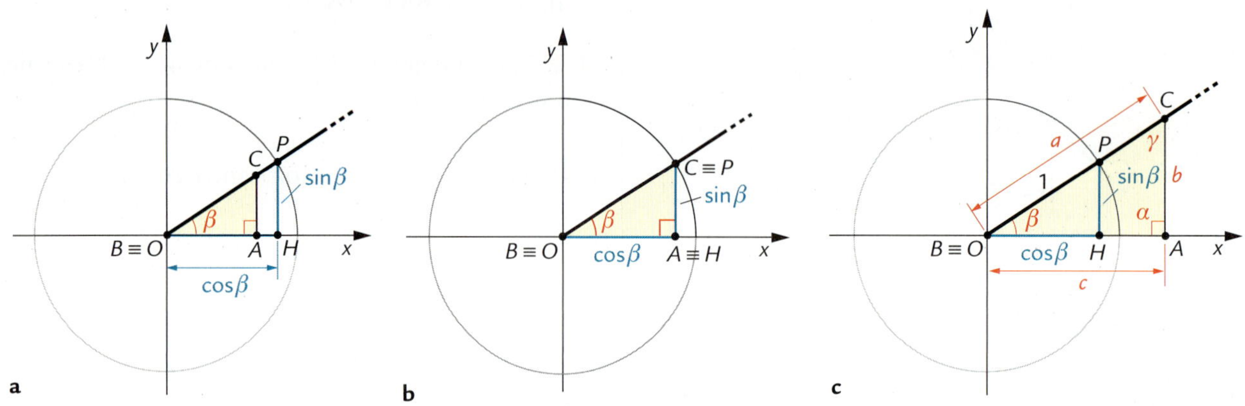

Figura 12.3

In tutti i casi (fai riferimento alla terza figura), il triangolo ABC è *simile* al triangolo HOP (perché?), quindi possiamo scrivere la proporzione:

$$\frac{b}{a} = \frac{\sin\beta}{1} \qquad AC : BC = PH : OP$$

da cui si ricava:

$$b = a\sin\beta \qquad [12.1]$$

Osservando poi che $\beta = \frac{\pi}{2} - \gamma$ e ricordando le relazioni tra le funzioni goniometriche degli angoli complementari si può scrivere la **[12.1]** nella forma equivalente:

$$b = a\cos\gamma \qquad [12.2]$$

Riflettiamo ora sulle due uguaglianze **[12.1]** e **[12.2]**, osservando la **fig. 12.4**.

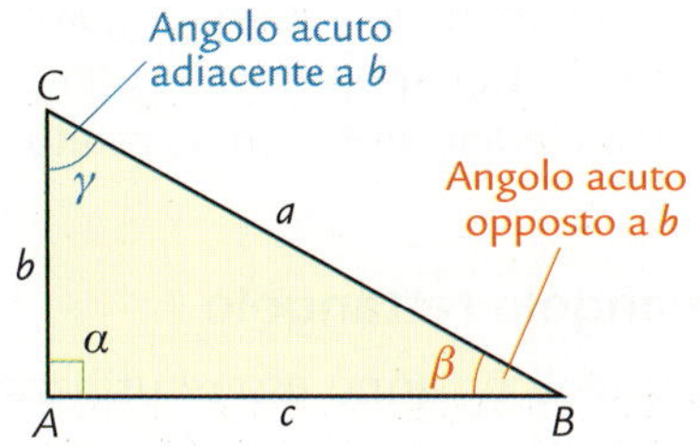

Figura 12.4

Ci possiamo rendere conto che:

b	$=$	a	$\cdot$	$\sin\beta$
misura di un cateto		misura dell'ipotenusa		seno dell'angolo opposto al cateto

b	$=$	a	$\cdot$	$\cos\gamma$
misura di un cateto		misura dell'ipotenusa		coseno dell'angolo acuto adiacente al cateto

Ragionando in modo del tutto simile si potrebbe provare che valgono analoghe relazioni circa la misura c dell'altro cateto. Vale quindi il seguente teorema.

Primo teorema sui triangoli rettangoli — **TEOREMA 12.1**

In un triangolo rettangolo la misura di un **cateto** è uguale a quella dell'**ipotenusa** moltiplicata per il **seno dell'angolo opposto** al cateto, o moltiplicata per il **coseno dell'angolo acuto adiacente** al cateto.

Dal **teorema 12.1** seguono in particolare le due uguaglianze:

$$b = a\sin\beta$$
$$c = a\cos\beta$$

Dividendole membro a membro otteniamo:

$$\frac{b}{c} = \frac{a\sin\beta}{a\cos\beta} = \tan\beta$$

cioè:

$$b = c\tan\beta \qquad [12.3]$$

Poiché $\beta = \frac{\pi}{2} - \gamma$, risulta $\tan\beta = \tan\left(\frac{\pi}{2} - \gamma\right) = \frac{1}{\tan\gamma}$ (per le relazioni tra le funzioni goniometriche degli angoli complementari). Inoltre il reciproco della tangente di γ è chiamato **cotangente** di γ e indicato con il simbolo $\cot\gamma$.
Si può quindi riscrivere la **[12.3]** nella forma equivalente:

$$b = c\cot\gamma \qquad [12.4]$$

Riflettendo sulle due uguaglianze **[12.3]** e **[12.4]**, osservando ancora la **fig. 12.4**, ci rendiamo conto che:

b	$=$	c	$\cdot$	$\tan\beta$
misura di un cateto		misura dell'altro cateto		tangente dell'angolo opposto al primo cateto

b	$=$	c	$\cdot$	$\cot\gamma$
misura di un cateto		misura dell'altro cateto		cotangente dell'angolo acuto adiacente al primo cateto

Ragionando in modo del tutto simile si potrebbe provare che valgono analoghe relazioni circa la misura c dell'altro cateto. Vale quindi il seguente teorema.

TEOREMA 12.2 **Secondo teorema sui triangoli rettangoli**

In un triangolo rettangolo la misura di un **cateto** è uguale a quella dell'**altro cateto** moltiplicata per la **tangente dell'angolo opposto** al primo cateto, o moltiplicata per la **cotangente dell'angolo acuto adiacente** al primo cateto.

Risoluzione di un triangolo rettangolo

I teoremi sui triangoli rettangoli possono essere utilizzati sia per determinare le *misure dei lati* di un triangolo rettangolo, sia (inversamente) per risalire alle *misure degli angoli* acuti di un triangolo rettangolo. Ciò consente di **risolvere un triangolo rettangolo**, cioè di determinarne le misure di tutti i lati e tutti gli angoli, una volta noti *due* elementi del triangolo, *fra cui almeno un lato.*
Analizziamo tramite alcuni esempi i vari casi che si possono presentare.

ESEMPIO **Risoluzione di un triangolo rettangolo, dati i due cateti**

Risolviamo un triangolo rettangolo di cui conosciamo le misure dei due cateti: $b = 6$, $c = 8$.

- Applicando il teorema di Pitagora al triangolo possiamo ricavare la misura dell'ipotenusa:

  $a = \sqrt{36 + 64} = 10$

  Le misure dei lati sono così determinate.

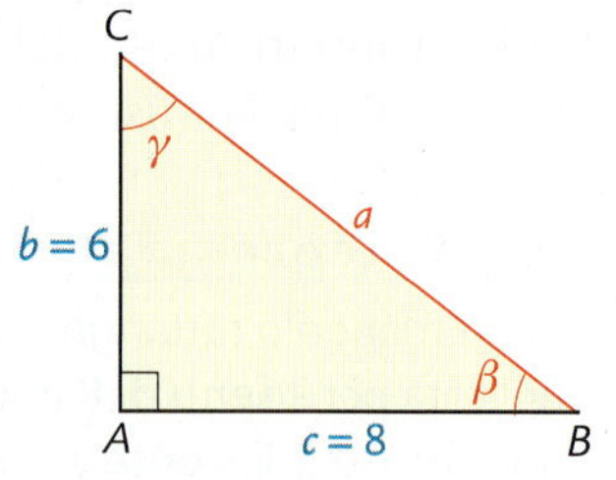

- Per ricavare le misure degli angoli acuti del triangolo applichiamo i teoremi sui triangoli rettangoli. Dalle relazioni:

  $b = a \sin\beta$ e $c = a \sin\gamma$

  possiamo ricavare che:

  $\sin\beta = \frac{b}{a} = \frac{6}{10} = \frac{3}{5}$ e $\sin\gamma = \frac{c}{a} = \frac{8}{10} = \frac{4}{5}$

  da cui segue:

  $\beta \simeq 37°$ Con una calcolatrice, arrotondando a meno di un grado

  $\gamma \simeq 53°$ Con una calcolatrice, arrotondando a meno di un grado

Osserva

In alternativa, per determinare le misure degli angoli del triangolo avremmo potuto utilizzare il secondo teorema sui triangoli rettangoli; da esso si ricava che $\tan\beta = \frac{3}{4}$ e $\tan\gamma = \frac{4}{3}$. In questo caso si risale agli angoli con la calcolatrice utilizzando la funzione inversa della tangente.

ESEMPIO **Risoluzione di un triangolo rettangolo, dati l'ipotenusa e un cateto**

Risolviamo un triangolo rettangolo di cui conosciamo le misure dell'ipotenusa e di un cateto: $a = 5$, $b = 3$.

- Applicando il teorema di Pitagora, possiamo ricavare la misura dell'altro cateto:

  $c = \sqrt{25 - 9} = \sqrt{16} = 4$

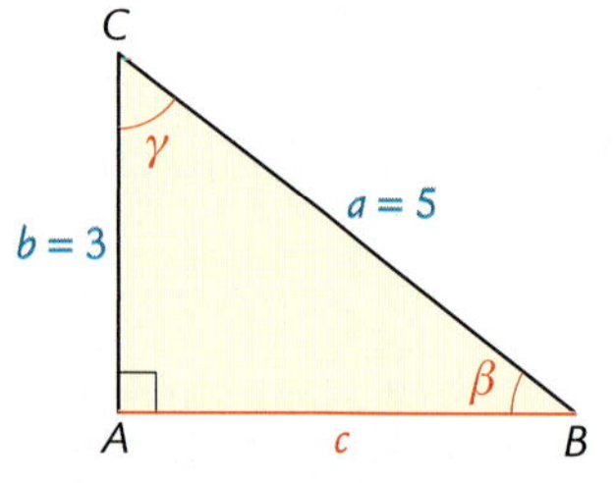

- Per ricavare le misure degli *angoli acuti*, come nell'esempio precedente, utilizziamo il primo teorema sui triangoli rettangoli; da esso seguono le relazioni:

  $\sin\beta = \frac{b}{a} = \frac{3}{5}$ e $\sin\gamma = \frac{c}{a} = \frac{4}{5}$

da cui:

$\beta \simeq 37°$ Con una calcolatrice, arrotondando a meno di un grado

$\gamma \simeq 53°$ Con una calcolatrice, arrotondando a meno di un grado

ESEMPIO **Risoluzione di un triangolo rettangolo, dati un cateto e un angolo acuto**

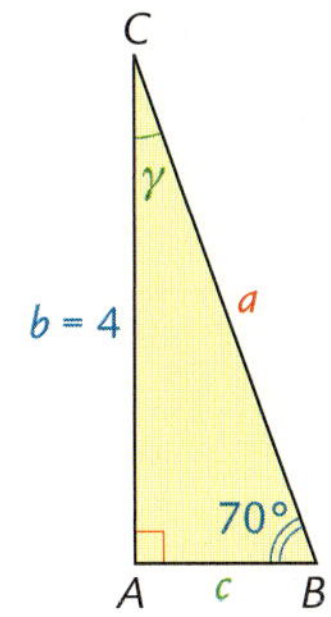

Risolviamo un triangolo rettangolo di cui conosciamo:

$b = 4,\ \beta = 70°$.

- Poiché gli angoli acuti di un triangolo rettangolo sono complementari, è immediato ricavare la misura di γ:

$\gamma = 90° - 70° = 20°$

- Per ricavare la misura del cateto AB utilizziamo il secondo teorema sui triangoli rettangoli:

$c = b \tan \gamma \Rightarrow c = 4 \tan 20° \simeq 1{,}46$ Con una calcolatrice, arrotondando ai centesimi

- Infine, determiniamo la misura dell'ipotenusa mediante il teorema di Pitagora; con una calcolatrice, arrotondando ai centesimi abbiamo:

$a = \sqrt{b^2 + c^2} \simeq \sqrt{4^2 + (1{,}46)^2} \simeq 4{,}26$

Osserva

In alternativa, avremmo potuto determinare la misura dell'ipotenusa mediante il primo teorema sui triangoli rettangoli. Da $b = a \sin 70°$ segue $a = \dfrac{b}{\sin 70°}$.

ESEMPIO **Risoluzione di un triangolo rettangolo, dati l'ipotenusa e un angolo acuto**

Risolviamo un triangolo rettangolo di cui conosciamo: $a = 6,\ \beta = 35°$.

- Possiamo anzitutto ricavare la misura di γ:

$\gamma = 90° - 35° = 55°$

- Per determinare le misure dei cateti, utilizziamo il primo teorema sui triangoli rettangoli; osserviamo che, non conoscendo le funzioni goniometriche di un angolo di 35°, dobbiamo ricorrere necessariamente ai valori approssimati forniti dalla calcolatrice:

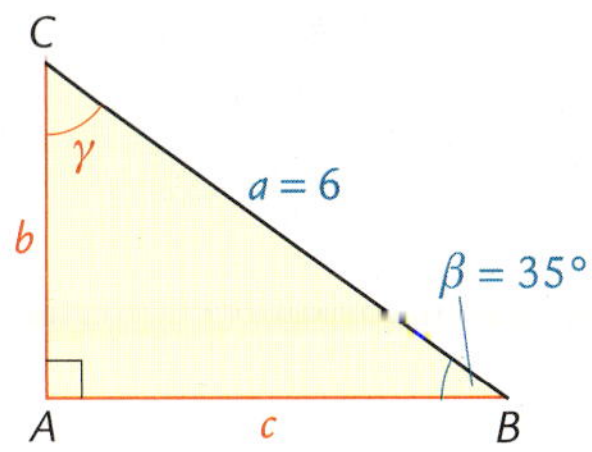

$c = a \cos \beta = 6 \cdot \cos 35° \simeq 4{,}91$ Arrotondando ai centesimi

$b = a \sin \beta = 6 \cdot \sin 35° \simeq 3{,}44$ Arrotondando ai centesimi

Applicazioni dei teoremi sui triangoli rettangoli

Vogliamo infine presentare due teoremi, che si deducono facilmente dall'applicazione dei teoremi sui triangoli rettangoli.

1. Il teorema sull'area di un triangolo

Area di un triangolo **TEOREMA 12.3**

L'**area** di un triangolo è uguale alla **metà del prodotto delle misure di due lati** per il **seno** dell'angolo fra di essi compreso.

In formule, con le solite notazioni circa le misure dei lati e degli angoli di un triangolo e indicando con S l'area della superficie del triangolo, possiamo scrivere:

$$S = \frac{1}{2} ab \sin \gamma = \frac{1}{2} bc \sin \alpha = \frac{1}{2} ac \sin \beta$$

La deduzione del teorema, nel caso di un triangolo acutangolo, è illustrata nella didascalia della **fig. 12.5**. Similmente si potrebbe procedere per un triangolo ottusangolo.

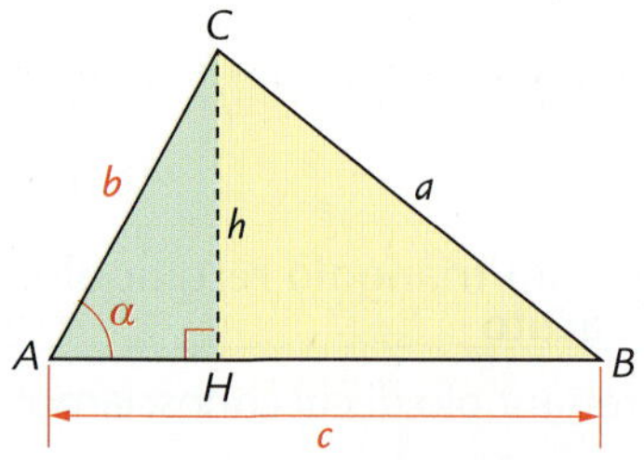

Figura 12.5 Applicando il primo teorema sui triangoli rettangoli al triangolo *AHC* segue che $h = b \sin \alpha$. Se ne deduce quindi che l'area *S* del triangolo vale: $S = \frac{1}{2} c \cdot \underbrace{b \sin \alpha}_{h} = \frac{1}{2} bc \sin \alpha$.

ESEMPIO Area di un triangolo

Calcoliamo l'area di un triangolo *ABC*, di cui si sa che:

$$\overline{AB} = 4a, \ \overline{AC} = 3a, \ B\widehat{A}C = \frac{2\pi}{3}$$

In base al **teorema 12.3** l'area *S* del triangolo è data da:

$$S = \frac{1}{2} \cdot \overline{AB} \cdot \overline{AC} \cdot \sin B\widehat{A}C =$$

$$= \frac{1}{2} \cdot 4a \cdot 3a \cdot \underbrace{\sin \frac{2\pi}{3}}_{\frac{\sqrt{3}}{2}} = 3a^2\sqrt{3}$$

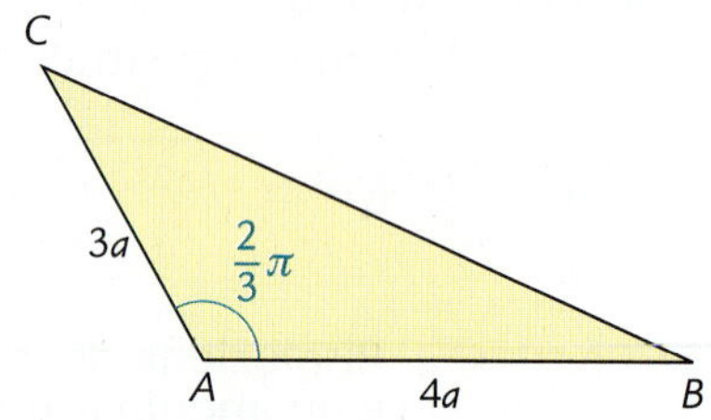

2. Il teorema della corda

In geometria euclidea abbiamo imparato a calcolare la misura di una **corda** di una circonferenza di raggio *r*, una volta nota la sua *distanza dal centro*. Ora, grazie ai teoremi sui triangoli rettangoli, impareremo a calcolare la misura della corda in funzione degli *angoli alla circonferenza* che insistono sugli archi sottesi alla corda.

TEOREMA 12.4 **Teorema della corda**

La misura di una **corda** di una circonferenza è uguale al **prodotto** della misura del **diametro** per il **seno** di uno qualunque degli angoli alla circonferenza che insistono su uno dei due archi sottesi alla corda.

La dimostrazione del teorema è illustrata nella didascalia della **fig. 12.6**.

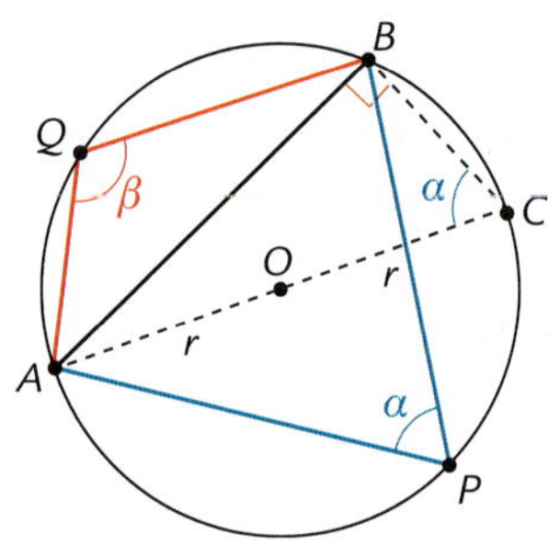

Figura 12.6 Se l'angolo alla circonferenza insiste sul minore dei due archi $\widehat{AB}$ (come nel caso di $A\widehat{P}B$), la tesi segue dal primo teorema sui triangoli rettangoli applicato ad *ABC* (rettangolo perché inscritto in una semicirconferenza): $\overline{AB} = \overline{AC} \sin A\widehat{C}B = 2r \sin \alpha$. Se l'angolo alla circonferenza insiste sul maggiore dei due archi $\widehat{AB}$ (come nel caso di $A\widehat{Q}B$), la tesi è ancora vera perché $A\widehat{Q}B$ è supplementare di $A\widehat{P}B$ (essendo angoli opposti di un quadrilatero inscritto in una circonferenza) e dunque ha lo stesso seno di $A\widehat{P}B$.

ESEMPIO Utilizzo del teorema della corda per determinare la misura di una corda

Determiniamo la misura di una corda *AB* di una circonferenza di raggio *r*, sapendo che $\cos\alpha = \frac{3}{5}$, essendo α uno degli angoli alla circonferenza che insistono sugli archi sottesi alla corda.

Per poter applicare il teorema della corda, dobbiamo calcolare il *seno* di α. Abbiamo:

$$\sin\alpha = +\sqrt{1-\cos^2\alpha} = \sqrt{1-\frac{9}{25}} = \frac{4}{5}$$

Poiché α è un angolo alla circonferenza, quindi $0 < \alpha < \pi$, nella formula che esprime il seno in funzione del coseno occorre scegliere il segno +

Ora possiamo ricavare la misura della corda:

$$\overline{AB} = 2r\sin\alpha = 2r\cdot\frac{4}{5} = \frac{8}{5}r$$

Teorema della corda

ESEMPIO Utilizzo del teorema della corda per determinare la misura di un angolo

Consideriamo una circonferenza di raggio *r*. Determiniamo le misure degli angoli alla circonferenza che insistono sugli archi sottesi a una corda *AB* di misura $r\sqrt{3}$.

Sia α un angolo alla circonferenza che insiste su uno dei due archi $\overset{\frown}{AB}$.
In base al teorema della corda sappiamo che deve valere la relazione $\overline{AB} = 2r\sin\alpha$, che in questo caso equivale a:

$$r\sqrt{3} = 2r\sin\alpha \quad \text{da cui} \quad \sin\alpha = \frac{\sqrt{3}}{2}$$

Le uniche soluzioni dell'equazione $\sin\alpha = \frac{\sqrt{3}}{2}$ appartenenti all'intervallo $0 < \alpha < \pi$ sono:

$$\alpha = \frac{\pi}{3} \quad \text{e} \quad \alpha = \frac{2\pi}{3}$$

Osserva
La limitazione $0 < \alpha < \pi$ deriva dal fatto che α è un angolo alla circonferenza.

Queste sono quindi *le sole possibili misure* degli angoli alla circonferenza che insistono su uno dei due archi $\overset{\frown}{AB}$. Precisamente:

- gli angoli che insistono sul *minore* dei due archi $\overset{\frown}{AB}$ (come $A\hat{Q}B$ in figura) misurano $\frac{\pi}{3}$;
- gli angoli che insistono sul *maggiore* dei due archi $\overset{\frown}{AB}$ (come $A\hat{P}B$ in figura) misurano $\frac{2\pi}{3}$.

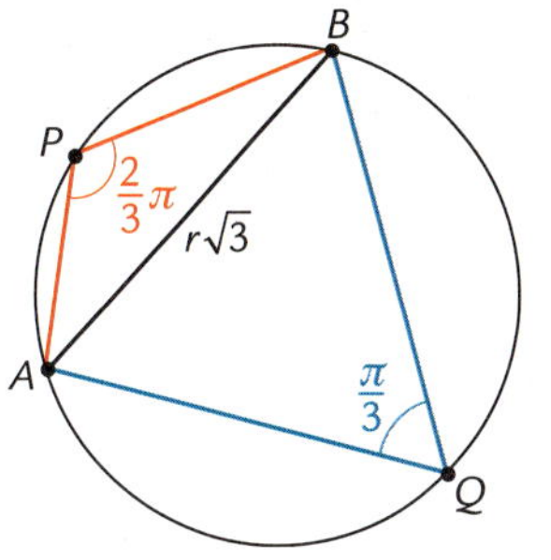

Ritroviamo così un risultato che potevamo dedurre anche dalla geometrica euclidea elementare, ricordando che una corda *AB* di misura $r\sqrt{3}$ è il lato del *triangolo equilatero* di base *AB* inscritto nella circonferenza.

Prova tu ESERCIZI a p. 551

1. In un triangolo rettangolo *ABC* l'ipotenusa *BC* misura 20 e l'angolo β di vertice *B* è tale che $\sin\beta = \frac{4}{5}$. Determina il perimetro del triangolo. [48]
2. In un triangolo rettangolo si ha: $b = 2$, $c = \sqrt{5}$; risolvi il triangolo. [$a = 3$, $\beta \simeq 42°$, $\gamma \simeq 48°$]
3. In un triangolo rettangolo si ha: $b = 10$, $\beta = 40°$; risolvi il triangolo. [$\gamma = 50°$, $a \simeq 15{,}56$, $c \simeq 11{,}92$]

2. Teoremi sui triangoli qualunque

Dopo aver presentato i teoremi sui triangoli rettangoli, in questo paragrafo presentiamo due importanti teoremi, il *teorema dei seni* e il *teorema del coseno*, che sono validi per triangoli *qualunque*.

Il teorema dei seni

Il primo teorema che enunciamo sui triangoli qualunque rappresenta uno dei risultati più belli della trigonometria per la sua semplicità e la sua eleganza.

TEOREMA 12.5 **Teorema dei seni**

In un triangolo è costante il rapporto fra la misura di ciascun lato e il seno dell'angolo opposto.

Dalla storia

Il teorema dei seni era vagamente conosciuto prima che venisse espresso per la prima volta in forma «moderna» dall'astronomo persiano Nasir Eddin (1201-1274). In Europa il teorema viene enunciato chiaramente per la prima volta da **Regiomontano** (1436-1476) nel suo trattato *De triangulis*. Il teorema dei seni è anche noto come **teorema di Eulero**.

Ricorda

Per ogni triangolo esiste la circonferenza circoscritta; il centro della circonferenza circoscritta è il punto di intersezione degli assi dei lati del triangolo.

Indicando come al solito con a, b e c le misure dei lati di un triangolo e rispettivamente con α, β, γ le misure degli angoli opposti, il teorema dei seni si può esprimere nella forma:

$$\frac{a}{\sin\alpha}=\frac{b}{\sin\beta}=\frac{c}{\sin\gamma} \qquad [12.5]$$

DIMOSTRAZIONE

Consideriamo un triangolo qualsiasi ABC e tracciamo la circonferenza a esso circoscritta, indicandone con r il raggio (**fig. 12.7**).
I lati AB, AC e BC sono corde di tale circonferenza, quindi per il teorema della corda:

$$a=2r\sin\alpha; \qquad b=2r\sin\beta; \qquad c=2r\sin\gamma$$

Ne seguono le uguaglianze:

$$\frac{a}{\sin\alpha}=2r; \qquad \frac{b}{\sin\beta}=2r; \qquad \frac{c}{\sin\gamma}=2r$$

ovvero:

$$\frac{a}{\sin\alpha}=\frac{b}{\sin\beta}=\frac{c}{\sin\gamma}=2r$$

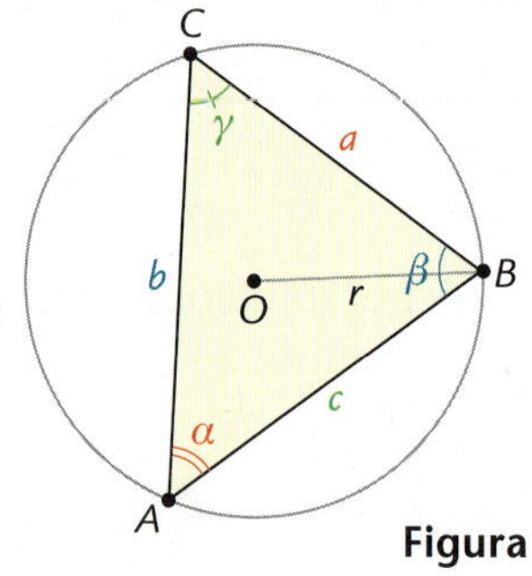

Figura 12.7

Dalla relazione **[12.5]** si ricavano le seguenti formule, che esprimono i rapporti fra le misure di due lati di un triangolo:

$$\frac{a}{b}=\frac{\sin\alpha}{\sin\beta}; \qquad \frac{a}{c}=\frac{\sin\alpha}{\sin\gamma}; \qquad \frac{b}{c}=\frac{\sin\beta}{\sin\gamma} \qquad [12.6]$$

Ovvero: *il rapporto tra le misure di due lati di un triangolo è uguale al rapporto tra i seni degli angoli rispettivamente opposti a tali lati.*

ESEMPIO **Applicazione del teorema dei seni**

In un triangolo ABC risulta: $B\widehat{A}C=60°$, $A\widehat{B}C=45°$ e $\overline{BC}=5$. Determiniamo la misura di AC.

Dal teorema dei seni segue che:

$$\frac{\overline{BC}}{\sin 60°}=\frac{\overline{AC}}{\sin 45°}$$

da cui: $$\overline{AC}=\overline{BC}\cdot\frac{\sin 45°}{\sin 60°}=5\cdot\frac{\frac{\sqrt{2}}{2}}{\frac{\sqrt{3}}{2}}=\frac{5\sqrt{6}}{3}$$

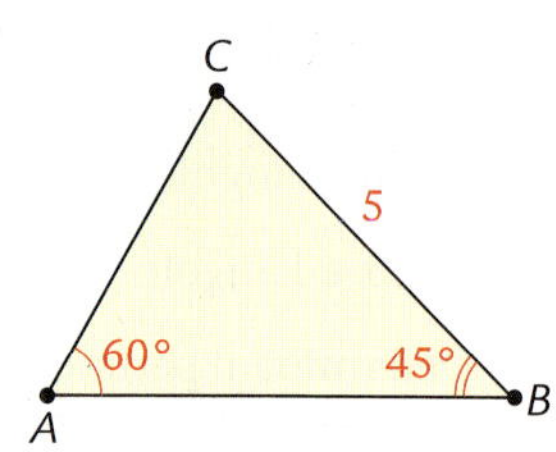

Il teorema del coseno

Il secondo teorema sui triangoli qualunque che presentiamo è una generalizzazione del teorema di Pitagora.

Teorema del coseno — TEOREMA 12.6

In un triangolo il quadrato della misura di un lato è uguale alla somma dei quadrati delle misure degli altri due, diminuita del doppio prodotto delle misure di questi due lati per il coseno dell'angolo fra di essi compreso.

Per esempio, per il triangolo in **fig. 12.8**, in cui abbiamo indicato le misure dei lati e degli angoli con le solite notazioni, il teorema del coseno fornisce le seguenti relazioni:

$$a^2 = b^2 + c^2 - 2bc\cos\alpha$$
$$b^2 = a^2 + c^2 - 2ac\cos\beta \qquad [12.7]$$
$$c^2 = a^2 + b^2 - 2ab\cos\gamma$$

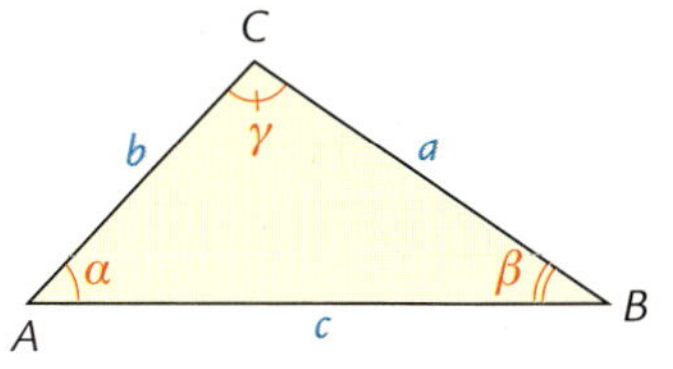

Figura 12.8

DIMOSTRAZIONE

Per semplicità ci limitiamo a dimostrare la relazione $a^2 = b^2 + c^2 - 2bc\cos\alpha$ nel caso in cui ABC sia acutangolo (nel caso di un triangolo ottusangolo si potrebbe comunque procedere similmente).

a. Tracciamo l'altezza CH relativa ad AB e osserviamo che, per il primo teorema sui triangoli rettangoli applicato al triangolo AHC (**fig. 12.9**), risulta:

$$\overline{CH} = b\sin\alpha \quad \text{e} \quad \overline{AH} = b\cos\alpha$$

b. Applichiamo ora il *teorema di Pitagora* al triangolo rettangolo BHC; abbiamo:

$$\overline{BC}^2 = \overline{CH}^2 + \overline{BH}^2$$

da cui:

$$a^2 = (b\sin\alpha)^2 + (c - b\cos\alpha)^2 =$$
$$= b^2\sin^2\alpha + c^2 + b^2\cos^2\alpha - 2bc\cos\alpha =$$
$$= b^2(\sin^2\alpha + \cos^2\alpha) + c^2 - 2bc\cos\alpha =$$
$$= b^2 + c^2 - 2bc\cos\alpha$$

Osservando che $\sin^2\alpha + \cos^2\alpha = 1$

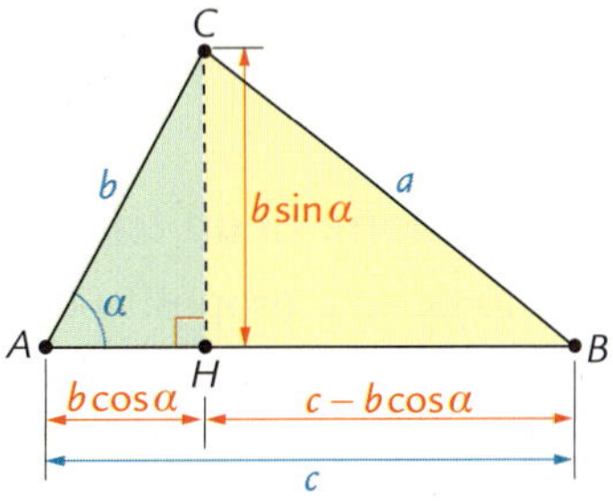

Figura 12.9

> **Dalla storia**
>
> Il teorema del coseno compare in una forma equivalente già negli *Elementi* di **Euclide**. In forma moderna, viene enunciato per la prima volta dal matematico francese **François Viète** (1540-1603). Il teorema del coseno è anche noto come **teorema di Carnot**, in omaggio al matematico francese **Lazare-Nicolas Carnot** (1753-1823) che ne diede una generalizzazione relativa al tetraedro.

Il teorema del coseno è una *generalizzazione* del teorema di Pitagora nel senso che equivale al teorema di Pitagora nel caso particolare in cui il triangolo sia rettangolo. Infatti, se $\alpha = \frac{\pi}{2}$ allora $\cos\alpha = 0$, quindi la relazione:

$$a^2 = b^2 + c^2 - 2bc\cos\alpha$$

si riconduce alla nota relazione pitagorica:

$$a^2 = b^2 + c^2$$

ESEMPIO **Uso del teorema del coseno per determinare i lati di un triangolo**

Determiniamo la misura del lato BC del triangolo ABC di cui si sa che:

$$\overline{AB} = 4, \quad \overline{AC} = 3, \quad B\widehat{A}C = 120°$$

Applicando il teorema del coseno si ha:

$$\overline{BC}^2 = \overline{AB}^2 + \overline{AC}^2 - 2\cdot\overline{AB}\cdot\overline{AC}\cdot\cos B\widehat{A}C =$$

$$= 16 + 9 - 2\cdot 4\cdot 3\cdot\left(-\frac{1}{2}\right) = 37$$

Pertanto: $\overline{BC} = \sqrt{37}$.

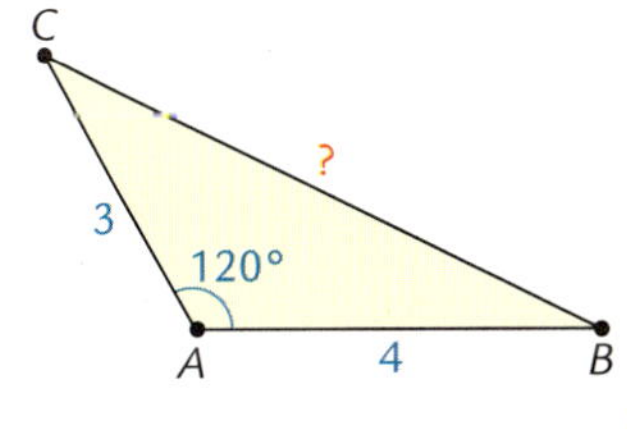

Il teorema del coseno può essere utilizzato anche per determinare i *coseni* degli angoli di un triangolo di cui si conoscono i *lati*, e risalire quindi alla *misura degli angoli*. La misura degli angoli resta univocamente determinata poiché esiste un unico angolo, minore di un angolo piatto, avente un dato coseno.

ESEMPIO **Uso del teorema del coseno per determinare gli angoli di un triangolo**

Consideriamo il triangolo ABC, in cui: $\overline{AB} = 8$, $\overline{BC} = 6$ e $\overline{AC} = 5$. Determiniamo $\cos A\widehat{C}B$ e la misura approssimata di $A\widehat{C}B$.

Per il teorema del coseno:

$$\overline{AB}^2 = \overline{AC}^2 + \overline{BC}^2 - 2 \cdot \overline{AC} \cdot \overline{BC} \cos A\widehat{C}B$$

quindi:

$$\cos A\widehat{C}B = \frac{\overline{AC}^2 + \overline{BC}^2 - \overline{AB}^2}{2 \cdot \overline{AC} \cdot \overline{BC}} = \frac{5^2 + 6^2 - 8^2}{2 \cdot 5 \cdot 6} = -\frac{1}{20}$$

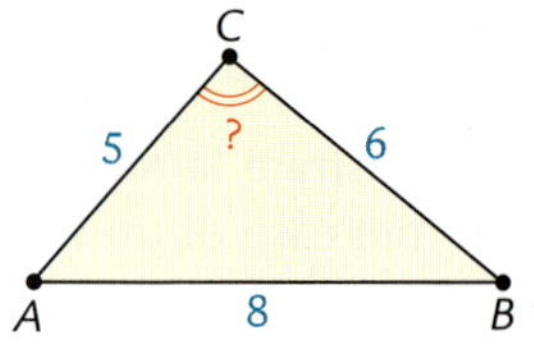

Dal fatto che $\cos A\widehat{C}B < 0$ possiamo dedurre anzitutto che $A\widehat{C}B$ è *ottuso*. Con una calcolatrice scientifica si può poi ricavare che:

$$A\widehat{C}B \simeq 93°$$ Arrotondando a meno di un grado

Risoluzione di un triangolo qualsiasi

Abbiamo detto a proposito dei triangoli *rettangoli* che **risolvere un triangolo** significa determinare le misure di tutti i suoi elementi (tutti i lati e tutti gli angoli). Il teorema dei seni e il teorema del coseno permettono di risolvere qualsiasi triangolo di cui siano noti *tre elementi*, fra cui *almeno un lato*. Prenderemo in esame soltanto i tre casi elencati qui di seguito.

1. Sono noti un lato del triangolo e i due angoli adiacenti

In questo caso si può determinare il terzo angolo del triangolo per differenza, ricordando che la somma delle ampiezze degli angoli interni di un triangolo è sempre 180°; si possono determinare poi le misure degli altri due lati applicando il teorema dei seni.

Il problema di determinare un triangolo noti un lato e i due angoli adiacenti ammette sempre una *unica* soluzione, in virtù del secondo criterio di congruenza dei triangoli.

ESEMPIO **Risoluzione di un triangolo, dati un lato e i due angoli adiacenti**

Risolviamo un triangolo in cui: $c = 6$, $\alpha = 45°$ e $\beta = 30°$.

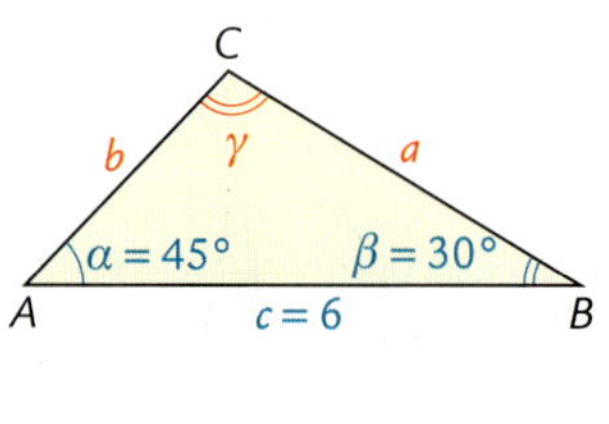

- È immediato ricavare la misura di γ:

  $\gamma = 180° - (45° + 30°) = 105°$

  Per il teorema dei seni:

  $$\frac{a}{\sin\alpha} = \frac{c}{\sin\gamma} \Rightarrow a = c\frac{\sin\alpha}{\sin\gamma}$$

  In questo caso, quindi:

  $$a = 6 \cdot \frac{\sin 45°}{\sin 105°} \simeq 4{,}4$$ Con una calcolatrice, arrotondando a meno di un decimo

- Sempre per il teorema dei seni:

$$\frac{a}{\sin\alpha} = \frac{b}{\sin\beta} \Rightarrow b = a\,\frac{\sin\beta}{\sin\alpha}$$

In questo caso, quindi:

$$b \simeq 4{,}4 \cdot \frac{\sin 30°}{\sin 45°} \simeq 3{,}1$$ Con una calcolatrice, arrotondando ai decimi

2. Sono noti due lati del triangolo e l'angolo compreso fra di essi

In questo caso, grazie al teorema del coseno, possiamo determinare prima la misura del terzo lato del triangolo e poi le misure degli altri angoli.
Il problema di determinare un triangolo di cui sono dati due lati e l'angolo compreso ammette sempre una *unica* soluzione in virtù del primo criterio di congruenza dei triangoli.

ESEMPIO Risoluzione di un triangolo, dati due lati e l'angolo compreso

Risolviamo un triangolo in cui: $a = 3$, $c = 4$ e $\beta = 60°$.

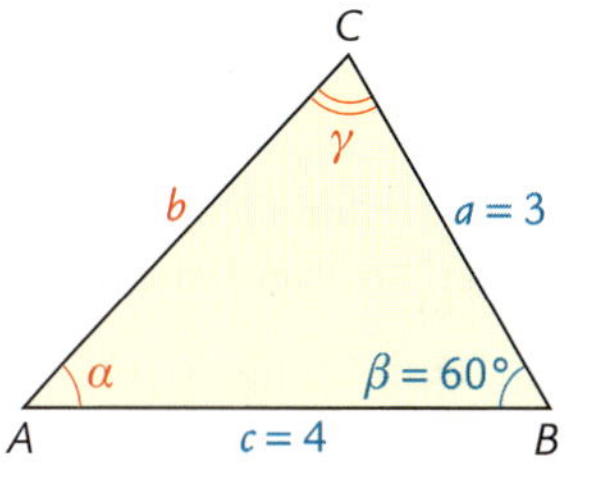

- Per il teorema del coseno:

$$b^2 = a^2 + c^2 - 2ac\cos\beta = 9 + 16 - 2 \cdot 3 \cdot 4 \cdot \cos 60° = 25 - 24 \cdot \frac{1}{2} = 13$$

quindi:

$$b = \sqrt{13}$$

- Sempre per il teorema del coseno abbiamo:

$$a^2 = b^2 + c^2 - 2bc\cos\alpha$$

quindi:

$$\cos\alpha = \frac{b^2 + c^2 - a^2}{2bc} = \frac{13 + 16 - 9}{2 \cdot \sqrt{13} \cdot 4} = \frac{5\sqrt{13}}{26}$$

Con l'aiuto di una calcolatrice otteniamo:

$$\alpha \simeq 46°$$ Arrotondando a meno di un grado

- Infine, per differenza possiamo ricavare la misura di γ:

$$\gamma \simeq 180° - (60° + 46°) \simeq 74°$$

3. Sono noti i tre lati del triangolo

Le misure dei tre angoli del triangolo si possono ricavare applicando il teorema del coseno.
Il problema di determinare gli angoli di un triangolo di cui sono assegnate le misure a, b, c dei lati ammette soluzione se e solo se le misure dei lati soddisfano le **disuguaglianze triangolari**:

$$a < b + c \qquad b < a + c \qquad c < a + b$$

Se le disuguaglianze triangolari non sono soddisfatte, il triangolo non esiste; altrimenti la soluzione è *unica* in virtù del terzo criterio di congruenza dei triangoli.

ESEMPIO Risoluzione di un triangolo, dati i tre lati

Risolviamo un triangolo in cui: $a = \sqrt{7}$, $b = 3$, $c = 2$.

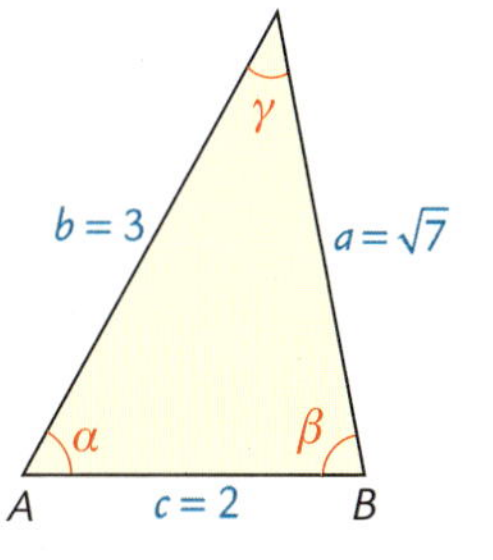

- Il triangolo esiste perché sono verificate le relazioni:

$$a < b + c \qquad b < a + c \qquad c < a + b$$

- Per il teorema del coseno valgono le relazioni:

$$a^2 = b^2 + c^2 - 2bc\cos\alpha \qquad b^2 = a^2 + c^2 - 2ac\cos\beta$$

→

da cui si ricava:

$$\cos\alpha = \frac{b^2 + c^2 - a^2}{2bc} \qquad \cos\beta = \frac{a^2 + c^2 - b^2}{2ac}$$

Nel nostro caso:

$$\cos\alpha = \frac{3^2 + 2^2 - (\sqrt{7})^2}{2 \cdot 3 \cdot 2} = \frac{1}{2}$$

$$\cos\beta = \frac{(\sqrt{7})^2 + 2^2 - 3^2}{2 \cdot \sqrt{7} \cdot 2} = \frac{\sqrt{7}}{14}$$

Ne segue che:

$\alpha = 60°$ $\quad \beta \simeq 79°$ Con una calcolarice, arrotondando a meno di un grado

- Infine:

$\gamma = 180° - (\alpha + \beta) \simeq 180° - (60° + 79°) \simeq 41°$

Prova tu **ESERCIZI** a p. 557

1. Determina le misure dei lati di un triangolo ABC, sapendo che $AB = 12$ cm, $A\hat{B}C = 45°$, $B\hat{A}C = 30°$. Fornisci i risultati arrotondati a meno di un decimo. [8,8 cm; 6,2 cm]
2. Di un triangolo ABC si sa che:

$$AB = \sqrt{13}\text{ cm},\ AC = 3\text{ cm},\ \cos C\hat{A}B = \frac{\sqrt{13}}{13}$$

Determina la misura di BC e la misura dell'angolo $A\hat{C}B$. [$BC = 4$ cm; $A\hat{C}B = 60°$]
3. Risolvi un triangolo in cui $a = 6$, $\alpha = 35°$, $\beta = 45°$. Fornisci i risultati arrotondati a meno di un decimo. [$\gamma = 100°$, $b \simeq 7{,}4$, $c \simeq 10{,}3$]
4. Risolvi un triangolo in cui $a = 2$, $b = 1$, $\beta = 30°$. [$\alpha = 90°$, $\gamma = 60°$, $c = \sqrt{3}$]

3. Applicazioni della trigonometria

On-line puoi trovare un approfondimento sui problemi di trigonometria da risolvere mediante equazioni.

La trigonometria ha importanti applicazioni in *fisica*, *topografia*, *astronomia*, *navigazione*. Per esempio, in molti problemi in cui si è interessati a determinare le misure di lunghezze che è impossibile eseguire in modo *diretto* (pensa al calcolo della distanza tra il Sole e la Luna) riesce più facile e più accurato trovare la misura di opportuni angoli (per i quali ci sono appositi strumenti, i cosiddetti *teodoliti*) e poi risalire alle distanze desiderate applicando i teoremi di trigonometria. Le misure che si è interessati a determinare vengono così ricavate in modo *indiretto*.
In questo paragrafo presentiamo alcuni semplici problemi pratici che hanno come modello geometrico il triangolo e vediamo come sia possibile risolverli con l'aiuto della trigonometria.

PER SAPERNE DI PIÙ **Nuovi metodi di rilevamento**

Ultimamente il ruolo della trigonometria in topografia, astronomia e navigazione è diventato più *riposto*, in quanto molte rilevazioni che prima ne richiedevano un uso diretto vengono ora svolte in modo automatico: per esempio, la latitudine di una nave non si calcola più misurando l'altezza della stella polare, ma tramite segnali radio emessi e ricevuti dai satelliti. Naturalmente l'utilizzo della trigonometria non è «scomparso»: semplicemente si è trasferito nella *progettazione* dei complessi apparati che hanno sostituito i vecchi metodi di rilevamento.

PROBLEMA 1 Angolo formato da una scala appoggiata a un muro con il pavimento

Una scala speciale, lunga 6 m, è appoggiata a un muro e tocca il suolo in un punto distante 4,6 m dal muro stesso. Quale angolo forma la scala con il muro? E con il suolo?

FAMILIARIZZIAMO CON IL PROBLEMA

Costruiamo un disegno per chiarire la situazione.

MODELLO GEOMETRICO

Il modello del nostro problema è un triangolo rettangolo, di cui conosciamo la misura dell'ipotenusa e di un cateto. Dobbiamo calcolare le ampiezze degli angoli acuti del triangolo.

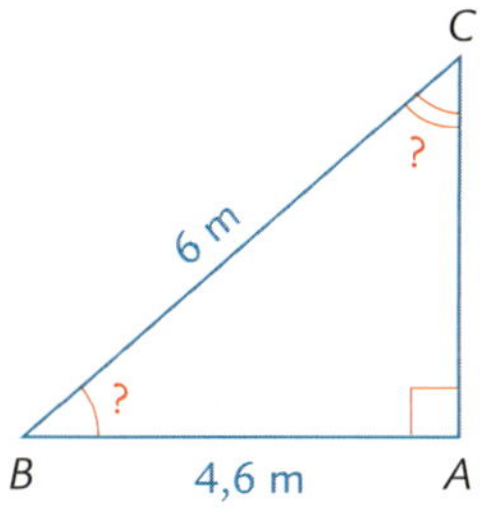

RISOLUZIONE

In base al primo teorema sui triangoli rettangoli, abbiamo:

$$\overline{AB} = \overline{BC} \cdot \sin B\widehat{C}A$$

da cui:

$$\sin B\widehat{C}A = \frac{\overline{AB}}{\overline{BC}} = \frac{4{,}6}{6} = 0{,}7\overline{6}$$

Con una calcolatrice, si ricava:

$$B\widehat{C}A \simeq 50°$$ Arrotondando a meno di un grado

Di conseguenza:

$$A\widehat{B}C = 90° - B\widehat{C}A \simeq 90° - 50° = 40°$$

RISPOSTA

La scala forma con il muro un angolo di circa 50° e con il suolo un angolo di circa 40°.

PROBLEMA 2 Altezza di una montagna

Da due posizioni A e B, poste a distanza di 1 km, la cima di una montagna viene vista sotto due angoli di 26° e 40°. Qual è l'altezza della montagna?

FAMILIARIZZIAMO CON IL PROBLEMA

Costruiamo un disegno per chiarire la situazione.

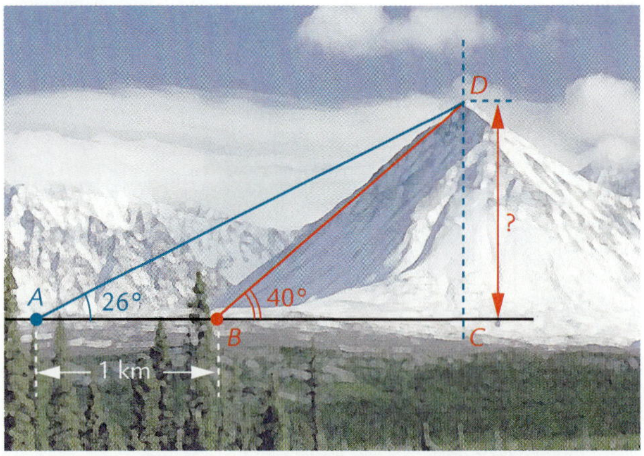

MODELLO GEOMETRICO

Il modello geometrico del nostro problema è la figura rappresentata qui sotto, dove abbiamo annotato le misure degli angoli che si possono dedurre da quelle note.

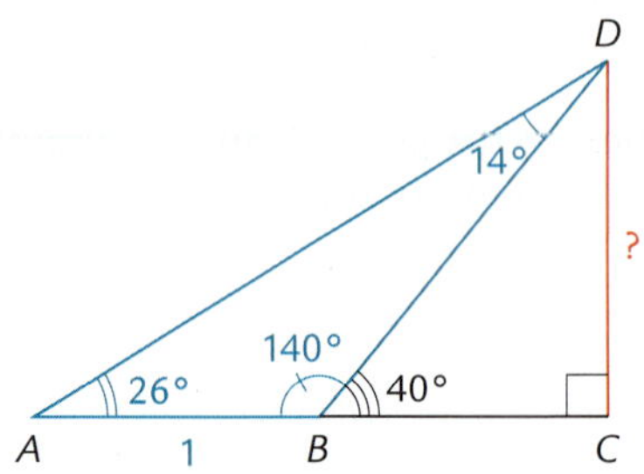

Dobbiamo trovare la misura di DC.

RISOLUZIONE

Per il teorema dei seni applicato al triangolo ABD:

$$\frac{\overline{AB}}{\sin 14°} = \frac{\overline{BD}}{\sin 26°}$$

da cui:

$$\overline{BD} = \overline{AB} \cdot \frac{\sin 26°}{\sin 14°} = 1 \cdot \frac{\sin 26°}{\sin 14°} \simeq 1{,}812$$

Per il primo teorema sui triangoli rettangoli applicato al triangolo BCD:

$$\overline{CD} = \overline{BD} \cdot \sin 40° \simeq 1{,}165$$

RISPOSTA

Possiamo stimare che la montagna sia alta circa 1,165 km.

PROBLEMA 3 Forze

Due forze $\vec{F_1}$ ed $\vec{F_2}$, rispettivamente di intensità 4 N e 2 N, sono applicate a un punto O e le loro direzioni formano un angolo di 60°. Qual è l'intensità della loro risultante?

FAMILIARIZZIAMO CON IL PROBLEMA

Ricordiamo che la risultante delle due forze, che indichiamo con $\vec{R}$, si può rappresentare graficamente mediante la *regola del parallelogramma*. Osserviamo inoltre, come abbiamo indicato in figura, che deve essere $O\widehat{B}C = 120°$ (perché gli angoli adiacenti a un lato di un parallelogramma sono supplementari).
Dobbiamo determinare la misura della diagonale maggiore del parallelogramma.

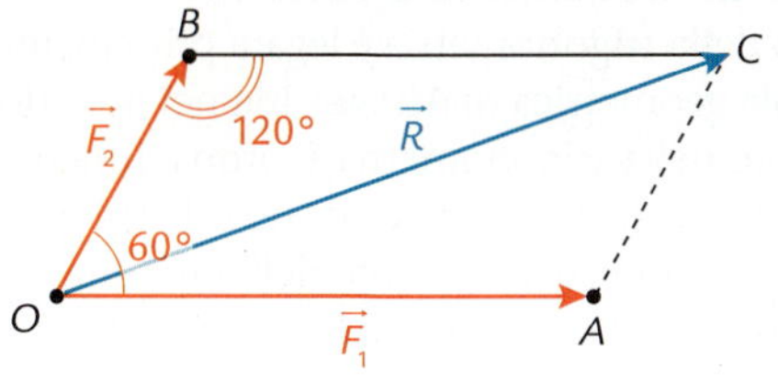

MODELLO GEOMETRICO

Il modello geometrico del nostro problema è allora il seguente: determinare la misura del lato OC del triangolo OBC in figura.

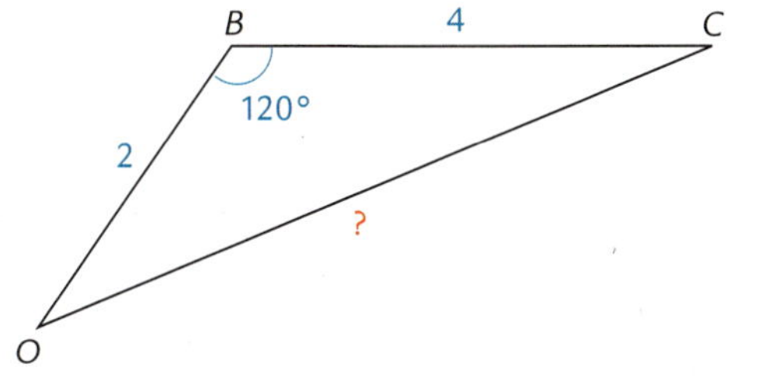

RISOLUZIONE

Per il teorema del coseno abbiamo:

$$\overline{OC} = \sqrt{2^2 + 4^2 - 2 \cdot 2 \cdot 4 \cdot \cos 120°} = 2\sqrt{7} \simeq 5{,}29$$

RISPOSTA

L'intensità della risultante è circa 5,29 N.

Prova tu

ESERCIZI a p. 561

1. Quando una strada sale di 15 m su una distanza orizzontale di 100 m, si dice che la pendenza è del 15%. Qual è l'ampiezza dell'angolo di inclinazione della strada rispetto all'orizzontale? [8,53°]

2. Osserva la figura qui sotto. I due punti A e B sono separati da un fiume, per cui solo il punto B è accessibile. Fissato il punto C, distante 252 m da B, per determinare la distanza di A da B si effettuano le seguenti misurazioni: da B si misura l'angolo $A\widehat{B}C$ e si trova che $A\widehat{B}C = 112°$; da C si misura l'angolo $A\widehat{C}B$ e si trova che $A\widehat{C}B = 15°$. Come si può risalire alla distanza tra A e B? Quanto vale questa distanza?

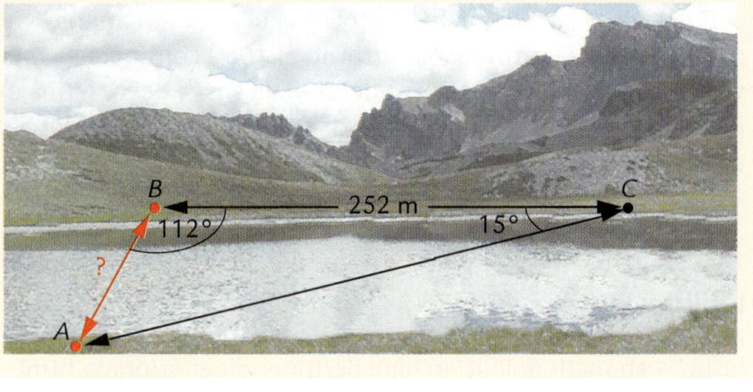

[81,67 m]

MATEMATICA NELLA STORIA

Nascita e sviluppi della trigonometria

La scuola di Alessandria e Tolomeo

La nascita della trigonometria è legata principalmente agli studi di astronomia sviluppati dalla scuola geometrica di Alessandria nel periodo ellenistico.
Il fondatore della trigonometria è probabilmente **Ipparco di Nicea** (II secolo a.C.), ma l'opera più significativa e ricca di notizie sulla trigonometria alessandrina è l'*Almagesto*, dovuta al più famoso astronomo dell'antichità: **Tolomeo** di Alessandria (II secolo d.C.).
La differenza fondamentale tra la trigonometria greca e la trigonometria moderna è che, al posto della funzione goniometrica *seno*, la trigonometria alessandrina usa la funzione *corda*.

La trigonometria indiana e quella araba

La prima innovazione rispetto alla trigonometria alessandrina origina dall'India, dove viene introdotta e utilizzata la funzione *seno* al posto della funzione *corda*. La prima opera che contiene una tavola dei seni, di autore ignoto, è conosciuta con il nome di *Siddhanta* (IV o V secolo d.C.): in essa sono calcolati i seni degli angoli multipli di 3° 45′ fino a 90°.
Tavole dei seni compaiono anche nell'opera del matematico indiano **Brahmagupta** (del 628). Nel 1150 il matematico indiano **Bhaskara** descrive un metodo per il calcolo del seno di qualsiasi angolo.
Sebbene gli astronomi indiani non giungano a una trattazione sistematica della trigonometria, fanno comunque alcuni importanti progressi, introducendo tra l'altro, oltre alla funzione seno, la funzione *coseno*.
I testi astronomici indiani, contenenti le tavole dei seni, vengono tradotti in arabo già nell'VIII secolo d.C., alla corte del sultano di Baghdad. Gli arabi studiano in modo sistematico le funzioni goniometriche e vi apportano importanti innovazioni e miglioramenti, introducendo tra l'altro la funzione *tangente* e dimostrando risultati importanti quali le formule di bisezione e di duplicazione.

La trigonometria in Occidente

Il primo trattato di trigonometria composto in Occidente, che segna la rinascita della trigonometria, è il *De triangulis* dell'astronomo tedesco Johannes Müller, detto **Regiomontano**.
Altri contributi significativi per lo sviluppo della trigonometria sono dovuti al matematico francese **François Viète** (1540-1603), che scopre importanti identità trigonometriche e inventa un metodo per risolvere alcune particolari equazioni algebriche di grado superiore al secondo mediante funzioni goniometriche.
L'invenzione dei logaritmi da parte di **John Napier** (1550-1617) dà un nuovo, decisivo impulso allo sviluppo della trigonometria, consentendo di semplificare notevolmente i calcoli con le funzioni goniometriche.
Fino alla metà del Seicento le funzioni goniometriche vengono tuttavia considerate solo come degli *elenchi di numeri*: tavole in cui per ogni angolo viene riportato il valore del seno o del suo logaritmo. Solo intorno al 1650 comincia a emergere un punto di vista nuovo: si inizia a studiare la curva dei seni, la curva dei coseni e quelle delle altre funzioni goniometriche. Emerge così l'idea di *funzione* goniometrica e si aprono gli orizzonti della trigonometria moderna.

John Napier.

In libreria e in rete

http://ulisse.sissa.it/chiediAUlisse/domanda/2003/Ucau031109d001
http://web.math.unifi.it/archimede/trigonometria/prima.html

SINTESI

Formule e teoremi importanti

Primo teorema sui triangoli rettangoli

In un triangolo rettangolo la misura di un *cateto* è uguale a quella dell'*ipotenusa* moltiplicata per il *seno* dell'angolo *opposto* al cateto o per il *coseno* dell'angolo acuto *adiacente* al cateto.

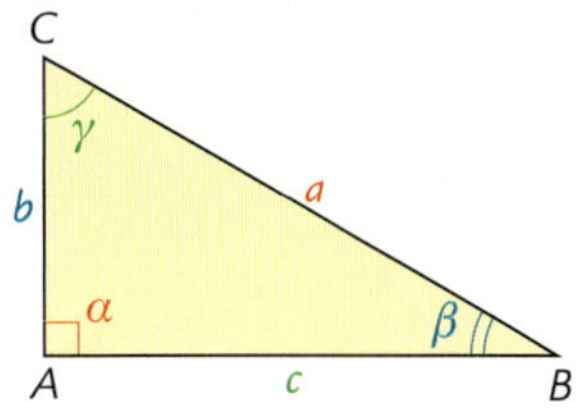

$b = a \sin\beta$
$b = a\cos\gamma$
$c = a\sin\gamma$
$c = a\cos\beta$

Secondo teorema sui triangoli rettangoli

In un triangolo rettangolo la misura di un *cateto* è uguale a quella dell'altro *cateto* moltiplicata per la *tangente* dell'angolo *opposto* al primo cateto o per la *cotangente* dell'angolo acuto *adiacente* al cateto.

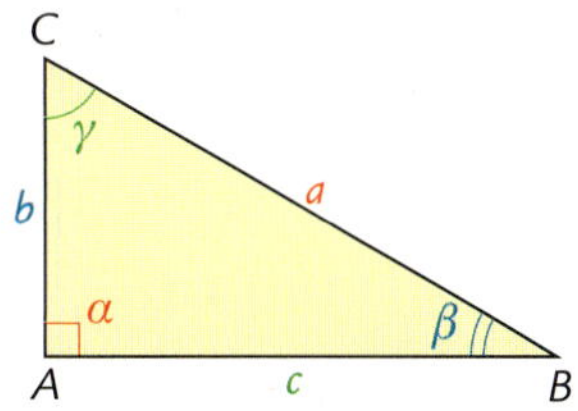

$b = c\tan\beta$
$b = c\cot\gamma$
$c = b\tan\gamma$
$c = b\cot\beta$

Teorema dei seni

In un triangolo è costante il rapporto fra la misura di ciascun lato e il seno dell'angolo opposto; in simboli:

$$\frac{a}{\sin\alpha} = \frac{b}{\sin\beta} = \frac{c}{\sin\gamma}$$

Teorema del coseno

In un triangolo il quadrato della misura di un lato è uguale alla somma dei quadrati delle misure degli altri due, diminuita del doppio prodotto delle misure di questi due lati per il coseno dell'angolo fra di essi compreso; in simboli:

$$c^2 = a^2 + b^2 - 2ab\cos\gamma$$

Teorema della corda

La misura di una corda di una circonferenza di raggio r è:

$$2r\sin\alpha$$

essendo α un qualunque angolo alla circonferenza che insiste su uno dei due archi sottesi alla corda.

Area di un triangolo in funzione di due lati e dell'angolo fra di essi compreso

L'area di un triangolo di cui si conoscono le misure a e b di due lati e l'angolo γ fra di essi compreso è:

$$\frac{1}{2}ab\sin\gamma$$

CONOSCENZE E ABILITÀ

1. Teoremi sui triangoli rettangoli

TEORIA a p. 536

Esercizi preliminari

1 **Test.** In quale dei seguenti casi **non** risulta univocamente determinato un triangolo rettangolo?

A Se conosciamo soltanto due cateti.

B Se conosciamo soltanto un cateto e l'ipotenusa.

C Se conosciamo un lato e un angolo acuto.

D Se conosciamo i due angoli acuti.

2 **Vero o falso?**

In riferimento alla figura, stabilisci quali delle seguenti uguaglianze sono vere e quali sono false.

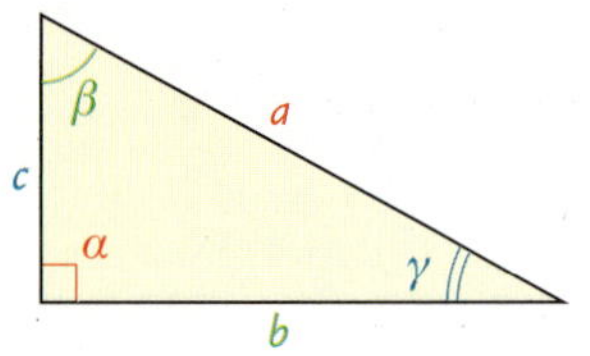

a. $\sin \gamma = \dfrac{c}{a}$ V F

b. $b = a \sin \beta$ V F

c. $\tan \gamma = \dfrac{b}{c}$ V F

d. $c = b \tan \beta$ V F

e. $a = \dfrac{c}{\cos \beta}$ V F

f. $b = a \cos \gamma$ V F

g. $c = \dfrac{b}{\tan \beta}$ V F

[5 affermazioni vere e 2 false]

3 Con riferimento ai dati in figura, completa le uguaglianze.

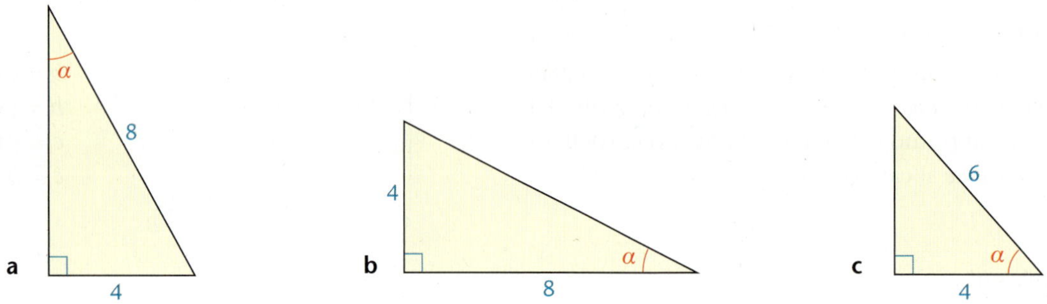

a	b	c
$\sin \alpha =$	$\sin \alpha =$	$\sin \alpha =$ .....
$\cos \alpha =$	$\cos \alpha =$	$\cos \alpha =$ .....
$\tan \alpha =$	$\tan \alpha =$	$\tan \alpha =$ .....

4 In ciascuna delle seguenti tre figure, determina l'elemento incognito indicato in rosso. Fornisci le misure degli angoli arrotondate a meno di un grado e quelle dei lati arrotondate a meno di un decimo.

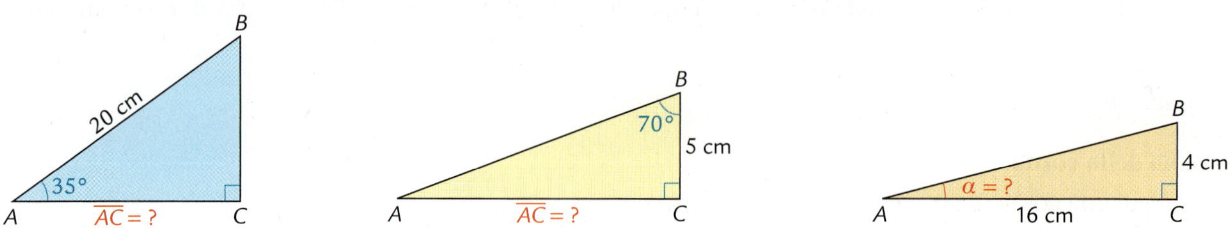

a **b** **c**

[**a.** 16,4 cm ; **b.** 13,7 cm; **c.** 14°]

Risoluzione dei triangoli rettangoli

5 **ESERCIZIO GUIDATO**

Risolvi i triangoli rettangoli di cui sono note le misure indicate:

a. $a = 5,\ \beta = 40°$ **b.** $a = 6,\ b = 4$ **c.** $b = 4,\ \beta = 60°$

Fai riferimento alle figure poste a destra del testo, in cui abbiamo indicato in rosso gli elementi che devi determinare.

a. Puoi anzitutto ricavare la misura di γ:

$\gamma = 90° - 40° =$ .....

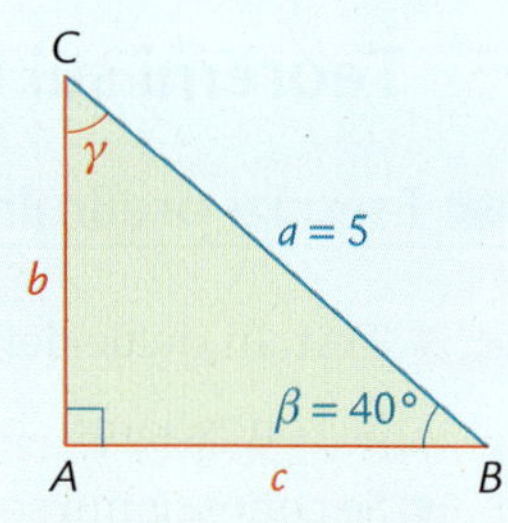

Per determinare le misure dei cateti utilizza il primo teorema sui triangoli rettangoli:

$c = a \cdot \cos \beta = 5 \cdot \cos 40° \simeq$ ..... Arrotonda ai centesimi con la calcolatrice

$b = a \cdot \sin \beta = 5 \cdot \sin 40° \simeq$ ..... Arrotonda ai centesimi con la calcolatrice

b. Applicando il teorema di Pitagora, puoi ricavare la misura dell'altro *cateto*:

$c = \sqrt{36 - 16} = \sqrt{.....} = 2\sqrt{.....}$

Per ricavare le misure degli angoli acuti, utilizza il primo teorema sui triangoli rettangoli; dalle relazioni $b = a \sin \beta$ e $c = a \sin \gamma$ segue che:

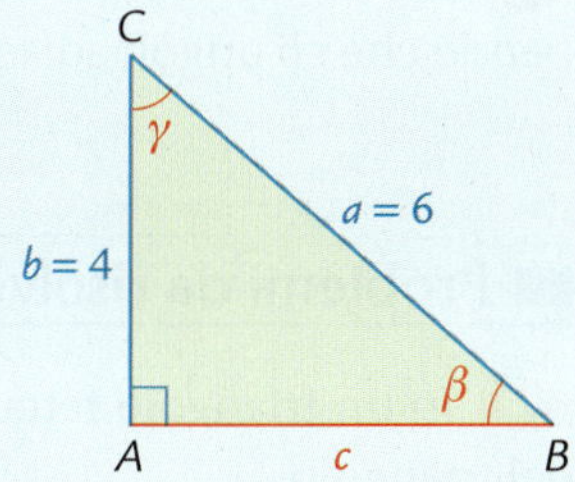

$\sin \beta = \frac{b}{a} = \frac{4}{6} = ...$ e $\sin \gamma = \frac{c}{a} = \frac{.....}{6}$

da cui:

$\beta \simeq .....$ Arrotonda il risultato a meno di un grado con la calcolatrice

$\gamma \simeq .....$ Arrotonda il risultato a meno di un grado con la calcolatrice

c. Puoi anzitutto ricavare la misura in gradi dell'angolo γ:

$\gamma = 90° - ..... = ...$

Per ricavare la misura del cateto AB utilizza il secondo teorema sui triangoli rettangoli, osservando che non è necessario ricorrere alla calcolatrice perché β è un angolo noto:

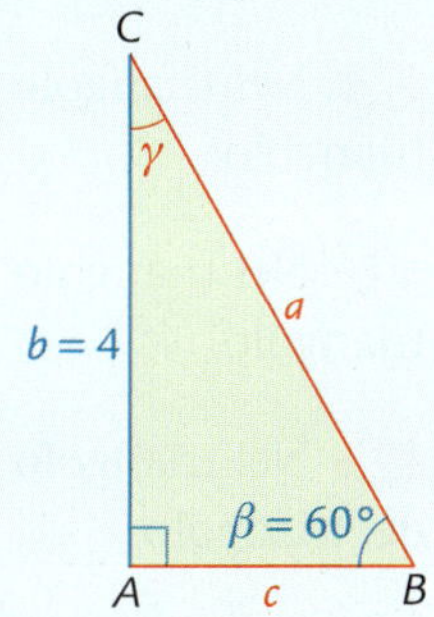

$c = ... \cdot \cot 60° = ...$

Infine puoi determinare la misura dell'ipotenusa mediante il teorema di Pitagora:

$a = \sqrt{b^2 + c^2} = \sqrt{..... + ...} = ...$

Risolvi i triangoli rettangoli di cui sono note le misure indicate, con l'aiuto della calcolatrice.

Nota Nei risultati le misure in gradi sono espresse in forma decimale, arrotondate a meno di un centesimo.

6 $a = 10,\ \beta = 40°$ $[\gamma = 50°;\ b \simeq 6{,}43;\ c \simeq 7{,}66]$

7 $b = 5,\ \gamma = 35°$ $[\beta = 55°;\ a \simeq 6{,}10;\ c \simeq 3{,}50]$

8 $a = 10,\ c = 6$ $[b = 8;\ \beta \simeq 53{,}13°;\ \gamma \simeq 36{,}87°]$

9 $b = 5,\ c = 10$ $[a = 5\sqrt{5} \simeq 11{,}18;\ \beta \simeq 26{,}57°;\ \gamma \simeq 63{,}43°]$

10 $a = 8,\ b = 6$ $[c = 2\sqrt{7} \simeq 5{,}29;\ \beta \simeq 48{,}59°;\ \gamma \simeq 41{,}41°]$

11 $c = 10,\ \beta = 82°$ $[\gamma = 8°;\ a \simeq 71{,}85;\ b \simeq 71{,}15]$

Risolvi i triangoli rettangoli di cui sono note le misure indicate, senza utilizzare la calcolatrice.

12 $a = 4,\ \beta = 30°$ $[\gamma = 60°;\ b = 2;\ c = 2\sqrt{3}]$

13 $b = 6,\ \gamma = 30°$ $[\beta = 60°;\ a = 4\sqrt{3};\ c = 2\sqrt{3}]$

14 $a = 8,\ c = 4$ $[\beta = 60°;\ \gamma = 30°;\ b = 4\sqrt{3}]$

15 $b = 6,\ c = 6$ $[\beta = \gamma = 45°;\ a = 6\sqrt{2}]$

16 $a = 4,\ b = 2\sqrt{3}$ $[\beta = 60°;\ \gamma = 30°;\ c = 2]$

17 $c = 4,\ \beta = 45°$ $[\gamma = 45°;\ a = 4\sqrt{2};\ b = 4]$

Problemi da risolvere con l'utilizzo della calcolatrice

Nota Nei risultati le misure in gradi sono espresse in forma decimale, arrotondate a meno di un centesimo. Lasciamo a te convertire le misure in gradi, primi e secondi.

18 Nel triangolo rettangolo ABC l'ipotenusa BC è lunga 10 cm e $A\widehat{C}B = 40°$. Determina il perimetro e l'area del triangolo. [Perimetro $\simeq$ 24,09 cm; Area $\simeq$ 24,62 cm^2]

19 In un triangolo rettangolo ABC il cateto AC è lungo 10 cm e il cateto AB è lungo 5 cm. Determina il perimetro e l'area del triangolo e l'ampiezza degli angoli acuti.
[Perimetro $= (15 + 5\sqrt{5})$ cm $\simeq$ 26,18 cm; Area = 25 cm^2; 63,43° e 26,57°]

20 In un triangolo ABC risulta $AC = 3$ cm, $B\widehat{A}C = 40°$ e $A\widehat{B}C = 60°$. Determina il perimetro del triangolo. (*Suggerimento:* traccia l'altezza CH relativa ad AB) [8,64 cm]

21 Nel trapezio rettangolo $ABCD$ il lato obliquo BC è perpendicolare alla diagonale AC. Sapendo che l'altezza del trapezio è 6 cm e che $A\widehat{B}C = 50°$, determina il perimetro del trapezio. [33,17 cm]

22 In un triangolo rettangolo l'ipotenusa è lunga 10 cm e l'ampiezza di uno dei due angoli acuti è 38°. Qual è la lunghezza dell'altezza relativa all'ipotenusa? [4,85 cm]

23 In un trapezio isoscele $ABCD$ la base minore CD è lunga 10 cm e i lati obliqui BC e DA sono lunghi 8 cm. Sapendo che gli angoli adiacenti alla base maggiore sono di 53°, determina il perimetro e l'area del trapezio. [Perimetro $\simeq$ 45,63 cm; Area $\simeq$ 94,65 cm^2]

Problemi da risolvere senza l'utilizzo della calcolatrice

24 In un triangolo rettangolo ABC l'ipotenusa BC è lunga 10 cm e $\sin A\widehat{B}C = \frac{4}{5}$. Determina il perimetro e l'area del triangolo. [Perimetro = 24 cm; Area = 24 cm^2]

25 Nel triangolo rettangolo ABC l'ipotenusa BC è lunga 10 cm e $\sin A\widehat{C}B = \frac{1}{5}$. Determina il perimetro e l'area del triangolo. [Perimetro = $(12 + 4\sqrt{6})$ cm; Area = $4\sqrt{6}$ cm^2]

26 Nel triangolo rettangolo ABC il cateto AB è lungo 3 cm e $\tan A\widehat{C}B = 3$. Determina il perimetro e l'area del triangolo. [$(4 + \sqrt{10})$ cm; 1,5 cm^2]

27 Nel triangolo rettangolo ABC il cateto AB è lungo 12 cm e $\cos A\widehat{C}B = \frac{3}{5}$. Determina il perimetro e l'area del triangolo. [Perimetro = 36 cm; Area = 54 cm^2]

28 Nel triangolo rettangolo ABC l'ipotenusa BC è lunga 6 cm e $\tan A\widehat{B}C = 2\sqrt{2}$. Determina il perimetro e l'area del triangolo.

(*Suggerimento:* poni $\overline{AB} = x$ e $\overline{AC} = y$; le informazioni date si traducono nel sistema $\begin{cases} x^2 + y^2 = 36 \\ y = x \cdot 2\sqrt{2} \end{cases}$)

[Perimetro = $(8 + 4\sqrt{2})$ cm; Area = $4\sqrt{2}$ cm^2]

29 Nel triangolo rettangolo ABC l'ipotenusa BC è lunga 9 cm e $\tan A\widehat{C}B = 2\sqrt{2}$. Determina il perimetro e l'area del triangolo.
(*Vedi* il suggerimento dell'esercizio precedente) [Perimetro = $(12 + 6\sqrt{2})$ cm; Area = $9\sqrt{2}$ cm^2]

30 Nel triangolo rettangolo ABC l'ipotenusa BC è lunga 9 cm e $\cos A\widehat{B}C = \frac{1}{3}$. Detto P il punto, appartenente a BC, distante 6 cm dal punto B, determina il seno dell'angolo $A\widehat{P}B$.
(*Suggerimento:* detta AH l'altezza relativa a BC, il problema è equivalente a determinare $\sin A\widehat{P}H$) $\left[\sin A\widehat{P}B = 2\sqrt{\frac{2}{33}}\right]$

31 Considera una semicirconferenza di diametro AB e raggio r e il punto C, sul prolungamento di AB dalla parte di B, tale che $\overline{BC} = 3r$. Da C conduci la tangente alla semicirconferenza, indicando con T il punto di contatto. Determina seno, coseno e tangente di $A\widehat{C}T$. $\left[\frac{1}{4}, \frac{\sqrt{15}}{4}, \frac{1}{\sqrt{15}}\right]$

32 In un triangolo acutangolo ABC risulta $AC = 3$ cm, $\sin B\widehat{A}C = \frac{2}{3}$ e $\cos A\widehat{B}C = \frac{4}{5}$. Determina l'area del triangolo.
(*Suggerimento:* traccia l'altezza CH relativa ad AB) $\left[\left(\sqrt{5} + \frac{8}{3}\right) \text{cm}^2\right]$

33 Nel trapezio rettangolo $ABCD$ il lato obliquo BC è perpendicolare alla diagonale AC. Sapendo che l'altezza del trapezio è lunga 6 cm e che $\cos A\widehat{B}C = \frac{\sqrt{5}}{5}$, determina il perimetro e l'area del trapezio. [Perimetro = $(33 + 3\sqrt{5})$ cm; Area = 81 cm^2]

34 In un triangolo acutangolo ABC risulta $\overline{AC} = 15a$, $\sin B\widehat{A}C = \frac{3}{5}$ e $\tan A\widehat{B}C = \frac{3}{2}$. Determina l'area del triangolo. [$81a^2$]

35 Considera un triangolo ABC, isoscele sulla base AB, in cui $\overline{AB} = 30a$ e $\sin A\widehat{B}C = \frac{4}{5}$. Determina:

a. $\cos A\widehat{B}C$, $\tan A\widehat{B}C$;

b. le misure dei lati del triangolo;

c. le misure delle altezze;

d. le distanze dell'ortocentro dai vertici.

$\left[\textbf{a. } \frac{3}{5}, \frac{4}{3}; \textbf{ b. } 30a, 25a; \textbf{ c. } 20a, 24a; \textbf{ d. } \frac{35}{4}a, \frac{75}{4}a\right]$

36 ESERCIZIO SVOLTO

Determiniamo il perimetro di un triangolo rettangolo ABC di ipotenusa BC, sapendo che $\sin A\widehat{C}B = \frac{4}{5}$ e che l'area del triangolo è 96 cm^2.

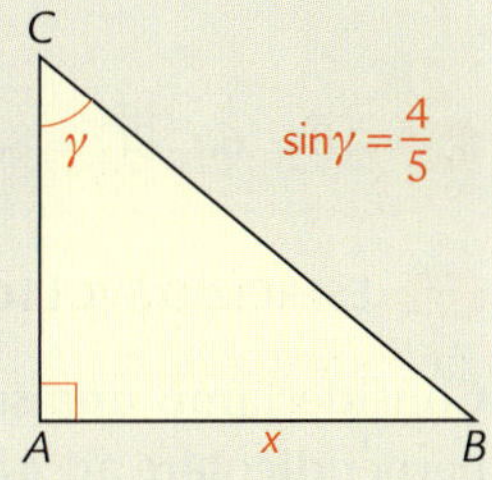

- Indichiamo con x la misura di AB. Allora:

$\overline{AC} = x \cot \gamma$ Secondo teorema sui triangoli rettangoli

- Dall'ipotesi $\sin \gamma = \frac{4}{5}$ si ricava $\cos \gamma = \frac{3}{5}$, quindi $\cot \gamma = \frac{3}{4}$. Pertanto:

$\overline{AC} = \frac{3}{4}x$

- Poiché l'area del triangolo deve essere 96 cm^2, possiamo scrivere l'equazione:

$$\frac{1}{2} \cdot x \cdot \frac{3}{4}x = 96 \Rightarrow x^2 = \frac{96 \cdot 8}{3} \Rightarrow x = 16$$

- Ne deduciamo che:

$$\overline{AB} = 16 \quad \text{e} \quad \overline{AC} = \frac{3}{4} \cdot 16 = 12$$

- Per determinare la misura di BC si può applicare il teorema di Pitagora o il primo teorema sui triangoli rettangoli. Seguendo quest'ultima via abbiamo:

$$\overline{BC} = \frac{\overline{AB}}{\sin \gamma} = \frac{16}{\frac{4}{5}} = 20$$ Primo teorema sui triangoli rettangoli

Dunque il perimetro del triangolo è: $(12 + 16 + 20)$ cm $= 48$ cm

37 È dato un triangolo ABC, isoscele sulla base AB. Sapendo che $\cos C\widehat{A}B = \cos C\widehat{B}A = \frac{3}{4}$ e che il perimetro del triangolo è 42 cm, determina le lunghezze dei lati. [$AB = 18$ cm, $AC = BC = 12$ cm]

38 È dato un triangolo ABC, isoscele sulla base AB. Sapendo che $\tan C\widehat{A}B = \tan C\widehat{B}A = \frac{3}{4}$ e che l'area del triangolo è $\frac{12}{25}$ cm^2, determina le lunghezze dei lati. [1 cm; 1 cm; 1,6 cm]

39 Nel triangolo ABC disegnato in figura, determina x sapendo che $\tan \alpha + \tan \beta = 1$, $\overline{AH} = a$ e $\overline{HB} = b$.

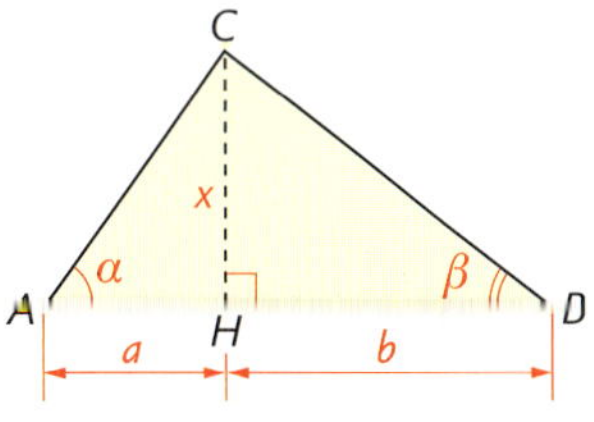

$\left[x = \frac{ab}{a+b}\right]$

40 Nel triangolo ABC della figura dell'esercizio precedente, determina x sapendo che $\tan \alpha = \frac{1}{2}$, $\tan \beta = \frac{1}{3}$ e che l'area di ABC è 10 cm^2. [$x = 2$]

41 Nel triangolo rettangolo ABC, sia AH l'altezza relativa all'ipotenusa BC. Sapendo che $\cos A\widehat{B}C = \frac{\sqrt{5}}{5}$ e che $CH + AH + BH = 7$ cm, determina l'area del triangolo. [5 cm^2]

42 È dato un triangolo ABC, isoscele sulla base AB. Sapendo che $\sin C\widehat{A}B = \sin C\widehat{B}A = \frac{\sqrt{7}}{4}$ e che il perimetro del triangolo è 42 cm, determina le lunghezze dei lati. [$AB = 18$ cm, $AC = BC = 12$ cm]

Problemi sul calcolo dell'area di un triangolo

Determina l'area del triangolo ABC, di cui sono noti gli elementi indicati.

43 $AB = 6$ cm, $BC = 10$ cm e $A\widehat{B}C = \frac{\pi}{6}$ [15 cm^2]

44 $\overline{AB} = 6a$, $\overline{BC} = 10a$ e $A\widehat{B}C = \frac{\pi}{3}$ [$15\sqrt{3}a^2$]

45 $AB = 6$ cm, $BC = 5$ cm e $\sin A\widehat{B}C = \frac{2}{3}$ [10 cm^2]

46 $\overline{AB} = 6a$, $\overline{BC} = 5a$ e $\sin A\widehat{B}C = \frac{1}{5}$ [$3a^2$]

47 $AB = 6\,\text{cm}$, $BC = 10\,\text{cm}$ e $\cos A\hat{B}C = -\frac{4}{5}$ [$18\ \text{cm}^2$]

48 $\overline{AB} = 6a$, $\overline{BC} = 10a$ e $\cos A\hat{B}C = \frac{3}{5}$ [$24a^2$]

49 $AB = 6$ cm, $BC = 8$ cm e $\tan A\hat{B}C = \sqrt{15}$ [$6\sqrt{15}\ \text{cm}^2$]

50 $\overline{AB} = 6a$, $\overline{BC} = 8a$ e $\tan A\hat{B}C = 2\sqrt{2}$ [$16\sqrt{2}a^2$]

51 L'area di un triangolo acutangolo ABC è $4a^2$. Sapendo che $\overline{AB} = 4a$, $\overline{BC} = 4a$, determina $\sin A\hat{B}C$ e deduci la misura di $A\hat{B}C$. $\left[\frac{1}{2}; \frac{\pi}{6}\right]$

52 L'area di un triangolo ABC è $12a^2$, sapendo che $\overline{AB} = 6a$ e $\sin A\hat{B}C = \frac{1}{3}$, determina la misura di BC. [$12a$]

53 ESERCIZIO SVOLTO

Consideriamo una semicirconferenza di diametro *AB*, raggio *r* e centro *O*. Condotto il segmento $\overline{BC} = 3r$, perpendicolare ad *AB* e giacente, rispetto ad *AB*, dalla stessa parte della semicirconferenza, congiungiamo *C* con *O* e indichiamo con *D* il punto di intersezione di *OC* con la semicirconferenza stessa. Determiniamo l'area del triangolo *AOD*.

- Poniamo per comodità $\alpha = B\hat{O}D$. In base alla formula che assegna l'area di un triangolo dati due lati e il seno dell'angolo compreso, abbiamo:

$$\text{Area}\,(AOD) = \frac{1}{2}r^2 \sin(180° - \alpha) = \frac{1}{2}r^2 \sin\alpha$$

- Possiamo ora ricavare $\sin\alpha$, applicando il primo teorema sui triangoli rettangoli al triangolo COB. Tenendo conto che $\overline{OC} = r\sqrt{10}$ (per il teorema di Pitagora), abbiamo:

$$\overline{BC} = \overline{OC} \cdot \sin\alpha \Rightarrow \sin\alpha = \frac{\overline{BC}}{\overline{OC}} = \frac{3r}{r\sqrt{10}} = \frac{3\sqrt{10}}{10}$$

- Pertanto l'area di AOD è:

$$\frac{3\sqrt{10}}{20}r^2$$

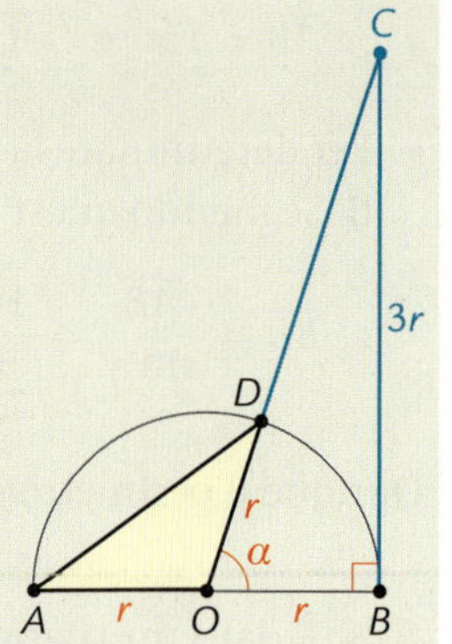

54 Nel triangolo ABC, rettangolo in A, l'ipotenusa BC misura $6a$ e il cateto AC misura $4a$. Indicato con D il punto di BC tale che $\overline{CD} = 2a$, calcola l'area del triangolo ABD, dopo aver determinato $\sin A\hat{B}C$. $\left[\frac{8\sqrt{5}}{3}a^2\right]$

55 In una circonferenza di diametro $\overline{AB} = 2r$ e centro O, considera una corda AC tale che $\sin C\hat{A}B = \frac{4}{5}$. Determina l'area del triangolo COB.
(*Suggerimento*: ricorda le relazioni tra angoli al centro e angoli alla circonferenza e utilizza la formula di duplicazione) $\left[\frac{12}{25}r^2\right]$

56 Due semirette a e b, di origine O, formano un angolo acuto α tale che $\sin\alpha = \frac{1}{3}$. Sia P il punto appartenente alla semiretta a tale che $\overline{OP} = 6m$ e Q il punto appartenente alla semiretta b tale che $\overline{OQ} = m$. Indicate con P', Q', rispettivamente, la proiezione di P su b e la proiezione di Q su a, calcola l'area del triangolo $P'OQ'$. $\left[\frac{8}{9}m^2\right]$

57 Su una semicirconferenza di diametro AB e raggio r, considera due punti P e Q tali che $P\hat{A}B = Q\hat{A}P = \alpha$. Verifica che l'area del quadrilatero $ABPQ$ è espressa in funzione di α dalla formula:

$$A(\alpha) = r^2 \sin 2\alpha(1 + \cos 2\alpha)$$

58 In una semicirconferenza di diametro $\overline{AB} = 2r$ e centro O, considera la corda AC tale che $C\hat{A}B = \arcsin\frac{3}{5}$ e la corda AD tale che $D\hat{A}C \cong C\hat{A}B$. Determina l'area del quadrilatero $ABCD$. $\left[\frac{768}{625}r^2\right]$

59 Dimostra che l'area di un parallelogramma $ABCD$, in cui i due lati consecutivi AB e BC misurano rispettivamente a e b e formano un angolo di ampiezza α, è $ab\sin\alpha$.

60 Dimostra che l'area di un quadrilatero convesso $ABCD$ di cui si conoscono le misure delle diagonali d_1, d_2 e la misura α di uno degli angoli da esse formato è $\frac{1}{2}d_1d_2\sin\alpha$.

Problemi di applicazione del teorema della corda

61 In una circonferenza di raggio r e centro O, una corda AB è sottesa a un angolo α tale che $\sin\alpha = \dfrac{5}{6}$. Determina la misura della corda. $\left[\dfrac{5}{3}r\right]$

62 Una corda AB di una circonferenza, sottesa a un angolo di 30°, misura $2m$. Quanto misura il raggio della circonferenza? $[2m]$

63 In una circonferenza di raggio r e centro O, una corda AB è sottesa a un angolo α tale che $\cos\alpha = -\dfrac{3}{5}$. Determina la misura della corda. $\left[\dfrac{8}{5}r\right]$

64 In una circonferenza di centro O e raggio r una corda AB ha lunghezza uguale al raggio. Quanto misurano gli angoli alla circonferenza che insistono sul *maggiore* dei due archi? Quanto misurano gli angoli alla circonferenza che insistono sul *minore* dei due archi? $\left[\dfrac{5\pi}{6}, \dfrac{\pi}{6}\right]$

65 In una circonferenza di centro O e raggio r una corda AB misura $r\sqrt{2}$. Determina la misura degli angoli alla circonferenza che insistono sul maggiore dei due archi sottesi alla corda AB. $\left[\dfrac{3\pi}{4}\right]$

66 In una circonferenza di centro O, una corda AB misura la metà del raggio; determina la misura approssimata, in gradi, primi e secondi, degli angoli che insistono sul *minore* dei due archi sottesi alla corda AB.

$\left[\arcsin\dfrac{1}{4} \simeq 14°\,28'\,39''\right]$

67 In una circonferenza di centro O e raggio r, una corda AB misura $\dfrac{\sqrt{5}}{2}r$. Determina la misura approssimata, in gradi, primi e secondi, degli angoli alla circonferenza che insistono sul *maggiore* dei due archi sottesi alla corda AB.

$\left[180° - \arcsin\dfrac{\sqrt{5}}{4} \simeq 146°\,44''\right]$

2. Teoremi sui triangoli qualunque

TEORIA a p. 542

Esercizi preliminari

68 **Vero o falso?**

In riferimento alla figura qui sotto, stabilisci quali uguaglianze sono vere e quali sono false.

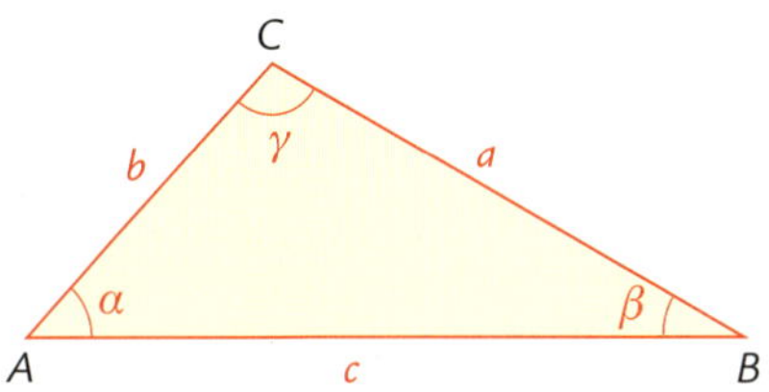

a. $\dfrac{b}{c} = \dfrac{\sin\beta}{\sin\gamma}$ V F

b. $a = \dfrac{c\sin\gamma}{\sin\alpha}$ V F

c. $a^2 = b^2 + c^2 - 2bc\cos\beta$ V F

d. $c^2 = a^2 + b^2 - 2ab\sin\gamma$ V F

e. $\cos\beta = \dfrac{a^2 + c^2 - b^2}{2ac}$ V F

[2 uguaglianze vere e 3 false]

Test

69 Se devi risolvere un triangolo di cui conosci le misure dei tre lati, quale teorema di trigonometria è conveniente utilizzare?

A Il primo teorema sui triangoli rettangoli.

B Il secondo teorema sui triangoli rettangoli.

C Il teorema dei seni.

D Il teorema del coseno.

70 Se devi risolvere un triangolo di cui conosci le misure di un lato e degli angoli a esso adiacenti, quale teorema di trigonometria è conveniente utilizzare?

A Il primo teorema sui triangoli rettangoli.

B Il secondo teorema sui triangoli rettangoli.

C Il teorema dei seni.

D Il teorema del coseno.

71 Se devi risolvere un triangolo rettangolo di cui conosci la misura dell'ipotenusa e di un angolo acuto, quale teorema di trigonometria è conveniente utilizzare?

A Il primo teorema sui triangoli rettangoli.

B Il secondo teorema sui triangoli rettangoli.

C Il teorema dei seni.

D Il teorema del coseno.

72 In quale dei seguenti casi **non** risulta univocamente determinato un triangolo?

A Se conosciamo un lato e i due angoli adiacenti.

B Se conosciamo i tre lati.

C Se conosciamo due lati e l'angolo fra di essi compreso.

D Se conosciamo i tre angoli.

73 In ciascuna delle seguenti figure, determina l'elemento incognito indicato in rosso, utilizzando il teorema del coseno. Fornisci le misure dei lati arrotondate a meno di un decimo e quelle degli angoli arrotondate a meno di un grado.

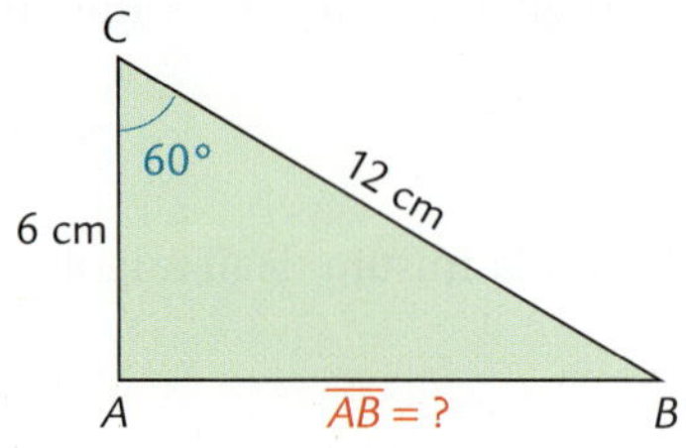

a

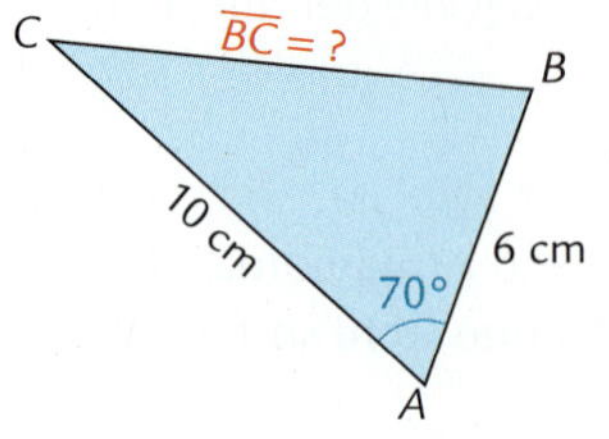

b

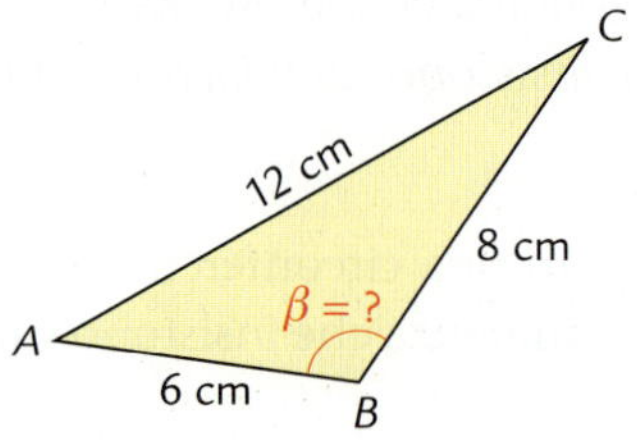

c

[**a.** $6\sqrt{3} \simeq 10,4$ cm; **b.** 9,7 cm; **c.** 117°]

74 In ciascuna delle seguenti figure, determina l'elemento incognito indicato in rosso, utilizzando il teorema dei seni. Fornisci le misure dei lati arrotondate a meno di un decimo e quelle degli angoli arrotondate a meno di un grado.

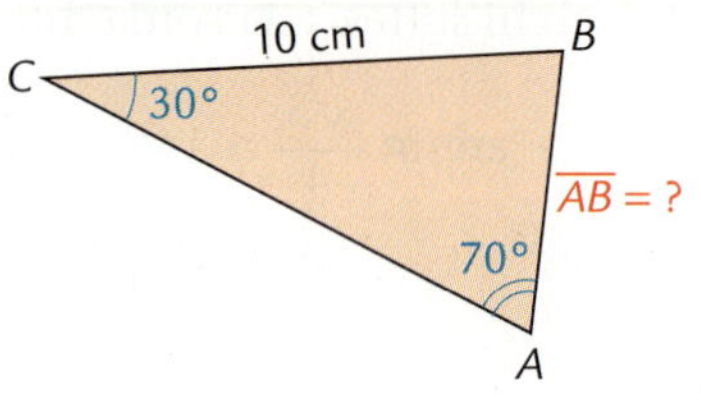

a

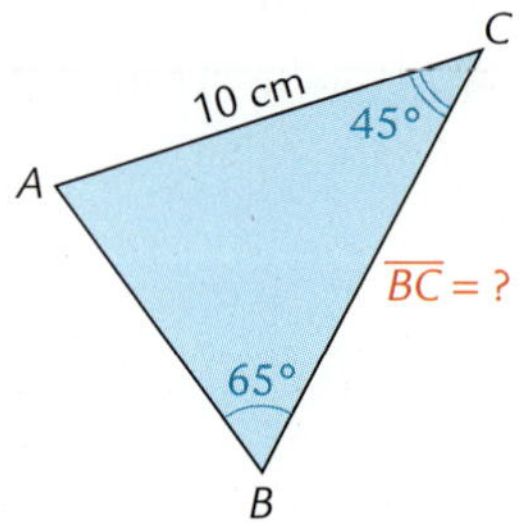

b

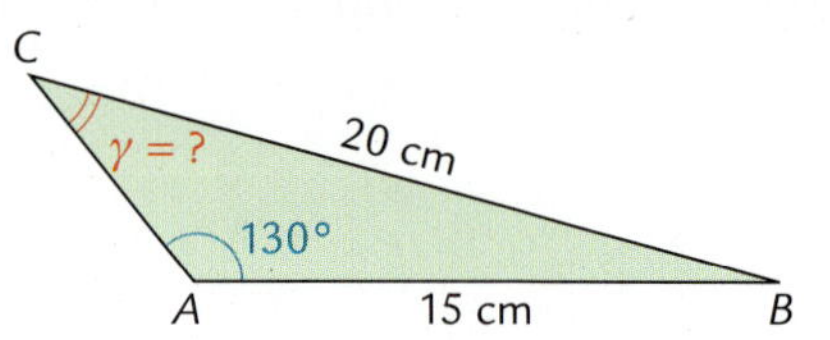

c

[**a.** 5,3 cm; **b.** 10,4 cm; **c.** 35°]

Risoluzione di un triangolo, noti un lato e i due angoli adiacenti

75 **ESERCIZIO GUIDATO**

Risolvi un triangolo in cui: $c = 4$, $\alpha = 60°$ e $\beta = 40°$.

- Devi determinare gli elementi colorati in rosso in figura.
- Ricava anzitutto la misura di γ:

$$\gamma = 180° - (40° + 60°) = \ldots\ldots$$

- Utilizza il teorema dei seni:

$$\frac{a}{\sin\alpha} = \frac{c}{\sin\gamma} \Rightarrow a = c\frac{\sin\alpha}{\sin\gamma} \Rightarrow$$

$$\Rightarrow a = 4 \cdot \frac{\sin 60°}{\sin \ldots\ldots} \simeq \ldots\ldots$$

Arrotonda alla seconda cifra decimale con la calcolatrice

- Sempre per il teorema dei seni:

$$\frac{a}{\sin\alpha} = \frac{b}{\sin\beta} \Rightarrow b = a\frac{\sin\beta}{\sin\alpha} \Rightarrow b = \ldots\ldots \cdot \frac{\sin 40°}{\sin 60°} \simeq \ldots\ldots$$

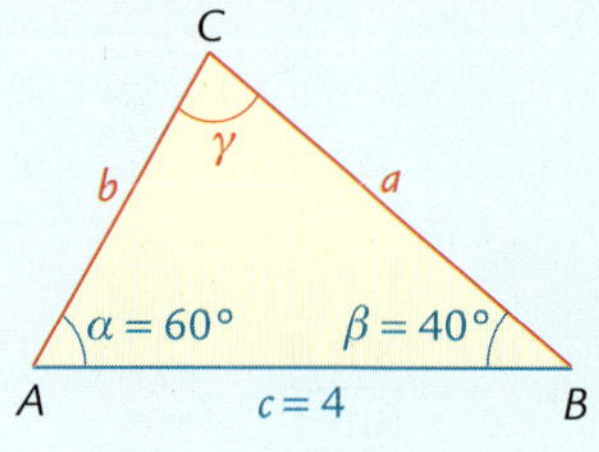

[$\gamma = 80°$; $a \simeq 3,52$; $b \simeq 2,61$]

Risolvi il triangolo *ABC*, noti gli elementi indicati. Arrotonda le misure dei segmenti a meno di un centesimo e le misure degli angoli a meno di un grado.

76 $c=4, \alpha=35°, \beta=40°$ $[\gamma=105°, a\simeq 2{,}37, b\simeq 2{,}66]$

77 $a=8, \beta=10°, \gamma=71°$ $[\alpha=99°, b\simeq 1{,}41, c\simeq 7{,}66]$

78 $b=6, \alpha=20°, \gamma=60°$ $[\beta=100°, a\simeq 2{,}08, c\simeq 5{,}28]$

79 $c=2\sqrt{6}, \alpha=45°, \beta=30°$ $[\gamma=105°, a\simeq 3{,}6, b\simeq 2{,}5]$

80 $c=2\sqrt{3}, \alpha=45°, \beta=60°$ $[\gamma=75°, a\simeq 2{,}5, b\simeq 3{,}1]$

81 $c=10, \alpha=60°, \beta=50°$ $[\gamma=70°, b\simeq 9{,}2, a\simeq 8{,}2]$

Risoluzione di un triangolo, noti i tre lati

82 **ESERCIZIO GUIDATO**

Risolvi un triangolo in cui: $a = 2\sqrt{2}$, $b = 3$, $c = 2$.

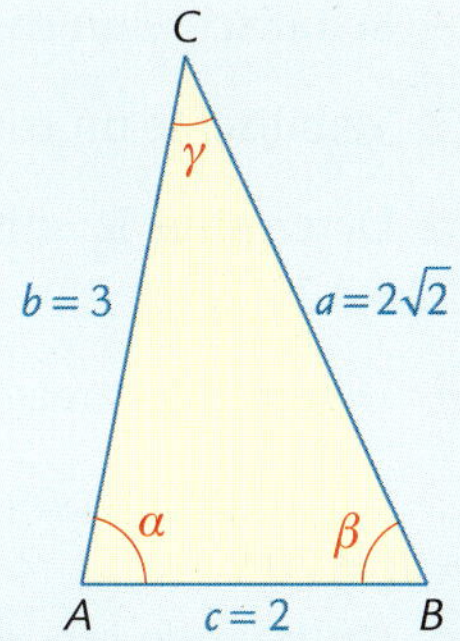

- Osserva che il triangolo *esiste* poiché sono verificate le relazioni:

  $a < b + c, \quad b < a + c, \quad c < a + b$

  Devi determinare le misure degli angoli del triangolo (colorati in rosso in figura).

- Per il teorema del coseno:

  $$a^2 = b^2 + c^2 - 2bc\cos\alpha \Rightarrow \cos\alpha = \frac{b^2 + c^2 - a^2}{2bc}$$

  $$\Rightarrow \cos\alpha = \frac{3^2 + 2^2 - (2\sqrt{2})^2}{2\cdot 3\cdot 2} = \ldots \Rightarrow \alpha \simeq \ldots$$ Arrotonda a meno di un grado con la calcolatrice

- Analogamente puoi ricavare la misura di β:

  $$b^2 = a^2 + c^2 - 2ac\cos\beta \Rightarrow \cos\beta = \frac{\ldots}{\ldots} \Rightarrow \cos\beta = \ldots \Rightarrow \beta \simeq \ldots$$ Arrotonda a meno di un grado con la calcolatrice

- Ricava infine per differenza la misura di γ:

  $$\gamma = 180° - (\alpha + \beta) \simeq 180° - (\ldots + \ldots) \simeq \ldots$$

$[\alpha \simeq 65°, \beta \simeq 75°; \gamma \simeq 40°]$

Risolvi il triangolo *ABC*, se esiste, noti gli elementi indicati. Arrotonda le misure degli angoli a meno di un grado.

83 $a = 2, b = 4, c = 5$ $[\alpha \simeq 22°, \beta \simeq 50°, \gamma \simeq 108°]$

84 $a = 4, b = 4, c = 3$ $[\alpha = \beta \simeq 68°, \gamma \simeq 44°]$

85 $a = 4, b = 6, c = 8$ $[\alpha \simeq 29°, \beta \simeq 47°, \gamma \simeq 104°]$

86 $a = 6, b = 6, c = 6\sqrt{3}$ $[\alpha = 30°, \beta = 30°, \gamma = 120°]$

87 $a = 3, b = 6, c = 4$ $[\alpha \simeq 27°, \beta \simeq 117°, \gamma \simeq 36°]$

Risoluzione di un triangolo, noti due lati e l'angolo tra di essi compreso

88 **ESERCIZIO GUIDATO**

Risolvi un triangolo in cui: $a = 4$, $c = 6$ e $\beta = 60°$.

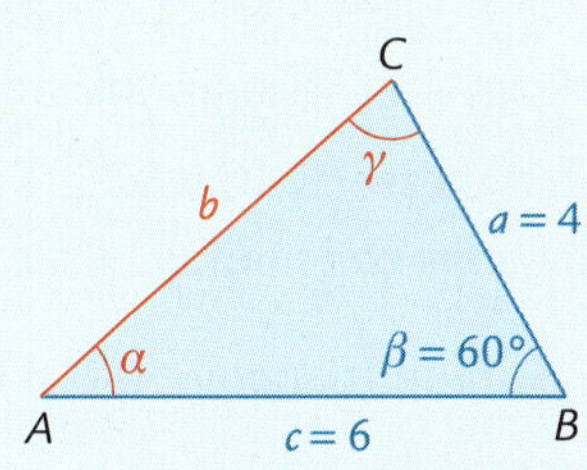

- Devi determinare gli elementi colorati in rosso in figura.
- Per il teorema del coseno:

  $$b^2 = a^2 + c^2 - 2ac\cos\beta = \ldots \Rightarrow b = \ldots$$

- Sempre per il teorema del coseno:

  $$a^2 = b^2 + c^2 - 2bc\cos\alpha \Rightarrow$$

  $$\Rightarrow \cos\alpha = \frac{b^2 + c^2 - a^2}{2bc} = \ldots \Rightarrow$$

  $$\Rightarrow \alpha \simeq \ldots$$ Arrotonda a meno di un grado con la calcolatrice

- Infine, per differenza puoi ricavare la misura di γ:

  $$\gamma \simeq 180° - (\ldots + \ldots) \simeq \ldots$$

$[b = 2\sqrt{7}, \simeq 5{,}3, \alpha \simeq 41°, \gamma \simeq 79°]$

Risolvi il triangolo *ABC*, noti gli elementi indicati. Arrotonda le misure dei segmenti a meno di un centesimo e le misure degli angoli a meno di un grado.

89 $a = 6,\ c = 3,\ \beta = 60°$ $[b = 3\sqrt{3} \simeq 5{,}2,\ \alpha = 90°,\ \gamma = 30°]$

90 $a = \sqrt{3},\ c = 3,\ \beta = 30°$ $[b = \sqrt{3},\ \alpha = 30°,\ \gamma = 120°]$

91 $b = 2\sqrt{2},\ c = 4,\ \alpha = 135°$ $[a = 2\sqrt{10} \simeq 6{,}32,\ \beta \simeq 18°,\ \gamma \simeq 27°]$

92 $c = 3,\ b = 2\sqrt{2},\ \alpha = 45°$ $[a = \sqrt{5},\ \beta \simeq 72°,\ \gamma \simeq 63°]$

93 $a = 4,\ b = 2,\ \gamma = 40°$ $[c \simeq 2{,}78;\ \alpha \simeq 112°;\ \beta \simeq 28°]$

Problemi

94 Stabilisci se un triangolo i cui lati sono lunghi 2 cm, 4 cm e 5 cm è acutangolo od ottusangolo. [Ottusangolo]

95 Stabilisci se un triangolo i cui lati sono lunghi 4 cm, 5 cm e 6 cm è acutangolo od ottusangolo. [Acutangolo]

96 Determina le misure delle diagonali di un parallelogramma *ABCD* tale che $AB = 10$ cm, $BC = 5$ cm e $A\widehat{B}C = 120°$. $[5\sqrt{3}$ cm; $5\sqrt{7}$ cm$]$

97 Determina l'area di un triangolo *ABC* di cui si sa che $AB = 8$ cm, $B\widehat{A}C = 20°$ e $A\widehat{B}C = 40°$. [Circa 8,12 cm^2]

98 Un trapezio isoscele *ABCD*, di base maggiore $AB = 10$ cm e lati obliqui BC e *AD* di lunghezza 5 cm, $\widehat{A} = \widehat{B} = 70°$.

a. Utilizzando i teoremi sui triangoli rettangoli, determina le lunghezze dell'altezza *CH* del trapezio e della base minore *CD*.

b. Utilizzando il teorema del coseno, determina le lunghezze delle diagonali del trapezio.

[**a.** $CH \simeq 4{,}7$ cm; $CD \simeq 6{,}6$ cm, **b.** circa 9,5 cm]

99 Un trapezio isoscele *ABCD*, di base maggiore *AB* e base minore *CD*, è tale che $AB = 10$ cm, $B\widehat{A}C = 20°$ e $A\widehat{B}C = 45°$. Determina le lunghezze:

a. dei lati obliqui; **b.** dell'altezza del trapezio; **c.** della base minore.

Fornisci tutte le misure arrotondate a meno di un decimo. [**a.** 3,8 cm; **b.** 2,7 cm; **c.** 4,7 cm]

100 Determina la lunghezza del terzo lato di un triangolo *ABC*, sapendo che $AB = 4$ cm, $BC = 10$ cm, $A\widehat{B}C$ è un angolo ottuso e l'area di *ABC* è 12 cm^2. $[6\sqrt{5} \simeq 13{,}41$ cm$]$

101 Determina il rapporto fra i due lati *AB* e *BC* di un triangolo, sapendo che $\cos A\widehat{C}B = \frac{4}{5}$ e $B\widehat{A}C = \frac{\pi}{6}$.

(*Suggerimento*: ricorda che il rapporto fra due lati di un triangolo è uguale al rapporto fra i seni degli angoli opposti)

$\left[\frac{AB}{BC} = \frac{6}{5}\right]$

102 Determina le misure dei lati *AC* e *BC* di un triangolo *ABC* in cui: $B\widehat{A}C = 45°$, $A\widehat{B}C = 60°$ e $\overline{AB} = 8a$.

$[\overline{AC} = 4a(3\sqrt{2} - \sqrt{6}),\ \overline{BC} = 8a(\sqrt{3} - 1)]$

103 Determina le misure dei lati *AC* e *BC* di un triangolo *ABC* in cui: $\overline{AB} = a$, $A\widehat{B}C = \frac{\pi}{6}$ e $\cos B\widehat{A}C = -\frac{3}{5}$.

$\left[\overline{BC} = \frac{8}{39}(3 + 4\sqrt{3})a;\ \overline{AC} = \frac{5}{39}(3 + 4\sqrt{3})a\right]$

104 In un triangolo *ABC* il lato *AC* supera di 3 cm il lato *BC*. Sapendo che $\sin A\widehat{B}C = \frac{4}{5}$ e $C\widehat{A}B = 30°$, determina le lunghezze di *AC* e *BC*.

(*Suggerimento*: poni $\overline{BC} = x$ e imposta una equazione utilizzando il teorema dei seni) $[AC = 8$ cm, $BC = 5$ cm$]$

105 In un triangolo *ABC* si ha:

$$A\widehat{B}C = \beta = \arccos\frac{3}{4} \quad \text{e} \quad A\widehat{C}B = 2\beta$$

Sapendo che il perimetro del triangolo è $15a$, determina le misure dei lati.

(*Vedi* il suggerimento dell'esercizio precedente) $[5a;\ 4a;\ 6a]$

106 Nel triangolo *ABC* si ha $\sin A\widehat{B}C = \frac{4}{5}$, $\overline{AB} = 3a$ e $\overline{BC} = 5a$. Determina la misura di *AC* in ciascuno dei seguenti due casi:

a. $A\widehat{B}C$ è acuto; **b.** $A\widehat{B}C$ è ottuso. [**a.** $4a$; **b.** $2a\sqrt{13}$]

107 Nel triangolo ABC si ha $\sin A\widehat{B}C = \frac{\sqrt{5}}{3}$, $\overline{AB} = 3k$ e $\overline{BC} = 5k$. Determina la misura di AC in ciascuno dei seguenti due casi:

a. $A\widehat{B}C$ è acuto; **b.** $A\widehat{B}C$ è ottuso. [**a.** $k\sqrt{14}$; **b.** $3k\sqrt{6}$]

108 Determina le lunghezze delle diagonali di un parallelogramma i cui lati sono lunghi 4 cm e 5 cm e formano un angolo di 140°. Arrotonda i risultati a meno di un centesimo. [8,46 cm e 3,22 cm]

109 Nel triangolo ABC è: $\overline{AB} = 4a$, $\overline{BC} = 6a$, $\overline{AC} = 8a$; determina $\cos A\widehat{B}C$ e deduci la misura approssimata, espressa in gradi, primi e secondi, di $A\widehat{B}C$.

$$\left[\cos A\widehat{B}C = -\frac{1}{4};\ A\widehat{B}C = \arccos\left(-\frac{1}{4}\right) \cong 104°\ 28'\ 39''\right]$$

110 In un triangolo ABC il lato BC è doppio del lato AB. Sapendo che $\cos A\widehat{B}C = \frac{1}{4}$ e che il perimetro del triangolo è 10 cm, determina le lunghezze dei lati del triangolo.
(*Suggerimento*: poni $\overline{AB} = x$ e imposta un'equazione, utilizzando il teorema del coseno) [$AB = 2$ cm e $BC = AC = 4$ cm]

111 In un triangolo ABC il lato BC supera di 2 cm il lato AB. Sapendo che $A\widehat{B}C = \frac{\pi}{3}$ e $AC = \sqrt{19}$ cm, determina le lunghezze degli altri due lati del triangolo. [3 cm, 5 cm]

112 In un triangolo ABC il lato BC è doppio del lato AB e $A\widehat{B}C$ è ottuso. Sapendo che $\sin A\widehat{B}C = \frac{\sqrt{15}}{4}$ e che il perimetro del triangolo è $(9 + 3\sqrt{6})$ cm, determina le lunghezze dei lati del triangolo. [3 cm, 6 cm, $3\sqrt{6}$ cm]

3. Applicazioni della trigonometria

TEORIA a p. 546

Problemi vari che hanno come modello triangoli rettangoli

113 La scala. Una scala lunga 5 m è appoggiata a un muro. La scala forma con il terreno un angolo di 62°. Quanto dista la cima della scala dal suolo?

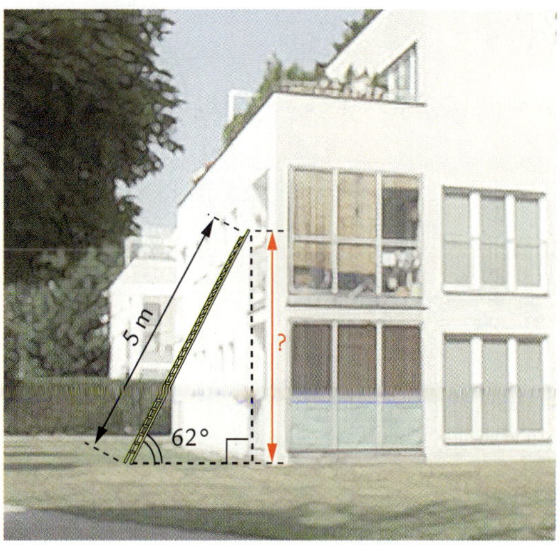

[Circa 4,41 m]

114 Pallone aerostatico. Un pallone aerostatico sta salendo verticalmente. Da una postazione al suolo distante 50 m dal punto da dove il pallone si è alzato in volo si vede il pallone secondo un angolo di elevazione di 18°. Un minuto dopo, dalla stessa postazione, si vede il pallone secondo un angolo di elevazione di 30°. Di quanto è salito il pallone in quel minuto?

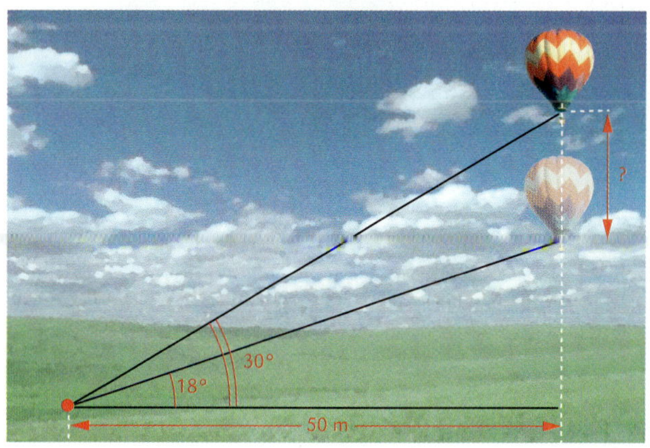

[Circa 12,62 m]

115 La Statua della libertà. La Statua della libertà è alta circa 92 m. Una nave vede la cima della statua sotto un angolo di elevazione di 18,3°. Quanto è lontana l'imbarcazione dalla base della statua?

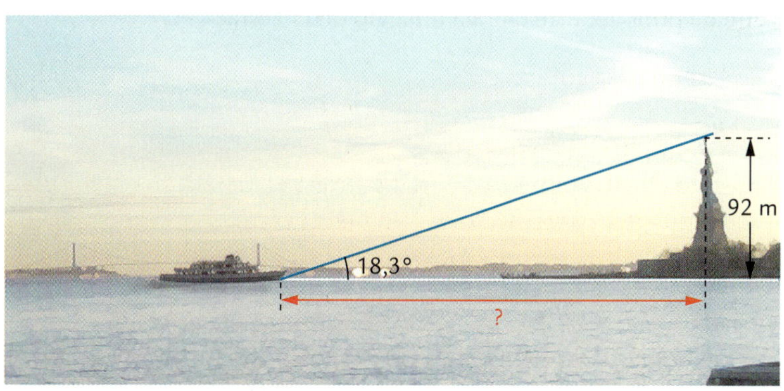

[Circa 278,18 m]

116 **L'ombra.** Qual è l'angolo di elevazione del Sole se un edificio alto 22 m genera un'ombra di 26 m?

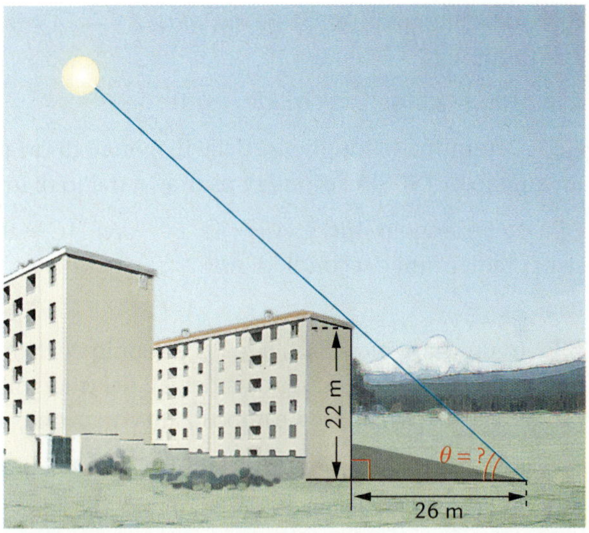

[Circa 40,24°]

117 **Altezza di una duna.** Paolo vede la cima di una duna sotto un angolo di elevazione di 20°. Dopo essersi avvicinato camminando in linea retta di 400 m, l'angolo di elevazione diventa di 40°. Qual è l'altezza della duna?

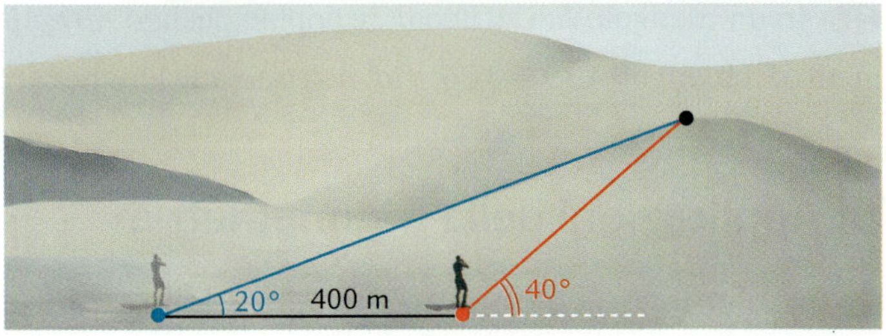

[Circa 257,12 m]

118 **Altezza di un edificio.** L'angolo di elevazione della cima di un palazzo varia da 22° a 45° se un osservatore avanza in linea retta di 30 m dalla posizione A alla posizione B. Trova l'altezza della costruzione.

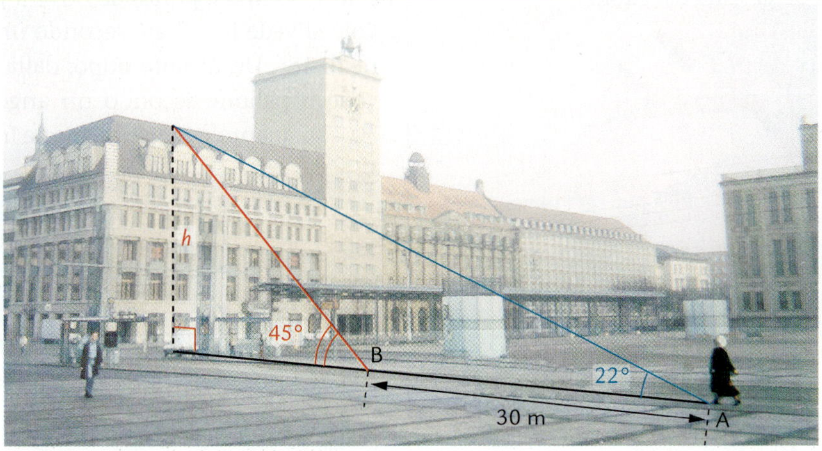

[Circa 20,34 m]

119 **Raggio della Terra.** Un satellite che si trova h metri sopra la superficie della Terra vede l'orizzonte a un angolo di depressione α.

a. Determina r in funzione di h e $\cos \alpha$.

b. Sapendo che $\alpha = 22°47'$ e $h = 539{,}1$ km, quale puoi dedurre che sia il raggio della Terra?

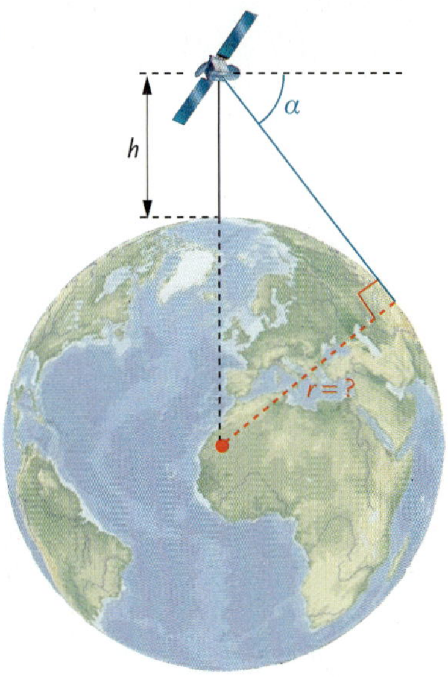

[Circa 6370,3 km]

120 **Altezza di un ripetitore.** Un ripetitore è posto sulla cima di un grattacielo alto 100 m. Da un punto al suolo distante 150 m dalla base del grattacielo il ripetitore viene visto sotto un angolo di 4°. Quanto è alto il ripetitore?

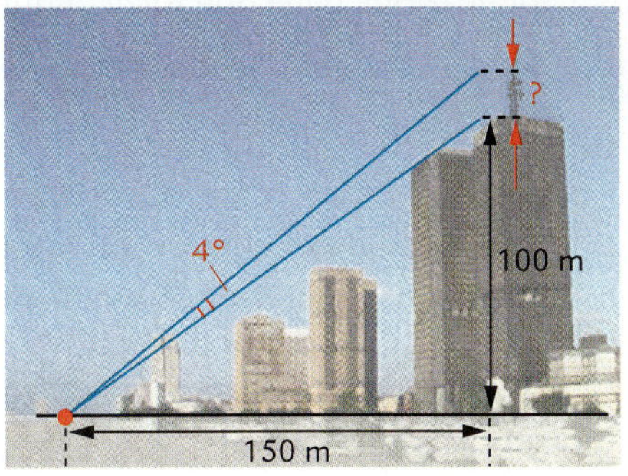

[Circa 15,89 m]

121 **La seggiovia.** In base ai dati indicati in figura, determina la distanza tra il punto di partenza, A, e il punto di arrivo, B, della seggiovia raffigurata.

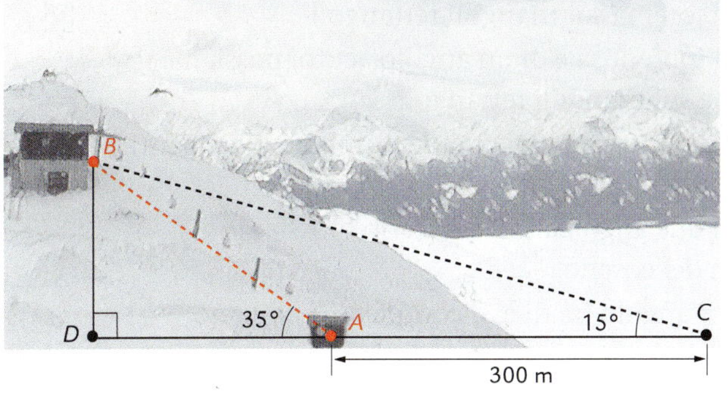

[Circa 227 m]

122 **La galleria.** Si vuole costruire una galleria che colleghi i due punti A e B in figura. In base alle misure indicate, quanto dovrà essere lunga la galleria?

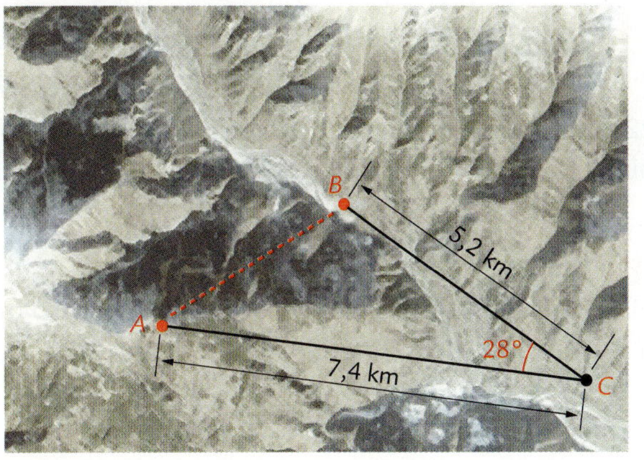

[Circa 3,72 km]

123 **Pannello solare.** In base ai dati in figura, determina la misura, approssimata a meno di un grado, dell'angolo α che il pannello solare forma con il piano orizzontale.

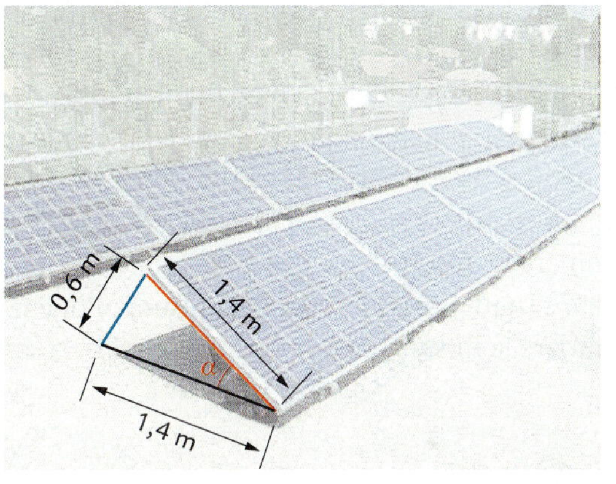

[25°]

124 **Quota di un elicottero.** Due osservatori, posti a 90 m di distanza, vedono nello stesso istante un elicottero sotto due angoli di elevazione rispettivamente di 25° e 40°. Supponendo che l'elicottero si trovi perpendicolarmente alla retta che passa per i due punti in cui sono situati gli osservatori, a quale altezza da terra si trova l'elicottero?

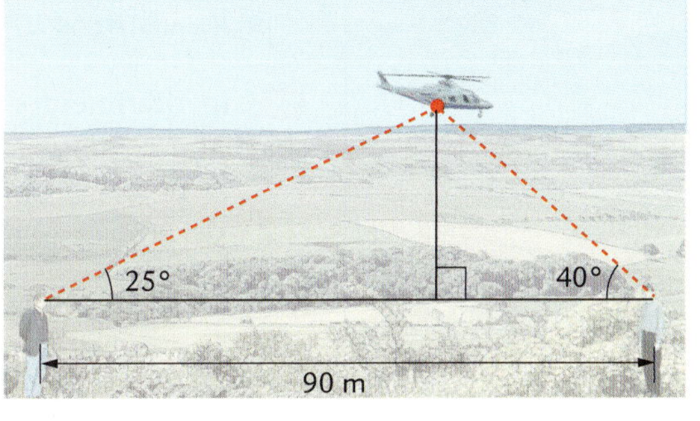

[Circa 26,98 m]

125 Matematica e fisica Due forze $\vec{F_1}$ ed $\vec{F_2}$, di intensità rispettivamente 4 N e 6 N, hanno una risultante di intensità 8 N. Calcola l'ampiezza in gradi, primi e secondi dell'angolo formato dalle direzioni di $\vec{F_1}$ ed $\vec{F_2}$.

[Circa 75° 31′ 21″]

126 Matematica e fisica Un oggetto avente massa $m = 50$ g è poggiato su un piano orizzontale privo di attrito. Su di esso agisce una forza di intensità $F = 0{,}5$ N che forma un angolo di 30° con il piano orizzontale. Calcola il modulo R della reazione vincolare del piano e il modulo della forza necessaria per mantenere l'oggetto in equilibrio.

$$\left[R = 0{,}24 \text{ N}; F_{eq} = \frac{\sqrt{3}}{4} \text{ N}\right]$$

127 Matematica e fisica Un corpo scende lungo un piano inclinato che forma con l'orizzontale un angolo di 54°. Considerando trascurabile l'attrito, calcola l'accelerazione con la quale il corpo scende lungo il piano inclinato. [Circa 7,93 m/s²]

128 Matematica e fisica Un bambino applica allo sterzo della sua macchinetta giocattolo una coppia di forze $\vec{F}_1$ e $\vec{F}_2$ aventi modulo uguale a 6 N. Il segmento congiungente i punti di applicazione delle due forze, di lunghezza 22 cm, forma con la direzione di una forza un angolo di $\frac{\pi}{12}$ radianti. Calcola il modulo del momento della coppia di forze. $\left[\frac{33}{100}(\sqrt{6}-\sqrt{2})\ \text{N}\cdot\text{m} \simeq 0{,}34\ \text{N}\cdot\text{m}\right]$

129 Matematica e fisica Un punto materiale di massa $m = 2$ kg è poggiato su un piano inclinato che forma con il piano orizzontale un angolo di 30°. Considerando trascurabile l'attrito, calcola l'intensità della forza che mantiene il punto materiale in equilibrio. [9,8 N]

RIEPILOGO

Esercizi di riepilogo

130 **Vero o falso?**

a. se di un triangolo rettangolo conosciamo la misura di un cateto e di un angolo acuto, possiamo determinare la misura dell'altro cateto mediante il primo teorema sui triangoli rettangoli V F

b. se di un triangolo rettangolo conosciamo la misura dell'ipotenusa e di un angolo acuto, possiamo determinare le misure dei cateti mediante il primo teorema sui triangoli rettangoli V F

c. se di un triangolo rettangolo conosciamo le misure dei due cateti, possiamo determinare le tangenti degli angoli acuti mediante il secondo teorema sui triangoli rettangoli V F

d. se di un triangolo conosciamo la misura di un lato e dei due angoli a essi adiacenti, possiamo determinare le misure degli altri lati applicando il teorema del coseno V F

e. se di un triangolo conosciamo la misura di due lati e dell'angolo fra di essi compreso, possiamo determinare la misura del terzo lato mediante il teorema dei seni V F

[2 affermazioni vere e 3 false]

131 **Vero o falso?**

Sia ABC un triangolo rettangolo in A tale che $AB = 4$ cm e $BC = 5$ cm. Allora:

a. la misura di AC è 3 cm V F

b. l'area di ABC è 12 cm² V F

c. $\cos \widehat{B} = \frac{4}{5}$ V F

d. $\sin \widehat{B} = \frac{3}{5}$ V F

e. $\cos \widehat{C} = \frac{4}{5}$ V F

f. $\sin \widehat{C} = \frac{4}{5}$ V F

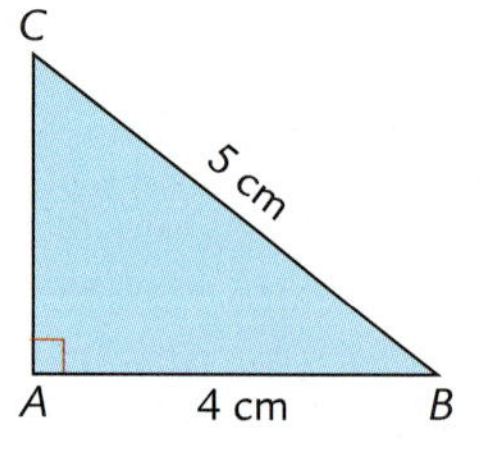

[4 affermazioni vere e 2 false]

Test

132 In riferimento alla figura, quale affermazione è sbagliata?

A $\overline{AC} = 20 \cos 40°$

B $\overline{BC} = 20 \sin 40°$

C $\overline{AC} = 20 \sin 50°$

D $\overline{AC} = \overline{BC} \tan 40°$

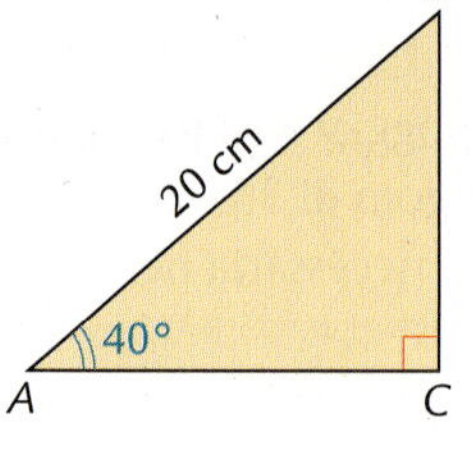

133 In riferimento alla figura, quale affermazione è sbagliata?

A $10 = \overline{BC} \tan 70°$

B $\overline{BC} = 10 \tan 20°$

C $\overline{AB} = 10 \cos 20°$

D $\overline{BC} = \overline{AB} \cos 70°$

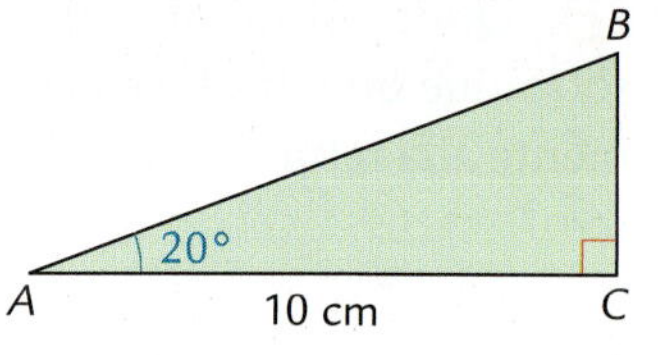

134 In riferimento alla figura, quale affermazione è sbagliata?

A $\dfrac{12}{\sin 80°} = \dfrac{AB}{\sin 60°}$

B $\overline{AB}^2 = \overline{AC}^2 + 144 + 12\overline{AC}$

C $\dfrac{\overline{AC}}{\sin 40°} = \dfrac{\overline{AB}}{\sin 60°}$

D $144 = \overline{AC}^2 + \overline{AB}^2 - 2\overline{AB} \cdot \overline{AC} \cos 80°$

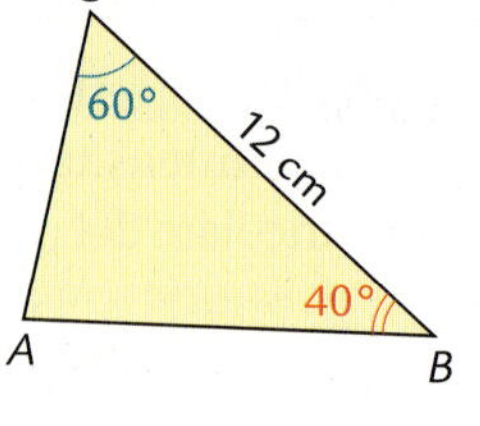

135 In riferimento alla figura, quale affermazione è sbagliata?

A $AB = 3\sqrt{19}$ cm

B $\dfrac{\overline{AB}}{\sin 60°} = \dfrac{15}{\sin B\widehat{A}C}$

C l'angolo $B\widehat{A}C$ è acuto

D $\overline{AH} = 6\cos 30°$

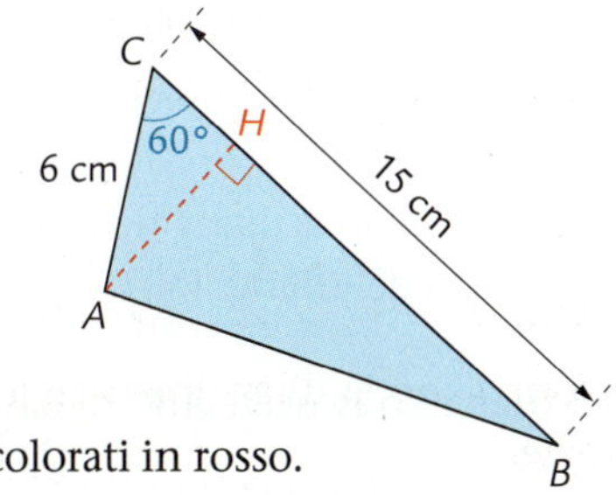

136 In riferimento alle seguenti figure, determina le misure degli elementi colorati in rosso.

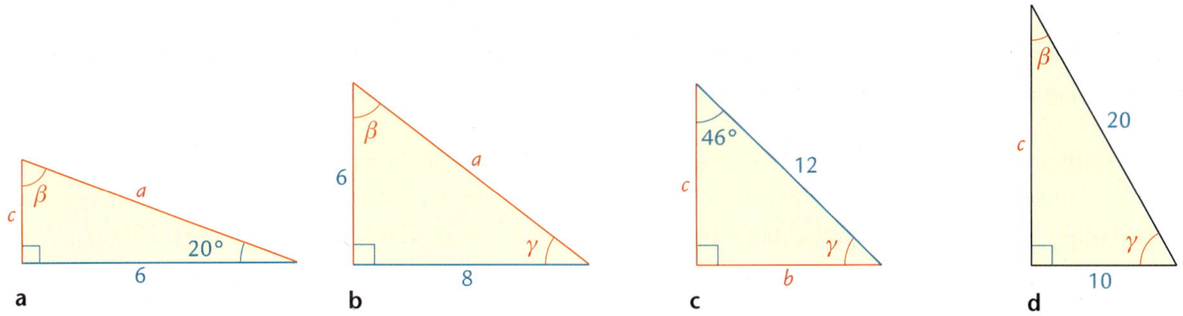

a b c d

[**a.** $\beta = 70°$, $a \simeq 6{,}39$; $c \simeq 2{,}18$; **b.** $a = 10$; $\beta \simeq 53{,}13°$; $\gamma \simeq 36{,}87°$; **c.** $\gamma = 44°$; $b \simeq 8{,}63$; $c \simeq 8{,}34$; **d.** $c = 10\sqrt{3}$; $\beta = 30°$; $\gamma = 60°$]

137 In ciascuna delle seguenti figure, determina l'elemento incognito indicato in rosso. Fornisci le misure degli angoli arrotondate a meno di un grado e quelle dei lati arrotondate a meno di un decimo.

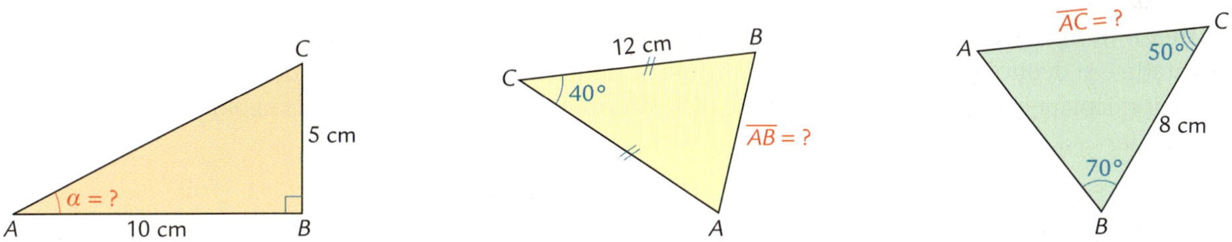

a b c

[**a.** 27°; **b.** 8,2 cm; **c.** 8,7 cm]

138 In un trapezio rettangolo $ABCD$ la diagonale AC è perpendicolare al lato obliquo BC. L'altezza del trapezio è lunga 10 cm e l'angolo acuto adiacente alla base maggiore è di 40°. Determina perimetro e area del trapezio. [Perimetro $\simeq$ 54,26 cm; Area $\simeq$ 143,5 cm^2]

139 Determina l'area di un rombo, il cui lato è lungo 12 cm, sapendo che gli angoli acuti del rombo hanno ampiezza di 42°. [96,35 cm^2]

140 In un triangolo rettangolo, di ipotenusa BC, la lunghezza del cateto AB è $6\sqrt{5}$ cm e l'altezza AH relativa all'ipotenusa è lunga 12 cm. Risolvi il triangolo. [$BC = 30$ cm, $AC = 12\sqrt{5}$ cm; $A\widehat{B}C \simeq 63{,}43°$ $A\widehat{C}B \simeq 26{,}57°$]

141 Determina le lunghezze delle diagonali di un parallelogramma i cui lati sono lunghi 4 cm e 5 cm e formano un angolo di 140°. Arrotonda i risultati a meno di un centesimo. [8,46 cm e 3,22 cm]

142 In un triangolo rettangolo, di ipotenusa BC, le proiezioni BH e CH dei cateti sull'ipotenusa sono lunghe 4 cm e 9 cm. Risolvi il triangolo.
(*Suggerimento*: ricorda che in base al secondo teorema di Euclide risulta $\overline{BH} \cdot \overline{CH} = \overline{AH}^2$)
[$AB = 2\sqrt{13}$ cm, $AC = 3\sqrt{13}$ cm; $BC = 13$ cm; $A\widehat{B}C \simeq 56{,}31°$; $A\widehat{C}B \simeq 33{,}69°$]

143 Determina la misura, in gradi, primi e secondi, dell'angolo formato dalla retta avente equazione $2x - 3y = 0$ con il semiasse delle ascisse positive. [Circa 33° 41′ 24″]

144 Determina la misura, in gradi primi e secondi, dell'angolo formato dalla retta che passa per l'origine e per il punto $P(2, 4)$ con il semiasse delle ascisse positive. [Circa 63° 26′ 6″]

145 In un triangolo isoscele di base $AB = 20$ cm il coseno dell'angolo al vertice è $-\dfrac{7}{25}$. Calcola il perimetro e l'area del triangolo. [45 cm, 75 cm^2]

146 In un triangolo rettangolo ABC la differenza tra i due cateti è 4 cm e la tangente di uno degli angoli acuti è $\frac{3}{4}$. Calcola la lunghezza delle due proiezioni dei cateti sull'ipotenusa. [7,2 cm, 12,8 cm]

147 In un triangolo acutangolo ABC, in cui il lato BC è lungo 16 cm, risulta $\sin A\widehat{B}C = \frac{3}{5}$ e $\sin B\widehat{A}C = \frac{4}{5}$. Calcola perimetro e area del triangolo. [48 cm, 96 cm²]

148 Nel triangolo isoscele ABC di base AB il lato obliquo è lungo 34 cm e il coseno di ciascuno dei due angoli alla base vale $\frac{8}{17}$. Calcola il perimetro e la lunghezza delle altezze. [100 cm, $CH = 30$ cm, $AK = \frac{480}{17} \simeq 28{,}2$ cm]

149 In un parallelogramma $ABCD$ la diagonale maggiore AC è lunga $6(\sqrt{2}+\sqrt{6})$ cm e forma con i lati AB e BC angoli di ampiezza, rispettivamente, $\frac{\pi}{6}$ e $\frac{\pi}{4}$. Calcola il perimetro del parallelogramma. $\left[24(1+\sqrt{2})\text{ cm}\right]$

150 Data una semicirconferenza di centro O e diametro $AB = 24$ cm, conduci la tangente in un suo punto P. Traccia le perpendicolari al diametro in O e B che incontrano la tangente rispettivamente nei punti S e T. Sapendo che $\sin S\widehat{O}P = \frac{3}{5}$, determina il perimetro e l'area del trapezio $OBTS$.

(*Suggerimento*: può essere utile considerare il punto di intersezione tra la tangente e il diametro) [48 cm, 126 cm²]

151 Dato un segmento AB di misura $2l$, traccia una retta passante per il suo punto medio M che formi con AB un angolo di ampiezza $\frac{\pi}{6}$. Siano A' e B' le proiezioni di A e B sulla retta.

a. Calcola l'area del triangolo AMB'.
b. Calcola il perimetro del quadrilatero $AA'BB'$.

$\left[\mathbf{a.}\ l^2\frac{\sqrt{3}}{8};\ \mathbf{b.}\ (\sqrt{13}+1)l\right]$

152 **Altezza di una piramide.** Un archeologo scopre alcuni resti di un'antica piramide retta a base quadrata. La base è intatta e si deduce che ciascun suo lato misura 120 metri. La cima della piramide è distrutta, ma i resti permettono di calcolare che ciascuna faccia laterale della piramide forma con la base un angolo di 68°. Quanto era alta la piramide? [Circa 148,5 m]

153 **Altezza di un albero.** Un albero è cresciuto verticalmente su una collina. Il terreno della collina forma un angolo di 15° con un piano orizzontale. L'albero proietta sul terreno della collina un'ombra di 20 metri quando l'angolo di elevazione del Sole è di 65°. Qual è l'altezza dell'albero?

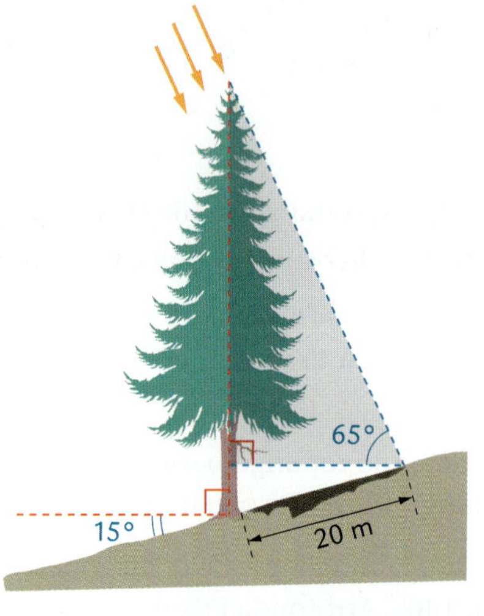

[46,6 m]

154 **Distanza di una nave dalla costa.** Si vuole misurare la distanza d dalla costa di una nave, ancorata in panne nel punto B. A tale scopo, un osservatore, posto sul bordo della spiaggia nel punto A, misura con un apposito strumento l'angolo $B\widehat{A}C$ e trova che $B\widehat{A}C = 72°$. L'osservatore si sposta poi nel punto C, distante 250 metri da A, misura l'angolo $A\widehat{C}B$ e trova che $A\widehat{C}B = 68°$.
In base a tali misure, calcola:

a. la distanza di B da A;
b. la distanza d della nave dalla costa.

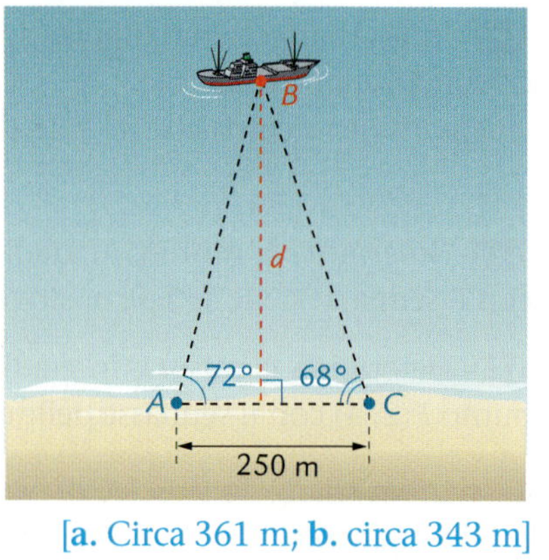

[**a.** Circa 361 m; **b.** circa 343 m]

155 Distanza di una nave dal porto. Una nave, posta nel punto B, deve raggiungere il porto, rappresentato dal punto A. Non può tuttavia percorrere la rotta BA perché la profondità del mare è insufficiente; prosegue perciò fino al punto C, quindi da C giunge al porto, come indicato in figura. Risulta $B\widehat{C}A = 120°$; inoltre la nave viaggia alla velocità costante di 24 km/h e impiega 20 minuti per percorrere il tratto BC e 15 minuti per percorrere il tratto CA.

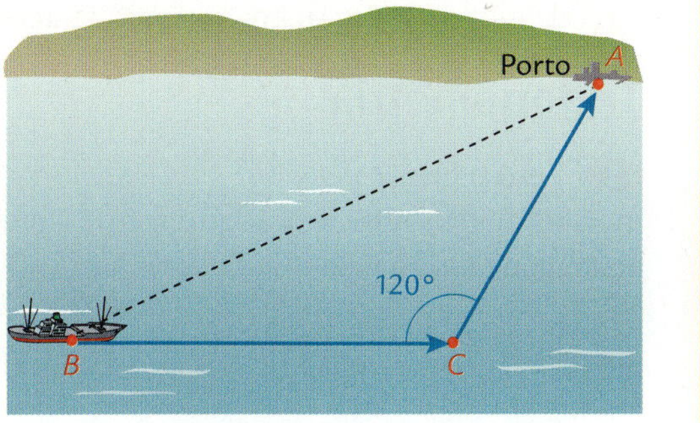

a. Quando la nave si trovava in B, qual era la sua distanza dal porto?

b. Se la nave avesse potuto percorrere direttamente la rotta BA, viaggiando sempre a 24 km/h, quanto tempo avrebbe risparmiato? [**a.** Circa 12,2 km; **b.** circa 4 min e 35 s]

156 Distanza tra due alberi inaccessibili. Si vuole misurare la distanza tra due alberi, rappresentati in figura dai due punti C e D. Non è possibile però farlo direttamente perché i due alberi sono separati dai due osservatori (rappresentati dai punti A e B) da un fiume invalicabile. Il primo osservatore, posto in A, misura i due angoli $B\widehat{A}C$ e $C\widehat{A}D$: trova che essi misurano rispettivamente 40° e 24°. Il secondo osservatore, posto in B, alla distanza di 100 m da A, misura i due angoli $A\widehat{B}D$ e $C\widehat{B}D$: trova che essi misurano rispettivamente 52° e 80°. Calcola, nell'ordine:

a. la distanza tra A e D, utilizzando il teorema dei seni;

b. la distanza tra A e C, utilizzando il teorema dei seni;

c. la distanza tra i due alberi (ossia la distanza tra C e D), utilizzando il teorema del coseno.

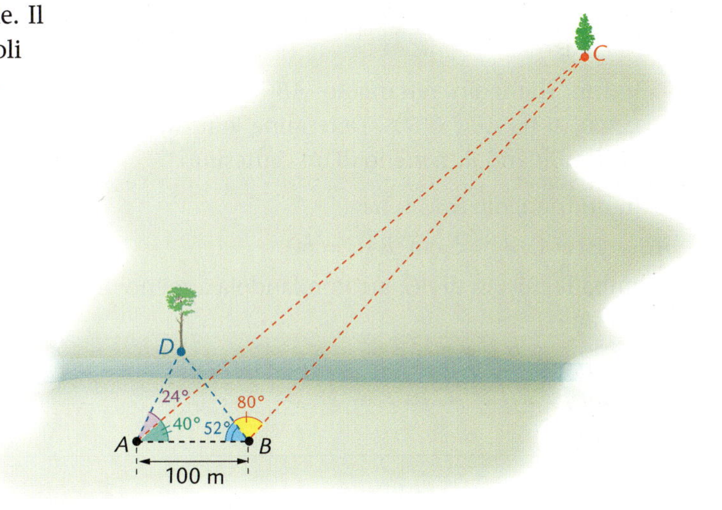

Arrotonda tutte le misure a un numero intero. [**a.** Circa 88 m; **b.** circa 534 m; **c.** circa 455 m]

Esercizi dalle gare di matematica e in inglese

157 Il lato BC di un foglio rettangolare è lungo 6 cm; il lato CD è più lungo di BC. Un angolo del foglio viene piegato in modo che il vertice C viene a sovrapporsi al lato AB. La piega DE forma un angolo θ con il lato CD. Qual è la lunghezza della piega?

A $6 \tan \theta$

B $\dfrac{3}{\sin \theta \cos^2 \theta}$

C $\dfrac{6}{\sin^2 \theta \cos \theta}$

D $\dfrac{3}{\sin \theta \cos \theta}$

E $\dfrac{3}{\sin^3 \theta}$

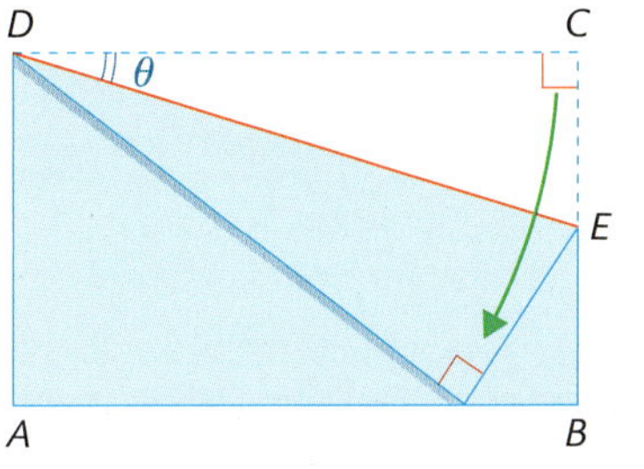

(High School Math Contest, Louisiana State University 2006) [B]

158 Solve math in English Solve each triangle, if does exist.

a. $a = 3, b = 6, \alpha = 40°$ **b.** $a = 5, b = 7, c = 12$ **c.** $\alpha = 50°, \gamma = 20°, a = 8$

[**a.** No triangle; **b.** no triangle; **c.** $\beta = 110°$; $b \simeq 9{,}81$; $c \simeq 3{,}57$]

159 Solve math in English What is the length of the chord intercepted by a central angle of 140° in a circle of radius 10 cm? [Approximately 18,8 cm]

160 Solve math in English Explain why the Pythagorean theorem is a special case of the law of cosines.

PROVA DI AUTOVERIFICA

Trigonometria

1 Vero o falso?

In riferimento alla figura qui sotto, stabilisci quali uguaglianze sono vere e quali sono false.

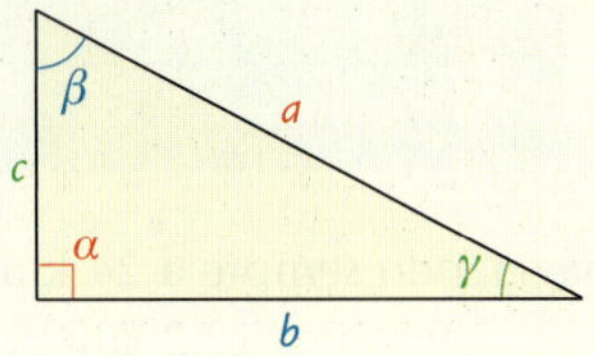

a. $b = a \sin \beta$ V F

b. $c = a \cos \gamma$ V F

c. $b = c \tan \beta$ V F

d. $c = b \cot \gamma$ V F

e. $a = \dfrac{b}{\cos \gamma}$ V F

2 In un triangolo rettangolo ABC di ipotenusa $BC = 5$ cm, si ha $A\widehat{B}C = 50°$. Determina le misure dei cateti, arrotondandole a meno di un centesimo.

3 In un triangolo ABC si ha:

$$AB = 10 \text{ cm},\ AC = 5 \text{ cm},\ B\widehat{A}C = 60°$$

Determina la misura di BC, arrotondandola a meno di un centesimo.

4 In un triangolo ABC, si ha:

$$AB = 10 \text{ cm},\ A\widehat{B}C = 60°,\ B\widehat{A}C = 40°$$

Determina le misure, arrotondate a meno di un centesimo, dei lati AC e BC.

5 Una scala lunga 3 m lunga tocca il muro di una casa a un'altezza da terra di 2 m. Determina la misura dell'angolo che esprime l'inclinazione della scala rispetto al pavimento, arrotondando il risultato a meno di un grado.

6 Determina l'area di un parallelogramma $ABCD$, sapendo che $AB = 15$ cm, $BC = 10$ cm e $\cos A\widehat{B}C = -\dfrac{3}{5}$.

7 Determina l'area di un triangolo ABC, isoscele sulla base AB, sapendo che $AC = BC = 4$ cm e $A\widehat{C}B = 135°$.

8 A un punto sono applicate due forze $\vec{F}_1$ ed $\vec{F}_2$ di intensità rispettivamente 6 N e 10 N. Qual è l'intensità della risultante, se $\vec{F}_1$ ed $\vec{F}_2$ formano un angolo di 45°?

Valutazione

Esercizio	1	2	3	4	5	6	7	8	**Totale**
Punteggio	$0{,}2 \cdot 5 = 1$	1	1	1	1	1,5	1,5	2	10
Punteggio ottenuto									

Tempo massimo: 2 h

Risposte in fondo al volume

Laboratorio di informatica

ATTIVITÀ GUIDATE

Attività 1 GeoGebra

> Se hai difficoltà a svolgere le attività guidate, fai riferimento ai file disponibili on-line.

Utilizzare i teoremi sui triangoli rettangoli

Sia *ABC* un triangolo rettangolo in cui il cateto *AB* misura 4. Indica con *H* la proiezione di *A* sull'ipotenusa *BC*. Determina l'ampiezza dell'angolo $A\widehat{B}C$ in modo che l'area del triangolo *AHB* sia un terzo dell'area del triangolo *ABC*.

a. Costruzione

Riferisci la figura a un sistema di assi cartesiani ortogonali in cui il punto *A* coincide con l'origine del sistema di riferimento, il punto *B* ha coordinate (4, 0) e il punto *C* appartiene all'asse *y*. Costruisci con GeoGebra la figura che rappresenta il problema, seguendo le istruzioni qui elencate.

1. Digita nella riga di inserimento `A=(0,0)` e fissa tale punto, facendo clic con il tasto destro del mouse sul punto stesso e selezionando, dal menu **Proprietà**, la voce **Fissa oggetto**.
2. Digita nella riga di inserimento `B=(4,0)` e fissa tale punto, procedendo come indicato al passo precedente.
3. Definisci un punto *C*, variabile sull'asse *y*. 
4. Costruisci il triangolo *ABC* (che GeoGebra chiama `poli1`).
5. Costruisci la perpendicolare da *A* al segmento *BC*, indicando con *H* il punto d'intersezione con il segmento *BC* stesso. 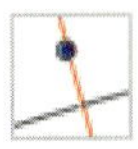
6. Costruisci il triangolo *AHB* (che GeoGebra chiama `poli2`). 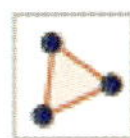
7. Definisci il rapporto *r* tra l'area del triangolo *AHB* e l'area del triangolo *ABC*, digitando nella riga di inserimento `r=poli2/poli1`.
8. Annota nel foglio di lavoro la scritta che puoi vedere in figura, che riporta il valore di *r*; a tale scopo, crea una casella di testo e inserisci in essa `"rapporto=" + r`.
9. Costruisci l'angolo $A\widehat{B}C$, denominato α. 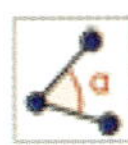

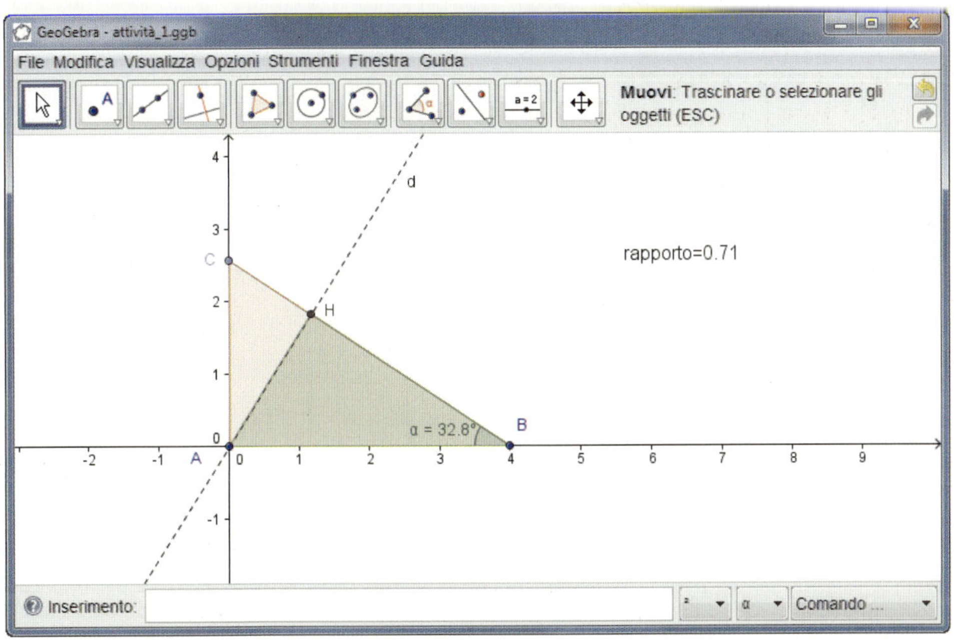

b. Congettura

Muovi il punto C sul semiasse delle ordinate positive e osserva come varia il rapporto r; in particolare, individua in corrispondenza di quale valore di α il rapporto r è prossimo a $\frac{1}{3}$.
Puoi congetturare che la condizione richiesta dal problema è soddisfatta quando l'ampiezza di α è circa ....

c. Risoluzione algebrica

1. Esprimi in funzione di α l'area del triangolo ABC.
2. Esprimi in funzione di α l'area del triangolo AHB.
3. Esprimi in funzione di α il rapporto tra l'area del triangolo AHB e l'area del triangolo ABC.
4. Deduci che la condizione richiesta dal problema è soddisfatta quando $\cos^2\alpha = \frac{1}{3}$, ovvero, dovendo essere α acuto, quando $\cos\alpha = \frac{\sqrt{3}}{3}$.
5. Con l'aiuto della calcolatrice, determina l'ampiezza dell'angolo α per cui $\cos\alpha = \frac{\sqrt{3}}{3}$. Approssima il risultato a meno di un grado.

ATTIVITÀ PROPOSTE

Costruisci in un foglio di GeoGebra un parallelogramma $ABCD$ in cui la misura di AB è 4, la misura di AD è 3 e l'angolo $B\widehat{A}D$ è variabile.

a. Formula una congettura sull'ampiezza dell'angolo $B\widehat{A}D$ per cui l'area del parallelogramma $ABCD$ è 8.

b. Formula una congettura sull'ampiezza dell'angolo $B\widehat{A}D$ per cui l'area del parallelogramma è massima.

c. Verifica le tue congetture esprimendo in funzione di $B\widehat{A}D = \alpha$ l'area del parallelogramma $ABCD$ e calcolando i valori di α per cui sono soddisfatte le condizioni di cui ai punti **a** e **b**.

Verso le competenze

CONFRONTARE E ANALIZZARE FIGURE GEOMETRICHE

1 Determina le misure degli angoli del triangolo isoscele ABC in figura, approssimando i risultati a meno di un grado.

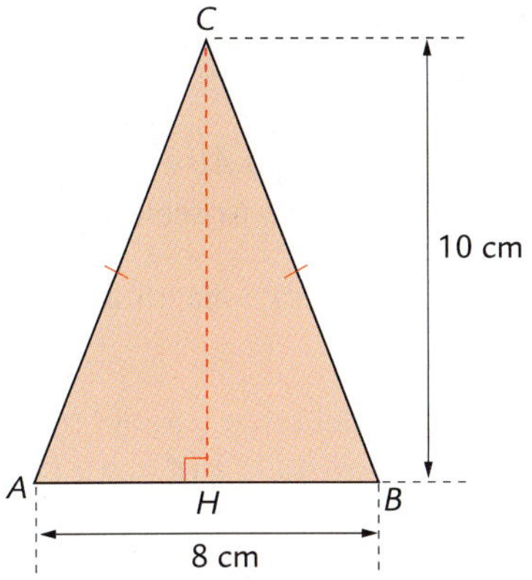

[68°, 68°, 44°]

2 Determina il perimetro del trapezio isoscele in figura, approssimando il risultato a meno di un decimo.

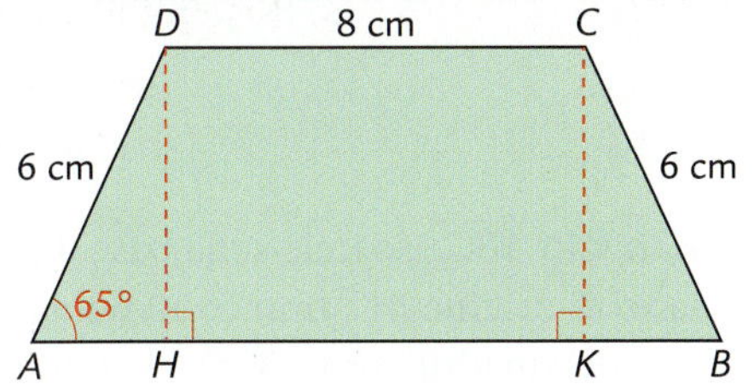

[33,1 cm]

3 Indica con a, b e c le misure dei lati di un triangolo e con α, β e γ le misure degli angoli opposti, rispettivamente, ad a, b e c. Stabilisci se esistono triangoli per cui $a = 6$, $b = 4$ e $\alpha = 40°$ e, in caso affermativo, risolvili. [Esiste un unico triangolo, in cui $\beta \simeq 25{,}4°$, $\gamma \simeq 114{,}6°$ e $c \simeq 8{,}49$]

4 Nel triangolo ABC, isoscele sulla base AB, si sa che $A\widehat{C}B$ è ottuso e $\sin A\widehat{C}B = \frac{\sqrt{5}}{3}$. Se i lati obliqui del triangolo misurano a, quanto misurano l'area e il perimetro del triangolo? $\left[\text{Area } \frac{a^2\sqrt{5}}{6}; \text{ Perimetro} = 2a + a\sqrt{\frac{30}{3}}\right]$

5 In una circonferenza di centro O la corda AB è sottesa a un angolo alla circonferenza $A\widehat{C}B$, acuto e tale che $\sin A\widehat{C}B = \frac{2}{3}$. Determina le funzioni goniometriche dell'angolo *concavo* $A\widehat{O}B$.

$\left[\text{Seno} = -\frac{4\sqrt{5}}{9}; \text{ coseno} = \frac{1}{9}; \text{ tangente} = -4\sqrt{5}\right]$

6 Data una semicirconferenza di diametro $\overline{AB} = 2r$, considera la corda $\overline{AC} = r\sqrt{2}$. Sia M il punto medio di AC e D il punto in cui la semiretta BM incontra la semicirconferenza; determina:

a. la misura di BM;
b. $\cos A\widehat{B}M$;
c. la misura di BD;
d. l'area del triangolo ABD;
e. $\sin M\widehat{B}C$;
f. la misura di BC;
g. l'area del triangolo DBC;
h. l'area del quadrilatero $ABCD$.

$\left[\textbf{a. } r\sqrt{\frac{5}{2}}; \textbf{ b. } \frac{3\sqrt{10}}{10}; \textbf{ c. } \frac{3\sqrt{10}}{5}r; \textbf{ d. } \frac{3}{5}r^2; \textbf{ e. } \frac{\sqrt{5}}{5}; \textbf{ f. } r\sqrt{2}; \textbf{ g. } \frac{3}{5}r^2; \textbf{ h. } \frac{6}{5}r^2\right]$

7 In una semicirconferenza di diametro AB, centro O e raggio r, considera due corde AD e BC, tali che $\overline{AD} = r$ e $\overline{BC} = \frac{r}{2}$. Determina la misura della corda CD. $\left[\frac{r}{4}(3\sqrt{5} - 1)\right]$

8 Nel triangolo ABC, isoscele sulla base BC, $\cos B\widehat{A}C = \frac{5}{13}$ e l'altezza AH relativa a BC misura 3 cm. Determina il perimetro del triangolo. $[(4 + 2\sqrt{13})\text{ cm}]$

9 Da un punto P, esterno a una circonferenza di centro O e raggio r, traccia le due tangenti alla circonferenza, indicando con Q ed R i due punti di contatto delle tangenti con circonferenza stessa. Sapendo che $\cos Q\widehat{P}R = \frac{3}{4}$, determina la distanza di P da O. $[2r\sqrt{2}]$

10 Da un punto P, esterno a una circonferenza di centro O e raggio r, traccia le due tangenti alla circonferenza, indicando con Q e R i due punti di contatto delle tangenti con la circonferenza stessa. Sapendo che $\cos Q\widehat{P}R = \frac{7}{25}$, determina l'area del quadrilatero $PQOR$.
$\left[\frac{4}{3}r^2\right]$

11 Nel triangolo rettangolo ABC, di ipotenusa AC, si sa che $\overline{AB} = 3a$ e $\overline{BC} = 4a$. Nel semipiano di origine AC non contenente B, costruisci il triangolo equilatero ACD. Determina l'area del quadrilatero $ABCD$ e la misura delle sue diagonali.
$\left[\text{Area} = \left(6 + \frac{25\sqrt{3}}{4}\right)a^2;\ \text{diagonali: } 5a,\ a\sqrt{25 + 12\sqrt{3}}\right]$

12 Nel triangolo ABC, isoscele sulla base AB, si ha $AB = 6$ cm e l'altezza CH relativa ad AB è tale che $CH = 4$ cm. Nel semipiano di origine AC, non contenente B, costruisci il triangolo rettangolo ACD, isoscele sulla base AD. Determina l'area del quadrilatero $ABCD$ e la misura delle sue diagonali.
$\left[\text{Area} = \frac{49}{2}\text{cm}^2;\ \text{diagonali: } 5 \text{ cm},\ 7\sqrt{2} \text{ cm}\right]$

13 Nel triangolo ABC si ha $\overline{AC} = 4$, $\overline{BC} = 6$, $\cos A\widehat{C}B = \frac{1}{6}$. Determina la misura del terzo lato del triangolo e della mediana CM. (*Vedi* l'esercizio precedente)
$[\overline{AB} = 2\sqrt{11}, \overline{CM} = \sqrt{15}]$

14 In una circonferenza di diametro $\overline{AB} = 2r$ e centro O, considera la corda di misura $\overline{AC} = \frac{2}{3}r$. Determina la misura della mediana BM del triangolo COB.
$\left[\frac{\sqrt{73}}{6}r\right]$

RISOLVERE PROBLEMI E COSTRUIRE MODELLI

15 **Altezza di un monte.** La salita tramite la funivia sulla cima di un monte impiega 15 minuti. La velocità media del cavo è di 1,5 m al secondo e il cavo si può assimilare a un segmento AB, che forma un angolo di 35° con il terreno. Qual è l'altezza del monte? Fornisci la risposta arrotondata a un numero intero. [774 m]

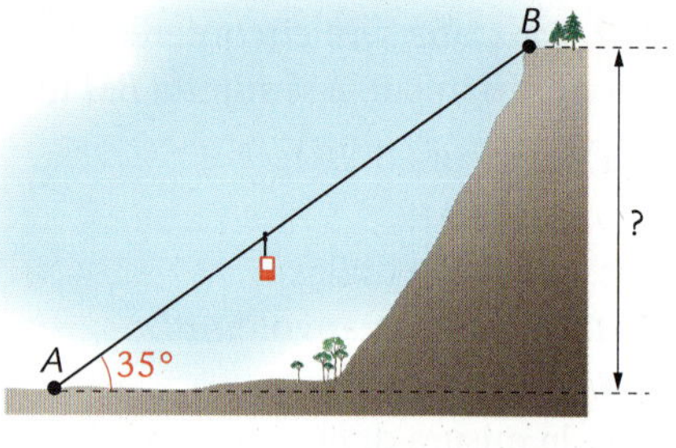

16 **Limiti di velocità.** Un'auto della polizia si trova a 500 m dal punto di intersezione di due strade. L'auto della polizia vede il punto A indicato in figura sotto un angolo di 30° e il punto B sotto un angolo di 20°. Un'auto che sta procedendo a velocità costante si sposta da A a B in 4 secondi. L'auto sta rispettando il limite di velocità, di 50 km/h?

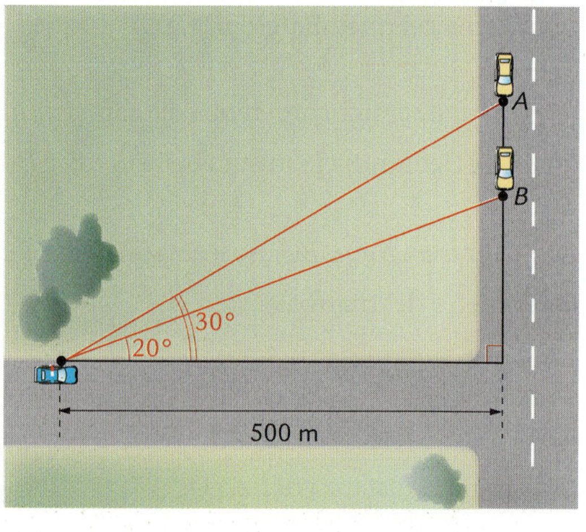

[L'auto si muove a circa 96 km/h, quindi ben oltre il limite]

17 **Navigazione.** Una nave parte da un porto (indicato con il punto A in figura) e si muove in linea retta, lungo una direzione che forma un angolo di 60° con la costa, alla velocità di 30 km /h. Un'ora più tardi la nave partita segnala un'avaria, che le consente comunque di continuare a navigare sulla sua rotta alla velocità stabilita, ma richiede la sostituzione di un pezzo entro 24 ore. Immediatamente parte una seconda nave da un porto B, posto lungo la costa a 120 km da A, in soccorso della nave in difficoltà. La nave partita da B viaggia anch'essa in linea retta, alla velocità di 30 km/h.

a. Dopo quanto tempo la nave partita da B incontra la nave in avaria?

b. La rotta seguita dalla nave B quale angolo α forma con la linea costiera?

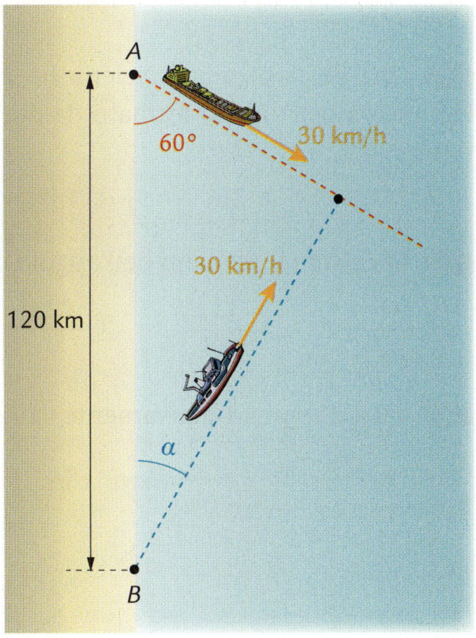

[**a.** 7 ore e mezza; **b.** $\alpha = \arccos \frac{1}{26} \simeq 88°$]

18 Matematica e fisica L'illuminazione (o illuminamento) E su un punto di una superficie è direttamente proporzionale all'intensità I della sorgente luminosa e al coseno dell'angolo α tra la direzione del flusso luminoso e la normale alla superficie e inversamente proporzionale al quadrato della distanza r del punto dalla sorgente luminosa: $E = \frac{I\cos\alpha}{r^2} = \frac{\Phi\cos\alpha}{4\pi r^2}$ dove $\Phi = 4\pi I$ è il flusso luminoso emesso dalla sorgente puntiforme. In cucina la lampada al soffitto genera un flusso luminoso di 1160 lm. Calcola l'illuminazione della superficie del tavolo:

a. in un punto posto perpendicolarmente alla lampada e a una distanza di 2 m;

b. in un punto spostato di 45 cm rispetto al precedente.

[**a.** Circa 23,1 lm/m^2; **b.** circa 21,4 lm/m^2]

19 Matematica e fisica Un raggio di luce passa dall'aria all'acqua. Sapendo che l'indice di rifrazione dell'acqua rispetto all'aria è 1,33 e che l'ampiezza dell'angolo di rifrazione è minore di 2° rispetto a quella dell'angolo di incidenza, determina l'ampiezza dei due angoli.

[L'ampiezza dell'angolo di rifrazione è circa 6° quella dell'angolo di incidenza circa 8°]

ESPORRE, RAGIONARE E DIMOSTRARE

20 Definisci il concetto di funzione *periodica*, illustrando in particolare i periodi delle funzioni goniometriche elementari. Il *periodo* di una funzione periodica (qualsiasi) può essere un numero *intero*? Può essere un numero *razionale*? Può essere un numero *irrazionale*? Giustifica le risposte, fornendo opportuni esempi.

21 Enuncia il teorema dei seni e deduci da esso che se due lati a e b di un triangolo sono opposti rispettivamente a due angoli α e β tali che $\alpha < \beta$, allora è anche $a < b$.

22 Illustra tutte le formule che conosci per il calcolo dell'area di un triangolo; spiega quando è più opportuno usare l'una o l'altra formula, facendo degli esempi.

23 Dimostra che la misura dell'altezza di un triangolo relativa al lato di misura a è $\frac{a\sin\beta\sin\gamma}{\sin\alpha}$, essendo α, β e γ i tre angoli del triangolo opposti rispettivamente ai lati di misura a, b e c.

24 Dimostra che in un triangolo rettangolo in cui b e c sono le misure dei cateti, a è la misura dell'ipotenusa, β e γ sono gli angoli acuti opposti rispettivamente a b e c, risulta: $\cos\beta \cdot \cos\gamma = \frac{bc}{b^2+c^2}$.

25 Considera un triangolo equilatero ABC, inscritto in una circonferenza di raggio r. Considera un punto P sul minore dei due archi $\widehat{AC}$ e dimostra, utilizzando i teoremi di trigonometria, che $\overline{PB} = \overline{PA} + \overline{PC}$.

VERSO LE PROVE INVALSI

1 Una ruota di una bicicletta ha 24 raggi. Qual è l'ampiezza dell'angolo formato da due raggi consecutivi?

A $24°$ B $36°$ C $15°$ D $30°$

2 La misura in radianti dell'angolo di 220° è:

A $\frac{11\pi}{9}$ B $\frac{11\pi}{18}$ C $\frac{22\pi}{9}$ D $\frac{22\pi}{3}$

3 Un sistema di irrigazione bagna fino a una distanza di 30 m e ruota ogni minuto di $\frac{\pi}{6}$ radianti. Qual è l'area irrigata in 5 minuti?

A Circa 2827 m^2
B Circa 471 m^2
C Circa 1131 m^2
D Circa 1178 m^2

4 Qual è approssimativamente l'ampiezza dell'angolo $\widehat{C}$ del trapezio rettangolo $ABCD$ in figura?

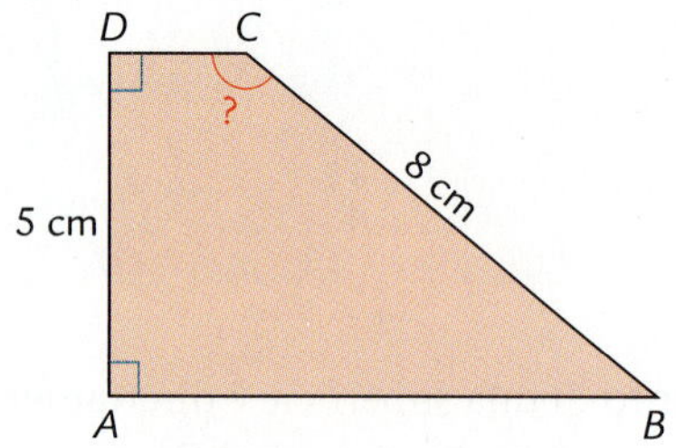

A $131°$
B $141°$
C $151°$
D Le informazioni non sono sufficienti per stabilirlo.

5 Due strade rettilinee A e B partono da una piazza formando un angolo di 15°. Due pedoni partono dalla piazza e percorrono ciascuno 200 m, uno lungo la strada A e l'altro lungo la strada B. Dopo aver percorso i 200 m, quanto saranno distanti tra loro i due pedoni?

A Circa 243 m B Circa 104 m C Circa 71 m D Circa 52 m

6 Qual è la lunghezza della diagonale AC del quadrilatero $ABCD$, approssimata a meno di un decimo?

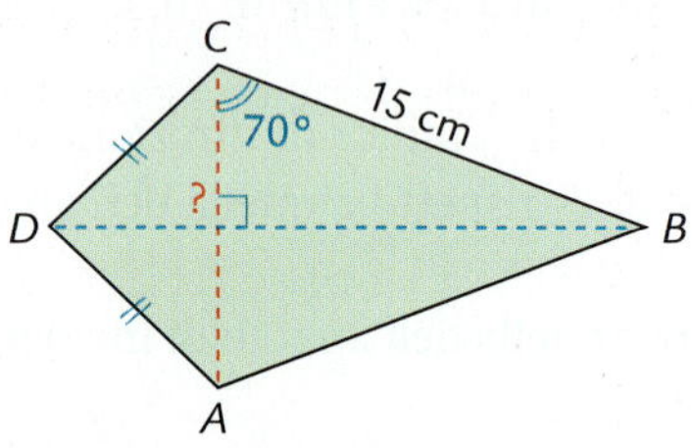

A 9,3 cm
B 10,3 cm
C 11,3 cm
D 12,3 cm

7 Il grafico della funzione $y = \sin\left(-\frac{\pi}{2} - x\right)$:

A coincide con quello di $y = -\sin x$
B è simmetrico rispetto all'asse y
C coincide con quello di $y = \cos x$
D è simmetrico rispetto all'asse x

8 In un triangolo rettangolo ABC in cui il cateto AB misura 4 e $\cos A\widehat{B}C = \frac{\sqrt{5}}{5}$:

A $\overline{AC} = 1$ B $\overline{AC} = 2$ C $\overline{AC} = 4$ D $\overline{AC} = 8$

9 Quale delle seguenti equazioni **non** ha soluzioni in **R**?

A $3\sin x = 2$ B $2\sin x - 3$ C $3\tan x = 2$ D $2\tan x = 3$

10 Il grafico in figura è quello della funzione:

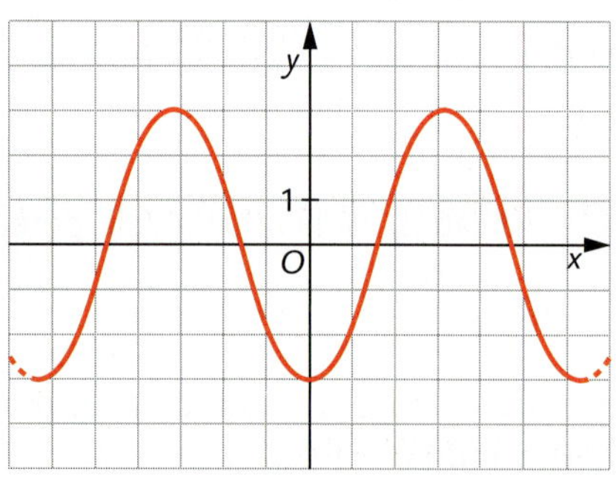

A $y = \sin 3x$
B $y = -3\sin x$
C $y = -3\cos x$
D $y = \cos 3x$

11 Un turista vede il campanile di una chiesa da una distanza di 80 m sotto un angolo di 30°. Qual è l'altezza del campanile, arrotondando il risultato a un numero intero?

A 40 m B 69 m C 51 m D 46 m

12 Da un punto A sulla riva di un fiume si vedono 2 alberi, posti in due punti *B* e *C* sulla riva opposta, sotto un angolo di 60°. La distanza *AB* è 20 m, mentre la distanza *AC* è 30 m. Quanto distano tra loro i due alberi? Arrotonda il risultato al decimetro.

A 26,5 m B 16,2 m C 87,7 m D 42,3 m

13 Quali sono le coordinate del punto di intersezione *P* indicato in figura tra i grafici delle due funzioni $y = 3\tan x$ e $y = 2\cos x$?

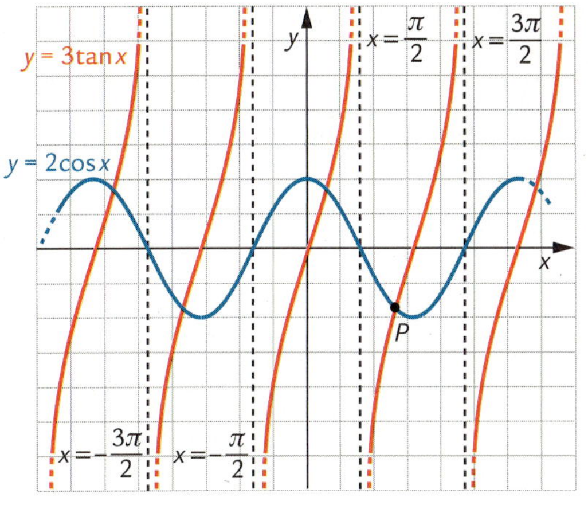

A $\left(\frac{3\pi}{4}, -\sqrt{2}\right)$

B $\left(\frac{2\pi}{3}, -\frac{3}{2}\right)$

C $\left(\frac{5\pi}{6}, -\sqrt{3}\right)$

D Nessuno dei precedenti

14 Qual è il periodo della funzione $y = \tan 2x$?

A $\frac{\pi}{2}$ B π C $\frac{3\pi}{2}$ D 2π

15 Un pannello solare di lunghezza 1,5 m viene posizionato su un tetto piano in modo da formare un angolo di 20° rispetto al tetto, su cui il pannello è appoggiato lungo un lato. Quanto deve essere lunga la staffa perpendicolare al tetto che sostiene il lato opposto del pannello? Arrotonda il risultato alla prima cifra decimale.

A 0,75 m B 0,6 m C 1,4 m D 0,5 m

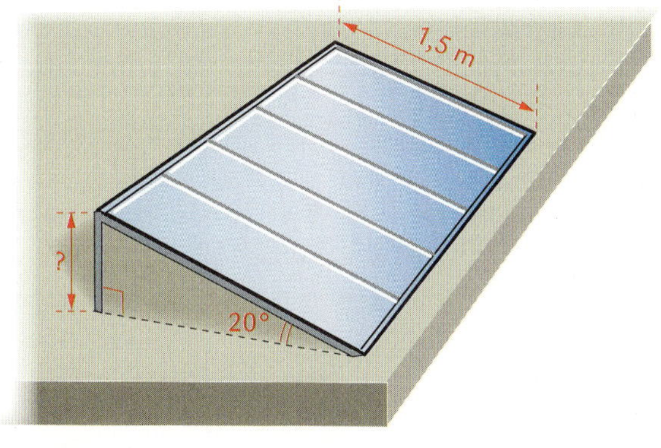

16 Sapendo che $\frac{\pi}{2} < \alpha < \pi$, $\frac{\pi}{2} < \beta < \pi$ e $\cos\alpha < \cos\beta$, quale delle seguenti affermazioni è corretta?

A $\sin\alpha$ e $\sin\beta$ sono concordi e $\alpha < \beta$

B $\cos\alpha$ e $\sin\beta$ sono discordi e $\alpha < \beta$

C $\sin\alpha$ e $\sin\beta$ sono discordi e $\alpha > \beta$

D $\cos\alpha$ e $\sin\beta$ sono discordi e $\alpha > \beta$

17 I due lati dell'ala di un caccia militare formano con la fusoliera dell'aereo due angoli di 35° e di 80°, come mostrato in figura. L'ala è in contatto con fusoliera per 11 m. Quanto misura il lato maggiore dell'ala?

A 10 m circa

B 11 m circa

C 12 m circa

D 13 m circa

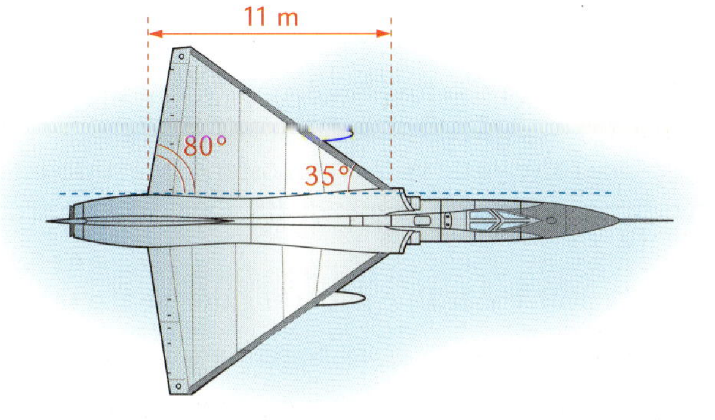

18 In riferimento all'esercizio precedente, qual è approssimativamente l'area della superficie di un'ala?

A 26,5 m^2 B 37,7 m^2 C 40,8 m^2 D 45,2 m^2

19 Qual è il periodo della funzione $y = \cos\left(\frac{\pi}{2}x\right)$?

A 2

B 3

C 4

D Nessuno dei precedenti

20 Da una foto aerea si vede che un edificio ha un'ombra di 25 m. Sapendo che l'altezza dell'edificio è 12 m, qual era l'inclinazione dei raggi solari rispetto al terreno quando è stata scattata la foto? Arrotonda il risultato a meno di un grado.

A 15°   B 21°   C 26°   D 32°

21 Considera un rettangolo $ABCD$ tale che $\overline{AB} = 10$ e $\overline{BC} = 5$. Quanto vale il prodotto scalare $\overrightarrow{AB} \cdot \overrightarrow{AC}$?

A 100   B 25   C 50   D 0

22 In figura sono rappresentati i grafici delle due funzioni $y = 4\sin 2x$ e $y = -4\cos x$. Stabilisci se le seguenti affermazioni sono vere o false.

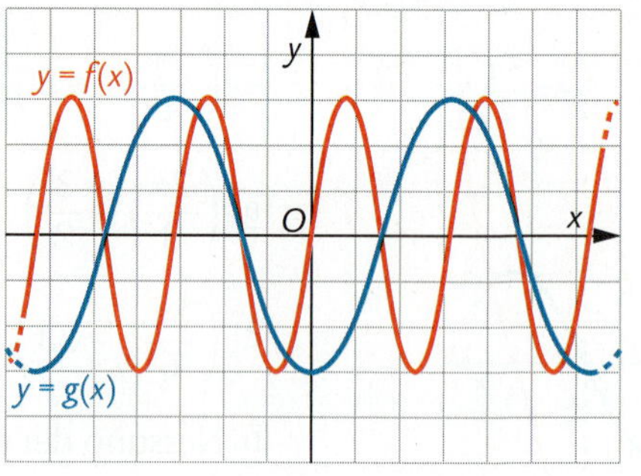

a. Il grafico di f è quello di $y = -4\cos x$ V F

b. Il grafico di g è quello di $y = 4\sin 2x$ V F

c. La funzione $y = 4\sin 2x$ ha periodo $\frac{\pi}{2}$ V F

d. La funzione $y = -4\cos x$ ha periodo π V F

e. I punti di intersezione del grafico di f con l'asse x hanno ascisse $x = k\pi$ V F

f. I punti di intersezione del grafico di g con l'asse x hanno ascisse $x = \pi + k\pi$ V F

g. I punti di intersezione tra i grafici di f e di g non appartenenti all'asse x hanno ascisse $x = -\frac{\pi}{6} + 2k\pi$ o $x = \frac{7\pi}{6} + 2k\pi$ V F

23 Un leone avvista a 90 m da sé un'antilope. L'antilope se ne accorge e fugge in linea retta; contemporaneamente il leone corre verso l'antilope. Il leone raggiunge l'antilope a 110 m dal punto dove aveva visto la sua preda. Sapendo che il leone ha corso lungo una linea retta che forma un angolo di 13° con la linea di avvistamento, per quanti metri ha corso?

Risposta: ....

Scrivi i calcoli che hai eseguito per giungere alla risposta: ....

24 Una torre viene vista da un osservatore sotto un angolo di 50°. L'osservatore, dopo essersi avvicinato di 20 m, vede la torre sotto un angolo di 40°. Qual è l'altezza della torre? Fornisci il risultato arrotondato alla prima cifra decimale: ....

Scrivi i calcoli che hai eseguito per giungere alla risposta: ....

TEMA F

Statistica

La statistica è una disciplina all'ordine del giorno. Basta sfogliare un giornale per trovare dati statistici sui prezzi dei prodotti in commercio, sugli apprezzamenti dei programmi televisivi e anche su risultati politici o economici. In medicina, questa disciplina è uno strumento di fondamentale importanza per classificare e analizzare la diffusione delle patologie e i loro legami con i fattori che le determinano. Inoltre, tutti i settori della scienza impiegano i metodi della statistica per ordinare e analizzare i dati numerici ottenuti negli esperimenti.

Studiando i metodi di presentazione dei dati della statistica scopriremo come, mediante opportuni grafici, sia possibile rendere intuitivi dati che altrimenti non sarebbero altro che una sterile successione di numeri. Però proprio su questo punto bisogna prestare attenzione: infatti, in alcuni casi chi trae delle conclusioni con grafici o percentuali lo fa in maniera non corretta, scegliendo la rappresentazione dei dati in base al risultato che vuole suggerire. Studiando questa Unità capiremo perciò quanto sia importante saper leggere i dati con metodi corretti, senza dover dipendere dall'interpretazione di altri.

Unità 13
Richiami e complementi di statistica

PREREQUISITI

- Numeri reali e intervalli
- Le quattro operazioni
- Le percentuali
- Estrazione di radice
- Ordini di grandezza

COMPETENZE

- Utilizzare il linguaggio e i metodi propri della matematica per organizzare e valutare adeguatamente informazioni qualitative e quantitative

Tutte le nazioni sviluppate del mondo dispongono di un istituto nazionale di statistica, che studia per esempio lo sviluppo demografico della popolazione, l'andamento della produzione agricola e industriale e tanti altri aspetti fondamentali per la gestione di un Paese. In Italia l'istituto nazionale di statistica, l'ISTAT, è presente dal 1926 ed è la principale fonte di statistica ufficiale a supporto dei cittadini e delle istituzioni.

Unità 13

Richiami e complementi di statistica

1. Introduzione alla statistica

Attenzione!
In questo e nel prossimo paragrafo richiamiamo sinteticamente i principali concetti di statistica che hai appreso nel primo biennio.

Il linguaggio della statistica

Il primo passo per iniziare lo studio della statistica è conoscere il significato di alcuni termini specifici.

POPOLAZIONE E UNITÀ STATISTICA
L'insieme degli individui oggetto di un'indagine statistica si chiama **popolazione** (o **universo** o **collettivo**); ciascun individuo facente parte della popolazione viene chiamato anche **unità statistica**.

Alcune indagini statistiche consentono di interpellare *tutti* i membri della popolazione; in altri casi, per motivi di costi e di tempi, bisogna limitarsi a sottoporre le domande o le richieste di informazioni solo a *una parte* della popolazione, che viene chiamata **campione**.

CARATTERE
Si chiama **carattere** la proprietà che è oggetto di studio in un'indagine statistica.

Per esempio, il *peso* di una persona può essere un possibile carattere di un'indagine. In corrispondenza di ogni individuo della popolazione, il carattere oggetto di studio assume una determinata *modalità*; per esempio, il carattere «peso» può assumere in corrispondenza di un dato individuo la modalità 72 kg, in corrispondenza di un altro la modalità 80 kg e così via.

MODALITÀ
Si chiama **modalità** ciascuna delle varianti con cui un carattere può presentarsi; le modalità osservate si chiamano **dati**.

I caratteri si classificano secondo le seguenti definizioni.

Modi di dire
«Variabile» e «mutabile» sono, in questo contesto, sostantivi. Si usa talvolta parlare di **valori** di una variabile, anziché di **modalità** di una variabile.

CARATTERI QUANTITATIVI E CARATTERI QUALITATIVI
Un carattere le cui modalità sono espresse da numeri è detto **carattere quantitativo** (o **variabile**), un carattere le cui modalità **non** sono espresse da numeri è detto **carattere qualitativo** (o **mutabile**).

ESEMPI

Caratteri quantitativi	Caratteri qualitativi
• I giorni di assenza di uno studente in un anno scolastico • La quantità, in kilogrammi, di mele vendute da un negozio in un giorno • Il numero di multe dato in un giorno dai vigili di una città	• Il gusto di gelato preferito • Il tipo di alimentazione (benzina o diesel) delle macchine che ci sono in un parcheggio • Il colore delle automobili vendute da un'agenzia in un giorno

Le *variabili* (ovvero i caratteri *quantitativi*) si classificano ulteriormente a seconda del tipo di valori che possono assumere.

VARIABILI DISCRETE E VARIABILI CONTINUE

Una variabile si dice **discreta** quando può assumere soltanto un numero **finito** di valori (o un insieme di valori che può essere posto in corrispondenza biunivoca con l'insieme dei numeri naturali); si dice **continua** quando può assumere (almeno teoricamente) tutti i valori reali di un determinato intervallo.

Tipicamente, le variabili discrete sono quelle che si rilevano *contando* (per esempio il numero dei figli in una famiglia o il numero dei dipendenti di un'azienda), mentre le variabili continue sono quelle che si rilevano mediante *misurazioni* (per esempio il peso di un bambino a una certa età o la temperatura massima giornaliera registrata a Milano in un dato giorno).

ESEMPI RIASSUNTIVI

Fenomeno studiato	Popolazione	Carattere	Modalità	Tipo di carattere
Il colore degli occhi degli italiani	Tutti gli italiani	Il colore degli occhi	Verdi, azzurri, marroni ecc.	Qualitativo
Altezza (misurata in metri) degli studenti di una classe	Gli studenti della classe	La misura dell'altezza	1,72 m; 1,85 m; 1,78 m	Quantitativo continuo
L'anno di nascita degli iscritti a una palestra	Tutti gli iscritti alla palestra	L'anno di nascita	..., 1970, ..., 1981, 1965, ...	Quantitativo discreto

Distribuzioni di frequenze

Ricordiamo anzitutto alcune definizioni.

Termine	Significato
Frequenza (assoluta) di una modalità	Il numero di volte in cui una modalità è stata osservata
Frequenza relativa di una modalità	Il rapporto tra la frequenza assoluta della modalità e il numero di individui della popolazione
Frequenza percentuale di una modalità	La rappresentazione in percentuale della frequenza relativa
Frequenza cumulata di una modalità di un carattere quantitativo	La somma delle frequenze di tutte le modalità minori o uguali a quella considerata

Una prima forma di elaborazione dei dati, volta a ottenere una maggiore *sintesi*, consiste nel costruire una tabella in cui riportare, per ciascuna delle *modalità* differenti $x_1, x_2, ..., x_k$ osservate, la rispettiva frequenza assoluta; questa tabella, in cui si aggiunge di solito un'ultima riga in cui si riporta il totale n delle frequenze (*vedi* la tabella qui a fianco), è detta **distribuzione di frequenze** del carattere esaminato. Il numero n rappresenta il numero complessivo di unità della popolazione. Nella costruzione della tabella bisogna ricordare, se il carattere è quantitativo, di ordinare le modalità in senso crescente.

In modo del tutto analogo si possono costruire le **distribuzioni di frequenze relative o percentuali**, sostituendo le frequenze assolute con quelle relative o percentuali.

X	Frequenze
x_1	f_1
x_2	f_2
.....	.....
x_k	f_k
Totale	n

ESEMPIO **Distribuzione di frequenze**

Supponiamo di avere rilevato, in una classe di una scuola, il colore degli occhi degli allievi. Il risultato della rilevazione fornisce i cosiddetti **dati grezzi**, che abbiamo raccolto nella seguente tabella in cui a ogni *unità statistica* (cioè a ogni studente) è stata associata la *modalità* del carattere osservata, cioè il colore nero (N), marrone (M) azzurro (A) o verde (V).

Studente	1	2	3	4	5	6	7	8	9	10	11	12	13	14	15	16	17	18
Colore degli occhi	N	M	A	N	N	M	A	V	V	M	M	N	N	V	V	N	M	N

Associando a ogni modalità la sua *frequenza* assoluta, la tabella dei dati grezzi si sintetizza nella seguente, che rappresenta la distribuzione di frequenze del carattere esaminato.

Colore degli occhi	Numero di studenti
Nero	7
Marrone	5
Azzurro	2
Verde	4
Totale	18

In alcuni casi, prima di costruire la tabella che rappresenta la distribuzione di frequenze, è utile *accorpare* le modalità in *intervalli* tra loro *disgiunti*, detti **classi**.

ESEMPIO **Distribuzione di frequenze suddivisa per classi**

Nella stessa classe in cui prima abbiamo rilevato il *colore degli occhi* degli studenti, rileviamo ora la loro *statura*. Il risultato della rilevazione fornisce i dati grezzi riassunti nella seguente tabella.

Studente	1	2	3	4	5	6	7	8	9	10	11	12	13	14	15	16	17	18
Altezza (in cm)	173	164	174	180	182	176	184	185	170	172	186	167	188	183	168	176	184	178

Suddividendo le possibili altezze degli studenti (misurate in cm) nei seguenti intervalli:

(160, 165]; (165, 170]; (170, 175]; (175, 180]; (180, 185]; (185, 190]

otteniamo la distribuzione di frequenze rappresentata nella tabella qui a fianco.

Altezza (in cm)	Frequenza
(160, 165]	1
(165, 170]	3
(170, 175]	3
(175, 180]	4
(180, 185]	5
(185, 190]	2

Principali rappresentazioni grafiche

Esiste una grande varietà di grafici utilizzati in statistica, ma i più importanti si possono ricondurre alle quattro categorie di cui puoi vedere alcuni esempi nella tabella seguente: diagrammi a barre, diagrammi circolari, diagrammi cartesiani e istogrammi.

Diagramma a barre (rettangoli distanziati)	Diagramma circolare	Diagramma cartesiano	Istogramma (rettangoli affiancati)
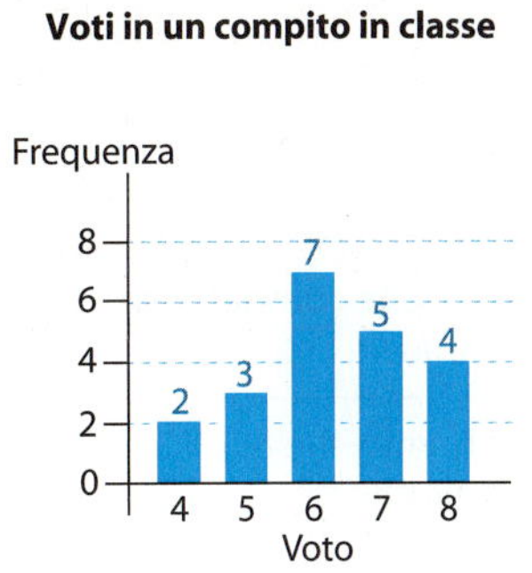	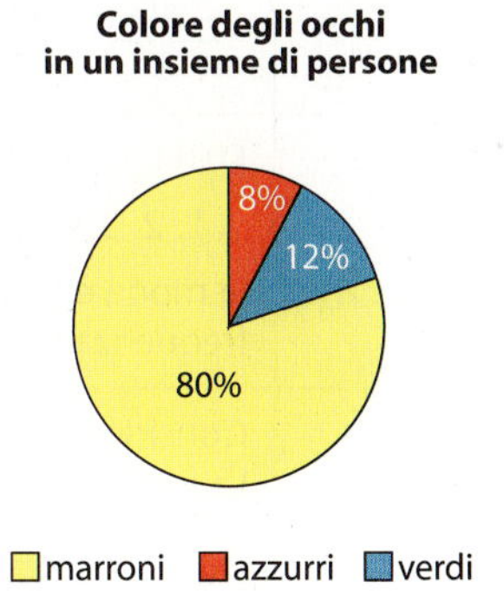		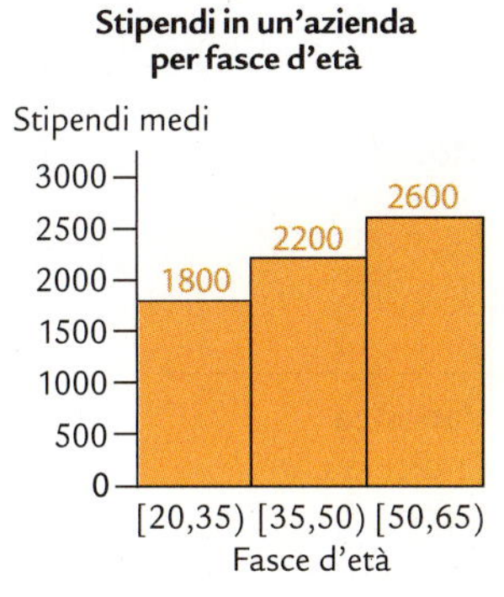

Prova tu **ESERCIZI** a p. 594

a. Nell'insieme degli studenti che hanno superato l'esame di Stato in una data scuola si esegue un'indagine statistica che ha per oggetto il voto conseguito. Indica, per questa indagine statistica: la popolazione, il carattere, alcune possibili modalità del carattere, e stabilisci se il carattere è quantitativo o qualitativo; in caso sia quantitativo, specifica se è discreto o continuo.

b. Considera la tabella dei dati grezzi dell'ultimo esempio di questo paragrafo (relativa alla rilevazione delle altezze in una classe di studenti). Suddividi i dati nelle classi (160, 170], (170, 180], (180, 190] e costruisci una tabella che rappresenti la distribuzione delle frequenze assolute e relative delle classi.

2. Indici di posizione e di variabilità

Richiamiamo in questo paragrafo le formule e i metodi per determinare i principali indici di *posizione* (media, moda, mediana) e di *variabilità* (varianza e deviazione standard). Gli indici di posizione e di variabilità consentono di sintetizzare in pochi numeri significativi le principali caratteristiche del fenomeno indagato. In particolare, gli indici di *variabilità* forniscono informazioni sull'attitudine di un fenomeno a manifestarsi sulle varie unità statistiche con modalità diverse e distanti tra loro.

Il caso in cui è data una distribuzione di dati grezzi

Ci riferiamo a un carattere *quantitativo* X, di cui sono stati osservati i valori x_1, x_2, ..., x_n.

Termine	Definizione	Esempio
Media aritmetica (indicata con $\overline{x}$ o con μ)	$\mu = \overline{x} = \dfrac{x_1 + x_2 + \ldots + x_n}{n}$	La media dei tre numeri 2, 4 e 6 è: $\overline{x} = \dfrac{2+4+6}{3} = 4$

Termine	Definizione	Esempio
Mediana	Ordinati i numeri $x_1, x_2, ..., x_n$ in senso crescente (o decrescente) la loro mediana è: – il numero che occupa la posizione centrale, se n è *dispari*; – la media aritmetica dei due numeri che occupano le posizioni centrali, se n è *pari*.	La mediana dei tre numeri: 4, 5, 6 $\quad n = 3$ (dispari) è il numero 5. La mediana dei quattro numeri: 4, 5, 6, 7 $\quad n = 4$ (pari) è la media aritmetica dei due numeri che occupano le posizioni centrali, quindi è $\frac{5+6}{2} = \frac{11}{2}$.
Moda	Il dato (o i dati) che hanno la massima frequenza.	Dati i numeri: 1, 2, 3, 4, 3 la moda è il numero 3, che compare con frequenza massima, uguale a 2.
Varianza (indicata con V o con σ^2)	$\sigma^2 = V = \frac{(x_1 - \overline{x})^2 + ... + (x_n - \overline{x})^2}{n}$ oppure $\sigma^2 = V = \frac{x_1^2 + ... + x_n^2}{n} - \overline{x}^2$	Consideriamo i due numeri 4 e 8. La loro media aritmetica è: $\overline{x} = \frac{4+8}{2} = 6$ La loro varianza, in base alla seconda formula, è: $\sigma^2 = V = \frac{4^2 + 8^2}{2} - 6^2 = 4$
Deviazione standard	$\sigma = \sqrt{V}$	La deviazione standard di 4 e 8, in base alla varianza poc'anzi calcolata, è $\sigma = \sqrt{4} = 2$.

Il caso in cui è data una distribuzione di frequenze

Nel caso che sia assegnata una distribuzione di frequenze, occorre tenere presente che:

- per il calcolo della *media* e della *varianza* si utilizzano le formule seguenti:

$$\overline{x} = \frac{x_1 f_1 + x_2 f_2 + ... + x_k f_k}{f_1 + f_2 + ... + f_k} \qquad \sigma^2 = \frac{x_1^2 \cdot f_1 + ... + x_k^2 \cdot f_k}{f_1 + ... + f_k} - \overline{x}^2$$

  dove x_1, x_2, ..., x_k sono i valori osservati, rispettivamente con frequenze f_1, f_2, ..., f_k, del carattere (quantitativo) X in esame;
- per il calcolo della *mediana* conviene ricorrere al calcolo delle frequenze cumulate, come spiegato nel prossimo esempio.

ESEMPIO Valori medi nel caso di una distribuzione di frequenze

Un'indagine effettuata su un campione di famiglie ha prodotto la distribuzione di frequenze rappresentata nella tabella qui sotto. Determiniamo la media, la mediana e la moda della distribuzione.

Numero di figli per famiglia	Frequenza
0	9
1	27
2	40
3	20
4	3
5	1

- Il numero medio di figli per famiglia è dato dalla formula:

$$\overline{x} = \frac{0 \cdot 9 + 1 \cdot 27 + 2 \cdot 40 + 3 \cdot 20 + 4 \cdot 3 + 5 \cdot 1}{9 + 27 + 40 + 20 + 3 + 1} = \frac{184}{100} = 1{,}84$$

- Per il calcolo della mediana determiniamo preliminarmente le frequenze cumulate:

Numero di figli per famiglia	Frequenza	Frequenza cumulata
0	9	9
1	27	$9 + 27 =$ 36
2	40	$36 + 40 = 76$
3	20	$76 + 20 = 96$
4	3	$96 + 3 =$ 99
5	1	$99 + 1 = 100$

Il numero complessivo di famiglie intervistate è $n = 100$ (ultima frequenza cumulata). Le due famiglie che occupano le posizioni centrali sono la cinquantesima e la cinquantunesima. Dalla colonna delle frequenze cumulate deduciamo che le famiglie dalla numero 37 alla numero 76 hanno 2 figli, quindi in particolare hanno 2 figli le famiglie corrispondenti alle due posizioni centrali. La mediana è, per definizione, la media fra i figli di queste due famiglie, dunque è 2.

- La moda della distribuzione è chiaramente «2», che corrisponde alla massima frequenza (uguale a 40).

Rifletti

1. Il significato della mediana è il seguente: almeno il 50% delle famiglie hanno un numero di figli maggiore o uguale a 2 e almeno il 50% delle famiglie hanno un numero di figli minore o uguale a 2.
2. Nell'esempio qui a fianco la mediana e la moda coincidono. In generale non è detto che ciò avvenga.

Il caso in cui è data una distribuzione suddivisa per classi

Se è data una distribuzione di frequenze **suddivisa per classi**:

a. si assume come *media* della distribuzione il valore che si ottiene sostituendo ciascuna classe con il suo *valore centrale* (cioè con la semisomma degli estremi della classe) e calcolando la media delle distribuzione di frequenze così ottenuta;

b. si assume come *mediana* il valore centrale della classe che contiene la mediana;

c. si assume come *classe modale* quella che ha maggiore frequenza se le classi hanno la stessa ampiezza, e quella che ha maggiore *densità di frequenza* in caso contrario.

Ricorda

Si chiama **densità di frequenza** il rapporto tra la frequenza della classe e la sua ampiezza.

ESEMPIO Valori medi nel caso di una distribuzione suddivisa in classi

Un'indagine effettuata su un campione di individui ha prodotto la seguente distribuzione di frequenze. Determiniamo media, mediana e moda della distribuzione.

Peso (in kg)	Frequenza
$40 \leq p < 50$	16
$50 \leq p < 60$	48
$60 \leq p < 70$	45
$80 \leq p < 90$	8
$90 \leq p < 100$	3

→

a. Sostituendo ogni classe con il suo valore centrale otteniamo la seguente distribuzione di frequenze.

Per esempio, il valore centrale della classe $40 \leq p < 50$ è:

$$\frac{40+50}{2} = 45$$

Peso (in kg)	Frequenza
45	16
55	48
65	45
85	8
95	3

A questo punto il peso medio $\overline{p}$ può essere ricavato con una media aritmetica ponderata:

$$\overline{p} = \frac{45 \cdot 16 + 55 \cdot 48 + 65 \cdot 45 + 85 \cdot 8 + 95 \cdot 3}{16 + 48 + 45 + 8 + 3} = \frac{7250}{120} \simeq 60{,}4 \text{ kg}$$

b. Per individuare la classe che contiene la mediana della distribuzione è utile calcolare le *frequenze cumulate*:

Peso (in kg)	Frequenza	Frequenza cumulata
$40 \leq p < 50$	16	16
$50 \leq p < 60$	48	64
$60 \leq p < 70$	45	109
$80 \leq p < 90$	8	117
$90 \leq p < 100$	3	120

Il collettivo è composto complessivamente da 120 individui (*pari*), la mediana è data perciò dalla media fra il sessantesimo e il sessantunesimo peso osservato. Dalla colonna delle frequenze cumulate si deduce che i pesi osservati dal numero 17 al numero 64 appartengono alla classe $50 \leq p < 60$. Pertanto anche la mediana appartiene a tale classe. Come approssimazione della mediana prendiamo il valore centrale di tale classe: $\frac{50+60}{2} = 55$. Il peso mediano è quindi 55 kg.

c. Dal momento che le classi hanno la stessa ampiezza (uguale a 10), la classe modale è quella che ha maggiore frequenza, ossia $50 \leq p < 60$.

Proprietà degli indici di posizione e di variabilità

Le principali proprietà della media aritmetica, della varianza e della deviazione standard sono espresse nei prossimi due teoremi.

TEOREMA 13.1 Proprietà della media aritmetica

a. La media aritmetica $\overline{x}$ di n numeri $x_1, x_2, \ldots, x_n$ è quel valore che, sostituito al posto di ciascuno di essi, lascia invariata la loro somma complessiva:

$$x_1 + x_2 + \ldots + x_n = \underbrace{\overline{x} + \ldots + \overline{x}}_{n \text{ volte}} = n \cdot \overline{x}$$

b. La somma delle differenze tra ciascuno degli n numeri $x_1, x_2, \ldots, x_n$ e la loro media aritmetica $\overline{x}$ è uguale a zero:

$$(x_1 - \overline{x}) + (x_2 - \overline{x}) + \ldots + (x_n - \overline{x}) = 0$$

c. Supponiamo che un insieme X di numeri venga suddiviso in due sottoinsiemi disgiunti A e B, formati rispettivamente da n ed m elementi, tali che $A \cup B = X$. Se gli elementi di A hanno media aritmetica $\overline{a}$ e gli elementi di B hanno media aritmetica $\overline{b}$, allora la media aritmetica $\overline{x}$ degli elementi di X è la media aritmetica ponderata di $\overline{a}$ e $\overline{b}$, con pesi uguali a n ed m:

$$\overline{x} = \frac{\overline{a} \cdot n + \overline{b} \cdot m}{n+m}$$

d. Sia k un numero reale. Se $\overline{x}$ è la media aritmetica dei numeri $x_1, x_2, \ldots, x_n$, allora:
- la media aritmetica dei numeri $x_1 + k, x_2 + k, \ldots, x_n + k$ è $\overline{x} + k$;
- la media aritmetica dei numeri $kx_1, kx_2, \ldots, kx_n$ è $k\overline{x}$.

Proprietà della varianza e della deviazione standard — TEOREMA 13.2

a. Sia k un numero reale; se a tutti i numeri $x_1, x_2, \ldots, x_n$ si aggiunge (o si toglie) k, la varianza e la deviazione standard restano invariate.

b. Sia k un numero reale; se tutti i numeri $x_1, x_2, \ldots, x_n$ vengono moltiplicati per k, allora:
- la varianza dei nuovi numeri ottenuti risulta moltiplicata per k^2 rispetto alla varianza dei numeri originari;
- la deviazione standard dei nuovi numeri ottenuti risulta moltiplicata per $|k|$ rispetto alla deviazione standard dei numeri originari.

La varianza e la deviazione standard sono indici che dipendono dall'*unità di misura* e dall'*ordine di grandezza* dei dati. Pertanto non avrebbe senso confrontare le deviazioni standard di due fenomeni misurati con unità di misura diverse, né fenomeni misurati con la stessa unità di misura ma tali, per esempio, che gli ordini di grandezza delle misure di un fenomeno siano molto maggiori degli ordini di grandezza delle misure dell'altro.
Per eseguire il confronto fra la variabilità di due fenomeni occorre utilizzare una misura della variabilità «depurata» dall'influenza dell'unità di misura e dell'ordine di grandezza dei dati. Questo obiettivo si può raggiungere costruendo il *rapporto* tra la *deviazione standard* e un *valore* che sintetizzi l'ordine di grandezza delle modalità del fenomeno osservato e che sia espresso nella medesima unità di misura: il valore più noto che soddisfa queste ultime proprietà è la *media aritmetica*. In definitiva, allora, si definisce il seguente indice:

COEFFICIENTE DI VARIAZIONE

Si chiama **coefficiente di variazione** C_V di un insieme di dati, la cui media aritmetica è $\overline{x}$ e la cui deviazione standard è σ, il rapporto tra la deviazione standard e la media aritmetica stessa:

$$C_V = \frac{\sigma}{\overline{x}}$$

Tutte le volte che saremo interessati a *confrontare* la variabilità di due fenomeni, in base a quanto detto sopra, sarà opportuno confrontare non le loro deviazioni standard, bensì i loro **coefficienti di variazione**.

Prova tu **ESERCIZI** a p. 597

Considera il seguente insieme di dati:

1, 4, 7, 2, 3, 4, 4, 8, 8, 3, 1, 1, 2, 5, 4

Determina la media, la mediana e la moda. [Media = 3,8; mediana = moda = 4]

3. Rapporti statistici

Il confronto di dati statistici

Per confrontare e interpretare correttamente dati quantitativi provenienti da analisi statistiche è spesso utile calcolare opportune *differenze* e *rapporti* tra i dati stessi.

ESEMPIO Confronto di dati mediante differenze e rapporti

Supponiamo di sapere che il fatturato di un'azienda nel 2010 è stato di 4 milioni di euro e nel 2011 è stato di 4,5 milioni di euro. Per confrontare i fatturati dei due anni possiamo procedere in molti modi diversi; per esempio:

a. calcolandone la differenza: $4{,}5 - 4 = 0{,}5$, vale a dire: il fatturato dell'azienda è cresciuto di 0,5 milioni di euro dal 2010 al 2011;

b. calcolandone il rapporto: $\frac{4{,}5}{4} = 1{,}125$, vale a dire: per ogni milione di euro di fatturato realizzato nel 2010, l'azienda ha fatturato 1,125 milioni di euro nel 2011;

c. calcolandone la differenza relativa: $\frac{4{,}5 - 4}{4} = \frac{0{,}5}{4} = 0{,}125$, vale a dire: il fatturato nel 2011 è cresciuto del 12,5% rispetto al 2010.

Come messo in luce dagli ultimi due esempi, per il confronto di dati *quantitativi* è particolarmente utile e frequente l'utilizzo dei cosiddetti *rapporti* statistici. Un **rapporto statistico** è un rapporto tra due dati, di cui almeno uno deve essere di natura statistica (cioè riferirsi a un collettivo), tra i quali sussiste qualche legame logico.

Esempio	Controesempio
Il rapporto tra il numero dei nati in un dato anno e il numero complessivo delle unità della popolazione è un rapporto statistico.	Il rapporto tra la lunghezza di una circonferenza e il suo diametro **non** è un rapporto statistico (nessuno dei due dati è di natura statistica).

Esistono molti tipi di rapporti statistici; qui ci limiteremo a descrivere alcuni dei più comuni e importanti, precisamente: i rapporti di composizione, coesistenza, derivazione, densità e i numeri indice.

Rapporti di composizione, coesistenza, derivazione e densità

Tipo di rapporto	Definizione	Esempi	Osservazioni
di composizione	È il rapporto tra due dati, di cui quello al numeratore è *parte* di quello al denominatore.	– Il *tasso di occupazione*, definito come rapporto tra il numero di occupati e la totalità della popolazione (o la totalità della popolazione di età superiore o uguale a 15 anni). – Il *tasso di disoccupazione*, definito come rapporto tra il numero di persone in cerca di lavoro e il numero di persone in forza di lavoro (ossia il numero complessivo di persone occupate e in cerca di occupazione).	– Le frequenze relative, ossia i rapporti tra le frequenze assolute e il numero complessivo di unità di un collettivo, sono particolari rapporti di composizione. – Un rapporto di composizione è sempre compreso tra 0 e 1 ed è privo di unità di misura. – La somma di tutti i rapporti di composizione relativi a una stessa distribuzione è sempre uguale a 1 (o a 100% se i rapporti sono espressi in percentuale).

Tipo di rapporto	Definizione	Esempi	Osservazioni
di derivazione	È il rapporto tra due dati, di cui quello al denominatore è la *causa* o *il presupposto logico* di quello al numeratore.	– L'*indice di sofferenza*, definito per una banca come rapporto tra fidi rientrati e fidi concessi. – Considerando la popolazione come la «causa» di molti fenomeni demografici quali nascite, morti, matrimoni, si considerano rapporti di derivazione, per esempio, l'*indice di natalità* (definito come rapporto tra il numero dei nati e la popolazione in un certo anno), l'*indice di mortalità* (definito analogamente), l'*indice di nuzialità* (rapporto tra il numero di matrimoni e la popolazione in un dato anno).	– Non sempre i rapporti di derivazione danno luogo a un numero compreso tra 0 e 1; per esempio, il rapporto tra la quantità prodotta di un dato bene e il numero di ore necessarie per produrre quella quantità può dare luogo a un rapporto maggiore di 1. – Non sempre un rapporto di derivazione è privo di unità di misura (ciò accade solo se i due termini che vengono posti a rapporto sono omogenei tra loro).
di coesistenza	È il rapporto tra le frequenze di due diverse modalità di un carattere su un medesimo collettivo.	– Il rapporto tra il numero dei nati maschi rispetto alle nate femmine di una popolazione in un dato anno (detto *rapporto di mascolinità alla nascita*). – Il rapporto tra la popolazione di 65 anni o più e la popolazione fino a 14 anni di età in un dato anno (detto *indice di vecchiaia*)	– Le due modalità di cui si mettono a rapporto le frequenze sono spesso due modalità «antitetiche» per le quali è interessante lo studio relativo. – Un rapporto di coesistenza può assumere valori maggiori di 1 ed è costituito da un numero puro, ossia privo di unità di misura.
di densità	È il rapporto tra un dato e una misura (l'area o il volume o altro) del campo in cui il dato viene osservato.	– La *densità di popolazione* di una località, definita come rapporto tra il numero di abitanti di quella località e l'area della sua superficie. – La *densità abitativa* di un complesso residenziale, definita come rapporto tra il numero di abitanti del complesso e il suo volume. – La *densità automobilistica*, definita come rapporto tra il numero di autovetture immatricolate e la popolazione residente (in questo caso la «misura» del campo in cui il dato viene osservato, ossia della popolazione, è la numerosità della popolazione stessa).	– Un rapporto di densità confronta due grandezze non omogenee, ed è perciò dotato di una unità di misura. – Può assumere valori maggiori di 1.

È importante fare alcune osservazioni.

1. I rapporti analizzati in tabella non sono mutuamente esclusivi, ossia una stessa tipologia di rapporto può rientrare in classi diverse.
   Per esempio, i rapporti di composizione possono anche considerarsi particolari rapporti di derivazione; non sempre però è vero il viceversa: per esempio, il rapporto tra il fatturato di un'azienda e il numero di dipendenti dell'azienda può considerarsi un rapporto di derivazione, ma non è un rapporto di composizione.
2. L'utilizzo dei rapporti statistici agevola i confronti perché permette di «depurare» i dati dai fattori che li influenzano, come mostriamo nell'esempio seguente.

ESEMPIO **Utilizzo di un rapporto statistico**

Abbiamo a disposizione i seguenti dati (fonte: *Italia in cifre*, Istat, 2011):

Area geografica	Occupati	Forze di lavoro
Nord	11 905	12 574
Centro	4832	5209
Sud	6288	7187
Italia	**23 025**	**24 970**

In quale area geografica la situazione, in termini di occupazione, è migliore? E in quale è peggiore?

In questo caso non sarebbe corretto un confronto basato soltanto sui dati *assoluti*, poiché il numero di occupati dipende chiaramente dalla numerosità della popolazione nell'area geografica considerata.
Per un confronto corretto dobbiamo «depurare» i dati da questo fattore, ossia mettere a *rapporto* il numero degli occupati di ciascuna area geografica con la corrispondente forza di lavoro. Costruiamo così i rapporti di composizione in quest'altra tabella:

Area geografica	Rapporti tra occupati e forze di lavoro
Nord	$\frac{11905}{12574} \simeq 0{,}95 = 95\%$
Centro	$\frac{4832}{5209} \simeq 0{,}93 = 93\%$
Sud	$\frac{6288}{7187} \simeq 0{,}87 = 87\%$
Italia	$\frac{23025}{24970} \simeq 0{,}92 = 92\%$

Rapporti di composizione

Dall'analisi dei rapporti (espressi sotto forma di percentuale) vediamo che:

- la situazione migliore si registra al Nord, con una percentuale di occupati del 95%;
- la situazione peggiore si ha invece nel Sud, con una percentuale di occupati che è solo dell'87%.

Osserva che, mentre nel Nord si registra anche il maggior numero di occupati in termini assoluti, il minore numero di occupati in termini assoluti non si ha nel Sud bensì nel Centro (che presenta però una situazione migliore in termini di occupazione rispetto al Sud, essendo il tasso di occupati del 93%).

Numeri indice

Nelle applicazioni economiche e sociali è molto frequente imbattersi nell'analisi di una **serie storica**, cioè di dati che derivano dall'osservazione di uno stesso fenomeno (quantitativo) a intervalli regolari di tempo.

ESEMPIO **Serie storica**

La seguente tabella, che riporta il numero di biglietti venduti al cinema in Italia a intervalli regolari di 3 anni dal 2000 al 2009, rappresenta una serie storica.

Anno	Biglietti venduti al cinema (in migliaia)
2000	100 911
2003	105 030
2006	104 980
2009	109 229

Osserva

Quando si rileva un fenomeno ripetutamente nel tempo, le unità statistiche sono gli istanti temporali di osservazione; nell'esempio qui a fianco, i quattro anni: 2000, 2003, 2006, 2009.

Poiché nell'analisi di una serie storica interessa studiare l'*evoluzione* di un fenomeno nel tempo, non avrebbe senso costruire una distribuzione di frequenze (perché si perderebbe proprio una delle informazioni fondamentali, ossia l'*ordine temporale* in cui sono state osservate le varie modalità); spesso risulta invece utile costruire particolari *rapporti* statistici, detti **numeri indice**, che consentono di quantificare la *variazione* del fenomeno tra due diversi istanti temporali.

NUMERO INDICE

Si chiama **numero indice** il rapporto tra due modalità di un carattere quantitativo rilevate in due differenti istanti temporali.

Se indichiamo con $x_1, x_2, \ldots, x_t$ le varie modalità osservate, rispettivamente negli istanti temporali 1, 2, ..., t, un numero indice è quindi un rapporto del tipo $\frac{x_i}{x_j}$, con $i, j \in \{1, 2, \ldots, t\}$.

Esistono due tipologie di numeri indici, a **base fissa** e a **base mobile**.

- I numeri indice **a base fissa** si costruiscono scegliendo un istante temporale come base (in generale l'istante iniziale di rilevazione) e costruendo la sequenza dei numeri ottenuti rapportando ciascuna modalità osservata con la modalità corrispondente all'istante-base, diciamo x_1; si ottengono così esattamente t numeri indice a base fissa:

$$\frac{x_1}{x_1}, \frac{x_2}{x_1}, \ldots, \frac{x_t}{x_1}$$

- I numeri indice **a base mobile** si costruiscono rapportando ciascuna modalità x_i con la modalità x_{i-1} relativa all'istante temporale precedente. La base (ossia il denominatore) cambia in ogni rapporto, motivo per cui si parla di base *mobile*. I rapporti di questo tipo possono costruirsi solo a partire dal secondo istante di rilevazione (perché altrimenti non sarebbe definito il termine precedente); dunque si avranno esattamente $t - 1$ numeri indice a base mobile:

$$\frac{x_2}{x_1}, \frac{x_3}{x_2}, \ldots, \frac{x_t}{x_{t-1}}$$

Modi di dire

Una *sequenza* dei numeri indice (a base fissa o mobile) viene anche chiamata **serie** di numeri indice.

ESEMPIO **Numeri indici a base fissa e mobile**

Calcoliamo, per la serie storica rappresentata nell'esempio precedente, i numeri indice a base fissa (scegliendo come anno base il 2000) e i numeri indice a base mobile.

Organizziamo il lavoro nella seguente tabella.

→

→

Anno	Biglietti venduti al cinema (migliaia)	Numeri indice a base fissa (anno base 2000)	Numeri indice a base mobile
2000	100 911	$1 = 100\%$	Non definito
2003	105 030	$\frac{105\,030}{100\,911} \simeq 1{,}041 = 104{,}1\%$	$\frac{105\,030}{100\,911} \simeq 1{,}041 = 104{,}1\%$
2006	104 980	$\frac{104\,980}{100\,911} \simeq 1{,}040 = 104\%$	$\frac{104\,980}{105\,030} \simeq 0{,}999 = 99{,}9\%$
2009	109 229	$\frac{109\,229}{100\,911} \simeq 1{,}082 = 108{,}2\%$	$\frac{109\,229}{104\,980} \simeq 1{,}040 = 104\%$

Osserva

Per determinare le *variazioni* percentuali basta calcolare le differenze tra i rapporti espressi in percentuale e il 100%; per esempio, relativamente ai numeri indici a base fissa e mobile corrispondenti al 2006:
$104\% - 100\% = +4\%$
$99{,}9\% - 100\% = -0{,}1\%$

Dall'analisi dei numeri indice ricavati possiamo trarre importanti conseguenze sulle *variazioni* percentuali dei biglietti venduti negli anni presi in considerazione.
In particolare, dall'analisi dei numeri *indice a base fissa* possiamo dedurre che il numero di biglietti venduti nel 2003, 2006, 2009 è cresciuto, rispetto all'anno 2000, rispettivamente circa del 4,1%, del 4% e dell'8,2%. Dall'analisi dei numeri *indice a base mobile* possiamo dedurre che nel 2003 il numero di biglietti venduti è cresciuto di circa il 4,1% rispetto al 2000, che nel 2006 il numero di biglietti venduti è diminuito di circa lo 0,1% rispetto al 2003 e infine che nel 2009 il numero di biglietti venduti è cresciuto di circa il 4% rispetto al 2006.

Osserviamo infine che talvolta si costruiscono numeri indice a base fissa o mobile anche nel caso di **serie territoriali**, ossia ottenute dalla rilevazione di un carattere quantitativo su diversi territori (quali per esempio province, regioni o nazioni), pur di avere definito preventivamente un ordinamento tra i territori che costituiscono le unità statistiche.

Prova tu

ESERCIZI a p. 600

1. **Vero o falso?**
   - **a.** un rapporto di composizione può essere maggiore di 1 V F
   - **b.** le frequenze relative sono rapporti di coesistenza V F
   - **c.** un rapporto di densità è un numero puro V F
   - **d.** un rapporto di derivazione può essere maggiore di 1 V F
   - **e.** l'indice di mortalità è un rapporto di derivazione V F

   [2 affermazioni vere e 3 false]

2. La tabella qui a fianco rappresenta la serie storica dei matrimoni in Italia negli anni 2005-2009. Determina i numeri indice a base fissa (prendendo come anno base il 2005) e i numeri indice a base mobile. Interpreta i risultati ottenuti in termini di variazioni percentuali:
   - **a.** tra il numero di matrimoni in ciascun anno e il numero di matrimoni nell'anno base 2005;
   - **b.** tra il numero di matrimoni in coppie di anni consecutivi.

Anni	Matrimoni
2005	247 740
2006	245 992
2007	250 360
2008	246 613
2009	230 859

4. Indicatori di efficacia, efficienza e qualità

I rapporti statistici di cui abbiamo parlato nel precedente paragrafo, oltre a consentire confronti altrimenti difficoltosi, vengono spesso utilizzati in ambito economico-aziendale per la costruzione di numeri, detti **indicatori**, utili all'investigazione di fenomeni, quali per esempio la *qualità* di un prodotto o di un servizio, che per la loro complessità **non** possono essere rilevati in modo *diretto*.
La valutazione della qualità, per esempio, deve essere eseguita mediante l'integrazione di un approccio *quantitativo*, volto alla costruzione di opportuni indicatori, seguito da un approccio *qualitativo*, necessario per interpretarli e identificare eventuali punti critici e conseguenti correzioni da apportare al sistema di produzione del bene o di erogazione del servizio.
I parametri per una valutazione quantitativa della *qualità* sono generalmente tre: l'**efficacia**, l'**efficienza** e la **soddisfazione del cliente** (*customer satisfaction*):

1. l'*efficacia* esprime il raggiungimento degli obiettivi dell'impresa (per esempio soddisfare la domanda, raggiungere un determinato fatturato, soddisfare le attese dei clienti ecc.);
2. l'*efficienza* esprime la capacità dell'azienda di utilizzare al meglio le risorse disponibili (per esempio minimizzare i costi e le ore di lavorazione);
3. la *soddisfazione del cliente* è il risultato dei giudizi espressi dagli utilizzatori di un dato prodotto o servizio.

Nei casi più semplici gli indicatori di questi tre parametri sono costruiti tramite opportuni *rapporti statistici* oppure tramite indici sintetici di posizione o di variabilità, quali per esempio *medie*, *mediane* o *deviazioni standard*.

ESEMPIO Indicatori di qualità

Nella seguente tabella riportiamo la descrizione di alcuni indicatori di qualità resi disponibili da Telecom Italia a proposito dei servizi di accesso a Internet.

Indicatore	Descrizione
Tempo di attivazione dei servizi di accesso a Internet a banda larga	
– Percentuale degli ordini validi completati entro la data concordata con il cliente	È la percentuale delle richieste di nuove attivazioni di servizi di accesso a Internet a banda larga evase entro la data concordata con il cliente.
– Tempo medio di fornitura	È il tempo medio, misurato in giorni, che intercorre tra il momento in cui i clienti fanno richiesta dei servizi di accesso a Internet a banda larga e il momento in cui gli stessi sono attivati.
Tasso di malfunzionamento dei servizi di accesso a Internet a banda larga	È il rapporto tra il numero di segnalazioni di malfunzionamenti fatte dai clienti e il numero medio di collegamenti a banda larga attivi.
Addebiti contestati	È il rapporto tra il numero dei reclami per contestazioni di addebiti in fattura relativi a tutti i servizi di accesso a Internet e il numero di fatture complessivamente emesse.
Indisponibilità del servizio di accesso a Internet in dial-up	È il rapporto tra il tempo totale in cui nessun modem è disponibile ad accettare connessioni in dial-up ricevute durante il periodo di rilevazione della misura e il periodo di rilevazione stesso.
Velocità di trasmissione dati	
– Banda minima in download [upload]	Rapportando su una scala crescente che va da 1 a 100 una serie di test, effettuati su un collegamento a larga banda, per determinare la velocità di ricezione [trasmissione] di dati scaricati [inviati] da [a] un server posto presso un NAP (Neutral Access Point), in cui al 1° posto si collocano i test che hanno fatto registrare la velocità in assoluto più bassa e al 100° posto si collocano i test che hanno fatto registrare la velocità in assoluto più alta, per «banda minima in download [upload]» si intende la velocità, misurata in numero di Kilobit al secondo, fatta registrare dai test che si collocano al 5° posto.

→

Indicatore	Descrizione
– Banda massima in download [upload]	Data la definizione di cui sopra, per «banda massima in dowload [upload]» si intende la velocità, misurata in numero di Kilobit al secondo, fatta registrare dai test che si collocano al 95° posto.
– Media (banda in download [upload])	Data la definizione di cui sopra, per «Media» si intende la velocità, misurata in numero di Kilobit al secondo, fatta registrare dai test che si collocano al 50° posto.
– Deviazione standard (banda in download [upload])	Effettuando su un collegamento a larga banda una serie di test di ricezione [trasmissione] di dati scaricati [inviati] da [a] un server posto presso un NAP (Neutral Access Point), per «deviazione standard» si intende il livello di variabilità (c.d. «dispersione») dei valori ottenuti (misurati in Kilobit/s) rispetto alla «Media».

Nel paragrafo di esercizi corrispondente a questo paragrafo ti proporremo alcuni problemi in cui dovrai utilizzare le tue conoscenze di statistica per la costruzione di opportuni indicatori di qualità. Per tale compito non ci sono ovviamente regole generali, in quanto l'opportunità di un indicatore dipende in modo essenziale dal particolare contesto cui si riferisce e dallo scopo che l'analisi si prefigge; in generale, però, un buon indicatore dovrebbe essere il più possibile semplice da costruire, ricavabile in modo oggettivo, facile da rappresentare (per mezzo di tabelle, istogrammi, diagrammi ecc.) e semplice da interpretare.

Prova tu **ESERCIZI** a p. 603

Per ciascuno degli indicatori descritti nella tabella dell'esempio precedente, stabilisci se si tratta di un rapporto statistico, di una media aritmetica, di una mediana, di una deviazione standard o di un numero costruito in modo diverso. Per ogni indicatore costituito da un rapporto statistico, stabilisci se si tratta di un rapporto di composizione, di derivazione, di coesistenza o di densità.

SINTESI

Formule e proprietà importanti

Media aritmetica di un carattere quantitativo X, di cui sono state osservate le modalità $x_1, x_2, ..., x_n$

$$\bar{x} = \frac{x_1 + x_2 + ... + x_n}{n}$$

Mediana

Ordinati i numeri $x_1, x_2, ..., x_n$ in senso crescente (o decrescente), la loro mediana è:

- il numero che occupa la posizione centrale, se n è *dispari*;
- la media aritmetica dei due numeri che occupano le posizioni centrali, se n è *pari*.

Varianza e deviazione standard

$$V = \sigma^2 = \frac{(x_1 - \bar{x})^2 + ... + (x_n - \bar{x})^2}{n}$$

oppure

$$V = \sigma^2 = \frac{x_1^2 + ... + x_n^2}{n} - \bar{x}^2$$

$$\sigma = \sqrt{V}$$

Proprietà della media aritmetica

Dati n numeri $x_1, x_2, ..., x_n$ di media $\bar{x}$, si ha:

$$x_1 + x_2 + ... + x_n = \underbrace{\bar{x} + ... + \bar{x}}_{n \text{ volte}} = n \cdot \bar{x}$$

$$(x_1 - \bar{x}) + (x_2 - \bar{x}) + ... + (x_n - \bar{x}) = 0$$

Coefficiente di variazione

Un insieme di dati la cui media aritmetica è $\bar{x}$ e la cui deviazione standard è σ ha coefficiente di variazione

$$C_V = \frac{\sigma}{\bar{x}}$$

Rapporti statistici

- Di composizione: è il rapporto tra due dati, di cui quello al numeratore è *parte* di quello al denominatore.
- Di derivazione: è il rapporto tra due dati, di cui quello al denominatore è la *causa* o *il presupposto logico* di quello al numeratore.
- Di coesistenza: è il rapporto tra le frequenze di due diverse modalità di un carattere su un medesimo collettivo.
- Di densità: è il rapporto tra un dato e una misura (l'area o il volume o altro) del campo in cui il dato viene osservato.

Numero indice

Si chiama **numero indice** il rapporto tra due modalità di un carattere quantitativo rilevate in due differenti istanti temporali.

CONOSCENZE E ABILITÀ

1. Introduzione alla statistica

TEORIA a p. 578

Il linguaggio della statistica

1 Si osservano tutte le automobili che transitano dal casello autostradale di Firenze Sud in un dato periodo di tempo e si registra la marca dell'automobile. Individua il collettivo, le unità statistiche, il carattere e alcune possibili modalità di questa indagine statistica.

2 Nello stabilimento Fiat di Mirafiori si rilevano gli stipendi mensili dei dipendenti. Individua il collettivo, le unità statistiche, il carattere e alcune possibili modalità di questa indagine statistica.

3 Si rilevano i generi dei libri presenti in una biblioteca. Individua il collettivo, le unità statistiche, il carattere e alcune possibili modalità di questa indagine statistica.

4 Si rilevano le età dei dipendenti di un'azienda. Individua il collettivo, le unità statistiche, il carattere e alcune possibili modalità di questa indagine statistica.

5 Indica alcune delle modalità che possono assumere i seguenti caratteri:

a. voto finale all'esame di Stato;
b. colore dei capelli;
c. genere di un romanzo;
d. numero di giorni di malattia di un lavoratore in un mese.

Stabilisci inoltre quali caratteri sono quantitativi e quali sono qualitativi.

6 Stabilisci quali fra i seguenti caratteri quantitativi sono continui e quali discreti:

a. peso delle foglie dello stesso tipo in un giardino in un pomeriggio;
b. numero di automobili per famiglia;
c. famiglie per condominio;
d. passeggeri per giorno all'aeroporto di Malpensa;
e. lunghezza di un capello.

Le distribuzioni di frequenze

7 **Vero o falso?**
A un concorso fotografico è stato assegnato un voto da 1 a 5 a ciascuna foto partecipante. La tabella che rappresenta la distribuzione delle frequenze dei voti è la seguente.

Voto	1	2	3	4	5
Frequenza assoluta	6	2	8	3	1

Stabilisci quali affermazioni sono vere e quali sono false:

a. le foto complessivamente in concorso sono 20 V F
b. la frequenza relativa del voto 3 è 0,4 V F
c. la frequenza assoluta del voto 2 è maggiore della frequenza assoluta del voto 4 V F
d. la frequenza cumulata del voto 4 è 11 V F
e. la frequenza cumulata del voto 5 è 20 V F

[3 affermazioni vere e 2 false]

8 Completa la seguente tabella (arrotonda le frequenze relative a meno di un decimo).

Modalità	2	1,5	1,8	5	**Totale**
Frequenza assoluta	23	18	.....	15	**80**
Frequenza relativa	.....	.....	.....	.....	**1**

9 Completa la seguente tabella (arrotonda le frequenze relative a meno di un decimo).

Modalità	1	2	3	4	**Totale**
Frequenza assoluta	.....	20	.....	.....	.....
Frequenza relativa	0,2	0,25	.....	0,5	**1**

10 Si sono rilevati gli stipendi mensili (in euro) degli impiegati di una piccola azienda e si sono ottenuti i seguenti dati grezzi:

1200	1100	1000	1400	1200	1500	2000	1800	2200	3200	2000	1200	1000

Costruisci la tabella che rappresenta la distribuzione delle frequenze assolute e relative degli stipendi rilevati.

11 Uno studente registra il tempo che impiega per svolgere quindici esercizi di matematica, simili a quelli che deve affrontare nel compito in classe il giorno successivo. I tempi di svolgimento degli esercizi, espressi in minuti, sono i seguenti:

4	5	6	12	10	8	3	4	7	14	18	15	19	13	8

Supponi di suddividere i dati nelle cinque classi:

$0 \leq t < 5$ $\quad 5 \leq t < 10$ $\quad 10 \leq t < 15$ $\quad 15 \leq t < 20$

(t indica il tempo, espresso in minuti, impiegato per risolvere un esercizio) e completa la seguente tabella, che rappresenta la distribuzione delle frequenze assolute, relative e percentuali delle classi.

Classe	Frequenza assoluta	Frequenza relativa	Frequenza percentuale
$0 \leq t < 5$	.....	.....	.....
$5 \leq t < 10$	.....	.....	.....
$10 \leq t < 15$	.....	.....	.....
$15 \leq t < 20$	.....	.....	.....

12 In un grande magazzino è stata compiuta un'indagine sulle taglie di pantaloni da uomo venduti durante una settimana e si sono ottenuti i dati riassunti nella seguente tabella:

Taglia	44	46	48	50	52	54	56
Frequenza	2	7	6	12	10	2	1

Completa la tabella con tre righe, in cui riporterai le frequenze relative, le frequenze percentuali e le frequenze percentuali cumulate, quindi rispondi alle seguenti domande.

a. Qual è la percentuale di pantaloni venduti di taglia 48?

b. Qual è la percentuale di pantaloni venduti di taglia inferiore o uguale alla 50?

c. Qual è la percentuale di pantaloni venduti di taglie superiori alla 50?

d. Qual è la percentuale di pantaloni venduti di taglie comprese tra la 48 e la 52, incluse la 48 e la 52?

[**a.** 15%; **b.** 67,5%; **c.** 32,5%; **d.** 70%]

Le rappresentazioni grafiche

13 Considera il seguente grafico, che rappresenta il numero di abbonati a una rete di telefonia mobile nel 2002.

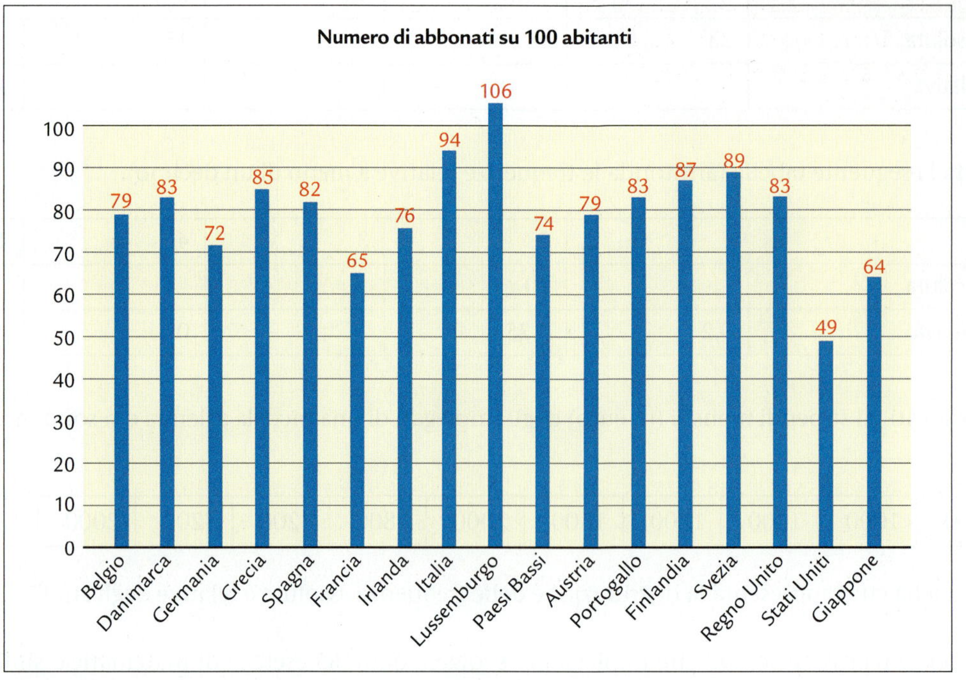

Fonte: UE, Fatti e cifre della Commissione Europea

a. In quale paese, all'epoca, il numero di abbonati era minimo? In quale era massimo?
b. Come si collocava l'Italia rispetto agli altri paesi?
c. Considerando i dati del grafico e stimando il numero dei residenti in Italia, all'epoca, in 58 000 000, quanti erano gli abbonamenti alle reti mobili in Italia nel 2002? [c. 54 520 000]

14 Considera il seguente grafico, che rappresenta la spesa relativa alla Ricerca e Sviluppo per ciascun settore, intesa come percentuale del PIL, nel 2001.

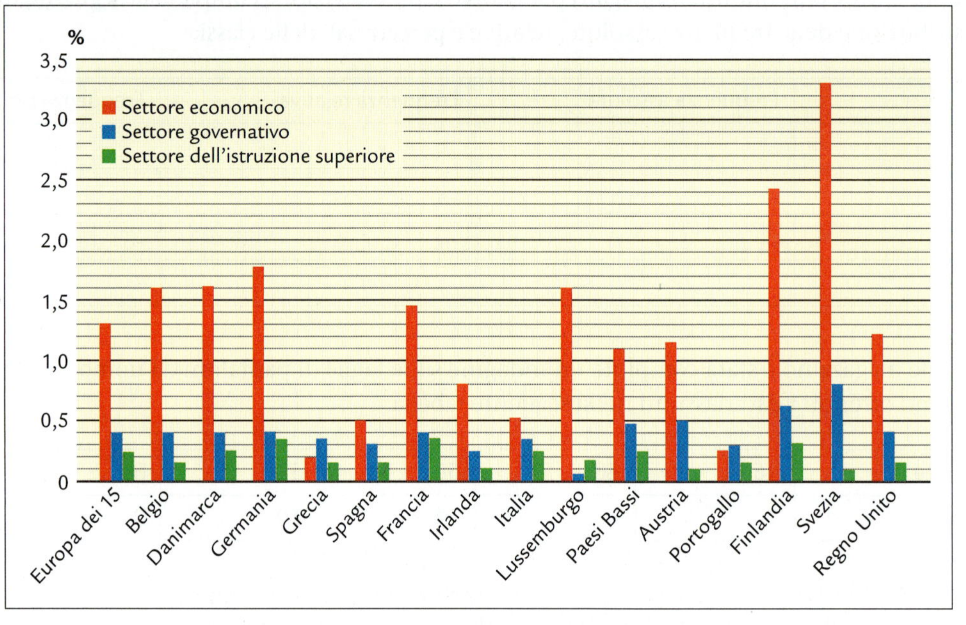

Fonte: UE, Fatti e cifre della Commissione Europea

a. Qual era il paese che aveva investito maggiormente nel settore economico? E nel settore governativo? Quali erano i paesi che avevano investito di più nel settore scolastico?
b. Complessivamente, nel 2001 ha investito di più in Ricerca e Sviluppo la Finlandia o la Svezia?
c. Sapendo che il PIL della Svezia nel 2001 è stato di 244,9 miliardi di euro, determina quanto ha investito complessivamente la Svezia nel 2001 per Ricerca e Sviluppo. [Circa 10,286 miliardi di euro]

15 Il seguente diagramma a torta rappresenta la suddivisione per età dei 240 allievi di una scuola.

a. Quanti allievi hanno 17 anni?
b. Qual è la frequenza relativa degli allievi che hanno 16 anni?
c. Quanti allievi hanno meno di 16 anni?
d. Quanti allievi hanno più di 15 anni?

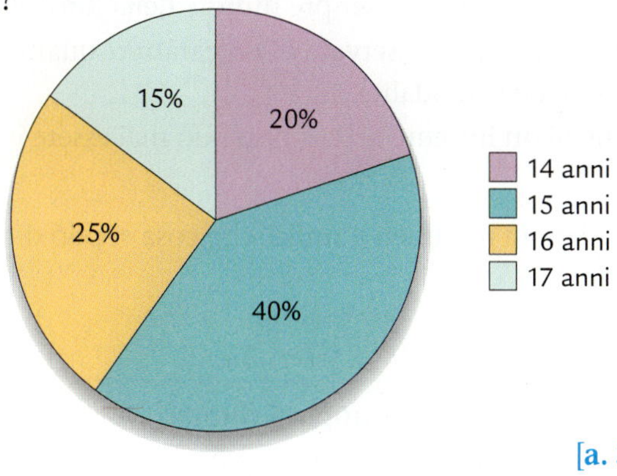

[**a.** 36; **b.** 0,25; **c.** 144; **d.** 96]

16 Andrea possiede in tutto 12 pennarelli: 4 sono verdi, 5 sono blu e i rimanenti sono rossi. Rappresenta la distribuzione dei colori dei pennarelli di Andrea tramite un diagramma circolare.

17 Si è rilevato il numero di automobili possedute da un campione di 20 famiglie italiane e si sono ottenuti i dati grezzi riportati nella seguente tabella.

Famiglia	1	2	3	4	5	6	7	8	9	10	11	12	13	14	15	16	17	18	19	20
Numero di automobili possedute	0	1	2	0	1	1	2	2	4	2	0	3	1	2	0	2	3	2	2	1

a. Costruisci la distribuzione delle frequenze assolute e relative del numero di automobili possedute dalle famiglie.
b. Rappresenta la distribuzione delle frequenze assolute tramite il diagramma che ritieni opportuno.

18 Nella tabella sottostante sono riportate le aree delle superfici degli oceani. Rappresenta questi dati con il grafico che ritieni più opportuno.

Oceano	Superficie (in milioni di km^2)
Pacifico	183,4
Atlantico	106,7
Indiano	73,8

2. Indici di posizione e di variabilità

TEORIA a p. 581

Esercizi preliminari

19 **Vero o falso?**

a. la media aritmetica può essere calcolata qualsiasi sia il tipo di carattere V F
b. la modalità che ha frequenza maggiore si chiama moda e può non essere unica V F
c. la media aritmetica di un insieme di numeri è sempre un numero positivo o nullo V F
d. per distribuzioni suddivise in classi non è possibile individuare il valore esatto della media, ma è possibile determinarne un valore approssimato V F
e. la classe mediana è la classe che ha frequenza relativa più elevata V F
f. media, moda e mediana non possono mai assumere lo stesso valore V F

[Solo 2 affermazioni sono vere]

20 **Vero o falso?**

a. la varianza è la media dei quadrati degli scarti dei valori osservati dalla loro media aritmetica V F

b. la varianza è il quadrato della deviazione standard V F

c. la deviazione standard di n numeri è sempre minore della loro varianza V F

d. se $x_1, x_2, ..., x_n$ sono le n modalità osservate di un carattere quantitativo, la loro deviazione standard ha la stessa unità di misura delle modalità V F

e. il campo di variazione di un insieme di dati non può mai essere nullo V F

[3 affermazioni vere e 2 false]

21 Se la deviazione standard di n numeri è nulla, che cosa si può dire degli n numeri? La deviazione standard di n numeri può essere uguale a 1?

Media, moda e mediana

Trova la media aritmetica dei seguenti gruppi di numeri.

22 $-2, 2, -4, 4, 5, -5$ [0]

23 $-3, -2, 4, 5, 6$ [2]

24 $-\frac{3}{5}, \frac{7}{5}, \frac{1}{5}, \frac{1}{2}$ $\left[\frac{3}{8}\right]$

25 $1, 5, 4, 4, 2, 6$ $\left[\frac{11}{3}\right]$

26 $11, 15, 14, 14, 12, 16$ $\left[\frac{41}{3}\right]$

Trova la mediana dei seguenti gruppi di numeri.

27 $-2, 2, -4, 4, 5, -5$ [0]

28 $-3, -2, 4, 5, 6$ [4]

29 $\frac{19}{15}, -\frac{3}{5}, \frac{7}{5}, \frac{1}{5}, \frac{1}{2}, \frac{5}{4}, \frac{13}{10}$ $\left[\frac{5}{4}\right]$

30 $0,\bar{3}; 0,3; 0,5; 0,\bar{5}$ $\left[\frac{5}{12}\right]$

Trova la moda dei seguenti gruppi di numeri.

31 $2, 3, 4, 5, 5, 4, 1, 5$ [5]

32 $10, 15, 14, 14, 12, 15, 16$ [14 e 15]

33 $-1, 0, 0, 1, 3, 0, -1, 0$ [0]

34 $2, 4, 3, 6, 7, 1$ [Tutti i numeri dati]

35 Si è rilevata, su un campione di bottiglie da 1 litro di acqua minerale, la quantità di acqua effettivamente contenuta in esse. I risultati ottenuti sono riassunti nel seguente diagramma a torta. Calcola la quantità di acqua media contenuta in una bottiglia.

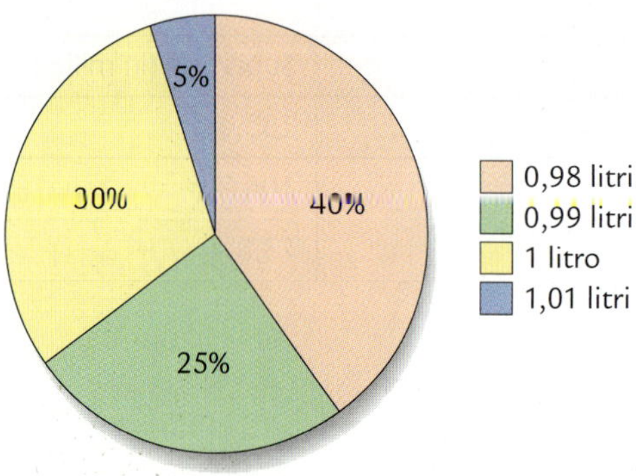

[0,99 litri]

36 Un ristorante propone 10 diversi primi piatti, i cui prezzi presentano la seguente distribuzione di frequenze.

Prezzo (euro)	10	12	16	18
Frequenza	4	3	2	1

a. Qual è il prezzo medio di un primo?

b. Se il proprietario del ristorante decidesse di raddoppiare il prezzo di ciascun piatto, quale diventerebbe il prezzo medio di un primo?

c. Se il proprietario del ristorante decidesse di aumentare del 10% il prezzo di ciascun piatto, quale diventerebbe il prezzo medio di un primo? [**a.** 12 euro e 60 centesimi; **b.** 25 euro e 20 centesimi; **c.** 13 euro e 86 centesimi]

37 Viene effettuato un controllo sulla velocità delle auto in un tratto autostradale in cui, a causa di alcuni lavori in corso, il limite consentito è di 110 km/h. Le frequenze delle velocità rilevate (raggruppate in classi) sono rappresentate nel seguente istogramma.

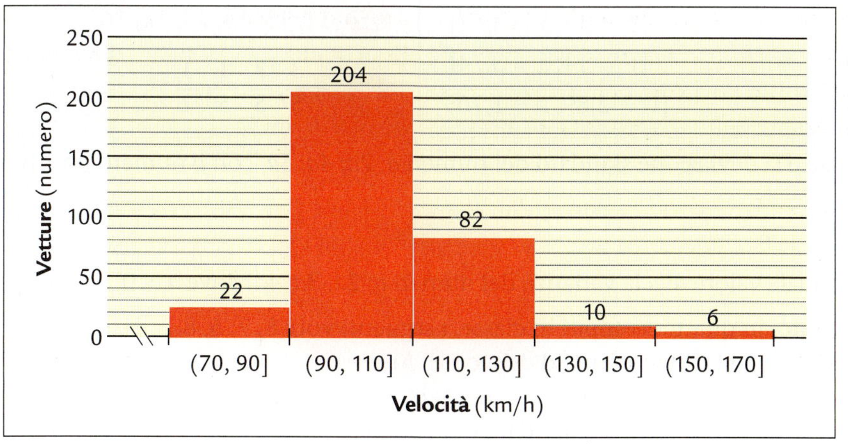

a. Qual è la velocità media degli automobilisti che sono stati oggetti del controllo (arrotonda il risultato a meno di una unità)?

b. Per uno sforamento del limite di velocità superiore ai 40 km/h è previsto il ritiro e la sospensione della patente. Qual è la percentuale di automobilisti che incorre in questa sanzione (arrotonda il risultato a meno di un centesimo)? [**a.** 106 km/h; **b.** 1,85%]

38 In una classe formata da 16 ragazze e 9 ragazzi, l'altezza media delle ragazze è 160 cm e l'altezza media dei ragazzi è 170 cm. Qual è l'altezza media degli studenti della classe? [163,6 cm]

39 I dipendenti di un'azienda sono per il 40% donne e per il 60% uomini. Il salario medio mensile delle donne è di 1400 euro, quello medio degli uomini è di 1600 euro. Qual è il salario medio mensile dei dipendenti dell'azienda? [1520 euro]

40 In un'azienda ci sono 10 dirigenti con un'anzianità media di 18,5 anni e 50 impiegati con un'anzianità media di 6,5 anni. Qual è l'anzianità media di tutto il personale dell'azienda? [8,5 anni]

41 I voti nell'ultimo compito di matematica in una classe sono stati i seguenti:

5	6	6	7	7,5	6,5	8	4	7	7	10	3	4,5	5,5	8	8	7	9	4	6	6,5	5

a. Rappresenta tramite una tabella la distribuzione delle frequenze dei voti del compito.

b. Determina la media, la mediana e la moda della distribuzione.

c. Nel giorno dello svolgimento del compito in classe c'era un assente, che ha recuperato il compito in classe la settimana successiva. Considerando anche il voto dell'assente, la media dei voti nel compito in classe è stata di 6,5. Quale voto ha avuto l'alunno assente nel compito? $\left[\textbf{b.}\ \text{Media} = \frac{281}{44} \simeq 6{,}4;\ \text{mediana} = 6{,}5;\ \text{moda} = 7;\ \textbf{c.}\ 9\right]$

42 Si è lanciato 20 volte un dado. La seguente tabella riporta i risultati ottenuti.

Numero della faccia	1	2	3	4	5	6
Frequenza	6	2	4	3	4	1

Determina:

a. il valore medio della distribuzione; **b.** il valore mediano; **c.** la moda. [**a.** 3; **b.** 3; **c.** 1]

43 La ripartizione degli stipendi in un'azienda è rappresentata nella tabella qui sotto. Determina:

a. lo stipendio medio;
b. lo stipendio mediano;
c. la classe modale.

Stipendio S in euro	Frequenza
$1000 \leq S < 1400$	6
$1400 \leq S < 1800$	10
$1800 \leq S < 2200$	4

[**a.** 1560 euro; **b.** 1600 euro; **c.** $1400 \leq S < 1800$]

Varianza e deviazione standard

Trova la varianza e la deviazione standard dei seguenti gruppi di numeri. Arrotonda i risultati alla seconda cifra decimale.

44 $-2, 2, -4, 4, 5, -5$ $[V = 15, s = 3{,}87]$

45 $-3, -2, 4, 5, 6$ $[V = 14, s = 3{,}74]$

46 $1, 5, 4, 4, 2, 6$ $[V = 2{,}89, s = 1{,}70]$

47 $11, 15, 14, 14, 12, 16$ $[V = 2{,}89, s = 1{,}70]$

48 $-\frac{3}{5}, \frac{7}{5}, \frac{1}{5}, \frac{1}{2}$ $[V = 0{,}51, s = 0{,}72]$

49 Trova la varianza e la deviazione standard dei numeri a; $2a$; $4a$; $5a$, con a numero positivo.
$\left[V = \frac{5}{2}a^2; s = \frac{a\sqrt{10}}{2}\right]$

50 Determina per quale valore di a la varianza dei numeri a; $2a$; $3a$; $4a$, dove $a > 0$, è uguale a 45. $[a = 6]$

51 Andrea ha ottenuto, in quattro compiti in classe, i seguenti voti: 5, 7, 6, 8.

a. Calcola la media e la deviazione standard dei voti di Andrea.

b. Se il professore di Andrea decidesse di aumentare i voti di tutti i compiti in classe di 1 punto, quali diventerebbero la media e la deviazione standard dei voti di Andrea?

$\left[\textbf{a.}\ \text{Media} = 6{,}5, s = \frac{\sqrt{5}}{2} \simeq 1{,}2; \textbf{b.}\ \text{media} = 7{,}5; s \text{ invariata}\right]$

52 Una piccola azienda effettua un'indagine circa il numero dei figli dei propri dipendenti. I risultati sono riassunti nella seguente tabella. Determina la media, la varianza e la deviazione standard del numero di figli dei dipendenti di quell'azienda.

Numero di figli	0	1	2	3	4
Numero di dipendenti	10	18	16	4	2

[Media = 1,4; $V = 1{,}04$; $s \simeq 1{,}02$]

3. Rapporti statistici

TEORIA a p. 586

Esercizi preliminari

53 Stabilisci il tipo di ciascuno dei seguenti rapporti.

a. Numero di autovetture in una città su numero di abitanti.

b. Numero di alunni di una classe promossi senza debito su numero di alunni con debito.

c. Numero di studenti di una scuola di età inferiore ai 15 anni su numero di studenti della scuola.

d. Spesa totale sostenuta da un'impresa per la produzione di un bene in un dato mese su numero di unità del bene prodotte.

54 **Vero o falso?**

a. un rapporto di composizione è sempre compreso tra 0 e 1 V F

b. un rapporto di coesistenza è sempre compreso tra 0 e 1 V F

c. un rapporto di densità è privo di unità di misura V F

d. un rapporto di composizione è privo di unità di misura V F

e. un rapporto di derivazione è sempre anche un rapporto di composizione V F

[2 affermazioni vere e 3 false]

55 **Vero o falso?**

a. il numero di morti in Italia osservato ogni mese dell'anno costituisce una serie storica V F

b. in una serie di numeri indice a base fissa, il numero indice relativo all'anno base è sempre uguale a 1 V F

c. una serie storica riporta il prezzo di un bene il primo gennaio di ogni anno, per tutti gli anni dal 2000 al 2010; se il numero indice a base fissa relativo al prezzo dell'anno 2005 rispetto al prezzo dell'anno base 2000 è uguale a 1,34 significa che il prezzo nel 2005, rispetto a quello del 2000, è aumentato del 134% V F

d. data una serie di numeri indici a base mobile, dividendo ogni numero indice con il numero indice precedente si ottiene una serie di numeri indice a base fissa V F

e. una serie storica riporta il prezzo di un bene il primo gennaio di ogni anno, per tutti gli anni dal 2000 al 2010; il numero indice a base fissa relativo al prezzo dell'anno 2010, rispetto al prezzo dell'anno base 2000, è sempre inferiore al numero indice a base fissa relativo al prezzo dell'anno 2010, rispetto al prezzo dell'anno base 2001 V F

[2 affermazioni vere e 3 false]

Problemi

56 Utilizzando i dati in tabella, calcola il tasso percentuale di occupazione e disoccupazione maschile, femminile e complessivo per l'Italia nel 2010. Ricorda che per tasso di occupazione si intende il rapporto tra gli occupati e la popolazione residente mentre per tasso di disoccupazione si intende il rapporto tra le persone in cerca di occupazione e le forze di lavoro. Arrotonda i risultati con una cifra decimale. Che tipo di rapporti hai costruito?

Forze di lavoro in Italia nell'anno 2010 (migliaia)				
Sesso	Occupati	In cerca di occupazione	Forze di lavoro (totale tra occupati e in cerca di occupazione)	Popolazione residente
Maschi	13 634	1114	14 748	29 181
Femmine	9238	989	10 227	30 871

[Tassi di occupazione: 46,7% (maschi), 29,9% (femmine), 38,1% (complessivo); tassi di disoccupazione: 7,6% (maschi), 9,7%(femmine), 8,4% (complessivo)]

57 In riferimento ai dati in tabella, determina i tassi di natalità e mortalità su mille abitanti negli anni 2008, 2009 e 2010. Fornisci i risultati arrotondati con una cifra decimale. Di che tipo di rapporti si tratta?

Anno	Popolazione (al 1° gennaio)	Nascite	Morti
2008	59 619 290	576 659	585 126
2009	60 045 068	568 857	591 663
2010	60 340 328	561 944	587 488

[2008: 9,7‰ (natalità) e 9,8‰ (mortalità); 2009: 9,5‰ (natalità) e 9,9‰ (mortalità); 2010: 9,3‰ (natalità) e 9,7‰ (mortalità)]

58 Nella seguente tabella è riportata la distribuzione percentuale delle età degli italiani nel 2012, per area geografica.

	0-14 anni	15-64 anni	65 anni e oltre
Nord	13,7	64,6	21,7
Centro	13,4	64,8	21,8
Sud	14,9	66,7	18,4
Italia	14,1	65,3	20,6

a. Calcola, per ogni area geografica, l'*indice di dipendenza*, ossia il rapporto percentuale tra la popolazione avente età inferiore o uguale ai 14 anni oppure superiore o uguale ai 65 anni e la popolazione avente età compresa tra 15 e 64 anni.

b. Calcola, per ogni area geografica, l'indice di dipendenza degli anziani, ossia il rapporto percentuale tra la popolazione con 65 o più anni e la popolazione con età compresa fra 15 e 64 anni.

c. I rapporti calcolati ai punti **a.** e **b.** sono rapporti di composizione? In caso negativo, di che tipo di rapporti si tratta? Le percentuali riportate in tabella possono considerarsi rapporti di composizione?

[**a.** Circa 54,80%, 54,32%, 49,93% (arrotondando alla seconda cifra decimale); **b.** circa 33,59%, 33,64%, 27,59% (arrotondando alla seconda cifra decimale)]

59 In un dato Paese le forze di lavoro, per titolo di studio, sono distribuite come indicato in tabella.

Titolo di studio	Forze di lavoro nel 2005	Forze lavoro nel 2010
Licenza elementare	2152	2280
Licenza media	8244	9300
Diploma	10 052	12 160
Laurea di primo o secondo livello o dottorato	4625	5082

Costruisci degli opportuni rapporti statistici che ti permettano di confrontare le variazioni nella composizione delle forze di lavoro tra il 2005 e il 2010, rispondendo così alle seguenti domande (*v.* pagina seguente).

a. La quota di forze lavoro con licenza elementare è aumentata o diminuita dal 2005 al 2010?
b. La quota di forze lavoro con licenza media è aumentata o diminuita dal 2005 al 2010?
c. La quota di forze lavoro con diploma è aumentata o diminuita dal 2005 al 2010?
d. La quota di forze lavoro con laurea è aumentata o diminuita dal 2005 al 2010?

Che tipo di rapporti hai costruito per rispondere alle domande precedenti?

[**a.** È diminuita, passando circa dall'8,58% al 7,91%; **b.** è diminuita, passando circa dal 32,88% al 32,27%; **c.** è aumentata, passando circa dal 40,1% al 42,19%; **d.** è diminuita, passando circa dal 18,45% al 17,63%]

60 Nella seguente tabella è riportato il numero di procedimenti civili di primo grado per ufficio giudiziario, negli anni 2005-2009. Definisci degli opportuni rapporti statistici che permettano di eseguire confronti e rispondere alle seguenti domande.

Anni	Uffici giudiziari		
	Giudice di pace	Tribunale	Corte di appello
2005	475 309	953 825	8256
2006	458 438	899 046	4632
2007	449 126	925 674	3007
2008	471 460	914 145	3083
2009	497 907	880 465	3006

a. La quota di procedimenti civili di primo grado svolti dai giudici di pace è aumentata o diminuita dal 2005 al 2006?
b. La quota di procedimenti civili di primo grado svolti nei tribunali è aumentata o diminuita dal 2006 al 2007?
c. La quota di procedimenti civili di primo grado svolti in corte di appello è aumentata o diminuita dal 2005 al 2006?

Che tipo di rapporti hai costruito per rispondere alle domande precedenti?

[**a.** È aumentata passando circa dal 33,1% al 33,7%; **b.** è aumentata passando circa dal 66% al 67,2%; **c.** è diminuita passando circa dallo 0,6% allo 0,3%]

61 Nella seguente tabella sono riportati i prezzi in euro di una unità di un dato bene dal 2008 al 2012.

Anno	2008	2009	2010	2011	2012
Prezzo in euro	11,80	12,30	13	12,60	13,50

a. Calcola la serie dei numeri indici a base fissa dei prezzi, assumendo come anno base il 2008. Arrotonda i risultati alla terza cifra decimale.
b. Deduci dai numeri indice determinati al punto precedente la variazione percentuale del prezzo tra il 2008 e il 2010 e la variazione percentuale tra il 2008 e il 2012.
c. Calcola la serie dei numeri indice a base mobile. Arrotonda i risultati alla terza cifra decimale.
d. Deduci dai numeri indice determinati al punto precedente, la variazione percentuale del prezzo tra il 2010 e il 2011 e la variazione percentuale di prezzo tra il 2011 e il 2012.

[**a.** 1; 1,042, 1,102, 1,068, 1,144; **b.** +10,2% circa, +14,4% circa; **c.** 1,042, 1,057, 0,969, 1,071; **d.** −3,1% circa, +7,1% circa]

62 Considera la serie storica rappresentata in tabella, relativa al numero di nascite in Italia nel periodo 2005-2010.

Anno	Nascite
2005	554 022
2006	560 010
2007	563 933
2008	576 659
2009	568 857
2010	561 944

a. Calcola la serie dei numeri indice a base fissa, assumendo come anno base il 2005. Arrotonda i risultati alla terza cifra decimale.

b. Deduci dai numeri indice determinati al punto precedente la variazione percentuale del numero di nati tra il 2005 e il 2007 e la variazione percentuale tra il 2005 e il 2008.

c. Calcola la serie dei numeri indice a base mobile. Arrotonda i risultati alla terza cifra decimale.

d. Deduci dai numeri indice determinati al punto precedente la variazione percentuale del numero di nati tra il 2007 e il 2008 e la variazione percentuale del numero di nati tra il 2008 e il 2009.

[**a.** 1, 1,011, 1,018, 1,041, 1,027, 1,014; **b.** +1,8% e +4,1%; **c.** 1,011, 1,007, 1,023, 0,986, 0,988; **d.** +2,3%, −1,4%]

63 Nella seguente tabella è rappresentata una serie di numeri indice a base mobile. Determina la corrispondente serie dei numeri indice a base fissa, avente come anno base il 2005.

Anno	2005	2006	2007	2008	2009	2010
Numero indice a base mobile	–	1,4	1,2	1,6	1,5	1,8

[1, 1,4, 1,68, 2,688, 4,032, 7,2576]

4. Indicatori di efficacia, efficienza e qualità

TEORIA a p. 591

64 **Vero o falso?**

a. un ufficio si prefigge l'obiettivo di evadere almeno l'80% degli ordini che arrivano in giornata. Il rapporto tra il numero di ordini evasi in una giornata e il numero di ordini pervenuti è un indicatore di efficacia V F

b. in riferimento all'ufficio di cui al punto precedente, la valutazione del tempo impiegato per evadere 100 ordini è un indicatore di efficienza V F

c. un ufficio postale ha cinque sportelli e si prefigge di servire 500 utenti alla settimana. Il numero di utenti effettivamente serviti dall'ufficio in una settimana è un indicatore di efficienza V F

d. in riferimento all'ufficio postale di cui al punto precedente, il rapporto tra il numero di utenti serviti settimanalmente da uno sportello e il numero complessivo di utenti serviti è un indicatore di efficacia V F

[2 affermazioni vere e 2 false]

65 Un'azienda promuove i suoi prodotti anche per via telefonica. L'obiettivo dell'azienda è di ottenere il maggior numero possibile di ordini, così da incrementare i profitti. Alcuni dati relativi alla promozione telefonica nell'anno 2011 e al corrispondente tempo di evasione degli ordini sono riportati nella seguente tabella, suddivisi per trimestre.

Trimestri (anno 2011)	Numero di clienti contattati tramite una telefonata	Numero di clienti che hanno effettivamente eseguito un ordine	Costo complessivo delle telefonate per contattare i clienti (in euro)	Tempo complessivo necessario all'evasione degli ordini (in ore)
1° trimestre	12 000	3250	3200	525
2° trimestre	15 000	4215	3420	410
3° trimestre	9500	3312	1850	350
4° trimestre	16 000	5680	2120	364

Considera i seguenti tre indicatori I_1, I_2, I_3 e rispondi ai quesiti **a-b-c-d**.

I_1 = rapporto tra clienti che hanno eseguito un ordine e clienti contattati

I_2 = costo medio di una telefonata

I_3 = tempo medio per l'evasione di un ordine

a. Stabilisci se si tratta di indicatori di efficacia o efficienza.

b. Calcola, per ciascuno dei trimestri presi in considerazione, i tre indicatori I_1, I_2, I_3; esprimi I_1 in percentuale (arrotondando il risultato con una cifra decimale), I_2 in euro (arrotondando il costo ai centesimi) e I_3 in minuti (arrotondando a un numero intero). Supponi che ogni potenziale cliente sia stato contattato tramite una sola telefonata e che ogni cliente che ha immesso un ordine ne abbia effettuato uno solo.

c. Alla luce degli indicatori determinati al punto **b.**, commenta i risultati raggiunti dall'azienda in termini di efficacia ed efficienza nei quattro trimestri presi in considerazione.

d. Come indicatori di efficacia e di efficienza annuali, che indichiamo con $\overline{I_1}$, $\overline{I_2}$, $\overline{I_3}$, l'azienda decide di assumere la media dei corrispondenti indicatori trimestrali I_1, I_2, I_3. Calcola gli indicatori per l'anno 2011.

[**b.** 1° trimestre: $I_1 \simeq 27{,}1\%$, $I_2 \simeq 27$ centesimi, $I_3 \simeq 10$ minuti; 2° trimestre: $I_1 = 28{,}1\%$, $I_2 \simeq 23$ centesimi, $I_3 \simeq 6$ minuti; 3° trimestre: $I_1 \simeq 34{,}9\%$, $I_2 \simeq 19$ centesimi, $I_3 \simeq 6$ minuti; 4° trimestre: $I_1 = 35{,}5\%$, $I_2 \simeq 13$ centesimi, $I_3 \simeq 4$ minuti; **d.** $\overline{I_1} = 31{,}4\%$, $\overline{I_2} = 20{,}5$ centesimi, $\overline{I_3} = 6{,}5$ minuti]

66 Un'azienda produce un determinato bene in serie e il suo obiettivo è la vendita del maggior numero possibile di unità del bene. Alcuni dati relativi al processo produttivo negli anni 2010-2012 sono riportati in tabella.

Anno	Unità vendute	Unità prodotte	Spesa complessiva (in euro)	Ore di produzione complessive
2010	12 150	12 200	150 000	2250
2011	11 085	12 650	144 000	2150
2012	10 052	11 500	135 000	1740

Considera i seguenti quattro indicatori:
I_1 = unità invendute
I_2 = rapporto tra unità vendute e unità prodotte
I_3 = costo medio per unità
I_4 = tempo medio di produzione per unità

a. Stabilisci se si tratta di indicatori di efficacia o efficienza.

b. Calcola, per ciascuno dei tre anni presi in considerazione, i quattro indicatori I_1, I_2, I_3, I_4; esprimi I_2 in percentuale (arrotondando il risultato con una cifra decimale), I_3 in euro (arrotondando il costo ai centesimi) e I_4 in minuti (arrotondando a un numero intero).

c. Alla luce degli indicatori determinati al punto **b.**, commenta i risultati raggiunti dall'azienda in termini di efficacia ed efficienza nel triennio preso in considerazione.

[**b.** 2010: $I_1 = 50$, $I_2 \simeq 99{,}6\%$, $I_3 \simeq 12{,}30$ euro, $I_4 \simeq 11$ minuti; 2011: $I_1 = 1565$, $I_2 \simeq 87{,}6\%$, $I_3 \simeq 11{,}38$ euro, $I_4 \simeq 10$ minuti; 2012: $I_1 = 1448$, $I_2 \simeq 87{,}4\%$, $I_3 \simeq 11{,}74$ euro, $I_4 \simeq 9$ minuti]

67 Una società di consulenza informatica ha come obiettivo la soddisfazione del maggior numero possibile di clienti e il raggiungimento del massimo profitto. Alcuni dati relativi agli anni 2010-2012 sono riportati in tabella.

Anno	Numero di clienti	Numero di clienti soddisfatti	Costo complessivo per la gestione dei clienti (euro)	Fatturato annuo (euro)	Numero annuo complessivo di ore di lavoro per la gestione dei clienti
2010	125	115	182 000	285 000	4600
2011	180	150	265 000	360 000	4400
2012	165	158	226 000	320 000	4150

Considera i seguenti quattro indicatori:
I_1 = rapporto tra il numero di clienti insoddisfatti e il numero di clienti soddisfatti
I_2 = costo medio per la gestione di un cliente
I_3 = profitto medio per cliente
I_4 = tempo medio di gestione di un cliente

a. Stabilisci se si tratta di indicatori di efficacia o efficienza.

b. Calcola, per ciascuno dei tre anni presi in considerazione, i quattro indicatori I_1, I_2, I_3, I_4; esprimi I_1 in percentuale (arrotondando il risultato a una cifra decimale), I_2 e I_3 in euro (arrotondando ai centesimi) e I_4 in ore (arrotondando a un numero intero).

c. Alla luce degli indicatori determinati al punto **b.**, commenta i risultati raggiunti dall'azienda in termini di efficacia ed efficienza nel triennio preso in considerazione.

[**b.** 2010: $I_1 \simeq 8{,}7\%$, $I_2 = 1456$ euro, $I_3 = 824$, $I_4 \simeq 37$ ore; 2011: $I_1 = 20\%$, $I_2 \simeq 1472{,}22$ euro; $I_3 \simeq 527{,}78$ euro, $I_4 \simeq 24$ ore; 2012: $I_1 \simeq 4{,}4\%$, $I_2 = 1369{,}70$ euro, $I_3 = 569{,}7$ euro, $I_4 \simeq 25$ ore]

68 Un'azienda di trasporti gestisce il collegamento tra due città con gli autobus. L'orario degli autobus prevede un tempo di percorrenza di 1 h e 16 min e l'obiettivo dell'azienda è di rispettarlo; nelle ultime otto corse i due autisti che gestiscono la tratta hanno impiegato i tempi riportati in tabella.

Autista A	Autista B
1 h 32 min	1 h 20 min
1 h 25 min	1 h 16 min
1 h 15 min	1 h 30 min
1 h 22 min	1 h 24 min
1 h 16 min	1 h 20 min
1 h 14 min	1 h 28 min
1 h 12 min	1 h 22 min
1 h 20 min	1 h 12 min

L'azienda vuole confrontare la bontà del servizio offerto da parte di due autisti, utilizzando come indicatori di efficacia il ritardo medio accumulato dai due autisti nelle corse prese in considerazione e la variabilità nei tempi di percorrenza. Stabilisci quale dei due autisti è stato mediamente più puntuale e quale dei due ha percorso la tratta con tempi più variabili.

[Ritardo medio di A = 3 min e 30 s; ritardo medio di B = 5 min e 30 s; deviazione standard dei tempi di A $\simeq$ 6 min e 15 s; deviazione standard dei tempi di B $\simeq$ 5 min e 33 s; per confrontare la variabilità nei tempi di percorrenza dei due autisti devi calcolare i coefficienti di variazione, da cui risultata che l'autista che ha percorso la tratta con tempi più variabili è stato A]

69 La direzione di un call center in cui lavorano 10 operatori effettua un monitoraggio del servizio, valutando come indicatori di efficienza il numero medio e il numero mediano di telefonate gestite dagli operatori in una settimana, nonché il relativo coefficiente di variazione. La direzione ritiene che il livello di efficienza sia troppo basso in ciascuno dei seguenti casi: se il numero medio di telefonate gestite dagli operatori è inferiore a 150, oppure se il numero mediano di telefonate è inferiore a 200 oppure se il coefficiente di variazione è superiore al 30%. Se si verifica almeno una di queste tre situazioni, sono previste attività supplementari di formazione per gli operatori. Nell'ultima settimana il numero di telefonate gestite dagli operatori è risultato quello in tabella:

Operatore	1	2	3	4	5	6	7	8	9	10
Numero di chiamate	232	140	186	202	150	190	161	244	210	135

a. Determina il numero medio e il numero mediano di telefonate gestite.
b. Determina il coefficiente di variazione.
c. Stabilisci se l'azienda, in base ai parametri prefissati, deve provvedere a organizzare ulteriori attività di formazione per gli operatori. [**a.** Numero medio = 185, numero mediano = 188; **b.** circa 19,5%]

70 **Soddisfazione del cliente/1.** Il cosiddetto modello SERVPERF per la valutazione della soddisfazione del cliente prevede la somministrazione di un questionario di 22 quesiti. Per ogni quesito viene richiesto di assegnare un punteggio da 1 a 7, dove 1 e 7 corrispondono rispetivamente al minimo e al massimo livello di soddisfazione del cliente. L'indicatore Q di soddisfazione viene costruito come segue: inizialmente viene individuato il livello di soddisfazione Q_i di ciascuno degli n clienti oggetto dell'indagine ($i = 1, 2, ..., n$), calcolando la media dei giudizi che quel cliente ha fornito nei 22 quesiti:

$$Q_i = \frac{\sum_{j=1}^{22} Q_{ij}}{22} \qquad [*]$$

L'indicatore di soddisfazione globale Q è poi costruito calcolando la media aritmetica dei livelli di soddisfazione Q_i di tutti i clienti:

$$Q = \frac{\sum_{i=1}^{n} Q_i}{n} \qquad [**]$$

a. Qual è il minimo e il massimo valore che può assumere Q?

b. Supponiamo che il questionario venga sottoposto a quattro clienti. I risultati del questionario del primo cliente sono i seguenti:

Quesito	1	2	3	4	5	6	7	8	9	10	11	12	13	14	15	16	17	18	19	20	21	22
Punteggio	2	4	3	4	2	2	2	3	3	4	4	4	3	4	2	3	2	2	2	4	4	3

Il secondo cliente ha espresso punteggi tutti aumentati di 1 rispetto a quelli del primo cliente, il terzo cliente ha espresso punteggi tutti diminuiti di 1 rispetto a quelli del primo cliente e infine il quarto cliente ha espresso punteggi tutti doppi di quelli del terzo cliente. Determina, in tali ipotesi, il valore dell'indicatore Q.

[**b.** $Q_1 = 3$, $Q_2 = 4$, $Q_3 = 2$, $Q_4 = 4$; $Q = 3,25$]

71 **Soddisfazione del cliente/2.** Una variante del modello SERVPERF per la valutazione del cliente è il cosiddetto metodo SERVQUAL. Esso si basa sull'assunzione che il livello di soddisfazione sia un giudizio che il cliente esprime sulla base del confronto tra le proprie aspettative e il servizio che gli è stato erogato. Pertanto prevede che a ogni cliente vengano somministrati 2 questionari, ciascuno contenente 22 quesiti. Ogni quesito viene proposto due volte, una volta nel primo questionario e una volta nel secondo, la prima volta per rilevare le attese del cliente e il secondo per rilevarne la percezione da parte dell'utente. A ogni quesito viene chiesto, come nel caso dell'esercizio precedente, di assegnare un punteggio da 1 a 7, dove 1 e 7 corrispondono al minimo e al massimo livello di soddisfazione del cliente. L'indicatore Q di soddisfazione viene costruito similmente al caso del metodo SERVPERF, con la differenza che ora il livello di soddisfazione Q_i di ciascuno degli n clienti oggetto dell'indagine ($i = 1, 2, \ldots, n$), è dato dalla media delle *differenze* tra i punteggi assegnati nei due questionari in corrispondenza di ciascuno dei 22 quesiti.

a. Supponi di indicare con A_{ij} il punteggio assegnato dal cliente i nel quesito j del questionario che rileva le attese e con B_{ij} il punteggio assegnato dal cliente i nel medesimo quesito j del questionario che rileva le percezioni. Scrivi le formule compatte, analoghe alla [*] e alla [**] dell'esercizio precedente, che esprimono rispettivamente il livello di soddisfazione Q_i dell'i-esimo cliente e il livello di soddisfazione globale Q.

b. Qual è il minimo e il massimo valore che può assumere Q?

c. Supponiamo che i due questionari vengano sottoposti a quattro clienti. I risultati dei due questionari sottoposti al primo cliente sono i seguenti:

Quesito	1	2	3	4	5	6	7	8	9	10	11	12	13	14	15	16	17	18	19	20	21	22
Punteggio (aspettativa)	6	6	7	7	7	7	6	6	7	7	7	6	6	7	7	6	7	7	7	7	7	7
Punteggio (percezione)	3	1	5	4	4	5	2	3	3	4	4	3	2	4	2	3	3	2	2	4	4	3

Il secondo cliente ha espresso punteggi tali che, per ciascuna domanda, la differenza tra il punteggio dell'aspettativa e quello della percezione risulta aumentata di 1 rispetto a quella del primo cliente, il terzo cliente ha espresso punteggi tali che le differenze risultano tutte diminuite di 1 rispetto a quelle del primo cliente e infine il quarto cliente ha espresso punteggi tali che le differenze risultano tutte aumentate di 2 rispetto a quelle del primo cliente. Determina, in tali ipotesi, il valore dell'indicatore Q.

[**c.** $Q_1 = 3,5$, $Q_2 = 4,5$, $Q_3 = 2,5$, $Q_4 = 5,5$, $Q = 4$]

72 **Inventa tu.** Uno studio dentistico ha come obiettivo di acquisire il maggiore numero possibile di clienti, in modo da incrementare il più possibile il suo profitto. Nella tabella seguente sono riportati alcuni dati relativi all'anno 2011, circa il numero di pazienti, il profitto totale e il tempo di attesa totale.

Quadrimestre (anno 2011)	Numero di pazienti	Profitto complessivo (euro)	Tempo complessivo di attesa dei pazienti (ore)
1° quadrimestre	625	62 000	104
2° quadrimestre	450	48 000	65
3° quadrimestre	712	85 000	115

Definisci degli indicatori di efficacia ed efficienza, calcolane il valore e, alla luce di essi, commenta i risultati raggiunti dallo studio dentistico in termini di efficacia ed efficienza nell'anno in esame.

Esercizi di riepilogo

73 **Inventa tu.** Descrivi due diverse indagini statistiche tali che nella prima la *camicia* sia l'unità statistica e nella seconda la *camicia* sia una delle possibili modalità.

74 **Inventa tu.** In una via di una zona residenziale costituita da case singole vi sono vari tipi di ingressi, costruiti con diversi tipi di legno o di metallo. Fornisci alcuni esempi di possibili indagini statistiche su cancelli e portoni nella situazione descritta, precisando per ciascuna di esse unità statistiche, carattere e modalità del carattere.

75 **Vero o falso?**
Stabilisci se le seguenti proposizioni sono corrette: se lo sono, giustificale, altrimenti mostra che sono false tramite un controesempio.

a. se due sequenze di numeri hanno la stessa media, allora hanno anche la stessa mediana V F
b. se due sequenze di numeri hanno la stessa mediana, allora hanno anche la stessa media V F
c. esistono sequenze di numeri per cui la moda, la media e la mediana coincidono V F
d. la moda di una sequenza di numeri può non essere unica V F
e. sia la varianza sia la deviazione standard presentano la stessa unità di misura dei dati V F

[2 affermazioni vere e 3 false]

76 In una classe si è rilevato il mezzo di trasporto con cui gli allievi si recano a scuola. I dati grezzi ottenuti sono:

a piedi	in treno	in autobus	in auto	in auto	in treno	in autobus	a piedi	a piedi
in auto	in auto	a piedi	in treno	in autobus	in auto	a piedi	in auto	in autobus

a. Precisa il carattere studiato, le relative modalità, il collettivo e le unità statistiche.
b. Determina la tabella che rappresenta la distribuzione delle frequenze assolute, relative e percentuali.

77 Il seguente diagramma a barre rappresenta la distribuzione di frequenze delle età dei giocatori in un torneo.

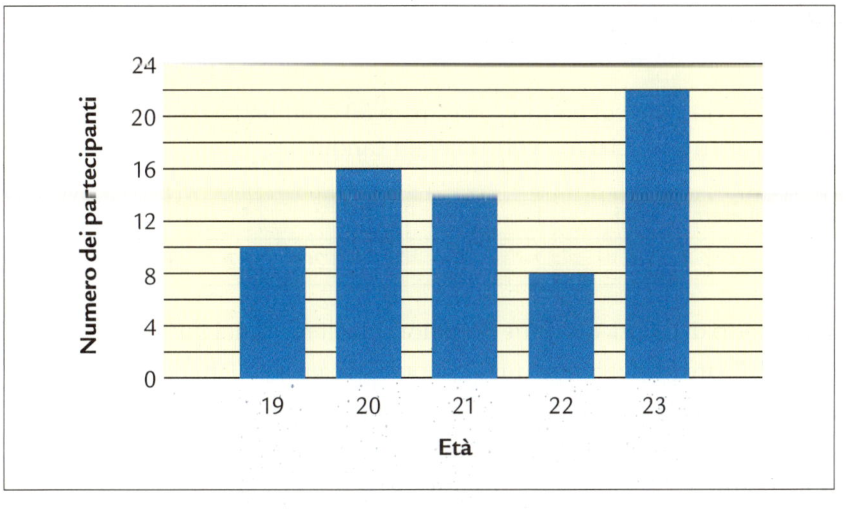

a. Qual è il numero complessivo dei partecipanti al torneo?
b. Qual è l'età media dei partecipanti?
c. Qual è l'età mediana?
d. Quale età rappresenta la moda della distribuzione?
e. Qual è la percentuale dei partecipanti aventi più di 20 anni?

$\left[\textbf{a.}\ 70;\ \textbf{b.}\ \dfrac{743}{35} \simeq 21{,}2;\ \textbf{c.}\ 21;\ \textbf{d.}\ 23;\ \textbf{e.}\ \text{circa il } 62{,}86\%\right]$

78 Sono dati i numeri: a, $a+1$, $a+2$, $a+4$, essendo $a \in \mathbf{R}$. Determina a in modo che la media di questa sequenza di numeri sia uguale al triplo della mediana. $\left[a=-\frac{11}{8}\right]$

79 Sono dati i numeri: a, $2a$, $3a$, essendo $a>0$. Determina a in modo che la varianza di questi numeri sia 24. $[a=6]$

80 Si svolge un'indagine sull'importo della «paghetta» che i ragazzi di 16 anni ricevono dai genitori. Il 75% degli intervistati riceve una media di 100 euro al mese; il 15% una media mensile di 80 euro e il restante 10% una media di 160 euro. Qual è la paghetta media mensile dei ragazzi nel campione esaminato? [103 euro]

81 Si è rilevato su un campione di persone il numero di riviste acquistate in una data settimana. La tabella seguente rappresenta la distribuzione delle frequenze ottenuta:

Numero di riviste	0	1	2	3	4
Frequenza assoluta	12	13	15	6	4

Determina il numero medio e il numero mediano di riviste acquistate. [Media = 1,54; mediana = 1,5]

82 Un grande magazzino ha rilevato le taglie di pantaloni vendute in una settimana. La seguente tabella riporta la distribuzione delle frequenze relative dei dati raccolti.

Taglia	44	46	48	50	52	54
Frequenza relativa	0,08	0,15	0,20	.....	0,15	0,09

a. Qual è il carattere oggetto di questa indagine statistica? Quali modalità può assumere il carattere?

b. Qual è la frequenza relativa della taglia 50? Quale taglia rappresenta la moda della distribuzione?

Supposto che nella settimana in cui sono stati rilevati i dati siano stati venduti complessivamente 200 pantaloni, rispondi ai seguenti ulteriori quesiti:

c. Determina quanti pantaloni della taglia 50 sono stati venduti.

d. Calcola la taglia media e la taglia mediana.

e. Calcola la deviazione standard delle taglie dei pantaloni. Esprimi il risultato arrotondato alla seconda cifra decimale. [**b.** 0,33, taglia modale = 50; **c.** 66; **d.** taglia media = 49,18, taglia mediana = 50; **e.** 2,73]

83 La prova d'esame di un concorso cui hanno partecipato 50 candidati è costituita da 8 esercizi. La seguente tabella riporta i dati relativi a quanti esercizi ha svolto ciascun candidato.

Numero di esercizi svolti	1	2	3	4	5	6	7	8
Frequenza	2	1	3	20	12	3	5	4

a. Qual è il carattere oggetto di questa indagine statistica? Quali modalità può assumere il carattere?

b. Costruisci la tabella delle frequenze percentuali e rappresentala con il grafico che ritieni più opportuno.

c. Completa la tabella delle frequenze percentuali, calcolando anche le frequenze percentuali cumulate.

d. Quanti sono, in percentuale, i candidati che hanno svolto un numero di esercizi minore o uguale a 4?

e. Quanti sono, in percentuale, i candidati che hanno svolto più di 6 esercizi?

f. Calcola il numero medio e il numero mediano di esercizi svolti da un candidato.

[**d.** 52%; **e.** 18%; **f.** numero medio = 4,76, numero mediano = 4]

84 Si è rilevato il tasso di colesterolo nel sangue di 100 persone e si sono ottenuti i seguenti risultati:

Tasso colesterolo (in mg/dl)	[80, 120)	[120, 160)	[160, 200)	[200, 240)	[240, 280)	[280, 320)	[320, 360)
Frequenza	2	18	40	24	12	3	1

a. Rappresenta la distribuzione delle frequenze con un istogramma.

b. Determina la percentuale del campione avente colesterolo inferiore a 240 e la percentuale del campione avente colesterolo maggiore o uguale a 200.

c. Determina la mediana e la media.

d. Determina la varianza e la deviazione standard.

[**b.** 84%; **c.** mediana = 180, media = 195,6; **d.** $V = 2012{,}64$, $s \simeq 44{,}86$]

85 La seguente tabella riporta (per classi di età) il numero di persone seguite dalla ASL di Pavia, nel 2002, per tossicodipendenza (*fonte*: annuario statistico regionale).

Classi di età	[0, 14]	[15, 19]	[20, 24]	[25, 29]	[30, 34]	[35, 39]	Oltre 39
Frequenza	4	25	133	268	450	421	426

Trova l'età media, l'età mediana e la classe modale della distribuzione rappresentata nella tabella, chiudendo l'ultima classe a 50.

[Media $\simeq$ 34,5; mediana = 32; classe modale = 30-34]

86 Cinque tuffatori *A*, *B*, *C*, *D*, *E* eseguono una serie di quattro tuffi ciascuno, con diverso grado di difficoltà, ottenendo dalla giuria i seguenti punteggi:

	A	*B*	*C*	*D*	*E*
1° tuffo	5,50	8	6	7	7
2° tuffo	6	7,90	5,25	7,25	6
3° tuffo	6,50	6,75	7	7,25	5,50
4° tuffo	7	7,50	8,50	7	7,25

Dato che i tuffi hanno diversi gradi di difficoltà, a ognuno di essi è stato assegnato un peso diverso: il primo tuffo ha peso 1, il secondo ha peso 2, il terzo ha peso 3 e il quarto ha peso 2,5. Calcola la media aritmetica ponderata dei punteggi di ciascun tuffatore, stilando la classifica finale.

[Nell'ordine, i punteggi medi sono: $B \simeq 7{,}39$; $D \simeq 7{,}15$; $C \simeq 6{,}91$; $A \simeq 6{,}41$; $E \simeq 6{,}31$]

87 In una scuola con diversi indirizzi operano tre commissioni d'esame. I candidati della prima commissione sono i $\frac{3}{4}$ dei candidati della seconda e hanno avuto un voto medio di 72; i candidati della seconda commissione, che sono i $\frac{5}{3}$ dei candidati della terza, hanno avuto un voto medio di 76, e gli allievi della terza commissione hanno avuto un voto medio di 70. Qual è il voto medio degli alunni di tutta la scuola?

[Circa 73,19]

88 In una classe di 25 alunni ci sono due alunni assenti nel giorno della correzione e riconsegna del compito in classe di matematica. L'insegnante non dice il voto degli assenti, ma dice che sia il voto medio dei 23 presenti, sia il voto medio di tutti e 25 gli alunni è 6,5 e che, dei due assenti, uno ha preso tre punti in più dell'altro. Quali sono i voti dei due assenti?

[5 e 8]

89 Fra i partecipanti a un viaggio, l'età media delle donne è inferiore di 3 a quella degli uomini. Sapendo che gli uomini sono $\frac{1}{3}$ delle donne e che la media delle età di tutti i partecipanti è 43 anni, determina l'età media delle donne e l'età media degli uomini.

[Età media degli uomini = 45,25; età media delle donne = 42,25]

90 Un gruppo assicurativo ha 10 agenti. In un mese otto agenti hanno stipulato 6 polizze ognuno, il nono agente ha stipulato 5 polizze e il decimo agente ha stipulato una polizza in più del numero medio di polizze che un agente del gruppo ha stipulato in quel mese. Qual è il numero complessivo di polizze stipulate in quel mese da tutti gli agenti?

91 Considerando i dati in tabella, calcola, per l'anno scolastico 2008/2009:

a. il tasso percentuale di iscritti alle scuole non statali rispetto al numero complessivo di iscritti;

b. il tasso percentuale di iscritti di sesso femminile rispetto al numero complessivo di iscritti;

c. il tasso percentuale di ripetenti rispetto al numero complessivo di iscritti e il tasso di ripetenti maschi rispetto al numero complessivo di ripetenti;

d. la densità degli studenti per scuola e per classe.

Arrotonda i risultati dei punti **a.**, **b.**, **c.** con una cifra decimale e i risultati del punto **d.** a un numero intero. Di che tipo di rapporti si tratta?

Anni scolastici	Scuole	Classi	Totale numero iscritti	di cui maschi	Numero studenti iscritti in scuole statali	Numero studenti ripetenti	Numero femmine ripetenti su 100 femmine iscritte
2008/09	6809	130 784	2 723 562	1 389 562	2 568 319	209 714	5,8

[**a.** 5,7%; **b.** 49%; **c.** 7,7%, 63,1%; **d.** 400 studenti/scuola, 21 studenti/classe]

92 Calcola la densità della popolazione italiana nel 2006 in abitanti/km^2 e in abitanti/ha (1 ha = 1 ettaro) per le sue ripartizioni geografiche (Nord, Centro, Sud/Isole) e per tutto il territorio nazionale. Tieni conto che la superficie italiana è pari a 301 336,01 km^2, quella del Nord a 120 260 km^2, quella del Centro a 58 379,58 km^2 e che i dati sulla popolazione nel 2006 sono quelli riportati nella seguente tabella.

Popolazione in Italia nel 2006	
Nord	26 835 082
Centro	11 540 584
Sud e isole	20 755 621

Arrotonda i risultati espressi in abitanti/km^2 a un numero intero e i risultati espressi in abitanti/ha con due cifre decimali.

[Ricorda che 1 km^2 = 100 ha; densità Nord: 223 abitanti/km^2 = 2,23 abitanti/ha; densità Centro: 198 abitanti/km^2 = 1,98 abitanti/ha; densità Sud e Isole = 169 abitanti/km^2 = 1,69 abitanti/ha; densità nazionale = 196 abitanti/km^2 = 1,96 abitanti/ha]

93 Nella seguente tabella è riportata, *in parte*, la serie dei numeri indice a base mobile (espressi in percentuale) dei prezzi in euro di una rivista mensile negli anni 2005-2010.

Anno	2005	2006	2007	2008	2009	2010
Prezzo in euro	4	4,2	4,3	.....	.....	.....
Numero indice a base mobile	–	.....	.....	110%	115%	120%

a. Completa la serie dei prezzi della rivista negli anni mancanti, arrotondando il risultato ai centesimi.

b. Completa la serie dei numeri indice a base mobile, sempre esprimendoli in percentuale e arrotondandoli a un numero intero.

c. Determina la serie dei numeri indice a base fissa, assumendo come anno base il 2005 ed esprimendoli in percentuale.

[**a.** 4,73 euro, 5,44 euro, 6,53 euro; **b.** 105%, 102%; **c.** 105%, 107,5%,118,25%, 136%, 163,25%]

94 **Inventa tu.** Un'azienda produce delle macchine per caffè espresso. L'obiettivo è di avere il maggior numero possibile di clienti, e la loro soddisfazione. Alcuni dati relativi al numero di macchine per caffè vendute, alla soddisfazione dei clienti e ai costi di produzione negli anni 2010-2012 sono riportati nella seguente tabella.

Anno	Numero di macchine per caffè vendute	Numero di clienti soddisfatti (ogni cliente ha acquistato esattamente una macchina per caffè)	Costo complessivo per la produzione della macchine per caffè vendute (euro)
2010	15 500	9620	620 000
2011	13 200	10 150	594 000
2012	16 400	12 670	607 200

Definisci degli indicatori di efficacia ed efficienza, calcolane il valore e, alla luce di essi, commenta i risultati ottenuti dall'azienda in termini di efficacia ed efficienza nel triennio preso in esame.

Esercizi dalle gare di matematica

95 **Il paradosso dei voti.** In due prime classi di una stessa scuola è stato proposto lo stesso compito in classe di matematica. Le due classi sono composte entrambe da 24 alunni, di cui 8 ragazzi e 16 ragazze nella sezione A, 16 ragazzi e 8 ragazze nella sezione B. I voti riportati dagli allievi sono riportati nelle seguenti tabelle.

Classe 1A																
Ragazzi	3		4		4		5		3		3		6		4	
Ragazze	7	8	6	9	7,5	7	7	8	8	6	6	7,5	9	9	7	8

Classe 1B																
Ragazzi	4	5	5	6	4	4	7	5	5	6	4	5	5	7	4	5
Ragazze	8		9		7		10		8,5		8		9		8,5	

a. L'insegnante della sezione A afferma: «I miei alunni hanno, in media, ottenuto voti migliori degli alunni della sezione B».

b. L'insegnante della sezione B afferma: «Sia il gruppo dei ragazzi, sia il gruppo delle ragazze della mia classe hanno, in media, ottenuto voti migliori rispetto ai voti del gruppo dei ragazzi e del gruppo delle ragazze della sezione A».

Come si spiega questo apparente paradosso? Avrebbe potuto verificarsi un paradosso analogo se nelle due classi (sempre supposte ugualmente numerose) il numero dei ragazzi della sezione A fosse stato uguale al numero dei ragazzi della sezione B?

96 Mariolina invita i visitatori del suo blog a dare i loro suggerimenti e a esprimere con un voto il gradimento del sito. La media attuale dei voti dei visitatori è visibile sul sito. Giuliano, cui piace molto il sito della sua amica, decide di dare come voto la media visibile sul sito più 1. In seguito al voto di Giuliano, la media dei voti del sito aumenta di 0,02 punti. Quanti visitatori del sito hanno votato prima di Giuliano sul blog di Mariolina?

(*Mathématiques sans frontières, febbraio* 2008) [49]

97 Michele si prepara all'ultimo compito in classe di matematica dell'anno; lo affronta con tranquillità, sapendo che se prenderà 10 avrà la media del 9, mentre prendendo 5 la media diverrà 8. Quanti compiti ha già fatto quest'anno Michele?

A 2   B 3   C 4   D 5   E I dati non sono sufficienti per dare la risposta

(*Giochi di Archimede 2004*) [C]

PROVA DI AUTOVERIFICA

Statistica

1 La seguente tabella rappresenta le temperature massime registrate in una certa località durante una settimana.

Giorno	Temperatura massima (°C)
1	7
2	8
3	10
4	8
5	6
6	10
7	10

Determina:

a. la tabella che rappresenta la distribuzione delle frequenze delle temperature;
b. la temperatura massima media;
c. la temperatura massima mediana;
d. la temperatura massima modale;
e. la deviazione standard delle temperature massime.

2 Si è registrato il numero n di SMS ricevuti in un giorno dagli studenti di una classe e si sono ottenuti i dati riportati in tabella.

Numero di SMS	$0 \leq n \leq 4$	$5 \leq n \leq 9$	$10 \leq n \leq 14$	$15 \leq n \leq 19$
Frequenza	2	12	8	3

Determina:

a. da quanti alunni è composta la classe;
b. la percentuale degli studenti della classe che in quel giorno hanno ricevuto almeno 5 SMS;
c. il numero medio di SMS ricevuti dagli studenti della classe in quel giorno;
d. il numero mediano di SMS ricevuti dagli studenti della classe in quel giorno.

3 Si è effettuato un sondaggio sul numero di telefoni cellulari posseduti da un campione di persone. Il 4% del campione ha dichiarato di non possedere telefoni cellulari, il 60% di possederne 1, il 30% di possederne 2 e il 6% di possederne 3. Qual è il numero medio di telefoni cellulari posseduti dalle persone del campione intervistato?

4 L'altezza media degli studenti di una classe di 24 persone è 180 cm. Se si aggiunge un nuovo studente, alto 190 cm, quale diviene l'altezza media degli studenti della classe?

5 La media dei voti di un compito in classe è stata 6,5, la mediana 6 e la deviazione standard 1,5.

a. Se il professore decide di aumentare tutti i voti di 1 punto, come variano la media, la mediana e la deviazione standard dei voti del compito?
b. Se il professore decide di aumentare tutti i voti del 10%, come variano la media, la mediana e la deviazione standard dei voti del compito?

Valutazione

Esercizio	1	2	3	4	5	**Totale**
Punteggio	$0,5 \cdot 5 = 2,5$	$0,75 \cdot 4 = 3$	1,5	1,5	$0,75 \cdot 2 = 1,5$	10
Punteggio ottenuto						

Tempo massimo: 1 h 15 min

Risposte in fondo al volume

ATTIVITÀ GUIDATE

Attività 1 Foglio elettronico

Se hai difficoltà a svolgere le attività guidate, fai riferimento ai file disponibili on-line.

Rappresentazione di dati

La panetteria «Antico Forno» dispone dei dati relativi agli incassi totali nell'anno solare 2010, suddivisi per trimestre:

- nel primo trimestre (gennaio, febbraio, marzo) la panetteria ha incassato 55 327 euro;
- nel secondo trimestre (aprile, maggio, giugno) ha incassato 53 978 euro;
- nel terzo trimestre (luglio, agosto, settembre) ha incassato 31 625 euro;
- nel quarto e ultimo trimestre (ottobre, novembre, dicembre) ha incassato 60 832 euro.

Costruiamo un foglio Excel in cui vengano riportati gli incassi nei vari periodi dell'anno, l'incasso annuale totale e le percentuali che rappresentano gli incassi di ciascun trimestre rispetto all'incasso totale. Inoltre rappresentiamo i dati con dei grafici per renderli più immediatamente comprensibili.

a. Costruzione del foglio Excel

Un foglio Excel che soddisfa i requisiti indicati può essere di questo tipo:

	A	B	C	D	E	F
1						
2	*Panetteria "Antico Forno"*					
3	**Incassi anno 2010**					
4						
5			**Totale**	**Percentuale**		
6		Trimestre 1	55.327,00	27,4%		
7		Trimestre 2	53.978,00	26,8%		
8		Trimestre 3	31.625,00	15,7%		
9		Trimestre 4	60.832,00	30,2%		
10		**Totale**	201.762,00	100,0%		
11						

Prova a costruirlo, seguendo le istruzioni qui riportate.

1. Inserisci il testo indicato nelle celle che puoi vedere in figura e i dati nelle celle dell'intervallo **C6:C9**.
2. Introduci nella cella **C10** la formula `=SOMMA(C6:C9)`, eventualmente utilizzando la funzione **Somma automatica**.
3. Nella cella **D6** devi inserire la formula per il calcolo del rapporto; poiché i rapporti vanno calcolati rispetto al totale, occorre inserire un riferimento assoluto alla cella che lo contiene. La formula da inserire in **D6** è quindi:

   `=C6/$C$10`

   Il valore 0,274... che ottieni in seguito all'inserimento della formula può venire trasformato dalla forma decimale a quella percentuale selezionando la cella **D6** e applicando al suo contenuto il **Formato percentuale**, con una posizione decimale.
4. Inserita la formula in **D6**, copiala nelle celle **D7:D9**.
5. Calcola nella cella **D10** la somma dei valori nell'intervallo **D6:D9** e controlla che tale somma sia uguale a 100,0%.

b. Rappresentazione grafica dei dati

Excel consente di rappresentare dati tramite molti tipi di grafici: diagrammi a barre, diagrammi a torta, diagrammi cartesiani..., ciascuna tipologia contenente numerose ulteriori scelte al suo interno. In riferimento al foglio che abbiamo costruito poc'anzi, possiamo per esempio costruire un diagramma a torta che rappresenti le percentuali degli incassi in ciascun trimestre, in modo da completare il foglio come illustrato qui sotto.

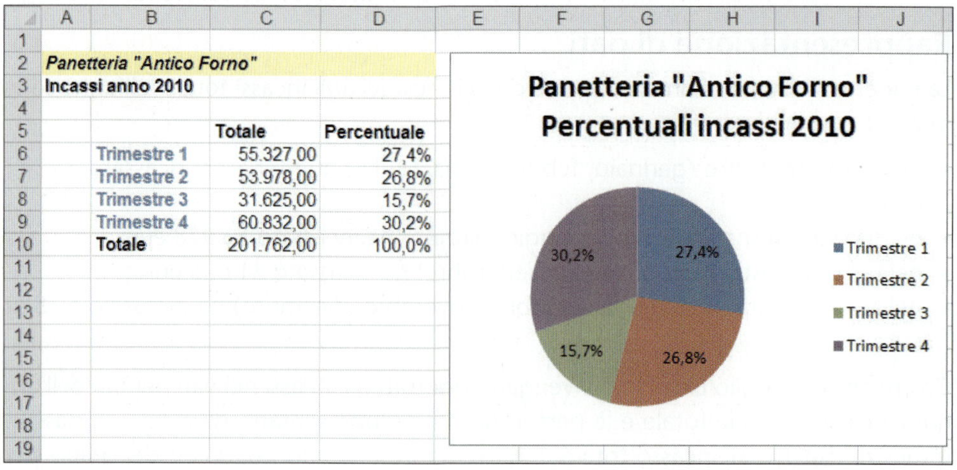

Attenzione!

Dalla versione 2007 di Excel non è più presente la **Creazione Guidata Grafico**. Tutti i comandi per l'inserimento dei grafici sono raccolti nella scheda **Inserisci** della barra multifunzione.

Per costruire il diagramma a torta segui le seguenti istruzioni, riferite alla versione 2007-2010 di Excel.

1. Seleziona l'intervallo **B6:C9**.
2. Nella scheda **Inserisci**, gruppo **Grafici**, seleziona l'icona **Grafico a torta** e scegli una torta 2D.
3. Nel gruppo **Layout grafici** della scheda **Progettazione** opta per il layout con titolo e percentuali.
4. Seleziona la casella di testo contenente il titolo del grafico e inserisci il testo che desideri.
5. Seleziona ora le etichette dei dati facendo clic su una di esse, passa alla scheda **Formato** e, nel gruppo **Selezione corrente**, fai clic su **Formato selezione**.
6. Nella finestra di dialogo successiva seleziona la voce **Numero**, quindi seleziona **Percentuale** e imposta il numero di posizioni decimali a 1.

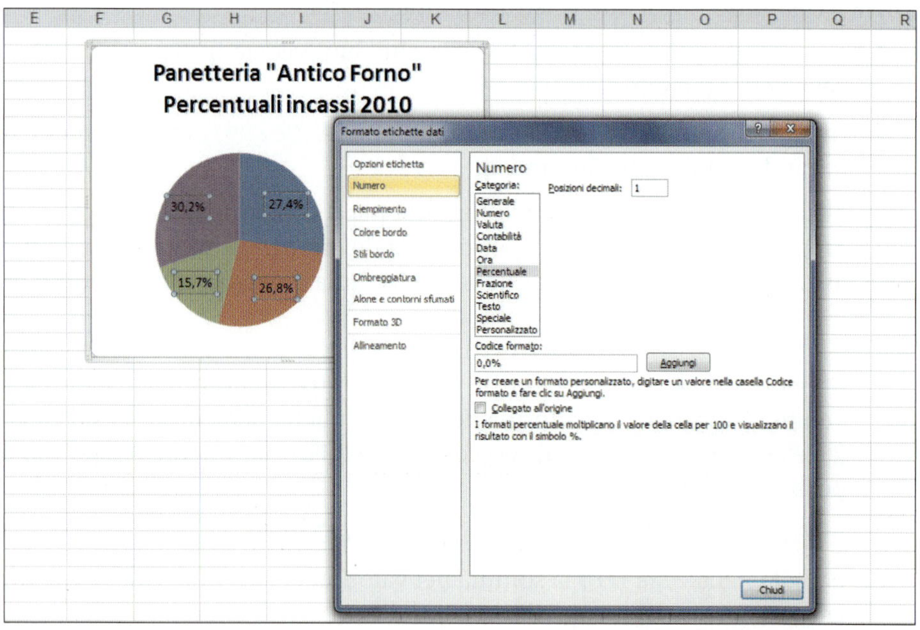

Per esercitarti sull'uso dei grafici, ripeti i passi per la creazione del grafico, opportunamente adattati, per ottenere una diversa rappresentazione a *istogramma* degli stessi dati (intervallo **B6:C9**), come nella figura seguente.

> **Attenzione!**
> Excel chiama *istogrammi* quelli che noi nella teoria abbiamo chiamato *diagrammi a barre*.

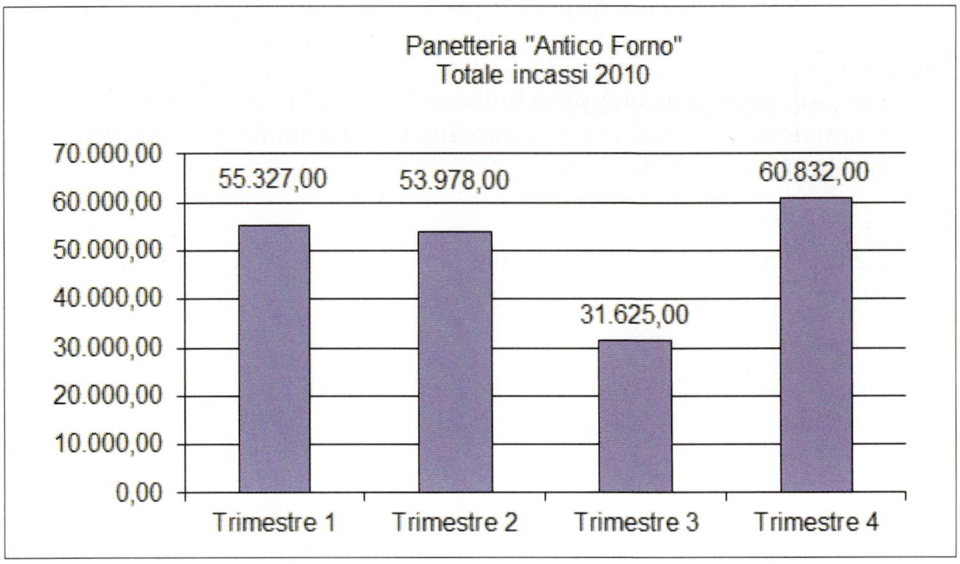

Attività 2 Foglio elettronico

Calcolo di valori di sintesi

In una scuola, il numero di ritardi giornalieri degli studenti, registrati per quindici giorni, è quello indicato nella seguente tabella.

N. giorno	1	2	3	4	5	6	7	8	9	10	11	12	13	14	15
N. ritardi	4	6	11	7	8	4	6	13	3	2	10	16	3	4	11

Determina, tramite un foglio Excel, la media, la moda, la mediana e la deviazione standard dei ritardi.

a. Costruzione del foglio

Un foglio che consente di determinare i valori di sintesi richiesti è il seguente:

	A	B	C	D	E
1	Numero giorno	Numero ritardi	Scarto dalla media	Quadrato dello scarto	
2	1	4	-3,2	10,24	
3	2	6	-1,2	1,44	
4	3	11	3,8	14,44	
5	4	7	-0,2	0,04	
6	5	8	0,8	0,64	
7	6	4	-3,2	10,24	
8	7	6	-1,2	1,44	
9	8	13	5,8	33,64	
10	9	3	-4,2	17,64	
11	10	2	-5,2	27,04	
12	11	10	2,8	7,84	
13	12	16	8,8	77,44	
14	13	3	-4,2	17,64	
15	14	4	-3,2	10,24	
16	15	11	3,8	14,44	
17					
18	Media	7,2		deviazione standard	4,0365
19	Moda	4			
20	Mediana	6			
21					

Prova a predisporre un foglio di questo tipo, seguendo le istruzioni qui riportate.

1. Riporta nella colonna **A** (intervallo **A1:A16**) e nella colonna **B** (intervallo **B1:B16**) i dati forniti dal problema.
2. Nella cella **B18**, per calcolare la media dei dati, puoi inserire la formula:

   ```
   =MEDIA(B2:B16)
   ```

   che utilizza la funzione predefinita di Excel per il calcolo della media di una serie di dati; in alternativa puoi inserire la formula che esprime la definizione di media aritmetica:

   ```
   =SOMMA(B2:B16)/15
   ```

3. Nella cella **B19** inserisci la formula predefinita di Excel per il calcolo della moda:

   ```
   =MODA(B2:B16)
   ```

4. Nella cella **B20** inserisci la formula predefinita di Excel per il calcolo della mediana:

   ```
   =MEDIANA(B2:B16)
   ```

5. Per il calcolo della *deviazione standard* conviene determinare preliminarmente la *varianza*, ossia la media aritmetica dei quadrati degli scarti dalla media, estraendo poi la radice quadrata della varianza stessa. Predisponi allora le colonne **C** e **D** per il calcolo della varianza:
   - nella cella **C2** inserisci la formula atta a calcolare lo scarto del dato in **B2** dalla media:

     ```
     =B2-$B$18
     ```

     e copiala nell'intervallo **C3:C16**;
   - nella cella **D2** inserisci la formula per il calcolo del quadrato dello scarto in **C2** e copiala nelle celle **D3:D16**.
6. Infine, nella cella **E18**, immetti la formula per il calcolo della deviazione standard:

   ```
   =RADQ(Somma(D2:D16)/15)
   ```

b. Utilizzo del foglio

1. In base a quanto hai studiato a lezione, se tutti i ritardi vengono *aumentati* di 1, come cambia la media aritmetica? E la moda? E la mediana? E la deviazione standard? Dopo aver risposto a queste domande in base alla teoria, modifica i dati nel foglio Excel in modo che tutti i ritardi si incrementino di 1 e verifica la correttezza delle tue risposte.
2. In base a quanto hai studiato a lezione, se tutti i ritardi vengono *moltiplicati* per 2, come cambia la media aritmetica? E la moda? E la mediana? E la deviazione standard? Dopo aver risposto a queste domande in base alla teoria, modifica i dati nel foglio Excel in modo che tutti i ritardi siano moltiplicati per 2 e verifica la correttezza delle tue risposte.

Attenzione!

Excel dispone di una funzione predefinita per il calcolo della deviazione standard: la si trova fra le funzioni statistiche; essa tuttavia si basa su una formula leggermente differente rispetto a quella studiata a lezione, e porta a ottenere risultati leggermente maggiori di quelli che si ottengono applicando, come abbiamo appena fatto, la formula teorica.

ATTIVITÀ PROPOSTE

1 Una scuola ha proposto ai suoi studenti un questionario sugli sport preferiti, da cui sono emersi (relativamente alle prime quattro posizioni) i dati nella tabella a lato.

Sport	Preferenze
Basket	138
Calcio	241
Nuoto	126
Pallavolo	155

Costruisci un foglio Excel che contenga:

a. un titolo del foglio;
b. i dati indicati nella tabella;
c. il totale delle risposte raccolte;
d. le preferenze ottenute da ciascuno sport in percentuale.

Completa il foglio precedente con:

e. un grafico a torta che rappresenti le preferenze in percentuale;
f. un grafico di tipo istogramma con le preferenze di ciascuno sport.

2 Modifica il foglio predisposto nell'attività 2 in modo da calcolare la varianza con la formula «abbreviata», quindi determina la deviazione standard come radice quadrata della varianza.

3 La seguente tabella rappresenta la distribuzione dei voti di una prova scritta in una classe.

Voto	0	1	2	3	4	5	6	7	8	9	10
Frequenza	0	0	1	2	3	6	8	5	2	1	1

Calcola, impostando un foglio Excel, la media, la moda, la mediana e la deviazione standard di questa distribuzione.

Verso le competenze

RISOLVERE PROBLEMI

1 I docenti di tre diverse commissioni d'esame hanno attribuito rispettivamente i seguenti voti medi: 28, 26 e 25. Determina il voto medio di tutti gli esaminati, sapendo che ciascuna commissione aveva rispettivamente 50, 30 e 80 studenti. [26,125]

2 Per un anno sono monitorati i prezzi al mercato di un particolare tipo di mele. I dati sono stati così sintetizzati:

- per 90 giorni 1,50 euro al kg
- per 60 giorni 1,70 euro al kg
- per 70 giorni 1,75 euro al kg
- per 50 giorni 2,00 euro al kg
- per 95 giorni 1,60 euro al kg

Qual è stato il prezzo medio annuo del tipo di mela preso in considerazione? [Circa 1,68 euro]

3 La media aritmetica di quattro numeri naturali consecutivi è uguale a 12,5. Qual è il più piccolo di essi? [11]

4 La media dei voti in un compito in classe di matematica è stata 7. Le ragazze della classe, in tutto 18, hanno ottenuto una media del 7,5, mentre la media dei voti dei ragazzi è stata 6.

a. Da quanti alunni è composta la classe?
b. Al compito in classe successivo, la media dei voti della classe resta invariata, ma questa volta è la media dei voti dei ragazzi a essere uguale a 7,5. Qual è stata la media dei voti delle ragazze? [**a.** 27; **b.** 6,75]

5 Si è effettuata un'indagine su un campione di persone, chiedendo loro quante volte mangiano fuori casa in una settimana. Dai risultati dell'indagine si è calcolato che in media gli intervistati mangiano fuori casa 3,3 volte alla settimana. Inoltre, il 20% ha risposto che non mangia mai fuori casa, il 30% che mangia fuori casa 3 volte la settimana, il 25% che mangia fuori casa 5 volte la settimana, il 5% che mangia fuori casa 7 volte la settimana; i restanti hanno affermato che mangiano fuori casa n volte la settimana. Quanto vale n? [4]

INTERPRETARE GRAFICI E DATI

6 Nella seguente tabella è riportato il numero di alunni bocciati nelle dieci classi prime di una certa scuola superiore.

Classe	Alunni	Bocciati
1A	20	2
1B	25	4
1C	18	1
1D	22	3
1E	25	4
1F	28	3
1G	22	1
1H	26	2
1I	30	5
1L	24	2

Qual è il tasso percentuale medio di bocciati relativo a tutte le classi prime? [11,25%]

7 In un articolo apparso su un quotidiano alcuni anni fa venivano riportati i seguenti dati sul reddito pro capite (cioè sul reddito medio) degli abitanti delle province del Lazio nel 2001.

Provincia	Reddito pro capite (euro)
Frosinone	12 416
Latina	11 343
Rieti	13 399
Roma	16 017
Viterbo	13 300

L'articolo concludeva, calcolando la media aritmetica semplice dei redditi pro capite per provincia, che il reddito pro capite degli abitanti del Lazio nel 2001 era di 13 295 euro. Sei d'accordo con questa conclusione?

8 Il diagramma a torta qui sotto rappresenta i voti conseguiti nella verifica scritta di Matematica dagli alunni della classe III C.

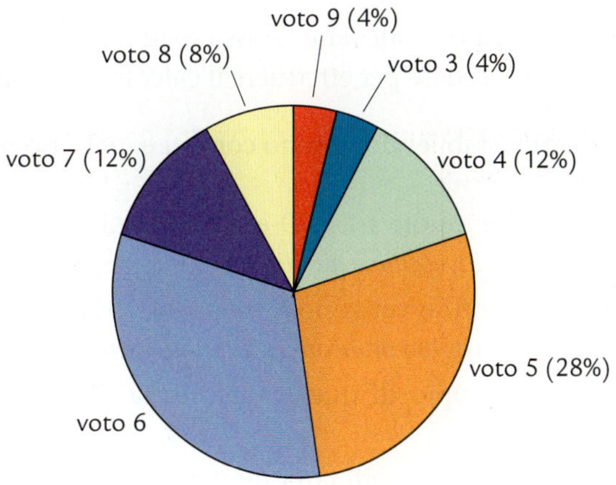

Voti di matematica della classe III C

Gli alunni che hanno preso 6 sono stati in tutto 8.

a. Da quanti alunni è costituita la classe?
b. Qual è la percentuale di alunni che non hanno ottenuto la sufficienza?
c. Quanti alunni hanno preso un voto maggiore della sufficienza?
d. Qual è il voto medio conseguito dagli alunni della classe in quella verifica?
e. Qual è il voto mediano conseguito dagli alunni della classe in quella verifica?

[**a.** 25; **b.** 44%; **c.** 6; **d.** 5,76; **d.** 6]

9 Un commerciante ha rilevato le taglie di pantaloni venduti in un mese e ha ottenuto i risultati rappresentati nel seguente diagramma a barre.

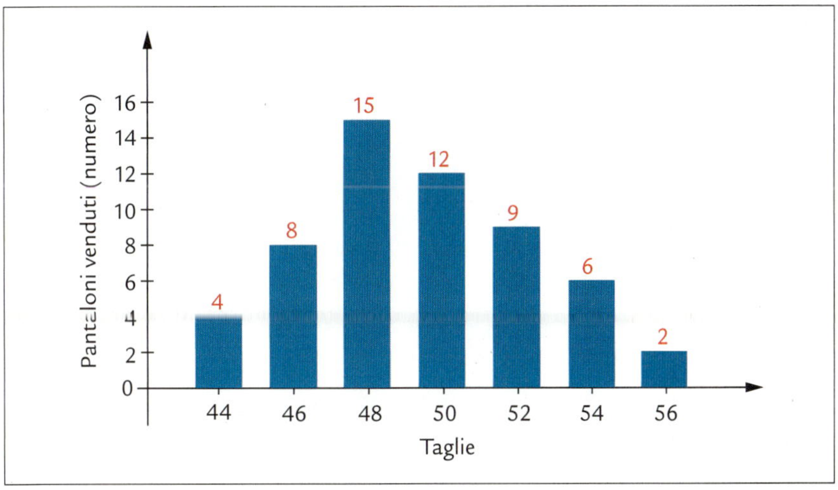

a. Quanti pantaloni ha venduto il commerciante in quel mese?
b. Qual è la taglia media venduta?
c. Qual è la taglia mediana?
d. Qual è la taglia modale?
e. Qual è la percentuale di pantaloni di taglia superiore alla 48 venduti?

[**a.** 56; **b.** circa 49,4; **c.** 50; **d.**48; **e.** circa il 51,79%]

ESPORRE, RAGIONARE E DIMOSTRARE

10 Il tasso di disoccupati rispetto alla forza lavoro, nel 2004, era del 6% al Centro, del 4% al Nord e del 15% al Sud. Stabilisci se questi dati sono sufficienti per calcolare il tasso medio nazionale di disoccupazione nel 2004. In caso negativo, spiega come si dovrebbe procedere per effettuare il calcolo correttamente.

11 Commenta i seguenti ragionamenti, stabilendo se sono corretti e, nel caso non lo fossero, quale errore è stato commesso.

a. Ogni anno il numero di persone che muore tra i 70 e gli 80 anni è maggiore del numero di persone che muore tra gli 80 e i 90 anni. *Quindi più si invecchia e più diminuisce il rischio di morire*!

b. Si è valutato che il 90% degli incidenti avvengono a meno di 10 km da casa. *Quindi allontanandosi il più velocemente possibile da casa, diminuisce il rischio di incorrere in un incidente.*

c. Nella ditta A il salario medio è il doppio di quello della ditta B. *Quindi conviene presentare domanda di assunzione nella ditta A.*

d. Un medico del pronto soccorso osserva che egli cura più fratture in seguito a cadute in casa che lesioni di agricoltori procurate sul lavoro. *Conclude che è più pericoloso stare a casa che lavorare nei campi.*

e. Il numero dei delitti che avvengono nell'ambito familiare supera quello degli omicidi nelle bische clandestine. *Quindi è più pericoloso vivere in famiglia che frequentare bische clandestine.*

12 In una certa popolazione i fumatori costituiscono il 33% del totale. In quella stessa popolazione si svolge un'indagine per stabilire il numero di sigarette fumate in un giorno da ciascun individuo. Spiega se i dati sono sufficienti per stabilire la moda della distribuzione che si ottiene.

13 **Logica/1.** La media delle età di un insieme di 100 persone è 28. L'età mediana delle 100 persone può essere superiore a 56? Se sì, esibisci un esempio; altrimenti dimostra che è impossibile.
(*Suggerimento*: calcola anzitutto qual è la somma delle età di tutte le persone dell'insieme considerato, quindi ragiona per assurdo)

14 **Logica/2.** In una classe di 20 studenti, la media dei voti in un compito in classe è stata 6,5.

a. È possibile che 15 studenti abbiano preso 9?

b. È possibile che 14 studenti abbiano preso voti minori o uguali a 4?

In caso affermativo, esibisci un esempio; altrimenti dimostra che è impossibile.

VERSO LE PROVE INVALSI

1 Lo sfruttamento medio della capacità ricettiva di un albergo è uguale all'88% durante i tre mesi estivi e al 44% durante i rimanenti mesi dell'anno. Qual è lo sfruttamento medio relativo all'intero anno?

A 55% C 46%
B 50% D 80%

2 Antonio, Carlo, Giovanni, Filippo e Matteo fanno una gara di tiro a segno. Antonio e Filippo totalizzano ciascuno 16 punti. Carlo totalizza 18 punti, Giovanni ne totalizza 14 e Matteo 10. Qual è il punteggio medio realizzato dai cinque amici?

A 11,6 C 15
B 14,8 D 15,2

3 La seguente tabella raccoglie la composizione di una classe relativamente al mese di nascita dei singoli alunni.

Mese di nascita	Numero alunni
Gennaio-febbraio-marzo	6
Aprile-maggio-giugno	8
Luglio-agosto-settembre	4
Ottobre-novembre-dicembre	6

Quale tra i seguenti diagrammi può rappresentare la distribuzione?

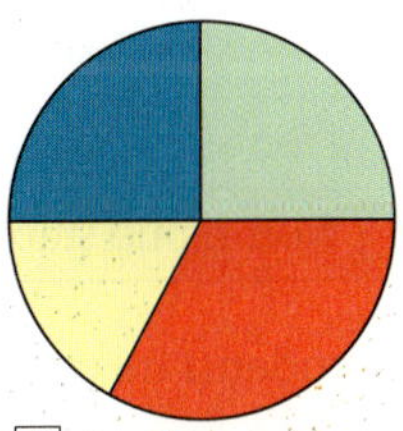
A
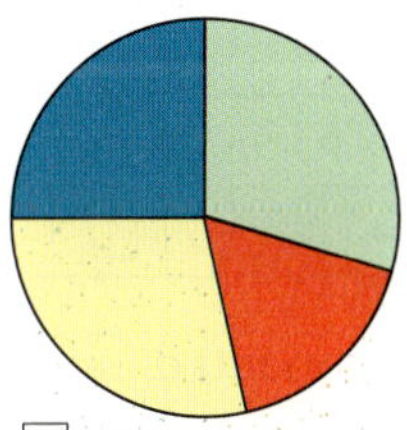
B
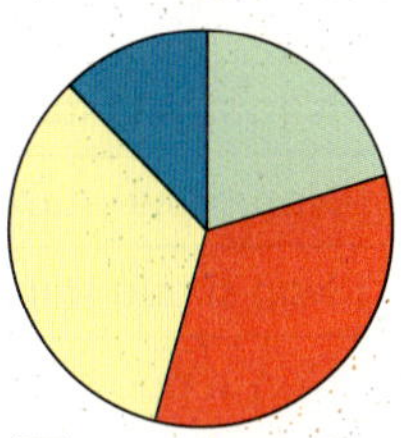
C
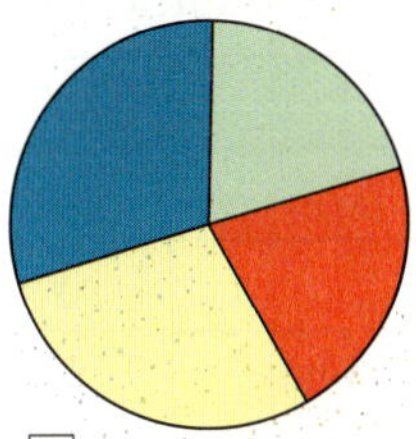
D

4 La media degli studenti promossi da una certa scuola, nei quattro anni 1999-2002, è stata di 325 studenti all'anno, mentre nei cinque anni 1999-2003 la media è stata superiore del 20% rispetto al precedente intervallo temporale. Quanti studenti sono stati promossi dalla scuola nel 2003?

A 650
B 600
C 455
D 390

5 Stabilisci quale delle seguenti affermazioni è vera.

A La media di un insieme di dati non può mai essere uguale a zero.
B La mediana di un insieme di dati può essere uguale alla media aritmetica.
C La deviazione standard di un insieme di dati non può mai essere uguale a zero.
D La moda di un insieme di dati non può essere uguale alla mediana.

6 Mario, Luigi e Giacomo pesano complessivamente 210 kg. Sapendo che Mario e Luigi pesano rispettivamente 3 kg in meno e 4 kg in più della media aritmetica fra i pesi di tutti e tre, quanto pesa Giacomo?

A 68 kg B 69 kg C 70 kg D 71 kg

7 La media aritmetica di 11 numeri è 4850. Se ciascuno degli undici numeri viene diminuito di 10, quanto diventa la loro media aritmetica?

A 4830
B 4840
C 4850
D I dati forniti non sono sufficienti per determinarla.

8 Le temperature massime giornaliere registrate in una data città nei giorni di una settimana, a partire dal lunedì, sono le seguenti:

Lu 29° C Ma 30° C Me 32° C
Gi 31° C Ve 28° C Sa 30° C
Do 30° C

Quale delle seguenti affermazioni è *falsa*?

A La temperatura media è quella che si è registrata il martedì.
B La temperatura modale è quella che si è registrata il mercoledì.
C La temperatura mediana è quella che si è registrata il giovedì.
D La temperatura mediana è uguale alla temperatura modale.

9 Un impiegato ha percepito per i primi 3 mesi dell'anno uno stipendio mensile di 1000 euro. Nei 9 mesi successivi lo stipendio mensile è aumentato di 400 euro. Qual è lo stipendio medio nell'anno di quell'impiegato?

A 1250 euro C 1350 euro
B 1300 euro D 1400 euro

10 La media dei voti ottenuti in un compito in classe è stata 6 e la mediana 5,5. Il professore decide di alzare tutti i voti di mezzo punto. Allora:

A la media resta invariata e la mediana aumenta di 0,5
B la media aumenta di 0,5 e la mediana resta invariata
C sia la media sia la mediana restano invariate
D sia la media sia la mediana aumentano di 0,5

11 La mamma di Andrea ha firmato sul libretto scolastico i seguenti voti di matematica: 7, 5, 6, 4. Andrea rientra con il quinto voto dell'ultimo compito in classe e dice alla mamma «Ho riottenuto la media aritmetica del 6». Quale voto ha preso Andrea?

A 6 B 7 C 8 D 9

12 Stabilisci quale delle seguenti affermazioni è *falsa*. La *deviazione standard* di un insieme di dati:

A è sempre un numero non negativo
B può essere uguale a zero
C non cambia se a tutti i dati si aggiunge uno stesso numero
D non cambia se tutti i dati vengono moltiplicati per uno stesso numero

13 Tra gli studenti di una scuola si è condotta un'indagine circa la distanza tra la loro abitazione e la scuola stessa. La distribuzione delle frequenze è rappresentata nel seguente istogramma:

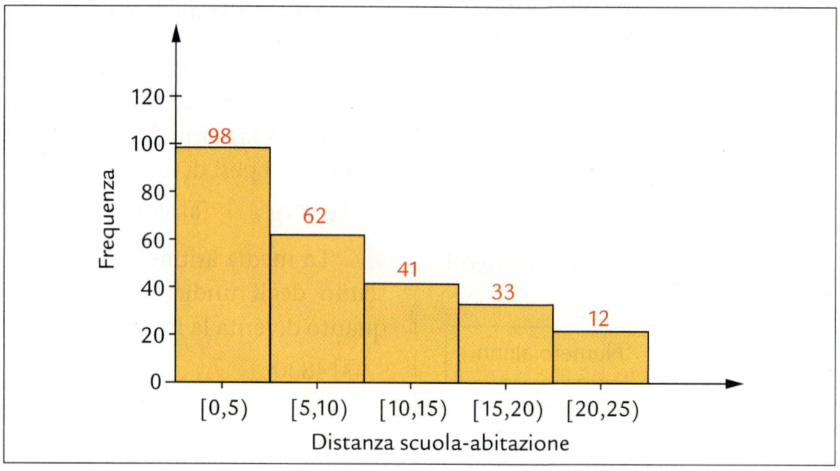

In base a ciò che puoi dedurre dall'istogramma, stabilisci se le seguenti affermazioni sono vere, false o se le informazioni non sono sufficienti per stabilirlo.

Non ci sono alunni che distano più di 40 km da scuola.	☐ V	☐ F	☐ Non si può stabilire
Almeno un alunno dista da scuola esattamente 8 km.	☐ V	☐ F	☐ Non si può stabilire
Gli alunni della scuola sono complessivamente 120.	☐ V	☐ F	☐ Non si può stabilire
Gli alunni che abitano a meno di 10 km dalla scuola sono circa il 65%.	☐ V	☐ F	☐ Non si può stabilire
La distanza mediana tra l'abitazione di un alunno e la scuola è circa 7,5 km.	☐ V	☐ F	☐ Non si può stabilire
La distanza media tra l'abitazione di un alunno e la scuola è circa 8,4 km.	☐ V	☐ F	☐ Non si può stabilire

14 Uno studio statistico sulle altezze, misurate in metri, dei componenti di una classe di 20 studenti ha condotto ai seguenti risultati: moda: 1,87 m media: 1,76 m mediana: 1,74 m
Stabilisci se le seguenti affermazioni sono vere, false o se i dati non sono sufficienti per stabilirlo.

Nessuno studente della classe ha altezza di 1,90 m.	☐ V	☐ F	☐ Non si può stabilire
Nessuno studente della classe ha altezza di 1,85 m.	☐ V	☐ F	☐ Non si può stabilire
La somma delle altezze degli studenti della classe è 35,2 m.	☐ V	☐ F	☐ Non si può stabilire
La metà degli allievi ha altezza minore o uguale a 1,74 m e l'altra metà ha altezza maggiore o uguale a 1,74 m.	☐ V	☐ F	☐ Non si può stabilire
Almeno uno studente della classe ha altezza uguale a 1,76 m.	☐ V	☐ F	☐ Non si può stabilire
Gli studenti della classe aventi altezza superiore a 1,72 m sono meno di 8.	☐ V	☐ F	☐ Non si può stabilire

15 In una classe, i voti presi dalle ragazze a un compito in classe di matematica sono:

6 7 6 6 5 8 4 9

La media dei voti presi dai ragazzi, che sono in tutto 12, è stata del 6.

a. Qual è la media dei voti della classe? Risposta: ....

b. Scrivi i calcoli che ti hanno consentito di arrivare alla risposta:

....

....

TEMA G

Matematica finanziaria

La matematica finanziaria si interessa del denaro e del tempo. Se ammettessimo, secondo il ben noto adagio, che il «tempo è denaro» allora potremmo sostenere che la matematica finanziaria si interessa del tempo (e basta).
Tuttavia vi sono tante altre materie che si interessano del tempo senza, necessariamente, trattare del denaro (pensa, per le diverse accezioni del tempo, alla musica, alla storia, alla meteorologia).
La matematica finanziaria, allora, **è l'unica materia che mette insieme il denaro e il tempo in modo esplicito**: là dove una somma di denaro viene, in qualche modo, spostata nel tempo, si ha un'applicazione della matematica finanziaria.
Impareremo, in questo Tema, che la matematica finanziaria fornisce **gli strumenti per muovere i capitali nel tempo**; strumenti che, lungi dall'essere simili alla macchina del tempo dell'omonimo romanzo di Herbert George Wells, possono essere altrettanto interessanti nei loro meccanismi.

PREREQUISITI

- Operazioni fondamentali, potenze ed estrazione di radici
- Logaritmi
- Coordinate cartesiane
- Funzioni

COMPETENZE

- Utilizzare il linguaggio e i metodi propri della matematica per risolvere problemi e costruire modelli in ambito economico e finanziario

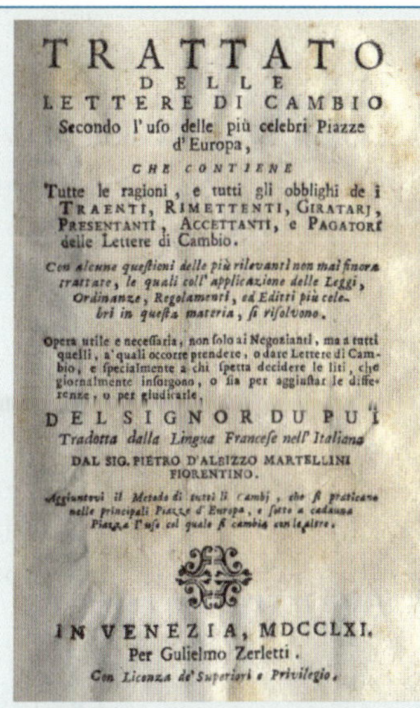
TRATTATO
DELLE
LETTERE DI CAMBIO
Secondo l'uso delle più celebri Piazze d'Europa,
CHE CONTIENE
Tutte le ragioni, e tutti gli obblighi de i TRAENTI, RIMETTENTI, GIRATARJ, PRESENTANTI, ACCETTANTI, e PAGATORI delle Lettere di Cambio.
Con alcune questioni delle più rilevanti non mai finora trattate, le quali coll'applicazione delle Leggi, Ordinanze, Regolamenti, ed Editti più celebri in questa materia, si risolvono.
Opera utile e necessaria, non solo ai Negozianti, ma a tutti quelli, a' quali occorre prendere, o dare Lettere di Cambio, e specialmente a chi spetta decidere le liti, che giornalmente insorgono, o sia per aggiustar le differenze, o per giudicarle.
DEL SIGNOR DU PUI
Tradotta dalla Lingua Francese nell'Italiana
DAL SIG. PIETRO D'ALBIZZO MARTELLINI FIORENTINO.
Aggiuntovi il Metodo di tutti li Cambj, che si praticano nelle principali Piazze d'Europa, e sotto a cadauna Piazza l'uso col quale si cambia con le altre.
IN VENEZIA, MDCCLXI.
Per Gulielmo Zerletti.
Con Licenza de' Superiori e Privilegio.

Nell'immagine qui sopra è riprodotta la copertina del *Trattato delle lettere di cambio* di Jacques Dupuis De La Serra, considerato il primo testo della moderna economia d'impresa. Esso «contiene tutte le ragioni, e tutti gli obblighi dei traenti, rimettenti, giratari, presentanti, accettanti, e pagatori delle lettere di cambio...» La lettera di cambio è stato il primo sistema per trasferire denaro *nello spazio* senza bisogno di muoverlo fisicamente. In questo Tema vedremo anche come trasferire il denaro *nel tempo*.

Interesse e montante

1. Introduzione alla matematica finanziaria

Rappresentare gli importi di denaro nel tempo

In questo Tema avrai modo di comprendere che cosa si intende quando si dice che la **matematica finanziaria** fornisce gli strumenti per muovere il denaro nel tempo.

Un primo passo importante consiste nell'imparare a rappresentare un problema in un'opportuna forma grafica. Poiché uno degli scopi principali della matematica finanziaria è di mettere a confronto importi di denaro disponibili in momenti diversi, introduciamo di seguito una convenzione particolarmente utile per rappresentare il denaro nel tempo.

Il tempo si può rappresentare su una retta orientata, in genere, da sinistra verso destra, che viene detta *retta (o asse) temporale*. Più ci si muove in avanti nel tempo e più ci si sposta a destra su questa retta.

Il problema di scegliere tra l'uovo oggi e la gallina domani, allora, si può rappresentare come in **fig. 14.1**.

Figura 14.1 L'uovo oggi o la gallina domani?

La grandezza «tempo» è, in genere, rappresentata dalla variabile t. Nel testo indicheremo le date con la lettera t cui aggiungeremo un pedice. Tra due date con diversi pedici, la data con il pedice minore precede temporalmente la data con il pedice maggiore. In questo modo si possono rappresentare tre date come t_1, t_2 e t_3, con t_1 che precede t_2 e t_2 che precede t_3.

Quando al tempo sono associati degli importi di denaro, questi si possono rappresentare (al di sopra della retta temporale) con il segno opportuno a seconda che si tratti di debiti o crediti.

ESEMPIO

Sappiamo che alla data t_1 incasseremo 100 euro, che alla data t_2 ne pagheremo 70, e che alla data t_3 incasseremo 50 euro.

In questo caso i flussi di denaro si possono rappresentare come in figura:

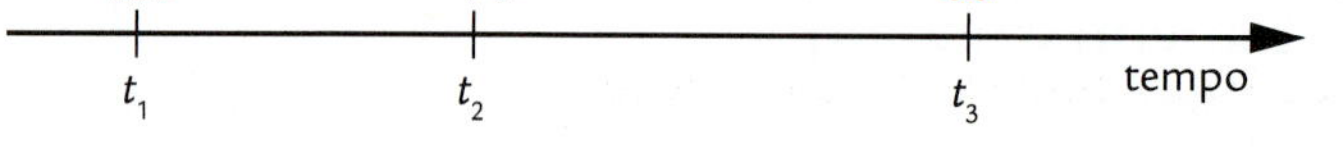

In particolare studieremo le operazioni, dette di **capitalizzazione**, che consentono di trasportare il denaro in avanti nel tempo e le operazioni, dette di **attualizzazione**, che consentono di spostare il capitale indietro nel tempo (**fig. 14.2**).

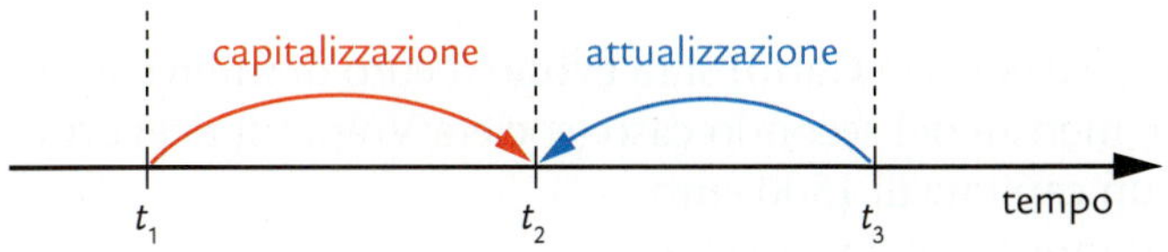

Figura 14.2

L'interesse e il tasso di interesse

Le operazioni finanziarie più semplici consistono in uno scambio di denaro tra due date diverse: in una certa data un soggetto, detto **debitore**, riceve del denaro in prestito e si impegna a restituirlo a colui che ha prestato il denaro, detto **creditore**, in una data successiva. Il creditore vuole generalmente avere un *compenso* per il prestito accordato; il debitore perciò deve generalmente restituire *più* denaro di quanto ha preso in prestito.

INTERESSE, CAPITALE E MONTANTE

Si chiama **interesse**, e si indica con la lettera I, il compenso che il creditore richiede per accordare un prestito. Il denaro che genera l'interesse viene chiamato **capitale** e si indica con la lettera C; la somma di capitale e interesse viene definita **montante** e indicata con la lettera M.

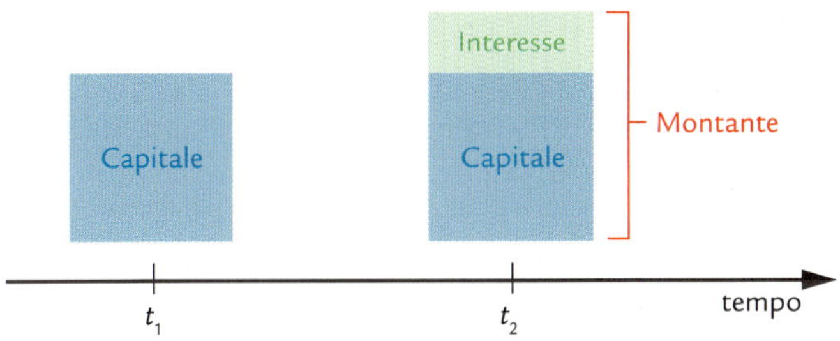

Figura 14.3

In termini algebrici possiamo scrivere:

$$\underbrace{M}_{\text{Montante}} = \underbrace{C}_{\text{Capitale}} + \underbrace{I}_{\text{Interesse}}$$

Il **tempo** che intercorre tra il prestito di un capitale e la restituzione del montante (detto *durata*), ossia il tempo $t_2 - t_1$ in **fig. 14.3**, viene di solito indicato con la lettera t.

Un problema che capita frequentemente di dover affrontare è quello del *confronto* tra più operazioni finanziarie per stabilire quale di esse sia la più conveniente.

ESEMPIO **Confronto tra operazioni finanziarie**

Il giorno 1/8 riceviamo la proposta di due società finanziarie:

1. la società Gatto ci propone di versarle 1000 euro prendendosi l'impegno di restituire, dopo 15 giorni, la cifra di 1005 euro;
2. la società Volpe ci propone di versarle 1500 euro prendendosi l'impegno di restituire, dopo 25 giorni, la cifra di 1510 euro.

Quale delle due operazioni è preferibile?

→

Non è immediato capire quale delle due operazioni sia preferibile, poiché si riferiscono a capitali diversi e a durate diverse. Per renderle confrontabili dovremmo, dunque, *rapportarle* entrambe allo stesso ammontare di denaro e allo stesso periodo di tempo.
Nel primo caso (società Gatto) si ricevono 5 euro di interesse su un capitale di 1000 euro, mentre nel secondo caso (società Volpe) si ricevono 10 euro di interesse su un capitale di 1500 euro.
Possiamo dunque concludere che:

- nel caso della società Gatto, l'interesse per ogni euro di capitale è pari a $\frac{5}{1000} = 0{,}005$ per un periodo di 15 giorni;
- nel caso della società Volpe, l'interesse per ogni euro di capitale è pari a $\frac{10}{1500} = 0{,}00\overline{6}$ per un periodo di 25 giorni.

I valori così calcolati sono ora confrontabili dal punto di vista monetario perché si riferiscono entrambi a un capitale di 1 euro, ma non sono ancora confrontabili dal punto di vista temporale perché si riferiscono a due lassi di tempo diversi. Non resta, allora, che dividere ulteriormente gli interessi relativi a 1 euro per i giorni di durata dell'operazione finanziaria. Si ottiene così che:

- nel caso della società Gatto, l'interesse per ogni euro e per ogni giorno è dato da $\frac{0{,}005}{15} = 0{,}000\overline{3}$;
- nel caso della società Volpe, l'interesse per ogni euro e per ogni giorno è dato da $\frac{0{,}00\overline{6}}{25} = 0{,}0002\overline{6}$.

Adesso possiamo affermare che preferiamo la proposta della società Gatto poiché l'interesse da essa offerto, per ogni euro e per ogni giorno, è superiore.

Come messo in luce nel precedente esempio, per poter confrontare con immediatezza due o più operazioni finanziarie è spesso utile conoscere l'interesse per ogni unità monetaria di capitale (nel nostro caso erano euro, ma l'operazione da compiere è la stessa per ogni tipo di valuta) e per ogni unità di tempo (nel nostro caso il giorno). A questa misura dell'interesse si dà il nome di *tasso di interesse*.

TASSO DI INTERESSE
Si chiama **tasso di interesse**, e si indica con la lettera i, l'interesse maturato per ogni unità di capitale in una unità di tempo.

Se I è l'interesse relativo a un capitale C, *maturato in una unità di tempo*, risulta quindi:

$$i = \frac{I}{C} \qquad [14.1]$$

Nella maggior parte dei casi, il tasso di interesse viene dato in forma *percentuale*, per esempio:

$$i = 0{,}05 = 5\%; \quad i = 0{,}035 = 3{,}5\%; \quad i = 0{,}1 = 10\%$$

È prassi indicare in questi casi il tasso di interesse con al più due cifre decimali. Un tasso del 3,519% viene di solito approssimato per arrotondamento con 3,52% (osserva che per approssimare il tasso di interesse, espresso in forma *percentuale*, con *due* cifre decimali occorre approssimare il tasso di interesse, espresso in forma *decimale*, con *quattro* cifre decimali).

Modi di dire
Nel linguaggio finanziario, il tasso di interesse dello 0,01% è chiamato **punto base**. Quando un tasso di interesse passa dal 3% al 3,5% si dice allora che vi è stato un aumento di 50 punti base, mentre un aumento di un punto percentuale (per esempio dal 4,2% al 5,2%) corrisponde a un aumento di 100 punti base.

ESEMPI **Tasso di interesse**

a. Se in un anno un capitale $C = 5000$ euro ha fruttato un interesse I di 250 euro, il tasso di interesse annuo i è uguale a:

$$i = \frac{250}{5000} = 0{,}05 = 5\%$$

b. Se in un anno un capitale $C = 3500$ euro ha fruttato un interesse I di 120 euro, il tasso di interesse annuo i è uguale a:

$$i = \frac{120}{3500} \simeq 0{,}0343 = 3{,}43\%$$

Il tasso di interesse e le unità di misura del tempo

Sui mercati finanziari è prassi esprimere il tasso di interesse in termini *annuali*; quando non si danno altre indicazioni, va dunque sottinteso che l'unità di tempo sia l'*anno* e il tasso di interesse assegnato sia *annuo*.
Poiché il tasso di interesse e le durate delle operazioni devono sempre essere riferiti **alla stessa unità di tempo**, si pone spesso la necessità di convertire la durata di un'operazione finanziaria in *anni*; a tale scopo utilizzeremo la convenzione dell'**anno commerciale**, in base alla quale un anno viene considerato formato da 12 mesi di 30 giorni ciascuno (quindi complessivamente si assume che un anno commerciale abbia 360 giorni). Si parla, invece, di **anno civile** o di **giorni effettivi** quando si calcolano i giorni in base al calendario (considerando, per esempio, febbraio composto da 29 giorni negli anni bisestili).

ESEMPI **Trasformazione del tempo in anni**

a. Un tempo di 3 anni e 4 mesi corrisponde (nella convenzione dell'anno commerciale) a:

$$3 + \frac{4}{12} = \frac{40}{12} = \frac{10}{3} \text{ anni}$$

b. Un tempo di 3 anni, 4 mesi e 15 giorni corrisponde (nella convenzione dell'anno commerciale) a:

$$3 + \frac{4}{12} + \frac{15}{360} = 3 + \frac{1}{3} + \frac{1}{24} = \frac{27}{8} \text{ anni}$$

Nel caso in cui il tasso di interesse assegnato non sia annuo ma, per esempio, trimestrale, quadrimestrale o semestrale, il tempo andrà espresso rispettivamente in trimestri, quadrimestri o semestri.

ESEMPI **Trasformazione del tempo in frazioni di anno**

a. Se è dato un tasso semestrale, un tempo di 2 anni e mezzo andrà espresso in semestri; poiché ogni anno contiene 2 semestri, 2 anni e mezzo corrispondono a 5 semestri;

b. Se è dato un tasso quadrimestrale, un tempo di 2 anni e mezzo andrà espresso in quadrimestri; poiché ogni anno contiene 3 quadrimestri e metà anno corrisponde a 1 quadrimestre e mezzo, deduciamo che 2 anni e mezzo corrispondono a 7,5 quadrimestri.

Un tasso di interesse riferito a una frazione di anno viene detto **periodale** e si indica con il simbolo i_k, essendo k il **numero di periodi che ci sono in un anno**: per esempio, un tasso semestrale si indica con il simbolo i_2 perché in un anno ci sono 2 semestri, un tasso trimestrale si indica con il simbolo i_4 perché in un anno ci sono 4 trimestri, e così via.

Prova tu ESERCIZI a p. 641

1. Rappresenta su una retta temporale l'importo di 130 euro che verrà incassato alla data del 10/7, l'importo di 40 euro che verrà incassato alla data del 20/8 e l'importo di 100 euro che verrà sborsato in data 31/7 (le date appartengono allo stesso anno).
2. Scrivi in forma percentuale i seguenti tassi:

   0,002; 0,00035; 0,01; 0,0015 [0,2%; 0,035%; 1%; 0,15%]
3. Scrivi in forma decimale i seguenti tassi:

   2%; 1,5%; 0,12%; 0,01% [0,02; 0,015; 0,0012; 0,0001]
4. Trasforma i seguenti tempi nell'unità di misura indicata, nella convenzione dell'anno commerciale:
   a. 3 anni, 4 mesi e 10 giorni in anni
   b. 3 anni, 4 mesi e 10 giorni in semestri
   c. 3 anni, 4 mesi e 10 giorni in trimestri

   $\left[\text{a. } \frac{121}{36}; \text{ b. } \frac{121}{18}; \text{ c. } \frac{121}{9}\right]$

APPROFONDIMENTO ***Che cos'è il tasso di interesse? Chi ne stabilisce il livello?***

Il tasso di interesse è un **prezzo**. In particolare, è il prezzo che deve pagare colui che desidera prendere a prestito del denaro ovvero, visto specularmente, il prezzo che riceve colui che cede il suo denaro ad altri. Sovente ci si riferisce al tasso di interesse chiamandolo **costo del denaro**. Non è infrequente leggere sulla stampa (non necessariamente finanziaria) frasi come la seguente: «Oggi la Banca centrale ha alzato il costo del denaro». Che cosa significa? Sappiamo, ormai, che il costo del denaro altro non è che il tasso di interesse. Non ci resta che capire chi sia la Banca centrale.

Una **Banca centrale**, in ogni Paese, è una particolare istituzione che agisce, nei confronti di tutte le altre banche del Paese, così come le banche agiscono nei confronti della loro clientela.

Una Banca centrale, dunque, concede prestiti e riceve denaro dalle singole banche. Il livello del tasso di interesse al quale la Banca centrale concede questi prestiti viene oggi chiamato, nel caso della **Banca Centrale Europea** (la cui sede è a Francoforte nell'edificio chiamato **Eurotower** - *nella foto*), **tasso di riferimento** (un tempo esso era chiamato **tasso ufficiale di sconto** e, più oltre nel testo, vedremo perché). Questo tasso è una sorta di base sulla quale poi si determinano tutti gli altri tassi sul mercato finanziario (come vedremo più avanti, infatti, i tassi di interesse si diversificano a seconda delle operazioni finanziarie cui si riferiscono).

2. Il regime di capitalizzazione semplice

La capitalizzazione semplice

L'insieme delle regole che viene stabilito per eseguire operazioni finanziarie è il **regime finanziario** in cui si opera. In questo paragrafo illustreremo il più semplice regime finanziario, quello della capitalizzazione semplice.

Modi di dire
Il regime di capitalizzazione semplice è anche detto *regime dell'interesse semplice.*

REGIME DI CAPITALIZZAZIONE SEMPLICE
Si dice che si opera in un regime di **capitalizzazione semplice** quando l'interesse I è direttamente proporzionale al capitale C e al tempo t.

In un regime di capitalizzazione semplice, l'interesse I si calcola quindi con la formula:

$$I = Cit \qquad [14.2]$$

Di conseguenza il montante M sarà dato dalla formula:

$$M = C + I = C + Cit = C(1 + it) \qquad [14.3]$$

Il fattore $(1 + it)$ per cui va moltiplicato il capitale C per ottenere il montante è detto **fattore di capitalizzazione semplice.**

Il regime di capitalizzazione semplice si utilizza nella maggior parte dei casi per tempi di investimento t inferiori all'unità di tempo assunta (che, come sappiamo, solitamente è l'anno); intenderemo applicare questo regime ogni qualvolta parleremo di «tasso di interesse semplice».

ESEMPIO Calcolo dell'interesse e del montante

Una società finanziaria ci paga, per un nostro investimento, il tasso del 5% annuo semplice. Calcoliamo l'interesse e il montante derivanti da un investimento di 1500 euro per 200 giorni.

Per il calcolo dell'interesse dobbiamo applicare la [14.2], prestando attenzione al fatto che il tempo va espresso in anni. Dunque:

$$I = \underbrace{1500}_{\text{capitale}} \cdot \underbrace{0{,}05}_{\text{tasso di interesse espresso in forma decimale}} \cdot \underbrace{\frac{200}{360}}_{\text{tempo espresso in anni}} \simeq 41{,}67 \text{ euro}$$

Alla fine del periodo di investimento, dunque, avremo a nostra disposizione un montante M:

$$M = \underbrace{1500}_{\text{capitale}} + \underbrace{41{,}67}_{\text{interesse}} = \underbrace{1541{,}67}_{\text{montante}} \text{ euro}$$

Attenzione!

a. Quando si arrotondano gli importi in euro ci si limita a due cifre decimali (le uniche effettivamente pagabili con le monete in circolazione). Per esempio, 258,3478 euro verrà arrotondato a 258,35 euro (in questi contesti talvolta con abuso di notazione potrai trovare il simbolo =, invece di ≃, prima del risultato finale).

b. Se si ha a che fare con calcoli che implicano, per ottenere il risultato finale, l'utilizzo di risultati intermedi, è bene arrotondare questi ultimi a un numero più elevato di cifre decimali (meglio ancora considerare tutte le cifre che può riportare la calcolatrice) per ridurre la propagazione degli errori di approssimazione.

Le formule [14.2] e [14.3] permettono di risolvere naturalmente anche i problemi *inversi*, in cui sono dati l'interesse e il montante e viene richiesto di determinare il capitale, il tempo o il tasso di interesse.

ESEMPIO Calcolo del capitale

Un capitale, investito al tasso annuo semplice del 4%, ha prodotto in un mese un interesse di 20 euro. A quanto ammontava il capitale investito?

Basta sostituire nella formula [14.2] i valori noti, $i = 4\% = 0{,}04$, $I = 20$ e $t = \frac{1}{12}$, e risolvere l'equazione ottenuta nell'incognita C:

$$\underbrace{20}_{I} = C \cdot \underbrace{0{,}04}_{i} \cdot \underbrace{\frac{1}{12}}_{t} \Rightarrow 20 \cdot 12 = C \cdot 0{,}04 \Rightarrow C = \frac{20 \cdot 12}{0{,}04} = 6000$$

Il capitale investito era dunque di 6000 euro.

ESEMPIO Calcolo del tempo

Un capitale di 15000 euro, investito per un tempo t al tasso annuo semplice del 4%, ha prodotto un interesse di 220 euro. Per quanto tempo è stato investito il capitale?

→

Conosciamo $C = 15\,000$ euro, $i = 4\% = 0{,}04$ e $I = 220$ euro; sostituiamo questi valori noti nella formula $I = Cit$ e risolviamo l'equazione ottenuta nell'incognita t:

$$220 = 15\,000 \cdot 0{,}04 \cdot t \Rightarrow 220 = 600t \Rightarrow t = \frac{220}{600} = \frac{11}{30} \text{ anni}$$

Poiché il tasso è annuo, anche il tempo è da intendersi espresso in *anni*. Essendo $t < 1$, il tempo è inferiore a un anno. Trasformiamolo in mesi e giorni; per trasformarlo in *mesi* moltiplichiamo per 12:

$$t = \frac{11}{30} \cdot 12 = 4{,}4 \text{ mesi}$$

Per determinare i *giorni* moltiplichiamo la parte decimale dei mesi per 30:

$$0{,}4 \cdot 30 = 12 \text{ giorni}$$

In definitiva il capitale è stato impiegato per 4 mesi e 12 giorni.

ESEMPIO Calcolo del tasso di interesse

Se un'operazione finanziaria prevede l'investimento di 1200 euro e il ritiro, dopo 72 giorni, di 1224 euro, a quale tasso di interesse annuo si è investito il denaro, se il regime di capitalizzazione è semplice?

Conosciamo il capitale $C = 1200$ euro, il montante $M = 1224$ euro e il tempo t, che (sempre nella convenzione dell'anno commerciale) è uguale a $\frac{72}{360}$ anni. Basta allora sostituire questi valori noti nella formula **[14.3]** e risolvere l'equazione ottenuta rispetto all'incognita i:

$$\underbrace{1224}_{M} = \underbrace{1200}_{C}\left(1 + i \cdot \underbrace{\frac{72}{360}}_{t}\right) \Rightarrow 1224 = 1200\left(1 + \frac{i}{5}\right) \Rightarrow$$

$$\Rightarrow 1224 = 1200 + 240i \Rightarrow 24 = 240i \Rightarrow i = \frac{1}{10} = 0{,}1$$

Si può così concludere che il capitale è stato investito al tasso di interesse annuo del 10%.

Le formule **[14.2]** e **[14.3]**, interpretando il tempo come variabile *indipendente*, l'interesse e il montante come variabili *dipendenti* e supponendo C e i fissati, hanno come grafici delle semirette (**figg. 14.4** e **14.5**).

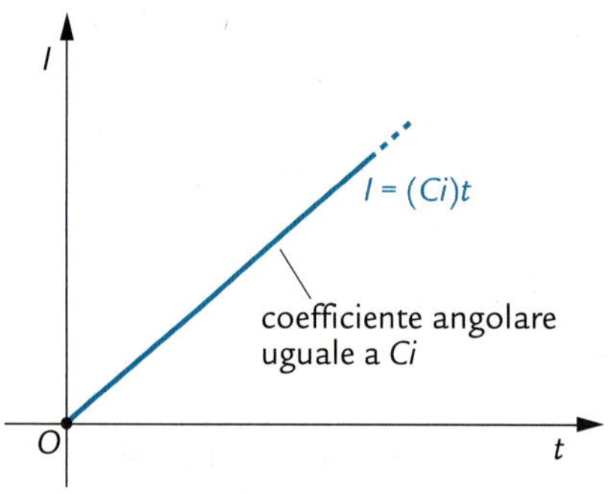

Figura 14.4 Fissati il capitale C e il tasso di interesse i, la legge dell'interesse semplice, dove l'interesse I è la variabile *dipendente* e il tempo t è la variabile *indipendente*, è una legge di proporzionalità diretta il cui grafico, dovendo essere $t \geq 0$, è costituito da una semiretta.

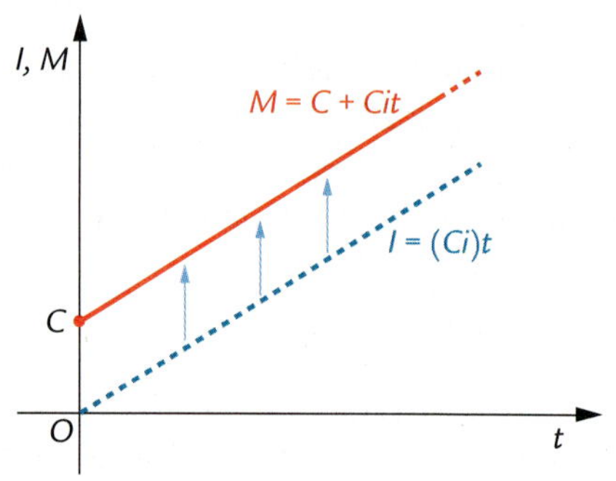

Figura 14.5 Fissati il capitale C e il tasso di interesse i, la legge che esprime il montante M, in regime di interesse semplice, in funzione del tempo t (assunto come variabile indipendente), è una legge di tipo lineare; il suo grafico, dovendo essere $t \geq 0$, è costituito da una semiretta ed è il corrispondente del grafico dell'interesse in **fig. 14.4** rispetto a una traslazione di vettore $\vec{v}(0, C)$.

Un'applicazione: il conto corrente bancario

Un'applicazione di quanto visto poc'anzi si ritrova nel conto corrente bancario. In esso le cifre depositate maturano interessi e tuttavia le somme sul conto possono essere ritirate. Nell'ipotesi che gli interessi vengano pagati alla fine dell'anno solare, vediamo come le banche si organizzano per calcolare gli interessi da corrispondere ai correntisti.
In **tab. 14.1** è riportato l'esempio di un conto corrente aperto il 2 maggio (non importa di che anno) con il versamento di 1000 euro. Dopo il 30 ottobre questo conto non viene più movimentato e alla fine dell'anno, al 31 dicembre, la banca deve calcolare gli interessi maturati. Ipotizziamo che il tasso di interesse annuo sia del 2%.

Tabella 14.1 Operazioni su un conto corrente (valori in euro).

Data	Operazione	Saldo
2/5	1000	1000
10/6	−500	500
20/7	1200	1700
15/8	−800	900
30/10	100	1000

Il saldo iniziale di 1000 euro giace sul conto dal 2 maggio al 10 giugno. Su tale importo, dunque, maturano interessi per 39 giorni e questi ammontano, in euro, a:

$$I = \underbrace{1000}_{\text{capitale}} \cdot \underbrace{0{,}02}_{2\%} \cdot \frac{39}{365} \simeq 2{,}1370$$

Attenzione!
Non stiamo utilizzando la convenzione dell'anno commerciale bensì i giorni effettivi, come avviene nella prassi bancaria.

Sul saldo di 500 euro, invece, maturano interessi per 40 giorni, cui corrispondono interessi pari a:

$$I = \underbrace{500}_{\text{capitale}} \cdot \underbrace{0{,}02}_{2\%} \cdot \frac{40}{365} \simeq 1{,}0959$$

e così via. Gli altri interessi dei due saldi successivi sono dati da:

$$I = 1700 \cdot 0{,}02 \cdot \frac{26}{365} \simeq 2{,}4219$$

$$I = 900 \cdot 0{,}02 \cdot \frac{76}{365} \simeq 3{,}7479$$

L'ultimo saldo resta sul conto corrente sino alla fine dell'anno (dunque sino al 31 dicembre), per un totale di 62 giorni:

$$I = 1000 \cdot 0{,}02 \cdot \frac{62}{365} \simeq 3{,}3973$$

Il totale degli interessi da pagare sul conto corrente, dunque, è dato dalla somma di tutti gli interessi:

$$2{,}1370 + 1{,}0959 + 2{,}4219 + 3{,}7479 + 3{,}3973 = 12{,}80$$

Dalle formule appena presentate si nota che la moltiplicazione per il tasso di interesse e la divisione per 365 sono comuni a tutti i calcoli. Utilizzando la proprietà distributiva della moltiplicazione, allora, si può dividere l'operazione di conteggio degli interessi in tre fasi soltanto, come illustrato di seguito.

1. Si moltiplica ogni saldo per il numero di giorni di permanenza sul conto corrente; questi prodotti, in gergo bancario, vengono chiamati **numeri** (**creditori** e **debitori**, rispettivamente se il saldo è attivo o passivo).
2. Si sommano tutti i numeri.
3. Si moltiplicano i numeri per il tasso di interesse e li si divide per 365.

In tab. 14.2 sono mostrati i conteggi che vengono effettuati dalla banca nel prospetto chiamato **conto scalare**.

Tabella 14.2 Conto scalare: conteggio degli interessi su un conto corrente (valori in euro).

Data	Operazione	Saldo	gg.	Numeri (saldo · gg)
2/5	1000	1000	39	39 000
10/6	−500	500	40	20 000
20/7	1200	1700	26	44 200
15/8	−800	900	76	68 400
30/10	100	1000	62	62 000
Somma dei numeri				**233 600**
Interessi $\left(\frac{\text{numeri} \cdot \text{tasso}}{365} = \frac{233\,600 \cdot 0{,}02}{365}\right)$				12,80

Rifletti

Il conto corrente non è una prerogativa bancaria, poiché il nostro Codice Civile (agli articoli dal 1823 al 1833) regola il contratto di conto corrente tra due soggetti qualsiasi.

Prova tu ESERCIZI a p. 643

1. Se si investe un capitale di 1400 euro al tasso del 3% (annuo) per 30 giorni, quale interesse si ottiene? [3,5 euro]
2. Se al tasso di interesse annuo del 2,5% si ottengono 10 euro di interessi per un investimento che dura 100 giorni, quale capitale si è investito? [1440 euro]
3. Se si investe il capitale di 1200 euro per 120 giorni e si ottengono 30 euro di interessi, qual è il tasso di interesse annuo? [7,5%]
4. Se si investe il capitale di 1000 euro al tasso annuo del 5% e si ottengono 40 euro di interessi, per quanti giorni si è investito il capitale? [288]

3. Il regime di capitalizzazione composta

Sinora hai visto che un capitale investito genera nel tempo un interesse e hai imparato a calcolare tale interesse (e dunque il montante prodotto dal capitale) conoscendo il tasso di interesse applicato. L'esempio tipico che abbiamo fatto per descrivere questa operazione finanziaria è stato quello del *conto corrente bancario*. Riprendiamo adesso tale esempio chiedendoci che cosa accade agli interessi una volta che sono stati calcolati. Un'opzione possibile sarebbe che la banca pagasse separatamente gli interessi generati dal capitale depositato sul conto corrente al soggetto titolare del conto, non appena gli interessi medesimi sono maturati (tipicamente, alla fine dell'anno). Un'altra opzione, che è quella scelta dalle banche, consiste nell'accreditare gli interessi sul conto corrente dov'è il capitale, come se fossero capitale, e far produrre anche a loro nuovi interessi, a partire dal periodo successivo. La frequenza con cui l'interesse verrà *capitalizzato* (ossia *accreditato e reinvestito*) può variare; la prassi più consolidata vuole che l'interesse sia capitalizzato *annualmente* (in linea con la convenzione di esprimere il tasso di interesse sempre in termini annuali), ma l'interesse può essere capitalizzato anche semestralmente, trimestralmente ecc.

Il regime finanziario in cui gli interessi maturati vengono reinvestiti in modo da generare a loro volta interessi è detto di **capitalizzazione composta**; intenderemo riferirci a questo regime tutte le volte che parleremo di tasso di interesse **composto**.

Modi di dire
Il regime di capitalizzazione composta è anche detto *regime dell'interesse composto*.

Montante e interesse per tempi interi

Il primo problema di cui ci occupiamo è quello del calcolo del montante e dell'interesse, in un regime di capitalizzazione *composta*. Consideriamo dunque un capitale C, investito al tasso di interesse annuo composto i; dopo un anno il montante M sarà:

$$M = C + Ci = C(1+i)$$

Quale sarà il montante dopo due anni? Dopo un anno, il capitale che produce interessi non è più C bensì $C(1+i)$. Il montante dopo 2 anni sarà dunque:

$$M' = \underbrace{C(1+i)}_{\text{il montante dopo un anno diviene il nuovo capitale iniziale}} \cdot \underbrace{(1+i)}_{\text{fattore di capitalizzazione per un altro anno}} = C(1+i)^2$$

Dopo un ulteriore anno (il terzo) avremo come montante:

$$M'' = \underbrace{C(1+i)^2}_{\text{il montante dopo due anni diviene il nuovo capitale iniziale}} \cdot \underbrace{(1+i)}_{\text{fattore di capitalizzazione per un altro anno}} = C(1+i)^3$$

Generalizzando questo procedimento (**fig. 14.6**) avremo che il **montante** M generato da un capitale C investito per t anni al tasso annuo composto i è dato da:

$$M = C(1+i)^t \qquad [14.4]$$

Il fattore $(1+i)^t$ per cui va moltiplicato il capitale per ottenere il montante è detto **fattore di capitalizzazione composta**.
L'interesse generato nello stesso periodo è dato dalla differenza tra il montante e il capitale iniziale, dunque:

$$I = C(1+i)^t - C = C\left[(1+i)^t - 1\right] \qquad [14.5]$$

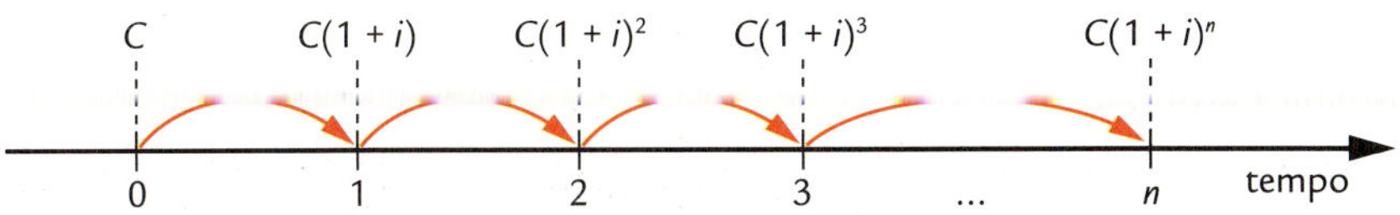

Figura 14.6

ESEMPIO Montante in regime di interesse composto

La società finanziaria Gatto ci propone di darle 1000 euro e ci promette di restituirci, dopo 15 anni, il doppio della somma prestata. La società Volpe, invece, ci assicura per il prestito che le concediamo, sempre di 1000 euro per la durata di 15 anni, un tasso di interesse annuo composto del 5%. Quale offerta dobbiamo accettare?

Sappiamo che la società finanziaria Gatto ci darà 2000 euro dopo 15 anni investendo 1000 euro. La società Volpe, invece, pagando l'interesse annuo composto del 5%, ci darebbe un montante M uguale a:

$$M = 1000 \cdot (1 + 0{,}05)^{15} \simeq 2078{,}93 \text{ euro}$$

Dobbiamo quindi rifiutare l'offerta della società Gatto e accettare l'offerta della società Volpe.

Le formule **[14.4]** e **[14.5]** permettono di risolvere naturalmente anche i problemi *inversi*, in cui sono dati l'interesse e il montante e viene richiesto di determinare il capitale, il tempo o il tasso di interesse. Proponiamo qui un esempio relativo alla ricerca del tasso, rinviando agli esercizi per esempi relativi ad altri casi.

ESEMPIO **Ricerca del tasso**

Un capitale di 5000 euro, investito in regime di interesse composto per 3 anni, ha dato luogo a un montante di 6050 euro. Determiniamo il tasso di interesse cui è stato investito il capitale.

I dati sono:

$$C = 5000 \text{ euro} \qquad M = 6050 \text{ euro} \qquad t = 3 \text{ anni}$$

Sostituendoli nella relazione $M = C(1+i)^t$ otteniamo la seguente equazione nell'incognita i, che risolviamo:

$$6050 = 5000(1+i)^3 \Rightarrow (1+i)^3 = \frac{121}{100} \Rightarrow i = \sqrt[3]{\frac{121}{100}} - 1$$

Otteniamo così $i \simeq 6{,}56\%$.

Montante e interesse per tempi non interi

Sinora abbiamo considerato casi di investimenti effettuati per un numero *intero* di anni. Ma come deve essere calcolato il montante di un investimento che dura, per esempio, 3 anni e 3 mesi? Ci sono due possibilità, che ora esaminiamo.

1. Il metodo di capitalizzazione mista

Questo metodo (che in linea di principio sarebbe il più corretto) prevede di adottare la capitalizzazione *composta* per i primi tre anni e poi, per i successivi tre mesi, adottare invece la capitalizzazione *semplice*. In questo caso il montante dopo 3 anni e 3 mesi sarebbe dato da:

$$M = \underbrace{C(1+i)^3}_{\text{montante dopo tre anni in regime di interesse composto}} \cdot \underbrace{\left(1 + i\frac{3}{12}\right)}_{\text{fattore di capitalizzazione per gli ulteriori tre mesi in regime di interesse semplice}}$$

Questo tipo di capitalizzazione viene definito **capitalizzazione mista**, proprio perché «mescola» nella stessa operazione finanziaria la capitalizzazione composta e quella semplice.
In una forma più generale, il montante generato da un capitale C, investito al tasso di interesse annuo i, in regime di capitalizzazione mista per n anni e una frazione f di anno, è espresso dalla formula:

$$M = C(1+i)^n(1+if) \qquad [14.6]$$

ESEMPIO **Capitalizzazione mista**

La somma di 1400 euro viene investita per 8 anni e 8 mesi. Quanto si ottiene alla scadenza se il tasso di interesse è composto e uguale al 4%, applicando la capitalizzazione mista?

In base alla **[14.6]**, poiché 8 mesi sono $\frac{8}{12}$ di anno (come al solito il tempo deve essere espresso in termini annuali, per uniformarsi al tasso), il montante a scadenza sarà:

$$M = 1400(1+0{,}04)^8\left(1 + 0{,}04 \cdot \frac{8}{12}\right) \simeq 1967{,}09 \text{ euro}$$

2. Il metodo di capitalizzazione con convenzione esponenziale

La capitalizzazione mista, pur essendo l'approccio più corretto da un punto di vista formale, risulta scomoda ai fini dei calcoli quando si tratta di mettere in pratica le relative operazioni finanziarie.

Per esempio, una volta noti gli importi del capitale e del montante e il tempo di impiego del capitale, per trovare il tasso di interesse al quale si è impiegato il capitale ci si imbatte in equazioni che non è possibile risolvere algebricamente (si può procedere solo approssimativamente per via numerica).

Per questo motivo si preferisce di solito adottare la cosiddetta **convenzione esponenziale**, che consiste nell'applicare la capitalizzazione composta anche per periodi di tempo che non sono multipli dell'anno. In questo caso il montante generato da un capitale C, investito al tasso annuo composto i, per n anni e una frazione f di anno, viene calcolato mediante la formula:

$$M = C(1 + i)^{n+f} \qquad [14.7]$$

ESEMPIO Capitalizzazione esponenziale

La somma di 1400 euro viene investita per 8 anni e 8 mesi. Quanto si ottiene alla scadenza se il tasso di interesse è composto e uguale al 4%, applicando la convenzione esponenziale?

Poiché 8 mesi sono $\frac{8}{12}$ di anno, il montante a scadenza in base alla formula [14.7] sarà:

$$M = 1400(1 + 0{,}04)^{8+\frac{8}{12}} = 1400(1 + 0{,}04)^{\frac{26}{3}} \simeq 1966{,}76 \text{ euro}$$

Confrontando i risultati ottenuti negli ultimi due esempi puoi osservare che, su un investimento di 1400 euro con un orizzonte temporale compreso tra 8 e 9 anni, l'approssimazione della [14.6] con la [14.7] ha portato a commettere un errore di soli 33 centesimi (un'approssimazione decisamente buona).

In generale è possibile dimostrare che la formula [14.7] della **convenzione esponenziale** approssima *molto bene* la [14.6], per cui il suo utilizzo è pienamente giustificato e anche noi, salvo avviso contrario, **converremo d'ora in avanti di utilizzarla.**

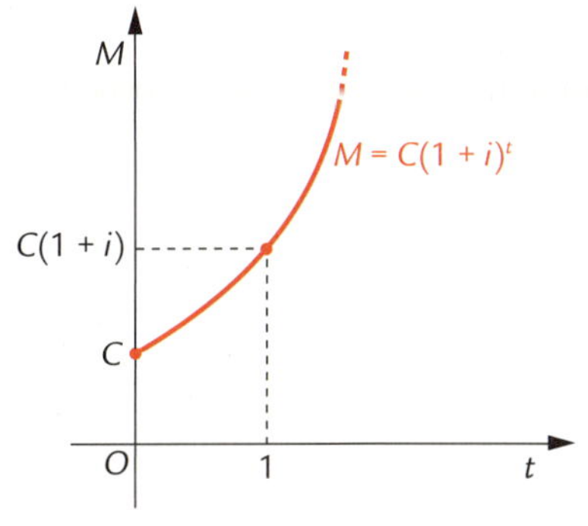

Figura 14.7 Fissati il capitale C e il tasso di interesse i, la legge che esprime il montante M in regime di interesse composto in funzione del tempo t (assunto come variabile indipendente) è una legge di tipo *esponenziale*; il suo grafico, dovendo essere $t \geq 0$, è costituito dalla parte contenuta nel primo quadrante del grafico della funzione esponenziale definita dalla legge del montante.

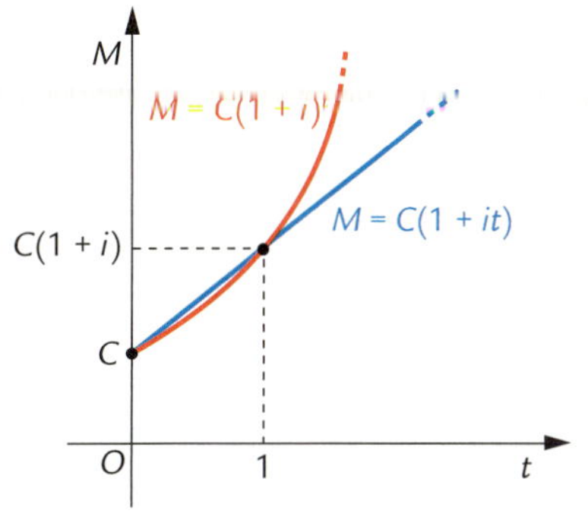

Figura 14.8 Confronto tra i montanti in regime di capitalizzazione composta e semplice, a parità di capitale C e di tasso di interesse i; dai grafici delle due funzioni montante si vede che in generale:

- se $t < 1$, il montante ottenuto in regime di interesse composto è *minore* del montante ottenuto in regime di interesse semplice;
- se $t > 1$, il montante ottenuto in regime di interesse composto è *maggiore* del montante ottenuto in regime di interesse semplice.

L'assunzione della convenzione esponenziale ci autorizza inoltre a considerare la variabile t nella formula $M = C(1+i)^t$ come variabile *continua*.
In tale ipotesi la formula del montante in regime di interesse composto, dove C e i si immaginano fissati, definisce proprio una funzione *esponenziale* nella variabile indipendente t (**fig. 14.7**). Particolarmente interessante è il confronto, illustrato nella didascalia della **fig. 14.8**, tra il grafico di tale funzione esponenziale e il grafico della funzione (lineare) che esprime montante in regime di interesse semplice.

Prova tu **ESERCIZI** a p. 650

1. Se impieghiamo il capitale di 1300 euro per 5 anni al tasso annuo composto del 3%, quale montante riceviamo a scadenza? [1507,06 euro]
2. Se dopo 10 anni riceviamo il montante di 1500 euro avendo investito un capitale di 1000 euro in regime di interesse composto, a quale tasso annuo abbiamo impiegato il capitale? [4,14%]
3. Se il capitale di 1400 euro ha prodotto, al tasso annuo composto del 10%, un montante di 1863,40 euro, per quanto tempo è stato impiegato il capitale? [3 anni]

4. Tassi equivalenti

La capitalizzazione frazionata

Fin qui abbiamo considerato casi in cui l'interesse veniva capitalizzato *annualmente*; come abbiamo già detto, tuttavia, la capitalizzazione può avvenire anche in *frazioni* di anno, per esempio ogni semestre oppure ogni trimestre (si parla in tal caso di capitalizzazione **frazionata**).
In questi casi, invece di assegnare il tasso di interesse in forma *periodale* (ossia già riferito alla frazione di anno cui si riferisce la capitalizzazione), viene spesso assegnato il cosiddetto tasso di interesse **annuo (nominale) convertibile *k* volte all'anno**. Quest'ultimo viene indicato con il simbolo j_k e da esso si può ricavare il corrispondente **tasso periodale** i_k in base alla relazione:

$$i_k = \frac{j_k}{k}$$

Attenzione!
Nell'espressione «tasso annuo (nominale) convertibile *k* volte all'anno», abbiamo posto l'aggettivo «nominale» tra parentesi perché viene spesso omesso.

ESEMPIO

Un tasso annuo del 6% convertibile 3 volte all'anno (ovvero quadrimestralmente) corrisponde a un tasso quadrimestrale $i_3 = \frac{6\%}{3} = 2\%$.

È bene sapere che, nei problemi di capitalizzazione composta, l'espressione «tasso annuo composto convertibile *k* volte all'anno» viene spesso scritta in forme equivalenti; per esempio, invece di «tasso annuo composto del 6% convertibile 3 volte all'anno» può trovarsi «tasso annuo composto del 6% convertibile *quadrimestralmente*» oppure «tasso annuo composto del 6% *capitalizzato* 3 volte all'anno» oppure ancora «tasso annuo composto del 6% *capitalizzato quadrimestralmente*».

ESEMPIO Capitalizzazione frazionata

Se si investe un capitale di 1500 euro per 2 anni e sei mesi al tasso di interesse annuo composto del 4% capitalizzato trimestralmente, quale montante si ottiene? Quanto si otterrebbe se il tasso di interesse fosse capitalizzato ogni sei mesi oppure ogni anno?

- Poiché il tasso di interesse è del 4% capitalizzato ogni trimestre, il tasso di interesse periodale è:

$$i_4 = \frac{4\%}{4} = 1\%$$ in un anno ci sono 4 trimestri

Dobbiamo poi convertire il tempo in *trimestri*, in modo da conformarci al tasso periodale: 2 anni e 6 mesi $= 2 \cdot 4 + 2 = 10$ trimestri.
Il montante risulta quindi:

$M = 1500 \cdot (1 + 0{,}01)^{10} \simeq 1656{,}93$ euro   capitalizzazione 4 volte l'anno

- Se la capitalizzazione avviene ogni sei mesi il montante è:

$M' = 1500 \cdot (1 + 0{,}02)^{5} \simeq 1656{,}12$ euro   capitalizzazione 2 volte l'anno

- Infine, capitalizzando ogni anno si avrebbe:

$M'' = 1500 \cdot (1 + 0{,}04)^{2{,}5} \simeq 1654{,}53$ euro   capitalizzazione 1 volta l'anno

Come mostra l'esempio, *più volte* si capitalizza l'interesse e *maggiore* è il montante che si ottiene, anche se il periodo di investimento è lo stesso. Dunque, una capitalizzazione trimestrale all'1%, una capitalizzazione semestrale al 2% e una capitalizzazione annuale al 4% **non** sono tra loro *equivalenti*, producendo montanti diversi. Ci si potrebbe dunque interrogare sulla possibilità, per esempio, di trovare un tasso di interesse che, capitalizzato quattro volte all'anno, sia equivalente a una capitalizzazione annuale al 4% oppure di trovare un tasso di interesse che, capitalizzato semestralmente, sia equivalente a una capitalizzazione annuale al 4%. Si tratta del problema della ricerca dei cosiddetti *tassi equivalenti*.

TASSI EQUIVALENTI
In un dato regime finanziario, due tassi di interesse si dicono **equivalenti** se, applicati allo stesso capitale e per lo stesso tempo, producono montanti uguali.

L'equivalenza dei tassi nei regimi di interesse semplice e composto

Studiamo allora il problema di trovare tassi equivalenti nei due regimi di interesse che abbiamo studiato, semplice e composto.

1. Regime di interesse semplice

Poiché in questo regime gli interessi non generano interessi, non c'è differenza se gli interessi vengono frazionati nel corso dell'anno o pagati in una unica soluzione alla fine dell'anno; in questo caso quindi il tasso di interesse periodale i_k equivalente al tasso annuo i non è altro che $\frac{i}{k}$.

2. Regime di interesse composto

I due tassi di interesse i_k e i sono equivalenti se danno lo stesso montante alla fine di uno stesso periodo di investimento. Per determinare la relazione che esprime l'equivalenza tra i_k e i, consideriamo un periodo di investimento di 1 anno. Investendo un capitale C per un anno al tasso i si ottiene un montante uguale a:

$$C \cdot (1 + i)$$

mentre, investendo il capitale per k frazioni di anno al tasso i_k si ottiene:

$$C \cdot (1 + i_k)^k$$

Se ne conclude che i tassi i e i_k sono equivalenti se vale la relazione:

$$1 + i = (1 + i_k)^k$$

Risolvendo questa equazione rispetto prima a i_k e poi a i, otteniamo che:

- dato il tasso di interesse annuo i, l'equivalente tasso periodale i_k è dato dalla formula:

$$i_k = \sqrt[k]{1 + i} - 1 \qquad [14.8]$$

- dato il tasso periodale i_k, l'equivalente tasso annuo i è dato dalla formula:

$$i = (1 + i_k)^k - 1 \qquad [14.9]$$

ESEMPIO **Tassi equivalenti**

La Società Gatto offre un tasso di interesse annuo composto del 5%. La Società Volpe, invece, offre un tasso di interesse semestrale composto del 2,49%. Presso quale delle due società conviene investire il proprio denaro?

I due tassi di interesse si riferiscono a periodi di tempo diversi. Per poter fare il confronto, allora, occorre effettuare una delle due operazioni seguenti:

a. trovare il tasso semestrale equivalente al 5% annuo, oppure:

b. trovare il tasso annuo equivalente al 2,49% semestrale.

1° modo

Se il tasso annuo è $i = 0{,}05$, il tasso semestrale i_2 equivalente è:

$$i_2 = \sqrt{1+i} - 1 = \sqrt{1+0{,}05} - 1 \simeq 0{,}0247 = 2{,}47\%$$

che è minore del 2,49% offerto dalla Società Volpe; conviene dunque scegliere l'investimento presso quest'ultima.

2° modo

Se il tasso semestrale è $i_2 = 2{,}49\% = 0{,}0249$, il tasso annuo equivalente i è:

$$i = (1+i_2)^2 - 1 = (1+0{,}0249)^2 - 1 \simeq 0{,}0504 = 5{,}04\%$$

che è più elevato del tasso di interesse del 5% che offre la Società Gatto. La scelta migliore è dunque quella della Società Volpe, come già dedotto confrontando i tassi semestrali.

Concludiamo con due osservazioni.

a. Il tasso di interesse annuo i equivalente al tasso di interesse periodale i_k capitalizzato k volte all'anno è anche detto tasso annuo **effettivo** (indicato spesso con la sigla **TAE**) mentre il tasso di interesse annuo convertibile k volte l'anno, $j_k = ki_k$, è detto tasso annuo **nominale** (indicato con la sigla **TAN**).

b. Il calcolo di tassi equivalenti è utile nei problemi di capitalizzazione *frazionata*, in cui viene assegnato il tasso di interesse annuo (effettivo) i: mediante la **[14.8]** si può calcolare il tasso periodale equivalente, in modo da conformare il tasso di interesse al periodo di capitalizzazione. Ti proporremo alcuni esempi di questo tipo negli esercizi.

Attenzione!

Quando scriveremo sbrigativamente «tasso annuo», intenderemo «tasso annuo *effettivo*», mentre specificheremo sempre quando intenderemo riferirci a un tasso annuo (nominale) convertibile.

Prova tu

ESERCIZI a p. 655

1. Un capitale viene investito per 2 anni e 2 mesi al tasso del 3% convertibile trimestralmente. Se si riceve un montante di 1500 euro, quale capitale si era investito? [1405,94 euro]
2. Investendo un capitale di 1400 euro per 10 anni e 4 mesi al tasso del 2,5%, capitalizzato semestralmente, quale montante si ottiene a scadenza? [1809,78 euro]
3. Se il tasso di interesse annuo è del 4%, quali sono gli equivalenti tassi di interesse mensile (i_{12}), bimestrale (i_6), trimestrale (i_4), quadrimestrale (i_3) e semestrale (i_2) in regime di interesse composto? [$i_{12} = 0{,}33\%$; $i_6 = 0{,}66\%$; $i_4 = 0{,}99\%$; $i_3 = 1{,}32\%$; $i_2 = 1{,}98\%$]

FINANZA NELLA REALTÀ

Il rendimento dei BOT

Un'applicazione di quanto hai appreso in questa Unità si può ritrovare nei dati delle emissioni dei Buoni Ordinari del Tesoro (BOT) effettuate dal Dipartimento del Tesoro. Nella seguente tabella sono riportati i dati di tre emissioni di BOT a 3, a 6 e a 12 mesi (i dati sono tratti dal sito del Dipartimento del Tesoro: *www.dt.tesoro.it*). Nella tabella sono indicati in grassetto i dati che ci interessano per le nostre applicazioni.

	BOT a 3 mesi	BOT a 6 mesi	BOT a 12 mesi
Codice titolo/tranche	IT0004081805/1	IT0004086242/01	IT0004096423
Scadenza	15/09/2006	31/01/2007	15/08/2007
Durata in giorni	**92**	**184**	**365**
Data asta	12/06/2006	26/07/2006	10/08/2006
Data regolamento	15/06/2006	31/07/2006	15/08/2006
Quantità offerta (*)	3000	8750	6000
Quantità richiesta (*)	6972	16 049	14 345
Quantità assegnata (*)	3000	8750	6000
Rendimento composto lordo (**)	**2,852%**	**3,194%**	**3,446%**
Rendimento semplice lordo (**)	**2,822%**	**3,169%**	–
Prezzo medio ponderato	**99,284**	**98,406**	**96,623**
Prezzo massimo	99,289	98,409	96,633
Prezzo minimo	99,282	98,404	96,621
Prezzo esclusione	99,034	97,914	95,688
Riparto riferimento fiscale	99,284	98,406	96,623
Riparto % prezzo minimo	37,761	28,545	12,284

(*) Importi in milioni di euro (**) Base annua 360 giorni

Commentiamo brevemente le varie voci che si trovano nei prospetti del Ministero.

- *Codice titolo/tranche*: si tratta del codice con cui il titolo viene identificato sui mercati finanziari internazionali; le prime due lettere si riferiscono alla nazione che ha emesso il titolo (nel nostro caso l'Italia).
- *Scadenza*: è la data alla quale verranno rimborsati 100 euro per ogni BOT acquistato.
- *Durata in giorni*: nella nostra notazione si tratta di $t_2 - t_1$, cioè della differenza tra la data in cui si paga il prezzo di acquisto del BOT e la data in cui si riceve il rimborso (pari a 100).
- *Data asta e Data regolamento*: i BOT, così come gli altri titoli del debito pubblico, sono emessi mediante un'asta nella quale chi offre di più è il primo a vedere soddisfatte le sue richieste (il meccanismo preciso con cui vengono attribuiti i titoli è particolarmente articolato e non è il caso di descriverlo dettagliatamente qui). L'asta precede di qualche giorno la data in cui i titoli iniziano a maturare interessi (la data di regolamento).
- *Quantità offerta, richiesta e assegnata* (dati in milioni di euro): si tratta, rispettivamente, della quantità di titoli che il Tesoro ha deciso di emettere, della quantità di titoli che gli operatori economici partecipanti all'asta hanno richiesto e della quantità che è stata effettivamente assegnata (quest'ultima, se le richieste sono maggiori delle offerte, come nel caso mostrato in tabella, deve necessariamente coincidere con la quantità offerta).
- *Prezzo medio ponderato, massimo, minimo, esclusione, Riparto riferimento fiscale, Riparto % prezzo minimo*: le offerte dei partecipanti all'asta vengono soddisfatte in ordine decrescente di prezzo. Chi ha offerto di più viene soddisfatto per primo. Se avanzano dei titoli (come in genere accade, perché ogni partecipante richiede importi di titoli ben inferiori al totale dell'emissione) viene soddisfatto colui che ha offerto il secondo prezzo migliore, e così via. In questo modo il prezzo massimo è quello offerto da colui che è stato soddisfatto per primo, il prezzo minimo è quello offerto da colui che è stato sod-

disfatto per ultimo mentre il prezzo di esclusione è quello offerto dal primo operatore la cui richiesta non è stata soddisfatta (neppure parzialmente). Può accadere, e in genere accade, che la richiesta dell'ultimo operatore a essere soddisfatto rimanga, in parte, inevasa. Il riparto % prezzo minimo ci dice quanta di questa domanda è stata soddisfatta. Il prezzo di riferimento fiscale è quello su cui si calcolano le ritenute (i rendimenti dei titoli di Stato, infatti, sono soggetti a ritenuta fiscale) e coincide, in genere, con il prezzo medio ponderato. Quest'ultimo è dato dalla media dei prezzi offerti da tutti coloro la cui domanda è stata soddisfatta (ponderata per le quantità richieste).

- *Rendimento semplice lordo* (base di calcolo 360 giorni): la convenzione vuole che la base per il calcolo dell'interesse sui BOT sia di 360 giorni. Nel caso del BOT trimestrale, per esempio, che viene emesso il 15/6/2006 e scade il 15/9/2006 (per un totale di 92 giorni), il tasso di interesse (in capitalizzazione semplice) viene calcolato usando la formula:

$$99{,}284 \cdot \left(1 + i \cdot \frac{92}{360}\right) = 100$$

da cui si ottiene:

$$i = \frac{100 - 99{,}284}{99{,}284} \cdot \frac{360}{92} = 0{,}02822$$

che è appunto quanto riportato in tabella. Nel caso del BOT a sei mesi si ottiene:

$$98{,}406 \cdot \left(1 + i \cdot \frac{184}{360}\right) = 100$$

da cui si ottiene:

$$i = \frac{100 - 98{,}406}{98{,}406} \cdot \frac{360}{184} = 0{,}03169$$

che, ancora una volta, coincide con il tasso riportato in tabella. Infine, nel caso del BOT annuale, il rendimento semplice non viene calcolato perché, lo sappiamo già, per i periodi di tempo pari all'anno o superiori si utilizza solo la capitalizzazione composta. Il rendimento, infine, viene definito «lordo» perché vi si devono ancora sottrarre le ritenute fiscali.

- *Rendimento composto lordo* (base di calcolo 360 giorni): i calcoli sono gli stessi effettuati nel punto precedente ma, questa volta, si utilizza la convenzione esponenziale. Per il BOT a tre mesi, dunque, si ha:

$$99{,}284 \cdot (1 + i)^{\frac{92}{360}} = 100$$

da cui si ottiene:

$$i = \left(\frac{100}{99{,}284}\right)^{\frac{360}{92}} - 1 = 0{,}02852$$

che è il dato riportato in tabella.

Per il BOT a sei mesi la formula da applicare è: $98{,}406 \cdot (1 + i)^{\frac{184}{360}} = 100$

che può essere invertita: $i = \left(\frac{100}{98{,}406}\right)^{\frac{360}{184}} - 1 = 0{,}03194$

Nel caso del BOT annuale, infine, si deve usare la formula:

$$96{,}623 \cdot (1 + i)^{\frac{365}{360}} = 100 \text{ da cui si ricava: } i = \left(\frac{100}{96{,}623}\right)^{\frac{360}{365}} - 1 = 0{,}03446$$

che, ancora una volta, coincide con il dato riportato in tabella. Anche tutti questi rendimenti vengono definiti «lordi» perché bisogna ancora sottrarvi la ritenuta fiscale.

SINTESI

Formule e proprietà importanti

Regime di interesse	Montante	Interesse
Semplice	$M = C(1 + it)$	$I = Cit$
Composto	$M = C(1 + i)^t$	$I = C[(1 + i)^t - 1]$

Tassi equivalenti (in regime di capitalizzazione composta)

Dato il tasso di interesse annuo i, l'equivalente tasso periodale i_k è dato dalla formula:

$$i_k = \sqrt[k]{1 + i} - 1$$

Dato il tasso periodale i_k, l'equivalente tasso annuo i è dato dalla formula:

$$i = (1 + i_k)^k - 1$$

CONOSCENZE E ABILITÀ

1. Introduzione alla matematica finanziaria

TEORIA a p. 624

Rappresentare gli importi di denaro nel tempo

1 Vero o falso?

a. sull'asse temporale non si possono rappresentare, contemporaneamente, debiti e crediti V F

b. ogni operazione finanziaria può essere rappresentata su un asse temporale V F

c. sull'asse temporale non si possono rappresentare importi diversi che sono disponibili nella stessa data V F

d. sull'asse temporale le date future sono, in genere, rappresentate verso sinistra V F

[1 affermazione vera e 3 false]

2 ESERCIZIO SVOLTO

Rappresentiamo sull'asse temporale un credito di 1200 euro che si può riscuotere fra 3 mesi e un debito di 1000 euro da pagare fra 5 mesi.

Le date rilevanti, in questo caso, sono tre: la data attuale (che chiamiamo «oggi») e i due momenti futuri, che corrispondono a 3 mesi da oggi e a 5 mesi da oggi. Inserendo sull'asse temporale queste tre date e gli importi in corrispondenza delle ultime due, si ottiene quanto riportato in figura.

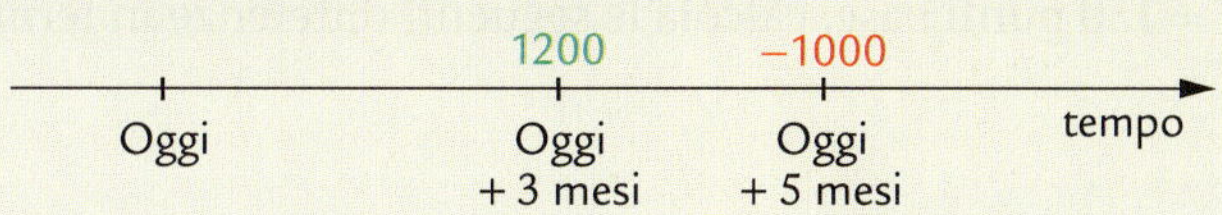

3 Rappresenta, sull'asse temporale, gli importi di 1200 euro, 800 euro e 1500 euro disponibili, rispettivamente, il 3/7, il 10/5 e il 2/6 dello stesso anno.

4 Devo pagare 700 euro il 20 agosto e ho il diritto di incassare 1300 euro il 10 settembre. Rappresenta questa situazione sull'asse temporale.

5 Alla data 15/7 ho diritto di riscuotere 1200 euro e devo pagare 900 euro. Rappresenta questa situazione sull'asse temporale.

6 In data 10/4 acquisto un titolo sul mercato finanziario pagando 2000 euro. Questo titolo mi dà un flusso di cassa positivo di 10 euro (che si chiama *cedola*) ogni mese per quattro mesi. Il quarto mese, poi, mi vengono rimborsati i 2000 euro che avevo speso. Rappresenta questa situazione sull'asse temporale.

7 Acquisto un'auto a rate. Pago 3000 euro al mese, a partire dal giorno 3/5, per 5 mesi. Rappresenta questa situazione sull'asse temporale.

Interesse, montante e tasso di interesse

8 **Vero o falso?**

a. 1000 euro disponibili oggi hanno lo stesso valore di 1000 euro disponibili tra un anno V F

b. se prendo denaro a prestito, alla fine devo restituire solo l'importo che mi è stato prestato V F

c. gli interessi maturati su un capitale dipendono dal periodo di tempo per cui il capitale è stato investito V F

d. gli interessi maturati su un capitale non dipendono dal capitale investito V F

[1 affermazione vera e 3 false]

9 **Vero o falso?**

a. il montante è sempre minore del capitale V F

b. l'interesse è sempre maggiore del capitale V F

c. il montante è la somma di capitale e interesse V F

d. capitali impiegati per periodi più lunghi producono interessi maggiori V F

[2 affermazioni vere e 2 false]

10 **Vero o falso?**

a. per ottenere il montante occorre sommare al capitale il fattore di montante V F

b. l'interesse dipende solo dalla data finale dell'investimento ma non dalla durata dell'investimento V F

c. il montante e il capitale sono tra loro collegati attraverso il tasso di interesse V F

d. dato uno stesso capitale, investito per uno stesso periodo, il tasso di interesse è tanto maggiore quanto maggiore è l'interesse V F

[2 affermazioni vere e 2 false]

11 **Vero o falso?**

a. quando si esprime un tasso di interesse in percentuale anziché in numero decimale, il montante di un investimento cambia V F

b. il tasso in percentuale e quello decimale misurano operazioni diverse V F

c. si può esprimere un tasso in percentuale indipendentemente dal periodo cui esso si riferisce V F

d. un tasso di interesse espresso in percentuale si può sempre ricondurre a un tasso decimale (e viceversa) V F

[2 affermazioni vere e 2 false]

12 Inserisci i simboli opportuni (+, −, =) al posto dei puntini in modo da ottenere delle uguaglianze corrette:

a. $M \ldots C \ldots I$

b. $C \ldots M \ldots I$

c. $I \ldots M \ldots C$

d. $M \ldots I \ldots C$

13 Completa le seguenti uguaglianze:

2% = ...; ... = 0,03; 1,5% = ...; ... = 0,12

14 Sapendo che 3% − 1,5% = 150 punti base, calcola le seguenti differenze in termini di punti base.

a. 1% − 0,5% = ...

b. 2% − 1% = ...

c. 3,25% − 1,5% = ...

d. 4% − 3,7% = ...

[**a.** 50; **b.** 100; **c.** 175; **d.** 30]

15 Completa la seguente tabella seguendo l'esempio della seconda riga.

Tasso percentuale	Tasso decimale	Punti base
1%	0,01	100
2,5%	.....	.....
.....	0,0325	.....
.....	.....	370

Le unità di misura del tempo

Risolvi i seguenti esercizi, utilizzando la convenzione dell'anno commerciale.

16 Riscrivi in termini di anni:

a. 1 giorno = ... anni

b. 180 giorni = ... anni

c. 20 settimane = ... anni

d. 8 mesi = ... anni

$\left[\text{a. } \frac{1}{360}; \text{ b. } \frac{1}{2}; \text{ c. } \frac{7}{18}; \text{ d. } \frac{2}{3}\right]$

17 Riscrivi in termini di anni:

a. 5 giorni = ... anni

b. 6 mesi = ... anni

c. 8 settimane = ... anni

d. 5 mesi e 15 giorni = ... anni

e. 3 anni, 2 mesi e 20 giorni = ... anni

$\left[\text{a. } \frac{1}{72}; \text{ b. } \frac{1}{2}; \text{ c. } \frac{7}{45}; \text{ d. } \frac{11}{24}; \text{ e. } \frac{29}{9}\right]$

18 Riscrivi in termini di mesi:

a. 3 giorni = ... mesi

b. 120 giorni = ... mesi

c. 25 settimane = ... mesi

d. 2 anni = ... mesi

$\left[\text{a. } \frac{1}{10}; \text{ b. } 4; \text{ c. } \frac{35}{6}; \text{ d. } 24\right]$

19 Riscrivi in termini di semestri:

a. 1 giorno = ... semestri

b. 180 giorni = ... semestri

c. 20 settimane = ... semestri

d. 8 mesi = ... semestri

$\left[\text{a. } \frac{1}{180}; \text{ b. } 1; \text{ c. } \frac{7}{9}; \text{ d. } \frac{4}{3}\right]$

20 Riscrivi in termini di trimestri:

a. 6 giorni = ... trimestri

b. 150 giorni = ... trimestri

c. 25 settimane = ... trimestri

d. 2 anni, 3 mesi e 10 giorni = ... trimestri

$\left[\text{a. } \frac{1}{15}; \text{ b. } \frac{5}{3}; \text{ c. } \frac{35}{18}; \text{ d. } \frac{82}{9}\right]$

21 Riscrivi in termini di quadrimestri:

a. 18 giorni = ... quadrimestri

b. 125 giorni = ... quadrimestri

c. 68 settimane = ... quadrimestri

d. 5 anni, 8 mesi, 10 giorni = ... quadrimestri

$\left[\text{a. } \frac{3}{20}; \text{ b. } \frac{25}{24}; \text{ c. } \frac{119}{30}; \text{ d. } \frac{205}{12}\right]$

2. Il regime di capitalizzazione semplice

TEORIA a p. 628

Esercizi preliminari

Test

22 Un capitale di 1500 euro, investito in regime di capitalizzazione semplice al tasso annuo del 4%, produce in un anno un interesse uguale a:

A 40 euro
B 50 euro
C 60 euro
D 70 euro

23 Un capitale di 1800 euro, investito in regime di capitalizzazione semplice al tasso annuo del 3%, produce in un anno un montante uguale a:

A 1848 euro
B 1854 euro
C 1859 euro
D 1864 euro

24 Un capitale di 2700 euro, investito in regime di capitalizzazione semplice al tasso annuo del 5%, produce in 8 mesi un montante uguale a:

A 2760 euro
B 2765 euro
C 2790 euro
D 2795 euro

25 Un capitale di 3000 euro, investito in regime di capitalizzazione semplice al tasso annuo del 3,5%, produce un interesse di 26,25 euro. Per quanto tempo è stato investito il capitale?

A 3 mesi
B 4 mesi
C 5 mesi
D 6 mesi

26 Il sig. Gatto investe un certo capitale a un certo tasso. Il sig. Volpe investe metà del capitale a un tasso di interesse doppio. Sapendo che il regime di capitalizzazione è semplice e i loro investimenti hanno la stessa durata, quale dei due riceve un interesse maggiore?

A Il sig. Gatto
B Il sig. Volpe
C Gli interessi sono uguali
D I dati sono insufficienti per stabilirlo

27 Il sig. Gatto investe un certo capitale a un certo tasso. Il sig. Volpe investe metà di quel capitale a un tasso di interesse doppio. Sapendo che il regime di capitalizzazione è semplice e i loro investimenti hanno la stessa durata, quale dei due riceve il montante maggiore?

A Il sig. Gatto
B Il sig. Volpe
C Gli interessi sono uguali
D I dati sono insufficienti per stabilirlo

28 I sigg. Gatto e Volpe investono lo stesso capitale allo stesso tasso. Il sig. Gatto, tuttavia, investe per un periodo di tempo doppio rispetto a quello del sig. Volpe. Sapendo che il regime di capitalizzazione è semplice, il sig. Gatto riceve un montante maggiore, uguale o minore del doppio del montante del sig. Volpe?

A Maggiore
B Uguale
C Minore
D I dati sono insufficienti per stabilirlo

29 **Vero o falso?**
In regime di capitalizzazione semplice:

a. il grafico della funzione che esprime il montante M in funzione del tempo t, dati il capitale C e il tasso di interesse i, è una retta passante per l'origine V F

b. la funzione che esprime l'interesse I in funzione del tempo t, dati il capitale C e il tasso di interesse i, è di proporzionalità diretta V F

c. il grafico della funzione che esprime il montante M in funzione del tempo, dati il capitale C e il tasso di interesse i, passa per il punto di coordinate $(C, 0)$ V F

d. il grafico della funzione che esprime il montante M in funzione del tempo, dati il capitale C e il tasso di interesse i, è una semiretta parallela al grafico della funzione che esprime l'interesse I in funzione del tempo V F

e. la funzione che esprime il capitale C in funzione del tempo t, dati il montante M e il tasso di interesse i, è di proporzionalità inversa V F

[2 affermazioni vere e 3 false]

Problemi

RICERCA DELL'INTERESSE E DEL MONTANTE

30 **ESERCIZIO SVOLTO**

Un capitale di 20 000 euro viene investito al tasso annuo semplice del 5% per 4 anni, 2 mesi e 25 giorni. Determina l'interesse e il montante.

Osserva che:

$$i = 5\% = 0{,}05 \qquad t = 4 \text{ anni, 2 mesi e 25 giorni} = \left(4 + \frac{2}{12} + \frac{25}{360}\right) = \frac{305}{72} \text{ anni}$$

Dunque:

$$I = Cit = 20\,000 \cdot 0{,}05 \cdot \frac{305}{72} \simeq 4236{,}11 \text{ euro}$$

$$M = C + I = 20\,000 + 4236{,}11 = 24\,236{,}11 \text{ euro}$$

31 Un capitale di 35 000 euro viene investito al tasso annuo semplice del 4,5% per 3 anni. Determina l'interesse e il montante. [$I = 4725$ euro; $M = 39\,725$ euro]

32 Un capitale di 10 000 euro viene investito al tasso annuo semplice del 5,5% per 2 anni. Determina l'interesse e il montante. [$I = 1100$ euro; $M = 11\,100$ euro]

33 Un capitale di 23 500 euro viene investito al tasso annuo semplice del 3,75% per 4 anni. Determina l'interesse e il montante. [$I = 3525$ euro; $M = 27\,025$ euro]

34 Un capitale di 15 000 euro viene investito al tasso annuo semplice del 6% per 5 anni, 2 mesi e 20 giorni. Determina l'interesse e il montante. [$I = 4700$ euro; $M = 19\,700$ euro]

35 Un capitale di 20 500 euro viene investito al tasso annuo semplice del 5,25% per 3 anni, 4 mesi e 15 giorni. Determina l'interesse e il montante. [I = 3632,34 euro; M = 24 132,34 euro]

36 Un capitale di 12 500 euro viene investito al tasso annuo semplice del 4% per 2 anni, 8 mesi e 25 giorni. Determina l'interesse e il montante. [I = 1368,06 euro; M = 13 868,06 euro]

RICERCA DEL CAPITALE INIZIALE

37 **ESERCIZIO GUIDATO**

Un capitale, investito al tasso di interesse annuo semplice del 4,35% per 2 anni, 5 mesi e 10 giorni, ha generato un montante di 25 000 euro. Determina il capitale iniziale e l'interesse.

- Osserva che:

$i = 4{,}35\% = 0{,}0435 \qquad t = 2 \text{ anni, 5 mesi e 10 giorni} = \left(2 + \frac{.....}{12} + \frac{.....}{360}\right) = ...\text{ anni}$

- Sostituisci nella formula $M = C(1 + it)$ i valori noti di M, di i e di t e risolvi l'equazione ottenuta rispetto all'incognita C:

$25\,000 = C\left(1 + 0{,}0435 \cdot \frac{.....}{.....}\right) \Rightarrow C = ...$

- Infine: $I = M - C = ...$ [22 597,17 euro; 2402,83 euro]

38 Un capitale, investito al tasso di interesse annuo semplice del 4,25% per 3 anni, ha generato un interesse di 3750 euro. Qual era il capitale iniziale? [29 411,76 euro]

39 Un capitale, investito al tasso di interesse annuo semplice del 3,5% per 2 anni, ha generato un interesse di 2500 euro. Qual era il capitale iniziale? [35 714,29 euro]

40 Un capitale, investito al tasso di interesse annuo semplice del 4,5% per 4 anni, 4 mesi e 10 giorni, ha generato un interesse di 5000 euro. Qual era il capitale iniziale? [25 477,71 euro]

41 Un capitale, investito al tasso di interesse annuo semplice del 5,25% per 3 anni, 6 mesi e 12 giorni, ha generato un interesse di 6750 euro. Qual era il capitale iniziale? [36 388,14 euro]

42 Un capitale, investito al tasso di interesse annuo semplice del 3,35% per 4 anni, ha generato un montante di 20 000 euro. Determina il capitale iniziale e l'interesse. [17 636,68 euro; 2363,32 euro]

43 Un capitale, investito al tasso di interesse annuo semplice del 6,25% per 3 anni, ha generato un montante di 15 000 euro. Determina il capitale iniziale e l'interesse. [12 631,58 euro; 2368,42 euro]

44 Un capitale, investito al tasso di interesse annuo semplice del 7,15% per 2 anni, 8 mesi e 18 giorni, ha generato un montante di 35 000 euro. Determina il capitale iniziale e l'interesse. [29 307,30 euro; 5692,70 euro]

45 Un capitale, investito al tasso di interesse annuo semplice del 3,25% per 4 anni, 4 mesi e 20 giorni, ha generato un montante di 17 500 euro. Determina il capitale iniziale e l'interesse. [15 315,42 euro; 2184,58 euro]

RICERCA DEL TASSO

46 **ESERCIZIO GUIDATO**

Un capitale di 20 000 euro, investito per 3 anni in regime di interesse semplice, ha prodotto un montante di 22 700 euro. Trova il tasso di interesse *i*.

1° modo

Sostituisci nella formula $M = C(1 + it)$ i valori noti di C, M e t e risolvi l'equazione ottenuta rispetto all'incognita i:

$22\,700 = 20\,000\,(1 + i \cdot 3) \Rightarrow i = ... = ...\%$

2° modo

Determina anzitutto l'interesse $I = M - C = ...$ Ora dalla formula $I = Cit$ puoi ricavare che:

$i = \frac{I}{Ct} = \frac{.....}{.....} = ...$ [4,5%]

47 Un capitale di 50 000 euro, investito in regime di interesse semplice per 2 anni, ha prodotto un montante di 54 250 euro. Determina il tasso di interesse annuo percentuale. [4,25%]

48 Un capitale di 18 000 euro, investito in regime di interesse semplice per 3 anni, ha prodotto un montante di 21 321 euro. Determina il tasso di interesse annuo percentuale. [6,15%]

49 Un capitale di 8000 euro, investito in regime di interesse semplice per 4 anni, 6 mesi e 10 giorni, ha prodotto un montante di 9068,56 euro. Determina il tasso di interesse annuo percentuale. [2,95%]

50 Un capitale di 60 000 euro, investito in regime di interesse semplice per 3 anni, 3 mesi e 15 giorni, ha prodotto un montante di 67 603,75 euro. Determina il tasso di interesse annuo percentuale. [3,85%]

51 Un capitale di 45 000 euro, investito in regime di interesse semplice per 2 anni, ha prodotto un montante di 49 050 euro. Determina il tasso di interesse annuo percentuale. [4,5%]

52 Un capitale di 24 500 euro, investito in regime di interesse semplice per 4 anni, ha prodotto un montante di 30 625 euro. Determina il tasso di interesse annuo percentuale. [6,25%]

53 Un capitale di 35 750 euro, investito in regime di interesse semplice per 3 anni, 4 mesi e 25 giorni, ha prodotto un montante di 42 379,89 euro. Determina il tasso di interesse annuo percentuale. [5,45%]

54 Un capitale di 25 550 euro, investito in regime di interesse semplice per 5 anni, 2 mesi e 15 giorni, ha prodotto un montante di 31 870,96 euro. Determina il tasso di interesse annuo percentuale. [4,75%]

RICERCA DEL TEMPO

55 **ESERCIZIO GUIDATO**

Un capitale di 12 500 euro, investito al tasso annuo semplice del 3,75%, ha generato un montante di 13 606,77 euro. Determina per quanto tempo il capitale è stato investito.

1° modo

Sostituisci nella formula $M = C(1 + it)$ i valori noti di C, M e di i e risolvi l'equazione ottenuta rispetto all'incognita t:

$$13\,606{,}77 = 12\,500\,(1 + \dots\, t) \Rightarrow t \simeq 2{,}36111$$

Ora devi trasformare il numero decimale (che esprime una misura in anni) in anni, mesi e giorni:

- La parte intera rappresenta il numero di anni $\Rightarrow$ 2 anni
- Rimangono $2{,}36111 - 2 = 0{,}36111$ anni, che corrispondono a:

$$0{,}36111 \cdot 12 = 4{,}33332 \text{ mesi} \Rightarrow 4 \text{ mesi}$$

- Rimangono $(4{,}33332 - 4) = 0{,}33332$ mesi, che corrispondono a:

$$0{,}33332 \cdot 30 = 9{,}9996 \text{ giorni} \Rightarrow 10 \text{ giorni}$$ Arrotondando a un numero intero

2° modo

Determina anzitutto l'interesse $I = M - C = \dots$ Ora dalla formula $I = Cit$ puoi ricavare che:

$$t = \frac{I}{Ci} = \frac{\dots}{\dots} = \dots$$

Devi poi procedere come nel caso precedente per la trasformazione del tempo in anni, mesi e giorni.

[2 anni, 4 mesi e 10 giorni]

56 Un capitale di 25 000 euro, investito al tasso di interesse semplice del 5,15%, genera un montante di 28 862,50 euro. Per quanto tempo è stato investito il capitale? [3 anni]

57 Un capitale di 7500 euro, investito al tasso di interesse semplice del 4,25%, genera un montante di 8775 euro. Per quanto tempo è stato investito il capitale? [4 anni]

58 Un capitale di 70 000 euro, investito al tasso di interesse semplice del 3,85%, genera un montante di 76 887,22 euro. Per quanto tempo è stato investito il capitale? [2 anni, 6 mesi e 20 giorni]

59 Un capitale di 35 000 euro, investito al tasso di interesse semplice del 6,05%, genera un montante di 43 205,31 euro. Per quanto tempo è stato investito il capitale? [3 anni, 10 mesi e 15 giorni]

60 Un capitale di 27 500 euro, investito al tasso di interesse semplice del 4,65%, genera un montante di 32 615 euro. Per quanto tempo è stato investito il capitale? [4 anni]

61 Un capitale di 4500 euro, investito al tasso di interesse semplice del 3,75%, genera un montante di 5006,25 euro. Per quanto tempo è stato investito il capitale? [3 anni]

62 Un capitale di 30 000 euro, investito al tasso di interesse semplice del 5,1%, genera un montante di 35 142,50 euro. Per quanto tempo è stato investito il capitale? [3 anni, 4 mesi e 10 giorni]

63 Un capitale di 55 500 euro, investito al tasso di interesse semplice del 4,15%, genera un montante di 61 769,96 euro. Per quanto tempo è stato investito il capitale? [2 anni, 8 mesi e 20 giorni]

PROBLEMI CON TASSI RIFERITI A FRAZIONI DI ANNO

64 **ESERCIZIO GUIDATO**

Un capitale di 35 000 euro viene investito per 1 anno, 3 mesi e 10 giorni al tasso bimestrale semplice del 1,35%. Determina l'interesse e il montante.

- Devi anzitutto esprimere il tempo in bimestri: 1 anno, 3 mesi e 10 giorni corrispondono a:

$$\left(6+\frac{3}{2}+\frac{10}{60}\right) \text{ bimestri} = \frac{23}{3} \text{ bimestri}$$

- A questo punto puoi procedere con le ordinarie formule, in cui il tasso è bimestrale.

[3622,50 euro; 38 622,50 euro]

65 Un capitale di 45 000 euro viene investito per 1 anno, 6 mesi e 25 giorni a un tasso di interesse quadrimestrale semplice del 2%. Determina l'interesse e il montante. [$I = 4237{,}50$ euro; $M = 49\,237{,}50$ euro]

66 Un capitale di 25 000 euro viene investito per 2 anni, 4 mesi e 25 giorni a un tasso di interesse bimestrale dell'1,25%. Determina l'interesse e il montante. [$I = 4505{,}21$ euro; $M = 29\,505{,}21$ euro]

67 Un capitale di 9000 euro viene investito per 3 anni, 2 mesi e 15 giorni a un tasso di interesse trimestrale semplice del 2%. Determina l'interesse e il montante. [$I = 2310$ euro; $M = 11\,310$ euro]

68 Un capitale, investito per 1 anno, 6 mesi e 20 giorni al tasso di interesse semestrale semplice del 3,5%, genera un interesse di 1650 euro. Determina il capitale e il montante. [$C = 15\,153{,}06$ euro; $M = 16\,803{,}06$ euro]

69 Un capitale, investito per 4 anni al tasso di interesse mensile semplice dello 0,5%, genera un interesse di 6250 euro. Determina il capitale e il montante. [$C = 26\,041{,}67$ euro; $M = 32\,291{,}67$ euro]

70 Un capitale, investito per 2 anni, 5 mesi e 15 giorni al tasso quadrimestrale semplice dell'1,8%, genera un montante di 61 500 euro. Determina il capitale investito e l'interesse generato. [$C = 54\,292{,}65$ euro; $I = 7207{,}35$ euro]

71 Un capitale, investito per 3 anni, 6 mesi e 25 giorni al tasso bimestrale semplice dell'1,05%, genera un montante di 9250 euro. Determina il capitale investito e l'interesse generato. [$C = 7551{,}79$ euro; $I = 1698{,}21$ euro]

72 Un capitale di 42 500 euro, investito per 1 anno, 7 mesi e 20 giorni, in regime di interesse semplice, genera un montante di 47 654,31 euro. Determina il tasso di interesse trimestrale. [1,85%]

73 Un capitale di 56 500 euro, investito per 2 anni, 3 mesi e 10 giorni, in regime di interesse semplice, genera un montante di 63 578,19 euro. Determina il tasso di interesse semestrale. [2,75%]

74 Investendo un capitale di 34 000 euro per 11 mesi e 15 giorni in regime di interesse semplice si ottiene un montante di 35 368,50 euro. Determina il tasso di interesse mensile che è stato applicato. [0,35%]

75 Investendo un capitale di 23 000 euro per 3 anni, 5 mesi e 16 giorni in regime di interesse semplice si genera un montante di 28 134, 56 euro. Determina il tasso di interesse quadrimestrale applicato. [2,15%]

76 Investendo un capitale di 75 000 euro al tasso di interesse semplice bimestrale dell'1,55% si ottiene un montante di 86 334,38 euro. Determina per quanto tempo è stato investito il capitale. [1 anno, 7 mesi e 15 giorni]

77 Investendo un capitale di 8500 euro al tasso di interesse semplice trimestrale dell'1,75% si ottiene un montante di 10 169,31 euro. Determina per quanto tempo è stato investito il capitale. [2 anni, 9 mesi e 20 giorni]

78 Investendo un capitale di 13 500 euro al tasso di interesse semestrale semplice del 2,55% si ottiene un montante di 14 695,31 euro. Determina per quanto tempo è stato investito il capitale. [1 anno, 8 mesi e 25 giorni]

79 Investendo un capitale di 17 750 euro al tasso di interesse mensile semplice dello 0,45% si ottiene un montante di 18 189, 31 euro. Determina per quanto tempo è stato investito il capitale. [5 mesi e 15 giorni]

Esercizi riassuntivi sulla capitalizzazione semplice

80 Una persona ha depositato 4 anni fa il capitale di 40 000 euro al tasso di interesse annuo semplice del 5,25%; 2 anni fa ha poi depositato altri 30 000 euro e il tasso di interesse è passato per tutti i suoi investimenti al 6%. Quanto potrà ritirare oggi? [82 600 euro]

81 Una persona ha investito 5 anni fa 20 000 euro al tasso di interesse annuo semplice del 6,75%; 3 anni fa il tasso di interesse è sceso al 5,5%. Quale cifra potrà ritirare oggi? Se avesse investito il suo denaro per i 5 anni al tasso di interesse annuo semplice del 6,35%, oggi avrebbe ritirato una somma di denaro inferiore, uguale o superiore? [26 000 euro; superiore = 26 350 euro]

82 Ho investito 6 anni fa il capitale di 50 000 euro al tasso di interesse annuo semplice del 6,5%. Dopo 2 anni il tasso è sceso al 5,5% e un anno fa il tasso è sceso ulteriormente al 5%. Di quanto denaro posso disporre oggi? Per ottenere oggi lo stesso montante, a quale unico tasso di interesse annuo semplice avrei dovuto investire il mio capitale 6 anni fa? [67 250 euro, 5,75%]

83 In quanto tempo un capitale raddoppia il suo valore, se è investito al tasso di interesse semplice del 6,75% annuo? E se il tasso fosse del 5,75%? [14 anni, 9 mesi e 23 giorni; 17 anni, 4 mesi e 21 giorni]

84 Il capitale C_1 e il capitale C_2 vengono investiti per periodi di tempo diversi, al tasso annuo semplice i, e danno lo stesso interesse. Se $C_2 > C_1$, quale dei due capitali è stato investito per un periodo di tempo più lungo? Giustifica adeguatamente la risposta. [C_1]

85 Due capitali uguali vengono investiti in regime di capitalizzazione semplice per periodi di tempo diversi (T_1 e T_2) e a tassi diversi (i_1 e i_2). Se il loro montante è lo stesso, quale relazione deve legare i tassi di interesse e i periodi di tempo per cui sono stati investiti? [$i_1 T_1 = i_2 T_2$]

86 **ESERCIZIO GUIDATO**

Si investe un capitale per un anno in regime di capitalizzazione semplice. Il montante ottenuto è uguale a $\frac{11}{21}$ del montante che si ottiene investendo un capitale doppio, per sei mesi allo stesso tasso di interesse annuo. Calcola il tasso di interesse.

- Indica con i il tasso di interesse incognito e con C il capitale; osserva inoltre che sei mesi corrispondono a $\frac{1}{2}$ di anno.
- Le informazioni fornite dal testo si traducono nell'equazione:

$$\underbrace{C(\ldots\ldots\ldots)}_{\text{montante generato dal capitale } C \text{ investito per un anno al tasso } i} = \frac{11}{21} \cdot \underbrace{2C\left(1 + \frac{1}{2}i\right)}_{\text{montante generato dal doppio del capitale investito per sei mesi allo stesso tasso } i}$$

- Dividendo per C entrambi i membri e risolvendo l'equazione rispetto a i, troverai infine che $i = \frac{1}{10} = 10\%$.

87 Un capitale, investito per un anno a un certo tasso di interesse, produce un montante che è uguale a $\frac{11}{10}$ del capitale investito; qual è il tasso di interesse annuo? [10%]

88 Investo 1800 euro per 8 mesi al tasso di interesse annuo semplice del 3%. Investendo lo stesso capitale a un tasso di interesse semplice doppio, quanto tempo lo dovrei tenere investito per avere il doppio del montante precedente? [17 anni e 4 mesi]

89 Investo oggi 6000 euro al tasso di interesse annuo semplice del 6% e fra 2 anni investirò altri 6000 euro, questi ultimi al tasso di interesse annuo semplice del 5,5%. Fra quanto tempo a partire da oggi potrò disporre di 15 000 euro?
(*Suggerimento*: scrivi un'opportuna equazione avente come incognita il tempo e risolvila) [5 anni, 3 mesi e 20 giorni]

90 Quattro anni fa ho investito 25 000 euro e dopo 2 anni ho potuto investire altri 25 000 euro. Se oggi posso ritirare 57 500 euro, a quale tasso di interesse annuo semplice ho investito i miei risparmi? [5%]

91 Ho investito 6 anni fa 30 000 euro presso una banca e 3 anni fa il tasso di interesse semplice annuo è calato di un punto e mezzo in percentuale. Se oggi posso ritirare 40 000 euro, a quale tasso di interesse annuo semplice iniziale era stato pattuito l'investimento? [6,31%]

92 Una persona investe un primo capitale per 4 anni e 5 mesi al tasso di interesse trimestrale semplice dell'1,25% e un secondo capitale per 3 anni e 6 mesi al tasso di interesse quadrimestrale semplice dell'1,75%. In tal modo il montante complessivo è di 29 964,58 euro. Se i tassi fossero stati rispettivamente pari all'1,5% e al 2%, il montante sarebbe stato di 30 800 euro. Calcola il valore dei due capitali investiti, arrotondando i risultati a un numero intero. [10 000 euro e 15 000 euro]

93 Una persona investe i capitali di 10 000 euro e di 15 000 euro per periodi di tempo diversi, al tasso di interesse semestrale semplice del 3,25%. Determina la durata dei due investimenti, sapendo che l'interesse semplice complessivo maturato è di 2275 euro e che la durata del secondo investimento è maggiore dell'altra di 1 anno e 4 mesi. [2 anni; 3 anni e 4 mesi]

94 **ESERCIZIO SVOLTO**

Data la seguente tabella, calcoliamo gli interessi accreditati sul conto corrente al 31/12, al tasso del 4%.

Data	Causale	Operazione
1/11	Primo versamento	5000
10/11	Prelevamento	−1000
20/11	Versamento	2000
1/12	Versamento	1000
20/12	Prelevamento	−3000

Il primo passo è quello di calcolare i saldi che, di volta in volta, si trovano sul conto corrente. La tabella, completa dei saldi, è quella mostrata qui sotto a *sinistra*. Dopodiché occorre calcolare i giorni che intercorrono tra le date della tabella (e tra l'ultima e il 31/12). La tabella, comprensiva della colonna dei giorni, è quella mostrata qui sotto *a destra*.

Data	Operazione	Saldo (euro)
1/11	5000	5000
10/11	−1000	4000
20/11	2000	6000
1/12	1000	7000
20/12	−3000	4000

Data	Operazione (euro)	Saldo (euro)	gg.
1/11	5000	5000	9
10/11	−1000	4000	10
20/11	2000	6000	11
1/12	1000	7000	19
20/12	−3000	4000	11

Dobbiamo, ora, calcolare i prodotti tra i saldi e i giorni in modo da avere i *numeri*. La tabella completa è la seguente:

Data	Operazione (euro)	Saldo (euro)	gg.	Numeri (Saldo · gg.)
1/11	5000	5000	9	45 000
10/11	−1000	4000	10	40 000
20/11	2000	6000	11	66 000
1/12	1000	7000	19	133 000
20/12	−3000	4000	11	44 000

Non resta che ottenere la somma dei numeri e calcolarvi gli interessi. La tabella completa, dunque, è la seguente:

Data	Operazione (euro)	Saldo (euro)	gg.	Numeri (Saldo · gg.)
1/11	5000	5000	9	45 000
10/11	−1000	4000	10	40 000
20/11	2000	6000	11	66 000
1/12	1000	7000	19	133 000
20/12	−3000	4000	11	44 000
Somma dei numeri				328 000
Interessi $\left(\frac{\text{Numeri} \cdot \text{tasso}}{365} = \frac{328\,000 \cdot 0{,}04}{365}\right)$				35,95

95 Data la seguente tabella, calcola gli interessi accreditati sul conto corrente al 31/12 sapendo che il tasso di interesse è del 3%.

Data	Causale	Operazione (euro)
10/11	Primo versamento	2000
12/11	Operazione bancomat	−250
25/11	Accredito stipendio	1800
10/12	Assegno	−2400
12/12	Accredito stipendio	2500

[12,46 euro]

96 Completa la seguente tabella relativa al calcolo degli interessi accreditati sul conto corrente al 31/12 (essendo il primo versamento l'1/10).

Data	Operazione	Saldo	gg	Numeri
1/10	2000	.....	.....	.....
15/10	.....	1800	26	.....
.....	−200	.....	10	.....
20/11	.....	1700	.....	.....
15/12	100	.....	.....	.....
Somma dei numeri				.....
Interessi $\frac{\ldots \cdot \ldots}{365}$				11,63

[Per riga: 2000, 14, 28 000; −200, 46 800; 10/11, 1600, 16 000; 100, 25, 42 500; 1800, 16, 28 800; 162 100; 2,62%]

97 Nel conto corrente di una persona vengono fatte, nello stesso anno, le seguenti operazioni:

- 1 gennaio: primo versamento di 10 000 euro
- 5 febbraio: primo prelevamento di 3000 euro
- 23 marzo: primo versamento di 4500 euro
- 3 giugno: primo versamento di 5250 euro
- 5 agosto: primo prelevamento di 2500 euro
- 20 settembre: primo versamento di 3500 euro
- 9 dicembre: primo prelevamento di 4250 euro

Se viene corrisposto sui depositi un tasso di interesse annuo semplice del 3,5%, di quale somma di denaro potrà disporre quella persona il 31 dicembre, dopo l'accredito degli interessi? [13 973,20 euro]

3. Il regime di capitalizzazione composta

TEORIA a p. 632

Esercizi preliminari

Test

98 La formula $M = 2500(1{,}05)^3$ fornisce, in regime di capitalizzazione composta:

A il montante generato da un capitale di 2500 euro, impiegato per 3 anni, al tasso dell'1,05%;
B il montante generato da un capitale di 2500 euro, impiegato per 3 anni, al tasso del 5%;
C il montante generato da un capitale di 1,05 euro, impiegato per 3 anni, al tasso del 25%;
D il montante generato da un captale di 2500 euro, impiegato per 5 anni, al tasso del 3%.

99 Qual è il montante generato da 1000 euro, investito per 4 anni in regime di capitalizzazione composta al tasso di interesse annuo del 4%?

A 1169,86 euro

B 1159,68 euro

C 1295,50 euro

D 1178,32 euro

100 Quale delle seguenti formule fornisce il montante generato da un capitale di 1000 euro, impiegato per 1 anno e mezzo al tasso annuo i in regime di capitalizzazione composta con convenzione esponenziale?

A $M = 1000(1+i)^{\frac{3}{2}}$

B $M = 1000\left(1+\frac{3}{2}i\right)$

C $M = 1000(1+i)\left(1+\frac{i}{2}\right)$

D Nessuna delle precedenti

101 Quale delle seguenti formule fornisce il montante generato da un capitale di 1000 euro, impiegato per 1 anno e mezzo, in regime di capitalizzazione composta con convenzione mista?

A $M = 1000(1+i)^{\frac{3}{2}}$

B $M = 1000\left(1+\frac{3}{2}i\right)$

C $M = 1000(1+i)\left(1+\frac{i}{2}\right)$

D Nessuna delle precedenti

102 Il grafico della funzione che esprime, in regime di capitalizzazione composta, il montante M in funzione del tempo t, dati il capitale C e il tasso di interesse i, è:

A una semiretta;

B la parte contenuta nel primo quadrante del grafico di una funzione esponenziale;

C un arco di parabola;

D nessuna delle precedenti risposte è corretta.

Problemi

RICERCA DELL'INTERESSE E DEL MONTANTE

103 ESERCIZIO GUIDATO

Un capitale di 10 500 euro viene investito per 3 anni, 5 mesi e 25 giorni al tasso annuo composto del 5,75%. Determina il montante e l'interesse.

- Opera, come convenuto, secondo la convenzione esponenziale. Trasforma anzitutto il tempo in anni:

$$3 \text{ anni, 5 mesi e 25 giorni} = \left(3+\frac{5}{12}+\frac{25}{360}\right) \text{anni} = \frac{251}{72} \text{ anni}$$

- Ora puoi calcolare il montante e l'interesse:

$M = C(1+i)^t = 10\,500(1+0{,}0575)^{\frac{251}{72}} \simeq$ ....

$I = M - C =$ ....

104 Un capitale di 15 000 euro viene investito per 7 anni al tasso annuo composto del 7,35%. Determina il montante. [24 643,68 euro]

105 Un capitale di 20 000 euro viene investito per 8 anni al tasso annuo composto dell'8,85%. Determina l'interesse. [19 414,63 euro]

106 Un capitale di 25 000 euro viene investito al tasso annuo composto del 6% per 5 anni e 6 mesi. Determina il montante. [34 444,69 euro]

107 Un capitale di 30 500 euro viene investito al tasso annuo composto del 4,5% per 4 anni e 9 mesi. Determina l'interesse. [7092,59 euro]

108 Un capitale di 35 250 euro viene investito al tasso annuo composto del 6,25% per 8 anni, 2 mesi e 20 giorni. Determina il montante e l'interesse. [58 028,52 euro; 22 778,52 euro]

109 Un capitale di 27 000 euro viene investito al tasso annuo composto del 6,65% per 6 anni, 6 mesi e 25 giorni. Determina il montante e l'interesse. [41 214,60 euro; 14 214,60 euro]

110 Un capitale di 2500 euro viene investito al tasso quadrimestrale composto dell'1,5% per 2 anni e 2 mesi. Determina l'interesse. [254,03 euro]

111 Un capitale di 15 000 euro viene investito al tasso trimestrale composto dell'1,25% per 5 anni, 2 mesi e 15 giorni. Determina il montante e l'interesse. [19 430,67 euro; 4430,67 euro]

112 Un capitale di 5000 euro viene investito al tasso semestrale composto del 2% per 3 anni, 3 mesi e 10 giorni. Determina il montante. [5693,10 euro]

RICERCA DEL CAPITALE (E DELL'INTERESSE)

113 ESERCIZIO GUIDATO

Un capitale, investito per 3 anni, 7 mesi e 15 giorni, al tasso annuo composto del 6,45%, ha generato un montante di 9500 euro. Determina il capitale inizialmente investito.

Inserisci nella formula $M = C(1+i)^t$ i dati noti, ossia:

$$M = 9500 \text{ euro} \qquad i = 0{,}0645 \qquad t = 3 \text{ anni, 7 mesi, 15 giorni} = \left(3 + \frac{7}{12} + \frac{15}{360}\right) \text{anni}$$

quindi risolvi rispetto a C l'equazione ottenuta. [7573,92 euro]

114 Investendo un capitale per 5 anni al tasso annuo composto del 7,15% si ottiene un montante di 25 000 euro. A quanto ammontava il capitale inizialmente investito? [17 700,24 euro]

115 Un capitale, investito per 7 anni al tasso annuo composto dell'8,55%, genera un montante di 48 500 euro. Determina il capitale inizialmente investito e l'interesse generato. [27 310,71 euro; 21 189,29 euro]

116 Un capitale, investito al tasso di interesse annuo composto del 5,85% per 2 anni, 11 mesi e 10 giorni, genera un montante di 39 000 euro. Determina il capitale inizialmente investito e l'interesse generato. [32 988,59 euro; 6011,41 euro]

117 Investendo un capitale al tasso annuo composto del 6,35% per 8 anni, 3 mesi e 20 giorni si è ottenuto un montante di 61 500 euro. Determina il capitale inizialmente investito e l'interesse generato. [36 881,23 euro; 24 618,77 euro]

118 Un capitale, investito al tasso annuo composto del 5,75% per 5 anni, 2 mesi e 10 giorni, genera un montante di 60 000 euro. Determina il capitale inizialmente investito e l'interesse generato. [44 877,45 euro; 15 122,55 euro]

119 Investendo un capitale al tasso annuo composto del 6,55%, per 7 anni, 8 mesi e 15 giorni si è ottenuto un montante di 57 500 euro. Determina il capitale inizialmente investito e l'interesse generato. [35 259,54 euro; 22 240,46 euro]

120 Un capitale investito al tasso composto mensile dello 0,45% per 5 anni, 9 mesi e 20 giorni ha prodotto un montante di 20 000 euro. Determina il capitale inizialmente investito. [14 627,97 euro]

121 Un capitale, investito al tasso trimestrale composto dell'1,5% per 2 anni e 3 mesi, ha generato un montante di 8624,15 euro. Determina il capitale inizialmente investito. [7542,61 euro]

122 Un capitale, investito al tasso quadrimestrale composto dell'1,2% per 3 anni e 2 mesi e 15 giorni, ha generato un montante di 5428,25 euro. Determina il capitale inizialmente investito. [4839,47 euro]

RICERCA DEL TASSO DI INTERESSE

123 ESERCIZIO GUIDATO

Un capitale di 19 000 euro, impiegato per 6 anni in regime di capitalizzazione composta, ha generato un montante di 27 500 euro. Determina il tasso di interesse annuo.

- I dati sono:

  $C = 19\,000$ euro $\qquad M = 27\,500$ euro $\qquad t = 6$ anni

- Sostituendoli nella relazione $M = C(1+i)^t$ ottieni la seguente equazione, che devi risolvere rispetto all'incognita i:

  $$27\,500 = 19\,000(1+i)^6$$

- Risolvi ora l'equazione:

  $$27\,500 = 19\,000(1+i)^6 \Rightarrow$$

  $$\Rightarrow (1+i)^6 = \frac{55}{38} \quad \Rightarrow \quad 1 + i = \sqrt[6]{\frac{55}{38}} \Rightarrow i = \ldots \simeq \ldots = \ldots\%$$ [6,36%]

  la soluzione negativa non ha senso in relazione al problema economico

Determina il tasso di interesse annuo in ciascuno dei seguenti casi.

124 Un capitale di 40 500 euro, investito per 5 anni in regime di interesse composto, che ha generato un montante di 57 202, 62 euro. [7,15%]

125 Un capitale di 20 550 euro, investito per 6 anni in regime di interesse composto, che ha generato un montante di 33 992,84 euro. [8,75%]

126 Un capitale di 25 500 euro, investito per 7 anni in regime di interesse composto, che ha generato un montante di 43 279,4 euro. [7,85%]

127 Un capitale di 50 500 euro, investito per 7 anni, 7 mesi e 20 giorni in regime di interesse composto, che ha generato un montante di 83 174,56 euro. [6,75%]

128 Un capitale di 25 250 euro, investito per 8 anni, 10 mesi e 25 giorni in regime di interesse composto, che ha generato un montante di 46 308,95 euro. [7,05%]

129 Un capitale di 30 000 euro, investito per 9 anni, 10 mesi e 20 giorni in regime di interesse composto, che ha generato un montante di 54 383,07 euro. [6,2%]

130 Un capitale di 15 000 euro, investito per 5 anni, 9 mesi e 15 giorni in regime di interesse composto, che ha generato un montante di 23 740,3 euro. [8,25%]

131 Un capitale di 20 550 euro, investito per 6 anni in regime di interesse composto, che ha generato un montante di 32 159,96 euro. [7,75%]

132 Un capitale di 12 650 euro, investito per 3 anni, 10 mesi e 15 giorni in regime di interesse composto, che ha generato un montante di 15 883,43 euro. [6,05%]

133 Un capitale di 9650 euro, investito per 4 anni, 11 mesi e 20 giorni in regime di interesse composto, che ha generato un montante di 13 540,63 euro. [7,05%]

134 Un capitale di 22 500 euro, investito per 5 anni, 6 mesi e 10 giorni in regime di capitalizzazione composta, ha prodotto un montante di 28 566,85 euro. Determina il tasso di interesse quadrimestrale. [$i_3 = 1{,}45\%$]

135 Un capitale di 17 750 euro, investito per 6 anni, 4 mesi e 15 giorni in regime di capitalizzazione composta, ha prodotto un interesse di 5417,25 euro. Determina il tasso di interesse trimestrale. [$i_4 = 1{,}05\%$]

RICERCA DEL TEMPO

136 ESERCIZIO SVOLTO

Un capitale di 11 500 euro, investito al tasso di interesse annuo composto del 6,35%, ha generato un montante di 14 950 euro. Determina per quanto tempo è stato investito il capitale.

- I dati sono:

  $C = 11\,500$ euro $\qquad i = 0{,}0635 \qquad M = 14\,950$ euro

- Sostituendoli nella relazione $M = C(1+i)^t$ otteniamo la seguente equazione esponenziale, che dobbiamo risolvere rispetto all'incognita t:

  $$14\,950 = 11\,500(1+0{,}0635)^t$$

- Risolviamo l'equazione:

  $$11\,500(1{,}0635)^t = 14\,950 \Rightarrow (1{,}0635)^t = \frac{13}{10} \Rightarrow \ln(1{,}0635)^t = \ln\frac{13}{10} \Rightarrow$$

  $$\Rightarrow t\ln 1{,}0635 = \ln\frac{13}{10} \Rightarrow t = \frac{\ln\frac{13}{10}}{\ln 1{,}0635} \simeq 4{,}261556871$$

- Ora trasformiamo il risultato (espresso in anni) in anni mesi e secondi:
  - gli anni sono 4
  - rimangono $(4{,}261556871 - 4) = 0{,}261556871$ anni, che corrispondono a:

    $0{,}261556871 \cdot 12 = 3{,}138682452$ mesi
  - rimangono $(3{,}138682452 - 3) = 0{,}138682452$ mesi, che corrispondono a:

    $0{,}138682452 \cdot 30 = 4{,}160473559$ giorni $\simeq 4$ giorni

In definitiva il capitale è rimasto investito per 4 anni, 3 mesi e 4 giorni.

Determina la durata dell'investimento in ciascuno dei seguenti casi.

137 Un capitale di 18 750 euro, investito al tasso di interesse annuo composto del 4,75%, che genera un montante di 25 269,86 euro. [6 anni, 5 mesi e 5 giorni]

138 Un capitale di 20 000 euro, investito al tasso di interesse annuo composto del 5,25%, che genera un montante di 29 544,29 euro. [7 anni, 7 mesi e 15 giorni]

139 Un capitale di 31 000 euro, investito al tasso di interesse annuo composto del 5,55%, che genera un montante di 39 678,28 euro. [4 anni, 6 mesi e 25 giorni]

140 Un capitale di 12 750 euro, investito al tasso di interesse annuo composto del 5,75%, che genera un montante di 15 409,68 euro. [3 anni, 4 mesi e 20 giorni]

141 Un capitale di 21 250 euro, investito al tasso di interesse annuo composto del 4,85%, che genera un montante di 27 809,88 euro. [5 anni, 8 mesi e 5 giorni]

142 Un capitale di 15 000 euro, investito al tasso di interesse annuo composto del 5,25%, che genera un montante di 19 252,44 euro. [4 anni, 10 mesi e 16 giorni]

143 Un capitale di 37 000 euro, investito al tasso di interesse annuo composto del 6,25%, che genera un montante di 55 260,08 euro. [6 anni, 7 mesi e 12 giorni]

144 Un capitale di 24 500 euro, investito al tasso di interesse annuo composto del 5,6%, che genera un montante di 36 589,70 euro. [7 anni, 4 mesi e 10 giorni]

145 Un capitale di 40 000 euro, investito al tasso di interesse annuo composto del 6,3%, che genera un montante di 56 739,99 euro. [5 anni, 8 mesi e 20 giorni]

146 Un capitale di 27 750 euro, investito al tasso di interesse annuo composto del 7,05%, che genera un montante di 51 086,98 euro. [8 anni, 11 mesi e 15 giorni]

147 Un capitale di 38 500 euro, investito al tasso di interesse trimestrale composto dell'1,2%, che ha prodotto un interesse di 7849,65 euro. [3 anni, 10 mesi e 20 giorni]

148 Un capitale di 41 500 euro, investito al tasso di interesse quadrimestrale composto dell'1,65%, che ha prodotto un interesse di 10 662,53 euro. [4 anni, 7 mesi e 27 giorni]

Esercizi riassuntivi sulla capitalizzazione composta

149 A quale tasso di interesse annuo composto un capitale raddoppia il suo valore in 10 anni? In quanto tempo un capitale raddoppia il suo valore se investito al tasso di interesse annuo composto del 6,25%? [7,18%; 11 anni, 5 mesi e 6 giorni]

150 Completa la seguente tabella, supponendo che il regime sia di capitalizzazione composta.

C (euro)	t (anni)	i (annuo)	M (euro)
1000	10	.....	1104,62
2000	5	1%	.....
.....	15	2%	2018,80
4000	.....	4%	4326,40

[$i \simeq 1\%$; $M = 2102,02$; $C \simeq 1500$; $t = 2$]

151 Dieci anni fa ho investito la somma di 20 000 euro al tasso di interesse annuo composto del 6,5%. Quattro anni fa ho prelevato il capitale investito e ho investito gli interessi maturati al tasso di interesse annuo composto del 5,75%: quanto potrò ritirare oggi? [11 484,15 euro]

152 Ho depositato in una banca la somma di 30 000 euro sette anni fa, al tasso di interesse annuo composto del 6,35%: dopo 3 anni la banca ha portato il tasso al 5,65%. Quale somma di denaro potrò ritirare oggi? Un'altra banca mi aveva proposto di investire il capitale al tasso di interesse composto annuo del 5,95%: mi sarebbe convenuto accettare? [44 958,49 euro; sì, avrei ottenuto 44 960,17 euro]

153 Una persona ha investito, in regime di capitalizzazione composta, la somma di 10 000 euro per 2 anni e 10 mesi e ha ricavato un interesse di 2500 euro. A quale tasso di interesse quadrimestrale composto ha investito il capitale? [2,66%]

154 Quale capitale impiegato al tasso di interesse semestrale composto del 3,15% per 6 anni e 4 mesi produce un montante di 30 000 euro? E al tasso trimestrale dell'1,5%? [20 254,01 euro; 20 573,82 euro]

155 Paolo ha impiegato il capitale di 15 000 euro per il doppio del tempo per il quale ha impiegato un altro capitale di 5000 euro. Il tasso di interesse annuo composto che è stato applicato in entrambi i casi è del 5,5% e il montante complessivo è risultato uguale a 26 553,85 euro. Determina per quanto tempo sono stati investiti i due capitali. [6 anni; 3 anni]

156 Due capitali la cui somma è uguale a 30 000 euro sono stati impiegati per 4 anni al tasso di interesse annuo composto rispettivamente del 5,25% e del 6,15%. Sapendo che il montante complessivo ammonta a 37 557,72 euro, trova l'importo dei due capitali. [12 500 euro, 17 500 euro (arrotondando i risultati all'unità)]

157 Stabilisci quale somma devi depositare oggi in banca per avere a disposizione tra 4 anni e 10 mesi un montante di 10 500 euro, se il tasso di interesse annuo composto è del 5,85%. [7977,19 euro]

158 Due capitali di 10 000 euro e 11 500 euro, investiti in regime di capitalizzazione composta per lo stesso tempo, hanno prodotto lo stesso montante. Sapendo che il primo capitale è stato investito al tasso di interesse annuo del 6,25% e il secondo al tasso annuo del 5,15%, per quanto tempo sono stati investiti i due capitali? [13 anni, 5 mesi e 5 giorni]

159 Un capitale di 25 000 euro viene investito per 3 anni e 4 mesi al tasso di interesse semestrale composto del 2,75% e successivamente il montante accumulato è investito per altri 2 anni e 8 mesi al tasso di interesse bimestrale composto dell'1,15%. Qual è il montante finale? [35 969,94 euro]

4. Tassi equivalenti

TEORIA a p. 636

Esercizi preliminari

Test

160 In regime di capitalizzazione semplice, il tasso di interesse annuo i equivalente a un tasso trimestrale i_4 è espresso dalla formula:

A $i = 4i_4$

B $i = \frac{i_4}{4}$

C $i = (1 + i_4)^4 - 1$

D $i = \sqrt[4]{(1 + i_4)} - 1$

161 In regime di capitalizzazione composta, il tasso di interesse annuo i equivalente a un tasso trimestrale i_4 è espresso dalla formula:

A $i = 4i_4$

B $i = \frac{i_4}{4}$

C $i = (1 + i_4)^4 - 1$

D $i = \sqrt[4]{(1 + i_4)} - 1$

162 In regime di capitalizzazione semplice, il tasso di interesse trimestrale i_4 equivalente a un tasso di interesse annuo uguale a i è espresso dalla formula:

A $i_4 = 4i$

B $i_4 = \frac{i}{4}$

C $i_4 = (1 + i)^4 - 1$

D $i_4 = \sqrt[4]{(1 + i)} - 1$

163 In regime di capitalizzazione composta, il tasso di interesse trimestrale i_4 equivalente a un tasso di interesse annuo uguale a i è espresso dalla formula:

A $i_4 = 4i$

B $i_4 = \frac{i}{4}$

C $i_4 = (1 + i)^4 - 1$

D $i_4 = \sqrt[4]{(1 + i)} - 1$

Problemi

164 Converti i seguenti tassi di interesse percentuali, in regime di capitalizzazione semplice:

a. 0,1% giornaliero = ... annuo

b. 0,02% giornaliero = ... annuo

c. 0,0555% settimanale = ... annuo

d. 0,4166% mensile = ... annuo

[**a.** 36%; **b.** 7,2%; **c.** 2,85%; **d.** 5%]

165 **ESERCIZIO GUIDATO**

In regime di capitalizzazione composta, determina:

a. il tasso bimestrale equivalente a un tasso annuo del 4,25%,

b. il tasso annuo equivalente a un tasso bimestrale dell'1,25%.

---

a. Il tasso i_6 equivalente è dato dalla formula:

$$i_6 = (1 + 0{,}0425)^{\frac{1}{6}} - 1 \simeq \dots\dots$$

b. Il tasso i equivalente è dato dalla formula:

$$i = (1 + i_6)^6 - 1 \simeq \dots\dots$$

[**a.** 0,7%; **b.** 7,74%]

166 In regime di capitalizzazione composta, dato un tasso annuo del 4,25%, determina:

a. il tasso mensile equivalente; **b.** il tasso semestrale equivalente [**a.** 0,35%; **b.** 2,1%]

167 In regime di capitalizzazione composta, dato un tasso annuo del 5%, determina:

a. il tasso trimestrale equivalente; **b.** il tasso quadrimestrale equivalente. [**a.** 1,23%; **b.** 1,64%]

168 Dato un tasso trimestrale composto del 3%, determina:

a. il tasso annuo composto equivalente; **b.** il tasso semestrale composto equivalente. [**a.** 12,55%; **b.** 6,09%]

169 In regime di capitalizzazione composta, determina il tasso annuo equivalente a:

a. un tasso quadrimestrale del 2%;

b. un tasso annuo del 6%, convertibile trimestralmente. [**a.** 6,12%; **b.** 6,14%]

170 In regime di capitalizzazione composta, dato il tasso trimestrale dell'1%, determina il tasso semestrale equivalente. [2,01%]

171 In regime di capitalizzazione composta, dato il tasso semestrale del 2%, determina il tasso bimestrale equivalente. [0,66%]

Risolvi i seguenti problemi in due modi:

a. esprimendo il tempo in funzione del periodo cui è riferito il tasso;

b. esprimendo il tempo in anni e applicando il tasso di interesse annuo equivalente.

172 Un capitale di 10 500 euro viene investito al tasso composto semestrale del 2,65% per 4 anni, 5 mesi e 10 giorni. Determina il montante e l'interesse. [$M = 13\,248{,}23$ euro; $I = 2748{,}23$ euro]

173 Un capitale, investito al tasso bimestrale composto dello 0,75% per 6 anni, 10 mesi e 5 giorni, ha prodotto un montante di 25 000 euro. Determina il capitale inizialmente investito. [$C = 18\,391{,}72$ euro]

174 Un capitale, investito al tasso quadrimestrale composto dell'1,55% per 3 anni, 8 mesi e 25 giorni, ha prodotto un montante di 32 500 euro. Determina l'interesse prodotto dal capitale inizialmente investito. [$I = 5146{,}53$ euro]

175 Un capitale di 35 000 euro, investito per 4 anni, 7 mesi e 15 giorni in regime di capitalizzazione composta, ha prodotto un montante di 46 212,77 euro. Determina il tasso di interesse semestrale. [$i_2 = 3{,}05\%$]

176 Un capitale di 27 500 euro, investito per 4 anni, 3 mesi e 5 giorni in regime di capitalizzazione composta, ha prodotto un interesse di 6231,92 euro. Determina il tasso di interesse mensile. [$i_{12} = 0{,}4\%$]

177 Un capitale di 31 500 euro, investito al tasso di interesse composto bimestrale dello 0,7%, ha prodotto un montante di 36 554,37 euro. Determina per quanto tempo è stato investito il capitale. [3 anni, 6 mesi e 20 giorni]

178 Un capitale di 24 450 euro, investito al tasso di interesse composto semestrale del 2,75%, ha prodotto un montante di 30 767,85 euro. Determina per quanto tempo è stato investito il capitale. [4 anni, 2 mesi e 25 giorni]

Esercizi di riepilogo

179 Un capitale di 1000 euro, investito per 300 giorni a un certo tasso di interesse semplice, dà un montante che è maggiore di 10 euro rispetto a quello che si otterrebbe investendo lo stesso capitale, allo stesso tasso, per soli 250 giorni. Qual è il tasso di interesse annuo? [7,2%]

180 Un capitale di 40 000 euro può essere investito per 4 anni, 2 mesi e 20 giorni ai seguenti tassi di interesse composti:

a. tasso annuo del 6%
b. tasso semestrale del 3%
c. tasso trimestrale dell'1,46%
d. tasso annuo convertibile mensilmente del 6%

A quale tasso è più conveniente investire il capitale? [**d.**]

181 Un capitale di 1000 euro, investito per sei mesi a un certo tasso, in regime di interesse semplice dà un montante che è minore di 10 euro rispetto al montante che lo stesso capitale, allo stesso tasso, genererebbe se investito per 100 giorni in più. Qual è il tasso di interesse annuo? [3,6%]

182 Completa la seguente tabella, in regime di capitalizzazione composta.

C (euro)	*t* (anni)	*i* (annuo)	*M* (euro)
1000	.....	2%	1040,40
.....	3	1%	2000
1500	4	3%	.....
2000	2	.....	2100

[$t = 2$; $C = 1941{,}18$; $M = 1688{,}26$; $i = 2{,}47\%$]

183 Barbara ha investito:

- due anni fa la somma di 2000 euro al tasso di interesse annuo semplice del 4%;
- un anno e quattro mesi fa la somma di 1500 euro, sempre in regime di interesse semplice.

Oggi Barbara incassa la somma complessiva di 3700 euro. Determina il tasso di interesse annuo del secondo investimento. [2%]

184 Un capitale di 1000 euro, investito per 3 anni, dà lo stesso montante prodotto da un capitale di 800 euro investito per 6 anni allo stesso tasso. Determina qual è il tasso di interesse:

a. nel caso il regime sia di capitalizzazione semplice;
b. nel caso il regime sia di capitalizzazione composta.

[**a.** 11,11%; **b.** 7,72%]

185 Un capitale di 2000 euro, investito al tasso annuo composto del 10% per 3 anni, dà lo stesso montante di un capitale di 1500 euro investito allo stesso tasso, per un periodo superiore a 3 anni. Determina per quanto tempo in più è stato investito il capitale di 1500 euro rispetto al tempo in cui è stato investito il capitale di 2000 euro. [3 anni e 7 giorni]

186 Una persona può scegliere di investire la somma di 10 000 euro in due modi diversi:

a. un deposito che prevede un tasso annuo composto del 5,65%
b. un deposito che prevede un tasso trimestrale composto dell'1,4%.

Supponendo che la durata dell'investimento sia quattro anni, quale dei due depositi è più conveniente? [Il secondo]

187 Determina, in regime di capitalizzazione composta:

a. il tasso di interesse trimestrale equivalente a un tasso di interesse annuo (effettivo) del 6%;
b. il tasso di interesse annuo (effettivo) equivalente a un tasso di interesse annuo nominale del 6% convertibile trimestralmente. [**a.** 1,47%; **b.** 6,14%]

188 Un capitale investito per 4 anni al tasso annuo composto del 4% dà lo stesso montante dello stesso capitale investito per 8 anni a un tasso annuo composto inferiore. Quanto vale quest'ultimo tasso? [1,98%]

189 Si investono 2400 euro per 2 anni e 10 mesi, al tasso di interesse annuo composto del 4% convertibile semestralmente. Calcola il montante. [2685,01 euro]

190 Investendo oggi un certo capitale al tasso composto del 3% annuo convertibile quadrimestralmente, si ottiene dopo 5 anni un montante di 5000 euro. A quanto ammonta il capitale investito? [4306,75 euro]

191 Determina il tasso di interesse annuo composto equivalente al tasso di interesse semplice del 5%, relativamente a un impiego del capitale per 2 anni e 6 mesi. [4,82%]

192 Calcola quale capitale, impiegato per 6 anni al tasso di interesse annuo composto del 4,5% convertibile semestralmente, genera un montante di 5000 euro. [3828,34 euro]

193 Paolo ha versato in banca 3 anni fa 8000 euro, investiti al tasso annuo composto del 5%. Egli versa oggi 2000 euro e conta di versare tra un anno altri 2000 euro. Oggi Paolo deve stipulare un nuovo tasso di interesse con la banca, valido per i successivi due anni; se Paolo desidera avere a disposizione tra 2 anni la somma di 15 000 euro, quale tasso di interesse annuo composto dovrà concordare (supponendo che tenga fede al suo proposito di versamento di ulteriori 2000 euro tra un anno)? [6,87%]

194 Oggi si investe un capitale di 5000 euro e tra cinque anni si ottiene un montante di 8052,55 euro.

a. Qual è il tasso annuo di interesse cui il capitale è stato investito, sapendo che il regime di interesse è composto?

b. Il montante di 8052,55 euro viene a sua volta investito a un tasso di interesse annuo composto del 5% e si ottiene un nuovo montante di 9787,93 euro. Per quanto tempo è stata investita la somma di 8052,55 euro?

[**a.** 10%; **b.** 4 anni]

195 Due capitali diversi (C_1 e C_2) vengono investiti, allo stesso tasso annuo i, rispettivamente per due periodi di tempo t_1 e t_2 (in anni) e producono gli stessi interessi. Sapendo che il primo capitale (C_1) è stato investito per un periodo di tempo doppio rispetto all'altro capitale (C_2), calcola il rapporto $\frac{C_1}{C_2}$:

a. in regime di capitalizzazione semplice; **b.** in regime di capitalizzazione composta.

$\left[\mathbf{a.}\ \frac{1}{2};\ \mathbf{b.}\ \frac{1}{(1+i)^{t_2}+1}\right]$

196 Data la seguente tabella, calcola gli interessi maturati sul conto corrente al tasso del 2% (data di chiusura 31/12).

Data	Causale	Operazione (euro)
1/11	primo versamento	1500
10/11	versamento	250
1/12	prelevamento	-800
10/12	versamento	100
20/12	versamento	200

[4,55 euro]

197 Determina quale somma di denaro devi depositare oggi in banca, per avere a disposizione tra sei anni un montante di 20 000 euro, se il tasso di interesse annuo composto è del 4,85%. [15 052,87 euro]

198 Se la società Gatto mi garantisce un interesse annuo semplice del 4%, per quanto tempo devo investire il mio capitale (qualunque esso sia) per fare in modo che il montante sia il 98% del montante generato in un anno?

[173 giorni]

199 Diamo un certo capitale alla società Gatto, la quale paga un tasso del 5% capitalizzato 4 volte all'anno e ci promette in un anno lo stesso montante che ci assicura la società Volpe che, invece, capitalizza il tasso di interesse solo una volta l'anno. Quanto vale il tasso di interesse praticato dalla società Volpe? [5,09%]

200 La società Gatto propone un investimento di 10 mesi che consentirà di aumentare del 2% il capitale iniziale. La società Volpe, invece, propone, per un investimento di uguale durata, un tasso di interesse annuo semplice del 2,4%. Quale società sta offrendo l'affare più vantaggioso? [È indifferente]

201 Dato un certo capitale e un certo periodo di investimento, la società Gatto garantisce il doppio del montante che dà la società Volpe. Il tasso di interesse pagato dalla società Gatto è maggiore, minore, o uguale al doppio di quello pagato dalla società Volpe, supponendo che operino in regime di interesse semplice? Giustifica adeguatamente la risposta. [Maggiore]

202 Investo lo stesso capitale presso la società Gatto e la società Volpe. La prima mi offre un tasso di interesse annuo uguale a i_G mentre la seconda mi offre un tasso di interesse annuo uguale a i_V. Investendo un capitale per 10 mesi presso la società Gatto oppure per un anno presso la società Volpe ottengo lo stesso montante. Quanto vale $\frac{i_V}{i_G}$ (in regime di interesse semplice)? $\left[\frac{5}{6}\right]$

203 La società Volpe paga un tasso di interesse annuo doppio del tasso di interesse annuo i pagato dalla società Gatto. Chiamando T_V il tempo (in anni) per cui si investe presso la società Volpe e T_G il tempo (in anni) per cui si investe presso la società Gatto, quanto deve valere $\frac{T_V}{T_G}$ affinché uno stesso capitale maturi un interesse uguale? Rispondi alla domanda:

a. in regime di interesse semplice; **b.** in regime di interesse composto. $\left[\text{a. } \frac{1}{2}; \text{ b. } \frac{\ln(1+i)}{\ln(1+2i)}\right]$

204 Un capitale viene investito per 3 anni al tasso del 4% capitalizzato quattro volte l'anno. Il montante ottenuto viene capitalizzato per altri due anni al tasso del 5% capitalizzato due volte l'anno. Trova il tasso di interesse annuo composto che rende la sequenza di queste due operazioni equivalente all'investimento dello stesso capitale per 5 anni. [4,46%]

205 Si sa che il tasso di interesse è del 3% annuo composto per investimenti di un anno e aumenta di 10 punti base per ogni anno in più di durata dell'investimento. Se un primo capitale di 1000 euro investito per 3 anni dà lo stesso montante di un secondo capitale, investito invece per 5 anni, a quanto ammonta questo secondo capitale? [929,90 euro]

Esercizi in inglese

206 Solve math in English Suppose \$ 2500 is deposited for 5 years in an account paying 3,5% per year compounded annually. Find the compound amount and the amount of interest earned. [\$ 2969,22; \$ 469,22]

207 Solve math in English Find the effective rate corresponding to a stated annual rate of 5% compounded semiannually. [5,06%]

208 Solve math in English Calculate the capital which should be invested at 4% compounded each half-year to accumulate to \$ 10 000 in five years. [\$ 8203,48]

PROVA DI AUTOVERIFICA

Interesse e montante

1 **Vero o falso?**

a. in regime di capitalizzazione composta, il montante M generato da un capitale C impiegato per 1 anno e 6 mesi al tasso annuo del 3% è dato dalla formula $M = C(0{,}03)^{1{,}5}$ V F

b. in regime di capitalizzazione semplice, il montante M generato da un capitale C impiegato per 1 anno e 6 mesi al tasso annuo del 3% è dato dalla formula $M = C(1 + 0{,}03 \cdot 1{,}5)$ V F

c. un tasso di interesse annuo del 6% equivale, in regime di capitalizzazione semplice, a un tasso di interesse mensile dello 0,5% V F

d. un tasso di interesse annuo del 6% equivale, in regime di capitalizzazione composta, a un tasso di interesse mensile dello 0,5% V F

e. il regime di capitalizzazione composto viene utilizzato solitamente per brevi periodi, mentre il regime di capitalizzazione semplice per lunghi periodi V F

2 Un capitale di 2000 euro viene investito per 8 mesi a un tasso di interesse semplice del 4%. Il montante ottenuto viene investito per altri 2 anni a un tasso di interesse composto del 3%. Quale montante si ottiene alla fine dei due anni?

3 Un capitale di 10 000 euro viene investito in regime di capitalizzazione composta per 3 anni al tasso annuo del 4%. Il montante ottenuto viene investito in regime di capitalizzazione semplice per 4 mesi e 10 giorni al tasso annuo del 3%. Qual è il montante di cui si disporrà dopo 3 anni, 4 mesi e 10 giorni?

4 Un capitale di 1000 euro viene investito per 3 anni, 4 mesi e 12 giorni al tasso di interesse trimestrale composto del 2%. Quale interesse genera?

5 Determina il tasso di interesse mensile equivalente a un tasso di interesse annuo del 6,3%:

a. in regime di capitalizzazione semplice; b. in regime di capitalizzazione composta.

6 Determina quale capitale occorre investire oggi, a un tasso di interesse annuo composto del 3%, per avere a disposizione tra 5 anni un montante di 10 000 euro.

7 Un capitale di 1300 euro, se investito per 100 giorni, dà un montante minore di 13 euro rispetto a quello che si otterrebbe investendolo, allo stesso tasso, per 200 giorni. Qual è il tasso di interesse, in regime di capitalizzazione semplice?

8 Un capitale di 12 500 euro, investito per 3 anni, 4 mesi e 20 giorni, in regime di capitalizzazione composta, ha generato un montante di 14 242 euro. Determina il tasso di interesse annuo.

9 Un capitale di 5000 euro, investito al tasso di interesse annuo composto del 4,5%, ha generato un montante di 6000 euro. Determina per quanto tempo è stato investito il capitale, esprimendo il tempo in anni, mesi e giorni.

10 Se presso la società Gatto investi 6500 euro per 5 anni al tasso di interesse annuo nominale composto del 5% convertibile trimestralmente, ricevi un interesse di 400 euro superiore a quello che otterresti per investire lo stesso capitale, per lo stesso tempo, presso la società Volpe (sempre in regime di interesse composto). Determina il tasso di interesse semestrale della società Volpe.

Valutazione

Esercizio	1	2	3	4	5	6	7	8	9	10	**Totale**
Punteggio	$0{,}2 \cdot 5 = 1$	1	1	1	1	1	1	1	1	1	10
Punteggio ottenuto											

Tempo massimo: 1,5 h

Risposte in fondo al volume

Lo sconto e il valore attuale

1. Lo sconto commerciale

Lo sconto

Nell'Unità 14 hai imparato a «spostare» correttamente un capitale nel futuro e a determinare il montante da esso generato. Naturalmente, è possibile anche l'operazione inversa.

Vediamo due situazioni tipiche:

1. una persona che deve saldare un debito C in un certa data futura è in grado di riscattare il suo debito, cioè di pagarlo in *anticipo*; la somma, diciamo V, che gli consente di estinguere il debito anticipatamente sarà inferiore al valore C del debito;
2. un soggetto «A» vanta un credito C nei confronti di una certa persona, da riscuotere in una data futura; se «A» ha immediato bisogno di denaro, può cedere il suo credito a un altro soggetto «B», che alla scadenza riscuoterà il credito al posto di «A» e che in cambio darà ad «A» un certa somma, diciamo V, di importo inferiore a C.

Entrambe queste situazioni sono descritte da una figura del tipo:

dove si pone il problema di determinare l'esatto valore di V, ossia di spostare il valore di C «indietro nel tempo», da t_2 a t_1. In questo contesto il capitale C (che come abbiamo visto può essere un credito da riscuotere o un debito da estinguere) viene chiamato **valore nominale**, mentre l'importo V è chiamato **valore attuale**. Come abbiamo osservato, risulterà $V < C$, e la differenza tra C e V viene definita **sconto**.

Se indichiamo lo sconto con S, allora tra S, C e V sussiste la relazione:

$$\underbrace{V}_{\text{valore attuale}} = \underbrace{C}_{\text{capitale}} - \underbrace{S}_{\text{sconto}}$$

> **Osserva**
> Secondo alcuni, non sembra corretto interpretare la parola «attuale» come «data odierna». Sembra più corretto, invece, ricondurre l'origine del vocabolo al verbo latino *agere*, che significa «fare, agire». In questo senso, dunque, il valore attuale è il capitale che «fa» o «genera» il capitale futuro.

Esistono tre diversi regimi di sconto, ovvero tre diverse modalità di calcolare lo sconto:

- lo **sconto commerciale**;
- lo **sconto razionale**;
- lo **sconto composto**.

Nel prosieguo di questo paragrafo vedremo come calcolare lo sconto commerciale; nel prossimo vedremo come si calcolano lo sconto razionale e lo sconto composto.

Lo sconto commerciale

Come per il calcolo dell'interesse abbiamo visto che si fa riferimento al *tasso di interesse*, così per il calcolo dello sconto in un regime di sconto commerciale, che indicheremo con S_c, si fa riferimento al cosiddetto **tasso di sconto commerciale** (o tasso di **interesse anticipato**), che indicheremo con la lettera d. Esso rappresenta lo sconto da applicare per ogni unità di tempo a un capitale unitario. In altre parole, d è definito ponendo a rapporto S_c con il capitale C (a scadenza) e con il tempo t per il quale lo sconto viene applicato (differenza tra la data di scadenza e la data di ricevimento anticipato del credito o di estinzione anticipata del debito):

$$d = \frac{S_c}{C \cdot t}$$

Ne segue che $S_c = Cdt$.

Attenzione!
Anche per il tasso di sconto vale quanto detto a proposito del tasso di interesse: in assenza di altre indicazioni si sottintende che l'unità di tempo sia l'anno, ovverosia che venga assegnato il tasso di sconto annuo.

SCONTO COMMERCIALE
In un regime di **sconto commerciale**, lo sconto S_c, relativo a un capitale C, a un tasso di sconto d e a un tempo di anticipazione t, è dato dalla formula:

$$S_c = Cdt$$

In questo regime lo sconto viene dunque calcolato sul *capitale a scadenza* (ovvero sul valore nominale C); il valore attuale V del capitale sarà:

$$V = C - S_c = C - Cdt = C(1 - dt)$$

In definitiva, quindi, le due leggi del regime di sconto commerciale sono:

$$S_c = Cdt \qquad [15.1]$$

$$V = C(1 - dt) \qquad [15.2]$$

Osserva che il valore attuale V assumerebbe valori negativi (il che ovviamente non avrebbe significato dal punto di vista economico) se fosse $1 - dt < 0$, ossia $t > \frac{1}{d}$. Pertanto si impone la condizione $t < \frac{1}{d}$, vale a dire: non è possibile scontare un capitale oltre il tempo $\frac{1}{d}$. Nella pratica questa condizione è sempre verificata, perché lo sconto commerciale si utilizza di solito per tempi *brevi*, inferiori all'anno.

ESEMPIO **Sconto commerciale**

Possediamo un credito di 2300 euro da riscuotere tra 150 giorni. La società finanziaria Volpe è disponibile a rilevare il nostro credito oggi al tasso di sconto annuo del 4%. Quale somma otteniamo oggi, se cediamo il credito alla società Volpe?

Abbiamo l'importo C del capitale a scadenza (2300 euro), il tasso di sconto annuo $d = 4\% = 0{,}04$ e il tempo t di anticipazione (150 giorni); vogliamo calcolare il valore attuale V, dunque basta applicare la **[15.2]**. Dobbiamo solo prestare attenzione a esprimere il tempo t (dato in giorni) in *anni*, in modo da conformarci al tasso di sconto. In definitiva avremo:

$$V = \underbrace{2300}_{C}\left(1 - \underbrace{0{,}04}_{d} \cdot \underbrace{\frac{150}{360}}_{t}\right) \simeq 2261{,}67$$

Cedendo il credito alla società Volpe, otterremo dunque l'importo di 2261,67 euro circa.

Dalla **[15.2]** segue in particolare (ponendo $t = 1$) che il valore attuale V di un capitale C disponibile tra 1 anno, scontato al tasso di sconto annuo d, è dato dalla formula:

$$V = C(1 - d) \qquad [15.3]$$

A quale tasso di interesse i dobbiamo investire V in regime di capitalizzazione *semplice* per fare in modo di avere, dopo 1 anno, un montante uguale a C? Il tasso di interesse i dovrà soddisfare la relazione:

$$C = V(1 + i) \qquad [15.4]$$

Sostituendo l'espressione di C data dalla **[15.4]** nella **[15.3]**, otteniamo:

$$V = V(1 + i)(1 - d)$$

ossia, dividendo entrambi i membri per V:

$$1 = (1 + i)(1 - d) \qquad [15.5]$$

Risolvendo la **[15.5]** rispetto a d troviamo la seguente formula, che esprime la relazione tra il tasso di sconto d e il tasso di interesse i nel regime di sconto commerciale:

$$d = \frac{i}{i + 1} \qquad [15.6]$$

Come puoi osservare, risulta sempre $d < i$, ossia $i > d$, come è logico aspettarsi dal momento che il tasso di interesse i deve produrre lo stesso interesse del tasso di sconto d, pur essendo applicato su una cifra minore (cioè sul valore attuale V di C).

Osserva

L'assunzione di un regime di capitalizzazione *semplice* è giustificato dal fatto che il regime di sconto commerciale, come abbiamo detto, si utilizza di solito per brevi periodi.

Prova tu

ESERCIZI a p. 673

1. Hai un credito di 1800 euro da riscuotere tra 140 giorni. Quale somma ottieni oggi cedendo il tuo credito, se il tasso di sconto è del 3%? [1779 euro]
2. Cedendo un credito da riscuotere tra 200 giorni ho ottenuto 2300 euro. Se il tasso di sconto è del 4%, a quanto ammontava il credito ceduto? [2352,27 euro]
3. Se cedendo un credito di 2000 euro si ottengono 1988 euro e il tasso di sconto è del 3%, dopo quanti giorni scadeva il credito ceduto? [72]
4. Cedi un credito di 5000 euro che scadrà tra 200 giorni e ottieni 4890,41 euro. Qual è il tasso di sconto applicato? [3,95%]

2. L'interesse e lo sconto: lo sconto razionale e lo sconto composto

Come abbiamo già detto, ci sono vari modi per calcolare lo sconto; nel paragrafo precedente abbiamo illustrato il regime dello *sconto commerciale* e abbiamo visto che in tale regime lo sconto viene calcolato, tramite il *tasso di sconto*, sul *capitale a scadenza*. In questo paragrafo vedremo invece come calcolare lo sconto nei regimi dello *sconto razionale* (o *semplice*) e dello *sconto composto*: in questi regimi lo sconto viene calcolato tramite il *tasso di interesse* (anziché tramite il tasso di sconto) sul *valore attuale* (anziché sul capitale a scadenza).

Lo sconto razionale o semplice

Supponiamo di avere contratto in passato un debito, per estinguere il quale dobbiamo pagare tra t anni il capitale C, che il tasso di interesse annuo sia i e il regime di capitalizzazione sia quello dell'interesse *semplice*. Se decidiamo di estinguere il debito oggi abbiamo diritto a uno *sconto* che, nel regime dello sconto *razionale*, viene calcolato imponendo che la somma V da pagare oggi sia equivalente, tra un tempo t, al capitale C. In altre parole, la somma che otterremmo trasportando V «avanti nel tempo» di un periodo t deve essere uguale a C:

$$\underbrace{V(1+it)}_{\text{il montante generato da } V \text{ nel tempo } t} \quad \underbrace{=}_{\text{deve essere uguale}} \quad \underbrace{C}_{\text{al capitale al tempo } t}$$

Dunque:

$$V = \frac{C}{1+it} \qquad [15.7]$$

Lo sconto, che nel regime dello sconto *razionale* indichiamo con S_r, è allora uguale a:

$$S_r = C - V = C - \frac{C}{1+it} = \frac{C + Cit - C}{1+it} = \frac{Cit}{1+it} = \frac{C}{1+it} \cdot it = Vit$$

Dunque:

$$S_r = Vit \qquad [15.8]$$

Osserva

Il tipo di sconto appena visto viene detto sconto *razionale* non perché il metodo sia particolarmente «ragionevole», ma perché il **fattore di sconto** (ossia il fattore per cui va moltiplicato il capitale C a scadenza per ottenere il corrispondente valore attuale) si presenta sotto forma di *frazione*: $\frac{1}{1+it}$.

Come è noto, i numeri esprimibili sotto forma di frazione sono detti *razionali*.

SCONTO RAZIONALE (O SEMPLICE)

In un regime di sconto **razionale** (o **semplice**), lo sconto S_r è uguale all'interesse che la somma scontata V produrrebbe se venisse impiegata, *in regime di interesse semplice*, per un tempo t uguale a quello di anticipazione.

Anche il regime di sconto razionale viene applicato solitamente per prestiti a *breve scadenza* (così come il regime di sconto commerciale).

ESEMPIO Sconto razionale

Abbiamo contratto un debito di 2500 euro da pagare tra 5 mesi, e sul mercato finanziario il tasso di interesse è del 4%. Se siamo in grado di estinguere il debito già tra 1 mese, quale somma, scontata in regime di sconto razionale, dovremo pagare?

Abbiamo l'importo C del capitale a scadenza (2500 euro), il tasso di interesse annuo $i = 4\% = 0{,}04$ e il tempo t di anticipazione ($5 - 1 = 4$ mesi); vogliamo calcolare il valore attuale V, dunque basta applicare la **[15.7]**. Dobbiamo solo prestare attenzione a esprimere il tempo t (dato in mesi) in *anni*, in modo da conformarci al tasso di interesse. In definitiva avremo:

$$V = \frac{2500}{1 + 0{,}04 \cdot \frac{4}{12}} \simeq 2467{,}11 \text{ euro}$$

Sostituendo nella formula $S_r = \frac{Cit}{1+it}$ i valori $C = 1$, $t = 1$, otteniamo lo sconto che deve essere applicato per ogni unità di tempo a un capitale unitario, $S_r = \frac{i}{1+i}$, ossia il **tasso di sconto** d; scopriamo dunque così che anche nel regime dello sconto razionale (come in quello dello sconto commerciale) tra tasso di interesse i e tasso di sconto d sussiste la relazione:

$$d = \frac{i}{1+i}$$

Lo sconto composto

Per prestiti a *lunga scadenza* il regime utilizzato per il calcolo dello sconto è solitamente quello dello *sconto composto*. Si tratta di un regime simile a quello dello sconto *razionale*, con la differenza che ora la capitalizzazione si considera appunto *composta*.

Se decidiamo di estinguere oggi (o in un'altra data anticipata rispetto alla scadenza) un debito per cui dobbiamo pagare tra un tempo t il capitale C, abbiamo diritto a uno sconto che, nel regime dello sconto *composto*, si calcola (come nel regime dello sconto razionale) imponendo che la somma V da pagare oggi sia equivalente, tra un tempo t, al capitale C. La differenza consiste solo nella formula da utilizzare per il calcolo del montante, dal momento che ora l'interesse è supposto composto:

$$\underbrace{V(1+i)^t}_{\text{il montante generato da } V \text{ nel tempo } t} \quad \underbrace{=}_{\text{deve essere uguale}} \quad \underbrace{C}_{\text{al capitale al tempo } t}$$

Dunque:

$$V = \frac{C}{(1+i)^t} \qquad [15.9]$$

Calcolando lo sconto, che in questo regime indichiamo con S_{cp}, otteniamo:

$$S_{cp} = C - V = C - \frac{C}{(1+i)^t} = \frac{C}{(1+i)^t} \cdot [(1+i)^t - 1] = V[(1+i)^t - 1]$$

Dunque:

$$S_{cp} = V[(1+i)^t - 1] \qquad [15.10]$$

Osserva

La formula [15.9] è equivalente a:

$V = C(1+i)^{-t}$

SCONTO COMPOSTO

In un regime di **sconto composto**, lo sconto S_{cp} è uguale all'interesse che la somma scontata V produrrebbe se venisse impiegata, *in regime di interesse composto*, per un tempo t uguale a quello di anticipazione.

ESEMPIO Sconto composto

Abbiamo contratto un debito di 2500 euro da pagare tra 5 anni, e sul mercato finanziario il tasso di interesse è del 4%. Se siamo in grado di estinguere il debito già tra 1 anno, quale somma, scontata in regime di sconto composto, dovremo pagare?

In base ai dati, conosciamo il capitale $C = 2500$ euro, il tasso di interesse annuo $i = 4\% = 0{,}04$ e il tempo t di anticipazione, pari a 4 anni.

Dobbiamo calcolare il valore attuale V, perciò basta utilizzare la formula **[15.9]**:

$$V = \frac{2500}{(1+0{,}04)^4} \simeq 2137{,}01 \text{ euro}$$

Sostituendo nella formula $S_{cp} = C - \dfrac{C}{(1+i)^t}$ i valori $C = 1$, $t = 1$, otteniamo lo sconto che deve essere applicato per ogni unità di tempo a un capitale unitario, $S_{cp} = \dfrac{i}{1+i}$, ossia il **tasso di sconto** d; scopriamo dunque così che anche nel regime dello sconto composto (come in quello dello sconto commerciale e in quello dello sconto razionale) tra tasso di interesse i e tasso di sconto d sussiste la relazione:

$$d = \frac{i}{1+i}$$

COLLEGHIAMO I CONCETTI

I vari regimi di sconto

Abbiamo visto tre modi di calcolare lo sconto: lo sconto *commerciale*, lo sconto *semplice* e quello *composto*; vogliamo confrontare questi tre tipi di sconti. A tale scopo, partiamo dal confronto dei corrispondenti valori attuali:

$$V_c = C(1-dt) \qquad V_r = \frac{C}{1+it} \qquad V_{cp} = \frac{C}{(1+i)^t} \qquad [15.11]$$

Poiché, in tutti e tre i regimi di sconto, risulta $d = \frac{i}{1+i}$, possiamo esprimere tutte e tre le formule **[15.11]** in funzione del tasso di interesse i:

$$V_c = C\left(1 - \frac{i}{1+i}t\right) \qquad V_r = \frac{C}{1+it} \qquad V_{cp} = \frac{C}{(1+i)^t}$$

Il confronto fra i tre valori attuali si riduce così al confronto fra i tre fattori per cui risulta moltiplicato C (i cosiddetti **fattori di sconto**), espressi dalle tre funzioni:

$$f_1(t) = 1 - \frac{i}{1+i}t \qquad f_2(t) = \frac{1}{1+it} \qquad f_3(t) = \frac{1}{(1+i)^t}$$

Si può verificare che i grafici di queste funzioni (supposto i fissato) passano tutti per i due punti di coordinate $(0, 1)$ e $\left(1, \frac{1}{1+i}\right)$ e hanno gli andamenti rappresentati in **fig. 15.1** a pagina seguente.

Dall'osservazione dei grafici possiamo allora concludere che, a parità di C:

- se $0 < t < 1$, risulta $V_r < V_{cp} < V_c$, quindi $S_c < S_{cp} < S_r$;
- se $t = 1$, risulta $V_r = V_c = V_{cp}$, quindi $S_c = S_{cp} = S_r$;
- se $1 < t < \frac{1}{d}$, risulta $V_c < V_{cp} < V_r$, quindi $S_r < S_{cp} < S_c$.

Se ci poniamo dal punto di vista di un *creditore* (cui conviene scontare il *meno possibile* in modo da ottenere dal debitore una cifra superiore) risulta più conveniente il regime dello sconto *commerciale* se $0 < t < 1$ e il regime dello sconto *razionale* se $1 < t < \frac{1}{d}$. La situazione è ovviamente opposta dal punto di vista del *debitore* che vuole estinguere un debito anticipatamente: per il debitore il regime più conveniente è quello che garantisce il maggiore sconto possibile, in modo da dovere restituire una somma inferiore.

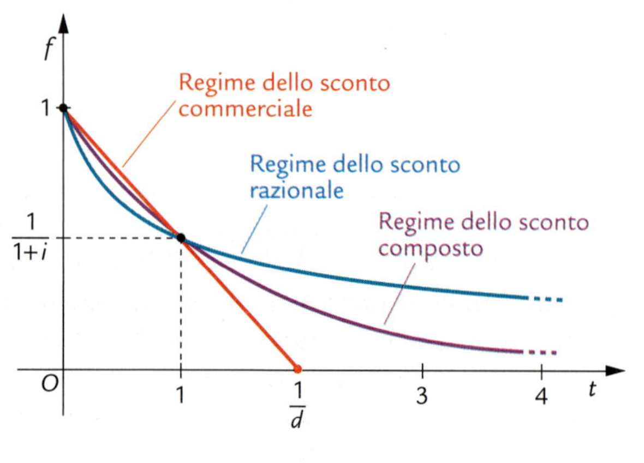

Figura 15.1

Prova tu **ESERCIZI** a p. 676

1. Sul mercato finanziario il tasso di interesse è pari al 4%. Quanto vale oggi un credito di 1300 euro da riscuotere tra un anno, applicando il regime dello sconto razionale? [1250 euro]
2. Sul mercato finanziario il tasso di interesse è pari al 3%. Quanto vale, oggi, un credito di 1500 euro da riscuotere tra due anni, applicando il regime dello sconto composto? [1413,89 euro]

3. La scindibilità

COLLEGHIAMO I CONCETTI

L'attualizzazione e la capitalizzazione

Nell'Unità precedente ci siamo occupati per lo più di operazioni di **capitalizzazione**, cioè di operazioni tramite cui si determina il valore *futuro* di un capitale disponibile oggi. In questa Unità abbiamo invece concentrato la nostra attenzione sulle operazioni di **attualizzazione**, ossia sulle operazioni tramite cui si determina il valore *attuale* di un capitale disponibile come naturale scadenza in data futura.
Le operazioni di attualizzazione e capitalizzazione sono confrontate in **fig. 15.2**.

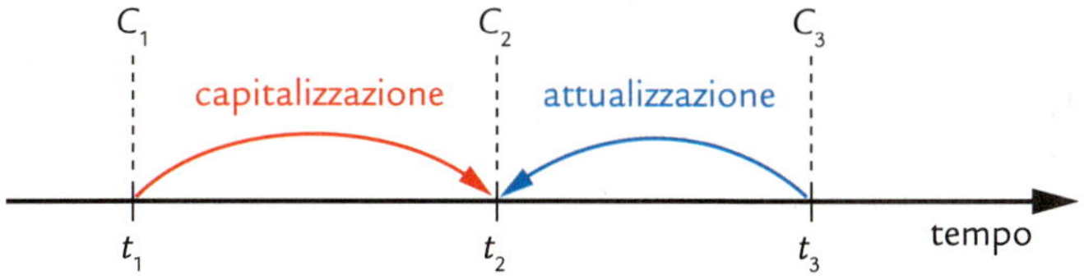

Figura 15.2

È interessante confrontare le formule che forniscono il montante e il valore attuale in alcuni dei regimi finanziari che abbiamo studiato, per osservarne analogie e differenze.

Montante	In regime di capitalizzazione semplice: $M = C(1 + it)$	In regime di capitalizzazione composta: $M = C(1 + i)^t$
Valore attuale	In regime di sconto commerciale: $V = C(1 - dt)$	In regime di sconto composto: $V = C(1 + i)^{-t}$

Come puoi notare, la formula del montante in regime di capitalizzazione semplice è analoga a quella del valore attuale in regime di sconto commerciale: a parte il fatto che nella prima si considera il tasso di interesse e nella seconda il tasso di sconto, la sola differenza è che nella prima formula il tempo t viene considerato con il segno *positivo*, mentre nella seconda con il segno *negativo*.
La medesima differenza è l'unico aspetto che distingue la formula del montante in regime di capitalizzazione composta da quella del valore attuale in regime di sconto composto.
Il segno che precede la variabile t può quindi essere interpretato come un indice di spostamento temporale: con il segno «più» ci si sposta *avanti* nel tempo (calcolando il *montante*, ovvero eseguendo un'operazione di *capitalizzazione*), mentre con il segno «meno» ci si sposta *indietro* nel tempo (calcolando il *valore attuale*, ovvero eseguendo un'operazione di *attualizzazione*).

Vogliamo ora soffermarci a studiare quali dei regimi di capitalizzazione e attualizzazione che abbiamo studiato godono di una particolare proprietà: la cosiddetta scindibilità, che ora introduciamo.

Scindibilità in un regime di capitalizzazione

SCINDIBILITÀ IN UN REGIME DI CAPITALIZZAZIONE
Un regime di capitalizzazione si dice **scindibile** se, dati tre momenti t_1, t_2 e t_3, una somma di denaro capitalizzata da t_1 a t_3 dà lo stesso montante che si ottiene capitalizzando la somma da t_1 a t_2 e poi capitalizzando il montante intermedio da t_2 a t_3 (**fig. 15.3**).

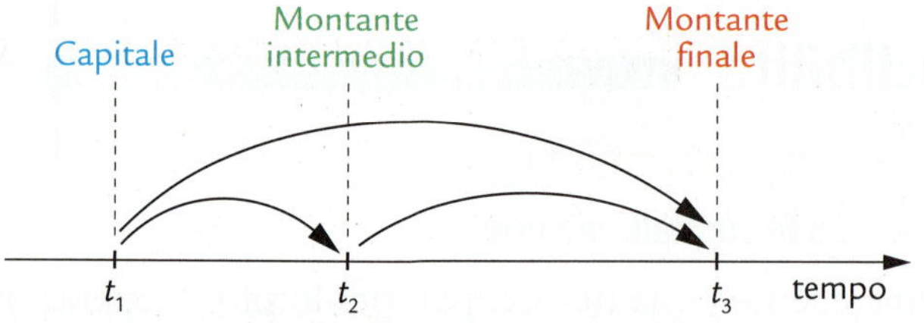

Figura 15.3 Se la doppia capitalizzazione dà lo stesso risultato di una capitalizzazione sola, allora la legge di capitalizzazione che si sta usando viene definita *scindibile*.

Studiamo se la proprietà di scindibilità è valida nei regimi di capitalizzazione semplice e composto.

1. Nel caso di capitalizzazione *semplice*, un investimento del capitale C al tasso i da t_1 fino a t_3 produce un montante uguale a:

$$C[1 + i(t_3 - t_1)] \quad [15.12]$$

Il doppio investimento da t_1 a t_2 e poi da t_2 a t_3 produce un montante uguale a:

$$\underbrace{C[1 + i(t_2 - t_1)]}_{\text{montante generato da } t_1 \text{ a } t_2} \cdot \underbrace{[1 + i(t_3 - t_2)]}_{\text{fattore di capitalizzazione da } t_2 \text{ a } t_3} \quad [15.13]$$

È facile verificare che i due montanti ottenuti in generale sono diversi: basta considerare per esempio il caso in cui $C = 100$ euro, $i = 10\%$, $t_1 = 1$, $t_2 = 2$, $t_3 = 3$, che fornisce un montante di 120 euro nel caso della **[15.12]** e di 121 euro nel caso della **[15.13]**. Dunque il regime di capitalizzazione *semplice* **non** è scindibile.

2. Nel caso di capitalizzazione *composta*, un investimento del capitale C al tasso i da t_1 fino a t_3 produce un montante uguale a:

$$C(1 + i)^{t_3 - t_1} \quad [15.14]$$

Il doppio investimento da t_1 a t_2 e poi da t_2 a t_3 produce un montante uguale a:

$$\underbrace{C(1 + i)^{t_2 - t_1}}_{\text{montante generato da } t_1 \text{ a } t_2} \cdot \underbrace{(1 + i)^{t_3 - t_2}}_{\text{fattore di capitalizzazione da } t_2 \text{ a } t_3} \quad [15.15]$$

È immediato però riconoscere che la **[15.15]**, in base alle proprietà delle potenze, coincide con la **[15.14]**. Dunque il regime di capitalizzazione *composto* è *scindibile*. Attenzione, però: ciò è vero solo qualora si adotti la *convenzione esponenziale* (come abbiamo fatto implicitamente); il regime di capitalizzazione composto *misto* **non** risulta infatti scindibile, come mostra l'esempio seguente.

ESEMPIO **Non scindibilità del regime di capitalizzazione composta con convenzione mista**

Calcoliamo il montante che si ottiene da un investimento di 20 000 euro per 2 anni e 10 mesi al tasso del 2% (in capitalizzazione mista). Dopodiché lo confrontiamo con il montante ottenuto dallo stesso capitale che (sempre in capitalizzazione mista) viene prima investito per 1 anno e 11 mesi e successivamente (insieme agli interessi) per altri 11 mesi.

- **Capitalizzazione unica** Applichiamo la formula della capitalizzazione mista:

$$20\,000 \cdot (1+0{,}02)^2 \cdot \left(1+0{,}02 \cdot \frac{10}{12}\right) = 21\,154{,}80 \text{ euro}$$

- **Doppia capitalizzazione** Dal primo investimento si ottiene:

$$20\,000 \cdot (1+0{,}02) \cdot \left(1+0{,}02 \cdot \frac{11}{12}\right) = 20\,774 \text{ euro}$$

che, reinvestito per altri 11 mesi, dà:

$$20\,774 \cdot \left(1+0{,}02 \cdot \frac{11}{12}\right) = 21\,154{,}86 \text{ euro}$$

I due montanti non sono uguali e, quindi, la capitalizzazione mista non è scindibile.

Osserva

I due montanti dell'esempio non sono uguali ma la loro differenza è minima. Questo risultato deriva dal fatto che la capitalizzazione esponenziale approssima piuttosto bene (lo hai già visto) la capitalizzazione mista.

Scindibilità in un regime di attualizzazione

Si può definire la proprietà di **scindibilità** anche per un regime di **sconto**: un regime di sconto si dice *scindibile* se una somma di denaro attualizzata da t_3 a t_1 dà lo stesso valore attuale che si ottiene prima attualizzando la somma da t_3 a t_2 e poi attualizzando ulteriormente il valore attuale intermedio da t_2 a t_1 (**fig. 15.4**).

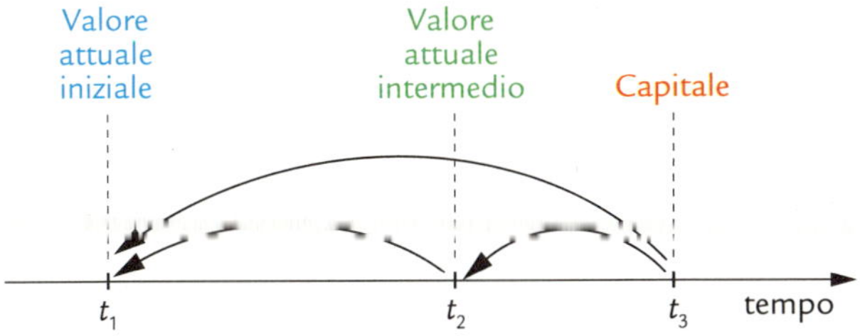

Figura 15.4 Se la doppia attualizzazione dà lo stesso risultato di una attualizzazione sola, allora la legge di attualizzazione che si sta usando viene definita *scindibile*.

È un facile esercizio, che ti invitiamo a svolgere, provare che l'unico regime di sconto *scindibile* tra quelli studiati è quello dello *sconto composto*.

Prova tu **ESERCIZI** a p. 680

1. Se il tasso di interesse sul mercato è pari al 4%, mostra che, con la convenzione esponenziale, il capitale di 15 000 euro investito per 1 anno e 3 mesi dà lo stesso montante dell'investimento per 1 anno il cui montante viene reinvestito per 3 mesi. [Il montante è 15 753,71 euro]

2. Se il tasso di interesse sul mercato è pari al 5%, mostra che, con la convenzione mista, il capitale di 18 000 euro investito per 2 anni e 4 mesi non dà lo stesso montante dell'investimento per 1 anno e 8 mesi il cui montante viene reinvestito per altri 8 mesi. [I montanti sono: 20 175,75 euro; 20 181 euro]

4. L'equivalenza finanziaria

Le operazioni di attualizzazione e capitalizzazione sono particolarmente frequenti, in quanto intervengono nell'applicazione del fondamentale principio di equivalenza finanziaria, che possiamo enunciare come segue.

> **EQUIVALENZA FINANZIARIA**
> In dato regime finanziario, a un tasso i, due capitali C_1 e C_2 disponibili in tempi diversi t_1 e t_2 si dicono (finanziariamente) **equivalenti** se i loro valori, riferiti a uno stesso tempo t, sono uguali.

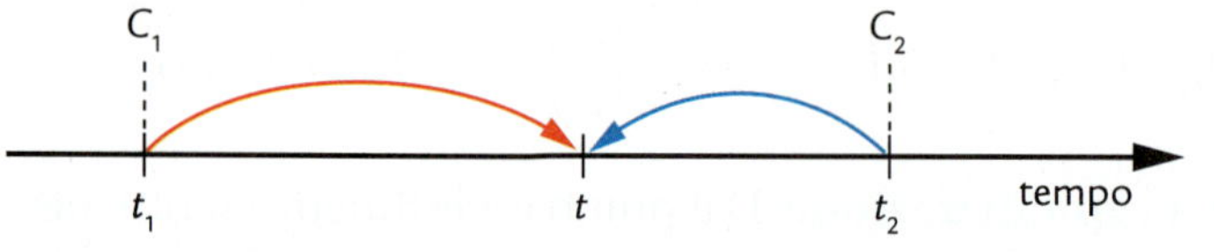

Figura 15.1 C_1 e C_2 sono equivalenti se il loro valore riferito al tempo t è lo stesso, ossia se capitalizzando C_1 da t_1 a t si ottiene lo stesso valore che risulta attualizzando C_2 da t_2 a t.

Vediamo ora l'applicazione del principio di equivalenza finanziaria a tre importanti classi di problemi; altri esempi verranno proposti negli esercizi.

1. Problema dell'unificazione dei capitali

Supponiamo di avere dei crediti (debiti) $C_1, C_2, ..., C_n$, concessi al tasso i, da riscuotere (pagare) nei tempi $t_1, t_2, ..., t_n$. Vorremmo riscuotere tutti i crediti (pagare tutti i debiti) alla stessa data t; ci proponiamo di determinare il capitale C da riscuotere (pagare) alla data t, in modo che ciò sia finanziariamente equivalente alla riscossione dei crediti (pagamento dei debiti) $C_1, C_2, ..., C_n$ nei tempi $t_1, t_2, ..., t_n$.

ESEMPIO Unificazione di capitali

Dobbiamo pagare due debiti, il primo di 5000 euro che scade fra 3 anni e il secondo di 10 000 euro che scade fra 4 anni. Conveniamo con il creditore di estinguere entrambi i debiti fra 2 anni; quale somma dovremo pagare, se il tasso è del 5%, composto?

Il problema può essere risolto in vari modi, a seconda dell'istante di tempo in cui si sceglie di trasportare tutti i capitali; ne proponiamo tre.

1° modo

Spostiamo tutti i capitali *indietro* nel tempo, in $t = 2$. Per il principio di equivalenza finanziaria, il capitale incognito C deve essere uguale alla somma dei valori attuali, al tempo $t = 2$, dei due capitali C_1 e C_2.

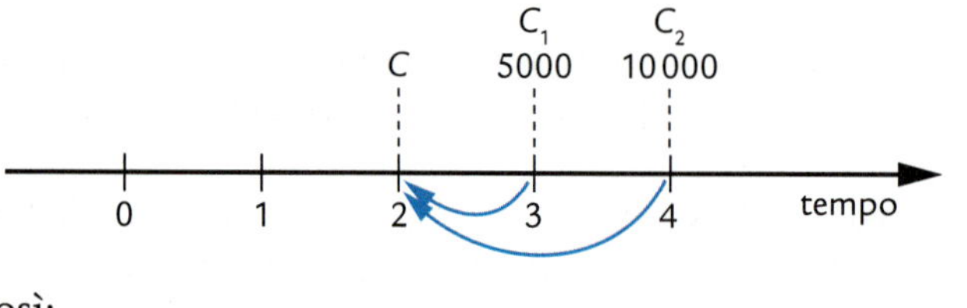

Otteniamo così:

$$C = \underbrace{5000\,(1+0{,}05)^{-1}}_{\text{valore attuale di } C_1 \text{ in } t=2} + \underbrace{10\,000\,(1+0{,}05)^{-2}}_{\text{valore attuale di } C_2 \text{ in } t=2} \simeq 13\,832{,}20$$

2° modo

Spostiamo tutti i capitali *indietro* nel tempo, in $t = 0$. Per il principio di equivalenza finanziaria, il valore attuale al tempo $t = 0$ del capitale incognito C

deve essere uguale alla somma dei valori attuali dei due capitali C_1 e C_2.

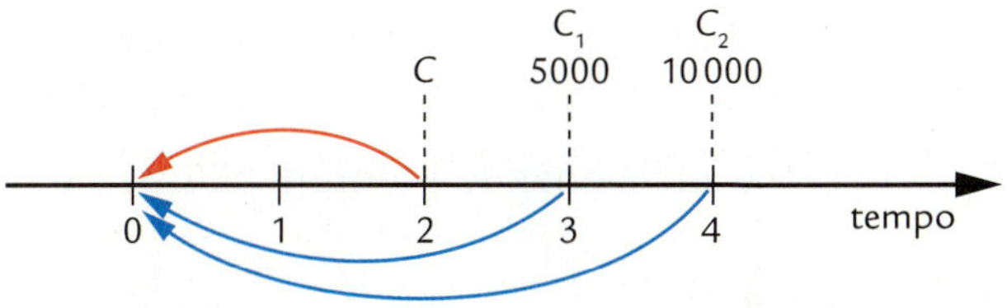

Otteniamo così la seguente equazione nell'incognita C:

$$\underbrace{C(1+0{,}05)^{-2}}_{\text{valore attuale di } C} = \underbrace{5000(1+0{,}05)^{-3} + 10\,000(1+0{,}05)^{-4}}_{\text{somma dei valori attuali di } C_1 \text{ e } C_2}$$

che, risolta, fornisce:

$$C \simeq 13\,832{,}20 \text{ euro}$$

3° modo

Spostiamo tutti i capitali *avanti* nel tempo, in $t = 4$. Per il principio di equivalenza finanziaria, il montante al tempo $t = 4$ del capitale incognito C deve essere uguale alla somma dei montanti dei due capitali C_1 e C_2.

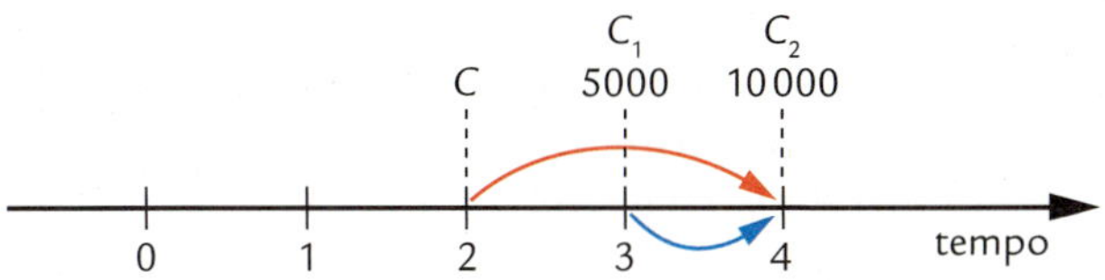

Otteniamo così la seguente equazione nell'incognita C:

$$\underbrace{C(1+0{,}05)^{2}}_{\text{montante di } C} = \underbrace{5000(1+0{,}05) + 10\,000}_{\text{somma dei montanti di } C_1 \text{ e } C_2}$$

che, risolta, fornisce:

$$C \simeq 13\,832{,}20 \text{ euro}$$

Osserva

Le tre equazioni cui siamo giunti nei tre diversi modi di risolvere il problema sono equivalenti per il 2° principio di equivalenza per le equazioni (perché?).

2. Problema della scadenza media

Supponiamo di dovere riscuotere dei crediti (o pagare dei debiti) $C_1, C_2, \ldots, C_n$, concessi al tasso i, nei tempi $t_1, t_2, \ldots, t_n$. Ci proponiamo di determinare il tempo t, detto **scadenza media**, per cui riscuotere i crediti (pagare i debiti) al tempo t in una unica somma $C_1 + \ldots + C_n$ sia finanziariamente equivalente alla riscossione dei crediti (pagamento dei debiti) $C_1, C_2, \ldots, C_n$ nei tempi $t_1, t_2, \ldots, t_n$.

ESEMPIO Scadenza media

Dobbiamo riscuotere due crediti, concessi al tasso composto del 5%, il primo di 5000 euro che scade fra 2 anni e il secondo di 10 000 euro che scade tra 4 anni. Determiniamo la scadenza media di questi crediti.

Anche questo problema (come quello dell'esempio precedente) può essere risolto in vari modi: ne proponiamo uno e lasciamo a te il compito di trovare delle soluzioni alternative.

Imponiamo che il valore attuale al tempo $t = 0$ del capitale $C = C_1 + C_2$ da riscuotere al tempo t incognito sia uguale alla somma dei valori attuali dei due capitali C_1 e C_2.

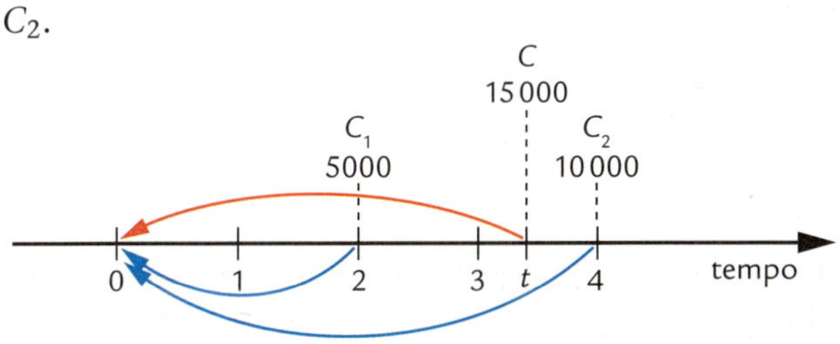

Otteniamo così la seguente equazione nell'incognita t:

$$\underbrace{5000\,(1+0{,}05)^{-2}+10\,000\,(1+0{,}05)^{-4}}_{\text{somma dei valori attuali di } C_1 \text{ e } C_2} = \underbrace{15\,000\,(1+0{,}05)^{-t}}_{\text{valore attuale di } C}$$

Dividendo per 15 000 e addizionando i termini all'interno delle parentesi otteniamo:

$$\frac{(1{,}05)^{-2}+2(1{,}05)^{-4}}{3}=(1{,}05)^{-t}$$

da cui, approssimando il primo membro, otteniamo:

$$(1{,}05)^{-t}=0{,}8508 \Rightarrow \ln\,(1{,}05)^{-t}=\ln 0{,}8508 \Rightarrow$$

$$\Rightarrow -t\ln\,(1{,}05)=\ln 0{,}8508 \Rightarrow t=-\frac{\ln 0{,}8508}{\ln\,(1{,}05)} \Rightarrow t\simeq 3{,}3117$$

Se ne deduce che la scadenza media corrisponde a circa 3 anni, 3 mesi e 22 giorni.

3. Problema della sostituzione dei pagamenti

Supponiamo di dover pagare un debito (riscuotere un credito) di importo uguale a C al tempo t. Invece di estinguere il debito (riscuotere il credito) in un'unica soluzione al tempo t, vorremmo estinguere il debito (riscuotere il credito) mediante n rate di uguale importo R, da pagare ai tempi $t_1, t_2, \ldots, t_n$. Vogliamo determinare il valore di R, in modo che ciò sia equivalente all'estinzione del debito (riscossione del credito) in un'unica soluzione al tempo t.

ESEMPIO **Sostituzione dei pagamenti**

Per estinguere un debito dobbiamo pagare 15 000 euro tra 3 anni. Otteniamo di estinguere il debito in due rate uguali, la prima da pagare alla fine del secondo anno e la seconda da pagare alla fine del quarto. Se il tasso annuo composto è del 4%, quale sarà l'importo della rata?

Anche questo problema (come messo in evidenza nel primo esempio) può essere risolto in vari modi: ne proponiamo uno e lasciamo a te il compito di trovare delle soluzioni alternative.

Imponiamo che il valore attuale al tempo $t=0$ del capitale $C=15\,000$ sia uguale alla somma dei valori attuali delle due rate di importo incognito R da pagare ai tempi $t=2$ e $t=4$.

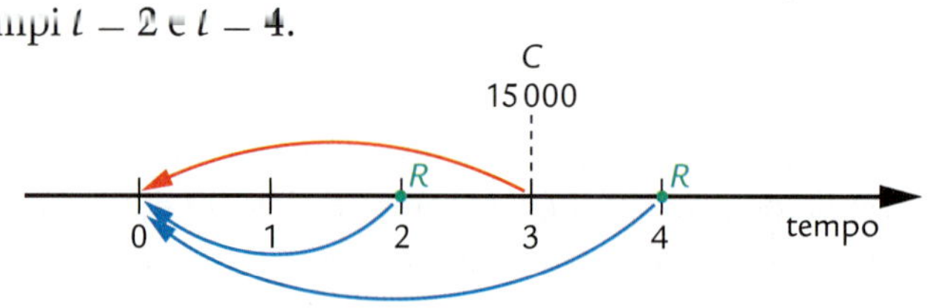

Otteniamo così la seguente equazione nell'incognita R:

$$\underbrace{R\,(1+0{,}04)^{-2}+R\,(1+0{,}04)^{-4}}_{\text{somma dei valori attuali delle due rate}} = \underbrace{15\,000\,(1+0{,}04)^{-3}}_{\text{valore attuale di } C}$$

che, risolta, fornisce:

$$R\simeq 7494{,}24 \text{ euro}$$

On-line puoi trovare un breve approfondimento su sconto e risconto.

Prova tu **ESERCIZI** a p. 681

Trova dei metodi di risoluzione alternativi a quelli proposti per ciascuno dei tre esempi di questo paragrafo, trasportando i capitali in istanti di tempo diversi da quelli scelti.

SINTESI

Formule e proprietà importanti

Regime di sconto	Valore attuale	Sconto
Commerciale	$V = C(1 - dt)$	$S_c = Cdt$
Razionale	$V = \dfrac{C}{1 + it}$	$S_r = Vit$
Composto	$V = \dfrac{C}{(1 + i)^t}$	$S_{cp} = V[(1 + i)^t - 1]$

Principio di equivalenza finanziaria
In dato regime finanziario, a un tasso i, due capitali disponibili in tempi diversi t_1 e t_2 si dicono (finanziariamente) **equivalenti** se i loro valori, riferiti a uno stesso tempo t, sono uguali.

CONOSCENZE E ABILITÀ

1. Lo sconto commerciale

TEORIA a p. 661

Esercizi preliminari

1 **Vero o falso?**

a. 1000 euro disponibili tra due mesi hanno lo stesso valore di 1000 euro disponibili oggi V F
b. cedendo un credito, si riceve esattamente l'importo del credito V F
c. lo sconto sottratto da un capitale dipende dal periodo di tempo per cui il capitale è stato scontato V F
d. lo sconto calcolato su un capitale non dipende dal capitale V F

[1 affermazione vera e 3 false]

2 **Vero o falso?**

a. il valore attuale è sempre minore del capitale V F
b. lo sconto è sempre maggiore del capitale V F
c. lo sconto è la somma tra capitale e valore attuale V F
d. a capitali attualizzati per periodi più lunghi vengono sottratti sconti più piccoli V F

[1 affermazione vera e 3 false]

3 **Vero o falso?**

a. per ottenere il valore attuale occorre sottrarre al capitale il fattore di sconto V F
b. lo sconto dipende solo dalla data finale dell'operazione ma non dalla sua durata V F
c. il valore attuale e il capitale sono tra loro collegati attraverso il tasso di sconto V F
d. dato uno stesso capitale, scontato per uno stesso periodo, il tasso di sconto è tanto maggiore quanto maggiore è lo sconto (monetario) V F

[2 affermazioni vere e 2 false]

4 Inserisci i simboli opportuni (+, −, =) tra le lettere:

a. $V...C...S$ **b.** $C...V...S$ **c.** $S...C...V$ **d.** $C...S...V$

5 Inserisci nelle caselle i simboli S_c, C, t e d:

a. $t = \dfrac{\square}{\square \cdot \square}$

b. $d = \dfrac{\square}{\square \cdot \square}$

c. $S_c = \square \cdot \square \cdot \square$

d. $C = \dfrac{\square}{\square \cdot \square}$

Problemi

6 ESERCIZIO SVOLTO

Un debito che deve essere restituito fra 225 giorni può essere estinto oggi, con la somma di 12 848,36 euro. Sapendo che è stato applicato un tasso di sconto commerciale annuo uguale al 4,85%, determina l'importo del debito e lo sconto che è stato effettuato.

- Puoi subito calcolare l'importo del debito:

$$V = C(1 - dt) \Rightarrow C = \frac{V}{1 - dt} = \frac{12\,848{,}36}{1 - \frac{4{,}85}{100} \cdot \frac{225}{360}} \simeq 13\,250 \text{ euro}$$

- Pertanto:

$$S_c = C - V = 13\,250 - 12\,848{,}36 = 401{,}64 \text{ euro}$$

7 ESERCIZIO GUIDATO

Un debito viene scontato, con sconto commerciale, in anticipo di 6 mesi e 15 giorni rispetto alla scadenza. Il tasso di sconto commerciale annuo è del 4,5%; se è stato applicato uno sconto di 341,25 euro, determina l'importo del debito e la somma scontata.

- Puoi subito calcolare l'importo del debito:

$$S_c = Cdt \Rightarrow C = \frac{S_c}{d \cdot t} = \ldots\ldots$$

- Pertanto:

$$V = C - S_c = \ldots\ldots$$

[14 000 euro; 13 658,75 euro]

8 ESERCIZIO GUIDATO

Calcola il tasso di sconto commerciale annuo che permette di estinguere un debito di 11 500 euro con il pagamento di 11 209,47 euro, versati 5 mesi e 20 giorni prima della scadenza.

- È noto che:

$V = 11\,209{,}47$ euro $\qquad C = 11\,500$ euro $\qquad t = 5$ mesi e 20 giorni $= \left(\frac{5}{12} + \frac{20}{360}\right)$ anni

- Calcola anzitutto lo sconto effettuato:

$$S_c = C - V = \ldots\ldots$$

- A questo punto puoi ricavare il tasso di sconto:

$$S_c = Cdt \Rightarrow d = \frac{S_C}{C \cdot t} = \ldots\ldots$$

[5,35%]

9 Sconto commercialmente una cambiale del valore nominale di 8000 euro, 2 anni prima della scadenza, al tasso di sconto annuo del 5,5%. Qual è la somma scontata? [7120 euro]

10 Per l'estinzione anticipata oggi di un debito di 15 000 euro che scade tra 1 anno e 3 mesi viene applicato un tasso di sconto commerciale annuo del 3,8%. Calcola la somma scontata. [14 287,50 euro]

11 Calcola a quanto ammonta lo sconto commerciale relativo al valore nominale di 2500 euro scontato al tasso di sconto annuo del 3,5%, 5 mesi e 15 giorni prima della scadenza. [40,10 euro]

12 Determina lo sconto commerciale relativo al valore nominale di 3000 euro, scontato al tasso di sconto annuo del 4%, 6 mesi e 10 giorni prima della scadenza. [63,33 euro]

13 Completa la seguente tabella, in cui i tempi sono espressi in giorni, il tasso di sconto è annuo e gli importi sono espressi in euro. Il regime è quello dello sconto commerciale.

t	C	S_c	d
.....	1000	10,96	0,04
300	.....	10,00	0,03
200	1500	.....	0,02
250	2000	20,00	.....

[$t \simeq 99$; $C = 400$; $S_c \simeq 16{,}67$; $d = 1{,}44\%$]

14 Completa la seguente tabella, in cui i tempi sono espressi in giorni, il tasso di sconto è annuo e gli importi sono espressi in euro. Il regime è quello dello sconto commerciale.

t	C	d	V
.....	1300	4%	1200
300	.....	3%	1600
250	2000	.....	1900
200	1500	4%	.....

[$t \simeq 692$; $C \simeq 1641{,}03$; $d = 7{,}2\%$; $V \simeq 1466{,}67$]

15 Per estinguere un debito che scadrà tra 200 giorni paghi oggi la somma di 19 416,67 euro. Qual è l'importo del debito, se viene applicato un tasso di sconto commerciale annuo del 5,25%? [20 000 euro]

16 Per estinguere un debito che scadrà tra 4 mesi paghi oggi la somma di 14 692,50 euro. Qual è l'importo del debito, se viene applicato un tasso di sconto commerciale annuo del 6,15%? [15 000 euro]

17 Un debito viene estinto 8 mesi e 25 giorni prima della scadenza. Sapendo che lo sconto praticato è stato di 389,49 euro e che è stato applicato un tasso di sconto commerciale annuo del 4,25%, determina l'importo del debito e la somma scontata. [$C = 12\,450$ euro; $V = 12\,060{,}51$ euro]

18 Un debito viene estinto 5 mesi e 20 giorni prima della scadenza. Sapendo che lo sconto praticato è stato di 188,48 euro e che è stato applicato un tasso di sconto commerciale annuo del 5,85%, determina l'importo del debito e la somma scontata. [$C = 6822{,}81$ euro; $V = 6634{,}33$ euro]

19 Un debito viene estinto sei mesi prima della scadenza. Sapendo che lo sconto praticato è stato di 500 euro e che è stato applicato un tasso di sconto commerciale annuo del 5%, determina l'importo del debito e la somma scontata. [$C = 20\,000$ euro; $V = 19\,500$ euro]

20 Per estinguere un debito di 8000 euro, 6 mesi e 10 giorni prima della scadenza, paghi la somma di 7799,44 euro. Determina il tasso di sconto commerciale annuo che è stato applicato. [4,75%]

21 Per estinguere un debito di 9500 euro, 3 mesi e 25 giorni prima della scadenza, paghi la somma di 9383,16 euro. Determina il tasso di sconto commerciale annuo che è stato applicato. [3,85%]

22 Una cambiale di 13 500 euro è stata scontata al tasso annuo del 4,35%, con sconto commerciale; lo sconto è risultato di 334,41 euro. Dopo quanto tempo scadeva la cambiale? [6 mesi e 25 giorni]

23 Una cambiale di 15 750 euro è stata scontata al tasso annuo del 5,65%, con sconto commerciale; lo sconto è risultato di 234,83 euro. Dopo quanto tempo scadeva la cambiale? [3 mesi e 5 giorni]

24 Una cambiale è stata scontata al tasso annuo del 6,15% con sconto commerciale. Lo sconto è risultato di 469,79 euro e si è incassata la somma di 10 530,21 euro. Qual era il valore della cambiale e dopo quanto tempo scadeva? [11 000 euro; 8 mesi e 10 giorni]

25 Una cambiale è stata scontata al tasso annuo del 5,75%, con sconto commerciale. Lo sconto è risultato di 469,79 euro e si è incassata la somma di 10 578,3 euro. Qual era il valore della cambiale e dopo quanto tempo scadeva? [11 048,09 euro; 8 mesi e 26 giorni]

26 ESERCIZIO GUIDATO

Un capitale investito per t anni al tasso di interesse annuo semplice $i = 5\%$ produce un montante M. Se questo montante viene scontato al tasso commerciale $d = 4\%$, si ottiene il capitale inizialmente investito moltiplicato per $\frac{2009}{2000}$. Calcola il tempo di investimento t.

- Dato il capitale C, il montante M (in regime di capitalizzazione semplice) è dato dalla formula:

  $M = C(1 + 0{,}05t)$

  Se questo montante viene scontato al tasso commerciale del 4%, si ottiene il valore attuale:

  $V = M(1 - 0{,}04t) = C(1 + 0{,}05t)(1 - 0{,}04t)$

- L'esercizio ci dice che questo valore attuale deve coincidere con il capitale iniziale C moltiplicato per $\frac{2009}{2000}$, ovvero deve valere l'equazione:

  $$C(1 + 0{,}05t)(1 - 0{,}04t) = \frac{2009}{2000}C$$

- Dividendo entrambi i membri per C e risolvendo l'equazione nell'incognita t che ne scaturisce, puoi concludere. [$t = 6$ mesi oppure $t = 4$ anni e mezzo]

27 Il capitale C_1 e il capitale C_2 vengono scontati allo stesso tasso (con sconto commerciale) per periodi di tempo diversi e danno lo stesso valore attuale. Se $C_2 > C_1$, quale dei due capitali è stato scontato per un periodo di tempo più lungo? [C_2]

28 Il valore attuale (commerciale) di un capitale di 2000 euro, disponibile fra 200 giorni, è maggiore di 10 euro rispetto a quello che si otterrebbe scontando lo stesso capitale, allo stesso tasso, per 300 giorni. Quanto vale il tasso di sconto? [1,8%]

29 Un capitale di 1000 euro, scontato per un certo periodo e a un certo tasso, dà un valore attuale che è maggiore di 10 euro rispetto al valore attuale che lo stesso capitale, allo stesso tasso, avrebbe se scontato per un periodo di 100 giorni più lungo. Quanto vale il tasso di sconto annuo, se il regime è quello dello sconto commerciale? [3,6%]

2. L'interesse e lo sconto: lo sconto razionale e lo sconto composto

TEORIA a p. 663

Esercizi preliminari

30 Vero o falso?

a. il valore attuale, nel regime dello sconto commerciale, viene calcolato a partire dal capitale a scadenza, dal tasso di sconto e dal tempo di anticipazione V F

b. a parità di capitale, di tasso e di tempo di anticipazione, lo sconto razionale è uguale allo sconto commerciale V F

c. nel regime dello sconto composto, a parità di tasso e di capitale, un raddoppio del tempo di anticipazione porta a un dimezzamento del corrispondente valore attuale V F

d. lo sconto commerciale si applica solitamente per brevi periodi, così come lo sconto razionale V F

[2 affermazioni vere e 2 false]

31 Vero o falso?

a. per ottenere il valore attuale occorre moltiplicare il capitale per il fattore di sconto V F

b. a parità di tasso, quando il periodo per cui si calcola lo sconto razionale aumenta, aumenta anche il fattore di sconto V F

c. a parità di tempo, quando il tasso di interesse aumenta, il fattore di sconto razionale diminuisce V F

d. scontando due importi, l'uno a un tasso doppio e per un periodo pari alla metà dell'altro, il valore attuale è uguale V F

[3 affermazioni vere e 1 falsa]

Test

32 Il fattore di sconto *razionale*, se l'interesse è i e il tempo di anticipazione è t, è uguale a:

A $\frac{1}{1+it}$ B $1-it$ C $\frac{1}{(1+i)^t}$ D $1+it$

33 Il fattore di sconto *composto*, se l'interesse è i e il tempo di anticipazione è t, è uguale a:

A $\frac{1}{1+it}$ B $1-it$ C $\frac{1}{(1+i)^t}$ D $1+it$

34 Se il tasso e il tempo di anticipazione restano costanti, mentre il valore attuale triplica, allora il valore nominale, in regime di sconto razionale:

A triplica
B diventa un terzo
C diventa la metà
D nessuna delle precedenti risposte è esatta

35 A parità di tempo di anticipazione e di tasso di interesse:

A lo sconto razionale è sempre minore dello sconto composto
B lo sconto razionale è sempre maggiore dello sconto composto
C lo sconto razionale è sempre uguale allo sconto composto
D nessuna delle precedenti risposte è esatta

Sconto razionale

36 ESERCIZIO GUIDATO

Un debito di 11 500 euro viene pagato 5 mesi e 10 giorni prima della scadenza. Se è applicato uno sconto razionale e il tasso di interesse annuo è del 5,25%, qual è la somma scontata e a quanto ammonta lo sconto?

- Puoi subito calcolare la somma scontata:

$$V = \frac{C}{1+it} = \frac{11\,500}{1 + \underbrace{0{,}0525}_{\text{tasso di interesse}} \cdot \underbrace{\left(\frac{5}{12}+\frac{10}{360}\right)}_{\text{tempo in anni}}} = \dots$$

- Lo sconto si ricava per differenza:

$S_r = C - V = \dots$ [11 237,79 euro; 262, 21 euro]

37 ESERCIZIO GUIDATO

Un debito di 3079,44 euro è stato estinto anticipatamente, con il pagamento di 3000 euro. Se lo sconto è razionale e il tasso di interesse quadrimestrale è del 2,05%, con quanto anticipo è stato estinto il debito?

- I dati sono:

$C = 3079{,}44$ euro $V = 3000$ euro $i_3 = 2{,}05\% = 0{,}0205$

- Sostituisci i dati nella formula $V = \frac{C}{1+it}$ e risolvi l'equazione che si ottiene rispetto all'incognita t:

$$3000 = \frac{3079{,}44}{1+0{,}0205t} \Rightarrow t = \dots$$

- Presta ora attenzione al fatto che il tasso è quadrimestrale, quindi il tempo trovato è espresso in quadrimestri; trasformalo allora in mesi e giorni:

$t = 1{,}292 \cdot 120 = \dots$ giorni $= \dots$ mesi e $\dots$ giorni [5 mesi e 5 giorni]

38 ESERCIZIO GUIDATO

Calcola il tasso di interesse semplice bimestrale che, in regime di sconto razionale, permette di estinguere un debito di 2047,92 euro con il pagamento di 2000 euro versati 3 mesi e 25 giorni prima della scadenza.

- I dati sono:

  $C = 2047{,}92$ euro $V = 2000$ euro $t = 3$ mesi e 25 giorni

- Poiché viene richiesto il tasso bimestrale, trasforma anzitutto il tempo in bimestri:

$$t = \left(\frac{3}{2} + \frac{25}{60}\right) \text{ bimestri} = \frac{23}{12} \text{ bimestri}$$

- Sostituisci i dati noti con il tempo t espresso in bimestri nella formula $V = \dfrac{C}{1 + i_6 t}$ e risolvi l'equazione che si ottiene rispetto all'incognita i_6:

$$2000 = \frac{2047{,}92}{1 + i_6 \dfrac{23}{12}} \Rightarrow i_6 = \text{.........} = \text{.........}\%$$ [1,25%]

39 Una cambiale di 3500 euro è stata scontata al tasso annuo del 6%, con sconto razionale, 2 anni prima della scadenza. Quale somma si è incassata? [3125 euro]

40 Una cambiale di 2500 euro è stata scontata al tasso annuo del 5%, con sconto razionale, 6 mesi e 8 giorni prima della scadenza. Quale somma si è incassata? [2436,38 euro]

41 Un debito di 5500 euro viene pagato 6 mesi e 20 giorni prima della scadenza, al tasso annuo del 5,75% in regime di sconto razionale. Calcola la somma scontata e lo sconto effettuato. [5329,74 euro; 170,26 euro]

42 Un debito di 7000 euro viene pagato 5 mesi e 15 giorni prima della scadenza, scontandolo al tasso bimestrale dell'1,15% in regime di sconto razionale. Calcola la somma scontata e lo sconto effettuato. [6785,41 euro; 214,59 euro]

43 Un debito di 13 000 euro viene pagato 5 mesi e 10 giorni prima della scadenza, scontandolo al tasso mensile dello 0,45% in regime di sconto razionale. Calcola la somma scontata e lo sconto effettuato. [12 695,31 euro; 304,69 euro]

44 Un debito di 11 000 euro viene pagato 4 mesi e 20 giorni prima della scadenza, scontandolo al tasso bimestrale dell'1,3% in regime di sconto razionale. Calcola la somma scontata e lo sconto effettuato. [10 676,16 euro; 323,84 euro]

45 Completa la seguente tabella, in cui i tempi sono espressi in giorni, il tasso di interesse è annuo e gli importi sono espressi in euro. Il regime è quello dello sconto razionale.

t	C	V	i
.....	1000	990	2%
180	.....	900	0,01
200	1500	.....	3%
300	2000	1900	.....

[$t \simeq 182$; $C = 904{,}50$; $V \simeq 1475{,}41$; $i \simeq 6{,}32\%$]

46 Completa la seguente tabella, in cui i tempi sono espressi in giorni, il tasso di interesse è annuo e gli importi sono espressi in euro. Il regime è quello dello sconto razionale.

t	C	V	i
100	1005,48	1000	.....
220	2313,86	.....	1%
300	.....	1500	4%
.....	3012,33	3000	3%

[$i \simeq 1{,}97\%$; $V \simeq 2299{,}81$; $C = 1550$; $t \simeq 49$ giorni]

47 Per estinguere un debito che scadrà tra 90 giorni paghi oggi la somma di 3500 euro. Qual è l'importo del capitale avuto in prestito, se viene applicato un tasso annuo del 5,15% in regime di sconto razionale? [3545,06 euro]

48 Per estinguere un debito che scadrà tra 4 mesi e 10 giorni paghi oggi la somma di 4500 euro. Determina l'importo del capitale avuto in prestito e dello sconto effettuato, se viene applicato un tasso mensile dello 0,35% in regime di sconto razionale. [4568,25 euro; 68,25 euro]

49 Un debito di 7405,07 euro viene pagato 4 mesi e 20 giorni prima della scadenza. Sapendo che la somma scontata è di 7250 euro e il regime è quello dello sconto razionale, determina il tasso annuo di interesse. [5,5%]

50 Un debito di 5842,9 euro viene pagato 6 mesi e 10 giorni prima della scadenza. Sapendo che la somma scontata è di 5700 euro e il regime è quello dello sconto razionale, determina il tasso annuo di interesse. [4,75%]

51 Un debito viene pagato 140 giorni prima della scadenza. La somma scontata è di 8150 euro e lo sconto effettuato è di 183,83 euro. Se il regime è quello dello sconto razionale, determina l'importo del capitale avuto in prestito e il tasso di interesse trimestrale. [8333,83 euro; 1,45%]

52 Un debito viene pagato 3 mesi e 25 giorni prima della scadenza. La somma scontata è di 4250 euro e lo sconto effettuato è di 101,82 euro. Se il regime è quello dello sconto razionale, determina l'importo del capitale avuto in prestito e il tasso di interesse bimestrale. [4351,82 euro; 1,25%]

53 Un credito di 9242 euro viene incassato prima della scadenza, con sconto razionale al tasso di interesse mensile dello 0,45%. Sapendo che viene incassata la somma di 9000 euro, quanto tempo prima è stato incassato il credito? [5 mesi e 29 giorni]

54 Un credito di 8941,95 euro viene incassato prima della scadenza, con sconto razionale al tasso di interesse annuo del 5,4%. Sapendo che viene incassata la somma di 8750 euro, quanto tempo prima è stato incassato il credito? [4 mesi e 26 giorni]

55 Un credito viene incassato prima della scadenza, con sconto razionale al tasso di interesse annuo del 5,4%. Sapendo che lo sconto è stato di 173,61 euro e che la somma incassata è stata di 6250 euro, determina l'ammontare del credito e quanto tempo prima è stato incassato. [6423,61 euro; 185 giorni]

56 Un credito viene incassato prima della scadenza, con sconto razionale al tasso di interesse mensile dello 0,45%. Sapendo che lo sconto è stato di 86,70 euro e che la somma incassata è stata di 4100 euro, determina l'ammontare del credito e quanto tempo prima è stato incassato. [4186,70 euro; 4 mesi e 21 giorni]

Sconto composto

57 ESERCIZIO GUIDATO

Un debito di 15 000 euro viene estinto 7 mesi e 25 giorni prima della scadenza, scontandolo con sconto composto al tasso di interesse annuo del 5,75%. Determina la somma scontata e lo sconto.

- Esprimi il tempo in anni: 7 mesi e 15 giorni $= \left(\frac{7}{12} + \frac{.....}{360}\right)$ anni $= \frac{47}{72}$ anni
- Hai ora tutti gli elementi per determinare la somma scontata: $V = \frac{C}{(1+i)^t} = \frac{..........}{(1+ ....)^{\frac{47}{72}}} \simeq .....$
- Puoi infine determinare lo sconto per differenza: $S_{cp} = C - V = ...$ [$V = 14\,462{,}44$ euro; $S_{cp} = 537{,}56$ euro]

58 ESERCIZIO GUIDATO

Un credito di 9300 euro viene ceduto 1 anno e 6 mesi prima della data dell'incasso. Il credito viene scontato con sconto composto e viene incassato l'importo di 9054 euro. Determina il tasso di interesse annuo che è stato applicato.

- È noto che: $V = 9054$ euro $\quad C = 9300$ euro $\quad t = 1 + \frac{6}{12} = \frac{3}{2}$ anni
- Sostituisci nella formula $V = \frac{C}{(1+i)^t}$ i valori noti e risolvi l'equazione ottenuta rispetto a i:

$$9054 = \frac{9300}{(1+i)^{\frac{3}{2}}} \Rightarrow 9054(1+i)^{\frac{3}{2}} = 9300 \Rightarrow (1+i)^{\frac{3}{2}} = \frac{9300}{9054} \Rightarrow 1+i = \left(\frac{9300}{9054}\right)^{\frac{2}{3}} \Rightarrow i = ... = ...\%$$ [1,8%]

59 Per estinguere un debito che scadrà tra 6 mesi e 25 giorni paghi oggi la somma di 10 500 euro. Qual è lo sconto praticato, se viene applicato un tasso di interesse annuo composto del 5,5%? [325,06 euro]

60 Per estinguere un debito che scadrà tra 7 mesi e 10 giorni paghi oggi la somma di 6850 euro. Qual è l'importo del capitale avuto in prestito, se viene applicato un tasso di interesse trimestrale composto dell'1,75%? [7146,74 euro]

61 Un debito di 7500 euro viene pagato 1 anno, 5 mesi e 15 giorni prima della scadenza. Se il tasso di interesse annuo composto è del 6,25%, qual è la somma scontata? [6865,38 euro]

62 Un debito di 4500 euro viene pagato 1 anno prima della scadenza. Se il tasso di interesse annuo composto è del 5%, qual è la somma scontata? [4285,71 euro]

63 Un debito di 11 500 euro viene pagato 2 anni, 8 mesi e 10 giorni prima della scadenza. Se il tasso di interesse quadrimestrale composto è del 2,25%, qual è la somma scontata? [9606,96 euro]

64 Un debito di 13 500 euro viene pagato 1 anno, 9 mesi e 20 giorni prima della scadenza. Se il tasso di interesse semestrale composto è del 3,75%, qual è la somma scontata? [11 819,50 euro]

65 Un credito di 9500 viene ceduto, con un anticipo di 2 anni e 3 mesi rispetto alla scadenza, e vengono incassati 8540,62 euro. Se lo sconto applicato è composto, quale tasso di interesse annuo è stato applicato? [4,85%]

66 Un credito di 8400 euro viene ceduto con un anticipo di 1 anno e 4 mesi rispetto alla scadenza, e vengono incassati 7952,24 euro. Se lo sconto applicato è composto, quale tasso di interesse annuo è stato applicato? [4,19%]

67 Un debito di 3200 euro, se pagato 3 anni e 2 mesi prima della scadenza, produce uno sconto composto di 354 euro. Qual è il tasso annuo di interesse che è stato applicato? [3,77%]

68 Scontando una cambiale di 3657,19 euro, con sconto composto al tasso di interesse annuo del 6,15%, si è incassata la somma di 3500 euro. Dopo quanto tempo scadeva la cambiale? [8 mesi e 25 giorni]

69 Scontando una cambiale di 4000 euro, con sconto composto al tasso di interesse annuo del 5,5%, si è incassata la somma di 3246,45 euro. Dopo quanto tempo scadeva la cambiale? [3 anni, 10 mesi e 23 giorni]

70 Scontando una cambiale di 2800 euro, con sconto composto al tasso di interesse trimestrale del 2%, si è incassata la somma di 2545 euro. Dopo quanto tempo scadeva la cambiale? [1 anno, 2 mesi e 14 giorni]

71 Il sig. Bianchi ha impegnato 10 000 euro in un investimento, della durata di cinque anni, che garantisce un tasso di interesse annuo composto del 3% per i primi 3 anni e del 2% per gli ultimi 2 anni. Alla fine del quarto anno il sig. Bianchi è costretto a chiedere anticipatamente il rimborso del montante che avrebbe dovuto ricevere alla scadenza dei cinque anni; gli viene accordato il rimborso anticipato, scontandolo con un tasso composto del 7% annuo. Quanto incasserà il sig. Bianchi? [10 624,98 euro]

72 Il sig. Verdi ha impegnato 15 000 euro in un investimento, della durata di sei anni, che prevede un tasso di interesse annuo composto del 3% per i primi 3 anni e del 4% per gli ultimi 3 anni. Alla fine del quarto anno il sig. Verdi è costretto a chiedere anticipatamente il rimborso del montante che avrebbe dovuto ricevere alla scadenza dei sei anni; gli viene accordato il rimborso anticipato, scontandolo con un tasso composto dell'8% annuo. Quanto incasserà il sig. Verdi? [15 807,22 euro]

3. La scindibilità

TEORIA a p. 667

73 Completa la seguente tabella, in regime di capitalizzazione *semplice*, mostrando che tale capitalizzazione non è scindibile (importi in euro).

Tasso i, annuo	Capitale C	Montante M generato da C nei primi 200 giorni	Montante generato da M nei successivi 100 giorni	Montante generato da C nei primi 300 giorni
1%	1000	.....	.....	.....
2%	1500	.....	.....	.....
3%	2000	.....	.....	.....
2%	1800	.....	.....	.....
1%	3000	.....	.....	.....

74 Completa la seguente tabella, in regime di capitalizzazione *composta*, mostrando che tale capitalizzazione è scindibile (importi in euro).

Tasso *i*, annuo	Capitale *C*	Montante *M* generato da *C* nei primi 5 anni	Montante generato da *M* nei successivi 2 anni	Montante generato da *C* nei primi 7 anni
1%	1000	.....	.....	.....
2%	1500	.....	.....	.....
3%	2000	.....	.....	.....
2%	1800	.....	.....	.....
1%	3000	.....	.....	.....

75 Completa la seguente tabella, in capitalizzazione *mista*, mostrando che tale capitalizzazione non è scindibile (importi in euro).

Tasso *i*, annuo	Capitale *C*	Montante *M* generato da *C* nei primi 5 anni	Montante generato da *M* nei successivi 2 anni e 200 giorni	Montante generato da *C* nei primi 7 anni e 200 giorni
1%	1000	.....	.....	.....
2%	1500	.....	.....	.....
3%	2000	.....	.....	.....
2%	1800	.....	.....	.....
1%	3000	.....	.....	.....

76 Verifica che investire il capitale di 40 000 euro per 5 anni e 6 mesi al tasso di interesse semestrale composto del 2,85% e investire poi il montante formatosi per altri 3 anni e 6 mesi allo stesso tasso è equivalente a effettuare un unico investimento di quel capitale allo stesso tasso per un periodo pari alla somma dei due periodi precedenti.

[Montante = 66 334,17 euro]

77 Verifica che investire il capitale di 20 000 euro per 3 anni al tasso di interesse annuo composto del 5,25%, investire poi il montante formatosi per altri 6 anni allo stesso tasso e investire infine la somma ottenuta per ulteriori 2 anni è equivalente a effettuare un unico investimento di quel capitale allo stesso tasso per un periodo pari alla somma dei tre periodi precedenti. [Montante = 35 113,42 euro]

78 Un capitale di 30 000 euro viene valutato 2 anni e 9 mesi prima della scadenza al tasso trimestrale composto dell'1,5%, e il valore attuale ottenuto viene poi anticipato ancora di 7 anni e 3 mesi allo stesso tasso. Verifica che la somma di denaro che alla fine si ottiene equivale a quella che si avrebbe se il valore attuale fosse calcolato 10 anni prima.

[Valore attuale = 16 537,87 euro]

4. L'equivalenza finanziaria

TEORIA a p. 670

Unificazione di capitali

79 **ESERCIZIO GUIDATO**

L'estinzione di un debito comporta il pagamento di 15 000 euro oggi, di 10 000 euro tra cinque anni e di 20 000 euro tra 7 anni. Conveniamo di estinguere il debito in una sola rata fra 3 anni; quanto dovremo pagare se il tasso annuo di interesse, composto, è del 5,25%?

1° modo

Devi calcolare l'importo *R* che, versato al tempo $t = 3$, è finanziariamente equivalente al versamento delle tre rate inizialmente pattuite.

Rappresentiamo graficamente la situazione:

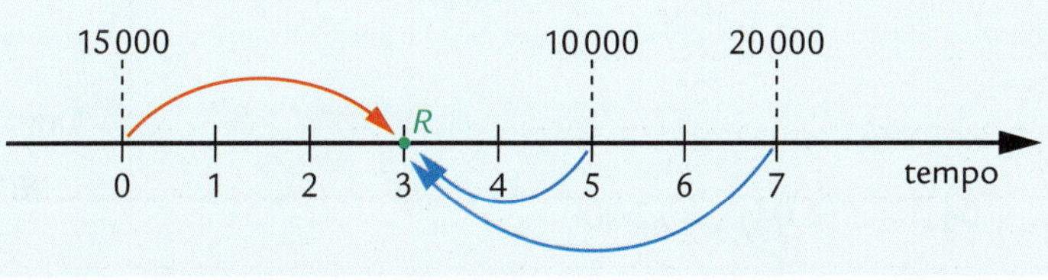

Dal grafico puoi comprendere che, per ottenere il valore R equivalente alle tre rate al tempo $t = 3$, occorre capitalizzare la prima rata di 3 anni, attualizzare la seconda di 2 anni e attualizzare la terza di 4 anni. Dunque:

$$R = 15\,000\left(1+\frac{5{,}25}{100}\right)^{3} + 10\,000\left(1+\frac{5{,}25}{100}\right)^{-2} + \ldots\ldots\left(1+\frac{5{,}25}{100}\right)^{\ldots\ldots} \simeq 42\,814{,}23 \text{ euro}$$

2° modo

Imponi che il valore attuale oggi della rata incognita R da pagare fra 3 anni sia uguale alla somma dei valori attuali delle tre rate inizialmente stabilite. Graficamente la situazione è la seguente:

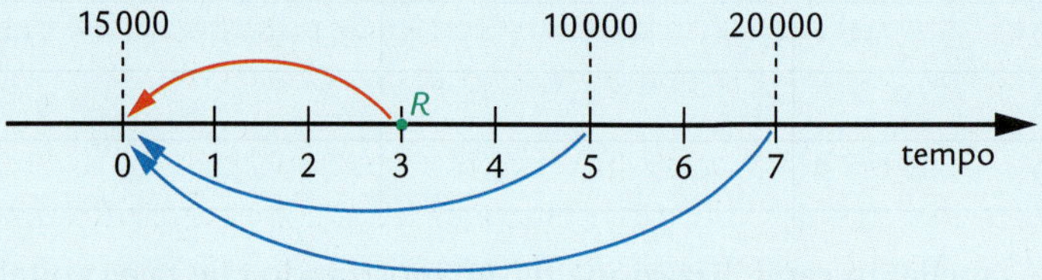

Devi in questo caso risolvere la seguente equazione nell'incognita R:

$$R\left(1+\frac{5{,}25}{100}\right)^{-3} = 15\,000 + 10\,000\left(1+\frac{5{,}25}{100}\right)^{-5} + 20\,000\left(1+\frac{5{,}25}{100}\right)^{-7}$$

80 Per estinguere un debito dobbiamo restituire un capitale di 5000 euro oggi, un capitale di 5000 euro fra 3 anni e un capitale di 5000 euro fra 9 anni. Conveniamo di estinguere il debito in una sola rata fra 6 anni; quanto dovremo versare, se il tasso di interesse annuo composto è del 4,25%? [16 496,45 euro]

81 L'estinzione di un debito comporta il pagamento di 10 000 euro oggi, di 20 000 euro tra 4 anni e di 20 000 euro tra 8 anni. Conveniamo di estinguere il debito in una sola rata fra 2 anni; quanto dovremo pagare se il tasso di interesse annuo composto è del 5,15%? [43 942,42 euro]

82 Devo riscuotere tre crediti: 7500 euro oggi, 5000 euro fra 1 anno e 3 mesi e 10 000 euro fra 3 anni e 3 mesi. Ho la possibilità di riscuotere tutti e tre i crediti in un'unica soluzione fra 2 anni. Quanto incasserò se il tasso di interesse trimestrale composto è dell'1,5%? [22 959,69 euro]

83 Devo riscuotere tre crediti: 7500 euro oggi, 9000 euro fra 1 anno e 8 mesi e 10 500 euro fra 4 anni. Ho la possibilità di riscuotere tutti e tre i crediti in un'unica soluzione fra 2 anni e 4 mesi. Quanto incasserò se il tasso di interesse quadrimestrale composto è dell'1,75%? [27 413,75 euro]

84 Devo riscuotere quattro crediti: 10 000 euro oggi, 10000 euro fra 2 anni, 10 000 euro fra 5 anni e 6 mesi e 10 000 euro fra 6 anni e 6 mesi. Ho la possibilità di riscuotere tutti e quattro i crediti in un'unica soluzione fra 4 anni, al tasso di interesse semestrale composto del 3,15%. Quanto incasserò? [41 811,94 euro]

Sostituzione dei pagamenti

85 **ESERCIZIO GUIDATO**

Per estinguere un debito dobbiamo pagare 12 000 euro tra 4 anni. Otteniamo di estinguere il debito in due rate uguali, la prima da pagare alla fine del secondo anno e la seconda da pagare alla fine del terzo. Se il tasso annuo composto è del 4%, quale sarà l'importo della rata?

1° modo

Imponi che la somma dei montanti generati al tempo $t = 4$ dalle due rate di importo incognito R sia uguale a 12 000 euro.

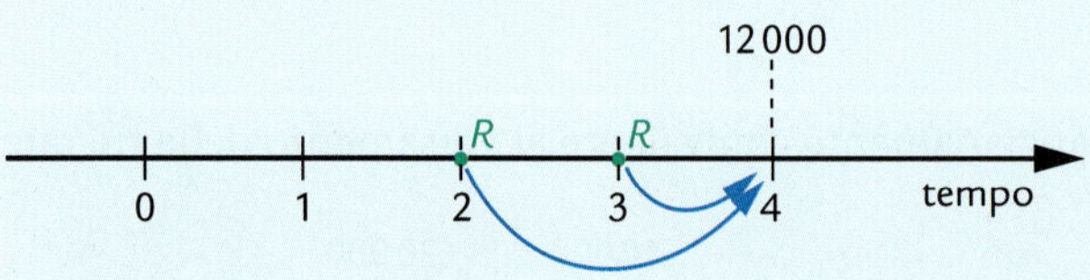

Devi risolvere l'equazione:

$$R(1{,}04)^2 + R(1{,}04)^1 = 12\,000$$

2° modo

Imponi che la somma dei valori attuali al tempo $t = 0$ delle due rate di importo incognito R, da pagare ai tempi $t = 2$ e $t = 3$, sia uguale al valore attuale della somma di 12 000 da pagare al tempo $t = 4$.

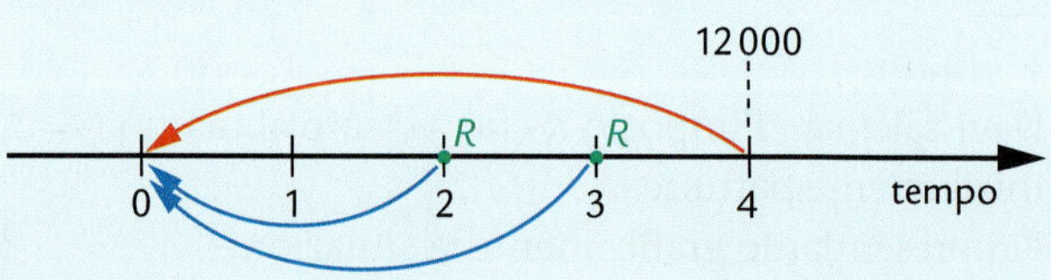

Devi risolvere l'equazione:

$$R(1{,}04)^{-2} + R(1{,}04)^{-3} = 12\,000(1{,}04)^{-4}$$

[5656,11 euro]

86 Per estinguere un debito dobbiamo pagare 15 000 euro tra 5 anni. Otteniamo di estinguere il debito in due rate uguali, la prima da pagare alla fine del secondo anno e la seconda da pagare alla fine del quarto. Se il tasso annuo composto è del 3%, quale sarà l'importo della rata? [7066,38 euro]

87 Per estinguere un debito dobbiamo pagare 20 000 euro tra 6 anni. Otteniamo di estinguere il debito in due rate uguali, la prima da pagare alla fine del secondo anno e la seconda da pagare alla fine del quinto. Se il tasso annuo composto è del 5%, quale sarà l'importo della rata? [8828,05 euro]

88 Per estinguere un debito dobbiamo pagare 20 000 euro tra 6 anni. Otteniamo di estinguere il debito in tre rate uguali, la prima da pagare alla fine del secondo anno, la seconda da pagare alla fine del quarto e la terza alla fine del sesto. Se il tasso annuo composto è del 4%, quale sarà l'importo della rata? [6151,09 euro]

89 Per estinguere un debito dobbiamo pagare 30 000 euro tra 6 anni. Otteniamo di estinguere il debito in tre rate uguali, la prima da pagare alla fine del primo anno, la seconda da pagare alla fine del secondo e la terza alla fine del terzo. Se il tasso annuo composto è del 3%, quale sarà l'importo della rata? [8882,28 euro]

Scadenza media

90 **ESERCIZIO GUIDATO**

Dobbiamo riscuotere tre crediti: 7000 euro tra 2 anni, 9000 euro tra 3 anni, 11 000 euro fra 4 anni. Qual è la scadenza media di questi crediti, ossia il tempo in cui sarebbe equivalente riscuoterli in un'unica soluzione, se viene applicato un tasso di interesse annuo composto del 3%?

1° modo

Osserva che la somma dei tre crediti è:

$$C = 7000 + 9000 + 11\,000 = 27\,000 \text{ euro}$$

Imponi che la somma dei montanti generati al tempo $t = 4$ dai tre crediti sia uguale al montante generato al tempo $t = 4$ dal capitale di 27 000 euro.

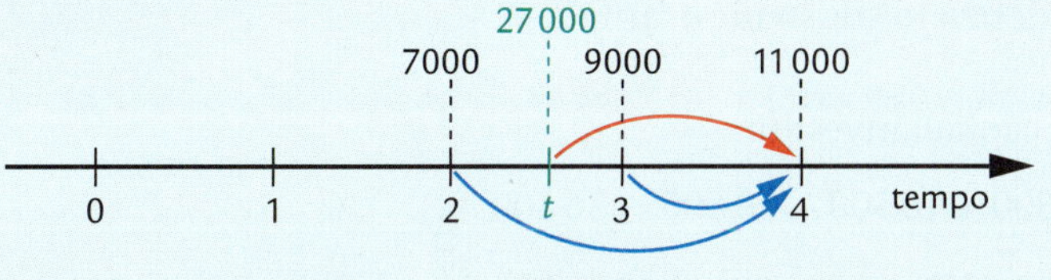

Devi risolvere la seguente equazione esponenziale nell'incognita t:

$$7000(1{,}03)^2 + 9000(1{,}03) + 11\,000 = 27\,000(1{,}03)^{4-t}$$

Troverai:

$$t \simeq 3{,}138599593$$

che corrisponde a un tempo di 3 anni, 1 mese e 20 giorni.

2° modo

Imponi che la somma dei valori attuali al tempo $t = 0$ dei tre crediti sia uguale al valore attuale al tempo $t = 0$ del capitale di 27 000 euro.

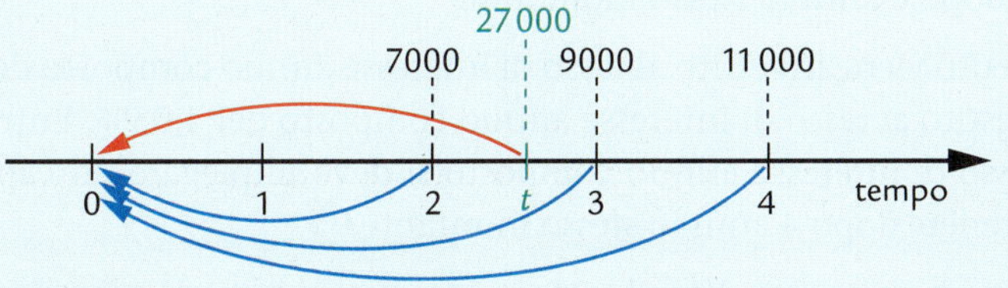

Devi risolvere la seguente equazione nell'incognita t:

$$7000(1{,}03)^{-2} + 9000(1{,}03)^{-3} + 11\,000(1{,}03)^{-4} = 27\,000(1{,}03)^{-t}$$

91 Dobbiamo riscuotere tre crediti, concessi al tasso di interesse annuo composto del 5,5%: il primo di 5000 euro che scade fra 3 anni, il secondo di 7500 euro che scade tra 5 anni e il terzo di 10 000 euro che scade fra 10 anni. Determina la scadenza media di questi crediti. [6 anni, 6 mesi e 15 giorni]

92 Dobbiamo riscuotere tre crediti, concessi al tasso di interesse bimestrale composto del 1,2%: il primo di 10 000 euro che scade fra 2 anni e 6 mesi, il secondo di 12 500 euro che scade tra 3 anni e 8 mesi e il terzo di 15 000 euro che scade fra 4 anni e 4 mesi. Determina la scadenza media di questi crediti. [3 anni, 7 mesi e 7 giorni]

93 Dobbiamo riscuotere tre crediti, concessi al tasso di interesse annuo composto del 5,25%: il primo di 20 000 euro che scade fra 3 anni, il secondo di 20 000 euro che scade tra 6 anni e il terzo di 20 000 euro che scade fra 9 anni. Determina la scadenza media di questi crediti. [5 anni, 10 mesi e 5 giorni]

94 Dobbiamo riscuotere tre crediti, concessi al tasso di interesse bimestrale composto dell'1,15%: il primo di 20 000 euro che scade fra 2 anni e 4 mesi, il secondo di 30 000 euro che scade tra 3 anni e 4 mesi e il terzo di 35 000 euro che scade fra 4 anni e 4 mesi. Determina la scadenza media di questi crediti. [3 anni, 5 mesi e 26 giorni]

95 Dobbiamo riscuotere tre crediti, concessi al tasso di interesse trimestrale composto dell'1,45%: il primo di 10 000 euro che scade fra 3 anni e 3 mesi, il secondo di 13 000 euro che scade tra 3 anni e 9 mesi e il terzo di 20 000 euro che scade fra 4 anni e 3 mesi. Determina la scadenza media di questi crediti. [3 anni, 10 mesi e 10 giorni]

96 Dobbiamo riscuotere tre crediti, concessi al tasso di interesse mensile composto dello 0,4%: il primo di 15 000 euro che scade fra 2 anni e 1 mese, il secondo di 20 000 euro che scade tra 2 anni e 5 mesi e il terzo di 15 000 euro che scade fra 2 anni e 9 mesi. Determina la scadenza media di questi crediti. [2 anni, 4 mesi e 29 giorni]

Tasso medio

97 **ESERCIZIO GUIDATO**

3 anni e 10 mesi fa abbiamo effettuato i seguenti investimenti:
- **5500 euro sono stati impiegati al tasso di interesse trimestrale composto dell'1,7%;**
- **10 500 euro sono stati impiegati al tasso di interesse semestrale composto del 3,2%;**
- **20 500 euro sono stati impiegati al tasso di interesse annuo composto del 5,25%.**

A quale tasso di interesse annuo composto si deve impiegare un capitale uguale alla somma dei tre capitali investiti per avere alla scadenza lo stesso montante?

- Calcola la somma dei tre capitali investiti:

$$C = C_1 + C_2 + C_3 = 5500 + 10\,500 + 20\,500 = 36\,500$$

- Calcola il montante M generato dai tre capitali investiti:

$$M = 5500\left(1 + \frac{1{,}7}{100}\right)^{3\cdot 4+\frac{10}{3}} + 10\,500\left(1 + \frac{3{,}2}{100}\right)^{2\cdot 3+\frac{10}{6}} + \ldots \simeq 45\,432{,}69$$

- Infine risolvi l'equazione nell'incognita i:

$$M = C(1+i)^{3+\frac{10}{12}} \Rightarrow 45\,432{,}69 = 36\,500(1+i)^{\frac{23}{6}} \Rightarrow i = \ldots$$ [5,88%]

98 Un capitale di 15 000 euro viene investito al tasso di interesse annuo composto di 3,35%; un secondo capitale di 25 000 euro viene investito al tasso di interesse annuo composto del 4,25%. Entrambi i capitali restano investiti per 6 anni. A quale tasso di interesse composto annuo si deve impiegare un capitale uguale alla somma dei due capitali investiti per ottenere dopo 6 anni lo stesso montante? [3,92%]

99 Un capitale di 10 000 euro viene investito al tasso di interesse annuo composto del 4,85%; un secondo capitale di 30 000 euro viene investito al tasso di interesse annuo composto del 4,05%. Entrambi i capitali restano investiti per 4 anni. A quale tasso di interesse annuo composto si deve impiegare un capitale uguale alla somma dei due capitali investiti per ottenere dopo 4 anni lo stesso montante? [4,25%]

100 Un capitale di 20 000 euro viene investito al tasso di interesse semestrale composto del 3,1%; un secondo capitale di 30 000 euro viene investito al tasso di interesse quadrimestrale composto del 2,25%. Entrambi i capitali restano investiti per 6 anni e 8 mesi. A quale tasso di interesse composto annuo si deve impiegare un capitale uguale alla somma dei due capitali investiti per ottenere dopo 6 anni e 8 mesi lo stesso montante? [6,66%]

101 Un capitale di 10 000 euro viene investito al tasso di interesse quadrimestrale composto del 2,2%; un secondo capitale di 25 000 euro viene investito al tasso di interesse trimestrale composto dell'1,8%. Entrambi i capitali restano investiti per 5 anni e 9 mesi. Determina il tasso di interesse annuo medio. [7,21%]

102 Un capitale di 10 000 euro viene investito al tasso di interesse semestrale composto del 3,2%; un secondo capitale di 20 000 euro viene investito al tasso di interesse quadrimestrale composto del 2,1%; un terzo capitale di 30 000 euro viene investito al tasso di interesse trimestrale composto dell'1,8%. Questi tre capitali restano investiti per 3 anni e 8 mesi. A quale tasso di interesse annuo composto si deve impiegare un capitale uguale alla somma dei tre capitali investiti per ottenere dopo 3 anni e 8 mesi lo stesso montante? [6,93%]

103 Un capitale di 15 000 euro viene investito al tasso di interesse quadrimestrale composto del 2,25%; un secondo capitale di 20 000 euro viene investito al tasso di interesse semestrale composto del 3,05%; un terzo capitale di 25 000 euro viene investito al tasso di interesse bimestrale composto dell'1,1%. Questi tre capitali restano investiti per 5 anni e 9 mesi. Determina il tasso di interesse annuo medio. [6,62%]

RIEPILOGO

Esercizi di riepilogo

104 Si è scontata razionalmente 4 mesi e 10 giorni prima della sua scadenza una cambiale del valore nominale di 15 000 euro. Se la somma riscossa è di 14 694,88 euro, a quale tasso di sconto annuo razionale è potuta avvenire l'operazione? [5,75%]

105 Quanto tempo prima della scadenza si è saldato un debito di 8500 euro con la somma di 8159,13 euro, se il tasso di sconto annuo razionale applicato è stato del 3,2% semestrale? [7 mesi e 25 giorni]

106 A quale tasso di sconto trimestrale composto si è estinto un debito di 18 615,70 euro con la somma di 17 750 euro, pagata 9 mesi prima della scadenza effettiva? [1,60%]

107 Su un debito è stato concesso uno sconto di 2425 euro. Sapendo che si è usufruito di un tasso di sconto semestrale composto del 3,25% e che il debito è stato pagato 1 anno, 1 mese e 10 giorni prima della sua scadenza, a quanto ammontava il debito? [35 346,50 euro]

108 Se una persona che deve restituire un debito lo estingue 300 giorni prima della sua scadenza, può pagare 2000 euro in meno e la cifra che versa è di 35 000 euro. A quale tasso di sconto annuo commerciale è avvenuta l'operazione? [6,49%]

109 Un debito di 25 000 euro viene pagato anticipatamente e viene riconosciuto uno sconto di 1270 euro, applicando un tasso di sconto annuo commerciale del 6,35%. Con quanto tempo di anticipo è stato saldato il debito? [9 mesi e 18 giorni]

110 Un debito di 30 000 euro viene estinto con un anticipo di 8 mesi e 20 giorni, pagando la somma di 28 450 euro. Determina:

a. il tasso di sconto annuo, se si è applicato lo sconto razionale;
b. il tasso di sconto trimestrale, se si è applicato lo sconto razionale;
c. il tasso di sconto annuo, se si è applicato lo sconto composto;
d. il tasso di sconto trimestrale, se si è applicato lo sconto composto;
e. il tasso di sconto annuo, se si è applicato lo sconto commerciale.

[**a.** 7,54%; **b.** 1,89%; **c.** 7,62%; **d.** 1,85%; **e.** 7,15%]

111 Con la somma, versata oggi, di 15 000 euro si è estinto un debito di 17 750 euro. Determina l'anticipo nel caso in cui vengano applicati i seguenti tassi di sconto:

a. tasso di sconto annuo razionale del 6,5%;
b. tasso di sconto semestrale razionale del 3,25%;
c. tasso di sconto annuo composto del 6,5%;
d. tasso di sconto semestrale composto del 3,25%;
e. tasso di sconto annuo commerciale del 6,5%.

[**a.** 2 anni, 9 mesi e 25 giorni; **b.** 2 anni, 9 mesi e 25 giorni; **c.** 2 anni, 8 mesi e 2 giorni; **d.** 2 anni, 7 mesi e 17 giorni; **e.** 2 anni, 4 mesi e 18 giorni]

112 Considera un capitale di 8516,14 euro disponibile tra 1 anno, un capitale di 11 130,25 euro disponibile tra 6 anni e un capitale di 12 388,25 euro disponibile tra 7 anni. Determina i valori dei tre capitali fra 5 anni al tasso di interesse annuo composto del 5,5% e deduci se i tre capitali sono finanziariamente equivalenti.

[I primi due capitali sono equivalenti fra loro ma non equivalenti al terzo]

113 Un capitale di 5000 euro viene investito al tasso di interesse annuo composto del 4,65%; un secondo capitale di 10 000 euro viene investito al tasso di interesse annuo composto del 4,15%. Entrambi i capitali restano investiti per 5 anni. A quale tasso di interesse annuo composto si deve impiegare un capitale uguale alla somma dei due capitali investiti, per ottenere dopo 5 anni lo stesso montante? [4,32%]

114 Per estinguere un debito dobbiamo pagare 15 000 euro tra 4 anni. Otteniamo di estinguere il debito in due rate uguali, la prima da pagare alla fine del primo anno e la seconda da pagare alla fine del secondo. Se il tasso annuo composto è del 3%, quale sarà l'importo della rata? [6964,99 euro]

115 Dobbiamo pagare due debiti, il primo di 6000 euro che scade fra due anni e il secondo di 12 000 euro che scade fra quattro anni. Conveniamo con il creditore di estinguere entrambi i debiti fra tre anni; quale somma dovremo pagare, se il tasso annuo composto è del 5%? [17 728,57 euro]

116 Dobbiamo riscuotere tre crediti, concessi al tasso di interesse semestrale composto del 3,1%: il primo di 14 000 euro che scade fra 2 anni, il secondo di 17 000 euro che scade tra 2 anni e 6 mesi e il terzo di 20 000 euro che scade fra 3 anni. Determina la scadenza media di questi crediti. [2 anni, 6 mesi e 19 giorni]

117 Considera un capitale di 4556,82 euro oggi e un capitale di 5486,28 euro fra 5 anni. Determina i valori dei due capitali fra 2 anni al tasso di interesse annuo composto del 4,75% e deduci se i due capitali sono finanziariamente equivalenti. [Non sono equivalenti]

118 La società Gatto accetta di scontare un credito commerciale riscuotibile tra 10 mesi e darà il 98% del valore del credito. La società Volpe, invece, propone, per la stessa operazione, di applicare il tasso di sconto del 2%. Quale società sta offrendo l'affare più vantaggioso? [La società Volpe]

119 Erminio sconta due crediti commerciali di pari importo presso la società Gatto e la società Volpe. La prima sconta a un tasso pari a d_G mentre la seconda sconta a un tasso pari a d_V. Dalle due società Erminio ottiene lo stesso valore attuale nonostante il primo credito (scontato presso la Società Gatto) sia disponibile tra 10 mesi e il secondo tra un anno. Quanto deve valere $\frac{d_V}{d_G}$? $\left[\frac{5}{6}\right]$

120 Dato un certo credito disponibile tra un anno, la società Gatto garantisce oggi il doppio del valore attuale che dà la società Volpe. Il tasso di sconto applicato dalla Gatto, dunque, è maggiore, minore, o uguale al doppio di quello applicato dalla Volpe, in regime di sconto commerciale? [Maggiore]

121 Le società Gatto e Volpe emettono due titoli di credito di uguale importo nominale (che coincide con il valore di rimborso). Se il tasso di interesse sul titolo della società Volpe è doppio rispetto a quello della società Gatto e sappiamo che oggi il prezzo attuale dei due titoli (ossia il loro valore attuale razionale) è uguale, la scadenza del titolo della società Gatto deve essere più lunga di quella del titolo della società Volpe. Di quanto? [Il doppio]

122 Se il valore attuale (razionale) di un capitale è $\frac{10}{11}$ del capitale disponibile a scadenza tra un anno, qual è il tasso di interesse? [10%]

123 Dimostra che, a parità di capitale e di tempo di anticipazione, se $d = i$, il valore attuale commerciale è sempre minore del valore attuale razionale.

Esercizi in inglese

124 Solve math in English Susan must pay a sum of \$ 12 000 in 4 years. What amount deposited today at 4% compounded annually will amount to 12 000 \$ in 4 years? [\$ 10 257,65]

125 Solve math in English If the interest rate is 4% compounded annually, what is the present value of the expected profits in the next 5 years? [\$ 602 144,31]

Numbers of years in the future	Expected profit
1	\$ 120 000
2	\$ 150 000
3	\$ 180 000
4	\$ 220 000

PROVA DI AUTOVERIFICA

Lo sconto e il valore attuale

1 Una cambiale di 5000 euro viene estinta con 6 mesi e 15 giorni di anticipo. Determina quanto occorre versare per estinguere anticipatamente la cambiale, in ciascuno dei seguenti casi:

a. viene applicato un tasso di sconto commerciale annuo del 4%;
b. il tasso di interesse annuo è del 4% e viene applicato lo sconto razionale;
c. il tasso di interesse annuo è del 4% e viene applicato lo sconto composto.

2 Se cedo un credito di 1800 euro, disponibile tra 250 giorni, alla società Gatto, essa mi paga 1780 euro. Cedendo un credito di 2000 euro, disponibile sempre tra 250 giorni, alla società Volpe, essa mi paga 1973 euro. Quale delle due società ha applicato il tasso di sconto (commerciale) più elevato?

3 Cedo un credito di 2000 euro alla società Gatto. Il credito scade tra 180 giorni. La società Gatto mi propone di scegliere tra lo sconto commerciale al tasso del 2% oppure lo sconto razionale, sempre al tasso del 2%. Quale operazione mi conviene?

4 Il valore attuale (commerciale) di 2000 euro disponibili tra 1 anno è minore di 20 euro rispetto al valore attuale dello stesso capitale disponibile, però, fra 300 giorni. A quale tasso sono scontati questi importi?

5 Un certo capitale, disponibile tra un anno, viene scontato (con sconto razionale) a un certo tasso. Un capitale pari a $\frac{106}{105}$ del precedente, sempre disponibile tra un anno, viene scontato al tasso precedente aumentato di 100 punti base. Sapendo che i due valori attuali sono uguali, calcola il tasso di interesse.

Valutazione

Esercizio	1	2	3	4	5	**Totale**
Punteggio	2	2	2	2	2	10
Punteggio ottenuto						

Tempo massimo: 45 min.

▶ Risposte in fondo al volume

Unità 16

Le rendite

1. Il concetto di rendita

Si definisce **rendita** un flusso continuativo di redditi derivanti dal possesso di un bene. Con meno formalismo, si può dire che gode di una rendita chi ha diritto a ricevere diversi flussi di cassa (positivi) nel tempo. La rendita può essere generata dal possesso di titoli di credito (per esempio, le obbligazioni pagano cedole a determinate scadenze) oppure dalla proprietà di case e appartamenti (che consentono di ricevere un canone di locazione).
Lo scopo di questa Unità è di mostrare come calcolare il valore di una rendita, a prescindere da come essa è generata.
Utilizzando l'asse dei tempi, si può rappresentare una rendita come in **fig. 16.1**, dove si vede che la rendita è «solo» un insieme di flussi di cassa e come tale va trattata.

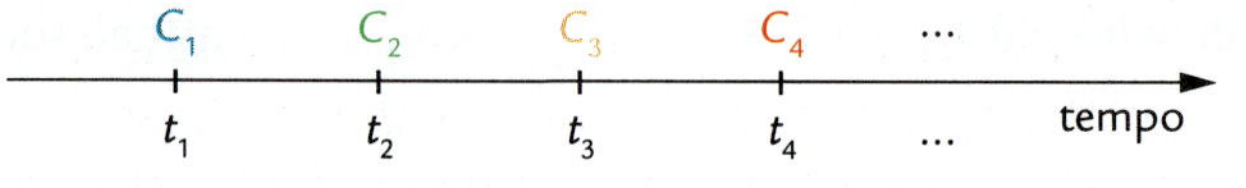

Figura 16.1 Rappresentazione di una rendita.

I capitali che formano una rendita vengono definiti **rate**, le quali possono essere *costanti* oppure *variabili* nel tempo. A questo proposito si possono distinguere le rendite in due grandi categorie.

- **Rendite a rate costanti**: tutte le rate sono dello stesso importo. Questo tipo di rendite è particolarmente facile da trattare dal punto di vista matematico; assorbiranno tutta la nostra attenzione nei prossimi paragrafi.
- **Rendite a rate variabili**: tutte le rate sono, potenzialmente, di diverso importo. Le rate, seppur diverse, possono modificarsi nel tempo secondo regole ben precise. Pensa a una rendita la cui prima rata sia pari a 1 euro, la seconda sia pari a 2 euro, la terza a 3 euro e così via per un certo periodo di tempo. È possibile effettuare un'analisi matematica di tali rendite utilizzando strumenti semplici solo se le rate hanno una loro regolarità. Quando, invece, le rate variano in modo non «regolare» occorre fare uso di strumenti matematici più sofisticati di quelli che si studiano in questo corso.

Un'ulteriore classificazione delle rendite, utile per il calcolo del loro valore, è tra rendite *anticipate* e rendite *posticipate*.

Modi di dire

Il tempo di riscossione della prima rata viene detto **decorrenza**.

- **Rendite anticipate**: ogni rata è pagata *all'inizio* del periodo al quale la rata stessa si riferisce. È il caso dei canoni di locazione degli immobili (detti, impropriamente, affitti) che sono pagati con frequenza mensile e che valgono per tutto il mese successivo. Nel momento in cui si crea la rendita, dunque, viene corrisposta la prima rata. Se la rendita sorge al tempo t_1, si è nel caso rappresentato dalla **fig. 16.1** dove, sempre in t_1, viene pagata la prima rata.
- **Rendite posticipate**: ogni rata è pagata *alla fine* del periodo al quale la rata stessa si riferisce. È il caso dei titoli obbligazionari per i quali la prima cedola (la rata) viene pagata dopo sei mesi dall'emissione (e le altre cedole sono pagate di sei mesi in sei mesi). Nel momento stesso in cui si crea la rendita, non viene corrisposta alcuna rata. Se la rendita rappresentata in **fig. 16.1** fosse sorta al tempo t_0, di un periodo precedente a t_1, allora ci troveremmo di fronte a una rendita posticipata.

In data odierna, ancora, si potrebbe stipulare un contratto per pagare o ricevere una rendita, ma a partire da una data diversa da quella attuale. Si può avere, così, un'ulteriore classificazione.

- **Rendite immediate**: le rate iniziano a essere incassate o pagate («maturano») dal momento stesso della stipula del contratto (la prima rata, poi, può essere disponibile subito, nel caso di una rendita anticipata, oppure dopo un periodo, nel caso di una rendita posticipata).
- **Rendite differite**: le rate iniziano a essere incassate o pagate in un momento successivo a quello della stipula del contratto (anche in questo caso, poi, la rendita potrà essere anticipata oppure posticipata).

Infine, si possono distinguere le rendite in base alla loro durata.

- **Rendite perpetue**: il pagamento (o la riscossione) delle rate avviene per sempre. È facile capire che questo tipo di rendita non ha un immediato riscontro nella realtà e le sue applicazioni sono circoscritte a casi molto particolari, che vedremo in dettaglio nei prossimi paragrafi.
- **Rendite temporanee**: il pagamento (o la riscossione) delle rate avviene per un periodo di tempo stabilito, scaduto il quale la rendita si estingue. Questo tipo di rendita è il più frequente in finanza. Qualora la data di scadenza della rendita sia incerta (coincidendo, per esempio, con la morte di un soggetto), gli strumenti da utilizzare sono un po' più sofisticati di quelli descritti in questo volume e fanno parte di una branca della matematica applicata chiamata **matematica attuariale**.

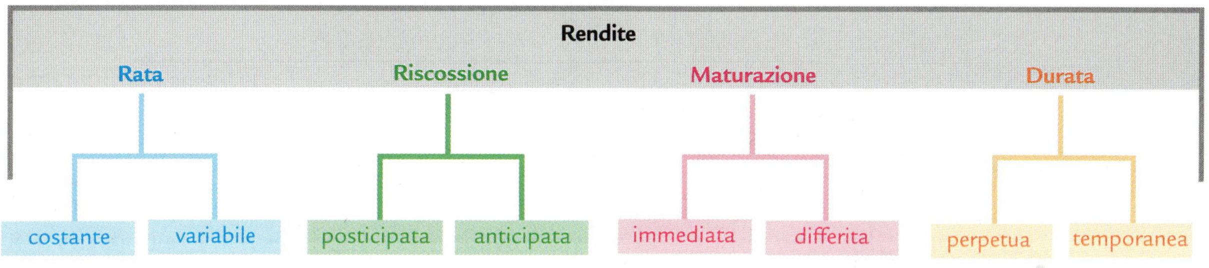

Figura 16.2 Principali classificazioni delle rendite.

Il Ministero dell'Economia e delle Finanze emette diversi tipi di titoli obbligazionari (di cui si parlerà più ampiamente nel prosieguo). Tra questi troviamo i seguenti.

- **Buoni del Tesoro Poliennali** (BTP): sono titoli (di diversa durata: 3, 5, 10, 15 e 30 anni) che pagano, ogni sei mesi, una cedola fissa stabilita al momento dell'emissione. Rispetto alla nostra classificazione precedente, dunque, questi titoli rappresentano una rendita a rata *costante*, posticipata, immediata e temporanea.
- **Certificati di Credito del Tesoro** (CCT): sono titoli (con durata di 7 anni) che pagano, ogni sei mesi, una cedola (rata) variabile (legata al tasso di interesse sui BOT). Nella nostra classificazione precedente, così, questi titoli rappresentano una rendita a rata *variabile*, posticipata, immediata e temporanea.

Attenzione!
Nel corso di tutta la trattazione ci riferiremo solo al caso di rendite a rate costanti.

Prova tu **ESERCIZI** a p. 705

1. Come classificheresti una rendita che, acquistata in data odierna, mi permette di ricevere subito la prima rata e poi, ogni mese (e per tre anni), un importo che sarà proporzionale al tasso di inflazione?
2. Come classificheresti una rendita che, acquistata oggi, mi darà alla fine di ogni anno, e per cinque anni consecutivi, la somma di 12 000 euro?

2. Montante di una rendita immediata e temporanea

In questo paragrafo ci concentreremo sul calcolo del **montante** di una rendita, ossia della somma dei montanti di tutte le rate della rendita. Studieremo in modo dettagliato come calcolare il montante di un solo tipo di rendita (quella posticipata, immediata e temporanea) per poi mostrare che il montante delle altre rendite può essere derivato da questo con aggiustamenti marginali. Ci limiteremo a considerare rendite le cui *rate* sono **costanti** (di importo uguale a R) ed **equidistanti**; inoltre supporremo che anche il *tasso di interesse* i sia costante. Ai fini del calcolo degli interessi, nel caso delle rendite si opera in regime di capitalizzazione *composta*.

Il caso della rendita posticipata

Graficamente, la situazione è descritta in **fig. 16.3**, dove si osserva che la rendita viene sottoscritta in t_0 e la prima rata è corrisposta in t_1 mentre l'ultima rata è corrisposta in t_n.

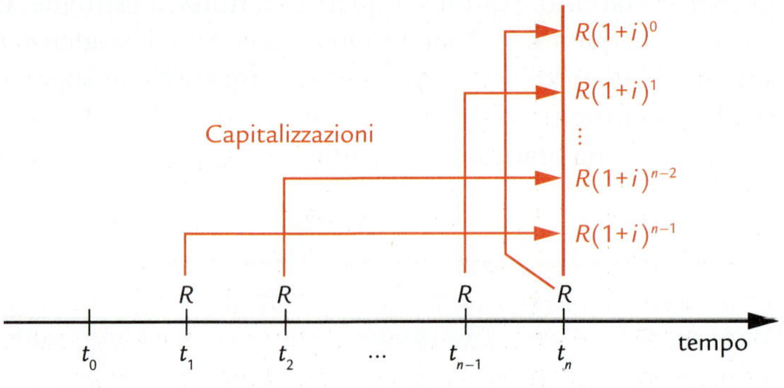

Figura 16.3 Montante di una rendita posticipata, immediata e temporanea.

La prima rata, disponibile dopo il primo periodo, deve essere capitalizzata fino all'istante t_n e, dunque, va spostata avanti nel tempo per $n - 1$ periodi (da 1 fino a n); genererà quindi un montante uguale a:

$$R(1+i)^{n-1}$$

La seconda rata deve essere spostata in avanti nel tempo per $n - 2$ periodi e genererà un montante uguale a:

$$R(1+i)^{n-2}$$

e così via. La penultima rata deve essere capitalizzata per 1 solo periodo, quindi genererà un montante uguale a:

$$R(1+i)^{1}$$

Infine l'ultima rata, disponibile in t_n, non deve essere capitalizzata, come risulta anche dalla formula:

$$R(1+i)^{0} = R$$

Il montante complessivo M generato dalla rendita al tempo t_n è la somma dei montanti generati dalle singole rate, dunque risulta:

$$M = R(1+i)^{n-1} + R(1+i)^{n-2} + \ldots + R(1+i)^{1} + R(1+i)^{0}$$

ossia, riordinando i termini:

$$M = R(1+i)^{0} + R(1+i)^{1} + \ldots + R(1+i)^{n-2} + R(1+i)^{n-1}$$

Riconosciamo così la somma dei primi n termini di una progressione *geometrica* in cui il primo termine è R e la cui ragione è $1 + i$. Ricordando la formula che for-

Ricorda

Una progressione *geometrica* è una successione in cui il rapporto tra ciascun termine (a partire dal secondo) e il precedente è costante. Tale rapporto costante è detto *ragione* della progressione.

nisce la somma dei termini di una progressione geometrica (*vedi* nota qui a fianco), otteniamo:

$$M = R\frac{1-(1+i)^n}{1-(1+i)} = R\frac{1-(1+i)^n}{-i} = R\frac{(1+i)^n-1}{i}$$

Ricorda

La somma dei primi n termini di una progressione geometrica è data dalla formula:

$$1° \text{ termine} \cdot \frac{1-(\text{ragione})^n}{1-\text{ragione}}$$

MONTANTE DI UNA RENDITA POSTICIPATA

Il **montante** M di una rendita posticipata immediata, formata da n rate di importo costante R, al tasso i, all'atto del versamento dell'ultima rata, è espresso dalla formula:

$$M = R\,\frac{(1+i)^n-1}{i} \qquad [16.1]$$

Attenzione!

La formula [16.1] vale sia per le rendite le cui rate sono annuali, sia per le rendite le cui rate sono frazioni di anno, purché il tasso i sia *conforme* al periodo della rata (annuale se le rate sono annuali, mensile se le rate sono mensili, e così via...).

Il fattore per il quale viene moltiplicata la rata R per ottenere il montante (detto **fattore di montante** di una rendita posticipata) è tanto importante da aver meritato, in matematica finanziaria, un simbolo tutto per sé, $s_{\overline{n}|i}$:

$$s_{\overline{n}|i} = \frac{(1+i)^n-1}{i}$$

che si legge «s posticipato, figurato n, al tasso i». La formula [16.1], utilizzando quest'ultima notazione, può essere riscritta nella forma compatta:

$$M = R \cdot s_{\overline{n}|i}$$

Rifletti

Il coefficiente $s_{\overline{n}|i}$ rappresenta il montante di una rendita posticipata immediata di rate unitarie, al tasso i.

ESEMPIO Montante di una rendita posticipata / 1

Abbiamo diritto a ricevere una rata annuale posticipata di 300 euro per 5 anni (il tasso di interesse sul mercato è del 5%). Il debitore ci chiede di sostituire i pagamenti periodici con il pagamento di un unico importo tra cinque anni. Quanto gli dobbiamo chiedere?

Affinché la cifra che il debitore ci pagherà fra 5 anni sia equivalente alla rendita, essa deve coincidere con il montante della rendita stessa. Non resta, allora, che applicare la formula appena esposta dove $R = 300$, $n = 5$ e $i = 0{,}05$:

$$M = R \cdot s_{\overline{5}|0,05} = 300 \cdot \frac{(1+0{,}05)^5-1}{0{,}05} = 1657{,}69 \text{ euro}$$

ESEMPIO Montante di una rendita posticipata / 2

La società Volpe ci ha concesso un finanziamento e ci siamo impegnati a restituirlo con rate annuali posticipate. Oggi dobbiamo ancora pagare 5 rate e il tasso di interesse è del 7%. Sappiamo che tra 5 anni riceveremo 6000 euro da un nostro debitore e che, oggi, impegnandoci a cedere alla società Volpe questo credito, essa acconsente a estinguere il nostro debito verso di lei cancellando le restanti rate. Calcoliamo a quanto ammonta la rata del prestito concessoci dalla società Volpe.

Possiamo rappresentare graficamente il problema come nella figura seguente, dove gli importi da pagare (cioè le rate) hanno segno negativo mentre l'importo da riscuotere alla data 5 ha segno positivo.

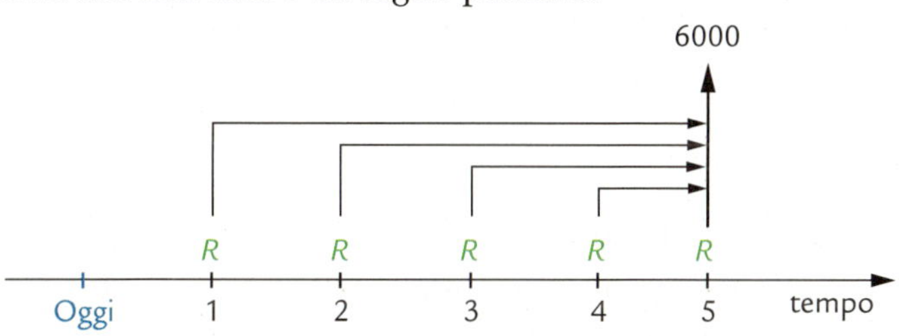

Affinché la società Volpe accetti lo scambio delle rate con il pagamento finale alla data 5, il montante della rendita deve essere uguale a tale pagamento finale. Deve cioè valere:

$$R \cdot s_{\overline{5}|0,07} = 6000$$

da cui:

$$R = \frac{6000}{s_{\overline{5}|0,07}} = 6000 \cdot \frac{0,07}{(1+0,07)^5 - 1} = 1043,34 \text{ euro}$$

Il caso della rendita anticipata

Vogliamo ora calcolare il montante di una rendita che ha le stesse caratteristiche di quella presentata nel sottoparagrafo precedente, salvo per quanto riguarda il pagamento delle rate, che questa volta avviene *anticipatamente*. La differenza tra una rendita anticipata e una posticipata è rappresentata schematicamente in **fig. 16.4**.

Osserva

Nel caso di una rendita *posticipata* il montante viene calcolato *all'atto del versamento* dell'ultima rata, mentre nel caso di una rendita *anticipata* viene calcolato *un periodo dopo* il versamento dell'ultima rata.

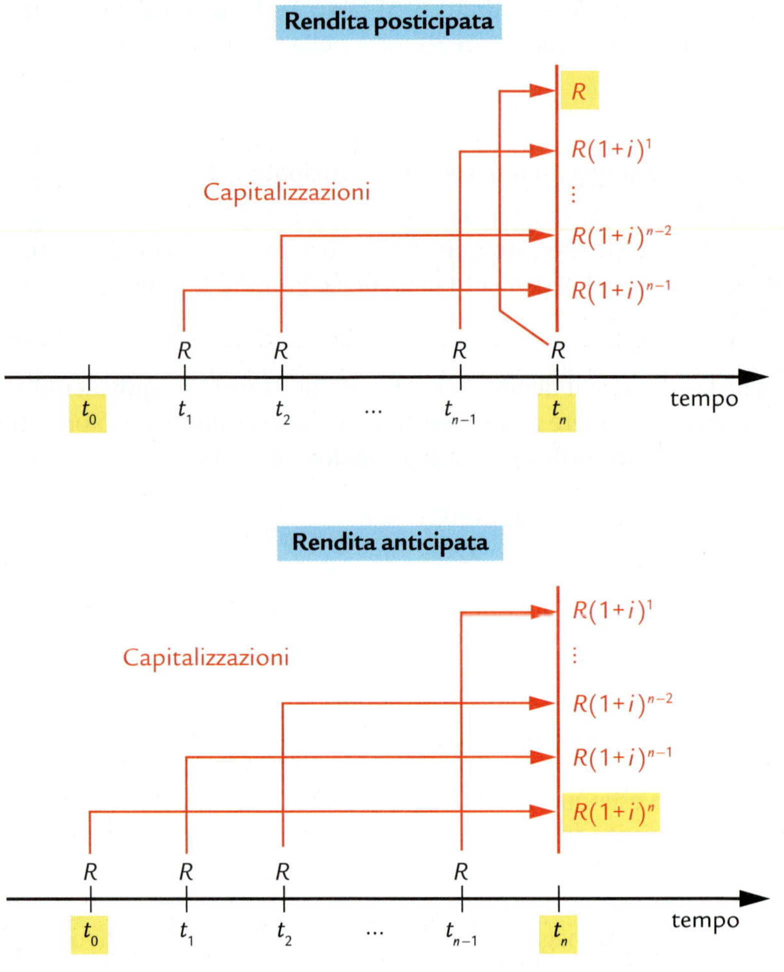

Figura 16.4 Confronto tra il montante di una rendita posticipata e quello di una rendita anticipata.

Dal confronto tra i due grafici in **fig. 16.4** si osserva che la rendita anticipata presenta, rispetto a quella posticipata, una rata in più alla data t_0 e una rata in meno alla data t_n. Questo significa che, per ottenere il montante M della rendita anticipata, occorre sommare al montante della rendita posticipata il termine $R(1+i)^n$, cioè il montante generato dalla rata disponibile in t_0, e sottrarre R, cioè la rata che non viene corrisposta alla data t_n. In definitiva, quindi:

$$M = R\frac{(1+i)^n - 1}{i} + R(1+i)^n - R =$$

$$= R\frac{(1+i)^n - 1}{i} + R[(1+i)^n - 1] =$$ Raccogliendo a fattore comune R negli ultimi due termini

$$= R\frac{(1+i)^n - 1}{i} + Ri\left[\frac{(1+i)^n - 1}{i}\right]$$ Dividendo e moltiplicando per i il termine tra parentesi quadre

$$= R\,\frac{(1+i)^n - 1}{i}\,(1+i)$$ Raccogliendo a fattore comune $R\frac{(1+i)^n - 1}{i}$

MONTANTE DI UNA RENDITA ANTICIPATA

Il montante M di una rendita anticipata immediata, formata da n rate di importo costante R, al tasso i, un periodo dopo il versamento dell'ultima rata, è espresso dalla formula:

$$M = R\,\frac{(1+i)^n - 1}{i}\,(1+i) \qquad [16.2]$$

Attenzione!

Nell'applicare la formula **[16.2]** ricorda che il tasso i deve essere *conforme* al periodo della rata.

È importante fare alcune osservazioni.

a. Dalla formula **[16.2]** si vede che il montante di una rendita *anticipata* è uguale al montante della stessa rendita, *ma posticipata*, **capitalizzato di un periodo**:

montante di una rendita anticipata =
= montante della stessa rendita posticipata $\cdot\ (1+i)$

b. Il fattore per il quale viene moltiplicata la rata R per ottenere il montante (detto **fattore di montante** di una rendita anticipata) viene indicato con il simbolo $\ddot{s}_{\overline{n}|i}$:

$$\ddot{s}_{\overline{n}|i} = \frac{(1+i)^n - 1}{i}(1+i)$$

che si legge «s anticipato, figurato n, al tasso i». La formula **[16.2]**, utilizzando quest'ultima notazione, può essere riscritta nella forma compatta:

$$M = R \cdot \ddot{s}_{\overline{n}|i}$$

Rifletti

Il coefficiente $\ddot{s}_{\overline{n}|i}$ rappresenta il montante di una rendita anticipata immediata di rate unitarie, al tasso i.

ESEMPIO **Montante di una rendita anticipata**

Dobbiamo pagare rate di 300 euro anticipatamente, ogni anno e per 5 anni (il tasso di interesse è del 5%). Oggi ci accordiamo con il creditore per pagare una cifra unica tra 5 anni. Calcoliamo tale cifra.

Affinché il creditore accetti di ricevere una somma unica dopo 5 anni anziché la rendita, occorre che tale cifra coincida con il montante di tutta la rendita. Basta dunque applicare la formula appena ottenuta:

$$M = 300 \cdot \ddot{s}_{\overline{5}|0{,}05} = 300 \cdot \frac{(1+0{,}05)^5 - 1}{0{,}05} \cdot (1+0{,}05) = 1740{,}57 \text{ euro}$$

Rendite con rate infraperiodali

Negli esempi di questo paragrafo abbiamo finora considerato rendite con rate annuali. Tuttavia è molto più comune che la rendita venga pagata per frazioni di anno. Basta pensare, per esempio, a un canone di locazione che si paga una volta al mese, oppure alle cedole di un'obbligazione che si ricevono una volta ogni sei mesi. Per calcolare il montante di queste rendite occorre ricondurre il tasso di interesse allo stesso periodo di riferimento della rata.

ESEMPIO **Montante di una rendita con rata mensile**

Calcoliamo il montante di una rendita posticipata (immediata e temporanea) della durata di 10 anni, le cui rate di 200 euro sono pagate mensilmente. Il tasso di interesse annuo sul mercato è del 5%.

Osserviamo anzitutto che la rendita, essendo della durata di 10 anni e avendo rate mensili, è costituita complessivamente da $n = 10 \cdot 12 = 120$ rate. Dobbiamo poi calcolare il tasso di interesse mensile equivalente i_{12}, attraverso la formula:

$$i_{12} = \sqrt[12]{1+i} - 1 = \sqrt[12]{1+0{,}05} - 1 \simeq 0{,}004074$$

Il montante è quello di una rendita di $n = 120$ rate, con tasso i_{12}; pertanto:

$$M = R\,\frac{(1+i_{12})^{120} - 1}{i_{12}} = 200 \cdot \frac{(1+0{,}004074)^{120} - 1}{0{,}004074} \simeq 30\,872{,}63 \text{ euro}$$

SINTESI

Formule per il montante di una rendita immediata temporanea

Tipo di rendita	Montante	Notazione compatta
Posticipata	$M = R\dfrac{(1+i)^n - 1}{i}$	$M = R \cdot s_{\overline{n}\rceil i}$ con $s_{\overline{n}\rceil i} = \dfrac{(1+i)^n - 1}{i}$
Anticipata	$M = R\,\dfrac{(1+i)^n - 1}{i}\,(1+i)$	$M = R \cdot \ddot{s}_{\overline{n}\rceil i}$ con $\ddot{s}_{\overline{n}\rceil i} = \dfrac{(1+i)^n - 1}{i}\,(1+i)$

Osserva

I fattori di montante di una rendita posticipata e di una rendita anticipata sono legati dalla relazione $\ddot{s}_{\overline{n}\rceil i} = (1+i)\, s_{\overline{n}\rceil i}$.

Prova tu **ESERCIZI** a p. 706

Oggi sono debitore della società Gatto alla quale devo versare 10 rate annuali anticipate da 800 euro ciascuna. Contemporaneamente sono creditore della società Volpe dalla quale ho il diritto di ricevere un certo ammontare di denaro (X) tra 7 anni. Oggi mi accordo con la società Gatto per sostituire i pagamenti periodici con un pagamento unico tra 10 anni. Sapendo che il tasso di interesse è del 5% e che sarò in grado di pagare la società Gatto con il montante ottenuto investendo la cifra X fino alla data 10, calcola a quanto ammonta X. [9126,82 euro]

3. Valore attuale di una rendita immediata e temporanea

Nel paragrafo precedente abbiamo mostrato come calcolare il montante di una rendita a rata costante (immediata e temporanea), sia nel caso in cui è posticipata, sia nel caso in cui è anticipata. Deduciamo in questo paragrafo formule analoghe per determinare il **valore attuale** di una rendita, ossia la somma dei valori attuali di tutte le rate della rendita. Il regime sarà quello dello sconto composto.

Il caso della rendita posticipata

Per calcolare il valore attuale di una rendita *posticipata* (immediata e temporanea), invece di calcolare la somma dei valori attuali di tutte le rate della rendita si può procedere più velocemente attualizzando il montante della rendita alla scadenza per tutto il periodo di durata della rendita. L'idea è rappresentata graficamente nel caso di una rendita posticipata in **fig. 16.5**.

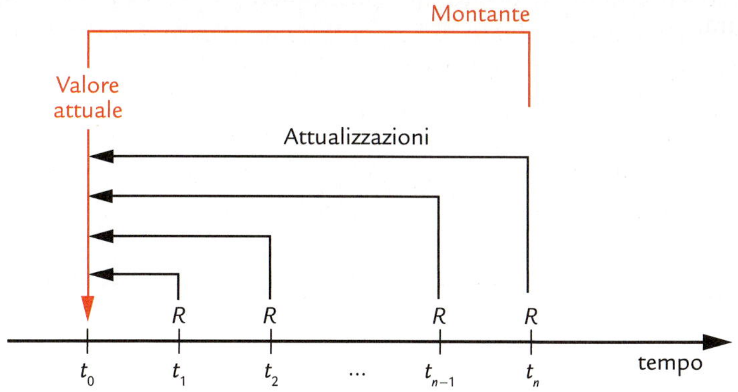

Figura 16.5 La somma dei valori attuali di tutte le rate equivale al valore attuale del montante.

Nel caso di una rendita posticipata sappiamo che:

$$M = R\,\frac{(1+i)^n - 1}{i}$$

Il valore attuale in t_0 del montante della rendita (dovendo attualizzare per n periodi) è dunque:

$$V = R\frac{(1+i)^n - 1}{i}(1+i)^{-n} = R\frac{(1+i)^n \cdot (1+i)^{-n} - (1+i)^{-n}}{i} = R\frac{1-(1+i)^{-n}}{i}$$

VALORE ATTUALE DI UNA RENDITA POSTICIPATA

Il valore attuale V, un periodo prima del versamento della prima rata, di una rendita posticipata immediata, formata da n rate di importo costante R, al tasso i, è espresso dalla formula:

$$V = R\,\frac{1-(1+i)^{-n}}{i} \qquad [16.3]$$

Il fattore per il quale viene moltiplicata la rata R per ottenere il valore attuale (detto **fattore di attualizzazione** di una rendita posticipata) viene indicato con il simbolo $a_{\overline{n}|i}$:

$$a_{\overline{n}|i} = \frac{1-(1+i)^{-n}}{i}$$

che si legge «*a* posticipato, figurato *n*, al tasso *i*». La formula **[16.3]**, utilizzando quest'ultima notazione, può essere riscritta nella forma compatta:

$$V = R \cdot a_{\overline{n}|i}$$

Attenzione!

1. Nella formula **[16.3]** il tasso i deve essere *conforme* al periodo della rata.
2. Quando si parla sbrigativamente di «valore attuale di una rendita posticipata» si sottintende che il valore attuale sia calcolato un periodo prima del versamento della prima rata.

Rifletti

Il coefficiente $a_{\overline{n}|i}$ rappresenta il valore attuale di una rendita immediata posticipata di rate unitarie, al tasso i.

ESEMPIO **Valore attuale di una rendita posticipata**

Se il tasso di interesse sul mercato è costante e pari al 2%, qual è il valore attuale di una rendita che paga ogni anno (posticipatamente) una rata di 1000 euro per cinque anni?

In questo caso è sufficiente applicare la formula **[16.3]** dove si pone $R = 1000$, $i = 0{,}02$ e $n = 5$:

$$V = 1000 \cdot a_{\overline{5}|0{,}02} = 1000 \cdot \frac{1-(1+0{,}02)^{-5}}{0{,}02} = 4713{,}46 \text{ euro}$$

Il caso della rendita anticipata

Ragionando similmente al caso precedente, possiamo determinare il valore attuale in t_0 di una rendita *anticipata*, attualizzandone il montante; sappiamo che in tal caso risulta:

$$M = R\,\frac{(1+i)^n - 1}{i}\,(1+i)$$

Pertanto sarà:

$$V = \underbrace{R\,\frac{(1+i)^n - 1}{i}\,(1+i)}_{\text{montante di una rendita anticipata}} \cdot \underbrace{(1+i)^{-n}}_{\text{attualizzazione del montante di } n \text{ periodi}}$$

Con calcoli simili a quelli svolti nel sottoparagrafo precedente si conclude quanto segue.

Attenzione!

1. Nell'applicare la formula **[16.4]** ricorda che il tasso i deve essere *conforme* al periodo della rata.
2. Quando si parla sbrigativamente di «valore attuale di una rendita anticipata» si sottintende che il valore attuale sia calcolato all'atto del primo versamento.

VALORE ATTUALE DI UNA RENDITA ANTICIPATA

Il valore attuale V, all'atto del primo versamento, di una rendita anticipata immediata, formata da n rate di importo costante R, al tasso i, è espresso dalla formula:

$$V = R\,\frac{1-(1+i)^{-n}}{i}\,(1+i) \qquad [16.4]$$

È importante fare alcune osservazioni.

a. Dalla formula **[16.4]** si vede che il valore attuale di una rendita *anticipata* (similmente a quanto accadeva per il montante) è uguale al valore attuale della stessa rendita, *ma posticipata*, **capitalizzato di un periodo**:

valore attuale di una rendita anticipata =
= valore attuale della stessa rendita posticipata $\cdot\,(1+i)$

b. Il fattore per il quale viene moltiplicata la rata R per ottenere il valore attuale (detto **fattore di attualizzazione** di una rendita anticipata) viene indicato con il simbolo $\ddot{a}_{\overline{n}|i}$:

$$\ddot{a}_{\overline{n}|i} = \frac{1-(1+i)^{-n}}{i}\,(1+i)$$

che si legge «a anticipato, figurato n, al tasso i». La formula **[16.4]**, utilizzando quest'ultima notazione, può essere riscritta nella forma compatta:

$$V = R \cdot \ddot{a}_{\overline{n}|i}$$

Rifletti

Il coefficiente $\ddot{a}_{\overline{n}|i}$ rappresenta il valore attuale di una rendita immediata anticipata di rate unitarie, al tasso i.

ESEMPIO **Valore attuale di una rendita anticipata**

Se il tasso di interesse sul mercato è costante e pari al 2%, qual è il valore attuale di una rendita che paga ogni anno anticipatamente una rata di 1000 euro per cinque anni?

In questo caso è sufficiente applicare la formula **[16.4]** ponendo $R = 1000$, $i = 0{,}02$ e $n = 5$:

$$V = 1000 \cdot \ddot{a}_{\overline{5}|0{,}02} = 1000 \cdot (1+0{,}02) \cdot \frac{1-(1+0{,}02)^{-5}}{0{,}02} = 4807{,}73 \text{ euro}$$

Rendite con rate infraperiodali

Come abbiamo già visto per il calcolo del montante, anche per il calcolo del valore attuale di una rendita, nel caso che le rate di quest'ultima vengano pagate a intervalli che sono frazioni di anno, bisogna ricondurre il tasso di interesse allo stesso periodo di riferimento della rata.

ESEMPIO **Valore attuale di una rendita con rata mensile**

Calcoliamo il valore attuale di una rendita posticipata (immediata e temporanea) della durata di 5 anni, le cui rate di 1500 euro sono pagate semestralmente. Il tasso di interesse annuo sul mercato è del 4%.

Osserviamo anzitutto che la rendita, essendo della durata di 5 anni e avendo rate semestrali, è costituita complessivamente da $n = 5 \cdot 2 = 10$ rate. Dobbiamo poi calcolare il tasso di interesse semestrale equivalente i_2, attraverso la formula:

$$i_2 = \sqrt{1+i} - 1 = \sqrt{1+0{,}04} - 1 \simeq 0{,}019804$$

Il valore attuale è quello di una rendita di $n = 10$ rate, con tasso i_2; pertanto:

$$V = R\frac{1-(1+i_2)^{-10}}{i_2} = 1500 \cdot \frac{1-(1+0{,}019804)^{-10}}{0{,}019804} \simeq 13\,487{,}71 \text{ euro}$$

SINTESI

Formule per il valore attuale di una rendita immediata temporanea

Tipo di rendita	Valore attuale	Notazione compatta
Posticipata	$V = R\frac{1-(1+i)^{-n}}{i}$	$V = R \cdot a_{\overline{n}\rvert i}$ con $a_{\overline{n}\rvert i} = \frac{1-(1+i)^{-n}}{i}$
Anticipata	$V = R\frac{1-(1+i)^{-n}}{i}(1+i)$	$V = R \cdot \ddot{a}_{\overline{n}\rvert i}$ con $\ddot{a}_{\overline{n}\rvert i} = \frac{1-(1+i)^{-n}}{i}(1+i)$

Osserva

Anche i fattori di attualizzazione di una rendita posticipata e di una rendita anticipata (analogamente ai fattori di montante) sono legati dalla relazione $\ddot{a}_{\overline{n}\rvert i} = (1+i)\, a_{\overline{n}\rvert i}$.

Prova tu **ESERCIZI** a **p. 708**

1. La società Gatto propone di pagarmi una rendita annuale di rata 800 euro (posticipata) per 10 anni. La società Volpe, invece, mi propone una rendita (anch'essa posticipata) che dura 5 anni e ha una rata di 1600 euro. Quale delle due rendite, oggi, vale di più se il tasso di interesse è del 3%? [Le rendite valgono rispettivamente 6824,16 euro e 7327,53 euro]

2. Il tasso di interesse sul mercato è del 4%. La società Volpe mi chiede di darle 2000 euro e si impegna, per 10 anni, a pagarmi una rendita anticipata. A quanto ammonta la rata (annuale) della rendita? [237,10 euro]

4. Rendite differite

Come abbiamo visto nel primo paragrafo, una rendita si definisce **differita** quando le sue rate iniziano a maturare in un momento successivo a quello della costituzione della rendita stessa. Un caso tipico riguarda le assicurazioni. Posso pagare oggi un importo a una compagnia assicurativa la quale si impegna, a partire da una certa data futura, a corrispondermi una rendita fino alla mia morte. In questo caso il contratto viene firmato in una data antecedente a quella in cui la rendita inizia a maturare.

Osserviamo come si può calcolare il valore attuale di una simile rendita rappresentandola, dapprima, sull'asse dei tempi come in **fig. 16.6**.

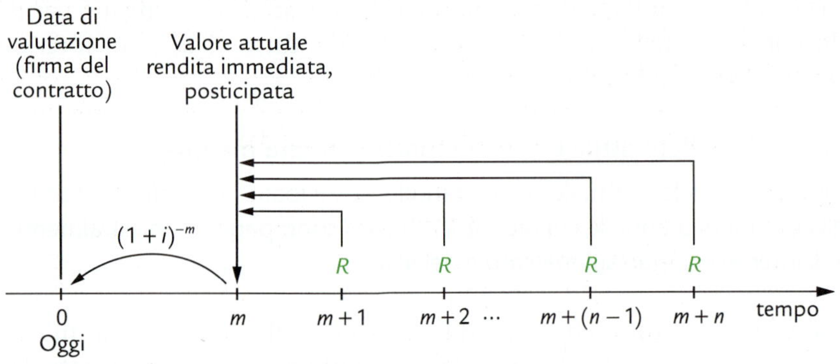

Figura 16.6 Valore attuale di una rendita (posticipata) differita di m periodi.

Nel grafico si fa il caso di una rendita per la quale si decide, oggi, di iniziare a corrispondere le rate fra m periodi e per n periodi successivi. Se la rendita è posticipata, allora la prima rata verrà corrisposta al tempo $m + 1$, la seconda al tempo $m + 2$ e così via fino all'ennesima rata, che verrà corrisposta al tempo $m + n$.
Il valore attuale di una simile rendita si può calcolare dividendolo, idealmente, in due fasi: dapprima si calcola il valore attuale, al tempo m, di una rendita immediata (posticipata) e poi si attualizza ulteriormente questo valore attuale di m periodi. La formula per il calcolo del valore attuale di una rendita differita di m periodi è, così, la seguente:

$$V_m = R \cdot a_{\overline{n}|i} \cdot (1 + i)^{-m}$$

Osserva

Il valore attuale di una rendita differita è sempre più piccolo (a parità di rate, di durata e di tasso di interesse) del valore attuale di una rendita immediata. Questo risultato è dovuto al fatto che uno stesso importo, disponibile in un futuro più lontano, per noi ha un valore, oggi, più piccolo.

Un ragionamento del tutto analogo vale nel caso di una rendita anticipata. La formula diventerà:

$$V_m = R \cdot \ddot{a}_{\overline{n}|i} \cdot (1 + i)^{-m}$$

dove, questa volta, si è scontato di m periodi il valore attuale di una rendita immediata e anticipata.

ESEMPIO **Valore attuale di una rendita differita**

Sia dato un tasso di interesse del 4%. La società Gatto ci dà la possibilità di ricevere, a partire da oggi e posticipatamente, una rendita temporanea di 10 anni, con rata annuale di 1000 euro. La società Volpe, invece, ci fornisce lo stesso tipo di rendita ma con rata di 1200 euro e differita di 5 anni. Quale offerta conviene accettare?

Calcoliamo il valore attuale della rendita proposta dalla società Gatto:

$$V_{\text{Gatto}} = 1000 \cdot a_{\overline{10}|0{,}04} = 1000 \cdot \frac{1 - (1 + 0{,}04)^{-10}}{0{,}04} = 8110{,}90 \text{ euro}$$

e confrontiamolo con il valore attuale della rendita proposta, per contro, dalla società Volpe:

$$V_{\text{Volpe}} = 1200 \cdot \frac{1 - (1 + 0{,}04)^{-10}}{0{,}04} \cdot \underbrace{(1 + 0{,}04)^{-5}}_{\text{fattore di attualizzazione dovuto al differimento della rendita}} = 7999{,}88 \text{ euro}$$

Concludiamo, allora, che è preferibile l'offerta della società Gatto. Il fatto che le rate offerte dalla società Volpe siano più alte viene compensato dal fatto che esse sono disponibili in date più lontane nel tempo.

Osserviamo infine che distinguere il calcolo del montante nel caso di una rendita immediata e nel caso di una rendita differita non ha alcun senso nell'ipotesi che stiamo assumendo, in cui il tasso di interesse si mantiene *costante* nel tempo.
Il caso è rappresentato in **fig. 16.7**, dove si mettono a confronto due rendite formate dallo stesso numero di rate (ed entrambe posticipate) ma riscuotibili in momenti diversi sull'asse dei tempi. Se il tasso di interesse cui si valutano le rate è sempre uguale, allora i due montanti devono coincidere.

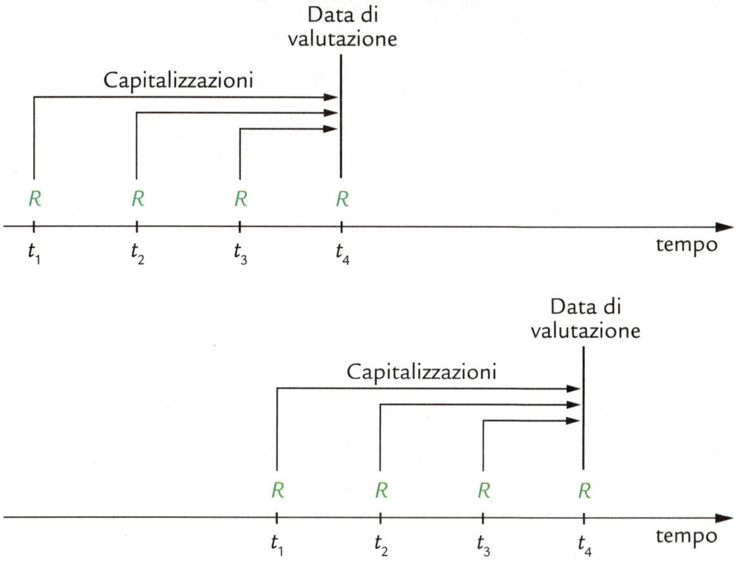

Figura 16.7 Montante di due rendite uguali eccetto che per il momento in cui viene pagata la prima rata.

Prova tu **ESERCIZI** a p. 713

Sul mercato il tasso di interesse è del 4%. Il valore attuale di una rendita immediata, anticipata, temporanea per 5 anni, con rata annuale di 1500 euro è uguale al valore attuale di una rendita differita di 5 anni, posticipata, temporanea per 10 anni. Qual è la rata della seconda rendita? [1041,74 euro]

5. Rendite perpetue

Si parla, in finanza, di **rendita perpetua** quando le rate della rendita vengono corrisposte per sempre.
Non avendo una data di scadenza, sarebbe logicamente privo di senso cercare il montante di una rendita perpetua (non è, infatti, definita la data alla quale la rendita ha termine).
Il valore attuale della rendita perpetua si può invece calcolare facendo crescere indefinitamente il numero n delle rate. Per esprimere questo fatto diremo che «facciamo tendere n all'infinito». I simboli finanziari che si utilizzano nel caso di rendite perpetue sono gli stessi delle rendite temporanee, eccetto che al posto di n si utilizza il simbolo di infinito, ∞. Per esempio, il fattore di attualizzazione nel caso di una rendita perpetua posticipata si indica con il simbolo $a_{\overline{\infty}|i}$.

Il caso della rendita posticipata

Per calcolare il valore attuale di una rendita *perpetua posticipata* dobbiamo considerare la corrispondente formula vista nel caso di una rendita *temporanea posticipata*, fare tendere a n all'infinito e capire come si modifica tale formula. La formula da cui partire è dunque:

$$V = R \cdot a_{\overline{n}|i} = R\,\frac{1-(1+i)^{-n}}{i}$$

Per comprendere meglio

Per esempio,
se $i = 5\% = 0{,}05$,

allora $\frac{1}{1+i} \simeq 0{,}95$.

Osserva il comportamento delle potenze di 0,95 al crescere di n:

$(0{,}95)^1 = 0{,}95$
$(0{,}95)^2 \simeq 0{,}9025$
$(0{,}95)^3 \simeq 0{,}8573$
.....
$(0{,}95)^{10} \simeq 0{,}60$
.....
$(0{,}95)^{100} \simeq 0{,}006$
.....
$(0{,}95)^{150} \simeq 0{,}0005$

Che cosa accade al fattore $a_{\overline{n}|i}$ quando n tende all'infinito? Osserviamo che $(1+i)^{-n} = \left(\frac{1}{1+i}\right)^n$ e che $\frac{1}{1+i}$ è un numero compreso tra 0 e 1: un numero siffatto, elevato alla n, tende ad assumere valori sempre più prossimi a **zero** via via che l'esponente n tende all'infinito (*vedi* nota in colonnino); in simboli si scrive:

$$\underbrace{(1+i)^{-n} \to 0}_{\text{tende a zero}} \quad \text{quando} \quad \underbrace{n \to \infty}_{\text{tende a infinito}}$$

Pertanto il fattore di attualizzazione $a_{\overline{n}|i}$ di una rendita temporanea posticipata, $\frac{1-(1+i)^{-n}}{i}$, tende a $\frac{1}{i}$ quando n tende all'infinito. Assumeremo dunque che $a_{\overline{\infty}|i} = \frac{1}{i}$ e che il valore attuale di una rendita *perpetua* posticipata sia:

$$V = R \cdot a_{\overline{\infty}|i} = \frac{R}{i}$$

Valore attuale di una rendita perpetua posticipata

ESEMPIO Valore attuale di una rendita perpetua posticipata / 1

Possediamo un appartamento che diamo in locazione a 14 400 euro l'anno. Se il tasso di interesse sul mercato finanziario è del 4%, a quanto possiamo vendere l'appartamento?

Questo caso chiama in gioco proprio le rendite perpetue. Se vendo un appartamento è giusto che io chieda, come prezzo di vendita, il valore attuale di tutte le locazioni che mi posso aspettare di ricevere in futuro e per un tempo che, con buona approssimazione, si può assumere infinito. Il valore dell'appartamento, così, è dato da:

$$\frac{R}{i} = \frac{14\,400}{0{,}04} = 360\,000 \text{ euro}$$

ESEMPIO Valore attuale di una rendita perpetua posticipata / 2

Nello stesso caso dell'esempio precedente, se anziché riscuotere il canone di locazione una volta l'anno lo riscuotessimo ogni mese (come è più verosimile) e ricevessimo 1200 euro mensili, quanto varrebbe l'appartamento (con un tasso annuale sempre pari al 4%)?

In questo caso occorre utilizzare, anziché il tasso annuale, l'equivalente tasso mensile i_{12}, dato da:

$$i_{12} = (1+i)^{\frac{1}{12}} - 1 = (1+0{,}04)^{\frac{1}{12}} - 1 = 0{,}0032737$$

Così il valore della rendita perpetua è dato da:

$$\frac{R}{i_{12}} = \frac{1200}{0{,}0032737} = 366\,557{,}72 \text{ euro}$$

Si ottiene un valore maggiore del precedente poiché alla fine del primo anno i canoni mensili di locazione sono stati già reinvestiti e hanno prodotto interessi mentre un canone annuale non avrebbe ancora prodotto alcun interesse.

Il caso di una rendita anticipata

Il caso che abbiamo appena analizzato è quello di una rendita posticipata poiché il valore di $a_{\overline{\infty}|i}$ è stato ottenuto dal valore di $a_{\overline{n}|i}$ facendo tendere a infinito il numero delle rate.

Lo stesso ragionamento si può fare nel caso di una rendita anticipata. Tuttavia è di più immediata comprensione l'osservazione che la differenza tra il valore attuale di due rendite perpetue di cui una sia anticipata e una posticipata risiede, semplicemente, nel fatto che quella anticipata ha una rata in più; per il resto sono identiche. Si può allora scrivere:

$$\underbrace{V}_{\substack{\text{valore attuale}\\ \text{di una rendita}\\ \text{perpetua anticipata}}} = \underbrace{\frac{R}{i}}_{\substack{\text{valore attuale}\\ \text{di una rendita}\\ \text{perpetua posticipata}}} + R = \frac{R}{i}(1+i)$$

In definitiva:

$$V = \frac{R}{i}(1+i)$$

Valore attuale di una rendita perpetua anticipata

Il risultato è del tutto in linea con quanto già si era ottenuto nei precedenti paragrafi per rendite temporanee: il valore di una rendita perpetua *anticipata* coincide con il valore attuale della stessa rendita, ma posticipata, moltiplicato per il fattore di montante $(1+i)$.

ESEMPIO **Valore attuale di una rendita perpetua anticipata**

Possediamo un appartamento che diamo in locazione a 1000 euro al mese, riscossi anticipatamente. Se il tasso di interesse sul mercato finanziario è del 5%, a quanto possiamo vendere l'appartamento?

Siamo sempre nel caso di una rendita perpetua ma, questa volta, anticipata. Il tasso mensile equivalente al 5% è:

$$i_{12} = (1+0{,}05)^{\frac{1}{12}} - 1 = 0{,}004074$$

e il valore attuale della rendita, così, si trova essere:

$$\frac{R}{i_{12}}(1+i_{12}) = \frac{1000}{0{,}004074} \cdot (1+0{,}004074) = 246\,459{,}01 \text{ euro}$$

Il caso della rendita differita

Anche le rendite perpetue, infine, possono essere differite. Se la rendita è posticipata e inizia a essere riscossa dopo m periodi, il suo valore attuale sarà dato da:

$$V_m = R \cdot a_{\overline{\infty}|i} \cdot (1+i)^{-m} = R \cdot \frac{(1+i)^{-m}}{i}$$

Se, infine, la rendita è anticipata, si avrà:

$$V_m = R \cdot \ddot{a}_{\overline{\infty}|i} \cdot (1+i)^{-m} = R \cdot \frac{(1+i)^{-m}}{i} \cdot (1+i)$$

Prova tu **ESERCIZI** a p. 716

Il tasso di interesse sul mercato è del 5%. La Società Gatto offre di comprare un immobile che attualmente dà in locazione al canone trimestrale (posticipato) di 3000 euro. La Società Volpe, invece, offre di comprare un immobile, del tutto identico al primo, che però è attualmente dato in locazione al canone (posticipato) di 1000 euro al mese. Calcolando i valori dei due appartamenti, quale conviene acquistare? [244454,26 euro; 245451,55 euro]

6. Problemi inversi sulle rendite

Nei paragrafi precedenti abbiamo visto come calcolare il valore attuale e il montante di una rendita conoscendo l'importo della rata, la durata della rendita, il tasso di interesse e, eventualmente, il differimento della rendita stessa.
Quando, al contrario, si conosce già il valore attuale o il montante della rendita e si vuole trovare uno degli altri valori, ci si trova di fronte a ciò che in matematica viene definito **problema «inverso»**.
Vediamo di seguito i casi che riguardano il valore attuale della rendita posticipata, immediata e temporanea. Ricordiamo, a questo proposito, che il valore attuale della rendita è dato dalla formula [16.3]:

$$V = R\,\frac{1-(1+i)^{-n}}{i}$$

Calcolo della rata conoscendo *V*, *i* e *n*

Questo caso è particolarmente semplice; la rata si ricava immediatamente dalla formula precedente:

$$R = V\,\frac{i}{1-(1+i)^{-n}}$$

ESEMPIO

Sappiamo che il valore attuale di una rendita immediata e anticipata è di 10 000 euro. Se il tasso di interesse è del 10% e la rata della rendita è pagata per 5 anni, a quanto ammonta tale rata?

Applichiamo la precedente formula:

$$R = 10\,000 \cdot \frac{0{,}01}{1-(1+0{,}01)^{-5}} \simeq 2060{,}40$$

Calcolo della durata della rendita conoscendo *V*, *i* ed *R*

In questo caso il primo passaggio consiste nel moltiplicare entrambi i membri della [16.3] per i, ottenendo:

$$Vi = R\,\frac{1-(1+i)^{-n}}{i}\cdot i = R[1-(1+i)^{-n}] \Rightarrow \frac{Vi}{R} = 1-(1+i)^{-n}$$

Ora sottraiamo 1 a entrambi i membri (cambiando anche segno):

$$(1+i)^{-n} = 1-\frac{Vi}{R}$$

Ormai non resta che calcolare il logaritmo di entrambi i membri:

$$-n\ln(1+i) = \ln\left(1-\frac{Vi}{R}\right) \Rightarrow n = -\frac{\ln\left(1-\frac{Vi}{R}\right)}{\ln(1+i)}$$

ESEMPIO

Il valore attuale di una rendita immediata e anticipata è di 4569,27 euro. Il tasso di interesse è del 2% e la rata della rendita è di 1200 euro l'anno. Calcoliamo quanti anni dura la rendita.
In questo caso abbiamo tutti i dati tranne la durata della rendita. Applichiamo, dunque, la formula precedente ottenendo:

$$n = -\frac{\ln\left(1-\frac{4569{,}27\cdot 0{,}02}{1200}\right)}{\ln(1+0{,}02)} \simeq 4 \text{ anni}$$

Calcolo del tasso di interesse conoscendo *V*, *n* ed *R*

Questo è il caso più difficile perché, sostituendo i valori noti nella formula $V = R\frac{1-(1+i)^{-n}}{i}$, si ottiene (ogni qualvolta $n > 1$) un'equazione polinomiale di grado superiore al secondo, che in generale non sappiamo risolvere algebricamente. In questi casi, per ora dovremo accontentarci di determinare una soluzione *approssimata* dell'equazione con l'aiuto di un software di calcolo simbolico; nei prossimi volumi del corso impareremo dei metodi numerici che consentono di determinare delle approssimazioni delle soluzioni con la precisione desiderata.

ESEMPIO

Il valore attuale di una rendita immediata e posticipata è di 7500 euro. La rata annuale è di 1200 euro e la rendita dura 10 anni. Calcoliamo il tasso di interesse.

Sostituendo i valori noti nella formula $V = R\frac{1-(1+i)^{-n}}{i}$, otteniamo:

$$7500 = 1200 \cdot \frac{1-(1+i)^{-10}}{i}$$

che con qualche calcolo algebrico si trova essere equivalente a:

$$\frac{25}{4}i - 1 + \frac{1}{(1+i)^{10}} = 0$$

Per determinare i, dobbiamo trovare un'approssimazione della soluzione appartenente all'intervallo (0, 1) di tale equazione. Ciò equivale ad approssimare lo zero appartenente a (0, 1) della funzione:

$$f(i) = \frac{25}{4}i - 1 + \frac{1}{(1+i)^{10}}$$

Tracciando il grafico della funzione, per esempio con GeoGebra, si ottiene una figura come quella qui riportata, da cui si può stimare che $0{,}09 < i < 0{,}1$. Utilizzando la funzione `Radice` di GeoGebra, si trova più precisamente che $i \simeq 0{,}096$, da cui deduciamo che il tasso è circa del 9,6%.

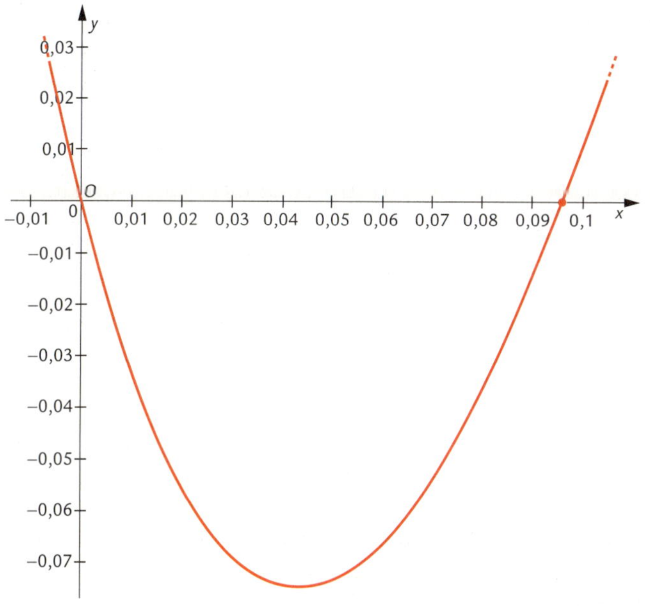

Attenzione!

La funzione predefinita di GeoGebra: `Radice[Funzione, Numero a, Numero b]` restituisce un'approssimazione dello zero della `Funzione` appartenente all'intervallo $[a, b]$. Nel caso dell'esempio, per determinare il valore approssimato di i, si può, dopo avere definito la funzione `f`, digitare: `Radice[f, 0.09, 0.1]` (avendo cura di scegliere nelle opzioni un arrotondamento con almeno tre cifre decimali).

Prova tu **ESERCIZI** a p. 718

Con i metodi presentati in questo paragrafo cerca il valore attuale V di una rendita posticipata e immediata i cui dati siano: $R = 1400$ euro, $i = 0{,}05$, $n = 15$. Successivamente, conosciuto V, ritrova R usando i e n, poi cerca i usando R e n e, infine, cerca n usando i e R. [$V = 14\,531{,}52$ euro]

7. Costituzione di un capitale

Osserva

Un capitale può essere anche costituito mediante un unico versamento iniziale. In questo caso il problema non è altro che un problema di capitalizzazione composta, in cui è noto il montante e bisogna calcolare il capitale iniziale.

Il montante di una rendita può essere considerato un capitale, costituito mediante versamenti periodici. Solitamente il problema che si pone è il seguente: sono noti il capitale che si vuole costituire e il tasso di interesse; si vuole stabilire il valore della rata che consente di costituire quel capitale.
Una volta stabilito se si vogliono effettuare versamenti anticipati o posticipati, il problema equivale a un problema inverso sulle rendite: quello di determinazione della rata. In questi casi si redige spesso anche il cosiddetto **piano di costituzione di un capitale**, ossia una tabella in cui vengono riportati, periodo per periodo, i montanti iniziali e finali, i versamenti e gli interessi maturati.

ESEMPIO Piano di costituzione di un capitale

Vogliamo costituire un capitale di 20 000 euro, versando 10 rate alla fine di ogni anno, al tasso annuo del 4%. Determiniamo l'ammontare della rata e redigiamo il piano di costituzione del capitale.

- **Determiniamo la rata**

Dobbiamo imporre che il montante di una rendita costituita da 10 rate posticipate, al tasso del 4%, sia uguale a 20 000 euro. Ne discende la condizione:

$$R\frac{(1+0{,}04)^{10}-1}{0{,}04}=20\,000$$

Risolvendo rispetto a R e arrotondando il risultato a meno di un centesimo, otteniamo:

$$R = 1665{,}82 \text{ euro}$$

- **Piano di costituzione del capitale**

Si tratta della tabella qui sotto riportata, facilmente costruibile con l'aiuto di un foglio elettronico. Gli importi sono in euro.

Numero di anno	Montante inizio anno	Interessi	Rata versata	Montante fine anno
1	0	0	1665,82	1665,82
2	1665,82	66,63	1665,82	3398,27
3	3398,27	135,93	1665,82	5200,02
4	5200,02	208,00	1665,82	7073,84
5	7073,84	282,95	1665,82	9022,62
6	9022,62	360,90	1665,82	11 049,34
7	11 049,34	441,97	1665,82	13 157,14
8	13 157,14	526,29	1665,82	15 349,24
9	15 349,24	613,97	1665,82	17 629,03
10	17 629,03	705,16	1665,82	20 000,01

Il capitale costituito non risulta esattamente uguale a 20000 euro a causa degli errori di approssimazione.

Modi di dire

In questo contesto il montante all'inizio e alla fine di un periodo viene talvolta chiamato **fondo**: in riferimento all'esempio qui a fianco, si parlerà quindi di «fondo a inizio anno» e «fondo a fine anno».

Prova tu **ESERCIZI** a p. 721

Vuoi costituire un capitale di 15 000 euro, versando 10 rate annuali, all'inizio di ogni anno, al tasso annuo del 4%. Determina l'importo della rata e redigi il piano di costituzione del capitale. [1201,31 euro]

SINTESI

Formule importanti

Classificazione delle rendite e loro valore

Valore	Durata	Maturazione	Riscossione	Formula
Valore attuale	Temporanea (n)	Immediata	Posticipata	$V = R\frac{1-(1+i)^{-n}}{i}$
			Anticipata	$V = R \cdot \frac{1-(1+i)^{-n}}{i} \cdot (1+i)$
		Differita (m)	Posticipata	$V_m = R \cdot \frac{1-(1+i)^{-n}}{i} \cdot (1+i)^{-m}$
			Anticipata	$V_m = R \cdot \frac{1-(1+i)^{-n}}{i} \cdot (1+i)^{-m} \cdot (1+i)$
	Perpetua (∞)	Immediata	Posticipata	$V = R \cdot \frac{1}{i}$
			Anticipata	$V = R \cdot \frac{1+i}{i}$
		Differita (m)	Posticipata	$V_m = R \cdot \frac{1}{i} \cdot (1+i)^{-m}$
			Anticipata	$V_m = R \cdot \frac{1}{i} \cdot (1+i)^{-m} \cdot (1+i)$
Montante	Temporanea (n)	Immediata	Posticipata	$M = R \cdot \frac{(1+i)^n - 1}{i}$
			Anticipata	$M = R \cdot \frac{(1+i)^n - 1}{i} \cdot (1+i)$

CONOSCENZE E ABILITÀ

1. Il concetto di rendita

TEORIA a p. 688

1 **Vero o falso?**

Costituisce una rendita:

a. il pagamento di 1 euro al giorno e per 10 giorni a un amico al fine di rimborsargli un credito di 10 euro V F

b. dare 100 euro a una banca per ricevere 51 euro dopo 6 mesi e altri 51 euro dopo 6 mesi V F

c. dare 100 euro a una banca per ricevere 102 euro dopo un anno V F

d. impegnarsi a pagare 100 euro al mese e per 1 anno al fine di comperare un elettrodomestico V F

[3 affermazioni vere e 1 falsa]

2 Acquisto un elettrodomestico e mi impegno a pagarlo attraverso rate mensili tutte uguali che inizierò a pagare fra 30 giorni e per la durata di un anno. Classifica questa rendita.

[Rata costante; posticipata, immediata e temporanea]

3 Acquisto un'automobile e mi impegno a versare, dopo 6 mesi, un certo importo (costante) mensile fino all'estinzione del debito. L'auto diviene di mia proprietà con il pagamento dell'ultima rata. Classifica questa rendita.

[Rata costante; anticipata, differita e temporanea]

4 Una società che mi ha venduto un bene mi consente di pagarlo a rate annuali (per 5 anni). La prima rata la pago al momento dell'acquisto. Ogni anno posso decidere la somma da pagare, che non può essere inferiore a 1000 euro. Per la società che la riceve, di che tipo è questa rendita?

[Rata variabile; anticipata, immediata e temporanea]

5 Acquisisco il diritto di ricevere, con primo pagamento tra un anno, una rendita annuale che durerà per sempre e che, ogni anno, mi pagherà la metà di quello che mi ha pagato l'anno precedente. Di che rendita si tratta?

[Rata variabile; posticipata, immediata e perpetua]

2. Montante di una rendita immediata e temporanea

TEORIA a p. 690

Esercizi preliminari

Test

6 Qual è il fattore di montante di una rendita *posticipata*, costituita da 4 rate annue, al tasso annuo del 5%?

A $\dfrac{(1+0{,}05)^4-1}{0{,}05}$

B $\dfrac{(1+0{,}04)^5-1}{0{,}04}$

C $\dfrac{(1+0{,}05)^4-1}{0{,}05}(1+0{,}05)$

D $\dfrac{(1+0{,}04)^5-1}{0{,}04}(1+0{,}04)$

7 Qual è il fattore di montante di una rendita *anticipata*, costituita da 4 rate annue, al tasso annuo del 5%?

A $\dfrac{(1+0{,}05)^4-1}{0{,}05}$

B $\dfrac{(1+0{,}04)^5-1}{0{,}04}$

C $\dfrac{(1+0{,}05)^4-1}{0{,}05}(1+0{,}05)$

D $\dfrac{(1+0{,}04)^5-1}{0{,}04}(1+0{,}04)$

8 Qual è il montante di una rendita *posticipata*, costituita da 5 rate annue di 1000 euro, al tasso annuo del 4%?

A 5215,08 euro B 5416,32 euro C 5632,98 euro D 5861,67 euro

9 Qual è il montante di una rendita *anticipata*, costituita da 5 rate annue di 1000 euro, al tasso annuo del 4%?

A 5215,08 euro B 5416,32 euro C 5632,98 euro D 5861,67 euro

10 Quale delle seguenti relazioni è corretta?

A $\ddot{s}_{\overline{n}|i} = s_{\overline{n}|i}(1-i)$ B $\ddot{s}_{\overline{n}|i}(1+i) = s_{\overline{n}|i}$ C $\ddot{s}_{\overline{n}|i} = s_{\overline{n}|i}(1+i)$ D $\ddot{s}_{\overline{n}|i}(1-i) = s_{\overline{n}|i}$

11 Vogliamo calcolare il montante di una rendita della durata di 4 anni, costituita da rate trimestrali di 650 euro, al tasso annuo del 6% convertibile trimestralmente. Nella formula che fornisce il montante, quali valori di n e di i dobbiamo sostituire?

A $n=4$, $i=0{,}06$ B $n=12$, $i=0{,}06$ C $n=16$, $i=0{,}015$ D $n=16$, $i=0{,}0015$

12 Vogliamo calcolare il montante di una rendita della durata di 2 anni, costituita da rate quadrimestrali di 850 euro, al tasso annuo del 6%. Nella formula che fornisce il montante, quali valori di n e di i dobbiamo sostituire?

A $n=2$, $i=0{,}06$ B $n=6$, $i=0{,}0196$ C $n=8$, $i=0{,}006$ D $n=12$, $i=0{,}00487$

Problemi

13 ESERCIZIO GUIDATO

Calcola il montante:

a. di una rendita posticipata, costituita da 20 rate mensili di 1500 euro, al tasso del 7,2% convertibile mensilmente;

b. di una rendita anticipata, costituita da 8 rate trimestrali di 4000 euro, al tasso annuo del 7,2%.

a. Determina anzitutto il tasso mensile $i_{12} = \frac{7{,}2\%}{12} = \frac{0{,}072}{12} = 0{,}006$; il montante M della rendita, essendo quest'ultima *posticipata*, è allora dato dalla formula:

$$M = 1500 \cdot \frac{(1+0{,}006)^{20}-1}{0{,}06} = ...$$

b. Devi anzitutto determinare il tasso trimestrale equivalente:

$$i_4 = \sqrt[4]{1+i} - 1 = \sqrt[4]{1+0{,}072} - 1 \simeq 0{,}01753$$

Il montante M della rendita, essendo quest'ultima *anticipata*, è allora dato dalla formula:

$$M = 4000 \cdot \frac{(1+0{,}01753)^{8}-1}{0{,}01753} \cdot (1+0{,}01753) = ...$$

[**a.** 31 773,16 euro; **b.** 34 630,88 euro]

RENDITE POSTICIPATE

14 Calcola i montanti delle seguenti rendite posticipate, immediate, temporanee:

a. $R = 1000$; $i = 3\%$; $n = 10$
b. $R = 1000$; $i = 6\%$; $n = 5$
c. $R = 1000$; $i = 4\%$; $n = 10$
d. $R = 1000$; $i = 4\%$; $n = 20$

[**a.** 11 463,88 euro; **b.** 5637,09 euro; **c.** 12 006,11 euro; **d.** 29 778,08 euro]

15 Determina il montante di una rendita posticipata, costituita da 7 rate annue di 5000 euro ciascuna, al tasso annuo del 5,25%. [41 020,98 euro]

16 Determina il montante di una rendita posticipata, costituita da 6 rate annue di 10 000 euro ciascuna, al tasso annuo del 6,15%. [70 017,21 euro]

17 Determina il montante di una rendita posticipata, costituita da 8 rate annue di 8500 euro ciascuna, al tasso annuo del 5,5%. [82 633,37 euro]

18 Determina il montante, all'atto dell'ultimo versamento, di una rendita annua di 15 rate di 4500 euro ciascuna, al tasso annuo del 3,5%. [86 830,56 euro]

19 Una rendita posticipata è costituita da 6 rate annue di 1500 euro ciascuna, al tasso annuo del 3%. All'atto dell'ultimo versamento il montante viene versato su un deposito che paga un tasso di interesse del 4% annuo. Trascorsi 3 mesi, quanto si avrà a disposizione sul deposito? [9799,64 euro]

20 Una rendita posticipata è costituita da 5 rate annue di 2000 euro ciascuna, al tasso annuo del 4%. All'atto dell'ultimo versamento vengono prelevati 5000 euro dal montante e ciò che rimane viene versato in un deposito che paga un tasso di interesse del 3,5% annuo. Quale cifra si avrà a disposizione sul deposito dopo 2 anni (supponendo che in questo periodo non vengano effettuati altri prelevamenti o versamenti)? [6248,08 euro]

21 Determina il montante di una rendita posticipata, costituita da 24 rate mensili di 1100 euro ciascuna, al tasso annuo del 6%, convertibile mensilmente. [27 975,15 euro]

22 Determina il montante di una rendita posticipata, costituita da 12 rate quadrimestrali di 4500 euro ciascuna, al tasso annuo del 6% convertibile quadrimestralmente. [60 354,4 euro]

23 Determina il montante di una rendita posticipata, costituita da 20 rate mensili di 1000 euro ciascuna, al tasso annuo del 5%. [20 793,34 euro]

24 Determina il montante di una rendita posticipata, costituita da 18 rate mensili di 1500 euro ciascuna, al tasso annuo del 6%. [28 146,64 euro]

25 Determina a quale tasso di interesse occorre investire un capitale di 10 000 euro per 3 anni, in regime di interesse composto, per ottenere lo stesso montante di una rendita posticipata, costituita da 10 rate annue di 1000 euro ciascuna, al tasso del 4,5%. [7,11%]

RENDITE ANTICIPATE

26 Calcola i montanti delle seguenti rendite anticipate, immediate, temporanee:

a. $R = 1000$; $i = 2\%$; $n = 4$
b. $R = 1000$; $i = 4\%$; $n = 8$
c. $R = 1000$; $i = 2\%$; $n = 16$
d. $R = 1000$; $i = 5\%$; $n = 10$

[**a.** 4204,04 euro; **b.** 9582,80 euro; **c.** 19 012,07 euro; **d.** 13 206,79 euro]

27 Determina il montante di una rendita anticipata, costituita da 8 rate annue di 3000 euro ciascuna, al tasso annuo del 6,2%. [31 760,60 euro]

28 Determina il montante di una rendita anticipata, costituita da 10 rate annue di 8000 euro ciascuna, al tasso annuo del 5,75%. [110 208,96 euro]

29 Determina il montante di una rendita anticipata, costituita da 9 rate annue di 11 000 euro ciascuna, al tasso annuo del 4,85%. [126 391,98 euro]

30 Determina il montante, un anno dopo l'ultimo versamento, di una rendita annua di 12 rate di 2500 euro ciascuna, al tasso annuo del 4%. [39 067,09 euro]

31 Una rendita anticipata è costituita da 8 rate annue di 1600 euro ciascuna, al tasso annuo del 5%. Un anno dopo l'ultimo versamento il montante viene versato su un deposito che paga un tasso di interesse del 4% annuo. Trascorsi 5 mesi, quanto si avrà a disposizione sul deposito? [9799,64 euro]

32 Una rendita anticipata è costituita da 5 rate annue di 2500 euro ciascuna, al tasso annuo del 4%. Un anno dopo l'ultimo versamento vengono prelevati 6000 euro dal montante e ciò che rimane viene versato in un deposito che paga un tasso di interesse del 3,5% annuo. Quale cifra si avrà a disposizione sul deposito dopo 3 anni (supponendo che in questo periodo non vengano effettuati altri versamenti o prelevamenti)? [8961,14 euro]

33 Determina a quale tasso di interesse occorre investire un capitale di 10 000 euro per 3 anni, in regime di interesse composto, per ottenere lo stesso montante di una rendita anticipata, costituita da 10 rate annue di 1000 euro ciascuna, al tasso annuo del 4,5%. [8,69%]

34 Determina il montante di una rendita anticipata, costituita da 12 rate trimestrali di 1500 euro ciascuna, al tasso annuo del 6,4% convertibile trimestralmente. [19 986,35 euro]

35 Determina il montante di una rendita anticipata, costituita da 12 rate bimestrali di 2500 euro ciascuna, al tasso annuo del 7,2% convertibile bimestralmente. [32 446,12 euro]

36 Determina il montante di una rendita anticipata della durata di 3 anni, costituita da rate semestrali di 4000 euro ciascuna, al tasso annuo del 5%. [26 161,90 euro]

37 Determina il montante di una rendita anticipata della durata di 2 anni, costituita da rate mensili di 450 euro ciascuna, al tasso annuo del 4%. [11 253,25 euro]

3. Valore attuale di una rendita immediata e temporanea

TEORIA a p. 694

Esercizi preliminari

Test

38 Qual è il fattore di attualizzazione di una rendita *posticipata*, costituita da 4 rate annue, al tasso annuo del 5%?

A $\dfrac{1-(1+0{,}05)^{-4}}{0{,}05}$

B $\dfrac{1-(1+0{,}04)^{5}}{0{,}04}$

C $\dfrac{(1+0{,}05)^{4}-1}{0{,}05}(1+0{,}05)$

D $\dfrac{1-(1+0{,}05)^{-4}}{0{,}05}(1+0{,}05)$

39 Qual è il fattore di attualizzazione di una rendita *anticipata*, costituita da 4 rate annue, al tasso annuo del 5%?

A $\dfrac{1-(1+0{,}05)^{-4}}{0{,}05}$

B $\dfrac{1-(1+0{,}04)^{5}}{0{,}04}$

C $\dfrac{(1+0{,}05)^{4}-1}{0{,}05}(1+0{,}05)$

D $\dfrac{1-(1+0{,}05)^{-4}}{0{,}05}(1+0{,}05)$

40 Qual è il valore attuale di una rendita *posticipata*, costituita da 5 rate annue di 1000 euro, al tasso del 4%?

A 4215,08 euro B 4416,32 euro C 4629,90 euro D 4451,82 euro

41 Qual è il valore attuale di una rendita *anticipata*, costituita da 5 rate annue di 1000 euro, al tasso del 4%?

A 4215,08 euro B 4416,32 euro C 4629,90 euro D 4451,82 euro

42 Quale delle seguenti relazioni è corretta?

A $\ddot{a}_{\overline{n}|i} = a_{\overline{n}|i}(1-i)$ B $\ddot{a}_{\overline{n}|i}(1+i) = a_{\overline{n}|i}$ C $\ddot{a}_{\overline{n}|i} = a_{\overline{n}|i}(1+i)$ D $\ddot{a}_{\overline{n}|i}(1-i) = a_{\overline{n}|i}$

43 Vogliamo calcolare il valore attuale di una rendita della durata di 2 anni, costituita da rate mensili di 450 euro, al tasso annuo del 6% convertibile mensilmente. Nella formula che fornisce il valore attuale, quali valori di n e di i dobbiamo sostituire?

A $n = 2$, $i = 0{,}06$ B $n = 24$, $i = 0{,}005$ C $n = 2$, $i = 0{,}00487$ D $n = 12$, $i = 0{,}00487$

44 Vogliamo calcolare il valore attuale di una rendita della durata di 2 anni, costituita da rate mensili di 350 euro, al tasso annuo del 6%. Nella formula che fornisce il valore attuale, quali valori di n e di i dobbiamo sostituire?

A $n = 2$, $i = 0{,}06$ B $n = 24$, $i = 0{,}06$ C $n = 2$, $i = 0{,}00487$ D $n = 24$, $i = 0{,}00487$

Problemi

45 **ESERCIZIO GUIDATO**

Determina il valore attuale:

a. di una rendita posticipata, costituita da 20 rate trimestrali di 2500 euro ciascuna, al tasso del 6,4% convertibile trimestralmente;

b. di una rendita anticipata, costituita da 8 rate trimestrali di 3000 euro ciascuna, al tasso annuo del 6,5%.

a. Determina anzitutto il tasso trimestrale $i_4 = \frac{6{,}4\%}{4} = \frac{0{,}064}{4} = 0{,}016$; il valore attuale V della rendita (*posticipata*) è allora dato dalla formula:

$$V = R\,a_{\overline{n}|i} = 2500 \cdot a_{\overline{20}|i_4} = 2500\frac{1-(1+0{,}016)^{-20}}{0{,}016} = ...$$

b. Devi anzitutto determinare il tasso trimestrale equivalente:

$$i_4 = \sqrt[4]{1+i} - 1 = \sqrt[4]{1+0{,}065} - 1 \simeq 0{,}01587$$

Il valore attuale V della rendita (*anticipata*) è allora dato dalla formula:

$$V = R\,\ddot{a}_{\overline{n}|i} = 3000 \cdot \ddot{a}_{\overline{8}|i_4} = 3000 \cdot \frac{1-(1+0{,}01587)^{-8}}{0{,}01587} \cdot (1+0{,}01587) = ...$$

[**a.** 42 501,45 euro; **b.** 22 728,09 euro]

RENDITE POSTICIPATE

46 Calcola i valori attuali delle seguenti rendite posticipate, immediate e temporanee.

a. $R = 1000$ euro; $i = 4\%$; $n = 5$
b. $R = 1000$ euro; $i = 4\%$; $n = 10$
c. $R = 1000$ euro; $i = 2\%$; $n = 5$
d. $R = 1000$ euro; $i = 2\%$; $n = 10$

[**a.** 4451,82 euro; **b.** 8110,90 euro; **c.** 4713,46 euro; **d.** 8982,59 euro]

47 Determina il valore attuale di una rendita posticipata, costituita da 9 rate annue di 9000 euro ciascuna, al tasso annuo del 7,1%. [58 388,46 euro]

48 Determina il valore attuale di una rendita posticipata, costituita da 10 rate annue di 7500 euro ciascuna, al tasso annuo del 6,35%. [54 296,73 euro]

49 Determina il valore attuale di una rendita posticipata, costituita da 8 rate annue di 6250 euro ciascuna, al tasso annuo del 6,55%. [37 980,29 euro]

50 Una rendita è costituita da 10 rate annuali di 2000 euro ciascuna. Determina, al tasso del 5% annuo, il valore della rendita un anno prima della scadenza della prima rata. [15 443,47 euro]

51 Una rendita è costituita da 8 rate annuali di 800 euro ciascuna. Determina, al tasso del 4% annuo, il valore della rendita un anno prima della scadenza della prima rata. [5386,20 euro]

52 Determina il valore attuale di una rendita posticipata, costituita da 8 rate quadrimestrali di 2000 euro ciascuna, al tasso annuo del 5,4% convertibile quadrimestralmente. [14 778,07 euro]

53 Determina il valore attuale di una rendita posticipata, costituita da 6 rate semestrali di 3000 euro ciascuna, al tasso annuo del 6,2% convertibile semestralmente. [16 197,85 euro]

54 Determina il valore attuale di una rendita posticipata, costituita da 10 rate bimestrali di 800 euro ciascuna, al tasso annuo del 3,5%. [7752,71 euro]

55 Determina il valore attuale di una rendita posticipata, della durata di 2 anni, costituita di rate mensili di 250 euro ciascuna, al tasso annuo del 4,5%. [5732,95 euro]

RENDITE ANTICIPATE

56 Calcola i valori attuali delle seguenti rendite anticipate, immediate, temporanee:

a. $R = 1000$ euro; $i = 5\%$; $n = 10$

b. $R = 1000$ euro; $i = 2{,}5\%$; $n = 20$

c. $R = 1000$ euro; $i = 4\%$; $n = 15$

d. $R = 1000$ euro; $i = 8\%$; $n = 30$

[**a.** 8107,82 euro; **b.** 15 978,89 euro; **c.** 11 563,12 euro; **d.** 12 158,41 euro]

57 Determina il valore attuale di una rendita anticipata, costituita da 5 rate annue di 10 500 euro ciascuna, al tasso annuo del 7,25%. [45 865,91 euro]

58 Determina il valore attuale di una rendita anticipata, costituita da 7 rate annue di 7500 euro ciascuna, al tasso annuo del 6,65%. [43 638,61 euro]

59 Determina il valore attuale di una rendita anticipata, costituita da 6 rate annue di 8250 euro ciascuna, al tasso annuo del 7,05%. [42 031,39 euro]

60 Una rendita è costituita da 10 rate annuali di 2000 euro ciascuna. Determina, al tasso annuo del 5%, il valore della rendita alla scadenza della prima rata. [16 215,64 euro]

61 Una rendita è costituita da 7 rate annuali di 650 euro ciascuna. Determina, al tasso annuo del 3%, il valore della rendita alla scadenza della prima rata. [4171,17 euro]

62 Determina il valore attuale di una rendita anticipata, della durata di 3 anni, costituita da rate trimestrali di 600 euro ciascuna, al tasso annuo del 4,8%, convertibile trimestralmente. [6748,51 euro]

63 Determina il valore attuale di una rendita anticipata, della durata di 2 anni e mezzo, costituita da rate semestrali di 850 euro ciascuna, al tasso annuo del 5,8% convertibile semestralmente. [4017,10 euro]

64 Determina il valore attuale di una rendita anticipata, costituita da 12 rate bimestrali di 3500 euro ciascuna, al tasso annuo del 6%. [39 837,88 euro]

65 Determina il valore attuale di una rendita anticipata, costituita da 12 rate quadrimestrali di 4000 euro ciascuna, al tasso annuo del 7%. [42 529,11 euro]

Esercizi riassuntivi su montante e valore attuale di una rendita

66 Una rendita è costituita da 8 rate annuali di 1500 euro. Calcola, al tasso del 5%, il valore attuale della rendita:

a. all'atto della scadenza della prima rata;

b. un anno prima del versamento della prima rata.

[**a.** 10 179,56 euro; **b.** 9694,82 euro]

67 Una rendita è costituita da 8 rate annuali di 1500 euro. Calcola, al tasso del 5%, il montante della rendita:

a. all'atto del versamento dell'ultima rata;

b. un anno dopo il versamento dell'ultima rata.

[**a.** 14 323,66 euro; **b.** 15 039,85 euro]

68 Ho depositato, al tasso annuo del 3%, 1200 euro alla fine di ogni anno, per 10 anni. Determina il montante di cui disporrò 2 anni e 4 mesi dopo l'ultimo versamento. [14 738,94 euro]

69 Tra due anni a partire da oggi avrò diritto a una rendita di otto rate annue posticipate di 3000 euro ciascuna, al tasso annuo del 3%. Oggi cedo il credito, sempre al tasso del 3% annuo; quanto incasso? [19 850,20 euro]

70 Verso annualmente 3000 euro, all'inizio dell'anno, per 12 anni. Quanto tempo dopo l'ultimo versamento avrò un montante di 50 000 euro, se il tasso di interesse è del 2% annuo composto? [10 anni, 11 mesi, 20 giorni]

71 ESERCIZIO SVOLTO

Ci facciamo pagare il valore attuale di una rendita a rata costante, posticipata, immediata e temporanea della durata di 10 anni. Il tasso sul mercato è del 5%. Con la somma che incassiamo riusciamo a estinguere un debito che consiste nel pagamento di una rendita a rata costante di 1000 euro, posticipata, immediata e temporanea della durata di 5 anni. Determiniamo la rata della prima rendita.

Chiamiamo R la rata che, per ora, è incognita. Sappiamo che il valore attuale di questa prima rendita è dato da:

$$V_1 = R \cdot \frac{1-(1+0{,}05)^{-10}}{0{,}05} = 7{,}7217\,R$$

Il valore attuale della seconda rendita, invece, è dato da

$$V_2 = 1000 \cdot \frac{1-(1+0{,}05)^{-5}}{0{,}05} = 4329{,}48$$

Poiché con l'importo V_2 riusciamo a estinguere il debito V_1, deve valere:

$$7{,}7217 \cdot R = 4329{,}48 \Rightarrow R = 560{,}69$$

72 Il valore attuale di una rendita a rata annuale costante, anticipata, temporanea di 10 anni, valutata al tasso del 4%, è di 1000 euro maggiore del valore attuale di una rendita anticipata con la stessa rata ma che dura la metà degli anni ed è valutata a un tasso di interesse doppio. A quanto ammonta la rata (uguale) delle due rendite? [242,53 euro]

73 Ho l'impegno di pagare 1000 euro alla fine di ogni anno, e per 10 anni, per estinguere un debito. Oggi voglio incrementare le rate in modo da poter estinguere il debito in 5 anni. Se il tasso di interesse sul mercato è del 4%, a quanto ammonta la nuova rata? [1821,93 euro]

74 Al fine di estinguere un debito pagherò rate annuali posticipate pari a 750 euro, per 7 anni. Se sul mercato il tasso di interesse è del 5%, quanto devo aggiungere a ogni rata per estinguere il debito in 5 anni? [252,38 euro]

75 Oggi decido di cedere a una banca una rendita annuale posticipata che ho diritto a riscuotere per 5 anni (rata pari a 800 euro e prima rata in scadenza tra 1 anno a partire da oggi). Sul mercato il tasso di interesse è del 4%. Quanto mi rimane di ciò che mi paga la banca se estinguo un debito di 1000 euro che avrei dovuto pagare tra 2 anni? [2636,90 euro]

76 Devo ripagare un debito pagando 1200 euro alla fine di ogni anno e per 5 anni. Decido di convertire il debito in un pagamento unico da effettuare alla fine del secondo anno. A quanto ammonta tale pagamento se il tasso di interesse sul mercato è del 6%? [5679,61 euro]

77 ESERCIZIO SVOLTO

Abbiamo diritto a ricevere 1000 euro alla fine di ogni anno e per 4 anni. Possiamo scegliere se ricevere, invece, 500 euro alla fine di ogni semestre (sempre per 4 anni). Se il tasso di interesse è del 4%, qual è l'opzione da preferire?

Per confrontare le due rendite calcoliamone il valore attuale. Nel primo caso otteniamo:

$$1000 \cdot \frac{1-(1+0{,}04)^{-4}}{0{,}04} = 3629{,}90$$

Per calcolare il valore della seconda rendita dobbiamo calcolare il tasso semestrale equivalente mediante la seguente formula:

$$i_2 = (1+i)^{\frac{1}{2}} - 1 = (1+0{,}04)^{\frac{1}{2}} - 1 = 0{,}0198$$

Con questo nuovo tasso si può calcolare il valore della seconda rendita:

$$500 \cdot \frac{1-(1+0{,}0198)^{-8}}{0{,}0198} = 3665{,}84$$

Conviene dunque scegliere di ricevere 500 euro ogni semestre.

78 Devo ripagare un debito mediante rate mensili posticipate di 100 euro (per 2 anni). Il mio creditore vuole convertire la rendita in modo che io paghi delle rate semestrali, sempre posticipate. A quanto devono ammontare tali rate per lasciare invariato il valore della rendita se il tasso di interesse, sul mercato, è del 5%? [606,14 euro]

79 Con un tasso di interesse del 4%, converto una rendita posticipata di 500 euro da pagarsi ogni tre mesi in una rendita, sempre posticipata, da pagarsi ogni mese. A quanto deve ammontare la nuova rata? [166,12 euro]

80 Con il valore attuale di una rendita (posticipata), che mi dà 600 euro ogni sei mesi e per 5 anni, estinguo un debito che avrei dovuto pagare fra 3 anni. Se il tasso di interesse sul mercato è del 5%, a quanto ammonta il debito? [6088,55 euro]

81 Ho ereditato 100 000 euro e li do a una banca affinché mi paghi una rendita posticipata ogni mese e per 20 anni. A quanto ammonta la rata se il tasso di interesse sul mercato è del 4%? [602,22 euro]

82 Voglio ricevere una rendita posticipata di 1000 euro al mese per 20 anni; quanto devo cedere a una banca oggi in cambio di tale rendita se il tasso di interesse sul mercato è del 4%? [166 052,62 euro]

83 **ESERCIZIO SVOLTO**

Si hanno due rendite: una annuale, temporanea per *n* anni, posticipata e a rata costante. L'altra che, pur avendo le stesse caratteristiche, è, invece, anticipata. Il valore attuale della prima rendita è $\frac{10}{11}$ della seconda. Quanto è il tasso di interesse al quale sono state valutate le due rendite?

Il valore della prima rendita, chiamando R la rata costante e i il tasso di interesse, è dato da:

$$R\,\frac{1-(1+i)^{-n}}{i}$$

mentre il valore della seconda rendita è dato da:

$$R\,\frac{1-(1+i)^{-n}}{i}\cdot(1+i)$$

Il testo dell'esercizio afferma che la prima rendita vale $\frac{10}{11}$ della seconda e, dunque, si può scrivere:

$$R\,\frac{1-(1+i)^{-n}}{i}=\frac{10}{11}\cdot R\cdot\frac{1-(1+i)^{-n}}{i}\cdot(1+i)$$

da cui è immediato ricavare che deve valere:

$$1+i=\frac{11}{10}\Rightarrow i=0{,}1=10\%$$

84 Ho diritto a ricevere una rendita annuale, posticipata, temporanea 10 anni, con rata costante di 1300 euro. Il tasso sul mercato è del 4%. Se la stessa rendita fosse anticipata, di quanto dovrebbe essere la rata affinché il valore attuale fosse lo stesso? [1250 euro]

85 Il tasso di interesse sul mercato è del 5%. Una rendita prevede il pagamento, anticipato, di 1500 euro l'anno e per 5 anni. Un'altra rendita, invece, paga una rata costante posticipata ogni mese per 4 anni e 3 mesi. Quale deve essere la rata della seconda rendita affinché i due valori attuali siano uguali? [148,35 euro]

86 Sul mercato il tasso di interesse è del 4%. Anziché rimborsare un prestito pagando 10 000 euro tra 5 anni, decido di pagare rate mensili costanti, anticipate, a partire da oggi e per 10 anni. A quanto ammontano le rate? [82,67 euro]

87 Il tasso sul mercato è del 5%. Devo restituire un prestito pagando 1400 euro all'anno, anticipati, per 20 anni. Quanto devo pagare se voglio rimborsare questo prestito in un'unica soluzione tra 10 anni? [28 840,45 euro]

88 Fra 10 anni dovrò pagare un debito di 10 000 euro. Oggi il tasso di interesse è del 5% (e rimarrà costante). Desidero trasformare questo debito in una rendita, pagando al mio creditore una rata annuale, posticipata e costante, per la durata di 10 anni. A quanto deve ammontare la rata? [795,05 euro]

89 Cinque anni fa ho iniziato a riscuotere le rate (annuali) di una rendita immediata e anticipata. Ho versato ogni rata su un conto corrente su cui maturano interessi (annuali) al 3%. Oggi, con la somma che ritiro dal conto corrente, riesco a estinguere un debito di 5000 euro (e non mi avanza nulla). A quanto ammontava la rata della rendita? [914,34 euro]

90 ESERCIZIO SVOLTO

Desideriamo costituire, tra 10 anni, un capitale di 100 000 euro. Il tasso è del 4%. Non appena pagata la sesta rata annuale posticipata, decidiamo di modificare i versamenti in semestrali (posticipati). Calcoliamo la rata annuale iniziale e quella semestrale successiva.

La rata iniziale R deve essere fissata in modo che il montante per 10 anni al tasso del 4% sia pari al capitale che vogliamo costituire:

$$R \cdot \frac{(1+0{,}04)^{10}-1}{0{,}04} = 100\,000$$

da cui si ottiene:

$$R = 8329{,}09 \text{ euro}$$

Una volta pagata la sesta rata, rimangono ancora quattro rate da pagare. Il valore attuale delle nuove rate deve, dunque, essere uguale al valore attuale delle rate ancora da pagare. Calcoliamo, subito, il tasso di interesse semestrale equivalente a quello annuale:

$$i_2 = (1+i)^{\frac{1}{2}} - 1 = (1+0{,}04)^{\frac{1}{2}} - 1 = 0{,}0198$$

Poi dobbiamo imporre l'uguaglianza tra i valori attuali delle rate vecchie (R) e delle rate nuove (R_2):

$$\underbrace{8329{,}90 \cdot \frac{1-(1+0{,}04)^{-4}}{0{,}04}}_{\text{valore attuale delle vecchie rate ancora da pagare}} = \underbrace{R_2 \cdot \frac{1-(1+i_2)^{-8}}{i_2}}_{\text{valore attuale delle nuove rate}}$$

da cui si ricava:

$$R_2 = 4123{,}71 \text{ euro}$$

91 Oggi un ragazzo di 25 anni inizia a versare 200 euro ogni mese (posticipati) per costituirsi un capitale quando compirà 60 anni. Quanto ritirerà al compimento dei 60 anni se il tasso di interesse è del 4,5%? [199 593,91 euro]

92 Un ragazzo di 25 anni si vuole costituire una pensione integrativa. Il suo obiettivo è di avere a disposizione 200 000 euro all'età di 65 anni. Egli versa oggi 10 000 euro. Poi versa, dopo 5 anni, 5000 euro. Dopo 6 anni inizia a versare una rendita (anticipata) di rata costante. Se il tasso di interesse è del 5%, a quanto ammonta la rata annuale che egli deve versare per costituire il capitale voluto? [1142,18 euro]

4. Rendite differite

TEORIA a p. 697

Esercizi preliminari

Test

93 Data una rendita, le cui rate sono annuali, la prima rata scade tra 5 anni a partire da oggi; la rendita:

A è differita di 5 anni sia che la rendita sia anticipata, sia che sia posticipata

B è differita di 4 anni, se la rendita è anticipata

C è differita di 5 anni, se la rendita è posticipata

D è differita di 4 anni, se la rendita è posticipata

94 Sia V il valore attuale, al tasso i, di una rendita la cui prima rata è oggi; supponiamo che la prima rata venga differita tra 2 anni; allora il valore attuale V' della rendita differita è tale che:

A $V' = V(1+i)^2$, se la rendita è anticipata ma non se la rendita è posticipata;

B $V' = V(1+i)^2$, sia che la rendita sia anticipata, sia che sia posticipata;

C $V' = V(1+i)^{-2}$, se la rendita è anticipata ma non se la rendita è posticipata;

D $V' = V(1+i)^{-2}$, sia che la rendita sia anticipata, sia che sia posticipata.

95 Qual è il valore attuale al 4% di una rendita anticipata, costituita da 5 rate annuali di 3000 euro, differita di due anni?

A 12 347,80 euro B 12 841,80 euro C 12 542,15 euro D 12 650,26 euro

96 Qual è il valore attuale al 4% di una rendita posticipata, costituita da 5 rate annuali di 3000 euro, differita di due anni?

A 12 347,88 euro B 12 841,80 euro C 12 542,15 euro D 12 650,26 euro

Problemi

97 **ESERCIZIO GUIDATO**

Calcola il valore attuale di una rendita posticipata, differita di 1 anno e della durata di 4 anni, costituita da rate trimestrali di 2000 euro ciascuna, al tasso annuo del 6,85%.

- Devi anzitutto calcolare il numero delle rate:

$$n = \frac{4 \cdot 12}{3} = \text{.....} \text{ trimestri}$$

e conformare il differimento m e il tasso al periodo della rata, che è il trimestre:

$m = 1$ anno $=$ ..... trimestri $\qquad i_4 = \sqrt[4]{1 + 0{,}0685} - 1 \simeq 0{,}0167$

- Il valore attuale V della rendita è dato dalla formula:

$$V = R\,\frac{1-(1+i)^{-n}}{i}\,(1+i)^{-m} = 2000 \cdot \frac{1-(1+0{,}0167)^{\text{.....}}}{0{,}0167} \cdot (1+0{,}0167)^{\text{.....}} = \text{.....}$$

[26 091,25 euro]

98 Calcola i valori attuali delle seguenti rendite (posticipate) in cui m è il differimento:

a. $R = 1000$ euro; $i = 4\%$; $n = 10$; $m = 5$
b. $R = 1000$ euro; $i = 4\%$; $n = 8$; $m = 7$
c. $R = 1000$ euro; $i = 8\%$; $n = 10$; $m = 10$
d. $R = 1000$ euro; $i = 5\%$; $n = 10$; $m = 2$

[**a.** 6666,57 euro; **b.** 5116,33 euro; **c.** 3108,07 euro; **d.** 7003,84 euro]

99 Determina il valore attuale di una rendita posticipata, differita di 3 anni, costituita da 6 rate annue di 5000 euro, al tasso annuo del 6,15%. [20 459,49 euro]

100 Determina il valore attuale di una rendita posticipata, differita di 4 anni, costituita da 5 rate annue di 6000 euro, al tasso annuo del 7,05%. [18 708,03 euro]

101 Determina il valore attuale di una rendita posticipata, differita di 5 anni, costituita da 4 rate annue di 7500 euro, al tasso annuo del 6,5%. [18 753,19 euro]

102 Determina il valore attuale di una rendita posticipata, differita di 2 anni, costituita da 6 rate semestrali di 4500 euro, al tasso annuo del 7% convertibile semestralmente. [20 895,87 euro]

103 Determina il valore attuale di una rendita posticipata, differita di 3 anni, costituita da 12 rate trimestrali di 2000 euro, al tasso annuo del 6,5%. [17 962,24 euro]

104 Determina il valore attuale di una rendita anticipata, differita di 5 anni, costituita da 5 rate annue di 6500 euro ciascuna, al tasso annuo del 6,65%. [20 794,86 euro]

105 Determina il valore attuale di una rendita anticipata, differita di 4 anni, costituita da 7 rate annue di 8000 euro ciascuna, al tasso annuo del 7,15%. [34 863,99 euro]

106 Determina il valore attuale di una rendita anticipata, differita di 3 anni, costituita da 4 rate annue di 7550 euro ciascuna, al tasso annuo del 5,85%. [23 430,15 euro]

107 Determina il valore attuale di una rendita anticipata, differita di 2 anni, costituta da 12 rate trimestrali di 2500 euro, al tasso annuo del 6% convertibile trimestralmente. [24 569,89 euro]

108 Determina il valore attuale di una rendita anticipata, differita di 3 anni, costituita da 15 rate bimestrali di 1500 euro ciascuna, al tasso annuo del 7,2%. [16 862,23 euro]

109 **ESERCIZIO SVOLTO**

Verifica che il valore attuale, oggi, di una rendita il cui primo pagamento avviene fra tre anni, costituita da 12 rate annuali di 1500 euro al tasso annuo del 6%, è lo stesso, sia che la rendita sia anticipata, sia che sia posticipata.

- Ricorda che le ordinarie formule che forniscono il valore attuale di una rendita a rate annuali riguardano la valutazione della rendita l'*anno stesso* del primo pagamento se la rendita è *anticipata*, mentre riguardano la valutazione della rendita un *anno prima* del versamento della prima rata se la rendita è *posticipata*.
Graficamente la situazione è la seguente:

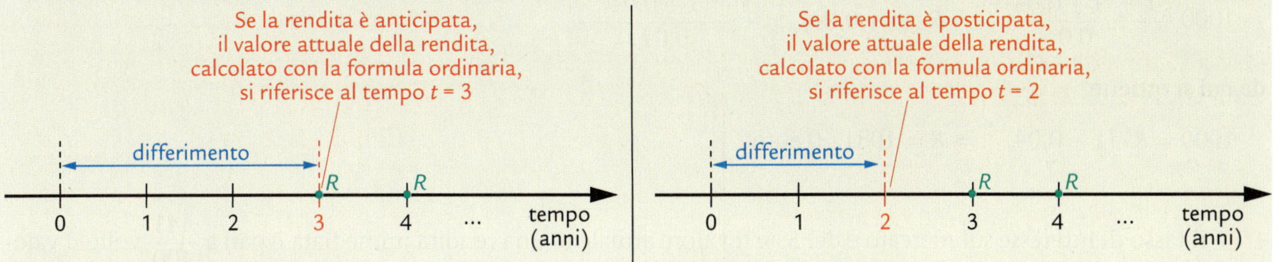

a. Rendita anticipata **b.** Rendita posticipata

- Se la rendita è *anticipata*, dobbiamo considerare un differimento di 3 anni; tenendo conto del fatto che il numero delle rate è $n = 12$, il valore attuale V della rendita è dato in questo caso da:

$$V = \underbrace{R \cdot \frac{1-(1+i)^{-12}}{i} \cdot (1+i)}_{\text{formula relativa al valore attuale di una rendita anticipata}} \cdot \underbrace{(1+i)^{-3}}_{\text{fattore di differimento}} = R \cdot \frac{1-(1+i)^{-12}}{i} \cdot (1+i)^{-2} =$$

$$= 1500 \cdot \frac{1-(1+0{,}06)^{-12}}{0{,}06} \cdot (1+0{,}06)^{-2} \simeq 11\,192{,}39 \text{ euro}$$

- Se invece la rendita è *posticipata*, dobbiamo considerare un differimento di 2 anni; in tal caso il valore attuale è

$$V = \underbrace{R \cdot \frac{1-(1+i)^{-12}}{i}}_{\text{formula relativa al valore attuale di una rendita posticipata}} \cdot \underbrace{(1+i)^{-2}}_{\text{fattore di differimento}}$$

Il risultato è ovviamente identico al caso della rendita *anticipata*.

110 Calcola il valore attuale, oggi, di una rendita il cui primo pagamento avviene fra 4 anni, costituita da 9 rate annuali di 7000 euro al tasso annuo del 6,5%, verificando che il valore attuale è lo stesso, sia nel caso che la rendita sia anticipata, sia nel caso che sia posticipata. [38 571,75 euro]

111 Calcola il valore attuale, oggi, di una rendita il cui primo pagamento avviene fra cinque anni, costituita da 7 rate annuali di 8250 euro al tasso annuo del 7,35%, verificando che è lo stesso, sia nel caso che la rendita sia anticipata, sia nel caso che sia posticipata. [33 074,68 euro]

112 Calcola il valore attuale, oggi, di una rendita il cui primo pagamento avviene fra 3 anni, costituita da 6 rate quadrimestrali di 3000 euro al tasso annuo del 6% convertibile quadrimestralmente, verificando che è lo stesso, sia che la rendita sia anticipata, sia che sia posticipata. [14 342,30 euro]

113 Calcola il valore attuale, oggi, di una rendita il cui primo pagamento avviene fra 2 anni, costituita da 36 rate mensili di 1000 euro al tasso annuo del 6,5%, verificando che è lo stesso, sia che la rendita sia anticipata, sia che sia posticipata. [28 997,70 euro]

114 **ESERCIZIO SVOLTO**

Il tasso di interesse sul mercato è del 4%. Abbiamo diritto a riscuotere una rendita posticipata con rata annuale di 1000 euro (per un certo numero di anni). Il debitore ci chiede un differimento di 2 anni (la rendita, poi, sarà nuovamente pagata per lo stesso numero di anni). Quanto devono valere le nuove rate affinché il valore attuale della rendita rimanga lo stesso?

L'esercizio richiede di determinare la nuova rata (R) che dovrà essere pagata dal debitore affinché la vecchia rendita immediata abbia lo stesso valore della nuova rendita differita. Chiamando n gli anni di durata della rendita, la condizione che deve valere, dunque, è:

$$1000 \cdot \frac{1-(1+0{,}04)^{-n}}{0{,}04} = R \cdot (1+0{,}04)^{-2} \cdot \frac{1-(1+0{,}04)^{-n}}{0{,}04}$$

da cui si ottiene:

$$1000 = R \cdot (1+0{,}04)^{-2} \Rightarrow R = 1081{,}60 \text{ euro}$$

115 Il tasso di interesse sul mercato è del 5%. Il valore attuale di una rendita immediata è pari a $\frac{441}{400}$ volte il valore attuale della stessa rendita differita. Di quanti periodi è il differimento della rendita? [2]

116 Il valore attuale di una rendita immediata è pari a 1,17 volte il valore attuale della stessa rendita differita di 4 periodi. Qual è il tasso di interesse sul mercato? [4%]

117 Il tasso di interesse sul mercato è del 4%. Oggi ho 25 anni e inizio a versare ogni mese (anticipatamente) la somma di 200 euro. Programmo di effettuare i versamenti fino all'età di 65 anni. Al compimento di tale età inizio a ritirare (anticipatamente) una cifra mensile per 20 anni. Se dopo 20 anni ho esaurito completamente il capitale accumulato, a quanto ammonta tale cifra mensile? [1398,43 euro]

118 Oggi ritiro il montante di una rendita le cui rate annuali (posticipate) di 1200 euro mi sono state pagate durante i 5 anni passati. Affido il montante a una banca che si impegna a iniziare a pagarmi, fra 2 anni, una rendita anticipata mensile per la durata di 10 anni. Se il tasso di interesse è del 4%, a quanto ammonta tale rata? [70,70 euro]

5. Rendite perpetue

TEORIA a p. 699

Esercizi preliminari

119 **Vero o falso?**

a. una rendita perpetua non è mai differita V F
b. il valore attuale di una rendita perpetua anticipata è sempre uguale al valore attuale di una rendita perpetua posticipata V F
c. non è possibile calcolare il montante di una rendita perpetua V F
d. il valore attuale di una rendita perpetua posticipata, di rate annuali uguali a 2500 euro, al tasso del 5%, è uguale a 50 000 euro. V F
e. il valore attuale di una rendita perpetua anticipata, di rate annuali uguali a 2500 euro, al tasso del 5%, è superiore di 5000 euro rispetto al valore attuale della stessa rendita, ma posticipata. V F

[2 affermazioni vere e 3 false]

Test

120 Quale delle seguenti formule esprime il valore attuale, al tasso annuo i, di una rendita perpetua posticipata, formata da rate annuali, ciascuna di importo R?

A $\frac{R(1+i)}{i}$

B $\frac{R(1+i)^{-1}}{i}$

C $\frac{R}{i}$

D $\frac{R}{i}(1+i)^{-2}$

121 Quale delle seguenti formule esprime il valore attuale, al tasso annuo i, di una rendita perpetua anticipata, formata da rate annuali, ciascuna di importo R?

A $\frac{R(1+i)}{i}$

B $\frac{R(1+i)^{-1}}{i}$

C $\frac{R}{i}$

D $\frac{R}{i}(1+i)^{-2}$

122 Quale delle seguenti formule esprime il valore attuale, al tasso annuo i, di una rendita perpetua posticipata e differita di 2 anni, formata da rate annuali, ciascuna di importo R?

A $\frac{R(1+i)}{i}$

B $\frac{R(1+i)^{-1}}{i}$

C $\frac{R}{i}$

D $\frac{R}{i}(1+i)^{-2}$

123 Quale delle seguenti formule esprime il valore attuale, al tasso annuo i, di una rendita perpetua anticipata e differita di 2 anni, formata da rate annuali, ciascuna di importo R?

A $\frac{R(1+i)}{i}$

B $\frac{R(1+i)^{-1}}{i}$

C $\frac{R}{i}$

D $\frac{R}{i}(1+i)^{-2}$

Problemi

124 ESERCIZIO GUIDATO

Calcola il valore attuale:

a. di una rendita perpetua posticipata, con rate semestrali di 1250 euro e tasso di interesse annuo del 5,5% convertibile semestralmente;

b. di una rendita perpetua anticipata, con rate trimestrali di 1750 euro e tasso di interesse annuo del 6,25%.

a. Determina anzitutto il tasso semestrale $i_2 = \frac{5{,}5\%}{2} = \frac{0{,}055}{2} = 0{,}0275$; il valore attuale V della rendita, essendo quest'ultima posticipata, è allora uguale a:

$$V = \frac{R}{i_2} = ...$$

b. Determina anzitutto il tasso trimestrale equivalente $i_4 = \sqrt[4]{1+i} - 1 = ...$; il valore attuale V della rendita, essendo quest'ultima anticipata, è uguale a:

$$V = \frac{R}{i_4}(1+i_4) = ...$$

[**a.** 45 454,55 euro; **b.** 116 341,85 euro]

125 Calcola i valori attuali delle seguenti rendite perpetue:

a. posticipata, annuale, $R = 1200$ euro; $i = 3\%$

b. posticipata, mensile, $R = 100$ euro; $i = 3\%$

c. anticipata, annuale, $R = 1200$ euro; $i = 4\%$

d. anticipata, trimestrale, $R = 300$ euro; $i = 4\%$

[**a.** 40 000 euro; **b.** 40 347,06 euro; **c.** 31 200 euro; **d.** 30 746,32 euro]

126 Determina il valore attuale di una rendita posticipata perpetua, costituita da rate annuali di 5000 euro, al tasso annuo del 5,25%. [95 238,1 euro]

127 Determina il valore attuale di una rendita posticipata perpetua, differita di 4 anni, costituita da rate annuali di 1250 euro al tasso annuo del 5,5%. [18 345,84 euro]

128 Determina il valore attuale di una rendita posticipata perpetua, costituita da rate mensili di 500 euro, al tasso annuo del 6% convertibile mensilmente. [100 000 euro]

129 Determina il valore attuale di una rendita posticipata perpetua, costituita da rate bimestrali di 750 euro ciascuna, al tasso annuo del 6,5%. [71 082,81 euro]

130 Determina il valore attuale di una rendita anticipata perpetua, costituita da rate annuali di 7500 euro, al tasso annuo del 6,5%. [122 884,62 euro]

131 Determina il valore attuale di una rendita anticipata perpetua, differita di 5 anni, costituita da rate annuali di 2500 euro, al tasso annuo del 5,15%. [39 709,61 euro]

132 Determina il valore attuale di una rendita anticipata perpetua, costituita da rate bimestrali di 1000 euro, al tasso annuo del 6% convertibile bimestralmente. [101 000 euro]

133 Determina il valore attuale di una rendita anticipata perpetua, costituita da rate quadrimestrali di 1500 euro, al tasso annuo del 7%. [67 263,16 euro]

134 Posseggo un appartamento che do in locazione a 1200 euro al mese (posticipati). Se il tasso di interesse sul mercato finanziario è del 4%, a quanto posso vendere il mio appartamento? [366 553,26 euro]

135 Posseggo un appartamento che do in locazione a 14 400 euro l'anno (posticipati). Se il tasso di interesse sul mercato finanziario è del 4%, a quanto posso vendere il mio appartamento? Quale sarebbe il prezzo dell'appartamento se il canone fosse anticipato? [360 000 euro; 374 400 euro]

136 **ESERCIZIO SVOLTO**

Oggi incassiamo il montante di una rendita anticipata, immediata, di rata mensile pari a 500 euro, temporanea della durata di 10 anni. Con tale montante decidiamo di acquistare un appartamento e di darlo in locazione. Se il tasso di interesse è del 4%, qual è il canone mensile (anticipato) di locazione che possiamo chiedere?

Il primo passo è quello di calcolare il montante che incassiamo oggi. Poiché la rendita è mensile, determiniamo il tasso di interesse mensile equivalente al 4% annuale:

$$i_{12} = (1+i)^{\frac{1}{12}} - 1 = (1+0{,}04)^{\frac{1}{12}} - 1$$

e possiamo così calcolare il montante della rendita (anticipata):

$$M = 500 \cdot \frac{(1+i_{12})^{10 \cdot 12}}{i_{12}} \cdot (1+i_{12}) = 500 \cdot \frac{(1+0{,}04)^{10} - 1}{(1+0{,}04)^{\frac{1}{12}} - 1} \cdot (1+0{,}04)^{\frac{1}{12}}$$

Il testo dell'esercizio dice che con questo denaro possiamo comprare un appartamento di cui dobbiamo determinare il canone di locazione mensile anticipato.
Se il canone di locazione è R, sappiamo che il valore dell'appartamento è

$$V = \frac{R}{i_{12}} \cdot (1+i_{12}) \quad \text{ovvero} \quad V = \frac{R}{(1+0{,}04)^{\frac{1}{12}} - 1} \cdot (1+0{,}04)^{\frac{1}{12}}$$

Non resta che uguagliare M e V, ottenendo così l'equazione

$$500 \cdot \frac{(1+0{,}04)^{10} - 1}{(1+0{,}04)^{\frac{1}{12}} - 1} \cdot (1+0{,}04)^{\frac{1}{12}} = \frac{R}{(1+0{,}04)^{\frac{1}{12}} - 1} \cdot (1+0{,}04)^{\frac{1}{12}}$$

che si semplifica in:

$$500 \cdot \left[(1+0{,}04)^{10} - 1\right] = R$$

da cui è immediato ottenere:

$$R = 240{,}12 \text{ euro}$$

137 Oggi ho diritto a riscuotere, per 20 anni, una rendita annuale (posticipata) di 12 000 euro. Voglio trasformare questa rendita in una rendita perpetua, sempre posticipata, di rata annuale. Sapendo che il tasso di interesse è del 5%, a quanto ammonta la nuova rata? [7477,33 euro]

138 Oggi riesco a trasformare una rendita, temporanea della durata di 10 anni di rata annuale (posticipata) pari a 15 000 euro, in una rendita perpetua di rata (annuale posticipata) pari a 7000 euro. Qual è il tasso di interesse sul mercato? [6,49%]

6. Problemi inversi sulle rendite

TEORIA a p. 702

Calcolo della rata

139 **ESERCIZIO GUIDATO**

Calcola il valore della rata:

a. di una rendita posticipata, costituita da 8 rate annuali, sapendo che il suo valore attuale è 14 500 euro e il tasso di interesse annuo è del 4,85%;

b. di una rendita anticipata, costituita da 16 rate trimestrali, sapendo che il suo montante è 25 500 euro e il tasso di interesse trimestrale è dell'1,15%.

---

a. Dalla relazione $V = R\, a_{\overline{n}|i}$ segue:

$$R = \frac{V}{a_{\overline{n}|i}}$$

Non ti resta quindi che sostituire in quest'ultima formula i valori di V e di $a_{\overline{n}|i}$; il valore di V è noto, uguale a 14 500 euro, mentre quello di $a_{\overline{n}|i}$ è facilmente calcolabile:

$$a_{\overline{n}|i} = \frac{1-(1+i)^{-n}}{i} = \frac{1-(1+0{,}0485)^{-8}}{0{,}0485} \simeq 6{,}502584871$$

In definitiva:

$$R = \frac{V}{a_{\overline{n}|i}} \simeq \frac{14\,500}{.....} \simeq .....$$

b. Dalla relazione $M = R \cdot \ddot{s}_{\overline{n}|i}$ segue:

$$R = \frac{M}{\ddot{s}_{\overline{n}|i}}$$

Poiché $M = 25\,500$, $\ddot{s}_{\overline{n}|i} = \dfrac{(1+i)^n - 1}{i}(1+i) = ...$, ottieni che $R = ...$ [**a.** 2229,88 euro; **b.** 1444,13 euro]

140 Una rendita posticipata, costituita da 8 rate annue, al tasso annuo del 6,25%, genera un montante di 50 000 euro. Qual è il valore della rata? [5006,65 euro]

141 Una rendita posticipata, costituita da 10 rate semestrali, al tasso semestrale del 3,5%, genera un montante di 60 000 euro. Qual è il valore della rata? [5114,48 euro]

142 Una rendita posticipata, costituita da 12 rate quadrimestrali, al tasso quadrimestrale dell'1,75%, genera un montante di 25 000 euro. Qual è il valore della rata? [1890,34 euro]

143 Una rendita anticipata, costituita da 9 rate annuali, al tasso annuo del 5,75%, genera un montante di 45 000 euro. Qual è il valore della rata? [3741,56 euro]

144 Una rendita anticipata, costituita da 16 rate semestrali, al tasso semestrale del 3,75%, genera un montante di 52 000 euro. Qual è il valore della rata? [2342,87 euro]

145 Una rendita anticipata, costituita da 24 rate trimestrali, al tasso trimestrale dell'1,25%, genera un montante di 30 000 euro. Qual è il valore della rata? [1066,27 euro]

146 Il valore attuale di una rendita posticipata, costituita da 10 rate annuali, al tasso annuo del 5,25%, è 12 500 euro. Determina il valore della rata. [1638,52 euro]

147 Il valore attuale di una rendita posticipata, costituita da 8 rate trimestrali, al tasso annuo del 6,4%, è 15 000 euro. Determina il valore della rata. [2009,26 euro]

148 Il valore attuale di una rendita posticipata, costituita da 12 rate quadrimestrali, al tasso annuo del 5,55%, è 20 000 euro. Determina il valore della rata. [2986,94 euro]

149 Il valore attuale di una rendita posticipata, differita di 3 anni, costituita da 7 rate annuali, al tasso annuo del 6%, è di 14 000 euro. Determina il valore della rata. [2986,94 euro]

150 Il valore attuale di una rendita posticipata perpetua, al tasso annuo del 5,35%, è di 10 000 euro. Determina il valore della rata. [535 euro]

151 Il valore attuale di una rendita anticipata, costituita da 12 rate annuali, al tasso annuo del 5,5%, è di 18 000 euro. Determina il valore della rata. [1979,65 euro]

152 Il valore attuale di una rendita anticipata, costituita da 10 rate semestrali, al tasso annuo del 6,25%, è di 20 000 euro. Determina il valore della rata. [2283,63 euro]

153 Il valore attuale di una rendita anticipata, costituita da 8 rate trimestrali, al tasso annuo del 5,45%, è di 25 000 euro. Determina il valore della rata. [3272,01 euro]

154 Il valore attuale di una rendita anticipata, differita di due anni, costituita da 9 rate annuali, al tasso del 5,85% annuo, è di 12 000 euro. Determina il valore della rata. [1855,30 euro]

155 Il valore attuale di una rendita anticipata perpetua, al tasso del 5,15%, è di 17 500 euro. Determina il valore della rata. [857,11 euro]

Calcolo del numero di rate

156 ESERCIZIO GUIDATO

Una rendita posticipata, costituita da rate annuali di 5000 euro, al tasso annuo del 6%, genera un montante di 65 903,97 euro. Determina il numero delle rate.

Devi risolvere la seguente equazione esponenziale:

$$\underbrace{5000\,\frac{(1+0{,}06)^n-1}{0{,}06}}_{\text{montante generato dalla rendita}}=65\,903{,}97$$

Essa equivale a:

$$5000\,[(1{,}06)^n-1]=3954{,}2382$$

Isolando il termine $(1{,}06)^n$ ottieni:

$$(1{,}06)^n=1{,}79084764$$

da cui, passando ai logaritmi:

$$n\ln 1{,}06=\ln(1{,}79084764)\Rightarrow$$

$$\Rightarrow n=\frac{\ln(1{,}79084764)}{\ln 1{,}06}\simeq 10$$

157 Una rendita posticipata, costituita da n rate annuali di 7500 euro, al tasso del 5,25%, genera un montante di 72 261,87 euro. Determina il numero n di rate. [8]

158 Il valore attuale di una rendita posticipata, costituita da n rate annuali di 8750 euro, al tasso del 6,15%, è di 42 824,55 euro. Determina il numero n di rate. [6]

159 Una rendita anticipata, costituita da n rate annuali di 6250 euro, al tasso del 5,45%, genera un montante di 84 658,24 euro. Determina il numero n di rate. [10]

160 Il valore attuale di una rendita anticipata, costituita da n rate annuali di 9500 euro, al tasso del 5,75%, è di 49 791,09 euro. Determina il numero n di rate. [6]

161 Una rendita posticipata, costituita da n rate annuali di 885,18 euro, al tasso del 6,25%, genera un montante di 21 000 euro. Determina il numero n di rate. [15]

162 Il valore attuale di una rendita anticipata, costituita da n rate annuali di 6869,87 euro, al tasso del 7,05%, è di 35 000 euro. Determina il numero n di rate. [6]

163 Una rendita posticipata, costituita da n rate annuali di 7900,82 euro, al tasso del 7,15%, genera un montante di 81 500 euro. Determina il numero n di rate. [8]

164 Una rendita anticipata, costituita da n rate annuali di euro 9099,7 euro, al tasso di 5,85%, genera un montante di 110 000 euro. Determina il numero n di rate. [9]

Calcolo del tasso di interesse

165 ESERCIZIO GUIDATO

Una rendita posticipata, costituita da 12 rate di 1250 euro ciascuna, genera un montante di 21 485,64 euro. Determina il tasso annuo di interesse.

Detto i il tasso di interesse incognito, devi determinare la soluzione approssimata, appartenente all'intervallo (0, 1) dell'equazione:

$$\underbrace{1250\,\frac{(1+i)^{12}-1}{i}}_{\text{montante generato dalla rendita}}=21\,485{,}64$$

A tale scopo, puoi avvalerti di un software di calcolo simbolico. [6,32%]

Risolvi i seguenti esercizi, avvalendoti di un software opportuno per la risoluzione approssimata delle equazioni che ne scaturiscono.

166 Una rendita posticipata, costituita da 10 rate annuali di 1500 euro, al tasso annuo i, genera un montante uguale a 18 972,85 euro. Determina il tasso i. [5,12%]

167 Una rendita posticipata, costituita da 12 rate annuali di 2500 euro, al tasso annuo i, genera un montante uguale a 42 996,43 euro. Determina il tasso i. [6,33%]

168 Una rendita anticipata, costituita da 8 rate annuali di 3000 euro, al tasso annuo i, genera un montante uguale a 30 671,35 euro. Determina il tasso i. [5,43%]

169 Una rendita anticipata, costituita da 9 rate annuali di 2750 euro, al tasso annuo i, genera un montante uguale a 31 565,98 euro. Determina il tasso i. [4,83%]

170 Il valore attuale di una rendita posticipata, costituta da 11 rate annuali di 3150 euro, al tasso annuo i, è uguale a 25 987,48 euro. Determina il tasso i. [5,13%]

171 Il valore attuale di una rendita posticipata, costituita da 10 rate annuali di 4000 euro, al tasso annuo i, è uguale a 30 722,61 euro. Determina il tasso i. [5,11%]

172 Il valore attuale di una rendita anticipata, costituita da 13 rate annuali di 5750 euro, al tasso annuo i, è uguale a 57 853,46 euro. Determina il tasso i. [4,61%]

173 Il valore attuale di una rendita anticipata, costituita da 7 rate annuali di 950 euro, al tasso annuo i, è uguale a 5595,16 euro. Determina il tasso i. [6,18%]

Calcolo del periodo di differimento

174 Il valore attuale di una rendita differita posticipata, costituita da 8 rate di 5000 euro, al tasso annuo del 4,75%, è uguale a 27 114,59 euro. Determina il periodo di differimento. [4 anni]

175 Il valore attuale di una rendita differita posticipata, costituita da 9 rate di 8000 euro, al tasso annuo del 5,25%, è uguale a 43 540,65 euro. Determina il periodo di differimento. [5 anni]

176 Il valore attuale di una rendita differita posticipata, costituita da 7 rate di 4000 euro, al tasso annuo del 6,15%, è uguale a 18 569,81 euro. Determina il periodo di differimento. [3 anni]

177 Il valore attuale di una rendita differita posticipata, costituita da 12 rate trimestrali di 2000 euro, al tasso trimestrale dell'1,25%, è uguale a 20 062,38 euro. Determina il periodo di differimento. [8 trimestri = 2 anni]

178 Il valore attuale di una rendita differita anticipata, costituita da 8 rate di 9000 euro, al tasso annuo del 7,05%, è uguale a 46 805,5 euro. Determina il periodo di differimento. [3 anni]

179 Il valore attuale di una rendita differita anticipata, costituita da 9 rate di 7000 euro, al tasso annuo del 5,55%, è uguale a 41 294,28 euro. Determina il periodo di differimento. [4 anni]

180 Il valore attuale di una rendita differita anticipata, costituita da 7 rate di 4500 euro, al tasso annuo del 6,65%, è uguale a 18 976,58 euro. Determina il periodo di differimento. [5 anni]

181 Il valore attuale di una rendita differita anticipata, costituita da 15 rate quadrimestrali di 1250 euro, al tasso annuo del 6,15% convertibile quadrimestralmente, è uguale a 13 603, 82 euro. Determina il periodo di differimento. [9 quadrimestri = 3 anni]

7. Costituzione di un capitale

TEORIA a p. 704

Costituzione di un capitale a rate costanti

182 Voglio costituire un capitale di 60 000 euro, versando 10 rate alla fine di ogni anno, al tasso di interesse annuo del 6,25%. Determina l'ammontare della rata e redigi il piano di costituzione del capitale. [Rata = 4498,91 euro]

183 Voglio costituire un capitale di 25 000 euro, versando 8 rate annuali posticipate, al tasso di interesse annuo del 5,65%. Determina l'ammontare della rata e redigi il piano di costituzione del capitale. [Rata = 2557,81 euro]

184 Voglio costituire un capitale di 30 000 euro, versando 9 rate annuali posticipate, al tasso di interesse annuo del 5,75%. Determina l'ammontare della rata e redigi il piano di costituzione del capitale. [Rata = 2637,80 euro]

185 Voglio costituire un capitale di 20 000 euro, versando 12 rate annuali anticipate, al tasso di interesse annuo del 6,35%. Determina l'ammontare della rata e redigi il piano di costituzione del capitale. [Rata = 1092,17 euro]

186 Voglio costituire un capitale di 16 000 euro, versando 7 rate annuali anticipate, al tasso di interesse annuo del 7,05%. Determina l'ammontare della rata e redigi il piano di costituzione del capitale. [Rata = 1724,45 euro]

187 Voglio costituire un capitale di 15 000 euro, versando 18 rate bimestrali posticipate, al tasso di interesse annuo del 6,25%. Determina l'ammontare della rata e redigi il piano di costituzione. [Rata = 763,70 euro]

188 Voglio costituire un capitale di 22 000 euro, versando per 2 anni rate mensili posticipate, al tasso di interesse annuo del 5,75%. Determina l'ammontare della rata e redigi il piano di costituzione. [Rata = 868,39 euro]

189 Voglio costituire un capitale di 12 000 euro versando per 3 anni rate trimestrali anticipate, al tasso di interesse annuo del 6,5%. Determina l'ammontare della rata e redigi il piano di costituzione. [Rata = 901,40 euro]

Costituzione di un capitale a rate costanti con variazione del tasso di interesse o del capitale da restituire

190 ESERCIZIO GUIDATO

Una persona vuole costituire un capitale di 25 000 euro con il versamento di 18 rate bimestrali anticipate presso una banca che applica un tasso di interesse annuo del 6,45%. Dopo il versamento della decima rata il tasso annuo viene portato al 6,75%, quindi si può raggiungere l'obiettivo di costituzione del capitale prefissato, diminuendo il valore delle ultime 8 rate. Calcola quale sarà il valore delle prime 10 e delle ultime 8 rate da versare alla banca.

- Determina anzitutto il tasso di interesse bimestrale equivalente al 6,45% annuo:

$$i_6 = \sqrt[6]{1 + 0{,}0645} - 1 \simeq 0{,}01047$$

- Per determinare il valore incognito R delle prime otto rate devi imporre la condizione:

$$\underbrace{R \cdot \ddot{s}_{\overline{18}|i_6}}_{\text{il montante generato da una rendita anticipata di 18 rate bimestrali al tasso } i_6} \quad \underbrace{=}_{\text{deve essere uguale}} \quad \underbrace{25\,000}_{\text{al capitale da costituire}} \;\Rightarrow\; R\frac{(1+i_6)^{18}-1}{i_6}(1+i_6) = 25\,000$$

Sostituendo nell'ultima equazione scritta il valore noto di i_6 e risolvendo rispetto a R ottieni:

$R \simeq 1256{,}18$ euro

- Per determinare il valore incognito R' delle ultime otto rate occorre anzitutto determinare il tasso bimestrale equivalente al 6,75%:

$$i'_6 = \sqrt[6]{1 + 0{,}0675} - 1 \simeq 0{,}01095$$

Dopodiché devi imporre la seguente condizione:

$$\underbrace{R \cdot \ddot{s}_{\overline{10}|i_6}}_{\text{il montante generato dal versamento delle prime 10 rate}} \cdot \underbrace{(1+i'_6)^8}_{\text{capitalizzato per altri 8 anni al nuovo tasso } i'_6} + \underbrace{R' \cdot \ddot{s}_{\overline{8}|i'_6}}_{\text{il montante generato dal versamento delle ultime 8 rate}} \underbrace{=}_{\text{deve essere uguale}} \underbrace{25\,000}_{\text{al capitale da costituire}}$$

ossia:

$$R\frac{(1+i_6)^{10}-1}{i_6}(1+i_6)(1+i'_6)^8 + R'\frac{(1+i'_6)^8-1}{i'_6}(1+i'_6) = 25\,000$$

Sostituendo in quest'ultima equazione i valori noti di R, i_6, i'_6 e risolvendo rispetto a R' otterrai:

$R' \simeq 1247{,}03$ euro

191 Voglio costituire un capitale di 50 000 euro, con il versamento di 12 rate annuali posticipate presso una banca che applica un tasso di interesse annuo del 6%. Dopo il versamento dell'ottava rata il tasso di interesse viene portato al 6,25% annuo. Calcola quale sarà il valore di ciascuna delle prime otto e delle ultime quattro rate da versare. [2963,85 euro; 2873,03 euro]

192 Voglio costituire un capitale di 75 000 euro, con il versamento di 10 rate annuali anticipate presso una banca che applica un tasso di interesse annuo del 6,25%. Dopo il versamento della sesta rata il tasso di interesse viene portato al 6,5% annuo. Calcola quale sarà il valore di ciascuna delle prime sei e delle ultime quattro rate da versare. [5292,83 euro; 5159,64 euro]

193 Voglio costituire un capitale di 15 000 euro, con il versamento di 8 rate semestrali posticipate presso una banca che applica un tasso di interesse annuo del 5,15%. Dopo il versamento della quarta rata il tasso di interesse viene portato al 5,4% annuo. Calcola quale sarà il valore di ciascuna delle prime quattro e delle ultime quattro rate da versare. [1714,42 euro; 1702,29 euro]

194 Voglio costituire un capitale di 35 000 euro, con il versamento di 15 rate quadrimestrali anticipate presso una banca che applica un tasso di interesse annuo del 5,5%. Dopo il versamento dell'ottava rata il tasso di interesse viene portato al 5,75% annuo. Calcola quale sarà il valore di ciascuna delle prime otto e delle ultime sette rate da versare. [2016,88 euro; 1995,86 euro]

195 Voglio costituire un capitale di 50 000 euro, con il versamento di 16 rate annuali posticipate al tasso di interesse annuo del 6,35%. Dopo il versamento della decima rata, c'è la necessità di aumentare di 5000 euro il capitale da costituire. Calcola quale sarà il valore di ciascuna delle prime dieci e delle ultime sei rate. [1892,21 euro; 2602,73 euro]

196 Voglio costituire un capitale di 75 000 euro, con il versamento di 10 rate annuali anticipate al tasso di interesse annuo del 5,5%. Dopo il versamento della sesta rata, c'è la necessità di aumentare di 5000 euro il capitale da costituire. Calcola quale sarà il valore di ciascuna delle prime sei e delle ultime quattro rate. [5521,41 euro; 6612,85 euro]

197 Voglio costituire un capitale di 15 000 euro, con il versamento di 24 rate mensili posticipate al tasso di interesse annuo del 5,25%. Dopo il versamento della decima rata, c'è la necessità di aumentare di 5000 euro il capitale da costituire. Calcola quale sarà il valore di ciascuna delle prime dieci e delle ultime quattordici rate. [594,83 euro; 942,16 euro]

198 Voglio costituire un capitale di 35 000 euro, con il versamento di 10 rate bimestrali anticipate al tasso di interesse annuo del 6,15%. Dopo il versamento della quarta rata, c'è la necessità di aumentare di 15000 euro il capitale da costituire. Calcola quale sarà il valore di ciascuna delle prime quattro e delle ultime sei rate. [3312,31 euro; 5726,42 euro]

RIEPILOGO

Esercizi di riepilogo

199 Due rendite sono formate entrambe da 10 rate annue di 1000 euro, al tasso annuo del 3,5%, ma una è anticipata e l'altra è posticipata. Determina la somma dei montanti delle due rendite. [23 873,39 euro]

200 Due rendite, della durata di 6 anni, sono formate entrambe da rate semestrali di 3000 euro, al tasso del 4% annuo convertibile semestralmente, ma una è anticipata e l'altra è posticipata. Determina la somma dei valori attuali delle due rendite. [64 086,57 euro]

201 Determina il montante di una rendita posticipata, della durata di 2 anni, formata da rate mensili di 150 euro ciascuna, in ognuno dei seguenti casi:

a. il tasso annuo è dell'8%, convertibile mensilmente;
b. il tasso annuo è dell'8%. [**a.** 3889,98 euro; **b.** 3879,37 euro]

202 Determina il valore attuale di una rendita anticipata, della durata di 3 anni, formata da rate semestrali di 820 euro ciascuna, in ognuno dei seguenti casi:

a. il tasso annuo è del 6%, convertibile semestralmente;
b. il tasso annuo è del 6%. [**a.** 4575,36 euro; **b.** 4580,05 euro]

203 Una rendita è formata da 20 rate annuali di 1000 euro, al tasso di interesse annuo del 3,5%. Determina il montante della rendita:

a. alla data dell'ultimo versamento;
b. un anno dopo la data dell'ultimo versamento. [**a.** 28 279,68 euro; **b.** 29 269,47 euro]

204 Una rendita è formata da 20 rate annuali di 1000 euro, al tasso di interesse annuo del 3,5%. Determina il valore attuale della rendita:

a. alla data del primo versamento;
b. un anno prima della data del primo versamento. [**a.** 14 709,84 euro; **b.** 14 212,40 euro]

205 Calcola il valore attuale, oggi, di una rendita il cui primo pagamento avviene fra 6 anni, costituita da 8 rate annuali di 6750 euro al tasso annuo composto del 6,45%, verificando che il valore attuale è lo stesso, sia nel caso che la rendita sia anticipata, sia nel caso che sia posticipata. [30 126,90 euro]

206 Calcola il valore attuale, oggi, di una rendita il cui primo pagamento avviene fra 3 anni, costituita da 12 rate bimestrali di 1500 euro al tasso annuo composto del 6,25%, verificando che il valore attuale è lo stesso, sia nel caso che la rendita sia anticipata, sia nel caso che sia posticipata. [14 204,14 euro]

207 Paolo ha sul conto corrente la somma di 10 000 euro. Ogni mese per i prossimi dieci anni versa, alla fine del mese, la somma di 100 euro sul conto. Se il tasso di interesse annuo resta costante, uguale al 4%, quanto denaro ci sarà sul conto corrente al termine di questi dieci anni? [29 472,04 euro]

208 Paolo e Maria vogliono istituire un fondo dal quale loro figlio possa prelevare 1500 euro alla fine di ogni semestre per 10 anni, al termine dei quali riceverà la somma rimanente di 10 000 euro. Se l'investimento avrà un tasso di interesse annuo del 4% convertibile semestralmente, quale dovrà essere l'importo del fondo? [31 256,86 euro]

209 Ho depositato, al tasso del 3% annuo, 800 euro all'inizio di ogni anno per 10 anni. Determina il montante di cui disporrò 3 anni e 6 mesi dopo l'ultimo versamento (utilizza la convenzione esponenziale). [10 170,72 euro]

210 Fra tre anni a partire da oggi, ho diritto a una rendita di dieci rate annue posticipate di 500 euro ciascuna. Oggi cedo il credito al tasso del 5% annuo; quanto incasso? [3335,16 euro]

211 Una rendita è formata da 10 rate annue posticipate di 1000 euro ciascuna. Il tasso annuo, inizialmente del 4%, è stato portato al 3% subito dopo il versamento della sesta rata. Determina il montante della rendita all'atto dell'ultimo versamento. [11 649,10 euro]

212 Una rendita è formata da 12 rate annue posticipate di 1500 euro ciascuna. Il tasso annuo, inizialmente del 5%, è stato portato al 4% subito dopo il versamento della quinta rata. Determina il montante della rendita all'atto dell'ultimo versamento. [22 754,47 euro]

213 Voglio costituire un capitale di 18 500 euro versando per 5 anni rate quadrimestrali anticipate, al tasso di interesse annuo del 7%. Determina l'ammontare della rata e redigi il piano di costituzione. [Rata = 1024,86 euro]

214 Voglio costituire un capitale di 20 500 euro versando per 4 anni rate semestrali anticipate, al tasso di interesse annuo del 6,4%. Determina l'ammontare della rata e redigi il piano di costituzione. [Rata = 2223,05 euro]

215 Voglio costituire un capitale di 17 750 euro versando per 2 anni rate bimestrali posticipate, al tasso di interesse annuo del 6%. Determina l'ammontare della rata e redigi il piano di costituzione. [Rata = 1401,44 euro]

216 Voglio costituire un capitale di 60 000 euro, con il versamento di 16 rate annuali posticipate presso una banca che applica un tasso di interesse annuo del 5,25%. Dopo il versamento della decima rata il tasso di interesse viene portato al 5,75% annuo. Calcola quale sarà il valore di ciascuna delle prime dieci e delle ultime sei rate. [2485,14 euro; 2275,16 euro]

217 Voglio costituire un capitale di 55 000 euro, con il versamento di 14 rate annuali anticipate presso una banca che applica un tasso di interesse annuo del 6,35%. Dopo il versamento della settima rata il tasso di interesse viene portato al 6,65% annuo. Calcola quale sarà il valore di ciascuna delle prime sette e delle ultime sette rate. [2401,10 euro; 2299,82 euro]

218 Voglio costituire un capitale di 20 000 euro, con il versamento di 12 rate trimestrali posticipate presso una banca che applica un tasso di interesse annuo del 5,65%. Dopo il versamento della quinta rata il tasso di interesse viene portato al 5,85% annuo. Calcola quale sarà il valore di ciascuna delle prime cinque e delle ultime sette rate. [1543,62 euro; 1537,43 euro]

219 Voglio costituire un capitale di 60 000 euro, con il versamento di 12 rate annuali posticipate al tasso di interesse annuo del 6,5%. Dopo il versamento dell'ottava rata, c'è la necessità di aumentare di 6000 euro il capitale da costituire. Calcola quale sarà il valore di ciascuna delle prime otto e delle ultime quattro rate. [3454,09 euro; 4815,51 euro]

220 Voglio costituire un capitale di 55 000 euro, con il versamento di 8 rate annuali anticipate al tasso di interesse annuo del 5,75%. Dopo il versamento della quarta rata, c'è la necessità di aumentare di 10 000 euro il capitale da costituire. Calcola quale sarà il valore di ciascuna delle prime quattro e delle ultime quattro rate. [5302,17 euro; 7471,83 euro]

221 Voglio costituire un capitale di 20 000 euro, con il versamento di 15 rate quadrimestrali posticipate al tasso di interesse annuo del 5,75%. Dopo il versamento dell'ottava rata, c'è la necessità di aumentare di 5000 euro il capitale da costituire. Calcola quale sarà il valore di ciascuna delle prime otto e delle ultime sette rate. [1166,48 euro; 1841,46 euro]

222 Paolo vuole costituire la somma di 10 000 euro, effettuando 10 versamenti annui alla fine dell'anno, di uguale importo. Se il denaro viene versato su un conto che garantisce un tasso di interesse annuo composto del 4%, calcola:

a. quanto deve versare ogni anno Paolo per ottenere il suo obiettivo;

b. l'importo a disposizione immediatamente dopo il versamento della quarta rata;

c. l'importo a disposizione quattro mesi dopo il versamento dalla sesta rata (nella convenzione esponenziale).

[**a.** 832,91 euro; **b.** 3536,92 euro; **c.** 5597,37 euro]

223 Nella costituzione posticipata in 20 semestri di un certo capitale al tasso del 3,5% semestrale, il fondo disponibile all'atto del versamento dell'ottavo semestre ammonta a 16 420,46 euro. Determina l'importo della rata costante e il capitale che si vuole costituire.

[Rata = 1814,08 euro; capitale = 51301,61 euro]

224 Ho diritto a riscuotere una rendita immediata, posticipata, per 4 anni e di rata annuale costante pari a 1200 euro. Ho anche l'obbligo di versare una rendita immediata, posticipata, per 6 anni con una rata costante pari a 1000 euro. Se decidessi di liquidare oggi tutto il valore del mio debito, potrei farlo con la somma che ricaverei vendendo la rendita che ho diritto di riscuotere? Il tasso annuo su entrambe le rendite è del 4%. [No, i crediti sono 4355,87 euro mentre i debiti ammontano a 5242,14 euro]

225 La società Gatto è disposta a comprare da me, per la cifra di 1300 euro, una rendita immediata e posticipata. Se la stessa rendita fosse anticipata anziché posticipata, la società Gatto mi darebbe 1365 euro. Qual è il tasso di interesse? [5%]

226 Chiamando m il numero di rate da pagare in un anno (quindi con $m = 2$ si indicano rate semestrali), calcola i valori attuali delle seguenti rendite frazionarie, posticipate, temporanee:

a. $R = 100$ euro; $i = 4\%$; $n = 5$; $m = 2$

b. $R = 100$ euro; $i = 4\%$; $n = 5$; $m = 4$

c. $R = 100$ euro; $i = 2\%$; $n = 5$; $m = 4$

d. $R = 100$ euro; $i = 2\%$; $n = 10$; $m = 2$

[**a.** 899,18 euro; **b.** 1807,22 euro; **c.** 1899,46 euro; **d.** 1805,46 euro]

227 Calcola le rate delle seguenti rendite immediate, posticipate e temporanee:

a. $V = 8110{,}90$ euro; $n = 10$; $i = 0{,}04$

b. $V = 5495{,}65$ euro; $n = 5$; $i = 0{,}03$

c. $V = 4629{,}10$ euro; $n = 7$; $i = 0{,}05$

d. $V = 14\,134{,}19$ euro; $n = 15$; $i = 0{,}02$

[**a.** 1000 euro; **b.** 1200 euro; **c.** 800 euro; **d.** 1100 euro]

228 Calcola il numero di rate delle seguenti rendite immediate, posticipate e temporanee:

a. $V = 3244{,}36$ euro; $R = 400$ euro; $i = 0{,}04$

b. $V = 1913{,}47$ euro; $R = 1000$ euro; $i = 0{,}03$

c. $V = 8658{,}95$ euro; $R = 2000$ euro; $i = 0{,}05$

d. $V = 8460{,}27$ euro; $R = 800$ euro; $i = 0{,}02$

[**a.** 10; **b.** 2; **c.** 5; **d.** 12]

229 Calcola il tasso di interesse delle seguenti rendite immediate, posticipate e temporanee:

a. $V = 811{,}09$ euro; $R = 100$ euro; $n = 10$

b. $V = 1831{,}88$ euro; $R = 400$ euro; $n = 5$

c. $V = 6463{,}21$ euro; $R = 1000$ euro; $n = 8$

d. $V = 761{,}55$ euro; $R = 200$ euro; $n = 4$

[**a.** 0,04; **b.** 0,03; **c.** 0,05; **d.** 0,02]

230 Fino a oggi il tasso di interesse sul mercato è stato del 5%. Il montante di una rendita che ho percepito per i passati 5 anni, con rata annuale anticipata di 4000 euro, viene ceduto alla società Gatto in cambio di una rendita immediata, posticipata, di rata annuale pari a 3000 euro per 10 anni. Quale tasso di interesse è stato applicato alla seconda rendita? [4,96%]

231 Oggi ritiro sia il montante di una rendita sia il valore attuale di un'altra rendita. Le due rendite, entrambe posticipate, hanno la stessa durata (10 anni) e la stessa rata annuale. Sapendo che il rapporto tra montante e valore attuale è pari a 1,6289, quanto vale il tasso di interesse? [5%]

232 Una rendita prevede il pagamento di rate mensili (posticipate) pari a 800 euro per 5 anni. Calcola quanto si è accumulato dopo 3 anni e quanto si deve ancora pagare. Il tasso di interesse è del 4%.

[30 512,87 euro; 18 436,11 euro]

233 Per un periodo di 10 anni si pagano rate semestrali posticipate di 4000 euro (il tasso di interesse è del 5%). Se vogliamo pagare rate annuali posticipate e non vogliamo modificare il valore della rendita, a quanto deve ammontare la rata annuale? [8098,78 euro]

234 Con il montante di una rendita temporanea per 4 anni, anticipata, di rata annuale pari a 5000 euro, si vuole costituire una rendita perpetua annuale e posticipata. Qual è la rata di quest'ultima se il tasso sul mercato è del 4%? [849,29 euro]

235 Una rendita differita di 3 anni consta di 10 rate annuali posticipate pari a 8000 euro. Se il tasso di interesse è del 3% e si vuole trasformare la rendita in una rendita immediata sempre posticipata (di durata 13 anni), qual è la nuova rata? [5872,22 euro]

236 Su un conto corrente su cui maturano interessi annuali al 4% verso mensilmente e posticipatamente 600 euro. Qual è il numero minimo di mesi dopo i quali posso ritirare una somma superiore a 60 000 euro? [87]

237 Dimostra che vale:

$$\ddot{a}_{\overline{n}|i} = a_{\overline{n-1}|i} + 1$$

e interpretane il significato finanziario (anche sull'asse dei tempi).

238 Dimostra che vale:

$$\ddot{s}_{\overline{n}|i} = s_{\overline{n+1}|i} - 1$$

e interpretane il significato finanziario (anche sull'asse dei tempi).

239 Dimostra che il valore attuale di una rendita anticipata, al tasso annuo i di rata costante e unitaria ($R = 1$), pagata m volte l'anno e temporanea per n anni è data da:

$$\frac{i}{i_m} \cdot (1+i)^{\frac{1}{m}} \cdot a_{\overline{n}|i}$$

240 Dimostra che il valore attuale di una rendita perpetua annuale posticipata di rata R è sempre inferiore al valore attuale di una rendita perpetua la cui rata (sempre posticipata) sia pari a $\frac{R}{n}$ e sia pagata n volte l'anno.

241 Dimostra che il valore attuale di una rendita perpetua annuale anticipata di rata R è sempre maggiore del valore attuale di una rendita perpetua la cui rata (sempre anticipata) sia pari a $\frac{R}{n}$ e sia pagata n volte l'anno.

Esercizi in inglese

242 Solve math in English Paul needs \$ 10 000 in 6 years. What amount should he deposit at the end of each year, at interest rate of 4%, so that he will have his 10 000 \$? [\$ 1507,62]

243 Solve math in English A 50-year-old man puts \$ 1000 in a retirement account at the end of each year, until he reaches the age of 65 and makes no further deposits. If the account pays 3,5% interest compounded annually, how much will be in the account when the man retires at age 65? [\$ 19 295,68]

PROVA DI AUTOVERIFICA

Rendite

1 Determina il montante di una rendita anticipata, formata da 10 rate annuali di 2500 euro, al tasso annuo del 4,5%.

2 Determina il valore attuale di una rendita posticipata, della durata di 2 anni, formata da rate mensili di 450 euro, al tasso annuo convertibile mensilmente del 6%.

3 Eredito 250 000 euro. Li investo in banca e ritiro, ogni mese, 1000 euro (posticipati). Se il tasso di interesse è del 4%, per quanti mesi posso ritirare tale cifra?

4 Una rendita immediata, posticipata, temporanea della durata di 10 anni di rata annuale pari a 15 000 euro, ha lo stesso valore attuale di una rendita differita di 2 anni, anticipata, temporanea per 8 anni. Calcola la rata di quest'ultima rendita sapendo che il tasso di interesse è del 3%.

5 Oggi ritiriamo il montante di una rendita che è stata versata su un nostro conto corrente. Tale rendita prevedeva il pagamento di rate semestrali posticipate pari a 4000 euro e ci è stata versata per la durata di 15 anni. Il conto corrente maturava interessi al 3% annuale. Con tale montante compriamo un appartamento e lo diamo in locazione. Quale può essere il canone mensile anticipato se il tasso è sempre del 3% annuale?

Valutazione

Esercizio	1	2	3	4	5	**Totale**
Punteggio	2	2	2	2	2	10
Punteggio ottenuto						

Tempo massimo: 1 h

► Risposte in fondo al volume

Ammortamenti e leasing

Unità 17

1. Il concetto di ammortamento

I metodi di restituzione di un prestito

Quando si prende denaro a prestito, la restituzione può avvenire in tre modi.

1. **Rimborso globale del capitale e degli interessi**: in questo caso, alla scadenza, il debitore paga al suo creditore l'intero montante del prestito.
2. **Rimborso globale del capitale e rimborso periodico degli interessi**: in questo caso il debitore paga gli interessi periodo per periodo (per esempio ogni anno od ogni semestre) in una *quota interessi*, mentre il capitale viene rimborsato solo alla scadenza del prestito.
3. **Rimborso periodico sia degli interessi sia del capitale** (*ammortamento*): in questo caso il debitore paga, periodo per periodo, tutti gli interessi maturati più una parte del capitale (*quota interessi* più *quota capitale*). Questo significa che nel periodo successivo gli interessi verranno calcolati su un capitale di importo minore.

I tre casi descritti sono rappresentati graficamente in **fig. 17.1**.

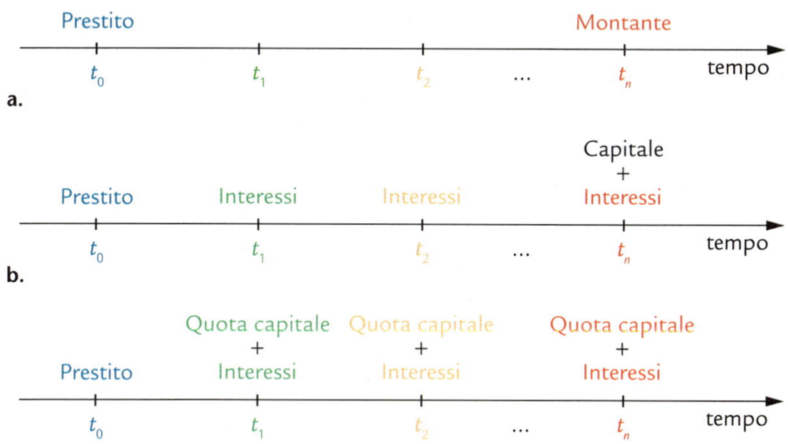

Figura 17.1 Rappresentazione sull'asse dei tempi dei tre metodi di restituzione di un prestito: a) rimborso globale del capitale e degli interessi; b) rimborso globale del capitale e periodico degli interessi; c) rimborso periodico del capitale e degli interessi (ammortamento).

I primi due casi sono banali applicazioni di quanto già visto nelle Unità precedenti; infatti:

1. nel caso di rimborso globale di capitale e interessi a scadenza, si tratta semplicemente del calcolo di un montante;
2. nel caso di rimborso globale del capitale a scadenza e rimborso periodico degli interessi, si tratta semplicemente del calcolo della quota interessi I, uguale all'interesse maturato sull'ammontare A del prestito in un periodo. Poiché l'interesse viene calcolato sempre sul medesimo capitale, il regime da utilizzare è quello dell'interesse semplice; se il tasso annuo di interesse è i, la quota interessi I sarà dunque uguale a:

$$I = \begin{cases} Ai & \text{se il periodo è l'anno} \\ A \cdot \dfrac{i}{k} & \text{se il periodo è } \dfrac{1}{k} \text{ di anno} \end{cases}$$

Il terzo caso dell'**ammortamento**, invece, merita un approfondimento poiché determina calcoli che, nella loro forma, sono diversi da quelli visti finora (anche se, nella loro sostanza, nulla cambia rispetto ai principi generali già esposti).
Nella prassi bancaria il **mutuo** è il caso più comune in cui un prestito viene ripagato tramite ammortamento. Dato l'importo piuttosto elevato che, in genere, viene mutuato (cioè concesso a prestito), si preferisce infatti suddividere nel tempo non solo il rimborso degli interessi ma anche la restituzione del capitale.

La terminologia degli ammortamenti

Le grandezze che entrano in gioco nel caso dell'ammortamento sono descritte di seguito.

Ammontare del prestito. Indicato con A, rappresenta l'ammontare di denaro che è stato ceduto dal creditore al debitore e che dovrà essere restituito, comprensivo di interessi, attraverso l'ammortamento.

Rata. Indicata con R, rappresenta l'importo che viene pagato a ogni scadenza (la periodicità è stabilita dal contratto di prestito ma, in genere, è mensile) e comprende sia la quota interessi sia la quota capitale. Nel momento t_k, dunque, se chiamiamo R_k la rata, C_k la **quota capitale** e I_k la quota interessi, deve valere la relazione:

$$R_k = C_k + I_k$$

Debito estinto. Si tratta della *somma* di tutte le *quote capitale versate* fino a una certa data. Se t_0 è il momento in cui si prende a prestito la cifra A e si paga la prima quota capitale in t_1, allora il debito estinto al momento t_k, che indicheremo con E_k, è dato da:

$$E_k = C_1 + C_2 + \ldots + C_k$$

Se l'ammortamento dura fino al tempo t_n, allora la somma di tutte le quote capitale versate fino a t_n deve essere proprio uguale al debito da estinguere:

$$E_n = A$$

Al momento in cui si sottoscrive il prestito, invece, il debito estinto deve essere pari a zero:

$$E_0 = 0$$

Debito residuo. Si tratta della *somma* di tutte le *quote capitale che devono ancora essere versate*. Se chiamiamo D_k il debito residuo al tempo t_k e sappiamo che l'ammortamento dura fino al tempo t_n, allora deve valere:

$$D_k = C_{k+1} + C_{k+2} + \ldots + C_n$$

> **Osserva**
> Al momento della sottoscrizione del prestito, il debito residuo deve coincidere con l'intero ammontare del prestito:
> $$D_0 = A$$
> mentre alla fine dell'ammortamento il debito residuo deve essere nullo:
> $$D_n = 0$$

Ovviamente la somma tra il debito residuo e il debito estinto deve, in ogni momento, uguagliare l'importo totale del prestito:

$$E_k + D_k = A$$

Quota interessi. Al momento t_k vengono pagati interessi per il periodo che va da t_{k-1} fino a t_k e questi sono calcolati sul *debito residuo* al tempo t_{k-1}.
Nel corso di questa Unità studieremo il caso in cui il tasso di interesse periodale i è **costante** e le rate sono pagate a **intervalli regolari e distanti tra loro un periodo**. In tal caso la quota interessi I_k è espressa dalla formula:

$$I_k = D_{k-1} \cdot i$$

Se il tasso di interesse è costante, sappiamo per certo che la quota interessi deve decrescere nel tempo. Il debito residuo, infatti, tende a diminuire e la quota interessi, calcolata sul debito residuo del periodo precedente, deve anch'essa diminuire.

Nuda proprietà. Si tratta del *valore attuale* di tutte le *quote capitale* ancora da versare (ossia del debito residuo).

Usufrutto. Si tratta del *valore attuale* di tutte le *quote interessi* ancora da versare.

Valore di riscatto. È il *valore attuale* di tutte le *rate* che il debitore deve ancora versare al creditore. Indicando con V_k, N_k e U_k rispettivamente il valore di riscatto, la nuda proprietà e l'usufrutto al tempo t_k, vale la relazione:

$$V_k = N_k + U_k$$

Rifletti

La natura della differenza che esiste tra usufrutto e nuda proprietà è la stessa che ritroviamo nel Codice Civile per quanto riguarda la nuda proprietà e l'usufrutto di un immobile (artt. 978 e sgg.). Chi ha l'usufrutto di un appartamento ne può godere pienamente i frutti (che, in finanza, sono gli interessi) e, peraltro, deve anche pagare le imposte e gli altri oneri derivanti dal godimento del bene. Chi ha la nuda proprietà, invece, pur rimanendo proprietario dell'immobile, non ha diritto di goderne.

Piano di ammortamento

Una volta conosciuto il numero di periodi per cui si vuole ammortizzare un prestito (n), l'ammontare del prestito (A) e il tasso di interesse periodale (i), per redigere il **piano di ammortamento** occorre tenere presente quanto segue.

1. Ciascuna quota interessi è data dal debito residuo del periodo precedente (il primo periodo uguale all'ammontare del prestito A) moltiplicato per il tasso di interesse i:

   $$I_k = D_{k-1} \cdot i$$

2. Non si possono determinare contemporaneamente la quota capitale e la rata; una di queste due grandezze deve essere conosciuta. Vedremo nel seguito che, in alcuni casi, si conosce la rata e, dunque, la quota capitale è data dalla rata diminuita della quota interessi:

   $$C_k = R_k - I_k$$

   mentre in altri casi si conosce la quota capitale; la rata, allora, è data dalla somma tra la quota capitale e la quota interessi:

   $$R_k = C_k + I_k$$

3. Il debito residuo è dato dal debito residuo del periodo precedente (il primo periodo pari all'ammontare del prestito A) diminuito della quota capitale del periodo in corso:

   $$D_k = D_{k-1} - C_k$$

4. Il debito estinto è dato dal debito estinto del periodo precedente (il primo periodo uguale a 0) aumentato della quota capitale del periodo in corso:

   $$E_k = E_{k-1} + C_k$$

5. Vale il fondamentale *principio di equivalenza finanziaria* per cui, in un ammortamento:
   a. l'ammontare A del prestito deve essere uguale alla somma dei valori attuali (al tempo t_0) di tutte le rate;
   b. il debito residuo D_k al tempo t_k deve essere uguale alla somma dei valori attuali (al tempo t_k) di tutte le rate ancora da pagare.

Supponendo che:

- le rate e il tasso di interesse siano costanti e le rate siano pagate a intervalli regolari e distanti tra loro un periodo,
- l'ammortamento duri da t_0 fino a t_n e la prima rata venga pagata in t_1 (in genere i pagamenti sono posticipati)

valgono allora le formule:

$$\underbrace{A}_{\text{ammontare del prestito}} = \underbrace{R \cdot a_{\overline{n}|i}}_{\text{somma dei valori attuali di tutte le rate (è uguale al valore attuale della rendita da esse formata)}}$$

Ricorda

Il valore attuale di una rendita temporanea di n periodi, immediata e posticipata è dato dalla formula:

$$V = R \cdot a_{\overline{n}|i}$$

dove:

$$a_{\overline{n}|i} = \frac{1-(1+i)^{-n}}{i}$$

$$\underbrace{D_k}_{\substack{\text{debito residuo}\\ \text{al tempo } t_k}} = \underbrace{R \cdot a_{\overline{n-k}|i}}_{\substack{\text{somma dei valori attuali (in } t_k)\\ \text{di tutte le rate ancora da pagare}}}$$

Tali formule vengono spesso utilizzate per ricavare il valore della rata:

$$R = \frac{A}{a_{\overline{n}|i}} \qquad R = \frac{D_k}{a_{\overline{n-k}|i}}$$

ESEMPIO Piano di ammortamento/1

Abbiamo sottoscritto, con la società finanziaria Gatto & Volpe, un prestito di 100 000 euro che viene ammortizzato in 5 anni pagando rate annuali. Il tasso di interesse è costante e pari al 5%, mentre le quote capitale che abbiamo scelto di versare sono riportate nella seguente tabella (importi in euro). Determiniamo i dati mancanti.

Tempo	Rata	Quota interessi	Quota capitale	Debito residuo	Debito estinto
0	–	–	–	100 000	0
1	.....	.....	10 000	.....	.....
2	.....	.....	15 000	.....	.....
3	.....	.....	20 000	.....	.....
4	.....	.....	25 000	.....	.....
5	.....	.....	.....	.....	.....

a. Quota capitale mancante

La somma di tutte le quote capitale deve essere uguale all'ammontare del prestito. In questo caso, allora, la quota capitale al tempo 5, cioè C_5, deve verificare l'equazione:

$$A = C_1 + C_2 + C_3 + C_4 + C_5$$

che, nel nostro caso, diviene:

$$100\,000 = 10\,000 + 15\,000 + 20\,000 + 25\,000 + C_5$$

da cui si ricava: $C_5 = 30\,000$.

b. Debito estinto e debito residuo

Il debito residuo si determina sottraendo ad A le quote capitale già pagate, mentre il debito estinto si determina sommando tra loro tali quote. Si ha così:

$$D_1 = 100\,000 - 10\,000 = 90\,000 \qquad E_1 = 10\,000$$
$$D_2 = 90\,000 - 15\,000 = 75\,000 \qquad E_2 = 10\,000 + 15\,000 = 25\,000$$
$$D_3 = 75\,000 - 20\,000 = 55\,000 \qquad E_3 = 25\,000 + 20\,000 = 45\,000$$
$$D_4 = 55\,000 - 25\,000 = 30\,000 \qquad E_4 = 45\,000 + 25\,000 = 70\,000$$
$$D_5 = 30\,000 - 30\,000 = 0 \qquad E_5 = 70\,000 + 30\,000 = 100\,000$$

c. Quota interessi

La quota interessi, di anno in anno, si determina calcolando gli interessi dovuti sul debito residuo del periodo precedente. Si ha, dunque:

$$I_1 = D_0 \cdot i = 100\,000 \cdot 0{,}05 = 5000$$
$$I_2 = D_1 \cdot i = 90\,000 \cdot 0{,}05 = 4500$$
$$I_3 = D_2 \cdot i = 75\,000 \cdot 0{,}05 = 3750$$
$$I_4 = D_3 \cdot i = 55\,000 \cdot 0{,}05 = 2750$$
$$I_5 = D_4 \cdot i = 30\,000 \cdot 0{,}05 = 1500$$

d. Rata
La rata, infine, è data dalla somma tra la quota interessi e la quota capitale. La tabella completa, perciò, è la seguente:

Tempo	Rata	Quota interessi	Quota capitale	Debito residuo	Debito estinto
0	–	–	–	100 000	0
1	15 000	5000	10 000	90 000	10 000
2	19 500	4500	15 000	75 000	25 000
3	23 750	3750	20 000	55 000	45 000
4	27 750	2750	25 000	30 000	70 000
5	31 500	1500	30 000	0	100 000

Si può verificare che il valore attuale, al tempo zero, di tutte le rate è uguale all'importo del debito:

$$\frac{15000}{1+0{,}05}+\frac{19500}{(1+0{,}05)^2}+\frac{23750}{(1+0{,}05)^3}+\frac{27750}{(1+0{,}05)^4}+\frac{31500}{(1+0{,}05)^5}=100000$$

Qualora le **rate** non siano pagate annualmente ma a **intervalli diversi** (in genere a intervalli più brevi di un anno), i calcoli appena visti devono essere opportunamente modificati. In particolare, se le rate vengono pagate m volte in un anno, occorre prendere in considerazione il tasso annuale (i) capitalizzato m volte l'anno $\left(\text{ovvero } \frac{i}{m}\right)$. La durata del prestito, di conseguenza, dovrà essere espressa in termini di sottoperiodi. Se il prestito dura n anni, la durata da considerare nei calcoli finanziari sarà uguale a $m \cdot n$.

ESEMPIO Piano di ammortamento/2

La società Gatto & Volpe ci presta 6000 euro, da restituire con tre rate quadrimestrali. Sapendo che il tasso annuale (capitalizzato tre volte l'anno) è del 6% e che le quote capitale sono pari a 1000, 2000 e 3000 euro, presentiamo il piano di ammortamento.

In questo caso il piano di ammortamento conta solo, oltre al momento iniziale, tre rate (e vale, dunque, $m = 3$). Conoscendo già le quote capitale, il debito residuo e il debito estinto sono pari a:

$D_1 = 6000 - 1000 = 5000$ $\quad E_1 = 1000$
$D_2 = 5000 - 2000 = 3000$ $\quad E_2 = 1000 + 2000 = 3000$
$D_3 = 3000 - 3000 = 0$ $\quad E_3 = 3000 + 3000 = 6000$

Le quote interessi sono date dal tasso applicato al debito residuo del periodo precedente. Il tasso, tuttavia, è quello periodale che, in questo caso, è dato da:

$$\frac{i}{m} = \frac{0{,}06}{3} = 0{,}02$$

da cui si ha:

$$I_1 = D_0 \cdot \frac{i}{m} = 6000 \cdot 0{,}02 = 120$$

$$I_2 = D_1 \cdot \frac{i}{m} = 5000 \cdot 0{,}02 = 100$$

$$I_3 = D_2 \cdot \frac{i}{m} = 3000 \cdot 0{,}02 = 60$$

→

Il piano di ammortamento, dunque, può essere completato come segue:

Tempo	Rata	Quota interessi	Quota capitale	Debito residuo	Debito estinto
0	–	–	–	6000	0
1	1120	120	1000	5000	1000
2	2100	100	2000	3000	3000
3	3060	60	3000	0	6000

Verifichiamo, infine, l'equivalenza finanziaria tra quello che è stato versato e l'importo preso a prestito inizialmente:

$$\frac{1120}{1+\frac{0,06}{3}}+\frac{2100}{\left(1+\frac{0,06}{3}\right)^2}+\frac{3060}{\left(1+\frac{0,06}{3}\right)^3}=6000$$

Attenzione!
Nei prossimi paragrafi studieremo i tre tipi di ammortamento indicati sotto le ipotesi che:
a. il tasso di interesse sia costante;
b. gli intervalli di tempo siano costanti e pari a un periodo.

Nei prossimi paragrafi esamineremo tre tipi di ammortamento:

1. *ammortamento francese* (o a rata costante);
2. *ammortamento italiano* (o a quota capitale costante);
3. *ammortamento americano* (o a due tassi).

Prova tu **ESERCIZI** a p. 744

1. Completa la seguente tabella (dove gli importi sono espressi in euro) sapendo che il tasso di interesse sul mercato è costante e pari al 4%.

Tempo	Rata	Quota interessi	Quota capitale	Debito residuo	Debito estinto
0	–	–	–	100 000	0
1	.....	.....	.....	.....	.....
2	.....	.....	15 000	.....	.....
3	.....	.....	15 000	.....	.....
4	.....	.....	15 000	.....	.....

2. Il tasso di interesse sul mercato finanziario è costante e pari al 4%. Prendiamo a prestito 100 000 euro e ci impegniamo a restituirli pagando cinque rate annuali. Le prime quattro rate sono di 25 000 euro. Di quanto deve essere la quinta rata? [11 257,23 euro]

2. L'ammortamento francese (o a rata costante)

Il caso dell'ammortamento *a rata costante* è sicuramente il più diffuso nella pratica finanziaria. Buona parte dei mutui bancari, infatti, sono rimborsabili proprio secondo un piano di ammortamento con rata costante. Tale ammortamento è chiamato anche **francese** o **progressivo**.
La costanza della rata implica che le *quote capitale* devono essere *crescenti*. Cerchiamo di capire perché.
Sappiamo già che, con tasso di interesse costante, le quote interessi si riducono nel tempo perché sono calcolate sul debito residuo, che diminuisce con i successivi pagamenti delle quote capitale.

Inoltre sappiamo che la rata è data dalla somma tra la quota capitale e la quota interessi:

$$\underbrace{R}_{\text{costante}} = C_k + \underbrace{I_k}_{\text{decrescente}}$$

Se la quota interessi è *decrescente*, la rata può essere costante se e solo se la quota capitale *cresce* nel tempo.
Volendo rappresentare i flussi finanziari del piano di ammortamento francese su un asse dei tempi, si ottiene dunque quanto mostrato in **fig. 17.2**.

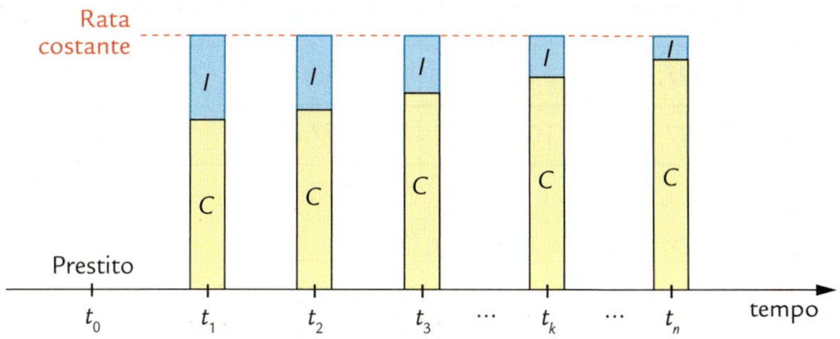

Figura 17.2 Struttura dei flussi di cassa di un ammortamento francese.

ESEMPIO Ammortamento francese/1

Predisponiamo il piano di ammortamento per un prestito di 100 000 euro che viene ammortizzato in 5 anni pagando *rate annuali costanti*. Si ipotizza che il tasso di interesse sia costante e pari al 5%.

Se la rata è costante, deve verificare la relazione:

$$\underbrace{A}_{\text{ammontare del prestito}} = \underbrace{R \cdot a_{\overline{n}|i}}_{\text{valore attuale di tutte le rate ossia della rendita da esse formata}}$$

che, nel nostro caso, diventa:

$$100\,000 = R \cdot a_{\overline{5}|0,05} \Rightarrow R = \frac{100\,000}{\dfrac{1-(1+0,05)^{-5}}{0,05}} = 23\,097,48$$

La prima quota interessi, inoltre, è data da:

$$I_1 = D_0 \cdot i = 100\,000 \cdot 0,05 = 5000$$

e la prima quota capitale, così, è pari a:

$$C_1 = R - I_1 = 23\,097,48 - 5000 = 18\,097,48$$

Il debito residuo e il debito estinto al primo anno, allora, sono pari a:

$$D_1 = A - C_1 = 100\,000 - 18\,097,48 = 81\,902,52$$
$$E_1 = C_1 = 18\,097,48$$

La prima riga del piano di ammortamento è data da:

Tempo	Rata	Quota interessi	Quota capitale	Debito residuo	Debito estinto
0	–	–	–	100 000,00	0,00
1	23 097,48	5000	18 097,48	81 902,52	18 097,48

Proseguendo con gli stessi calcoli per gli anni successivi si ottiene la tabella riportata di seguito:

Tempo	Rata	Quota interessi	Quota capitale	Debito residuo	Debito estinto
0	–	–	–	100 000,00	0,00
1	23 097,48	5000	18 097,48	81 902,52	18 097,48
2	23 097,48	4095,13	19 002,35	62 900,17	37 099,83
3	23 097,48	3 145,01	19 952,47	42 947,69	57 052,31
4	23 097,48	2 147,38	20 950,10	21 997,60	78 002,40
5	23 097,48	1099,88	21 997,60	0,00	100 000,00

ESEMPIO Ammortamento francese/2

Sappiamo che il tasso di interesse sul mercato è costante e pari al 5%. Un prestito viene concesso per 5 anni. Se le rate sono costanti e, una volta pagata la terza rata, il debito residuo è di 18 594,10 euro, a quanto ammontano le rate e quanto è l'ammontare del prestito?

Dalla relazione che lega la rata e il debito residuo sappiamo che vale:

$$D_k = R \cdot a_{\overline{n-k}|i}$$

ovvero, in questo caso:

$$18\,594{,}10 = R \cdot a_{\overline{2}|0{,}05}$$

da cui si ottiene:

$$R = \frac{18\,594{,}10}{\dfrac{1-(1+0{,}05)^{-2}}{0{,}05}} = 10\,000 \text{ euro}$$

Si può così calcolare la cifra presa a prestito attraverso la relazione che lega il valore A alla rata R:

$$A = R \cdot a_{\overline{n}|i}$$

ottenendo, in questo caso:

$$A = 10\,000 \cdot \frac{1-(1+0{,}05)^{-5}}{0{,}05} = 43\,294{,}77 \text{ euro}$$

Dal piano di ammortamento che abbiamo determinato nel primo esempio si può osservare che le *quote capitale* crescono secondo una progressione *geometrica*; risulta infatti:

$$\frac{19002{,}35}{18097{,}48} \simeq 1{,}05 \qquad \frac{19952{,}47}{19002{,}35} \simeq 1{,}05 \qquad \text{e così via}$$

Questo fatto non è casuale; in generale infatti si può dimostrare quanto segue.

Ricorda

Una progressione geometrica di primo termine a_1 e ragione q ha termine generale:

$$a_n = a_1 q^{n-1}$$

Ne segue la formula qui a fianco in cui $a_n = C_k$, $a_1 = C_1$ e $q = 1 + i$.

PROPRIETÀ DELL'AMMORTAMENTO FRANCESE

In un ammortamento a rata costante, al tasso i, le quote capitale crescono secondo una progressione geometrica di ragione $1 + i$, dunque:

$$C_k = C_1(1+i)^{k-1}$$

Prova tu **ESERCIZI** a p. 748

1. Oggi prendiamo a prestito la cifra di 150 000 euro che decidiamo di rimborsare con ammortamento francese in 5 anni. Sapendo che la prima quota interessi è di 6000 euro, redigi il piano di ammortamento.
2. La società Gatto & Volpe ci presta denaro da restituire con ammortamento francese al tasso costante del 6% per la durata di 5 anni. Sapendo che il debito residuo, al terzo anno, è di 87 048,16 euro, calcola a quanto ammonta la rata, quanto è l'ammontare del prestito e presenta il piano di ammortamento. [$R = 47\,479{,}28$ euro; $A = 200\,000$ euro]

3. L'ammortamento italiano (o a quota capitale costante)

La caratteristica dell'ammortamento cosiddetto **italiano** o **uniforme** è quella di avere le *quote capitale costanti*. Poiché le quote interessi sono sempre decrescenti (lo abbiamo già osservato nel paragrafo precedente), ne ricaviamo che le rate sono anch'esse decrescenti:

$$R_k = \underbrace{C}_{\text{costante}} + \underbrace{I_k}_{\text{decrescente}}$$

Poiché l'ammontare del prestito (A) deve uguagliare la somma delle quote capitale (costanti, uguali a C), se l'ammortamento viene calcolato su n anni deve valere:

$$A = C \cdot n \Rightarrow C = \frac{A}{n}$$

La quota capitale costante da versare ogni anno, così, è data dall'ammontare del prestito diviso per il numero di anni di durata del prestito stesso.
Volendo rappresentare i flussi finanziari del piano di ammortamento italiano su un asse dei tempi, si ottiene quanto mostrato in **fig. 17.3**.

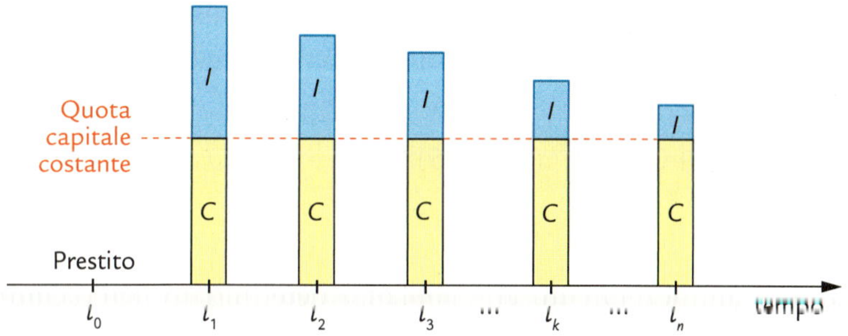

Figura 17.3 Struttura dei flussi di cassa di un ammortamento italiano.

ESEMPIO **Ammortamento italiano**

Predisponiamo il piano di ammortamento per un prestito di 100 000 euro che viene ammortizzato in 5 anni pagando quote capitale annuali costanti. Ipotizziamo che il tasso di interesse sia costante e pari al 5%.

Le quote capitale devono essere costanti e, dunque, per ripagare 100 000 euro in 5 anni, esse devono ammontare a:

$$C = \frac{100\,000}{5} = 20\,000 \text{ euro}$$

Una volta conosciuta la quota capitale possiamo costruire passo per passo la tabella dell'ammortamento mediante il metodo già sfruttato nei casi precedenti.
La prima quota interessi è data da:

$$I_1 = D_0 \cdot i = 100\,000 \cdot 0{,}05 = 5000$$

→

Pertanto la prima rata R_1 è uguale a:

$$R_1 = C + I_1 = 20\,000 + 5000 = 25\,000$$

Il debito residuo e il debito estinto al primo anno sono allora uguali a:

$$D_1 = A - C = 100\,000 - 20\,000 = 80\,000$$
$$E_1 = C = 20\,000$$

Le prime righe del piano di ammortamento sono allora:

Tempo	Rata	Quota interessi	Quota capitale	Debito residuo	Debito estinto
0	–	–	–	100 000	–
1	25 000	5000	20 000	80 000	20 000

Proseguendo con calcoli simili per gli anni successivi si ottiene la tabella riportata di seguito:

Tempo	Rata	Quota interessi	Quota capitale	Debito residuo	Debito estinto
0	–	–	–	100 000	0
1	25 000	5000	20 000	80 000	20 000
2	24 000	4000	20 000	60 000	40 000
3	23 000	3000	20 000	40 000	60 000
4	22 000	2000	20 000	20 000	80 000
5	21 000	1000	20 000	0	100 000

Verifichiamo, anche, che valga il principio di equivalenza finanziaria per cui il valore attuale di tutte le rate, al tempo zero, sia uguale al valore del prestito:

$$\frac{25\,000}{1+0{,}05} + \frac{24\,000}{(1+0{,}05)^2} + \frac{23\,000}{(1+0{,}05)^3} + \frac{22\,000}{(1+0{,}05)^4} + \frac{21\,000}{(1+0{,}05)^5} = 100000$$

Rifletti

Prendere a prestito del denaro e investirlo sul mercato finanziario non è un'operazione finanziariamente conveniente poiché il tasso sui prestiti è sempre più elevato del tasso sugli investimenti. Su questo principio si baserà, lo vedremo tra poco, l'ammortamento detto «americano».

È importante fare alcune osservazioni.

a. Dal piano di ammortamento che abbiamo determinato nell'esempio precedente, si può osservare che le quote interesse decrescono sempre della stessa quantità, ovvero formano una progressione *aritmetica* di ragione -1000; risulta infatti:

$$4000 - 5000 = -1000 \qquad 3000 - 4000 = -1000 \qquad \text{e così via}$$

Questo fatto non è casuale; in generale infatti si può dimostrare quanto segue.

PROPRIETÀ DELL'AMMORTAMENTO ITALIANO

In un ammortamento a quota capitale costante C, al tasso i, le quote interessi decrescono secondo una progressione aritmetica di ragione $-Ci$, vale a dire:

$$I_k = I_1 - (k-1)Ci$$

Ricorda

Una progressione aritmetica di primo termine a_1 e ragione d ha termine generale:

$$a_n = a_1 + (n-1)d$$

Ne segue la formula qui a fianco nel caso in cui

$a_n = I_k$, $a_1 = I_1$ e $d = -C_i$.

b. Nonostante la facilità di calcolo delle quote dell'ammortamento italiano, quest'ultimo non ha avuto grande successo nella pratica a causa del fatto che le rate risultano decrescenti. Chi prende a prestito del denaro evidentemente non ne ha e spera, con i suoi redditi futuri, di poter entrare in possesso di denaro sufficiente per restituire il prestito. Pagare, già dal primo periodo, una rata molto elevata sembra dunque essere contrario al principio per cui le maggiori disponibilità di denaro si avranno in futuro. In questo modo l'ammortamento francese sembra più adatto alle esigenze di un mutuante e, infatti, esso rappresenta la forma più comune con cui sono ammortizzati i mutui bancari.

Prova tu **ESERCIZI** a p. 750

1. Si stipula un mutuo per l'ammontare di 200 000 euro, da ammortizzare con quota di capitale costante al tasso del 5%. Sapendo che il debito residuo al sesto anno è di 80 000 euro e che la quota interessi, nello stesso anno, è di 5000 euro, redigi l'intero piano di ammortamento. [$n = 10$; $C = 20\,000$ euro]
2. Completa la seguente tabella per un prestito da ammortizzare a quote di capitale costanti:

Tempo	Rata	Quota interessi	Quota capitale	Debito residuo	Debito estinto
0	–	–	–	.....	.....
1	.....	.....	.....	.....	.....
2	.....	.....	.....	200 000	.....
3	.....	8000	.....	.....	.....
4	.....	.....	.....	100 000	.....
5	.....	.....	.....	.....	.....
6	.....	.....	.....	.....	.....

4. L'ammortamento americano (o a due tassi)

L'ammortamento secondo il metodo **americano** o **a due tassi** è un'operazione finanziaria composita. Esso, infatti, si articola in due diverse operazioni:

1. l'ammontare del prestito viene restituito con un unico versamento a scadenza mentre, periodo per periodo, sono pagate le quote interessi;
2. di periodo in periodo si versano importi (in genere costanti) in un conto separato e fruttifero di interessi in modo da possedere, a scadenza, l'ammontare del prestito da restituire.

Attenzione!
I versamenti fatti sul conto fruttifero non vanno a estinguere il debito ma a costituire il capitale da saldare a scadenza.

L'ammortamento americano viene anche detto «a due tassi» poiché, in genere, il tasso di interesse i pagato sul prestito è diverso dal tasso di interesse i_A che matura sui versamenti effettuati sul conto fruttifero ($i \neq i_A$).
Gli interessi maturati sul conto fruttifero non vengono ritirati, bensì lasciati a produrre, a loro volta, interessi, quindi vanno calcolati in regime di capitalizzazione composta.
Le quote interessi da pagare sull'ammontare A del prestito sono costanti e uguali all'interesse maturato da A in un periodo, perciò vanno calcolate in regime di capitalizzazione semplice.
Dal punto di vista del *creditore*, l'operazione finanziaria è identica a quella che prevede il pagamento periodico degli interessi e la restituzione del capitale a scadenza in un'unica soluzione. Il *debitore* attraverso n versamenti costanti (chiamiamoli F) si costituisce un capitale a scadenza che deve essere pari ad A. I versamenti F, allora, devono soddisfare la condizione:

$$\underbrace{A}_{\text{ammontare totale del prestito}} = \underbrace{F \cdot s_{\overline{n}|i_A}}_{\text{montante di tutti i versamenti, ovvero della rendita da essi formata}} \qquad [17.1]$$

Ricorda
Il montante di una rendita temporanea di n periodi, immediata e posticipata, è dato dalla formula:

$$M = R \cdot s_{\overline{n}|i}$$

dove:

$$s_{\overline{n}|i} = \frac{(1+i)^n - 1}{i}$$

Il debitore sborsa, ogni periodo, la somma costante $F + I$, dove:

- F è il versamento che soddisfa la **[17.1]**, dunque $F = \dfrac{A}{s_{\overline{n}|\,i_A}}$;
- I è la quota interessi maturati sul debito nel periodo in oggetto, che sarà uguale ad $A \cdot i$, essendo i il tasso periodale.

Tale somma, tuttavia, non viene versata tutta allo stesso soggetto: la parte F viene infatti versata sul conto fruttifero che servirà a rimborsare il debito alla scadenza, mentre la parte I, che serve a pagare gli interessi maturati sul debito, viene versata direttamente al creditore.
Volendo rappresentare su un asse dei tempi i flussi finanziari del piano di ammortamento americano, si ottiene quanto mostrato in **fig. 17.4**.

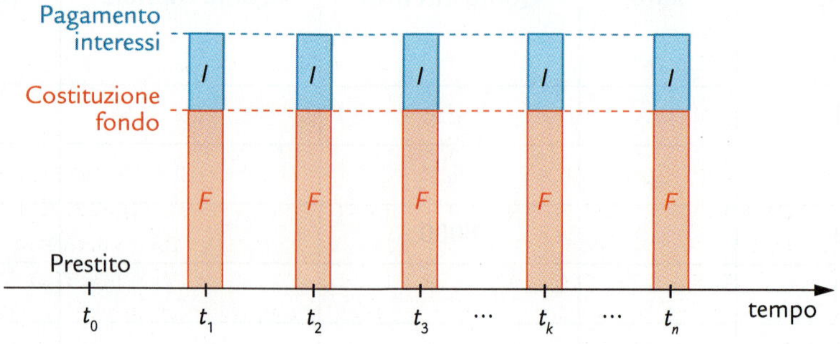

Figura 17.4 Struttura dei flussi di cassa di un ammortamento americano.

Vediamo di seguito un esempio numerico.

ESEMPIO Ammortamento americano

Prendiamo a prestito 200 000 euro da restituire in 5 anni con il metodo americano. I tassi di interesse sono costanti e pari a $i = 5\%$ e $i_A = 4\%$. Redigiamo il piano di ammortamento.

Ogni anno si paga la quota interessi pari a:

$$I = A \cdot i = 200\,000 \cdot 0{,}05 = 10\,000$$

mentre il capitale a scadenza viene costituito versando quote pari a:

$$F = \frac{A}{s_{\overline{n}|\,i_A}} = \frac{200\,000}{\dfrac{(1+0{,}04)^5 - 1}{0{,}04}} = 36\,925{,}42$$

le quali sono accumulate su un conto corrente fruttifero di interessi (ricorda quanto già esposto, nell'Unità 14, riguardo al conto corrente bancario). Osserviamo lo schema dell'ammortamento in questo caso:

Tempo	Quota interessi	Debito residuo	Versamenti	Fondo accumulato	Interessi
0	–	200 000	–	–	–
1	10 000	200 000	36 925,42	36 925,42	–
2	10 000	200 000	36 925,42	75 327,86	1477,02
3	10 000	200 000	36 925,42	115 266,39	3013,11
4	10 000	200 000	36 925,42	156 802,47	4610,66
5	10 000	200 000	36 925,42	200 000,00	6272,10

Il debitore, dunque, ogni anno paga 10 000 euro al suo creditore e versa su un conto 36 925,42 euro. L'esborso di ogni anno, così, è pari a 46 925,42 euro.

Prova tu

ESERCIZI a p. 753

1. Abbiamo preso a prestito del denaro e ammortizziamo il prestito con il metodo americano. Se paghiamo ogni anno 9000 euro come quota interessi e versiamo, per 10 anni, la cifra di 24 987,28 euro su un conto corrente che frutta un tasso costante e pari al 4%, qual è il tasso di interesse sul prestito e a quanto ammonta il prestito stesso? [$i = 0{,}03$; $A = 300\,000$ euro]

2. Ogni anno riesco a risparmiare 12 000 euro. Desidero comprare una casa e ripagare il prestito in 30 anni. Sapendo che ho un conto corrente su cui maturano interessi al 4% e che posso prendere denaro a prestito al 5%, quanto è l'ammontare massimo di prestito che posso ripagare con i miei risparmi utilizzando il sistema americano? [$A = 176\,912{,}61$ euro]

FINANZA NELLA REALTÀ

Mutui a tasso fisso o a tasso variabile?

I contratti di mutuo stipulabili presso gli istituti di credito possono essere dei più vari. Il caso che prenderemo sempre in considerazione nei nostri conti è quello di un mutuo **a tasso fisso**. Le banche, tuttavia, offrono numerose soluzioni **a tasso variabile**.
Che cos'è un mutuo a tasso variabile? Si tratta di un mutuo in cui, di periodo in periodo, il tasso di interesse può cambiare in base alle condizioni del mercato. In questo caso, di periodo in periodo, al variare del tasso di interesse occorre ricalcolare tutte le quote del piano di ammortamento per il tempo restante, prendendo il debito residuo come nuovo ammontare del prestito e come se, dunque, l'ammortamento ricominciasse daccapo.

Facciamo una considerazione decisamente ovvia: se ci aspettiamo che i tassi di interesse salgano ci conviene sottoscrivere un mutuo a tasso fisso; al contrario, se ci aspettiamo che i tassi di interesse scendano, ci conviene sottoscrivere un mutuo a tasso variabile.
La banalità della considerazione precedente deriva dal fatto che essa non tiene in conto che anche una banca ha delle aspettative. Se, infatti, sia io sia la mia banca siamo convinti che i tassi di interesse debbano salire, la banca non sarà disposta a concedermi un mutuo a tasso fisso allo stesso tasso di interesse che, oggi, prevale sul mercato. Piuttosto, essa sarà disponibile a fornirmi il mutuo a un tasso più elevato di quello prevalente sul mercato.
Al contrario, se io e la mia banca ci aspettiamo, entrambi, una diminuzione dei tassi, allora la banca sarà incentivata a darmi l'opportunità di sottoscrivere il mutuo a un tasso fisso un poco più basso dell'attuale tasso di interesse sul mercato (ma più alto del livello minimo che i tassi potranno raggiungere nelle previsioni della banca).

In Internet si trovano degli strumenti piuttosto interessanti. Oltre a programmi per redigere dei piani di ammortamento (una volta introdotti i valori di A, n e i), vi sono anche motori di ricerca che trovano i mutui con il tasso più conveniente tra quelli a tasso fisso e a tasso variabile. Lanciando una ricerca su uno di questi siti, si sarebbe potuto ottenere il risultato sui tassi di interesse riportato in **tab. 17.1**.

Tabella 17.1 Tassi di interesse, fissi e variabili, praticati da alcune banche su mutui da 5 a 30 anni.

Durata (anni)	Tasso (fisso)	Tasso (variabile)	Spread (fisso-variabile)
5	4,96%	Euribor 1 mese + 0,80% (oggi 4,43%)	0,53%
10	4,70%	Euribor 1 mese + 0,80% (oggi 4,43%)	0,27%
15	4,90%	Euribor 3 mesi + 0,85% (oggi 4,57%)	0,33%
20	5,10%	Euribor 3 mesi + 0,85% (oggi 4,57%)	0,53%
25	5,30%	Euribor 1 mese + 0,90% (oggi 4,58%)	0,72%
30	5,32%	Euribor 1 mese + 0,90% (oggi 4,58%)	0,74%

Osserviamo che i tassi fissi sono più alti di quelli variabili (con una differenza o *spread* che va da 0,27% fino a 0,74%). Evidentemente anche le banche al momento del rilevamento si aspettavano un rialzo dei tassi di interesse.
Rimane da spiegare che cosa sia l'Euribor. Si tratta di un acronimo formato dalle parole inglesi: ***European InterBank Offer Rate*** (tasso europeo di offerta interbancaria); è il tasso di interesse cui le banche europee si scambiano fondi tra loro. Prima dell'avvento dell'Euribor vi erano tanti tassi interbancari quante erano le piazze finanziarie europee. Si avevano, per esempio, il Ribor (*Rome Interbank Offer Rate*), il Pibor (*Paris Interbank Offer Rate*), il Fibor (*Frankfurt Interbank Offered Rate*) e così via. Oggi, degli ex tassi locali rimane solo quello inglese (Libor, *London Interbank Offer Rate*) poiché, come sappiamo, il Regno Unito ha deciso di non adottare l'euro come moneta nazionale.

Quale consiglio, allora, potremmo dare a coloro che devono sottoscrivere un mutuo: tasso *fisso* o tasso *variabile*?
Si tratta, in entrambi i casi, di una scommessa fatta con il mercato (in particolare con l'Euribor). Il consiglio più assennato potrebbe probabilmente essere dato tenendo conto, anche, di un altro fattore finora non citato: le entrate con le quali si conta di pagare le rate del mutuo. In genere le rate del mutuo vengono pagate utilizzando il proprio reddito (salari, stipendi e compensi di vario tipo). Se si può contare su un reddito crescente nel tempo, può valere la pena di correre il rischio e sottoscrivere un mutuo a tasso variabile. Nel peggiore dei casi si potrà, comunque, far fronte alle rate crescenti con il proprio reddito crescente.
Se, al contrario, si pensa di avere flussi di reddito costanti nel tempo, allora è meglio sottoscrivere un mutuo a tasso fisso per non correre il rischio che rate troppo elevate erodano eccessivamente il proprio reddito.

Una nota finale: è assai difficile prevedere i tassi di interesse anche per un periodo di tempo futuro piuttosto breve. Quando si tratta di fare previsioni a 30 anni, la loro attendibilità è minima. Dall'analisi storica dei tassi di interesse, tuttavia, si nota che essi tendono a oscillare intorno a una media del 5%. Da qui, la «rule of thumb» (regola pratica) per cui: se i tassi sono più bassi del 5% è conveniente sottoscrivere mutui a tasso fisso (perché i tassi dovrebbero salire verso la loro media di lungo periodo) mentre se i tassi sono più alti del 5% è conveniente sottoscrivere mutui a tasso variabile (perché i tassi dovrebbero scendere verso la loro media di lungo periodo).

FINANZA NELLA STORIA

I tassi usurari

Nel medioevo si definiva «usura» l'attività di concedere prestiti di denaro a fronte dei quali si dovessero pagare interessi. Nell'ottica medioevale, dunque, i prestiti che noi oggi sottoscriviamo con le banche sono tutti di natura usuraria. L'etimologia della parola «usura» è latina e proviene dalla parola *usum*, che significa «uso, utilizzo». Per estensione, dunque, l'usura si riferiva, appunto, a qualsiasi interesse si ricavasse dall'utilizzo del denaro dato a prestito.
In seguito ai minori vincoli religiosi cui erano soggetti durante il Medioevo, gli ebrei erano i principali usurai d'Europa, almeno dichiarati (genovesi, lombardi e fiorentini, per esempio, prestavano denaro a tutte le corone d'Europa).
A causa di un'irragionevole fobia, l'usura è giunta ai giorni nostri carica di un significato poco edificante, tanto da essere stata oggetto di un intervento normativo, per delimitarne meglio i contorni, nel 1996 (Legge 7 marzo 1996, n. 108).
Intuitivamente, si può capire che un tasso usurario è un tasso «elevato ». Tuttavia, l'aggettivo «elevato» è di per sé assai poco significativo senza un opportuno termine di paragone. Così, la legge indica i criteri precisi per stabilire i livelli del tasso usurario. In particolare, essa dà incarico al Ministero del Tesoro di rilevare, con scadenza trimestrale, il tasso medio praticato dalle banche italiane su ogni tipologia di prestito per i tre mesi precedenti (art. 2, comma 1). Il comma 4 dell'art. 2, poi, recita: «Il limite [...] oltre il quale gli interessi sono sempre usurari, è stabilito nel tasso medio risultante dall'ultima rilevazione

pubblicata nella Gazzetta Ufficiale ai sensi del comma 1 relativamente alla categoria di operazioni in cui il credito è compreso, aumentato della metà». Sul sito del Ministero dell'Economia e delle Finanze (*www.tesoro.it*) si può scaricare il file PDF delle rilevazioni trimestrali sui tassi di interesse. Nella seguente tabella sono riportati i tassi medi per alcune operazioni di finanziamento così come elencati nel sito del Ministero e riferiti al periodo dall'1/1/2007 al 31/3/2007.

Operazione	Classi di importo (euro)	Tassi medi (annuali)	Tassi usurari
Aperture di credito in c/c	fino a 5000	13,16	19,74
	oltre 5000	9,94	14,91
Sconti commerciali	fino a 5000	7,34	11,01
	oltre 5000	6,34	9,51
Leasing	fino a 5000	11,16	16,74
	oltre 5000 fino a 25 000	8,94	13,41
	oltre 25 000 fino a 50 000	7,81	11,715
	oltre 50 000	6,35	9,525
Mutui a tasso fisso		5,99	8,985
Mutui a tasso variabile		5,10	7,65

5. La locazione finanziaria (leasing)

Il contratto che viene definito **locazione finanziaria** o, in inglese, *leasing*, è un ibrido a metà strada tra la compravendita e la locazione. Della locazione mantiene il pagamento di un canone ma alla fine del periodo di pagamento si può decidere, con il versamento di un capitale aggiuntivo (in genere di importo limitato), di acquisire la proprietà del bene locato.

Anche il leasing, come tutte le altre operazioni finanziarie, si presta a essere rappresentato su un asse dei tempi come in **fig. 17.5** (dove si fa il caso di un leasing finalizzato all'acquisto di un'automobile).

Alla data attuale si firma un contratto di leasing con cui ci si impegna a pagare rate, fino a una scadenza definita, in cambio dell'uso di un bene.

Alla scadenza si può decidere se restituire il bene o pagare un importo residuo, in genere piuttosto contenuto e definito **prezzo** (o **valore**) **di riscatto**, per diventare proprietari del bene stesso.

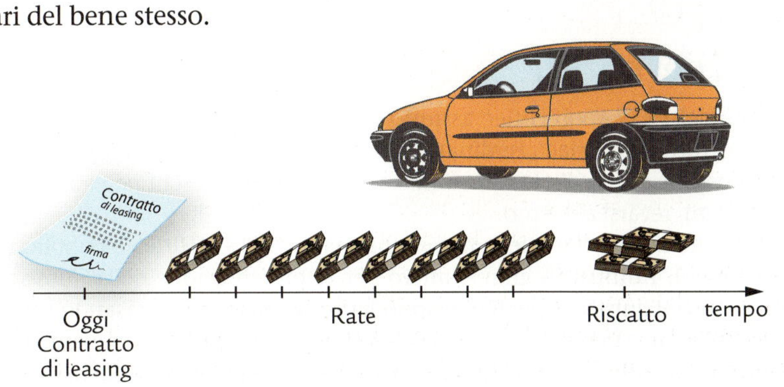

Figura 17.5 Struttura temporale di un'operazione di leasing.

Gli elementi del contratto di leasing, dunque, sono i seguenti.

1. La rata (R) da pagare periodicamente, che può essere anticipata o posticipata.
2. Il periodo di tempo durante il quale vengono pagate le rate; nella nostra notazione precedente questo dato corrisponde alla conoscenza del numero n di rate.
3. Il tasso di interesse i prevalente sul mercato che, come sempre negli altri casi, si considera costante.
4. Il prezzo di riscatto da pagare alla fine della rendita per acquisire la proprietà del bene (lo chiamiamo V_r).

Affinché vi sia equilibrio tra il valore del bene (chiamiamolo P) che viene locato e il valore di tutte le rate (e del riscatto), deve valere la seguente uguaglianza:

$$\underbrace{P}_{\text{valore del bene}} = \underbrace{R \cdot a_{\overline{n}|i}}_{\text{valore attuale di tutte le rate}} + \underbrace{V_r \cdot (1+i)^{-n}}_{\text{valore attuale del riscatto}} \qquad [17.2]$$

Questa formula si presta a numerose modifiche a seconda della forma particolare che assume il contratto di leasing. Vediamone due.

a. A volte si richiede il pagamento delle rate anticipatamente. In questo caso la formula **[17.2]** diviene:

$$P = R \cdot \ddot{a}_{\overline{n}|i} + V_r \cdot (1+i)^{-n}$$

b. Si può richiedere il pagamento anticipato di k rate al momento della stipula del contratto. Le successive $n-k$ rate saranno, invece, pagate periodicamente (e posticipatamente). In questo caso, allora, la condizione di equilibrio diviene:

$$P = k \cdot R + R \cdot a_{\overline{n-k}|i} + V_r \cdot (1+i)^{-(n-k)}$$

ESEMPIO Leasing

Sul mercato, un'automobile vale 30 000 euro e il tasso di interesse è del 5%. La società Gatto & Volpe offre la possibilità di acquistare l'automobile in leasing con il seguente accordo: si pagano 10 rate annuali (posticipate) pari a 3000 euro e, dopo 10 anni, si può scegliere se riscattare il bene o meno; per il riscatto si pagano 10 000 euro. Conviene o no accettare questa proposta?

Per capire se la proposta della Gatto & Volpe sia conveniente occorre calcolare il valore attuale di tutti i pagamenti che vengono richiesti e confrontarlo con il valore dell'automobile sul mercato. Il valore attuale di tutti i pagamenti è dato da:

$$3000 \cdot a_{\overline{10}|0,05} + 10\,000 \cdot (1+0,05)^{-10}$$

che è pari a 29 304,34 euro. Poiché questo valore attuale è inferiore al valore dell'automobile, il contratto è vantaggioso.

FINANZA NELLA STORIA

Il leasing dei nazisti

Nell'autunno del 1933 Adolf Hitler, assunto da poco il pieno potere in Germania, ordina al pilota e costruttore austriaco Ferdinand Porsche di creare una *volkswagen* («auto del popolo») che costasse meno di 1000 marchi e con la quale i tedeschi potessero, proprio come gli americani, recarsi al lavoro.
Nel 1938 Porsche elabora il modello finale, chiamato VW38, e Hitler lo pubblicizza assicurando ai tedeschi, riunitisi in gran numero per la presentazione della nuova auto, che avrebbero potuto acquistarlo, per il corrispondente di 990 marchi, versando 5 marchi ogni settimana per 3 anni e mezzo (a partire dal 1° agosto 1938). A ogni pagamento i risparmiatori ricevevano un bollino da attaccare su un'apposita *sparkarte* («carta di risparmio»).

Nonostante non fosse previsto alcun valore di riscatto, il metodo per l'acquisto della nuova auto era del tutto identico all'odierno leasing. La proprietà dell'automobile, infatti, si acquisiva solo con il pagamento dell'ultimo bollino (rata).
Con i nostri strumenti finanziari, e sapendo che il tasso di interesse in Germania all'epoca era circa del 5%, possiamo verificare se l'offerta di Hitler rispettava o meno i principi della finanza.
In un anno vi sono 52 settimane e il tasso di interesse da usare per i nostri calcoli, dunque, è dato da:

$$i_{52} = (1+i)^{\frac{1}{52}} - 1$$

mentre il periodo di tempo in esame (3 anni e mezzo), espresso in settimane, è pari a $3{,}5 \cdot 52 = 182$. Non ci resta che calcolare il montante di una rendita immediata, posticipata (questa è una nostra ipotesi visto che non si hanno particolari riguardo il fatto che il pagamento andasse effettuato all'inizio o alla fine di ogni settimana), temporanea per 182 settimane, a rata fissa di 5 marchi, al tasso del 5%:

$$M = 5 \cdot s_{\overline{182}|i_{52}} = 5 \cdot \frac{\left[1+(1+0{,}05)^{\frac{1}{52}}-1\right]^{182}-1}{(1+0{,}05)^{\frac{1}{52}}-1} = 991{,}85 \text{ marchi}$$

Possiamo così concludere che il contratto offerto da Hitler era effettivamente in linea con i principi finanziari... e tuttavia l'inganno vi fu lo stesso! Un anno dopo l'inizio della raccolta dei bollini, cui avevano gioiosamente partecipato numerosissimi tedeschi, la Germania entrò nella Seconda Guerra Mondiale e i 5 marchi versati fino a quel momento dai risparmiatori vennero utilizzati dal governo per finanziare la spesa in armamenti. Poiché la guerra venne dichiarata il primo settembre del 1938 e i sottoscrittori della *sparkarte* erano ben più di 100 000, possiamo facilmente calcolare quanto denaro avesse già incassato il Terzo Reich (erano passate, dall'inizio della sottoscrizione, circa 56 settimane):

$$M = 5 \cdot 100\,000 \cdot s_{\overline{56}|i_{52}} = 5 \cdot 100\,000 \cdot \frac{\left[1+(1+0{,}05)^{\frac{1}{52}}-1\right]^{56}-1}{(1+0{,}05)^{\frac{1}{52}}-1} =$$
$$= 28\,735\,175 \text{ marchi}$$

ovvero la ragguardevole cifra di quasi 30 milioni di marchi.
Alla fine della guerra, i detentori delle *sparkarte*, per giudizio della Suprema Corte, furono in grado, nel 1961, di acquistare una Volkswagen a un prezzo ridotto del valore dei bollini (opportunamente capitalizzato).

Prova tu **ESERCIZI** a p. 755

Per lo stesso bene dell'esempio precedente, la società Gatto e la società Volpe propongono due contratti di leasing diversi. Il tasso di interesse è del 4%. La società Gatto chiede il pagamento di 10 rate da 1000 euro ciascuna, con riscatto di 2000 euro. La società Volpe chiede il pagamento di 20 rate di 800 euro ciascuna, con riscatto di 2000 euro. Quale delle due offerte conviene accettare? [I valori attuali sono rispettivamente: 9462,02 euro e 11 785,03 euro]

Unità 17 Esercizi

In più: esercizi interattivi

SINTESI

Ammortamento francese (a rata costante)
Se A è l'ammontare del prestito, i è il tasso, n è il numero delle rate:

- la rata R è legata all'ammontare del debito dalla relazione: $A = R \cdot a_{\overline{n}|i}$.
- le quote interessi decrescono, mentre le quote capitale crescono; precisamente, le quote capitale sono in progressione geometrica di ragione $(1 + i)$; risulta pertanto:

$$C_k = C_1(1 + i)^{k-1}$$

- il debito residuo D_k dopo k versamenti è legato alla rata R dalla relazione: $D_k = R \cdot a_{\overline{n-k}|i}$; il debito estinto dopo k versamenti è dato da $E_k = A - D_k$.

Ammortamento italiano (a quota capitale costante)
Se A è l'ammontare del prestito, i è il tasso, n è il numero delle rate:

- la quota capitale C è costante, data dalla formula: $C = \dfrac{A}{n}$;
- le quote interessi I_k decrescono, mentre le quote capitale restano costanti; precisamente, le quote interessi decrescono a ogni quota di $-Ci$ (dunque sono in progressione aritmetica); risulta pertanto:

$$I_k = I_1 - (k - 1)Ci$$

- il debito estinto dopo k versamenti è $E_k = k \cdot C$ e il debito residuo è $D_k = A - E_k$.

Ammortamento americano (a due tassi)
Se A è l'ammontare del prestito, n è il numero delle rate, i è il tasso (periodale) sul prestito e i' il tasso sul fondo di costituzione del capitale, in ogni periodo il debitore:

- versa al creditore una quota interessi I data da $I = A \cdot i$;
- versa sul fondo per la costituzione del capitale da restituire a scadenza una somma F data dalla formula: $F = \dfrac{A}{s_{\overline{n}|i'}}$.

Complessivamente, in ogni periodo il debitore deve sborsare una quota uguale a $I + F$.

CONOSCENZE E ABILITÀ

1. Il concetto di ammortamento

TEORIA a p. 727

Rimborso globale

1 ESERCIZIO GUIDATO

Una persona riceve oggi la somma di 7500 euro con l'impegno di restituirla fra 5 anni e 8 mesi al tasso del 3,15% semestrale. Determina:

a. la somma che dovrà restituire a scadenza;
b. la somma necessaria a saldare il debito anticipatamente fra 3 anni e 4 mesi, se il tasso di valutazione è del 2,3%;
c. il tasso effettivo semestrale dell'operazione, nel caso in cui la persona saldi il debito anticipatamente fra 3 anni e 4 mesi.

---

a. Devi calcolare il montante generato da 7500 euro, al tasso del 3,15% semestrale, in un tempo di 5 anni e 8 mesi (da trasformare in semestri):

$$M = 7500(1 + 0{,}0315)^{5 \cdot 2 + \frac{8}{6}} \simeq \dots\dots$$

b. Devi calcolare il valore attuale M' del montante M calcolato al punto precedente, valutato al tasso del 2,3% semestrale, con un tempo di *anticipazione* di 2 anni e 4 mesi (che va trasformato in semestri):

$$M' = M(1 + 0{,}023)^{-(2 \cdot 2 + \frac{4}{6})} \simeq \dots\dots$$

c. Devi determinare il tasso semestrale i, in modo che il montante generato da 7500 euro in un tempo di 3 anni e 4 mesi (da trasformare in semestri) sia uguale a M', ossia risolvere la seguente equazione rispetto a i:

$$7500(1+i)^{3 \cdot 2+\frac{4}{6}} = M'$$

[**a.** 10 658,90 euro; **b.** 9585,75 euro; **c.** 3,75%]

2 Una persona riceve oggi la somma di 30000 euro con l'impegno a restituirla fra 6 anni e 8 mesi al tasso del 6,5% annuo. Determina:

a. la somma che dovrà restituire a scadenza;
b. la somma per saldare il debito anticipatamente fra 4 anni, se il tasso di valutazione è del 5,5% annuo;
c. il tasso effettivo annuo dell'operazione, nel caso in cui saldi il debito anticipatamente alle condizioni di cui al punto precedente. [**a.** 45 651,18 euro; **b.** 39 577,23 euro; **c.** 7,17%]

3 Una persona riceve oggi la somma di 20 000 euro con l'impegno a restituirla fra 5 anni e 10 mesi al tasso del 5,5% annuo. Determina:

a. la somma che dovrà restituire a scadenza;
b. la somma per saldare il debito anticipatamente fra 3 anni e 8 mesi, se il tasso di valutazione è del 5% annuo;
c. il tasso effettivo annuo dell'operazione, nel caso in cui saldi il debito anticipatamente alle condizioni di cui al punto precedente. [**a.** 27 331,87 euro; **b.** 24 590,04 euro; **c.** 5,8%]

4 Una persona riceve oggi la somma di 45 000 euro con l'impegno a restituirla fra 7 anni e 6 mesi al tasso del 6,25% annuo. Determina:

a. la somma che dovrà restituire a scadenza;
b. la somma per saldare il debito anticipatamente fra 3 anni e 6 mesi, se il tasso di valutazione è del 5,25% annuo;
c. il tasso effettivo annuo dell'operazione, nel caso in cui saldi il debito anticipatamente alle condizioni di cui al punto precedente. [**a.** 70 905,44 euro; **b.** 57 781,81 euro; **c.** 7,4%]

5 Una persona riceve oggi la somma di 60 000 euro con l'impegno a restituirla fra 6 anni e 3 mesi al tasso del 5,25% annuo. Determina:

a. la somma che dovrà restituire a scadenza;
b. la somma per saldare il debito anticipatamente fra 4 anni, se il tasso di valutazione annuo è del 4,75%;
c. il tasso effettivo annuo dell'operazione, nel caso in cui saldi il debito anticipatamente alle condizioni di cui al punto precedente. [**a.** 82 611,29 euro; **b.** 74 420,54 euro; **c.** 5,53%]

6 Una persona riceve oggi la somma di 25 000 euro con l'impegno a restituirla fra 8 anni e 2 mesi al tasso del 6,75% annuo. Determina:

a. la somma che dovrà restituire a scadenza;
b. la somma per saldare il debito anticipatamente fra 5 anni e 2 mesi, se il tasso di valutazione annuo è del 5,15%;
c. il tasso effettivo annuo dell'operazione, nel caso in cui saldi il debito anticipatamente alle condizioni di cui al punto precedente. [**a.** 42 619,77 euro; **b.** 36 659,22 euro; **c.** 7,69%]

7 Una persona riceve oggi la somma di 27 500 euro con l'impegno a restituirla fra 4 anni e 8 mesi al tasso del 3,25% semestrale. Determina:

a. la somma che dovrà restituire a scadenza;
b. la somma per saldare il debito anticipatamente fra 2 anni e 10 mesi, se il tasso di valutazione semestrale è del 2,4%;
c. il tasso effettivo semestrale dell'operazione, nel caso in cui saldi il debito anticipatamente alle condizioni di cui al punto precedente. [**a.** 37 065,79 euro; **b.** 33 978,70 euro; **c.** 3,8%]

8 Una persona riceve oggi la somma di 35 000 euro con l'impegno a restituirla fra 5 anni e 8 mesi al tasso del 1,75% trimestrale. Determina:

a. la somma che dovrà restituire a scadenza;
b. la somma per saldare il debito anticipatamente fra 3 anni e 10 mesi, se il tasso di valutazione trimestrale è dell'1,25%;
c. il tasso effettivo trimestrale dell'operazione, nel caso in cui saldi il debito anticipatamente alle condizioni di cui al punto precedente. [**a.** 51 861,87 euro; **b.** 47 346,14 euro; **c.** 1,99%]

Piano di ammortamento

9 ESERCIZIO GUIDATO

Completa la seguente tabella (valori in euro) sapendo che il tasso di interesse è costante:

Tempo	Rata	Quota interessi	Quota capitale	Debito residuo	Debito estinto
0	–	–	–	50 000	0
1	17 500	2500	.....	.....	.....
2	.....	.....	10 000	.....	.....
3	15 250	.....	.....	.....	.....
4	.....	.....	.....	.....	45 000
5	.....	.....	.....	.....	.....

Per risolvere l'esercizio spostati, di volta in volta, di un periodo. Mettiti, così, al tempo 1. Poiché si conoscono la rata e la quota interessi, puoi calcolare la quota capitale:

$$C_1 = R_1 - I_1 = 17\,500 - 2500 = 15\,000$$

Il debito residuo al **tempo 1** è pari al debito residuo al tempo 0 diminuito della quota capitale:

$$D_1 = D_0 - C_1 = 50\,000 - 15\,000 = 35\,000$$

mentre il debito estinto è pari alla somma tra il debito estinto dell'anno precedente e la quota capitale:

$$E_1 = E_0 + C_1 = 0 + 15\,000 = 15\,000$$

Nota che il tasso di interesse non viene fornito dall'esercizio. Tuttavia viene detto che è costante. Il tasso i può essere calcolato ricordandosi che vale

$$I_k = D_{k-1} \cdot i$$

Ponendo $k = 1$ si ha:

$$\underbrace{I_1}_{2500} = \underbrace{D_0}_{50\,000} \cdot i \quad \Rightarrow \quad i = \frac{2500}{50\,000} = 0{,}5 = 5\%$$

che è il tasso di interesse che dovrai utilizzare per tutto il piano di ammortamento.
Svolgendo calcoli analoghi per gli anni successivi, puoi giungere alla tabella completa del piano di ammortamento, che risulta la seguente:

Tempo	Rata	Quota interessi	Quota capitale	Debito residuo	Debito estinto
0	–	–	–	50 000	0
1	17 500	2500	15 000	35 000	15 000
2	11 750	1750	10 000	25 000	25 000
3	15 250	1250	14 000	11 000	39 000
4	6550	550	6000	5000	45 000
5	5250	250	5000	0	50 000

10 Completa la seguente tabella (valori in euro):

Tempo	Rata	Quota interessi	Quota capitale	Debito residuo	Debito estinto
0	–	–	–	.....	.....
1	.....	6000	.....	.....	15 000
2	25 400	.....	.....	.....	.....
3	.....	.....	25 000	.....	.....
4	.....	.....	.....	60 000	.....
5	.....	.....	.....	.....	15 000

[Per riga: 150 000, 0; 21 000, 15 000, 135 000; 5400, 20 000, 115 000, 35 000; 29 600, 4600, 90 000, 60 000; 33 600, 3600, 30 000, 90 000; 62 400, 2400, 60 000, 0]

11 Completa la seguente tabella (valori in euro):

Tempo	Rata	Quota interessi	Quota capitale	Debito residuo	Debito estinto
0	–	–	–	.....	.....
1	.....	1800	.....	.....	.....
2	.....	1650	.....	.....	.....
3	.....	1200	.....	.....	.....
4	.....	900	.....	10 000	.....
5	.....	300	.....	.....	.....

[Per riga: 60 000, 0; 6800, 5000, 55 000, 5000; 16 650, 15 000, 40 000, 20 000; 11 200, 10 000, 30 000, 30 000; 20 900, 20 000, 50 000; 10 300, 10 000, 0, 60 000]

12 Completa la seguente tabella (valori in euro):

Tempo	Rata	Quota interessi	Quota capitale	Debito residuo	Debito estinto
0	–	–	–	.....	.....
1	1500	.....	.....	.....	.....
2	1950	.....	.....	7500	.....
3	2375	.....	.....	5500	.....
4	2775	.....	.....	.....	.....
5	3150	.....	.....	.....	.....

(*Suggerimento*: ricordati la relazione che esiste tra l'ammontare complessivo del prestito e tutte le rate)

[Per riga: 10 000, 0; 500, 1000, 9000, 1000; 450, 1500, 2500; 375, 2000, 4500; 275, 2500, 3000, 7000; 150, 3000, 0, 10 000]

13 Il tasso di interesse sul mercato è del 4%. Un debito di 40 000 euro viene estinto pagando cinque rate annuali in modo che, a ogni anno, si paghino 320 euro in meno rispetto alla rata precedente. Calcola il valore della prima rata e redigi il piano di ammortamento. [9600 euro]

14 Il tasso di interesse sul mercato è del 5%. Un debito di 50 000 euro viene rimborsato mediante 10 rate annuali in modo che ogni rata sia di 500 euro maggiore della precedente. Calcola il valore della prima rata e redigi il piano di ammortamento (può darsi che, a causa degli arrotondamenti, l'ultima quota capitale non estingua perfettamente il debito residuo per la differenza di pochi centesimi). [4425,69 euro]

15 Il tasso di interesse sul mercato è del 4%. Un debito di 150 000 euro viene ripagato in 20 anni con quote di capitale costanti. A quanto ammonta l'usufrutto al momento della sottoscrizione del contratto? [48 072,55 euro]

2. L'ammortamento francese (o a rata costante)

TEORIA a p. 732

Esercizi preliminari

16 **Vero o falso?**

Nel metodo di ammortamento francese:

a. le quote capitale sono costanti V F

b. le quote interessi sono costanti V F

c. la rata è costante V F

d. le quote interessi decrescono al crescere del tempo, mentre le quote capitale crescono V F

e. le quote interessi decrescono al crescere del tempo, mentre le quote capitale restano costanti V F

[2 affermazioni vere e 3 false]

Test

17 Un prestito di 10 000 euro viene rimborsato in 25 rate annuali, tramite ammortamento francese. Se il tasso applicato sul prestito è del 5%, a quanto ammonta la rata?

A $\dfrac{10\,000}{a_{\overline{25}|0,05}}$

C $\dfrac{10\,000}{a_{\overline{25}|5}}$

B $\dfrac{10\,000}{s_{\overline{25}|0,05}}$

D Le rate non sono costanti

18 Un prestito di 10 000 euro viene rimborsato in 25 rate annuali, tramite ammortamento francese. Se il tasso applicato sul prestito è del 5%, a quanto ammonta la prima quota interessi?

A 400 euro

C 600 euro

B 500 euro

D Nessuna delle precedenti

19 Un prestito di 10 000 euro viene rimborsato in 25 rate annuali, tramite ammortamento francese. Se il tasso applicato sul prestito è del 5%, a quanto ammonta la prima quota capitale?

A 196,45 euro

C 205,41 euro

B 209,52 euro

D 213,78 euro

20 Un prestito di 10 000 euro viene rimborsato in 25 rate annuali, tramite ammortamento francese. Se il tasso applicato sul prestito è del 5%, quale delle seguenti relazioni esprime la quarta quota capitale in funzione della prima?

A $C_4 = (1,05)^2 C_1$

B $C_4 = (1,05)^3 C_1$

C $C_4 = (1,05)^4 C_1$

D $C_4 = (1,05)^5 C_1$

Problemi

21 **ESERCIZIO GUIDATO**

Una persona riceve in prestito 40 000 euro e si impegna a restituire la somma ricevuta in prestito in 8 rate annue al tasso di interesse del 6,5%, a rata costante. Determina il valore della rata e redigi il piano di ammortamento.

- Dalla relazione $A = R \cdot a_{\overline{n}|i}$ puoi ottenere che

$$R = \frac{A}{a_{\overline{n}|i}} = \frac{A}{a_{\overline{8}|0,065}} = \frac{40\,000}{\dfrac{1-(1+0,065)^{-8}}{0,065}} \simeq 6569,49$$

- Il primo anno la quota interessi (in euro) è: $I_1 = 40\,000 \cdot \dfrac{6,5}{100} = 2600$

  quindi la relativa quota capitale sarà: $C_1 = R - I_1 = 6569,49 - 2600 = 3969,49$

  Il debito estinto è uguale a C_1, dunque:

  $E_1 = C_1 = 3969,49$

  Infine il debito residuo è:

  $D_1 = A - E_1 = 40\,000 - 3969,49 = 36\,030,51$

- Tenendo presente che le quote interessi degli anni successivi vanno calcolate sempre sul nuovo debito residuo e svolgendo calcoli analoghi (per il cui svolgimento può essere molto utile l'utilizzo di un foglio elettronico), puoi redigere il piano completo di ammortamento, che risulta il seguente (il debito residuo e il debito estinto finali non risultano esattamente uguali a 0 e 40 000 rispettivamente a causa del propagarsi dell'errore dovuto all'arrotondamento del valore della rata a due cifre decimali).

Tempo	Rata	Quota interessi	Quota capitale	Debito residuo	Debito estinto
0	–	–	–	40 000,00	0,00
1	6569,49	2600,00	3969,49	36 030,51	3969,49
2	6569,49	2341,98	4227,51	31 803,00	8197,00
3	6569,49	2067,20	4502,29	27 300,71	12 699,29
4	6569,49	1774,55	4794,94	22 505,76	17 494,24
5	6569,49	1462,87	5106,62	17 399,15	22 600,85
6	6569,49	1130,94	5438,55	11 960,60	28 039,40
7	6569,49	777,44	5792,05	6168,55	33 831,45
8	6569,49	400,96	6168,53	0,02	39 999,98

22 Ricevi in prestito la somma di 75 000 euro, che devi restituire con il versamento di 12 rate annue costanti al tasso di interesse annuo del 6,15%. Determina il valore della rata. [9019,49 euro]

23 Un debito di 100 000 euro deve essere estinto in 14 rate annuali costanti, al tasso di interesse annuo del 5,75%. Determina il valore della rata. [10 592,57 euro]

24 Un debito di 15 000 euro deve essere restituito tramite 16 rate semestrali costanti, al tasso di interesse annuo del 4,9% convertibile semestralmente. Determina il valore della rata. [1144,52 euro]

25 Un debito di 150 000 euro deve essere restituito tramite 18 rate semestrali costanti, al tasso di interesse annuo del 5,35% convertibile semestralmente. Determina il valore della rata. [10 608,84 euro]

26 Un debito di 45 000 euro deve essere restituito in 36 rate mensili costanti, al tasso di interesse annuo del 6% convertibile mensilmente. Determina il valore della rata. [1368,99 euro]

27 Stipuliamo un contratto di mutuo francese con la società Gatto & Volpe per la durata di 6 anni (la rata viene pagata annualmente). Il tasso è stabilito a livello del 5,5%. L'ultima quota interessi è pari a 834,87 euro. Calcola l'ammontare del prestito, la rata e presenta l'intero piano di ammortamento. [80 000 euro; 16 014,32 euro]

28 Stipuliamo un contratto di mutuo francese con la società Gatto & Volpe per la durata di 8 anni (la rata viene pagata annualmente). Il tasso è stabilito a livello del 6,5%. La prima quota capitale è pari a 14 885,59 euro. Calcola l'ammontare del prestito, la rata e presenta l'intero piano di ammortamento. [150 000 euro; 24 635,59 euro]

29 Sette anni fa abbiamo sottoscritto con la società Gatto & Volpe un piano di ammortamento francese, per l'importo di 100 000 euro e per la durata di 10 anni, che prevedeva il pagamento di rate annuali. A quanto ammonta la rata sapendo che il tasso di interesse è del 5%? Calcola, per la data attuale (cioè per il settimo anno), la quota interessi, la quota capitale, il debito residuo e il debito estinto.
[12 950,46 euro; 2296,08 euro; 10 654,38 euro; 35 267,31 euro; 64 732,69 euro]

30 Completa la seguente tabella di un ammortamento francese (valori in euro):

Tempo	Rata	Quota interessi	Quota capitale	Debito residuo	Debito estinto
0	–	–	–	80 000	.....
1	.....	7200	.....	.....	.....
2	.....	.....	.....	.....	.....
3	.....	.....	.....	.....	.....
4	.....	.....	.....	.....	.....
5	.....	.....	.....	.....	.....

[Per riga: 0; 20 567,40, 13 367,40, 66 632,60, 13 367,40; 20 567,40, 5996,93, 14 570,47, 52 062,13; 27 937,87, 20 567,40, 4685,59, 15 881,81; 36 180,33, 43 819,67, 20 567,40, 3256,23; 17 311,17, 18 869,16, 61 130,84, 20 567,40; 1698,24, 18 869,16, 0, 80 000]

31 Contraiamo un mutuo, nella forma a rata costante, con la società Gatto & Volpe, al tasso del 6% per 5 anni. L'importo mutuato è pari a 50 000 euro. Calcola la rata (annuale) e presenta il piano di ammortamento. Dopo 3 anni concludiamo con la società l'accordo di abbassare il tasso al 5,5% (per i due anni successivi). Calcola il debito residuo al terzo anno e la nuova rata costante (per i due anni rimanenti).

[11 869,82 euro; 21 762,04 euro; 11 786,71 euro]

32 Prendiamo a prestito la cifra di 60 000 euro per 10 anni pagando rate (annuali) costanti. Il tasso sul mercato è del 5%. Quando mancano 4 anni all'estinzione del debito, ereditiamo la cifra di 10 000 euro e la utilizziamo per ridurre il debito residuo. A quanto ammonta tale debito residuo? A quanto ammonta la nuova rata (sempre costante) per gli ultimi quattro anni? [27 553,01 euro; 4950,15 euro]

3. L'ammortamento italiano (o a quota capitale costante)

TEORIA a p. 735

Esercizi preliminari

33 **Vero o falso?**

Nel metodo di ammortamento italiano:

a. le quote capitale sono costanti V F

b. le quote interessi sono costanti V F

c. la rata è costante V F

d. le quote interesse decrescono al crescere del tempo, mentre le quote capitale crescono V F

e. le quote interesse decrescono al crescere del tempo, mentre le quote capitale restano costanti V F

[2 affermazioni vere e 3 false]

Test

34 Un prestito di 10 000 euro viene rimborsato in 25 rate annuali, tramite ammortamento italiano. Se il tasso applicato sul prestito è del 5%, a quanto ammontano le quote capitale?

A Sono tutte costanti, uguali a 400 euro
B Sono tutte costanti, uguali a 500 euro
C Sono tutte costanti, uguali a 1000 euro
D Non sono tutte costanti

35 Un prestito di 10 000 euro viene rimborsato in 25 rate annuali, tramite ammortamento italiano. Se il tasso applicato sul prestito è del 5%, a quanto ammonta la prima quota interessi?

A 400 euro B 500 euro C 600 euro D Nessuna delle precedenti

36 Un prestito di 10 000 euro viene rimborsato in 25 rate annuali, tramite ammortamento italiano. Se il tasso applicato sul prestito è del 5%, di quanto decrescono le quote interessi a ogni rata?

A 10 euro B 20 euro C 30 euro D La decrescita non è costante

37 **ESERCIZIO SVOLTO**

Un piano di ammortamento a quota capitale (annuale) costante viene utilizzato per ripagare, in 10 anni, un prestito di 50 000 euro. Sapendo che le rate si riducono di 275 euro ogni anno, presentiamo il piano di ammortamento.

Dai dati del problema conosciamo le quote capitale:

$$C = \frac{A}{n} = \frac{50\,000}{10} = 5000$$

Inoltre, poiché in un ammortamento italiano le rate si riducono in ogni periodo di una quantità uguale a $C \cdot i$, possiamo scrivere l'equazione:

$$C \cdot i = 275$$

Siccome conosciamo la quota capitale, possiamo concludere:

$$i = \frac{275}{C} = \frac{275}{5000} = 5{,}5\%$$

La prima quota interessi, dunque, è data da:

$$I_1 = D_0 \cdot i = 50\,000 \cdot 5{,}5\% = 2750$$

e le altre quote interessi si riducono anch'esse, di anno in anno, di 275 euro. Così si può completare il piano di ammortamento ottenendo il seguente schema (valori in euro).

Tempo	Rata	Quota interessi	Quota capitale	Debito residuo	Debito estinto
0	–	–	–	50 000	0
1	7750	2750	5000	45 000	5000
2	7475	2475	5000	40 000	10 000
3	7200	2200	5000	35 000	15 000
4	6925	1925	5000	30 000	20 000
5	6650	1650	5000	25 000	25 000
6	6375	1375	5000	20 000	30 000
7	6100	1100	5000	15 000	35 000
8	5825	825	5000	10 000	40 000
9	5550	550	5000	5000	45 000
10	5275	275	5000	0	50 000

38 Il tasso di interesse sul mercato è del 5%. Prendiamo a prestito 100 000 euro per la durata di 20 anni. Presenta il piano di ammortamento che prevede il pagamento di quote capitale annuali costanti.

[La quota capitale è di 5000 euro; la prima quota interessi è di 5000 euro e le successive decrescono di 250 euro ogni anno; la prima rata è di 10 000 euro e le successive decrescono di 250 euro ogni anno]

39 Completa la seguente tabella di ammortamento a quota capitale costante (valori in euro):

Tempo	Rata	Quota interessi	Quota capitale	Debito residuo	Debito estinto
0	–	–	–	60 000	.....
1	.....	.....	.....	.....	.....
2	.....	.....	.....	.....	.....
3	.....	.....	.....	.....	.....
4	.....	.....	.....	.....	.....
5	12 720	.....	.....	.....	.....

[La quota capitale è 12 000 euro; l'ultima quota interessi è 720 euro; il penultimo debito residuo deve essere 12 000 euro e, quindi, il tasso è del 6%; la prima quota interessi è 3600 euro e le altre si riducono, ogni anno, di 720 euro]

40 Una persona riceve in prestito la somma di 20 000 euro e si impegna a restituirla, al tasso di interesse annuo del 6,15%, con 10 rate annuali a quote costanti di capitale. Determina la quota capitale, la quota interessi relativa alla sesta rata, nonché l'ammontare di quest'ultima. [2000 euro; 615 euro; 2615 euro]

41 Una persona riceve in prestito la somma di 40 000 euro e si impegna a restituirla, al tasso di interesse annuo del 5,25%, con 8 rate annuali a quote costanti di capitale. Determina la quota capitale, la quota interessi relativa alla quinta rata, nonché l'ammontare di quest'ultima. [5000 euro; 1050 euro; 6050 euro]

42 Una persona riceve in prestito la somma di 63 000 euro e si impegna a restituirla, al tasso di interesse annuo del 6,25%, con 7 rate annuali a quote costanti di capitale. Determina la quota capitale, la quota interessi relativa alla quarta rata, nonché l'ammontare di quest'ultima. [9000 euro; 2250 euro; 11 250 euro]

43 Un debito di 24 000 euro deve essere rimborsato, con ammortamento italiano, in 24 rate mensili, al tasso di interesse annuo del 6,5% convertibile mensilmente. Determina la quota capitale, la quota interessi relativa alla ventesima rata, nonché l'ammontare di quest'ultima. [1000 euro; 27,08 euro; 1027,08 euro]

44 Un debito di 27 000 euro deve essere rimborsato, con ammortamento italiano, in 30 rate bimestrali, al tasso annuo del 5,5% convertibile bimestralmente. Determina la quota capitale, la quota interessi relativa alla ventesima rata, nonché l'ammontare di quest'ultima. [900 euro; 90,75 euro; 990,75 euro]

45 Con la società Gatto & Volpe ci accordiamo per restituire un prestito con il metodo italiano (pagando rate annuali costanti). Il contratto prevede il pagamento di quote capitali pari a 15 000 euro per 10 anni. Sapendo che le quote interessi scendono di 600 euro ogni anno, presenta il piano di ammortamento.
[Il tasso di interesse è 4%; la prima quota interessi è 6000 euro; l'ammontare del prestito è 150 000 euro]

46 Il tasso annuale è del 6% convertibile mensilmente. Ci si accorda con la società Gatto & Volpe per un prestito di 10 000 euro da restituire pagando quote capitale costanti ogni mese e per la durata di 10 mesi. Presenta il piano di ammortamento. [La prima quota interessi è di 50 euro e le successive decrescono di 5 euro; la quota capitale è di 1000 euro al mese]

47 **ESERCIZIO GUIDATO**

L'importo di 10 000 euro viene ammortizzato all'italiana in 5 anni. Per i primi tre anni si paga un tasso pari al 4% mentre per gli ultimi due anni si paga un tasso del 5%. Presenta il piano di ammortamento e verifica che il valore attuale di tutte le rate è uguale all'importo del prestito.

La quota capitale è:

$$C = \frac{A}{n} = \frac{10\,000}{5} = 2000$$

Tenendo conto che al quarto anno il tasso di interesse cambia, passando al 5%, si ottiene il piano di ammortamento seguente:

Tempo	Rata	Quota interessi	Quota capitale	Debito residuo	Debito estinto
0	–	–	–	10 000	0
1	2400	400	2000	8000	2000
2	2320	320	2000	6000	4000
3	2240	240	2000	4000	6000
4	2200	200	2000	2000	8000
5	2100	100	2000	0	10 000

Il valore attuale di tutte le rate va calcolato tenendo ben presente quali sono stati i tassi di interesse durante il periodo considerato. Le prime tre rate vanno scontate al tasso del 4%. Tuttavia, la quarta e la quinta rata vanno scontate per una parte di tempo al 5% e per un'altra parte di tempo al 4%. In particolare, la quarta rata va scontata di un anno al 5% e di tre anni al 4%. La quinta rata, poi, va scontata, per due anni, al 5% e per tre anni al 4%. La verifica che il valore attuale di tutte le rate è uguale all'importo del prestito, dunque, va effettuata come segue:

$$\frac{2400}{1+0{,}04} + \frac{2320}{(1+0{,}04)^2} + \frac{2240}{(1+0{,}04)^3} + \frac{2200}{(1+0{,}04)^3 \cdot (1+0{,}05)} + \ldots\ldots = 10\,000$$

48 Sottoscriviamo un contratto di mutuo (all'italiana) con la società Gatto & Volpe per la durata di 10 anni. L'importo preso a prestito è di 50 000 euro. Ci si accorda per pagare, durante i primi cinque anni, un tasso di interesse pari al 6% e, a partire dal sesto pagamento, un tasso pari al 5%. Presenta il piano di ammortamento e mostra che il valore attuale di tutte le rate è uguale all'importo del prestito. [Soluzione a p. 757]

49 Ho sottoscritto un contratto di mutuo all'italiana che prevede il rimborso di un prestito mediante il pagamento di 5 quote capitale (annuali) costanti e pari a 5000 euro. Il tasso è del 5%. Una volta pagata la terza rata, ricevo un'eredità di 6000 euro che utilizzo per estinguere parzialmente il mio debito. Presenta il piano di ammortamento. [Soluzione a p. 757]

4. L'ammortamento americano (o a due tassi)

TEORIA a p. 737

Esercizi preliminari

50 **Vero o falso?**

Nel metodo di ammortamento americano:

a. le quote interessi sono costanti [V] [F]

b. la costituzione del capitale avviene sempre allo stesso tasso applicato sul prestito [V] [F]

c. le quote per la costituzione del capitale vengono versate al creditore insieme alle quote interesse [V] [F]

d. la quota per la costituzione del capitale, se l'importo del prestito è A, le rate sono n e il tasso di interesse applicato sul fondo per la costituzione del capitale è i', è uguale a $\frac{A}{s_{\overline{n}|i'}}$ [V] [F]

[2 affermazioni vere e 2 false]

Test

51 Un prestito di 10 000 euro viene rimborsato in 15 rate annuali, tramite ammortamento americano. Se il tasso applicato sul prestito è del 5%, a quanto ammontano le quote interessi?

[A] Sono tutte costanti, uguali a 500 euro

[B] Sono tutte costanti, uguali a 33,33 euro

[C] Sono tutte costanti, uguali a 350 euro

[D] Non sono tutte costanti

52 Un prestito di 10 000 euro viene rimborsato in 15 rate annuali, tramite ammortamento americano. Se il tasso applicato sul prestito è del 5% e il tasso applicato per la costituzione del capitale è del 4%, a quanto ammontano le quote annuali da versare sul fondo per costituire il capitale?

[A] $\frac{10\,000}{a_{\overline{15}|0,05}}$ [C] $\frac{10\,000}{a_{\overline{15}|0,04}}$

[B] $\frac{10\,000}{s_{\overline{15}|0,05}}$ [D] $\frac{10\,000}{s_{\overline{15}|0,04}}$

53 ESERCIZIO SVOLTO

Il tasso di interesse per gli accumuli di capitale è del 5,5% mentre il tasso sui prestiti è del 6%. Prendiamo a prestito una cifra che, in 10 anni, rimborsiamo con ammortamento americano. Se ogni anno, tra quota interessi e versamento nel fondo, versiamo complessivamente 20 650,17 euro, quanto denaro abbiamo preso a prestito?

Ricordiamo che l'importo F da versare ogni anno è pari a: $F = \frac{A}{s_{\overline{n}|i_A}}$

mentre la quota interessi è: $I = A \cdot i$

La somma di queste due viene fornita nell'esercizio e dunque deve valere:

$$A \cdot \left(\frac{1}{s_{\overline{n}|i_A}} + i\right) = 20\,650{,}17 \qquad \text{ovvero} \qquad A \cdot \left(\frac{0{,}055}{(1+0{,}055)^{10}-1} + 0{,}06\right) = 20\,650{,}17$$

da cui si ha: $A = 150\,000{,}03$ euro

54 Prendiamo a prestito 150 000 euro da restituire in 6 anni con il metodo americano. I tassi di interesse sono costanti e pari a $i = 6\%$ e $i_A = 5\%$. Redigi il piano di ammortamento. [Soluzione a p. 757]

55 Ottengo un prestito di 60 000 euro, che decido di ammortizzare con il metodo americano in 8 rate annuali; il tasso di interesse sul prestito è del 7%, mentre quello sul fondo per l'accumulo del capitale è del 4%. Determina, per ogni anno, la quota interessi, la quota da versare sul fondo per la costituzione del capitale ricevuto in prestito, nonché la quota complessiva che deve essere versata. [4200 euro; 6511,67 euro; 10 711,67 euro]

56 Ottengo un prestito di 80 000 euro, che decido di ammortizzare con il metodo americano in 9 rate annuali; il tasso di interesse sul prestito è del 6,5%, mentre quello sul fondo per l'accumulo del capitale è del 3,85%. Determina, per ogni anno, la quota interessi e la quota da versare sul fondo per la costituzione del capitale ricevuto in prestito, nonché la quota complessiva che deve essere versata. [5200 euro; 7606,02 euro; 12 806,02 euro]

57 Ottengo un prestito di 100 000 euro, che decido di ammortizzare con il metodo americano in 10 rate annuali; il tasso di interesse sul prestito è del 6,25%, mentre quello sul fondo per l'accumulo del capitale è del 3,65%. Determina, per ogni anno, la quota interessi e la quota da versare sul fondo per la costituzione del capitale ricevuto in prestito, nonché la quota complessiva che deve essere versata. [6250 euro; 8465,22 euro; 14 715,22 euro]

58 Ottengo un prestito di 50 000 euro, che decido di ammortizzare con il metodo americano in 7 rate annuali; il tasso di interesse sul prestito è del 7,15%, mentre quello sul fondo per l'accumulo del capitale è del 4,25%. Determina, per ogni anno, la quota interessi e la quota da versare sul fondo per la costituzione del capitale ricevuto in prestito, nonché la quota complessiva che deve essere versata. [3575 euro; 6282,61 euro; 9857,61 euro]

59 Ottengo un prestito di 200 000 euro, che decido di ammortizzare con il metodo americano in 14 rate semestrali. Ogni sei mesi pago una quota interessi che corrisponde (in regime di capitalizzazione composta) a un tasso di interesse annuo effettivo del 5,5%; l'interesse pagato dalla banca sul fondo per l'accumulo del capitale è invece del 3,75% annuo effettivo. Determina, per ogni semestre, la quota interessi e la quota da versare sul fondo per la costituzione del capitale, nonché la quota complessiva che devo sborsare.

[5426,39 euro; 12 639,96 euro; 18 066,35 euro]

60 Ottengo un prestito di 125 000 euro, che decido di ammortizzare con il metodo americano in 15 rate quadrimestrali. Ogni quadrimestre pago una quota interessi che corrisponde (in regime di capitalizzazione composta) a un tasso di interesse annuo effettivo del 6,75%; l'interesse pagato dalla banca sul fondo per l'accumulo del capitale è invece del 4,15% annuo effettivo. Determina, per ogni quadrimestre, la quota di interessi e la quota da versare sul fondo per la costituzione del capitale, nonché la quota complessiva che devo sborsare.

[2751,49 euro; 7566,05 euro; 10 317,54 euro]

61 La società Gatto & Volpe mi concede un prestito di 200 000 euro con ammortamento americano. Se ogni anno verso, su un conto che matura interessi al 4%, la cifra di 9988,22 euro, quanti anni dura l'ammortamento?

[15]

62 Al quarto anno di versamenti costanti su un conto che frutta il 5,5%, ho accumulato l'importo di 15 560,64 euro. Quanto ho versato ogni anno? Se manca solo un versamento per estinguere il debito complessivo, quanto denaro ho preso a prestito? [3583,53 euro; 20 000 euro]

63 **ESERCIZIO SVOLTO**

Per estinguere un prestito di 10 000 euro, per la durata di 10 anni, verso quote costanti su un conto corrente che matura interessi al 4%. Dopo 7 anni il tasso di interesse passa al 3,5%. A quanto ammontano i versamenti per i restanti 3 anni?

Il versamento iniziale è pari a:

$$F = \frac{A}{s_{\overline{10}|0,04}} = \frac{10\,000}{(1+0,04)^{10}-1} \cdot 0,04 = 832,91$$

Dopo 7 anni, dunque, si è accumulato un deposito pari a:

$$F_A(7) = F \cdot s_{\overline{7}|0,04} = 832,91 \cdot \frac{(1+0,04)^7-1}{0,04} = 6578,57$$

Quando il tasso di interesse si modifica, l'importo $F_A(7)$ viene capitalizzato per 3 anni a un tasso nuovo. Occorre trovare una nuova rata F_2 (pagata per 3 periodi) tale che:

$$F_A(7) \cdot (1+0,035)^3 + F_2 \cdot s_{\overline{3}|0,035} = 10\,000 \text{ euro} \Rightarrow F_2 = \frac{10\,000 - F_A(7) \cdot (1+0,035)^3}{s_{\overline{3}|0,035}} = 871,23$$

Se il tasso di interesse si riduce, infatti, occorre pagare importi più elevati per costituire, a scadenza, lo stesso montante.

64 Per estinguere un prestito di 50 000 euro, per la durata di 20 anni, verso quote costanti su un conto corrente che matura interessi al 3%. A quanto ammontano i versamenti? Dopo 15 anni il tasso di interesse passa al 3,5%. Quanto ho accumulato dopo 15 anni? A quanto ammontano i versamenti per i restanti 5 anni?

[1860,79 euro; 34 608,59 euro; 1658,91 euro]

5. La locazione finanziaria (leasing)

TEORIA a p. 741

65 ESERCIZIO SVOLTO

Un'automobile vale sul mercato 20 000 euro e il tasso di interesse è del 5%. La società Gatto & Volpe ci dà la possibilità di acquistare tale auto tramite un contratto di leasing che prevede il pagamento di 10 rate annuali (posticipate) pari a 1500 euro ciascuna. Quale deve essere il valore di riscatto affinché il contratto proposto dalla Gatto & Volpe sia equo?

Utilizziamo la [17.2] sostituendovi i valori forniti nell'esercizio:

$$20\,000 = 1500 \cdot \frac{1-(1+0{,}05)^{-10}}{0{,}05} + V_r \cdot (1+0{,}05)^{-10}$$

da cui si ricava:

$$V_r = \frac{20\,000 - 11\,582{,}60}{(1+0{,}05)^{-10}} = 13\,711{,}06 \text{ euro}$$

66 Il tasso di interesse sul mercato è del 3%. Un contratto di leasing per un impianto di un'impresa prevede il pagamento di 15 rate annuali posticipate. Dato che il valore dell'impianto è di 100 000 euro e il valore di riscatto è di 10 000 euro, a quanto ammontano le rate? [7838,99 euro]

67 Un contratto di leasing per un impianto prevede il pagamento di 120 rate mensili posticipate pari a 1000 euro. Tuttavia, le prime sei rate vengono pagate al momento della stipula del contratto. Se il valore di riscatto è di 2000 euro e il tasso di interesse è del 4%, quale deve essere il valore dell'impianto sul mercato? [102 393,69 euro]

68 Un contratto di leasing per un impianto prevede il pagamento di 20 rate annuali posticipate. Tuttavia, le prime 3 rate vengono pagate al momento della stipula del contratto. Si sa che il valore di riscatto è di 15 000 euro, che il tasso di interesse è del 3,5% e che il valore dell'impianto sul mercato è di 164 871,26 euro. A quanto ammontano le rate? [10 000 euro]

69 Un contratto di leasing prevede il pagamento di 5 rate annuali pari a 12 000 euro e di successive 5 rate annuali di diverso importo. Si sa che il valore di riscatto è di 15 000 euro, che il valore del bene è di 100 000 euro e che il tasso di interesse è del 4%. Calcola l'importo del secondo gruppo di rate da pagare. [9960,08 euro]

70 In un contratto di leasing si pagano, per 15 anni, rate costanti e posticipate pari a $\frac{1}{15}$ del valore complessivo del bene sottostante. Il riscatto è espresso come percentuale del valore del bene. Sapendo che il tasso di interesse è del 4%, determina tale percentuale. [46,6%]

RIEPILOGO

Esercizi di riepilogo

71 Un debito di 15 000 euro deve essere restituito tramite 16 rate annuali costanti, al tasso di interesse semestrale del 4,9%. Determina il valore della rata. [1921,83 euro]

72 Un debito di 90 000 euro deve essere ammortizzato con il metodo americano in 10 rate annuali; il tasso di interesse sul prestito è del 5,85%, mentre quello sul deposito per la costituzione del capitale è del 4,15%. Determina la quota annuale di interessi e la quota annuale da versare per la costituzione del capitale, nonché la quota complessiva che deve essere sborsata ogni anno per l'ammortamento. [5265 euro; 7444,20 euro; 12 709,20 euro]

73 Un debito di 15 000 euro deve essere restituito tramite 16 rate semestrali costanti, al tasso di interesse annuo del 4,9%. Determina il valore della rata. [1141,91 euro]

74 Una persona riceve in prestito la somma di 36 000 euro e si impegna a restituirla, al tasso di interesse annuo del 4,75%, con 9 rate annuali a quote capitale costanti. Determina la quota capitale, la quota interesse relativa alla sesta rata, nonché l'ammontare di quest'ultima. [4000 euro; 760 euro; 4760 euro]

75 Un prestito di 95 000 euro deve essere restituito tramite 20 rate trimestrali costanti, al tasso di interesse annuo del 6,4%. Determina il valore della rata. [5567,76 euro]

76 Ottengo un prestito di 85 000 euro, che decido di ammortizzare con il metodo americano in 20 rate trimestrali. Ogni trimestre pago una quota interessi che corrisponde (in regime di capitalizzazione composta) a un tasso di interesse annuo effettivo del 6%; l'interesse pagato dalla banca sul fondo per l'accumulo del capitale è invece del 4,05% annuo. Determina, per ogni trimestre, la quota interessi e la quota da versare sul fondo per la costituzione del capitale, nonché la quota complessiva che devo sborsare. [1247,28 euro; 3861,25 euro; 5108,53 euro]

77 Una persona riceve in prestito la somma di 72 000 euro e si impegna a restituirla, al tasso di interesse annuo del 6,75%, con 18 rate quadrimestrali a quote costanti di capitale. Determina la quota capitale, la quota interesse relativa alla decima rata, nonché l'ammontare di quest'ultima. [4000 euro; 792,43 euro; 4792,43 euro]

78 Sottoscrivo un mutuo con la società Gatto & Volpe per l'importo di 60 000 euro da restituire in 6 anni con quote capitale costanti al tasso del 5%. Dopo tre anni, decido di modificare il mutuo e pagare rate costanti (mutuo alla francese). Presenta il piano di ammortamento. [Soluzione a p. 757]

79 Sottoscrivo un mutuo con la società Gatto & Volpe per l'importo di 50 000 euro da restituire in 6 anni con rate costanti al tasso del 6%. Dopo tre anni, decido di modificare il mutuo e pagare quote capitali costanti (mutuo all'italiana). Presenta il piano di ammortamento. [Soluzione a p. 757]

80 Sottoscrivo un mutuo con la società Gatto & Volpe per l'importo di 120 000 euro da restituire in 6 anni con quote capitale costanti al tasso del 5%. Dopo tre anni, decido di modificare il mutuo e pagare rate costanti (mutuo alla francese) con un nuovo tasso pari al 6%. Presenta il piano di ammortamento. [Soluzione a p. 757]

81 Sottoscrivo un mutuo con la società Gatto & Volpe per l'importo di 80 000 euro da restituire in 6 anni con rate costanti al tasso del 6%. Dopo tre anni, decido di modificare il mutuo e pagare quote capitali costanti (mutuo all'italiana) con un nuovo tasso pari al 5%. Presenta il piano di ammortamento. [Soluzione a p. 758]

82 Completa la seguente tabella di ammortamento:

Tempo	Rata	Quota interessi	Quota capitale	Debito residuo	Debito estinto
0	–	–	–	100 000	.....
1	.....	4000	.....	80 000	.....
2	.....	.....	.....	.....	25 000
3	.....	.....	.....	50 000	.....
4	.....	.....	.....	.....	80 000
5	.....	.....	.....	.....	.....

[Soluzione a p. 758]

83 Voglio estinguere un debito di 150 000 euro pagando quote capitale annuali per 10 anni che, di anno in anno, crescono di 1000 euro. Calcola la prima quota capitale e costruisci il piano di ammortamento sapendo che il tasso di interesse è del 5%. [Soluzione a p. 758]

84 Voglio estinguere un debito di 80 000 euro pagando rate annuali per 5 anni che, di anno in anno, crescono del 5%, che è esattamente il tasso cui sottoscrivo il prestito. Presenta il piano di ammortamento. [Soluzione a p. 758]

85 Voglio estinguere un prestito di 50 000 euro in 5 anni pagando rate che decrescono di 1000 euro ogni anno. Il tasso è del 4%. Calcola la prima rata e presenta il piano di ammortamento. [Soluzione a p. 758]

86 In un ammortamento americano della durata di 5 anni il tasso di interesse per l'accumulo del fondo è del 4% mentre il tasso sul prestito è del 5%. Quale deve essere il tasso cui si sottoscrive un ammortamento francese, per la durata di 5 anni, affinché la sua rata sia identica alla somma tra la quota interessi e il versamento nel fondo dell'ammortamento americano? [5,57%]

Soluzioni degli esercizi 48, 49, 54, 78, 79, 80, 81, 82, 83, 84, 85 (Piani di ammortamento)

48

Tempo	Rata	Quota interessi	Quota capitale	Debito residuo	Debito estinto
0	–	–	–	50 000	0
1	8000	3000	5000	45 000	5000
2	7700	2700	5000	40 000	10 000
3	7400	2400	5000	35 000	15 000
4	7100	2100	5000	30 000	20 000
5	6800	1800	5000	25 000	25 000
6	6250	1250	5000	20 000	30 000
7	6000	1000	5000	15 000	35 000
8	5750	750	5000	10 000	40 000
9	5500	500	5000	5000	45 000
10	5250	250	5000	0	50 000

49

Tempo	Rata	Quota interessi	Quota capitale	Debito residuo	Debito estinto
0	–	–	–	25 000	0
1	6250	1250	5000	20 000	5000
2	6000	1000	5000	15 000	10 000
3	5750	750	5000	4000	21000
4	2200	200	2000	2000	23 000
5	2100	100	2000	0	25 000

54

Tempo	Rata	Quota interessi	Quota capitale	Debito residuo	Debito estinto
0	–	150 000	–	–	–
1	9000	150 000	22 052,62	22 052,62	–
2	9000	150 000	22 052,62	45 207,87	1102,63
3	9000	150 000	22 052,62	69 520,89	2260,39
4	9000	150 000	22 052,62	95 049,55	3476,04
5	9000	150 000	22 052,62	121 854,65	4752,48
6	9000	150 000	22 052,62	150 000,00	6092,73

78

Tempo	Rata	Quota interessi	Quota capitale	Debito residuo	Debito estinto
0	–	–	–	60 000,00	0,00
1	13 000,00	3000,00	10 000,00	50 000,00	10 000,00
2	12 500,00	2500,00	10 000,00	40 000,00	20 000,00
3	12 000,00	2000,00	10 000,00	30 000,00	30 000,00
4	11 016,26	1500,00	9516,26	20 483,74	39 516,26
5	11 016,26	1024,19	9992,07	10 491,67	49 508,33
6	11 016,26	524,58	10 491,67	0,00	60 000,00

79

Tempo	Rata	Quota interessi	Quota capitale	Debito residuo	Debito estinto
0	–	–	–	50 000,00	0,00
1	10 168,13	3000,00	7168,13	42 831,87	14 766,13
2	10 168,13	2569,91	7598,22	35 233,65	22 820,46
3	10 168,13	2114,02	8054,11	27 179,54	31 880,31
4	10 690,62	1630,77	9059,85	18 119,69	31 880,31
5	10 147,03	1087,18	9059,85	9059,85	40 940,15
6	9603,44	543,59	9059,85	0,00	50 000,00

80

Tempo	Rata	Quota interessi	Quota capitale	Debito residuo	Debito estinto
0	–	–	–	120 000,00	0,00
1	27 200,00	7200,00	20 000,00	100 000,00	20 000,00
2	26 000,00	6000,00	20 000,00	80 000,00	40 000,00
3	24 800,00	4800,00	20 000,00	60 000,00	60 000,00
4	22 032,51	3000,00	19 032,51	40 967,49	79 032,51
5	22 032,51	2048,37	19 984,14	20 983,35	99 016,65
6	22 032,51	1049,17	20 983,35	0,00	120 000,00

81

Tempo	Rata	Quota interessi	Quota capitale	Debito residuo	Debito estinto
0	–	–	–	80 000,00	0,00
1	16 269,01	4800,00	11 469,01	68 530,99	11 469,01
2	16 269,01	4111,86	12 157,15	56 373,84	23 626,16
3	16 269,01	3382,43	12 886,58	43 487,26	36 512,74
4	16 670,12	2174,36	14 495,75	28 991,51	51 008,49
5	15 945,33	1449,58	14 495,75	14 495,75	65 504,25
6	15 220,54	724,79	14 495,75	0,00	80 000,00

82

Tempo	Rata	Quota interessi	Quota capitale	Debito residuo	Debito estinto
0	–	–	–	100 000	0
1	24 000	4000	20 000	80 000	20 000
2	8200	3200	5000	75 000	25 000
3	28 000	3000	25 000	50 000	50 000
4	32 000	2000	30 000	20 000	80 000
5	20 800	800	20 000	0	100 000

83

Tempo	Rata	Quota interessi	Quota capitale	Debito residuo	Debito estinto
0	–	–	–	150 000	0
1	18 000	7500	10 500	139 500	10 500
2	18 475	6975	11 500	128 000	22 000
3	18 900	6400	12 500	115 500	34 500
4	19 275	5775	13 500	102 000	48 000
5	19 600	5100	14 500	87 500	62 500
6	19 875	4375	15 500	72 000	78 000
7	20 100	3600	16 500	55 500	94 500
8	20 400	2775	17 500	38 000	112 000
9	20 400	1900	18 500	19 500	130 500
10	20 475	975	19 500	0	150 000

84

Tempo	Rata	Quota interessi	Quota capitale	Debito residuo	Debito estinto
0	–	–	–	80 000,00	0,00
1	16 800,00	4000,00	12 800,00	67 200,00	12 800,00
2	17 640,00	3360,00	14 280,00	52 920,00	27 080,00
3	18 522,00	2646,00	15 876,00	37 044,00	42 956,00
4	19 448,10	1852,20	17 595,90	19 448,10	60 551,90
5	20 420,51	972,41	19 448,10	0,00	80 000,00

85

Tempo	Rata	Quota interessi	Quota capitale	Debito residuo	Debito estinto
0	–	–	–	50 000,00	0,00
1	13 152,97	2000,00	11 152,97	38 847,03	11 152,97
2	12 152,97	1553,88	10 599,09	28 247,94	21 752,06
3	11 152,97	1129,92	10 023,05	18 224,89	31 775,11
4	10 152,97	729,00	9423,97	8800,91	41 199,09
5	9152,97	352,04	8800,93	–0,02	50 000,02

PROVA DI AUTOVERIFICA

Ammortamenti e leasing

1 Completa il seguente schema di ammortamento:

Tempo	Rata	Quota interessi	Quota capitale	Debito residuo	Debito estinto
0	–	–	–	100 000	.....
1	.....	4000	.....	.....	.....
2	.....	3500	.....	.....	.....
3	.....	3000	.....	.....	.....
4	.....	2000	.....	.....	.....
5	.....	1000	.....	.....	.....

2 Si sottoscrive un mutuo per 40 000 euro da restituirsi in 5 anni con metodo francese. Il tasso è del 5,5%; presenta il piano di ammortamento.

3 Si sottoscrive un mutuo per 60 000 euro da restituirsi in 5 anni con metodo italiano. Il tasso è del 4,5%; presenta il piano di ammortamento.

4 Si sottoscrive un mutuo per 50 000 euro da restituirsi in 5 anni con metodo americano. Il tasso sul prestito è del 6% mentre il conto su cui si accumulano i versamenti annuali matura interessi al tasso del 5%. Presenta il piano di ammortamento e di accumulo.

Valutazione

Esercizio	1	2	3	4	**Totale**
Punteggio	2,5	2,5	2,5	2,5	10
Punteggio ottenuto					

Tempo massimo: 1 h

Risposte in fondo al volume

Idee e metodi della matematica

Il linguaggio e il ragionamento matematico

Connettivi e quantificatori

Studiando gli insiemi abbiamo introdotto un linguaggio e alcuni simboli:

$$\in, \quad \notin, \quad \subset, \quad \not\subset, \quad \cup, \quad \cap, \quad \emptyset$$

che vengono utilizzati in varie parti della matematica.
Il linguaggio della matematica, oltre ad attingere spesso dalla teoria degli insiemi, è caratterizzato da un altro aspetto su cui è importante soffermarsi: deve garantire l'assoluta chiarezza di espressione. In una descrizione introduttiva o in un commento potremo usare un linguaggio più informale, ma dobbiamo attenerci necessariamente a questo linguaggio più tecnico, per esempio, quando diamo una *definizione* o enunciamo un *teorema*.
Le «parole chiave» di questo linguaggio sono soltanto *sette*:

- «non», «e», «o», «se... allora», «se e solo se» dette **connettivi**
- «esiste», «per ogni» dette **quantificatori**

Per comprendere l'utilizzo dei **connettivi** bisogna anzitutto introdurre il concetto di *proposizione*. Intenderemo per **proposizione** una frase alla quale è possibile attribuire un valore di verità (vero, V, o falso, F) secondo un criterio *oggettivo*. Per esempio, sono proposizioni:

«5 è un numero pari» — Proposizione falsa
«Roma è la capitale d'Italia» — Proposizione vera

mentre **non** sono proposizioni:

«Che tempo farà domani?» — Non ha senso chiedersi se è vera o falsa
«Giulia è simpatica» — Non si può attribuire a questa frase un valore di verità secondo un criterio oggettivo: Giulia può risultare simpatica ad alcuni e antipatica ad altri

Le proposizioni vengono indicate solitamente con lettere minuscole: per esempio, la proposizione «4 è un numero pari» può essere indicata con la lettera p.

I **connettivi** sono gli strumenti che si utilizzano, nel linguaggio matematico, per legare fra loro le **proposizioni**.
I **quantificatori** trovano invece il loro utilizzo in relazione agli **enunciati aperti**, cioè a quelle frasi che contengono qualche **variabile**, ovvero qualche lettera utilizzata per rappresentare un elemento generico di un insieme, e che si trasformano in una proposizione quando si assegnano dei valori alle variabili che vi compaiono. Per esempio:

«x è un numero naturale maggiore di 7» [1]

è un enunciato aperto, perché dipende dalla variabile x e si trasforma in una proposizione quando si assegna un valore numerico a x.
Il valore di verità della proposizione che si ottiene varia a seconda del valore assegnato a x. Per esempio, nella **[1]**:

- se sostituiamo a x il numero 8 otteniamo la proposizione:

  «8 è un numero naturale maggiore di 7», che è VERA

- se sostituiamo a x il numero 4 otteniamo la proposizione:

  «4 è un numero naturale maggiore di 7», che è FALSA

Attenzione!
La frase «x vai subito a casa», con x variabile in un dato insieme di persone, non può considerarsi un enunciato aperto perché, anche dopo avere attribuito un valore alla variabile, non ha senso attribuirle un valore di verità.

Si può trasformare un enunciato aperto in una proposizione in due modi: attribuendo dei valori alle variabili (come abbiamo fatto poc'anzi) oppure utilizzando i **quantificatori** («esiste», «per ogni»), come mostriamo negli esempi riassunti nella prossima tabella.

Trasformiamo l'enunciato aperto	**«x è un numero naturale maggiore di 7»**	
Anteponiamo il quantificatore...	esiste ↓	per ogni ↓
... otteniamo la proposizione...	«esiste un numero naturale x, tale che x è maggiore di 7» ossia: «esiste un numero naturale maggiore di 7»	«per ogni numero naturale x, x è maggiore di 7» ossia: «tutti i numeri naturali sono maggiori di 7»
che risulta...	VERA	FALSA

Consideriamo ora più in dettaglio i connettivi e i quantificatori, analizzandone il modo d'uso e le proprietà.

I connettivi

Abbiamo già incontrato i connettivi «non», «e», «o»: se rivedi le definizioni di *differenza*, *intersezione* e *unione* fra insiemi, puoi renderti conto che abbiamo utilizzato questi connettivi, secondo la corrispondenza:

connettivo «non» → differenza
connettivo «e» → intersezione
connettivo «o» → unione

In matematica si utilizzano i seguenti simboli per indicare questi connettivi:

connettivo «non» → soprassegno sopra la lettera che indica la proposizione
connettivo «e» → simbolo $\wedge$
connettivo «o» → simbolo $\vee$

ESEMPI

Se p è la proposizione «Paolo gioca a tennis» e q è la proposizione «Paolo gioca a calcio», allora:

- $\bar{p}$ (da leggere «non p») vuol dire «Paolo non gioca a tennis»
- $p \wedge q$ (da leggere «p e q») vuol dire «Paolo gioca a tennis e a calcio»
- $p \vee q$ (da leggere «p o q») vuol dire «Paolo gioca a tennis o a calcio»

Il significato che in matematica si dà ai connettivi «non», «e», «o» è del tutto simile a quello cui sei abituato nel linguaggio corrente. Devi solo prestare attenzione al connettivo «o». Infatti, in italiano, la congiunzione «o» viene utilizzata in due modi diversi, come abbiamo già anticipato in precedenza:

- in senso *esclusivo* (corrispondente al latino *aut*), come nella frase «mi iscriverò al liceo classico o al liceo scientifico»: in questo caso, delle due possibilità se ne può verificare una sola (non è possibile iscriversi, contemporaneamente, al liceo classico e al liceo scientifico);
- in senso *inclusivo* (corrispondente al latino *vel*), come nella frase «su questo ascensore possono salire i ragazzi di età maggiore di 12 anni o accompagnati da un adulto»: in questo caso non si esclude che le due eventualità si verifichino contemporaneamente (sull'ascensore possono salire ragazzi di età maggiore di 12 anni che sono anche accompagnati da un adulto).

In matematica, al connettivo «o» si dà il significato *inclusivo*, come abbiamo già visto nella definizione di *unione* fra insiemi: un elemento appartiene all'unione di due insiemi A e B se appartiene all'insieme A o all'insieme B (ammettendo che possa appartenere anche a entrambi).
Per dare al connettivo «o» significato *esclusivo* ci si esprime dicendo «...o..., o...»; per esempio: «ogni numero naturale *o* è pari *o* è dispari».

Il connettivo «se... allora»

Il connettivo «**se... allora**» viene indicato con il simbolo $\Rightarrow$ e il modo di comporre due proposizioni tramite tale connettivo viene detto **implicazione**. L'implicazione è la forma in cui sono espressi la maggior parte dei teoremi.
Occorre prestare attenzione, perché il significato che in matematica si dà all'implicazione non sempre rispecchia l'uso al quale si è abituati nel linguaggio quotidiano.
Per esempio, supponiamo che nel linguaggio corrente Tizio dica a Caio: «Se domani c'è il sole, vengo con te al mare»; se l'indomani piove è probabile che Caio non si aspetti che l'amico vada con lui al mare: si è dunque sottintesa l'affermazione: «se invece piove, non vengo». Nel linguaggio matematico ciò non accade.
Per esempio, consideriamo l'implicazione:

«se un numero è divisibile per 6, allora è divisibile per 3» [2]

Tutto ciò che dice questa frase è che un numero naturale soddisfa la proprietà di essere divisibile per 3, se è divisibile per 6; non pone né vuole sottintendere nessuna condizione nel caso che il numero considerato **non** sia divisibile per 6.

Si usano parecchie espressioni diverse per leggere la proposizione $p \Rightarrow q$:

- «p implica q»
- «se p allora q»
- «da p segue q»
- «p è condizione sufficiente per q»
- «q è condizione necessaria per p»

ESEMPIO

La proposizione «essere milanesi implica essere italiani» si può esprimere in modo equivalente nelle forme:

- se sei milanese allora sei italiano
- dall'essere milanesi segue l'essere italiani
- essere milanesi è condizione sufficiente per essere italiani
- essere italiani è condizione necessaria per essere milanesi

In matematica è frequente leggere una proposizione del tipo $p \Rightarrow q$ utilizzando le espressioni «condizione necessaria» e «condizione sufficiente», per cui è bene rifletterci un po' per evitare di commettere errori.
Riflettiamo sull'esempio appena presentato della proposizione «essere milanesi implica essere italiani». Se è vera la proprietà di «essere milanesi» è certamente vera anche la proprietà di «essere italiani» dal momento che l'insieme dei milanesi è un sottoinsieme dell'insieme degli italiani. «Essere milanesi» è quindi una condizione *sufficiente* per «essere italiani». **Non** è vero invece che «essere milanesi» è una condizione *necessaria* per «essere italiani», poiché ci sono italiani che non sono milanesi.

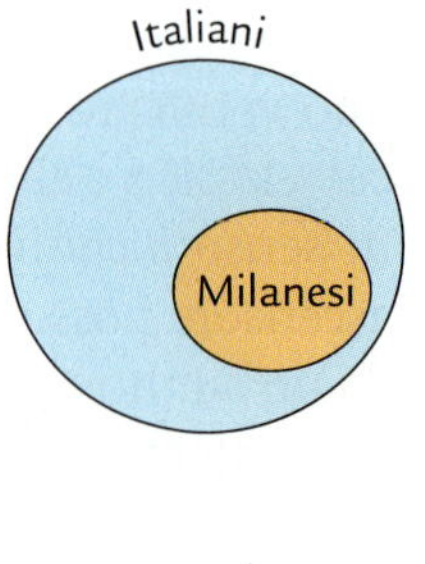

La proprietà di «essere italiani», invece, è una condizione *necessaria* per «essere milanesi»: infatti non esistono milanesi che non sono italiani (escludendo ovviamente gli stranieri che vivono a Milano!).

Il connettivo «se e solo se»

Si dice **inversa** di una proposizione del tipo $p \Rightarrow q$ la proposizione $q \Rightarrow p$.
Per esempio, l'inversa della proposizione:

«se un triangolo è equilatero allora è isoscele»

è la proposizione:

«se un triangolo è isoscele allora è equilatero»

Notiamo che, in questo caso, mentre la proposizione $p \Rightarrow q$ è *vera* (perché tutti i triangoli equilateri sono isosceli), la proposizione inversa è *falsa* (perché esistono triangoli isosceli che non sono equilateri).
In generale, se è vera la proposizione $p \Rightarrow q$ **non** è detto che sia vera anche la proposizione $q \Rightarrow p$. In alcuni casi, tuttavia, può capitare che siano vere sia la proposizione $p \Rightarrow q$ sia la sua inversa. Per esempio, è vera la proposizione:

«se un triangolo è equilatero allora ha i tre angoli congruenti»

ed è vera anche la proposizione inversa:

«se un triangolo ha i tre angoli congruenti allora è equilatero»

In casi come questo p e q si dicono **equivalenti** e le due proposizioni $p \Rightarrow q$ e $q \Rightarrow p$ si riassumono dicendo che «p si verifica se e solo se si verifica q»; in riferimento all'esempio precedente si dirà:

«un triangolo è equilatero **se e solo se** ha i tre angoli congruenti»

Il connettivo «**se e solo se**» viene indicato con il simbolo $\Leftrightarrow$ e il modo di comporre due proposizioni tramite tale connettivo viene detto **doppia implicazione**.

Anche la proposizione $p \Leftrightarrow q$ può venire letta in vari modi:

- «p se e solo se q»
- «p equivale a q»
- «se p allora q e viceversa»
- «p è condizione necessaria e sufficiente per q»

ESEMPIO

La proposizione:

«un triangolo è equilatero se e solo se ha i tre angoli congruenti»

si può esprimere in modo equivalente in una delle seguenti forme:

- «per un triangolo, essere equilatero è equivalente ad avere tutti gli angoli congruenti»
- «se un triangolo è equilatero, allora ha tutti gli angoli congruenti e viceversa»
- «condizione necessaria e sufficiente perché un triangolo sia equilatero è che abbia i tre angoli congruenti»

I quantificatori

Per concludere l'analisi delle sette «parole chiave» della matematica, ci restano da esaminare i due quantificatori «esiste» e «per ogni».

QUANTIFICATORI

L'espressione:

- «per ogni» si indica con il simbolo $\forall$ e si chiama **quantificatore universale**;
- «esiste» si indica con il simbolo $\exists$ e si chiama **quantificatore esistenziale**.

Il quantificatore $\forall$ si usa per esprimere che una certa proprietà è vera per tutti gli elementi di un insieme; il quantificatore $\exists$ per esprimere che esiste almeno un elemento di un insieme che soddisfa una certa proprietà.
Il quantificatore $\exists$ è generalmente seguito dalla barretta verticale « | » che, come abbiamo visto, significa «tale che»; il simbolo « $\exists x \mid$ » si legge perciò «esiste un x tale che...»

ESEMPIO

Trasformiamo ciascuna delle seguenti proposizioni, espresse a parole, in simboli, e indichiamone il valore di verità.

a. «Ogni uomo è mortale.»
b. «Esiste un numero naturale che è multiplo di 3 e di 5.»
c. «Comunque scelto un numero naturale, esiste un numero naturale che lo precede.»

A parole	In simboli	Valore di verità
Ogni uomo è mortale.	$\forall x \in \{\text{uomini}\}$ (Ogni uomo), x è mortale (è mortale)	VERO
Esiste un numero naturale che è multiplo di 3 e di 5.	$\exists x \in \mathbf{N}$ (Esiste un numero naturale) | (tale che) x è multiplo di 3 e di 5 (è multiplo di 3 e di 5)	VERO 15, per esempio, è multiplo di 3 e di 5
Comunque scelto un numero naturale, esiste un numero naturale che lo precede.	$\forall x \in \mathbf{N}$ (Comunque scelto un numero naturale), $\exists y \in \mathbf{N}$ (esiste un numero naturale) | (tale che) $y = x - 1$ (lo precede)	FALSO 0 non è preceduto da alcun numero naturale

La negazione di una proposizione

Negli enunciati matematici compaiono spesso *connettivi* e *quantificatori*, quindi è importante saper scrivere la negazione di una proposizione che li contiene.
Per quanto riguarda la negazione di proposizioni che contengono i connettivi «e» ed «o», sussistono le cosiddette **leggi di De Morgan**, che ci limitiamo a enunciare.

LEGGI DI DE MORGAN
La negazione della proposizione $p \vee q$ è equivalente alla proposizione $\overline{p} \wedge \overline{q}$.
La negazione della proposizione $p \wedge q$ è equivalente alla proposizione $\overline{p} \vee \overline{q}$.

ESEMPIO

Utilizzando le leggi di de Morgan, neghiamo la proposizione «Paolo gioca a tennis e a calcio».

Consideriamo le due proposizioni:

p: «Paolo gioca a tennis» e q: «Paolo gioca a calcio»

La proposizione da negare non è altro che la proposizione $p \wedge q$; la sua negazione è:

$\overline{p \wedge q}$: «**Non è vero** che Paolo gioca a tennis **e** a calcio»

Possiamo riscrivere quest'ultima proposizione in forma equivalente utilizzando le leggi di De Morgan. In base a esse, infatti, $\overline{p \wedge q}$ è equivalente a $\overline{p} \vee \overline{q}$; quindi la negazione di $p \wedge q$ si può esprimere anche nella forma:

$\overline{p} \vee \overline{q}$: «Paolo **non** gioca a tennis **o non** gioca a calcio»

Circa la negazione di proposizioni contenenti quantificatori, rifletti sui seguenti esempi.

ESEMPIO

Scriviamo le negazioni delle seguenti proposizioni:

a. «In ogni giorno della settimana c'è bel tempo.»

b. «Esiste un gatto che non ha i baffi.»

a. La negazione della proposizione:

«In ogni giorno della settimana c'è bel tempo»

è:

«Esiste un giorno della settimana in cui non c'è bel tempo»

b. La negazione della proposizione:

«Esiste un gatto che non ha i baffi»

è:

«Tutti i gatti hanno i baffi»

In generale:

- negare che, *per ogni x*, vale una certa proprietà significa affermare che *esiste almeno un* valore di x per cui **non** vale la proprietà;
- negare che *esiste* un valore di x per cui vale una certa proprietà significa affermare che, *per ogni* valore di x, **non** vale tale proprietà.

Valgono quindi le regole riassunte nella seguente tabella:

Proposizione	Negazione
$\forall x, p(x)$	$\exists x$ tale che $p(x)$ non è vera
$\exists x \mid p(x)$	$\forall x$, non è vera $p(x)$

On-line puoi trovare un approfondimento sui concetti della logica.

In particolare, la prima regola giustifica un modo di ragionare molto ricorrente in matematica, quello del ricorso a un **controesempio**: per dimostrare che una certa proprietà **non** è vera, è sufficiente esibire *un solo* esempio in cui è falsa.

Prova tu

1. *Se* p è la proposizione «2 è dispari» e q è la proposizione «2 è primo», riscrivi a parole le proposizioni: $\overline{p}$, $\overline{p} \wedge q$, $p \vee q$.
2. Riscrivi a parole gli enunciati aperti « $x > 3 \wedge x < 5$»; «$x < -2 \vee x > 0$».
3. Completa scrivendo, al posto dei puntini, «necessaria» o «sufficiente».
   a. condizione .... perché un triangolo sia equilatero è che sia isoscele.
   b. condizione .... perché un numero sia divisibile per 2 è che sia multiplo di 4.
4. Data la proposizione «Se supero l'esame, ti invito a cena», scrivi la sua inversa.
5. Traduci in linguaggio corrente le seguenti proposizioni:
   a. $\exists x \mid \forall y$ la squadra x gioca nel giorno y
   b. $\forall x\ \exists y \mid$ la squadra x gioca nel giorno y
6. Riscrivi in simboli la proposizione: «Per ogni numero naturale x, esiste un numero naturale y che è maggiore di x».
7. Scrivi le negazioni delle seguenti proposizioni:
   a. Esiste un numero naturale il cui quadrato è 2.
   b. Ogni numero naturale è primo.

Esercizi

Esercizi preliminari

1 Poni una crocetta sulle frasi che, secondo la matematica, sono proposizioni.

a. Davide è antipatico ☐
b. La luna è una stella ☐
c. Milano è più distante da Napoli di Roma ☐
d. Ogni quadrato è un rettangolo ☐
e. Vieni al cinema con me stasera? ☐

2 Sostituisci a x, negli enunciati aperti indicati nella prima colonna della tabella, i numeri indicati nella prima riga della tabella e completa la tabella stessa scrivendo in ogni casella il valore di verità delle proposizioni che si ottengono.

	2	3	6	8	12	18
x è un divisore di 12	V	V	V	F	V	F
x è un numero primo						
x è multiplo di 6						
6 è multiplo di x						

Date le proposizioni *p*: «Il ladro è entrato dalla finestra », *q*: «Il ladro aveva un complice», *r*: «Il furto è avvenuto dopo la mezzanotte», scrivi a parole le seguenti proposizioni espresse in simboli.

3 $p \wedge \bar{q}$

4 $q \Rightarrow \bar{p}$

5 $q \vee r$

6 $\bar{p} \wedge \bar{r}$

7 $r \Rightarrow (p \vee q)$

8 $p \Rightarrow (q \wedge r)$

9 $r \Leftrightarrow \bar{p}$

10 $\overline{p \Leftrightarrow q}$

11 $\bar{p} \vee q$

12 $q \Leftrightarrow r$

L'utilizzo delle espressioni «condizione necessaria» e «condizione sufficiente»

Completa inserendo al posto dei puntini «necessaria» o «sufficiente».

13 Condizione .... perché un numero sia divisibile per 4 è che sia divisibile per 8.

14 Condizione .... per essere promossi senza debito è avere almeno 6 in matematica.

15 Avere 8 in tutte le materie è condizione .... per essere promossi.

16 Essere napoletani è condizione .... per essere italiani.

17 Essere italiani è condizione .... per essere napoletani.

18 Condizione .... perché la macchina non si fermi è che ci sia benzina.

19 Condizione .... perché un numero sia divisibile per 2 è che sia multiplo di 4.

20 Condizione .... perché un numero sia primo è che non sia divisibile per 3.

21 La condizione $xy > 0$ è .... perché sia $x > 0$ e $y > 0$.

22 La condizione $x < 0$ e $y < 0$ è .... perché sia $xy > 0$.

Scrivi le seguenti proposizioni in forma equivalente utilizzando le espressioni «condizione necessaria» o «condizione sufficiente».

23 Se un quadrilatero è un rettangolo allora è un parallelogramma.

24 Se un quadrilatero è un parallelogramma allora i suoi lati opposti sono paralleli.

25 Essere romani implica essere italiani.

26 Dal fatto che un triangolo è equilatero segue che esso è isoscele.

27 Se ti sei iscritto, allora puoi partecipare al torneo.

28 Dal fatto che un numero è multiplo di 6, segue che è divisibile per 3.

L'inversa di una proposizione

29 **ESERCIZIO GUIDATO**

Data la proposizione: «Se piove, allora non vado al lavoro a piedi», scrivi la sua inversa.

Posto p: «Piove» e q: «Non vado al lavoro a piedi», la proposizione data non è altro che $p \Rightarrow q$.
La sua inversa, $q \Rightarrow p$, è : «Se non vado ...., allora ....».

Scrivi l'inversa di ciascuna delle seguenti proposizioni.

30 Se vado alla festa, non vengo a cena da te.

31 Se vinco la partita, ti offro la cena.

32 Se supero l'esame, ti telefono.

33 Se il ladro aveva un complice, il furto può essere avvenuto dopo la mezzanotte.

34 Completa la seguente tabella, sull'esempio della seconda riga.

Proposizione	Valore di verità	Proposizione inversa	Valore di verità
Se un numero è primo, allora non è divisibile per 3.	V	Se un numero non è divisibile per 3, allora è primo.	F
Se un numero è divisibile per 6, allora è pari.			
Se un numero è divisibile per 6, allora è divisibile per 2 e per 3.			
Se un numero è divisibile per 5, allora la sua ultima cifra è 0.			

I modi di leggere la doppia implicazione

Esprimi le seguenti proposizioni in forma equivalente, utilizzando le espressioni «condizione necessaria (ma non sufficiente»), «condizione sufficiente (ma non necessaria)» o «condizione necessaria e sufficiente».

35 Se si parcheggia in divieto di sosta, si può ricevere una multa.

36 Per un rettangolo, avere i lati congruenti equivale a essere un quadrato.

37 Essere nati a Roma implica essere nati in Italia.

38 Se un triangolo ha i tre lati congruenti, allora ha i tre angoli congruenti e viceversa.

39 Aver vinto alla gara implica essere stati iscritti.

40 Vengo alla festa se mi accompagna Alessandra.

I quantificatori

41 **ESERCIZIO SVOLTO**

Riscriviamo in simboli la seguente proposizione, utilizzando i quantificatori:
«Per ogni coppia di numeri razionali x e y, tali che $x < y$, esiste un numero razionale z tale che $y > z$ e $x < z$».

Individuiamo le parti che possono essere tradotte in simboli:

$$\underbrace{\text{Per ogni coppia di numeri razionali } x \text{ e } y,}_{\forall x, y \in \mathbf{Q}} \ \underbrace{\text{tali che}}_{|} \ x < y, \ \underbrace{\text{esiste un numero razionale } z}_{\exists z \in \mathbf{Q}} \ \underbrace{\text{tale che}}_{|} \ y > z \ \underbrace{\text{e}}_{\wedge} \ x < z$$

La proposizione data si può allora riscrivere simbolicamente nella forma:

$$\forall x, y \in \mathbf{Q}, \,|\, x < y, \exists z \in \mathbf{Q} \,|\, y > z \wedge x < z$$

Riscrivi le seguenti proposizioni in simboli, utilizzando i quantificatori.

42 Per ogni numero razionale q, esiste un intero n tale che $n > q$.

43 Ogni numero naturale divisibile per 14 è divisibile per 7 e per 2.

44 Ogni numero primo dispari è maggiore o uguale a 3.

45 Esiste un numero razionale x, tale che il quadrato di x è maggiore di 1.

46 Per ogni numero naturale, esiste il successivo.

47 Non esiste alcun numero reale x tale che, per ogni numero reale y, risulti $x \geq y$.

48 Comunque scelti due numeri reali x e y tali che $x = y$ o $x = -y$, il quadrato di x è uguale al quadrato di y.

49 Non esiste alcun numero reale x tale che, per ogni numero reale y, risulti $x < y$.

50 **ESERCIZIO SVOLTO**

Traduciamo in linguaggio corrente le seguenti proposizioni e individuiamone il valore di verità:

a. $\forall y \in \mathbf{N}, \exists x \in \mathbf{N} | x > y$ *b.* $\exists x \in \mathbf{N} | \forall y \in \mathbf{N}, x \leq y$

a. Individuiamo le traduzioni in linguaggio corrente dei vari simboli:

$\forall y \in \mathbf{N}$	,	$\exists x \in \mathbf{N}$	$\vert$	$x > y$
Per ogni numero naturale y		esiste un numero naturale x	tale che	x è maggiore di y

La proposizione significa quindi:

«Per ogni numero naturale y, esiste un numero naturale x tale che x è maggiore di y»

Evidentemente tale proposizione è *vera*.

b. Ragionando come nel caso precedente si deduce che la proposizione significa:

«Esiste un numero naturale x tale che, comunque si scelga un numero naturale y, x è minore o uguale a y»

Tale proposizione è *vera* in quanto il numero naturale $x = 0$ soddisfa la proprietà espressa dalla proposizione.

Traduci in linguaggio corrente le seguenti proposizioni e stabiliscine il valore di verità.

51 $\forall x \in \mathbf{N}$, x è divisibile per 2 e per 5

52 $\exists x \in \mathbf{N} | x$ è divisibile per 2 e per 5

53 $\forall x \in \mathbf{N} | x^2 \neq 2$

54 $\forall x \in \mathbf{N}, x^2 > 0$

55 $\forall x \in$ {triangoli isosceli}, x ha i tre angoli di uguale ampiezza

56 $\exists x \in$ {triangoli isosceli} | x ha i tre angoli di uguale ampiezza

57 $\forall x \in$ {rettangoli}, x è un quadrato

58 $\exists x \in$ {rettangoli} | x è un quadrato

59 $\forall x \in$ {quadrati}, x è un rettangolo

60 $\forall x \in \mathbf{Z}, \exists y \in \mathbf{Z}, | xy \leq 0$

61 $\forall x \in \mathbf{Z}, \exists y \in \mathbf{Z} | xy > 0$

La negazione di una proposizione

Scrivi la negazione delle seguenti proposizioni, utilizzando le leggi di De Morgan.

62 Paolo non studia e non lavora.

63 $a \neq 1$ o $b = 1$

64 Paolo studia o gioca a tennis.

65 $a = 0$ e $b = 10$

66 Il numero n è primo o dispari.

67 Il numero n è maggiore o uguale al numero m.

Scrivi la negazione delle seguenti proposizioni.

68 Esiste un numero primo la somma delle cui cifre è divisibile per 3.

69 Ogni uomo vive più di 50 anni.

70 Ogni studente sostiene almeno due interrogazioni in un quadrimestre.

71 In ogni città c'è un aeroporto.

72 In ogni scuola c'è un laboratorio di informatica.

73 Non esiste un numero che è primo e pari.

74 Tutti gli insegnanti hanno vinto un concorso.

75 Ogni triangolo non scaleno ha almeno un asse di simmetria.

Verso l'Università

1 La somma di tre numeri interi dispari consecutivi è sempre:

A un numero primo
B un numero pari
C un cubo
D un numero dispari divisibile per 3

(Test di ammissione, facoltà di Economia, Università di Bologna 2011)

2 La negazione di «Nessuno ha svolto bene questo esercizio» è:

A «Uno soltanto ha svolto bene questo esercizio»
B La frase è già negativa, non si può fare la sua negazione
C «Qualcuno ha svolto bene questo esercizio»
D «Tutti hanno svolto bene questo esercizio»

(Test di ammissione, facoltà di Economia, Università di Bologna 2011)

3 Il numero intermedio tra $\frac{1}{8}$ e $\frac{1}{10}$, fra i seguenti, è:

A $\frac{9}{80}$ B $\frac{1}{40}$ C $\frac{1}{18}$ D $\frac{1}{9}$

(Test di ammissione, facoltà di Economia, Università di Bologna 2011)

4 Se $(x-2)$ è un fattore di $x^4+x^3+x^2+kx-30$, allora k è uguale a:

A -2 B 1 C 2 D 0

(Test di ammissione, facoltà di Economia, Università di Bologna 2011)

5 Un'automobile è stata acquistata per 24 500 euro. Se si deprezza al tasso del 10% annuo, quale sarà il suo valore tra 2 anni?

A 19 845 euro
B 22 050 euro
C 19 600 euro
D 20 000 euro

(Test di ammissione, facoltà di Economia, Università di Bologna 2011)

6 Se il 5% di x è uguale a 5 e inoltre x è uguale al 10% di y, quanto vale y?

A 100 B 1000 C 50 D 25

(Test di ammissione, facoltà di Economia, Università di Padova- Trento-Verona-Venezia, 2011)

7 L'espressione $\sqrt[3]{\frac{x^2-5x+6}{x+3}}$ è definita:

A per ogni $x \in \mathbf{R}$
B per ogni $x \in \mathbf{R}-\{-3\}$
C per ogni x reale tale che $-3<x\leq 2 \vee x\geq 3$
D per nessun x reale

(Test di ammissione, facoltà di Economia, Università di Brescia, 2011)

8 Siano dati gli insiemi $A=\{x\in\mathbf{N}\colon 0\leq x\leq 5\}$ e $B=\{2x\colon 0\leq x\leq 5\}$. Allora l'insieme $A\cap B$ è:

A $\{0, 2, 4\}$
B $\emptyset$
C $\{6, 8, 10\}$
D $\{0, 1, 2, 3, 4, 5, 6, 8, 10\}$
E $\{1, 3, 5\}$

(Test di ammissione, facoltà di Economia, Università di Pavia, 2011)

9 La disequazione $\frac{x^2+4x+16}{x^2+3x+9}<0$:

A è verificata per $x>0$
B è verificata per ogni $x\in\mathbf{R}$
C è verificata per $x<0$
D non ha soluzioni reali

(Test di ammissione, facoltà di Economia, Università di Padova-Trento-Verona-Venezia, 2012)

10 L'equazione $(2x-4)^{1/2}=6-[2(x+4)]^{1/2}$ è:

A verificata per $x=36$
B impossibile in $\mathbf{R}$
C verificata per $x=4$
D verificata per $x=0$

(Test di ammissione, facoltà di Economia, Università di Padova-Trento-Verona-Venezia, 2012)

11 Determina il valore del numero reale x tale che $2^{-\frac{3}{2}}\sqrt{2}+3^{\frac{1}{2}}x=\frac{7}{2}$:

A $\sqrt{3}$
B $\sqrt{2}$
C $3\sqrt{3}$
D $3\sqrt{2}$
E $2\sqrt{3}$

(Prova di ammissione, corso di laurea in Architettura 2009)

12 Se un polinomio $p(x)$ è divisibile per x^2-4, allora:

A $\sqrt{2}$ e $-\sqrt{2}$ sono certamente radici di $p(x)$
B $p(x)$ non ha radici reali
C 2 non è radice di $p(x)$
D -2 non è radice di $p(x)$
E 2 e -2 sono certamente radici di $p(x)$

(Prova di ammissione, corso di laurea in Ingegneria 2006)

13 Il resto della divisione del polinomio $2x^3-3x+2$ per il polinomio $x-2$ è:

A 8
B -1
C 12
D -8
E -12

(Prova di ammissione, corso di laurea in Ingegneria 2009)

14 Se $x+1$ è minore di $2x+3$ e a sua volta $2x+3$ è minore di $3x-1$, allora il numero reale x necessariamente soddisfa la condizione:

A $x>4$
B $x>1$
C $x<3$
D $x<2$
E $x>5$

(Prova di ammissione, corso di laurea in Architettura 2010)

15 Indica per quali valori reali di x è soddisfatta la disequazione $-x^2 + 4x - 4 < 10^{-2}$.

A Per tutti e soli i valori di x maggiori o uguali a 10^2.
B Solo per i valori di x strettamente minori di 10^{-4}.
C Per qualsiasi valore reale di x.
D Per tutti e soli i valori di x compresi tra 0 e 2.
E Solo per i valori di x minori di 10^2.

(Prova di ammissione, corso di laurea in Architettura 2010)

16 Le soluzioni della disequazione

$1 + \frac{2}{x-1} - \frac{1}{x^2-1} \leq 0$ sono:

A $x \leq -\frac{1}{2}$
B $-2 \leq x \leq 0$
C $-1 < x \leq 0$
D $-2 \leq x < -1 \vee 0 \leq x < 1$

(Prova di ammissione, corso di laurea in Ingegneria 2010)

17 Per quali valori di k l'equazione $x^2 - 2x + k - 1 = 0$ ammette soluzioni reali?

A $k \leq 2$
B Qualsiasi valore di k
C $k \geq \frac{5}{4}$
D $k < \frac{9}{4}$
E $k > 2$

(Prova di ammissione, corso di laurea in Architettura 2007)

18 Considera l'equazione $x^2 - 3x + c = 0$, dove x è l'incognita e c un parametro. Quale delle seguenti affermazioni è corretta?

A Per $c = 2$ il numero -1 è soluzione dell'equazione.
B Per $c = 0$ l'equazione ha un'unica soluzione.
C Per $c > \frac{9}{4}$ l'equazione non ammette soluzioni.
D Per opportuni valori di c l'equazione ha quattro soluzioni.

(Test di ingresso per i corsi di laurea scientifici 2008)

19 L'equazione $x(x-a) = 1$ ha due soluzioni distinte

A se e solo se $a \geq 0$
B se e solo se $-1 < a < 1$
C per nessun valore reale di a
D per tutti gli a reali
E se e solo se $-2 < a < 2$

(Prova di ammissione, corso di laurea in Ingegneria 2009)

20 L'equazione $4x^4 + 2x^2 + 1 = 0$

A ha esattamente 2 soluzioni reali
B non ha soluzioni reali
C ha esattamente 4 soluzioni reali
D ha esattamente 1 soluzione reale
E ha esattamente 3 soluzioni reali

(Prova di ammissione, corso di laurea in Ingegneria 2006)

21 L'equazione in campo reale $x^4 + 3x^2 - 4 = 0$ ha:

A due soluzioni positive e nessuna soluzione negativa
B nessuna soluzione
C una soluzione positiva e una soluzione negativa
D due soluzioni negative e nessuna soluzione positiva
E due soluzioni positive e due soluzioni negative

(Prova di ammissione, corso di laurea in Ingegneria 2007)

22 Se x è un numero reale negativo, allora

A $x|x| > 0$ B $x + |x| > 0$ C $\frac{x}{|x|} > 0$
D $-x|x| < 0$ E $x - |x| < 0$

(Test di ammissione, Ingegneria, 2006)

23 L'equazione $\sqrt{x^2} - x = 0$ è verificata:

A solo per $x = -1$
B solo per $x \geq 0$
C solo per $x = 0$
D solo per $x = 1$
E per ogni valore reale di x

(Test di ammissione, Ingegneria, 2007)

24 L'insieme delle soluzioni dell'equazione $2x = -|x| - 2$ è formato da:

A un solo numero intero
B nessun numero intero
C nessun numero reale
D un numero intero e un numero razionale non intero
E due numeri interi

(Prova di ammissione, Corso di laurea in Architettura 2007)

25 L'equazione $x^2 - 3|x| + 2 = 0$ ha:

A quattro soluzioni
B tre soluzioni
C due soluzioni
D una sola soluzione
E nessuna soluzione

(Test di ammissione, Ingegneria, 2007)

26 La disequazione $\sqrt{x} \leq x^2$ è verificata per i valori della variabile reale x tali che:

A $x \geq 1$ B $x^2 \geq 1$ C $|x| \geq 1$
D $0 \leq x \leq 1$ E $x = 0 \vee x \geq 1$

(Prova di ammissione, Corso di laurea in Architettura 2008)

27 Per quali x reali è verificata la disequazione $\sqrt{x^2 - 1} > 2x$?

A $x \geq -1$ B $x \leq -1$ C $-1 < x < 1$
D per nessun x reale E $x \geq 1$

(Test di ammissione, Ingegneria, 2007)

28 Si ha $\sqrt[3]{x^3 + 8} < 0$

A se e solo se $x < -1$
B per nessun valore reale di x
C se e solo se $x < -2$
D se e solo se $x < 0$
E se e solo se $x < 1$

(Test di ammissione, Ingegneria, 2009)

29 Indica l'insieme delle soluzioni della disequazione $|x| < 2x + 3$:

A $x > -1$ B $x > 0$ C $x < -1$ D $-1 < x < 0$

(Test di ingresso, Facoltà di Scienze, 2009)

30 In figura è rappresentato il grafico di una funzione f.

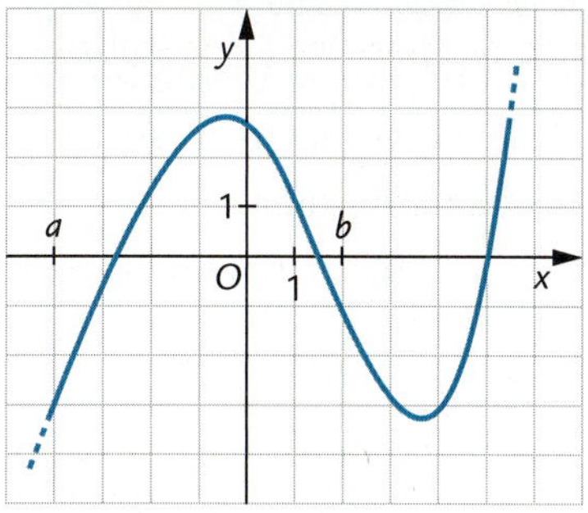

Quanto vale il rapporto $\frac{f(b) - f(a)}{b - a}$?

A $-\frac{1}{3}$ B 1 C $\frac{1}{3}$ D $-\frac{2}{3}$

(Test di ammissione, Facoltà di Scienze 2008)

31 Se $f(x) = x^2 - x^3$, allora $f(x - 2)$ vale

A $x^2 - x^3 + 2$

B $(3 - x)(x - 2)^2$

C nessuna delle altre risposte

D $x^2 - x^3 - 2$

E $x^2 - 2 - x^3 + 2$

(Test di ammissione, Ingegneria 2009)

32 Nella figura sono rappresentati i grafici delle funzioni $y = f(x)$ e $y = g(x)$

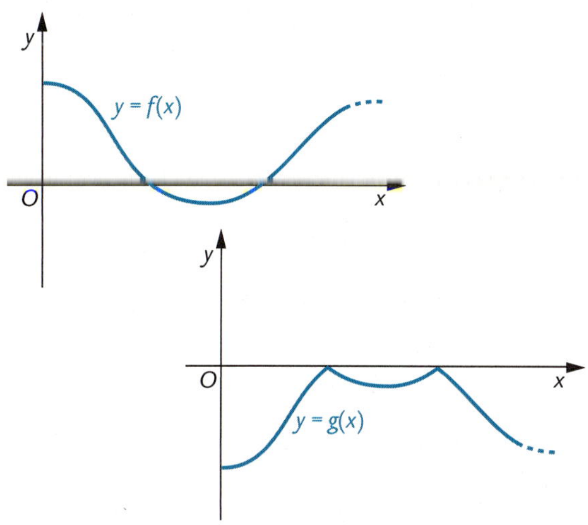

Quale delle seguenti relazioni è compatibile con le informazioni deducibili dai grafici così disegnati?

A $g(x) = |-f(x)|$

B $g(x) = -|f(x)|$

C $g(x) = f(|x|)$

D $g(x) = -f(|x|)$

E $g(x) = f(|-x|)$

(Prova di ammissione, corso di Laurea in Architettura 2009)

33 Fra le seguenti terne di numeri ce n'è una e una sola formata da numeri in progressione geometrica:

a. $\frac{1}{4}, \frac{1}{3}, \frac{4}{15}$ **c.** $\frac{1}{3}, \frac{1}{5}, \frac{3}{25}$

b. $\frac{1}{2}, \frac{3}{4}, \frac{9}{16}$ **d.** $\frac{1}{5}, \frac{2}{15}, \frac{3}{20}$

Quale?

A La terna **a** C La terna **c**

B La terna **b** D La terna **d**

(Test di ammissione, Facoltà di Scienze 2009)

34 Data la funzione $f(x) = x^2 - 1$, considera la successione così definita:

$a_1 = 0$, $a_2 = f(a_1)$, ..., $a_{n+1} = f(a_n)$, per ogni numero naturale n. Quanto vale a_{64}?

A -64 B -1 C 0 D 63

(Test di ammissione, Ingegneria 2009)

35 I punti $A(-3, 1)$, $B(6, 7)$ e $C(-3, 6)$ sono i vertici del triangolo colorato in figura. Qual è l'area di tale triangolo?

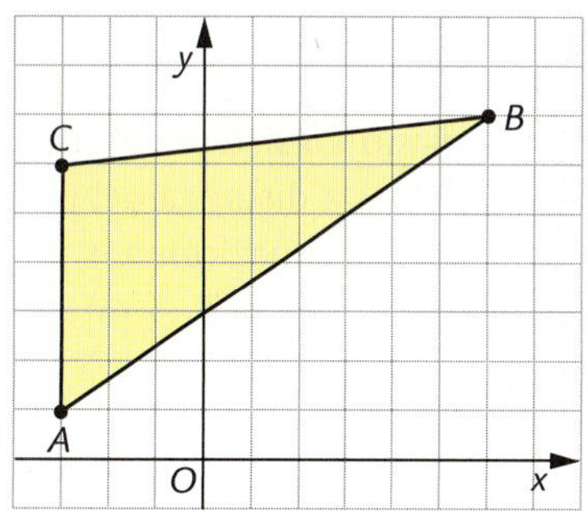

A 22,5 B 23,5 C 24 D 23 E 22

(Test di ammissione, Facoltà di Scienze, 2010)

36 Rispetto a un sistema di riferimento cartesiano ortonormale nel piano, le coordinate dei punti A e B sono $(1, 1)$ e $(3, 2)$. Quale dei seguenti punti è allineato con A e B?

A $(-1, 0)$ B $(1, 3)$ C $(2, 1)$ D $(2, 3)$ E $(3, 3)$

(Prova di ammissione, Corso di laurea in Medicina, 2010)

37 La retta di equazione $y = 2 - 3x$ incontra gli assi cartesiani in due punti A e B. Quanto misura il segmento AB?

A $\frac{2}{3}\sqrt{10}$ C $\frac{1}{2}\sqrt{5}$

B $2\sqrt{\frac{2}{3}}$ D $\frac{1}{3}\sqrt{17}$

(Test di ammissione, Facoltà di Scienze, 2009)

38 Individua quale equazione cartesiana definisce una retta ortogonale a quella di equazione:

$2y + 3x = 4$

A $3x - y = -4$ C $3y - 2x = 9$

B $-3x + 2y = 2$ D $5y + 2x = -5$

(Prova di ammissione, Corso di laurea in Architettura, 2009)

39 Qual è l'equazione della retta rappresentata in figura?

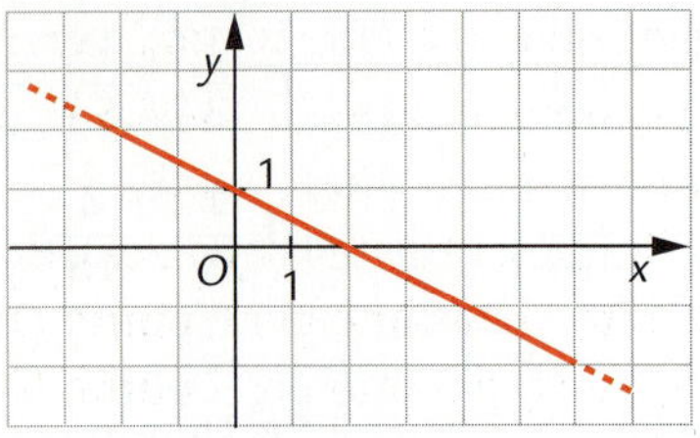

A $y = -\frac{1}{2}x + 1$

B $y = -2x + 1$

C $y = -\frac{1}{2}$

D $x + 2y = \frac{1}{2}x + 1$

(Test di ingresso per i Corsi di laurea scientifici, 2008)

40 Per quali valori del parametro reale a le due rette $y = 2x + 1$ e $y = ax - 3$ non hanno alcun punto in comune?

A $a = 5$ e $a = 3$

B $a = 0$

C Nessun valore di a

D $a = 2$

(Test di ingresso, Ingegneria, 2010)

41 Fissato nel piano un sistema di riferimento cartesiano ortogonale Oxy, la distanza del punto di coordinate (1, 2) dalla retta di equazione $x + y + 1 = 0$ è

A 1 B $\sqrt{2}$ C $2\sqrt{2}$ D 4 E 2

(Test di ammissione, Ingegneria, 2006)

42 In un piano cartesiano, quale delle seguenti rette è parallela alla retta passante per i punti di coordinate (1, 0) e (0, 1)?

A $2x + 3y = 0$ B $x = y - 1$ C $x = 2$

D $x + y = 3$ E $y = 1$

(Test di ammissione, Ingegneria, 2009)

43 Determina il sistema che descrive la regione del piano cartesiano indicata in azzurro in figura.

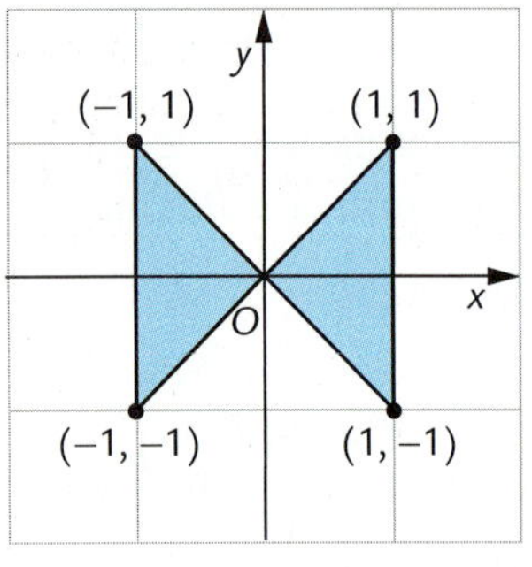

A $\begin{cases} |y| \le |x| \\ |x| \le 1 \end{cases}$

B $\begin{cases} y \le x \\ x \le 1 \end{cases}$

C $\begin{cases} |y| \le x \\ x \le 1 \end{cases}$

D $\begin{cases} y \le |x| \\ |x| \le 1 \end{cases}$

E $\begin{cases} y \le x \\ |x| \le 1 \end{cases}$

(Prova di ammissione, Corso di laurea in Architettura, 2009)

44 Rispetto a un sistema di riferimento cartesiano ortogonale Oxy, i punti del piano diversi dal punto $(-1, 2)$ sono tutti e soli i punti (x, y) tali che:

A $y \neq 2$

B $xy \neq -2$

C $x \neq -1$

D $x \neq -1$ oppure $y \neq 2$

E $x \neq -1$ e $y \neq 2$

(Test di ammissione, Ingegneria, 2007)

45 Rispetto a un sistema di riferimento cartesiano ortogonale Oxy, l'equazione dell'asse del segmento di estremi (0, 0) e (2, 2) è:

A $x - y = 2$ B $x = 1$ C $y = x$

D $x + y = 2$ E $y = 1$

(Test di ammissione, Ingegneria, 2007)

46 Fissato nel piano un sistema di assi cartesiani ortogonali Oxy, consideriamo i punti $A(1, 0)$ e $B(0, 2)$. Per quale scelta del punto C il triangolo ABC **non** è rettangolo?

A $C\left(0, -\frac{1}{2}\right)$

B $C(-1, 0)$

C $C(1, 2)$

D $C(-4, 0)$

E $C(0, 0)$

(Test di ammissione, Ingegneria, 2007)

47 In una prova uno studente ha ottenuto il voto 7 decimi. Si vuole esprimere questa valutazione in quindicesimi, utilizzando il criterio suggerito dalla figura.

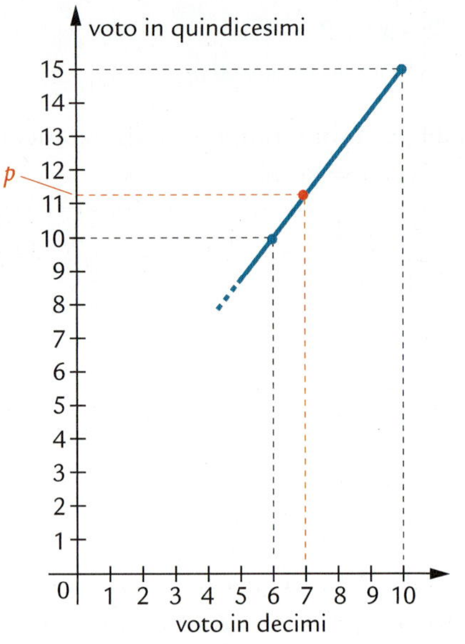

Se p è il voto in quindicesimi che corrisponde a 7 decimi, allora:

A $11 < p < 11{,}1$

B $11{,}1 < p < 11{,}2$

C $11{,}2 < p < 11{,}3$

D $11{,}3 < p < 11{,}4$

(Prova di ammissione, Facoltà di Scienze, 2009)

48 Rispetto a un riferimento cartesiano ortogonale Oxy del piano, l'equazione $(x - 1)^2 - y^2 = 0$ individua:

A due rette incidenti

B una parabola

C due soli punti

D una circonferenza

E due rette parallele

(Test di ammissione, Ingegneria, 2007)

49 In un piano cartesiano, quale dei seguenti punti è interno al triangolo racchiuso tra le rette $r_1 : y = 0$, $r_2 : y = 2x$, $r_3 : y = -x + 7$?

A $P(3, 5)$

B $P(4, 4)$

C $P(1, -3)$

D $P(3, 3)$

E $P(-3, 2)$

(Test di ammissione, Ingegneria, 2009)

50 In un piano cartesiano, considera il triangolo di vertici $O(0, 0)$, $A(0, 2)$, $B(2, 0)$. Ricordiamo che il baricentro di un triangolo è il punto in cui si incontrano le mediane del triangolo. Qual è la distanza tra il baricentro del triangolo OAB e l'origine O?

A $\frac{2}{3}\sqrt{2}$ C $\frac{\sqrt{6}}{3}$

B $\frac{2}{3}\sqrt{3}$ D $\frac{\sqrt{6}}{2}$

(Prova di ammissione, Facoltà di Scienze, 2009)

51 Nel seguente grafico è indicato il costo, al variare del tempo, di una telefonata. Qual è il costo in euro di una telefonata di 20 minuti?

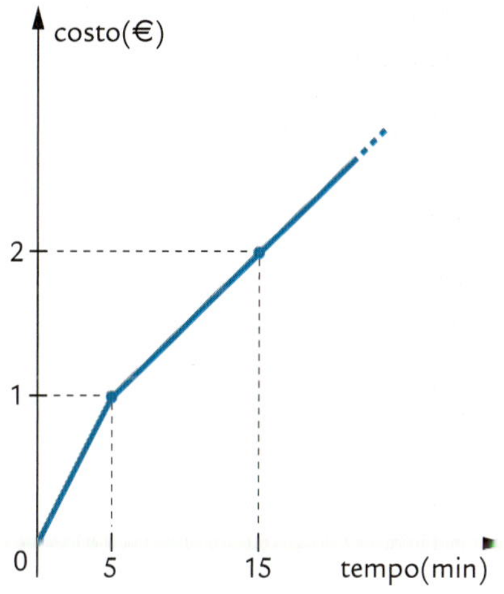

A 2,25 B 2,20 C 2,50 D 2,75 E 2,40

(Prova di ammissione, Facoltà di Scienze, 2010)

52 Una sola delle seguenti condizioni è vera per ogni punto (x, y) del triangolo evidenziato in figura. Quale?

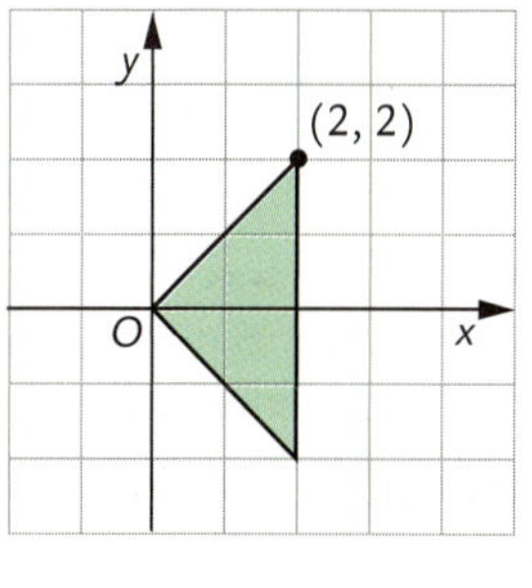

A $x \leq 1$ B $y \geq 0$ C $y \geq x$ D $y \geq -x$

(Prova di ammissione, Facoltà di Scienze, 2008)

53 In un piano cartesiano consideriamo le rette r_k di equazione $y = kx + 2k + 1$, dove k è un parametro reale. Quale delle seguenti affermazioni è vera?

A Le rette r_k sono a due a due incidenti, ma non esiste nessun punto comune a tutte.

B Per $k = 0$ non si ottiene l'equazione di una retta.

C Tutte le rette r_k passano per il punto $(1, -2)$.

D Tutte le rette r_k passano per il punto $(-2, 1)$.

E Le rette r_k sono parallele tra loro.

(Test di ammissione, Ingegneria, 2009)

54 In un dato sistema di riferimento cartesiano, il triangolo ABC di vertici $A(1, 1)$, $B(3, 5)$, $C(5, 2)$ e quello di vertici $A'(-1, -1)$, $B'(-3, -5)$, $C'(-5, -2)$ si corrispondono:

A in una similitudine , ma non in un'isometria

B in una traslazione

C in una simmetria centrale

D in una rotazione

(Test di ammissione, facoltà di Economia, Brescia)

55 Quanti punti di intersezione possono avere una circonferenza e una parabola, come minimo e come massimo rispettivamente?

A 0 e 4 B 1 e 1 C 0 e 1 D 0 e infiniti

(Test di ammissione, facoltà di Economia, Brescia)

56 Per quanti valori del parametro a è vero che la retta $y = x + a$ passa per il vertice della parabola $y = x^2 + a^2$?

A 0 B 1 C Infiniti D 2

(Test di ammissione, facoltà di Economia, Università di Bologna 2011)

57 La tangente nel punto $(1, \sqrt{3})$ alla circonferenza $x^2 + y^2 = 4$ ha equazione:

A $y = -\frac{1}{\sqrt{3}}(x - 4)$ C $y = -\frac{1}{\sqrt{3}}(x - 1)$

B $y = -\sqrt{3}(x - 2)$ D $y = -\sqrt{3}(x - 1)$

(Test di ingresso, Facoltà di Scienze 2008)

58 Fissato nel piano un sistema di assi cartesiani Oxy, consideriamo i punti $P(5, 0)$, $Q(5, -5)$, $R(0, -5)$, $S(-3, -4)$, $T(-5, 5)$. Quale di queste terne è formata da punti appartenenti alla medesima circonferenza che ha centro nell'origine?

A P, R, S B Q, S, T C P, Q, R

D Q, R, T E P, R, T

(Prova di ammissione, corso di laurea in Ingegneria 2006)

59 In un piano cartesiano, la circonferenza di centro $C(1, 1)$ e tangente all'asse delle x ha equazione

A $x^2 + y^2 + 2x + 2y = 0$

B $x^2 + y^2 - 2x + 2y = 0$

C $x^2 + y^2 - 2x - 2y + 1 = 0$

D $x^2 + y^2 - 2x - 2y = 0$

E $x^2 + y^2 - 2x - 2y = 1$

(Prova di ammissione, corso di laurea in Ingegneria 2009)

60 L'equazione $4x^2 + y^2 = 1$ rappresenta, nel piano cartesiano,

A un'ellisse con asse maggiore sull'asse delle ascisse
B un'ellisse con asse maggiore sull'asse delle ordinate
C non rappresenta un'ellisse
D nessuna delle precedenti possibilità è corretta

(Prova di ammissione, Ingegneria, 2010)

61 Rispetto a un sistema di riferimento cartesiano ortogonale Oxy, è data la circonferenza di equazione $\sqrt{3}x^2 + \sqrt{3}y^2 - 2x - 2y = 0$. Allora il suo raggio è

A $\sqrt{\frac{2}{3}}$　B 3　C $\sqrt{3}$　D 1　E 2

(Prova di ammissione, Ingegneria, 2007)

62 Consideriamo l'intersezione di un cilindro circolare con un piano secante. Allora l'intersezione:

A può essere un'ellisse
B è formata da un punto
C è formata da due rette incidenti
D è sempre una circonferenza
E può essere una parabola

(Prova di ammissione, Corso di laurea in Architettura 2009)

63 In figura è rappresentato il grafico di una delle seguenti funzioni. Quale?

A $f(x) = \sqrt{x-1}$
B $f(x) = \sqrt{1-x}$
C $f(x) = 1 + \sqrt{x}$
D $f(x) = \sqrt{x+1}$
E $f(x) = \sqrt{x} - 1$

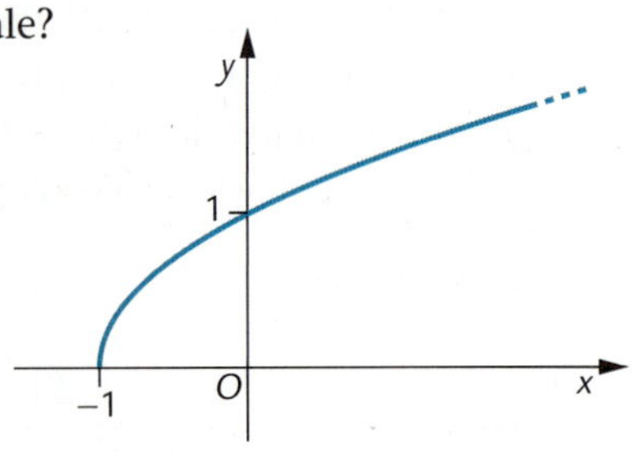

(Test di ingresso, Facoltà di Scienze, 2010)

64 Il disegno qui riportato rappresenta schematicamente la sezione mediana verticale della copertura (visibile nella foto) del planetario di Greenwich, identificabile con un tronco di cono di rotazione intorno all'asse a. Indica quali figure geometriche si ottengono con le due sezioni definite dai piani α e β.

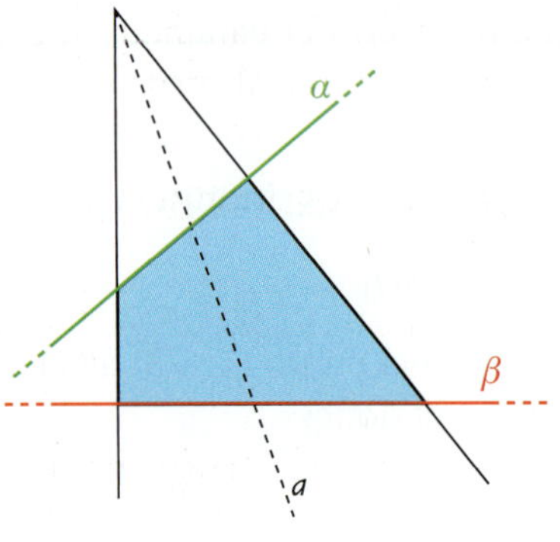

A Ellisse - ellisse
B Circonferenza - ellisse
C Circonferenza - circonferenza
D Ellisse - circonferenza
E Nessuna delle risposte è corretta

(Prova di ammissione, Corso di laurea in Architettura 2008)

65 Nel piano cartesiano è data la semicirconferenza di raggio 1, centrata nel punto $(1, -2)$ e che sta sopra alla retta di equazione $y = -2$. La semicirconferenza è il grafico di una delle seguenti funzioni. Quale?

A $f(x) = 2 - \sqrt{2x - x^2}$　B $f(x) = \sqrt{4x - x^2 - 3} - 1$　C $f(x) = 1 - \sqrt{4x - x^2 - 3}$　D $f(x) = \sqrt{2x - x^2} - 2$

(Test di ingresso, Facoltà di Scienze, 2009)

66 Quanto vale $\log_3 \frac{1}{9}$?

A $\frac{1}{2}$　B $\sqrt{2}$　C -2　D Non esiste

(Test di ingresso, Facoltà di Scienze, 2008)

67 Il numero $\log_{25} 125$ è uguale a:

A $\frac{2}{3}$　B $\frac{3}{2}$　C 5
D nessuna delle precedenti possibilità è corretta

(Prova di ammissione, Ingegneria, 2010)

68 Sia x un numero reale positivo. Allora $5 \log_{10} x^3$ è uguale a:

A $3 \log_{10} x^5$　B $5 (\log_{10} x)^3$　C $5^3 \log_{10} x$
D $5 (\log_{10} x + 3)$　E $8 \log_{10} x$

(Prova di ammissione, Corso di laurea in Architettura 2007)

69 Se $\log_2 \sqrt{a} = 6$, allora:

A $a = 2^{12}$　B $a = 2^3$　C $a = 2^6$
D $a = 2^4$　E $a = 2^9$

(Test di ingresso, Facoltà di Scienze, 2010)

70 Sia c la soluzione dell'equazione $\log_2(x+1) = -2$. Allora:

A $-\frac{3}{2} < c < -1$ B $-1 < c < -\frac{1}{2}$ C $-\frac{1}{2} < c < 0$ D $0 < c < \frac{1}{2}$

(Test di ingresso, Facoltà di Scienze, 2009)

71 Una sola delle funzioni indicate sotto soddisfa per ogni x reale la condizione $f(x) < 3$. Quale?

A $f(x) = 2^x - 3$ B $f(x) = 3 \cdot 2^{-x}$ C $f(x) = 3 - 2^x$ D $f(x) = 2^{x-3}$

(Test di ingresso, Facoltà di Scienze, 2009)

72 L'espressione $\frac{3^{2n-1}}{4^{n+2}}$ equivale a:

A $\frac{3^{2n}-1}{4^n+2}$ B $\frac{3}{16} \cdot \frac{3^{2n}}{4^n}$ C $\frac{3^{2n}}{4^n} - \frac{1}{16}$ D $\frac{1}{48}\left(\frac{9}{4}\right)^n$ E $\frac{3}{16} \cdot \frac{9^n}{4^n}$

(Test di ammissione, facoltà di Economia, Università di Pavia, 2011)

73 Se $x = \left(\frac{1}{2}\right)^{-2}$ e $y = \ln(e^2)$, allora:

A x è la metà di y B x è uguale a y C x è il doppio di y D x è negativo e y è positivo

(Test di ammissione, facoltà di Economia, Università di Padova- Trento-Verona-Venezia, 2011)

74 L'equazione $\sqrt[3]{10^x} = \sqrt{10^{x-3}}$:

A è soddisfatta per $x = 9$

B è soddisfatta per ogni x reale tale che $-3 < x < 3$

C è impossibile in **R**

D nessuna delle precedenti risposte è corretta

(Test di ammissione, facoltà di Economia, Università di Brescia, 2009)

75 L'equazione $\log_3(2 - 3^x) = 1 + \log_3 2$:

A è impossibile in **R**

B è soddisfatta per ogni valore reale positivo di x

C è soddisfatta se e solo se $x = \log_3(-4)$

D è soddisfatta se e solo se $x < \log_3 2$

(Test di ammissione, facoltà di Economia, Università di Brescia, 2011)

76 È data la funzione $f(x) = 3^{2x-1}$. Tra le funzioni indicate sotto ce n'è una e una sola tale che $f(g(t)) = t$ per tutti i numeri reali t positivi. Quale?

A $g(t) = \sqrt{\log_3 t - 3}$ B $g(t) = \log_3\sqrt{3t}$ C $g(t) = \log_3\sqrt{t+1}$ D $g(t) = \frac{1}{2}\sqrt{\frac{\log_3 t}{3}}$

(Test di ingresso, Facoltà di Scienze, 2009)

77 Data la funzione $f(t) = ca^{-(t-t_0)}$, con $a > 0$, sappiamo che $f(t_0) = 1$ e $f(t_0+2) = 16$. Possiamo quindi calcolare il valore di a e quello di c. Quanto vale il rapporto $\frac{a}{c}$?

A $\frac{1}{2}$ B 2 C $\frac{1}{4}$ D 4

(Test di ingresso, Facoltà di Scienze, 2009)

78 Sia x un numero reale diverso da zero. L'espressione $\log(5x^2)$ si può anche scrivere:

A $2\log(5x)$ B $2\log(x\sqrt{5})$ C $2\log(|x|\sqrt{5})$ D $\log(10x)$

(Prova di ammissione, Ingegneria, 2010)

79 Siano x e y numeri reali. Da $\log_{\frac{1}{2}} x < \log_{\frac{1}{2}} y$ si deduce:

A $x > y > 0$ B $0 < x < y$ C $|x| \leq |y|$ D nessuna delle precedenti possibilità è corretta

(Prova di ammissione, Ingegneria, 2010)

80 Le soluzioni della disequazione $e^{2x} + 2e^x - 8 \leq 0$ sono:

A $x \leq \ln 2$

B $-\ln 4 \leq x \leq \ln 2$

C $0 \leq x \leq \ln 2$

D nessuna delle precedenti possibilità è corretta

(Prova di ammissione, Ingegneria, 2010)

81 Le soluzioni dell'equazione $\log_{10}(x-2) + \log_{10}(2x-3) = 2\log_{10} x$ sono:

A $x = 1, x = 6$ B $x = 1$ C l'equazione non ha soluzioni D $x = 6$

(Prova di ammissione, Ingegneria, 2010)

Verso l'Università

82 Quale delle seguenti affermazioni è vera?

A $\log_2 3 < \log_3 2$

B $\log_2 3 < \frac{3}{2}$

C $\log_3 2 < \frac{2}{3}$

D Nessuna delle precedenti possibilità è corretta.

(Prova di ammissione, Ingegneria, 2010)

83 Se il punto $P(c, 3)$ appartiene al grafico della funzione $f(x) = 2^x$, allora c è uguale a:

A $\frac{3}{2}$ B $\log_2 3$ C 2^{-3} D nessuno degli altri valori

(Test di ingresso per i corsi di laurea scientifici, 2008)

84 Indica tutti e soli i valori del parametro reale a per i quali il seguente sistema ammette soluzioni reali nelle incognite x e y.

$$\begin{cases} 2^x + 3^y = a \\ 2^x - 3^y = 1 \end{cases}$$

A $a > -1$ B $a \geq -1$ C $a > 1$ D $a \geq 1$ E ogni valore di a

(Prova di ammissione, Corso di laurea in Architettura 2008)

85 Sia $f(x) = 5^x$. Allora $f(x+1) - f(x)$ è uguale a:

A 5^x B $5 \cdot 5^x$ C 5 D 1 E $4 \cdot 5^x$

(Prova di ammissione, Corso di laurea in Medicina 2009)

86 Sia c la soluzione dell'equazione $2^{-x} = 5$. Quale delle seguenti stime è corretta?

A $-3 < c < -2$ B $-2 < c < 0$ C $2 < c < 4$ D $-4 < c < -3$ E $0 < c < 1$

(Prova di ammissione, Facoltà di Scienze, 2010)

87 Posto $a = 0{,}21$; $b = \frac{1}{5}$; $c = \frac{1}{\log_2 5}$ si ha:

A $c < b < a$ B $a < c < b$ C $a < b < c$ D $c < a < b$ E $b < a < c$

(Prova di ammissione, Ingegneria 2006)

88 L'espressione $7^{2+\log_7 x}$ è uguale, per ogni $x > 0$, a:

A $49x$ B $7^2 + x$ C $49 + \log_7 x$ D $49 \log_7 x$ E $7x$

(Prova di ammissione, Ingegneria, 2006)

89 Sia a un numero reale maggiore di 1. L'espressione $\log_a \sqrt{\frac{a^2\sqrt{a}}{a^{\frac{5}{2}}}}$ è uguale a:

A -1 B a C e D 0 E $+1$

(Prova di ammissione, Ingegneria, 2007)

90 Dato un numero reale x, l'espressione $\frac{2^x \cdot 2}{\sqrt{4^{x+1}}}$ vale:

A $\frac{1}{2^x}$ B 0 C $\frac{1}{2}$ D 2 E 1

(Prova di ammissione, Ingegneria, 2009)

91 Dato un qualunque numero reale positivo x, allora $\log(x^3) - \log(x^2)$ è uguale a

A $\log(x^5)$ B $\frac{\log(x^3)}{\log(x^2)}$ C $\log(x)$ D 0 E $\log(x^3 - x^2)$

(Prova di ammissione, Ingegneria, 2009)

92 L'espressione $\log_{10}\sqrt[3]{x^2+1} \cdot \log_{10} 1000$ vale:

A $\log_{10} \frac{1000(x^2+1)}{3}$

B $\log_{10}(x^2+1)$

C $\log_{10}\sqrt[3]{x^2+1} + \log_{10}1000$

D $\frac{1}{3}\log_{10}[(x^2+1)1000]$

E $\log_{10}\left[1000\sqrt[3]{x^2+1}\right]$

(Prova di ammissione, Ingegneria, 2009)

93 L'espressione $\log(x^4 + 2x^2 + \sin^2 x + \cos^2 x)$ coincide con

A $4 \log(1 + x)$
B $[\log(1 + x^2)]^2$
C $2 \log(1 + x^2)$
D $\log(x^4 + 2x^2) + \log(\sin^2 x + \cos^2 x)$
E $2 \log(1 + x + \sin x + \cos x)$

(Prova di ammissione, Ingegneria, 2009)

94 La misura in radianti di un angolo di 20° (gradi sessagesimali) è pari a

A $\frac{\pi}{18}$ B $\frac{\pi}{8}$ C $\frac{\pi}{7}$ D $\frac{\pi}{9}$ E $\frac{\pi}{10}$

(Prova di ammissione, corso di laurea in Ingegneria 2006)

95 Un angolo misura 2 radianti, quindi

A il suo seno è positivo
B il suo seno e il suo coseno hanno lo stesso segno
C l'angolo è acuto
D la sua tangente non esiste
E il suo coseno è positivo

(Prova di ammissione, corso di laurea in Ingegneria 2009)

96 Quale delle seguenti funzioni ha periodo π?

A $2 \sin x$ B $2 \sin \frac{x}{2}$ C $\sin 2x$ D $\sin \frac{x}{2}$

(Test di ingresso, Facoltà di Scienze 2008)

97 L'espressione $\cos x + \sin x$

A non è periodica
B è periodica di periodo 2π
C è periodica di periodo π
D è periodica di periodo $k\pi$ per ogni k numero intero

(Prova di ammissione, corso di laurea in Ingegneria 2010)

98 Una sola delle seguenti funzioni ha periodo π. Quale?

A $f(x) = \sin x^2$
B $f(x) = (\sin x)^2$
C $f(x) = \sin x + (\sin x)^2$
D $f(x) = \sin x + \cos x$
E $f(x) = x + \sin x$

(Test di ingresso, Facoltà di Scienze 2010)

99 Considera la funzione $f(x) = \sin(\omega x)$, dove ω è una costante positiva. Se $f(a) = 0$ e $f(b) = 1$, qual è la minima distanza possibile tra a e b?

A $\frac{\pi}{2\omega}$ B $\frac{\pi}{\omega}$ C $\frac{2\pi}{\omega}$ D $\frac{\pi}{4\omega}$

(Test di ingresso, Facoltà di Scienze 2009)

100 Due angoli di un triangolo hanno ampiezza α e il terzo angolo ha ampiezza β. Si sa che $\sin \alpha = 0{,}8$. Allora $\sin \beta$ è uguale a:

A 0,48 B 0,64 C 0,72 D 0,9

(Test di ingresso, Facoltà di Scienze 2009)

101 Considera gli angoli α, β in figura; quale tra le seguenti relazioni è corretta?

A $\tan \beta < \cos \alpha$
B $\sin \beta < \cos \alpha$
C $\cos \beta > \cos \alpha$
D $\tan \beta > \tan \alpha$
E $\sin \beta < \sin \alpha$

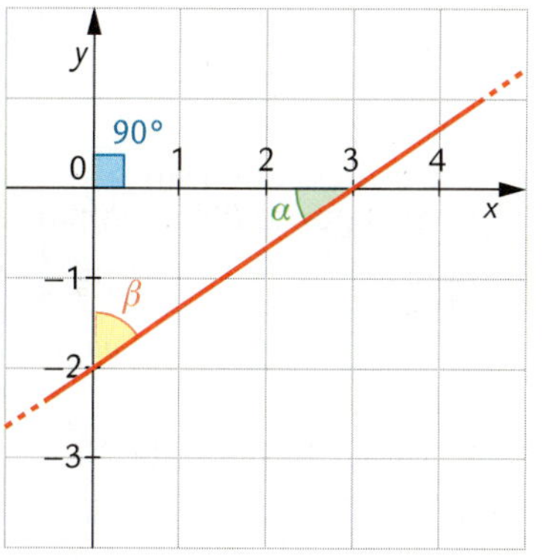

(Test di ingresso, Facoltà di Scienze 2010)

102 In un triangolo di vertici ABC, l'angolo in B è di 74°. Sappiamo inoltre che la lunghezza del lato AB è u, la lunghezza del lato BC è v, la lunghezza del lato CA è w. Quale delle seguenti relazioni si può dedurre da ciò che sappiamo?

A $u^2 + v^2 < w^2$
B $u^2 + v^2 > w^2$
C $u + v > w^2$
D $u + v < w$

(Test di ingresso, Facoltà di Scienze 2009)

103 I lati uguali di un triangolo isoscele sono lunghi a e formano un angolo 2γ. L'area del triangolo è:

A $a^2 \sin\gamma \cos\gamma$
B $\frac{1}{2}a^2 \sin\gamma$
C $\frac{1}{2}a^2 \cos 2\gamma$
D $a^2 \sin^2 \gamma$

(Test di ingresso, Facoltà di Scienze 2008)

104 Un triangolo rettangolo ha un angolo di 60° e altezza relativa all'ipotenusa lunga 1 cm. Il suo perimetro è allora di

A $\sqrt{3}$ cm B $2(1 + \sqrt{3})$ cm C $(\sqrt{3} - 1)$ cm
D Nessuna delle precedenti possibilità è corretta.

(Prova di ammissione, corso di laurea in Ingegneria 2010)

105 L'espressione $\cos^2(\sin(x+\pi)) + \sin^2\left(\cos\left(x+\frac{\pi}{2}\right)\right)$ è, per ogni numero reale x, uguale a

A $\sin x$
B 1
C $\sin^2 x$
D Nessuna delle precedenti risposte è corretta.

(Prova di ammissione, corso di laurea in Ingegneria 2010)

106 Indicato con x un angolo la cui misura in radianti varia tra 0 e 2π, l'equazione $\sin x + \cos x = 0$ ammette

A due soluzioni
B otto soluzioni
C quattro soluzioni
D una soluzione
E nessuna soluzione

(Prova di ammissione, corso di laurea in Ingegneria 2006)

107 L'ombra di un campanile è lunga la metà della sua altezza. Detta α la misura dell'angolo formato dal sole sull'orizzonte in quel momento, si può dire che

A $45° \leq \alpha < 60°$ B $60° \leq \alpha$ C $\alpha < 30°$ D è notte E $30° \leq \alpha < 45°$

(Prova di ammissione, corso di laurea in Ingegneria 2006)

108 L'espressione $\left(\sin\frac{\pi}{12} - \cos\frac{\pi}{12}\right)^2$ è anche uguale a:

A $1 - \frac{\sqrt{3}}{2}$ B $\frac{3}{2}$ C $1 - \frac{\sqrt{2}}{2}$ D $\frac{1}{2}$ E 1

(Prova di ammissione, corso di laurea in Ingegneria 2007)

109 Per $0 \leq x \leq \frac{\pi}{2}$, l'equazione $\sqrt{3}\sin^2 x + \sqrt{3}\cos^2 x - 2\sin x = 0$ ha soluzione

A $x = \frac{\pi}{3}$ B $x = \frac{\pi}{6}$ C $x = \frac{\pi}{4}$ D $x = 0$ E $x = \frac{\pi}{2}$

(Prova di ammissione, corso di laurea in Ingegneria 2009)

110 L'età media di un gruppo di 7 studenti è di 20 anni. Dopo l'arrivo di un nuovo studente l'età media passa a 21 anni. L'età del nuovo arrivato è:

A 30 anni B 40 anni C 28 anni D 22 anni

(Test di ammissione, facoltà di Economia, Università di Bologna 2011)

111 È maggiore la moda o la media, dei numeri 3, 6, 8, 6, 6, 7, 10?

A Non esiste la media B La media C La moda D La media e la moda sono uguali

(Test di ammissione, facoltà di Economia, Università di Bologna 2011)

112 In un'indagine statistica su come gli operai di un'azienda hanno speso nel 2011 il loro reddito familiare (uguale, in media, a 42 000 euro), sono emersi i dati riportati nel seguente grafico:

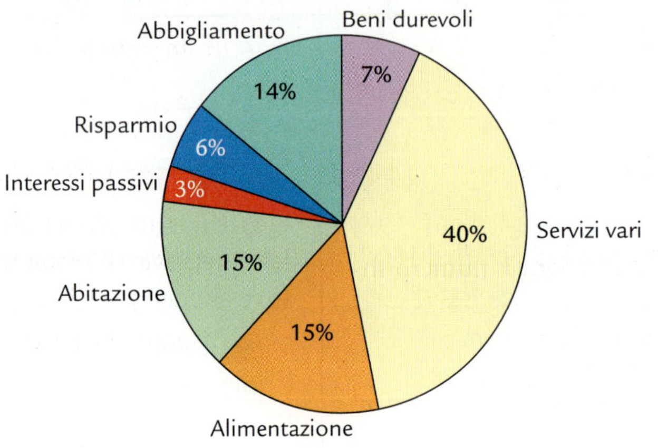

Quale importo totale viene destinato ai «servizi vari» da parte di una famiglia di un operaio medio dell'azienda?

A 16 800 euro B 14 000 euro C 6700 euro D 4200 euro

(Test di ammissione, facoltà di Economia, Università di Padova-Trento-Verona-Venezia, 2012)

113 In riferimento alla situazione descritta nel quesito precedente, per ogni euro di reddito quanto viene risparmiato?

A 0,06 euro B 2,5 euro C 6 euro D 0,6 euro

(Test di ammissione, facoltà di Economia, Università di Padova-Trento-Verona-Venezia, 2012)

Risposte alle prove di autoverifica

Unità 1

1. $-1 \le x \le \frac{1}{3}$ **2.** $x \ge \sqrt[3]{4}$ **3.** $x < 0$ **4.** $-2 < x < 0 \vee x > 2$ **5.** $k < -1 \vee 2 < k < 3$

6. $\frac{8}{3}, 4$ **7.** $4 - 2\sqrt{3}$ **8.** $-1 \le x < \frac{\sqrt{5}}{5}$ **9.** $x < -\sqrt{7} \vee -1 < x < 1 \vee x > \sqrt{7}$ **10.** $-2 \le x \le \frac{1}{3}$

Unità 2

1. **b.**, **a.** ha dominio **R**, immagine $[-1, +\infty)$, è pari; **c.** ha dominio **R**, immagine **R**, è dispari; **d.** ha dominio $\mathbf{R} - \{0\}$, immagine $\mathbf{R} - \{0\}$, è dispari.

2. **a.** 8; **b.** $\pm\sqrt{1 + \sqrt{3}}$ **3.** $-10 \le x < 0 \vee 4 < x \le 10$ **4.** $a > \frac{9}{4}$ **5.** F, F, F, V, V, F, F

6. *Vedi* il Paragrafo 3; **a.**: né iniettiva né suriettiva; **b.**: suriettiva ma non iniettiva; **c.**: biiettiva. Solo **c** è invertibile.

7. Il grafico di $y = f^{-1}(x)$ è il simmetrico di $y = f(x)$ rispetto alla bisettrice del primo e del terzo quadrante. Il dominio di f^{-1} è l'intervallo $[-3, +\infty)$ e l'immagine di f^{-1} è l'intervallo $[-6, +\infty)$.

8. $(f \circ g)(x) = f(g(x)) = \frac{1}{(x+1)^2}$; $(g \circ f)(x) = g(f(x)) = \frac{1}{x^2+1}$; $(f \circ g)(x) = (g \circ f)(x) \Leftrightarrow x = 0$

9. $a = 0$: risulta $f \circ g = g \circ f$ per ogni $b \in \mathbf{R}$. **10.** $f^{-1}(x) = \frac{x+1}{x-2}$

Unità 3

1. F, V, V, F, F, V

2. **a.** Aritmetica, di ragione 2; **b.** geometrica, di ragione $\frac{1}{2}$; **c.** né aritmetica né geometrica; **d.** né aritmetica né geometrica.

3. **a.** $a_n = 10 - 6n$; **b.** $a_{10} = -50$; **c.** -230 **4.** **a.** $a_n = 6 \cdot \left(-\frac{2}{3}\right)^{n-1}$; **b.** $\frac{32}{27}$; **c.** $\frac{110}{27}$

5. **a.** -133; **b.** $\frac{765}{256}$ **6.** **a.** $a_2 = \frac{10}{3}$, $a_3 = \frac{17}{3}$; **b.** $a_2 = 2$, $a_3 = 4$

7. La scelta **a** porta a incassare circa 21 474 836,47 euro, mentre la scelta **b** porta a incassare 66 795 euro. Evidentemente è più conveniente la scelta **a**!

8. Dopo n giorni Paolo avrà ancora $500\left(\frac{1}{2}\right)^{n-1}$ euro. La successione è decrescente, quindi per determinare quando a Paolo sarà rimasto meno di 1 euro si può procedere per tentativi, calcolando i valori della successione per valori di n via via crescenti, fino a trovare il primo valore di n per cui ottiene un valore inferiore a 1. Si trova così che $n = 10$, quindi Paolo avrà meno di 1 euro dopo 10 giorni.

Unità 4

1. F, V, V, F, F, F, V, V, F, V

2. Vedi figura qui sotto.

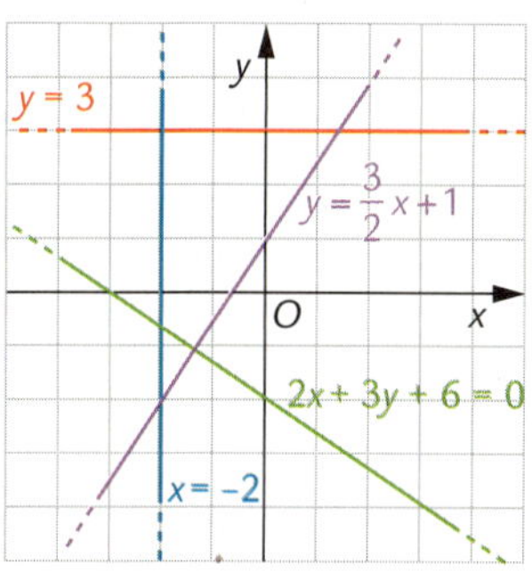

3. Vedi figura qui sotto.

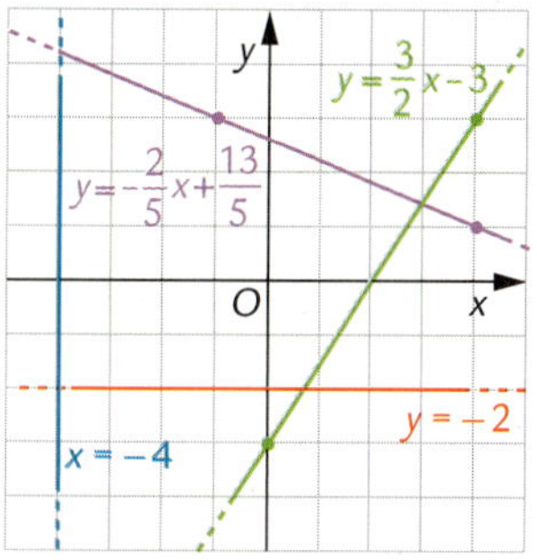

4. Perimetro $= \sqrt{10} + \sqrt{13} + \sqrt{17}$; Area $= \frac{11}{2}$ **5.** $B(-6, 7)$ **6.** **a.** $y = -2x - 1$; **b.** $y = \frac{1}{2}x + \frac{3}{2}$

7. **a.** $k = 2$; **b.** Impossibile; **c.** $k = 4$; **d.** $k = -3$; **e.** $k = 3$; **f.** $k = \frac{3}{2}$

8. **a.** $y = -\frac{2}{3}x - \frac{5}{3}$; **b.** $C\left(-\frac{5}{2}, 0\right)$ **9.** $C(4, 1)$, $B\left(\frac{4}{3}, \frac{4}{3}\right)$, $D\left(\frac{8}{3}, -\frac{4}{3}\right)$; Area $= \frac{20}{3}$

Unità 5

1. a. Simmetria di centro $\left(\frac{1}{2}, 2\right)$; **b.** non è un'isometria; **c.** traslazione di vettore $\vec{v}(-1, -4)$; **d.** simmetria rispetto alla retta di equazione $x = 1$ **2.** $m \cdot m' = 1$

3. r': $x + y - 7 = 0$; distanza tra r ed $r' = 3\sqrt{2}$

4. $P\left(2, \frac{11}{2}\right)$; $P'\left(2, \frac{1}{2}\right)$

5. r': $x - 2y - 4 = 0$; Area $= \frac{25}{4}$

6. Nell'ordine: $\begin{cases} x' = -3 - x \\ y' = 3 - y \end{cases}$, $\begin{cases} x' = -y \\ y' = -x \end{cases}$, $\begin{cases} x' = x + 1 \\ y' = y + 1 \end{cases}$

7. $k = -13$ **8.** *Vedi* la fig. a.

9. $x' = \frac{1}{2}x$, $y' = \frac{1}{2}y$; $A'(-2, 2)$; $B(0, -1)$; $C'(3, 1)$

10. *Vedi* la fig. b.

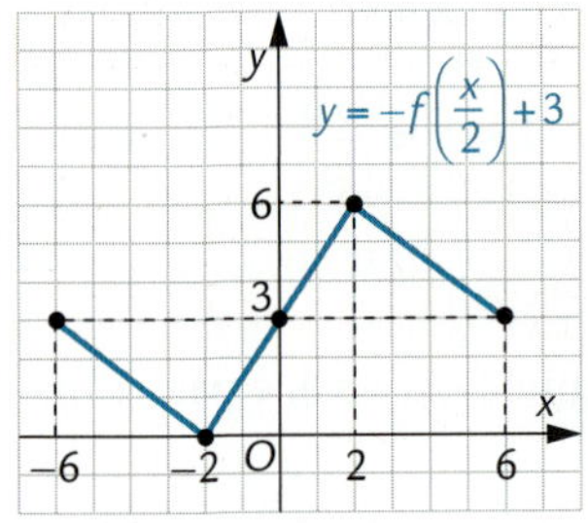

a

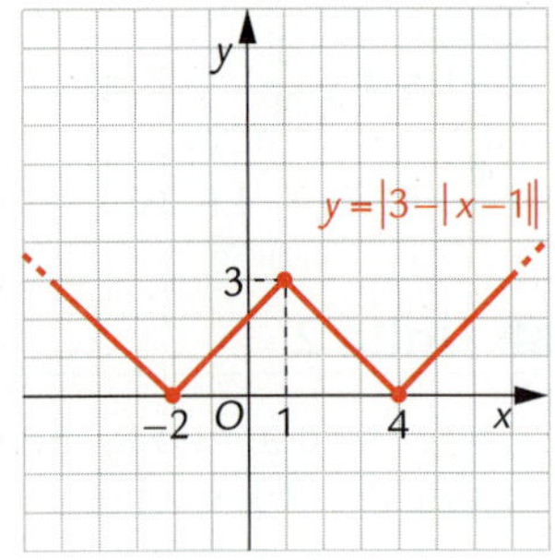

b

Unità 6

1. *Vedi* la figura qui sotto.

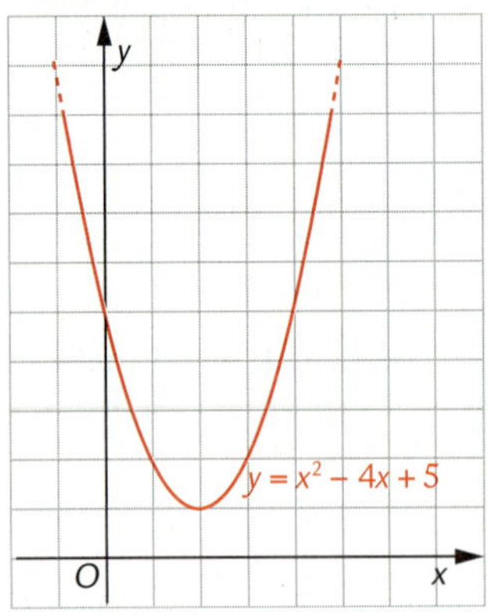

2. fig. a: $a < 0, b > 0, c > 0$;
fig. b: $a > 0, b < 0, c < 0$;
fig. c: $a > 0, b < 0, c > 0$.

3. *Vedi* la figura qui sotto, dove sono annotate le equazioni delle rette tangenti.

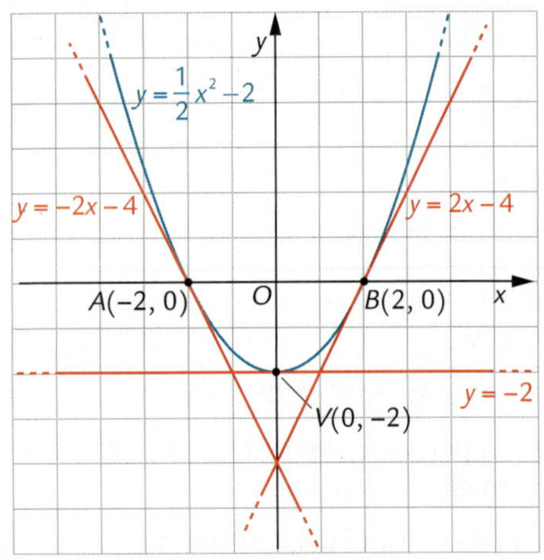

4. $y = -x + 4$, $y = 7x + 4$ **5. a.** $y = -x^2 + 3x + 4$; **b.** $x = \frac{1}{8}y^2 - \frac{1}{4}y - 1$

6. $y = -3x^2 - 6x$ **7.** $y = -\frac{1}{4}x^2 + 1$ **8.** Il recinto quadrato, di area $\frac{25}{4}$ m^2.

Unità 7

1. fig. a: $x^2 + y^2 - 4x - 2y - 1 = 0$
fig. b: $x^2 + y^2 - 4x + 2y - 1 = 0$
fig. c: $x^2 + y^2 + 4x + 2y - 1 = 0$
fig. d: $x^2 + y^2 + 4x - 2y - 1 = 0$

2. Le associazioni corrette sono le seguenti:
a → B **b → C** **c → D** **d → A** **e → A, C, E**

3. $x^2 + y^2 - 4y - 1 = 0$ **4.** $\sqrt{14}$ **5.** $x^2 + y^2 + 10x + 5 = 0$ **6. a.** Area $= 6$; **b.** Area $= \frac{624}{24}$

7. $y = \pm\sqrt{3}x + 4$ **8.** $x^2 + y^2 - x - y - 6 = 0$

Unità 8

1. F, F, F, V, F

2. Le associazioni corrette sono: **a-A, D; b-B; C-A; d-B, C**

3. a. Vertici: $(\pm 4, 0)$; $(0, \pm 2)$; Fuochi: $(\pm 2\sqrt{3}, 0)$;
Eccentricità: $\frac{\sqrt{3}}{2}$

b. Vertici: $(\pm 3, 0)$; $(0, \pm 6)$; Fuochi: $(0, \pm 3\sqrt{3})$;
Eccentricità: $\frac{\sqrt{3}}{2}$

4. *Vedi* le prime due figure qui sotto. **5.** *Vedi* la terza figura qui sotto.

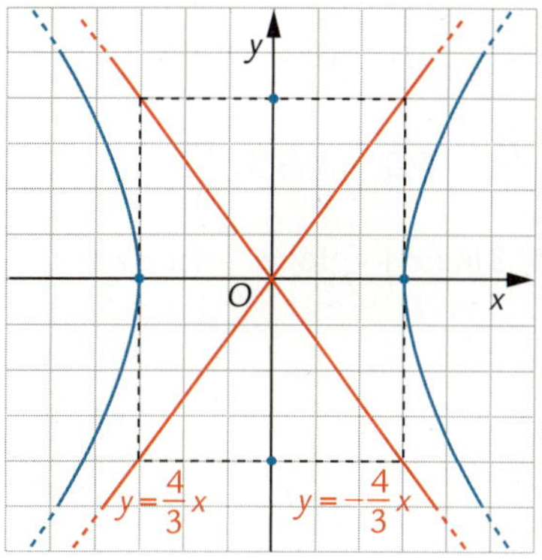

$\frac{x^2}{9}-\frac{y^2}{16}=1$

Vertici:	$(\pm3,0)$; $(0,\pm4)$
Fuochi:	$(\pm5,0)$
Asintoti:	$y=\pm\frac{4}{3}x$
Eccentricità:	$\frac{5}{3}$

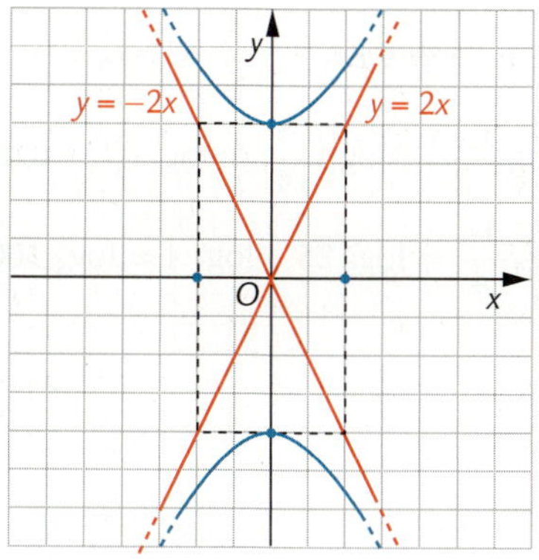

$y^2-4x^2=16$

Vertici:	$(\pm2,0)$; $(0,\pm4)$
Fuochi:	$(0,\pm2\sqrt{5})$
Asintoti:	$y=\pm2x$
Eccentricità:	$\frac{\sqrt{5}}{2}$

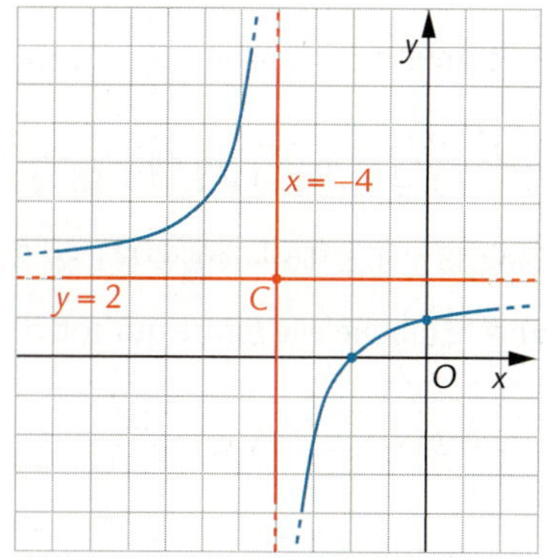

$y=\frac{2x+4}{x+4}$

Centro:	$(-4,2)$
Asintoti:	$x=-4$; $y=2$

Intersezioni con gli assi:

$(-2,0)$; $(0,1)$

6. $\frac{x^2}{16}+\frac{y^2}{9}=1$ **7.** $\frac{x^2}{2}+\frac{y^2}{9}=1$ **8.** $\frac{x^2}{9}-\frac{y^2}{36}=1$ **9.** $x^2-y^2=-5$; $2x-3y=-5$

10. **a.** $A\left(-\frac{3}{5},\frac{8}{5}\right)$, $B(1,0)$; **b.** $3x-2y=-5$, $x=1$; **c.** $C(1,4)$, Area $=\frac{16}{5}$.

Unità 9

1. F, F, V, V, V

2. I simboli corretti sono i seguenti:

a. $2^{\sqrt{3}}<2^2$; **b.** $5^{\sqrt{3}}<\left(\frac{13}{2}\right)^{\sqrt{3}}$; **c.** $\left(\frac{4}{5}\right)^3>\left(\frac{4}{5}\right)^4$; **d.** $e^{-4}>e^{-5}$; **e.** $\left(\frac{5}{4}\right)^7>\left(\frac{5}{4}\right)^4$; **f.** $\left(\frac{1}{2}\right)^{2\sqrt{2}}=2^{-\sqrt{8}}$

3. *Vedi* le tabelle e i grafici qui sotto.

x	y
−2	8
−1	4
0	2
1	1
2	$\frac{1}{2}$
3	$\frac{1}{4}$

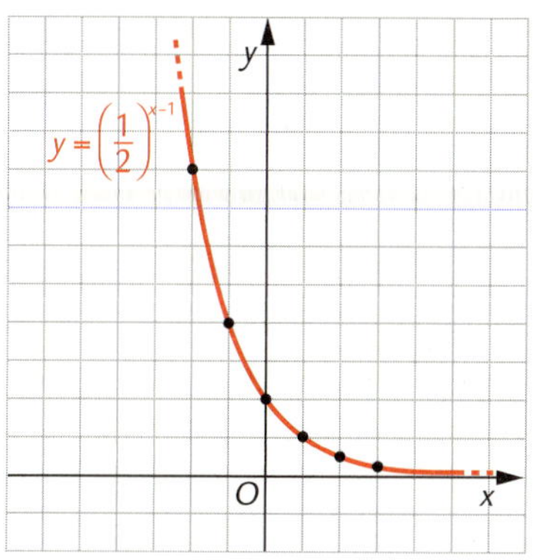

x	y
−3	$\frac{1}{4}$
−2	$\frac{1}{2}$
−1	1
0	2
1	4
2	8

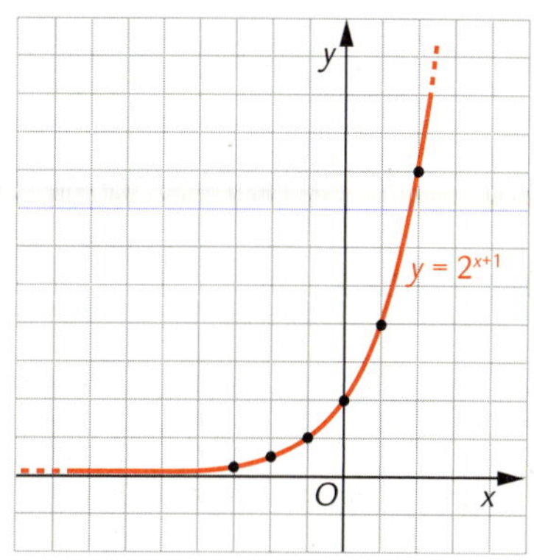

4. $S=\{6\}$ **5.** $S=\left\{\pm\sqrt{2}\right\}$ **6.** $S=$ Impossibile

7. $S=\left\{-\frac{1}{7}\right\}$ **8.** $S=\{0,2\}$ **9.** $-\frac{1}{2}<x\leq1$

10. $0\leq x\leq1$ **11.** $x<-4\vee0<x<\frac{1}{6}$

12. Dalla figura a fianco puoi vedere che l'equazione ammette due soluzioni, che abbiamo indicato con x_1 e x_2, tali che $-2<x_1<-1$ e $0<x_2<1$.

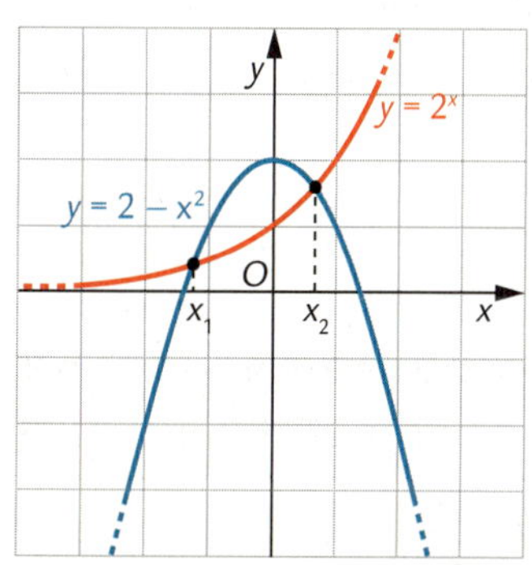

Unità 10

1. **a.** $\log_5 25 = 2$; **b.** $\log_2 \frac{1}{16} = -4$; **c.** $\ln \frac{1}{e} = -1$; **d.** $\log_{81} 9 = \frac{1}{2}$; **e.** $\log_4 16 = 2$; **f.** $\log_3 \frac{\sqrt{3}}{3} = -\frac{1}{2}$

2. **a.** $\log_{\frac{1}{3}} 5 > \log_{\frac{1}{3}} 15$; **b.** $\log_9 \frac{1}{15} < 0$; **c.** $\log_{\frac{1}{5}} \frac{3}{2} < \log_{\frac{1}{5}} \frac{5}{4}$; **d.** $\log_5 \frac{3}{2} > 0$; **e.** $\log_6 \sqrt{5} < \log_6 3$; **f.** $\log_5 27 > 2$

3. $2\log_5 5 + \log_5 16 - \log_5 4 = \log_5 25 + \log_5 \frac{16}{4} = \log_5 25 + \log_5 4 = \log_5 100$ **4.** $3\log x + \frac{1}{2}\log y - 4\log z$

5. *Vedi* le tabelle e le figure qui sotto.

x	y
$\frac{1}{2}$	1
1	0
2	−1
4	−2
8	−3

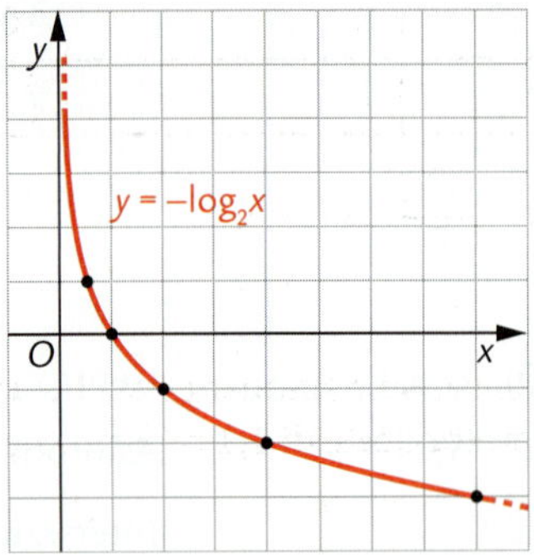

Dominio $= \{x \in \mathbf{R} | x > 0\}$

x	y
−7	−3
−3	−2
−1	−1
0	0
$\frac{1}{2}$	1

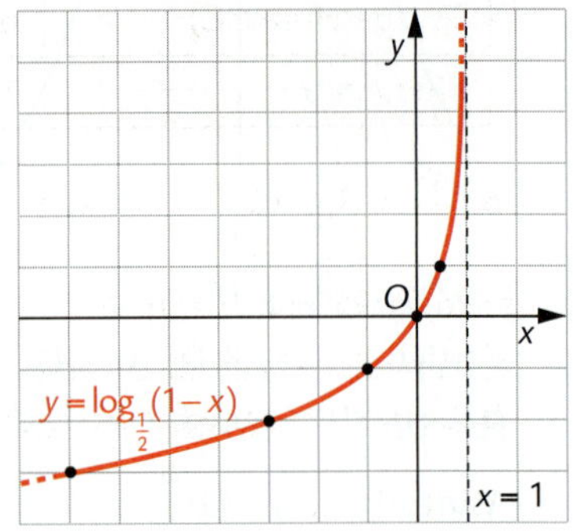

Dominio $= \{x \in \mathbf{R} | x < 1\}$

6. $\log_{15} 86 = \frac{\ln 86}{\ln 15} \simeq 1{,}64$ **7.** $\frac{37}{2}$ **8.** 2 **9.** $x = 1 \vee x = e^2$ **10.** $x = \frac{\ln 2 - \ln 3}{\ln 2 - \ln 5}$

11. $3 < x < \frac{7}{2}$ **12.** $2 < x \leq 3$

13. Dal grafico qui sotto puoi vedere che l'equazione ammette una sola soluzione, che abbiamo indicato con x_1, e che risulta $0 < x_1 < 1$.

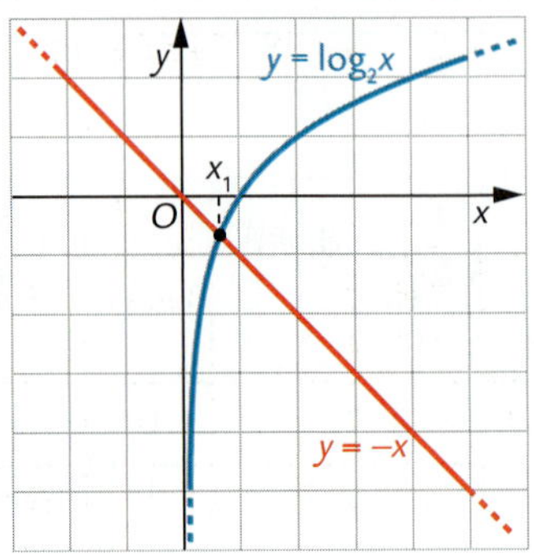

14. **a.** 1000, circa 771; **b.** tra circa 44 anni.

Unità 11

1. B **2.** B **3.** F, V, V, F

4. **a.** $\sin\alpha = \frac{\sqrt{7}}{4}$, $\cos\alpha = -\frac{3}{4}$, $\tan\alpha = -\frac{\sqrt{7}}{3}$; **b.** $\sin\beta = -\frac{\sqrt{7}}{4}$, $\cos\beta = -\frac{3}{4}$, $\tan\beta = \frac{\sqrt{7}}{3}$

5. $\cos\alpha = -\frac{3}{5}$, $\tan\alpha = -\frac{4}{3}$ **6.** $\alpha = \arcsin\frac{1}{3}$; con la calcolatrice si trova che α vale circa $19°\ 28'\ 16''$.

7. **a.** $\sin\frac{3\pi}{2} < \sin\frac{\pi}{2}$; **b.** $\cos\frac{3\pi}{4} = \cos\frac{5\pi}{4}$; **c.** $\tan\frac{\pi}{3} > \tan\frac{7\pi}{6}$ **8.** **a.** −4; **b.** 1; **c.** 4; **d.** 2

9.

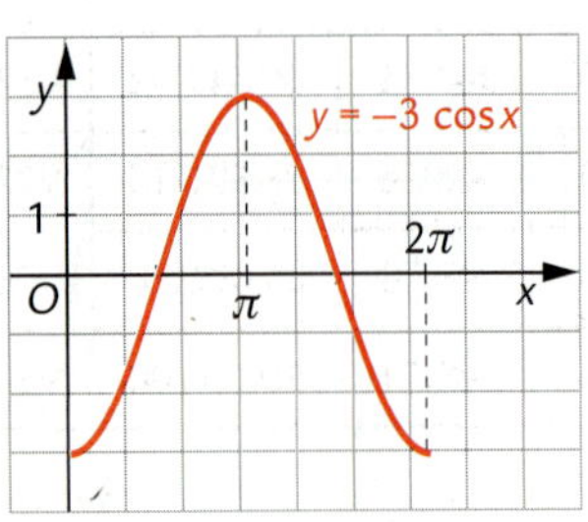

10. $\sin\alpha = \frac{\sqrt{2} - \sqrt{6}}{4}$; $\cos\alpha = \frac{\sqrt{2} + \sqrt{6}}{4}$

Unità 12

1. V, F, V, F, V **2.** $AB \simeq 3{,}21$ cm e $AC \simeq 3{,}83$ cm.
3. $BC = 5\sqrt{3}$ cm; arrotondando a meno di un centesimo si ha $BC \simeq 8{,}66$ cm. **4.** $AC \simeq 8{,}79$ cm, $BC \simeq 6{,}53$ cm.
5. Circa 42°. **6.** 120 cm^2 **7.** $4\sqrt{2}$ cm^2 **8.** 14,86 N

Unità 13

1. a. La tabella che rappresenta la distribuzione di frequenze è:

Temperatura (°C)	6	7	8	10
Frequenza	1	1	2	3

b. $\frac{59}{7} \simeq 8{,}4°$ C **c.** 8° **d.** 10° C **e.** $\frac{\sqrt{110}}{7} \simeq 1{,}5°$ C

2. a. 25; **b.** 92%; **c.** 9,4; **d.** 7 **3.** 1,38 **4.** 180,4 cm
5. a. La media e la mediana aumentano di 1 punto, mentre la deviazione standard resta invariata;
b. La media, la mediana e la deviazione standard risultano moltiplicate di 1,1 rispetto alle precedenti.

Unità 14

1. F, V, V, F, F **2.** 2178,38 euro **3.** 11 370, 5 euro **4.** 1305,62 euro **5.** 0,525%; 0,51%
6. 8626,09 euro **7.** 3,6% **8.** 3,92% **9.** 4 anni, 1 mese e 21 giorni **10.** 2,01%

Unità 15

1. La società Volpe. **2.** Lo sconto razionale. **3.** 205 **4.** 6% **5.** 5%

Unità 16

1. 32 102,95 euro **2.** 10 153,29 euro **3.** 522 **4.** 18 774,56 euro **5.** 368,78 euro

Unità 17

1.

Tempo	Rata	Quota interessi	Quota capitale	Debito residuo	Debito estinto
0	–	–	–	100 000	0
1	16 500	4000	12 500	87 500	12 500
2	16 000	3500	12 500	75 000	25 000
3	28 000	3000	25 000	50 000	50 000
4	27 000	2000	25 000	25 000	75 000
5	26 000	1000	25 000	0	100 000

2.

Tempo	Rata	Quota interessi	Quota capitale	Debito residuo	Debito estinto
0	–	–	–	40 000,00	0,00
1	9367,06	2200,00	7167,06	32 832,94	7167,06
2	9367,06	1805,81	7561,25	25 271,70	14 728,30
3	9367,06	1389,94	7977,11	17 294,58	22 705,42
4	9367,06	951,20	8415,86	8878,73	31 121,27
5	9367,06	488,33	8878,73	0,00	40 000,00

3.

Tempo	Rata	Quota interessi	Quota capitale	Debito residuo	Debito estinto
0	–	–	–	60 000	0
1	14 700	2700	12 000	48 000	12 000
2	14 160	2160	12 000	36 000	24 000
3	13 620	1620	12 000	24 000	36 000
4	13 080	1080	12 000	12 000	48 000
5	12 540	540	12 000	0	60 000

4.

Tempo	Quota interessi	Debito residuo	Versamenti	Fondo accumulato	Interessi
0	–	50 000,00	–	–	–
1	3000,00	50 000,00	9048,74	9048,74	–
2	3000,00	50 000,00	9048,74	18 549,92	452,44
3	3000,00	50 000,00	9048,74	28 526,15	927,50
4	3000,00	50 000,00	9048,74	39 001,20	1426,31
5	3000,00	50 000,00	9048,74	50 000,00	1950,06

Indice analitico